조경
기사·산업기사

필기 │ 한권으로 합격하기

시대에듀

조경기사·산업기사
필기 한권으로 합격하기

편·저·자·약·력

YouTube '홍선생 학교가자'

▶ 유튜브 무료 특강
▶ 저자 학습문의 가능

홍석윤

[학력 및 주요 경력]
- 現 농업고등학교 교사(식물자원 · 조경)
- 환경조경학과 학사
- 한국조경학회 상임이사
- 조경 관련 유튜브 채널 '홍선생 학교가자' 운영
- 클래스101 식물 분야 크리에이터

[저서]
- 시대에듀 조경기사 · 산업기사 필기 한권으로 합격하기
- 시대에듀 무단뽀 조경기능사 필기+무료 동영상

[수상]
- 2024년 전국 FFK전진대회 조경 분야 대상(장관상), 은상 · 동상(지도교사)
  강원 FFK전진대회 조경 분야 금상 · 은상 · 동상(지도교사)
- 2024년 지역사회 유공 표창
- 2024년 지도교사 유공 표창
- 2024년 대한민국 청소년 창업경진대회 한국청년창업가정신재단 이사장상(지도교사)
- 2024년 영농창업 경진대회 우수상(지도교사)
- 2023년 지역사회 유공 표창
- 2022년 전국 FFK전진대회 조경 분야 은상(지도교사)
  강원 FFK전진대회 조경 분야 은상 · 동상(지도교사)
- 2021년 제17회 전국 창업아이템 경진대회 최우수상(지도교사), 공로상

끝까지 책임진다! 시대에듀!
QR코드를 통해 도서 출간 이후 발견된 오류나 개정법령, 변경된 시험 정보, 최신기출문제, 도서 업데이트 자료 등이 있는지 확인해 보세요! **시대에듀 합격 스마트 앱**을 통해서도 알려 드리고 있으니 구글 플레이나 앱 스토어에서 다운받아 사용하세요.
또한, 파본 도서인 경우에는 구입하신 곳에서 교환해 드립니다.

편집진행 윤진영 · 장윤경　|　표지디자인 권은경 · 길전홍선　|　본문디자인 정경일 · 이현진

최근 급속한 산업화와 도시화에 따른 환경의 파괴로 인하여 환경문제에 대한 관심과 그 중요성이 부각됨으로써 전문인력으로 하여금 생활공간을 아름답게 꾸미고 자연환경을 보호하고자 조경기사 · 산업기사 자격시험이 시행되고 있습니다.

본 수험서에는 조경기사 · 산업기사 자격시험에 대비하는 수험생들을 위해 다음과 같은 많은 분석과 노력이 담겨 있습니다.

① 중요한 개념에는 '**중요**' 표시를 하여 중요 개념을 파악할 수 있도록 하였습니다.

② 과년도 기출문제 분석을 통해 중요한 개념이 어떻게 시험에 출제되었는지 '**기출 Point**'를 수록하였습니다.

③ 공부한 이론이 시험에 어떻게 나왔는지 파악할 수 있도록 이론 부분에 '**시험에 이렇게 나왔다**'를 수록하였습니다.

④ 꼭 나올 만한 문제들만 엄선하여 **적중예상문제**로 수록하였습니다.

⑤ 기출문제를 풀며 이해하기 쉽도록 **꼼꼼한 해설**을 수록하였습니다.

⑥ 저자의 **유튜브 채널**(홍선생 학교가자)을 통해 중요 개념과 분석 내용을 강의하드립니다.

이 수험서가 조경기사 · 산업기사 시험을 열심히 준비하는 여러분들에게 큰 도움이 되어 모두 합격의 기쁨을 누릴 수 있기를 기원하겠습니다.

저자 홍석윤 올림

시험 안내

조경기사

개요

급속한 산업화와 도시화에 따른 환경의 파괴로 인하여 환경문제에 대한 관심과 그 중요성이 부각됨에 따라 전문인력으로 하여금 생활공간을 아름답게 꾸미고 자연환경을 보호하고자 도입되어 시행되고 있다.

수행직무

자연환경과 인문환경에 대한 현장조사 및 현황조사 분석을 기초로 기본구상 및 기본계획을 수립하고, 실시설계를 작성하여 시공 및 감리업무를 통해 조경결과물을 도출하며, 이를 관리하는 직무를 수행한다.

시험일정

구 분	필기원서접수 (인터넷)	필기시험	필기합격 (예정자)발표	실기원서접수	실기시험	최종 합격자 발표일
제1회	1.12~1.15	1.30~3.3	3.11	3.23~3.26	4.18~5.6	6.12
제2회	4.20~4.23	5.9~5.29	6.10	6.22~6.25	7.18~8.5	9.11
제3회	7.20~7.23	8.7~9.1	9.9	9.21~9.23, 9.28	10.24~11.13	12.18

※ 상기 시험일정은 시행처의 사정에 따라 변경될 수 있으니 www.q-net.or.kr에서 확인하시기 바랍니다.

시험요강

❶ 시행처 : 한국산업인력공단
❷ 관련 학과 : 대학 및 전문대학의 조경학, 원예조경학, 환경조경학, 녹지조경학 관련 학과
❸ 시험과목
  ㉠ 필기 : 조경사, 조경계획, 조경설계, 조경식재, 조경시공구조학, 조경관리론
  ㉡ 실기 : 조경설계 및 시공 실무
❹ 검정방법
  ㉠ 필기 : 객관식 4지 택일형, 과목당 20문항(3시간)
  ㉡ 실기 : 복합형(필답형 1시간 30분, 작업형 3시간 정도)
❺ 합격기준
  ㉠ 필기 : 100점을 만점으로 하여 과목당 40점 이상, 전 과목 평균 60점 이상
  ㉡ 실기 : 100점을 만점으로 하여 60점 이상

조경산업기사

개요

급속한 산업화와 도시화에 따른 환경의 파괴로 인하여 환경문제에 대한 관심과 그 중요성이 부각됨에 따라 전문인력으로 하여금 생활공간을 아름답게 꾸미고 자연환경을 보호하고자 도입되어 시행되고 있다.

수행직무

자연환경과 인문환경에 대한 현장조사 및 현황조사 분석을 기초로 기본구상 및 기본계획을 수립하고, 실시설계를 작성하여 시공 및 감리업무를 통해 조경결과물을 도출하며, 이를 관리하는 직무를 수행한다.

시험일정

구분	필기원서접수 (인터넷)	필기시험	필기합격 (예정자)발표	실기원서접수	실기시험	최종 합격자 발표일
제1회	1.12~1.15	1.30~3.3	3.11	3.23~3.26	4.18~5.6	6.12
제2회	4.20~4.23	5.9~5.29	6.10	6.22~6.25	7.18~8.5	9.11
제3회	7.20~7.23	8.7~9.1	9.9	9.21~9.23, 9.28	10.24~11.13	12.18

※ 상기 시험일정은 시행처의 사정에 따라 변경될 수 있으니 www.q-net.or.kr에서 확인하시기 바랍니다.

시험요강

❶ 시행처 : 한국산업인력공단
❷ 관련 학과 : 전문대학의 조경학, 원예조경학, 환경조경학, 녹지조경학 관련 학과
❸ 시험과목
　㉠ 필기 : 조경계획 및 설계, 조경식재시공, 조경시설물시공, 조경관리
　㉡ 실기 : 조경작업 실무
❹ 검정방법
　㉠ 필기 : 객관식 4지 택일형, 과목당 20문항(2시간)
　㉡ 실기 : 복합형(필답형 1시간, 작업형 2시간 30분 정도)
❺ 합격기준
　㉠ 필기 : 100점을 만점으로 하여 과목당 40점 이상, 전 과목 평균 60점 이상
　㉡ 실기 : 100점을 만점으로 하여 60점 이상

출제기준

조경기사 필기

과목명	조경사	조경계획	조경설계
주요항목	• 조경사 일반 • 조경양식 변천사 • 서양의 조경 • 동양의 조경 • 한국조경	• 조경 일반 • 조경계획과정 • 대상지별 조경계획 • 시설물의 조경계획 • 조경계획 관련 법규	• 제도의 기초 • 설계과정 • 경관분석 • 조경미학 • 조경시설의 설계
과목명	조경식재	조경시공구조학	조경관리론
주요항목	• 식재 일반 • 식재계획 및 설계 • 조경식물재료 • 조경식물의 생태와 식재 • 식재공사	• 시공의 개요 • 조경시공 일반 • 공종별 공사 • 조경적산 • 기본구조역학	• 운영관리 • 조경식물 관리 • 시설물 관리 • 이용관리계획

조경산업기사 필기

과목명	조경계획 및 설계	조경식재시공	조경시설물시공	조경관리
주요항목	• 조경사조의 이해 • 환경 조사 · 분석 • 기본구상 • 조경기본계획 • 조경기반설계 • 조경식재설계	• 조경식물 • 기초식재공사 • 입체조경공사 • 잔디식재공사 • 실내조경공사	• 조경시설공사 • 조경포장공사 • 조경적산	• 이용 및 운영관리 • 조경공사 수목관리 • 수목보호관리 • 비배관리 • 조경시설 관리

구성 및 특징

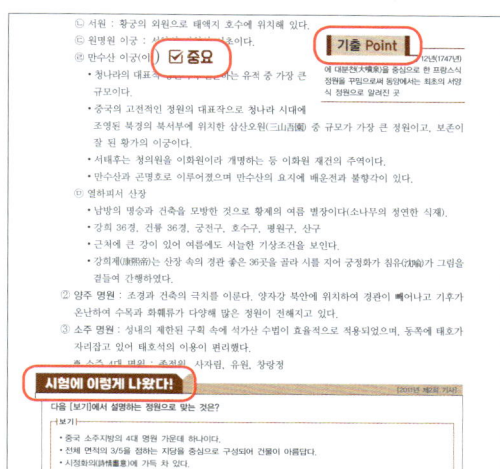

중요이론을 한눈에!

'중요'표시로 반드시 알아야 하는 개념을 효과적으로 학습하고, '시험에 이렇게 나왔다!'와 '기출 Point'를 통해 공부한 개념이 어떻게 시험에 출제되는지 확인할 수 있습니다.

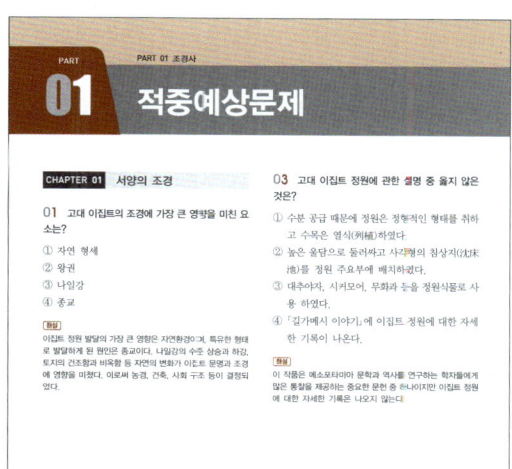

풍부한 적중예상문제!

꼭 나올 만한 문제들만 엄선한 적중예상문제와 꼼꼼한 해설을 통해 개념을 다시 확인할 수 있습니다.

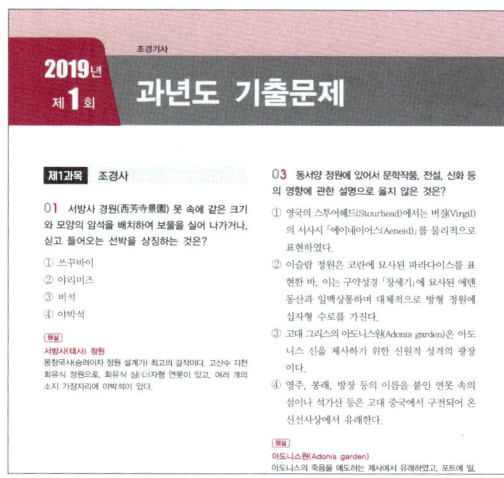

기출(복원)문제와 이해하기 쉬운 해설!

합격을 위해 반드시 풀어보아야 할 과년도 + 최근 기출복원문제를 통해 출제경향을 파악은 물론 새로운 유형의 문제에도 대비할 수 있습니다.

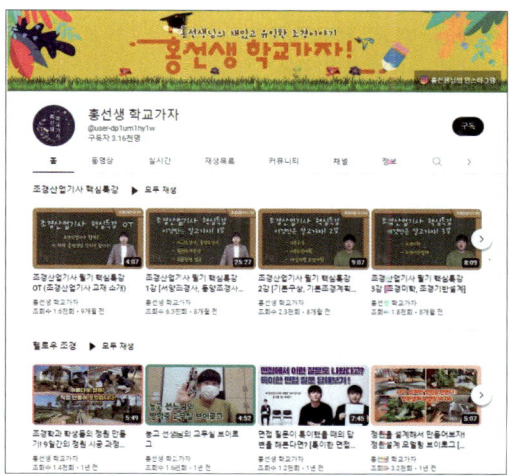

유튜브 무료 특강

유튜브(홍선생 학교가자)와 연계하여 핵심 개념 무료 특강을 제공합니다.

목 차

PART 01

조경사

서양의 조경

01 고대 국가의 조경

❶ 이집트

(1) 환경

① 나일강의 정기적 범람은 이집트 정원의 발달에 큰 영향을 미쳤다.

② 산림과 수목이 부족하여 녹음을 신성시하였다.

③ 관계시설이 발달하였다.

④ 종교에 의해 정치·경제·문화·사회 등이 영향을 받았으며, 종교는 다신교로 자연현상을 숭배하였다.

⑤ 자연 형세가 고대 이집트 조경에 큰 영향을 미쳤다.

(2) 건축

① 분묘건축

  ㉠ 사람은 죽어도 영혼은 죽지 않는다는 영혼 불멸을 믿는 종교적 배경에 의해 건축되었다.
  예 피라미드, 스핑크스, 마스터바, 암굴분묘

  ㉡ 피라미드 : 선(善)의 혼(Ka)을 통해 태양신(Ra)에 접근하려는 기하학적 형태로 인간의 동경과 열망을 대지에 세운 거대한 상징물이다.

  ㉢ 아메노피스(Amenophis) 3세 때에 종사한 신하의 분묘벽화에서 추정할 수 있는 고대 이집트 조경의 목적은 미, 향락, 종교의식이다.

② 신전건축 : 고대 이집트에서 나일강을 중심으로 예배신전은 동쪽, 장제신전은 서쪽에 설치하였다.

> **더 알아보기** 예배신전과 장제신전
>
> 예배신전은 해가 떠오르는 동쪽에 위치하여 일출 시점에 햇빛을 받도록 설계되어 신성한 공간을 조명하고 신과의 연결을 나타내는 역할을 한다. 반면 장제신전은 해가 지는 서쪽에 위치하여 일몰 시점에 햇빛을 받도록 설계되었다. 이는 고대 이집트 죽음·부활의 개념과 관련이 있다.

(3) 조경

① 주택정원

  ㉠ 현존하는 주택정원은 없으나 분묘벽화(무덤벽화)로 유추할 수 있다.

ⓛ 특징

- 정원수목은 시카모어, 대추야자, 아카시아, 무화과, 포도나무 등을 열식하였다.
- 장방형의 화단·J 연못·U 울타리 등이 배치되어 있다.
- 입구에는 탑문(pylon)이 설치되어 있으며 원로에는 관개수로와 정자(arbor)가 있다.
- 높은 담장으로 둘러싸여 있다.
- 주축선에 따른 완전한 대칭 형태이다.
- 연못은 사각형이나 T자형이 많으며 물가에 휴식이 가능한 키오스크를 설치하였다.
- 규모가 큰 연못은 침상지(계단 형태의 연못)의 형태로 계단을 설치하였다.

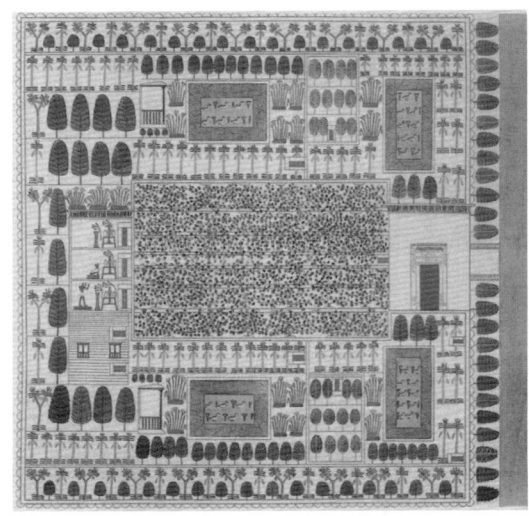

[이집트의 분묘벽화에 나타난 주택조경의 모습]

② 신전정원

ⓝ 데이르 엘 바하리(Deir-el-Bahari)에 위치한 핫셉수트 여왕의 장제신전
  - 현존하는 최고의 조경 유적이다.
  - 태양신인 암몬(Ammon) 신전으로 건축가 센무트가 설계하였다.

ⓛ Punt 보랑 벽에 그려진 벽화에서 수목을 수입하는 모습을 볼 수 있다.
  ※ Punt : 이집트의 지역 중 하나
  ※ 보랑 : 길이가 길고 폭이 좁은 복도나 현관

ⓒ 주랑 건축 전면에 파진 수목 식재를 위한 구덩이를 이용하여 구덩이의 수목에 순차적으로 물을 흘러내리게 한다.

③ 사자(死者)의 정원

ⓝ 사자를 위로하기 위해 가옥이나 무덤 주변에 정원을 설치하였다.

ⓛ '시누헤 이야기', '레크미라 무덤벽화'에 기록되었다.

ⓒ 중심에 사각형 연못이 있으며 수목은 열식으로 조성하였다.

데이르 엘 바하리(Deir-el Bahari)의 신원에서 나타나는 특징이 아닌 것은?

① punt 보랑의 부조
② 인공과 자연의 조화
③ 직교축에 의한 공간구성
④ 주랑 건축 전면에 파진 식재용 돌구멍

해설
데이르 엘 바하리 신원은 병풍처럼 둘러싸인 자연의 암벽과 긴 수평적 건물과 수직의 열주가 조화를 이루는 건물이다.

정답 ③

❷ 서부아시아

(1) 환경

① 티그리스강, 유프라테스강으로 둘러싸인 메소포타미아 지역으로 강수량이 매우 적으며 기후차가 심하였다.

② 녹음을 동경하여 수목을 신성시하였고 높이 솟은 수목이 숭배의 대상이 되었다.

(2) 조경

① 지구라트(Ziggurat)
  ㉠ 평원에 솟아있는 인공산이다.
  ㉡ 상층부로 갈수록 점점 뾰족해지는 계단식 형태이다.
  ㉢ 메소포타미아 지방의 종교용 건축물이며 신들의 거처를 제공하였다.
     예 바벨탑 : 바빌론을 정비하여 지구라트 재건

② 높은 담으로 둘러싸인 뜰 안을 기하학적으로 배치하였다.

③ 바빌론 : 고대 메소포타미아에서 의도적·계획적으로 건설하였다.

④ 함무라비 법전 : 최초의 도시계획 및 법규에 관한 내용의 책이다.

⑤ 니푸르(Nippur)의 점토판 : 세계 최초의 도시계획 자료로 운하(canal), 도시공원(city park), 신전(temple) 등의 도시시설을 볼 수 있다.

(3) 수렵원(Hunting park)

① 어원은 '짐승을 기르기 위해 울타리를 두른 숲'이며 오늘날 공원(park)의 시초가 되었다.

② 야영장, 훈련장, 제사장, 향연장 등 생활의 중요한 요소로 사용되었다.

③ 자연적인 숲(Quitsu), 인공적인 숲(Kiru)으로 구별된다.

④ 인공적으로 흙을 파내서 인공 호수와 언덕을 만들고 그 흙을 이용하여 언덕과 정상에 신전과 산을 만들었다.

⑤ 관개를 위해 언덕에 소나무, 사이프러스를 규칙적으로 식재하였다.

⑥ 니네베(Nineveh)의 인공 언덕 위에 세워진 궁전 사냥터가 유명하다.

시험에 이렇게 나왔다!   [2018년 제1회 기사]

고대 서부아시아 수렵원(Hunting park)에 관한 설명으로 가장 거리가 먼 것은?

① 오늘날 공원(park)의 시초가 된다.

② 인공으로 호수와 언덕을 만들고, 물가에 신전을 세웠다.

③ 소나무, 사이프러스에 대한 관개를 위해 규칙적으로 식재하였다.

④ 니네베(Nineveh)의 인공 언덕 위에 세워진 궁전 사냥터가 유명하다.

해설

물가에 신전을 세운 것이 아닌 인공적으로 흙을 파내서 연못을 만들고 그 파낸 흙을 쌓아 만든 언덕에 신전을 세웠다.

정답 ②

---

(4) 공중정원(Hanging garden)

① 네부카드네자르 2세 왕이 왕비 아미티스를 위해 테라스에 식재하여 인공의 산을 조성한 것이다.

② 최초의 옥상정원으로 세계 7대 불가사의 중의 하나이다.

③ 지구라트에 연속된 계단식 테라스로 구성되었으며, 각 테라스마다 수목을 식재하고 강물을 끌어다 저수지에 저장하고 관수하였다.

④ 성벽의 높은 노단 위에 수목과 덩굴식물을 식재하였다.

⑤ 벽체의 벽돌은 아스팔트를 발라 굳혔다.

⑥ Hanging garden 또는 가공원(架空園)이라 한다.

시험에 이렇게 나왔다!   [2017년 제1회 산업기사]

고대 서부아시아의 공중정원(Hanging garden)에 대한 설명으로 옳지 않은 것은?

① 이슬람시대 4분원의 효시가 되었다.

② 지구라트에 연속된 계단식 테라스로 구성되었다.

③ 네부카드네자르 왕이 왕비를 위해서 축조하였다.

④ 벽체의 구조는 벽돌에 아스팔트를 발라 굳혀서 만들었다.

해설

① 4분원의 기원이 된 정원양식은 인도의 차하르바그이다.

② 지구라트에 연속된 계단식 테라스로 구성되었으며 각 테라스마다 수목을 식재하고 강 물을 끌어다 저수지에 저장하고 관수하였다.

③ 네부카드네자르 2세 왕이 왕비 아미티스를 위해 테라스에 식재로 인공의 산을 조성한 것이다.

정답 ①

---

(5) 파라다이스 가든(Paradise Garden)

① 귀족의 개인정원이다.

② 높은 담으로 둘러싸여 있으며, 수로가 교차하는 4분원 형태이다.

③ 여러 종류의 과수를 식재하였다.

❸ 그리스

(1) 환경
① 지중해성 기후로, 연중 온화하며 강우량이 많다.
② 에게 문명이 발달하여 그리스 문화를 형성한다.
③ 광장과 신전, 주택지를 잘 배열시켜서 최초의 계획적인 도시를 건설하였다.
④ 신분에 따라 주택 소유에 제한을 두어 공공조경과 도시조경이라는 특성을 창조하였다.
⑤ 그리스인에게 정원은 사회, 정치, 학문 생활의 중심이었다.

(2) 건축
① 평면의 기능과 구조기술보다 보여지는 형태미를 추구하였다.
② 건축양식의 발달 : 도리아식 → 이오니아식 → 코린트식
  ㉠ 도리아식 : 기둥이 굵고 주춧돌(기초석)이 없으며, 위쪽으로 갈수록 조금씩 가늘어지며, 수직성을 강조하는 형태이다.
  ㉡ 이오니아식 : 우아하고 경쾌함이 특징이며, 기둥 윗부분에 소용돌이형 장식이 있다.
  ㉢ 코린트식 : 화려하고 섬세하며, 기둥머리에 아칸서스 잎을 조각하였다.
③ 메가론(megaron)이라 불리는 중정 형태가 등장했다.
  ※ 메가론은 일반적으로 직사각형 형태의 중정을 갖추고 있으며, 그 중앙에 놓인 화로와 화로를 둘러싸고 있는 열린 현관이 특징이다.

(3) 조경
① 공공조경
  ㉠ 신분에 따라 주택 소유에 제한을 두어 개인의 정원보다 공공조경이 발달하였다.
  ㉡ 성림
    • 신에 대한 숭배와 제사를 지내는 장소이다.
    • 신전 주위에 수목을 식재하여 성스러운 정원을 만든 신원이다.
    • 수종은 플라타너스, 떡갈나무, 올리브 등이 있다.
  ㉢ 짐나지움(gymnasium) : 아테네 청년들의 체육시설
  ㉣ 아카데미(academy) : 플라톤이 설립한 최초의 대학으로, 플라타너스를 올식하였다.
② 도시계획과 도시조경
  ㉠ 아고라(agora)
    • 현대 도시광장의 기원이며 공공생활을 우선시하는 그리스의 생활 터전이다.
    • 시민들의 토론장소이다.

기출 Point

• 그리스문화를 선도한 에게해 문화는 크레타 궁전의 개방식과 미케네의 성체식인 중정으로 발전하였다.
• 공공조경은 성림의 형태로 발전하였다.
• 플라타너스 : 고대 그리스의 아카데미 주변에 조성된 철인(哲人)의 가로에 식재된 녹음수종이다.

- 도서관, 의회당, 신전, 야외음악당 등의 건물로 둘러싸인 중앙공간의 광장이다.
- 아고라의 형태는 인간의 이용을 중심으로 한 공간으로 분절시켰으며, 부정형이었다.
ⓛ 히포다모스(Hippodamus)
- 최초의 도시 계획가로 아테네에 도시를 건설하였다.
- 밀레토스에 최초로 장방형 격자도시를 계획했으며, 밀레지안이라고 한다.
③ 주택정원
㉠ 아도니스 정원(Adonis garden)
- 아테네 부인들이 아도니스의 죽음을 애도하는 제사에서 유래되었다.
- 화분(pot)에 밀, 보리, 상추 등을 심어 배치하였다.
- 포트가든(pot garden)과 옥상정원(roof garden)으로 발전하였다.
㉡ 프리에네(Priene)의 주택
- 주랑식(기둥이 줄 서 있는 것) 중정이다.
- 바닥은 돌로 포장하고 장미, 백합 등의 식물을 식재한 화분으로 정원을 조성하였다.
- 조각물과 대리석, 분수로 장식하였다.

시험에 이렇게 나왔다!   [2018년 제4회 기사]

고대 그리스 일반시민의 주택에 대한 설명이 아닌 것은?
① 가족 공용실을 통해 각 실로 통하는 내향식 주택
② 단순하고 기능적이며, 거리의 소음으로부터 격리
③ 중정은 포장을 하지 않고 방향성 식물을 식재
④ 대리석 분수의 도입

해설
③ 중정은 대부분 포장되어 있었고 방향성 식물이나 정원으로 꾸며진 경우가 많았다.

정답 ③

---

❹ 로마

(1) 환경

① 지중해성 기후로 겨울에도 온화하다.
② 농업과 원예가 발달하였고 토피어리(topiary)를 최초로 사용하였다.

기출 Point

- 주택은 열주와 개방된 정원 혹은 아트리움에 의해 연결된 거실을 가지고 있었으며 거리에 연하여 세워졌다.
- 정원은 태양, 바람, 먼지, 거리의 소음으로부터 은신처였으며, 그늘은 둘러싸여 있는 주랑에 의해 제공되어 졌다.
- 수목은 주로 화분이나 화단에 심어졌고, 돌로 된 물웅덩이와 대리석 탁상 그리고 작은 동상들이 마당을 아름답게 꾸미는 정원의 구성요소였다.

(2) 조경

① 주택정원 ☑ **중요**

    ㉠ 폼페이 정원 : 2개의 중정(아트리움, 페리스틸리움)과 1거의 후원(지스터스)으로 내향적인 구성이 특징이다.

    ㉡ 제1중정 : 아트리움(atrium)

        • 손님 접대용 공간으로 사각형의 방들이 아트리움을 둘러싼 무열주 중정이다.

        • 바닥은 돌로 포장하였고, 화분장식을 하였다.

        • 주로 상업상의 타합이나 내객을 응대하는 자리로 이용되었다.

    ㉢ 제2중정 : 페리스틸리움(peristylium)

        • 가족들의 사적 공간이며, 제2의 거실공간이다.

        • 주랑식 정원으로 바닥은 포장하지 않은 채 탁자와 의자를 배치했으며, 화훼를 정형적으로 식재하였다.

        • 호외실(out-door livingroom)로 사용되었다.

    ㉣ 후원 : 지스터스(xystus)

        • 5점형 식재가 특징이다.

        • 수로를 중심으로 좌우에 산책로인 원로와 화단을 대칭적으로 배치하였다.

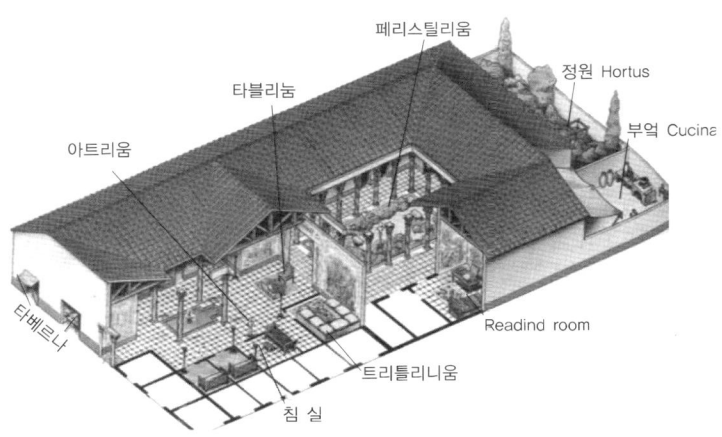

[고대 로마주택의 모습 - Domus의 복원그림]

대문을 들어서면 첫 번째 공지인 아트리움에 이르고 중둔을 지나면 아름다운 정원인 페리스틸리움이 나타나며, 뒤뜰에는 과수와 채소를 가꾸는 지스터스가 있다.

② 별장(villa)

　　㉠ 라우렌티아나 빌라(villa Laurentina) : 전원풍과 도시풍의 혼합형 별장이며 호화롭고 부유한 생활을 가능하게 하는 해안형 별장이다.

　　㉡ 토스카나 빌라(villa Toscana) : 도시형 별장이며 구릉에 위치한 피서용 별장이다.

　　㉢ 아드리아나 빌라(villa Adriana) : 하드리아누스 황제의 별장이며 대규모의 정원과 궁전이다.

③ 포럼(forum)

　　㉠ 그리스의 아고라와 같은 대화의 광장이다.

　　㉡ 지배계급을 위한 상징적 지역이다.

　　㉢ 둘러싸인 건물에 따라 일반광장, 시장광장, 황제광장으로 구분한다.

　　㉣ 기념비적이고 초인간적 스케일을 적용하였다.

시험에 이렇게 나왔다!　　　　　　　　　　　　　　　　　　　　[2017년 제1회 산업기사]

로마시대의 주택에서 아트리움(atrium)의 설명으로 틀린 것은?

① 모양은 사각형이었다.
② 바닥은 돌로 포장되어 있었다.
③ 사적(私的)인 공간인 제2중정이라고도 한다.
④ 폼페이(Pomepeii) 주택의 내정(內庭)을 말한다.

[해설]
③ 제2중정은 페리스틸리움(peristylium)에 대한 설명이다.

　　　　　　　　　　　　　　　　　　　　　　　　　　　　　　　　[정답] ③

02　영국의 조경

❶ 16~17세기 정형식 정원

(1) 튜더 왕조의 조경(16세기)

① 장원(토지 소유자)을 중심으로 한 소규모 정원이 발달하였다.

② 강렬한 색채의 꽃과 원예에 관심이 많아졌다.

③ 방어용 해자가 없어지고 정원이 확대되었다.

④ 토피어리를 도입하였고 매듭화단이 유행하였다.

⑤ 대표 정원 : 리치먼드 왕궁, 햄프턴코트 궁이 있다.

　　㉠ 리치먼드 왕궁 : 자수화단, 퍼걸러, 운동시설 등이 있다.

　　㉡ 햄프턴코트 궁 : 방사형 소로이며, 중심축을 강조하였다. 조지 런던과 헨리 와이즈의 협력작품이다.

(2) 스튜어트 왕조의 조경(17세기)

① 장원 건축과 조경이 쇠퇴하고 이탈리아, 프랑스, 네덜란드, 중국의 영향이 나타났다.

② 레벤스 홀(Levence hall) : 네덜란드의 영향을 받았으며 영국 르네상스 정원의 요소인 볼링그린, 채소원, 포장된 산책로 등이 설치되었다.

③ 멜버른 홀(Melbourne hall) : 화려한 색채의 영국적인 성격에 프랑스적 디자인이 결합된 가정주택 같은 정원이다.

(3) 영국 정형식 정원의 특징

① 이탈리아 양식이며, 정방형의 테라스를 설치하였다.

② 주축은 주택으로부터 곧거나 평행하게 설정되었다.

③ 축산(mound) : 기하학적 규칙성을 가진 인공 언덕으로 휴식과 조망의 역할을 한다.

④ 볼링그린(bowling green) : 실외경기장으로 주택의 외곽이나 산림 속에 배치하였다.

⑤ 매듭화단(knot) : 낮게 깎은 회양목이나 초화류 등으로 화단의 가장자리를 장식하였다.

⑥ 약초원 : 장방형의 형태로 주택정원의 필수적 요소이다.

⑦ 해시계, 철제장식물, 석재난간, 분수, 문주, 미로원 등이 있다.

⑧ 조각이나 병, 화분 등으로 테라스, 원로를 장식했다.

⑨ 산책로는 자갈, 잔디, 타일, 판석 등으로 대개 포장을 하였다.

❷ 18세기 자연풍경식 정원

(1) 배경

① 산업혁명과 도시의 인구집중으로 인하여 도시화 현상을 초래하였다.

② 영국 풍토와 환경여건에 맞는 조경을 창조하자는 운동이 전개되었으며, 낭만주의적 풍경식 정원이 탄생하였다.

③ 애디슨, 포프, 센스톤 등이 정원예술과 관련한 문학작품를 발표하였다.

　　㉠ 애디슨 : 영국 풍경식 정원에서 대정원과 모든 시골풍경을 성공적으로 통합시킬 수 있는 방법을 제시한 「스펙테이터(The spectater)」의 저자이다.

　　㉡ 센스톤 : 낭만주의적 조경방식을 도입하였다.

(2) 풍경식 조경가 ☑ 중요

① 찰스 브릿지맨(Charles Bridgeman, 1680~1738)

　　㉠ 스투어헤드, 치스윅하우스, 로스햄을 설계하였다.

　　㉡ 조경에 하하(ha-ha) 기법을 최초로 도입하였다.

② 스위처(Stephen Switzer, 1682~1745) : 최초의 영국 풍경식 정원을 제안한 조경가로 정원은 울타리를 없애고 정원의 범위를 주변의 모든 경관으로 확장해야 한다고 주장하였다.

③ 윌리엄 켄트(William Kent, 1684~1748)

    ㉠ 근대 조경의 아버지로 불리며 풍경식 정원의 전성기를 이룬 선도적 역할을 하였다.

    ㉡ '자연은 직선을 싫어한다'는 말을 남기며 정원의 모든 요소에서 직선적 원로, 가로수 등의 형태를 없애려고 노력하였다.

    ㉢ 켄싱턴 가든, 치스웍하우스, 스투어헤드 등을 설계하였고 스토우 정원을 수정하였다.

④ 란셀롯 브라운(Lancelot Brown, 1715~1783)

    ㉠ 영국의 많은 정원을 수정한 풍경식 정원의 대가이다.

    ㉡ Capability Brown이라고 불리며 대규모의 토목공사를 통한 지형의 3차원적 변화를 즐겨 활용하였다.

⑤ 윌리엄 챔버(William Chamber, 1726~1796) : 중국 정원을 영국에 소개하였으며, 큐 가든(Kew Garden)에 중국식 건물과 탑을 도입했다.

⑥ 험프리 렙턴(Humphry Repton, 1752~1796)

    ㉠ 풍경식 정원을 완성하였고, Landscape Garden의 용어를 최초로 사용하였다.

    ㉡ 렙턴이 완성시켜 놓은 영국풍경식 조경수법은 자연을 1 : 1 비율로 묘사해 놓았다.

    ㉢ 레드북(Red Book)에 개조 전과 개조 후의 모습을 비교할 수 있는 스케치를 하였다.

⑦ 헨리 와이즈(Henry Wise, 1653~1738)

    ㉠ 18세기 영국 자연풍경식 정원인 블랜하임궁의 정원을 최초로 조성하였다.

    ㉡ 다윗 애덤스와 함께 채츠워스(Chatsworth)의 정원을 개조하였다.

(3) 풍경식 정원

① 스토우 가든(Stowe garden)

    ㉠ 찰스 브릿지맨이 설계하고, 윌리엄 켄트와 브라운이 공동으로 수정한 후 브라운이 다시 개조하였다.

    ㉡ 하하 기법을 도입하였으며 자수화단, 수영장, 분수, 운하 등을 조성하였다.

② 로스햄(Rousham)

    ㉠ 찰스 브릿지맨이 설계하고, 윌리엄 켄트가 수정하였다.

    ㉡ 폐허를 그대로 두어 낭만적 분위기를 연출한 정원이다.

    ㉢ 아케이드, 시냇물, 동굴, 캐스케이드, 조상 등을 비스타와 산책로로 연결하였다.

③ 스투어헤드 가든(Stourhead garden)

    ㉠ 헨리 호어가 건물을 설계하고, 윌리엄 켄트와 찰스 브릿지맨이 정원을 설계하였다.

    ㉡ 현재 자연풍경식 정원의 원형이 가장 잘 남아있는 정원이다.

    ㉢ 정원은 풍경화의 법칙에 따라 구성하였으며, 로댕의 그림에 기초를 두었다.

시험에 이렇게 나왔다!

영국의 정원발전에 기여한 사람들과 그 관련 설명이 옳지 않은 것은?

① 랩턴 : 큐 가든에 중국식 탑을 도입
② 브릿지맨 : 하하(ha-ha) 기법의 도입
③ 센스톤 : 낭만주의적 조경방식의 도입
④ 브롬필드 : 풍경식 정원이 악취미이고 비합리적이라 주장

해설

큐 가든에 중국식 탑을 도입한 조경가는 윌리엄 챔버이다.

정답 ①

③ 19세기 공공정원

(1) 배경

① 급격한 산업화와 도시화로 인해 도시문제를 해결하기 위한 방법으로 공원이 등장하였다.
② 산업혁명 이후 사유 정원을 개방하였다.
③ 귀족적인 정원이 사라지고 공원에 대한 관심이 높아졌다.

(2) 리젠트 공원(Regent park)

① 건축가 존 나쉬(J. Nash)가 일부는 공공공원으로, 일부는 주거용 택지로 조성하였다.
② 고전양식과 낭만양식이 합쳐진 절충식 정원이다.

(3) 버컨헤드 공원(Birkenhead park) ☑ 중요

① 1843년 조셉 팩스턴(Joseph Paxton)이 설계한 역사상 최초로 시민의 힘으로 개방된 공원이다.
② 옴스테드의 센트럴 공원의 개념 형성에 큰 영향을 주었다.
   ※ 옴스테드가 버컨헤드 공원을 설계한 것이 아니라 옴스테드의 센트럴 공원에 영향을 준 것이다.
③ 리젠트 공원과 같이 사적인 주택단지와 공적인 위락지로 나뉜다.
④ 풍경식 정원의 전통에 이오니아식, 고딕식, 이탈리아풍, 노르간, 중국식 스타일이 가미된 절충주의적 스타일이다.
⑤ 설계자체는 풍경식 정원의 전통적인 면이 살아있고, 공원주위는 주택단지에 의해 둘러싸여 있다.

(4) 세인트 제임스 공원(St. James park) : 존 나쉬가 긴 커낼을 둘겹무늬의 연못으로 개조한 공원이다.

영국의 버컨헤드 파크(Birkenhead park)의 설명으로 옳지 않은 것은?

① 역사상 최초로 시민의 힘과 재정으로 조성된 공원이다.
② 수정궁을 설계한 조셉 팩스턴(Joseph Paxton)이 설계하였다.
③ 그린스워드(Greensward) 안(案)에 의하여 조성된 공원이다.
④ 넓은 초원, 마찻길, 연못, 산책로 등이 조성되었다.

해설
공원설계 응모에서 옴스테드와 보우의 '그린스워드' 안이 당선되어 1858년 센트럴 파크가 탄생되었다.

정답 ③

④ 영국의 현대 조경

(1) 절충식 정원(정형식과 비정형식)

19세기 전반 영국 정원은 렙턴에 의해 고전적 양식과 낭만적 양식이 융화되기 시작하였다.

① 루던(John Charles Loudon, 1783~1843)
   ㉠ 정원은 디자인 원리를 따라야 한다.
   ㉡ 정원은 반정형적, 반자연적이어야 한다.
   ㉢ 정원식물은 실외생활공간의 단순한 장식이 아니라 식물 그 자체를 위해 심어야 한다.
   ㉣ 소정원과 공공의 유원을 설계하였다.
   ㉤ 대표작으로는 더비수목원(1주일에 2회씩 일반에게 공개되는 정원)이 있다.

② 팩스턴(Joseph Paxton, 1801~1865)
   ㉠ 토목공학과 자연 간에 새로운 미적 질서를 창조하였다.
   ㉡ 채츠워스(Chatsworth) 정원을 개조하였다.
   ㉢ 수정궁 정원에서 절충식 정원을 보여준다.

③ 찰스 배리(Charles Barry, 1795~1860)
   ㉠ 풍경원과 정원이 절충된 반정형적 정원을 만들었다.
   ㉡ 르네상스 이탈리아 빌라와 정원을 재현하였다.
   ㉢ 화단은 회양목으로 두르고, 이탈리아 스타일의 난간으로 장식된 편평한 테라스를 만들었다.
   ㉣ 높은 곳에서 정원을 한 눈에 내려다 볼 수 있게 침상원과 같은 반정형적 정원을 만들었다.

(2) 소정원 운동(1850~1900)

① 공업화, 도시의 인구 증가, 공업도시의 소주택 증가 등으로 공업도시의 소주택에서는 대정원이나 공원에 어울리는 풍경식 정원이 적당하지 않다는 주장에서 나온 운동이다.

② 브롬필드

㉠ 저서 「영국의 정형식 정원(1892)」에서 풍경식 정원의 비합리성을 지적하였다.

㉡ 소주택 정원일 경우 건축적이어야 함을 주장하였다.

③ 소정원 운동을 주도한 대표자 : 윌리엄 로빈슨, 재킬여사가 영국의 자생식물과 귀화식물로 최초의 야생정원을 조성하였다.

※ 재킬여사 : 소주택 정원에 어울리는 월가든(wall garden), 워터가든(water garden)을 고안했다.

03 프랑스의 조경

❶ 환경

① 지형이 넓고 평탄하며 저습지가 많으며 기온과 강수량이 적당하여 낙엽활엽수의 산림이 풍부하다.

② 이탈리아의 영향으로 17세기 말부터 문학과 예술이 발달하였다.

❷ 17세기 정원 ☑ 중요

(1) 보르비콩트(Vaux-le-Vicomte) 정원

① 앙드레 르 노트르가 정원을 설계하였고, 루이 르 보가 건축, 샤를 르 브룅이 장식하였다.

② 최초의 평면기하학식 정원으로 베르사유 정원의 계기가 되었다.

③ 전면 중앙의 주축선을 중심으로 하여 좌우 대칭으로 화단을 장식하였고 수로를 놓았다.

④ 정원은 숲을 관통하고 사방으로 산책로가 뻗어 있으며 비스타(vista) 가든을 형성하였다.

⑤ 시설물 : 자수화단, 난간, 수로, 동굴(grotto), 원형분수, 산책로, 난간, 소로(allee) 등이 있다.

⑥ 건축이 조경에 종속됨으로써 이전의 공간 계획과는 차이가 있다.

⑦ 기하학, 원근법, 광학의 법칙을 적용하였다.

비스타(vista)는 통경선이라고 부르며 '통경'이라고 하면 '나무, 건물 따위가 양쪽으로 늘어선 길의 전망' 혹은 '시선을 깊이 방향으로 유도하는 가로수 등 일정 방향으로 축선을 가진 풍경 및 그 구성 수법'을 말한다. 따라서 비스타, 즉 통경선은 '통경에 있어서 그 시점과 대상을 잇는 시선'이라고 볼 수 있다.

(2) 베르사유(Versailles) 궁원

① 르 노트르에 의해 조성된 세계 최대 규모의 정형식 정원이다.

② 궁원의 모든 구성이 중심 축선과 명확한 균형이 이루어진다는 것이 특징이다.

③ 건물이나 연못 중심으로 태양광선이 펼쳐지는 듯한 방사상의 축선을 복합적으로 전개하였다.

④ 주축을 따라 저습지의 배수를 위한 수로를 설치하고 부축들은 주축과 직교하며 좌우균형을 이룬다.

⑤ 강한 축과 총림(잡목이 우거진 숲)에 의한 비스타를 형성한다.

- 화단 ☑ 중요 : 베르사유 궁원의 '파르테르(parterre)'는 여러 화단을 구분·배치해 그 배치된 모양 자체가 하나의 장식이 되도록 꾸민 정원을 말한다.
- 원래는 수렵지였으나 루이 14세 때에 정원으로 꾸민 것이다.
- 맨 처음에 완성한 정원부분은 감귤원(Orangerie)이었다.
- 십자형의 대 커낼(canal)이 중심축을 이루고 있다.
- 신화 속 아폴로의 의미를 상징화하기 위하여 주축 끝 중요부분에 아폴로 분수(Fountain of Apollo)를 설치하였다.
- 워싱턴, 파리 등의 도시계획 구조에 가장 큰 영향을 미쳤다.
- 거울의 방 → 물 화단 → Latona 분수 → 타피베르 → 아폴로 분천으로 이어지도록 조성된 공간 특성을 보인다.
- 루이 13세 때는 수렵용 소성(小城)이 있다.
- 보와소(Jacquet Boyceau)가 설계한 16세기의 정원이 있다.
- 루이 르 보, 샤를르 르 브렁, 앙드레 르 노트르가 참여했다.

(3) 앙드레 르 노트르(Andre le Notre)의 정원

① 르 노트르는 프랑스 조경가이며 평면기하학식을 확립하였다.

② 대규모의 장엄함을 강조한 비스타 중심의 경관을 전개한다.

③ 주축선을 중심으로 정원을 대칭적으로 배치하여 통일성이 느껴진다.

④ 시설의 구성 : 소로(allee), 총림(bosquet), 비스타, 장식적 정원

❸ 18세기 풍경식 정원

(1) 배경

① 18세기 말~19세기 초, 영국의 풍경식 정원양식이 프랑스로 건너가 풍경식 정원으로 발전하였다.
② 낭만주의적 정원, 감성주의적 정원

(2) 대표적인 자연풍경식 정원

① 프티트리아농(Petit Trianon)

㉠ 가브리엘이 설계하였고 루이15세 때 만들었으며 외국수종을 많이 식재하였다.
㉡ 궁전은 이탈리아식 건축이며 정원은 정형식 정원과 풍경식 정원이 동시에 나타난다.
㉢ 프랑스 풍경식 정원의 대표적인 정원이다.

② 에르메농빌르(Ermenonville)

㉠ 앙리 4세가 세운 성관을 풍경식 정원으로 조성하였다.
㉡ 대림원, 소림원, 벽지로 구성되어 있으며 루소의 무덤이 있다.

③ 말메종(Malmaison)

㉠ 나폴레옹 1세의 황후 조세핀의 만년 거처였다.
㉡ 다수의 화훼류와 아름다운 수목을 식재하였다.

(3) 프랑스 풍경식 정원의 특징

① 중국의 양식이 나타나 있다.
② 영국 후기의 풍경식 정원형식이다.
③ 자연적인 아름다움을 높이는 첨경물을 적극적으로 사용하였다.

시험에 이렇게 나왔다!　　　　　　　　　　　　　　　　　　　　　　　　　　　　[2020년 제3회 기사]

보르비콩트(Vaux-le-Vicomte)의 설명으로 맞지 않는 것은?

① 기하학, 원근법, 광학의 법칙을 적용하였다.
② 루이 14세에 의해 만들어졌다.
③ 비스타 가든(vista garden)의 특징을 잘 보여준다.
④ 프랑스 조경의 평면기하학 양식을 대표하는 정원의 하나이다.

해설

루이 14세의 재정담당이었던 니콜라스 푸케(Nicolas Fouquet)가 유명한 정원가인 앙드레 르 노트르(Andre Le Notre)를 정원사로 임명하여 본인의 부와 권세를 과시하기 위해 만든 것이다.

정답 ②

---

❶ 배경

(1) 르네상스의 발생

① 15세기 초 이탈리아의 피렌체를 중심으로 인문주의 운동이 일어나 북방 여러 나라로 퍼져 서유럽 전역에 걸쳐 일어난 대정신운동으로 발전하였다.

② 봉건제도와 교회에 반항하여 인간 개성을 발휘하며, 자연을 객관적으로 바라보고 자연의 아름다움을 향유한다.

③ 5대 특징 : 자연존중사상, 개인존중사상, 종교비판 태도, 시민생활 안정, 예술향유

④ 자연을 객관적으로 보며 주택은 정원과 자연경관을 향해 외향적 방향으로 되어있다.

❷ 르네상스 정원 ☑중요

(1) 15세기(르네상스 초기) 메디치장(villa Medici)

① 미켈로지가 설계하였으며, 알베르티의 부지설계 원칙을 적용한다.

② 경사지에 노단식(계단식)으로 구성하였다.

③ 첫째 단의 정원은 중앙에 축을 두고 조경요소를 대칭적으로 배치하고 있다.

(2) 16세기 벨베데레 정원(Belvedere garden)

① 브라망테가 바티칸 궁과 벨베데르 구릉의 빌라를 연결하여 설계하였다.

② 이탈리아의 노단건축식 정원양식의 시초이다.

③ 경사지를 3개의 테라스로 구성하였다.

④ 이탈리아 정원을 수목적인 것에서 건축적 구성으로 전환시키는 계기가 된 정원이다.

⑤ 최고 높이의 노단은 장식원으로 꾸몄다.

⑥ 건물과 공지를 조화시키어 건축적인 중정을 만들었다.

(3) 16세기 데스테장(villa d'Este)

① 리고리오가 설계하였으며, 명확한 중심축을 따라 3개의 테라스가 연결되어 있다.

② 4개의 노단으로 구성되었으며, 수경이 축선과 직교하여 정원이 전개된다.

③ 정원에 물을 다양하고 풍부하게 사용하였고 100개의 분수로 물풍금과 용의 분수 등을 조성하였다.

(4) 16세기 파르네제장(villa Farnese)

① 르네상스 3대 별장 중 하나로 비뇰라가 설계하였다.

② 2개 층의 테라스가 있으며, 계단에는 캐스케이드로 수로를 형성한다.

③ 물을 많이 이용하지 않고, 좌우 대칭의 일상생활 위주의 설계이다.

(5) 16세기 란테장(villa Lante)

① 비뇰라가 설계하였으며 별장은 담으로 둘러싸여 있다.

② 4개의 노단으로 구성되어 정원의 축과 연못의 축이 완전히 일치한다.

③ 비뇰라가 설계한 카지노(casino)와 정원을 완벽하게 결합 하였다.

④ 제2테라스에는 2개의 잔디밭이 있고, 플라타너스가 군식되어 있다.

⑤ 빌라 전체의 공간은 평면적으로 강한 축을 중심으로 정형적 대칭을 이룬다.

> **기출 Point** | villa Lante
>
> 몬탈토(Montalto) 분수, 빛의 분수(Fountain of lights), 거인의 분수, 돌고래 분수 등과 같은 정원 시설물을 만들어 놓았다.

(6) 17세기 후기 바로크

① 감베라이아(villa Gamberaia) : 주건물이 정원의 가운데에 있으며 전체 공간은 단순하게 처리하였다.

② 알도브란디니(villa Aldobrandini) : 2개의 노단과 노단 중간에 건물이 위치한다.

③ 이졸라벨라(villa Isola Bella) : 바로크 양식의 대표적인 정원으로 호수의 섬 전체를 10개의 노단으로 구성하였고 각 노단은 화려하게 장식되어 있다.

④ 가르조니(villa Garzoni) : 바로크 양식의 최고봉으로 건물과 정원이 분리된 2개의 테라스로 이루어진 정원이다.

❸ 이탈리아 정원의 특징

(1) 일반적 특징

① 엄격하고 고전적인 비례를 준수하였으며, 축을 설정하고 원근법을 도입하였다.

② 높이가 다른 수 개의 노단을 조화시켜 좋은 전망을 살리고자 하였다.

③ 지형과 기후로 인해 구릉과 경사지에 빌라가 발달하였고 지형 극복을 위해 노단과 경사지를 이용하였다.

④ 부지 계획은 건축이론의 영향을 받았고 축을 직교하여 분수, 연못 등을 설치하였다.

⑤ 조경가의 이름이 등장하고 시민자본가가 등장하였다.

⑥ 로마의 3대 별장 : 파르네제장, 데스테장, 란테장

(2) 평면적 특징

① **직렬형** : 지형의 고저에 따른 강한 주축선을 설정하였다.

　　에 빌라 란테

② **병렬형** : 등고선에 직각 방향으로 강한 축선을 설정하거나 평행하게 설정하였다.

　　에 빌라 데스테

③ **직교형** : 등고선의 평행축과 경사축이 직교한 형태이며 각 테라스는 독립된 형태이다.

　　에 빌라 메디치

(3) 입면적 특징 : 정원에서의 주 구조물인 카지노의 위치에 따라 분류한다.

① 카지노가 테라스의 최상단에 위치 : 빌라 데스테

② 카지노가 정원의 가운데에 위치 : 빌라 란테, 빌라 알도브란디니

③ 카지노가 테라스의 최하단에 위치 : 빌라 카스텔로

(4) 이탈리아 르네상스시대 바로크 양식에 나타난 조경 시설 및 특징

① 정원동굴이 있다.

② **토피어리** : 수목을 인위적인 형태로 깎아서 만든 것을 말한다.

③ 물을 사용하였다.

　　에 물 오르간, 연못, 캐스케이드, 분천, 물 극장, 놀람분수

④ **세부 형태의 선** : 직선보다 곡선의 활용이 활발하게 나타난다.

⑤ 조화와 균제미에서 벗어나 복잡한 곡선의 장식과 세부 기교에 치중하였다.

⑥ 거대한 양식과 자유롭고 유연한 디테일이 특징이다.

시험에 이렇게 나왔다!　　　　　　　　　　　　　　　　　　　　　　[2010년 제2회 산업기사]

용의 분수와 백개의 분수가 있는 테라스(terrace of hundred fountains)로 유명한 별장은?

① 란테 별장(villa Lante)　　　　　　　② 메디치 별장(villa Medlcl)

③ 데스테 별장(villa d'Este)　　　　　　④ 마다마 별장(villa Madama)

해설

③ 리고리오가 설계하였으며, 명확한 중심축을 따라 3개의 테라스가 연결되어 있다. 용의 분수와 백개의 분수가 있는 테라스로 유명하다.
① 비놀라가 설계하였으며 별장은 담으로 둘러싸여 있고 네 개의 노단으로 구성되어 정원의 축과 연못의 축이 완전히 일치한다.
② 미켈로지가 설계하였으며 알베르티의 부지설계 원칙을 적용한다.
④ 교황 레오 5세의 조카로 훗날 클레멘트 7세가 되는 줄리오 데 메디치 추기경을 위해 세워졌다.

정답 ③

05 미국의 조경

1 배경과 조경가

(1) 배경

① 남북전쟁 후 도시거주자들이 지방에 별장을 지으며 건축과 조경이 발달하고, 영국의 수법을 계승하였다.

② 식민지 시대에 고국의 영국식 정원을 모방하였다.

③ 1854년 뉴욕에 옴스테드가 회화적 수법으로 공원을 축조하였다.

④ 공중위생에 대한 관심이 고조되고 각 국민의 도덕에 대한 관심과 낭만주의적 · 미적 관심이 발달되며 공공공원이 세워졌다.

(2) 풍경식 조경가

① 앙드레 파르망티에(Andre Parmentier) : 미국에 최초의 풍경식 정원을 설계하였고, 미국의 정형식 정원에 대한 반발로 회화적 양식을 찬양하였다.

② 다우닝(Andrew Jackson Downing)

  ㉠ 미국에 맞게 자연풍경식을 설계하였다.

  ㉡ 허드슨 강변을 따라 옥외지역을 개발하였다.

  ㉢ 영국에서 건축가 칼버트 보를 데려와 센트럴 파크 계획이 참여하는 데 기여하였다.

  ㉣ 미국 공공공원의 부족과 필요성을 잡지에 기고하였다.

2 미국의 공공조경

(1) 옴스테드(Fredrick Law Olmsted) ☑ 중요

① 현대 조경의 아버지라 불리우며, 조경(Landscape Architecture)이라는 용어를 처음 사용하였다.

② 옴스테드와 칼버트 보우의 공동작품으로 센트럴 파크가 탄생하였다.

③ 옴스테드와 보우의 3대 공원으로는 센트럴 파크, 프로스펙트 파크, 프랭클린 파크가 있다.

④ 옴스테드의 리버사이드 단지계획 : 1869년 시카고 근교에 통근자를 위한 단지계획으로 전원생활과 도시 문화를 결합하는 이상주의적 도시공원 설계개념이다.

⑤ 도시 내 오픈스페이스(open space) 확보에 기여하였다.

⑥ 도시공원체계 수립 등 현대 미국 조경의 중흥에 획기적인 공로를 한 조경가이다.

⑦ 작품 속에는 곡선상의 원로(園路)를 많이 도입하였다.

> **│ 기출 Point │ 옴스테드**
> • 센트럴 파크라는 전원(田園)풍경식 대공원을 설계 시공하였다.
> • 국립공원에 많은 기여를 하였다.

(2) 그린스워드 계획(Greensward plan)

① 뉴욕인구의 증가, 공원주변 건물의 고층화, 노동자들의 공원 이용률 증대 등을 예측하고 제시하여 대규모 공원지역을 정당화하였다.

② 입체적 동선체계, 차음·차폐를 위한 주변 식재, 아름다운 자연경관의 view 및 vista 조성, 정형적인 몰(mall)과 대로, 넓고 쾌적한 마차 드라이브 코스, 산책로, 교육을 위한 화단과 수목원 등을 설계하였다.

(3) 센트럴 파크(Central park) ☑ 중요

① 영국 최초의 공공공원인 버컨헤드 공원의 영향을 받은 최초의 공원이다.

② 미국 도시공원의 효시이며 근대 도시공원의 터전이다.

③ 국립공원 운동에 영향을 주어 1872년 옐로스톤 공원이 최초의 국립공원으로 지정되었고 1890년 요세미티 국립공원이 지정되었다.

> **기출 Point | 무스코 정원**
>
> 센트럴 파크에 낭만주의적 풍경식 정원수법을 옮기는 교량적 역할을 한 작품이다.

(4) 찰스 엘리어트(Charles Eliot, 1859~1897)

① 최초의 수도권 공원계통을 수립하였다.

② 여러 국립공원과 주립공원이 생기는 데 공헌하였다.

③ 1928년 48개주마다 주립공원, 주립산림, 주립수렵 보호구역을 지정하는 데 공헌하였다.

④ 최초로 광역공원계통을 수립했다.

(5) 시카고 만국 박람회(1893)

① 미대륙 발견 400주년을 기념하기 위해 계획하였다.

② 옴스테드가 조경을 설계하였고 도시설계는 맥킴이, 건축은 다니엘 번함과 루스가 설계하였다.

③ 박람회의 영향

　㉠ 도시계획에 대한 관심이 증대하였고 도시계획이 발달하는 계기가 되었다.

　㉡ 도시미화운동이 일어났다.

　㉢ 로마에 아메리칸 아카데미가 설립되었다.

　㉣ 조경전문직에 대한 관심이 높아졌다.

　㉤ 조경계획을 수립함에 있어 건축, 토목 등과의 공동작업 계기를 마련하였다.

더 알아보기 | 몬티첼로

몬티첼로 정원은 미국의 토마스 제퍼슨이 설계한 정원으로 다양한 디자인과 식물 종류를 포함하고 있는 매우 다채로운 정원이다. 제퍼슨의 진보적이고 혁신적인 관점을 반영하고 있다.

❸ 미국의 현대 조경

(1) 특징

① 가디온은 역사적 양식의 재현을 중상주의적 고전주의가 절충주의로 변한 것이라고 보았다.

② 1860~1870년대 다우닝은 유연하고 자연적이며 낭만적인 사우지 조경의 전성기를 이루었다.

③ 설계의 질을 개선시키고 조경 전문직에 대한 일반 대중의 인식을 높였다.

(2) 래드번(Radburn) 도시계획 ☑ 중요

① 미국의 소규모 전원도시 개발 모델이다.

② 라이트(Henry Wright), 스타인(Clarence Stein)이 설계하였다.

③ 대가구(super block)를 도입하여 차도와 보행자도로를 분리하였고, 막다른 골목인 쿨데삭 (cul-de-sac)으로 시설을 배치해 근린성을 높이고, 전원풍경을 창출하였다.

④ 위락중심지, 학교, 타운센터, 쇼핑시설을 주거지에서부터 보도로 연결하였다.

⑤ 도로는 다목적 이용을 배제하고 목적별로 특정한 도로를 설치하였다.

⑥ 단지 내를 통과하는 통과교통을 허용하지 않았다.

(3) 플래트(Charles Adams Platt)

① 디자인 질을 높이는 데 가장 큰 기여를 하였다.

② 「이탈리아 정원」을 발간하여 신고전주의 정원의 장을 열었다.

③ 브루클린의 폴크너 농장 : 공간구성이 단순하고 직접적이며 이탈리아적 요소가 발견되었다.

④ 젊은 디자이너에게 전 계획 과정에 있어서 신중한 연구, 힘찬 배치, 시선의 비례, 결함 없는 재료 사용을 가르쳤으며 신고전주의 정원의 장을 열게 되었다.

(4) 캘리포니아 스타일

① 일본과의 교류로 서구와 대조되는 동양문화를 접하게 되며, 기능주의의 영향과 함께 정원은 새로운 형태를 취하게 되었다.

② 스틸(Steel) : 정원은 실외 거실임을 주장하였다.

③ 토마스 처치 : 정원은 사적공간으로 가족 환담, 게임, 휴식 공간 등의 역할을 한다고 보았다.

④ 1930년대 이후 동해안 지방에서는 제임스 로스가 영국에서는 터나드가 활약하였다.

⑤ 가렛 에크보(Garrett Eckbo), 로렌스 헬프린(Lorence Helprin)도 참여하였다.

프레드릭 로 옴스테드(Frederick Law Olmsted)와 관련이 없는 것은?

① 센트럴 파크   ② 리버사이드 단지   ③ 시카고 박람회의장   ④ 수도권 공원계통

해설

④ 수도권 공원계통은 찰스 앨리어트와 관련이 있다.
① 영국 최초의 공공 공원인 버컨헤드 공원의 영향을 받은 최초의 공원이다.
② 리버사이드 단지계획 : 1869년 시카고 근교에 통근자를 위한 단지계획으로 전원생활과 도시 문화를 결합하는 이상주의적 도시공원 설계개념이다.
③ 시카고 만국 박람회(1893) : 미대륙 발견 400주년을 기념하기 위해 계획하였다.

정답 ④

06　이슬람 및 기타 국가의 조경

❶ 중세 서구

(1) 배경

① 장소에 따라 수도원 정원, 성곽 정원으로 분류한다.
② 기독교, 봉건 영주의 장원제도에 의해 발달하였다.
③ 정원의 성질에 따라 초본원(채소원, 약초원 등)과 과수원 또는 유원으로 분류한다.
④ 중세 초기에는 실용 위주의 식물이 식재되었다.
⑤ 중세 말기에는 장식적 화훼에 대한 관심이 높아졌다.

(2) 중세 전기 : 수도원 정원

① 이탈리아를 중심으로 발달하였다.
② 장식적 정원으로 회랑식, 중랑식(클로이스터) 중정이 발달하였다.
③ 실용적 정원으로 채소원, 약초원이 발달하였다.
④ 수도원 정원 중정의 교차점에는 파라디소라 하여 분천을 두거나 큰 나무를 식재하였다.

더 알아보기　St. Gall 수도원

성갈 수도원 또는 장크트갈렌 수도원이라고 부르며 수도원 정원이 자세히 그려진 평면도가 발견된 중세 수도원이다.

(3) 중세 후기 : 성곽 정원

① 프랑스, 잉글랜드를 중심으로 발달하였다.
② 「장미 이야기」에 기록이 되어 전해진다.
③ 화려한 화훼류를 식재하였고 폐쇄적인 정원이 특징이다.

(4) 조경

① 과수원, 유원, 매듭화단(knot)과 미원(maze), 토피어리, 분수, 퍼걸러, 수벽(water fence) 등이 있다.
② 식물 중심의 조경이 특징이다.

❷ 중세 이슬람 : 페르시아 회교식 정원(이란)

(1) 배경

① 정원의 특징 : 지상 낙원으로서의 정원을 조영하였다.
② 정원 시설 : 연못, 저수지가 정원의 중심 시설이며 푸른색, 흑색 조약돌을 사용하여 깊고, 푸르게 보이도록 연출하였다.
③ 정원의 위치 : 주 건물의 동향과 북향에 위치하고, 먼지와 바람을 피하고 외적을 막기 위해 높은 담을 설치하였다.
④ 정원의 관개수로(카나드) : 수로에 의해 정원은 4부분으로 나누어지고(4분원), 와디(Wadi)라는 인공 저수지에서 명거 또는 암거 수로로 정원에 물을 공급하였다.
⑤ 정원의 대표적 녹음수 : 대추야자, 사이프러스
⑥ 가장 필수적 요소 : 물[주요시설 : 연못, 분천, 캐스케이드, 저수지, 커널(canal)] ☑ **중요**
⑦ 정원의 유형은 평지정원과 산지(경사지)정원으로 구분한다. 사분원 형식은 주로 평지정원에서 설치하였고, 산지정원에는 키오스크를 설치하였다.

(2) 이스파한 : 이란 사막지대에 위치한 사막도시

① 압바스 1세가 계획하여, 소정원을 연속적으로 이어가면서 도시를 하나의 정원으로 전개하였다.
② 차하르바그(Chahar-bagh)
  ㉠ 7km 이상 되는 수로와 화단이 있는 넓은 도로로 중앙부에 노단과 수로 및 연못을 조성하였고 가장자리에는 가로수(사이프러스, 플라타너스)가 식재되었다.
  ㉡ 도로 공원의 원효(효시)로 간주하였다.
③ 황제도로(Shah Ra) : 이스파한과 시라즈 사이의 관통도로
④ 40주궁 : 왕의 광장과 차하르바그 사이의 궁전구역
⑤ 왕의 광장

❸ 중세 이슬람 : 스페인

(1) 배경

① 남부지방인 안달루시아에서 번영하기 시작하였으며, 코르도바를 수도로 하여 코르도바가 이슬람 문화의 대중심지가 되었다.

② 코르도바 지역 : 파티오(patio)식 정원이 발달하였으며 파티오는 중심을 내향적 공간으로 추구하였다.

더 알아보기 파티오(patio) ☑중요

파티오는 스페인 주택의 중앙에 있는 안뜰을 뜻하며 건물(주택의 외벽 또는 아케이드)에 의해 둘러싸여진 정원, 즉 중정(中庭)을 말한다. 중세에 사라센 민족에 의해 만들어졌다. 따라서 알베르카 중정과 알베르카 파티오는 같은 뜻으로 쓰인다.

---

(2) 특징

① 중정 구성이 독특하고, 물과 분수가 풍부하게 사용되었다.

② 대리석과 벽돌을 이용한 기하학적 형태이다.

③ 다채로운 색채를 도입한 섬세한 장식을 하였다.

④ 내향적 공간을 추구하여 파티오가 발달하였다.

⑤ 당시의 기독교의 수도원 정원에 비하여 호화롭고 개방적이다.

⑥ 인도의 무굴 양식에도 커다란 영향을 주었다.

(3) 코르도바의 대모스크

① 코르도바는 귀족들의 장원지로 별장과 페리스타일의 정원을 조성하였으며, 파티오와 내정이 발달하였다.

② 오렌지 중정 : 오렌지나무와 야자나무를 식재하고 대연못과 4개의 작은 연못, 벽돌로 만든 관개수로를 조성하였다.

(4) 세비야의 알카자르 궁전

① 무어인의 영향으로 요새형 궁전 정원이며 물이 정원의 초점요소로 사용되었다.

② 원로나 파티오에 타일이나 석재로 포장되어 있고, 연못은 모두 침상지이다.

③ 1181년 이슬람 왕 Abu-Yakub Jusuf가 건설한 궁정이다.

(5) 그라나다의 알람브라 궁전 ☑중요

① 무어족의 옥외공간 처리 솜씨를 엿볼 수 있으며, 주요 건물과 성채를 붉은색으로 지었다.

　※ 알람브라는 아랍어로 '붉은색'이라는 뜻

② 공간의 구성 : 4개의 중정(파티오)으로 이루어져 있다.

연못의 파티오 (알베르카 중정)	• 알람브라 궁원의 주정으로 공적 기능이었다. • 중앙에 장방형 연못이 있고, 도금양(천인화)을 양옆에 열식하였다. • 일명 '천인화의 파티오'라 불린다.
사자의 중정	• 14세기에 마호멧 5세가 조성하였으며, 왕의 사정원이 있다. • 주랑식 중정이고 가장 화려하다. • 12마리 사자상이 받치고 있는 분수가 있다. • 4개의 수로에 의해 4분되는 파라다이스 정원 개념을 잘 나타내고 있다. • 무어 양식의 극치이다.
다라하의 중정 (린다라야 중정)	• 중심에 분수가 설치되어 있고, 여성적 분위기이다. • 가장자리를 회양목으로 식재하였으며 부인실에 부속되어있다. • 기독교적인 색채가 강하다.
레하의 중정 (창격자 중정)	• 중심에 분수를 설치하였다. • 환상적이면서 엄숙한 분위기이고, 네 귀퉁이어 사이프러스를 식재하였다. • 알람브라 궁전의 파티오 중 가장 규모가 작고, 바닥은 자갈로 무늬가 그려져 있다. • 기독교적인 색채가 강하다.

(6) 헤네랄리페(Generalife) 이궁

① 그라나다 왕의 피서를 위한 은둔처로서 경사지의 계단식 처리와 기하학적 구성이 특징이다.

② 노단식(계단식)으로 된 구성 : 이탈리아 노단건축식에 영향을 주었다.

③ 공간의 구성

　㉠ 수로의 중정 : 연꽃 모양의 분천이고, 궁전의 입구이며 가장 아름다운 공간이다.

　㉡ 사이프러스 중정 : 옹벽을 따라 사이프러스를 식재하였고 노단의 정상부에 있다.

시험에 이렇게 나왔다!　　　　　　　　　　　　　　　　　　　　[2007년 제4회 산업기사]

스페인의 알람브라 궁원 안에 있는 '사자의 파티오'에 관한 설명으로 틀린 것은?

① 왕의 사정원(私庭園)이다.

② 파티오의 중심에는 사이프러스의 나무가 식재되어 있다.

③ 주랑에 의해 둘러싸여 있다.

④ 14세기에 마호멧 5세가 조성하였다고 한다.

해설

② 사이프러스 나무가 식재되어 있는 곳은 레하의 중정이다. 레하의 중정에는 중심게 분수가 설치되어있고, 환상적이면서 엄숙한 분위기이며, 네 귀퉁이에 사이프러스가 식재되어 있다.

　　　　　　　　　　　　　　　　　　　　　　　　　　　　　　　　　　　　정답　②

❹ 무굴 인도

(1) 무굴 인도 정원의 주요 요소 ☑ 중요

① 수경 시설 : 종교적 행사에 사용되며 물은 무굴 정원의 가장 중요한 요소이다.

② 원정 : 정원에 있는 정자를 의미한다. 연못가에 배치되었고 피서 장소였으나 사후에는 묘소나 기념관으로 이용되었다.

③ 녹음수 : 화단을 만들고 연못에는 극락정토를 상징하는 연꽃을 식재하였다. 인도의 정원문화는 녹음을 사랑하여 녹음수가 중요시되었고 온갖 화초로 화단을 만들었다.

④ 높은 담 : 사생활을 보호하고 안식 및 장엄미와 형식미를 조성하였다.

⑤ 무굴 정원의 유형은 별장을 중심으로 발달한 바그(bagh)와 정원과 묘지를 결합한 형태의 것으로 나누어지고 산간 지방에는 노단식이, 평지에는 평탄원이 발달했다.

⑥ 바그(bagh) : 건물과 정원을 하나의 유니트로 하는 환경계획으로 동시에 이탈리아의 빌라와 같은 개념이다.

(2) 정원의 유형

① 람바그(Ram bagh)

㉠ 바부르 대제가 수도 아그라에 조성한 무굴시대 최고로 광대한 정원이다.

㉡ 높은 울담으로 둘러싸인 대정원이다.

② 타지마할(Taj Mahal)

㉠ 샤자한 왕이 왕비를 위해 묘소(분묘)의 목적으로 축조하였다.

㉡ 높은 울담으로 둘러싸여 있으며 좌우 대칭형 구조이다.

㉢ 수로가 정원을 4부분으로 나눈다(4분원 형식). 이 4등분한 수로는 파라다이스 가든의 네 강을 의미한다.

③ 샬리마르바그(Shalimar bagh)

㉠ 샤자한 왕이 설치한 3개의 노단으로 된 정원이며 샤자한 왕의 여름용 별장이다.

㉡ 1노단은 정원의 가장 위에 위치하며 연못과 분수가 있고, 2노단은 4분원 형태이며 연못에 돌로 된 섬이 있다.

- 디큐샤바그(Dikusha bagh)
  - 일렬의 분수지가 영묘를 돌아 흐르는 광대한 8개의 노단으로 구성되어 있다.
  - 수로 양편에 넓게 포장된 원로와 사이프러스, 화훼류의 긴 화단과 접해 있다.
- 니샤트바그(Nishat bagh) : 고원지대
  - 다알 호수 남쪽에 있는 아름다운 정원이다.
  - 누르마할(Nur Mahal) 형제들이 축조하였다.
  - 12개의 노단으로 구성되어 있는데, 12궁을 상징한다.
  - 노단에 수로를 관류시킴. 하층 노단에 분수를 설치하였다.
  - 화단에 백합, 장미, 제라니움, 코스모스 등을 식재하였다.
- 샬리마르바그(Shalimar bagh) : '사랑의 집'이라는 의미이다.
  - 자항기르왕(1619년)이 축조한 여름용 별장이다.
  - 정원 중앙 수로, 수로 좌우의 원로에 플라타너스 가로수가 있다.
  - 정원을 3공간(외곽정원, 중앙의 황제정원 공간, 안쪽의 왕비정원 공간)으로 분할하였다.
  - 제1정원(외곽공간) : 공공 정원공간이며, 대수로가 정원의 축을 이룬다.
  - 제2정원(사적정원) : 알현실, 왕의 욕실, 흑 대리석 원정을 설치하였고, 원정 주위에 일렬의 케스케이드가 있다.
- 아차발바그(Achabal bagh) : 다수의 분수와 연못이 있으며, 넘친 물이 낮은 테라스를 향해 폭포를 형성한다.

(3) 조경의 특징

① 열대 지방이므로 녹음수가 중요시된다.

② 연못은 장식, 목욕, 종교적 행사를 위한 정원의 주요 요소이다.

③ 고대 인도 정원을 바탕으로 하였으며 물, 그늘, 꽃이 중심이다.

④ 높은 담을 설치하였다.

⑤ 정원은 궁전과 별장을 중심으로 발달한 바그(Bagh)와 정원의 묘지를 결합한 형태로 나눌 수 있다.

⑥ 회교도들이 남부 스페인에 축조해 놓은 것과 흡사하다.

⑦ 정원에서의 생활을 중요시하여 생전에는 정원에 정자 등 화려한 건물을 지어 친구들과 즐기다가 사후에는 그 곳을 그대로 묘소나 기념관으로 사용하였다.

(4) 인도 무굴왕조의 시대별 정원

① 바베르시대 : 람바그

② 후마윤시대 : 후마윤의 묘

③ 아쿠바르시대 : 나심정원(나심바그)

④ 자한기르시대 : 샬리마르바그, 니샤트바그, 아차발바그

⑤ 샤자한시대 : 차스마샤히, 샬리마르바그, 타지마할

❺ 기타 국가의 조경

(1) 네덜란드

① 이탈리아적 취향의 르네상스 정원이 도입되었다.

② 전통적 정원은 실용적 가사용이다.

③ 조각품, 화분, 토피어리, 창살울타리 등이 장식적으로 사용되고 원정이나 썸머 하우스가 설치되어 있다.

④ 수목이 열식된 원로나 커낼 장식이 되어 있고 창살울타리나 정자가 설치되어 있다. 커낼로 구획 지어진 작은 섬의 형태를 이루고 서로 다리에 의해서 이어진다.

⑤ 사각형의 화단이며 구릉지가 없어 노단식 정원이 거의 없다.

⑥ 매우 단순한 의장으로 꾸며진 규모가 작은 몇 개의 중정에 의하여 구성된다.

⑦ 화훼류를 애호하는 국민성으로 인해 초본식물을 위주로 한 정원이 발달되었다.

⑧ 드 브리스 : 16세기 네덜란드에 최초로 이탈리아 정원을 도입한 사람이다.

⑨ 본 엘프(Woonerf) : 1970년 네덜란드의 델프트시에서 최초로 등장한 보차공존 도로이다.

시험에 이렇게 나왔다!　　　　　　　　　　　　　　　　　　　　　　　[2016년 제2회 기사]

네덜란드의 정원은 무엇으로 구획 지어진 작은 섬의 형태를 이루고 서로 다리에 의해서 이어지는가?

① 커낼　　　　　　② 캐스케이드　　　　　　③ 폭포　　　　　　④ 창살울타리

해설

수목이 열식된 원로나 커낼 장식이 되어 있고 창살울타리나 정자가 설치되어 있다. 커낼로 구획 지어진 작은 섬의 형태를 이루고 서로 다리에 의해서 이어진다.

정답 ①

---

(2) 독일

① 독일의 르네상스시대 조경

  ㉠ 1590년대를 중심으로 르네상스가 나타난다.

  ㉡ 형태는 장방형이며 원로는 포장되어야 한다.

  ㉢ 학교원 : 사회적, 교육적 가치를 인식하여 최초로 만들었다.

  ㉣ 하이델베르크 성관 주위 정원은 대규모의 오렌지 과수원이나 화단 등이 특징이다.

  ㉤ 새로운 식물의 재배와 식물학에 대한 연구가 활발하게 이루어졌다.

② 독일의 풍경식 정원(19세기)

  ㉠ 독일은 식물생태학과 식물지리학 등 자연과학적 지식을 기초로 한 자연경관의 복구를 가장 먼저 시도한 나라이다.

  ㉡ 자경관의 재생을 주요 과제로 삼고 있다.

  ㉢ 시뵈베르원은 독일 최초의 풍경식 정원이다.

② 데시테드원은 임원형식으로 생육상태 등에 맞게 과학적으로 설계되어 있다.

　　　⑩ 무스카우(Muskau) 성의 대림원 : 무스카우공의 정원으로, 영국 풍경식 정원의 영향을 받았으며, 후에 미국 센트럴 파크에 영향을 주었다.

　　　⑭ 조경가

　　　　• 칸트 : 정원예술을 '자연의 산물을 미적으로 배합하는 계술'로 정의하였다.

　　　　• 히르시 펠트 : 풍경식 정원에 대한 원리를 연구하고 정립하였다.

　　　　• 괴테 : 바이마르 공원을 설계하였으며 낭만주의 문학의 대가이다.

　　　　• 실러 : 풍경식 정원의 비판자이다. "정원 속의 자연은 이미 외부자연과 같지 않다"

　　③ 독일의 현대 조경(20세기)

　　　㉠ 마그데부르크(Magdeburg)에 최초로 공원을 설치하였다.

　　　㉡ 폴크스 파크(Volks park)

　　　　• 루드비히 레서(L. Lesser)가 제창하였으며 면적 10ha 이상의 시민공원이다.

　　　　• 국민의 전계층을 대상으로 하는 심신단련용, 여가활동을 위한 녹지의 일종이다.

　　④ 분구원

　　　㉠ 시레베르가 도시민의 보건을 위해 조성하였다.

　　　㉡ 1차 대전 중에는 시민의 식량난 완화 역할을 하였고 시민의 식량 생산지로 공헌하였다.

　　　㉢ 현재는 도시민의 보건을 위해 채소, 화훼 재배장으로 사용된다.

　　⑤ 도시림 : 연방법으로 제정한 후생복지의 숲이다.

(3) 러시아

　　① 페테르부르크(Petersburg) 궁전

　　　㉠ 표트르가 조영하였으며 소택지 도시이고 베르사유 궁원풍으로 조성하였다.

　　　㉡ 분수, 연못, 수도, 커낼 등의 수경이 있고 정원의 수목을 모두 식재하였다.

　　　㉢ 종횡으로 원로에 의해 구획하고 원로의 교차점에 분천을 설치하였다.

　　　㉣ 마법의 물이 장치되어 있다.

　　　㉤ 상부 정원의 중심에는 넵튠 분수, 남쪽 정원에는 조각상이 배치되고 보스케 가운데에도 조각상, 정자 등이 설치되어 있다.

(4) 오스트리아

　　① 벨베데레원(Belvedere garden)

　　　㉠ 바로크풍의 궁원이다.

　　　㉡ 상하 두 단의 테라스로 구성되어 있으며 거대한 캐스키이드로 연결되어 있다.

　　　㉢ 르 노트르 양식의 영향을 받아 평면기하학식 정원이다.

② 쉔브룬(Schonbrunn)성의 정원
　　㉠ 약 130ha의 장엄한 규모이다.
　　㉡ 바로크 양식의 대궁전 중에서 대표적인 바로크 정원이다.
　　㉢ 로코코 양식의 실내장식이다.
　　㉣ 르 노트르 양식의 영향을 받아 평면기하학식 정원이다.
③ 미라벨 정원(Mirabell garden)
　　㉠ 바로크 양식의 전형이며 아름다운 분수와 연못, 대리석 조각물, 꽃 등으로 장식되어 있다.
　　㉡ 정원 서쪽에는 1704년에서 1718년 사이 만들어진 울타리로 둘러쳐진 극장이 있다.

(5) 폴란드

① 여름 궁전 : 1638년 빈의 외곽에서 터키군을 물리친 왕인 소비에스키는 빌라노에 있는 비스와강 언덕에 여름 궁전을 지었으며 상단과 하단의 테라스는 서로 자연스럽게 연결된다.
② 바벨성 : 역대 폴란드 왕이 거처하던 곳이다.

(6) 헝가리, 체코

① 헝가리의 에스터하자(Esterhaza) 궁전 : 사냥터와 오두막을 짓고 자수화단, 수평선을 향해 뻗은 소로 등을 설치하였다.
② 체코의 부클로바이스(Buchlovice) 정원 : 아그레스 엘레나 콜로나에 의해 건축되었으며 구불구불한 길과 시내 개울의 다리들은 훌륭하게 자란 나무들과 어울려 우아한 경관을 조성한다.

(7) 스웨덴, 덴마크

① 스웨덴의 드로트닝홀름(Drottningholm) 궁원 : 스웨덴 유일의 명원으로 북쪽에 타원형의 지천이 있으며 회양목 자수화단, 헤라클레스의 분천지, 보스케 등이 설치되어 있다.
② 덴마크의 프레데릭스보그(Frederiksborg) 궁전 : 호수 중간에 떠있는 3개의 작은 섬 위에 만들어져 각각의 섬은 다리로 연결되어 있고 중앙 원탑, 기념상, 무늬화단 등의 배치가 프랑스식 정원 형태이다.

(8) 스페인, 포르투갈

① 스페인의 라그랑하 궁전 : 카를리에와 브틀레가 설계한 아름다운 정원과 자연적인 수압의 분수가 특징이다.
② 포르투갈의 켈레즈 궁전 : 궁전 앞에 전개되는 평탄원은 프랑스식이고 원내에 도입된 다리의 타일 포장은 포르투갈 특유의 양식이다.

(9) 터키

① **토카피 정원** : 제1, 2, 3, 4 정원으로 나뉘며 비잔틴식 형식이다.

　　㉠ 제1정원 : 모두에게 개방하였다.

　　㉡ 제2정원 : 황실에 용무가 있는 사람에게 개방하였다.

　　㉢ 제3정원 : 황실 가족에게 용무가 있는 사람이나 VIP 또는 궁전에서 일하는 사람들에게만 개방하였다.

　　㉣ 제4정원 : 오직 황실 가족만 사용하였다.

② **돌마바체 궁전** : '가득한 정원'이란 뜻이며 왕들의 여름철 별장으로 사용하였다. 베르사유를 모방해 만든 궁전으로 공공빌딩, 왕좌가 있는 홀, 여자궁전의 하렘 등 3부분으로 이루어져 있다.

(10) 호주의 그리핀(Walter Burley Griffin)

호주의 수도 캔버라(Canberra)의 도시 설계안 공모에 채택된 설계가이다.

(11) 브라질의 벌 막스(Burle Marx)

① 브라질 리오데자네이로 코파카바나 해변의 프로메나드를 남미의 문양으로 조성한 조경가이다.

② 남미의 향토식물을 조경수로 활용하였다.

③ 열대경관을 새롭게 주목받게 하였다.

④ 풍부한 색채, 지피류와 포장 그리고 물을 통한 패턴을 창작하였다.

동양의 조경

01 중국의 조경

❶ 은·주시대

(1) 은(殷)시대

① 언덕 위에 원시적인 도시가 형성되어 사냥을 위해 먼 삼림지대까지 나가야만 했다.

② 수렵원과 같은 것은 만들어지지 않았다.

(2) 주(周)시대(기원전 11세기~256)

① 대표적인 정원(영대, 영유, 영소)

ㄱ 영대 : 정원에 연못을 파고 그 흙을 높이 쌓아올려 구축한 대(臺)로 낮에는 조망을 하고 밤에는 밤하늘을 즐겼다.

ㄴ 영유 : 숲과 못을 갖추고 동물을 사육했으며, 왕후의 놀이터였다.

ㄷ 영소 : 연못

ㄹ 원유 : 수렵원으로 야생동물을 방사했고 후세에 이궁의 역할을 하였다.

② 기록

ㄱ 시경 : 영대, 영유, 영소를 소개하였다.

ㄴ 맹자의 양혜왕 장구 : 원유에 대한 기록이 있으며, 그 규모가 사방 70리라 했다.

ㄷ 춘추좌씨전 : 신하의 포(圃)를 징발하여 유(囿)를 삼았다는 기록이 있다(원유).

③ 특징 : 중국 역사상 가장 오래된 정원 기록이 있다.

❷ 진·한시대

(1) 진(秦)시대

① 진의 시황제는 상림원에 대규모 궁인 아방궁을 만들었고 여산릉(진시황의 묘)과 만리장성을 축조했다.

② 건축물은 골짜기와 산을 넘어 연도로 연결되어 있다.

③ 왕희지의 「난정기」 : 풍류놀이의 일종인 곡수연을 즐기기 위해 곡수거(물도랑) 조성이 기록되어 있다.

(2) 한(漢)시대

① 금원(궁원)

　㉠ 상림원
- 중국 최초의 정원이며 한의 무제가 장안 서쪽에 위수를 만들었다.
- 70여채의 이궁을 짓고 화목 3,000여종을 심었다. 한편 준승을 사육하며 황지의 사냥터로 사용하였다.
- 곤명호, 곤명지, 서파지를 비롯한 6개의 대호수를 원내에 만들었다.
- 곤명호 동서 양쪽 물가에는 견우·직녀의 석상을 앉혀 은하수로 비유하였고, 길이 7m의 돌고래를 호수 속에 앉혀 놓았다.

　㉡ 태액지원
- 장안 건장궁 내의 곡지 중 하나이다.
- 신선사상에 의한 봉래, 방장, 영주 세 섬을 축조하고 연못가에는 청동이나 대리석으로 조수(鳥獸)와 용어(龍魚)상을 배치했다.

기출 Point | **한(漢)시대**

한시대부터 중정을 전돌로 포장하는 기법(포지의 수법)이 사용되었다.

② 건축적 특색

　㉠ 대, 관, 각(제왕을 위해 축조)
- 대 : 상단을 작은 산 모양으로 쌓아올려 그 위에 높이 지은 건물
  ※ 영대(주), 홍대(진), 점대·백량대·통천대·신명대(한)
- 관 : 높은 곳으로부터 궁내의 경관을 바라보기 위한 곳
- 각 : 궁이나 서원의 정자

기출 Point | **설문해자**

과일을 심는 곳을 원(園), 채소를 심는 곳을 포(圃), 금수를 키우는 곳을 유(囿)로 풀이한 후한(後漢)시대의 문헌

❸ 삼국시대(위·오·촉), 진·남북조시대

(1) 삼국시대
① 위와 오나라에서 연못을 중심으로 하는 화림원이라는 이름의 금원을 조영하였다.
② 위의 화림원 : 낙양성 내에 여러 개의 대를 축조하였다.
③ 오의 화림원 : 건강궁 내에 낙양성의 화림원을 모방하여 축조했다.

(2) 진(晉)시대
① 왕희지의 난정 고사에 곡수연을 위해 원정에 곡수를 돌리는 곡수거를 조성했다는 기록이 있다.
② 도연명의 안빈낙도 철학(전원생활)이 원림생활에 영향을 미쳤다.
③ 도연명의 안빈낙도 철학과 관련 있는 시문 : 귀원전거, 도화원기, 귀거래사

(3) 남북조시대

① 남조의 금원 : 수도 건강지방의 화림원을 계승하여 유지하였다.

② 북조의 금원 : 위시대의 화림원을 복원하여 유지하였으며 양현지의 낙양가람기에 그 모습이 묘사되어 있다.

❹ 수ㆍ당시대

(1) 수(隋)시대

① 궁궐 안에 진기한 수목, 금수를 길렀고 기암을 두었으며 많은 궁전과 누각을 건축했다.

② 남북을 연결하는 대운하를 완성했다.

③ 못을 파서 해중에 봉래, 방장, 영주의 삼선도를 축조하고 그 위에 대와 화랑을 만들었다.

④ 현인궁 : 궁궐 안에 잔목, 기암, 금수를 가져다 놓았다.

(2) 당(唐)시대(618~907)

① 대표적인 궁

㉠ 대명궁 : 태액지(한나라때 금원)를 중심으로 정원이 조성되었다.

㉡ 이궁(離宮) : 온천궁, 화청궁, 홍경궁, 구성궁 등이 있었다.

㉢ 온천궁(溫泉宮) : 당나라 현종과 양귀비의 설화가 있는 이궁으로 백낙천의 장한가와 두보의 시는 화청궁의 아름다움을 노래하고 있다(후에 화청궁으로 개명).

  ※ 장안의 3원(苑) : 서내원(西內苑), 동내원(東內苑), 대흥원(大興苑)

② 민간정원

㉠ 이덕유의 평천산장

• 무산 12봉과 동정호의 9파 상징, 신선 사상

• 평천산거 계자손기 : 평천을 팔면 내 자손이 아니다.

• 정원 안에 천하에 귀한 화초를 식재하였다.

• 정원 안에 기석(奇石), 괴석(怪石)을 배치하였다.

㉡ 백거이(백낙천)의 정원

• 백련, 학, 천축석, 태호석, 마름으로 정원을 조성

• 진기한 모양의 정원석용 돌을 직접 가져와 배치

③ 특징

㉠ 서호와 같은 명승지가 즐겨 묘사되었고, 자연 그 자체보다 인위적인 요소가 많아지기 시작했다.

㉡ 초기부터 신선사상과 우주를 표현하였고, 그 후의 동양 조경 양식에 큰 영향을 끼쳤다.

• 연못, 괴석을 배치하는 등 중국 정원의 기본적인 양식이 확립되었다.

| 기출 Point | 백거이(백낙천, 白樂天) |

• 유명한 장한가(長恨歌)를 지었다.

• 관사(官舍)에 화원을 만들고 동파종화(洞坡種化)라는 시를 지었다.

• 공무를 마치고 낙향할 때 천축석(天竺石)과 학(鶴)을 가지고 갔다.

・불교의 영향으로 온건하고 고상한 분위기가 조성되었다.

④ 관련 서적 : 백거이(백낙천)의 「동파종화」, 「백모단」

　ㄱ 당나라의 정원을 가장 잘 묘사하였다.

　ㄴ 별장생활을 하며 정원을 가꾸는 기법 등이 기록되어 있다.

기출 Point | 화청궁

당(唐)의 백낙천이 장한가 속에서 아름다움을 묘사한 이궁

❺ 송 · 남송 · 금 · 원시대

(1) 송(宋)시대(960~1279)

① 북송시대

　ㄱ 기록 : 이격비의 낙양명원기, 구양수의 취옹정기, 사마광의 독락원기, 주돈이의 애련설 등이 있다.

　ㄴ 만세산원 : 휘종 때 항주의 봉황산을 닮은 가산을 쌓아올리고 대석가산을 조성했다(석가산의 시초).

　ㄷ 휘종의 4원 : 경림원, 옥진원, 의춘원, 금명지

② 남송시대

　ㄱ 기록 : 주밀의 오흥원림기, 축목의 사문유취

　ㄴ 항주(수도) : 서호십경으로 유명하고, 자연미가 풍부했다.

　ㄷ 덕수궁(고종의 어원) : 서호의 풍경을 모방하였다. 태호석을 이용하여 정원 속에 산악이나 호수의 경관과 유사하게 구성하였고, 석가산을 쌓아올려 정상부를 비래봉과 유사하게 만들었다.

　ㄹ 오흥과 소주의 정원 : 주로 태호석을 이용한 석가산을 조성하였다.

기출 Point | 주돈이의 애련설과 관계있는 곳

・경복궁 후원에 있는 향원정(香遠亭)
・전라남도 화순군에 있는 임대정(臨對亭)
・경상북도 안동군에 있는 도산서당의 정우당(淨友塘)

> **더 알아보기 | 태호석이 갖추어야 할 조건**
>
> ・추(皺) : 주름지고 거친 질감을 의미한다.
> ・투(透) : 바위에 구멍이 많이 뚫려있고 투명하게 보이는 것을 의미한다.
> ・누(漏) : 바위의 빈틈이 있는지를 의미한다.
> ・수(瘦) : 여리고 야윈 것을 의미한다.

③ 민간정원

　ㄱ 소주의 창랑정 : 소주의 4대 명원 중 하나로, 돌과 수목을 이용하여 산림경관을 조성하였다. 소순흠이 조성하였고 창문장식이 다양하다.

> **더 알아보기 | 남송과 북송의 특징**
>
> 남송은 태호・심양호・동정호와 같은 호수가 있어 주변의 자연경관이 수려했으나, 북송은 남송과 자연조건이 달라 명산이나 호수를 모방한 조경양식이 발달했다.

(2) 금시대

① 북경에 금원을 만들고 태액지를 조성하였다. 후에 원, 명, 청 삼대왕조의 궁원구실을 하였다.

② 현재 북해공원으로 공개되고 있다.

(3) 원(元)시대

① 금원 : 송대 이후 계속되어온 석가산 수법으로 도처에 석가산이나 동굴을 만들었다.

② 민간정원

ㄱ 북경의 만류당 : 연못 주위에 수백 그루의 버드나무를 식재하였다.

ㄴ 소주의 사자림 : 예찬과 주덕윤이 공동 작업을 하였고 석가산은 태호석을 이용하였다.

> **기출 Point ┃ 사자림**
>
> 사자림에서는 견산루(見山樓)의 편액을 볼 수 있는데, 그 이름은 도연명(陶淵明)이 쓴 시의 문장에서 나왔다.

❻ 명·청시대

(1) 명(明)시대(1368~1644)

① 기록 : 이계성의 「원야」, 문진형의 「장물지」, 왕세정의 「유금릉제원기」, 육소형의 「경」 등이 있다.

ㄱ 이계성의 「원야」

- 중국 정원을 전문적으로 다룬 책자로 3권으로 구성되어 있다.
- 흥조론(제1권)에서 시공자보다 설계자가 중요함을 강조했다.
- 흥조론(興造論)에서 원림의 조성에는 설계자의 역할이 전체 원림조성에서 70% 정도로 중요하다고 설명되어 있다.
- 원내 배치 및 차경 수법 설명 : 원차(원경), 인차(근경), 앙차(올려보기), 부차(시선의 높낮이) 등
- 원(園)은 원림을 의미하고 야(冶)는 설계·조성을 의미한다.
- 원림의 조성에는 사람, 지역과 환경, 공인 등의 조건이 다르기 때문에 일정한 법이 성립되기 어렵다고 적혀있다.
- 원야(園冶)의 입기(立基) 부분에서 원림(園林)터 조성에 관해 설명하였다.
- 정원구조물의 그림 설명이 되어 있다.
- 작자가 중국 강남에서의 작정 경험을 기초로 했다.

ㄴ 문진형의 「장물지」

- 모두 12권이며, 1권~3권까지 화목·수석 등 정원에 관해 서술했다.
- 정원을 전문적으로 다룬 유일한 서적이다(화목의 배식과 수경시설 조성법 등).
- 거주에 관한 일체를 취급하고 있으며 실로, 화목, 수석, 식어 등 12부로 되어 있다.

ㄷ 육소형의 「경」 : 산거생활을 적은 자서전이다.

② 대표적인 정원

    ⊙ 어화원 : 정원과 건축물이 대칭으로 배치되었다(자금성 근처에 위치).

    ⓛ 만세산 : 풍수설에 따라 5개의 봉우리를 만들고, 정상에 정자를 지어 자금성, 태액지, 북경성을 조망하였다(원시대에는 청산, 명시대에는 만세산이라 부른다).

    ⓒ 졸정원 ☑ 중요

        • 소주에 위치한 것으로 3개의 섬과 이를 연결하는 곡교(다리)로 연결되었으며, 반 이상이 수경이다.

        • 별서정원의 성격으로 꾸며진 소주(蘇州) 지방의 명원이다.

        • 원향당(遠香堂), 하풍사면정(荷風四面亭), 방안정(放眼亭) 등의 정원 건물이 있다.

        • 창덕궁 후원의 반도지에 있는 관람정은 부채꼴 모양의 정자인데 이는 졸정원(拙政園)의 여수동좌헌(與誰同坐軒)에서 찾을 수 있다.

        • 중국의 사가정원 가운데 '해당화가 심겨져 있는 봄 언덕(해당춘오, 海棠春塢)'이라는 정원이 꾸며진 곳이다.

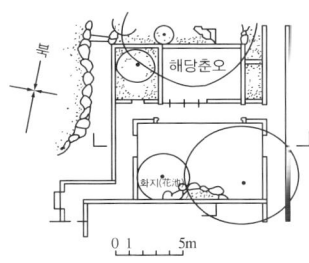

[해당춘오]

    ⓡ 작원 : 명(明)시대의 대표적 정원으로 작약이 정원식물로 널리 사용되었으며, 자연곡선을 이용한 연못을 설치하였다. 물가에는 버드나무를, 물속에는 흰 연꽃을 심었다. 곳곳에 다리를 가설하고 정자를 세웠다.

    ⓜ 유원

        • 서태시가 조영하였다.

        • 중, 동, 서, 북의 4구분으로 구성되어 있다.

        • 중원에는 연못, 동쪽에는 건물이 있으며, 서쪽에는 산림경관, 북쪽에는 전원 풍경이 보인다.

        • 화려한 정원 건축물이 많고 허와 실, 명암대비 등 변화 있는 공간처리와 유기적 건축배치를 가졌다.

(2) 청(淸)시대(1616~1912)

① 자금성 금원 및 이궁

    ⊙ 건륭화원 : 석가산과 건축물이 입체적 공간으로 이루어졌으며 5개의 단으로 이루어진 계단식 경원이다.

ⓛ 서원 : 황궁의 외원으로 태액지 호수에 위치해 있다.

ⓒ 원명원 이궁 : 서양식 정원의 시초이다.

기출 Point | 원명원 이궁

중국 청조(淸朝)의 건륭(乾隆) 12년(1747년)에 대분천(大噴泉)을 중심으로 한 프랑스식 정원을 꾸밈으로써 동양에서는 최초의 서양식 정원으로 알려진 곳

ⓔ 만수산 이궁(이화원) ☑ **중요**
- 청나라의 대표적 정원이며 현존하는 유적 중 가장 큰 규모이다.
- 중국의 고전적인 정원의 대표작으로 청나라 시대에 조영된 북경의 북서부에 위치한 삼산오원(三山五園) 중 규모가 가장 큰 정원이고, 보존이 잘 된 황가의 이궁이다.
- 서태후는 청의원을 이화원이라 개명하는 등 이화원 재건의 주역이다.
- 만수산과 곤명호로 이루어졌으며 만수산의 요지에 배운전과 불향각이 있다.

ⓜ 열하피서 산장
- 남방의 명승과 건축을 모방한 것으로 황제의 여름 별장이다(소나무의 정연한 식재).
- 강희 36경, 건륭 36경, 궁전구, 호수구, 평원구, 산구
- 근처에 큰 강이 있어 여름에도 서늘한 기상조건을 보인다.
- 강희제(康熙帝)는 산장 속의 경관 좋은 36곳을 골라 시를 지어 궁정화가 침유(沈喻)가 그림을 곁들여 간행하였다.

② **양주 명원** : 조경과 건축의 극치를 이룬다. 양자강 북안에 위치하여 경관이 빼어나고 기후가 온난하여 수목과 화훼류가 다양해 많은 정원이 전해지고 있다.

③ **소주 명원** : 성내의 제한된 구획 속에 석가산 수법이 효율적으로 적용되었으며, 동쪽에 태호가 자리잡고 있어 태호석의 이용이 편리했다.

※ 소주 4대 명원 : 졸정원, 사자림, 유원, 창랑정

시험에 이렇게 나왔다!　　　　　　　　　　　　　　　　　　　　　　　　[2011년 제2회 기사]

다음 [보기]에서 설명하는 정원으로 맞는 것은?

┤보기├
- 중국 소주지방의 4대 명원 가운데 하나이다.
- 전체 면적의 3/5을 점하는 지당을 중심으로 구성되어 건물이 아름답다.
- 시정화의(詩情畵意)에 가득 차 있다.

① 졸정원　　　　　② 유원　　　　　③ 사자림　　　　　④ 창랑정

해설
② 유원 : 서태시가 조영한 중, 동, 서, 북의 4구분으로 구성되어 있는 정원이다.
③ 사자림 : 예찬과 주덕윤이 공동 작업을 하였고 석가산은 태호석을 이용하였다.
④ 창랑정 : 소주의 4대 명원 중 하나로 돌과 수목으로 산림 경관 조성, 소순흠이 조성하였고 창문장식이 다양하다.

정답 ①

02 일본의 조경

1 아스카 · 헤이안시대

(1) 7세기 이전

① 백제에 의해 한인지, 백제지가 조성되었고(276년), 신라인이 자전제를 축조했다(323년).

② 아스카시대

ⓐ 612년 백제의 노자공이 황궁의 남정에 불교사상의 세계관을 배경으로 수미산과 오교를 조성하였다(일본 정원의 효시). 이는 일본의 정원양식에 영향을 미쳤다.

- 일본서기(日本書紀)의 기록에서 백제의 노자공이 수미산과 오교를 조성한 기록을 볼 수 있다 (최초의 기록).
- 수미산은 중국의 불교적 세계관을 배경으로 하고 있다.

ⓑ 일본 조경사에서 곡수연이 시작된 시기이다.

ⓒ 지기마려(芝耆磨呂)는 노자공의 다른 이름이다.

ⓓ 아스카시대의 정원 : 법륭사(法隆寺)에 조약돌을 깐 실개천과 석축연못, 불교사상의 세계관을 배경으로 꾸민 정원

(2) 나라 · 헤이안시대

① 나라(내양)시대(710~794)

ⓐ 신라에 패망한 백제왕의 후예인 행기를 통해 불교가 전파되었고, 불교사원의 건립이 활발하였다.

ⓑ 평성궁 : 원명여왕 때 황궁 연못을 중심으로 한 정원(Ƹ자 모양의 곡지 발견)

> **더 알아보기** | **평성궁 곡수 유구**
>
> 곡수연을 목적으로 조영된 것으로 보이는 이 정원은 육평의 중심부 가까이에 1/3을 차지하는 동서 약 60m, 남북 약 70m로 좁고 길게 사행하는 도수로 형태의 곡지이다. 조영 시기는 나라시대 중기로 추정되며 바닥에 목상을 묻고 계정 수초를 심어 꽃을 감상했다. 지중에는 경사가 있는 암도(岩島)를 배치하였다.

② 헤이안(평안)시대(794~1185)

ⓐ 신선사상의 영향으로 지원 안에 섬을 축조했다.

ⓑ 침전조 지원 양식 : 주건물을 침전으로 그 앞에 연못 등의 정원을 조성했다.

ⓒ 동삼조전 : 침전조 양식의 대표적 정원으로 연못에 3개의 섬이 있고, 주변은 자연지형의 산과 울창한 나무가 있고 섬과 섬 사이의 평교·홍교가 설치되었으며 꽃나무가 식재되었다.

> **기출 Point** | **동삼조전**
>
> 평안(헤이안)시대에 나타난 침전조(寝殿造) 정원양식의 전형을 보여준다.

ㄹ 모월사(毛越寺), 무량광원(無量光院) : 정토(淨土) 신앙사상이 드러나는 건축과 정원이다.

ㅁ 임천식 정원이 조성되었다.

   ※ 임천식 정원 : 자연경관을 인공으로 축경화하여 산을 쌓고 연못, 계류, 수림을 조성한 정원

ㅂ 중기부터는 불교의 정토사상이 정원양식에 영향을 주어 정토정원이 발달했다.

ㅅ 귤준망의 「작정기」

- 조원 지침서로 침전조 건물에 어울리는 조원수법이 기록되어 있다.
- 직접 여러 정원을 감상한 후 여러 정원 이야기를 모아서 엮은 책이다.
- 정원 전체의 땅가름, 연못, 섬, 입석, 작천 등 정원에 관한 내용이다.
- 이론적인 것에서부터 시공면까지 상세하게 기록되어 있다.
- 일본에서 정원 축조에 관한 가장 오랜 비전서이다.
- 정원을 꾸미는데 자연을 존중하고 자연에 순응하는 깊은 관찰을 강조하였다.

❷ 가마쿠라 · 무로마치시대

(1) 가마쿠라(겸창)시대(1185~1333)

① 정토정원과 선종교가 융성하였다.

② 중엽 이후 정토교의 영향은 감소하고 선종사상의 영향이 증가하면서 사찰의 개인적 성격이 강화되었다.

③ 초기의 주유식 지천 정원의 형태에서 회유식 지천 정원의 연못으로 변화하다 후기에는 회유식 정원이 주를 이루었다.

④ 대표적인 선종정원 : 서방사 정원, 서천사 정원, 남선원 정원

   ※ 서방사 정원 : 고산수 지천 회유식 정원으로 회유식 심(心)자형 연못이 있고, 여러 개의 소지 가장자리에 야박석이 있다.

⑤ 선종정원의 창시자 : 무소소세키(夢窓疎石)로 가마쿠라 · 무로마치시대의 대표적 조경가이며 서방사, 서천사, 영보사, 천룡사 정원 등을 조경하였다. 일본 전국의 산야를 돌면서 경승지를 선사(禪寺)로 조영하고 선(禪)사상을 깨닫기 위한 사유와 수행의 장으로 활용하였다.

(2) 무로마치(실정)시대(1336~1573)

① 조석이 중시되고 전란의 경제적인 제약으로 정원이 축소되어 가는 경향이었다.

② 선(禪) 사상이 정원축조에 영향을 주었다.

③ 고산수정원 발달 ☑ 중요

   ㉠ 축산고산수정원 : 바위(폭포), 왕모래(냇물), 다듬은 수목(산봉우리) 등으로 추상적인 정원을 꾸민 것(대덕사 대선원)

ⓒ 평정고산수정원 : 수목을 사용하지 않고 왕모래, 정원석으로 꾸민 것(용안사 정원)

④ 은각사 : 은사탄(銀砂灘, 인공모래펄), 향월대(向月臺) 등의 경물이 있는 곳이다.

> **더 알아보기** **고산수정원의 특징**
>
> • 물을 사용치 않고 산수의 풍경을 상징적으로 나타냈다.
> • 모래 등으로 물결 모양을 표현하고 암석을 세워 폭포를 조성하며, 돌을 배치하여 섬 또는 반·도를 표현한다.
> • 방과 마루에서 감상할 수 있도록 작은 마당에 주로 꾸며졌다.
> • 초기의 묵화적인 산수를 사실적으로 취급한 것으로부터 점차 추상적인 의장으로 변해간다.
> • 상징적이고 회화적이며, 신선사상과 북종화에 영향을 받았다.
> • 용안사 방장정원, 대덕사의 대선원 등이 대표적인 정원이다.

⑤ 금각사

❸ 모모야마 · 에도시대

(1) 모모야마시대(1573~1603)

① 특징

ㄱ 도요토미 히데요시(豊臣秀吉) 등이 정치적 안정을 이루어 호화로운 성곽과 저택을 축조하는 시대였다.

ㄴ 정토사상의 정원이 계속되고 고산수정원이 확립되었다.

ㄷ 무로마치시대 초기의 은각사를 중심으로 동산문화가 발생했다.

　　예 서원조건축, 고산수정원, 화도 등

ㄹ 와비와 사비 이념을 바탕으로 하는 다정양식이 발달했다.

　• 와비 : 조용하고 맑게 가라앉은 모양을 표현한 것으로 주로 다도를 집대성한 센리큐가 추구한 경지를 이르는 말이다. 와비는 인간생활의 부족함을 초월하여 정원에서 그 미를 찾으려고 하는 개념이다.

　• 사비 : 바쇼의 하이쿠에 나타나 있는 이상적인 경지를 가리키는 말로 이끼가 끼어있는 정원석에서 고담(古談)과 한아(閒雅)를 찾으려는 개념이다.

ㅁ 대표적으로 거대한 정원석, 호화로운 석조, 명목(名木) 등을 사용한 화려한 색조의 정원으로 삼보원(三寶院) 정원이 있다. 풍신수길(豊臣秀吉)의 꽃구경과도 관련 있는 정원이다.

② 다정원(茶庭園) ☑ 중요

ㄱ 다실과 다실에 이르는 길을 중심으로 좁은 공간에 꾸며지는 일종의 자연식 정원으로 자연의 운치를 연상시키는 데 그 특징이 있다.

> **기출 Point** ┃ **다정원**
>
> • 실용(實用)을 주목적으로 조성했던 정원이다.
> • 석등, 세수통 등 점경물을 설치하고 소공간을 자연 그대로의 규모로 꾸민 정원양식

ⓒ 뜀돌이나 포석 수법을 구사하여 풍우에 씻긴 산길을 나타내고 수통이나 돌로 만든 물그릇으로 샘을 상징한다.

ⓒ 오래된 석탑이나 석등을 놓아 수림 속에 쇠퇴해버린 고찰의 분위기를 재현시켰다.
- 마른 소나무잎을 깔아 지피를 나타내는 등 제한된 공간 속에 깊은 산골의 정서를 표현했다.
- 소나무나 삼나무 등을 심고, 담쟁이 넝쿨을 올려 가을 단풍이나 낙엽으로 산거(山居)의 분위기를 나타낸다.

(2) 에도(강호)시대(1603~1867)의 조경

① 특징

ⓐ 전기에는 교토 중심이었고, 중기 이후에는 에도 중심이었다.

ⓑ 후원은 건물과 독립된 정원으로 지천회유식이었다.

ⓒ 서원정원은 건물에 종속되며 회화식으로 옥내에서 조망하도록 조성되었다.

ⓓ 금지원 : 소굴원주 등에 의해 조원되어 장수를 기원하는 '학구(鶴龜)의 정원'으로 유명한 곳이다.

ⓔ 에도시대 이도헌추리가 1828년에 「축산정조전후편」에서 밝힌 정원의 3가지 형식화 : 축산, 평정, 노지정

② 정원의 종류

ⓐ 전기의 정원 : 동해사, 금지원, 서원, 소석천후락원, 낙수원, 계리궁원, 수학원이궁 등

ⓑ 중기 이후의 정원 : 가나자와의 겸육원, 오카야마의 후락원

시험에 이렇게 나왔다!

[2008년 제1회 기사]

다음 일본정원과 관련된 내용 중 연결이 틀린 것은?

① 용안사(龍安寺) - 평정고산수(平庭枯山水)
② 다정(茶庭) - 모모야마시대(挑山時代)
③ 서방사(西芳寺) - 몽창국사(夢窓國師)
④ 계리궁(桂離宮) - 무로마치시대(室町時代)

해설
④ 계리궁은 에도시대의 정원이며, 한가운데 연못이 있는 전형적인 회유식 정원으로 여러 개의 다실로 둘러싸인 것이 특징이다.

정답 ④

❹ 메이지(명치)시대(20세기 전기)

(1) 특징

① 서양식 화단과 암석원 등이 도시공원에 도입되었다.

② 프랑스식 정형 정원, 영국식 풍경 정원의 영향을 받았다.

(2) 대표적인 서양식 정원

① 동경의 신주쿠쿄엔 : 영국식의 넓은 잔디밭, 프랑스식의 식수대열식, 일본식의 지천회유식 정원 등이 공원을 구성하고 있다.

② 아카사카리큐

③ 히비야 공원 : 최초의 서양식 도시공원

더 알아보기 일본 조경양식의 발달

시기	특징
7세기 초	백제의 노자공이 수미산과 홍교를 조성
8~11세기(헤이안시대)	임천식 정원 발달
14세기(무로마치시대)	• 불교 선사상, 묵화의 영향 • 건물로부터 독립 • 회화적, 축산고산수 수법 발달
15세기후반(무로마치시대)	평정고산수 수법이 발달
16세기(모모야마시대)	다정양식 탄생
17세기(에도시대 초기)	회유임천식 + 다정식 정원
19세기(에도시대 후기)	축경식 정원

시험에 이렇게 나왔다!

[2013년 제1회 산업기사]

15세기 후반부터 일본정원에서 바다 풍경을 상징적으로 묘사하기 위해 평면(平面)에 모래를 깔고 돌을 짜 맞추어(石組) 구성된 양식은?

① 축산식(築山式)　　　　　　　　　② 임천식(林泉式)

③ 평정고산수(平定枯山水)　　　　　④ 축산고산수(築山枯山水)

해설

③ 15세기 후반 무로마치시대에 유행한 평정고산수식은 정원에 수목을 사용하지 않고 왕모래와 정원석 등으르 꾸몄다.

①·④ 축산고산수 수법은 14세기 무로마치시대이다.

② 회유임천식 정원은 17세기 에도시대이다.

정답 ③

한국 조경

01 원시시대 조경

① 선사시대와 고조선시대

(1) 선사시대

① 자연계의 모든 사물에는 영적·생명적인 것이 있다고 믿는 애니미즘이 생겨났다.

② 주술과 무당을 믿는 샤머니즘과 신성하게 여기는 특정한 동식물 또는 자연적인 토템을 숭배하는 토테미즘이 생겨났다.

(2) 고조선시대 : 당시의 조경공간이라 할 수 있는 신산, 누대를 만들었다는 기록이 있다.

02 삼국시대 조경

① 삼국시대

(1) 고구려

① 안학궁

ㄱ 장수왕 15년(427년)에 평양으로 천도 후 평양 대동강 상류에 지은 궁으로 궁 내에 자연곡선 형태의 연못과 인공 동산이 있었으며, 연못 안에는 몇 개의 섬이 있었다.

ㄴ 성벽으로 둘러싸여 있고 여러 건축물과 회랑이 있으며 남궁, 북궁, 중궁으로 구분되어 있다.

ㄷ 비정형적 자연풍경식 정원의 특색을 보인다.

ㄹ 남북 중심축선상에 운, 정전, 침전이 차례로 놓여있다.

ㅁ 궁의 남쪽에 가산이 있으며 이곳에 연못이 있다.

ㅂ 궁의 동남쪽에 한 변이 70m인 정방형의 못자리가 있다.

기출 Point | 안학궁

• 궁전(宮殿) 건물터와 조산(造山) 및 원지 (苑池)의 유적이 함께 있다.

• 수구문은 동쪽과 남쪽에 설치되어 있었다.

• 북문과 북쪽의 내전 사이에 인공적으로 조성한 조산이 있었다.

• 정원 터는 서문과 외전 사이와 북문과 침전 사이에 있었다.

• 가장 규모가 큰 정원은 남쪽 궁전과 서문 사이의 정원으로 서문과 서외전 사이에 동산이 있고, 이 동산과 건물로 둘러싸인 곳에 정방형의 연못이 있다.

• 구성요소 : 경석, 인공축산, 섬, 못

② 대성산성 : 170여개의 연못이 있으며 무기와 식량을 비축한 군사기지로, 비상시에는 왕궁의 역할을 하였다.

③ 장안성(평양성)

　　㉠ 평양에 위치하였으며 외성, 중성, 내성, 북성으로 구성되어 있다.

　　㉡ 외성 : 민가, 중성 : 관청, 내성 : 왕궁, 북성 : 사원 및 군사

④ 동명왕릉의 진주지

　　㉠ 못 안에 4개의 섬이 있다.

　　㉡ 못 바닥에는 자갈이 깔려있고 연화씨가 발견되었다.

더 알아보기　고구려시대의 조경

• 왕도(王都)에 배나무가 연이어져 심어져 있었던 기록이 있다.
• 고구려의 청암리사지의 공간구성 : 오성좌배치(중국 사기 천관서에 있는 오성좌를 배치의 기본형식으로 한다)

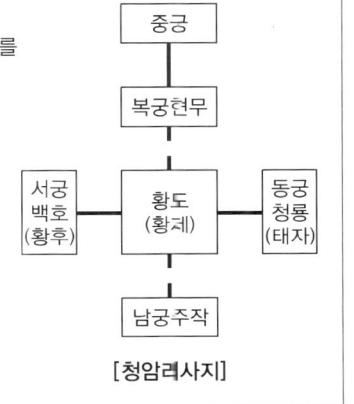

[청암리사지]

---

(2) 백제

① 임류각(동성왕 22년, 500)

　　㉠ 궁 동쪽에 세워 강의 수경과 산야의 조경을 즐긴 위락기능을 하였다.

　　㉡ 동성왕 때 조성한 궁의 후원이다.

기출 Point　**임류각**

궁안에 누(樓)를 짓고 원지(苑池)를 파고 기이한 짐승을 기른 기토가 있다.

② 궁남지(무왕 35년, 634)

　　㉠ 우리나라 최초로 신선사상을 배경으로 하는 지원으로 현재는 부여읍 남쪽에 복원되어 있다.

기출 Point　**백제 궁원 조성 순서**

한산성궁원 → 임류각 → 궁남지 → 망해정

　　㉡ 궁 남쪽에 연못을 파고 방장선도를 축조하였으며, 20여리 밖에서 물을 끌어들였다.

　　㉢ 방장지의 물가에 버드나무를 식재하였다.

　　㉣ 연못 한가운데에 방장선산을 상징하는 섬이 자리잡고 있다.

　　　※ 방장선산 : 부여 궁남지의 가운데에 있는 인공적으로 만든 섬

　　㉤ 삼국사기에 기록되어 있다.

③ 사찰
　　㉠ 미륵사지(전북 익산) : 세 개의 탑과 금당 등으로 구성된 3탑 3금당의 독특한 배치형식이다.
　　㉡ 정림사지(충남 부여)
　　　• 1탑 1금당식 : 남북축선상에 탑과 금당을 하나씩 두는 형태와 동서로 탑과 금당을 두는 형태
　　　　두 가지가 있다.
　　　• 5층 석탑을 배치하였다.
　　　• 원내 방지를 도입하였다.

(3) 신라

① 법흥왕 14년에 불교가 공인되면서 불사의 조영이 활발하게 이뤄졌다.
② 진흥왕 5년에 완성된 흥륜사에는 금당, 탑, 좌경루, 좌우회랑, 남문, 남지가 있었고, 진흥왕 14년에
　황룡사를 창건하였다.

❷ 발해와 통일신라

(1) 발해

① 상경용천부(上京龍泉府) 궁궐 : 중국 흑룡강성 영안현에 있으며 바둑판 모양의 시가지를 형성한다.
② 귀족들이 저택에 연못을 꾸미고 모란을 식재하여 화려한 정원을 조성하였다.

(2) 통일신라

① 월지(안압지, 문무왕 14년, 674, 임해전 지원) ☑ 중요
　　㉠ 안압지라는 명칭은 조선 초 문헌인 동국여지승람과 동
　　　경잡기에서 이미 폐허가 되어 갈대가 무성한 호수에
　　　기러기와 오리들이 날아드는 모습에서 안압지(雁鴨池)라 불렸다.

| 기출 Point | 월지 |

조경 유적 중 가장 굴곡이 많은 호안(護岸)을 가진 원지(苑池)

　　㉡ 연못의 면적은 약 16,800m^2(5,100평) 정도이며, 그 안에 삼신도인 대·중·소도의 3개 섬으로
　　　이루어져 있다.
　　㉢ 안압지를 포함한 임해전 지원은 신선사상을 바탕으로 구성되었으며, 주로 연회와 관상, 뱃놀이
　　　등의 목적을 지닌 정원이다.
　　㉣ 임해전은 정원을 바다로 표현하고자 한 구상이며, 직선과 다양한 곡선처리를 했다.
　　㉤ 못의 북안과 동안에는 자연스러운 인공축산이 있으며, 물가는 다듬은 돌로 호안을 석축했다.
　　㉥ 동궁과 월지 관련 문헌 : 「삼국사기」, 「동사강목」, 「동국여지승람」, 「동경잡기」

② 포석정
  ㉠ 곡수거 : 흐르는 물에 술잔을 띄워 곡수연을 즐기던 곳으로 왕과 측근들의 유락공간이었다.
  ㉡ 진나라 왕희지가 쓴 「난정기(蘭亭記)」라는 글에 유상곡수 놀이를 한 기록이 있다.
  ㉢ 「삼국유사」, 「동국통감」에도 포석정에 관한 기록이 있다.
  ㉣ 돌로 축조된 전복과 비슷한 모양의 수로로 유상곡수연(流觴曲水宴)의 유구로 추정되고 있다.
  ㉤ 타원형의 형태이며, 안쪽에 12개, 바깥쪽에 24개의 다듬은 돌을 조립하였다.
  ㉥ 수로 폭의 변화와 경사로의 변화에 따라 술잔이 불규칙적으로 흐르도록 설계되었다.

기출 Point | 포석정

경주 포석정 유배거(流盃渠)의 폭은 30cm, 깊이는 20cm이다.

③ 만불산
  ㉠ 경덕왕이 가산(假山 : 원 따위에 돌을 모아 쌓아서 조그마하게 만든 산)을 축조한 것이다.
  ㉡ 사절유택 : 통일신라 시대의 귀족들이 계절의 풍경과 정서를 즐기며 놀이장소로 삼았던 별장형의 집(별서정원)이다.
  ㉢ 사찰
    • 불국사 : 동구, 서구, 구품연지로 구분되어 있으며, 동구는 높은 석단 위의 석가세계를 말하고 서구는 석가세계보다 낮은 아미타불의 극락세계를 나타낸다. 구품연지의 형태는 타원형이다.
    • 부석사 : 경북 영주의 봉황산 남쪽 가파른 경사지 기슭에 위치한 화엄사찰이다.
    • 황룡사 : 경북 경주에 터가 있으며, 우리나라 최대 규모의 사찰이다.
    • 송광사 : 순천에 있으며 신라 의상대사의 '화엄일승법계도'에 근거하여 동심원적 공간구성체계로 조영된 사찰이다.

기출 Point | 불국사

불국사의 구품연지를 지나 대웅전으로 올라가는 청운교와 백운교에 33계단이 조성되었는데, 이 33계단은 불교의 우주관인 수미산에서 33천(天)을 뛰어 넘어 부처의 세계로 나아간다는 것을 의미한다.

더 알아보기 | 화엄사

• 다른 사찰들과는 달리 회랑(별도의 건물과 연결된 현관)이 없다.
• 다층의 건물이 서로 연결되어 있어 입체적으로 형성된 공간구성이다.
• 대웅전을 중심으로 좌우대칭의 구조가 아니다.
• 대웅전은 탑이 서 있는 아래 마당보다 높은 웃마당에 보제루의 전각들인 면부전, 원통전, 나한전들이 건립되어 전체적으로 비좌우대칭균형의 배치체계를 이루고 있다.

④ 석연지(石蓮池)

　　　㉠ 궁원의 정원용 점경물이며, 돌로 만든 연꽃 모양의 연못이다.

　　　㉡ 넓고 두터운 돌을 큰 수조처럼 다듬어 작은 연지, 어항으로 사용한다.

더 알아보기　신라시대의 조경

신라는 삼국 통일 이후 당 장안성(長安城)을 모델로 한 격자형 계획도시를 조성하고자 하였다. 전통 도시인 경주에서는 계획도시 조성이 쉽지 않아 새로운 자리를 찾아 천도를 시도한 것으로 이해된다.

03　중세 및 근세조경

❶ 고려시대

(1) 고려시대의 배경 및 특징

① 왕건은 918년에 궁예를 축출하고 국호를 고려라 하고 왕도를 송도로 칭하였다.

② 북송과 원으로부터 갖가지 애완동물과 화초가 도입되었다.

③ 석가산 수법이 발달하였다.

④ 예종과 의종 때 조경이 가장 활발하게 발달하였다. 특히 의종은 고려시대 별궁과 정원을 가장 호화롭게 꾸민 왕이다.

(2) 금원(궁궐정원)

※ 고려시대의 궁궐정원을 금원이라 하였다.

① 만월대와 궁원

　　㉠ 고려시대 정궁인 만월대는 왕궁의 터를 결정하는 데 풍수지리설에 의해 명당지세인 송악 남쪽에 도읍을 정하였다.

　　㉡ 「주례고공기」의 좌묘우사 · 전조후시의 원리를 적용하였다.

② 동지(東池, 귀령각 지원) : 경종 때 조성되었다.

　　㉠ 백제의 궁남지나 신라의 월지와 유사한 기능을 가졌으며, 왕이 진사 시험을 치뤘던 장소이다.

　　㉡ 위치는 궁궐의 동쪽에 있으며 물가에 누각을 짓고 배를 띄우고 주연을 열거나, 무사를 검열하고, 여러 신하로부터 시를 짓게 하였다.

　　㉢ 고려의 금원으로 진금이수(거위, 백학, 오리, 산양 등)를 사육하였다.

　　㉣ 고려시대 궁궐 정원에 대한 내용이 처음 기록된 시기는 경종 2년(977년)이다.

③ 화원(예종)

　　㉠ 건물로 둘러싸인 네모난 공간 속에 꽃나무와 화초로 꾸민 정원을 말한다.

　　㉡ 화훼류나 화목류는 송 · 원나라에서 수입하였고 화단을 구성하는 식물재료에 따라 매오, 도오, 죽오 등으로 표현한다.

　　㉢ 예종 때 궁의 남쪽과 서쪽에 두 황원을 설치하고, 대와 사를 만들어 높은 담을 설치하였다.

④ 석가산(첩석성산) ☑ 중요

　　㉠ 주로 괴석을 이용하여 자연의 기암절벽을 모방하거나 신선 세계를 꾸미려는 의도로 만들어졌다.

　　㉡ 의종 6년 : 수창궁 북원에 괴석을 쌓아 가산을 만들고 만수정을 축조했다.

　　㉢ 의종 10년 : 양성정 곁에 괴석을 쌓아 올려 가산을 만들고 명화를 식재했다.

　　㉣ 의종 11년 : 민가 50여 구를 헐고 태평정 정원을 조성했다.

⑤ 격구장

　　㉠ 격구는 젊은 무과 상류층 청년의 무예의 일종으로 우리나라에는 신라시대에 중국으로부터 들어왔고 고려시대 의종 때 크게 성행하였다.

　　㉡ 동적 기능을 갖는 정원으로 격구놀이, 창무술, 말타고 활쏘기 등으로 활용했다.

기출 Point ┃ 만월대

• 김홍도가 그린 기로세련계도의 소재가 되었다.
• 늪은 축대를 쌓고 남북방향으로 건물을 배치하였다.
• 숙종 때 모란으로 명성이 높았던 사루가 있었다.
• 상춘정에는 곡연(曲宴)을 행하였다는 기록이 있다. 누정 가운데 궁궐 내에 조영되어 있다.

기출 Point ┃ 석가산

• 송(宋)의 휘종때 만들어진 간산(艮山)에서 가장 두드러진 특징적 요소
• 고려시대에 성행하다가 조선시대에 잘 사용하지 않은 정원 시설
• 지형의 변화를 얻기 위한 수법이다.
• 첩석성산은 석가산의 일종이다.
• 주로 흙이나 돌로 쌓아 만들었다.

⑥ 정자
ㄱ 전망 좋은 강변과 언덕에 휴식과 조망을 위해 설치하였다.
ㄴ 고려 시대 조경문화의 중추적 요소의 하나이다.
ㄷ 안여정, 상춘정, 사루, 어금내 사루, 정연각, 보문각, 태평정, 농산정 등이 있다.
⑦ 누각 : 궁궐 후원이나 자연 속에 여러 형태로 만들어져 놀이터의 역할을 했다.
⑧ 내원서 : 궁궐의 정원을 맡아보던 관청이다.

기출 Point | **태평정**
• 고려시대의 의종(毅宗)이 민가 50여구를 헐어 터를 다듬고 여기에 많은 정자를 세워 명화이과(名花異果)를 심었으며, 괴석으로 가산을 꾸미고 인공폭포를 만들었는데, 그 원림은 치려(侈麗)하기 그지 없었다고 하였다.
• 태평정 경원에는 옥돌로 쌓아 올린 환희대와 미성대가 있고, 괴석으로 쌓은 가산이 있었다.

기출 Point | **농산정**
고려시대 경남 합천군의 홍류동 계곡에 위치한 정자로 전면 2칸, 측면 2칸의 팔작지붕의 건물이다.

(3) 객관 정원(순천관)

① 중국 등의 외국 사신이나 여행자를 접대하던 곳이다.
② 건물은 외문, 중문, 정청을 중심으로 하여 각 부속건물이 좌우 대칭으로 배치되어 있다.
③ 순천관에는 이곳을 이용하는 사람들이 피로를 풀며 즐길 수 있도록 정자가 세워졌다.

(4) 사원 정원

① 사원은 대체로 산수경개가 수려한 자연속에 터를 잡고 있는 관계로 적극적인 조경행위보다는 수경적인 입장에서 못을 파고 화초를 심었다.
② 문수원 정원
ㄱ 상지와 하지로 나누어지고 사다리꼴 형태의 연못이다.
ㄴ 석가산 기법으로 자연석을 인공적이지 않은 형태로 조성하였다.
ㄷ 가장자리는 자연석으로 축조되었다.
ㄹ 연못에는 부용봉이라는 산이 투영되어 영지(影池)라고 불린다.
ㅁ 고려시대의 선원(禪苑)이다.
    ※ 선원 : 불교 수도원이나 사찰
③ 안화사, 대흥사, 관란사, 숭교사, 화엄사, 수다사 등이 있다.

(5) 민간정원

① 최충헌의 「남산리제」 : 남산 기슭에 모정을 세우고 쌍송을 심었다고 기록되어 있고, 기이화초와 조류가 있었다고 되어있다.

기출 Point | **최충헌**
사제(私第)의 정원으로 별당(別堂)인 십자각을 지어 조경을 조성하였다.

② 이규보의 「이소원기」 : 상하원에는 작은 연못이 있고 지지헌이 있으며 40여종의 조경 식물이 나타나 있다.

③ 기홍수의 퇴식재 정원
  ㉠ 이규보의 「동국이상국집」에 기록이 남아있다.
  ㉡ 곡지를 만들고 꽃을 심어 선선정원으로 조성했다.
  ㉢ 건축물로는 퇴식재, 녹약헌 등이 있고, 자연물로는 영천
     동, 소정원으로는 독락원, 시설물로는 연이 심겨져 있는
     연의지, 재료로는 태호석, 조경식물로는 연, 소나무,
     버드나무, 자두나무, 모란, 목단, 창포가 있으며 애완동물을 길렀다는 기록이 있다.

가출 Point ┃ 이규보

• 그려시대에 이동식 정자를 구상한 사륜정기(四輪亭記)와 이소원기(理小園記)는 이규보가 쓴 글이다.
• 이규보의 「동국이상국집」에 나오는 사람이 끌고 다닐 수 있는 정가는 사륜정이다.

(6) **고려시대의 조경식물**
① 조경식물에 관한 문헌 : 「고려사」, 「동국이상국집」 등
② 낙엽활엽수가 많이 쓰였고, 특히 꽃과 열매를 감상하기
   위한 것이 많았다.
③ 8대 조경식물 : 소나무, 버드나무, 매화나무, 향나무, 은행
   나무, 자두나무, 배나무, 복숭아나무
④ 외래식물은 대부분 원산지가 중국이거나 중국을 통해 들어
   왔다. 이규보의 「동국이상국집」에도 반영되어 있다.
⑤ 채원에는 오이, 가지, 무, 파, 아욱, 박 등이 가꾸어졌고,
   분식 식물로는 동백, 측백나무, 협죽도, 석창포, 대나무 등이 애용되었다.
   ※ 채원(菜園) : 채소밭
   ※ 분식(盆植) : 화분에 식물을 심는 일. 대부분의 관엽 식물을 심는 방법
⑥ 교목으로는 소나무와 측백, 전나무 등이 중요시되었다.
⑦ 화오(花塢) : 낮은 둔덕의 꽃밭으로, 고려시대에는 화단이라는 말보다는 화오라는 정원용어가
   널리 쓰였다.

기출 Point ┃ 고려시대의 조경

• 수창궁 북원에는 내시 윤언문이 괴석으로 쌓은 가산과 만수정이 있었다.
• 기홍수는 무장세력으로 최충헌 정권의 지지자였는데, 그는 개성의 남쪽에 퇴식재(退食齋)라는 정원을 만들고 이곳을 8곳으로 구별하여 동물원·식물원·연못·계곡 등으로 특색 있게 시설을 갖추도록 하였다.
• 수다사의 하지나 문수원(청평사)의 남지(영지)는 모두 네모 형태이다.

시험에 이렇게 나왔다!   [2013년 제1회 기사]

고려시대에 조영된 민간정원과 관련 인물의 연결이 잘못된 것은?
① 김치양 – 행단(杏亶)   ② 기홍수 – 퇴식재(退食齋)
③ 이규보 – 이소원(理小園)   ④ 최충헌 – 남산리제(男山里弟)

해설
① 행단은 조선시대 문인들이 자신의 주택이나 건물을 가리킬 때 사용한 용어이다.
                                                          정답 ①

❷ 조선시대

(1) 조선 전기와 조선 후기의 시대배경

① 조선 전기의 시대배경
  ㉠ 대표적인 경원 : 경복궁의 경회루 지원, 전라남도에 있는 양산보의 소쇄원, 전라북도 남원의 광한루 지원을 들 수 있다.
  ㉡ 조경식물과 첨경물에 관한 저술 : 강희안의 「양화소록」
  ㉢ 조선시대에 궁궐 정원을 받아보던 관서 : 상림원과 장원서
  ㉣ 사상 : 풍수지리사상(풍수지리설에 입각한 주택배치의 영향으로 후원양식이 등장), 음양오행사상(연못의 형태가 방지원도), 유교사상

② 조선 후기의 시대배경
  ㉠ 조선 후기는 한국적인 조경문화가 성립되는 시기이다.
  ㉡ 학문적으로 성리학을 배격하고 현실적으로 사회에 기여할 수 있는 실학이 발달하였다.

(2) 궁궐조경 ☑ 중요

① **경복궁** : 정궁으로 기하학적으로 공간을 분할하고, 남북으로 연결된 축을 중심으로 각종 시설물이 좌우대칭으로 연결되어 있다.
  ㉠ 경회루
    • 태종 12년에 창건되었으며, 외국사신의 영접장소, 왕이 군신들에게 베풀었던 연회장소, 유생들의 시험장소, 무예와 활쏘기의 관람장소였다.
    • 천원지방(天圓地方)의 사상을 잘 표현한 건물이다.
    • 36궁으로 이루어져 있으며, 바깥쪽에는 24개의 방형 기둥이, 안쪽에는 24개의 원형 기둥이 있다.
    • 경회루 주변에 불가사리 등 동물조각이 배치된 것은 화마(火魔)를 막기 위한 것이다.
    • 태조 때 이미 작은 누각이 있었으나 태종 때 크게 지었다.
  ㉡ 경회루 지원
    • 방지방도(方地方島) : 방형 연못에 섬이 있다.
    • 방지3방도(方地三方島) : 방형 연못에 3개의 섬이 있다.
    • 정면 7칸, 측면 5칸의 팔작지붕 건물이며, 경회루 외부의 사각기둥은 24개로 24절기를 의미한다.
    • 연, 적송, 느티나무, 회화나무가 식재되어 있다.
    • 못가에 만세산이라는 가산을 축조하였다.

- 방지방도(方地方島) : 사각형 땅에 사각형 섬
  예 경복궁 경회루 연못, 부용동 세연지 연못, 선교장 활래정 연못, 국담원
- 방지원도(方地圓島) : 사각형 땅에 둥근 섬
  예 창덕궁 부용지 연못, 다산초당, 청평사 문수원 정원 영지, 윤증고택의 연못

ⓒ 향원정 지원

- 경복궁 북쪽(후원)에 위치해 있다.
- 경복궁 후원의 중심을 이루는 연못 중앙에 둥근 섬이 있고, 여기에 정육각형의 2층 건물 향원정이 있다. 향원정과 중도 사이에 취향교(翠香橋)가 설치되어 있다.
- 향원지는 방지원도로서 모가 둥글게 처리되어 있다.
- 향원정이라는 명칭은 주돈이의 「애련설」에서 유래하였다.

향원지의 '향원(香遠)'은 '향기가 멀리 간다'는 뜻으로 북송대 학자 주돈이(1017~1073)가 지은 '애련설(愛蓮說)'에서 따온 말로서 왕이나 왕족들이 휴식하고 소요하던 침전의 후원으로 여기에는 향원지(香遠池)와 녹산(鹿山) 등 원림(苑林)공간이 된다.

ⓓ 교태전 후원(아미산원) ☑ 중요

- 왕비의 침전인 교태전 뒤편의 평지에 인위적으로 흙을 쌓아 만든 계단식 후원으로 괴석, 석지, 꽃나무(쉬나무, 돌배나무, 말채나무 등), 6각형 굴뚝(십장생 무늬), 낙엽성 화목, 괴석 등 첨경물을 배치했다.
- 식재는 쉬나무, 말채나무, 산돌배나무, 산뽕나무 등 잡목이 많이 심어져 있다.

- 제1단 : 괴석, 연화문과 용문이 양각된 석지(석련지)가 배치
- 제2단 : 용도를 알 수 없는 방형의 괴석과 석지가 배치
- 제3단 : 붉은 벽돌로 쌓은 육각형의 굴뚝 배치
- 제4단 : 소나무, 느티나무, 앵두나무, 배나무 등을 식재

⑰ 자경전
- 외벽의 벽면에 수놓아진 화문장과 뒷편 담 안쪽 벽에서 볼 수 있는 십장생무늬가 있다.
- 화문장은 아랫부분을 4단의 사괴석으로 쌓아올리고 그 위에 벽돌을 쌓아 벽체를 형성하였으며 벽면에는 매화, 대나무, 복숭아, 석류, 모란, 국화 등이 부조되었다.
- 상하에 고리무늬 장식이 있다.
- 내벽에는 주황색의 벽돌로 만수의 문자를 새기고, 기하하적인 장식무늬가 있다.
- 장수를 기원하며 후원 담장(뒷담)의 외벽에 십장생을 새겼다.

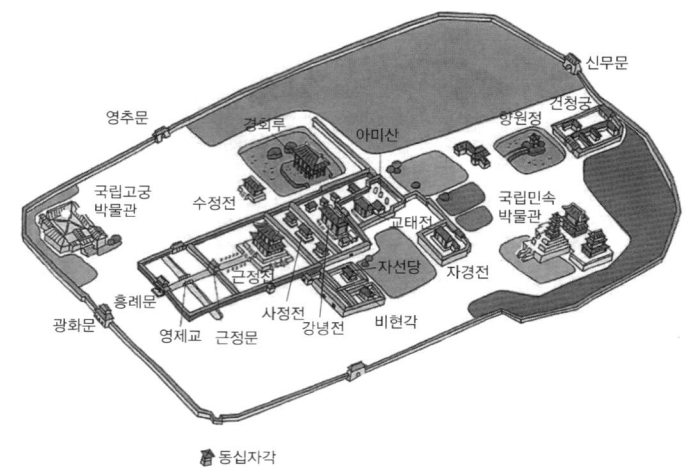

[경복궁의 공간 구성]

[2014년 제4회 | 기사]

시험에 이렇게 나왔다!

경복궁 교태전 후원의 아미산과 관련 없는 것은?
① 장대석으로 축조된 화계
② 향원지를 파낸 흙으로 만든 인공산
③ 아미산은 중국 선산(仙山)의 이름을 따옴
④ 커다란 흰 바탕의 직사각형에 길상의 세계인 십장생이 조각된 굴뚝 배치

해설
경회루를 만들면서 나온 흙으로 왕비의 침전인 교태전 뒤편의 평지에 인위적으로 흙을 쌓아 만든 계단식 후원이다.

정답 ②

② 창덕궁(태종 5년 경복궁의 이궁으로 창건)
㉠ 창덕궁의 후원은 비원이라 했으며, 경복궁과 달리 후원의 자연지형을 이용하였다.
㉡ 낮은 곳에 못을 파고, 높은 곳에 정자를 세워 관상·휴식 공간으로 사용했다.
㉢ 창덕궁의 후원은 변화있는 자연지형을 가급적이면 파괴하는 일이 없도록 적절히 이용하였다.
㉣ 반도지를 중심으로 부채꼴의 관람정과 존덕정, 일영대 등이 있고, 애련지와 연경당을 중심으로 불로문, 장락문, 장양문, 수인문, 농수정, 선향재 등이 있다.

ⓜ 창덕궁 지당(8개소)

- 빙옥지(석지형태의 방형) : 청심정(정방형)
- 부용지(방지원도) : 부용정(다각형)
- 존덕지(반원형) : 존덕정(육각형)
- 애련지(방지무도) : 애련정(정방형)
- 연경당 앞 방지(방지무도)
- 관람지(곡지) : 관람정(부채꼴)
- 몽답지(방지무도) : 몽답정(장방형)
- 청의정지(방지방도) : 청의정(유일 초가, 정방형)

ⓑ 창덕궁 후원

- 부용정
  - 후원 입구에서 가장 가까운 거리에 있는 정원으로 둥근 섬이 있는 방지를 중심으로 해서 연못의 남안에 부용정, 동쪽에 영화당, 서쪽에 사정기비각, 북쪽에 주합루 등이 있다.
  - 우리나라 전통적 지당 형식인 방지원도인 연못이다.
  - 부용지는 네 건축물(영화당, 부용정, 사정기비각, 주합루)에 의해 둘러싸여 있고 지안은 장대석으로 축조, 중도는 자연석으로 둥글게 축조하고 소나무를 배식하였다.
- 애련정 : 애련지와 애련정(단칸짜리 정자), 연경당(어수당이나 애련정보다 200여년 후에 축조), 농수정 등이 있다.
- 반월지 : 지형이나 정자가 한국의 정통경원에서 찾기 어려운 독특한 형태이다.
  - 한반도 모양의 자연 곡수지를 중심으로 하는 정원이다.
  - 존덕정(육각지붕정자)이 있는 상지와 관람정이 있는 하지로 구성되어 있다.
  - 못의 형태는 반월형지와 방지가 합해진 이색적인 형태이다.
- 옥류천
  - 옥류천에는 청의정과 태극정이 있다.
  - 청의정은 옥류천의 북쪽에 자리잡고 있는 삿갓지붕형의 단칸 모정(茅亭)으로 방지방도로 된 것이다.
  - 기능은 자연 속에서의 휴식과 유락이다.
  - 곡수거형태가 남아있다.
  - 옥류천을 꾸민 왕은 인조이다.
- 청심정
  - 반월지의 북쪽 언덕 위의 수림 속에 있는 삿갓지붕의 정자이다.
  - 남쪽 못가에 못 안으로 기어들어오는 모양의 돌 거북이를 배치하였다.
  - 유락보다는 피서 및 휴식 목적으로 지어졌다.

- 관람정
    - 물에 뜬 것과 같은 부채꼴 모양의 평면으로 이루어진 정자(亭子)이다.
    - 중국 졸정원(拙庭園)의 여수동좌헌(與誰同坐軒) 정자 역시 같은 부채꼴 모양이다.
- 낙선재(樂善齋)
    - 낙선재 후원은 창덕궁에 속한 건물로 5단의 계단식 화계(花階)가 있어 키 작은 식물을 배치하였다.
    - 단청을 하지 않은 소박한 건물들이 있다.
    - 낙선재와 석복헌 그리고 수강재의 뒤편에는 모두 직선상의 계단식 후원이 있다.
    - 뒷뜰의 앞에 놓인 괴석대에는 '소영주'라 음각되어 있는데, 이것은 봉래산, 영주산, 방장산의 삼신산을 상징하고 있다.

시험에 이렇게 나왔다!

[2014년 제4회 산업기사]

창덕궁 내의 원림 속에 있으며, 옥류천의 북쪽에 자리 잡고있는 삿갓지붕형의 단칸 모정(茅停)으로 방지방도로 된 것은?

① 관람정(觀纜停)　　② 소요정(逍遙停)　　③ 청의정(淸漪停)　　④ 청심정(淸心停)

해설

③ 청의정은 옥류천의 북쪽에 자리잡고 있는 삿갓지붕형의 단칸 모정(茅停)으로 방지방도로 된 것이다.
① 물에 뜬 것과 같은 부채꼴 모양의 평면으로 이루어진 정자(亭子)이다.
② 창덕궁 비원의 반도지(半島池) 북쪽에 있는 정자이다.
④ 반월지의 북쪽 언덕 위의 수림 속에 있는 삿갓지붕의 정자이다.

정답　③

---

③ 창경궁(성종 14년에 창건한 이궁)
　㉠ 통명정원 : 통명전 후원의 화계
　　• 계단식 후원이며 장방형지로 축조시기에 대해서는 알 수 없다.
　　• 가공석재에 의해 조립된 석교가 축조되었고, 가장자리는 화강암 석재로 만든 난간을 둘렀다.
　　• 창경궁 내 통명전 석란지 축조의 주된 사상적 배경은 정토사상이다.
　㉡ 춘당지
　　• 현재 2개의 연못으로 구성되어 있다.
　　• 작은 연못은 조선왕조 때 춘당지이며, 큰 연못은 임금이 직접 농사를 지었던 11개의 논으로 내농포이다.
　　※ 내농포 : 조선시대 환관들이 궁중납품을 목적으로 채소를 재배하던 밭 또는 그 관서

기출 Point ┃ 창경궁
- 낙선재 지역은 후궁들의 침전이었다.
- 통명전 옆에는 돌난간을 두른 작은 연못이 있다.
- 동궐도에 보면 큰 황새 같은 조류나 동물, 해시계, 풍기(風旗) 등의 기물을 대석 뒤에 설치한 것이 보인다.
- 홍화문에서 명정문에 이르는 보도는 삼도로 중앙을 높게 해 단을 두고 박석을 깔았다.

④ 덕수궁(선조 때 조영)

　　㉠ 석조전 : 우리나라 최초의 서양식 건물이며, 마당 중앙에는 수반형의 둥근 분수대를 세웠고, 사방 주위에는 관목이나 초화류를 식재한 정형식 정원이 있다.

　　㉡ 침상원 : 석조전 앞 평면기하학식 침상정원이다.

더 알아보기　왕실과 관련된 경원

고려시대와 같이 왕이나 왕족들이 교외의 산수경관이 수려한 곳에 이궁이나 정자를 짓고 수경을 즐기는 곳이다.
• 풍양이궁 : 태조 때부터 이궁이 있었고, 태종 때에는 이궁 서쪽에 못을 파서 지중에 정자를 지었으며, 세종 때에는 못을 더 확장하고 정자 대신에 보다 규모가 큰 수각을 조성하였다.
• 낙천정 : 태종이 세종에게 왕위를 물려 주고 쉬던 곳으로 동교 높은 곳에 어궁을 세우고 정자를 지어 '낙천정'이라 하였다.
• 제천정 : 경치가 매우 아름다워 왕이 자주 찾던 곳으로, 중국사신을 초대하여 풍류를 즐기기도 하였다.
　– 화양정 : 낙천정 북쪽 언덕 위에 세웠다.
　– 칠덕정 : 한강 아래 백사장 물가에 위치했다.
　– 망원정(희우정) : 효녕대군의 '희우정'이 있었던 곳에 성종 15년에 월산대근이 이를 고쳐짓고 '망원정'이라 하였다.
　– 영복정 : 양녕대군의 별서이다.
　– 풍월정 : 월산대군이 자신이 거처하는 집의 서편 뜰 안에 지었다(서거정의 시에서 주변경관 짐작).
　– 황화정 : 두모포 북쪽 언덕에 연산군이 놀이하는 곳으로 하고자 지었다.
　– 세검정 : 창의문 밖 탕춘대 앞에 있으며, 인조반정 때 군사가 창의문으로 들어왔다고 해서 세검정이라 하였다.
　– 남별궁 : 태종의 둘째 딸 경정공주가 출가해서 거주하던 저택으로 선조 때 '남별궁'이라고 부르게 되었다.
　– 한성의 지원 : 연을 심고 기우제를 지냈으며, 지안에 정자를 지어 관상과 연유 목적을 겸한 곳으로, 서지와 남지 그리고 동지가 있었다.

(3) 민간조경

① 배경

　　㉠ 궁궐의 정원과 비교해 볼 때 화려함이나 규모면에서는 뜰어지나, 방지, 경사면의 계단식 처리 등 공통된 조경 기법을 사용하고 있다. 입지 조건에 따라 민가정원, 별서정원, 산수경원으로 구분된다.

　　㉡ 민가정원 : 마당 중심의 건물로 담장으로 둘러싸여 있으며, 소박·친근한 분위기이다.

② 주택정원
　㉠ 청암정(구암정) 지원
　　• 권벌이 암반상에 정자를 짓고 지원을 꾸민 것이다(신선사상의 영향).
　　• 암반과 그 주위의 지당도 난형(거북)으로 팔각지붕의 정자와 맞배지붕의 정자가 'T'형으로 연결된 건축물이다.
　　• 중도에는 단풍나무, 왕버들, 회화나무를 식재하였다.
　　• 집안에는 향나무, 왕버들, 굴참나무, 느티나무, 단풍나무들의 향토수종과 은행나무, 회화나무, 앵두나무 등의 중국 원산종을 식재하였다.
　　• 나무를 잡다하게 심어 정자로부터 수경을 감상하기가 어렵다.
　　• 조선시대 대부분의 연못은 방지형인데 청암정은 곡지형태이다.

[청암정의 형태]

　㉡ 서하당과 식영정
　　• 서하당은 김성원이 조성하였으나 현재는 남아 있지 않고 식영정만 남아 있다.
　　• 고경명의 「유서석록」에서 후원은 돌로 쌓아 계단식 화계를 만들고, 여기에 작약, 목단, 월계화, 일본철쭉 등을 심었다고 서하당 주변을 묘사하고 있다.
　　• 식영정은 서하당의 서쪽 송림 위에 세워진 정자로 옛날에는 그 주변에 배롱나무가 많이 심어졌다.
　㉢ 환벽당
　　• 김윤제가 1500년대에 후학에 힘쓰던 정자이다.
　　• 후원은 15~18° 경사를 이용하여 동편은 인공적인 방지와 화계를 조성하였고, 서편은 느티나무 2그루와 배롱나무 1그루를 배치하였다.
　　• 방지의 윗편에는 화계가 있고, 못의 동안에는 축단이 있다.
　　• 현재의 환벽당은 방지와 화계, 대상의 환벽당 건축물만 남아 있고 황폐된 빈터이다.
　㉣ 운조루(유이주의 저택)
　　• 조경처리가 되어있는 공간은 주로 사랑채의 마당과 내당 뒤 후원이다.
　　• 1776년경에 만들어졌을 것으로 추측된다.
　　• '전라구례오미동가도'라는 그림을 보면 대문 안쪽 마당에 정심수로서 소나무가 심어져있고 지대에는 괴석과 화문이 교대로 배치되어 있었음을 알 수 있다.
　　• 바깥마당에 장방형의 연못이 있고, 사랑뜰에는 정심수가, 헛간 앞에는 희귀식물인 위성류가 심어졌다는 것이 특징이다.

③ **별당정원** : 별당은 몸채와 거리를 두고 따로 지어놓은 건축물로서, 조용히 독서하며 지내거나 손님을 접대하는 기능을 지닌다.

　㉠ 화설당원
　　• 유운이 조영한 것으로 별당 앞에는 직선적인 못이 있고, 못 안에 1개의 섬이 있으며, 섬에는 배롱나무를, 못에는 연을 심었다.
　　• 섬의 양편지 안에는 못 안쪽으로 불룩하게 나온 석축의 반월형 식수대가 있으며, 여기에 동백나무를 심었다.
　　• 수심양성의 장소이다.

　㉡ 영양 서석지원
　　• 정영방이 병자호란 이후에 은거할 목적으로 꾸민 것이다.
　　• 중도가 없는 방지이며, 지저(연못 바닥)에 석영맥이 발달해 물에 떠오를 때 보석처럼 보인다고 하여 '서석지'라는 이름을 붙였다.
　　• 사우단을 만들어 매(매화)·송(소나무)·국(국화)·죽(대나무)을 심고 연못에 연을 심었다 (경원이 수심양성의 장으로서 기능).

　㉢ 하환정 국담원(무기연당)
　　• 주재성의 덕을 칭송하고 기리기 위해 지당을 만들고, 못가에 하환정을 세우며, 송·화·죽· 국·화류를 심었다.
　　• 연못의 중심에 방도(당주)를 만들고 여기에 많은 괴석을 세워 석가산을 이루었다.

　㉣ 백화정원(읍향제)
　　• 정휴동이 독서하며 조용히 지내기 위해 세운 곳으로, 주변에 화계와 지당을 만들어 하나의 경원을 이룬 곳이다.
　　• 앞쪽의 화계는 4계단으로 되어 있고, 서쪽에 방지가 축조되었으며 지안에 개서나무와 왕버들, 배롱나무를 식재하였다.

　㉤ 정약용의 다산초당원
　　• 방지원도를 만들고, 괴석으로 석가산을 축조하였으며, 언덕 윗편에 있는 용천에서 물을 끌어 다 폭포를 못 안에 떨어뜨렸다.
　　　※ 다산4경 : 연지석가산, 약천, 정석, 다조
　　• 동백나무와 배롱나무가 지당의 안쪽 언덕에 식재되어 있다.
　　• 당의 좌우 비탈면을 6개 단으로 처리하여 서쪽에는 채포를, 지당 위편에는 명화가훼를 심었다.

④ **별서정원**

　㉠ 도산서당
　　• 퇴계 이황 선생이 자연 속에 묻혀 살기 위해 이곳에 토지를 확보하고 도산서당과 농운정사 등 당사 두 채를 지었다.

- 농운정사(강의실), 시습제(공부하는 방), 지숙료(잠자는 방), 관란헌(공부하다가 경관을 바라보며 심성을 기르는 방)
- 서당의 가운데 한 칸은 완락재(주자의 구절에서 따온 곳, '환성하고 즐기니 내 일생을 여기에서 만족하며 살더라도 싫지 않겠다'는 뜻), 동쪽 끝의 마루를 암서헌이라 했다.
- 마당의 동쪽 한 구석에 조그마한 못을 파고 연을 심어 '정우당'이라 하였으며, 동쪽에 몽천이라는 조그마한 샘을 만들었으며, 그 동쪽의 산기슭을 깎아 추녀와 맞대고 평평하게 쌓아 단을 만들고 여기에 매화, 대나무, 소나무, 국화를 심어 '절우사'라 하였다(도산잡영).
- 일제시대 이전부터 심어졌던 것으로 생각되는 은행나무, 느티나무, 회화나무, 매화나무, 살구나무, 산수유나무, 단풍나무 등의 노거수가 자라고 있다.

ⓒ 양산보의 소쇄원 ☑ **중요**

기출 Point | **소쇄원**
- 전라남도 담양군 남면에 있는 양산보가 조성한 정원이다.
- 계곡에 흘러내리는 임천이 주된 경관자원이다.
- 앞뜰, 안뜰, 뒤뜰과 같은 명확한 공간구분은 없다.
- 소쇄원 경치를 읊은 48영시에는 동물도 표현되었다.

- 조선조의 중종 때에 양산보가 조영한 것으로서, 주거지역에서 볼 때는 후원에 해당한다.
- 북동쪽에서 남서쪽으로 흘러내리는 좁다란 계류를 중심으로 하여 꾸며진 것으로 비탈면을 깎아 판판한 단 또는 몇 개의 계단을 만들어 각종 첨경물을 배치하고 조경식물을 심었다.
- 화목으로는 대, 소나무, 느티나무, 단풍나무, 은행나무, 버드나무, 오동나무, 복숭아나무, 목백일홍, 치자, 월계화, 동백나무, 측백나무, 창포, 순채, 국화, 연꽃, 파초, 지초, 난, 이끼 등이 있다.
- 공간분할 : 애양단 구역, 오곡문 구역, 제월당 구역, 광풍각 구역으로 나눌 수 있다.
- 소쇄원 48영시에는 목본 16종, 초본 5종의 식물이 나타난다.
- 조담에서 떨어지는 물은 홈통을 통해 방지로 유입된다.
- 매대라고 불리는 화계는 자연석을 2단으로 쌓아 만든 구조물이다.
- 정자 방의 위치에 따른 유형(중심, 편심, 분리, 배면)구분 중 광풍각은 중앙에 방이 있는 정면 3칸, 측면 3칸의 팔작지붕 정자이다.

ⓒ 윤선도의 보길도 부용동 원림(별서원) ☑ **중요** : 낙서재 및 곡수당 경원, 동천석실, 세연정 경원으로 구분된다.

- 낙서재 및 곡수당 경원 : 원림마다 직선형 방지, 화계를 만들어 각종 화훼와 기암괴석을 배치하여 울타리가 없으며, 자연 자체에 최소한의 인위적 구성을 가미했다.
- 동천석실 : 한 칸 집을 석함 속에 짓고 동천석실(신선이 사는 곳)이라 했다. 부등변 삼각형의 연못이 있으며, 저수는 불가능하다(인공적).
- 세연정 경원 : 방형의 대를 중심으로 해서 계단과 인공방지가 축조되어 있는 곳으로 관상·선유 목적의 위락 공간이다.

- 건축물은 낙서재(3칸)를 제외하고 단칸이며, '퇴'를 달다 앉을 수 있다.
- 원림지역마다 지당을 만들었는데 모두 직선적인 방지이며 쌍지이다.
- 보길도 낙서재의 귀암(龜巖)은 달을 구경하던 장소이다.
- 낭음계(朗吟溪)라는 작은 시내가 흘렀다.

 ㉣ 남간정사
- 송시열이 말년에 지냈던 별서로, 정사 앞의 지원과 뒷편 언덕 위에 세워진 영당 중심의 후원이 있다.
- 정사 앞의 못은 둥근 섬이 있는 곡지원도형인데 동쪽에 널따란 오두암이 있어 부정형지를 이룬다.
- 조경수목은 곰말채, 왕버들, 소나무 등이 있다.
- 후원은 약 30° 경사의 비탈면을 그대로 이용하였다.

 ㉤ 김조순의 옥호정원(별장원)
- 삼청동 계곡의 동향 비탈면에 'ㅁ'자형의 주거를 중심으로 한 계단식 후원이며, 사랑정원, 채포, 과원 등이 있다.
- 직선적인 공간처리와 직선적인 화계로 전통적인 조경수법이다.
- 우리나라 사가(私家)정원의 대표적인 예로 현재 삼청동에 위치해 있다.

⑤ **산수조경** : 산수의 경관이 좋은 자연 속에 주로 여름철의 더위를 피하기 위해 지어놓은 정자를 중심으로 하는 수경공간이다.

 ㉠ 독수정 원림
- 무등산맥 북쪽 구릉의 수림 속에 위치한다(전라남도 최초의 조선 시대 원림 : 전라남도 기념물 제61호)
- 독수정 : 공민왕 때의 전신민이 이성계 왕조가 들어서자 두 임금을 섬기지 않겠다는 뜻을 굳히고 은거생활을 하면서 지어놓은 정자이다.
- 독수정 후원에 소나무를 심고 앞쪽 화계에 대나무를 옮겨 심었다고 한다(서은실기).
- 느티나무, 회화나무, 살구나무, 배롱나무, 소나무, 귀룽나무 등이 식재되어 있다.

 ㉡ 남원 광한루 지원
- 황희가 광통루를 신축하였고, 정인지가 광한루로 개칭하였다.
- 「용성지」의 관안에 의하면 장의국(張義國)이 광한루를 개축하고 오작교를 축조하였다.
- 「용성지」의 누정편에 정철이 누 앞을 흐르고 있던 좁다란 수류를 널따랗게 확장하여 평호로 하고, 호 중에 3개의 섬을 만들어 하나에는 백일홍을, 또 하나의 섬에는 연정을 만들고 연을 심었다 한다.
- 광한루는 2층 건물의 팔각지붕 양식이다.
- 「용성지」에 의하면, 못의 중심도는 '봉래도'로 녹죽이 식재되어 있고, 동쪽의 섬은 '방장도'로 백일홍이 식재되어 있으며, 호북의 섬은 '영주도'로 여기에는 연정이 있고 부교로 연결되어 있다고 기록되어 있다.

⑥ 산수정원 : 주로 여름 한철을 지내기 위하여 세운 정자를 중심으로 하는 정원이다. 정(亭)은 벽이 없는 건축물을 말하며 주로 여름철을 지내기 위해 자연 속에 세운다.

　㉠ 오죽헌원
　　• 헌의 앞쪽에는 사다리꼴의 연못이 있으며, 지심에는 조그마한 둥근 섬이 있었다.
　　• 헌의 뒷편 방지에는 노두암을 이용하여 섬을 만들었다.
　　• 직선적인 지당 안에 둥근 섬을 만들고 지안에 배롱나무를 심어 전통적인 조경수법을 사용하였다.
　　• 식재된 수종은 소나무, 측백나무, 배롱나무, 느티나무, 푸조나무 등이다.

　㉡ 강릉 선교장의 활래정 지원
　　• 별당과 같은 기능을 가지며, 지당은 직선적인 방지이며 지심에는 방도가 축조되고 적송이 식재되어 있다(방지방도형의 연못형태).
　　• 지안에는 배롱나무를, 지내에는 연꽃을 식재하였다.
　　• 특징 : 방지 속의 방도가 있다.
　　　例 부용동의 세연정 지원과 하환정 국담원

　㉢ 탐진강의 부춘정과 용호정원
　　• 탐진강 수역이 조경의 대상이다.
　　• 부춘정 : 목조건물로서 2칸의 온돌방과 2칸의 대청을 둔 팔작지붕 기와집이다.
　　• 용호정 : 최규문이 자신의 아버지를 위해 세운 것이다.

⑦ 조경식물 관련 문헌
　㉠ 서유구의 「임원경제지」:「임원십육지」라고도 하며, 화훼류의 특성과 재배법이 기술되어있다.
　㉡ 홍만선의 「산림경제」: 중국의 문헌과 자신의 체험을 바탕으로 한 농가생활에 필요한 사항을 기술한 하나의 백과사전적인 책이다.

더 알아보기 홍만선의 산림경제(山林經濟)에 의한 수목 식재 원칙

• 서북쪽에는 큰 나무를 심고 동남쪽에는 큰 나무를 심지 않는다.
• 마당 한가운데를 피하고 마당가의 담장 쪽에 심는다.
• 크기나 수종이 같은 것은 대칭으로 심거나 열식하지 않는다.
• 한 공간 내에서 질감의 강한 대조는 주지 않는다.

　㉢ 이가환과 이재위의 「물보」: 천생만물의 초목부에서 식물이름을 한자명과 한글명으로 표기하였다.
　㉣ 유희의 「물명고」: 곤충, 수류, 수족, 우충, 흙, 돌, 금, 불, 물 등의 물명을 한글 또는 한자로 써놓았다.

ⓜ 강희안 「양화소록」
- 조선전기 문신 강희안이 꽃과 나무의 재배와 이용에 관하여 서술한 농업서이다.
- 고려의 충숙왕이 원나라에서 돌아올 때 진기한 화초를 많이 가져왔다고 기록하고 있는 문헌이다.
- 정원 식물의 특성과 번식법 화분의 관리법 등이 소개된다.
- 강희안의 동생 강희맹(姜希孟, 1424~1483)이 편찬한 「진산세고(晉山世稿)」안에 함께 수록되었다.
ⓗ 유박 「화암수록」 : 원예 전문서로 저자의 국문시조 10수 등이 수록된 농업서이다.
ⓢ 박세당 「색경」 : 지방의 농경법을 연구하여 꾸민 농업기술서이다.
ⓞ 이중환 「택리지」 : 사람이 살만한 곳을 지리, 생리, 인심, 산수로 구분하여 설명하였다.
  ※ '집터는 수구가 꼭 닫힌 듯하고 그 안이 펼쳐진 곳이 좋다'고 언급하였다.

시험에 이렇게 나왔다!   [2014년 제1회 기사]

다음 중 조경과 관련된 옛 문헌과 저자의 연결이 틀린 것은?
① 임원십육지 – 서유구   ② 고사신서 – 서명응
③ 산림경제 – 강희안   ④ 순원화훼잡설 – 신경준

해설
강희안은 「양화소록」의 저자이고, 「산림경제」의 저자는 홍만선이다.

정답 ③

---

04 근대 및 현대조경

❶ 궁궐조경

(1) 덕수궁의 석조전 정원
① 덕수궁이라는 명칭은 고종이 순종에게 왕위를 주어 개명되었다.
② 석조전은 1909년 세워진 우리나라 최초의 이오니아식 양식건물이다.
③ 정관헌 : 지붕과 난간은 한국식, 기둥과 내부구조는 서양식이다.
④ 침상원 : 석조전 앞의 좌우 대칭적인 기하학식 정원으로 우리나라 최초의 유럽식 정원이다.

(2) 창경궁
① 일제가 황제의 마음을 돌리고 궁궐의 권위를 격하시킬 목적으로 창경궁 안에 동물원과 식물원을 조성했으며, 유락 목적의 못과 수각을 만들어 궁궐의 기능을 변화시켰다. 1983년 복원공사를 거쳐 원래의 모습을 되찾았다.

② 춘당지 : 못의 윤곽은 자연곡선으로 처리되었다.

③ 일제에 의해 일본을 상징하는 벚나무가 식재되었으나 소나무, 느티나무, 단풍나무 등으로 교체하면서 원래의 모습을 되찾았다.

❷ 민간조경

(1) 이훈동의 유달동 정원

① 1930년대에 일본인 내곡만평이 서원양식으로 저택과 정원을 조성했다.

② 난대성 상록수를 많이 심었다.

③ 일본식 석등의 형태와 5층탑과 7층탑, 곡선지, 반교, 쓰쿠바이 등이 보존되고 있다.

(2) 공원

① **탑골공원(탑동공원)** : 우리나라 최초의 공원으로, 영국인 브라운이 설계·시공했으며, 원각사지 십층석탑, 원각사비, 앙부일구의 대석, 팔각정이 있다.

> **더 알아보기** **앙부일구**
>
> 천구의 모양을 본 떠 만든 반구 형태의 해시계이다. 앙부일구는 세종 때에 처음 제작하였는데, 종묘 남쪽 거리와 혜정교 옆에 설치하여 공중용 해시계로 사용하였다.

② **장충단공원** : 1900년 나라를 위해 전사한 충신열사를 모시고 조의를 표하며 제사를 지내던 곳이다.

③ **사직공원** : 원래 나라의 안녕과 풍요를 위해 신에게 제사를 지내던 사직단이 있던 자리이다. 1960년대 동물원이 들어서면서 그 모습을 잃었다가, 1990년대에 복원하였다.

> **더 알아보기** **사직단**
>
> • 토지의 신(神)인 사(社)와 곡식의 신인 직(稷)에게 제사를 드리는 제단이다.
> • 조선을 건국한 태조 이성계는 한양으로 도읍을 옮기면서 왼쪽에 종묘, 오른쪽에 사직을 두는 좌묘우사(左廟右社)의 원칙에 따라 사직단을 경복궁 서쪽 인달방(仁達坊)에 건설하였다.
> • 두 사직의 외각 기단부 사방에 홍살문을 두었다.

④ **효창공원** : 문효세자의 묘원(효창원)을 중심으로 조성했다. 현재 김구 선생의 묘와 윤봉길·이봉창·백정기 등 세 의사의 묘가 있고, 효창운동장이 있다.

⑤ **삼청공원** : 1934년 조성한 것으로, 자연공원의 일종이다. 삼청이란 도교에서 신선이 사는 세 궁전인 태청, 상청, 옥청에서 유래한 이름이다.

⑥ **남산공원** : 1910년에 '한양공원'이라는 이름으로 개원하여, 1940년대 이후에 '남산공원'이라 했다. 팔각정, 남산타워, 남산도서관, 안중근 의사 기념관, 김구·유관순의 동상 등이 있다.

조경양식 변천사

01 조경양식의 변천

❶ 조경양식의 분류

(1) 정형식 정원

① 특징

    ㉠ 서아시아와 유럽 지역에서 발달한 양식이다.

    ㉡ 건물에서 뻗어 나가는 강한 축을 중심으로 좌우대칭형으로 구성된다.

    ㉢ 수목전정은 기하학적 형태이다.

② 종류

    ㉠ 평면기하학식 : 평면상의 대칭적 구성으로 평야 지대에 발달한다.

        예 프랑스의 베르사유 궁원 등

    ㉡ 노단식 : 경사지에 계단식 테라스를 만드는 것으로 경사지에 발달한다.

        예 바빌로니아의 공중정원, 이탈리아의 빌라 정원 등

    ㉢ 중정식 : 건물로 둘러싸인 내부에 소규모 분수나 연못을 중심으로 구성하는 정원양식이다.

        예 스페인의 알람브라 정원, 중세의 수도원 정원

(2) 자연식 정원

① 특징

    ㉠ 동아시아에서 주로 발달한 양식이며, 유럽에서는 18세기경부터 영국에서 발달하여 유럽 대륙에 영향을 끼쳤다.

    ㉡ 자연을 모방하거나 축소하여 자연적 형태로 정원을 조성한다.

    ㉢ 연못이나 호수 중심으로 정원을 조성하고, 주변을 돌 수 있는 산책로를 만들어 다양한 경관을 즐길 수 있도록 하였다.

② 종류

    ㉠ 자연풍경식 : 넓은 잔디밭을 이용한 전원적이고 목가적인 자연풍경이다(영국, 독일).

    ㉡ 회유임천식 : 숲과 깊은 굴곡의 수변을 이용하여 곳곳에 다리를 설치하고 정원을 회유하는 방식이다(중국 : 자연과의 대비에 중점, 일본 : 자연풍경과의 조화에 중점).

    ㉢ 고산수식 : 불교의 영향으로 물을 사용하지 않고 나무, 바위, 왕모래를 사용한다.

(3) 절충식 정원

① 한 정원에 정형식과 자연식의 형태적 특징을 동시에 지니고 있다.

② 조경의 실용성을 중시한 정형적인 구성 내에 자연적인 요소를 도입하여 실용성과 자연성을 절충한 양식이다.

③ 조선시대의 정원은 기본적으로 자연식 정원(회유임천식)이나 정형적 형태를 가미하였다.

[조경양식의 분류]

구분	종류	내용
정형식 정원	평면기하학식	프랑스 정원 : 평야지대, 평면상의 대칭적 구성
	노단식	이탈리아 정원 : 경사지 계단식 처리, 바빌로니아 공중정원 등
	중정식	스페인 정원, 중세 수도원 정원 : 건물로 둘러싸인 내부, 소규모 분수나 연못 중심
자연식 정원	전원풍경식	영국, 독일 : 넓은 잔디밭을 이용한 전원적이며, 목가적인 자연풍경
	회유임천식	• 중국 : 자연과 대담한 대비, 숲과 깊은 굴곡의 수변 이용 • 일본 : 자연풍경의 섬세한 조화, 곳곳에 다리 설치로 정원 회유
	고산수식	일본 : 불교의 영향, 물을 전혀 이용하지 않음, 나무, 바위(중심), 왕모래 사용
절충식 정원	정형식 + 자연식	조선시대 : 기본성격은 회유임천식(자연식 + 정형적 형태를 포용)

❷ 정원양식의 발생요인

(1) 자연환경 요인

① 기후

　㉠ 정원은 인간이 생활하는 데 쾌적한 환경을 제공하기 위하여 비, 바람, 기온 등의 기후적 영향을 바람직한 방향으로 조절해 주는 역할을 해야 한다.

　㉡ 사막과 같이 덥고 강우량이 적은 곳에서는 시원한 그늘과 물의 사용이 발달하게 된다.

　㉢ 바람이 심한 곳에서는 방풍 식재 등의 정원 조성이 발달하게 된다.

　㉣ 기온이 온화한 곳에서는 수종이 풍부하여 수목의 선택 폭이 넓다.

　㉤ 눈이 많이 오는 지역에서는 눈에 견디는 힘이 강한 수종의 선택이 필수적이다.

② 지형

　㉠ 지형은 기후와 더불어 정원 형태에 가장 큰 영향을 끼친다.

　㉡ 이탈리아에서는 경사지의 지형을 잘 활용하여 노단식 정원양식을 발전시켰고, 프랑스에서는 평탄지의 지형을 이용하여 평면기하학식 정원양식을 발전시켰다.

③ 그 밖의 요인

　㉠ 기후나 지형 이외에 식물, 토질, 암석 등의 요인이 있다.

　㉡ 식물과 토질은 기후 및 지형과 밀접한 관계가 있는 요소들이고, 암석은 중국 정원이나 일본 정원에서 자연 형태 그대로 쓰이는 경우가 많다.

(2) 사회환경 요인

① 사상과 종교

　㉠ 신선사상의 영향 : 신선사상은 한국, 중국, 일본 등의 동양 정원에서 뚜렷이 나타나고 있으며 불로장생한다는 신선의 거처를 현실화시키고자 한 것이다.

　　예 우리나라 고대 정원 중 백제의 궁남지, 신라의 안압지 등

　㉡ 불교사상의 영향 : 일본의 고산수식 정원에 나타난다.

　㉢ 서양 : 중세시대에 수도원 정원이 발달하였다.

　㉣ 이슬람 국가 : 종교 의식을 위해 손을 씻거나 목욕을 위한 물을 도입한 정원이 발달하였다.

② 역사성

　㉠ 고대·중세 : 고대의 담으로 둘러싸인 주택정원과 중세의 성곽과 해자로 둘러싸인 성곽 정원은 외부의 침입으로부터 방어하기 위한 폐쇄적인 정원이다.

　㉡ 르네상스시대 : 이탈리아에서 싹튼 르네상스시대의 별장 정원이나 영국의 자연풍경식 정원 등 개방적인 성격의 정원은 자유와 민주주의로 대표되는 그 시대의 역사적, 사회적 특성의 변화로 인한 영향을 받았다.

　㉢ 우리나라 : 삼국시대와 고려시대에는 중국식을 닮은 형태였으나, 조선시대에는 방지원도(方池圓島)의 독특한 형태로 전환되었다.

③ 민족성

　㉠ 영국의 풍경식 정원 : 대부분의 유럽 지역에서는 정형식 정원이 발달해 왔으나 영국에서는 목가적인 전원생활을 좋아하고 전통을 고수하려는 민족성으로 인해 자연풍경식 정원이 발달하였다.

　㉡ 일본의 고산수 정원 : 축소 지향적인 일본의 민족성을 나타낸 것이라 할 수 있다.

④ 그 밖의 요인 : 정치, 경제, 건축, 예술, 과학, 기술 등이 조경양식에 영향을 끼쳤다.

❶ 한국 조경의 특징

(1) 한국 조경의 성격

① 숲이 많고 수려한 자연경관을 가져 조경 또한 자연과 하나가 된 자연풍경식 경향이 강하다.

② 자연미를 배려하면서 도형적인 대비효과를 가미하였다.

③ 지나친 인공미와 강조는 작게 하고 연못, 누각, 화단 등을 직선으로 처리해서 자연과 대비를 이루도록 의도하였다.

④ 자연의 순리를 거역하지 않고 동화되도록 하였다.

⑤ 정원을 조성할 때는 지형을 함부로 변형시키지 않았으며 물의 이용에 있어서도 위에서 아래로 흐르는 자연의 법칙을 이용할 뿐 인공적인 힘을 가하여 하늘에 쏘는 분수를 만들지 않았다.

⑥ 꽃을 감상하는 수목식재로 계절변화의 즐거움을 느낄 수 있다.

⑦ 직간으로 자라는 나무보다 사간으로 자라는 나무를 좋아하였고 인공적인 것보다 자연스러운 배식을 했다.

⑧ 조형물은 자연과의 조화로 구성되어야 했으므로 건물을 세울 때 터를 잡는 일이 제일 중요했다.

⑨ 자연의 순리가 조원의 기본 질서로 존중되어 조원의 원리가 되었다.

⑩ 정자나 누각을 배치할 때도 자연과의 조화를 먼저 생각하여 연못이나 강가 산자락에 세워 자연을 감상하는 장소로 삼았다.

(2) 조선시대 정원의 특징

① 우리나라 정원양식의 발달시기로 삼국시대에 받아들였던 중국식 정원양식이 한국적 색채가 짙은 형태로 변해 간 시기이다.

② 중엽 이후 풍수지리설의 지형적인 제약으로 안채의 뒤쪽, 즉 후원이 주가 되는 정원 수법이 생겼다. 이 수법은 우리나라의 독특한 후원 양식으로, 건물 뒤 언덕을 계단 모양으로 다듬어 장대석을 앉혀 평지를 만들고, 키 작은 꽃나무를 심거나 괴석이나 세심석 또는 장식을 겸한 굴뚝을 세워 아름답게 꾸몄다.

③ 경복궁, 경회루의 원지, 교태전 후원인 아미산 정원 등은 직선적인 윤곽으로 처리하였다.

④ 정원의 연못 형태는 선적인 방지를 기본으로 하는 가장 단순한 형태였다.

⑤ 자연 그대로의 바위나 시냇물, 그 밖의 지형과 어울리며 숲속에 자리잡은 양식의 정원이 있는데, 창덕궁의 후원은 그 대표적인 사례이다.

⑥ 자연을 필요한 만큼 작은 손질만을 하여 만든 정원이라 할 수 있다.

⑦ 한국적 기후와 풍토에 적합한 자연풍경식 조경이 발달했다.

(3) 조선시대 조경식물에 관한 문헌

① 강희안의 「양화소록」(세조) : 우리나라 최초의 문헌

② 이수광의 「지봉유설」(1614)

③ 홍만선의 「산림경제」(숙종)

    ㉠ 농가생활에 관한 백과사전이다.

    ㉡ 전 4권 중 조경식물에 관계가 있는 부분은 1권의 '복거'와 2권의 '양화'이다.

더 알아보기   홍만선의 「산림경제」 1권의 '복거' 중

- 동쪽에 복숭아나무와 버드나무, 남쪽에 매화와 대추나무, 서쪽에 치자나무와 느릅나무, 북쪽에 능금나무와 살구나무를 심는다면 청룡·백호·주작·현무를 대신할 수 있다.
- 중정에 나무를 심는 것은 좋지 못하다.

---

④ 이가환·이재위의 「물보(物譜)」 : 이가환과 이재위 부자에 의해 완성된 1권 1책의 사본으로, 초목, 충어, 충뇌, 조수, 신체, 인도, 기계 등에 대한 명록이다.

⑤ 유희의 「물명고」 : 5권 1책으로 구성되었으며, 곤충, 수류, 수족, 우충, 흙, 돌 등에 대한 명록이다.

⑥ 서유구의 「임원경제지」 : 일종의 농가백과사전으로 조경분야와 관계가 있는 것은 '예원지'와 '상택지'이다.

    ㉠ 예원지 : 제18권~제22권. 주로 화목류

    ㉡ 상택지 : 제107권~제108권. 우리나라 지리 전반

⑦ 신경준의 여암전서 제10권 '순원화훼잡설' : 신경준의 유고를 정리하여 엮은 「여암전서」 제10권에 수록

❷ 일본 조경의 특징

(1) 일본 조경의 성격

① 일본 정원에서는 경물들의 시각적 균형을 중시했다.

② 경물의 완벽한 구도를 추구하는 인위적인 조경 기법이 오래 전부터 발달하게 되었다.

③ 아름다운 자연과 어우러진 우리나라의 조경이나 웅장함으로 무장한 중국의 조경과 달리, 좁은 공간을 효율적으로 활용, 인공적인 미학을 추구하고 있다.

④ 정원에는 교목과 관목뿐 아니라 바위, 모래, 인공 언덕, 연못, 유수 등이 사용되었다.

⑤ 기하학적으로 배치된 서양식의 정원과는 달리 일본 정원은 전통적으로 가능한 한 인공적인 요소를 배제하여 자연에 가까운 경관을 조성하였다.

⑥ 일본 정원의 기본 골격은 바위와 그 바위가 모여있는 방식에 따라 출발한다.

⑦ 일본의 정원은 일반적으로 2개의 종류로 나뉘는데 언덕과 연못으로 구성된 언덕정원과 언덕과 연못이 없는 평지정원이다.

⑧ 저택의 정원에는 언덕형식 정원이 사용되었으며, 제한된 공간에서는 평지 정원이 만들어졌다. 그러나 평지 정원은 다도의식(茶室 : 다도방)이 전래되면서 더욱 인기를 끌게 되었다.

(2) 경관조성을 위한 정원 조경사들의 3가지 기본원칙

① 규모의 축소 : 산과 강의 자연적 경관을 축소하여 만듦으로써 제한된 공간에 모두 재현할 수 있도록 하기 위한 것이다.

② 상징화 : 예를 들자면 흰모래가 바다를 상징하는 데 쓰이는 것과 같은 추상성을 뜻한다.

③ 경치의 차용 : 정원 뒤 또는 주위의 배경경관을 이용하여 그 경치를 차용하는데 이는 경관조성의 중요한 부분이 되었다.

❸ 중국 조경의 특징

(1) 중국 정원의 성격

① 원시적 공원의 성격 : 수려한 경관에 누각, 정자를 지었다(태산, 여산, 아미산 등).

② 인위적 조성의 성격 : 암석, 수목, 식재, 연못(만수산 이궁, 양주와 항주, 서호의 이궁 등)

③ 건물 공지에 정원을 조성하는 성격 : 태호석, 거석을 세워 주경관으로 삼았다(소주와 북경의 정원).

(2) 중국 정원의 특징

① 처음에는 못을 파서 섬을 쌓아 선산으로 꾸몄다가 산수화의 영향을 받아 정원을 조성하였다.

② 축산 기법의 발달로 더욱 압축된 산수 경관을 조성하였다.

③ 중국 정원은 풍경식이면서도 대비에 중점을 두고 있는 것이 특색이다.

④ 하나의 정원 속에 부분적으로 여러 비율을 혼합하여 사용하였다.

⑤ 기하학적 무늬의 전돌바닥 포장과 기괴한 모양의 괴석 사용으로 바닥면과 대조를 이루었다.

⑥ 자연의 미와 인공의 미를 같이 사용하였다.

⑦ 사실주의보다는 상징주의적 축조가 주를 이루는 사의주의(事意主義)적 표현이다.

⑧ 북부지방은 신선사상이, 남부지방은 노장사상이 정원의 주 배경을 이루고 있었다.

⑨ 조경재료에 있어서는 북부지방은 화훼 본위이고, 남부지방은 암석 본위인 정원이 일반적이었다.

⑩ 태호석 등 세부시설에 조석이 많이 사용되었다.

⑪ 자연경관이 수려한 곳에 곡절(曲折)기법을 사용하여 심산유곡을 형성하였다.

⑫ 정원에 차경을 위하여 누창을 조성하였다.

(3) 중국 정원의 기원

① 포(圃) : 채소를 심는 곳을 말한다.
② 원(園) : 과실을 심은 곳을 말한다.
③ 유(囿) : 짐승(금수)이나 조류를 기르던 울타리가 있는 공간을 말한다.
④ 정(庭) : 건물이나 울타리에 둘러싸인 평탄한 뜰을 말한다.

PART 01 적중예상문제

CHAPTER 01 서양의 조경

01 고대 이집트의 조경에 가장 큰 영향을 미친 요소는?

① 자연 형세
② 왕권
③ 나일강
④ 종교

해설
이집트 정원 발달의 가장 큰 영향은 자연환경이며, 특유한 형태로 발달하게 된 원인은 종교이다. 나일강의 수준 상승과 하강, 토지의 건조함과 비옥함 등 자연의 변화가 이집트 문명과 조경에 영향을 미쳤다. 이로써 농경, 건축, 사회 구조 등이 결정되었다.

02 이집트의 사상은 자연숭배사상과 내세관의 깊은 영향이 반영되어 건축물이 표출되었다. 선(善)의 혼(Ka)을 통해 태양신(Ra)에 접근하려는 기하학적 형태로 인간의 동경과 열망을 대지에 세운 거대한 상징물은?

① 마스타바(mastaba)
② 피라미드(pyramid)
③ 스핑크스(sphinx)
④ 오벨리스크(obelisk)

해설
피라미드는 이집트의 대표적인 건축물로, 고대 이집트의 종교와 국가 체제, 천문학적인 개념 등이 반영되었다.

03 고대 이집트 정원에 관한 설명 중 옳지 않은 것은?

① 수분 공급 때문에 정원은 정형적인 형태를 취하고 수목은 열식(列植)하였다.
② 높은 울담으로 둘러싸고 사각형의 침상지(沈床池)를 정원 주요부에 배치하였다.
③ 대추야자, 시커모어, 무화과 등을 정원식물로 사용 하였다.
④ 「길가메시 이야기」에 이집트 정원에 대한 자세한 기록이 나온다.

해설
이 작품은 메소포타미아 문학과 역사를 연구하는 학자들에게 많은 통찰을 제공하는 중요한 문헌 중 하나이지만 이집트 정원에 대한 자세한 기록은 나오지 않는다.

04 다음 중 이집트 조경의 특징이 아닌 것은?

① 조경수목으로는 과실나무가 많다.
② 물가에 휴식이 가능한 키오스크를 설치하였다.
③ 높은 담장으로 둘러싸여 있으며 주축선에 따른 완전한 대칭 형태이다.
④ 대표적인 분묘건축 중 하나로 지구라트가 있다.

해설
지구라트는 서부아시아 조경과 관련이 있다.

05 고대 서부아시아 수렵원(Hunting park)에 대한 내용과 관계가 없는 것은?

① 인공으로 호수와 언덕을 만들고, 물가에 신전을 세웠다.
② 언덕에 소나무, 사이프러스로 관개를 위해 규칙적으로 식재하였다.
③ 오늘날 공원(park)의 시초가 된다.
④ 니네베(Nineveh)의 인공 언덕 위에 세워진 궁전 사냥터가 유명하다.

해설
① 물가에 신전을 세운 것이 아닌 인공적으로 흙을 파내서 연못을 만들고 그 파낸 흙을 쌓아만든 언덕에 신전을 세웠다.

06 고대 그리스 일반시민의 주택에 대한 설명이 아닌 것은?

① 가족 공용실을 통해 각 실로 통하는 내향식 주택
② 단순하고 기능적이며, 거리의 소음으로부터 격리
③ 중정은 포장을 하지 않고 방향성 식물을 식재
④ 대리석 분수의 도입

해설
그리스의 프리에네(Priene) 중정
• 주랑식(기둥이 줄 서 있는 것) 중정을 중심으로 방을 배치한다 (중정은 거리로부터 깊이 들어간 곳에 위치한다).
• 바닥은 돌로 포장하고 장식적인 화분에 장미, 백합 등의 향기 있는 식물을 식재한다.
• 조각물과 대리석, 분수로 장식한다.

07 고대 그리스의 아도니스원에 대한 설명으로 적합한 것은?

① 후일의 시민관장으로 발달
② 물이 가장 중요한 요소로서 등장
③ 식물의 도입은 밀, 보리, 상추 등을 분에 식재
④ 신을 모신 정원으로 열식된 수목에 의해 위요된 공간

해설
아도니스는 고대 그리스 신화에서 죽음과 부활의 상징으로 간주되었기 때문에 이와 관련된 작물들이 정원에서 재배되었다. 이 중에서 밀, 보리, 상추 등의 작물이 식재되어 아도니스를 기리고 신화와 연관된 의미를 강조하는 정원으로서 조성되었다.

08 중세 유럽의 수도원 정원은 흔히 회랑식 중정이라고 불렀는데 다음 중 이와 성격이 유사한 정원 형식은?

① 고대 로마의 지스터스
② 고대 로마의 페리스틸리움
③ 고대 로마의 아트리움
④ 고대 로마의 포프티크스

해설
페리스틸리움은 고대 로마의 주거나 공공 건물 내부에 위치한 중앙에 열린 안뜰이나 중정을 의미한다. 이러한 형태는 중세 유럽의 수도원 정원과 유사한 개념으로, 주변 건물에 둘러싸인 열린 공간으로서 휴식, 꾸미기, 소셜 활동 등을 위한 공간으로 활용되었다.

09 고대 로마에서 규모가 큰 집에 5점식재나 화초와 관목의 군식 또는 과수원과 소채원 등이 꾸며진 후원은?

① 아트리움(atrium)
② 페리스틸리움(peristylium)
③ 클로이스터 가든(cloister garden)
④ 지스터스(xystus)

해설
후원인 지스터스는 수로를 축으로 그 좌우에 산책로인 원로와 화단을 대칭적으로 배치했으며 군식 또는 5점형 식재를 했다.

10 로마시대 주택의 축선상에 놓인 공간의 배열이 맞는 것은?

① 도로 → 출입구 → atrium → peristyle → xystus
② 도로 → 출입구 → atrium → xystus → peristyle
③ 도로 → 출입구 → peristyle → atrium → xystus
④ 도로 → xystus → peristyle → 출입구 → atrium

해설
처음에 도로가 위치하며, 이어서 출입구가 있다. 그 다음으로 atrium(아트리움)이 위치하고, 그 뒤로 peristyle(페리스틸리움)이 이어지며 마지막으로 xystus(지스터스)가 위치하는 구조이다. 이러한 배열은 로마 주택의 내부 공간을 구성하는 일반적인 패턴으로, 중요한 공간과 각각의 기능적인 구역이 서로 연결되도록 배치되었다.

11 다음 중 고대 로마의 공공광장(公共廣場)인 포럼(forum)에 대한 설명으로 옳지 않은 것은?

① 지배계급을 위한 상징적 공간이다.
② 사람들이 많이 모이기에 교역의 장소로 발달하였다.
③ 그리스의 아고라와 같은 대화의 광장이다.
④ 기념비적이고 초인간적 스케일을 적용하였다.

해설
고대 로마의 포럼(forum)은 주로 정치, 법적인 일, 사회적인 토론 등의 활동을 위한 공공적인 광장으로 사용되었기 때문에 교역의 장소와는 관계없다.

12 고대 로마시대 폼페이 주택정원의 특징에 관한 설명으로 옳지 않은 것은?

① 뜰은 건축물에 의하여 둘러싸여 있다.
② 페리스틸리움의 식재는 주로 오점식재(quin-cunx)법에 의하여 행하여졌다.
③ 지스터스(xystus)는 과수원이나 채소밭으로 구성되어 있으나 정원시설이 갖추어지는 일이 있다.
④ 아트리움(atrium)에는 바닥에 식물을 심을 수 있도록 흙이 깔려 있다.

해설
④ 아트리움은 손님 접대용 공간으로 사각형의 방들이 아트리움을 둘러싼 무열주 중정이다. 바닥은 돌로 포장하였고 화분 장식을 하였다.

13 스페인의 알람브라 궁원의 파티오 중 사이프러스가 식재되어있는 파티오는?

① 레하의 파티오
② 사자의 파티오
③ 다라하의 파티오
④ 알베르카의 파티오

① 레하의 파티오는 소규모이며 중심에 분수가 설치되어 있고 네 귀퉁이에 사이프러스가 식재되어있는 것이 특징이다.
② 사자의 파티오는 가장 화려하고 주랑식 중정인 것이 특징이다.
③ 다라하의 파티오는 회양목이 식재되어 있는 여성적 분위기가 특징이다.
④ 연못의 파티오에는 이슬람 종교의식에 쓰이던 욕지, 분수대 아치로 된 회랑 등이 있는 것이 특징이다.

14 영국의 풍경식 조경가에 대한 설명으로 옳지 않은 것은?

① 찰스 브릿지맨은 조경에 하하(Ha-Ha) 기법을 최초로 도입하였다.
② 윌리엄 챔버는 '자연은 직선을 싫어한다'는 말을 하였다.
③ 윌리엄 켄트는 풍경식 정원의 전성기를 이룬 선도적 역할을 하였다.
④ 스위처는 정원의 울타리를 없애고 정원의 범위를 확장해야 한다고 주장하였다.

② '자연은 직선을 싫어한다'는 말을 한 조경가는 윌리엄 켄트이고, 윌리엄 챔버는 큐 가든에 중국식 건물과 탑을 세운 조경가이다.

15 튜터와 스튜어트 왕조에 조성된 영국의 정형식 정원이 아닌 것은?

① 햄프턴코트(Hampton court)
② 멜버른 홀(Melbourne hall)
③ 레벤스 홀(Levens hall)
④ 에름농빌(Ermenonville)

에름농빌(에르메농빌르)는 프랑스의 풍경식 정원이다.

16 영국 풍경식 정원의 3대 거장(巨匠)에 속하지 않는 것은?

① William Kent
② Jean Jacque Rousseau
③ Lancelot Brown
④ Humphrey Repton

장자크 루소(Jean Jacque Rousseau)
프랑스의 철학자로, 영국 풍경식 정원 디자인과는 직접적인 연관이 없다.

17 영국 정형식 정원의 특징으로 옳지 않은 것은?

① 마운드는 기하학적 규칙성을 가진 인공적 언덕이었다.
② 조각이나 병, 화분 등으로 테라스, 원로를 장식했다.
③ 정원의 대부분은 도시 근로자의 휴식을 위한 것이다.
④ 산책로는 자갈, 잔디, 타일, 판석 등으로 대개 포장을 하였다.

귀족 사회의 미적 요구와 재미를 위한 장소로서 설계되었다.

정답 13 ① 14 ② 15 ④ 16 ② 17 ③

18 풍경식 정원의 비합리성을 지적하고 소주택정원은 건축적이어야 한다고 주장한 영국의 조경가는?

① 브롬필드
② 윌리엄 로빈슨
③ 재킬여사
④ 험프리 렙턴

[해설]
① 브롬필드는 기능주의 정원운동의 선구자이며 풍경식 정원이 비합리적이라고 주장하였다.
② 윌리엄 로빈슨은 소정원 운동을 주도하였으며 영국 자생식물, 귀화식물로 야생정원을 조성하였다.
③ 재킬여사도 소정원 운동을 주도하였으며 소주택정원에 wall garden을 고안하였다.
④ 험프리 렙턴은 레드북(red book)에 개조 전과 개조 후의 모습을 비교할 수 있는 스케치를 하였다.

19 시대별 연결이 바르지 않은 것은?

① 1948년 – 세계조경가협회 창립
② 1934년 – 암스테르담의 보스공원 개장
③ 1872년 – 옐로스톤 국립공원으로 지정
④ 1925년 – 영국의 국제정원설계 전시회

[해설]
④ 영국의 국제정원설계 전시회는 1928년에 열렸다.

20 베르사유 궁원과 거리가 먼 것은?

① 비스타(Vista)를 형성
② 최초의 평면기하학식 정원
③ 명확한 균형
④ 정형식 정원

[해설]
최초의 평면기하학식 정원은 보르비콩트 정원으로, 베르사유 궁원의 계기가 되었다.

21 다음 중 건축에 비해 조경이 강조되고, 베르사이유(Versailles) 궁에 영향을 준 것은?

① Malmaison
② Ermenonville
③ Petit Trianon
④ Vaux le Vicomte

[해설]
보르비콩트 궁은 조경, 건축, 조각, 분수 등을 조화롭게 결합한 것으로, 이 궁의 성공적인 디자인은 베르사이유 궁 건축의 계획과 인테리어에 큰 영향을 주었다.

22 20세기 초 미국의 래드번에서 영국의 하워드의 전원도시의 이상과 이념을 갖고 계획되었는데, 그 개념과 거리가 먼 사항은?

① 대가구(super block)를 설정
② 가로의 활성화를 위해 보도와 차도를 혼용
③ 막다른 골목(cul-de-sac)의 설치로 근린성을 높이고 전원풍경을 창출
④ 근린주구시설을 보도로써 연결

[해설]
1928년 라이트(Henry Wright)와 스타인(Clarence Stein)이 슈퍼블록을 설정하였고, 차도와 보도를 분리하였으며, 쿨데삭(cul-de-sac)으로 근린성을 높였다.

23 미국 뉴욕의 센트럴 파크 조성을 위하여 옴스테드와 캘버트 보가 제시한 그린스워드 플랜(Greens-ward plan)의 특징이 아닌 것은?

① 입체적 동선체계
② 장식화단 배치
③ 공원 주변의 차음·차폐를 위한 완충녹지 조성
④ 보트 타기와 스케이팅을 할 수 있는 넓은 호수

해설

그린스워드 플랜에는 입체적 동선체계, 차음·차폐를 위한 외주부식재, 아름다운 자연경관의 view 및 vista 조성, 드라이브 코스, 전형적인 몰과 대로, 건강·위락·운동을 위한 코스, 넓은 잔디밭, 동적 놀이를 위한 경기장, 보트와 스케이트를 위한 넓은 호수, 교육을 위한 화단과 수목원을 설계하였다.

24 미국의 토마스 처치와 관련 없는 것은?

① 저서 '대중을 위한 정원' 발간
② 전시대의 모방성과 절충주의 배격
③ 정원과 공원의 유기적 조화 강조
④ 건축의 기능주의와 동양정원의 영향

해설

토마스 처치
• '대중을 위한 정원' 발간
• 정원은 옥외실로서 가족들이 환담하며, 놀이터도 되고 휴식할 수 있는 공적 공간이어야 한다.
• 단순한 형태, 비대칭적 선의 정원
• 향토수정 적극 활용
• 토마스 처치의 주택정원 조성원칙 : 고객의 특성인 인간의 욕구와 개인적인 욕구 반영, 부지의 조건에 따른 관리와 시공 재료와 식재의 기술 고려, 요구조건이 만족시킬 수 없을 때에는 순수예술의 영역에서의 공간 표현

25 티볼리의 빌라 데스테(Villa d'Este of Tivoli)의 설명으로 가장 거리가 먼 것은?

① 물을 가장 다양하고 기묘하게 이용한 작품이다.
② 전형적인 이탈리아 르네상스 정원이다.
③ 4개의 테라스 가든으로 만들었고 각 테라스는 돌계단으로 연결하였다.
④ 리고리오(Firro Ligorio)에 의해 설계된 정원이다.

해설

빌라 데스테는 네 개의 노단으로 구성되었으며, 수경이 축선과 직교하여 정원이 전개된다. 평탄한 노단 중앙의 중심축선이 최상부 노단에 이르그, 이 축선상에 분수가 설치되었다. 물을 다양하게 사용하였는데 100개의 분수로 물풍금·용의 분수 등을 조성하였다.

26 미켈로지가 설계하였으며 알베르티의 부지설계 원칙을 적용한 르네상스 정원은?

① 데스테 빌라
② 파르네제 빌라
③ 메디치 빌라
④ 란테 빌라

해설

③ 메디치 빌라는 미켈로지가 설계하였그 경사지에 노단식으로 구성하였그.
① 리고리오가 설계하였으며 정원에 물을 풍부하게 사용하였고 100개의 분수가 있다.
② 르네상스 3개 별장 중 하나로 비뇰라가 설계하였다.
④ 비뇰라가 설계하였으며 4개의 노단으로 구성되어 축과 연못의 축이 완전히 일치한다.

27 16세기 이탈리아의 르네상스식 별장 정원 가운데 제1노단에 정방형의 못이 있고 분수가 있는 중앙의 둥근 섬을 중심으로 하여 십자형의 4개의 다리가 놓여 있는 곳은?

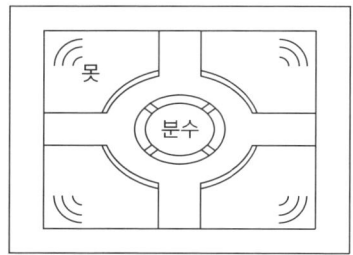

① 피렌체의 보볼리원(Giardino Boboli)
② 란테장(villa Lante)정원
③ 데스테장(villa d'Este)정원
④ 파르네제장(villa Farnese)정원

[해설]
란테 빌라(villa Lante)
• 비뇰라가 설계하였으며 별장은 담으로 둘러싸여 있다.
• 네 개의 노단으로 구성되어 정원의 축과 연못의 축이 완전히 일치한다.
• 비뇰라가 설계한 카지노(casino)와 정원을 완벽하게 결합하였다.
• 제2테라스에는 두 개의 잔디밭이 있고, 플라타너스가 군식되어 있다.
• 빌라(villa) 전체의 공간은 평면적으로 강한 축을 중심으로 정형적 대칭을 이룬다.

28 이탈리아 정원의 특징인 노단건축식이 시작된 곳이며, 이탈리아 정원을 수목적인 것에서 건축적 구성으로 전환시키는 계기가 된 정원은?

① 벨베데레원
② 이졸라벨라
③ 메디치장
④ 감베라이아장

[해설]
이탈리아의 노단건축식 정원양식의 시초이다. 브라만테가 바티칸 궁과 교황의 여름 거주지인 벨베데레 구릉의 빌라를 연결하여 설계한 것으로 16세기의 대표적인 정원이다.

29 19C 풍경식 조경에 있어 식물생태학과 식물지리학 등 자연과학적 지식을 기초로 한 자연경관의 복구를 가장 먼저 시도한 나라는?

① 미국
② 독일
③ 영국
④ 프랑스

[해설]
독일 정원은 과학적 지식을 이용하여 식물 생태학과 식물 지리학에 기초한 자연경관의 재생이 목적이었다. 그 지방의 향토 수종을 배식하여 자연스러운 경관을 형성하였고, 실용적인 형태의 정원이 발달하였다.

30 독일의 폴크스 파크(Volks park)에 관한 설명 중 옳지 않은 것은?

① 20세기 초에 루드비히 레서(L. Lesser)가 제창하였다.
② 국민의 전계층을 대상으로 하는 심신단련용을 위한 녹지의 일종이다.
③ 면적규모는 10ha 이상을 원칙으로 하였다.
④ 자연풍경식 정원양식을 주축으로 하였다.

[해설]
폴크스 파크(Volks park)
루드비히 레서(L. Lesser)가 제창하였으며, 동적인 후생과 정적인 후생, 즉 전국민이 심신을 단련하고 휴식하는 공원이다(일광 공기욕장, 음천장 등 기능적인 부분으로 구획).

31 명나라시대 기록을 알 수 있는 문헌이 아닌 것은?

① 동파종화　　　　② 원야
③ 장물지　　　　　④ 유금릉제원기

[해설]
① 동파종화는 백거이(백락천)의 책으로 당나라 시대의 기록을 알 수 있다.
② 원야는 이계성(명나라)의 책이다.
③ 장물지는 문진형(명나라)의 책이다.
④ 유금릉제원기는 왕세정(명나라)의 책이다.

32 중국 한나라시대에 대한 설명으로 옳지 않은 것은?

① 설문해자에 원(園), 포(圃), 유(囿)에 대한 기록이 있다.
② 한 시대부터 중정을 전돌로 포장하는 기법이 사용되었다.
③ 제왕을 위해 대, 관, 각을 축조하였다.
④ 정원에 연못을 파고 그 흙을 높이 쌓아올려 구축한 영대가 있었다.

[해설]
④ 영대는 주나라 시대의 정원으로, 낮에는 조망을 하고 밤에는 밤하늘을 즐겼다.

33 중국 당나라 때 조경의 특징과 가장 관계가 먼 것은?

① 대명궁　　　　　② 온천궁
③ 건륭화원　　　　④ 평천산장

[해설]
③ 건륭화원은 5개의 단으로 이루어진 청나라의 계단식 경원이다.

34 중국 한나라의 상림원(上林園)과 관계가 없는 것은?

① 곤명호
② 견우와 직녀의 상징 조각상
③ 만수산
④ 돌고래 조각상

[해설]
③ 만수산 이화원은 청나라의 대표적인 중원이다.

35 중국 이화원(頤和圓)의 설명으로 맞지 않는 것은?

① 청(淸)의 건륭제(乾隆帝)가 북경에 처음으로 조영했다.
② 건륭 29년에 원림공사를 완료하고 청의원이라 했다.
③ 만수산(萬壽山)이라고 하는 인공산이 있다.
④ 곤명호(昆明湖)가 있다.

[해설]
이화원은 북경 서북 외곽지역에 위치하고 있으며 정원이자 궁전이다. 이곳에 처음 공원이 조성된 것은 12세기 금나라 때 지은 작은 정원을 시작으로 명조 중엽에 만들어졌다. 청조 건륭제가 많은 건물을 세우고 정원을 꾸몄다. 건륭제가 많은 건물을 세우고 정원을 꾸몄지만 금나라부터 만들어지기 시작하였으므로 건륭제가 처음으로 조영한 것은 아니다.

[정답] 31 ① 32 ④ 33 ③ 34 ③ 35 ①

36 중국 한나라 때의 태액지(太液池)에 대한 설명으로 틀린 것은?

① 신선사상을 반영한 정원양식이다.
② 못 속에 봉래, 방장, 영주의 세 섬을 축조하였다.
③ 주로 직선으로 된 연못의 서쪽 남북축선 상에 궁전이 배치되었고, 부속건물들은 연못의 남쪽에 배치되었다.
④ 지반에는 청동이나 대리석으로 만든 조수와 용어 등의 조각을 배치하였다.

해설
연못가의 서남쪽을 향해 채색한 정자 다섯채, 남측 옥당과 벽문 등으로 동으로 만든 큰 새 종류 장식이 있었다.

37 중국 낙양(洛陽)의 교외 평천(平泉)에 화려한 정원을 꾸며 놓고 평천산거계자손기(平泉山居戒子孫記)에 '먼 후세에라도 평천을 팔아넘기는 자는 내 자손이 아니다'라는 기록을 남긴 사람은?

① 당(唐)의 대종(代宗)
② 백낙천(白樂天)
③ 사마광(司馬光)
④ 이덕유(李德裕)

해설
이덕유의 평천산장
• 무산 12봉과 동정호의 9파 상징, 신선사상
• 평천산거계자손기 : 평천을 팔면 내 자손이 아니다.

38 15세기 후반부터 일본정원에서 수목을 사용하지 않고 왕모래와 정원석으로 꾸민 정원은?

① 임천식 정원
② 다정식 정원
③ 축경식 정원
④ 평정고산수정원

해설
④ 일본정원에서 수목을 사용하지 않고 왕모래와 정원석으로 꾸민 정원이다.
① 자연경관을 인공으로 축경화하여 산을 쌓고 연못, 계류, 수림을 조성한 정원이다.
② 실용을 주목적으로 하며 일종의 자연식 정원이다.
③ 풍경을 축소시켜 좁은 공간 내에 표현한 정원이다.

39 일본의 무로마치시대에 대한 설명으로 옳지 않은 것은?

① 조석이 중시되고 전란의 경제적인 제약으로 정원이 축소되어 가는 경향이었다.
② 선사상이 정원축조에 영향을 주었다.
③ 백제의 노자공이 수미산을 조성하였다.
④ 고산수정원이 발달하였다.

해설
③ 백제의 노자공이 수미산을 조성한 것은 아스카시대이다.

40 모모야마(桃山)시대 싸리나무나 대나무 가지로 울타리를 두르고 소공간을 자연 그대로의 규모로 꾸민 정원양식은?

① 정토정원
② 임천정원
③ 다정
④ 침전식정원

해설
다정원(茶庭園)
다실과 다실에 이르는 길을 중심으로 좁은 공간에 꾸며지는 일종의 자연식 정원으로 자연의 운치를 연상시키는 데 그 특징이 있다.

41 다음 내용 중 연결이 잘못된 것은?

① 용안사 - 평정고산수
② 다정 - 모모야마시대(桃山時代)
③ 서방사 - 몽창국사(몽창소석)
④ 계리궁(桂離宮) - 무로마치시대(室町時代)

[해설]
④ 계리궁은 에도시대와 관련이 있다.

42 일본에 백제사람 노자공이 정원을 조성하였다는 기록이 일본의 기록서에 기록되어 있다. 이때 반영된 주요 사상은?

① 불교사상(佛敎思想)
② 상세사상(常世思想)
③ 신선사상(神仙思想)
④ 도교사상(道敎思想)

[해설]
불교에서는 하나의 태양을 중심으로 한 하나의 세계를 일소세계(一小世界)라 하는데 여기는 수미산을 중심으로 칠산팔해(七山八海)를 교호(交互)로 번갈아 두르고 철위산(鐵圍山)을 가장 밖에 있는 외곽으로 한 세계를 말한다. 그래서 구산팔해(九山八海) 즉, 아홉 산과 여덟 바다인데 그 이름이 다 있다.

43 추고천황(推古天皇) 20년(612년)에 백제의 노자공이 수미산과 오교를 만들어 놓았다는 내용이 포함된 일본 최초정원에 관한 기록서는?

① 작정기(作庭記)
② 일본서기(日本書紀)
③ 축산정조전 전편(築山庭造傳 前篇)
④ 석조원생팔중탄전(石粗園生八重坦傳)

[해설]
아스카 시대인 612년 백제의 노자공이 황궁의 남정에 불교사상의 세계관을 배경으로 수미산과 오교를 조성하였고(일본 정원의 효시), 일본의 정원양식에 영향을 미쳤으며, 일본의 「일본서기」(최초의 기록)에 기록되었다.

44 고구려의 안학궁원(安鶴宮苑)에 대한 설명으로 옳은 것은?

① 수구문은 동쪽과 서쪽에 설치되거 있었다.
② 궁의 북서쪽 모서리에 태자궁이 있었다.
③ 정원 터는 서문과 외전 사이와 북군과 침전 사이에 있었다.
④ 가장 큰 규모의 정원 터는 동문과 내전 사이이다.

[해설]
안학궁 내 정원은 주로 주요 건축물 사이에 배치되어 궁궐의 미적 요소를 강화하고 실용적인 기능도 수행하였다. 특히, 서문과 외전(남쪽 주요 건물) 사이, 그리고 북문과 침전(북쪽 주요 건물) 사이에 정원이 조성되어 있었는데, 이는 왕실 생활 공간 주변에 자연경관을 조화롭게 배치하려는 고구려 건축의 특징을 보여준다.
① 왕궁 동남쪽의 수구문 안쪽 공간에도 넓은 면적의 정원이 있었다고 추측되는데, 이곳에서 한 변이 77m에 이르는 정방형의 못터가 발굴되었다.
② 북문과 북쪽의 내전 사이에도 인공적으로 조성한 조산이 있으나 연못은 없으며, 그 위에는 정자터로 보이는 건물터가 발굴되었다.
④ 가장 규모가 큰 정원은 남쪽 궁전과 서문 사이의 정원으로 서문과 서외전 사이에 동산이 있고, 이 동산과 건물로 둘러싸인 곳에 정방형의 연못이 있다.

45 백제 정림사지(址)에 관한 설명 중 가장 관계가 먼 것은?

① 1탑1금당식
② 5층 석탑을 배치
③ 원내 방지의 도입
④ 구릉지 남사면에 위치

[해설]
④ 정림사지는 백지 사비도성의 중심에 있다.
정림사
• 백제시대의 전형적인 1탑1금당식 가람 배치로 남북 직선상에 중문, 탑, 금당, 강당을 배치하고 주위를 회랑으로 둘러친 형태이다.
• 가람 중심부를 둘러싼 회랑의 형태가 북쪽에서 간격이 넓어진 사다리꼴이라는 점, 그리고 중문 남쪽에 2개의 사각형 연못과 남문터가 있는 좀 등이 배치의 특징이다.

46 동사강목(東史綱目)에 '궁성의 남쪽에 연못을 파고 20여리에서 물을 이끌어 들이고 사방의 언덕에 버드나무를 심고, 못 속에 섬을 만들어 방장선산을 모방하였다'라고 궁남지(宮南池)에 대하여 기록하고 있는데 이는 어느 나라 어느 왕 때 조성한 것인가?

① 백제의 진사왕
② 백제의 무왕
③ 신라의 경덕왕
④ 신라의 문무왕

[해설]
무왕 35년(634)에 궁 남쪽에 못을 파고 방장선도를 만들었으며 못의 서안에 버드나무를 심었다.

47 다음 중 백제의 정원 관련 서적과 관계없는 것은?

① 동사강목(東史綱目)
② 동국여지승람(東國與地勝覽)
③ 대동사강(大東史綱)
④ 삼국사기(三國史記)

[해설]
동국여지승람(東國與地勝覽)은 조선 중기인 19세기에 저술된 지리 서적이다.

48 다음 궁성 중 외성, 중성, 내성, 북성으로 된 것은?

① 신라의 반월성
② 백제의 사비궁
③ 고구려의 장안성
④ 고려 만월대 궁

[해설]
고구려의 장안성은 양원왕(552) 때 축조하였고 평원왕 28년(586)에 장안성으로 천도하였으며, 4성으로 구분되었다(외성 : 민가, 중성 : 관청, 내성 : 왕궁, 북성 : 사원 및 군사).

49 백제 귀족문화의 속성이 강하게 나타나는 3탑 3금당형의 3원식 가람 구조를 보이는 사례는?

① 부여 군수리 절터
② 부여 동남리 절터
③ 익산 미륵사터
④ 부여 정림사터

[해설]
백제의 국가사찰인 미륵사지는 동아시아 최대의 가람이며, 우리나라 불교건축을 대표할수 있는 유적으로 미륵신앙을 기초로 한 3탑 3금당의 독특한 가람구조를 지니고 있다.

50 우리나라 왕궁조경 사례지로서 임해전 건물을 조성하여 바다를 상징적으로 축경한 기법을 보여주는 곳은?

① 고구려 안학궁 진주지
② 백제 사비궁 궁남지
③ 신라 동궁과 월지(안압지)
④ 발해 상경용천부 경박호

[해설]
안압지를 끼고 있는 임해전은 정원을 바다로 표현하고자 한 구상이며, 직선과 다양한 곡선처리를 했다.

51 통일신라시대의 대표적 산지사찰인 화엄사(華嚴寺)에 대한 설명 중 틀린 것은?

① 회랑이 없는 점
② 입체적으로 형성된 공간구성
③ 대웅전을 중심으로 좌우대칭이 아닌 점
④ 계곡의 방향과 일치하는 동서축선을 기준으로 한 점

해설
산지사찰은 입체적 공간구성과 정해진 축이 따로없는 자유로운 형태이다.

52 신라시대에 생겨난 사절유택(四節遊宅 : 東野宅, 谷良宅)에 대한 설명 중 옳은 것은?

① 주택정원(住宅庭苑)의 효시이다.
② 서원정원(書院庭苑)의 효시이다.
③ 별서정원(別墅庭苑)의 효시이다.
④ 지당정원(地塘庭苑)의 효시이다.

해설
사절유택이란 신라 사람들이 계절마다 찾아가 놀던 집으로, 동야택(東野宅), 곡량택(谷良宅), 구지택(仇知宅), 가이택(加伊宅)으로 별서정원(別墅庭苑)에 속한다.

53 통일신라의 동궁과 월지(안압지) 관련 문헌으로 가장 거리가 먼 것은?

① 삼국유사   ② 동경잡기
③ 동국여지승람   ④ 동사강목

해설
① 삼국유사와 관련이 있는 유적은 포석정이다.
안압지 관련 문헌 : 삼국사기, 동경잡기, 동사강목, 동국여지승람

54 흐르는 물에 술잔을 띄워 곡수연을 즐기던 곳의 유적은?

① 석연지   ② 진주지
③ 만불산   ④ 포석정

해설
④ 포석정에서 신라 헌강왕이 어무상심무(御舞祥審舞)란 춤을 추고, 유상곡수연(流觴曲水宴)을 하였다.
① 석연지는 백제시대의 유적으로 궁원의 조원용 점경물이다.
② 진주지는 못 안에 4개의 섬이 있는 고구려의 유적이다.
③ 만불산은 경덕왕이 가산을 축조한 것으로 곡수연을 즐기던 곳은 아니다.

55 고려시대 궁궐조경의 설명으로 옳은 것은?

① 내원서는 왕이 진사 시험을 치뤘던 장소이다.
② 만월대는 백제의 궁남지나 신라의 안압지와 유사한 기능을 가졌다.
③ 괴석을 이용하여 만들어진 석가산이 있다.
④ 귀족들이 궁궐에 연못을 꾸미고 모란을 식재하여 정원을 조성하였다.

해설
③ 석가산은 주로 괴석을 이용하여 자연의 기암절벽을 모방하거나 신선 세계를 꾸미려는 의도로 만들어졌다.
① 왕이 진사 시흔을 치뤘던 장소는 동지이다.
② 백제의 궁남지나 신라의 안압지와 유사현 기능을 가진 곳은 동지이다.
④ 발해의 특징으로 귀족들이 저택에 연못을 꾸미고 모란을 식재하여 정원을 조성한 것이 있다.

정답   51 ④   52 ③   53 ①   54 ④   55 ③

56 고려시대 별궁과 정원을 가장 호화롭게 꾸민 왕은?

① 예종   ② 의종
③ 문종   ④ 충숙왕

[해설]
예종과 의종 때 조경이 가장 활발하게 발달하였고 특히 의종은 고려시대 별궁과 정원을 가장 호화롭게 꾸민 왕이다.

57 각 국가별로 중요 조경유적의 연결이 바른 것은?

① 고구려 – 궁남지(宮南池)
② 신라 – 임류각(臨流閣)
③ 고려 – 동지(東池)
④ 백제 – 감은사(感恩寺)

[해설]
① 궁남지 : 백제시대의 유적이다.
② 임류각 : 백제시대의 유적이다.
④ 감은사 : 통일신라시대의 사찰이다.

58 고려시대 개성 만월대에 대한 설명으로 틀린 것은?

① 김홍도가 그린 기로세련계도의 소재가 되었다.
② 높은 축대를 쌓고 동서축으로 건물을 배치하였다.
③ 숙종 때 모란으로 명성이 높았던 사루가 있었다.
④ 상춘정에는 곡연(曲宴)을 행하였다는 기록이 있다.

[해설]
② 만월대는 남북축으로 건물을 배치하였다.

59 고려시대 궁원의 주요한 구성요소가 아닌 것은?

① 석련지   ② 화원
③ 석가산   ④ 격구장

[해설]
석련지는 8세기경에 제작된 통일신라시대의 대표적인 유물이다.

60 이동식 정자인 사륜정(四輪亭)을 고안한 사람은?

① 이규보(1201)   ② 기홍수(1210)
③ 최충헌(1219)   ④ 홍만선(1241)

[해설]
사륜정기
이규보가 설계한 사륜정에 대한 기록으로, 그늘진 곳을 따라 옮기면서 정자 안에서 글을 읽고 술을 마시며 바둑을 둘 수 있도록 고안된 이동식 정자이다.

61 경복궁 교태전 후원의 아미산과 관련 없는 것은?

① 장대석으로 축조된 화계
② 향원지를 파낸 흙으로 만든 인공산
③ 아미산은 중국 선산(仙山)의 이름을 따옴
④ 커다란 흰 바탕의 직사각형에 길상의 세계인 십장생이 조각된 굴뚝 배치

[해설]
경회루를 만들면서 나온 흙을 가지고 왕비의 침전인 교태전 후원에 아미산이라는 인공산을 조성하였다.

62 창덕궁 후원의 관람정과 유사한 형태의 정자(亭子)는?

① 유원의 관운정　　② 졸정원의 견산루
③ 사자림의 사자정　　④ 창량정의 간산루

해설
부채꼴 모양의 정자
• 졸정원(중국, 명나라) : 여수동좌헌
• 사자림(중국, 원나라) : 사자정
• 창덕궁 후원(한국, 조선 시대) : 관람정

63 창덕궁 후원의 괴석(怪石)은 석분(石盆) 위에 설치되어 있는 것이 특징인데 이들이 설치된 공간은 다음 중 어느 곳인가?

① 모두 못 가에 있다.
② 건물 주위나 단(段) 위에 있다.
③ 깊은 숲속의 임간(林間)에 있다.
④ 시냇가에 있다.

해설
후원의 괴석들은 정자나 건물의 주위 단(段)을 지어 만든 공간에 배치되었다. 괴석의 형태는 기이한 바위이거나 선산(仙山)의 형태로서 수성암이나 현무암의 종류가 많다.

64 덕수궁 석조전 앞의 분수와 연못을 중심으로 정원과 가장 가까운 양식은?

① 독일의 풍경식
② 프랑스의 정형식
③ 영국의 절충식
④ 이탈리아의 노단건축식

해설
최초의 유럽식 정원인 덕수궁 석조전 앞뜰에 프랑스식 정원이 만들어졌다.

65 조선시대의 대표적 별서인 소쇄원(瀟灑園)에 대한 설명으로 옳지 않은 것은?

① 계곡에 흘러내리는 임천이 주된 경관자원이다.
② 앞뜰, 안뜰, 뒤뜰과 같은 명확한 공간구분은 없다.
③ 소쇄원 경치를 읊은 48영시에는 동물도 표현되었다.
④ 명칭은 '구슬과 같은 물소리가 들리는 곳'이란 의미를 갖는다.

해설
소쇄(瀟灑)는 공덕장이 쓴 「북산이문」에 나오는 단어로 '상쾌하고 맑고 깨끗하다'는 뜻이다. '구슬과 같은 물소리가 들리는 곳'이란 의미를 갖는 곳은 담양의 명옥헌(鳴玉軒) 원림이다.

66 조선시대의 별서가 아닌 것은?

① 도산서당　　② 소쇄원
③ 부용동 정원　　④ 객관정원

해설
④ 객관정원은 중국 등의 외국 사신이나 여행자를 접대하던 곳으로 고려시대와 관련이 있다.

67 주택의 공간구성을 조감도식으로 그린 오미동가도(五美洞家圖)가 있어 정원형을 유추하기 용이한 곳은?

① 무안 화설당　　② 진주 용호정
③ 구례 운조루　　④ 영양 서식지

운조루(유이주의 저택)
• 조경처리가 되어있는 공간은 주로 사랑채의 마당과 내당 뒤 후원이다.
• 1776년경에 만들어졌을 것으로 추측된다.
• '전라구례오미동가도'라는 그림을 보면 대문 안쪽 마당에 정심수로서 소나무가 심어져 있고 지대에는 괴석과 화문이 교대로 배치되어 있었음을 알 수 있다.
• 대문 앞에 지원기 만들어져 있고, 사랑뜰에는 정심수가, 헛간 앞에는 희귀식물인 위성류가 심어졌다는 것이 특징이다.

68   정원양식에 관한 다음 설명 중 틀린 것은?

① 파티오가 발달한 곳은 스페인이다.
② 프랑스 평면기하학식 양식은 이탈리아의 영향과
  는 관련이 없다.
③ 영국 자연풍경식 정원은 풍경화와 당대 문학 작
  품 및 중국의 영향을 받았다.
④ 이탈리아 노단건축 양식은 경사진 지형을 활용
  하여 조망 경관을 중요시 하였다.

[해설]
노단식 정원은 이태리의 지형적 영향의 특색인데 이 노단건축
식 정원양식은 프랑스로 전해져 평면기하학식 정원양식에 영향
을 주었다.

69   다음 중 비대칭 균형의 미가 가장 강조되는 정원 형식은?

① 기하학식 정원   ② 정형식 정원
③ 노단식 정원   ④ 자연주의식 정원

[해설]
자연주의식 정원은 비대칭적인 요소들이 강조되는 정원 형식
중 하나이다. 이 정원 형식은 자연의 불규칙한 형태와 패턴을
모방한다.

70   낭만주의 시대 자연풍경식 정원이 제일 먼저 발달한 국가는?

① 프랑스   ② 독일
③ 영국   ④ 이탈리아

[해설]
영국 경관은 목가적인 풍경이라 지형, 기후, 식생 등의 자연조건
이 프랑스 이탈리아 정원 형태와 불일치하고, 동양의 영향과
계몽주의 사상 등의 영향으로 자연풍경식 정원이 제일 먼저 발
달하였다.

71   다음 중 각 나라의 조경양식을 짝지은 것으로 잘못된 것은?

① 이태리 – 노단건축식
② 프랑스 – 평면기하학식
③ 영국 – 사의(寫意)주의에 입각한 풍경식 정원
④ 한국 – 자연풍경식

[해설]
영국 정원양식은 영국 자연풍경식 정원으로 분류되며, 영국의
문학, 미술, 중국 정원 등의 영향을 받아 중국의 영향을 일부
수용하면서도 영국의 특색을 갖춘 정원양식이다. 사의주의 정
원은 중국의 전통적인 정원양식이다.

72   르네상스시대의 프랑스와 이탈리아 조경의 차이점이 아닌 것은?

① 프랑스는 성관이 발달하였고, 이탈리아는 빌라
  의 큰 발달을 보게 되었다.
② 프랑스는 중세의 방어요소인 호를 호수와 같은
  장식적 수경으로 전환시킨 반면에 이탈리아는
  캐스케이드, 분수, 물풍금 등의 다이나믹한 수경
  을 나타내고 있었다.
③ 프랑스 정원은 이탈리아 정원보다 파르테르를
  중요시 하였다.
④ 프랑스 정원은 경사지에 옹벽에 의해서 지지된
  테라스나 평탄한 지역들이 만들어졌으며, 다양
  한 형태의 계단 혹은 연속적인 계단 그리고 경사
  로로 연결되었다.

[해설]
④는 이탈리아 조경의 특징이다.

73 각국은 그 나라마다 독특한 정원양식을 갖고 있다. 무굴인도의 정원양식은 다음 중 어디에 속하는가?

① 동서양의 절충식
② 정형식
③ 풍경식
④ 종교적 바탕의 사실주의

74 다음 한국전통 조경의 설명으로 틀린 것은?

① 고대의 한국정원은 궁중이나 귀족의 저택 위주로 꾸며졌다.
② 한국적 색채를 띄게 된 정원양식은 신라시대 이후부터이다.
③ 창덕궁은 자연미와 인공미가 혼연일치가 되도록 축조(築造)되었다.
④ 통일 신라시대의 대표적인 조경의 예(例)는 안압지(雁鴨池)를 들 수 있다.

해설
② 한국의 정원은 신라시대 이전인 삼국시대부터 한국적인 특색을 갖추기 시작했다. 특히 고구려와 백제의 정원 양식은 이미 독자적인 특징을 띠고 있었다.

75 한국정원(韓國庭園)의 특색이라고 볼 수 없는 것은?

① 후원을 잘 꾸미도록 하였다.
② 자연의 아름다움을 자연 나름대로 즐기도록 하였다.
③ 대풍경을 모방한 축경수법을 많이 사용하였다.
④ 수목의 심는 위치를 많이 고려하였다.

해설
축경식 정원은 일본의 에도시대 후기와 관련이 있다. 축경식은 풍경을 축소시켜 좁은 공간 내에 표현한 것이다.

76 고려의 충숙왕이 원나라에서 돌아올 때 진기한 화초를 많이 가져왔다고 기록하고 있는 문헌은?

① 강희안의 양화소록
② 신경준의 순원화훼잡설
③ 이규보의 동국이상국집
④ 홍만선의 산림경제

해설
조선 초기 강희안이 집필한 우리나라 최초의 원예서「양화소록」에는 고려 충숙왕(1294~1339) 때 원나라로부터 여러 진기한 국화 품종이 많이 도입됐다고 기록되어 있다. 그 외에도 고려시대 정원 예술과 호초의 풍요로운 내용을 담고 있어서 조경 역사 및 문화를 이해하는 데 중요한 자료로 여겨진다.

77 중국 정원의 특징을 적은 것으로 잘못된 것은?

① 디자인면에 있어서는 직선을 배제하고 자연곡선을 쓰며 조화를 기본으로 한다.
② 조경재료로서 괴석을 많이 도입하여 인공산을 만들고 또 동굴을 만든다.
③ 건축물로 둘러쌓인 안뜰은 소건축물, 괴석, 못 등으로 고밀도 공간을 형성한다.
④ 다리는 무지개다리(홍교)나 곡절(曲折)하는 직선적인 다리를 만든다.

해설
중국 정원은 디자인면에 있어서 조화보다는 대비를 기본으로 한다.

78 중국 조경양식의 가장 대표적인 디자인 원칙은?

① 방사(放射)
② 선형(線形)
③ 대비(對比)
④ 조화(調和)

해설
중국 정원은 풍경식이면서도 대비에 중점을 두고 있는 것이 특색이다.

정답 73 ② 74 ② 75 ③ 76 ① 77 ① 78 ③

79 중국 고문헌 설문해자에 기술된 과일나무를 심는 곳을 의미하는 용어는?

① 유(囿)　　　② 원(園)
③ 포(圃)　　　④ 정(庭)

중국 정원의 기원
- 포(圃) : 채소를 심는 곳
- 원(園) : 과실을 심은 곳
- 유(囿) : 짐승(금수)이나 조류를 기르던 울타리가 있는 공간
- 정(庭) : 건물이나 울타리에 둘러싸인 평탄한 뜰

80 일본 정원양식의 발달과정을 옳게 나열한 것은?

① 축경식 → 임천식 → 평정고산수수법 → 축산고산수수법 → 다정식
② 축산고산수수법 → 평정고산수수법 → 다정식 → 축경식 → 임천식
③ 평정고산수수법 → 다정식 → 축산고산수수법 → 임천식 → 축경식
④ 임천식(회유임천식) → 축산고산수수법 → 평정고산수수법 → 다정식 → 축경식

[해설]
- 8~11세기 : 헤이안시대, 임천식 정원
- 12~14세기 : 가마쿠라시대, 회유임천식 정원(침전건물 중심)
- 14세기 : 무로마치시대, 축산고산수식 정원(선사상과 화목의 영향)
- 15세기 후반 : 무로마치시대, 평정고산수식 정원(바다의 경치 표현)
- 16세기 : 모모야마시대, 다정양식 정원(노지식, 곡선이 많이 사용)
- 17세기 : 에도 초기, 지천임천식 또는 회유식 정원(임천식과 다정양식의 결합)
- 19세기 : 에도 후기, 축경식(縮景式, 풍경을 축소시켜 좁은 공간 내에 표현)

81 일본의 고산수식(枯山水式)정원에 관한 기술 중 옳은 것은?

① 아스카(飛鳥)시대의 조경 양식이다.
② 흰모래를 깔아 유수(流水)를 나타내는 등 상징적인 표현을 하였다.
③ 정원의 중심부에 못을 파고 섬과 다리를 만들어서 정원의 아름다움을 즐기도록 한 조경 양식이다.
④ 나라시대에 발달된 조경양식으로 습윤지성 수종을 많이 사용하였다.

[해설]
고산수식은 물이나 나무를 쓰지 않고 산수의 풍경을 상징적으로 나타낸 정원이다.

82 일본의 다정(茶庭)에 관한 설명 중 틀린 것은?

① 자연의 한 단면을 강조하여 전체를 표현하러 간다.
② 디딤돌, 돌수반, 석등 등으로 구성된 간소하고 소박한 정원이다.
③ 차(茶)를 좋아하는 국민이므로 차나무를 가꾸던 일종의 실용원(實用園)이다.
④ 다도(茶道)의 발전과 함께 발달하였다.

[해설]
다정(茶庭)양식
- 자연의 한 단면을 강조하여 전체를 표현하려 한다.
- 디딤돌, 돌수반, 석등 등으로 구성된 간소하고 소박한 정원이다.
- 다도를 즐기기 위한 폐쇄적인 자연식 정원이다.

PART 02

조경계획

조경 일반

01 　조경의 정의 및 조경가의 역할

❶ 조경(造景)의 정의

(1) 일반적인 정의

① 경관을 조성하는 전문 분야이다.

② 정원을 포함한 옥외공간을 조형적으로 다루는 일이다.

③ 인간에 의해 환경을 아름답고 가치 있게 기획, 설계, 관리, 보존, 재생하는 것을 말한다.

(2) 옴스테드(Olmsted)의 정의

① 조경(Landscape Architecture)이라는 전문 직업은 자연과 인간에게 봉사하는 분야이다.

② '조경가'라는 말을 처음 사용한 후 조경이라는 용어가 보편화되었다.

③ 1856년 뉴욕시의 센트럴 파크를 설계할 당시 사용되던 '정원사'는 정원만을 대상으로 하는 좁은 뜻을 지니고 있어서 다양한 전문성을 대변하는 데 한계가 있다고 생각했다.

④ 근대 조경학은 미국에서 시작되었으며, 옴스테드는 근대 조경학의 선구자로 불리고 있다.

(3) 미국 조경가협회(ASLA)의 정의

① 1909년 : 조경은 인간의 이용과 즐거움을 위하여 토지를 다루는 기술이다.

② 1975년 : 조경은 유용하고 즐거움을 줄 수 있는 환경의 조성에 목표를 두고 자원의 보전 및 관리를 고려하며, 문화적·과학적 지식의 응용을 통해 설계, 계획 혹은 토지의 관리 및 자연과 인공요소를 구성하는 기술이다.

③ 1990년대 : 자연환경과 인공 환경의 연구, 계획, 설계, 시공, 관리 등을 위하여 예술적·과학적 원리를 적용하는 전문 분야이다.

(4) 맥하그(Ian McHarg)

조경분야에 생태학적 사고와 이론을 접목하였다.

❷ 조경의 목적 및 필요성

(1) 조경의 목적

① 개발에 따른 도시 환경문제를 해결한다.

② 생활환경을 편리하게 만들어 쾌적한 분위기 조성한다.

③ 인간이 이용하는 모든 옥외공간과 토지를 이용하여 개발함에 있어서 보다 기능적이고 경제적인 시각적 환경을 조성하고 보존하는 것이다.

④ 유용하고 즐거움을 줄 수 있는 환경 조성에 목표를 둔다.

(2) 조경의 필요성

① 우리나라의 조경은 1970년대 초 국토종합개발계획과 함께 고속도로 건설, 단지개발 등에서 조경의 필요성을 인식하며, 도시 조경과 전통 조경이 발달하기 시작하였다.

② 환경오염이 증가하고 이상기후 현상(미세먼지, 폭염, 강수량 증가 등)이 잦아졌다.

❸ 조경과 환경요소

물리적 환경	풍토, 기후 등의 자연환경
자연적 환경	인간의 이용과 관련된 환경
인공적 환경	조경의 관심 영역, 도시 등의 환경
사회적 환경	물리적 환경과 결부

❹ 조경가의 역할

(1) 조경가의 자격

① 자연의 원리를 이해하여 계획을 세울 수 있어야 한다.

② 예술적 재능을 갖추어 창조력을 발휘할 수 있어야 한다.

③ 조경에 필요한 각종 재료를 다룰 수 있어야 한다.

④ 식물의 생리, 생태, 형태와 재배 및 관리를 할 수 있어야 한다.

⑤ 풍부한 경험으로 적재적소에 설계할 수 있어야 한다.

⑥ 상대방의 심리 파악을 할 수 있어야 한다.

(2) 조경가의 역할(M. Laurie)

① 조경계획 및 평가 : 토지의 체계적 평가와 그에 대한 용도상의 적합도와 능력판단, 개발이나 토지 이용의 배분계획, 고속도로의 위치결정, 레크리에이션 시설을 개발한다.

② 단지계획 : 대지 분석과 종합적인 이용자 분석을 통해 자연 요소와 시설물을 기능적으로 대지의 특성에 맞추어 배치하는 것이다.

③ 조경설계
  ㉠ 식재, 포장, 계단, 분수 등과 같은 한정된 문제를 해결할 수 있어야 한다.
  ㉡ 구성요소, 재료, 수목들을 선정하며, 시공을 위한 세부적인 설계로 발전시키는 것이다.

02 조경 대상 및 타 분야와의 관계

❶ 조경의 대상 및 분야

(1) 기능별(영역)로 구분한 대상

① 정원 : 주택정원, 아파트 등 공동 주거단지 정원, 학교정원, 오피스 빌딩 정원, 옥상정원, 실내정원 등

② 공원
  ㉠ 도시공원과 녹지 : 어린이 공원, 근린공원, 묘지공원, 도시 자연공원, 체육공원, 완충 녹지, 경관 녹지, 광장 등
  ㉡ 자연공원 : 국립공원, 도립공원, 군립공원, 천연기념물 보호구역 등

③ 문화재 : 목조와 석조 건축물, 궁궐 터, 전통민가, 사찰, 성터, 고분 등의 사적지

④ 위락 관광 시설 : 골프장, 야영장, 경마장, 스키장, 해수욕장 낚시터, 관광농원, 유원지, 휴양지, 삼림욕장 등

⑤ 기타 시설 조경 : 도로, 광장, 사무실, 학교, 공장, 항만, 공업단지, 가로 및 고속도로, 자전거 도로, 보행자 전용도로 등

(2) 조경산업의 분야(수행 단계별 구분)와 업무 내용

① 조경재료의 생산 분야
  ㉠ 조경 수목, 지피 식물 등 조경 식물 재료의 생산 및 유통
  ㉡ 자연석, 포장 재료, 인공 토양 재료, 환경친화적인 생태복원 재료 등의 자재 생산
  ㉢ 놀이시설, 체육시설, 휴게시설 등 조경시설 제품 생산

② 조경설계 분야

    ㉠ 조경 관련 개발 사업의 타당성 조사 및 기본계획

    ㉡ 식재계획 및 설계

    ㉢ 기반 조성에 관련된 부지 정지, 배수 등 단지계획 및 설계

    ㉣ 조경시설물 설계

③ 조경시공 분야

    ㉠ 식재시공

    ㉡ 조경시설물 시공

    ㉢ 법면 녹화 및 생태복원 시공

④ 조경관리 분야

    ㉠ 정원, 주거단지, 공원, 관공서 등의 조경수목 일반 관리

    ㉡ 자연공원, 유원지, 휴양지 등의 자연 자원과 시설 및 이용자 관리

    ㉢ 천연기념물, 보호수 등의 수목 보호 및 관리

❷ 도시계획, 도시설계 및 지구단위계획과 조경

(1) 도시계획

① **도시계획** : 특별시 · 광역시 · 시 또는 군(광역시의 관할구역 안에 있는 군을 제외)의 관할구역에 대하여 수립하는 공간구조와 발전방향에 대한 계획으로서 도시기본계획과 도시관리계획으로 구분한다.

② **도시계획이론** ☑ 중요

    ㉠ 하워드(Howard)의 전원도시론 : 전원도시는 도시의 물리적 확장을 제한하고, 오픈스페이스를 확보하여 자연과 조화를 이루는 도시를 만드는 것이 주요 특징이다.

      • 1898년 「내일의 전원도시(Garden City of Tomorrow)」에서 제안하였다.

      • 도시생활(편안함과 기능성)과 농촌생활(쾌적성과 자연성)을 결합한 도시건설이다.

      • 시가지의 형태는 방사환상형, 중심부에 공공시설을 배치하도록 하였다.

      • 위성도시의 발달은 하워드의 전원도시에서 유래하였다.

      • 하워드는 전원도시의 수법을 도시, 전원, 전원도시의 3개의 자석(magnet)에 비유하였다.

      • 도시 조절기능으로서 그린벨트(녹지대) 개념이 생겨났다.

기출 Point | **하워드의 전원도시**

• 도시인구를 3~5만 명 정도로 제한할 것
• 주민의 자유결합의 권리를 최대한으로 향유할 수 있을 것
• 중심도시와 주위를 둘러싼 전원도시와의 기능적 연관성을 분석한다.
• 인구의 대부분을 유치할 수 있는 산업을 확보한다.
• 도시성장과 번영에 의한 개발이익의 일부는 환수하며 계획의 철저한 보존을 위해 토지를 영구히 공유화한다.

ⓛ 테일러(Robert Taylor)의 위성도시론
- 저서 「위성도시(Satelite Town)」에서 제안하였다.
- 중심도시의 인구 과대 집중을 방지하기 위한 위성도시 조성이론으로 도시에서 시급하지 않은 부분적 기능을 교외로 옮겨 신도시를 건설하는 것이다.
- 인구 규모 3만명 정도로 모체도시에 의존하면서 신도시가 발전한다는 이론이다.

ⓒ 페리(C. A. Perry)의 근린주구이론(neighborhood unit)
- 주거단지 계획의 기본개념으로 근린주구에서 생활의 편리성·쾌적성, 주민들 간의 사회적 교류를 도모한다.
- 물리적 환경 형성 조건
  - 주거 단위는 한 개의 초등학교 인구규모를 가져야 한다.

| 기출 Point | 페리의 근린주구이론 |
- 기본규모는 1개 초등학교를 유지시킬 수 있는 거주지역이다.
- 근린주구 내부의 도로는 통과교통이 배제된다.
- 간선도로, 녹지 등에 의해 다른 지역과 구별하였다.

  - 근린주구 내 관통도로를 방지하기 위하여 차량이 우회할 수 있는 간선도르를 계획한다.
  - 주민의 일상생활의 충족을 위한 소공원과 위락공간을 계획한다.
  - 공공시설을 계획한다.
  - 주구 내 상업시설로 근린점포를 계획한다.
  - 주구 내 가로체계로 순환교통을 촉진하고 통과교통은 배제한다.

ⓓ 라이트(Wright)와 스타인(Stein)의 계획 : 래드번(radburn) 시스템
- 미국 경제공황 때 하워드의 전원도시 개념을 적용한 전원도시 건설이다.
- 뉴저지의 420ha 토지에 인구팽창과 주거환경 개선 대책으로 인구 2만 5천명 수용의 계획이다.
  - 2~4개의 가구를 하나의 블록으로 구획하여 보행자와 차량을 분리하였다.
  - 주택단지 외곽에 간선도로가 있고 주구 내는 쿨데삭(cul-de-sac)으로 근린성을 높였다.
  - 학교, 타운센터, 쇼핑시설, 위락지 등을 주거지에서 공원과 같은 보도도 연결하였다.
  - 주거의 중앙에 지구 면적의 30% 이상의 녹지를 확보하며 목적지까지 보행자가 블록 내의 녹지만을 통과하여 도달할 수 있게 하였다.
  - 기능에 따라 4가지(이동, 집산, Service, 주차)로 도로 구분을 하였다.

ⓜ Soria Y. Mata가 제창한 선형도시론(Linear City) : 도시생활과 전원생활을 동시에 구현하기 위하여 기존의 거점도시들을 연결하여 전체도시를 선형으로 계획하였다.

ⓗ Gottfried Feder가 제창한 신도시론(New Town)

ⓢ Unwin이 제창한 경관도시계획론 : 고층건물의 배격, 시역확장 억제, 건축선의 후퇴로 도시경관의 변화를 도모하였다.

ⓞ Le Corbusier가 제창한 대도시론 : 르 코르뷔지에는 근대 건축운동의 선구자로 기능주의를 주장하였다. 특히 인구 300만명을 수용하는 거대도시계획으로 중심부에는 초고층빌딩, 외곽에는 녹지대 형성을 계획하였다.

도시 조절기능으로서 그린벨트(녹지대) 개념이 생겨난 것은?

① 옴스테드의 센트럴 파크 계획　　　　② 랑팡의 워싱턴 계획
③ 하워드의 전원도시론　　　　　　　　④ 보스톤 공원계통

해설
전원도시론은 영국의 하워드(Howard. E.)가 대도시의 구제책으로 발표한 이론으로, 대도시의 도시 악을 구제하기 위하여 건강한 거주와 산업을 위하여 전원 도시 건설을 제창하였다.

정답 ③

(2) 도시설계

① 도시설계 : 도시의 기능 및 미관의 증진을 목적으로 도시계획에 의한 도시계획시설 및 토지이용 등에 관한 계획, 건축물 및 공공시설의 위치·규모·용도·형태 등에 관한 장기적인 종합계획 이다.

② 도시설계의 대상 : 거시적으로는 도시 전체, 미시적으로는 주택단지에서 개별부지 및 건축물에 이르는 물적 환경이다.

　㉠ 도시 전체의 설계 : 신도시·신공업도시 등, 도시의 윤곽, 가로망, 토지이용, 가구분할, 건축물 위치·규모·높이 등이 대상이다.

　㉡ 도시체계의 설계 : 도시가로망의 체계를 세워 보행자·자동차의 흐름을 원활히 한다.

　㉢ 부분설계 : 광장·몰(Mall)·공원·가로변 미화 등과 도심미관을 위한 중심지구 개발, 쇼핑센 터·공공시설·문화센터·가로시설물·가로수·광고간판·건물외관·담장 등이 이에 해당 한다.

　㉣ 상징물설계 : 도시의 시각적 형태·이미지·랜드마크 등 상징물의 공간배치와 조경처리를 설계한다.

③ 도시설계의 역할

　㉠ 도시는 오랜 시간에 걸쳐 형성되는 속에서 시민의 편리에 의해 생활의 터전으로 마련되어 필요에 의해 스스로 조각되고 도시미와 도시공간을 만들어 내는 시간의 예술이다.

　㉡ 이상주의 도시계획안은 비현실적이고, 도시계획가에 의한 수량조사와 도시분석적 계획은 기능 적·능률적이나 조형·형태가 없어서 인간생활의 장을 실현하기에는 부족하다.

　㉢ 미시적·형태조작적 도시안이나 수량조작적 도시계획안 모두 결함이 있고, 계획과 설계가 통합되는 구체적 방법 모색의 필요성이 강하게 대두된다.

④ 도시설계가 가지는 문제점

　㉠ 현실성 문제 : 도시공간 전부를 설계가능한가 하는 문제

　㉡ 타당성 문제 : 소수의 의지적 설계가 인간의 장을 적합하게 표현하는가 하는 문제

　㉢ 도시설계지구에 건립될 건축물의 설계에 임하는 건축가와의 관계

(3) 지구단위계획(地區單位計劃)

① 개념 : 국토의 계획 및 이용에 관한 법률에서 도시·군계획 수립 대상지역의 일부에 대하여 토지이용을 합리화하고 그 기능을 증진시키며 미관을 개선하고 양호한 환경을 확보하며, 그 지역을 체계적·계획적으로 관리하기 위하여 수립하는 도시·군관리계획을 말한다.

② 지구단위계획의 수립 : 지구단위계획은 다음의 사항을 고려하여 수립한다.
  ㉠ 도시의 정비·관리·보전·개발 등 지구단위계획구역의 지정 목적
  ㉡ 주거·산업·유통·관광휴양·복합 등 지구단위계획구역의 중심기능
  ㉢ 해당 용도지역의 특성
  ㉣ 그 밖에 대통령령으로 정하는 사항

❸ 환경과 조경계획

(1) 환경(environment)

① 인간이 여러 방법으로 인지하고 경험하고 반응하는 외계(外界), 즉 우리를 둘러싸는 모든 요소의 총칭이다.

② 이러한 환경에는 물리적 환경, 자연적 환경(인간의 이용과 관련), 인공적 환경(조경의 관심 영역, 도시), 사회적 환경(물리적 환경과 결부)이 있다.

(2) 조경계획

① 개념 : 자연 자원을 이해하고 적절히 활용하여, 여가 공간을 제공하고, 모든 용도의 토지를 합리적으로 사용하며, 나아가 환경 문제 전반에 걸친 문제 해결을 목표로 해야 한다.

② 계획의 일반적 과정
목표와 목적의 설정 → 기준 및 방침 모색 → 대안 작성 및 평가 → 최종안 결정 및 시행

③ 계획과 설계의 구분

구분	계획(planning)	설계(design)
과정	문제의 발견(problem seeking)	문제의 해결(problem solving)
관련	분석	종합
성격	논리적·객관적 접근	주관적, 직관적, 창의성과 예술성 강조
표현	지침서 등 서술형으로 표현	도면, 그림, 스케치 등으로 시작
방법	체계적, 일반론 가능	일반성 없고, 다양한 방법
특징	교육·훈련에 의해 숙달 가능	개인의 능력, 노력, 체험, 미적 감각
종합	합리적 사고	창조적 구상

④ 설계방법론 : 설계는 계획에 의하여 창조된 공간을 구현하는 작업으로, 구체적인 프로젝트를 발전시키는 데 있어서 컴퓨터그래픽과 기호표시법 등을 가장 많이 사용된다.

조경계획과정

01 자연환경 조사 · 분석

❶ 지형 및 지질조사

(1) 지형조사

① 거시적인 파악 : 자연지역보존계획, 지역휴양개발계획, 관광 · 정비계획 등에 있어서 계획의 단위, 계획지의 윤곽 결정, 지역 내의 자연 조건의 개략적인 조사단계에 필요하다.

② 미시적 파악 : 토지 이용, 교통 동선계획, 시설 적지의 선정에 필요하다.

③ 고도 분석 : 계획 구역 내의 높은 곳과 낮은 곳을 쉽게 알아볼 수 있도록 일정 높이마다 점진적으로 짙은색 또는 옅은색을 칠한 것, 한 계통의 색을 사용(회색, 갈색계), 높은 곳을 짙게 표시한다.

④ 경사도 분석

   ㉠ 대지(垈地) 조건에 가장 적합한 토지의 용도를 찾고 정지 작업하기 위한 절 · 성토량을 계산하여 적절한 사면 처리방법을 강구하기 위한 대지 조사작업이다.

   ㉡ 완 · 급경사지의 분포를 쉽게 알아볼 수 있도록 경사도에 따라 점진적인 색의 변화를 준 것으로 2개의 인접 등고선의 수직거리는 항상 일정하고 수평거리만 변하게 되며, 일정 경사도는 일정 수평거리를 가진다.

   ㉢ 경사도(%) $= \dfrac{수직거리}{수평거리} \times 100$

(2) 지질조사 : 화성암, 퇴적암, 변성암 등을 조사

(3) 지리정보체계(GIS ; Geographic Information System) ☑중요

① GIS의 개념

   ㉠ 지상과 지하의 각종 시설물과 자연현상에 대한 정보를 컴퓨터 데이터로 변환하여 현황파악과 공간분석에 이용하는 종합적인 시스템이다.

   ㉡ GIS는 넓은 의미로 인간의 의사결정 능력의 지원을 위해 공간상 위치를 나타내는 도형자료(graphic data)와 이에 관련된 속성자료(attribute data)를 연결하여 처리하는 정보시스템으로서 다양한 형태의 지리정보를 효율적으로 수집, 저장, 갱신, 처리, 분석, 출력하기 위해 이용되는 하드웨어, 소프트웨어, 지리자료, 인적자원의 통합적 시스템이다.

ⓒ GIS에서 가장 중요하고 많이 쓰이고 있는 주요 기능에는 획득, 전송, 검수와 편집, 저장과 구조화, 재구조화, 일반화, 변환, 질의, 분석, 제시가 있다.

② GIS는 현대 응용과학 기술과 전통 학문 분야의 통합기술로 관련 학문 분야로는 지리학, 지도학, 측지학, 원격탐사, 사진측량학, 측량학, 통계학, 전산과학, 인공지능, 수학, 토목공학, 물리학 등이 있다.

② **공간 자료모델의 종류** : 자료모델은 분류방식에 따라 여러 가지가 있을 수 있으나 흔히 벡터 모델과 래스터 모델, (연속)표면 모델, 입체 모델로 구분한다. 그 외 특별한 목적에 따른 관계 모델과 시간 모델 등이 있을 수 있다.

  ⊙ 벡터 모델
  • 벡터 모델은 복잡한 실세계를 점, 선, 면의 세 가지 객체 타입으로 표현하는 방식이다.
  • 각 사상의 위치는 지도에서 좌표체계에 의해 정의되며 지도 내에서 각 위치는 동일한 좌표체계를 유지한다.
  • 점(point), 선(line), 면(polygon)은 실세계에서 불규칙하게 분포하는 지리 사상이나 좌표를 표현하기 위해 사용되며 선은 도로를, 면은 숲 등을 나타낸다.

  ⓛ 래스터 모델
  • 래스터 모델에서 공간은 픽셀(pixel) 또는 셀(cell)로 균등하게 분할된다.
  • 지리 사상이나 좌표의 위치는 그 사상이나 좌표가 존재하는 픽셀, 셀의 행렬로 정의된다.
  • 각 셀이 표현하는 영역은 공간 해상력을 의미하고, 그것은 위치가 행렬의 수로 표현되기 때문에 지리상의 위치는 단지 가장 가까운 셀에 기록된다.

③ **GIS의 구성요소**

  ⊙ 하드웨어 : GIS를 운용하는 데 필요한 각종 입·출력, 연산, 저장 등을 위한 컴퓨터시스템을 총칭한다.

  ⓛ 소프트웨어 : 각종 정보의 분석, 출력, 저장을 지원하는 컴퓨터프로그램을 말하며, 정보의 입력(input) 및 중첩(overlap), 데이터베이스 관리, 질의분석(query & analysis), 시각화(visualization) 등의 기능을 담당한다.

  ⓒ 자료 : 지도에서 추출한 지형 등의 도형자료와 각종 문서, 대장, 통계자료 등에서 추출한 속성자료를 모두 포함하며, 최근에는 평면상의 지도가 아닌 항공사진이나 인공위성 사진과 같은 자료도 포함한다.

  ② 조직 : GIS를 구성하는 가장 중요한 요소로서 데이터를 구축하고 실제 업무에 활용하는 사람을 말하며, 시스템을 설계하고 관리하는 전문인력과 일상 업무에 GIS를 활용하는 사용자를 모두 포함한다.

④ GIS의 특징

㉠ GIS의 장단점

장점	단점
• 서로 다른 정보의 중첩 및 축척 변화가 용이하다. • 한 번 구축된 주제도는 수정이 용이하다. • 새로운 정보의 추가 및 공간정보에 속성정보가 연결되어 분석이 쉽다. • 구축된 주제도는 저장, 화면에 올리기, 출력 등이 용이하다.	• GIS 구축에 초기 투자비용과 시간이 소요된다. • 전문인력 양성과 교육이 장시간이 소요된다. • 자료의 왜곡 및 오차가 발생할 수 있어 제거의 방안이 필요하다. • 문제해결의 도구로서 컴퓨터 역할이 제한적이다.

㉡ GIS의 기타 특징

- 대상의 형태에 관련된 속성 정보를 포함한다.
- 대상의 위치와 관련된 지도 정보를 포함한다.
- 토지 및 지리에 관련된 제반 공개자료를 이용자의 의도에 맞게 종합 처리한다.
- 도면 중첩기능이 특히 뛰어나다.
- 삼차원 지형처리를 통하여 경사도, 가시권 분석 등이 가능하다.
- GIS의 자료처리 및 구축을 위한 작업과정 : 자료수집 → 자료입력 → 자료처리 → 자료조작 및 분석 → 출력

기출 Point | GIS

- 사용자의 요구에 맞는 주제도 제작이 용이하다.
- 수치데이터로 구축되어 지도축척의 변경이 쉽다.
- GIS데이터는 자료의 통계분석이 가능하며 분석결과에 따른 다양한 지도 제작이 가능하다.

더 알아보기 | **디지타이저(digitizer)**

GIS에서 기존의 도면을 이용하여 자료를 입력하는 방법으로, 어느 정도 훼손된 도면도 입력이 가능하며 불필요한 속성, 주기는 선택하여 입력하지 않을 수 있는 것을 말한다.

❷ 기후조사

(1) 기후 : 기상대 자료, 미기후 조사(직접 조사)

(2) 지역 기후 : 기존 자료 활용(강우량, 일조시간, 온도, 풍향, 풍속 등)

(3) 미기후 ☑ **중요**

지형이나 풍향 등에 따른 부분적 장소의 독특한 기상 상태로 태양 복사열의 정도, 공기 유통의 정도, 안개 및 서리해 유무, 지형적 여건에 따른 일조시간, 대기오염 자료 등을 조사한다.

① 미기후의 특징

㉠ 미기후는 자료를 얻기 어렵다.

㉡ 지하수와는 무관하다.

ⓒ 국부적인 장소에 나타나는 기후가 주변 기후와 현저히 다르게 나타난다.
ⓡ 수목, 건물 등의 존재 여부에 영향을 받는다.
ⓜ 지형, 지표면의 재료 등에 영향을 받는다.
ⓗ 지상에서 가까운 공기층에 국지적으로 일어나는 기후상태를 말한다.
ⓢ 지형, 수륙의 분포, 식생의 유무와 종류는 미기후의 변화 요소이다.
ⓞ 현지에서 장기간 거주한 주민과 대화를 통해서도 파악할 수 있다.

② **미기후 요소** : 대기 요소, 서리, 안개, 자외선, 이산화황, 이산화탄소
③ **미기후 인자** : 지형, 지상피복태 및 특수열원, 태양 복사열의 정도, 공기유통의 정도, 안개 및 서리해 유무, 지형적 여건에 따른 일조시간, 대기오염 자료 등(안개 및 서리의 발생은 지형이 낮고 배수가 불량한 지역일수록 자주 발생함)
④ **알베도(albedo)** : 표면에 닿는 복사열이 흡수되지 않고 반사되는 정도(%)로 0은 완전히 흡수됨(산림, 잔디)을 표시하고, 모든 열을 반사시키는 경우의 알베드 값은 1.0(거울)이다.
  ⓐ 바다 : 0.06~0.08
  ⓑ 산림 : 0.10~0.20
  ⓒ 초지 : 0.15~0.25
  ⓡ 검은 흙 : 0.05~0.15
  ⓜ 마른 모래 : 0.25~0.55
  ⓗ 젖은 모래 : 0.10~0.20
  ⓢ 갓내린 눈 : 0.80~0.95
  ⓞ 오래된 눈 : 0.40~0.70
  ※ 알베도 : 바다 < 산림 < 초지 < 오래된 눈 < 갓내린 눈

> **기출 Point | 미기후**
> • 도심은 교외보다 기온이 높다.
> • 북사면은 남사면보다 눈이 오래 남는다.
> • 남향건물의 뒤쪽은 그림자 때문에 일조량이 적다.

❸ 토양조사

(1) 토양의 기능
① 작물이 뿌리를 내리고 생장할 수 있는 기계적 지지작용
② 물과 무기양분을 저장·공급해주는 기능
③ 뿌리가 호흡을 건강하게 할 수 있도록 해주는 공기의 교환기능

(2) 토양의 구조
① **입단구조** : 여러 개의 입자가 모여서 하나의 큰 입자로 뭉쳐진 것이다.
② **단립구조** : 자연적으로 형성된 입단의 단위, 독립 토양입자이다.
③ **입(구)상** : 입단의 모양은 구형이며 표토에서 볼 수 있다.
④ **괴상** : 구조단위의 가로, 세로축의 길이가 비슷하고 집적층(Bt층)에서 나타난다.

⑤ 판상 : 가로축의 길이가 세로축의 길이보다 길며 E층과 점토반층에서 나타난다.

⑥ 주상 : 세로축의 길이가 가로축의 길이보다 길며 모가 있고 Bt층에서 나타난다.

(3) 토양의 분류(정밀토양도)

① **토양통** : 토양 구분의 기본개념으로서 모재와 퇴적양식이 거의 같으며 토양생성학적으로 거의 같은 단면형태를 가지는 일군(一群)의 토양

② **토양군** : 다른 토양통이거나 전혀 다른 토양이 같은 장소에서 섞여서 나타난 것

③ **토양구** : 같은 토양통 내에서 토성이 같은 토양

④ **토양상** : 같은 토양통 및 토성 내에서 침식도 및 경사도가 같은 토양

⑤ 정밀토양도에서 토양의 명칭을 Mn C2라고 명명하였을 경우 Mn는 토성, C는 경사도(A~F%), 2는 침식정도(1~4단계)를 나타낸다.

(4) 토양단면(층위구성)

① 유기물층(O) → 용탈층(A) → 집적층(B) → 모재층(C) → 모암층(R)

② **유기물층(O층)** : 동식물의 유체, 부식, 살아있는 토양생물 등이 쌓인 토양의 표층부분이다.

③ **표층(A층, 용탈층)** : 미생물과 식물활동이 왕성하여 식물의 뿌리발달에 영향을 미치는 층으로, 낙엽, 낙지가 분해되어 있고, 외부환경의 영향을 가장 많이 받으며, 기후·식생 등의 영향을 받아 가용성 염기류 용탈이다.

④ **하층(B층, 집적층)** : 모래의 풍화가 진행된 상태의 토양으로 부식의 양은 표층보다 적으나, 각종 이온이 이곳에 모이며 토양에 공극이 적고 단단하며, 갈색이나 황갈색을 띠고 있다.

⑤ **모재층(C층)** : 외부환경으로부터 토양 생성 작용을 받지 못하고 단지 광물질이 풍화된 층이다.

⑥ 토양단면조사는 식물의 생장에 가장 중요한 환경인자인 토양의 수직적 구성 및 형태를 분석한다.

⑦ **부식(humus)** : 생물 특히 식물의 고사체의 부식화에 의한 산물을 말하며 적은 양의 부식은 식물 생장을 증진시키는 토양의 능력을 현저하게 증가시킨다.

> **기출 Point | 부식(humus)**
> 부식은 미생물을 활기 있게 만들고, 유기물의 분해를 촉진한다.

시험에 이렇게 나왔다!

[2020년 제3회 산업기사]

토양단면에 대한 설명으로 틀린 것은?

① 부식질은 홑알구조를 형성하므로 토양의 물리적 성질이 불량하다.

② 표층토인 A층은 낙엽, 낙지가 분해되어 있는 층으로 암흑색에 가깝다.

③ 부식은 미생물을 활기 있게 만들고, 유기물의 분해를 촉진한다.

④ 자연림에서는 교목류의 근계가 B층에도 분포하고 있다.

해설

부식질은 떼알(입단)구조를 형성하므로 토양의 물리적 성질이 개선된다.

정답 ①

(5) 토지조사 방법

① 입지환경조사 : 지형, 경사, 표고, 토양침식, 지표형태, 방위 등을 정밀조사한다.

② 토양단면조사

    ㉠ 시료채취, 토양결정을 하기 위해 경사와 관계없이 가로. 세로, 수직으로 각 1m 채굴한다.

    ㉡ 시료채취는 A, B층을 각 1kg씩 채취하고, 토양단면조사 인자로는 층위 및 층경을 조사한다.

③ 보링조사

    ㉠ 대상구간의 지층확인, 시료채취, 각종 원위치시험, 지하수위 관측 등을 목적으로 지반에 구멍을 뚫는 지반조사 행위를 말한다. 종류로는 로터리(회전)식 보링, 충격식 보링, 세척(수세)식 보링, 오거식 보링 등이 있다.

    ㉡ 토층보링 : 기계보링 또는 오거보링에 의해 흙의 굳기 정도를 조사, 시료를 채취하여 시험을 통해 흙의 성질을 파악한다.

    ㉢ 암반보링 : 기계보링으로 구멍을 뚫고 굴진속도와 코어의 채취율 및 채취한 코어의 관찰을 통해 암질을 판단한다.

④ 사운딩(sounding)

    ㉠ 깊이 방향으로 연속적인 지반의 저항을 측정하는 방법으로, 그 조작방법에 따라서 정적인 것과 동적인 것으로 구분되는 지질조사 방법이다.

    ㉡ 종류로는 표준관입시험, 콘관입시험, 베인시험, 측압사운딩 등이 있다.

(6) 토양수분

① 결합수 : 어떤 성분과 화학적으로 결합되는 물

② 흡습수 : 토양입자 표면에 피막처럼 흡착되는 물

③ 모관수 : 흡습수의 둘레를 싸고 있는 물, 식물유효수분

④ 중력수 : 중력에 의해 자유롭게 흐르는 물

❹ 수문조사

(1) 수문(水文)

물의 존재상태·순환·분포 및 그 물리적·화학적 특성, 나아가서는 물리적·생물적 환경과 물의 상호관계를 말하는데, 이는 배수계획은 물론 도로 등의 단지순환체계와도 밀접한 관련이 있다. 특히 지하수의 분포상태는 건물의 배치에 결정적인 영향을 미치게 된다.

(2) 유수형태 및 집수구역

① 기존 수원(水源)의 변동 및 청정도

② 표면배수의 패턴과 양

③ 자연적·인공적 배수로의 유량 및 수용량

④ 배수불가능지

⑤ 지하수의 깊이와 변동사항

> **더 알아보기**　지하수위
>
> 단지계획을 하는 데 있어 지하수위(地下水位)가 상당히 중요하게 취급되는 가장 중요한 이유는 지하수위가 높은 땅에서는 작물이 잘 크지 못하기 때문이다. 따라서 수목의 성장을 위해서 우선적으로 지하수위를 고려해야 한다.

(3) 우리나라의 하천

작은 하천들이 합류하는 나뭇가지 모양을 닮은 수지형 하천이다.

❺ 생태(식생)조사

(1) 개념

계획 대상지에 생육하고 있는 식물상을 파악하고 새로 도입할 식물의 종류를 결정하는 데 매우 중요한 역할을 한다. 계획 대상지 주변까지 조사해야 한다.

(2) 조사 방법

① **전수조사** : 도시 구역 내 인간의 간섭이 심하여 빈약한 식물상을 이루는 곳이나 면적이 적은 경우에 실시한다.

② **표본조사** : 구역면적이 넓고, 식물상이 자연 상태의 군락을 이루는 경우에 실시한다.

　㉠ 퀴드라트법 : 정방향(또는 장방형, 원형)의 조사지역을 설정하고 식생조사를 한다.

　　• 경지잡초군락 : $0.1{\sim}1m^2$

　　• 방목초원군락 : $5{\sim}10m^2$

　　• 산림군락 : $200{\sim}500m^2$

　㉡ 접선법 : 군락 내에 일정한 길이의 선을 긋고 그 선 안에 나타나는 식생을 조사하여 측정한다.

　㉢ 포인트법 : 높이가 낮은 군락에서만 사용한다.

　㉣ 간격법 : 두 식물 간의 거리 또는 임의의 점과 개체 간의 거리 측정, 교목·아교목에 적용한다.

- 생태적 천이(ecological succession)
  - 군집 구조가 시간이 지남에 따라 점진적으로 불안정한 구조에서 안정된 구조를 향해 변천해 나가는 과정으로, 시간의 흐름에 따라 군집의 조성이 변화하는 과정이다.
  - 생태계에서는 일반적으로 불안정한 상태에서 안정된 상태로 옮겨가는 자연적인 경향이 있다.
  - 종(species)이 다양해지고 유기물질이 증가하고 구조적으로 복잡해지는 경향이 있다.
- 생태계의 설계 및 복원에서 자가설계(self-design)의 개념
  - 인간의 에너지 투입이 적은 설계
  - 생태계 구성요소들이 스스로 생태계를 구성해 가도록 설계
  - 도입종(species)들이 생태계에 적응할 수 있는 설계
  - 인간의 힘보다 자연 스스로 생태계가 조절되는 설계

(3) 식생구조 및 식생형

① 식생구조 : 평면도(교목, 중교목, 관목, 지피류로 나눔), 입면도(평면도 지점의 수목 높이, 수종의 구성, 지형 등)로 파악한다.

② 식생형 : 단순림, 혼효림, 천이 초지, 관리 초지, 농경지역, 도시화 지역으로 나눈다.

③ 녹지자연도(DGN ; Degree of Green Naturality)

  ㉠ 정의 : 일정토지의 자연생태 및 환경적 가치를 판단하는 중요한 지표로, 그 지역의 개발 혹은 보존의 검토를 위한 기초자료로 제공하는 것을 말한다.

  ㉡ 구분 : 1등급에서 10등급, 0등급으로 나누어지며 등급이 높아질수록 보존가치가 높아진다.

(4) 기타

① 빈도 : 어떤 종이 출현한 사각형 구역의 수/조사한 표본수×100(%)
  = 어떤 종의 출현 쿼드라트수/조사한 총 쿼드라트수×100(%)

② 밀도 : 단위 면적당 개체수 = 어떤 종의 개체수/조사한 총 쿼드라트수

③ 평균넓이 : 1/밀도

④ 피도 : 식생이 지표면을 덮는 면적 비율

❻ 야생동물조사

(1) 식생도면 : 야생동물의 서식처에 관한 기초자료

(2) 상대적으로 중요한 희귀종과 주민의 안전을 위협하는 위험종을 조사한다.

(3) 에코톤

성질이 다른 두 환경이 인접하고, 그 사이에 환경 제반조건이나 식물군락, 동물 군집의 이동이 보이는 부분이다.

- 에코톤이란 서로 다른 식생유형이 만나는 경계지점으로 야생생물이 많이 서식하는 곳이다.
- 산림과 주변개활지, 초지와 산림, 해상과 육상 등과 같이 둘 이상의 상이한 군집의 경계부로서 환경 특성이 서로 다른 군집이 만나는 곳이다.

조사항목	조사 방법
식생 및 식물상 조사	• 방형구는 대상지를 대표할 수 있는 군락에 설치한다. • 방형구의 크기 : 교목 우점은 10m×10m, 관목 우점은 5m×5m, 초본은 2m×2m 또는 1m×1m로 설치한다. • 군락의 군도와 피도 등은 브라운블랑케법에 의한다. • 식물상은 전체목록을 파악할 방법으로 하며, 현존식생 외에 법적 보호종, 위해종 등을 우선 파악한다. • 봄, 여름, 가을이 포함될 수 있도록 하되, 홍수기 전후 등 특별한 변화를 관찰할 수 있는 조사 시기를 선택한다.
동물상 조사	• 각 분류군별 일반화된 조사 방법에 따른다. • 조사 시기는 분류군별, 종별, 생리적, 생태적 특성에 따라 결정하되 짝짓기 및 번식기, 동면기, 우화기, 도래기 등을 고려한다. • 홍수기 등 생태계에 영향을 끼칠 수 있는 변화를 고려한다. • 종 목록 외에 법적 보호종, 위해종 등을 우선 파악한다.

❼ 경관조사

(1) 경관 분석요소

경관 구성요소로는 시각요소인 점·선·면적인 요소, 수평·수직적인 요소, 랜드마크·전망·비스타·기울기 등을 분석하고, 시각적 특성으로는 형태·선·색채·질감의 우세 요소와 대조·집중·연속·축·대비·조형의 우세원칙 및 거리·광선·기후조건·계절·시간의 변화요인 등을 분석대상에 포함시킨다.

(2) 경관 분석기법 ☑ 중요

① 기호화 방법

㉠ 케빈 린치(K. Lynch)는 도시경관을 분석함에 있어서 경관의 좋고 나쁨을 기호화하여 도면을 작성하였다.

㉡ 5가지 기호 : 통로(path), 모서리(경계, edges), 지구(district), 결절점(node), 랜드마크(landmark)

기출 Point 케빈 린치의 도시 이미지

- 관찰자에 따라 도시에 관한 이미지가 다를 수 있다.
- 대상물의 물리적 성질은 형상, 색채, 배치 등이 될 수 있다.
- 이미지를 불러일으키기 위해서는 대상물의 물리적 성질이 마음속의 어느 요소와 관련 되어야 한다.
- 도시 이미지는 개인의 이미지뿐만 아니라 도시의 물리적 성질과 구성 요소에 따라서도 다양한 형태로 나타날 수 있다.

- 통로(path) : 도로는 방향성과 연속성, 기종점을 가져야 한다. 연속성의 강조는 가로수의 식재, 전면건물의 통일 등에서 얻을 수 있으며 거리감이 있어야 하는데 랜드마크나 결절점 등이 일련의 시각적인 연속성에서 얻을 수 있다.
- 모서리(edges) : 지역을 분리시킨다.
- 지구(district) : 테마가 명확히 있어야 하고 각 지구 간에는 인구성이 있어야 한다.
- 결절점(node) : 도시의 핵, 통로의 교차 또는 집중점, 접합점, 광장, 교통시설, 로터리, 도심부를 말한다.
- 랜드마크(landmark) : 관찰자가 유일하게 볼 수 있고 분명한 형태가 있어야 한다.

시험에 이렇게 나왔다!   [2009년 제1회 기사]

린치(Kevin Lynch)가 주장한 도시의 이미지를 구성하는 5대 요소에 포함되지 않는 것은?

① 도로(path)   ② 인공구조물(artifacts)
③ 지역(district)   ④ 랜드마크(landmark)

해설
5대 요소(5가지 기호) : 통로(path), 모서리(경계, edges), 지구(district), 결절점(node), 랜드마크(landmark)

정답 ②

② 심미적 요소의 계량화 방법
　㉠ 레오폴드(Leopold)가 경관의 질적 요소를 계량화하여 경관평가에 객관화를 시도한 것이다.
　㉡ 심미적 경관을 구성하는 인자를 물리적 인자, 생태학적 인자, 인간이용과 흥미적 인자 등으로 구분하고, 각 인자별로 특이성비(uniqueness ratio)를 계산하고 이들을 합하여 각 지역의 특성의 값으로 하는 경관분석 방법의 하나이다.
　㉢ 계곡경관을 평가하기 위한 것이다.

③ 사진에 의한 방법
　㉠ 항공사진이나 일정 지점에서 대상물을 촬영하여 경관을 분석하는 방법이다.
　㉡ 세이퍼(Shafer) 및 미트(James Miets)는 8×10inch 크기의 흑백사진을 가지고 자연경관에 대한 시각적 선호에 관한 계량적 모델을 제시하였는데, 비교적 모델의 적합성이 높게 나타나고 있다.

④ 메시(Mesh)에 의한 분석방법
　㉠ 동경대학에서 시도한 것으로 자연경관을 크게 위요공간(surrounding)과 조망공간(prospect)의 두 종류로 체계화하고, 이 체계화된 각 요인(지표상터·취락·기타 지형·시계방향·시계량·주흥미경관의 영향)을 일정한 간격의 메시로 구획한 도면상에서 각각 분석하고 이를 종합하여 경관의 질을 평가하는 방법이다.
　㉡ 그리드(grid) 크기는 구역면적의 넓이, 또 분석의 정밀도에 따라 나누고 분석의 방법은 각 요인별로 몇 단계의 등급으로 구분하여 이 단계별 등급을 각 그리드에 표시해놓고 이들 등급별 그리드 수를 집계하여 경관의 특색을 도출해 내는 것이다.

⑤ 게슈탈트(Gestalt)에 의한 방법
　　㉠ 게슈탈트는 심리학, 철학 등에서 부분이 모여서 된 전체가 아니라, 완전한 구조와 전체성을 지닌 통합된 전체로서의 형상과 상태를 가리킨다.
　　㉡ 인간 경험의 구성 요소는 원자적으로 분해할 수 없으며 모든 감각 영역은 서로 결합되어 하나의 구조, 하나의 형태를 이룬다는 형태에 관한 법칙으로 제시된다.

(3) 시각 회랑에 의한 방법(Litton이 사용)

① 산림경관을 7가지 유형으로 구분하고 이들 경관을 지배하는 4가지 우세요소와 이들 경관미를 변화시키는 8가지 경관의 변화미를 제시하였다.
　　㉠ 7가지 유형 : 전경관, 지형, 위요, 초점, 관개, 세부, 일시경관
　　　• 전경관(파노라믹 경관) : 시야가 가리지 않고 초원과 같이 트인 경관이다. 광막한 바다나 끝없는 초원의 풍경과 같은 경관을 말한다.
　　　• 지형경관(천연미적 경관) : 지형의 특징, 즉 주변 환경의 지표로 보는 사람에게 강한 인상을 준다.
　　　• 위요경관(포위된 경관) : 평탄지에 주위가 산이나 숲으로 둘러 싸여있는 경관이다.
　　　• 초점경관 : 시선이 집중될 수 있는 경관을 뜻한다. 강물이나 계곡 또는 길게 뻗는 도로와 같이 거리가 멀어짐에 따라 점차적으로 그 스스로가 하나의 점으로 변하여 시선을 집중시키는 효과를 갖는 경관을 말한다.
　　　• 관개경관(터널적 경관) : 상층이 나무로 덮여 있는 경관을 뜻한다.
　　　• 세부경관 : 관찰자가 가까이 접근하여 나무의 잎, 열매, 모양 등을 상세히 감상하는 경관을 뜻한다.
　　　• 일시경관 : 기상 상태, 기후 조건에 따라 경관이 달라지는 것을 뜻한다.
　　㉡ 우세요소 : 선, 색채, 형태, 질감
　　㉢ 변화요인 : 운동, 빛, 계절, 시간, 기후조건, 거리, 관찰위치, 규모
　　㉣ 우세원칙 : 대조, 연속성, 축, 집중, 상대성
② 경관의 조사 방법
　　㉠ 시각회랑의 설정 : 1/25,000, 1/50,000의 지형도를 이용하여 대상지를 답사하고 시각회랑을 구한다. 차량도로, 포장도로, 철도, 고속도로, 등산로 등을 중심으로 하여 중심노선에서 조망 가능한 관찰구역을 설정하고 지도상에 지역경계를 명확히 표시하고 조사구역을 설정한다.
　　㉡ 경관관찰점의 설정 : 예비조망점은 대상물의 다양한 형태와 주변경관을 파악할 수 있도록 네 방향 이상, 그리고 대상물의 원근에 따른 변화를 알기 위하여 다양한 거리(근경, 중경, 원경)별로 각각 최소 한개소 이상을 선정하며, 주요 조망점(경관관리점)은 가시권 내에서 대상 지역 경관을 나타내는 대표성과 보편성에 중점을 두어 선정한다.

ⓒ 가시경관구역의 설정 : 대상사업의 중요한 구조물, 공간, 기타 시설물로서 사업시행에 의해 직접적으로 영향을 받는 지역과 주변지역에 경관적 영향을 미치는 구역을 가시지역으로 하여 가시권과 비가시권으로 구분하며, 가시권 내에서 주요 이동통로를 선정하여 위치변동에 따른 이동경관을 분석한다.

ⓔ 시각적 분석 : 경관의 우세요소 및 변화요인 등을 조사하여 종합적으로 분석한다.

ⓜ 경관분석의 종합평가
- 부정적인 영향을 파악하고 결과에 따라 부정적 영향을 저감할 수 있는 방안으로 계획·설계의 변경, 공정관리, 공법변경의 대안을 제시한다.
- 각 대안을 비교하여 최적안을 선정하도록 하며 저감방안은 계획·설계의 과정으로 피드백하여 적용한다.
- 현장여건의 변화에 의한 설계변경 시에는 반드시 이미 수행한 경관평가의 결과를 변화여건에 비추어 검토하고, 필요한 경우 여건변화를 고려한 경관평가를 재수행하도록 한다.

더 알아보기 | 리모트 센싱에 의한 환경 조사(항공기, 인공위성에 의해서 땅 위에서 탐사)

- 장점
  - 단시간 내에 광범위한 지역을 조사할 수 있다.
  - 기록된 정보는 어느 때나 재현시킬 수 있다.
- 단점
  - 표면 정보는 직접 얻을 수 있지만, 토양 심층부는 간접적이다.
  - 조사에 경비가 많이 든다.

---

③ 사진에 의한 분석방법
ⓐ 항공사진을 이용하거나 대상물을 사진 촬영하여 분석
ⓑ 세이퍼(shafer)
- 자연경관에서 시각적 선호에 관한 계략적 모델
- 흑백사진을 이용하여 10개의 경관구역에 대하여 각각 경계선의 길이, 넓이를 계산하고, 명암도 등 고려변수를 설정하고 회귀분석결과 모델을 산출한다.

---

02 인문사회환경 조사·분석

❶ 토지이용조사

(1) 이용 형태별로 밭, 논, 대지, 임야 등으로 조사하되 등기부상의 법정 지목과 실제 이용상태를 조사한다.

(2) 소유별로 국유, 사유 등으로 조사 행정관할구역은 어디에 속하는지도 조사한다.

(3) 토지 이용에 있어 법률적인 제한 조건을 반드시 확인한다.

❷ 인구 및 산업조사

계획 부지 이외의 주변 지역까지 조사(남녀, 연령, 학력, 직업, 소득 등)

(1) 요소형과 비요소모형
① 요소모형 : 연령집단생존모형, 인구이동모형
② 선형모형, 지수모형, 수정된 지수모형, 곰페르츠모형, 로지스틱모형 등

(2) 공간 수요량 산정
① 목적 : 주어진 공간에 어느 정도의 인원을 수용할 수 있을 것인지 계획·산정하는 것으로 개발방향과 규모의 중요 요인이 된다.
② 수요량 산출 모델
  ㉠ 시계별 모델 : 예측 연도가 단기간인 경우와 환경조건의 변화가 적고, 현재까지 추세가 장래에도 계속된다고 생각되는 경우에 효과적인 방법이다.
  ㉡ 중력모델 : 대단지에서 단기적으로 예측하는 데 사용가능하다.
  ㉢ 요인분석모델 : 과거의 이용 추세로 추정하는 것으로 흔히 사용된다.
  ㉣ 외삽법 : 과거의 이용 선례가 없을 때 비슷한 곳을 대신 조사하여 추정한다.

(3) 공간 수요량 계획
① 인원수 : 연간 이용자수
② 일 이용자수 : 연간 관광객수에 대한 비율(최대일률, 최대일집중률, 피크율)
  ㉠ 최대일집중률 : 최대일방문객의 연간방문객에 대한 비율(계절형에 따라 차이가 남)
  ㉡ 최대일률 $= \dfrac{\text{최대일이용자수}}{\text{연간 이용자수}}$

계절형	1계절	2계절	3계절	4계절
최대일률	1/30	1/40	1/60	1/100

※ 우리나라의 공원. 유원지 등은 기후적 영향에 의해 3계절형이 적용된다.

ⓒ 회전율 $= \dfrac{1일\ 중\ 가장\ 많은\ 이용자수}{그날의\ 총\ 이용자수에\ 대한\ 비율} = \dfrac{평균체재시간}{개장시간}$

[공원의 체재시간과 회전율]

체재시간	3	4	5	6
회전율	1/1.8	1/1.6	1/1.5	1/1.4

③ 수용량산정

　ⓐ 최대일이용자수 = 연간 이용자수 × 최대일률

　　최대일률 $= \dfrac{최대일이용자수}{연간\ 이용자수}$

　　즉, 최대일률은 연간 이용자수에 대한 최대일이용자수의 비율

　ⓑ 최대시이용자수 = 최대일이용자수 × 회전율

④ 표준단위 규모

　$M = Y \times C \times S \times R$

　여기서, M : 동시 수용력　　　　　　Y : 연간 이용자수

　　　　　C : 최대일률　　　　　　　R : 회전율

　　　　　S : 서비스율(경영효율상 최대 시 이용자수의 60~80% 정도 수용능력)

❸ 역사적 및 문화유적조사

(1) 유·무형의 역사·문화 유물을 조사하여 보존, 복원, 이전 등의 계획을 수립한다.

① 무형적 : 각종 행사, 예능, 공예 기술 등
② 유형적 : 역사적 의미가 있는 사적지, 기타 문화재 등

❹ 교통조사

계획부지 내의 교통체계를 조사하고, 계획 대상지에 접근할 수 있는 교통수단과 동선 배치 상태를 조사하며 장래의 확장 계획도 조사한다.

❺ 지장물 조사

지장물이란 공익사업시행지구 내의 토지에 정착한 건축물·공작물·시설·입목·죽목 및 농작물 그 밖의 물건 중에서 당해 공익사업의 수행 시 방해가 되는 물건을 말한다 흔히 물건조사를 지장물조사라고도 표현하는데 지장물조사가 물건조사의 중요한 부분이다.

6 **시설물 조사**

(1) 각종 건축물의 현황, 부지 내에 가설되어 있는 전력선, 가스관, 상하수도를 조사한다.

　① 건축물 등 각종 구조물의 구조, 용도와 정주패턴 등을 파악한다.
　② 전력, 가스, 상하수도 등 기반시설의 현황 및 계획을 조사한다.

03 행태 · 환경 · 심리기능의 조사 · 분석

1 **환경심리학**

(1) **개념**

　물리적 환경과 인간행태의 관계성을 연구하는 분야이며, 환경 · 계획 · 설계에 관계되는 실질적인 문제의 해결과 과학적으로 접근할 수 있는 기초를 마련하였다.

(2) **Bell의 전통적인 심리학과 구별되는 환경심리학의 특성**

　① 환경과 인간형태의 관계성을 종합된 하나의 단위로서 연구한다.
　② 경관을 통하여 인간이 느끼는 다양한 느낌, 감정, 이미지를 분석의 대상으로 삼는다.

(3) **환경심리학의 특성**

　① 긍정적인 느낌을 불러일으키는 경관은 질이 높으며, 부정적인 느낌을 주는 경관은 그 질이 낮다고 생각한다.
　② 현실적인 인간행태에 대한 문제 해결을 위한 이론 및 그 응용을 연구한다.
　③ 환경과 인간행태 상호 간에 영향을 주고받는 상호작용을 연구한다.
　④ 건축, 조경, 도시계획, 사회학과 관련된 종합 과학이다.
　⑤ 사회심리학과 많은 공통성이 있다.
　⑥ 정밀치 않더라도 문제해결에 도움이 될 수 있는 가능한 모든 연구 방법을 사용한다.

2 **환경지각, 인지, 태도**

(1) **지각**

　감각 기관의 생리적 자극을 통하여 외부의 환경적 자극을 받아들이는 과정 혹은 행위이다. 또 환경적 사물을 받아들이는 과정을 강조한다.

(2) 인지

과거 및 현재의 외부적 환경과 미래의 인간 행태를 연결시켜 주는 지식(knowing)을 얻는 다양한 수단이다. 개인의 환경에 대한 지식이 증가되거나 수정되는 과정으로 아는 과정을 강조한다.

(3) 환경 태도

특정 대상에 대하여 호의적 또는 비호의적으로 일관성 있게 반응하려는 후천적으로 체득된 경향성을 말한다.

❸ 미적지각 · 반응

(1) Berlyne(버라인)의 인간의 미적 반응 과정 4단계

① 자극탐구(stimuli seeking) : 호기심이나 지루함 등의 다양한 동기에 대한 자극을 찾는 것으로 다양성 탐구의 동기에 의해 일어난다.
② 자극선택(stimuli selecting) : 인간은 자극에 대해 동시에 집중할 수 없으므로 선택적 주의 집중을 하게 된다. 자극의 특성이 주의 집중을 좌우하기도 한다.
③ 자극해석(stimuli processing) : 자극요소의 상호 관련성을 지각하여 인식하고, 자극의 패턴을 받아들인다.
④ 자극에 대한 반응(response) : 최종 단계인 육체적 혹은 심리적 형태로 나타나는 반응이다.

❹ 문화적, 사회적, 감각적 환경과 행태

(1) 문화적 환경과 행태

① 일정 그룹이나 한 사회의 믿음과 세계관, 가치와 규범, 관습과 행동을 포함한다.
② 일정 그룹 내의 사람들이 공동의 가치와 행태를 지니고 있음을 함축한다.
③ 물리적 환경과 인간의 상호작용으로 형성된다.
④ 문화에 따라 사람의 행태에 차이가 있으며, 인조환경에도 차이가 나타난다.
⑤ 동일 문화권 내의 사람들은 유사한 주거양식을 지니며, 유사한 행태를 보여준다.

(2) 사회적 환경과 행태

① 사회는 인간과 인간의 상호작용에 의하여 형성된다.
② 사회적 · 공간적 행태는 개인간 혹은 그룹 간에 유지되는 공간규모를 일컫는 것이며 개인적 공간, 영역성, 혼잡 등이 중요하다.

(3) 감각적 환경과 행태

① 일정 장소의 기온, 소음, 바람, 조명, 대기오염, 색채 등와 같은 인자는 장소의 쾌적함을 결정하는 중요한 요소들이다.

② 이러한 요소의 변화에 따라 인간의 심리적 상태, 행동에 변화를 초래하며 적절한 수준으로 유지시키기 위한 노력은 환경설계에서 중요하다.

❺ 척도, 도시환경, 자연환경과 인간행태

(1) 척도와 인간행태

① 책상, 의자, 식탁 등의 크기는 인체 각 부분의 치수와 밀접한 관련이 있다. 단위공간 및 사물의 규모 산정을 위해 인체의 치수가 기본적으로 고려되며, 공간 및 사물의 기능이 고려된다.

② 르 코르뷔지에(Le Corbusier) : 인체와 관련된 모듈을 사용함에 있어 단위길이의 단순한 배수보다는 황금비례(1 : 1.618)를 이용함이 타당하다고 주장하였다.

(2) 도시환경과 인간행태

도시환경 각각의 공간 유형은 도시인의 특정 활동을 지원해 주며, 도시인의 정신적, 신체적 활동에 영향을 미친다.

(3) 자연환경과 인간행태

① 자연환경과 인간의 접촉은 단기적 접촉과 장기적 접촉으로 나누어 볼 수 있는데 단기적 접촉은 주로 여가행위와 관련되는 것이며 장기적 접촉은 보다 광역적인 지리적 환경과 인간행태의 관계를 말한다.

② 일정 지역의 기후, 지질 등은 그 지역 주민들의 생활패턴을 지배한다.

❻ 환경시설 연구방법

(1) 환경설계연구는 체계적이고 과학적인 방법을 통하여 환경설계에 직접적 혹은 간접적으로 응용 가능한 결과를 도출할 수 있는 모든 연구를 포함한다.

(2) 연구수행과정

연구계획서 작성 → 예비조사 → 실험설계/조사계획 → 실험/조사 → 자료분석/가설검증

04 분석의 종합 및 평가

❶ 분석의 종합

(1) 기능분석

교통기능, 설비기능, 이용기능, 경관기능, 토지 이용기능, 재해방지기능, 유사시설이나 공공시설과의 기능조절을 동반 종합적으로 분석

(2) 규모분석

공간량 분석, 시간적 분석, 예산 규모 분석, 토목적인 분석

(3) 구조분석

공간 및 경관 구조, 이용구조, 지역 사회구조, 토지 이용 구조

(4) 형태분석

구조물이나 시설물의 형태, 토지 조성의 형태, 지표면, 수면의 형태, 수목·식재 형태

(5) 상위계획의 수용

① 국토종합개발계획, 지역계획, 도시계획, 관광지개발계획, 경제개발계획, 사회개발계획 등
② 계획 부지를 포함한 상위계획을 파악, 이를 수용
③ 자료 상호 간의 조합을 여러 번 반복하여 최선의 대안 모색

❷ 영향평가

(1) 영향평가의 개념

① 환경에 미치는 영향평가는 사업시행 전, 사업시행 중, 사업시행 후로 구분하고, 평가항목으로는 동·식물상, 경관, 수질, 대기질, 토양, 지형 등 자연환경과 소음, 진동, 악취 등 생활환경을 포함해야 한다.
② 환경영향평가 : 주로 개발에 따른 생태적·사회적·경관적 영향에 초점을 맞추는 것으로 시행되기 전에 예상되는 악영향을 평가한다.

(2) 이용 후 평가(목적, 대상 등)

① 적용범위 : 이용 후 평가 대상으로 선정된 지역의 조경설계에 포함하며, 별도로 정하지 않은 경우의 평가기간은 준공 후 5년간을 표준으로 한다.

② 조사내용 : 대상지의 물리적 환경, 이용자, 주변환경, 설계과정을 조사한다. 이용 후 평가의 조사내용은 계획과정시의 분석항목과 동일하나, 기존의 공간을 평가한다는 점에서 포괄적으로 이용자 만족도 및 시공 후의 환경영향평가를 포함한다.

  ㉠ 물리적 환경조사 : 계획안, 설계안에 의해 조성된 공간의 규모, 구성요소, 공간의 특성 등을 포함한다.

  ㉡ 이용자 조사 : 계획가, 이용자, 주변의 이용자 등을 포함하며 이용자는 실제 이용자만을 대상으로 할 수 있다. 이용자의 속성, 이용실태를 조사 항목으로 한다.

  ㉢ 주변환경 : 평가대상지 주변환경의 기후, 지형, 식생 및 토양, 토지이용 등을 조사한다.

  ㉣ 설계과정 : 설계참여자의 역할 및 의사결정과 이용자 행태 및 환경에 대한 가치관, 예산, 법령 등을 조사한다.

  ㉤ 기타 시공 후의 이용자나 관리자에 의한 공간 변경을 조사한다.

③ 조사 방법 : 인문사회 조사분석의 조사 방법을 따른다.

더 알아보기 | **설문조사, 인터뷰 특징**

- 설문조사의 특성
  - 설문지는 우편이나 전화를 통해 작성되기도 한다.
  - 설문에 걸리는 시간은 결과에 영향을 준다. 즉, 설문지 응답에 걸리는 시간이 너무 길면 지루하게 느껴져 응답의 성의가 떨어진다. 응답에 걸리는 시간은 최대 30분 이내 정도가 가장 적절하다.
  - 설문지에 의한 조사는 문제의 성격이 명확할 때 사용하는 것이 좋다.
  - 설문의 유형으로는 자유응답, 제한응답, 시각적 응답 등의 유형이 있다.
- 인터뷰(Interview)의 특징
  - 개인별 또는 일정그룹을 대상으로 한다.
  - 상황에 대한 사전분석을 통해 어떤 점이 중요한지 조사한다.
  - 인터뷰 과정에서 보다 확실한 정보를 얻기 위하여 적절한 대응(Probing)이 필요하다.
  - '누가, 무엇을, 누구에게 어떻게 전달하며 그 효과는 무엇인가'를 조사하는 것은 내용분석법이다.

---

05 기본구상

❶ 물리·생태적 접근

(1) 에너지 순환

① 생태계 내의 생물과 비생물 사이의 물질은 끊임없이 순환하며 변화한다.

② 에너지의 순환 과정에서 효율적인 계획과 설계를 통하여 엔트로피(손실에너지)를 최소화하는 것이 조경가의 할 일이다.

(2) 제한인자

① 개념 : 개체의 크기나 개체군의 수의 증가를 제한하는 인자를 그 개체 혹은 개체군에 대한 제한인자라 한다.

② 물리적 제한인자 : 극한적 환경에서의 인자, 즉 기후와 관계되는 인자로 홍수, 가뭄, 온도, 빛, 양분결핍 등이 있다.

③ 생물학적 제한인자 : 같은 종 내에서 혹은 서로 다른 종 사이에 발생되는 경쟁, 포식자, 먹이관계, 기생관계 등은 개체의 성장 혹은 개체수를 제한하는 역할을 한다.

(3) McHarg(맥하그)의 생태적 결정론(ecological determinism)

① 입지의 분석에 있어 투사지를 사용하여 겹쳐서 보아 분석내용을 종합하는 도면결합법(overlay method)을 제시하였다.

② 자연과학적인 근거로 인간의 환경 적응 문제를 파악하고 새로운 환경의 창조에 기여했다.

③ 자연과 인간, 자연과학과 인간환경의 관계를 생태적 결정론으로서 연결하였다.

❷ 시각 · 미학적 접근

(1) 미적 반응

① 환경미학

  ㉠ 환경심리학 : 일반적 환경지각 및 인지, 그리고 환경적 반응을 종합적으로 연구하는 것으로, 인간환경의 종합적 관계에서 현실문제 해결에 중점을 둔다.

  ㉡ 환경미학 : 전통적 미학에 바탕을 두고 인간환경 전반에 관한 미적 경험 및 반응에 관심을 갖고 보다 응용적이며 문제중심적인 접근을 추구한다.

  ※ 환경심리학과 환경미학의 공통점 : 환경지각과 인지를 기초로 한다.

② 환경 지각 및 인지

  ㉠ 지각(perception) : 감각 기관의 생리적 자극을 통하여 외부의 환경적 자극을 받아들이는 과정 혹은 행위이다. 또 환경적 사물을 받아들이는 과정을 강조한다.

  ㉡ 인지(cognition) : 과거 및 현재의 외부적 환경과 미래의 인간 행태를 연결시켜 주는 지식(knowing)을 얻는 다양한 수단이다. 개인의 환경에 대한 지식이 증가되거나 수정되는 과정으로 아는 과정을 강조한다.

  ㉢ 지각과 인지는 연속된 하나의 과정이다.

  ※ 물체를 자극으로부터 지각하는 과정 : 지각(perception) → 판단(judgement) → 반응(reaction)

(2) 시각적 효과분석의 측면

① 연속적 경험 : Thiel, Halprin, Abennathy와 Noe 등이 주장

ⓐ Thiel(틸) : 공간형태의 표시법

- 외부 공간을 모호한 공간(vagues), 한정된 공간(space), 닫혀진 공간(volumes)으로 분류했다.
- 연속적 경험을 기호로 표시했다.
- 외부 공간에서의 시간적, 공간적, 연속된 경험을 도표화했다.
- 외부 공간을 엄격하게 분류하고 진행에 따른 공간 형태의 변화 기록이다.
- 장소 중심적인 기록 방법이며, 폐쇄성이 높은 공간(도심지)에 적용이 용이하다.

ⓑ Halprin(할프린) : 움직임의 표시법

- 모테이션 심벌(움직임+부호)이란 인간행동의 움직임 표시법을 고안했다.
- 공간 형태보다는 시계에 보이는 사물의 상대적 위치를 주로 기록한다.
- 진행중심적 기록방법이며, 폐쇄성이 낮은 공간(교외, 캠퍼스 등)에 적용이 용이하다.

ⓒ Abernaty(아버나티)와 Noe(노) : 속도변화의 고려

- 도시 내에서 연속적 경험을 살린 설계기법을 연구했다.
- 시간과 공간을 고려한 도시설계 방법의 중요성을 주장했다.

② 이미지 : Lynch, Steinitz 등이 주장

ⓐ Lynch(린치)

- 이미지는 인간환경의 전체적인 패턴의 이해 및 식별성을 높이는 데 관계되는 개념이다.
- 도시의 이미지 형성에 기여하는 물리적 요소로서 통로(paths), 모서리(edges), 지역(districts), 결절점(nodes) 및 랜드마크(landmarks)의 5가지를 제시하였다. 이것들은 사람들이 도시환경에 대한 인지도를 구성하는 데 기본적인 5가지 요소라고 볼 수 있다.
- 물리적 형태의 시각적 이미지에 주안점을 두었다.

ⓑ Steinitz(스타이니츠) : 물리적 행태와 행위적 의미의 일치성

- Lynch의 이미지 개념을 발전시켜 컴퓨터그래픽 및 상관계수 분석 등을 통해 도시환경에서의 형태와 행위적 일치를 연구했다.
- 행태·행위의 일치성 3가지 타입

타입(type)의 일치성	주어진 형태(건물 타입 및 투과)와 행위의 종류(행위의 빈도수)가 함께 나타나는 것
밀도(density)의 일치성	형태밀도(공간 및 정보의 밀도)와 행위밀도(혼잡성) 일치
영향(significance)의 일치성	노출된 형태(자동차, 지하철, 보행로에 노출된 정도), 주요 행위(노출된 형태)에 의해 영향받는 사람들의 상대적 숫자와 영향의 정도

ⓒ Iverson(아이버슨) : 경관의 물리적 특성 이외에 주요 조망점에서 보여지는 지각 강도 및 관찰되는 횟수를 고려하여 경관의 가치를 평가하였다.

③ 시각적 선호

ⓐ 시각적 선호에 대한 연구는 미적 질을 높이는 데 기초하였다.

ⓛ 시각적 선호의 변수
- 물리적 변수 : 식물, 물, 지형
- 추상적 변수 : 복잡성, 조화성, 새로움의 정도가 선호도를 결정
- 개인적 변수 : 개인의 연령, 성별, 학력, 성격, 심리적 상태 등에 관계
- 상징적 변수 : 일정 환경에 함축된 상징적 의미
ⓒ 시각적 선호의 측정
- 행태측정 : 이용자 관찰시간(주의집중의 밀도, 시각적 흥미), 이용자의 선택(유인성, 유용성)
- 정신생리측정 : 심리적 상태에 따라 나타나는 생리적 현상을 측정, 각성(覺醒)의 정도는 쾌락의 정도와 거꾸로 된 U자형 함수관계
- 구두측정 : 순서의 열거, 점수평가
- 커플비교

❸ 사회 행태적 접근

(1) 환경심리학

① 개념 : 물리적 환경과 인간행태의 관계성을 연구하는 분야이며, 환경 · 계획 · 설계에 관계되는 실질적인 문제의 해결과 과학적으로 접근할 수 있는 기초를 마련하였다.

② Bell의 전통적인 심리학과 구별되는 환경심리학의 특성
ⓐ 환경과 인간형태의 관계성을 종합된 하나의 단위로서 연구한다.
ⓑ 경관을 통하여 인간이 느끼는 다양한 느낌, 감정, 이미지를 분석의 대상으로 삼는다.
ⓒ 긍정적인 느낌을 불러일으키는 경관은 질이 높으며, 부정적인 느낌을 주는 경관은 그 질이 낮다고 생각한다.
ⓓ 현실적인 인간행태에 대한 문제 해결을 위한 이론 및 그 응용을 연구한다.
ⓔ 환경과 인간행태 상호 간에 영향을 주고받는 상호작용을 연구한다.
ⓕ 건축, 조경, 도시계획, 사회학과 관련된 종합 과학이다.
ⓖ 사회심리학과 많은 공통성이 있다.
ⓗ 정밀치 않더라도 문제해결에 도움이 될 수 있는 가능한 모든 연구 방법을 사용한다.

(2) 개인적 공간

① 개인적 거리 : 개인과 개인 사이에 유지되는 거리이다.
② 개인적 공간 : 사람이 움직임에 따라 이동하며 보이지 않는 공간이다.
ⓐ 개인의 주변에 형성되어 개인이 점유하는 공간을 말한다.
ⓑ 개인적 공간의 크기는 문화적 배경에 따라 차이가 있다.
ⓒ 개인적 공간의 크기는 내성적인 사람과 외향적인 사람 사이에 차이가 있다.
ⓓ 개인의 주변에 형성되는 보이지 않는 경계를 가진 공간을 말하며 외부인이 침입하면 방어하는 공간을 말한다.

③ Hall(홀)의 구분
  ㉠ 친밀한 거리 : 0~45cm(0~1.5ft)로 아이를 안아 준다거나 이성 간의 교제, 스포츠(레슬링, 씨름 등) 경기 시 유지되는 거리
  ㉡ 개인적 거리 : 45cm~1.2m(1.5~4ft)로 일상적 대화 시 거리
  ㉢ 사회적 거리 : 1.2~3.6m(4~12ft)로 업무상의 대화 시 거리 ☑**중요**
  ㉣ 공적 거리 : 3.6m 이상(12ft 이상)으로 배우, 연사 등의 개인과 청중 사이의 대화 시 거리

(3) 영역성
① 개념
  ㉠ 개인적 공간은 사람이 움직임에 따라 이동하며 보이지 않는 공간인 것에 비하여 영역은 주로 집을 중심으로 고정된 볼 수 있는 일정 지역 혹은 공간을 말한다.
  ㉡ 인간에게 일정지역에의 소속감을 느끼게 함으로서 심리적 안정감을 주며, 외부와의 사회적 작용을 함에 있어 구심적 역할을 한다.
② 영역성에 관련되는 행태의 특성
  ㉠ 동기 : 프라이버시, 가족안전, 소유권 보호
  ㉡ 지리적 형태 : 크기, 위치
  ㉢ 사회적 단위별 구분 : 개인, 가족, 커뮤니티
  ㉣ 시간성 : 영구적, 잠정적
  ㉤ 방어행위 : 다양한 영역표시 행위 및 침입 방어
③ Altman(알트만) : 인간 영역을 사회적 단위의 측면에서 분류 ☑**중요**
  ㉠ 1차 영역 : 일상생활 중심, 반영구적 점유공간으로 외부 침입에 대한 배타성이 높다.
  ㉡ 2차 영역 : 사회적 특정그룹 소속원들이 점유하는 공간으로 어느 정도 개인공간화시킬 수 있다.
  ㉢ 공적 영역 : 배타성과 프라이버시 유지도가 낮다(광장, 해변 등).

> **더 알아보기** 영역성의 특성
>
> • 영역성은 사람뿐만 아니라, 일반 동물에서도 흔히 볼 수 있는 행태이다.
> • 1차적 영역은 일상생활의 중심이 되는 반영구적으로 점유되는 공간이다.
> • 2차적 영역은 사회적 특정그룹 소속원들이 점유한다.
> • 공적 영역은 모든 사람들이 일시적으로 점유한다.
> • 영역은 주로 집을 중심으로 고정된 지역 혹은 공간을 말한다.
> • 영역적 행태는 필요한 경우 타인의 침입을 방어하는 욕구를 나타낸다.

④ Newman : 범죄 발생률이 높은 아파트 지역에서는 1차적 영역만 존재하고 2차적 및 공적 영역의 구분이 없음이 범죄발생의 원인임을 파악하고, 아파트 주변의 공간을 주민에 귀속된 느낌을 주도록 중정, 벽, 문주설치, 식재 등의 디자인 기법을 이용하여 2차적 영역과 공적 영역의 구분을 보다 명확히 함으로써 범죄의 발생을 줄일 수 있다고 보았다.

(4) 사회적 행태의 이론적 모델

① 프라이버시 모델 : 개인적 공간 및 영역성은 적정한 프라이버시의 정도를 성취하기 위한 행태로 해석한다.

② 스트레스 모델 : 공간적 행태를 스트레스적 상황을 극복하기 위한 작용으로 이해한다.

③ 정보과잉 : 서로 다른 사람과 가까이 있으면 보통의 경우보다 더 많은 정보를 소화하도록 강요한다.

④ 2원적(individual group)모델 : 개인적 필요와 사회적 제약의 상호작용의 결과로 초래된다.

⑤ 기능적 모델 : 인간환경에의 적응가능, 에너지이용 및 생산의 기능, 사회적 형동의 기능 등이 공간적 행태의 이론적 바탕이 된다.

(5) 인간행태의 연구

① 형태적 분석의 단계

㉠ 필요성 파악 : 인간 환경의 기본적인 사항에 대하여 둔제점 파악

㉡ 행태기준 설정

• 기능적 측면 : 공간구성 및 사물의 배치기준에 관계

• 생리적 측면 : 물리적 환경의 쾌적성, 안정성에 관련되는 온도, 소음 등의 배치기준에 관계

• 지각적 측면 : 환경적 자극이 환경 내 행위에 적절한 범위 내에서 유지되도록 하는 복잡성, 다양성 등의 기준에 관계

• 사회적 측면 : 개인적 공간, 영역성, 혼잡 등의 사회적 햘태가 원만히 이루어지기 위한 기준에 관련

㉢ 대안 연구 : 각 대안을 상호 비교연구한 후 평가를 통하여 최적안을 선택한다.

㉣ 설계안 발전 : 선택된 안을 시공이 가능하도록 완성시키는 단계

② 행태적 분석 모델

㉠ PEQI모델 : 지각된 환경의 질의 지표를 환경설계에 적응한다(Bell).

㉡ 순환(循環)모델 : 이용 상태에 대한 평가를 하여 다음 프로젝트에 보다 나은 설계안을 만드는 데 기여한다.

㉢ 3차원 모델 : 설계과정을 하나의 차원으로 놓고 장소 및 환경적 현상을 다른 두 차원으로 놓아 상호 비교함으로써 설계자와 행태과학자의 특성을 구분하며 동시에 설계과정을 설명한다.

❹ 토지이용 및 레크리에이션 계획으로서의 조경계획

(1) 토지이용계획으로서의 조경계획

① 토지이용계획 : 토지의 가장 적절하고 효율적인 이용을 위한 계획으로, 조경계획은 이를 최적 이용하는 방법론이다(D. Lovejoy).

㉠ 대지 및 경관을 조사분석하여 계획팀에 제시

㉡ 계획의 결과로 나타날 경관의 유형에 대한 예측 및 자문

ⓒ 기본 및 실시설계, 식재계획의 지침을 마련하여 경관의 부적합한 변화 방지

ⓔ 토지이용상 시각적·생물학적으로 큰 변화를 주는 경관적인 의미 예측 및 자문

ⓜ 미개발지의 장래 발전에 대한 대략적 계획 및 제시

ⓗ 지역의 레크리에이션에 대한 계획 등 특정의 계획안 작성

② 경관의 생리적 요소에 대한 기술적 지식과 경관의 형상에 대한 미적인 이해를 바탕으로 토지의 이용을 결합시켜 새로운 차원의 경관을 발전시킨다(B. Hackett).

(2) 레크리에이션 계획으로서의 조경계획

① 개념 : 사람들이 여가시간에 행하는 레크리에이션을 그에 적합한 공간 및 시설에 관련시키는 계획이다.

② S. Gold(1980)의 레크리에이션 계획 접근방법

ⓐ 자원접근방법(공급이 수요를 제한) : 물리적 자원 혹은 자연자원이 레크리에이션의 유형과 양을 결정하는 방법으로, 인간의 요구보다 자연환경에 대한 고려가 우선한다. 강변, 호수변, 풍치림, 자연공원 등 경관성이 뛰어난 지역의 조경계획에 유용한 접근방법이다.

ⓑ 활동접근법(공급이 수요를 만들어냄) : 과거 참가 사례가 앞으로의 레크리에이션 기회를 결정하도록 계획하는 방법으로 일반대중의 선호 유형, 참여율 등 사회적 인자가 중요한 영향을 준다.

ⓒ 경제접근법(공급과 수요가 가격에 의해 결정) : 지역사회의 경제적 기반이나 예산규모가 레크리에이션의 총량, 유형, 입지를 결정하는 방법으로 경제적 인자가 사회적 인자나 자연적 인자보다 우선한다. 공공사업에 민자유치를 하는 경우, 기업의 접근방법이다.

ⓓ 행태접근방법(behavioral approach) : 이용자의 구체적인 행동 패턴에 맞추어 계획하는 방법, 즉 일반 대중이 여가 시간에 언제 어디서 무엇을 하는가를 상세히 파악하여 그들의 구체적인 행동 패턴에 맞추어 계획하려는 방법이다. 가치판단의 문제, 조사 방법의 개발, 시민 참여도 등이 중요한 인자이다.

ⓔ 종합접근방법(combined approach) : 위 4가지 접근방법의 긍정적 측면만을 취하여 이용자의 요구와 자원의 활용가능성을 함께 조화시키도록 접근하는 방법이다.

❺ 조경계획 수립과정

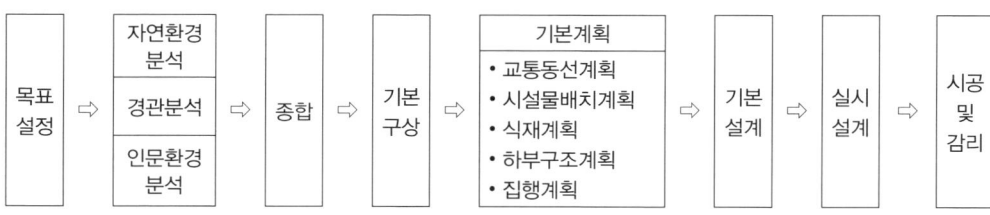

[조경계획 및 설계의 일반 과정]

(1) 조사분석

① 기본전제 : 면담 또는 과업지시서를 참고하여 프로젝트의 규모, 성격, 계획내용, 대지의 크기 및 위치, 설계기간, 비용을 정하여 대지경계선, 주변현황 등의 물리적 범위와 내용적 범위, 시간적 범위를 확정한다.

    ㉠ 목표설정 : 계획의 목적과 방침 및 설계방법 등을 검토하는 것으로, 계획의 전체 성격에 영향을 미친다.

    ㉡ 자료수집정리 : 장기적 목표, 여가행위의 유형, 이용자의 요구, 자원의 활용 등

② 대지분석 : 자연적 인자, 지권(토양, 지질, 지형, 경사도 분석 등), 수권[수문, 지표수, 우수(빗물), 배수, 지하수 분석 등], 대기권(기후 및 바람, 기온, 지온, 습도 등), 생물권(식성, 야생동물 등), 문화적 인자(토지이용, 교통동선, 인공구조물 등의 현황, 변천과정, 역사 등), 미학적 인자(자연적 형태, 시각적 특징, 경관의 가치, 경관의 이미지 등) 등을 분석한다.

③ 기능분석 : 현재의 이용실태를 파악하고 앞으로 사용 목적에 따라 어떤 활동들이 얼마만큼 이루어질 것인가를 추정하는 작업이다. 사회·심리 조사 및 설문, 관찰조사 분석을 한다.

(2) 종합 및 평가

① 각종 제한인자와 가능성을 갖고 있는 대지에 프로그램에 나온 기능을 어떻게 배치하는가를 결정하는 단계이다.

② 대체로 개념도의 대안들을 만드는 작업으로부터 시작한다.

③ 조경계획의 경우에는 토지이용계획, 동선계획, 시각적 형태의 3가지 유형으로 개념도를 가정하여 결정한다(기본계획도).

❻ 프로그램의 작성

(1) 프로그램(기본전제)

면담 또는 과업지시서를 참고하여 프로젝트의 규모, 성격, 계획내용, 대지의 크기 및 위치, 설계기간, 비용을 정하여 대지경계선, 주변현황 등의 물리적 범위와 내용적 범위, 시간적 범위를 확정한다.

(2) 프로그램의 작성단계

① 프로그램 착수

    ㉠ 의뢰인의 요구에 의해 시작하고 계획안에 대한 개략적인 골격을 제시한다. 프로그램은 예비적 조사와 분석을 통해 이루어진다.

    ㉡ 착수를 위해 필요한 정보

       • 프로젝트의 목표

       • 설계유형에 따른 고유한 제약점 및 한계성

- 대지의 개발을 위한 법규적 요건
- 시설물의 기능적 요건
- 이용자의 사회·행태적 특성
- 시설물의 구체적 요건
- 시설 또는 토지이용별 위치 및 상호관계성
- 예산
- 장래성장 및 기능변화에 대한 유연성
- 다양한 필요성들 간의 우선순위

② **프로그램 개발** : 프로그램의 개발을 위해서는 우선 어떤 자료가 필요한지 파악한다. 필요한 자료의 유형 및 체계를 만들고 그러한 자료를 얻기 위한 효율적인 자료 모집 및 분석을 시도한다.

③ **프로그램 결정** : 프로그램을 위한 자료들을 체계적으로 정리한다. 프로그램을 간단한 다이어그램 등을 통한 시각적 표현을 통해 의뢰인이 쉽게 이해할 수 있도록 한다.

④ **의뢰인과의 검토** : 프로젝트 진행을 위한 접근방안 및 방향에 관해 의뢰인의 동의를 얻고 의뢰인의 요구와 프로그램 내용이 일치하지 않는 경우에는 프로그램 개발 단계로 돌아가서 수정 및 보완하여 다시 의뢰인과 검토한다.

⑤ **프로그램 확정** : 의뢰인과의 검토 과정이 끝나면 의뢰인의 동의로 확정한다.

❼ 도입시설의 선정 및 수요측정

(1) 시설유형과 규모 산정

① 시설종류를 결정하는 방법

㉠ 분석적 방법 : 철저히 대상지의 자원조건, 시장조건, 이용현황 등의 자료를 토대로 도입 활동과 시설종류를 결정하는 방법이다.

㉡ 창의적 방법 : 개발의 주제와 관련된 이미지 또는 기발한 아이디어 등을 기반으로 도입 활동과 시설종류를 결정하는 방법이다.

② 시설규모 설정방법

㉠ 수요를 추정하여 수요에 맞는 적정한 개발 규모를 결정하는 방법

㉡ 공급에 의해 수요를 창출하는 방법

(2) 이용객 수용규모 결정 시 고려 사항

① 물리·생태·사회심리적 여건에서 대상지에 수용 가능한 이용객 수

② 사회·지역적 여건에서 대상지에 몰리는 이용객 수

③ 물리・생태・사회심리적 여건에서 대상지에 수용 가능한 이용객 수와 사회・지역적 여건에서 대상지에 몰리는 이용객 수를 수용할 이용객 수

(3) 수요측정

① 사회적 수용능력 : 이용활동에서 일정수준의 질과 만족에 필요한 환경조건
② 생태적 수용능력 : 자연생태계가 인간 활동을 흡수하고 지탱할 수 있는 내성 범위
③ 적정이용객 수 : 수용능력과 이용수요를 감안하여 결정한다.
   ㉠ 이용수요가 수용능력을 넘지 않을 경우 : 이용수요가 기준
   ㉡ 이용수요가 수용능력을 넘을 경우 : 수용능력이 기준

더 알아보기 Penfold et al.가 제시한 세 가지 수용력

Penfold et al.(1972)은 미국의 국립공원의 가치를 영속적으로 누릴 수 있는 방법의 기초로서 다음의 세 가지 수용력의 개념을 정의했다.
- 물리적 수용력(physical carrying capacity) : 인공구조물이나 시설물의 최적 공간규모, 즉 시설이 수용할 수 있는 능력
- 생태적 수용력(ecological carrying capacity) : 자연환경생태계가 자기회복능력이나 자기정화능력의 한계 내에서 본질적인 메카니즘을 교란・파괴받지 않고 인간의 활동을 흡수・지탱할 수 있는 능력
- 심리적 수용력(psychological carrying capacity) : 인간이 어떠한 요구된 활동을 행함에 있어서 바라는 일정 수준의 질을 유지하고 만족을 느끼기 위해서 필요로 하는 환경조건

---

⑧ 대안 선정

(1) 다양한 대안 작성

① 대안 : 목적한 공간을 이룰 수 있고, 개념을 충분히 반영한 여러 가지 선택 가능한 안들을 말한다.
② 각각의 대안은 분명한 특성이 살아 있어야 하며 개념과 목적에 벗어나서는 안 된다.
③ 대안이 너무 많으면 선택에 어려움이 생길 수 있으므로, 의뢰인을 선택 과정에 참여시키고자 할 때는 2~3개 정도의 대안으로 압축하는 것이 바람직하다.

(2) 대안 평가의 방법

① 여러 개의 대안을 놓고 토론을 통해 평가한다.
② 정량적으로 가치 기준을 세워 두고 이에 따라 점수를 매겨 평가한다.
③ 서로의 장단점을 분석하여 장점이 많은 안을 찾아낸다.
④ 정해진 방법을 쓰기 보다는 해당 프로젝트의 특성에 맞는 방법과 판단 기준을 세워 평가하는 것이 바람직하다.

❶ 토지이용계획(토지이용 분류 → 적지분석 → 종합배분)

(1) 토지이용 분류

① 예상되는 토지이용의 종류를 구분하고 각 토지이용별 이용행태, 기능, 소요면적, 환경적 영향 등을 분석한다.

② **도시계획** : 주거지역, 공업지역, 농경지역, 녹지지역, 상업업무지역 등으로 분류한다.

③ **국립공원계획** : 자연보존지구, 자연환경지구, 집단시설지구, 취락지구 등으로 동적, 정적, 완충, 진입공간의 성격별로 분류한다.

(2) 적지분석

① 각 용도별로 계획 구역 내의 어느 장소가 가장 적합한가를 분석하는 것으로 토지의 잠재력, 용도별 특성, 사회적 수요에 기초하여 수행한다.

② **적지분석 기준**

  ㉠ 경관적 기준 : 전망, 선호도, 시각적 영향 등

  ㉡ 생태적 기준 : 경사도, 식생밀도, 배수 등

  ㉢ 인문적 기준 : 기존의 토지이용, 접근성, 전기, 도로, 통신 등 기반 시설의 확보 용이성

(3) 종합배분 : 최종 토지이용 계획안을 작성한다.

❷ 교통동선계획

(1) 통행량 발생

토지이용 종류(상점, 경기장, 유원지, 야영장, 농장 등)와 계절별, 요일별, 시간대별로 영향을 받는다.

(2) 통행량 배분

발생된 통행량을 주변 토지 이용에 각각 어떠한 배치로 배분되는가를 검토하고, 통행량의 유인은 두 지역 간의 거리 등과 관련하여 분배한다.

(3) 통행로 선정

① 가능한 짧은 거리나 직선거리가 바람직하며, 지형 조건에 따라서 우회하더라도 좋은 전망, 그늘로 쾌적한 분위기를 선정한다.

② 통행의 안정, 쾌적, 자연 파괴의 최소화가 가능한 장소를 선정한다.

③ 보행동선과 차량 동선이 만나는 곳에서는 보행동선이 우선한다.

④ 차량동선은 가능한 짧은 거리로서 직선거리가 바람직하며 보행동선은 쾌적한 분위기면 선정이 가능하다.

⑤ 단지 내의 도로는 차량과 보행자의 관계에 따라 보차혼용, 보차병행, 보차분리, 보차공존 등 다양한 방식으로 구성된다.

㉠ 보차혼용방식 : 보행자 통행에 대한 개념이 도입되지 않은 방식으로 보행자와 차량이 전혀 분리되지 않고 동일한 공간을 사용하기 때문에 보행자의 안전이 위협받을 가능성이 크다.

㉡ 보차병행방식 : 보행자는 도로의 측면을 이용하도록 차도 옆에 보도가 설치된 방식이다.

㉢ 보차분리방식 : 보행자전용도로를 차량도로와 평면적, 입체적, 또는 시간적으로 분리하여 별도의 공간으로 나누는 방식이다.

㉣ 보차공존방식 : 보행자의 안전을 확보하면서 차와 사람을 공존시켜 주택단지 내부도로를 단순한 교통시설이 아닌 주민생활의 중심 장소로 만든다는 개념이다.

기출 Point

보행동선과 차량동선이 만나는 곳에서는 보행동선을 우선한다.

(4) 교통동선 체계

① 서로 다른 통행수단(자동차, 자전거, 보행) 상호 간 연결 혹은 분리가 적절히 이루어져야 한다.

② 간선도로, 집·분산도로, 서비스도로, 몰(나무그늘이 진 산책로) 등을 고려한다.

③ 패턴은 가능한 막힘이 없는 순환체계이어야 한다.

❸ 조경시설물 계획

(1) 시설물 평면계획

① 행위의 종류, 기능, 이용패턴, 소요면적에 따라 평면을 결정한다.

② 간단한 건축물은 직접 평면계획하나 복잡한 것은 건축가에게 부탁한다.

③ 기본계획에서는 위치, 방향, 면적, 층수, 구조, 재료, 색채, 형태 등의 개요만을 나타낸다.

(2) 시설물의 배치

① 시설물의 형태, 재료, 색채는 주변 경관과의 조화를 고려한다. 단, 랜드마크나 기념적 성격의 경우는 예외로 한다.

② 장방형 건물은 긴 장축이 등고선과 맞게 배치한다.

③ 여러 기능이 공존할 경우에는 유사한 기능의 구조물을 한 곳에 모아서 집단적으로(집단 시설지구) 배치하는 것이 바람직하며, 의자·휴지통 등은 일정한 간격을 둔다.

❹ 조경식재 계획

(1) 수종 선택

① 자생수종을 활용하고, 식재의 기능 및 분위기에 따른 수종을 선택한다.
② 주거지역에는 화목류 등 친근감을 주는 수종을 선택한다.
③ 계획구역의 기후적 요건에서 생장이 가능한지의 여부를 검토한다.

(2) 배식

① 식물의 생태적 분포패턴을 연구하고 응용하여 경관적 측면을 고려하여 배식한다.
② 건물주변, 기념성이 높은 장소는 정형식으로, 자연에 가까이 접해 있는 장소는 비정형 식으로 한다.

(3) 녹지 체계

① 녹지가 하나의 체계를 이루게 하고, 교통·통신체계와도 적절히 연결될 수 있도록 한다.
② 녹지의 전체적 분포 및 패턴에 따라 식생의 보호, 관리, 이용 등에 관한 계획을 세워야 한다.

❺ 하부구조 및 진행계획

(1) 하부구조계획

① 전기, 전화, 상하수도, 가스 등은 가능한 한 지하로 매설하여 경관성을 높인다.
② 공동구를 설치하여 안전성을 높이고 보수가 용이하도록 계획한다.

(2) 집행계획

① 프로젝트안이 결정된 후 실행하기 위한 계획이다.
② 투자계획 : 주어진 예산의 범위에서 실현 가능성 있게 계획하고, 자금의 출처와 단계별 투자액을 계산하며 시공비, 자금조달방법, 사업성 등을 경제적 측면에서 검토한다.
③ 법규 검토 : 토지 개발에 관련되는 법규를 검토하고 이에 준하여 계획·설계한다.
④ 유지·관리계획 : 유지·관리의 효율성, 편의성, 경제성을 고려하고, 유지·관리의 지침, 허용행위, 규제행위 등 연중관리 일지를 작성한다.

기본설계

① 기본설계의 개념과 설계과정

(1) 개념

사업을 확장하고 그 안을 관계자들에게 이해시키고 최종적인 시행에 필요한 준비 작업을 하는 단계
① 대규모일 경우 또는 토목, 건축, 도시계획과 관련하여 필요한 경우에는 별도의 설계단계로 기본계획보다는 더 구체적인 사항을 결정한다.
② 대상물과 공간의 형태, 시각적 특징, 기능성과 효율성, 좋은 재료 등이 구체화되어야 한다.
③ 배치설계도, 도로설계도, 정지계획도, 배수설계도, 식재계획도, 시설물 배치도, 시설물 설계도 등의 도면과 설계 개요서, 공사비 계산서 등의 서류가 작성된다.

(2) 기본설계 과정 : 설계원칙의 추출 → 공간구성 다이어그램 → 입체적 공간의 창조(설계도 작성)
① **설계원칙의 추출** : 설계의 방향, 요건, 부분별 장소의 현황, 인접 시설 관계 등을 고려하여 3차원적 공간 구성이 필요하다.
② **공간구성 다이어그램** : 시각적 표현과 설계 의도를 정리하는 기회로서, 3차원적 공간 구성을 위한 전이단계이다.
③ **입체적 공간의 창조**
㉠ 평면구성 : 입체적 공간을 2차원의 평면에 표현한 것으로, 단지설계 및 지형 변경에 관한 기초 지식과 도로, 옹벽, 배수 등에 관련된 공학적 지식이 필요하다.
㉡ 입면구성 : 공간의 수직적 변화의 표현을 설명한 것으로 지형의 변화, 식생 및 구조물 등에 의해 형성되는 공간 분위기를 표현한다.
㉢ 스케치 : 공간의 구성을 일반인이 쉽게 알 수 있도록 사실적으로 표현하고, 투시도법에 의해 그려야 한다.

08 실시설계

① 실시설계의 개념과 도면의 종류

(1) 개념

기본설계도를 기초로 하여 실제시공이 가능하도록 평면상세도, 단면상세도 등을 작성하는 단계로 시방서 및 공사비 내역서 작성을 포함한다.

① 공사시행을 위한 구체적 상세 도면을 작성하는 단계이다.

② 시공자가 알아보고 시공에 들어갈 수 있고, 능률적·경제적으로 시공할 수 있도록 도면을 작성하는 단계이다.

③ 모든 종류의 설계도, 상세도, 공사비, 시방서, 수량산출서, 일위대가표, 공정표 등의 서류가 작성된다.

(2) 평면도와 단면도

① 평면도(평면상세도) : 사용된 축척을 알기 쉽게 표기한 것으로 도로, 시설물의 위치와 크기를 정확히 기록하고, 벤치·휴지통 등의 시설물은 규격과 수량이 포함된 수량표를 작성하여 표제란에 기입한다.

② 단면도(단면상세도) : 입체적 공간을 가장 잘 설명해 줄 수 있는 장소를 2개소 이상 선정하여 그린다. - 종단면도, 횡단면도

③ 표준시방서 : 조경공사 시행의 적정을 기하기 위한 표준을 명시한 것으로 국토해양부에서 발행한다.

---

09   시공 감리 및 이용 후 평가

❶ 환경영향평가

사업이 시행되기 전에 주로 개발에 따른 생태적·사회적·경관적 영향에 초점을 맞추는 것으로, 시행되기 전에 예상되는 악영향을 평가한다.

❷ 이용 후 평가

건물, 공원 등 프로젝트가 시행된 후 이용 상태를 중심으로 평가한다.

대상지별 조경계획

01 주거공간(단독, 집합)의 조경계획

① 주택정원의 조경계획

(1) 앞뜰(전정)

① 차고, 진입 보행로, 조명등, 울타리 등의 설치 공간이다.
② 현관까지의 원로 폭 : 1~1.5m
③ 자동차가 들어갈 경우 : 2.5m 정도

(2) 안뜰(주정)

① 안채에 딸린 뜰로 내정(內庭)이라고도 한다.
② 옥외 생활 공간으로 가족 구성원들의 사적인 장소이다.

(3) 작업뜰(작업정)

① 앞뜰, 뒤뜰과 시각적 차폐식재를 한다.
② 바닥은 벽돌이나 타일 등으로 포장한다.

(4) 뒤뜰(후정)

① 침실과 연결된 정원으로 정숙한 분위기를 조성한다.
② 자연풍경과 어울리는 각종 식물 기타 조경시설을 설치하는 것이 좋다.

② 아파트의 조경계획

(1) 조경 공간의 성격

① 공동 공간으로 주민 간의 의사소통의 장소가 된다.
② 주민들이 공동으로 즐길 수 있는 레크리에이션의 장소로 활용될 수 있다.

(2) 인동 간격의 기준확정

① 인접한 건물의 높이와 그 지점의 위도 및 일조시간에 의해 결정한다.

② 채광을 위한 남북 인동 간격을 확보한다.

> ※ 인동 간격 : 건축물 상호의 내면 간격과 필요한 일조 및 채광을 확보하고, 재해 특히 화재에 대한 안전성, 개인의 사생활과 건강 생활을 즐기기 위한 공간을 확보하기 위하여 두는 간격

(3) 녹지 용지

① 녹지율

  ㉠ 20% 이상이 가장 바람직하다.

  ㉡ 우리나라에서는 15% 이상으로 규정하고 있다.

② 위치 : 어린이 놀이터, 공원, 휴게소 등은 안전하고 주민이 이용하기 편리한 곳에 배치한다.

(4) 식재 설계

① 단지 내 일정 지역마다 그 지역의 특징을 나타낼 수 있는 나무를 선정한다.

② 건물과 가까운 곳은 상록성 교목을 피한다.

③ 계절의 변화를 느낄 수 있는 수목을 식재한다.

④ 어린이 놀이터, 휴게소, 노인정 등 시설 주변은 녹음식재와 경관식재를 병행한다.

⑤ 단지 외곽부는 차폐수목과 완충수목을 식재한다.

(5) 주차장의 형식과 차로

① 아파트 단지 내 주차장은 직각주차 방식이 효율적이다.

② 차로의 너비

주차형식	차로의 너비(단위 : m)	
	출입구가 2개 이상인 경우	출입구가 1개인 경우
평행주차	3.3	5.0
직각주차	6.0	6.0
60° 대향주차	4.5	5.5
45° 대향주차	3.5	5.0
교차주차	3.5	5.0

| 기출 Point |

주차 방식 중 방향의 변화가 적고, 통로의 폭이 감소될 수 있으나 토지이용 측면에서 가장 비효율적인 주차 방식 : 45°주차

❶ 공원녹지계획

(1) 개념

① 공원 : 국토의 계획 및 이용에 관한 법률에 의해 설치되는 도시계획시설을 말한다.

② 녹지 : 국토의 계획 및 이용에 관한 법률에 따라 설치되는 도시계획시설로서 공원, 하천, 산림, 농경지까지 포함한 녹지공간 또는 오픈스페이스이다.

③ 오픈스페이스 ☑중요 : 도시 내에서 자연이 지배적인 상태에 있는 지역 또는 자연이 회복 되고 있는 지역을 말하며 오락용지, 보전지, 풍경지 또는 도시 개발을 조절하기 위한 토지로 사용된다.

(2) 오픈스페이스의 유형

① 도시공원 : 어린이공원, 근린공원, 도시자연공원, 묘지공원 등

② 녹지 : 완충녹지, 경관녹지(보안녹지, 실용녹지, 후생녹지, 교화녹지 등)

③ 유원지 : 시민을 위한 오락, 휴양시설로 일반 공원에 비해 그 시설이 동적 유락의 성격이 강하고 다양함

④ 공공공지 : 도시 내의 주요 시설물 또는 환경보호, 경관유지, 방자, 보행자 통행 및 시민의 일시적인 휴식공간을 위해 설치

⑤ 광장 : 교차점 광장, 역전 광장, 근린 광장, 경관 광장, 지하 광장, 건축물 부설광장 등

⑥ 운동장 : 국제 경기 종목으로 채택된 종목의 운동장, 골프장, 종합 운동장

⑦ 공동묘지 : 사설묘지, 공설묘지, 묘지공원과 구별되는 도시지획시설

⑧ 기타 : 하천, 유수지, 저수지, 방풍설비, 사방설비, 방화설비, 방조설비 등

⑨ 지역과 지구 : 도시계획에 의해 도시계획구역 내에서 지정된 녹지지역, 개발제한구역, 풍치지구 등

(3) 오픈스페이스의 기능

① 시냇물, 연못, 동산 등과 같은 자연경관적 요소들을 제공한다.

② 기존의 자연환경과 역사·문화시설을 보전·향상시켜 줄 수 있는 역할을 한다.

③ 통풍, 바람길 형성 등 공기정화를 위한 순환통로의 기능을 수행함으로써 미기후의 형성에 영향을 준다.

④ 제한된 도시생활에서의 답답함과 폐쇄감을 씻어주는 자유감과 개방감을 제공한다.

⑤ 주민의 자발적인 활동을 유도한다.

⑥ 단조로운 단지 내 구성에서 벗어나 새로운 생활환경과 접촉할 수 있도록 해준다.

(4) 오픈스페이스의 효용성

① 도시환경의 질 개선 : 도시생태의 기본조성, 환경조절(화재와 공해방지, 미기후 조절)

② 시민생활의 질 향상 : 도시경관의 질 고양, 창조적 생활의 기틀 제공

③ 도시개발 조절 : 도시확산의 방지, 도시개발의 촉진

(5) 오픈스페이스의 주요 계획 개념

① 계기 : 오픈스페이스 체계를 형성하는 개념 중 가장 중요한 개념으로서, 각 오픈스페이스마다 독립되고 완결된 활동과 체험을 선형으로 연결하여 이용자가 시간의 흐름에 따라 각각의 체험을 엮어서 보다 풍성하고 총체적인 체험을 얻도록 하는 방법이다.

② 위요 : 핵의 영향권 범위를 뚜렷이 하여 오픈스페이스의 성격을 부각시키기 위해 천변녹지, 도로연변 녹지대 등이 띠형의 오픈스페이스 요소로서 그 주변을 둘러싼다.

③ 관통 : 중첩과 유사한 개념이나 보다 강력한 선형의 오픈스페이스 요소가 인공환경 속을 명쾌하게 뚫고 지나감으로써 중첩의 효과를 이루고 인공성과 단조감을 극복한다.

④ 결절화 : 방향성이 다른 오픈스페이스 구성요소들이 서로 만나서 형성되는 결절점에 다양한 특성과 용도를 복합적으로 배치한다.

⑤ 핵화 : 산발적으로 흩어져 있고, 형태와 기능이 동일하지 않은 여러 구성요소 중에서 규모가 크거나 활동이 활발한 요소 또는 시각적으로 가장 지배적인 요소를 오픈스페이스 체계의 핵, 또는 초점으로 설정하여 그 요소의 영향이 주변으로 확산되게 한다.

⑥ 중첩 : 정연한 인공환경의 질서 위에 자유롭고 가변성이 큰 오픈스페이스 체계를 중첩함으로써 도시의 인공성과 정형성을 완화시키고 접근성이 좋은 오픈스페이스 체계를 형성한다.

(6) 레크리에이션 계획으로서의 조경계획

① 개념 : 사람들이 여가시간에 행하는 레크리에이션을 그에 적합한 공간 및 시설에 관련시키는 계획이다.

② S. Gold(1980)의 레크리에이션 계획 접근방법

　㉠ 자원접근방법(공급이 수요를 제한) : 물리적 자원 혹은 자연자원이 레크리에이션의 유형과 양을 결정하는 방법으로, 인간의 요구보다 자연환경에 대한 고려가 우선한다. 강변, 호수변, 풍치림, 자연공원 등 경관성이 뛰어난 지역의 조경계획에 유용한 접근방법이다.

　㉡ 활동접근법(공급이 수요를 만들어냄) : 과거 참가 사례가 앞으로의 레크리에이션 기회를 결정하도록 계획하는 방법으로 일반대중의 선호 유형, 참여율 등 사회적 인자가 중요한 영향을 준다.

　㉢ 경제접근법(공급과 수요가 가격에 의해 결정) : 지역사회의 경제적 기반이나 예산규모가 레크리에이션의 총량, 유형, 입지를 결정하는 방법으로 경제적 인자가 사회적 인자나 자연적 인자보다 우선한다. 공공사업에 민자유치를 하는 경우, 기업의 접근방법이다.

ⓔ 행태접근방법(behavioral approach) : 이용자의 구체적인 행동 패턴에 맞추어 계획하는 방법, 즉 일반 대중이 여가 시간에 언제 어디서 무엇을 하는가를 상세히 파악하여 그들의 구체적인 행동 패턴에 맞추어 계획하려는 방법이다. 가치판단의 둔제, 조사 방법의 개발, 시민 참여도 등이 중요한 인자이다.

ⓜ 종합접근방법(combined approach) : 위 4가지 접근방법의 긍정적 측면만을 취하여 이용자의 요구와 자원의 활용가능성을 함께 조화시키도록 접근하는 방법이다.

❷ 도시공원 ☑ 중요

(1) 어린이공원

① 유치거리 : 250m 이하 2~3분
② 면적 : 1,500m^2 이상 ☑ 중요, 3~4m^2/1인당
③ 시설면적 : 전체 공원 면적의 60% 이내, 건물은 5% 이나
④ 식재 설계 : 경계부의 식재는 최소폭 2m 이상, 수종은 20종 이내

(2) 근린공원

① 설치목적 : 근린 거주자의 보건, 휴양 및 정서생활 향상
② 주활동 : 일상 또는 주말의 옥외휴양, 오락 등
③ 근린 거주자 근린공원 : 유치거리 500m 이하, 15분 정도 떨어진 거리, 면적 10,000m^2 이상
④ 도보권 안의 거주자 근린공원 : 유치거리 1,000m 이하, 15쿤 정도 떨어진 거리, 면적 30,000m^2 이상
⑤ 도시지역권 근린공원 : 해당 도시공원의 기능을 충분히 발휘할 수 있는 장소를 선정하여 면적 100,000m^2 이상
⑥ 광역권 안의 거주자 근린공원 : 면적 1,000,000m^2 이상
⑦ 시설 면적 : 전체 공원 부지의 40% 이하
⑧ 식재 계획 : 다양한 식물을 자유롭게 식재하고 기존 수림지를 보호하며 향토 수종을 식재

(3) 도시자연공원

① 설치목적 : 자연경관의 보호 및 시민의 보건, 휴양, 정서 생활 향상
② 주 활동 : 자원의 유지 및 보전, 자원의 적절한 이용
③ 설치장소 : 자연조건, 역사적 의의가 있는 토지
④ 면적 : 100,000m^2 이상

(4) 묘지공원

① 설치목적 : 묘지 이용자에게 휴식 제공
② 종류 : 사원묘지, 국가 또는 공공단체가 경영하는 묘지, 민간 경영의 묘지, 납골당
③ 토지 이용 : 묘지 30%, 도로 및 광장 35% 기타 건물 및 식재 35%가 표준
④ 묘역은 루프상의 간선 원로에 클러스터 모양으로 설치
⑤ 간선도로의 폭은 6m 이상
⑥ 면적 : 100,000m^2 이상
⑦ 설치기준 : 정숙한 장소로 장래 시가화가 예상되지 않는 자연녹지지역

(5) 주제공원

① 기원 : 1850년 덴마크 코펜하겐의 티볼리 공원이 시초이다.
② 종류(도시공원 및 녹지 등에 관한 법률 제15조)
　　㉠ 역사공원 : 도시의 역사적 장소나 시설물, 유적·유물 등을 활용하여 도시민의 휴식·교육을 목적으로 설치하는 공원
　　㉡ 문화공원 : 도시의 각종 문화적 특징을 활용하여 도시민의 휴식·교육을 목적으로 설치하는 공원
　　㉢ 수변공원 : 도시의 하천가·호숫가 등 수변공간을 활용한 도시민의 여가·휴식을 목적으로 설치하는 공원
　　㉣ 묘지공원 : 묘지 이용자에게 휴식 등을 제공하기 위해 일정한 구역에 묘지와 공원시설을 혼합하여 설치한 공원
　　㉤ 체육공원 : 운동경기나 야외활동 등 체육활동을 통해 건전한 신체와 정신을 배양함을 목적으로 설치하는 공원
　　㉥ 도시농업공원 : 도시민의 정서순화 및 공동체의식 함양을 위하여 도시농업을 주된 목적으로 설치하는 공원
　　㉦ 방재공원 : 지진 등 재난발생 시 도시민 대피 및 구호 거점으로 활용될 수 있도록 설치하는 공원
　　㉧ 지자체가 조례로 정하는 공원 : 산림휴양공원, 가로공원, 물빛공원, 도시생태공원, 마을공원, 어르신공원, 반려동물공원, 해안공원, 놀이공원 등

❸ 자연공원

(1) 개념

① 레크리에이션에 이용될 가능성이 있는 자연풍경지를 실제적 내용으로 하는 공원이다.

② 자연경관이 뛰어난 지역을 인위적인 개변 없이 그대로 확보하여 공원으로 이용하는데, 이를 자연공원(Nature park, Natural park)이라 한다.

(2) 발생

① 1872년 미국에서 옐로스톤을 국립공원으로 지정한 것이 국립공원제도의 시초이다.

② 1967년 우리나라에 공원법이 제정되어 지리산을 국립공원으로 지정하였다.

(3) 우리나라의 공원의 현황

① 현행법상 공원은 자연공원과 도시공원으로 구분한다.

② 자연공원에는 국립공원·도립공원·군립공원(郡立公園) 및 지질공원이 있다.

③ 도시공원 ☑ **중요**

  ㉠ 국가도시공원 : 도시공원 중 국가가 지정하는 공원

  ㉡ 생활권공원 : 소공원, 어린이공원, 근린공원

  ㉢ 근린공원 : 역사공원·문화공원·수변공원·묘지공원·체육공원·도시농업공원·기타 조례로 정하는 공원 등

(4) 자연공원의 지정 기준(자연공원법 시행령 [별표 1])

① **자연생태계** : 자연생태계의 보전상태가 양호하거나 멸종위기 야생동식물·천연기념물· 보호야생동식물 등이 서식할 것

② **자연경관** : 자연경관의 보전상태가 양호하여 훼손 또는 오염이 적으며 경관이 수려할 것

③ **문화경관** : 국가유산 또는 역사적 유물이 있으며 자연공간과 조화되어 보존의 가치가 있을 것

④ **지형 보존** : 각종 산업개발에 의해 지형의 경관이 파괴될 우려가 없을 것

⑤ **위치 및 이용편의** : 국토의 보전·이용·관리 측면에서 균형적인 자연공원의 배치가 될 수 있을 것

(5) 용도지구(자연공원법 제18조)

① 공원자연보존지구 : 특별히 보호할 필요가 있는 지역

  ㉠ 생물다양성이 특히 풍부한 곳

  ㉡ 자연생태계가 원시성을 지니고 있는 곳

  ㉢ 특별히 보호할 가치가 높은 야생 동식물이 살고 있는 곳

  ㉣ 경관이 특히 아름다운 곳

② 공원자연환경지구 : 공원자연보존지구의 완충공간으로 보전할 필요가 있는 지역
③ 공원마을지구 : 마을이 형성된 지역으로서 주민생활을 유지하는 데 필요한 지역
④ 공원문화유산지구 : 문화유산의 보존 및 활용에 관한 법률에 따른 지정문화유산 및 자연유산의 보존 및 활용에 관한 법률에 따른 천연기념물 등을 보유한 사찰(寺刹)과 전통사찰 보존지 중 문화유산 및 자연유산의 보전에 필요하거나 불사(佛事)에 필요한 시설을 설치하고자 하는 지역

시험에 이렇게 나왔다! [2013년 제1회 기사]

다음 중 자연공원법상의 용도지구 분류로 틀린 것은?

① 공원자연보존지구   ② 공원자연환경지구   ③ 공원밀집마을지구   ④ 공원문화유산지구

해설
용도지구는 공원자연보존지구, 공원자연환경지구, 공원마을지구, 공원문화유산지구로 분류할 수 있다.

정답 ③

❹ 리조트

(1) 정의

① 1950년대부터 선진국에서 교통이 발달하면서 시작된 레크리에이션을 위한 장소이다.
② 체제성·자연성·휴양성·다양성·광역성의 요건을 두루 갖추고 자주 방문하게 되는 곳이다.
③ 정적인 공간에 스키, 보트놀이, 다이빙 등의 레크리에이션이 더해진 형태를 갖는다.

(2) 목적

① 자연 속에서 개방감과 여유를 느낄 수 있는 심리적 효과가 있다.
② 육체적 스트레스를 해소시킨다.
③ 건강의 회복과 증진에 효과가 있다.
④ 일상에서 떠나 기분전환을 할 수 있다.

(3) 기본적 요건

① 일상생활에서 일정 거리 이상 떨어진 좋은 자연환경이 필요하다.
② 사생활의 자유가 확보되어야 한다.
③ 교류나 교환을 할 수 있는 기회를 제공할 수 있는 장소여야 한다.
④ 쾌적한 생활을 유지하는 데 필요한 일정 수준 이상의 생활 서비스와 편리함이 있어야 한다.

(4) 종류

① 스포츠용 : 골프장, 스키장

② 교양 문화용 : 민속촌
③ 요양형 : 온천, 산림욕장
④ 종합형

03   교통시설의 조경계획

❶ 도로

(1) 종단구배

① 최대종단구배는 오르막 구배의 4%로 제한한다.
② 2배 이상의 구배일 경우 제한장을 설치한다.
③ 2.5% 완만한 구배를 50m 이상의 구간에 설치한다.
④ 최소구배 : 0.5%가 표준
⑤ 최대구배 : 10%
  ※ 구배 : 공간에 대한 기울기를 말한다. 즉, 경사와 같은 개념이다.
  ※ 종단구배 : 도로의 수평선상에 연접된 길이에 대한 하향 또는 상향각도
  ※ 횡단구배 : 도로의 수평선상에 연접된 폭, 즉 옆으로의 기울기

(2) 횡단구배

① 노면의 빗물 배수를 원활하게 하기 위한 구배이다.
② 보도의 횡단구배는 2% 이하로 한다.
③ $i = \dfrac{V^2}{127R} - f$

여기서, i : 편구배 V : 속도
          R : 곡선부의 반경 f : 횡마찰계수

(3) 시거(sight distance)

① 자동차가 안전하게 주행하기 위해 앞을 볼 수 있는 거리
② 제동 정지거리 : 전방의 차량을 발견하고 제동하는 데 필요한 거리
③ 피주거리
  ㉠ 전방의 차량을 인지하고 피하는 데 필요한 거리
  ㉡ 중심선상의 높이 1.3m 위치에서 높이 15m 정점을 볼 수 있는 거리

(4) 도로폭의 요소

① 차도폭

㉠ 1차선 : 3.0~3.5m

㉡ 2차선 : 최소 6m 이상

② 보도폭

㉠ 도로폭 10m 이상에서 보도 설치

㉡ 가로수 식재는 8m 이상

③ 갓길(노견)

㉠ 최소한 0.5m

㉡ 시가지에서 보도가 없을 때에는 0.75m 이상

㉢ 규정된 차도의 폭을 보전

㉣ 고장난 차를 신속히 대피

㉤ 자동차의 속도를 내기 위해 횡방향에 여유 두기

㉥ 완속차와 사람의 대피 공간

㉦ 도로표지, 전주 등 노상시설 설치

(5) 보도

① 단위폭 : 보행자 1인당 0.75m

② 폭 : 2m 이상이 표준, 지형상 부득이한 경우 1.5m 이상도 가능

③ 횡단구배 : 배수를 위해 차도 쪽으로 2% 정도

④ 종단구배 : 18% 이하(지형상 곤란한 경우 12% 이하)

❷ 특수기능도로

(1) 원로

① 보행자 1인 통행 원로폭 : 0.8~1m

② 보행자 2인 통행 원로폭 : 1.5~2m

(2) 유보도

① 도시 내 중심부, 상업, 업무, 위락 등이 활발한 곳에 보행자가 활보할 수 있는 거리이다.

② 흥미로운 선형과 노선구간으로 경관을 창출한다.

(3) 산책로

① 최소폭 : 1.2m

② 종단최대구배 : 25% 이내

③ 80~200m마다 휴게공간을 설치한다.

④ 결절점에 쉘터 또는 벤치를 설치한다.

(4) 기타

① 자전거 도로

　㉠ 도로폭 : 일방통행 1.5m 이상(지역 상황 등에 따라 부득이하다고 인정되는 경우 1.2m), 양방향 3m 이상

　㉡ 경사도 : 7% 이하

　㉢ 자전거 도로 구분

　　• 자전거 전용도로 : 시속 30km 이상

　　• 자전거보행자 겸용도로 : 시속 20km

　　• 자전거 전용차로 : 시속 20km

　　• 자전거 우선도로

② 보행자 전용도로 : 보도와 차도의 분리를 목적으로 보도만을 위한 도로이다.

③ 몰(Mall) : 도심상업지구에 설치되어 안전하고 쾌적한 보행을 유도하며 주변 상가의 활성화를 유도하는 도로의 일종이다.

④ 녹도 : 공원 및 녹지체계를 원활히 연결하기 위해 선형으로 녹지를 조성한다.

⑤ 도로공원

　㉠ 도로 주행 자체에 레크리에이션적 가치를 부여하여 계획된 도로로서 드라이브, 산책, 레크리에이션을 할 수 있는 공원

　㉡ 노선은 연속적이고 건축물은 도로로부터 후퇴 전정에 설치

　㉢ 모든 공원계통을 기능중심부와 연결하고, 다른 공원녹지와 상호 연락하여 이용가치를 상승

　㉣ 공원 부지 : 하천, 호수, 해양 등의 수변지와 구릉지

⑥ 가로(街路)공원

　㉠ 시가지와 도심부의 도로 여지에 도로나 주차장과 함께 조성하여 적극적인 위락활동을 유도

　㉡ 고압 전신주가 지나는 부지, 하천부지, 상하수도용지 등을 활용, 노단(路端)을 공원으로 전환 가능

　㉢ 조명시설이 필요

❸ 주차장

(1) 노상주차장의 설치기준

① 주간선도로에는 설치하지 않는다. 단, 분리대·교통에 지장을 주지 않는 부분은 예외이다.

② 간선도로에 설치 시 완속차도, 분리대, 주차장 등이 있어야 한다.

③ 차도폭이 6m 이상, 보차의 구별이 있는 도로에 한하여 설치한다.

④ 보도와 차도의 구분이 없고, 너비 10m 이하의 이면도로에 한 줄 주차표시, 주차안내표시 등을 설치한 곳은 예외이다.

⑤ 보행자의 통행에 지장이 없는 곳에 설치한다.

⑥ 종단구배가 4% 이하인 도로에 설치한다.

⑦ 노폭이 넓은 곳에서는 30° 주차도 허용되나 45°, 60° 주차는 직각주차보다 더 넓은 공간이 필요하여 부적절하므로 평행주차가 바람직한 곳에 설치한다.

⑧ 일반 주차는 2.5m × 5.0m이고, 장애인 주차는 3.3m × 5.0m이다.

(2) 노외주차장의 설치기준

① 교차로·횡단보도·건널목이나 보도와 차도가 구분된 도로의 보도

② 교차로의 가장자리나 도로의 모퉁이로부터 5m 이내

③ 안전지대가 설치된 도로에서는 그 사방으로부터 각각 10m 이내

④ 버스여객자동차의 정류지(停留地) 표시로부터 10m 이내

⑤ 건널목의 가장자리로부터 10m 이내인 곳

⑥ 터널 안 및 다리 위

⑦ 도로공사구역의 양쪽 가장자리로부터 10m 이내

⑧ 다중이용업소의 영업장이 속한 건축물로 소방본부장의 요청에 의하여 지방경찰청장이 지정한 곳

⑨ 지방경찰청장이 교통의 안전과 원활한 소통을 위하여 지정한 곳

⑩ 횡단보도로부터 5m 이내에 있는 도로의 부분

⑪ 너비 4m 미만의 도로와 종단 기울기가 10%를 초과하는 도로

⑫ 유아원, 유치원, 초등학교, 특수학교, 노인복지시설, 장애인복지시설 및 아동전용시설 등의 출입구로부터 20m 이내에 있는 도로의 부분

(3) 주차장의 종류(주차장법 제2조 제1호~제3호)

① **노상주차장** : 도로의 노면 또는 교통광장(교차점광장에 한한다)의 일정한 구역에 설치된 주차장

② **노외주차장** : 도로의 노면 및 교통광장 외의 장소에 설치된 주차장

③ **부설주차장** : 건축물, 골프연습장 기타 주차수요를 유발하는 시설에 부대하여 설치된 주차장

④ **기계식 주차장** : 기계식 주차장치를 설치한 노외주차장 및 부설주차장

⑤ **자주식 주차장** : 운전자가 자동차를 직접 운전하여 주차장으로 들어가는 주차장

(4) 건물 속 주차장

① 차로 부분 높이 : 2.3m 이상

② 주차 부분 높이 : 2.1m 이상

③ 6m 이상 반경으로 회전가능한 굴곡부

④ **구배** : 17% 이하(곡선 부분 14% 이하)

⑤ 미끄럽지 않은 노면 재료를 사용

⑥ 직접 지상으로 통하는 비상용 계단을 설치

⑦ **경사로** : 너비 6m 이상인 2차로 확보 또는 진입·진출 차로 분리(주차 규모 50대 이상인 경우)

(5) 주차장 설계

① 주차장 내의 구배

ㄱ 종단구배 : 2% 이하

ㄴ 횡단구배 : 3% 이하

② 주차면적

ㄱ 직각주차 : 27.2m^2/대

ㄴ 45°주차 : 32.9m^2/대

ㄷ 60°주차 : 30.1m^2/대

ㄹ 평행주차 : 43.1m^2/대

③ 회전부분(우절부)

ㄱ 1.5m 반경이 적당(1.9m까지 감소 가능)

ㄴ 교차로에서는 3.0~4.5m가 편리(최소 3.3m)

④ 배수

ㄱ 아스팔트콘크리트 포장 및 시멘트콘크리트 포장 횡단경사 : 1.5~2.0%

ㄴ 주차차량의 세로방향 2%, 가로방향 3% 이하의 경사를 주어 배수에 충분한 주의를 한다.

❹ 계단 및 경사로

(1) 구배의 정도

① 원로구배 : 18%를 초과해야 계단이 안전하다.

② 계단구배 : 30~35°

(2) 단높이(h)와 디딤면 너비(b)의 관계

① $2h + b = 60~65$cm가 표준이다.

② 단높이(축상)는 12~18cm, 디딤면 너비(답면)는 26cm 이상으로 한다.

③ 단높이가 높으면 디딤면 너비는 좁아야 한다.

④ 디딤면 너비에 물이 고이지 않게 하기 위해 약간의 구배를 준다.

(3) 계단참

① 계단의 높이가 2m를 초과하는 것으로 계단폭이 3m를 초과하면 3m 이내마다 난간을 설치한다.

② 계단참의 너비

ㄱ 1인용 : 90~110cm

ㄴ 2인용 : 150cm 정도

③ 보통 정원에는 3~5단 마다 2~3단 너비의 참을 설치한다.

(4) 난간 및 포장 재료

① 난간

ㄱ 높이 : 1m 초과 계단

ㄴ 단면 : 원형 또는 타원형

ㄷ 벽면에 설치할 경우 벽에서 3.5cm 이상 떼어야 한다.

② 포장재료 : 콘크리트, 벽돌, 화강석, 자연석 등

(5) 경사로

① 연속 경사로의 길이 30m 마다 1.5m×1.5m 이상의 수평면으로 된 참을 설치한다.

② 장애인의 통행이 가능한 경사로의 종단기울기는 1/18 이하로 한다.

③ 휠체어 사용자가 통행할 수 있는 경사로의 유효폭은 120cm 이상으로 한다. 보행자와 휠체어가 함께 통행할 경우는 150cm 이상의 유효폭을 확보한다.

04 공장 및 산업단지 조경계획

❶ 공장조경의 기능 및 효과

(1) 기능

① 지역 주민에게 친근감과 안전감을 제공한다.

② 녹지 조성으로 공기정화 및 위험을 차단한다.

③ 환경 훼손 및 공해 발생으로 인해 황량하고 딱딱해진 공장 분위기를 개선한다.

④ 근로자를 위한 운동시설과 휴식시설을 제공함으로써 작업능률을 향상시킨다.

(2) 효과

① 미적, 쾌적화
  ㉠ 공장환경에 대한 친근감 조성
  ㉡ 종업원의 정서함양 및 근로의욕 증대
  ㉢ 공장 자체 홍보
② 가림(遮蔽), 완충
  ㉠ 방음, 방진, 방화, 방풍 등의 효과
  ㉡ 재해 시 피난장소 제공
  ㉢ 금속부식 방지
  ㉣ 모래날림(飛砂) 방지 효과
③ 주민 및 종업원의 보건증진 및 스포츠와 레크리에이션 효과

❷ 공간 구획 및 식재

(1) 공간별 계획

① 공간 구획 : 녹지지역은 따로 설정, 완충지역, 예비지역을 설정한다.
② 앞뜰
  ㉠ 화단과 잔디밭, 수경시설을 설치한다.
  ㉡ 밝고 짜임새 있는 공장 분위기를 연출한다.
③ 건물 주변 : 5m 정도의 여유를 두어 녹지공간으로 활용한다.
④ 주변 지역
  ㉠ 담장 : 투시형 담장, 낮게 설치하고 주민과 통행인에게 친근감을 조성한다.
  ㉡ 식재 : 상록교목과 속성수, 비료목을 심고 양 측면에 관목을 배식한다. 또한 공해에 강한
    수종을 선택하여 울타리를 따라 2~3줄로 엇갈려 식재한다.
⑤ 동선 주변
  ㉠ 6~10m 간격마다 가로수를 열식한다.
  ㉡ 구내 도로변에 최소 1m 이상의 잔디밭을 조성한다.
⑥ 확장 예정 구역
  ㉠ 묘포장 또는 채소원으로 이용한다.
  ㉡ 간단한 운동기구와 벤치 등을 설치한다.
  ㉢ 잔디를 식재하여 운동장으로 활용한다.
  ㉣ 주변에 녹음수를 군식하여 그늘을 조성한다.

(2) 식재

① 공해에 대한 저항력이 강하고 먼지의 흡착력이 강한 활엽수의 식재면적을 전체의 70% 이상으로 정한다.

② 손상회복이 빠른 수목을 식재한다.

③ 관리가 용이한 수목을 식재한다.

❸ 공장조경의 공간 구성

(1) 부지 주변 녹지

① 종류 : 완충녹지, 방재녹지, 공장미화

② 기능 : 주변 지역의 환경보존 및 미화

③ 시설 : 수림대 조성, 경관조성, 화단, 산울타리

(2) 건물 주변 녹지

① 종류 : 사무소, 공장 주변 녹지

② 기능 : 각종 건물과 외부공간과의 조화 및 미화

③ 시설 : 화단, 연못, 수경시설, 잔디밭

(3) 출입공간

① 종류 : 상징적인 경관수로 녹지 조성 및 시설물 설치

② 기능 : 상징적 효과

③ 시설 : 조각, 간판, 화단, 분수, 주차장

(4) 이용녹지

① 종류 : 휴양녹지, 운동녹지

② 기능 : 산책, 휴식, 운동 등의 복지를 위한 녹지

③ 시설 : 녹음수, 잔디밭, 원로 조성, 옥외공간 시설물

(5) 도로 및 주차공간

① 종류 : 보도와 차도 주변 녹지

② 기능 : 주차공간의 녹음과 차폐, 도로에 따른 선적(線的)인 녹지

③ 시설 : 가로수, 가로화단, 산울타리 식재

(6) 기타

　① 기능 : 각종 시설 배치 및 보호녹지

　② 시설 : 산울타리 및 군식

05　학교 및 캠퍼스 조경계획

❶ 학교조경의 목적과 유형

(1) 목적

　① 학습 활동, 학생들의 심신 단련

　② 향토수목의 보존 및 근린공원의 역할

(2) 유형

　① 교재원 : 운동장 주변에 수목원, 유실수원, 화초원 등을 조성

　② 실습원 : 소동물 사육장, 경작원, 온실, 묘포장 등

❷ 학교조경의 공간 구성

(1) 설계 기준

　① 앞뜰

　　㉠ 교실 앞에는 큰 상록수를 피한다.

　　㉡ 관목이나 화목류를 심어 건물의 모습을 살릴 수 있도록 한다.

　② 중정 : 관목과 초본류 위주의 단순식재로 관찰정원의 역할을 하도록 하며, 벤치를 설치한다.

　③ 옆뜰

　　㉠ 실용 본위로 조성한다.

　　㉡ 녹음수, 벤치를 설치한다.

　④ 운동장 : 스탠드는 햇빛을 등지고 운동장을 바라볼 수 있는 위치에 배치한다.

　⑤ 주변 지역

　　㉠ 경계선과 접한 지역에 수림대를 조성한다.

　　㉡ 투시형 담장이나 산울타리를 조성하여 인근지역과 친밀감을 유도한다.

(2) 식재

① 교육적, 기능적, 미적 차원을 고려하여 학생들에게 친근감을 줄 수 있는 식생 상태를 조성하도록 한다.

② 학생의 표출적 행동과 내재적 행동 모두에 영향을 미치는 조화로운 기능을 지녀야 한다.

06 특수 환경의 조경계획

1 전정광장(앞 정원, fore-court)

(1) 의의

① 건축물 앞 또는 주위의 오픈스페이스로 건물 입구의 성격이 있다.

② 건물로 사람들의 동선을 유도하는 외부공간과 내부공간 사이의 과정적인 공간이다.

(2) 설계 시 고려 사항

① 독립적이면서도 주변 주차장, 통로 등과의 연관성이 있어야 한다.

② 차량주차, 보행인의 출입, 휴식 및 감상 등 여러 가지 기능을 동시에 만족시키도록 설계한다.

③ 조각물이나 분수 등으로 초점 경관을 형성하여 특색있게 조성한다.

2 옥상정원(rooftop garden) ☑ 중요

(1) 성격

① 좁은 의미 : 건축물 옥상에 만든 정원이다.

② 넓은 의미 : 자연지반과 분리된 인공지반 위에 설치되는 모든 정원을 포함한다.

(2) 기능

① 토지 이용의 효율성을 향상시킬 수 있다.

② 주거공간의 미관을 증진시킬 수 있다.

③ 여가 및 휴식공간의 확보가 가능하다.

④ 지역사회의 환경개선에 일조할 수 있다.

⑤ 도시 녹지공간을 확대하는 의미가 있다.

(3) 설계

① 설계기준(옥상조경면적) : 건축 시 대지 165m^2(50평) 이상인 경우 일정 면적을 조경 면적으로 규정해야 한다.

② 식재기준 : 관목류, 초화류, 잔디를 전체 면적의 1/3 이하로 식재한다.

③ 시설물 기준

　㉠ 사생활 보호를 위해 충분히 수목을 식재하여 주위 건물르부터 차폐한다.

　㉡ 전망이 막히지 않도록 하고, 유리·나무·벽 등으로 바람막이 벽을 설치한다.

　㉢ 옥상 가장자리에 난간을 설치한다.

　㉣ 옥상 바닥은 슬래브 위에 방수막을 설치하고 보호층과 최종 마감재료로 처리한다.

④ 설계 시 고려 사항

　㉠ 하중을 고려하여 적절한 수종을 선택한다.

　㉡ 옥상 바닥의 보호와 방수를 한다.

　㉢ 자연재해에 대한 안정성을 갖춘다.

　㉣ 식재 토양층의 깊이와 식재의 유지관리가 필요하다.

(4) 옥상정원의 장단점

① 장점 : 옥상을 오픈스페이스로 이용, 다양한 식물과 동물 서식처 제공, 작물 재배 가능

② 단점 : 옥상 하중 부하가 크고, 관개와 배수체계가 필요하며 설치가 복잡하여 전문기술을 요함

❸ 실내정원(indoor landscaping)

(1) 의의

① 건물이 거대화됨에 따라 정원을 실내로 도입함을 의미한다.

② 아파트, 호텔, 공공 공간에 실내 오픈스페이스를 설정하여 정원적 요소를 도입한다.

(2) 기능

① 생명력이 있는 식물재료를 이용, 미적 배치로 시각적 즐거움을 준다.

② 일의 능률을 높이고 긴장감을 완화시켜 안정감을 가지게 하는 심리적 효과가 있다.

③ 실내공간을 분할하고 경계를 구분지어 준다. 또한 이용자의 동선을 자연스럽게 하고 질서를 유지시키는 기능이 있다.

④ 실내공간의 공중습도를 높여 주며, 산소의 공급 및 정화 기능이 있다.

(3) 설계

① 광선 도입에 유의한다.

② 식물의 성장에 필요한 습도 유지 및 관수에 의한 수분 공급이 가능해야 한다.

③ 건물 내부의 동선과 이용 패턴 등을 고려하여 위치를 선정한다.

④ 열대 식물을 식물재료로 선택하는 것이 좋고, 교목류 사용 시 인공적으로 식물이 자랄 수 있도록 환경을 조성하도록 한다.

❹ 골프장

(1) 입지 조건

① **부지의 형태** : 남북이 길고 약간 구형의 용지가 적합하다.

② **부지의 방향** : 북서에서 남동으로 향하는 장소가 가장 이상적이다.

③ 지형

　㉠ 다양한 자연적 요소를 보유하고 전망이 풍족한 곳

　㉡ 전 부지의 고저차는 50m 이내

　㉢ 횡단구배는 3~15% 정도

(2) 골프장의 구성

① 9홀의 기준형에 조합시켜서 구성한다.

② 1라운드는 18홀, 홀의 타수는 3으로 홀아웃하는 것은 쇼트홀, 타수 4는 미들홀, 타수 5 이상은 롱홀이다.

③ **소요면적** : 18홀의 경우 60만~70만m^2(구릉지 80~100만m^2 정도), 길이 6,500~7,000야드

(3) 홀의 계획

① 티(tee)

　㉠ 배수를 위해 1~1.5%의 구배를 만든다.

　㉡ 잔디 : 한랭지−크리핑벤트, 온난지−들잔디

② 페어웨이(fair way)

　㉠ 경사 : 2~10%가 적당하고, 25% 이하여야 한다.

　㉡ 잔디 : 벤트그래스

③ 그린(green)

　㉠ 한 개의 홀에 1개 또는 2개의 그린을 설치한다.

　㉡ 면적 : 600~900m^2

　㉢ 경사 : 2~5%가 적당

④ 벙커(bunker)

　　㉠ 벌칙을 주는 장애물로서 홀의 난이도에 변화를 준다.

　　㉡ 수경효과

　　㉢ 페어웨이와 그린에 설치한다.

⑤ 러프(rough)

　　㉠ 페어웨이에 접하는 부분에서 땅 표면을 매끄럽게 라운딩한다.

　　㉡ 잔디, 기타 잡초가 어느 정도 자라는지를 고려하여 조성한다.

❺ 스키장

(1) 슬로프 면적

① 15°의 경사면을 기준으로 1인당 150m²(최소 100m²)가 필요하다.

② 경사도가 클수록 폭이 넓어진다(10° 이하 10m 이상, 15°의 경우 20m 이상, 30°의 경우 40m 이상).

(2) 리프트

① 구배 : 30° 이하

② 속도 : 2.5m/sec 이하

③ 철탑 간격 : 30~40m 이하

❻ 해수욕장

(1) 입지 조건

① 기상 조건

　　㉠ 맑은 날이 많고 한여름이 2주 이상 지속되어야 한다.

　　㉡ 기온 24℃ 이상, 수온 23~25℃

　　㉢ 풍속 : 5~10m/sec 이하

② 해상 조건 : 부유물과 유해성 물질이 없는 곳

③ 수질 기준

　　㉠ 투시도 30cm 이상

　　㉡ pH : 7.8~8.3

④ 모래펄 조건

　　㉠ 종선의 길이 : 500cm 이상

ⓛ 너비 : 200~400m^2

ⓒ 유영수역의 수심 1.5m까지의 폭 15m 이상의 모래밭 면적 : 1인당 10~20m^2

(2) 수영장 시설

① 규모

㉠ 수면적 : 1인당 약 2.4m^2

ⓛ 깊이 : 유아풀-0.3~0.7m, 일반용 풀-0.5~1.5m

ⓒ 길이 : 50m(국제 규모)

② 옥외 풀장은 풀의 장축을 남북방향으로 잡는다.

❼ 마리나(Marina)

(1) 정의

① '해안의 산책림'이라는 라틴어로 계류, 보관, 수리시설 등을 갖추어 요트나 보트를 이용한 레크리에 이션을 할 수 있는 항만의 총칭이다.

② 요트를 비롯한 다양한 해양스포츠와 해상관광을 즐길 수 있는 국내 최초의 육해상 종합 휴양지로 충무 마리나리조트가 있다.

(2) 입지 조건

① 수심 : 3.0~4.0m가 일반적

② 파도의 높이 : 1m 이내

③ 풍향의 변화가 심하지 않은 곳, 어업권 문제해결이 용이한 곳

④ 2~3시간을 기준으로 한 유치권 내에 인구밀도가 높은 곳이 있는 곳

⑤ 간선도로와 연락이 용이한 곳(교통이 편리한 곳)

조경계획 관련 법규

❶ 국토의 계획 및 이용에 관한 법률

(1) 목적(법 제1조)

이 법은 국토의 이용·개발과 보전을 위한 계획의 수립 및 집행 등에 필요한 사항을 정하여 공공복리를 증진시키고 국민의 삶의 질을 향상시키는 것을 목적으로 한다.

(2) 정의(법 제2조)

① **광역도시계획** : 지정된 광역계획권의 장기발전방향을 제시하는 계획을 말한다.

② **도시·군계획** : 특별시·광역시·특별자치시·특별자치도·시 또는 군(광역시의 관할구역 안에 있는 군은 제외)의 관할구역에 대하여 수립하는 공간구조와 발전방향에 대한 계획으로서, 도시·군기본계획과 도시·군관리계획으로 구분한다.

③ **도시·군기본계획** : 특별시·광역시·특별자치시·특별자치도·시 또는 군의 관할구역 및 생활권에 대하여 기본적인 공간구조와 장기발전방향을 제시하는 종합계획으로서 도시·군관리계획 수립의 지침이 되는 계획을 말한다.

④ **도시·군관리계획** : 특별시·광역시·특별자치시·특별자치도·시 또는 군의 개발·정비 및 보전을 위하여 수립하는 토지이용·교통·환경·경관·안전·산업·정보통신·보건·복지·안보·문화 등에 관한 다음의 계획을 말한다.

   ㉠ 용도지역·용도지구의 지정 또는 변경에 관한 계획

   ㉡ 개발제한구역·도시자연공원구역·시가화조정구역·수산자원보호구역의 지정 또는 변경에 관한 계획

   ㉢ 기반시설의 설치·정비 또는 개량에 관한 계획

   ㉣ 도시개발사업 또는 정비사업에 관한 계획

   ㉤ 지구단위계획구역의 지정 또는 변경에 관한 계획과 지구단위계획

   ㉥ 도시혁신구역의 지정 또는 변경에 관한 계획과 도시혁신계획

   ㉦ 복합용도구역의 지정 또는 변경에 관한 계획과 복합용도계획

   ㉧ 도시·군계획시설입체복합구역의 지정 또는 변경에 관한 계획

⑤ **지구단위계획** : 도시·군계획 수립대상 지역의 일부에 대하여 토지이용을 합리화하고 그 기능을 증진시키며 미관을 개선하고 양호한 환경을 확보하며, 그 지역을 체계적·계획적으로 관리하기 위하여 수립하는 도시·군관리계획을 말한다.

⑥ **성장관리계획** : 성장관리계획구역에서의 난개발을 방지하고 계획적인 개발을 유도하기 위하여 수립하는 계획을 말한다.

⑦ **공간재구조화계획** : 토지의 이용 및 건축물이나 그 밖의 시설의 용도·건폐율·용적률·높이 등을 완화하는 용도구역의 효율적이고 계획적인 관리를 위하여 수립하는 계획을 말한다.

⑧ **도시혁신계획** : 창의적이고 혁신적인 도시공간의 개발을 목적으로 도시혁신구역에서의 토지의 이용 및 건축물의 용도·건폐율·용적률·높이 등의 제한에 관한 사항을 따로 정하기 위하여 공간재구조화계획으로 결정하는 도시·군관리계획을 말한다.

⑨ **복합용도계획** : 주거·상업·산업·교육·문화·의료 등 다양한 도시기능이 융복합된 공간의 조성을 목적으로 복합용도구역에서의 건축물의 용도별 구성비율 및 건폐율·용적률·높이 등의 제한에 관한 사항을 따로 정하기 위하여 공간재구조화계획으로 결정하는 도시·군관리계획을 말한다.

⑩ **기반시설** : 다음 시설로서 대통령령이 정하는 시설을 말한다.
　　㉠ 도로·철도·항만·공항·주차장 등 교통시설
　　㉡ 광장·공원·녹지 등 공간시설
　　㉢ 유통업무설비, 수도·전기·가스공급설비, 방송·통신시설, 공동구 등 유통·공급시설
　　㉣ 학교·공공청사·문화시설 및 공공필요성이 인정되는 체육시설 등 공공·문화체육시설
　　㉤ 하천·유수지·방화설비 등 방재시설
　　㉥ 장사시설 등 보건위생시설
　　㉦ 하수도·폐기물처리 및 재활용시설, 빗물저장 및 이용시설 등 환경기초시설

⑪ **도시·군계획시설** : 기반시설 중 도시·군관리계획으로 결정된 시설을 말한다.

⑫ **광역시설** : 기반시설 중 광역적인 정비체계가 필요한 다음의 시설로서 대통령령이 정하는 시설을 말한다.
　　㉠ 2 이상의 특별시·광역시·특별자치시·특별자치도·시 또는 군의 관할구역에 걸쳐있는 시설
　　㉡ 2 이상의 특별시·광역시·특별자치시·특별자치도·시 또는 군이 공동으로 이용하는 시설

⑬ **공동구** : 지하매설물(전기·가스·수도 등의 공급설비, 통신시설, 하수도시설 등)을 공동수용함으로써 미관의 개선, 도로구조의 보전 및 교통의 원활한 소통을 위하여 지하에 설치하는 시설물을 말한다.

⑭ **도시·군계획시설사업** : 도시·군계획시설을 설치·정비 또는 개량하는 사업을 말한다.

⑮ **도시·군계획사업** : 도시·군관리계획을 시행하기 위한 사업으로서 도시·군계획시설사업, 도시개발법에 따른 도시개발사업 및 도시 및 주거환경정비법에 의한 정비사업을 말한다.

⑯ **도시·군계획사업시행자** : 이 법 또는 다른 법률에 따라 도시·군계획사업을 하는 자를 말한다.

⑰ **공공시설** : 도로·공원·철도·수도, 그 밖에 대통령령으로 정하는 공공용 시설을 말한다.

⑱ **국가계획** : 중앙행정기관이 법률에 따라 수립하거나 국가의 정책적인 목적을 이루기 위하여 수립하는 계획에서 규정된 사항이나 도시·군관리계획으로 결정하여야 할 사항이 포함된 계획을 말한다.

⑲ **용도지역** : 토지의 이용 및 건축물의 용도, 건폐율(건축법의 건폐율), 용적률(건축법의 용적률), 높이 등을 제한함으로써 토지를 경제적·효율적으로 이용하고 공공복리의 증진을 도모하기 위하여 서로 중복되지 아니하게 도시·군관리계획으로 결정하는 지역을 말한다.

⑳ **용도지구** : 토지의 이용 및 건축물의 용도·건폐율·용적률·높이 등에 대한 용도지역의 제한을 강화하거나 완화하여 적용함으로써 용도지역의 기능을 증진시키고 경관·안전 등을 도모하기 위하여 도시·군관리계획으로 결정하는 지역을 말한다.

㉑ **용도구역** : 토지의 이용 및 건축물의 용도·건폐율·용적률·높이 등에 대한 용도지역 및 용도지구의 제한을 강화하거나 완화하여 따로 정함으로써 시가지의 무질서한 확산방지, 계획적이고 단계적인 토지이용의 도모, 혁신적이고 복합적인 토지활용의 촉진, 토지이용의 종합적 조정·관리 등을 위하여 도시·군관리계획으로 결정하는 지역을 말한다.

㉒ **개발밀도관리구역** : 개발로 인하여 기반시설이 부족할 것으로 예상되나 기반시설을 설치하기 곤란한 지역을 대상으로 건폐율이나 용적률을 강화하여 적용하기 위하여 제66조에 따라 지정하는 구역을 말한다.

㉓ **기반시설부담구역** : 개발밀도관리구역 외의 지역으로서 개발로 인하여 도로, 공원, 녹지 등 대통령령으로 정하는 기반시설의 설치가 필요한 지역을 대상으로 기반시설을 설치하거나 그에 필요한 용지를 확보하게 하기 위하여 지정·고시하는 구역을 말한다.

㉔ **기반시설설치비용** : 단독주택 및 숙박시설 등 대통령령으로 정하는 시설의 신·증축 행위로 인하여 유발되는 기반시설을 설치하거나 그에 필요한 용지를 확보하기 위하여 부과·징수하는 금액을 말한다.

(3) 국토의 용도구분(법 제6조)

국토는 토지의 이용실태 및 특성, 장래의 토지이용방향, 지역간 균형발전 등을 고려하여 다음과 같은 용도지역으로 구분한다.

① **도시지역** : 인구와 산업이 밀집되어 있거나 밀집이 예상되어 그 지역에 대하여 체계적인 개발·정비·관리·보전 등이 필요한 지역

② **관리지역** : 도시지역의 인구와 산업을 수용하기 위하여 도시지역에 준하여 체계적으로 관리하거나 농림업의 진흥, 자연환경 또는 산림의 보전을 위하여 농림지역 또는 자연환경보전지역에 준하여 관리가 필요한 지역

③ **농림지역** : 도시지역에 속하지 아니하는 농지법에 따른 농업진흥지역 또는 산지관리법에 따른 보전산지 등으로서 농림업을 진흥시키고 산림을 보전하기 위하여 필요한 지역

④ **자연환경보전지역** : 자연환경·수자원·해안·생태계·상수원 및 국가유산기본법에 따른 국가유산의 보전과 수산자원의 보호·육성 등을 위하여 필요한 지역

(4) 용도지역별 관리의무(법 제7조)

국가 또는 지방자치단체는 정하여진 용도지역의 효율적인 이용 및 관리를 위하여 다음에서 정하는 바에 따라 그 용도지역에 관한 개발·정비 및 보전에 필요한 조치를 마련하여야 한다.

① **도시지역** : 그 지역이 체계적이고 효율적으로 개발·정비·보전될 수 있도록 미리 계획을 수립하고 그 계획을 시행하여야 한다.

② **관리지역** : 필요한 보전조치를 취하고 개발이 필요한 지역에 대하여는 계획적인 이용과 개발을 도모하여야 한다.

③ **농림지역** : 농림업의 진흥과 산림의 보전·육성에 필요한 조사와 대책을 마련하여야 한다.

④ **자연환경보전지역** : 환경오염방지, 자연환경·수질·수자원·해안·생태계 및 국가유산기본법에 따른 국가유산의 보전과 수산자원의 보호·육성을 위하여 필요한 조사와 대책을 마련하여야 한다.

(5) 용도지역·용도지구·용도구역(법 제36조, 제37조, 제38조, 제77조, 제78조)

① **용도지역의 지정** : 국토교통부장관, 시·도지사 또는 대도시 시장은 다음에 해당하는 용도지역의 지정 또는 변경을 도시·군관리계획으로 결정한다.

  ㉠ 도시지역(시행령 제30조)

  • 주거지역 : 거주의 안녕과 건전한 생활환경의 보호를 위하여 필요한 지역으로 전용주거지역, 일반주거지역, 준주거지역으로 분류된다.

  • 상업지역 : 상업, 그 밖의 업무의 편익증진을 위하여 필요한 지역으로 중심상업지역, 일반상업지역, 근린상업지역, 유통상업지역으로 분류된다.

  • 공업지역 : 공업의 편익 증진을 위하여 필요한 지역으로 전용공업지역, 일반공업지역, 준공업지역으로 분류된다.

  • 녹지지역 : 자연환경·농지 및 산림의 보호, 보건위생, 보안과 도시의 무질서한 확산을 방지하기 위하여 녹지의 보전이 필요한 지역으로 보전녹지지역, 생산녹지지역, 자연녹지지역으로 분류된다.

  ㉡ 관리지역

  • 보전관리지역 : 자연환경보호, 산림보호, 수질오염방지, 녹지공간 확보 및 생태계 보전 등을 위하여 보전이 필요하나, 주변의 용도지역과의 관계 등을 고려할 때 자연환경보전지역으로 지정하여 관리하기가 곤란한 지역

  • 생산관리지역 : 농업·임업·어업생산 등을 위하여 관리가 필요하나, 주변의 용도지역과의 관계 등을 고려할 때 농림지역으로 지정하여 관리하기가 곤란한 지역

  • 계획관리지역 : 도시지역으로의 편입이 예상되는 지역이나 자연환경을 고려하여 제한적인 이용·개발을 하려는 지역으로서 계획적·체계적인 관리가 필요한 지역

ⓒ 농림지역

　　ⓓ 자연환경보전지역

② 국토교통부장관, 시·도지사 또는 대도시 시장은 대통령으로 정하는 바에 따라 ①의 각각의 용도지역을 도시·군관리계획결정으로 다시 세분하여 지정하거나 변경할 수 있다.

③ **용도지구의 지정** : 국토교통부장관, 시·도지사 또는 대도시 시장은 다음의 어느 하나에 해당하는 용도지구의 지정 또는 변경을 도시·군관리계획으로 결정한다.

　　㉠ 경관지구 : 경관의 보전·관리 및 형성을 위하여 필요한 지구

　　㉡ 고도지구 : 쾌적한 환경 조성 및 토지의 효율적 이용을 위하여 건축물 높이의 최고한도를 규제할 필요가 있는 지구

　　㉢ 방화지구 : 화재의 위험을 예방하기 위하여 필요한 지구

　　㉣ 방재지구 : 풍수해, 산사태, 지반의 붕괴, 그 밖의 재해를 예방하기 위하여 필요한 지구

　　㉤ 보호지구 : 국가유산기본법에 따른 국가유산, 중요 시설물(항만, 공항 등 대통령으로 정하는 시설물을 말한다) 및 문화적·생태적으로 보존가치가 큰 지역의 보호와 보존을 위하여 필요한 지구

　　㉥ 취락지구 : 녹지지역·관리지역·농림지역·자연환경보전지역·개발제한구역 또는 도시자연공원구역의 취락을 정비하기 위한 지구

　　㉦ 개발진흥지구 : 주거기능·상업기능·공업기능·유통둘류기능·관광기능·휴양기능 등을 집중적으로 개발·정비할 필요가 있는 지구

　　㉧ 특정용도제한지구 : 주거 및 교육 환경 보호나 청소년 보호 등의 목적으로 오염물질 배출시설, 청소년 유해시설 등 특정시설의 입지를 제한할 필요가 있는 지구

　　㉨ 복합용도지구 : 지역의 토지이용 상황, 개발 수요 및 주변 여건 등을 고려하여 효율적이고 복합적인 토지이용을 도모하기 위하여 특정시설의 입지를 완화할 필요가 있는 지구

　　㉩ 그 밖에 대통령으로 정하는 지구

④ **개발제한구역의 지정**

　　㉠ 국토교통부장관은 도시의 무질서한 확산을 방지하고 도시주변의 자연환경을 보전하여 도시민의 건전한 생활환경을 확보하기 위하여 도시의 개발을 제한할 필요가 있거나 국방부장관의 요청이 있어 보안상 도시의 개발을 제한할 필요가 있다고 인정되는 경우에는 개발제한구역의 지정 또는 변경을 도시·군관리계획으로 결정할 수 있다.

　　㉡ 개발제한구역의 지정 또는 변경에 관하여 필요한 사항은 따로 법률로 정한다.

⑤ **용도지역의 건폐율과 용적률**

구분		건폐율(%)	용적률(%)
도시 지역	주거지역	70 이하	500 이하
	상업지역	90 이하	1500 이하
	공업지역	70 이하	400 이하
	녹지지역	20 이하	100 이하

구분		건폐율(%)	용적률(%)
관리 지역	보전관리지역	20 이하	80 이하
	생산관리지역	20 이하	80 이하
	계획관리지역	40 이하	100 이하
농림지역		20 이하	80 이하
자연환경보전지역		20 이하	80 이하

더 알아보기   1종, 2종, 3종 전용주거지역

- 제1종 전용주거지역 : 용도지역의 주거지역 중 전용주거지역의 하나로, 단독주택 중심의 양호한 주거환경을 보호하기 위해 국토교통부장관·시·도지사 또는 서울특별시·광역시 및 특별자치시를 제외한 인구 50만 이상 대도시의 시장이 지정하는 지역을 말한다. 건폐율은 50% 이하이며 용적률은 50% 이상 100% 이하이다.
- 제2종 전용주거지역 : 용도지역의 주거지역 중 전용주거지역의 하나로, 공동주택 중심의 양호한 주거환경을 보호하기 위해 국토교통부장관·시·도지사 또는 서울특별시·광역시 및 특별자치시를 제외한 인구 50만 이상 대도시의 시장이 지정하는 지역을 말한다. 건폐율은 50% 이하 용적률은 100% 이상 150% 이하이다.
- 제3종 일반주거지역 : 층수 제한이 없는 고층주택 건축이 개발한 지역을 말한다. 용적률 200% 이상 300% 이하로 보통 스마트팩토리나 지식산업센터, 사무실, 오피스텔 등이 많이 지어지는 지역이다. 고도제한이 없어 공간활용도가 높아 재개발, 재건축사업을 진행하는 데 수익성이 높아 선호도가 높다.

❷ 도시·군계획시설의 결정·구조 및 설치기준에 관한 규칙

(1) 도로의 구분(제9조)

① 사용 및 형태별 구분

- ㉠ 일반도로 : 폭 4m 이상의 도로로서 통상의 교통소통을 위하여 설치되는 도로
- ㉡ 자동차전용도로 : 특별시·광역시·특별자치시·시 또는 군 내 주요지역 간이나 시·군 상호간에 발생하는 대량교통량을 처리하기 위한 도로로서 자동차만 통행할 수 있도록 하기 위하여 설치하는 도로
- ㉢ 보행자전용도로 : 폭 1.5m 이상의 도로로서 보행자의 안전하고 편리한 통행을 위하여 설치하는 도로
- ㉣ 보행자우선도로 : 폭 20m 미만의 도로로서 보행자와 차량이 혼합하여 이용하되 보행자의 안전과 편의를 우선적으로 고려하여 설치하는 도로
- ㉤ 자전거전용도로 : 하나의 차로를 기준으로 폭 1.5m(지역 상황 등에 따라 부득이하다고 인정되는 경우에는 1.2m) 이상의 도로로서 자전거의 통행을 위하여 설치하는 도로
- ㉥ 고가도로 : 시·군 내 주요지역을 연결하거나 시·군 상호 간을 연결하는 도로로서 지상교통의 원활한 소통을 위하여 공중에 설치하는 도로
- ㉦ 지하도로 : 시·군 내 주요지역을 연결하거나 시·군 상호 간을 연결하는 도로로서 지상교통의 원활한 소통을 위하여 지하에 설치하는 도로(도로·광장 등의 지하에 설치된 지하공공보도시설을 포함). 다만, 입체교차를 목적으로 지하에 도로를 설치하는 경우를 제외한다.

② 규모별 구분

광로	• 1류 : 폭 70m 이상인 도로 • 2류 : 폭 50m 이상~70m 미만인 도로 • 3류 : 폭 40m 이상~50m 미만인 도로
대로	• 1류 : 폭 35m 이상~40m 미만인 도로 • 2류 : 폭 30m 이상~35m 미만인 도로 • 3류 : 폭 25m 이상~30m 미만인 도로
중로	• 1류 : 폭 20m 이상~25m 미만인 도로 • 2류 : 폭 15m 이상~20m 미만인 도로 • 3류 : 폭 12m 이상~15m 미만인 도로
소로	• 1류 : 폭 10m 이상~12m 미만인 도로 • 2류 : 폭 8m 이상~10m 미만인 도로 • 3류 : 폭 8m 미만인 도로

③ 기능별 구분

    ㉠ 주간선도로 : 시·군 내 주요지역을 연결하거나 시·군 상호 간을 연결하여 대량통과교통을 처리하는 도로로서 시·군의 골격을 형성하는 도로

    ㉡ 보조간선도로 : 주간선도로를 집산도로 또는 주요 교통발생원과 연결하여 시·군 교통의 집산기능을 하는 도로로서 근린주거구역의 외곽을 형성하는 도로

    ㉢ 집산도로(集散道路) : 근린주거구역의 교통을 보조간선도로에 연결하여 근린주거구역 내 교통의 집산기능을 하는 도로로서 근린주거구역의 내부를 구획하는 도로

    ㉣ 국지도로 : 가구(街區, 도로로 둘러싸인 일단의 지역)를 구획하는 도로

    ㉤ 특수도로 : 보행자전용도로·자전거전용도로 등 자동차 외의 교통에 전용되는 도로

(2) 도로의 일반적 결정기준(제10조)

① 도로의 효용을 높이기 위하여 당해 도로가 교통의 소통에 미치는 영향이 최대화 되도록 할 것

② 도로의 종류별로 일관성 있게 계통화된 도로망이 형성되도록 하고, 광역교통망과의 연계를 고려할 것

③ 도로의 배치간격은 다음의 기준에 의하되, 시·군의 규모, 지형조건, 토지이용계획, 인구밀도 등을 고려할 것

    ㉠ 주간선도로와 주간선도로의 배치간격 : 1,000m 내외

    ㉡ 주간선도로와 보조간선도로의 배치간격 : 500m 내외

    ㉢ 보조간선도로와 집산도로의 배치간격 : 250m 내외

    ㉣ 국지도로 간의 배치간격 : 가구의 짧은 변 사이의 배치간격은 90m 내지 150m 내외, 가구의 긴 변 사이의 배치간격은 25m 내지 60m 내외

④ 국도대체우회도로 및 자동차전용도로에는 집산도로 또는 국지도로가 직접 연결되지 아니하도록 할 것

⑤ 도로의 폭은 해당 시·군의 인구 및 발전전망을 고려한 교통수단별 교통량분담계획, 해당 도로의 기능과 인근의 토지이용계획에 따라 정할 것

⑥ 차로의 폭은 도로의 구조·시설기준에 관한 규칙의 규정에 의할 것

⑦ 보도, 자전거도로, 분리대, 주·정차대, 안전지대, 식수대 및 노상공작물 등 필요한 시설의 설치가 가능한 폭을 확보할 것

⑧ 연석, 장애물 및 차선 등을 설치하여 차로, 보도 및 자전거도로 등으로 공간을 구획하는 경우에는 특정 교통수단 또는 이용주체에게 불리하지 아니하도록 공간 배분의 형평성을 고려할 것

⑨ 도로의 선형은 근린주거구역, 지역 공동체, 도로의 설계속도, 지형·지물, 경제성, 안전성, 향후의 유지·관리 등을 고려하여 정할 것

⑩ 도로가 전력·전화선 등을 가설하거나 변압기탑·개폐기탑 등 지상시설물이나 상하수도·공동구 등 지하시설물을 설치할 수 있는 기반이 되도록 할 것

⑪ 기존 도로를 확장하는 경우에는 원칙적으로 한쪽 방향으로 확장하도록 하고, 도로의 선형, 보상비, 공사의 난이도, 공사비, 주변토지의 이용효율, 다른 공공시설과의 관계 등을 종합적으로 고려하며, 도로부지에 국·공유지가 우선적으로 편입되도록 할 것

⑫ 일반도로, 보행자전용도로 및 보행자우선도로의 경우에는 장애인·노인·임산부·어린이 등의 이용을 고려할 것

⑬ 보전녹지지역·생산녹지지역·보전관리지역·생산관리지역·농림지역 및 자연환경보전지역에는 원칙적으로 다음의 도로에 한정하여 설치하여야 한다.
　㉠ 당해 지역을 통과하는 교통량을 처리하기 위한 도로
　㉡ 도시·계획시설에의 진입도로
　㉢ 도시·군계획사업 및 다른 법령에 의한 대규모 개발사업이 시행되는 구역과 연결되는 도로
　㉣ 지구단위계획구역에 설치하는 도로 및 지구단위계획구역과 연결되는 도로
　㉤ 기존 취락에 설치하는 도로 및 기존 취락과 연결되는 도로

⑭ 개발이 되지 아니한 주거지역·상업지역 및 공업지역에는 지역개발에 필요한 주간선도로 및 보조간선도로에 한하여 설치하고, 주간선도로 및 보조간선도로 외의 도로는 지구단위계획을 수립한 후 이에 의하여 설치할 것

(3) 용도지역별 도로율(제11조)

① 용도지역별 도로율은 다음의 구분에 따르며, 도시교통정비 촉진법에 따른 교통영향평가, 건축물의 용도·밀도, 주택의 형태 및 지역여건에 따라 적절히 증감할 수 있다.
　㉠ 주거지역 : 15% 이상~30% 미만. 이 경우 간선도로(주간선도로와 보조간선도로를 말함)의 도로율은 8% 이상~15% 미만이어야 한다.
　㉡ 상업지역 : 25% 이상~35% 미만. 이 경우 간선도로의 도로율은 10% 이상~15% 미만이어야 한다.
　㉢ 공업지역 : 8% 이상~20% 미만. 이 경우 간선도로의 도로율은 4% 이상~10% 미만이어야 한다.

(4) 도로모퉁이의 길이 등(제14조)

① 도로의 교차지점에서의 교통을 원활히 하고 시야를 충분히 확보하기 위하여 필요한 경우 도로 모퉁이의 길이를 별표의 기준 이상으로 하여야 한다.

② 도로의 교차방식을 교통섬·변속차로 등을 설치하는 방식에 의하거나 로터리를 설치하는 방식에 의하는 경우에는 ①의 규정에 불구하고 도로모퉁이의 길이를 당해 교차방식에 적합한 비율로 조정할 수 있다.

③ 도로모퉁이부분의 보도와 차도의 경계선은 원호(圓弧) 또는 복합곡선이 되도록 하고, 곡선반경은 기능별 분류에 따라 다음의 구분에 의한다. 이 경우 교차하는 도로의 기능별 분류가 서로 다른 때에는 교차지점의 곡선반경은 곡선반경이 큰 도로의 기준을 적용한다.

　　㉠ 주간선도로 : 15m 이상

　　㉡ 보조간선도로 : 12m 이상

　　㉢ 집산도로 : 10m 이상

　　㉣ 국지도로 : 6m 이상

④ ③에도 불구하고 다음의 어느 하나의 경우에는 횡단거리 단축 및 회전차량의 감속을 위하여 도로모퉁이의 곡선반경을 줄일 수 있다.

　　㉠ 도로교통법에 따라 지정된 어린이 보호구역 및 같은 법에 따라 지정된 노인 및 장애인 보호구역

　　㉡ 교통약자의 이동편의 증진법에 따른 교통약자의 통행이 빈번하여 횡단거리의 단축 및 회전차량 의 감속이 요구되는 지점

　　㉢ 교통약자의 이동편의 증진법에 따라 지정된 보행우선구역

　　㉣ 보행안전 및 편의증진에 관한 법률에 따라 지정된 보행환경개선지구

　　㉤ 보행자우선도로의 진입지점

(5) 광장(제49조)

① '광장'이라 함은 국토의 계획 및 이용에 관한 법률 시행령의 교통광장·일반광장·경관광장·지하 광장 및 건축물부설광장을 말한다.

② 교통광장은 교차점광장·역전광장 및 주요 시설광장으로 구분하고, 일반광장은 중심대광장 및 근린광장으로 구분한다.

(6) 광장의 결정기준(제50조)

광장은 대중교통, 보행 동선, 인근 주요시설 및 토지이용현황 등을 고려하여 보행자에게 적절한 휴식공간을 제공하고 주변의 가로환경 및 건축계획 등과 연계하여 도시의 경관을 높일 수 있게 결정하여야 하며, 다음의 결정기준을 따라야 한다.

① 교통광장
  ㉠ 교차점광장
    • 혼잡한 주요도로의 교차지점에서 각종 차량과 보행자를 원활히 소통시키기 위하여 필요한 곳에 설치할 것
    • 자동차전용도로의 교차지점인 경우에는 입체교차방식으로 할 것
    • 주간선도로의 교차지점인 경우에는 접속도로의 기능에 따라 입체교차방식으로 하거나 교통섬·변속차로 등에 의한 평면교차방식으로 할 것. 다만, 도심부나 지형여건상 광장의 설치가 부적합한 경우에는 그러하지 아니하다.
  ㉡ 역전광장
    • 역전에서의 교통혼잡을 방지하고 이용자의 편의를 도모하기 위하여 철도역 앞에 설치할 것
    • 철도교통과 도로교통의 효율적인 변환을 가능하게 하기 위하여 도로와의 연결이 쉽도록 할 것
    • 대중교통수단 및 주차시설과 원활히 연계되도록 할 것
  ㉢ 주요 시설광장
    • 항만·공항 등 일반교통의 혼잡요인이 있는 주요시설에 대한 원활한 교통처리를 위하여 당해 시설과 접하는 부분에 설치할 것
    • 주요 시설의 설치계획에 교통광장의 기능을 갖는 시설계획이 포함된 때에는 그 계획에 의할 것
② 일반광장
  ㉠ 중심대광장
    • 다수인의 집회·행사·사교 등을 위하여 필요한 경우에 설치할 것
    • 전체 주민이 쉽게 이용할 수 있도록 교통중심지에 설치할 것
    • 일시에 다수인이 집산하는 경우의 교통량을 고려할 것
  ㉡ 근린광장
    • 주민의 사교, 오락, 휴식 및 공동체 활성화 등을 위하여 근린주거구역별로 설치할 것
    • 시장·학교 등 다수인이 집산하는 시설과 연계되도록 인근의 토지이용현황을 고려할 것
    • 시·군 전반에 걸쳐 계통적으로 균형을 이루도록 할 것
③ 경관광장
  ㉠ 주민의 휴식·오락 및 경관·환경의 보전을 위하여 필요한 경우에 하천, 호수, 사적지, 보존가치가 있는 산림이나 역사적·문화적·향토적 의의가 있는 장소에 설치할 것
  ㉡ 경관물에 대한 경관유지에 지장이 없도록 인근의 토지이용현황을 고려할 것
  ㉢ 주민이 쉽게 접근할 수 있도록 하기 위하여 도로와 연결시킬 것
④ 지하광장
  ㉠ 철도의 지하정거장, 지하도 또는 지하상가와 연결하여 교통처리를 원활히 하고 이용자에게 휴식을 제공하기 위하여 필요한 곳에 설치할 것
  ㉡ 광장의 출입구는 쉽게 출입할 수 있도록 도로와 연결시킬 것

⑤ 건축물부설광장

　　㉠ 건축물의 이용효과를 높이기 위하여 건축물의 내부 또는 그 주위에 설치할 것

　　㉡ 건축물과 광장 상호 간의 기능이 저해되지 아니하도록 할 것

　　㉢ 일반인이 접근하기 용이한 접근로를 확보할 것

> **더 알아보기**　공공 · 문화체육시설(도시 · 군계획시설의 결정 · 구조 및 설치기준에 관한 규칙 제88조~114조)
>
> 학교, 공공청사, 문화시설, 체육시설, 연구시설, 사회복지시설, 공공직업훈련시설, 청소년수련시설

(7) 청소년수련시설의 결정기준(제113조)

① 생활권청소년수련시설은 일상 생활권 안에서 청소년이 수시로 이용하기에 편리한 곳으로서 광장 · 공원 · 학교 · 체육시설 및 문화시설 등과의 연계를 고려하여 설치할 것

② 자연권청소년수련시설은 수려한 자연환경을 갖추어 자연과 더불어 행하는 수련활동 실시에 적합한 곳으로서 청소년이 이용하기에 편리하고 환경훼손이 최소화될 수 있는 입지와 설치방법을 강구할 것

③ 도시지역 외의 지역에 설치하는 자연권청소년수련시설의 규모는 원칙적으로 $1km^2$를 초과하지 아니하도록 하고, 전체면적의 30% 이상을 원지형대로 보전할 것

④ 유흥업소 그 밖에 청소년 유해시설과 가까운 곳이 아닐 것

⑤ 지역별 인구밀도를 고려하여 청소년이 쉽게 접근할 수 있도록 적정한 배치간격을 유지할 것

⑥ 주변의 토지이용계획 및 건축물과 조화를 이룰 것

⑦ 제1종전용주거지역 · 제2종전용주거지역 · 전용공업지역 · 보전녹지지역 · 생산녹지지역 · 생산관리지역 및 보전관리지역 외의 지역에 설치할 것

(8) 청소년수련시설의 구조 및 설치기준(제114조 제1항)

도시지역 외의 지역에 설치하는 청소년수련시설의 구조 및 설치기준은 다음과 같다.

① 산지에 건축물을 배치하는 경우 평균 경사도가 25° 이하이고 표고가 산자락 하단을 기준으로 250m 이하인 지역으로 할 것

② 기존 지형을 고려하여 건축물을 배치하고, 양호한 조망을 확보할 수 있도록 할 것

③ 건축물의 길이는 경사도가 15° 이상인 산지에서는 100m 이내로 하고, 그 밖의 지역에서는 150m 이내로 할 것

④ 경사도가 15° 이상인 산지에 건축물 등을 2 이상 설치하는 경우에는 경관 · 조망권 등의 확보를 위하여 길이가 긴 것을 기준으로 그 길이의 5분의 1 이상의 거리를 둘 것

⑤ ①, ③ 및 ④의 기준을 적용함에 있어 경사도 및 표고는 원지형을 기준으로 산정할 것

⑥ 청소년야영장 · 체육시설 등으로 사용하기 위하여 토지의 형질을 변경하는 경우 원칙적으로 다음의 기준에 적합할 것

○ 산지인 토지의 형질을 변경하는 경우 평균 경사도가 25° 이하이고 표고가 산자락 하단을 기준으로 300m 이하인 지역으로 할 것

○ 청소년야영장은 기존 지형을 최대한 이용하여 토지의 형질변경을 최소화할 것

○ 체육시설은 기존 지형의 경사도를 50% 이상 변경하지 않도록 하여 과도한 성토(흙쌓기)·절토(땅깎기) 등이 이루어지지 않도록 할 것. 다만, 기본적인 지형을 유지하면서 1,000m² 미만의 토지에 대하여 경사도를 변경하는 경우에는 그렇지 않다.

⑦ 청소년수련시설 부지는 다음의 기준에 적합하게 구획할 것. 다만, 필요한 경우 용도구획을 추가할 수 있다.

○ 수련시설용지 및 체육시설용지는 원칙적으로 전체부지 면적의 60% 미만으로 할 것

○ 녹지용지는 원지형보전녹지·완충용녹지 등으로 구획하고, 전체부지 면적의 40% 이상으로 할 것

○ 기반시설용지에는 도로·주차장·환경오염방지시설 등을 설치하도록 할 것

⑧ 기반시설은 다음의 기준에 적합하게 설치할 것

○ 전체부지의 경계에서 국도·지방도·시도·군도, 그 밖에 폭 10m 이상인 도로에 연결되는 진입도로를 다음 기준에 의하여 설치할 것
  • 폭 8m 이상으로 하되, 보도의 설치가 필요한 경우에는 10m 이상으로 할 것
  • 제101조 제4항 제3호 가목(3)의 규정은 청소년수련시설의 진입도로 설치에 관하여 이를 준용한다. 이 경우 '체육시설'은 '청소년수련시설'로 본다.

○ 부지 내 도로는 폭 4m 이상으로 할 것

○ 상수도시설은 청소년수련시설의 최대 수용인원에 대하여 1인 1일 기준으로 300L 이상을 공급하고, 유스호스텔 등 숙박시설이 있는 경우에는 당해 숙박시설에 한하여 1실(4인 기준)에 1,200L를 기준으로 하여 필요한 급수량을 공급할 수 있도록 할 것

○ 제101조 제4항 제3호 라목 내지 바목의 기준에 적합할 것

⑨ 청소년야영장에는 야영시설에서 100m 이내에 임시대피소를 설치할 것

⑩ 빗물이용시설의 설치를 고려하고, 물이 스며들지 않는 표면에서 유출되는 빗물을 최소화하도록 빗물이 땅에 잘 스며들 수 있는 구조로 하거나 식생도랑, 저류·침투조, 빗물정원, 옥상정원 등 빗물관리시설 설치를 고려할 것

❸ 자연공원법

(1) 목적(법 제1조)

이 법은 자연공원의 지정·보전 및 관리에 관한 사항을 규정함으로써 자연생태계와 자연 및 문화경관 등을 보전하고 지속 가능한 이용을 도모함을 목적으로 한다.

(2) 용도지구(법 제18조 제1항) ☑ 중요

공원관리청은 자연공원을 효과적으로 보전하고 이용할 수 있도록 하기 위하여 다음의 용도지구를 공원계획으로 결정한다.

① **공원자연보존지구** : 다음에 해당하는 곳으로서 특별히 보호할 필요가 있는 지역
   ㉠ 생물다양성이 특히 풍부한 곳
   ㉡ 자연생태계가 원시성을 지니고 있는 곳
   ㉢ 특별히 보호할 가치가 높은 야생 동·식물이 살고 있는 곳
   ㉣ 경관이 특히 아름다운 곳

② **공원자연환경지구** : 공원자연보존지구의 완충공간(緩衝空間)으로 보전할 필요가 있는 지역

③ **공원마을지구** : 마을이 형성된 지역으로서 주민생활을 유지하는 데 필요한 지역

④ **공원문화유산지구** : 문화유산의 보존 및 활용에 관한 법률에 따른 지정문화유산 및 자연유산의 보존 및 활용에 관한 법률에 따른 천연기념물 등을 보유한 사찰(寺刹)과 전통사찰 보존지 중 문화유산 및 자연유산의 보전에 필요하거나 불사(佛事)에 필요한 시설을 설치하고자 하는 지역

(3) 공원시설(시행령 제2조)

① **공원시설** : 공원관리사무소·창고(공원관리 용도로 사용하는 것으로 한정)·탐방안내소·매표소·우체국·경찰관파출소·마을회관·경로당·도서관·공설수목장림·환경기초시설 등(2011년 10월 5일 이전에 공원구역에 설치된 묘지를 이장하거나 공원구역에 거주하는 주민이 사망한 경우에 이용할 수 있도록 하기 위하여 법에 따라 자연공원을 지정·관리하는 기후에너지환경부장관, 특별시장·광역시장·특별자치시장·도지사 또는 특별자치도지사 및 시장·군수 또는 자치구의 구청장(이하 '공원관리청')이 설치하는 경우로 한정)

② **보호 및 안전시설** : 사방(砂防)·호안(護岸)·방책(防柵)·방화(防火)시설·방재(防災)시설 및 대피소 등 공원자원을 보호하거나 탐방자의 안전을 도모하는 보호 및 안전시설

③ **공원의 야생생물 보호 및 멸종위기종 등의 증식·복원을 위한 시설**

④ **휴양 및 편의시설** : 체육시설(골프장·골프연습장 및 스키장은 제외)과 유선장·수상레저기구 계류시설·광장·야영장·청소년수련시설·전망대·야생동물관찰대·해중관찰대·휴게소·공중화장실 등

⑤ **문화시설** : 식물원·동물원·수족관·박물관·전시장·공연장·자연학습장 등

⑥ **교통·운수시설** : 도로(탐방로를 포함), 주차장, 수소연료공급시설, 교량, 궤도, 무궤도열차, 소규모공항(섬지역인 자연공원에 설치하는 활주로 1,200m 이하의 공항), 수상경비행장 등

⑦ **상업시설** : 기념품판매점·약국·식품접객소(유흥주점은 제외)·미용업소·목욕장 등

⑧ **숙박시설** : 호텔·여관 등

⑨ ① 내지 ⑧의 시설의 부대시설

(4) 행위허가(법 제23조 제1항)

공원구역에서 공원사업 외의 다음에 해당하는 행위를 하려는 자는 대통령령으로 정하는 바에 따라 공원관리청의 허가를 받아야 한다. 다만, 대통령령으로 정하는 경미한 행위는 공원관리청에 신고하고 하거나 허가 또는 신고없이 할 수 있다.

① 건축물, 그 밖의 공작물을 신축·증축·개축·재축 또는 이축하는 행위

② 광물을 채굴하거나 흙·돌·모래·자갈을 채취하는 행위

③ 개간이나 그 밖의 토지의 형질변경(지하의 굴착 및 해저의 형질변경을 포함)을 하는 행위

④ 수면을 매립하거나 간척하는 행위

⑤ 하천 또는 호소의 물높이나 수량(水量)을 늘거나 줄게 하는 행위

⑥ 야생동물(해중동물을 포함)을 잡는 행위

⑦ 나무를 베거나 야생식물(해중식물을 포함)을 채취하는 행위

⑧ 가축을 놓아먹이는 행위

⑨ 물건을 쌓아두거나 묶어 두는 행위

⑩ 경관을 해치거나 자연공원의 보전·관리에 지장을 줄 우려가 있는 건축물의 용도변경과 그 밖의 행위로서 대통령령으로 정하는 행위

(5) 허가를 할 수 있는 행위(법 제23조 제3항)

공원관리청은 다음의 기준에 맞는 경우에만 법에 따른 허가를 할 수 있다.

① 용도지구에서 허용되는 행위의 기준에 맞을 것

② 공원사업의 시행에 지장을 주지 아니할 것

③ 보전이 필요한 자연상태에 영향을 미치지 아니할 것

④ 일반인의 이용에 현저한 지장을 주지 아니할 것

(6) 자연공원 내에서의 금지행위(법 제27조)

누구든지 자연공원에서 다음에 해당하는 행위를 하여서는 아니 된다.

① 자연공원의 형상을 해치거나 공원시설을 훼손하는 행위

② 나무를 말라죽게 하는 행위

③ 야생동물을 잡기 위하여 화약류·덫·올무 또는 함정을 설치하거나 인체급성유해성물질·인체만성유해성물질·생태유해성물질·농약을 뿌리는 행위

④ 야생동물의 포획허가를 받지 아니하고 총 또는 석궁을 휴대하거나 그물을 설치하는 행위

⑤ 지정된 장소 밖에서의 상행위

⑥ 지정된 장소 밖에서의 야영행위

⑦ 지정된 장소 밖에서의 주차행위

⑧ 지정된 장소 밖에서의 취사행위

⑨ 지정된 장소 밖에서 흡연행위

⑩ 대피소 등 대통령령으로 정하는 장소·시설에서 음주행위

⑪ 오물이나 폐기물을 함부로 버리거나 심한 악취가 나게 하는 등 다른 사람에게 혐오감을 일으키게 하는 행위

⑫ 그 밖에 일반인의 자연공원 이용이나 자연공원의 보전에 현저하게 지장을 주는 행위로서 대통령령으로 정하는 행위

❹ 도시공원 및 녹지 등에 관한 법률 ☑ 중요

(1) 목적(법 제1조)

이 법은 도시에서의 공원녹지의 확충·관리·이용 및 도시녹화 등에 필요한 사항을 규정함으로써 쾌적한 도시환경을 조성하여 건전하고 문화적인 도시생활을 확보하고 공공의 복리를 증진시키는 데에 이바지함을 목적으로 한다.

(2) 정의(법 제2조)

① **공원녹지** : 쾌적한 도시환경을 조성하고 시민의 휴식과 정서 함양에 기여하는 다음 공간 또는 시설을 말한다.

  ㉠ 도시공원·녹지·유원지·공공공지 및 저수지

  ㉡ 나무·잔디·꽃·지피식물 등의 식생이 자라는 공간

  ㉢ 그 밖에 국토교통부령으로 정하는 공간 또는 시설

   • 광장·보행자전용도로·하천 등 녹지가 조성된 공간 또는 시설

   • 옥상녹화·벽면녹화 등 특수한 공간에 식생을 조성하는 등의 녹화가 이루어진 공간 또는 시설

   • 그 밖에 쾌적한 도시환경을 조성하고 시민의 휴식과 정서함양에 기여하는 공간 또는 시설로서 그 보전을 위하여 관리할 필요성이 있다고 특별시장·광역시장·특별자치시장·특별자치도지사·시장 또는 군수(광역시의 관할구역 안에 있는 군의 군수를 제외)가 인정하는 녹지가 조성된 공간 또는 시설

② **도시녹화** : 식생·물·토양 등 자연친화적인 환경이 부족한 도시지역(국토의 계획 및 이용에 관한 법률에 의한 도시지역을 말하며, 동법에 의한 관리지역에 지정된 지구단위계획구역을 포함)의 공간(산림자원의 조성 및 관리에 관한 법률에 의한 산림은 제외)에 식생을 조성하는 것을 말한다.

③ **도시공원** : 도시지역에서 도시자연경관을 보호하고 시민의 건강·휴양 및 정서생활을 향상시키는 데에 이바지하기 위하여 설치 또는 지정된 것으로 국토의 계획 및 이용에 관한 법률에 따라 도시·군관리계획으로 결정된 공원 또는 도시자연공원구역을 말한다.

④ 공원시설 : 도시공원의 효용을 다하기 위하여 설치하는 다음의 시설을 말한다.
  ㉠ 도로 또는 광장
  ㉡ 화단·분수·조각 등 조경시설
  ㉢ 휴게소, 긴 의자 등 휴양시설
  ㉣ 그네·미끄럼틀 등 유희시설
  ㉤ 테니스장·수영장·궁도장 등 운동시설
  ㉥ 식물원·동물원·수족관·박물관·야외음악당 등 교양시설
  ㉦ 주차장·매점·화장실 등 이용자를 위한 편익시설
  ㉧ 관리사무소·출입문·울타리·담장 등 공원관리시설
  ㉨ 실습장, 체험장, 학습장, 농자재 보관창고 등 도시농업을 위한 시설
  ㉩ 내진성 저수조, 발전시설, 소화 및 급수시설, 비상용 화장실 등 재난관리시설
  ㉪ 그 밖에 도시공원의 효용을 다하기 위한 시설로서 국토교통부령이 정하는 시설
⑤ 녹지 : 국토의 계획 및 이용에 관한 법률에 따른 녹지로서 도시지역에서 자연환경을 보전하거나 개선하고, 공해나 재해를 방지함으로써 도시경관의 향상을 도모하기 위하여 동법의 규정에 의한 도시·군관리계획으로 결정된 것을 말한다.

(3) 도시공원의 세분 및 규모(법 제15조 제1항) ☑ 중요

도시공원은 그 기능 및 주제에 의하여 다음과 같이 세분한다.
① **국가도시공원** : 법에 따라 설치·관리하는 도시공원 중 국가가 지정하는 공원
② **생활권공원** : 도시생활권의 기반이 되는 공원의 성격으로 설치·관리하는 공원으로서 다음에 해당하는 공원
  ㉠ 소공원 : 소규모 토지를 이용하여 도시민의 휴식 및 정서함양을 도모하기 위하여 설치하는 공원
  ㉡ 어린이공원 : 어린이의 보건 및 정서생활의 향상에 이바지하기 위하여 설치하는 공원
  ㉢ 근린공원 : 근린거주자 또는 근린생활권으로 구성된 지역생활권 거주자의 보건·휴양 및 정서생활의 향상에 이바지하기 위하여 설치하는 공원
③ **주제공원** : 생활권공원 외에 다양한 목적으로 설치하는 다음의 공원
  ㉠ 역사공원 : 도시의 역사적 장소나 시설물, 유적·유물 등을 활용하여 도시민의 휴식·교육을 목적으로 설치하는 공원
  ㉡ 문화공원 : 도시의 각종 문화적 특징을 활용하여 도시민의 휴식·교육을 목적으로 설치하는 공원
  ㉢ 수변공원 : 도시의 하천가·호숫가 등 수변공간을 활용하여 도시민의 여가·휴식을 목적으로 설치하는 공원

ⓔ 묘지공원 : 묘지이용자에게 휴식 등을 제공하기 위하여 일정한 구역에 장사 등에 관한 법률에 따른 묘지와 공원시설을 혼합하여 설치하는 공원

ⓜ 체육공원 : 주로 운동경기나 야외활동 등 체육활동을 통하여 건전한 신체와 정신을 배양함을 목적으로 설치하는 공원

ⓗ 도시농업공원 : 도시민의 정서순화 및 공동체의식 함양을 위하여 도시농업을 주된 목적으로 설치하는 공원

ⓢ 방재공원 : 지진 등 재난발생 시 도시민 대피 및 구호 거점으로 활용될 수 있도록 설치하는 공원

ⓞ 그 밖에 특별시·광역시·특별자치시·도·특별자치도 또는 지방자치법에 따른 서울특별시·광역시 및 특별자치시를 제외한 인구 50만 이상 대도시의 조례로 정하는 공원

더 알아보기 도시공원의 면적기준(시행규칙 제4조)

하나의 도시지역 안에 있어서의 도시공원의 확보기준은 해당 도시지역 안에 거주하는 주민 1인당 6㎡ 이상으로 하고, 개발제한구역 및 녹지지역을 제외한 도시지역 안에 있어서의 도시공원의 확보기준은 해당도시지역 안에 거주하는 주민 1인당 3㎡ 이상으로 한다.

시험에 이렇게 나왔다!   [2013년 제2회 기사]

다음 중 도시공원 및 녹지 등에 관한 법률에서 분류하는 주제공원에 해당되지 않는 것은?

① 역사공원   ② 체육공원   ③ 해안공원   ④ 묘지공원

해설

주제공원에는 역사공원, 문화공원, 수변공원, 묘지공원, 체육공원, 도시농업공원, 방저공원 등이 있다. 해안공원은 해안선을 따라 조성된 공원으로, 주제공원에는 해당되지 않는다.

정답 ③

(4) 도시공원의 점용허가(법 제24조)

도시공원 안에서 다음에 해당하는 행위를 하려는 자는 대통령령으로 정하는 바에 따라 그 도시공원을 관리하는 특별시장·광역시장·특별자치시장·특별자치도지사·시장 또는 군수의 점용허가를 받아야 한다. 다만, 산림의 솎아베기 등 대통령령으로 정하는 경미한 행위의 경우에는 그러하지 아니하다.

① 공원시설 외의 시설·건축물 또는 공작물을 설치하는 행위

② 토지의 형질변경

③ 죽목을 베거나 심는 행위

④ 흙과 돌의 채취

⑤ 물건을 쌓아놓는 행위

(5) 도시자연공원구역에서의 행위제한(법 제27조)

① 도시자연공원구역에서는 건축물의 건축 및 용도변경, 공작물의 설치, 토지의 형질변경, 흙과 돌의 채취, 토지의 분할, 죽목의 벌채, 물건의 적치 또는 국토의 계획 및 이용에 관한 법률에 따른 도시·군계획사업의 시행을 할 수 없다. 다만, 다음의 어느 하나에 해 당하는 행위는 특별시장·광역시장·특별자치시장·특별자치도지사·시장 또는 군수의 허가를 받아 할 수 있다.

   ㉠ 다음의 어느 하나에 해당하는 건축물 또는 공작물로서 대통령령으로 정하는 건축물의 건축 또는 공작물의 설치와 이에 따르는 토지의 형질변경
- 도로, 철도 등 공공용 시설
- 임시 건축물 또는 임시 공작물
- 휴양림, 수목원 등 도시민의 여가활용시설
- 등산로, 철봉 등 체력단련시설
- 전기·가스 관련 시설 등 공익시설
- 주택·근린생활시설
- 다음의 어느 하나에 해당하는 시설 중 도시자연공원구역에 입지할 필요성이 큰 시설로서 자연환경을 훼손하지 아니하는 시설
  - 노인복지법에 따른 노인복지시설
  - 영유아보육법에 따른 어린이집
  - 장사 등에 관한 법률에 따른 수목장림(국가, 지방자치단체, 공공기관의 운영에 관한 법률에 따른 공공기관, 장사 등에 관한 법률에 따른 공공법인 또는 대통령령으로 정하는 종교단체가 건축 또는 설치하는 경우에 한정)

   ㉡ 기존 건축물 또는 공작물의 개축·재축·증축 또는 대수선(大修繕)

   ㉢ 건축물의 건축을 수반하지 아니하는 토지의 형질변경

   ㉣ 흙과 돌을 채취하거나 죽목을 베거나 물건을 쌓아놓는 행위로서 대통령령으로 정하는 행위

   ㉤ 다음의 어느 하나에 해당하는 범위의 토지 분할
- 분할된 후 각 필지의 면적이 $200m^2$ 이상[지목이 대(垈)인 토지를 주택 또는 근린생활시설을 건축하기 위하여 분할하는 경우에는 $330m^2$ 이상]인 경우
- 분할된 후 각 필지의 면적이 $200m^2$ 미만인 경우로서 공익사업의 시행 및 인접 토지와의 합병 등을 위하여 대통령령으로 정하는 경우

② ①의 단서에도 불구하고 산림의 솎아베기 등 대통령령으로 정하는 경미한 행위는 허가 없이 할 수 있다.

③ ①의 ㉠ 및 ㉡에 따른 허가대상 건축물 또는 공작물의 규모·높이·건폐율·용적률과 ①에 따른 허가대상 행위에 대한 허가기준은 대통령령으로 정한다.

④ ①의 단서에 따른 행위허가에 관하여는 국토의 계획 및 이용에 관한 법률에 따른 이행 보증, 원상회복 및 준공검사에 관한 규정을 준용한다.

⑤ ①에 규정된 행위에 관하여 도시자연공원구역의 지정 당시 이미 관계 법령에 따라 허가 등(관계 법령에 따라 허가 등을 받을 필요가 없는 경우를 포함)을 받아 공사 또는 사업에 착수한 자는 ①의 단서에 따른 허가를 받은 것으로 본다.

(6) 도시공원 등에서의 금지행위(법 제49조)

① 누구든지 도시공원 또는 녹지 안에서 다음에 해당하는 행위를 하여서는 아니 된다.
  ㉠ 공원시설을 훼손하는 행위
  ㉡ 나무를 훼손하거나 이물질을 주입하여 나무를 말라죽게 하는 행위
  ㉢ 심한 소음 또는 악취를 나게 하는 등 다른 사람에게 혐오감을 주는 행위
  ㉣ 동반한 반려동물의 배설물(소변의 경우에는 의자 위의 것에 한한다)을 수거하지 아니하고 방치하는 행위
  ㉤ 도시농업을 위한 시설을 농산물의 가공·유통·판매 등 도시농업 외의 목적으로 이용하는 행위
  ㉥ 그 밖에 도시공원 또는 녹지의 관리에 현저한 장애가 되는 행위로서 대통령령이 정하는 행위
② 누구든지 특별시·광역시·특별자치시·특별자치도·시 또는 군의 조례로 정하는 도시공원에서 다음에 해당하는 행위를 하여서는 아니 된다.
  ㉠ 행상 또는 노점에 의한 상행위
  ㉡ 동반한 반려견을 통제할 수 있는 줄을 착용시키지 아니하고 도시공원에 입장하는 행위
③ 특별시장·광역시장·특별자치시장·특별자치도지사·시장 또는 군수는 금지행위가 적용되는 도시공원 입구에 안내표지를 설치하여야 한다.

(7) 공원시설의 설치·관리기준(시행규칙 제9조)

① 도로·광장 및 공원관리시설 : 해당 도시공원을 설치함에 있어 필수적인 공원시설로 할 것. 다만, 소공원 및 어린이공원의 경우에는 설치하지 아니할 수 있으며, 어린이공원의 경우에는 근린생활권 단위별로 1개의 공원관리시설을 설치하여 이를 통합하여 관리할 수 있다.
② 소공원 : 조경시설, 휴양시설 중 긴 의자, 유희시설, 운동시설 중 철봉·평행봉 등 체력단련시설, 교양시설 중 도서관(높이 1층, 면적 $33m^2$ 이하만 해당한다). 편익시설 중 음수장·공중전화실에 한정할 것
③ 어린이공원 : 조경시설, 휴양시설(경로당 및 노인복지회관을 제외한다), 유희시설, 운동시설, 교양시설 중 도서관(높이 1층, 면적 $33m^2$ 이하만 해당한다), 편익시설 중 화장실·음수장·공중전화실로 하며, 어린이의 이용을 고려할 것. 다만, 휴양시설 중 경로당과 교양시설 중 어린이집은 증축(2005년 12월 30일 당시 설치 중이었거나 설치가 완료된 연면적 이하)·재축·개축 및 대수선을 할 수 있다.

④ 근린공원
  ㉠ 근린생활권 근린공원 및 도보권 근린공원 : 주로 일상의 옥외 휴양·오락·학습 또는 체험
    활동 등에 적합한 조경시설·휴양시설·유희시설·운동시설·교양시설·편익시설·도시농
    업시설 및 [별표 1]에 따른 그 밖의 시설(가목, 나목 및 마목은 제외)로 하며, 원칙적으로
    연령과 성별의 구분 없이 이용할 수 있도록 할 것. 다만, 휴양시설 중 수목원의 시설로서
    수목원·정원의 조성 및 진흥에 관한 법률의 시설의 경우에는 법에 따라 도시공원을 관리하는
    특별시장·광역시장·특별자치시장·특별자치도지사·시장 또는 군수(이하 '공원관리청')가
    관할 도시공원위원회(도시공원위원회가 설치되지 않은 경우에는 국토의 계획 및 이용에 관한
    법률에 따른 시·도 도시계획위원회 또는 시·군·구 도시계획위원회)의 심의를 거쳐 필요하다
    고 인정하는 경우에 한정한다.
  ㉡ 도시지역권 근린공원 및 광역권 근린공원 : 주로 주말의 옥외 휴양·오락·학습 또는 체험활동
    등에 적합한 조경시설·휴양시설·유희시설·운동시설·교양시설·편익시설·도시농업시
    설 및 [별표 1]에 따른 그 밖의 시설(같은 호 가목 및 나목의 시설은 제외) 등 전체 주민의
    종합적인 이용에 제공할 수 있는 공원시설로 하며, 원칙적으로 연령과 성별의 구분 없이 이용할
    수 있도록 할 것. 다만, 다음의 시설 설치는 해당 목에서 정하는 경우로 한정한다.
    • 휴양시설 중 수목원의 시설로서 수목원·정원의 조성 및 진흥에 관한 법률에 따른 시설 :
      공원관리청이 관할 도시공원위원회(도시공원위원회가 설치되지 않은 경우에는 국토의 계획
      및 이용에 관한 법률 또는 시·도 도시계획위원회 또는 시·군·구 도시계획위원회)의 심의를
      거쳐 필요하다고 인정하는 경우
    • [별표 1]의 무인동력비행장치 조종연습장 : 특별시·광역시·특별자치시·특별자치도·시
      또는 군(광역시의 관할구역에 있는 군은 제외)의 조례로 설치를 허용하는 경우
⑤ **역사공원** : 역사자원의 보호·관람·안내를 위한 시설로서 조경시설·휴양시설(경로당 및 노인복
  지관을 제외)·운동시설·교양시설·편익시설 및 역사 관련 시설(특별시·광역시·특별자치시·
  특별자치도·시 또는 군의 조례로 정한 것)로 할 것
⑥ **문화공원** : 문화자원의 보호·관람·이용·안내를 위한 시설로서 조경시설·휴양시설(경로당
  및 노인복지관은 제외)·운동시설·교양시설·편익시설 및 동물놀이터(특별시·광역시·특별
  자치시·특별자치도·시 또는 군의 조례로 설치를 허용하는 경우에 한정)로 할 것
⑦ **수변공원** : 수변공간과 조화를 이룰 수 있는 시설로서 조경시설·휴양시설(경로당 및 노인복지관
  은 제외)·운동시설·교양시설(온실, 전시장, 생태학습원으로 한정)·편익시설(일반음식점은 제
  외)·유희시설(유원시설, 순환회전차, 뱃놀이터 및 낚시터는 제외) 및 도시농업시설로 하며 수변
  공간의 오염을 초래하지 않는 범위 안에서 설치할 것
⑧ **묘지공원** : 주로 묘지 이용자를 위하여 필요한 조경시설·휴양시설·편익시설과 그 밖의 시설
  중 장사 등에 관한 법률에 따른 장사시설로 하며 정숙한 분위기를 저해하지 아니하는 범위 안에서
  설치할 것

⑨ **체육공원** : 조경시설·휴양시설(경로당 및 노인복지관은 제의)·유희시설·운동시설·교양시설(옛무덤, 성터, 옛집, 그 밖의 유적 등을 복원한 것으로서 역사적·학술적 가치가 높은 시설, 공연장, 전시장, 과학관, 미술관, 박물관 및 문화예술회관으로 한정)·편익시설, 동물놀이터(특별시·광역시·특별자치시·특별자치도·시 또는 군의 조례로 설치를 허용하는 경우로 한정), [별표 1]의 무인동력비행장치 조종연습장(특별시·광역시·특별자치시·특별자치도·시 또는 군의 조례로 설치를 허용하는 경우로 한정) 및 시설[공원관리청이 관할 도시공원위원회(도시공원위원회가 설치되지 않은 경우에는 국토의 계획 및 이용에 관한 법률에 따른 시·도 도시계획위원회 또는 시·군·구 도시계획위원회)의 심의를 거쳐 체육공원의 기능 수행에 지장이 없고 국제경기장시설의 효율적 활용을 위하여 필요하다고 인정하는 시설토 한정]로 하되, 원칙적으로 연령과 성별의 구분 없이 이용할 수 있도록 할 것. 이 경우 운동시설에는 체력단련시설을 포함한 3종목 이상의 시설을 필수적으로 설치해야 한다.

⑩ **도시농업공원** : 도시농업공간과 조화를 이룰 수 있는 시설로서 조경시설·휴양시설(경로당 및 노인복지회관은 제외)·유희시설·운동시설·교양시설·편익시설 및 도시농업시설로 할 것

⑪ 그 밖에 특별시·광역시·특별자치시·도·특별자치도 또는 지방자치법에 따른 서울특별시·광역시 및 특별자치시를 제외한 인구 50만 이상 대도시의 조례로 정하는 공원에 설치할 수 있는 공원시설은 조경시설·휴양시설·교양시설·편익시설 및 그 밖의 시설(동물놀이터, 보훈단체가 입주하는 보훈회관, 설치 및 관리기준을 준수한 무인동력비행장치 조정연습장, 국제경기장을 활용하는 공익목적 시설로서 지자체의 조례로 정하는 시설)로 할 것

(8) 공원시설의 설치면적(시행규칙 제11조)

① 도시공원 안의 공원시설 부지면적 [별표 4]

공원구분		공원면적	공원시설 부지면적
생활권 공원	소공원	전부 해당	100분의 20 이하
	어린이공원	전부 해당	100분의 60 이하
	근린공원	3만m² 미만	100분의 40 이하
		3만m² 이상 10만m² 미만	100분의 40 이하
		10만m² 이상	100분의 40 이하
주제공원	역사공원	전부 해당	제한 없음
	문화공원	전부 해당	제한 없음
	수변공원	전부 해당	100분의 40 이하
	묘지공원	전부 해당	100분의 20 이상
	체육공원	3만m² 미만	100분의 50 이하
		3만m² 이상 10만m² 미만	100분의 50 이하
		10만m² 이상	100분의 50 이하
	도시농업공원	전부 해당	100분의 40 이하
	법에 따른 공원	전부 해당	제한 없음

㉠ 하나의 도시공원 안에 설치할 수 있는 공원시설 부지면적의 합계는 해당도시공원의 면적에 대하여 ①의 비율에 적합할 것

ⓛ 체육공원에 설치되는 운동시설은 공원시설 부지면적의 60% 이상일 것

ⓒ 골프연습장의 부지면적 중 시설물의 설치면적은 도시공원면적의 5% 미만일 것

② 다음의 공원시설은 다음에서 정한 도시공원에만 설치할 수 있다. 다만, ⓢ, ⓧ, ⓔ 및 ⓗ의 공원 시설은 특별시·광역시·특별자치시·특별자치도·시 또는 군의 조례로 해당 공원시설을 설치할 수 있는 도시공원의 면적 기준을 달리 정할 수 있다.

㉠ 휴양시설 중 수목원 : 100,000m² 이상의 근린공원

㉡ 유희시설 중 순환회전차 그 밖의 이와 유사한 유희시설(전력에 의하여 작동하는 것에 한한다)로 서 해당시설의 이용에 있어 사용료를 징수하는 시설 : 100,000m² 이상의 도시공원

㉢ 편익시설 중 휴게음식점 : 100,000m² 이상의 도시공원. 다만, 100,000m² 미만인 도시공원(소 공원 및 어린이공원을 제외)의 경우 공원관리청이 도시공원 이용자의 편의를 위하여 필요하다 고 인정하는 경우에는 공원시설 안에 설치할 수 있다.

㉣ 편익시설 중 일반음식점 : 100,000m² 이상의 도시공원. 다만, 관광진흥법에 따른 관광특구 안의 50,000m² 이상인 도시공원으로서 공원관리청이 관할 도시공원위원회(도시공원위원회가 설치되지 아니한 경우에는 국토의 계획 및 관리에 관한 법률에 따른 시·도 도시계획위원회 또는 시·군·구 도시계획위원회)의 심의를 거쳐 필요하다고 인정하는 경우에는 공원시설 안에 설치할 수 있다.

㉤ 편익시설 중 유스호스텔 : 1,000,000m² 이상의 도시공원(묘지공원을 제외)

㉥ 다음의 편익시설 : 국제경기대회 개최를 목적으로 경기장이 설치된 1,000,000m² 이상의 체육 공원

- 선수 전용숙소 및 운동시설 관련 사무실
- 유통산업발전법 별표에 따른 대형마트 또는 쇼핑센터로서 매장면적(대형마트와 쇼핑센터를 함께 설치하는 경우에는 이를 합산한 면적을 말한다) 및 부대시설(기계실 및 창고를 포함)의 연면적이 각각 16,500m² 이하인 시설
- 국제경기장을 활용하는 공익목적 시설로서 지자체의 조례로 정하는 시설

ⓢ 운동시설 중 승마장 : 1,000,000m² 이상의 근린공원 및 1,000,000m² 이상의 체육공원

ⓞ 운동시설 중 골프장 : 300,000m² 이상의 근린공원

ⓧ 운동시설 중 골프연습장 : 100,000m² 이상의 근린공원 및 100,000m² 이상의 체육공원. 다만, 다른 운동시설과 함께 건축물의 내부에 설치하는 골프연습장(이하 '실내골프연습장')은 그 면적이 부대시설의 면적을 포함하여 330m² 이하이고 해당 건축물 연면적의 2분의 1을 넘지 아니하는 경우에는 해당 공원면적이 100,000m² 미만인 경우에도 이를 설치할 수 있다.

ⓩ 일반경기용으로 전용되는 운동시설 : 300,000m² 이상의 체육공원

ⓚ 교양시설 중 어린이집·유치원 : 10,000m² 이상의 도시공원(묘지공원을 제외)

ⓔ 교양시설 중 학생기숙사 : 다음의 요건을 모두 갖춘 도시공원

- 고등교육법의 규정에 따른 학교와 평생교육법에 따라 전공대학의 명칭을 사용할 수 있는 학교(이하 '대학')의 교지(校地)에 있거나 교지에 닿아 있을 것

- 국토의 계획 및 이용에 관한 법률에 따라 해당 도시공원에 대한 도시·군계획시설결정이 고시된 날부터 10년이 지날 때까지 해당 도시공원의 설치에 관한 도시·군계획시설사업이 시행되지 아니할 것
- 대학의 설립·경영자(국립대학법인을 포함)가 해당 도시공원의 부지 중 학생기숙사를 건축할 부지의 소유권을 확보하고 있을 것
ⓛ 동물놀이터 : 다음의 도시공원
- 10만m^2 이상의 근린공원
- 문화공원, 체육공원 및 법 제15조 제1항 제3호 아목에 따른 공원
ⓗ 보훈회관 : 다음의 도시공원
- 30만m^2 이상의 근린공원
- 법 제15조 제1항 제3호 아목에 따른 공원

③ 도시공원에 설치하는 유스호스텔은 해당도시공원의 기능을 다하게 하기 위하여 특히 필요하다고 인정하는 경우에 한하여 허용한다.

④ 도시공원에 설치하는 매점·휴게음식점·일반음식점 또는 약국의 경우에는 그 매점·휴게음식점·일반음식점 또는 약국의 출입구가 해당도시공원의 바깥 주변과 접하여서는 아니 된다.

⑤ 근린공원에 설치하는 도서관·문화예술회관·청소년수련시설·노인복지관·건축행위가 수반되는 운동시설의 부지를 모두 합한 면적은 실제로 조성되는 해당 공원시설 부지면적의 20%를 초과할 수 없다.

⑥ 공원시설의 이용에 있어 위해를 초래할 우려가 있는 시설에 대하여는 울타리 그 밖의 위해 방지를 위하여 필요한 시설을 설치하여야 한다.

⑦ 편익시설은 건축물의 내부 또는 주차장의 지하에 이를 설치하되, 해당 시설의 설치를 위하여 토지의 형질변경이나 증축을 위한 설계변경을 할 수 없다.

⑧ 공원시설로서 설치하는 건축물의 높이는 4층을 초과하여서는 아니 된다. 다만, 도시공원 결정 전에 건축된 건축물을 공원시설로 사용하는 경우에는 그러하지 아니하다.

⑨ 운동시설 중 골프연습장의 설치기준은 [별표 5]와 같다.

시험에 이렇게 나왔다!   [2019년 제4회 산업기사]

다음 도시공원 종류들 가운데 공원시설 부지 면적 비율 기준이 100분의 50 이하에 해당하는 것은?

① 근린공원   ② 체육공원   ③ 어린이공원   ④ 묘지공원

해설
② 체육공원 : 100분의 50 이하
① 근린공원 : 100분의 40 이하
③ 어린이공원 : 100분의 60 이하
④ 묘지공원 : 100분의 20 이상

정답 ②

1 건축법, 시행령, 시행규칙 및 기타

(1) 대지의 조경(법 제42조)

① 면적이 $200m^2$ 이상인 대지에 건축을 하는 건축주는 용도지역 및 건축물의 규모에 따라 해당 지방자치단체의 조례로 정하는 기준에 따라 대지에 조경이나 그 밖에 필요한 조치를 하여야 한다. 다만, 조경이 필요하지 아니한 건축물로서 대통령령으로 정하는 건축물에 대하여는 조경 등의 조치를 하지 아니할 수 있으며, 옥상 조경 등 대통령령으로 따로 기준을 정하는 경우에는 그 기준에 따른다.

② 국토교통부장관은 식재(植栽) 기준, 조경 시설물의 종류 및 설치방법, 옥상 조경의 방법 등 조경에 필요한 사항을 정하여 고시할 수 있다.

(2) 조경 등의 조치를 하지 아니할 수 있는 경우(시행령 제27조 제1항)

① 녹지지역에 건축하는 건축물

② 면적 $5,000m^2$ 미만인 대지에 건축하는 공장

③ 연면적의 합계가 $1,500m^2$ 미만인 공장

④ 산업집적활성화 및 공장설립에 관한 법률에 의한 산업단지의 공장

⑤ 대지에 염분이 함유되어 있는 경우 또는 건축물 용도의 특성상 조경 등의 조치를 하기가 곤란하거나 조경 등의 조치를 하는 것이 불합리한 경우로서 건축조례가 정하는 건축물

⑥ 축사

⑦ 가설건축물

⑧ 연면적의 합계가 $1,500m^2$ 미만인 물류시설(주거지역 또는 상업지역에 건축하는 것을 제외)로서 국토교통부령이 정하는 것

⑨ 국토의 계획 및 이용에 관한 법률에 의하여 지정된 자연환경보전지역·농림지역 또는 관리지역(지구단위 계획구역으로 지정된 지역을 제외)의 건축물

⑩ 다음의 어느 하나에 해당하는 건축물 중 건축조례로 정하는 건축물

    ㉠ 관광진흥법에 따른 관광지 또는 관광단지에 설치하는 관광시설

    ㉡ 관광진흥법 시행령에 따른 전문휴양업의 시설 또는 종합휴양업의 시설

    ㉢ 국토의 계획 및 이용에 관한 법률 시행령에 따른 관광·휴양형 지구단위계획구역에 설치하는 관광시설

    ㉣ 체육시설의 설치·이용에 관한 법률 시행령에 따른 골프장

(3) 공개공지 등의 확보(법 제43조)

다음의 어느 하나에 해당하는 지역의 환경을 쾌적하게 조성하기 우하여 대통령령으로 정하는 용도와 규모의 건축물은 일반이 사용할 수 있도록 대통령령으로 정하는 기준에 따라 소규모 휴식시설 등의 공개공지(공지 : 공터) 또는 공개공간을 설치하여야 한다.

① 일반주거지역, 준주거지역
② 상업지역
③ 준공업지역
④ 특별자치시장·특별자치도지사 또는 시장·군수·구청장이 도시화의 가능성이 크거나 노후 산업 단지의 정비가 필요하다고 인정하여 지정·공고하는 지역

(4) 일조 등의 확보를 위한 건축물의 높이 제한(시행령 제86조)

① 전용주거지역이나 일반주거지역에서 건축물을 건축하는 경우에는 건축물의 각 부분을 정북(正北) 방향으로의 인접 대지경계선으로부터 다음의 범위에서 건축조례로 정하는 거리 이상을 띄어 건축하여야 한다.
  ㉠ 높이 10m 이하인 부분 : 인접 대지경계선으로부터 1.5m 이상
  ㉡ 높이 10m를 초과하는 부분 : 인접 대지경계선으로부터 해당 건축물 각 부분 높이의 2분의 1 이상
② 다음의 어느 하나에 해당하는 경우에는 ①을 적용하지 아니한다.
  ㉠ 다음의 어느 하나에 해당하는 구역 안의 대지 상호 간에 건축하는 건축물로서 해당 대지가 너비 20m 이상의 도로(자동차·보행자·자전거 전용도로를 포함하며, 도로에 공공공지, 녹지, 광장, 그 밖에 건축미관에 지장이 없는 도시·군계획시설이 접한 경우 해당 시설을 포함)에 접한 경우
    • 국토의 계획 및 이용에 관한 법률에 따른 지구단위계획구역, 경관지구
    • 경관법에 따른 중점경관관리구역
    • 특별가로구역
    • 도시미관 향상을 위하여 허가권자가 지정·공고하는 구역
  ㉡ 건축협정구역 안에서 대지 상호 간에 건축하는 건축물(법에 따른 건축협정에 일정 거리 이상을 띄어 건축하는 내용이 포함된 경우만 해당)의 경우
  ㉢ 건축물의 정북 방향의 인접 대지가 전용주거지역이나 일반주거지역이 아닌 용도지역에 해당하는 경우
③ 법에 따라 공동주택은 다음의 기준을 충족해야 한다. 다만, 차광을 위한 창문 등이 있는 벽면에서 직각 방향으로 인접 대지경계선까지의 수평거리가 1m 이상으로서 건축조례로 정하는 거리 이상인 다세대주택은 ㉠을 적용하지 않는다.

⊙ 건축물(기숙사는 제외)의 각 부분의 높이는 그 부분으로부터 채광을 위한 창문 등이 있는 벽면에서 직각 방향으로 인접 대지경계선까지의 수평거리의 2배(근린상업지역 또는 준주거지역의 건축물은 4배) 이하로 할 것

⊙ 같은 대지에서 두 동(棟) 이상의 건축물이 서로 마주보고 있는 경우(한 동의 건축물 각 부분이 서로마주보고 있는 경우를 포함)에 건축물 각 부분 사이의 거리는 다음의 거리 이상을 띄어 건축할 것. 다만, 그 대지의 모든 세대가 동지(冬至)를 기준으로 9시에서 15시 사이에 2시간 이상을 계속하여 일조(日照)를 확보할 수 있는 거리 이상으로 할 수 있다.

  • 채광을 위한 창문 등이 있는 벽면으로부터 직각방향으로 건축물 각 부분 높이의 0.5배(도시형 생활주택의 경우에는 0.25배) 이상의 범위에서 건축조례로 정하는 거리 이상

  • 서로 마주보는 건축물 중 높은 건축물(높은 건축물을 중심으로 마주보는 두 동의 축이 시계방향으로 정동에서 정서 방향인 경우만 해당)의 주된 개구부(거실과 주된 침실이 있는 부분의 개구부)의 방향이 낮은 건축물을 향하는 경우에는 10m 이상으로서 낮은 건축물 각 부분의 높이의 0.5배(도시형 생활주택의 경우에는 0.25배) 이상의 범위에서 건축조례로 정하는 거리 이상

  • 건축물과 부대시설 또는 복리시설이 서로 마주보고 있는 경우에는 부대시설 또는 복리시설 각 부분 높이의 1배 이상

  • 채광창(창 넓이가 $0.5m^2$ 이상인 창)이 없는 벽면과 측벽이 마주보는 경우에는 8m 이상

  • 측벽과 측벽이 마주보는 경우[마주보는 측벽 중 하나의 측벽에 채광을 위한 창문 등이 설치되어있지 아니한 바닥면적 $3m^2$ 이하의 발코니(출입을 위한 개구부를 포함)를 설치하는 경우를 포함한다]에는 4m 이상

❷ 주택건설기준 등에 관한 규정

(1) 목적(제1조)

이 영은 주택법의 규정에 따라 주택의 건설기준, 부대시설·복리시설의 설치기준, 대지조성의 기준, 공동주택성능등급의 표시, 공동주택 바닥충격음 차단구조의 성능등급 인정과 성능검사, 공업화주택의 인정절차, 에너지절약형 친환경주택과 건강친화형 주택의 건설기준 및 장수명 주택 등에 관하여 위임된 사항과 그 시행에 관하여 필요한 사항을 규정함을 목적으로 한다.

(2) 용어의 정의(제2조)

① 주민공동시설 : 해당 공동주택의 거주자가 공동으로 사용하거나 거주자의 생활을 지원하는 시설로서 다음의 시설을 말한다.

  ⊙ 경로당

  ⊙ 어린이놀이터

  ⊙ 어린이집

ⓔ 주민운동시설

ⓜ 도서실(정보문화시설과 도서관법에 따른 작은도서관을 포함)

ⓑ 주민교육시설(영리를 목적으로 하지 아니하고 공동주택의 거주자를 위한 교육장소)

ⓢ 청소년 수련시설

ⓞ 주민휴게시설

ⓩ 독서실

ⓒ 입주자집회소

ⓚ 공용취사장

ⓣ 공용세탁실

ⓟ 공공주택 특별법에 따른 공공주택의 단지 내에 설치하는 사회복지시설

ⓗ 아동복지법의 다함께돌봄센터

㉮ 아이돌봄 지원법의 공동육아나눔터

㉯ 그 밖에 ㉠부터 ㉮까지의 시설에 준하는 시설로서 주택법에 따른 사업계획의 승인권자가 인정하는 시설

② **의료시설** : 의원·치과의원·한의원·조산소·보건소지소·병원(전염병원 등 격리병원을 제외)·한방병원 및 약국을 말한다.

③ **주민운동시설** : 거주자의 체육활동을 위하여 설치하는 옥외·옥내운동시설(체육시설의 설치·이용에 관한 법률에 의한 신고체육시설업에 해당하는 시설을 포함)·생활체육시설 기타 이와 유사한 시설을 말한다.

④ **독신자용 주택** : 다음의 하나에 해당하는 주택을 말한다.

ⓐ 근로자를 고용하는 자가 그 고용한 근로자 중 독신생활(근로여건상 가족과 임시별거하거나 기숙하는 생활을 포함)을 영위하는 자의 거주를 위하여 건설하는 주택

ⓑ 국가·지방자치단체 또는 공공법인이 독신생활을 영위하는 근로자의 거주를 위하여 건설하는 주택

⑤ **기간도로** : 주택법에 따른 도로를 말한다.

⑥ **진입도로** : 보행자 및 자동차의 통행이 가능한 도로로서 기간도로로부터 주택단지의 출입구에 이르는 도로를 말한다.

⑦ **시·군지역** : 수도권정비계획법에 의한 수도권 외의 지역 중 인구 20만 미만의 시지역과 군지역을 말한다.

(3) 소음방지대책의 수립(제9조 제1항)

사업주체는 공동주택을 건설하는 지점의 소음도(실외소음도)가 65데시벨 미만이 되도록 하되, 65데시벨 이상인 경우에는 방음벽·방음림(소음막이숲) 등의 방음시설을 설치하여 해당 공동주택의 건설지점의 소음도가 65dB 미만이 되도록 법에 따른 소음방지대책을 수립해야 한다.

(4) 관리사무소 등(제28조)

① 50세대 이상의 공동주택을 건설하는 주택단지에는 다음의 시설을 모두 설치하되, 그 면적의 합계가 $10m^2$에 50세대를 넘는 매 세대마다 $500cm^2$를 더한 면적 이상이 되도록 설치해야 한다. 다만, 그 면적의 합계가 $100m^2$를 초과하는 경우에는 설치면적을 $100m^2$로 할 수 있다.
  ㉠ 관리사무소
  ㉡ 경비원 등 공동주택 관리 업무에 종사하는 근로자를 위한 휴게시설
② 관리사무소는 관리업무의 효율성과 입주민의 접근성 등을 고려하여 배치해야 한다.
③ 휴게시설은 산업안전보건법에 따라 설치해야 한다.

(5) 근린생활시설 등(제50조)

하나의 건축물에 설치하는 근린생활시설 및 소매시장·상점을 합한 면적(전용으로 사용되는 면적을 말하며, 같은 용도의 시설이 2개소 이상 있는 경우에는 각 시설의 바닥면적을 합한 면적으로 함)이 1천m^2를 넘는 경우에는 주차 또는 물품의 하역 등에 필요한 공터를 설치하여야 하고, 그 주변에는 소음·악취의 차단과 조경을 위한 식재 그 밖에 필요한 조치를 취하여야 한다.

❸ 자연환경보전법

(1) 목적(법 제1조)

이 법은 자연환경을 인위적 훼손으로부터 보호하고, 생태계와 자연경관을 보전하는 등 자연환경을 체계적으로 보전·관리함으로써 자연환경의 지속가능한 이용을 도모하고, 국민이 쾌적한 자연환경에서 여유 있고 건강한 생활을 할 수 있도록 함을 목적으로 한다.

(2) 용어정의(법 제2조)

① **자연환경** : 지하·지표(해양을 제외) 및 지상의 모든 생물과 이들을 둘러싸고 있는 비생물적인 것을 포함한 자연의 상태(생태계 및 자연경관을 포함)를 말한다.
② **자연환경보전** : 자연환경을 체계적으로 보존·보호 또는 복원하고 생물다양성을 높이기 위하여 자연을 조성하고 관리하는 것을 말한다.
③ **자연환경의 지속가능한 이용** : 현재와 장래의 세대가 동등한 기회를 가지고 자연환경을 이용하거나 혜택을 누릴 수 있도록 하는 것을 말한다.
④ **자연생태** : 자연의 상태에서 이루어진 지리적 또는 지질적 환경과 그 조건 아래에서 생물이 생활하고 있는 모든 현상을 말한다.
⑤ **생태계** : 식물·동물 및 미생물 군집(群集)들과 무생물 환경이 기능적인 단위로 상호작용하는 역동적인 복합체를 말한다.

⑥ 소(小)생태계 : 생물다양성을 높이고 야생동·식물의 서식지 간의 이동가능성 등 생태계의 연속성을 높이거나 특정한 생물종의 서식조건을 개선하기 위하여 조성하는 생물서식공간을 말한다.

⑦ 생물다양성 : 육상생태계 및 수생생태계(해양생태계는 제외)와 이들의 복합생태계를 포함하는 모든 원천에서 발생한 생물체의 다양성을 말하며, 종내(種內)·종간(種間) 및 생태계의 다양성을 포함한다.

⑧ 생태축 : 전국 또는 지역 단위에서 생물다양성을 증진시키고 생태계 기능의 연속성을 위하여 생태적으로 중요한 지역 또는 생태적 기능의 유지가 필요한 지역을 연결하는 생태적 서식공간을 말한다.

⑨ 생태통로 : 도로·댐·수중보(水中洑)·하굿둑 등으로 인하여 야생동식물의 서식지가 단절되거나 훼손 또는 파괴되는 것을 방지하고 야생동식물의 이동 등 생태계의 연속성 유지를 위하여 설치하는 인공구조물·식생 등의 생태적 공간을 말한다.

⑩ 자연경관 : 자연환경적 측면에서 시각적·심미적인 가치를 가지는 지역·지형 및 이에 부속된 자연요소 또는 사물이 복합적으로 어우러진 자연의 경치를 말한다.

⑪ 대체자연 : 기존의 자연환경과 유사한 기능을 수행하거나 보완적 기능을 수행하도록 하기 위하여 조성하는 것을 말한다.

⑫ 생태·경관보전지역 : 생물다양성이 풍부하여 생태적으로 중요하거나 자연경관이 수려하여 특별히 보전할 가치가 큰 지역으로서 기후에너지환경부장관이 지정·고시하는 지역을 말한다.

⑬ 자연유보지역 : 사람의 접근이 사실상 불가능하여 생태계의 훼손이 방지되고 있는 지역 중 군사목적을 위하여 이용되는 외에는 특별한 용도로 사용되지 아니하는 무인도로서 대통령령으로 정하는 지역과 관할권이 대한민국에 속하는 날부터 2년간의 비무장지대를 말한다.

⑭ 생태·자연도 : 산·하천·내륙습지·호소(湖沼)·농지·도시 등에 대하여 자연환경을 생태적 가치, 자연성, 경관적 가치 등에 따라 등급화하여 작성된 지도를 말한다.

⑮ 자연자산 : 인간의 생활이나 경제활동에 이용될 수 있는 유형·무형의 가치를 가진 자연상태의 생물과 비생물적인 것의 총체를 말한다.

⑯ 생물자원 : 생물다양성 보전 및 이용에 관한 법률에 따른 생물자원을 말한다.

⑰ 생태마을 : 생태적 기능과 수려한 자연경관을 보유하고 이를 지속가능하게 보전·이용할 수 있는 역량을 가진 마을로서 기후에너지환경부장관 또는 지방자치단체의 장이 지정한 마을을 말한다.

⑱ 생태관광 : 생태계가 특히 우수하거나 자연경관이 수려한 지역에서 자연자산의 보전 및 현명한 이용을 통하여 환경의 중요성을 체험할 수 있는 자연친화적인 관광을 말한다.

⑲ 자연환경복원사업 : 훼손된 자연환경의 구조와 기능을 회복시키는 사업으로서 다음에 해당하는 사업을 말한다. 다만, 다른 관계 중앙행정기관의 장이 소관 법률에 따라 시행하는 사업은 제외한다.
　㉠ 생태·경관보전지역에서의 자연생태·자연경관과 생물다양성 보전·관리를 위한 사업
　㉡ 도시지역 생태계의 연속성 유지 또는 생태계 기능의 향상을 위한 사업
　㉢ 단절된 생태계의 연결 및 야생동물의 이동을 위하여 생태통로 등을 설치하는 사업
　㉣ 습지보전법의 습지보호지역 등(내륙습지로 한정)에서의 훼손된 습지를 복원하는 사업

⑪ 그 밖에 훼손된 자연환경 및 생태계를 복원하기 위한 사업으로서 대통령령으로 정하는 사업

(3) 자연환경보전기본계획의 시행(법 제10조)

① 기후에너지환경부장관은 자연환경보전기본계획을 확정한 때에는 이를 지체 없이 관계중앙행정기관의 장 및 시·도지사에게 통보하여야 한다.

② 관계중앙행정기관의 장 및 시·도지사는 자연환경보전기본계획의 내용을 소관업무와 관련된 정책 및 계획에 반영하는 등 자연환경보전기본계획의 시행을 위한 필요한 조치를 하여야 한다.

③ 기후에너지환경부장관은 자연환경보전기본계획의 시행성과를 2년마다 정기적으로 분석·평가하고 그 결과를 자연환경보전정책에 반영하여야 한다.

(4) 자연경관영향의 협의 등(법 제28조 제1항)

관계행정기관의 장 및 지방자치단체의 장은 다음의 어느 하나에 해당하는 개발사업 등으로서 환경영향평가법에 따른 전략환경영향평가 대상계획, 환경영향평가 대상사업 또는 소규모 환경영향평가 대상사업에 해당하는 개발사업 등에 대한 인·허가 등을 하고자 하는 때에는 해당 개발사업 등이 자연경관에 미치는 영향 및 보전방안 등을 전략환경영향평가 협의, 환경영향평가 협의 또는 소규모 환경영향평가 협의 내용에 포함하여 기후에너지환경부장관 또는 지방환경관서의 장과 협의를 하여야 한다.

① 다음의 어느 하나에 해당하는 지역으로부터 대통령령으로 정하는 거리 이내의 지역에서의 개발사업 등
  ㉠ 자연공원법에 따른 자연공원
  ㉡ 습지보전법에 따라 지정된 습지보호지역
  ㉢ 생태·경관보전지역
② ① 외의 개발사업 등으로서 자연경관에 미치는 영향이 크다고 판단되어 대통령령으로 정하는 개발사업 등

더 알아보기 자연경관영향의 협의대상이 되는 거리(자연환경보전법 시행령 제20조 제1항 관련 [별표 1])

1. 일반기준

구분		경계로부터의 거리
자연공원	최고봉 1,200m 이상	2,000m
	최고봉 700m 이상	1,500m
	최고봉 700m 미만 또는 해상형	1,000m
습지보호지역		300m
생태·경관보전지역	최고봉 700m 이상	1,000m
	최고봉 700m 미만 또는 해상형	500m

2. 도시지역 및 관리지역(계획관리지역에 한한다)의 거리기준
제1호의 일반기준에 불구하고 법 제28조 제1항 제1호의 규정에 따른 자연공원, 습지보호지역 및 생태·경관보전지역이 국토의 계획 및 이용에 관한 법률 제36조 제1항의 규정에 따른 도시지역 및 관리지역(계획관리지역에 한함)에 위치한 경우에는 경계로부터의 거리를 300m로 한다.

(5) 자연휴식지의 지정·관리(법 제39조)

① 지방자치단체의 장은 다른 법률에 따라 공원·관광단지·자연휴양림 등으로 지정되지 아니한 지역 중에서 생태적·경관적 가치 등이 높고 자연탐방·생태교육 등을 위하여 활용하기에 적합한 장소를 대통령령으로 정하는 바에 따라 자연휴식지로 지정할 수 있다. 이 경우 사유지에 대하여는 미리 토지소유자 등의 의견을 들어야 한다.

② 지방자치단체의 장은 ①에 따라 지정된 자연휴식지의 효율적 관리를 위하여 자연휴식지를 이용하는 사람으로부터 유지·관리비용 등을 고려하여 조례로 정하는 바에 따라 이용료를 징수할 수 있다. 다만, 자연휴식지로 지정된 후 다른 법률에 따라 공원·관광단지·자연휴양림 등으로 지정된 경우에는 그러하지 아니하다.

③ ①에 따른 자연휴식지의 관리 그 밖에 필요한 사항은 해당 지방자치단체의 조례로 정한다.

(6) 기타 주요사항

① 야생생물 보호 및 관리에 관한 법률에 의한 멸종위기 야생생물의 주된 서식지·도래지 및 주요 생태축 또는 주요 생태통로가 되는 지역은 생태·자연도 1등급 권역으로 설정된다(법 제34조 제1항 제1호 가목).

② 국가 또는 지방자치단체는 개발사업 등을 시행하거나 인·허가 등을 할 때 야생생물의 이동 및 생태적 연속성이 단절되지 아니하도록 생태통로 설치 등의 필요한 조치를 하거나 하게 하여야 한다(법 제45조 제1항).

③ 시·도지사는 자연보호운동 활성화 및 국민들에 대한 자연환경보전 중요성의 인식증진 등을 위하여 시·도지사 소속하에 자연환경교육·연수·홍보 등의 기능을 수행하는 자연환경학습원을 둘 수 있다(법 제60조 제1항).

4 환경영향평가법 ☑ 중요

(1) 목적(법 제1조)

이 법은 환경에 영향을 미치는 계획 또는 사업을 수립·시행할 때에 해당 계획과 사업이 환경에 미치는 영향을 미리 예측·평가하고 환경보전방안 등을 마련하도록 하여 친환경적이고 지속가능한 발전과 건강하고 쾌적한 국민생활을 도모함을 목적으로 한다.

(2) 용어의 정의(법 제2조)

① 전략환경영향평가 : 환경에 영향을 미치는 계획을 수립할 때에 환경보전계획과의 부합 여부 확인 및 대안의 설정·분석 등을 통하여 환경적 측면에서 해당 계획의 적정성 및 입지의 타당성 등을 검토하여 국토의 지속가능한 발전을 도모하는 것을 말한다.

② 환경영향평가 : 환경에 영향을 미치는 실시계획·시행계획 등의 허가·인가·승인·면허 또는 결정 등을 할 때에 해당 사업이 환경에 미치는 영향을 미리 조사·예측·평가하여 해로운 환경영향을 피하거나 제거 또는 감소시킬 수 있는 방안을 마련하는 것을 말한다.

③ 소규모 환경영향평가 : 환경보전이 필요한 지역이나 난개발(亂開發)이 우려되어 계획적 개발이 필요한 지역에서 개발사업을 시행할 때에 입지의 타당성과 환경에 미치는 영향을 미리 조사·예측·평가하여 환경보전방안을 마련하는 것을 말한다.

④ 환경영향평가 등 : 전략환경영향평가, 환경영향평가 및 소규모 환경영향평가를 말한다.

⑤ 협의기준 : 사업의 시행으로 영향을 받게 되는 지역에서 다음의 어느 하나에 해당하는 기준으로는 환경정책기본법에 따른 환경기준을 유지하기 어렵거나 환경의 악화를 방지할 수 없다고 인정하여 사업자 또는 승인기관의 장이 해당 사업에 적용하기로 기후에너지환경부장관과 협의한 기준을 말한다.

　　㉠ 가축분뇨의 관리 및 이용에 관한 법률에 따른 방류수수질기준

　　㉡ 대기환경보전법에 따른 배출허용기준

　　㉢ 물환경보전법에 따른 방류수수질기준

　　㉣ 물환경보전법에 따른 배출허용기준

　　㉤ 폐기물관리법에 따른 폐기물처리시설의 관리기준

　　㉥ 하수도법에 따른 방류수수질기준

　　㉦ 소음·진동관리법에 따른 소음·진동의 배출허용기준

　　㉧ 소음·진동관리법에 따른 교통소음·진동 관리기준

　　㉨ 그 밖에 관계 법률에서 환경보전을 위하여 정하고 있는 오염물질의 배출기준

⑥ 환경영향평가사 : 환경 현황 조사, 환경영향 예측·분석, 환경보전방안의 설정 및 대안 평가 등을 통하여 환경영향평가서 등의 작성 등에 관한 업무를 수행하는 사람으로서 자격을 취득한 사람을 말한다.

(3) 환경영향평가 등의 분야별 세부평가항목(시행령 제2조 제1항 관련 [별표 1])

① 대기환경 분야(4가지) : 기상, 대기질, 악취, 온실가스

② 수환경 분야(3가지) : 수질(지표·지하), 수리·수문, 해양환경

③ 토지환경 분야(3가지) : 토지이용, 토양, 지형·지질

④ 자연생태환경 분야(2가지) : 동·식물상, 자연환경자산

⑤ 생활환경 분야(6가지) : 친환경적 자원 순환, 소음·진동, 위락·경관, 위생·공중보건, 전파장해, 일조장해

⑥ 사회·경제환경 분야(3가지) : 인구, 주거(이주의 경우를 포함), 산업

(4) 환경영향평가서의 작성 및 협의 요청 등(법 제27조)

① 승인기관장 등은 환경영향평가 대상사업에 대한 승인 등을 하거나 환경영향평가 대상사업을 확정하기 전에 기후에너지환경부장관에게 협의를 요청하여야 한다. 이 경우 승인기관의 장은 환경영향평가서에 대한 의견을 첨부할 수 있다.

② 승인 등을 받지 아니하여도 되는 사업자는 ①에 따라 기후에너지환경부장관에게 협의를 요청할 경우 환경영향평가서를 작성하여야 하며, 승인 등을 받아야 하는 사업자는 환경영향평가서를 작성하여 승인기관의 장에게 제출하여야 한다.

③ ①과 ②에 따른 환경영향평가서의 작성 방법, 협의 요청 시기 및 제출 방법 등은 대통령령으로 정한다.

(5) 환경영향평가서등의 보존기간 등(시행규칙 제23조의2)

① 전략환경영향평가서 : 해당 계획의 승인 등이 된 후 10년

② 환경영향평가서 등(전략환경영향평가서는 제외) : 해당 사업 또는 시설이 준공된 후 10년

③ 환경영향평가서 등의 작성의 기초자료 : 환경영향평가서 등을 협의기관의 장 또는 승인기관의 장에게 제출한 후 5년(사후환경영향조사서의 경우에는 3년)

④ ③에 따른 기초자료의 종류, 범위 등에 관한 세부사항은 기후에너지환경부장관이 정하여 고시한다.

(6) 기타 주요사항

① 종전 사업자의 의무를 승계한 사업자는 협의 내용의 이행 상황과 승계 사유 등 기후에너지환경부령으로 정하는 사항을 승계받은 날부터 30일 이내에 승인기관의 장과 기후에너지환경부장관에게 통보하여야 한다(법 38조 제2항).

② 환경영향평가서의 작성방법과 그 밖에 환경영향평가서의 작성 등에 필요한 사항은 기후에너지환경부장관이 정하여 고시한다(시행령 제46조 제2항).

❺ 체육시설의 설치ㆍ이용에 관한 법률

(1) 체육시설업의 구분ㆍ종류(법 제10조)

① 등록 체육시설업 : 골프장업, 스키장업, 자동차 경주장업

② 신고 체육시설업 : 요트장업, 조정장업, 카누장업, 빙상장업, 승마장업, 종합 체육시설업, 수영장업, 체육도장업, 골프 연습장업, 체력단련장업, 당구장업, 쎌매장업, 무도학원업, 무도장업, 야구장업, 가상체험 체육시설업, 체육교습업, 인공암벽장업

(2) 체육시설업의 시설 기준(시행규칙 제8조 관련 [별표 4])

① 골프장업

    ㉠ 회원제 골프장업은 3홀 이상, 비회원제 골프장은 3홀 이상의 골프코스를 갖추어야 한다.

    ㉡ 각 골프코스 사이에 이용자가 안전사고를 당할 위험이 있는 곳은 20m 이상의 간격을 두어야 한다. 다만, 지형상 일부분이 20m 이상의 간격을 두기가 극히 곤란한 경우에는 안전망을 설치할 수 있다.

    ㉢ 각 골프코스에는 티그라운드, 페어웨이, 그린, 러프, 장애물, 홀컵 등 경기에 필요한 시설을 갖추어야 한다.

② 스키장업

    ㉠ 슬로프는 길이 300m 이상, 폭 30m 이상이어야 한다(지형적 여건으로 부득이한 경우는 제외).

    ㉡ 평균 경사도가 7° 이하인 초보자용 슬로프를 1면 이상 설치하여야 한다.

    ㉢ 슬로프 이용에 필요한 리프트를 설치하여야 한다.

③ 요트장업

    ㉠ 3척 이상의 요트를 갖추어야 한다.

    ㉡ 요트를 안전하게 보관할 수 있는 계류장(繫留場) 또는 요트보관소를 갖추어야 한다.

④ 조정장업, 카누장업

    ㉠ 5척 이상의 조정(카누)을 갖추어야 한다.

    ㉡ 수면은 폭 50m 이상, 길이 200m 이상이어야 하고 수심은 1m 이상이어야 하며, 유속은 시간당 5km 이하여야 한다.

⑤ 빙상장업

    ㉠ 빙판 외곽에 높이 1m 이상의 울타리를 견고하게 설치해야 한다.

    ㉡ 유해 냉각매체를 사용하지 않는 제빙시설을 설치해야 한다.

    ㉢ 정빙기실(整氷機室) 내에는 가스누설경보기를 설치해야 한다.

⑥ 2륜 자동차경주장업

    ㉠ 트랙은 길이 400m 이상, 폭 5m 이상이어야 한다.

    ㉡ 트랙의 바닥면은 포장한 곳과 포장하지 아니한 곳이 있어야 한다.

⑦ 4륜 자동차경주장업

    ㉠ 트랙은 길이 2km 이상으로서 출발지점과 도착지점이 연결되는 순환형태여야 하고, 트랙의 폭은 11m 이상 15m 이하여야 하며, 출발지점에서 첫 번째 곡선 부분 시작지점까지는 250m 이상의 직선구간이어야 한다.

    ㉡ 트랙에는 전 구간에 걸쳐 차량의 제동거리를 고려하여 적절한 시계(경주 중인 선수가 진행방향으로 장애물 없이 트랙이 보이는 거리)가 확보되어야 한다.

    ㉢ 트랙의 바닥면은 포장 또는 비포장이어야 한다.

ㄹ 트랙의 종단 기울기(차량 진행방향으로의 경사)는 오르막 20% 이하, 내리막 10% 이하여야
한다.

ㅁ 트랙의 횡단 기울기(차량 진행방향 좌우의 경사)는 직선구간은 1.5% 이상 3% 이하, 곡선구간은
10% 이하여야 한다.

ㅂ 트랙의 양편 가장자리는 폭 15cm의 흰색선으로 표시하여야 한다.

⑧ 승마장업

ㄱ 실내 또는 실외 마장면적은 500m² 이상이어야 하고, 실외 마장은 0.8m 이상의 울타리를
설치하여야 한다.

ㄴ 3마리 이상의 승마용 말을 배치하고, 말의 관리에 필요한 마사(馬舍)를 설치하여야 한다.

⑨ 수영장업

ㄱ 물의 깊이는 0.9m 이상 2.7m 이하로 하고, 수영조의 벽면에 일정한 거리 및 수심 표시를
해야 한다. 다만, 어린이용·경기용 등의 수영조에 대하여는 이 기준에 따르지 않을 수 있다.

ㄴ 수영조와 수영조 주변 통로 등의 바닥면은 미끄러지지 않는 자재를 사용해야 한다.

ㄷ 도약대를 설치한 경우에는 도약대 돌출부의 하단 부분으로부터 3m 이내의 수영조의 수심은
2.5m 이상으로 하여야 한다.

ㄹ 도약대는 사용 시 미끄러지지 않도록 해야 한다.

ㅁ 도약대로부터 천장까지의 간격이 스프링보드 도약대와 높이 7.5m 이상의 플랫폼 도약대인
경우에는 5m 이상, 높이 7.5m 이하의 플랫폼 도약대인 경우에는 3.4m 이상이어야 한다.

ㅂ 물의 정화설비는 순환여과방식으로 해야 한다.

ㅅ 물이 들어오는 관과 나가는 관의 배관설비는 물이 계속하여 순환되도록 해야 한다.

ㅇ 수영조 주변 통로의 폭은 1.2m 이상[난간손잡이(hand rail)를 설치하는 경우에는 1.2m 미만으
로 할 수 있다]으로 하고, 수영조로부터 외부로 경사지도록 하거나 그 밖의 방법을 마련하여
오수 등이 수영조로 새어 들 수 없도록 해야 한다.

적중예상문제

CHAPTER 01 조경 일반

01 조경의 정의에 대한 설명으로 틀린 것은?

① 조경(造景)이란 경관을 조성하는 전문 분야이다.
② 정원을 제외한 모든 옥외공간을 조형적으로 다루는 일이다.
③ 인간에 의해 환경을 아름답고 가치있게 기획, 설계, 관리, 보존, 재생하는 것을 말한다.
④ 옴스테드는 '조경(Landscape Architecture)이라는 전문 직업은 자연과 인간에게 봉사하는 분야이다'라고 하였다.

[해설]
② 조경은 정원을 포함한 옥외공간을 조형적으로 다루는 일이다.

02 다음 중 조경의 목적으로 볼 수 없는 것은?

① 생활환경을 편리하게 만들어 쾌적한 분위기를 조성한다.
② 즐거움보다는 유용함을 줄 수 있는 환경 조성에 목표를 둔다.
③ 개발에 따른 도시 환경문제를 해결한다.
④ 인간이 이용하는 모든 옥외공간과 토지를 이용하여 개발함에 있어서 보다 기능적이고 경제적인 시각적 환경을 조성하고 보존하는 것이다.

[해설]
② 조경은 즐거움과 유용함 모두를 줄 수 있는 환경 조성에 목표를 둔다.

03 조경과 관련된 환경요소에 대한 설명 중 옳은 것은?

① 물리적 환경은 풍토 등의 자연환경을 말한다.
② 기후는 인공적 환경에 속할 수 있다.
③ 사회적 환경은 조경의 관심 영역과 도시 등의 환경을 말한다.
④ 사회적 환경은 인간의 이용과 관련된 환경을 말한다.

[해설]
① 물리적 환경은 풍토, 기후 등의 자연환경을 말한다.
② 기후는 물리적 환경에 속한다.
③ 조경의 관심 영역과 도시 등의 환경은 인공적 환경이다.
④ 인간의 이용과 관련된 환경은 자연적 환경이다.

04 조경가의 역할 설명으로 틀린 것은?

① 인간이 필요로 하는 여러 시설과 시설물을 만들어 제공하는 시설 제공자의 역할
② 각각의 경관요소를 조화롭게 구성하고 대규모 경관 형성에 기여하는 경관 형성자의 역할
③ 경관의 아름다움을 자연미와 인간미의 조화로 파악하고 종합적인 경관미를 추구하는 창작자의 역할
④ 대중의 미적 선호보다는 자신의 미적 상상력만을 중요시하는 예술가의 역할

[해설]
조경계획물은 일반적인 대중이 보고 즐기는 것이므로 자신의 미적 상상력만이 중요하다기보다는 일반적으로 대중이 공감하고 선호할 수 있어야 한다.

05 미국조경협회(ASLA, 1975)가 채택한 조경의 정의 중에 속하는 내용은?

① 경관의 조성과 관리
② 문화적 · 과학적 지식의 활용
③ 자원활용을 위한 토지의 개발
④ 단지의 효율적 계획과 설계

해설
미국조경가협회(ASLA ; American Society of Landscpae Architects, 1975)가 채택한 정의에서 조경은 토지를 계획, 설계, 관리하는 기술로서 자원보존과 관리를 고려하면서 문화적, 과학적 지식을 활용하여 자연요소와 인공요소를 구성함으로써 유용하고 쾌적한 환경을 조성하는 것을 목적으로 한다.

06 미국조경가협회(ASLA)에서 정의하는 조경업무의 유형이 아닌 것은?

① monuments
② urban design
③ infrastructure
④ interior landscapes

해설
③ infrastructure는 도로 · 철도 등의 기반시설로 조경업무에 속하지 않는다.
① monuments : 기념물
② urban design : 도시설계
④ interior landscapes : 실내조경

07 계획과 설계에 관한 설명 중 옳지 않은 것은?

① 계획은 문제의 발견에 관련하고, 설계는 문제의 해결에 관련한다.
② 계획은 분석에 깊이 관련되고 설계는 종합에 깊이 관련된다.
③ 계획은 논리적이고 객관적인 반면, 설계는 주관적이고 직관적이다.
④ 일반적으로 계획은 설계가 이루어진 다음 수행된다.

해설
일반적으로 계획을 먼저 수행하고 설계가 이루어진다.

08 20세기 초 미국의 레드번에서 영국의 하워드의 전원도시의 이상과 이념을 갖고 계획되었는데, 그 개념과 거리가 먼 사항은?

① 대가구(super block)를 설정
② 가로의 활성화를 위해 보도와 차도를 혼용
③ 막다른 골목(cul-de-sac)의 설치로 근린성을 높이고 전원풍경을 창출
④ 근린주구시설을 보도로써 연결

해설
보행로와 자동차도로는 완전 분리하고 보행로는 슈퍼블록 안의 공원으로 연결되도록 설계하였다.

09 역사상 조경학적으로 의미 있는 최초의 일과 연대가 서로 맞지 않는 것은?

① 1851년 - 최초의 공원법 통과
② 1899년 - 최초의 미국조경가협회 조직
③ 1903년 - 최초의 전원도시 탄생
④ 1910년 - 최초의 수도권 공원계통 수립

해설
④ 1890년대에 수도권 공원계통을 최초로 수립하였다.

정답 5 ② 6 ③ 7 ④ 8 ② 9 ④

10 하워드의 전원도시론 「Garden city of tomorrow」에 대한 설명으로 틀린 것은?

① 낮은 인구 밀도, 공원과 정원의 개발, 아름답고 기능적인 그린벨트, 전원(country style)과 타운(town), 위성적인 지역사회로 둘러싸인 중심 수도권(central metropolis)형태의 도시론을 주장하였다.
② 범세계적인 뉴타운 건설 붐을 일으키고 새로운 도시 공간 창조에 조경가의 역할을 증대시켰다.
③ wards(구역의 분할)로써 근린주구 개념의 시초를 보여 준다.
④ 1903년 레치워스(Letchworth)와 1920년 웰윈(Welwyne)에서 전원도시론의 성공적인 완성을 보여준다.

해설
1903년 하워드의 계획으로 런던 북쪽 56km 지점에 최초의 전원도시 레치워스(Letchworth)가 건설되었는데, 설계는 레이몬드 언원(R. Unwin)과 배리 파커(B. Parker)가 했다.

11 조경계획의 접근방법 중 맥하그(McHarg)가 주장한 생태학적 접근방법의 설명으로 가장 적합한 것은?

① 생태적 복원 계획의 체계화
② 도면중첩법에 의한 최적 토지 용도의 결정
③ 상대적 척도(interval scale)에 의한 특이성비 산출
④ 도면결합법(overlay method)에 의한 자연형성 과정의 이해

해설
맥하그의 분석과정은 기본적으로 토지이용 적지를 찾아서 계획 및 설계를 위한 기초를 마련하기 위한 작업으로 볼 수 있는데, 분석과정상의 토지용도별 적지판정 단계에서는 도면결합법(overlay method)을 주로 사용하였다.

12 래드번 택지계획(Radburn housing type)의 개념과 가장 관계 깊은 것은?

① 고밀도 주거지와 그 사이의 넓은 녹지공간의 조화
② 개발제한구역(Green belt)
③ 보도와 차도의 분리
④ 자전차 전용 도로망을 최초로 도입

해설
하워드의 전원도시이론 계승, 라이트와 스타인이 소규모의 전원도시 창조, 슈퍼블록 설정, 차도와 보도의 분리, 쿨데삭(cul-de-sac)으로 근린성을 높였다.

13 범세계적인 뉴타운 건설 붐을 일으켰고 새로운 도시공간을 창조하는데 조경가의 적극적인 참여계기가 된 것은?

① 도시미화운동
② 시카고 대박람회
③ 전원도시론
④ 그린스워드(Greensward)안

해설
산업혁명 후 영국에서는 도시의 팽창과 인구집중 등 도시문제를 해결하기 위해 하워드가 전원도시운동을 제안하였다.

14 래드번 도시계획에 관한 설명으로 옳지 않은 것은?

① 슈퍼블럭을 채택
② 통과교통을 단지 내로 통과 배제
③ 보도망의 형성 및 보도와 차도의 입체적 분리
④ Howard에 의해 조성된 대표적인 전원도시

해설
④ 래드번 도시계획과 관련된 조경가는 라이트(Wright)와 스타인(Stein)이다.

15 다음 인문생태적 조경이론(human ecological planning)을 설명한 것 중 틀린 것은?

① 미국의 조경가 맥하그(Ian McHarg)에 의해 주도 되었다.
② 인문주의적 조경이론이다.
③ 모든 이용자들을 위해 가장 적합한 환경을 추구하고자 한다.
④ 물리, 생물, 문화적 시스템을 서로 연관지어 설명하고자 한다.

해설
인문생태학적(human ecology) 접근
초기에는 생태적 계획(ecological planning)이라는 이름으로 환경결정론의 입장에서 생물, 물리적 생태요소들에 중점을 두었으나 최근에는 인문생태적 계획(human ecological planning)이라는 이름으로 확장하여 환경이 인간의 행태를 결정하기보다는 환경이 인간에게 기회를 제공할 뿐이라는 입장을 취하고 있다. 또한 지구 생태계에서 인간의 영향을 받지 않는 곳이 거의 없으며 생태계에서 인간의 우세한 입장을 인정하고 이를 바탕으로 한 계획이론이다.

16 C. A. Perry의 근린주구(neighbourhood unit) 이론의 설명 중 적절치 않은 것은?

① 기본규모는 1개 초등학교를 유지시킬 수 있는 거주지역이다.
② 근린주구 중심과 각 가정과의 최대거리는 1.2km 정도이다.
③ 근린주구 내부의 도로는 통과교통이 배제된다.
④ 간선도로 · 녹지 등에 의해 다른 지역과 구별하였다.

해설
② 초등학교 1개의 학구(學區)를 기준단위로 규모는 반경 400m 정도이며, 초등학교가 근린주구의 중앙에 위치한다.

17 Clarence A. Perry의 근린주구(近隣住區) 개념과 거리가 먼 것은?

① 초등학교 1개의 학구(學區)를 기준단위로 규모는 반경 400m 정도이며, 초등학교가 근린주구의 중앙에 위치한다.
② 그 단위는 통과교통이 내부를 관통하지 않고 용이하게 우회할 수 있는 충분한 넓이의 간선도로에 의해 구획되어야 한다.
③ 근린쇼핑시설은 도로 결절점이나 인접 근린주구 내의 유사지구 부근에 위치한다.
④ 보행로와 차-도 혼용도로를 설치한다.

해설
근린단위(neighborhood unit)의 기본 원칙
• 크기(size) : 하나의 주거지 단위는 하나의 초등학교를 유지할 수 있는 인구규모를 갖도록 개발한다. 그 실제 크기는 인구 밀도에 따라 다르다.
• 경계(boundaries) : 하나의 단위는 통과차량이 주거지 안으로 들어오지 않고 우회할 수 있도록 네 면 모두 간선도로로 둘러 싸여 있어야 한다.
• 개방공간(open space) : 특정 근린 단위에 사는 주민들에게 필요한 작은 공원과 여가 공간의 체계가 수립되어 있어야 한다.
• 공공시설부지(institute site) : 한 근린 단위에서 제공되는 학교와 기타 다른 공공시설부지는 근린 단위의 중앙에 모여 있어야 한다.
• 근린상가(local shop) : 주민들에게 적정서비스를 제공하는 상점 구역이 한 근린단위 안에 있어야 한다. 도로의 결절점에 위치하거나 옆 근린단위의 상점구역과 인접하는 것이 좋다.
• 내부도로체계(internal street system) : 한 근린단위는 특수한 가로체계를 갖고 있어야 하고 각각의 도로는 교통량의 비중에 맞아야 한다. 가로망은 근린단위 안의 순환이 원활하도록 전체적인 관점에서 설계해야 하고 통과교통을 차단해야 한다.

18 다음 중 근린주구(neighborhood) 내에서 자동차 동선계획 시 고려사항으로 가장 거리가 먼 것은?

① 도로의 위계 및 밀도와 종류를 고려하여 계획한다.
② 주변 버스 또는 지하철 등의 외부 동선 연계보다는 지구 내 안전성 위주로 독립 계획한다.
③ 요일별, 계절별로 교통량 변동사항을 고려해야 한다.
④ 가급적 보행전용동선을 단절하지 않도록 계획한다.

[해설]
근린주구의 물적 계획의 특징
• 친밀한 사회적 교류가 어린이들 간의 친근감을 통하여 시작된다는 전제에서 초등학교구를 일상생활권의 단위로 하고 초등학교를 근린생활의 중심으로 한다.
• 통과교통이 주구내부로 진입하지 않고 주구외곽으로 우회하도록 내부는 쿨데삭으로 계획하고 외곽부는 충분한 폭원의 간선도로로 계획하며, 주구내부는 차량동선과 보행동선의 조화를 꾀한다.
• 오픈스페이스와 소공원 등 최소한의 녹지면적을 확보토록 하여 환경보전을 도모한다는 것이다.
• 주구면적이나 주구내부의 최대거리에 대한 계획기준이 보행권이다.

19 다음 중 페리(C. A. Perry)가 주장한 근린주구(neighborhood precinct)에 관한 설명으로 틀린 것은?

① 일반적으로 초등학교 및 근린상가를 포함한다.
② 근린주구의 구상은 스타인과 라이트 등에 의해 계획적으로 구현되었다.
③ 국토의 계획 및 이용에 관한 법률에 나타나는 지역지구제의 최소단위를 말한다.
④ 개개의 근린주구의 요구에 부합되도록 계획된 소공원과 위락공간의 체계가 있다.

[해설]
근린주구는 주거단지 계획의 기본개념으로 근린주구에서 생활의 편리성, 쾌적성, 주민들 간의 사회적 교류를 도모한다.

20 다음 설명 중 옳지 못한 것은?

① 미국에서 전원도시(田園都市)운동은 20세기 초에 시작되었다.
② 래드번(Radburn)은 쿨데삭(cul-de-sac)의 원리를 정원에 적용했다.
③ 뉴욕(New York)의 센트럴 파크(Central park)는 조셉팩스턴(Joseph Paxton)과 옴스테드(Olmsted)의 공동 작품이다.
④ 레치워스(Letchworth)와 웰윈(Welwyn)은 영국의 전원도시이다.

[해설]
뉴욕의 센트럴 파크는 조경건축가인 프레드릭 로 옴스테드(Frederick Law Olmsted)와 칼버트 보우(Calvert Vaux)가 뉴욕시 소유의 843에이커의 땅을 공원으로 조성한 것이다.

21 다음 중 래드번(Radburn) 계획과 가장 거리가 먼 개념은?

① 선형도시
② 보차분리
③ 쿨데삭(cul-de-sac)
④ 슈퍼블록(super-block)

[해설]
선형도시론은 Soria Y. Mata가 주장하였으며 도시생활과 전원생활을 동시에 구현하기 위하여 기존의 거점도시들을 연결하여 전체도시를 선형으로 계획하였다.

22 래드번(Radburn) 계획의 기본원리에 관한 설명으로 틀린 것은?

① 기능에 따른 2가지 종류의 도(道)로 구분한다.
② 보도망의 형성 및 보도와 차도(고가차도)를 입체적 분리한다.
③ 주거구는 슈퍼블록으로 하고 통과교통을 금한다.
④ 주택단지 어디로나 통할 수 있는 공동의 오픈스페이스를 조성한다.

[해설]
기능에 따라 4가지(이동, 집산, service, 주차)의 도로로 구분하였다.
래드번(Radburn) 계획에서 제시한 기본원리
• 주거구는 대가구(super-block)로 하고 통과교통을 금함
• 블록 내부의 open space 체계 구축
• 쿨데삭(Cul-de-sac)에 의한 수평적 보차분리
• 기능에 따라 4가지 종류의 도로 구분(이동, 집산, service, 주차로 구분)
• 보도망의 형성 및 보도와 차도(고가차도)를 입체적 분리한다.
• 주택단지 어디로나 통할 수 있는 공동의 오픈스페이스를 조성한다. 즉, 대규모의 Open Space는 학교, 수영장과 인접시켜 보행도로로 접근이 가능하게 하여 아동들이 큰길을 건너지 않고 학교와 운동장에 접근할 수 있도록 계획한다.

23 도시 · 군계획 수립 대상지역의 일부에 대하여 토지 이용을 합리화하고 그 기능을 증진시키며 미관을 개선하고 양호한 환경을 확보하며, 그 지역을 체계적 · 계획적으로 관리하기 위하여 수립하는 도시관리계획을 무엇이라고 하는가?

① 광역도시계획
② 도시 · 군기본계획
③ 지구단위계획
④ 상세지구계획

[해설]
지구단위계획이란 종전의 '도시설계'와 '상세계획제도'를 통합한 토지이용 합리화 계획으로, 도시 안의 특정한 구역을 지정해 종합적이고 체계적인 공간계획을 세우는 것을 말한다.

24 공원과 공원을 서로 파크웨이(park way)로 연결 시키도록 하는 공원계통의 이념을 확립시킨 사람은?

① Humphrey Repton ② William Kent
③ Lancelet Brown ④ F.L Olmsted

[해설]
뉴욕의 중앙공원(central park)을 설계한 옴스테드(F. L. Olmsted)는 전국을 돌아다니며 공원계획을 하였다. 특히 1864년에 시카고시는 '도시를 공원속에(A city set in a garden)'라는 구호를 내세우고 소공원과 미관지구를 800㏊를 조성하여 미국 도시 중에서 두 번째로 많은 공원면적을 확보하였다. 이것은 어떤 공원을 폭넓은 공원도로로 상호 연결시키는 것으로, 1893년 케슬러(G. Kessler)가 캔자스시에 적용시킴으로써 공원을 광역적인 지역계획의 차원으로 발전시켰다.

25 다음에서 설명하는 조경가는?

• 통상 고전적 근대주의자라고 불리며, 모더니즘 조경 설계 최초의 주장자 중 한사람이었으면서도 에크보와는 달리 축과 직각구성 등 정태적 형성이 그의 작품의 주조를 이루었다.
• 그의 작품에 나타나는 정통기하학과 수평성은 고전적 균형감각과 고요한 명상적 분위기를 느끼게 해준다.

① 로렌스 할프린 ② 단 카일리
③ 루이스 바라간 ④ 로베르토 벌막스

[해설]
단 카일리(Kiley, D.)
카일리는 에크보와 함께 하버드대학원에서 조경을 공부하였고 통상 고전적 근대주의자라고 불린다. 복합적인 수직 · 수평의 그리드 패턴, 이의 변형인 바람개비 형태, 복수축의 전개 등 근대적 운동성과 시간성을 표현하고 있어 모더니스트로서의 성격을 분명히 한다.
① 로렌스 할프린 : 대표적인 아방가르드 조가로 과감한 실험정신의 대표 작가이다. '움직임(시간, 사람, 물 등의)'은 그의 작품의 일관된 주요 주제이며, 넓은 의미로 이 움직임은 자연의 생태적 변화 과정까지 포함한다.
③ 루이스 바라간 : 멕시코 작가(건축가 겸 조경가)로 형이상학적 초현실주의 화가 기리코를 연상케 하는 특이한 미니멀리즘적 초현실주의 작품을 보여주었다.
④ 로베르토 벌 막스 : 브라질 작가(화가 겸 조경가)로 초현실주의풍의 극단적인 곡선적, 유기적 형태의 작품이 주조를 이루고 있다.

26 경사면에 장방형의 건물을 배치할 경우 배치 방법이 가장 경제적이고 기존 지형과의 조화가 두드러진 것은?

① 건물의 긴 변이 등고선에 수직되게 배치한다.
② 건물의 긴 변이 등고선에 45°방향으로 배치한다.
③ 건물의 긴 변이 등고선에 30°방향으로 배치한다.
④ 건물의 긴 변이 등고선에 평행되게 배치한다.

[해설]
절토 및 성토의 양을 줄이려면 건물의 긴 변이 등고선에 평행되게 배치시키는 것이 유리하다.

27 GIS의 자료처리 및 구축을 위한 전반적인 작업 과정으로 옳은 것은?

① 자료입력 – 자료수집 – 자료조작 및 분석 – 자료처리 – 출력
② 자료수집 – 자료입력 – 출력 – 차료처리 – 자료조작 및 분석
③ 자료수집 – 자료조작 및 분석 – 자료처리 – 자료입력 – 출력
④ 자료수집 – 자료입력 – 자료처리 – 자료조작 및 분석 – 출력

[해설]
GIS의 자료처리 및 구축을 위한 작업과정 : 자료수집 → 자료입력 → 자료처리 → 자료조작 및 분석 → 출력

28 GIS에서 사용되는 벡터모델의 기본요소가 아닌 것은?

① grid
② line
③ point
④ polygon

[해설]
벡터 모델은 복잡한 실세계를 점(point), 선(line), 면(polygon)의 세 가지 객체 타입으로 표현하는 방식이다. 점, 선, 면은 실세계에서 불규칙하게 분포하는 지리사상이나 좌표를 표현하기 위해 사용되며 선은 도로를, 면은 숲 등을 나타낸다.

29 축척이 1/50,000인 지형도의 어떤 사면경사를 알기 위해 측정한 계측선 간의 도상 수평 최단거리가 1.4cm이었을 때 이 두 점의 사면 경사도는?

① 약 8%
② 약 10%
③ 약 14%
④ 약 20%

[해설]
경사도 $= \dfrac{수직거리}{수평거리} \times 100$이고, 1/50,000에서는 계곡선 간의 높이차가 100m이므로 수평거리는 1.4cm × 50,000 = 70,000 cm = 700m이다.

∴ $\dfrac{100}{700} \times 100 =$ 약 14%

※ 등고선의 간격(높이차)

등고선 종류	표시	등고선의 간격(m)				
		1:2,500	1:5,000	1:10,000	1:25,000	1:50,000
주곡선	가는 실선	2	5	5	10	20
계곡선	굵은 실선	10	25	25	50	100
간곡선	가는 긴 파선	1	2.5	2.5	5	10
조곡선	가는 짧은 파선	0.5	1.25	1.25	2.5	5

30 다음 중 미기후(micro climate)에 영향을 가장 적게 끼치는 것은?

① 보차포장 재료
② 대상지 주변의 식재 현황
③ 주변 건물의 배치
④ 운행 중 차량 소음

미기후는 건물이 위치하는 대지 및 주변의 기후로서 주변의 식재나 인공구조물과 같은 지표면 상태에 영향을 받는다.
• 미기후 요소 : 대기 요소, 서리, 안개, 자외선, 이산화황, 이산화탄소
• 미기후 인자 : 지형, 지상피복상태 및 특수열원, 태양 복사열의 정도, 공기유통의 정도, 안개 및 서리해 유무, 지형적 여건에 따른 일조시간, 대기오염 자료 등(안개 및 서리의 발생은 지형이 낮고 배수가 불량한 지역일수록 자주 발생함)

31 미기후 분석에 관한 설명 중 올바르게 분석된 것은?

① 태양 복사열을 받는 정도는 북사면일 경우 경사가 완만할수록 많은 열을 받는다.
② 안개 및 서리의 발생은 지형이 높고, 배수가 양호한 지역일수록 자주 발생한다.
③ 공기의 유통 정도는 계곡의 폭이 넓고, 깊이가 얕을수록 잘 되지 않는다.
④ 남사면일 경우 경사가 완만할수록 태양복사열을 많이 받는다.

② 안개 및 서리는 지형이 낮고 배수가 불량한 지역에서 자주 발생한다.
③ 공기의 유통 정도는 계곡의 폭이 넓고 깊이가 깊을수록 잘된다.
④ 남사면일 경우 태양과 직각일수록 태양복사열을 많이 받는다.

32 토양의 보통 깊이에 따라서 5개의 층(horizon)으로 나누고 있다. 이들 중에서 용탈층(溶脫層)으로 불리는 것은?

① O층 ② A층
③ B층 ④ C층

• 토양단면(층위구성) : 유기물층(O) → 용탈층(A) → 집적층(B) → 모재층(C) → 므암층(R)
• 표층(A층, 용탈층) 미생물과 식물활동이 왕성하여 식물의 뿌리발달에 영향을 미치는 층으로, 외부환경의 영향을 가장 많이 받으며, 기후식생 등의 영향을 받아 가용성 염기류 용탈이다.

33 다음 주 우수유량을 결정하는데 영향력이 가장 적은 요소는?

① 강우시간 및 강우강도
② 지표면의 경사방향
③ 지표면을 형성하는 토양의 종류
④ 지표면에 형성된 식생의 종류

우수(빗물)유량은 지표면을 형성하는 지형, 지질, 식생, 토양특성, 강우 특성 등으 영향을 받는다.

34 다음에서 설명하는 내용으로 적합한 것은?

기존의 녹지자연도를 보완하여 식생보전등급의 정확한 기준과 평가지침을 제시하고자 기후에너지환경부에서 제작한 도면·산·내륙습지·농지·도시 등에 대하여 자연 환경을 생태적 가치, 자연성, 경관성 가치 등에 따라 등급화하여 작성한 지도

① 생태·자연도 ② 녹지구분도
③ 식생분포도 ④ 경관가치도

생태·자연도(자연환경보전법 제2조 제14호)
산·하천·내륙습지·호소(湖沼)·농지·도시 등에 대하여 자연환경을 생태적 가치, 자연성, 경관적 가치 등에 따라 등급화하여 작성된 지도를 말한다.

35 다음 중 경관분석의 기법에 해당하지 않는 것은?

① 기호화 방법
② 군락측도 방법
③ 메시(mash)에 의한 방법
④ 게슈탈트(gestalt)에 의한 방법

해설

경관 분석기법
- 기호화 방법 : K. Lynch는 도시경관을 분석함에 있어서 기호를 만들어 이를 도시경관 분석에 이용하여 도면을 작성하였다.
  ※ 5가지 기호 : 통로(path), 모서리(edges), 지역(district), 결절점(node), 랜드마크(landmark)
- 심미적 요소의 계량화 방법 : 레오폴드(Leopold)가 경관의 질적 요소를 계량화하여 경관평가에 객관화를 시도한 것이다.
- 사진에 의한 방법 : 항공사진이나 일정 지점에서 대상물을 촬영하여 경관을 분석하는 방법이다.
- 메시(Mesh)에 의한 분석방법 : 동경대학에서 시도한 것으로 자연경관을 크게 위요공간(surrounding)과 조망공간(prospect)의 두 종류로 체계화하고, 이 체계화된 각 요인(지표상태·취락·기타 지형·시계방향·시계량·주흥미경관의 영향)을 일정한 간격의 메시로 구획한 도면상에서 각각 분석하고 이를 종합하여 경관의 질을 평가하는 방법이다.
- 게슈탈트(Gestalt)에 의한 방법 : 게슈탈트는 심리학, 철학 등에서 부분이 모여서 된 전체가 아니라, 완전한 구조와 전체성을 지닌 통합된 전체로서의 형상과 상태를 가리킨다.

36 경관의 변화 요인(variable factors)에 해당하는 것은?

① 질감   ② 색채
③ 선   ④ 시간

해설

- 경관의 우세요소 : 형태, 선, 색채, 질감
- 경관의 우세원칙 : 대조, 연속성, 축, 집중, 상대성, 조형
- 경관의 변화요인 : 운동, 빛, 기후조건, 계절, 거리, 관찰위치, 규모, 시간

37 경관분석에 있어서 시각적 효과 분석 방법에 대한 설명 중 옳은 것은?

① 린치(Lynch)는 도시 이미지 형성에 기여하는 물리적 요소로 통로, 모서리, 지역, 결절점 및 랜드마크의 5가지를 제시하였다.
② 틸(Thiel)은 인간 행동의 움직임을 표시하는 모테이션심볼을 고안하였다.
③ 할프린(Halprin)은 개개의 공간 표현보다 부분적 공간의 연결로 형성되는 전체적 공간에 대한 종합적 경험을 더욱 중시하고 있다.
④ 아버나티(Abernathy)는 외부공간을 모호한 공간, 한정된 공간, 닫혀진 공간으로 구분하였다.

해설

② 틸(Thiel)은 외부공간을 모호한 공간, 한정된 공간, 닫힌 공간으로 구분하였다.
③ 할프린(Halprin)은 인간 행동의 움직임을 표시하는 모테이션 심벌을 고안하였다.
④ 아버나티(Abernathy)는 환경설계에서 속도 혹은 움직임의 중요성을 주장하였다.

38 조경계획을 위한 부지 조사 시 인문환경 조사 항목에 속하는 것은?

① 지질   ② 경관
③ 토양   ④ 토지이용

해설

적지 분석 : 각 용도별로 계획 구역 내의 어느 장소가 가장 적합한가를 분석하는 것으로 토지의 잠재력, 용도별 특성, 사회적 수요에 기초하여 수행한다.
※ 적지 분석 기준
- 경관적 기준 : 전망, 선호도, 시각적 영향 등
- 생태적 기준 : 경사도, 식생밀도, 배수 등
- 인문적 기준 : 기존의 토지이용, 접근성, 전기, 도로, 통신 등 기반 시설의 확보 용이성

39 인공위성이나 비행기 등에서 대상물 또는 대상에 대한 현상을 관측 탐사하여 환경평가하는 방법을 무엇이라 하는가?

① 컴퓨터 해석 기법
② 리모트 센싱 기법
③ 도면결합법
④ 매트릭스 평가법

해설
리모트 센싱에 의한 환경 조사 : 항공기, 인공위성에 의해서 땅 위에서 탐사하는 방법

장점	• 단시간 내에 광범위한 지역의 여러 환경 정보를 수집하여 해석 • 기록된 정보들은 기록된 상태에서 언제나 재현 가능 • 대상물에 직접 손대지 않고 정보수집 • 시각적 추이에 따른 환경의 변화를 파악할 수 있음
단점	• 정보 수집이 대상물로부터 반사되는 전자 스펙트럼의 특성을 통해 얻어짐으로 심층부의 정보는 간접적으로 얻을 수 밖에 없음 • 경비가 많이 소요

40 도시인구 예측모델을 비요소모형과 요소모형으로 구분할 때, 다음 중 비요소모형에 해당하지 않는 것은?

① 지수성장모형
② 곰페르츠모형
③ 로지스틱모형
④ 연령집단생존모형

해설
인구 예측모델
• 비요소모형 : 선형모형, 지수모형, 수정된 지수모형, 곰페르츠 모형, 로지스틱모형 등
• 요소모형 : 연령집단생존모형, 인구이동모형

41 자연공원의 적정 수용력을 결정하는 방법 중 이용자가 만족스러운 경험을 갖기 위해서 일정지역에 어느 정도의 인원을 수용하는 것이 적절할 것인가를 기준으로 삼는 수용력은?

① 물리적 수용력
② 심리적 수용력
③ 생태적 수용력
④ 특수 수용력

해설
Penfold et al.(1972)은 미국의 국립공원의 가치를 영속적으로 누릴 수 있는 방법의 기초로서 다음의 세 가지 수용력의 개념을 정의했다.
• 물리적 수용력(physical carrying capacity) : 인공구조물이나 시설물의 최적 공간규모, 즉 시설이 수용할 수 있는 능력
• 생태적 수용력(ecological carrying capacity) : 자연환경생태계가 자기회복능력이나 자기정화능력의 한계 내에서 본질적인 메커니즘을 교란·파괴받지 않고 인간의 활동을 흡수·지탱할 수 있는 능력
• 심리적 수용력(psychological carrying capacity) : 인간이 어떠한 요구된 활동을 행함에 있어서 바라는 일정 수준의 질을 유지하고 만족을 느끼기 위해서 필요로 하는 환경조건

42 다음 중 최대일률에 대한 설명으로 옳은 것은?

① 평균체재시간을 고려한 이용자 비율
② 연중 사람이 가장 많이 이용하는 날의 이용자수
③ 연간 이용자수에 대한 최대일이용자수의 비율
④ 하루 중 가장 많이 이용하는 시간의 이용자수의 비율

해설
• 최대일이용자수 = 연간 이용자수 × 최대일률
  최대일률 = 최대일이용자수 / 연간 이용자수
  즉, 최대일률은 연간 이용자수에 대한 최대일이용자수의 비율
• 최대시이용자수 = 최대일이용자수 × 회전율

43 연간 이용자수가 100,000명인 관광지에서 최대일이용자수(A)와 최대시이용자수(B) 산정으로 올바른 것은?(단, 회전율 1/4, 최대일률 1/50로 한다)

① A : 2,000명, B : 500명
② A : 2,000명, B : 600명
③ A : 2,500명, B : 500명
④ A : 2,500명, B : 600명

해설
• A : 최대일이용자수 = 연간 이용자수 × 최대일률
               = 100,000 × 1/50
               = 2,000
• B : 최대시이용자수 = 연간 이용자수 × 최대일률 × 회전율
               = 100,000 × 1/50 × 1/4
               = 500

44 환경심리학의 특징에 관한 설명 중 적합하지 않은 것은?

① 환경과 인간행태의 관계성을 종합된 하나의 단위로서 연구한다.
② 현실적인 인간행태에 대한 문제 해결을 위한 이론 및 그 응용을 연구한다.
③ 도심지 환경영향평가 시 계량화된 주요지표로 이용된다.
④ 환경과 인간행태 상호 간에 영향을 주고받는 상호작용을 연구한다.

해설
환경심리학적인 접근방법
• 환경과 인간행태의 관계성을 종합된 하나의 단위로서 연구한다.
• 현실적인 인간행태에 대한 문제 해결을 위한 이론 및 그 응용을 연구한다.
• 환경과 인간행태 상호 간에 영향을 주고받는 상호작용을 연구한다.
• 경관을 통하여 인간이 느끼는 다양한 느낌, 감정, 이미지를 분석의 대상으로 삼는다.
• 긍정적인 느낌을 불러일으키는 경관은 질이 높으며, 부정적인 느낌을 주는 경관은 그 질이 낮다고 생각한다.

45 뉴먼(Newman)은 주거단지 계획에서 환경심리학적 연구를 응용하여 범죄 발생률을 줄이고자 하였다. 뉴먼이 적용한 가장 중요한 개념은?

① 영역성(territoriality)
② 개인적 공간(personal space)
③ 혼잡성(crowding)
④ 프라이버시(privacy)

해설
뉴먼(Newman)의 영역성(territoriality)
거주자들 사이의 소유에 대한 태도를 자극하기 위한 주거건물 안팎의 공적 공간의 세분화·구획작업(직선형 주택배치, 위계적 주택배치, 가로폐쇄 등).

46 다음 중 설문조사의 특성에 관한 설명으로 옳지 않은 것은?

① 설문지는 우편이나 전화를 통해 작성되기도 한다.
② 설문에 걸리는 시간은 결과에 영향을 주지 않는다.
③ 설문지에 의한 조사는 문제의 성격이 명확할 때 사용하는 것이 좋다.
④ 설문의 유형으로는 자유응답, 제한응답, 시각적 응답 등의 유형이 있다.

해설
② 설문에 걸리는 시간은 결과에 영향을 준다. 즉, 설문지 응답에 걸리는 시간이 너무 길면 지루하게 느껴져 응답의 성의가 떨어진다. 응답에 걸리는 시간은 최대 30분 이내 정도가 가장 적절하다.
설문조사의 특성
• 설문지는 우편이나 전화를 통해 작성되기도 한다.
• 설문에 걸리는 시간은 결과에 영향을 준다. 즉, 설문지 응답에 걸리는 시간이 너무 길면 지루하게 느껴져 응답의 성의가 떨어진다. 응답에 걸리는 시간은 최대 30분이내 정도가 가장 적절하다.
• 설문지에 의한 조사는 문제의 성격이 명확할 때 사용하는 것이 좋다.
• 설문의 유형으로는 자유응답, 제한응답, 시각적 응답 등의 유형이 있다.

47 조경계획을 위한 분석과 종합과정에 대한 설명으로 틀린 것은?

① 분석은 관련 자료를 부분적으로 나누어 검토하는 것이며, 종합은 이들을 체계화시키고 중요도에 따라 우선순위를 결정하는 것이다.
② 분석과 종합을 위해서는 창의성 보다는 합리적 접근이 보다 많이 요구된다.
③ 분석은 주로 정량적(定量的) 특성을 지니며 종합은 주로 정성적(定性的) 특징을 지닌다.
④ 분석은 관련 자료를 분야별로 나누어 조사하는 것이며, 종합은 이들을 평가하여 대안 작성을 위한 기초를 마련하는 것이다.

해설
정량적 분석은 수치로 표현하는 것이고, 정성적 분석은 수치가 아닌 말로 설명하는 분석이다. 따라서 분석은 정량적 · 정성적 모두의 특성을 지닌다.

48 다음 중 조경계획을 위한 분석과정 중 경관분석방법의 분류 형태에 포함되지 않는 것은?

① 생태학적 접근
② 사회학적 접근
③ 형식미학적 접근
④ 경제학적 접근

해설
경관분석방법 분류 형태
생태학적 접근, 형식미학적 접근, 정신물리학적 접근, 심리학적 접근, 기호학적 접근, 현상학적 접근, 경제학적 접근

49 생태적 결정론(ecological determinism)을 주장하여 조경계획 및 설계에 있어 생태적 계획의 이론적 기초가 되도록 한 사람은?

① Ian McHarg
② J. O. Simonds
③ Lawrece Halprin
④ Robert Sommer

해설
McHarg(맥하그)의 생태적 결정론
• 자연과학적인 근거로 인간의 환경 적응 문제를 파악하고 새로운 환경의 창조게 기여했다.
• 자연과 인간, 자연과학과 인간환경의 관계를 생태적 결정론으로서 연결하였다.

50 브로드빈트(G. Broadbent)가 설명하는 설계방법론 중 환경심리학 및 생태심리학에 대한 관심이 높아지면서 이용후 평가가 도입되는 등 설계과정에서 순환적 과정으로 발전된 설계방법론에 해당하는 것은?

① 제1세대 설계방법론
② 제2세대 설계방법론
③ 제3세대 설계방법론
④ 제4세대 설계방법론

해설
설계방법론의 발달과정
1세대 방법론(체계적 과정 : 과제분석 – 설계과정에 관심) → 2세대(참여설계 – 설계행위 관심) → 3세대(예측과 반박) → 제4세대(순환적 과정)

정답 47 ③ 48 ② 49 ① 50 ④

51 다음 중 모테이션 심벌(motation symbols)이라 불리는 인간행동의 움직임의 표시법을 고안하여 인간의 움직임을 기록하고 동시에 설계할 수 있도록 한 인물은?

① 린치(Lynch)
② 할프린(Halprin)
③ 스타이니츠(Steinitz)
④ 제이콥스와 웨이(Jacobs and Way)

해설
Halprin(할프린)의 움직임 표시법
• 모테이션 심벌(움직임+부호)이란 인간행동의 움직임 표시법을 고안했다.
• 공간 형태보다는 시계에 보이는 사물의 상대적 위치를 주로 기록한다.
• 진행중심적 기록방법이며, 폐쇄성이 낮은 공간(교외, 캠퍼스 등)에 적용이 용이하다.

52 버라인(Berlyne)이 설명한 미적 반응의 순서로 맞는 것은?

① 자극선택 → 자극 → 자극탐구 → 자극해석 → 반응
② 자극 → 자극선택 → 자극탐구 → 자극해석 → 반응
③ 자극 → 자극탐구 → 자극선택 → 자극해석 → 반응
④ 자극선택 → 자극 → 자극해석 → 자극탐색 → 반응

해설
Berlyne의 인간의 미적 반응 과정 4단계
• 자극탐구(stimuli seeking) : 호기심이나 지루함 등의 다양한 동기에 대한 자극을 찾는 것으로 다양성 탐구의 동기에 의해 일어난다.
• 자극선택(stimuli selecting) : 인간은 자극에 대해 동시에 집중할 수 없으므로 선택적 주위집중을 하게 된다. 자극의 특성이 주의 집중을 좌우하기도 한다.
• 자극해석(stimuli processing) : 자극요소의 상호 관련성을 지각하여 인식하고, 자극의 패턴을 받아들인다.
• 자극에 대한 반응(response) : 최종 단계인 육체적 혹은 심리적 형태로 나타내는 반응이다.

53 개인적 공간의 거리 및 기능에 대한 설명 중 틀린 것은?

① 친밀한 거리 : 0~45cm의 거리로, 부모와 아기 혹은 연인들과 같은 아주 가까운 사람들 사이의 거리이다.
② 개인적 거리 : 45~120cm의 거리로, 친한 친구 혹은 잘 아는 사람들 간의 일상적 대화가 유지되는 거리이다.
③ 사회적 거리 : 120~360cm의 거리로, 주로 업무상의 대화에 유지되는 거리이다.
④ 공적 거리 : 거리와 상관없는 개념으로, 방송 등을 통한 추상적 거리가 이에 해당한다.

해설
Hall의 구분
• 친밀한 거리 : 0~45cm(0~1.5ft)의 거리로 아이를 안아 준다거나 이성 간의 교제, 스포츠(레슬링, 씨름 등) 경기 시 유지되는 거리
• 개인적 거리 : 45cm~1.2m(1.5~4ft)의 거리로 일상적 대화 시 거리
• 사회적 거리 : 1.2~3.6m(4~12ft)의 거리로 업무상의 대화 시 거리
• 공적 거리 : 3.6m 이상(12ft 이상)의 거리로 배우, 연사 등의 개인과 청중 사이의 대화 시 거리

54 예측년도가 단기간이고 환경변화가 적으며 현재의 추세가 장래에도 계속된다고 가정할 때 효과적인 공간 수요량 산정 모델은?

① 시계별 모델   ② 중력모델
③ 요인분석 모델   ④ 외삽모델

[해설]
수요량 산출 모델
- 시계별 모델 : 예측 연도가 단기간인 경우와 환경조건의 변화가 적고, 현재까지 추세가 장래에도 계속된다고 생각되는 경우에 효과적인 방법이다.
- 중력모델 : 대단지에서 단기적으로 예측하는 데 사용가능하다.
- 요인분석모델 : 과거의 이용 추세로 추정하는 것으로 흔히 사용된다.
- 외삽법 : 과거의 이용 선례가 없을 때 비슷한 곳을 대신 조사하여 추정한다.

55 일반적으로 기본계획의 대안 작성에서 가장 비중이 크게 다루어지는 부문 계획은?

① 식재 및 하부구조계획
② 단계별 집행계획
③ 시설물 배치 계획
④ 토지 이용 및 동선계획

[해설]
대안의 결정
- 실현성 있는 대안을 평가기준에 의해 결정한다.
- 조경계획 과정에서 대안 설정의 기준으로 동선 및 토지이용계획이 가장 중요하게 고려된다.
- 대안 작성 시 기본적인 측면에서 상이한 안으로 3~4개의 대안을 작성한다.

56 다음 중 안내시설의 계획 시 고려사항으로 옳지 않은 것은?

① 도시의 CIP개념과 독자적으로 계획하는 것이 바람직하다.
② 야간 이용을 고려하여 조명시설을 반영하는 것이 필요하다.
③ 재료는 내구성·유지관리성·경제성·시공성·미관성·환경친화성 등 다양한 평가항목을 고려하여 종합적으로 판단한다.
④ 이용자에게 시각적 방해가 되는 장소는 피하여야 하며, 보행 동선이나 차량의 움직임을 고려하여 배치하여야 한다.

[해설]
CIP는 기업이나 공공단체가 가지고 있는 이미지를 시각적으로 체계화 또는 단일화하는 작업을 말한다. 따라서 독자적이기보단 통일성을 가져야 한다.

57 건축물 등 시각대상물이 단지 일반적인 경관으로 보이고 폐쇄성을 잃게 되는 앙각은 얼마인가?(단, D/H는 높이와 거리의 비율이다)

① $D/H = 4$ ② $D/H = 3$
③ $D/H = 2$ ④ $D/H = 1$

[해설]
건물높이(H)와 거리(D)의 비

D/H비	앙각	인지 결과
$D/H = 1$	45°	건물이 시야의 상한선인 30°보다 높음, 상당한 폐쇄감을 느낌
$D/H = 2$	27°	정상적인 시야의 상한선과 일치하므로 적당한 폐쇄감을 느낌
$D/H = 3$	18°	폐쇄감에서 다소 벗어나 주대상물에 더 시선을 느낌
$D/H = 4$	12°	공간의 폐쇄감은 완전히 소멸되고 특정적인 공간으로서의 장소의 식별이 불가능해짐

58 단지 내 보행자 공간의 역할과 가장 거리가 먼 것은?

① 산책, 놀이, 대화 등의 생활공간으로 활용될 수 있다.
② 쾌적한 보행자 공간의 조성을 통해 연도상가의 환경을 개선시킬 수 있다.
③ 특정 주택단지의 정체성을 높여 저소득 계층과의 구분이 가능하도록 해 준다.
④ 안락하고 편리한 보행자 공간을 이용하여 보행자들이 목적지까지 편리하게 도달할 수 있게 한다.

[해설]
보행자 공간의 역할
교통관리의 역할, 경제적 역할(보행자의 구매의욕 증진, 토지가치 상승), 환경보호적 역할, 사회적 교류의 역할, 생활공간 제공의 역할

59 쿨데삭(cul-de-sac)형태의 도로 패턴이 가장 효과적으로 이용될 수 있는 장소는?

① 주거단지
② 공업단지
③ 관광단지
④ 도심지

[해설]
주로 주택단지에 설치되는 도로의 유형으로, 단지 내 도로를 막다른 길로 조성하고 끝부분에 차량이 회전해 나갈 수 있도록 회차공간을 만들어 주는 기법이다.

60 G.Ekbo(1978)는 주택정원이 내·외부공간을 관련시켜 매우 효율적으로 다음 4가지 주요기능권으로 주택정원을 분할하였다. 이 중 특징이 잘못 설명된 것은?

① 전정(public access) – 수목, 초화류, 계단, 자연석, 분수 등으로 화려하게 치장하는게 좋다.
② 주정(general living) – 이용의 측면도 고려하여 중심부가 비어 있는 것이 바람직하며 퍼걸러(pergola) 녹음수, 정자 등 해를 가려주는 장치가 필요하다.
③ 후정(private living) – 침실에서의 전망이나 동선을 살리되 외부에서는 가능한 시각적, 기능적 차단을 하여 프라이버시가 최대한 보장되어야 한다.
④ 작업정(work space) – 전정이나 후정과는 시각적으로 어느 정도 차단하면서 동선은 연결될 필요가 있다.

[해설]
전정은 대문과 현관 사이의 공간, 전이공간으로 주택의 첫인상을 좌우하며 입구로서의 단순성을 강조한다. 또한, 바깥의 공적(公的)인 분위기에서 주택이라는 사적(私的)인 분위기로 들어오는 전이공간이다.

61 다음 설명의 ( ) 안에 공통적으로 적용 될 소음도 기준은?(단, 주택건설기준 등에 관한 규정을 적용한다)

> 공동 주택을 건설하는 지점의 소음도(실외소음도)가 ( )데시벨 이상인 경우에는 방음벽, 수림대 등의 방음시설을 설치하여 해당 공동주택의 건설지점의 소음도가 ( )데시벨 미만이 되도록 하여야 한다

① 30 　　　　　　② 45
③ 50 　　　　　　④ 65

[해설]
소음방지대책의 수립(제9조 제1항)
사업주체는 공동주택을 건설하는 지점의 소음도(실외소음도)가 65데시벨 미만이 되도록 하되, 65데시벨 이상인 경우에는 방음벽·방음림(소음막이숲) 등의 방음시설을 설치하여 해당 공동주택의 건설지점의 소음도가 65데시벨 미만이 되도록 법에 따른 소음방지대책을 수립해야 한다.

62 공원 및 녹지체계의 유형 중 녹지의 연결성과 접근성의 측면에서 바람직하다고 볼 수 있으나, 한정된 녹지가 넓은 면적에 분포하게 되어 녹지의 폭이 좁아지는 단점이 있는 것은?

① 단지 내 녹지를 한곳으로 모으는 집중형
② 단지 내 녹지를 고르게 분포시키는 분산형
③ 일정 폭의 녹지를 길게 조성하는 대상형
④ 대상형을 가로, 세로로 겹쳐 놓은 격자

[해설]
① 집중형 : 녹지의 대형화로 생태적 안정성은 유리하지만, 녹지로의 도달거리가 멀어져 접근성은 떨어진다.
② 분산형 : 녹지로의 일반적인 접근성은 좋으나, 단위 녹지의 규모가 축소되어 생태적 안정성이 좋지 않다.
③ 대상형 : 정형적으로 배치된 도시에서 주로 볼 수 있다. 특히 공업단지에서 발생하는 소음, 매연 등을 막기 위한 완충녹지는 최소한의 일정 폭을 지녀야 하므로 길게 조성된다.

63 샹디가르(Chandigarh)에 적용된 공원녹지체계 유형은?

① 집중형 　　　　② 분산형
③ 대상형 　　　　④ 격자형

[해설]
인도의 도시 샹디가르는 프랑스 건축가 르 코르뷔지에가 설계한 대상형 공원녹지체계로 도시의 주요 구역을 연결하는 녹지축을 중심으로 계획되었다.

64 다음 중 도시 오픈스페이스의 역할로 가장 부적합한 것은?

① 도시의 확산을 방지한다.
② 도시 환경의 질을 개선한다.
③ 여가생활은 불가능하지만 경계가 활성화 될 수 있다.
④ 경작지 저공을 통한 도시농업이 가능하다.

[해설]
오픈스페이스의 역할
• 도시 개발 형태의 조절 : 도시 확산의 방지, 도시개발의 촉진
• 도시환경의 질 개선 : 도시생태계의 기반조성, 환경조절(화재와 공해방지 또는 완화, 미기후 조절)
• 농업 혹은 Amanity(농촌 특유의 자연환경과 전원 풍경, 지역 공동체 문화 등 사람들에게 만족감과 쾌적함을 주는 요소를 일컫는 용어), 산업, 유휴지
• 여가공간의 제공, 경제활성화의 촉진, 도시생태계의 건강성 유지, 사회적 교류 증대, 도시경관의 향상, 재해 시 피난처 제공, 경작지 제공

[정답] 61 ④ 62 ④ 63 ③ 64 ③

65 다음 중 자연공원의 유형이 아닌 것은?

① 국립공원 ② 도립공원
③ 시립공원 ④ 지질공원

해설

자연공원(자연공원법 제2조 제1호)
국립공원·도립공원·군립공원(郡立公園) 및 지질공원을 말한다.

66 오픈스페이스 계획 시 이용자가 시간의 흐름에 따라 각각의 체험을 엮어서 총체적인 체험을 얻을 수 있도록 하는 계획개념은?

① 핵화(focalization)
② 결절화(nodalization)
③ 관통(penetration)
④ 연속(succession)

해설

오픈스페이스의 주요 계획 개념
• 핵화(초점화) : 산발적으로 흩어져 있고, 형태와 기능이 동일하지 않은 여러 구성요소 중에서 규모가 크거나 활동이 활발한 요소 또는 시각적으로 가장 지배적인 요소를 오픈스페이스 체계의 핵, 또는 초점으로 설정하여 그 요소의 영향이 주변으로 확산되게 함
• 결절화 : 방향성이 다른 오픈스페이스 구성요소들이 서로 만나서 형성되는 결절점에 다양한 특성과 용도를 복합적으로 배치
• 위요 : 핵의 영향권 범위를 뚜렷이 하여 오픈스페이스의 성격을 부각시키기 위해 천변녹지, 도로연변 녹지대 등이 띠형의 오픈스페이스 요소로서 그 주변을 둘러쌈
• 중첩 : 정연한 인공환경의 질서 위에 자유롭고 가변성이 큰 오픈스페이스 체계를 중첩함으로써 도시의 인공성과 정형성을 완화시키고 접근성이 좋은 오픈스페이스 체계를 형성
• 관통 : 중첩과 유사한 개념이나 보다 강력한 선형의 오픈스페이스 요소가 인공환경 속을 명쾌하게 뚫고 지나감으로써 중첩의 효과를 이루고 인공성과 단조감을 극복
• 연속(계기) : 오픈스페이스 체계를 형성하는 개념 중 가장 중요한 개념으로서, 각 오픈스페이스마다 독립되고 완결된 활동과 체험을 선형으로 연결하여 이용자가 시간의 흐름에 따라 각각의 체험을 엮어서 보다 풍성하고 총체적인 체험을 얻도록 하는 방법

67 우리나라의 자연공원 지정 기준이 아닌 것은?

① 자연경관의 보전상태가 양호하여 훼손 또는 오염이 적으며 경관이 수려할 것
② 산업개발로 경관의 훼손이 심하여 보존이 필요한 곳
③ 국가유산 또는 역사적 유물이 있으며, 자연경관과 조화되어 보전의 가치가 있을것
④ 국토의 보전·이용·관리 측면에서 균형적인 자연공원의 배치가 될 수 있을 것

해설

② 산업개발에 의해 지형의 경관이 파괴될 우려도 없어야 한다.
자연공원의 지정 기준(자연공원법 시행령 [별표 1])
• 자연생태계 : 자연생태계의 보전상태가 양호하거나 멸종위기 야생동물·천연기념물·보호야생동식물 등이 서식할 것
• 자연경관 : 자연경관의 보전상태가 양호하여 훼손 또는 오염이 적으며 경관이 수려할 것
• 문화경관 : 국가유산 또는 역사적 유물이 있으며 자연공간과 조화되어 보존의 가치가 있을 것
• 지형 보존 : 각종 산업개발에 의해 지형의 경관이 파괴될 우려도 없을 것
• 위치 및 이용편의 : 국토의 보전·이용·관리 측면에서 균형적인 자연공원의 배치가 될 수 있을 것

68 관광지 계획에서 설명하는 유치권이란?

① 관광지에 찾아올 가능성이 있는 사람이 거주하는 범위
② 관광지에 매력과 관광객의 욕구에 의해 결정되는 범위
③ 관광객을 서로 보내고 받는 보완관계가 성립하는 범위
④ 계획하는 관광지와 경합되는 관광지가 존재하는 범위

해설

관광지의 권역
• 유치권 : 1차 시장, 관광지에 내방할 가능성을 지닌 사람들이 거주하는 범위
• 행동권 : 대상의 매력과 행동욕구에 규정된 범위, 유치권의 역개념
• 보완권 : 2차 시장, 방문객이 상호 왕래하는 범위
• 경합권 : 경쟁대상이 되는 관광지가 존재하는 범위

69 골프장 설계와 관련된 설명 중 부적합한 것은?

① 남~북방향으로 긴 부지가 적합하다.

② 평지지형이 적합하다.

③ 산림, 연못, 하천 등의 자연지형을 되도록 이용할 수 있는 곳이 적합하다.

④ 정방형보다는 구형에 가까운 용지가 적합하다.

해설

② 평지보다는 경사가 완만한 지역이 적합하다.

70 다음 정규 골프 코스의 계획 설계에 관한 설명으로 틀린 것은?

① 일반적으로 18홀을 기준으로 해서 최소 10ha 정도의 면적은 있어야 한다.

② 각 골프코스의 길이를 합한 총길이는 18홀인 골프장은 6,000m를 기준으로 하며, 지형에 따라 총길이의 25% 범위 내에서 증감할 수 있다.

③ 산악지에서는 롱홀을 먼저 배치해야 전체 배치가 쉽고, 평탄지에서는 숏 홀을 먼저 배치해야 숏 홀의 특성을 살린 배치가 가능하다.

④ 페어웨이의 폭은 티에서부터의 위치에 따라서 또 자연과의 조화 및 홀의 성격에 따라서 다소 달라지며, 최소 20m 정도에서 30~60m 정도가 일반적이다.

해설

골프장은 일반적으로 18홀을 기준으로 해서 60~108ha 정도의 면적을 필요로 한다.

71 레크리에이션계획은 접근 방법에 따라 서로 다른 결과를 낳을 수 있다. 대상지가 자연공원으로 지표를 한계수용력 및 환경영향으로 할 때 계획의 접근방법으로 가장 적합한 것은?

① 자원형　　　　② 활동형

③ 경제형　　　　④ 행태형

해설

① 자원형 : 물리적 자원에 레크리에이션의 유형과 양을 결정하는 방법이다.

② 활동형 : 공급이 수요를 만들어낸다는 게 기초한 방법이다.

③ 경제형 : 어느 지역 사회의 경제적 기간이나 예산 규모가 레크리에이션의 총량, 유형, 입지를 결정하는 방법이다.

④ 행태형 : 일반대중이 여가시간에 언제 어디서 무엇을 하는가를 파악하여 그들의 구체적인 행동 패턴에 맞추어 계획하는 방법이다.

72 여가공간 계획에 있어서 이용자 행태 분석의 항목에 포함되지 않는 것은?

① 최대일 이용자수 추정

② 주 이용 대상 공간의 관찰

③ 이용만족에 대한 설문조사

④ 주요 이용자대상 인터뷰

해설

이용자 행태 분석 항목

• 이용자들의 기호, 필요성, 태도

• 개인 및 그룹의 행위패턴, 사회적 행태

• 시간, 공간의 변화에 따른 행태 변화

• 개인적 특성

정답 69 ② 70 ① 71 ① 72 ①

73 사람들에게 내재해 있는 수요로 적당한 시설, 접근수단, 정보가 제공되면 참여가 기대되는 수요는?

① 잠재수요   ② 유도수요
③ 표출수요   ④ 유효수요

〔해설〕
레크리에이션 수요(demand)의 종류
- 유도수요 : 광고, 선전, 교육 등을 통해 이용을 유도시킬 수 있는 수요
- 잠재수요 : 사람들에게 내재해 있는 수요로 적당한 시설, 접근 수단, 정보가 제공되면 참여가 기대되는 수요
- 표출수요 : 기존의 레크리에이션으로 기회에 참여 또는 소비하고 있는 수요

74 보행자 전용도로(pedestrian mall)의 설치계획 목표 및 기법으로 보기 어려운 것은?

① 도로와 인접한 보행로의 체계는 여러 대상들에 대한 감시를 통한 안전성 확보의 기능을 내포하고 있다.
② 보행자들은 다양한 경관(view)을 즐기며, 다른 사람들을 쳐다보거나 대화를 멈추기도 하므로 스케일에 변화를 주어 흥미를 부여한다.
③ 보행자도로의 위치는 통행인의 습관이나 생태에 맞추어 가능한 최단거리로 연결시키도록 한다.
④ 주차장에서 입구까지의 보행로는 주보행로와 교차시키고, 주차장은 가급적 인접 설치하여 주차 공간의 편의를 고려해 최대한 확보 후 효율적인 용도로 활용한다.

〔해설〕
보행자 전용도로는 보도와 차도의 분리를 목적으로 보도만을 위한 도로이다.

75 자전거 이용시설의 구조·시설 기준에 관한 규칙상의 자전거도로 설치에 관한 설명 중 옳지 않은 것은?

① 자전거도로의 폭은 하나의 차로를 기준으로 1.5m 이상으로 한다.(다만, 지역상황 등에 따라 부득이하다고 인정되는 경우에는 1.2m 이상으로 할 수 있다.)
② 2% 미만의 경사도에 설계속도 20~30km/h를 가진 도로에서의 하향경사 정지시거는 20m 이다.
③ 시속 30km의 설계속도를 가진 도로에서의 곡선 반경은 27m 이상 두어야 한다.
④ 7% 이상의 종단경사를 가진 도로는 제한길이를 170m 이하로 유지하여야 한다.

〔해설〕
④ 7% 이상의 종단경사를 가진 도로는 제한길이를 120m 이하로 유지하여야 한다.

76 고속도로조경계획 시 가용노선 선정의 고려사항을 도로이용도와 경제적 측면, 기술적 측면으로 구분할 수 있는데, 다음 중 기술적 측면의 조건에 포함되지 않는 항목은?

① 직선도로를 유지하도록 노선을 선정한다.
② 운수속도(運輸速度)가 가장 빠른 노선을 선정한다.
③ 오르막 구배가 너무 급하게 되면 우회노선을 선정한다.
④ 토량 이동(절·성토)이 균형을 이루는 노선을 선정한다.

〔해설〕
② 운수속도(運輸速度)가 가장 빠른 노선을 선정하는 것은 경제적 측면의 조건이다.

77 다음 노외주차장의 설치에 대한 계획기준 중 (　　)안에 적합한 것은?

> 주차대수 (　　)대를 초과하는 규모의 노외주차장의 경우에는 노외주차장의 출구와 입구를 각각 따로 설치하여야 한다. 다만, 출입구의 너비의 합이 5.5m 이상으로서 출구와 입구가 차선 등으로 분리되는 경우에는 함께 설치할 수 있다.

① 300대　　　　② 400대
③ 500대　　　　④ 600대

해설
노외주차장의 설치에 대한 계획기준(주차장법 시행규칙 제5조 제7호)
주차대수 400대를 초과하는 규모의 노외주차장의 경우에는 노외주차장의 출구와 입구를 각각 따로 설치하여야 한다. 다만, 출입구의 너비의 합이 5.5m 이상으로서 출구와 입구가 차선 등으로 분리되는 경우에는 함께 설치할 수 있다.

78 다음 중 노외주차장인 주차전용건축물의 건폐율, 용적률, 대지면적의 최소한도 및 높이 제한 등 건축제한에 대한 기준으로 틀린 것은?

① 건폐율 : 100분의 90 이하
② 용적률 : 1,000% 이하
③ 대지면적의 최소한도 : $45m^2$ 이상
④ 대지가 너비 12m 미만의 도로에 접하는 경우 : 건축물의 각 부분의 높이는 그 부분으로부터 대지에 접한 도로의 반대쪽 경계선까지의 수평거리의 3배

해설
② 용적률 : 1,500% 이하이다.

79 운전은 용이하나 토지이용 측면에서는 가장 비효율적인 주차방식은?

① 45°주차　　　　② 60°주차
③ 90°주차　　　　④ 평행주차

해설
① 45°주차 : 방향의 변화가 작고 교통통로의 폭이 감소될 수 있으므로 토지이용측면에서는 가장 비효율적이다.
③ 90°주차배치(수직배치) : 동일한 주차면적에서 가장 많은 주차공간을 확보할 수 있는 주차방식이다.
④ 평행주차 : 교통량이 많은 곳에 적합하고, 주차 및 출입폭이 최소이며 1대당 연장이 가장 긴 주차방식이다.

80 공장조경 식재계획 시의 원칙으로 가장 부적합한 것은?

① 수종의 선정에 기능식재를 중시한 원칙을 수용한다.
② 식재방법은 자연환경과 주변의 지역적, 도시적 여건을 고려한 인문환경을 존중한다.
③ 녹화용 수목의 경우 이식이 용이하며 성장속도가 빠르고, 병충해가 적어 관리가 용이한 수종을 선택하는 것이 유리하다.
④ 공장의 차폐 및 은폐 등의 부분적인 식재가 공장경관을 창출하는 종합적인 식재 보다 중요하다.

해설
식재계획은 공장 경관을 창출하는 종합적인 방식을 도입하여 자연환경은 물론이고 주변의 지역적, 도시적 여건을 고려한 인문환경을 최대로 존중하고 운영관리적 측면을 배려한다.

81 다음 중 옥상정원 계획 시 반드시 고려해야 할 사항이라고 볼 수 없는 것은?

① 지반의 구조 및 강도
② 지하수위
③ 구조체의 방수 및 배수계통
④ 미기후의 변화

해설
옥상정원 설계 시 고려사항
• 지반의 구조 및 강도 : 하중, 하중에 영향을 미치는 요소, 구조체의 방수성능, 배수와 관수, 식재층 경량화
• 수목의 선정 : 옥상의 특수한 기후조건을 고려, 바람, 토양의 동결심도, 공기의 오염도 등을 고려
• 이용의 측면

82 공원 내에 연못을 조성하고자 할 때 계획기준으로 옳지 않은 것은?

① 연못의 배치는 계획 및 설계대상 공간 배수시설을 겸하도록 지형의 높은 곳에 배치한다.
② 연못 주변의 하천이나 계곡의 물·지표면의 빗물 등 자연급수와 지하수·상수·정화된 물(중수) 등 인공 급수 등을 여건에 맞게 반영한다.
③ 연못의 평면 및 단면 형태 시 수리, 수량, 수질의 3가지 요소를 충분히 고려한다.
④ 못 안에 분수 및 조명시설 등의 시설물을 배치할 경우에는 물을 뺀 다음의 미관을 고려해야 한다.

해설
연못의 배치는 설계대상 공간의 배수시설을 겸하도록 주로 지형이 낮은 곳에 배치한다.

83 야생동물의 조사와 관련된 설명 중 틀린 것은?

① 식생도면은 야생동물의 서식처에 관한 기초자료이다.
② 상대적으로 중요한 희귀종을 조사한다.
③ 주민의 안전을 위협하는 위험종을 조사한다.
④ 야생동물이 만나는 곳을 에코톤(ecotone)이라 한다.

해설
에코톤(추이대) : 성질이 다른 두 환경이 인접하고 그 사이에 환경 제반조건이나 식물군락, 동물군집의 이동이 보이는 부분이다.

84 주택건설기준 등에 관한 규정의 어린이놀이터에 관한 설명 중 틀린 것은?

① 100세대 미만의 주택을 건설하는 주택단지에는 매 세대 당 $3m^2$의 비율로 산정한 면적으로 한다.
② 100세대 이상의 주택을 건설하는 주택단지에는 $300m^2$에 100세대를 넘는 매 세대마다 $1m^2$를 더한 면적으로 한다.
③ 어린이놀이터는 어린이의 이용에 편리하고 일조가 양호한 곳에 배수에 지장이 없도록 설치하되 그 1개소의 면적은 $250m^2$ 이상이어야 한다.
④ 어린이놀이터는 그 폭을 9m(면적이 $150m^2$ 미만일 경우에는 6m) 이상으로 하여야 한다.

해설
어린이놀이터는 어린이의 이용에 편리하고 일조가 양호한 곳에 배수에 지장이 없도록 설치하되 그 1개소의 면적은 $300m^2$ 이상이어야 한다.

81 ② 82 ① 83 ④ 84 ③ 정답

85 어린이놀이터는 어린이의 이용에 편리하고 일조가 양호한 곳에 배수에 지장이 없도록 설치하되 그 1개소의 면적은 몇 m² 이상이어야 하는가?(단, 주택건설기준 등에 관한 규정을 적용하고, 시ㆍ군지역은 제외한다)

① 200 　　　　　② 250
③ 300 　　　　　④ 330

해설

어린이놀이터는 어린이의 이용에 편리하고 일조가 양호한 곳에 배수에 지장이 없도록 설치하되 그 1개소의 면적은 300m² 이상이어야 한다.

86 체육시설업의 종류에 따른 필수 운동시설 기준으로 틀린 것은?(단, 체육시설의 설치ㆍ이용에 관한 법률 시행규칙을 적용한다)

① 골프장업 : 회원제 골프장업은 3홀 이상의 골프코스를 갖추어야 한다.
② 수영장업 : 물의 깊이는 0.9m 이상 2.7m 이하로 하고, 수영조의 벽면에 일정한 거리 및 수심 표시를 하여야 한다.
③ 스키장업 : 평균 경사도가 10° 이하인 초보자용 슬로프를 2면 이상 설치하여야 한다.
④ 승마장업 : 실내 또는 실외 마장면적은 500m² 이상이어야 하고, 실외 마장은 0.8m 이상의 울타리를 설치하여야 한다.

해설

스키장업(시행규칙 [별표 4])
• 슬로프는 길이 300m 이상, 폭 30m 이상이어야 한다(지형적 여건으로 부득이한 경우는 제외).
• 평균경사도가 7° 이하인 초보자용 슬로프를 1면 이상 설치하여야 한다.
• 슬로프 이용에 필요한 리프트를 설치하여야 한다.

87 공원 내에 설치되는 화장실에 대한 계획기준으로 가장 거리가 먼 것은?

① 청결감이 나타나게 디자인한다.
② 환기와 채광이 가장 중요하다.
③ 습기나 그늘이 많은 곳에 배치한다.
④ 도로로부터 쉽게 접근하도록 한다.

해설

습기와 그늘이 적은 곳에 배치해야 한다.

CHAPTER 04 　조경계획 관련 법규

88 다음 중 용도지역과 그 지정목적의 연결이 옳은 것은?

① 보전녹지지역 : 도시의 자연환경ㆍU경관ㆍT산림 및 녹지공간을 보전할 필요가 있는 지역
② 근린상업지역 : 일반적인 상업기능 및 업무기능을 담당하게 하기 위하여 필요한 지역
③ 준공업지역 　환경을 저해하지 아니하는 공업의 배치를 위하여 필요한 지역
④ 제1종 전용주거지역 : 저층주택을 중심으로 편리한 주거환경을 조성하기 위하여 필요한 지역

해설

녹지지역(국토의 계획 및 이용에 관한 법률 시행령 제30조 제1항 제4호)
1. 보전녹지지역 : 도시의 자연환경ㆍ경관ㆍ산림 및 녹지공간을 보전할 필요가 있는 지역
2. 생산녹지지역 : 주로 농업적 생산을 위하여 개발을 유보할 필요가 있는 지역
3. 자연녹지지역 : 도시의 녹지공간의 확보, 도시확산의 방지, 장래 도시용지 공급 등을 위하여 보전할 필요가 있는 지역으로서 불가피한 경우에 한하여 제한적인 개발이 허용되는 지역

89 다음 중 도시지역 내 녹지지역에서의 허용되는 용적률(A)과 건폐율(B)을 차례로 나열한 것은?(단, 국토의 계획 및 이용에 관한 법률을 적용한다.)

① A : 50% 이하, B : 10% 이하
② A : 50% 이하, B : 20% 이하
③ A : 100% 이하, B : 10% 이하
④ A : 100% 이하, B : 20% 이하

해설
용도지역 중 도시지역의 건폐율과 용적률(법 제77조, 제78조)

구분	건폐율	용적률
주거지역	70 이하	500 이하
상업지역	90 이하	1500 이하
공업지역	70 이하	400 이하
녹지지역	20 이하	100 이하

90 다음 중 도서관리계획에 관한 지형도면의 작성 방법에 대한 설명으로 옳지 않은 것은?

① 산업단지조성사업이 완료된 구역인 경우 지적도 사본에 도시관리계획사항을 명시한 도면으로 지형도면에 갈음할 수 있다.
② 도면을 작성하는 경우 지적이 표시된 지형도의 데이터베이스가 구축되어 있는 경우에는 이를 사용할 수 있다.
③ 도면이 2매 이상인 경우에는 축척 5천분의 1내지 5만분의 1의 총괄도를 따로 첨부할 수 있다.
④ 녹지지역 안의 임야에 대해서는 축척 500분의 1내지 1천 500분의 1의 지적도에 지형도면을 작성하여야 한다.

해설
도면의 형식(지역·지구 등의 지형도면 작성에 관한 지침 제10조 제4항)
지형도면 등이 2매 이상인 경우에는 축척 5천분의 1 이상 5만분의 1 이하의 총괄도를 따로 첨부할 수 있다.

91 시설을 설치하기 곤란한 지역을 대상으로 건폐율이나 용적률을 강화하여 적용하기 위하여 지정하는 구역은?(단, 국토의 계획 및 이용에 관한 법률을 적용한다)

① 기반시설부담구역
② 개발밀도관리구역
③ 지구단위계획구역
④ 용도구역

해설
② 개발밀도관리구역 : 개발로 인하여 기반시설이 부족할 것으로 예상되나 기반시설을 설치하기 곤란한 지역을 대상으로 건폐율이나 용적률을 강화하여 적용하기 위하여 지정하는 구역을 말한다.
① 기반시설부담구역 : 개발밀도관리구역 외의 지역으로서 개발로 인하여 도로, 공원, 녹지 등 대통령령으로 정하는 기반시설의 설치가 필요한 지역을 대상으로 기반시설을 설치하거나 그에 필요한 용지를 확보하게 하기 위하여 지정·고시하는 구역을 말한다.
③ 지구단위계획구역 : 도시·군계획 수립 대상지역의 일부에 대하여 토지 이용을 합리화하고 그 기능을 증진시키며 미관을 개선하고 양호한 환경을 확보하며, 그 지역을 체계적·계획적으로 관리하기 위하여 수립하는 도시·군관리계획을 말한다.
④ 용도구역 : 토지의 이용 및 건축물의 용도·건폐율·용적률·높이 등에 대한 용도지역 및 용도지구의 제한을 강화하거나 완화하여 따로 정함으로써 시가지의 무질서한 확산방지, 계획적이고 단계적인 토지이용의 도모, 토지이용의 종합적 조정·관리 등을 위하여 도시·군관리계획으로 결정하는 지역을 말한다.

92 개발밀도관리구역 외에 지역으로서 개발로 인하여 도로, 공원, 녹지 등 대통령령으로 정하는 기반시설을 설치하거나 그에 필요한 용지를 확보하게 하기 위하여 지정·고시하는 구역은?(단, 국토의 계획 및 이용에 관한 법률을 적용한다)

① 기반시설부담구역
② 개발밀도관리구역
③ 지구단위계획구역
④ 용도구역

93 도시 · 군계획시설의 결정 · 구조 및 설치기준에 관한 규칙상 도로의 배치간격 기준이 맞는 것은? (단, 시 · 군의 규모, 지형조건, 토지이용계획, 인구밀도 들을 감안한 것으로 본다)

① 주간선도로와 주간선도로의 배치간격 : 2,000m 내외
② 주간선도로와 보조간선도로의 배치간격 : 500m 내외
③ 보조간선도로와 집산도로의 배치간격 : 1,000m 내외
④ 국지도로간의 배치간격 : 가구의 짧은변 사이의 배치간격은 250m 내외

[해설]
도로의 일반적 결정기준(규칙 제10조 제3호)
도로의 배치간격은 다음의 기준에 의하되, 시 · 군의 규모, 지형조건, 토지이용계획, 인구밀도 등을 고려할 것
가. 주간선도로와 주간선도로의 배치간격 : 1,000m 내외
나. 주간선도로와 보조간선도로의 배치간격 : 500m 내외
다. 보조간선도로와 집산도로의 배치간격 : 250m 내외
라. 국지도로 간의 배치간격 : 가구의 짧은 변 사이의 배치간격은 90m 내지 150m 내외, 가구의 긴 변 사이의 배치간격은 25m 내지 60m 내외

94 도시 · 군계획시설의 결정 · 구조 및 설치기준에 관한 규칙에서 정하고 있는 용도지역별 도로율 기준으로 옳은 것은?

① 주거지역 : 20% 이상 30% 미만
② 녹지지역 : 5% 이상 15% 미만
③ 상업지역 : 25% 이상 35% 미만
④ 공업지역 : 10% 이상 20% 미만

[해설]
용도지역별 도로율(규칙 제11조 제1항)
1. 주거지역 : 15% 이상 30% 미만. 이 경우 간선도로(주간선도로와 보조간선도로)의 도로율은 8% 이상 15% 미만이어야 한다.
2. 상업지역 : 25% 이상 35% 미만. 이 경우 간선도로의 도로율은 10% 이상 15% 미만이어야 한다.
3. 공업지역 : 8% 이상 20% 미만. 이 경우 간선도로의 도로율은 4% 이상 10% 미만이어야 한다.
※ 녹지지역은 도로율 기준항목에 해당하지 않는다.

95 도시 · 군계획시설의 결정 · 구즈 및 설치기준에 관한 규칙상 광장의 구조 및 설치기준에 대한 설명이 틀린 것은?

① 경관광장에는 주민의 사교 · 오락 · 휴식 등을 위한 시설을 설치하여야 하며, 광장 인근에 당해 지역을 통과하는 교통량을 처리하기 위한 도로를 배치하지 아니할 것
② 교차점광장어는 횡단보행자의 통행에 지장이 없는 시설을 설치하고, 도로법의 규정에 의한 도로 부속물을 설치할 수 있도록 할 것
③ 교차점광장은 자동차의 설계속도에 의한 곡선반경 이상이 되도록 하여 교통처리가 원활히 이루어지도록 할 것
④ 역전광장 및 주요시설광장에는 기용자를 위한 보도 · 차도 · 택시정류장 · 버스정류장 · 휴식시설 등을 설치할 것

[해설]
경관광장(규칙 제50조 제3호)
• 주민의 휴식 · 오락 및 경관 · 환경의 보전을 위하여 필요한 경우에 하천, 호수, 사적지, 보존가치가 있는 산림이나 역사적 · 문화적 · 향토적 의의가 있는 장소에 설치할 것
• 경관물에 대한 경관유지에 지장이 없도록 인근의 토지이용현황을 고려할 것
• 주민이 쉽게 접근할 수 있도록 하기 위하여 도로와 연결시킬 것

96 용도지역의 세분 중 도시 · 부도심의 상업기능 및 업무 기능의 확충을 위하여 필요한 상업지역은? (단, 국토의 계획 및 이용에 관한 법률 시행령을 적용)

① 중심상업지역
② 일반상업지역
③ 근린상업지역
④ 유통상업지역

[정답] 93 ② 94 ③ 95 ① 96 ①

97 다음은 국토의 계획 및 이용에 관한 법률 시행령에서 용도지역 중 주거지역의 세부사항이다. (   ) 안에 알맞은 것은?

> 중고층주택을 중심으로 편리한 주거환경을 조성하기 위하여 필요한 지역을 (㉠) 이라고 하고, 공동주택 중심의 양호한 주거환경을 보호하기 위하여 필요한 지역을 (㉡)이라고 한다.

① ㉠ 제2종전용주거지역, ㉡ 제3종일반주거지역
② ㉠ 제3종전용주거지역, ㉡ 제2종일반주거지역
③ ㉠ 제3종일반주거지역, ㉡ 제2종전용주거지역
④ ㉠ 제2종일반주거지역, ㉡ 제3종전용주거지역

[해설]
- 제3종일반주거지역 : 층수 제한이 없는 고층주택 건축이 개발한 지역을 말한다. 용적률 200% 이상 300% 이하로 보통 스마트팩토리나 지식산업센터, 사무실, 오피스텔 등이 많이 지어지는 지역이다. 고도제한이 없어 공간활용도가 높아 재개발, 재건축사업을 진행하는데 수익성이 높아 선호도가 높다.
- 제2종전용주거지역 : 용도지역의 주거지역 중 전용주거지역의 하나로, 공동주택 중심의 양호한 주거환경을 보호하기 위해 국토교통부장관·시·도지사 또는 서울특별시·광역시 및 특별자치시를 제외한 인구 50만 이상 대도시의 시장이 지정하는 지역을 말한다. 건폐율은 50% 이하 용적률은 100% 이상 150% 이하이다.

98 국토의 계획 및 이용에 관한 법률상의 용도지역 중 가장 건폐율을 높게 할 수 있는 도시지역은?

① 주거지역
② 상업지역
③ 공업지역
④ 녹지지역

[해설]
용도지역의 건폐율과 용적률(법 제77조, 제78조)

구분		건폐율(%)	용적률(%)
도시 지역	주거지역	70 이하	500 이하
	상업지역	90 이하	1,500 이하
	공업지역	70 이하	400 이하
	녹지지역	20 이하	100 이하
관리 지역	보전관리지역	20 이하	80 이하
	생산관리지역	20 이하	80 이하
	계획관리지역	40 이하	100 이하
농림지역		20 이하	80 이하
자연환경보전지역		20 이하	80 이하

99 도시공원 중 소규모 토지를 이용하여 도시민의 휴식 및 정서함양을 도모하기 위하여 설치하는 공원은 무엇인가?(단, 도시공원 및 녹지 등에 관한 법률을 적용한다)

① 소공원
② 어린이공원
③ 근린공원
④ 묘지공원

[해설]
② 어린이공원 : 어린이의 보건 및 정서생활의 향상에 이바지하기 위하여 설치하는 공원
③ 근린공원 : 근린거주자 또는 근린생활권으로 구성된 지역생활권 거주자의 보건·휴양 및 정서생활의 향상에 이바지하기 위하여 설치하는 공원
④ 묘지공원 : 묘지이용자에게 휴식 등을 제공하기 위하여 일정한 구역에 장사 등에 관한 법률에 따른 묘지와 공원시설을 혼합하여 설치하는 공원

100 자연공원 용도지구 계획 중 다음 지정요건에 해당하는 지구는?

> • 생물다양성이 특히 풍부한 곳
> • 자연생태계가 원시성을 지니고 있는 곳
> • 특별히 보호할 가치가 높은 야생 동·식물이 살고 있는 곳
> • 경관이 특히 아름다운 곳

① 공원자연환경지구
② 공원자연보존지구
③ 공원마을지구
④ 공원문화유산지구

해설
① 공원자연환경지구 : 공원자연보존지구의 완충공간(緩衝空間)으로 보전할 필요가 있는 지역(자연공원법 제18조 제1항 제2호)
③ 공원마을지구 : 마을이 형성된 지역으로서 주민생활을 유지하는 데 필요한 지역(자연공원법 제18조 제1항 제3호)
④ 공원문화유산지구 : 문화유산의 보존 및 활용에 관한 법률에 따른 지정문화유산 및 자연유산의 보존 및 활용에 관한 법률에 따른 천연기념물 등을 보유한 사찰(寺刹)과 전통사찰보존지 중 문화유산 및 자연유산의 보전에 필요하거나 불사(佛事)에 필요한 시설을 설치하고자 하는 지역(자연공원법 제18조 제1항 제6호)

101 국립공원은 누가 지정하고 관리하는가?

① 대통령
② 시·도지사
③ 국토교통부장관
④ 기후에너지환경부장관

해설
자연공원의 지정 등(자연공원법 제4조 제1항)
국립공원은 기후에너지환경부장관이 지정·관리하고, 도립공원은 도지사 또는 특별자치도지사가, 광역시립공원은 특별시장·광역시장·특별자치시장이 각각 지정·관리하며, 군립공원은 군수가, 시립공원은 시장이, 구립공원은 자치구의 구청장이 각각 지정·관리한다.

102 도시공원 및 녹지 등에 관한 법률상 도보권 근린공원의 유치거리와 규모 기준으로 맞는 것은?

① 500m 이하 5,000m² 이상
② 500m 이하 10,000m² 이상
③ 1,000m 이하, 20,000m² 이상
④ 1,000m 이하, 30,000m² 이상

해설
도시공원의 설치 및 규모의 기준 – 도보권 근린공원(도시공원 및 녹지 등에 관한 법률 시행규칙 [별표 3])

설치기준	유치거리	규모
제한 없음	1,000m 이하	30,000m² 이상

103 다음 도시공원 및 녹지 등에 관한 법률 시행규칙의 도시공원의 면적기준 설명의 A에 적합한 수치는?

> 하나의 도시지역 안에 있어서의 도시공원의 확보기준은 해당 도시지역 안에 거주하는 주민 1인당 A㎡ 이상으로 하고, 개발제한구역 및 녹지지역을 제외한 도시지역 안에 있어서의 도시공원의 확보기준은 해당 도시지역 안에 거주하는 주민 1인당 B㎡ 이상으로 한다.

① 2   ② 3
③ 6   ④ 7

해설
도시공원의 면적기준(도시공원 및 녹지 등에 관한 법률 시행규칙 제4조)
하나의 도시지역 안에 있어서의 도시공원의 확보기준은 해당도시지역 안에 거주하는 주민 1인당 6㎡ 이상으로 하고, 개발제한구역 및 녹지지역을 제외한 도시지역 안에 있어서의 도시공원의 확보기준은 해당도시지역 안에 거주하는 주민 1인당 3㎡ 이상으로 한다.

103 도시공원 및 녹지 등에 관한 법률에 명시된 도시공원에서의 금지행위가 아닌 것은?

① 공원시설을 훼손하는 행위
② 공원에서 애완동물을 동반하여 입장하는 행위
③ 나무를 훼손하거나 이물질을 주입하여 나무를 말라죽게 하는 행위
④ 심한 소음 또는 악취가 나게 하는 등 다른 사람에게 혐오감을 주는 행위

해설
② 동반한 애완견을 통제할 수 있는 줄을 착용시키지 아니하고 도시공원에 입장하는 행위는 금지행위지만 애완동물 자체를 동반하여 입장하는 행위는 금지행위가 아니다.

도시공원 등에서의 금지행위(도시공원 및 녹지 등에 관한 법률 제49조)
• 누구든지 도시공원 또는 녹지에서 다음 각 호의 어느 하나에 해당하는 행위를 하여서는 아니 된다.
  – 공원시설을 훼손하는 행위
  – 나무를 훼손하거나 이물질을 주입하여 나무를 말라죽게 하는 행위
  – 심한 소음 또는 악취가 나게 하는 등 다른 사람에게 혐오감을 주는 행위
  – 동반한 반려동물의 배설물(소변의 경우에는 의자 위의 것만 해당한다)을 수거하지 아니하고 방치하는 행위
  – 도시농업을 위한 시설을 농산물의 가공·유통·판매 등 도시농업 외의 목적으로 이용하는 행위
  – 그 밖에 도시공원 또는 녹지의 관리에 현저한 장애가 되는 행위로서 대통령령으로 정하는 행위
• 누구든지 특별시·광역시·특별자치시·특별자치도·시 또는 군의 조례로 정하는 도시공원에서 다음의 어느 하나에 해당하는 행위를 하여서는 아니 된다.
  – 행상 또는 노점에 의한 상행위
  – 동반한 반려견을 통제할 수 있는 줄을 착용시키지 아니하고 도시공원에 입장하는 행위
• 특별시장·광역시장·특별자치시장·특별자치도지사·시장 또는 군수는 금지행위가 적용되는 도시공원 입구에 안내표지를 설치하여야 한다.

105 다음 [보기]는 도시계획 관련 규정 중 어느 법에 대한 설명인가?

보기
도시지역의 시급한 주택난을 해소하기 위하여 주택 건설에 필요한 택지의 취득·개발·공급 및 관리 등에 관하여 특례를 규정함으로써 국민 주거생활의 안정과 복지 향상에 이바지함을 목적으로 제정되었다.

① 주택법
② 도시개발법
③ 주택건설촉진법
④ 택지개발촉진법

해설
목적(택지개발촉진법 제1조)
이 법은 도시지역의 시급한 주택난(住宅難)을 해소하기 위하여 주택건설에 필요한 택지(宅地)의 취득·개발·공급 및 관리 등에 관하여 특례를 규정함으로써 국민 주거생활의 안정과 복지 향상에 이바지함을 목적으로 한다.

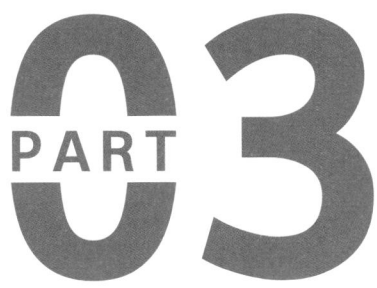

PART 03

조경설계

제도의 기초

01 선과 치수선

❶ 선의 종류와 용도

선의 종류		용도에 의한 명칭	선의 용도
굵은 실선	———	외형선	대상물이 보이는 부분의 모양을 표시하는 데 사용
		단면선	대상물의 단면부우를 나타내는 데 사용
가는 실선	———	치수선	치수를 기입하기 의해 사용
		치수보조선	치수를 기입하기 위해 도형으로부터 끌어내는 데 사용
		지시선	치수의 기입, 가공 방법 및 기타의 주의 사흥 등을 기입하기 위하여 도면의 도형에서 빼내는 데 사용
		회전단면선	도형 내 그 부분의 끊은 곳을 90°로 회전하여 표시하는 데 사용
		중심선	도형의 중심선을 간략하게 표시하는 데 사용
		수준면선	수면, 유면 등의 의치를 표시하는 데 사둥
가는 파선 또는 굵은 파선	———— / — — —	숨은선(파선)	대상물이 보이지 않는 부분의 모양을 표시하는 데 사용
		은선	물체의 보이지 않는 곳의 형상을 나타내는 데 사용
가는 1점쇄선	—·—·—	중심선	• 도형의 중심을 크시하는 데 사용 • 중심이 이동한 중심궤적을 표시하는 데 사용
		기준선	위치 결정의 근거가 된다는 것을 명시할 때 사용
		피치선	되풀이하는 도형의 피치를 취하는 기준을 표시하는 데 사용
굵은 1점쇄선	——·——	특수지정선	특수한 가공을 하는 부분 등 특별한 요구사-항을 적용할 수 있는 범위를 표시하는 데 사용
가는 2점쇄선	—··—	가상선	• 인접 부분을 참고로 표시하는 데 사용 • 공구, 지그 등여 위치를 참고로 나타내ㄷ 데 사용 • 가동 부분을 이동 중의 특정한 위치 또는 이동한계의 위치로 표시하는 데 사용 • 되풀이하는 것을 나타내는 데 사용 • 표시된 단면의 앞쪽에 있는 부분을 표시하는 데 사용
		무게중심선	단면의 무게중심을 연결한 선을 표시하는 데 사용
		광축선	렌즈를 통과하는 광축을 나타내는 선에 사용

❷ 치수선의 사용

(1) 제도용구를 이용한 선 그리기

① 선을 처음 긋기 시작할 때는 긋고자 하는 선의 길이를 생각하고 긋는다.

② 선은 일관성과 통일성을 유지하며, 같은 목적으로 사용되는 선의 굵기와 진하기는 같아야 한다.

③ 선 긋는 방향은 왼쪽에서 오른쪽으로, 아래쪽에서 위쪽으로 긋는다.

④ 선의 연결과 교차 부분에 정확하도록 작도한다.

(2) 치수 표시

① 치수의 단위는 밀리미터(mm)로 하며, 단위 표시는 하지 않는다.

② 치수를 표시할 때에는 치수선과 치수 보조선을 사용한다.

③ 치수선은 치수 보조선에 직각이 되도록 그으며, 화살표나 점으로 경계를 명확히 표시한다.

④ 치수의 기입은 치수선에 따라 평행하게 기입한다.

⑤ 도면의 아래로부터 위로, 또는 왼쪽에서 오른쪽으로 읽을 수 있도록 치수선의 윗부분이나 치수선의 중앙에 기입한다.

(3) 인출선 표시

① 인출선은 도면의 내용물 자체에 설명을 기입할 수 없을 때 사용하는 선이다.

② 조경설계에서는 수목명, 본수, 규격 등을 기입하기 위하여 많이 이용된다.

③ 인출선은 가는 실선을 사용하여 긋는다.

④ 한 도면 내에서 모든 인출선의 굵기와 질은 동일하게 유지된다.

⑤ 긋는 방향과 기울기를 통일시킨다.

02 설계기호 및 표현기법

❶ 설계기호, 설계의 표현기법

(1) 제도기호

제도기호는 수목과 시설물을 위에서 수직으로 내려다본 상태로 표시하며 실제 형태를 극히 단순화시켜 사용하고 있다.

① 수목의 표시기호 : 조경설계에 이용되는 수목에 대한 정해진 표준 표시 방법은 없으나, 일반적으로 교목, 관목, 덩굴식물 및 지피식물로 나누어 표시하고 교목과 관목은 다시 침엽과 활엽으로 나누어 표시한다.

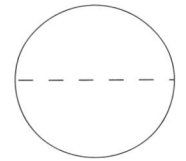 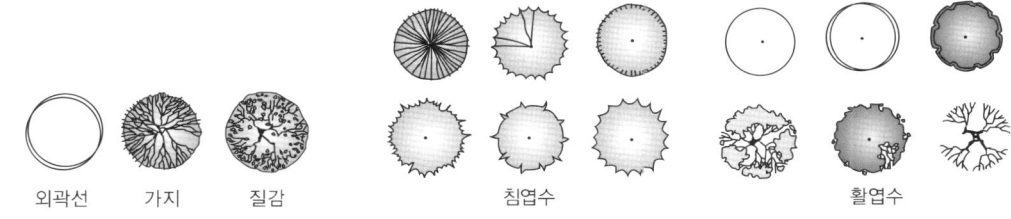

[수목의 평면 표현방법]

[수목 표현기호]

㉠ 교목의 표현 방법
- 원형 템플릿을 사용하여 가는 선으로 원을 그린다.
- 부드러운 연필로 중요한 가지들을 그린다.
- 완전한 가지 패턴을 채운다. 원의 테두리를 넘지 말아야 한다.

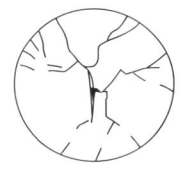

[교목의 표현방법]

㉡ 산울타리, 관목 군식의 표현 방법
- 원형 템플릿을 사용하여 가는 선으로 원을 그려서 나무의 위치를 정한다.
- 적당한 수목 표현기호를 정하여 가는 외곽선을 따라 굵은 선으로 표현한다.
- 그림자를 표시하여 완성한다.

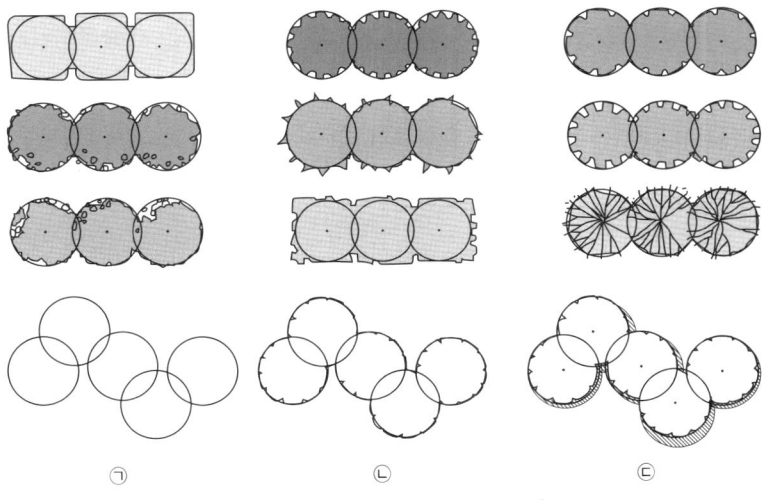

[산울타리, 관목 군식의 표현 방법]

② 조경 시설물의 표시기호

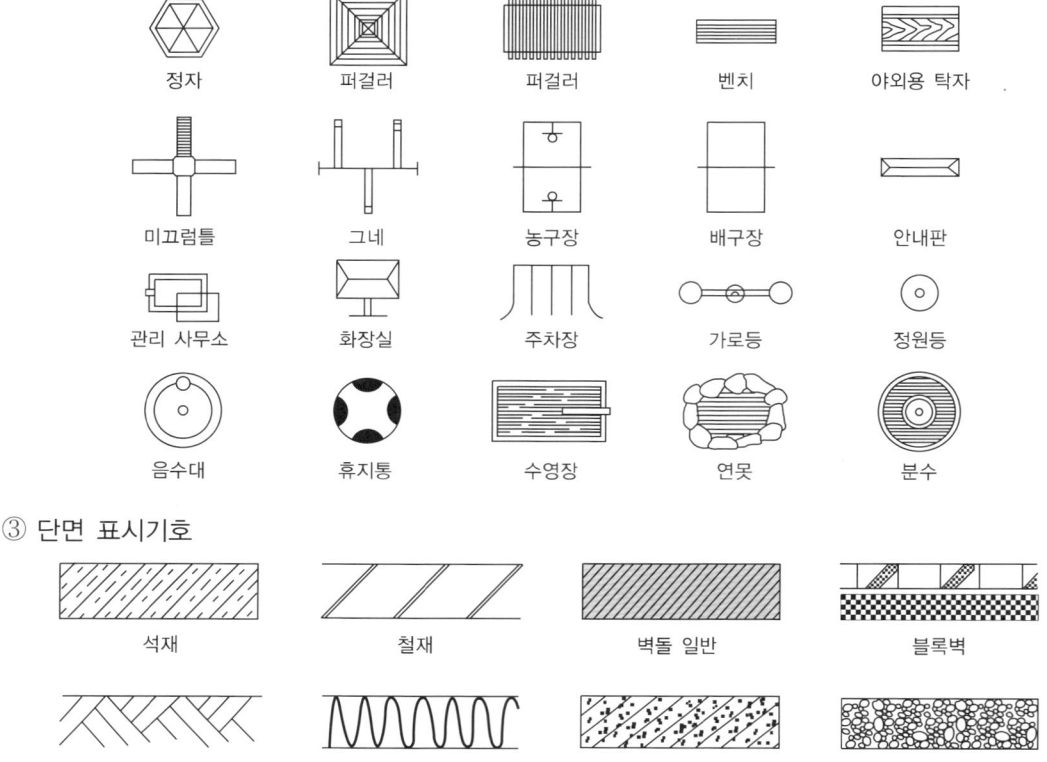

③ 단면 표시기호

④ 그 밖의 표시기호
  ㉠ 수목과 구조물의 표시기호 이외에 도면에 방위와 축척을 표시한다.
  ㉡ 방위는 화살표의 방향과 북쪽(N)을 표시하며, 축척은 막대축척과 분수로 된 축척을 함께 사용하여 표시한다.
  ㉢ 막대축척을 사용하면 도면을 확대·축소할 경우에 같은 비율로 확대·축소가 가능하다.

더 알아보기 | 시험에 출제된 재료의 단면 표시 방법

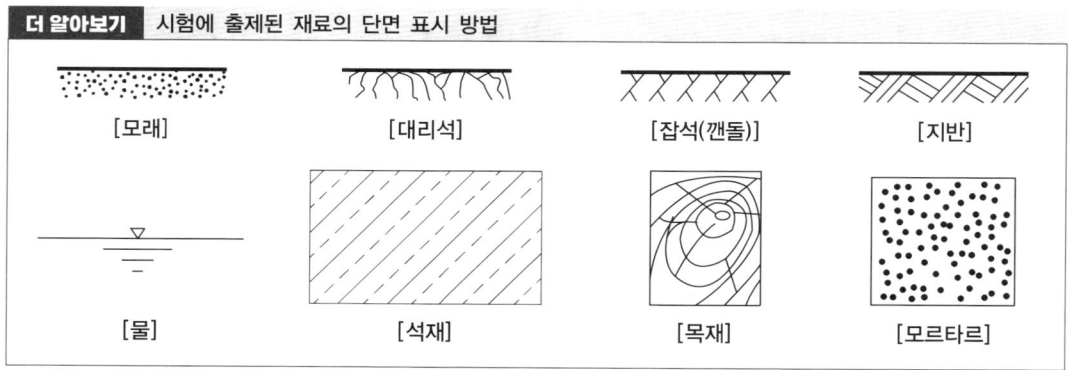

(2) 기초제도

① 축척과 도면 크기의 결정

㉠ 실물을 도면에 나타낼 때의 비율을 축척이라 한다.

㉡ 조경설계에 사용하는 축척은 대지의 규모나 도면의 종류에 따라 결정하는데, 일반적으로 배치도와 평면도는 1/100~1/600, 1/10~1/50을 사용한다.

㉢ 축척을 결정하게 되면 이에 알맞은 도면의 크기를 결정한다. 도면의 크기를 결정할 때에는 도면의 정리, 보관의 편리성 등을 고려하는 것이 좋다.

㉣ 축척은 도면마다 기입하는데, 같은 도면 중에 다른 축척을 사용할 경우 그림마다 그 축척을 기입한다.

㉤ 작은 축척을 쓸 경우, 막대 축척 방법이 유용하다.

기출 Point ┃ 척도의 종류

- 현척 : 도형의 크기를 실물과 같은 크기로 그린 도면(1:1)
- 축척(축소 척도) : 도형의 크기보다 작게 축소하여 그린 도면
- 배척(확대 척도) : 도형의 크기보다 크게 확대하여 그린 도면
- NS(No Scale) : 비례척기 아닌 임의의 척도

② 도면의 윤곽선과 표제란 설정

㉠ 축척과 도면의 크기를 결정하면 정해진 크기의 도면 용지에 윤곽선을 정한다.

㉡ 스케치나 투시도와 같이 치수와 비례가 되지 않을 때에는 NS로 표시한다.

㉢ 윤곽선은 용지의 가장자리에서 10mm 정도 떼는 것이 일반적이며, 도면을 철할 때에는 대개 왼쪽을 철하게 되므로, 왼쪽은 25mm 정도의 여백을 남긴다.

㉣ 도면의 표제란은 도면의 오른쪽에 상하로 길게, 또는 오른쪽 하단 구석에 작게 설정하거나, 도면의 하단부 좌우로 길게 설정한다.

㉤ 표제란에는 공사명, 도면명, 범례, 축척, 설계자명, 도면 번호, 설계 일시 등의 사항을 기록한다.

③ 도면 내용의 배치

㉠ 균형 있고 질서 있게 배치된 도면은 보기에도 좋고 도면의 내용 파악이 쉽기 때문에 도면의 배치에는 세심한 주의가 필요하다.

㉡ 도면의 크기를 결정하고 윤곽선과 표제란의 위치를 설정한 다음에는 이에 알맞은 도면 내용을 배치하고 도형의 크기와 여백의 배치 등을 조정해야 한다.

㉢ 도면 내용의 위치가 정해지면 연필로 밑그림을 그리고, 다시 연필로 도면을 완성하거나 제도 잉크로 그린 다음, 표제란을 기입하여 완성시킨다.

(3) 제도용구

제도용구에는 제도용 자, 필기용구, 제도판 등과 그 밖의 여러 용구들이 있다. 최근에는 조경설계에 컴퓨터를 이용한 제도(CAD)가 적극 활용되고 있다.

① 제도용 자

　　㉠ T자 : T형으로 만들어진 자로, 주로 평행선을 긋거나 삼각자와 조합하여 수직선과 사선을 그을 때 사용된다.

　　㉡ 삼각자 : 제도용 삼각자는 45°의 사선과 30°, 60°의 사선을 그을 수 있는 두 종류가 한 세트로 되어 있으며, 각도를 임의로 조절할 수 있는 자유삼각자도 있다. 눈금자, 삼각자 등은 왼쪽에 가깝게 놓는다(오른손잡이 기준).

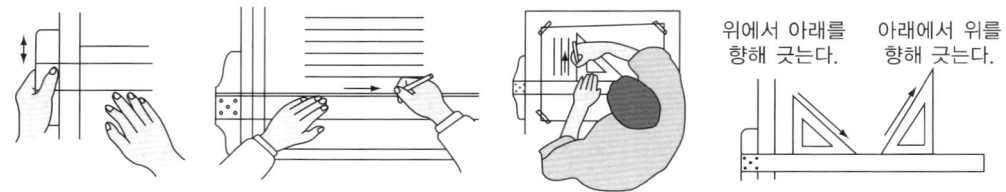

위에서 아래를 향해 긋는다.　아래에서 위를 향해 긋는다.

　　㉢ 삼각축척 : 단면이 삼각형으로 되어 있으며, 각 변에 1/100, 1/200, 1/300, 1/400, 1/500, 1/600의 축척 눈금이 새겨져 있다. 실물의 크기를 도면 내에 축소하여 그릴 때 사용한다.

　　㉣ 템플릿 : 셀룰로이드나 아크릴 등 얇은 판에 크기가 다른 원, 사각, 타원 또는 각종 기호 등을 뚫어 놓은 것으로, 수목을 표현할 때에는 원형 템플릿 사용빈도가 가장 높다.

　　㉤ 운형자 : 여러 가지 곡선 모양을 본떠 만든 것으로, 컴퍼스로 그리기 어려운 곡선을 그리는 데 사용한다.

　　㉥ 자유곡선자 : 납과 합성수지를 이용하여 유연성이 있도록 만든 것으로 자유롭게 곡선을 그릴 때 사용한다.

② 필기용구

　　㉠ 연필

　　　• 제도용 연필은 심의 굵기와 무른 정도에 따라 여러 종류로 나누어진다.

　　　• H의 수가 클수록 단단하고 흐리며, B의 수가 클수록 무르고 진하다.

　　　• 일반적으로 HB, B, H, 2H 등이 많이 사용되며, 도면의 성질에 따라 알맞은 것을 선택해야 한다.

　　　• 최근에는 선의 굵기를 일정하게 할 수 있고, 심을 깎을 필요가 없어 편리한 0.3mm, 0.5mm 등의 제도용 샤프 연필과 2mm 굵기의 홀더 연필을 더 많이 사용하고 있다.

　　㉡ 제도용 만년필

　　　• 연필로 그린 도면을 잉크로 제도해야 할 경우에 사용한다.

　　　• 최근에는 '로트링 펜'으로 불리는 여러 가지 굵기의 제도용 만년필이 개발되어 많이 이용되고 있다.

③ 그 밖의 용구

　　㉠ 템플릿에 없는 큰 원이나 원호를 그릴 때에는 컴퍼스를 사용한다.

　　㉡ 도면의 특정 부분만 지우거나 세밀한 부분의 삭제 등에는 지우개판이 필요하다.

ⓒ 제도 용지로는 모눈종이, 켄트지, 트레이싱 페이퍼(tracing paper) 등을 필요에 따라 사용한다.
ⓔ 눈금자, 삼각자 등은 왼쪽(오른손잡이 기준)에 가깝게 놓는다.

(4) 제도 용지의 크기

A0 용지	841×1,189	B0 용지	1,030×1,456
A1 용지	594×841	B1 용지	728×1,030
A2 용지	420×594	B2 용지	515×728
A3 용지	297×420	B3 용지	364×515
A4 용지	210×297	B4 용지	257×364

❷ 제도에 사용되는 투상법

(1) 설계도의 종류 ☑ 중요

① 평면도
  ㉠ 물체를 수직 방향으로 내려다본 것을 가정하고 작도한 것으로, 모든 설계에 있어 가장 기본이
     되는 도면으로 평면을 보고 입체를 느낄 수 있어야 한다.
  ㉡ 동선의 패턴, 토지 이용의 구분, 주요 식재를 표시한다.
  ㉢ 식재 평면도, 구조물 평면도 및 대지 전체의 구성을 보여주는 배치도 등이 있다.
  ※ 식재 평면도에는 사용되는 시설들의 형태, 식물 재료를 표현하고 식물 규격을 표시한다.

② 입면도와 단면도
  ㉠ 입면도와 단면도는 물체의 수직면과 수직적인 구성을 보여주는 도면으로 이 도면을 평면도와
     관련시켜 보면 입체적인 공간 구성을 이해할 수가 있다.
  ㉡ 입면도 : 평면도와 같은 축척을 이용하여 작성하며 정면도, 배면도, 측면도 등으로 세분한다.
  ㉢ 단면도 : 구조물을 수직으로 자른 단면을 보여주는 도면으로 구조물의 내부 구조 및 공간
     구성을 표현하며, 평면도에 단면 부위를 반드시 표시한다. 조경설계에서 대지 단면도로 많이
     이용되고 있다.

③ 상세도
  ㉠ 일반 평면도나 단면도에서 잘 나타나지 않는 세부 사항을 시공이 가능하도록 표현한 도면이다.
  ㉡ 평면도나 단면도에 비해 확대된 축척을 사용하며, 재료, 공법, 치수 등을 자세히 기입한다.

④ 투시도
  ㉠ 설계안이 완공되었을 경우를 가정하여 설계 내용을 입체적인 그림으로 나타낸 것이다.
  ㉡ 유리창을 통해 바깥 풍경을 보면서 보이는 그대로를 유리창에 그려낸 것과 같은 효과를 주는
     도면이다.
  ㉢ 투시도에는 치수와 치수선을 표시하지 않는다.

ⓔ 투시도의 종류

- 1점 투시(평행투시도) : 물체를 화면에 평행하게 배치하며, 인테리어 공간이나 건축설계에서 보편적으로 쓰인다. 물체에서 나오는 모든 선들이 하나의 소점으로 모인다.
- 2점 투시(유각투시도) : 물체가 화면에 대하여 일정한 각도를 가지며, 기선에 수직인 경우로서 입체적인 효과와 풍부한 원근감을 표현할 수 있다. 일반적으로 많이 사용되는 기법으로 소점이 2개이다.
- 3점 투시(경사투시도) : 시점의 높이가 대상물의 높이에 비해 상당히 높을 경우에 활용한다.

⑤ **스케치** : 눈높이나 눈보다 조금 높은 높이에서 보이는 공간을 표현하는 그림으로, 관찰자가 설계된 공간에 서서 볼 때를 가상하여 투시도 작도법에 의하지 않고 실제 눈에 보이는 대로 자연스럽게 그려 표시한다.

⑥ **조감도** : 설계 대상지의 완성 후의 모습을 공중에서 내려다본 그림으로 공간 전체를 사실적으로 표현함으로써 공간 구성을 쉽게 알 수 있도록 표현한 그림이다.

⑦ **개념도** : 설계 초기의 아이디어와 이용에서의 기능적 관계로 개념도 및 각종 기능 다이어그램까지의 스케치이거나 개략적인 제도가 된다. 아이디어 개발을 위한 기초적인 것을 형태화시키는 과정이다.

⑧ **배치도** : 부지 내외의 조건, 도로, 대지의 고저 차, 각종 시설의 배치, 방위, 축척 등 전반적인 사항을 알 수 있다. 위에서 내려다 본 도면으로서 지붕면이 나타날 정도로 시설의 상단부를 나타내야 하며, 축척도 평면도보다 작아서 대상지의 외부까지 포함되기도 한다.

⑨ **투상도** : 3차원의 형상을 하나의 평면에 대하여 광원으로부터 나란하게 나타나는 2차원 형상을 투상이라고 하며 이를 도면에 표시한 것을 말한다.

ⓐ 등각투상도 : 물체의 정면, 평면, 측면 등을 하나의 투상도에 나타내는 투상법이다. 직각 좌표계의 세 좌표축이 서로 120°를 이룬다.

ⓑ 부등각투상도 : 수평선과 2개의 축선이 이루는 각을 서로 다르게 그린 것이다.

ⓒ 사투상도 : 정면도를 실제 모습대로 그린 후 평면도와 측면도를 한쪽 방향으로 경사지게 투상해 입체적으로 나타낸 투상도이다. 설계안이 완공되었을 경우를 가정하여 설계 내용을 입체적인 그림으로 나타낸 것이다.

ⓓ 투시투상도(투시도) : 설계안이 완공되었을 경우를 가정하여 설계 내용을 입체적인 그림으로 나타낸 것이다.

(2) 투상법

① 정투상법

ⓐ 물체의 각 면을 투상면에 나란히 놓고 투상하는 방법이며, 물체의 모양과 크기를 도면에 정확하게 나타낼 때 쓰인다.

ⓑ 정투상법으로 그린 도면을 정투상도라고 하며, 정투상법에는 제1각법과 제3각법이 있고, 한국 산업표준에는 정투상도를 제3각법으로 그리도록 규정되어 있다.

- 제1각법 : 투영도법에서 물체를 제1각에서 투영하는 방법이며 정면도가 위쪽, 평면도가 아래쪽에 그려져 제3각법과는 반대이다.
- 제3각법 ☑ 중요 : 투영도법에서 물체를 제3각에서 투영하는 방법이며 평면도가 위쪽, 정면도가 아래쪽에 그려진다.

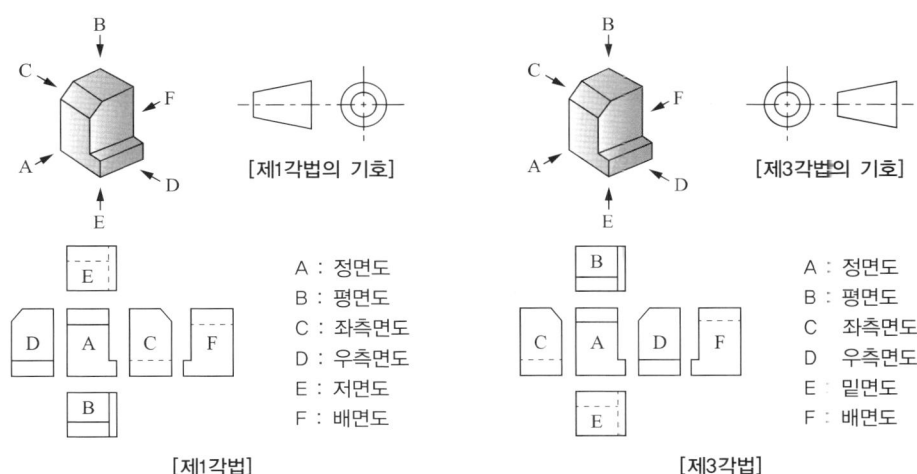

[제1각법]
A : 정면도
B : 평면도
C : 좌측면도
D : 우측면도
E : 저면도
F : 배면도

[제3각법]
A : 정면도
B : 평면도
C : 좌측면도
D : 우측면도
E : 밑면도
F : 배면도

ⓒ 정투상법에 사용되는 3개의 기본 투상면은 입화면, 평화면, 측화면이다.
- 입화면(frontal plane) : 물체의 특징을 가장 잘 나타낼 수 있는 쪽에 수직으로 세워진 투상면이며, 이 입화면에 투상된 정투상도를 정면도(front view)라 한다. 그러므로 정면도는 물체의 모양, 크기, 기능 등을 가장 잘 표현한 정투상도이다.
- 평화면(horizontal plane) : 물체의 위쪽에 수평으로 놓여있는 투상면이며, 평화면에 투상된 정투상도를 평면도(top view)라 한다.
- 측화면(profile plane) : 물체의 오른쪽 또는 왼쪽에 세워진 투상면이며, 측화면에 투상된 정투상도를 측면도(side view)라 한다.

다음 등각도를 3각법으로 투상할 때 평면도로 맞는 것은?

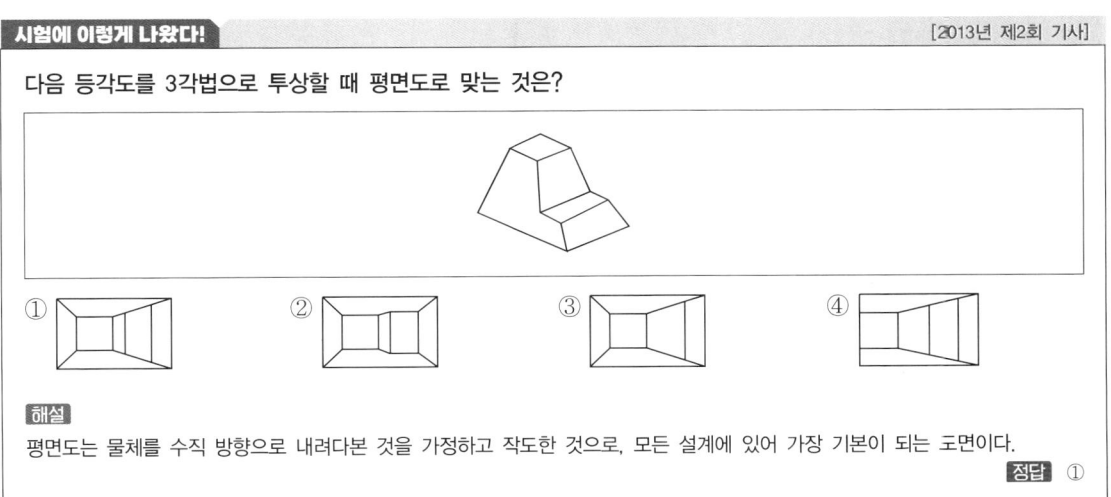

해설
평면도는 물체를 수직 방향으로 내려다본 것을 가정하고 작도한 것으로, 모든 설계에 있어 가장 기본이 되는 도면이다.

정답 ①

❸ 전산응용도면(CAD) 작성

(1) CAD의 이해

① CAD(Computer Aided Design & Drafting)

㉠ Computer Aided Design의 약자이며, 미국의 Auto Desk사에서 만들어 낸 프로그램이다.

㉡ Auto CAD는 다양한 2차원 드로잉이나 3차원 모델을 마련하는 데 사용할 수 있는 범용 CAD 프로그램으로서, 전통적인 제도 방식에 비해 훨씬 빠르고 정확한 드로잉을 작성할 수 있다.

② 응용분야 : 모든 종류의 설계도면, 즉 건축, 전자, 화학, 토목, 기계, 자동차, 선박, 우주항공 등 공학 응용을 위한 도면, 지형도 및 항해지도, 제품 디자인, 인테리어 디자인(interior design), 조경 및 건축 설계, 가드닝 설계, 영화 광고 방송 등의 산업 예술, 군사 과학 연구를 위한 모의실험 (simulation) 등에 광범위하게 활용되고 있다.

③ CAD의 이용 효과

㉠ 생산성 향상 : 반복 작업과 수정 시 탁월한 효과, 설계시간의 단축, 도면 분할 및 오버레이 (overlay) 작업이 가능하다.

㉡ 품질 향상 : 도면의 수정 및 재활용 가능성, 작업상 오류의 수정 작업, 정확한 설계도면 작성이 가능하다.

㉢ 표현력 증대 : 표현 방법이 다양하고 입체적 표현이 가능하며 짧은 시간에 많은 아이디어를 제공할 수 있다.

㉣ 업무의 표준화 : 샘플 및 표준도 축척으로 라이브러리 구축 및 설계 기법의 표준화로 제품을 표준화할 수 있다.

㉤ 정보의 축적 : 프로젝트별로 도면축척을 달리하여 자료 집성화(DB구축), 설계정보 및 기술 축척으로 후속 프로젝트 활용에 유용하다.

㉥ 경영의 효율화 : 경영의 효율화와 합리화를 추구하여 기업의 이미지 쇄신과 신뢰도를 증진시킬 수 있다.

설계과정

01 기본설계

1 주택정원의 설계

(1) 주택정원의 성격

① 주택에 살고 있는 사람들이 주택 내부에서는 물론 외부에서도 편안하고 안정성을 느낄 수 있어야 한다.

② 주택은 개인의 오락, 휴식 등의 레크리에이션과 집안일 등을 하는 기능을 담당해야 한다.

③ 주택정원은 정원만이 제공할 수 있는 아름다움과 실내 생활의 안락함을 외부 생활까지 연장할 수 있도록 조성해야 한다.

(2) 주택정원의 설계기준

① 주택정원은 대지가 가지고 있는 지형, 토양 상태, 기후적 여건 등 자연적인 상태를 파악해야 한다.

② 주택정원은 주택의 평면적 배치나 입면적 조화를 이룰 수 있도록 설계되어야 한다.

③ 주택정원은 가족의 구성 내용과 가족들의 정원에 대한 기호와 태도를 파악하고, 그에 부합되도록 설계되어야 한다.

④ 구조물 설계기준

　㉠ 계단은 발 디딤면과 계단참, 그리고 난간으로 구성된다. 발판 높이는 15~20cm, 발판 깊이는 15cm 이상으로 하고, 계단의 기울기는 수평면에서 35°를 기준으로 한다.

　㉡ 경사로는 휠체어의 이용을 위한 것으로 유효 폭은 1.2m 이상, 종단기울기는 1/18 이하로 하되 지형조건이 합당하지 않은 경우 1/12까지 완화할 수 있다.

　㉢ 플랜터는 수목의 적정 생육토심 확보, 지형의 높이 차 극복 등을 위해 배치하는 것으로, 배식하는 수목의 규격에 대응하는 최소 생육토심을 확보해야 한다.

　㉣ 연못은 물에 비친 경관을 조망할 수 있는 곳에 설치하며, 자연형이나 정형으로 만든다. 수질정화 식물을 식재하여 자체 정화능력을 키우고, 수생식물의 종류에 따라 적절한 수심을 확보하여 여름철 녹조현상을 최소화한다.

　㉤ 분수는 시각이 한 군데 모이는 곳에 설치하며 일반적으로 수직 높이보다 2배 이상의 수반을 만들어야 한다.

⑤ 포장 설계기준

    ㉠ 포장재료는 생산량이 많고 시공이 용이하며, 내구성과 내마멸성이 크고, 자연배수가 잘되며 보행 시 미끄러지지 않고, 외관과 질감이 좋은 재료를 선정한다.

    ㉡ 포장두께 및 각 층의 구성은 교통하중, 노상조건, 사용재료, 환경조건 등을 고려하여 경제적으로 설계한다.

    ㉢ 주 보행로의 바닥표면은 장애인 등이 넘어지지 않도록 미끄럽지 않은 재료를 채택하고 평탄한 마감으로 설계한다.

    ㉣ 주차장이나 차량이 통과하는 곳에는 차량의 하중을 견딜 수 있는 재료를 사용하고, 포장면의 횡단경사는 아스팔트의 경우 1.5~2%, 비포장도로는 3~6%를 기준으로 한다.

    ㉤ 포장경계석은 포장재와 색상 및 질감이 조화되고, 미끄럼 방지를 고려하여 높이를 조절하는 것이 좋다.

⑥ 시설물 설계기준

    ㉠ 벤치는 일자형이나 ㄷ자형 또는 원형 등이 있고, 등받이 각도는 수평면을 기준으로 95~110°, 앉음판 높이는 34~46cm, 앉음판 폭은 38~45cm를 기준으로 한다.

    ㉡ 휴지통은 단위시설의 의자 등 휴게시설에 근접시키되, 보행에 방해되지 않게 배치하고, 단위공간마다 1개소 이상 배치한다.

    ㉢ 음수대는 그늘진 곳, 습한 곳, 바람이 많이 부는 곳은 피하며, 이용자의 신체특성을 고려하여 적정 높이로 설계하고, 동파를 막기 위한 보온용 설비를 반영한다.

    ㉣ 정원등은 위치에 따라 다양한 높이의 것을 선택한다.

    ㉤ 담장은 풍하중에 의한 모멘트와 일상적 횡력에 견딜 수 있는 재료를 사용해야 한다. 조적식 담장의 두께는 19cm 이상, 보강블럭 담장의 두께는 15cm 이상으로 한다.

    ㉥ 울타리는 단순 경계표시의 경우 1.5m 이하, 소극적 출입 통제의 경우 0.8~1.2m, 적극적 침입 방지의 경우 1.5~2.1m의 높이로 한다.

(3) 주택 단지 정원

① 주택 단지 조경설계

    ㉠ 주택 단지의 대지는 토지 이용의 용도에 따라 크게 건축용, 교통용, 녹지용 등으로 나뉜다.

    ㉡ 공동으로 이용하는 정원, 대화와 레크리에이션의 장, 근린의식 형성의 역할을 한다.

    ㉢ 단지 내의 모든 동선은 보행자 우선으로 계획되어야 한다. 차량의 통행은 간선도로가 아닌 경우에는 비상시를 제외하고 출입을 금지한다.

② 식재 설계

    ㉠ 단지 내의 도로망에 따라 또는 일정한 지역마다 그 지역의 특징을 나타낼 수 있는 나무를 심는 것이 좋다.

ⓛ 건물 가까이에는 상록성 교목의 식재를 피해야 하고, 계절적인 변화를 느낄 수 있는 나무를 선택하는 것이 좋다.

ⓒ 단지 입구 부근에는 지표 식재로 대형 수목을 식재하고, 진입로를 따라 가로수를 열식하여 방향을 유도하도록 한다.

ⓔ 어린이놀이터, 휴게소, 노인정 등의 시설 주변은 그늘을 주기 위한 녹음 식재와 경관을 아름답게 할 수 있는 경관 식재를 한다.

ⓜ 단지의 외곽부에는 주민의 주거 환경에 나쁜 영향을 끼치는 소음이나 진동, 대기오염, 불량 경관 등을 차단하거나 완화시키기 위한 차폐 식재나 완충 식재를 한다.

더 알아보기 옥외계단

- 경사가 18%를 초과하는 경우는 보행에 어려움이 발생되지 않도록 계단을 설치한다.
- 기울기는 수평면에서 35°를 기준으로 하고, 폭은 최소 50cm 이상으로 한다.
- 계단의 폭은 연결도로의 폭과 같거나 그 이상의 폭으로 한다. 단 높이는 15cm, 단 너비는 30~35cm를 표준으로 한다. 경사가 심하거나 기타의 이유로 표준높이와 너비를 적용하기 어려울 경우 높이와 너비를 조정하되, 단 높이는 12~18cm, 단 너비는 26cm 이상으로 한다.
- 높이가 2m를 넘을 경우 2m 이내마다 계단의 유효 폭 이상의 폭으로 너비 120cm 이상인 참을 둔다.
- 높이 1m를 초과하는 계단으로서 계단 양측에 보행자의 안전을 위한 벽이나 기타 이와 유사한 시설이 없는 경우에는 난간을 설치하고, 계단의 폭이 3m를 초과하면 3m 이내마다 난간을 설치한다.
- 옥외에 설치하는 계단의 단수는 최소 2단 이상으로 하며, 계단바닥은 미끄럼을 방지할 수 있는 구조로 설계한다.
- 계단의 경사는 최대 30~35°가 넘지 않도록 한다.

---

❷ 학교정원의 설계

(1) 학교정원의 성격

① 학생들의 정서적 안정과 교육적 효과를 얻는 데 목적이 있다.

② 교재원 또는 실습원으로서의 역할을 담당할 수 있어야 한다.

③ 면적은 학생 수 변동을 고려하여야 하고, 지역계획의 일환으로 근린공원의 역할도 요구된다.

④ 학교의 교육 방법에 따라 다양한 내용을 가지게 되며, 근린공원의 역할도 지역사회로부터 요구되고 있어 지역적 특수성에 따라 내용과 위치가 달라지게 된다.

(2) 학교정원의 설계

① 부지의 형태, 건물의 위치, 부지의 면적 등에 따라 진입 공간, 휴게 공간, 운동장, 교사 주변 화단, 경계 공간 등으로 구분된다.

② 수목을 선정 시 조경 수목의 생태적·경관적·교육적·경제적인 특성 등을 고려한다.

(3) 세부 공간별 식재 기준

① 진입 공간

　ㄱ 진입 공간은 학교 교문 주변과 학교 내의 차량 동선 및 보행자 도로를 포함한다.

　ㄴ 학교의 얼굴에 해당하는 곳이므로 상징적인 수목을 식재하며, 보행자 도로 주변에는 낙엽수를 줄지어 식재하여 아늑한 분위기와 함께 그늘도 제공하는 것이 바람직하다.

② 휴게 공간

　ㄱ 휴게 공간은 주로 교사 주변이나 운동장 주변에 위치하며, 벤치 등이 설치된다.

　ㄴ 학생과 교직원의 휴식을 위한 공간으로, 녹음수를 식재하여 그늘을 제공하는 것이 필요하다.

③ 운동장

　ㄱ 운동장은 축구, 농구, 배구 등의 체육 활동을 위한 공간과 놀이 시설물이 위치한 공간이다.

　ㄴ 운동장 공간에는 체육 활동을 방해하지 않는 곳에 녹음수를 식재한다.

　ㄷ 놀이 공간 주변에는 교목을 식재하여 나무 그늘을 제공하며, 관목과 초본류 위주로 단순 식재한다.

④ 교사 주변의 화단

　ㄱ 교사 주변의 화단은 교사 전면의 앞뜰 화단과 교사 모서리 부분의 옆뜰 화단, 교사 후면의 뒤뜰 화단으로 구성되어 있으며, 운동장과의 경계 완충 화단 등을 포함한다.

　ㄴ 교사 주변의 화단들은 학생들이 접근하기 쉬운 곳이므로, 교재원, 실습원 등으로 활용될 수 있도록 구성한다. 교사 주변의 화단을 교재원으로 활용하기 위해서는 학생들에게 친근감이 있고 교과서에 나오는 수목들과 초화류를 함께 식재하는 것이 바람직하다.

　ㄷ 교사 전면 앞뜰 화단에 상록 교목을 식재하면 창문을 가리므로 피하고, 관목이나 꽃나무류를 심는 것이 좋다.

⑤ 경계 공간

　ㄱ 학교 부지의 경계선에 접한 지역에는 수림대를 조성하여 차폐 역할과 함께 여름철 시원한 나무 그늘을 제공해 준다.

　ㄴ 담장은 투시형 담장이나 산울타리를 조성하는 것이 바람직하다.

(4) 학교 조경의 수목 선정 기준

① **생태적 특성** : 학교가 위치한 지역의 기후, 토양 등의 환경 조건에 맞도록 선정한다.

② **경관적 특성** : 학교 이미지 개선에 도움이 되며, 계절의 변화를 느낄 수 있도록 개화 시기와 꽃, 단풍 등을 고려하여 선정한다.

③ **교육적 특성** : 교육적 활용을 고려하여 교과서에 나오는 수목을 선정하도록 하며, 학생들과 교직원들이 선호하고, 학생들에게 해가 되지 않는 수목을 선정한다.

④ **경제적 특성** : 구입하기 쉬운 수목을 선정하며, 병충해가 적고 관리하기 쉬워 관리비 절감이 가능한 수목을 선정한다.

❸ 옥상정원의 설계

(1) 옥상정원의 성격

① 옥상에 만들어지는 조경 외에 자연 지반과 분리된 인공 지반 위에 설치하는 모든 조경을 말한다.

② 토지 이용의 효율성을 높인다.

③ 옥상정원은 새로운 형태의 도시 녹지로, 고층 건물에서 활동하는 사람들에게 녹음을 제공함으로써 육체적인 휴식과 심리적인 쾌적함을 제공하고 환경오염의 피해를 감소시킬 수 있는 효과가 있다.

④ 주택 옥상에 설치하는 정원은 주거 공간을 녹음에 둘러싸이게 함으로써 지역사회 환경 개선에 도움을 주고, 여가 공간을 확보하는 기능을 한다.

⑤ 넓은 의미의 옥상정원은 지하 건축물 위의 정원 같은 인공 소재 지반 위에 설치하는 모든 정원을 포함한다.

(2) 옥상정원의 기능

① 주거 환경에 부족한 녹지공간을 확보하고 미관을 증진시킨다.

② 여가 공간의 확보, 지역사회의 환경 개선에 도움을 준다.

(3) 옥상정원 설계 시 유의 사항

① 하중, 옥상 바닥 보호와 배수 문제를 고려해야 한다.

② 자연 재해로의 안전성을 고려해야 한다.

③ 토양층의 깊이와 구성 성분, 시비 및 식생의 유지 관리 및 적절한 수종의 선택이 중요하다.

(4) 옥상정원의 시설물 설치

① 옥상정원의 시설물로는 벤치, 벽천, 어린이 놀이 시설 등과 휴지통, 조명 등을 설치한다.

② 바람막이벽을 설치하고, 옥상 가장자리에는 난간을 설치해야 한다.

(5) 토양의 조성과 두께

① 옥상은 인공 구조물이기 때문에 그 위에 얹히는 하중이 문제가 된다. 따라서, 옥상 조경에 필요한 흙은 가볍고 비옥하며, 배수가 잘 되면서도 보수력이 있어야 한다. 이러한 흙을 만들기 위해 사양토에 여러 가지 경량 재료를 혼합하여 사용한다.

② 경량재로는 버미큘라이트(vermiculite), 펄라이트(perlite), 피트모스(peatmoss), 화산재 등이 있다.

③ 옥상정원 토양의 두께는 식물이 잘 자랄 수 있는 수분과 양분, 그리고 호흡에 필요한 공기를 확보할 수 있으며, 또 뿌리의 보존이 가능한 최소한의 깊이를 확보하여야 한다.

❹ 골프장의 설계

(1) 골프장의 성격

① 자연경관 속에서 신선한 공기와 쾌적한 환경에서 운동을 할 수 있고, 도심 내 또는 근교에서 시민공원 역할을 한다.

② 도시 내에서는 녹지 체계의 일부로서의 역할을 한다.

③ 규모에 따른 분류

    ㉠ 실행 코스(executive course) : 6,000m 이하의 거리, 연습 코스

    ㉡ 선수권 코스(champion course) : 챔피언십 시합 개최가 가능한 코스

    ㉢ 정규 코스(regular course) : 대규모 경기에 곤란

(2) 골프장의 설계

① 클럽하우스를 중심으로 골프코스구역, 관리시설구역, 위락시설구역, 생산시설구역, 환경보존구역으로 나누고, 아웃(out) 9홀과 인(in) 9홀로 구분한다.

② 용지는 남북이 길고 약간 구형의 용지가 적합하며 적당한 기울기가 있는 것이 좋다.

③ 18홀을 기준으로 평탄지는 $60\sim70$만m^2, 고저차 50m 정도의 구릉지는 $80\sim100$만m^2 정도가 필요하다.

④ 방위는 잔디에 좋은 남사면 또는 남동사면으로 한다.

(3) 홀의 구성

① 티(tee) : 출발점 지역

② 그린(green) : 종점 지역

③ 페어웨이(fair way) : 티와 그린 사이에 짧게 깎은 잔디 지역

④ 러프(rough) : 페어웨이 주변의 깎지 않은 초지로 이루어진 지역

⑤ 해저드(hazard) : 장애 지역

02   세부설계

❶ 실시설계

(1) 개념

기본설계도를 기초로 하여 실제 시공이 가능하도록 평면상세도, 단면상세도 등을 작성하는 단계로 시방서 및 공사비 내역서 작성을 포함한다.

(2) 기본설계와 실시설계

① 기본설계 : 사업계획 및 기본방침, 대략의 공정, 시공법, 공사비 등 기본적인 내용을 작성하는 것이며, 기초설계를 토대로 공사시행 시 발생할 수 있는 문제점을 검토하고 다른 공사와의 연관성, 예산확보 등을 검토하고 확인하기 위한 설계이다.

② 실시설계 : 기본설계를 바탕으로 구체적인 도면 작성, 공사비 작성, 수량산출, 공정계획을 수립하는데, 실시설계 때 작성한 도면과 공사비 내역은 공사입찰의 기준이 되며, 이 도면대로 공사를 시행하게 된다.

(3) 설계도면

① 평면도(평면상세도) : 사용된 축척을 알기 쉽게 표기한 것으로 도로, 시설물의 위치와 크기를 정확히 기록하고, 벤치, 휴지통 등의 시설물은 규격과 수량이 포함된 수량표를 작성하여 표제란에 기입한다.

② 단면도(단면상세도) : 입체적 공간을 가장 잘 설명해 줄 수 있는 장소를 2개소 이상 선정하여 그린다(종단면도, 횡단면도).

③ 조감도 : 설계 대상지의 완성 후 모습을 공중에서 내려다본 그림으로 공간 전체를 사실적으로 표현함으로써 공간 구성을 쉽게 알 수 있도록 표현한 그림이다.

❷ 설계설명서

(1) 개념

설계도면상 적을 수 없는 내용을 별도로 기록해 놓은 것으로, 설계도의 이해를 돕기 위해서 작성된 것이다. 설계설명서에는 공사명, 공사개요, 자재목록 등을 기록한다.

(2) 시방서

① 표준시방서 : 시설물의 안전 및 공사 시행의 적정성과 품질 확보 등을 위하여 시설물별로 정한 표준적인 시공기준이다.

② 특기시방서
  ㉠ 표준시방서에 명기되지 않은 사항을 보충하며, 해당 공사만의 특별한 사항 및 전문적인 사항을 기재한다.
  ㉡ 표준시방서에 우선하며, 독특한 공법, 새로운 재료의 시공, 현장 사정에 맞추기 위한 특별한 배려 등을 포함한다.
  ㉢ 특기시방서는 일반·표준시방서와 다르게 특별한 공법 또는 재료 등이 필요한 공사에 사용된다.

(3) 설계도서의 일반적인 적용순위

① 설계도서의 내용이 서로 일치하지 아니하는 경우에는 관계법령의 규정에 적합한 범위 내에서 감리자의 지시에 따라야 하며, 그 내용이 설계상 주요한 사항인 경우에 감리자는 설계자와 협의하여 지시내용을 결정하여야 한다.

② ①의 경우로서 감리자 및 설계자의 해석이 곤란한 경우에는 당해 공사계약의 내용에 따라 적용의 우선순위 등을 결정하여야 하며, 계약으로 그 적용의 우선순위를 정하지 아니한 경우에는 다음의 순서를 원칙으로 한다.

ㄱ 특별시방서

ㄴ 설계도면

ㄷ 일반시방서·표준시방서

ㄹ 수량산출서

ㅁ 승인된 시공도면

(4) 현장설명서

① 시행하고자 하는 공사의 전반적인 사항에 대해 명시한 문서를 말한다.

② 현장설명서에는 현장상황, 설계 도면 또는 시방서에 기재하기 어려운 내용 등 입찰 가격과 시공에 필요한 정보를 포함하고 있다.

경관분석

01 경관분석의 종류

① 자연경관 분석

(1) 경관구성의 요소

① 경관구성의 기본요소

㉠ 선 : 직선(남성적), 지그재그선(유동적·활동적), 곡선(부드럽고 여성적)

㉡ 형태 : 기하학적 형태, 자연적 형태

- 기하학적 형태 : 주로 직선적이며 규칙적인 구성 예 도시경관의 건물, 드로, 분수
- 자연적 형태 : 곡선적이고 불규칙적인 구성 예 자연경관의 산, 바위, 하천

㉢ 크기와 위치 : 크기가 크고, 높은 곳에 위치할수록 지각 강도가 높아진다. 즉, 눈에 잘 띈다.

㉣ 질감 : 물체의 표면이 빛을 받았을 때 생겨나는 밝고 어두움의 배합률에 다라 시각적으로 느껴지는 감각

㉤ 색채 : 따뜻한 색(전진, 정열, 온화, 친근한 느낌), 차가운 색(후퇴, 지적, 냉정, 상쾌한 느낌)

㉥ 농담 : 투명한 정도

㉦ 경관구성에 가장 주요한 역할 : 지형

㉧ 경관의 우세 요소 : 선 > 형태 > 질감 > 색채

㉨ 경관구성의 가변 요소 : 광선, 기상조건, 계절, 시간, 운동, 거리, 관찰위치, 규모 등

- 광선 : 형태의 지각을 가능하게 한다.
- 기상조건 : 경관 변화 요인 예 눈, 비, 안개
- 계절 : 색채, 형태, 분위기 등의 변화
- 시간 : 해 뜰 때, 낮의 활기, 저녁 노을의 분위기

② 경관구성의 기본원칙

㉠ 통일성(통일미) : 전체를 구성하는 요소들이 동일성(유사성)을 지니고 유기적으로 조직되며 전체가 시각적으로 통일된 하나로 보이는 것이다.

- 조경에서 조경수의 60%까지 잣나무를 심거나 소나무를 배치하거나 하여 색채 또는 선으로 통일시키는 것이다.
- 통일성 부여방법은 가깝게 반복하며 점진적으로 연결성을 부여하는 것이다.
- 이질적·극단적 변화는 혼란을 주며, 통일성을 너무 강조하면 지루함을 느끼게 한다.

ⓛ 다양성(변화) : 통일성과 상호보완적으로 적절하게 유지되어야 하고, 다양성 달성방법은 비례에서의 변화, 율동의 변화, 대비효과를 이용하는 것이다.

- 비례 : 규칙적으로 변화를 준다(면적, 땅가름 높이, 너비, 길이).
- 율동 : 동일한 요소나 유사한 요소가 규칙적 혹은 주기적으로 반복하면서 운동감을 주는 것으로, 시각적 율동(수목의 규칙적 배열), 청각적 율동(폭포, 시냇물), 색채의 변화 등이 있다.
- 대비 : 질감, 형태, 색채를 서로 대조시킨다(특정 경관을 부각시키거나, 단조로움을 없애고자 할 때 쓴다).
  ⓔ 형태상 대비 : 수평면 호수에 면한 절벽
     색채 대비 : 녹색 잔디밭에 군식된 사루비아

(2) 경관의 유형

① 거시경관(기본적인 경관)

ⓖ 전경관(파노라믹경관) : 시야를 가리지 않고 초원과 같이 트인 경관으로, 웅장함과 아름다움을 느낄 수 있으며, 자연에 대한 존경심(경외심)을 일으키게 한다.
  ⓔ 수평선, 지평선

ⓛ 지형경관(천연미적 경관) : 지형지물이 경관에서 지배적인 위치를 지니는 경우 보는 사람에게 강한 인상을 준다. 즉, 주변환경의 지표가 된다(산봉우리, 절벽 등).

ⓒ 위요경관(포위된 경관) : 평탄지에 수목·경사면 등이 울타리처럼 자연스럽게 둘러싸여 있는 경관으로, 주로 정적인 느낌을 주나 중심공간의 경사도가 증가할수록 동적인 느낌을 준다.

ⓔ 초점경관 : 시선이 집중될 수 있는 경관, 즉 관찰자의 시선이 경관 내의 어느 한 점으로 유도되도록 구성된 경관(폭포, 수목, 암석, 분수, 조각, 기념탑 등) 또는 비스타 경관(좌우로의 시선이 제한되고, 중앙의 한 점으로 시선이 모이도록 구성된 경관) 등을 의미한다.

② 세부경관(보조적인 경관)

ⓖ 관개경관(터널식경관) : 상층이 나무로 덮여 있는 경관, 즉 교목의 수관 아래가 터널과 같이 형성되는 경관으로, 숲 속의 오솔길, 밀림속의 도로, 노폭 좁은 곳의 가로수 등이 있다. 나뭇잎 사이의 햇빛과 그늘의 대비로 인한 신비감을 줄 수 있다.

ⓛ 세부경관 : 관찰자가 가까이 접근하여 나무모양, 잎, 열매 등을 자세히 감상할 수 있는 경관을 뜻한다.

ⓒ 일시경관 : 기상 상태, 기후 조건에 따라 경관의 모습이 달라지는 경관이다. 설경, 무지개, 노을, 수면에 투영 반사된 영상, 동물의 일시적 출현 등이 있다.

(3) 경관구성의 기법

① 경관의 연결기법

　㉠ 내·외부 공간의 연결 : 테라스

　㉡ 계단에 의한 연결

　㉢ 연속적 공간의 구성 : 개방공간, 전이공간, 닫혀진 공간

② 경관의 형성기법 : 경관의 기본골격을 형성하는 요소

　㉠ 지형의 변화 : 굴곡의 완화 또는 강조(마운딩 설계)

　㉡ 수목에 의한 구성 : 위요공간과 교목의 하부에 시선을 열어주는 반투과적인 공간의 형성기법

　㉢ 연못의 형태 : 가능하면 변화를 주어 물과 접촉하는 부분이 많을 것

　㉣ 구조물의 형태 : 스카이라인(sky line)을 해치지 않는 범위에서 조화 추구

　※ 스카이라인 : 물체가 하늘을 배경으로 이루어지는 윤곽선

③ 경관의 수식기법

　㉠ 위요경관, 관개경관, 세부경관 : 인간적인 척도를 지닌 경관(편안함과 친근감)

　㉡ 표지판 및 옥외 시설물 : 각종 시설물, 표지판이 장소의 분위기에 맞도록 통일성을 주고 식별성이 있어야 한다.

　㉢ 패턴

　　• 1차적 패턴 : 가까이서 느끼는 것, 물체의 부분적인 패턴

　　• 2차적 패턴 : 멀리서 보는 것, 전체의 집합적 패턴

　㉣ 인간적 척도 : 손으로 만지고, 걷고, 앉고 하는 등 인간 활동에 관련된 적절한 규모, 또는 크기를 말한다.

　㉤ 높은 건물, 구조물 : 교목으로 완화 식재하고 상부를 차단해 인간적 척도로 공간 조성

　㉥ 슈퍼그래픽 : 건물벽 전체, 건물군 전체를 화폭으로 생각하고 색채 디자인하는 것

④ 배식의 기법

　㉠ 점식 : 한 그루의 나무를 다른 나무와 연결시키지 않고, 득립하여 심는 경우 → 목련, 소나무, 느티나무(대형 수목)

　㉡ 열식 : 일렬 선형으로 식재(정형식 조경 양식에서 필수)

　㉢ 부등변삼각형 식재 : 자연식 조경에 쓰임(크기나 종류가 다른 3가지를 거리를 다르게 식재)

　㉣ 군식 : 관목이나 초본류를 모아 심는 것

　㉤ 혼식 : 낙엽수와 상록수의 비율(비율 4 : 6)

　㉥ 배경식재 : 배경교목에 주의집중(관목, 화훼)

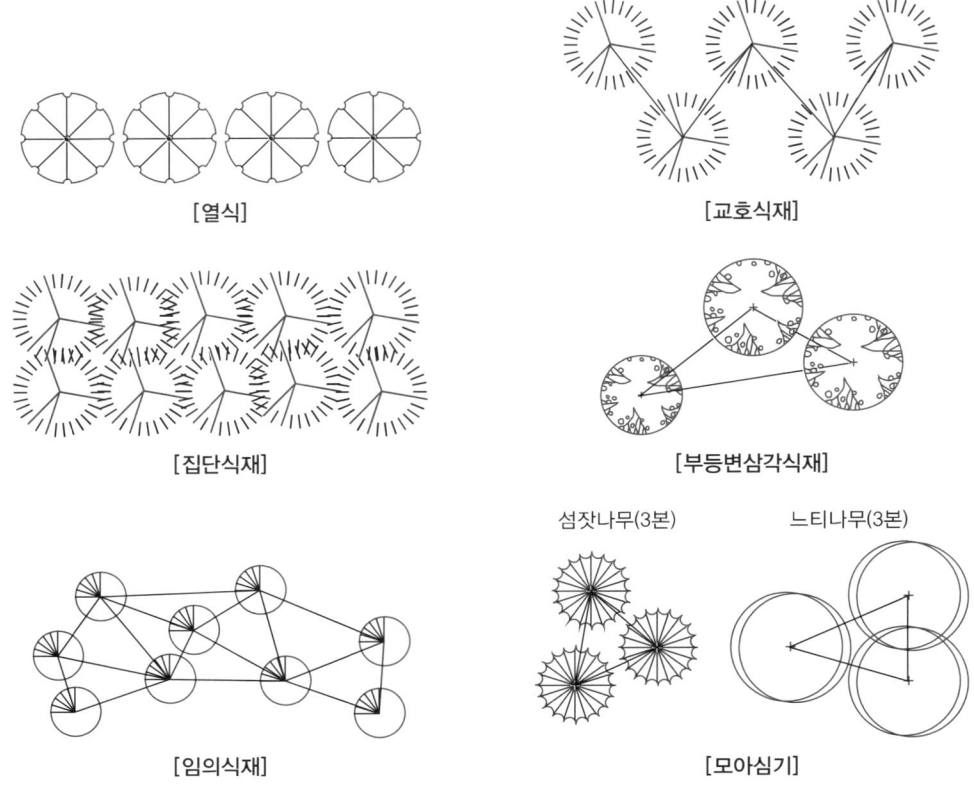

[열식]　　[교호식재]

[집단식재]　　[부등변삼각식재]

[임의식재]　　[모아심기]

섬잣나무(3본)　　느티나무(3본)

(4) 경관 분석 방법의 분류

　① 다니엘&바이닝의 분류 : 생태학적 접근, 형식미학적 접근, 정신물리학적 접근, 현상학적 접근
　② 아서 등의 분류 : 목록작성법, 대중선호 평가법, 경제적 분석법
　③ 쥬베 등의 분류 : 전문가적 판단에 의지하는 방법, 정신물리학적 방법, 인지적 방법, 개인적
　　　경험에 의지하는 방법

❷ 도시경관 분석

(1) 케빈 린치(Kevin Lynch)의 도시경관 분석

　① 케빈 린치의 도시경관 5대 구성요소

　　㉠ path(도로) : 도로는 방향성과 영속성을 가져야 한다.

　　㉡ district(지구) : 테마가 명확히 있어야 하고, 각 지구 간에는 인구성이 있어야 한다.

　　㉢ edge(변두리) : 지역을 분리시킨다.

　　㉣ landmark(목표) : 관찰자가 유일하게 볼 수 있고 분명한 형태가 있어야 한다.

⑪ node(결절점) : 관찰자가 그 안으로 들어갈 수 있고, 그곳을 향하던지, 그곳에서 출발할 수 있는 도시 내부에 있는 주요 지점이다.

② 랜드마크가 성립되기 위한 특징

　㉠ 점을 나타낸 것, 여러 가지 크기의 단순한 물리적 요소로 성립한다.

　㉡ 특이성이 있어야 한다.

　㉢ 배경과의 대조 : 건축선 후퇴 또는 높이변화

　㉣ 원거리에서의 랜드마크 : 여러 곳에서 보이며 더욱 눈에 잘 띈다(잘 알려진다).

　㉤ 다른 도움을 빌지 않고 독립하고 있는 것도 있다.

　㉥ 랜드마크는 독특한 이미지를 가진 지역(district)도 해당되는데, 재래시장, 차이나타운 등 특정 용도와 이미지를 가진 것도 있다.

[건물높이(H)와 거리(D)의 비]

D/H비	앙각	인지 결과
$D/H = 1$	45°	건물이 시야의 상한선인 30°보다 높음, 상당한 폐쇄감을 느낌
$D/H = 2$	27°	정상적인 시야의 상한선과 일치하드로 적당한 폐쇄감을 느낌
$D/H = 3$	18°	폐쇄감에서 다소 벗어나 주대상물에 더 시선을 느낌
$D/H = 4$	12°	공간의 폐쇄감은 완전히 소멸되고 특정적인 공간으로서의 장소의 식별이 불가능해짐

(2) 벤츄리(R. Venturi, 1983)의 상징적 도시경관 분석

① 도상학(Iconography)에 바탕을 두고 있다.

② 도시경관이 대중과 교호(communication)해야 한다고 보고 있다.

③ 화려한 네온사인 등은 소유주의 개성과 그 지역의 도시정신을 반영하고 있다.

④ 건물의 규모, 형태 등의 고정적 요소보다는 간판, 광고물 등의 비고정적 요소를 중시한다.

시험에 이렇게 나왔다!　　　　　　　　　　　　　　　　　　　　　　　　[2011년 제3회 기사]

건축물 등 시각대상물이 단지 일반적인 경관으로 보이고 폐쇄성을 잃게 되는 앙각은 얼마인가?(단, D/H는 높이와 거리의 비율이다)

① $D/H = 4$　　　　　② $D/H = 3$　　　　　③ $D/H = 2$　　　　　④ $D/H = 1$

해설

$D/H = 4$는 공간의 폐쇄감은 완전히 소멸되고 특정적인 공간으로서의 장소의 식별이 불가능해진다.

정답 ①

1 경관 이미지

(1) 경관(景觀)의 이미지

① 인지도(認知圖)란 인지된 물리적 환경이 머릿속에 어떠한 형태로 존재하는가를 알아보기 위한 방법론이다.

② 케빈 린치는 인지도를 통하여 도시환경의 인지에서의 주된 5개 요소를 추출하였다.

③ 인공물과 자연물이 환경에 함께 존재할 때 인지도에는 자연물보다는 인공물이 두드러지게 나타난다. 일반적으로 주변환경에 비하여 의미의 측면에서 혹은 시각적 측면에서 강한 대비효과를 지니는 요소가 인지도에 두드러지게 나타난다.

④ 스타이니츠(Steinitz)는 행태와 행위 사이의 일치성을 타입(type), 밀도(intensity), 영향 (significance)으로 분류하였다.

(2) 스타이니츠(Steinitz, 1968)

① 물리적 형태와 그 형태가 지닌 행위적 의미의 상호관련성을 중요시하였다.

② 일치성의 유형

　㉠ 타입의 일치성 : 주어진 형태(건물 타입, 투과성)와 행위의 종류(행위의 빈도수)

　㉡ 밀도의 일치성 : 형태밀도(공간, 정보의 밀도)와 행위밀도(혼잡성)

　㉢ 영향의 일치성 : 노출된 형태(자동차, 지하철, 보행로에 노출된 정도)와 주요행위(영향받는 사람의 상대적 숫자와 그 영향의 정도)

2 경관 선호도

(1) 시각적 선호의 변수

① 물리적 변수 : 지형, 지물, 식생, 물, 색채, 질감, 형태 등

② 추상적 변수 : 복잡성, 조화성, 새로움으로 환경속에서 지각되는 추상적 특성

③ 개인적 변수 : 개인의 연령, 성별, 학력, 성격, 심리적 상태 등

④ 상징적 변수 : 환경에 함축되어 있는 상징적 의미

(2) 시각적 선호도의 측정방법

① 형태 측정 : 외부로 나타난 인간행위를 중심으로 측정하는 것

② 정신생리 측정 : 심리적 상태에 따라 나타나는 생리적 현상을 측정하는 것

③ 구두 측정 : 관찰자가 얼마나 아름다운가, 즐거운가, 좋아하는가 하는 직접적인 표현을 토대로 하여 측정하는 것

※ 시각적 복잡성은 시각적 선호와 거꾸로 된 U자 형태의 관계를 지닌다. 중간 정도의 복잡성이 가장 높은 선호도를 나타내며, 복잡성이 아주 낮거나 높은 경우에는 낮아진다.

❸ 경관 분석 방법 및 유형

(1) 경관 유형 용어

① 뷰(view) : 특정 지점에서 관찰되는 경치
② 비스타(vista) : 특정 경관대상을 향해 한정된 전망
③ 터미너스(terminus) : 시각의 종점
④ 인프레임먼트(enframement) : 특정 전망을 강조하기 위한 틀짜기
⑤ 축 : 가장 길게 연장되는 중심부의 선을 주축이라고 하고, 주축선에 병행되거나 교차하는 짧은 축을 부축이라고 한다.

(2) 경관 분석 방법의 일반적 요건

① 신뢰성(reliability)
② 타당성(validity)
③ 예민성(sensitivity)
④ 실용성(utility)
⑤ 비교가능성(valuation)

(3) 레오폴드(Leopold)의 경관 분석 방법

① 대상지역 : 12개 지역에 있어서의 하천에 대한 경관가치의 계량화
② 척도 : 물리적 인자, 생물학적 인자 및 수질, 인간이용 및 흥미적 인자
③ 평가방법 : 특이성비, 계곡특성 및 하천특성의 계산
④ 생태학적 접근에 의한 분석 방법이다.
⑤ 하천을 낀 계곡을 대상으로 경관가치를 계량화한 방법이다.
⑥ 특이성 계산과 계곡 및 하천 특성을 계산한 방법이다.
⑦ 여러 개의 경관대상지와 상대적 비교를 위한 방법이다.

❶ 생태학적 접근 방식

(1) 인간생태학적 접근

① 개념

　　㉠ 인간생태학은 인간과 인간 환경 사이의 물리적·생물학적·문화적 관계성을 연구하는 것이다.

　　㉡ 인간 개인보다는 인간 집단에 관심을 가지며, 집단 상호 간의 관계, 집단과 환경과의 관계를 연구대상으로 한다.

　　㉢ 물리적 차원, 생물학적 차원뿐만 아니라 문화적 차원을 포함하여 연구한다.

② 적합성과 부적합성 : 인간생태학에서의 주요 개념으로, 모든 유기체는 주변환경과의 상호작용을 하는 데 있어서 적합성 또는 부적합성의 정도를 지니고 있으며, 이를 통하여 경관 내에 거주하는 인간의 건강한 활동 및 환경과의 효율적 상호작용을 파악할 수 있다.

(2) 경관생태학적 접근

① 경관생태학의 개념

　　㉠ 시각적으로 지각되는 경관의 생태적 특성에 관심을 갖는 생태학의 한 분야이다.

　　㉡ 경관이란 상호 관련된 서로 다른 생태계들의 집합으로 이루어진 이질적인 토지환경이다.

② 경관생태학의 연구대상

　　㉠ 경관의 구조 : 생태계의 크기, 형태, 수, 유형과 관련된 에너지, 물질, 종의 분포

　　㉡ 경관의 기능 : 공간적 요소 간의 상호작용

　　㉢ 경관의 변화 : 경관의 구조와 기능의 시간적 흐름에 따른 변화

③ 경관생태학의 원칙

　　㉠ 경관구조 및 기능의 원칙

　　㉡ 생물적 다양성의 원칙

　　㉢ 종의 이동 원칙

　　㉣ 영양물 재분배의 원칙

　　㉤ 에너지 흐름의 원칙

　　㉥ 경관변화의 원칙

　　㉦ 경관안정성의 원칙

④ 경관요소 : 경관조각(tessera), 경관단위(landscape unit), 경관세포(landscape cell), 생태소(ecotope), 생물소(biotope)

　　※ 경관단위 : 최소의 단위요소로서, 주로 토지 지표면에 나타나는 동질적인 구성요소(homogeneous unit)로 볼 수 있으며, 식생 또는 자연지형요소의 동질적인 구분에 근거하게 된다.

(3) 생태학적 분석 방법 ☑ 중요

① 맥하그(McHarg)의 분석 방법

　㉠ 경관은 그것을 구성하는 생태적 목록(지형, 지질 등)이 종합적으로 작용하여 경관의 형태가 결정된다.

　㉡ 생태적으로 건강하고 생태적 특성에 부합되는 인간환경을 조성하기 위해서는 토지가 지닌 생태적 특성을 고려한 토지용도를 설정해야 한다.

　㉢ 토지용도별 적지선정을 위해 도면결합법(overlay method)을 제시하였다.

　㉣ 맥하그가 주장한 생태적 결정론 : 자연계는 생태계의 원리에 의해 구성되어 있으며, 따라서 생태적 질서가 인간환경의 물리적 형태를 지배한다.

② 레오폴드(Leopold)의 분석 방법

　㉠ 대상지역 : 12개 지역에 있어서의 하천에 대한 경관가치의 계량화

　㉡ 척도 : 물리적 인자, 생물학적 인자 및 수질, 인간이용 및 흥미적 인자

　㉢ 평가방법 : 특이성비, 계곡특성 및 하천특성의 계산

③ 녹지자연도 사정방법

　㉠ 일정 토지의 자연성을 나타내는 지표로 녹지자연도(Degree of Green Naturality)를 사용한다.

　㉡ 주로 지표상태, 특히 식생타입을 기준으로 산정된다.

　㉢ 등급의 사정은 현지조사를 통하여 식생의 종류, 생육상태, 토지이용현황 등을 기초로 하여 녹지자연도의 판정기준(11단계)에 의해서 판정된다.

시험에 이렇게 나왔다!　　　　　　　　　　　　　　　　　　　[2011년 제4회 기사]

경관가치 평가 방법에서 생태학적 분석 방법에 해당하지 않는 것은?

① 맥하그(McHarg)의 분석 방법　　　　② 레오폴드(Leopold)의 분석 방법
③ 린치(Lynch)의 이미지 분석 방법　　　④ 녹지자연도 사정방법

해설
린치는 시각적 효과분석과 관련이 있다. 도시 이미지 형성에 기여하는 물리적 요소 5가지[통로(paths), 모서리(edges), 지역(districts), 결절점(nodes) 및 랜드마크(landmarks)]를 제시하였다.

정답　③

---

❷ 시각적 접근 방식

(1) 시각적 훼손가능성

① 리튼(Litton, 1974)의 경관 훼손가능성

　㉠ 도로의 개설 혹은 벌목으로 인한 자연경관의 시각적 훼손가능성을 연구하였다.

　㉡ 경관을 지형경관, 위요경관, 초점경관으로 나누고, 각 유형별 경관에서의 시각적 훼손가능성이 높은 곳을 연구하였다.

② **일반적 원칙** : 스카이라인, 능선 등의 모서리 혹은 경계부분, 저지대보다는 고지대, 어두운 곳보다는 밝은 곳, 완경사보다는 급경사 지역, 어두운 색보다는 밝은 색 토양, 혼효림보다는 단순림이 시각적 훼손가능성이 높다.

③ **방법의 적용** : 인공구조물 등의 배치에 있어서 짧은 시간 내에 경관의 특성을 이해하고, 경관미를 훼손시키지 않는 위치를 선정할 때 효율적인 방법이다.

(2) 시각적 흡수능력

① **제이콥스와 웨이(Jacobs & Way, 1968)** : 여러 형태의 경관이 토지이용 활동을 흡수할 수 있는 정도와 토지이용이 시각적 환경에 미치는 영향에 관하여 연구하였다.

② **시각적 흡수능력**

　㉠ 물리적 환경이 지닌 시각적 흡수성은 시각적 투과성과 시각적 복잡성의 함수로 나타난다.
　　• 시각적 투과성 : 식생의 밀집 정도 및 지형적 위요 정도에 의해 결정된다.
　　• 시각적 복잡성 : 상호 구별될 수 있는 시각적 요소의 수에 의해 결정된다.
　㉡ 시각적 흡수능력이 낮은 곳은 개발에 따른 시각적 영향이 크게 된다.

(3) 스카이라인 분석

① **스카이라인의 유형** : 리듬 있는 형태, 자연에 적응된 형태, 하늘과 균형을 이룬 형태, 악센트가 있는 형태, 추상적 형태, 중첩된 형태, 프레임된 형태

② **스카이라인의 경험** : 극적 전개, 연속적 전개, 병치, 은유적 해석

❸ 정신물리학적 접근 방식

(1) 정신물리학적 접근의 특성

① 심리적 사건과 물리적 사건과의 관계, 또는 감지와 자극 사이의 계량적 관계성을 연구하는 분야이다.

② **웨버(Weber)의 법칙** : 두 물체의 무게가 서로 다르다는 것을 감지할 수 있는 최소 무게 차이(판별역)는 물체의 무게가 증가 혹은 감소함에 비례하여 증가 혹은 감소한다.

③ **페흐너(Fechner)의 법칙** : 감각량이 등차증가하기 위해서는 자극량은 등비증가를 해야 한다.

④ 경관의 물리적 속성으로부터 오는 자극과 이에 대한 감지 혹은 반응 사이의 직접적인 관계성을 계량적인 방법으로 연구하는 것이다.

⑤ 형식미학적인 접근은 전문가적 판단에 기초하지만, 정신물리학적 접근에서는 일반인을 피험자로 하는 실험을 통하여 물리적 자극(경관)과 반응 사이의 계량적 관계를 구한다.

(2) 정신물리학적 경관분석 모델

정신물리학적 경관분석 모델은 경관의 물리적 속성을 독립변수로, 경관에 대한 인간의 반응을 종속변수로 하는 함수관계에 있다. 경관에 대한 시각적 선호도를 설명 또는 예측하기 위하여 모델이 사용된다.

① 선형-비선형 모델
  ㉠ 선형 모델 : 경관의 질(선호도)이 여러 물리적 변수들이 포함된 일차식으로 표현된다.
  ㉡ 비선형 모델 : 자극과 반응의 관계가 비선형적인 모델(이차함수, 지수함수, 더수함수 등)로 표현되며, 변수는 주로 한 개만이 채택된다.
② 자연경관-도시경관 모델
③ 직접-간접 모델
  ㉠ 직접 모델 : 독립변수로 경관의 물리적 속성(길이, 면적, 비례 등)을 직접 측정한다.
  ㉡ 간접 모델 : 독립변수를 지각된 자극의 크기로서 피험자에게 평가시켜서 측정한다.

(3) 정신물리학적 경관분석 모델의 효용성

① 자연환경에서의 적용 효용성
  ㉠ 경관의 질의 도면화가 가능하다.
  ㉡ 시각자원의 관리가 용이하다.
  ㉢ 개발에 따른 시각적 영향의 예측이 가능하다.
② 도시환경에서의 적용 효능성
  ㉠ 위요된 공간의 설계에 적용 가능하다.
  ㉡ 실내공간의 설계에 유용하다.
  ㉢ 도시경관의 질을 높이는 데 기여한다.

(4) 정신물리학적 경관분석 모델의 한계성

① 예측의 타당성이 실제와 차이가 날 수 있으므로 통계적으로 밝혀져야 한다.
② 모델적용의 범위가 조사된 조건하에서만 유의할 수 있다.
③ 변수에 대한 예측의 민감도가 높으므로 변수의 범위 설정어 유의해야 한다.
④ 집단의 선호도에 기초하므로 개인의 선호도가 무시될 수 있다.
⑤ 표본수의 통계적 유의성에 주의해야 한다(독립변수의 10배 이상의 표본수).
⑥ 모델작성에 많은 비용이 든다.

(5) 정신물리학적 분석 방법

① 기본전제 : 경관의 구성요소를 독립변수 X로 하고 경관에 대한 반응을 종속변수 Y로 하는 함수관계의 형태를 갖는다. 즉, 'Y = f(X)'의 관계식을 도출할 수 있다.

② 독립변수 : 경관요소의 면적, 길이, 비례

③ 종속변수 : 선호도, 경관미

❹ 심리학적 접근

(1) 심리학적 접근의 특성

① 심리학

㉠ 심리학 : 인간의 심리활동의 연구를 통하여 개인 또는 그룹으로서의 인간행동의 이해를 목표로 하는 과학이다.

㉡ 경관 분석의 심리학적 접근 : 경관적 자극에 대한 인간의 행동, 특히 정신적 반응에 주안점을 두고 있는 분석 방법이며, 정신적 반응은 경관에 대한 인간의 느낌, 감정 또는 이미지 등을 말한다.

② 심리학적 경관 분석

㉠ 경관을 통하여 인간이 느끼는 다양한 느낌, 감정, 이미지를 분석의 대상으로 삼는다.

㉡ 긍정적인 느낌을 불러일으키는 경관은 질이 높으며, 부정적인 느낌을 주는 경관은 그 질이 낮다고 생각한다.

㉢ 심리학적 경관 분석은 경관에 대한 느낌, 감정, 이미지 등을 경관의 질의 기준으로 한다. 경관을 지각함에 있어서 주요변수가 될 수 있는 느낌, 감정, 이미지에 분석의 초점을 둔다.

(2) 심리학적 접근의 유형

① 개인적 차이 연구 : 경관에 대한 문화적·개인적 변수에 대한 연구로, 동질적인 그룹과 상이한 그룹 사이의 차이를 밝히고 있다.

② 경관에 대한 느낌 연구 : 경관이 주는 심리적인 느낌, 즉 복잡성, 신비감, 친근감 등에 대한 선호도와의 관련성을 통하여 계량적 함수관계로 접근한다.

③ 경관의 이미지 연구 : 경관의 명료성, 식별성을 통하여 경관 특성의 높고 낮음을 경관의 질을 평가하는 기준으로 생각하며, 이를 통하여 경관구조와 인지된 경관구조 사이의 관계성을 밝힌다.

(3) 심리학적 분석 방법

① 시각적 복잡성 : 시계 내의 구성요소의 많고 적음으로 정의된다.

 ㉠ 시각적 복잡성과 선호도

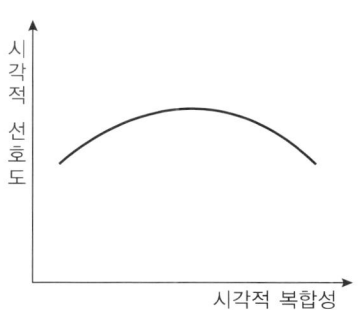

  • 거꾸로 된 U자의 관계를 나타낸다. 즉, 중간 정도의 복잡성이 가장 높은 선호도를 나타내며, 복잡성이 아주 낮거나 높은 경우에는 낮아진다.

  • 경관자극의 다양성과 선호도의 관계성도 비슷한 패턴을 보인다.

 ㉡ 장소별 적정 복잡성

  • 대상 : 도시와 농촌지역, 상업 및 주거지역

  • 재료 : 각각의 지역별 원색 슬라이드 6장

  • 독립변수 : 각 지역별 복잡성 정도를 등간척도(1~10)로 측정

  • 종속변수 : 각 지역별 아름다움의 정도를 등간척도(1~10)로 측정

  • 통계방법 : 각 변수에 대한 척도는 SBE방법으로 계산, 독립변수와 종속변수 간의 비선형 2차 회귀분석으로 복잡성 모델을 예측

② 인간적 척도

 ㉠ 인간적 척도란 편안함 또는 친밀감을 느끼는 크기이다.

 ㉡ 인간적 척도의 유형

  • 사회적 측면 : 근린주구에서 쉽게 알 수 있는 집단의 규모에 대한 척도로, 알렉산더, 블루멘펠드 등이 제시한 척도가 있다.

  • 물리적 측면 : 신체, 보행, 감각 등에 기초한 척도

  • 경관 분석과 관련된 척도로는 시각적 측면, 특히 보총의 인간척도가 대상이 된다.

---

04   경관평가 수행기법

① 경관의 물리적 속성과 시뮬레이션 기법

(1) 경관의 물리적 속성

① 경관의 규모를 어떻게 설정할 것인가?

② 경관의 특성에 따른 미적 지각의 영향변수를 무엇으로 할 것인가?

③ 계절에 따른 변화를 어떻게 고려할 것인가?

(2) 시뮬레이션 기법

① 사진 및 슬라이드 표본선정 : 사전 촬영장소를 선정, 무작위 추출방법

② 시뮬레이션의 순서 : 보는 순서에 따른 영향력을 고려해야 한다. 그러나 상호 유사한 경관 또는 비교적 동질적인 경관의 평가에서는 순서의 영향력이 거의 없다.

③ 관찰 : 현장평가는 30초 이내, 슬라이드의 경우에는 컷당 5~8초, 전체 30분 이내

④ 종류 : 투시도, 사진수정, 모형제작, 컴퓨터그래픽

❷ 평가자 선정

(1) 전문가와 이용자

① 전문가 : 1인의 단독평가, 여러 명의 공동평가

② 일반인 : 여러 명의 공동평가(심층인터뷰), 이용자 집단(30명 이상)의 평가

(2) 집단의 선호패턴

시각적 선호에 대한 개인차는 현저한 편이나, 집단 내의 그것은 유사성을 보이고 있다.

(3) 친근감

과거의 유사한 공간에 대한 경험, 또는 직접 경험에 의해서 평가대상의 경관에 대한 친근감, 익숙함이 평가에 영향을 미칠 수 있다. 그러나 그 영향력은 무시해도 좋은 정도이다.

❸ 미적 반응측정

(1) 척도의 유형

① 명목척도(nominal scale) : 대상을 그 특성에 따라 카테고리로 분류하여 기호를 부여한 것으로, 다른 것과 구별하기 위한 척도이다.

② 서열척도(ordinal scale) : 주어진 수치의 대소관계에서만 의미를 갖는 척도를 말한다.

③ 등간척도(interval scale) : 점수의 단위들이 척도상의 모든 위치에서 동일한 값을 지니는 척도이다.

④ 비례척도(ratio scale) : 척도값을 절대 원점을 갖는 직선상에 위치시킬 수 있는 척도이다.

(2) 측정방법

① 형용사목록법(Adjective check list)

㉠ 내용 : 경관을 서술하는 일반적인 형용사 목록에서 해당 경관의 성격을 나타내는 형용사를 고르도록 하는 방법이다.

ⓒ 통계방법 : 요인분석에 의하여 경관의 특성을 나타내는 중요한 요인을 찾아낸다.
② 카드분류법(Q-sort check)
　　㉠ 내용 : 경관을 기술하는 문장 카드를 보고서 해당 경관의 특성에 가까운 정도에 따라서 분류하는
　　　　방법이다.
　　ⓒ 통계방법 : 요인분석
③ 어의구별 척도(Semantic differential scale)
　　㉠ 환경, 인간, 장소 또는 상황 등에 관한 의미의 질 및 강드를 조사하는 데 사용한다(Osgood
　　　　etal, 1957).
　　ⓒ 내용 : 경관을 사진, 슬라이드 등의 방법으로 평가자에게 보여주고 양극으로 표현되는 형용사
　　　　목록을 제시하여 평가하게 한다. 형용사의 목록은 양극 사이를 7단계로 나누어 구성한다.
　　ⓒ 통계방법 : 단순기술통계(시각적 그래프), 요인분석
④ 순위조사(Rank-ordering)
　　㉠ 내용 : 여러 경관을 보여주고 경관의 아름다움, 선호도 등에 따라서 평가자로 하여금 순서대로
　　　　늘어놓거나 번호를 매기도록 하여 상대적 비교를 한다.
　　ⓒ 통계방법 : 회귀분석(각 경관에 부여된 순서의 합을 이용)
⑤ 리커트 척도(Likert scale)
　　㉠ 내용 : 일정한 상황, 사람, 사물, 환경에 대한 응답자의 태도를 조사하는 데 사용되는 방법이다.
　　　　즉, 일정 상황에 대한 기술에 대하여 동의 또는 반대하는 정도를 5단계, 7단계, 10단계 등에
　　　　의한 척도로 평가하는 방법이다.
　　ⓒ 통계방법 : 등간척도로 처리된다.
⑥ SBE(Scenic Beauty Estimation) 방법
　　㉠ 내용 : 경관 평가 시 개인적 기준의 차이에 대한 보정방법으로 표준값을 이용한다.
　　ⓒ 통계방법 : 등간척도로 처리된다.
⑦ 쌍체비교법(Paired comparison method) : 정신물리학적 측정의 한 방법으로 측정대상의 자극을
　　두 개씩 한 쌍으로 놓고 비교하여 그 값을 비교판단의 법칙어 따라서 자극에 대한 심리적 반응의
　　상대적 크기를 계산한다.

(3) 가중치

① 가중치 : 각 인자 간의 중요성 정도를 객관화시키기 위하여 각 인자별 중요도에 따라서 할당하는
　　수치를 가중치라 한다.
② 전문가적 판단에 의한 방법 : 동일한 가중치, 상이한 가중치의 적용
③ 통계적 수단에 의한 방법
　　㉠ 좌표이용방법 : 레오폴드의 적용
　　ⓒ 쌍체비교법 : 두 개씩 쌍으로 비교하여 그 결과를 인자별 가중치로 이용
　　ⓒ 회귀분석 방법 : 독립변수의 계수를 가중치로 이용

조경미학

01 디자인 요소

❶ 점, 선, 형태

(1) 점(spot)

① 점이 커지면 면이 되고, 입체도 그것이 작으면 점으로서 지각된다.

② 점이 면 또는 공간에 한 개 놓여 있으면 구심점이 되므로 주의력을 집중시킨다.

③ 같은 크기의 점도 밝은 점은 크고, 어두운 점은 작게 보인다.

④ 점의 크기가 같으면 주의력은 평등하며, 보이지 않는 선은 두 점 사이가 가까우면 굵게, 멀면 가늘게 느껴진다.

⑤ 점의 효과는 형에 의한 것이 아니라 크기에 의한 것이다.

⑥ 점의 기능은 위치 표시, 강조, 집중, 구분 등이다.

(2) 선(line)

① 선은 길이와 형태, 방향을 가진다.

② 선은 면에 있을 때는 길이와 위치만 있고, 공간 내에 있을 때는 두께가 있다. 폭이 커지면 면이 되고, 두께가 많아지면 입체가 된다.

③ 선은 크게 직선과 곡선으로 나뉘며, 현실의 형태는 이 양자의 구성으로 되어 있는 것이 많다.

④ 직선에는 수직선・수평선・사선이 있고, 곡선에는 기하곡선・자유곡선이 있다.

　㉠ 직선 : 굳건하고 남성적인 느낌을 준다.

　　• 굵은 직선 : 둔하고 강한 느낌, 남성적인 느낌을 준다.

　　• 가는 직선 : 세밀하고 신경질적이며 굵은 것에 비해 여성적이다.

　㉡ 수직선 : 상승력을 나타내며, 엄숙, 단정, 신앙, 희망, 의지적인 느낌 등을 나타내고, 중력에 대해 저항감을 가져온다.

　㉢ 수평선 : 평온하고 정적인 느낌을 준다.

　㉣ 사선(대각선) : 동적, 불안정한 활동성, 상승, 하강의 느낌을 준다.

> **기출 Point**
> • 선의 방향은 수직, 수평 및 좌우 사방향(斜方向)이 있다.
> • 선은 점보다 훨씬 강력한 심리적 효과를 가지고 있다.
> • 강의 흐름은 S커브의 한 형태라 할 수 있다.

ⓜ 곡선 : 길이, 두께, 형상 등에 의해 달라지나, 온화함, 느린 움직임, 부드러운 느낌, 우아함, 여성스러움, 쾌적한 리듬감, 따뜻함을 느끼게 한다. 곡선은 그 속도 변화에 따라 운동감을 느끼게 한다.

ⓗ 기하곡선 : 이지적인 명쾌함, 확실함을 주며, 단조로움, 단순성을 가지는데, 특히 포물선은 율동감과 스피드감을 준다.

ⓢ 쌍곡선 : 대칭의 아름다움과 율동감을 준다.

ⓞ 소용돌이선 : 구심적, 원심적 또는 유동하는 느낌을 가진 발전적인 곡선이다.

(3) 형태

① **기하학적 형태** : 직선적이고 규칙적 구성으로, 도시경관의 건물, 도로, 분수 등과 수목의 전정 등이 있다.

② **자연적 형태** : 곡선적이고 불규칙적 구성으로, 자연경관의 바위, 산, 하천, 수목 등이 있다.

❷ 색과 질감

(1) 색

① 감정을 불러일으키는 가장 직접적인 요소이다.

② **따뜻한 색 계통** : 가깝게 보이고 정열적이며 온화하고 친근한 느낌을 준다.

③ **차가운 색 계통** : 후퇴해 보이고 지적이며 냉정하고 상쾌한 느낌을 준다.

④ 봄철의 노란 개나리꽃이나 가을의 붉은 단풍은 생동적이며 정열적인 느낌을 주고, 울창한 침엽수림이나 깊은 연못의 검푸른 수면은 차분하고 엄숙한 느낌을 준다.

⑤ 질감과 함께 경관의 분위기 조성에 지배적 역할을 한다.

(2) 질감

① 질감이란 어떤 물체의 촉감적 경험으로 얻은 느낌을, 그 물체의 재질에서 오는 표면의 시각적인 특징을 통해 인식하는 것이다.

② 질감이란 물체 표면의 거칠고 매끄러운 정도의 시각적인 특성을 말한다.

③ 경관의 분위기 형성에 있어서 질감은 주로 지표상태에 의해서 결정되는데, 잔디밭, 농경지, 숲, 호수 등 각각 독특한 질감을 가지고 있다.

④ 억새와 칡넝쿨로 뒤덮인 들판은 잘 다듬어진 잔디밭에 비해 질감이 거칠며 색다른 느낌을 준다.

⑤ 잎이 큰 버즘나무와 같은 수목의 질감은 잎이 작은 철쭉이나 향나무 등에 비해 거칠게 느껴진다.

⑥ 관찰거리가 멀어질수록 전체의 질감을 고려해야 한다.

02 색채이론

❶ 빛과 색

(1) 빛

사람이 눈으로 볼 수 있는 파장으로, 약 380~780nm 사이의 가시광선을 말한다.

(2) 빛의 현상

① 빛의 반사 : 직진하던 빛이 물체에 부딪쳐 진행방향이 바뀌어 나아가는 현상을 말한다.

② 빛의 흡수 : 물질의 표면은 받은 빛의 양을 모두 반사하는 것이 아니라, 빛의 일부는 흡수한다.

③ 빛의 투과 : 물, 유리 등 투명한 재질을 통과하는 현상

④ 빛의 굴절 : 물과 같은 곳에서 물체가 꺾여 보이는 현상

⑤ 빛의 분산 : 비 온 후 하늘에 생기는 무지개 현상

⑥ 빛의 산란 : 빛이 대기 중 먼지와 부딪혀 단파장의 파란색 계열이 산란되어 하늘이 파랗게 보임

⑦ 빛의 간섭 : 비눗방울, 물 위의 기름 등에 무지개 색깔이 비침

⑧ 빛의 회절 : 작은 틈새나 날카로운 곳에 빛을 수직으로 비추면 동심원이나 줄무늬가 생기는 현상

(3) 물체의 색

빛을 전반사하면 흰색, 빛을 전흡수하면 검은색이다.

(4) 광원

① 표준광 : 정확한 색의 측정을 위해 국제조명위원회(CIE)에서 제정한 표준광이다.
② 태양광 : 물체색을 그대로 재현한다.
③ 백열등 : 온도복사에 의해 빛을 발생시킨다.
④ 형광등 : 수은을 방전시켜 생긴 자외선을 가시광선으로 만든다.

❷ 색채지각

(1) 영–헬름홀츠의 3원색설

① Green + Red = Yellow
② Red + Blue = Magenta
③ Green + Blue = Cyan
④ Red + Green + Blue = White
⑤ 색의 흥분이 크면 밝게, 흥분이 적으면 어둡게, 흥분이 없으면 검은색으로 지각한다.
⑥ 우리 눈의 망막조직에는 빨강, 녹색, 파랑의 색각세포가 있고 색광을 감광하는 시신경 섬유가 있어 이 세포들의 혼합이 시신경을 통해 뇌에 전달됨으로써 색을 지각할 수 있다는 가설이다.

(2) 헤링의 반대색설

① 빨강 ↔ 녹색, 노랑 ↔ 파랑, 검정 ↔ 흰색
② 위의 3가지 반대색의 시세포가 있으며, 이들의 분해·합성에 의해 색을 지각한다.

(3) 혼합설

망막의 수용기에는 영–헬름홀츠 3원색설이 일치하며, 신경계와 뇌에서는 헤링의 반대색설이 일치하여 두 가지 단계에서 색을 지각한다는 설

더 알아보기 | **빛에 대한 명암순응**

- 명순응 : 추상체가 작용하며, 주로 밝은 곳에서 작용하는 순응(순응시간이 짧다)
- 암순응 : 간상체가 작용하며, 주로 어두운 곳에서 작용하는 순응(순응시간이 길다)
- 박명시 : 추상체와 간상체가 동시에 작용하는 순간 색 구분의 정확성이 떨어지는 시각상태

---

❸ 색채의 구성요소

색상, 명도, 채도로 되어 있고 이를 색의 3속성이라고 한다.

(1) 색상

① 3원색의 판이한 차이를 말하며, 유채색에서만 볼 수 있고 무채색에서는 볼 수 없다.
② 색상환 : 적색, 황색, 청색 등의 유채색을 각 색채 종류별로 분별한 색종을 말하며, 색환으로 표시한다.
    ㉠ 무채색 : 백색, 회색, 흑색 계통의 색으로, 소위 색이 없는 것을 말한다.
    ㉡ 유채색 : 무채색 이외의 모든 색을 말하며, 모두 색상, 명도, 채도의 구성요소로 이루어져 있다.

(2) 명도

색의 밝은 정도를 말하며, 명도가 높은가 낮은가에 따라서 명암의 효과가 나타난다.

(3) 채도

색깔의 선명한 정도를 말하는 것으로, 각 색상의 순색은 가장 높은 채도를 지니고 있다. 따라서 무채색에는 채도도 없다.

❹ 색상표시법

(1) 먼셀의 표시계 ☑ 중요

① 물체 표면에서 인지되는 색지각을 기초로 색상, 명도, 채도의 색의 3속성에 따라 3차원 공간의 한 점에 대응시켜 세 개의 좌표 방향에 있어서 지각적인 등간격이 되도록 좌표 측도를 정하여 만든 표색계이다.
② 색상 : 적(R), 황(Y), 녹(G), 청(B), 자(P)의 5색으로 나눈 후, 그 사이에 주황(YR), 연두(GY), 청록(BG), 남색(PB), 자주(RP)로 하여 총 10색상을 기본으로 한다.
③ 명도 : 흑색을 0으로 하고 백색을 10으로 하여 나눈 것으로 11단계를 무채색의 기본적인 단계로 구성한다. 밝은색은 위쪽, 어두운색은 아래쪽에 있다.
④ 채도 : 무채색을 0으로 기준하여 색의 순도가 높아짐에 따라 1~14단계로 표시하는데, 순도가 높은 색의 채도값이 가장 높다.

색을 먼셀기호로 표기할 때는 색상(Hue)명도(Value)/채도(Chroma), 즉 HV/C로 기록한다.

예 '5Y4/6'는 '5Y 4의 6'이라고 읽고 색상은 5Y, 명도 4, 채도는 6이라는 색을 나타내고 있다.

(2) 오스트발트 표시계

① 먼셀의 색의 3속성에 따라 지각적으로 고른 감도를 가진 체계적인 배열이 아니고, 색량이 많고 적음에 의하여 만들어진 것으로 혼합하는 색량의 비율에 의하여 만들어진 체계이다.

② 헤링(E. Hering)의 4원색설을 기본으로 하였다.

③ 기본 색채는 순색(C), 이상적 백색(W), 이상적 검정(B)이다.

④ 노랑과 남색, 빨강과 청록의 그 중간 색상을 배열하여 8색으로 만들었다.

⑤ 우측 회전 순으로 번호를 붙여 24색을 만들었다.

⑥ 색의 표기 예 2Rne : 2R은 색상, n은 백색량, e는 흑색량

(3) 한국의 색

오방색은 황(黃), 청(靑), 백(白), 적(赤), 흑(黑)의 5가지 색을 말한다.

❺ 색의 혼합

(1) 가산혼합(색광의 혼합)

① 빛의 혼합으로 빛이 겹칠수록 밝아진다.

　※ 무대조명, 네온사인, 색유리 등을 통과한 광선의 혼합으로 겹칠수록 명도가 높아지고 더 밝아짐

② 빛의 3원색은 빨강, 녹색, 파랑이며, 이를 혼합하면 흰색이 된다.

③ 빛은 혼합할수록 채도는 낮아지고 명도는 높아진다.

④ 컬러 TV나 극장의 스포트라이트 등에 이용된다.

(2) 감산혼합(물감의 혼합)

① 물감의 3원색은 마젠타, 노랑, 시안이며, 이를 혼합하면 검정이 된다.

② 물감은 혼합할수록 명도와 채도가 모두 낮아진다.

③ 색유리나 색 셀로판을 겹쳤을 경우에도 마찬가지이다.

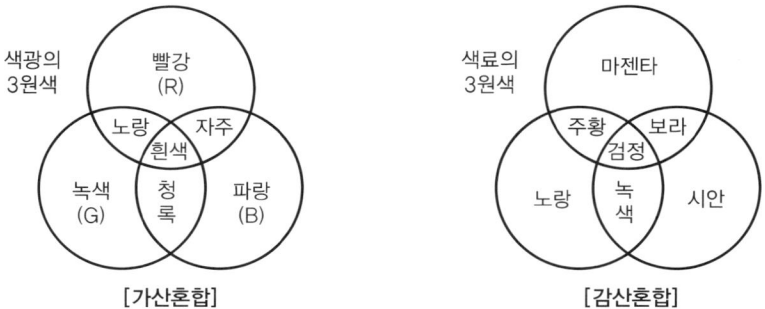

[가산혼합]   [감산혼합]

(3) 중간혼합

① 실질적인 혼합이 아닌 시각적인 혼합을 말한다.

② 모든 혼합은 채도가 낮아지나, 중간 혼합은 색의 명도와 채도가 혼합 전 두 색의 평균이 된다(평균혼합).

 ㉠ 회전혼합 : 회전에 의하여 두 색이 혼색된 것처럼 보이는 혼합

  예 색팽이, 바람개비, 회전판 등

 ㉡ 병치혼합 : 점묘화나 직물, 모자이크처럼 색을 배치시키고 멀리서 보면 혼색된 것처럼 보이는 혼합

❻ 색의 배색

두 색 이상을 나란히 놓았을 때, 색과 색의 조화를 말하는 것으로, 한 가지 색으로는 느낄 수 없는 독특한 느낌과 효과가 있다.

(1) 색상에 의한 배색

① 색상차가 큰 배색 : 화려하고 선명하며 자극적이다(이색조).

 ㉠ 보색끼리의 배색 : 강렬하고 화려한 느낌(빨강과 청록)

 ㉡ 난색과 한색의 배색 : 변화 있고 쾌활한 느낌(주황과 파랑)

② 색상차가 중간인 배색 : 20색상환에 있어서 두 색의 관계가 90°에 가까운 배색으로 예를 들면 빨강과 노랑, 파랑과 녹색을 들 수 있다.

③ 색상차가 작은 배색 : 부드럽고 통일되고 온화한 느낌을 준다(동색조).

　　㉠ 난색끼리의 배색 : 따뜻하고 활동적인 느낌(노랑과 주황)

　　㉡ 한색끼리의 배색 : 시원하고 침착(정숙)한 느낌(파랑과 청록)

　　㉢ 같은 색상의 배색 : 명도·채도의 변화를 주면 잘 조화되고 얌전한 느낌

(2) 명도에 의한 배색

① 명도차가 큰 배색

　　㉠ 고명도와 저명도의 배색 : 눈에 확실히 띤다.

　　㉡ 무채색과 유채색 : 명시성과 가시성이 뛰어나다. 예 검정과 노랑

　　㉢ 유채색끼리의 배색 : 명도차가 클수록 뚜렷하다. 예 노랑과 보라

② 명도차가 중간인 배색 : 고명도와 중명도의 배색, 중명도와 저명도의 배색은 무난한 느낌이다.

③ 명도차가 작은 배색(유사 명도)

　　㉠ 고명도끼리의 배색 : 밝고 경쾌함(노랑과 연두)

　　㉡ 중명도끼리의 배색 : 단아함(빨강과 청록, 녹색과 파랑)

　　㉢ 저명도끼리의 배색 : 무겁고 음침한 느낌(검정과 보라)

(3) 채도에 의한 배색

① 채도차가 큰 배색 : 빨강의 순색과 빨강의 탁색, 파랑의 명청색과 노랑의 탁색

② 채도차가 작은 배색(유사 채도)

　　㉠ 고채도끼리의 배색 : 강하고 싱싱한 느낌(빨강의 순색과 노랑의 순색)

　　㉡ 저채도끼리의 배색 : 검소하고 침착한 느낌(녹색의 청색과 파랑의 청색)

(4) 무채색에 의한 배색

① 무채색끼리의 배색 : 수수하고 안정감이 있다(흰색, 회색, 검정).

② 무채색과 유채색의 배색 : 유채색의 명도·채도가 높으면 뚜렷하고 화려하며, 낮으면 소박하고 안정감이 있다.

(5) 면적 배치에 의한 배색

① 반복의 배치 : 안정된 느낌을 준다.

② 균형 : 무게의 느낌과 면적이 서로 보완된다.

③ 동세 : 색의 변화로 어두운 부분에 집중되는 움직임을 느낀다.

④ 강조 : 작은 면적이라도 성질이 많이 다르면 악센트가 된다.

⑤ 큰 면적은 채도를 낮게, 작은 면적은 채도를 높게 해야 효과적이다.

❼ 색의 대비 ☑ 중요

하나의 색이 주위의 색이나 먼저 본 색의 영향을 받아 색상, 명도, 채도 등이 다르게 보이는 현상으로, 계속대비와 동시대비로 나눌 수 있다.

(1) 계속대비

한 색을 본 다음 다른 색을 보았을 때 나중에 보이는 색이 달라 보이는 현상
예 빨간색을 보고 있다가 노란색을 바라보면 노란색이 황록색으로 보이는 현상

(2) 동시대비

두 색을 동시에 놓고 보았을 때 주위 색의 영향으로 색이나 느낌이 달라져 보이는 현상

① 색상대비(色相對比)

ㄱ 인접한 색 때문에 색상이 달라져 보이는 현상
ㄴ 똑같은 녹색이라도 파란 바탕 위에서는 연두색처럼, 노란 바탕 위에서는 청록색처럼 보인다.

② 명도대비(明度對比)

ㄱ 주위 색 때문에 명도가 달라져 보이는 현상
ㄴ 같은 회색이라도 흰색 바탕 위의 회색이 검정 바탕 위의 회색보다 어둡게 보인다.

③ 채도대비(彩度對比)

ㄱ 주위 색에 의하여 채도가 다르게 보이는 현상
ㄴ 주위 색의 채도가 낮을수록 그 색의 채도는 높아 보임

④ 보색대비(補色對比)

ㄱ 보색끼리 놓인 색이 서로의 채도를 높아 보이게 하여 뚜렷이 보이도록 하는 현상
ㄴ 청록색의 숲 속에 있는 빨간 지붕이나 파란 바다 위의 노란색 돛이 선명한 대조를 이루는 것도 보색대비의 현상이다.

⑤ 면적대비 : 같은 색이라도 면적이 클수록 밝고 선명하게 보이며, 면적이 작을수록 어둡고 짙게 보인다.

⑥ 연변대비

ㄱ 색과 색이 서로 접하는 부분에서 일어나는 현상
ㄴ 흰색과 접하는 부분의 회색이 더욱 짙어 보이는 경우
ㄷ 빨강과 자주색의 경계 부근에서 빨강은 더욱 선명하게 보이고, 자주색은 더욱 탁하게 보이는 경우

⑦ 한난대비 : 한색계 색상과 난색계 색상을 대비시키면 찬 색은 더 차게, 따뜻한 색은 더 따뜻하게 보인다.

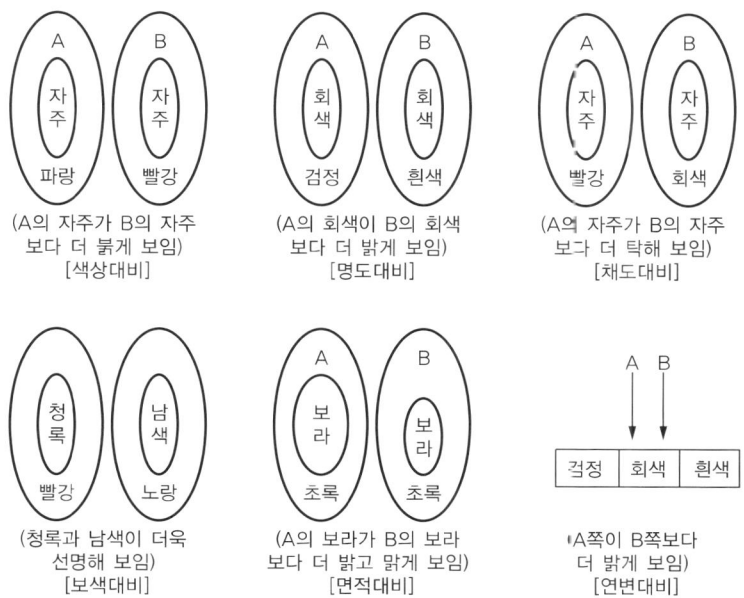

(A의 자주가 B의 자주
보다 더 붉게 보임)
[색상대비]

(A의 회색이 B의 회색
보다 더 밝게 보임)
[명도대비]

(A역 자주가 B의 자주
보다 더 탁해 보임)
[채도대비]

(청록과 남색이 더욱
선명해 보임)
[보색대비]

(A의 보라가 B의 보라
보다 더 밝고 맑게 보임)
[면적대비]

(A쪽이 B쪽보다
더 밝게 보임)
[연변대비]

시험에 이렇게 나왔다! [2010년 제1회 산업기사]

동일한 녹색을 가지고 흰 종이 위에 가는 녹색선과 넓은 녹색면을 만들었다면, 녹색선이 녹색면보다 더 어둡게 느껴지는데 이러한 현상을 무엇이라 하는가?

① 명도대비   ② 색상대비   ③ 면적대비   ④ 연변대비

해설
③ 같은 색이라도 면적이 클수록 밝고 선명하게 보이며, 면적이 작을수록 어둡고 짙게 보이는 현상이다.
① 주위 색 때문에 명도가 달라져 보이는 현상이다.
② 인접한 색 때문에 색상이 달라져 보이는 현상이다.
④ 색과 색이 서로 접하는 부분에서 일어나는 현상이다.

정답 ③

❽ 색의 감정과 성질

(1) 색의 감정

① 색의 온도감

㉠ 난색(따뜻한 색) : 빨강, 주황, 노랑, 귤색 등은 따뜻한 느낌을 주는 색으로, 난방기구나 침구 등에 많이 쓰인다.

㉡ 한색(차가운 색) : 파랑, 남색, 청록 등은 차가운 느낌을 주는 색으로, 시원함을 필요로 하는 냉방기구나 수영장 등에 많이 쓰인다.

㉢ 중성색 : 연두, 녹색, 자주, 보라 등은 따뜻하지도 차갑지도 않은 색이다.

② 색의 경중감(무게감)

　　㉠ 가벼운 색 : 명도가 높은 밝은 색(노랑, 하늘색 등)

　　㉡ 무거운 색 : 명도가 낮은 어두운 색(검정, 남색 등)

③ 색의 강약

　　㉠ 강하고 화려한 색 : 고채도의 색, 난색, 명도차가 큰 배색은 강한 느낌을 준다(빨강, 노랑 등).

　　㉡ 약하고 수수한 색 : 저명도·저채도의 색, 명도차가 작은 배색, 무채색끼리의 배색은 약한 느낌을 준다(파랑, 청록 등).

④ 흥분하는 색과 침착한 색(채도와 색상으로 구분)

　　㉠ 흥분하는 색 : 빨강 계통과 고채도의 색

　　㉡ 침착한 색 : 청록, 파랑 계통의 색과 저채도의 색

(2) 색의 성질

① 색의 진출과 후퇴

　　㉠ 진출색(팽창색) : 명도가 높은 색, 따뜻한 느낌의 색, 채도가 높은 깨끗한 색은 앞으로 진출·팽창해 보인다(노랑, 주황).

　　　예 검정 바탕 위의 노랑은 튀어나와 보인다(진출).

　　　　노란색 옷을 입으면 실제보다 뚱뚱해 보인다(팽창).

　　㉡ 후퇴색(수축색) : 명도가 낮은 어두운 색, 차가운 느낌의 색, 채도가 낮은 색은 뒤로 후퇴·수축되어 보인다.

　　　예 파란색 옷을 입으면 실제보다 말라 보인다(수축).

② 명시성과 주목성

　　㉠ 명시성 : 두 색을 대비시켰을 때 멀리서도 잘 보이는 성질로, 색상·명도·채도의 차이가 큰 색의 대비가 명시성이 높다.

　　　예 노랑과 검정의 교통 표지판

　　㉡ 주목성 : 눈에 잘 띄는 빨강, 다홍, 주황 등의 난색, 고명도, 고채도의 색이 주목성이 높으며, 선전물 등에 많이 쓰인다.

　　　예 소방차의 빨간색

③ 푸르키네(Purkinje) 현상

　　㉠ 어두운 곳에서 푸른 것이 밝게 느껴지는 현상이다.

　　㉡ 명순응 상태에서는 파장 약 560nm에서 가장 밝게 느껴지나, 암순응 상태에서는 약 510nm에서 가장 밝게 느껴진다.

❶ 조화와 비례 ☑중요

(1) 조화(harmony)

① 색채나 형태가 유사한 시각적 요소들이 서로 잘 어울리는 것을 말한다.

② 전체적인 질서를 잡아 주는 역할을 한다.

③ 다양 속의 통일, 두 가지 극단의 중간 위치와 같은 것이다.

④ 구릉지의 곡선과 우리나라의 전통적인 초가지붕의 곡선은 조화를 이룬 좋은 예이다.

⑤ 조경계획에서는 비례를 우선해 조화를 찾는다. 너무 조화로우면 단조로울 때가 있으므로, 대조를 통해 강조를 일으키는 조화를 이룬다.

(2) 비례(proportion)

① 길이, 면적 등 물리적 크기의 비례에 규칙적인 변화를 주게 되면 부분과 전체의 관계를 보다 풍부하게 할 수 있다.

② 식재군의 차지하는 면적, 정원석의 높이와 너비, 산울타리의 길이와 높이 등의 비례를 통하여 다양성을 이룬다.

③ 서양에서는 예로부터 완전한 미적 비례를 나타내려는 노력이 계속되어 왔으며 그 예가 황금비(黃金比)이다.

④ 동양에서는 주역적인 비(比)로서 우주를 완전한 하나의 미로 보고, 天, 地, 人의 조화로서 만물을 이룬다고 하는 삼재미(三才美)가 있다.

⑤ 비례에는 동적 비례와 정적 비례가 있는데, 동적 비례 통일의 예로는 조개의 나선형 등이 있고, 정적 비례 통일의 예로는 신천동 고대건물 등을 들 수 있다.

❷ 균형과 대칭

(1) 균형(balance)

① 한쪽으로 치우침이 없이 전체적으로 균등하게 분배된 구성을 말하며, 균형에는 대칭 균형과 비대칭 균형이 있다.

② 대칭(symmetry)

  ㉠ 축을 중심으로 좌우 또는 상하로 균등하게 배치하는 것을 말한다.

  ㉡ 균형의 가장 간단한 형태이다.

  ㉢ 중엄한 느낌을 주며, 자연식 정원에서는 드물고, 대식(對植)에서 흔히 보게 되며 터널식 경관에서도 느낀다.

ㄹ 간단하고 소극적이고 차가우며, 고전적이고 무의미한 느낌을 준다.

ㅁ 서양조경과 현대조경에서 많이 사용한다.

③ 비대칭(skew)

ㄱ 모양은 다르지만 시각적으로 느껴지는 무게가 비슷하거나 시선을 끄는 정도가 비슷하게 분배되어 균형을 유지하는 것이다.

ㄴ 정수비, 급수비, 황금비와 같은 비율과 도형상의 색채라든가 질감에 있어서의 강약까지 포함하여 비례안정을 찾는 것이다.

ㄷ 장중하며 흥미롭고 친근감을 주며 현대 미술이나 건축에 많이 응용된다.

ㄹ 대칭은 정형식 정원에서, 비대칭은 자연풍경식 정원에서 전체적으로 균형을 잡는 데 쓰인다.

(2) 피보나치(fibonacci) 수열

① 1, 1, 2, 3, 5, 8, 13, 21, 34, … 각 항은 그 전에 2개 항의 합한 수가 되며 이를 피보나치 급수라고 한다.

② 이탈리아의 수학자 피보나치가 처음 소개해 피보나치 수열이라고 한다.

③ 자연 속의 꽃잎의 수나 해바라기 씨앗의 개수와 일치하고, 앵무조개에서도 찾아볼 수 있다.

(3) 황금분할(golden section)

① 선분상의 한 점을 구하여, 그 한쪽의 제곱이 나머지와 전체와의 곱과 같게 하는 것을 말한다.

② 1 : 1.618의 비율을 갖는 가장 균형 잡힌 비례이다.

(4) 모듈러(modular)

① 르 코르뷔지에의 휴먼스케일을 디자인 원리로 사용함에 있어 단순한 배수보다는 황금비율을 이용함을 주장하고 실천한다.

② 인체의 수직 치수를 기본으로 해서 황금비를 적용·전개하고 여기서 등차적 배수를 더한 것으로, 인체 각 부위의 비례에 바탕을 둔 치수계열이다.

❸ 강조와 반복

(1) 강조(accent)

① 비슷한 형태나 색채들 사이에 이와 상반되는 것을 넣어 시각적으로 산만함을 막고 통일감을 조성할 수 있다.

② 상반되는 것들, 즉 강조하는 것이 수적으로 많고 흩어져 있게 되면 오히려 통일감을 잃게 된다.

(2) 반복(repetition)

① 단순미가 되풀이될 때 반복의 미가 발생한다.

② 반복의 효과는 엄숙하고 조용하며 통일성이 지나치게 강해 변화의 매력이 없어 싫증이 날 수 있다.

③ 동양식 정원보다 서양식 정원에서 주로 사용하는 수법이다.

④ 획일성 반복과 변화성 반복이 있는데, 특히 변화성 반복은 모든 자연 질서의 근본적이고 보편적인 질서로 모든 예술 형태에서 흥미로운 통일성을 갖는다.

❹ 다양성과 통일성

(1) 다양성

① 통일성과는 떼어 놓을 수 없는 상관성이 있다.

② 다양성이 과도하게 강조되면 통일성이 낮아지고 산만해지며, 통일성이 지나치게 강조되면 다양성이 결여되어 단조롭고 지루한 느낌을 준다.

③ 통일성과 다양성은 상호 보완적으로 적절한 수준에서 유지됨으로써 보다 바람직한 시각적 경관을 조성할 수 있다.

(2) 통일성

① 통일성이란 전체를 구성하는 부분적인 요소들이 동일성 또는 유사성을 지니고 있고, 각 요소들이 유기적으로 잘 짜여져 있어 전체가 시각적으로 통일된 하나로 보이는 것을 말한다.

② 조경설계를 할 때 이러한 통일성을 부여하면, 전체적으로 안정감과 편안함을 준다.

③ 통일성의 달성을 위해서는 조화, 균형, 강조 등의 수법을 이용한다.

❺ 율동과 점이

(1) 운율(율동, rhythm)

① 각 요소들이 강약, 장단의 주기성이나 규칙성을 가지면서 전체적으로 연속적인 운동감을 가지는 것을 의미한다.

② 동일한 요소나 유사한 요소가 규칙적, 주기적으로 반복하면서 연속적인 운동감을 가지는 것도 의미한다.

③ 시각적 율동(수목의 규칙적인 배열 등)과 청각적 율동(시냇물, 폭포 등)이 있으며, 단조로운 경관에 크기나 색채의 변화를 통하여 율동감을 부여하면 다양한 경관이 형성된다.

(2) 점이(漸移)

① 유사와 반복이 복합되어 자연적인 순서의 질서를 갖게 된 것으로, 동적이고 극적인 분위기를 나타낸다.

② 조경재료를 배열했을 때 형태나 색채에 있어서 양적으로나 혹은 길이와 폭의 대소에 따라 일정한 크기의 비율로 증가 또는 감소된 상태로 배치된 것을 말한다.

③ 비례를 수반해 성장과 강한 운동감을 갖고, 동적이며 극적인 분위기를 나타낸다.

④ 인식 흐름의 연속감을 느낄 수 있고 형태 크기의 연속적 변화와 색상 명도의 연속적 변화를 느끼게 한다. 점이는 자연 질서의 가장 보편적 형태이다.

⑤ 좁은 조경 부지를 실제면적보다 10% 정도 크고 넓게 보이려면 점이(점층)의 기교를 준다.

❻ 기타

(1) 대비(contrast)

① 상이한 질감, 형태 또는 색채들을 서로 대조시킴으로써 변화를 주는 것을 말한다. 동적 시각구성 방법이다.

② 강한 대조 효과를 통하여 특정 경관 요소를 더욱 부각시키고 단조로움을 없애고자 할 때 이용된다.

③ 색의 경우 잔디밭과 흰 점경들과 같은 보색관계가 그 예이다.

④ 변화와 흥미를 일으키고 흥분을 초래하며 감각을 통해 생명의 약동을 준다. 중국의 정원은 대비의 극치이며 대비는 인공미의 극치이기도 하다.

(2) 단순미(simple)

질서유지가 주는 느낌으로 아무 저항 없이 형태가 순조롭게 머릿속에 들어올 때 편안함이 느껴진다.

(3) 방사

자연식 정원에는 적지만 주차장이나 로터리 등의 정원에 많이 쓰이고, 보통 정조로 되지만 파조로 될 경우 만자형이 되며, 단조롭지만 깨끗한 느낌을 준다.

(4) 교체

① 반복의 일종인데 모든 예술형태에서 변화를 주면서 동시에 통일성을 만들기 위해 사용한다.

② 근린공원에 식재 시 나무를 AB, AB … O로 식재할 경우 좀 더 율동적인 느낌을 줄 수 있다.

(5) 연속

경관 우세원칙 6가지 중 동작이 계속되는 상태이다.

(6) 축

디자인에 있어 형태와 공간을 구성하는 가장 기본적인 수단이며, 공간 속의 두 점이 연결되어 이루어진 하나의 선이며, 형태와 공간은 그것을 중심으로 규칙적으로 또는 불규칙하게 버열될 수 있다.

CHAPTER

05 조경시설의 설계

01 운동 및 체력단력시설 설계

❶ 재료 및 설계 일반

(1) 재료

① 운동 및 체력단력시설에 사용되는 재료는 체육시설의 설치·이용에 관한 법률과 해당 종목별 경기규칙에서 규정한 재료와 규격을 사용해야 한다.

② 운동 및 체력단력시설의 재료는 내구성, 유지관리성, 경제성, 안전성, 쾌적성 등 다양한 평가 항목을 고려하여 종합적으로 판단·선정한다.

③ 목재류를 사용할 경우에는 사용환경에 맞는 방부처리를 설계에 반영한다.

(2) 설계 일반

① 설계원칙

㉠ 운동의 특성과 기온·강우·바람 등 기상요인을 고려하여 설계한다.

㉡ 시설 및 시설 주변공간은 어린이·노인·장애인의 접근과 이용에 불편이 없는 구조와 형태를 갖도록 한다.

㉢ 경기장의 경계선 외곽에는 각 경기의 특성을 감안하여 폭 5m 이상의 여유공간을 확보한다.

② 운동공간의 평면구성

㉠ 운동공간은 운동시설공간·휴게공간·보행공간·녹지공간으로 나누어 설계하되, 설계대상 공간 전체의 보행동선 체계에 어울리도록 보행동선을 계획한다.

㉡ 운동공간의 어귀는 보행로에 연결시켜 보행동선에 적합하게 설치한다.

㉢ 이용자가 다수인 시설은 입구 동선과 주차장과의 관계를 고려하며, 주요 출입구에는 단시간에 관람자를 출입시킬 수 있도록 광장을 설치한다.

㉣ 운동공간과 도로·주차장, 기타 인접 시설물과의 사이에는 녹지 등 완충공간을 확보한다.

㉤ 운동장에는 공간의 규모·이용자의 나이 등을 고려한 운동시설과 이용자를 위한 휴게시설·관리시설 등을 배치한다.

③ 운동시설의 배치

㉠ 이용자들의 나이·성별·이용시간대와 선호도 등을 고려하여 도입할 시설의 종류를 결정한다.

㉡ 주택 등이 인접한 공간에는 농구장 등 밤에 이용이 예상되는 시설의 배치를 피한다.

㉢ 하나의 설계대상 공간에는 되도록 서로 다른 운동시설로 배치한다.

④ 체력단련시설의 배치

　　㉠ 조깅코스나 산책로의 주변에는 산책과 함께 체력단련을 할 수 있는 팔굽혀펴기·윗몸일으키기·허리돌리기의 체력단련시설을 배치한다.

　　㉡ 설계대상 공간의 규모나 이용량을 고려하여 일련의 체력단련시설을 코스형 또는 집합형으로 배치한다.

❷ 육상경기장

(1) 배치 및 규격

① 경기자의 태양광선에 의한 눈부심을 최소화하기 위해, 트랙과 필드의 장축은 북–남 혹은 북북서–남남동 방향으로, 관람자를 위해서는 메인 스탠드를 트랙의 서쪽에 배치한다.

② 필드 내에 각 종목별 시설은 서로 상충되지 않도록 배치하며, 축구경기 등의 이용도 아울러 고려한다.

③ 마라톤 등과 같이 장외를 사용하는 경기를 배려하여 출입구의 위치, 통로의 기울기 등을 정한다.

(2) 트랙 및 필드

① 코스의 폭은 1.25m를 표준으로 한다.

② 트랙의 허용 기울기는 횡단기울기 1/100 이하, 종단기울기 1/1,000 이하로 한다.

③ 트랙 및 필드의 표면은 스파이크로 잘 달릴 수 있고 또한 스파이크에 흙이 묻지 않도록 설계한다.

❸ 축구장

(1) 배치 및 규격

① 장축을 남–북으로 배치한다.

② 경기장 크기는 길이 90~120m, 폭 45~90m이어야 하며, 국제경기에 필요한 경기장은 길이 100~110m, 폭 64~75m이다. 단, 길이는 폭보다 길어야 한다.

③ 경기장 라인은 12cm 이하의 명확한 선으로 긋되, V자형의 홈을 파서 그으면 안 되며, 네 귀퉁이에는 높이 1.5m 이상의 끝이 뾰족하지 않은 깃대에 기를 달아서 꽂는다.

④ 경기장 중앙표시(kickoff–mark)는 직경 22cm가 되게 표시하며, 이를 중심으로 9.15m의 원(center circle)을 그린다.

⑤ 페널티마크(penalty mark)는 골라인과 직각방향으로 11m 지점에 직경 22cm의 표시를 한다.

⑥ 골포스트는 안쪽거리를 기준으로 7.32m, 높이는 크로스바 하단까지를 기준으로 지상에서 2.44m로 한다.

(2) 포장 및 배수

① 표면은 잔디로 한다. 잔디가 아닐 경우는 스파이크가 들어갈 수 있을 정도의 경도로 슬라이딩에 의한 찰과상을 방지할 수 있는 포장으로 한다.

② 배수시설의 기준은 육상경기장에 준한다.

❹ 테니스장

(1) 배치 및 규격

① 코트 장축의 방위는 정남-북을 기준으로 동서 5~15° 편차 내의 범위로 하며, 가능하면 코트의 장축 방향과 주 풍향의 방향이 일치하도록 한다.

② 경기장 규격은 세로 23.77m, 가로로 복식 10.97m, 단식 8.23m이다.

(2) 포장 및 배수

① 코트의 면은 평활하고 정확한 바운드를 만들 수 있도록 처리한다.

② 표면배수를 위한 기울기는 0.2~1.0%의 범위로 하고 빗물을 측구에 모아 배수시킨다. 코트의 네 귀퉁이는 같은 높이가 되도록 한다.

③ 심토층 배수관은 라인의 안쪽에는 설치하지 않는 것이 바람직하다. 네트포스트의 기초 등에 지장을 주지 않도록 설치한다.

❺ 배구장

(1) 배치 및 규격

① 코트의 장축을 남-북으로 설치한다.

② 바람의 영향을 받기 때문에 주풍 방향에 수목 등의 방풍시설을 마련한다.

③ 모든 경계선의 폭 표시는 5cm이어야 하며, 장사이드라인과 엔드라인은 코트의 치수 안쪽에 그려져야 한다.

④ 경기장은 길이 18m, 너비 9m의 직사각형이며, 코트면 상부 7m까지는 어떠한 장애물도 있어서는 안 되며, 공식적인 국제경기에 있어서는 코트면 상부 12.5m까지 장애물이 있어서는 안 된다.

⑤ 공식적인 국제경기에서의 코트는 목재나 합성표면제가 인정되며, 구획선은 백색으로 코트와 프리존의 색을 달리 한다.

⑥ 프런트존은 센터라인과 3m 떨어진 지점에 센터라인과 평행하게 그린다.

(2) 포장 및 배수

① 매끄럽고 평탄하며 균일한 표면을 가지고 있어야 하나, 옥외코트의 경우에는 배수를 위해 0.5%까지의 기울기를 둔다.

② 포장은 흙포장으로 한다.

❻ 농구장

(1) 배치 및 규격

① 농구코트의 방위는 남-북 축을 기준으로 하고, 가까이에 건축물이 있는 경우에는 사이드라인을 건축물과 직각 혹은 평행하게 배치한다.

② 코트의 주위에는 울타리를 치고 수목을 식재하여 방풍 역할을 하도록 한다.

③ 코트는 바닥이 단단한 직사각형이어야 하며, 규격은 경계선의 안쪽을 기준으로 길이 28m, 너비 5m이며, 천장 높이는 7m 이상이어야 한다.

(2) 포장

코트는 미끄러지지 않는 포장재로 포장한다.

❼ 야구장

(1) 배치 및 규격

① 방위는 내·외야수가 오후에 태양을 등지고 경기할 수 있도록 홈플레이트를 동쪽과 북서쪽 사이에 자리잡게 한다.

② 본루에서 2루까지의 거리는 38.975m이며, 이를 기준으로 좌-우의 교차점까지 1루와 3루를 만들되, 그 거리는 27.431m이다. 본루에서 1루와 3루까지 각각의 거리는 27.431m이다.

③ 본루로부터 18.44m의 위치에 설치하는 투수판은 본루와 1, 2, 3루를 수평으로 볼 때 38.1cm의 높이가 되도록 흙을 쌓아올려 설치한다.

④ 본루로부터 백스톱까지는 경기에 방해되지 않도록 최소 18.238m 이상의 거리를 확보해야 한다.

(2) 포장 및 배수

① 야구장의 표층은 스파이크가 잘 작용하는 동시에 스파이크어 흙이 붙지 않는 재료를 채택한다.

② 주루선이 수평이므로 면배수는 내야와 외야로 나누어 검토한다. 내야는 피처마운드를 중심으로 기울기를 잡고, 외야는 주루선으로부터 외주부를 향하여 0.3~0.7%의 기울기를 둔다.

⑧ 배드민턴장

(1) 규격

① 경기장의 규격은 세로 13.4m, 가로 6.1m이다.

② 라인은 4cm 폭의 백색 또는 황색 선으로 그리고, 서비스라인과 롱서비스라인은 규정된 서비스 코트길이인 3.96m 이내로 그려야 한다.

③ 네트포스트는 코트표면으로부터 1.55m의 높이로 사이드라인 위에 설치한다.

④ 네트는 폭 0.76m, 중심높이 1.524m, 지주대 높이 1.55m로 한다.

(2) 포장 및 배수

① 코트는 평활하고 균일한 면이어야 하나, 옥외코트의 경우에는 배수를 위해 0.5%까지의 기울기를 둔다.

② 포장은 흙포장으로 한다.

⑨ 수영장

(1) 규격

① 수영장의 규격은 길이 50m, 폭 25m, 10레인이다.

② 수영장은 1급, 2급, 3급 공인경기장이 있으며, 급에 따라 시설내용과 규격에 차이가 있다.

③ 수심의 경우 1급 공인 경기장은 1.8~2m이다.

(2) 수영장 내부시설 내용

① 1급 공인경기장 : 50m 수영장, 다이빙장, 수구경기 가능규격, 관중석 3,000석 이상, 주차 300대 이상

② 2급 공인경기장 : 50m 수영장, 수구경기 가능규격, 관중석 300석 이상

③ 3급 공인경기장 : 50m 또는 25m 수영장

02　놀이시설 설계 ☑중요

❶ 재료 및 설계 일반

(1) 재료선정기준

① 놀이시설의 재료는 내구성·유지관리성·경제성·안정성·쾌적성 등 다양한 평가 항목을 고려하여 종합적으로 판단하여 선정한다.

② 철재·목재·합성수지·콘크리트 등 각 재료의 특성과 요구도 및 기능성을 조화시켜 선정한다.

③ 내구성 있는 재료로 적용하거나 내구성 있는 표면마감 방법으로 설계한다.

(2) 설계 일반

① 배치

　㉠ 어린이의 이용에 편리하고, 햇볕이 잘 드는 곳 등에 배치한다.

　㉡ 이용자의 연령별 놀이특성을 고려하여 어린이놀이터와 유아놀이터로 구분한다.

　㉢ 설계대상의 성격·규모·이용권·보행동선 등을 고려하여 놀이공간을 균형 있게 배치한다.

　㉣ 놀이터와 도로·주차장, 기타 인접 시설물과의 사이에는 폭 2m 이상의 녹지공간을 배치한다.

　㉤ 공동주택 단지의 어린이놀이터는 건축물의 외벽 각 부분으로부터 5m 이상 떨어진 곳에 배치하는 등 주택건설기준 등에 관한 규정에 적합하여야 한다.

　㉥ 놀이공간은 입지에 따라 규모·형상을 달리함으로써 장소별 특성을 갖도록 한다.

② 놀이시설의 배치 ☑ 중요

　㉠ 지역여건과 주변 환경을 고려하여 놀이터에 따라 단위놀이시설·복합놀이시설 등을 조화되게 구분하여 설치하며, 인접 놀이터와의 기능을 달리하여 장소별 다양성을 부여한다.

　㉡ 놀이시설은 어린이의 안전성을 먼저 고려하여야 하며, 높이가 급격하게 변화하지 않게 설계한다.

　㉢ 놀이공간 안에서 어린이의 놀이와 보행동선이 충돌하지 않도록 주보행동선에는 시설물을 배치하지 않는다.

　㉣ 정적인 놀이시설과 동적인 놀이시설은 분리시켜 배치하고, 모험놀이시설이나 복합놀이시설은 놀이기능이 연계되거나 순환될 수 있도록 배치한다.

　㉤ 미끄럼대 등 높이 2m가 넘는 시설물은 인접한 주택과 정면 배치를 피하고, 활주판·그네 등 시설물의 주이용 방향과 놀이터의 출입로가 주택의 정면과 서로 마주치지 않도록 배치한다.

　㉥ 그네·미끄럼대 등 동적인 놀이시설은 시설물의 주위로 3.0m 이상, 흔들말·시소 등의 정적인 놀이시설은 시설물 주위로 2.0m 이상의 이용공간을 확보하여야 하며, 시설물의 이용공간은 서로 겹치지 않도록 한다.

③ 놀이시설의 안전기준

　㉠ 개구부는 끼임이 없게 처리한다.

　㉡ 뾰족한 부분, 절단부, 돌출부는 둥글게 마감한다.

　㉢ 면과 구석의 모서리를 둥글게 마감한다.

　㉣ 밀폐공간이 없도록 한다.

　㉤ 위험한 오름수단이 없도록 한다.

　㉥ 미끄럼과 녹의 발생을 방지한다.

　㉦ 우회통로를 배치한다.

　㉧ 연결부의 단차가 없도록 한다.

❷ 단위놀이시설

(1) 모래밭

① 유아들의 소꿉놀이를 위하여 확보하는 모래밭의 크기는 30m²를 기준으로 하되, 설계조건에 따라 달리 확보한다.

② 모래밭은 휴게시설 가까이에 배치한다.

③ 모래밭에는 흔들놀이시설 등 작은 규모의 놀이시설이나 놀이벽·놀이조각을 배치하고, 큰 규모의 놀이시설은 배치하지 않도록 한다.

④ 모래막이의 마감면은 모래면보다 5cm 이상 높게 하고, 폭은 12~20cm를 표준으로 하며, 모래밭 쪽의 모서리는 둥글게 마감한다.

⑤ 모래밭의 바닥은 빗물의 배수를 위하여 맹암거·잡석깔기 등 적절한 배수시설을 설계한다.

⑥ 모래밭의 깊이는 놀이의 안전을 고려하여 30cm 이상으로 설계한다.

(2) 미끄럼대

① 배치

㉠ 되도록 북향 또는 동향으로 배치한다.

㉡ 오르는 동작과 미끄러져 내리는 동작이 반복되므로 미끄럼판의 끝에서 계단까지는 최단거리로 움직일 수 있도록 하고, 이 동선에는 다른 시설물이 설치되지 않도록 빈 공간으로 설계한다.

㉢ 주동에 인접한 놀이터는 미끄럼대 위에서의 조망 등으로 인근 세대의 사생활이 침해되지 않도록 설치한다.

② 미끄럼판 : 미끄럼이 이루어지는 경사판을 말한다.

㉠ 미끄럼판은 높이 1.2(유아용)~2.2m(어린이용)의 규격을 기준으로 한다.

㉡ 미끄럼판의 기울기는 30~35°로 재질을 고려하여 설계한다.

㉢ 1인용 미끄럼판의 폭은 40~50cm를 기준으로 한다.

㉣ 미끄럼판과 상계판의 연결부는 틈이 생기지 않도록 밀착 또는 연속되어야 한다.

㉤ 미끄럼판 출입구의 폭은 미끄럼판의 폭과 같은 크기로 한다.

③ 착지판

㉠ 미끄럼판의 높이가 90cm 이상인 경우에는 미끄럼판의 아래 끝부분에 감속용 착지판을 설계하여야 하며, 착지판의 길이는 50cm 이상으로 하고, 물이 고이지 않도록 수평면에서 바깥쪽으로 2~4°의 기울기를 주어 설계한다.

㉡ 미끄럼판 출구에서 직립자세로 전환하기 쉽도록 착지판에서 놀이터 바닥의 답면까지의 높이는 10cm 이하로 설계한다.

㉢ 급속한 감속으로 몸이 넘어지지 않도록 착지판과 미끄럼판의 연결부는 곡면으로 설계한다.

④ 날개벽
　　㉠ 추락방지를 위해 미끄럼판의 양옆에 설치한 간벽을 날개벽이라고 한다.
　　㉡ 미끄럼판의 높이가 1.2m 이상인 경우에는 미끄럼판의 양옆으로 높이 15cm 이상의 날개벽을
　　　전 구간에 걸쳐 연속으로 설치한다.
⑤ 안전손잡이 : 미끄럼판의 높이가 1.2m 이상인 경우에는 미끄럼판과 상계판 사이에 균형유지를
　　위한 안전손잡이를 설치하되 높이 15cm를 기준으로 한다.

(3) 그네 ☑ 중요

① 배치
　　㉠ 그네는 놀이터의 규모나 성격에 어울리는 유형으로 배치한다.
　　㉡ 그네는 햇빛을 마주하지 않도록 북향 또는 동향으로 배치한다.
　　㉢ 그네의 요동운동을 고려하여 주변 시설과 적정거리를 이격시킨다.
　　㉣ 놀이터 중앙이나 출입구 주변을 피하여 모서리나 외곽에 배치한다.
　　㉤ 집단적인 놀이가 활발한 자리 또는 통행량이 많은 곳에는 배치하지 않는다.
② 규격
　　㉠ 2인용을 기준으로 높이 2.3~2.5m, 길이 3.0~3.5m, 폭 4.5~5.0m를 표준규격으로 한다.
　　㉡ 지지용 수평파이프는 어린이가 오르기 어려운 구조로 설계한다.
　　㉢ 안장과 모래밭과의 높이는 35~45cm가 되도록 하며, 이용자의 나이를 고려하여 결정한다.
　　㉣ 유아용일 경우 안장과 모래밭과의 높이는 25cm 이내가 되도록 하고, 신체를 붙들어 맬 수
　　　있는 안전형 안장이어야 하며, 그네줄의 길이도 150cm 이내로 설계한다.
　　㉤ 그네줄이 쇠줄일 경우에는 표면을 폴리우레탄 등의 부드러운 재료로 피복하는 등 보호막이
　　　있는 형태로 설계한다.
　　㉥ 보호책의 높이는 60cm를 기준으로 한다.

(4) 놀이벽

① 놀이벽은 기어오르고, 올라타고, 위를 걷고, 걸터앉고, 매달리고, 미끄럼 타고, 구덩을 빠져 나오
　　고, 뛰어내리는 등 어린이의 다양한 놀이행태에 적합한 높이·두께·구멍크기를 유지해야 한다.
② 두께는 20~40cm, 평균높이는 0.6~1.2m로 하여 높이에 변화를 주되, 최대높이는 1.5m 이하로
　　하고, 기어오르고 내리기에 쉬운 기울기로 설계한다.
③ 놀이벽 주변에는 다른 시설을 배치하지 말고, 주변 바닥은 코래 등 완충재료로 설계한다.
④ 놀이벽을 연결하여 미로시설을 설치할 수 있다.

(5) 도섭지

① 물을 이용하는 못·실개울 등과 연계하여 설치하며, 관리가 철저히 이루어질 수 있는 부위에
　　설치한다.

② 물놀이에 따른 안전성을 고려하여야 하며, 물의 깊이는 30cm 이내로 한다.
③ 도섭지의 바닥은 둥근 자갈 등 이용에 안전하고 청소가 용이한 재료·마감방법으로 설계한다.

③ 복합놀이시설

(1) 배치

① 놀이공간의 규모가 클 경우에는 어린이들의 놀이 행태에 맞도록 일반적이고 단순한 단위놀이시설의 배치를 피하고, 복합적이고 연속된 놀이가 가능한 복합놀이시설을 배치한다.
② 개별 단위시설의 고유 형태를 유지하되, 조형적인 아름다움을 갖추어 상상력·호기심·협동심을 길러 줄 수 있도록 한다.

(2) 규격

① 미끄럼대·계단·흔들다리·기어오름대·줄타기·통로·망루·그네·사다리 등을 기본으로 한다.
② 그네 등 각각의 단위놀이시설 설계기준을 충족시켜야 한다.
③ 각 단위시설과 단위시설의 연결 부위는 높이차가 없도록 설계한다.

03　휴게시설 설계

① 재료 및 설계 일반

(1) 적용범위

공원·주택 단지·리조트 등 설계대상 공간의 휴게공간과 휴게시설의 설계에 적용한다.

(2) 휴게공간의 평면구성

① 휴게공간은 시설공간·보행공간·녹지공간으로 나누어 설계하되 설계대상 공간 전체의 보행동선 체계에 어울리도록 보행동선을 계획한다.
② 휴게공간의 어귀는 보행로에 연결시켜 보행동선에 적합하게 계획하되 차량에 의한 사고방지를 위해 도로변에 면하지 않도록 배치하고 입구는 2개소 이상 배치하되, 1개소 이상에는 12.5% 이하의 경사로(평지 포함)로 설계한다.
③ 건축물이나 휴게시설 설치공간과 보행공간 사이에는 완충공간을 설치한다. 특히 휴게시설물 주변에는 1m 정도의 이용공간을 확보한다.

④ 놀이터에는 놀이시설을 이용하는 유아가 노는 것을 보호자가 가까이에서 볼 수 있도록 휴게시설을 배치한다.

(3) 관리시설

① 지형의 높이차에 따른 위험의 염려가 있는 곳에는 안전난간을 설계한다.
② 휴게시설의 주변에는 휴지통을 배치한다.

(4) 휴게시설 설계 일반기준

① 휴게시설은 각 시설별로 본래의 설치목적에 부합되도록 설계한다. 시설이 복합적인 기능을 갖는 경우 본래의 기능을 먼저 충족시키도록 한다.
② 주요 시설은 현장조립이 가능한 시설의 설치를 원칙으로 하되 시설물 사이에 색상·자재·마감방법 등이 서로 조화를 이루도록 설계한다.
③ 시설의 형태는 표준화된 형태 또는 조형적인 형태로 할 수 있으며, 조형적인 형태로 설계할 경우 이 설계기준을 적용하지 아니할 수 있다.
④ 그늘시렁·그늘막·정자 등의 시설에 사용되는 기둥이나 보의 단면형태는 재료 특성 및 용도에 따라 달리 적용한다. 목재의 경우 보의 단면은 폭과 높이의 비를 1/1.5~1/2로 하고, 기둥은 좌굴현상을 고려하여 좌굴계수(재료의 허용압축응력×단면적÷압축력)는 2를 적용하며, 세장비(좌굴장/최소단면 2차 반경)는 150 이하를 적용한다.

❷ 퍼걸러

(1) 배치

① 휴게공간과 건물·보행로·운동장·놀이터 등에 배치하며, 보행동선과의 마찰을 피한다.
② 조형성이 뛰어난 퍼걸러는 시각적으로 넓게 조망할 수 있는 곳이나 통경선(Vista)이 끝나는 곳에 초점요소로서 배치할 수 있다.
③ 화장실, 급한 비탈면, 연약지반, 고압철탑이나 전선 밑의 위험지역, 외진 곳 및 불결한 곳을 피하여 배치한다.
④ 비교적 긴 휴식에 이용되므로 휴지통·공중전화부스·음수대 등의 관리시설을 배치한다.

(2) 형태 및 규격

① 평면 형태는 직사각형 및 정사각형을 기본으로 하며, 공간 성즘에 따라 원형·아치형·부정형으로 할 수 있다.
② 규격은 공간규모와 이용자의 시각적 반응을 고려하여 결정하되 균형감과 안정감이 있도록 하며, 일반적으로 높이에 비해 길이가 길도록 한다.

③ 높이는 220~260cm를 기준으로 하며, 그늘시렁의 면적이 넓거나 조형상의 이유로 높이를 키울 경우에는 300cm까지 가능하다.

④ 태양의 고도 및 방위각을 고려하여 부재의 규격을 결정하며, 해가림 덮개의 투영밀폐도는 70%를 기준으로 하고, 그늘 만들기용 대나무발을 설치하거나 수목을 배식할 수 있다.

⑤ 휴게기능을 보완하기 위하여 의자를 설치할 수 있으며, 의자는 하지의 12~14시를 기준으로 사람의 앉은 목 높이 이상(88~105cm) 광선이 비추지 않도록 배치한다.

③ 의자 ☑ 중요

(1) 배치

① 휴게공간과 보행자 전용도로·산책로·건물주변 등에 배치하고, 소음이 심한 곳, 습지, 급한 비탈면, 바람받이 및 지반이 불량한 곳에는 배치하지 않는다.

② 뒤쪽에서 다른 사람에 의해 보이는 장소는 피하도록 하며, 필요할 경우 사생활 보호를 위한 차폐시설을 배치한다.

③ 등의자는 긴 휴식이 필요한 곳에 평의자는 짧은 휴식이 필요한 곳에 설치하며, 공공공간에는 되도록 고정식으로 하고, 정원 등 관리가 쉬운 곳에는 이동식을 배치할 수 있다.

④ 의자의 배치는 일렬형·병렬형·ㄱ자형·ㄷ자형·원형·사각형·U자형 및 자연형 배치를 적용할 수 있다. 또한 주변 시설과의 관계를 고려하여 연계형으로 배치할 수 있다.

⑤ 산책로나 가로변에는 통행에 지장이 없도록 배치하며, 폭 2.5m 이하의 산책로변에는 1.5~2m 정도의 포켓공간을 만들어 배치하거나 경계석으로부터 최소 60cm 이상 떨어뜨려 배치한다.

⑥ 휴지통과의 이격거리는 0.9m, 음수전과의 이격거리는 1.5m 이상의 공간을 확보한다.

⑦ 장애인의 이용을 위한 의자를 배치할 때에는 측면에 120×120cm, 전면에 180×180cm의 휠체어 공간을 확보한다.

(2) 형태 및 규격

① 의자는 크기에 따라 1인용·2인용·3인용·4인용 등으로, 조합형태에 따라 일렬형·병렬형·ㄱ자형·ㄷ자형·사각형·원형·자연형·시설연계형으로, 집합도에 따라 단식·연식형, 이동성에 따라 고정식·이동식으로, 등받이 유무에 따라 등의자·평의자로 구분한다.

② 체류시간을 고려하여 설계하며, 긴 휴식에 이용되는 의자는 앉음판의 높이가 낮고 등받이를 길게 설계한다.

③ 등받이 각도는 수평면을 기준으로 95~110°를 기준으로 하고, 휴식시간이 길어질수록 등받이 각도를 크게 한다.

④ 앉음판의 높이는 34~46cm를 기준으로 하되, 어린이를 위한 의자는 낮게 할 수 있다.

⑤ 앉음판의 폭은 38~45cm를 기준으로 한다.

⑥ 팔걸이의 높이는 앉음판으로부터 18~25cm 기준으로 하고, 팔걸이의 폭은 3cm 이상으로 하며, 부착각도는 수평면을 기준으로 등받이쪽으로 10~20° 낮게 설계한다.

⑦ 의자의 길이는 1인당 최소 45cm를 기준으로 하되, 팔걸이 부분의 폭은 제외한다.

⑧ 지면으로부터 등받이 끝까지 전체 높이는 75~85cm를 기준으로 한다.

⑨ 등의자의 곡률반경은 앉음판의 오금 부위는 15~16cm, 엉덩이 부위는 7~8cm, 등받이 상단은 15~16cm를 기준으로 한다.

❹ 야외탁자

(1) 배치

① 휴게공간이나 경관이 좋으며 개방감이 있는 곳에 배치하고, 소음이 심한 곳, 습지, 먼지가 많은 곳, 바람받이 및 지반이 불량한 곳에는 배치를 피한다.

② 보행로에 배치할 경우에는 보행동선과 충돌이 일어나지 않도록 완충공간을 홋-보한다.

③ 그늘의 확보를 위하여 그늘시렁이나 그늘집과 함께 배치할 수 있으며, 녹음수의 의치를 고려하여 배치한다.

(2) 형태 및 규격

① 야외탁자는 형태에 따라 사각형·원형, 집합도에 따라 단식·연식형, 의자의 부착 유무에 따라 분리형·부착형으로 구분하여 설계한다.

② 야외탁자의 규격은 의자의 기능과 탁자의 기능을 효율적으로 수행할 수 있도록 하며, 이용자의 몸이 들어가기 쉽도록 한다.

③ 앉음판의 높이는 34~41cm를 기준으로 하며, 앉음판의 폭은 26~30cm를 기준으로 한다.

④ 앉음판과 탁자 아래면 사이의 간격은 25~32cm, 앉음판과 탁자의 평면간격은 15~20cm를 기준으로 한다.

⑤ 야외탁자의 너비는 64~80cm를 기준으로 한다.

04 경관조명시설 설계

❶ 재료 및 설계 일반

(1) 재료

① 내구성, 유지관리성, 경제성, 안전성, 쾌적성 등 다양한 평가 항목을 고려하여 종합적으로 판단·선정한다.

② 내구성 있는 재질을 사용하거나 내구성 있는 표면마감 방법으로 설계한다.
③ 철재·유리 등 각 재료의 특성과 요구도 및 기능성을 조화시켜 선정한다.

(2) 설계 일반

① 경관조명시설은 설치장소, 기능, 형태에 따라 보행등, 정원등, 수목투사등, 잔디등, 공원등, 수조등, 투광등, 네온조명, 튜브조명, 광섬유조명 등으로 나눈다.
② 광원은 발광하는 방법에 따라 백열등, 방전등(형광등, 수은등, 할로겐등, 나트륨등 등), 튜브조명으로 나눈다.

백열등	• 따뜻한 느낌을 주지만 열효율이 낮아 전력소모가 많고 열반사가 많다. • 휴식공간, 위험한 장소, 물체 강조조명으로 설치
형광등	• 광질이 좋고, 설치 및 유지비가 저렴하며 형광색의 조정에 따라 푸른색, 적색 연출이 가능하다. • 옥내외 전반조명, 부분조명, 간접조명으로 설치
나트륨등	• 열효율이 높고 물체 투시성이 좋으나 설치비가 많이 든다. • 점포용, 투광용, 영사, 스튜디오용
수은등	• 열효율이 높아 조명효과가 크며 광속이 크고 수명이 길다. • 도로, 공원, 투광조명(투명형)

❷ 보행등

(1) 배치

① 설계대상 공간의 진입로, 광장, 산책로 또는 도로나 주차장과 만나는 보행공간, 놀이공간, 휴게공간, 운동공간 등의 옥외공간에 배치한다.
② 소로, 산책로, 계단, 구석진 길, 출입구, 장식벽 등에 설치한다.
③ 배치 간격은 설치 높이의 5배 이하 거리로 하되(KS A 3701 도로조명 기준), 등주의 높이와 연출할 공간의 분위기를 고려한다. 다만, 포장면 내부에 설치할 경우에는 보행의 연속성이 끊어지지 않도록 배치해야 한다.
④ 보행로 경계에서 50cm 정도의 거리에 배치한다.

(2) 시설기준

① 설치되는 공간의 분위기에 어울리는 형태로 하되, 보행인의 안전한 이용을 방해해서는 아니 된다.
② 보행인의 이용에 불편함이 없는 밝기를 확보하며, 보행로의 경우 3lx 이상의 밝기를 적용한다.
③ 보행공간만을 비추고자 하면 포장면 속에 배치하거나 등주의 높이를 50~100cm로 설계한다.
④ 보행등 1회로는 보행등 10개 이하로 구성한다.
⑤ 보행등의 공용접지는 5기 이하로 한다.

❸ 정원등

(1) 설치목적

주택 단지, 공공건물, 사적지, 명승지, 호텔 등의 정원에 설치하며, 정원의 아름다움을 밤에 선명하게 보여줌으로써 매력적인 분위기를 연출하기 위한 것이다.

(2) 배치

① 정원의 어귀, 구석 등 조명취약 부위, 주요 점경물 주변 등에 배치한다.
② 광원은 이용자의 눈에 띄지 않는 곳에 배치한다.

(3) 시설기준

① 광원이 이용자의 눈에 띌 경우 정원의 장식물을 겸하도록 조형성을 갖추어 디자인한다.
② 화단이나 키 작은 식물을 비추고자 할 때에는 아래 방향으로 배광한다.
③ 광원은 고압 수은형광등을 적용한다.
④ 등주의 높이는 2m 이하로 설계, 선정한다.
⑤ 광원이 노출될 때는 휘도를 낮춘다.
⑥ 야경의 중심이 되는 대상물의 조명은 주위보다 몇 배 높은 조도기준을 적용하여 중심감을 부여한다.

❹ 수목투사등

(1) 설치목적

주택 단지, 공원 등의 수목을 비추어 밤의 매력적인 분위기를 연출하기 위해 설치한다.

(2) 배치 및 시설기준

① 투광기는 나뭇가지에 직접 배치하거나 수목을 비추도록 나무 주변의 포장, 녹지에 배치한다.
② 푸른 잎을 돋보이게 할 경우에는 메탈할라이드등을 적용한다.
③ 광원색상과 비쳐지는 색상과의 관계를 고려하여 식물의 색상변화에 주의한다.
④ 수목의 생태를 고려하여 광원에 의해 식물의 생장에 악영향을 주지 않도록 그에 적합한 광원을 선택한다.

❺ 잔디등

(1) 설치목적

주택 단지, 공원 등의 잔디밭에 설치하여 잔디밭의 밤의 매력적인 분위기를 연출하기 위해 설치한다.

(2) 배치 및 시설기준

① 잔디밭의 경계를 따라 배치한다.

② 잔디등의 높이는 1.0m 이하로 설계한다.

③ 하향조명방식을 적용한다.

④ 잔디밭을 전반적으로 조명하고자 할 때에는 주두형 기구와 투명형 고압수은등이나 메탈할라이드 등을 적용한다.

❻ 공원등

(1) 설치목적

도시공원이나 자연공원 이용자에게 야간의 매력적인 분위기 제공과 이용의 안전을 위하여 설치한다.

(2) 배치

① 공원의 진입부, 보행공간, 놀이공간, 광장 등 휴게공간, 운동공간에 배치한다.

② 공원관리사무소, 공중화장실 등의 건축물 주변에 배치한다.

③ 운동장, 놀이터의 시설면적(형태가 정방형 또는 원형인 경우)에 따라 350m² 미만은 1등용 1기를, 350~700m² 이하는 2등용 1기를 배치한다. 다만, 시설부지 형태가 선형이거나 시설면적이 700m² 를 넘는 경우에는 적정 위치에 추가 배치한다.

(3) 시설기준

① 주두형 등주일 경우 그 높이는 2.7~4.5m를 표준으로 하되, 상징적인 경관의 창출 등 특수한 목적을 위한 경우에는 그 목적 달성에 적합한 높이로 한다.

② 공원의 어귀나 화단에는 연색성이 좋은 메탈할라이드등, 백열등, 형광등을 적용한다.

③ 공원의 경우 KS A 3011 조도기준에 따라 중요장소는 5~30lx, 기타 장소는 1~10lx를 충족시키도록 계획하되, 놀이공간, 운동공간, 광장 등 휴게공간에는 6lx 이상의 밝기를 적용한다.

④ 광원은 원칙적으로 메탈할라이드등 또는 LED등을 적용한다.

⑤ 전원은 주분전반 1개소를 배치하고, 주분전반에서 12W 220V로 공급하되 전원 공급업체와 협의한다.

❼ 수중등

(1) 설치목적

폭포, 연못, 개울, 분수 등 수경시설의 환상적인 분위기 연출을 목적으로 물속에 설치한다.

(2) 배치 및 시설기준

① 조명등에 여러 종류의 색필터를 사용하여 야간의 극적인 분위기를 연출한다.
② 전구는 수면위로 노출되지 않도록 하여야 하며, 저전압으로 설계하고 이동전선 0.75m^2 이상의 방수전선을 채용한다. 감전 등에 대비하여 광섬유 조명방식을 적용할 수 있다.
③ 전선에 접속점을 만들지 않아야 한다.

05 수경시설 설계

❶ 재료 및 설계 일반

(1) 적용범위

① 건축물, 공원, 광장, 주택 단지 등 설계대상 공간의 수경시설 설계에 적용하며, 수경시설에는 수조, 급·배수설비, 순환설비, 전기제어 등이 포함된다.
② 수경시설은 물을 이용하여 설계대상 공간의 경관을 연출하기 위한 시설로서 물의 흐르는 형태에 따라 폭포·벽천·낙수천(흘러내림), 실개울(흐름), 못(고임), 분수(솟구침) 등으로 나눈다.
③ 수경시설의 연출은 물을 내뿜는 분수, 물이 흐르는 유수, 물이 떨어지는 낙수, 물을 머금는 유수, 겨울철 동결수경 등으로 나누어진다.

(2) 설계 일반

① 수조
  ㉠ 분수의 경우 수조의 너비는 분수 높이의 2배, 바람의 영향을 크게 받는 지역은 분수 높이의 4배를 기준으로 한다.
  ㉡ 폭포 전면의 수조 너비는 폭포 높이와 같도록 하되, 폭도형태와 연출방법에 따라 폭포 높이의 1/2배, 2/3배로 할 수 있다.
② 수경용수의 순환 횟수
  ㉠ 물놀이를 전제로 한 수변공간(친수시설 – 분수, 시냇물, 폭포, 벽천, 도섭지 등) : 1일 2회
  ㉡ 물놀이를 하지 않는 수변공간(경관용수 – 분수, 폭포, 벽천) : 1일 1회
  ㉢ 감상을 전제로 한 수변공간(자연관찰용수 – 공원지, 관찰지) : 2일 1회

③ 수경 제어반의 기구

    ㉠ 보조릴레이는 원칙적으로 동작표시등에 부착한다.

    ㉡ 삼상동력 부하회로의 전류계는 적(赤)지침에 따른다.

    ㉢ 표시등의 색깔은 동작 중을 적색, 정지 중은 녹색, 고장 중은 노란색으로, 전원표시등의 상태를 표시하는 것은 백색으로 한다.

④ **못, 수조의 청소** : 못, 폭포, 실개울 등의 청소주기는 정화시설이 있는 경우 연 4회, 정화시설이 없는 경우 월 1회로 한다.

❷ 못(연못)

(1) 배치

① 설계대상 공간 배수시설을 겸하도록 지형이 낮은 곳에 배치한다.

② 주변의 하천이나 계곡의 물·지표면의 빗물 등 자연 급수와 지하수·상수·정화된 물(중수) 등 인공 급수 등을 여건에 맞게 반영한다.

(2) 구조 및 설비 등

① 물의 공급과 배수를 위한 유입구와 배수구를 설계하고, 쓰레기거름용 철망을 적용한다.

② 물고기를 키울 경우에는 겨울철의 동면에 쓰일 물고기집을 고려하거나, 수위를 동결심도 이상으로 설계한다.

③ 겨울철 설비의 동파를 막기 위한 퇴수밸브 등을 반영한다.

❸ 분수

(1) 배치

① 설계대상 공간의 어귀나 중심광장·주요·조형요소·결절점의 시각적 초점 등으로 경관효과가 큰 곳에 배치한다.

② 주변 빗물이나 오염수가 유입되지 않는 곳에 배치한다.

(2) 구조 및 설비 등

① 급·배수, 증기, 펌프 등 설비 시설의 경제성·효율성·시공성을 고려한다.

② 바람에 의한 흩어짐을 고려하여 주변에 분출 높이의 3배 이상의 공간을 확보한다.

❹ 실개울

(1) 배치

① 급한 기울기의 수로는 물거품이 나도록 바닥을 거칠게 처리하며, 평균 물깊이는 3~4cm 정도로 한다.

② 물의 순환으로 설계할 경우 이동 수량을 고려하여 충분한 용량의 하부 못이나 저류조를 반영한다.

③ 설계대상 공간의 어귀나 중심광장·주요 조형요소·결절점의 시각적 초점 등으로 경관효과가 큰 곳에 배치한다.

④ 바닥면의 훼손 방지와 일정한 수심유지를 위해 낙차공이나 물흐름 방해석을 고려하며 실개울이 길 경우에는 지면의 부등침하에 대비한다.

---

06   각종 포장설계

❶ 재료 및 설계 일반

(1) 콘크리트블록 포장재

① 콘크리트조립블록

㉠ 보도용과 차도용으로 나누어 적용하며, 보도용은 두께 6cm로, 차도용은 드께 8cm로 한다.

㉡ 차도용 블록의 휨강도는 5.88MPa 이상을, 보도용 블록의 휨강도는 4.9MPa 이상을 적용하며, 평균 흡수율은 7% 이내로 한다.

② 시각장애인용 유도블록 : 선형블록과 점형블록으로 나누어 적용하며, 선형블록은 유도표시용으로, 점형블록은 위치표시 및 감지·경고용으로 사용한다.

(2) 포장의 구조

일반적인 포장은 표층·중간층·기층·보조기층·차단층·동상방지층 및 노상으로 구성되어 있고, 강성포장은 콘크리트 슬래브·보조기층·동상방지층 및 노상 등으로 설계한다.

(3) 시멘트 콘크리트 포장의 줄눈

① 팽창줄눈은 선형의 보도구간에서는 9m 이내를, 광장 등 넓은 구간에서는 36m^2 이내를 기준으로 하며, 포장 경계부에 직각 또는 평행으로 설계한다.

② 수축줄눈은 선형의 보도구간에서는 3m 이내를, 광장 등 넓은 구간에서는 9m^2 이내를 기준으로 하며, 포장경계부에 직각 또는 평행으로 설계한다.

(4) 경계처리

① 서로 다른 포장재료의 연결부 및 녹지·운동장과 포장의 연결부 등의 경계는 콘크리트나 화강석 보도경계블록, 녹지경계블록 또는 기타의 경계마감재 등으로 처리한다.

② 보차도 경계블록은 차량의 바퀴가 올라설 수 없는 높이로 한다.

(5) 용어의 정의

① **보도 포장** : 보도, 자전거도, 자전거보행자도, 공원 내 도로 및 광장 등 주로 보행자에게 제공되는 도로 및 광장의 포장을 말한다.

② **차도 포장** : 관리용 차량이나 한정된 일반 차량의 통행에 사용되는 도로로서 최대 적재량 4톤 이하의 차량이 이용하는 도로의 포장을 말한다.

③ **간이포장** : 주로 차량의 통행을 위한 아스팔트 콘크리트 포장과 콘크리트 포장을 제외한 기타의 포장을 말한다.

④ **강성포장(rigid pavement)** : 시멘트 콘크리트 포장을 말한다.

⑤ **충격흡수보조재** : 합성고무 SBR(스티렌·부타디엔계 합성고무)을 고형 폴리우레탄 바인더로 접착하여 탄성과 침투성을 갖도록 한 것을 말한다.

⑥ **직시공용 고무바닥재** : EPDM(에틸렌·프로필렌·디엔계 합성고무) 입자를 폴리우레탄 바인더로 접착시켜 과산화수소나 유황으로 경화한 것을 말한다.

⑦ **인조잔디** : 폴리아미드, 폴리프로필렌, 기타 섬유로 만든 직물에 일정 길이의 솔기를 가진 단기성 제품을 말한다.

⑧ **고무블록** : 충격흡수보조재에 내구성 표면재를 접착시키거나 균일재료를 이중으로 조밀하게 하고, 표면을 내구적으로 처리하여 충격을 흡수할 수 있도록 성형·제작한 것으로 일반 고무블록과 고무칩이나 우레탄칩을 입힌 블록 등을 말한다.

❷ 포장면 기울기 ☑ 중요

(1) 보도 포장면의 기울기

① 종단기울기는 1/12 이하가 되도록 하되, 휠체어 이용자를 고려하는 경우에는 1/18 이하로 한다.

② 종단기울기가 5% 이상인 구간의 포장은 미끄럼방지를 위하여 거친면으로 마무리된 포장재료를 사용하거나 거친면으로 마감처리한다.

③ 횡단경사는 배수처리가 가능한 방향으로 2%를 표준으로 하되, 포장재료에 따라 최대 5%까지 할 수 있다. 광장의 기울기는 3% 이내로 하는 것이 일반적이며, 운동장의 기울기는 외곽 방향으로 0.5~1%를 표준으로 한다.

④ 투수성 포장인 경우에는 횡단경사를 주지 않을 수 있다.

(2) 자전거도로 포장면의 기울기

① 종단경사는 2.5~3.0%를 기준으로 하되, 최대 5%까지 가능하다. 또한, 횡단경사는 1.5~2.0%를 기준으로 한다.

② 투수성 포장인 경우에는 횡단경사를 설치하지 아니할 수 있다.

(3) 차도 포장면의 기울기

횡단경사는 아스팔트 콘크리트 포장 및 시멘트 콘크리트 포장의 경우 1.5~2.0%, 간이포장도로는 2~4%, 비포장도로는 3~6%를 기준으로 한다.

시험에 이렇게 나왔다!　　　　　　　　　　　　　　　　　　　　[2015년 제1회 기사]

조경설계기준상의 조경포장 관련 설명으로 틀린 것은?

① 놀이터 포설용 모래는 입경 1~3mm 정도의 입도를 가진 것으로 하고 먼지·점토·불순물 또는 이물질이 없어야 한다.

② 차도 포장면의 횡단경사는 아스팔트 콘크리트 포장 및 시멘트 콘크리트포장의 경우 2~4%를 기준으로 한다.

③ 자전거도로 포장면의 종단경사는 2.5~3.0%를 기준으로 하되, 최대 5%까지 가능하다.

④ 보도 포장면의 종단기울기는 1/12 이하가 되도록 하되, 휠체어 이용자를 고려하는 경우에는 1/18 이하로 한다.

　[해설]
차도 포장면의 횡단경사 기준
• 아스팔트 콘크리트 포장 및 시멘트 콘크리트 포장 : 1.5~2.0%
• 간이포장도로 : 2~4%
• 비포장도로 : 3~6%

　　　　　　　　　　　　　　　　　　　　　　　　　　　　　　　정답 ②

07　안내시설의 설계

❶ 재료 및 설계 일반

(1) 용어의 정의

① 안내시설 : 공원·주택 단지·보행공간 등 옥외공간에서 보행자나 방문객에게 주요 시설물이나 주요 목표지점까지의 정보전달을 목적으로 하는 시설물로서, 정보를 제공하는 사인(sign)과 정보를 이어주는 환경시설물 등을 포함한다.

② 유도표지시설 : 개별단위의 시설물이나 목표물의 방향 또는 위치에 관한 정보를 지공하여 목적하는 시설 또는 방향으로 유도하는 안내시설을 말한다.

③ 해설표지시설 : 단위시설물에 관한 정보해설을 방문객에게 이해시키고자 사용하는 표지시설로서 개별단위시설의 자세한 정보를 담는 안내시설을 말한다.

④ **종합안내시설** : 공공주택 단지, 공원 등 비교적 일정한 구획을 지니고 있는 단지 안에서 지역권의 광역적 정보를 종합적으로 안내하기 위한 시설을 말한다.

⑤ **도로표지시설** : 도로와 관련된 각종 정보를 전달하고 이해를 돕고자 설치하는 시설로서 일반적으로 교통안내 등 일반도로표지와 더불어 각종 시설물의 안내시설과 병행하여 사용하기도 한다.

(2) 형태 및 규모

① 도로의 교통표지판 등 기존 사인과의 혼란을 피하면서 가독성을 높이도록 하며, 정보성과 장식성을 수용하도록 한다.

② 시각적으로 명료한 전달을 하기 위한 시인성에 중점을 두고 주변 환경과 차별화한다.

③ 기본형태는 선꼴(standing), 매달림꼴(hanging), 붙임꼴(sticking), 움직임꼴(movable) 등이 있다.

④ 재료치수를 고려하여 모듈화에 의한 표준화·규격화로 제작관리에 용이성과 경제적 효용성이 제고되어야 한다.

⑤ 밤에도 이용되는 유도표지판 등에는 조명시설을 반영하여야 하며, 조명내장형과 조명기구 부착형을 병행하여 사용한다.

⑥ 사인 시스템 간의 형태적 조화와 통일성이 강한 디자인의 연계화 방안을 수립한다.

❷ 설계요소

(1) CIP 적용

① CIP 개념을 도입하여 시설들이 통일성을 가질 수 있도록 한다.

② 해당 명칭에 고유형태(logotype)가 있는 경우에는 그대로 사용하여 설계한다.

③ 교통수단을 대상으로 하는 경우에는 국제관례로 사용되는 문자나 기호가 도안화된 것을 사용한다.

(2) 가독성을 위한 기준

① 문자의 크기는 도로안내, 구역안내, 시설안내, 기타 안내 등으로 분류하여, 인식성(identification), 방향성(direction), 정보성(information) 등으로 나누어 고려한다.

② 차량을 유도하는 표지판은 다음 사항을 고려한다.
  ㉠ 차량이 정차했을 때 표지판이 읽힐 수 있는 거리
  ㉡ 차량이 움직이고 있는 때 운전자의 반응시간을 고려한 표지판의 크기 결정
  ㉢ 운전자들에 의한 표지판 발견의 용이성

③ 운행 중인 차 안에서 주시되는 사인의 가독성은 다음과 같은 항목 순으로 결정된다.
  ㉠ 사인이 인지될 때부터의 거리
  ㉡ 환경의 유형
  ㉢ 차량이 역전될 때 원추형의 시각에서의 내·외부상의 거리
  ㉣ 자간이나 행간, 단어 수, 명칭, 색채, 정보에 대한 항목 수

적중예상문제

CHAPTER 01 제도의 기초

01 KS 표준에 의한 A0 용지의 크기에 해당하는 것은?

① 594 × 841mm
② 841 × 1,189mm
③ 1,189 × 1,090mm
④ 1,090 × 1,200mm

해설
제도 용지의 크기
• A0 용지 : 841 × 1,189
• A1 용지 : 594 × 841
• A2 용지 : 420 × 594
• A3 용지 : 297 × 420
• A4 용지 : 210 × 297

02 제도용 필기구에 대한 설명으로 틀린 것은?

① H의 숫자가 커질수록 단단하고 흐리다.
② 조경설계도면 작성에는 일반적으로 B가 많이 사용된다.
③ 홀더는 굵은 선을 그릴 때 사용한다.
④ 비가 오면 연필심이 상대적으로 흐리게 느껴진다.

해설
높은 숫자의 H심일수록 딱딱하고 흐리게 써지며, 높은 숫자의 B심일수록 부드럽고 진하게 써진다. 도면작성에는 H가 많이 사용된다.

03 다음 중 선 긋는 방법의 설명으로 틀린 것은?

① 선 긋는 방향은 수평선은 우에서 좌로 그리고, 수직선은 위에서 아래로 그린다.
② 선 긋기를 할 때에는 시계방향으로 회전시키면서 진행한다.
③ 선은 처음부터 끝나는 부분까지 일정한 힘으로 긋는다.
④ 선의 연결과 교차부분이 정확하게 되도록 긋는다.

해설
선 긋는 방향은 왼쪽에서 오른쪽으로, 아래쪽에서 위쪽으로 긋는다.
제도용구를 이용한 선 그리기
• 선을 처음 긋기 시작할 때는 긋고자 하는 선의 길이를 생각하고 긋는다.
• 선은 일관성과 통일성을 유지하며, 같은 목적으로 사용되는 선의 굵기와 진하기는 같아야 한다.
• 선 긋는 방향은 왼쪽에서 오른쪽으로, 아·래쪽에서 위쪽으로 긋는다.
• 선의 연결과 교차 부분에 정확하도록 작도한다.

04 같은 도면에서 2종류 이상의 선이 중복되었을 때 가장 우선시되는 선은?

① 치수 보조선   ② 절단선
③ 외형선   ④ 중심선

해설
도면 작성 시 선을 한 장소에 겹쳐서 그려야 할 경우 우선순위
외형선 > 숨은선 > 절단선 > 중심선 > 무게중심선 > 치수보조선

정답 1 ② 2 ② 3 ① 4 ③

05 조경도면의 치수 기입 방법에 관한 설명으로 옳은 것은?

① 치수는 특별히 명시하지 않는 한 마무리 치수로 표시한다.
② 치수 기입은 치수선 중앙 아랫부분에 기입하는 것이 원칙이다.
③ 치수 기입은 치수선에 평행하게 도면의 오른쪽에서 왼쪽으로, 위로부터 아래로 읽을 수 있도록 기입한다.
④ 치수선의 양끝은 화살 또는 점으로 혼용해서 사용할 수 있으며 같은 도면에서 치수선이 작은 것은 점으로 표시한다.

[해설]
치수표시
• 치수의 단위는 mm로 하며, 단위표시는 하지 않는다.
• 치수를 표시할 때에는 치수선과 치수 보조선을 사용한다.
• 치수선은 치수 보조선에 직각이 되도록 그으며, 화살표나 점으로 경계를 명확히 표시한다.
• 치수의 기입은 치수선에 따라 평행하게 기입한다.
• 도면의 아래에서부터 위로, 또는 왼쪽에서 오른쪽으로 읽을 수 있도록 치수선의 윗부분이나 치수선의 중앙에 기입한다.

06 일반적으로 조경설계에서 사용되는 축척에 대한 설명으로 틀린 것은?

① 축척이란 실물 크기가 도면상에 나타날 때의 비율이다.
② 축척은 대지의 규모나 도면의 종류와 따라 달라진다.
③ 일반적으로 어린이공원 계획평면도는 세밀한 표현이 가능한 1/500~1/1,000 축척을 사용한다.
④ 일반적으로 상세도에서는 1/10~1/50 축척을 사용한다.

[해설]
세밀한 표현을 위해서는 1/500~1/1,000로는 불가능하고 1 : 200이나 1 : 100으로도 가능한데 이 축척들은 공원이 상대적으로 작은 경우에 사용될 수 있다. 즉, 세부 사항이 더욱 자세히 표시된다.

07 다음은 건축도면에 사용하는 치수의 단위에 관한 설명이다. ( ) 안에 공통으로 들어갈 단위는?

> 치수의 단위는 ( )를 원칙으로 하고, 이때 단위기호는 쓰지 않는다. 치수 단위가 ( )가 아닌 때에는 단위기호를 쓰거나 그 밖의 방법으로 그 단위를 명시한다.

① cm   ② mm
③ m   ④ Nm

[해설]
치수의 단위는 mm로 하며, 단위표시는 하지 않는다.

08 제도에 있어서 도형의 표기 방법 중 선의 형식과 두께에 관한 설명으로 옳지 않은 것은?

① 굵은 실선은 보이는 물체의 윤곽을 나타내는 선이다.
② 굵은 파선은 보이지 않는 물체의 면들이 만나는 윤곽을 나타내는 선이다.
③ 가는 2점 쇄선은 특별한 요구 사항을 적용할 범위와 면적을 나타내는 선이다.
④ 가는 1점 쇄선은 대칭을 나타내거나 그림의 중심을 나타내는 선이다.

[해설]
③ 특별한 요구 사항을 적용할 수 있는 범위를 표시하는 데에는 굵은 1점 쇄선을 사용한다.

09 설계 시 도면 표시기호와 표시사항이 틀린 것은?

① A : 면적   ② R : 길이
③ W : 너비   ④ THK : 두께

[해설]
• R : 반지름
• L : 길이

10 인출선의 용도 및 표시 방법을 설명한 것 중 옳지 않은 것은?

① 가는 파선으로 표시한다.
② 도면 내용물의 대상 자체에 설명을 기입하기 곤란한 경우 사용하는 선이다.
③ 인출되는 쪽에 화살표를 붙여 인출한 쪽의 끝에 가로선을 긋고, 가로선 위에 쓴다.
④ 한 도면 내에서는 인출선을 긋는 방향과 기울기는 가능하면 통일한다.

[해설]
① 인출선은 가는 파선이 아닌 가는 실선으로 표시한다.

11 도면에서 굵은 실선으로 표시하여야 하는 것은?

① 절단선   ② 해칭선
③ 단면선   ④ 치수선

[해설]
도면에서 단면선과 외형선은 굵은 실선으로 표시한다.

12 도면에서 굵은 실선으로 표시하여야 하는 것은?

① 중심선   ② 가상선
③ 외형선   ④ 치수선

[해설]
① 중심선 : 가는 1점 쇄선
② 가상선 : 가는 2점 쇄선
④ 치수선 : 가는 실선

13 단면의 표시기호 중 지반면(흙)을 나타낸 것은?

①
②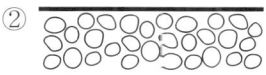
③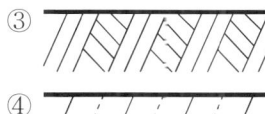
④

[해설]
② 자갈, ④ 인조석

14 정면, 평면, 측면을 하나의 투상도에서 동시에 볼 수 있도록 3개의 모서리가 각각 120°를 이루게 그리는 도법은?

① 경사투상도   ② 등각투상도
③ 유각투상도   ④ 평행트상도

[해설]
② 등각투상도 : 물체의 정면, 평면, 측면 등을 하나의 투상도에 나타내는 투상법이다. 직각 좌표계의 세 좌표축이 서로 120°를 이룬다.
투시도의 종류
•1점 투시(평행투시도) : 물체를 화면에 평행하게 배치하며, 인테리어 공간이나 건축설계에서 보편적으로 쓰인다. 물체에서 나오는 모든 선들이 하나의 소점으로 모인다.
•2점 투시(유각투시도) : 물체가 화면에 대하여 일정한 각도를 가지며, 기선에 수직인 경우로서 입체적인 효과와 풍부한 원근감을 표현할 수 있다. 일반적으로 많이 사용되는 기법으로 소점이 2개이다.
•3점 투시(경사투시도) : 시점의 높이가 대상물의 높이에 비해 상당히 높을 경우에 활용한다.

15 다음 제3각법의 경우 정면도와 우측면도가 주어졌을 때 평면도로 알맞은 것은?

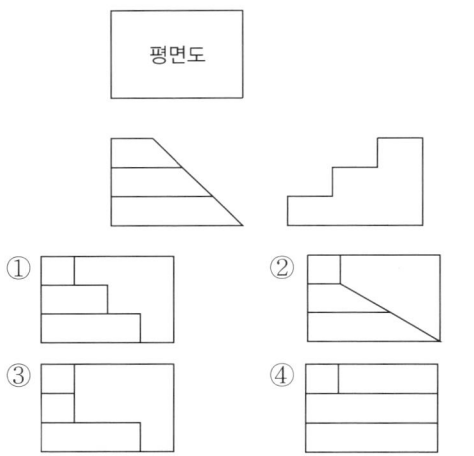

16 도면의 척도에서 현척(실척, full scale)에 대한 설명으로 옳은 것은?

① 실물과 동일한 크기로 그린다.
② 실물의 실제 크기보다 축소해서 그린다.
③ 실물의 실제 크기보다 조금 확대해서 그린다.
④ 비율은 1 : 10, 1 : 20, 1 : 50, 1 : 100, 1 : 200 으로 그린다.

해설
척도의 종류
• 현척 : 도형의 크기를 실물과 같은 크기로 그린 도면(1 : 1)
• 축척 : 도형의 크기보다 작게 축소하여 그린 도면(축소 척도)
• 배척 : 도형의 크기보다 크게 확대하여 그린 도면(확대 척도)
• NS(No Scale) : 비례척이 아닌 임의의 척도

해설
• 3각법 : 투영도법에서 물체를 제3각에서 투영하는 방법이며 평면도가 위쪽, 정면도가 아래쪽에 그려진다.

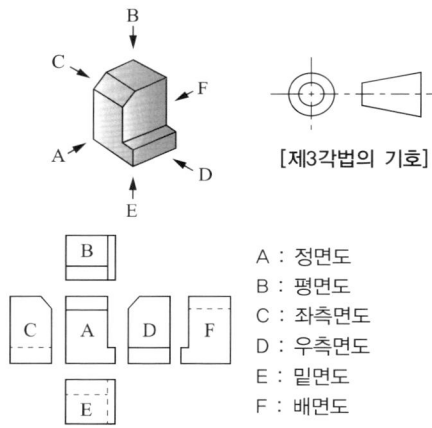

[제3각법의 기호]

A : 정면도
B : 평면도
C : 좌측면도
D : 우측면도
E : 밑면도
F : 배면도

• 평면도 : 물체를 수직 방향으로 내려다본 것을 가정하고 작도한 것이다.

17 실제 길이 3m는 축척 1/30 도면에서 얼마로 나타나는가?

① 1cm   ② 10cm
③ 3cm   ④ 30cm

해설
지도상의 길이 = 축척 × 실제거리
　　　　　　　 = 1/30 × 300cm
　　　　　　　 = 10cm

18 한국산업규격(KS)의 건축제도 통칙에서 도면의 표시기호 중 일반 기호 D가 의미하는 것은?

① 길이   ② 두께
③ 지름   ④ 용적

해설
도면의 표시기호 : L(길이), H(높이), W(폭), THK(두께), Wt(무게), A(면적), V(용적), D·ø(지름), R(반지름)

19 설계도의 종류에 관한 설명으로 틀린 것은?

① 입면도 : 수직적 공간구성을 보여주기 위한 도면
② 배치도 : 계획의 전반적인 사항을 알기 위한 도면으로 시설물의 위치, 도로체계, 부지경계선 등을 표현
③ 단면도 : 구조물 또는 대상지의 일부 구간을 수직으로 잘라 내부 구조 및 공간구성을 표현한 도면
④ 평면도 : 확대된 축척을 사용하여 시공이 가능하도록 재료, 공법, 치수 등을 자세히 기입한 도면

[해설]
평면도
물체를 수직 방향으로 내려다본 것을 가정하고 작도한 것으로, 모든 설계에 있어 가장 기본이 되는 도면이다. 동선의 패턴, 토지 이용의 구분, 주요 식재를 표시한다. 확대된 축척을 사용하여 시공이 가능하도록 재료, 공법, 치수 등을 자세히 기입한 도면은 상세도이다.

20 다음 평면도에 관한 설명 중 틀린 것은?

① 시공에는 직접 필요하지 않은 도면이다.
② 건물형태, 위치, 면적을 표시한다.
③ 현지측량 도면을 기초로 하여 작성된다.
④ 각종 수목의 배식계획을 표현한다.

[해설]
평면도에는 각종 조경시설물의 배치, 수목의 배식상황 등을 표현하며, 시공에도 직접 필요한 도면이 되므로 공사에 필요한 공간용도, 위치, 치수 등 전반적인 사항을 기입해야 한다.

CHAPTER 02 설계과정

21 기본설계 단계에서 진행되는 **작업**에 대한 설명으로 **틀린** 것은?

① 계획의 기본 목표, 프로그램을 수립한다.
② 공간구성에 대한 개념 및 의도를 확실하게 하여 구체적인 공간형태를 만든다.
③ 평면도, 단면도 등의 기본적인 도면과 함께 조감도나 모형을 만들기도 한다.
④ 여러 가지 가능성을 검토하여 공간구성을 확정하는 단계이다.

[해설]
① 기본계획 단계에서 진행되는 작업이다.
설계과정
• 기본구상 : 자료수집, 조사, 답사, 입지조건, 토지이용구상 작성, 교통망계획의 기본구상, 개발상의 문제점 해석 등
• 기본계획 또는 계획설계 : 주로 도시계획 및 지방계획의 입장에서 계획의 기술적이고 총괄적인 판단에 도움을 주기위한 것으로서 세워진다. 계획은 조건정리, 기본구상, 토지이용계획, 공공시설 기본계획, 사업비 약산 등을 그 내용으로 한다.
• 기본설계 : 주로 공사의 시공에 앞서서 시설의 배치계획, 사업계획 및 기본방침, 대략의 공정, 시공법, 공사비 등 기본적인 내용을 작성하는 것이며, 기초설계를 토대로 공사시행 시 발생할 수 있는 문제점을 검토하고 타공사와의 연관성, 예산확보 등을 검토하고 확인하기 위한 설계이다.
• 실시설계 : 기본설계를 바탕으로 구체적인 도면작성, 공사비 작성, 수량산출, 공정계획을 수립하는데, 실시설계 때 작성한 도면과 공사비 내역은 공사입찰의 기준이 되며, 이 도면대로 공사를 시행하게 된다.

22 기본계획안 작성 중 집행계획에 포함되지 않는 것은?

① 투자계획　　　　② 법규검토

③ 유지관리계획　　④ 이용 후 평가

[해설]

기본계획에는 프로젝트의 개략적인 골격, 토지이용계획, 동선계획, 시설물배치계획, 식재계획, 하부구조계획, 집행계획 등이 포함된다.

④ 이용 후 평가는 어떤 프로젝트가 시공되고 얼마 동안의 이용 기간을 거친 후 그 설계 혹은 계획에 대한 평가를 함으로써 설계의도가 그대로 반영되고 있는지, 이용자의 행태에 적합한 공간구성이 이루어졌는지 등을 알아보고자 하는 평가(인간행태로의 이해)이다.

23 학교 운동장 포장면의 정지작업을 위한 설계에 대한 설명 중 가장 적합한 것은?

① 운동장의 표면은 원활한 배수를 위하여 중심부 양측으로 10% 정도의 경사를 주는 것이 좋다.

② 운동장의 배수는 편구배가 바람직하며, 5% 내외가 좋다.

③ 운동장 표면은 원활한 배수를 위하여 기울기를 외곽방향으로 0.5~1%를 표준으로 한다.

④ 운동장의 배수는 편구배가 바람직하며 1% 내외가 좋다.

[해설]

보도용 포장면의 횡단경사는 배수처리가 가능한 방향으로 2%를 표준으로 하되, 포장재료에 따라 최대 5%까지 할 수 있다. 광장의 기울기는 3% 이내로 하는 것이 일반적이며, 운동장의 기울기는 외곽방향으로 0.5~1%를 표준으로 한다.

24 다음 중 학교조경 설계 시 식물재료의 선정조건으로 부적합한 것은?

① 잎이나 꽃이 아름다운 외국 수종

② 학생들의 교과서에 설명된 수종

③ 척박한 환경에 잘 견디는 수종

④ 그 학교를 상징할 수 있는 수종

[해설]

① 외국 수종이 아닌 향토식물을 선정한다.

학교조경설계 시 식물재료 선정

• 교과서에서 취급된 식물을 우선적으로 선정한다.

• 학생들의 기호를 고려하여 선정한다.

• 향토식물을 선정한다.

• 관상가치가 있는 식물을 선정한다.

• 학교를 상징하는 교목(校木)이나 교화(校花)를 선정한다.

• 유치목과 비료목을 선정한다.

• 주변 환경에 내성이 강한 식물과 성장속도가 빠른 수목을 선정한다.

25 다음 중 옥상정원 계획 시 틀린 것은?

① 지반의 구조 및 강도가 흙을 놓고 수목을 심거나 혹은 옥외 조각물을 놓을 정도가 되어야 한다.

② 수목의 생육상 관수를 해야 하므로 구조체의 방수성능이 우수해야 하며, 배수계통도 해결되어야 한다.

③ 수목의 식재는 옥상의 특수한 기후조건을 고려해서 이루어져야 한다.

④ 옥상정원을 조성할 경우 오픈스페이스가 확보되므로 벤치 등의 기본시설을 도입하고, 정자, 퍼걸러 등의 설치는 피해야 한다.

[해설]

④ 옥상정원은 옥상에 만들어지는 조경 외에 자연 지반과 분리된 인공지반 위에 설치하는 모든 조경을 말한다. 정자, 퍼걸러 등의 설치도 가능하다.

26 표준적 골프 코스로서 가장 적당하게 구성된 것은?

① 18개의 홀, 전장 6,300야드, 용지면적 60~80만m²

② 18개의 홀, 전장 7,500야드, 용지면적 40~60만m²

③ 18개의 홀, 전장 8,500야드, 용지면적 60~80만m²

④ 27개의 홀, 전장 7,500야드, 용지면적 40~60만m²

해설
표준적 골프 코스는 18홀이 한 단위이며 전장은 약 6,300~6,700야드이고, 용지면적은 용지면적 60~100m²를 필요로 한다.

28 다음 실시설계에 대한 설명으로 가장 적합한 것은?

① 설계 프로젝트의 개략적인 골격을 정한다.

② 계획 또는 설계의 전반적인 과정을 결정한다.

③ 분석 자료의 취합 및 정리를 하는 단계이다.

④ 시공을 위주로 하는 상세도면 및 공사비, 시방서 등을 작성한다.

해설
실시설계 : 공사시행을 위한 구체적이고 상세한 도면을 작성하는 단계로 모든 종류의 설계도, 시방서, 공정표, 수량산출서 등을 작성한다.

27 주택건설기준 등에 관한 규정에서는 공동주택 단지 조경시설에 대한 시설 기준을 제시하고 있다. 본 규정에서 조경하고자 하는 부분의 지하에 주차장 등 지하구조물이 설치된 경우 최소 식재 토층을 조성하도록 규정하고 있는데, 이는 몇 미터(m)인가?

① 0.5m   ② 0.7m

③ 0.9m   ④ 1.2m

해설
조경시설 등(주택건설기준 등에 관한 규정 제15조 제2항)
식재를 하고자 하는 부분의 지하에 주차장 등의 지하구조물을 설치하는 경우에는 식재에 지장이 없도록 두께 0.9m 이상의 토층을 조성하여야 한다.

29 실시설계 단계에서 행하여야 할 내용 중 틀린 것은?

① 세부 디자인을 결정하여야 한다.

② 시방서를 작성하여야 한다.

③ 시공비의 개략적인 산출을 하여야 한다.

④ 크기, 구조, 표면의 끝맺음 공법 등을 정확히 결정해야 한다.

해설
실시설계는 설계 단계에 있어서 시방서, 공사비 내역서, 시설물 설계도 등을 포함하고 있는 설계이므로 개략적인 산출하는 것과는 거리가 있다.

정답 26 ① 27 ③ 28 ④ 29 ③

30 조경계획 및 설계의 일반과정으로 옳은 것은?

① 목표수립 → 현황종합 → 현황분석 → 기본계획
  → 기본구상 → 기본설계 → 실시설계

② 목표수립 → 현황분석 → 현황종합 → 기본구상
  → 기본계획 → 기본설계 → 실시설계

③ 현황분석 → 현황종합 → 목표수립 → 기본설계
  → 기본계획 → 기본구상 → 실시설계

④ 현황분석 → 현황종합 → 목표수립 → 기본계획
  → 기본구상 → 기본설계 → 실시설계

해설

조경계획 및 설계과정

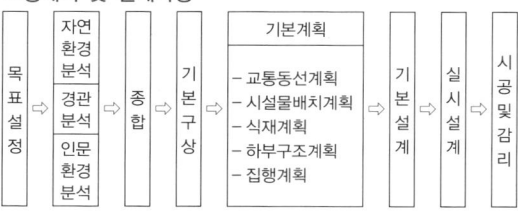

31 기본설계에서 수행되는 과정 중 적당하지 않은 것은?

① 평면도   ② 조감도
③ 시방서   ④ 스터디모형

해설

시방서는 실시설계에서 수행되어지는 과정이다. 실시설계는 기본설계도를 기초로 하여 실제시공이 가능하도록 평면상세도, 단면상세도 등을 작성하는 단계로 시방서 및 공사비 내역서 작성을 포함한다.

---

32 경관의 형식은 자연경관과 문화경관(인공경관)으로 구분된다. 다음 중 자연경관에 속하는 것은?

① 평야경관   ② 교외경관
③ 경작지경관   ④ 취락경관

해설

① 평야경관은 지형, 기후, 식생 등의 자연적 요인에 의해 형성된 경관이므로 자연경관에 속한다.

33 경관가치 평가 방법에서 생태학적 분석 방법에 해당하지 않는 것은?

① 맥하그(McHarg)의 분석 방법
② 레오폴드(Leopold)의 분석 방법
③ 린치(Lynch)의 이미지 분석 방법
④ 녹지자연도 사정 방법

해설

③ 케빈 린치(K. Lynch)는 도시경관 분석과 관련이 있다.
생태학적 분석 방법
• 맥하그의 분석 방법
• 레오폴드의 분석 방법
• 녹지자연도 사정방법

---

34 Litton의 삼림경관의 유형과 그 설명이 틀린 것은?

① 관개경관 : 터널적 경관이라고도 불리며 수관 아래나 임내의 경관
② 파노라믹 경관 : 시선을 가로막는 장애물이 없이 풍경을 조망할 수 있는 경관
③ 위요경관 : 기준면(바닥)을 지면 또는 수평이나 초원으로 하여 주위의 경관요소들이 울타리처럼 자연스럽게 싸고 있는 국소적 경관
④ 세부경관 : 평행선의 연속이나 경관요소들이 직선상으로 연결됨으로써 시선은 어느 점을 따라 유도되는 현상의 경관

해설
④ 세부경관은 관찰자가 가까이 접근하여 나무의 잎, 열매, 모양 등을 상세히 감상하는 경관을 뜻한다.

35 다음 중 케빈 린치의 도시 이미지에 관한 설명으로 틀린 것은?

① 관찰자에 따라 도시에 관한 이미지가 다를 수 있다.
② 대상물의 물리적 성질은 형상, 색채, 배치 등이 될 수 있다.
③ 도시의 이미지와 관련된 것은 대체로 개인의 이미지이다.
④ 이미지를 불러일으키기 위해서는 대상물의 물리적 성질이 마음속의 어느 요소와 관련되어야 한다.

해설
③ 개인의 이미지가 아닌 공공이미지(public image)의 개념을 도입하였다.

36 Leopold가 계곡경관의 평가에 사용한 경관가치의 상대적 척도의 계량화 방법은?

① 상대성비   ② 연속성비
③ 유사성비   ④ 특이성비

해설
레오폴드(Leopold)의 분석 방법
• 대상지역 : 12개 지역에 있어서의 하천에 대한 경관가치의 계량화
• 척도 : 물리적 인자, 생물학적 인자 및 수질 인간이용 및 흥미적 인자
• 평가방법 : 특이성비, 계곡특성 및 하천특성의 계산

37 시각적 선호(visual preference)를 결정하는 변수가 아닌 것은?

① 생태적 변수   ② 물리적 변수
③ 상징적 변수   ④ 개인적 변수

해설
시각적 선호의 변수
• 물리적 변수 : 지형, 지물, 식생, 물, 색채, 질감, 형태 등
• 추상적 변수 : 복잡성, 조화성, 새로움으로 환경 속에서 지각되는 추상적 특성
• 개인적 변수 : 개인의 연령, 성별, 학력, 성격, 심리적 상태 등
• 상징적 변수 : 환경에 함축되어 있는 상징적 의미

38 리커트 척도(likert scale)는 다음 중 어떤 척도 유형에 속하는가?

① 명목척(nominal scale)
② 순서척(ordinal scale)
③ 등간척(inerval scale)
④ 비례척(ratio scale)

해설
리커트 척도는 응답자가 태도나 의견을 평가할 때 일정한 등급을 선택하게 하는 척도로, 등간척에 속한다. 등간척은 응답자 간의 차이를 수치적으로 비교할 수 있는 척도로, 태도조사에서 흔히 사용된다.

39 Lynch의 도시 이미지 형성에 기여하는 물리적인 요소로만 구성된 것은?

① path, skyline, form
② edge, district, skyline
③ node, landmark, form
④ path, edge, landmark

해설
케빈 린치의 도시경관 5대 구성요소
• path(도로) : 도로는 방향성과 영속성을 가져야 한다.
• district(지구) : 테마가 명확히 있어야 하고, 각 지구 간에는 인구성이 있어야 한다.
• edge(변두리) : 지역을 분리시킨다.
• landmark(목표) : 관찰자가 유일하게 볼 수 있고 분명한 형태가 있어야 한다.
• node(결절점) : 관찰자가 그 안으로 들어갈 수 있고, 그곳을 향하던지, 그곳에서 출발할 수 있는 도시 내부에 있는 주요 지점이다.

40 경관 분석에서 정신물리학적 접근의 특성을 올바르게 설명하고 있는 것은?

① 경관의 물리적 요소를 의사소통 수단으로 보는 접근방법이다.
② 경관의 형태적 구성과 연상적 의미의 관련성에 관한 연구이다.
③ 경관의 상징성에 관한 연구이다.
④ 경관의 물리적 요소와 이에 대한 인간의 반응 사이의 직접적인 함수관계를 연구한다.

해설
정신물리학적 경관 분석모델은 경관의 물리적 속성을 독립변수로, 경관에 대한 인간의 반응을 종속변수로 하는 함수관계에 있다. 경관에 대한 시각적 선호도를 설명 또는 예측하기 위하여 모델이 사용된다.

41 다음 레오폴드의 경관 분석 방법에 대한 설명 중 틀린 것은?

① 정신물리학적 접근에 의한 분석 방법이다.
② 하천을 낀 계곡을 대상으로 경관가치를 계량화한 방법이다.
③ 특이성 계산과 계곡 및 하천 특성을 계산한 방법이다.
④ 여러 개 경관대상지와 상대적 비교를 위한 방법이다.

해설
① 레오폴드의 분석 방법은 생태학적 분석 방법이다.

42 도시의 스카이라인 형성에 직접적인 영향을 미치지 않는 지표는?

① 용적률
② 입면차폐도
③ 건축물 높이
④ 가구(街區)크기

해설
스카이라인은 하늘과 편평한 대지의 끝이 맞닿아 경계를 이루고 있는 선 또는 하늘과 맞닿은 것처럼 보이는 산이나 건물 따위의 윤곽선을 말한다.
④ 가구(街區)는 가로(街路)에 의하여 둘러싸인 구획으로 한개 혹은 그 이상의 획지(劃地)에 의하여 구성되는 것을 말한다.

43 경관의 복잡성(complexity)과 선호도(prefe-rence)의 일반적인 관계는?

① 정비례 관계를 이룬다.
② 반비례 관계를 이룬다.
③ 거꾸로 된 U자 형태(역 U자)의 관계를 이룬다.
④ 불규칙적인 관계를 이룬다.

[해설]
거꾸로 된 U자의 관계를 나타낸다. 즉, 중간 정도의 복잡성이 가장 높은 선호도를 나타내며, 복잡성이 아주 낮거나 높은 경우에는 낮아진다.

44 시각적 선호(visual preference)와 시각적 복잡성(visual complexity)과의 관계를 가장 잘 나타내는 그림은?

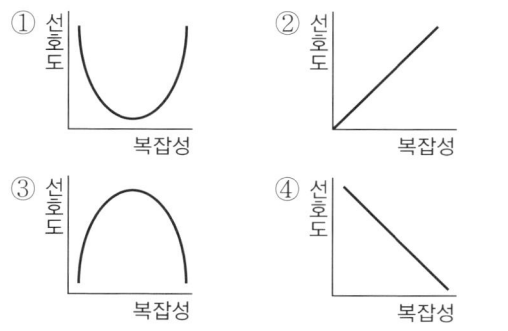

[해설]
시각적 복잡성과 선호도
• 거꾸로 된 U자 관계를 나타낸다. 즉, 중간 정도의 복잡성이 가장 높은 선호도를 나타내며, 복잡성이 아주 낮거나 높은 경우에는 낮아진다.
• 경관자극의 다양성과 선호도의 관계성도 비슷한 패턴을 보인다.

45 다음 중 경관단위(landscape unit)를 가장 적절하게 설명하고 있는 것은?

① 경관단위는 지형 및 지표상태에 따라서 구분된다.
② 경관단위는 토지 이용 구분과 동일하다.
③ 경관단위는 전망이 좋고 나쁨에 따라서 구분된다.
④ 경관단위는 경관의 구성요소 중 주로 랜드마크를 중심으로 구분된다.

[해설]
경관단위(landscape unit)
최소의 단위요소로서, 주로 토지 지표면에 나타나는 동질적인 구성요소(homogeneous unit)로 볼 수 있으며, 식생 또는 자연 지형요소의 동질적인 구분에 근거하게 된다.

46 조경계획의 접근방법 중 맥하그(McHarg)가 주장한 생태학적 접근방법의 설명으로 가장 적합한 것은?

① 생태적 복원 계획의 체계화
② 도면중첩법에 의한 최적 토지 용도의 결정
③ 상대적 척도(interval scale)에 의한 특이성비 산출
④ 도면결합법(overlay method)에 의한 자연형성 과정의 이해

[해설]
맥하그(McHarg) 의 분석 방법
• 경관은 그것을 구성하는 생태적 목록(지형, 지질 등)이 종합적으로 작용하여 경관의 형태가 결정된다.
• 생태적으로 건강하고 생태적 특성에 부합되는 인간환경을 조성하기 위해서는 토지가 지닌 생태적 특성을 고려한 토지용도를 설정해야 한다.
• 토지용도별 적지선정을 위해 도면결합법(overlay method)을 제시하였다.

47 정원 구성재료 중 점(点)적인 요소가 아닌 것은?

① 벤치
② 병목(竝木)
③ 분수
④ 해시계

[해설]
② 병목은 거리의 미관과 국민 보건 등을 위하여 길을 따라 줄지어 심은 나무를 말한다. 즉, 선적인 요소이다.
경관요소
• 점적인 경관요소 : 정자나무, 정자, 외딴 집, 벤치, 분수 등
• 선적인 경관요소 : 하천, 도로 가로수(서로 이질적인 요소가 만나서 생기는 경계 → 해안선, 수평선, 지평선)
• 면적인 경관요소 : 호수, 경작지, 초지, 전답, 운동장

48 질감(texture)에 관한 설명으로 옳지 않은 것은?

① 모든 물체는 일정한 질감을 갖는다.
② 질감의 선택에서 중요한 것은 스케일, 빛의 반사와 흡수 등이다.
③ 매끄러운 재료는 빛을 흡수하므로 무겁고 안정적인 느낌을 준다.
④ 촉각 또는 시각으로 지각할 수 있는 어떤 물체의 표면상 특징을 말한다.

[해설]
③ 표면이 거친 재료일수록 빛을 흡수하며 매끄러운 재료는 빛을 반사한다.

49 선 중 여성적인 아름다움을 주는 선은 무엇인가?

① 직선
② 곡선
③ 수직선
④ 수평선

[해설]
② 온화함, 느린 움직임, 부드러운 느낌, 우아함, 여성스러움 등의 느낌을 준다.
① 굳건하고 남성적인 느낌을 준다.
③ 상승력을 나타내며, 엄숙, 단정, 신앙, 희망, 의지적인 느낌 등을 나타낸다.
④ 평온하고 정적인 느낌을 준다.

50 형광등 아래에서 같은 두 색이 백열등 아래서는 색이 다르게 보이는 것처럼, 광원의 빛의 분광 특성이 물체의 색의 보임에 미치는 효과를 무엇이라 하는가?

① 휘도
② 연색성
③ 유목성
④ 명시성

[해설]
연색성
• 물체색을 달리 결정하는 조명 광원의 성질 : 같은 색도의 물체라도 어떤 광원으로 조명해서 보느냐에 따라 그 색감이 달라진다.
• 자연광(태양광, 주광)에 얼마나 자연스럽거나 비슷하게 색이 구현되는가를 나타내는 성질이다.

51 색채대비와 동화현상에 대한 설명으로 틀린 것은?

① 채도대비는 유채색과 무채색 사이에서 더욱 뚜렷하게 느낄 수 있다.

② 같은 색이라도 면적이 커지면 본래의 색보다 더 밝게 보이는 현상을 명도대비라 한다.

③ 대비효과는 순간적으로 일어나며 계속하여 한 곳을 보게되면 대비효과는 적어진다.

④ 색들에게 서로 영향을 주어서 인접색에 가까운 색으로 느껴지는 것을 동화현상이라고 한다.

[해설]
• 같은 색이라도 면적이 커지면 본래의 색보다 더 밝게 보이는 현상은 면적대비이다.
• 명도대비는 주위 색 때문에 명도가 달라져 보이는 현상이다.

52 어두운 곳에서 빛의 파장이 긴 적색이나 황색은 희미하게, 파장이 짧은 청색이나 녹색은 밝게 보이는 현상은?

① 잔상
② 색순응
③ 밝기의 항상성
④ 푸르키네 현상

[해설]
푸르키네(Purkinje) 현상
• 어두운 곳에서 푸른 것이 밝게 느껴지는 현상이다.
• 명순응 상태에서는 파장 약 560nm에서 가장 밝게 느껴지나, 암순응 상태에서는 약 510nm에서 가장 밝게 느껴진다.

53 디자인의 가장 보편적인 원리로서 하나의 조화 있는 패턴 또는 다양한 요소들 사이에 확립된 질서 혹은 규칙을 무엇이라고 하는가?

① 다양성(variety)
② 통일성(unity)
③ 강조(emphasis)
④ 비례(proportion)

[해설]
통일성은 전체를 구성하는 요소들이 동일성(유사성)을 지니고 유기적으로 조직되며 전체가 시각적으로 통일된 하나로 보이는 것이다.

54 교통표지판은 주로 색의 어떤 성질을 이용한 것인가?

① 시인성
② 관습성
③ 대비성
④ 잔상성

[해설]
시인성은 대상물의 모양이나 색이 원거리어 서도 식별이 쉬운 성질을 말한다. 명도 차이가 클수록 높다.

55 색의 진출과 후퇴에 대한 설명 중 틀린 것은?

① 따뜻한 색은 진출색이 된다.
② 후퇴색은 팽창색이 된다.
③ 명도가 높은 색은 진출색이 된다.
④ 채도가 낮은 색은 후퇴색이 된다.

[해설]
후퇴색은 명도가 낮은 어두운 색이다. 차가운 느낌의 색, 채도가 낮은 색은 뒤로 후퇴·수축되어 보인다. 따라서 팽창색이 아닌 수축색이 된다.
[예] 파란색 옷을 입으면 실제보다 말라 보인다.

56 다음 중 여러 가지 파장의 빛이 유사한 강도를 갖고 고르게 섞여 있을 때 나타나는 색은?

① 보색   ② 백색

③ 유채색   ④ 병치혼색

[해설]
빛이 모두 섞이면 백색광이 된다.

57 가까이서 보면 여러 가지 색들이 좁은 영역을 나누고 있으나. 멀리서 보면 이들이 섞여져서 하나의 색채로 보이는 혼합은?

① 가산혼합   ② 감산혼합

③ 병치혼합   ④ 보색혼합

[해설]
병치혼합 : 점묘화나 직물, 모자이크처럼 색을 배치시키고 멀리서 보면 혼색된 것처럼 하나의 색채로 보이는 혼합이다.

58 색의 3속성 중 색의 순수한 정도, 색채의 포화상태 색채의 강약을 나타내는 성질은?

① 색상   ② 명도

③ 채도   ④ 명암

[해설]
• 색상 : 3원색의 차이를 말하며, 유채색에서만 볼 수 있고 무채색에서는 볼 수 없다.
• 명도 : 색의 밝은 정도를 말하며, 명도가 높은가 낮은가에 따라서 명암의 효과가 나타난다.
• 채도 : 색깔의 선명한 정도를 말하는 것으로, 각 색상의 순색은 가장 높은 채도를 지니고 있어 무채색에는 채도도 없다.

59 다음 중 무채색에 대한 설명으로 옳은 것은?

① 채도는 없고 색상, 명도만 있다.
② 색상은 없고 명도, 채도만 있다.
③ 색상, 명도가 없고 채도만 있다.
④ 색상, 채도가 없고 명도만 있다.

[해설]
무채색에는 색상, 채도가 없고 명도만 있다.

60 다음 중 먼셀 색체계의 기본 10색상이 아닌 것은?

① 흰색(W)   ② 보라(P)

③ 초록(G)   ④ 주황(YR)

[해설]
먼셀의 색상환은 빨강, 노랑, 초록, 파랑, 보라의 5가지 기본색과 주황, 연두, 청록, 남색, 자주의 5가지 중간색을 더해서 10가지 색상으로 구성되어 있다.

61 먼셀의 색입체에 관한 설명으로 옳은 것은?

① 색입체에서의 명도는 위로 갈수록 높고 아래로 갈수록 낮다.
② 색의 4가지 속성을 3차원 공간에 계통적으로 배열한 것이다.
③ 색의 3요소에서 색상은 방사선으로, 명도는 수직으로, 채도는 원으로 배열하는 것이다.
④ 무채색 축을 중심으로 수직 절단하면, 좌우면에 유사색상을 가진 두 가지의 동일 색상면이 보인다.

해설

먼셀의 표색계
• 물체 표면에서 인지되는 색지각을 기초로 색상, 명도, 채도의 색의 3속성에 따라 3차원 공간의 한 점에 대응시켜 세 개의 좌표 방향에 있어서 지각적인 등간격이 되도록 좌표 측도를 정하여 만든 표색계이다.
• 색상 : 적(R), 황(Y), 녹(G), 청(B), 자(P)의 5색으로 나눈 후, 그 사이에 주황(YR), 연두(GY), 청록(BG), 남색(PB), 자주(RP)로 하여 총 10색상을 기본으로 한다.
• 명도 : 흑색을 0으로 하고 백색을 10으로 하여 나눈 것으로 11단계를 무채색의 기본적인 단계로 구성한다.
• 채도 : 무채색을 0으로 기준하여 색의 순도가 높아짐에 따라 1~14단계로 표시하는데, 순도가 높은 색의 채도값이 가장 높다.

62 오스트발트 색상환에 대한 설명으로 틀린 것은?

① 헤링의 반대색설의 4색을 기본으로 만들었다.
② 노랑과 남색, 빨강과 청록의 그 중간 색상을 배열하여 8색으로 만들었다.
③ 우측 회전 순으로 번호를 붙여 24색을 만들었다.
④ 최종적으로 100색상을 사용한다.

해설

④ 오스트발트 색상환은 24색상을 사용한다.

63 한국의 전통색채 및 색채의식에 대한 설명 중 틀린 것은?

① 음양오행사상을 기본으로 한다.
② 오정색과 오간색의 구조로 되어 있다.
③ 색채의 기능적 실용성 보다는 상징성에 더 큰 의미를 두었다.
④ 계급서열과 관계없이 서민들에게도 모든 색채 사용이 허용되었다.

해설

④ 신분에 따라 색깔을 다르게 두어 계급서열을 구분했다.

64 다음 디자인의 원리에 관한 설명 중 ( )안에 각각 적합한 요소는?

> 지나치게 (㉠)을(를) 강조하면 지루하고 단조로워 아름다운 자극을 흐리게 하고, (㉡)만을 추구하면 질서가 없어지므로 감정에 혼란과 불쾌감을 유발시킬 수 있다.

① ㉠ 통일, ㉡ 변화
② ㉠ 대비, ㉡ 조화
③ ㉠ 균형, ㉡ 대칭
④ ㉠ 집중, ㉡ 리듬

해설

㉠ 통일성이 지나치게 강조되면 다양성이 결여되어 단조롭고 지루한 느낌을 준다.
㉡ 변화도 역시 지나치게 추구하면 질서가 무너질 수 있다.

65 디자인의 원리 중에서 다음을 의미하는 것은?

> 디자인에 있어 형태와 공간을 구성하는 가장 기본
> 적인 수단이며, 공간 속의 두 점이 연결되어 이루어
> 진 하나의 선이며, 형태와 공간은 그것을 중심으로
> 규칙적으로 또는 불규칙하게 배열될 수 있다.

① 축(axis)　　　② 질서(order)
③ 기준(datum)　　④ 위계(hierarchy)

[해설]
축은 두 개 이상의 지점을 잇는 선 모양의 계획요소를 말한다.

66 다음의 균형에 대한 설명 중 잘못된 것은?

① 대칭적 균형은 형식적 균형이며, 균형이 정적인
　느낌을 자아낸다.
② 비대칭적 균형은 비형식적 균형이며, 그 변화와
　대비는 시각적 흥미를 더해 준다.
③ 작고 복잡한 형은 더 크고 안정된 형에 의해 균형
　이 이루어진다.
④ 크고 질감을 갖고 있는 형은 작고 질감이 있는
　것과 균형을 이룬다.

[해설]
• 비대칭적 균형 : 시각적 비중이나 사람의 시선을 끄는 느낌이
　서로 다른 요소들로 이루어진 균형이다.
• 색채에 의한 균형 : 색상과 채도, 배색과 대비의 느낌을 이용한
　균형
• 명도에 의한 균형 : 색의 밝기 속성이 가진 대비의 느낌을 이용
　한 균형
• 형에 의한 균형
　- 개별이나 집합의 속성이 똑같을 때, 형태의 변화에 의하여
　　나타내는 균형
　- 형이 다를 경우 더 복잡한 윤곽선의 형이 시선을 끌게 된다
　　(강조된다).

67 시각 디자인에 관련되는 착시(錯視)에 대한 다음의 설명 중 가장 거리가 먼 것은?

① 우리 눈은 예각은 크게, 둔각은 작게 보는 경향이
　있다.
② 동일한 도형을 상하로 두면 위쪽이 아래쪽보다
　커 보인다.
③ 피로하거나 시신경에 이상이 있을 때 눈의 착시
　현상이 생긴다.
④ 눈의 착각 현상을 역이용하여 착각교정을 함으
　로써 시각적으로 훌륭한 구조물을 만들 수 있다.

[해설]
③ 착시는 피로할 때 생기는 것이 아니라 시각이 실제사물과
　다르게 보이는 것을 말한다.
착시
• 시각에 있어서 감각적 시각적으로 사실과 다르게 느껴지는
　현상이다.
• 보편적인 착각현상을 의식치 못하면 시각신경에 결함이 있다
　고 할 수 있다.
• 예상되는 착각현상에 고의적인 역현상을 주어 착각교정을 할
　수 있다.
• 직선은 수직 방향으로 놓일 경우 수평으로 놓일 때보다 길게
　느껴진다.
• 길이의 착시 : 실제로는 같은 길이이지만 조건에 따라 다르게
　보이는 것이다. 같은 길이라도 세로가 더 길어 보이는 수평
　수직의 착시, 대비의 착시, 분할의 착시 등이 있다.
• 크기의 착시 : 주위 조건에 따라 도형의 크기나 면적이 다르게
　보이는 것이다. 같은 크기라도 위쪽이 더 크게 보이는 위방향
　과대착시 등이 있다.
• 방향의 착시 : 같은 각도나 조건에 따라 한쪽 방향으로 치우
　쳐 보이는 현상이다.
• 불가능한 형태의 착시 : 그림으로는 현실처럼 보이지만 실제
　로는 존재할 수 없는 입체나 공간을 말한다.

68 단위형(單位形)에 어떤 규칙적 운동의 변화를 주어서 부분과 전체의 관계를 좀 더 풍부하게 하는 수적 변화(數的變化)를 무엇이라 하는가?

① 리듬(律動, rhythm)
② 변화(變化, variety)
③ 비례(比例, proportion)
④ 대조(對照, contrast)

[해설]
① 리듬 : 통일성을 전제로 한 동적 변화이다.
② 변화 : 통일과 떼어놓을 수 없는 관계에 있다.
④ 대조 : 단위형, 형태나 색채 같은 요소에 대비를 줌으로써 변화를 일으키게 하는 원리이다.

69 자연경관에서 일정한 간격을 두고 변화되는 형태, 색채, 선, 소리 등은 다음 중 어떠한 형식미의 원리인가?

① 비례미(proportion)
② 통일미(unity)
③ 운율미(rhythm)
④ 변화미(variety)

[해설]
운율미(율동)
• 각 요소들이 강약, 장단의 주기성이나 규칙성을 가지면서 전체적으로 연속적인 운동감을 가지는 것을 의미한다.
• 동일한 요소나 유사한 요소가 규칙적, 주기적으로 반복하면서 연속적인 운동감을 가지는 것도 의미한다.
• 시각적 율동(수목의 규칙적인 배열 등)과 청각적 율동(시냇물, 폭포 등)이 있으며, 단조로운 경관에 크기나 색채의 변화를 통하여 율동감을 부여하면 다양한 경관이 형성된다.

70 다음 중 환경미학에 대한 설명으로 옳은 것은?

① 슈퍼그래픽을 통해 도시를 미화시키는 작업이다.
② 환경심리학과 같은 용어로 환경지각 및 인식을 연구하는 분야이다.
③ 과학문명의 발달 결과로 빚어진 환경 파괴 방지를 연구하는 학문이다.
④ 자연에 내저하는 미적 질서를 파악하여 인간 환경 창조에 구현시키고자 하는 학문이다.

[해설]
환경미학은 예술적 경험 또는 반응을 이해하고, 설명하고자 하는 전통적인 미학에 바탕을 둔 보다 응용적인 방식을 추구하는 미학의 한 분야 다. 예술작품 및 이에 대한 경험 및 반응을 연구하는 것이 미학이고, 인간 환경 전반에 관한 종합적인 미적 경험 및 반응을 연구하는 것이 환경미학이다.

CHAPTER 05 조경시설의 설계

71 다음 중 조경설계기준상의 축구장 배치 방법으로 가장 적합한 것은?

① 장축을 남북 방향으로 길게 배치한다.
② 장축을 동서 방향으로 길게 배치한다.
③ 장축을 북서–남동 방향으로 길게 배치한다.
④ 장축을 북동–남서 방향으로 길게 배치한다.

[해설]
축구장의 배치 및 규격
• 장축을 남–북으로 배치한다.
• 경기장 크기는 길이 90~120m, 폭 45~90m이어야 하며, 국제경기에 필요한 경기장은 길이 100~110m, 폭 64~75m이다. 단, 길이는 폭보다 길어야 한다.

72 조경설계기준상 [보기]의 설명에 해당하는 체육·위락 시설은?

┌─보기┐
- 북동향 사면의 취락에 접한 산록부나 굴곡 있는 완사면으로 중복부에서 약간 급하고 산정부에서 중복부에 걸쳐 급경사가 되며, 산록 아래가 넓은 코니데형이 바람직하다.
- 관련 시설을 포함한 면적이 최소 10ha 이상이어야 바람직하다.
└─────────────────────────────────┘

① 골프장 ② 경마·승마장
③ 스키장 ④ 빙상장

73 다음 중 그네에 관한 조경설계기준으로 옳지 않은 것은?

① 그네는 햇빛을 마주하지 않도록 북향 또는 동향으로 배치한다.
② 놀이터 외곽이나 모서리를 피하여 중앙이나 출입구 주변에 배치한다.
③ 2인용을 기준으로 높이 2.3~2.5m, 길이 3.0~3.5m, 폭 4.5~5.0m를 표준규격으로 한다.
④ 그네의 안장과 모래밭과의 높이는 35~45cm가 되도록 하며, 이용자의 나이를 고려하여 결정한다.

[해설]
② 놀이터 중앙이나 출입구 주변을 피하여 모서리나 외곽에 배치한다.
그네(조경설계기준)
- 그네는 놀이터의 규모나 성격에 어울리는 유형으로 배치한다.
- 그네는 햇빛을 마주하지 않도록 북향 또는 동향으로 배치한다.
- 그네의 요동운동을 고려하여 주변 시설과 적정거리를 이격시킨다.
- 놀이터 중앙이나 출입구 주변을 피하여 모서리나 외곽에 배치한다.
- 집단적인 놀이가 활발한 자리 또는 통행량이 많은 곳에는 배치하지 않는다.

74 조경설계기준상 놀이공간의 구성 및 시설의 배치로 옳지 않은 것은?

① 놀이터와 도로, 주차장 기타 인접 시설물과의 사이에는 폭 2m 이상의 녹지공간을 배치한다.
② 그네, 회전무대 등 충돌 위험이 많은 시설물은 놀이동선과 통과동선이 상충되지 않도록 고려한다.
③ 미끄럼대 등 높이 3.5m가 넘는 시설물은 인접한 주택과 정면 배치를 피하고, 활주판·그네 등 시설물의 주이용방향과 놀이터의 출입로가 주택의 정면과 서로 마주치지 않도록 배치한다.
④ 공동주택 단지의 어린이놀이터는 건축물의 외벽 각 부분으로부터 5m 이상 떨어진 곳에 배치하는 등 주택 건설기준 등에 관한 규정에 적합해야 한다.

[해설]
③ 미끄럼대 등 높이 2m가 넘는 시설물은 인접한 주택과 정면 배치를 피한다.
놀이시설(조경설계기준)
- 놀이시설은 지역여건과 주변 환경을 고려하여 놀이터에 따라 단위놀이시설·복합놀이시설 등을 조화되게 구분하여 설치하며, 인접 놀이터와의 기능을 달리하여 장소별 다양성을 부여한다.
- 놀이시설은 어린이의 안전성을 먼저 고려하여야 하며, 높이가 급격하게 변화하지 않게 설계한다.
- 놀이공간 안에서 어린이의 놀이와 보행동선이 충돌하지 않도록 주보행동선에는 시설물을 배치하지 않는다.
- 정적인 놀이시설과 동적인 놀이시설은 분리시켜 배치하고, 모험놀이시설이나 복합놀이시설은 놀이기능이 연계되거나 순환될 수 있도록 배치한다.
- 미끄럼대 등 높이 2m가 넘는 시설물은 인접한 주택과 정면 배치를 피하고, 활주판·그네 등 시설물의 주이용 방향과 놀이터의 출입로가 주택의 정면과 서로 마주치지 않도록 배치한다.
- 그네·미끄럼대 등 동적인 놀이시설은 시설물의 주위로 3.0m 이상, 흔들말·시소 등의 정적인 놀이시설은 시설물 주위로 2.0m 이상의 이용공간을 확보하여야 하며, 시설물의 이용공간은 서로 겹치지 않도록 한다.

75 조경설계기준 중 야외공연장에 관한 설명으로 틀린 것은?

① 객석에서 무대로의 부각은 30° 이상으로 한다.
② 평면적으로 무대가 보이는 각도(객석의 좌우영역)는 101~108° 이내로 설정한다.
③ 객석 좌판 좌우간격은 평의자의 경우 45~50cm 이상으로 한다.
④ 주변 환경에 주거단지 등이 있으면 그곳의 반대 방향으로 배치하여, 음향에 직접적으로 영향을 받지 않도록 한다.

[해설]
① 객석에서의 부각은 15° 이하가 바람직하며 최대 30°까지 허용된다.

76 조경설계기준에서 정한 의자(벤치)에 관한 기준으로 틀린 것은?

① 앉은판의 높이는 약 34~46cm 기준으로 하되 어린이를 위한 의자는 낮게 할 수 있다.
② 등받이 각도는 수평면을 기준으로 약 95~110°를 기준으로 하고, 휴식시간이 길수록 등받이 각도를 크게 한다.
③ 등받이의 넓이는 사람의 등 뒤로부터 무릎까지의 길이보다 길어야 한다.
④ 의자의 길이는 1인당 최소 45cm를 기준으로 하되, 팔걸이 부분의 폭은 제외한다.

[해설]
③ 좌판의 너비는 등 뒤로부터 무릎까지의 길이보다 짧아야 한다.

77 다음 중 공원등을 설계할 때 설계기준으로 틀린 것은?

① 광원은 원칙적으로 수명이 긴 수은등을 적용한다.
② 운동장 놀이터의 정방형 시설면적에 따라 $350m^2$ 미만은 1등용 1기를 배치한다.
③ 공원의 진입부·보행공간·놀이공간·광장 등 휴게공간·운동 공간에 배치한다.
④ 주두형 등주인 경우 그 높이는 2.7~4.5m를 표준으로 하되, 상징적인 경관의 창출 등 특수한 목적을 위한 경우에는 그 목적 달성에 적합한 높이로 한다.

[해설]
① 광원은 원칙적으로 메탈할라이드등 또는 LED등을 적용한다.

78 조경설계에서 수경요소(waterscape)의 기능으로 효과가 가장 약한 것은?

① 공기 냉각기능
② 동선의 연결기능
③ 소음 완충기능
④ 레크리에이션의 수단기능

[해설]
수경시설은 물을 이용하여 설계대상 공간의 경관을 연출하기 위한 시설로서 물의 흐르는 형태에 따라 폭포·벽천·낙수천(흘러내림), 실개울(흐름), 못(고임), 분수(솟구침) 등으로 나눈다. 수경시설의 연출은 물을 내뿜는 분수, 물이 흐르는 유수, 물이 떨어지는 낙수, 물을 머금는 유수, 겨울철 동결수경 등으로 나누어진다.

79 조경설계기준상의 실개울에 관련한 설명으로 옳은 것은?

① 평균 물 깊이는 30~50cm 정도로 한다.
② 지형의 기울어짐은 적으나 높이차가 있는 곳에 배치하며, 못이나 분수 등과의 분리배치를 고려한다.
③ 설계대상 공간의 어귀나 중심광장·주요 조형요소·결절점의 시각적 초점 등으로 경관효과가 큰 곳을 제외하여 배치한다.
④ 물의 순환으로 설계할 경우 이동 수량을 고려하여 충분한 용량의 하부 못이나 저류조를 반영한다.

[해설]
실개울(조경설계기준)
• 급한 기울기의 수로는 물거품이 나도록 바닥을 거칠게 처리하며, 평균 물 깊이는 3~4cm 정도로 한다.
• 물의 순환으로 설계할 경우 이동 수량을 고려하여 충분한 용량의 하부 못이나 저류조를 반영한다.
• 설계대상 공간의 어귀나 중심광장·주요 조형요소·결절점의 시각적 초점 등으로 경관효과가 큰 곳에 배치한다.
• 바닥면의 훼손 방지와 일정한 수심유지를 위해 낙차공이나 물흐름 방해석을 고려하며 실개울이 길 경우에는 지면의 부등침하에 대비한다.

80 다음 수경시설 설계 시 수조의 크기는 분사되는 분수 높이의 최소 몇 배 정도 크기이어야 하는가?

① 1배   ② 2배
③ 3배   ④ 4배

[해설]
분수의 경우 수조의 너비는 분수 높이의 2배, 바람의 영향을 크게 받는 지역은 분수 높이의 4배를 기준으로 한다.

81 조경설계기준상의 생태못 설계와 관련된 설명으로 옳지 않은 것은?

① 일반적으로 종 다양성을 높이기 위해 관목숲, 다공질 공간 등 다른 소생물권과 연계되도록 한다.
② 야생동물 서식처 목적의 생태연못의 최소 폭은 5m 이상 확보하고 주변 식재를 위해 공간을 확보한다.
③ 수질정화 목적의 못은 수질정화 시설의 유출부에 설치하여 2차 처리된 방류수(방류수 10ppm)를 수원으로 한다.
④ 수질정화 목적의 못 안에 붕어 등의 물고기를 도입하고, 부레옥잠, 달개비, 미나리 등 수질정화 기능이 있는 식물을 배식한다.

[해설]
③ 수질정화 시설의 유출부에 설치하여 2차 처리된 방류수(방류수 10ppm)를 수원으로 하는 것은 오수정화 연못이다.

82 조경설계기준상의 조경포장 관련 설명으로 틀린 것은?

① 놀이터 포설용 모래는 입경 1~3mm 정도의 입도를 가진 것으로 하고 먼지·점토·불순물 또는 이물질이 없어야 한다.
② 차도용 포장면의 횡단경사는 아스팔트 콘크리트 포장 및 시멘트 콘크리트 포장의 경우 2~4%를 기준으로 한다.
③ 자전거도로 포장면의 종단경사는 2.5~3.0%를 기준으로 하되, 최대 5%까지 가능하다.
④ 보도용 포장면의 종단기울기는 1/12 이하가 되도록 하되, 휠체어 이용자를 고려하는 경우에는 1/18 이하로 한다.

[해설]
차도용 포장면의 횡단경사는 아스팔트 콘크리트 포장 및 시멘트 콘크리트 포장의 경우 1.5~2.0%, 간이포장도로는 2~4%, 비포장도로는 3~6%를 기준으로 한다.

83 다음 중 주차장의 주차단위구획에 관한 기준 중 평행주차형식 이외의 장애인전용의 규격은?

① 너비 1.0m 이상, 길이 2.3m 이상
② 너비 3.3m 이상, 길이 5.0m 이상
③ 너비 2.0m 이상, 길이 5.0m 이상
④ 너비 2.3m 이상, 길이 5.0m 이상

84 다음의 노외주차장의 설치에 대한 계획기준 내용 중 (   ) 안에 알맞은 것은?

> 특별시장·광역시장, 시장·군수 또는 구청장이 설치하는 노외주차장에는 주차대수 (   )대마다 한 면의 장애인전용 주차구획을 설치하여야 한다.

① 20
② 30
③ 40
④ 50

해설
특별시장·광역시장, 시장·군수 또는 구청장이 설치하는 노외주차장에는 주차대수 50대마다 한 면의 장애인전용 주차구획을 설치하여야 한다.

85 다음의 노외주차장의 구조·설비에 관한 기준 내용 중 (   ) 안에 알맞은 것은?

> 자동차용 승강기로 운반된 자동차가 주차구획까지 자주식으로 들어가는 노외주차장의 경우에는 주차대수 (   )마다 1대의 자동차용 승강기를 설치하여야 한다.

① 20대
② 30대
③ 50대
④ 100대

해설
자동차용 승강기로 운반된 자동차가 주차구획까지 자주식으로 들어가는 노외주차장의 경우에는 주차대수 30대마다 1대의 자동차용 승강기를 설치하여야 한다.

86 주차장법 시행규칙에서 정한 노상주차장의 구조 및 설비기준이 아닌 것은?(단, 계외 조항에 대한 것은 제외한다)

① 너비 8m 디만의 도로에 설치하여서는 아니 된다.
② 종단경사드가 4%를 초과하는 도로에 설치하여서는 아니 된다.
③ 주차대수 규모가 20대 이상 50대 미만인 경우에는 장애인전용 주차구획을 1면 이상 설치하여야 한다.
④ 고속도로, 자동차전용도로 또는 고가도로에 설치하여서는 아니 된다.

해설
① 너비 6m 미만의 도로에 설치하여서는 안 된다(주차장법 시행규칙 제4조 제1항 제3호).

87 안내표지시설 설치 시 고려해야 할 기본적인 전제 조건으로 옳지 않은 것은?

① 설계대상 공간의 주변 환경과 조화를 갖도록 한다.
② 식별성보다는 우선적으로 아름다움을 고려한다.
③ 부지 내의 다른 표지판, 게시판들과 통일되어야 한다.
④ 다양한 유형의 안내시설물이 한 장소에 설치될 필요가 있을 경우에는 하나의 종합표지판과 이를 보조할 표지판으로 구분하여 배치한다.

해설
② 안내를 목적으로 하므로 잘 보여야 한다. 즉, 아름다움보다는 식별성을 고려해야 한다.

정답 83 ② 84 ④ 85 ② 86 ① 87 ②

88 다음 중 계단의 설치기준이 틀린 것은?(단, 건축물의 피난·방화구조 등의 기준에 관한 규칙을 적용한다)

① 높이가 3m를 넘는 계단에는 높이 3m 이내마다 너비 1.2m 이상의 계단참을 설치하여야 한다.

② 높이가 1m를 넘는 계단 및 계단참의 양옆에는 난간(벽 또는 이에 대치되는 것을 포함)을 설치하여야 한다.

③ 계단의 유효 높이(계단의 바닥 마감면부터 상부 구조체의 하부 마감면까지의 연직방향의 높이)는 1.5m 이상으로 한다.

④ 계단의 손잡이는 최대지름이 3.2cm 이상 3.8cm 이하인 원형 또는 타원형의 단면으로 하여야 한다.

해설
③ 계단의 유효 높이(계단의 바닥 마감면부터 상부 구조체의 하부 마감면까지의 연직방향의 높이)는 2.1m 이상으로 한다.

90 경사진 지역에 면적(面積)인 배수를 위해 설치하는 것으로 경사진 주차장 입구, 계단의 상·하단, 광장의 입구, 진입로의 입구 등에서 흔히 볼 수 있는 것은?

① 빗물받이

② 트렌치(trench)

③ 측구(side gutter)

④ 지역 배수구(area drain)

해설
트렌치(trench)
경사진 주차장입구, 계단의 상, 하단 진입로의 입구 등에 주로 설치하여 경사진 지역을 면적(面的)으로 배수하기 위한 시설이다.

89 경사로 및 계단의 설계 내용으로 틀린 것은?

① 휠체어사용자가 통행할 수 있는 경사로의 유효 폭은 120cm 이상으로 한다.

② 연속 경사로의 길이 20m마다 1.2×1.2m 이상의 수평면으로 된 참을 설치할 수 있다.

③ 옥외에 설치하는 계단의 단수는 최소 2단 이상으로 하며 계단바닥은 미끄러움을 방지할 수 있는 구조로 설계한다.

④ 높이 2m를 넘는 계단에는 2m 이내마다 당해 계단의 유효폭 이상의 폭으로 너비 120cm 이상인 참을 둔다.

해설
② 연속 경사로의 길이 30m마다 1.5×1.5m 이상의 수평면으로 된 참을 설치할 수 있다.

PART 04

조경식재

식재 일반

01 배식 원리

1 정형식 식재

(1) 개념

재료 자체가 지니는 특성보다 일정한 규격에 맞는 재료 배치에 중점을 두어, 식물의 자연성보다 조형적 특성이 먼저 고려된다.

(2) 정형식 식재의 종류 ☑ 중요

① **단식** : 중요한 위치(현관 중앙 등)에 정형수를 단독으로 식재하는 수법으로, 단독식재 또는 점식이라고도 한다.

② **대식** : 시선축의 좌우에 동종·동형의 수목을 식재하는 수법으로 정연한 질서를 표현할 수 있는 방법이다.

③ **열식** : 동종·동형의 수목을 일렬로 일정한 간격으로 식재하는 수법이다. 이형·이수종을 번갈아 반복식재할 경우 강한 리듬감이 형성된다.

④ **집단식재** : 주로 화훼류를 집단적으로 심는 수법으로, 군상식재(무더기식재)라고 한다. 하나의 덩어리로서의 질량감이 필요한 경우에 이용된다.

⑤ **교호식재** : 열식의 변형으로서 같은 간격으로 어긋나게 식재하는 것이다.

⑥ **기하학적 식재** : 유럽의 미로화단이나 자수화단과 같이 낮은 관목류 및 화훼류를 기하학적인 모양으로 식재하는 것이다.

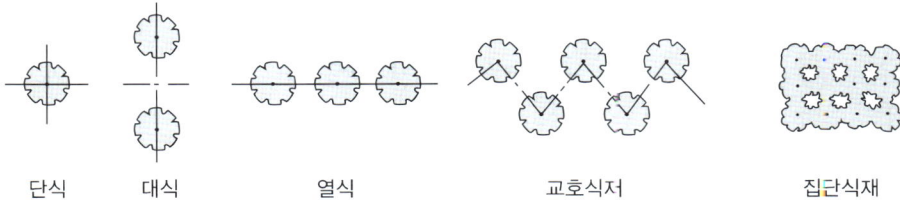

| 단식 | 대식 | 열식 | 교호식저 | 집단식재 |

[정형식 식재의 기본양식]

❷ 자연풍경식 식재

(1) 개념

자연 풍경을 뜰 안에 모방하고 이상화한 식재방법으로, 평면구성보다 입면구성에 중점을 두고, 수목의 자연미를 강조한다. 비대칭적 균형식재 기법과 사실적 식재 기법이 있다.

(2) 종류 ☑ 중요

① **부등변삼각형 식재** : 크고 작은 세 그루의 나무를 부등변삼각형의 3개의 꼭짓점에 해당하는 위치에 식재하는 방법이다.

② **임의식재** : 대규모 식재 구역에 배식할 경우, 부등변삼각형 식재를 기본단위로 하여 그 삼각망을 순차적으로 확대하면서 연결시켜 나가는 방법이다.

③ **모아심기** : 수종·크기·수형이 다른 두 가지 이상의 수목을 모아 무더기로 한 자리에 식재하는 방법으로, 3, 5, 7그루 등 홀수의 수목을 기본으로 자연 상태의 식재 구성을 모방하여 식재한다. 이때, 평면적인 형태는 자연스럽고 부드러운 유기적 형태를 많이 이용한다.

④ **배경식재** : 의도하는 경관을 두드러지게 보이도록 하기 위하여 그 경관의 후방에 식재군을 조성하여 배경을 구성하는 방법이다.

⑤ **군식** : 모아심기가 확대된 형태이다.

⑥ **주목** : 경관의 중심적 존재가 되어 경관을 지배하는 경관목을 식재하는 방법이다.

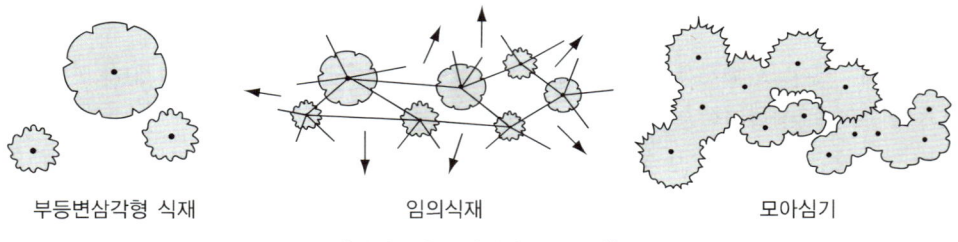

| 부등변삼각형 식재 | 임의식재 | 모아심기 |

[자연풍경식 식재의 기본양식]

시험에 이렇게 나왔다! [2013년 제1회 산업기사]

다음 중 정형식재의 기본패턴에 속하지 않는 것은?

① 대식   ② 열식   ③ 교호식재   ④ 부등변삼각형 식재

해설

부등변삼각형 식재는 작은 세 그루의 나무를 부등변삼각형의 3개의 꼭짓점에 해당하는 위치에 식재하는 방법으로 자연풍경식재이다. 정형식재에는 단식, 대식, 열식, 집단식재, 교호식재, 기하학적 식재가 있다.

정답 ④

---

③ 자유식 식재

(1) 개념

① 세계 제2차 대전 이후 새로이 구미 각국에서 시작된 조경양식에 대응하는 새로운 식재방법이다.

② 인공적이면서도 선이나 형태가 자유롭고 재료나 국부의 배치도 대칭적인 수법을 사용하므로 정형식 식재의 기하학적 특성에 배치하면서도 불규칙적인 자연풍경식 식재와는 다른 독립된 조경양식이다.

③ 기능성에 큰 비중을 둔 단순 명쾌한 현대적 기능미를 갖추고 있다.

④ 무의미한 장식이 배제되고 직선적인 형태를 갖춘 것이 많다.

(2) 식재의 수법

① 사용하는 수목의 종류가 적어지고 혼식을 피한다.

② 대교목이나 소관목류로 경관을 구성하여 수관의 아래나 위로 시야가 트이도록 하는 것이 좋다.

(3) 식재 양식

필요에 따라 정형식이나 자연풍경식을 자유로이 이용하거나 설계자의 아이디어로 새로운 식재 양식을 창조해 내는 것이 자유식 식재이다.

④ 군락식재

(1) 개념

① 도시의 자연환경의 질을 향상시키기 위해 인공적으로 자연 생태계를 모방하며 재현하는 식재방법이다.

② 조경식재에 생태학적인 사고방식을 도입한 것으로 삼림공원이나 자연공원 등 면적이 넓은 경우에 해당하는 식재방법이다.

(2) 식재의 설계

① 현존 식생을 조사하여 잠재자연식생을 파악한다.

② 군락의 기본단위인 군집을 본보기로 해서 식재한다.

③ 식재한 나무의 크기는 각기 그 생활형에 따라 구성한다.

④ 그루 수 배분은 군락의 외관을 구성하는 수종을 위주로 구성한다.

더 알아보기	식재패턴

- 정형식 : 단식, 대식, 열식, 교호식재(지그재그식재), 집단식재, 요점식재
- 자연풍경식 : 부등변삼각형식재, 임의식재, 모아심기, 배경식재, 군식, 주목
- 자유식 : 루버형, 번개형, 아메바형, 절선형
- 군락식재

02 | 식생과 토양

❶ 식생

(1) 식생의 개념

① 식물의 집단을 식생(植生)이라 하고 그 식생의 구성단위를 식물군락이라 한다.

② 식물 군락을 성립시키는 외적 요인으로는 기후요인, 토양요인, 생물적 요인 등을 들 수 있다.

③ 어떤 일정한 땅에 있어서 식물군락의 시간적 변이 과정을 '천이'라 한다.

④ 개체 사이의 경합은 있으나 생존상의 요구 조건이 어느 정도 일치하는 식물 간에 일어나는 현상을 '공존'이라 한다.

(2) 식물군락을 성립시키는 환경요인

① 외적 요인

㉠ 기후요인 : 기온, 광선, 수분, 바람

㉡ 토양요인 : 토질, 토양수분, 토양동물, 토양미생물

㉢ 생물적 요인 : 벌목, 경작, 병목, 답압

② 내적 요인

㉠ 경합 : 개체 간·동종 간 경합으로 우점종이 발생

㉡ 공존 : 생존상의 요구조건이 어느 정도 일치하는 식물 사이에 있어서 하나의 기반을 공동으로 이용하는 형태로 집단생활을 영위

(3) 식생의 구분

① **자연식생** : 인간에 의한 영향을 입지 않고 자연 그대로의 상태로 생육하고 있는 식생

② **원식생** : 인간에 의한 영향을 받기 이전의 자연식생

③ **대상식생** : 인간에 의한 영향으로 대치된 식생(인간의 생활 영역 속에 현존하는 대부분의 식생)

④ **잠재자연식생** : 변화된 입지 조건하에서 인간에 의한 영향이 제거되었다고 가정할 때 성립이 예상되는 자연식생

❷ 토양

(1) 식물생육에 적합한 토양의 상태

① 부식질이 풍부한 팽연토

※ 팽연토 : 부드럽고 부서지기 쉬운 비옥한 상태의 흙으로, 농작물을 재배하기 수월하다.

② 투수성, 통기성, 배수성이 양호할 것

③ 토양 pH가 가능한 중성에 가까울 것

④ 질소, 인산 및 칼륨 등의 필요 성분을 고루 포함하고 유해물질을 함유하지 않을 것

(2) 토양입자의 입경구분

구분	자갈	조사	세사	미사	점토
크기(mm)	2.0 이상	0.2~2.0	0.2~0.02	0.02~0.002	0.002 이하

(3) 토성

① 식토 : 대부분이 끈끈한 점토로 되어 있는 것

② 식질양토 : 끈끈한 점토에 모래가 약간 있는 것

③ 양토 : 모래의 함유량이 1/3 이하인 것

④ 사질양토 : 모래가 1/3~2/3 정도로 판단되는 것

⑤ 사토 : 대부분이 모래로 되어 있는 것(90% 이상)

⑥ 자갈땅(석력토) : 대부분이 자갈이고, 그 사이에 가는 흙이 있는 것

(4) 토양의 물리·화학적 성질

① 식물의 생육에 적합한 토양은 무기물이 45%, 유기물이 5% 공기 25%, 수분 25%이다.

② 흙의 입자는 단독으로 흩어진 상태를 이루고 있는 것보다 서로 뭉쳐 덩어리짐으로써 입단(떼알)구조를 이루는 것이 좋은 영향을 준다. → 크고 작은 공극을 가지고 있을 뿐만 아니라 전체적으로 공극량이 크다.

③ 식물 생육에 알맞은 입단의 굵기는 1~5mm이다.

(5) 토양수분

① 토양이 지나치게 습하거나 건조하면 뿌리의 기능이 저하되어 물과 영양 흡수에 지장을 준다.

② 건조 상태가 오래 지속되면 잎의 팽압이 낮아져 기공이 좁아지고, 이산화탄소의 흡수량이 적어져 광합성 작용이 저하되므로 수목은 잘 자라지 않게 되며, 어느 한계점이 지나면 물을 공급하더라도 회복하지 못하고 말라 죽게 된다.

③ 토양수분의 종류

ㄱ 결합수(화합수) : 토양에 있는 물 중에서 토양입자에 가장 강하게 결합되어 고체분자를 구성하는 pF 7.0 이상인 물로 105℃로 가열해도 떨어지지 않는다.

ㄴ 흡습수(흡착수) : 토양입자의 표면에 얇은 막으로 되어 흡착되어 있는 수분으로 매우 높은 장력으로 보유되는 수분이기 때문에 식물에는 무효하다. 흡습수의 양은 토양입자의 전표면적을 나타내는 지표이며, 105℃로 가열하면 제거된다.

ㄷ 모관수 : 토양의 소공극 안에서 표면장력에 의한 모세관 현상으로 보유되는 것이며, 식물에 의해 유효하게 이용될 수 있는 수분으로 pF 2.7~4.5이다.

기출 Point | 모관수

토양수분 중 수목생장에 가장 많이 이용된다.

ㄹ 중력수(자유수) : 중력에 의하여 토양층 아래로 내려가는 물이다. 침투수, 정제수, 지하수가 해당된다.

기출 Point | 중력수

• 사면붕괴에 가장 큰 영향을 미친다.
• 목재의 수축과 팽윤에 직접 관여하지 않는 수분이다.

더 알아보기 | 단립구조와 입단구조

• 단립구조 : '홑알구조'라고도 하며, 토양 사이의 공간이 작아 공기나 물이 잘 빠지지 않고, 산소의 유입이 적어 식물의 생육에 부정적인 영향을 미친다.
• 입단구조 : '떼알구조'라고도 하며, 토양입자가 알갱이끼리 서로 뭉쳐서 큰 알갱이가 되어 있는 상태로, 물빠짐과 통기성이 좋고 부드러워 뿌리의 산소호흡에 긍정적인 영향을 미친다.

---

(6) 증산계수

① 나무가 증산하여 건물질 1g을 만드는 데 필요한 물의 양이다.

② 소나무와 물오리나무는 그 값이 작고, 밤나무와 낙엽송은 크다. 즉, 소나무와 물오리나무는 건조한 기후에 잘 견딘다.

기출 Point | 식물의 생육환경

• 토질은 배수성과 통기성이 좋은 사질양토를 표준으로 한다.
• 단립(團粒)구조로서 일정용량 중 토양입자 50%, 수분 25%, 공기 25%의 구성비를 표준으로 한다.
• 식물의 생육에 알맞은 입단의 굵기는 1~5mm이고 근모는 0.001mm 이하의 공극으로는 침입할 수 없다.
• 지하수위(地下水位)는 잔디의 경우 −60cm 이하여야 하며, 가급적 −100cm 정도가 되어야 한다.
• 식물생육에 미치는 염분의 한계농도는 수목이 0.05%, 잔디가 0.1%이다.
• 식물생육에 이상적인 흙의 용적 비율 : 광물질 45%, 수분 30%, 유기질 5%, 공기 20%

(7) 토양공극, 공기

① 공극 : 토양의 전체 용적에서 고체 부분의 용적을 빼낸 값으로, 물과 공기가 차지하는 부분이다.

$$공극률(\%) = 100 - \left(\frac{흙의\ 가비중}{흙의\ 진비중} \times 100 \right)$$

$$= \left(1 - \frac{부피밀도}{입자밀도} \right) \times 100$$

$$= \frac{진밀도 - 가밀도}{진밀도} \times 100$$

예 부피밀도가 $1.3g/cm^3$이고, 입자밀도가 $2.65g/cm^3$인 토양의 공극량은 50%이다.

② 토양공기 : 토양 통기성을 좋게 하기 위해서는 경운을 하거나, 유기물, 토양 개량제, 뿌리보호판, 분쇄목 등을 사용하여 효과를 얻을 수 있다.

(8) 토양양분과 부식

① 양분원소와 역할

㉠ 식물 생육에 필요한 원소에는 16가지의 필수 원소가 있는데, 식물이 많이 흡수하는 아홉 가지 원소를 다량원소(C, H, O, N, P, K, Ca, Mg, S)라 하고 소량 흡수되어 식물체의 생리기능을 돕고 있는 일곱 가지 요소를 미량원소(Fe, Cl, Mn, Zn, B, Cu, Mo)라 한다.

㉡ 탄소와 산소는 공기 중에서, 수소는 물에서, 그 밖의 원소는 토양성분 중에서 공급받는다.

㉢ 다량원소 중에서도 식물의 생육에 특히 많이 흡수·이용하는 질소, 인산, 칼륨을 거름의 3요소라 하고, 칼슘을 포함하여 거름의 4요소라고 한다.

② 부식 : 토양 중의 유기물질을 말하는데, 분해되면서 식물에 여러 가지 양분을 공급한다. 또 토양의 교질성을 높여서 염기를 흡착하여 유실을 막고, 토양의 성질을 개선시켜 유익한 토양미생물의 활동을 왕성하게 하고 식물의 생육과 성장에 도움을 준다.

시험에 이렇게 나왔다!   [2019년 제2회 산업기사]

다음 중 다량원소에 속하는 것은?

① N   ② B   ③ Fe   ④ Mo

해설

②·③·④ B, Fe, Mo는 미량원소에 속한다.

식물이 많이 흡수하는 9가지 원소를 다량원소(C, H, O, N, P, K, Ca, Mg, S)라 하고 소량 흡수되어 식물체의 생리기능을 돕고 있는 7가지 요소를 미량원소(Fe, Cl, Mn, Zn, B, Cu, Mo)라 한다.

정답 ①

---

(9) 토양단면

① 유기물층(A0층)

㉠ 낙엽층(L층) : 낙엽이 분해되지 않고 원형대로 쌓여 있는 곳

㉡ 분해층(F층) : 낙엽이 분해되었지만 다소 원형을 유지하고 있어 육안으로 어느 부분이라는 것을 알 수 있는 층

㉢ 부식층(H층) : 전부 부패된 흑갈색의 유기물층이며 분해가 진행되어 육안으로 낙엽의 기원을 전혀 알 수 없는 유기물층이다.

② 표층(A층, 용탈층)

㉠ 광물토양의 최상층으로 대기, 강우, 낙엽 그 밖의 생물 등 외부와 접촉되어 그 영향을 직접적으로 받는다.

㉡ A1층 : 부식이 많은 광물질층으로 유기물 집적이 많아 암색을 띤다.

㉢ A2층 : 용탈층으로 밝은색을 띤다.

ⓔ A3층 : B층으로의 변이층

③ 하층(B층, 집적층)

　　㉠ 외계의 영향을 간접적으로 받는 층으로 표층에서 용탈된 물질이 가라앉고 쌓여 표층에 비하여 부식 함량이 적은 갈색의 토양이다.

　　㉡ B1층 : 부식이 적은 광물질 토양층

　　㉢ B2층 : 점토, 철, 유기물의 집적층으로 괴상구조이다.

　　㉣ B3층 : C층으로의 변이층

④ 기층(C층)

　　㉠ 화학적 풍화작용의 영향을 거의 받지 않은 층

　　㉡ 기암의 바위 조각이 많이 들어있다.

　　㉢ 토양 생성작용이 늦은 층으로 담갈색을 띤다.

(10) 토양산도(pH)와 수종 분포

산도(pH)	생육수종	산도(pH)	생육수종
3.9 이하	지의류, 선태류	3.5~6.0	들잔디
4.0~4.7	소나무, 리기다소나무, 낙엽송 등	4.6~7.6	금잔디
4.8~5.5	잣나무, 참나무류, 가문비나무류 등	5.2~7.2	버뮤다그래스
5.6~6.5	대부분의 침엽수 및 참나무류, 단풍나무류, 피나무류 등	5.4~7.6	벤트그래스, 페스큐그래스
6.6~7.3	호두나무, 양버즘나무, 측백나무 등	6.0~7.8	켄터키 블루그래스
7.4~8.0	오리나무, 네군도단풍, 물푸레나무, 측백나무 등	5.5~8.3	라이그래스
8.1~8.5	포플러 등		

(11) 비료목

① 질소고정능력을 갖춘 식물을 말한다.

② 아까시나무 등 콩과 식물로서 뿌리혹박테리아와 공생하거나 오리나무류, 보리수나무처럼 프랑키아(Frankia)라 불리는 방선균류와 공생하며 질소를 고정하여 다른 식물의 생장에도 도움을 주는 나무를 말한다.

③ 비료목의 종류

　　㉠ 콩과 : 아까시나무, 자귀나무, 싸리나무, 박태기나무, 등나무, 칡 등

　　㉡ 자작나무과 : 사방오리나무, 산오리나무, 오리나무 등

　　㉢ 보리수나무 : 보리수나무, 보리장나무 등

　　㉣ 소철과 : 소철

식재계획 및 설계

01 기능식재

❶ 명암순응식재

(1) 밝은 곳에서 어두운 곳으로 들어가는 암순응의 경우에는 시간이 오래 걸리므로 특히, 터널 진입부에는 반드시 설치한다.

(2) 터널입구로부터 200~300m 구간에 상록교목을 식재한다.

❷ 가로막기식재

(1) 개념

경계표시, 담장대용품, 눈가림진입방지, 통풍조절, 방화방풍, 일사조절, 장식적 목적의 병풍기능을 하고 콘크리트나 판자담보다 양호하다. 전통식재 수법 중 취병(생울타리)의 수법이다.

(2) 산울타리 조성 방법

① 부지 경계선에 조성 시는 완성 시 두께의 1/2만큼 안쪽으로 식재한다.
② 90cm 정도의 수목을 30cm 간격으로 한 줄 또는 교호식재를 한다.
③ 표준높이는 120cm, 150cm, 180cm, 210cm의 4가지가 있으며 두께는 30~60cm로 한다.

❸ 녹음식재

(1) 개념

① 수목의 잎에 의하여 햇빛을 차단하여 그늘을 만드는 것으로 지하고가 높은 낙엽활엽수, 병충해, 기타 유해 요소가 없는 수종으로 식재한다.
② 수종 : 회화나무, 피나무, 꽃물푸레나무, 칠엽수, 가중나무, 느릅나무 등
③ 잎 한 장을 투과하는 햇빛량은 전수광량의 10~30%이다.

④ 수목의 그림자 길이 $L = H \times \cot a$

　　　여기서, L : 수목의 그림자 길이

　　　　　　H : 수목 높이

　　　　　　a : 태양고도

(2) 조성 방법

① 한 장의 잎을 통과하는 햇빛량은 전광선량의 10~30% 정도로 한다.

② 태양의 고도 & 방위각

　　$m = l \cot h / A = A \pi$

③ 최소 동지에 하루 4시간 이상의 일조를 받도록 위치를 고려한다.

④ 시렁 밑 공간 높이는 210cm가 적정하다.

4 방음식재

(1) 개념

① 시가지 또는 도로변 등 소음이 많이 발생하는 곳에서의 소음차단 및 감소를 위한 수목이다.

② **적용조건** : 잎이 치밀한 상록교목이 바람직하며, 지하고가 낮고 자동차 배기가스에 견디는 힘이 강한 수종이 좋다.

(2) 방음대책

① 차음 구조물을 중간에 설치하는 방법

② 길가에 식수대를 조성하는 방법

③ 소음원으로부터 충분한 거리를 유지하는 방법

④ 노면의 구배를 완만하게 하는 방법

⑤ 노면의 요철을 없애는 방법

(3) 차음 구조물에 의한 감소현상

① 음체의 위치는 음원 또는 수음점으로 접근할수록 차음효과가 크고 양자의 중간지점이 가장 효과가 떨어진다.

② 수음점이 높을 경우에는 차폐물을 음원에 접근해서 설치하는 것이 효과적이다.

(4) 방음식재의 구조

① 소음원인 도로에 가까이 식재한다.

② 식수대의 가장자리 위치는 도로 중심선에서 15~24m 떨어진 곳에 설치한다.

③ 식수대의 폭은 20~30m(최소폭 7~8m), 수고는 중앙부분에서 13.5m 이상 되도록 한다.

④ 시가지일 경우에는 도로 중심선에서 3~15m 되는 곳에 위치하고, 폭 3~15m로 한다.

⑤ 식수대와 주택과의 거리는 30m 이상이 되도록 한다.

⑥ 지하고가 낮고 잎이 수직 방향으로 치밀하게 부착된 상록교목이 적당하다.

⑦ 지하고가 높을 때는 교목과 관목을 혼식한다.

⑧ 수종 : 구실잣밤나무, 녹나무, 태산목, 아왜나무, 광나무, 꽝꽝나무, 동백나무, 호랑가시나무, 미루나무, 벽오동, 가중나무, 왕버들, 쥐똥나무, 가이즈까향나무, 개나리, 비자나무, 사철나무, 돈나무, 식나무 등

(5) 기타

① 허용 소음 레벨 : 주간 62~68dB, 야간 47~55dB

② 수림에 의한 소음차단 : 심리적 효과가 크다(흡음보다는 반사의 효과).

③ 감쇠효과 : 7~9dB(식재에 의한 감쇠 : 3~4dB, 거리에 의한 감쇠 : 4~5dB)

❺ 방풍식재

(1) 개념

바람을 막거나 약화시킬 목적으로 식재하는 수목이다.

(2) 방풍식재의 효과

① 범위 : 수림 높이와 관계 즉, 바람의 위쪽에 대해서는 수고의 6~10배, 바람의 아래쪽에 대해서는 수고의 25~30배

② 효과가 가장 큰 지점 : 바람 아래쪽 수고의 3~5배 지점(풍속의 65% 감쇠)

③ 밀폐도 : 수림 50~70%, 산울타리 45~55%가 효과적이다.

④ 고밀도 식재보다 중간밀도 식재가 더 효과적이다.

(3) 구조

① 1.5~2.0m 간격의 정삼각형 식재(5~7열의 수열)

② 10~20m의 너비, 폭은 수고의 12배 이상

③ 수림대는 주풍과 직각이 되는 방향으로 배치한다.

(4) 방풍식재용 수종

① 줄기나 가지가 바람에 제거되기 어렵고 심근성인 것이 좋다.

② 지엽이 치밀한 상록수가 좋다.

③ 해안 방풍림은 내조성이 강한 흑송 등을 주로 사용한다.

④ 수종 : 곰솔, 삼나무, 편백, 전나무, 가시나무, 녹나무, 구실잣밤나무, 후박나무, 아왜나무, 동백나무, 은행나무, 느티나무, 팽나무 등이 있다.

❻ 방화식재

(1) 방화식재의 기능

① 복사열 차단

② **화염 및 불꽃 차단** : 화재 시 옆집으로 번지는 것을 막고 연소시간을 지연시키는 역할을 하는 수목이다.

(2) 수목의 선정

① 잎이 두텁고 함수량이 많을 것

② 잎이 넓으며 밀생한 것

③ 상록수일 것

④ 수관 중심이 추녀보다 낮은(목조 건물일 경우) 위치일 것

⑤ 수지를 함유하지 않은 수종일 것

⑥ WD지수 $T = W \times D$

여기서, T : 시간

W : 잎의 함수량

D : 잎의 두께

(3) 방화식재용 수목

① 지엽이나 줄기가 타도 다시 맹아하면 수세가 회복되는 나무

② **적합 수종** : 가시나무, 굴거리나무, 후박나무, 감탕나무, 아왜나무, 돌참나무, 후피향나무, 사철나무, 식나무, 왜금송나무, 주목나무, 벽오동나무, 상수리나무, 은행나무, 단풍나무 등

③ **부적합 수종** : 침엽수류, 구실잣밤나무, 비자나무, 태산목, 메밀잣밤나무 등(잎에 수지가 많으면 연소성이 높다)

❼ 방설식재

(1) 기능

① 식재밀도가 높을수록, 수고가 높을수록, 지하고가 낮을수톡 방설기능이 높다.
② 식재밀도가 같고 수림대의 너비가 다를 경우에는 너비가 좁을수록 방설기능이 높다.
③ 수림폭은 30m 정도가 적정하다.

(2) 수종의 조건

① 심근성으로 바람에 강하고 지엽이 밀생한 수간성 나무로 생장이 왕성할 것
② 조림하기 쉽고 눈으로 가지가 꺾이지 않을 것
③ 수종 : 주목, 가문비나무, 삼나무, 편백나무, 소나무, 흑송, 잣나무, 히말라야시다 등

(3) 방설책

① 방설림이 기능을 충분히 발휘할 때까지 방설책을 설치한다.
② 4m 높이 내외로 판자 너비 15~25cm, 두께 18~24mm인 판자 사이에서 10cm씩 떼어 고착시킨다.
③ 평탄지는 가로, 경사지는 세로 방향으로 판자를 붙인다.

❽ 지피식재

(1) 지피식재의 기능 및 효과

① 강우로 인한 진땅 방지와 토양 침식 방지
② 바람에 날리기 쉬운 흙먼지의 양 감소
③ 동상방지 및 미기후의 완화
④ 미적 효과, 휴식 효과 등

(2) 지피식물의 조건

① 수고가 낮은 것(30cm 이하)
② 상록다년생일 것
③ 생장속도가 빠르고 번식력이 왕성할 것
④ 지표를 치밀하게 피복하여 나지를 만들지 않는 수종일 것
⑤ 관리가 쉽고, 답압에 강한 수종일 것
⑥ 잎과 꽃이 아름답고 가시가 없으며 즙이 비교적 적은 수증일 것

02 경관조성식재

❶ 조경양식에 의한 식재형식

(1) 정형식 식재 : 단식, 대식, 열식, 교호식재, 집단식재

(2) 자연풍경식 식재 : 부등변삼각형식재, 임의식재, 모아심기, 군식, 산재식재, 배경식재, 주목 등

(3) 자유식 식재 : 루버형, 번개형, 아메바형, 절선형, 원호형 등

❷ 건물과 관련된 식재형식

(1) 초점식재

① 건물의 전면 경관에서 현관 쪽으로 시선을 집중시키기 위한 식재이다.
② 현관을 종점으로 하는 깔대기형 수관이 형성되도록 식재하는 것이 좋다.
③ 식재의 높이는 건물 처마선 높이의 2/3, 현관 부분에 이르러서는 1/3 이하가 바람직하다.
④ 바로 현관 앞에서는 약간 큰 수목으로 변화를 주는 것도 좋다.

(2) 모서리식재

① 건축물의 뾰족한 모서리나 꺾이는 구석진 부분에 식재하는 것 또는 정원의 구석진 곳에 식재하는 것
② 건물 모서리의 강한 수직선을 완화하고, 외부에서 바라다보이는 조망의 틀이 짜인다.
③ 건물의 모서리를 수관으로 가림으로써 건물을 커 보이게 하는 효과가 있다.
④ 정원의 구석진 부분에는 큰 교목이나 관목을 식재하게 된다.

(3) 배경식재(건물과 환경의 융화)

① 교목을 건물의 지붕선 위쪽으로 보이도록 후정에 식재하여 건축물의 배경을 꾸미고자 하는 식재이다.
② 건축물보다 높이 자라는 대교목이 이용된다.
③ 경관조성 뿐만 아니라 방풍림 역할도 하며, 가리개 기능과 녹음과 습도조절 작용도 한다. 이러한 기능은 특정장소에서 요구되기 때문에 배경식재의 최대효과를 위해 교목의 위치를 잘 선정해야 한다.

(4) 가리기식재

① 보기에 추한 경관이나 주위환경과 조화되지 않는 곳 등에 식물을 식재하여 보이지 않도록 감추려고 하는 것이다.

② 구조물을 설치하는 것보다는 자연스럽고 아울러 식물의 형태, 질감, 색채가 다양해 자연친화적인 이점이 있다.

③ 살아 있는 담장의 효과를 내기 위하여 잎이 무성한 식물로 식재한다.

④ 가리개로서 이상적인 식물은 키가 눈높이보다 높아야 하며 상대적으로 수관폭이 좁으면서 지면 가까이의 잎들이 무성해야 한다.

⑤ 가리기식재는 시선과 동선을 차단하거나 소음을 줄이는 데도 이용된다. 또한 전시물을 위한 배경이 될 수도 있다.

3 미적 효과와 관련된 식재형식

(1) 표본식재(독립수의 조각적 효과)

① 가장 단순한 식재형식이다.

② 특별히 아름다운 한 그루의 수종, 어느 방향에서 보아도 보기 좋은 식물인 표본식물을 식재하는 것이다.

③ 축선상의 끝에서 종점특질로 이용되기도 하며 건물, 잔디밭, 파티오 등과 관련되는 곳에서 강조로서도 이용된다.

(2) 강조식재(식재군 내 1주 이상의 수목 → 강조효과)

① 특별하게 관심을 끌 수 있는 뚜렷한 형태·색채·질감 등에 의해서 그 주위와 대비를 이루는 강조식물을 식재하는 것이다.

② 수관이 둥근 수형인 식물 가운데서 피라미드 수형의 식재 푸른 잎만 있는 식물 가운데 붉은 잎을 가진 식물의 식재, 거친 질감의 식물 가운데 고운 질감의 식물의 식재가 강조식재가 된다.

③ 강조식재는 갑작스러운 시선을 끌 수 있는 모양의 변화나 강한 대비에 의해서도 이루어진다.

(3) 군집식재(개성이 약한 수목을 2~3주 모아 식재 단위 구성)

① 같은 종류의 식물을 다량으로 한꺼번에 집단을 이루어 식재하는 것으로 군락식재, 군식이라고도 한다.

② 개별 식물들이 전체로 표현되고 개별 식물의 효과가 증대되거나 상호보완될 수도 있다.

③ 특성은 개별의 식물보다는 더욱 강력하고 시각적 잠재성이 있다.

④ 주변 식물들과는 강한 개성과 대비를 창출해낼 수 있다. 또한 전체 경관에서 관계를 이루도록 배치해야 한다.

(4) 산울타리식재

① 한 종류의 수종을 줄지어 식재하는 것이다.

② 자연형과 전정형이 있으며, 동일한 재료를 반복사용하므로 구조적으로 강한 요소가 된다.

③ 굵고 죽은 나무줄기만으로 만든 울타리는 바자울이라 하고, 가지와 잎 모두를 지닌 것으로 만든 울타리는 섶울타리라 한다.

④ 바람을 막거나, 시선을 차단하거나, 경계를 구분하는 기능이 있다.

⑤ 산울타리식물은 생육이 왕성하고, 맹아력이 강하며, 전정에 잘 견디고 밑가지가 고사하지 않아야 한다. 또한, 지엽이 밀생하고, 병충해에 강해야 한다.

⑥ 낙엽관목으로는 쥐똥나무, 개나리나무, 찔레나무 등이 있고, 상록관목으로는 사철나무, 측백나무 등이 있다.

(5) 경재식재(구조적 프레임 형성)

① 건물의 벽, 담장, 울타리, 펜스 등과 원로(garden path) 사이의 공간에 식물을 식재하는 것이다.

② 담장, 펜스, 벽 등의 구조물 쪽으로는 키가 좀 더 큰 화초나 관목을 배치한다.

③ 원로에서부터 키가 낮은 식물에서 차차 키가 큰 식물을 구조물 가까이에 식재하여 시선이 앞쪽 낮은 데에서부터 차차 구조물이 있는 뒤에까지 높이가 올라가도록 식물을 배치하게 된다.

④ 화초를 주로 식재하는 화초경재화단과 관목을 주로 식재하는 관목경재화단이 있다.

> **기출 Point | 경재식재**
>
> 한 공간의 외곽 경계부위나 원로를 따라 식재하여 여러 가지 효과를 얻고자 하는 식재 형식으로 관목류를 주조(主調)로 하여 식재대를 구성하는 것

❹ 그 밖의 식재

기능구분	수종 요구 특성	적용 수종
경계식재	• 잎과 가지가 치밀하고 전정에 강한 수종 • 생장이 빠르며, 유지관리가 용이한 수종 • 아래가지가 말라 죽지 않는 상록수	잣나무, 서양측백, 화백, 스트로브잣나무, 명자나무, 무궁화, 감나무, 보리수, 사철나무, 대추나무, 자작나무, 참나무류
녹음식재	• 지하고가 높은 낙엽활엽수 • 충해, 기타 유해요소가 적은 수종	회화나무, 피나무, 느티나무, 은행나무, 물푸레나무, 칠엽수, 가중나무, 느릅나무, 일본목련, 백합나무, 버즘나무 등
요점식재	• 꽃, 열매, 단풍 등이 특징적인 수종 • 수형이 단정하고 아름다운 수종 • 강조(accent) 요소가 있는 수종	소나무, 반송, 섬잣나무, 주목, 모과나무, 배롱나무, 단풍나무
차폐식재	• 지하고가 낮고 잎과 가지가 치밀한 수종 • 전정에 강하고 유지관리가 용이한 수종 • 아래가지가 말라 죽지 않는 상록수	주목, 잣나무, 서양측백, 화백, 측백, 쥐똥나무, 사철나무, 목향, 눈향 등

03 특수지역식재

1 도로식재

(1) 기능에 따른 고속도로식재의 종류

① 시선유도식재

㉠ 주행 중의 운전자가 도로선형의 변화를 미리 판단할 수 있도록 유도하는 식재이다.

| 기출 Point | 시선유도식재

고속도로 조경에서 노선의 변화를 운전자에게 예지(豫知)시켜 주기 우한 식재수법이다.

㉡ 주변 식생과 뚜렷한 식별이 가능한 수종이 좋다.

⠀⠀예 향나무, 측백, 광나무, 사찰나무 등

㉢ 곡률반경(R)이 700m 이하의 작은 곡선부 바깥쪽에 반드시 관목 또는 교목을 열식한다.

㉣ 산형 : 정상부에는 낮은 수목, 약간 내려간 곳에는 높은 수목을 열식한다.

② 지표식재

㉠ 랜드마크적인 역할로 운전자에게 현재의 위치를 알리고자 하는 식재수법이다.

㉡ 휴게소, 서비스 지역, 주차 지역, 인터체인지 등을 알려주는 식재이다.

㉢ 다른 구간과 구별되도록 식재하거나 현재 바람이 부는 방향이나 세기를 인식하도록 한다.

③ 차광식재

㉠ 마주 오는 차량의 전조등에 대한 차광효과를 위한 식재이다.

㉡ 식재거리 $D = \dfrac{2r}{\sin\theta}$

⠀⠀여기서, D : 식재거리

⠀⠀⠀⠀⠀⠀$2r$: 수관폭

⠀⠀⠀⠀⠀⠀$\sin\theta$: 자동차 조사각

㉢ 양차선, 양도로변에 상록수 식재

⠀⠀예 광나무, 사철나무, 가이즈까향나무

㉣ 수고는 승용차 기준 150cm 정도, 대형차는 2m 이상으로 한다.

④ 명암순응식재

㉠ 터널을 빠져 나올 때 눈의 명암순응시간을 단축시키기 의한 식재이다.

㉡ 터널에서 눈이 순응할 수 있도록 터널 입구로부터 200~300m 구간에 상록교목을 식재한다.

㉢ 터널 입구 : 명 → 암으로, 점차 어둡게 수고가 높아지도록 한다.

㉣ 터널 출구 : 암 → 명으로, 점차 밝게 식재한다.

⑤ 진입방지식재 : 위험방지를 위해 금지된 곳으로 사람이나 동물이 진입하거나 횡단하는 행위를 막기 위한 식재이다.

⑥ 완충식재(쿠션식재) : 차선 밖으로 뛰어나간 차량의 충격을 완화시켜 사고를 감소하기 위한 식재로, 가지에 탄력성이 큰 관목류(무궁화, 찔레 등)가 적합하다.

⑦ 임연보호식재 : 개발로 인한 임지의 환경 보호를 위해 관목류와 소교목을 혼합하여 식재한다.

[고속도로식재의 기능과 종류] ☑ 중요

기능	식재의 종류
주행기능	시선유도식재, 지표식재
사고방지기능	차광식재, 명암순응식재, 진입방지식재, 완충식재
방재기능	비탈면식재, 방풍식재, 방설식재, 비사방지식재
휴식기능	녹음식재, 지피식재
경관기능	차폐식재, 수경식재, 조화식재
환경보존기능	방음식재, 임연보호식재

(2) 고속도로 중앙분리대의 식재 방식

① 중앙분리대의 너비가 12m 이상인 곳에 적용한다.

② 식재방법

ⓐ 정형식 : 같은 크기의 유사 수목을 일정한 간격으로 식재(정연한 아름다움)

ⓑ 열식(산울타리식) : 산울타리 조성식재(차광효과가 높고, 기계 다듬기가 가능)

ⓒ 랜덤식 : 여러 가지 크기와 형태의 수목을 동일하지 않은 간격으로 식재

> **기출 Point │ 랜덤식**
>
> 부등변삼각형 식재를 기본형으로 삼아 그 삼각망을 순차적으로 확대해 가는 방법으로 수목을 식재하는 패턴

ⓓ 루버식 : 헤드라이트 조사각(12°)과 직각이 되도록 식재 (수고 1.5m 표준)

> **기출 Point │ 루버식**
>
> 다음 그림(입면 · 단면도)과 같은 고속도로 중앙분리대의 식재 방법이다.
>
>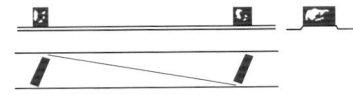

ⓔ 무늬식 : 기하학적 도안에 따라 관목을 심고 정연하게 다듬는 수법

ⓕ 군식 : 무작위로 크고 작은 집단을 식재

ⓖ 평식 : 시계 확보가 가능하므로 분리대에 식재

③ 중앙분리대에 적합한 수종

ⓐ 조건 : 배기가스나 건조에 강한 수종, 지엽이 밀생하고 전정에 강한 상록수, 적설지의 경우에는 염화칼슘에 강한 수종

ⓑ 교목 : 가이즈까향나무, 종가시나무, 아왜나무, 향나무, 광나무 등

ⓒ 관목 : 꽝꽝나무, 다정큼나무, 돈나무, 섬쥐똥나무, 둥근향나무 등

ⓓ 화목 : 철쭉류, 큰꽃댕강나무 등

(3) 인터체인지 식재

① 출입 교통량이나 지형과의 관계를 고려하여 특색 있는 주목을 식재한다(랜드마크적 구실).

② 인터체인지의 형식(교통동선의 처리방법에 따라 분류)
　　㉠ 불완전 입체교차형 : 평면교차하는 교통동선을 1개소 이상 포함하는 형식
　　　• 다이아몬드형 : 형상이 단순하고 용지 및 건설비가 적게 들고 교통의 우회거리가 짧으며, 평면교차부에서의 교통용량이 적다.
　　　• 불완전 클로버형 : 교차도로상에서의 좌회전 동선을 우회전으로 변환시킬 수 있어 교통용량을 증가시킨다.
　　　• 트럼펫형(4갈래교차) : 고규격 도로가 저규격 도로와 교차할 때
　　　• 준직결형 : 3갈래교차로 본선상에 일부 평면교차를 허용하는 형식으로, 도시지역 일반도로의 중요한 Y형 교차점이나 우회도로의 분기점에 사용한다.
　　㉡ 완전 입체교차형
　　　• 직결형, 준직결형(3갈래교차) : 직결형 Y형은 3방향 모두의 접속이 직접연결로에 의하는 것으로 고규격도로 상호의 접속에 사용된다.
　　　• 직결형(4갈래교차) : 좌회전교통을 목적하는 방향으로 원활한 곡선으로 처리하는 방식이며, 고규격도로 상호 간의 교차에 사용된다.
　　　• 트럼펫형(3갈래교차) : 3갈래교차 인터체인지의 대표적인 것으로, 연결되는 고속도로 상호 간의 교통량과 중요도에 차이가 있을 때 어느 한쪽을 주도로로 볼 수 있는 경우에 적합하다.
　　　• 클로버형 : 4갈래 완전입체교차의 대표적인 것으로, 기하학적으로 대칭인 아름다운 형을 이루고 입체교차 구조물도 1개만 필요하다.

> **기출 Point** ┃ **클로버형**
> 고속도로 상호 간의 출입어 쓰이며, 가장 넓은 면적이 필요하다.

　　㉢ 로터리(rotary)형 : 평면교차는 없으나 연결로를 독립으로 하지 않고 2개 이상 차도를 부분적으로 겹치게 해서 위빙을 수반하는 형식이다.

(4) 가로수식재

① 목적 : 차량주행의 안전, 보행자 보호, 가로변 구조물 및 시설의 차폐, 중앙분리대 가로수(차광식재), 랜드마크적인 지표인식기능, 방풍기능, 도심의 온도조절 등의 목적이 있다.
② 주로 수간거리 6~10m로 열식하며, 차도 곁으로부터 0.65m 이상, 건물로부터 5~7m 떨어지게 식재한다.
③ 수형, 잎 모양 및 색깔이 아름다운 낙엽교목이어야 하고, 다듬기 작업이 용이하며, 병충해 및 공해에 강한 수종으로 불량 토양에서도 생육이 강하고, 밟혀도 잘 견디는 수종이 알맞다.
④ 수종 : 벚나무, 은행나무, 느티나무, 가중나무, 회화나무, 은단풍, 칠엽수, 메타세쿼이아 등

❷ 경사면식재(법면식재)

(1) 개념

① 법면 : 절토나 성토에 의한 인위적 사면이다.

② 식물에 의한 법면보호기능

㉠ 경관상 유리하고 쿠션작용에 의해 침식을 방지할 수 있고 빗물이 흘러내리는 속도를 제어할
수 있다.

㉡ 지표온도를 완화하고 동상을 방지할 수 있다.

(2) 식생공법

① 사면을 식물로 피복하여 우수에 의한 침수방지, 지표면의 온도완화와 식물 뿌리계의 토립자 결함에
의한 동상봉락의 억제 및 녹화에 의한 미적 효과 등을 목적으로 한다.

② 사면안정공법으로서는 공사비, 미관 등의 점에서 식생공법이 요망되나 식물재료를 사용하므로
시공장소, 시기에 제약이 있다.

③ 식생공법은 크게 파종공법과 식재공법으로 나눌 수 있다.

㉠ 파종공법 : 종자뿜어 뿌리기공, 식생매트공, 식생반공, 식생근공, 식생대공, 식생혈공, 객토식
생 등

㉡ 식재공법 : 잔디입히기공, 줄잔디공 등이 있다.

❸ 단지식재

(1) 단지에 대한 경관식재 설계

단지의 건축군이나 도로망을 따라 몇 개의 지구로 나누어 지구마다 경관적인 특색이 부여되도록
수종을 선택해 식재한다.

(2) 주거동과 동 사이의 식재

① 프라이버시 유지를 위해 시각차단식재를 한다.

② 개구부의 차광이나 통풍에 지장이 있을 때 수관폭의 2배 정도 간격을 두어서 식재한다.

③ 통행차단식재, 랜드마크식재, 녹음식재, 지피식재, 차폐식재 등을 한다.

(3) 완충녹지대

① 화재나 공해요인의 차단을 위해 필요한 식재이다(주택, 공업단지에 필요).

② 효과적인 넓이는 100~500m²이다.

③ 교목과 소교목을 혼합해서 식재한다.

④ 수종은 상록수를 주로 하고 높은 수고 확보를 위해 생장이 빠른 낙엽수를 중앙에 혼식한다.

❹ 임해매립지식재

(1) 임해매립지 환경조성

① 매립지의 염분을 제거한다.

　　㉠ 식물생육에 영향을 미치는 염분의 한계농도는 수림 0.05%, 채소류 0.04%, 잔디 0.1%이다.

　　㉡ 해감토양은 간격 2m, 길이 50cm 이상, 너비 1m 이상의 도랑을 파고 모래를 채운 다음 토양개량제와 모래를 섞어 투수성을 향상시킨다.

② 교목식재지는 양질토양을 최소 1.5m 두께로 성토한다.

③ 펄라이트 등의 토량개량재로 토성을 개량한다.

④ 사토퇴적지는 보수력과 보지력을 높이기 위해 산흙이나 적토 등의 점질토양을 객토하여 혼합한다.

(2) 임해매립지의 식생

① 내염성이 강한 취명아주, 명아주 등을 식재한다.

② 토양양분(질소질)이 부족하므로 비료목을 30~40% 혼식하는 것이 바람직하다.

③ 해안수림대 조성요령

　　㉠ 식재 후 1년 동안 식재대 전면에 1.8m 높이의 바람막이 펜스를 설치한다.

　　㉡ 단식은 피하고 군식을 하되 풍압에 견딜 수 있도록 수관이 닿을 정도로 밀식한다.

　　㉢ 하목을 심어 가지 밑에 공간이 생기지 않도록 한다.

④ 상록수와 낙엽수의 비율을 8 : 2로 한다.

⑤ 수종

　　㉠ 바닷물이 튀어오르는 곳의 지피식재 : 버뮤다그래스, 잔디 등

　　㉡ 바닷물을 막는 전방수림(특A급) : 곰솔, 눈향나무, 다정큼나무, 섬쥐똥나무, 가시나무, 유카 등

　　㉢ 전방수림(A급) : 사철나무, 유엽도 등

　　㉣ 후방수림(B급) : 비교적 내조성이 큰 수종

　　㉤ 내부수림(C급) : 일반 조경수종

❺ 옥상 등 인공지반식재

(1) 식재환경

① 토양조건
    ㉠ 경량이며 보수성, 통기성, 배수성, 보비성 등을 지녀야 한다.
    ㉡ 자연골재 사용으로 구조적 결함이 발생할 경우 펄라이트 등의 경량재를 혼합사용하거나 경량인
       공토양을 사용한다.

② 방수 : 식재 시에는 방수막 파괴를 위해 보호층을 반드시 설치하고, 콘크리트 슬라브는 완전
    방수처리를 한다.

③ 배수 : 식재층의 바닥면은 최저 2% 이상 구배를 둔다.

④ 토양심도
    ㉠ 경량인공토양의 경우 관목류는 30cm, 대교목은 60cm 이상의 토심을 확보한다.
    ㉡ 토심 60cm 내외 식재지에 교목을 식재하는 경우에는 지주나 밧줄로 수목을 지지한다.
    ㉢ 토심 90cm 내외 식재지에 교목을 식재할 경우 벽이나 바닥 등의 구조물을 이용하여 수목을
       지지한다.
    ㉣ 바람에 의한 영향을 감소시키기 위해 군식을 많이 이용한다.

(2) 인공지반 식재 시 고려사항 ☑ 중요

① 인공지반에 미치는 고정하중(식재토양, 수목, 시설물 등의 하중), 이동하중(사람들의 이동, 식물,
    건축물 유지관리에 따른 기구의 하중) 및 수목 생장에 따른 하중의 증가 등을 고려하여, 자연토양과
    개량토양을 적절히 사용한다.

② 콘크리트 슬라브의 바닥면과 토사로 묻히는 측벽부위는 방수 처리하여야 하며, 배수관로, 뿌리의
    생장, 토양의 이화학적 작용 등으로 방수막이 손상되지 않도록 얇은 콘크리트나 모르타르 등으로
    보호층을 설치한다.

③ 식재층의 바닥면은 원활한 배수를 위해 2% 이상의 기울기를 가져야 하며, 배수층은 자갈, 모래
    등의 천연골재, 합성수지 배수판 등을 사용한다.

④ 토양유실 및 배수기능이 저하되지 않도록 배수층과 토양층 사이에는 여과와 분리를 위한 토목섬유
    등을 설치하여야 한다.

⑤ 유지관리를 위하여 적절한 관수시설을 하여야 하며 관수는 보통 1회에 30mm, 살수강도는 토양의
    흡수능력에 따라 5~10mm/hr 정도로 한다.

⑥ 식재수목은 천근성으로 건조지나 척박지에 잘 자라는 수목, 뿌리의 발달이 좋고 가지가 튼튼한
    수목, 전정이 용이하고 생장이 느리며 병해충에 강한 나무를 선정한다.

⑦ 하중이 무거운 수목은 기둥이나 보 상부에 배식토록 하며, 뿌리분 위에는 토양의 비산, 수분증발을
    고려하여 멀칭을 한다.

⑧ 교목은 바람에 의한 도복을 방지하기 위해 적절한 지주를 설치하고 전정작업을 실시한다.

(3) 식물재료의 요구 성능

① 뿌리분의 높이가 식재 기반층 두께(토심)에 맞게 결정되어야 한다.

② 점토나 유기질 토양에서 길러진 다년초는 옥상녹화에 적합하지 않다.

③ 경량형 녹화 조성을 위해 사용되는 식물은 생육 상태가 양호하고, 적정량의 질소 시비로 키워졌으며, 충분히 열악한 환경에 적응한 식물이어야 한다.

④ 온실에서 재배한 것을 직접 적용하는 것은 안 되며, 야생 다년초의 경우 자연산지에서 직접 채취한 것이 아닌, 재배 생산을 통해 출하한 것을 권장한다.

⑤ 식재 기반층의 두께가 얇을 때는 평평한 뿌리분 식물을 심는다.

⑥ 포트묘 식물, 용기묘 식물 그리고 평평한 뿌리분 식물의 재배 토양은 주로 무기질 재료로 구성되어야 한다.

⑦ 옥상녹화 조성 시 사용되는 뗏장은 부식질이 적거나 중간 정도인 사토(모래흙)에서 재배되어야 하며, 토끼풀 종류가 절대로 뗏장에 혼합되지 않아야 한다.

⑧ 식생 매트는 재배, 운송, 포설 및 사용 목적을 위해서 적합한 매트기 반구조로 형성된다. 식생 매트가 팽팽하게 당겨지는 대상지에서 매트 기반 구조는 토목 섬유의 요구 조건에 적합해야 한다.

⑨ 부직포로 된 매트 기반은 토양에서 분리되어 들리지 않고 부직포를 투과하여 뿌리를 내리는 기능을 충족하여야 한다.

⑩ 식생 매트는 균일한 두께로 생산되어야 하며 들뜬 공간이 생기지 않게 포설할 수 있어야 하고, 매우 건강하게 재배된 것이어야 한다.

6 학교조경

(1) 구성

교사부지, 체육장용지, 야외실습지, 외곽녹지대

(2) 식목선정

① 교과서에서 취급된 식물을 우선적으로 선정한다.

② 학생들의 기호를 고려하여 선정한다.

③ 향토식물을 선정한다.

④ 관상가치가 있는 식물을 선정한다.

⑤ 학교를 상징하는 교목(校木)이나 교화(校花)를 선정한다.

⑥ 유치목과 비료목을 선정한다.

⑦ 주변 환경에 내성이 강한 식물과 성장속도가 빠른 수목을 선정한다.

7 공장조경

(1) 공장조경의 목적

① 지역사회와의 융화를 위하여 조성한다.
② 직장환경의 개선을 위하여 조성한다.
③ 기업의 홍보 및 이미지 향상을 위하여 조성한다.
④ 재해로부터 시설보호를 위하여 조성한다.

(2) 식재계획

① 전체 경관을 조성하기 위하여 종합적인 식재계획을 마련한 후 차폐 및 엄폐 등의 부분적인 식재계획을 한다.
② 식재계획은 자연환경과 주변환경, 여건을 고려하여 계획한다.
③ 공장의 특성을 고려한 식재와 수종 선정 시 기능적 식재를 계획한다.
④ 녹음용 식재 시 이식이 용이하고 전정에 잘 견디며, 성장속도가 빠르며 병해충에 잘 견디는 수종으로 선정한다.

[공장의 유형과 적정수종]

공장유형	재해	남부지방 적정 수종	중부지방 적정 수종
석유화학단지	아황산가스	태산목, 후피향나무, 녹나무, 굴거리나무, 아왜나무, 가시나무	화백, 눈향나무, 은행나무, 튤립, 버즘나무, 무궁화
제철공업지대 (금속, 기계)	불화수계, 염화수계	치자나무, 사스레피나무, 감탕나무, 호랑가시나무, 팔손이나무	아까시나무, 참나무, 포플러, 향나무, 주목
임해공업지대	조해, 임해	동백나무, 광나무, 후박나무, 돈나무, 꽝꽝나무, 식나무	향나무, 눈향나무, 곰솔, 사철나무, 회양목, 실란
시멘트공업지대	분진, 소음	삼나무, 비자나무, 편백, 화백, 가시나무	잣나무, 향나무, 측백, 가문비나무, 버즘나무

8 벽면 녹화

(1) 흡착등반형

대상 건축물 및 구조물 벽면에 흡착등반시키는 방법
예 담쟁이덩굴

(2) 권만등반형

대상 건축물 및 구조물 벽면에 네트나 울타리(트렐리스)를 설치하고 덩굴식물이 감아올리는 방법

(3) 하지형

① 대상 건축물 및 구조물 벽면의 옥상부분에서 덩굴식물을 식재 아래로 떨어뜨리는 방법
② 부착근이 없는 식물이라도 사용이 가능한 장점이 있는 반면에, 바람에 의해 벽에서 떨어진 잎이 흔들릴 경우 생장이 억제되어 벽면 피복 시간이 오래 걸리게 된다.

(4) 컨테이너 녹화

대상 건축물 및 구조물 벽면에 덩굴식물을 식재할 컨테이너를 부착 후 덩굴식물을 식재하는 방법

04 식재의 효과

❶ 건축적 · 공학적 · 기상학적 이용 효과

(1) 건축적 이용 효과

① 사생활 보호 : 대체로 수목의 높이가 높고 조밀할수록 사생활의 수준이 높아진다.
② 차폐 : 차폐는 매력적이지 못한 대상을 가리는 것으로 이는 다시 적극적인 차폐(혼-경의 질 향상)와 소극적인 차폐(시야로부터 추한 환경을 차단)로 구분된다.
③ 공간 분할 : 외부공간에 식물을 이용하여 벽과 천장 그리고 바닥면을 만들어냄으로써 시각적인 공간감을 부여함을 뜻한다.
④ 점진적 이해 : 수목으로 경관의 틀을 짜거나 시야를 제한하여 시선을 유도하는 효과로, 식재지역을 통과하여 지나감에 따라 경관이 점진적으로 나타나 보이도록 하는 것이다.

(2) 공학적 이용 효과

① 토양침식 조절 : 식물은 빗물의 충격을 줄이고 근계기에 의하여 토양입자를 고정시키며, 표면유수를 감소시키는 효과가 있다.
② 음향 조절
  ㉠ 식물에 의한 소음 조절은 식재 높이, 위치, 폭, 식재 밀도, 소음 강도와 주파수, 방향 등 옥외의 기상여건 등에 의해 결정된다.
  ㉡ 식재대는 크고 치밀해야 하며 폭이 최소한 7~8m는 되어야 하며 넓을수록 좋다.
  ㉢ 소음 조절효과는 수관이 지면에 거의 닿고 지엽이 밀생하는 상록수로서 들수록 좋다. 단일 수목의 식재는 고음과 저음 조절효과는 있으나 중음 즈절능력이 떨어지므로 혼식(混植)이 더 바람직하다.

③ 대기정화 기능 : 식물이 대기로부터 가스를 제거하거나, 부유물질을 침착 또는 흡수하여 제거한다.

④ 섬광 조절 : 적절한 높이와 지엽 및 밀도를 지닌 수목을 광원과 수광지점 사이에 식재한다. 가까이 식재할수록 차광효과가 높아진다.

⑤ 반사 조절 : 직사광이 반사체에 도달하기 전 또는 반사체와 관찰자 사이에서 차단 가능하며 위치 선정은 현지 상황에 따라 결정되어야 한다.

⑥ 통행 조절 : 식재에 의하여 사람과 동물의 이동을 효과적으로 조절할 수 있다. 식재 높이가 90~180cm가 되면 통행 조절이 매우 효과적이고, 180cm 이상이면 지엽 밀도가 높으며 통행뿐만 아니라 시선 조절도 가능하다. 통행 조절이 목적이라면 적어도 식재 후 3~5년 사이에 가지가 서로 얽혀 자라 기대효과를 발휘할 수 있는 수종을 선택하도록 한다.

(3) 기상학적 이용 효과

① 태양복사열 조절 : 지엽이 치밀한 수목을 식재하면 그늘이 깊고 넓다.

② 바람 조절 : 대체로 식재 높이의 5배인 수평거리에서 방풍효과가 가장 크고 그 지점을 지나면 점차 풍속이 증가하고 30배 수평거리에 이르면 효과가 상실된다.

③ 강수 조절 : 강우가 수관을 통과하는 동안에는 상당한 양의 빗물이 옆에 모임으로써 짧은 시간이나마 수관 하부 강수 조절기능이 있다.

④ 온도 조절 : 식물은 태양복사열을 반사시키고, 증산작용으로 흡수된 열을 소모하므로 온도 조절기능을 한다.

❷ 미적 이용 효과

조각물로서의 이용, 영상, 섬세한 선형미, 장식적인 수벽, 조류 및 소동물의 유인, 구조물의 유화 등이 있다.

CHAPTER 03 조경식물재배

01 조경식물의 학명

1 조경수목의 명명법

(1) 보통명(Common Name)

① 모든 민족 또는 종족들은 각각 그들 자신의 언어로 지어진 식물의 이름, 즉 보통명을 가진다.

② 보통명은 식물학적 의미에 있어서 한 종을 지시하거나 한 속 내에 있는 모든 종을 지시한다.

③ 보통명은 수목의 주요한 외관적 특징, 산지, 습성, 용도, 사람의 이름 중에서 유래하는 것이
일반적이다.

ㄱ 산지에서 온 이름 : 갯버들, 산단풍, 풍산가문비, 만주곰솔, 히말라야시다

ㄴ 특징에서 온 이름 : 생강나무, 수양버들, 팔손이-수형

ㄷ 용도에서 온 이름 : 회양목, 잣나무, 향나무, 도장나무, 호두나무, 사탕단풍, 코르크참나무

ㄹ 사람을 기념하는 이름 : Nuttall Oak, Engelmann Spruce, Sargent Cypress

ㅁ 타국에서 온 이름 : 사쿠라(벚나무), 모미지나무(단풍나무), 플라타너스(버즘나무), 피라칸타

④ **보통명의 장점**

ㄱ 각자에게 친밀하고 쉽게 배워지며 기억하기 쉽다.

ㄴ 좀 더 정확한 것을 희망할 때 Yellow Pine, White Pine과 같이 형용사를 첨가할 수 있다.

ㄷ 비전문가도 알기 쉽고, 학명보다 편리하다.

⑤ **보통명의 단점**

ㄱ 불확실하고 한 언어의 국민 또는 한 나라의 일부지방에서만 사용할 수 있다.

ㄴ 체계있는 규칙에 의하여 통제되지 않아 학술적 사용어 있어서는 불충분하다.

ㄷ 한 식물이 지방에 따라 여러 가지 이름으로 불리거나, 한 이름이 여러 가지 다른 식물에 사용되는
경우 혼동을 가져온다.

ㄹ 외국인에게는 보통명을 외우는 것이 학명을 외우는 것보다 더 불편하다.

(2) 학명(Botanical or Scientific Name)

① 보통명의 사용에서 오는 혼동을 막고 전 세계에서 공통으로 사용할 수 있는 명명법의 체계가
필요하게 되어 식물분류학에 있어서 식물의 학술적 이름, 즉 학명을 사용하게 되었다.

② 학명의 기원은 그리스어이며, 대부분이 라틴어화한 형태가 사용된다.

③ 학명은 속명 + 종명으로 구성되어 있어 이명법(binomials)이라고 불리며, 그 뒤에 명명자의 이름을 붙여 쓴다.

④ **속명** : 식물의 일반적 종류를 의미하는 것으로 속명은 항상 대문자로 시작한다.

　　예 *Quercus* : 참나무류, *Acer* : 단풍나무류, *Pinus* : 소나무류

⑤ **종명** : 한 속의 각각 개체를 서로 구별할 수 있게 하는 수식적 용어이며 일반적으로 형용사를 쓴다(때로는 인명, 지명, 국명 사용).

　　예 *albo* : White, *vulgaris* : Common 같은 형용사를 사용

⑥ **명명자**

　　㉠ 종명 뒤에 명명자의 이름을 붙이는 것은 학명의 정확도를 더욱 높이는 것이다.

　　㉡ 일반적인 사용에서는 명명자의 이름이 생략되는 경우가 있다.

　　예 Linne−Lin., L.

⑦ **변종, 품종** : 종명 다음에 변종은 var. 품종은 for.를 사용하고, 재배품종은 cv.(Cultivated Variety)를 사용하거나 인용부호를 넣는다. 품종은 꽃이나 잎의 형태와 같이 보다 작은 식물학적 차이점을 지닌다.

❷ 대표적인 조경식물의 학명

과명	한글명	학명	학명 출제 빈도
소철과	소철	*Cycas revoluta*	
은행나무과	은행나무	*Ginkgo biloba*	★★
주목과	주목	*Taxus cuspidata*	★★★
	눈주목	*Taxus cuspidata* var. *nana*	
	비자나무	*Torreya nucifera*	★
	개비자나무	*Cephalotaxus koreana*	
소나무과	잣나무	*Pinus koraiensis*	
	섬잣나무	*Pinus parviflora*	★
	스트로브잣나무	*Pinus strobus*	
	가문비나무	*Picea jezoensis*	★
	독일가문비	*Picea abies*	★
	솔송나무	*Tsuga sieboldii*	
	전나무	*Abies holophylla*	★★★
	분비나무	*Abies nephrolepis*	
	구상나무	*Abies koreana*	★★
	개잎갈나무	*Cedrus deodara*	★★
	백송	*Pinus bungeana*	★
	소나무	*Pinus densiflora*	★★★
	반송	*Pinus densiflora* for. 'Multicaulis'	★★
	곰솔	*Pinus thunbergii*	
	방크스소나무	*Pinus banksiana*	★

과명	한글명	학명	흔명 출제 빈도
소나무과	리기다소나무	*Pinus rigida*	
	일본잎갈나무(낙엽송)	*Larix kaempferi*, *Larix leptolepis*	
낙우송과	삼나무	*Cryptomeria japonica*	
	메타세쿼이아	*Metasequoia glyptostroboides*	
	낙우송	*Taxodium distichum*	★
	금송	*Sciadopitys verticillata*	
측백나무과	측백나무	*Thuja orientalis*	
	서양측백나무	*Thuja occidentalis* L.	
	편백	*Chamaecyparis obtusa*	★
	화백	*Chamaecyparis pisifera*	
	향나무	*Juniperus chinensis* L.	
	가이즈까향나무	*Juniperus chinensis* 'Kaizuka'	
	둥근향나무	*Juniperus chinensis* var. *globosa*	
	눈향나무	*Juniperus chinensis* var. *sargentii*	
	스카이로켓향나무	*Juniperus scopulorum* 'Skyrocket'	
	연필향나무	*Juniperus virginiana*	
버드나무과	용버들	*Salix masudana* 'Tortuosa'	
	능수버들	*Salix pseudolasiogyne*	★★
	수양버들	*Salix babylonica*	★★
	은백양	*Populus alba*	
	은사시나무	*Populus tomentiglandulosa*	
	미루나무	*Populus deltoides*	
	이태리포플러	*Populus euramericana*	
	양버들	*Populus nigra* var. *italica*	
	왕버들	*Salix chaenomeloides*	
가래나무과	가래나무	*Juglans mandshurica*	
	호두나무	*Juglans regia* L.	
	중국굴피나무	*Pterocarya stenoptera*	
자작나무과	오리나무	*Alnus japonica*	
	물오리나무	*Alnus sibirica*	
	사방오리나무	*Alnus firma*	
	자작나무	*Betula platyphylla* var. *japonica*	★★★
	박달나무	*Betula schmidtii*	
	개암나무	*Corylus heterophylla*	
	서어나무	*Carpinus laxiflora*	★
	소사나무	*Carpinus turczaninovii*	
참나무과	너도밤나무	*Fagus engleriana*	
	밤나무	*Castanea crenata*	★
	상수리나무	*Quercus acutissima*	★
	굴참나무	*Quercus variabilis*	
	갈참나무	*Quercus aliena*	★
	졸참나무	*Quercus serrata*	★

과명	한글명	학명	학명 출제 빈도
참나무과	신갈나무	*Quercus mongolica*	★
	떡갈나무	*Quercus dentata*	
	가시나무	*Quercus myrsinaefolia*	
느릅나무과	느릅나무	*Ulmus davidiana* var. *japonica*	
	느티나무	*Zelkova serrata*	★★★
	시무나무	*Hemiptelea davidii*	
	팽나무	*Celtis sinensis*	★
	푸조나무	*Aphananthe adpera*	
뽕나무과	꾸지뽕나무	*Cudrania tricuspidata*	
	무화과나무	*Ficus carica*	
	천선과나무	*Ficus erecta*	★
	뽕나무	*Morus alba*	
계수나무과	계수나무	*Cercidiphyllum japonicum*	★
미나리제비과	모란	*Paeonia suffruticosa*	
으름덩굴과	으름덩굴	*Akebia quinata*	
매자나무과	매발톱나무	*Berberis amurensis*	
	매자나무	*Berberis koreana*	★
	당매자나무	*Berberis poiretii*	
	중국남천	*Mahonia fortunei*	
	남천	*Nandina domestica*	
목련과	목련	*Magnolia kobus*	★
	백목련	*Magnolia denudata*	★
	자목련	*Magnolia liliflora*	
	함박꽃나무(산목련)	*Magnolia sieboldii*	★
	태산목	*Magnolia grandiflora*	
	일본목련	*Magnolia obovata*	
	별목련	*Magnolia stellata*	
	백합나무	*Liriodendron tulipifera*	
오미자나무과	오미자	*Schizandra chinensis*	
녹나무과	녹나무	*Cinnamomum camphora*	
	생강나무	*Lindera obtusiloba*	★★★
	까마귀쪽나무	*Litsea japonica*	
	참식나무	*Neolitsea sericea*	
	센달나무	*Machilus japonica*	
	후박나무	*Machilus thunbergii*	★
범의귀과	나무수국	*Hydrangea paniculata*	
	고광나무	*Philadelphus schrenckii*	★
돈나무과	돈나무	*Pittosporum tobira*	★★
버즘나무과	양버즘나무	*Platanus occidentalis*	
	버즘나무	*Platanus orientalis*	
	단풍버즘나무	*Platanus x hispanica*	

과명	한글명	학명	학명 출제 빈도
장미과	채진목	*Amelanchier asiatica*	
	풀명자	*Chaenomeles japonica*	
	산당화	*Chaenomeles speciosa*	
	모과나무	*Chaenomeles sinensis*	★★★
	산사나무	*Crataegus pinnatifida*	★
	비파나무	*Eriobotrya japonica*	
	황매화	*Kerria japonica*	★
	야광나무	*Malus baccata*	
	아그배나무	*Malus sieboldii*	
	꽃사과나무	*Malus floribunda*	
	사과나무	*Malus pumila*	
	살구나무	*Prunus armeniaca*	
	옥매	*Prunus glandulosa*	★
	산벚나무	*Prunus sargentii*	
	왕벚나무	*Prunus yedoensis*	★★★
	올벚나무	*Prunus pendula* for.	★
	처진개벚나무	*Prunus verecunde*	
	병아리꽃나무	*Rhodotypos scandens*	★
	귀룽나무	*Prunus padus*	
	장미	*Rosa hybrida*	
	자두나무	*Prunus salicina*	
	매화(매실)나무	*Prunus mume*	
	복숭아나무	*Prunus persica*	
	앵도나무	*Prunus tomentosa*	
	피라칸다	*Pyracantha angustifolia*	
	배나무	*Pyrus serotina* var. *culta*	
	다정큼나무	*Raphiolepis indica*	
	덩굴장미	*Rosa multiflora* var. *platyphylla*	
	찔레꽃	*Rosa multiflora*	★★
	해당화	*Rosa rugosa*	★
	노랑해당화	*Rosa xanthina*	
	팥배나무	*Sorbus alnifolia*	★★★
	마가목	*Sorbus commixta*	★
	국수나무	*Stephanandra incisa*	
	조팝나무	*Spiraea prunifolia*	★
	쉬땅나무	*Sorbaria sorbifolia* var. *stellipila*	
	꼬리조팝나무	*Spiraea salicifolia*	
콩과	자귀나무	*Albizia julibrissin*	★★★
	족제비싸리	*Amorpha fruticosa*	
	골담초	*Caragana sinica*	
	박태기나무	*Cercis chinensis*	★★★

과명	한글명	학명	학명 출제 빈도
콩과	개느삼	*Echinosophora koreensis*	
	주엽나무	*Gleditsia japonica*	
	싸리	*Lespedeza bicolor*	
	조록싸리	*Leapedeza maximowiczii*	★
	다릅나무	*Maackia amurensis*	
	칡	*Pueraria lobata*	
	꽃아까시나무	*Robinia hispida*	
	아까시나무	*Robinia pseudoacacia*	
	회화나무	*Styphnolobuum japonicum*	★★★
	등	*Wisteria floribunda*	★
운향과	유자나무	*Citrus junos*	
	귤	*Citrus unshiu*	
	쉬나무	*Evodia daniellii*	
	황벽나무	*Phellodendro amurense*	
	탱자나무	*Poncirus trifoliata*	
멀구슬나무	참죽나무	*Cedrela sinensis*	
	멀구슬나무	*Melia azedarach* var. *japonica*	
소태나무과	가죽나무(가중나무)	*Ailanthus altissima*	★
	소태나무	*Picrasma quassioides*	
회양목과	좀회양목	*Buxus microphylla*	
	회양목	*Buxus koreana*	★
옻나무과	안개나무	*Cotinus coggygria*	
	붉나무	*Rhus javanica*	★
감탕나무과	호랑가시나무	*Iles cornuta*	★
	감탕나무	*Ilex integra*	
	먼나무	*Ilex rotunda*	
	낙상홍	*Ilex serrata*	★
	꽝꽝나무	*Ilex crenata*	★
노박덩굴과	노박덩굴	*Celastrus orbiculatus*	★
	화살나무	*Euonymus alatus*	★
	줄사철나무	*Euonymus fortunei* var. *radicans*	★
	사철나무	*Euonymus japonicus*	★★★
	참빗살나무	*Euonymus hamiltonianus*	
단풍나무과	중국단풍	*Acer buergerianum*	
	신나무	*Acer tataricum* subsp. *ginnala*	★
	고로쇠나무	*Acer pictum* subsp. *mono*	
	복장나무	*Acer mandshuricum*	
	네군도단풍	*Acer negundo*	
	단풍나무	*Acer palmatum*	
	홍(노무라)단풍	*Acer palmatum* var. *sangaineum*	
	당단풍	*Acer pseudosieboldianum*	

과명	한글명	학명	학명 출제 빈도
단풍나무과	은단풍	*Acer saccharinum*	
	복자기	*Acer triflorum*	
칠엽수과	칠엽수	*Aesculus turbinata*	
소귀나무과	소귀나무	*Myrica rubra*	
포도과	담쟁이덩굴	*Parthenocissus tricuspidata*	
	머루	*Vitis coignetiae*	
	포도	*Vitis vinifera*	
피나무과	피나무	*Tilia amurensis*	★
	염주나무	*Tilia megaphylla*	
벽오동과	벽오동	*Firmiana simplex*	
다래나무과	다래	*Actinidia arguta*	
차나무과	차나무	*Camellia sinensis, Thea sinensis*	
	동백나무	*Camellia japonica*	★★★
	비쭈기나무	*Cleyera japonica*	
	사스레피나무	*Eurya japonica*	
	우묵사스레피	Eurya emarginata	
	노각나무	*Stewartia pseudocamellia*	★
	후피향나무	*Ternstroemia gymnanthera*	★
위성류과	위성류	*Tamarix chinensis*	
보리수나무과	보리수나무	*Elaeagnus umbellata*	
부처꽃과	배롱나무	*Lagerstroemia indica*	★★★
석류나무과	석류나무	*Punica granatum*	★
두릅나무과	섬오갈피나무	*Eleutherococcus gracilistylus*	
	황칠나무	*Dendropanax morbiferus*	
	팔손이	*Fatsia japonica*	
	송악	*Hedera rhombea*	
	음나무	*Kalopanax septemlobus*	
층층나무과	식나무	*Aucuba japonica*	★
	층층나무	*Cornus controversa*	
	꽃산딸나무	*Cornus florida*	
	말채나무	*Cornus walteri*	
	흰말채나무	*Cornus alba*	
	산수유	*Cornus officinalis*	★★★
	곰의말채나무	*Cornus macrophylla*	
진달래과	만병초	*Rhododendron brachycarpum*	
	영산홍	*Rhododendron indicum*	
	황철쭉	*Rhododendron japonicum*	
	진달래	*Rhododendron mucronulatum*	★
	철쭉	*Rhododendron schlippenbachii*	
	산철쭉	*Rhododendron yedoense*	

과명	한글명	학명	학명 출제 빈도
자금우과	백량금	*Ardisia crenata*	
	자금우	*Ardisia japonica*	
감나무과	감나무	*Diospyros kaki*	
때죽나무과	때죽나무	*Styrax japonicus*	★
	쪽동백나무	*Styrax obassia*	
노린재나무과	노린재나무	*Symplocos chinensis*	
물푸레나무과	미선나무	*Abeliophyllum distichum*	★
	이팝나무	*Chionanthus retusus*	★★★
	개나리	*Forsythia koreana*	★★★
	물푸레나무	*Fraxinus rhynchophylla*	
	광나무	*Ligustrum japonicum*	
	쥐똥나무	*Ligustrum obtusifolium*	
	목서	*Osmanthus fragrans*	
	수수꽃다리	*Syringa oblata*	
	서양수수꽃다리	*Syringa vulgaris*	
	정향나무	*Syringa patula* var.	
협죽도과	협죽도(유도화)	*Nerium indicum*	
	마삭줄	*Trachelospermum asiaticum*	
마편초과	좀작살나무	*Callicarpa dichotoma*	
	순비기나무	*Vitex rotundifolia*	
	누리장나무	*Clerodendron trichotomum*	
꿀풀과	백리향	*Thymus quinquecostatus*	
현삼과	참오동나무	*Paulownia tomentosa*	
	오동나무	*Paulownia coreana*	
능소화과	꽃개오동	*Catalpa bignonioides*	
	개오동나무	*Catalpa ovata*	
	능소화	*Campsis grandifolia*	
꼭두서니과	치자나무	*Gradenia jasminoides*	
	구슬꽃나무	*Adina rubella*	
	백정화	*Serissa japonica*	
인동과	인동덩굴	*Lonicera japonica*	
	아왜나무	*Viburnum odoratissimum*	
	분꽃나무	*Viburnum carlesii*	
	백당나무	*Vibrnum opulus* var.	
	붉은병꽃나무	*Weigela florida*	
무환자나무과	모감주나무	*Koelreuteria paniculata*	
갈매나무과	대추나무	*Zizyphus jujuba* var. *inermis*	
조록나무과	히어리	*Corylopsis gotoana* var. *coreana*	
	조록나무	*Distylium racemosum*	
	풍년화	*Hamamelis japonica*	
굴거리나무과	굴거리나무	*Daphniphyllum macropodum*	
	좀굴거리나무	*Daphniphyllum teijsmanni* Zoll.	

과명	한글명	학명	학명 출제 빈도
아욱과	무궁화	*Hibiscus syriacus*	★★
	부용	*Hibiscus mutabilis* L.	★
담팔수과	담팔수	*Elaeocarpus sylvestris*	
팥꽃나무과	팥꽃나무	*Daphne genkwa*	
	서향	*Daphne odora*	
벼과	오죽	*Phyllostrachys nigra*	
	이대	*Pseudosasa japonica*	
	조릿대	*Sasa borealis*	
	갈대	*Phragmites communis*	★

시험에 이렇게 나왔다!　　　　　　　　　　　　　　　　　　　　　　[2015년 제2회 기사]

흰장미과(科) 식물이 아닌 것은?

① 홍가시나무　　　　　　　　　　② 마가목
③ 병꽃나무　　　　　　　　　　　④ 팥배나무

해설
병꽃나무는 인동과에 속하며 낙엽관목이다.

　　　　　　　　　　　　　　　　　　　　　　　　　　　　　　정답　③

02　조경식물의 이용상 분류

① 미화장식용수

(1) 개념

① 공원 잔디밭, 건물이나 구조물 주위에 식재되어 경관을 장식한다.
② 꽃이나 열매 또는 잎이 아름다운 나무를 단독식재하거나 군식한다.

(2) 수종

① 교목류 : 소나무, 은행나무, 단풍나무, 주목, 동백나무, 자작나무, 목련, 모과나무, 꽃사과나무, 왕벚나무, 자귀나무, 배롱나무, 산수유 등
② 관목류 : 철쭉류, 수국, 명자나무, 장미, 조팝나무, 낙상홍, 수수꽃다리, 옥향, 피라칸타, 무궁화, 병꽃나무, 진달래, 개나리 등

❷ 산울타리 및 차폐용수

(1) 개념

① 산울타리 : 수목을 이용해서 도로나 옆집과의 경계 또는 담장 역할을 하는 수목이다.

② 차폐용 : 시각적으로 아름답지 못하거나 불쾌감을 주는 장소를 가려주는 역할을 하는 수목이다.

(2) 수종

① 지엽이 치밀한 상록수로, 적당한 높이로 아래가지가 오래도록 말라죽지 않으며 맹아력이 크고 불량한 환경조건에도 잘 견디는 수종으로, 외관이 아름답고 번식이 용이해야 한다.

② 수종 : 측백나무, 화백, 사철나무, 개나리, 명자나무, 피라칸타, 무궁화, 회양목, 탱자나무, 꽝꽝나무 등이 있다.

❸ 녹음용수

(1) 개념

① 강한 햇빛을 조절하기 위해 식재하는 나무이다.

② 여름에는 그늘을 제공해주지만 낙엽이 져서 겨울에는 햇빛을 가리지 않아야 한다.

(2) 수종

① 수관이 크고 큰 잎이 치밀하고 무성하며, 지하고가 높은 교목이 바람직하다.

② 느티나무, 칠엽수, 회화나무, 일본목련, 백합나무, 은행나무, 버즘나무, 벽오동 등이 있다.

❹ 방풍용수

(1) 개념

① 강한 바람을 막기 위하여 식재하는 수목이다.

② 방풍용 수종은 뿌리가 땅속 깊이 뻗는 심근성인 동시에 지간이 강해야 강풍에 의한 손상을 입지 않는다.

(2) 수종

① 가지가 강한 것, 심근성이며 지엽이 치밀한 수종이어야 한다.

② 일반적으로 상록활엽수보다 낙엽활엽수가 바람에 견디는 힘이 강하나 겨울철 방풍을 위해서 건물 높이보다 높은 상록교목을 선정한다.

③ 상록수 : 소나무, 곰솔, 향나무, 가시나무, 아왜나무, 독일가문비, 주목, 후박나무, 광나무, 화백, 잣나무, 삼나무, 구실잣밤나무, 감탕나무, 태산목, 굴거리나무 등
④ 낙엽수 : 느티나무, 버즘나무, 팽나무, 떡갈나무, 계수나무, 상수리나무 등

⑤ 방연용수

(1) 개념

대기오염물질이 수목에 영향을 미치는 정도는 가스의 종류, 농도, 접촉시간, 접촉 시의 광선, 온도, 습도, 수목의 종류, 생육시기 등에 따라 다르다.

(2) 수종

① 아황산가스에 강한 수종 : 비자, 솔송, 왜금송, 편백, 화백, 가이즈까향나무, 개비자나무, 향나무, 가시나무, 굴거리나무, 녹나무, 태산목, 사철나무, 벽오동, 칠엽수, 무궁화, 자귀나무, 쥐똥나무, 개암나무, 유카 등
② 아황산가스에 약한 수종 : 독일가문비나무, 소나무, 대왕송, 잣나무, 일본잎갈나무, 삼나무, 느티나무, 고로쇠나무, 매실나무, 단풍나무, 전나무 등
③ 자동차 배기가스에 강한 수종 : 비자나무, 가이즈까향나무, 녹나무, 감탕나무, 미루나무, 벽오동, 은행나무, 편백나무, 향나무, 쥐똥나무, 개나리, 히말라야시다 등
④ 자동차 배기가스에 약한 수종 : 단풍나무, 팽나무, 전나무, 소나무, 수수꽃다리, 화살나무, 금목서, 은목서, 목련 등

⑥ 방조용수

(1) 개념

① 매립지는 준설퇴적 등 여러 가지 폐기물이 혼합되어 나쁜 지반을 형성하고, 지하수에 의한 염분의 압출과 정체, 강염기와 강산성 상태 등 식물생육에 불리한 환경이다.
② 수목이 바닷바람이나 조수를 뒤집어쓰면 뿌리에 장해를 받아서 빠른 것은 침수 후 1시간 정도 지나면 고사상태가 되고, 늦다고 해도 서서히 쇠약해져서 회복이 불가능하게 된다.
③ 폭풍우 때에는 바람과 염분에 의한 이중부담으로 심한 피해를 입는다.

(2) 수종

① 상록수 : 향나무, 소나무, 후박나무, 아왜나무, 녹나무, 식나무, 팽나무, 개비자나무, 굴거리나무, 돈나무, 협죽도 등
② 낙엽수 : 아까시나무, 회화나무, 느티나무, 산초나무, 가중나무, 은행나무 등

❼ 방사 및 방진용수

(1) 개념

강가나 호수가 또는 해변의 모래땅에서 토사의 붕괴나 이동을 막기 위해 사용되는 수종이다.

(2) 수종

① 가급적 단시일 내에 토양을 안정시킬 수 있고 맹아력이 우수한 것
② 지상부가 무성하면서 잎이 바람에 상하지 않는 것
③ 사방의 경유는 조림에 유의하면서도 자연생태적 특성에 맞는 향토수종을 선정
④ **상록수** : 눈향나무, 동백나무, 사철나무, 보리장나무 등
⑤ **낙엽수** : 아까시나무, 싸리나무, 해당화, 오리나무, 쥐똥나무, 찔레나무 등

❽ 방화용수

(1) 개념

① 잎에 수분함량이 많아 화재 시 불꽃이 수목에 접근되면 잎에서는 약 30~60초, 가지에서는 수분 동안 수증기가 방출되므로 방화효과가 높은 수종을 선택해야 한다.
② 잎의 방출 유효수분은 함유수분의 40~50%, 가지는 30~45%가 된다.

(2) 수종

① 방화 효과가 높게 나타나는 수목은 잎이 두텁고 함수량이 많으며 넓은 잎을 가진 치밀한 수관부위를 이루는 상록수가 좋다.
② **상록수** : 금송, 광나무, 후피향나무, 아왜나무, 동백나무, 후박나무, 녹나무, 식나무, 사철나무, 굴거리나무 등
③ **낙엽수** : 은행나무 등

❾ 방설용수

(1) 개념

눈과 눈보라에 대한 저항성이 큰 수종이 필요하다.

(2) 수종

① 내한성이 강하고 눈의 무게와 풍압을 견디는 것

② 눈이 아래로 쏟아질 수 있는 가지를 가진 것

③ 생육이 왕성한 지상부를 가진 심근성 수종

④ 소나무, 곰솔, 스트로브잣나무, 낙엽수, 독일가문비나무, 서양측백, 느릅나무, 갈참나무

---

03   조경식물의 형태적 · 특성적 분류

① 조경식물의 형태적 분류

(1) 교목 · 관목 · 덩굴성 수목(수목의 크기)

① 교목 : 곧은 줄기가 있고 줄기와 가지의 구별이 명확하며 줄기의 길이 생장이 현저히 키가 큰 나무로 대개 8m 이상인 나무를 말한다.

② 관목

　㉠ 뿌리 부근에서 여러 줄기가 나와 줄기와 가지 구별이 뚜렷하지 않은 키가 작은 나무로 대개 2~3m 이하의 나무이다.

　㉡ 시야를 방해하지 않으면서 공간은 분할하거나 한정하는 데 이용할 수 있다.

③ 덩굴성 수목 : 만경목이라고도 하며 등나무나 담쟁이덩굴과 같이 스스로 서지 못하고 다른 물체를 감아 올라가는 수목을 말한다.

[고유의 모양으로 본 나무의 분류]

구분	주요 수종
교목	주목, 잣나무, 소나무, 전나무, 향나무, 개잎갈나무, 동백나무, 은행나무, 자작나무, 밤나무, 느티나무, 계수나무, 백목련, 모과나무, 왕벚나무, 살구나무, 팥배나무, 단풍나무, 배롱나무, 버즘나무, 산수유, 감나무, 대추나무, 회화나무, 후박나무 등
관목	옥향, 돈나무, 피라칸타, 회양목, 사철나무, 팔손이, 협죽도, 모란, 수국, 명자나무, 장미, 조팝나무, 박태기나무, 탱자나무, 낙상홍, 진달래, 철쭉, 개나리, 쥐똥나무, 수수꽃다리, 무궁화, 매자나무 등
덩굴성 수목	등나무, 으름덩굴, 담쟁이덩굴, 인동덩굴, 포도나무, 송악, 더루, 오미자 등

(2) 침엽수와 활엽수(잎의 모양)

① 침엽수 : 겉씨식물, 나자식물에 속하는 나무들로 일반적으로 잎이 바늘모양이며 좁다.

② 활엽수 : 속씨식물, 피자식물에 속하는 나무들로 일반적으로 잎이 납작하고 넓다.

침엽수　　활엽수
(바늘잎)　(넓은잎)

[침엽수와 활엽수]

[잎의 모양으로 본 나무의 분류]

구분	주요 수종
침엽수	소나무, 곰솔, 잣나무, 전나무, 구상나무, 비자나무, 편백, 화백, 낙우송, 메타세쿼이아, 일본잎갈나무, 삼나무, 측백나무, 가이즈까향나무, 개잎갈나무, 독일가문비나무, 눈향나무 등
활엽수	태산목, 먼나무, 사철나무, 동백나무, 능수버들, 회양목, 단풍나무, 층층나무, 굴거리나무, 호두나무, 서어나무, 상수리나무, 느티나무, 칠엽수, 벽오동, 버즘나무, 자작나무, 왕벚나무, 팔손이, 가중나무, 무화과나무, 해당화, 산철쭉, 수수꽃다리 등

(3) 상록수와 낙엽수(잎의 생태)

① 상록수 : 항상 푸른 잎을 가지고 있는 나무로 시각적으로 보기 흉한 것을 가려 주거나 겨울철 바람막이로 유용하게 쓰인다.

② 낙엽수 : 가을철 생리현상으로 잎이 모두 떨어지거나 고엽이 일부 붙어있는 나무로서 겨울에는 햇빛을, 여름에는 시원한 그늘을 얻는 데 적합하므로 주로 가로수용으로 많이 쓰인다.

[잎의 형태상 분류]

분류	주요 수종
상록교목	주목, 잣나무, 섬잣나무, 소나무, 전나무, 서양측백, 향나무, 먼나무, 가시나무, 태산목, 후박나무, 동백나무, 아왜나무 등
상록관목	눈향나무, 남천, 다정큼나무, 피라칸타, 회양목, 호랑가시나무, 꽝꽝나무, 사철나무, 식나무, 광나무, 목서, 협죽도, 치자나무 등
낙엽교목	은행나무, 낙우송, 메타세쿼이아, 자작나무, 느티나무, 일본목련, 모과나무, 꽃사과, 매화나무, 마가목, 복자기, 층층나무, 산수유 등
낙엽관목	생강나무, 나무수국, 황매화, 앵두나무, 화살나무, 보리수나무, 흰말채나무, 미선나무, 개나리, 쥐똥나무, 좀작살나무, 병꽃나무 등

[조경 수목의 성상별 분류] ☑ 중요

성상	주요 수종	성상	주요 수종
상록 침엽교목	소나무, 전나무, 개잎갈나무(히말라야시다), 잣나무, 측백나무, 곰솔(해송), 서양측백나무, 화백, 주목, 스트로브잣나무, 향나무, 섬잣나무, 반송, 가이즈까향나무	낙엽 침엽교목	메타세쿼이아, 은행나무, 낙우송
상록 침엽관목	개비자나무, 눈향나무, 눈주목, 둥근측백, 옥향	낙엽 활엽교목	느티나무, 대추나무, 감나무, 포플러, 갈참나무, 매실(화)나무, 목련, 자두나무, 개오동나무, 느릅나무, 중국단풍나무, 당단풍, 칠엽수, 때죽나무, 떡갈나무, 오동나무, 이팝나무, 회화나무, 튤립(백합)나무, 자귀나무, 팽나무, 버즘나무
상록 활엽교목	광나무, 가시나무, 소귀나무, 차나무, 녹나무, 구실잣밤나무, 참식나무	낙엽 활엽관목	박태기나무, 명자나무, 수국, 진달래, 개나리, 화살나무, 조팝나무, 목수국, 산철쭉, 수수꽃다리, 싸리류, 쥐똥나무, 장미, 황매화, 해당화, 무궁화, 낙상홍, 좀작살나무
상록 활엽관목	돈나무, 식나무, 피라칸타, 다정큼나무, 자금우, 회양목, 사철나무, 호랑가시나무	만경류	능소화, 칡, 등나무, 덩굴장미, 담쟁이덩굴, 인동덩굴, 송악

❷ 관상면에서의 분류

분류		주요 수종
꽃을 관상하는 수종	봄꽃	진달래, 박태기나무, 철쭉, 동백나무, 목련, 조팝나무, 산사나무, 매화나무, 개나리, 산수유, 등나무, 수수꽃다리, 모란 등
	여름꽃	배롱나무, 협죽도, 자귀나무, 석류나무, 능소화, 치자나무, 마가목, 백정화, 산딸나무, 층층나무, 수국, 무궁화 등
	가을꽃	무궁화, 부용, 협죽도, 은목서, 호랑가시나무 등
	겨울꽃	팔손이나무, 비파나무 등
열매를 관상하는 수종		피라칸타, 낙상홍, 석류나무, 팥배나무, 탱자나무, 모과나무, 살구나무, 자두나무, ㅁ-가목, 산수유, 대추나무, 오미자, 감나무, 생강나무, 감탕나무, 사철나무, 화살나무 등
잎을 관상하는 수종		주목, 식나무, 벽오동, 단풍나무류, 계수나무, 은행나무, 측백나무, 대나무, 호랑가시나무, 낙우송, 소나무류, 위성류, 회양목, 화백, 느티나무 등
단풍을 관상하는 수종		단풍나무, 고로쇠나무, 중국단풍, 신나무, 네군도단풍, 복자-기, 은단풍, 붉나무, 화살나무, 마가목, 산딸나무, 낙상홍, 매자나무, 은행나무, 백합나무, 배롱나무, 계수나무, 일본잎갈나무, 담쟁이덩굴 등
수피를 관상하는 수종		백송, 자작나무, 배롱나무, 곰솔, 독일가문비, 벽오동, 소나무, 모과나무 등

❸ 음수와 양수 ☑ 중요

(1) 음수

그늘진 곳에서도 잘 자라고 번식할 수 있는 나무

① 강음수 : 나한백, 왜금송, 주목, 식나무, 팔손이나무, 사철나무, 굴거리나무

② 음수 : 비자나무, 가문비나무, 전나무, 눈측백, 너도밤나무, 구상나무, 솔송ㄴ무, 비쭈기나무, 생달나무, 월계수, 먼나무, 화살나무, 삼지닥나무, 치자나무

(2) 양수

어릴 때 햇볕에서는 잘 자라지만 그늘에서는 잘 자라지 못하는 나무

① 양수 : 삼나무, 측백나무, 노간주나무, 개잎갈나무, 무궁화, 매화나무, 살구나무, 배롱나무, 모란, 협죽도, 해당화, 석류나무, 위성류, 장미류, 벚나무류, 플라타너스, 조팝나무

② 강양수 : 낙엽송, 자작나무, 예덕나무, 두릅나무

기출 Point	양수

- 유묘 시에는 생장이 빠르나 나이가 많아짐에 따라 차차 느려진다.
- 가지는 소생하고 수관이 개방적이며, 아래 가지는 일찍 말라 떨어져 버린다.
- 줄기의 선단부와 굵은 가지가 남쪽 또는 햇빛이 있는 쪽으로 자라는 습성이 있다.
- 양수는 음수보다 끈포화점이 높다.
- 양수는 음수에 비해 어릴 때의 생장이 왕성하다.

(3) 중용수

① 음수와 양수의 중간적 성질을 가진 나무를 말한다.

② 동백나무, 산다화, 후박나무, 가시나무류, 차나무, 섬잣나무, 편백, 잣나무, 단풍나무류, 느릅나무류, 서어나무류, 명자나무, 벽오동, 참나무류, 목련류

❹ 그 밖의 분류

(1) 자연수형과 인공수형

① 자연수형 : 나무가 자란 그대로의 수형이다.

② 인공수형 : 인위적으로 만든 수형이다.

[자연수형과 주요 수종]

수형	주요 수종
원추형	낙우송, 삼나무, 전나무, 메타세쿼이아, 독일가문비나무, 일본잎갈나무, 구상나무, 주목 등
우산형	편백, 화백, 반송, 층층나무, 왕벚나무, 매화나무, 복숭아나무, 네군도단풍 등
구형	졸참나무, 가시나무, 녹나무, 수수꽃다리, 화살나무, 회화나무, 느티나무 등
난형	백합나무, 측백나무, 동백나무, 태산목, 계수나무, 목련, 버즘나무 등
원주형	포플러류, 무궁화, 부용 등
배상형	느티나무, 가중나무, 단풍나무, 배롱나무, 산수유, 자귀나무, 석류나무 등
능수형	능수버들, 용버들, 수양벚나무, 실화백 등
만경형	능소화, 담쟁이덩굴, 등나무, 으름덩굴, 인동덩굴, 송악, 줄사철나무 등
포복형	눈향나무, 눈잣나무 등

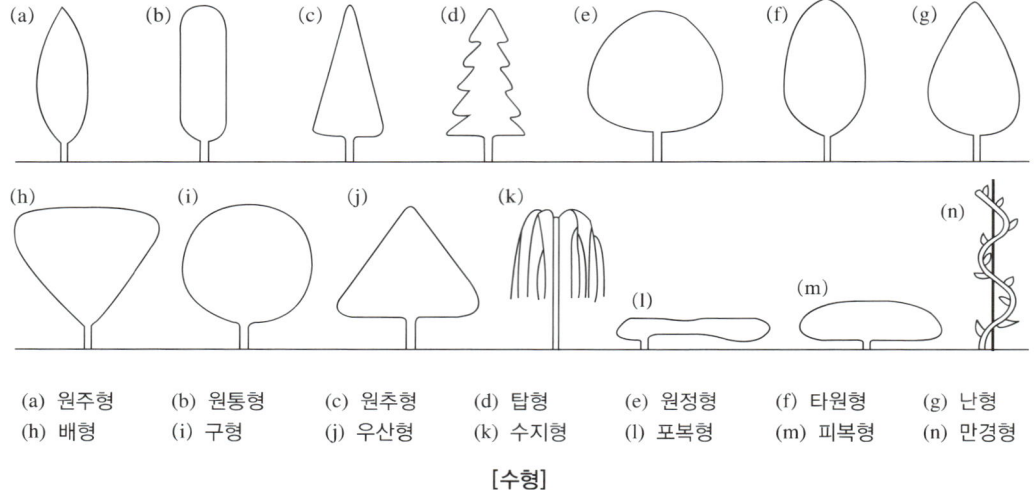

(a) 원주형	(b) 원통형	(c) 원추형	(d) 탑형	(e) 원정형	(f) 타원형	(g) 난형
(h) 배형	(i) 구형	(j) 우산형	(k) 수지형	(l) 포복형	(m) 피복형	(n) 만경형

[수형]

(2) 색채

① 잎의 색채

ⓐ 일반적으로 짙은 녹색은 침엽수와 상록활엽수, 밝은 녹색은 낙엽활엽수이다.

ⓑ 색채가 특이한 수종으로 금테사철, 은테사철, 은단풍, 홍가시나무, 황금공작편백, 은백양, 홍단풍 등이 있다.

② 줄기의 색채

ⓐ 줄기의 색채가 뚜렷한 것도 잎의 색채와 더불어 경관에 변화와 리듬감을 준다.

ⓛ 백색 : 백송, 플라타너스, 동백나무, 자작나무, 구상나무 등
ⓒ 녹색 : 황매화, 벽오동, 식나무, 녹나무 등
ⓡ 갈색 : 배롱나무, 철쭉, 산다화, 편백 등
ⓜ 검은색 : 해송, 히말라야시다, 자귀나무, 독일가문비

③ 꽃과 열매의 색채
　ⓠ 꽃 : 포기마다의 꽃을 감상할 수 있도록 식재하는 것도 중요하지만, 계절마다 색채 변화나 집단적인 아름다움에도 중점을 두어야 한다.

[꽃의 색채] ☑ 중요

색	주요 수종
흰색 (백색)	백목련, 조팝나무, 미선나무, 흰말채나무, 벚나무, 매화나무, 층층나무, 산딸나무, 돈나무, 팥배나무, 층층나무, 가막살나무, 쥐똥나무, 꽃사과, 백당나무, 야광나무, 아까시나무, 귀룽나무, 불두화, 꽃사과, 이팝나무, 치자나무, 병아리꽃나무
붉은색	동백나무, 배롱나무, 댕강나무, 명자나무, 박태기나무, 해당화, 모과나무, 모란
황색	산수유, 매자나무, 튤립나무, 개나리, 모감주나무, 생강나무, 풍년화
보라색	무궁화, 참오동나무, 등나무, 진달래, 수수꽃다리, 산철쭉, 비비추(연보라)

　ⓛ 열매 : 가을부터 겨울에 걸쳐 느낄 수 있는 열매의 아름다움도 꽃의 아름다움 못지않게 관상 가치가 높다(낙상홍, 사철나무, 작살나무, 식나무 등).

[열매의 색채] ☑ 중요

색	주요 수종
붉은색	산수유, 감나무, 가막살나무, 화살나무, 감탕나무, 팥배나무, 매자나무, 백당나무, 호랑가시나무, 피라칸타, 낙상홍, 앵두나무, 마가목, 찔레나무, 사철나무, 노박덩굴, 산사나무, 목련, 보리수나무, 까치밥나무
황색	튤립나무, 회화나무, 은행나무, 탱자나무, 살구나무, 매화나무, 상수리나무, 명자나무, 멀구슬나무, 아그배나무
보라색	좀작살나무
검은색	생강나무, 꽝꽝나무, 광나무, 굴거리나무, 쥐똥나무, 팔손이, 인동덩굴, 후박나무, 아왜나무, 뽕나무, 왕벚나무, 병아리꽃나무, 오갈피나무, 팽나무
갈색	칠엽수, 배롱나무, 메타세쿼이아
흰색	흰말채나무

[열매의 분류]

종류	특징	주요 식물
협과	잘록한 마디가 발달하고 익으면 2개의 봉합선에 따라 벌어지는 열매를 말한다.	회화나무, 등나무, 자귀나무, 박태기나무, 아까시나무, 싸리 등
삭과	2개 이상의 심피로 구성된 자방이 성숙하여 형성된 속씨식물(피자식물)의 열매. 익으면 과피가 저절로 벌어져 종자가 산포되는 종류이다.	무궁화, 진달래, 수수꽃다리, 비비추, 때죽나무, 화살나무, 풍년화 등
시과	과피가 얇은 막 모양으로 돌출하여 날개를 이루어 바람을 타고 멀리 날아 흩어지는 열매이다.	참느릅나무, 물푸레나무, 단풍나무, 복자기 등
핵과	액과(液果)의 하나. 단단한 핵으로 싸여 있는 씨가 들어 있는 열매로, 외과피는 얇고 중과피는 살과 물기가 많다.	좀작살나무, 흰작살나무, 가막살나무, 낙상홍 등

(3) 질감

① 물체의 외형을 보거나 만졌을 때 느껴지는 감각이다.

② 질감요소 : 꽃이나 잎의 생김새, 착색 밀도, 열매

　　㉠ 거친 나무 : 큰 건물이나 서양식 건물에 잘 어울리며 칠엽수, 벽오동, 태산목, 팔손이나무, 버즘나무 등이 있다.

　　㉡ 고운 나무 : 한옥이나 좁은 정원에 잘 어울리며 철쭉류, 소나무, 편백 등이 있다.

(4) 향기

① 꽃향기를 풍기는 나무 : 매화나무(3월), 아카시아나무(아까시나무)(3월~5월), 수수꽃다리(4~5월), 때죽나무(5~6월), 장미(5~10월), 일본목련(6월), 함박꽃나무(6월), 인동덩굴(7월), 목서류(10월) 등

② 열매에서 향기를 풍기는 나무 : 녹나무, 모과나무, 탱자나무 등

③ 잎에서 향기를 풍기는 나무 : 녹나무, 서양(미국)측백나무, 백동백나무, 생강나무, 월계수 등

(5) 계절적 현상

수목의 싹틈, 개화, 결실, 단풍, 낙엽 등은 계절적 변화와 깊은 관계가 있고 경관에 변화와 계절감을 준다.

① 싹틈

　　㉠ 눈은 지난해 여름에 형성되어 겨울을 나고 봄에 기온이 올라감에 따라 싹이 튼다.

　　㉡ 일반적으로 낙엽수가 상록수보다 일찍 싹이 트며 남부 지방은 중부 지방보다 10~15일 정도 빨리 튼다.

② 개화

　　㉠ 나무가 성숙하는 결실을 위한 전 단계를 말한다.

　　㉡ 봄에 꽃이 피는 나무의 꽃눈은 개화 전년도의 6월부터 8월 사이에 분화하며, 일조량이 많고 기온이 높아야 꽃눈의 분화가 잘 된다.

> **기출 Point | 잎보다 꽃이 먼저 피는 수종**
> 산수유, 오리나무, 미선나무, 개나리, 진달래, 박태기나무, 생강나무, 자두나무, 살구나무, 올벚나무, 복사나무, 서어나무

　　㉢ 초여름부터 가을에 걸쳐 꽃이 피는 나무는 개화하는 그 해에 자란 가지에서 꽃눈이 분화하여 그 해 안에 꽃이 피는 성질을 가지게 된다(능소화, 무궁화, 배롱나무, 장미, 찔레나무 등).

[수종별 개화시기]

개화시기	주요 수종
2월	풍년화, 동백나무
3월	미선나무, 매실나무, 개나리, 생강나무, 산수유, 만리화, 히어리, 개암나무, 진달래, 살구나무, 백목련, 황금개나리, 벌목련 등
4월	목련, 네군도단풍, 수양벚나무, 왕벚나무, 앵도나무(앵두나무), 자목련, 채진목, 명자꽃, 복숭아나무, 배나무, 황매화, 죽단화, 수수꽃다리, 박태기나무, 조팝나무, 탱자나무, 사과나무, 모과나무, 흰말채나무, 철쭉, 노린재나무, 모란 등
5월	꽃사과나무, 팥배나무, 등나무, 칠엽수, 노린재나무, 말채나무, 산사나무, 매자나무, 층층나무, 일본목련, 병꽃나무, 해당화, 이팝나무, 찔레꽃, 귀룽나무, 댕강나무, 오동나무, 함박꽃나무, 아까시나무, 조팝나무, 위성류, 튤립나무, 덩굴장미, 붉은인동덩굴, 피라칸다, 산딸나무, 다래, 때죽나무 등
6월	마가목, 백당나무, 불두화, 감나무, 장미, 나래쪽동백, 고광나무, 쥐똥나무, 인동덩굴, 황금쥐똥나무, 싸리, 낙상홍, 밤나무, 노각나무, 피나무, 가중나무 등
7월~8월	수국, 산수국, 자귀나무, 능소화, 작살나무, 흰작살나무, 좀작살나무, 모감주나무, 개오동, 무궁화, 벽오동, 회화나무, 배롱나무, 석류, 쉬나무, 부들레야, 나무수국 등
9~10월	목서류
11~12월	팔손이, 비파나무

③ 결실

　㉠ 열매를 맺는 것을 말한다.

　㉡ 붉은 색채가 가장 많고 10~11월에 결실하는 나무가 많다.

　㉢ 주로 가을에 열매가 성숙하며, 결실량이 지나치게 많을 때에는 다음 해의 개화, 결실이 부실해지므로 꽃이 진 후 열매를 적당히 솎아 주는 것이 좋다.

④ 단풍

　㉠ 기온이 낮아짐에 따라 잎 속에서 생리현상이 일어나 푸른 잎이 다홍색, 황색 또는 갈색으로 변하는 현상이다.

　㉡ 단풍의 분류

구분	주요 수종
다홍색	단풍나무, 마가목, 감나무, 화살나무, 붉나무, 담쟁이덩굴, 옻나무, 산딸나무 등
황색	은행나무, 일본잎갈나무, 메타세쿼이아, 느티나무, 백합나무, 갈참나무, 칠엽수, 벽오동, 배롱나무, 자작나무, 계수나무, 고로쇠나무 등

⑤ 낙엽

　㉠ 잎이 낡아서 동화작용이 쇠약해지거나 환경조건, 영양상태가 나빠지면 성긴다.

　㉡ 봄에 잎이 나서 가을이 되면 떨어진다.

　㉢ 상록수는 1년 이상 묵은 잎이 낙엽이 되며 잎이 떨어지는 기간도 낙엽수에 비해 훨씬 길다.

(6) 수세

① 양지에서 잘 자라는 나무는 어릴 때의 생장이 빠르지만 음지에서 잘 자라는 나무는 생장이 비교적 느리다(배식 계획을 세우는 데 꼭 필요하다).

② 일반적으로 양수는 어릴 때의 생장이 빠르고, 음수는 비교적 느리다.

③ 생장 속도가 빠른 수종 : 원하는 크기까지 빨리 자라나(양수), 수형이 흐트러지고 바람에 약하다.

④ 생장 속도가 느린 수종 : 음수, 수형이 거의 일정하고 바람에 꺾이는 일도 거의 없지만 원하는 크기까지 자라는 데 시간이 많이 걸린다.

(7) 수생식물의 분류

① 침수식물 : 나사말, 검정말, 붕어마름, 물수세미, 물질경이 등

② 부엽식물 : 마름, 수련, 연꽃, 자라풀 등

③ 부유식물 : 생이가래, 개구리밥, 부레옥잠 등

④ 추수식물(정수식물) : 갈대, 줄, 부들, 창포, 꽃창포, 물옥잠 등

더 알아보기

- 자웅동주(일가화) : 종자식물에서 수술만을 가진 수꽃과 암술만을 가진 암꽃이 같은 그루에 생기는 현상(한 식물에서 암수의 꽃이 모두 피는 식물)
  예 오리나무, 삼나무, 소나무, 참나무류
- 자웅이주(이가화) : 종자식물에서 암수의 생식기관 및 생식세포가 다른 개체에 생기는 현상
  예 꽝꽝나무, 은행나무, 뽕나무, 호랑가시나무, 가죽나무, 주목
- 무성화 : 수술과 암술이 모두 퇴화하여 없는 꽃
  예 불두화, 수국

시험에 이렇게 나왔다!   [2016년 제4회 산업기사]

흰색의 꽃(5~7월)과 붉은 색의 열매(9~10월)를 감상할 수 있으며, 녹음수 또는 독립수로 적합한 수종은?

① 박태기나무   ② 이팝나무   ③ 마가목   ④ 광나무

해설
① 박태기나무 : 자주색의 꽃(4~5월)과 꼬투리모양 갈색열매(8~9월)
② 이팝나무 : 흰색의 꽃(5~6월)과 검은색의 열매(9~10월)
④ 광나무 : 흰색의 꽃(7~8월)과 자주색의 열매(10~11월)

정답 ③

04 조경식물의 생리·생태적 특성

① 임목식생과 기후의 특성

(1) 기후

① 우리나라에서 식물의 천연 분포를 결정짓는 가장 주된 요인은 기후 인자이며, 그중에서도 온도 조건이 식물의 천연 분포를 결정한다.

② 식물의 천연 분포는 위도와 고도에 따라 다르고 수종분포도 띠에 따라 변한다.

③ 산림대는 온도 조건에 의해서 난대림, 온대림, 한대림으로 나뉘며 온대림은 그 범위가 넓어 남부, 중부, 북부로 나뉜다.

[우리나라 산림대별 특징 수종]

산림대		특징 수종
난대림		녹나무, 동백나무, 감탕나무, 사철나무, 가시나무류, 걸구슬나무, 아왜나무, 후박나무 등
온대림	남부	대나무류, 곰솔, 서어나무, 팽나무, 굴피나무, 사철나무, 단풍나무 등
	중부	신갈나무, 졸참나무, 전나무, 향나무, 밤나무, 때죽나무, 소나무 등
	북부	자작나무, 박달나무, 신갈나무, 사시나무, 전나무, 잎갈나무, 잣나무, 거제수나무 등
한대림		잣나무, 전나무, 주목, 분비나무, 가문비나무, 잎갈나무, 종비나무 등

(2) 수목과 온도의 특성

온도는 수분과 함께 수종의 분포 및 식생형을 결정하며 기온대는 산림대와 거의 일치한다.

① 수목의 온도조건

    ㉠ 수목 생육상 최적온도는 수종마다 다르고 동일 수종이라도 잎, 가지, 뿌리 등 부위에 따라 차이가 있다.

    ㉡ 수목의 발아, 결실, 성장 등 생육과정에 따라 최적온도는 다르며, 특히 개화 결실기에는 고온이 필요하다.

② 수목의 생활온도 : 뿌리의 발육온도는 상록침엽수류 5~6℃, 낙엽활엽수류 2~3℃로서 겨울의 혹한기를 제외하고는 지중에서 생장한다. 대체로 평균기온 5℃ 내외에서 생육을 개시한다.

③ 수목의 적산온도 : 일정한 온도를 초과한 온도의 총합이 식물의 생리적 현상을 일으킨다는 뜻에서 정해진 것으로, 발아와 개화는 적산온도가 있다. 유효최저 온도는 5℃이며, 2월 이후 유효적산온도 는 127℃이다.

④ 온도와 종자발아 : 종자는 저온(0~5℃) 또는 고온(30~40℃)에서 발아가 촉진되며, 이는 지방의 분해 아미노산 또는 당분의 증가로 인하여 휴면기가 단축되기 때문이다.

⑤ 기온 차이에 의한 수목의 피해 : 과도한 고온이나 저온을 받으면 수목이 피해를 받는데 그중 수피의 얇은 피목이 갑자기 강한 일광에 노출되면 형성층이 고온피해를 받고, 겨울철 토양이 동결하여 뿌리에서 수분 흡수가 불가능할 때 상록수가 생리적 건조로 고사하며, 온난한 지방의 수목이 0℃ 이상에서는 생리적 피해를 받는다.

(3) 수목과 광조건의 특성

① 광선의 개념
  ㉠ 녹색 식물의 엽록소에서 일어나는 탄소 동화 작용의 한 형식인 광합성의 한 요인으로 식물이 생장해 나가는 데 매우 중요한 요소이다. 수종의 고유 특성에 따라 음수와 양수로 분류된다.
  ㉡ 음수 : 전 광선량의 50% 내외로 약한 광선에서도 비교적 좋은 생육을 한다.
  ㉢ 양수 : 전 광선량의 70% 내외로 충분한 광선 밑에서 좋은 생육을 하며, 건조하고 기온이 낮은 곳에서는 대개 양성을 띤다.
  ㉣ 중간수 : 중간성질로 입지조건의 변화에 따라 성질이 변화한다.
② 광선의 종류 : 광선은 반사에 따라 수형 신장에 큰 영향을 미친다.
  ㉠ 상방광선 : 수목은 상방광선을 많이 받아야 생장이 왕성하다.
  ㉡ 하방광선 : 광량이 미약하여 수목에 미치는 영향은 적다.
  ㉢ 전방(측방)광선 : 임외로부터 비치는 광선을 말하며 임녹부의 수목이 왕성한 것은 모두 전방광선의 영향 때문이다.
  ㉣ 후방광선 : 나무와 나무 사이에 비치는 광으로 광량이 미약하여 수목에 미치는 영향은 적다.

❷ 수목과 토양의 특성

(1) 토양 단면

① 모든 환경 요소 중에서도 가장 중요한 요소로 자연상태의 산림 토양을 수직 방향으로 파내려가면, 맨 위에는 유기물이 쌓여 있는 유기물층이 나타나고, 그 아래로 표층, 하층, 기층 및 기암이 나온다.
② 토양은 식토, 식양토, 양토, 사양토, 사토, 사력지로 구분된다.
③ 수목의 생육에는 식양토, 양토, 사양토가 알맞은 토양이다.
④ 수목의 뿌리는 주로 표층과 하층에서 발달하며 특히 표층에 많다.
⑤ 심근성 수종 : 일반적으로 뿌리가 깊게 뻗는 것으로 토양층이 깊은 곳에 식재한다.
⑥ 천근성 수종 : 일반적으로 뿌리가 얕게 뻗는 것으로 토양층이 얕은 곳에도 식재할 수 있다.

구분	주요 수종
심근성 수종	소나무, 곰솔, 전나무, 주목, 동백나무, 일본목련, 느티나무, 백합나무, 상수리나무, 은행나무, 칠엽수, 백목련, 가시나무 등
천근성 수종	독일가문비나무, 일본잎갈나무, 편백, 버드나무, 자작나무, 아까시나무, 포플러류, 현사시나무, 매화나무, 황철나무 등

(2) 식물생육에 필요한 최소 토양 깊이

① 생존 최소토심 : 식물이 생존할 수 있는 토양의 최소깊이

② 생육 최소토심 : 식물이 정상적으로 자랄 수 있는 토양의 깊이

구분	생존 최소토심(cm)	생육 최소토심(cm)
잔디, 초본	15	30
소관목	30	45
대관목	45	60
천근성 교목	60	90
심근성 교목	90	150

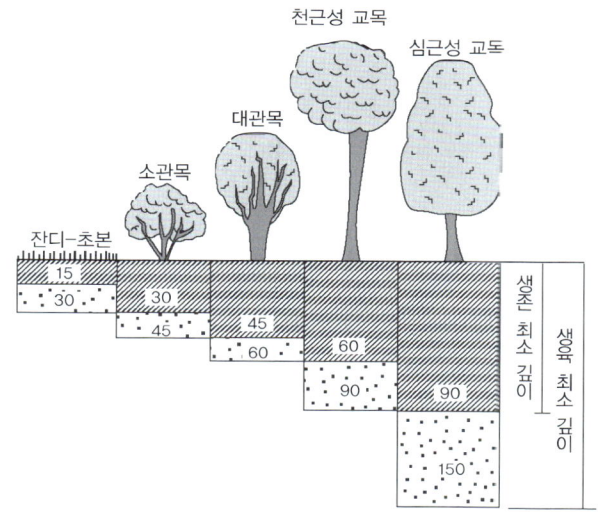

[식물 생육에 필요한 최소 토양 깊이]

(3) 토양산도

① 한국의 토양은 비교적 강한 산성 반응을 나타낸다.

② 밭토양의 경우 pH 5.0~6.5 정도이고, 산림토양은 pH 4.5~6.5의 범위이다.

③ 식토에는 모래를, 사토나 사력지에는 점토 등을 섞어 물리적 성질을 개량해 주어야 한다.

④ pH 4.0 이하의 강산성 토양은 탄산석회나 소석회를 넣어 토양 산도를 높여 주어야 한다.

구분	주요 수종
강산성에 견디는 수종	소나무, 잣나무, 해송, 전나무, 상수리나무, 밤나무, 낙엽송, 편백, 아까시나무 등
약산성 또는 중성에 견디는 수종	녹나무, 가시나무, 떡갈나무, 느티나무, 백합나무, 피나무, 졸참나무 등
알칼리성에 견디는 수종	낙우송, 개나리, 가래나무, 단풍나무, 물푸레나무, 서어나무, 비술나무, 조팝나무, 남천 등

(4) 토양 양분

구분	주요 수종
척박지에 견디는 수종	소나무, 오리나무, 버드나무, 자작나무, 등나무, 아까시나무, 자귀나무, 보리수나무, 다릅나무 등
비옥지를 좋아하는 수종	주목, 철쭉, 측백나무, 회양목, 벽오동, 벚나무, 불두화, 장미, 부용, 모란 등

05 조경식물의 내환경성

1 종자의 채집과 저장

(1) 채집과 저장

① 채집은 성숙한 식물에서 종자를 수확하는 과정이다. 채집된 종자는 적절한 조건에서 보관되어야 한다.

② 저장 시에는 종자의 품질을 유지하기 위해 적절한 온도, 습도, 통기 등의 환경을 조절해야 한다.

(2) 종자의 저장 방법

① 건조저장

  ㉠ 종자를 완전히 건조시켜 수분을 제거하는 방법이다(종자의 함수량은 5~10%).

  ㉡ 공기가 잘 통하고 습기가 없는 건조한 창고에 매달아두거나 선반에 쌓아 놓는다.

② 노천매장 : 식물의 종자를 자연환경에서 직접 매장하는 방법으로, 특정 종자의 생육과 번식을 자연스럽게 유도하고자 할 때 사용된다.

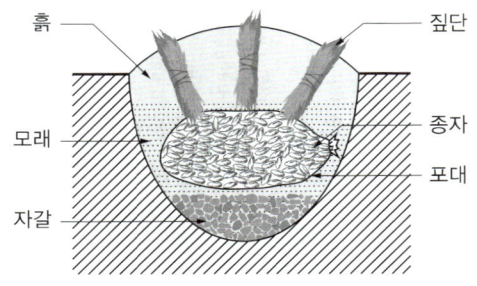

③ 저온저장

　　㉠ 저온저장은 종자를 저온 환경에서 보관하여 종자의 생리적 활동을 억제하고 보존하는 방법이다.

　　㉡ 종자의 수명을 연장하고 고온이나 습도로 인한 손상을 방지하여 종자의 발아력을 유지한다.

④ 밀봉건조 : 낙엽송, 포플러류 등의 종자를 수분 5% 내외로 건조시킨 후 유리병이나 양철통에 황화칼륨과 같은 종자 활력제와 실리카겔 같은 건조제를 함께 넣고 밀봉시켜 2~4℃의 낮은 온도로 저장한다.

❷ 종자의 발아생리

(1) 발아생리는 종자가 식물로 발아하고 성장하는 과정을 의미한다.

(2) 발아생리에 영향을 주는 요인으로는 온도, 습도, 빛, 호르몬 등이 있으며, 이러한 요인들을 조절하여 발아율과 발아속도를 개선할 수 있다.

❸ 삽목과 접목

(1) 삽목

① 개념 : 식물을 번식시키는 방법 중 하나로, 식물의 일부분인 줄기를 사용하여 새로운 식물을 얻는 과정이다.

② 장점 : 빠른 번식, 유전적 일관성, 원하는 특성 전달

(2) 접목

① 개념 : 두 개의 다른 식물을 결합시키는 방법으로, 원하는 특성을 가진 식물의 줄기인 뿌리쪽과 원하는 식물의 줄기인 묘목쪽을 연결하여 하나의 식물로 만드는 과정이다.

② 장점 : 강건한 생장, 저온 내성, 병충해 저항력, 개화 결실 촉진, 동일 품종의 일시적 다량 생산, 클론의 보존

CHAPTER 04 조경식물의 생태와 식재

01 생태계

❶ 식물생태계의 특성

(1) 도시생태계의 특징

① 넓은 서식공간을 필요로 하는 포유류 및 맹금류 등 생태계 고차포식자가 서식하기 어렵다.

② 도시환경이 대기오염에 약한 식물과 자연성이 높은 식물군락을 사라지게 했다.

③ 귀화식물과 동물 등 도시환경에 새롭게 적응한 종의 출현이 많다.

④ 생물다양성이 저하되고 생태계 구조가 단순화되었다.

⑤ 토양오염 및 건조화, 태양열차단, 상대습도 저하, 바람속도의 감소, 강수량의 증가, 온도의 상승, 지하수 수위 하강 등의 문제가 발생한다.

(2) 식생도

① 식생에 대한 분포를 시각적으로 알 수 있게 한다.

② 원식생이란 인간에 의한 영향을 받기 이전의 자연식생을 말한다.

③ 세밀한 식생조사를 위해서 대축척의 식생도를 만든다.

④ 식생도는 분포의 입지 관련 해석의 실마리를 제공해 준다.

02 군집과 개체군

❶ 군집의 생태

(1) 생물군집의 구조

① 생태적 지위 : 한 개체군이 군집 내에서 차지하는 공간적 지위와 먹이사슬에서 차지하는 먹이지위를 합친 것을 말한다.

② 우점종 : 군집을 구성하는 개체군 중 그 군집을 대표하는 종으로 밀도, 빈도, 피도가 크다.

> **기출 Point | 우점종**
>
> 어떤 특정 공간의 식물사회에서 양적으로 가장 우세한 상태를 보이고 있는 종이다.

③ 상관 : 군집의 외관으로 산림, 초원, 수계, 황원으로 구분한다.

④ 추이대 : 두 개 이상의 이질적인 군집 사이에서 보이는 이행부를 말한다.

⑤ 군집의 명명 : 우점종과 상관의 이름으로 정한다.

(2) 생물군집의 종류(산림, 초원, 황원, 수계)

① 군집의 생태분포는 기온과 강수량의 원인에 따른 분포이고, 수평분포는 위도에 따른 분포이며, 수직분포는 고도에 따른 분포이다.

② 대체로 수직분포와 수평분포가 유사하다.

(3) 군집의 천이

긴 세월을 걸쳐서 군집을 구성하는 생물종류와 수가 변화하는 것을 말한다.

① 1차 천이 : 토양이 없는 불모지에 숲이 형성되는 과정

 ㉠ 건성천이

  • 용암대지나 황무지 등 건조한 곳에서 시작되는 천이

  • 천이의 순서 ☑ **중요** : 나지(맨땅) → 1년생 초본 → 다년생 초본 → 양수 관목림 → 양수 교목림 → 음수 교목림

 ㉡ 습성천이

  • 연못이나 호수 등 수분이 많은 곳에서 시작되는 천이

  • 빈영양호 → 부영양호 → 습원 → 초원 → 양수림 → 음수림(극상)

② 2차 천이 : 삼림에 산사태나 화재가 난 후 이곳에서 다시 안정된 군락이 형성되는 과정으로 토양에 수분과 유기물이 많기 때문에 지의류, 선태류 없이 바로 초원으로 시작한다.

③ 극상 : 천이과정의 마지막 단계로 가장 안정된 군집이며 온대지방에서 대체로 음수림이다. 생물의 다양성과 생물량이 최대이며 먹이사슬은 천이의 중간 단계보다 훨씬 복잡하다.

(4) 종의 다양성에 대한 4가지 원리

① 서식처의 복잡한 정도에 따라 증가

② 지역의 규모에 따라 증가

③ 종의 지리적 근원지에 가까울수록 증가

④ 저위도에서 증가

② 개체군의 생태

(1) 개체군

① 일정한 공간에서 같이 생활하는 같은 종의 무리

② 개체군의 밀도 : 특정공간에 생활하는 개체군의 개체수

(2) Allee(1949)의 원리

① 개체처럼 일정구조와 구성을 가지며 시간에 따라 변화한다.

② 개체발생과 동일하게 생장한다(생장곡선).

③ 유전적 조성을 갖는다(Gene Pool).

④ 환경과 인구수는 서로 영향을 준다.

⑤ 어떤 개체군 분포는 집단화가 유리하다.

(3) 개체군의 분포 형태

① 균일형 : 전 지역을 통하여 환경조건이 균일하고 개체 간에 치열한 경쟁이 일어나는 개체군으로, 극히 드물게 나타난다.

　예 자연계에는 없음, 옥수수 밭

② 임의형 : 생존경쟁이 치열하지 않고, 환경조건이 균일하지 않은 곳에서 볼 수 있다.

③ 괴상형 : 자연계에 가장 흔한 개체 분포이다. 환경이 고르지 못하고 생식이나 먹이를 구하는 개체군에서 볼 수 있는 것으로, 이렇게 뭉쳐서 생활하면 영양분, 공간, 빛 등에 대한 각 개체 간의 경쟁은 커지지만, 그 대신 얻어지는 이익도 적지 않은 경우 나타나는 분산 형태이다.

[2018년 제2회 산업기사]

식물군락에 대한 설명으로 옳은 것은?

① 우점종은 군락에 공통적으로 나타나는 종

② 추이대는 두 개 이상의 이질적인 군집 사이에서 보이는 이행부

③ 극상은 나지에 처음 들어오는 식물들의 외부 형태를 말함

④ 1차 천이는 번식기관이 남아 있는 장소에서의 천이

해설

① 군집을 구성하는 개체군 중 그 군집을 대표하는 종이다.

③ 천이과정의 마지막 단계로 가장 안정된 군집을 말한다.

④ 토양이 없는 불모지에 숲이 형성되는 과정을 말한다.

정답 ②

식재공사

01 이식계획

1 이식시기

(1) 이식(移植, transplantation)

① 식물을 이전의 생육지에서 다른 장소로 자리를 바꾸어 심는 작업(옮겨심기)을 말하며 이식 후에 다시 옮겨 심을 필요가 있는 것을 가식(假植)이라 하고, 그대로 수확까지 두는 것을 정식(定植, 아주심기)이라고 한다.

② 초화류는 뿌리를 자르기에 따라 뿌리내림이 과밀해지므로 육묘 중에 옮겨심기를 하는데, 이 경우의 옮겨심기를 이식이라고 하며 일시적으로 심어놓는 것을 가식이라고 한다.

(2) 이식시기

① 수목은 어느 계절에 이식하느냐에 따라 활착 가능성이 크기 좌우된다.

② 수목이 활착 가능한 이식 적기는 수종별, 성상별로 다르지만, 일반적으로 낙엽수는 수분 증산량이 가장 적은 휴면으로 접어드는 가을철이나 이른 봄이 가장 좋다.

③ 상록 침엽수는 3월 중순부터 4월 중순과 9월 하순이 안전하다.

④ 포장에서 이식하여 잔뿌리가 잘 발달한 나무와 분에 심어 재배한 나무는 혹서기와 혹한기만 피하면 이식이 가능하다.

2 이식수종의 특성

분류	주요 수종
쉬운 수종	편백나무, 측백나무, 낙우송, 메타세쿼이아, 향나무, 사철나무, 쥐똥나무, 철쭉류, 벽오동, 은행나무, 버즘나무, 수양버들, 무궁화, 명자나무 등
어려운 수종	소나무, 전나무, 주목, 독일가문비나무, 섬잣나무, 가시나무, 굴거리나무, 느티나무, 목련, 백합나무, 칠엽수, 감나무, 자작나무, 맹종죽 등

수목을 이식할 때 고려할 사항 중 틀린 것은?

① 수목 지상부의 지엽 일부를 전지하여 과도한 증산 작용을 억제한다.

② 자른 부위는 방부처리하여 부패를 방지한다.

③ 잔뿌리는 제거하더라도 굵은 뿌리는 가능한 훼손을 적게 한다.

④ 대형목을 이식할 경우 여유를 두고 미리 뿌리돌림을 하는 것이 좋다.

해설

굵은 뿌리는 약간 길게 톱질하여 자르고 절단면은 거적 등으로 충분히 양생하며, 밀생한 세근을 뿌리분에 붙여 보존하여야 한다.

정답 ③

---

02 수목식재

❶ 수목의 굴취와 운반

(1) 뿌리돌림

① 목적

　㉠ 이식력이 약한 나무를 대상으로 굴취 전에 미리 잔뿌리를 발달시켜 이식력을 높이기 위한 것이다.

　㉡ 노목이나 쇠약목의 세력 회복을 위한 목적으로도 가능하다.

　㉢ 귀중한 수목으로 안전하게 활착을 유도할 수 있다.

　㉣ 노거수 또는 대목의 수세를 회복하기 위함이다.

　㉤ 직근성으로 식재 전 잔뿌리 발생이 요구되는 어린나무

　㉥ 세근 발생 촉진을 위함이다.

　※ 세근 : 풀이나 나무 따위의 굵은 뿌리에서 돋아나는 작은 뿌리

② 시기

　㉠ 뿌리돌림의 시기는 뿌리의 생장이 가장 활발한 시기인 이른 봄이 가장 좋으나, 혹서기와 혹한기만 피하면 가능하다.

　㉡ 일반적으로 뿌리돌림 후 1년 뒤에 이식하는데, 수세가 약하거나 대형목, 노목 등 이식이 어려운 나무는 뿌리 둘레의 1/2 또는 1/3씩 2~3년에 걸쳐서 뿌리돌림을 실시한 후 이식하는 것이 좋다.

　㉢ 중소형 나무는 단근기로 작업하여 뿌리돌림 대신 실시한다.

③ 작업 방법

    ㉠ 뿌리돌림 작업은 굴취 작업과 유사하다.

    ㉡ 뿌리분의 크기는 굴취 시와 마찬가지로 근원직경의 4~6배로 하는데, 보통 4배 정도를 기준으로 한다. ☑ 중요

    ㉢ 크기를 정한 후 흙을 파내며, 나타나는 뿌리를 모두 절단하고 칼로 깨끗이 다듬는다.

    ㉣ 수목을 지탱하기 위해 3~4 방향으로 한 개씩, 곧은 뿌리는 자르지 않고 15cm 정도의 폭으로 환상 박피한 다음 흙을 되묻는데, 이때 잘 부숙된 퇴비를 섞어주면 효과적이다.

    ㉤ 뿌리돌림을 하면 많은 뿌리가 절단되어 영양과 수분의 수급 균형이 깨지므로, 가지와 잎을 적당히 솎아 지상부와 지하부의 균형을 맞추어 준다.

    ㉥ 관수를 실시한 후 지주목을 설치한다.

    ㉦ 도랑파기식 : 나무 주위를 분 형태로 파가면서 노출되는 뿌리를 자르고 3~4개의 굵은 측근을 발피한다.

    ㉧ 단근식 : 천근성이나 어린나무의 경우 삽이나 기타 도구를 기용 근원 주위를 원형으로 돌아가면서 뿌리 자르기만 한다.

(2) 굴취

① 굴취의 개념 : 수목을 이식하기 위해 캐내는 작업을 굴취라 한다.

② 굴취의 방법 : 뿌리감기, 굴취법, 나근 굴취법이 있고, 그 외에 흙 털어내기, 동토법, 흙 붙인채 파내기 등이 있다.

    ㉠ 뿌리감기 굴취법

      • 뿌리를 절단한 후, 뿌리 주위에 기존의 흙을 붙이고 짚과 새끼 등으로 뿌리감기를 하여 뿌리분을 만드는 방법이다.

      • 교목류, 상록수, 이식력이 약한 나무, 희귀한 나무, 부적기 이식 때에 쓰인다.

    ㉡ 나근 굴취법

      • 뿌리를 절단한 후 뿌리에 기존 흙을 붙이지 않고 맨뿌리로 캐내는 방법으로 이 경우는 가능한 뿌리의 절단 부위를 적게 하는 것이 좋다.

      • 캐낸 직후 젖은 거적, 짚, 수태, 비닐 등으로 감싸 주어 뿌리의 건조를 막는 것이 중요하다.

      • 이식이 잘 되는 낙엽수를 낙엽 기간 중에 이식할 때와 이식이 용이한 작은 나무나 묘목 등을 캐낼 때 사용한다.

> **기출 Point │ 수목의 굴취 ☑ 중요**
> • 뿌리분의 둘레는 원형으로, 측면은 수직으로, 저면은 둥글게 다듬어야 한다.
> • 운반에 지장을 받지 않도록 무리가 가지 않는 범위에서 가지를 새끼, 밧줄 등으로 잡아맨다.
> • 굴취 시 수고 4.5m 이상의 수목은 감독자와 협의하여 가지주를 설치하고 가지치기, 기타 양생을 하여 작업에 착수한다.
> • 굴취 시 세근은 가능한 많이 남긴다.
> • 식물생장조절제, 상처 유합제는 표면에 막을 형성하는 유제로, 식물에 유해하지 않아야 한다.

③ 뿌리분의 크기 ☑ 중요

    ㉠ 수목을 이식할 때는 뿌리 부분을 어느 정도 크기를 가진 반구형으로 굴취하는데, 이처럼 흙과 합해진 뿌리 덩어리를 뿌리분이라 한다.

    ㉡ 뿌리분의 크기는 일반적으로 근원직경의 4~6배로 하는데, 보통 4배 정도를 기준으로 한다.

    ㉢ 뿌리분의 깊이는 잔뿌리의 밀도가 현저히 감소하는 부위까지 하는 것이 원칙이다.

    ㉣ 뿌리분의 둘레는 원형 수직으로 하고, 밑면은 둥글게 다듬어 팽이 모양이 되게 한다.

    ㉤ 수목의 굴취 시 뿌리분의 크기는 대체로 근원직경을 기준으로 정한다.

    ㉥ 귀중한 수목은 크게 작업한다.

    ㉦ 뿌리 발생력이 강한 수종은 작게 작업한다.

    ㉧ 심근성 수종은 천근성보다 좁고 깊게 잡는다.

    ㉨ 뿌리발생에 불리한 지형과 토양에서는 크게 작업한다.

    ㉩ 뿌리분의 모양은 크게 세 가지로 나뉜다.

접시분	• 분의 넓이가 근원직경의 4배, 깊이가 근원직경의 2배이다. • 자작나무, 편백, 독일가문비, 향나무 등의 천근성 수종
보통분	• 분의 넓이가 근원직경의 4배, 깊이가 근원직경의 3배이다. • 벚나무, 측백 등 일반적 수종
조개분	• 분의 넓이가 근원직경의 4배, 깊이도 4배이다. • 분느티나무, 소나무, 회화나무, 주목 등 심근성 수종

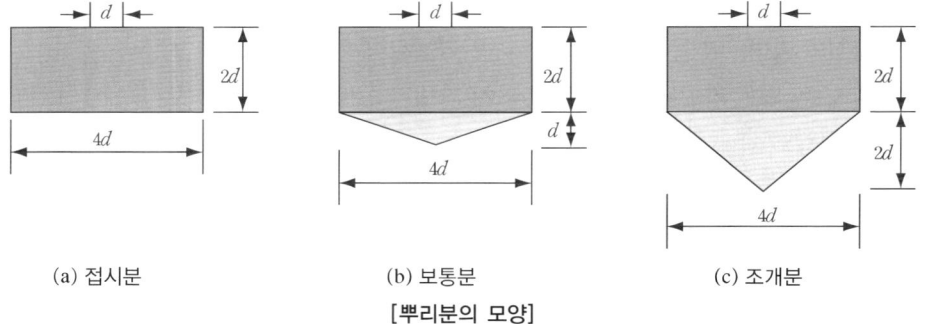

(a) 접시분   (b) 보통분   (c) 조개분

[뿌리분의 모양]

④ 뿌리분뜨기

    ㉠ 뿌리분뜨기에 앞서 고사지, 쇠약지, 밀생한 가지 등을 수형이 상하지 않는 범위 내에서 전정하고, 아래가지가 많아 작업이 불편한 경우에는 수관을 모아서 매어 놓고 작업한다.

    ㉡ 뿌리분 범위에 있는 잡초나 오물을 제거하고 다진 다음, 뿌리분 크기를 표시하고 삽이나 곡괭이를 사용하여 수직으로 파내려간다.

    ㉢ 뿌리분감기할 때의 굴취 폭은 분 크기보다 30cm 이상 크게 하여 분감기 작업을 할 수 있도록 하고, 굵은 뿌리는 톱이나 전정가위로 깨끗이 절단한다.

⑤ 분감기
　　㉠ 분감기는 뿌리분 깊이만큼 파낸 다음 실시하지만, 모래 등이 있어 뿌리분만 들기가 어려운 경우에는 뿌리분 주위를 1/2~2/3 정도 파내려갔을 때부터 시작하고, 나머지 흙을 파고 다시 분감기를 실시해야 분흙이 분리되지 않는다.
　　㉡ 뿌리분의 모양을 깨끗이 다듬고, 절단한 뿌리는 가위나 칼로 깨끗이 다듬은 다음 방부제를 발라주는 것이 좋다.
　　㉢ 준비한 끈으로 뿌리분의 측면을 위에서 아래로 감아 내려간다.
　　㉣ 허리감기를 한 후, 땅 속 곧은 뿌리만 남긴 채 뿌리분 밑부분 흙을 조금씩 파내며, 밑면과 윗면을 석줄, 넉줄, 그리고 다섯줄 감기를 한다.
　　㉤ 최근에는 끈으로 허리감기하는 대신 녹화마대나 녹화테이프로 뿌리분의 측면을 감고 끈으로 위아래를 감아주는 방법도 많이 쓴다. 녹화마대는 황마로 만든 천연섬유 시트를 사용한다.
　　㉥ 마지막으로 남은 곧은뿌리를 잘라내는데, 이때 수목이 넘어가지 않도록 주의해야 한다.

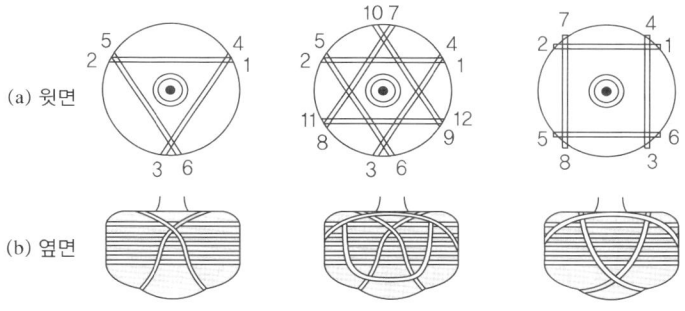

[각종 새끼감기 방법]

⑥ 뿌리분 들어내기
　　㉠ 분을 뜬 후 뿌리분을 들어낼 때에는 무엇보다 안전을 고려해 조심성있게 작업하여 수목 자체와 뿌리분의 손상을 막을 수 있도록 한다.
　　㉡ 대형목인 경우 잘못하여 나무가 쓰러지게 되면 작업자가 다칠 수 있으므로 각별히 조심해야 한다.
　　㉢ 뿌리분을 들어내는 방법에는 인력에 의한 방법과 장비에 의한 방법이 있다.
　　㉣ 뿌리분의 지름 $= 24 + (N - 3) \times d$ ☑ **중요**
　　　여기서, N : 줄기의 근원지름
　　　　　　d : 상수(상록수 : 4, 낙엽수 : 5)

(3) 운반

인력 또는 장비를 사용한 굴취 수목의 운반 시에는 뿌리분과 세근, 수피, 주지 등이 손상되지 않도록
유의한다. 수목의 상하차는 인력에 의하거나 대형목의 경우 체인블록이나 크레인 등 중기를 사용하여
안전하게 다룬다.

① 목도에 의한 운반

　㉠ 뿌리분이 작고 이동하는 위치가 비교적 가까울 경우 수간이나 뿌리분을 밧줄 등으로 걸어
　　사람 어깨에 짊어지고 운반하는 방법이다.

　㉡ 밧줄을 거는 위치는 무게 중심에 조금 무거운 쪽에 건다.

　㉢ 여러 사람이 목도를 해야 하는 교목은 흔들림이나 방향 전환에 대비하여 나무 끝부분에도
　　몇 사람이 달라붙어 조정한다.

② 매달아 운반

　㉠ 체인블록에 의한 이동의 경우 이각이나 삼각의 발을 조금씩 진행 방향으로 이동하는 작업을
　　되풀이하는 것이다.

　㉡ 뿌리부와 줄기부가 균형이 잡히도록 해서 이동하도록 해야 하며 삼각의 경우 적당히 벌어져
　　있지 않으면 넘어지게 되어 위험하다.

　㉢ 대체로 4톤 이상의 것을 크레인이나 와이어를 감게 될 줄기의 부분에는 새끼, 가마니, 나무판자
　　를 대어 수피가 손상되지 않도록 충분한 보호조치를 해준다.

③ 흙메워 올리기와 눕혀 끌기 : 세 가지 방법이 있다.

　㉠ 말뚝 또는 입목을 주변에 박아 이를 지지하여 뿌리분을 돌리면서 끌어올리는 방법

　㉡ 파헤친 구덩이 속에 흙을 조금씩 채워 가면서 나무를 이리저리 돌려 뿌리분이 차츰 지표까지
　　올라오도록 하는 방법

　㉢ 구덩이 가장자리의 일부를 뿌리분 지름의 1.5배 정도 아궁이 모양으로 파헤쳐 뿌리분을 지표까
　　지 끌어올리는 방법

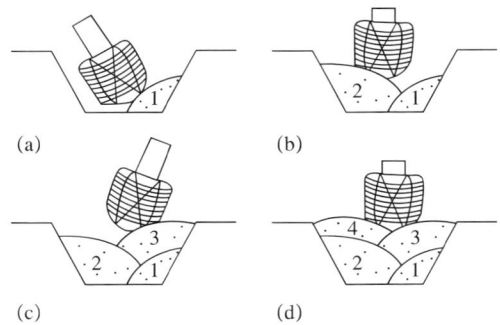

[뿌리분 흙메워 올리기]

④ 세워 끌기 : 수목을 서 있는 그대로 끄는 방법으로 안전하고 이식 후의 활착률도 매우 높다. 그러나 중심이 불안정하고 넘어지기 쉽기 때문에 숙련을 요하고, 상당한 토량의 굴취가 필요하고 사용 도구도 많이 소요된다.

⑤ **눕혀 끌기** : 눕혀 끌기는 수목의 높이가 높아서 세워 끌기를 할 경우 넘어질 위험성이 있을 때 밑구와 굴림대를 깔고 그 위에 나무를 넘어뜨려 운반하는 방법이다.

⑥ 기계에 의한 운반

　　㉠ 수목의 운반에 필요한 반입로가 확보되어 있는 경우에는 크레인차를 이용하여 상차한 뒤 트럭으로 운반한다.

　　㉡ 기계에 의해 이식할 경우는 뿌리 감기, 수간 보호 등 양생이 소홀하기 쉽다. 특히, 분을 떨어뜨리거나, 기타 다른 부위에 부딪히지 않도록 주의해야 한다.

　　㉢ 수목을 달아 올릴 때에는 전체 가지의 양과 줄기 상태를 고려하여 밧줄이나 쇠줄을 걸도록 해야 하는데 이를 소홀히 하게 되면 운반 중 수목이 돌게 되어 수피가 벗겨지게 된다. 상하로 움직여 보고 확인한 후에 높이를 올리는 것이 좋다.

　　㉣ 굵고 죽은 가지를 잘라낸 자리가 길게 남아 있는 경우에는 큰 사고가 발생하기 쉽기 때문에 사용되지 않는 가지는 미리 잘라낸다.

기출 Point ┃ 수목의 운반 ☑ 중요

- 수목과 접촉하는 고형부(固形部)에는 완충재를 삽입한다.
- 비포장도로로 운반할 때는 뿌리분이 충격을 받지 않도록 완충재로 가마니, 짚 등을 깐다.
- 운반 중 바람에 의한 증산을 억제하며 강우로 인한 뿌리분의 토양유실을 방지하기 위하여 덮개를 씌우는 등 조치를 취한다.
- 굴취된 수목을 운반할 때는 이중적재를 피해야 한다.
- 진동을 방지하기 위하여 차량 바닥에 흙이나 거적을 깐다.
- 부피를 작게 하기 위하여 가지를 죄어 맨다.
- 운반 시 땅바닥에 끌어대는 일이 없도록 한다.
- 세근이 절단되지 않도록 충격을 주지 않아야 한다.

❷ 식재 방법 ☑ 중요

(1) 식재 지반의 조성

① 이식 수목의 식재 지반은 자연 지반과 인공지반으로 나눈다.

② 인공지반은 옥상정원 등과 같이 인위적으로 조성하여 지반을 형성하는 것으로 토양 환경이 식물 생육에 가장 중요한 인자로서, 토양의 구조, 토성, 양분, 산도(pH) 등이 적절히 조성되어 있어야 한다.

③ 토양 환경이 조성되지 않은 경우, 토양 개량을 통하여 식물 생육에 적합하도록 개선하거나, 완전히 객토를 실시해 주어 수목의 생육 토심을 확보할 수 있도록 해 주어야 한다.

④ 비탈면에 교목을 식재하려면 1 : 3보다 완만해야 하며, 관목을 식재하려면 1 : 2보다 완만해야 한다. 비탈면의 잔디를 기계로 깎으려면 비탈면의 경사가 1 : 3보다 완만한 것이 좋다.

(2) 식재

식재 예정지에 도착한 수목은 가능한 한 빨리 심는 것이 좋다.

> **더 알아보기** 형태별 구비 조건
>
> - 침엽수는 줄기가 곧고 가지가 고루 발달하여 균형 잡힌 것으로 초두와 나무껍질이 손상되지 않고, 웃자란 가지를 제외한 높이가 지정 높이 이상이어야 한다.
> - 상록 활엽 교목은 가지와 잎의 발달이 충실하여 수관이 균형 잡힌 것으로, 밀식에 의하여 웃자라지 않은 것이어야 한다.
> - 낙엽교목류는 줄기의 굴곡이 심하지 않고 가지의 발달이 충실하여 수관이 균형 잡히고 뿌리목 부위에 비하여 줄기가 급격히 가늘어지지 않아야 한다.
> - 대형목(R30, B25 이상)은 모든 방향에서 가지가 고루 발달하고 수관이 균형이 잡힌 것으로 지하고가 지정 높이 이상이며 뿌리의 발육 등이 좋아 대형목으로 성장이 가능하여야 한다.
> - 대형목은 운반 전에 반드시 현지 검수를 시행하고 현지 검수 시 뿌리돌림 유무를 확인해야 한다.
> - 대형목은 현지 검수 시 식재 방향(남향을 기준으로 함) 등을 표시한 후 식재 시 동일 방향으로 식재하여 수목 조직의 변화로 인한 고사가 없도록 한다.
> - 조형 수목은 수목의 자람세가 양호하고 미적 구비 요건이 경관 조성에 충분히 만족을 시킬 수 있는 수목이어야 하며, 감독원의 승인하에 수고 및 수관폭은 지정 규격 이내로 조정할 수 있다.
> - 가로수는 지하고가 2.0m 이상이어야 하고 동일 노선에서 수고가 일정하여야 한다(최대편차 : 1m). 단, 지자체 조례에 규정된 경우 우선한다.

① 식재 준비

ㄱ 공정표 및 시공 도면, 시방서를 검토한다.

ㄴ 수목 및 양생제 반입 여부를 재확인한다.

ㄷ 식재 지역을 사전 조사하여, 시공 가능 여부를 재확인한다.

ㄹ 수목의 배식, 규격, 지하 매설물을 고려하여 식재 위치를 결정한다.

② 식재 구덩이 파기

ㄱ 식재할 구덩이는 토질, 경도, 배수성을 확인하고, 뿌리분 크기의 1.5배 이상으로 파고 불순물을 제거한다.

ㄴ 식재구덩이를 굴착할 때는 표토와 심토를 따로 갈라 놓아 표토를 활용할 수 있도록 조치한다.

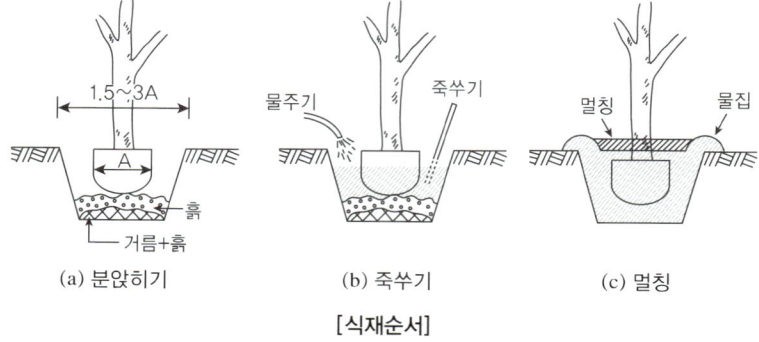

(a) 분앉히기   (b) 죽쑤기   (c) 멀칭

[식재순서]

③ 운반 : 수목을 손상하지 않도록 주의하며 식재 구덩이까지 운반한다.

④ 심기 ☑ **중요**

　㉠ 운반한 수목의 불필요한 가지를 전정한다.

　㉡ 뿌리분 상태와 식재 토양을 재확인한다.

　㉢ 완숙된 유기질 거름을 부드러운 흙과 섞어 구덩이 바닥에 놓고, 그 위에 다시 흙을 얇게 덮는데, 중앙 부분이 약간 볼록하도록 한다.

　㉣ 구덩이에 수목의 뿌리분을 놓는데, 식재 깊이와 방향은 해당 수목의 원래 깊이와 방향을 맞추어 준다. 그러나 경관상 수형을 고려하여 방향을 잡기도 한다.

　㉤ 뿌리분 주변에 표토나 부식질이 풍부하고 불순물이 섞이지 않은 토양을 넣으며 구덩이를 채우는데, 2/3~3/4 정도 채운 다음 물을 충분히 주고 나무 막대기 등으로 쑤셔(죽쑤기) 뿌리분과 흙을 밀착시키고 기포가 없어지도록 한다(물조임의 방법).

　　※ 물조임(물반죽) : 나무를 옮겨 심을 때 뿌리분과 흙을 완전히 밀착시키기 위하여 식재 구덩이에 흙과 물을 교대로 넣어 죽처럼 만들면서 심는 방법이다. 뿌리분과 분 바로 밑의 토양 사이에 공기 틈이 생기지 않도록 한다.

　㉥ 물이 스며든 다음 흙을 덮고, 물집을 만든 후 다시 관수하고 멀칭한다.

더 알아보기　**죽쑤기를 하는 이유**

- 뿌리분과 흙이 밀착되게 하기 위함이다.
- 흙이 다져지면 모세관 현상에 의하여 지하의 수분이 뿌리분까지 오게 된다.
- 뿌리분 주위에 공급을 없애 새로 나오는 뿌리가 마르지 않거나 썩지 않도록 하기 위함이다.

---

⑤ 지주세우기

　㉠ 지주란, 수목을 식재한 후 바람으로 인한 뿌리의 흔들림이나 강풍에 의해 쓰러지는 것을 방지하고 활착을 촉진시키기 위해 목재, 철재 파이프, 철선, 와이어 로프, 플라스틱 등을 수목에 견고하게 부착시켜 수목을 고정시키는 것을 말한다.

　㉡ 지주는 수목이 정상적으로 활착하고, 생육이 충분해질 때까지 설치해 놓아야 하는데, 수목의 모양, 크기, 풍향, 입지 조건 등을 고려해 수목과 조화를 이루는 형식과 재료를 선정해야 하며, 무엇보다도 견고하고 아름다워야 한다.

　㉢ 지주를 설치할 때에는 지주가 닿는 부분의 수피가 상하지 않도록 새끼, 마닐라 로프, 고무호스 등으로 보호조치를 해 주어야 하며, 땅 속에 깊이 고정시켜야 하는데, 이때 뿌리가 상하지 않도록 조심해야 한다.

　㉣ 지주는 방부 처리한 것을 사용해야 한다.

　㉤ 수고 1.2m 이하의 수목식재 시 지주가 필요하다고 인정된 때 단각형을 사용한다.

　㉥ 수고 4.5m 이하의 수목식재 시 지주의 경사각은 7°를 표준으로 한다.

　㉦ 수고 4.5m 이상의 독립목은 당김줄형으로 설치하거나 삼각형으로 지주목을 세운다.

　㉧ 식재지역에 지반침하가 우려되는 경우에는 침하 후 지주목이 움직이지 않도록 조치한다.

ⓩ 지주의 종류 및 설치방법 ☑ **중요**

- 단각지주 : 수고 1.2m 이하의 관목에 사용하며 가이 즈까향나무, 수양버들, 위성류, 수양벚나무 등의 어린 수종 등에 사용한다.
- 이각지주 : 수고 1.2~2.0m의 소형 가로수에 사용하며 좁은 장소에 깊게 넣는다.
- 삼발이 지주 : 소형은 높이 4.5~5.0m의 수목에 사용 (지주목 규격 : 길이 1.8m)하고, 대형은 높이 5.0m 이상의 수목에 사용(지주목 규격 : 길이 2.7m)한다.
- 삼각·사각지주 : 높이 1.2m~4.5m의 수목에 사용한다. 보행량이 많은 곳에 설치하며 금속제가 바람직하다.
  - 삼각지주 : 각재나 박피 통나무 및 파이프 등을 사용하여 도로변이나 광장 주변 등 보행자의 통행이 빈번한 곳에 사용되는 방법으로 높이 1.2m~4.5m 수목에 적용하되 크기에 따라 선택적으로 사용한다.
  - 사각지주 : 삼각지주보다 더욱 견고하게 고정시킬 필요가 있는 수간지름 25cm가 넘는 수목에 설치하는 방법이다.
- 울타리식 지주 : 지주목을 군데군데 박고 대나무나 철선을 가로로 대서 사용한다.
- 윤대지주 : 멋있게 하기 위해 대작용 국화를 재배하는 것처럼 만든 것으로 포도덩굴, 덩굴장미, 수양벚나무, 수양버들, 등나무 등에 사용한다.
- 당김줄형지주 : 대형 교목(5m 이상)에 사용하며, 시각적으로 양호하다.
- 매몰형 지주 : 수목식재가 경관상 중요한 위치에 사용한다.
- 연결형 지주 : 교목의 군식에 사용한다(대나무 사용, 규격 : 지름 30mm, 길이 2,000mm).
- 피라미드형 지주 : 말뚝 3개 정도를 위로 좁혀가며 세우고 덩굴식물을 올린다(덩굴장미, 클레마티스 등).

- 수간의 굵기가 균일하게 생육할 수 있도록 해준다.
- 수고 생장에 도움을 주며 지지된 수목의 상부에 있어서 단위횡단면당 내인력(耐引力)이 증대된다.
- 지상부의 생육에 있어서 흉고직경 생장을 비교적 작게 하는 동시에 상부의 지지된 부분의 생육을 증진시킨다.
- 지상부의 생육과 비교하여 근부의 생육을 적절하게 해준다.
- 바람에 의한 피해를 줄이고 뿌리의 활착을 돕는 역할을 한다.
- 이식된 수목의 조기 활착을 유도한다.
- 답압을 방지하고, 수목을 보호한다.

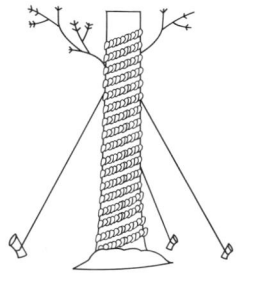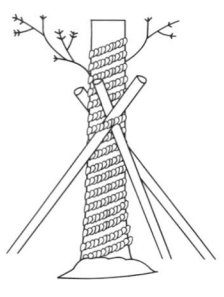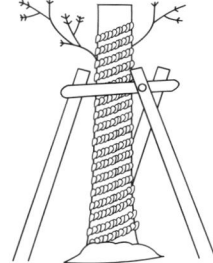

[삼각지주]

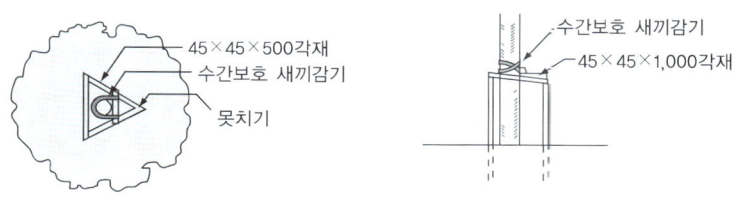

[삼각지주 세우기]

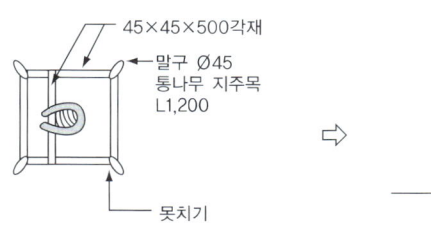 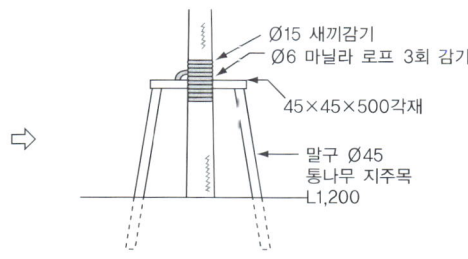

[사각지주 세우기]

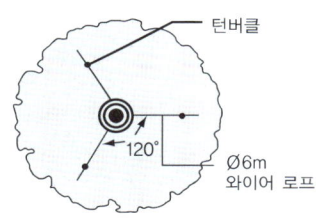 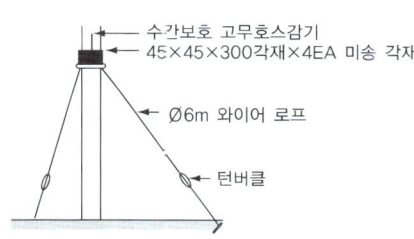

[당김줄형 지주 세우기]

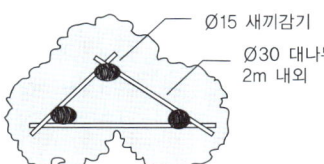 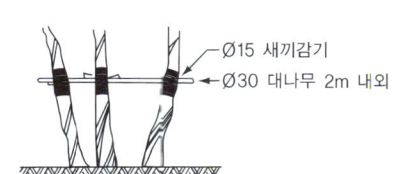

[연결형 지주 세우기]

시험에 이렇게 나왔다!

[2011년 제2회 기사]

이식수목의 지주설치 내용으로 틀린 것은?

① 매몰형 지주는 경관상 매우 중요한 곳이나 지주목이 통행에 지장을 많이 가져오는 곳에 설치한다.

② 거목이나 경관적 가치가 특히 요구되는 곳, 주간 결박지점의 높이가 수고의 2/3가 되는 곳에 당김줄형을 사용한다.

③ 삼발이(버팀형)는 견고한 지지를 필요로 하는 수목이나 근원직경 20cm 이하의 수목에 적용한다.

④ 단각지주는 주간이 서지 못하는 묘목 또는 수고 1.2m 미만의 수목에 적용한다.

해설

견고한 지지를 필요로 하는 수목에 적용하는 지주는 사각지주이고, 삼각지주는 높이 1.2~4.5m 수목에 적용하되 크기에 따라 선택적으로 사용한다.

정답 ③

❸ 식재 후 관리

(1) 가지솎기

① 식재 과정에서 손상된 가지나 잎 및 밀생한 가지 등을 다시 적당히 솎아 내어 수분 증산 면적을 감소시킨다.

② 전체 수형이 상하지 않도록 하고, 특별한 수형을 위한 경우에는 새로운 수형에 맞도록 전정한다.

(2) 수피감기

① 수피감기의 목적은 수분 증발 억제, 병해충의 침입 방지, 강한 일사와 건조로부터의 피해 방지 등이다.

② 수피감기에 쓰이는 재료는 새끼줄, 거적, 가마니, 종이테이프 등이다. 특히, 껍질이 얇고 매끈한 단풍나무, 느티나무, 벚나무 등의 활엽수에 필요하다.

③ 소나무 등의 침엽수인 경우 새끼를 감고 그 위에 진흙을 발라 주는데, 이는 증발 방지뿐만 아니라 수피 속에 서식하는 해충류(예 소나무좀)의 산란과 번식을 예방하며, 해충을 구제하고자 하는 데 목적이 있다. 진흙이 건조하고 갈라지면 그 틈을 다시 채워 준다.

(3) 멀칭(mulching)

① 멀칭은 뿌리분 부위에 자갈, 분쇄목, 짚, 비닐 등을 5~10cm 두께로 덮어주는 작업을 말한다.

② 멀칭의 목적은 토양 경화 방지, 습도 유지, 건조 방지, 잡초 발생 방지, 적당한 지온 유지, 비료의 분해 촉진 등 다양하다.

(4) 약제 살포

① 이식 수목은 뿌리 및 가지나 잎이 손상되어 쇠약한 상태로서 수분 공급과 증산의 균형이 깨져 있으므로, 수분 증산 억제제와 영양제를 뿌려 주는 것이 좋다.

② 상태가 나쁜 수목은 차광 시설을 설치해 주고 영양제로 수간주사를 준다.

(5) 뒷정리

식재의 모든 과정이 끝나면 쓰레기, 잔여물 등을 깨끗이 청소하고 제거한다.

(6) 시비

① 과습, 건조기는 피하여 시비한다.

② 뿌리활착기는 7월 하순까지이므로 7월 이후에는 칼륨, 인산만 시비한다.

③ 질소질 비료는 생장을 계속시켜 세포조직을 연약하게 하고 월동 시 동해를 입힐 수 있다.

> **기출 Point | 뿌리돌림**
> • 뿌리돌림의 대상은 수세회복이 필요한 노거수이다.
> • 분의 크기는 뿌리 발생력이 강한 수종은 작게 한다.
> • 뿌리에 V자 모양의 깊은 홈이 파지도록 한 바퀴 빙돌아가며 파준다.
> • 도랑파기식은 분 형태로 도랑을 파 노출되는 뿌리는 자르고 3~4개의 굵은 측근을 박피한다.
> • 안전한 활착을 위하여 대형목이나 귀중한 나무 등에 적용된다.
> • 뿌리돌림을 하는 분은 이식할 당시의 뿌리분보다 약간 작게 한다.
> • 대형목인 경우 반드시 지주목을 설치한다.

① 지피류 및 초화류의 분류

(1) 지피식물

① 지표면을 낮게 덮어주는 키가 작은 식물로 잔디, 맥문동 등 주로 지표면을 피복하기 위해 사용되는 식물을 말한다.

② 지표면에 생육하면서 지면을 피복하거나 수목의 하부에 식재하여 경관을 조성할 때 또는 경사면에 지피식물을 심어 표토 유실의 보호 조치로 이용된다.

③ 평탄지, 바닥 및 기타의 목적을 위하여 지표면을 조밀하게 녹화 피복하기 위하여 군식하여 사용한다.

④ 사계절 내내 관상 효과를 필요한 곳에는 겨울에도 푸르름을 유지하는 상록성 지피식물을 이용한다.

[지피식물의 분류]

분류	주요 식물
한국잔디류	들잔디, 금잔디, 빌로드 잔디 등
서양잔디류	켄터키블루그래스(Kentucky bluegrass), 버뮤다그래스(Bermuda grass), 페스큐(Fescue), 벤트그래스(Bent grass) 등
소관목류	눈향나무, 회양목, 둥근향나무, 철쭉, 눈주목 등
초본류	맥문동, 비비추, 꽃잔디, 원추리, 클로버, 질경이 등
덩굴성 식물류	송악, 헤데라, 돌나물, 칡, 등나무, 담쟁이덩굴 등
기타	조릿대류, 고사리류, 선태류 등

(2) 잔디

① 한국잔디류

　㉠ 한국잔디는 난지형 잔디로, 가는 줄기와 땅속줄기에 의해 옆으로 퍼진다.

　㉡ 5~9월 사이에 잎이 푸른 상태로 있어 녹색 기간이 짧고 그늘에서 잘 자라지 못한다.

　㉢ 잔디밭 조성에 많은 시간이 소요되고 손상을 받은 후 회복 속도가 느린 단점이 있으나, 포복성으로 밟힘에 강하고, 병해충과 공해에도 강한 장점이 있다.

　㉣ 들잔디, 금잔디, 빌로드잔디, 갯잔디 등이 있다.

　　• 들잔디 : 한국 잔디 중 가장 많이 이용하는 잔디로 성질이 강하고 답압에 잘 견딘다.

　　• 금잔디 : 고려잔디라고도 하며 섬세하고 유연하다.

　　• 빌로드잔디 : 남해안 지역에서 자생하는 잔디로 잎은 섬세하나 내한성과 번식력이 약하다.

기출 Point ┃ 한국잔디 ☑ 중요
- 최적의 pH는 5.5~6.5 정도이다.
- 난지형 잔디로 여름철에 잘 자란다.
- 호광성 잔디로 양지에서는 잘 생육되나 그늘에서는 생육이 매우 느린 단점이 있다.
- 완전포복경으로 지하경이 왕성하게 뻗는다.
- 종자의 적정 파종량은 5~15g/m²이다.
- 난지형 잔디로 여름철에는 잘 자라지만, 겨울철이나 아주 추운 지방에서는 생육이 정지된다.
- 발아가 잘 되지 않아서 주로 영양번식에 의존한다.

② 서양잔디류

　⑦ 난지형 잔디인 버뮤다그래스와 한지형 잔디인 톨페스큐, 켄터키 블루그래스, 벤트그래스가 、
　　있으며, 일반적으로 종자로 번식한다.

　ⓒ 버뮤다그래스(난지형 잔디)

　　• 내한성이 약하고 남해안 지역에 자생하는 잔디이다.

　　• 내답압성이 크며 관리하기가 용이하다.

　　• 임해매립지에서 바닷물이 튀어 오르는 곳에 식재하기 알맞은 지피식물이다.

　　• 비료 요구도가 크고 초지(피복) 조성 속도가 빠르다.

　ⓒ 켄터키블루그래스(한지형 잔디)

　　• 미국이나 유럽에서 정원과 공원의 잔디밭에 가장 많이 쓰는 잔디이다.

　　• 지나친 이용으로 손상 받았을 때 회복력이 좋기 때문에 경기장이나 골프장의 페어웨이 피복에
　　　적합하다.

　　• pH 6.0~7.8의 범위에서 가장 잘 자란다.

　ⓔ 벤트그래스(한지형 잔디)

　　• 잎폭이 1~2mm로 질감이 매우 고우며, 4~8mm 정도로 낮게 깎아 이용한다.

　　• 잔디 중 가장 품질이 좋아서 주로 골프장 그린이나 스포츠 경기장 등 집약적인 잔디 초지에
　　　광범위하게 쓰인다.

　　　※ 골프장의 러프지역은 벤트그래스를 식재하지 않아도 좋다.

　　• 3~12월은 푸른 상태를 유지하며, 서늘할 때 생육이 왕성하다.

　　• 그늘에서 병해충에 가장 약하며, 여름철 방제에 힘써야 한다.

　　• 밟힘에 견디는 힘(내답압성)이 약하다.

　　• 질소질 비료 요구량이 높아 세심한 관리와 주의가 요구된다.

　　• 초지(피복) 조성 속도가 빠르며, 봄보다 여름에 자주 깎는다.

　ⓜ 톨페스큐(한지형잔디)

　　• 잎 표면에 도드라진 줄이 있고 고온과 건조에 가장 강하며 질감이 거칠다.

　　• 척박한 토양에서 잘 견디며 비탈면 녹화에 적합하다.

(3) 초화류

① 초화류의 개념

　⑦ 초화(草花)란 화목에 대한 반대의 의미로서 '꽃과 잎을 관상하는 초본식물'을 말하며, 통상
　　1・2년초로 한정하여 초화라고 부른다.

　ⓒ 조경에서는 일반원예에서 취급하지 않는 야생초류와 수생초류 중에서 관상가치가 높은 것을
　　초화류에 포함하여 이용하고 있다.

ⓒ 조경에서 정원, 공원, 도로변, 학교, 관공서, 공장, 주택단지 등에 이용하며, 이때 초화 하나하나의 아름다움보다는 집단적인 아름다움이나 색채로서의 효과가 요구된다.

② 초화류의 분류

ⓐ 한해살이 초화류(1·2년생 초화류)
- 봄뿌림 : 맨드라미, 샐비어, 매리골드, 나팔꽃, 코스모스, 과꽃, 봉숭아, 채송화, 분꽃, 백일홍 등
- 가을뿌림 : 팬지, 피튜니아, 금잔화, 금어초, 패랭이꽃, 안개초, 스위트피 등

ⓑ 여러해살이 초화류(다년생 초화류) : 국화, 베고니아, 아스파라거스, 카네이션, 부용, 꽃창포, 제라늄, 플록스, 도라지꽃, 샤스타데이지 등

ⓒ 알뿌리 초화류(구근 초화류)
- 봄심기 : 달리아, 칸나, 아마릴리스, 글라디올러스, 상사화, 투베로즈, 진저 등
- 가을심기 : 히아신스, 아네모네, 튤립, 수선화, 크로커스, 백합, 아이리스 등

ⓓ 수생 초류 : 수련, 연꽃, 붕어마름, 부평초, 창포류, 마름 등

❷ 식재

(1) 지피식물의 조건

① 지표면을 치밀하게 피복하여야 한다.
② 식물체의 키가 낮고 다년생이어야 하며 부드러워야 한다.
③ 번식력이 왕성하고 생장이 비교적 빨라야 한다.
④ 성질이 강하고 환경조건에 대한 적응성이 넓어야 한다.
⑤ 병충해에 대한 저항성이 강해야 한다.
⑥ 내답압성이고, 식물적 특성을 고루 갖춰 부드럽고 관리가 용이해야 한다.

(2) 지피식물의 효과

① 미적 효과
ⓐ 아름다운 지표면을 만들어 준다.
ⓑ 직선과 곡선 또는 그밖의 불규칙한 선과도 조화를 잘 이룬다.
ⓒ 녹색의 바탕을 제공함으로써 그 위의 꽃, 나무, 암석 또는 인조구조물과의 경관을 좀더 자연스럽게 만들어 준다.

② 운동 및 휴식공간 제공
ⓐ 잔디는 아름다울 뿐만 아니라 표면에 탄력이 있고 감촉이 좋아 운동이나 휴식할 때 쾌적한 상태를 만들어 준다.
ⓑ 넘어져도 나지(裸地)에 비해 상처가 가벼우므로 운동 및 휴식을 위한 장소로 널리 이용된다.

③ 강우로 인한 진 땅 방지 : 축구장, 야구장, 골프장, 럭비장 같이 우천시에 사용할 때도 땅이 질어지는 것을 감소시킨다.

④ 토양유실 방지

 ㉠ 빗방울에 의해 토양 입자가 튀는 것을 방지한다.

 ㉡ 유수로 인한 침식작용과 세굴 현상을 방지한다.

 ㉢ 도로나 택지 조성 등에 의해 인위적으로 만들어진 경사지는 지피식물로 보호해야 한다.

⑤ 흙먼지 방지

 ㉠ 작은 토양 입자는 무게가 가벼워 건조해지면 바람에 날리기 쉬운데, 지피식물을 심으면 비산되는 흙 입자의 양이 감소한다.

 ㉡ 육상 경기장, 병원, 공항, 전자·기계 공장, 식품 공장 등에서는 지표를 모두 지피식물로 심도록 하는 것이 통례이다.

⑥ 동결 방지 : 기온의 저하를 완화시켜 서릿발 현상을 방지한다.

(3) 화단용 초화류의 조건

① 모양이 아름답고 가급적이면 키가 작아야 한다.

② 가지가 많이 갈라져서 꽃이 많이 달려야 한다.

③ 꽃의 색깔이 선명하고 개화기간이 길어야 한다.

④ 바람, 건조, 병충해에 견디는 힘이 강해야 한다.

⑤ 성질이 강하고 나쁜 환경에서도 잘 자라야 한다.

(4) 초화류 식재

① 조경 공간에서의 주요 식물 재료는 교목, 관목 등의 수목과 잔디이지만, 초화류를 이용하여 만든 화단은 조경공간을 훨씬 부드럽고 화사하게 만들어 주어 보는 이에게 즐거움을 준다.

② 화단 조성에 가장 많이 쓰는 초화류는 1년생 초화류이며, 1년 내내 계속 꽃을 감상하기 위해서는 3~5회 정도 모종을 갈아 심어야 한다.

③ 알뿌리나 숙근류 등은 꽃이 화려하고 탐스러운 것이 많으나, 1년생 초화류에 비해 종묘비가 많이 들고 개화기까지의 화단 점유 기간이 길다는 단점이 있다.

④ 칸나는 개화 전에 잎을 감상할 수 있으며, 서리가 내릴 때까지 장기간 꽃이 피므로 많이 이용하고 있다.

⑤ 화단의 설치 조건

 ㉠ 햇빛이 잘 들고 통풍이 잘 되어야 한다.

 ㉡ 토양은 배수가 잘 되고 비옥한 사질 양토이어야 화초가 건강히 자라 좋은 꽃을 볼 수 있다.

 ㉢ 토양이 불량할 때에는 개량하거나 알맞은 토양으로 완전히 객토해야 한다.

⑥ 화단의 조성 방법

　㉠ 초화류 식재는 종자 파종 방법과 꽃 모종을 심는 방법이 있으나, 대부분은 개화 직전의 꽃 모종을 갈아 심는 방법을 이용한다.

　㉡ 꽃 모종으로는 밭에서 재배한 것과 포트에서 재배한 것을 이용하는데, 밭에서 재배한 꽃 모종은 심기 1~2시간 전에 관수하면 캐낼 때 흙이 많이 붙어 분뜨기에 좋다.

　㉢ 꽃 모종을 심을 때에는 초종별 특성에 맞추어 식재 간격을 조정해야 뿌리 활착과 줄기 퍼짐이 좋다.

　㉣ 꽃묘는 줄이 바뀔 때마다 어긋나게 심는 것이 좋다.

❸ 잔디의 식재 기반조성 및 붙이기

(1) 떼심기

① 떼의 요건

　㉠ 떼심기에 사용하는 잔디는 땅속 줄기가 굵고 생육이 왕성하여 발근력이 좋아야 한다.

　㉡ 떼의 규격은 사방 30cm에 3cm 두께로 흙을 붙인 흙잔디와 흙을 턴 흙털이잔디가 있다.

　㉢ 흙털이잔디는 운반이 어렵거나 중요하지 않은 장소 등에 쓰인다.

　㉣ 떼심기는 연중 가능하나 여름, 겨울은 피하는 것이 좋다.

　　※ 떼 : 흙이 붙어있는 상태로 퍼낸 잔디를 말한다.

② 떼심기 방법

　㉠ 전면 떼붙이기(평떼 붙이기) : 조기에 잔디 경관을 조성해야 할 곳에 쓰이나 뗏장이 많이 소요된다. 뗏장 사이를 1~3cm 정도로 어긋나게 배열하여 전체 면에 심는다.

　㉡ 어긋나게 붙이기 : 뗏장을 20~30cm 간격으로 어긋나게 놓거나 서로 맞물려 어긋나게 배열하여 심는다.

　㉢ 줄떼 붙이기 : 뗏장을 5cm, 10cm, 15cm, 20cm 정도로 잘라서 그 간격을 15cm, 20cm, 30cm로 하여 심는다.

(a) 전면 떼붙이기　　　(b) 어긋나게 붙이기　　　(c) 줄떼 붙이기

[떼심기의 종류]

③ 떼심기 시 주의점

　㉠ 뗏장의 이음새와 뗏장의 가장자리 부분에 흙이 충분히 채워져야 하며, 뗏장 위에도 뗏밥을 뿌려 주어야 한다. 특히, 흙털이 잔디는 뗏밥이 잔디 사이사이에 잘 채워지도록 해야 한다.

　㉡ 뗏장을 붙인 다음에는 잔디면을 110~130kg 정도 무게의 롤러로 전압하거나 달구로 다져 주고, 관수를 충분히 하여 흙과 밀착되도록 한다.

　㉢ 경사면 시공 때에는 뗏장 1매당 2개의 떼꽂이를 받아 뗏장을 고정해야 하며, 경사면의 아래쪽부터 위쪽으로 심어 나간다.

④ 비탈면 잔디 떼심기

　㉠ 잔디생육에 적합한 토양의 비탈면 경사가 1 : 1보다 완만할 때에는 비탈면을 일시에 녹화하기 위해서 흙이 붙어 있는 재배된 잔디를 사용하여 붙인다.

　㉡ 비탈면 줄떼다지기는 잔디폭이 10cm 이상 되도록 하고, 비탈면에 10cm 이내 간격으로 수평골을 파서 수평으로 심고 다짐을 철저히 한다.

　㉢ 비탈어깨나 비탈끝에 배수로를 설치한다.

　㉣ 비탈면에 잔디를 붙일 때에는 잔디 1매당 2개의 떼꽂이로 잔디가 움직이지 않도록 고정한다.

(2) 잔디 붙이는 방법과 뗏장 소요량

① 이음매 붙이기 : 4cm 간격을 잡을 때 잔디밭 면적의 70%에 해당하는 양이다.

② 전면 붙이기 : 잔디밭 면적만큼의 뗏장 수이다.

③ 줄 붙이기 : 뗏장 너비와 같은 너비로 떼어 붙일 때는 피복면적의 50%, 반너비를 뗄 때는 75%에 해당하는 양이다.

④ 잔디의 규격 : 30cm × 30cm

⑤ 1m^{2}당 필요한 잔디량 : 11장

(3) 종자 파종

① 종류 : 잔디는 생육 온도에 따라 난지형, 한지형 잔디로 나눈다.

② 파종 때의 발아 적온 : 난지형 잔디는 30~35℃, 한지형 잔디는 20~25℃ 정도이다.

③ 파종시기 : 한국 잔디 등 난지형 잔디는 늦은 봄이나 초여름(5~6월)이 파종 시기로 좋고, 한지형 잔디는 늦여름과 초가을(8월 말~9월경)이 좋다.

④ 토양조건

　㉠ 잔디밭을 조성할 경우, 토양은 배수가 양호하고 비옥한 사질 양토로서 토양 pH 5.5 이상이 되어야 한다.

　㉡ 대부분의 잔디들은 pH 6.0~7.0 사이에서 가장 잘 생육하고 발병률도 적으며 미생물 활동도 왕성하다.

⑤ 일반적인 시공 순서 : 경운 → 시비 → 정지 → 파종 → 전압 → 멀칭 → 관수 작업 순으로 진행한다.

④ 종자 뿜어 붙이기

(1) 잔디 종자를 하이드로시더(hydroseeder)나 모르타르건(mortar gun) 등의 기구를 이용하여 압축공기나 압력수에 의해 종자, 피복제, 접착제, 거름, 양생제, 색소, 믈 등을 함께 섞어 경사면에 분사하는 공법이다. 분사 파종 공법이라고도 한다.

(2) 급한 경사면이나 암반이 많은 절개면을 녹화하기 위해 개발된 공법이다.

(3) 단시간에 많은 면적을 시공할 수 있는 방법으로 주로 비탈면의 안정과 녹화를 목적으로 시공한다.

PART 04 적중예상문제

CHAPTER 01 식재 일반

01 조경식물의 기능적 이용은 건축적, 공학적, 기상학적, 미적 이용으로 구분될 수 있다. 그중 공학적 측면에서 얻을 수 있는 효과로 가장 적합한 것은?

① 토양침식의 조절
② 공간 분할
③ 장식적인 수벽
④ 강수 조절 작용

해설
식재의 기능
• 건축적 기능 : 사생활 보호, 차폐, 공간 분할, 점진적 이해
• 식재의 공학적 기능 : 토양침식 조절, 음향의 조절(차음), 대기 정화 기능, 섬광 조절, 반사의 조절, 통행의 조절
• 식재의 기상학적 조절 : 태양복사열 조절, 바람의 조절, 강수 조절, 온도 조절
• 식재의 미적 기능 : 조각물로서의 이용, 반사, 영상, 섬세한 선형미, 장식적 수벽, 조류 및 소동물 유인, 배경용, 구조물의 유화

02 동일한 지표면에서 성격이 다른 두 공간에 프라이버시를 주기 위한 최소한의 수목 높이는?

① 120cm
② 150cm
③ 180cm
④ 210cm

해설
식재 높이가 90~180cm가 되면 통행 조절이 매우 효과적이고, 180cm 이상이면 지엽 밀도가 높으며 통행뿐만 아니라 시선 조절도 가능하다.

03 다음 중 정형식 식재에 해당되는 식재 양식군은?

① 표본식재, 임의식재, 교호식재
② 배경식재, 열식, 원호식재
③ 대식, 집단식재, 열식
④ 부등변삼각형식재, 대칭식재, 단식

해설
정형식 식재의 종류
• 단식 : 중요한 위치(현관 중앙 등)에 정형수를 단독으로 식재하는 수법으로, 단독식재 또는 점식이라고도 한다.
• 대식 : 시선축의 좌우에 동종·동형의 수목을 식재하는 수법으로 정연한 질서를 표현할 수 있는 방법이다.
• 열식 : 동종·동형의 수목을 일렬로 일정한 간격으로 식재하는 수법이다. 이형·이수종을 번갈아 반복식재할 경우 강한 리듬감이 형성된다.
• 집단식재 : 주로 화훼류를 집단적으로 심는 수법으로, 군상식재(무더기식재)라고 한다. 하나의 덩어리로서의 질량감이 필요한 경우에 이용된다.
• 교호식재 : 열식의 변형으로서 같은 간격으로 어긋나게 식재하는 것이다.
• 기하학적 식재 : 유럽의 미로화단이나 자수화단과 같이 낮은 관목류 및 화훼류를 기하학적인 모양으로 식재하는 것이다.

04 자연풍경식 식재에 관한 설명으로 옳지 않은 것은?

① 수종의 선택과 식재가 자유로움
② 비대칭적 균형감과 심리적 질서감에 초점을 둠
③ 평면구성에 중점을 두어 식물의 조형미를 강조함
④ 자연풍경과 유사한 경관을 재현하는 식재 방법임

해설
자연풍경을 뜰 안에 모방하고 이상화한 식재방법으로, 평면구성보다 입면구성에 중점을 두고, 수목의 자연미를 강조한다.

05 배경식재에 관한 설명으로 틀린 것은?

① 고층빌딩군 주변에 적용되는 식재기법으로 자연성을 증진시킨다.
② 설계 시 건물과 연계하여 식재기능으로 충족시킬 수 있는 식재위치의 선정이 중요하다.
③ 주로 사용되는 수목은 대교목으로 그늘을 제공하거나 방풍, 차폐기능을 동반한다.
④ 자연경관이 우세한 지역에서 건물과 주변경관을 융화시키기 위해서 기본적으로 요구되는 식재기법이다.

[해설]
① 고층빌딩에는 어울리지 않는다.
배경식재
의도하는 경관을 두드러져 보이도록 그 경관의 후방에 식재군을 조성하여 배경을 구성하는 방법으로 건축물보다 높이 자라는 대교목이 이용된다.

06 나무의 모양과 크기, 식재간격이 같지 않고, 또한 일직선을 이루지 않도록 손에 잡히는 대로 심어가는 식재수법은?

① 배경식재　　　　② 임의식재
③ 교호식재　　　　④ 사실적 식재

[해설]
임의식재
대규모 식재 구역에 배식할 경우, 부등변삼각형 식재를 기본단위로 하여 그 삼각망을 순차적으로 확대하면서 연결시켜 나가는 방법이다.

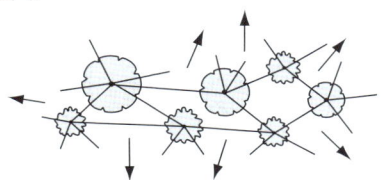

07 다음 중 강조식재(accent planting)를 가장 잘 나타낸 것은?

① 동일한 수형의 식재
② 동일 수종의 관목 식재
③ 동일 수종의 교목 식재
④ 형태, 질감, 색채 등이 그 주위와 대비를 이룬 식재

[해설]
강조식재
• 특별하게 관심을 끌 수 있는 뚜렷한 형태·색채·질감 등에 의해서 그 주위와 대비를 이루는 강조식물을 식재하는 것이다.
• 수관이 둥근 수형인 식물 가운데서 피라미드 수형의 식재, 푸른 잎만 있는 식물 가운데 붉은 잎을 가진 식물의 식재, 거친 질감의 식물 가운데 고운 질감의 식물의 식재가 강조식재가 된다.
• 강조식재는 갑작스러운 시선을 끌 수 있는 모양의 변화나 강한 대비에 의해서도 이루어진다.

08 페퍼(Pfeffer)에 의하면 수목 생육에 대한 최적온도는 어느 정도가 적합한가?

① 10~17℃
② 18~20℃
③ 24~34℃
④ 35~46℃

[해설]
수목 생육에 대한 최적온도는 24~34℃, 최고온도는 36~46℃, 최저온도는 0~16℃이다.

09 일반적으로 식물의 생육에 유효한 수분인 모관수(毛管水)의 pF 범위는?

① pF 1.2~2.0
② pF 2.0~2.5
③ pF 2.7~4.5
④ pF 4.7~7.5

해설

토양수분의 종류
- 모관수(pF 2.7~4.5) : 토양의 소공극 안에서 표면장력에 의한 모세관현상으로 보유되는 것이며, 식물에 의해 유효하게 이용될 수 있는 수분이다.
- 화합수(pF 7.0 이상) : 토양에 있는 물 중에서 토양입자에 가장 강하게 결합되어 고체분자를 구성하는 물로 105℃로 가열해도 떨어지지 않는다.
- 흡습수(흡착수)
  - 토양입자의 표면에 얇은 막으로 흡착되어 있는 수분으로, 매우 높은 장력으로 보유되는 수분이기 때문에 식물에는 무효하다.
  - 흡습수의 양은 토양입자의 전표면적을 나타내는 지표이며, 105℃로 가열하면 제거된다.
- 중력수(자유수)
  - 중력에 의하여 토양층 아래로 내려가는 물로 사면붕괴에 가장 큰 영향을 미치며 토양에 함유되어 있는 식물양분의 유실에 관여하지만 목재의 수축과 팽윤에 직접 관여하지 않는다.
  - 침투수, 정제수, 지하수가 해당된다.

10 식물이 생육하는데 필요한 원소는 다량원소와 미량원소로 구분하는 데 이 중 미량원소들로만 구성되어 있지 않은 것은?

① B, Cu
② Fe, Mn
③ Mo, Mg
④ Zn, B

해설

식물생육에 필요한 원소에는 16가지의 필수원소가 있는데, 식물이 많이 흡수하는 9가지 원소를 다량원소(C, H, O, N, P, K, Ca, Mg, S)라 하고 소량 흡수되어 식물체의 생리기능을 돕고 있는 7가지 요소를 미량원소(Fe, Cl, Mn, Zn, B, Cu, Mo)라 한다.

11 다음 중 토양산도 pH 3.5~6.0 범위의 산성토양에서 생육상태가 정상으로 유지되는 잔디로 가장 적합한 것은?

① 들잔디
② 금잔디
③ 버뮤다그래스
④ 켄터키블루그래스

해설

pH와 잔디의 생육관계

산도(pH)	생육 수종
3.5~6.0	들잔디
4.6~7.6	금잔디
5.2~7.2	버뮤다그래스
5.4~7.6	벤트그래스, 페스큐그래스
6.0~7.8	켄터키 블루그래스
5.5~8.3	라이그래스

12 다음 중 식생에 관한 설명으로 틀린 것은?

① 식물의 집단을 식생(植生)이라 하고 그 식생의 구성단위를 식물군락이라 한다.
② 식물군락을 성립시키는 내적 요인으로는 기후요인, 토양요인, 생물적 요인 등을 들 수 있다.
③ 어떤 일정한 땅에 있어서 식물군락의 시간적 변이과정을 천이라 한다.
④ 개체 사이의 경합은 있으나 생존상의 요구조건이 어느 정도 일치하는 식물 간에 일어나는 현상을 공존이라 한다.

해설

식물군락을 성립시키는 환경요인
- 외적 요인 : 기후요인, 토양요인, 생물적 요인
- 내적 요인
  - 경합 : 개체 간, 동종 간 경합으로 우점종이 발생
  - 공존 : 생존상의 요구조건이 어느 정도 일치하는 식물 사이에 있어서 하나의 기반을 공동으로 이용하는 형태로 집단생활을 영위

13 척박지의 지력을 증진시키는 수목을 비료목이라 하는데, 다름 비료목 중 콩과에 속하지 않는 비료목끼리 짝지어진 것은?

① 자귀나무, 다릅나무
② 오리나무, 보리장나무
③ 주엽나무, 산오리나무
④ 등나무, 소귀나무

해설

비료목
- 질소고정능력을 갖춘 식물을 일컫는 말
- 아까시나무 등 콩과 식물로서 뿌리혹박테리아와 공생하거나 오리나무류, 보리수나무처럼 프랑키아(Frankia)라 불리는 방선균류와 공생하며 질소를 고정하여 다른 식물의 생장에도 도움을 주는 나무를 말한다.
  - 콩과 : 아까시나무, 자귀나무, 싸리나무, 박태기나무, 등나무, 칡 등
  - 자작나무과 : 사방오리나무, 산오리나무, 오리나무 등
  - 보리수나무 : 보리수나무, 보리장나무 등
  - 소철과 : 소철

CHAPTER 02 식재계획 및 설계

14 생울타리 및 차폐용 수종의 구비조건으로 적합하지 않은 것은?

① 지엽이 치밀할 것
② 아래가지가 오래도록 말라 죽지 않을 것
③ 맹아력이 강할 것
④ 지하고가 높을 것

해설

생울타리 및 차폐용 수종의 구비조건
주로 상록수로서 지엽이 치밀해야 하고, 적당한 높이로 아래가지가 오래도록 말라 죽지 않으며 맹아력이 크고 불량한 환경조건에도 잘 견디는 수종으로 외관이 아름답고 번식이 용이한 수종이 좋다.

---

15 건물과 관련된 식재기법에서 교목을 위주로 하여 전체적인 건물과의 균형을 고려해야 하므로 수종선정과 식재 위치선정에 세심한 주의가 필요한 것은?

① 초점식재
② 모서리식재
③ 배경식재
④ 가리기식재

해설

① 초점식재 : 건물의 전면경관에서 현관쪽으로 시선을 집중시키기 위한 것이다.
② 모서리식재 : 건물 모서리의 앞이나 옆에 식재하여 건물 모서리의 강한 수직선을 완화하고 외부에서 바라다보이는 조망의 틀을 짜그자 하는 것이 목적이다.
③ 배경식재 : 자연경관이 우세한 지역에서 건물과 주변경관을 융화시키기 위해 기본적으로 요구되는 식재기법이다.

---

16 방풍식재에서 산울타리의 경우 가장 효과적인 밀도를 유지하기 위하여 얼마의 밀폐도가 적당한가?

① 15~25%
② 25~35%
③ 45~55%
④ 65~75%

해설

방풍식재의 효고-
- 범위 : 수림 높이와 관계 즉, 바람의 위쪽에 대해서는 수고의 6~10배, 바람의 아래쪽에 대해서는 수고의 25~30배
- 효과가 가장 큰 지점 : 바람 아래쪽 수고의 3~5배 지점(풍속의 65% 감쇠)
- 밀폐 : 수림 50~70%, 산울타리 45~55%가 효과적이다.
- 고밀도 식재보다 중간밀도 식재가 더 효과적이다.

---

17 다음 중 방음(防音)식재에 관한 설명으로 옳지 않은 것은?

① 산울타리는 높은 주파수의 음향일수록 잘 흡수한다.

② 방음수벽과 가옥과의 거리는 30m 정도가 좋다.

③ 방음 식수대의 너비는 약 20~30m 유지되게 조성한다.

④ 식수대는 소음원과 수음점의 중간 지점에 조성한다.

해설

방음식재의 구조

• 소음원인 도로에 가까이 식재한다.

• 식수대의 가장자리 위치는 도로 중심선에서 15~24m 떨어진 곳에 설치한다.

• 식수대의 폭은 20~30m(최소폭 7~8m), 수고는 중앙부분에서 13.5m 이상 되도록 한다.

• 시가지일 경우에는 도로 중심선에서 3~15m 되는 곳에 위치하고, 폭 3~15m로 한다.

• 식수대와 주택과의 거리는 30m 이상이 되도록 한다.

18 다음 방음식재에 대한 설명 중 틀린 것은?

① 방음용 식재수목은 도로쪽보다 주택지 가까이 심는 것이 효과적이다.

② 방음식재용 수종은 상록교목이 효과적이다.

③ 방음용 식재를 할 때 성토를 하고 그 위에 수목을 식재하는 것도 큰 효과가 있다.

④ 방음을 위해서는 도로를 주변지역보다 낮추는 것이 효과적이다.

해설

① 방음식재는 소음원인 도로에 가까이 식재해야 한다.

19 방화식재와 관련된 설명 중 틀린 것은?

① 침엽수의 수령이나 열식은 활엽수에 비해 방화효과가 크다.

② 생육기의 은행나무의 방화효과는 대단히 높다.

③ 수림지는 상목(上木)만 식재하는 것보다는 하목(下木)을 함께 식재하는 것이 효과가 크다.

④ 일정한 너비로 고르게 수목을 식재한 수림대보다는 그 중앙부에 공지(空地)가 있는 것이 바람직하다.

해설

① 잎이 넓으며 밀생한 수목이 방화식재로 적합하다.

방화식재용 수목의 선정

• 잎이 두텁고 함수량이 많을 것

• 잎이 넓으며 밀생한 것

• 상록수일 것

• 수관 중심이 추녀보다 낮은(목조 건물일 경우) 위치일 것

• 수지를 함유하지 않은 수종일 것

• WD지수 $T = W \times D$

  여기서, T : 시간, W : 잎의 함수량, D : 잎의 두께

20 방화용 식재 수종으로만 구성된 것은?

① 녹나무, 삼나무

② 비자나무, 소나무

③ 은목서, 구실잣밤나무

④ 후피향나무, 아왜나무

해설

① 녹나무와 삼나무는 방풍식재용 수종이다.

② 비자나무와 소나무는 방화식재용으로 부적합한 수종이다.

③ 은목서는 배기가스에 약한 수종이고 구실잣밤나무는 방음식재와 방풍식재용이다.

21 고속도로 사고방지 기능의 식재방법에 속하지 않는 것은?

① 명암순응식재
② 차광식재
③ 지표식재
④ 완충식재

지표식재
• 랜드마크(landmark)적인 역할로 운전자에게 현재의 위치를 알리고자 하는 식재수법이다.
• 휴게소, 서비스 지역, 주차 지역, 인터체인지 등을 알려주는 식재이다.
• 다른 구간과 구별되도록 식재하거나 현재 바람이 부는 방향이나 세기를 인식하도록 한다.

22 식재수법을 정형식, 자연풍경식, 자유식, 군락식으로 구분할 때 자유식재(自由植栽)수법에 해당하는 것은?

① 교호식재
② 사실적 식재
③ 루버형 식재
④ 랜덤형 식재

• 정형식 식재 : 단식, 대식, 열식, 교호식재, 집단식재
• 자연풍경식 식재 : 부등변삼각형식재, 임의식재, 모아심기, 군식, 산재식재, 배경식재, 주목 등
• 자유식 식재 : 루버형, 번개형, 아메바형, 절선형, 원호형 등

23 경부고속도로와 중앙고속도로가 서로 교차하는 지점에 인터체인지를 설치하려 할 때 가장 이상적인 형태는?

① 클로버형
② 트럼펫형
③ 다이아몬드형
④ 직결 Y형

트럼펫형, 다이아몬드형, 직결 Y형은 불완전 입체교차형이고 클로버형은 4갈래 완전입체교차의 대표적인 것으로, 기하학적으로 대칭인 아름다운 형을 이루고 입체고차구조물도 1개만 필요하다.

24 고속도로 커브에서 유도기능을 나타내기 위한 식재 방법으로 옳은 것은?

① 교목을 안쪽(內側) 커브에만 심는다.
② 교목을 바깥쪽(外側) 커브에만 심는다.
③ 교목을 양쪽 커브에 심는다.
④ 양쪽 다 나무를 심지 않는다.

시선유도식재
• 주행 중의 운전자가 도로선형의 변화를 미리 판단할 수 있도록 유도하는 식재이다.
• 주변 식생과 뚜렷한 식별이 가능한 수종(향나무, 측백, 광나무, 사찰나무 등)이 좋다.
• 곡률반경이 700m 이하의 작은 곡선두 바깥쪽에 반드시 관목 또는 교목을 열식한다.
• 산형 : 정상부에는 낮은 수목, 약간 내려간 곳에는 높은 수목을 열식한다.

25 수목의 명명법에 관련된 설명 중 옳지 않은 것은?

① 학명은 라틴어로 표기한다.
② 학명(學名)의 속명(屬名)은 소문자로 시작한다.
③ 학명은 전 세계적으로 동일하게 통용되는 장점이 있다.
④ 학명은 속(屬)명과 종(種)명이 연결된 이명식(二名式)이다.

해설
② 속명은 식물의 일반적 종류를 의미하는 것으로 속명은 항상 대문자로 시작한다.

26 다음 설명은 어느 수종에 관한 것인가?

- 자웅이주로 가지 끝에 원추화서로 달린다.
- 잎은 호생하고 기수 1회 우상복엽이다.
- 낙엽활엽교목으로서 소엽의 기부 거치에 선점이 발달하고 초여름에 꽃이 핀다.
- 잎이나 꽃에서 강한 냄새가 난다.
- 가을에 날개가 달린 열매가 익는다.
- 수피는 회갈색으로 얇게 갈라진다.
- 원산지는 중국 북부이지만 광범위한 기후에 적응한다.

① *Ginkro biloba* L.
② *Nerium indicum* Mill.
③ *Pinus bungeana* Zucc. ex Endl.
④ *Ailanthus altissima* (Mill.) Swingle for. *altissima*

해설
④ 가죽나무
① 은행나무
② 협죽도
③ 백송

27 다음 중 구상나무의 학명은?

① *Abies koreana*
② *Abies nephrolepis*
③ *Abies holophylla*
④ *Cedrus deodara*

해설
① 구상나무
② 분비나무
③ 전나무
④ 개잎갈나무

28 다음 중 마가목의 학명으로 옳은 것은?

① *Prunus verecunda* Koidz
② *Sorbus commixta* Hedl
③ *Firmiana simplex* W.F.Wight
④ *Weigela subsessilis* L.H.Bailey

해설
② 마가목
① 개벚나무
③ 벽오동나무
④ 병꽃나무

29 여름에 꽃 피는 수종이 아닌 것은?

① *Hibiscus syriacus* L.
② *Hydrangea serrata* for. *acuminata*
③ *Lagerstroemia indica* L.
④ *Cercis chinensis* Bunge

해설
④ 박태기나무 꽃은 이른봄 잎이 피기 전에 핀다.
① 무궁화, ② 산수국, ③ 배롱나무

30 황색 꽃이 피는 수종은?

① *Nerium indicum* Mill.
② *Hydrangea macrophylla* for. *otaksa*
③ *Cornus controversa*
④ *Cornus officinalis*

해설
④ 산수유 : 황색
① 협죽도 : 붉은색
② 수국 : 보라, 흰색
③ 층층나무 : 흰색

31 다음 중 꽃 색깔이 다른 수종은?

① 조팝나무   ② 국수나무
③ 층층나무   ④ 생강나무

해설
④ 생강나무 : 황색
①·②·③ 조팝나무, 국수나무, 층층나무 : 백색

32 다음 중 개화기가 가장 늦은 수종은?

① 개나리(*Forsythia koreana*)
② 조록싸리(*Lespedeza maximowiczii*)
③ 조팝나무(*Spiraea prunifolia*)
④ 목서(*Osmanthus fragrans*)

해설
④ 목서 : 10월
① 개나리 : 3~4월
② 조록싸리 : 6~7월
③ 조팝나무 : 4~5월

33 다음 중 내염성이 강한 수종이 아닌 것은?

① 리기다소나구
② 느티나무
③ 사철나무
④ 동백나무

해설
내염성이 강한 수종 : 리기다소나무, 비자나무, 주목, 곰솔, 측백, 사철나무, 동백나무, 태산목 등

34 다음 조경수들 중 양수끼리만 짝지어진 것은?

① 낙엽송, 소나무, 자작나무, 오동나무
② 독일가문비나무, 매화나무, 아왜나무, 미선나무
③ 층층나무, 태산목, 구상나무, 꽝꽝나무
④ 쪽동백나무, 개비자나무, 회양목, 팔손이

해설
양수와 음수
• 양수 : 매화나두, 소나무, 자작나무, 낙엽송, 오동나무, 층층나무 등
• 음수 : 독일가믄비나무, 아왜나무, 팔손이나무, 회양목, 구상나무, 개비자L-무 등
• 중용수 : 꽝꽝나무, 태산목, 미선나무, 쪽동백나무 등

35 자동차 배기가스에 강한 수종은?

① 전나무   ② 은목서

③ 녹나무   ④ 자목련

해설
- 자동차 배기가스에 약한 수종 : 전나무, 소나무, 금목서, 은목서, 목련
- 자동차 배기가스에 강한 수종 : 비자나무, 가이즈까향나무, 녹나무, 감탕나무, 미루나무, 벽오동, 은행나무, 태산목, 돈나무, 히말라야시다

36 다음 수목 중 소나무류(*Pinus*)에 속하지 않는 것은?

① 잣나무   ② 스트로브잣나무

③ 백송   ④ 금송

해설
금송(*Sciadopitys verticillata*)
낙우송과에 속하는 늘푸른 바늘잎나무이다. 높이 15~40m, 지름 1.5m이다. 나무껍질은 얇고 짙은 붉은빛을 띠는 갈색이다. 어린 가지에 비늘조각 같은 잎이 드문드문 붙는다. 잎은 줄 모양이며 2개가 합쳐져서 두껍다. 나비 3mm 정도이며 윤기가 나는 짙은 녹색이고, 끝이 파이며 양면 가운데에 얕은 홈이 있다. 마디에 15~40개의 잎이 돌려나서 거꾸로 된 우산 모양이 되며 밑동에는 비늘잎이 난다.

37 다음 중 개오동나무의 과명으로 적합한 것은?

① 능소화과   ② 장미과

③ 물푸레나무과   ④ 버드나무과

해설
개오동나무 : 능소화과, *Catalpa ovata* G.Don

38 다음 중 꽝꽝나무의 설명으로 옳지 않는 것은?

① 자웅이주이다.

② 학명은 *Ilex crenata* Thunb. var. *crenata* 이다.

③ 잎은 호생하고 넓은 타원형으로서 예두(銳頭)이며, 표면은 광택이 나고 짙은 녹색이다.

④ 열매는 열개(裂開)하는 삭과((蒴果)로서 6~7월에 결실한다.

해설
④ 꽝꽝나무의 열매는 핵과이고 가을에 검은색으로 익는다.

39 *Zelkova serrata*에 관한 설명으로 옳지 않은 것은?

① 잎 가장자리는 톱니모양이다.

② 노란색 또는 붉은색 계열의 단풍이 든다.

③ 도시 내 적응력이 높으며 녹음이 요구되는 것에 이용한다.

④ 천근성으로 번식은 실생보다는 삽목으로 실시하는 것이 효과적이다.

해설
④ 느티나무는 심근성 수종으로 뿌리가 땅속 깊이 뻗어서 지상부에서 뿌리를 볼 수 없다.

40 다음 중 *Chionanthus retusus* Lindl. &Paxton (이팝나무)에 대한 설명이 아닌 것은?

① 과명은 물푸레나무과이다.
② 속명 *Chionanthus*은 Chion 눈(雪)과 anthos 꽃의 합성어이다.
③ 우리나라에서 뿐만 아니라 중국, 일본에도 자생한다.
④ 암수한그루이다.

[해설]
이팝나무(*Chionanthus retusus* Lindl. &Paxton)
우리나라의 남부 지방에서 자라는 낙엽성 교목으로 물푸레나무과에 속하는 식물이다. 높이가 약 20m로, 잎은 마주나고 보통 잎자루가 긴 타원형이다. 꽃은 암수딴그루로서 5~6월에 개화하는데, 백색을 띠고 있으며 새 가지의 끝부분에 달린다. 꽃받침과 화관은 4개로 갈라지고 수술은 2개가 화관통에 붙어있다. 열매는 타원형의 핵과로, 검은 보라색을 띠고 있으며 10~11월에 익는다.

41 다음 각 수종에 대한 설명으로 옳지 않은 것은?

① 회양목 : 상록수이며 전정에 강하여 토피어리로 이용한다.
② 머루나무 : 자웅이주이며 붉은 열매가 열린다.
③ 송악 : 과명은 포도과이며 상록활엽 만경목이다.
④ 붓순나무 : 열매는 골돌과, 6~12개의 삭편이 바람개비처럼 배열된다.

[해설]
③ 송악은 두릅나무과이다.

42 다음 수종 중 굴취 시 수목규격을 표시할 때 근원직경(R)으로 표기하는 수종은?

① 자작나무   ② 백합나무
③ 메타세쿼이아   ④ 층층나무

[해설]
근원직경(R) 적용수종 : 소교목, 화목류, 만경목 등

43 우리나라 마을의 정자목으로 흔히 볼 수 있는 수종이 아닌 것은?

① *Ginko biloba*
② *Zelkova serrata* Makino
③ *Stewartia koreana* Nakai
④ *Celtis sinensis* Pers

[해설]
③ 노각나무는 6~7월에 피는 백색의 아름다운 꽃과 황색의 단풍, 비단 같은 수피의 아름다움을 감상하기 위해 외국에서는 가로수로 심고 있으나 우리나라에서는 생장속도가 느려서 아직 널리 보급되지 않았다.
① 은행나무, ② 느티나무, ④ 팽나무

44 다음의 설명 중 사실과 다른 것은?

① 후박나무는 상록성 수종이다.
② 병꽃나무는 경계식재용으로 많이 쓰인다.
③ 백송의 잎은 2엽 속생이다.
④ 밤나무 잎은 거치 끝의 치상에 엽록소가 있고 상수리나무 잎은 거치 끝의 침상이 엽록소가 없어 구별이 된다.

[해설]
백송의 잎은 3개씩 속생하며 길이 5~10cm, 폭 1.8mm로서 굵고 곧으며 녹색을 띤다.

45 화살나무에 대한 설명으로 옳지 않은 것은?

① 과명은 노박덩굴과이다.
② 영명은 Winged spindle tree이다.
③ 열매는 시과(날개열매)이다.
④ 꽃은 황록색으로 5월에 핀다.

46 수목의 수피 색깔이 틀린 것은?

① 자작나무 : 백색
② 곰솔 : 황색
③ 벽오동 : 녹색
④ 낙우송 : 적갈색

47 다음 중 잎보다 먼저 꽃이 피는 수종은?

① *Magnolia seboldii* K. Koch
② *Magnolia denudata* Desr
③ *Magnolia obovata* Thunb
④ *Machilus thunbergii* Siebold & Zucc

48 다음 조경수 중 여름에 적색 계통의 꽃이 피는 수종으로 짝지어진 것은?

① 배롱나무, 자귀나무, 능소화, 협죽도
② 명자나무, 박태기나무, 차나무, 남천
③ 꽃아그배나무, 서향, 라일락, 싸리나무
④ 매화나무, 꽃산딸나무, 마가목, 등나무

49 다음 그림에 해당하는 조경 수목은?

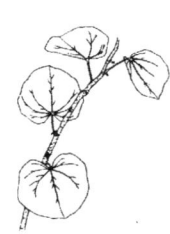

① *Cercis chinensis* Bunge
② *Sophora japoneca* L.
③ *Platanus orientalis* L.
④ *Magnolia grandiflora* L.

50 일본목련(*Magnolia obovata*)과 후박나무에 대한 다음 설명 중 잘못된 것은?

① 일본목련은 목련과(科), 후박나무는 녹나무과 (科)이다.
② 일본목련은 낙엽활엽교목이고 후박나무는 상록 활엽교목이다.
③ 후박나무는 한국자생종이다.
④ 일본목련의 한자명은 목란(木蘭)이다.

④ 일본목련의 한자명은 후박(厚朴)이다.

51 다음 [보기]에서 설명하는 식물은?

┤보기├
- 백합과 식물이다.
- 잎은 길이가 30~50cm, 폭 8~12cm로 납작한 진록색 잎이 한 뿌리에서 총생한다.
- 개화기가 5~6월로 꽃이 3~5개씩 마디마디 모여 피는 총상화서로 연보라색이다.
- 중부이남 지역의 나무 그늘 아래 음습지에서 자생한다.

① 맥문동　　　　② 꽃창포
③ 노루귀　　　　④ 털머위

맥문동은 짧고 굵은 뿌리줄기에서 잎이 모여 나와서 포기를 형성하고, 흔히 뿌리 끝이 커져서 땅콩같이 된다. 줄기는 곧게 서며 높이 20~50cm이다. 잎은 짙은 녹색을 띠고 선형(線形)이며 길이 30~50cm, 폭 8~12mm이고 밑부분이 잎집처럼 된다.

52 한국의 식물군계 중에서 북부지방에 분포하는 식물군으로 되어 있는 것은?

① 자작나무, 박달나무, 떡갈나무
② 서어나무, 향송, 미선나무
③ 갈참나무, 졸참나무, 측백나무
④ 철쭉나무, 산초나무, 참나무

북부지방에 분포하는 수종 : 박달나무, 자작나무, 사시나무, 전나무, 떡갈나무, 잣나무, 거제수나무 등이 있다.

53 다음 중 아황산가스에 대한 저항성이 가장 강한 수종은?

① *Chamaecyparis pisifera* Endl.
② *Abies holophylla* Max.
③ *Picea abies* Karst
④ *Pinus densiflora* S. et Z.

① 화백, ② 전나무, ③ 독일가문비나무, ④ 소나무
- 아황산가스에 강한 수종 : 비자, 솔송, 왜금송, 편백, 화백, 가이즈까향나무, 개비자나무, 향나무, 가시나무, 녹나무, 태산목, 사철, 벽오동, 칠엽수, 무궁화, 자귀나무, 쥐똥나무, 개암나무, 유카 등
- 아황산가스에 약한 수종 : 독일가문비나무, 소나무, 대왕송, 잣나무, 일본잎갈나무, 삼나무, 느티나무, 고로쇠나무, 매실나무 등

54 우리나라에서 낙엽성 참나무류 중 천연기념물로 4곳(울진, 서울, 안동, 강릉)에 지정되어 있는 수종은?

① 신갈나무

② 상수리나무

③ 떡갈나무

④ 굴참나무

해설

현재 천연기념물로 지정되어 보호되고 있는 굴참나무군으로는 울진의 굴참나무, 서울 신림동의 굴참나무, 안동 임동면의 굴참나무, 강릉 산계리 굴참나무가 있다.

---

56 천이는 개시 시기의 환경조건에 의하여 천이를 구분할 수 있는데 육상의 암석지, 사지(砂地) 등과 같은 무기 환경조건에서 전개되는 천이는?

① 3차 천이   ② 2차 천이

③ 건생천이   ④ 습생천이

해설

건성(건생)천이

• 용암 대지나 맨땅, 황무지 등 건조한 곳에서 시작되는 천이

• 용암 대지, 지의류, 이끼, 초본, 작은 관목, 양수림, 혼합림, 음수림이 순차적으로 형성된다.

---

55 화서는 화축에 달린 꽃의 배열을 말한다. 밑에서 위로 향하는 꽃이 피는 무한화서(indeterminate inflorescence)와 식물종이 잘못 짝지어진 것은?

① 원추화서(panicle) : 쥐똥나무

② 미상화서(catkin) : 자작나무

③ 총상화서(raceme) : 수수꽃다리

④ 산방화서(corymb) : 산사나무

해설

수수꽃다리

물푸레나뭇과의 낙엽관목, 높이는 2~3m이며, 잎은 마주나고 넓은 달걀 모양이다. 4~5월에 연한 자주색 꽃이 묵은 가지 끝 잎겨드랑이에 원추(圓錐)화서로 피고 열매는 삭과(蒴果)로 9월에 익는다. 관상용이고 석회암 지대에 자라는데 우리나라의 평남, 함북, 황해도 등지에 분포한다.

---

57 다음 중 천이의 순서가 올바르게 나열된 것은?

① 나지 → 1년생 초본 → 다년생 초본 → 양수 관목림 → 양수 교목림 → 음수 교목림

② 나지 → 1년생 초본 → 다년생 초본 → 음수 교목림 → 양수 관목림 → 양수 교목림

③ 나지 → 1년생 초본 → 다년생 초본 → 양수 교목림 → 양수 관목림 → 음수 교목림

④ 나지 → 다년생 초본 → 1년생 초본 → 양수 관목림 → 양수 교목림 → 음수 교목림

해설

천이의 순서

나지(맨땅) → 1년생 초본 → 다년생 초본 → 양수 관목림 → 양수 교목림 → 음수 교목림

---

58 식생도에 관한 설명으로 옳지 않은 것은?

① 세밀한 식생조사를 위해서 대축척의 식생도를 만든다.
② 식생에 대한 분포를 시각적으로 알 수 있게 한다.
③ 식생도는 분포의 입지 관련 해석의 실마리를 제공해 준다.
④ 대상(代償)식생이란 원래의 자연환경 조건에서 존재하였던 식생을 말한다.

[해설]
원래의 자연환경 조건에서 존재하였던 식생은 원식생이다. 대상식생은 변화된 입지 조건하에서 인간에 의한 영향이 제거되었다고 가정할 때 성립이 예상되는 자연식생이다.

59 생태계의 개체군 분포에서 Allee의 원리가 뜻하는 것은?

① 어떤 개체군 분포는 집단화가 유리하다.
② 어떤 개체군은 불규칙적으로 분포한다.
③ 어떤 개체군은 개체 내 경쟁이 개체군보다 치열하다.
④ 어떤 개체군은 미환경의 특성에 따라 분포한다.

[해설]
Allee(1949)의 원리
• 개체처럼 일정구조와 구성을 가지며 시간에 따라 변화한다.
• 개체발생과 동일하게 생장한다(생장곡선).
• 유전적 조성을 갖는다(Gene Pool).
• 환경과 인구수는 서로 영향을 준다.
• 어떤 개체군 분포는 집단화가 유리하다.

60 개체군 분포를 나타내는 분산은 흔히 3가지 기본형으로 구분하고 있는데 이들 기본형 중 자연계에서 가장 흔히 볼 수 있으며, 고분산으로 해석되는 형태는?

① 균일분포형　　② 괴상분포형
③ 무작위분포형　④ 불규칙분포형

[해설]
개체군의 분산 형태
• 균일형 : 전 지역을 통하여 환경조건이 균일하고 개체간에 치열한 경쟁이 일어나는 개체군으로, 극히 드물게 나타난다.
• 임의형 : 생존경쟁이 치열하지 않고, 환경조건이 균일하지 않은 곳에서 볼 수 있다.
• 괴상형 : 자연계에 가장 흔한 개체 분포이다. 환경이 고르지 못하고 생식이나 먹이를 구하는 개체군에서 볼 수 있는 것으로, 이렇게 뭉쳐서 생활하면 영양분, 공간, 빛 등에 대한 각 개체 간의 경쟁은 커지지만, 그 대신 얻어지는 이익도 적지 않은 경우 나타나는 분산형태이다.

CHAPTER 05　식재공사

61 다음 수목의 지주목 설치에 관한 설명으로 옳은 것은?

① 단각지주는 수고 1.2m 이하의 수목에 적합하다.
② 이각지주는 수고 2.5m를 초과하는 수목에 적합하다.
③ 삼발이는 경관상 중요한 곳에 설치한다.
④ 삼각지주는 보행자 통행량이 적은 곳에 적합하다.

[해설]
① 단각지주 : 수고 1.2m 이하의 관목에 사용하며 가이즈까향나무, 수양버들, 위성류, 수양벚나무 등의 어린 수종 등에 사용한다.
② 2각지주는 수고 1.2~2.0m의 소형 가로수에 사용하며 좁은 장소에 깊게 넣는다.
③ 경관상 중요한 곳에 설치하는 것은 매몰형 지주이다.
④ 3각, 4각 지주는 보행량이 많은 곳에 설치하는 것이 적합하다.

62 다음 중 일반적으로 관목의 식재밀도가 적합하지 않은 것은?

① 산울타리용 관목은 식재간격이 0.25~0.75m일 때 1.5~4본/m²이다.
② 지피・초화류의 식재간격이 0.2~0.3m일 때 11~25본/m²이다.
③ 크고 성장이 보통인 관목은 식재간격이 1~1.2m일 때 3본/m²이다.
④ 작고 성장이 느린 관목은 식재간격이 0.45~0.6m일 때 3~5본/m²이다.

해설
식재간격

구분	식재간격(m)	식재밀도	비고
작고 성장이 느린 관목	0.45~0.6	3~5본/m²	단식 또는 군식
크고 성장이 보통인 관목	1.0~1.2	1본/m²	
성장이 빠른 관목	1.5~1.8	2~3당 1본/m²	
산울타리용 관목	0.25~0.75	1.5~4본/m²	밀식
지피, 초화류	0.2~0.3 0.14~0.2	11~25본/m² 25~49본/m²	

63 이식수목의 지주설치 내용으로 틀린 것은?

① 매몰형 지주는 경관상 매우 중요한 곳이나 지주목이 통행에 지장을 많이 가져오는 곳에 설치한다.
② 거목이나 경관적 가치가 특히 요구되는 곳, 주간 결박지점의 높이가 수고의 2/3가 되는 곳에 당김줄형을 사용한다.
③ 삼발이(버팀형)는 견고한 지지를 필요로 하는 수목이나 근원직경 20cm 이하의 수목에 적용한다.
④ 단각지주는 주간이 서지 못하는 묘목 또는 수고 1.2m 미만의 수목에 적용한다.

해설
③ 소형은 높이 4.5~5.0m의 수목에 사용(지주목 규격 : 길이 1.8m)하고, 대형은 높이 5.0m 이상의 수목에 사용(지주목 규격 : 길이 2.7m)한다.

64 수목의 가식 및 기존 식생 보호에 대한 설명으로 옳은 것은?

① 가식장소는 공사의 지장이 없는 범위 내에서 토질과 관련없이 설치한다.
② 가식수목의 뿌리분 주변은 공기가 완전히 방출되도록 충분히 관수해야 하며, 배수가 잘 되지 않는 곳이 좋다.
③ 기존 수목 주위를 절토할 때에는 수관폭 1/2 이내의 지반까지 절토할 수 있다.
④ 흙쌓기로 인하여 기존 수목의 줄기가 묻힐 우려가 있는 경우 대상 수목의 수관폭을 1/2~3/4 정도 남기고 수목의 밑둥이 흙으로 매몰되지 않게 주변을 굵은 자갈 등으로 채워야 한다.

해설
수목의 가식
• 가식장소는 사질양토로서 배수가 양호한 곳이어야 하며, 가급적 배수로를 설치한다.
• 가식수목은 통풍불량으로 지근부 등이 손상되는 일이 없도록 충분한 식재간격을 유지한다.
• 가식장은 관수 등 가식기간 등의 관리를 위한 작업통로를 설치한다.
• 가식 후에는 충분히 관수하며, 뿌리분은 충분히 복토하여 준다.
• 가식장의 수목은 버팀목을 설치하여 풍해에 의한 전도를 막아야 한다.
• 가식기간을 고려하여 병충해 피해 및 생육상태를 관찰하여 수시적인 관리작업을 병행한다.
• 기존 수목 주위를 절토할 때에는 수관 폭 이내의 지반을 절토하지 않도록 하고, 일정기간 동안 흙 또는 물에 적신 거적 등으로 덮어 보양해준다.

65 수목의 굴취 시 뿌리분의 크기는 대체로 무엇을 기준으로 정하는가?

① 흉고직경   ② 수고
③ 근원직경   ④ 수관폭

해설
뿌리분의 크기는 굴취 시와 마찬가지로 근원직경의 4~6배로 하는데, 보통 4배 정도를 기준으로 한다.

66 다음 굴취 및 운반방법에 대한 설명 중 옳지 않은 것은?

① 뿌리분의 둘레는 원형으로, 측면은 수직으로, 저면은 둥글게 다듬어야 한다.

② 뿌리분의 외부로 돌출한 굵은 뿌리는 약간 길게 톱질하여 자르며, 세근은 가급적 잘라버린다.

③ 운반에 지장을 받지 않도록 무리가 가지 않는 범위에서 가지를 새끼, 밧줄 등으로 잡아맨다.

④ 수목굴취 시 수고 4.5m 이상의 수목은 감독자와 협의하여 가지주를 설치하고 가지치기, 기타 양생을 하여 작업에 착수한다.

해설
② 뿌리분의 외부로 돌출한 굵은 뿌리는 약간 길게 톱질하여 자르고 절단면은 거적 등으로 충분히 양생하며, 밀생한 세근을 뿌리분에 붙여 보존하여야 한다.

67 수목의 식재공사에 관한 기술 중 옳지 못한 것은?

① 객토용 토양은 부식질이 풍부하고 불순물이 혼입되지 않은 사질양토를 사용한다.

② 물이 괴는 토질이나 배수가 지나치게 잘 되는 토질에서는 식재 시 토양개량재료를 섞어 줄 필요가 있다.

③ 식재지의 토질은 단립(團粒)구조로서 구성하여야 하며, 일정용량 중 토양입자 35%, 수분 30%, 공기 35%의 구성비를 원칙으로 한다.

④ 배수가 안 되는 토질은 적정간격 및 적정규모의 암거설치를 하거나 마운딩을 실시한 후에 식재한다.

해설
③ 식재지토양은 배수성과 통기성이 좋은 단립(團粒)구조로서 일정용량 중 토양입자 50%, 수분 25%, 공기 25%의 구성비를 표준으로 한다.

68 조경수목의 규격표시와 관련한 설명 중 옳은 것은?

① 수고(H)는 근원부에서 수관의 최상단까지의 수직높이를 말하며, 도장지를 포함한다.

② 수관폭(W)은 타원형 수관의 경우 가장 넓은 부분의 길이로 한다.

③ 흉고직경(B)은 지상에서 1.2m 높이 부위의 굵기를 말하며, 쌍간일 경우에는 합친 값의 0.7배로 한다.

④ 수관길이(L)는 수관의 평균길이를 말한다.

해설

• 수고 : 지표면으로부터 수목 상단부까지의 수직높이
• 근원직경 : 지표면에서의 수목 줄기의 직경
• 흉고직경 : 지표면으로부터 높이 120cm 지점에서의 수목 줄기의 직경
• 수관폭 : 수목의 녹엽 부분을 수평면에 수직으로 투영한 최대 지름
• 지하고 : 수목의 줄기에 있는 가장 아래가지에서 지표면까지의 수직거리

69 다음 중 수목의 굴취와 관련된 설명으로 틀린 것은?

① 심근성 수종은 일반적으로 보통분의 형태로 만든다.
② 녹화마대는 황마로 만든 천연섬유 시트를 사용한다.
③ 식물생장조절제, 상처 유합제는 표면에 막을 형성하는 유제로, 식물에 유해하지 않아야 한다.
④ 표준적인 뿌리분의 크기는 근원직경의 4배를 기준으로 하되 수목의 이식력과 발근력을 적절히 고려하도록 한다.

해설
뿌리분의 모양
• 조개분 : 느티나무, 소나무, 회화나무, 주목 등 심근성 수종
• 접시분 : 자작나무, 편백, 독일가문비, 향나무 등의 천근성 수종
• 보통분 : 벚나무, 측백 등 일반적 수종

70 근원직경이 45cm인 느티나무를 포장으로부터 굴취할 때, 뿌리분의 직경(cm)은 얼마가 적당한가? (단, 상수는 상록수 4, 낙엽수 3을 적용한다)

① 92
② 105
③ 132
④ 150

해설
뿌리분의 직경 $= 24 + (N-3) \times d$
여기서, N : 줄기의 근원지름, d : 상수
$\therefore 24 + (45-3) \times 3 = 150$

71 수목의 성장에 따른 이식 적기가 옳지 않은 것은?

① 침엽수는 3월 중순~4월 중순이다.
② 낙엽수는 3월 중·하순~4월 상순의 개서전(開舒前)과 10월 중순~11월 중순이다.
③ 상록활엽수는 일반적으로 춘기 개서전(開舒前)과 신엽이 굳어진 4월 상순~5월 하순이다.
④ 대나무는 죽순이 지상으로 나타나기 직전인 3월~4월에 실시하나 내한성이 강한 것은 가을이 좋다.

해설
③ 상록활엽수의 이식 적기는 공기 중 습도가 가장 높은 6~7월 장마 때이다.

72 수목을 이식할 때 고려할 사항 중 틀린 것은?

① 수목 지상부의 지엽 일부를 전지하여 과도한 증산작용을 억제한다.
② 자른 부위는 방부처리하여 부패를 방지한다.
③ 잔뿌리는 제거하더라도 굵은 뿌리는 가능한 훼손을 적게 한다.
④ 대형목을 이식할 경우 여유를 두고 미리 뿌리돌림을 하는 것이 좋다.

해설
③ 굵은 뿌리는 약간 길게 톱질하여 자르고 절단면은 거적 등으로 충분히 양생하며, 밀생한 세근을 뿌리분에 붙여 보존하여야 한다.

73 지주목 설치의 장점이 아닌 것은?

① 지상부의 생육에 있어서 흉고직경 생장을 비교적 크게 하는 동시에 상부의 지지된 부분의 생육을 증진시킨다.
② 지상부의 생육과 비교하여 근부의 생육을 적절하게 해준다.
③ 바람에 의한 피해를 줄이고 뿌리의 활착을 돕는 역할을 한다.
④ 이식된 수목의 조기 활착을 유도한다.

[해설]
① 지상부의 생육에 있어서 흉고직경 생장을 비교적 작게 하는 동시에 상부의 지지된 부분의 생육을 증진시킨다.

74 다음 수목의 뿌리돌림에 관한 설명 중 옳은 것은?

① 원뿌리는 깊게 뻗어 있어 단근할 필요가 없다.
② 뿌리내림이 왕성하고 수목 생육이 활발한 시기에 실시한다.
③ 뿌리돌림을 할 때는 단근량과 전정량은 비례되게 함이 좋다.
④ 낙엽 활엽수는 수액이 발동하기 시작한 때부터 신록이 우거지기 직전까지가 뿌리돌림의 제1적기이다.

[해설]
뿌리돌림 작업 시 크기를 정한 후 흙을 파내며, 나타나는 뿌리를 모두 절단하고 칼로 깨끗이 다듬는다. 뿌리돌림의 시기는 뿌리의 생장이 가장 활발한 시기인 이른 봄이 가장 좋으나, 혹서기와 혹한기만 피하면 가능하다. 일반적으로 뿌리돌림 후 1년 뒤에 이식하는데, 수세가 약하거나 대형목, 노목 등 이식이 어려운 나무는 뿌리 둘레의 1/2 또는 1/3씩 2~3년에 걸쳐서 뿌리돌림을 실시한 후 이식하는 것이 좋다.

75 다음 식생 유지관리와 관련된 설명 중 옳지 않은 것은?

① 잔디의 깎기 높이와 횟수는 잔디의 종류, 용도, 상태 등을 고려하여 한 번에 초장의 1/2 이상으로 깎아야 한다.
② 조경수목류의 전정은 다듬기와 솎아내기로 구분하며, 수서, 미관, 통풍, 채광 등을 고려한다.
③ 뗏밥주기란 토양표면에 쌓여 있는 죽은 잔디의 잎이나 줄기를 조속히 분해시켜 수분과 양분의 이동을 원활하게 할 목적으로 토양이나 모래를 잔디표면에 골고루 뿌려 일정 두께로 덮는 작업이다.
④ 교목류의 전정 횟수는 연간 1회를 기준으로 하고, 낙엽 활엽수의 시기는 7~8월과 낙엽 후인 10~12월 및 신록이 굳어진 3월이 적당하다.

[해설]
잔디 깎는 높이 빈도 : 한 번에 초장의 1/3 이상을 깎지 않도록 한다.

76 다음 수목 중 이식 시 뿌리분을 만들지 않거나, 이식하기 쉬운 수종으로만 짝지어진 것은?

① *Salix babylonica*, *Firmiana simplex*
② *Picea jezoensis*, *Pinus densiflora*
③ *Larix kaempferi*, *Betula platyphylla*
④ *Taxus cuspidata*, *Juglans sinensi*

[해설]
① 수양버들, 벽오동
② 가문비나무, 소나무
③ 낙엽송, 자작나무
④ 주목, 호두나무
이식이 쉬운 수종 : 은행나무, 벽오동, 플라타너스, 버드나무, 개비자나무, 티자나무, 수양버들 등

77 생태연못이나 저습지 조성 시 도입되는 수생식물의 분류로 옳은 것은?

① 추수식물 - 갈대, 줄
② 부엽식물 - 수련, 생이가래
③ 침수식물 - 검정말, 꽃창포
④ 부유식물 - 개구리밥, 이삭물수세미

해설
수생식물의 분류
• 침수식물 : 나사말, 검정말, 붕어마름, 물수세미, 물질경이 등
• 부엽식물 : 마름, 수련, 연꽃, 자라풀 등
• 부유식물 : 생이가래, 개구리밥, 부레옥잠 등
• 추수식물(정수식물) : 갈대, 줄, 부들, 창포, 꽃창포, 물옥잠 등

78 초화류 식재에 관한 설명으로 틀린 것은?

① 화단 조성에 가장 많이 쓰는 초화류는 1년생 초화류이다.
② 알뿌리나 숙근류 등은 종묘비가 적게 드는 장점이 있다.
③ 칸나는 개화 전에 잎을 감상할 수 있다.
④ 초화류 식재는 종자 파종 방법과 꽃 모종을 심는 방법이 있으나, 대부분은 개화 직전의 꽃 모종을 갈아 심는 방법을 이용한다.

해설
② 알뿌리나 숙근류 등은 꽃이 화려하고 탐스러운 것이 많으나, 1년생 초화류에 비해 종묘비가 많이 들고 개화기까지의 화단 점유 기간이 길다는 단점이 있다.

79 다음 중 춘파한해살이 초화류에 해당하지 않는 것은?

① 채송화
② 메리골드
③ 봉선화
④ 구절초

해설
구절초는 국화과에 속하는 여러해살이풀이다.

80 잔디의 일반적인 특성 중 밟힘에 견디는 힘(내답압성, 耐踏壓性)이 가장 약(弱)한 것은?

① 한국잔디
② bermuda grass
③ bentgrass
④ kentyucky bluegrass

해설
③ 벤트그래스 : 품질이 좋으나 내답압성이 약하다.
① 한국잔디 : 성질이 강하고 답압에 잘 견딘다.
② 버뮤다그래스 : 내답압성이 크며 관리하기가 용이하다.
④ 켄터키 블루그래스 : 지나친 이용으로 손상받았을 때 회복력이 좋기 때문에 경기장이나 골프장의 페어웨이 피복에 적합하다.

81 다음 중 한지형 잔디류가 아닌 것은?

① 블루그래스류
② 벤트그래스류
③ 페스큐류
④ 버뮤다그래스류

해설
④ 버뮤다그래스류는 난지형 잔디이다.
서양잔디에는 난지형 잔디인 버뮤다그래스와 한지형 잔디인 톨 페스큐, 켄터키 블루그래스, 벤트그래스가 있다.

82 작은 화단 가운데는 키가 큰 종류의 화초를 심고 가장자리에는 키가 차차 작은 화초를 심어서 사방에서 바라볼 수 있게 식재한 화단은?

① 경재화단
② 기식화단
③ 카펫화단
④ 용기화단

해설
① 경재화단 : 전면 한쪽에서만 관상하는데 앞쪽은 키 작은 식물, 뒤쪽은 키 큰 식물을 배치하여 입체적으로 구성한 것으로 건물, 도로, 산울타리, 담장을 배경으로 폭이 좁고 길게 만든다.
③ 카펫화단 : 화단 중 가장 황홀하도록 문양을 만들어 마치 카펫을 깔아 놓은 듯하게 키 작은 화초로 꾸며진 평면적 화단이다.
④ 용기화단 : 화분, 위도박스, 식물재배용기 등에 화초를 심어 조성하는 화단이다.

PART 05

조경시공
구조학

시공의 개요

01 조경시공재료

1 시공계획 및 시공관리

(1) 시공계획

각 부분 공사에 착수하기 전에 가설물과 기계 배치, 자재 반입, 시공 순서와 방법 등을 계획하는 것을 시공계획이라 한다.

① 시공계획을 세울 때 일반적인 원칙
  ㉠ 재료와 제품의 이동에 소요되는 작업량을 최소화한다.
  ㉡ 각 작업의 1일 작업량을 일정하게 계획한다.
  ㉢ 작업은 되도록 기계화하여 공정을 단축하고, 작업량에 적합한 기계를 선정하여 작업 능률을 높인다.
  ㉣ 작업에 여러 가지 기계와 설비를 함께 사용하는 경우, 각각의 능력을 고려하여 고르게 이용될 수 있도록 계획한다.

② 시공계획의 순서
  ㉠ 최우선으로 현장원 편성
  ㉡ 공사 착수 전 공정표 작성
  ㉢ 실행 예산의 편성과 조성
  ㉣ 하도급자의 선정
  ㉤ 가설 준비물의 결정
  ㉥ 재료의 선정
  ㉦ 재해 방지

(2) 시공관리

시공관리는 시공계획에 따라 공사를 합리적·능률적으로 추진하고 조정하는 것을 말한다.

① 재료와 노무 준비 : 공사에 필요한 재료와 근로자를 확보하고 시공 기계와 설비, 가설물 등을 준비한다.

② 지도와 검사
  ㉠ 지도
    • 일반적으로, 건설 공사는 대부분 하도급자가 시공한다.
    • 원도급자는 하도급자가 근로자를 지도하고 감독하여 공사를 제대로 진행하도록 하도급자를 지도한다.
  ㉡ 검사
    • 공사 도중 : 재료와 현치도, 먹줄치기 등을 검사하고, 하도급 공장에서 제작한 제품을 검사한다.
    • 공사의 마지막 단계 : 마무리 검사, 조작 검사, 기능 검사 등을 실시한다.

❷ 시공재료의 분류

(1) 생산 방법에 의한 분류
① 천연재료 : 식물, 물, 목재, 석재, 골재, 흙, 점토 등
② 인공재료 : 시멘트 및 콘크리트, 금속, 요업, 석유화학제품 등

(2) 화학적 조성에 의한 분류

무기재료	금속재료	철강, 알루미늄, 구리, 납, 아연, 합금류 등
	비금속재료	석재, 시멘트, 벽돌, 유리, 석회, 콘크리트, 자기류 등
유기재료	천연재료	목재, 아스팔트, 섬유류 등
	합성수지재료	플라스틱재, 도료, 접착제 등

(3) 사용목적에 의한 분류

구조재료	목구조용(목재), 철근콘크리트구조용(철근, 콘트리트), 철골구조용(철강), 조적구조용(석재, 벽돌, 블록) 등
수장재료	내외장 마감재 : 타일, 유리, 도료, 보드류, 금속판, 섬유판, 석고판 등
	차단재 : 페어글라스, 유리섬유, 암면, 아스팔트, 실링재
	채광재 : 유리, 플라스틱 등
	창호재 : 목재, 금속재, 플라스틱재, 셔터 등
	방화 및 내화 : 방화문, 방화셔터, PC 부재, 내화벽돌, 내화모르타르, 내화점토 등
	기타 : 포장, 장식재, 방수재, 접착제, 가구제, 간결재 등
설비재료	급·배수 및 수경시설재료, 냉난방재료, 전기조명재료 등

(4) 공사구분에 의한 분류

식재공사용, 석재공사용, 목공사용, 철근콘크리트공사용, 조적공사용, 타일공사용, 방수공사용, 금속공사용, 미장공사용, 포장공사용, 수경시설공사용, 수장공사용, 설비공사용, 생태환경복원공사용재료 등

❸ 시공재료의 규격화

(1) 산업규격

① 산업표준화의 기준이 되는 것으로 나라마다 규정을 만들어 시행하고 있다.
② 1947년 국제표준화기구(ISO)가 설립되어 국제적으로 규격을 통일하고 있다.
③ 한국은 산업표준화법(1961년 제정된 구 공업표준화법)에 근거한 한국산업규격(KS)을 활용하고 있다.

(2) 산업규격 표준화의 분류

① 대분류 : 기본(A), 기계(B), 전기(C), 금속(D), 광산(E), 토건(F), 일용품(G), 식료품(H), 섬유(K), 요업(L), 화학(M), 의료품(P), 수송기계(R), 조선(V), 항공(W), 정보산업(X) 등의 부문으로 분류되고 있다.
② 건설재료 관련사항 : 기본(A), 기계(B), 전기(C), 금속(D), 토건(F), 요업(L), 화학(M)부문 등에 주로 규정되어 있다.
③ 한국은 ISO 9000 시리즈(품질경영과 품질보증규격, 선택과 사용에 대한 지침)를 KSA 9000 시리즈로 채택하여 적용하고 있다.

(3) 주요 국가별 산업규격

① 국제 : ISO(International Standardization Organization ; 국제표준화기구), SI(System International Unites ; 국제 단위계)
② 한국 : KS(Korean industrial Standards ; 한국산업표준)
③ 미국 : ASTM(American Society for Testing and Materials ; 미국재료시험협회), ACI(미국콘크리트 협회), FS(연방규격과 특허)
④ 영국규격(BS), 중국국가규격(GB), 일본산업규격(JIS), 독일산업규격(DIN) 등

① 시방서

(1) 시방서의 개요

① 공사의 설명과 설계도만으로는 나타낼 수 없는 부분에 대하여 지침을 주며 각 공사의 항목별 내용을 명확히 하는 것으로, 건축 설계의 경우 설계자가 작성하여 설계 도서에 첨부해야 한다.

② 시공 조건, 규격, 허용범위 등을 표시한 것이다.

③ 공사의 개요, 도면에 기재할 수 없는 공사 내용 등을 기재한 것이며 시공상의 일반적인 주의사항을 쓴 것이다.

④ 단위공사의 공사량, 입찰방법과 입찰금액, 경제성 등은 기재 내용이 아니다.

(2) 시방서의 종류(작성 방법에 따른 분류)

① 표준시방서 : 대한건축학회에서 발행한 공통시방서이다.

② 특기시방서 : 표준시방서에 기재되지 않은 특수재료, 특수공법 등을 설계자가 작성한 시방서이다.

③ 전문시방서 : 시설물별 표준시방서를 기본으로 모든 공종을 대상으로 하여 특정한 공사의 시공 또는 공사시방서의 작성에 활용하기 위한 종합적인 시공기준을 말한다.

④ 공사시방서(건설공사의 계약도서에 포함된 시공기준) : 표준시방서 및 전문시방서를 기본으로 하여 작성하되, 공사의 특수성·지역여건·공사방법 등을 고려하여 기본설계 및 실시설계도면에 구체적으로 표시할 수 없는 내용과 공사수행을 위한 시공 방법, 자재의 성능·규격 및 공법, 품질시험 및 검사 등 품질관리, 안전관리, 환경관리 등에 관한 사항을 기술한 것을 말한다.

② 시방서의 구성 ☑ 중요

(1) 시방서의 내용

① 재료에 관한 사항

② 공법·공사 순서에 관한 사항

③ 시공 기계·기구에 관한 사항

④ 시공에 대한 주의 사항

⑤ 보양·청소·정리에 관한 사항

(2) 시방서 작성 시 주의사항

① 공사 전체에 걸쳐 빠짐없이 기록한다.

② 서술법으로 간명하게 뜻을 전달할 수 있게 기술한다.

③ 설계도면과 시방서 내용이 일치하여 중복 기재 사항이 없게 한다.

④ 재료의 품질은 명확하게 규정하고 그 지정은 신중을 기한다

⑤ 불충분한 설계도면의 부분을 충분히 보충 설명한다.

⑥ 오자·오기 없이 띄어쓰기로 한다.

⑦ 공사 범위를 명시하고, 공법과 마감상태 등 정밀도를 명확하게 규정한다.

⑧ 실행되지 못한 일 또는 필요 없는 것은 기재하지 않도록 한다.

⑨ 시방서의 작성순서는 공사 진행순서와 일치하도록 한다.

(3) 시방서의 형식

① 시방서에 치중하고 도면을 간략히 하는 경우 : 공사가 아주 단순한 경우

② 시방서를 간략히 하고 도면에 치중하는 경우 : 비교적 공사가 소규모인 경우

③ 시방서와 도면을 모두 치중하는 경우 : 중요한 공사인 경우로 가장 많이 사용

(4) 시방서와 설계도면의 우선 순위

① 집행되는 공사의 설계도면과 시방서 내용에 차이가 발생된 경우 상호 보완적인 효력을 지닌다.

② 계약으로 그 적용의 우선순위를 정하지 않은 경우 적용순서

현장설명서 → 공사시방서 → 설계도면 → 표준시방서 → 물량내역서

※ 모호한 경우 발주자(감독자) 지시에 따르도록 규정하는 것이 보통이다.

시험에 이렇게 나왔다!   [2016년 제2회 기사]

시방서에 관한 설명으로 옳지 않은 것은?

① 작성방법에 따라 표준시방서와 특기시방서로 구분된다.

② 시공순서에 따라 빠짐없이 기재하고, 중복되지 않고 간단명료하게 작성한다.

③ 재료에 필요한 시험, 재료의 종류 및 품질, 건물 인도 시기, 총공사비 등을 기재한다.

④ 계약서와 설계도면에 표현하기 어려운 공사이행에 관련한 일반사항과 특이사항을 기재하여 도면과 함께 공사의 지침이 되도록 작성되는 설계도서의 일종이다.

해설

시방서는 주로 공사의 진행 방법, 규격, 안전사항 등에 대한 지침을 포함하는 문서이다. 건물 인도 시기는 시방서에 기록하지 않으며 총공사비 등 물량에 관한 것들은 내역서 등의 문서에 적합하다.

정답 ③

1 공사입찰 및 계약

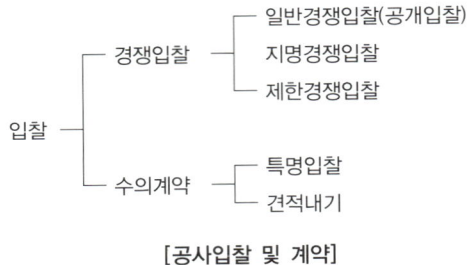

[공사입찰 및 계약]

(1) 경쟁입찰

① 공개입찰

㉠ 관보나 공보, 신문지상으로 입찰 규정을 공고하고 입찰자를 모집하는 방법으로, 정부 공사는 이 방법에 준하고 있다.

㉡ 일정한 자격요건을 갖춘 자들에게 동일한 조건에서 서로의 경쟁을 통하여 입찰하게 하는 방법이나 지나친 경쟁으로 인하여 낮은 공사금액으로 입찰하여 공사의 질을 저해할 우려가 있는 입찰 방식이다.

장점	단점
• 입찰 기회를 균등하게 부여한다. • 공사비를 적게 할 수 있다. • 응찰자가 많으므로 담합할 우려가 적다.	• 입찰 수속이 번잡하고 공사가 조잡해질 우려가 있다. • 건축주 입장에서 감독이 곤란하다.

② 지명경쟁입찰

㉠ 건축주가 도급자의 재산·공신력·기술·경력 등을 심사하여 적격 업자를 선정하여 경쟁하게 하는 방법이다.

㉡ 자금력과 신용 등에서 적합하다고 인정되는 특정 다수의 경쟁 참가자가 입찰하는 방법

장점	단점
• 시공능력이 적합하지 않은 자에게 낙찰될 우려가 적다. • 양질의 공사를 할 수 있다.	• 입찰 수속이 번잡하고 공사가 조잡해질 우려가 있다. • 건축주 입장에서 감독이 곤란하다.

③ 제한경쟁입찰

㉠ 참가자의 자격을 제한하는 경쟁입찰 방식이다.

㉡ 일반경쟁입찰과 지명경쟁입찰의 단점을 보완할 수 있다.

(2) 수의계약

① 특명입찰

ⓐ 당해 공사에 가장 적당한 도급자 한 사람을 택해서 입찰시키는 방법으로 도급자가 기술·자산·공사 경력·보유 기재·신용 등에서 가장 우수한 업자이어야 한다.

ⓑ 그 공사에 가장 적합하다고 인정되는 업자를 선정하여 동개입찰 없이 계약하는 것이다.

장점	단점
• 공사의 기밀 유지가 유리하다. • 입찰 수속이 간단하다. • 시공의 질을 믿을 수 있다.	• 공사비가 높아질 염려가 많다. • 불순한 결과를 초래할 수 있다.

② 견적내기 : 신뢰할 수 있는 건설업자 두세 명을 지명하여 견적을 내게 하고, 그중에서 적합한 건설업자를 선정하는 방식이다.

(3) 입찰순서

① 입찰 공고 : 신문이나 게시판 등에 공사 규모, 현장 설명 일시 등을 공고한다.

② 참가 등록 : 예정된 현장 설명 일시에 참석하여 일반 사업자 등록증 및 위임장(기사 대리 참석의 경우)을 제출하고 참가 등록을 행한다.

③ 설계도서 열람 및 교부 : 지명된 도급인이 설계도면 및 시방서를 열람 또는 교부받는다.

④ 현장 설명 : 건축주의 현장 설명 및 열람·교부받은 설계도서에 대한 의문 사항을 질의 응답한다.
   ※ 현장 설명 시 필요사항 : 공사 기간, 공사비 지불 방법, 도급자 결정 방법

⑤ 견적기간

ⓐ 일반적 경우
   • 소규모 : 5~7일
   • 중규모 : 10~14일
   • 대규모 : 20~30일

ⓑ 견적기간(건설산업기본법 시행령 제29조)
   • 공사예정금액 30억원 이상의 공사인 경우 : 공사현장을 설명한 날부터 20일 이상
   • 공사예정금액 10억원 이상의 공사인 경우 : 공사현장을 설명한 날부터 15일 이상
   • 공사예정금액 1억원 이상의 공사인 경우 : 공사현장을 설명한 날부터 10일 이상
   • 공사예정금액 1억원 미만의 공사인 경우 : 공사현장을 설명한 날부터 5일 이상

⑥ 응찰(입찰) : 예정된 입찰 일시에 입찰 금액의 5~10%를 입찰 보증금으로 납입하고 응찰한다. 이때 입찰 보증금은 현금, 금융 기관의 보증 수표 또는 국채 등으로 납입한다.

⑦ 개찰 : 관청 공사의 경우는 입찰자 전면에서 개찰하여 낙찰자를 결정하지만 민간 및 외국 공사는 보통 입찰자를 입회시키지 않고 적당한 가격을 선정하여 낙찰시킨다.

⑧ **낙찰** : 입찰가격이 가장 낮은 자에게 낙찰시키는 것이 원칙이나 좋은 공사로 완수하기 위하여 미리 최저 가격을 설정하고 예정 가격과 최저 가격의 범위 내에서 최저 또는 입찰금액 평균에 가장 근접된 자에게 낙찰시킨다.

⑨ **계약** : 낙찰자가 결정되면 소정의 서류(도급계약서, 도급계약 약관, 설계도, 시방서, 현장 설명서 및 공사내역서 등)를 구비하여 계약하게 된다. 개찰 결과 낙찰자가 없는 경우에는 일정기간 후 재입찰하고 재입찰에서도 낙찰자가 없는 경우는 수의계약한다.

(4) 공사 시공계약

① **도급계약** : 입찰 결과 시공업자가 결정되면 계약 보증금을 납입하고 건축주·설계자·도급자 입회하에 계약서류에 서명 날인한다.

② **계약서** : 계약서에는 계약 유의사항·설계도면·시방서·현장 설명사항·질의 응답서·지급 재료 명세서·공사비 내역서·공정표가 포함된다.

③ **공사비 지급 방법**

㉠ 전도금(착공금) : 도급계약이 체결된 후 공사착수 전에 건축주가 시공자에게 계약금액의 일부를 선불하는 것이다. → 민간공사, 소규모 공사

㉡ 중간불(기성불) : 공사중도에 공사의 진도에 따라 지불되는 중간지불로 공사 기성부분에 대한 공사도급 계약금액의 일부를 지불하는 것이다. → 대규모 공사

㉢ 준공불 : 건축공사 준공 후 일시에 공사비 전액을 지급하는 것이다.

㉣ 하자보증금
- 준공검사 후 하자에 대한 보증으로 부실공사 방지를 위한 담보금이다.
- 1~3년 동안 계약금의 2/100~5/100를 예치한다.

❷ 공사 시공방식

[공사 시공방식]

(1) 직영공사

① 개념 : 시공주(발주자 : 개인, 국가기관, 공공단체 혹은 지방자치단체)가 계획을 세우고 직접 재료를 구입하고 노무자를 고용하며 시공 기계 및 가설재를 마련하여 일체의 공사를 자기 책임으로 하는 것이다.

② 직영공사를 채택하는 이유

　　㉠ 공사 실시 중 임기응변의 대응이 수시로 필요한 경우

　　㉡ 공사의 성질이 대자본을 요할 때

　　㉢ 난공사인 경우

　　㉣ 특히 중요한 건축 공사인 경우

　　㉤ 확실한 견적이 곤란한 경우

③ 직영공사의 특징

장점	단점
• 감독상의 곤란, 경쟁 등을 피할 수 있다. • 입찰이나 계약 등 번잡한 절차가 필요 없다. • 잘 운영하면 공사비가 적게 들고 우량한 공사와 품질 결과를 얻을 수 있다.	• 경제적 관념이 희박하여 공사비의 예산 초과가 우려된다. • 사무가 번잡하고 계약이 결여되어 있어 예산상 차질이 온다. • 종사원의 능률이 저하되기 쉽고, 공사 기간이 지연된다.

④ 직영공사의 적용

　　㉠ 발주자가 어느 정도 현장관리 능력이 있을 때 유리하다.

　　㉡ 자재, 노무 종류가 다종·다양하고 현장관리가 복잡할 때는 불리하다.

기출 Point

• 일정기간을 연속해서 시행할 수 없는 공사는 직영공사로 한다.
• 완성된 형태의 파악이 어려운 공사는 직영공사로 한다.
• 대규모의 기계설비를 필요로 할 때는 도급공사로 한다.
• 전문적 지식, 기능, 자격을 요하는 업무는 도급방식이 효과적이다.
• 전문가를 합리적으로 이용할 수 있는 방식은 도급방식이다.

(2) 도급공사

※ 도급 : 어떤 일의 완성을 부탁받은 자(수급인)가 일을 하기로 약정하고, 부탁한 자(도급인)가 그 일이 완성되면 보수(報酬)를 지급할 것을 약정함으로써 성립하는 계약을 말한다.

① 공사실시방식에 따른 도급공사의 분류

　　㉠ 일식도급 : 한 공사 전부를 도급자에게 맡겨 공사에 필요한 재료·노무·현장 시공 업무 일체를 일괄하여 시행시키는 방법이다.

장점	단점
• 계약 및 감독이 용이하다. • 공사 전체를 원활하게 진척시킬 수 있다. • 공사관리가 용이하므로 공사비를 절약할 수 있다.	• 재도급된 도급금액은 본도급 금액보다 저액이 된다. • 공사가 조잡해질 우려가 있다.

ⓛ 분할도급 : 공사를 유형별로 세분하여 각각 따로 도급자를 선정하고 도급 계약을 맺는 방식으로 전문 공종별, 공정별, 공구별로 나눈다.

장점	단점
• 비교적 저액으로 시공할 수 있다. • 전문업자가 책임자이므로 우량 시공을 기대할 수 있다.	• 건축 관계와 교섭이 번잡하여 감독상의 노무가 증대된다. • 총괄적 감독자가 필요하므로 비용이 증대된다.

ⓒ 공동도급 : 협동도급이라고 하며, 2인 이상의 시공자가 공동으로 한 가지 공사를 도맡는 방법이다.

장점	단점
• 융자력이 증대되고 위험이 분산된다. • 기술이 확충되고 강화된다. • 경험 증대로 시공의 확실성이 커진다. • 신용도가 증대된다. • 공사도급의 경쟁이 완화된다.	• 경비가 증대된다. • 원활한 의사소통을 도모하기 어렵다. • 도급자 상호간 이해 충돌, 책임 회피 등의 우려가 있다.

ⓔ 공사별 도급계약 제도 : 각 공사별로 입찰하고 전문업자에게 도급시켜 공사의 규모를 적게 하여 시공을 우량하게 한다.

장점	단점
• 우량한 공사를 할 수 있다. • 소도급자도 경쟁입찰에 참가할 수 있다.	• 시공이 번잡해지고 너무 세분화하면 통합이 곤란하다. • 공사비도 일식도급이나 분할도급에 비해 많이 든다.

② 도급금액 결정방식에 따른 도급공사의 분류

ⓐ 정액도급 : 공사비 총액을 확정하여 경쟁입찰에 붙여 최저 입찰자와 계약을 체결하는 것이다.

장점	단점
• 공사 관리 업무가 간단하다. • 경쟁입찰로 공사비가 절약된다. • 총공사비가 명시되어 자금 계획에 용이하다.	• 공사 감독에 노력을 가하지 않으면 예정 공정 수행이 곤란하다. • 공사 중 설계를 변경할 경우 의견 차이의 분쟁 우려가 있다. • 입찰 전에 상당 기일이 소요된다.

ⓑ 단가도급 : 공사 금액을 구성하는 물공량(物工量), 즉 재료 단가·노력 단가 또는 재료와 노력이 가해진 면적 혹은 체적 단가만을 결정하여 공사를 도급시키는 것이다.

장점	단점
• 설계 변경 시 증감의 계산이 용이하다. • 시급한 공사의 경우 계약을 간단히 할 수 있다.	• 총공사비의 규모를 파악하기 어렵다. • 공사비가 증가할 수 있다. • 공사 완료 후 공사비 지불 사무가 복잡하다.

[정액도급과 단가도급 비교]

정액도급	단가도급
• 총공사비가 먼저 명시된다. • 입찰수속 등 시간이 많이 소요된다. • 설계변경 시 분쟁소지가 있다.	• 총공사비는 공사가 끝나야 명시된다. • 시간이 소요되지 않고 간단히 계약할 수 있다. • 설계변경의 수량증감이 용이해 분쟁의 소지가 없다.

ⓒ 실비 정산 보수 가산도급 : 공사의 실비를 건축주와 도급자가 확인하여 정산하고 시공주는 미리 정한 보수율에 따라 도급자에게 그 보수액을 지불하는 방법이다.

장점	단점
• 양심적인 공사를 할 수 있다. • 기업주도 업자를 믿을 수 있다.	• 공사비 절감의 노력이 없어진다. • 공사 기일이 연장될 수 있다.

② 기타
  • 턴키(turn key) 도급 : 모든 요소를 포괄한 도급 계약 방식으로 건설업자는 대상계획의 기업·금융·토지 조달·설계·시공·기계 및 기구 설치·시운전 및 조업 지도까지 모든 것을 조달하여 주문자에게 인도하는 방식이다. 미국에서 시작하여 중동 각국에서 성행되고 있으며 1980년도부터 우리나라에서도 실행되고 있다.

장점	단점
• 설계, 시공의 커뮤니케이션이 우수하다. • 책임시공으로 공기를 단축할 수 있다.	• 최저낙찰가와 덤핑으로 인해 공사의 질이 저하될 우려가 있다. • 건축주의 의도가 잘 반영되지 못하고, 설계지침이 변경될 수 있다. • 대규모 회사에 유리, 중소기업에 불리하다.

• 성능 발주 방식
  - 공사 발주 시 건물의 성능만을 표시하는 방식이다.
  - 건축주가 제시하는 기본 요건 즉, 면적, 용도, 환경에 맞게 도급자가 제시한 시공법, 공사비 등을 대상으로 심사한다.

❸ 공사의 입찰 방법

(1) 일반경쟁입찰

매체에 공사종류, 입찰자의 자격(기술능력, 자본금, 시설, 장비), 입찰규정 등을 공고하여 입찰자를 모집하여 경쟁입찰을 시켜 가장 유리한 조건을 제시한 자를 낙찰자로 선정하여 계약을 체결하는 방법이다.

(2) 지명경쟁입찰

일반경쟁입찰의 결점을 보충하기 위하여 필요한 자격을 정하고 그 자격을 가진 사람 중에서 지명하여 지명받은 업자만 경쟁입찰에 응하는 방법이다.
① 계약의 성질 또는 목적으로 인해 경쟁에 참가하는 사람이 소수이고 일반경쟁입찰이 필요없는 경우 실시한다.
② 일반경쟁입찰에 부치는 것이 불리하다고 인정될 때 실시한다.

(3) 수의계약(특명입찰)

예산의 범위 내에서 기업자가 특정의 건설업자와 계약하는 방법이다.

① 계약의 성질 또는 목적이 경쟁을 불허할 경우

② 긴급을 요하는 공사로 경쟁에 부칠 수 없는 경우

③ 경쟁에 부치는 것이 불리하다고 인정될 경우

④ 건축주가 시공에 가장 적합하다고 인정하는 단일 업자를 선정하여 발주하는 방식이다.

⑤ 그 공사에 가장 적합하다고 인정되는 업자를 선정하여 공개입찰 없이 계약하는 것이다.

(4) 분할계약

예정 가격이나 낙찰가격을 분할하여 계산할 수 있는 경우에 한해서 그 가격의 범위 내에서 건설업자 몇 명과 분할하여 계약할 수 있다.

(5) 제한경쟁입찰

① 발주자는 계약의 목적·성질·규모 등을 고려하여 필요하다고 인정될 때에는 참가자의 자격을 도급한도액, 실적, 기술보유현황, 재무상태 등으로 한하거나 참가자를 지명하여 경쟁에 부칠 수 있다.

② 일반경쟁입찰과 지명경쟁입찰의 단점을 보완하고 장점을 취하여 도입한 중간적 위치에 있는 방법이라 볼 수 있다.

(6) 제한적 평균가 낙찰제

① 중·소규모 공사를 대상으로 실시하는 것으로 일정 예산금액 미만의 낙찰자 결정방법이다.

② 예정가격의 일정범위(우리나라 : 86.5~87.75%) 이상 금액으로 입찰한 자(낙찰적격자)가 1인인 경우는 이를 낙찰자로 한다.

③ 낙찰적격자가 2인 이상인 경우에는 낙찰적격자의 입찰금액을 평균하여 평균금액 바로 아래에 가까운 금액으로 입찰한 자를 낙찰자로 결정한다.

(7) 대안입찰

① 발주자가 작성한 설계서에서 대체가 가능한 공정에 대하여 원안입찰과 함께 입찰자의 공사수행능력에 따른 대안제출이 허용된 공사의 입찰을 말한다.

② 설계, 시공상의 기술능력 개발을 유도하고 설계경쟁을 통한 공사의 품질향상을 도모하기 위한 제도이다.

① 공정표의 작성 및 특징

(1) 공정표의 작성

① 공정표의 의미

    ㉠ 공정계획을 도표화한 것이 공정표이다. 즉, 공사의 종류별로 시공 순서를 정하고, 작업 가능 일수 및 1일 시공량 등을 고려하여 공정별 공사 소요 기간을 도표화한 것이다.

    ㉡ 재료의 발주시기, 부분별 공사명, 공사시기, 타공사와의 관계, 자재 수급에 관계된 사항, 시공순서 등을 기재해야 하며 작성 시 각 공정의 공사량을 조사해야 한다.

    ㉢ 개략적으로 공정을 비교할 때는 횡선식 공정표가 유용하다.

      ※ 횡선식 공정표 : 작업진행도를 한 눈에 파악할 수 있는 gantt chart와 가로축에 일수를, 세로축에 공정을 취해 작업의 소요일수를 파악할 수 있는 bar chart가 있다.

    ㉣ 횡선식(橫線式), 사선식(斜線式), 곡선그래프식, 열기식(列記式) 등이 있고 이것들을 병용하는 경우가 많았으나, 현재는 막대 공정표와 네트워크 공정표가 많이 쓰인다.

② 공정표 작성

    ㉠ 작성시기 : 공사착수 전

    ㉡ 작성 시 가장 기본이 되는 사항 : 각 공사별 공사량

    ㉢ 네트워크 구성요소 : 건설공사에서 사용하는 네트워크는 화살표로 표시되는 작업, 더미, 결합점으로 이루어져 있고 작업들의 순서관계를 표현한 순서도이다.

activity (작업, 활동 : job)	• 프로젝트를 구성하게 되는 단위의 작업으로 전체 공사를 구성하는 개별 단위작업을 표시한다. • 화살표(→)로 표시한다. • 작업명, 물량, 인원	
event (단계, 결합점 : node)	• 작업과 작업을 연결하는 단계를 나타내기 위하여 작업의 시작과 완료시점에 결합점을 나타낸다. • ○으로 표시한다. • 각 결합점마다 No.(번호)를 부여한다(상하, 좌우).	
dummy (명목상의 작업)	• 작업 간의 상호 연관관계만 나타내고 실제 작업은 수행하지 않는 명목상 작업으로 작업 간의 관련성과 공정진행상의 제약을 표시하는 것이다. • 점선화살표(− − >)로 표시한다. • CP가 될 수도 있다.	
	넘버링 더미 (numbering dummy)	• event와 event 사이에는 반드시 한 개의 작업만 존재한다. • 논리적 순서와 관계없이 중복작업을 피하기 위하여 더미를 사용한다. [부적절] [적절]

dummy (명목상의 작업)	로지컬 더미 (logical dummy)	작업 간의 선·후행 관계를 규정하거나 연결 관계의 제약을 나타내기 위한 것으로 dummy(명목상 작업)이라고도 한다.
CP (Critical Path)		• 한계공정, 임계공정, 주공정 • 최초의 개시 결합점에서 마지막 종료 결합점에 이르는 가장 긴 Path • 굵은선 또는 2줄로 표시한다. • 총 소요 공기로 하나 이상인 경우도 생긴다.
여유시간 (float)		• 전체여유(TF ; Total Float) : 한 작업이 전체 공기를 지연시키지 않는 범위 내에서 가질 수 있는 최대 여유시간 • 자유여유(FF ; Free Float) : 한 작업이 후속작업의 EST에도 영향을 미치지 않는 범위 내에서 가질 수 있는 여유시간 • 간섭여유(DF ; Dependent Float) = 관계여유(INTF ; Interfering Float) : 한 작업이 후속작업의 EST에 영향을 미치나, 전체 공기에 영향을 미치지 않는 범위 내에서 가질 수 있는 여유시간

(2) 공정표의 특징

① 기본 공정표 : 주요한 공정별로 구분하고 시공순서를 조합해서 공기를 만족시키는 것

② 부분 공정표, 세부 공정표 : 기본 공정표에 의거하여 각 공정을 좀더 상세하게 조립한 것

③ 횡선식 공정표 : 공정을 종축에, 공기를 횡축에 취하여 공사기간을 막대그래프로 표시한 것

④ 좌표식 공정표 : 공사 구간별로 예정공정을 좌표로 표시한 것

⑤ 네트워크 공정표 : 공사 전체를 독립된 작업으로 분해하여 실시순서에 따라 화살표로 이어 전 작업의 연속적인 관계를 표시하는 것

❷ 공정표의 종류

(1) 막대(횡선식) 공정표(bar chart)

① 전체 공사를 구성하는 모든 부분공사를 세로로 열거하고 이용할 수 있는 공사기간을 가로축에 표시한다.

② 부분공사, 시공에 필요한 시간을 계획하고 공사기간 내에 전체공사를 끝낼 수 있도록 각 부분공사의 소요공사 기간을 도표 위의 자리에 맞추어 일정을 짠다.

장점	단점
• 각 공정별 공사와 전체 공정시기 등을 일목요연하게 정리할 수 있다. • 각 공정별로 착수 및 종료일이 명시되어 있어 판단이 용이하다.	• 각 공정별 상호관계·순서 등은 시간과의 관련성이 없다. • 횡선의 길이에 따라 진척도를 개괄적으로 판단해야 한다. • 공사 기일에 맞춰 단순한 작도를 꾸민다. • 주공정선의 파악이 힘들어 관리통제가 어렵다.

[막대 공정표 예시]

작업일 / 작업명	4월 1	2	3	4	5	6	7	8	9	10	11	12	13	14	15	16	17	18	19	20	비고
A. 측량	■																				
B. 부지정리		■	■	■																	
C. 원로 포장		■	■																		
D. 교목 식재					■	■	■	■	■												
E. 관목 식재						■	■	■	■	■	■										■예정
F. 자연석 쌓기												■	■	■							실시
G. 초화류 및 잔디 식재															■	■	■	■			
H. 뒷정리																			■		

(2) 곡선식 공정표(curved progress chart)

① 공사의 전체적인 진척상황을 파악하는 데 가장 유리한 공정표로 '바나나 곡선'이라고도 한다.
② 현 공정이 허용한계선 아래에 있을 때는 공정의 촉진이 필요하며 실시공정곡선이 허용한계선 내에 있도록 유도한다.
③ 일일 기성고가 불일정할 때는 공사 초기(가설, 작업준비)와 말기(마무리, 뒷정리)에 공정속도가 저하되므로 공사 초기와 말기에는 곡선이 낮아진다.

(3) 사선식 공정표

① 공사량을 종축에, 기간을 횡축에 잡아 공사진척상황을 사선 그래프로 표현한 것이다.
② 공사의 기성고를 표시하는 데 편리하고 공사 지연에 조속히 대처할 수 있다.
③ 부분공정표에 적합하다.
④ 작업의 관련성을 나타낼 수 없다.

(4) 그래프식 공정표

기성고·재료 투입량·노무자 수 등을 종축으로, 일수를 횡축으로 하여 공사 진행 상황을 그래프로 표현한 것이다.

(5) 열기식 공정표

① 공사 착수와 완료 기일 등을 글자로 나열하는 방법으로 가장 간단한 형식이다.
② 각 부분 공사 상호 간 지속 관계를 한 번에 알 수 없고 부분 공사의 기성고를 표시할 수 없다.

(6) 네트워크 공정표(Network Chart) ☑ 중요

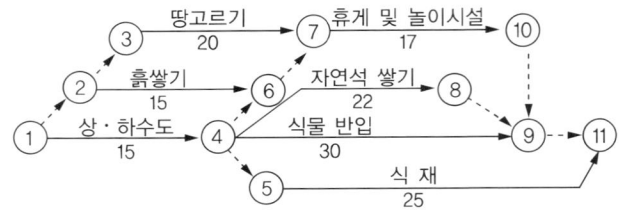

① 네트워크 공정표의 특징
  ㉠ 작업을 선행작업, 후속작업, 병행작업의 순서로 정하고 도식화하는 방법이다.
  ㉡ 복잡한 공사와 대형공사의 공사 전체 파악이 쉽고 컴퓨터의 이용이 용이하다.
  ㉢ 애로우도(arrow diagram), 이벤트도(event diagram), 흐름도(flow diagram) 등이 있으며 방향, 작업명, 일수 등을 동그라미와 화살표로 표시한다.
  ㉣ 크리티컬 패스(critical path), 더미(dummy), 여유시간(float), 결합점(event) 등의 용어를 사용한다.
  ㉤ 미국의 PERT(Program Evaluation Review Technique) 및 CPM(Critical Path Method) 방식을 채택한 것으로서, 컴퓨터의 이용과 함께 공사진척의 능률화와 경제성을 추구하면서 네트워크를 짜고, 공사진척의 조정을 도모하는 것으로 현재 널리 이용되고 있다.
  ㉥ 각 작업의 흐름과 공정이 분해됨과 동시에 작업의 상호관계가 명확하게 표시된다.
  ㉦ 계획 단계에서부터 공정상의 문제점이 명확하게 파악되고 작업 전에 수정을 가할 수 있다.
  ㉧ 공사의 진척상황이 누구에게나 쉽게 알려지게 된다.

장점	단점
• 개개의 관련 작업이 도시되어 있어 이해하기 쉽다. • 전자계산기를 이용할 수 있어 신용도가 높다. • 공정관리의 급소가 명확하다. • 정확한 기성고를 파악할 수 있다. • 공정관리가 편리하다. • 현장작업 인원의 중점 배치가 가능하다. • 작업순서와 상호관계의 파악이 용이하다. • 계획의 단계에서 만든 여러 데이터의 수집이 가능하다.	• 작성 및 검사에 특별한 기능이 요구된다. • 다른 공정표보다 작성시간이 길다. • 진척관리에 특별한 연구가 필요하다. • 공사 도중 수정할 때 많은 시간과 노력이 필요하다.

② 네트워크에 의한 공정계획의 순서와 관리
  ㉠ 작성 순서 : 작업리스트 작성 → 흐름도 작성 → 애로우도 작성 → 타임 스케일도 작성
  ㉡ 공정관리

종류	구분	내용
공정계획	수순계획	• 프로젝트를 단위작업으로 분해 • 각 작업에 순서를 붙이고 네트워크로 표시 • 작업시간을 정함
	일정계획	• 시간계산 • 공사 기일 조정 • 공정도 작성

③ PERT와 CPM

구분	PERT	CPM
주목적	공기 단축	원가(공사비) 절감
이용	신규사업, 비반복사업, 경험이 없는 사업 등에 이용	반복사업, 경험이 있는 사업, 작업표준이 확립된 사업 등에 이용
시간추정	3점 이상 추정[낙관시간(t_0), 정상시간(t_m), 비관시간(t_p)]	1점 시간 추정(t_m)
소요시간	가중평균치 : $\dfrac{t_0 + 4t_m + t_p}{6}$	t_m이 곧 계산공기가 된다. ※ 시간의 경과와 시행되는 작업을 네트(망)로 표현한다.
MCX(최소비용)	이론이 없다.	CPM의 핵심이론이다.
CP	있다. TL = TE = 0	있다. TF = FF = 0
일정계산	결합점 중심의 일정계산 • 최조시간 : ET, TE(Earlist Expected Time 혹은 Earliest Time) • 최지시간 : LT, TL(Latest Allowable Time 혹은 Latest Time)	작업중심의 일정계산 • 최조개시시간 : EST • 최지 개시시간 : LST • 최조완료시간 : EFT • 최지완료시간 : LFT
일정계획	• 일정계산이 복잡하다. • 결합점 중심의 이완도를 산출한다.	• 일정계산이 자세하고 작업 간 조정이 가능하다. • 작업재개에 대한 이완도를 산출한다.

④ 네트워크 공정표의 구성 요소 : 결합점(event), 액티비티(activity), 더미(dummy)로 구성된다.

　㉠ 결합점(event, node) : ○

　㉡ 액티비티(activity) : ──────▶

　㉢ 더미(dummy) : ┄┄┄┄┄▶

[화살형 네트워크의 기본사흥]

기본 및 용어	화살선 (Arrow) 머리 ──작업명(Activity)──▶ 꼬리 / 소요 일수 (D)	• 화살선은 작업을 나타내는데, 위쪽에는 작업명, 아래에는 소요 일수를 기입한다. • 좌에서 우로 긋는 화살선의 길이와 모양은 소요 일수와 관계없이 자유롭게 긋거나, 단위 척도를 고려하여 긋는다.
	더미 (Dummy) ┄┄┄┄┄▶	파선 화살선은 더미라 하는데, 실재하지 않는 명목상 작업을 가리키는 것이다. 작업의 상호 순서관계를 나타낸다.
	결합점 (Node) ──▶ ⓘ ──▶ ⓙ i < j	○은 작업의 결합점인데 i, j는 작업의 순서를 나타내는 번호이다.
표시법	(A 2, B 2, C 3 작업 다이어그램)	A, B작업을 C작업의 선행작업, C작업을 A, B작업의 후속작업이라 한다. A, B작업을 모두 마치지 않으면, C작업을 개시하지 못한다.
	(A 2, C 3, B 2, D 3 작업 다이어그램)	C작업은 A작업이 종료되면 개시한다. 더미로 연결된 A작업과 B작업이 모두 종료되지 않으면, D작업을 개시하지 못한다.

⑤ 네트워크 공정표상의 기본 규칙

기본 규칙	공정표
작업의 시작점과 끝점은 결합점으로 표시되어야 하고 결합점과 결합점 사이에는 하나의 activity만 존재하여야 한다.	
결합점에 들어오는 선행작업이 모두 완료되지 않는다면 그 결합점에서 나가는 작업은 개시될 수 없다.	
네트워크의 최초 개시결합점과 최종 종료결합점은 하나씩이어야 한다.	
네트워크상의 화살선(activity)은 역진 혹은 회송되어서는 안 된다.	[부적절] [적절]
가능한 한 요소작업 상호 간의 교차를 피한다.	[부적절] [적절]
무의미한 더미는 없도록 한다.	[부적절] [부적절]

※ 네트워크상 작업을 표시하는 화살선은 역진 또는 회송되어서는 안 된다.

⑥ 네트워크 공정 계산

㉠ EST, EFT의 계산방법
- 작업의 흐름에 따라 전진 계산한다.
- 개시 결합점에서 나간 작업의 EST = 0으로 한다.
- 어느 작업의 EFT는 그 작업의 EST에 소요일수를 가하여 구한다. → EFT = EST + 소요일수
- 복수의 작업에 종속되는 다음 작업의 EST는 그림 (a)와 같이 선행작업 중 EFT의 최댓값으로 하고, 네트워크의 최종 결합점에서는 그림 (b)와 같이 결합점에서 끝나는 각 작업의 EFT 최댓값으로 하고, 이때의 EFT 값이 계산공기에 해당한다.

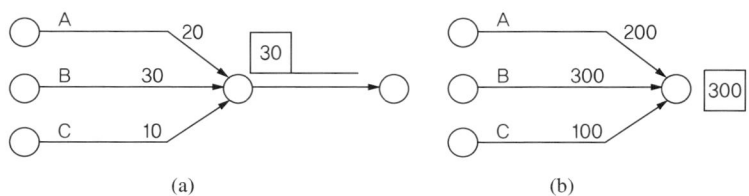

(a)   (b)

ⓒ LST, LFT의 계산
- 역진계산(작업흐름과 반대방향)으로 한다.
- 종료 결합점에서는 지정공기로서 LFT를 넣으면 지정공기에 대한 LST, LFT가 구하여지고 반대로 역진계산의 초기의 값을 계산공기로 하였을 때에는 계산공기에 대한 LST, LFT가 구해진다.
- 어느 작업의 LST는 그림 (c)와 같이 그 작업의 LFT에서 소요일수를 감하여 구한다.
- 단, 종속작업이 복수일 때는 그림 (d)와 같이 종속작업의 LST 중 최솟값이 그 작업 A의 LFT가 된다.

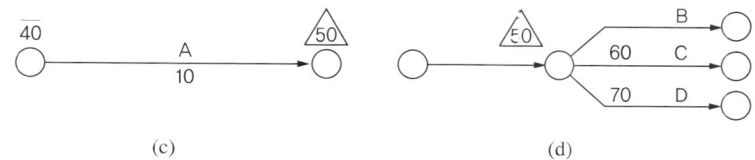

(c)   (d)

- 위와 같은 요령으로 LST, LFT의 계산을 개시 결합점까지 행하면 그 값은 최종 결합점에 넣은 LFT가 계산공기 T일 때는 0이 되고 지정공기 T0와의 관계로서 T0>T일 때는 −, T0<T 일 때는 +값이 된다.
ⓒ 주공정선(CP ; Critical Path) : 개시 결합점에서 종료 결합점에 이르는 가장 긴 경로를 말하며 굵은 선으로 표시하여 알아보기 쉽게 한다.

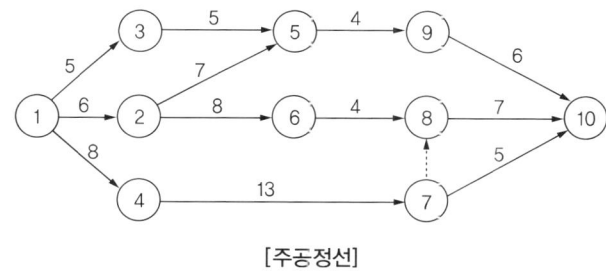

[주공정선]

ⓔ 활동 여유(Float)의 계산
- 전체 여유시간(TF ; Total Float) : 작업을 EST로 시작하고, LFT로 완료할 때 생기는 여유시간을 말한다. TF = 그 작업의 LFT − 그 작업의 EFT
- 자유 여유시간(FF ; Free Float) : 각 작업을 EST로 시작하고, 후속작업도 EST로 시작하여도 존재하는 여유시간을 말한다. FF = 후속작업의 EST − 그 작업의 EFT
- 종속 여유시간(DF ; Dependent Float) : 후속작업의 전체 여유시간에 영향을 미치는 여유시간을 말한다. DF = TF − FF

⑦ 네트워크 공정표의 용어와 기호

용어	기호	내용
event	○	작업의 결합점, 개시점 또는 종료점
activity	→	작업, 프로젝트를 구성하는 작업단위
dummy	⇢	더미, 작업이나 시간의 요소는 없음
가장 빠른 개시시각	EST	• Earliest Starting Time • 작업을 시작하는 가장 빠른 시각
가장 빠른 종료시각	EFT	• Earliest Finishing Time • 작업을 끝낼 수 있는 가장 빠른 시각
가장 늦은 개시시각	LST	• Latest Starting Time • 공기에 영향이 없는 범위에서 작업을 늦게 시작하여도 좋은 시각
가장 늦은 종료시각	LFT	• Latest Finishing Time • 공기에 영향이 없는 범위에서 작업을 늦게 종료하여도 좋은 시각
path	–	네트워크 중 둘 이상의 작업이 이어짐 상태
Longest Path	LP	임의의 두 결합점 간의 패스 중 소요시간이 가장 긴 패스
Critical Path	CP	네트워크상에 전체 공기를 규제하는 작업과정(가장 긴 패스)
float	–	작업의 여유시간
Slack	SL	결합점이 가지는 여유시간
Total Float	TF	• 최초의 개시일에 작업을 시작하여 가장 늦은 종료일에 완료할 때 생기는 여유일 • 그 작업의 LFT – 그 작업의 EFT
Free Float	FF	• 최초의 개시일에 작업을 시작하여 후속작업을 최초 개시일에 시작하여도 아무런 영향을 미치지 않는 여유일 • 후속작업의 EST – 그 작업의 EFT
Dependent Float	DF	• 후속작업의 TF에 영향을 주는 플로트 • DF = TF – FF

시험에 이렇게 나왔다!   [2015년 제1회 기사]

네트워크 공정표에 관한 설명 중 옳지 않은 것은?

① 작성 및 검사가 용이하다.
② 공사전체의 파악을 용이하게 할 수 있다.
③ 크리티컬 패스(critical path)는 전체공기를 규제하는 작업과정이다.
④ 계획단계에서 공정상의 문제점이 명확하게 되어 작업전에 적절히 수정할 수 있다.

해설
네트워크 공정표는 다른 공정표보다 작성시간이 길기 때문에 작성 및 검사가 용이하다고 볼 수 없다.

정답 ①

조경시공 일반

01 지형 및 시공측량

1 지형도

(1) 정의

지표면 위의 지물과 지모를 측정하여 그 결과를 일정한 축척과 도식에 의하여 평면도에 나타낸 것

(2) 지형도의 분류

① 표현 방법에 따른 분류

　㉠ 일반도 : 자연, 인문, 사회 사항을 정확하고 상세히 표현하는 지도(1/5,000, 1/25,000, 1/50,000 국토 기본도 등)

　㉡ 주제도 : 일반도를 기초로 특정한 주제를 강즈·표현한 지도(토지 이용도, 산림도 등)

　㉢ 특수도 : 특수한 목적에 사용되는 지도(항공도, 천기도 등)

② 축척에 따른 분류

　㉠ 대축척 : 1/1,000 이상

　㉡ 중축척 : 1/1,000~1/10,000

　㉢ 소축척 : 1/10,000 이하

　※ 대축척 및 중축척 지도는 지구 표면의 곡률을 무시하고 평면으로 생각하여 작도하고, 소축척 지도는 측량 지역이 넓고 지구의 곡률을 고려한 대지 측량에 의해 제작된다.

(3) 지형도 표시법

① 자연적 도법

　㉠ 음영법(shading) : 광선이 서북 방향의 수평면으로부터 45°에서 비쳤다고 가정했을 때 생기는 그림자로써 지표면의 기복 상태를 나타내는 방법이다. 입체감을 주므로 대체적인 지형의 윤곽은 알 수 있으나, 숫자적인 고저는 알 수 없그 제도도 쉽지 않으므로 별로 사용되지 않고 있다. 이것을 등고선과 함께 사용하는 경우도 있다.

　㉡ 우모법(hachuring, 영선법) : 지표면의 경사면에 따라 급경사는 굵고 짧게, 완경사는 가늘고 길게 선으로 나타내는 방법으로 새털 같은 모양이 된다. 숫자적인 고저는 없으나 음영법보다 그리기 쉽다.

② 부호적 도법

　　㉠ 채색법(layer system, 단채법) : 등고선의 테두리를 같은 색으로 칠하는 방법으로 지형이 높을수록 진하게, 낮을수록 연하게 칠하며, 대개 등고선과 같이 사용된다.

　　㉡ 점고법(spot height system) : 하천, 항만, 해양 등에서 일정한 간격으로 표고 또는 수심을 측정하여 도상에 숫자로 기입하는 방법이다.

　　㉢ 등고선법(contour system) : 높이가 같은 여러 지점을 연결하는 선을 지도상에 그려서 그 선에 의해 지형의 모양과 해발고도를 알아낼 수 있게 하는 방법이다. 등고선 위의 모든 점의 표고는 같고, 숫자적으로 알 수 있으며, 또 임의의 방향 경사도를 쉽게 산출할 수 있고 제도하기도 편리하다.

❷ 등고선 ☑ 중요

(1) 등고선의 종류

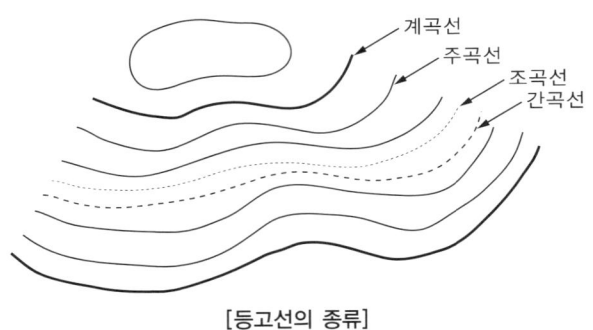

[등고선의 종류]

① 주곡선 : 지형을 나타내는 데 기본이 되는 곡선(가는 실선)이다.
② 계곡선 : 표고를 읽기 쉽게 하기 위해 주곡선 5개마다 1개씩 굵은 실선으로 표시한다.
③ 간곡선 : 산정 경사가 고르지 못한 완만한 경사지, 그 외에 주곡선만으로는 지모의 상태를 상세하게 나타낼 수 없는 경우에 표시하며, 주곡선 간격의 1/2 간격에 가는 긴 파선으로 나타낸다.
④ 조곡선 : 간곡선 간격의 1/2 거리로 간곡선만으로는 지형의 상태를 충분히 나타낼 수 없는 불규칙 지형에 가는 짧은 파선으로 표시한다.

(2) 등고선의 간격

① 등고선의 간격은 등고선 사이의 연직 거리, 즉 높이차를 말한다.
② 간격은 측량의 목적, 지형 및 지도의 축척 등에 따라 적당히 정한다.
③ 간격을 좁게 취하면 지형을 정밀하게 표시할 수 있으나, 소축척에서는 지형이 너무 밀집되어 확실하게 도면을 나타내기가 어렵다.

④ 대축척에서 등고선 간격은 대략 축척 분모의 1/2,000 정도로 한다.

⑤ 지형의 변화가 많거나 완경사지에서는 간격을 넓게, 지형의 변화가 작거나 급경사지에서는 간격을 좁게 한다.

⑥ 구조물의 설계나 토공량 산출에서는 간격을 좁게, 저수지 측량, 노선의 예측, 지질도 측량의 경우에는 넓은 간격으로 한다.

※ 일반적으로 구조물의 설계나 토공량 산출 등에 사용하는 지형도에서는 등고선의 간격을 좁게 하고, 저수량 산출이나 조사 계획을 위한 지형도에서는 그 간격을 보다 크게 한다.

[등고선의 표시 및 간격]

등고선 종류	표시	등고선의 간격(m)				
		1 : 2,500	1 : 5,000	1 : 10,000	1 : 25,000	1 : 50,000
주곡선	가는 실선	2	5	5	10	20
계곡선	굵은 실선	10	25	25	50	100
간곡선	가는 긴 파선	1	2.5	2.5	5	10
조곡선	가는 짧은 파선	0.5	1.25	1.25	2.5	5

(3) 등고선의 성질

① 같은 등고선 위의 점은 모두 같은 높이이다.

② 등고선은 도면 내, 도면 외에서 반드시 폐합한다.

③ 지표면상의 경사가 급한 경우 간격이 좁고, 완경사지는 넓다.

④ 높이가 다른 등고선은 절벽·동굴을 제외하고는 교차하거나 합치지 않는다.

⑤ 등고선 사이의 최단거리 방향은 그 지표면의 최대경사의 방향을 가리키므로 최대 경사방향은 등고선에 수직방향이다.

⑥ 등고선이 계곡을 통과할 때는 한쪽을 따라 거슬러 올라가서 계곡을 직각방향으로 횡단한 다음 능선 다른 쪽을 따라 내려간다.

⑦ 등고선이 능선을 통과할 때는 능선 한쪽을 따라 내려가서 그 능선을 직각방향으로 횡단한 다음 능선 다른 쪽을 따라 올라간다.

⑧ 등고선이 도면 내에서 폐합되는 경우는 산정이나 오목지형으로 나타내나, 소사나 물이 없는 곳인 경우 화살표를 그려 구분한다.

> **기출 Point**
> • 등고선은 배수방향과 반드시 직교한다.
> • 경사면에는 같은 간격의 평행선이 된다.

⑨ 등고선은 같은 경사에서 등간격이며, 등경사 평면인 지표에서는 등간격의 평행선으로 된다.

⑩ 한 쌍의 등고선의 오목형부가 서로 마주 서 있고, 다른 한 쌍이 바깥쪽을 향하여 내려갈 때 그곳은 고갯마루를 가리킨다.

⑪ 강우 시 배수방향은 등고선에 수직방향이다.

(4) 지성선(topographical line, 지세선)

① **경사 변환선** : 동일 방향의 경사면에서 경사의 크기가 다른 두 면의 접합선을 경사 변환선이라 한다.

② **凹선(계곡선)** : 지표면이 낮거나 움푹 패인 점을 연결한 선으로 합수선 또는 합곡선이라고도 한다.

③ **凸선(능선)** : 지표면의 높은 곳의 꼭대기 점을 연결한 선으로 빗물이 이것을 경계로 하여 좌우로 흐르게 되므로 분수선 또는 능선이라고 한다.

④ **최대 경사선** : 지표의 임의의 1점에 있어서 그 경사가 최대로 되는 방향을 표시한 선을 말하며 등고선과 직각으로 교체한다. 이것을 물이 흐르는 방향이라는 의미에서 유하선이라고도 한다.

③ 토공량

(1) 토량환산계수(f)

① 토량변화율은 토량 배분을 위한 토적 계산과 시공 기계의 능력 산정을 위한 기준이다.

구하는 Q 기준이 되는 q	자연 상태의 토량 (굴착하려는 토량)	흐트러진 상태의 토량 (굴착, 운반 토량)	다져진 후의 토량
자연상태의 토양	1	L	C
흐트러진 상태의 토양	$1/L$	1	C/L

② L값은 흙의 운반 계획 견적에, C값은 성토에 필요한 채취 토량 견적에 필요하다.

③ 동일 토사에 있어 일반적으로 L값 > C값이다.

※ 문제에서 트럭으로 운반을 한다고 나올 때는 흐트러진 상태의 토량으로 계산하고, 성토하여 다지려고 한다고 나올 때는 다져진 상태의 토량으로 계산한다.

(2) 토량 계산

① 토량의 증가율 $L = \dfrac{\text{흐트러진 상태의 토량}}{\text{자연상태의 토량}}$

   ※ 모래는 15%, 보통흙은 20~30%, 암석은 50~80% 정도 브피 증가

② 토량의 감소율 $C = \dfrac{\text{다져진 상태의 토량}}{\text{자연상태의 토량}}$

   ※ 보통흙의 안식각은 30~35°

③ 토량계산방법

   ㉠ 양단면적평균법 $V = \dfrac{A_1 + A_2}{2} \times l$

   ㉡ 중앙단면적법 $V = A_m \times l$

   ㉢ 각주공식법 $V = \dfrac{1}{6}(A_1 + 4A_m + A_2) \times l$

   ㉣ 양단면평균법 > 각주공식법 > 중앙단면적법

(3) 벽돌의 수량산출

① 표준형 벽돌의 크기 : 190mm×90mm×57mm

② 면적산출 : 1m²에 필요한 벽돌의 수(매/m²)

$$N = \dfrac{l}{(1+n)(d+m)}$$

여기서, l : 벽돌의 길이(m)

d : 벽돌의 두께(m)

m : 가로줄눈 너비(m)

n : 세로줄눈 너비(m)

③ 체적산출 : 1m³에 필요한 벽돌의 수(매/m³)

$$N = \dfrac{l}{(1+n)(b+m)(d+m)}$$

여기서, b : 벽돌의 너비(m)

④ 측량

(1) 측량의 정의

지구 표면상에 있는 모든 점들 사이의 상대적 위치 또는 절대적 위치를 측정하여 지도·도면을 만들고 면적이나 체적을 정하는 기술이다.

(2) 측량 지역의 대·소에 의한 분류

① 평면측량(소지측량)

    ㉠ 지구의 곡률을 고려하지 않는다.

    ㉡ 허용 정밀도가 1/1,000,000일 경우 반경 11km 이내, 면적 400km^2 이내의 지역에서 실시한다.

    ㉢ 높은 정확도를 요구하지 않는 소지역에서의 측량이다.

② 대지측량(측지측량, 기준점측량)

    ㉠ 지구의 곡률을 고려한다.

    ㉡ 지표면을 곡면으로 보고 행하는 정밀측량으로 허용 정밀도가 1/1,000,000일 경우 반경 11km 이상, 면적 400km^2 이상인 넓은 지역의 측량이다.

③ 평면측량과 대지측량의 관계

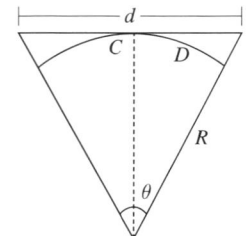

[지구 곡률과 측량 정밀도의 관계]

$$\frac{d-D}{D} = \frac{1}{12}\left(\frac{D}{R}\right)^2$$

여기서, R : 지구의 곡률 반지름 6,370km

D : 지구표면을 따라 측정한 거리

d : 수평면을 따라 측정한 거리

    ㉠ 거리오차$(d-D) = \frac{1}{12}\left(\frac{D^3}{R^2}\right)$

    ㉡ 허용 정밀도$\left(\frac{d-D}{D}\right) = \frac{1}{12}\left(\frac{D}{R}\right)^2 = \frac{1}{m} = M$

    여기서, m : 축척의 분모수, M : 축척

    ㉢ 평면으로 간주되는 범위$(D) = \sqrt{\dfrac{12 \cdot R^2}{m}}$

    ㉣ 지구의 곡률 반지름(r)을 6,370km라 할 때 허용 정밀도에 따른 평면 거리

$\left(\dfrac{d-D}{D}\right)$	$\dfrac{1}{10^4}$	$\dfrac{1}{10^5}$	$\dfrac{1}{10^6}$
D(km)	220	70	22

(3) 평판측량

① 정의 : 평판을 삼각의 상부에 고정시켜 세우고 도지를 붙인 후 앨리데이드(시준기)를 사용하여 방향을 정함과 동시에 지물까지의 거리를 측정하여 현장에서 직접 도시하는 방법이다.

② 평판측량의 장단점

　　㉠ 장점

- 현장에서 직접 지도가 그려지므로, 측량에서 빠지거나 이중으로 측정되는 일이 없다.
- 조사선(check line)에 의하여 오차를 쉽게 발견할 수 있다.
- 야장을 기입할 필요가 없으므로, 야장 기입에 의한 오차가 생기지 않는다.
- 측량방법이 간단하며, 계산이나 제도 등의 내업이 적으므로 작업이 신속히 진행된다.
- 접근이 어려운 측점도 교회법으로 위치를 결정할 수 있다.

　　㉡ 단점

- 독립된 부속품이 많아 가지고 다니기 불편하며, 잃어버리기 쉽고, 잃어버리면 작업이 불가능하다.
- 대부분 외업이 많으므로 비가 오거나 강한 바람이 불 때에는 작업이 불가능하다.
- 흐린 날씨에 습기가 있으면 도지가 늘어나 오차를 가져오기 쉽다.
- 야장을 하지 않으므로 현장에서 계산이 필요할 때 불편하고, 전체적으로 정밀도가 낮다(평지 1/1,000, 산악지 1/300~1/500).
- 도면 축척의 변경이 용이하지 않다.

더 알아보기　야장기입법

- 승강식
  - 각 측점의 고저차나 지반고를 필요로 하는 경우
  - 높이 차(후시−전시)를 현장에서 계산하여 작성한다.
  - 높이 차가 "+"인 경우 '승'란에 작성하고 "−"인 경우 '강'란에 작성한다.
  - 현장에서 오르내림을 측량한다.
- 기고식
  - 기계고를 이용하여 표고를 결정한다.
  - 도로의 종−횡단 측량처럼 중간점이 많을 때 사용한다.
  - 토목 현장에서 가장 많이 사용한다.
- 고차식
  - 시작점과 최종점 간의 고저차나 지반고를 측량하는 경우
  - 중간의 지반고를 구할 필요가 없을 때 사용한다.
  - 수준점 측량 시 사용한다.

---

③ 평판측량 기계의 구조

　　㉠ 평판

- 평판의 크기 : 대형판 60cm×50cm, 중형판 50cm×40cm, 소형판 40cm×30cm
- 재질 : 전나무, 베니어 합판

ⓒ 앨리데이드 : 시준의 방향을 도상에 표시하고 정준을 하는 기구로 보통 앨리데이드, 망원경 앨리데이드, 광파 앨리데이드 등이 있다.

ⓒ 구심기와 추 : 지상의 점과 평판도지 위의 점을 같은 연직선 중에 정확히 일치시키는 데 사용된다.

ⓔ 자침함 : 평판이 일정한 방향을 갖게 하고, 도면의 자북 방향을 정하기 위해 사용한다.

ⓜ 측량침 : 끝의 지름이 0.1mm 이내인 바늘로, 시준 시 이용된다.

④ 평판 세우기 방법

ⓖ 평판측량의 3요소 : 평판의 세우기는 정준, 구심, 표정의 3조건을 만족시켜야 한다.
- 정준(수평 맞추기) : 평판면을 수평으로 해야 한다.
- 구심(중심 맞추기)
  - 평판상의 점과 지상의 측점을 동일 연직선상에 있도록 한다.
  - 지상의 측점과 이에 대응하는 평판 위의 점을 같은 연직선이 되는 위치에 있게 하는 작업이다.
- 표정(방향 맞추기) : 평판을 정해진 방향이나 방위에 일치하도록 해야 한다.

ⓛ 평판 설치법
- 정준 : 평판을 수평으로 맞추는 작업으로 삼각 다리, 기포관을 이용한다.

기출 Point
- 평판의 세우기는 정준, 구심, 표정의 3조건을 만족시켜야 한다.
- 구심 : 지상의 측점과 이에 대응하는 평판 위의 점을 같은 연직선이 되는 위치에 있게 하는 작업

- 구심 : 구심기를 이용하여 지상점과 도상점을 일치시키는 작업이다.

※ 중심맞추기에 따른 오차의 허용 범위 : $e = \dfrac{e_5 M}{2}$

여기서, e : 중심맞추기의 허용 범위(지상)

e_5 : 제도오차의 허용 한계

M : 도면 축척의 분모수

[구심 허용 오차(단위 : cm, 제도의 오차 한계 0.2mm인 경우)]

축척	$\dfrac{1}{100}$	$\dfrac{1}{300}$	$\dfrac{1}{500}$	$\dfrac{1}{1,000}$	$\dfrac{1}{5,000}$	$\dfrac{1}{10,000}$
허용범위	1	3	5	10	50	100

- 표정 : 방향선에 따라 평판을 고정시키는 작업으로 평판 측량의 오차 중 가장 영향을 많이 받으므로 주의를 요한다.

⑤ 평판측량방법

ⓖ 전진법 : 어느 한 측점에서 출발하여 측점의 방향과 거리를 측정하고, 평판을 옮겨 차례로 전진하면서 최종 측점에 도착시키거나 혹은 출발점으로 다시 돌아와서 도해적으로 트래버스를 구성하는 방법이다. 측량할 구역이 넓고 장애물이 많을 때 적합하다.
- 단전진법 : 한 점씩 건너가면서 자침에 의해 방향 맞추기를 하는 것
- 복전진법 : 모든 측점에 차례대로 평판을 세우고 측점 사이의 거리 및 방향을 측정하여 트래버스 측량을 하는 것으로 복도선법이라고도 하며, 시가지, 삼림 등과 같은 장애물로 인하여 한 점에서 많은 측점을 시준할 수 없을 때 사용하는 방법

ⓛ 교회법 : 교선법이라고도 하며, 측량 구역 내외에 적당
한 기준점(기지점)을 취하고 기준점들로부터 미지점을
지나는 방향선을 도면 위에서 교차시킴으로써 도상에
미지점의 위치를 결정하는 방법

기출 Point | 측방교회법
시준이 잘되는 여러 목표물을 미리 정한 후
이 점들을 시준하여 다른점을 구하는 방법
이다.

- 전방 교회법 : 기지점에서 미지점의 위치를 도면상에 결정하는 방법
- 측방 교회법 : 기지의 두 점 중 한 점에 접근하기 곤란한 경우에 기지의 두 점을 이용하여, 미지의 한 점을 구하는 방법
- 후방 교회법 : 도면상에 그 위치가 알려져 있는 두 개 이상의 기지점들을 시준하여 현재 도면상에 기재되어 있지 않은 평판이 세워져 있는 미지점의 위치를 방향선의 교차에 의하여 도면상에서 구하는 방법

ⓒ 방사법 : 가장 많이 이용하는 방법으로 시중을 방해하는 장애물이 없을 경우 가능한 방법

(4) 수준측량 ☑ 중요

① 수준측량의 정의

ⓐ 지구상의 여러 점 사이의 고저차를 측정하여 그 점들의 표고를 결정하거나 또는 필요한 표고를 현장에 측설하는 측량이다.

ⓑ 수준측량의 기준면은 평균 해수면이 된다. 즉 모든 점의 지반고는 이 평균 해수면으로부터의 표고에 의해 결정된다.

② 수준측량의 이용도

ⓐ 기존 지형에 가장 알맞은 도로, 철도 및 운하의 설계

ⓑ 계획된 고저에 의한 건설 공사의 배치

ⓒ 토공량의 산정과 공사 지역의 배수 특성의 조사

ⓓ 토지의 현황을 표현하는 지도의 제작

③ 수준측량의 용어

ⓐ 수준면 : 연직선에 직교하는 모든 점을 잇는 곡면으로, 대략 지구의 형상을 이루며, 지오이드나 정수면과 같은 것이다.

ⓑ 수준선 : 수준면과 지구의 중심을 포함하는 평면이 교차하는 선, 즉 수면에 평행한 곡선이며, 모든 점들은 중력의 방향에 수직이다.

ⓒ 수평면 : 어느 한 점에서 수준면에 접하는 평면으로 보통 시준거리의 범위에서는 수준면과 일치한다.

ⓓ 수평선 : 어느 한 점에서 수준선에 접하는 직선이며, 보통 시준거리 범위 내에서는 수준선과 일치한다.

ⓔ 기준면 : 수준측량의 기준이 되는 수준면으로, 그 면 위에 있는 모든 점들의 높이는 0이다. 일반적으로, 여러 해를 두고 관측한 평균해수면을 사용하고 있다.

ⓗ 평균해면 : 해수의 파도를 정지시키고 간만에 의한 수위 변동을 평균한 해수면(기준면)을 평균해면이라 하고 기준면으로 사용한다.

ⓢ 표고 : 기준면으로부터 어느 측점까지의 연직 거리이다.

ⓞ 수준점 : 수준 원점으로부터 정확하게 높이를 측정하여 국도 및 주요 도로에 따라 1등은 4km, 2등은 2km마다 설치하여 놓은 점이며, 그 부근의 점의 높이를 정하는 데 기준이 된다.

ⓩ 수준 원점 : 기준면은 가상의 면이며, 실제 측량에 이용할 수 없으므로 수준측량에 기준이 되는 점을 정해 놓아야 한다. 기준면으로 정확히 높이를 측정하여 정해 놓은 점이다.

ⓩ 수준망 : 수준점 간을 정밀히 측정하여도 오차가 누적되므로 원출발점으로 돌아가거나 그렇지 않으면 다른 수준점에 연결시킨다. 이때 수준 노선은 망상을 이루게 되고 이를 수준망이라 한다.

ⓚ 특별 기준면 : 내륙에서 멀리 떨어져 있는 섬에서는 내륙의 기준면을 직접 연결할 수 없으므로, 그 섬 고유의 기준면을 사용한다. 하천이나 항만 공사의 필요에 따라 편리한 기준면을 정하는 경우가 있는데, 이와 같은 것을 특별 기준면이라 한다.

④ 수준측량의 분류

㉠ 측량 방법에 의한 분류

- 직접 수준측량 : 일반적으로 레벨을 사용하여 측점 간의 고저차를 직접 구하는 측량으로, 가장 널리 사용된다.
- 간접 수준측량 : 레벨을 제외한 기계 기구를 사용하여 기하학적 방법으로 고저차를 구하는 방법이다.

삼각 수준측량	두 점 사이의 연직각과 수평거리 또는 경사거리를 측정하여 삼각법으로 고저차를 구하는 방법
스타디아 측량	스타디아 측량에 의해 고저차를 구하는 방법
기압 수준측량	기압계나 그 밖의 물리적 방법으로 기압차에 따라 고저차를 구하는 방법
항공사진 측량	항공사진의 입체시에 의하여 고저차를 구하는 방법

- 교호 수준측량 : 하천 또는 계곡 등에서 두 점 간의 거리가 먼 경우에 고저차를 구하는 방법이다.

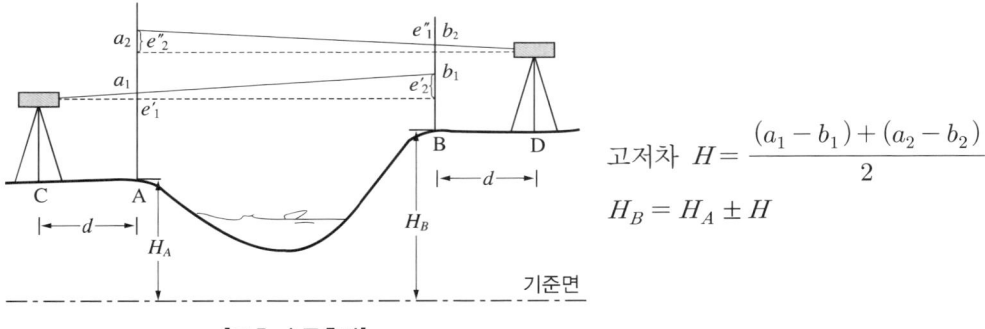

고저차 $H = \dfrac{(a_1 - b_1) + (a_2 - b_2)}{2}$

$H_B = H_A \pm H$

[교호 수준측량]

ⓛ 측량 목적에 의한 분류

• 고저차 수준측량 : 두 점 사이의 고저차를 구하는 측량

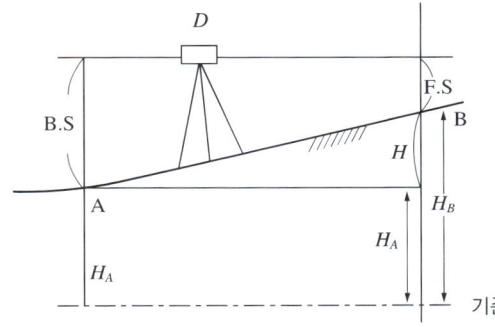

고저차 $H = $ B.S.(후시) $-$ F.S.(전시)

$H_{E} = H_{A} \pm H$

[고저차 수준측량]

• 단면 수준측량

종단 측량	도로, 철도, 하천 등과 같이 일정한 선에 따라 측점의 높이와 거리를 측정하여 종단면도를 만드는 측량
횡단 측량	노선 위의 각 측점 위에서 그 노선의 직각방향으로 고저차를 측정하여 횡단면도를 만드는 측량

ⓒ 정확도에 의한 분류

• 기본 측량

1등 수준측량	공공 측량 및 그 밖의 측량의 기준이 되는 일등 수준점의 표고를 결정하기 위한 측량으로, 수준점 사이의 평균거리는 4km 정도이다.
2등 수준측량	1등 수준측량 다음의 정도를 요하는 측량으로, 공공 측량 및 그 밖의 측량기준이 된다. 또한, 2등 수준측량의 수준점 사이의 평균거리는 2km 정도이다.

• 공공 측량 : 각종 공사에 필요한 높이의 기준을 구하기 위한 측량이다.

⑤ 직접 수준측량 ☑ 중요

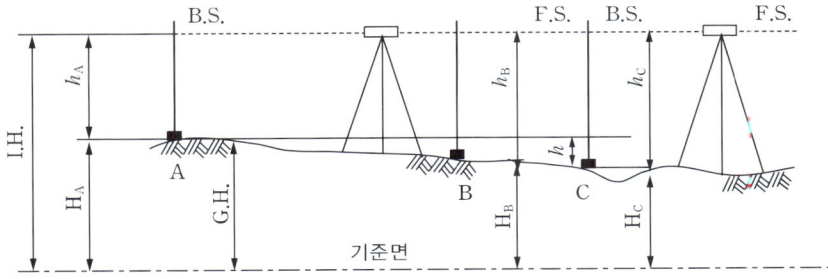

㉠ 직접 수준측량의 용어

• 측점(S. ; Station) : 표척을 세워서 시준하는 점으로 수준측량에서는 다른 측량 방법과 달리 기계를 임의점에 세우고 측점에 세우지 않는다.

• 후시(B.S. ; Back Sight) : 표고를 알고 있는 점(기지점)에 세운 표척의 눈금을 읽는 것

• 전시(F.S. ; Fore Sight) : 표고를 구하려는 점(미지점)에 세운 표척의 눈금을 읽는 것

- 기계고(I.H. ; Instrument Height) : 기계를 수평으로 설치했을 때 기준면으로부터 망원경의 시준선까지의 높이

  I.H. = G.H. + B.S

- 지반고(G.H. ; Ground Height) : 기준면에서 그 측점까지의 수직거리

  G.H. = I.H. − F.S

- 이기점(T.P. ; Turning Point) : 전후의 측량을 연결하기 위하여 전시와 후시를 함께 취하는 점으로 다른 점에 영향을 주므로 정확하게 관측해야 한다.

- 중간점(I.P. ; Intermediate Point) : 전시만 관측하는 점으로 다른 측점에 영향을 주지 않는 점이다.

- 고저차 : 두 점 간의 표고의 차

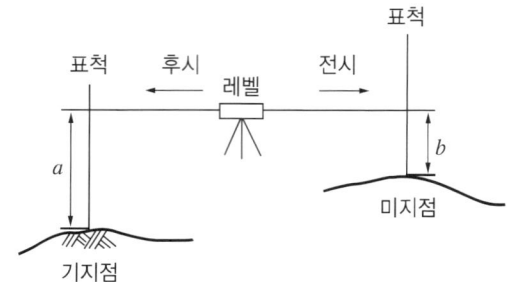

[전시와 후시의 개념]

ⓒ 직접 수준측량의 원리

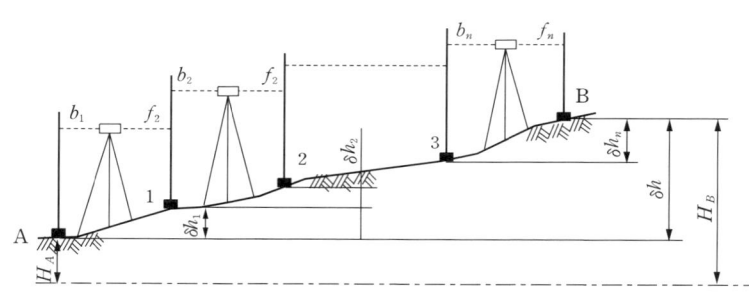

$$H = (b_1 - f_1) + (b_2 - f_2) + \cdots (b_n - f_n)$$
$$= (b_1 + b_2 + \cdots + b_n) - (f_1 + f_2 + \cdots + f_n)$$
$$= \sum B.S. - \sum F.S.$$

A점과 B점의 표고를 H_A, H_B로 하면,

$$H_B = H_A + (\sum B.S. - \sum F.S.)$$

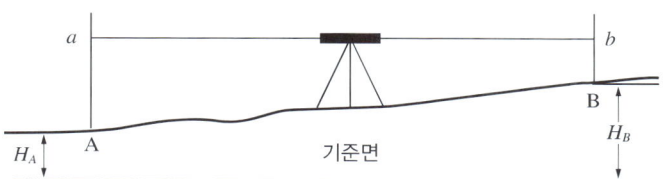

두 지점에 표척을 세우고 그 거리 중앙에 레벨을 거치하고 시준선을 수평으로 하여 전후표척의 눈금을 읽는다. 이때 후시와 전시의 차이가 두 점 간의 고저 차이므로 측점의 표고는 기지점의 표고에 고저 차를 더하여 구할 수 있다. 그림에서 A점의 표고를 H_A라 하고 A점에 세운 표척의 읽음값(후시)을 a, B점에 세운 표척의 읽음값(전시)을 b라 하면 A점과 B점의 표고 차는 $a-b$이다. 따라서 B점의 표고 $H_B = H_A + a$(후시)$- b$(전시)로부터 구할 수 있다.

시험에 이렇게 나왔다! [2015년 제4회 산업기사]

후시(B.S.)가 1,550m, 전시(F.S.)가 1,445m 일 때 미지점의 지반고가 100,000m 이었다면 기지점의 높이는?

① 97,005m   ② 98,450m   ③ 99,895m   ④ 100,695m

해설

미지점의 높이(표고) = 기지점의 높이(표고) + (후시 − 전시)
$$H_B = H_A + (\sum B.S. - \sum F.S.)$$
100,000 = 기지점의 높이 + (1,550 − 1,445)
100,000 = 기저점의 높이 + 105
∴ 기저점의 높이 = 99,895m

정답 ③

ⓒ 직접 수준측량의 방법

- 기계고(I.H.) = 지반고(G.H.) + 후시(B.S.)
- 지반고(G.H.) = 기계고(I.H.) − 전시(F.S.)

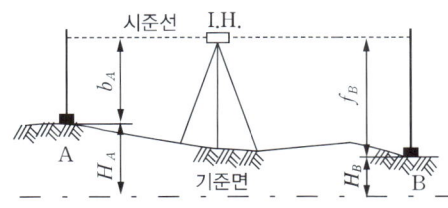

[직접 수준측량]

$$I.H. = H_A + b_A$$

$$H_B = I.H. - f_b = H_A + b_A - f_b$$

ⓓ 직접 수준측량의 수준 거리

1등 · 2등 수준측량	보통 수준측량	그 외의 수준측량
40m	40~60m	5~120m

◎ 직접 수준측량 시 주의 사항
- 반드시 왕복측량을 원칙으로 한다.
- 후시로 시작해서 전시로 끝내야 한다.
- 표척을 전·후로 움직여 최솟값을 읽는다.
- 전시와 후시의 거리는 비슷해야 한다.
- 이기점(T.P.)은 1mm, 중간점(I.P.)은 5~10mm 단위로 읽는다.
- 표척은 지반이 견고한 곳에 세운다.
- 레벨을 세우는 횟수를 짝수로 한다.

(5) 오차의 원인과 종류

① 오차의 원인
　㉠ 자연적 오차 : 온도, 습도, 기압, 바람, 빛의 굴절 등 자연계의 변화에 의하여 생기는 오차
　㉡ 기계적 오차 : 측량에 사용되는 측량 기계나 기구의 구조상의 불완전 때문에 생기는 오차
　㉢ 개인적 오차 : 측정하는 사람의 버릇이나 작업의 미숙 및 착오 등으로 생기는 오차

② 오차의 종류
　㉠ 정오차(누차, 누적 오차)
- 항상 같은 방향 및 같은 크기로 생기는 오차이다.
- 오차의 발생원인이 확실하고, 측정 횟수에 비례해서 증가하므로 누차라고도 한다.
- 일정한 법칙에 따라 생기므로 외업할 때 원인을 없애고, 내업에서 계산으로 측정한 값을 보정하여 없앨 수 있는 오차이다.

$$R = a \times n$$

여기서, R : 정오차
a : 1회 측정 시의 오차
n : 측정 횟수

　㉡ 우연오차(상차, 우차, 부정 오차)
- 측정 조건이 일시적으로 또는 우연히 변화할 때나 원인을 알지 못할 때 생기는 오차로 측정값에 어떻게 영향을 끼치고 있는지 모르는 오차이다.
- 여러 번 반복 측정할 때, 같은 크기의 (+), (−) 오차가 생겨 서로 상쇄되어 없어지는 경우가 있어 상차라고도 한다.
- 측정 횟수의 제곱근에 비례하므로 최소 제곱법의 이론에 의해 처리된다.

$$R' = \pm b\sqrt{n}$$

여기서, R' : 우연오차
b : 1회 측정 시의 오차
n : 측정 횟수

　㉢ 착오(mistake, 과오) : 측정자의 과실과 부주의에서 발생하는 오차

1 **토공사**

(1) 부지 정지 공사

① 정지작업의 개념

　ⓐ 부지 정지 공사는 시공도면에 의거하여 계획된 등고선과 표고대로 부지를 골라 시공 기준면(F.L ; Formation Level)을 만드는 일이다.

　ⓑ 부지 정지 공사는 공사 부지 전체를 일정한 모양으로 만들거나 식재 수목에 필요한 식재 기반을 조성하는 경우, 또는 구조물이나 시설물을 설치하기 위하여 가장 먼저 시행하는 공사이다.

　ⓒ 부지 정지 공사는 일반적으로 흙깎기와 흙쌓기 공사를 동반하게 된다.

② 정지작업 시 고려사항

　ⓐ 점토나 유기물이 많은 토양이 물에 젖어 있을 때는 정지작업을 하지 말 것

　ⓑ 다짐은 적정한 수분을 함유하고 있을 때 할 것

　ⓒ 부지의 정지작업으로 인하여 새롭게 웅덩이가 만들어지지 않도록 할 것

　ⓓ 정지작업 과정에서 발생하는 침식을 방지할 것

(2) 흙깎기(절토)

① 용도에 따라 전체 부지 조성을 위한 부지 정지의 일환으로서 흙깎기, 연못 등을 조성하기 위한 흙깎기, 각종 시설물의 기초를 다지기 위한 흙깎기 등으로 구분할 수 있다.

② 흙의 중력을 고려하여 깎는 순서를 정하여 실시한다.

③ 흙깎기를 할 때에는 안식각보다 약간 작게 하여 비탈면의 안정을 유지해야 한다. 보통 토질에서는 흙깎기 비탈면 경사를 1 : 1 정도로 한다.

④ 식재 공사가 포함된 경우의 흙깎기에서는 반드시 지표면 30~50cm 정도 깊이의 표토를 보존하여 식물 생육에 유용하도록 유의하여야 한다.

⑤ 표토를 제거하는 이유는, 첫째 미끄러짐을 방지하고, 둘째 추후의 식재 작업에 활용하기 위해서이다.

(3) 흙쌓기(성토)

① 흙쌓기에 사용하는 흙은 입도가 좋아 잘 다져져 있어서, 쌓인 흙이 안정될 수 있어야 한다.

② 흙에는 도시 쓰레기, 콘크리트 덩어리 등 시공 잔재물 및 수목 등의 잡물질이 혼합되지 않도록 유의해야 한다.

③ 흙쌓기를 할 때에는 보통 30~50cm마다 다짐을 실시해야 하며, 그렇지 못할 경우에는 설계 도면에 표시된 계획고를 유지하기 위해서 더돋기를 실시해야 한다.

④ 일반적인 흙쌓기의 경사는 1 : 1.5로 한다.

⑤ 경사지 흙쌓기 때에는 층따기를 해 주는 것이 안정적이며, 평지에서도 원지반에 요철을 만들고 표토를 제거한 후 흙쌓기를 하는 것이 좋다.

⑥ 배수에 유의하여 다짐층에서 배수가 안 되는 일이 없도록 해야 한다. 또, 작업 중과 작업 후에도 배수를 고려하여 토양 침식이 발생하지 않도록 유의해야 한다.

⑦ 성토를 할 때는 사전에 성토할 지역의 지반을 다져서 안정된 성토면을 얻을 수 있도록 하고 성토부위가 침하될 것을 고려하여 여유 있게 성토를 해야 한다.

⑧ 성토층에 물을 가하면 다짐효과를 더욱 높일 수 있으나 식재지역을 성토할 경우 지나친 다짐은 식물생육에 부적합하므로 자연상태의 토양과 같은 정도로 성토를 해야 한다.

⑨ 성·절토의 과정에서 지나치게 습하거나 악취가 날 때 또는 부적합한 토양이 발견되면 문제점을 해결하고 흙을 치환해야 한다.

(4) 마운딩(mounding) 공사

① 경관에 변화를 주거나, 방음·방풍·방설 등을 위한 목적으로 작은 동산을 만드는 경우를 마운딩이라고 하며, 가산 조성 또는 조산, 축산 작업이라고도 한다.

② 마운딩 공사는 흙쌓기 공사의 일종으로서, 흙쌓기 방법에 의하여 실시함이 원칙이다.

③ 마운딩 공사는 식재 기반 조성이 주된 목적이므로, 식재에 필요한 윗부분이 너무 다져져서 식물뿌리의 활착에 지장을 주는 일이 없도록 유의해야 한다.

(5) 비탈면의 보호

① 비탈면의 보호는 비탈면을 안정시켜 붕괴를 예방하고 경관적으로 가치가 있도록 하기 위한 방법이다.

② 식물 식재에 의한 방법과 콘크리트 블록과 같은 인공 재료에 의한 방법 등이 있다.

③ 경사도 측정(수평단위당 토지의 높고 낮음)

$$G = \frac{D}{L} \times 100$$

여기서, G : 경사도
D : 높이차
L : 두 지점 간의 수평거리

❷ 성토와 절토의 체적

(1) 단면법

철도, 도로, 수로 등과 같이 긴 노선의 성토량, 절토량을 계산할 경우에 이용되는 방법으로 양단면 평균법, 중앙 단면법, 각주공식에 의한 방법 등이 있다.

① 양단면 평균법 $V = \dfrac{A_1 + A_2}{2} \times L$

　　여기서, V : 체적(m^3)

　　　　　 A_1, A_2 : 양단면적(m^2)

　　　　　 L : 양단면 사이의 거리(m)

② 중앙 단면법 $V = A_m \times L$

　　여기서, A_m : 중앙단면적(m^2)

③ 각주공식 $V = \dfrac{L}{6}(A_1 + 4A_m + A_2)$

　　※ 다각형으로 된 양단면이 평행하고 측면이 전부 평면으로 된 입체를 각주라 한다.

(2) 점고법

넓은 지역이나 택지 조성 등의 정지 작업을 위한 토공량을 계산하는 데 사용하는 방법으로, 전 구역을 직사각형이나 삼각형으로 나누어서 토량을 계산하며 지상에 있는 임의 정의 표고를 숫자로 도상에 나타내는 지형의 표시 방법이다.

① 직사각형 분할법에 의한 체적 계산

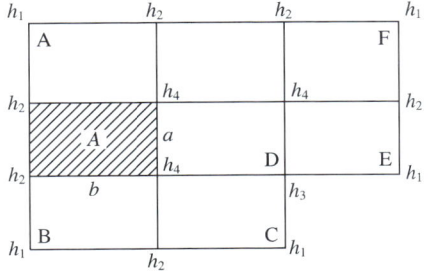

$$V = \frac{A}{4}\left(\sum h_1 + 2\sum h_2 + 3\sum h_3 + 4\sum h_4\right)$$

　　여기서, A : 1개의 직사각형 면적(ab)

　　　　　 $\sum h_1$: 1개의 직사각형만이 관계되는 점의 지반고의 합

　　　　　 $\sum h_2$: 2개의 직사각형이 공유하는 점의 지반고의 합

　　　　　 $\sum h_3$: 3개의 직사각형이 공유하는 점의 지반고의 합

　　　　　 $\sum h_4$: 4개의 직사각형이 공유하는 점의 지반고의 합

② 삼각형 분할법에 의한 체적 계산

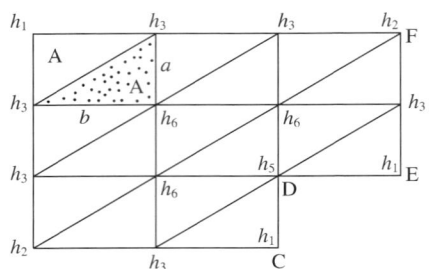

$$V = \frac{A}{3}\left(\sum h_1 + 2\sum h_2 + 3\sum h_3 + 4\sum h_4 + 5\sum h_5 + 6\sum h_6 + 7\sum h_7 + 8\sum h_8\right)$$

여기서, A : 1개의 삼각형 면적$\left(\frac{1}{2}ab\right)$

$\sum h_1$: 1개의 삼각형이 관계되는 점의 지반고의 합

$\vdots$

$\sum h_8$: 8개의 삼각형이 공유하는 점의 지반고의 합

(3) 등고선법

등고선법은 체적을 근사적으로 구하는 경우에 편리하며, 부지의 정지 작업에 필요한 토량 산정 또는 저수지의 용량 등을 측정하는 데 이용된다.

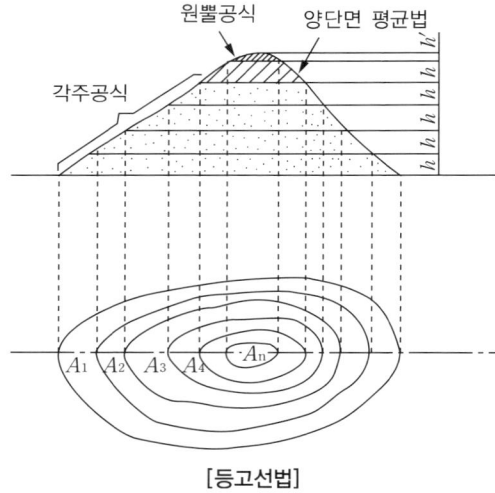

[등고선법]

① 각주공식 : 각주공식을 이용하여 전체의 체적 V를 구한다.

$$V = \frac{h}{3}\left[A_1 + A_n + 4\left(A_2 + A_4 + \cdots\cdots A_{n-1}\right) + 2\left(A_3 + A_5 + \cdots\cdots A_{n-2}\right)\right]$$

여기서, n : 홀수

② 양단면 평균법 : 양단면을 평균한 값과 나머지 면적을 합하여 전체의 체적 V를 구한다.

$$V = \frac{A_1 + A_2}{2} \times h$$

③ 원뿔공식 : 맨 윗부분을 원뿔로 보고 체적을 구한다.

$$V = \frac{1}{3} \times h' A_n$$

❸ 수량산출

(1) 터파기

① 독립기초 $V = \frac{h}{6} \times [(2a + a')b + (2a' + a)b']$

② 줄기초 $V = \left(\frac{a + b}{2}\right) hL$

여기서, L : 줄기초길이

(2) 되메우기 : 터파기 한 장소에 구조물을 설치한 후 파낸 흙을 다시 메우는 작업을 말한다.

① 되메우기 = 터파기 체적 – 기초구조부 체적

② 흙다지기를 할 필요성이 있는 경우

$$\text{되메우기 토량} = \frac{\text{터파기 체적} - \text{기초구조부 체적}}{\text{토량변화율 } C \text{값}}$$

(3) 잔토처리 : 터파기 한 양의 일부 흙을 되메우기 하고 남은 잔여 토양을 버리는 작업을 말한다.

① 잔토처리량 = (터파기 체적 – 되메우기 체적) × 토량변화율 L값

② 흙파기량을 전부 잔토처리하는 경우

$$\text{잔토처리량} = \text{터파기 체적} \times \text{토량변화율 } L \text{값}$$

❹ 표토의 채취, 보관, 복원

(1) 표토

① 표토는 지표면의 토양으로 토층의 A층이며, 일반적으로 암색 내지 흑갈색을 띠고 있다.

② 토양미생물이나 다량의 유기물이 포함되어 있어 식물생육에 매우 적합한 토양이다.

③ 표토는 일반적으로 넓은 범위에 걸쳐 고른 두께로 분포하는 법은 없기 때문에, B층도 포함될 수 있다.

(2) 표토의 채취, 보관, 복원과정

표층식생의 제거, 표토의 모으기 및 보관, 개략적인 정지, 침식방지시설의 설치, 표토의 복원 및 상세한 정지마감으로 진행이 된다.

03 가설공사

① 가설공사

(1) 가설공사의 분류

① 공통가설
 ㉠ 본 공사 시 간접적으로 소용되는 가설물이다.
 ㉡ 울타리, 현장 사무실, 숙소, 창고, 변소, 초소, 전등, 급수, 배수, 운반로 등이 있다.
② 직접가설
 ㉠ 본 공사에 직접 필요한 가설물이다.
 ㉡ 규준틀, 비계, 보양, 현장정리 등이 있다.
 ※ 가설공사 : 공사 기간 중 필요한 각종 임시적인 설비로써 사용되는 제반 시설 및 수단의 총칭이며, 공사가 끝나면 해체, 철거, 정리하게 된다.

(2) 가설공사 항목

① 가설 운반로 : 가설 도로, 가설 교량, 가설 구름 다리, 가설 배수로, 토사 처치 장소
② 차용지 : 재료 둘 곳, 작업장, 기타 용지
③ 대지 측량
 ㉠ 경계 명시 측량 : 인접지 및 도로와의 경계는 담당원·인접지 소유자·기타 관계관의 입회 하에 실시한다.
 ㉡ 현황 측량 : 대지 고저 및 지상물의 형상 등을 표시하는 측량이다.
④ 비계 발판 : 외부 비계, 비계 다리, 내부 비계, 내부 평비계, 발돋움, 낙하물 방지망
⑤ 시공 시설 : 가설틀, 타워
⑥ 운반 : 재료의 반입, 운반, 보관, 현장 내의 소운반, 기재 반송, 잔물 처리 운반
⑦ 기계 기구 설비 : 기계 기구의 반입, 설치, 이전, 철거, 부대 소모품의 운전, 수리 정비
⑧ 동력·전등 설비 : 전력 끌기, 변전 설비, 배선, 전등·전력 설비, 전력·기타 동력 설비
⑨ 용수 설비 : 수도 끌기, 우물 설비, 고무 호스, 배관, 용수

❷ 가설울타리, 가설창고, 가설도로

(1) 가설울타리

① 설치 목적 : 외인출입제한, 안전확보, 도난방지, 가림 등
② 재료 : 나무널, 철판, 목책, 철조망, 키스톤 플레이트 등
③ 공사가 목조 이외의 2층 건물 이상일 때 : 1.8m 이상의 판장 울타리를 세워야 함
④ 각종 자재반입을 위하여 폭 4m의 출입구와 통용문을 설치

(2) 가설창고

① 시멘트 창고
  ㉠ 시멘트 창고는 임시적인 창고로서 적당한 장소에 설치한다.
  ㉡ 출입구, 채광창 이외에는 환기창을 설치하지 않으며, 반입구와 반출구를 따로 두어 먼저 쌓은 것부터 사용하도록 한다.
  ㉢ 창고 주위에는 빗물의 침입을 막기 위해 배수 도랑을 설치한다.
  ㉣ 외벽은 골함석, 널판붙임으로 한다.
  ㉤ 마룻바닥은 지반에서 30cm 이상으로 하고, 마룻널 위에 철판깔기를 하면 더욱 좋다.
  ㉥ 시멘트 쌓기의 높이는 13포대를 초과하지 않고, 1m²당 30~35포대가 적당하며, 최고 50포대까지 쌓을 수 있다.
  ㉦ 믹서의 장소는 본건물 공사에 지장이 없는 곳에 설치한다.
  ㉧ 저장기간은 3개월 이내로 하고 그 이상 된 것은 재시험하여 사용한다.
  ㉨ 시멘트 창고의 소요 면적 $A = 0.4 \times \dfrac{N}{n} (\mathrm{m}^2)$

  여기서, A : 시멘트 창고 소요 면적(m²)
  　　　 N : 저장할 수 있는 시멘트 양(포)
  　　　 n : 쌓기 단 수(최고 13포)

② 위험물 저장 창고 : 도료, 유류, 기타 인화성 재료와 화약 등의 저장 창고는 건축물 및 재료 창고에서 격리된 장소를 선정, 표시해야 한다.
③ 비품 창고 : 공사용 비품 및 재료를 보관하기 위한 창고로 특히 값비싸고 작은 물건을 보관하는 창고는 감시와 도난의 예방이 잘 되는 위치와 구조로 해야 한다.
④ 골재 저장장 : 골재는 모래와 자갈을 분리하여 저장하며, 골재가 흩어지거나 불순물이 혼입되지 않도록 하고, 비가 온 다음에는 항상 빗물이 고이지 않도록 주의한다.

(3) 가설도로

공사장 내의 운반용 통로의 좋고 나쁨은 작업의 능률에 큰 영향을 미치므로 사람, 차량의 동선, 통행량, 중량, 지반의 상태, 내구성, 경제성 등을 고려하여 가포장하여 가설도로를 설치한다.

❸ 가설공작물 설치

(1) 기준점(B.M. ; Bench Mark)

① 공사 중에 높이를 잴 때의 기준으로 하기 위하여 설정하는 것으로 이동할 염려가 없는 곳을 선정하여 표시하고, 적당한 곳이 없을 때에는 나무 말뚝 또는 콘크리트 말뚝 등으로 견고하게 설치한다.
② 기준점은 바라보기 좋고 공사에 지장이 없는 곳에 설정한다.
③ 기준점은 2개소 이상 여러 곳에 표시해 두는 것이 좋다.
④ 기준점은 대개 지반면에서 0.5~1m 위에 두고 그 높이를 기준표 밑에 적어 둔다.
⑤ 건물의 G.L.은 현지에 지정되거나 입찰 전 현장설명 시에 지정된다.

(2) 줄 띄워보기

① 대지에 건물 위치를 결정하기 위하여 실시한다.
② 건물과 도로 및 인지 경계선 등의 주위 관계 사항을 명확히 하고, 수평 규준틀 말뚝의 위치를 정하기 위한 예비 행위이다.

(3) 규준틀

① 기초 공사의 위치, 건물의 고저·위치·방향·벽 중심·기초 파기 등을 정확히 정하기 위하여 설치한다.
② 규준대는 레벨 등으로 수평되게 하고, 중심·땅파기·기초폭 등을 명확히 표시한다.
③ 나무 말뚝의 머리는 충격을 받았을 때 발견하기 쉽도록 엇빗자르기를 한다.
④ **세로 규준틀** : 벽돌·블록·돌쌓기 등의 고저 및 수직면의 기준으로 쓰이는 것을 말하며, 뒤틀리지 않고 곧은 건조된 목재를 움직이지 않도록 수직으로 세워 쌓기의 기준으로 한다.
⑤ **수평 규준틀** : 기초 흙파기와 기초 공사를 할 때, 건물 각부의 위치, 땅파기의 너비의 깊이 등을 결정하는 것이다.
　　㉠ 건물의 외벽에서 1~2m 정도 떨어져서 설치한다.
　　㉡ 규준 말뚝은 9cm 각 또는 통나무로 지름 12cm를 사용한다.

공종별 공사

01 조경재료별 특성

1 목재 ☑ 중요

(1) 조경에서 목재의 용도

① 조경시설물 중 의자, 주택정원, 탁자, 정자, 조합놀이대, 게시판, 계단, 디딤목, 울타리, 체력단련 시설 등에 쓰인다.

② 목재는 금속재 · 콘크리트재 · 플라스틱재 등의 재료가 따를 수 없는 특성이 있어 널리 이용되고 있다.

(2) 목재의 장단점

① 목재의 장점

ㄱ 색깔 및 무늬 등 외관이 아름답다.

ㄴ 재질이 부드럽고 촉감이 좋다.

ㄷ 무게가 가벼워서 운반이나 다루기가 쉽다.

ㄹ 무게에 비하여 강도가 크다.

ㅁ 열, 소리, 전기 등의 전도성이 낮다.

ㅂ 생산량이 많고 가격이 비교적 저렴하며 입수가 용이하다.

② 목재의 단점

ㄱ 자연 소재이므로 내화성이 없고 부패하기 쉽다.

ㄴ 함수량의 증감에 따라 팽창 수축하여 변형되기 쉽다.

ㄷ 부위에 따라 재질이 고르지 못하고 불에 타기 쉽다.

ㄹ 구부러지고 옹이가 있다.

ㅁ 재질, 강도의 균질성이 적고, 크기에 제한을 받는다.

(3) 목재의 특성

① 구조용재 및 치장재의 조건

ㄱ 구조용재의 조건

· 강도가 크고 직대재(直大材)를 얻을 수 있을 것

· 건조의 변형 · 수축성이 적을 것

- 산출량이 많고, 구득이 용이할 것
- 잘 썩지 않고 충해에 대한 저항이 클 것
- 질이 좋고 공작이 용이할 것

　ⓛ 치장재의 조건 : 결·무늬·빛깔 등이 아름다우며 변형이 적고 질긴 것이 좋다.

② 목재의 강도

　㉠ 인장강도가 압축강도보다 크며, 강도의 세기는 인장 > 휨 > 압축 > 전단 순서이다.

　ⓛ 함수율이 낮을수록 목재의 강도가 증가한다.

　ⓒ 직각 방향에 대한 강도보다 수평 방향에 대한 강도가 크다.

　㉣ 목재의 허용 강도는 최고 강도의 1/8~1/7 정도이다.

③ 목재의 비중 및 함수율

　㉠ 목재의 비중
- 목섬유의 비중 : 1.54
- 기건 비중 : 0.3~1.0

　ⓛ 함수율(%) $= \dfrac{\text{목재의 함수중량} - \text{목재의 절건중량}}{\text{목재의 절건중량}} \times 100$

$= \dfrac{\text{건조 전 중량} - \text{건조 후 중량}}{\text{건조 후 중량}} \times 100$

- 생나무 : 45%
- 섬유 포화점 : 30%
- 구조재 : 20% 내외(18~24%)
- 수장재 : 15% 내외(13~18%)
- 기건 상태일 때 : 15% 내외
- 전건재 : 0%
- 가구재 : 15%
- 수축률 : 축방향 0.35%, 지름방향 8%, 촉방향 14% → 목재의 방향성
- 섬유 직각 방향의 강도 : 섬유 평행 방향 강도의 1/5~1/10 범위

④ 나무의 흠

　㉠ 옹이 : 나무에 박힌 가지의 그루터기이다.

　ⓛ 썩음 : 국부적 또는 전체가 썩은 것이 있다.

　ⓒ 갈램 : 건조 수축에 따라 생긴다.

　㉣ 껍질박이 : 목질 내부에 껍질이 남아 있는 것이다.

　㉤ 혹 : 섬유가 집중되어 볼록하게 된 부분이다.

　㉥ 죽 : 제재목의 일부에 피죽이 남아 수피가 붙은 것이다.

　㉦ 송진구멍, 엇결 등

(4) 목재의 구조

① 심재(心材) : 나무줄기를 잘랐을 때 한복판에 짙게 착색된 부분으로, 생식기능이 줄어든 세포로 이루어져 있고 성장이 거의 멈춘 부분으로 목질이 단단하다.

② 변재(邊材) : 심재 바깥쪽에 비교적 옅은 색을 가진 부분으로, 수액의 통로이자 양분의 저장소이며 성장을 계속하는 부분으로 목질이 연하다.

심재	변재
• 수심에 가까운 짙은 목질 부분이다. • 성장이 거의 멈춰서 목질이 단단하다. • 수분 함유량이 적어서 변형이 거의 없다. • 변재보다 강도가 크다. • 나뭇결의 직각 방향으로 누르는 힘에 강하다. • 나뭇결 방향으로 누르는 힘에는 약하다.	• 껍질에 가까운 옅은 목질 부분이다. • 성장을 계속하는 세포로서, 목질이 연하다. • 수분 함유량이 많아서 변형이 많이 일어난다. • 심재보다 재질이 좋지 못하다. • 목재가 수분을 흡수하면 그 수분이 건조되면서 수축, 뒤틀리는 변형이 일어난다. • 심재보다는 강도가 작다.

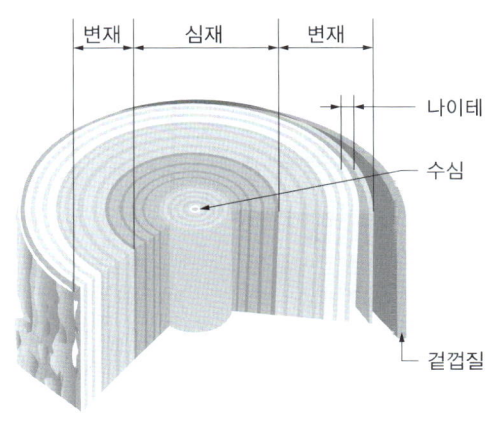

[목재의 구조]

② 콘크리트재

(1) 시멘트(cement)

① 시멘트의 개요

㉠ 석회석과 점토 등을 혼합하여 구운 다음 가루로 만든 일종의 결합체이다.

㉡ 포틀랜드 시멘트, 혼합 시멘트, 특수 시멘트로 분류한다.

㉢ 우리나라에서 생산되는 시멘트의 90%는 보통 포틀랜드 시멘트이다.

㉣ 일반적으로 포틀랜드 시멘트는 수경성이고 강도가 크며, 비중은 대체로 3.05~3.15이고, 무게는 $1,500kg/m^3$정도이다.

㉤ 시멘트는 그 응결시간의 길고 짧음에 따라 급결 시멘트와 완결 시멘트로 구분하며, 시멘트를 제조할 때 탄산칼슘($CaCO_3$)이나 탄산나트륨(Na_2CO_3)을 넣으면 급결성이 되고, 석고를 넣으면 완결성이 된다.

ⓗ 시멘트가 공기 중의 수분을 흡수하여 일어나는 수화작용을 풍화(aeration)라 한다.

ⓢ 수중공사 또는 추운 곳에서 공사할 때에는 조강 시멘트를 사용해야 한다. 그러나 조강 시멘트는 수축이 크므로 시공 양생에 주의하여 틈이 생기지 않도록 해야 한다.

② 시멘트의 종류 ☑ 중요

ⓐ 포틀랜드 시멘트(portland cement)

• 보통 포틀랜드 시멘트

  – 주성분은 실리카(SiO_2), 알루미나(Al_2O_3), 석회(CaO)로 구성된다.

  – 건축구조물, 콘크리트 제품 등 여러 방면에 이용되고 있으며 세계 총시멘트 생산량의 80% 이상을 점유하고 있다.

  – 가격이 저렴하며 일반 조경공사 현장에서 가장 많이 쓰인다.

  – 단단한 구조물에 가장 많이 쓰인다.

• 조강(早强) 포틀랜드 시멘트

  – 보통 포틀랜드 시멘트 원료와 거의 같으나 급경성(急硬性)을 갖게 한 고급 시멘트이다.

  – 단기에 높은 강도를 내고, 수밀성이 좋으며 저온에서도 강도발현이 좋아 겨울철, 수중, 해중 공사 등에 적합하다.

  – 수화열의 축적으로 콘크리트에 균열이 가기 쉬운 것이 단점이다.

  – 경화시간과 수화작용(水和作用)이 빨라 조기 강도가 크고 발열량이 많아 긴급공사에 적합하다.

• 중용(中庸)열 포틀랜드 시멘트

  – 보통 포틀랜드 시멘트와 조강 포틀랜드 시멘트의 중간성질을 가진 시멘트로 댐, 터널공사 등 큰 덩어리 콘크리트에 적합하다.

  – 초기강도는 보통 시멘트에 비해 작으나 장기강도는 같거나 약간 크다.

  – 수화열이 보통 시멘트보다 적어 댐이나 방사선 차폐용, 매시브한 콘크리트 등 단면이 큰 콘크리트용으로 적합하다.

기출 Point	중용열 포틀랜드 시멘트
• 단기강도는 조강 포틀랜드 시멘트보다 작다.
• 방사선 차단용 콘크리트에 적합하다.
• 내구성이 크며 장기강도가 크다.
• 건조수축은 포틀랜드 시멘트 중에서 가장 작다.
• 화학저항성이 크고 내산성이 우수하다.
• 수화발열량이 적다.

• 백색 포틀랜드 시멘트

  – 건축물의 도장, 인조대리석 가공품, 채광용, 표식 등에 많이 쓰인다.

  – 철분, 마그네시아가 적은 백색점토와 석회석을 원료로 한다.

  – 제조 시 흰색의 석회석을 사용하며 제조 시 사용하는 점토에는 산화철이 가능한 한 포함되지 않도록 한다.

  – 안료를 섞어 착색 시멘트를 만들 수 있다.

ⓛ 혼합 시멘트(blended cement)
  • 고로(高爐) 시멘트
    − 포틀랜드 시멘트 클링커에 철용광로로부터 나온 슬래그와 급랭한 급랭슬래그를 혼합하여 이에 응결시간 조정용 석고를 혼합하여 분쇄한 시멘트이다.
    − 수화열량이 적어 매스콘크리트용으로도 사용할 수 있는 시멘트이다.
    − 보통 포틀랜드 시멘트에 비하여 분말도가 높고 응결 및 강도 발생이 약간 느리지만 화학적 저항성이 크고 발열량이 적으므로 해수, 기름의 작용을 받은 구조물이나 공장폐수, 오수로의 구축 등에 쓰인다.
  • 실리카 시멘트(silica cement) : 동결이나 융해작용에 대한 저항성이 적으나 화학적 저항성은 커서 해수나 광산 및 공장폐수, 하수 등에 대한 저항성이 크므로 특수목적에 사용된다.
  • 플라이애시 시멘트
    − 클링커와 플라이애시에 적당량의 석고를 가하여 혼합 분쇄해서 만든다.
      ※ 클링커(clinker) : 몇 종류의 무기성분 원료를 소성할 때 반용융 상태로 딱딱하게 구운 덩어리 상태의 물질을 말한다.
    − 실리카 시멘트와 유사하며, 후기 강도가 높다.
    − 건조수축이 적고 화학적 저항성이 강하다.
ⓒ 특수 시멘트(알루미나 시멘트, alumina cement)
  • 회갈색 또는 회흑색을 나타내고, 비중은 보통 포틀랜드 시멘트보다 가벼우며 석고를 가하지 않는다.
  • 단단한 조강성을 가지며 화학작용을 받는 곳에서 저항이 크다.
  • 내화용 콘크리트에 적합하다.
  • 서중콘크리트
    − 기온이 높아서 슬럼프의 저하와 수분의 급격한 증발 등의 위험성이 있는 시기에 시공되는 콘크리트이다.
    − 동일 슬럼프를 얻기 위한 단위수량이 많아진다.
  • 한중콘크리트
    − 타설한 콘크리트가 얼게 될 위험성이 있을 때 시공하는 특수 콘크리트로 하루의 평균기온이 4℃ 이하가 예상될 때 시공한다.
    − 타설할 때의 콘크리트 온도는 구조물의 단면치수, 기상조건 등을 고려하여 5~20℃의 범위에서 정한다.
    − 단위수량은 초기 동해를 적게 하기 위하여 소요의 워커빌리티를 유지할 수 있는 범위 내에서 되도록 적게 한다.
    − 공기연행 콘크리트를 사용하는 것을 원칙으로 한다.
    − 물−결합재비는 60% 이하로 하여야 한다.

다음 [보기]에서 설명하는 시멘트의 종류는?

┌ 보기 ┐

- 화학저항성이 크고 내산성이 우수하다.
- 건조수축은 작은편에 속한다.
- 조기강도는 보통 시멘트에 비해 작으나 장기강도는 보통 시멘트와 같거나 약간 크다.
- 수화열이 보통 시멘트보다 적으므로 댐이나 방사선 차폐용, 매시브한 콘크리트 등 단면이 큰 콘크리트용으로 적합하다.

① 실리카 시멘트(silica cement)
② 알루미나 시멘트(alumina cement)
③ 저열 포틀랜드 시멘트(low-heat portland cement)
④ 중용열 포틀랜드 시멘트(moderate-heat portland cement)

해설
중용열 포틀랜드 시멘트
- 보통 포틀랜드 시멘트와 조강 포틀랜드 시멘트의 중간성질을 가진 시멘트로 댐, 터널공사 등 큰 덩어리 콘크리트에 적합하다.
- 초기강도는 보통시멘트에 비해 작으나 장기강도는 보통시멘트와 같거나 약간 크다.
- 수화열이 보통시멘트보다 적으므로 댐이나 방사선 차폐용, 매시브한 콘크리트 등 단면이 큰 콘크리트용으로 적합하다.

정답 ④

③ 시멘트 강도에 영향을 미치는 요인

　　㉠ 증가
- 분말도와 수화도가 높다.
- 양생온도가 30℃까지는 온도가 높을수록 강도가 커진다.
- 재령(28일)이 경과함에 따라 강도가 증가한다.

　　㉡ 저하
- 표준밀도가 높으면 강도가 저하된다.
- 제조 직후 강도가 가장 크며, 점차 저하된다.

④ 용어

　　㉠ 수화(hydration) : 시멘트에 물을 가하여 비비면 풀과 같은 상태인데 시간이 경과함에 따라 수경성 화합물이 화학 반응을 일으켜서 차츰 유동성을 잃고 고화하는 것을 말한다.

　　㉡ 경화(hardening) : 응결을 끝마친 시멘트 고결체가 조직이 더욱 치밀해지고 강도가 커지는 과정이다.

　　㉢ 응결(setting) : 수화작용에 의해 고결된 상태이다.

　　㉣ 풍화(aeration) : 저장 중에 공기의 수분을 흡수하여 가벼운 수화작용을 일으키고, 그 결과로 생긴 수산화칼슘이 공기 중의 탄산가스와 결합하여 탄산칼슘을 만드는 작용이다.

　　㉤ 수축(shrinking) : 경화한 시멘트풀은 건조시키면 수축하게 되는데, 경화에 동반한 수축, 건조에 의한 수축, 탄산화에 의한 수축이 있다.

⑤ 수화 → 응결 → 경화 → 수축의 단계를 거친다.

⑥ 시멘트 배합 및 보관

　　㉠ 물-시멘트 비(W/C) $= \dfrac{물\ 무게}{시멘트\ 무게} \times 100$

　　　• 시멘트와 모래의 비는 1 : 3으로 하고, 중요한 곳은 1 : 2로 한다.

　　　• 미장용 마감바르기 및 쌓기 줄눈에는 시멘트와 모래의 비를 1 : 3으로 한다.

　　　• 콘크리트 블록을 만들 경우 시멘트와 골재의 비는 1 : 5나 1 : 7로 한다.

　　㉡ 시멘트 보관방법

　　　• 지상 30cm 이상 띄워서 쌓으며, 입하 순서대로 사용한다.

　　　• 습기를 받았거나 3개월 이상 저장한 시멘트는 반드시 사용 전에 재시험한다.

　　　• 창고 필요 면적 산출에 있어서 쌓기 단수는 최고 13포대로 계산하고, 저장면적은 저장할 시멘트량을 쌓기 단수로 나눈 값에 0.4를 곱해서 산정한다.

$$저장면적(\text{m}^2) = \dfrac{N(적재량)}{n(단수)} \times 0.4$$

　　　• 시멘트량이 600포대 이상일 때는 공기에 따라서 전량의 1/3을 저장할 수 있는 것을 기준으로 창고를 가설한다.

　　　• 현장에서 목조창고를 표준으로 할 때 그 거리를 0.3m로 하면 좋다.

　　　• 보관 후 사용할 시멘트는 일반적으로 50℃ 정도 이하의 온도에서 사용하는 것이 좋다.

　　　• 시멘트를 저장하는 창고는 시멘트가 바닥에 쌓여서 나오지 않는 부분이 생기지 않도록 한다.

(2) 콘크리트 ☑ 중요

① 콘크리트의 개요

　　㉠ 콘크리트는 시멘트·모래·자갈 또는 부순 돌 등을 골고루 섞은 것을 물로 개어 굳힌 인조석을 말하며 만드는 방법이 간단하고, 형상을 임의로 변형시킬 수 있으며, 내구성과 내수성이 크므로 그 용도가 매우 넓다.

　　㉡ 시멘트와 물을 혼합한 것을 시멘트 풀(cement paste)이라 하고, 시멘트, 잔골재, 물을 비벼 혼합한 것을 모르타르(mortar)라고 한다.

　　㉢ 보통 콘크리트의 용적 구성은 약 70%가 골재이고 나머지는 시멘트 풀이다.

　　㉣ 콘크리트의 배합은 시멘트·잔골재·굵은 골재(종전에는 부피비를 사용하였지만 최근에는 일반적으로 무게비를 사용)를 보통 콘크리트는 1 : 3 : 6, 철근 콘크리트는 1 : 2 : 4, 그다지 중요하지 않은 것은 1 : 4 : 8의 비로 한다.

기출 Point　모르타르 배합비(시멘트 : 모래)

• 벽돌 및 블록의 쌓기용 1 : 3
• 타일공사의 붙임용 1 : 2
• 타일공사의 고름용 1 : 4
• 벽돌 및 블록의 줄눈용 1 : 2

② 콘크리트의 장단점

    ㉠ 장점

        • 모양을 임의로 만들 수 있으며 재료의 채취와 운반이 용이하다.

        • 유지관리비가 적게 든다.

        • 철근을 피복하여 녹을 방지하며 철근과의 부착력을 높이는 장점이 있다.

    ㉡ 단점

        • 균열이 생기기 쉽고 개조 및 파괴가 어렵다.

        • 무게가 무겁고 인장 강도 및 휨 강도가 작다.

        • 품질 유지 및 시공관리가 어렵다.

③ 콘크리트 제품

    ㉠ 콘크리트 의목(인조목) : 인공목재라 부르기도 하는 의목은 목재의 부족이나 고가에 대처하고, 또 목재보다 더 큰 강도와 내구력을 필요로 하는 시공에 사용하기 위하여 목재와 비슷한 무늬를 넣어 제조한다. 주로 각종 조경공작물과 공원이나 가로의 시설물(벤치, 탁자, 주택정원, 호안용 말뚝, 화분, 휴지통 등)에 미관을 겸하여 사용된다.

    ㉡ 경계블록 : 길이 1m 단위, A형, B형, C형의 3종류이다.

    ㉢ 보도블록 : 무근 콘크리트판으로 300×300×60mm의 정방형과 장방형, 6각형 등이 있다.

    ㉣ 강력 압축 보도블록 : 고압, 고열 처리로 내구성이 크고 압축강도가 높아 차량통행이 가능하다.

    ㉤ 인조석 보도블록 : 천연석을 분쇄하여 시멘트와 색소를 혼합한 것으로 크기와 색상이 다양하다.

    ㉥ 측구용 블록 : L형과 U형으로 배수를 위해 길 가장자리에 설치한다.

❸ 석재

(1) 석재의 성질

① 일반적으로 압축강도는 강하지만 휨 강도나 인장강도는 약하다.

② 석재에 포함된 수분이 동결, 융해를 반복하여 조직의 재질을 약화시킴으로써 붕괴된다.

③ 석재 강도 : 화강암(1,720) > 대리석(1,500) > 안산암(1,150) > 사암(450) > 응회암(180) > 부석(30~18) 순으로 비중이 큰 것이 강도도 크다.

(2) 석질재료의 장단점

① 장점

    ㉠ 외관이 매우 아름답다.

    ㉡ 가공 정도에 따라 다양한 외양을 가질 수 있다.

    ㉢ 산지에 따라 다양한 색조와 질감을 갖는다.

    ㉣ 압축 강도, 내구성, 내화학성이 크고 마모성은 적다.

② 단점

　　㉠ 무거워서 다루기 불편하다.

　　㉡ 타재료에 비해 가공하기가 어렵다.

　　㉢ 경제적 부담이 크다.

　　㉣ 압축 강도에 비해 휨 강도나 인장 강도가 작다.

　　㉤ 화열을 받을 경우 균열 또는 파괴되기가 쉽다.

(3) 생성원인에 따른 분류

① 화성암 : 지구 내부에서 유래하는 마그마가 냉각되어 생성된다. 예 화강암, 안산암, 현무암, 섬록암

② 수성암(퇴적암) : 암석의 파편, 물에 녹은 광물질, 동식물의 유해 등이 침전되고 쌓여 고화되는 퇴적 작용으로 이루어진 것이다. 예 사암, 점판암, 응회암, 석회암, 혈암

③ 변성암 : 화성암이나 수성암이 압력이나 열에 의하여 심히 변질된 것이다. 예 편마암, 대리석, 사문암, 결정편암

(4) 석재의 종류와 특징

① 화강암(심성암)

　　㉠ 화성암 중 심성암에 속하고 널리 분포하며 산출된다.

　　㉡ 많은 석재의 종류 중 토목・건축용으로 가장 뛰어난 자재이다.

　　㉢ 구조용 석조로 쓰기에 매우 훌륭한 특질을 나타내며 가장 많이 사용되고 있다.

　　㉣ 강도는 최대이고 흡수율은 최고이며, 자연 풍화에 특히 강하다.

　　㉤ 고열에 약한 성질을 가지고 있다.

　　㉥ 내산성이 우수하다.

② 섬록암, 반려암(화성암-심성암)

　　㉠ 단단하고 아름답다(검은 광택).

　　㉡ 장식용, 건축용(대부분 본갈기석)으로 쓰인다.

　　㉢ 풍화에 강하고 광택 및 내구성이 좋다.

③ 안산암(화산암-분출암)

　　㉠ 종류가 매우 다양하여 토목, 건축, 묘비용으로도 널리 이용되고 있다.

　　㉡ 내화성이 뛰어나다.

④ 응회암(수성암-퇴적암)

　　㉠ 주로 화산재나 사암 조각 등의 화산분출물이 오랜 기간 동안 수중이나 육상에서 퇴적・응고되어 생성된 암석이다.

ⓛ 석질의 무르기가 연하여 채석 및 가공이 용이하므로 이용 범위가 넓다.

ⓒ 비중이 작고 무른 돌은 대부분 응회암에 포함된다.

ⓔ 준경석 또는 대부분 연석이다.

ⓜ 내화성이 강하다.

ⓗ 흡수성이 크기 때문에 한랭지에서 풍화되기 쉬운 결점이 있다.

⑤ 사암(수성암–퇴적암)

ⓘ 여러 가지 모양과 크기를 가진 모래가 수중이나 육상에서 퇴적되어 생성된 암석이다.

ⓛ 경도는 중간 정도이고 준경석에 속하는 경우가 많다.

ⓒ 흡수성이 약간 크기 때문에 쉽게 풍화되기도 한다.

ⓔ 석질이 치밀하지만 부분적으로 무르기 때문에 가공하기 쉽다.

⑥ 점판암(수성암–퇴적암)

ⓘ 점토 물질이 퇴적·응고된 암석이며, 대부분 합판상 조직이므로 박편으로 만들 수 있다.

ⓛ 조직이 매우 치밀하기 때문에 바둑돌, 슬레이트, 숫돌, 당구대, 기념비, 바닥, 벽면의 붙임돌 등에 이용된다.

ⓒ 판상 절리가 많다.

⑦ 대리석(석회암–변성암)

ⓘ 주요 성분은 탄산석회(방해석)이다.

ⓛ 조직이 치밀하고 연마 효과가 뛰어나다(광택이 아름답다).

ⓒ 비중이 2.70 이상으로 크다.

ⓔ 내산성이 약하고 옥외에서는 광택이 지워지는 단점이 있어 대부분 실내장식용(건축 내장, 조각 등)으로 사용된다.

(5) 가공순서

① 혹두기 : 원석을 쇠메로 쳐서 요철이 없게 다듬는다.

② 정다듬 : 정으로 쪼아 다듬어 평평하게 다듬는다.

③ 도드락다듬 : 도드락 망치로 면을 다듬는다.

④ 잔다듬 : 정교한 날망치로 면을 다듬는다.

⑤ 물갈기 : 광내기

(6) 석질재료의 조경적 이용

① 자연석 : 경관용, 석조용, 축석용, 동양식 정원 등

[자연석의 모양]

입석	세워 쓰는 돌로 어디서나 관상할 수 있는 돌로 키가 높아야 효과가 있음
횡석	눕혀 쓰는 돌로 안정감이 있음
평석	윗부분이 평평한 돌로 안정감을 주며, 주로 앞부분에 배석
환석	둥근 모양의 돌
각석	각이 진 돌로 삼각 및 사각의 돌
사석	비스듬히 세워서 이용되는 돌로 해안절벽의 표현 등
와석	소가 누운 형태로 횡석보다 안정감이 더 높음
괴석	태호석, 제주도나 흑산도의 현무암 등

② 가공석 : 도로포장, 계단, 화단, 계단폭포, 식재대, 조각물, 석탑, 서양식 정원 등

❹ 금속재

(1) 금속재료의 종류

① 철금속 : 제철, 탄소강, 특수강 등이 있으며 아치, 식수대, 잔디 보호책, 조합놀이대, 시소, 그네, 미끄럼대, 사다리, 철봉 등의 시설물에 사용한다.

② 비철금속 : 알루미늄과 그 합금, 동과 그 합금, 니켈과 그 합금, 주석, 납, 아연과의 합금 등이 있고 환경조형, 유희, 수경, 가로 장치물 등의 시설공사 재료로 사용한다.

(2) 금속재료의 특성

① 열과 전기의 양도체이다.

② 장식효과, 광택이 뛰어나고 합금이 다양하며 입자배열이 규칙적이다.

(3) 금속재료의 장단점

① 장점

㉠ 다양한 형상의 제품을 만들 수 있고 대규모의 공업 생산품을 공급할 수 있다.

㉡ 각기 고유한 광택이 있고 하중에 대한 강도가 크며 재질이 균일하고 불에 타지 않는 등 물리적 성질이 우수하다.

② 단점

㉠ 가열하면 역학적 성질이 저하되고 비중이 크다.

㉡ 녹이 슬고 부식이 되는 등 화학적 결함이 있다.

㉢ 색채와 질감이 차가운 느낌을 준다.

❺ 점토 및 타일

(1) 점토재료의 특성

① 점토는 여러 가지 암석이 풍화되어 분해된 물질로 생성된 것이다.

② 점토는 가소성이어서 물로 반죽하면 임의의 모양을 만들 수 있다.

③ 건조시키면 굳어지고 불에 구우면 더욱 경화되는 성질이 있다.

④ 점토제품에는 벽돌, 도관, 타일, 도자기, 기와 등이 있다.

(2) 타일

① 양질의 점토에 장석, 규석, 석회석 등의 가루를 배합하여 성형한 후 유약을 입혀 건조시킨 다음 1,100~1,400℃ 정도로 소성한 제품이다.

  ※ 규석 : 타일의 소지(素地) 중 규산을 화학성분으로 한 석영·수정 등의 광물로서 도자기 속에 넣으면 점성을 제거하는 효과가 있으며, 소지 속에서 미분화하는 것

② 외관에 결함이 없고 흡수성이 적으며, 휨과 충격에 강하다.

③ 방화성, 내마멸성이 우수하다.

④ 모양과 크기에 따라 모자이크 타일, 외장타일, 내장타일, 바닥타일 등으로 구분한다.

⑤ 건축 및 조경 장식의 마무리재로 많이 사용된다.

⑥ 테라코타

  ㉠ 입체타일로 석재보다 색이 자유롭다.

  ㉡ 일반석재보다 가볍고, 압축 강도는 화강암의 1/2 정도이다.

  ㉢ 화강암보다 내화력이 강하고 대리석보다 풍화에 강하므로 외장에 적당하다.

⑦ 클링커 타일 : 타일에 요철 무늬를 넣어 바닥 등에 붙이는 저급품의 타일

❻ 합성수지

(1) 플라스틱 재료의 특성

① 플라스틱 : 합성수지에 가소제, 채움제, 착색제, 안정제 등을 넣어서 성형한 고분자 물질이다.

② 특성

  ㉠ 성형이 자유롭고 가벼우며 강도와 탄력이 크다.

  ㉡ 소성, 가공성이 좋아 복잡한 모양의 제품으로 성형 가능하다.

  ㉢ 내산성, 내알칼리성이 크고 녹슬지 않는다.

  ㉣ 착색이 자유롭고, 광택이 좋으며, 접착력이 크다.

  ㉤ 투광성 및 전기와 열의 절연성이 있다.

  ㉥ 불에 타기 쉽고 내열성, 내후성, 내광성이 부족하며 변색하는 등의 결점이 있다.

(2) 플라스틱 재료의 용도

① 경질 염화비닐관(PVCP ; Poly Vinyl Chloride Pipe) : 흙 속에서도 부식되지 않으며 유수마찰이 적고 이음이 용이하여, 수도관, 급수관, 배수관, 가스관, 온천용 등으로 사용된다.

② 폴리에틸렌관(PE Pipe) : 내한성이 커 추운 지방의 수도관으로 사용된다.

③ 유리섬유 강화 플라스틱(FRP ; Fiberglass Reinforced Plastic)

  ㉠ 최근 가장 많이 쓰이는 플라스틱 제품이다.

  ㉡ 강도가 약한 플라스틱에 강화제인 유리섬유를 넣어 강화시킨 제품이다.

  ㉢ 벤치, 인공폭포, 인공암, 미끄럼대의 슬라이더, 화분대, 수목 보호판 등에 이용된다.

(3) 합성수지의 종류 ☑ 중요

① 열가소성 수지 : 염화비닐, 아크릴, 폴리에틸렌, 폴리스티렌 등이며 열을 가하면 연화 또는 용융하여 가소성 또는 점성이 발생한다.

구분	특징
염화비닐수지(PVC)	• 주로 파이프, 배수관, 튜브, 물받이통, 비닐포, 비닐방 등에 사용되는 합성수지이다. • 성형이 용이하고 착색이 자유로우며 강도와 투명성이 우수하지만, 내열성이 낮아 온도에 의한 신축성이 크다.
아크릴수지	• 주로 채광판이나 유리를 대신하는 자재로 많이 사용된다. • 투광성이 크고 내후성이 양호하며 착색이 자유롭다. • 무색 투명판으로 유기유리라고도 한다.
폴리에틸렌수지(PE)	• 주로 얇은 시트나 내화학성의 파이프로 이용된다. • 내열성이 낮아 불이나 열에 약하고 접착성이 낮다. • 전기 절연성이 높고, 전기가 통하지 않는다. 내약품성이 높고 내유성이 높다. • 방수가 잘되어 내수성이 좋고 내한성도 좋다.
폴리스티렌수지(PS)	• 투명성, 기계적 강도, 내수성은 좋지만 내충격성이 약하다. • 발포제를 사용하여 넓은 판으로 만들어 단열재로서 널리 사용된다. • 장식품과 일용품으로도 성형하여 사용된다.

② 열경화성 수지 : 요소, 멜라민, 폴리에스테르, 실리콘, 우레탄, 푸란 등 3차원적인 축합반응에 의해 생성되는 수지류를 말한다. 열을 가해도 유동성이 없다는 특성이 있다.

구분	특징
에폭시수지	금속의 접착성이 크고, 내약품성이 양호하며 내열성이 우수하다.
실리콘수지	내열성이 우수하고 전기절연성, 내수성이 좋으며 너알칼리성, 내후성이 있다.
페놀수지	강도, 전기절연성, 내산성, 내열성, 내수성 모두 양호하며 내알칼리성이 약하다.
멜라민수지	요소수지와 같으나 경도가 크고 내수성은 약하다.
폴리에스테르수지	전기절연성, 내열성, 내약품성이 좋고 욕조나 파이프 등에 사용된다.

다음 특성을 갖고 있는 열가소성 수지는?

- 강도가 크고 전기절연성 및 내약품성이 양호하다.
- 고온 및 저온에 약하며, 지수판이나 배수관으로 주로 사용한다.
- 경질 비중은 1.4 정도이다.

① 페놀수지　　　　② 염화비닐수지　　　　③ 아크릴수지　　　　④ 폴리에스테르수지

해설

염화비닐은 주로 파이프, 배수관, 튜브, 물받이통, 비닐포, 비닐방 등에 사용되는 합성수지로, 성형이 용이하고 착색이 자유로우며 강도와 투명성이 우수하지만, 내열성이 낮아 온도에 의한 신축성이 크다.

정답 ②

❼ 미장 및 도장재

(1) 미장재료

① 미장재료의 정의

　㉠ 미장재료란 건축물의 내외벽, 바닥, 천장 등의 구체부위를 대상으로 미화, 보호, 보온, 방음, 방습, 내화를 위해 적절한 두께로 발라 마감하는 재료를 말한다.

　㉡ 넓은 면적을 이음매 없이 마무리할 수 있으며 주로 습식재료이다.

　㉢ 경화 후 마감층의 성능을 결함없이 발휘하기 위한 복합재료로 사용된다.

　㉣ 구조재의 부족한 요소를 감추고 외벽을 아름답게 나타내준다.

　㉤ 시멘트 모르타르, 회반죽, 벽토(壁土) 등이 있다.

② 미장재료의 장단점

장점	단점
• 이음매 없이 바탕을 처리할 수 있다. • 다양한 형태로 성형할 수 있고 가소성이 크다. • 마무리 방법이 다양하며 여러 형태로 디자인할 수 있다. • 타재료와 혼합하여 방수, 차음, 내화, 단열 효과를 얻을 수 있다.	• 물을 사용하므로 재료의 혼합에 있어 경화시간이 길다. • 배합 시 시간 경과에 따른 강도 저하의 판단이 어렵다. • 배합시간이 있으므로 균일하지 못해 바탕마감 표면의 강도가 일정하지 않다.

(2) 도장재료

① 도장재료의 정의

　㉠ 도료(塗料)를 칠하거나 바르는 재료를 말한다.

　㉡ 바탕재료의 부식을 방지하고 아름다움을 증대시키기 위한 목적으로 사용하는 재료이다.

　㉢ 바탕재료의 종류에 알맞은 화학적 성질을 지닌 것을 선택하도록 한다.

　㉣ 페인트, 니스(바니시), 래커 등이 있다.

② 도장재료의 특징

　　㉠ 구조재의 내식성, 방부성, 내마멸성, 방수성, 강도 등이 높아진다.

　　㉡ 광택, 미관을 높여주는 효과가 있다.

　　㉢ 물체의 보호, 전도성 조절 등의 역할을 한다.

더 알아보기　**시공재료의 규격화**

• 산업규격
　- 산업표준화의 기준이 되는 것으로 나라마다 규정을 만들어 시행하고 있다
　- 1947년 국제표준화기구(ISO)가 설립되어 국제적으로 규격을 통일하고 있다.
　- 한국은 산업표준화법(1961년 제정된 구 공업표준화법)에 근거한 한국산업규격(KS)을 활용하고 있다.
• 산업규격 표준화의 분류
　- 대분류 : 기본(A), 기계(B), 전기(C), 금속(D), 광산(E), 토건(F), 일용품(G), 식료품(H), 섬유(K), 요업(L), 화학(M), 의료품(P), 수송기계(R), 조선(V), 항공(W), 정보산업(X) 등의 부문으로 분류되고 있다.
　- 건설재료 관련사항 : 기본(A), 기계(B), 전기(C), 금속(D), 토건(F), 요업(L), 화학(M)부문 등에 주로 규정되어 있다.
　- 한국은 ISO 9000 시리즈(품질경영과 품질보증규격, 선택과 사용에 대한 지침)를 KS A 9000 시리즈로 채택하여 적용하고 있다.
• 주요 국가별 산업규격
　- 국제 : ISO(International Standardization Organization, 국제표준화기구), SI(System International Unites, 국제 단위계)
　- 한국 : KS(Korean industrial Standards, 한국산업규격)
　- 미국 : ASTM(American Society for Testing and Materials, 미국재료시험훈회), ACI(미국콘크리트 협회), FS(연방 규격과 특허)
　- 영국규격(BS), 중국국가규격(GB), 일본산업규격(JIS), 독일산업규격(DIN) 등

02　　**공종별 공사**

❶ 운반 및 기계화 시공

(1) 기계화 시공의 특징

장점	단점
• 공사기간 단축이 가능하다.	• 기계의 구입과 관리비용이 많이 든다.
• 공사의 품질이 향상된다.	• 숙련된 운전자와 관리자가 필요하다.
• 대규모 공사에서 공사비가 절감된다.	• 소규모 공사에서는 공사비가 고가이다.
• 인력으로 불가능한 공사도 쉽게 처리할 수 있다.	• 인력을 대신하므로 실업률이 증가한다.
• 안전사고를 감소시킬 수 있다.	• 기계부품, 연료, 정비 및 관리를 위한 시설이 필요하다.

(2) 건설기계의 분류

① 기계종류에 따른 건설기계

    ㉠ 토공기계 : 불도저, 굴삭기, 로더, 스크레이퍼, 모터그레이더

    ㉡ 운반기계 : 지게차, 덤프트럭, 기중기

    ㉢ 다짐기계 : 롤러

    ㉣ 포장기계 : 노상안정기, 콘크리트 배처플랜터, 콘크리트 포장정리기, 콘크리트 포설기, 콘크리트 트럭믹서, 콘크리트 펌프, 아스팔트 믹싱플랜트, 아스팔트 피니셔, 아스팔트 살포기, 골재 살포기

    ㉤ 쇄석기계 : 쇄석기

    ㉥ 기초공사기계 : 천공기, 항타 및 항발기, 공기압축기, 골재 채취기, 준설선

② 작업종류에 따른 건설기계

    ㉠ 굴착 : 셔블계 굴착기(파워셔블, 백호, 클램셸), 트랙터셔블, 불도저, 리퍼 등

    ※ 굴착 : 땅이나 암석 따위를 파고 뚫는 것

    ㉡ 적재 : 셔블계 굴착기(파워셔블, 백호, 클램셸), 트랙터셔블 등

    ㉢ 운반 : 불도저, 덤프트럭, 벨트 컨베이어, 케이블 크레인 등

    ㉣ 다짐 : 로드롤러, 타이어롤러, 탬핑롤러, 진동롤러, 진동콤팩터, 래머 등

    ㉤ 벌개·제근 : 불도저, 레이크도저

    ※ 벌개·제근 : 토공의 굴착 또는 성토의 시공에 앞서 절취부, 토취장, 성토부에서 풀이나 나무 뿌리의 제거, 표토깎기 및 이들의 처리를 말함

    ㉥ 싣기 : 로더, 파워셔블, 백호, 클램셸, 트랙터셔블

    ㉦ 배토·정지 : 모터그레이더, 골재 살포기, 굴삭기

    ※ 배토 : 작물의 생육기간중에 골 사이나 포기 사이의 흙을 포기 밑으로 긁어모아 주는 것

    ※ 정지 : 작물을 재배하는 데 있어서 토양조건을 개량·정비하는 작업

    ㉧ 도랑파기 : 트렌처, 백호, 굴삭기

    ㉨ 기초공사 : 디젤 해머, 진동파일 드라이버, 보링기, 어스드릴, 어스오거, 그라우팅 기계

    ㉩ 기중기류 : 트럭 크레인, 휠 크레인, 무한궤도식 크레인, 케이블 크레인, 데릭 크레인, 지브 크레인, 탑형 크레인, 엘리베이터, 호이스트, 윈치

③ 운반거리별 건설기계

    ㉠ 절토 및 다짐 : 운반거리 20m인 경우 불도저

    ㉡ 흙 운반

      • 운반거리 60m 미만 : 불도저

      • 운반거리 60~100m : 불도저, 피견인식 스크레이퍼, 굴삭기+로더+덤프트럭

      • 운반거리 100m 이상 : 피견인식 스크레이퍼, 모터 스크레이퍼, 굴삭기+로더+덤프트럭

④ 주요 건설기계 특징

　㉠ 불도저(bull dozer)

　　• 토사의 절토, 성토, 다지기, 운반 등의 작업에 쓰이는 대표적인 토공기계이다.

　　• 작업 범위는 소형 50m에서 대형 100m 정도이다.

　　• 절취토량의 운반 최대 유효거리는 60m 정도이다.

　　• 토공판의 각도에 따라 스트레이트 도저, 앵글 도저, 틸트 도저로 분류한다.

　㉡ 클램셸(clam shell) : 토사를 파내는 형식으로 깊은 흙파기용, 흙막이의 버팀대가 있어 좁은 곳, 케이슨(caisson) 내의 굴착 등에 적합한 장비이다.

　㉢ 드래그라인(drag line) : 지면에 기계를 두고 깊이 8m 정도의 연약한 지반의 깊은 기초 흙파기를 할 때 사용하는 기계이다.

　㉣ 스크레이퍼(scraper)

　　• 토공사용 기계로서 흙을 깎으면서 동시에 기체 내에 운반하고 깔기 작업을 겸할 수 있으며, 작업거리는 100~1500m 정도의 중장 거리용으로 쓰인다.

　　• 굴착, 적재, 운반, 버리기, 고르기 작업을 할 수 있다.

　㉤ 크레인(crane) : 대형 수목과 자연석의 적재 및 장거리 운반, 쌓기, 놓기 등에 효과적으로 사용되는 장비이다.

　㉥ 백호(back hoe)

　　• 흙을 굴착, 적재, 운반, 버리기, 고르기 작업을 비교적 고르게 할 수 있다.

　　• 기계가 서 있는 지반보다 낮은 곳의 굴착에 좋다.

　　• 파는 힘이 강력하고 비교적 경질지반도 적응한다.

더 알아보기 | 주요 건설기계

[굴삭기]

[불도저]

[드래그라인]

[스크레이퍼]

시험에 이렇게 나왔다!

토사의 절취 후 운반 작업거리가 50~60m 이내, 최대 100m의 배토작업에 가장 합리적으로 사용할 수 있는 배토정지용 건설기계 장비는?

① 불도저(bull dozer)
② 덤프트럭(dump truck)
③ 로더(loader)
④ 백호(back hoe)

해설

불도저(bull dozer)
• 토사의 절토, 성토, 다지기, 운반 등의 작업에 쓰이는 대표적인 토공기계이다.
• 작업 범위는 소형 50m에서 대형 100m 정도이다.
• 절취토량의 운반 최대 유효거리는 60m 정도이다.
• 토공판의 각도에 따라 스트레이트 도저, 앵글 도저, 틸트 도저로 분류한다.

정답 ①

② 배수시설

(1) 배수시설의 개념

① 지표수 또는 지하수를 수로를 통해 유출시키는 것이다.
② 불필요하게 남는 물을 제거함으로써 인간과 식물의 생활환경을 개선하고 토양의 유실을 방지하여 지표면을 보호하기 위한 것이다.
③ 배수의 대상이 지표수인가 지하수인가에 따라 표면배수와 지하층배수로 구분할 수 있으며, 배수시설을 설치하는 공사를 배수공사라 한다.

(2) 표면배수와 지하층배수

① 표면배수
  ㉠ 표면배수는 지표수를 배수하는 것으로, 배수를 위해서는 물이 흐를 수 있는 경사면을 부지 외곽에 조성해 주어야 한다.
  ㉡ 경사는 최소한 1 : 20~30 정도가 되도록 하여 지표수(빗물)를 배수구 또는 측구로 유입시켜 배출되게 한다.
  ㉢ 배수구는 겉도랑(명거)으로 설치하는데, 도랑에 잔디, 자갈, 호박돌, 화강석, U형 측구 또는 L형 측구를 사용해 토양 침식을 방지한다.
  ㉣ 배수구에 흐르는 빗물은 빗물받이에 유입되거나 사방에서 빗물이 흘러 내려 직접 집수 받이로 유입되어 지하의 배수관으로 흘러 들어간다.
  ㉤ 빗물받이나 집수받이의 크기는 집수량에 따라 결정되며, 뚜껑은 유공으로 하여 빗물이 잘 흘러 들어가도록 하고 교통 안전을 도모한다.
  ㉥ 통의 안지름은 30cm 이상 되어야 하며, 바닥에는 15cm 정도의 깊이로 모래나 기타 침적물이 괼 수 있도록 하고, 그 위에서 배수관과 연결한다.

② 지하층배수

　　㉠ 지하층배수는 지표면 밑의 과잉수를 제거하는 것으로 심토층 배수라고도 하는데, 속도랑(암거)을 설치하여 배수시킨다.

　　㉡ 속도랑은 벙어리 암거(맹암거)와 유공관 암거로 분류한다.

　　　• 벙어리 암거 : 지하에 도랑을 파고 모래, 자갈, 호박돌 등으로 큰 공극을 가지도록 하여 주변의 물이 스며들도록 하는 일종의 땅속 수로이다.

　　　• 유공관 암거 : 자갈층에 구멍이 있는 관을 설치한 것이다. 이러한 유공관의 깊이는 심근성 수목을 식재하는 경우는 1.3~1.8m, 천근성 수목의 경우는 0.8~1.1m 정도가 되게 한다. 또 종단 기울기는 0.2~1.0% 정도로 한다. 속도랑의 설치간격은 점질토에서는 보다 좁게 하여 5~10m, 보통 토양에서는 10~20m 정도로 하는데, 상황에 따라 조절한다.

　　㉢ 암거배수의 배치 형태

　　　• 어골형 : 경기장과 같이 전 지역의 배수가 균일하게 요구되는 곳이나 대규모의 평탄한 지역에 주로 설치한다.

　　　• 줄치형 : 평행형 또는 빗살형이라고도 하며, 비교적 좁은 면적의 전 지역을 균일하게 배수할 때 이용한다.

　　　• 자연형 : 전면배수가 요구되지 않는 지역에 적합하다.

　　　• 차단법 : 경사면 위나 자체의 유수를 막기 위해 사용한다.

[어골형]　　　　　[줄치형]　　　　　[자연형]　　　　　　　[차단법]

(3) 배수계통

① **직각식** : 도시 중앙에 큰 강이 흐를 때나 해안을 따라 개발된 도시에서 하수가 강이나 바다에 직각으로 연결되는 하수관거에 의하여 배출시키는 형식

② **차집식** : 토구가 많은 직각식의 결점을 보완한 방법으로 하천을 따라서 차집거를 설치하여 간선하수거로 유하한 하수를 차집거에서 집수하여 하수종말처리장으로 유하되도록 하는 형식

③ **선형식** : 지형이 한 방면으로 규칙적으로 경사를 이루거나 혹은 하수처리 관계상 전지역의 하수를 한 개의 한정된 장소로 집수시킬 경우에 그 배수계통을 나뭇가지 형태로 배치하는 형식

④ **방사식** : 지역이 방대해서 하수를 한 장소에 모으기가 곤란할 때 배수지역을 여러 개로 구분해서 중앙부터 방사형으로 배관하고 각 장소별로 처분하는 방식

⑤ **평형식(고저식)** : 지형상 고지대와 저지대가 공존할 때 고지대는 자연유하에 의하고 저지대는 펌프배수 등의 각각 적합한 방법으로 처리장까지 하수를 유입시키는 방법

⑥ 집중식 : 사방에서 한 지점을 향해 집중적으로 유하시켜 그곳에서 어떤 간선하수거나 처리장 등으로 하수를 펌프 압송하는 방식

(4) 강수량

① 강우강도 : 단위 시간 동안 내린 비의 깊이(mm/hr)
② 강우계속시간 : 강우가 계속되는 시간(min)
③ 유출계수 : 강우량에 대한 최대우수유출량의 비

지역	공원	잔디정원	산림	상업	주거	벽돌	아스팔트
유출계수	0.1~0.3	0.05~0.25	0.01~0.2	0.6~0.7	0.3~0.5	0.75~0.85	0.85~0.9

④ 유달시간 $T = t_1 + t_2$

여기서, T : 유달시간(분), t_1 : 유입시간, t_2 : 유하시간

$$T = t_1 + \frac{L}{V \times 60}$$

⑤ 우수유출량 $Q = \frac{1}{360} CIA$

여기서, Q : 우수유출량, C : 유출계수, I : 강우강도, A : 배수면적(ha)

$$Q = \frac{1}{360} C \left(\frac{b}{T+a} \right) A$$

❸ 관수, 살수, 관개시설

(1) 관수공사

① 관수공사는 식물 생장에 가장 중요한 습기가 유지될 수 있도록 토양 속에 알맞은 양의 수분을 인위적으로 공급하는 시설공사이다.
② 관수방법은 크게 수동식인 지표 관수법, 자동식인 살수식 관수법과 점적식 관수법으로 나눈다.

(2) 관수방법

① 지표 관수법

㉠ 지표 관수법은 식물의 주변에 지형과 경사를 고려해 물도랑 등의 수로나 웅덩이를 이용하여 관수하는 방법으로 손쉽고 간단한 방법이다.
㉡ 균일한 관수가 어려워 물의 낭비가 많아 용수의 이용 효율이 낮다.
㉢ 시공 현장에서 상수관이나 물차에 호스를 연결하여 관수하는 것도 이 방법의 일종으로 가장 많이 쓰는 방법이다.

② 살수식 관수법 ☑ 중요
　　㉠ 살수식 관수법은 자동식 방법으로 고정된 기계 장치살수기(스프링클러)를 통해 일정 수량의 압력수를 대기 중에 살수함으로써 자연 강우와 같은 효과를 내는 방법이다.
　　㉡ 살수식 관수법의 이점
　　　• 스프링클러를 이용한 관수법은 균일한 관수로 용수의 효율이 높아 물이 절약된다.
　　　• 살수할 때 농약과 거름을 동시에 살포할 수 있다.
　　　• 경사지에서도 균일한 살수가 가능해 표토의 유실을 방지할 수 있다.
　　　• 식물에 부착된 먼지나 공해 물질을 씻어주는 세척효과가 있어 식물생육에 좋다.
　　　• 살수하는 모양 자체도 아름다워 경관미 향상에 기여하는 등 많은 이점이 있다.
　　　• 설치비가 많이 들지만 지표 관수법보다 효율이 높다.
　　㉢ 살수기
　　　• 기본적인 장비에는 살수기, 밸브, 조절 장치, 관, 부속품 및 펌프 등이 있다.
　　　• 살수기는 일정한 수압에 의해 물을 뿜어내는 노즐로서, 헤드라고도 한다.
　　　• 살수기는 크게 고정식과 회전식으로 나뉜다.
　　　　– 고정식은 회전 장치가 없으며, 낮은 수압으로 작동하나 반지름 6m 미만 정도의 소규모 지역에 사용 가능하고, 살수 각도가 45°, 60°, 90°, 180°, 360° 등으로 정해져 있다.
　　　　– 회전식은 수압에 의해서 회전 장치가 돌면서 살수하는 것인데, 회전 각도는 360°까지 임의로 조절이 가능하다.
　　　• 살수 장치가 지상부에 항상 노출되어 있는 경우와, 지하부에 위치하고 있던 회전장치가 수압에 의해 지상부로 10cm 정도 상승하여 작동하는 경우가 있으며, 물 공급이 중단되면 다시 원위치로 돌아가는 팝업 살수기가 있다.
　　　　※ 팝업 형태는 평소에는 시각적으로 보이지 않으며, 잔디깎기에도 방해를 주지 않는다.
　　　• 살수기의 배치는 정삼각형이나 정사각형이 기본형이다. 삼각형 형태로 배치하려고 할 때 열과 열 사이의 거리는 살수기 간격의 약 0.87배로 하여야 효과적이다.
　　　• 살수 범위는 6~12m 직경의 범위이며 살수기는 1~2kg/cm^{2}의 수압으로 작동 가능하다.
　　　• 살수관개의 살수효율성은 약 70%이다.
　　㉣ 살수기의 종류
　　　• 분무 살수기 : 고정된 동체와 분사공만으로 된 가장 간단한 살수기로 좁은 잔디, 불규칙한 지형에 사용된다.
　　　• 분무입상 살수기 : 물이 흐를 때 동체가 입상관에 의해 분무공이 지표면 위로 올라오게 장치된 살수기로 골프장, 잔디경기장에서 가장 많이 사용된다.
　　　• 회전 살수기 : 관개지역에 살수하도록 회전하며, 한 개 또는 여러 개의 분무공을 가진 살수기로, 넓은 관목, 지피, 잔디식재 지역에 사용된다.
　　　• 회전입상 살수기 : 물이 흐르면 동체로부터 분무공이 올라온다. 대규모의 자동살수 관개조직에서 이용한다.

ⓜ 살수기의 설치 및 선정

- 도시상수관에 설치 시 급수계량기는 급수관보다 한 단계 작은 크기로 보통 설치한다.
- 지하 급수관에서 지표면 살수기까지의 작동압력도 고려해야 한다.
- 살수 시의 물분포 현황은 85~95%의 균등계수를 갖는 것이 효과적이다.
- 동일한 구역 내의 살수기의 살수강도는 같아야 한다.
- 동일한 회로 내에 살수기에 작동하는 압력은 제조업자가 권장하는 계통의 효과적인 작동압력의 범위 내에 있어야 한다.
- 토양종류, 지표면 경사, 식물종류, 지표면의 형태와 규모, 장애물의 유무를 고려하여 적합한 살수기를 선정한다.
- 관수량, 급수원의 흐름 및 압력에 의해 살수기를 선정한다.
- 살수지관의 압력손실은 주관 압력의 10% 이내가 되도록 한다.
- 어느 동일한 구역에서 살수지관의 압력 변화는 살수기에서 필요한 압력의 20%보다는 크지 않도록 한다.

③ 점적식 관수법

ⓐ 점적식 관수법은 자동식 방법의 하나로, 수목의 뿌리부분이나 지정된 지역의 지표 또는 지하에 특수한 구조의 점적기 구멍을 통해 일정 수량을 서서히 관수하는 방법이다.

ⓑ 용수 효율이 가장 높은 방법이며, 교목과 관목의 관수에 주로 쓴다.

시험에 이렇게 나왔다!   [2013년 제1회 기사]

살수반경이 4m 되는 살수기를 2.8m 간격으로 배치하였다. 정삼각형 배치 방법으로 설치한다면 열과 열 사이 거리는 얼마가 적당한가?

① 1.6m   ② 1.8m   ③ 2.2m   ④ 2.4m

해설
삼각형 형태로 배치하려고 할 때 열과 열사이의 거리는 살수기 간격의 약 0.87배로 하여야 효과적이다.
2.8m × 0.87 ≒ 2.436 ≒ 2.4m

정답 ④

---

4 콘크리트공사 ☑ 중요

(1) 개요

① 콘크리트는 용도에 적합한 강도와 내구성을 가져야 하기 때문에 각종 시설물의 기초나 소규모 구조물, 그리고 포장 등에 많이 쓰이고 있다.

② 콘크리트는 시멘트, 굵은 골재(자갈), 잔골재(모래)를 원료로 한다. 여기에 물을 가하여 적당한
   비율로 혼합한 것을 거푸집에 채워 넣어 모양을 만들고, 이것이 굳으면 거푸집을 제거한 것이다.
③ 콘크리트가 단단히 굳어지는 것은 시멘트와 물의 화학반응에 의한 것이다.
④ 콘크리트의 용적 구성은 약 70%가 골재이며, 나머지 25% 정도는 시멘트 풀, 5% 정도는 공기이다.
⑤ 콘크리트공사는 비비기, 운반, 치기, 다지기, 양생의 내용을 포함한다.

(2) 콘크리트의 구성재료

콘크리트를 구성하는 재료는 시멘트, 골재, 물 그리고 필요에 따라 제4요소로서 혼화재료가 있다.

① 시멘트
   ㉠ 시멘트(cement)는 수경성 재료로, 콘크리트 속에서 접착제 역할을 한다.
   ㉡ 콘크리트 제작에 일반적으로 쓰이는 시멘트는 보통 포틀랜드 시멘트이다.

② 골재
   ㉠ 시멘트와 물에 의하여 일체로 굳혀지는 불활성의 재료로, 콘크리트의 강도와 내구성 등에
      큰 영향을 주는 재료이다.
   ㉡ 잔골재는 모래, 굵은 골재는 자갈을 말하며, 지름 25~40mm의 것이 많이 쓰인다.
   ㉢ 골재의 함수 상태
      • 절대건조상태(절건상태) : 골재의 내부조직에 변화가 생기지 않을 정도의 온도인 100~110℃
        로 유지한 건조로에서 일정한 무게가 될 때까지 건조시킨 상태
      • 공기 중 건조상태(기건상태) : 실내에 방치한 경우 골재입자의 표면과 내부의 일부가 건조된
        상태
      • 표면건조포화상태(표건상태) : 골재입자의 표면에 물은 없으나 내부의 공극에는 물이 차
        있는 상태
      • 습윤상태 : 골재입자의 내부에 물이 채워져 있고, 표면에도 물이 부착되어 있는 상태

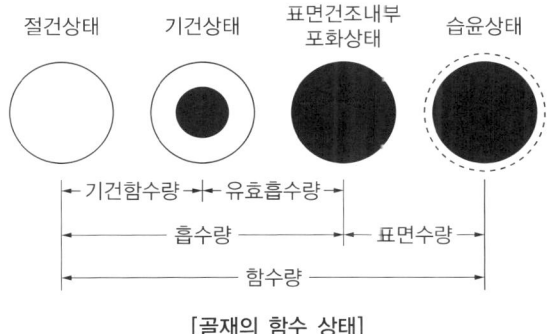

[골재의 함수 상태]

③ 물

　㉠ 콘크리트는 물과 시멘트가 화학반응을 일으켜 경화하며, 수분이 있는 동안은 장기간에 걸쳐 강도가 증가한다.

　㉡ 강도 증가기간 동안 물의 질은 콘크리트의 강도나 내구력에 매우 큰 영향을 끼친다.

　㉢ 물은 주로 수돗물이나 오염되지 않은 하천물, 호수물을 사용한다.

　㉣ 물에 기름, 산, 알칼리, 당분, 염분 등의 유기물이 포함되면 응결, 경화를 방해하고 강도를 저하시키며, 내구력을 감소시킨다. 또, 바닷물은 철근을 부식시키므로 해롭다.

④ 혼화재료

　㉠ 혼화재료는 시멘트, 물, 골재 이외에 필요에 따라 넣는 제4요소로, 콘크리트의 성능 개선 및 시공비 절감을 목적으로 쓰이며 혼화재와 혼화제가 있다.

　㉡ 혼화재는 콘크리트를 배합할 때 부피를 차지하는 무기질의 재료로 플라이애시, 천연 시멘트, 슬래그, 포졸란류, 암석 분말 등이 있다.

　　• 플라이애시(fly ash)

　　　– 화력발전소의 미분탄 연소 시 발생하는 미립분으로, 대표적인 인공포졸란이며 포졸란 반응을 통해 콘크리트의 성질을 개량한다.

　　　– 콘크리트에 혼합 시 워커빌리티를 개선하고, 수화열이 감소하며, 내구성·수밀성·저항성이 증가하지만 조기강도를 저하시키는 단점이 있다.

　　　– 고분말일수록 포졸란 반응을 크게 활성화시켜 콘크리트의 내구성을 향상시키지만, 중성화를 촉진하는 단점이 있다.

　　• 포졸란(pozzolan) : 실리카질 물질을 주성분으로 그 자체는 수경성이 없으나 시멘트의 수화에 의해 생기는 수산화칼슘과 상온에서 서서히 반응하여 불용성의 화합물을 만드는 광물질 미분말의 재료이다.

　㉢ 혼화제는 시멘트가 차지하는 부피의 1%인 소량으로 첨가하는 화학적 약품으로 방청제, AE제(공기 연행제), 분산제(감수제), 응결촉진제(예 염화칼슘), 방수제, 발포제 등이 있다.

　　• AE제 : 워커빌리티를 개선하고 동결융해에 대한 저항성이 증가하는 장점이 있지만, 압축강도와 철근과의 부착강도가 감소하는 단점이 있다.

　　• 감수제 : 소정의 컨시스턴시(반죽질기)를 얻기 위해 필요한 단위중량을 감소시켜 워커빌리티를 증대시킨다.

　　• 급결제(응결경화촉진제) : 겨울철이나 물속 공사, 콘크리트 뿜어붙이기 등에 필요한 조기강도의 발생 촉진을 위하여 첨가하는 것으로, 주로 염화칼슘(시멘트량의 1% 정도)이나 규산나트륨(시멘트량의 3% 정도)을 사용하고 이외에 탄산나트륨, 염화나트륨, 염화마그네슘 등이 있다.

　　• 지연제 : 레미콘의 원거리 이동 시나 응결 지연이 필요할 때, 또는 슬럼프 저하를 적게 하거나 연속해서 다량의 콘크리트를 타설할 때 수화작용을 지연시켜 응결시간을 늘린다.

- 방수제
  - 발수성(물이 잘 스며들지 않는 성질)을 가지도록 하는 방수제 : 지방산 비누, 명반, 수지 등
  - 콘크리트 속의 공극을 충전시키는 방수제 : 소석회, 점토, 규산백토, 돌가루 등
  - 도료를 사용해 콘크리트가 물에 직접적으로 접촉하는 것을 막는 방수제 : 아스팔트, 타르, 파라핀 유제 등
- 팽창제 : 콘크리트의 건조수축, 구조물의 균열 및 변형을 방지할 목적으로 사용된다.

(3) 콘크리트의 성질

① 워커빌리티(workability) ☑중요

㉠ 주로 거푸집 내에 콘크리트를 칠 때의 시공 난이도를 말한다.

㉡ 콘크리트를 칠 때 적당한 유동성과 점성이 있어 시공 부분에 잘 채워지면서도 재료의 분리를 일으키지 않아 좋은 콘크리트가 만들어지는 상태의 것을 워커빌리티가 좋다고 한다.

② 슬럼프 시험

㉠ 워커빌리티를 종합적으로 측정하는 방법은 없으나, 하나의 간접적인 수단의 하나로 반죽질기를 측정한다. 반죽질기를 측정하는 방법에는 슬럼프 시험이 가장 많이 쓰이고 있다.

㉡ 슬럼프 시험은 슬럼프 콘에 콘크리트를 넣은 후 슬럼프 콘을 연직으로 올려 뺀 후 콘크리트가 주저앉은 길이를 잰다. 이 값을 슬럼프값이라 한다.

[콘크리트의 슬럼프 표준값]

종류		슬럼프값(mm)
철근 콘크리트	일반적인 경우	80~150
	단면이 큰 경우	60~120
무근 콘크리트	일반적인 경우	50~150
	단면이 큰 경우	50~100

③ 강도

㉠ 콘크리트의 강도라 하면 주로 콘크리트의 재령 28일 압축 강도를 말한다.

㉡ 콘크리트의 설계 기준 강도는 무근콘크리트의 경우 150kg/cm^2, 철근콘크리트의 경우 210kg/cm^2 이상으로 한다.

(4) 배합

① 콘크리트 배합이란, 콘크리트의 주원료인 시멘트, 굵은 골재, 잔골재, 물의 배율을 말하는 것으로 혼화 재료를 포함할 때도 있다.

② 콘크리트 배합의 목표는 요구되는 품질과 성능에 맞도록 강도, 워커빌리티, 내구성, 경제성 등을 충족시키는 것이다.

③ 배합법의 표시 : 콘크리트 배합표시법에는 일반적으로 중량 배합과 용적 배합의 두 가지가 많이 쓰이고 있다. 콘크리트 1m³를 제작하는 데 드는 재료의 양을 단위량이라고 하는데, 이 경우 각 단위량을 단위 시멘트량, 단위 수량이라고 한다.

ⓐ 중량 배합
- 콘크리트 1m³ 제작에 필요한 각 재료를 무게(kg)로 표시하는 방법이다.
- 측정상 오차가 거의 없어 주로 쓰이는 방법으로, 공장 생산이나 대규모 공사에 많이 쓰인다.
- 표시 예 시멘트 387kg : 모래 660kg : 자갈 1,040kg

ⓑ 용적 배합
- 콘크리트 1m³ 제작에 필요한 시멘트, 모래, 자갈을 부피로 계량하여 1 : 2 : 4, 1 : 3 : 6 등과 같이 비율로 나타낸다.
- 중량 배합보다 정확하지 못하나 시공상 간편하여 많이 쓰인다.

[적용 범위별 용적 배합 콘크리트(콘크리트 1m³ 제작용)]

용적 배합비	재료			적용범위
	시멘트(kg)	모래(m³)	자갈(m³)	
1 : 2 : 4	320	0.45	0.9	일반 철근 콘크리트 구조
1 : 3 : 6	220	0.47	0.94	일반 무근 콘크리트 구조(각종 조경 시설물의 기초 콘크리트)
1 : 4 : 8	170	0.48	0.96	자중만을 받는 약한 구조

④ 물-시멘트비(W/C ratio)
ⓐ 물-시멘트비(water cement ratio)는 콘크리트 배합에서 시멘트에 대한 물의 중량 비율을 말한다.
ⓑ 물-시멘트비는 시멘트 풀의 농도를 나타내고 콘크리트의 강도와 내구성, 그리고 수밀성을 좌우하는 가장 중요한 사항이다.
ⓒ 일반적으로 물-시멘트비는 40~70% 정도로 한다.

(5) 비비기와 치기

콘크리트 비비기에는 손 비비기와 기계 비비기가 있으며, 특별히 지정된 곳이나 승인된 곳, 또는 소규모이거나 중요하지 않은 곳을 제외하고는 원칙적으로 기계 비비기를 해야 한다.

① 비비기 : 콘크리트의 각 재료는 충분히 배합하면 워커빌리티가 좋아진다.
ⓐ 손 비비기(삽 비비기)
- 손 비비기는 설비가 간단하고 이동이 용이하다는 장점이 있지만, 인력에 의한 비빔으로 비빔이 부정확하고, 작업량이 적으므로 강도, 정밀도, 경제성 등에 있어서 기계 비비기와는 차이가 많다.
- 조경 공사에서 각종 소형 시설물의 콘크리트 기초 등 소규모 조경 공사에 많이 쓰인다.

ⓛ 기계 비비기
  • 혼합기(mixer)에 의한 비비기를 말한다. 일반적으로 콘크리트 재료를 1회분씩 혼합하는 배치 믹서(batch mixer)를 사용하며, 1회의 비빔량을 1배치라고 한다.
  • 이러한 믹서에는 모든 재료를 동시에 투입하여 비비는 것'원칙이며, 비비는 시간은 1~2분 정도로 한다.
  • 콘크리트 재료의 저장, 계량 장치, 믹서, 배출 장치가 연결되어 자동으로 콘크리트를 비벼서 배출하는 자동식 배처 플랜트는 계량과 비빔이 정확하므로, 강도에 편차가 적은 양질의 콘크리트를 확보할 수 있다.

② 운반
  ㉠ 비벼진 콘크리트는 재료가 분리되거나 손실되지 않도록 가능한 한 빨리 한 번에 해당 장소까지 운반해야 한다.
  ㉡ 운반 방법은 가까운 거리는 일륜차(손차)나 이륜차(리어카)를 주로 이용하며, 공사 규모가 큰 경우에는 슈트(chute, shoot)나 벨트 컨베이어(belt conveyor), 콘크리트 펌프(concrete pump) 등이 쓰인다.
  ㉢ 레미콘은 혼합차를 사용하여 사용 현장에 공급하므로 공사 규모에 구애받지 않고 이용할 수 있는 장점이 있으나, 운반 시간이 1시간을 넘으면 재료의 분리가 생기고 슬럼프가 변화하여 사용 후 균열이 생길 수 있다.

③ 치기
  ㉠ 콘크리트를 치기에 앞서 거푸집 내부를 청소한 후, 거푸집의 상태가 견고한지 확인해야 하며, 거푸집 내의 배근과 배관 상태에 대해서 검사한다.
  ㉡ 거푸집 안쪽 면에는 물을 충분히 바르거나 박리제인 기름을 발라 거푸집을 제거할 때 콘크리트가 부착되는 일이 없도록 해야 한다.
  ㉢ 비비기에서 치기까지 콘크리트 작업의 전 과정이 너무 길어지면 콘크리트가 굳기 시작하므로 고온 건조 때에는 1시간, 저온 건조 때에는 2시간 이내에 모든 작업을 끝낸다.
  ㉣ 콘크리트의 온도는 쳐 넣을 때 10~20℃를 원칙으로 하며, 30℃ 이상인 경우와 4℃ 이하인 경우는 치지 않는 것이 좋다.

④ 다지기
  ㉠ 콘크리트를 친 후 기포, 빈 공간, 여분의 물 등이 없이 거푸집, 철근 등에 밀착하여 치밀하고 균질한 콘크리트가 되도록 다지기를 한다.
  ㉡ 콘크리트의 강도나 수밀성, 내구성은 다지기 방법의 정밀도에 따라 큰 영향을 받는다.
  ㉢ 다지기 방법에는 중요하지 않은 곳에서는 다짐대를 이용한 손다짐(봉짐)과 된반죽, 중요한 공사는 진동기를 이용해 충격을 주어 치밀하게 다지는 방법이 있다.
  ㉣ 진동시간이 너무 길어지면 재료의 분리가 생길 수 있으므로 주의해야 한다.

⑤ 양생

　　㉠ 양생(보양, curing)이란, 콘크리트를 친 후 응결(setting)과 경화(hardening)가 완전히 이루어
　　　지도록 보호하는 것을 말한다.

　　㉡ 좋은 양생을 위해서는 적당한 수분 공급, 적당한 온도 유지, 그리고 절대 안정 상태를 유지해야
　　　변형, 파괴, 오손 등을 방지할 수 있다.

　　㉢ 적당한 수분 공급을 위해서는 살수 또는 침수시켜야 하는데, 콘크리트를 친 후 습기를 공급하면
　　　시간이 경과함에 따라 강도가 증진되나, 건조상태가 되면 강도 증진이 중지된다.

　　㉣ 양생 온도는 대체로 높을수록 수화가 빠르나 적당한 온도는 15~30℃이다.

　　㉤ 35℃ 이상이 되면 수화작용이 급속해져 초기강도는 좋으나 그 후의 강도 증진이 적어지고,
　　　균열이 생길 우려가 있다.

　　㉥ 4℃ 이하에서는 양생 기간이 길어지고 강도가 떨어지며, 영하로 떨어지면 콘크리트가 동결되어
　　　강도가 매우 떨어지게 된다.

❺ 목공사

(1) 목재의 방부

① 목재의 부식요인

　　㉠ 부패 : 균류의 균사에서 분비되는 각종 효소에 의한 화학적인 변화(변색과 곰팡이)

　　㉡ 풍화 : 기온변화나 비바람에 의한 자연적 변화

　　㉢ 충해 : 흰개미, 하늘소, 왕바구미, 가루나무좀 등이 연한 춘재부를 침색하여 표면만 남기고
　　　내부가 텅 비게 된다.

② 방부제의 종류

　　㉠ 수용성 방부제(실내용제)

　　　• 침투성이 좋고 화기에 안정하나 물에 녹으며 철을 부식시킨다.

　　　• 종류로는 황산동, 불화소다, 염화아연 등이 있다.

　　㉡ 유용성 방부제(실외용제)

　　　• 방수성이 좋고 침투성이 있으며 값이 싸나 화기에 약하고 냄새, 색깔이 좋지 않다.

　　　• 종류로는 크레오소트유, 콜타르, 아스팔트, 유성페인트, 오일 스테인, 펜타클로로페놀(PCP)
　　　　등이 있다.

③ 방부제 처리법

　　㉠ 도장법

　　　• 방수용 도장제 : 페인트, 니스, 콜타르 등

　　　• 방부제 : CCA 방부제, 크레오소트, 콜타르, 아스팔트 등

ⓛ 표면탄화법 : 표면을 3~12mm 깊이로 태워 탄화시키는 것으로 흡수성이 증가하는 단점이 있다.

ⓒ 침투법 : 상온에서 CCA, 크레오소트 등에 목재를 담가 침투시킨다.

ⓔ CCA 방부 처리법
- 크롬, 구리, 비소의 화합물을 고압으로 목재에 주입하여 고착시키는 방법이다.
- 엷은 녹색을 띄게 한다.
- 방부효력에 대한 초기효과가 크고 지속력이 있으며, 풍화작용이나 수중에서도 효과가 크다.
- 목재의 재질·강도·접착성·절삭성에 영향을 주지 않는다.
- 사람과 접촉이나 폐기과정의 환경오염이 문제가 되어 미국에서 2004년 사람과 직접 접촉 시설물에서 사용이 금지되었다.
- 우리나라에서는 놀이시설에 사용이 금지되어 다른 용도로 쓰이고 있다.

ⓜ 주입법 : 밀폐관 내에서 건조된 목재에 방부제를 가압하여 주입시킨다.

(2) 목재의 방부제 처리 방법

① 입목주입법(立木注入法) : 서 있는 나무의 뿌리 근처의 수간(樹幹)에 구멍을 뚫고 수용성 방부제를 주입하여 수액유동에 따라 나무 전체에 고루 분포되도록 하는 방법이다.

② 낙차식 주입법(落差式注入法) : 벌채 직후의 생목(生木)의 원구(元口)에 낙차의 압력을 이용하여 방부제의 수용액이 주입되도록 하는 방법으로 전주(電柱)의 방부처리에 주로 사용하는 방법이다. 사용방부제로는 황산구리를 사용하며 1m³당 15~20kg 정도가 주입되도록 한다.

③ 확산법(擴散法) : 생재 및 젖은 목재 표면에 높은 농도의 수용성 방부제액을 발라 목재 속으로 확산되어 들어가도록 하는 방법으로 방부처리를 한 목재는 건조하지 않도록 해야 한다. 소경재(小徑材)는 3~4주, 대경재(大徑材)는 5~8주 정도의 기간이 소요된다.

④ 도포(塗布) 및 살포(撒布) : 건조재의 표면에 방부제를 바르거나 뿌려서 목재부후균 침입을 방지하는 가장 간단한 처리 방법으로, 잘 발라주면 효과는 상당히 크다.

⑤ 침지법(浸漬法) : 방부제 용액에 목재를 담가서 처리하는 방법으로 보통 상온에서 실시하지만 때에 따라서는 가온(加溫)처리를 하는 때도 있다.

⑥ 개조식 온냉욕법(開槽式溫冷溶法) : 90~110℃의 고온 방부제 용액에 목재를 넣고 적당시간 가열한 후 5℃ 이하의 저온 방부제 용액에 옮겨서 목재를 냉각시켜 방부제가 흡입되도록 하는 방법으로, 주로 유성(油性) 방부제의 주입에 많이 사용된다.

⑦ 가압주입법(加壓注入法) : 목재를 방부제 용액에 넣고 감압·가압·공기압을 이용하여 방부제를 주입하는 방법으로 감압주입은 500mm 이상에서 30분 이상, 가압주입은 7~10kg/cm²의 가압상태에서 30분 이상, 공기압 주입은 3~5kg/cm²의 공기압에서 10분 이상 처리해야 한다. 방부효과가 가장 크고 기업적으로 실시하고 있는 방법이다.

6 금속공사

(1) 철근의 종류

① 원형 철근 : 보통 건축에 사용하는 것은 지름 9, 13, 16, 19, 22, 25mm의 6종이다.

② 이형 철근 : 보통의 원형 철근보다 부착력이 40% 이상 증가되고 사용 장소에 따라서는 정착의 길이를 짧게 할 수 있으며, 훅(hook) 가공을 하지 않아도 된다.

③ 고장력 이형 철근 : 특수강을 재료로 한 고강도 철근이며, 소요 단면을 축소하고 자중의 경감을 위해 쓰인다.

④ 철선, 피아노선

　㉠ 프리스트레스트 콘크리트에서만 사용되는 고탄소강이고, 강도는 200kg/mm^2 정도이다.

　㉡ 보통 원형 철근의 약 4~6배 정도로 고강도이나, 이형 철근에 비해 신장률은 작다.

⑤ 각강 : 단면이 4각형인 압연 강재이다.

(2) 철근의 저장 및 청소

① 철근은 종류 및 품종별로 구분하여 품질이 변화되지 않게 저장한다.

② 철근은 직접 땅바닥에 놓는 것을 피하고 장기간 우로·조풍을 맞지 않게 하며, 또한 먼지·진흙 및 기름 등이 묻지 않도록 저장한다.

③ 철근은 조립하기 전에 청소하고 들뜬 녹·기름 및 먼지 기타 콘크리트와의 부착력을 감소시킬 우려가 있는 것은 제거한다.

④ 철근을 조립 배근하고 콘크리트를 부어 넣기까지 장기간 경과되었을 때는 콘크리트를 부어 넣기 전에 다시 검사하고 필요에 따라 철근을 청소한다.

⑤ 철근과 콘크리트의 부착력 성질

　㉠ 콘크리트 압축강도가 클수록 철근의 부착력은 커진다.

　㉡ 콘크리트 철근과 부착력으로 철근의 좌굴을 방지한다.

　㉢ 콘크리트의 부착력은 철근의 주장과 길이에 비례하여 커진다.

　㉣ 철근의 단면 모양과 표면의 녹 상태에 따라 부착력이 달라진다.

7 철근의 가공

(1) 구부리기

① 철근의 가공에 있어 25mm 이하는 상온에서, 28mm 이상은 적당히 가열하여 굽힘기(bar bender)로 굽힘 가공을 한다.

② 원칙적으로 갈고리(hook) 가공을 하는 경우
  ㉠ 원형 철근의 말단부
  ㉡ 늑근과 띠철근
  ㉢ 기둥과 보의 돌출 부분의 철근
  ㉣ 굴뚝의 철근 단부
③ 이형 철근은 기둥 또는 굴뚝 외인 부분인 경우 갈고리 가공을 생략할 수 있다.

(2) 절단 : 철근 절단기(bar cutter), 셔 커터(shear cutter), 쇠톱

(3) 철근의 조립
① 조립 순서
  ㉠ 철근 콘크리트
    • 거푸집 조립 순서에 맞추어 철근을 조립한다.
    • 기초 → 기둥 → 벽 → 보 → 슬라브 → 계단
  ㉡ 철골 철근 콘크리트
    • 철골의 조립 및 리벳치기가 완료된 부분부터 철근을 즈립한다.
    • 기초 → 기둥 → 보 → 벽 → 슬라브 → 계단
② **철근 조립용 결속선** : 철근이 서로 교차하는 곳에 지름 0.8~0.85mm 이상의 달군 철선으로 2개소 이상을 결속한다.
③ **철근과 철근의 순 간격** : 굵은 골재 최대 치수의 1.25배 이상이나 25mm 이상 또는 철근 공칭 지름의 1.5배 이상, 이형 철근에는 1.7배 이상으로 한다.
④ 덕트(duct) 및 파이프 등의 관통 구멍 및 각종 매설물의 위치의 허용차는 ±0.5cm를 표준으로 한다.

> **기출 Point | 철근 콘크리트**
> • 철근 콘크리트는 내진성과 내화성을 높인다.
> • 철근은 콘크리트와 열에 대한 팽창 · 수축이 거의 일치한다.

(4) 철근의 이음 및 정착
① 이음 · 정착 길이
  ㉠ 이음 길이는 갈고리의 중심 간 거리로 한다.
  ㉡ 갈고리 길이는 이음 · 정착 길이에 포함하지 않는다.

위치	보통 콘크리트	경량 철근 콘크리트
압축근 또는 작은 인장을 받는 것	25d	30d
큰 인장을 받는 것	40d	50d

② 이음 위치

　　　㉠ 큰 응력을 받는 곳은 피하고 엇갈려 잇게 함을 원칙으로 한다.

　　　㉡ 한곳에서 철근 수의 반 이상을 이어서는 안 된다.

　　　㉢ D29(∅28) 이상의 철근은 겹침 이음으로 하지 않는다.

③ 정착 위치

　　　㉠ 기둥의 주근은 기초에 정착한다.

　　　㉡ 보의 주근은 기둥에 정착하고, 작은 보의 주근은 큰 보에, 또 직교하는 단부보 밑에 기둥이 없을 때는 상호 간에 정착한다.

　　　㉢ 지중보의 주근은 기초 또는 기둥에 정착한다.

　　　㉣ 벽 철근은 기둥, 보 또는 바닥판에 정착한다.

　　　㉤ 바닥 철근은 보, 벽체에 정착한다.

(5) 철근의 간격 및 피복 두께

① 철근의 간격 : ㉠, ㉡, ㉢ 중 큰 값

　　　㉠ 철근 지름(d)의 1.5배 이상

　　　㉡ 2.5cm 이상

　　　㉢ 콘크리트에 쓰이는 최대 자갈 지름의 1.25배 이상

② 피복두께 : 콘크리트 표면으로부터 철근 표면까지의 순간격을 말한다.

더 알아보기　**콘크리트 이음의 종류**

- 콜드 조인트 : 콘크리트를 이어 칠 때, 먼저 친 것과 나중에 친 것 사이에 완전히 일체화되지 않은 이음이다.
- 익스펜션 조인트(신축이음, 신축줄눈) : 온도에 따른 콘크리트 구조물의 변형을 방지하기 위하여 설치한다. 응력해제, 변형흡수가 목적이며 시공안전과 구조물의 안전을 우선 고려하여 결정한다.
- 컨트롤 조인트(균열유도줄눈) : 균열줄눈 수축으로 인한 균열을 방지하기 위해 단면결손 부위로 균열을 유도하는 줄눈이다.
- 컨스트럭션 조인트(시공이음, 시공줄눈) : 현장내외부의 요인들 때문에 한 번에 타설할 수 없는 경우 발생하는 시공줄눈 또는 시공이음부분이다.

---

❽ 조적 및 미장공사

(1) 벽돌 쌓기 형식

① **영국식 쌓기** : A켜와 B켜를 교대로 쌓아, 입면도로 보면 A켜는 마구리 쌓기, B켜는 길이 쌓기로 되어 있으며, 모서리벽 끝에 이오 토막 또는 반절을 넣어 막힌 줄눈이 되도록 쌓는다.

② **프랑스식 쌓기**

　　　㉠ 같은 켜에서 길이와 마구리가 교대로 나타나도록 쌓기 때문에 외관이 아름답다.

기출 Point　프랑스식 쌓기

벽 입면으로 보아 매켜에 길이와 마구리가 번갈아 나타난다.

ⓛ 칠오토막과 이오토막이 많이 쓰이며, 줄눈이 겹쳐 부분적으로 통줄눈이 되는 곳이 생기므로, 구조부보다는 장식적인 곳에서 사용된다.

③ 네덜란드식 쌓기(dutch bond) : 영국식 쌓기와 비슷한 조적법으로, 길이켜와 마구리켜를 번갈아 쌓는다. 다만 영국식 쌓기와는 달리, 모서리에 칠오토막을 사용한다.

④ 미국식 쌓기

　ㄱ 길이켜만 연속해서 5~6켜 쌓고 마구리켜를 1켜 쌓아 벽체의 안팎을 연결하는 것을 되풀이한다.

　ⓛ 구조적으로 약하나 주로 공간벽을 쌓을 때 널리 쓰인다

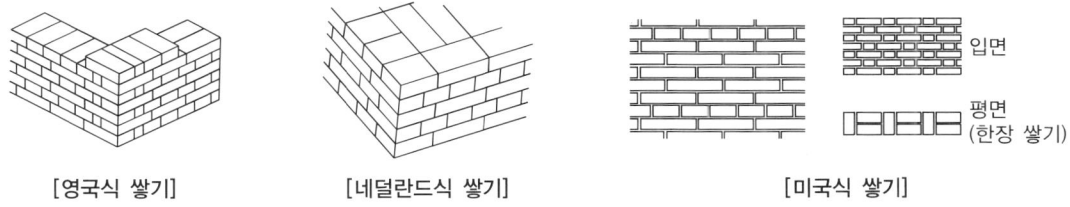

[영국식 쌓기]　　　　[네덜란드식 쌓기]　　　　[미국식 쌓기]

(2) 벽돌 쌓기

① 모서리 : 구석 및 중간 요소에는 기준 쌓기를 2~3단 하여 두고, 중간부에는 수평실에 벽돌 윗면이 맞도록 중간 쌓기를 한다.

② 수직면은 수준기 또는 다림추를 사용한다.

③ 사춤 모르타르는 3~5켜마다 또는 일이 끝난 때에 하지만 원칙적으로는 켜마다 해야 한다.

④ 하루 쌓기 높이 : 1.2m(18켜 정도)를 표준으로 하고, 최대 1.5m(22켜 정도) 이내로 한다.

(3) 조적공사의 적산 일반

① 벽돌량 산출방법($1m^2$당 0.5B 쌓을 때 필요한 벽돌의 수)

$$N = \frac{1}{(l+n)(d+m)}$$

여기서, l : 벽돌의 길이(m)

　　　　d : 벽돌의 두께(m)

　　　　m : 가로줄눈 너비(m)

　　　　n : 세로줄눈 너비(m)

※ 표준형과 기존형 벽돌의 줄눈은 일반적으로 10mm를 기준으로 한다.

　ㄱ 기존형 벽돌(21×10×6cm)일 때

$$A = \frac{1 \times 1}{(0.21 + 0.01)(0.06 + 0.01)} ≒ 65매$$

○ 표준형 벽돌(19×9×5.7cm)일 때

$$A = \frac{1 \times 1}{(0.19 + 0.01)(0.057 + 0.01)} \fallingdotseq 75매$$

© 소요량 산출 : [벽면적 – 개구부면적(창문, 문의 면적)] × 단위 면적당 장수 × 할증률

② 벽돌 쌓기 기준량(1m²당)

(단위 : 매)

벽돌규격(mm) \ 벽두께	0.5B	1.0B	1.5B	2.0B
210×100×60 기존형(구형)	65	130	195	260
190×90×57 표준형(신형, 기본벽돌)	75	149	224	298
230×114×65 내화 벽돌	61(59)	122(118)	183(177)	244(236)

※ 내화벽돌의 수량은 할증률 3%가 포함된 양이며 괄호 안은 정미량을 뜻함

③ 벽돌의 할증률

○ 시멘트벽돌 : 5%

© 붉은벽돌 : 3%

© 내화벽돌 : 3%

※ 할증률 : 설계 수량과 계획 수량의 적산량에 운반, 저장, 절단, 가공 및 시공과정에서 발생하는 손실량을 예측하여 부가하는 과정

| 기출 Point | 할증률

• 석재판붙임용재(부정형돌)의 할증률 : 30%
• 조경용 수목의 할증률 : 10%
• 목재(판재)의 할증률 : 10%

더 알아보기 할증률의 계산 원리 ☑ 중요

붉은벽돌 500장에 대한 할증률 부가를 구하면

붉은벽돌은 할증률이 3%이므로 500장 + 500장에 대한 할증률 3%는 $500 + (500 \times \frac{3}{100})$이고,

여기서 500으로 묶으면 500[1 + (1 × 0.03)] = 500(1.03)이 되므로 500 × 1.03 = 515장이다.

따라서 500장에 대한 할증률 3%는 500 × 1.03 = 515장이 된다.

예 300장에 대한 할증률 5%는 300 × 1.05 = 315장

700장에 대한 할증률 3%는 700 × 1.03 = 721장

시멘트벽돌 400장에 대한 할증률 부가 : 400 × 1.05 = 420장

시험에 이렇게 나왔다!

[2020년 제1·2회 통합 산업기사]

실시설계 도면을 기준으로 1.0B 붉은 벽돌쌓기에 필요한 정미수량이 300장이라 한다. 이에 운반, 저장, 가공, 시공과정에서 발생하는 손실량을 예측하여 부가한다면 총 소요량은 몇 장인가?

① 330장　　　　② 315장　　　　③ 309장　　　　④ 303장

해설

붉은벽돌의 할증률은 3%이므로 300 × 1.03 = 309장이다.

정답 ③

- 붉은 벽돌 : 3%
- 일반용 합판 : 3%
- 원형철근 : 5%
- 경계블록 : 3%
- 목재 : 5%
- 조경용 수목 : 10%
- 이형철근 : 3%
- 시멘트 벽돌 : 5%
- 석재판붙임용재(정형돌) : 10%

(4) 미장재료의 종류

① 시멘트 모르타르 : 시멘트 벽돌담, 플라워박스의 마무리 등에 이용된다.

② 회반죽 : 소석회를 반죽한 것으로 흰색의 매끄러운 표면을 나타낸다.

　　㉠ 회반죽이 공기 중에서 굳을 때 필요한 물질 : 탄산가스(CO_2)

　　㉡ 회반죽에 여물을 넣는 이유 : 균열을 방지

③ 벽토(壁土)

　　㉠ 진흙에 고운 모래, 짚여물, 착색안료와 물을 혼합하여 반죽한 것이다.

　　㉡ 목조 외벽에 바름으로써 자연스러운 분위기를 살릴 수 있다.

　　㉢ 전통성을 강조하는 고유 토담집 흙벽, 울타리, 담에 사용한다.

❾ 도장공사

(1) 도장재료의 종류

① 페인트 : 수성, 유성, 에나멜로 분류한다.

　　㉠ 유성 페인트 : 안료와 건조성 지방유를 혼합, 불투명 피막 형성

　　㉡ 수성 페인트 : 소석고, 안료, 접착제를 혼합, 물로 녹여 사용

　　㉢ 에나멜 페인트 : 니스(바니시)에 안료(물감)를 섞은 것

　　㉣ 에멀전 페인트 : 물에 아스팔트, 유성 페인트, 수지성 페인트 등을 현탁시킨 유화 액상 페인트

- 묽기에 따라 된반죽 페인트, 중련 페인트, 조합 페인트 등으로 나뉜다.
- 합판은 수성 페인트로 칠하고, 철제는 유성 페인트로 칠한다.
- 합판에 칠하면 바탕색이 변한다.
- 콘크리트, 모르타르에는 수성 페인트를 사용한다.

② 니스(바니시)

　　㉠ 유성 바니시, 휘발성 바니시(락카 등) 또는 섬유소를 건성유 또는 휘발성 용제로 용해한 것으로 무색 또는 담갈색의 투명 도료로서 주로 목질부의 도장에 사용한다.

　　㉡ 2~3회 바른다(투명하나 느린 건조).

③ 래커 : 합성수지에 휘발성 용제(신나)를 혼합한 것으로 번쩍거리지 않게 표면을 마감할 때 쓰인다 (투명하고 빠르게 건조).

④ 방호 도료

    ㉠ 철의 부식을 막기 위해 제일 먼저 바르는 광명단이 있다.

    ㉡ 방청 도료와 방화 도료, 내알칼리성 도료가 있다.

⑤ 퍼티(putty)

    ㉠ 유지 혹은 수지와 탄산칼슘, 연백, 리탄재 등의 충전재를 혼합하여 만든 것으로 페인트칠 할 때 쓰이는 헝겊으로 된 붓의 일종이다.

    ㉡ 도장 바탕 고르기, 창유리 끼우기, 갈라짐이나 틈을 고르는 데 사용한다.

    ㉢ 페인트칠 한 후에 끝으로 마감할 때 쓴다.

(2) 합성수지 도료

① 합성수지의 종류

    ㉠ 주요 열가소성 수지 : 염화비닐수지, 아크릴, 폴리에틸렌, 폴리스티렌 등이며 열을 가하면 연화 또는 용융하여 가소성 또는 점성이 발생한다.

    ㉡ 주요 열경화성 수지 : 요소수지, 멜라민수지, 폴리에스테르수지, 실리콘, 우레탄 등 3차원적인 축합반응에 의해 생성되는 수지류를 말한다. 열을 가해도 유동성이 없다는 특성이 있다.

② 합성수지의 장단점

    ㉠ 장점

- 일반적으로 투광성이 양호하여 이용 가치가 크다.
- 가공이 용이하며 강도가 큰 데 비해 비중이 작다.
- 건축물의 경량화에 적합하다.
- 페인트, 바니스보다 방화성이 우수하고 건조시간이 빠르다.
- 내산, 내알칼리성이 있어 콘크리트나 석고면에 사용 가능하다.

    ㉡ 단점

- 열에 의한 변형 신축성이 크다.
- 경도 및 내마모성이 약하고, 내화성, 내열성, 내인화성이 없다.

더 알아보기   **각종 도료의 특징**

- 유성 페인트는 바탕의 재질을 감춘다.
- 바니시는 바탕의 재질을 그대로 나타낸다.
- 광명단은 철재의 부식을 방지한다.
- 에나멜 페인트는 도막이 견고하고 광택이 좋다.

(3) 방청도료(녹막이칠)

① **광명단** : 광명단 + 보일드유의 비중이 크고 저장이 곤란하며 가장 많이 사용된다.

② **징크로메이트** : 철골공사에서 크롬산아연을 안료로 하고, 알키드수지를 전색료로 한 것으로서 알루미늄 녹막이 초벌용으로 적당하다.

③ **방청산화철** : 산화철 + 아연분말 + 오일스테인으로 구성되며, 내구성이 좋고 마무리칠이 좋다.

④ **규산염 도료** : 규산염 + 아마인유로 구성되며, 내화도료로 사용된다.

⑤ **그라파이트** : 녹막이칠의 정벌칠로 쓰인다.

(4) 도장의 결함

① **균열 발생원인**

　㉠ 건조제 과다 사용 및 안료에 유성분 비율이 작을 때

　㉡ 초벌건조 불충분 및 초벌이 약하고, 재벌 피막이 강할 때

　㉢ 금속면에 탄력성이 작은 도료를 사용할 때

② **도장박리 원인**

　㉠ 바탕처리 불량, 바탕건조 불량

　㉡ 초벌과 정벌의 화학적 차이

　㉢ 철재면 위 비닐수지 도포, 기존 도장 위 재도장

③ **부적당한 작업** : 붓자국, 흘러내림(느슨해짐), 번짐, 색분리, 광택불량, 건조불량, 백화(blushing), 방울맺힘, 되뭉침, 리프팅, 주름 등이 있다.

❿ 조경석 및 석공사

(1) 자연석 쌓기

비탈면, 연못의 호안이나 정원의 필요 장소에 자연석을 쌓아 흙의 붕괴를 방지하여 경사면을 보호할 뿐만 아니라, 주변 경관과 시각적으로 조화를 이룰 수 있도록 하는 일을 말한다.

① **자연석 무너짐 쌓기** : 암석이 자연적으로 무너져 내려 안정되게 쌓여 있는 것을 그대로 묘사하는 가장 일반적인 자연석 쌓기 방법이다. 자연석은 주로 강석이나 산석을 사용하며, 쌓는 방법은 다음과 같다.

　㉠ 기초부분은 터파기한 후 잘 다지거나 콘크리트 기초를 한다.

　㉡ 기초석을 놓고 중간석과 상석을 쌓아 나간다. 이때 크고 작은 돌이 잘 어울리도록 배치한다.

　㉢ 안전을 고려하여 상부에 놓는 돌은 하부보다 작은 돌을 쓴다.

　㉣ 돌이 서로 맞닿는 면은 잘 맞물리는 돌을 골라 쓴다.

　㉤ 뒷부분에는 굄돌과 뒤채움돌을 써서 구조적으로 안정되도록 한다.

　㉥ 돌과 돌 사이의 빈 공간에 양질의 흙을 채워 넣고, 회양목, 철쭉 등의 관목류나 초화류 등으로 돌틈 식재를 한다.

② 호박돌 쌓기

　　㉠ 호박돌은 깨지지 않고 표면이 깨끗하며 크기가 비슷한 것으로 선택하여 사용한다.

　　㉡ 호박돌은 안전성이 없으므로 찰쌓기를 하는데, 뒷길이가 긴 것을 쓰고 굄돌을 잘 해야 한다.

　　㉢ 불규칙하게 쌓는 것보다 규칙적인 모양을 갖도록 쌓는 것이 보기에 좋고 안전성이 있으며, 돌을 서로 어긋나게 놓아 (+)자 줄눈이 생기지 않도록 한다.

　　㉣ 쌓기 중에 모르타르가 돌의 표면에 붙지 않도록 하며, 돌 사이에서 흘러나온 모르타르는 굳기 전에 깨끗이 제거한다.

　　㉤ 호박돌쌓기는 줄쌓기를 원칙으로 하고 튀어나오거나 들어가지 않도록 면을 맞춘다.

　　㉥ 돌쌓기에 사용되는 호박돌은 20cm 정도의 것을 사용한다.

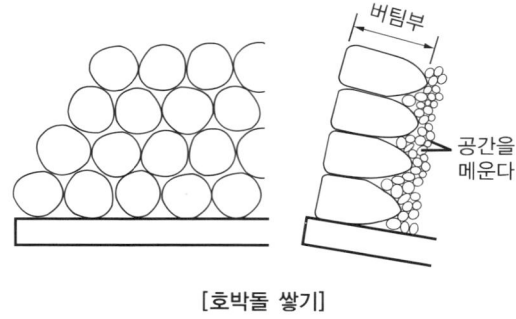

[호박돌 쌓기]

(2) 자연석 놓기

① 경관석 놓기

　　㉠ 경관석이란 시각의 초점이 되거나 중요하게 강조하고 싶은 장소에 보기 좋은 자연석을 1개 또는 몇 개 배치하여 감상 효과를 높이는 데 쓰는 돌을 말한다.

　　㉡ 경관석은 해당 장소에 알맞은 크기와 중량감, 외형, 색상, 질감 등을 필요로 한다.

　　㉢ 단독으로 놓을 때에는 그 위치, 높이, 길이, 기울기 등을 고려하여 그 경관석의 아름다움이 감상자에게 충분히 느껴지도록 하는 것이 중요하다.

　　㉣ 몇 개 어울려 짝지어 놓을 때에는 중심이 되는 큰 주석과 보조역할을 하는 보다 작은 부석을 잘 조화시켜야 하는데, 그 수량은 일반적으로 3, 5, 7 등의 홀수로 만들며, 돌 사이의 거리나 크기 등을 조정 배치하여 힘이 분산되지 않고 짜임새가 있도록 한다.

　　㉤ 경관석을 놓은 후에는 부변에 적당한 관목류, 초화류 등을 심어 경관석이 한층 돋보이도록 한다.

기출 Point	경관석 놓기

- 돌을 묻는 깊이는 경관석 높이의 1/3 이상이 지표선 아래로 묻히도록 한다.
- 5석 배치하는 경우에는 삼재미의 원리 외에 음양 또는 오행의 원리를 적용하여 각각의 돌에 의미를 부여한다.
- 4석조 이상의 조합은 1석조, 2석조, 3석조의 조합을 기준으로 조합한다.
- 3석을 조합하는 경우에는 삼재미(천지인)의 원리를 적용하여 중앙에 지, 좌우에 각각 천, 인을 배치한다.

② 디딤돌 놓기

ⓐ 정원의 잔디나 나지 위에 놓아 보행자의 편의를 돕고, 지피 식물을 보호하며, 시각적으로 아름답게 하고자 하는 돌 놓기이다.

ⓑ 디딤돌은 보통 한 면이 넓적하고 평평한 자연석을 많이 쓰나, 가공한 화강석 관석이나 점판암 판석 또는 통나무 등을 쓰고 있다.

ⓒ 디딤돌의 크기는 30cm 정도가 적당하며, 시작과 끝부분, 길이 갈라지는 부분에는 50cm 정도의 큰 것을 사용한다.

ⓓ 디딤돌은 크고 작은 것을 섞어 직선보다는 어긋나게 배치하며, 돌 사이의 간격은 보행 폭(성인 남자 약 60~70cm, 여자 45~60cm)을 고려하여 빠른 동선이 필요한 곳은 보폭과 비슷하게, 느린 동선이 필요한 곳은 35~60cm 정도로 한다.

ⓔ 디딤돌을 앉힐 때에는 돌의 좁아지는 방향과 보행 방향이 일치하도록 하여 방향성을 주는 것이 좋으며, 지표보다 1.5~5cm 정도 높게 해 준다.

ⓕ 디딤돌은 크기에 따라 지하 부분을 적당히 파고 잘 다진 후 윗면이 수평이 되도록 놓아야 하며, 불안정한 경우에는 굄돌 등을 놓거나 아랫부분에 모르타르나 콘크리트를 깔아 안정되게 한다.

(3) 마름돌 쌓기

견치돌이나 각석 등의 마름돌을 이용해 쌓으며, 메쌓기와 찰쌓기, 골쌓기와 켜쌓기가 있다.

① 메쌓기

ⓐ 쌓기 때에는 모르타르나 콘크리트를 사용하지 않고 뒤틈 사이에 굄돌을 고인 후, 뒤채움 골재로 채우며 쌓는 방법이다.

ⓑ 배수가 잘 되어 토압을 증대시키지 않는 장점이 있으나, 견고하지 못하므로 높이에 제한을 받게 된다.

ⓒ 전면 기울기는 1 : 0.3 이상을 표준으로 한다.

② 찰쌓기

ⓐ 쌓아올릴 때 줄눈에 모르타르를 사용하고, 뒤채움에 콘크리트를 사용하는 방법으로, 뒤채움을 할 때에는 조약돌을 쓰는 경우도 있다.

ⓑ 뒷면 배수를 위한 물빼기 구멍의 위치 및 구조는 설계도서에 의하되 특별히 정한 바가 없는 경우에는, 직경 50mm의 관을 사용하여 $3m^2$당 1개소의 비율로 설치한다.

ⓒ 찰쌓기는 견고하다는 장점이 있으나, 배수가 불량해지면 토압이 증가하여 붕괴할 우려가 있다.

ⓓ 전면 기울기는 1 : 0.2 이상을 표준으로 한다.

ⓔ 마름돌 찰쌓기 시공방법

- 쌓기 전에 돌에 붙은 오물, 먼지 등을 씻어 내고 물을 충분히 흡수시켜 모르타르의 부착력을 높인다.

- 줄눈은 통줄눈이 되지 않도록 하며, 찰쌓기 때의 줄눈 너비는 9~12mm 정도로 하고, 모르타르의 배합비는 1:2~1:3 정도로 하며, 특히 중요한 곳은 1:1로 한다.
- 모르타르가 경화하기 전에 너무 높이 쌓아 올리면 하중으로 인하여 모르타르가 밀려 내려올 염려가 있으므로 하루 1.2m 이상은 쌓지 않아야 한다.
- 안전도를 높이기 위해 큰 돌을 아래에 놓으며 뒤채움을 잘 해야 한다.
- 작업 종료 후 남은 부분은 계단식으로 처리한다.

기출 Point
- 찰쌓기의 높이는 1일 1.2m를 표준으로 한다.
- 찰쌓기의 전면 기울기는 높이 1.5m까지 1:0.25를 기준으로 한다.
- 찰쌓기의 경우 물구멍의 지름은 3~6cm의 대나무 혹은 파이프를 콘크리트 뒷면까지 설치한다.
- 찰쌓기에서는 배수공을 2~3㎡마다 1개씩 둔다.

③ 켜쌓기

　　㉠ 각 층을 직선으로 쌓는 방법이나 골쌓기보다 약하므로 높은 쌓기에는 곤란하며 돌의 크기도 균일해야 한다.

　　㉡ 켜쌓기는 시각적으로 좋으므로 조경 공간에 주로 쓰인다.

④ 골쌓기

　　㉠ 줄눈을 파상으로 골을 지어 가며 쌓는 방법이다.

　　㉡ 하천 공사 등에 견치석을 쌓을 때 많이 이용하고 있으며, 견고한 방법으로 일부분이 무너져도 전체에 파급되지 않는 장점이 있다.

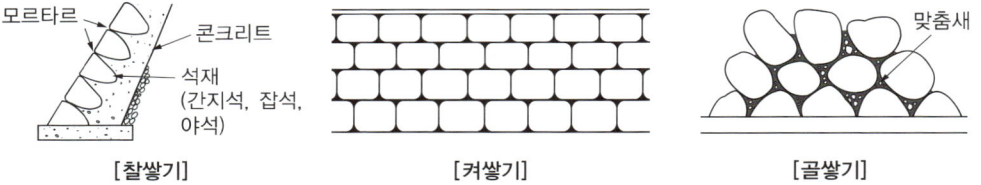

[찰쌓기]　　　　　[켜쌓기]　　　　　[골쌓기]

03　환경조형물 설치

① 환경조형물의 정의와 분류

(1) 정의

① 생활 주변의 환경을 더욱 쾌적하고 아름답게 하기 위하여 모든 사람이 공유하는 공공공간에 만드는 조형물이다.

② 넓은 의미로는 옥외 공간에 설치하는 모든 조각과 구조물을 통틀어 이르는 말이다.

(2) 분류

구분		주요내용
설립목적	기념적 조형물	주제상징의 기능을 발휘하는 조형물로서 역사적 의미, 실용적 목적, 기념비적 목적을 갖는다.
	기능조형물	도시공간의 유용성을 지닌 조형물로서 분수조각, 놀이조각공원 등의 정서적 휴식공간
	자유조형물	예술을 위한 미학적 조형물로서 도시민의 공감대 형성
지각적, 경험적 방법에 따른 분류	오브제로서의 조형물	미적기능을 위한 자유로운 형식의 설치를 위한 광장조각이나 풍경조각 등의 조형물
	건축으로서의 조형물	건축자체 및 조각과의 병합관계를 이루는 조형이념이 이입된 건축물과 공존
	건축에 소장된 조형물	부조를 포함하여 디자인에 건축의 기능 암시 및 장식 조형적 요소가 깃듦
설치환경에 따른 분류	상업형	은행, 백화점, 호텔, 쇼핑센터 등의 이미지 상징조형물
	공업형	연구소나 단지, 공단 내 산업화를 표현
	행정형	시청, 정부기관 및 관청 등의 상징적 의미 부여
	시설형	병원, 보험회사, 특정회사 등 한정 개방공간의 조형
	교육형	각종 교육기관의 교육목표 및 이상을 상징
	문화형	아트센터, 도서관, 시민회관, 박물관, 공원시설 등의 모두에게 오픈된 공간
	주거형	아파트, 마을, 주택단지 등 광장공간의 주거환경조형물
	운수관리형	공항, 철도역, 버스정류장 등 시설과 관련된 조형
	전람회형	전람회, 박람회 등 옥외공간의 고유영역을 위한 조형

❷ 환경조형물의 설치 위치 및 설치

(1) 설치 위치

① 환경조형물은 주 출입구 또는 동선이 합쳐지는 공간, 뒷면의 벽체가 미관상 양호한 장소에 위치하게 된다.

② **설치 위치의 기능과 미관성** : 환경조형물의 설치는 주요 공간의 부대시설로 설치되고 있다. 또한 환경조형물과 위치하고 있는 공간 또는 장소와의 연계성이 없고 지역의 상징성 또한 없다.

③ 적절한 설치 위치로는 광장, 휴게공간, 녹지공간 등이 있다.

④ 적정 위치 선정을 고려하여 설치해야 한다.

    ㉠ 환경조형물의 크기, 색채가 설치하고자 하는 공간의 크기, 색채와 조화로워야 한다.

    ㉡ 계절적으로 변화하는 주변 위치를 고려해야 한다.

    ㉢ 시각적 효과를 위하여 보행 동선 인접한 곳 또는 기능적으로 중요한 공간에 설치하면 효과적이다.

    ㉣ 환경조형물과 경관등의 적절한 조화는 시각적 효과가 되어난다.

(2) 환경조형물의 설치

작가 및 설계자의 작품 의도가 반영된 설치가 필요하다.

① 제작과 설치는 작가가 직접 수행하여 작품 구상 및 설계 의도와 부합되도록 해야 한다.

② 설계자나 작가가 직접 수행하지 않는 조형물은 작품성을 감안하여 설계자나 작가의 설계 도면 및 제작 시방 등을 따르되 현장여건에 따라 재료, 형태, 규모, 색채, 질감, 마감처리 방법 등을 바꾸고자 할 경우에는 설계자나 작가와 사전에 협의하여야 한다.

③ 환경 조형시설에 사용되는 재료는 설계 도면 또는 제작 시방에 따르되 주변 환경 변화 등에 따라 재료의 적합성이 낮다고 판단될 경우 감독자의 승인을 받아 변경할 수 있다.

04 데크시설 설치

① 데크시설의 종류

(1) 전망대, 보교도, 계단, 수변 등의 데크시설이 있다.

(2) 데크는 사용 용도에 따라 여러 형태로 설치·시공되고 있으며 일반적으로 보행 데크로 가장 많이 설치된다.

② 데크시설물의 공사방법 선정

(1) 기초공사

데크의 기초공사는 독립 기초와 줄기초로 구분될 수 있으며 기초구체의 노출 또는 매립으로 구분된다. 줄기초는 독립 기초에 비하여 구조적 안정성이 높다.

(2) 하부 구조공사(장선 설치)

상판을 받치는 하부 구조는 일반적으로 장선과 멍에로 구분된다. 장선과 멍에에는 각 다른 규격의 구조용 각관(또는 목재)으로 설치된다.

(3) 상부 공사

상부 공사로는 상판(판재)로 시공되며 안전시설로 난간이 별도로 시공된다. 상판의 목재는 방부처리된 상태로 시공이 되며 시공 후 침투성 방부 도료를 덧칠하여 주면 효과가 더 좋다.

① 펜스의 종류와 배치

(1) 펜스의 종류

목재 펜스, 메시 펜스, 스테인리스 펜스, 생울타리 펜스, 스테인리스 펜스 등이 있다.

[목재 펜스]

[메시 펜스]

[스테인리스 펜스]

[생울타리 펜스]

(2) 펜스의 배치

설계 대상 공간의 성격과 경계 표시·출입 통제·침입 방지·공간이나 동선 분리 등의 울타리 기능에 따라 기능을 충족시킬 수 있는 위치에 배치한다.

② 펜스의 규격과 설치

(1) 펜스의 규격

① 단순한 경계표시 기능 : 0.5m 이하의 높이
② 소극적 출입통제 기능 : 0.8m~1.2m의 높이
③ 적극적 침입방지 기능 : 1.5~2.1m의 높이
※ 비탈면에 배치할 경우에도 평지에서의 기준을 적용한다.

(2) 펜스의 설치

① 기초 : 독립 기초를 설치하여 주주를 고정하는 역할을 한다.
② 주주(기둥) : 펜스의 기둥으로서 경간을 구성하는 역할을 하며 펜스를 지지한다.
③ 횡대(가로재)와 종대(세로재) : 주주 사이(경간 당)에 가로, 세로로 형성되는 울타리의 살 부분이다.

조경적산

① 수목 및 잔디(초화류)량

(1) 조경 수목의 규격표시

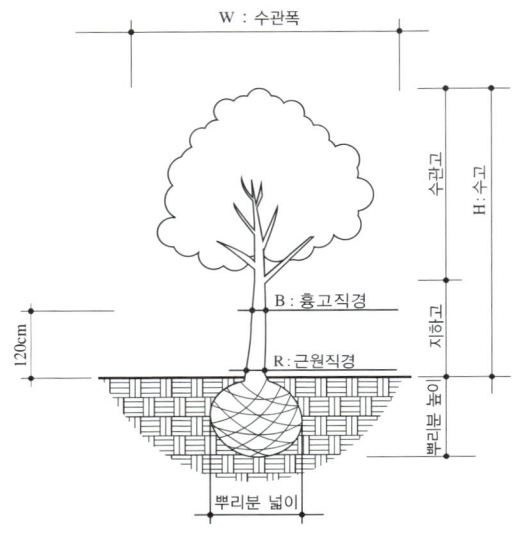

[수목의 규격표시]

구분	내용	주요 수목
교목성	수고(H) × 수관폭(W)	대부분의 침엽수
	수고(H) × 흉고직경(B)	대부분의 단간, 쌍간 활엽수
	수고(H) × 근원직경(R)	대부분의 다간 활엽수
관목성	수고(H) × 수관폭(W)	대부분의 관목류
	수고(H) × 수관폭(W) × 수관길이(L)	오래 되어 줄기가 굵은 관목
	수고(H) × 가지수 또는 줄기수	눈향처럼 수관 길이가 있는 것
	수고(H) × 생장연수	개나리, 쥐똥나무, 장미, 모란 등

(2) 잔디 붙이는 방법과 뗏장 소요량

① 이음매 붙이기 : 4cm 간격을 잡을 때 잔디밭 면적의 70%에 해당하는 양이다.

② 전면 붙이기 : 잔디밭 면적만큼의 뗏장 수이다.

③ 줄 붙이기 : 뗏장 너비와 같은 너비로 떼어 붙일 때는 피복면적의 50%, 반너비를 뗄 때는 75%에 해당하는 양이다.

④ 잔디의 규격 : 30cm × 30cm

⑤ 1m²당 필요한 잔디량 : 11장

02 표준품셈

1 할증량

(1) 할증률의 계산

① 설계 수량과 계획 수량의 적산량에 운반, 저장, 절단, 가공 및 시공과정에서 발생하는 손실량을 예측하여 부가하는 과정이다.

② 재료비 = 단가 × 총 소요량(할증률 포함)으로 계산한다.

③ 거푸집, 동바리공, 가건축물 등 품셈에 재료 할증률이 포함되어 있을 시에는 추가 적용하지 않는다.

(2) 재료에 따른 할증률 ☑중요

① 노상 및 노반재료 : 점질토(6%), 모래(6%), 부순돌/자갈/막자갈(4%)

② 강재류

　㉠ 강판(10%), 대형 형강(7%), 원형 철근(5%), 이형 철근(3%), 일반 볼트(5%), 각파이프(5%)

　㉡ 기타 강재류의 할증률

　　• 고장력 볼트(3%), 강관(5%), 소형 형강(5%)

　　• 봉강(5%), 평강/대강(5%), 경량 형강(5%), 리벳(제품)(5%)

③ 목재 및 합판 : 각재(5%), 판재(10%), 합판 일반용(3%), 합판 수장용(5%)

④ 블록 및 벽돌 : 경계블록(3%), 호안블록(5%), 시멘트 벽돌(5%), 내화 벽돌(3%), 붉은 벽돌(3%)

⑤ 기타 재료의 할증률

　㉠ 조경용 잔디(10%), 테라코타(3%)

　㉡ 도료(2%), 타일(3%)

❷ 조경 관련 표준품셈

(1) 품셈

인간이나 동물 또는 기계가 공사 목적물을 달성하기 위하여 단위 물량당 소요로 하는 노력(품)과 물질을 수량으로 표시한 것

(2) 잔디 및 수목의 품셈

① 잔디 공사

    ㉠ 평떼 – 인부 2.31인/100m²당, 줄떼 – 인부 1.96인/100m²당

    ㉡ 본 품은 재배잔디를 붙이는 기준이다.

    ㉢ 홈파기, 뗏밥주기, 물주기 및 마무리 작업을 포함한다.

    ㉣ 식재 시 1회 기준의 물주기는 포함되어 있다.

    ㉤ 줄떼는 10~30cm 간격을 표준으로 한다.

② 토공사

    ㉠ 일반토사 : 보통 인부 0.16인(1m²당)

    ㉡ 견질토사 및 점토 : 보통 인부 0.22인(1m²당)

③ 조경구조물

정원석	쌓기	20ton 미만	1.212(1ton당)
		20ton 이상	1.040(1ton당)
	놓기	20ton 미만	0.968(1ton당)
		20ton 이상	0.836(1ton당)
조경유용석 쌓기/놓기	조경공	0.84(10ton당)	
	석공	2.51(10ton당)	

④ 관목 굴취 및 식재 시의 계상법 : 굴취수목의 운반을 위하여 운반로를 개설하여야 하는 경우에는 그 비용을 별도 계상한다.

    ㉠ 굴취 시 야생일 경우에는 굴취품의 20%까지 가산할 수 있다.

    ㉡ 식재 시에 물주기를 위한 살수차 등의 장비가 필요한 경우 기계경비는 별도 계상한다.

    ㉢ 암반식재, 부적기식재 등 특수식재는 품을 별도 계상할 수 있다.

    ㉣ 지주목을 세우지 않을 때는 다음의 요율을 감한다.

인력시공 시	기계시공 시
인력품의 10%	인력품의 20%

❸ 건설기계 관련 품셈

(1) 인력 운반

① 1일 운반량 $Q = N \times q$

여기서, Q : 1일 운반량(m^3 또는 kg)

N : 1일 운반횟수

q : 1일 운반량(m^3 또는 kg)

② 1일 운반횟수 $N = \dfrac{T}{\left(60 \times L \times \dfrac{2}{V}\right) + t} = \dfrac{VT}{120L + Vt}$

여기서, T : 1일 실작업시간(480분－30분)

L : 운반거리(m)

t : 적재적하시간(분)

V : 평균왕복속도(m/hr)

③ 경사로 운반 환산거리 $= a \times L$

여기서, a : 경사와 운반방법에 따라 변하는 경사지운반 환산계수

④ 소운반비

㉠ 거리 : 20m 이내

㉡ 경사면의 거리 : 직고 1m를 수평거리 6m의 비율로 계상

(2) 기계 운반

① 기본식 $Q = n \times q \times f \times E$

여기서, Q : 시간당 작업량(m^3/hr, ton/hr)

n : 시간당 작업사이클수

q : 1회 작업사이클당 표준작업량(m^3, ton)

f : 토량환산계수

E : 작업효율

$n = \dfrac{60}{C_m(\min)} = \dfrac{3,600}{C_m(\sec)}$, $C_m = \dfrac{L}{V_1} + \dfrac{L}{V_2} + t$

여기서, C_m : 1회 사이클시간(분)

L : 운반거리(m)

V_1 : 전진속도(m/분)

V_2 : 후진속도(m/분)

t : 기어 변속시간(0.25분)

② 덤프트럭 $Q = \dfrac{60 \times q \times f \times E}{C_m}$, $q = \dfrac{T}{r_1} \times L$

여기서, Q : 시간당 작업량(m^3/hr, ton/hr)

$\qquad q$: 흐트러진 상태의 덤프트럭 1회 적재량(m^3)

$\qquad r_1$: 자연상태에서의 토석의 단위중량(습윤밀도)(t/m^3)

$\qquad T$: 덤프트럭의 적재용량(ton)

$\qquad L$: 토량환산율 $= \dfrac{\text{흐트러진 상태의 토량}(\text{m}^3)}{\text{자연상태의 토량}(\text{m}^3)}$

$\qquad f$: 토량환산계수

$\qquad E$: 작업효율

$C_m = t_1 + t_2 + t_3 + t_4 + t_5 + t_6$

여기서, C_m : 1회 사이클시간

$\qquad t_1$: 적재시간(분/m^3)

$\qquad t_2$: 왕복시간 $= \dfrac{\text{운반거리}(\text{km})}{\text{적재 시 평균 주행속도}} + \dfrac{\text{운반거리}(\text{km})}{\text{공차 시 평균 주행속도}}$

$\qquad t_3$: 적하시간

$\qquad t_4$: 대기시간

$\qquad t_5$: 적재함 덮개 설치 및 해체시간

$\qquad t_6$: 세륜기 통과시간

더 알아보기 | **덤프트럭 1회 적재량 및 소요 대수**

- 덤프트럭 1회 적재량(m^3) $= \dfrac{\text{덤프트럭의 적재용량}(\text{ton})}{\text{자연상태의 토석 단위중량}(\text{t}/\text{m}^3)}$

- 덤프트럭 소요 대수 $= \dfrac{\text{자연상태의 토량} \times L}{\text{트럭 운반량}(\text{적재용량})}$

---

③ 불도저 $Q = \dfrac{60 \times q \times f \times E}{C_m}$, $q = q^o \times e$

여기서, Q : 시간당 작업량(m^3/hr)

$\qquad q$: 삽날의 용량(m^3)

$\qquad q^o$: 거리를 고려하지 않은 삽날의 용량(m^3)

$\qquad e$: 운반거리계수

$\qquad f$: 체적환산계수

$\qquad E$: 작업효율

$\qquad C_m$: 1회 사이클시간

④ 굴삭기(백호) $Q = \dfrac{3,600 \times q \times K \times f \times E}{C_m}$

여기서, Q : 시간당 작업량(m³/hr)

   q : 버킷용량(m³)

   f : 체적환산계수

   E : 작업효율

   K : 버킷계수

   C_m : 1회 사이클시간(초)

시험에 이렇게 나왔다!

[2020년 제3회 산업기사]

계획대상지의 부지정지 및 다짐에 필요한 성토량이 1,000m³이다. 인접지역의 토양을 적재용량이 10m³인 덤프트럭으로 운반할 때 소요되는 덤프트럭은 모두 몇 대인가?(단, $L = 1.15$, $C = 0.9$인 경우)

① 100 ② 111 ③ 115 ④ 128

해설

- $C = \dfrac{\text{다져진 상태의 토량}}{\text{자연상태의 토량}}$ 이므로,

$0.9 = \dfrac{1,000\text{m}^3}{\text{자연상태의 토량}}$

자연상태의 토량 $\times 0.9 = 1,000$m³

자연상태의 토량 = 약 1,111m³

- $L = \dfrac{\text{흐트러진 상태의 토량}}{\text{자연상태의 토량}}$ 이므로,

운반토량(흐트러진 상태의 토량) = 1,111m³ $\times$ 1.15 = 1,277.65m³

∴ 덤프트럭 소요 대수 = $\dfrac{\text{전체 토량}}{\text{트럭 운반량(적재용량)}} = \dfrac{1,277.65\text{m}^3}{10} = 127.65 ≒ 128$대

정답 ④

---

03 공사비 산출

❶ 수량계산

(1) 수량계산의 기준

① CGS(Centimeter-Gram-Second) 단위를 사용한다.

② 표준품셈단위표준에 의거하여 단위 및 소수위를 계산한다.

③ 수량의 계산은 지정 소수위 이하 1위까지 구하고, 끝수는 사사오입한다.

④ 계산에 쓰이는 분도는 분까지이고, 원주율, 삼각함수의 유효숫자는 세 자리까지이다.

⑤ 플래니미터(구적기) 사용 시 3회 이상 측정하여 평균값을 구한다.

⑥ 재료의 물량이 집계한 것, 수목수, 재료의 길이·면적·체적·무게 등과 기계의 경비 산출을 위한 시간 등이 포함된다.

(2) 금액의 단위

① 설계서의 총액 : 단위(원), 지위(1,000) 이하 버림(단, 만원 이하일 때 100원까지)
② 설계서의 금액란 : 단위(원), 지위(1) 미만 버림
③ 일위대가표의 계금 : 단위(원), 지위(1) 미만 버림
④ 일위대가표의 금액란 : 단위(원), 지위(0.1) 미만 버림

(3) 수량의 종류

① 설계 수량 : 실시설계 및 상세설계에 표시된 재료 및 치수에 의하여 산출된 수량이다.
② 계획 수량 : 설계도에 명시되어 있지 않으나 시공현장 조건에 따라 시공계획 수립상 소요되는 수량이다.
③ 소요 수량 : 설계수량과 계획수량의 산출량에 운반, 저장, 가공 및 시공 과정에서 발생되는 손실량을 예측하여 부가한 할증수량이다.

❷ 수량계산

(1) 공사비의 정의

① 예산회계법령, 예정가격작성준칙인 회계예규, 계약사무처리규칙, 건설공사표준품셈, 재무부고시 노임단가 기준에 의한다.
② 공사비는 재료비, 노무비, 경비, 일반관리비, 이윤 등으로 구성된다.

(2) 공사비의 구성(총공사원가) ☑ 중요

① 순공사원가, 일반관리비, 이윤, 세금으로 구성
② 순공사비 = 재료비 + 노무비 + 경비, 총공사비 = 도급액 + 관급자재비 + 이전비
③ 간접노무비 = 직접노무비 × 간접노무비율(15% 내외), 노무비 = 시공수량 × 품셈 × 노무단가
  ㉠ 직접노무비 : 직접 작업 종사자에 지급하는 비용
  ㉡ 간접노무비 : 보조적 작업의 종사자에 지급하는 비용, 사무직원 등
④ 재료비 = 직접재료비 + 간접재료비 − 작업부산물(재료비결정조건 : 공사상차도, 실수요자 도착도)
  ㉠ 직접재료비 : 공사 목적물을 구성하는 재료비
  ㉡ 간접재료비 : 공사에 보조적으로 소비되는 물품비, 지주목, 거푸집, 동바리, 비계, 소모공구 등

⑤ 이윤 = (순공사원가 + 일반관리비 − 재료비) × 15% 또는 (노무비 + 경비 + 일반관리비) × 15%

　　⊙ 일반관리비 : 기업 유지관리비, 순공사원가의 6% 이내에서 계산하는 것이 보통, 본사의 경비로 이해

　　ⓛ 이윤 : 영업이익, 공사원가와 일반 관리비 합계액의 10% 이내의 범위 내에서 계상할 수 있음

⑥ 산재보험료 = 총노무비 × 보험요율

⑦ 경비

　　⊙ 순공사비 중 재료비, 노무비를 제외한 비용, 기타 경비 = (재료비 + 노무비) × 4~5%

　　ⓛ 경비에 해당하는 비용

　　　• 수도광열비, 도서인쇄비, 기계경비, 전력비, 운반비, 지급임차료, 가설비, 보험료

　　　• 연구개발비, 산재보험료, 안전관리비, 특허권사용료, 외주가공비 등

⑧ 부가가치세 = 총원가 × 10%

⑨ 도급액(시공자가 받는 금액) = 총원가 + 부가가치세

시험에 이렇게 나왔다!　　　　　　　　　　　　　　　　　　　　　　[2017년 제4회 기사]

조경공사에 필요한 공사비 산정에 대한 설명으로 적합하지 않은 것은?

① 경비는 직접경비와 기타 경비로 구분되며, 기타 경비는 직접경비에 기타 경비율을 곱하여 적용한다.
② 노무비는 직접노무비와 간접노무비로 구성되며, 간접노무비는 직접노무비에 간접노무비율을 곱하여 적용한다.
③ 일반관리비는 기업의 유지, 관리 비용 등 본사경비의 개념으로서 순공사비에 일반관리비율을 곱하여 적용한다.
④ 재료비는 순공사비를 구성하는 직접재료비, 간접재료비와 부대비용에서 작업부산물의 가치를 공제한 것이다.

해설

① 경비는 직접경비와 간접경비로 구분되며, 기타 경비 = (재료비 + 노무비) × 기타 경비요율이다.

　　　　　　　　　　　　　　　　　　　　　　　　　　　　　　　　　　　정답 ①

기본구조역학

01 힘과 모멘트

❶ 힘

(1) 힘의 정의와 단위

① 힘의 정의 : 정지하고 있는 물체나 움직이는 물체의 형상과 운동 상태를 변화시키는 원인이 되는 작용을 말한다.

$$F = ma$$

여기서, m : 질량, a : 가속도

② 힘의 단위

㉠ 공학 단위 : 질량 1kg의 물체에 작용하는 중력의 힘(kgf, kgW, kg중 또는 tf, tW, t중 등으로 표시)

㉡ 물리 단위 : 1kg의 물체에 1m/s²의 가속도가 생기게 하는 힘(1N)

더 알아보기 **힘의 단위환산**

1N = (1kg) × (1m/s²)

공학 단위계의 힘 1kgf을 SI 단위계의 N으로 환산하면 1kgf = 1kg × 9.8m/s² = 9.8kg · 1m/s² = 9.8N이 된다.

따라서, 1N의 힘은 공학 단위계로는 1N = $\dfrac{1}{9.8kg}$ kgf = 0.102kgf가 된다.

---

(2) 힘(Force)의 3요소

① 크기($P = \overrightarrow{AB}$) : 적당하게 축척한 선분의 길이로 표시

② 방향(θ) : 선분의 기울기 tan와 화살표로 표시

③ 작용점($x,\ y$) : 좌표로 표시

  ※ 작용선 : 힘의 작용 방향을 나타내는 선

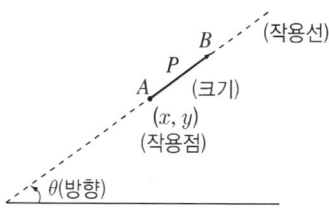

❷ 힘의 합성과 분해

(1) 한 점에 작용하는 두 힘의 합성

① 도해법 : 평행사변형법, 삼각형법

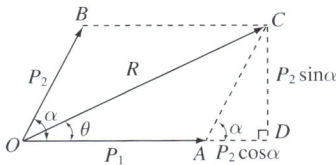

② 해석법

　㉠ 합력의 크기 R은 피타고라스의 정리에 의하여 $R = \sqrt{P_1^2 + 2P_1P_2\cos\alpha + P_2^2}$

　㉡ 합력의 방향은 삼각함수에서 $\tan\theta = \dfrac{P_2\sin\alpha}{P_1 + P_2\cos\alpha}$ → $\theta = \tan^{-1}\dfrac{P_2\sin\alpha}{P_1 + P_2\cos\alpha}$

　　※ α가 90°일 경우, $R = \sqrt{P_1^2 + P_2^2}$, 방향 $\tan\theta = \dfrac{P_2}{P_1}$

더 알아보기 | 좌표에 의한 두 힘의 합성

- 수평 분력의 총합 $\sum H = P_1\cos\theta_1 + P_2\cos\theta_2$
- 수직 분력의 총합 $\sum V = P_1\sin\theta_1 + P_2\sin\theta_2$
- $R = \sqrt{(\sum H)^2 + (\sum V)^2}$
- $\tan\theta = \sum V / \sum H$

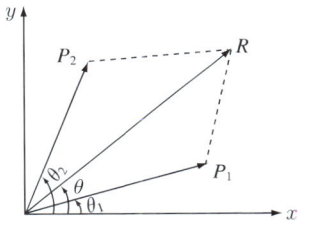

---

(2) 한 점에 작용하는 여러 힘의 합성

① 도해법 : 여러 힘을 순서대로 평행 이동시켜 다각형을 만들어 처음 힘의 시작점과 마지막 힘의 끝점을 연결하면 합력이 된다.

　㉠ $R_{1 \sim 2} = P_1 + P_2$

　㉡ $R_{1 \sim 3} = P_1 + P_2 + P_3$

　㉢ $R = P_1 + P_2 + P_3 + P_4$

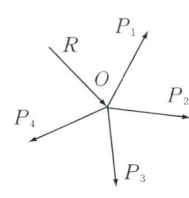 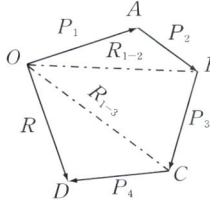 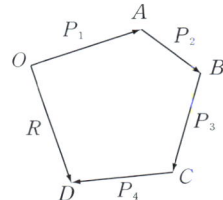

[도해법]

② 해석법 : 힘 P_1, P_2, P_3, P_4의 합력 R은 각 힘의 수평각(θ_1, θ_2, θ_3, θ_4)을 알면 다음과 같이 구한다.

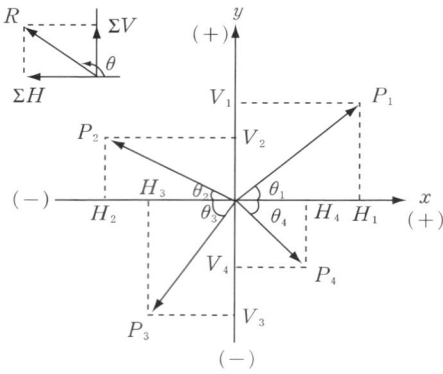

㉠ 수평 분력의 총합 $\sum H = H_1 + H_2 + H_3 + H_4$
$$= P_1\cos\theta_1 - P_2\cos\theta_2 - P_3\cos\theta_3 + P_4\cos\theta_4$$

㉡ 수직 분력의 총합 $\sum V = V_1 + V_2 + V_3 + V_4$
$$= P_1\cos\theta_1 + P_2\cos\theta_2 - P_3\cos\theta_3 - P_4\cos\theta_4$$

㉢ 합력과 방향

• $R = \sqrt{(\sum H)^2 + (\sum V)^2}$

• $\tan\theta = \dfrac{\sum V}{\sum H}$

(3) 한 점에 작용하지 않는 여러 힘의 합성

① 도해법(교차법) : 힘의 위치도에서 힘의 작용선을 차례로 교차시켜 작용점을 구하는 방법을 도해법 또는 교차법이라 한다.

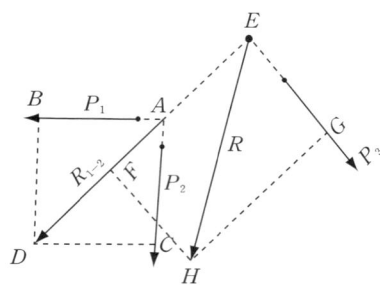

② **연력도법** : 주어진 힘들이 거의 평행하거나 또는 평행력일 때에는 작용선의 교점을 구할 수 없으므로 시력도에 의하여 합력의 크기와 방향을 구하고 연력도에 의해 합력의 작용선을 구한다.

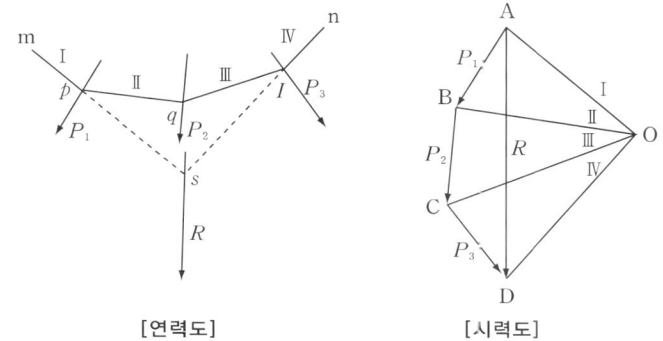

[연력도]   [시력도]

③ **해석법**

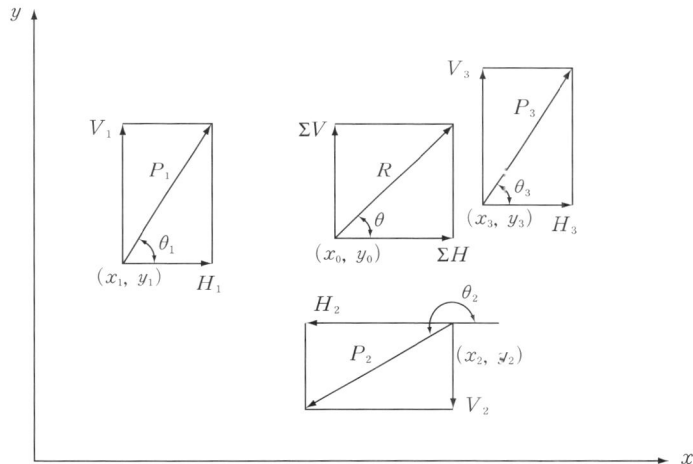

㉠ 수평 분력의 총합 $\sum H = H_1 + H_2 + H_3 + \cdots\cdots + H_n$

㉡ 수직 분력의 총합 $\sum V = V_1 + V_2 + V_3 + \cdots\cdots + V_n$

㉢ 합력과 방향

• $R = \sqrt{(\sum H)^2 + (\sum V)^2}$

• $\tan\theta = \dfrac{\sum V}{\sum H}$

㉣ 합력 작용점의 좌표

$$x_0 = \frac{\sum V_x}{\sum V} = \frac{V_1 x_1 + V_2 x_2 + \cdots + V_n x_n}{V_1 + V_2 + \cdots + V_n} , \quad y_0 = \frac{\sum H_y}{\sum H} = \frac{H_1 y_1 + H_2 y_2 + \cdots + H_n y_n}{H_1 + H_2 + \cdots + H_n}$$

(4) 힘(force)의 분해

① 한 개의 힘을 두 개의 다른 힘으로 분해

㉠ 도해법 : 평행사변형 법칙을 이용하여 주어진 하나의 힘을 가지고 또 다른 힘을 구한다. $P_1 P_2$는
   힘 R의 주어진 방향의 분력이다.

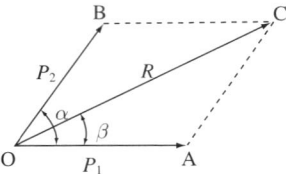

㉡ 해석법(sin 법칙)

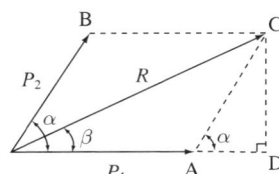

$$\frac{R}{\sin(180° - \alpha)} = \frac{P_1}{\sin(\alpha - \beta)} = \frac{P_2}{\sin\beta} \; \rightarrow \; \frac{R}{\sin\alpha} = \frac{P_1}{\sin(\alpha - \beta)} = \frac{P_2}{\sin\beta}$$

$$\therefore \; P_1 = \frac{\sin(\alpha - \beta)}{\sin\alpha}R, \;\; P_2 = \frac{\sin\beta}{\sin\alpha}R$$

② 한 개의 힘을 두 개의 평행한 힘으로 분해

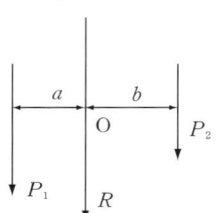

㉠ $\sum M_R = 0, \; P_1(a+b) = R \cdot b$

$\therefore \; P_1 = \frac{b}{a+b} \cdot R$

㉡ $\sum M_A = 0, \; P_2(a+b) = R \cdot a$

$\therefore \; P_2 = \frac{a}{a+b} \cdot R$

③ 여러 평행한 힘을 두 개의 평행한 힘으로 분해

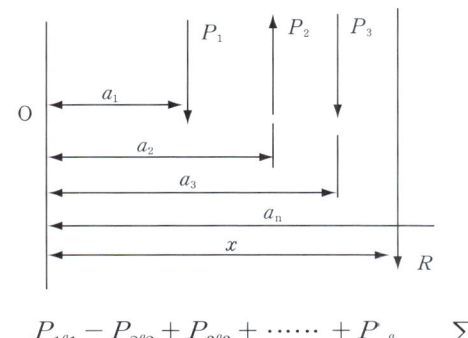

A ─ R_A ─ P_1 ─ P_2 ─ P_3 ─ B ─ R_B

l_1, l_2, l_3, l_4, l

㉠ $\sum M_B = 0,\ P_1(l_2 + l_3 + l_4) + P_2(l_3 + l_4) + P_3(l_4) = R_A \cdot l$

$\therefore\ R_A = \dfrac{P_1(l_2 + l_3 + l_4) + P_2(l_3 + l_4) + P_3(l_4)}{l}$

㉡ $\sum M_A = 0,\ P_1(l_1) + P_2(l_2 + l_1) + P_3(l_3 + l_2 + l_1) = R_B \cdot l$

$\therefore\ R_B = \dfrac{P_1(l_1) + P_2(l_2 + l_1) + P_3(l_3 + l_2 + l_1)}{l}$

③ 모멘트 ☑ 중요

(1) 모멘트(휨력)

① 모멘트 : 힘이 어떤 점을 중심으로 물체를 회전시키려고 하는 힘

② 부호 : 시계침의 방향(⤸)을 ⊕, 시계침의 반대 방향(⤹)을 ⊖로 한다.

③ $M = P \cdot l = $ 힘 $\times$ 수직거리$(\mathrm{kgf \cdot m},\ \mathrm{gf \cdot cm})$

(2) 바리농의 정리(Varignon's theorem)와 우력

① 바리농의 정리

㉠ 합력 모멘트는 분력 모멘트의 합과 같다.

㉡ 합력이 발생하는 모멘트는 분력이 발생하는 모멘트의 합과 같다.

㉢ 여러 힘의 한 점에 대한 모멘트의 대수합은 합력의 그 점에 대한 모멘트와 같다.

② 힘의 합성

P_1 P_2 P_3

O ─ a_1 ─ a_2 ─ a_3 ─ a_n ─ x ─ R

$$x = \frac{P_1 a_1 - P_2 a_2 + P_3 a_3 + \cdots\cdots + P_n a_n}{R} = \frac{\sum P_a}{R}$$

③ 우력(짝힘, couple forces)

      ⑦ 우력 : 서로 평행한 작용선을 가지며 힘의 크기가 같고 방향이 반대인 한 쌍의 힘

      ⓛ 우력 모멘트(couple moment) : 크기가 같고 방향이 반대이며 같은 작용선상에 있지 않는 평행한 두 힘으로, 단위와 부호의 약속은 모멘트와 동일하다.

      ※ 우력 모멘트의 크기는 그 작용 위치와 관계없이 항상 일정한 값을 갖는다.

$$M_o = P(l+x) - Px = P \cdot l$$

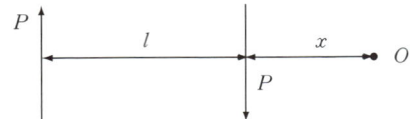

[2020년 1·2회 통합 산업기사]

다음 힘과 모멘트에 대한 설명이 틀린 것은?

① 모멘트의 단위는 kg·m, t·m이며, 기호는 M이다.
② 모멘트의 크기는 힘의 크기(P)에 힘까지의 거리(a)를 곱한 것을 말한다.
③ 모멘트의 부호는 모멘트의 회전방향이 시계방향일 때는 (−), 반시계방향일 때는 (+)로 한다.
④ 크기가 작고 작용선이 평행하여, 방향이 반대인 한 쌍의 힘을 우력(偶力)이라 한다.

해설
모멘트의 부호는 모멘트의 회전방향이 시계방향일 때는 (+), 반시계방향일 때는 (−)로 한다.

정답 ③

02   구조물

❶ 하중의 종류

(1) 분포 상태에 따른 분류

      ① 집중 하중 : 1점에 집중하여 단독으로 작용하는 하중
      ② 분포 하중 : 어느 범위 내에 분포하여 작용하는 하중

종류	작용상태	단위
집중하중(P)		t, kg
등분포하중(W)		t/m
등변분포하중(W)		t/m
모멘트 하중(M)		t · m
이동하중		–

(2) 하중의 이동에 따른 분류

① 사하중(dead load) : 구조물의 자중과 같이 항상 일정한 위치에 정지하고 있는 하중, 정하중 혹은 고정 하중이라고도 한다.

② 활하중(live load) : 사람, 차량 같이 구조물 위를 이동하는 하중으로, 동하중이라고도 한다.
   ㉠ 연행하중 : 하중 간의 간격이 변하지 않는 이동 하중(기관차)
   ㉡ 이동하중 : 일정한 크기의 무게가 이동하여 작용하는 하중(차량)

❷ 지점과 반력

(1) **지점(support)** : 구조물과 구조물이 연결된 곳이며, 지점 중심 간의 거리는 지간(span)이다.

① 이동지점(가동지점, 롤러지점) : 롤러에 의하여 회전이 자유롭그, 수평방향의 이동이 자유로우나, 지지면에 수직방향으로는 이동할 수 없는 구조이다. 따라서 관력이 지지면에 수직으로만 일어난다.

② 회전지점(활절지점, 힌지지점) : 힌지를 중심으로 자유롭게 회전할 수 있으나, 어느 방향으로도 이동할 수 없는 구조로, 수직 반력과 수평 반력이 발생한다.

③ 고정지점 : 보가 다른 구조물과 일체로 된 철근 콘트리트 구조체와 같이 어느 방향으로도 이동할 수 없을 뿐만 아니라 회전도 할 수 없는 구조이다. 따라서 수직반력, 수평반력, 회전반력(모멘트 반력)이 일어난다.

(2) 절점(panel point) : 구조물을 구성하고 있는 부재와 부재가 연결된 곳

    ① 힌지절점(hinge 또는 pin) : 부재와 부재의 절점이 핀(pin)으로 연결되어 회전이 가능한 상태를 말한다.

    ② 고정절점(fixed) : 각 부재의 절점이 고정되어 각도가 변하지 않는 절점을 말한다.

(3) 반력(reaction)

    물체나 구조물이 외력을 받았을 때 이동, 회전이 구속됨으로써 생기는 힘

03   부재의 선택과 크기 결정

1 보(beam)의 정의 및 종류

(1) 보의 정의

    ① 보 : 보란 1개의 부재를 몇 개의 지점으로 지지하고, 부재의 축에 직각 또는 경사진 외력이 작용하는 상태로 만들어진 부재를 말한다. 들보라고도 불리며 교량에서는 형이라고 불린다.

    ② 정정보 : 힘의 평형 방정식($\sum H = 0$, $\sum V = 0$, $\sum M = 0$)만으로 단면력을 구할 수 있는 보(단순보, 캔틸레버보, 내민보, 게르버보)를 말한다. 이들 조건만으로는 그 지점 반력을 구할 수 없는 보는 부정정보(1단고정 타단 이동보, 고정보, 연속보)라 한다.

(2) 보의 종류

    ① 단순보(simple beam) : 1개의 이동 지점과 1개의 힌지 지점으로 받친 보

    ② 캔틸레버보(cantilever beam, 외팔보) : 1단이 고정 지점이고 타단이 자유단인 보

    ③ 내민보(overhanging beam) : 단순보의 부재 길이가 한쪽 또는 양쪽 지점을 넘어간 보

    ④ 게르버보(gerber's beam) : 3개 이상의 지점으로 받쳐져 있는 연속보에 적당한 수의 힌지를 넣어 정정보를 만든 보

    ⑤ 1단 고정 타단 이동보 : 한쪽은 고정 지점, 다른 지점은 이동 지점으로 된 보

    ⑥ 고정보 : 양단이 고정 지점으로 된 보

    ⑦ 연속보 : 연속된 부재가 3개 이상의 지점으로 받쳐져 있는 보

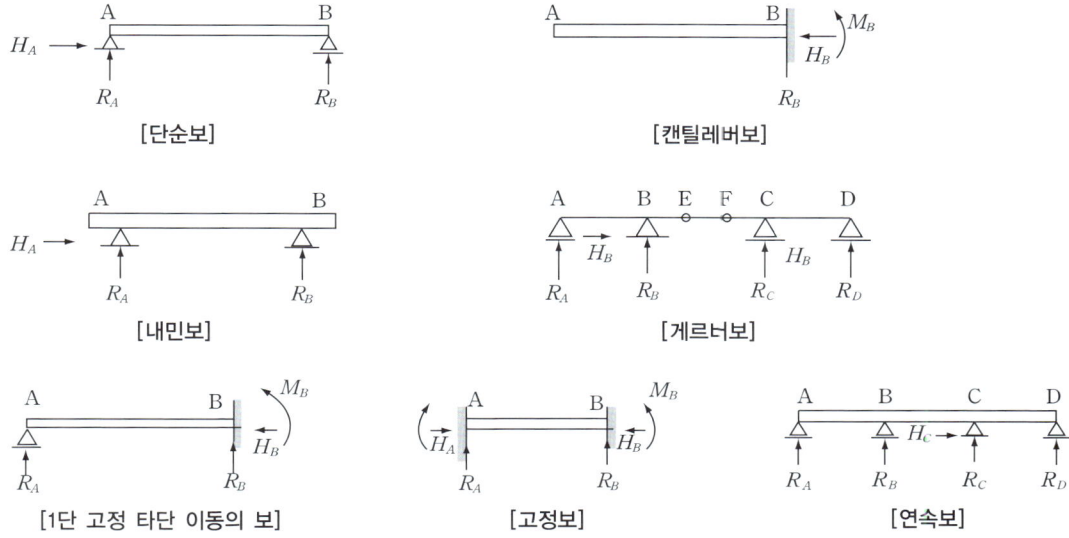

[단순보] [캔틸레버보]

[내민보] [게르버보]

[1단 고정 타단 이동의 보] [고정보] [연속보]

다음 보에 대한 설명으로 옳지 않은 것은?

① 단순보에 1단이 회전지점이고 타단이 이동지점이다.
② 캔틸레버보는 1단이 고정지점이고 타단이 회전지점이다.
③ 게르버보는 3개 이상의 지점으로 지지된다.
④ 내민보는 지점의 구조는 단순보와 같으나 일단 또는 양단이 지점에서 밖으로 나와 있다.

해설
② 캔틸레버보는 1단이 고정지점이고 타단이 자유단인 보이다.

정답 ②

2 내·외응력

(1) 외력

① 구조물에 실리는 물체의 무게, 바람의 압력, 물의 압력, 흙의 압력 등과 같이 부재 또는 구조물에 외부로부터 가해지는 모든 힘을 외력이라 하며 응용 역학에서는 하중(load)이라고도 한다.
② 구조물에 하중이 실리면 구조물의 지지점에 반력이 일어나 구조물이 평형을 유지하므로 반력도 구조물에 작용하는 외력으로 본다.

(2) 내력

① 구조물 또는 구조 부재에 외력이 작용하면 내부에는 외력에 저항하는 힘이 생기며, 외력에 저항하여 원형으로 돌아가려는 힘이 생긴다. 이 힘을 내력 또는 응력(stress)이라고 한다.
② 응력(도)의 단위는 kgf/mm^2, kgf/cm^2 등이 사용된다.

❸ 응력의 종류

(1) 축방향응력과 전단응력

① 축방향응력(수직응력, 법선응력)

㉠ 인장응력 : 부재가 인장력을 받을 때 생기는 응력

$$\sigma_t = \frac{P}{A}$$

여기서, P : 인장응력

A : 단면적

㉡ 압축응력 : 부재가 압축력을 받을 때 생기는 응력

$$\sigma_c = \frac{P}{A}$$

여기서, P : 압축응력

A : 단면적

② **전단응력(접선응력)** : 전단력이 작용하는 단면에, 전단력에 저항하여 단면에 평행한 방향으로 일어나는 응력

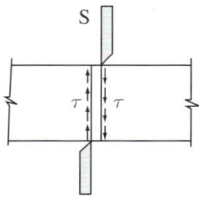

$$\tau = \frac{S}{A}$$

여기서, S : 전단력

A : 단면적

더 알아보기 | **직접전단응력**

전단력이 작용하는 단면에 평행한 방향으로 일어나는 전단응력을 직접전단응력이라 하는데 직접 전단응력의 분포는 매우 복잡하여 단면의 형상에 따라 다르므로, 전단력 S와 단면적 A만으로 간단히 나타낼 수 없다. 그러나 실용 계산을 간단하게 하기 위하여 전단응력이 단면에 균일하게 분포한다고 가정한다.

(2) 휨부재에 작용하는 응력

① 휨전단응력 : 휨을 받는 보에서 부재축의 직각 방향으로 작용하는 수직력(전단력)에 의해 생기는 응력으로 수직전단응력과 수평전단응력이 있다.

$$\tau = \frac{S \cdot G}{I \cdot b}$$

여기서, G : 전단응력을 구하고자 하는 외측에 있는 단면의 중립축에 대한 단면 1차 모멘트(cm^3)

S : 전단력

I : 중립축에 대한 단면 2차 모멘트(cm^4)

b : 전단응력을 구하고자 하는 위치의 단면 폭(cm)

② 휨응력(휨수직응력) : 부재가 휨을 받을 때 휨모멘트에 의하여 단면의 수직방향에 생기는 응력이다.

$$\sigma = \pm \frac{M}{I} y$$

여기서, M : kgf · cm

I : 단면 2차 모멘트(cm^4)

y : 중립축에서 휨응력을 구하고자 하는 점까지의 거리(cm)

(3) 그 밖의 응력

① 비틀림 응력 : 부재의 양 끝에 반대 방향의 우력(짝힘)을 작용시키면, 이 막대는 비틀어진다. 이 비틀림에 저항하여 일어나는 응력을 비틀림 응력이라 하며, 이는 항상 면에 따라 작용하는 것으로 전단응력의 일종이다.

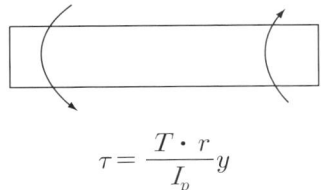

$$\tau = \frac{T \cdot r}{I_p} y$$

여기서, T : 비틀림모멘트(kgf · cm)

r : 반지름(cm)

I_P : 단면 2차 극모멘트(cm^4)

② 지압응력 : 리벳의 이음부에서 이어 댄 부재가 리벳의 옆면을 누르는 작용을 지압(bearing)이라 하며, 지압에 의하여 지압면에 일어나는 응력을 지압응력이라 한다.

$$\sigma_b = \frac{P}{dt}$$

여기서, d : 리벳의 지름

t : 이어 댄 부재의 드께

③ 온도 응력 : 구조물 또는 구조 부재가 온도의 오르고 내림에 따라 팽창 수축에 따라 발생하는 응력

$$\sigma = E \cdot \alpha \cdot \triangle t = E \cdot \alpha \cdot (t_2 - t_1)$$

여기서, E : 탄성계수(kg/cm^2)

α : 선팽창계수

$\triangle t$: 온도차

④ 원환응력 : 석유관이나 가스관과 같이 내부압(q)이 걸려있는 얇은 원통형 벽에 생기는 응력이다.

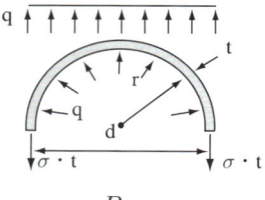

$$\sigma = \frac{P}{A} = \frac{q \cdot r}{t}$$

여기서, q : 원환내의 내부압력(kg/cm^2)

r : 반지름(cm)

t : 원환두께(cm)

04 장·단주의 설계

1 단주

(1) 단주

압축 응력도가 재료의 극한 강도에 이르면 휘는 일 없이 눌려서 부서지는 비교적 굵고 짧은 기둥이다.

(2) 중심축 하중을 받는 단주

① 압축 응력 : $\sigma_c = \dfrac{P}{A} \leq \sigma_{ca}$

여기서, P : 압축력

A : 단면적

σ_{ca} : 허용 압축 응력

(3) 편심 하중을 받는 단주

① 직사각형 단면의 기둥

$$\sigma_{\max} = \sigma_B = \sigma_c = -\frac{P}{A} - \frac{M}{I}h_2 = -\frac{P}{bh}\left(\frac{1+6e}{h}\right)$$

$$\sigma_{\min} = \sigma_A = \sigma_D = -\frac{P}{A} + \frac{M}{I_y}h_1 = -\frac{P}{bh}\left(\frac{1-6e}{h}\right)$$

$$\left(A = bh,\ I_y = \frac{bh^3}{12},\ M = P \cdot e,\ h_1 = h_2 = \frac{h}{2}\right)$$

② 원형 단면의 기둥

$$\sigma_{\max} = \sigma_A = -\frac{P}{A} - \frac{M}{I}h_1 = -\frac{4P}{\pi d^2}\left(1 + \frac{8e}{d}\right)$$

$$\sigma_{\min} = \sigma_B = -\frac{P}{A} + \frac{M}{I}h_2 = -\frac{4P}{\pi d^2}\left(1 - \frac{8e}{d}\right)$$

$$\left(A = \frac{\pi d^2}{4},\ I = \frac{\pi d^4}{64},\ M = P \cdot e,\ h_1 = h_2 = \frac{d}{2}\right)$$

② 장주

(1) 장주

단면에 비해 길이가 긴 기둥. 부재의 불균일성에 의하여 하중이 집중되는 부분이 생겨 하중 편심이 되고 부재의 변곡이 일어나 좌굴되어 부서지는 비교적 가늘고 긴 기둥이다.

(2) 장주의 고정 계수

지지 \ 종류	1단 자유 타단 고정	양단 힌지	1단 힌지 타단 고정	양단 고정
양단지지 상태	자유 P $n=\frac{1}{4}$ 고정 $l_r=2l$ P	힌지 P $n=1$ $l_r=l$ 힌지 P	힌지 P $n=2$ $l_r=0.7l$ 고정 P	고정 P $n=4$ $l_r=0.5l$ 고정 P
n	1/4	1	2	4
$kl(lr)$	$2l$	l	$0.7l$	$0.5l$

❸ 옹벽의 안정성 검토

(1) 개요

① 옹벽은 토압, 지하수에 의한 정수압, 옹벽의 자중, 옹벽 배면의 지표면에 재하되는 하중 등의 외력에 대하여 안정을 확보하도록 설계하여야 한다.

② 옹벽의 안정조건 : 전도하지 않아야 하고, 활동하지 말아야 하며, 침하(지지력)를 일으키지 않아야 한다.

③ 옹벽 안정검사 : 실제 하중(service load)에 의하여 검사한다.

(2) 전도에 대한 안정

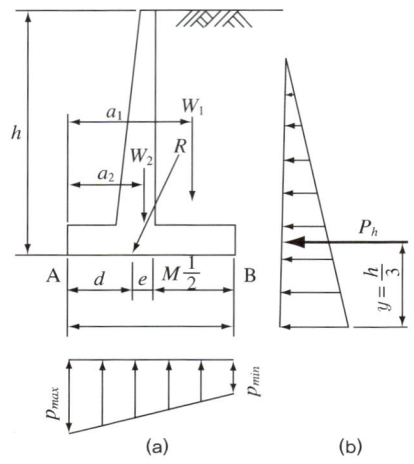

[옹벽의 전도 및 활동에 대한 안정]

(a)와 같은 옹벽이 (b)와 같은 토압을 받는 경우 이 옹벽이 토압에 의해 앞으로 넘어지려는 모멘트는 점 A에 모멘트의 중심을 두면 다음과 같다.

① 전도모멘트(회전모멘트) $\sum M = P_h \cdot y$

② 전도에 대한 저항모멘트 $\sum M_r = W_1 \cdot a_1 + W_2 \cdot a_2$

   여기서, W_1 : 옹벽 뒷판에 실린 흙의 무게

   W_2 : 옹벽의 자중

③ 전도에 대한 안전율 : $\dfrac{\sum M_r}{\sum M} \geq 2.0$

   ㉠ 설계 기준에서는 저항모멘트 $\sum M_r$가 회전모멘트 $\sum M$의 2배 이상이 되도록 요구하고 있다.

   ㉡ 이때 모든 외력에 대한 합력 R의 작용선은 기초저판의 중앙 1/3 안에 있어야 한다. 즉, $e \leq \dfrac{1}{\sigma}$ 이어야 한다.

PART 05 적중예상문제

CHAPTER 01 시공의 개요

01 다음 조경공사의 특성을 설명한 내용 중 틀린 것은?

① 공사종류는 다양하지만 각 공사별로 규모는 크지 않다.
② 현장의 상황에 따라 조정할 경우가 많다.
③ 생명체를 다루는 공사이므로 다른 공사에 우선하여 시공하여야 한다.
④ 전문공사는 식재 및 시설물 설치공사로 구분된다.

[해설]
조경공사는 토목, 건축, 기계, 전기공사와 병행하거나 후속공정으로 공정관리를 추진해야 하는 경우가 많다.

02 품질관리에 관한 사항으로 맞지 않는 것은?

① 원가절감을 위한 수단 중 하나이다.
② 공사목적물의 품질유지를 위한 것이다.
③ 생산성을 향상시킬 수 있다.
④ 공정관리를 촉진하여 품질을 향상시킨다.

[해설]
품질관리와 공정관리
• 품질관리 : 공사 또는 제품의 제조과정에서 품질을 관리하는 것이다.
• 공정관리 : 착공부터 준공까지 시공의 공정이나 내용을 종합적으로 평가, 검토하여 기계설비, 노동력, 자재 등을 가장 효과적으로 활용하는 방법과 수단이다.

03 시방서에 관한 설명 중 틀린 것은?

① 시방서는 건설공사의 입찰, 견적 공사시공에 꼭 필요한 서류이다.
② 표준시방서는 설계의도를 명확히 표현하기 위한 것으로서 설계도에서 표시할 수 없는 재료와 공법을 기술한다.
③ 특기시방서란 특정한 공사에서 유의해야 하는 시방서를 말한다.
④ 공사시방서란 시설들별 표준시방서를 기본으로 모든 공종을 대상으로 하여 특정한 시공 또는 전문시방서의 작성에 활용하기 위한 종합적인 시공기준이다.

[해설]
시방서의 종류
• 표준시방서 : 시설물의 안전 및 공사시행의 적정성과 품질확보 등을 위하여 시설물별로 정한 표준적인 시공기준으로서 발주청 또는 설계 등 용역업자가 공사시방서를 작성하는 경우에 활용하기 위한 시공기준을 말한다.
• 전문시방서 : 시설물별 표준시방서를 기본으로 모든 공종을 대상으로 하여 특정한 공사의 시공 또는 공사시방서의 작성에 활용하기 위한 종합적인 시공기준을 말한다.
• 공사시방서(건설공사의 계약도서에 포함된 시공기준을 말한다) : 표준시방서 및 전문시방서를 기본으로 하여 작성하되, 공사의 특수성·지역여건·공사방법 등을 고려하여 기본설계 및 실시설계도면에 구체적으로 표시할 수 없는 내용과 공사수행을 위한 시공 방법, 자재의 성능·규격 및 공법, 품질시험 및 검사 등 품질관리, 안전관리, 환경관리 등에 관한 사항을 기술한 것을 말한다.

[정답] 1 ③ 2 ④ 3 ④

04 시방서에 대한 설명 중 잘못된 것은?

① 공사시행에 관련된 제반규정 및 요구사항
② 공사 수량 산출서
③ 공사시행 관계 내용 기록 서류
④ 표준시방서와 특별시방서가 있음

해설
시방서
설계도면에 표시하기 어려운 사항을 설명하는 시공지침으로 도급계약서류의 일부가 된다. 포함되는 내용은 다음과 같다.
• 보충사항(시공에 대한 보충 및 주의사항)
• 시공방법의 정도 및 완성도
• 시공에 필요한 각종설비
• 재료 및 시공에 관한 검사
• 재료의 종류, 품질 및 사용

05 시방서 작성 시 주의사항에 대한 설명으로 부적합한 것은?

① 시공순서에 따라 빠짐없이 기재한다.
② 중복되지 않고 간단명료하게 작성한다.
③ 공법 및 마무리 정도를 명확히 규정한다.
④ 재료에 대한 공사비의 내역을 정확하게 기재한다.

해설
시방서는 재료의 공사비를 기재하는 것이 아닌 공사의 개요, 도면에 기재할 수 없는 공사 내용 등을 기재한 것이며 시공상의 일반적인 주의사항을 쓴 것이다.

06 다음 각각의 입찰 방법에 대한 설명으로 틀린 것은?

① 일반경쟁입찰은 저렴한 공사비와 공사수주 희망자에게 기회를 균등하게 줄 수 있으며 신용, 기술, 경험, 능력을 신뢰할 수 있어 우수한 입찰 방법이다.
② 제한경쟁입찰은 계약의 목적, 성질에 따라 입찰 참가자의 자격을 제한할 수 있다.
③ 지명경쟁입찰은 자금력과 신용 등에서 적합하다고 인정되는 특정 다수의 경쟁 참가자를 지명하여 입찰에 참여하도록 한다.
④ 수의계약은 소규모 공사, 특허공법에 의한 공사, 신기술에 의한 공사인 경우 체결할 수 있다.

해설
수의계약(특명입찰) : 예산의 범위 내에서 기업자가 특정의 건설업자와 계약하는 방법이다.
• 계약의 성질 또는 목적이 경쟁을 불허할 경우
• 긴급을 요하는 공사로 경쟁에 부칠 수 없는 경우
• 경쟁에 부치는 것이 불리하다고 인정될 경우

07 수의계약에 대한 설명 중 틀린 것은?

① 입찰에 단독으로 참가하는 방법이다.
② 계약의 목적을 비밀로 할 필요가 있을 때 한다.
③ 전차(前次) 시공자와 계속 공사 시 적용할 수 있다.
④ 계약 상대방과 임의로 가격을 협의하여 계약을 체결한다.

해설
수의계약
• 특명입찰 : 당해 공사에 가장 적당한 도급자 한 사람을 택해서 입찰시키는 방법으로 도급자가 기술 · 자산 · 공사 경력 · 보유 기재 · 신용 등에서 가장 우수한 업자이어야 한다.
• 그 공사에 가장 적합하다고 인정되는 업자를 선정하여 공개입찰 없이 계약하는 것이다.

장점	• 공사의 기밀 유지가 유리하다. • 입찰 수속이 간단하다. • 시공의 질을 믿을 수 있다.
단점	• 공사비가 높아질 염려가 많다. • 불순한 결과를 초래할 수 있다.

08 다음 계약체결 절차의 흐름으로 옳은 것은?

① 공고 → 입찰 → 낙찰 → 계약
② 입찰 → 공고 → 낙찰 → 계약
③ 공고 → 낙찰 → 입찰 → 계약
④ 낙찰 → 공고 → 입찰 → 계약

해설
일반경쟁공사 입찰의 과정
입찰공고 → 입찰참가신청 및 입찰보증금 접수 → 입찰서 제출
→ 개찰 → 낙찰 → 계약체결

09 공사방법에 있어서 전문 공사별, 공정별, 공구별로 도급을 주는 방법은?

① 분할도급   ② 공동도급
③ 일식도급   ④ 직영도급

해설
공사를 유형별로 세분하여 각기 따로 도급자를 선정하여 도급
계약을 맺는 방식으로 전문 공종별, 공정별, 공구별로 나눈다.

10 다음 네트워크 공정표에서 상호관계만을 표현하는 파선 화살표를 무엇이라 하는가?

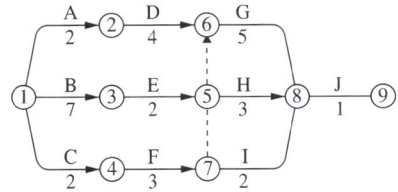

① 작업(activity)
② 더미(dummy)
③ 결합(event)
④ 소요기간(duration)

해설
더미(dummy)는 실재하지 않는 명목상 작업을 가리키며 작업의
상호 순서관계를 나타낸다.

11 공정표 작성 시 공정계산에 관한 설명으로 옳은 것은?

① 복수의 작업에 선행되는 작업의 LFT는 후속작업의 LST 중 최댓값으로 한다.
② 복수의 작업에 후속되는 작업의 EST는 선행작업의 EFT 중 최솟값으로 한다.
③ 전체여유(TF)는 작업을 EST로 시작하고 LFT로 완료할 때 생기는 여유시간이다.
④ 종속여유(DF)는 후속작업의 EST에 영향을 주지 않는 범위 내에서 한 작업이 가질 수 있는 여유시간이다.

해설
활동여유(float)의 계산
• 전체여유시간(TF) : 작업을 EST로 시작하고, LFT로 완료할 때 생기는 여유시간을 말한다. TF=LFT-EFT
• 자유여유시간(FF) : 각 작업을 EST로 시작하고, 후속작업도 EST로 시작하여도 존재하는 여유시간을 말한다. FF=후속작업의 EST-그 작업의 EFT
• 종속여유시간(DF) : 후속작업의 전체여유시간에 영향을 미치는 여유시간을 말한다. DF=TF-FF

12 공정표의 하나인 횡선식 공정표(bar chart)에 대한 설명으로 틀린 것은?

① 최적안 선택 기능이 전무하다.
② 문제점의 사전 예측이 어렵다.
③ 작업의 선후 관계를 파악하기 용이하다.
④ 각 공종을 세로로, 날짜를 가로로 잡고 공정을 막대 그래프로 표시한다.

해설
횡선식 공정표
• 각 공사 내용과 소요 기일을 축으로 하여 표를 작성하고 여기에 공사의 진척 상황을 기입한다.
• 간단한 공사, 시급한 공사에 적합하다.
• 장점 : 각 공정별 공사와 전체의 공정시기가 일목요연하고, 각 공정별의 착수 및 종료일이 명시되어 판단이 쉽고 횡선 길이에 따라 진척도를 개괄적으로 판단할 수 있다.
• 단점 : 작업의 선후관계 불명확, 공기에 영향을 주는 작업의 발견이 어렵다. 또한 문제점의 사전예측의 곤란, 통제기능의 미약, 최적안 선택기능이 없는 것 등으로 인해 일정변화에 손쉽게 대처하기 어렵다.

13 PERT와 CPM 공정표의 차이점으로 옳은 것은?

① CPM은 신규 및 경험이 없는 건설공사에 이용되나 PERT는 경험이 있는 공사에 이용된다.
② CPM은 더미(dummy)를 사용하나 PERT는 사용하지 않는다.
③ CPM은 화살선으로 작업을 표시하나 PERT는 원으로 작업을 표시한다.
④ CPM은 소요시간 추정에서 1점 추정인 반면 PERT는 3점 추정으로 한다.

해설
① CPM은 경험이 있는 공사, PERT는 경험이 없는 공사에 이용된다.
② CPM과 PERT 모두 더미를 사용한다.
③ CPM과 PERT 모두 화살선으로 작업을 표시한다.

PERT와 CPM

구분	PERT	CPM
주목적	공기 단축	원가(공사비) 절감
이용	신규사업, 비반복사업, 경험이 없는 사업 등	반복사업, 경험이 있는 사업, 작업표준이 확립된 사업 등
시간추정	3점 이상 추정 [낙관시간(t_0), 정상시간 (t_m), 비관시간(t_p)]	1점 시간 추정(t_m)
소요시간	가중평균치 : $\dfrac{t_0 + 4t_m + t_p}{6}$	t_m이 곧 계산공기가 된다. ※ 시간의 경과와 시행되는 작업을 네트(망)로 표현한다.
MCX (최소비용)	이론 없음	CPM의 핵심이론
CP	TL − TE = 0	TF = FF = 0
일정계산	결합점 중심의 일정계산	작업중심의 일정계산
일정계획	• 일정계산 복잡 • 결합점 중심의 이완도 산출	• 일정계산이 자세하고 작업 간 조정이 가능 • 작업재개에 대한 이완도 산출

14 다음의 네트워크 공정표에 근거하여 주공정선의 전체 공사기간을 산정한 것으로 맞는 것은?

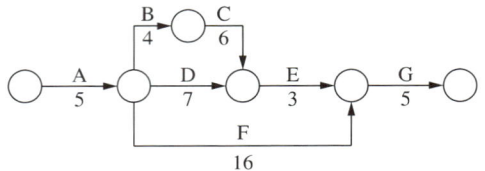

① 20일　　　　　② 23일
③ 26일　　　　　④ 29일

해설
• A → B → C → E → G = 5 + 4 + 6 + 3 + 5 = 23일
• A → D → E → G = 5 + 7 + 3 + 5 = 20일
• A → F → G = 5 + 16 + 5 = 26일

15 다음과 같은 네트워크 공정표에서 한계경로의 공기는?

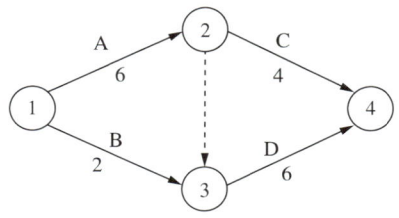

① 6일　　　　　② 8일
③ 10일　　　　　④ 12일

해설
한계경로란 개시결합점에서 완료결합점에 이르는 최장경로를 말한다.
① → ② → ③ → ④ = 6 + 0 + 6 = 12

16 등고선의 특성을 설명한 것 중 옳지 않은 것은?

① 같은 등고선상에 있는 모든 점은 같은 높이에 있다.
② 모든 등고선은 도면 내에서만 폐합(廢合)한다.
③ 등고선은 단애(斷崖)나 절벽이 아니고서는 서로 만나지 않는다.
④ 등고선의 간격은 급경사지에서는 좁고 완경사지에서는 넓다.

해설
등고선 성질
• 같은 등고선 위의 점은 모두 같은 높이에 있다.
• 등고선은 도면 내, 도면 외에서 반드시 폐합한다.
• 지표면상의 경사가 급한 경우 간격이 좁고, 완경사지는 넓다.
• 높이가 다른 등고선은 절벽/동굴을 제외하고는 교차하거나 합치지 않는다.
• 등고선 사이의 최단거리 방향은 그 지표면의 최대경사의 방향을 가리키므로 최대 경사방향은 등고선에 수직방향이다.
• 등고선이 계곡을 통과할 때는 한쪽을 따라 거슬러 올라가서 계곡을 직각방향으로 횡단한 다음 능선 다른 쪽을 따라 올라간다.
• 등고선이 능선을 통과할 때는 능선 한쪽을 따라 내려가서 그 능선을 직각방향으로 횡단한 다음 능선 다른 쪽에 따라 올라간다.
• 등고선이 도면 내에서 폐합되는 경우는 산정이나 오목지형으로 나타내나, 소사나 물이 없는 경우 화살표를 그려 구분한다.
• 등고선은 같은 경사에서 등간격이며, 등경사 평면인 지표에서는 등간격의 평행선으로 된다.
• 한쌍의 등고선의 오목형부가 서로 마주 서 있고, 다른 한쌍이 바깥쪽을 향하여 내려갈 때는 그곳은 고개 마루를 가리킨다.

17 다음 중 등고선의 성질 설명으로 옳은 것은?

① 등고선은 동굴과 절벽에서는 교차한다.
② 등고선은 지표의 최대경사선 방향과 평행하다.
③ 등고선의 간격이 좁다는 것은 지표의 경사가 완만하다는 것을 뜻한다.
④ 등고선은 도면 내에서는 폐합하지만 도면 외에서는 폐합하지 않는다.

해설
② 등고선은 지표의 최대경사선 방향과 직각으로 교차한다.
③ 등고선의 간격이 좁다는 것은 지표의 경사가 급하다는 것을 뜻한다.
④ 등고선은 도면 내, 도면 외에서 반드시 폐합한다.

18 1/50,000 지형도에서 주곡선의 간격은?

① 10m   ② 20m
③ 30m   ④ 50m

해설

등고선의 종류	표시	등고선의 간격(m)				
		1 : 2,500	1 : 5,000	1 : 10,000	1 : 25,000	1 : 50,000
주곡선	가는 실선	2	5	5	10	20
계곡선	굵은 실선	10	25	25	50	100
간곡선	가는 긴 파선	1	2.5	2.5	5	10
조곡선	가는 짧은 파선	0.5	1.25	1.25	2.5	5

19 축척 1/50,000의 도상면적을 구적하였더니 40.52cm²이었다. 이 토지의 실제면적은?

① 101.3ha   ② 202.6ha
③ 1,013ha   ④ 2,026ha

해설
실제면적 = 도상면적(m^2) × (축척)²
　　　　 = 0.004052m^2 × (50,000)²
　　　　 = 10,130,000m^2 = 1,013ha
※ 1ha = 10,000m^2

20 레벨을 이용하여 수준측량을 하여 기계고(I.H.)와 측점의 높이(H1)를 구하였다. 다음 중 그 수치로 적당한 것은?[단, 기준점(B.M.)의 높이 = 100m, 기준점으로서의 전시 = 1.528m, 측점으로서의 후시 = 1.011m이다]

① I.H. = 100.517, H1 = 100
② I.H. = 100.517, H1 = 101.528
③ I.H. = 100, H1 = 101.528
④ I.H. = 101.528, H1 = 100.517

해설
• 미지점의 표고 = 기지점 표고
   = ∑후시(B.S.) − ∑전시(F.S.)
• 기계고(I.H.) = 기준점 높이 + 전시
   = 100 + 1.528 = 101.528m
• 측점의 높이(H1) = 기준점 높이 + (1.528 − 1.011)
   = 100 + (1.528 − 1.011) = 100.517m

21 그림과 같이 직접법으로 등고선을 측량하기 위하여 레벨을 세우고 표고가 40.25m인 A점에 세운 표척을 시준하여 2.65m를 관측했다. 42m인 등고선 위의 점 B에서 시준하여야 할 표척의 높이는?

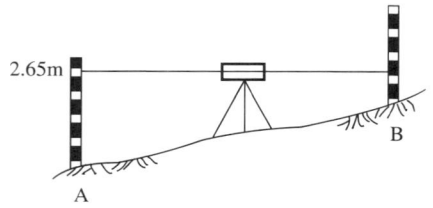

① 0.90m   ② 1.40m
③ 3.90m   ④ 4.40m

해설
미지점의 표고 = 기지점 표고 + ∑후시(B.S.) − ∑전시(F.S.)
40.25 + 2.65 = 42 + h
∴ h = 42.9 − 42 = 0.9m

22 직접법으로 등고선을 측정하기 위하여 A점에 레벨을 세우고 기계 높이 1.5m를 얻었다. 70m 등고선 상의 P점을 구하기 위한 표척(Staff)의 관측값은? (단, A점 표고는 71.6m이다)

① 1.0m   ② 2.3m
③ 3.1m   ④ 3.8m

해설
시준선 표고는 71.6 + 1.5 = 73.1m
70m 등고선 상의 P점을 구하기 위한 표척의 관측값
= 73.1 − 70 = 3.1m

23 수준측량을 실시한 결과 기준점의 후시(B.S.)가 2.213m, 측정으로부터의 미지점의 전시(F.S.)가 1.897m를 얻었다. 이때 기계고(I.H.)와 미지점의 지반고(G.H1)는?(단, 기준점의 지반고는 50m이다)

① I.H. = 52.213m, G.H1 = 50.316m
② I.H. = 52.213m, G.H1 = 51.897m
③ I.H. = 51.897m, G.H1 = 50.316m
④ I.H. = 51.897m, G.H1 = 51.897m

해설
• 기계고(I.H.) = 지반고 + 후시
   = 50 + 2.213 = 52.213m
• 측점의 높이(H1) = 지반고 + (후시 − 전시)
   = 50 + (2.213 − 1.897)
   = 50 + 0.316 = 50.316m

24 그림과 같은 수준측량 결과에 따른 B점의 지반고는?(단, A점의 지반고는 30m이다)

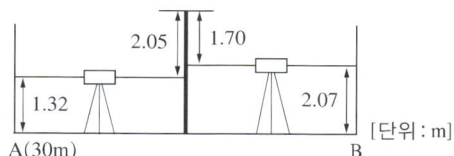

① 28.90m   ② 29.60m
③ 33.74m   ④ 37.14m

[해설]
B점의 지반고 = A점의 지반고 + '후시 - 전시'
　　　　　　 = 30 + 1.32 + 2.05 - 1.7 - 2.07
　　　　　　 = 29.6m

25 평판측량에서 기지점으로부터 미지점 또는 미지점으로부터 기지점의 방향을 앨리데이트로 시준하여 방향선을 교차시켜 도상에서 미지점의 위치를 도해적으로 구하는 방법은?

① 방사법   ② 교회법
③ 전진법   ④ 편각법

[해설]
② 교회법(교선법) : 측량 구역 내외에 적당한 기준점(기지점)을 취하고 기준점들로부터 미지점을 지나는 방향선을 도면 위에서 교차시킴으로써 도상에 미지점의 위치를 결정하는 방법
① 방사법 : 가장 많이 이용하는 방법으로 시중을 방해하는 장애물이 없을 경우 가능한 방법
③ 전진법 : 어느 한 측점에서 출발하여 측점의 방향과 거리를 측정하고, 평판을 옮겨 차례로 전진하면서 최종 측점에 도착시키거나 혹은 출발점으로 다시 돌아와서 도해적으로 트래버스를 구성하는 방법
④ 편각법 : 각 관측방법에서 각 측선의 편각을 관측해 나가는 방법

26 계획지반고보다 3.0m 낮은 부지 500m²를 점질토로 성토하여 다지려 한다. 성토에 필요한 흙을 얼마만큼 절토하여야 하는지 원지반의 토량으로 산출하면 얼마인가?(단, $L = 1.25$, $C = 0.8$)

① 1,875m³   ② 1,400m³
③ 1,200m³   ④ 1,500m³

[해설]
성토량 = 원지반의 흙 × C(다져진 값)
1,500 = x × 0.8
∴ x = 1,500 ÷ 0.8 = 1,875m³

27 덤프트럭에 흙을 운반할 때 적재시간 10분, 왕복운반시간 30분, 적하시간 1.5분, 대기시간 1.0분, 적재함 덮개 설치 및 해체시간 4.5분이라 할 때 1회 사이클시간(C_m)은?

① 47분   ② 51.5분
③ 63분   ④ 74.5분

[해설]
덤프트럭의 사이클시간(C_m)의 계산
C_m = 적재시간 + 적하시간 + 대기시간 + 적재함 덮개설치 및 해체시간 + 왕복시간
　　 = 10 + 1.5 + 1.0 + 4.5 + 30 = 47분

28 측량의 결과가 다음 그림과 같고 높이 5.0m로 정지하고자 할 때 토량은?

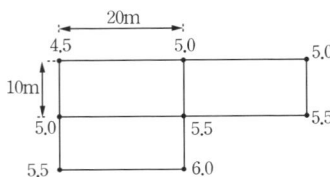

① 100m³

② 150m³

③ 200m³

④ 250m³

해설

계획고 5.0m를 기준으로 정지, 절토값(−), 성토값(+)

$\dfrac{A}{4}(\sum H_1 + 2\sum H_2 + 3\sum H_3 + 4\sum H_4)$ 이고,

A(면적) : $20 \times 10 = 200\text{m}^2$,

$\sum H_1 : 0.5 - 0.5 - 1.0 - 0.5 = -1.5$,

$\sum H_3 : -0.5$이므로,

$\dfrac{200}{4}\{-1.5 + 3 \times (-0.5)\} = -150$

∴ 절토값 $= 150\text{m}^3$

29 양단면의 면적이 각각 10m², 15m²이며, 중앙단면의 면적이 12m²이고 양단면 간의 거리가 20m일 때 단면이 평행하고 측면이 평면인 조건에서 각주공식에 의한 체적은?

① 약 240.00m³

② 약 243.33m³

③ 약 246.67m³

④ 약 250.00m³

해설

각주공식

$V = \dfrac{1}{6}(A_1 + 4A_m + A_2) \times l$

$= \dfrac{10 + 4 \times 12 + 15}{6} \times 20$

$= 243.33\text{m}^3$

30 수준측량에서 우연오차로 판단되는 것은?

① 빛의 굴절에 의한 오차

② 지구 곡률에 의한 오차

③ 십자선의 굵기로 인해 발생하는 읽음 오차

④ 표척의 눈금이 표준척에 비해 약간 크게 표시되어 발생하는 오차

해설

우연오차(상차, 우차, 부정오차)

• 측정 조건이 일시적으로 또는 우연히 변화할 때나 원인을 알지 못할 때에 생기는 오차로 측정값에 어떻게 영향을 끼치고 있는지 모르는 오차이다.

• 여러 번 반복 측정할 때, 같은 크기의 (+), (−) 오차가 생겨 서로 상쇄되어 없어지는 경우가 있어 상차라고도 한다.

• 측정 횟수의 제곱근에 비례하므로 최소 제곱법의 이론에 의해 처리된다.

  $R' = \pm b\sqrt{n}$

  여기서, R' : 우연오차

  b : 1회 측정 시의 오차

  n : 측정 횟수

31 표준테이프보다 5mm가 긴 50m 테이프로 잰 거리가 150m이었다면 정확한 실제거리는?

① 149.985m

② 149.995m

③ 150.015m

④ 150.005m

해설

정오차

측정 시 조건이 일정할 경우 항상 같은 크기와 같은 방향으로 발생하는 오차로서 측정횟수에 비례한다.

∴ (0.005m × 3회) + 150m = 150.015m

32 가설공사의 시멘트 창고 필요 면적 산출에 관한 사항 중 잘못된 것은?

① 쌓기 단수는 최고 13포대이다.

② 시멘트량이 600포 이내일 때 전량을 저장할 수 있는 창고를 가설한다.

③ 시멘트량이 600포 이상일 때는 공기에 따라 전량의 1/3을 저장할 수 있는 창고를 가설한다.

④ 창고 크기 단위는 체적으로 m³이다.

[해설]
④ 창고 크기 단위는 체적으로 m²이다.

시멘트 창고
• 시멘트 창고는 임시적인 창고로서 적당한 장소에 설치한다.
• 출입구, 채광창 이외에는 환기창을 설치하지 않으며, 반입구와 반출구를 따로 두어 먼저 쌓은 것부터 사용하도록 한다.
• 창고 주위에는 빗물을 막기 위해 배수 도랑을 설치한다.
• 외벽은 골함석, 널판붙임으로 한다.
• 마룻바닥은 지반에서 30cm 이상으로 하고, 마룻널 위에 철판 깔기를 하면 더욱 좋다.
• 시멘트 쌓기의 높이는 13포대를 초과하지 않고, 1m²당 30~35 포대가 적당하며, 최고 50포대까지 쌓을 수 있다.
• 믹서의 장소는 본건물 공사에 지장이 없는 곳에 설치한다.
• 저장기간은 3개월 이내로 하고 그 이상 된 것은 재시험하여 사용한다.
• 시멘트 창고의 소요 면적 $A = 0.4 \times \dfrac{N}{n}$

  여기서, A : 시멘트 창고 소요면적(m²)
  N : 저장할 수 있는 시멘트량(포)
  n : 쌓기 단수(최고 13포)

33 평판측량 시 측량기구를 설치할 때 고려해야 할 조건이 아닌 것은?

① 정준   ② 구심
③ 표정   ④ 조정

[해설]
평판 세우기
• 수평 맞추기(정준(整準), leveling up) : 평판을 수평이 되도록 조정하는 것
• 중심 맞추기(구심(求心), 치심, centering) : 지상의 측점과 도상의 측점이 동일 연직선상에 있도록 하는 것
• 방향 맞추기(표정(標定), 정위, orientation) : 평판이 일정한 방위 또는 방향을 유지하도록 고정시키는 것

34 다음 중 평판측량 관련 설명으로 틀린 것은?

① 평판의 세우기는 정준, 구심, 표정의 3조건을 만족시켜야 한다.

② 측량 구역이 넓고 장애물이 있을 때는 후방교회법으로 하는 것이 좋다.

③ 대표적인 평판측량 방법에는 방사법, 전진법, 교회법이 있다.

④ 측방교회법이라 함은 시준이 잘되는 여러 목표물을 미리 정한 후 이 점들을 시준하여 다른점을 구하는 방법이다.

[해설]
② 측량 구역이 넓고 장애물이 많을 경우 적합한 방법은 전진법이다. 후방교회법은 미지점에서 2개 이상의 기지점을 시준하여 미지점의 위치를 구하는 방법이다.

CHAPTER 03 공종별 공사

35 재료의 성질과 관련된 용어의 설명으로 틀린 것은?

① 취성(brittleness) : 재료가 작은 변형에도 파괴가 되는 성질을 말한다.

② 인성(toughness) : 재료가 하중을 받아 파괴될 때까지의 에너지 흡수 능력으로 나타낸다.

③ 연성(ductility) : 재료에 인장력을 주어 가늘고 길게 늘어나게 할 수 있는 재료를 연성이 풍부하다고 한다.

④ 강성(rigidity) : 큰 외력에 의해서도 파괴되지 않는 재료를 강성이 큰 재료라고 하며, 강도와 관계가 있으나, 탄성계수와는 관계가 없다.

[해설]
④ 강성 : 외력으로 인한 변형이 작은 것이 강성이 크며 탄성계수의 대소와 관련 있다.

36 목재의 섬유포화점에서 함수율은 평균 얼마정도인가?

① 10%　　　　② 20%
③ 30%　　　　④ 40%

해설
함수율
• 생나무 : 45%
• 섬유 포화점 : 30%
• 구조재 : 20% 내외(18~24%)
• 수장재 : 15% 내외(13~18%)
• 기건 상태일 때 : 15% 내외
• 전건재 : 0%
• 가구재 : 15%

37 목재의 성질 중 틀린 것은?

① 건조변형이 적다.
② 열전도율이 낮다.
③ 온도에 대한 신축성이 적다.
④ 비중이 작은 반면 압축강도가 크다.

해설
① 목재는 부패성, 함수량 증감에 따라 팽창과 수축이 생긴다.
목재의 장단점

장점	• 색깔 및 무늬 등 외관이 아름답다. • 재질이 부드럽고 촉감이 좋다. • 무게가 가벼워서 운반이나 다루기 쉽다. • 무게에 비하여 강도가 크다. • 종류가 많고 각각 다른 무늬가 있어 외관이 수려하다. • 열, 소리, 전기 등의 전도성이 낮다. • 생산량이 많고 가격이 비교적 저렴하며 입수가 용이하다.
단점	• 자연 소재이므로 내화성이 없고 부패하기 쉽다. • 함수량의 증감에 따라 팽창 수축하여 변형되기 쉽다. • 부위에 따라 재질이 고르지 못하고 불에 타기 쉽다. • 구부러지고 옹이가 있다. • 재질, 강도의 균질성이 적고, 크기에 제한을 받는다.

38 목질부의 종류 중 변재(邊材, sap wood)의 특징 설명으로 틀린 것은?

① 심재보다 비중이 작으나 건조하면 변하지 않는다.
② 심재보다 신축성이 작다.
③ 심재보다 내후성·내구성이 약하다.
④ 고목일수록 변재의 폭이 넓은 편이다.

해설
② 변재는 심재에 비해 강도가 약하고 건조수축이 크며 썩거나 벌레의 침해를 받기 쉽다.

39 약 80~120℃의 크레오소트 오일액 중에 3~6시간 침지한 후 다시 냉액(冷液) 중에 5~6시간 침지(浸漬)하여 15mm 정도 방수처리를 하는 목재 방부제 처리법은?

① 도포(塗布)법
② 생리적 주입법
③ 상압(常壓) 주입법
④ 가압(加壓) 주입법

해설
목재 방부제의 처리법
• 도포법 : 가장 간단한 방법으로 방부 전에 목재를 충분히 건조시킨 다음 균열이나 이음부 등에 주의하여 솔 등으로 도포하는 것이다(5~6mm 침투).
• 생리적 주입법 : 수목을 벌채하기 전에 뿌리 부근에 방부제 용액을 뿌려서 수목이 이를 흡수하도록 하는 방법
• 침지법 : 상온에서 방부제 용액 속에 목재를 수일간 침지시켜 주입하는 방법
• 상압 주입법 : 침지법과 유사하며 침지 후 다시 냉액 중에 5~6시간 침지시키는 방법
• 가압 주입법 : 압력실 내에 목재를 넣고 고압으로 크레오소트, 염화아연 등을 스며들게 하는 방법
• 표면탄화법 : 목재의 표면을 탄화시키는 방법
• 약제도포법 : 크레오소트, 콜타르, 아스팔트, 페인트 등을 칠한다.

40 목재의 탄성적 성질의 영향인자에 대한 설명 중 틀린 것은?

① 함수율이 감소되면 탄성계수는 작아진다.
② 탈리그닌화된 목섬유와 같이 리그닌이 없는 식물체는 강성이 작다.
③ 목재비중이 커지면 외력에 대한 저항이 증가되므로 탄성계수는 목재비중에 비례하여 증가된다.
④ 옹이가 꺼지는 영향은 옹이의 수, 크기 및 분포 위치에 따라 달라지나, 강성에 미치는 영향을 정량화하기 어렵다.

해설
① 함수율이 감소하면 강도가 증가하여 탄성계수도 증가한다.

42 목재 유희시설물을 보수할 때 방부, 방충효과를 알아보고자 함수율을 계산하면 얼마인가?

- 목재의 건조 전의 중량 : 120kg
- 건조 후의 중량 : 80kg

① 60%   ② 50%
③ 30%   ④ 20%

해설
$$함수율(\%) = \frac{건조\ 전\ 중량 - 건조\ 후\ 중량}{건조\ 후\ 중량} \times 100$$
$$= \frac{120 - 30}{80} \times 100 = 50\%$$

41 다음은 목재의 CCA 방부 방법에 대한 설명으로 적합한 것은 어느 것인가?

① 사람이나 가축에 무해한 친환경적 방부법이다.
② 방부효력에 대한 초기효과는 크나 점차 풍화작용에 의하여 효력이 떨어진다.
③ 목질 세포강도를 증진시켜 접착성, 절삭성이 떨어진다.
④ 엷은 녹색을 띠게 하며, 비바람에도 강하며, 수중에서도 효력이 크다.

해설
① 사람과 접촉이나 폐기과정의 환경오염이 문제가 되어 미국에서 2004년 사람과 직접 접촉 시설물에서 사용이 금지됐고, 우리나라에서는 놀이시설에 사용이 금지되어 다른 용도로 쓰이고 있다.
② 방부효력에 대한 초기효과가 크고 지속력이 있으며, 풍화작용이나 수중에서도 효과가 크다.
③ 목재의 재질·강도·접착성·절삭성에 영향을 주지 않는다.

43 팽창균열이 없고 화학저항성이 높아 해수·공장폐수·하수 등에 접하는 콘크리트에 적합하고, 수화열이 적어 매스콘크리트에 적합한 시멘트는?

① 고로 시멘트
② 폴리머 시멘트
③ 알루미나 시멘트
④ 조강 포틀랜드 시멘트

해설
고로(高爐) 시멘트
- 포틀랜드 시멘트 클링커에 철용광로로부터 나온 슬래그와 급랭한 급랭슬래그를 혼합하여 이에 응결시간 조정용 석고를 혼합하여 분쇄한 시멘트이다.
- 수화열량이 적어 매스콘크리트용으로도 사용할 수 있는 시멘트이다.
- 보통 포틀랜드 시멘트에 비하여 분말도가 높고 응결 및 강도 발생이 약간 느리지만 화학적 저항성이 크고 발열량이 적으므로 해수, 기름의 작용을 받은 구조물이나 공장폐수, 오수로의 구축 등에 쓰인다.

44 수화열의 축적으로 콘크리트에 균열이 가기 쉬운 것이 단점인 시멘트는?

① 보통 포틀랜드 시멘트
② 조강(무强) 포틀랜드 시멘트
③ 중용(中庸)열 포틀랜드 시멘트
④ 백색 포틀랜드 시멘트

해설
② 조강(무强) 포틀랜드 시멘트 : 보통 포틀랜드 시멘트 원료와 거의 같으나 급경성(急硬性)을 갖게 한 고급 시멘트로서 단기에 높은 강도를 내고, 수밀성이 좋으며 저온에서도 강도발현이 좋으므로 겨울철, 수중, 해중공사 등에 적합하다. 단점은 수화열의 축적으로 콘크리트에 균열이 가기 쉽다.
① 보통 포틀랜드 시멘트 : 조강, 저열 등 특별한 성질을 갖지 않은 일반적인 용도로 널리 사용하는 시멘트이다.
③ 중용(中庸)열 포틀랜드 시멘트 : 보통 포틀랜드 시멘트와 조강 포틀랜드 시멘트의 중간성질을 가진 시멘트로 댐, 터널공사 등 큰 덩어리 콘크리트에 적합하다.
④ 백색 포틀랜드 시멘트 : 철분(Fe_2O_3)의 함량이 0.3%(보통 시멘트는 3.0%)로 철분 함량이 적어서 건축물의 도장, 인조 대리석 가공품, 채광용, 표식 등에 많이 쓰인다.

45 다음 시멘트의 혼화재료에 대한 설명 중 틀린 것은?

① 포졸란 – 해수에 대한 화학적 저항성 및 수밀성 등의 성질을 개선하는 데 사용한다.
② AE제 – 미세하고 독립된 무수한 공기 기포를 콘크리트 속에 균일하게 분포시키기 위해 사용하는 혼화제이다.
③ 감수제 – 시멘트의 입자를 분산시켜서 콘크리트의 워커빌리티를 개선하는 데 필요한 단위 수량을 증가시킬 목적으로 사용된다.
④ 방수제 – 콘크리트의 흡수성과 투수성을 감소시켜 수밀성을 증진할 목적으로 사용하는 혼화제이다.

해설
③ 감수제 : 시멘트에 대한 분산작용에 의해 유동성을 개선하거나 강도를 증대하는 계면활성제이다.

46 콘크리트의 워커빌리티(시공연도)에 관한 다음 중 맞지 않는 것은?

① 상온에서 굳지 않은 콘크리트의 온도가 높을수록 워커빌리티가 좋아진다.
② 일반적으로 시멘트의 사용량을 증가시키면 워커빌리티가 좋아진다.
③ 물의 양이 많을수록 시공성이 좋아지나 너무 많으면 재료분리를 일으키기 쉽다.
④ 굵은 골재로는 깬 자갈보다 강자갈을 쓸 때 워커빌리티가 좋아진다.

해설
콘크리트의 워커빌리티(workability : 시공연도)
단위 수량이 많을수록 재료의 분리가 생기므로 시공연도가 나쁘다. 또 온도가 높을수록 슬럼프값이 감소하므로 시공연도가 나쁘다.

47 골재의 함수상태에 관한 설명으로 옳지 않은 것은?

① 공기 중 건조상태 : 실내에 방치한 경우 골재입자의 표면과 내부의 일부가 건조한 상태
② 습윤상태 : 골재입자의 내부에 물이 채워져 있고, 표면에도 물이 부착되어 있는 상태
③ 절대건조상태 : 대기 중에서 골재의 표면이 완전히 건조된 상태
④ 표면건조포화상태 : 골재입자의 표면에 물은 없으나 내부의 공극에는 물이 꽉 차 있는 상태

해설
③ 절대건조상태는 골재의 내부조직에 변화가 생기지 않을 정도의 온도인 100~110℃로 유지한 건조로에서 일정한 무게가 될 때까지 건조시킨 상태를 말한다.

48 목재의 탄성적 성질의 영향인자에 대한 설명 중 틀린 것은?

① 함수율이 감소되면 탄성계수는 작아진다.
② 탈리그닌화된 목섬유와 같이 리그닌이 없는 식물체는 강성이 작다.
③ 목재비중이 커지면 외력에 대한 저항이 증가되므로 탄성계수는 목재비중에 비례하여 증가된다.
④ 옹이가 끼치는 영향은 옹이의 수, 크기 및 분포위치에 따라 달라지나, 강성에 미치는 영향을 정량화하기 어렵다.

해설
① 탄성계수가 크면 강성은 커진다. 목재의 강성은 비중이 클수록 증가하고, 함수율이 높을수록, 온도가 상승할수록 감소한다. 따라서 함수율이 감소되면 탄성계수는 커진다.

50 다음 중 벽돌쌓기에 관한 설명으로 틀린 것은?

① 벽돌구조는 수직압력에는 강하나 횡압력에는 약하다.
② 쌓기용 모르타르는 1 : 3의 조합이 보통이다.
③ 일반적으로 1일의 쌓기는 2.0m 이내로 한다.
④ 벽돌벽은 어느 부분이든 균일한 높이로 쌓아 올라간다.

해설
③ 1일의 쌓기는 1.2m를 표준으로 하고, 최대 1.5m 이내로 한다.
벽돌 쌓기
• 모서리 : 구석 및 중간 요소에는 기준 쌓기를 2~3단 하여 두고, 중간부에는 수평실에 벽돌 윗면이 맞도록 중간 쌓기를 한다.
• 수직면은 수준기 또는 다림추를 사용한다.
• 사춤 모르타르는 3~5켜마다 또는 일이 끝난 때에 하지만 원칙적으로는 켜미다 해야 한다.
• 하루 쌓기 높이 : 1.2m(18켜 정도)를 표준으로 하고, 최대 1.5m(22켜 정도) 이내로 한다.

49 벽면적 4.8m² 크기에 1.5B 두께로 붉은 벽돌을 쌓고자 할 때, 벽돌 소요매수로 옳은 것은?(단 표준형 벽돌을 사용하고, 할증은 3%로 한다)

① 374   ② 743
③ 1,108   ④ 1,487

해설
1m²당 벽돌의 소요매수
(단위 : 매)

벽돌규격 (mm) \ 벽두께	0.5B	1.0B	1.5B	2.0B
210×100×60 기존형(구형)	65	130	195	260
190×90×57 표준형 (신형, 기본벽돌)	75	149	224	298
230×114×65 내화 벽돌	61(59)	122(118)	183(177)	244(236)

(224 × 4.8) × 1.03 ≒ 1,108

51 다음 석재에 관한 설명 중 옳지 않은 것은?

① 점판암은 층상으로 되어 있어 박판 채취가 가능하다.
② 화강암은 석질이 견고하고 대형 석재가 가능하나 내구성이 약하다.
③ 안산암은 성분과 성질이 복잡 다양하나 보통 판상절리를 나타낸다.
④ 대리석은 석회석이 변하여 결정화된 것으로 치밀한 결정체이다.

해설
② 화강암은 견고하고 내구성, 내마모성이 강하며 외관이 아름답지만 내화도가 적은 특징을 갖고 있다.

52 다음 중 석재의 일반적 강도에 관한 설명으로 옳지 않은 것은?

① 강도는 중량에 비례한다.
② 함수율이 클수록 강도는 저하된다.
③ 구성입자가 작을수록 압축강도가 크다.
④ 강도의 크기는 휨강도 > 인장강도 > 압축강도 순서이다.

[해설]
석재의 강도 크기는 압축강도 > 휨강도 > 인장강도 순서이다.

53 금속재료의 특징으로 옳지 않은 것은?

① 다양한 형상의 제품을 만들 수 있다.
② 각기 고유한 광택이 있다.
③ 하중에 대한 강도가 크다.
④ 재질이 불에 잘 타는 성질이 있다.

[해설]
금속재료는 각기 고유한 광택이 있고 하중에 대한 강도가 크며 재질이 균일하고 불에 타지 않는 등 물리적 성질이 우수하다.

54 다음 성형이 자유로운 합성수지의 종류 중 성격이 나머지와 다른 것은?

① 아크릴수지   ② 우레탄수지
③ 푸란수지   ④ 멜라민수지

[해설]
합성수지의 종류
• 주요 열가소성 수지 : 염화비닐, 아크릴, 폴리에틸렌, 폴리스티렌 등이며 열을 가하면 연화 또는 용융하여 가소성 또는 점성이 발생한다.
• 주요 열경화성 수지 : 요소, 멜라민, 폴리에스테르, 실리콘, 우레탄, 푸란 등 3차원적인 축합반응에 의해 생성되는 수지류를 말한다. 열을 가해도 유동성이 없다는 특성이 있다.

55 금속재인 연강철선을 정방형 또는 장방형으로 전기용접하여 블록, 또는 포장공사 시 균열방지를 위해 많이 활용되는 것은?

① 와이어 라스   ② 와이어 메시
③ 가시철선   ④ PC 강선

[해설]
와이어 메시
속 빈 시멘트 블록을 쌓을 때 수평줄눈에 묻어 쌓아 벽면의 신축 균열 교차부 또는 횡력에 안전하도록 대는 철선으로 된 좁은 망형의 철물이다. 연강철선을 전기용접하여 정방향 또는 장방향으로 만든 것이고 콘크리트다짐바닥, 지면 콘크리트포장 등에 사용한다.

56 비철재료 중 고온저항이 크며 내해수성이 우수하고 염산, 유산, 초산에 대한 저항과 강도의 대비가 금속공업재료 중 가장 크며 비중이 약 4.5인 재료는?

① 니켈   ② 티타늄
③ 아연   ④ 주석

[해설]
타이타늄(티타늄, Ti)
비중 4.5, 융점 1800℃, 상자성체(常磁性體)이며 매우 경도(硬度)가 높고 여리다. 강도는 거의 탄소강과 같고, 비강도(比强度)는 비중이 철보다 작으므로 철의 약 2배가 되고 열전도도와 열팽창률도 작은 편이다.

57 한국산업표준(KS)의 부문기호 중 'L'이 의미하는 것은?

① 기계　　　　　　② 전기
③ 토건　　　　　　④ 요업

해설

산업규격 표준화의 분류
- 대분류 : 기본(A), 기계(B), 전기(C), 금속(D), 광산(E), 토건(F), 일용품(G), 식료품(H), 섬유(K), 요업(L), 화학(M), 의료품(P), 수송기계(R), 조선(V), 항공(W), 정보산업(X) 등의 부문으로 분류되고 있다.
- 건설재료 관련사항 : 기본(A), 기계(B), 전기(C), 금속(D), 토건(F), 요업(L), 화학(M)부문 등에 주로 규정되어 있다.

58 지면에 기계를 두고 깊이 8m 정도의 연약한 지반의 깊은 기초 흙파기를 할 때 사용하는 기계로 가장 적당한 것은?

① 스크레이퍼　　　② 불도저
③ 파워셔블　　　　④ 드래그라인

해설

드래그라인(drag line)
굴삭기가 위치한 저면보다 낮은데 적합하고 백호처럼 단단한 토질을 굴삭할 수 없으나 굴삭 반경이 크므로 수중 굴삭(하천 개수), 모래 채취 등에 많이 사용된다.

59 토사의 절취 후 운반 작업거리가 50~60m 이내, 최대 100m의 배토작업에 가장 합리적으로 사용할 수 있는 배토정지용 건설기계 장비는?

① 불도저(bull dozer)
② 덤프트럭(dump truck)
③ 로더(loader)
④ 백호(back hoe)

해설

불도저(bull dozer)
트랙터의 전면에 부속장치인 블레이드(blade)를 설치하여 작업을 수행하는 장비로 주로 100m 이내의 단거리 작업에 적합하며 불도저, 앵글도저, 틸트도저 등 3종류로 분류된다. 불도저는 전면의 배토판을 전후 10°씩 경사시켜 송토, 절토, 성토작업 등을 하며 무한궤도식은 30° 이상 구배의 평탄하고 단단한 지면에서 정지상태를 유지하거나 등판할 수 있다.

60 다음 중 배수능력이 가장 떨어지며 쉽게 막히기도 하지만 지표면에서 흡수된 물을 배수하기 위한 심토층 배수형태는 다음 중 어느 것인가?

① 오지토관　　　　② 유공관
③ 맹암거　　　　　④ 명거

해설

지하층배수
- 벙어리 암거(맹은거) : 지하에 도랑을 파고 모래, 자갈, 호박돌 등으로 큰 공극을 가지도록 하여 주변의 둘이 스며들도록 하는 일종의 땅속 수로이다.
- 유공관 암거 : 자갈층에 구멍이 있는 관을 설치한 것이다. 이러한 유공관의 깊이는 심근성 수목을 식재하는 경우는 1.3~1.3m, 천근성 수목의 경우는 0.8~1.1m 정도가 되게 한다.

61 평탄한 지역에서 전지역의 배수가 균일하게 요구되는 곳에 주로 이용되는 심토층 배수방법은 어느 것인가?

① 어골형(herringbone type)
② 자연형(natural type)
③ 선형(fan-shaped type)
④ 차단형(intercepting system

해설

암거 배수망의 배치
- 어골형 : 경가장 같은 평탄한 지역에 적합하다.
- 줄치형 : 비교적 좁은 면적의 전지역어 균일하게 배수할 때 이용한다.
- 자연형 : 전면 배수가 요구되지 않는 지역에 적합하다.
- 차단법 : 경사·면 위나 자체의 유수를 막기 위해 사용한다.

62 대규모 자동 살수 관개조직에서 가장 많이 사용되는 살수기로 맞는 것은?

① 분무살수기
② 회전살수기
③ 회전입상살수기
④ 분류살수기

해설
회전입상살수기 : 물이 흐르면 동체로부터 분무공이 올라온다. 대규모의 자동살수 관개조직에서 이용한다.

63 다음 콘크리트 공사에 대한 설명 중 옳은 것은?

① 콘크리트의 배합 방법에는 용적배합, 질량배합, 복식배합이 있는데 복식배합을 하는 것이 가장 정확하다.
② 경사면에 콘크리트를 칠 때는 밑에서부터 쳐 올라간다.
③ cold joint는 온도변화, 기초 부등침하 등에서 균열을 방지하기 위하여 설치한다.
④ 일반적인 구조물 공사의 콘크리트 양생 방법은 손쉬운 막 양생법을 이용한다.

해설
① 콘크리트의 배합은 계량방법에 따라 절대용적배합, 표준용적계량에 의한 용적배합 및 현장계량에 의한 용적배합과 중량배합 등을 규정하고 있다.
③ 콜드 조인트는 굳기 시작한 콘크리트에 이어치기를 할 때 생기는 이음면이다.
④ 습윤양생은 수중 실수 양생을 하는 대중적인 방법이다.

64 모르타르 배합비 1 : 3을 사용하기 적합한 작업은?

① 치장 줄눈, 방수 및 중요한 개소
② 벽돌 쌓기 및 중요개소
③ 미장용 마감 바르기, 쌓기 줄눈
④ 미장용 초벌 바르기

해설
모르타르 배합비(시멘트 : 모래)
• 치장줄눈, 방수 및 중요한 개소 1 : 1
• 중요하지 아니한 개소 1 : 5
• 미장용 초벌 바르기 1 : 4

65 다음 중 표준품셈에서 구분되는 돌 재료의 분류상 설명으로 틀린 것은?

① 다듬돌 : 각석 또는 주석과 같이 일정한 규격으로 다듬어진 것으로서 건축이나 포장 등에 쓰이는 돌
② 호박돌 : 호박형의 천연석으로서 가공하지 않은 지름 10cm 이하 크기의 돌
③ 견치돌 : 4방락 또는 2방락의 것이 있으며, 접촉면의 폭은 전면 1변의 길이의 1/10 이상이고, 접촉면의 길이는 1변의 평균길이의 1/2 이상인 돌
④ 전석 : 1개의 크기가 $0.5m^3$ 이상 되는 석괴

해설
② 호박돌 : 천연석으로서 표면을 가공하지 않은 지름 18cm 이상 크기의 돌이다.

66 벤치를 설치하기 위하여 기초부터 터파기량을 계산하니 1.2m³이고 구조부 체적은 0.8m³였다. 되메우기한 후 흙다지기를 할 때 토량변화율을 고려한다면 잔토처리량은 얼마인가?(단, 토량변화율 $C = 1.0$이고 $L = 1.2$이다)

① 0.40m³   ② 0.80m³
③ 0.84m³   ④ 0.96m³

해설
• 되메우기토량 = (터파기토량 − 기초구조부체적) $\times \dfrac{1}{C}$
　　　　　　 = (1.2 − 0.8) × 1.0 = 0.4m³
• 잔토처리량 = (터파기토량 − 되메우기토량) × L
　　　　　　 = (1.2 − 0.4) × 1.2 = 0.96m³

67 토공사에서 자연상태에서의 터파기의 양이 10m³, 되메우기의 양이 7m³일 때 잔토처리량은 얼마인가?(단, $L = 1.1$, $C = 0.8$, 다짐은 고려하지 않음)

① 2.3m³   ② 3.0m³
③ 4.0m³   ④ 17.0m³

해설
되메우기토량 = 터파기토량 − 잔토처리량
7 = (10 × 1.1) − x
∴ 잔토처리량 = 4m³

68 원지반의 모래질흙 3,000m³와 점질토 2,000m³를 굴착하여 6m³ 적재 덤프트럭으로 성토현장에 반입하고 다졌다. 다진 후의 성토량은 얼마인가?(단, 모래질흙 : $L = 1.25$, $C = 0.88$, 점질토 : $L = 1.30$, $C = 0.99$)

① 6,350m³   ② 5,430m³
③ 4,620m³   ④ 4,530m³

해설
• 모래질흙 성토량 = 3,000m³ × 0.88 = 2,640m³
• 점질토 성토량 = 2,000m³ × 0.99 = 1,980m³
∴ 다진 후의 총 성토량 = 2,640m³ + 1,980m³
　　　　　　　　　 = 4,620m³

69 다음 조경재료 중 할증률을 가장 높게 채택하는 것은?

① 포장용 시멘트, 아스팔트
② 마름돌 시공용의 원석, 석재판 붙임용 부정형돌
③ 목재 판재, 조경수목, 잔디
④ 페인트공의 도료

해설
재료의 할증률(%)
• 포장용 시멘트(2), 아스팔트(2)
• 마름돌 시공용의 원석(30), 석재판 붙임용 부정형돌(30)
• 목재 판재(10), 조경수목(10), 잔디(10)
• 페인트공의 도료(2)
• 붉은 벽돌(3), 시멘트 벽돌(5)

정답 66 ④ 67 ③ 68 ③ 69 ②

70 다음 재료 중 건설공사 표준품셈에 따른 할증률이 적합하지 않은 것은?

① 붉은 벽돌 : 3%

② 조경용 수목 : 10%

③ 목재(판재) : 5%

④ 석재판 붙임용재(부정형 돌) : 30%

해설
재료에 따른 할증률
• 노상 및 노반재료 : 점질토(6%), 모래(6%), 부순돌/자갈/막자갈(4%)
• 강재류
 – 강판(10%), 대형 형강(7%), 원형 철근(5%), 이형 철근(3%), 일반 볼트(5%), 각파이프(5%)
 – 기타 강재류의 할증률
  ⓐ 고장력 볼트(3%), 강관(5%), 소형 형강(5%)
  ⓑ 봉강(5%), 평강/대강(5%), 경량 형강(5%), 리벳(제품)(5%)
• 목재 및 합판 : 각재(5%), 판재(10%), 합판 일반용(3%), 합판 수장용(5%)
• 블록 및 벽돌 : 경계블록(3%), 호안블록(5%), 시멘트 벽돌(5%), 내화 벽돌(3%), 붉은 벽돌(3%)
• 기타 재료의 할증률
 – 조경용 잔디(10%), 테라코타(3%)
 – 도료(2%), 타일(3%)

71 일반적으로 재료의 추정 단위중량을 비교하여 가장 중량이 큰 것은?

① 건조상태의 자갈

② 콘크리트

③ 호박돌

④ 자연상태의 자갈섞인 모래

해설

재료	단위중량
화강암	2.6~2.7ton/m³
자갈	1.6~1.8ton/m³
호박돌	1.8~2.0ton/m³
조약돌	1.7ton/m³
습한 모래	1.7~1.8ton/m³
건조한 모래	1.5~1.7ton/m³
콘크리트	2.3ton/m³
소나무	0.59ton/m³

72 건축부문에서 일위대가표를 작성할 때 일위대가표의 계금 단위표준은 어떻게 적용시키는가?

① 0.1원까지는 쓰고, 그 이하는 버린다.

② 1원까지는 쓰고, 그 미만은 버린다.

③ 1원까지는 쓰고, 소수위 1위에서 사사오입한다.

④ 0.1원까지 쓰고, 소수위 2위에서 사사오입한다.

해설
내역서 금액의 지위는 일위대가표의 금액란은 소수 1위(0.1원)까지, 일위대가표의 소계(계금 단위표준)는 1원 단위까지 구하고, 소수 미만은 버린다. 금액은 0.1원까지 쓰고 계금 단위표준은 1원까지 쓰는 것을 구분해야 한다.

종목	단위	지위	비고
설계서의 총액	원	1,000	이하 버림 (단, 10,000원 이하의 공사는 100원 이하 버림)
설계서의 소계	원	1	미만 버림
설계서의 금액란	원	1	미만 버림
일위대가표의 계금	원	1	미만 버림
일위대가표의 금액란	원	0.1	미만 버림

73 다음 중 원가계산에 의하여 공사비 구성항목을 분류할 때 순공사원가에 속하는 경비 항목이 아닌 것은?

① 연구개발비　　② 복리후생비

③ 가설비　　　　④ 일반관리비

해설
④ 일반관리비 : 기업이 사무실을 운영하기 위해 드는 비용 경비에 해당하는 비용
• 수도광열비, 도서인쇄비, 기계경비, 전력비, 운반비, 지급임차료, 가설비, 보험료
• 연구개발비, 산재보험료, 안전관리비, 특허권사용료, 외주가공비 등

74 조경식재공사 시 다음 조건을 참고하여 산출한 총공사비는?

- 재료비 : 5,000만원
- 직접노무비 : 1,000만원
- 간접노무비율 : 5%
- 산재보험료율 : 15/1,000
- 일반관리비율 : 5%
- 이윤 : 13%
- 총공사비는 천원단위까지만 구하고, 미만은 버리며 부가가치세는 계상하지 않음

① 6,066만원　　　② 6,289만원
③ 6,547만원　　　④ 8,320만원

해설
- 순공사비 = 5,000만원 + 1,000만원 + (1,000만원 × 5%) + (1,050만원 × 15 / 1,000)
　　　　　 = 60,657,500원
- 일반관리비 = 60,657,500 × 5% = 3,032,875원
- 이윤 = (10,500,000 + 157,500 + 3,032,875) × 13%
　　　 = 1,779,748원
∴ 총공사비 = 60,657,500 + 1,779,748 + 3,032,875
　　　　　　 = 65,470,123원

75 건설공사의 원가관리에 대한 설명으로 옳지 않은 것은?

① 총원가는 공사원가와 일반관리비로 구성된다.
② 원가관리는 원가수치를 이용하여 원가절감을 목적으로 원가통계를 하는 것이다.
③ 경비란 직접 물건을 만드는 데 필요한 자재나 노무비용을 말한다.
④ 간접노무비 비율은 계약 목적물의 규모, 내용, 공종, 기간 등에 따라 최근년도에 지불된 노임실적을 기준으로 직접노무비의 합계액에 대한 간접노무비의 비율로 산정한다.

해설
③ 경비 : 순공사비 중 재료비, 노무비를 제외한 비용을 말한다.

CHAPTER 05 기본구조역학

76 힘과 모멘트에 관한 설명 중 옳지 않은 것은?

① 모멘트는 거리에 반비례한다.
② 힘의 1점어 대한 회전능률을 모멘트라 부른다.
③ 힘은 작용점, 방향, 크기로 나타낸다.
④ 크기가 같고 작용선이 평행하며, 방향이 반대인 한 쌍의 힘을 우력이라 한다.

해설
① 모멘트는 거리에 비례한다.

77 다음은 힘에 관한 설명이다. 틀린 것은?

① 힘은 크기, 방향 및 방위, 작용점의 3요소로써 표시한다.
② 힘은 합성과 분해를 할 수 있다.
③ 모멘트(M)는 힘(P)과 힘까지의 거리의 관계(d)이며 $M = P \cdot d^2$로 표시한다.
④ 힘의 중력단위로 표시한다.

해설
③ $M = P \cdot d$로 표시한다.

78 다음은 힘에 관한 설명이다. 힘의 0점에 대한 모멘트 값은?

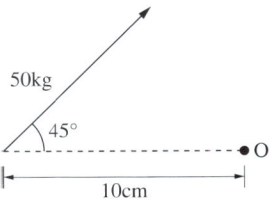

① 353.5kgf · cm　　　② 250kgf · cm
③ 500kgf · cm　　　④ 707kgf · cm

해설
$M = P \cdot d = 50 \times 10 \times \cos 45° \fallingdotseq 353.5$kgf · cm
∵ $\cos 45° \fallingdotseq 0.70710678$
여기서, P : 힘의 크기
　　　　d : 힘점에서 작용점까지의 거리

79 그림과 같은 단순보에 하중이 작용할 때 점 B에 작용하는 굽힘 모멘트의 크기는 몇 Nm인가?

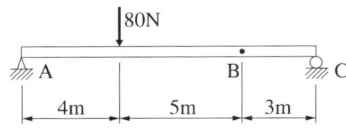

① 26.7 ② 53.3
③ 80.0 ④ 110

해설

$$R_A = \frac{80 \times 8}{12}$$

$$R_C = \frac{80 \times 4}{12}$$

$$M_B = \frac{80 \times 4 \times 3}{12} = 80\text{Nm}$$

80 구조역학에서 구조물의 정지 조건식을 만들기 위한 설명 중 틀린 것은?

① 구조물이 힘을 받으면 어떤 방향으로도 운동을 하지 않는다.
② 구조물이 힘을 받아 작용하면 모든 힘의 합은 영(零)이 된다.
③ 구조물은 입체적으로 생각할 때와 평면적으로 생각할 때 그 조건식이 같다.
④ 구조역학에서 구조물은 보통 평면적으로 취급한다.

해설

힘의 평형 조건식(equation of equilibrium)
• 정지상태에 있을 때 물체는 정적상태에 있다.
• 물체에 작용하는 어떤 외적힘(F)과 모멘트(M)는 완전히 균형상태에 있다.
• 정적 평형상태에 있는 물체의 경우에, 물체에 작용하는 외적힘의 합은 0과 같아야 하고($\sum F = 0$), 마찬가지로 모멘트 합도 0이어야 한다($\sum M = 0$).

81 모멘트(moment)를 바르게 설명한 것은?

① 작용점과 방위와 방향을 말한다.
② 구조물에 하중이 작용할 때의 지점의 반력을 말한다.
③ 힘의 한 점에 대한 회전능률을 말한다.
④ 힘의 압축력을 말한다.

해설

모멘트(moment) : 어떤 점을 중심으로 돌리고 하는 힘의 크기, 즉 회전력을 말한다.

82 다음 그림에서 굽힘모멘트의 최대치는?

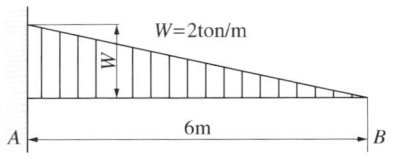

① −4t · m ② −6t · m
③ −8t · m ④ −12t · m

해설

등변분포하중에서의 최대 굽힘모멘트
$$= \frac{\text{하중} \times \text{전체길이}^2}{6} = \frac{2 \times 6^2}{6} = -12$$

83 모르타르를 사용한 담장시공에서 전도(轉倒)의 위험성 고려 시 가장 중요한 것은?

① 설(雪)하중
② 풍(風)하중
③ 수직등분포하중
④ 자중(自重)

해설

② 풍(風)하중 : 구조물에 재난을 주는 빈도가 가장 많은 하중
① 설(雪)하중 : 구조물에 쌓이는 눈의 수직 최심적설량과 구조물의 형상 및 적설의 단위중량의 곱의 형태로 표현되는 하중
④ 자중(自重) : 저울로 용기에 담긴 물건을 달 때, 물건을 들어낸 용기 자체의 무게

84 다음 도심축에 관한 단면 2차 모멘트의 값은?

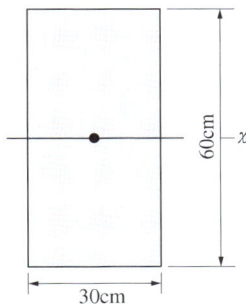

① 54,000cm⁴ ② 90,000cm⁴

③ 540,000cm⁴ ④ 900,000cm⁴

해설
도심축에 대한 사각형의 단면 2차모멘트
$$= \frac{bh^2}{12} = \frac{30 \times 60^2}{12} = 540,000 \text{cm}^4$$

86 다음 보에 걸리는 휨모멘트(bending moment)에 대한 그림의 해설로 올바른 것은?

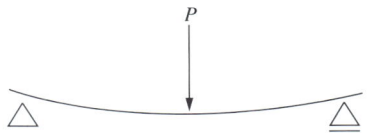

① 보의 상부는 인장력, 하부는 압축력을 받으며 부(−)의 힘으로 작용한다.

② 보의 상부는 인장력, 하부는 압축력을 받으며 정(+)의 힘으로 작용한다.

③ 보의 상부는 압축력, 하부는 인장력을 받으며 정(+)의 힘으로 작용한다.

④ 보의 상부는 압축력, 하부는 인장력을 받으며 부(−)의 힘으로 작용한다.

해설
휨모멘트(bending moment)
부재를 구부려 후어지게 하는 힘. 하향 구부러짐(∪)일 때는 정(+)의 힘으로 작용하고, 상향 구부러짐(∩)일 때는 부(−)의 힘으로 작용한다.

85 다음 그림에서 도심축에 대한 단면 2차 모멘트는 얼마인가?

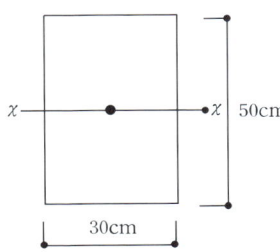

① 31,250cm⁴ ② 312,500cm⁴

③ 37,500cm⁴ ④ 375,000cm⁴

해설
도심축에 대한 사각형의 단면 2차 모멘트
$$= \frac{bh^2}{12} = \frac{30 \times 50^2}{12} = 312,500 \text{cm}^4$$

87 조경 구조물을 역학적으로 해석하고 설계하는 데 가장 우선하여 계산해야 되는 것은 무엇인가?

① 구조물에 작용하는 하중(荷重)

② 재료의 허용강도(許容强度)

③ 구조물의 외응력(外應力)

④ 구조물에 생기는 반력(反力)

해설
구조계산 순서
하중산정 → 반력산정 → 외응력산정 → 내응력산정 → 내응력과 재료의 허용강도 비교

88 다음의 건설재료 중에서 단위 m³당 중량(重量)이 가장 큰 것은 어느 것인가?

① 철근 콘크리트
② 화강석
③ 자갈
④ 목재

해설

② 화강석 : 2,700kg/m³
① 철근 콘크리트 : 2,400kg/m³
③ 자갈 : 1,600~1,900kg/m³
④ 목재 : 800kg/m³

89 퍼걸러의 횡보에는 어떤 외응력을 고려하여 설계해야 하는가?

① 축력과 곡모멘트
② 곡모멘트와 전단력
③ 전단력과 열모멘트
④ 축력과 전단력

해설

퍼걸러는 햇빛을 막아 그늘을 제공하는 구조물로, 기둥과 들보와 보로 구성되며, 곡모멘트(휨모멘트)와 전단력을 고려하여 설계해야 한다.

90 다음 그림의 옹벽에 관한 사항 중 옳은 것은?

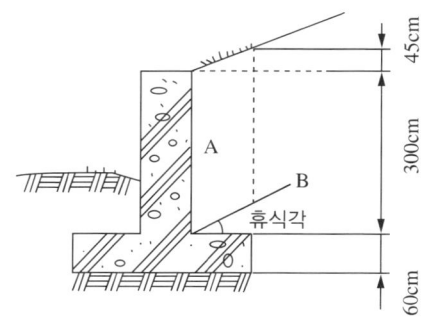

① 무근 콘크리트 구조이다.
② 4m 이하의 높이에 유리한 구조이다.
③ 하중은 옹벽높이 1/3 지점인 1.2m 지점에 수평방향으로 작용한다.
④ 켄틸레버옹벽으로 중력식 옹벽보다 구조상 유리한 단면이다.

해설

중력식 옹벽	무근 콘크리트나 석재. 자중에 의하여 안정 유지. 옹벽의 높이는 실용적으로 3m을 초과하지 않는 것이 좋다.
캔틸레버식 옹벽	옹벽의 높이가 3m 이상 7.5m까지 사용되는 철근 콘크리트 옹벽. 경제성과 시공의 단순성 때문에 많이 이용된다. 이 옹벽은 기초를 앞판(toe), 뒷판(heel) 등으로 하여 수직 벽(stem)과 연결된 3개의 캔틸레버 보로써 구성한다. 이 형식은 역T자형 옹벽이 일반적이다.

문제에 제시된 옹벽은 높이가 3m 이상인 역T자형 캔틸레버옹벽이다.
① 무근 콘크리트 구조는 중력식 옹벽에 이용된다. 캔틸레버옹벽은 철근 콘크리트 옹벽이다.
② 캔틸레버옹벽은 3~7.5m 높이에 사용된다.

91 구조물에 작용하는 하중 중 바람 및 지진 또는 온난한 지방의 눈하중과 같이 구조물에 잠시 동안만 작용하는 하중을 말하는 것은?

① 이동하중 ② 집중하중
③ 고정하중 ④ 단기하중

해설
① 이동하중 : 일정한 크기의 무게가 이동하여 작용하는 하중 (차량)
② 집중하중 : 1점에 집중하여 단독으로 작용하는 하중
③ 고정하중(사하중, 정하중) : 구조물의 자중과 같이 항상 일정한 위치에 정지하고 있는 하중

92 그림과 같은 장주의 좌굴길이의 크기를 옳게 표시한 것은?(단, 기둥의 재질과 단면 크기는 모두 동일하다)

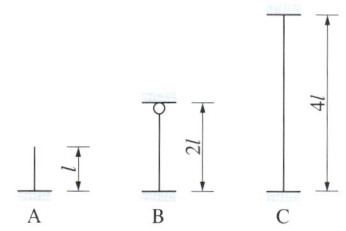

① A = B > C ② A < B < C
③ A = C > B ④ A = B = C

해설
A, B, C의 좌굴계수와 좌굴길이는 다음과 같이 정리할 수 있다.

구분	A 1단 고정 1단 자유	B 1단 고정 1단 힌지	C 양단 고정
좌굴계수	2	0.7	0.5
장주의 길이	l	$2l$	$4l$
좌굴길이 (좌굴계수 × 장주의 길이)	$2l$	$1.4l$	$2l$

93 다음 그림과 같이 콘크리트 담장에서 힘 P에 대한 저항모멘트는 얼마인가?

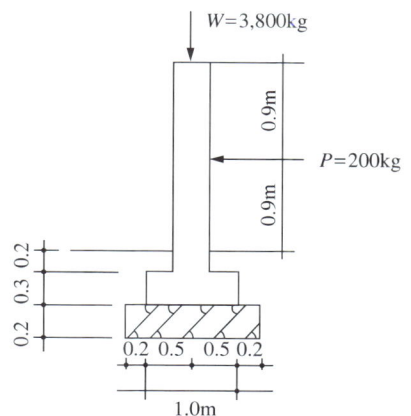

① 280kg · m ② 320kg · m
③ 1,900kg · m ④ 9,100kg · m

해설
저항모멘트 = 3,800 × 0.5
= 1,900kg · m

94 옹벽의 안정성 검토 시 안정조건 설명으로 틀린 것은?

① 옹벽에 작용하는 토압과 옹벽중량의 합력이 옹벽기부의 중앙 삼분점 부분에 작용한다.
② 옹벽의 활동력에 대한 저항력의 안전율은 1.5~2.0을 적용한다.
③ 작용점에서 전도에 의한 저항모멘트값이 회전모멘트값보다 커야만 옹벽이 안정하다.
④ 기초지반에 작용하는 최대압축응력이 지반의 지지력보다 크면 옹벽은 안정하다.

해설
④ 옹벽이 지반을 누르는 힘보다 지지력이 커야, 기초가 부동침하에 대한 안정성이 있다.

95 옹벽에 어떤 힘이 정면에서 배면쪽으로 가해져서 배토가 팽창하여 파괴될 때의 압력을 무슨 토압이라 하는가?

① 압축토압 ② 주동토압
③ 수동토압 ④ 정지토압

해설
③ 수동토압 : 흙이 압축되면서 파괴될 때의 토압으로 옹벽벽체가 배면방향으로 회전 또는 이동할 때 발생
② 주동토압 : 흙이 팽창하면서 파괴될 때의 토압으로 옹벽벽체가 전면방향으로 회전 또는 이동할 때 발생
④ 정지토압 : 구조물의 수평변위 없이 흙이 파괴될 때의 토압으로 구조물이 안정한 상태를 유지할 때 발생

96 옹벽이나 급경사지 등 추락 위험이 있는 놀이터, 휴게소, 산책로에 안전난간을 설계하고자 한다. 다음 중 안전난간의 설명으로 틀린 것은?(단, 조경설계기준을 적용한다)

① 폭은 10cm 이상으로 한다.
② 높이는 바닥의 마감면으로부터 90cm 이하로 한다.
③ 위험이 많은 장소에 설치하는 간살의 간격은 안목치수 10cm 이하로 한다.
④ 철근콘크리트 또는 강도 및 내구성이 있는 재료로 설계한다.

97 옹벽의 안정에 관한 사항 중에서 맞는 것은?

① 옹벽의 전도에 대한 안정은 토압과 자중에 관계한다.
② 옹벽의 미끄러짐에 대한 안정은 허용 지내력에 관계한다.
③ 옹벽의 침하에 대한 안정은 허용응력에 관계한다.
④ 옹벽자체의 단면의 안정은 자중에 관계한다.

해설
옹벽의 전도에 대한 안정
옹벽은 횡방향 토압으로 인하여 저판의 앞굽을 중심으로 회전하여 전도하려고 하므로 옹벽은 이에 대한 저항모멘트가 옹벽을 넘어뜨리려는 전도모멘트의 2배 이상 되도록 안전율을 두어 설계한다.

PART 06

조경관리론

운영관리

01 운영관리 개요

1 조경관리의 개념

(1) 조경관리

① 의의 : 조경이 이루어진 공간의 모든 시설과 식물이 설계자의 설계의도에 따라 운영되고, 이용하는 사람들이 요구하는 기능을 항상 유지하면서 충분히 발휘할 수 있도록 관리하는 것을 말한다.

② 목적

㉠ 조경공간의 질적인 수준을 향상시키고 유지하기 위한 것이다.

㉡ 이용자의 안전하고 쾌적한 이용과 최소의 경비와 인원으로 효율적인 운영 및 관리를 하기 위한 것이다.

③ 범위

㉠ 일반 주택정원부터 대규모 국립자연공원까지 조경공간에 형성되는 모든 조경시설물과 자연물이 대상이 된다.

㉡ 개인 정원, 학교정원, 자연공원, 도시공원, 공공건물 등이 대상 공간이다.

㉢ 도로, 철도, 공업단지의 시설 조경공간도 대상이 된다.

㉣ 화훼 단지는 조경관리 대상 공간이 될 수 없다.

(2) 조경관리의 특성

① 관리 대상자원의 변화성 : 조경은 자연에의 수렴이 목적이나 토목, 건축은 내구성 저하로 인한 유지보수가 목적이다.

② 비생산성 : 농업이나 임업 등은 생산력 극대화를 지향하나 조경은 안정된 자연이 목적이다.

③ 조경공간 기능의 다양성과 유동성

㉠ 다양성 : 정원, 공원, 건축물 주변까지 공간이 다양하고, 규고와 관리에 대한 차이, 녹지 기능에 따라 다양하다.

예 경관녹지, 완충녹지 등

㉡ 유동성 : 레크리에이션 측면이 강화되는 추세가 나타나고 있다.

(3) 조경관리의 구분 ☑ 중요

① 유지관리

ㄱ 조경 식물과 시설물을 이용하기에 적합한 상태로 유지할 수 있도록 점검, 보수하여 공공을
위한 서비스를 제공하는 것이다.

ㄴ 설치목적에 부합하도록 관리하는 것이다(주로 기술적).

ㄷ 휴양시설, 놀이시설, 운동시설, 편익시설, 조명시설 등의 업무기능을 수행한다.

② 운영관리

ㄱ 이용가능한 구성요소를 더 효과적이고 안전하게, 더 많은 사람들이 이용하기 위한 관리이다.

ㄴ 관리대상의 기능을 효율적이며 적절하게 발휘하게 하는 것을 목표로 하는 관리이다.

ㄷ 예산, 조직, 재산, 재무, 제도 등의 업무기능을 수행한다.

③ 이용관리

ㄱ 조경 식물 및 시설물의 보전이라는 차원에서 이용자의 행위를 규제하여 적정한 이용이 되도록
지도・감독한다.

ㄴ 이용자에게 서비스를 제공하여 편리한 이용이 되도록 한다.

ㄷ 잔디, 초화류, 식재수목, 기반시설물, 편익 및 유희시설물, 건축물 등과 관련된 분야이다.

ㄹ 주민참여의 유도, 안전 관리, 홍보, 이용지도, 행사프로그램 주도 등의 업무기능을 수행한다.

더 알아보기 조경관리의 과정

서비스 개시 → 기능의 유지, 확보 → 개선(개선요인, 기능의 감소요인 제거, 기능의 증대) → 개조

---

(4) 이용조사

① 목적

ㄱ 조경공간에서 이용자의 이용실태를 정확히 파악하는 것이다.

ㄴ 이용실태를 파악하고 종합・분석하여 관리계획에 반영하기 위해서이다.

② 내용

ㄱ 이용자 수의 계측 및 이용상황을 추정(시간별, 요일별, 월별, 계절별, 연간별)한다.

ㄴ 이용자의 이용형태와 동태를 분석・계측한다.

ㄷ 이용자의 이용의식 및 심리상황을 조사・파악한다.

(5) 운영관리의 부정적 요인

① 조경공간의 주요 대상이 자연이라는 특성

② 이용주체의 다양화에 따른 예측의 의외성

③ 재료(식물) 규격화의 곤란성

④ 지역 특성에 따른 환경제약(지방성)

❷ 질 및 양의 변화

(1) 조경대상물의 질적인 변화

① 질적 변화의 내용 : 사회적 환경변화로 인한 조경공간의 기능적인 면 또는 대상물의 내적 변화의 요구에 대한 관리계획 필요성에 의해서 발생한다. 특히 도시생태계와 생활환경의 쾌적성 같은 내부적 변화로 발생된다.

② 질적 변화의 특징
　㉠ 질의 변화는 이용자 취향, 관습, 사회, 경제적 변화에 따라 크게 나타난다.
　㉡ 질의 변화는 불가시적으로 쉽게 파악하기가 어렵다.

③ 관리계획
　㉠ 양호한 식생의 확보
　㉡ 개방된 토양면의 확보

(2) 조경대상물의 양적인 변화

① 양적 변화의 내용(시간의 변화에 따른 변화)
　㉠ 조경대상물의 노후나 변질
　㉡ 생물인 경우에는 생장이나 번식으로 인한 외형적 변화
　㉢ 이용자수와 이용형태에 따른 조경대상물 자체에 대한 양적 변화

② 관리계획
　㉠ 부족이 예측되는 시설의 증설 : 출입구, 화장실, 음수대. 휴게시설 등
　㉡ 이용에 의한 손상이 생기는 시설의 보충 : 벤치, 음수대, 울타리, 잔디 등 제반시설물 등
　㉢ 내구연한이 된 각종 시설물
　㉣ 군식지의 생태적 조건변화에 따른 갱신

더 알아보기 | 운영관리의 체계

• 운영관리의 시스템을 구성하는 요소 : 관리조직, 관리인원, 예산
• 관리조직 : 관리대상물의 다양성, 이용자의 요구, 사회적 요구, 사회환경의 변화성 등에 적절히 대응하여 관리업무의 효율을 높이기 위해서는 합리적인 인적ㆍ기술적 관리체계의 확보가 필요하다.
• 관리인원 : 관리작업 내용을 계량화하여 연간작업량, 단위작업률, 과거의 실적을 토대로 각 작업별로 1일당 소요인원을 산출하여 관리계획수립의 기초로 한다.

③ 운영관리방식 ☑ 중요

(1) 직영방식과 도급방식

① 직영방식 : 관리 주체가 직접 운영관리하는 방식이다.

② 도급방식 : 관리 전문 용역 회사나 단체에 운영관리를 의뢰하는 방식이다.

[직영방식과 도급방식의 장단점]

구분	직영방식	도급방식
장점	• 관리책임이나 책임소재가 명확함 • 긴급한 대응이 가능 • 관리실태를 정확히 파악 • 임기응변의 조치가 가능 • 양질의 서비스제공 가능 • 애착심을 가지므로 관리효율의 향상을 꾀함	• 규모가 큰 시설의 관리에 적합 • 전문가를 합리적으로 이용함 • 관리의 단순화 • 전문적 지식, 기술, 자격에 의한 양질의 서비스를 제공할 수 있음 • 관리비가 싸고 장기적으로 안정될 수 있음
단점	• 업무가 타성화되기 쉬움 • 직원의 배치전환이 어려움 • 필요 이상의 인건비 지출 • 인사가 정체됨	• 책임의 소재나 권한의 범위가 불명확함 • 전문업자를 충분하게 활용치 못할 수가 있음
대상 업무	• 재빠른 대응이 필요한 업무 • 연속해서 행할 수 없는 업무 • 진척상황이 명확하지 않고 검사가 어려운 업무 • 금액이 적고 간편한 업무 • 일상적인 유지관리업무	• 장기에 걸쳐 단순작업을 행하는 업무 • 전문지식, 기능 자격을 요하는 업무 • 규모가 크고 노력, 재료 등을 포함하는 업무 • 관리주체가 보유한 설비로는 불가능한 업무 • 직영의 관리인원으로는 부족한 업무

시험에 이렇게 나왔다!   [2020년 제1·2회 통합 산업기사]

다음 중 직영방식의 장점이 아닌 것은?

① 긴급한 대응이 가능하다.   ② 관리책임이나 책임의 소재가 명확하다.

③ 이용자에게 양질의 서비스가 가능하다.   ④ 규모가 큰 시설 등의 관리를 효율적으로 할 수 있다.

해설

규모가 크고 노력, 재료 등을 포함하는 업무는 도급방식의 대상 업무와 관련이 있다.

정답 ④

(2) 운영관리계획

① 이용조사 : 조경공간에 이용자의 이용 상황을 파악한다.

② 양적 변화 : 조경대상물의 노후 변질, 생물의 경우 생장이나 번식으로 인한 변화, 이용자수의 이용형태에 따른 변화성을 찾아 보완·증축하여 이용자의 불편이 없게 한다.

③ 질적 변화 : 사회적 환경변화에서 조경공간의 기능적인 면에서나 대상물의 내적인 변화로 인한 발생, 특히 도시생태계와 생활환경의 쾌적성 같은 내부적 질적변화를 말한다. 도시환경의 저해 요소가 있어 양호한 식생지 및 개방된 토양면을 확보한다.

④ 단위연도당 예산(a) = 작업 전체의 비용(T) × 작업률(P)

　예 작업이 3년에 1회일 경우 작업률은 1/3이다.

시험에 이렇게 나왔다!　　　　　　　　　　　　　　　　　　　　　　　　　　[2018년 제2회 산업기사]

운영관리계획 중 양적인 변화로 관리계획에 필요한 것은?

① 군식지의 생태적 조건 변화에 따른 갱신

② 귀화 식물의 증대

③ 야간조명으로 인한 일장효과의 증대

④ 지표면의 폐쇄로 토양 조건 약화

해설

양적인 변화의 관리계획으로는 부족이 예측되는 시설의 증설, 이용에 의한 손상이 생기는 시설의 보충, 내구연한이 된 각종 시설물, 군식지의 생태적 조건변화에 따른 갱신 등이 있다.

정답 ①

02　운영 · 유지관리계획

1　연간 운영관리계획

(1) 작업계획의 수립

① 작업의 중요도에 따라 우선순위를 정하고, 그에 따른 예산을 계획단계에서 세운다.

② 작업 내용에 따라 직접 인부를 고용하여 일을 추진하거나 용역 회사에 의뢰해야 하는데, 경비의 절감과 일의 성과가 나타날 수 있는 방향으로 시행방법을 선택한다.

③ 정기적 관찰, 점검, 청소와 연간계획을 실시하면서 생기는 변화에 단기적 유지관리계획을 세우고, 시설물, 나무 등에는 5~10년간의 장기 계획 수립이 필요하다.

　㉠ 단기적 유지관리 : 일일 또는 월간 단위의 단기적 유지관리계획은 순회점검, 보수계획, 관찰에 의한 정기적 유지관리가 대상이 되며, 조경시설의 기능유지와 안전확보를 다하기 위해서 불가피한 업무는 정기적인 점검을 한다.

　㉡ 연간 유지관리 : 연간 단위의 유지관리계획은 식물 관리(병충해 방제, 전정 등), 시설의 구조물 콘크리트타설 등이 대상이 되며, 연간기후와 이용상황 등을 고려하여 작성한다.

　㉢ 장기적 유지관리 : 수년에서 수십 년간의 다년간에 걸친 장기적인 유지관리계획에서는 이용자에 의해 손상된 시설의 도장, 각 시설의 보수 및 개량 등을 대상으로 하며, 조경시설 종류에 따라 내용연한을 정하고 보수 · 개선계획을 수립한다. 일반적으로 구조물의 내용연수는 15~30년 정도인 경우가 대부분이다.

조경 수목의 연간 관리 작업

- 낙엽활엽수 전정 : 7~8월, 11~3월
- 상록수 이식 : 3~4월
- 추비 : 생육 도중에 실시
- 제초제 : 6월 중순~9월

(2) 작업의 종류

① 정기 작업 : 청소, 시설물 점검, 수목의 전정, 병해충 방제, 페인트칠 등
② 부정기 작업 : 죽은 나무 제거 및 보식, 시설물의 보수 등
③ 임시 작업 : 태풍, 홍수 등 기상 재해로 인한 피해의 보수

(3) 연간 운영관리계획 수립

① 운영관리는 사회적 배경과 규칙 등을 기반으로 하고, 공공의 이해와 이용자에 대한 고려가 중요하다.
② 운영관리의 실체는 예산, 재무, 조직, 재산, 기능과 권한 등과 관련되어 있다.
③ 연간 운영관리 계획을 세우기 위해서는 조경 공간에 대한 환경과 시설 조건, 그 밖의 제도나 경비 등의 관리 체계를 고려하고, 작업의 종류와 작업 시기에 따라 적합한 계획을 수립해야 한다.
④ 관리의 내용과 공간의 특성, 조성 목적을 고려해야 하며, 자연 조건, 사회적 조건, 그리고 변화에 대한 예상도 감안해야 한다.
⑤ 관리 목표의 결정, 관리 계획의 수립, 관리 조직의 구성, 각 관리 조직의 업무 확정 및 협조 체계 수립, 그리고 관리 업무의 수행이라는 수립절차를 통해 수행할 수 있다.
⑥ 수목 유지관리 계획
　㉠ 전정 : 수형 및 밀도유지를 위해 전지, 전정을 주기적으로 시행한다. 수목의 미관, 수목생리, 생육 등을 고려하며 수형을 정리한다.
　㉡ 기비와 추비 : 기비는 늦가을 낙엽 후 10월 하순~11월 하순의 땅이 얼기 전까지, 또는 2월 하순~3월 하순의 잎피기 전까지 시용하고, 추비는 수목생장기인 4월 하순~6월 하순까지 시용해야 한다.
　　※ 기비 : 작물을 심기 전에 또는 생육이 정지하고 있는 계절에 주는 비료
　　※ 추비 : 작물이 생육을 하고 있을 때 추가로 주는 비료
　㉢ 시비 : 10월 하순~11월 하순, 2월 하순~3월 하순에 실시한다. 생장이 부진한 경우 환상·방사형으로 실시한다.
　㉣ 관수 : 자연관수를 원칙으로 극심한 갈수기에는 관수계획을 수립한다. 고온, 건조, 갈수 등이 극심할 경우 일출, 일몰 시에 시행한다.
　㉤ 제초 : 제초제 사용을 자제하여 환경을 보존하되 불가피한 경우 잡초 발생 전 또는 발생 초기에 예초와 제초를 동시에 병행한다.

ⓑ 병충해 방제 : 사람과 동물에 피해가 적은 약제와 구제방식으로 환경에 내성이 생기는 것을 방지한다.

ⓢ 방풍, 방한 : 특별히 중요한 수목은 방풍막 설치, 짚싸주기, 뿌리덮기, 방풍조치 등 방한대책을 수립한다.

ⓞ 지주목 : 수목 생장에 따라 지주재료를 교체하거나 보수한다. 식재 2~3년 후 수목이 활착하였을 때 지주목을 철거한다.

(4) 연간 운영 관리계획(예)

[○○공원 연간 유지관리계획 총괄표]

구분	작업일정(월)											
	1	2	3	4	5	6	7	8	9	10	11	12
정지·전정(낙엽)					■		■	■			■	■
정지·전정(상록)				■	■				■	■		
정지·전정(관목)					■	■	■	■	■	■		
시비		■	■	■							■	■
병충해 방제	■	■	■	■	■	■	■	■	■	■	■	■
관수			■			■	■	■	■			
지주재 결속	■	■	■			■	■	■	■			

❷ 시설정비보수계획

(1) 시설물 연간 작업계획표 예

구분		항목	월별 작업내용												비고
			1	2	3	4	5	6	7	8	9	10	11	12	
정기적 관리작업	점검	순회점검	–	–	–	–	–	–	–	–	–	–	–	–	경미한 수선 포함
		안전점검						–	–		–				태풍 전
	계획, 수선	전면도장			–	–	–								한랭지는 4월
		도로의 보수				–	–				–	–			봄 또는 가을
	청소	청소	–	–	–	–	–	–	–	–	–	–	–	–	매일 또는 정기적
비정기적 관리작업	일반수선	부분수선 교체			–	–					–	–	–		시설 또는 공정별
	개량	개량, 신설			–	–					–	–	–		계획수립 실시
	재해 대책	방제공사							–						안전점검 직후
		재해복구 공사								–		–			재해 직후
	하자 대책	하자조사	–	–	–	–	–	–	–	–	–	–	–	–	준공 1~2년 후
		하자공사					–				–	–	–		하자조사 후

(2) 시설물의 점검 및 보수 내용 예

시설의 종류	구조	내용 연수	계획 보수	보수 사이클	정기점검보수	보수의 목표
벤치	목재	7년	도장	2~3년	좌판 보수	전체의 10% 이상 파손, 부식이 생길 때(5~7년)
	플라스틱	7년	–	–	• 좌판 보수 • 볼트너트 조이기	• 전체의 10% 이상 파손, 부식이 생길 때(3~5년) • 정기점검 시 처리
	콘크리트	20년	도장	3~4년	파손장소 보수	파손장소가 눈에 띌 때(5년)
그네	철재	15년	도장	2~3년	• 좌판 교체 • 볼트 조이기 • 고리 교체	• 부식도에 따라 조속히(3~5년) • 정기점검 때 처리 • 마모도에 따라 조속히(5~7년)
미끄럼틀	콘크리트 철재	15년	도장	2~3년	미끄럼판 보수	마모도에 따라(5~7년)
원로, 광장	아스팔트 포장	15년	–	–	균열	전면적의 5~10% 균열·함몰이 생길 때(3~5년), 전반적인 노화(10년)
	평탄 포장	15년	–	–	• 평판 고쳐놓기 • 평판 교체	• 전면적의 10% 이상 이탈(3~5년) • 파손장소가 특히 눈에 띌 때(3~5년)
	모래자갈 포장	10년	노면수정	반년~1년	배수정비	배수가 불량할 때 진흙청소(2~3년)
			자갈보충	1년		
분수		15년	전기, 기계조정 점검	1년	• 펌프, 밸브 등의 교체 • 절연성 점검	수중펌프 내용연수(5~10년), 펌프의 마모에 따라 연못, 계류의 순환펌프에도 적용
			물교체, 낙엽제거	반년~1년		
			파이프류 도장	3~4년		
퍼걸러	철재	20년	도장	3~4년	서까래 보수	• 서까래의 부식도에 따라 • 목재 : 5~10년

③ 조직관리

(1) 조직관리의 개념과 필요성

① 조직관리의 개념 : 조직의 구성원들이 자발적으로 조직의 목적 달성에 적극적으로 기여하도록 함으로써 조직의 발전과 함께 개인의 안정과 발전을 달성하게 해 주는 것을 말한다.

② 조직 관리의 필요성

  ㉠ 조직에서 필요한 적정 인원을 확보하는 것이 바람직하며, 이것은 합리적이고 과학적인 인력계획에 의해 달성된다.

  ㉡ 적정 인력계획 : 업무의 효과적인 수행과 경제적인 활용을 위해 단위 조직 또는 업무별로 필요한 인원을 결정하고 이를 유지, 운용, 통제하는 활동을 말한다.

  ㉢ 공원 운영 능률의 향상, 선발 계획 등을 통해 단위 조직 직위 직종별로 필요한 적정 인원을 산정하고, 여러 가지 조건에 따라 정원(定員)을 수정하고 적정하게 유지시켜야 한다.

(2) 조직관리 주요 개념

① 직무

㉠ 직무 분석

- 직무의 성격에 관한 모든 중요한 정보를 수집하고, 이들 정보를 관리 목적에 적합하도록 정리하는 체계적인 과정이다.
- 조직이 요구하는 일의 내용 또는 요건을 정리, 분석하는 과정이다.

㉡ 직무 평가

- 직무 분석에 의해 작성된 직무 기술서 또는 직무 명세서를 기초로 하여 이루어진다.
- 조직에서 직무의 상대적 가치를 타 직무와 비교하여 결정하는 체계적 과정이며, 직무급 제도 실시를 위한 기초 작업이기도 하다.

㉢ 직무 분류

- 동일 또는 유사한 역할이나 능력을 갖는 직무의 집단 즉, 직무군으로 분류하는 것을 말한다.
- 직무군은 하나 또는 둘 이상의 능력 승진의 계열을 가지면서 각각 간단히 대체될 수 없는 전문 지식과 기능 체계를 지닌 것을 말한다.

② 인사고과

㉠ 조직 구성원들의 현재 또는 미래의 능력과 업적을 평가함으로써 각종 인사 시책에 필요한 정보를 획득·활용하는 것이다.

㉡ 오늘날 인사고과의 주요한 목적은 전환 배치, 능력 개발, 공정 처우 등의 수단이 되고 있다.

㉢ 인사고과가 인적 자원 관리상에서 차지하는 위치는 직무 분석과 더불어 합리적인 인적 자원 관리의 기초 정보를 제공해 주는 데 있다.

㉣ 직무 분석이 직무 특성에 관한 정보를 주는 것인데 비해 인사고과는 그에 대응하는 인간 특성에 관한 정보를 제공해 준다.

③ 인적 자원 개발 관리

㉠ 경력 관리(CDP ; Career Development Program)

- 조직에서 개인의 목표와 조직의 목표가 조화되도록 하는 인적 자원 관리제도이다.
- 조직의 입장에서 경력 경로와 경력 요건 등을 설정해 주고, 개인은 자신의 성찰 속에서 가장 적합한 경로를 선택하여 자신의 경력 목표 달성을 위해 부단히 능력 개발을 시도하는 것이다.
- 목적은 인재 확보 및 배분과 종업원의 성취 동기 유발이라고 볼 수 있다.

㉡ 이동·승진 관리

- 인사 이동의 기본 형태에는 수직적 이동, 수평적 이동, 실정에 따른 이동이 있다.
  - 수직적 이동의 예 : 승진
  - 수평적 이동의 예 : 직무 순환
- 승진의 유형 : 신분 자격 승진, 직능 자격 승진, 역직 승진, 직위 승진 등이 있다.

- 교육훈련 관리 : 조직이 환경에 적응하면서 경영 성과를 향상시키려면 인력의 육성, 개발을 강조하여야 한다.

④ 인적 자원 활용 관리
  ㉠ 조직 구조 : 조직의 목표 달성을 이루는 데 필요한 전문화된 활동들을 결정하고, 이 활동을 어떤 논리적인 유형에 따라 집단화시키고, 이런 집단화된 활동들을 특정 직위나 개인의 책임 하에 할당하는 것이다.
  ㉡ 조직 과정 : 인간이 조직 내에서 담당하고 있는 직위 간의 업무 활동이 일상적으로 행하여지는 관계 즉, 업무 활동의 흐름을 말한다.
  ㉢ 조직 설계 : 조직의 목표를 달성하기 위해 조직의 구조를 재구성하거나 변경하는 것이다.
  ㉣ 직무 설계 : 직무를 수행하는 사람에게 의미와 만족을 부여하려고 함과 동시에 생산 조직이 그 목표를 더욱 효율적으로 수행할 수 있도록 일련의 작업과 단위 직무 내용 및 작업 방법을 변경하는 것이다.
  ㉤ 조직 문화 : 조직 구성원들의 활동 지침이 되는 행위 규범을 창출하는 공유된 가치나 신념의 체계이다.
  ㉥ 조직 분위기(조직 풍토) : 조직의 여러 본질적 특성이나 속성에 대한 구성원들의 상대적이고 주관적인 지각의 총체이다.

⑤ 인적 자원 보상 관리
  ㉠ 임금 관리
    - 인적 자원 관리의 핵심적인 관리 활동 가운데 하나로서, 직무 분석이나 인사 고과 등과 밀접히 관련되어 있을 뿐만 아니라 노사 관계에서도 핵심 과제이다.
    - 임금 수준의 결정 요인 : 생계비 수준, 기업의 지불 능력, 사회 일반의 임금 수준 등
    - 임금 체계의 결정 요인 : 필요 기준, 담당 직무 기준, 능력 기준, 성과 기준 등
  ㉡ 복지 후생 관리
    - 복지 후생 : 직원과 구성원의 생활 수준 향상을 위해 시행하는 임금 이외의 간접적인 제급부를 말한다.
    - 임금 이외에 종업원이 받게 되는 급부로서 복지 후생은 임금 관리와 더불어 직원의 다양한 욕구 충족과 노동력 재생산이라는 관점에서 지급되어야 한다.

(3) 조직관리 실행

① 인적 자원 확보 관리
  ㉠ 인력 계획
    - 현재 및 장래에 기업이나 조직이 필요로 하는 인력 요구를 예측하고 결정하는 것이다.
    - 정원 계획, 승진, 이동, 훈련, 임금 계획과 연관되어 있다.

ⓒ 인력 수요 예측
- 기업이나 기관에서 장래에 필요로 하는 인력이 얼마인가를 예측하는 것이다.
- 거시적 방법 : 여러 가지 기법의 활용이 가능한데 기업 전체 또는 직장 단위의 인력 예측을 말한다.
- 미시적 방법 : 직무 또는 작업 단위별로 계산된 인력을 합산하여 소요 인력을 집계하는 방식을 말한다.

ⓒ 인력 공급 예측
- 외부 고용 원칙을 중심으로 한 공급 예측
- 회사 내 외부 고용의 현재 및 장래 상태 예측

ⓔ 모집 관리
- 선발을 전제로 하여 양질의 인력을 조직으로 유인하는 과정을 말한다.
- 사내 모집원 : 인력 기능 목록과 사내 공모 제도를 이용하는 방법이다.
- 사외 모집원 : 광고 활동, 직업 소개소, 현직 종업원에 의한 추천, 교육훈련 기관, 노동조합, 예기치 않은 응모자, 가까운 친족 등을 활용하는 방법이다.

ⓜ 선발 관리
- 모집 후보자 중 자질을 갖춘 사람을 선별하는 과정이다.
- 선발 도구는 시험과 면접으로 대표된다.

ⓗ 배치 관리
- 선발된 인원을 각 직무에 배속시키는 것을 말한다.
- 이동 : 일단 배치된 직원을 필요에 따라 재배치하는 것을 말한다.

② 인력 배치
ⓐ 직무 기술서 작성
- 직무 기술서는 특정한 지위에 있는 개인의 기능, 책임, 작업 관계, 권한과 책임 등을 정의하여 기재한다.
- 직무 명세서에는 직무 기술서에 명시된 기능을 성공적으로 수행하기 위하여 반드시 필요한 개인적인 자질, 능력과 기술 요건 등이 기재되어야 한다.
- 직무 기술서는 기능적인 권한과 책임이 충분히 고려되었는지의 여부를 알려 주며, 종업원의 선발과 교육, 평가에 유용한 자료가 되고, 직무를 맡고 있는 개인에게 그 직무에 필요한 여러 가지 조건을 알려 준다.

ⓑ 직무 명세서 작성
- 직무 명세서는 주어진 지위에 적합한 사람에게 요구되는 교육적 배경, 경험, 기술, 적성 그리고 기타 중요한 자격 요건을 규정한다.
- 직무 기술서와 직무 명세서는 개인과 지위를 연결시켜서 작업상의 기초를 제공하며 조직 구조에 성공적으로 요원을 배치할 수 있도록 도와준다.

ⓒ 인력 배치 원칙
- 당면한 경영 목표를 달성하기 위해 집행해야 할 각종의 업무 활동을 가장 효율적으로 수행할 수 있는 유능한 인재를 확보하도록 노력한다.
- 기업은 인력 효율성을 높이기 위하여 장·단기 노동 생산성 목표와 정원 목표를 설정하여 가장 효율적으로 수행하도록 조정하고, 또 승진·승격을 위한 자질 조건을 갖추도록 하기 위해 각 요원에 대해 유효하고도 적절한 교육훈련을 실시한다.
- 기업은 능력주의의 원칙에 따라 특정한 업무 수행 능력과 특정한 인간관계 처리 능력을 갖춘 인재를 적재적소에 배치하여야 한다.
- 기업은 직원 각자에 할당한, 특정한 업적 표준을 가장 효율적으로 달성시키기 위하여 인포멀 조직(informal group)과 작업 환경을 정비 및 확립하고 유효 적절한 동기를 부여하도록 한다.
- 기업은 신 노사 관계 문화의 창달과 정립을 위한 기업 문화를 구축하고, 직원들이 주인 의식을 가지고 업무에 임할 수 있도록 항상 배려하고 근로 복지의 향상에 힘써야 한다.

❹ 재산관리

(1) 자금 조달과 운용 계획 수립

① 자금 조달 고려사항

ⓐ 자금 조달 시 기본적 고려 사항
- 소요 자금의 액수
- 자금의 용도
- 조달된 자금에 의해 어떻게 경영성과를 향상시킬 수 있는지
- 채무상환 능력 및 계획
- 사업이 순조롭지 못한 경우 추가적 자금 조달에 관한 대안

ⓑ 자금 조달의 영향 요인
- 자금시장의 동향
- 자금조달 시간 및 비용
- 사업의 매력
- 인간 관계
- 경제 및 산업계 동향

② 자금 운영계획 수립

ⓐ 자금 운영계획의 구성요소
- 자금 조달 : 현금이 들어오는 것으로 경영주의 현금, 예금, 생산물 판매대금, 타인 자금의 차입, 경영연도 중 현금수익, 타인으로부터 채권을 상환 받는 자금 등이 모두 포함된다.

- 자금 운용 : 현금이 나가는 것으로 차입금 등 채무의 원리금 상환, 영농자재구입, 노임 등 당기 생산물 생산을 위한 현금, 판매 및 일반 관리비 지불, 가계비, 토지 및 시설장비투자 기타 현금지출 등이 있을 수 있다.
  - ⓛ 자금 운영계획 수립 절차
    - 필요자금의 적절한 평가를 통해 총 소요자금 규모를 예측하고 자금조달계획을 수립한다.
    - 총 소요자금에 대한 자금조달 계획이 수립되면, 자금조달 능력을 검토한다.
    - 자금조달 능력의 적정성 평가이다. 자금조달 능력이 자금조달 계획에 미치지 못하면 사업규모를 조정해야 한다.

(2) 재산관리 규정

① 공유재산의 개념과 범위
  - ㉠ 공유재산 개념
    - 지방자치단체의 부담이나 기부채납 또는 법령에 의하여 지방자치단체의 소유로 된 재산으로서 공유재산 및 물품 관리법에서 정하는 것을 말한다.
    - 사유재산에 비하여 재산의 공공성과 사회성이 크고, 법규의 절차에 따라야 하는 불융통성, 관리 및 이용상의 소극성이라는 특성을 지닌다.
  - ㉡ 공유재산 범위 : 부동산과 그 종물, 선박·부잔교·부선거 및 항공기와 그 종물, 공영사업 또는 시설에 사용하는 중요한 기계와 기구, 지상권·지역권·광업권과 그 밖에 이에 준하는 권리, 저작권·특허권·디자인권·상표권·실용신안권과 그 밖에 이에 준하는 권리, 주식·출자로 인한 권리 및 사채권·지방채증권·국채 증권과 그 밖에 이에 준하는 유가증권·부동산 신탁의 수익권, 건설 중인 재산(부동산, 선박, 부잔교, 부선거, 항공기)이 있다.

② 공유재산의 구분과 종류
  - ㉠ 공용 재산 : 청사, 시·도립학교, 박물관, 도서관, 시민회관, 관사 등과 같이 지방자치단체가 직접 사무용·사업용 또는 공무원의 주거용으로 사용하거나 사용하기로 결정한 재산 및 사용목적으로 건설 중인 재산을 말한다.
  - ㉡ 공공용 재산 : 도로, 제방, 하천, 시·도립 공원, 구거, 유수지 등과 같이 지방자치단체가 직접 공공용으로 사용하거나 사용하기로 결정한 재산 및 사용목적으로 건설 중인 재산을 말한다.
  - ㉢ 기업용재산 : 기업용재산이란 상·하수도, 건설 중인 지하철, 공영개발 사업 등과 같이 지방자치단체가 직접 경영하는 기업용 또는 그 기업에 종사하는 직원의 거주용으로 사용하거나 사용하기로 결정한 재산 및 사용목적으로 건설 중인 재산을 갈한다.
  - ㉣ 보존용재산 : 문화재, 보존림, 민속자료 등과 같이 법령, 조례, 규칙 또는 필요에 의하여 지방자치단체가 보존하고 있거나 보존하기로 결정한 재산을 말한다.
  - ㉤ 일반재산 : 행정재산의 용도 폐지된 재산, 매각하기 위해 취득한 재산 등과 같이 행정목적으로 사용하지 않거나 계획이 없는 행정재산 이외의 모든 재산을 말한다.

(3) 지식재산

① **지식재산의 개념** : 사람, 물건, 돈 등의 유형 자산과는 달리 형태가 없는 무형자산이다.

② **지식재산권의 정의** : 인간의 지적 창작물 중에서 법으로 보호할 만한 가치가 있는 것들에 대하여 법이 부여하는 권리를 말한다.

③ **특허청에서 관장하는 지식재산권**

    ㉠ 특허권 : 원천/핵심기술(대발명)

    ㉡ 실용신안권 : 주변/개량기술(소발명)

    ㉢ 디자인권 : 물건의 디자인

    ㉣ 상표권 : 식별력 있는 기호/문자, 도형

❺ 민원관리

(1) **민원의 개념** : 주민이 행정 기관에 대하여 원하는 바를 요구하는 일을 말한다.

(2) **고질 민원의 발생 원인**

① 고질 민원인의 입장에서의 발생 원인

    ㉠ 민원을 처리하는 초기 단계에서 민원 업무 담당자의 대응 소홀에 대한 불만

    ㉡ 민원인과 민원 업무담당자 사이의 잘못된 의사소통 결과에 대한 불만

② 행정 기관의 입장에서의 발생 원인

    ㉠ 고질 민원인은 특이한 주변 환경에 문제가 있어 발생한다고 생각한다.

    ㉡ 고질 민원인은 개인 성격에 문제가 있어 발생한다고 생각한다.

    ㉢ 고질 민원인은 높은 기대 심리 때문에 발생한다고 생각한다.

조경식물 관리

01 조경수목의 유지관리

1 정지 및 전정

(1) 전정의 뜻

① 조경수목은 꽃, 단풍, 열매, 줄기, 그리고 수형 등의 아름다움을 감상하거나 그늘을 제공해 주는 등의 여러 가지 기능을 한다.

② 수목이 이러한 기능을 발휘할 수 있도록 하기 위해서는 전정을 하여 모양을 유지시켜 주고 생장을 조절해 주어야 한다.

③ 전정 : 목적에 알맞은 수형으로 만들기 위해 나무의 일부분을 잘라 주는 것을 말한다.

④ 전정의 목적 : 미관 향상, 기능 부여, 개화 촉진

> **더 알아보기** 정지와 전정
>
> • 정지 : 수목의 수형을 영구히 보존하기 위해 줄기나 가지의 생장을 조절하여 목적에 맞게 수형을 인위적으로 만들어가는 기초적인 정리작업이다.
> • 전정 : 수목의 관상, 개화결실, 생육상태조절 등의 목적에 따라 정지를 하거나 수목의 발전을 위해 가지나 줄기의 일부를 제거하는 정리작업이다.

(2) 목적에 따른 전정

① 미관에 중점을 두는 경우(나무의 모양 감상에 중점을 두는 전정)

    ㉠ 수목 본래의 수형이나 자연미를 유지할 필요가 있는 나무는 불필요한 줄기나 가지만을 제거하여 원래의 자연 수형이 유지되도록 전정한다.

    ㉡ 형상수(topiary)나 산울타리 등과 같이 강한 전정에 의해 인공적으로 만든 수형은 직선 또는 곡선의 아름다움을 나타내기 위하여 불필요한 줄기나 가지, 잎을 전정한다.

    ㉢ 수목의 식재 장소, 식재 목적에 조화를 이루도록 모양, 높이, 폭 등을 조절하여 전정한다.

② 실용적인 면에 중점을 두는 경우

    ㉠ 차폐, 방음, 방풍, 산울타리 등의 용도로 식재한 수목은 불필요한 가지를 잘라 가지와 잎이 밀생하도록 하여 본래의 목적을 이루도록 한다.

    ㉡ 가로수, 독립수 등은 태풍에 의해 가지가 부러지거나 쓰러지는 것을 막기 위하여 불필요한 가지나 잎을 제거한다.

ⓒ 식재한 수목이 교통 표지판이나 간판, 송전선, 인접 건물 등에 방해가 될 때에는 적당하게 줄기나 가지를 잘라 준다.

③ 생리적인 면에 중점을 두는 경우

　ⓐ 나무의 생육이나 결실을 좋게 하기 위하여 전정하는 경우를 말한다.

　ⓑ 이식한 나무는 흡수하는 수분의 양과 증산량의 균형을 이루기 위하여 가지와 잎의 모양을 고려하여 전정한다.

　ⓒ 꽃나무나 과수는 개화와 결실을 촉진시키고, 병해충을 방제하며, 수광과 통풍을 좋게 하고자 밀생한 가지를 정리하여 전정한다. 특히, 과수는 꽃눈 형성을 조절하여 해거리 현상을 막아 준다.

　ⓓ 늙거나 쇠약한 나무의 수세를 회복시키기 위하여 새 가지로 갱신할 필요가 있을 때 전정을 한다.

(3) 전정의 종류 ☑ 중요

① 생장을 돕기 위한 전정

　ⓐ 묘목을 기를 때 키가 빨리 자라도록 하기 위해 곁가지를 적당히 자르거나, 과일나무나 오동나무 등의 세력이 약한 묘목 밑동을 베어 내어 강한 곁가지를 발생시켜 새로 기르는 방법이다.

　ⓑ 뿌리목에서 나오는 많은 곁움을 그대로 두게 되면 나무의 세력이 약하게 되므로 제거해야 본 줄기가 건강하게 자란다.

　ⓒ 병해충의 피해를 입은 가지, 말라 죽은 가지, 부러진 가지 등을 잘라내는 것도 이에 속한다.

② 생장을 억제하기 위한 전정

　ⓐ 녹음수를 좁은 정원에서 필요 이상으로 자라지 않도록 줄기나 가지를 자르거나, 향나무나 회양목 등의 산울타리처럼 나무를 일정한 모양으로 유지시키기 위한 전정이다.

　ⓑ 소나무의 순지르기, 활엽수의 잎따기도 생장을 억제하는 전정의 한 방법이다.

③ 개화, 결실을 돕기 위한 전정

　ⓐ 개화와 결실을 촉진하기 위하여 실시하는 과일나무 전정과 꽃나무류의 개화를 촉진하기 위하여 실시하는 전정을 말한다.

　ⓑ 감나무 등 과일나무는 그냥 놓아두면 해거리 현상이 심하지만, 매년 알맞게 전정을 해 주면 열매가 해마다 고르게 잘 맺는다.

　ⓒ 장미와 같은 꽃나무류에서 한 가지에 너무 많은 꽃봉오리가 있을 때 솎아 내는 것과 열매가 열리지 않게 잘라 내어 다음 꽃이 빨리 피게 하는 것도 이에 속한다.

　ⓓ 이식 수목은 잎의 일부를 제거하여 뿌리로부터 수분의 흡수와 잎에서 이루어지는 증산의 균형을 맞추어 생리 조절을 목적으로 한다.

④ 생리를 조정하는 전정

　　㉠ 나무를 옮길 때 가지와 잎을 그대로 둔 상태로 식재하면 지하부와 지상부의 생리적 균형이 깨지기 쉬우므로, 가지와 잎을 알맞게 잘라 주는 방법이다.

　　㉡ 이 목적으로 전정할 때에는 수목의 맹아력을 고려해야 한다.

　　㉢ 느티나무, 버즘나무 등과 같이 맹아력이 강한 나무는 상당히 큰 가지를 잘라도 훌륭한 새 가지가 생기나, 소나무와 같이 맹아력이 약한 수종은 주의해야 한다.

⑤ 세력을 갱신하는 전정

　　㉠ 맹아력이 강한 나무가 늙어서 생기를 잃었을 때나 꽃맺음이 나빠지는 겨울에 줄기나 가지를 잘라 내어 새 줄기나 가지로 갱신하는 것을 말한다.

　　㉡ 늙은 과일나무, 장미, 배롱나무, 팔손이 등의 밑동을 자르면 새로운 줄기가 나와 새로운 형태의 나무를 만들 수 있다.

더 알아보기　수목 전정의 원칙

- 무성하게 자란 가지는 자른다.
- 수목이 균형을 잃을 정도의 도장지는 제거한다.
- 수목의 역지, 중하지, 난지는 제거한다.
- 뿌리성장의 방향과 가지의 유인을 고려한다.

시험에 이렇게 나왔다!　　　　　　　　　　　　　　　　　　　[2014년 제2회 기사]

다음 중 정원수 이식 직후에 실시하는 전정의 가장 주요한 목적은?

① 수목의 조형을 위해
② 개화결실을 촉진하기 위해
③ 생리조절을 위해
④ 생장을 조장하기 위해

해설

이식 수목은 잎의 일부를 제거하여 뿌리로부터 수분의 흡수와 잎에서 이루어지는 증산의 균형을 맞추어 생리조절을 목적으로 한다.

정답 ③

---

(4) 전정을 위해 알아두어야 할 수목의 생장 및 개화 습성

① 수목의 생장 습성

　　㉠ 1회 신장형

　　　• 4~6월경에 새싹이 나와 자라다가 생장이 멈춘 후 양분의 축적이 일어나는 신장 생장 형태이다.

　　　• 소나무, 곰솔, 잣나무, 은행나무, 너도밤나무 등과 일반적으로 재배되고 있는 유실수들이 있다.

　　㉡ 2회 신장형

　　　• 6~7월 또는 8~9월에 또 한 차례의 신장 생장이 일어난 후 양분이 축적되는 신장 형태이다.

　　　• 철쭉류, 사철나무, 쥐똥나무, 편백, 화백, 삼나무 등이 있다.

② 수목의 개화 습성

　　㉠ 꽃 피는 나무는 나무 고유의 개화 습성을 가지고 있다.

　　㉡ 장미나 무궁화 등은 꽃눈이 당년에 자란 가지에 분화하여 그 해에 꽃이 피는 형이다.

　　㉢ 매화나무나 개나리 등은 다음 해에 꽃이 피는 형이다.

　　㉣ 사과나무나 배나무 등은 3년생 가지에 꽃이 피는 형이다.

　　㉤ 꽃눈도 가지 끝에 부착하는 경우, 곁눈에 부착하는 경우, 겨드랑눈에 부착하는 경우 등 다양하다.

개화 생리	해당 수종
당년에 자란 가지에 꽃 피는 수종	장미, 무궁화, 배롱나무, 나무수국, 능소화, 대추나무, 포도, 감나무, 등나무, 불두화
2년생 가지에 꽃 피는 수종	매화나무, 수수꽃다리, 개나리, 박태기나무, 벚나무, 수양버들, 목련, 진달래, 철쭉, 복사나무, 생강나무, 산수유, 앵두나무, 살구나무
3년생 가지에 꽃 피는 수종	사과나무, 배나무, 명자나무

③ 수목의 생장 원리

　　㉠ 곁눈보다 정상부 쪽의 눈이 우세하게 신장한다. 즉, 가지 끝눈의 새싹이 나오는 것도 빠르고, 나온 가지도 굵고 우세하며, 교목성의 나무가 관목성의 나무보다 성질이 강하게 나타난다. 상부의 가지를 자르면 남은 눈 중에서 맨위의 눈에서 강한 새싹이 나온다.

　　㉡ 줄기의 밑부분 가지가 윗부분보다 굵게 자라며, 위쪽 부분의 가지는 약하게 자라는 성질이 있다.

　　㉢ 나무의 수분과 양분은 수평 이동보다 수직 이동이 강하게 나타난다.

　　㉣ 뿌리에서 흡수하는 물의 양과 잎에서 증산하는 물의 양은 같게 해 주어야 정상 생육을 하므로, 뿌리를 많이 자르면 가지도 잘라 주어야 한다.

　　㉤ 수목의 주지(주가 되는 가지)는 하나로 자라게 한다.

(5) 전정의 시기

① 전정의 시기는 수종의 생육 및 개화패턴 등의 생리적 특성과 식재 목적, 장소 등의 여건을 고려하여 정한다.

② 상록침엽수의 전정은 동절기를 피하여 10~11월에 시행한다.

③ 상록활엽수의 전정은 생장 정지시기인 5~6월, 9~10월에 시행한다.

④ 낙엽활엽수의 전정은 발아한 잎이 굳어지는 시기(7~8월) 및 낙엽기(11~3월)에 시행한다.

⑤ 협죽도, 배롱나무, 싸리 등 봄에 눈이 신장하여 꽃눈을 만들고 그해에 꽃이 피는 여름 꽃나무 종류의 전정은 가을부터 이듬해 봄의 발아하기 전까지의 기간에 시행한다.

⑥ 수국, 매실, 복숭아, 동백, 개나리, 서향, 치자, 철쭉류 등 봄에 개화하면서 신장한 가지에 5월 중순~9월 경 꽃눈이 분화하는 봄 꽃나무의 전정은 낙화 직후에 시행한다.

⑦ 매실, 복숭아, 개나리, 히어리 등 가지 전체에 꽃눈이 많은 종류는 화아분화 후에 전정하면 꽃이 감소하기는 하나 가지에 꽃눈이 많으므로 수형 위주로 시행한다.

⑧ 시기별 전정 수종 및 요령 ☑ 중요

시기	수종	요령
춘계전정 (3~5월)	상록활엽수 : 참나무류, 녹나무 등	잎기 떨어지고 새잎이 날 때
	낙엽활엽수 : 느티나무, 벚나무 등	신장 생장이 최대인 시기
	침엽수 : 소나무, 반송, 섬잣나무	순꺾기(순지르기 : 적심) 5월 상순
	봄 꽃나무 : 철쭉류, 목련, 벚나무, 진달래	꽃이 진 직후 전정
	여름 꽃나무 : 무궁화, 배롱나무, 싸리	눈이 움직이기 전 이른 봄에 전정
	산울타리 : 향나무류, 회양목, 사철나무	5월말(회양목은 겨울전정 지양)
	유실수 : 복숭아, 꽃사과 등	이른 봄
	동백나무, 목련	눈의 바로 위를 전정
하계전정(6~8월) : 수목의 정상적인 생육장애 요인의 제거 및 외관적인 수 형을 다듬기위해 실시한다.	수목생장 활발기로 수형이 흐트러지고 도장지 발생, 통풍, 일조 불량으로 병충해 피해가 많음	비대 생장, 화아 생성, 동화물질 저장 시기로 약전정을 실시함
	낙엽활엽수 : 단풍나무, 자작나무 등	강전정 피함
	일반 수목	도장지, 도복지, 맹아지 제거
추계전정 (9~11월)	낙엽활엽수 일부	강전정은 동해 유발(약전정 실시)
	상록활엽수 일부	남부 지방만 전정
	침엽수 일부	무른 잎 적심(털어주기)
	산울타리	2회 전정
동계전정(12~2월) : 수형을 잡아주기 위한 굵은 가지 전정으로 수목의 휴면 기간에 실시한다.	낙엽활엽수	긁은 가지 강전정(수형을 잡기 위한)
	상록수	등계전정 지양(내한성이 약함)
	무궁화	다음 해의 신초가 나기 전(10~12월, 2월)
	기타	해토 무렵 실시
기타	장미류	눈이 부풀어 오를 때 실시

더 알아보기 전정하지 않는 수종

- 낙엽활엽수 : 느티나무, 회화나무, 참나무류, 푸조나무, 수국, 떡갈나무 등
- 상록활엽수 : 동백나무, 늦동백나무(산다화), 치자나무, 녹나무, 태산목, 월계수, 만병초, 남천, 다정큼나무 등
- 침엽수 : 나한백, 독일가문비, 금송, 히말라야시다 등

시험에 이렇게 나왔다!   [2017년 제2회 기사]

다음 중 일반적으로 전정을 하지 않는 수종은?

① 소나무   ② 회양목   ③ 향나무   ④ 금송

해설

전정하지 않는 수종
- 낙엽활엽수 : 느티나무, 회화나무, 참나무류, 푸조나무, 수국, 떡갈나무 등
- 상록활엽수 : 동백나무, 늦동백나무(산다화), 치자나무, 녹나무, 태산목, 월계수, 만병초, 남천, 다정큼나무 등
- 침엽수 : 나한백, 독일가문비, 금송, 히말라야시다 등

정답 ④

(6) 전정의 순서와 대상 ☑ 중요

① 전정의 순서
  ㉠ 나무 전체를 충분히 관찰하고 만들고자 하는 수형을 결정한 다음, 수형이나 목적에 맞지 않는 큰 가지부터 전정한다.
  ㉡ 가지를 자를 때에는 수관 위쪽에서부터 아래쪽으로, 수관 밖에서부터 안쪽으로 향해 잘라 나간다.
  ㉢ 가지는 굵은 가지를 먼저 자르고, 그다음에 가는 가지를 자른다.

더 알아보기 ｜ **전정 횟수**

전정 횟수는 수형, 수종, 식재목적, 식재장소 등의 여건을 고려하여 정한다.
- 관목류 : 연간 1회를 기준으로 하며 생울타리, 가로수벽의 전정은 목적에 맞게 연 2~3회 전정한다.
- 교목류 : 연간 1회를 기준으로 하되 수형과 수종, 식재목적, 재장소 등의 여건에 따라 추가하거나 2~3년마다 1회 시행할 수 있다.

---

② 전정의 대상
  ㉠ 웃자란 가지 : 일반 가지에 비하여 자라는 힘이 강해 위로 향하여 굵고 길게 자라는 가지로, 나무의 수형이나 통풍, 수광에 나쁜 영향을 준다.
  ㉡ 말라 죽은 가지 : 말라 죽은 가지는 병해충의 잠복장소를 제공하게 되므로 모두 잘라 버린다. 굵은 가지일 경우 자른 면에서부터 썩어 들어가는 일이 있으므로 자른 면에 방부제를 발라 주는 것이 좋다.
  ㉢ 병해충의 피해를 입은 가지 : 잘라 태워 버린다. 그러나 나무의 생김새로 보아 잘라서는 안 될 가지는 가급적 회복시키도록 한다.
  ㉣ 밑에서 움돋은 가지와 줄기에서 돋은 가지 : 땅에 접해 있는 줄기 밑부분에서 움돋은 가지와 줄기의 중간 부분에서 돋아난 가지를 그대로 방치하면 나무의 생김새가 흐트러지고 나무가 쇠약하게 되므로 잘라 버린다.
  ㉤ 아래로 향한 가지 : 가지는 비스듬히 위를 향하여 자라는 성질을 가지고 있으나, 아래를 향해 자라는 가지는 나무 모양을 나쁘게 하고 가지를 혼잡하게 하므로 잘라 버린다.
  ㉥ 안으로 향한 가지 : 수관의 안쪽을 향해 자란 가지는 나무의 모양과 통풍을 나쁘게 하므로 잘라 버린다.
  ㉦ 얽힌 가지와 교차한 가지 : 다른 가지와 서로 얽혀 있는 가지나, 주가 되는 굵은 가지와 서로 교차하는 가지는 부자연스러운 느낌을 주므로 잘라 버린다.
  ㉧ 그 밖의 가지
   - 같은 부위에서 같은 방향으로 평행하게 나 있는 가지는 둘 중 하나를 잘라 버린다.
   - 나무 맨 위의 새 가지가 둘 이상이 나온 때에는 하나만 남기고 나머지는 잘라 버린다.
   - 건실하게 자라고 있는 가지라도 나무의 모양을 고르게 하는 데 도움이 되지 않는 가지는 잘라 버린다.

- 적심 가위, 순치기 가위 : 연하고 부드러운 가지나 끝순, 햇순, 수관 내의 가늘고 약한 가지를 자를 때 사용한다.
- 적과 가위, 적화 가위 : 꽃눈, 열매를 솎을 때, 과일의 수확에 사용한다.
- 고지가위 : 높은 곳의 가지나 열매를 채취하기 위해(갈고리 전정가위) 사용한다.
- 긴 자루 전정가위 : 자르기 힘든 지름 3cm 이상의 굵은 가지를 자를 때 사용한다.
- 산울타리 전정가위는 전장은 50~100cm, 날의 길이는 15~20cm가 적당하며 수관을 둥글게 하려면 날의 방향을 하향으로 전정한다.
- 전지가위 : 조경 수목, 분재 전정, 지름 3cm 정도의 가지에는 길이가 18~20cm 정도가 편리하다. 지름 1cm 이하인 가지는 전정가위 날 사이에 넣어 단번에 잘라야 하며, 날을 비틀거나 비집어 흔들면 안 된다. 지름 1cm 이상(두꺼운 가지)는 날을 크게 벌려 받쳐주는 날 쪽으로 수직으로 돌리면서 자른다. 앞으로 끌어당기면서 잘라야 한다.

(7) 전정 방법 ☑ 중요

① 굵은 가지 자르기

ㄱ 줄기에서 10~15cm 떨어진 곳에 밑에서 위쪽으로 굵기의 1/3 정도 깊이까지 톱질을 한 다음 톱질한 곳에서 약한 가지 끝 쪽으로 떨어진 곳에서 아래 방향으로 톱질을 하면 스스로의 무게에 의해 떨어져 나가며, 가지는 쪼개지지 않는다.

ㄴ 다음 그림과 같이 남은 가지의 밑동을 톱으로 깨끗이 잘라내어 그림과 같은 모양이 되도록 한다.

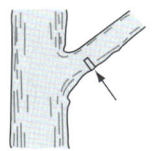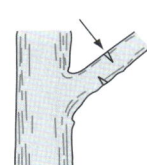

[굵은 가지 자르기]

ㄷ 벚나무, 자귀나무, 목련류, 단풍나무류는 자른 부위에 방부제를 발라 병원균의 침입을 예방하도록 한다.

② 가지길이 줄이기

ㄱ 일정한 길이를 남기고 가지를 자르게 되면 양분과 수분이 남긴 가지의 끝부분에 있는 눈에 집중되므로 새로 나오는 신초(新梢)는 전보다 왕성하게 자랄 수 있다.

ㄴ 일반적으로 가지는 수평방향으로 자라게 하는 것이 일반적이므로 가지의 중간을 자를 때는 아래쪽에 달려 있는 눈(바깥눈)의 바로 위쪽에서 잘라야 한다. 이는 새로 나오는 신초가 가지의 신장방향과 일치하여야 하기 때문이다.

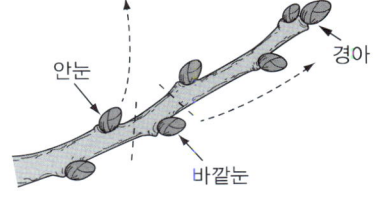

[눈의 위치와 자르는 방향]

ⓒ 가지가 아래로 처지는 수양버들이나 수양벚나무는 위쪽(바깥쪽) 눈을 살린다.

    ※ 바깥눈 위에서 자르면 새로 자라나는 가지는 원래의 방향과 같은 방향으로 자라나려고 하며, 안눈 위에서 자르는 가지는 위를 향해 자란다.

③ 가지숱기 : 굵은 가지 자르기와 마디 위 자르기 작업이 끝난 후 채광이나 통풍을 좋게 하기 위하여 밀생해 있는 가지를 자르는 작업을 말한다.

[가지 자르는 방법]

④ 수관다듬기

    ⓐ 회양목, 주목, 둥근향나무, 명자나무, 화살나무, 개나리, 산울타리와 같이 잔가지와 좁은 잎이 밀생한 나무의 수관을 전정가위로 일률적으로 잘라 버리는 작업을 말한다.

    ⓑ 상록수의 수관다듬기는 1차 생장이 끝난 5~6월경과 2차 생장이 끝난 9~10월경이 적기이며, 꽃나무는 꽃이 진 직후에 해 주는 것이 좋다.

    ⓒ 높은 산울타리를 다듬은 모양은 수관 아랫부분은 약하게 다듬고, 윗부분은 강하게 다듬어 사다리 모양으로 전정한다.

> **더 알아보기** **수관다듬기의 적기**
>
> • 봄 새싹이 자랐다 일시에 멈추는 5~6월
> • 여름에 새싹이 생장한 이후의 9월경
> • 상록수 : 1차 생장이 끝난 5~6월경과 2차 생장이 끝난 9~10월경
> • 꽃나무 : 꽃이 진 직후

⑤ 순지르기 ☑ 중요

    ⓐ 적심이라고도 하며, 식물의 줄기에서 끝부분을 따 주거나 곁가지를 제거하는 것을 말한다.

    ⓑ 새로 나온 연한 순을 자르는 것이다.

    ⓒ 순을 지른 나무는 신초부가 충실해지고 곁눈이 자라서 많은 가지가 나온다. 또한 순지른 부분의 도장이 정지되고 측아발육이 촉진되어 가지가 고르게 배치된다.

    ⓓ 소나무류는 5~6월에 2~3개의 순을 남기고 중심순을 포함한 나머지는 따 버린다. 남긴 순은 자라는 힘이 지나치다고 생각될 때 1/3~1/2 정도만 남겨 두고 끝부분을 손으로 따 버린다.

⑥ 기타

　㉠ 소나무류 : 묵은 잎을 뽑아 토광을 좋게 하면서 생장을 억제한다.

　㉡ 꽃나무류 : 해거리를 막기 위하여 꽃따기, 과일따기를 해준다.

　㉢ 등나무류 : 지상부의 생장이 왕성하여 꽃이 피지 않을 때 가벼운 뿌리끊기로 꽃눈분화를 촉진한다.

⑦ 단근(뿌리자름)

　㉠ 뿌리의 노화 방지, 꽃눈수 증가, 아랫 가지의 발육 성장과 뿌리, 지상부의 균형유지를 위해 실시한다.

　㉡ 근원직경이 4~6배가 되는 곳의 둘레를 40~50cm 깊이로 파고, 직각이나 45° 기울기로 단근한다.

　㉢ 주근일 경우 4~5개를 남기고, 2~3년에 1회 실시한다.

더 알아보기 부정아를 자라게 하는 방법

• 전정 : 지나치게 커진 수목의 전체에 새로운 가지를 자라나게 하여 수목을 젊어지게 한다.
• 적엽 : 지저분해진 나무를 정리하기 위해 우거진 잎이나 묵은 잎을 떼버린다.
• 적아 : 눈이 움직이기 전에 가지의 여러 곳에 나와 있는 눈 가운데에서 불필요한 가지를 제거해 버리는 작업이다.
• 적심 : 지나치게 자라는 가지의 신장 억제를 위해 신초 끝부분을 따버리는 작업이다.
• 깎아 다듬기 : 수관 전체를 대형 전정가위로 고르게 다듬어 구형, 반구형, 타원형으로 만드는 작업이다.

---

(8) 약전정과 강전정

① 개념 : 조경수목은 관상이 주목적이기 때문에 장소에 알맞도록 크기나 수형을 조절해야 한다. 일반적으로 잘라 내는 양이 적으면 약전정이라 하고, 많으면 강전정이라 한다.

② 전정의 강약 고려 조건

　㉠ 어린 나무와 생육이 왕성하여 새 가지의 발생이 잘 되는 나무는 강전정을 해도 되지만, 늙고 쇠약하며 새 가지의 발생이 나쁜 나무는 전정량을 적게 한다.

　㉡ 강전정을 하면 인접한 눈에서 세력이 강한 가지가 나오게 되므로 능수버들이나 단풍나무와 같이 부드러운 느낌을 주는 나무는 약전정을 하여 가는 가지의 발생을 유도하는 것이 좋다.

　㉢ 활엽수류는 일반적으로 강전정을 해도 막눈이 잘 나오지만, 침엽수는 막눈이 나오기 어렵기 때문에 잎을 꼭 남기고 전정하는 약전정을 해야 한다.

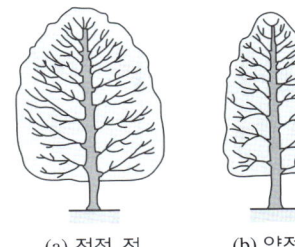 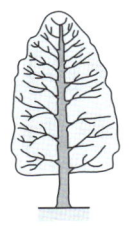  

(a) 전정 전　　(b) 약전정　　(c) 다소 강한 전정　　(d) 강전정

[약전정과 강전정]

(9) 수형 만들기

① 정형의 수형 만들기

㉠ 나무는 수관의 모양에 따라 원추형, 우산형, 원정형, 난형, 원주형, 배상형, 부정형, 반구형, 포복형, 구형, 능수형 등의 수형이 있다.

㉡ 나무를 자연 수형 그대로 가꾸고자 할 때에는 수형 만들기를 할 필요가 없지만, 전정을 통해 원하는 자연 수형을 만들고자 할 때에는 그림과 같이 약간 손질하여 자연 수형을 만들 수 있다.

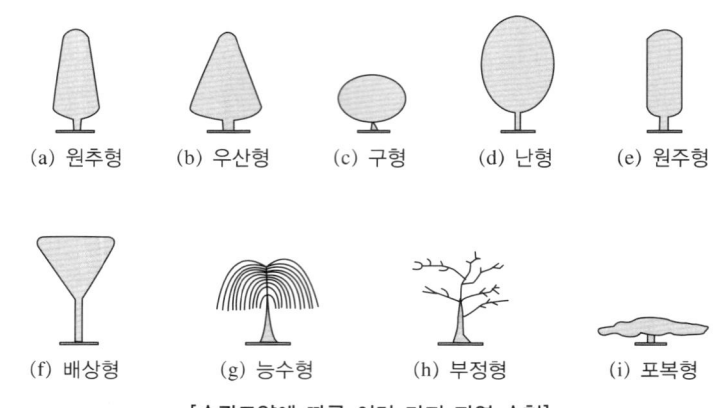

[수관모양에 따른 여러 가지 자연 수형]

② 형상수 만들기 : 여러 가지 형태를 모방하거나 기하학적인 모양으로 수관을 다듬어 만드는 수형을 형상수(topiary, 토피어리)라고 한다.

(10) 교목의 전정과 가지의 유인

① 교목의 전정

㉠ 공원에서 식재한 교목과 가로수는 범위를 크게 잡아 전정하나 이들 나무는 자연 수형을 고려하되, 성목이 되었을 때 지하고가 2.5m 이상 되도록 하여 차량이나 사람이 통행하는 데 방해가 되지 않도록 한다.

㉡ 수관 높이와 지하고의 비율은 6 : 4가 보기에 가장 좋다.

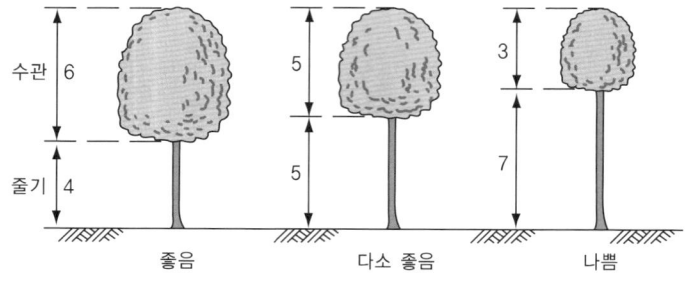

[수관과 지하고의 비율]

② 가지의 유인

  ㉠ 가지의 방향과 각도를 교정하고자 할 때에는 굵은 철사나 끈으로 유인하거나, 대나무를 가지에 묶어 방향을 틀어 주도록 한다.

  ㉡ 묶어 주었던 가지에서 대나무를 풀어도 원위치로 돌아가지 않을 때까지 그대로 놓아 둔다.

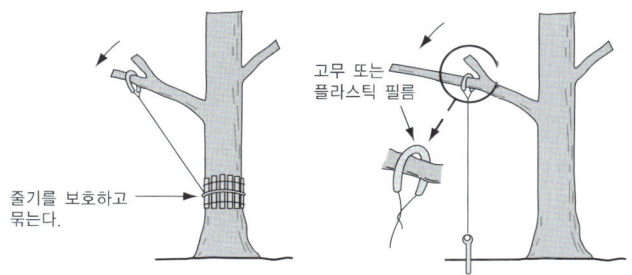

[줄을 이용한 가지의 유인]

더 알아보기 두목작업

크게 자란 나무를 작게 유지하기 위하여 동일한 위치에서 새로 자란 가지를 1~3년 간격으로 모두 잘라 버리는 반복전정을 말한다.

② 시비(거름주기)

(1) 거름주기의 목적

① 조경수목이 건전하게 생육하여 본래의 아름다움을 유지하도록 한다.

② 병해충, 추위, 건조, 바람, 공해 등에 대한 저항력을 증진시킨다.

③ 건강한 꽃을 피우게 하고 과일의 결실을 좋게 한다.

④ 토양 미생물의 번식을 돕고, 식물이 토양의 양분을 이용하기 쉽게 해 준다.

(2) 비료의 의의와 양분 흡수

① 비료 : 식물에 영양을 공급하거나 식물의 재배를 돕기 위하여 토양이나 식물에 공급되는 물질을 말한다.

② 식물체가 토양 양분을 흡수하는 부분은 뿌리털이며, 뿌리털의 길이는 0.15~8mm로서, 수명은 수일 내지 수 주일로 짧지만, 뿌리가 신장함에 따라 계속 발생하므로 양분과 수분의 흡수는 계속 된다.

- 토양구조(Structure of Soil) : 토양입자의 배열 상태, 토양 공극량을 좌우한다.
- 토성(土性) : 토양의 물리적 성질과 관련되고 관수량과 시비량에 영향이 있으며 모래와 점토의 함량비율에 따라 분류된다 (사토, 사양토, 양토, 식양토, 식토 등).
- 수분 : 수목이 흡수해 이용가능한 수분은 모관수와 중력수이다.
- 유효수(pF) : 토양수분이 토양 입자와의 결합력을 나타내는 방법으로, 식물에 유효한 유효수의 범위는 pF 2.7~4.50이다.

(3) 양분 흡수에 미치는 환경조건

① 온도
   ㉠ 뿌리의 양분 흡수 속도는 5℃에서부터 35℃까지 지온이 상승함에 따라 빨라진다.
   ㉡ 광합성 작용은 20~30℃ 정도에서 가장 왕성하고, 그 이하나 그 이상의 온도에서는 감퇴하기 시작한다.

② 광선
   ㉠ 직접적으로는 잎에서 이루어지는 광합성 작용과 증산 작용에 관계가 있다.
   ㉡ 간접적으로는 뿌리의 호흡과 대사 작용에 관계가 있다.

③ 토양공기 : 토양의 통기를 좋게 하기 위해서는 경운을 하거나, 유기물·토양 개량제·뿌리보호판· 분쇄목 등을 사용함으로써 효과를 얻을 수 있다.

④ 토양수분
   ㉠ 토양이 지나치게 습하거나 건조하면 뿌리의 기능이 저하되어 물과 영양 흡수에 지장을 준다.
   ㉡ 건조 상태가 오래 지속되면 잎의 팽압이 낮아져 기공이 좁아지고, 이산화탄소의 흡수량이 적어져 광합성 작용이 저하되므로 수목은 잘 자라지 않게 되며, 어느 한계점이 지나면 물을 공급하더라도 회복하지 못하고 말라 죽게 된다.

(4) 양분 원소와 역할 ☑ 중요

① 식물생육에 필요한 원소에는 16가지의 필수원소가 있는데, 식물이 많이 흡수하는 9가지 원소를 다량원소(C, H, O, N, P, K, Ca, Mg, S)라 하고 소량 흡수되어 식물체의 생리 기능을 돕고 있는 7가지 요소를 미량원소(Fe, Cl, Mn, Zn, B, Cu, Mo)라 한다.

② 탄소와 산소는 공기 중에서, 수소는 물에서, 그 밖의 원소는 토양성분 중에서 공급받는다.

③ 다량원소 중에서도 식물의 생육에 특히 많이 흡수·이용하는 질소, 인산, 칼륨을 거름의 3요소라 하고, 칼슘을 포함하여 거름의 4요소라고 한다.

- 다량원소 : C, H, O, N, P, K, Ca, Mg, S
- 미량원소 : Fe, Mn, Mo, B, Zn, Cu, Cl
- 비료의 3요소(4요소) : 질소(N), 인산(P), 칼륨(K), [칼슘(Ca)]

(5) 비료의 분류

① 비료는 반응, 성분, 모양, 제조방법, 용도 등에 따라 분류할 수 있으며, 비료를 성분에 따라 분류하면 다음과 같다.

구분		성분	비료의 종류
무기질 비료	단식 비료 (단비)	질소질 비료	황산암모늄(유안), 요소, 질산암모늄, 석회질소
		인산질 비료	용성인비, 과인산석회, 중과인산석회, 용과인
		칼륨질 비료	염화칼륨, 황산칼륨
		석회질 비료	재생석회, 소석회
		고토질 비료	황산마그네슘, 수산화마그네슘, 고토석회
		망간질 비료	황산망간
		붕소질 비료	붕사
	복합 비료 (복비)	제1종 복합비료	화성비료, 배합비료
		제2종 복합비료	고형 비료
		제3종 복합비료	흡착 비료
		제4종 복합비료	액체 비료
유기질 비료		동물질 비료	쇠똥, 돼지똥, 닭똥, 뼛가루
		식물질 비료	콩깻묵, 퇴비

② 주요 비료의 역할 ☑ **중요**

㉠ 질소(N)
• 광합성을 촉진시켜 잎이나 줄기 등 수목의 생장에 도움을 준다.
• 부족하면 생장이 위축되고 성숙이 빨라지나 많으면 도장하고 약해지며 성숙이 늦어진다.
• 흡수율(이용률)이 가장 높으나 토양 중 유실되는 양도 많은 비료이다.

㉡ 인산(P)
• 세포분열 촉진, 꽃·열매·뿌리의 발육에 관여한다.
• 부족하면 꽃과 열매가 나빠지고, 많으면 성숙이 촉진되어 수확량이 감소한다.

ⓒ 칼륨(K)
- 꽃·열매의 향기 색깔을 조절한다.
- 부족하면 황화현상이 일어난다.

ⓓ 칼슘(Ca)
- 단백질 합성, 식물체 유기산 중화의 역할을 한다.
- 결핍되면 생장점이 파괴되어 갈색으로 변한다.

ⓔ 철(Fe)
- 산소 운반, 엽록소 생성 촉매작용 등의 역할을 한다.
- 부족하면 잎조직에 황화현상이 일어난다.

ⓕ 황(S) : 호흡작용, 콩과식물의 근류형성에 관여하며, 결핍할 경우 단백질 합성이 늦어지고 침엽수는 잎의 끝부분이 황색이나 적색으로 변한다.

ⓖ 붕소(B) : 꽃의 형성, 개화 및 과실 형성에 관여하며, 부족하면 잎의 변색, 착화 곤란, 뿌리 생장 저하가 나타난다.

③ 비료의 지속성에 따른 분류
ⓐ 속효성 비료 : 비료의 효과가 빠르게 나타나는 비료이다.
　예 요소, 황산암모늄, 과인산석회, 염화칼륨 등

ⓑ 완효성 비료 : 비료 성분이 천천히 용출되는 비료로, 시비 효과가 천천히 나타나고 오랫동안 지속된다.
　예 깻묵, 피복비료 등

ⓒ 지효성 비료 : 비료 효과가 늦지만 오랫동안 지속된다.
　예 퇴비, 구비, 가축 부산물 등

(6) 거름주는 시기와 분량

① 조경수목류의 시비
ⓐ 수종과 크기를 고려하여 비료의 종류와 시비량 및 시비횟수를 결정한다.
ⓑ 조경수목류 시비기준

구분	시비기준			
	비료의 종류		1회 시비량 및 유형	시비횟수
화목류	유기질 비료		5~20kg/주(밑거름)	1회/년
	화학비료	질소(N)	6g/m^2(밑거름), 10g/m^2(웃거름)	2회/년
		인산(P_2O_5)	6g/m^2(밑거름), 10g/m^2(웃거름)	2회/년
		칼륨(K_2O)	6g/m^2(밑거름), 10g/m^2(웃거름)	2회/년

구분		시비기준			
		비료의 종류		1회 시비량 및 유형	시비횟수
조경 수목류	관목·소교목	유기질 비료		5kg/주(밑거름)	1회/년
		화학비료	질소(N)	10g/m^2(웃거름)	1회/년
			인산(P$_2$O$_5$)	10g/m^2(웃거름)	1회/2년
			칼륨(K$_2$O)	20g/m^2(웃거름)	1회/2년
	중교목 (수고 2.0~4.0m)	유기질 비료		10kg/주(밑거름)	1회
		화학비료	질소(N)	10g/m^2(웃거름)	1회/년
			인산(P$_2$O$_5$)	10g/m^2(웃거름)	1회/2년
			칼륨(K$_2$O)	20g/m^2(웃거름)	1회/2년
	대교목 (수고 4.0m 이상)	유기질 비료		20kg/주(밑거름)	1회
		화학비료	질소(N)	10g/m^2(웃거름)	1회/년
			인산(P$_2$O$_5$)	10g/m^2(웃거름)	1회/2년
			칼륨(K$_2$O)	20g/m^2(웃거름)	1회/2년

ⓒ 화목류의 밑거름(기비)은 이른 봄에 퇴비(우분, 돈분, 계분 등에 왕겨, 짚, 톱밥 등을 섞어 부식시킨 것) 등 완효성 유기질 비료와 질소(N), 인산(P$_2$O$_5$), 칼륨(K$_2$O) 각각 6g/m^{2}를 추가하여 시비한다.

ⓔ 화목류의 웃거름(추비)은 꽃이나 열매가 관상 대상인 수목에 관상기가 끝난 후 수세를 회복시키기 위하여 실시하거나 가을에 실시한다. 가을에 시비하는 웃거름에 질소질 비료가 많으면 내한성이 약해져서 동해를 받기 쉬우므로 질소, 인산, 칼륨 각각 10g/m^{2}의 기준을 지킨다.

ⓜ 일반 조경수목류의 밑거름은 유기질 비료를 늦가을 낙엽 후 땅이 얼기 전(10월 하순~11월 하순) 또는 2월 하순~3월 하순의 잎 피기 전에 연 1회를 기준으로 시비한다.

ⓗ 일반 조경수목류의 웃거름은 화학비료를 수목생장기인 4월 하순~6월 하순에 1회 시비한다.

ⓢ 이식한 수목, 수세가 쇠약해진 수목은 엽면시비, 영양제 수간주사를 시비하여 빠른 수세회복이 이루어질 수 있도록 한다.

② 잔디 시비

ⓐ 초종을 고려하여 연간 시비량을 결정하며, 비료의 종류는 질소 : 인산 : 칼륨이 3 : 1 : 2 또는 2 : 1 : 1의 비율이 되도록 한다.

ⓑ 매년 밑거름으로 퇴비 등의 유기질 비료를 1~2kg/m^{2}을 기준으로 1회 시비한다.

ⓒ 웃거름으로는 화학비료를 질소 : 인산 : 칼륨의 비율이 3 : 1 : 2 또는 2 : 1 : 2가 되도록 시비한다.

ⓓ 화학비료의 시비 횟수는 들잔디 및 금잔디는 3회 이상 나누어 주며 켄터키블루그래스 등의 한지형 잔디는 최소한 6회 이상 나누어 주어야 하며 7, 8월의 시비는 피하거나 줄여야 한다.

ⓔ 화학비료의 1회 시비량은 질소, 인산, 칼륨 성분이 각각 3g/m^2, 1g/m^2, 2g/m^2 이상 되도록 한다.

ⓗ 초종별 잔디의 시비기준

초종	연간 시비량				연간 시비 횟수 (유기질 비료 1회 시비 포함)
	유기질 비료 (kg/m²/년)	화학비료(g/m²/년)			
		질소	인산	칼륨	
한국잔디	1~2	10~20	3.3~10	6.7~20	4회
톨페스큐	1~2	15~25	5~12.5	10~25	4회
켄터키블루그래스	1~2	20~40	6.7~20	13.3~40	6~9회
퍼레니얼라이그래스	1~2	15~25	5~12.5	10~25	6~9회
크리핑벤트그래스	1~2	20~40	6.7~20	13.3~40	12~18회
파인페스큐류	1~2	10~15	3.3~7.5	6.7~15	4회
버뮤다그래스	1~2	20~40	6.7~20	13.3~40	6~9회

③ 초화류 시비

    ㉠ 초종을 고려하여 시비량과 시비 횟수를 결정한다.

    ㉡ 화단 초화류는 집약적 관리가 요구되므로 가능한 한 유기질 비료를 밑거름으로서 연간 1회, 화학비료를 웃거름으로서 연간 2~3회 시비한다.

    ㉢ 밑거름은 유기질 비료를 1년에 1차례 1~2kg/m²의 기준으로 시비한다.

    ㉣ 웃거름은 화학비료를 연간 2~3회씩 1회당 질소(N), 인산(P_2O_5), 칼륨(K_2O) 성분이 각각 5g/m² 이상 되도록 시비한다.

(7) 시비 방법 ☑ 중요

① 표토 시비법

    ㉠ 땅의 표면에 직접 비료를 주는 방법으로 토양 내 이동이 빠른 질소 시비가 적합하다.

    ㉡ 질소(N)시비의 경우에는 이 방법이 좋으나, 인(P)이나 칼륨(K)에는 좋지 않은 시비 방법이다.

② 토양 내 시비법

    ㉠ 시비용 구덩이를 파고 시비하는 방법으로 비교적 용해하기 어려운 비료의 인, 칼슘, 칼륨 등의 시비에 효과적이다.

    ㉡ 구덩이는 20~25cm, 폭은 20~30cm로 토양수분이 적당히 유지될 때 시비한다.

    ㉢ 시비 방법으로는 대상 시비법, 윤상 시비법, 선상 시비법이 있다.

③ 엽면시비법 ☑ 중요

    ㉠ 비료를 물에 희석하여 나뭇잎에 직접 살포한다.

    ㉡ 체내 이동이 잘 안 되는 미량원소가 부족하거나 이식 후 활착이 잘 되도록 할 때나 뿌리가 건강하지 못한 수목에 일시적으로 사용한다.

    ㉢ 쾌청한 날 아침, 저녁에 살포하며 물 100mL당 60~120mL 사용한다.

    ㉣ 미량원소 중 체내 이동이 잘 안되는 Fe, Mn 등의 결핍 시에 활용된다.

    ㉤ 수용액을 고압분무기로 잎에 직접 뿌려 주는 방법으로서 수용성 비료를 사용해야 한다.

ⓑ 농도를 되도록 약하게 하되 연속으로 시비한다.

ⓢ 이식 후나 뿌리가 장해를 받았을 경우에 실시한다.

ⓞ 약액이 고루 부착되도록 점착제를 사용함이 효과적이다.

ⓩ 살포 시기는 한낮을 피해 맑은 날 아침이나 저녁때가 적합하다.

④ 수간주사법(수간주입법)

　　ⓖ 여러 방법의 시비가 곤란한 경우나 효과가 낮은 경우에 사용하며 인력과 시간이 많이 소요되므로 특수한 경우에 적용한다.

　　ⓛ 수액이동과 증산작용이 활발한 4~9월의 맑은 날에 실시한다.

　　ⓒ 수피(樹皮)에 구멍을 내어 비료성분을 주입하는 시비법이다.

　　ⓡ 수간에 20~30° 정도의 하향각도로 구멍을 뚫는다.

　　ⓜ 흉고지름에 따라 주입 약액을 조절한다.

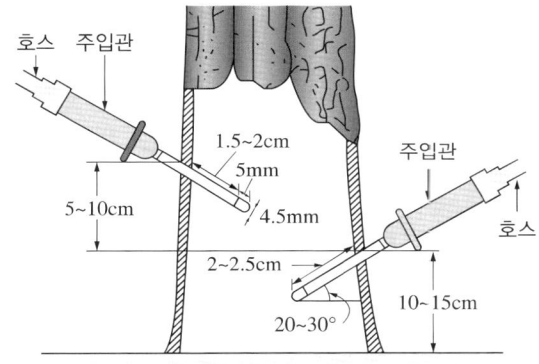

[수간주사 주입 방법]

⑤ 전면시비법

　　ⓖ 수목을 식재하기 전에 토양 표면에 밑거름을 깔고 경운하거나 수목이 밀식되어 한 그루마다 거름을 줄 수 없는 경우 토양 전면에 거름을 주는 방법이다.

　　ⓛ 작은 나무들이 가깝게 식재된 경우 적합한 시비 방법이다.

⑥ 윤상 시비법 : 수관 폭을 형성하는 가지 끝 아래의 수관선을 기준으로 하여, 환상으로 깊이 20~25cm, 너비 20~30cm 정도로 둥글게 파고 알맞은 양의 거름을 주는 방법이다.

⑦ 격윤상 시비법 : 윤상 거름주기의 형태이기는 하나, 윤상의 거름 구덩이가 연결되어 있지 않고 일정한 간격을 두고 거름을 주는 방법으로, 다음 해에 구덩이 위치를 바꾸어 준다.

⑧ 방사상 시비법

　　ⓖ 수목의 밑동으로부터 밖으로 방사상 모양으로 땅을 파고 거름을 주는 방법이다.

　　ⓛ 파는 도랑의 깊이는 바깥쪽일수록 깊고 넓게 파야 하며, 수관선을 중심으로 하여 깊이는 수관 폭의 1/3 정도로 한다.

　　ⓒ 교목이 넓은 간격으로 식재된 경우 적합한 시비 방법이다.

⑨ 천공시비법

　　㉠ 수관선상에 깊이 20cm 정도의 구멍을 군데군데 뚫고 거름을 주는 방법으로, 물거름을 비탈면에
　　　 줄 때 적용한다.

　　㉡ 물거름이 아닌 것은 거름을 넣고 가볍게 덮어 준다.

　　㉢ 뿌리가 많은 관목의 집단에 적합한 시비 방법이다.

⑩ 선상 시비법

　　㉠ 산울타리처럼 수목이 띠 모양으로 군식되었을 때, 식재된 수목 밑동으로부터 일정한 간격을
　　　 두고 도랑처럼 길게 구덩이를 파서 거름을 주는 방법이다.

　　㉡ 쥐똥나무 생울타리에 적합한 시비 방법이다.

⑪ 관목 시비법 : 소규모의 군식인 경우에는 윤상 거름주기 또는 천공 거름주기를 한다. 대규모의
　 군식인 경우에는 무기질 거름은 균일하게 전면 살포한다.

❸ 조경수목의 보호(관수, 월동 관리 등)

(1) 추위로부터의 보호

① 동해

　　㉠ 짚싸기 : 내한성이 약하거나 이식하여 세력이 떨어진
　　　 나무를 보호하기 위해 실시한다.

　　㉡ 짚 덮어주기

　　　• 추위에 약한 관목류와 지피 식물을 보호하는 방법으
　　　　로, 지표면에 짚이나 낙엽을 덮어 주면 지표면이 어는
　　　　것을 어느 정도 완화시켜 준다.

　　　• 겨울을 나기 위해 내려오는 벌레들을 속에 숨어들게
　　　　하였다가 봄에 태워 죽이기 위해 가을에 수목들의 줄
　　　　기 중간부분에 짚이나 거적을 감아둔다.

　　㉢ 흙묻이

　　　• 추위에 약한 나무가 얼어 죽는 것을 방지하기 위하여
　　　　가지를 묶은 다음 지상으로부터 40~50cm 정도 높이를 흙으로 묻는다.

　　　• 추위에 약한 나무가 얼어 죽는 것은 추위로 인한 직접적인 피해를 입은 것보다는 기온의
　　　　변화에 따라 줄기가 얼었다 녹았다 하는 현상이 되풀이되면서 세포가 파괴되기 때문이다.

② 서리의 해 : 첫서리는 늦가을 목질화가 채 이루어지지 않은 연약한 가지에 피해를 주며, 늦서리는
　 이른 봄에 자라기 시작한 새순과 잎에 손상을 준다.

│ 기출 Point │ 동해

• 동해가 예상되는 장소에 식재한 수목은 일
　반적으로 기온이 5℃ 이하로 하강하면 방
　한조치를 하여야 한다.

• 식물체의 온도가 0℃ 이하로 내려가서 세
　포조직의 결빙과 원형질 분리를 일으키게
　되고, 식물체 조직 내에 결빙이 일어나서
　그 조직이나 식물체가 죽게 된다.

• 철쭉류에 시들음 방지제(Wilt-Pruf)를 잎
　에 살포한다.

• 근원경의 5~6배 넓이로 수목 주위에 피트
　모스 또는 낙엽을 깔아준다.

• 전나무 주변 토양은 0℃ 이하로 내려가기
　전 흠뻑 젖도록 충분히 관수한다.

• 상해는 맑은 밤에 많고, 흐린 날에는 적다.

• 건조한 토양보다 습한 토양에 발생하기 쉽다.

• 성목(成木)보다 어린 나무에서 발생이 많다.

• 오목한 지형에서 동해가 더 많이 발생한다.

③ 상렬

    ⊙ 추위에 의하여 나무의 줄기 또는 수피가 수선 방향으로 갈라지는 현상을 상렬이라 한다.

    ⓒ 상렬은 늦겨울이나 이른 봄 남서면의 얼었던 수피가 햇빛을 받아 조직이 녹아 연해진 다음 밤중에 기온이 급속히 내려감으로써 수분이 세포를 파괴하면서 껍질이 갈라져 생긴다.

    ⓒ 상렬의 피해가 많이 나타나는 수종은 수피가 얇은 단풍나무·배롱나무·일본목련·벚나무·밤나무 등이며, 지상 0.5~1m 정도에서 피해가 많다.

> **더 알아보기** **한상**
>
> 저온에 의한 피해로 주로 열대나 아열대 식물에 발생하여 신진대사가 정지되고 세포질의 활성이 상실되는 생리기능의 장해를 일으켜 고사하는 것을 말한다.

(2) 건조로부터의 보호

① 관수 : 나무는 뿌리에서 수분을 흡수하나, 잎에서 증산작용을 하기 때문에, 흡수량보다 증산량이 많으면 잎이 위축되거나 심하면 말라 죽게 된다. 관수는 건조를 막기 위한 가장 적극적인 방법이다.

    ⊙ 관수의 효과

      • 수분은 원형질의 주성분을 이루며, 탄소동화작용의 직접적인 재료가 된다.

      • 양분을 용해하고 흡수하여 신진대사를 원활하게 한다.

      • 세포액의 팽압에 의해 체형을 유지한다.

      • 증산으로 인한 잎의 온도 상승을 막고 나무의 체온을 유지한다.

      • 지표와 공중의 습도를 높여 증발량을 감소시킨다.

      • 토양의 건조를 막고 생육 환경을 형성하여 나무의 생장을 촉진시킨다.

      • 식물체 표면의 오염 물질을 씻어 내고 토양 중의 염류를 제거한다.

    ⓒ 관수의 요령 ☑ **중요**

      • 건조가 계속되면 나무가 시들기 전에 관수해야 한다.

      • 초기에 관수를 하면 시든 나무가 회복되나, 토양수분이 더욱 감소하여 어느 한계점(위조점)을 지나면 관수를 하더라도 정상으로 회복하지 못한다(위조 현상).

      • 관수할 때에는 물이 땅속 깊이 스며들도록 충분히 해 주어야 한다.

      • 이식할 때에는 물집을 만들어 관수를 한다.

      • 물을 효율적으로 주는 방법으로 점적 관수가 있으며, 넓은 면적 관수에는 스프링클러에 의한 방법이 효과적이다.

      • 물을 주는 시간은 한낮은 피하고 아침이나 저녁이 좋다.

      • 관의 토양 중 깊이는 다른 관리 작업에 의해 파손되지 않도록 충분히 깊어야 하며, 겨울철에는 물을 빼서 동파의 가능성을 줄여야 한다.

- 관수는 시간을 두고 토양 깊숙이 침투할 정도로 실시하고, 지표면에 물이 고이지 않을 정도로 하여야 한다.
- 관수는 충분한 양의 물을 주되 겉흙이 마를 때 하는 것이 좋다.
- 땅이 흠뻑 젖도록 관수한다.
- 잎과 줄기에도 관수하는 것이 좋다.
- 필요시 영양제를 혼합하여 관수하여도 좋다.
- 관수 시 실시하는 ET(evapotranspiration)의 측정 : 식물의 호흡과 토양으로부터 증산되어 단위시간당 유실되는 수분의 양을 말한다.
- 식물의 관수량을 결정하는 요소 : 토양의 포장용수량, 토양의 침투율, 토양의 유효수분함량

시험에 이렇게 나왔다!

[2018년 제1회 산업기사]

초화류 관수(灌水) 시 일반적으로 유의하여야 할 점으로 틀린 것은?

① 여름의 관수는 직사일광이 강한 정오 전후의 시간대는 가능한 한 피한다.
② 관수는 충분한 양의 물을 주되 겉흙이 말랐을 때 하는 것이 좋다.
③ 관수는 소량의 물을 매일 주는 것이 가장 효과적이다.
④ 관수는 시간을 두고 토양 깊숙이 침투할 정도로 실시하고, 지표면에 물이 고이지 않을 정도로 하여야 한다.

해설

초화류 관수시기
- 자연석을 쌓은 곳은 자주 관수한다.
- 봄, 가을은 오전 9~10시에 관수해준다.
- 여름은 건조 상태를 봐서 오전, 오후 관수한다.
- 겨울에는 10~11시에 관수해준다.
- 토양 깊숙이 침투할 정도로 실시한다.

정답 ③

더 알아보기 **수목의 관수 방법**

- 침수법 : 나무 주위에 도랑을 파서 물이 천천히 스며들도록 하는 방법이다.
- 도랑식 관수법 : 투수율, 도랑의 경사도 및 유속 등에 따라 도랑을 통해 비교적 균일하게 관수할 수 있다.
- 스프링클러식 관수법 : 스프링클러로 관수 시 스프링클러의 체계나 설계, 수목 및 풍향조건 등에 따라 관수의 균일성이 달라진다.
- ※ 점적식 관개에 쓰이는 에미터(emitter)
  - 주로 교·관목이나 지피식물 관개에 이용된다.
  - 에미터 주변에는 자갈을 채워 출구들이 막히는 현상을 방지해야 한다.
  - 에미터에 의한 관수는 희석효과가 있어 근부의 염분축적이 감소된다.

ⓒ 관개 방법
- 지표 관개법(surface irrigation) : 수로나 웅덩이 등을 설치하여 표면에 흘려 보내 관수하는 방법이다.

- 살수 관개법(sprinkler irrigation) : 공중으로부터 물을 살포하는 방법으로 일시에 넓은 곳에 관수하거나, 균일하게 관수할 때 좋고 노동력을 절감할 수 있으나, 지표면이 유실될 우려가 있고 필요 이상으로 많은 수분 공급으로 식물생육에 지장을 줄 수 있다.
- 지하 관개법(sub-surface irrigation) : 지하에 유공관 등을 설치하여 관개하는 방법이다.
- 점적식 관개법(drip irrigation) : 물이 한 방울씩 떨어지도록 하는 방법으로 염분이 있는 물에 적합한 방법이며 물의 효용도가 가장 높은 관수 방법이다.

② **줄기감기** : 이식한 나무의 줄기로부터 수분 증산을 억제하거나, 해충의 침입을 방지하기 위하여 새끼나 마대로 줄기를 감아 주며, 또 그 위에 진흙을 발라 주기도 한다.

③ **그 밖의 방법**

㉠ 나무 줄기 주위의 지표면에 짚이나 분쇄목 등으로 멀칭을 해 준다.

㉡ 나무 주위를 얕게 김을 매 준다.

㉢ 두엄을 흙 속 깊이 충분히 넣어 준다.

㉣ 키가 작은 나무는 햇빛을 가려 준다.

(3) 바람으로부터의 보호

① **폭풍의 피해** : 폭풍은 나무의 줄기·가지·잎에 손상을 주고, 동화 작용을 저해하며, 조경시설물을 파괴하는 등 짧은 시간에 여러 가지 피해를 복합적으로 준다.

② **조풍의 피해** : 조풍이란 바다로부터 소금기를 품고 불어오는 바람을 말하며, 일반적으로 식물은 염분이 0.5% 이상의 농도일 때 대부분 생육에 방해를 받고, 토양 내의 미생물 발육에도 영향을 끼쳐 유기물의 분해를 방해한다.

③ **풍해의 예방**

㉠ 방풍림 조성

- 주풍이 불어오는 곳에 방풍림을 조성한다.
- 방풍림은 바람이 불어오는 방향에 대하여 직각으로 길게 조성해야 한다.
- 방풍림을 만들기 위한 나무는 심근성 수종으로, 줄기와 가지가 강인하고 잎이 치밀하게 달리는 나무가 좋다.
- 겨울의 방풍 효과를 위해서는 상록수를 식재해야 한다.
- 방풍림의 너비는 10~20m 정도는 되어야 효과가 있다.

㉡ 가지치기 : 수관에 닿게 될 바람의 압력을 줄이기 위해 굵은 가지는 물론 밀생한 가지, 웃자람가지, 꺾어지기 쉬운 가지 등을 제거한다.

㉢ 지주 설치 : 바람에 의해 흔들리거나 쓰러지는 것을 방지하여 활착이 잘 되도록 하기 위한 것이며, 갓 옮겨 심은 교목류에는 반드시 지주를 세워 주어야 한다.

(4) 더위로부터의 보호

① 껍질 데기는 나무가 뜨거운 직사 광선을 받았을 때 수피의 일부에서 급속한 수분 증발이 일어나 형성층 조직이 파괴되어 껍질이 말라 죽는 현상을 말한다.

② 일반적으로 껍질이 얇고 코르크층이 발달하지 않는 수종에 피해가 많다.

③ 어린나무에는 생기지 않고, 가슴높이 지름이 15~20cm 정도 되는 굵은 나무의 서쪽이나 남서쪽으로 향한 줄기에 일어나기 쉽다.

(5) 강수로부터의 보호

① 비에 의한 피해 : 배수가 안 되거나 붕괴의 위험이 있는 곳에서는 미리 배수구나 속도랑을 설치한다.

② 눈에 의한 피해

ㄱ 건조한 눈이 나무 위에 쌓이는 것에 의한 피해는 적으나, 눈송이가 크고 습한 것은 부착력이 커서 가지나 잎 위에 쌓이게 되면 눈의 무게로 나뭇가지가 휘거나 부러지며, 심할 때에는 나무가 뿌리째 넘어지기도 한다.

ㄴ 일반적으로 침엽수가 활엽수보다 피해가 크다.

(6) 공해로부터의 보호

① 대기오염물질

ㄱ 식물은 이산화탄소를 제외한 모든 배기가스에 의해 피해를 입는다.

ㄴ 식물 생육에 해를 주는 배기가스로는 아황산가스, 일산화탄소, 질소산화물, 탄화수소, 황화수소 등이 있는데, 이 중에서 가장 많은 피해를 주는 것은 아황산가스이다.

ㄷ 이러한 대기 오염 물질은 단독으로 피해를 주기도 하지만, 햇빛을 받으면 서로의 화학적 반응에 의하여 더욱 해로운 물질을 형성하므로 나무에 큰 영향을 끼친다.

② 피해 증상

ㄱ 급성 피해

• 배기가스의 농도가 높을 때 발생한다.

• 침엽수의 잎 끝이 노란색이나 적갈색으로 변색되고, 심하면 잎이 떨어져 수관이 엉성해지며, 나무가 쇠약해져 결국 죽게 된다.

• 활엽수는 잎 가장자리 또는 잎맥 사이에 황백색, 회백색 또는 갈색의 반점이 생기며, 기공 부근과 해면 조직이 파괴된다.

ㄴ 만성 피해

• 배기가스의 농도가 낮을 때에는 오랜 기간에 걸쳐 잎의 엽록소가 천천히 파괴되어 황화 현상이 나타나게 된다.

• 활엽수의 경우에는 잎이 갈색으로 변하며, 나무가 죽지 않으나 세력이 떨어지고, 생장이 더디게 된다.

(7) 노목이나 쇠약해진 나무의 보호

나무가 쇠약해지거나 말라 죽는 원인으로는 생리적인 노쇠 현상을 비롯하여 양분의 결핍, 기상, 이식, 병해충 등이 있는데, 이러한 여러 가지 현상들이 서로 연관되어 점진적으로 쇠약해진다.

① 수간주사 : 쇠약한 나무, 이식한 큰 나무, 외과 수술을 받은 나무, 병해충의 피해를 입은 나무 등에 수세를 회복시키거나 발근을 촉진하기 위하여 인위적으로 영양제, 발근 촉진제, 살균제 및 침투성 살충제 등을 나무 줄기에 주입한다.

② 뿌리 보호판 : 가로수나 녹음수는 밟힌 토양으로 인한 공기 유통의 불량으로 뿌리의 호흡이 곤란해진다. 또, 늙은 나무나 쇠약해진 나무는 뿌리의 기능이 약하므로 뿌리 보호판 설치 등 적절한 보호 조치를 해 주어야 한다.

③ 엽면시비

  ㉠ 약해, 동해, 공해 등으로 나무의 세력이 약해졌을 때에는 잎에 양분을 공급하여 나무의 세력을 회복시킨다.

  ㉡ 잎에 시비하는 방법 : 맑은 날 오전을 택하여 요소(0.5%)나 영양제 등을 알맞은 농도로 희석하여 나무의 지상부 전체가 충분히 젖도록 분무기로 살포해 준다.

④ 나무의 외과 수술

  ㉠ 천연 기념물, 보호수, 노거수 및 희귀목 등은 환경 적응력이 약해졌으므로 인위적·생물학적으로 피해를 입기 쉽다.

  ㉡ 이러한 고목들이 줄기, 뿌리, 수피 또는 가지에 발생한 상처로 인해 쇠약해지고 말라죽는 것을 막기 위하여 부패부분을 제거하고, 살균·살충제를 처리한 후 부후균이 다시 침입하지 못하도록 방수·방부제를 처리한다.

  ㉢ 부패하여 제거한 부분을 그대로 방치하면 부패가 확산되므로 동공 부분을 조직과의 접착력이 강하며, 수분 침투가 안 되는 충전제로 충전시킨다.

  ㉣ 동공 충전 후 빗물 등의 스며듦을 막기 위하여 방수 처리를 하고, 인공 수피 처리와 수지 처리를 하여 외과 수술을 마무리한다.

  ㉤ 수술의 시기 : 외과 수술은 나무의 생장이 왕성하여 유할 조직의 형성이 좋은 4월에서부터 5월 사이에 하는 것이 좋다.

  ㉥ 수술의 실행

   • 나무의 외과 수술은 부패부 제거, 수피 보호, 살균 처리, 살충 처리, 방부 처리, 방수 처리, 동공 충전, 매트 처리, 인공 수피 처리, 수지 처리 등의 순서로 작업하며, 필요에 따라 쇠쬠 작업, 지주목 설치 등을 하기도 한다.

   • 수술 작업 후 나무의 세력 회복을 위해서는 영양제 수간 주입, 토양 관수, 엽면시비 등을 시행한다.

작업종별 적정기계

- 굴착 : 파워셔블, 백호, 클램셸, 트랙터셔블, 불도저, 리퍼 등
- 적재 : 셔블계 굴착기(파워셔블, 백호, 클램셸), 트랙터셔블 등
- 운반 : 불도저, 덤프트럭, 벨트 컨베이어, 케이블크레인 등
- 다짐 : 로드롤러, 타이어롤러, 탬핑롤러, 진동롤러, 진동콤팩터, 레버 등

02 병해충 관리

❶ 병원의 분류

(1) 생물성 원인 : 전염성병, 기생성병

① 병원체에 의하여 전염·발병되는 병

② 바이러스, 파이토플라스마, 세균 곰팡이(진균), 선충 등에 의한 병

(2) 비생물성 원인 : 비전염성병, 비기생성병

토양의 조건, 기상 조건 및 유해 물질에 의해 발생

(3) 병해용어

① 병원 : 병을 발생하게 하는 원인이 되는 것

② 병원체 : 병원이 생물이거나 바이러스일 때

③ 병원균 : 병원이 세균, 진균일 때

④ 주인 : 병 발생의 주 요인

⑤ 유인 : 병 발생의 2차적 원인

⑥ 감수성 : 수목에 병원이 걸리기 쉬운 성질

⑦ 전반 : 병원체가 여러 가지 방법으로 다른 곳이나 다른 식물체에 운반되는 것

(4) 병원체의 확인

로버트 코흐(R. Koch's)의 4원칙에 의하여 병의 발생이 미생물에 의한 것이라는 것을 증명했다.

① 미생물의 환부 존재

② 미생물의 분리·배양

③ 미생물의 접종

④ 미생물의 재분리

(5) 병원체의 월동방법

① 기주의 생체 내에서 잠재 월동 : 털녹병균, 빗자루병균, 식물성 바이러스, 파이토플라스마

② 병환부 또는 죽은 기주체상에서 월동 : 줄기마름병균, 탄저병균, 잎떨림병균

③ 종자에 붙어 월동 : 갈색무늬병균, 묘목의 모잘록병균

④ 토양 중에서 월동 : 묘목의 잘록병균(모잘록병균), 근두암종병균(뿌리혹병균), 자줏빛날개무늬병
   균 및 각종 토양 서식 병원균

❷ 수병의 발생

(1) 병징(symptom)과 표징(sign)

① 병징 : 병든 식물에 나타나는 모든 가시적 변화, 즉 병든 식물 자체의 조직변화

② 표징 : 병원체 자체가 병든 식물체상의 환부에 나타나 병의 발생을 알리는 것

(2) 기주교대

① 기주식물 : 병원체가 이미 침입하여 병든 식물

② 기주교대 : 이종 기생균이 생활사를 완성하기 위하여 기주를 바꾸는 것

③ 이종기생균 : 식물병원균 중에서 그의 생활사를 완성하기 위하여 두 종의 서로 다른 식물을 기주로
   하는 녹병균

④ 동종기생균 : 생활사 모두를 동종의 식물에서 끝내는 녹병균

⑤ 중간기주 : 기주교대가 이루어지는 두 종의 기주식물 중에서 경제적 가치가 적은 것

(3) 기주식물 및 중간기주 ☑ 중요

병명	기주식물 (녹병포자, 녹포자세대)	중간기주 (여름포자, 겨울포자세대)
잣나무 털녹병	잣나무	송이풀, 까치밥나무
소나무 혹병	소나무	졸참나무, 신갈나무
소나무 잎녹병	소나무	황벽나무, 참취, 잔대
잣나무 잎녹병	잣나무	등골나무, 계요등
포플러 잎녹병	포플러	일본잎갈나무
전나무 잎녹병	전나무	뱀고사리

※ 식물병의 3대 발병요인 : 1. 일조부족, 2. 병원체의 밀도, 3. 기주식물의 감수성

다음 중 소나무 혹병의 중간기주로 적합한 것은?

① 송이풀   ② 졸참나무   ③ 까치밥나무   ④ 향나무

해설

중간기주

• 소나무 혹병 : 졸참나무, 신갈나무   • 포플러 잎녹병 : 일본잎갈나무(낙엽송)
• 잣나무 털녹병 : 송이풀, 까치밥나무   • 전나무 잎녹병 : 뱀고사리

정답 ②

❸ 주요 조경수목병 관리 ☑ 중요

(1) 침엽수의 병해와 방제

① 잎마름병

ㄱ 피해

• 주목, 소나무, 곰솔, 잣나무 등에 발생하며, 병원균이 잎을 침해한다.

• 병든 잎이 갈색으로 변하여 일찍 떨어지므로 생장이 뚜렷하게 저하된다.

• 곰솔과 소나무는 주로 1~2년생 묘목에 많이 발생한다.

ㄴ 병징 : 봄철에 띠 모양의 황색 반점들이 침엽의 윗부분에 형성되고, 나중에 갈색으로 변하면서 반점들이 합쳐진다.

ㄷ 방제 : 병든 묘목을 발생 초기에 태운다. 구리제를 5월 하순부터 8월까지 2주 간격으로 살포하면 방제 효과가 크다.

② 잣나무 털녹병

ㄱ 피해

• 주로 15년생 이하의 잣나무에 발생한다.

• 나무줄기의 형성층을 파괴하여 병든 부위가 부풀면서 윗부분이 말라 죽는다.

ㄴ 병징

• 병원균이 잎의 기공으로 침입하여 줄기로 전파하며, 잎에는 황색의 미세한 반점을 형성한다.

• 균사가 침입한 줄기에는 수피가 황색으로 변하고, 2년 후에는 적갈색으로 변하며 부풀고, 8월 이후에는 점질상 물방울이 나타나며, 이듬해 봄에 수피를 파괴한다.

ㄷ 방제

• 중간기주인 송이풀과 까치밥나무류를 제거하고, 잣나무 높이의 1/3까지 가지치기를 한다.

• 잣나무 묘포에 8월 하순부터 10일 간격으로 구리제를 2~3회 살포한다.

(2) 활엽수의 병해와 방제

① 흰가루병

ㄱ 피해 : 밤나무, 참나무류, 느티나무, 감나무, 배롱나무, 단풍나무, 개암나무, 붉나무, 오리나무, 장미 등에 발생하며, 어린 눈이나 새순이 침해를 받으면 위축되어 기형이 되고, 나무의 생육이 떨어진다. 주로 늦가을에 심하게 발생하여 조경 수목의 미관을 많이 해친다.

> **기출 Point** │ **흰가루병**
>
> 주야의 온도 차이가 클 때 많이 발생하며 석회유황합제, 폴리옥신 또는 지오판 수화제 등을 살포하면 효과적으로 구제할 수 있다.

ㄴ 병징 : 장마철 이후부터 잎 표면과 뒷면에 흰색의 반점이 생기며, 점차 확대되어 가을이 되면 잎을 하얗게 덮는다. 그 후 갈색을 띤 작은 알갱이가 흰 분말 사이에 형성된다.

ㄷ 방제 : 봄에 새눈이 나오기 전에는 석회황합제를 1~2회 살포하며, 여름에는 만코지 수화제, 지오판 수화제, 베노밀 수화제 등을 2주 간격으로 살포한다.

② 녹병

ㄱ 피해

- 장미과 중 특히 배나무, 사과나무에 피해를 주어 과일의 질과 생산량을 저하시키며 적성병을 일으키는 포자를 형성한다.
- 향나무 줄기 및 가지의 수피를 뚫고 동포자를 형성하는 균은 향나무의 가지 및 줄기를 말라 죽게 한다.

ㄴ 병징

- 봄에 향나무의 잎과 줄기에 갈색의 돌기가 형성되며, 비가 와서 수분이 많아지면 황색의 한천 모양으로 부푼다. 이때, 동포자는 발아하여 장미과 식물로 옮겨간다.
- 6~7월에 장미과 식물의 잎, 열매 등에 노란색 반점이 나타나고, 그 중앙에 흑색점이 생긴다.
- 한국잔디에 흔히 발생하며, 잎이나 잎 끝에 등황색의 반점이 생기고 반점으로부터 황갈색 가루가 발생한다.

ㄷ 방제 : 향나무 부근에 장미과 나무를 심지 않도록 하며 향나무에 만코지 수화제, 폴리옥신 수화제 4-4식 보르도액 등을 살포하고, 중간기주에는 4월 중순~6월까지 티디폰 수화제, 마이탄 수화제 등을 10일 간격으로 살포한다.

③ 그을음병

ㄱ 피해 : 소나무류, 주목, 대나무, 배롱나무, 감나무, 감귤 등에 피해를 준다. 나무가 말라 죽는 일은 없으나 동화 작용 부족으로 수세가 쇠약해지며, 미관이 손상되어 관상 가치가 떨어진다.

ㄴ 병징 : 가지, 줄기, 과일 등에 그을음을 발라 놓은 것처럼 보이며, 깍지벌레·진딧물 등 흡즙성 해충의 배설물에 2차적으로 기생하는 부생성 그을음 병균에 의한 경우가 대부분이다.

ㄷ 방제

- 휴면기에 기계유 유제를 살포, 발생기에 메티온 유제를 살포하여 깍지벌레를 구제한다.
- 질소질 거름의 과다도 발병 원인의 하나이므로 과용을 삼가고, 직접 방제로는 만코지, 티오판 수화제를 살포한다.

(3) 기타 병해와 방제

① 갈색무늬병

    ㉠ 개나리, 라일락, 굴거리, 무궁화, 식나무, 피라칸타, 황매화 등에 피해를 준다.

    ㉡ 주로 봄부터 가을 사이에 발생하며, 발생 전에 농약을 예방 살포하는 것이 바람직하다.

    ㉢ 보르도액, 만코지 수화제, 마네브 수화제, 동 수화제 500~600배액을 살포한다.

② 잘록병(立枯病)

    ㉠ 나무의 지체부가 침해, 갈색으로 변하고 실처럼 잘록해져 넘어지며, 토양에서 감염된다.

    ㉡ 씨뿌림상을 씨뿌림 1개월 전에 클로로피크린으로 소독하여 예방한다.

    ㉢ 종자는 우스프름이나 메르크론 1,000배액으로 1시간 정도 소독하여 예방한다.

    ㉣ 병 발생 시 우스프름이나 메르크론 1,000배액을 병이 발생한 씨뿌림상에 물뿌리개로 흠뻑 관주한다.

③ 빗자루병

    ㉠ 마이코플라스마에 의한 빗자루병

        • 피해 : 대추나무, 오동나무, 붉나무 등에서 발견되며 마름무늬매미충의 매개충에 의해 매개전염된다.

        • 방제 : 메프 수화제, 비피 유제를 6~10주 간격으로 살포하고, 옥시테트라사이클린계 항생제를 수간주사하며 병든 가지를 제거한 후 소각한다.

    ㉡ 자낭균에 의한 빗자루병

        • 피해 : 벚나무, 대나무 등에서 발견된다.

        • 방제 : 이른 봄에 병든 가지를 잘라 소각하며, 꽃이 진 후 보르도액, 만코지 수화제를 2~3회 나무 전체에 살포한다.

(4) 소나무재선충과 참나무 시들음병

① 소나무재선충

    ㉠ 공생관계에 있는 솔수염하늘소의 몸에 기생하다가 소나무 잎을 갉아 먹을 때 나무로 침입해 소나무가 말라 죽는 병이다.

    ㉡ 매개충의 확산경로 차단을 위한 항공·지상 방제를 하며, 재선충과 매개충을 동시에 제거하기 위한 고사목 벌채 및 훈증을 한다.

② 참나무 시들음병

    ㉠ 병원균 : *Raffaelea quercus-mongolicae*(라펠리아 속의 신종 곰팡이)

    ㉡ 매개충 : 광릉긴나무좀으로 졸참, 갈참, 상수리, 서어나무 등에 서식하며 수세가 약한 나무나 잘라놓은 나무의 목질부의 심재 속을 파먹어 들어가기 때문에 목재의 질이 약해진다.

    ㉢ 병원균을 지닌 매개충이 생목에 침입하여 변재부에서 곰팡이를 감염시키면 침입 갱도에 따라 퍼지게 되면서 도관을 막아 수분과 영양분을 차단한다.

ⓔ 방제 : 소구역 모두베기, 벌채 및 훈증, 지상약제 살포(6월 중순경 페니트로티온 유제 50%를 500배로 희석, 10일 간격 3회 이상), 유인목 설치, 끈끈이트랩 설치(1.5m 높이 설치)

시험에 이렇게 나왔다!   [2019년 제2회 산업기사]

소나무재선충을 매개하는 곤충은?

① 맵시벌   ② 솔수염하늘소   ③ 솔곤봉하늘소   ④ 짚시벼룩좀벌

해설

소나무재선충은 공생관계에 있는 솔수염하늘소의 몸에 기생하다가 소나무 잎을 갉아 먹을 때 나무로 침입해 소나무가 말라 죽는 병이다.

정답 ②

❹ 주요 조경수목 해충과 방제

(1) 해충 구분

① 곤충의 형태

ⓐ 머리, 가슴, 배로 구분된다.

ⓑ 가슴이나 배에 구멍이 있고, 구멍을 통해 기관호흡하며 해충 방제 시 약제가 기관호흡으로 체내에 침입한다.

② 변태

ⓐ 완전변태 : 알 → 애벌레 → 번데기 → 성충

ⓑ 불완전변태 : 알 → 애벌레 → 성충

ⓒ 과변태 : 알 → 유충 → 의용 → 용 → 성충

③ 곤충의 분류

　ㄱ 노린재목 : 조경수목에 많은 피해를 주는 종류

　　예 거품벌레류, 매미충류, 진딧물류, 개각충류, 방패벌레류

　ㄴ 나비목 : 나비와 나방으로 불리는 종류로 수목에 극히 많은 주요 해충

　　예 주머니나방류, 꿀벌레나방류, 먹나방류, 노랑쐐기나방류, 명나방류, 유리나방류, 잎말이나방류, 자나방류, 밤나방류, 어스렝이나방류, 솔나방류

　ㄷ 딱정벌레목 : 갑충류, 주로 유충에 의한 천공성 식해이나 성충은 잎을 먹는 종류도 있다.

　　예 풍뎅이류, 바구미류, 나무좀류, 비단벌레류, 하늘소류, 잎벌레류

　ㄹ 벌목 : 천적류도 포함되어 있지만 잎벌류 등의 중요 해충도 포함된다.

　　예 혹벌류, 잎벌레, 송곳벌레, 가위벌레

(2) 해충 관리 ☑ 중요

① 해충 개요

강명	목명	분류	가해습성
곤충강	나비목	나방류	식엽성, 천공성
	노린재목	방패벌레류	흡즙성
	딱정벌레목	나무좀류, 하늘소류	천공성
		잎벌레류, 풍뎅이류	식엽성
		바구미류	식엽성, 천공성
	매미목	깍지벌레, 진딧물류	흡즙성
	벌목	잎벌류	식엽성
		혹벌레류	충영형성
	파리목	혹파리류	충영형성
거미강	응애목	응애류	흡즙성, 충영형성

② 가해습성에 따른 분류

　ㄱ 흡즙성해충 : 깍지벌레, 응애류, 진딧물류, 방패벌레류

　ㄴ 식엽성해충 : 노랑쐐가나방, 독나방, 버들재주나방, 솔나방, 어스렝이나방, 짚시나방, 참나무재주나방, 텐트나방, 흰불나방, 오리나무잎벌레, 잣나무넓적잎벌

　ㄷ 천공성해충 : 미끈이하늘소, 박쥐나방, 버들바구미, 소나무좀, 측백하늘소

> **기출 Point** ▎**측백하늘소**
> 성충의 발생 및 산란시기 : 3~4월

　ㄹ 충영형성해충 : 밤나무혹벌, 솔잎혹파리, 혹진딧물류, 혹응애

　ㅁ 묘포해충 : 거세미나방, 땅강아지, 풍뎅이류, 복숭아명나방

③ 해충 방제
  ㉠ 생물학적 방제
    • 천적류를 이용, 해충을 구제 또는 억제하는 것으로 해충과 천적이 자연계에서 균형을 유지하도록 해 해충의 큰 피해 발생을 억제하는 방법이다.
    • 천적의 종류로는 조류, 어류, 양서류, 포유류와 같은 척추동물과 곤충, 응애, 거미 등과 같은 절족동물이 있다. 이들 천적은 해충을 직접 잡아먹거나 기생해서 피해를 방지 또는 감소시킨다.
  ㉡ 화학적 방제 : 화학적 약제(살충제, 생리활성물질, 살균제, 호르몬제, 페로몬제, 생장조절제 등)를 이용해 병충해를 구제하는 방법으로 효과가 빠르며 재료를 쉽게 구할 수 있는 장점이 있다.
  ㉢ 재배학적 방제 : 내충성·내환경성 품종 이용, 간벌, 시비 등의 방법이 있다.
  ㉣ 기타 방제(기계적 방법)
    • 인공포살법, 경운법, 차단법을 이용해 해충을 구제하는 방법이 있다. 이는 기계적인 방법으로 흰불나방이나 짚시나방, 어스렝이나방, 텐트나방 등의 난괴(卵塊)를 채집해 소각 또는 매장하고 부화된 유충이 서식하는 가지를 절단, 제거하는 방법이다.
    • 수간을 해치는 하늘소, 굴벌레나방, 유리나방, 박쥐나방 등은 철사를 이용해 찔러서 박멸하고 풍뎅이류, 잎벌레류 등은 나무를 흔들어 털어 내고 소나무좀류, 바구미류는 유인목을 설치, 유인해 포살해야 한다.
④ 해충 조사 방법
  ㉠ 해충의 조사 : 야외포장에서 해충의 존재여부를 확인하고 그 종류를 동정하는 동시에 분포범위와 포장 내에서의 밀도를 추정하는 것으로 방제의 기초로 활용하기도 한다.
  ㉡ 포충망조사법 : 곤충을 채집하기 위하여 만들어진 망을 포충망이라고 하며 포충망으로 해충을 잡아 밀도를 추정하는 방법이다.
  ㉢ 유아등 : 주광성(走光性)의 해충을 등불을 이용하여 채집하는 방법으로 빠른 시간에 가장 효율적인 채집을 할 수 있다.
  ㉣ 점착트랩 : 끈끈이를 바른 표면에 비행하던 곤충이 달라붙는 방법으로 색깔이나 페로몬 등 냄새가 특정 곤충의 유인력을 증가시키는 것으로 알려져 있다.
  ㉤ 황색수반 : 일부 곤충들이 노란색의 파장에 유인되는 현상을 이용한 채집방법이며, 노란색 그릇에 물을 채워 야외에 놓는 방법이다.
  ㉥ 털어잡기 : 천이나 접시, 관 등을 밑에 놓고 작물을 흔들거나 막대기로 가지를 쳐서 떨어진 곤충을 조사하는 방법이다.
  ㉦ 당밀유인법 : 개미나 벌 등의 꿀에 모이는 습성을 이용한 방법으로 주로 밤에 활동하는 나방류를 채집하는 경우에 이용된다.

(3) 잎을 갉아먹는 해충

① 솔나방

- ㉠ 피해 : 애벌레를 보통 송충이라고 하여 예부터 소나무의 대표적인 해충이다. 애벌레 한 마리가 한 세대 동안 갉아먹는 솔잎의 길이는 수컷이 약 50m, 암컷이 약 78m 정도로서 평균 64m 정도이다.
- ㉡ 생활사 : 연간 1회 발생하고 제5령충으로 월동한다. 수피나 지피물 밑에서 월동한 애벌레는 4월경에 나와 솔잎을 먹고 자라 3회의 탈피를 거쳐 8령충이 되며, 이 노숙 애벌레는 7월 초·중순 솔잎 사이에 실을 토하여 고치를 만들고 번데기가 된다. 20일 내외의 번데기 기간을 거쳐 7월 하순에서 8월 중순 사이에 어미벌레로 우화한다.
- ㉢ 방제 : 월동한 애벌레의 가해 시기인 4월 중순부터 6월 중순이나 어린 애벌레 시기인 9월 상순부터 10월 하순에 살충제를 살포한다. 또 가해하는 애벌레나 고치를 직접 잡아 죽인다. 7월 하순부터 8월 중순까지는 피해 수목 주위에 등불을 밝혀 유살시킨다. 잠복소를 10월 중에 설치하여 유인하여 태워 죽인다.

② 미국흰불나방

- ㉠ 피해 : 포플러류, 버즘나무 등 160여 종의 활엽수를 가해하며, 먹이가 부족하면 초본류도 먹는다. 애벌레는 4령기까지 거미줄로 잎을 싸고 그 속에서 무리지어 잎살만 먹으며, 5령부터는 분산하여 잎맥만 남기고 먹는다. 애벌레 한 마리가 $100\sim150\text{cm}^2$의 잎을 갉아먹는다. 몇 개의 잎을 또는 작은 가지를 거미줄 같은 것으로 감아 놓기 때문에 발견하기 쉽다.
- ㉡ 생활사 : 1년에 2회 발생하며, 1화기 어미벌레는 5월 중순에서 6월 상순에, 2화기 어미벌레는 7월 하순에서 8월 중순에 우화한다. 잎 뒷면에 600~700개의 알을 무더기로 낳는다. 알 기간은 7~9일, 애벌레 기간은 40~50일이며, 4령충까지 무리지어 생활하고 6회 탈피한다.
- ㉢ 방제 : 애벌레 가해기에 살충제 디프를 수관에 살포한다. 무리지어 살고 있는 애벌레를 피해 잎과 함께 채취하여 태워 버린다. 8월 중순에 피해 나무 줄기에 잠복소를 설치하여 유인하여 포살한다.

(4) 즙액을 빨아먹는 해충

① 진딧물류

- ㉠ 피해 : 진딧물 종류에 따라 활엽수 및 침엽수의 대부분 수종에 기생하는 해충으로 월동한 알에서 부화한 애벌레(약충)가 나무의 줄기 및 가지에 부착하여 즙액을 빨아먹어 잎이 말리고 수세가 약해진다. 2차적인 피해로 각종 바이러스병을 유발시킨다.
- ㉡ 생활사 : 진딧물은 유성세대와 무성세대로 구분하며, 난생에서 난태생으로 그리고 날개가 있는 때와, 날개가 없는 때 등으로 형태가 다양하다. 생활환도 완전생활환과 불완전생활환으로 분리되며, 완전생활환은 이주형과 비이주형으로 되어 있다. 일반적으로 진딧물의 생태는 1년에 10회 내외 발생하며 대부분 나무의 가지나 눈에서 잎의 형태로 월동한다.

ⓒ 방제 : 발생 초기에 마라톤 유제, 포리스 유제를 수관에 살포한다. 무당벌레류, 꽃등애류, 풀잠자리류, 기생벌 등 천적을 보호한다.

② 응애류

ⓐ 피해

- 진딧물과 같이 대부분의 수종을 가해한다.
- 바늘과 같이 끝이 뾰족한 입틀로 잎의 즙액을 빨아 먹어 잎이 확생의 반점을 만들고, 이 반점이 많아지면 잎 전체가 황갈색으로 변하게 된다.
- 피해를 받은 나무는 처음 1~2년간은 생장에 별지장이 없으나, 계속 피해를 받으면 생장이 감퇴되고 수세가 약해지며, 피해가 심할 경우 말라 죽는다.
- 수관에서 불규칙하게 피해증상(황화현상)이 나타나며 침엽수에도 피해를 준다.

ⓑ 생활사 : 1년에 5~10회 발생하며, 종류에 따라 알 또는 어미벌레로 월동한다.

ⓒ 방제 : 응애 발생기인 4월 중·하순에 살비제를 7~10일 간격으로 2~3회 수관에 살포한다.

③ 깍지벌레류

ⓐ 피해 : 대부분의 수종에 피해를 주는 해충으로 수목의 잎, 가지에 붙어서 즙액을 빨아먹고 번식력이 강하여 다수가 기생한 나무는 점차 쇠약해져서 심하면 고사한다. 깍지벌레는 나무에 직접적인 피해뿐 아니라, 그을음병, 고약병 등을 유발시켜 간접적 피해도 준다.

ⓑ 생활사 : 1년에 1~3회 발생하며, 암컷은 불완전 변태를 하고, 수컷은 완전 변태를 하며 부화 약충은 잎, 줄기에 붙어 즙액을 빨아먹는다. 깍지벌레는 즙액을 빨아먹기 시작하면서 밀랍을 분비하여 깍지를 만든다.

ⓒ 방제 : 수프라사이드 유제를 5월 중·하순에 1주일 간격으로 2~3회 살포하고 무당벌레, 풀잠자리 등의 천적을 보호한다.

(5) 구멍을 뚫는 해충

① 향나무하늘소

ⓐ 피해 : 애벌레가 향나무나 측백나무의 형성층 부위에 구멍을 뚫고 빨아먹어 나무를 급속히 말라 죽인다. 주로 쇠약한 나무를 먹으며, 배설물을 밖으로 내보내지 않기 때문에 발견하기 어렵다.

ⓑ 생활사 : 1년에 1회 발생하여, 어미벌레로 목질부 속에서 월동하며, 2월 하순 사이에 탈출한다. 탈출한 어미벌레는 수피 틈에 2mm 정도의 황갈색 알을 낳는다. 부화 애벌레는 형성층에 갱도를 만들고 먹는다. 9월경 노숙 애벌레는 목질부로 들어가 번데기가 된다. 10월에 우화(羽化) 하나 그대로 월동한다.

ⓒ 방제 : 피해를 받은 가지나 줄기를 10월부터 이듬해 2월까지 사이에 벌채목을 소각하고, 나무가 쇠약해지지 않도록 관리한다. 3월 중순에서 4월 중순 사이에 줄기에 메프제를 2~3회 살포하여 부화 애벌레를 죽인다.

② 소나무좀

    ㉠ 피해 : 월동한 어미벌레가 소나무, 곰솔, 잣나무, 리기다소나무 등 쇠약한 나무의 형성층 부위에 갱도를 만들어 수분과 양분의 이동을 막아 나무를 말려 죽인다. 새로 나온 어미벌레는 새순에 구멍을 뚫고 나무의 진을 먹으므로 가지가 부분적으로 말라 죽어 수형이 나쁘게 되기 때문에 건전한 나무에도 피해를 준다. 인근 지역에 소나무 벌채지나 원목을 집재한 곳에 있으면 피해가 증가한다.

    ㉡ 생활사 : 1년에 1회 발생하여, 소나무류의 지표 부근 수피에 구멍을 뚫고 월동하며, 3월 중순에서 4월 중순 사이에 기온이 15° 정도 2~3일 계속될 때 활동 장소에서 탈출한다. 탈출한 어미벌레가 쇠약목에 침입하여 갱도를 만들고 그 속에서 교미를 마치고 60개 정도의 알을 낳으며, 알은 12~20일 정도 후에 부화한다. 유충은 20회 탈피하며, 유충 기간은 약 20일이다.

    ㉢ 방제 : 수세가 약한 나무를 미리 제거하거나 벌채목의 껍질을 벗겨 번식처를 제거한다. 벌채한 유인용 소나무에 어미벌레가 알을 낳게 한 후 껍질을 벗겨 태운다.

더 알아보기   **발병 부위에 따른 병해의 분류**

- 줄기에 발생하는 병 : 줄기마름병, 가지마름병, 암종병
- 잎, 꽃, 과일에 발생하는 병 : 흰가루병, 탄저병, 회색곰팡이병, 붉은별무늬병, 녹병, 균핵병, 갈색무늬병
- 나무 전체에 발생하는 병 : 흰비단병, 시들음병, 세균성 연부병, 바이러스 모자이크병
- 뿌리에 발생하는 병 : 흰빛날개무늬병, 자주빛날개무늬병, 뿌리썩음병, 근두암종병

---

⑤ 조경수목의 주요 병해와 병징

병명	피해수종	주요 병징
잎마름병	소나무, 곰솔, 잣나무, 주목 등	봄철에 침엽 윗부분에 띠 모양의 황색 반점이 형성된 후 갈색으로 변하면서 반점이 합쳐짐
털녹병	잣나무	4월 중하순경 줄기에 흰색 또는 황백색의 주머니가 형성되고, 6월 하순 이후에는 나무껍질이 파열됨
흰가루병	밤나무, 참나무류, 느티나무, 물푸레나무, 감나무, 장미, 배롱나무 등	• 잎과 새 가지에 흰 가루가 생겨 위축됨 • 참나무류는 가을에 검은색 미립점이 형성됨
잎녹병	잣나무, 소나무, 전나무 등	4월 상순부터 1개월 동안 침엽에 황색 또는 황백색 주머니가 나란히 형성됨
그을음병	소나무류, 주목, 감귤, 배롱나무, 감나무 등	• 깍지벌레, 진딧물 등의 배설물에서 발생함 • 생육이 불량한 나무의 잎, 가지, 줄기에 그을음이 퍼짐
부란병	사과나무, 꽃아그배나무 등	나무껍질이 갈색으로 부풀어오르고, 쉽게 벗겨지며, 알코올 냄새가 남
줄기마름병	밤나무, 포플러류, 자작나무, 벚나무, 은행나무 등	• 나무껍질이 파열되고, 환부 표면에 균체가 형성됨 • 밤나무는 나무껍질 밑에 부채꼴 균사체가 형성됨
탄저병	오동나무, 호두나무, 물푸레나무, 감나무, 대추나무	• 5~6월경 잎맥, 잎자루, 어린 줄기에 담갈색 또는 회갈색의 둥근 점무늬가 형성됨 • 성숙과의 표면에 검은 반점이 나타나고 움푹 들어감

병명	피해수종	주요 병징
빗자루병	전나무, 오동나무, 대추나무, 벚나무, 대나무, 살구나무 등	• 균이 잎과 줄기에 침입하여 피해를 줌 • 연약한 가는 가지와 잎이 총생하고, 잎이 담황록색으로 변색됨 • 대나무는 마디 수가 많고, 바늘 모양의 소엽이 착생됨
갈색무늬병	포플러류, 오리나무, 사과나무, 느티나무, 자작나무, 밤나무, 대나무 등	•7월 상순부터 늦가을에 잎에 갈색 무늬가 생기고, 병든 잎은 8월 중순에 일찍 떨어짐 • 지면에서 가까운 잎에 발생함
자줏빛날개무늬병	호두나무, 은행나무 등	뿌리에 자갈색 균사가 망상으로 형성되고, 표피와 줄기 사이가 부패함
검은점무늬병	살구나무, 벚나무 등	• 잎과 열매에 검은 점무늬가 생김 • 열매의 감염 부위는 함몰되고, 푸른색으로 착색됨
세균성구멍병	벚나무, 살구나무, 자두나무 등	•5~6월경에 발생하여 8~9월에 피해가 극심함 • 잎에 원형의 갈색 점무늬가 형성된 후 환부가 탈락하여 구멍이 형성됨
뿌리썩음병	소나무류, 삼나무, 잎본잎갈나무(낙엽송), 전나무, 밤나무, 오동나무 등	• 뿌리 및 줄기에 발생함 • 나무껍질 속에 흰색 균사가 형성됨 • 가을에는 환부에 버섯이 형성됨

⑥ 농약 및 방제법

(1) 농약의 종류

농작물에 피해를 주는 균, 곤충, 응애, 선충, 바이러스, 잡초, 기타 동·식물의 방제에 사용되는 살균제, 살충제, 제초제 등의 약제와 농작물의 생리 기능을 증진하거나 억제하는 데 사용하는 약제를 말한다.

① 살충제
- ㉠ 해충을 방제할 목적으로 쓰이는 약제로서, 살충작용에 따라 독제·접촉제·침투성 살충제·훈증제·유인제·기피제·불임제 등이 있으며, 상표의 색깔이 녹색이다.
- ㉡ 살충 효과를 낼 수 있는데, 살충 성분에 따라 식물성 살충제와 광물성 살충제가 있다.
- ㉢ 식물성 살충제에는 제충국제, 황산니코틴, 데리스제가 있으겨, 잎말이나방, 진딧물, 응애 방제에 효과가 있다.
- ㉣ 광물성 살충제인 기계유 유제는 해충의 몸체 또는 알에 피막을 형성하여 질식시킨다.
- ㉤ 훈증제 : 증기압이 높은 농약의 원제를 액상, 고상 또는 압축가스 상으로 용기 내에 충전하여 용기를 열 때 유효성분이 대기 중으로 기화하여 병해충을 방제하도록 설계된 제형이다.

② 살균제
- ㉠ 병원균을 죽이는 목적으로 쓰이는 농약으로, 사용 방법에 따라 식물체에 직접 살포하는 살포용 살균제, 종자 살균제, 토양 살균제 등으로 분류한다.
- ㉡ 상표의 색깔이 붉은색이다.

③ 살비제 : 응애만을 죽이는 농약이다.

④ 살선충제 : 식물체 내에 기생한 선충을 죽이는 유기인제와 토양 중의 선충을 죽이는 토양 훈증제가 있다.

⑤ 제초제 : 잡초를 죽이기 위하여 쓰이는 농약으로 선택성 제초제와 비선택성 제초제가 있다.

⑥ 보조제

 ㉠ 전착제 : 농약의 주성분을 식물체나 병해충에 잘 전착시키기 위하여 쓰이는 약제

  예 casin 석회, 농용비누, 비해리성 계면활성제 등

 ㉡ 증량제 : 분제에 있어서 주성분의 농도를 낮추기 위하여 쓰이는 보조제(talc, bentonite, koline, 규조토 등)나 유제나 수화제를 일정한 살포 농도로 만들 때 쓰이는 물 등

 ㉢ 용제 : 농약의 유효성분을 녹이는 데 쓰이는 약제 예 benzene, xylene 등

 ㉣ 유화제 : 유제의 유효성을 높이는 데 쓰이는 약제 예 계면활성제

 ㉤ 협력제 : 유효성분의 효력을 증진시킬 목적으로 쓰이는 약제

(2) 농약의 안전사용 ☑ 중요

① 식물별로 병해충에 적합한 농약을 선택하여 사용 농도, 사용횟수 등 안전 사용 기준에 따라 살포한다.

② 적용하려는 병해충에 사용할 수 있는 농약이 여러 가지가 있을 경우 번갈아 가면서 사용한다.

③ 제초제를 살포할 때에는 약이 날려 다른 농작물에 묻지 않도록 살포한다.

④ 농약은 바람을 등지고 살포하며, 피부가 노출되지 않도록 마스크와 보호용 옷을 착용한다.

⑤ 피로하거나 몸의 상태가 나쁠 때에는 작업을 하지 않으며, 혼자서 긴 시간 작업하지 않도록 한다.

⑥ 작업 중에 음식을 먹는 일은 삼가한다.

⑦ 작업이 끝나면 노출 부위를 비누로 씻고 옷을 갈아입는다.

⑧ 쓰고 남은 농약은 표시를 해 두어 혼동하지 않도록 한다.

⑨ 서늘하고 어두운 곳에 농약 전용 보관 상자를 만들어 보관한다.

⑩ 농약 중독 시 응급처치 방법

 ㉠ 물이나 식염수를 마시게 하고 손가락을 넣어서 토하게 한다.

 ㉡ 농약이 장으로 흡수되지 않도록 흡착제(활성탄, 목초액 등)를 소량 복용한다.

 ㉢ 옷을 헐겁게 하고 심호흡을 시키되, 중독자가 움직이지 않도록 한다.

 ㉣ 피부에 묻었을 때는 농약이 오염된 옷, 장갑 등을 벗기고 흐르는 물에 약 10분간 씻은 후에 비누로 잘 닦는다.

⑪ 농약 혼용 시 주의사항

 ㉠ 혼용에 의한 활성 변화

 ㉡ 혼용에 의한 화학변화

 ㉢ 혼용에 의한 물리성 변화

 ㉣ 금속염의 치환에 의한 분해

| 기출 Point | 농약 안전사용기준 |

수확기의 농산물 중 농약의 잔류량이 잔류허용기준을 초과하지 않도록 하기 위하여 작물별로 농약의 살포횟수와 수확 전 최종 살포시기(일수)를 제한하는 기준

(3) 농약 중 고체 시용제가 갖추어야 할 물리적 성질 : 분말도, 토분성, 분산성

(4) 농약의 분류 ☑ 중요

사용목적에 따른 분류	살충제, 살응애제, 살선충제, 살연체동물제, 살서제, 살조제, 살어제, 살균제, 살조류제, 제초제 등
유효성분 조성에 따른 분류	• 살충제 : 유기인계, pyrethroid(피레스로이드)계, 유기염소계 • 살균제 : benzimidazole(벤지미다졸)계, triazole(트리아졸)계 등 • 제초제 : triazine(트리아진)계, amide(아미드)계, urea(우레아)계
작용특성에 따른 분류	• 살충제 : 신경저해제, 에너지대사저해제, 생합성저해제 • 살균제 : 호흡저해제, 단백질생합성저해제, 세포벽형성저해제 • 제초제 : 광합성저해제, 에너지생성저해제, 식물호르몬작용교란제
형태에 따른 분류	직접살포제, 희석살포제, 과립수화제, 기타
독성의 강도에 따른 분류	• 보통독성 : 저독성 농약 • 고독성 : 유동성 · 잔류성 농약 • 맹독성 : 별도 취급 • 특수독성 : 발암성 · 최기형성 · 신경독성 · 생식독성 농약

(5) 농약 저항성 해충의 가능한 저항성 기작 특성

① 행동작용의 변화 : 약제가 살포된 곳을 기피하는 식별능력 증가

② 행태적 변화 : 살충제의 체내침투를 막기 위한 피부 두께 및 활력증대

③ 생리적 현상

    ㉠ 살충제의 피부투과성 및 독성 활성화 저하

    ㉡ 살충제의 보다 신속한 대사와 배설작용의 촉진

    ㉢ 체내에 흡수된 살충제의 해독작용 증대

    ㉣ 살충제 작용점의 변환

(6) 농약의 살포방법

① 분무법 : 유제, 수화제, 수용제 등에서 조제한 살포액을 분무기를 사용하여 무기분무에 의하여 안개모양으로 살포하는 방법이다.

② 미스트법 : 바람에 의하여 살포하는 방법으로 약제의 손실이 적고, 균일하게 살포할 수 있다.

③ 스프링클러법 : 병해충방제 및 시비, 관수를 겸할 수 있다.

④ 폼스프레이법 : 수화제, 수용제 등의 살포액에 기포를 가하여 전용 노즐로 공기와 교반하여 가는 거품의 집합체로 살포하는 방법이다.

(7) 농약의 구비조건

① 효력(살균력, 살충력, 살서력, 살비력, 살초력)이 정확하고 커야 한다.
② 농작물에 대한 약해가 없어야 한다.
③ 인축과 어류에 대한 독성이 낮아야 한다.
④ 다른 약제와의 혼용 범위가 넓어야 한다.
⑤ 천적 및 유용 곤충류에 대하여 독성이 낮거나 선택적이어야 한다.
⑥ 값이 저렴해야 한다.
⑦ 조제와 사용이 간편하고 대량생산이 가능해야 한다.
⑧ 물리적 성질이 양호하며 등록된 농약이어야 한다.

(8) 농약 포장지 색깔

① 분홍색 : 살균제
② 녹색 : 살충제
③ 황색 : 제초제
④ 적색 : 비선택형 제초제
⑤ 청색 : 생장조절제

(9) 농약의 제형(농약의 형태에 따른 분류) ☑ 중요

① 분제
  ㉠ 분말상태의 고운 가루로 된 농약제제이다.
  ㉡ 분제의 물리적인 성질 : 고착성, 토분성, 부착성
② 입제
  ㉠ 가루 알갱이보다 큰 입자의 화학적 농약이다.
  ㉡ 살포가 용이하고 환경오염이 적다.
  ㉢ 입자가 크므로 농약을 살포하는 농민에 대하여 안전성이 높다.
  ㉣ 다른 제형에 비하여 많은 양의 주성분이 투여되어야 목적하는 방제효과를 얻을 수 있다.
③ 수화제 : 물에 타서 쓰는 분제 형태의 농약제제이다.
④ 입상수화제 : 물에 타서 쓰는 입제 형태의 수화제이다.
⑤ 액상수화제 : 물에 타서 쓰는 액체상태의 수화제로, 단위무게당 입자수가 많고 표면적이 넓다.
⑥ 수용제 : 물에 잘 녹는 농약원제에 적당한 부제를 넣어 분제로 만든 농약제제이다.

기출 Point ┃ 농약

- 전착제를 완전히 용해시킨 뒤 살포액에 넣는 것이 좋다.
- 포장지의 표기사항이 이해가 되지 않거나 의문사항이 있을 경우에는 해당회사에 문의한다.
- 사용적기 및 방법란에 경엽처리 등 살포방법이 특별히 명시되지 아니한 것은 반드시 농약 포장지를 확인 후 사용한다.
- 농약의 독성의 크기와 평가 : 맹독성, 고독성, 보통독성, 저독성
- 고체 시용제가 갖추어야 할 물리적 성질 : 분말도, 토분성, 분산성
- 농약 사용 시 여러 가지 조제형의 약제를 섞어야 할 경우 조제 순서 : 수화제 → 액화제 → 가용성 → 분제 → 전착제 → 유제
- 농약의 분자구조 중 요소($H_2N-CO-NH_2$) 골격을 가진 화합물로 구성된 형태 : 우레아(Urea)계

기출 Point ┃ 보조제

농약의 효력을 충분히 발휘하도록 하기 위하여 첨가하는 물질

기출 Point ┃ 희석제

수화제 및 입상수화제 등 희석제농약은 사용 약량을 지켜 물에 희석한 후 분무기를 이용하여 작물에 충분히 묻도록 뿌린다.

⑦ 입상수용제 : 입제형태의 수용제이다.

⑧ 유제 : 물에는 녹기 어렵고 유기용제에는 잘 녹는 농약원제를 유기용제에 녹여 계면활성제(유화제)를 첨가하여 물에 타서 쓸 수 있게 만든 액체 상태의 농약제제이다.

⑨ 유탁제 : 유제에 사용되는 유기용제를 줄이기 위한 방안으로 개발된 제형으로 소량의 소수성 용매에 농약원제를 용해하고 유화제를 사용하여 물에 유화시켜 제제이다.

⑩ 미탁제 : 유탁제의 기능을 더욱 개선한 제형으로 분산입자의 크기가 매우 미세하며 표면장력이 낮아 유제나 유탁제에 비해 약효가 우수한 장점이 있다.

[2013년 제2회 기사]

살충제 가운데 물에 녹지 않는 농약원제를 활석이나 카우린 등 증량제와 계면활성제를 혼합하여 미세한 가루로 만든 제형은?

① 유제(emulsifiable concentrate) ② 분제(dust)
③ 수화제(wettable powder) ④ 수용제(soluble powder)

해설

수화제
• 물에 타서 쓰는 분제 형태의 농약제제이다.
• 물에 녹지 않는 유효성분을 카올린, 벤토나이트 등으로 희석한 분상의 제제로 현탁액으로서 살포하는 제제(製濟) 형태이다.

정답 ③

더 알아보기 잡초의 분류

생활형에 따른 분류
• 일년생잡초 : 일년생(annual)은 1년 이내에 한 세대의 생활사(life cycle)를 끝마치는 잡초를 의미하며, 주로 종자로 번식하여 많은 종자를 생산하므로 잡초 방제에서 주 방제대상이 된다.
  – 하계일년생 잡초 : 봄에 발아하여 여름동안에 성장하고 가을에 결실한 다음 말라 죽는다.
    예 바랭이, 피, 쇠비름, 명아주
  – 동계일년생 잡초는 늦여름 부터 초겨울 사이에 발아하여 겨울을 보낸 후 이듬해 봄에 생장하고 봄부터 여름에 걸쳐 개화, 결실하고 말라 죽는다.
    예 뚝새풀, 냉이 등
• 다년생잡초 : 2년 이상 생존 가능한 잡초로 종자로도 번식 가능하나 대부쿤 영양기관에 의하여 번식한다.
  예 민들레, 질경이, 갈대, 쑥, 애기수영, 올방개, 가래 등

잎과 줄기 형태에 따른 분류
• 화본과 잡초(벼과, grass weed) : 줄기의 마디. 잎은 마디로부터 어긋나기. 잎은 줄기를 둘러싸서 보호하는 잎집(leaf sheath)과 잎몸(leaf blade)으로 구성된다. 피, 바랭이, 뚝새풀, 강아지풀, 갈대, 억새 등이 속한다.
• 방동사니과 잡초 : 줄기 횡단면이 삼각형이고, 잎은 좁고 능선이 있으며 끝이 뾰족하고 소수에 작은 꽃이 있다. 방동사니, 너도방동사니, 올방개, 매자기, 올챙이고랭이 등이 속한다.
• 광엽 잡초 : 잎이 넓은 잡초로 잎은 주로 타원형, 난형, 피침형이며 잎맥이 그물처럼 얽혀 있는 것이 특징이다. 우리 주변에서 흔히 발생하는 망초, 토끼풀, 쑥, 냉이, 비름, 물달개비, 가래, 가막사리 등 많은 잡초가 속한다.

시설물 관리

01 　기반시설물 관리

❶ 시설물 유지관리의 원칙

(1) 시설물의 이용자 수가 설계할 때의 추정보다 많은 경우에는 이용 실태를 고려하여 시설물을 증설하여 이용자의 편의를 도모한다.

(2) 여름철 그늘이 충분하지 않은 곳은 차광시설을 하거나 녹음수를 식재한다.

(3) 노인, 주부 등이 오랜 시간 머무는 곳의 시설은 가능한 목재로 교체하고, 그늘이나 습기가 많은 곳의 목재 시설물은 콘크리트재나 석재로 교체한다.

(4) 바닥에 물이 고이는 곳은 배수시설을 한 후 지면을 높이고 다시 포장을 한다.

(5) 이용자의 사용 빈도가 높은 것의 접합 부분은 충분히 죄어 놓거나 풀리지 않게 용접을 한다.

❷ 포장관리 및 보수

(1) **콘크리트 포장의 관리**

　① 파손의 원인 : 시공불량, 노상 및 보조기층의 결함(지지력 부족, 배수시설 불량)
　② 파손상태 : 균열, 융기, 단차, 박리, 침하, 마모에 의한 바퀴자국 등
　③ 시공방법
　　㉠ 충전법 : 줄눈이나 균열이 생긴 부분에 충전재를 주입한다.
　　㉡ 모르타르 주입공법
　　　• 재료를 보강 : 포장면에 구멍을 뚫고 시멘트나 아스팔트를 주입해 넣는다.
　　　• 포장 슬래브가 불균일할 때 : 모르타르 주입에 의해 포장면을 들어 올린다.
　　㉢ 덧씌우기
　　　• 콘크리트 포장에 균열이 많아져서 전면적으로 파손될 염려가 있는 경우에 한다.
　　　• 콘크리트 포장도로 혹은 아스팔트 포장도로의 표면이 심하게 마모되었거나 박리되었을 때

주로 사용하는 보수공법이다.

   ㉣ 꺼진 곳 메우기 : 균열부 청소, 아스팔트유제를 도포하고 아스팔트 모르타르(균열폭 2cm 이하) 또는 아스팔트 혼합물(균열폭 3~5cm)로 메우기를 한다.

   ㉤ 패칭 공법 : 파손이 심하여 보수가 불가능할 때 한다.

(2) 아스팔트 포장의 관리

 ① 균열의 원인 : 아스팔트의 노화, 아스콘 화합물의 배합 불량, 기층의 지지력 부족, 포장 두께 부족, 부등 침하, 이음새 불량 등이 있다.

 ② 파손원인 : 균열, 국부적 침하, 요철, 연화, 박리(아스팔트가 떨어져나가는 현상)

 ③ 균열 파손 시 공법

  ㉠ 패칭(patching) 공법

   • 포장의 균열, 국부적 침하, 부분적 박리(剝離)가 있을 때 적용한다.

   • 방법은 파손부분을 사각형으로 따내어 깨끗이 정리하고 택코팅을 한 후 롤러, 래머, 콤팩터 등으로 다지기를 한 다음 표면에 모래 석분을 살포한다.

  ㉡ 표면처리 공법 : 차량통행이 적고, 균열의 정도나 범위가 심하지 않을 때 덮어씌우거나 메워서 재생시킨다.

  ㉢ 덧씌우기 공법

   • 기존의 포장구간의 균열 및 파손장소를 부분 보수한 뒤에 사용하는 보수공법이다.

   • 임시적 포장 재생 방법이 아니라 새로운 포장면을 조성하기 위하여 사용하는 아스팔트 포장 보수공법이다.

   • 기존포장을 재생하거나 새 포장을 한다.

   • 콘크리트 포장도로 혹은 아스팔트 포장도로의 표면이 심하게 마모되었거나 박리되었을 때 주로 사용하는 보수공법이다.

 ④ 아스팔트량의 과잉, 골재의 입도불량 등 아스팔트 칩입도가 부적합한 역청재료 사용 시 도로에서 나타나는 표면연화는 발생지역에 석분 또는 모래를 균등하게 살포하여 전압한다.

시험에 이렇게 나왔다!   [2011년 제2회 기사]

아스팔트 포장의 파손부분을 사각형 수직으로 따내고 보수하는 공법으로 포장이 균열되었거나 국부적 침하, 부분적 박리일 때 적용하는 공법은?

① 패칭 공법   ② 표면처리 공법   ③ 덧씌우기 공법   ④ 혈매 공법

해설

패칭 공법

• 포장의 균열, 국부적 침하, 부분적 박리가 있을 때 적용한다.

• 방법은 파손부분을 사각형으로 따내어 깨끗이 정리하고 택코팅을 한 후 롤러, 래머, 콤팩터 등으로 다지기를 한 다음 표면에 모래 석분을 살포한다.

                        정답 ①

(3) 토사 포장의 관리

① 파손의 원인 : 배수 불량, 연약한 지반, 자동차 통행량 등이 있다.

② 보수공법 : 배수처리공법, 노면치환공법, 지반치환공법 등의 개량방법을 사용한다.

    ㉠ 지반치환공법 : 연약층이나 동상(凍上) 등이 문제인 지반의 일부 또는 전부를 질이 좋은 재료로 치환하여 양호한 지반을 구축하는 공법이다. 굴착치환공법(전면치환, 부분치환)과 압출치환공법(성토자중공법, 폭파공법)으로 크게 구분할 수 있다.

    ㉡ 노면치환공법 : 노상이 연약할 경우에 CBR 3 이상의 양질토로 치환하는 공법이다.

    ㉢ 배수처리공법 : 지하수를 배제하거나 지하수위를 저하시키는 공법의 총칭으로, 배수공법에는 자연적으로 침출되어 나온 지하수를 굴착저면 부근의 여러 곳에 모아 배출하는 중력배수법과 펌프 등에 의하여 지반 중의 물을 강제적으로 배출하는 강제배수법이 있다. 측구, 맹암거 등을 활용하여 시공하는 도로 보수공법이다.

③ 흙먼지의 방지 : 살수, 약제살포법(염화칼슘, 염화마그네슘, 식염 등 0.4~0.5kg/m 살포), 역청재료(아스팔트류) 혼합법 등을 써서 방지할 수 있다.

④ 토사의 성분 : 점토질 10% 이하, 모래질 30% 이하로 하는 것이 좋다.

(4) 블록 포장의 관리

① 파손형태

    ㉠ 블록모서리 파손(소요강도 부족, 무거운 하중의 물건 운반, 블록의 부등침하 등), 블록자체 파손(재료배합비·양생 등의 불량), 블록 포장 요철, 단차, 만곡 등이 있다.

    ㉡ 블록 포장은 다른 포장재료에 비하여 유지관리가 가장 용이한 포장이다.

② 블록 포장의 좁은 작업공간의 부분 보수를 위한 다짐용 기계 : 래머(rammer)

③ 이음새 폭 : 3~5mm, 보통 5mm로 하고, 이용이 빈번한 곳은 노반층을 6cm 정도 쇄석을 추가 설치한다.

④ 모래층은 수평고르기를 한 다음 블록을 기존 형태로 깔고 가는 모래가 블록 이음새에 들어가도록 한다.

⑤ 블록 포장의 보수 시 주의할 사항

    ㉠ 노반층이나 모래층은 부설 후 기계장비로 가압한다.

    ㉡ 침하된 블록 중 모양이 온전한 것은 재사용한다.

    ㉢ 블록 설치 후 가는 모래가 블록 이음새에 들어가도록 한다.

    ㉣ 모래층은 수평고르기 한 다음 블록을 기존 형태로 깔아 나간다.

❸ 배수관리

(1) 배수시설의 관리

　① 표면 배수시설 관리

　　㉠ 지표면을 따라 흐르는 물이나 공원 내로 유입해 들어오는 물의 처리에 관련된 배수시설을 말한다.

　　㉡ 토사나 낙엽 등이 쌓이지 않도록 청소해 주며, 경사면의 경우 횟수를 늘이고 노면의 집수구나 맨홀이 솟은 곳은 포장 덧씌우기(overlay)나 패칭으로 조치한다.

　　㉢ 집수구, 맨홀의 유지관리
　　　• 정기적인 유지보수를 한다.
　　　• 집수구의 높이를 주변보다 낮게 한다.
　　　• 주변의 재포장 시 집수구의 높이도 다시 조절한다.
　　　• 뚜껑이 분실 또는 파손되었을 경우는 위험하므로 보수 전에 표지판 및 울타리를 치고 즉시 교체하거나 보수한다.

　　㉣ 토사측구 : 정기적인 벌초와 제초작업, 단면 및 저면 구배를 일정하게 유지하되 침식이나 퇴적이 뚜렷한 지점은 콘크리트 측구로 개조한다.

　② 비탈면 배수시설 관리

　　㉠ 정기적 점검, 배수구의 무너져 내린 흙이나 낙석, 잡초 등을 수시로 제거하고, 파손 부위는 즉시 보수한다.

　　㉡ 배수구는 성토비탈면의 소단이나 절토비탈면에 설치하며, 배수구로 유도되는 시설(맹암거 등)을 설치한다.

　　③ 비탈면 배수공법
　　　• 비탈면 어깨배수 : 산마루도수로
　　　• 비탈면 종배수 : 비탈면도수로
　　　• 비탈면 횡배수 : 소단배수구

　③ 지하 배수시설 관리

　　㉠ 설치 연월과 배치 위치, 구조 등을 기록해 놓거나 도표로 작성해 둔다.

　　㉡ 정기적으로 물을 흘려 내림으로써 토사의 퇴적 상황과 불량지점을 조사한다.

　　㉢ 비 온 뒤, 큰 장마 뒤에는 유출구를 통해 조사하고 항상 정기적인 검사를 한다.

　④ 흙으로 된 배수로

　　㉠ 토사 측구는 잘 메워지므로 준설하여 배수가 잘 되게 한다.

　　㉡ 유속이 빨라 세굴되거나 단면이 적을 때에는 석축이나 콘크리트 측구를 보강한다.

　　㉢ 단면적이 적을 때에는 단면적을 크게 한다.

- 슬리브(sleeve) : 도로 및 도로 하부로 관로가 통과할 때 관의 보수, 교체 등을 위한 보호시설
- 밸브(valve)와 컨트롤러(controller) : 제어장치
- 래머(rammer) : 다짐용 장구
- 집수구 : 배수되는 물을 한곳에 모아 다시 배수계통으로 보내는 배수시설
- 측구 : 다른 배수처리지점(집수구)으로 물을 이동시키는 배수도랑
- 암거배수 : 지표수를 지하로 처리

(2) 배수시설 종류

① 표면배수시설 : 측구, 집수구, 맨홀, 배수관 및 구거
② 지하배수시설 : 배수관거, 유공관 배수시설, 모래, 자갈 등의 맹암거 배수시설

[맨홀의 관경별 최대간격]

관경(mm)	300 이하	600 이하	1,000 이하	1,500 이하	1,650 이하
최대 간격(m)	50	75	100	150	200

❹ 비탈면 · 옹벽 관리

(1) 비탈면의 관리

① 식생공법(붕괴 우려가 적은 비탈면에 적용) ☑ 중요
  ㉠ 종자뿜어붙이기공(사면의 경사가 급하여 다른 공법으로는 시공이 어려울 때)
    • 모르타르건 뿜어붙이기 : 절토비탈면의 급경사에 대한 시공이 가능하다. 종자, 비료, 토양 등에 물을 첨가하여 살포하는 것으로 가장 빨리 전면녹화를 할 수 있으나, 추비를 주지 않으면 비료부족 현상이 일어난다.
    • 펌프 뿜어붙이기 : 성토비탈면의 완경사지에서 가능하고 종자, 비료, 섬유(fiber) 등을 물과 혼합하여 사용한다.

| 기출 Point | 종자뿜어붙이기

- 종자뿜어붙이기공은 일종의 식생공이다.
- 사용식생의 종자발아에 필요한 온도, 수분이 적당한 범위 내에서 정하되 가능한 한 봄철로 한다.
- 초본류만을 사용하면 근계층이 얕기 때문에 비탈면이 박리(剝離)되기 쉬우므로 필요시 목본류와 혼파한다.
- 한 종류의 발생기대본수는 가급적 총 발생기대본수의 10% 이하로 내려가지 않도록 한다.
- 파종면이 건조한 경우에는 종자의 발아를 촉진하고 분사부착물의 침투를 좋게 하기 위하여 $1m^3$당 1~3L의 물을 미리 살포한다.
- 비료는 질소, 인산, 칼리의 성분이 혼합된 복합비료를 사용하되 재료조달 계획 승인 시 감독자의 승인을 받은 것을 사용한다.
- 공사의 효율을 위하여 종자를 섬유, 색소접착제, 비료 등과 물로 혼합하여 고압분사기로 파종하는 잔디조성공사에 적용한다.

> • 종자분사파종 : 비탈 기울기가 급하고 토양조건이 열악한 급경사지에 기계와 기구를 사용해서 종자를 파종하는 공법으로, 한랭도가 적고 토양 조건이 어느 정도 양호한 비탈면에 한하여 적용한다.
> • 네트 + 종자분사파종 : 비탈 침식방지망을 사용하여 침식방지 및 발아촉진과 활착을 도모한다. 시공이 간편하여 단기간에 많은 면적을 녹화하는 데 적합하다. 피복재료인 net나 mesh는 자체가 썩어서 섬유질 비료 역할을 해 주어 식물의 발아 및 생장을 원활하게 할 수 있어야 한다. 일반토사와 기울기가 완만한 경질토사가 설계 적지이다.

　ⓛ 식생매트공
　　• 특정 식물을 매트 형태로 재배하여 대상 비탈면에 부착 시공하는 것으로 절토, 성토 토사지역에 시공이 가능하고 단기간 내에 녹화와 경관조성이 필요한 곳에 주로 적용되며 대면적의 공사에는 적합하지 않다(하절기, 동계시공 가능).
　　• 비탈면을 평평하게 정지한 후, 하천에 어울리는 종자를 이식 및 파종하고 그 위에 매트를 설치한다.
　　• 비탈기슭에는 비탈멈춤 및 유수에 의한 세굴을 방지하기 위해 돌망태, 사석부설, 흙채움 등으로 조치한다.
　　• 매트는 비탈 머리, 기슭에서 땅속으로 길이 0.3~0.5m, 폭 0.3m 이상 묻히도록 하고, 양단을 0.1m 이상 중첩하되, 겹치는 방향은 유수의 흐름과 동일하게 아래쪽으로 향하도록 한다.
　　• 식생매트 포설 후 현장여건을 검토하여 두께 0.05m 이내로 복토하여 관수한다.
　ⓒ 식생구멍공
　　• 기계시공이 필요한 공법으로 부분녹화공법 중의 하나이다.
　　• 대상지역은 암반과 같은 식물의 도입이 곤란한 단단한 점질토나 경질석회토와 같은 토질의 절토 비탈면에 적합하며 시공방법은 비탈면에 지름 5~8cm, 깊이 10~15cm의 구멍을 드릴로 파고 고형비료 등을 넣은 다음 토사로 구멍을 메운 후 종자분사파종공법 등을 시공하여 양생한다(절토비탈면).
　ⓓ 식생자루공
　　• 인력에 의한 부분녹화공법의 하나로 대상지역은 비탈면의 토양 및 종자 등의 유실을 방지하기 위하여 종자, 비료, 흙 등을 혼합하여 자루에 채운 후 비탈면에 쌓는 방식이다(급경사지에 가능).
　　• 종자와 비료, 흙을 혼합하여 네트(net)에 넣고, 비탈면의 수평으로 판 골 속에 넣어 붙이는 공법이다.
　　• 식생공사를 선상(線狀) 혹은 대상(帶狀)으로 시공하는 시공법인 선적녹화방식(線的綠化方式) 또는 선적녹화공법(線的綠化工法)에 해당된다.
　　• 유실이 적으며, 유연성이 있기 때문에 지반에 밀착하기 쉽다.

⑩ 식생판공
- 인력에 의한 부분녹화공법의 하나로 비료, 흙, 토양안정제 등의 재료를 반상으로 형성하여 그 표면에 종자를 붙여 종자판을 비탈면에 파놓은 수평골 속에 대상이나 점상으로 붙이는 공법이다(객토 효과).
- 종자뿜어붙이기공, 식생판공, 떼붙임공은 식생공의 공종이다.
ⓗ 평떼붙임공
- 평떼(30 × 30cm)로 채취하여 비탈면에 붙이고 뗏장 1장당 2개의 떼꽂이를 한다(성토비탈면).
- 비탈면 전면(평떼)붙이기 줄눈을 틈새 없이 붙이고, 십자줄이 형성되지 않도록 어긋나게 붙이며, 잔디 소요면적은 비탈면면적과 동일하게 적용한다.
- 잔디를 경사면 전체에 피복하여 침식으로부터 보호하려고 할 때 적합한 공법이다.
ⓢ 식생띠공 : 종자, 비료 등을 부착한 띠 모양의 직물포나 종이류를 수평상으로 일정한 간격마다 삽입하는 것이다.
ⓞ 줄떼심기공
- 성토비탈면에 다지기를 한 후 떼를 수평으로 심는다.
- 비탈면 줄떼다지기는 잔디폭이 10cm 이상으로 하고, 비탈면에 10cm 이내 간격으로 수평골을 과서 수평으로 심고 다짐을 철저히 한다.

② 구조물에 의한 공법 ☑ 중요
ⓐ 모르타르 및 콘크리트 뿜어붙이기공 : 비탈면의 용수가 없고 붕괴우려가 없는 지역, 낙석이 예상되는 지역 등 식생이 부적당한 지역에 시공한다.
- 모르타르 : 두께 5~10cm
- 콘크리트 : 두께 10~20cm
ⓑ 콘크리트판 설치공(두께 20cm 이상) : 암의 절리가 많은 암반지역으로 콘크리트블록 격자공이나 모르타르 뿜어붙이기 공법으로는 약한 곳에 적용한다.
- 1 : 1.5보다 완구배일 경우에는 무근 콘크리트
- 1 : 1 정도의 구배에는 철근 콘크리트
ⓒ 콘크리트 격자형 블록
- 용수가 있는 비탈면, 성토비탈면에서 식생이 적당치 않고 표면이 무너질 우려가 있는 지역에 적용한다(1 : 0.8보다 완구배 때 적용).
- 표면이 강우로 자주 유실되어 유지관리가 어려운 곳에 가장 적합한 비탈면 보호 공법이다.
ⓓ 돌망태공 : 비탈면에 용수가 있어 토사가 유실될 우려가 있는 지역, 흙이 무너진 곳을 복구할 때 적용한다. 하천 제방의 기부에 대한 보호를 위해 가장 적합한 공법이며, 비교적 유속이 빠르고 세굴이 우려되는 지역에 활용된다.
ⓔ 낙석방지망공 : 낙석의 우려가 있는 지역에 사용한다. 로프나 망의 절단 여부, 낙석 또는 토사의 퇴적상태, 앵커 일부의 헐거움 정도 등을 주로 점검해야 하는 비탈면 보호공이다.

ⓗ 낙석방지책공

- 절토비탈면이 길어서 집중호우 등으로 낙석이 예상되는 지역에 사용한다.
- 방책기둥의 굴공, 낙석 또는 토사의 퇴적, 기초보의 풍화 또는 붕괴 들을 주로 점검해야 하는 비탈면 보호공이다.
- 낙석방지망은 암반과 밀착시킨 후 견고하게 설치하여야 한다.
- 앵커볼트는 암반의 절리를 점검하여 천공 깊이와 간격을 결정한 후 천공한다.
- 수급인은 반드시 설치위치, 범위를 현장실정에 적합하도록 검토하며, 공사감독과 사전협의 후 설치하여야 한다.

ⓢ 편책공법 : 식생이 비탈면에서 충분히 활착하여 생육될 때까지 비탈면의 토사유실을 방지하기 위하여 사용한다(1.5~3m 간격).

③ 비탈면의 유지관리

㉠ 점검 및 파손형태 : 강우에 의한 지표면의 세굴, 구조물의 균열, 무너져 내려 앉아 꺼진 곳, 경사면이 빠져 나온 곳, 보호공이나 구조물의 변형, 비탈면 배수공의 배수상태 등을 연 1~2회 정기적으로 점검한다.

㉡ 보수 및 유지관리

- 식생공에 의한 비탈면 식생 관리 : 연 1회 이상 시비 및 추비를 하고, 잡초제거 및 풀베기 작업은 6~10월 사이 수회 시행하며, 관수 및 병충해 방제를 한다.
- 보호공에 의한 비탈면 식생 관리 : 배수시설이 흙의 붕괴, 낙석, 잡초 등에 의해 매몰되는 경우가 없도록 유지해야 한다.

(2) 옹벽의 관리

① 석축 옹벽의 관리

㉠ 석축 일부에 구멍이 났을 경우 : 뒷면에 구멍이 났을 경우 그 부분을 재시공하고, 없을 시 콘크리트로 채운다.

㉡ 일부에 균열이 있을 경우 : 침수되어 토압이 증가되면 배수구를 만들어 토압을 감소시킨다.

㉢ 석축 자체가 옆으로 넘어지려고 할 경우 : 석축 앞에 콘크리트 옹벽을 설치한다.

② 콘크리트 옹벽의 관리

㉠ 콘크리트 옹벽이 앞으로 무너질 염려가 있을 때 구조적 보강, 부벽식 옹벽 설치, PC앵커 공법을 사용하여 조치한다.

- 기존 지반의 암질이 좋을 때는 PC앵커로서 원지반과 콘크리트 옹벽을 묶어 놓는다.
- 기초의 침하 우려가 없을 때는 옹벽 앞면에 부벽식 콘크리트 옹벽을 설치한다.
- 옹벽 뒷면의 지하수를 배수구멍을 뚫어 콘크리트 옹벽 바깥으로 유도시켜 토압을 경감시킨다.
- 저항력이 옹벽 뒷면의 토압에 대한 회전력의 1.5배 이상 되도록 조정한다.

ⓛ 옹벽배면의 뒤채움 설계 시 토압은 물론, 토압보다도 큰 수압이 작용하지 않도록 배수기능을
고려해야 한다.

(3) 옹벽의 안정조건

① 안정성

ⓛ 전도에 대한 안정성

• 옹벽의 안정을 유지하려는 저항모멘트가 옹벽을 넘어 뜨리려는 전도모멘트의 2배 이상 되도록 안전율을 두어야 한다.

• 옹벽을 전도시키려는 힘에 대한 안전율은 2.0을 적용한다. ☑ 중요

ⓛ 활동에 대한 안정성

• 옹벽의 중량에 콘크리트와 기초저판과의 마찰력을 곱한 활동에 저항하려는 힘이 옹벽을 밀어내려는 수평토압의 1.5배 이상 되도록 안전율을 두어 설계한다.

• 일반적으로 활동에 대한 안전율은 1.5~2.0을 적용한다. ☑ 중요

ⓒ 지반침하에 대한 안정성 : 옹벽이 지반을 누르는 힘보다 지지력이 커서 부동침하에 대한 안정성이 있어야 하며 옹벽에 영향을 주는 토압은 경사진 경우에는 경사진 표면과 평행하게 하중이 옹벽 높이의 1/3지점에 작용한다.

② 옹벽의 안정

ⓛ 옹벽자체 단면의 안정은 허용응력에 관계한다.

ⓛ 옹벽의 전도(顚倒)에서 저항모멘트가 회전모멘트보다 커야만 옹벽이 안전하다.

ⓒ 옹벽의 침하(沈下)는 외력의 합력에 의하여 기초 지반에 생기는 최대압축응력이 지반의 지지력보다 작으면 기초 지반은 안정하다.

다음 중 옹벽의 안정조건이 아닌 것은?

① 옹벽이 지반을 누르는 최대 힘보다 지반의 허용지지력이 커서 기초가 부동침하에 대한 안정성이 있어야 한다.

② 활동력이 저항력보다 커야만 옹벽은 활동에 대해 자유로워지며 안전율은 1.0을 적용한다.

③ 저항모멘트가 회전모멘트보다 커야만 옹벽이 안전하고, 전도에 대한 안전율은 2.0을 적용한다.

④ 옹벽의 재료가 외력보다 강한 재료로 구성되어야 한다.

해설

일반적으로 옹벽의 활동에 대한 안전율은 1.5~2.0을 적용한다.

정답 ②

(4) 옹벽의 종류 ☑ 중요

① 캔틸레버식 옹벽

㉠ 벽체에 널말뚝이나 부벽이 연결되어 있지 않고 저판 및 벽체만으로 토압을 받도록 설계된 철근콘크리트 옹벽으로 역T형 및 L형 등이 있다.

㉡ 일단(一端)이 고정지점이고 타단(他端)에는 지점이 없는 자유단인 옹벽이다. ☑ 중요

㉢ 철근콘크리트 구조로서 단면적의 형태를 퓌하여 구조체의 부피가 상대적으로 적어 자중이 줄어든 만큼 옹벽 배면의 기초 저판 위의 흙의 무게를 보강하여 안정성을 높인 옹벽의 형태이다.

• 역T형 옹벽 : 옹벽의 자중과 밑판 위에 있는 흙의 중량에 의해 토압에 저항하는 형식으로 철근콘크리트로 시공한다. 자중과 뒤채움 토사의 중량으로 토압에 저항하며 경제성, 시공성이 좋으므로 높이가 높을 때 유리하다.

• L형 옹벽 : 역T형 옹벽과 비슷하지만 안정성이 더 요구되거나 높은 옹벽에 적용되며 저판이 길기 때문에 저판상의 성토가 자중으로 간주되므로 안정되며 경제성이 높은 옹벽이다.

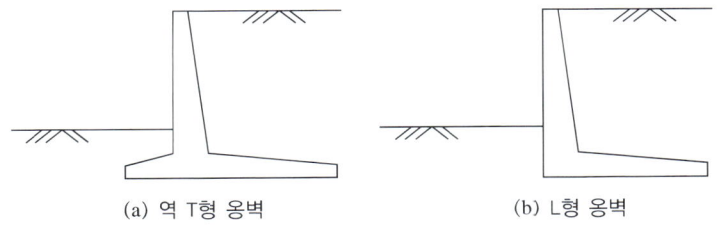

(a) 역 T형 옹벽   (b) L형 옹벽

[캔틸레버식 옹벽]

② 중력식 옹벽

　　㉠ 옹벽 자체의 자중에 의해서 토압에 저항하는 것으로서 돌쌓기 또는 무근콘크리트를 사용한다.

　　㉡ 옹벽의 높이 3m 이하인 경우 사용한다.

　　㉢ 상단이 좁고 하단이 넓은 형태이다.

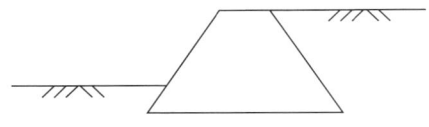

[중력식 옹벽]

③ 부벽식 옹벽 : 안정성을 중시한 철근 콘크리트 옹벽, 저반, 중벽, 부벽으로 되어있고 역T형보다 높은 옹벽이 요구될 때 사용한다. 5~7m 정도 높이에 적용한다.

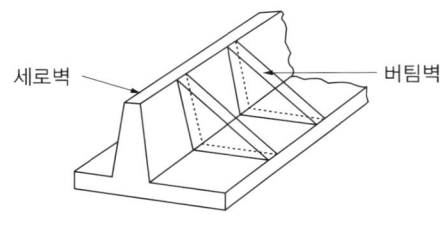

[부벽식 옹벽]

④ 석축 옹벽 : 배후의 원지반이 단단한 경우나 배후의 성토재가 양호한 경우에 사용되며, 토압이 작을 것으로 예상되는 경우에 한하여 높이 5m 정도까지 적용되는 간이 옹벽이다.

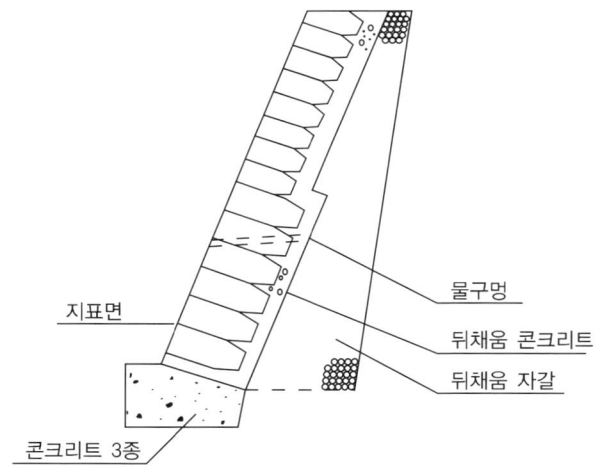

[석축 옹벽]

⑤ 지지벽 옹벽(앞부벽식) : 옹벽 전면에 지지벽을 설치하며 부벽식에 비해 안정성이 별로 없다.

⑥ 부축벽 옹벽 : 철근 콘크리트 옹벽의 뒤를 까치발 모양의 벽으로 보강한 옹벽으로, 6m 이상의 높은 흙막이가 필요할 때 사용한다.

❶ 시설물 유지관리 일반

(1) 목재시설 관리

① 관리일반

⊙ 목재시설은 감촉이 좋고 외관이 아름다워 사용률이 높지만, 철재보다 부패하기 쉽고 잘 갈라지며, 거스러미가 일어나 정기적인 보수를 하고, 도료를 칠해 주어야 한다.

⊙ 쬠 부분이나 땅에 묻힌 부분은 부식되기 쉬우므로 방부제 처리 및 모르타르를 칠해 주어야 한다.

⊙ 2년 경과한 것은 정기적인 보수를 하고, 썩지 않도록 방부처리하거나 모르타르를 바른다.

⊙ 방부처리된 목재가 절단, 대패질 등의 추가가공이 되었을 경우에는 가공부위에 대하여 방부제를 도포하여 저하되지 않도록 해야 한다.

> **더 알아보기** **목재의 방부처리법**
>
> • 침지법 : 방부액이나 물에 담가 산소공급을 차단하는 방법
> • 주입법 : 크레오소트나 PCP를 주입하는 방법
> • 표면탄화법 : 목재 표면을 3~4mm 태워 수분을 제거하는 방법
> • 도포법 : 방부제, 유성 페인트, 니스, 아스팔트, 콜타르칠을 하는 방법

② 방충제와 방균제

⊙ 방충제 : 유기염소, 유기인, 붕소, 불소계통 등

⊙ 방균제

• 유상방부제 : 타르, 크레오소트 등

• 유용성 방부제 : 유기수은 화합제, 클로르페놀류 등

• 수용성 방부제 : CCA 등

③ 손상의 종류에 따른 보수방법

⊙ 인위적인 힘에 의한 파손 : 파손부분은 교체한다.

⊙ 온도와 습도에 의한 파손 : 파손부분을 제거한 후 나무못박기나 퍼티를 채운다.

⊙ 균류에 의한 피해 : 부패된 부분을 제거한 후 나무못박기나 퍼티를 채운다. → 유상방균제・유용성 방균제・수용성 방균제를 살포한다. → 교체한다.

⊙ 충류에 의한 피해 : 부패된 부분을 제거한 후 나무못박기나 퍼티를 채운다. → 유기염소계통・유기인계통의 방충제를 살포한다. → 교체한다.

④ 보수

ⓖ 부패된 경우 : 부패된 부분을 제거한 후 나무못박기나 퍼티를 잘라 건조한다.

ⓛ 갈라졌을 경우 : 목재의 이물질을 제거하고 퍼티를 갈라진 사이에 채운 후 건조시켜 샌드페이퍼로 문지르고 마무리한다.

(2) 철재시설 관리

① 도장이 벗겨진 곳은 녹막이 칠(광명단, 도료 등)을 두 번 칠한 다음 유성 페인트를 발라 주고, 파손이 심한 부분은 교체해 준다.

② 볼트나 너트가 풀어졌을 때에는 충분히 죄어 주고, 심하게 훼손되었을 때에는 용접 또는 교환해 준다.

③ 오래된 부품은 심한 충격이나 압력에 의하여 갈라지기 쉬우므로 교체한다.

④ 회전 부분의 축에는 정기적으로 그리스를 주입하며 베어링의 마멸 여부를 점검한 후 조치한다.

(3) 합성수지 놀이시설 관리

① 주로 이용하는 재료는 FRP이며, 시설물의 몸체, 미끄럼판, 계단, 벽막이, 벤치, 안내판 등에 이용한다.

② 합성수지재는 겨울철 저온 때 충격에 의한 파손을 주의해야 한다.

(4) 콘크리트 놀이시설 관리

① 관리일반

ⓖ 자체가 무겁기 때문에 가라앉거나 기울어지고, 균열이 발생할 때에는 위험한 상태가 되기 전에 보수를 하여야 한다.

ⓛ 도장은 일정 시간이 지나면 벗겨지므로 3년에 1회 정도 다시 해주어야 한다.

ⓒ 콘크리트의 균열이 생긴 곳은 실(Seal)재를 주입하여 봉합한다.

ⓔ 콘크리트가 부식되고 페인트가 퇴색된 곳은 솔로 문질러 페인트를 벗겨 낸 다음, 수성 페인트를 칠한다.

ⓜ 파손된 부분은 처음의 콘크리트 배합 비율과 같게 하여 보수하고, 3주 이상 건조시킨 후 수성 페인트를 칠한다.

② 균열부의 보수공법

ⓖ 표면실링공법

• 표면을 청소한 후 공기펌프로 먼지를 제거하고 에폭시계의 재료를 도포한다.

• 0.2mm 이하의 콘크리트 균열부를 처리하는 데 주로 사용하는 공법으로 와이어브러시로 청소한 후 에폭시계 재료로 폭 5cm, 깊이 3mm 정도를 도포하는 콘크리트 보수공법

ⓒ V자형 절단공법 : V자형으로 잘라낸 후 충전제를 채워넣는 공법이다. 누수가 있는 곳에 사용하며 표면실링보다 효과적이다.
ⓒ 고무유압식 주입공법
  • 주입구와 주유파이프 중간에 고무튜브를 설치하여 시민트 반죽이나 고무액을 혼입한다.
  • 벤치나 야외탁자 등 석재 부분의 균열폭이 큰 경우에 사용하는 보수방법이다.

더 알아보기 놀이시설물의 전반적인 관리

• 놀이터 내에 물이 고이는 곳이 없도록 모래면을 평탄하게 고른다.
• 해안의 염분, 대기오염이 현저한 지역에서는 철재, 알루미늄 등의 재료에 강력한 방청 처리를 하며, 스테인리스 제품을 사용한다.
• 바닥모래는 굵은 모래, 충분히 건조된 것을 사용한다.
• 놀이시설물의 점검은 용접 부분 및 움직임이 많은 부분을 중점적으로 조사한다.

---

(5) 조명시설의 관리

① 1년에 1회 이상 청소하고, 조명의 오염이 약한 곳은 마른 헝겊을 사용하며, 심한 곳은 물이나 중성세제를 사용한다.
② 철재로 등주 재료를 쓸 경우 부식을 막기 위해 방부처리를 한다.
③ 해안지방이나 교통량이 많은 지역의 등주는 도장의 주기를 짧게 해주거나 플라스틱 피막을 한 등주로 교체하도록 한다.
④ 어두울 때는 필라멘트 전압이나, 2차 전압을 조사하고 안정기를 교체한다.

[조명등의 비교]

램프	소비전력	효율(%)	수명(시간)	광색	특성
할로겐전구	100-1kW-1.5kW	20~22	1,500 ~2,000	양호	• 효율, 수명 모두 백열전구보다 약간 우수 • 점포용, 투광용, 영사, 스튜디오용
고압나트륨등	70-400-1kW	85~110	12,000	불량	• 효율, 수명 모두 백열전구보다 약간 우수 • 점포용, 투광용, 영사, 스튜디오용
형광등 (주백색)	20-40-110	81	7,000 ~20,000	우수	• 광질이 좋고, 설치 및 우지비 저렴 • 형광색의 조정에 따라 푸른색, 적색 연출 가능 • 옥내외 전반조명, 국부조명에 적합
메탈할라이드등	100-400-2kW	75~85	6,000 ~7,000	우수	• 고휘도, 배광제어 용이 • 연색성이 뛰어남 • 옥외조명, 저천장의 점포조명
고압수은등	40-400-2kW	53	10,000	양호	• 광속이 크고, 수명이 긴 것이 특징 • 도로, 공원, 투광조명어 적합(투명형)
LED등	5-60	40~50	40,000 ~50,000	우수	• 긴 수명, 낮은 소비전력, 높은 신뢰성 • 일반조명, 옥외 교통소호등, 차량표시등, 항공유도등, 대형 전광표시판

(6) 수경시설의 관리

① **연못의 관리** : 급수구와 배수구의 막힘 여부를 수시로 점검하고, 겨울 전에 물을 빼고, 연못에 가라앉았던 이물질을 제거·청소한다.

② **분수의 관리** : 고정식 분수는 겨울철에 동파되는 것을 방지하기 위하여 물을 완전히 빼고, 이동식은 이물질 제거 후 보관한다.

③ **분수의 정기점검 보수사항**

  ㉠ 정기점검 보수사항 : 펌프 및 밸브의 교체와 절연성 점검 등

  ㉡ 계획보수 사항 : 전기 및 기계의 조정점검, 물 교체, 낙엽제거 및 청소, 파이프류의 도장 등

(7) 하천 생태복원 관리

① 조성된 생태하천을 효율적으로 관리하기 위해서는 생태적 천이에 교란을 주지 않는 범위 내에서 최소한의 관리를 해주어야 한다.

② 생태하천에서의 비점오염원의 유입차단 및 수질정화 효과를 극대화시키기 위해서는 초본의 경우 연 1회(늦가을) 제초를 해주어야 하며, 제거된 초본은 하천부지 밖으로 유출하여야 한다.

③ 다년생 초본류와 같은 식생대를 유지하기 위해서는 환삼덩굴과 같은 덩굴성 식물이나 외래식물은 지속적으로 구제해 주어야 한다.

❷ 기타 편의시설 관리

(1) 벤치 및 야외탁자

① **용도**

  ㉠ 벤치, 야외 탁자 : 갈라진 곳은 퍼티로 채움

  ㉡ 등받이형 벤치 : 장시간 휴식

  ㉢ 평상형 벤치 : 단시간 휴식

  ㉣ 사각형 탁자 : 마주앉아 대화하기에 적합

  ㉤ 원형 탁자 : 회합에 적합

② **전반적인 관리**

  ㉠ 이용자 수가 많은 경우 증설한다.

  ㉡ 장시간 머무는 곳의 콘크리트 벤치는 목재용 벤치로 교체한다.

  ㉢ 바닥에 물이 고이는 경우는 포장하거나 배수시설을 한다.

  ㉣ 여름철의 그늘이 지지 않는 곳이나 겨울철에 햇빛이 들지 않는 곳은 녹음수를 식재하거나 옮긴다.

(2) 휴지통

① 설치유형

  ㉠ 벽면, 가로등, 기둥 등에 고정한다.

  ㉡ 대용량은 공공장소, 도로와 인접한 곳에 설치한다.

② 쓰레기 수거

  ㉠ 수거빈도는 일주일에 2~3회 수거, 주말·휴일은 1일 2~3회 수거한다.

  ㉡ 일시에 다량으로 발생하면 드럼통을 이용하여 소각하거나 봉지를 그대로 수거한다.

(3) 음수대

① 구성

  ㉠ 재료

    • 본체 : 철근 콘크리트재, 블록재, 합성수지재

    • 철재 : 스테인리스재, 파이프재, 주철재

    • 석재, 도기재 등

  ㉡ 마감 : 모르타르 바름, 인조석 연마, 타일 붙임, 돌 붙임, 콘크리트재 치장 및 면가공

  ㉢ 페인트칠

② 기타 관리

  ㉠ 드레인은 항상 안정한 상태로 유지한다.

  ㉡ 게이트밸브 조절로 물이 넘치지 않게 한다.

  ㉢ 국립공원이나 유원지 등 3계절형인 곳의 겨울철에는 게이트밸브를 잠그고 물을 뺀다.

(4) 표지판

① 포장도로, 공원 등에서는 월 1회, 비포장도로는 월 2회 청스한다.

② 재도장은 2~3년에 1회 실시한다.

③ 강관, 강판의 청소 시 보통세제를 사용한다.

③ 건축물의 유지관리

(1) 구역별 분담방법

① 일정 구역 내의 건물을 개인에게 분담하는 방법으로 이때 건물의 노후 상태를 감안하여야 하며 작업원 작업명세서가 책임업무 한계가 된다.

② 장점

    ⊙ 현장보수가 용이하고 책임감과 예방이 수월하다.

    ⓒ 서류작업이나 소요시간이 짧다.

    ⓒ 대상지 특성파악이 쉽고 융통성이 있다.

    ⓔ 대규모 공원, 위락시설단지에 적합하다.

③ 단점 : 개인의 각 분야별 능력에는 한계가 있으므로 전문적인 일을 담당하는 데 어려움이 있다.

(2) 분야별 분담방법

① 분야별 전문가가 조를 이루어 넓은 지역을 담당한다.

② 장점 : 작업의 규모와 성격에 따라 필요한 인력을 배치할 수 있다.

③ 단점

    ⊙ 넓은 지역을 담당하므로 관리 대상에 대한 친숙도가 떨어진다.

    ⓒ 책임한계가 불분명하고 인력낭비가 발생하기도 한다.

더 알아보기   **플로우 차트(flow chart)**

서비스 개시 → 기능의 유지, 확보 → 개선(개선요인, 기능의 감소요인 제거, 기능의 증대) → 개조

- 플로우 차트는 문제나 작업의 범위를 결정하고 분석하며, 그 해석 방법을 명확히 하기 위해서 필요한 작업과 처리의 순서를 통일된 기호와 도형을 사용하여 도식적으로 표시한 것이다.
- 여러 가지 발생할 수 있는 문제 또는 그 과정을 작성한 흐름에 따라 분석하여 해결할 수 있다.
- 수많은 작업 과정을 쉽게 나타내기 때문에 흐름도 또는 순서도라고도 하며 필수로 거쳐야 하는 작업이다.
- 연간 관리 계획 수립을 위한 플로우 차트 작성 예시

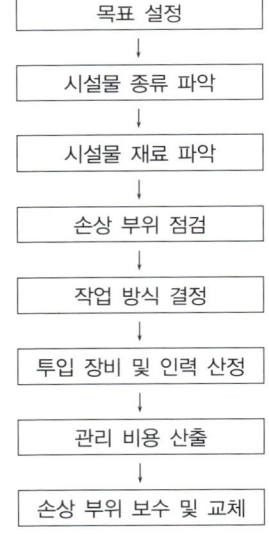

목표 설정

↓

시설물 종류 파악

↓

시설물 재료 파악

↓

손상 부위 점검

↓

작업 방식 결정

↓

투입 장비 및 인력 산정

↓

관리 비용 산출

↓

손상 부위 보수 및 교체

이용관리계획

01 이용자관리

1 이용지도

(1) 이용관리의 목표와 내용

① 목표
　　㉠ 대상지 보전 측면 : 이용자의 행위를 규제하고 적정한 이용이 되도록 지도·감독하는 것
　　㉡ 편리한 이용 측면 : 이용자가 필요로 하는 서비스를 제공하는 것
② 내용 : 이용지도, 홍보, 행사프로그램 주도, 주민참여, 안전관리 등

(2) 이용지도

① 이용지도의 필요성 : 질적인 면의 정비와 안전하고 쾌적한 이용환경의 창출을 위해서이다.
② 이용지도의 구분

목적	내용	대상이 되는 행위·시설
공원녹지의 보전	조례 등에 의해 금지되어 있는 행위의 금지 및 주의	식물의 채취, 공원녹지의 손상·오손, 출입금지구역 출입, 광고물의 표시, 불의 사용 등
안전·쾌적 이용	위험행위의 금지 및 주의	놀이기구로부터 뛰어내림, 풀에서 위험행위, 아동공원에서 어른들이 골프·야구를 하는 행위 등
안전·쾌적 이용	특수한 시설 혹은 위험을 수반하는 시설의 올바른 이용방법 지도	모험광장, 물놀이터, 수면이용시설(보트·풀), 사이클링, 승마장, 롤러스케이트장, 트레이닝기구, 각종 경기장
유효이용	이용안내	시설의 유무 소개, 공원 내의 루트
유효이용	레크리에이션 활동에 대한 상담·지도	식물관찰·조류관찰·오리엔터링·게이트볼 등의 지도, 유치원·학교 등의 단체에 대한 활동 프로그램의 조언

(3) 이용자 관리체계

① 이용자 관리 프로그램 : 이용의 분포, 공중의 안전, 정보 및 교육
② 이용자에 대한 이해 : 이용자 요구도 위계, 참가유형, 이용자의 지각 특성

❷ 홍보 · 정보제공 및 의견청취

(1) 홍보 · 정보제공

① 의의 : 이용자의 이용기회를 넓히기 위해 공원에 대한 안내를 하고 지역 내에서의 활동이 쾌적하게
될 수 있도록 각종 정보를 제공하여 이용자의 만족도를 높이는 것

② 방법 : 홍보(PR), 각종 매체의 이용

(2) 의견청취

① 의의 : 관리주체와 주민과의 정보교류, 민주적인 합의관계를 중심으로 상호신뢰관계가 이루어지
게 함

② 방법 : 여론조사, 이용자의 모니터제도, 설문조사, 시설견학, 간담회, 요망사항 및 애로사항 상담,
주민조직, 이용자단체와 관리자와의 연락협의, 이용자에 의한 운영위원회의 설치 등

❸ 행사(event)

(1) 행사의 필요성

① 행정홍보수단

② 커뮤니티(community) 활동의 일환

③ 공원녹지이용의 다양화를 도모하는 수단

(2) 행사 개최의 형태

행사는 한 지역의 특성, 시설의 상태, 공원이용 상황을 파악 · 고려하여 대상지에 적합하게 실시방침을
세워야 한다.

❹ 안전관리

(1) 사고의 종류 ☑ 중요

① 설치하자에 의한 사고의 예

㉠ 그네에서 뛰어내리는 곳에 벤치가 설치되어 있어 충돌한 사고

㉡ 시설물의 구조상 접속부에 손이 끼이거나 구조 자체의 결함에 의해 일어난 사고

㉢ 고정되어야 할 시설이 고정되지 않아 쓰러지거나 부서진 사고

㉣ 조합놀이대 위의 난간 간격이 넓어 그 사이로 어린이가 떨어진 사고

② 관리하자에 의한 사고 : 시설의 노후, 파손, 위험물 방치, 위험장소에 대한 안전대책 미비로 발생하는 사고
  ㉠ 동물의 탈출에 의한 사고
  ㉡ 유리조각을 방치하여 손발이 베인 사고
  ㉢ 간판이 떨어지거나, 맨홀 뚜껑이 제대로 닫혀 있지 않아 발생하는 사고 등
③ 이용자, 보호자, 주취자 등의 부주의에 의한 사고의 예
  ㉠ 관객이 백네트에 올라갔다가 떨어진 사고
  ㉡ 유아가 방호책을 넘어가 연못에 빠지는 등의 사고
  ㉢ 그네를 잘못 타서 떨어지는 사고
  ㉣ 미끄럼틀에서 거꾸로 떨어지는 사고 등
④ 자연재해 등에 의한 사고

기출 Point | 관리하자에 의한 사고
• 야영장의 내부가 고사된 수목에 겉만 보고 텐트줄을 지지하였는데 폭풍으로 고사목이 쓰러져 야영객이 다친 사고
• 공원에서 청소한 낙엽을 모아 소각 처리한 재가 잘못 묻어 어린이가 화상을 입었을 경우
• 공원 내 이동식 축구 골대에 매달려 장난을 치다 골대가 넘어져 부상을 입었을 경우

(2) 안전대책

① 구조나 재질에 결함이 있으면 철거하거나 개량조치를 한다.
② 정기적인 순시 점검과 시설이용 방법을 관찰 지도한다.
③ 위험한 장소에는 감시원 · 지도원을 배치한다.
④ 공원은 휴양 · 휴식시설이므로 안전사고는 관리자 및 이용자의 과실이다.

(3) 사고처리의 순서

사고자의 구호 → 관계자에게 통보 → 사고상황의 파악 기록 → 사고책임의 명확화 → 보상대책

02 주민참가

1 주민참가의 개념 및 효과

(1) 주민참가의 개념

① 지역주민이 의사결정과정에 참가하여 관리주체와 의견을 조정하여 공동화하는 것이다.
② 기존의 저항형, 요구형에서 점차 토의형, 협력형, 해결형의 주민참가의 형태로 변모해 가고 있다.
③ 주민참가는 지역주민이 자주관리(自主管理)한다고 하는 의욕에 상호부응하는 것이다.
④ 자주적인 관리를 위해서는 주민의식의 성숙과 더불어 이를 이끌어 나가는 지도자의 존재가 필수적이다.

(2) 주민참가의 효과
① 연대감, 상호신뢰, 융화감 도모
② 단체 상호간의 친목 도모, 행정과 주민의 신뢰감 생성
③ 공중도덕심, 공공애호정신 함양, 애착심의 발생, 봉사정신의 함양
④ 노인들의 건강관리에 이익, 안전한 이용이 가능

(3) 주민참가의 내용
① 병충해 방제, 제초, 관수, 시비, 화단식재
② 청소, 놀이기구 점검, 어린이 놀이지도
③ 공원 및 녹화 관련 행사의 개최, 공원을 이용한 레크리에이션 행사의 개최
④ 금지행위와 위험행위 주의 주기, 사고 및 고장의 통보
⑤ 열쇠 등의 보관, 시설기구 등의 대출
⑥ 공원관리에 관한 제안, 공원이용에 대한 규칙 만들기, 공원에 관한 홍보

❷ 주민참가와 공원관리

(1) 주민참가의 기반
① 사회봉사활동(volunteer의 활동)
② 사회참가활동(지역활동) 등

(2) 주민참여의 목적
단순한 소일거리가 아니라 건강, 지식, 교양 등을 목적으로 한다. 특히 사회참가활동은 삶의 보람창출, 자아실현, 이웃과의 교류, 경험에 의한 심리적인 충족을 제공하며, 자유시간을 유효하게 활용할 수 있는 활동으로 인식된다.

(3) 주민참가의 조건
① 규모 및 전문성이 주민의 수탁능력을 넘지 않을 것 : 주민 단체의 특성을 무시하고 공원 관리를 위탁하면 주민의 수탁능력을 벗어날 우려가 있음
② 주민참가에 의해 공원 애호정신의 함양, 융화 등의 효과가 기대되는 작업일 것
③ 주민참가에 의해 효과가 기대될 것(자발적 참여의 극대화)
④ 운영상 주민의 자발적 참가 및 협력을 필요요건으로 할 것(주거집단의 공동체 의식 향상)
⑤ 주민참가에 있어서 이해의 조정과 공평심을 가질 것

공원관리를 위해 주민의 자발적인 의지를 조장하는 효과적인 방법, 주민참가에 관련된 행정의 효율적 역할 수행, 전문적인 업무의 실시, 안전성, 평등한 서비스의 확보 등이 성패를 좌우한다.

❸ 주민참가의 발전과정

(1) 내셔널 트러스트(national trust)

① 정식명칭 : 역사적 명승지 및 자연적 경승지를 위한 내셔널 트러스트
② 영국의 변호사 로버트 헌터 등 3인에 의해 제창되었다.
③ 자연과 역사적 환경을 보전하기 위해 창립되었으며 국민에 으한 국토보전, 관리의 의미를 갖고 있다.
④ 내셔널 트러스트법에 의해 특권을 뒷받침했다.

(2) 풍치보전회

① 일본의 고도 가마쿠라의 역사적 경관을 보존하기 위해 설립되었다.
② 위로부터의 성격이 강해서 진정한 주민참가와는 거리가 멀었다.
③ 우리나라의 자연보호운동, 전국토의 공원화 운동 등과 비슷하다.

❹ 주민참여 운영프로그램

(1) 운영프로그램

다수를 대상으로 자연 자원과 시설을 적극적으로 이용하여 계획적으로 이루어지는 각종 행사를 말한다.

(2) 운영프로그램은 유형별로 자연 체험, 생태 관찰, 체험(만들기) 교실, 취미 활동, 전통 체험, 문화 예술, 체육, 이벤트 및 축제 등으로 구분되며, 이용 공간 및 프로그램의 성격에 따라 다르게 구분하기도 한다.

비참가의 단계(조작, 치료) → 형식참가의 단계(정보제공, 상담, 유화) → 시민 권력의 단계(파트너십, 권한위양, 자치관리)

03 공원이용 및 레크리에이션 시설 이용관리

1 레크리에이션 관리의 개념 및 목표

(1) 개념 및 원칙
① 부지의 관리수준 : 부지의 위치, 부지의 설계, 이용의 유형, 환경적 조건, 관리의 전략에 의해 관리수준이 결정된다.
② 옥외 레크리에이션 관리의 기본적인 측면
　ⓐ 생태적 측면 : 주로 유지관리에서 다루어진다.
　ⓑ 사회적 측면 : 주로 이용자관리에서 다루어진다.

> **더 알아보기** 생태적 측면의 관리문제
>
> 근본적으로 생태적 측면의 관리문제는 이용자들의 레크리에이션 이용에 따라 발생한 것이다. 이용자의 반달리즘 (vandalism), 무지, 과밀이용이 생태적 측면의 관리문제에 영향을 미치는 주된 원인이다.

(2) 레크리에이션 관리의 원칙
① 자원의 관리는 사회적 가치와 연계, 이는 유지관리의 문제가 된다.
② 이용자의 레크리에이션 경험의 질도 중요하다.
③ 부지의 변형은 가능하다.
④ 접근성은 이용에 결정적인 영향을 미친다.
⑤ 레크리에이션 자원은 자연적인 경관미를 제공한다.
⑥ 레크리에이션 자원 중 돌이킬 수 없는 한계까지 다다른 파괴로 인한 자원은 원상회복이 불가능하다. 이러한 개념은 공간의 입지, 성격, 규모에 따라 달라진다.

(3) 목표 및 기본전략
① 완전방임형 관리전략 : 재래적 관리방법이다.
② 폐쇄 후 자연회복형 : 부지를 폐쇄하고 식생 등이 스스로 회복하게 하는 방법이다. 자연중심형의 자연지역인 경우에 적용되며, 많은 시간이 소요된다.
③ 폐쇄 후 육성관리 : 손상된 부지를 폐쇄한 후 빠른 회복을 위하여 육성관리를 한다.
④ 순환식 개방형 : 회복을 위한 휴식기간을 순환적으로 가지는 것으로 충분한 시간과 휴식기간이 추가적으로 확보되어야 한다.
⑤ 계속적인 개방, 이용상태하에서 육성관리 : 이용을 중단하지 않고 재배적 보육을 통해 손상된 부분을 회복시켜 나가는 방법으로 가장 이상적인 방법이다. 최소한의 손상이 발생된 경우에 유효하다.

(4) 옥외 레크리에이션 관리체계의 주요 기능

① 이용자(visitor)
- ㉠ 레크리에이션 경험의 수요를 창출하는 주체
- ㉡ 특정 개인보다는 이용자집단의 차원에서 관심과 요구도 등에 부응하여 관리

② 자원기반(natural resource base)
- ㉠ 레크리에이션 활동 및 이용이 발생하는 근거
- ㉡ 레크리에이션 경험으로서의 이용자 만족도를 좌우하는 요소

③ 서비스관리(service management)
- ㉠ 다양한 이용자 집단에게 만족스런 경험을 제공하려는 목적
- ㉡ 이용자의 요구에 부응하여 가용한 자원의 서비스와 활동을 조정하는 행위
- ㉢ 자원기반의 원형을 보호하는 요소

❷ 레크리에이션 부지의 관리

(1) 도시공원녹지의 관리

① 관리의 주안점
- ㉠ 주로 이용자 중심으로 자연공원지역의 자원보전보다는 이용자의 레크리에이션 요구도라는 수요측면에 주안점을 둔다.
- ㉡ 보다 많은 이용자 대중에게 안전하고 쾌적한 녹지공원시설의 이용을 극대화하는 데 있다.

더 알아보기 | 공원관리상의 문제

- 이용의 급격한 증가에 따른 자원기반이 파괴되기 쉽고, 각종 범죄 등의 반사회적 형태가 빈발한다.
- 여타의 도시개발 및 토지이용에 비한 공원녹지의 상대적 효용성이 부족하다.

② 식물관리
- ㉠ 수목관리의 대상은 상부 및 하부식생에 해당된다. 즉, 수목관리는 녹음, 장식, 차폐, 관상 등의 수목의 기능을 유지하기 위해 형태적·생태적으로 일정한 단계를 유지한다.
- ㉡ 수림지관리는 장기적인 관점에서 식물공간을 형성하는 데 목적을 두고 수림을 육성·보전하는 등의 관리이다.
- ㉢ 잔디 관리는 레크리에이션 활동의 장소와 시각적인 푸르름 제공 등 잔디의 목적에 따른 기능유지관리이다.
- ㉣ 초화류관리는 화단, 화분 및 수림지대의 초화류나 습지성 식물을 대상으로 관리(관수, 시비, 제초, 병충해 방제, 적심 등)와 식재(초화류 재료의 입수, 정지, 시비, 관수)로 분류하여 관리한다.
  ※ 식물관리비 = 식물의 수량 × 작업률 × 작업횟수 × 작업단가

③ 시설관리

㉠ 건물관리는 예방보전(점검, 청소, 교체 등)과 사후보전(임시점검, 보수 등)이 있다.

㉡ 공작물 관리는 예방보전, 사후보전, 이용상황 및 필요성에 따라 관리한다.

㉢ 설비관리는 설비기기 자체의 보전과 운전이 중요한 목적이다.

(2) 자연공원지역의 관리

① 관리의 주안점

㉠ 이용측면보다는 자원의 보전 측면에 중점을 둔다.

㉡ 자연공원지역의 뛰어난 자연풍경지를 보호하고 적절히 이용하게 함으로써 자연환경의 보전과 이용의 효율화를 유지하고 운영하는 데 있다.

㉢ 부지관리 : 이용자에 의한 물리적 자원의 손상 관리가 주목적이며, 이러한 관리를 위한 수단으로 모니터링이 중요하다.

② 이용자에 의한 손상관리의 단계

㉠ 기초자료의 사전평가 및 검토

㉡ 관리목표의 검토

㉢ 주요 영향지표의 설정

㉣ 주요 영향지표의 표준설정

㉤ 표준과 현재 조건의 비교

㉥ 손상 발생원인을 검토

㉦ 관리전략의 검토, 설정

㉧ 실행

③ 모니터링

㉠ 지역이 넓어 손상의 정도, 이용자 정보의 수집이 어렵기 때문에 개발된 관리 수단으로, 방법은 영향에 대한 시각적 평가, 사진 등과 물리적 자원의 변화측정 등을 통해 이루어진다.

㉡ 좋은 모니터링 시스템

• 영향을 유효 적절히 측정할 수 있는 지표를 설정해야 한다.

• 신뢰성이 있고 민감한 측정의 기법을 적용하여야 한다.

• 비용이 적게 들어야 한다.

• 측정단위들의 위치설정이 합리적이어야 한다.

㉢ 성공적인 모니터링의 조건

• 적절한 훈련과 교육을 통해 일관성 있고 합리적인 측정이 이루어져야 한다.

• 자원 및 관리상태 등을 대표적으로 나타낼 수 있는 적절한 영향지표의 변수를 설정해야 한다.

• 정량적 분석작업과 부지의 각 공간에 대한 자료들을 체계적으로 정리하여 장래의 재평가 및 기초자료로 활용될 수 있도록 하여야 한다.

④ 관리의 기본전략

　　㉠ 완전방임형 : 이용자는 이용하고 훼손지는 스스로 회복을 기대하는 것으로 자연 파괴에 따른 더 이상 적용될 수 없는 개념이다.

　　㉡ 폐쇄 후 자연회복형 : 회복에 오랜 시간이 소요되며, 자원중심형의 자연지역적인 경우 적용한다.

　　㉢ 폐쇄 후 육성관리 : 빠른 회복을 위하여 적당한 육성관리를 하는 방법이다.

　　㉣ 순환식 개방에 의한 휴식기간 확보 : 충분한 시설과 공간이 추가적으로 확보되어야 회복을 위한 휴식기간을 순환적으로 가질 수 있다.

　　㉤ 계속적인 개방, 이용 상태 하에서 육성관리 : 가장 이상적인 관리전략으로 최소한의 손상이 발행하는 경우에 한해서 유효한 방법이다.

> **더 알아보기** 　반달리즘과 님비 현상
>
> • 반달리즘(Vandalism) : 도시의 문화, 예술이나 공공시설을 파괴 및 훼손하는 행위를 말한다. 5세기 초 유럽에서 반달족이 로마와 지중해 연안을 공격하면서 거듭된 약탈과 파괴를 일삼은 것에서 유래했다.
> • 님비(NIMBY) 현상 : '내 뒷마당에서는 안된다'는 이기주의적 의미로 통용되는 것으로, 병합 발전소, 산업 폐기물 처리시설, AIDS환자 · 범죄자 · 마약중독자 수용소, 쓰레기매립장, 폐기물소각장 등의 필요성에는 원칙적으로 찬성하지만 자기 주거지역에 이러한 시설들이 들어서는 데는 강력히 반대하는 현상이다.

> **더 알아보기** 　자연공원지역에서 발생하는 쓰레기의 특징
>
> • 음식물 찌꺼기, 깡통 등 소각이 어려운 것이 많다.
> • 폭넓게 산재하며, 수집처리가 곤란한 지역에 대량 발생한다.
> • 일상생활계의 쓰레기와는 다르다.
> • 기동력에 의한 처리가 어려우므로 비능률적이다.
> • 이용집중도나 이용형태에 따라 발생량이 크게 좌우되는 특성이 있다.

❸ 레크리에이션 수용능력 ☑중요

(1) 개념 및 정의

① 수용능력(carrying capacity)의 개념은 원래 삼림생태계의 관리분야에서 비롯된 것으로 초지용량 및 삼림용량 등 소위 지속산출(sustained yield)의 개념에서 출발하였다.

② J. V. K. Wagar : 수용능력의 개념을 종래의 생태적 측면에서 이용자의 레크리에이션 질 및 만족도 등의 사회 · 심리적 측면으로까지 확대 발전시키는 데 기여하였다.

③ 종래의 자원관리 개념을 탈피 · 확대하고 이용자와 관련된 측면까지 포함하였다. 즉, 종래의 생태적 측면에서 이용자의 레크리에이션의 질 및 만족도 등의 사회 심리적 측면까지 개념을 확대하였다.

④ 레크리에이션 수용능력 : 어떤 행락지에 있어 그 공간의 물리적, 생물적 환경과 이용자의 행락의 질에 심각한 악영향을 주지 않는 범위의 이용수준을 말하며, 이는 또한 그 공간의 성격, 관리목표, 이용자의 태도 등에 의해 영향을 받는다.

> **더 알아보기** ｜ **학문분야별 수용능력의 개념 정의**
>
> - 생태학 : 일정한 서식지에서 어떤 동식물이 생존할 수 있는 최대 개체군 밀도
> - 임학분야 : 초지용량 및 삼림용량 등 소위 지속산출(Sustained Yield) 개념
> - 사회학 : 인구 증가의 억제와 궁극적인 인구 수준의 산정 근거
> - 환경계획 및 지역계획분야 : 현저한 질적 저하나 파괴없이 인구의 성장이나 물리적 개발을 수용할 수 있는 자연 혹은 인공환경의 능력
> - 야외휴양분야 : 이용자 수의 증가로 인하여 휴양공간의 물리적·생태적 자원이 훼손되지 않는 범위 내에서 지속적으로 휴양경험의 질을 제공할 수 있는 최대의 이용자 수 혹은 이용자의 영향을 지탱할 수 있는 휴양공간의 생태적·물리적 능력

(2) 분류 및 결정인자

① 레크리에이션 수용능력의 분류 : Penfold가 제안한 물리적·생태적 및 심리적 수용능력의 3구분이 통용된다.

㉠ 물리적 수용능력 : 시설의 수용능력은 얼마인가?

㉡ 생태적 수용능력 : 어느 정도의 자연의 크기에 사람을 얼마나 수용할까?

㉢ 심리적 수용능력 : 편안한 기분을 느낄 수 있는 수용능력은 얼마일까?

② 레크리에이션 수용능력을 결정하는 인자

가변적 결정인자	• 대상지의 성격, 크기, 형태 • 대상지 이용의 영향에 대한 회복능력 • 기술과 시설의 도입으로 인한 수용능력 자체의 확장 가능성
고정적 결정인자	• 특정활동에 대한 참여자의 반응정도 • 특정활동에 필요한 사람의 수 • 특정활동에 필요한 공간의 최소면적

(3) 수용능력과 관리

① 관리목표 : 이용자에게 다양한 레크리에이션 기회의 제공을 위해 각종 레크리에이션 공간의 물리적, 생태적, 사회적 등 여러 측면의 조건들을 관리 프로그램들을 통해 조성하고 유지, 발전시키기 위한 것이다.

② 이용자 태도 : 관리자가 선호하는 레크리에이션 환경과 실제 이용자가 선호하는 레크리에이션 환경은 다르다.

③ 물리적 자원에의 영향

㉠ 생태적 수용능력은 물리적 자원에의 이용영향의 허용한계에 근거하므로 생태적 특성을 고려해야 한다.

㉡ 주로 모니터링에 의해 파악한다.

(4) 수용능력의 관리기법

① 부지관리

ㄱ 부지강화, 이용유도, 시설개발

ㄴ 내구성 있는 바닥재료, 관수, 시비, 재식재, 내성강한 수종, 장애물 설치, 접근성 제고, 공중위생 시설의 설치, 활동위주의 시설개발 등

② 직접적 이용제한

ㄱ 이용행태, 개인적 선택권의 제한 및 강화 통제에 중점을 둔다.

ㄴ 정책강화, 구역별 이용, 이용강도의 제한, 활동의 제한

③ 간접적 이용제한

ㄱ 이용형태를 조절하되 개인의 선택권을 존중하고 간접적인 조절을 한다.

ㄴ 물리적 시설의 개조, 이용자에 정보를 제공, 자격요건의 부과

더 알아보기 O' Riordan

레크리에이션 수용능력 개념의 설정에 있어서 총 만족량(Total Satisfaction) 개념을 도입하였다.

시험에 이렇게 나왔다! [2013년 제1회 기사]

레크리에이션 수용능력을 정의한 학자 중 1972년 Penfold는 수용능력에 대한 분류체계를 확립하였다. 그 수용능력 3가지의 분류방법에 속하지 않는 것은?

① 물리적 수용능력　　② 생태적 수용능력　　③ 심리적 수용능력　　④ 제도적 수용능력

해설

Penfold가 제안한 레크리에이션 수용능력의 분류
- 물리적 수용능력 : 시설의 수용능력은 얼마인가?
- 생태적 수용능력 : 어느 정도의 자연의 크기에 사람을 얼마나 수용할까?
- 심리적 수용능력 : 편안한 기분을 느낄 수 있는 수용능력은 얼마일까?

정답 ④

적중예상문제

CHAPTER 01 운영관리

01 다음 [보기]의 설명은 조경관리의 종류 중 어느 것에 대한 설명인가?

┤보기├

시설관리에 의하여 얻어지는 이용 가능한 구성요소를 더 효과적이며 안전하게 그리고 더 많이 이용하게 하기 위한 방법에 대한 것이다. 또, 적절한 관리를 위한 조직의 구성과 사업분담도 중요하며 각 조직간의 협조체계도 수립되어야 한다.

① 사전관리　　　　② 운영관리
③ 유지관리　　　　④ 이용관리

[해설]
운영관리
• 이용가능한 구성요소를 더 효과적이고 안전하게, 더 많은 사람들이 이용하기 위한 관리이다.
• 관리대상의 기능을 어떻게 하면 효율적이고 적절하게 발휘할 수 있는가를 목표로 하는 관리이다.

02 일반적으로 조경관리는 유지관리, 운영관리, 이용관리로 구분된다. 다음 중 운영관리에 해당하는 것은?

① 식재수목, 잔디　　② 건축물, 조경시설물
③ 예산, 조직　　　　④ 홍보, 이용지도

[해설]
조경관리의 구분
• 운영관리 : 예산, 조직, 재산, 재무제도 등의 관리
• 유지관리 : 잔디, 초화류, 식재수목, 기반시설물, 편익 및 유희시설물, 건축물 등의 관리
• 이용관리 : 주민참여의 유도, 안전관리, 홍보, 이용지도, 행사 프로그램 주도

03 조경관리에 있어서 운영관리에 해당하지 않는 것은?

① 재산관리　　　　② 조직관리
③ 예산관리　　　　④ 안전관리

[해설]
안전관리는 조경관리에 있어서 이용관리에 해당한다.

04 조경공간에서 유지관리의 기본적 목적에 들지 않는 것은?

① 수익성　　　　　② 기능성
③ 관리성　　　　　④ 안전성

[해설]
수익, 예산, 재산 등과 관련된 것은 운영관리이다.

05 관리대상의 기능을 어떻게 하면 효율적이며 적절하게 발휘케 하는가를 목표로 하는 관리의 유형은?

① 이용관리　　　　② 운영관리
③ 유지관리　　　　④ 시공관리

[해설]
운영관리
• 이용가능한 구성요소를 더 효과적이고 안전하게, 더 많은 사람들이 이용하기 위한 관리이다.
• 관리대상의 기능을 어떻게 하면 효율적이고 적절하게 발휘할 수 있는가를 목표로 하는 관리이다.

06 유지관리계획 수립을 위한 시설 이용상황 조사 중에서 포함되지 않아도 되는 사항은?

① 시간별 이용자 수
② 이용형태별 구분
③ 이용자의 의식별 구분
④ 소요관리 인력 추정

해설
소요관리 인력 추정은 운영관리에 포함되는 사항이다.

07 홍보관리의 업무를 행하는 조경관리의 유형은?

① 이용관리 　　　② 운영관리
③ 유지관리 　　　④ 경영관리

해설
관리의 유형
• 운영관리 : 관리대상의 기능을 어떻게 하면 효율적이고 적절하게 발휘할 수 있는가를 목표로 하는 관리
• 유지관리 : 본래의 기능을 양호한 상태로 유지하는 데 목표
• 이용관리 : 이용을 조성목적에 적합하게 유도하고, 적극적인 이용을 위한 프로그램의 제작 및 홍보를 하는 데 목표

08 조경공간 및 대상물의 질적변화에 따른 유지관리계획이 필요한 부분은?

① 군식지의 생태적 조건변화에 따른 갱신
② 이용에 의한 손상이 생기는 시설의 보충
③ 개방된 토양면의 확보
④ 부족이 예측되는 시설의 증설

해설
①·②·④는 조경공간 및 조경대상물의 양적인 변화에 따른 관리계획에 해당한다. 질적인 변화에 따른 관리계획에는 양호한 식생의 확보, 개방된 토양면의 확보 등이 있다.

09 운영관리계획의 수립 시에 있어서 질적, 양적 변화에 대한 설명으로 가장 거리가 먼 것은?

① 양적인 변화에서 생물인 경우에는 생장이나 번식으로 외형적 변화가 수반된다.
② 양적인 변화는 이용자 수와 이용 형태에 따라 크게 나타난다.
③ 질의 변화는 이용자 취향, 관습, 사회, 경제적 변화에 따라 크게 나타난다.
④ 질의 변화는 가시적이어서 쉽게 파악하고 대처할 수 있다.

해설
④ 질의 변화는 불가시적으로 쉽게 파악하기가 어렵다.
조경대상물의 양적인 변화 내용
• 조경대상물의 노후나 변질
• 생물인 경우에는 생장이나 번식으로 인한 외형적 변화
• 이용자수와 이용형태에 따른 조경대상물 자체에 대한 양적 변화

10 도급방식의 구분 중 도급방식에 의한 조경관리 대상에 해당하지 않는 것은?

① 전문적 지식이나 기능을 요하는 업무
② 금액이 적고 간편한 업무
③ 관리주체가 보유한 설비나 장비로는 곤란한 업무
④ 직영의 인원으로 부족한 업무

해설
도급은 주로 적은 금액의 간편한 업무보다는 복잡하고 전문적인 기능을 요하는 업무, 직영설비나 인원으로 수행하기 어려운 업무에 이루어진다.

11 운영관리 방식에 있어 직영방식의 장점이 아닌 것은?

① 관리책임이나 책임소재가 명확하다.
② 인건비의 절약이 가능하다.
③ 관리실태를 정확히 파악할 수 있다.
④ 이용자에게 양질의 서비스가 가능하다.

해설

직영방식의 장단점

장점	• 관리책임이나 책임소재가 명확하다. • 긴급한 대응이 가능하다. • 관리실태를 정확히 파악한다. • 임기응변의 조치가 가능하다. • 양질의 서비스 제공이 가능하다. • 애착심을 가지므로 관리효율의 향상을 꾀한다.
단점	• 업무가 타성화되기 쉽다. • 직원의 배치전환이 어렵다. • 필요 이상의 인건비 지출이 있다. • 인사가 정체된다.

12 운영관리방식 중 도급방식의 단점에 해당하는 것은?

① 인사정체가 되기 쉽다.
② 관리직원의 배치전환의 여지가 적다.
③ 책임의 소재나 권한의 범위가 불명확하게 된다.
④ 인건비가 필요 이상으로 들게 된다.

해설

도급방식의 장단점

장점	• 규모가 큰 시설의 관리에 적합하다. • 전문가를 합리적으로 이용한다. • 관리의 단순화가 이루어진다. • 전문적 지식, 기술, 자격에 의한 양질의 서비스를 제공할 수 있다. • 관리비가 싸고 장기적으로 안정될 수 있다.
단점	• 책임의 소재나 권한의 범위가 불명확하다. • 전문업자를 충분하게 활용치 못할 수가 있다.

13 수목관리의 연간 작업계획 내용 중 옳지 않은 것은?

① 지주목 재결속은 준공 후 1년이 경과되었을 때 실시한다.
② 상록활엽수는 새순이 생장하는 봄철(3월)에 전정함이 좋다.
③ 철쭉, 개나리 등의 낙엽화목류 전정은 휴면기인 동계에 실시한다.
④ 거적감기는 가을(10~11월)에 실시하는 것이 병해충 방제에 효과가 있다.

해설
③ 낙엽화목류의 전정은 꽃이 진 후에 실시한다.

14 연중 유지관리계획에서 다음 중 가장 먼저 시행하여야 하는 유지관리 항목은?

① 기비(基肥)
② 추비(追肥)
③ 제초(除草)
④ 월동준비(越冬準備)

해설
기비는 늦가을 낙엽 후 10월 하순~11월 하순의 땅이 얼기전까지, 또는 2월 하순~3월 하순의 잎이 피기 전까지 사용하고, 추비는 수목생장기인 4월 하순~6월 하순까지 사용해야 한다.

15 공유재산에 관한 설명으로 틀린 것은?

① 공용재산 : 청사, 시·도립학교, 박물관, 도서관, 시민회관, 관사 등과 같이 지방자치단체가 직접 사무용·사업용 또는 공무원의 주거용으로 사용하거나 사용하기로 결정한 재산 및 사용목적으로 건설 중인 재산을 말한다.

② 공공용재산 : 도로, 제방, 하천, 시·도립 공원, 구거, 유수지 등과 같이 지방자치단체가 직접 공공용으로 사용하거나 사용하기로 결정한 재산 및 사용목적으로 건설 중인 재산을 말한다.

③ 기업용재산 : 상·하수도, 건설 중인 지하철, 공영개발 사업 등과 같이 지방자치단체가 직접 경영하는 기업용 또는 그 기업에 종사하는 직원의 거주용으로 사용하거나 사용하기로 결정한 재산 및 사용목적으로 건설 중인 재산을 말한다.

④ 일반재산 : 문화유산, 보존림, 민속자료 등과 같이 법령, 조례, 규칙 또는 필요에 의하여 지방자치단체가 보존하고 있거나 보존하기로 결정한 재산을 말한다.

해설
④ 보존용재산에 관한 설명이다. 일반재산은 행정재산의 용도폐지된 재산, 매각하기 위해 취득한 재산 등과 같이 행정목적으로 사용하지 않거나 계획이 없는 행정재산 이외의 모든 재산을 말한다.

16 상록활엽수의 전정시기로 가장 적합한 시기는?

① 2~3월　　　　　② 3~4월
③ 5~6월　　　　　④ 7~8월

해설
일반적인 전정시기
• 낙엽활엽수 : 7~8월, 11~3월
• 상록활엽수 : 5~6월, 9~10월
• 상록침엽수 : 2~3월이나 10~11월

17 조경을 목적으로 한 정지(整枝) 및 전정(剪定)의 효과라고 할 수 없는 것은?

① 꽃눈발달과 영양생장의 균형 유도
② 수목의 구조적 안전성 도모
③ 화아분화의 촉진
④ 수목의 규격화 추구

해설
정지 및 전정의 목적
• 생장 촉진 및 억제로 발육을 조절한다.
• 수관을 균형있게 발육시킴으로써 수종 고유의 관상과 미적 가치를 높인다.
• 화목류에 있어 분화기 이전에 분화에 필요한 조건을 만들어 개화 결실을 촉진시켜 준다.
• 난잡한 수형을 정비하고 나무의 크기를 조절할 수 있다.
• 통풍·통광을 증대하여 병충해 발생의 원인을 제거할 수 있으며, 허약한 가지의 발육을 촉진시킨다.
• 나무의 내부까지 햇빛을 고루 들게 하여 꽃눈형성을 돕는다.
• 보호 관리를 편하게 한다.

18 수목의 생장이 왕성할 때 하계전정(하기전정, 夏期剪定)을 설명한 것 중 옳지 않은 것은?

① 밀생된 부분을 솎아낸다.
② 굵은 가지 1~2개 솎아낸다.
③ 도장지를 잘라 내는 정도로 한다.
④ 목적대로 가벼운 전정을 2~3회 나누어 실시한다.

해설
② 굵은 가지 전정은 동계전정에 속한다.

19 일반적으로 전정을 하지 않는 수종은?

① 느티나무   ② 섬잣나무
③ 장미   ④ 향나무

해설
전정을 하지 않는 수종
• 낙엽활엽수 : 느티나무, 회화나무, 팽나무, 떡갈나무, 참나무류, 백목련, 백합나무, 수국 등
• 상록활엽수 : 동백나무, 치자나무, 녹나무, 태산목, 굴거리나무, 팔손이, 월계수 등
• 침엽수 : 독일가문비, 히말라야시다, 금송, 나한백 등

20 봄에 꽃이 진 후에 전정(춘계전정)하는 것은?

① 장미   ② 목련
③ 무궁화   ④ 복숭아

해설
봄에 꽃이 진 후에 전정(춘계전정)하는 것 : 철쭉류, 목련, 벚나무, 진달래 등의 봄 꽃나무

21 조경수목에서 굵은 가지 솎기나 베어내기와 같이 수형을 다듬기 위한 강전정을 실시해도 나무의 손상이 적은 시기의 전정은?

① 춘기전정   ② 하기전정
③ 추기전정   ④ 동기전정

해설
동계전정(12월~2월) : 수형을 잡아주기 위한 굵은 가지 전정으로 수목의 휴면기간에 실시한다.
• 낙엽활엽수 : 굵은 가지 강전정(수형을 잡기 위한)
• 상록수 : 동계전정 지양(내한성이 약함)
• 무궁화 : 다음 해의 신초가 나기 전(10~12월, 2월)
• 기타 : 해토 무렵 실시

22 굴거리나무, 감탕나무, 녹나무와 같은 상록활엽수류는 묵은 잎이 떨어지는 시기에 가지를 솎아내거나 길이를 줄이는 작업을 위주로 실시하는 전정법은?

① 춘기전정   ② 하기전정
③ 추기전정   ④ 동기전정

해설
춘계전정(3~5월)
• 상록활엽수 : 참나무류, 녹나무 등, 잎이 떨어지고 새잎이 날 때
• 낙엽활엽수 : 느티나무, 벚나무 등, 신장 생장이 최대인 시기
• 침엽수 : 소나무, 반송, 섬잣나무, 순꺾기(순지르기 : 적심) 5월 상순
• 봄 꽃나무 : 철쭉류, 목련, 벚나무, 진달래 등, 꽃이 진 직후 전정
• 여름 꽃나무 : 무궁화, 배롱나무, 싸리, 눈이 움직이기 전 이른 봄에 전정
• 산울타리 : 향나무류, 회양목, 사철나무, 5월말(회양목은 겨울 전정 지양)
• 유실수 : 복숭아, 꽃사과 등, 이른 봄
• 동백나무, 목련 : 눈의 바로 위를 전정

23 꽃이 진 후 바로 전정을 하면 다음 해에 많은 꽃을 볼 수 있는 수종으로만 짝지어진 것은?

① 아까시나무, 동백나무
② 태산목, 팽나무
③ 진달래, 철쭉
④ 감나무, 명자나무

해설
철쭉류, 목련, 벚나무, 진달래 등의 봄 꽃나무는 꽃이 진 후에 전정을 하는 것이 좋다.

24 조경수의 정지 및 전정에 관한 일반 원칙으로 적합하지 못한 것은?

① 주지(主枝)는 가급적 하나로 키운다.
② 무성하게 자란 가지는 제거한다.
③ 도장지(徒長枝)는 최대한 보호한다.
④ 평행지를 만들지 않는다.

해설
도장지
도장지는 부정아가 자라난 것으로서 가지가 길고 굵으나 너무 빨리 자란 탓에 조직이 연하고 약하므로 제거하는 것이 원칙이다. 그러나 반드시 제거하는 것은 아니고, 수형상 적합한 위치에 자라난 것은 원하는 수형으로 유도해 가는 데 필요한 예비지로 남겨 두는 것이 바람직하다.

25 정원수 전정에 있어서 그 제거 대상으로 적당하지 않은 것은?

① 병균이 붙어 있는 가지
② 도장지(徒長枝)
③ 근생아(根生芽)
④ 화지(花枝)

해설
결과지(結果枝)
과일이 달릴 수 있는 가지이다. 화목류에 있어서는 화지(花枝)라 한다. 개화하는 조경수에는 대단히 중요하므로 제거하지 않는다.

26 수목의 부정아(不定芽)를 유도하는 방법으로 가장 거리가 먼 것은?

① 전정   ② 엽면시비
③ 단근(斷根)   ④ 가지 비틀기

해설
엽면시비는 비료나 농약을 잎에 뿌리는 작업으로, 부족한 영양분을 뿌리가 아니라 엽면을 통해 흡수할 수 있도록 잎에 양료용액을 뿌리는 것을 말한다.
부정아를 유도하는 방법
• 전정 : 지나치게 커진 수목의 전체에 새로운 가지를 자라나게 하여 수목을 젊어지게 한다.
• 적엽 : 지저분해진 나무를 정리하기 위해 우거진 잎이나 묵은 잎을 떼버린다.
• 적아 : 눈이 움직기기 전에 가지의 여러 곳에 나와 있는 눈 가운데에서 불필요한 가지를 제거해 버리는 작업이다.
• 적심 : 지나치게 자라는 가지의 신장 억제를 위해 신초 끝부분을 따버리는 작업이다.
• 깎아 다듬기 : 수관 전체를 대형 전정가위로 고르게 다듬어 구형, 반구형, 타원형으로 만드는 작업이다.

27 전정 시의 작업 방법으로 적합하지 못한 것은?

① 가지를 자를 때는 상부의 주지부터 전정한다.
② 상부는 강하게 하부는 약하게 전정한다.
③ 강전정을 하면 대체로 세력이 약한 가지가 나오게 되므로, 능수버들과 단풍나무는 강전정을 한다.
④ 수관 밖에서부터 작업하여 내부가지를 전정한다.

해설
③ 강전정을 하면 인접한 눈에서 세력이 강한 가지가 나오게 되므로, 능수버들이나 단풍나무와 같이 부드러운 느낌을 주는 나무는 약전정을 하여 가는 가지의 발생을 유도하는 것이 좋다.

28 꽃을 크게 하고 색깔을 아름답게 하며 결실을 좋게 하는 거름을 주려고 할 때 적당한 것은?

① 과인산석회　　　② 황산암모니아
③ 염화칼륨　　　　④ 닭똥

해설
인산질 비료 : 어린 가지나 세근(細根)에 유효하며, 조직을 튼튼하게 만든다. 열매 비료라고도 할 만큼 결실하거나 꽃을 피우는 데 필수적인 비료이다.

29 수목에서 질소(N) 결핍에 관한 설명으로 옳지 않은 것은?

① 조기 낙엽현상을 보인다.
② 복엽의 경우 정상적인 잎보다 수가 적다.
③ 상부에서 하부로 점차 고사한다.
④ 활엽수의 경우 성숙 잎은 황록색으로 변한다.

해설
질소의 결핍 시 식물의 잎이 아래부터 위로 차츰 황화(Chlorosis)현상이 일어나고, 심하면 잎 전면에 나타나여 잎이 작고 그 수가 적어진다. 초본류에서는 초장이 낮아지고 일찍 낙엽현상이 일어난다.

30 다음 중 초화류의 시비 내용으로 거리가 먼 것은?

① 추비에 질소질비료가 많으면 내한성이 강해져서 동해를 받기 어려우므로 질소(N), 인산(P_2O_5), 칼륨(K_2O) 성분을 각각 $10g/m^2$의 기준으로 지킨다.
② 초장을 고려하여 시비량과 시비횟수를 결정한다.
③ 화단 초화류는 집약적 관리가 요구되므로 가능한 한 유기질 비료를 기비로서 연간 1회, 화학비료를 추비로서 연간 2~3회 시비한다.
④ 기비는 유기질 비료를 1년에 1차례 1~2kg/m^2의 기준으로 시비한다.

해설
① 추비에 질소질비료가 많으면 내한성이 약해져서 질소(N), 인산(P_2O_5), 칼륨(K_2O) 성분을 각각 $10g/m^2$의 기준으로 지킨다.

31 식물체 내에서는 극히 부동성이며 세포막을 강건하게 하고 단백질의 합성, 질소의 흡수 및 이용조장, 체내의 독극물질 중화, 분열조직의 생장과 뿌리털의 발육에 필수적인 성분은?

① N　　　　　② P
③ Fe　　　　④ Ca

해설
① 질소(N) : 광합성 작용을 촉진시켜 잎이나 줄기 등 수목의 생장에 도움을 준다. 부족하면 생장이 위축되고 성숙이 빨라지나 많으면 도장하고 약해지며 성숙이 늦어진다.
② 인산(P) : 세포분열 촉진, 꽃·열매·뿌리의 발육에 관여한다. 부족하면 꽃과 열매가 나빠지고, 많으면 성숙이 촉진되어 수확량이 감소한다.
③ 철(Fe) : 산소 운반, 엽록소 생성 촉매작용 등의 역할을 하는데, 부족하면 잎조직에 황화현상이 일어난다.

32 수간(樹幹)감기는 큰 나무 이식 시에 해주어야 하는데 그 효과로 적당하지 않은 것은?

① 이식 시 수간의 보호와 상처를 예방한다.
② 줄기가 강한 햇볕에 타는 것을 막아준다.
③ 상해(霜害)나 병해충 방지를 해준다.
④ 줄기로부터 새가지가 나오도록 해준다.

해설
수간감기의 효과
• 증산작용 억제(나무가 마르지 않도록)
• 겨울철에 동해 예방(온도의 급변을 막아줌)
• 여름철에 피소 방지(햇빛에 의해 표피가 익어버리면 병충해가 발생하는 것을 막음)
• 동지(새롭게 불규칙하게 뻗어나가는 가지)의 발생을 막아줌
• 외부의 충격으로부터 수피를 보호

33 조경공사 시방서상 수목의 관수 횟수는 연간 몇 회인가?

① 연 3회이며, 장기 가뭄 시에는 추가 조치한다.
② 연 5회이며, 장기 가뭄 시에는 추가 조치한다.
③ 연 7회이며, 장기 가뭄 시에는 추가 조치한다.
④ 연 10회이며, 장기 가뭄 시에는 추가 조치한다.

해설
관수 및 배수
• 관수는 지표면과 엽면관수로 구분하여 실시하되, 토양의 건조 시나 한발 시에는 이식목에 계속하여 수분을 유지하여야 하며, 관수는 일출·일몰 시를 원칙으로 한다.
• 수목의 관수 횟수는 연간 5회로서 장기가뭄 시에는 추가 조치한다.
• 잔디 관수는 잔디가 물에 젖어 있는 기간이 길면 병충해의 발생이 우려되므로 이슬이 걷혀 어느 정도 마른 상태인 낮에 하여야 한다.
• 잔디의 관수 횟수는 일정하게 정할 수는 없으며 잔디가 가뭄을 타지 않도록 기상여건을 고려하여 결정한다.
• 식물의 생육에 지장을 초래하는 장소에는 표면배수 또는 심토 층배수 등의 방법을 활용하여 충분한 배수작업을 하여야 한다.

34 수간주사법에 대한 설명으로 틀린 것은?

① 1월 초순부터 3월말에 걸쳐 실시한다.
② 수피(樹皮)에 구멍을 내어 비료성분을 주입하는 시비법이다.
③ 여러 방법의 시비가 곤란한 경우나 효과가 낮은 경우에 사용하며 인력과 시간이 많이 소요되므로 특수한 경우에 적용한다.
④ 수간에 20~30° 정도의 하향각도로 구멍을 뚫는다.

해설
① 수액이동과 증산작용이 활발한 4~9월의 맑은 날에 실시한다.

35 멀칭을 함으로써 나타나는 현상이 아닌 것은?

① 빗방울이나 관수 등으로부터의 충격을 완화해주며, 수분의 이동속도를 느리게 해준다.
② 통기성이 양호해지며, 토양온도 및 토양습도가 높아져서 근계의 발달이 좋다.
③ 지표면의 증발을 억제해 적절한 상태의 수분유지가 가능하여 염분의 농도를 희석할 수 있다.
④ 토양을 피복함으로 인해 병해충 발생이 증대된다.

해설
④ 토양을 피복하여 잡초와 병해충 발생이 억제된다.

36 다음 중 동해에 관한 설명으로 옳은 것은?

① 남쪽 경사면보다는 북쪽 경사면이 더 많이 발생한다.
② 과습한 토양보다는 건조한 토양에서 더 많이 발생한다.
③ 오목한 지형에 있는 수목에서 동해가 더 많이 발생한다.
④ 흐리고 바람이 많은 날 발생하기 쉽다.

해설
③ 동해는 건조한 토양보다 습한 토양에 발생하기 쉬우며 오목한 지형에서 더 많이 발생하고, 북쪽 경사면보다는 일교차가 심한 남쪽 경사면이 더 많이 발생한다.

정답 33 ② 34 ① 35 ④ 36 ③

37 조경설계기준에서 정한 잔디의 일반적인 관리 중 잔디깎기에 관한 설명으로 틀린 것은?

① 잔디의 깎기 높이와 횟수는 잔디의 종류, 용도, 상태 등을 고려하여 결정한다.
② 한 번에 초장의 약 1/3 이상을 깎지 않도록 한다.
③ 초장이 3~4cm에 도달할 경우에 깎으며, 깎는 높이는 1~2cm를 기준으로 한다.
④ 한국잔디류는 생육이 왕성한 6~9월에, 한지형 잔디는 5, 6월과 9, 10월경에 주로 깎아준다.

해설
③ 초장이 3.5~7cm에 도달할 경우에 깎으며, 깎는 높이는 2~5cm를 기준으로 한다.

38 잔디에 뗏밥을 주는 작업을 무엇이라 하는가?

① 통기작업(core aerification)
② 슬라이싱(slicing)
③ 버티컬모잉(vertical mowing)
④ 배토(topdressing)

해설
① 통기작업 : 집중적인 이용으로 단단해진 토양에 지름 0.5~2m 정도의 원통형 모양을 2~5cm 깊이로 제거하고 허술하게 채워줌으로써 물과 양분의 침입 및 뿌리의 생육을 용이하게 하는 작업
② 슬라이싱 : 칼로 토양을 베어주는 작업으로, 잔디의 포복경 및 지하경을 잘라주는 효과가 있다.
③ 버티컬모잉 : 토양의 표면까지 잔디만 주로 잘라주는 작업으로 태치제거 및 밀도를 높여주는 효과가 있다.

39 다음 중 병원체의 월동방법이 기주(寄主)의 체내에 잠재하여 월동하는 것은?

① 잣나무 털녹병균
② 오리나무 갈색무늬병균
③ 묘목의 모잘록병균
④ 밤나무 뿌리혹병균

해설
기주의 생체 내에서 월동하는 병균 : 잣나무 털녹병균, 오동나무 빗자루병균, 식물병원성바이러스, 파이토플라스마

40 오동나무나 대추나무의 빗자루병 등 마이코플라스마에 의한 수병의 치료에 가장 좋은 효과를 보이는 항생물질은?

① 테트라사이클린(tetracycline)
② 사이클로헥시마이드(cycloheximide)
③ 다이센스테인리스(dithanestainless)
④ 파제이트(parzte)

해설
마이코플라스마에 의한 빗자루병
• 피해 : 대추나무, 오동나무, 붉나무 등에서 발견되며 마름무늬 매미충의 매개충에 의해 매개전염된다.
• 방제 : 메프 수화제, 비피 유제를 6~10주 간격으로 살포하고, 옥시테트라사이클린계 항생제를 수간주사하여 병든 가지를 제거한 후 소각한다.

41 다음 식물병 중에서 마이코플라즈마(파이토플라즈마)에 의한 병이 아닌 것은?

① 대추나무 빗자루병
② 오동나무 빗자루병
③ 벚나무 빗자루병
④ 뽕나무 오갈병

해설

수목의 전염성병
• 바이러스(모자이크병)
• 파이토플라스마(대추나무 · 오동나무 빗자루병, 뽕나무 오갈병)
• 세균(뿌리혹병)
• 진균(모잘록병, 벚나무 빗자루병, 흰가루병 등)
• 기생성 종자식물(겨우살이, 새삼)
• 곰팡이(삼나무 붉은마름병, 소나무 줄기녹병, 잣나무 잎떨림병)

42 다음 중 솔나방에 관한 설명으로 틀린 것은?

① 1년에 1회 발생한다.
② 주로 소나무, 해송, 리기다소나무 등을 가해한다.
③ 11월 초 기온이 10℃ 이하로 내려가면 나무줄기를 따라 내려와 지표부근의 나무껍질 사이, 돌, 낙엽 밑에서 월동한다.
④ 6~7월 사이 지오판 수화제를 살포하여 방제한다.

해설
④ 지오판 수화제는 살균제로 식물병원균인 세균, 곰팡이, 바이러스를 방제하기 위한 약제이다.

43 솔잎혹파리의 생물적 방제 차원에서 피해지에 방사하는 천적은?

① 솔잎혹파리먹좀벌   ② 상수리좀벌
③ 노랑꼬리좀벌   ④ 남색긴꼬리좀벌

해설
솔잎혹파리의 천적으로는 솔잎혹파리먹좀벌, 혹파리살이먹좀벌, 혹파리등뿔먹좀벌, 혹파리반뿔먹좀벌 등이 있다.

44 다음 중 ㅁ국흰불나방에 관한 설명으로 옳지 않은 것은?

① 나무껍질 사이, 판자 틈, 지피물 밑에 있는 고치 속에서 번데기로 월동한다.
② 유충이 활엽수보다는 침엽수의 잎을 주로 가해한다.
③ 1화기(化期)코다는 2화기에 피해가 더 심하다.
④ 잎 또는 가지를 거미줄 같은곳으로 감아놓기 때문에 발견하기 쉽다.

해설
포플러류, 버즘나무 등 160여 종의 활엽수를 가해하며, 먹이가 부족하면 초본류도 먹는다. 애벌레는 4령기까지 거미줄로 잎을 싸고 그 속에서 무리지어 잎살만 먹으며, 5령부터는 분산하여 잎맥만 남기고 먹는다.

45 잔디의 녹병(銹病, Rust)에 관한 설명으로 옳지 않은 것은?

① 토양전염병원균으로 고온 건조할 때 많다.
② 화학적인 방제는 디니코나졸수화제를 발병 초기부터 일정 간격으로 사용한다.
③ 병의 발생은 영양부족, 시비의 불균형, 과도한 답압(踏壓) 등이 있다.
④ 잔디의 잎줄기에서 늦가을에 흑색의 반점을 남기며 포자체로 월동한다.

해설
녹병(銹病, Rust)
한국의 잔디류에서 잘 발생하며, 중부지방에서는 5~6월경에 17~22℃ 정도의 기온에서 습윤 시 잘 발생하고 Zoysia류의 엽맥에 불규칙한 적갈색의 반점이 보이기 시작할 때 발견되는 병, 방제약제로는 티디폰 수화제, 디니코나졸 수화제, 시프롤 유제, 터부코나졸 유제 등이 효과적이다.

정답 41 ③ 42 ④ 43 ① 44 ② 45 ①

46 흰불나방, 미루나무재주나방, 버들재주나방, 텐트나방, 박쥐나방 등의 해충에 가장 많이 피해를 받는 수목은?

① 포플러류　　　　② 소나무류
③ 오리나무류　　　④ 참나무류

해설
포플러류, 버즘나무 등 160여 종의 활엽수를 가해하며, 애벌레 한 마리가 100~150cm의 잎을 갉아 먹는다.

47 다음 중 그을음병(sooty mold)과 관계 있는 해충은?

① 진딧물　　　　　② 풍뎅이
③ 박쥐나방　　　　④ 매미나방

해설
진딧물이 기생하는 곳에는 그을음병이 잘 발생한다.

48 흰불나방은 겨울철을 어떤 상태로 활동하는가?

① 번데기　　　　　② 유충
③ 알　　　　　　　④ 성충

해설
흰불나방
• 우리나라 3대 해충의 하나로 과수, 포플러, 플라타너스, 뽕나무 등 활엽수를 가해한다.
• 1년에 2회 발생하며 수피 사이, 판자 틈, 돌 밑, 잡초의 뿌리 근처, 지피물 아래에 있는 고치 속에서 번데기로 월동한다.
• 성충의 몸과 날개는 백색이며 알은 담록색이다.
• 유충은 색의 변화가 많으며 앞가슴과 등면은 흑갈색이고 몸에는 백색의 긴 털이 나 있다.
• 번데기는 엷은 황백색의 고치 속에 들어 있다.

49 무궁화, 모과나무 등에 주로 피해를 주는 진딧물을 방제하기 위하여 다음 중 무슨 농약을 살포하여야 하는가?

① 침투성 살균제 – 만코지 수화제(다이센엠-45)
② 살균제 – 지오판 수화제(가지란)
③ 침투성 살충제 – 메타 유제(메타시스톡스)
④ 제초제 – 글라신 액제(근사미)

해설
진딧물류는 발생 초기에 마라톤 유제, 메타시스톡스 유제를 수관에 살포한다.

50 다음 중 살균제인 것은?

① 지오판 수화제(톱신엠)
② 주론 수화제(디밀린)
③ 부타 유제(마세트)
④ 아이비에이 액체(옥시베론)

해설
② 살충제, ③ 제초제, ④ 생장조절제
농약의 종류
• 살충제 : 해충방제를 위한 약제로 살응애제나 살선충제를 포함한다.
• 살균제 : 식물병원균인 세균, 사상균(곰팡이), 바이러스를 방제하기 위한 약제
• 살충살균제 : 살균제와 살충제가 섞인 약제
• 제초제 : 잡초를 방제하기 위한 약제
• 농약비료 : 비료 속에 살충제나 살균제가 섞인 것으로 주로 벼 재배에 사용된다.
• 살서(鼠)제 : 야생쥐를 구제(驅除)하기 위한 약제
• 식물생장조절제 : 농작물의 품질을 향상시키기 위하여 식물의 생장촉진과 억제에 사용되는 약제
• 살충살균식조제 : 살충제 또는 살균제와 식물생장조절제가 섞여 있는 약제
• 기타 : 페로몬제, 기피제, 전착제 등

51 응애류(mite)에 관한 설명으로 옳은 것은?

① 잎의 즙액을 빨아먹는다.
② 침엽수에만 피해를 준다.
③ 활엽수에만 피해를 준다.
④ 미관상 나쁠 뿐, 생육에는 상관이 없다.

해설
즙액을 빨아먹는 해충 : 진딧물류, 응애류, 깍지벌레류

52 흡즙성 해충으로 고온건조 시에 주로 발생하여 수목에 피해를 주는 것은?

① 깍지벌레　　　② 진딧물
③ 응애류　　　　④ 솔잎혹파리

해설
응애류
진딧물과 같이 대부분의 수종에 가해한다. 응애는 흡즙성 해충으로 바늘과 같이 끝이 뾰족한 입틀로 잎의 즙액을 빨아 먹어 잎에 확생의 반점을 만들고, 이 반점이 많아지면 잎 전체가 황갈색으로 변하게 된다.

53 천공성 해충인 소나무좀의 월동 충태는?

① 알　　　　　　② 유충
③ 번데기　　　　④ 성충

해설
소나무좀
수세가 약한 쇠약한 벌목이나 고사목에 기생한다. 지체부의 수피 틈에서 월동한 성충은 3월 말~4월 초에 평균기온이 15도 정도 2~3일 지속되면 월동 차에서 나와 쇠약한 목, 벌채목의 수피에 구멍을 뚫고 침입한다. 암컷 성충이 먼저 구멍을 뚫고 수컷이 뒤이어 들어가서 교미하고 산란기간은 12~20일로 60개 알을 낳는다.

54 농약의 입제(粒劑)에 대한 설명으로 옳지 않은 것은?

① 살포가 용이하고 환경오염이 적다.
② 제조과정이 다른 제형보다 간단하고 값이 저렴하다.
③ 입자가 크므로 농약을 살포하는 농민에 대하여 안전성이 높다.
④ 다른 제형에 비하여 많은 양의 주성분이 투여되어야 목적하는 방제효과를 얻을 수 있다.

해설
농약 입제는 가루 알갱이보다 큰 입자의 화학적 농약으로, 작물의 뿌리로부터 흡수가 잘되며, 상대적으로 수화제보다 입자가 크므로 가격도 비싸고 제조과정도 복잡한 특성이 있다.

55 다음 중 농약사용 중 일반적인 주의사항으로 가장 거리가 먼 것은?

① 사용하다가 남은 농약은 다른 용기에 옮겨서 보관한다.
② 살포 전후 살포기를 반드시 씻는다.
③ 병뚜껑을 열 때 신체에 내용물이 묻지 않도록 주의한다.
④ 약을 뿌릴 때에는 마스크, 보안경, 고무장갑 및 방제복 등을 착용하고, 바람을 등지고 뿌려야 한다.

해설
① 쓰고 남은 농약은 표시를 해 두어 혼동하지 않도록 한다.

56 다음 중 아스팔트 포장의 보수공법으로 가장 부적합한 것은?

① 패칭 공법
② 표면처리 공법
③ 덧씌우기 공법
④ 그라우딩 공법

해설

그라우딩 공법은 기초 지반에 발달되어 있는 균열, 절리, 공극 등에 주입재로 채워서 기반의 수밀성 및 지반의 강도를 증진시키는 공법이다.

57 다음 조경시설물의 정기점검과 보수의 목표에 관한 설명으로 맞는 것은?

① 원로, 광장의 아스팔트 포장 균열 보수 : 전면적의 15~20%의 함몰이 생길 때(3~5년)
② 원로, 광장의 평판 교체 : 파손장소가 눈에 띌 때(2년)
③ 시소의 베어링 보수 : 베어링이 마모되어 삐걱 삐걱 소리가 날 때(3~4년)
④ 목재 벤치의 좌판보수 : 전체의 20% 이상 파손, 부식이 생길 때(5~7년)

해설

① 원로, 광장의 아스팔트 포장 균열 보수 : 전면적의 5~10%의 함몰이 생길 때(3~5년), 전반적인 노화(10년)
② 원로, 광장의 평판 교체 : 전면적의 10% 이상이 이탈이 생길 때(3~5년)
④ 목재 벤치의 좌판보수 : 전체의 10% 이상 파손, 부식이 생길 때(5~7년)

58 다음 중 일반적인 시설물의 보수 계획 시 사이클이 가장 긴 것은?

① 목재안내판 : 안내글씨 교체
② 목재 퍼걸러(pergola) : 서까래 보수
③ 모래자갈 포장 : 노면 수정
④ 정글짐 : 도장

해설

② 목재 퍼걸러(pergola) : 서까래 보수 부식도에 따라 목재 5~10년, 철재 10~15년
① 목재안내판 : 안내글씨 교체 2~3년
③ 모래자갈 포장 : 노면 수정 0.5~1년
④ 정글짐 : 도장 2~3년

59 다음 중 콘크리트의 균열폭이 0.2mm 이하의 균열부가 있을 때 적용하는 가장 적합한 보수 방법은?

① 메틸에틸케톤 공법   ② 표면실링 공법
③ V자형 절단 공법   ④ 고무압식주입 공법

해설

균열부의 보수 공법
• 표면실링 공법 : 표면을 청소한 후 공기펌프로 먼지를 제거하고 에폭시계의 재료를 도포한다(0.2mm 이하의 균열부에 적용).
• V자형 절단 공법 : V자형으로 잘라낸 후 충전제를 채워 넣는 공법이다. 누수가 있는 곳에 사용하며 표면실링보다 효과적이다.
• 고무유압식 주입 공법 : 주입구와 주유파이프 중간에 고무튜브를 설치하여 시멘트 반죽이나 고무액을 혼입한다.

60 비탈면 보호공법 중 우수 침식 방지, 동상 붕괴 억제, 녹화 등을 목적으로 하는 식생공법이 아닌 것은?

① 편책공   ② 종자뿜어붙이기공
③ 떼붙임공   ④ 식생매트공

해설

편책공법은 구조물에 의한 공법으로 식생이 비탈면에서 충분히 활착하여 생육될 때까지 비탈면의 토사유실을 방지하기 위하여 사용한다.

61 잔디를 경사면 전체에 피복하여 침식으로부터 보호하려고 한다. 이 공법을 무엇이라 하는가?

① 평떼붙이기(張芝工)
② 줄떼붙이기(芝條工)
③ 식생반공(植生盤工)
④ 식생대공(植生袋工)

평떼붙임공
- 평떼(30cm × 30cm)로 채취하여 비탈면에 붙이고 뗏장 1장당 2개의 떼꽂이를 한다(성토비탈면).
- 비탈면 전면(평떼)붙이기를 줄눈을 틈새 없이 붙이고, 십자줄이 형성되지 않도록 어긋나게 붙이며, 잔디 소요면적은 비탈면면적과 동일하게 적용한다.
- 잔디를 경사면 전체에 피복하여 침식으로부터 보호하려고 할 때 적합한 공법이다.

62 콘크리트 옹벽이 앞으로 넘어질 우려가 있을 때 옹벽에 보링기로 구멍을 뚫고 충전재를 삽입한 다음 지하수 배수 구멍을 통해 토압을 경감시키는 공법은?

① PC앵커 공법
② 부벽식 콘크리트 옹벽 공법
③ 말뚝에 의한 압성토 공법
④ 그라우팅 공법

옹벽 관리 방법
- PC앵커 공법 : 기존 지반의 암질이 좋을 때 PC앵커로 넘어짐을 방지한다. 옹벽이 전도위험이 있을 때는 PC앵커 공법을 사용한다.
- 말뚝에 의한 압성토 공법 : 옹벽이 활동(滑動)을 일으킬 때 옹벽 전면에 수평으로 암반을 따라서 압성토하는 공법이다.
- 그라우팅 공법 : 옹벽 배수 구멍을 뚫어 옹벽 뒷면의 지하수를 배수구멍에 유도시킴으로써 토압을 경감시키는 공법이다.
- 부벽식 콘크리트 옹벽 공법 : 기초가 침하될 우려가 없고, 기존 지반이 암반일 때 옹벽 전면에 부벽식 콘크리트 옹벽을 설치하는 공법이다.

63 다음 중 옹벽의 안정조건이 아닌 것은?

① 옹벽이 지반을 누르는 최대 힘보다 지반의 허용 지지력이 커서 기초가 부동침하에 대한 안정성이 있어야 한다.
② 활동력이 저항력보다 커야만 옹벽은 활동에 대해 자유로워지며 안전율은 1.0을 적용한다.
③ 저항모멘트가 회전모멘트보다 커야만 옹벽이 안전하고, 전도에 대한 안전율은 2.0을 적용한다.
④ 옹벽의 재료가 외력보다 강한 재료로 구성되어야 한다.

일반적으로 활동에 대한 안전율은 1.5~2.0을 적용한다.

64 다음 보에 대한 설명으로 옳지 않은 것은?

① 단순보에 일단이 회전지점이고 타단이 이동지점이다.
② 캔틸레버보는 일단이 고정지점이고 타단이 회전지점이다.
③ 게르버보는 3개 이상의 지점으로 지지된다.
④ 내민보는 지점의 구조는 단순보와 같으나 일단 또는 양단이 지점에서 밖으로 나와 있다.

② 캔틸레버보는 일단이 고정지점이고 타단에는 지점이 없는 자유단인 옹벽이다.
캔틸레버식 옹벽
- 벽체에 널말뚝이나 부벽이 연결되어 있지 않고 저판 및 벽체만으로 토압을 같도록 설계된 철근콘크리트 옹벽으로 T형 및 L형 등이 있다.
- 일단이 고정지점이고 타단에는 지점이 없는 자유단인 옹벽이다.
- 철근콘크리트 구조로서 단면적의 형태를 꾀하여 구조체의 부피가 상대적으로 적어 자중이 줄어든 만큼 옹벽 배면의 기초 저판위의 흙의 무게를 보강하여 안정성을 높인 옹벽의 형태이다.

65 종자뿜어붙이기 시공과 관련된 설명 중 옳지 않은 것은?

① 네트 + 종자분사파종은 시공이 간편하여 단기간에 많은 면적을 녹화하는 데 적합하다.
② 한 종류의 발생 기대본수는 가급적 총 발생 기대본수의 80% 이하로 내려가지 않도록 한다.
③ 사용식생의 종자발아에 필요한 온도, 수분이 적당한 범위 내에서 정하되 가능한 한 봄철로 한다.
④ 초본류만을 사용하면 근계층이 얕기 때문에 비탈면이 박리(剝離)되기 쉬우므로 필요시 목본류와 혼파한다.

해설
② 한 종류의 발생 기대본수는 가급적 총 발생 기대본수의 10% 이하로 내려가지 않도록 한다.

66 경관조명에서 광원의 종류와 특성 설명이 틀린 것은?

① 백열등 : 부드러운 분위기 연출이 가능하며, 수명이 짧고 효율이 낮다.
② 수은등 : 저위도이고 배광제어가 용이하며, 도로조명 및 투광조명에 부적합하다.
③ 할로겐등 : 광장의 투광조명에 적합하다.
④ 메탈할라이트등 : 고휘도이며, 연색성이 뛰어나고 옥외 조명에 적합하다.

해설
② 수은등 : 진동과 충격에 강하므로 도로조명에 많이 사용되고, 연색성이 낮으나 수명이 가장 길다.

67 시설물의 목재방부를 위한 재료로 가장 적합한 것은?

① 에나멜 페인트
② 오일페인트
③ 옻
④ 크레오소트

해설
④ 크레오소트 : 방부효과가 크고, 철재류의 부식이 작으며, 침투성이 양호하다. 특히 가격이 저렴하여 토대, 말뚝, 침목 등에 가장 많이 사용되고 있다.
크레오소트계 방부제
• 크레오소트나 크레오소트와 콜타르의 혼합물에 의한 방부제로 철도, 침목, 전주, 파일 등에 사용된다.
• 대부분의 주거용, 상업용 및 수상 건축물의 경우 수용성 방부제가 사용된다.
• 이러한 방부제들은 청결하고 무취이고 도장이 가능하다.
• 충진제 없이 내부·외부 모든 곳에서의 사용이 가능하다.
• 가장 일반적인 수용성 방부제로 CCA라 표기되는 크롬화 동 비산염(Chromated Copper Arsenate)이 사용된다.
• 이 밖에 ACA, ACC, CZC 등의 방부제가 주로 사용된다.

68 다음 중 유지관리 측면에서 음수대의 재료로 가장 적합하지 않은 것은?

① 철재
② 도기재
③ 석재
④ 목재

해설
음수대 재료
• 본체 : 철근 콘크리트재, 블록재, 합성수지재, 철재, 스테인리스재, 파이프재, 주철재, 석재, 도기재, 기타
• 마감 : 모르타르 바름, 인조석 연마, 타일붙임, 돌붙임, 콘크리트재 치장 및 면가공
• 페인트칠 기타

69 다음 옥외 조명등의 관리상 열효율이 높고, 연색성은 낮으나 투시성이 뛰어나며, 설치비는 비싸지만 유지관리비가 저렴한 것은?

① 금속할로겐등   ② 나트륨등
③ 수은등   ④ 형광등

해설

나트륨등
설치비는 비싸나 유지관리비가 싸며 열효율이 높고 투시성이 뛰어나 안개지역, 터널, 산악지대 조명으로 설치한다. 하지만 색채 연출효과에는 불리하다.

70 벤치, 야외탁자의 관리에 관한 설명으로 옳은 것은?

① 바닥지면에 물이 고이는 곳은 자연적인 현상으로 큰 문제가 되지 않는다.
② 노인, 주부 등이 장시간 머무르는 곳의 목재벤치는 내구성이 강한 석재나 콘크리트재로 교체한다.
③ 이용자의 수가 설계 시의 추정치보다 많은 경우에는 이용실태를 고려하여 개소를 증설하여 이용자 편의를 도모한다.
④ 여름철 녹음 부족, 겨울철 햇빛이 잘 들지 않는 곳의 시설에는 차광시설, 녹음수 등은 식재하거나 설치할 수 없다.

해설

① 바닥지면에 물이 고이는 곳은 배수시설을 설치한 후 지면을 재포장한다.
② 노인, 주부 등이 장시간 머무르는 곳의 시설은 가능한 목재로 교체하고, 그늘이나 습기가 많은 곳의 목재 시설물은 콘크리트재나 석재로 교체한다.
④ 여름철 녹음 부족, 겨울철 햇빛이 잘 들지 않는 곳의 시설에는 차광시설, 녹음수 등을 식재하거나 설치하여 이용자의 편의를 도모한다.

71 다음 중 관리하자에 의한 사고로 가장 적합한 것은?

① 그네에서 뛰어내리다 벤치에 충돌하는 사고
② 간판이 떨어지거나, 맨홀 뚜껑이 제대로 닫혀있지 않아 발생하는 사고
③ 어린이가 안전난간을 넘어가서 연못에 빠지는 사고
④ 시설물의 접속부에 손이 끼어서 다치는 사고

해설

관리하자에 의한 사고 : 시설의 노후, 파손, 위험물 방치, 위험장소에 대한 안전대책 미비로 발생하는 사고를 말한다.

72 다음 공원 내에서의 이용자들에 대한 이용지도에 관한 내용으로 옳지 않은 것은?

① 사고성 행위에 대한 주의
② 위험행위의 금지
③ 공원 내 레크리에이션 활동에 관한 상담·지도
④ 자원봉사자(volunteer)의 교육

정답   69 ②   70 ③   71 ②   72 ④

73 다음 중 이용자관리에 있어서 이용지도의 목적이 아닌 것은?

① 공원녹지의 손상
② 공원녹지의 보전
③ 안전·쾌적 이용
④ 유효이용

해설
이용지도의 목적 및 내용

목적	내용	대상이 되는 행위·시설
공원녹지의 보전	조례 등에 의해 금지되어 있는 행위의 금지 및 주의	식물의 채취, 공원녹지의 손상·오손, 출입금지구역 출입, 광고물의 표시, 불의 사용 등
안전·쾌적 이용	위험행위의 금지 및 주의	놀이기구로부터 뛰어내림, 풀에서 위험행위, 아동공원에서 어른들이 골프·야구를 하는 행위 등
	특수한 시설 혹은 위험을 수반하는 시설의 올바른 이용방법 지도	모험광장, 물놀이터, 수면이용시설(보트·풀), 사이클링, 승마장, 롤러스케이트장, 트레이닝기구, 각종 경기장
유효 이용	이용안내	시설의 유무 소개, 공원 내의 루트
	레크리에이션 활동에 대한 상담·지도	식물관찰·조류관찰·오리엔터링·게이트볼 등의 지도, 유치원·학교 등의 단체에 대한 활동 프로그램의 조언

74 이용관리계획 중 주민참가의 발전과정이 아닌 것은?

① 시민권력의 단계
② 개인 참가의 단계
③ 비참가의 단계
④ 형식적 참가의 단계

75 공원관리에 있어서 시민참가에 관한 요건 중 옳지 않은 것은?

① 전문성 있는 작업이어야 한다.
② 주민의 자발적 참가를 필요조건으로 한다.
③ 규모가 시민들의 참여능력을 넘지 않아야 한다.
④ 시민참가에 의해 참가자 간의 융화를 도모해야 한다.

해설
주민참가의 조건
• 규모 및 전문성이 주민의 수탁능력을 넘지 않을 것 : 주민 단체의 특성을 무시하고 공원 관리를 위탁하면 주민의 수탁능력을 벗어날 우려가 있음
• 주민참가에 의해 공원 애호정신의 함양, 융화 등의 효과가 기대되는 작업일 것
• 주민참가에 의해 효과가 기대될 것(자발적 참여의 극대화)
• 운영상 주민의 자발적 참가 및 협력을 필요요건으로 할 것(주거집단의 공동체 의식의 향상)
• 주민참가에 있어서 이해의 조정과 공평심을 가질 것

76 조경관리에 있어서 안시타인이 설명한 주민참가 과정에 대한 3단계의 발전 과정이 옳은 것은?

① 비참가 → 형식적 참가 → 시민권력의 단계
② 시민권력의 단계 → 비참가 → 소극적 참가
③ 소극적 참가 → 적극적 참가 → 시민권력의 단계
④ 형식적 참가 → 극적 참가 → 적극적 참가

해설
주민참가의 단계(안시타인, Arnstein)
비참가의 단계(조작, 치료) → 형식참가의 단계(정보제공, 상담, 융화) → 시민 권력의 단계(파트너십, 권한위양, 자치관리)

77 국립공원을 포함한 자연공원에서는 휴식년제를 실시하고 있는데 조경관리의 기본 전략 중 어디에 속하는 내용인가?

① 완전방임형 관리 방법
② 폐쇄 후 육성 관리
③ 폐쇄 후 자연회복형
④ 순환식 개방에 의한 휴식시간 확보

레크리에이션 관리의 목표 및 기본전략
• 완전방임형 관리전략 : 재래적 관리방법이다.
• 폐쇄 후 자연회복형 : 부지를 폐쇄하고 식생 등이 스스로 회복하게 하는 방법이다. 자연중심형의 자연지역인 경우에 적용되며, 많은 시간이 소요된다.
• 폐쇄 후 육성관리 : 손상된 부지를 폐쇄한 후 빠른 회복을 위하여 육성관리를 한다.
• 순환식 개방형 : 회복을 위한 휴식기간을 순환적으로 가지는 것으로 충분한 시간과 휴식기간이 추가적으로 확보되어야 한다.
• 계속적인 개방, 이용상태 하에서 육성관리 : 이용을 중단하지 않고 재배적 보육을 통해 손상된 부분을 회복시켜 나가는 방법으로 가장 이상적인 방법이다. 최소한의 손상이 발생된 경우에 유효하다.

78 레크리에이션 공간의 관리에 있어서 가장 이상적인 관리전략은?

① 폐쇄 후 육성관리
② 폐쇄 후 자연회복형
③ 계속적인 개방·이용상태하에서 육성관리
④ 순환식 개방에 의한 휴식기간 확보

③ 가장 이상적인 관리전략으로 최소한의 손상이 발행하는 경우에 한해서 유효한 방법이다.
① 빠른 회복을 위하여 적당한 육성관리를 하는 방법이다.
② 회복에 오랜 시간이 소요되며, 자원중심형의 자연지역적인 경우 적용한다.
④ 충분한 시설과 공간이 추가적으로 확보되어야 회복을 위한 휴식기간을 순환적으로 가질 수 있다.

79 다음 중 레크리에이션 관리체계의 기본요소가 아닌 것은?

① 자원(resource)
② 이용자(visitor)
③ 서비스(service)
④ 관리(managment)

옥외 레크리에이션 관리체계

이용자 (visitor)	• 레크리에이션 경험의 수요를 창출하는 주체 • 특정 개인보다는 이용자집단의 차원에서 관심과 요구도 등에 부응하여 관리
자원기반 (natural resource base)	• 레크리에이션 활동 및 이용이 발생하는 근거 • 레크리에이션 경험으로서의 이용자 만족도를 좌우하는 요소
관리 (management)	• 다양한 이용자 집단에게 만족스런 경험을 제공하려는 목적 • 이용자의 요구에 부응하여 가용한 자원의 서비스와 활동을 조정하는 행위 • 자원기반의 원형을 보호하는 요소

80 다음 펜폴드(Penfold)가 주장한 레크리에이션 수용능력의 분류방법에 속하지 않는 것은?

① 물리적 수용능력
② 생태적 수용능력
③ 심리적 수용능력
④ 사회적 수용능력

Penfold가 제안한 레크리에이션 수용능력의 분류
• 물리적 수용능력 : 시설의 수용능력은 얼마인가?
• 생태적 수용능력 : 어느 정도의 자연의 크기에 사람을 얼마나 수용할까?
• 심리적 수용능력 : 편안한 기분을 느낄 수 있는 수용능력은 얼마일까?

81 수용능력(carrying capacity)에 대한 설명 중 틀린 것은?

① 수용능력 개념 중 심미적 요소에 대한 개념은 없다.
② 레크리에이션 지역의 관리시 유용한 개념으로 이용되고 있다.
③ 수용능력의 개념은 원래 생태계 관리분야에서 유래되었다.
④ 이용에 따른 환경파괴를 최소화하고, 자원의 내구성을 높이며, 양호한 여가활동의 즐거움을 제공할 수 있는 기회를 증대한다.

[해설]
Wagar는 수용능력의 개념을 최초로 종래의 생태적 측면에서 이용자의 레크리에이션 질 및 만족도 등의 사회·심리적 측면으로까지 확대 발전시켰다.

82 레크리에이션의 수용능력의 결정인자 중 고정적 결정인자가 아닌 것은?

① 특정활동에 대한 참여자의 반응 정도
② 특정활동에 대한 필요한 사람의 수
③ 특정활동에 필요한 공간의 최소면적
④ 특정활동의 영향에 대한 회복능력

[해설]

가변적 결정인자	• 대상지의 성격, 크기, 형태 • 대상지 이용의 영향에 대한 회복능력 • 기술과 시설의 도입으로 인한 수용능력 자체의 확장가능성
고정적 결정인자	• 특정활동에 대한 참여자의 반응 정도 • 특정활동에 대한 필요한 사람의 수 • 특정활동에 필요한 공간의 최소면적

83 수용능력(carrying capacity) 개념은 원래 어느 분야에서 비롯되었는가?

① 생태계 관리분야
② 환경계획분야
③ 환경심리분야
④ 레크리에이션 분야

[해설]
수용능력의 개념은 원래 삼림생태계의 관리분야에서 비롯된 것으로 초지용량 및 삼림용량 등 소위 지속산출(sustained yield)의 개념에서 출발하였다.

84 수용능력(carrying capacity)의 개념을 최초로 종래의 생태적 측면에서 이용자의 레크리에이션 질 및 만족도 등의 사회·심리적 측면으로까지 확대 발전시킨 사람은?

① Lucas
② J. V. K Wagar
③ Lapage
④ O' Riordan

[해설]
모든 자원은 그들 자신의 간과해서는 안 될 수용능력을 가지고 있다(J. V. K Wagar, 1951)는 주장에 따라 처음 등장하였으며, 산업화와 급속한 경제성장으로 야외 휴양 수요가 증가하면서 1964년 Wagar에 의해 수용력에 대한 개념이 처음으로 정리되었다.

부록 1

과년도 + 최근 기출복원문제

제1과목 조경사

01 서방사 경원(西芳寺景園) 못 속에 같은 크기와 모양의 암석을 배치하여 보물을 실어 나가거나, 싣고 들어오는 선박을 상징하는 것은?

① 쓰꾸바이
② 야리미즈
③ 비석
④ 야박석

해설

서방사(태사) 정원
몽창국사(승려이자 정원 설계가) 최고의 걸작이다. 고산수 지천회유식 정원으로, 회유식 심(心)자형 연못이 있고, 여러 개의 소지 가장자리에 야박석이 있다.

02 센트럴 파크에 낭만주의적 풍경식 정원수법을 옮기는 교량적 역할을 한 작품은?

① 스투어헤드(Stourhead) 정원
② 몽소(Monceau) 공원
③ 모르퐁테느(Morfontaine) 정원
④ 무스코(Muskau) 정원

해설

무스코(Muskau) 정원 : 강물을 자연스럽게 흐르도록 하는 등 수경시설에 역점을 두었고, 옴스테드의 센트럴 파크에 영향을 끼친 작품이다. 전원생활의 모든 활동이 가능한 시설로 부드럽게 굽어진 도로와 산책로 등을 통해 시각적으로 아름다움을 표현했다.

03 동서양 정원에 있어서 문학작품, 전설, 신화 등의 영향에 관한 설명으로 옳지 않은 것은?

① 영국의 스투어헤드(Stourhead)에서는 버질(Virgil)의 서사시 「아이네이어스(Aeneid)」를 물리적으로 표현하였다.
② 이슬람 정원은 코란에 묘사된 파라다이스를 표현한 바, 이는 구약성경 「창세기」에 묘사된 에덴동산과 일맥상통하며 대체적으로 방형 정원에 십자형 수로를 가진다.
③ 고대 그리스의 아도니스원(Adonis garden)은 아도니스 신을 제사하기 위한 신원적 성격의 광장이다.
④ 영주, 봉래, 방장 등의 이름을 붙인 연못 속의 섬이나 석가산 등은 고대 중국에서 구전되어 온 신선사상에서 유래한다.

해설

아도니스원(Adonis garden)
아도니스의 죽음을 애도하는 제사에서 유래하였고, 포트에 밀, 보리 등을 심어 장식하였으며, 후에 일종의 옥상정원과 포트가든(pot garden)으로 발달하였다.

04 윤선도의 보길도 부용동 원림과 관련이 없는 것은?

① 세연정　　　② 낭음계
③ 수선루　　　④ 동천석실

해설
③ 수선루는 전라북도 진안군 마령면에 있는 조선 후기 연안 송씨 4형제와 관련된 누정이다.

윤선도의 부용동 원림(별서원)
낙서재 및 곡수당 경원 구역, 동천석실 구역, 세연정 경원 구역으로 구분된다. 낭음계라는 작은 시내가 흘렀다.
• 낙서재 및 곡수당 경원 구역 : 원림마다 직선형 방지, 화계를 만들어 각종 화훼와 기암괴석을 배치하여 울타리가 없으며, 자연 자체에 최소한의 인위적 구성을 가미했다.
　※ 곡수당 : 고산의 아들 학관이 거주하던 공간
• 동천석실 구역 : 한 칸 집을 석함 속에 짓고 동천석실(신선이 사는 곳)이라 했다. 부등변 삼각형의 연못이 있으며, 저수는 불가능하다(인공적).
• 세연정 경원 구역 : 방형의 대를 중심으로 해서 계단과 인공방지가 축조되어 있는 곳으로 관상·선유 목적의 위락 공간이다.

05 고려시대 격구(擊毬)를 즐겨, 북원(北園)에 격구장(擊毬場)을 설치한 왕은?

① 예종　　　② 의종
③ 인종　　　④ 명종

해설
격구는 젊은 무과 상류층 청년의 무예의 일종으로 우리나라에는 신라시대에 중국으로부터 들어와 고려시대에 크게 성행하였고 의종 4년 수창궁 북원에 격구장을 만들었다.

06 소정원 운동(영국)의 내용과 맞는 것은?

① Charles Barry에 의해 주도되었다.
② knot기법 등 기하학적 형태를 응용하였다.
③ 귀화식물의 사용을 배제하였다.
④ 풍경식 정원의 비합리성에 대한 지적에서 시작되었다.

해설
소정원 운동(1850~1900년)
공업화, 도시의 인구 증가, 공업도시의 소주택 증가 등으로 공업도시의 소주택에서는 대정원이나 공원에 어울리는 풍경식 정원이 적당하지 않다는 주장에서 나온 운동이다. 브롬필드는 저서 영국의 정형식 정원(1892)에서 풍경식 정원의 비합리성을 지적하였다.

07 일본의 조경사에 나오는 석립승(石立僧)에 대한 설명이 옳은 것은?

① 연못에 놓여진 입석군을 지칭한다.
② 가마쿠라시대 정원조영을 담당한 스님을 지칭한다.
③ 정치사적으로 무사계급 중 하나이다.
④ 정토사상과 같은 사상적 배경에 의해 헤이안(平安)시대부터 나온 정원시설의 일종이다.

해설
중세 이후 무사들의 정권이 시작된 가마쿠라시대는 무사계급이 발흥하고 한국과 중국에서 들어온 선승들의 영향을 받기 시작한 시기였고, 승려 겸 조경가인 석립승이 두각을 나타내기 시작했다.

08 임원경제지에 의하면 지당(池塘)은 수심양성(修心養性)의 장(場)이 되었음을 기록하고 있다. 다음의 설명 중 기록된 내용이 아닌 것은?

① 물놀이를 할 수 있다.
② 고기를 기르면서 감상할 수 있다.
③ 논밭에 물을 공급할 수 있다.
④ 사람의 마음을 깨끗하게 할 수 있다.

서유구(1764~1845)가 쓴 「임원경제지」에 의하면 '연못'은 고기를 기르면서 감상할 수 있고, 논밭에 물을 공급할 수 있으며, 사람의 마음을 깨끗하게 할 수 있다고 하였다.

10 중국 소주(蘇州)지방의 명원 조성시대 순서가 맞게 연결된 것은?[단, 사자림(獅子林), 졸정원(拙政園), 창랑정(滄浪亭)을 대상으로 한다.]

① 사자림 → 창랑정 → 졸정원
② 사자림 → 졸정원 → 창랑정
③ 졸정원 → 사자림 → 창랑정
④ 창랑정 → 사자림 → 졸정원

소주 원림 가운데 특히 저명한 것은 창랑정(滄浪亭), 사자림(獅子林), 졸정림(拙政林), 류원(留園)의 4대 명원(四大名園)으로 이들 각각은 송, 원, 명, 청 시대의 건축양식을 대표한다.

09 조선 태종 때 도입된 후자(堠子)의 설명과 관련이 없는 것은?

① 경복궁 앞을 원표로 하였다.
② 10리마다 소후, 30리마다 대후를 두었다.
③ 이정표의 일종으로 흙을 쌓아 올린 돈대이다.
④ 10리마다 정자를 세우고, 30리마다 느티나무를 식재하였다.

후자(堠子)
• 도로(道路)의 이수(里數)를 기록하기 위하여 길가에 설치하던 흙으로 쌓은 단(壇)을 말한다.
• 이수(里數)는 거리를 '리'의 단위로 나타낸 수인데 10리마다 설치한 후자를 소후, 30리마다 설치한 후자를 대후라고 불렀다.
• 후자 주변에는 느릅나무·버드나무·느티나무 등 공공을 위한 녹음수를 심어 그늘을 드리웠고, 여행자들이 쉬어 갈 수 있도록 배려했다.

11 발굴조사를 통해 밝혀진 경주 동궁과 월지(안압지)의 조경기법으로 맞는 것은?

① 좌우대칭의 기하학적인 구성으로 되어 있다.
② 연못의 큰섬에는 모래를 사용한 평정고산수법으로 꾸몄다.
③ 넓은 바다를 연상할 수 있도록 조성하였고, 수위(水位)를 조절하였다.
④ 회유식(回遊式) 정원의 수법을 도입하여 산책로의 기능을 강화하였다.

통일신라 조경유적인 안압지는 674년에 완공된 원지로, 조산을 만들어 화초를 심고 진귀한 새와 짐승을 길렀다고 삼국사기에 기록되어 있으며, 직선과 함께 다양한 곡선으로 처리하여 안압지를 넓은 바다로 표현하고자 하였다.

12 서원의 자연환경은 주로 전면에 계류를 끼고 구릉지에 위치하는 것이 많다. 다음의 사례 가운데 서원 전면에 계류가 없는 곳은?

① 도산서원　　　　② 돈암서원
③ 소수서원　　　　④ 옥산서원

돈암서원은 평지에 자리잡은 대표적인 서원에 속한다. 돈암서원의 배치는 약한 구릉지를 이용하여 전면에 강당을 두고, 후면에 묘당을 둔 전형적인 전학후묘식 배치이다.

13 조선시대 옥사(교도소) 주변에 다섯줄의 녹음수를 심어 옥사의 환경개선을 도모한 왕은?

① 인조　　　　　② 세조
③ 태조　　　　　④ 세종

해설
휼수조(恤囚條)에 따르면 세종 21년 의정부에 하교하여 따뜻한 감옥을 짓되, 그 남녀와 경중(輕重)의 옥 수효는 서늘한 옥과 같이 모두 토벽으로 쌓고, 그 바깥 4면에는 정목(楨木) 다섯 줄을 심어 그것이 무성하기를 기다려 문을 만들어 여닫도록 하였다는 기록이 있다.

14 중국 청나라시대에 조영된 북경의 북서부에 위치한 삼산오원(三山五園) 중 규모가 가장 큰 정원은?

① 명원　　　　　② 정명원
③ 원명원　　　　④ 이화원

해설
이화원
총면적 2.9km²에 이르는 중국 최대 규모의 황가원림으로 베이징의 서북쪽에 있다. 중국의 고전적인 정원의 대표작으로 중국에서 가장 규모가 크고 보존이 잘된 황가의 이궁이다.

15 정절의 꽃이란 상징성과 서향(西向)하는 성질 때문에 동쪽 울타리 밑에 심어 '동리가색(東籬佳色)'이란 별칭을 얻은 정원식물은?

① 매화　　　　　② 국화
③ 작약　　　　　④ 원추리꽃

해설
동리가색(東籬佳色) : 동쪽 울타리 밑에 핀 국화의 아름다운 빛깔을 말한다.

16 독일의 풍경식 정원과 관계 없는 것은?

① 데시테드(Destedt)는 외래수종을 배제하여 조성한 풍경식 정원의 전형이다.
② 퓌클러 무스카우(Pückler-Muskau) 정원은 후기 독일의 풍경식 정원이다.
③ 독일의 풍경식 정원은 자연경관의 재생을 주요 과제로 삼고 있다.
④ 식물생태학과 식물지리학에 기초를 두고 있다.

해설
독일 최초의 풍경식 정원은 시뵈베르(Schwobber)원이고, 2~3년 뒤에 완공된 데시테드(Destedt)정원에는 외래수종이 많이 식재되었고, 과학적인 배려가 가미되어 식물의 지리학적 생육상태를 제시한 국부(局部)가 존재했다.

17 이탈리아 르네상스의 정원에 있어서 건물과 정원의 배치방식에 해당되지 않는 것은?

① 직렬형
② 병렬형
③ 직렬·병렬 혼합형
④ 방사형

해설
이탈리아정원의 배치방식
• 직렬형 : 지형의 고저에 따른 강한 주축선을 설정한 형태
　예 랑테장
• 병렬형 : 등고선에 직각 방향으로 강한 축선을 설정하거나 평행하게 설정한 형태 예 데스테장
• 직교형 : 등고선의 평행축과 경사축이 직교한 형태
　예 메디치장

18 원명원을 복원하는 데 매우 중요한 자료로 평가되는 견문기를 편지로 쓴 사람은?

① William Chamber
② William Temple
③ Harry Beaumont
④ Jean Denis Attiret

해설
Jean Denis Attiret가 중국 원명원에 대한 견문기를 써서 친구에게 보낸 편지가 1752년 런던에서 발간된 바 있는데, 이것은 원명원을 복원하는 데 매우 중요한 자료가 되었다.

19 '국가 – 저자 – 저술서'의 연결이 틀린 것은?

① 진 – 주밀 – 오흥원림기
② 당 – 백거이 – 동파종화
③ 송 – 이격비 – 낙양명원기
④ 명 – 계성 – 원야

해설
① 주밀의 오흥원림기는 송나라시대와 관련이 있다.
남송시대
• 기록 : 주밀의 오흥원림기, 축목의 사문유취
• 항주(수도) : 서호십경으로 유명하고, 자연미가 풍부했다.
• 덕수궁(고종의 어원) : 서호의 풍경을 모방하였고, 태호석을 이용하여 정원 속에 산악이나 호수의 경관과 유사하게 구성하였고 석가산을 쌓아올려 정상부를 비래봉과 유사하게 만들었다.
• 오흥과 소주의 정원 : 태호석을 이용한 석가산을 주로 하는 정원이 조성되었다.

20 고대인도(무굴제국)의 정원요소가 아닌 것은?

① 물   ② 녹음수
③ 연꽃   ④ 마운딩

해설
무굴인도의 정원요소
• 높은 담 : 사생활의 보호와 안식, 장엄미 및 형식미 추구
• 물 : 가장 중요한 요소, 장식·관개·목욕이 목적, 종교적 행사에 이용
• 녹음수를 중시, 연못에는 연꽃을 식재
• 장식과 실용을 겸한 연못가의 원정

제2과목 조경계획

21 도시공원의 종류별 유치거리(A) – 면적규모(B)에 대한 기준이 틀린 것은?(단, 도시공원 및 녹지 등에 관한 법률 시행규칙 적용)

공원의 종류	A	B
① 소공원	제한 없음	제한 없음
② 어린이공원	250m 이하	1,500m² 이상
③ 근린생활권 근린공원	500m 이하	10,000m² 이상
④ 역사공원	1,000m 이하	30,000m² 이상

해설
도시공원의 설치 및 규모의 기준 – 역사공원(시행규칙 [별표 3])

설치기준	유치거리	규모
제한 없음	제한 없음	제한 없음

22 다음 ( ) 안에 들어갈 내용으로 바르게 연결된 것은?

(A)은 환경부장관이 (B)년마다 국립공원위원회의 심의를 거쳐 수립하여야 하며, 도립공원에 관한 공원계획은 시·도지사가 결정한다.

① A : 공원기본계획, B : 10
② A : 공원관리계획, B : 10
③ A : 공원기본계획, B : 5
④ A : 공원관리계획, B : 5

해설
• 기후에너지환경부장관은 10년마다 국립공원위원회의 심의를 거쳐 공원기본계획을 수립하여야 한다(자연공원법 제11조).
• 도립공원에 관한 공원계획은 시·도지사가 결정한다(자연공원법 제13조).

23 지형 및 지질조사에 대한 설명 중 옳지 않은 것은?

① 토양구(soil type) 확인을 위해 이용할 수 있는 도면은 개략토양도이다.
② 간이산림토양도는 잠재생산 능력급수를 5등급으로 나누어 표현한다.
③ 경사분석도의 간격은 목적에 따라 구분하여 사용할 수 있다.
④ 지형도를 통해 분수선, 계곡선, 지세 등을 분석한다.

해설
① 토양구(土壤區)란 토양통을 세분한 분류단위로, 토양구를 확인하기 위해서는 토양통을 기준으로 한 토양지도인 정밀토양도를 이용하는 것이 좋다.

24 주차장법 시행규칙상 노상주차장의 구조·설비기준 내용으로 ㉠~㉣에 들어간 수치가 틀린 것은?

> • 너비 (㉠ 6)m 미만의 도로에 설치하여서는 아니된다. 다만, 보행자의 통행이나 연도(沿道)의 이용에 지장이 없는 경우로서 해당 지방자치단체의 조례로 따로 정하는 경우에는 그러하지 아니하다.
> • 종단경사도가 (㉡ 4)%를 초과하는 도로에 설치하여서는 아니 된다. 다만, 다음 각 목의 경우에는 그러하지 아니하다.
>   가. 종단경사도가 6% 이하인 도로로서 보도와 차도가 구별되어 있고, 그 차도의 너비가 (㉢ 13)m 이상인 도로에 설치하는 경우
> • 노상주차장에서 주차대수 규모가 (㉣ 30)대 이상 50대 미만인 경우에는 장애인 전용 주차구획을 한 면 이상 설치하여야 한다.

① ㉠　　　　　　② ㉡
③ ㉢　　　　　　④ ㉣

해설
노상주차장의 구조·설비기준(시행규칙 제4조 제1항 제8호 가목)
주차대수 규모가 20대 이상 50대 미만인 경우 : 한 면 이상

25 다음 중 종합분석 중 규모분석과 상관이 가장 먼 것은?

① 공간량 분석
② 시간적 분석
③ 예산규모 분석
④ 구조 및 형태 분석

해설
분석의 종합
• 기능분석 : 교통기능, 설비기능, 이용기능, 경관기능, 토지 이용기능, 재해방지기능, 유사시설이나 공공시설과의 기능조절을 동반 종합적으로 분석
• 규모분석 : 공간량 분석, 시간적 분석, 예산 규모 분석, 토목적인 분석
• 구조분석 : 공간 및 경관 구조, 이용구조, 지역 사회구조, 토지 이용 구조
• 형태분석 : 구조물이나 시설물의 형태, 토지 조성의 형태, 지표면, 수면의 형태, 수목·식재 형태
• 상위계획의 수용
  – 국토종합개발계획, 지역계획, 도시계획, 관광지개발계획, 경제개발계획, 사회개발계획 등
  – 계획 부지를 포함한 상위계획을 파악, 이를 수용
  – 자료 상호 간의 조합을 여러 번 반복하여 최선의 대안 모색

26 다음 중 고속도로 조경의 특징으로 옳지 않은 것은?

① 조경설계에 있어서 소규모 공간을 강조하는 경향이 있다.
② 연속적이며 대규모의 경관이 시각적으로 중요한 요소로 작용한다.
③ 배수, 경사, 안전, 식생 등 다양한 관련 학문이 연관되어 종합적으로 진행한다.
④ 휴게소, 교차로, 정류장 등 다양한 도로상의 시설이 경관조성에 영향을 끼친다.

해설
① 도로와 주변경관이 조화되는 적절한 규모의 조경이 되어야 한다.

27 맥하그(Ian McHarg)가 주장한 생태적 결정론 (ecological determinism)을 가장 올바르게 설명한 것은?

① 인간형태는 생태적 질서의 지배를 받는다는 이론이다.

② 생태계의 원리는 조경설계의 대안결정을 지배해야 한다는 이론이다.

③ 인간환경은 생태계의 원리로 구성되어 있으며, 따라서 인간사회는 생태적 진화를 이루어 왔다는 이론이다.

④ 자연계는 생태계의 원리에 의해 구성되어 있으며, 따라서 생태적 질서가 인간환경의 물리적 형태를 지배한다는 이론이다.

해설

맥하그는 인간이 다루고자 하는 경관의 물리적 형태는 '자연형성과정'을 지배하는 생태적 제 현상들에 의해 영향을 받으므로, 새로운 환경을 창조하기 위해서는 생태적 자료를 수집하고 이것들의 분석을 통해 인간의 가치를 찾아야 한다는 '생태적 결정론'을 주장하였고, 이는 그의 적지분석의 방법론적 기반을 이루었다.

28 국토의 계획 및 이용에 관한 법률상에서 정의된 (   ) 안의 용어는?

> (   )이란 도시·군계획 수립 대상지역의 일부에 대하여 토지 이용을 합리화하고 그 기능을 증진시키며 미관을 개선하고 양호한 환경을 확보하며, 그 지역을 체계적·계획적으로 관리하기 위하여 수립하는 도시·군관리계획을 말한다.

① 지구단위계획

② 개발실시계획

③ 개발단위계획

④ 도시기반계획

해설

국토의 계획 및 이용에 관한 법률 제2조 제5호

29 다음 중 조경공사 시행을 위한 구체적이고 상세한 도면을 무엇이라 하는가?

① 기본계획도면　　② 계획설계도면

③ 기본설계도면　　④ 실시설계도면

해설

실시설계도면

기본설계를 바탕으로 시설물의 규모·배치·형태, 공사방법과 기간, 공사비 등을 세부적으로 조사하고 분석한 후 비교·검토를 통해 최적안을 선정하여 시공에 필요한 내용을 작성한 도면으로, 공사도면이라고 하면 보통 실시설계도면을 의미한다.

30 근린주구이론에 따라 1개의 근린생활권을 구성하려고 한다. 어린이공원은 몇 개소가 적정한가?

① 1개소　　② 2개소

③ 3개소　　④ 4개소

해설

이론적으로 근린주구 1개에는 4개의 어린이공원과 1개의 근린생활권 근린공원기 설치되는 것이 적정하다.

31 바람의 영향을 받지 않는 지역의 수경관 연출을 위해 폭 6m의 수조를 설치하려 한다. 다음 중 가장 적절한 분수의 분출높이는?

① 1m 이하　　② 2m 이하

③ 4m 이하　　④ 6m 이하

해설

바람에 의한 흩어짐을 고려하여 주변에 분출높이의 3배 이상의 공간을 확보한다.

32 환경영향평가(Environmental Impact Ass-essment)와 이용 후 평가(Post Occupancy Eva-luation)의 비교 설명 중 옳지 않은 것은?

① 두 가지 모두 환경설계 평가의 범주에 속한다.
② 환경영향평가는 개발 전에, 이용 후 평가는 개발 후에 실시한다.
③ 두 가지 모두 미국의 국가환경정책법(NEPA)에 의해 처음 시작되었다.
④ 우리나라의 환경영향평가법은 환경영향평가의 대상 사업을 규정하고 있다.

해설
③ 환경영향평가제도는 1969년 미국의 국가환경정책법으로부터 시작되었다.

33 다음 중 국립공원 내 공원자연보존지구에서 할 수 있는 행위가 아닌 것은?

① 학술연구로서 필요하다고 인정되는 최소한의 행위
② 해당 지역이 아니면 설치할 수 없다고 인정되는 통신시설로서 대통령령으로 정하는 기준에 따른 최소한의 시설 설치
③ 산불진화 등 불가피한 경우의 임도 설치사업
④ 사방사업법에 따른 사방사업으로서 자연 상태로 두면 심각하게 훼손될 우려가 있는 경우에 이를 막기 위하여 실시되는 최소한의 사업

해설
공원자연보존지구에서의 행위기준(자연공원법 시행령 제14조의2 제1항)
공원자연보존지구에서 허용되는 최소한의 행위는 다음과 같다.
1. 학술진흥법에 따른 대학 또는 연구기관이 학술연구를 위하여 조사하는 행위
2. 산림보호법에 따른 산림유전자원보호구역에서 산림유전자원의 보호·관리를 위하여 필요한 행위
3. 문화유산의 보존 및 활용에 관한 법률에 따른 지정문화유산 및 자연유산의 보존 및 활용에 관한 법률에 따른 천연기념물 등의 현상, 관리, 전승(傳承) 실태, 그 밖의 환경보전상황 등의 조사·재조사 행위
4. 그 밖에 학술연구, 자연보호 또는 국가유산의 보존·관리를 위하여 관계 법령에 따라 해당 행정기관의 장이 이 지역이 아니고는 시행할 수 없다고 인정하여 요청하는 행위

34 다음에 해당하는 공원·녹지체계 유형은?

- 일정한 폭의 녹지가 직선적으로 길게 조성되었을 경우
- 정형적으로 배치된 단지에서 볼 수 있음
- 샹디가르(Chandigarh)에 적용된 유형

① 집중(集中)형　　② 분산(分散)형
③ 대상(帶狀)형　　④ 격자(格子)형

해설
① 집중형 : 도시 내의 녹지를 한 곳에 모으는 경우를 말한다. 이 경우에는 녹지가 대형화되어 생태적으로는 안정성이 높아지나 녹지로의 도달거리가 길어져 접근성이 낮아진다. 도시 규모가 작거나 전체 녹지면적이 좁은 경우에는, 녹지를 분산시키기보다는 한 곳에 모아서 최소한의 적정 녹지규모를 유지하는 것이 바람직하다.
② 분산형 : 녹지를 도시 전체에 고르게 분포시키는 경우를 말한다. 이 경우에는 녹지로의 접근성 측면에서는 유리하나, 단위녹지의 규모가 작아져서 생태적 안정성 측면에서는 불리하다.
④ 격자형 : 대상형을 가로 세로로 겹쳐 놓은 형태로서 녹지의 연결성과 접근성 측면에서 매우 바람직하다고 볼 수 있으나, 한정된 녹지가 넓은 면적에 분포하게 되므로 녹지의 폭이 좁아지는 단점이 있다.

35 만약 어떤 사람이 공원을 방문해 잔디밭에 앉으려고 돗자리를 깔았다면 돗자리에 의해 새로이 만들어진 공간은 공간 한정요소 중 어느 것에 속하는가?

① 바닥면　　　　② 벽면
③ 천정면　　　　④ 관개면

해설
바닥면은 인간의 활동을 가능하게 하고, 설치된 기구 등을 지지해 주는 안전한 구조의 기준면을 제공해 준다.

36 자전거도로와 관련된 기준으로 틀린 것은?

① 종단경사가 있는 자전거도로의 경우 종단경사도에 따라 연속적으로 이어지는 도로의 최소 길이를 제한길이라고 한다.
② 자전거도로의 통행용량은 자전거의 주행속도 및 자전거 통행 장애요소 등을 고려하여 산정한다.
③ 자전거전용도로의 설계속도는 시속 30km 이상으로 한다.
④ 자전거도로의 폭은 하나의 차로를 기준으로 1.5m 이상으로 한다.

해설
종단경사가 있는 자전거도로의 경우 종단경사도에 따라 연속적으로 이어지는 도로의 최대 길이를 제한길이라고 한다.

37 다음 자연공원법 시행규칙의 점용료 또는 사용료 요율 기준으로 (   ) 안에 알맞은 것은?

> • 건축물 기타 공작물의 신축 · 증축 · 이축이나 물건의 야적 및 계류 : 인근 토지임대료 추정액의 (㉠) 이상
> • 토지의 개간 : 수확예상액의 (㉡) 이상

① ㉠ 100분의 20, ㉡ 100분의 10
② ㉠ 100분의 20, ㉡ 100분의 50
③ ㉠ 100분의 50, ㉡ 100분의 25
④ ㉠ 100분의 50, ㉡ 100분의 50

해설
점용료 또는 사용료 요율 기준(시행규칙 [별표 3])
• 건축물 기타 공작물의 신축 · 증축 · 이축이나 물건쌓기 및 계류 : 인근 토지임대료 추정액의 100분의 50 이상
• 토지의 개간 : 수확예상액의 100분의 25 이상

38 레크리에이션 대상지의 수요를 크게 좌우하는 3요인은 이용자들의 변수, 대상지 자체의 변수, 접근성의 변수이다. 다음 중 접근성의 변수에 해당되지 않는 것은?

① 여행시간, 거리
② 준비비용
③ 정보
④ 여가습관

해설
레크리에이션 대상지의 수요를 크게 좌우하는 3요인
• 이용자들의 변수 : 인구수, 여가시간 · 습관, 경험의 수준 등
• 대상지 자체의 변수 : 매력도, 수용능력, 자연적 특성 등
• 접근성의 변수 : 여행시간 · 거리, 여행수단, 정보, 준비비용 등

39 하천복원 및 습지복원에서 복원(restoration)의 의미로 가장 적합한 것은?

① 현재의 상태를 개선한다.
② 현재의 상태를 완화시킨다.
③ 훼손되기 이전의 상태나 위치로 되돌린다.
④ 훼손되기 전의 원래의 상태에 근접되게 향상시킨다.

해설
복원(restoration)
• 이전 상태나 위치로 되돌아가는 것
• 훼손되지 않거나 완전한 상태로 되돌리는 것

40 미끄럼대 놀이시설에 대한 계획 · 설계기준 설명이 틀린 것은?

① 미끄럼판은 높이 1.2~2.2m의 규격을 기준으로 한다.
② 미끄럼판의 높이가 90cm 이상인 경우에는 미끄럼판 아래 끝부분에 감속용 착지판을 설치한다.
③ 1인용 미끄럼판의 폭은 40~50cm를 기준으로 한다.
④ 되도록 남향 또는 서향으로 배치한다.

해설
④ 되도록 북향 또는 동향으로 배치한다.

41 색채계획 단계에 있어 사용 목적과 면적에 따라 적용할 색을 3종류로 분류한 것 중 맞는 것은?

① 주조색, 보강색, 강조색
② 주조색, 보조색, 강조색
③ 주요색, 보조색, 강한색
④ 주조색, 보강색, 강한색

해설

색은 면적에 따라 주조색, 보조색, 강조색으로 나눈다.
• 주조색 : 전체의 70% 이상을 차지하는 색
• 보조색 : 주조색 다음으로 넓은 공간을 차지하는 색
• 강조색 : 디자인 대상에 액센트를 주어 신선한 느낌을 만드는 포인트 같은 역할을 하는 색

42 다음 그림은 무엇을 설명하려는 것인가?

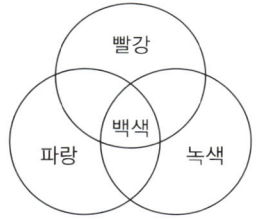

① 색광혼합
② 색료혼합
③ 중간혼합
④ 병치혼합

해설

색광혼합과 색료혼합

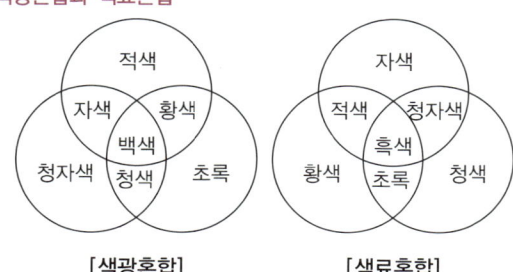

[색광혼합]   [색료혼합]

43 다음 재료의 단면표시가 의미하는 것은?

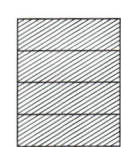

① 야석
② 벽돌
③ 인조석
④ 연마석

해설

재료의 단면표시

벽돌	인조석

44 그림과 같은 물체의 제1각법의 평면도에 해당하는 것은?(단, 화살표 방향이 정면임)

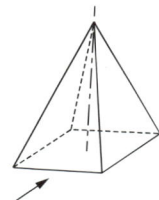

① ②
③ ④

해설

제1각법

투영도법에서 물체를 제1각에서 투영하는 방법이며 정면도가 위쪽, 평면도가 아래쪽에 그려져 제3각법과는 반대이다.

45 색상환에 대한 설명으로 틀린 것은?

① 먼셀 표색계는 색의 3속성인 색상, 명도, 채도로 색을 기술하는 방식이다.
② 색상환은 색상에 따라 계통적으로 색을 둥그렇게 배열한 것이다.
③ 색상의 분할은 빨강, 노랑, 초록, 파랑, 보라의 5가지 주요색상에 중간색을 삽입한 10색상을 고리 모양으로 배치한다.
④ 오스트발트 표색계에서는 빨강, 노랑, 초록, 파랑, 자주의 다섯 가지를 기본으로 하고 있다.

해설
오스트발트 표색계는 먼셀의 색의 3속성에 따라 지각적으로 고른 감도를 가진 체계적인 배열이 아니고, 색량이 많고 적음에 의하여 만들어진 것으로 혼합하는 색량의 비율에 의하여 만들어진 체계이다. 기본이 되는 색채는 순색(C), 백색(W), 검정(B)이다.

46 조경설계기준상 옹벽(콘크리트)과 식생벽(벽면녹화)의 설명으로 틀린 것은?

① 옹벽배면의 뒤채움 설계 시 토압은 물론, 토압보다도 큰 수압이 작용하지 않도록 배수기능을 고려해야 한다.
② 옹벽의 전도에 대한 안전율은 1.5 이상이어야 한다.
③ 활동에 대한 효과적인 저항을 위하여 저판에 활동방지벽을 적용하는 경우 저판과 일체로 설치해야 한다.
④ 식생벽은 용도와 경관·시각적·경제적 기대효과에 따라 와이어, 메시, pot, 식생보드형 등이 지속가능한 공법을 적용하여 사용한다.

해설
옹벽의 전도에 대한 안전율은 2.0 이상이어야 하며, 옹벽의 활동에 대한 안전율은 1.5 이상이어야 한다.

47 조경설계 과정 중 주로 시설의 배치계획 및 공사별 개략설계를 작성하여 사업실시에 관계되는 각종 사항의 판단에 도움을 주기 위해 진행되는 과정은?

① 기본계획   ② 기본설계
③ 실시설계   ④ 현장설계

해설
기본설계
사업계획 및 기본방침, 대략의 공정, 시공법, 공사비 등 기본적인 내용을 작성하는 것으로, 기초설계를 토대로 공사 시행 시 발생할 수 있는 문제점과 타 공사와의 연관성, 예산확보 등을 검토하고 확인하기 위한 설계이다.

48 도로설계 제도에서 축척이 1 : 25,000인 경우 등고선의 주곡선 간격은 몇 m마다 가는 실선으로 기입하는가?

① 5m   ② 10m
③ 20m   ④ 40m

해설
일반적인 등고선의 간격이란 주곡선의 간격을 말하며 축척에 따른 주곡선의 간격은 다음과 같다.
• 1 / 25,000 미 만 : 축척 분모수의 1 / 1,000
• 1 / 25,000 이 상 : 축척 분모수의 1 / 2,500
∴ 25,000 × 1 / 2,500 = 10m

49 투시도에 사용되는 용어의 설명 중 틀린 것은?

① 기선(GL ; Ground Line) : 화면상의 눈의 중심을 통한 선이다.

② 족선(FL ; Foot Line) : 물체의 평면도의 각점과 정점을 이은 직선이다.

③ 소점(VP ; Vanishing Point) : 선분의 무한원점이 만나는 점이다.

④ 시점(PS ; Point of Sight) : 기준면상에 보는 사람의 위치를 말한다.

해설
투시도는 설계안이 완공되었을 경우를 가정하여 설계 내용을 입체적인 그림으로 나타낸 것이다.
① GL(기선) : 기면과 화면이 만나는 선
※ HL(수평선) : 화면상의 눈의 중심을 통한 선

50 국토교통부고시 조경기준의 식재수량 및 규격에 관한 설명 중 ( ) 안에 들어갈 수 없는 것은?

식재하여야 할 교목은 흉고직경 ( )cm 이상이거나 근원직경 ( )cm 이상 또는 수관 폭 ( )m 이상으로서 수고 ( )m 이상이어야 한다.

① 0.8   ② 1.0

③ 5.0   ④ 6.0

해설
식재수량 및 규격(제7조)
식재하여야 할 교목은 흉고직경 5cm 이상이거나 근원직경 6cm 이상 또는 수관폭 0.8m 이상으로서 수고 1.5m 이상이어야 한다.

51 Altman의 영역성 중 서로 성격이 다른 것은?

① 해변   ② 교실

③ 기숙사식당   ④ 교회

해설
Altman의 사회적 단위 측면의 영역성 분류
• 1차적 영역 : 일상생활의 중심이 되는 반영구적으로 점유되는 공간(가정, 사무실 등)
• 2차적 영역 : 특정 사회집단이 특정 기간 동안 공동으로 점유할 수 있는 공간(교실이나 기숙사식당, 교회 등)
• 공적 영역 : 모든 사람의 접근이 허용되는 공간(광장, 해변 등)

52 시각 디자인상 방향감(方向感)에 관한 설명으로 적합하지 않은 것은?

① 수직과 수평 방향만으로도 시각적 만족과 경험을 준다.

② 대각선 방향은 안정을 깨뜨리고 자극을 준다.

③ 엄숙과 위엄을 강조할 때에는 수직 방향의 강조가 필요하다.

④ 우리 눈은 수직 길이 방향보다 수평 길이 방향을 판단하는 데 더 노력을 필요로 한다.

해설
④ 사람은 수평 방향에 대한 방향감각은 뛰어나지만 상하 전후를 식별하는 감각은 비교적 둔하다.

53 다음 중 연두(GY)의 보색으로 맞는 것은?

① 자주(RP)   ② 주황(YR)

③ 보라(P)   ④ 파랑(B)

해설
보색 : 색상환에서 반대편의 색
• 빨강(R) ↔ 청록(BG)
• 주황(YR) ↔ 파랑(B)
• 노랑(Y) ↔ 남색(PB)
• 연두(GY) ↔ 보라(P)
• 녹색(G) ↔ 자주(RP)

49 ① 50 ② 51 ① 52 ④ 53 ③ 정답

54 다음의 자연적 형태주제 중 그 상징성과 의미가 부드러운, 흐름, 신비감, 움직임, 파동, 흥미, 리듬, 이완, 편안함, 비정형성을 나타내는 것은?

① 구불구불한 형태
② 불규칙 다각형
③ 집합과 분열형
④ 유기체적 가장자리형

해설
• 기하학적 형태 : 주로 직선적이며 규칙적인 구성 → 도시경관의 건물, 도로, 분수
• 자연적 형태 : 곡선적이고 불규칙적인 구성 → 자연경관의 산, 바위, 하천

56 '한가한 일요일 A씨는 무료하여 신문을 읽다가 원색으로 인쇄된 특정 광고가 눈에 띄었다. 그 광고를 읽어보니 B지역(레크리에이션을 위한 장소)에 관한 것이었다' 이 설명 중 "광고가 눈에 띄었다"라는 부분은 Berlyne이 제시한 미적 반응과정 중 개념적으로 어디에 속하는가?

① 자극탐구   ② 자극선택
③ 자극해석   ④ 자극에 대한 반응

해설
Berlyne이 제시한 인간의 미적 반응과정
• 자극탐구(stimuli seeking) : 호기심이나 지루함 등의 다양한 동기에 대한 자극을 찾는 것으로 다양성 탐구의 동기에 의해 일어난다.
• 자극선택(stimuli selecting) : 인간은 자극에 대해 동시에 집중할 수 없으므로 선택적 주위집중을 하게 된다. 자극의 특성이 주의 집중을 좌우하기도 한다.
• 자극해석(stimuli processing) : 자극요소의 상호 관련성을 지각하여 인식하고, 자극의 패턴을 받아들인다.
• 자극에 대한 반응(response) : 최종 단계인 육체적 혹은 심리적 형태로 나타나는 반응이다.

55 파노라마(panorama)의 우리말 표현으로 옳은 것은?

① 무아경
② 만화경
③ 요지경
④ 주마등

해설
파노라마(panorama)는 큰 전망이라는 뜻으로 현대에는 전체 경치 중에서 360° 방향의 모든 경치를 담아내는 기법이나 장치, 또는 그렇게 담아낸 사진이나 그림을 많이 의미한다. 주마등은 등롱에 그려진 그림이 주로 사람이나 말이 달리는 것처럼 보인다고 하여 주마등이다. 파노라마식 연속 그림이 돌면서 그림이 등롱에 투영되어 나온다.

57 LCP(Landscape Control Point)의 의미로 가장 적합한 것은?

① 시각 구역을 전망할 수 있는 경관 탐사용 고정 관찰점이다.
② 경관 탐사 시에 초점경관을 이루는 관찰 대상물을 가리킨다.
③ 불량 경관을 개선하기 위한 차폐 시설물의 설치 지점을 말한다.
④ 우수 경관을 선택적으로 조망할 수 있도록 만든 방향 표지판의 지점을 말한다.

해설
LCP(조망통제점) : 조망지점 중 우수한 조망지점으로 평가되어 조망관리대상을 제어 및 정비·관리하고자 하는 기준지점이다.

58 린치(K. Lynch)가 주장하는 도시경관의 구성요소가 아닌 것은?

① 매스(mass) ② 통로(paths)
③ 모서리(edge) ④ 랜드마크(landmark)

해설
도시조경계획가 케빈 린치(Kevin Lynch)는 도시 이미지는 랜드마크(landmark), 통로(paths), 모서리(edges), 지역(district), 결절점(node)의 5가지 도시 구성요소에 의해 결정된다고 주장했다.

59 미적 구성원리 중 다양성의 원리와 가장 거리가 먼 것은?

① 조화(harmony) ② 변화(change)
③ 리듬(rhythm) ④ 대비(contrast)

해설
다양성을 달성하기 위해 비례에서의 변화, 율동의 변화, 대비효과를 이용한다.
※ 통일성 달성을 위한 수법 : 조화, 강조, 균형과 대칭

60 다음 중 치수선을 표시하는 방법이 틀린 것은?

① 치수의 단위는 원칙적으로 mm이다.
② 치수의 기입은 치수선에 평행하게 기입한다.
③ 협소한 간격이 연속될 때에는 치수선에 겹쳐 치수를 쓸 수 있다.
④ 치수는 특별히 명시하지 않는 한 마무리치수로 표시한다.

해설
③ 협소한 간격이 연속될 때에는 인출선을 사용하여 치수를 기입한다.
인출선 표시
• 인출선은 도면의 내용물 자체에 설명을 기입할 수 없을 때 사용하는 선이다.
• 조경설계에서는 수목명, 본수, 규격 등을 기입하기 위하여 많이 이용된다.
• 인출선은 가는 실선을 사용하여 긋는다.
• 한 도면 내에서 모든 인출선의 굵기와 질은 동일하게 유지된다.
• 긋는 방향과 기울기를 통일시킨다.

---

61 우리나라 중부지방을 기준으로, 꽃피는 시기가 이른 봄부터 순서대로 옳게 배열된 것은?

① 산수유 → 배롱나무 → 모란
② 산딸나무 → 생강나무 → 무궁화
③ 박태기 → 산철쭉 → 풍년화
④ 왕벚나무 → 이팝나무 → 능소화

해설
꽃의 개화시기
• 2월 : 풍년화
• 3월 : 생강나무, 산수유
• 4월 : 왕벚나무, 이팝나무, 박태기나무, 산수유, 산철쭉
• 5월 : 산딸나무, 모란
• 7월 : 배롱나무, 무궁화, 능소화
• 8월 : 배롱나무, 무궁화
• 9월 : 배롱나무

62 다음 중 9~10월에 적색의 원형 육질종의(fleshy aril)로 성숙하는 수종은?

① 주목 ② 후박나무
③ 곰솔 ④ 개잎갈나무

해설
주목
잎은 선형으로 가지 양쪽에 깃꼴 모양으로 배열되며, 표면은 녹색이고 뒷면에 2개의 연한 황색 줄이 있다. 꽃은 암수딴그루이고, 씨는 붉은색 컵 같은 육질의 종의로 둘러싸여 있다.

---

63 수형(樹形)이 원추형(圓錐形)인 수종은?

① 전나무
② 호랑가시나무
③ 후박나무
④ 산딸나무

해설
원추형 수종 : 낙우송, 삼나무, 전나무, 메타세쿼이아, 독일가문비나무, 주목 등

64 극상에 대한 설명으로 틀린 것은?

① 극상 군집은 환경과의 평형을 이루고 있다.
② 토지극상은 변질된 기후 및 배수와 같은 여러 조합과 결부되어 나타난다.
③ 기후극상은 대기후 아래에서 여러 가지 극상으로 수렴된다는 것이다.
④ 극상은 천이계열의 최종적인 안정된 군집이다.

해설
③ 한 지역에서는 그곳의 기후에 의해 정해진 단 하나의 극상만이 존재하는데, 이를 기후극상이라고 한다.

65 수종과 학명의 연결이 틀린 것은?

① 은행나무 : *Ginkgo biloba*
② 느티나무 : *Liriodendron tulipifera*
③ 신갈나무 : *Quercus mongolica*
④ 소나무 : *Pinus densiflora*

해설
② 느티나무 : *Zelkova serrata* (Thunb.) Makino
※ 백합나무(튤립나무) : *Liriodendron tulipifera*

66 군집의 생태와 관련하여 종의 풍부도 경향을 설명한 것으로 틀린 것은?

① 종의 풍부도는 고위도에서 증가한다.
② 종의 풍부도는 지역의 규모에 따라 증가한다.
③ 종의 풍부도는 서식처의 복잡한 정도에 따라 증가한다.
④ 한 지역에서 종의 풍부도는 종의 지리적 근원지에 가까울수록 증가한다.

해설
종 풍부도(species richness)
단위지역에 존재하는 종의 수를 뜻하며, 대체적으로 저위도일수록, 고도와 수심이 해수면에 가까울수록 종 풍부도가 증가하는 경향을 보인다.

67 기린초(*Sedum kamtschaticum*)의 과명(科名)은?

① 범의귀과
② 국화과
③ 장미과
④ 돌나물과

해설
기린초는 돌나물과로, 다육성의 숙근성 여러해살이풀이다.

68 경량재 토양에 대한 설명으로 틀린 것은?

① perlite는 진주암을 고온으로 소성한 것이다.
② vermiculite는 다공질(多孔質)로서 나쁜 균이 없다.
③ peat는 고온의 늪지에서 생성되며, 산도가 낮고 보비성이 작다.
④ hydroball은 점질토를 고온으로 발포시키면서 구워 돌처럼 만든 것이다.

해설
피트(peat)
토탄(土炭)이라고도 불리며, 한랭한 곳의 습지에 생육하는 갈대나 이끼가 흙 속에 묻혀 저온으로 인해 썩지 않고 반가량 탄소화된 것을 캐 올려 말린 것으로, 영양분이 다소 포함된 경량재 토양이다.

69 *Firmiana simplex*의 성상은?

① 낙엽활엽교목
② 낙엽활엽관목
③ 상록활엽교목
④ 상록활엽관목

벽오동(*Firmiana simplex*)
벽오동과로 낙엽활엽교목이다. 높이 15m 정도로 굵은 가지가 벌어지고 나무껍질은 녹색이다. 꽃은 6~7월에 연한 노란색으로 피고 원추꽃차례를 이루며 단성화이다. 하나의 꽃이삭에 암꽃과 수꽃이 달린다. 꽃받침조각은 5개이고 뒤로 젖혀지며 꽃잎은 없다. 합쳐진 수술대 끝에 10~15개의 꽃밥이 달린다. 열매는 삭과(殼果)로 성숙하기 전에 5개로 갈라져서 둥근 종자가 겉에 나타난다.

71 가을에 붉은색 단풍이 아름다운 관목은?

① 쉬나무(*Euodia daniellii*)
② 네군도단풍(*Acer negundo*)
③ 화살나무(*Euonymus alatus*)
④ 칠엽수(*Aesculus turbinata*)

③ 화살나무 : 가을에 붉게 물드는 단풍과 꽃으로 착각할 정도로 아름다운 주홍색의 루비 같은 열매 그리고 화살 모양 같은 가지에 쌓이는 설화가 아름다워 단목식재, 하층식재, 생울타리용, 차폐식재 등에 적합하다.
① 쉬나무 : 꽃이 귀한 8월경에 산방상으로 피는 백색꽃이 나무 전체를 수놓으며, 10월경에 적색으로 익는 열매도 아름답다.
② 네군도단풍 : 은행나무와 더불어 황금색 단풍이 특이하며, 관상가치가 높아 가로수나 공원수로 많이 이용된다.
④ 칠엽수 : 가을에 황색으로 물드는 단풍이 아름답다.

70 조경면적은 식재된 부분의 면적과 조경시설공간의 면적을 합한 면적으로 산정된다. 식재면적은 해당 지방자치단체의 조례에서 정하는 조경의무면적의 얼마 이상으로 하여야 하는가?(단, 국토교통부의 조경기준 적용)

① 100분의 20
② 100분의 30
③ 100분의 40
④ 100분의 50

조경면적의 산정(조경기준 제4조)
조경면적은 식재된 부분의 면적과 조경시설공간의 면적을 합한 면적으로 산정하며 다음의 기준에 적합하게 배치하여야 한다.
• 식재면적은 해당 지방자치단체의 조례에서 정하는 조경면적의 100분의 50 이상이어야 한다.
• 하나의 식재면적은 한 변의 길이가 1m 이상으로서 1m² 이상이어야 한다.
• 하나의 조경시설공간의 면적은 10m² 이상이어야 한다.

72 다음과 같은 열매 특징을 가진 수종은?

> 열매는 골돌과로 원통형이며 길이 5~7cm로서 곧거나 구부러지고, 종자는 타원형이며 길이 12~13mm이고, 외피는 적색을 띠며 9~10월에 익는다.

① 불두화(*Viburnum opulus for. hydrangeoides*)
② 좀작살나무(*Callicarpa dichotoma*)
③ 산사나무(*Crataegus pinnatifida*)
④ 목련(*Magnolia kobus*)

목련
• 목련목 목련과에 속하는 관속식물로 높은 산의 숲속에서 자라며 높이 5~10m의 낙엽활엽 큰키나무이다.
• 가지는 굵으며 털이 없고 꺾으면 향기가 난다.
• 잎은 넓은 도란형, 길이 5~15cm, 폭 3~6cm다. 잎끝은 뾰족해지고 밑은 넓은 쐐기 모양이다.
• 꽃은 잎이 나기 전 4월에 피며 지름 10cm 정도이고 흰색이다. 꽃잎은 6~9장이고, 밑부분에 연한 홍빛이 나기도 하며 향기가 있다. 꽃받침은 3장, 수술은 30~40개이다.
• 열매는 닭 볏 모양의 원통형이고 곧거나 굽으며, 종자는 타원형으로 9~10월에 익으며 외피는 붉은색이다.

73 일본잎갈나무·소나무류·삼나무·편백 등의 저장종자에 효과가 있는 종자 발아 촉진법은?

① 고온처리법
② 냉수처리법
③ 황산처리법
④ 종피의 기계적 가상

해설

냉수처리법은 낙엽송, 소나무류, 삼나무, 편백 등의 저장종자에 효과가 있다.

74 다음 중 음수(陰樹)의 특성에 해당하는 것은?

① 햇볕이 닿는 쪽으로 자라는 습성이 있다.
② 유묘 시에는 생장속도가 느리지만 자라면서 빨라진다.
③ 가지가 드물게 나고 수관이 개방적이다.
④ 생육상 많은 빛을 필요로 하며 건조에 적응성이 강하다.

해설

음수는 유묘 시 생장이 늦어지고, 양수는 반대이다. 노목이 되면 양수는 생장이 늦어지지만 음수는 해마다 생장력이 증가하고 끊임없이 일정량의 생장을 계속한다.

75 수목 굴취 시 뿌리분의 크기는 대체로 무엇을 기준으로 정하는가?

① 지하고
② 수관폭
③ 흉고직경
④ 근원직경

해설

뿌리분의 크기는 대개 근원직경을 기준으로 결정한다. 뿌리의 생장과 수목의 지지력을 고려한 방식으로 근원직경이 클 경우 그에 맞는 큰 뿌리분을 형성해야 한다.

76 다음 중 조릿대(*Sasa borealis*)의 특징으로 틀린 것은?

① 양수이고 내건성이 강하며, 생장속도가 늦다.
② 꽃은 4월경에 개화하며, 열매는 5~6월에 결실한다.
③ 잎 길이는 10~30cm로 타원상 피침형이다.
④ 전국 산지에 자생하며, 내한성이 강하다.

해설

조릿대(*Sasa borealis*)
• 음지에서도 잘 자라고 추위에 강하며, 수분이 적당하고 비옥한 사질양토를 좋아한다.
• 공해와 염해에 대해 다소 내성을 가지고 있고, 내건성은 약하나 맹아력이 강하다.
• 관수관리하며 환경내성, 이식성은 보통이다.

77 다음 중 식생천이(遷移)의 과정을 순서대로 옳게 나열한 것은?

① 나지 → 초생지 → 지의류 → 관목지 → 교목지 → 극상
② 지의류 → 나지 → 초생지 → 관목지 → 교목지 → 극상
③ 나지 → 지의류 → 초생지 → 관목지 → 교목지 → 극상
④ 초생지 → 나지 → 지의류 → 교목지 → 관목지 → 극상

해설

식생천이(遷移) 과정의 순서
나지(裸地) → 지의류(地衣類) → 선태류(蘚苔類) → 초생지 → 관목지 → 교목지 → 극성상(極盛相)

정답 73 ② 74 ② 75 ④ 76 ① 77 ③

78 수목과 열매 종류가 잘못 연결된 것은?

① 사철나무 – 삭과(튀는 열매)
② 복자기 – 시과(날개 열매)
③ 상수리나무 – 핵과(굳은씨 열매)
④ 자귀나무 – 협과(콩깍지 열매)

해설
③ 상수리나무 : 견과(단단한 껍질에 쌓여 있는 열매, 각과)

79 축의 좌우에 동형 동종의 수목을 한 쌍으로 식재하는 수법은?

① 열식
② 집단식재
③ 교호식재
④ 대식

해설
① 열식 : 형태, 크기 등이 같은 동일수종의 나무를 일정한 간격으로 줄을 이루도록 식재하는 방법
② 집단식재 : 다수의 수목을 규칙적으로 배식하여 일정 지역을 덮어버리는 식재방법
③ 교호식재 : 같은 간격으로 서로 어긋나게 식재하는 식재방법

80 다음 중 방화용(防火用) 수종으로 내화력(耐火力)이 가장 강한 것은?

① 아왜나무
② 삼나무
③ 비자나무
④ 구실잣밤나무

해설
아왜나무는 잎에 수분을 많이 함유하고 있어 불이 잘 붙지 않기 때문에 대표적인 방화수로 이용된다.

제5과목 조경시공구조학

81 등고선의 성질이 옳지 않은 것은?

① 동일한 등고선상에 있는 모든 점은 같은 높이이다.
② 산정과 요지(오목한 곳)에서는 등고선이 폐합된다.
③ 급경사지는 간격이 좁고, 완경사지는 간격이 넓다.
④ 높은 쪽의 등고선 간격이 넓으면 요사면이다.

해설
• 요사면 : 표고가 높은 곳의 등고선 간격이 가깝고 낮은 곳의 간격이 멀어지는 지형
• 철사면 : 표고가 높은 곳의 등고선 간격이 멀고, 낮은 곳의 간격이 가까워지는 지형

82 비탈면의 잔디식재 공사에 대한 표준시방서 내용으로 틀린 것은?

① 잔디생육에 적합한 토양의 비탈면 기울기가 1 : 1보다 완만할 때에는 비탈면을 일시에 녹화하기 위해서 흙이 붙어 있는 재배된 잔디를 사용하여 붙인다.
② 잔디고정은 떼꽂이를 사용하여 잔디 1매당 2개 이상 견실하게 고정하며, 시공 후에는 모래나 흙으로 잔디붙임면을 얇게 덮은 후 고루 두들겨 다져 준다.
③ 비탈면 줄떼다지기는 잔디폭이 0.1m 이상되도록 하고, 비탈면에 0.1m 이내 간격으로 수평골을 파서 수평으로 심고 다짐을 철저히 한다.
④ 비탈면 전면(평떼)붙이기는 줄눈을 틈새 없이 붙이고 십자줄이 형성되도록 붙이며, 잔디 소요면적은 비탈면면적의 10%를 추가 적용한다.

해설
④ 비탈면 전면(평떼)붙이기는 줄눈을 틈새 없이 붙이고 십자줄이 형성되지 않도록 어긋나게 붙이며, 잔디 소요면적은 비탈면면적과 동일하게 적용한다.

78 ③ 79 ④ 80 ① 81 ④ 82 ④ 정답

83 네트워크 공정표 작성 시 공정계산에 관한 설명으로 옳은 것은?

① 복수의 작업에 선행되는 작업의 LFT는 후속작업의 LST 중 최댓값으로 한다.
② 복수의 작업에 후속되는 작업의 EST는 선행작업의 EFT 중 최솟값으로 한다.
③ 전체여유(TF)는 작업을 EST로 시작하고 LFT로 완료할 때 생기는 여유시간이다.
④ 종속여유(DF)는 후속작업의 EST에 영향을 주지 않는 범위 내에서 한 작업이 가질 수 있는 여유시간이다.

해설
① 복수작업의 LFT는 후속작업 중 LST의 최솟값으로 한다.
② 복수작업의 EST는 선행작업 중 EFT의 최댓값으로 한다.
④ 종속 여유시간(DF)은 후속작업의 전체 여유시간에 영향을 미치는 여유시간이다.

85 다음 중 품셈을 가장 잘 설명한 것은?

① 물체를 만드는 데 필요한 노력과 물질의 수량이다.
② 시공현장에서 소요되는 재료의 물량을 집계한 것이다.
③ 건설공사에 소요되는 공사비를 산정하는 과정을 말한다.
④ 공사에 소요되는 노무량만을 수량으로 표시하여 금액을 산출할 수 있게 한 것이다.

해설
품셈
인간이나 동물 또는 기계가 공사 목적물을 달성하기 위하여 단위물량당 소요로 하는 노력(품)과 물질을 수량으로 표시한 것

84 공사 원가계산 산정식이 옳지 않은 것은?

① 산업재해 보상보험료 = 노무비 × 산업재해 보상보험료율
② 총공사원가 = 순공사원가 + 일반관리비 + 이윤
③ 이윤 = (순공사원가 + 일반관리비) × 이윤률
④ 순공사원가 = 재료비 + 노무비 + 경비

해설
이윤 = (노무비 + 경비 + 일반관리비) × 요율%
　　 = (순공사원가 + 일반관리비 − 재료비) × 요율%

86 조명시설의 용어 중 단위면에 수직으로 투하된 광속밀도를 무엇이라 하는가?

① 광도(luminous intensity)
② 조도(illumination)
③ 휘도(brightness)
④ 배광곡선

해설
① 광도 : 빛의 세기를 나타내는 기본단위
③ 휘도 : 어떤 방향으로부터 본 물체의 밝기
④ 배광곡선 : 빛의 세기를 방향의 함수로 나타낸 곡선

87 다음 그림에서 No.2의 지반고는?

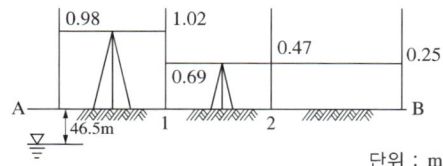

단위 : m

① 47.48m   ② 46.46m

③ 46.68m   ④ 47.44m

해설

- $H_A = 46.5m$
- $H_1 = H_A + 0.98 - 1.02 = 46.46m$
- $\therefore\ H_2 = H_1 + 0.69 - 0.47 = 46.68m$

88 구조물의 종류별 콘크리트 타설 시 사용되는 굵은 골재의 최대치수(mm)로 가장 적합한 것은?(단, 구조물의 종류는 단면이 큰 경우로 제한한다)

① 20   ② 25

③ 40   ④ 50

해설

굵은 골재의 최대치수란 사용하는 굵은 골재 중 가장 큰 골재의 지름이 지정된 규격을 넘지 않는 것으로, 20mm, 25mm, 40mm 등으로 대별되며, 25mm 이하 규격은 철근 콘크리트에, 40mm 이상 규격은 주로 무근 콘크리트에 사용된다.

89 다음 그림과 같은 도로의 수평노선에서 곡선장(L)과 접선장(T)의 길이는 약 얼마인가?

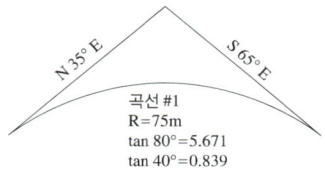

① L : 104.7m, T : 62.9m

② L : 104.7m, T : 25.3m

③ L : 52.5m, T : 62.9m

④ L : 425.3m, T : 104.7m

해설

- 곡선장 $L = \dfrac{2\pi RI}{360}$

  여기서, R : 곡선반경, I : 중심각

  $\therefore\ L = \dfrac{2\pi \times 75 \times 80}{360} = 104.7m$

- 접선장 $T = R \times \tan\left(\dfrac{I}{2}\right)$

  $= 75 \times \tan 40°$

  $= 62.925m$

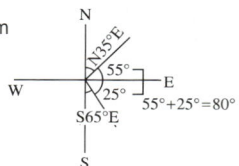

90 다음 설명에 적합한 품질관리의 도구는?

> 모집단에 대한 품질특성을 알기 위하여 모집단의 분포상태, 분포의 중심위치, 분포의 산포 등을 쉽게 파악할 수 있도록 막대그래프 형식으로 작성한 도수분포도를 말한다.

① 특성요인도   ② 파레토도

③ 체크시트   ④ 히스토그램

해설

QC(품질관리)에 이용되는 도구

- 특성요인도 : 결과(특성)와 원인(요인)이 어떻게 관계하고 있으며, 영향을 주고 있는가를 한눈으로 알 수 있도록 그린 그림
- 파레토도 : 문제의 중점화, 우선순위 파악을 위한 도구
- 체크시트 : 데이터 수집, 문제 분석을 효율적으로 실시하기 위한 도구
- 히스토그램 : 데이터 산포상태를 파악하기 위한 도구
- 각종 그래프 : 숫자를 시각화하여 정보 전달을 용이하게 하는 도구
- 산점도 : 영향을 주는 2개의 인자 간의 관계를 파악하는 도구
- 층별 : 불량요인마다 데이터를 구분해서 잡는 도구

91 다음 중 시공·관리 분야에서 일반경쟁입찰을 바르게 설명한 것은?

① 계약의 목적, 성질 등에 필요하다고 인정될 경우 참가자의 자격을 제한할 수 있도록 한 제도
② 관보, 신문, 게시 등을 통하여 일정한 자격을 가진 불특정 다수의 희망자를 경쟁에 참가하도록 하여 가장 유리한 조건을 제시한 자를 선정하는 방법
③ 예산가격 10억원 미만의 공사 낙찰자 결정 방법으로 예정가격의 85% 이상의 금액으로 입찰한 자를 계약하는 방법
④ 설계서상의 공종 중 대체가 가능한 공종의 방법

[해설]
일반경쟁입찰
매체에 공사 종류, 입찰자의 자격(기술능력, 자본금, 시설, 장비), 입찰규정 등을 공고하여 입찰자를 모집하고, 경쟁입찰을 시켜 가장 유리한 조건을 제시한 자를 낙찰자로 선정하여 계약을 체결하는 방법이다.

92 강우강도가 100mm/h인 지역에 있는 유출계수 0.95인 포장된 주차장 900m²에서 발생하는 초당 유출량은 얼마인가?(단, 소수점 셋째자리 이하는 버림한다)

① 0.237m³/sec
② 0.423m³/sec
③ 0.023m³/sec
④ 0.042m³/sec

[해설]
우수유출량 $Q = \dfrac{1}{360} CIA$

여기서, C : 유출계수
　　　　I : 강우강도
　　　　A : 배수면적

$\therefore Q = \dfrac{0.09 \times 0.95 \times 100}{360} = 0.02375\text{m}^3/\text{sec}$

93 다음 설명에 적합한 건설용 석재는?

- 화성암 중에서도 심성암에 속한다.
- 강도가 가장 크다.
- 대재(大材)를 얻기 쉽고 외관이 미려하고 내산성이 커서 구조재로서 사용한다.

① 대리석
② 화강암
③ 석회암
④ 혈암(頁岩)

[해설]
화강암은 압축강도가 가장 크고, 화열(火熱)에 맞으면 균열이 생겨 붕괴되는 결점이 있다.

94 다음 중 철제 조경시설 관리에서 도장의 목적이 아닌 것은?

① 물체 표면의 보호
② 부식 및 노화의 방지
③ 미관의 증진
④ 방충성 증진

[해설]
④는 목재시설관리에 해당된다.

95 캔틸레버보(cantilever beam)에 해당하는 설명은?

① 보의 양단(兩端)을 메워 넣어서 고정시킨 것
② 일단(一端)이 회전점, 타단(他端)이 이동 지점인 것
③ 일단(一端)이 고정지점이고 타단(他端)에는 지점이 없는 자유단인 것
④ 3개 이상의 지점으로 지지하고 있는 보로서 단순보와 내다지보를 조합한 것

[해설]
캔틸레버보(cantilever beam) : 한쪽 끝이 고정지점이고, 다른 한쪽은 자유인 상태이다.

96 돌 공사의 특수 마무리방법에 해당되지 않는 것은?

① 분사식(sand blasting method)
② 화염분사식(burner finish)
③ chiseled boasted work
④ coloured stone finish

해설

정다듬 : 석재 가공에 있어서 해머다듬을 한 다음 정으로 쪼아 혹을 떼어 다듬는 돌 표면 마무리방법

※ 표면 마무리 특수 가공방법
• 모래분사법(Sand Blasting Method) : 석재면에 고압공기의 압력으로 모래를 분출시켜서 면을 곱게 다듬는 방법
• 화염분사법(Burner Finish Method) : 석재의 표면에 화염을 방사하여 가열한 다음 이를 급랭시켜 표면의 박리층을 제거하여 거친 면으로 다듬는 방법
• 착색돌 마감(Coloured Stone Finish) : 석재의 흡수성을 이용하여 석재의 내부까지 착색시키는 방법

98 공사 진행이 공정표보다 늦어진 경우 공사현장 관리자로서 즉시 취해야 할 조치로 가장 적합한 것은?

① 노무자를 증원한다.
② 건축자재 반입을 서두른다.
③ 공사가 지연된 원인을 규명한다.
④ 새로운 공정표를 작성한다.

해설

공사 진행이 늦어질 경우 현장관리자로서 지연된 원인을 규명하여 마무리해야 한다.

97 흙의 성질에 관한 산출식으로 틀린 것은?

① 간극비 $= \dfrac{\text{간극의 용적}}{\text{토립자의 용적}}$

② 예민비 $= \dfrac{\text{이긴 시료의 강도}}{\text{자연시료의 강도}}$

③ 포화도 $= \dfrac{\text{물의 용적}}{\text{간극의 용적}} \times 100(\%)$

④ 함수율 $= \dfrac{\text{젖은 흙의 물의 중량}}{\text{건조한 흙의 중량}} \times 100(\%)$

해설

예민비 $= \dfrac{\text{자연시료의 강도(불교란시료의 강도)}}{\text{이긴 시료의 강도(교란시료의 강도)}}$

99 그림과 같은 내민보의 점 A에 모멘트가, 점 C에 집중하중이 작용한다. 지점 A에서 3m 떨어진 단면에 작용하는 전단력의 크기는 몇 kN인가?

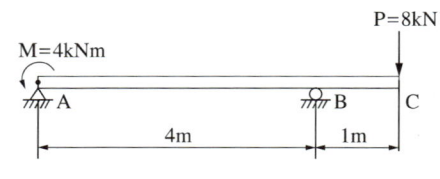

① 1
② 4
③ 8
④ 9

해설

$R_A = \dfrac{-4 + 8 \times 1}{4} = 1 \text{kN}(\downarrow)$

100 그림과 같이 85m에서부터 5m 간격으로 증가하는 등고선이 삽입된 지형도에서 85m 이상의 체적을 구한다면 약 얼마인가?(단, 정상의 높이는 108m이고, 마지막 1구간은 원추공식으로 구한다)

```
등고선의 면적
 • 105m : 30.5m²
 • 100m : 290m²
 • 95m : 545m²
 • 90m : 950m²
 • 85m : 1,525.5m²
```

① 12,677m³
② 12,707m³
③ 12,894m³
④ 12,516m³

해설

등고선법에 의해 체적을 구하는 방법
n은 단면수로 홀수인 경우에
$A_1 \sim A_3$의 토적 $V_1 = h/3(A_1 + 4A_2 + A_3)$,
$A_{n-2} \sim A_n$의 토적 $V_{n-2} = h/3(A_{n-2} + 4A_{n-1} + A_n)$이므로
전체 토적 $V = h/3\{A_1 + 4(A_2 + \cdots + A_{n-1}) + 2(A_3 + \cdots + A_{n-2}) + A_n\}$
　　　　　　　　　　　 짝수　　　　　　　　홀수
여기서, h : 등고선 간격
$A_1, A_2, \cdots, A_n$: 등고선에 표시된 각 등고선 단면적

A_1	A_2	A_3	A_4	A_5
1,525.5	950	545	290	30.5

$\therefore V = \dfrac{5}{3}[1,525.5 + 4(950 + 290) + 2 \times (545) + 30.5]$

$+ \dfrac{1}{3} \times 30.5 \times 3$

$= 12,676.67 + 30.5 = 12,707.17m^3$

$\left(\because \text{원뿔체적 } V = \dfrac{1}{3}\pi r^2 h \right)$

제6과목　조경관리론

101 공사현장의 안전대책으로 가장 거리가 먼 것은?

① 작업장 내는 관계자 이외의 사람이 출입하지 못하도록 방지책 등으로 봉쇄한다.
② 공사용 차량의 출입구는 표지판을 설치하고 필요에 따라 교통 유도원을 배치한다.
③ 휴일 및 작업이 행해지지 않을 때에는 작업장 출입구를 완전히 봉쇄한다.
④ 작업장 주위의 조명설비는 야간에 꺼두어 불필요한 전기 소모를 막는다.

해설
④ 작업장 주위의 조명설비는 주간에는 꺼두어 불필요한 전기 소모를 막아야 하지만 야간에는 켜두어 안전에 대비해야 된다.

102 다음 중 질소(N)를 가장 많이 함유하고 있는 비료는?

① 요소
② 황산암모늄
③ 질산암모늄
④ 염화암모늄

해설
요소(46%) > 질산암모늄(34%) > 염화암모늄(25%) > 황산암모늄(21%)

103 조경관리에 있어 각종 하자·부주의에 대한 대책으로 옳지 않은 것은?

① 사전에 점검을 통하여 위험장소 여부에 대한 판단을 한다.
② 유희시설과 같은 위험유발시설은 안내판, 방송 등을 통해 이용지도를 해야 한다.
③ 각 시설에 대한 안전기준을 세우고 점검계획을 세운다.
④ 시설물이나 재료의 내구연수는 시방서를 기준으로 하여 연한 경과 후부터 점검한다.

해설
시설물의 손상은 안전성을 위협하기 때문에 노화손상을 방지하는 예방보전과 손상에 대한 보수·교환을 통해 안전성이나 기능성을 회복시키는 준공 후 보전을 행하여 기능을 유지시켜야 한다.

103 레크리에이션 이용의 특성과 강도를 조절하는 관리기법에 대한 설명으로 옳지 않은 것은?

① 이용자를 유도하는 방법은 부지관리기법에 해당되지 않는다.
② 부지관리기법은 부지설계, 조성 및 조경적 측면에 중점을 두는 방법이다.
③ 간접적 이용제한은 이용행태를 조절하되 개인의 선택권을 존중하는 방법이다.
④ 직접적 이용제한 관리기법은 정책 강화, 구역별 이용, 이용강도 및 활동의 제한 등이 있다.

해설
① 이용자를 유도하는 방법은 부지관리기법에 해당된다.
※ 부지관리 : 이용자에 의한 물리적 자원의 손상 관리가 주목적이며, 이러한 관리를 위한 수단으로 모니터링이 중요하다.

105 목재보존제의 성능 항목에 해당하지 않는 것은?

① 항온성   ② 철부식성
③ 흡습성   ④ 침투성

해설
② 철부식성 : 목재보존제로 처리된 목재로 인하여 철이 부식되는 정도를 말한다.
③ 흡습성 : 목재보존제로 처리된 목재가 수분을 흡수하는 성질을 말한다.
④ 침투성 : 목재보존제가 목재에 침투하는 성능을 말한다.

106 다음 작물보호제 중 비선택성 제초제에 해당하는 것은?

① 디캄바 액제
② 이사-디 액제
③ 베노밀 수화제
④ 글리포세이트암모늄 액제

해설
비선택성 제초제(식물전멸제초제)
살포 시 잡초와 작물 관계없이 모든 식물을 고사시키는 제초제로 대표적으로 패러쾃다이클로라이드 액제, 글루포시네이트암모늄 액제, 글리포세이트 액제 3종이 있고, 그 외에도 글리포세이트암모늄 수용성 입제, 글리포세이트암모늄 액제, 글리포세이트포타슘 액제 등이 있다.

107 뿌리혹선충(*Meloidogyne* spp.)에 대한 설명으로 틀린 것은?

① 세계적으로 광범위하게 분포하는 대표적인 식물 기생선충이다.
② 토양 속에서 유충이나 알 상태로 월동한다.
③ 대부분 침엽수 묘목을 주로 가해한다.
④ 자웅이형이며 감염세포는 거대세포가 된다.

해설
뿌리혹선충
• 각종 채소류의 뿌리에 혹을 만들어서 수분과 양분의 흡수능력을 저하시킨다.
• 사질토양에서 다발생하고, 알 또는 유충의 형태로 알주머니에서 월동한다.
• 1세대 경과일수는 온도가 높을수록 단축된다.

108 부지관리에 있어서 이용자에 의해 생태적 악영향을 미치는 주된 원인으로 가장 거리가 먼 것은?

① 반달리즘(vandalism)
② 요구도(needs)
③ 무지(ignorance)
④ 과밀이용(over-use)

해설
생태적 측면의 관리문제도 근본적으로 이용자들의 레크리에이션 이용에 따라 발생한 것으로, 이용자의 반달리즘, 무지, 과밀이용이 악영향을 미치는 주된 원인이다.

109 다음 목재로 만들어진 벤치에 대한 특징으로 가장 거리가 먼 것은?

① 내화력이 작다.
② 병해충의 피해를 받기 쉽다.
③ 습기에 약하며 썩기 쉽다.
④ 파손되면 보수가 곤란하다.

해설
④ 목재는 파손되면 보수가 용이하다.

110 다음 해충 관련 설명 중 틀린 것은?

① 버즘나무방패벌레 : 성충으로 월동한다.
② 미국흰불나방 : 1년에 1회 발생한다.
③ 잣나무넓적잎벌 : 알 시기의 기생성 천적으로는 알좀벌류가 있다.
④ 느티나무알락진딧물 : 가해수종은 오리나무, 개암나무, 느릅나무 등이 있다.

해설
② 미국흰불나방 성충은 1년에 2회 발생하는데 1화기는 5월 중순에서 6월 상순에, 2화기는 7월 하순에서 8월 중순에 우화한다.

111 메프로닐 원제 0.4kg으로 2% 분제를 만들려고 할 때 소요되는 증량제의 양은?(단, 원제의 함량은 80%이다)

① 1.84kg ② 4.60kg
③ 15.6kg ④ 46.0kg

해설
희석할 증량제의 양
= 원분제의 중량 × [(원분제의 농도 / 원하는 농도) − 1]
= 0.4 × [(80 / 2) − 1]
= 15.6kg

112 소나무 잎녹병에 있어서 여름포자(하포자)의 중간숙주가 되는 것은?

① 까치밥나무
② 황벽나무
③ 잎갈나무
④ 참나무류

해설

소나무류 잎녹병균의 중간기주 : 쑥부쟁이, 취류, 국화과식물, 잔대, 애기도라지, 황벽나무, 산초나무 등

113 수목의 유지관리와 관련된 설명으로 옳지 않은 것은?

① 전정은 수목의 활착과 녹화량의 증가를 목적으로 수목의 미관, 수목생리, 생육 등을 고려하면서 가지치기와 수형을 정리하는 작업이다.
② 제초는 식재지 내에서 번성하고 있는 수목들 중 가장 유리한 수종 외에 골라 제거하는 작업이다.
③ 수목시비는 수목의 성장을 촉진하고 쇠약한 수목에 활력을 주기 위하여 퇴비 등 유기질비료와 화학비료를 주는 것이다.
④ 월동작업은 이식수목 및 초화류가 겨울철 환경에 적응할 수 있도록 하기 위하여 월동에 필요한 제반조치를 시행하는 것이다.

해설

② 제초는 식재지 내에 들어와 번성하고 있는 잡초류를 제거하는 작업이다.

114 다음 중 조경석 등 중량물을 운반할 때의 바른 자세는?

① 길이가 긴 물건은 앞쪽을 높게 하여 운반한다.
② 허리를 구부리고, 양손으로 들어올린다.
③ 중량은 보통 체중의 60%가 적당하다.
④ 물건은 최대한 몸에서 멀리 떼어서 들어올린다.

해설

② 허리를 편 채로 앞을 주시하면서 다리만을 움직여 들어올린다.
③ 일반적으로 체중의 40%에 해당하는 중량물을 들 수 있으나 국제노동기구(ILO)는 성인 남자의 운반허용기준을 25kg, 일본은 20kg을 초과하여 물건을 들지 않도록 규정하고 있다.
④ 운반할 때는 중량물 가까이 신체를 붙여서 허리보다 높은 위치로 올려 들어야 한다.

115 농약 중에서 분제의 물리적 성질에 해당하는 것으로만 나열된 것은?

① 현수성, 유화성
② 수화성, 접촉각
③ 용적비중, 비산성
④ 습전성, 표면장력

해설

분제(입제)의 물리적 성질

입자의 크기, 분산성, 비산성, 부착성·고착성, 응집력, 토분성, 안정성, 경도, 용적비중(가비중), 수중붕괴성

116 식물에 침입한 병원체가 그 내부에 정착하여 기주관계가 성립되었을 때의 단계는 무엇인가?

① 감염　　　　　② 발병
③ 병징　　　　　④ 표징

해설

감염

병원성 미생물이 사람이나 동물, 식물의 조직, 체액, 표면에 정착하여 증식하는 일로 감염경로, 전염성 여부에 따라 여러 가지로 분류된다.

117 배수시설의 점검사항으로 가장 거리가 먼 것은?

① 배수시설 주변의 돌쌓기 현황
② 각 배수시설의 파손 및 결함상태
③ 지하배수시설, 유출구의 물 빠지는 상태
④ 비탈면 배수시설의 배수상태 및 주위로부터 유입하는 지표수나 토사 유출상황

해설

배수시설의 점검사항
• 부지 배수시설의 배수상황 및 측구, 집수구, 맨홀 등의 토사 퇴적상태
• 비탈면 배수시설의 파손 및 결함상태
• 지하 배수시설, 유출구의 물빠지는 상태
• 배수시설의 내부 및 유수구의 토사, 먼지, 오니, 잡석 등의 퇴적상태
• 노면 및 갓길부 배수시설의 상황

118 동력예취기의 안전점검 및 보관관리에 대한 설명으로 틀린 것은?

① 엔진, 배터리, 연료탱크 주변을 청소한다.
② 급유는 엔진이 식었을 때 실시해야 한다.
③ 야간작업 시 예취기 본체의 라이트를 켜고 작업해야 한다.
④ 오일류의 폐기는 폐기설비를 갖춘 곳에서만 처리한다.

해설

③ 동력예취기 작업 시 야간작업은 가능한 하지 말아야 하지만 어쩔 수 없이 야간작업을 할 경우에는 충분한 조명을 준비하고, 헬멧이나 작업복에도 야간 반사테이프 등을 붙여 눈에 쉽게 띄도록 한다.

119 토양에 직접 비료를 주는 것보다 엽면살포가 유리한 경우가 아닌 것은?

① 뿌리가 장해를 입어 정상적인 양분흡수 기능이 저하될 때
② 토양 중 미량원소가 불용성으로 되어 흡수가 불량할 때
③ 지온이 낮은 지역에서 양분흡수를 저하시키려고 할 때
④ 뿌리를 통한 양분흡수보다 빨리 양분을 공급하고자 할 때

해설

엽면시비는 토양시비와 달리 일시적인 효과를 얻기 위한 것으로, 뿌리가 제 기능을 하지 못해 양분을 흡수할 수 없을 때 나뭇잎에 살포하여 빠른 시일 내에 양분을 보충하려는 경우에 이용한다.

120 습지나 늪지에서 생성되는 부식은?

① 모어(mor)
② 멀(mull)
③ 이탄(peat)
④ 모더(moder)

해설

이탄(peat)
토탄(土炭)이라고도 불리며, 한랭한 곳의 습지에 생육하는 갈대나 이끼가 흙 속에 묻혀 저온으로 인해 썩지 않고 반가량 탄소화된 것을 캐 올려 말린 것으로, 영양분이 다소 포함된 경량재 토양이다.

제1과목 조경사

01 다음 중 중세 수도원의 회랑식 중정(cloister garden)에 대한 설명으로 옳지 않은 것은?

① 4부분으로 구획되어진 중정이 있다.
② 분수는 중정의 중앙에 설치되어 있다.
③ 페리스틸리움(peristylium)의 구조와 동일하게 흉벽을 두지 않았다.
④ 수도원 내의 다른 건물들에 의하여 둘러싸여 있는 공간을 의미한다.

해설
③ 회랑의 기둥 사이로 흉벽을 만들어 통행을 통제하고 빗물로부터 회랑벽화를 보호(폐쇄적 성격)했다.
회랑식 중정(cloister garden)의 특징
• 중정은 4부분으로 구획되어 있다.
• 중정의 중앙에는 분수가 설치되어 있다.
• 수도원의 다른 건물들에 둘러싸여 있으며, 남향으로 배치되어 있다.
• 주랑의 기둥 사이로 벽이 있어 일정한 통로 외에는 정원으로의 출입이 불가능한 폐쇄적 정원이었다.
• 2개의 원로로 나뉜 4분원의 교차점을 파라다이소라 하여 수반을 설치하거나 수목, 우물을 배치하였다.
• 중세 수도원의 회랑식 중정은 고대 로마 폼페이의 페리스틸리움과 비슷한 형태를 보이는데 열주가 아치모양을 이루며 열주 아랫부분에 흉벽을 둔 것이 페리스틸리움과의 차이점이다.

02 고려시대부터 많이 사용된 정원 용어인 화오(花塢)에 대한 설명과 거리가 먼 것은?

① 오늘날 화단과 같은 역할을 한 정원 수식 공간이다.
② 지형의 변화를 얻기 위해 인공의 구릉지를 만들었다.
③ 화초류나 화목류를 많이 군식하였다.
④ 사용된 재료에 따라 매오(梅塢), 도오(挑塢), 죽오(竹塢) 등으로 불렸다.

해설
화오(花塢)
낮은 둔덕의 꽃밭으로, 고려시대에는 화단이라는 말보다는 화오라는 정원용어가 널리 쓰였다. 화오의 오(塢)는 낮은 섬을 가리키는 글로서, 꽃을 심어 가꾸는 자리의 주위를 장대석으로 성곽과 같은 모양으로 낮게 둘러싸 놓았기 때문에 이러한 명칭이 생겨났다.

03 조선시대 조경 관련 고문헌의 저자와 저술서가 일치하는 것은?

① 강희안 – 택리지
② 홍만선 – 유원총보
③ 신경준 – 순원화훼잡설
④ 이수광 – 임원경제지

해설
① 강희안 : 양화소록, 이중환 : 택리지
② 홍만선 : 산림경제, 김육 : 유원총보
④ 이수광 : 지봉유설, 서유거 : 임원경제지

04 일본 용안사 석정과 관련이 없는 것은?

① 암석
② 장방형
③ 추상적 고산수
④ 침전조

일본의 용안사 석정은 대표적인 평정고산수 정원양식이다.
고산수정원
• 축산고산수정원 : 바위(폭포), 왕모래(냇물), 다듬은 수목(산봉우리) 등으로 추상적인 정원을 꾸민 것(대덕사 대선원)
• 평정고산수정원 : 수목을 사용하지 않고 왕모래, 정원석으로 꾸민 것(용안사 정원)

05 중국 진시왕 31년에 새로이 왕궁을 축조하고, 그 안에 큰 연못을 조성한 후 그 속에 봉래산을 만들었다는 연못의 명칭은?

① 곤명호(昆明湖)
② 태액지(太液池)
③ 난지(蘭池)
④ 서호(西湖)

상림원
위수에서 물을 끌어다가 동서 200리, 남북 20리에 이르는 못(난지)을 만들고, 봉래산을 만들었으며, 못가에 큰 바위를 조각하여 만든 길이 200丈(1장 = 10척)에 이르는 경어(고래)의 상을 배치하였다.
※ 난지의 봉래산은 신선설의 시초이다.

06 명나라 때 별서정원의 성격으로 꾸며진 소주 지방의 명원은?

① 기창원
② 이화원
③ 졸정원
④ 작원

졸정원 : 중국의 4대 명원(북경 이화원, 승덕 피서산장, 소주의 졸정원과 유원) 중 하나로 명나라 때 퇴직관리가 만든 정원이다. 전체 면적의 반 이상이 연못으로 이루어져 있다.

07 스페인의 알람브라 궁전의 4개 중정 가운데 이슬람 양식을 부분적으로 보이면서도 기독교적인 색채가 강하게 가미되어 있는 중정은?

① 알베르카 중정(patio de la Alberca), 사자의 중정(patio de los Leons)
② 사자의 중정(patio de los Leons), 다라하 중정(patio de Daraxa)
③ 린다라야 중정(Lindaraja), 창격자 중정(patio de la Reja)
④ 창격자 중정(patio de la Reja), 알베르카 중정(patio de la Alberca)

스페인 그라나다 알람브라(Alhambra) 궁전의 정원
• 알베르카 중정 : 궁전의 주정 역할(北홀 : 사신의 대청, 공식 회합 장소)
  – 분수대, 사라센양식의 탑, 아치로 된 회랑 등이 있음
  – 엄격한 비례와 화려함, 장엄미, 연못의 반영미가 뛰어남/도금양 식재
• 사자의 중정 : 가장 화려함/주랑식 중정/파티오 중앙에 수반(분수) 설치
  – 12마리 사자상(유일한 생물의 상이 있음)
  – 분수에서 4개의 수로가 사방에 뻗음, 물 처리
  – 시각적·청각적 효과를 살린 물의 존귀성
• 린다라야의 중정 : 기독교 색채/여성적인 분위기
  – 회양목으로 가장자리 식재한 여러 모양의 화단 조성, 화단 사이는 맨 흙의 원로
  – 하나의 큰 대(臺) 위에 여러 개의 작은 분수(기독교 스타일)
• 창격자(사이프러스 중정)의 중정 : 중정 네 귀퉁이에 사이프러스 식재/기독교 색채
  – 중앙에 분수(환상적이고 장엄한 분위기)
  – 규모가 작고 둥근 자갈무늬 장식의 바닥

08. 중국 유원(留園)의 설명 중 맞는 것은?

① 소주의 정원 중 가장 소박한 정원이다.
② 처음 조성은 청대 말기 관료의 정원으로서였다.
③ 홍루몽의 대관원 경치를 묘사하였다.
④ 변화 있는 공간 처리와 유기적 건축배치의 수법을 갖는다.

유원(留園)
중국 소주의 정원 중 화려한 정원에 속하며 허와 실, 명암대비 등 변화 있는 공간처리와 함께 많은 건축물을 유기적으로 배치하였다.

09 정원에 많은 관심을 가졌던 백거이(白居易)와 관련 없는 것은?

① 유명한 장한가(長恨歌)를 지었다.
② 진나라 사람으로 유명한 시인이다.
③ 관사(官舍)에 화원을 만들고 동파종화(東坡種花)라는 시를 지었다.
④ 공무를 마치고 낙향할 때 천축석(天竺石)과 학(鶴)을 가지고 갔다.

② 백거이는 당나라 사람으로 유명한 시인이다.
백거이(백낙천)
• 최초의 조원가
• 백목단이나 동파종화와 같은 시에서 당 시대의 정원을 묘사하였다.
• 원자 : 건물 사이에 자리 잡은 공간, 초화류를 가꾸던 곳, 강남에서는 천정(天井)이라 하여 전돌을 깔아놓았다.
• 중국 정원의 기본사상이 이 시대에 완성되었으며, 백거이를 중국 정원의 개조(開祖)로 칭하였다.
• 천축석, 태호석, 백연을 구해 정원을 조성하였으며, 무지개다리를 놓아 못 속에 있는 섬 세 개를 연결하였다.
• 정원에 대나무를 심고 가까이에서 대나무의 군자적 덕성을 배우려 하였다.

10 창덕궁 후원 조경의 특징은 17개소에 정자를 건립함으로써 공간을 특화하였다. 이 공간 가운데 연못의 이름과 정자(亭子)의 연결이 바르지 않은 것은?

① 존덕지 - 존덕정
② 반도지 - 취한정
③ 몽답지 - 몽답정
④ 빙옥지 - 청심정

옥류천 계류가에는 청의정, 소요정, 태극정, 농산정, 취한정을 적절히 배치하고, 판석 등으로 간결한 석교를 놓았으며, 어정 옆의 자연암석인 소요암을 ㄴ형으로 파서 곡수구와 폭포를 만들고, 암벽에 시문을 새기기도 했다.

11 정원에 처음으로 도입된 것들과 밀접한 관계가 있는 조경가들의 연결이 잘못된 것은?

① 물 화단(parterres d'Eau) - 르 노트르(Andre Le Notre)
② 수정궁(crystal palace) - 팩스톤(Samuel Paxton)
③ 큐 가든의 중국식 탑 - 챔버(Sir William Chambers)
④ 하-하(ha-ha) - 렙턴(Humphry Repton)

• 브릿지맨 : 하-하(ha-ha)기법 도입
• 험프리 렙턴 : 풍경식 정원의 완성자, 가드너 칭호 처음 사용

12 사찰에서 구도자가 제석천왕이 다스리는 도리천에 올라 마지막으로 해탈을 추구하는 것을 상징하는 최종적인 문의 이름은?

① 일주문
② 사천왕문
③ 금강문
④ 불이문

① 일주문 : 사찰에 들어가는 첫 번째문으로 기둥이 1개로 되어 있어 일주문이라고 부른다.
② 사천왕문 : 사찰에 들어갈 때 일주문, 금강문 다음에 거쳐야 하는 문(門)으로 천왕문이라고도 한다. 사천왕상을 안치한 천왕문은 사찰을 지키고 악귀를 내쫓아 불도를 닦는 사람들로 하여금 사찰이 신성한 곳이라는 생각을 갖게 하기 위해 세워졌다.
③ 금강문 : 금강문이 있는 사찰은 금강문이 사찰의 대문 역할을 하지만, 금강문이 없는 사찰은 사천왕문이 대문 역할을 한다.

13 담양 소쇄원에 관한 설명 중 옳지 않은 것은?

① 소쇄원 48영시에는 목본 16종, 초본 5종의 식물이 나타난다.
② 광풍, 제월의 당호는 이덕유의 평천장 고사에서 인용한 것이다.
③ 조담에서 떨어지는 물은 홈통을 통해 방지로 유입된다.
④ 매대라고 불리는 화계는 자연석을 2단으로 쌓아 만든다.

주돈이는 만년에 여산(廬山)의 풍경에 매료되어 그곳에서 살았다. 황정견은 주돈이를 '흉회쇄락 여광풍제월'이라 비유하였다.

14 일본의 전통정원 오행석조방식에서 주석(主石)이 되는 바위의 명칭은?

① 기각석
② 심체석
③ 영상석
④ 체동석

5행석(五行石) : 일본식 정원을 꾸밀 때 적석(積石)의 기초가 되는 5종의 돌
• 영상석 : 체동석과 같이 입체감을 주며, 배석에 있어서 안정감을 주는 가장 중요한 역할을 하는 돌이다.
• 기각석 : 소가 누워 있는 형상을 지닌 돌로 일명 지웅석이라고도 부르며, 와우석이라고도 한다.
• 심체석 : 윗면이 평평하게 된 돌로, 불안정한 석조조합의 배석에 있어 안정감을 갖게 해 준다. 일명 대초석이라고도 한다.
• 체동석 : 전후좌우 어디서나 바라볼 수 있는 모양의 돌로, 입체감을 주므로 관상의 효과가 가장 좋다.
• 지형석 : 돌의 윗부분이 평평하며 마치 나뭇가지가 뻗어있는 것과 같이 직각 삼각형 꼴로 동적미를 지니고 있다.

15 이집트 피라미드에 대한 설명 중 가장 거리가 먼 것은?

① 분묘건축의 일종으로서 마스타바(mastaba)도 여기에 포함된다.
② 선(善)의 혼(Ka)을 통해 태양신(Ra)에게 접근하려는 탑이다.
③ 인간이 세운 가장 거대한 상징으로 볼 수 있다.
④ 신전은 강의 서쪽에 배치하고, 분묘는 강의 동쪽에 배치하였다.

• 예배 신전은 해가 떠오르는 동쪽에 위치하여 일출 시점에 햇빛을 받게끔 설계되었다. 이는 신성한 공간을 조명하고 신과의 연결을 나타내는 역할을 한다.
• 장제 신전은 해가 지는 서쪽에 위치하여 일몰 시점에 햇빛을 받게끔 설계되었다. 이는 고대 이집트의 죽음과 부활의 개념과 관련이 있다.

16 1893년 시카고에서 열린 세계 콜롬비아 박람회가 여러 방면에 미친 영향이라 볼 수 없는 것은?

① 도시미화운동이 활발해졌다.
② 로마에 아메리칸 아카데미를 설립하였다.
③ 박람회장 내 건축은 유럽고전주의 답습으로부터 완전히 탈피하였다.
④ 조경계획의 수립 시 타 분야와의 공동작업이 활발해졌다.

해설
시카고 콜롬비아 엑스포(Chicago Columbia Expo)
당시 미국의 건축방향은 시카고학파에 의한 고층 건축과 뉴욕 등 동부의 고전주의 건축의 두 가지 흐름으로 전개됐는데, 만국 박람회 건축을 놓고 두 개의 흐름이 대립했고, 결국 고전주의 건축이 우세하게 됐다. 시카고 만국박람회장은 고전주의적 조형에 바탕을 두고 건축됐으며 백색도시(White City)라고 불렸다. 만국박람회장 건설을 지휘했던 사람은 다니엘 번햄(Daniel H. Burnham)으로, 그는 시카고학파의 중심인물이었지만 프랑스 보자르풍의 고전주의 건축을 더욱 가치 있는 것으로 생각했다.

17 다음 중 프랑스의 영향을 받은 영국 내 조경 작품이 아닌 것은?

① 멜버른 홀(Melbourne hall)
② 브라함 파크(Bramham park)
③ 햄프턴코트(Hampton court)
④ 버컨헤드 공원(Birkenhead park)

해설
버컨헤드 공원(Birkenhead park)
• 일반 대중의 사용을 위해 시민의 힘과 재정으로 설계되었다.
• 영국 내 수많은 도시공원 조성의 경험이 집약되어 완성된 공원이다.
• 미국의 프레드릭 로 옴스테드(Fredrick Law Olmsted)의 공원 개념 형성에 큰 영향을 주었다.

18 다음 중 회교식 정원양식으로 보기 어려운 것은?

① 이탈리아-사라센
② 페르시아-사라센
③ 스페인-사라센
④ 인도-사라센

해설
회교식(사라센식) 정원양식은 7~8세기 페르시아 지역의 사라센제국에 의해 탄생한 정원양식으로 이슬람식 정원양식이라고도 한다. 이 정원양식은 페르시아의 정원양식에 뿌리를 두었으며 그 후 스페인-사라센식이나 인도-사라센식 정원양식의 원천이 되었다.

19 조선시대에 조영된 별서정원 작정자의 연결이 틀린 것은?

① 옥호정 - 김조순
② 남간정사 - 송시열
③ 소쇄원 - 양산보
④ 명옥헌 - 정영방

해설
④ 명옥헌 : 오명중, 서석지원 : 정영방

20 고려시대 궁궐정원에 대한 내용이 처음 기록된 시기는?

① 태조 5년(942년)
② 경종 2년(977년)
③ 성종 12년(994년)
④ 문종 5년(1052년)

해설
동지[경종 2년(977)에 조성]에 관한 기록은 5대 경종부터 31대 공민왕까지의 고려사에 기록되어 있다.

21 용적률에 대한 설명으로 알맞은 것은?

① 건축물의 일조, 채광, 통풍의 확보와 관련된 개념이다.
② 화재 시 연소의 차단, 소화작업, 피난처 역할을 확보할 수 있게 한다.
③ 식목공간을 확보하기 위한 방법이다.
④ 입체적인 건축밀도의 개념이다.

해설
④ 용적률은 일정 구역의 부지면적 합계에 대한 건물연면적 합계의 비율을 말한다.

22 휴게시설 중 벤치의 배치는 소시오페탈(sociopetal)한 형태를 취하여야 하는데, 그것은 다음 인간의 욕구 중 어디에 해당하는가?

① 개인적인 욕구
② 사회적인 욕구
③ 안정에 대한 욕구
④ 장식에 대한 욕구

해설
집사회적 공간(sociopetal space)은 사회적 담화와 접촉이 가능하여 사회적인 욕구를 충족케 한다.
※ 사회적 욕구 : 타인과의 상호작용이나 소속되고 싶어 하는 욕구

23 주거지역 주변의 경관에 대한 시각적 선호를 예측하는 것으로서 다음 [보기]의 가설과 계량적 예측모델의 효시라고 볼 수 있는 것은?

보기
기본적인 가설은 경관에 대한 시각적 선호의 정도는 선호에 영향을 미치는 각 인자(독립변수)들의 영향의 합으로서 나타내진다는 것이다.

① 프라이버시 모델
② 셰이퍼 모델
③ 중정 모델
④ 피터슨 모델

해설
피터슨 모델
• 계량적 예측모델의 효시라고 볼 수 있다.
• 주관적(선호 및 지각된 크기)인 판단에 의지한다.

24 국토기본법에 대한 설명이 틀린 것은?

① 국토종합계획은 10년을 단위로 수립한다.
② 국토종합계획은 5년을 단위로 전반적으로 재검토하고 실천계획을 수립한다.
③ 국토계획의 유형에는 국토종합계획, 도종합계획, 시·군종합계획, 지역계획 및 부문별계획으로 구분한다.
④ 중앙행정기관의 장은 지역 특성에 맞는 정비나 개발을 위하여 관계 중앙행정기관의 장과 협의하여 관계 법률에 따라 지역계획을 수립할 수 있다.

해설
① 국토종합계획은 20년을 단위로 하여 수립하며, 초광역권계획, 도종합계획, 시·군종합계획, 지역계획 및 부문별계획의 수립권자는 국토종합계획의 수립 주기를 고려하여 그 수립 주기를 정하여야 한다(법 제7조 제3항).

25 공장조경계획의 기본원칙으로 가장 거리가 먼 것은?

① 환경개선효과가 큰 수종을 선정한다.
② 공장의 차폐를 위한 부분적 식재에 중점을 둔다.
③ 임해공장의 경우 내조성을, 공장녹화용수로는 내연성을 고려한다.
④ 공장의 성격과 입지적 특성에 따라 개성적인 계획이 이루어져야 한다.

해설
② 공장조경은 부분적 식재보다는 경관을 창출하는 종합적 식재방식을 도입한다.

26 미적 반응(aesthetic response)과정이 올바른 것은?

① 자극 → 자극선택 → 자극탐구 → 반응 → 자극해석
② 자극 → 자극선택 → 자극탐구 → 자극해석 → 반응
③ 자극 → 자극탐구 → 자극선택 → 반응 → 자극해석
④ 자극 → 자극탐구 → 자극선택 → 자극해석 → 반응

해설
Berlyne이 제시한 인간의 미적 반응과정
환경적 자극 → 자극탐구 → 자극선택 → 자극해석 → 반응

27 공동주거공간 계획 시 주거의 쾌적성 및 안전성 확보 노력과 관련이 가장 먼 것은?

① 인동간격의 유지
② 완충공간의 확보
③ 도로 위계에 따른 영역성 확보
④ 자투리땅을 이용한 녹지 확보

해설
④ 단지 내 일정 지역마다 그 지역의 특징을 나타낼 수 있는 나무를 선정한다.

28 주택단지 배치계획 시 주거군(住居群)의 조망이 양호하도록 배치하는 방법으로 적합하지 못한 것은?

① 단지의 지형조건을 고려하여 최적 위치 및 적정 높이를 결정하여 배치한다.
② 각 방향의 경관을 조망할 수 있는 위치에 주택을 배치한다.
③ 밑에서 올려다보는 것보다 위에서 내려다볼 수 있도록 배치한다.
④ 높은 지역에는 저층건물, 낮은 지역에는 고층건물을 배치한다.

해설
높은 지역에는 저층건물, 낮은 지역에는 고층건물을 배치하게 되면 낮은 지역에서 조망을 확보하기 어렵다. 주택단지 배치계획 시 조망을 고려할 때는 낮은 지역에서도 조망을 확보할 수 있도록 배치하는 것이 좋다.

29 다음 설명에 해당하는 레크리에이션 계획의 접근방법은?

- 잠재적인 수요까지도 파악하여 관련시킴
- 다른 방법보다 더 복잡하고, 논쟁의 여지도 있으나 미시적 접근이라는 면에서 매우 중요성이 인식됨
- 일반 대중이 여가시간에 언제 어디서 무엇을 하는가를 상세히 파악하여 그들의 구체적인 행동패턴에 맞추어 계획하려는 방법

① 자원접근법   ② 활동접근법
③ 경제접근법   ④ 행태접근법

해설
행태접근방법(Behavioral Approach)
이용자의 구체적인 행동패턴에 맞추어 계획하는 방법, 즉 일반 대중이 여가시간에 언제 어디서 무엇을 하는가를 상세히 파악하여 그들의 구체적인 행동패턴에 맞추어 계획하는 방법이다.

30 환경영향평가법 시행령에서 규정한 전략환경영향평가서의 내용으로 틀린 것은?

① 대상사업이 실시되는 지역의 경관 및 방재가 포함되어야 한다.
② 전략환경영향평가 항목 등의 결정내용 및 조치 내용이 포함되어야 한다.
③ 개발기본계획의 전략환경영향평가서 초안에 대한 주민, 관계 행정기관의 의견 및 이에 대한 반영 여부가 포함되어야 한다.
④ 전략환경영향평가서에 포함되어야 하는 구체적인 내용과 작성방법 등에 관하여 필요한 세부사항은 관계 중앙행정기관의 장과 협의를 거쳐 환경부장관이 정하여 고시한다.

해설

전략환경영향평가서의 작성(시행령 제21조 제1항)
전략환경영향평가서에는 다음의 사항이 포함되어야 한다.
• 전략환경영향평가항목 등의 결정내용 및 조치 내용
• 주민 등의 의견 검토내용
• 제11조 제1항의 사항
  이 경우 정책계획에 대한 전략환경영향평가서의 경우에는 '개발기본계획'을 '정책계획'으로 본다.
• 전략환경영향평가서 초안에 대한 주민, 관계 행정기관의 의견 및 이에 대한 반영 여부(개발기본계획만 해당)
• 부록
  – 전략환경영향평가 시 인용한 문헌 및 참고한 자료
  – 전략환경영향평가에 참여한 사람의 인적사항
  – 전략환경영향평가 대행계약서 사본 등 대행 도급금액이 표시된 서류(전략환경영향평가서 작성을 대행하게 하였을 경우만 해당)
  – 용어 해설 등

31 조망(眺望, the vista)의 설계적 처리방법이 아닌 것은?

① 부분적으로 나눌 수 있다.
② 경관특성과 조화되게 한다.
③ 시각적 관심이 분할되지 않게 한다.
④ 시작지점에서 한 눈에 전체가 보이게 한다.

해설

시각적 초점이 되는 물체를 한 개 또는 여러 개의 보는 장소에서 볼 수 있도록 계획한다.

32 도시공원 및 녹지 등에 관한 법률 시행규칙에 의한 녹지의 설치·관리 기준으로 틀린 것은?

① 전용주거지역에 인접하여 설치·관리하는 녹지는 그 녹화면적률이 50% 이상이 되도록 할 것
② 재해 발생 시의 피난을 위해 설치·관리하는 녹지는 녹화면적률이 50% 이상이 되도록 할 것
③ 원인시설에 대한 보안대책을 위히 설치·관리하는 녹지는 녹화면적률이 80% 이상이 되도록 할 것
④ 완충녹지의 폭은 원인시설에 접한 부분부터 최소 10m 이상이 되도록 할 것

해설

② 재해 발생 시의 피난 그 밖에 이와 유사한 경우를 위하여 설치·관리하는 녹지에는 관목 또는 잔디 그 밖의 지피식물을 심으며, 그 녹화면적률이 70% 이상이 되도록 할 것(시행규칙 제18조 저1항 제1호 나목)

33 자연환경보전법에 의해 자연생태·자연경관을 특별히 보전할 필요가 있는 지역을 생태·경관보전지역으로 지정할 수 있다. 다음 중 이에 해당되지 않는 것은?

① 자연경관의 훼손이 심각하게 우려되는 지역
② 다양한 생태계를 대표할 수 있는 지역 또는 생태계의 표본지역
③ 지형 또는 지질이 특이하여 학술적 연구 또는 자연경관의 유지를 위하여 보전이 필요한 지역
④ 자연상태가 원시성을 유지하고 있거나 생물다양성이 풍부하여 보전 및 학술적 연구가치가 큰 지역

해설

생태경관보전지역(법 제12조 제1항)
기후에너지환경부장관은 다음의 어느 하나에 해당하는 지역으로서 자연생태·자연경관을 특별히 보전할 필요가 있는 지역을 생태·경관보전지역으로 지정할 수 있다.
1. 자연상태가 원시성을 유지하고 있거나 생물다양성이 풍부하여 보전 및 학술적 연구가치가 큰 지역
2. 지형 또는 지질이 특이하여 학술적 연구 또는 자연경관의 유지를 위하여 보전이 필요한 지역
3. 다양한 생태계를 대표할 수 있는 지역 또는 생태계의 표본지역
4. 그 밖에 하천·산간계곡 등 자연경관이 수려하여 특별히 보전할 필요가 있는 지역으로서 대통령령으로 정하는 지역

34 레크리에이션 계획 시 반영되는 표준치(standard)의 설명으로 옳지 않은 것은?

① 방법론적으로 우수하며, 확실성이 있다.
② 목표의 달성 정도를 평가하는 데 도움이 된다.
③ 계획이나 의사결정 과정에서 지침 또는 기준이 된다.
④ 여가시설의 효과도(effectiveness)를 판단하는 데 도움이 된다.

[해설]
① 방법론적으로 애매하다는 단점이 있다.

35 우리나라의 스키장 계획 관련 설명으로 가장 부적합한 것은?

① 남서향 사면에 계획
② 정상부는 급경사, 하부는 완경사로 계획
③ 관련 시설을 포함하여 최소 10ha 이상의 면적이 바람직함
④ 동계기간에 강설량이 많고, 적설기의 우천일수가 적은 곳

[해설]
북동향 사면의 취락에 접한 산록부나 굴곡 있는 완사면으로, 중복부에서 약간 급하고 산정부에서 중복부에 걸쳐 급경사가 되며 산록 아래가 넓은 코니데형이 바람직하다.

36 골프장 코스 계획 시 잔디가 가장 잘 다듬어진 지역의 명칭은?

① 그린(green)
② 러프(rough)
③ 페어웨이(fairway)
④ 벙커(bunker)

[해설]
② 러프(rough) : 페어웨이 주변의 깎지 않은 초지로 이루어진 지역이다.
③ 페어웨이(fairway) : 티와 그린 사이에 짧게 깎은 잔디지역이다.
④ 벙커(bunker) : 벌칙을 주는 장애물로서 홀의 난이도에 변화를 준다.

37 오픈스페이스를 형질, 기능, 소유의 기준으로 공공녹지, 자연녹지 및 공개녹지로 분류할 때 '공개녹지'에 해당하는 것은?

① 도로용지
② 개인정원
③ 학교운동장
④ 공익시설 부속원지

[해설]
오픈스페이스의 분류
• 공공녹지 : 공원, 운동장, 공원도로, 광장, 묘지공원
• 자연녹지 : 하천, 호수, 수로, 해변, 하안, 호반, 산림
• 공개녹지 : 상업업무시설의 부속정원, 공공시설의 부속정원
• 공용녹지 : 공동주택의 부속정원, 회원레크리에이션 시설, 학교운동장, 개인정원
• 전용녹지 : 농지, 급배수, 기타 처리시설

38 각각의 운동시설 계획 시 고려할 사항으로 옳은 것은?

① 농구코트의 장축 방위는 남–북 축을 기준으로 하고, 가까이에 건축물이 있는 경우에는 사이드라인을 건축물과 직각 혹은 평행하게 배치 계획한다.
② 배구장의 코트는 장축을 동–서로 설치하고, 주풍 방향에 수목을 설치하지 않고, 환기를 원활하게 계획한다.
③ 야구장의 방위는 내·외야수의 플레이를 고려하여, 홈 플레이트를 서쪽과 남동쪽 사이에 자리잡게 계획한다.
④ 테니스 코트 장축의 방위는 정동–서를 기준으로 남서 5~15° 편차 내의 범위로 하며, 가능하면 코트의 장축 방향과 주 풍향의 방향이 다르도록 계획한다.

[해설]
② 배구장의 코트는 장축을 남-북으로 설치하고, 바람의 영향을 막기 위해 주풍 방향에 수목 등의 방풍시설을 마련한다.
③ 야구장의 방위는 내·외야수가 오후의 태양을 등지고 경기할 수 있도록 홈플레이트를 동쪽과 북서쪽 사이에 자리잡게 한다.
④ 테니스 코트 장축의 방위는 정남-북을 기준으로 동서 5~15° 편차 내의 범위로 하며, 가능하면 코트의 장축 방향과 주풍 방향이 일치하도록 한다.

34 ① 35 ① 36 ① 37 ④ 38 ① [정답]

39 의자의 계획·설계기준으로 부적합한 것은?

① 등받이 각도는 수평면을 기준으로 95~110°를 기준으로 한다.
② 앉음판의 높이는 34~46cm를 기준으로 하되 어린이를 위한 의자는 낮게 할 수 있다.
③ 앉음판의 폭은 38~45cm를 기준으로 한다.
④ 의자의 길이는 1인당 최소 70cm를 기준으로 한다.

해설
④ 의자의 길이는 1인당 최소 45cm를 기준으로 하되, 팔걸이 부분의 폭은 제외한다.

40 자연지역에서 그 보호와 이용을 합리적으로 하는 데 적정수용력의 개념이 사용된다. 이용자가 만족스럽게 공원경험(park experience)을 만끽하는 데는 일정 지역에 어느 정도의 인원을 수용하는 것이 적정할 것인가를 기준으로 설정하는 적정수용력은?

① 물리적 수용력
② 심리적 수용력
③ 위락적 수용력
④ 사회적 수용력

해설
심리적 수용력 : 휴양경험을 통한 이용자 만족도에 근거한 수용력

제3과목 조경설계

41 시각적 환경의 질을 표현하는 특성과 거리가 먼 것은?

① 친근성(familiarity) ② 복잡성(complexity)
③ 새로움(novelty) ④ 의미성(meaning)

해설
시각적 환경의 질을 표현하는 특성
조화성, 기대성, 새로움, 친근성, 놀람, 단순성, 복잡성

42 먼셀의 색입체를 수평으로 잘랐을 때 나타나는 특징을 표현한 용어는?

① 등색상면 ② 등명도면
③ 등채도면 ④ 등대비면

해설
먼셀 색입체
• 수직단면 = 종단견, 세로단면, 등색상면
• 수평단면 = 횡단견, 가로단면, 등명도면

43 조경설계기준상의 미끄럼대의 설계에 대한 설명이 옳지 않은 것은?

① 미끄럼판의 끝에서 계단까지는 최단거리로 움직일 수 있도록 한다.
② 미끄럼판(면)과 지면이 이루는 각(기울기)은 20~25°로 재질을 고려하여 설계한다.
③ 착지판에서 놀이터 바닥의 답면까지 높이는 10cm 이하로 설계한다.
④ 착지판의 길이는 50cm 이상으로 하고, 물이 고이지 않도록 수평면에서 바깥쪽으로 2~4°의 기울기를 이룰 수 있도록 설계한다.

해설
② 미끄럼판의 기울기는 30~35°로 재질을 고려하여 설계한다.

44 Gordon Cullen이 도시경관 분석 시 이용했던 분석개념에 해당되지 않는 것은?

① 장소(place)

② 내용(content)

③ 동일성(identity)

④ 연속적 경관(serial vision)

해설

Gordon Cullen의 도시경관 분석개념

다음 세가지에 의해 도시경관이 좌우된다.

• 장소적 측면 : 관찰자의 위치에 따라 경관반응이 달라진다.

• 시각적 측면 : 도시를 걸을 때 연속적 경관이 나타나며, 경관의 연속성이 중요하다.

• 내용적 측면 : 도시환경 구성인자(규모, 특성, 개성, 색채, 유일성 등)가 도시의 독특한 경관을 형성한다.

45 시몬스(J. O. Simonds)가 말하는 외부공간을 형성하는 요소 중 평면적 요소(base plane)의 특징으로 적합하지 않은 것은?

① 모든 생명체의 근원을 이룬다.

② 대지 내의 토지이용 상황에 직접 관련된다.

③ 우리 자신의 동선(動線)이 이 위에 존재한다.

④ 수직적 요소보다 통제(control)가 용이하다.

해설

④ 수직적 요소가 수평적 요소보다 통제가 용이하다.

시몬스(J. O. Simonds)의 공간구성의 4차 요소

• 1차 요소 : 바닥면 예 도로

• 2차 요소 : 수직면 예 담장

• 3차 요소 : 천정면 예 수목(캐노피형성)

• 4차 요소 : 시간, 공간의 연속적인 변화 예 계절

46 다음 제도용구 중 곡선을 그리는 데 사용하기 가장 부적합한 도구는?

① 운형자

② 템플릿

③ 자유곡선자

④ 팬터그래프

해설

④ 팬터그래프 : 도형을 일정 비율로 확대 또는 축소하는 제도기이다.

① 운형자 : 컴퍼스로 그리기 어려운 원호나 곡선을 그릴 때 사용한다.

② 템플릿 : 원, 사각, 타원 등의 형태를 일정한 비율로 크기 변화를 주어 구멍을 뚫어 놓아서 통일되게 그릴 수 있다.

③ 자유곡선자 : 임의의 곡선을 그리는 데 사용하며, 납과 고무 등으로 만들어져 구부려 사용 가능하다.

47 뱀이나, 무서운 개 따위는 상당한 거리를 두어도 기분이 나쁘다. 이러한 의식은 다음 항목에서 어느 공간의식에 해당하는가?

① 시각적

② 촉각적

③ 운동적

④ 심리적

해설

두려움이 공간 지각에 미치는 영향

대상이 두려울수록 떨어진 거리를 짧게 느낀다. 그리고 뱀이나 거미를 두려워하는 정도가 심한 사람일수록 그 차이가 더 심하다. 두려움이라는 정서가 공간, 즉 거리에 대한 지각을 왜곡시킨다.

48 다음 그림과 같은 재료 단면표시가 나타내는 것은?

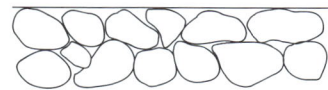

① 일반 흙   ② 바위
③ 잡석   ④ 호박돌

해설
호박돌 : 천연석으로서 표면을 가공하지 않은 지름 18cm 이상의 크기의 돌이다.

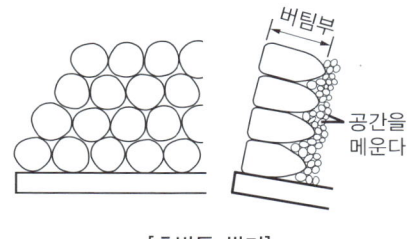

[호박돌 쌓기]

49 다음 중 일반적으로 길이를 재거나 줄이는 데 사용하는 축척이 아닌 것은?

① 1/100   ② 1/700
③ 1/200   ④ 1/300

해설
기본축척
1/50, 1/100, 1/200, 1/300, 1/500, 1/600, 1/1,000, 1/1,200, 1/2,000, 1/5,000

50 자연석 및 조경석을 활용한 설계 내용 중 틀린 것은?

① 하천에 있는 둥근 형태의 돌로서 지름 20cm 내외의 크기를 가지는 자연석을 호박돌이라 한다.
② 조형성이 강조되는 자연석을 사용할 때는 상세도면을 추가로 작성한다.
③ 조경석 놓기는 조경석 높이의 1/3 이하가 지표선 아래로 묻히도록 설계한다.
④ 디딤돌(징검돌) 놓기는 2연석, 3연석, 2·3연석, 3·4연석 놓기를 기본으로 설계한다.

해설
③ 돌을 묻는 깊이는 조경석 높이의 1/3 이상이 지표선 아래로 묻히도록 설계한다(조경설계기준).

51 도면에서 2종류 이상의 선이 같은 곳에서 겹치게 될 때 표시하는 선의 우선순위가 옳게 나타난 것은?

① 외형선 - 절단선 - 중심선 - 숨은선
② 중심선 - 외형선 - 절단선 - 치수선
③ 무게중심선 - 절단선 - 외형선 - 숨은선
④ 외형선 - 숨은선 - 절단선 - 중심선

해설
도면에서 2종류 이상의 선이 같은 곳에서 겹칠 때 우선순위
문자, 기호 - 외형선 - 숨은선 - 절단선 - 중심선 - 무게중심선 - 치수보조선

정답 48 ④ 49 ② 50 ③ 51 ④

52 평행주차형식의 경우 일반형 주차구획 규격의 기준은?(단, 규격은 너비×길이 순서임)

① 1.7m 이상×4.5m 이상
② 2.0m 이상×3.6m 이상
③ 2.5m 이상×5.0m 이상
④ 2.0m 이상×6.0m 이상

해설
주차장의 주차구획-평행주차형식(주차장법 시행규칙 제3조 제1항)

구분	너비	길이
경형	1.7m 이상	4.5m 이상
일반형	2.0m 이상	6.0m 이상
보도와 차도의 구분이 없는 주거지역의 도로	2.0m 이상	5.0m 이상
이륜자동차전용	1.0m 이상	2.3m 이상

54 경관요소가 시각에 대한 상대적 강도에 따라 경관의 표현이 달라지는 것을 우세요소(dominance elements)라 하는데, 다음 중 우세요소에 해당하는 것은?

① 대비, 시간, 연속, 축
② 선, 색채, 질감, 형태
③ 대비, 리듬, 반복, 연속
④ 리듬, 색채, 질감, 형태

해설
경관 구성요소
• 경관의 우세요소 : 형태, 선, 색채, 질감 등
• 경관의 가변요소 : 운동, 광선, 기후조건, 계절, 거리, 관찰위치, 규모, 시간 등

53 시인성(color visibility)에 관한 설명이 틀린 것은?

① 색채마다 고유한 시인성이 있다.
② 다른 용어로 명시성(明視性)이라고도 한다.
③ 검정보다 하양의 바탕이 시인성이 더 높다.
④ 위험 등을 알리는 교통표지판이나 안내물 등에는 시인성을 이용하는 것이 좋다.

해설
③ 하양보다 검정의 바탕이 시인성이 더 높다.

55 시각적 복잡성과 시각적 선호도와의 관계를 나타낸 설명 중 옳지 않은 것은?

① 일반적으로 중간 정도의 복잡성에 대한 시각적 선호도가 가장 높다.
② 복잡성이 아주 낮은 경우에 시각적 선호도가 낮아진다.
③ 시각적 복잡성이 아주 높은 경우에 시각적 선호도가 가장 높다.
④ 시장은 학교보다 훨씬 높은 정도의 복잡성이 요구된다.

해설
③ 시각적 복잡성이 적절할 때 가장 높은 시각적 선호도를 나타낸다.

56 표지판 등 안내시설의 배치 시 고려할 사항으로 옳지 않은 것은?

① 종합안내표지판은 이용자가 가능한 한 적은 장소 등 인지도와 식별성이 낮은 지역에 배치한다.
② 표지판의 설치로 인하여 시선에 방해가 되어서는 아니 된다.
③ CIP(Corporate Identity Program) 개념을 도입하여 시설들이 통일성을 가질 수 있도록 한다.
④ 보행동선이나 차량의 움직임을 고려한 배치계획으로 가독성과 시인성을 확보한다.

해설
① 종합안내표지판은 이용자가 많이 모이는 장소 등 인지도와 식별성이 높은 지역에 배치한다.

57 다음 그림은 제3각법으로 제도한 것이다. 이 물체의 등각 투상도로 알맞은 것은?

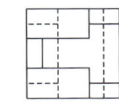

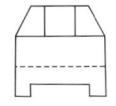

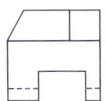

①    ②

③ 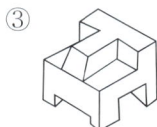   ④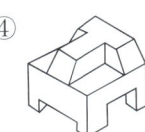

해설
등각투상도 : 물체의 정면, 평면, 측면 등을 하나의 투상도에 나타내는 투상법이다. 직각 좌표계의 세 좌표축이 서로 120°를 이룬다.

58 도시공간의 분류방법 중 틸(Thiel)에 의한 분류방법이 아닌 것은?

① 모호한 공간(vagues)
② 한정된 공간(spaces)
③ 닫혀진 공간(volumes)
④ 정적 공간(negative spaces)

해설
틸(Thiel)의 공간형태 표시 방법
• 외부공간을 모호한 공간, 한정된 공간, 닫혀진 공간으로 구분하였다.
• 연속적 경험을 기호로 표시했다.
• 외부공간에서의 시간적, 공간적, 연속된 경험을 도표화했다.
• 외부공간을 엄격하게 분류하고 진행에 따른 공간 형태의 변화 기록이다.
• 장소중심적인 기록 방법이며, 폐쇄성이 높은 공간(도심지)에 적용이 용이하다.

59 자전거도로에서 해당 자전거 설계속도가 시속 35km인 경우 최소 얼마 이상의 곡선반경(m)을 확보하여야 하는가?(단, 자전거 이용시설의 구조·시설기준에 관한 규칙을 적용한다)

① 12   ② 17
③ 27   ④ 35

해설
곡선반경(규칙 제7조)

설계속도	곡선반경
시속 30km 이상	27m
시속 20 이상 30km 미만	12m
시속 10 이상 20km 미만	5m

60 A, B 두 점의 표고가 각각 318m, 345m이고, 수평거리가 280m인 등경사일 때 A점에서 330m 등고선이 지나는 점까지의 거리는?

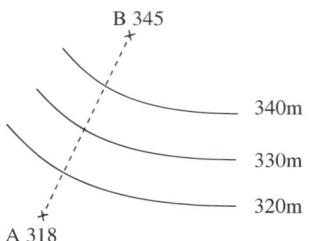

① 80m
② 100.5m
③ 124.4m
④ 145.2m

해설

$$G = \frac{D}{L} \times 100$$

여기서, G : 경사도(%)
　　　　D : 높이차
　　　　L : 두 지점 간의 수평거리

• A점과 B지점의 경사구배

$$G = \frac{345 - 318}{280} \times 100 = 9.64\%\text{이다.}$$

• A점에서 330m 등고선이 지나는 점까지의 거리를 구하면

$$G(9.64\%) = \frac{(330 - 318)}{L} \times 100$$

$$\therefore \ L = \text{약 } 124.5\text{m}$$

제4과목　조경식재

61 일반적인 조경수목의 형태 및 분류학적인 특징 연결로 가장 거리가 먼 것은?

① 침엽수 – 풍매화
② 나자식물 – 구과
③ 쌍자엽식물 – 은화식물
④ 현화식물 – 종자식물

해설

• 나자식물 : 은화식물, 단일수정, 다자엽식물
• 피자식물 : 현화식물, 중복수정, 단자엽과 쌍자엽식물

62 소사나무(*Carpinus turczaninowii*)의 특징으로 틀린 것은?

① 한국이 원산지이다.
② 낙엽활엽 수목이다.
③ 4~5월에 개화한다.
④ 잎은 마주난다.

해설

④ 잎은 어긋나기로 달걀형이다.

소사나무(*Carpinus turczaninowii*)

자작나무과 서어나무속에 속하는 낙엽 활엽 소교목이다. 잎은 작고 달걀형으로 침 끝 또는 둔한 끝이다. 잎의 길이는 2~5cm로 겹톱니가 있고 둥근 밑이다. 측맥은 10~12쌍이다. 잎은 진녹색으로 빳빳한 가죽질이며 잎맥이 선명하게 나타난다. 꽃은 암수한몸 단성화로 잎보다 먼저 4~5월에 핀다. 내한성이 강하여 내륙지방에서도 잘 자라는데, 음지보다 양지를 좋아하며 척박하고 건조한 곳에서도 자란다. 남쪽으로 내려오면서 잎은 점차 짧아지고 끝이 얇아지며 가지가 길어지는 경향을 보인다.

63 생울타리용 수종들의 특성으로 옳은 것은?

① *Juniperus chinensis* 'Kaizuka'는 조해, 염해에 약하고 내한, 내서성이 있으며 건습에도 잘 자라나 이식은 어려운 편이다.
② *Ligustrum obtusifolium*는 염해에 강하며 조해에도 비교적 강하고 토질은 가리지 않으며, 강한 전정에 잘 견딘다.
③ *Euonymus japonicus*는 이식이 쉽고 생장이 어느 수종보다도 빠르나 조해, 염해에는 약하다.
④ *Chamaecyparis obtusa*은 조해, 염해에 강하고 이식도 다른 수종에 비해 잘 되나 삽목에 의한 번식은 어렵다.

해설

① 가이즈까향나무, ② 쥐똥나무, ③ 사철나무, ④ 편백

생태적 특성

구분	내공해성	음양성	내한성	내염성	이식력
가이즈까향나무	강	양	강	중	용이
쥐똥나무	강	중용	강	강	–
사철나무	강	중용	중	강	–
편백	중	음	중	약	용이

64 생태적 천이(ecological succession)에 대한 설명으로 틀린 것은?

① 내적 공생 정도는 성숙단계에 가까울수록 발달된다.
② 생활사이클은 성숙단계에 가까울수록 길고 복잡하다.
③ 생물과 환경과의 영양물 교환속도는 성숙단계에 가까울수록 빨라진다.
④ 영양물질의 보존은 성숙단계에 가까울수록 충분하게 된다.

해설
생태적 천이
• 성숙단계로 갈수록 순군집생산량이 낮다.
• 성숙단계로 갈수록 생물체의 크기가 크다.
• 성숙단계로 갈수록 생활사이클이 길고 복잡하다.
• 성숙단계로 갈수록 생태적 지위의 특수화가 좁아진다.
• 성숙단계로 갈수록 양료순환은 개방적인 단계에서 폐쇄적인 단계로 변한다.

65 배경식재에 관한 설명으로 가장 거리가 먼 것은?

① 주경관의 배경을 구성하기 위한 식재
② 시각적으로 두드러지지 말아야 할 것
③ 대상 수목은 암록색, 암회색 등의 수관 및 수피를 가질 것
④ 대상 수목은 시선을 끄는 웅장한 수형을 가질 것

해설
배경식재
• 주경관의 배경을 구성하기 위한 식재로, 식재방법은 임의식재의 수법에 준한다.
• 주경관을 돋보이게 하기 위해서는 배경식재가 시각적으로 두드러지지 말아야 하므로 암녹색, 암회색 등의 수관이나 수피를 가진 수목이 적합하다.

66 방풍림(防風林, wind shelter) 조성 등에 관한 설명으로 틀린 것은?

① 식물은 공기의 이동을 방해하거나 유도하고, 굴절시키며 여과시키는 기능을 한다.
② 수림의 밀폐도가 90% 이상이 되면 풍하 쪽의 흡인 선풍과 난기류는 줄어든다.
③ 수림대의 길이는 수고의 12배 이상이 필요하다.
④ 주풍과 직각이 되는 방향으로 정삼각형 식재의 수림을 조성한다.

해설
방풍림은 바람의 40~70%가 통과할 수 있도록 만들어야 하며 이보다 더 빽빽하게 심으면 난기류가 형성될 수 있다.

67 수종별 특징이 옳지 않은 것은?

① 후박나무(*Machilus thunbergii*)는 상록성 수종이다.
② 백송(*Pinus bungeana*)의 잎은 3엽 속생이다.
③ 병꽃나무(*Weigela subsessilis*)는 경계식재용으로 많이 쓰인다.
④ 상수리나무(*Quercus acutissima*)의 잎은 거치 끝에 엽록소가 존재한다.

해설
상수리나무의 잎은 밤나무와 비슷하지만 거치끝에 엽록체가 없어 희게 보이며, 잎 뒷면에 소선점이 없어 밤나무와 구별된다.

68 시기적으로 꽃이 가장 먼저 피는 수목은?

① 풍년화(*Hamamelis japonica*)
② 무궁화(*Hibiscus syriacus*)
③ 모란(*Paeonia suffruticosa*)
④ 나무수국(*Hydrangea paniculata*)

해설
① 풍년화 : 2월
②·④ 무궁화, 나무수국 : 7~8월
③ 모란 : 5월

69 시야를 방해하지 않으면서 공간을 분할 및 한 정하는 데 이용할 수 있는 수종으로만 구성된 것은?

① 백합나무, 맥문동
② 회화나무, 가죽나무
③ 느티나무, 수수꽃다리
④ 화살나무, 병아리꽃나무

해설
경계식재 : 화살나무, 병아리꽃나무, 해당화, 명자꽃, 아그배 나무

70 계절의 변화를 가장 확실하게 보여 주는 수종 은?

① 주목(*Taxus cuspidata*)
② 동백나무(*Camellia japonica*)
③ 산벚나무(*Prunus sargentii*)
④ 태산목(*Magnolia grandiflora*)

해설
산벚나무
봄에 잎과 같이 피는 꽃은 화려하고 우아하며, 가을에 붉게 물드 는 단풍과 벚나무 특유의 붉은 자색의 나무껍질은 대중적 아름 다움을 주어 공원수, 가로수의 소재로 적합하다.

71 자연풍경식 식재 양식에 속하지 않는 것은?

① 배경식재
② 부등변삼각형식재
③ 임의식재
④ 표본식재

해설
표본식재 : 형태가 우수하고 중량감 있는 정형의 수목을 가장 중요한 자리에 단독으로 식재하는 기법으로, 정형식 식재양식 에 속한다.

72 서울 등의 도심지역에 가로수를 식재할 때 고 려해야 할 사항으로 가장 거리가 먼 것은?

① 지하고(枝下高)를 고려한다.
② 수고(樹高)를 고려한다.
③ 심근성(深根性) 여부를 고려한다.
④ 내염성(耐鹽性)을 고려한다.

해설
가로수 식재 시 고려할 사항 : 지하고, 수고, 심근성, 흉고직경 등

73 정원공간의 안쪽을 멀고, 깊게 보이게 하는 방법으로서 적합하지 않은 것은?

① 뒤쪽에 황록색(GY), 앞쪽에 청자색(PB)의 식물을 심는다.
② 뒤쪽에 후퇴색, 앞쪽에 진출색의 식물을 심는다.
③ 뒤쪽에 질감(texture)이 부드러운 수목을, 앞쪽에 질감이 거친 것을 심는다.
④ 뒤쪽에 키가 작은 나무를, 앞쪽에 키가 큰 나무를 심는다.

해설
색의 진출
• 진출색 : 같은 위치이면서도 가깝게 보이는 현상, 난색계열
  예 빨강, 주황, 다홍, 귤색, 노랑
• 후퇴색 : 같은 위치이면서도 멀리보이는 현상, 한색계열
  예 황록색, 청자색

74 화서(花序 ; Inflorescence) 종류 중 무한화서(총상화서)에 해당하는 것은?

① 수수꽃다리(*Syringa oblata*)
② 때죽나무(*Styrax japonicus*)
③ 목련(*Magnolia kobus*)
④ 작살나무(*Callicarpa japonica*)

해설
무한화서 : 밑에서 위로, 가장자리에서 가운데로 꽃이 피는 화서이다. 꽃대가 자라는 동안에는 꽃이 무한히 필 수 있으므로 이와 같은 이름이 붙여졌다.
① 수수꽃다리 : 원추화서
③ · ④ 목련, 작살나무 : 유한화서

75 생물종 다양성에 관한 설명으로 옳은 것은?

① 생물종 다양성의 이론은 열대지방에서만 적용되는 것이므로 온대지방에서는 문제가 없음
② 일반적으로 생태적 천이단계에서 극상림은 생물종 다양성이 발전단계보다 낮아짐
③ 도시지역에서는 인위적으로 생물종 다양성을 높일 수 없음
④ 엔트로피가 증가되면 생물종 다양성은 반드시 증가함

해설
종의 다양성은 군집천이의 초기나 중기단계에서 최고에 달하고, 극상에 달했을 때는 감소하는 경향을 보인다.

76 두 그루의 수목을 근접 위치에 식재하면, 관련(關聯) 및 대립(對立)으로서의 구성을 보인다. 다음 중 관련의 구성에 해당되지 않는 것은?

① 두 그루가 한 시야(약 60° 각도)에 들어오게 배식한다.
② 수고보다 수관폭이 큰 경우, 두 그루의 거리를 두 수관폭의 $\frac{1}{2}$씩의 합계보다 좁게 유지한다.
③ 두 그루의 수고 합계보다 식재거리를 좁게 배식한다.
④ 두 그루의 거리가 두 그루의 수관폭 합계보다 좁게 유지한다.

해설
대립의 구성
• 서로 관련되고 있는 두 그루의 나무가 색영 또는 형태를 달리하고 있을 때는 대립하고 있는 것처럼 보인다.
• 수목이 두 그루의 높이의 합계보다 거리가 크면 관련이 없어지고 대립의 관계에 놓이게 된다.

77 다음 설명에 적합한 한국의 수평적 삼림대는?

> • 고유 상록활엽수림상은 거의 파괴되고 낙엽활엽
> 수, 침엽혼효림, 소나무림화된 곳이 많다.
> • 붉가시나무, 감탕나무, 후박나무, 녹나무 등이 향
> 토 수종이다.

① 한대림   ② 온대북부
③ 온대남부   ④ 난대림

해설
우리나라 난대림의 특징 수종 : 녹나무, 동백나무, 사철나무,
붉가시나무류, 멀구슬나무, 아왜나무, 감탕나무, 후박나무 등

78 방음식재의 효과를 높이기 위한 유의사항으로
가장 거리가 먼 것은?

① 소음원에 접근해서 식재하는 것이 효과가 높다.
② 경관을 고려하여 지하고가 높은 교목을 선정하
고, 식재대는 10m 이하가 적합하다.
③ 수종은 가급적 지하고가 낮은 상록교목을 사용
하는 것이 감쇠효과가 높다.
④ 자동차도로 소음 감쇠용 방음식재의 수림대는 높
이가 13.5m 이상이 되도록 한다.

해설
지하고가 낮고 잎이 수직 방향으로 치밀하게 부착된 상록교목
이 적당하며, 폭 10~15m의 식재대는 고주파소음을 10~20dB
감소시킨다.

79 다음 설명하는 종자활력 검정 방법은?

> • 발아력의 간접측정
> • 결과를 1~3일 내 도출 가능
> • 단단한 종피를 가지고 있어 발아 촉진기간이 긴 휴
> 면성이 깊은 목본류 식물종자에 유용한 검정방법
> • 효소반응을 방해하는 물질을 함유하고 있는 일부
> 종에는 적용 불가

① 발아검정
② X-ray검사
③ 배 추출검정(EE검정)
④ 테트라졸륨검정(TTC검정)

해설
테트라졸륨검사 : 종자활력(발아력)검사에 이용하는 생화학적
검사의 일종이다.

80 산림생태계 복원 시 자생종으로 활용할 수 있
는 수종으로만 조합된 것은?

① 가죽나무(*Ailanthus altissima*),
자귀나무(*Albizia julibrissin*)
② 감나무(*Diospyros kaki*),
버즘나무(*Platanus orientalis*)
③ 모과나무(*Chaenomeles sinensis*),
메타세쿼이아(*Metasequoia glyptostroboides*)
④ 상수리나무(*Quercus acutissima*),
때죽나무(*Styrax japonicus*)

해설
우리나라에는 소나무가 가장 많이 분포하고 기타 낙엽수 및 활
엽수가 풍부히 자생하고 있다. 갈참나무, 상수리나무, 졸참나무,
자작나무, 물푸레나무, 때죽나무, 개나리, 진달래, 산철쭉 등을
들 수 있으며 그밖에도 산구절초, 도라지, 앵초, 잔대, 더덕, 꽃며
느리밥풀 및 꽃향유 등이 흔히 분포하고 있고 특수한 것으로 미선
나무, 매미꽃, 지리바꽃이 자생하고 있다.

81 다음은 콘크리트 구조물의 동해에 의한 피해 현상을 나타낸 것이다. 어느 현상을 설명한 것인가?

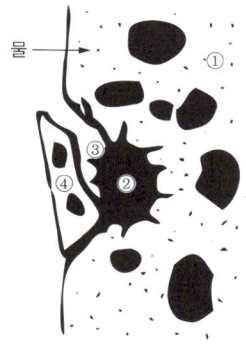

물 →

┌ 보기 ┐
① 콘크리트가 흡수
② 흡수율이 큰 쇄석이 흡수, 포화상태가 됨
③ 빙결하여 체적 팽창압력
④ 표면 부분 박리

① pop out
② 폭렬현상
③ laitance
④ 알칼리 골재반응

해설
② 폭렬현상 : 고강도 콘크리트에서 많이 발생하는 현상
③ laitance : 블리딩으로 인하여 콘크리트나 모르터의 표면에 떠올랐다가 가라앉은 물질로, 시멘트나 골재 중의 미립자로 되어 있다.
④ 알칼리 골재반응 : 골재 중 어떤 종류의 광물과, 콘크리트의 작은 구멍의 용액 중에 존재하는 수산화알칼리와의 화학반응

82 다음 설명하는 배수계통의 종류는?

• 하수처리장이 많아지고 부지경계를 벗어난 곳에 시설을 설치해야 하는 부담이 있다.
• 배수지역이 끝대해서 배수를 한 곳으로 모으기 곤란할 때 여러 개로 구분해서 배수계통을 만드는 방식이다.
• 관로의 길이가 짧고 작은 관경을 사용할 수 있기 때문에 공사비를 절감할 수 있다.

① 직각식(直角式)   ② 차집식(遮集式)
③ 선형식(扇形式)   ④ 방사식(放射式)

해설
① 직각식 : 도시 중앙에 큰 강이 흐를 때나 해안을 따라 개발된 도시에서 강이나 바다에 직각으로 연결된 하수관거에 의하여 하수를 배출시키는 형식
② 차집식 : 토구가 많은 직각식의 결점을 보완한 방법으로서 하천을 따라서 차집거를 설치하여 간선하수거로 유한한 하수를 차집거에서 집수하여 하수종말처리장으로 유하되도록 하는 형식
③ 선형식 : 지형이 한 방면으로 규칙적인 경사를 이루거나 혹은 하수처리 관계상 전 지역의 하수를 한 개의 한정된 장소로 집수시킬 경우에 그 배수계통을 나뭇가지 형태로 배치하는 형식

83 축척 1:1,500 지도상의 면적을 잘못하여 축척 1:1,000으로 측정하였더니 10,000m²이 나왔다면 실제의 면적은?

① 15,000m²   ② 18,700m²
③ 22,500m²   ④ 24,300m²

해설
실제면적 = 도상면적 × (축척)²
10,000m² = 도상면적 × (1,000)²
도상면적 = 0.01m²
∴ 실제면적 = 0.01m² × (1,500)² = 22,500m²

84 회전입상살수기(回轉立上撒水器, rotary pop-up head)의 설명으로 옳은 것은?

① 고정된 동체와 분사공만으로 된 살수기
② 특수한 경우에 사용되는 분류 살수기
③ 회전하며 한 개 또는 여러 개의 분무공을 갖는 살수기
④ 동체로부터 분무공이 올라와서 회전하는 살수기

해설

살수기의 종류
• 분무 살수기 : 고정된 동체와 분사공만으로 된 가장 간단한 살수기이다. 좁은 잔디, 불규칙한 지형에 사용된다.
• 분무입상 살수기 : 물이 흐를 때 동체가 입상관에 의해 분무공이 지표면 위로 올라오게 장치된 살수기이다. 골프장, 잔디경기장에서 가장 많이 사용된다.
• 회전 살수기 : 관개지역에 살수하도록 회전하며, 한 개 또는 여러 개의 분무공을 가진 살수기이다. 넓은 관목, 지피, 잔디식재지역에 사용된다.
• 회전입상 살수기 : 물이 흐르면 동체로부터 분무공이 올라온다. 대규모의 자동살수 관개조직에서 이용한다.

85 합성수지 중 건축물의 천장재, 블라인드 등을 만드는 열가소성 수지는?

① 요소수지
② 실리콘수지
③ 알키드수지
④ 폴리스티렌수지

해설

폴리스티렌수지
투명성, 기계적 강도, 내수성은 좋지만 내충격성이 약하며, 발포제를 사용하여 넓은 판으로 만들어 단열재로서 널리 사용되고, 장식품과 일용품으로도 성형하여 사용되는 열가소성 수지

86 공사내역서 작성 시 순공사원가에 해당되는 항목이 아닌 것은?

① 경비
② 노무비
③ 재료비
④ 일반관리비

해설

④ 일반관리비 = (재료비 + 노무비 + 경비) × 요율
  순공사원가 = 재료비 + 노무비 + 경비

87 시방서 작성에 포함되는 내용이 아닌 것은?

① 시공에 대한 주의사항
② 재료의 수량 및 가격
③ 시공에 필요한 각종 설비
④ 재료 및 시공에 관한 검사

해설

시방서의 내용
• 재료의 종류, 품질 및 사용
• 공법·공사순서에 관한 사항
• 시공기계·기구에 관한 사항
• 재료 및 시공에 관한 검사
• 시공에 대한 주의사항
• 보양·청소·정리에 관한 사항

88 평판측량에서 평판을 세울 때 발생하는 오차 중 다른 오차에 비하여 그 영향이 매우 큰 오차는?

① 거리 오차
② 기울기 오차
③ 방향 맞추기 오차
④ 중심 맞추기 오차

해설

방향 맞추기 오차는 평판측량에서 평판을 정치하는 데 생기는 오차 중 측량결과에 가장 큰 영향을 주므로 특히 주의해야 한다.

84 ④ 85 ④ 86 ④ 87 ② 88 ③ 정답

89 지오이드(geoid)에 관한 설명으로 틀린 것은?

① 하나의 물리적 가상면이다.
② 평균해수면과 일치하는 등퍼텐셜면이다.
③ 지오이드면과 기준타원체면과는 일치한다.
④ 지오이드상의 어느 점에서나 중력 방향에 연직이다.

[해설]
지오이드면과 기준타원체면은 대략적인 형태는 같지만, 지오이드면의 굴곡이 심해 일치하지는 않는다.

90 다음 그림과 같이 벽돌을 활용한 내력벽 쌓기의 명칭은?

① 길이 쌓기
② 옆세워 쌓기
③ 마구리 쌓기
④ 길이세워 쌓기

[해설]
④ 길이세워 쌓기 : 벽돌이나 잡석의 길이면을 세로로 세워 내보이게 쌓는 방법
① 길이 쌓기 : 벽돌의 길이를 벽 표면에 나타나게 쌓는 방법
② 옆세워 쌓기 : 중간에 공간을 두고 앞뒤에 면이 보이게 옆세워 놓고, 다음은 1장을 옆세워 가로 걸쳐대어 쌓는 방법
③ 마구리 쌓기 : 벽돌 옆 부분이 벽표면에 나오게 쌓는 방법

91 다음 중 표준품셈의 재료별 할증률이 가장 큰 것은?

① 이형철근
② 붉은벽돌
③ 조경용 수목
④ 마름돌용 원석

[해설]
④ 마름돌용 원석 : 30%
①·② 이형철근, 붉은벽돌 : 3%
③ 조경용 수목 : 10%

92 강우유역 면적이 28ha이고, 평균 우수유출계수가 $C = 0.15$인 도시공원에 강우강도가 $I = 15$mm/hr일 때 공원의 우수유출량(m³/sec)은?

① 0.175
② 0.635
③ 1.035
④ 3.015

[해설]
우수유출량 $Q = \dfrac{1}{360} CIA$

여기서, C : 유출계수
I : 강우강도
A : 배수면적

$\therefore Q = \dfrac{0.15 \times 15 \times 28}{360} = 0.175$m³/sec

93 0.7m³ 용량의 유압식 백호를 이용하여 작업상태가 양호한 자연상태의 사질토를 굴착 후 선회각도 90°로 덤프트럭에 적재하려 할 때 시간당 굴착작업량은?(단, 버킷계수는 1.1, L은 1.25, 1회 사이클시간은 16초, 토질별 작업효율은 0.85이다)

① 1.79m³
② 3.07m³
③ 117.81m³
④ 184.08m³

[해설]
굴삭기(유압식 반호)의 작업량 $Q = \dfrac{3,600 \times q \times K \times f \times E}{C_m}$

여기서, Q : 시간당 작업량(m³/hr 또는 ton/hr)
q : 버킷용량(m³)
K : 버킷계수
f : 토량환산계수
E : 작업효율
C_m : 1회 사이클시간(초)

$\therefore Q = \dfrac{3,600 \times 0.7 \times 1.1 \times 0.8 \times 0.85}{16} = 117.81$m³/hr

※ f : 흐트러진 상태(L)의 토량을 자연상태로 환산

$\dfrac{1}{L} = \dfrac{1}{1.25} = 0.8$

94 단면 90 × 90mm의 미송목재 단주(短柱)에 3톤의 고정하중이 축방향 압축력으로 작용한다면 압축응력은?

① 32kgf/cm²
② 37kgf/cm²
③ 42kgf/cm²
④ 47kgf/cm²

해설

$$\sigma_c = \frac{N}{A} \le \sigma_{ca}$$

여기서, σ_c : 축방향 압축응력(kg/cm²)
N : 압축력(kg)
A : 단면적(cm²)
σ_{ca} : 허용 축방향 압축응력(kg/cm²)

$$\therefore\ \sigma_c = \frac{3,000kg}{9cm \times 9cm} = 37kgf/cm^2$$

95 다음과 같이 평탄지를 조성하는 방법은 어떤 수법에 의한 것인가?

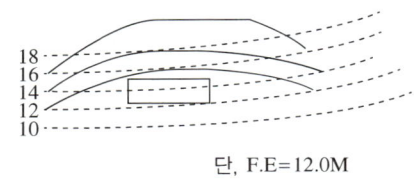

단, F.E=12.0M

① 성토에 의한 방법
② 절토에 의한 방법
③ 옹벽에 의한 방법
④ 혼합(절토와 성토)방법

해설

절토에 의한 방법을 사용하면 세 경사면으로 둘러싸인 평탄지를 조성할 수 있는데, 좌우측 두 면은 뒤를 향하여 높아지고, 뒷면은 가장 높은 면이 된다.

96 네트워크 공정표 작성에 대한 설명으로 옳지 않은 것은?

① ○표는 결합점(event, node)이라 한다.
② 작업(activity)은 화살표로 표시하고 화살표에는 시종으로 동그라미를 표시한다.
③ 동일 네트워크에 있어서 동일 번호가 2개 이상 있어서는 아니 된다.
④ 화살표의 윗부분에 소요시간을, 밑부분에 작업명을 표기한다.

해설

④ 화살표의 윗부분에 작업명을, 밑부분에 소요시간을 표기한다.

97 흙의 함수율, 함수비, 공극률, 공극비에 대한 설명으로 틀린 것은?

① 함수율은 공극수 중량과 흙 전체 중량의 백분율이다.
② 공극률은 흙 전체 용적에 대한 공극의 체적백분율이다.
③ 공극비는 고체 부분의 체적에 대한 공극의 체적비이다.
④ 함수비는 토양에 존재하는 수분의 무게를 흙의 체적으로 나눈 백분율이다.

해설

④ 함수비는 흙의 함수량과 수분이 제거된 마른 흙의 무게와의 비이다.

98 광원에 의해 빛을 받는 장소의 밝기를 뜻하는 조도의 단위는?

① 럭스(lx)   ② 암페어(A)
③ 칸델라(cd)   ④ 스틸브(sb)

해설

② 전류 : Ampere(A)
③ 광도(光度) : Candela(cd)
④ 휘도 : Stilb(sb) 및 Nit(nt)

99 구조물에 작용하는 하중의 유형과 그에 대한 설명이 옳지 않은 것은?

① 고정하중 : 구조물과 같이 항상 일정한 위치에서 작용하는 하중이며, 구조체나 벽 등의 체적에 재료의 단위용적 중량을 곱하여 구한다.

② 집중하중 : 하중이 구조물에 얹혀 있는 면적이 아주 좁아 한 점으로 생각되는 경우의 하중이다.

③ 눈하중 : 구조물에 쌓이는 눈의 중량을 말하며, 지붕의 경사각이 30°를 넘는 경우 눈하중을 경감할 수 있다.

④ 풍하중 : 구조물에 재난을 주는 빈도가 높은 하중이며, 특히 내륙지방에서는 20%를 증가시켜 적용한다.

해설
풍하중
바람으로 인하여 구조물의 외면에 작용하는 하중으로, 고층건물일 경우 지진하중보다는 풍하중이 훨씬 더 중요하게 취급된다.

100 물의 흐름과 관련한 설명 중 등류(等流)에 해당하는 것은?

① 유속과 유적이 변하지 않는 흐름

② 물 분자가 흩어지지 않고 질서정연하게 흐르는 흐름

③ 한 단면에서 유적과 유속이 시간에 따라 변하는 흐름

④ 일정한 단면을 지나는 유량이 시간에 따라 변하지 않는 흐름

해설
흐름의 종류
• 정류(정상류) : 흐름의 한 단면에서 유속, 유량 및 유적이 시간에 따라 변하지 않는 흐름
• 부정류(비정상류) : 흐름의 한 단면에서 유속, 유량 및 유적이 시간에 따라서 변하는 흐름
• 등류 : 정상류로 흐르는 흐름에서 유속, 유량 및 유적이 거리에 따라 변하지 않는 흐름
• 부등류 : 정상류로 흐르는 흐름에서 유속, 유량 및 유적이 거리에 따라 변하는 흐름

제6과목 조경관리론

101 농약 중 분제(粉劑)에 대한 설명으로 옳은 것은?

① 분제에 대한 검사 항목으로는 주성분과 분말도이다.

② 분제는 유제에 비하여 수목에 고착성이 우수하다.

③ 분제의 물리성 중에서 중요한 것은 입자의 크기와 현수성이다.

④ 주제에 kaoline 등의 점토광물과 계면활성제 및 분산제를 넣어 제제화한 것이다.

해설
② 분제는 수화제. 유제(乳劑) 등에 비하여 고착성이 불량하다.
③ 분제의 물리성 중에서 중요한 것은 분말도, 토분성 및 분산성이다.
④ 분제는 원제를 다량의 증량제와 물리성 개량제, 분해방지제 등과 균일하게 혼합·분쇄하여 제제한 것이다.

102 다음 중 식물체 내의 질소고정작용에 가장 필요한 원소는?

① Mo   ② Si

③ Mn   ④ Zn

해설
몰리브덴(Mo)
대기 중의 질소를 고정하는 박테리아에 있는 질소고정효소나 동물의 대사에서 여러 산화과정들에 관여하는 효소들의 활성자리에 들어 있다.

103 부식이 토양의 pH 완충력을 증가시킬 수 있는 이유로 가장 적절한 것은?

① carboxyl기를 많이 가지고 있으므로
② 석회를 많이 흡착 보유할 수 있으므로
③ 미생물의 활성을 증가시키므로
④ 질산화 작용을 억제하므로

부식이 가지는 음전하의 약 50%가 카복실기(Carboxyl기)의 해리에 의한 것이다.

104 멀칭(mulching)의 효과가 아닌 것은?

① 토양수분이 유지된다.
② 토양의 비옥도를 증진시킨다.
③ 염분농도를 증진시킨다.
④ 점토질 토양의 경우 갈라짐을 방지한다.

③ 염분농도를 조절한다.
멀칭
• 뿌리분 부위에 자갈, 분쇄목, 짚, 비닐 등을 5~10cm 두께로 덮어주는 작업을 말한다.
• 멀칭의 목적은 토양 경화 방지, 습도 유지, 건조 방지, 잡초 발생 방지, 적당한 지온 유지, 비료의 분해 촉진, 염분농도 조절 등 다양하다.

105 수림지의 하예작업 관리계획 수립 시의 검토 사항으로 가장 거리가 먼 것은?

① 계속연수
② 연간횟수
③ 작업시기
④ 현존량

하예 : 하부 식생을 베어 내는 작업
※ **현존량(생물량)** : 현재 그 식물군집이 가지고 있는 유기물의 총량으로, 생체량이라고도 한다.

106 농약의 살포방법 중 유제, 수화제, 수용제 등에서 조제한 살포액을 분무기를 사용하여 무기분무(airless spray)에 의하여 안개모양으로 살포하는 방법은?

① 분무법
② 미스트법
③ 폼스프레이법
④ 스프링클러법

② 미스트법 : 미립화한 살포액을 바람압력을 통해 살포하는 방법으로 약제의 손실이 적고, 균일하게 살포하는 방법
③ 폼스프레이법 : 수화제, 수용제 등의 살포액에 기포제를 가하고 전용노즐로 공기와 교반하여 가는 거품의 집합체를 살포하는 방법
④ 스프링클러법 : 병해충 방제 및 시비, 관수를 겸할 수 있는 살포방법

107 레크리에이션 시설의 서비스 관리를 위해서는 제한인자들에 대한 이해가 필요하며 그것들을 극복할 수 있어야만 한다. 다음 중 그 제한인자에 속하지 않는 것은?

① 관련 법규
② 특별 서비스
③ 이용자 태도
④ 관리자의 목표

제한인자 : 관련 법규, 전문가적 능력, 이용자 태도, 관리자의 목표

108 각종 운동경기장, 골프장의 green, tee 및 fairway 등과 같이 집중적인 재배를 요하는 잔디 초지는 답압의 내구력과 피해로부터 빨리 회복되는 능력 등이 매우 중요하다. 다음 중 잔디 초지류의 내구성에 대한 저항력이 가장 강한 것은?

① perennial ryegrass
② creeping bentgrass
③ kentucky bluegrass
④ tall fescue

해설

한지형 잔디의 환경적응성

구분	내답압성	내서성	내한성	내건성	내습성	내음성
톨페스큐	상	중	상	극상	상	중~강
켄터키블루그래스	중	하	상	중	상	중~강
벤트그래스	중	하	상	중	중	중
퍼레니얼 라이그래스	중	하	상	중	하	중

109 토사로 포장한 원로의 보수관리 설명으로 틀린 것은?

① 먼지 발생을 억제하기 위해 물을 뿌리거나 염화칼슘을 살포한다.
② 측구나 암거 등 배수시설을 정비하고 제초를 한다.
③ 요철부는 같은 비율로 배합된 재료로 채우고 다진다.
④ 표면배수를 위하여 노면횡단경사를 8~10% 이상으로 유지한다.

해설

④ 노면의 안정성 유지를 위하여 노면횡단경사를 3~5%로 유지한다.

110 토양전염을 하지 않는 것은?

① 뿌리혹병
② 모잘록병
③ 오동나무 탄저병
④ 자주빛날개무늬병

해설

탄저병의 전반은 주로 분생포자에 의해 이루어진다.
수목의 전염성병
• 바이러스 : 모자이크병
• 마이코플라즈마 : 대추나무·오동나무 빗자루병, 뽕나무 오갈병
• 세균 : 뿌리혹병
• 진균 : 모잘록병, 벚나무 빗자루병, 흰가루병 등
• 기생성 종자식물 : 겨우살이, 새삼
• 곰팡이 : 삼나무 붉은마름병, 소나무 줄기녹병, 잣나무 잎떨림병

111 하천 생태복원관리의 설명으로 틀린 것은?

① 조성된 생태하천을 효율적으로 관리하기 위해서는 생태적 천이에 교란을 주지 않는 범위 내에서 최소한의 관리를 해 주어야 한다.
② 생태하천에서의 비점오염원의 유입차단 및 수질정화효과를 극대화시키기 위해서는 초본의 경우 연 1회(늦가을) 제초를 해주어야 하며 제거된 초본은 하천부지 밖으로 유출하여야 한다.
③ 다년생 초본류와 같은 식생대를 유지하기 위해서는 환삼덩굴과 같은 덩굴성 식물이나 단풍잎돼지풀과 같은 외래식물은 지속적으로 구제해주어야 한다.
④ 하천 내에서는 생태하천 조성 당시의 원하지 않았던 식물이 도입될 경우, 식물을 조기에 제거하기 위하여 제초제를 사용한다.

해설

④ 하천 내에서는 생태하천 조성 당시의 원하지 않았던 식물이 도입될 경우 이러한 식물을 제거하기 위하여 제초제를 사용하여서는 안 된다.

112 아스팔트 콘크리트 도로 포장의 균열 파손을 보수하는 방법으로 사용할 수 없는 것은?

① 표면처리 공법
② 덧씌우기 공법
③ 모르타르주입 공법
④ 패칭 공법

해설

③ 모르타르주입 공법은 시멘트 포장 보수공법이다.
• 아스팔트 콘크리트 보수공법 : 패칭, 표면처리, 덧씌우기
• 시멘트 콘크리트 보수공법 : 충전법, 모르타르주입, 덧씌우기, 패칭, 꺼진 곳 메우기

114 다음 중 근로재해의 도수율(度數率)을 가장 잘 설명한 것은?

① 근로자 1,000명당 1년간에 발생하는 사상자 수
② 재적근로자 1,000명당 연간 근로재해 수
③ 재적근로자의 근로시간당의 사상자 수
④ 연근로시간 합계 100만 시간당의 재해 발생건수

해설

도수율 : 산업재해의 발생빈도를 나타내는 단위로, 연근로시간 합계 1,000,000시간당 재해발생건수(재해발생자수)

$$도수율 = \frac{재해발생건수}{연근로시간수} \times 1,000,000$$

115 조경공간에서 잡초가 발아하여 지표면 위로 출현하는 과정에 관여하는 요인과 가장 관련이 적은 것은?

① 토양심도
② 토양강도
③ 토양수분
④ 토양온도

해설

종자의 발아에는 적당한 수분, 산소, 온도, 광 등이 필요하다.

113 소나무좀은 유충과 성충이 모두 소나무에 피해를 가하는데, 신성충이 주로 가해하는 곳은?

① 소나무 잎
② 소나무 뿌리
③ 수간 밑부분
④ 소나무 새 가지

해설

신성충은 6월 초부터 수피에 구멍을 뚫고 나와 기주식물로 이동하여 신초(새 가지) 속을 가해하다가, 늦가을에 기주식물의 지제부의 수피 틈에서 월동한다.

116 시공자를 대신하여 공사의 모든 시공관리, 공사업무 및 안전관리업무를 행사하는 사람은?

① 감독관
② 작업반장
③ 현장대리인
④ 공사감리자

해설

현장대리인 : 공사업자를 대리하여 현장에 상주하는 책임시공 기술자이자 현장소장으로 감독관의 지시에 따라 공사 완성을 추진한다.

117 다음 설명의 (   ) 안에 들어갈 용어는?

> 토양의 사상균(곰팡이)은 (   )을/를 형성하여 토양의 입단화를 촉진한다.

① 균사
② 포자
③ 항생물질
④ 뿌리혹박테리아

[해설]
사상균은 균사라고 불리는 직경 3~8μm의 가느다란 실로 구성되어 있으며, 균사가 모여서 균사체를 형성한다.

118 다음 중 조경관리를 위한 동력예취기, 농약살포 연무기, 사다리 등의 장비관리 내용이 틀린 것은?

① 연무기 몸체는 열기를 식힐 수 있도록 주기적으로 물을 뿌려 적셔 주도록 한다.
② 가급적 예취기의 날은 작업에 맞도록 사용하며, 일자날 사용은 하지 않도록 한다.
③ 사다리작업 시 손, 발, 무릎 등 신체의 일부를 사용하여 3점을 사다리에 접촉·유지한다.
④ 예취작업은 오른쪽에서 왼쪽 방향으로 하며, 운전 중 항상 기계의 작업범위 내에 사람이 접근하지 못하도록 한다.

[해설]
① 연무기 몸체가 물에 젖지 않도록 주의한다.
※ 연무기 : 약 용액을 기화시켜 연무질로 만들어 공기 중에 내보내는 기계이다.

119 미국흰불나방의 생태적 특성을 설명한 것으로 틀린 것은?

① 주로 활엽수를 가해한다.
② 성충은 1년에 1회만 발생한다.
③ 수피 사이, 판자 틈, 나무의 빈 공간에 형성한 고치를 수시로 채집하여 소각한다.
④ 8월 상순부터 유충이 부화하여 10월 상순까지 가해한 후 번데기가 되어 월동에 들어간다.

[해설]
② 미국흰불나방 성충은 1년에 2회 발생한다.

120 수목생장에 영향을 끼치는 저해요인들 중 상대적 비율이 가장 높은 것은?

① 충해
② 병해
③ 기상피해
④ 산불피해

[해설]
나무병은 여러 가지 생물적, 환경적 및 인위적인 요인들에 의해 일어난다.

제1과목　조경사

01　다음 중 동양사상의 일반적인 특징으로 가장 거리가 먼 것은?

① 천지인의 조화를 꾀하였다.
② 자연과 인간이 융합적이다.
③ 분석적이며 물질중심적이다.
④ 전체주의적이며 정신주의적이다.

해설
동양사상은 자연과 인간의 심신, 내부 그리고 인간과의 관계 등에 대한 것에 중점을 두는 반면, 서양사상은 분석적이고 지극히 해석적이다.

02　다음 설명에 적합한 대상은?

- 1661년에 조성되어 르 노트르(Le Notre)의 이름을 알리게 된 정원
- 기하학, 원근법, 광학의 법칙이 적용
- 중심축을 따라 시선은 정원으로부터 점차 멀리 수평선을 바라보게 처리

① 보볼리원　　　② 벨베데레원
③ 보르비콩트　　④ 베르사이유 정원

해설
보르비콩트(Vaux-le-Vicomte) 정원
- 르 노트르가 정원을 설계하였고, 루이 르 보가 건축, 샤를 르 브링이 장식하였다.
- 최초의 평면기하학식 정원으로 베르사이유 정원의 계기가 되었다.
- 전면 중앙의 주축선을 중심으로 하여 좌우 대칭으로 화단을 장식하였고 수로를 놓았다.
- 정원은 숲을 관통하고 사방으로 산책로가 뻗어 있으며 비스타가든을 형성하였다.
- 기하학, 원근법, 광학의 법칙을 적용하였다.

03　일본의 헤이안, 가마쿠라시대 때 조영된 대상과 연못의 명칭 연결이 틀린 것은?

① 대각사 – 대택지
② 모월사 – 대천지
③ 금각사 – 황금지
④ 평등원 – 아(阿)자지

해설
③ 서방사 : 황금지
※ 서방사는 일본의 가마쿠라(겸창)시대에 몽창국사(무소스세키)가 조성한 선종정원으로, 고산수 지천회유식이며, 해안 풍경의 지안선을 갖춘 '황금지'를 중심으로 한 정원이다.

04　영국 자연풍경식 조경가 중 '자연은 직선을 싫어한다'라는 말을 신조로 삼고 있었던 사람은?

① 켄트(Kent)
② 스위처(Switcher)
③ 브라운(Brown)
④ 브릿지맨(Bridgeman)

해설
윌리엄 켄트(Willam Kent, 1684~1748)
근대 조경의 아버지로 불리우며, '자연은 직선을 싫어한다'는 말을 남겼고, 켄싱턴가든(고사수목 식재), 치즈윅하우스, 스토우정원의 수정, 로샴정원, Wilson House, Calton House, Gunnersbury 등을 계획하였다.

05 동양정원과 관련된 저서에 대한 설명으로 옳은 것은?

① 계성은 원야에서 주인(조영자)보다 장인들의 중요성을 주장하였다.

② 산림경제 복거(卜居)편에는 수목식재 방법이 소개된다.

③ 양화소록에는 조선시대 정원식물의 특성과 번식법, 화분의 관리법 등이 소개된다.

④ 홍만선(1643~1715)은 임원경제지라는 농가생활에 필요한 백과전서를 소개했다.

해설

① 계성의 원야 : 원야 첫머리의 흥조론에서 조원은 시공자보다 설계자가 중요함을 강조하였다.

② 홍만선의 산림경제 : 중국의 문헌과 자신의 체험을 바탕으로 농가생활에 필요한 사항을 기술한 하나의 백과사전적인 책으로, 복거편에는 주택의 선정과 건축에 관한 내용이 수록되어 있다.

④ 서유구의 임원경제지 : 임원십육지라고도 하며, 화훼류의 특성과 재배법이 기술되어있다.

06 근대 조경의 아버지라고 불리는 옴스테드(F. L. Olmsted)의 작품 및 프로젝트가 아닌 것은?

① Greensward plan

② Birkenhead park

③ Back Bay Fens plan

④ World's Columbian exposition

해설

버컨헤드 공원(Birkenhead park)

• 일반 대중의 사용을 위해 시민의 힘과 재정으로 설계되었다.

• 영국 내 수많은 도시공원 조성의 경험이 집약되어 완성된 공원이다.

• 미국의 프레드릭 로 옴스테드(Fredrick Law Olmsted)의 공원개념 형성에 큰 영향을 주었다.

07 한국정원에 관한 옛 기록 대동사강에 나오는 고조선시대 노을왕(魯乙王)과 관련된 내용은?

① 유(囿)   ② 누대(樓臺)

③ 도리(桃李)   ④ 신산(神山)

해설

대동사강 1권 단씨조선기(檀氏朝鮮紀)에 노을왕(魯乙王)이 즉위하면서 동산인 유(囿)를 만들어 짐승을 키웠다는 기록이 있다.

08 메가론(megaron)이라 불리는 중정 형태가 등장한 시대는?

① 고대 로마   ② 고대 이집트

③ 고대 그리스   ④ 고대 메소포타미아

해설

메가론(megaron)

고대 그리스와 중동에서 볼 수 있는 건축형태로, 특히 미노스나 미케네시대의 궁전 혹은 주택의 가운데 있는 큰 방을 가리키며, 메가론이라는 명칭도 광대함을 뜻하는 그리스어에서 유래하였다. 메가론은 단순히 커다란 홀을 가리키는 말로 사용되기도 하였다.

09 다음 중 세부적 기교, 강렬한 대비효과, 호화로움 그리고 역동성 등의 특성이 나타난 조경양식은?

① 로코코(Rococo)조경

② 바로크(Baroque)조경

③ 낭만주의(Romanticism)조경

④ 노단건축식(Terrace-dominant architectural style)조경

해설

바로크

본래의 뜻은 '균형이 잡히지 않은 진주', '찌그러진 보석'으로, 르네상스의 명쾌한 균형미에서 벗어나 번잡하고 까다로운 세부기교의 과잉을 표현한 것이다.

10 자연사면을 수평면으로 처리한 것이 아니라 인공적인 성토작업을 통하여 축조한 계단식 후원은?

① 경복궁의 교태전 후원
② 창덕궁의 낙선재 후원
③ 전라남도 담양군의 소쇄원
④ 창덕궁의 연경당 선향재 후원

해설
교태전 후원(아미산원)
왕비의 침전인 교태전 뒤편의 평지에 인공적으로 축산한 계단식 후원으로 괴석, 석지, 꽃나무(쉬나무, 돌배나무, 말채나무 등)를 식재하고, 굴뚝(십장생무늬) 등의 첨경물을 배치했다.

11 다음 중 중국 진(秦)시대의 정원은?

① 난지궁   ② 서효원
③ 어숙원   ④ 태액지원

해설
진시황의 난지궁 연못에 조성한 봉래산은 신선사상을 반영한 정원의 시초이다.
봉래산(蓬萊山)
중국 전설에서 신선들이 살고 불로불사의 약이 존재한다고 전해지는 삼신산의 일종으로, 삼신산 중에서도 제일 대표적인 산이다. 진나라 시기 방사인 서복이 진시황의 명령으로 불로초를 구하고자 3천명을 이끌고 봉래산으로 떠났다고 전해진다.

12 조선시대 읍성의 공간구조적 구성요소들 가운데 제례공간이 아닌 곳은?

① 여단   ② 향청
③ 사직단   ④ 성황사

해설
향청(鄕廳)
지방 양반들이 행정업무의 보조역할을 하면서 사대부의 향촌정치, 사회적 지위유지를 위해 설치된 지방자치 기관이다.

13 고대 로마 개인주택에서 5점형 식재나 실용원이 꾸며진 장소는?

① 아트리움(atrium)
② 지스터스(xystus)
③ 페리스틸리움(peristylium)
④ 클로이스터가든(cloister garden)

해설
고대 로마시대의 주택정원
• 아트리움(atrium) : 제1중정, 손님 접대나 사무를 위한 공적 공간
• 페리스틸리움(peristyrium) : 제2중정, 가족용 사적 공간
• 지스터스(xystus) : 후원, 군식 또는 5점형으로 식재

14 영국 르네상스시대의 튜더, 스튜어트 왕조 때 정형식 정원의 특징이라고 볼 수 없는 것은?

① 축산(mounding)
② 노트(knot)의 도입
③ 몰(mall)과 대로(grand avenue)
④ 정방형 테라스의 설치

해설
영국 정형식 정원의 특징
주도로인 곧은 길(forthright), 축산(mound : 가산, 인공언덕), 볼링 그린(군사훈련장, 실외경기장), 약초원, 석재 난간 테라스, 정원장식물[문주(문기둥), 매듭화단(knot), 토피어리, 해시계, 철제장식물, 분수, 미원 등]

15 이도헌추리(離島軒抽理)의 축산정조전(築山庭造傳)에서 정원(庭園)의 종류로 구분한 것이 아닌 것은?

① 진(眞)   ② 초(草)
③ 원(園)   ④ 행(行)

해설
축산정조전 후편 : 일본 정원을 평정, 축산, 노지정으로 분류하고 진, 행, 초의 3가지 수법에 대해 쓰여진 작정서이다.

16 일본 다정(茶庭)양식의 전형적 특징이 아닌 것은?

① 심신을 정화하기 위해 준거(蹲踞 : 쓰꾸바이)를 배치하였다.
② 조명과 장식의 목적으로 석등(石燈)을 설치하였다.
③ 연못과 섬을 조성하여 다실(茶室)과 연결하였다.
④ 다실에 이르는 통로인 노지(露地)는 다실과 일체된 공간으로 구성되었다.

해설
다실과 다실에 이르는 길을 중심으로 좁은 공간에 꾸며지는 일종의 자연식 정원으로, 대자연의 운치를 연상시키는 데 그 특징이 있다.

17 '거울의 방 → 물 화단 → Latona 분수 → 타피베르 → 아폴로 분천'으로 이어지도록 조성된 공간 특성을 보이는 곳은?

① 데스테장(villa d'Este)
② 알람브라(Alhambra)궁
③ 베르사유(Versailles)궁
④ 퐁텐블로(Fontainbleau)성

해설
베르사유궁원 중심축선상에는 거울의 방 → 물화단 → 라토나 분수 → 타피베르(Tapisvert) → 아폴로 분천 → 대수로 등이 설치되어 있다.

18 주렴계의 애련설에 서술된 연꽃의 의미는?

① 은일자(隱逸者)를 상징
② 부귀자(富貴者)를 상징
③ 군자(君子)를 상징
④ 극락의 세계를 상징

해설
주돈이의 애련설에 따르면 '국화는 은일이요, 모란꽃은 부귀요, 연꽃은 군자이다'라고 했다.

19 다음 중 사찰에 1탑 3금당식 유형이 나타나지 않는 것은?

① 신라 분황사
② 신라 황룡사지
③ 고구려 청암리 절터(금강사)
④ 백제 익산 디륵사지

해설
미륵사지는 백제 귀족문화의 속성이 강하게 나타나는 3탑 3금당으로 이루어진 3원 1가람양식의 사찰이다. 3탑 3금당은 세 개의 탑과 금당 등으로 구성된 독특한 배치형식이다.

20 제1노단의 정방형 못 가운데 몬탈토(montalto)분수가 있는 곳은?

① 란테장(villa Lante)
② 데스테장(villa d'Este)
③ 파르네제장(villa Farnese)
④ 피렌체의 보볼리원(Giardino Boboli)

해설
란테장(Villa Lante) : 비뇰라가 설계한 정원으로 수경축이 정원의 중심이고, 두 개의 카지노가 있으며, 4개의 다리가 이 섬을 연결하고 있는데, 섬 속에 네 사람의 아름다운 군상이 새겨진 Montalto 분수가 있다.

21 경사도별 지형 특성(시각적 느낌, 용도, 공사의 난이도 등)을 설명한 것으로 적합하지 않은 것은?

① 4% 이하 : 활발한 활동, 별도의 절·성토 없이 건물 배치 가능

② 4~10% : 평탄하고, 소극적인 행위와 활동, 절·성토 작업을 통한 건물과 도로의 배치 가능

③ 10~20% : 가파르고, 언덕을 이용한 운동과 놀이에 적극 이용, 편익시설 배치 곤란

④ 20~50% : 테라스 하우스, 새로운 형태의 건물과 도로의 배치기법이 요구됨

해설
② 4~10% : 완만함, 일상적인 행위와 활동 가능, 별도의 절·성토 작업 없이 건물과 도로의 배치 가능

22 공공디자인으로서 가로시설물을 계획할 때 고려할 요소가 아닌 것은?

① 형태와 이미지의 통합
② 재료와 규격의 통합
③ 내용 및 콘텐츠의 통합
④ 시설과 단위공간의 통합

해설
공간을 형성하는 가로, 공원, 가로시설물 등은 장소단위로 계획한다.

23 도시·군계획시설의 결정·구조 및 설치기준에 관한 규칙에 의한 도시·군계획시설 중 분류가 공간시설에 포함되지 않는 것은?

① 광장　　　　② 공원
③ 유원지　　　④ 주차장

해설
④ 주차장은 교통시설에 속한다.
공간시설 : 광장, 공원, 녹지, 유원지, 공공공지 등

24 단지설계 및 주택설계를 함에 있어서 에너지를 절약할 수 있는 설계안이 많이 제시되고 있는데, 여기서의 주요한 고려사항으로 가장 거리가 먼 것은?

① 태양열의 최대한 이용
② 실내식물의 도입
③ 겨울바람의 차단
④ 여름바람의 통과

해설
집 안에서 식물을 키우면 실내공기를 정화하고, 가습 효과가 있으며, 심리적인 안정감도 준다.

25 다음 중 자연환경보전법에 대한 설명으로 틀린 것은?

① 환경부장관은 전국의 자연환경보전을 위한 자연환경보전기본계획을 10년마다 수립하여야 한다.

② 환경부장관은 관계 중앙행정기관의 장과 협조하여 생태·자연도에서 1등급 권역으로 분류된 지역과 자연상태의 변화를 특별히 파악할 필요가 있다고 인정되는 지역에 대하여 2년마다 자연환경을 조사할 수 있다.

③ 환경부장관은 자연생태·경관 보전지역으로 지정할 수 있다.

④ 생태·자연도는 5만분의 1 이상의 지도에 실선으로 표시하여야 한다.

해설
④ 생태·자연도는 2만5천분의 1 이상의 지도에 실선으로 표시하여야 한다.

26 개인적 공간(personal space)의 기능과 가장 거리가 먼 것은?

① 방어(protection)
② 공공영역의 확보
③ 정보교환(communication)
④ 프라이버시(privacy) 조절

[해설]
개인적 공간의 기능
• 방어기능 : 위협을 느끼지 않을 때 개인거리는 좁아질 수 있으며 위협 혹은 압박을 많이 느낄 경우 먼 거리를 유지하려 한다.
• 정보교환기능 : 거리가 좁을수록 사적인 정보를 냄새 및 접촉을 통해 많은 양으로 교환할 수 있으며, 멀어질수록 공적인 정보를 소리 및 시각을 통해 제한된 양으로 교환한다.

28 주택정원의 기능 분할(Zoning)은 크게 전정(前庭), 주정(主庭), 후정(後庭) 및 작업(作業)공간으로 나눌 수 있다. 다음 중 후정을 설명하고 있는 것은?

① 가족의 휴식이 단란하게 이루어지는 곳이며, 가장 특색 있게 꾸밀 수 있는 장소이다.
② 장독대, 빨래터, 건조장, 채소밭, 가구집기, 수리 및 보관장소 등이 포함될 수 있다.
③ 실내공간의 침실과 같은 휴양공간과 연결되어 조용하고 정숙한 분위기를 갖는 공간이다.
④ 바깥의 공적(公的)인 분위기에서 주택이라는 사적(私的)인 분위기로 들어오는 전이공간이다.

[해설]
① 주정, ② 작업정, ④ 전정
후정(뒤뜰)
• 침실과 연결된 정원으로 정숙한 분위기를 조성한다.
• 자연풍경과 어울리는 각종 식물, 기타 조경시설을 설치하는 것이 좋다.

27 조경계획 과정에서 동선계획은 토지이용 상호 간의 이동을 다루는 중요한 계획요소이다. 이에 대한 계획기준으로 적절한 것은?

① 통행량이 많은 곳은 짧은 거리를 직선으로 연결하는 것이 바람직하다.
② 주거지와 공원 등에서는 격자형 패턴이 효과적이다.
③ 쿨데삭(cul-de-sac)은 통과교통 구간에 적합하다.
④ 다양한 행위가 발생하는 곳은 복잡한 동선체계로 한다.

[해설]
① 통행량이 많을수록 막다른 길을 활용하여 교통을 통제한다.

29 관련 규정에 따라 명예습지생태안내인의 위촉 기간은 얼마로 하는가?

① 1년   ② 2년
③ 3년   ④ 5년

[해설]
규정에 의한 명예습지생태안내인의 위촉기간은 2년으로 한다(습지보전법 시행령 제19조의2 제2항).

30 토양에 대한 설명으로 틀린 것은?

① 토성(soil texture)은 토양의 개략적인 성질을 나타내는 것이다.

② 직경이 0.05~0.002mm인 토양입자는 미사로 구분한다.

③ 토성분류는 자갈, 미사, 점토의 구성비로 나타낸다.

④ 토양단면은 유기물층, 용탈층, 집적층, 무기물층, 암반 등으로 구분한다.

해설
③ 토성은 자갈, 모래, 미사 및 점토의 구성비로 나타낸다.

31 조경가의 역할이 주어진 장소의 단순한 미화작업이 아니라 생존을 위한 설계, 지구의 파수꾼이라는 측면의 영역으로 확대한 생태적 계획방법을 수립한 사람은?

① 에크보(G. Eckbo)

② 할프린(L. Halprin)

③ 맥하그(I. McHarg)

④ 옴스테드(F. Olmsted)

해설
③ 이안 맥하그(I. McHarg)는 환경계획에서 생태적 결정론을 주장하였다.

① 가레트 에크보(G. Eckbo)는 근대 미술, 근대 건축에 대응하는 근대주의 조경설계양식(아방가르드 조경)의 창시자인 작가이자 이론가이다.

② 로렌스 할프린(L. Halprin)은 모테이션 심벌(Motation Symbols)이라 불리는 인간행동의 움직임의 표시법을 고안하여 인간의 움직임을 기록하고 동시에 설계할 수 있도록 한 인물이다.

④ 프레드릭 로 옴스테드(Frederick Law Olmsted)와 칼버트 보(Calvert Vaux)는 센트럴 파크를 설계했다.

32 도시공원 및 녹지 등에 관한 법률에서 구분하는 녹지의 유형이 아닌 것은?

① 경관녹지 ② 생산녹지

③ 완충녹지 ④ 연결녹지

해설
녹지의 세분(법 제35조)
• 완충녹지 : 대기오염, 소음, 진동, 악취, 그 밖에 이에 준하는 공해와 각종 사고나 자연재해, 그 밖에 이에 준하는 재해 등의 방지를 위하여 설치하는 녹지

• 경관녹지 : 도시의 자연적 환경을 보전하거나 이를 개선하고 이미 자연이 훼손된 지역을 복원・개선함으로써 도시경관을 향상시키기 위하여 설치하는 녹지

• 연결녹지 : 도시 안의 공원, 하천, 산지 등을 유기적으로 연결하고 도시민에게 산책공간의 역할을 하는 등 여가・휴식을 제공하는 선형(線型)의 녹지

33 어린이놀이터의 놀이시설 배치 시 고려할 사항으로 거리가 먼 것은?

① 인접 놀이터와 기능을 달리하여 장소별 다양성을 부여한다.

② 놀이시설은 어린이의 안전성을 먼저 고려하여야 하며, 높이가 급격하게 변화하지 않게 설계한다.

③ 놀이시설은 지역여건과 주변환경을 고려하여 놀이터에 따라 단위놀이시설・복합놀이시설 등을 조화되게 구분하여 설치한다.

④ 놀이공간 안에서 어린이의 놀이와 보행동선의 연계를 위해 주 보행동선 주변에 가급적 시설물을 배치한다.

해설
④ 놀이공간 안에서 어린이의 놀이와 보행동선이 충돌하지 않도록 주 보행동선에는 시설물을 배치하지 않는다.

※ 놀이공간은 입지에 따라 규모・형상을 달리함으로써 장소별 특성을 갖도록 한다.

34 도시공원 및 녹지 등에 관한 법률 시행규칙상 면적 12,000m²의 도심 공지에 체육공원을 조성하려 한다. 최대 공원시설면적에 설치할 수 있는 운동시설 최소면적은 얼마인가?

① 7,200m² ② 6,000m²

③ 4,300m² ④ 3,600m²

35 국토의 계획 및 이용에 관한 법률 시행령에 따른 '경관지구'의 분류에 해당되지 않는 것은?

① 자연경관지구

② 특화경관지구

③ 생태경관지구

④ 시가지경관지구

36 다음 그림과 같은 대지에 건축물을 건축하고자 한다. 층수는 지하는 1층(200m²), 지상은 5층으로 하고자 할 경우 최대한 건축할 수 있는 연면적은?(단, 건폐율은 50%, 용적률은 200%이다)

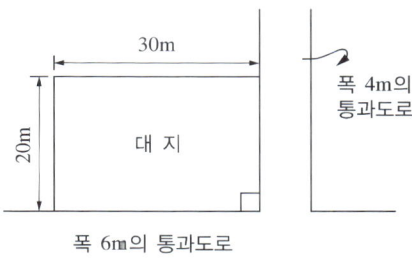

① 1,196m² ② 1,200m²

③ 1,396m² ④ 1,695m²

37 인간행태 연구를 위한 현장관찰 방법의 설명으로 틀린 것은?

① 행위자의 의도를 인터뷰 없이 정확하게 알 수 있다.
② 시간의 흐름에 따라 변하는 연속적인 행태를 연구할 수 있다.
③ 연구자의 출현이 피관찰자의 행태에 영향을 미칠 수 있다.
④ 환경적 상황에 따른 행태의 해석이 용이하다.

해설
행위자의 의도는 관찰만으로 정확하게 파악하기 어려우므로 인터뷰를 통해 행위의 의도를 알아낸다.

38 조경계획을 할 경우 지형도에서 파악이 곤란한 것은?

① 자연배수로
② 경사도
③ 유역(流域)
④ 식생현황상태

해설
지형도는 토지의 고도(등고선), 경사도, 유역(하천·분수계 구역), 배수로 위치 등 물리적·지리적 정보는 비교적 정확하게 나타낼 수 있다. 그러나 식생현황과 식생생태(자연식물의 실제 분포, 종군락, 생태적 관계 등)는 지형도에서 직접 확인이 불가능하며, 현장조사나 생태지, 별도의 식생도 등 다른 자료가 필요하다.

39 고속도로 조경 시 명암순응식재가 가장 필요한 곳은?

① 휴게소
② 인터체인지
③ 교량
④ 터널 입구

해설
명암순응식재는 터널에 들어가기 전에 명암을 서서히 바꿀 수 있도록 터널 입구 주변의 노견과 중앙분리대에 설치한다. 터널 입구로부터 200~300m 구간에 상록교목을 식재한다.

40 식재계획에 대한 설명으로 옳지 않은 것은?

① 식재계획은 구역 내 식생의 보호, 관리, 이용 및 배식에 관한 것을 포함한다.
② 계획구역의 기후적 여건에서 생장이 가능한지를 검토한 후 수종을 선택한다.
③ 생태적 측면뿐만 아니라 기능적 측면도 고려하여 수종을 선택한다.
④ 정형식 패턴은 기념성이 높은 장소에 부적합하다.

해설
④ 건물 주변이나 기념성이 강조되는 곳은 정형식, 자연에 접해 있는 곳은 비정형식으로 식재한다.

41 포장설계를 하는 데 있어서 고려해야 할 바람직한 설계기준에 해당되는 것은?

① 시선유도에는 넓은 스케일의 포장패턴을 사용한다.
② 포장의 변화를 이용하여 도로의 속도감을 표현한다.
③ 편의성, 내구성, 경제성, 재생성을 기준으로 한다.
④ 교통하중, 동결심도, 토질 등의 사항을 고려해야 한다.

[해설]
포장구조의 설계원칙 : 포장두께 및 각 층의 구성은 교통하중·노상조건·사용재료 및 환경조건을 고려하여 경제적으로 설계한다.

42 조경설계기준상의 환경조경시설 관련 배치설계 등에 관한 설명으로 틀린 것은?

① 조형물 전체를 감상하기 위해서는 최소 시설물 높이의 2~3배의 관람거리를 확보한다.
② 기념비형 조형물은 설계대상 공간의 어귀·중앙의 광장과 같이 넓은 휴게공간의 포장 부위 또는 녹지에 배치한다.
③ 인지도와 식별성이 낮은 곳을 선정하여 조형시설의 도입에 따른 이미지가 부각되지 않도록 배치한다.
④ 환경조형시설은 인간성 회복에 기여하고 주변환경의 지속성을 높일 수 있도록 설계한다.

[해설]
도시경관의 미적 기능의 회복이나 쾌적한 주거공간의 창출이라는 목적이 극대화될 수 있도록, 인지도와 식별성이 높은 곳을 선정하여 조형시설의 도입에 따른 이미지 개선효과가 극대화되는 곳에 배치한다.

43 다음 입체도를 제3각법으로 나타낸 3면도 중 옳게 투상한 것은?

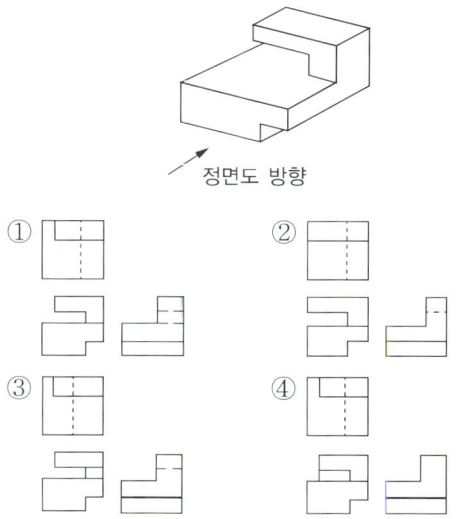

정면도 방향

[해설]
제3각법
투영도법에서 물체를 제3각에서 투영하는 방법이며 평면도가 위쪽, 정면도가 아래쪽에 그려진다.

44 다음 경관분석을 위한 기초자료 종합 시 가중치(加重値) 적용방법 중 가장 객관적이라고 볼 수 있는 것은?

① 회귀분석법(回歸分析法)
② 도면결합법(圖面結合法)
③ 여러 명의 전문가 의견을 평균하는 방법
④ 모든 요소에 동일한 가중치를 적용하는 방법

[해설]
회귀분석방법은 독립변수의 계수를 가중치로 이용하는 방법이다.

45 흰색 배경의 회색보다 검은색 배경의 회색이 더 밝게 보이는 것은?

① 보색대비   ② 명도대비
③ 색상대비   ④ 채도대비

해설
② 명도대비 : 서로 다른 밝기의 색을 대비시켰을 때 주위색의 밝기에 따라 본래의 명도가 달라 보이는 현상이다.
① 보색대비 : 보색끼리 놓인 색이 서로의 채도를 높아 보이게 하여 뚜렷이 보이도록 하는 현상이다.
③ 색상대비 : 인접한 색 때문에 색상이 달라져 보이는 현상이다. 똑같은 녹색이라도 파란 바탕 위에서는 연두색처럼, 노란 바탕 위에서는 청록색처럼 보인다.
④ 채도대비 : 주위 색에 의하여 채도가 다르게 보이는 현상이다. 주위 색의 채도가 낮을수록 그 색의 채도는 높아 보인다.

46 산림경관 중 인상적이고 명확한 형태의 경관으로 관찰자나 시행자에게 중요한 안내자가 되는 동시에 경관의 지표(指標)가 되는 경관은?

① 전경관   ② 지형경관
③ 위요경관   ④ 초점경관

해설
② 지형경관 : 지형의 특징이 명확히 드러나 관찰자가 강한 인상을 받게 되는 경관이다.
  예 거대한 계곡, 높은 산봉우리 등
① 전경관(파노라마 경관) : 시야를 가리지 않고 초원과 같이 멀리까지 트인 경관으로, 웅장함과 아름다움을 느낄 수 있으며, 자연에 대한 존경심(경외심)을 일으키게 한다.
  예 수평선, 지평선
③ 위요경관 : 평탄지에 수목 · 경사면 등이 울타리처럼 자연스럽게 둘러싸여 있는 경관으로, 주로 정적인 느낌을 주나 중심공간의 경사도가 증가할수록 동적인 느낌을 준다.
④ 초점경관 : 선이 집중될 수 있는 경관, 즉 관찰자의 시선이 경관 내의 어느 한 점으로 유도되도록 구성된 경관(폭포, 수목, 암석, 분수, 조각, 기념탑 등) 또는 비스타 경관(좌우로의 시선이 제한되고, 중앙의 한 점으로 시선이 모이도록 구성된 경관) 등을 의미한다.

47 조경공간에서 휴게시설의 퍼걸러(pergola) 설계기준이 옳지 않은 것은?

① 기둥과 들보와 보로 구성되며, 햇빛을 막아 그늘을 제공하는 구조물로서 그늘시렁이라고도 한다.
② 평면 형태는 직사각형 및 정사각형을 기본으로 하며, 공간성격에 따라 원형 · 아치형 · 부정형으로 할 수 있다.
③ 조형성이 뛰어난 그늘시렁은 시각적으로 넓게 조망할 수 있는 곳이나 통경선(vista)이 끝나는 곳에 초점요소로서 배치할 수 있다.
④ 규격은 공간규모와 이용자의 시각적 반응을 고려하여 결정하며, 일반적으로 길이보다 높이가 길도록 한다.

해설
④ 규격은 공간규모와 이용자의 시각적 반응을 고려하여 결정하되 균형감과 안정감이 있도록 하며, 일반적으로 높이에 비해 길이가 길도록 한다.

48 설계자의 창의성을 사고(思考)의 창의성과 표현(表現)의 창의성으로 구분한다면 사고의 창의성과 가장 관계가 깊은 것은?

① 프로그램 작성
② 기본계획 작성
③ 기본설계 작성
④ 실시설계 작성

해설
프로그래밍은 창조를 하는 활동이어서 사고의 창의성이 필요하다.

49 기본적인 수(手)작업 제도상의 주의사항으로 틀린 것은?

① 축척자는 선을 그릴 때 사용하지 않는다.
② T자를 제도판으로부터 들어낼 때는 머리부분을 눌러 옮긴다.
③ 제도용 연필은 그리는 방향으로 당기듯이 회전하면서 그려 나간다.
④ 삼각자를 활용해서 수직선을 그릴 때는 위에서 아래로 그려 나간다.

해설
④ 삼각자를 활용해서 수직선을 그릴 때는 아래에서 위로 그려 나간다.
제도용구를 이용한 선 그리기
• 선을 처음 긋기 시작할 때는 긋고자 하는 선의 길이를 생각하고 긋는다.
• 선은 일관성과 통일성을 유지하며, 같은 목적으로 사용되는 선의 굵기와 진하기는 같아야 한다.
• 선 긋는 방향은 왼쪽에서 오른쪽으로, 아래쪽에서 위쪽으로 긋는다.
• 선의 연결과 교차 부분에 정확하도록 작도한다.

51 다음 그림을 서로 다른 모양과 크기의 체크무늬로 이루어진 사다리꼴 그림으로 받아들이지 않고 같은 크기의 정방형 체크무늬 타일바닥이 비스듬하게 기울어진 것으로 받아들이려는 경향이 있다. 이를 형태주의 심리학(gestalt psychology)에서는 무슨 원리로 설명하는가?

① 단순성의 원리
② 교차조합의 원리
③ 모호성의 원리
④ 전경배경의 원리

해설
단순성의 원리 : 기억하기 쉬운 형태가 더 쉽게 지각된다.

50 존 딕슨 헌트(John Dixon Hunt)가 자연을 분류한 3가지 유형에 포함되지 않는 것은?

① 정원(garden)
② 이상향(utopia)
③ 원생자연(wild nature)
④ 문화자연(cultural nature)

해설
존 딕슨 헌트(John Dixon Hunt)는 자연을 원생자연, 문화자연, 정원의 3가지로 구분하였다.

52 입체의 각 방향의 면에 화면을 두어 투영된 면을 전개하는 투상도법은?

① 사투상
② 정투상
③ 투시투상
④ 축측투상

해설
정투상법은 물체의 각 면을 투상면에 나란히 놓고 투상하는 방법이고, 물체의 모양과 크기를 도면에 정확하게 나타낼 때에 쓰인다.

정답 49 ④ 50 ② 51 ① 52 ②

53 다음 중 질감(texture)의 설명으로 적합하지 않은 것은?

① 수목의 질감은 잎의 특성과 구성에 있다.
② 옷감의 질감은 실의 특성과 직조방법에 있다.
③ 거친 질감은 관찰자에게 접근하는 느낌을 주기 때문에 실제거리보다 가깝게 보인다.
④ 질감은 주로 촉각에 의해서 지각되며 자세히 보면 형태의 집합보다는 부분적 느낌의 종합이다.

해설
④ 질감은 시각과 촉각에 의해서 인식된다.
질감
• 질감이란 어떤 물체의 촉감적 경험으로 얻은 느낌을, 그 물체의 재질에서 오는 표면의 시각적인 특징을 통해 인식하는 것이다.
• 질감이란 물체 표면의 거칠고 매끄러운 정도의 시각적인 특성을 말한다.
• 경관의 분위기 형성에 있어서 질감은 주로 지표상태에 의해서 결정되는데, 잔디밭, 농경지, 숲, 호수 등 각각 독특한 질감을 가지고 있다.
• 억새와 칡넝쿨로 뒤덮인 들판은 잘 다듬어진 잔디밭에 비해 질감이 거칠며 색다른 느낌을 준다.
• 잎이 큰 버즘나무와 같은 수목의 질감은 잎이 작은 철쭉이나 향나무 등에 비해 거칠게 느껴진다.
• 관찰거리가 멀어질수록 전체의 질감을 고려해야 한다.

54 다음 색입체에서 가장 채도가 높은 빨강의 순색은?

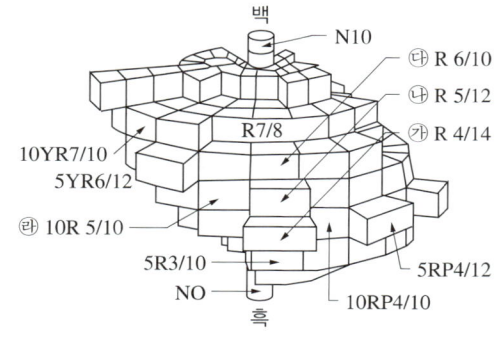

① ㉠ R 4/14
② ㉡ R 5/12
③ ㉢ R 6/10
④ ㉣ 10R 5/10

해설
색을 먼셀기호로 표기할 때는 색상(Hue)명도(Value)/채도(Chroma), 즉 HV/C로 기록한다.

55 조경에서 배수시설 설계와 관련된 설명으로 옳지 않은 것은?(단, 조경설계기준을 적용한다)

① 배수계통은 직각식, 차집식, 선형식, 방사식, 집중식 등이 있다.
② 배수의 계통 및 방식은 최소 우수배수량을 합류식으로 산출하여 정한다.
③ 개거는 토사의 침전을 줄이기 위해서 배수기울기를 1/300 이상으로 한다.
④ 하수도에 방류하는 경우에는 빗물과 오수를 동일 관거로 배제하는 합류식과 분리하는 분류식으로 나눈다.

해설
빗물침투와 배수의 계통 및 방식
• 배수계통은 직각식·차집식·선형식·방사식·집중식 등의 방식 중 배수구역의 지형·배수방식·방류조건·인접시설 그리고 기존의 배수시설 등을 고려하여 결정한다.
• 배수방식에는 배수관 등의 관거식이나 배수로, 측구 등과 같은 개거식, 침투식, 암거식 등이 있으며, 개거식은 조경시설의 배치계획에 영향을 주기 쉽기 때문에 충분히 고려해야 한다.
• 녹지의 규모·성격·지형·토질·기상 및 식생 등을 파악하고 청소 및 보수가 쉽도록 유지관리도 고려한다.
• 하수도에 방류하는 경우에는 빗물과 오수를 동일관거로 배제하는 합류식과, 분리하는 분류식으로 나눌 수 있다.
• 최대 우수배수량을 합류식으로 산출하여 정한다.

56 축척이 1/500인 도면에서 길이가 3cm 되는 선은 실제로는 얼마가 되는가?

① 3cm ÷ 500
② 500 ÷ 3cm
③ 500 × 3cm
④ 1 ÷ (500 × 3cm)

해설
도면거리 = 축척 × 실제거리
3cm = 1/500 × x
x = 3cm × 500

57 일소점 투시도상에서 사람의 눈높이에 위치하며, 선들이 모이는 점은?

① VP(Vanishing Point)
② PS(Point of Sight)
③ SP(Stand Point)
④ FP(Foot Point)

해설
투시도에서 모서리 선을 연장시키면 하나의 점에 모이게 되는데 이를 소점(消貞, Vanish Point)이라고 한다.
② PS(Point of Sight) : 시점
③ SP(Stand Point) : 입점
④ FP(Foot Point) : 족점

58 다음 그림에서 각 선의 명칭으로 옳은 것은?

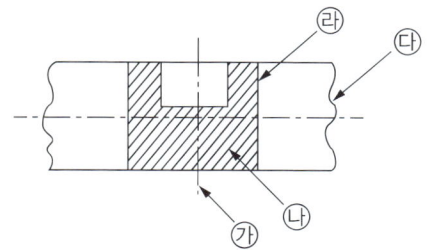

① ㉮ 경계선
② ㉯ 파단선
③ ㉰ 가상선
④ ㉱ 외형선

해설
④ 외형선 : 물체의 보이는 부분을 나타낸다. 굵은 실선으로 그린다.
② 파단선 : 물체의 일부를 잘라 낸 경계선으로 사용되며, 가는 실선으로 그린다.
③ 가상선 : 부품의 동작상태나 가상의 물체를 나타낼 때 사용되며, 가는 2점 쇄선으로 그린다.

59 '교목들을 건물의 서편에 배치시켜 늦은 오후의 강한 햇살이 실내로 들어오는 것을 차단하였다'는 물리·생태적 분석요소 중 어느 것이 설계에 반영된 결과인가?

① 지형
② 기후
③ 토양
④ 식생

해설
• 지역기후 : 강우량, 일조시간, 풍향, 풍속 등을 조사
• 미기후 : 태양열, 공기유통, 안개·서리피해지역 등에 관한 사항을 조사

60 물리적 공간을 한정하여 공간규모를 결정하는 옥외공간 한정요소로 적당하지 않은 것은?

① 천장면
② 장식면
③ 바닥면
④ 벽면

해설
바닥, 벽, 천장은 건축공간을 한정하는 3요소이다.

61 수목 이식을 위한 굴취공사 때 필요로 하는 재료와 가장 거리가 먼 것은?

① 식물생장조절제   ② 결속·완충재
③ 가지주재   ④ 증산촉진제

해설
수목 굴취 시 필요한 재료
• 농약, 식물생장조절제
• 결속·완충재 : 새끼, 철선, 고무바, 가마니, 보습재, 기타 보토재료 등
• 가지주재 : 박피통나무, 각목, 각종 파이프, 와이어 등

62 다음은 온대 중부지역의 천이단계를 나타낸 것이다. (A) 안의 단계에 해당하는 수종으로 적합한 것은?

나지 → 1·2년생 초본기 → 다년생 초본기 → 관목식생기 → 양수성 교목림기 → (A) → 극상림기

① 신갈나무   ② 곰솔
③ 때죽나무   ④ 능수버들

해설
②·④ 양수, ③ 중성수
온대 중부지역의 천이단계
나지 → 1·2년생 초본기 → 다년생 초본기 → 양수성 관목림기 → 양수성 교목림기 → 음수성 교목림기 → 극상림기

63 다음 중 생태학에서 분류하는 천이에 해당되지 않는 것은?

① 1차 천이   ② 퇴행천이
③ 2차 천이   ④ 3차 천이

해설
천이의 구분
• 환경에 의한 구분 : 1차 천이(자연천이), 2차 천이, 건생천이, 습생천이
• 진행 방향에 의한 구분 : 진행천이, 퇴행천이

64 인공지반(옥상 등)의 식재환경에 대한 설명으로 옳지 않은 것은?

① 지하 모관수의 상승작용이 없다.
② 잉여수 때문에 양분 유실속도가 빠르다.
③ 토양미생물의 활동이 미약하다.
④ 토양온도의 변화가 거의 없다.

해설
옥상이 지상보다 온도가 높고, 온도 변화도 크다.

65 군집의 발전과정에서 나타나는 여러 현상에 관한 설명으로 틀린 것은?

① 비생물적 유기물질은 증가한다.
② 개체의 크기는 점점 커지는 경향이 있다.
③ 물리적 환경과의 평형상태를 극상이라고 한다.
④ 천이는 군집 변화과정을 내포한 방향성 없는 변화이다.

해설
천이
• 천이는 종 구성의 변화와 시간에 따른 군집 변화과정을 내포한 군집 발전의 규칙적인 과정이다.
• 천이는 방향성이 있고 예측 가능하다.

66 다음 중 이식이 어려운 수종으로 구성된 것은?

① 은행나무, 사철나무
② 버드나무, 계수나무
③ 느티나무, 명자나무
④ 자작나무, 호두나무

해설

이식이 어려운 수종으로는 노간주나무, 호두나무, 자작나무 등이 있다.
※ 이식이 쉬운 수종 : 은행나무, 벽오동, 플라타너스, 버드나무, 개비자나무, 비자나무, 수양버들

67 지피식물의 이용목적과 거리가 가장 먼 것은?

① 토양의 침식 방지
② 공간의 장식적 역할
③ 미기후의 완화, 조절
④ 정원수 생육 촉진

해설

지피식물은 기본적으로 생장속도가 빨라 다른 정원수와의 양·수분 경합이 일어날 수도 있다.

68 우리나라 산림의 수직분포 중 한대림의 자생수종에 해당되지 않는 것은?

① 분비나무(*Abies nephrolepis*)
② 개서어나무(*Carpinus tschonoskii*)
③ 눈잣나무(*Pinus pumila*)
④ 잎갈나무(*Larix olgensis*)

해설

개서어나무는 서어나무처럼 강한 음수로서 온대지역 수림하의 이차림으로 잘 발달되어 있다.

69 서양잔디 중 난지형 잔디로 종자번식이 비교적 잘되어 운동장에 주로 이용하는 것은?

① bentgrass
② fescuegrass
③ bermudagrass
④ kentucky bluegrass

해설

잔디의 종류
• 난지형 잔디 : 한국잔디(들잔디, 금잔디, 갯잔디, 빌로드잔디), 버뮤다그래스 등
• 한지형 잔디 : 벤트그래스, 페스큐그래스, 켄터키 블루그래스, 이탈리안 라이그래스 등

70 임해매립지 위의 식재기반과 관련된 설명으로 옳지 않은 것은?

① 바람의 피해를 받을 우려가 있는 식재지에는 방풍림 또는 방풍망 등을 설계한다.
② 바람에 날리는 모래로 수목의 생육장애가 우려되는 지역에는 방사망 설계를 적용한다.
③ 지하에서 염분이 상승하여 수목의 생장에 피해를 줄 우려가 있는 식재지에는 관수시설을 도입한다.
④ 준설토로부터의 염분 확산이 우려되는 곳에서는 준설토보다 작은 입자의 토양을 객토용으로 채택한다.

해설

④ 준설토로부터의 염분 확산이 우려되는 곳에서는 준설토보다 입자크기가 큰 토양을 객토용으로 채택한다.

71 우리나라의 경토(耕土)와 산림토양의 일반적인 산도(pH) 범위는?

① 4.5 미만   ② 4.5~6.5
③ 6.6~8.0   ④ 8.1~9.0

우리나라 토양은 강산성으로, 산림은 pH 4.5~6.5 정도이고, 밭토양은 pH 5.0~6.5 정도이다.

72 다음 특징에 해당하는 수종은?

> • 5월에 개화하고 연한 홍색의 꽃이 핀다.
> • 줄기는 홍갈색과 녹색의 얼룩무늬가 있다.
> • 9월에 익은 노란 열매는 향기가 매우 좋다.

① 호두나무(*Juglans regia* Dode)
② 명자나무(*Chaenomeles speciosa* Nakai)
③ 산딸나무(*Berberis koreana* Palib.)
④ 모과나무(*Chaenomeles sinensis* Koehne)

모과나무(*Chaenomeles sinensis* Koehne)
• 장미과에 속하며 쌍떡잎식물로 겨울에 잎이 지는 큰키나무이다. 높이 10m에 달하며 잎은 어긋나고 타원상 난형 또는 긴 타원형이다.
• 잎 윗가장자리에 잔 톱니가 있고 밑부분에는 선(腺)이 있으며 턱잎은 일찍 떨어진다.
• 꽃은 연한 홍색으로 5월에 피고 지름 2.5~3cm이며 1개씩 달린다. 꽃잎은 도란형이고 끝이 오목하다.

73 다음 수목 중 꽃의 색이 다른 하나는?

① *Cornus controversa*
② *Cornus walteri*
③ *Cornus officinalis*
④ *Cornus kousa*

③ 산수유나무 : 노란색
①·④ 층층나무, 산딸나무 : 흰색
② 말채나무 : 흰색 또는 황백색

74 종 다양성에 대한 설명으로 옳지 않은 것은?

① 종 이질성을 나타낸다.
② 종들의 생태적 지위가 중복된 군집일수록 종 다양도는 높다.
③ 낮은 종 다양도는 매우 복잡한 군락을 나타낸다.
④ 종 다양도는 천이 초기에 증가하는 경향이 있다.

높은 종 다양도는 아주 복잡한 군락을 나타내는데 이는 종이 다양해질수록 종간의 상호작용 또한 다양해지기 때문이다.

75 인동덩굴(*Lonicera japonica* Thunb)의 특성에 대한 설명으로 틀린 것은?

① 반상록활엽덩굴성 관목이다.
② 잎은 마주나기하며 타원형이고 예두 또는 끝이 둔한 예두이다.
③ 열매는 둥글고, 지름이 7~8mm로 검은색이며 9~10월에 성숙한다.
④ 줄기는 덩굴손을 이용하여 올라가고, 1년생 가지는 녹색이다.

④ 줄기는 오른쪽으로 감아 올라가고, 일년생 가지는 적갈색이며 속은 비어 있고 황갈색 털이 밀생한다.
인동덩굴(*Lonicera japonica* Thunb)
• 가을 또는 겨울까지 잎이 붙어 있으며, 줄기는 오른쪽으로 감기고, 소지는 적갈색, 털이 있고, 속은 비어 있다.
• 잎은 마주나며, 긴 난형, 긴 타원형 또는 넓은 피침형, 가장자리에 톱니가 없고, 털이 나 있다. 어린잎은 양 면에 털이 있으나 자라면 없어지고, 뒷면에 약간 남아 있는 것도 있다.
• 꽃은 처음에는 흰색이나 나중에는 노란색으로 변하고, 잎겨드랑이에서 1~2송이씩 붙고, 가지 끝에 밀생한다.

76 유전자급원(遺傳子給源)으로서의 모수(母樹)를 선정할 경우 유의해야 할 사항에 해당되는 것은?

① 열세목 중에서 선택한다.

② 유전적 형질과는 무관하다.

③ 적은 양의 종자를 생산하는 개체를 남긴다.

④ 바람에 의한 넘어짐에 대한 저항력이 높아야 한다.

해설

잔존모수는 수세쇠약, 고사 등의 위험이 있으므로 형질이 양호하고 건전하게 생육한 임목을 선정한다. 양질의 종자를 대량으로 생산 가능하고, 유전적으로도 우수한 것을 선정하며, 갱신지에 치수가 충분히 발생되면 벌채하는 것을 원칙으로 하고 있다.

---

78 양버즘나무의 특징으로 옳은 것은?

① 학명은 *Platanus orientalis* L.이다.

② 암수한그루로 꽃은 3월 말~5월에 핀다.

③ 열매는 둥글고 털이 없으며, 직경이 1cm로 6월에 2개가 성숙하여 그해 가을에 모두 탈락한다.

④ 토심이 얕고 배수가 불량한 점질토양에서도 생육이 양호하며, 각종 공해에 약하고 충해에는 강하다.

해설

① 학명은 *Platanus occidentalis* L.이다.

③ 열매는 직경 3cm 정도의 둥근 모양으로 털이 있으며 9~10월에 성숙하여 다음 해 봄까지 나무에 달려 있다.

④ 토심이 깊고 배수가 양호한 사질양토를 좋아하며, 각종 공해에 강하지만 충해에는 약하다.

---

77 라운키에르(Raunkier)에 의한 식물의 생활양식의 유형이 아닌 것은?

① 다육(多肉)식물

② 초본(草本)식물

③ 반지중(半地中)식물

④ 일년생(一年生)식물

해설

라운키에르의 생활형 분류

• 지상식물(M) : 거대, 대형, 소형, 왜소, 다육식물, 착생식물

• 지표식물(Ch)

• 반지중식물(H)

• 지중식물(G) : 토중식물, 수중식물

• 수생식물(HH)

• 일년생식물(Th)

---

79 하천의 저습지 설계와 관련된 설명으로 틀린 것은?

① 저습지에는 외래식물 중 발아 및 초기생육이 우수한 초본식물을 우선 도입한다.

② 저습지는 침수빈도와 정도를 고려하여 조성하고, 식재하는 식물종을 선정한다.

③ 배수가 불량하거나 물이 많이 고이는 곳에 습초지(濕草地)를 조성하여 조류 서식처가 되도록 한다.

④ 도입 가능한 부유식물(free-floating plants)로는 좀개구리밥, 생이가래 등이 있다.

해설

① 저습지에는 자생식물 중 정수기능이 우수한 습지성 식물을 우선 도입하고, 수생식물과 구분하여 식재위치를 결정한다.

---

80 식물이 생육하는 토양에서 답압에 의한 영향으로 옳은 것은?

① 토양이 입단(粒團)구조가 된다.
② 용적비중이 낮아진다.
③ 통수성이 낮아진다.
④ 토양 통수가 빠르다.

해설
답압이 진행되면 토양입자 사이의 공극(空隙)이 좁아져서 용적비중이 높아지고 배수가 잘 되지 않는다. 또한 통기환경이 나빠지고 뿌리의 활착이 제대로 이뤄지지 못해 수목의 원활한 생장을 방해한다. 답압이 진행된 토양을 개선하고 조경수목의 생장을 돕기 위해서는 토양을 개량해야 한다.

83 토적 계산법에 대한 설명으로 틀린 것은?

① 점고법은 단면법의 일종이다.
② 등고선법은 각주공식을 응용하여 계산한다.
③ 중앙 단면법은 양단면 평균법보다 토량이 적게 계산된다.
④ 사각형 분할법보다 삼각형 분할법에서 더 정확한 토량이 계산된다.

해설
토적 계산법
• 단면법을 이용한 체적 측량 : 각주공식, 양단면 평균법, 중앙 단면법
• 점고법에 의한 체적 측량 : 사각주법, 삼각주법
• 등고선법에 의한 체적 측량 : 각주공식, 추대공식, 양단면 평균법

제5과목 **조경시공구조학**

81 다음 중 측량의 3대 요소가 아닌 것은?

① 각측량 ② 면적측량
③ 고저측량 ④ 거리측량

해설
측량은 측량의 3요소인 거리·방향·높이를 여러 가지 방법과 기술로 측량하여 필요한 위치를 결정하고, 이를 통일된 좌표로 표현하는 기술이다.

82 건설공사표준품셈 기준에 의한 공사비 예산내역서 작성 시 일반적인 설계서의 총액 원 단위표준 지위규칙으로 옳은 것은?(단, 지위 이하는 버린다)

① 지위 1원 ② 지위 10원
③ 지위 100원 ④ 지위 1,000원

해설
금액의 단위
• 설계서의 총액 : 단위(원), 지위(1,000) 이하 버림(단, 만원 이하일 때 100원까지)
• 설계서의 금액란 : 단위(원), 지위(1) 미만 버림
• 일위대가표의 계금 : 단위(원), 지위(1) 미만 버림
• 일위대가표의 금액란 : 단위(원), 지위(0.1) 미만 버림

84 살수관개시설의 설계 시 고려사항에 해당되지 않는 것은?

① 관수량, 급수원의 흐름 및 압력에 의해 살수기를 선정한다.
② 어느 동일한 구역에서 살수지관의 압력 변화는 살수기에서 필요한 압력의 20%보다는 크지 않도록 한다.
③ 살수기 배치는 정삼각형보다 정사각형의 경우가 살수효율이 좋다.
④ 살수지관의 압력 손실은 주관압력의 10% 이내가 되도록 한다.

해설
③ 살수기 배치는 정삼각형, 정사각형 배치가 기본이고, 정삼각형 배치가 가장 효율적이다.

85 공사 발주자가 공사 발주를 위한 예정가격을 책정하기 위한 것으로 공사비 산정의 일반적인 과정이 올바르게 연결된 것은?

> ㉠ 수량 산출
> ㉡ 현장조사
> ㉢ 단위품셈 결정
> ㉣ 직접공사비 산출
> ㉤ 발주시공
> ㉥ 기획 및 예산 책정

① ㉥ → ㉡ → ㉢ → ㉠ → ㉣ → ㉤
② ㉤ → ㉥ → ㉡ → ㉢ → ㉠ → ㉣
③ ㉥ → ㉡ → ㉠ → ㉢ → ㉣ → ㉤
④ ㉡ → ㉥ → ㉠ → ㉢ → ㉣ → ㉤

해설
공사비 산정의 일반적인 과정
기획 및 예산 책정 → 현장조사 → 수량 산출 → 단위품셈 결정 → 직접공사비 산출 → 발주시공

86 목재의 섬유포화점(fiber saturation point)에서의 함수율은?

① 약 15%
② 약 30%
③ 약 40%
④ 약 50%

해설
자유수가 완전히 빠져나간 상태를 섬유포화점이라고 하며, 섬유포화점에서의 함수율은 약 30%이다.

87 식재지반 조성에 필요한 자연상태의 사질양토 10,000m³를 현장에서 10km 떨어진 곳에서 버킷용량 0.7m³의 유압식 백호를 이용하여 굴착하고 덤프트럭에 적재하여 운반하고자 한다. 백호의 시간당 작업량(m³/h)은?

> • C : 0.85, L : 1.25, 버킷계수 : 1.1
> • 백호의 작업효율 : 0.85
> • 백호의 1회 사이클시간 : 21초

① 89.76
② 112.2
③ 140.25
④ 165.0

해설
굴삭기(유압식 벅호)의 작업량 $Q = \dfrac{3,600 \times q \times K \times f \times E}{C_m}$

여기서 Q : 시간당 작업량(m³/hr 또는 ton/hr),
q : 버킷용량(m³), K : 버킷계수, f : 토량환산계수,
E : 작업효율, C_m : 1회 사이클시간(초)

$\therefore Q = \dfrac{3,600 \times 0.7 \times 1.1 \times 0.8 \times 0.85}{21} = 89.76m^3$

※ f : 흐트러진 상태(L)의 토량을 자연상태로 환산
$\left(\dfrac{1}{L}\right) = \dfrac{1}{1.25} = 0.8$

88 배수지역이 광대해서 하수를 한 곳으로 모으기가 곤란할 때, 배수지역을 여러 개로 구분하여 배수구역별로 외부로 배관하고 집수된 하수는 각 구역별로 별도로 처리하는 배수 방식은?

① 직각식
② 선형식
③ 집중식
④ 방사식

해설
① 직각식 : 계획구역이 하천에 접하거나 바다에 면해 있는 경우 하천이나·바다에 직각으로 관거를 배치하는 방식으로, 하수배제가 신속하고 경제적이다.
② 선형식 : 지형이 한쪽 방향으로 경사져 있거나 하수처리 관계상 전 지역의 하수를 한 개의 어떤 장소로 집중시키지 않으면 안 될 경우, 하수관을 나뭇가지형으로 배치하여 하수를 한 지점으로 모아 배제하는 방식이다.
③ 집중식 : 한 지역이 하수가 방류될 수면과의 고처차가 충분하지 못할 때나 주위 지대보다 낮을 때 그 지역의 가장 낮은 곳을 향하여 집중적으로 흐르게 한 후 하수를 펌프로 압송하는 방식

89 시멘트의 분말도에 관한 설명으로 틀린 것은?

① 시멘트의 분말이 미세할수록 수화반응이 느리게 진행하여 강도의 발현이 느리다.
② 분말이 과도하게 미세하면 풍화되기 쉽거나 사용 후 균열이 발생하기 쉽다.
③ 시멘트의 분말도 시험으로는 체분석법, 피크노미터법, 브레인법 등이 있다.
④ 분말도는 시멘트의 성능 중 수화반응, 블리딩, 초기강도 등에 크게 영향을 준다.

해설
① 시멘트의 분말이 미세할수록 강도의 발현속도가 빠르다.

90 다음 그림에서 같은 두 힘에 의한 A점의 모멘트 크기는?

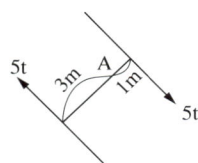

① 5t · m
② 10t · m
③ 15t · m
④ 20t · m

해설
$M = P \times l = 5 \times 4 = 20t \cdot m$

91 그림과 같은 보에서 A점의 수직반력은?

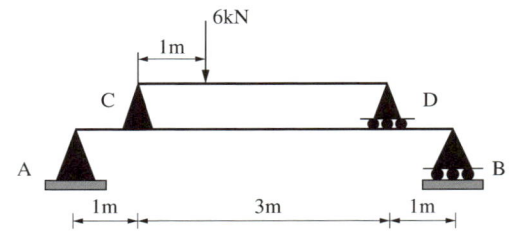

① 2.4kN
② 3.6kN
③ 4.8kN
④ 6.0kN

해설
복층단순보의 수직반력
복층단순보의 형태는 그림과 같이 상층보의 반력을 산정하여 하층보의 하중으로 작용시켜 풀이할 수 있다.

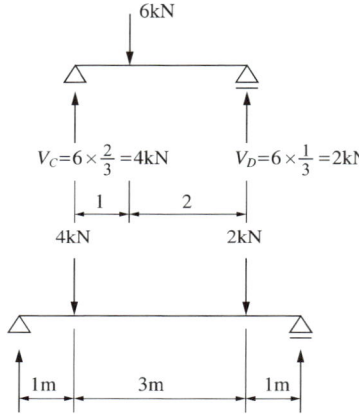

$\sum M_B = 0$

$5 V_A - 4 \times 4 - 2 \times 1 = 0$

$V_A = \dfrac{18}{5} = 3.6kN$

92 관습적으로 정지계획 설계도 작성 시 고려할 사항으로 틀린 것은?

① 제안하는 등고선은 파선으로 표시한다.
② 계단, 광장, 도로 등의 꼭대기와 바닥의 고저를 표기하도록 한다.
③ 폐합된 등고선은 정상을 표시하기 위해 점고저(spot elevation)를 적는다.
④ 등고선의 수직노선 조작은 성토의 경우 높은 방향(위)에서 시작하여 내려온다.

해설
파선은 기존 등고선을 나타내고, 실선은 제안된 등고선을 나타낸다.

93 다음 옹벽 설계조건의 (   ) 안에 가장 적합한 것은?

> 활동력이 저항력보다 커지면 옹벽은 활동하게 되고, 반대인 경우 옹벽은 활동에 대해 안전하다고 볼 수 있다. 일반적으로 활동(sliding)에 대한 안전율은 (   )을/를 적용한다.

① 1.0~1.5
② 1.5~2.0
③ 2.0~2.5
④ 2.5~3.0

해설
활동에 대한 안정성
• 옹벽의 중량에 콘크리트와 기초저판과의 마찰력을 곱한 활동에 저항하려는 힘이 옹벽을 밀어내려는 수평토압의 1.5배 이상 되도록 안전율을 두어 설계한다.
• 일반적으로 활동에 대한 안전율은 1.5~2.0을 적용한다.

94 수목 식재장소가 경관상 매우 중요한 위치일 때 사용하는 방법으로 통나무를 땅에 깊숙이 묻고 와이어로프 등으로 수목이 흔들리지 않도록 하는 수목 지주법은?

① 강관지주
② 당김줄형 지주
③ 매몰형 지주
④ 연계형 지주

해설
① 강관지주 : 콘크리트 보나 슬래브 거푸집 따위를 떠받치기 위해 설치하는 강제(鋼製) 파이프로 된 지주이다.
② 당김줄형 지주 : 거목이나 경관적으로 가치가 요구되는 곳에 적용된다.
④ 연결형 지주 : 산울타리의 열식 또는 가까운 거리에 여러 주의 나무를 모아 심었을 때 인접한 나무끼리 연결하는 방법이다.

95 다음 평판측량과 관련된 용어는?

> 평판상의 점과 지상의 측점을 일치시키는 것

① 정준
② 표정
③ 치심
④ 폐합

해설
평판 세우기
• 수평 맞추기[정준(整準), leveling up] : 평판을 수평이 되도록 조정하는 것
• 중심 맞추기[구심(求心), 치심, centering] : 지상의 측점과 도상의 측점이 동일 연직선상에 있도록 하는 것
• 방향 맞추기[표정(標定), 정위, orientation] : 평판이 일정한 방위 또는 방향을 유지하도록 고정시키는 것

96 쇠메로 쳐서 요철이 없게 대충 다듬는 정도의 돌 표면 마무리는 무엇인가?

① 정다듬　　　　　② 잔다듬
③ 도드락다듬　　　④ 혹두기

④ 혹두기 : 쇠망치로 석재 표면의 큰 돌출 부분만 대강 떼어 내는 정도의 거친 면을 마무리하는 작업
① 정다듬 : 혹두기한 면을 정으로 비교적 고르고 곱게 다듬는 작업
② 잔다듬 : 외날망치나 양날망치로 정다듬 면 또는 도드락다듬 면을 일정 방향, 주로 평행하게 나란히 찍어 평탄하게 마무리하는 작업
③ 도드락다듬 : 정다듬한 표면을 도드락망치를 이용하여 1~3회 정도 두드려 곱게 다듬는 작업

97 비탈면 구축 시 대상(帶狀) 인공뗏장을 수평방향에 줄 모양으로 삽입하는 식생공법(植生公法)을 무엇이라고 하는가?

① 식생조공(植生條工)
② 식생대공(植生袋工)
③ 식생반공(植生般工)
④ 식생혈공(植生穴工)

② 식생대공(식생자루공) : 생육기반 및 종자를 자루에 담아 비탈면에 판 수평구 속에 넣어 붙여 일시적으로 녹화되도록 시공하는 방법
③ 식생반공 : 점질토·비료·퇴비·잘게 썬 지푸라기 등을 섞은 것을 식생반으로 만들어 산비탈에 붙이고 구멍에 풀씨를 심어 녹화되도록 시공하는 방법
④ 식생혈공 : 비탈면에 일정한 간격으로 구멍을 파고 식생을 도입하여 녹화되도록 시공하는 방법

98 골재의 함수상태에 따른 중량이 다음과 같은 경우 표면수율은?

> • 절대건조상태 : 400g
> • 표면건조상태 : 440g
> • 습윤상태 : 550g

① 2%　　　　　② 10%
③ 25%　　　　④ 37%

$$표면수율(\%) = \frac{습윤상태 - 표면건조상태}{표면건조상태} \times 100$$
$$= \frac{550 - 440}{440} \times 100$$
$$= 25\%$$

99 도로의 곡선 부분에 곡선장(曲線長)을 짧게 할 때 발생하는 현상으로 거리가 먼 것은?

① 도로가 절곡되어 있는 것처럼 보이므로 속도가 증가된다.
② 운전자가 핸들 조작에 불편을 느낀다.
③ 곡선반경이 실제보다 작게 보여 운전상 착각을 느낀다.
④ 원심 가속도의 증가로 운전경로를 이탈하기 쉽다.

곡선부의 교각이 작으면 큰 곡선반경을 써서 곡선장이 짧게 된다. 이는 운전자의 핸들 조작 불편, 원심가속도 증가, 곡선반경에 대한 착각 등의 현상을 유발할 수 있다.

100 다음 중 네트워크식 공정표의 계산에 관한 설명으로 적합하지 않은 것은?

① EFT는 EST보다 크다.
② FF는 TF보다 작다.
③ DF는 TF보다 크다.
④ 최초작업의 EST는 0으로 한다.

해설
종속여유시간(D.F. ; Dependent Float) : 후속작업의 전체 여유시간에 영향을 미치는 여유시간
DF = TF − FF

102 공정표의 종류 중 횡선식 공정표(gantt chart)에서 가장 정확히 보여주는 특성은?

① 작업 진행도
② 공종별 상호관계
③ 공종별 작업의 순서
④ 공기에 영향을 주는 작업

해설
횡선식 공정표
부분공정과 소요기일을 각 축으로 하여 표를 작성하고, 공사의 진척상황을 막대로 기입하는 공정표로, 간트 공정표와 막대 공정표로 구분되는데, 막대 공정표가 많이 쓰인다.
• 장점 : 전체공정과 부분공정의 공정시기가 일목요연, 부분공정별 착수일 및 종료일이 명시되어 있어 판단 용이, 횡선길이에 따라 진척도를 개괄적으로 판단 가능
• 단점 : 작업의 선후관계 불명확, 공기에 영향을 주는 작업의 발견이 난해, 문제점의 사전예측 곤란, 통제기능 미약, 최적안 선택기능 없음, 일정 변화에 손쉽게 대처하기 곤란

103 잡초 중에서 가장 많이 분포하겨, 잎집과 잎몸의 이음새에는 닥이 있고, 털이 밖으로 생장한 모습의 잎혀가 있으며, 잎맥이 평행한 특성을 가지는 것은?

① 화본과   ② 명아주과
③ 사초과   ④ 마디풀과

해설
화본과 잡초
• 모양이 작은 것부터 직립형, 굴곡형, 포복형 등이 있으며, 1년생 및 다년생 등이 있다.
• 줄기에는 잘 구분될 수 있는 마디(절)와 마디사이(절간)가 있고, 잎은 마디로부터 두 줄로 교호로 나며, 줄기를 둘러싸서 보호하는 잎집(엽초)과 잎몸(엽신)으로 나뉜다.
• 잎집과 잎몸의 이음새에 막이 있고, 식물의 종류에 따라 털이 밖으로 성장한 모습의 잎혀가 있다.
※ 벼에는 잎귀와 잎혀가 있으나, 피에는 없다.

제6과목 조경관리론

101 솔잎혹파리가 겨울을 나는 형태는?

① 알   ② 성충
③ 유충   ④ 번데기

해설
솔잎혹파리는 유충의 형태로 땅속에서 월동한다. 토양 속에서 유충으로 월동하는 기간은 약 6개월 정도이며, 성충이 우화하여 산란하는 기간은 3개월, 산란 후 알에서 깨어난 유충이 솔잎 기부에 벌레혹을 형성하고 그 속에서 수액을 흡즙 가해하는 기간은 3~5개월 정도이다.

104 멀칭의 효과로 가장 거리가 먼 것은?

① 토양 수분 유지
② 잡초 발생 억제
③ 토양 침식 방지
④ 토양 고결 조장

해설

멀칭의 기대효과
• 토양 수분 유지, 토양 침식과 수분 손실 방지
• 토양비옥도 증진, 잡초 발생 억제
• 토양구조 개선, 토양의 굳어짐 방지
• 태양열 복사와 반사 감소, 병충해의 발생 억제
• 점토질 토양의 경우 갈라짐 방지, 염분 농도 조절
• 토양 온도 조절
• 통행을 위한 지표면의 개선효과 : 시각적 개선효과, 소음 완화 효과

106 공원녹지 내에서 행사를 기획할 때 유의해야 할 사항이 아닌 것은?

① 행사시설이 설치목적에 맞을 것
② 관계 법령을 준수할 것
③ 대안을 만들어 놓을 것
④ 통상 이용자를 통제할 것

해설

※ 공원녹지 내에서 행사(event)를 개최하는 목적
• 행정홍보의 수단으로 행사를 개최함으로써 주민의 공감을 얻을 수 있다.
• 커뮤니티활동의 일환으로 공원 등에서의 행사를 통하여 지역주민의 커뮤니케이션을 도모할 수 있다.
• 공원녹지이용의 다양화를 도모하는 수단으로서 시민들에게 다양한 프로그램을 제공하여 공원녹지이용의 폭을 넓힐 수 있다.

107 가수분해의 우려가 없는 경우에 농약 원제를 물에 녹이고 동결방지제를 가하여 제제화한 제형은?

① 유제(乳劑)
② 액제(液劑)
③ 수화제(水和劑)
④ 수용제(水溶劑)

해설

① 유제 : 농약의 주제를 용제에 녹이고 계면활성제를 유화제로 첨가하여 제제한 것으로 다른 제형에 비하여 제제가 간단하다. 수화제에 비하여 살포용 약액 조제가 편리할 뿐만 아니라 일반적으로 수화제나 다른 제형보다 약효가 우수하고 확실하다는 장점이 있다.
③ 수화제 : 물에 녹지 않는 원제를 화이트카본, 증량제 및 계면활성제와 혼합·분쇄한 제제로, 물에 희석하면 유효성분의 입자가 물에 고루 분산하여 현탁액이 된다.
④ 수용제 : 주제는 수용성이고 첨가하는 증량제는 유안이나 망초, 설탕 등의 수용성인 물질을 사용하여 조제한 살포액이 투명한 용액으로 되는 경우에는 수화제와 구분하여 수용제라 한다.

105 재해·안전대책의 설명으로 가장 거리가 먼 것은?

① 각종 재해의 복구는 재산가치가 높은 것부터 복구한다.
② 각종 시설물은 정기적인 점검과 보수를 한다.
③ 위험한 곳은 사고 방지를 위한 시설을 설치한다.
④ 이용자 부주의에 의한 빈번한 사고라도 안내판 설치 등 이용지도가 필요하다.

해설

① 재산가치와 상관없이 각종 재해를 복구한다.

108 이용률이 80인 조건에서 요소(N 46%) 10kg 중 유효질소의 양은?

① 약 2.7kg ② 약 3.7kg
③ 약 4.7kg ④ 약 5.7kg

유효질소량(kg) = 총비료량 × 질소율 × 이용률
$$= 10kg × 0.46\% × 0.8$$
$$= 3.68kg$$

109 공원 내 이용지도는 목적에 따라 3가지(공원녹지의 보전, 안전·쾌적 이용, 유효이용)로 구분할 수 있다. 다음 중 공원녹지의 보전을 위한 이용지도의 대상이 되는 행위·시설은?

① 공원녹지의 손상·오손
② 공원 내의 루트, 시설의 유무 소개
③ 식물·조류관찰·오리엔터링 등의 지도
④ 유치원, 학교 등의 단체에 대한 활동 프로그램의 조언

이용지도의 목적
• 공원녹지의 보전 : 조례 등에 의해 금지되어 있는 행위의 금지 및 주의
• 안전·쾌적 이용
 – 위험행위의 금지 및 주의
 – 특수한 시설 혹은 위험을 수반하는 시설의 올바른 이용방법 지도
• 유효이용
 – 이용안내
 – 레크리에이션 활동에 대한 상담·지도

110 다음 설명의 ( ) 안에 적합한 용어는?

> 수직깎기인 ( )은/는 수직으로 향한 칼날을 이용해서 수평의 날을 바르게 회전시켜 지나치게 뻗은 포복경이나 옆으로 누운 잎을 잘라 내며, 에어레이션(aeration) 후의 얕은 ( )은/는 코어(core)를 깨뜨려서 토양의 재형성을 돕는 효과가 있기도 하고 그렇지 않은 경우도 있다. 이 ( )작업은 종종 북더기 잔디인 대취(thatch)가 극심한 경우에 한하여 각종 경기장에서 사용이 제한되기도 하는데 이는 특히 잔디초지를 재조성하는 동안에는 금지되고 있다.

① rolling ② slicing
③ spiking ④ vertical mowing

버티컬모잉(vertical mowing) : 토양의 표면까지 잔디만 주로 잘라 주는 작업으로, 대치 제거 및 밀도를 높여주는 효과가 있다.
① rolling : 표면 정리작업으로 균일하게 표면을 정리하여 부분적으로 습해와 건조의 해를 받지 않게 하는 목적 등 이용에 적합한 상태를 유지시켜 주는 작업이다.
② slicing : 칼로 토양을 베어 주는 작업으로, 잔디의 포복경 및 지하경을 잘라 주는 효과가 있다.
③ spiking : 끝이 뾰족한 못과 같은 장비로 토양에 구멍을 내는 것으로, 상처가 비교적 작아 회복에 걸리는 시간이 짧다.

111 질소기아(nitrogen starvation) 현상에 대한 설명으로 틀린 것은?

① 토양으로부터 질소의 유실이 촉진된다.
② 탄질률이 높은 유기물이 토양에 가해질 경우 일시적으로 발생한다.
③ 미생물 상호 간은 물론 미생물과 고등식물 사이에 질소 경쟁이 일어난다.
④ 미생물이 토양 중의 질소를 먼저 이용하므로 배수나 휘산에 의한 질소 손실을 막을 수 있다.

질소기아
탄질비가 높은 유기물을 토양에 시용하여 공급한 질소를 유기물을 분해시키는 미생물들이 먼저 이용하여 작물이 질소를 이용할 수 없게 되는 현상

112 콘크리트 옹벽이 앞으로 넘어질 우려가 있을 때 일반적으로 시행하는 공법이 아닌 것은?

① PC앵커 공법
② 압성토 공법
③ 전면 부벽식 옹벽공법
④ 실링 공법

[해설]
실링 공법은 건물의 틈새를 메우는 작업으로 옹벽의 안정성과는 관련이 없다. 옹벽이 앞으로 넘어질 우려가 있을 때는 앵커 공법이나 압성토 공법 등을 사용해 구조적 보강을 해야 한다.

113 일반적으로 조경분야의 연간 유지관리계획에 포함하는 것은?

① 건물의 도색
② 건물의 갱신
③ 공원 지역 내의 순찰
④ 수목의 전정 및 잔디깎기

[해설]
작업계획
• 단기계획 : 2~3년 간격, 페인트칠, 보수계획
• 장기계획 : 15~30년, 시설구조물 관리 등
• 연간계획 : 식물 관리(병충해 방제, 전정 등)

114 아스팔트 포장의 파손 부분을 사각형 수직으로 따 내고 보수하는 공법으로, 포장이 균열되었거나 국부적 침하, 부분적 박리가 있을 때 적용하는 공법은?

① 패칭 공법
② 표면처리 공법
③ 덧씌우기 공법
④ 혈매 공법

[해설]
아스팔트 포장의 보수공법
• 패칭(patching) 공법 : 균열이나 국부침하, 부분박리에 적용하며, 파손 부위의 표층을 제거한 후 정리하고 새 아스팔트를 채워 롤러, 래머, 콤팩터 등으로 다진 다음, 표면에 모래 석분을 살포한다.
• 표면처리 공법 : 자동차 통행량이 적고, 균열의 정도나 범위가 심하지 않을 때 덮어씌우거나 메워서 재생시킨다.
• 덧씌우기(overlay) 공법 : 기존 포장을 재생하거나 새 포장을 한다.

115 조경 건설현장의 근로재해 강도율(强度率)을 나타내는 식은?

① $\dfrac{근로재해에 \ 의한 \ 사상자수}{근로총시간수} \times 1,000$

② $\dfrac{근로손실일수}{근로총시간수} \times 1,000$

③ $\dfrac{연간 \ 근로재해에 \ 의한 \ 사상자수}{재적 \ 근로자수} \times 1,000$

④ $\dfrac{근로손실일수}{재적근로자수} \times 1,000$

[해설]
강도율(SR ; Serverity Rate of Injury) : 재해의 경중 정도를 측정하기 위한 척도로, 연근로시간 1,000시간당 재해에 의해서 잃어버린 근로손실일수

116 파이토플라스마(phytoplasma)에 의한 수병 (樹病)은?

① 포플러 모자이크병
② 벗나무 빗자루병
③ 대추나무 빗자루병
④ 장미 흰가루병

해설
뽕나무 오갈병, 오동나무 빗자루병, 대추나무 빗자루병의 병원체는 파이토플라스마(Phytoplasma)이다.

117 잎과 뿌리가 없는 기생식물로서 다른 식물의 잎과 줄기를 감고 자라며 바이러스를 매개하는 것은?

① 새삼   ② 으름덩굴
③ 겨우살이   ④ 청미래덩굴

해설
새삼은 종자가 발아하여 다른 나무에 올라붙게 되면 뿌리가 없어지고 다른 식물에 기생하여 양분을 흡수한다.

118 해충의 가해 형태별 분류에서 흡즙성 해충에 해당되는 것은?

① 점박이응애   ② 호두나무잎벌레
③ 개나리잎벌   ④ 솔알락명나방

해설
가해 습성에 따른 해충의 분류
• 식엽성 해충 : 회양목명나방, 풍뎅이, 잎벌, 집시나방, 느티나무벼룩바구미 등
• 흡즙성 해충 : 응애, 진딧물, 깍지벌레, 방패벌레 등
• 천공성 해충 : 소나무좀, 노랑무늬솔마구미, 하늘소, 박쥐나방 등
• 충영형성 해충 : 솔잎혹파리, 밤나무혹벌, 혹응애, 혹진딧물 등
• 종실 해충 : 밤바구미, 복숭아명나방 등

119 시설 및 수목관리의 목적으로 활용되는 이동식 사다리의 안전기준으로 틀린 것은?

① 안정성이 확보되면 사다리의 길이는 제한이 없다.
② 발판의 수직간격은 25~35cm 사이, 사다리의 폭은 30cm 이상인 것을 사용한다.
③ 사다리의 발판에는 물결모양 등 미끄럼 방지처리가 된 것을 사용한다.
④ 사다리의 상부 3개 발판 미만에서만 작업하며, 최상부 발판어서는 작업하지 않는다.

해설
① 이동식 사다리의 길이가 6m 초과하는 것을 사용하여서는 아니 된다.

120 토양을 100℃로 가열해도 분리되지 않으며, pF 7 이상인 수분은?

① 흡습수   ② 결합수
③ 모세관수   ④ 유리수

해설
토양수분의 형태
• 결합수(pF 7.0 이상) : 화합수 또는 결정수라고도 하며, 토양을 105℃로 가열해도 분리시킬 수 없는 점토광물의 구성요소로 작물이 흡수·이용할 수 없다.
• 흡습수(pF 4.2~7) : 토양입자의 표면에 피막상으로 흡착되어 있는 수분으로, 토양을 105℃로 가열 시 분리 가능하며, 작물이 흡수·이용하지 못한다.
• 모관수(pF 2.7~4.2) : 토양공극 내에서 표면장력에 의한 모관현상으로 지하수가 모관공극을 따라 상승하여 작물에 공급되고, 작물이 가장 유용하게 이용하는 수분이다.
• 중력수(pF 2.7 이하) : 중력에 의하여 비모관공극을 통해 흘러내리는 수분으로, 작물이 직접 이용하지 못한다.
• 지하수 : 지하에 정체되어 모관수의 근원이 되는 수분이다.

제1과목 조경사

01 영국의 공원 중 최초로 시민의 힘에 의해서 만들어진 공원은?

① 리젠트 파크(Regent park)
② 그린 파크(Green park)
③ 하이드 파크(Hyde park)
④ 버컨헤드 파크(Birkenhead park)

해설
버컨헤드 공원(Birkenhead park)
• 일반 대중의 사용을 위해 시민의 힘과 재정으로 설계되었다.
• 영국 내 수많은 도시공원 조성의 경험이 집약되어 완성된 공원이다.
• 미국의 프레드릭 로 옴스테드(Fredrick Law Olmsted)의 공원 개념 형성에 큰 영향을 주었다.

02 중국의 청(淸)나라 때 조성된 이름난 정원은?

① 앵도원(櫻桃園)
② 평천장(平泉莊)
③ 온천궁(溫泉宮)
④ 이화원(頤和園)

해설
청나라 자금성 금원 및 이궁
• 건륭화원 : 석가산과 건축물이 입체적 공간으로 이루어졌다.
• 서원 : 황궁의 외원으로 태액지 호수에 위치해 있다.
• 원명원 이궁 : 서양식 정원의 시초이다.
• 만수산 이화원 : 청나라의 대표적 정원이다.
• 열하피서 산장 : 남방의 명승과 건축을 모방한 것으로 황제의 여름 별장이다(소나무의 정연한 식재).

03 고대 로마시대의 정원인 호르투스(Hortus)의 초기 구성요소가 아닌 것은?

① 약초밭
② 분수
③ 과수원
④ 채전

해설
고대 로마시대의 정원인 호르투스(Hortus)는 과실과 채소를 재배하던 정원으로 개인 공간뿐만 아니라 공공건물 주변에도 만들어져 있다. 약초밭, 과수원, 채소밭으로 구분된다.

04 고려시대 정원조영의 특징으로 가장 부적합한 것은?

① 격구장을 축조하였다.
② 별서정원(別墅庭園)이 유행하였다.
③ 곡연(曲宴)을 위한 대사누각(臺榭樓閣)이 지어졌다.
④ 송나라의 정원을 모방하여 호화롭고 이국적인 화원이 만들어졌다.

해설
별서정원
'세속의 벼슬이나 당파싸움에 야합(野合)하지 않고 자연에 귀의하여 전원이나 산속 깊숙한 곳에 따로 집을 지어 유유자적한 생활을 즐기려고 만들어 놓은 정원'이라는 뜻으로, 자연귀의(自然歸依)와 은일사상(隱逸思想)이 깃들어 있다. 대표적인 별서정원은 담양 소쇄원, 다산 정약용의 다산정원, 고산 윤선도의 부용정원 등이 있다.

1 ④ 2 ④ 3 ② 4 ② 정답

05 다음 정원에 관한 설명에 적합한 일본시대는?

거대한 정원석, 호화로운 석조(石組), 명목(名木) 등을 사용한 화려한 색조 정원이 성행했으며 삼보원(三寶院) 정원이 그 대표적 사례이다.

① 실정(室町, 무로마치)
② 도산(逃山, 모모야마)
③ 강호(江戶, 에도)
④ 겸창(鎌倉, 가마쿠라)

해설

모모야마시대(1573~1603)
- 도요토미히데요시(豊臣秀吉) 등이 정치적 안정을 이루어 호화로운 성곽과 저택을 축조하는 시대였다.
- 정토사상의 정원이 계속되고 고산수정원이 확립되었다.
- 무로마치 시대 초기의 은각사를 중심으로 동산문화가 발생했다(서원조건축, 고산수정원, 화도 등).
- 와비와 사비 이념을 바탕으로 하는 다정양식이 발달했다.
- 거대한 정원석, 호화로운 석조(石組), 명목(名木) 등을 사용한 화려한 색조의 정원으로 삼보원(三寶院) 정원이 발달하였다.

06 고대 각 국가의 정원 특징으로 볼 수 없는 것은?

① 이집트 – 신원(shrine garden)
② 바빌로니아 – 공중(hanging) 공원
③ 그리스 – 아카데미(academy)
④ 로마 – 페리스타일(peristyle) 가든

해설

로마의 중정(中庭, patio)식 정원
- 대문을 들어서면 곧 첫 번째 공지인 아트리움(atrium)에 이르고, 중문(中門)을 지나면 아름다운 사적인 가족 정원인 페리스틸리움(peristylium)이 나타나며, 뒤뜰에는 과수와 채소를 가꾸는 지스터스(xystus)가 있다.
- 겨울은 온화하고 여름은 무더운 기후로 구릉지에 별장 주택인 빌라가 발달하였다.
- 그리스, 헬레니즘, 에투리아, 이집트 등의 문화를 흡수하여 보편적인 문화형태를 이루고 대지에 관심을 둔 농업과 취미인 원예가 발달하였다.

07 Radburn 계획의 개념과 관계가 먼 것은?

① 쿨데삭(cul-de-sac)
② 보행자 도로(pedestrian road)
③ 슈퍼블록(super-block)
④ 격자 가로망(grid system)

해설

래드번 계획의 개념
- 주거구는 대가구(super-block)로 하고 통과 교통을 금함
- 블록 내부의 오픈스페이스 체계 구축 : 보도망의 형성 및 보도와 차도(고가차도)를 입체적 분리한다.
- cul-de-sac에 의한 수평적 보차분리 : 주택단지 어디로나 통할 수 있는 공동의 대규모 오픈스페이스는 학교, 수영장과 인접시켜 보행도로로 접근이 가능하게 하여 아동들이 큰길을 건너지 않고 학교와 운동장에 접근할 수 있도록 계획한다.
- 기능에 따라 4가지 종류(이동, 집산, 서비스, 주차)의 도로(道) 구분한다.

08 다음 설명에 적합한 형태의 대상지는?

- 궁 내 방지원도의 형태를 취한다.
- 주변으로 사정기비각, 영화당, 어수문, 주합루 등이 있다.
- 전통정원 구성기법 중 인공미와 자연미가 상생하는 곳이다.

① 창경궁 통명전 옆의 연지
② 경복궁 후원의 향원지
③ 창덕궁 후원의 부용지
④ 창경궁 후원의 춘당지

해설

① 창경궁 통명전 옆의 연지 : 통명전은 창경궁 내전이며 왕의 생활공간이지 연회 장소로 쓰였던 건물이다. 조선 성종 15년에 지었으며, 그 옆에는 네모난 연못이 있다. 이 연못의 수원은 4.6m 떨어진 원형의 샘인데, 입수로는 돌로 되어 있다.
② 경복궁 후원의 향원지 : 경복궁 후원의 중심을 이루는 연못 중앙에 둥근 섬이 있고, 여기에 정육각형의 2층 건물 향원정이 있다. 향원지는 방상지로서 모가 둥글게 처리되어 있다.
④ 창경궁 후원의 춘당지 : 현재 두 개의 연못으로 구성되어 있다. 작은 연못은 조선왕조 때 춘당지이며, 큰 연못은 임금이 직접 농사를 지었던 11개의 논으로 내농포이다.

09 정원에서의 생활을 중요시하여 생전에는 정원에 정자 등 화려한 건물을 지어 친구들과 즐기다가 사후에는 그 곳을 그대로 묘소나 기념관으로 사용하였던 국가는?

① 무굴인도　　　② 페르시아
③ 이탈리아　　　④ 스페인

해설
무굴인도 정원의 주요 요소
• 수경(장식, 목욕 및 관개를 위한 연못)시설 : 종교적 행사에 사용하였다.
• 원정 : 연못가에 배치되었고 피서 장소였으나, 사후에는 묘소나 기념관으로 이용되었다.
• 녹수 : 화단을 만들고 연못에는 극락정토를 상징하는 연꽃을 식재하였다.
• 높은 담 : 사생활을 보호하고 안식 및 장엄미 · 형식미를 조성하였다.

10 이슬람권의 정원은 파라다이스(paradise)의 개념을 갖는 정원이 대부분이다. 다음 이와 같은 성격으로 분류하기 어려운 정원은?

① 이졸라벨라(Isola bella)
② 샬리마르-바그(Shalimar bagh)
③ 헤네랄리페(Generalife)
④ 타지마할(Taj mahal)

해설
이졸라벨라(Isola bella)
이탈리아 북부지방의 마조레(Maggiore) 호수 내 성에 조성된 대표적인 바로크 양식의 정원이다.

11 화목부(花木部)에 식물 특성과 함께 배식법을 다루고 있는 중국 명나라 때의 저술서는?

① 계성의 원야(園冶)
② 문진형의 장물지(長物志)
③ 주밀의 오흥원림기(吳興園林記)
④ 이도헌추리의 축산정조전(築山庭造傳)

해설
장물지 : 중국 명(明)시대 문진형이 저술하였으며 모두 12권으로 1권~3권까지 화목, 수석 등 정원에 관해 서술했다.

12 문헌상 우리나라의 정원에 식물인 연(蓮)이 최초로 나타난 시기는?

① 기원전 16년경
② 서기 123년경
③ 서기 372년경
④ 서기 600년경

해설
연(蓮)은 오래 전부터 우리나라에 있었던 것으로 짐작되지만 문헌상의 기록으로는 삼국사기와 삼국유사에서 처음으로 나타난다. 삼국사기에서는 신라의 지마이사금(祇摩尼師今) 12년 (123년) 5월에 금성(金城) 동쪽의 민가가 땅이 꺼져 내려앉아 못이 되더니 거기에서 부거(芙蕖)가 싹이 터 나왔다고 했다.

13 르 노트르 양식의 영향을 받은 오스트리아 정원 유적으로 옳은 것은?

① 쇤부룬성
② 샤블롱 정원
③ 님펜부르크 성관
④ 페트로드보레츠 궁전

해설
르 노트르 양식의 영향을 받은 오스트리아 정원 유적 : 쇤부룬성 (Schonbrunn), 벨베데레(Belvedere) 정원
② 샤블롱 정원 : 벨기에
③ 님펜부르크 성관 : 독일
④ 페트로드보레츠 궁전 : 러시아

14 창경궁과 관련된 설명으로 틀린 것은?

① 낙선재 지역은 후궁들의 침전이었다.
② 통명전 옆에는 장대석을 쌓아올린 원형지당과 중앙에 부정형의 섬을 만들었다.
③ 동궐도에 보면 큰 황새 같은 조류나 동물, 해시계, 풍기(風旗) 등의 기물을 대석 뒤에 설치한 것이 보인다.
④ 홍화문에서 명정문에 이르는 보도는 삼도로 중앙을 높게 해 단을 두고 박석을 깔았다.

해설
창경궁(성종 14년에 창건한 이궁)
• 통명정원 : 통명전 후원의 화계
  – 계단식 후원이며 장방형지로 축조시기에 대해서는 알 수 없다.
  – 가공석재에 의해 조립된 석교가 축조되었고, 가장자리는 화강암 석재로 만든 난간을 둘렀다.
• 춘당지
  – 현재 두 개의 연못으로 구성되어 있다.
  – 작은 연못은 조선왕조 때 춘당지이며, 큰 연못은 임금이 직접 농사를 지었던 11개의 논으로 내농포이다.

16 알베르티의 저서 「데 레 아에디피카토레(De re Aedificatoria)」에서 제시한 정원의 입지 조건이 아닌 것은?

① 수원의 적절성을 확인한다.
② 배수가 잘되는 견고한 부지가 좋다.
③ 부지의 방향은 태양과 이루는 수평·수직 각도를 고려한다.
④ 도시로부터 조망이 좋고 시장이 형성되는 곳이 좋다.

해설
알베르티의 「데 레 아에디피카토레」 빌라 정원의 입지조건
• 수원의 적절성을 확인할 것
• 배수 잘되는 견고한 부지 선택
• 부지의 방향은 태양과 이루는 수평, 수직각도 고려
• 여름에는 시원한 바람이 불어오고, 겨울에는 찬바람을 막을 수 있게 풍향과 부지와의 관계를 고려할 것

15 불국사의 구품연지를 지나 대웅전으로 올라가는 청운교와 백운교에 33계단이 조성되었는데, 이 '33계단'의 상징적 의미는?

① 한국사람이 좋아하는 행운의 숫자
② 입신공명과 부귀영화를 뛰어넘는 해탈
③ 세속의 번뇌로 부산히 흩어진 마음을 하나로 모아두는 시간
④ 불교의 우주관인 수미산에서 33천(天)을 뛰어넘어 부처의 세계로 나아감

해설
불교의 세계관
청운교·백운교가 33계단인 것은 수미산의 정상에 위치하고 있다는 33천인 도리천(忉利天)을 형상화한 것이다.

17 고려시대의 의종(毅宗)이 민가 50여구를 헐어 터를 다듬고 여기에 많은 정자를 세워 명화이과(名花異果)를 심었으며, 괴석으로 가산을 꾸미고 인공폭포를 만들었는데, 그 원림은 치려(侈麗)하기 그지없었다고 하였다. 이와 관련된 정자는?

① 만수정(萬壽亭)　　② 양성정(養性亭)
③ 중미정(衆美亭)　　④ 태평정(太平亭)

해설
④ 태평정 : 고려 의종 11년(1157)에 개경(지금의 개성)의 민가 50여 채를 헐어 내고 호화롭게 지은 정자이다.
① 만수정 : 고려 의종 6년(1152)에 수창궁 북원에 괴석을 쌓아 가산을 만들고 만수정을 축조했다.
② 양성정 : 고려 의종 10년에는 양성정 곁에 괴석을 쌓아 올려 가산을 만들고 명화를 식재했다.
③ 중미정 : 문헌에 의하면 고려 의종 21년(1167)에 중미정을 지어 조영한 못에 배를 띄워 노를 젓게 했다는 내용이 있다.

18 다음 설명에 적합한 용어는?

> 해인사, 불영사, 청평사 등에는 (　　)이/가 조성되어 있었다고 전해지고 있다. 이 (　　)은/는 불교에서 가장 성스럽게 여기는 부처님, 탑 그리고 산의 그림자를 수면에 비추기 위해 조성된 것이다.

① 영지(影池)　　② 연지(蓮池)
③ 계담(溪潭)　　④ 귀루(晷漏)

① 영지 : 아무런 식물도 심지 않는 못으로, 수면을 고요하게 유지함으로써 그림자를 투영시키는 못
② 연지 : 못 안에 연꽃을 심어 연꽃의 불교적 의미를 나타낸다.
③ 계담 : 사역주변을 흐르는 계류를 인공적으로 막아 못과 같은 기능을 부여한 것이다. 풍수지리적으로 허한 땅이나 좋지 않은 땅을 길한 땅으로 만든다.
④ 귀루 : 해시계와 물시계를 아울러 이르는 말

19 다음 설명 중 「도산서원」과 가장 거리가 먼 것은?

① 사산오대(四山五臺)
② 연(蓮)을 식재한 애련설(愛蓮說)
③ 매(梅), 죽(竹), 송(松), 국(菊)
④ 정우당(淨友塘)과 몽천(夢泉)을 축조

사산오대는 1573년에 이언적을 모시고 그의 학통을 이어 후학을 양성하기 위해 지어진 옥산서원의 독락당 주변의 산과 자계천의 다섯 개의 바위에 붙여진 이름이다. 사산은 화개산(동쪽), 자옥산(서쪽), 무학산(남쪽), 도덕산(북쪽)을 말하며, 오대는 관어대, 영귀대, 탁영대, 증심대, 세심대를 일컫는다. 옥산서원은 오대 중 세심대에 위치하고 있다.

20 한국의 별서 양식의 발달에 배경이 되지 못하는 것은?

① 신라시대의 사절유택
② 조선시대 사화와 당쟁의 심화
③ 우리나라의 아름다운 자연환경
④ 무역을 통한 문물 교류의 확대

별서정원은 권력, 부, 명예를 버리고 자연과 함께하겠다는 은둔사상에 기반을 둔 정원이다.

제2과목　조경계획

21 도시 오픈스페이스의 주요 기능으로 거리가 먼 것은?

① 재해의 방지
② 미기후의 조절
③ 도시 확산의 억제
④ 토지이용률의 제고

오픈스페이스의 효용성
• 도시환경의 질 개선 : 도시생태의 기본조성, 환경조절(화재와 공해방지, 미기후 조절)
• 시민생활의 질 향상 : 도시경관의 질 고양, 창조적 생활의 기틀 제공
• 도시개발 조절 : 도시확산의 방지, 도시개발의 촉진

22 주택건설기준 등에 관한 규정상 '근린생활시설'의 설명 중 ( ) 안에 알맞은 기준값은?

하나의 건축물에 설치하는 근린생활시설 및 소매시장·상점을 합한 면적이 ( )m²를 넘는 경우에는 주차 또는 물품의 하역 등에 필요한 공터를 설치하여야 하고, 그 주변에는 소음·악취의 차단과 조경을 위한 식재 그 밖에 필요한 조치를 취하여야 한다.

① 500
② 1,000
③ 2,000
④ 2,500

근린생활시설 등(주택건설기준 등에 관한 규정 제50조 제4항)
하나의 건축물에 설치하는 근린생활시설 및 소매시장·상점을 합한 면적(전용으로 사용되는 면적을 말하며, 같은 용도의 시설이 2개소 이상 있는 경우에는 각 시설의 바닥면적을 합한 면적으로 한다)이 1,000m²를 넘는 경우에는 주차 또는 물품의 하역 등에 필요한 공터를 설치하여야 하고, 그 주변에는 소음·악취의 차단과 조경을 위한 식재 그 밖에 필요한 조치를 취하여야 한다.

23 자연공원법의 '공원별 보전·관리계획의 수립 등'에 대한 설명 중 A, B에 적합한 값은?

공원관리청은 관련 규정에 따라 결정된 공원계획에 연계하여 (A)년마다 공원별 보전·관리계획을 수립하여야 한다. 다만, 자연환경보전 여건 변화 등으로 인하여 계획을 변경할 필요가 있다고 인정되는 경우에는 그 계획을 (B)년마다 변경할 수 있다.

① A : 10, B : 5
② A : 10, B : 7
③ A : 15, B : 5
④ A : 15, B : 7

공원별 보전·관리계획의 수립 등(자연공원법 제17조의3 제1항)
공원관리청은 규정에 따라 결정된 공원계획에 연계하여 10년마다 공원별 보전·관리계획을 수립하여야 한다. 다만, 자연환경보전 여건 변화 등으로 인하여 계획을 변경할 필요가 있다고 인정되는 경우에는 그 계획을 5년마다 변경할 수 있다.

24 대상 부지 분석의 목적이 아닌 것은?

① 부지계획의 목표 수립
② 부지의 문제점 도출
③ 부지의 잠재력 파악
④ 부지의 특성을 이해

대상 부지 분석의 목적
건축가에 의해서 지어지는 건축물은 오랜 기간 조속하므로, 현재의 대지 상황과 미래의 대지 상황을 예측하여, 대지의 외적인 상황 및 문제점 및 내부적 상황 및 문제점을 축출, 정리, 발전 및 개념화하여 디자인에 반영하기 위함이다.

25 건물의 실내정원 배치계획 수립에서 고려해야 할 사항으로 옳지 않은 것은?

① 제한된 환경조건을 갖게 되며, 건물 내부의 환경 및 구조적 조건을 고려해야 한다.
② 일반적으로 식물의 생장에 필요한 습도의 제공 및 관수에 의한 수분공급이 필요하다.
③ 위치 및 조경요소의 배치는 건물 내부의 전체적인 동선 흐름, 이용패턴, 내부공간의 성격 등을 고려한다.
④ 정창(top-light)을 통한 실내 자연광 유입을 위해 남향에 배치하고, 빛을 좋아하고, 생장 속도가 빠른 키 큰 식물을 식재한다.

④ 실내정원은 공간적 한계가 있으므로 성장속도가 느리고, 키가 작은 식물을 식재한다.

26 다음 중 놀이시설 계획과 관련된 용어 설명이 부적합한 것은?

① '개구부'란 시설물의 일부분이 구조체의 모서리나 면으로 둘러싸인 공간을 말한다.

② '안전거리'란 놀이시설 이용에 필요한 시설 주위의 보호자 관찰거리를 말한다.

③ '최고 접근높이'란 정상적 또는 비정상적인 방법으로 어린이가 오를 수 있는 놀이시설의 가장 높은 높이를 말한다.

④ '놀이공간'이란 어린이들의 신체단련 및 정신수양을 목적으로 설치하는 어린이놀이터 · 유아놀이터 등의 공간을 말한다.

해설
② '안전거리'란 놀이시설 이용에 필요한 시설 주위의 이격거리를 말한다(조경설계기준).

27 다음 설명에 적합한 계약은?

> 특별시장 등은 도시녹화를 위하여 필요한 경우에는 도시지역의 일정 지역의 토지 소유와 '수림대 등의 보호 조치'를 하는 것을 조건으로 묘목의 제공 등 그 조치에 필요한 지원을 하는 것을 내용으로 하는 계약을 체결할 수 있다.

① 녹지계약

② 공지계약

③ 생태공간계약

④ 원상회복계약

해설
녹화계약(도시공원 및 녹지 등에 관한 법률 제13조)
특별시장 · 광역시장 · 특별자치시장 · 특별자치도지사 · 시장 또는 군수는 도시녹화를 위하여 필요한 경우에는 도시지역의 일정 지역의 토지 소유자 또는 거주자와 다음의 어느 하나에 해당하는 조치를 하는 것을 조건으로 묘목의 제공 등 그 조치에 필요한 지원을 하는 것을 내용으로 하는 계약을 체결할 수 있다.
1. 수림대(樹林帶) 등의 보호
2. 해당 지역의 면적 대비 식생 비율의 증가
3. 해당 지역을 대표하는 식생의 증대

28 설문조사의 특성이 아닌 것은?

① 설문 작성을 위한 예비조사를 실시함이 바람직하다.

② 앞부분의 질문이 나중의 질문에 영향을 줄 수 있다.

③ 표준화된 설문지를 여러 응답자에게 반복적으로 사용함으로써 여러 사람의 응답을 비교할 수 있다.

④ 통계적 처리를 통하여 계량적 결론을 낼 수는 있으나 비계량적 결과보다 연구결과의 설득력이 약하다.

해설
④ 설문조사 결과는 통계적 처리를 통하여 계량적 결론을 얻어낼 수 있기 때문에 조사결과를 설득시키는 힘이 비계량적인 결과보다 크다.

29 다음의 설명에 해당하는 계획은?

> 'I. McHarg가 시도한 바와 같이 지도를 중첩하여 보다 효율적으로 토지이용의 적정성을 평가하여 개발지구에 대한 대안을 선정'
> '지역의 생태계를 보존하면서 인간의 주거나 활동장소를 선택해 가기 위한 계획'

① 환경시설계획

② 심미적 환경계획

③ 생태환경계획

④ 환경자원관리계획

해설
생태환경계획
• 지역의 생태계를 보존하면서 인간의 주거나 활동장소를 선택해 가기 위한 계획
• I. McHarg가 시도한 바와 같이 지도를 중첩하여 보다 효율적으로 토지이용의 적정성을 평가하여 개발지구에 대한 대안을 선정하는 기법

30 다음 설명에 가장 적합한 용어는?

> 과거 우리 민족의 정치 · 문화의 중심지로서 역사상 중요한 의미를 지닌 경주 · 부여 · 공주 · 익산, 그 밖에 관련 절차를 거쳐 대통령령으로 정하는 지역

① 고도(古都)
② 침상원
③ 비오톱(biotop)
④ 계획지역

해설
정의(고도 보존 및 육성에 관한 특별법 제2조)
'고도'란 과거 우리 민족의 정치 · 문화의 중심지로서 역사상 중요한 의미를 지닌 경주 · 부여 · 공주 · 익산, 그 밖에 관련 절차를 거쳐 대통령령으로 정하는 지역을 말한다.

31 배수시설 계획 중 다음 설명의 배수는?

> • 지하수위가 높은 곳, 배수 불량 지반의 지하수위를 낮추기 위한 지하수 배수
> • 맹암거, 개거 등을 이용한 배수
> • 완화 배수 및 수목주위 배수암거 등 고려

① 개거 배수
② 표면 배수
③ 지표 배수
④ 심토층 배수

해설
④ 심토층 배수 : 지하수위가 높은 곳, 배수 불량 지반은 맹암거, 개거 등을 이용한 심토층 배수, 완화배수 및 수목 주위 배수암거 등을 설계내용에 따라 고려한다.
① 개거 배수(지표 배수, 명거 배수) : 지표수의 배수가 주목적이지만 지표저류수, 암거로의 배수, 일부의 지하수 및 용수 등도 모아서 배수한다.
② 표면 배수 : 지표면의 빗물 정체를 방지하기 위한 배수

32 자연공원의 각 지구별 자연보존요구도의 크기 순서를 옳게 나타낸 것은?

> ㉠ 공원자연보존지구
> ㉡ 공원마을지구
> ㉢ 공원자연환경지구

① ㉠ > ㉡ > ㉢
② ㉠ > ㉢ > ㉡
③ ㉢ > ㉠ > ㉡
④ ㉢ > ㉡ > ㉠

해설
자연공원 용도지구 자연보존요구도의 크기
공원자연보존지구 > 공원자연환경지구 > 공원마을지구

33 도로를 기능적으로 구분할 때 다음 설명에 해당되는 것은?

> 도시 · 군계획시설의 결정 · 구조 및 설치기준에 관한 규칙에서 설명하는 가구(街區 : 도로로 둘러싸인 일단의 지역을 말한다)를 구획하는 도로

① 주간선도로
② 보조간선도로
③ 집산도로
④ 국지도로

해설
도로의 구분 – 기능별 구분(도시 · 군계획시설의 결정 · 구조 및 설치기준에 관한 규칙 제9조 제3호)
• 주간선도로 : 시 · 군내 주요지역을 연결하거나 시 · 군 상호 간을 연결하여 대량통과교통을 처리하는 도로로서 시 · 군의 골격을 형성하는 도로
• 보조간선도로 : 주간선도로를 집산도로 또는 주요 교통발생원과 연결하여 시 · 군 교통이 모였다 흩어지도록 하는 도로로서 근린주거구역의 외곽을 형성하는 도로
• 집산도로(集散道路) : 근린주거구역의 교통을 보조간선도로에 연결하여 근린주거구역 내 교통이 모였다 흩어지도록 하는 도로로서 근린주거구역의 내부를 구획하는 도로
• 국지도로 : 가구(街區 : 도로로 둘러싸인 일단의 지역을 말한다)를 구획하는 도로
• 특수도로 : 보행자전용도로 · 자전거전용도로 등 자동차 외의 교통에 전용되는 도로

정답 30 ① 31 ④ 32 ② 33 ④

34 환경계획이나 설계의 패러다임 중 자연과 인간의 조화, 유기적이고 체계적 접근, 상호 의존성, 직관적 통찰력 등을 특징으로 하는 패러다임은?

① 직관적 패러다임
② 데카르트적 패러다임
③ 전체론적 패러다임
④ 뉴어버니즘 패러다임

해설
합리주의적 접근은 데카르트적 패러다임으로 대표되고, 베이컨의 사상에 바탕을 둔 경험주의는 전체론적 패러다임으로 대표된다. 데카르트적 합리주의 패러다임은 그 접근방법에 있어 환원적, 기계적, 세분적, 실증론적, 결정론적, 자기주장적, 남성적 특성을 지녔다면, 전체론적 경험주의 패러다임의 접근방법은 전체적/통합적, 유기적/생태적, 현상적, 반응적/여성적 특성을 지녔다.

35 산악형 국립공원지역 내 입지한 고찰(古刹) 지역을 관광지로 개발할 때 가장 중요하게 고려하여야 할 것은?

① 등산로와 종교 참배 동선의 연결
② 종교시설의 집단 설치를 위한 이주
③ 관광객과 종교인들 간의 보행동선 공유
④ 종교 및 문화재 보존과 관광 레크리에이션 시설 사이에 완충지대 형성

해설
완충지대는 종교 및 문화재의 보호 기능을 수행하며 관광객과 종교인들 간의 동선 분리, 소음 및 환경오염 방지 등의 효과도 있다. 따라서 완충지대를 통해 옛 사찰지역인 고찰지역을 관광지로 개발할 때 문화재 보존과 관광객들이 조화가 될 수 있도록 유도해야 한다.

36 축척이 1/50,000인 지형도의 어떤 사면경사를 알기 위해 측정한 계곡선 간의 도상 수평 최단 거리가 1.4cm이었을 때 이 두 점의 사면 경사도는 약 얼마인가?

① 8%
② 10%
③ 14%
④ 20%

해설

경사도 $= \dfrac{\text{수직거리}}{\text{수평거리}} \times 100$

1/50,000에서는 계곡선 간의 높이차가 100m이다.
수평거리 $= 1.4\text{cm} \times 50,000 = 70,000\text{cm} = 700\text{m}$

$\therefore$ 경사도 $= \dfrac{100}{700} \times 100 =$ 약 14%

37 주차장법상 주차장의 종류에 해당되지 않는 것은?

① 노상주차장
② 부설주차장
③ 노외주차장
④ 지하주차장

해설
정의(주차장법 제2조)
주차장이란 자동차의 주차를 위한 시설로서 다음의 어느 하나에 해당하는 종류의 것을 말한다.
• 노상주차장(路上駐車場) : 도로의 노면 또는 교통광장(교차점 광장만 해당한다)의 일정한 구역에 설치된 주차장으로서 일반(一般)의 이용에 제공되는 것
• 노외주차장(路外駐車場) : 도로의 노면 및 교통광장 외의 장소에 설치된 주차장으로서 일반의 이용에 제공되는 것
• 부설주차장 : 건축물, 골프연습장, 그 밖에 주차수요를 유발하는 시설에 부대(附帶)하여 설치된 주차장으로서 해당 건축물·시설의 이용자 또는 일반의 이용에 제공되는 것

38 체육시설의 설치·이용에 관한 법률에서 공공체육시설로 분류되지 않는 것은?

① 생활체육시설
② 대중체육시설
③ 전문체육시설
④ 직장체육시설

해설
공공체육시설의 종류 : 전문체육시설, 생활체육시설, 직장체육시설

39 생태관광의 범위로 옳지 않은 것은?

① 지속가능한 환경친화적인 관광
② 농촌보다는 도시를 소규모 그룹으로 관광
③ 관광지의 경관, 동식물, 문화유산을 고려하는 관광
④ 훼손이 덜된 자연지역을 소규모 그룹으로 관광

[해설]
생태관광의 주된 동기는 문화자원이나 농촌의 경관 등을 포함하는 다양한 자연에 대한 관찰과 이해이다.
※ 생태관광은 생태계 우수 지역의 자연 및 관련 문화 자원을 관찰, 감상, 이해, 체험하기 위한 개별 관광객 또는 소규모 단체 관광객의 여행으로서 자연 및 문화유산의 보전과 지역 주민의 복지 증진에 기여하는 관광이다.

40 대상 지역의 기후에 관한 조사는 계획구역이 속한 지역의 전반적인 기후에 관한 조사와 계획구역 내에 국한된 미기후에 관한 조사로 나누어진다. 다음 중 미기후에 관한 조사 사항이 아닌 것은?

① 강우량
② 태양열
③ 공기유통
④ 안개·서리 피해지역

[해설]
미기후(microclimate)
• 지상에서 가까운 공기층에 국지적으로 일어나는 기후상태를 말한다.
• 지형, 지표면의 재료, 수목, 건물 등의 존재 여부 등에 영향을 받는다.
• 알베도가 낮고 전도율이 높으면 미기후가 온화하고 안정된 상태이다.
• 안개 및 서리의 발생은 지형이 낮고 배수가 불량한 지역일수록 자주 발생한다.

41 주차장법 시행규칙상의 장애인전용 주차단위 구획기준은?(단, 평행주차형식 외의 경우를 적용한다)

① 2.0m 이상×6.0m 이상
② 2.0m 이상×5.0m 이상
③ 2.6m 이상×5.2m 이상
④ 3.3m 이상×5.0m 이상

[해설]
주차장의 주차구획-평행주차형식 외의 경우(시행규칙 제3조 제1항 제2호)

구분	너비	길이
경형	2.0m 이상	3.6m 이상
일반형	2.5m 이상	5.0m 이상
확장형	2.6m 이상	5.2m 이상
장애인전용	3.3m 이상	5.0m 이상
이륜자동차 전용	1.0m 이상	2.3m 이상

42 다음 입체도를 3각법에 의해 3면도로 옳게 투상한 것은?(단, 화살표 방향을 정면으로 한다)

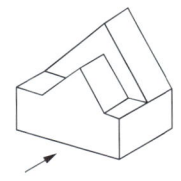

①

②

③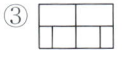

④

[해설]
제3각법
투영도법에서 물체를 제3각에서 투영하는 방법이며 평면도가 위쪽, 정면도가 아래쪽에 그려진다.

43 가법혼합(additive mixture)의 3색광에 대한 설명으로 틀린 것은?

① 빨간색광과 녹색광을 흰 스크린에 투영하여 혼합하면 밝은 노랑이 된다.
② 가법혼합은 가산혼합, 가법혼색, 색광혼합이라고 한다.
③ 3색광 모두를 혼합하면 암회색(暗灰色)이 된다.
④ 가법혼색의 방법에는 동시, 계시, 병치 3가지가 있다.

해설
③은 감법혼색의 설명이다.
※ 감법혼색 : 색료의 혼합(그림물감, 인쇄잉크, 염료 등)으로 섞을수록 명도가 낮아진다.

44 제도용지의 나비와 길이의 비가 옳은 것은?

① 1 : 1
② 1 : $\sqrt{2}$
③ 1 : $\sqrt{3}$
④ 1 : 2

해설
제도용지 세로와 가로의 비는 1 : $\sqrt{2}$ 이다.

45 조경공간에서 경관조명시설의 설계 검토 사항으로 옳지 않은 것은?

① 하나의 설계대상 공간에 설치하는 경관조명 시설은 종류별로 규격·형태·재료에서 체계화를 꾀한다.
② 특정 집단의 집중적인 이용에 대비해 유지 관리가 전문화될 수 있도록 회로구성 등의 설계에 고려한다.
③ 광장과 같은 공간의 어귀는 밝고 따뜻하면서 눈부심이 적은 조명으로 설계한다.
④ 야간 이용의 활성화를 목적으로 설계하는 공원과 같은 공간에서는 야간 이용자들의 흥미유발이 중요하다.

해설
② 용도별, 지역별 특성에 따라 조명의 기능적인 면과 시각적인 효과를 최대한 발휘할 수 있도록 설계한다.

46 제이콥스와 웨이(Jacobs & Way)는 경관의 시각적 흡수력(visual absorption)은 경관의 투과(transparency)와 복잡도(complexity)에 의해 좌우된다고 하였다. 시각적 흡수력이 가장 높은 것은?

① 투과성이 높고, 복잡도가 낮은 경우
② 투과성이 높고, 복잡도가 높은 경우
③ 투과성이 낮고, 복잡도가 낮은 경우
④ 투과성이 낮고, 복잡도가 높은 경우

해설
시각적 흡수력
• 시각적 투과성이 높고 시각적 복잡성이 낮은 곳은 시각적 흡수력이 낮다.
• 시각적 투과성은 식생의 밀집 정도, 지형적 위요 정도에 의해 결정된다.
• 시각적 복잡성은 상호 구별될 수 있는 시각적 요소의 수에 의해 결정된다.

47 다음 그림은 도형조직의 원리 가운데에서 어느 것에 가장 적당한가?

① 근접성　　　② 방향성
③ 유사성　　　④ 완결성

해설

][로 보이지 않고 직사각형으로 보인다. 이 경우 완결성의 원리가 근접성의 원리보다 우선한다.
④ 완결성 : 시각요소를 지각함에 있어서 더욱 위요된 혹은 더욱 완전한 도형을 선호하는 방향으로 그룹을 형성한다.
① 근접성 : 시각요소 간의 거리에 따라 시각요소 그룹이 결정된다.
② 방향성 : 동일한 방향으로 움직이는 요소들은 동일한 그룹으로 보인다.
③ 유사성 : 시각요소간의 거리가 동일한 경우에는 유사한 물리적 특성을 지닌 요소들끼리 하나의 그룹으로 느껴진다.

48 다음 중 속도감이 가장 둔한 느낌의 색상은?

① 노랑　　　② 빨강
③ 주황　　　④ 청록

해설

색의 속성이나 대비에 따라 빠르고 느린 속도감을 느낄 수 있다. 난색 계열의 색이 한색 계열의 색보다 속도감이 더 빠르게 느껴지며, 명도가 높을수록, 채도가 높을수록 속도감이 높게 느껴진다.

49 다음 중 제도용 삼각자에 관한 설명으로 옳지 않은 것은?

① 조경 제도에는 30cm가 적합하다.
② 삼각자는 15° 증가되어 여러 각도를 얻을 수 있다.
③ 자의 길이는 45° 빗변과 60°의 수선길이를 말한다.
④ 삼각자는 30°와 60° 2가지가 한 세트로 되어 있다.

해설

제도용 삼각자는 두 각이 45°인 것과 30°, 60°인 2개가 한 세트로 되어 있으며, 45° 자의 빗변의 길이와 60° 자의 높이가 같다.

50 장애인 등의 통행이 가능한 계단 그림에서 A와 B의 값이 모두 옳은 것은?(단, 장애인·노인·임산부 등의 편의증진 보장에 관한 법률 시행규칙을 적용한다)

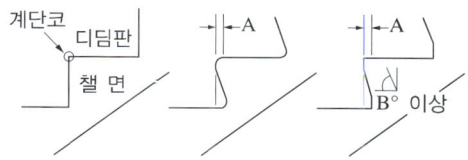

① A : 3cm, B : 45
② A : 3cm, B : 60
③ A : 5cm, B : 50
④ A : 5cm, B : 60

해설

디딤판의 끝부분에 다음의 그림과 같이 발끝이나 목발의 끝이 걸리지 아니하도록 챌면의 기울기는 디딤판의 수평면으로부터 60° 이상으로 하여야 하며, 계단코는 3cm 이상 돌출하여서는 아니된다.

51 해가 지면서 주위가 어두워지는 해질 무렵 낮에 화사하게 보이던 빨간색 꽃은 어둡고 탁해 보이고, 연한 파란색 꽃들과 초록색의 잎들은 밝게 보이는 현상은 무엇인가?

① 푸르키네 현상
② 컬러드 셰도 현상
③ 베졸트–브뤼케 현상
④ 헬슨–저드 효과

해설

푸르키네 현상
햇빛이 밝은 야외에서 어두운 실내로 이동할 때, 빨간색은 점점 어둡게 사라져 보이고 파란색 계열이 밝게 보이는 시각 현상

52 도면에 사용하는 인출선에 대한 설명으로 틀린 것은?

① 치수선의 보조선이다.
② 가는 실선을 사용한다.
③ 도면 내용물의 대상 자체에 기입할 수 없을 때 사용한다.
④ 식재설계 시 수목명, 수량, 규격을 기입하기 위해 사용한다.

해설
인출선 표시
• 가는 실선을 사용하여 긋는다.
• 도면의 내용물 자체에 설명을 기입할 수 없을 때 사용하는 선이다.
• 조경 설계에서는 수목명, 본수, 규격 등을 기입하기 위하여 많이 이용된다.
• 한 도면 내에서 모든 인출선의 굵기와 질은 동일하게 유지된다.
• 긋는 방향과 기울기를 통일시킨다.

53 다음 중 균형과 관계있는 용어로 가장 거리가 먼 것은?

① 대칭   ② 점증
③ 비대칭   ④ 주도와 종속

해설
주도와 종속이 없는 대칭적 균형은 동등한 관계를 형성하며, 강인함과 안정성을 주므로 전통적이고 보수적인 이미지를 창출한다. 주도와 종속의 관계를 가지는 비대칭적 균형감은 매우 동적이며 다양한 개성을 표현하기에 적합하다.

54 사람이 눈을 통하여 외계의 사물을 볼 때 그 사물을 구성하고 있는 다음 시각요소들 중에서 어떤 것이 가장 빨리 지각되는가?

① 색채   ② 형태
③ 공간   ④ 질감

해설
색은 빛에 의해 지각되는 요소이다.

55 도시경관과 자연경관에 대한 설명 중 틀린 것은?

① 일반적으로 자연경관이 도시경관에 비해 선호도가 높다.
② 도시경관의 복잡성은 자연경관의 복잡성 보다 상대적으로 낮다.
③ 자연경관이 도시경관에 비해 색채대비가 낮다.
④ 자연경관은 도시경관에 비해 부드러운 질감을 가진다.

해설
도시경관의 복잡성은 자연경관의 복잡성보다 상대적으로 높다.
※ 시각적 복잡성 : 상호 구별될 수 있는 시각적 요소의 수에 의해 결정된다.

56 좋은 디자인이 되기 위해 요구되는 조건으로 가장 거리가 먼 것은?

① 합목적성
② 대중성
③ 심미성
④ 경제성

해설
훌륭한 디자인, 좋은 디자인은 다음과 같은 네 가지 조건들이 전부 만족이 되고 균형 있게 조절될 때 비로소 만들어진다.
• 합목적성 : 디자인이 목적에 부합되는 성질을 갖추는 것으로, 디자인 제작 시 가장 기본적인 기능성과 실용성을 의미한다.
• 심미성 : 제품의 실용성과 함께 형(形)이나 색(色) 등에서의 아름다움을 필요로 한다.
• 독창성 : 디자인은 새롭게 창조되는 것이며 독창적인 것이어야 한다.
• 경제성 : 최소의 비용으로 최대의 효과를 얻도록 해야 한다.

57 다음 중 운율미(韻律美)의 표현과 가장 관계가 먼 것은?

① 변화되는 색채
② 수관의 율동적인 선(線)
③ 편평한 벽에 생긴 갈라진 틈
④ 일정한 간격을 두고 들려오는 소리

해설
③ 편평한 벽에 생긴 갈라진 틈은 자연적 균열이며 규칙성이 없고 반복·패턴성이 없어 운율미와 관계가 없다.
운율미(rhythm, 리듬감)
공간·경관에서 선, 색채, 소리 등이 일정한 간격을 두고 반복·변화하며 만들어내는 율동적인 감각을 의미한다.

58 비탈면 녹화의 설계 시 고려사항으로 옳지 않은 것은?

① 비탈면 녹화는 인위적으로 깎기, 쌓기가 된 비탈면과 자연침식으로 이루어진 비탈면을 생태적, 시각적으로 녹화하기 위한 일련의 행위를 말한다.
② 초본류 식재 방법에는 차폐수벽공법, 식생상 심기, 새집공법, 새심기가 있다.
③ 소단배수구를 계획하는 소단부에는 횡단구배를 두고, 배수구쪽으로 편구배를 두어 물이 비탈면으로 넘치지 못하도록 설계한다.
④ 비탈면의 조사에서 토사 비탈면의 토양경도가 27mm 이상이면 암반 비탈면과 같이 취급한다.

해설
• 초본류 식재방법 : 줄떼 붙이기, 볏짚거적덮기, 평떼 붙이기, 새심기
• 수목류 식재방법 : 차폐수벽공법, 소단상 객토식수공법, 식생상 심기, 새집공법

59 조경설계기준에서 정한 의자(벤치) 설계에 관한 설명으로 틀린 것은?

① 지면으로부터 등받이 끝까지 전체 높이는 80~100cm를 기준으로 한다.
② 의자의 길이는 1인당 최소 45cm를 기준으로 하되, 팔걸이 부분의 폭은 제외한다.
③ 앉음판의 높이는 약 34~46cm를 기준으로 하되, 어린이를 위한 의자는 낮게 할 수 있다.
④ 등받이 각도는 수평면을 기준으로 약 95~110°를 기준으로 하고, 휴식시간이 길어질수록 등받이 각도를 크게 한다.

해설
① 지면으로부터 등받이 끝까지 전체 높이는 75~85cm를 기준으로 한다.

60 다음 재료구조 표시기호(단면용)에 해당되는 것은?

① 지반
② 석재
③ 인조석
④ 잡석다짐

해설
재료구조 표시기호(단면용)

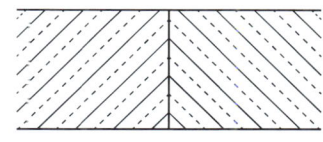

지반	
석재	
인조석	
잡석다짐	

61 다음 특징에 해당하는 수종은?

- 콩과(科) 수종이다.
- 성상은 낙엽활엽교목이다.
- 여름 8월경에 황백색의 꽃이 아름답다.
- 나무껍질은 세로로 갈라진다.
- 건조, 공해에 강하여 전통적으로 정자목으로 이용
  했다.

① 쥐똥나무(*Ligustrum obtusifolium*)
② 귀룽나무(*Prunus padus*)
③ 능수버들(*Salix pseudolasiogyne*)
④ 회화나무(*Sophora japonica*)

해설

회화나무는 좋은 녹음수, 정자나무이며 내한성과 내공해성이
강하여 공원이나 가로수로 적당하고 병충해가 적은 편이며 수
형이 아름다워 정원수로 훌륭하다.
① 쥐똥나무 : 물푸레나무과
② 귀룽나무 : 장미과
③ 능수버들 : 버드나무과

62 개체군 분포에서 Allee의 원리가 뜻하는 것은?

① 어떤 개체군은 불규칙적으로 분포한다.
② 어떤 개체군 분포는 집단화가 유리하다.
③ 어떤 개체군은 개체 내 경쟁이 개체 간보다 치열
　하다.
④ 어떤 개체군은 미환경의 특성에 따라 분포한다.

해설

Allee의 원리
개체의 밀집정도는 최적의 개체군 성장에 유리한 쪽으로 진행
된다(소극적 방어, 적극적 변화).

63 다음 중 자생지가 우리나라에서는 울릉도로 한정된 수종은?

① 무화과나무(*Ficus carica* L.)
② 신갈나무(*Quercus mongolica* Fisch. ex Ledeb.)
③ 당단풍나무(*Acer pseudosieboldianum* Kom.)
④ 너도밤나무(*Fagus engleriana* Seemen ex Diels)

해설

너도밤나무(*Fagus engleriana* Seemen ex Diels)
- 울릉도의 바닷가에서 해발 900m까지 자라는 특산수종으로
  높이 20m까지 달한다. 참나무과에 속하는 낙엽활엽교목이다.
- 줄기는 곧게 자라서 원추형의 나무모양을 이루며 나무껍질은
  회백색으로 평평하고 매끄럽다.

64 다음 식물 중 상록활엽수에 해당되는 것은?

① 목련(*Magnolia kobus*)
② 함박꽃나무(*Magnolia sieboldii*)
③ 태산목(*Magnolia grandiflora*)
④ 일본목련(*Magnolia obovate*)

해설

태산목은 상록활엽교목이다.
- 낙엽활엽교목 : 목련, 일본목련
- 낙엽활엽소교목 : 함박꽃나무

65 다음 중 협죽도과(科, Apocynaceae)의 수종은?

① 목서(*Osmanthus fragrans*)
② 좀작살나무(*Callicarpa dichotoma*)
③ 마삭줄(*Trachelospermum asiaticum*)
④ 치자나무(*Gardenia jasminoides*)

해설

③ 마삭줄 : 협죽도과, 상록 활엽 덩굴성
① 목서 : 물푸레나무과
② 좀작살나무 : 마편초과
④ 치자나무 : 꼭두서니과

66 식물체를 지탱시키며, 뿌리에 산소를 공급하는 토양단면상의 집적층을 나타내는 기호는?

① A층
② B층
③ C층
④ D층

[해설]
토양단면(층위구성)
유기물층(O) → 용탈층(A) → 집적층(B) → 모재층(C) → 모반층(D)

67 조경설계기준에 제시된 비탈 경사면(法面) 피복용 식물이 갖추어야 할 조건으로 가장 거리가 먼 것은?

① 비탈면의 자연식생 천이 방해
② 주변 식생과의 생태적 · 경관적 조화
③ 우수한 종자발아율과 폭넓은 생육 적응성
④ 목본류는 내건성, 내열성, 내한성 조건을 고루 만족

[해설]
① 비탈면의 토질과 환경조건에 적응하여 생존할 수 있는 식물이어야 한다.

68 다음 중 같은 속(屬)에 속하는 수종으로만 구성된 것은?

① 밤나무, 너도밤나무, 나도밤나무
② 상수리나무, 신갈나무, 굴참나무
③ 족제비싸리, 조록싸리, 꽃싸리
④ 오동나무, 벽오동, 개오동

[해설]
② 상수리나무, 신갈나무, 굴참나무 : 참나무속
① 밤나무 : 밤나무속, 너도밤나무, 나도밤나무 : 나도밤나무속
③ 조록싸리, 꽃싸리 : 싸리속, 족제비싸리 : 족제비싸리속
④ 오동나무 : 오동나무속, 벽오동 : 벽오동속, 개오동 : 개오동속

69 영국 윌리엄 로빈슨이 제창한 야생원과 같은 목가적인 전원풍경을 그대로 재현시키는 식재기법은?

① 무늬식재
② 군락식재
③ 자유식재
④ 자연풍경식식재

[해설]
자연풍경식식재는 와일드 가든(wild garden)에서 그 원류를 찾을 수 있다. 윌리엄 로빈슨이 시초가 되고, 거투르드 제킬(Gerturde Jekyll)이 구체적으로 형상화하였다.

70 수목이식 시 표준 뿌리분의 크기를 결정하는 일반적 기준은?

① 근원직경 × 3
② 근원직경 × 4
③ 근원직경 × 5
④ 근원직경 × 6

[해설]
표준적인 뿌리분의 크기는 근원직경의 4배를 기준으로 한다.

71 조경 식재설계에서 질감(texture)의 설명으로 옳지 않은 것은?

① 거친 질감에서 부드러운 질감으로의 점진적인 사용은 식재설계에서 바람직하지 않다.
② 떨어진 거리에서 보았을 때 질감은 식물 전체에 대한 빛과 음영의 효과로 나타난다.
③ 가까이에서 보았을 때 질감은 계절을 통하여 잎, 가지의 크기와 표면, 밀도 등에 따라서 결정된다.
④ 식물개체의 물리적 특성과 빛이 식물에 비추는 상태, 식물이 보이는 거리 등은 식물개체의 질감을 결정한다.

[해설]
좁은 공간의 면적을 넓게 보이려면 거친 질감으로부터 점점 고운 질감으로 식재한다.

72 아황산가스에 약한 수종은?

① 은행나무
② 가이즈까향나무
③ 독일가문비
④ 동백나무

[해설]
아황산가스에 약한 수종
가문비나무, 감나무, 고로쇠나무, 느티나무, 다릅나무, 단풍나무, 대왕송, 독일가문비, 매실나무, 반송, 벚나무류, 백합나무, 산법나무, 삼나무, 소나무, 왕벚나무, 일본잎갈나무, 잎갈나무, 자작나무, 잣나무, 전나무, 홍단풍, 히말라야시다 등

73 다음 중 자웅이주이기 때문에 암그루와 숫그루를 함께 심어야 열매를 볼 수 있는 수종으로만 나열된 것은?

① 계수나무, 해당화
② 먼나무, 산딸나무
③ 낙상홍, 보리수나무
④ 소철, 은행나무

[해설]
자웅이주(雌雄異株, dioeclous)
암꽃과 수꽃이 서로 다른 그루에 따로 달려 있는 것으로 이가화라고도 한다.
예) 은행나무, 버드나무, 물푸레나무, 왕버들, 소철 등

74 다음 중 무궁화의 학명으로 맞는 것은?

① *Lagerstroemia indica*
② *Cornus controversa*
③ *Cedrus deodara*
④ *Hibiscuc syriacus*

[해설]
① *Lagerstroemia indica* : 배롱나무
② *Cornus controversa* : 층층나무
③ *Cedrus deodara* : 개잎갈나무

75 식재방법을 기능별로 분류하면 공간조절, 경관조절, 환경조절로 구분할 수 있다. 이 중 공간을 조절하기 위한 식재방법은?

① 지표식재 ② 경관식재
③ 녹음식재 ④ 경계식재

[해설]

식재 기능별 적용 수종
- 공간조절 : 경계식재, 유도식재
- 경관조절 : 지표식재, 경관식재, 차폐식재
- 환경조절 : 녹음식재, 방풍·방설 식재, 방음식재, 방화식재, 지피식재, 임해식재

76 다음 중 황색 열매가 익어 달리는 수종은?

① 치자나무(*Gardenia jasminoides* Ellis)
② 매자나무(*Berber is koreana* Palib)
③ 식나무(*Aucuba japonica* Thunb)
④ 작살나무(*Callicarpa japonica* Thunb)

[해설]

② · ③ 매자나무, 식나무 : 붉은색
④ 작살나무 : 보라색

열매의 색채

색	수종
붉은색	산수유, 감나무, 가막살나무, 화살나무, 감탕나무, 팥배나무, 매자나무, 백당나무, 호랑가시나무, 피라칸사, 낙상홍, 앵두나무, 마가목, 찔레나무, 사철나무, 노박덩굴, 산사나무, 목련, 보리수나무, 까치밥나무, 식나무
황색	튤립나무, 회화나무, 은행나무, 탱자나무, 살구나무, 매화나무, 상수리나무, 명자나무, 멀구슬나무, 아그배나무, 치자나무
보라색	좀작살나무
검은색	생강나무, 꽝꽝나무, 광나무, 굴거리나무, 쥐똥나무, 팔손이, 인동덩굴, 후박나무, 아왜나무, 뽕나무, 왕벚나무, 병아리꽃나무, 오갈피나무, 팽나무
갈색	칠엽수, 배롱나무, 메타세쿼이아
흰색	흰말채나무

77 다음 중 생태계 교란 생물(식물)이 아닌 것은?

① 갯줄풀(*Spartina alterniflora*)
② 단풍잎돼지풀(*Ambrosia trifida*)
③ 양미역취(*Solidago altissima*)
④ 환삼덩굴(*Humulus japonicus*)

[해설]

① 갯줄풀 : 2016년 지정
② 단풍잎돼지풀 : 1999년 지정
③ 양미역취 : 2009년 지정
④ 환삼덩굴 : 2019년 지정

생태계 교란 식물

지정 연도	식물
1999년 지정	• 돼지풀 *Ambrosia artemisiaefolia* var. *elatior* • 단풍잎돼지풀 *Ambrosia trifida*
2002년 지정	• 서양등골나물 *Eupatorium rugosum* • 물참새피 *Paspalum distichum* • 털물참새피 *Paspalum distichum* var. *indutum* • 도깨비가지 *Solanum carolinense*
2009년 지정	• 애기수영 *Rumex acetosella* • 가시박 *Sicyos angulatus* • 서양금혼초 *Hypochoeris radicata* • 미국쑥부쟁이 *Aster pilosus* • 양미역취 *Solidago altissima*
2012년 지정	가시상추 *Lactuca scariola*
2016년 지정	• 갯줄풀 *Spartina alterniflora* Lousel • 영국갯끈풀 *Spartina anglica* C.E. Hubb
2019년 지정	환삼덩굴 *Humulus japonicus* Siebold & Zucc
2020년 지정	마늘냉이 *Alliaria petiolata*

78 자연식생의 군락조사 방법으로 가장 부적합한 것은?

① 모든 방형구의 크기는 5×5m 정도가 일반적이다.
② 방위·경사 등의 입지조건을 기재한다.
③ 식생계층은 교목층, 아교목층, 관목층, 초본층으로 구분하여 기록한다.
④ 각 계층별로 모든 출현종의 우점도와 군도를 기록한다.

해설
조사구의 크기는 조사목적 및 대상으로 하는 식물군락의 성질에 따라 다르다.

79 다음 중 비료목(肥料木)으로 분류하기 가장 어려운 수종은?

① 소나무   ② 오리나무
③ 싸리나무   ④ 아까시나무

해설
비료목의 종류
• 콩과 식물 : 아까시나무, 싸리나무, 자귀나무, 칡
• 비콩과 식물 : 소귀나무, 오리나무, 보리수

80 식재로 얻을 수 있는 대표적인 기능 중 공학적 이용을 통해서 얻을 수 있는 식물의 효과에 해당하는 것은?

① 대기의 정화작용   ② 사생활 보호
③ 조류 및 소동물 유인 ④ 구조물의 유화

해설
로비네트(G. Robinette) 식물재료의 기능적 이용
• 건축적 이용 : 사생활 보호, 차폐, 공간분할, 점진적 이해
• 공학적 이용 : 토양침식 조절, 음향의 조절(차음), 대기정화 기능, 섬광조절, 반사의 조절, 통행의 조절
• 기상학적 이용 : 태양복사열 조절, 바람의 조절, 강수 조절, 온도 조절
• 심미적 이용 : 조각물로서의 이용, 반사, 영상, 섬세한 선형미, 장식적 수벽, 조류 및 소동물 유인, 배경용, 구조물의 유화

제5과목 조경시공구조학

81 조경시공분야와 관련된 POE(Post Occupancy Evaluation)란?

① 품질관리기법의 일종으로 불량품처리와 재발을 방지하는 것
② 시공으로 인한 환경적 영향을 사전에 평가하는 기법
③ 설계자가 시공자의 입장을 충분히 고려하여 설계하는 기법
④ 시공 후 평가 또는 이용 후 평가

해설
POE(Post Occupancy Evaluation, 이용 후 평가)
일정 프로젝트가 시공되고 얼마 동안의 이용기간을 거친 후 그 설계 혹은 계획에 대한 평가를 함으로써 설계자의 설계의도가 그대로 반영되고 있는지, 이용자의 형태에 적합한 공간구성이 이루어졌는지 등을 알아보고자 하는 평가이다.

82 토압에 대한 설명 중 틀린 것은?

① 토압이 작용하지 않는 옹벽은 구조적으로 담과 같은 구조물이다.
② 옹벽의 뒷채움 흙을 다지더라도 토압은 크게 변화하지 않는다.
③ 토압의 크기는 토질, 함수량 등에 따라 달라지게 된다.
④ 옹벽과 같은 구조물에 작용하는 흙의 압력이 토압이다.

해설
토압의 종류
• 정지토압 : 옹벽에 뒷채움 흙을 채운 뒤에도 벽체의 변위가 생기지 않는 상태에서 작용하는 토압
• 주동토압 : 뒤채움 흙의 압력에 의해 벽체가 흙으로부터 멀어지는 변위를 일으킬 때 뒤채움 흙은 수평방향으로 팽창하면서 파괴가 일어날 때의 토압
• 수동토압 : 어떤 외력으로 벽체가 뒤채움 흙쪽으로 변위를 일으킬 때 뒤채움 흙은 수평방향으로 압축하면서 파괴가 일어날 때의 토압

83 건물 외벽에 그림과 같은 철봉을 박고 그 끝에 화분을 걸었다. 이때 발생하는 휨모멘트의 해석도는?

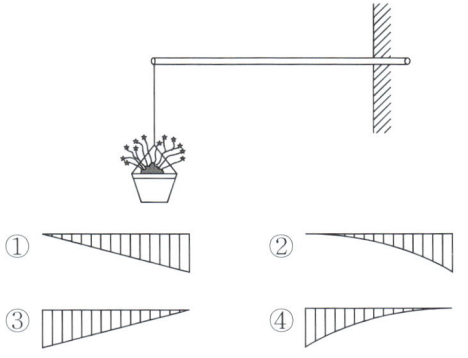

① ② ③ ④

캔틸레버 보는 고정단에서 직각삼각형의 최대 휨모멘트가 발생한다.

84 다음 중 순공사비의 구성 항목이 아닌 것은?

① 경 비   ② 재료비
③ 노무비   ④ 일반관리비

해설
순공사비 = 직접공사비, 간접공사비
• 직접공사비 = 재료비 + 노무비 + 외주비 + 경비
• 간접공사비 = 간접노무비 + 보험료 + 퇴직금 + 안전관리비 등
※ 공사원가 = 순공사비 + 현장경비
※ 총원가 = 공사원가 + 일반관리비
※ 총공사비 = 견적가격 = 총원가 + 이윤

85 다음 중 구조물을 역학적으로 해석하고 설계하는 데 있어 우선적으로 산정해야 하는 것은?

① 구조물에 작용하는 하중 산정
② 구조물에 작용하는 외응력 산정
③ 구조물에 발생하는 반력 산정
④ 구조물 단면에 발생하는 내응력 산정

해설
구조계산 순서
하중산정 → 반력산정 → 외응력산정 → 내응력산정 → 내응력과 재료의 허용강도 비교

86 그림과 같을 때 B점의 표고 H_b 는?(단, $n = 11.5$, $D = 40m$, $S = 1.50m$, $I = 1.10m$, $H_a = 25.85$)

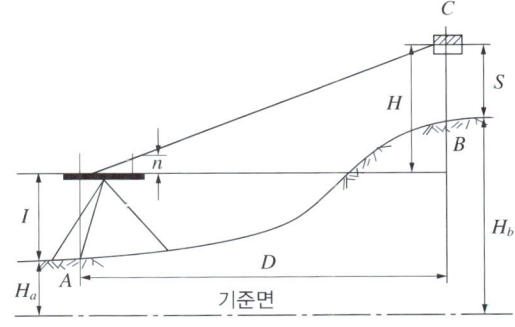

① 31.20m   ② 32.20m
③ 30.05m   ④ 31.05m

해설
$$H_b = H_a + I + (nD / 100) - S$$
$$= 25.85 + 1.1 + (11.5 \times 40 / 100) - 1.5$$
$$= 30.05m$$

87 다음의 단순보에서 A점의 반력이 B점의 반력의 3배가 되기 위한 거리 x 는 얼마인가?

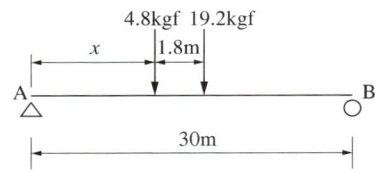

① 3.75m　　② 5.04m

③ 6.06m　　④ 6.66m

해설

- $V_A = 3V_B$

  $V_A + V_B = 4.8 + 19.2 = 24$

  $3V_B + V_B = 24$

  $\therefore V_B = 6,\ V_A = 18$

- $\sum M_B = 0$

  $4.8 \times x + 19.2(1.8 + x) - 6 \times 30 = 0$

  $4.8x + 34.56 + 19.2x - 180 = 0$

  $24x - 145.44 = 0$

  $x = 6.06m$

88 15ton 차륜식 불도저를 이용하여 60m 지점에 굴착토를 운반하여 사토하려 할 때 1회 왕복 시간은 얼마인가?(단, 전진속도 80m/분, 후진속도 100m/분, 기어변속시간 0.25분이다)

① 3.24분　　② 2.95분

③ 1.60분　　④ 0.91분

해설

왕복시간 $C_m = \dfrac{L}{V_1} + \dfrac{L}{V_2} + t$

$\qquad = \dfrac{60}{80} + \dfrac{60}{100} + 0.25$

$\qquad = 1.6(분)$

89 다음 공식에서 A가 의미하는 것은?

$$A = \frac{흐트러지지\ 않은\ 천연시료의\ 강도}{흐트러진\ 시료의\ 강도}$$

① 예민비　　② 간극비

③ 함수비　　④ 포화도

해설

① 예민비 $= \dfrac{자연시료의\ 강도(불교란시료의\ 강도)}{이긴시료의\ 강도(교란시료의\ 강도)}$

② 간극비 $= \dfrac{간극의\ 용적}{토립자의\ 용적}$

③ 함수율 $= \dfrac{젖은\ 흙의\ 물의\ 중량}{건조한\ 흙의\ 중량} \times 100(\%)$

④ 포화도 $= \dfrac{물의\ 용적}{간극의\ 용적} \times 100(\%)$

90 다음 그림에 관한 설명 중 틀린 것은?

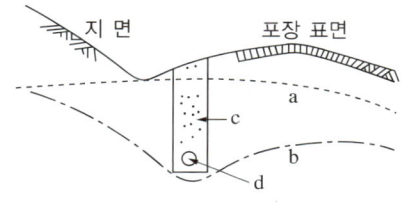

① 차단배수시설이다.

② d는 콘크리트 무공관이다.

③ a는 초기, b는 변경된 지하수위이다.

④ c는 굵은 모래나 모래가 섞인 강자갈이 좋다.

해설

심토층 배수에 사용되는 관은 유공관이다. 따라서 d는 유공관으로 보통 PVC관이나 PE관 또는 HDPE관 등 한국산업규격에 적합한 제품이어야 하며, 공사시방서에 따라 집수구멍이 일정한 간격으로 뚫려 있어야 한다.

91 소운반(小運搬)에 대한 설명으로 옳은 것은?
(단, 건설공사 표준품셈의 기준을 적용한다)

① 인력을 이용하는 목도 운반을 소운반이라 한다.
② 소운반의 거리는 50m 이내의 거리를 말한다.
③ 경사면의 소운반 거리는 수직고 1m를 수평거리
6m의 비율로 계상한다.
④ 소운반로가 비포장일 경우 비용을 50% 할증 계
상한다.

① 소운반은 현장에 도착된 자재를 공사하는 최종 위치로 이동
시키는 운반을 말한다.
② 소운반의 거리는 20m 이내의 수평거리를 말한다.
④ 소운반 거리가 20m를 초과할 경우에는 초과분에 대하여 이
를 별도 계상한다.

92 다음 중 금속부식을 최소화하기 위한 방법에
대한 설명 중 옳지 않은 것은?

① 부분적으로 녹이 나면 즉시 제거한다.
② 표면을 평활하고 깨끗이 하며 가능한 한 건조한
상태를 유지한다.
③ 가능한 한 이종금속을 인접 또는 접촉시키지 않
는다.
④ 큰 변형을 준 것은 가능한 한 담금질을 하여 사용
한다.

큰 변형을 준 것은 가능한 한 풀림하여 사용한다.

93 콘크리트 타설 시 거푸집에 작용하는 측압이
큰 경우에 해당되지 않는 것은?

① 거푸집 부재단면이 클수록
② 콘크리트의 비중이 작을수록
③ 콘크리트의 슬럼프가 클수록
④ 외기온도가 낮을수록

콘크리트 타설 시 거푸집에 작용하는 측압이 큰 경우
• 슬럼프값이 클수록
• 온도 및 대기의 습도가 낮을수록
• 부어넣기 속도가 빠를수록
• 부배합일수록
• 철근량이 적을수록
• 콘크리트 비중이 클수록
• 벽 두께가 두꺼울수록

94 다음에 설명하는 특징을 갖는 조명등은?

• 조명등 중 전기효율이 높은 편이다.
• 빛이 먼 거리까지 잘 비춰 가로등이나 각종 시설조
명으로 사용된다.
• 발광색은 느란색이어서 매우 특징적이므로 미적
효과를 연출하기 용이하다.
• 곤충들이 모여 들지 않는 특징이 있다.

① 할로겐등
② 제논램프
③ 고압나트륨등
④ 메탈할라이드등

① 할로겐등 : 빛의 조절이나 통제가 용이하며, 색채 연출이 우
수하지만, 고출력의 높은 전압에서만 작동이 가능하므로 정
원, 광장 등에는 사용이 곤란하다.
② 제논램프 : 초기 발광시간이 필요치 않고 순간 재점등이 가
능하다.
④ 메탈할라이드등 : 고압수은등램프보다 효율, 연색성이 우수
하고, 옥외즈명 및 옥내고천장조명에 적당하다.

95 다음 건설재료 중 단위 m³당 중량(重量)이 가장 큰 것은?

① 철근콘크리트
② 화강암
③ 자갈(건조)
④ 목재(생송재)

해설

② 화강암 : 2,600~2,700kg/m³
① 철근콘크리트 : 2,300kg/m³
③ 자갈(건조) : 1,600~1,800kg/m³
④ 목재(생송재) : 800kg/m³

97 감리원에 대한 설명이 틀린 것은?

① 현장대리인이 감리원을 선정한다.
② 그 공사에 대하여 전문적인 기술자를 선정한다.
③ 감리원은 설계도대로 시공되지 않았을 때는 수급인에게 시정을 요구한다.
④ 감리원은 발주자의 자문에 응하고 기술적으로 설계서대로의 시공여부를 확인한다.

해설

발주청과 감리전문회사 간에 체결된 감리용역계약의 내용에 따라 감리원은 당해공사가 설계도서 및 기타 관계서류의 내용대로 시공되는지의 여부를 확인하고 품질관리, 시공관리, 공정관리, 안전 및 환경관리 등에 대한 기술지도를 하며, 발주청의 위탁에 의하여 건설기술관리법령에 따라 발주청의 감독 권한을 대행하게 된다.

96 다음 네트워크 공정표에서 전체 공정을 마치는데 소요되는 최장기간(CP)은?

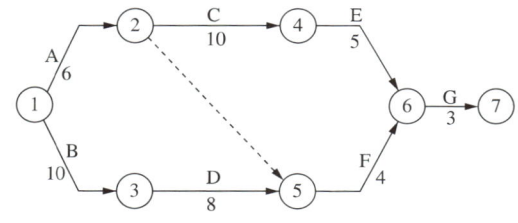

① 23일
② 24일
③ 25일
④ 26일

해설

• 1 → 2 → 4 → 6 → 7 = 6 + 10 + 5 + 3 = 24일
• 1 → 3 → 5 → 6 → 7 = 10 + 8 + 4 + 3 = 25일
• 1 → 2 → 5 → 6 → 7 = 6 + 0 + 4 + 3 = 13일

98 보통포틀랜드 시멘트(평균기온 20℃ 이상)를 사용한 경우 거푸집널의 해체 시기(기초, 보, 기둥 및 벽의 측면)로 옳은 것은?(단, 압축강도를 시험하지 않을 경우)

① 1일
② 2일
③ 3일
④ 4일

해설

콘크리트의 압축강도를 시험하지 않은 경우 거푸집널의 해체 시기(기초, 보, 기둥 및 벽의 측면)

평균 기온 \ 시멘트의 종류	20℃ 이상	20℃ 미만 10℃ 이상
조강 포틀랜드 시멘트	2일	3일
보통 포틀랜드 시멘트 고로 슬래그 시멘트(A종) 플라이 애시 시멘트(1종)	3일	4일
고로 슬래그 시멘트(2종) 포틀랜드포졸란시멘트(B종) 플라이 애시 시멘트(2종)	4일	6일

99 15분 동안에 15mm의 비가 내렸을 때, 이것을 평균강우강도(mm/hr)로 환산할 경우 맞는 것은?

① 1
② 30
③ 60
④ 90

해설

강우강도(mm/hr) = 특정 시간 동안의 강우량(mm)/시간(hr)

(평균)강우강도 = $\dfrac{15mm}{\dfrac{15분}{60분}}$ = 60(mm/hr)

100 다음 중 고사식물의 하자보수 면제 대상에 해당되지 않는 것은?

① 폭풍 등에 준하는 사태
② 천재지변과 이의 여파에 의한 경우
③ 인위적인 원인(생활 활동에 의한 손상 등)으로 인한 고사
④ 유지관리비용을 지급받은 준공 후 상태에서 가뭄 등에 의한 고사

해설

고사식물의 하자보수 면제 대상
• 전쟁, 내란, 포궁 등에 준하는 사태
• 천재지변(폭풍, 홍수, 지진 등)과 이의 여파에 의한 경우
• 화재, 낙뢰, 파열, 폭발 등에 의한 고사
• 준공 후 유지관리를 지급하지 않은 상태에서 혹한, 혹서, 가뭄, 염해(염화칼슘) 등에 의한 고사
• 인위적인 원인으로 인한 고사(교통사고, 동물의 침입 등)

제6과목 조경관리론

101 비탈면의 풍화 및 침식 등의 방지를 주목적으로 하며, 1:1.0 이하의 완구배로서 접착력이 없는 토양, 식생이 곤란한 풍화토, 점토 등의 경우에 실시하는 비탈면의 보호공은?

① 콘크리트판 설치공
② 돌붙임 및 블록붙임공
③ 콘크리트 ㄷ자형 블록 및 심줄박기공
④ 시멘트 모르타르 및 콘크리트 뿜어붙이기공

해설

① 콘크리트판 설치공 : 암의 절리가 많은 지역. 모르타르 뿜어붙이기 공법으로는 약하다고 생각되는 경우
③ 콘크리트 격자형 블록 및 심줄박기공법 : 식생의 생육에 적당하지 않고 용수가 있는 절토비탈면이 강우로 자주 유실되어 유지관리가 어려운 곳에 가장 적합한 비탈면 보호 공법(단, 구배는 1∶0.8 이하의 완구배 비탈)
④ 시멘트 모르타르 및 콘크리트 뿜어붙이기공 : 비탈면에 용수가 없고, 붕괴우려가 없는 지역. 낙석 예상지역이나 식생이 부적당한 곳

102 미국흰불나방은 북아메리카가 원산지이다. 우리나라에 최초로 피해를 나타낸 시기는?

① 1948년 전후
② 1958년 전후
③ 1968년 전후
④ 1978년 전후

해설

미국흰불나방은 1958년 서울 용산 외국인 주택에서 처음 발견된 후 전국적으로 나타나고 있다.

103 토양으로부터 입경분석을 하고, 그리고 입경의 분포비에 의해서 토성(soil texture)을 결정하게 된다. 이 일련의 과정과 관계가 없는 것은?

① 삼각도표법
② 스토크스(stokes) 법칙
③ 토양의 양이온치환용량
④ sodium hexametaphosphate

해설
③ 양이온치환용량 : 토양이 음전하에 의하여 양이온을 흡착할 수 있는 능력이며, 단위는 cmol/kg이다.
토성 결정
• 3각 도표법, 간이판정법(촉감 or 렌즈 이용)
• 입경분석법 : 체이용 분석, 기계적 분석
  기계적 분석 : 침강을 통해 미사와 점토를 분석하는 스토크스 법칙을 이용하며 피펫법, 비중계법, X선이나 광선이용법 등
• sodium hexametaphosphate는 화학적 분산제로 기계적 분석 시에 사용된다.

104 살분법(撒粉法)에 이용되는 분제가 갖추어야 할 물리적 성질로서 가장 거리가 먼 것은?

① 분산성   ② 비산성
③ 안정성   ④ 현수성

해설
분제(입제)의 물리적 성질
입자의 크기, 분산성, 비산성, 부착성·고착성, 응집력, 토분성, 안정성, 경도, 용적비중(가비중), 수중붕괴성

105 콘크리트 재료 시설물의 균열을 줄이기 위한 대책으로 적당하지 않은 것은?

① 양생방법에 주의한다.
② 수축 이음부를 설치한다.
③ 단위 시멘트량을 적게 한다.
④ 수화열이 높은 시멘트를 선택한다.

해설
콘크리트는 건조 수축이나 수화열 등에 의해 균열이 생기기 쉬우므로 수화열이 낮은 시멘트를 선택한다.

106 관리업무 중에 위탁하는 것이 유리한 것은?

① 긴급한 대응이 필요한 업무
② 정량적이고 정기적인 관리업무
③ 관리취지가 명확해야 하는 업무
④ 이용자에게 양질의 서비스가 가능한 업무

해설
② 도급방식
①·③·④ 직영방식
※ 운영관리방식
  • 직영방식 : 관리 주체가 직접 운영관리하는 방식이다.
  • 도급방식 : 관리 전문 용역 회사나 단체에 의뢰하는 방식이다.

107 다음 [보기]에서 설명하는 제초제는?

┤보기├
• 유기인계 비선택성 제초제이다.
• 작용기작은 아미노산의 생합성 저해이다.
• 원제는 백색, 무취의 결정으로서 분자량이 약 169 이다.

① 파라콰트(paraquat)
② 글리포세이트(glyphosate)
③ 시노설퓨론(cinosulfuron)
④ 프레틸라클로르(pretilachlor)

해설
유기인계 제초제
글리포세이트(glyphosate), 글리포세이트암모늄(glyphosate ammonium), 비알라포스(bialaphos), 피페로포스(piperophos), 등이 있다.
① 파라콰트(paraquat) : 비피리딜리움계 제초제
③ 시노설퓨론(cinosulfuron) : 설포닐우레아계 제초제
④ 프레틸라클로르(pretilachlor) : 산아미드계 제초제

108 다음 설명의 A와 B에 들어갈 적합한 용어는?

> 지하수는 작은 공극으로 이루어지는 모세관을 따라 위로 이동하게 되며, 이동되는 높이는 모세관의 지름에 (A)한다. 그러나 모세관작용에 의하여 이동하는 물의 속도는 모세관의 지름이 (B) 빠르다.

① A : 비례, B : 클수록
② A : 반비례, B : 클수록
③ A : 비례, B : 작을수록
④ A : 반비례, B : 작을수록

[해설]
지하수는 작은 공극으로 이루어지는 모세관을 따라 위로 이동하게 되며, 올라갈 수 있는 높이는 모세관의 지름에 반비례한다. 그러나 모세관 작용에 의하여 이동하는 물의 속도는 모세관의 지름이 클수록 빠르다.

109 비료의 화학적 반응에 관한 설명으로 틀린 것은?

① 과인산석회는 산성비료이다.
② 비료의 수용액 고유의 반응을 말한다.
③ 화학적으로 중성인 비료는 시용 후 식물의 흡수 후에도 그 반응은 변화되지 않는다.
④ 식물이 뿌리로부터 양분을 흡수하는 것은 그 양분이 가용성(可溶性)이어야 한다.

[해설]
비료의 반응
• 화학적 반응은 비료의 수용액 고유의 반응으로 산성, 염기성 또는 중성으로 구별하며 비료의 배합이나 농약과의 혼용시용 때 반드시 고려해야 하는 반응이다.
• 생리적 반응은 비료 자체의 반응이 아니라 토양 중에서 식물뿌리의 흡수작용 또는 미생물 작용을 받은 뒤에 나타나는 토양의 반응을 말한다.

110 네트워크에 의한 공정계획 수법 중 자원의 평준화의 목적에 해당하지 않는 것은?

① 유휴시간을 줄일 것
② 일일 동원자원을 최대로 할 것
③ 공기 내에 자원을 균등하게 할 것
④ 소요자원의 급격한 변동을 줄일 것

[해설]
자원평준화의 목적
소모자원의 급격한 변동 방지, 일일 동원자원 최소화, 유휴시간 최소화, 공기 내게서의 자원 균등 분배 등을 꼽을 수 있다.

111 공정관리 곡선 작성 중 다음 표에서와 같이 실시공정곡선이 예정공정곡선에 대한 항상 안전범위 안에 있도록 계정곡선(계획선)의 상하에 그리는 허용한계선을 일컫는 명칭은?

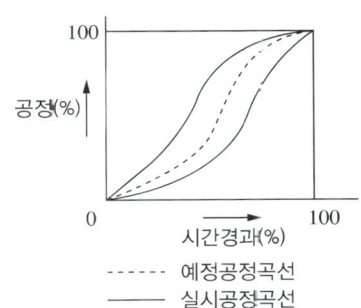

---- 예정공정곡선
—— 실시공정곡선

① S-curve
② progressive curve
③ banana curve
④ net curve

[해설]
예정공정곡선은 S자 곡선(S-curve), 허용한계선은 바나나곡선이다.

112 조경관리에 활용되는 사다리의 넘어짐(전도) 방지에 대한 설명으로 틀린 것은?

① 이동식 사다리의 길이가 6m를 초과하는 것을 사용하지 않도록 한다.
② 기대는 사다리의 설치각도는 수평면에 대하여 75° 이하를 유지해야 한다.
③ 계단식 사다리(A자형)는 잠금장치를 확실하게 사용하고, 접은 채로 사용하지 않도록 한다.
④ 기대는 사다리(일자형)를 설치할 때는 사다리의 상단이 걸쳐 놓은 지점으로부터 30cm 정도 올라가게 설치한다.

해설
사다리식 통로 등의 구조(산업안전보건기준에 관한 규칙 제24조 제1항)
사업주는 사다리식 통로 등을 설치하는 경우 다음의 사항을 준수하여야 한다.
• 견고한 구조로 할 것
• 심한 손상·부식 등이 없는 재료를 사용할 것
• 발판의 간격은 일정하게 할 것
• 발판과 벽과의 사이는 15cm 이상의 간격을 유지할 것
• 폭은 30cm 이상으로 할 것
• 사다리가 넘어지거나 미끄러지는 것을 방지하기 위한 조치를 할 것
• 사다리의 상단은 걸쳐놓은 지점으로부터 60cm 이상 올라가도록 할 것
• 사다리식 통로의 길이가 10m 이상인 경우에는 5m 이내마다 계단참을 설치할 것
• 사다리식 통로의 기울기는 75° 이하로 할 것. 다만, 고정식 사다리식 통로의 기울기는 90° 이하로 하고, 그 높이가 7m 이상인 경우
  – 등받이울이 있어도 근로자 이동에 지장이 없는 경우 : 바닥으로부터 높이가 2.5m 되는 지점부터 등받이울을 설치할 것
  – 등받이울이 있으면 근로자가 이동이 곤란한 경우 : 한국산업표준에서 정하는 기준에 적합한 개인용 추락 방지 시스템을 설치하고 근로자로 하여금 한국산업표준에서 정하는 기준에 적합한 전신안전대를 사용하도록 할 것
• 접이식 사다리 기둥은 사용 시 접혀지거나 펼쳐지지 않도록 철물 등을 사용하여 견고하게 조치할 것

113 횡선식 공정표로서 각 작업의 완료시점을 100%로 하여 가로축에 그 진행도를 표현하는 것은?

① GANTT Chart
② PERT 기법
③ CPM 기법
④ 기열식 공정표

해설
간트 차트(gantt chart)
해당 작업에 대한 달성도를 표시한 것으로 현재 시점에서의 진행상태 또는 달성도를 알 수 있지만 각 작업이 필요한 일수 및 공기에 영향을 주는 작업이 어느 것인지 불분명하다.

114 과석, 중과석과 같은 가용성 인산비료에 석회질 비료를 함께 배합할 경우 비효가 감소하는 원인 물질에 해당되는 것은?

① 규산석회
② 인산3칼슘
③ 질소
④ 염화칼륨

해설
과석(과인산석회), 중과석(중과인산석회), 토마스인비와 가용성인산비료에 석회질소와 같은 칼슘을 함유하는 비료 또는 석회질 비료를 혼합하면 칼슘과 인의 결합으로 불용성인산인 인산3칼슘으로 변화되어 비효가 오히려 저하된다.

115 수목의 수간 외과수술의 과정이 옳은 것은?

A : 부패부 제거	B : 형성층 노출
C : 소독 및 방부	D : 공동충전
E : 방수처리	F : 표면경화처리
G : 인공수피처리	

① A → B → C → D → E → F → G

② A → F → E → D → C → B → G

③ A → F → B → C → E → D → G

④ A → D → C → E → B → F → G

수목의 수간 외과수술의 과정
부패부 제거 → 형성층 노출 → 소독 및 방부 → 공동충전 →
방수처리 → 표면경화처리 → 인공수피처리

116 공원관리에 있어서 안전대책에 관한 사항으로 틀린 것은?

① 사고 후의 처리 문제는 안전대책에서 제외시킨다.
② 시설의 설치 시 시설의 구조, 재질, 배치 등이
   안전한가에 주의해야 한다.
③ 시설을 설치한 후에도 이용방법, 이용빈도 등 이
   용 상황을 관찰하도록 한다.
④ 이용자, 보호자의 부주의에서 생기는 사고의 경
   우에는 시설의 개량, 안내판에 의한 지도가 필요
   하다.

안전대책
• 구조나 재질에 결함이 있으면 철거하거나 개량조치를 한다.
• 정기적인 순시 점검과 시설이용 방법을 관찰 지도한다.
• 위험한 장소에는 감시원, 지도원의 배치를 한다.
• 공원은 휴양, 휴식시설이므로 안전사고는 관리자 및 이용자의
  과실이다.
※ 안전대책 중 사고처리의 일반적인 순서
  사고자의 구호 → 관계자에의 통보 → 사고상황의 파악 기록
  → 사고책임의 명확화 → 보상대책

117 포플러류 잎의 뒷면에 초여름부터 오렌지색의 작은 가루덩이가 생기고, 정상적인 나무보다 먼저 낙엽이 지는 현상이 나타나는 병은?

① 갈반병

② 잎녹병

③ 잎마름병

④ 점무늬잎떨림병

포플러 잎녹병은 5~6월에 잎 뒷면에 여름포자가 발행하여 8월
말까지 계속 반복전염을 하면서 피해를 확대시킨다.
포플러 잎녹병
• 기주 : 포플러류
• 중간기주 : 낙엽송, 현호색, 줄꽃주머니
• 병징(담자균에 의한 수병)
  - 5월 상순부터 9월 하순까지 포플러 잎뒷면에 노란 가루(하
    포자)를 뿌려 놓은 것 같은 모습을 나타낸다.
  - 초가을이 되면 황색가루는 없어지고 잎 양면에 암갈색의
    편평한 작은돌기(동포자퇴)가 형성된다.
• 생태
  - 병원균의 침입을 받으면 정상적인 잎보다는 1~2개월 일찍
    낙엽이 되어 생장이 크게 감소하나 병든 나무가 급속히 말
    라죽지는 않는다.
  - 동포자로 월동하여 이듬해 3월 이후 중간기주를 침해한다.
    드물게 하포자르 월동하여 이듬해 제1차 전염원이 되기도
    한다.

118 토양 부식(腐植, humus)의 기능으로 틀린 것은?

① 지온을 상승시킨다.
② 공극률을 증가시킨다.
③ 유효인산의 고정을 증가시킨다.
④ 양이온치환용량을 증가시킨다.

해설
토양 부식의 기능
• 보수력 증대
• 토양구조의 개선
• 토양온도의 상승
• 완충능의 증대
• 중금속 이온의 유해작용 억제
• 보비력 증대
• 인산의 고정 억제
• 식물 무기양분의 공급
• 부식산은 식물의 생육을 직접 자극하여 생장 촉진

119 곤충의 외분비물질로 특히 개척자가 새로운 기주를 찾았다고 동족을 불러들이는데 사용되는 종내 통신물질로 나무좀류에서 발달되어 있는 물질은?

① 집합 페로몬
② 경보 페로몬
③ 길잡이 페로몬
④ 성 페로몬

해설
페로몬의 종류
• 집합 페로몬 : 집단으로 생활하는 동물에서 그 집단의 형성, 유지에 관여하는 페로몬으로 한쪽 또는 양쪽 성 모두가 분비하여 같은 종 내의 다른 개체들을 먹이가 있는 곳이나 교미장소로 유인하는 화학물질
• 경보 페로몬 : 사회성 곤충이 천적의 침입을 받으면 위험을 동료에게 알려주기 위해 분비하는 화학물질
• 길잡이 페로몬 : 사회성 곤충의 경우 먹이를 찾은 후 그 쪽으로 다른 개체를 유인하거나 새로운 서식처로 이동할 때 사용된다.
• 성 페로몬 : 같은 곤충 종간에 상대 성(性)의 개체를 유인하기 위해 몸 외부로 분비하는 화학물질
• 분산 페로몬 : 같은 종 개체들의 과밀현상을 막기 위해 분비되는 물질
• 계급분화 페로몬 : 사회성 곤충에서 각각의 계급질서를 유지하기 위하여 분비하는 물질

120 실내조경용 식물의 인공토양에 해당되지 않는 것은?

① 질석
② 펄라이트
③ 피트모스
④ 사질양토

해설
④ 사질양토(loam soil) : 사질양토는 토양의 종류 중 하나로, 모래, 진흙, 토양, 유기물 등이 혼합된 토양이다. 토양의 구성요소들이 균형 있게 혼합되어 있어 토양의 수분 보유력과 통풍성이 뛰어나며, 농작물의 생장을 촉진한다.
① 질석(vermiculite) : 질석은 화강암이나 사암 등의 암석이 변질되어 만들어진 바닥재료로, 주로 검은색이나 회색을 띠며, 가벼우면서도 단단하고 내구성이 뛰어나다.
② 펄라이트(perlite) : 펄라이트는 가벼운 광물이며, 주로 토양 개량제로 사용된다. 화산재로부터 생성되며, 가벼워서 토양에 쉽게 섞여 토양의 통풍성과 배수성을 개선한다.
③ 피트모스(peat moss) : 피트모스는 토양 개량재료로 널리 사용되는 유기물이다. 부드럽고 흡수력이 높으며, 토양의 수분 보유력을 향상시키고, 농작물의 생장을 촉진한다.
인공경량토의 종류 : 버미큘라이트, 펄라이트, 피트모스[초탄, 이탄(peat)], 화산모래, 화산자갈

조경기사

제1과목 조경사

01 고대 이집트 주택정원의 연못가에 세운 정자는?

① pylon　　　　② kiosk
③ obelisk　　　④ sycamore

해설

정원 요소에 구형 또는 T자형 침상지를 배치하였으며 키오스크(kiosk)는 물가에 배치하였고, 수목 배치가 관개의 편이에 의해 이루어졌다. 키오스크는 일종의 퍼걸러이다.

02 안동 하회마을과 관련이 없는 것은?

① 화산서원　　　② 이화촌
③ 겸암정사　　　④ 하당

해설

① 화산서원은 전라북도 익산시 금마면에 있는 조선 후기 김장생을 추모하기 위해 창건한 서원이다.
② 안동 하회마을은 70년도 초까지만 하여도 집집마다 큰 서리배(재래종)나무가 한그루씩 있어 봄에는 온동네가 배꽃으로 만발하여 이화촌이라고 하였다.
③ 겸암정사는 겸암(謙巖) 선생이 명종 22년(1567년)에 세우고 후에 학문연구와 후진양성에 심혈을 기울이던 곳으로 안동시 풍천면 광덕리에 있는 정자이다.
④ 하당은 수령이 600넘는 나무로 하회 삼신당으로도 불리며 하회마을에서 가장 중앙에 위치해있다.

03 20세기 초 건축, 조경, 공예 부문에 실용적이고 장식이 별로 가해지지 않는 것이 요구되어 생겨난 미학 용어는?

① 회화미　　　　② 고전미
③ 복합미　　　　④ 기능미

해설

기능에 미적 가치가 부여된 기능미라는 개념은 20세기 초 유럽에서 시작된 '기능주의 미학(functional aesthetics)'에서 비롯되었다.

04 다음 [보기]의 단면도와 같은 배치를 보이는 르네상스시대의 별장 정원은?

┌ 보기 ┐

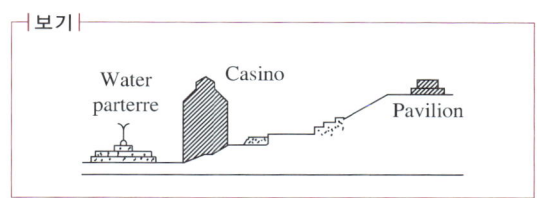

① 란셀로티장(villa Lancelotti)
② 란테장(villa Lante)
③ 데스테장(villa d'Este)
④ 카스텔로장(villa Castello)

해설

입면적 특징 : 정원에서의 주구조물인 카지노의 위치에 따라 분류
• 카지노가 테라스 최하단에 위치 : 카스텔로장
• 카지노가 정원 가운데에 위치 : 란테장, 알도브란디니장
• 카지노가 테라스 최상단에 위치 : 데스테장

정답 1 ② 2 ① 3 ④ 4 ②

05 경복궁의 경회루에 대한 내용으로 틀린 것은?

① 외국사신의 영접과 왕이 조정의 군신에게 베풀었던 연회장소로의 기능
② 유생들에게 왕이 친히 시험을 치르던 공간으로 사용
③ 조선시대의 전형적인 방지원도형 지원으로 2개의 원도를 설치
④ 서쪽에서 볼 때 두 개의 섬은 양분되어 좌우대칭의 기하학적 형태

해설
③ 경회루원은 방지와 3개의 방도로 축조했다.
• 방지방도(方地方島) : 사각형 땅에 사각형 섬
  예 경복궁 경회루 연못, 부용동 세연지 연못, 선교장 활래정 연못, 국담원
• 방지원도(方地圓島) : 사각형 땅에 둥근 섬
  예 창덕궁 부용지 연못, 다산초당, 청평사 문수원 정원 영지, 윤증고택의 연못

06 일본의 정토정원이 아닌 것은?

① 정유리사
② 영구사
③ 장안사
④ 중존사

해설
정토정원은 불교의 극락왕생을 표현한 조원으로 헤이안시대 말기에 등장했다.
• 헤이안시대 : 평등원, 모월사, 중존사
• 겸창시대 : 정유리사, 침명사, 영보사 정원
• 실정시대 : 천룡사 정원, 녹원사(금각사), 자조사(은각사)

07 보르비콩트(Vaux-Le-Vicomte)의 설명으로 맞지 않는 것은?

① 기하학, 원근법, 광학의 법칙을 적용하였다.
② 루이 14세에 의해 만들어졌다.
③ 비스타 가든(vista garden)의 특징을 잘 보여준다.
④ 프랑스 조경의 평면기하학 양식을 대표하는 정원의 하나이다.

해설
보르비콩트(Vaux-le-Vicomte) 정원
• 르 노트르가 정원을 설계하였고, 루이 르 보가 건축, 샤를 르 브링이 장식하였다.
• 최초의 평면기하학식 정원으로 베르사이유 정원의 계기가 되었다.
• 전면 중앙의 주축선을 중심으로 하여 좌우 대칭으로 화단을 장식하였고 수로를 놓았다.
• 정원은 숲을 관통하고 사방으로 산책로가 뻗어 있으며 비스타 가든을 형성하였다.
• 기하학, 원근법, 광학의 법칙을 적용하였다.

08 조선시대 기관 중 원포(園圃)와 소채(蔬菜)에 관한 업무를 맡던 곳은?

① 영조사   ② 장원서
③ 산택사   ④ 사포서

해설
④ 사포서(司圃署) : 궁궐에서 관리하는 텃밭에서 채소를 가꾸는 일을 맡은 관청
① 영조사 : 궁궐의 건축과 보수, 성의 수축, 각종 관청 건물의 건축 및 수리, 그 밖의 토목공사에 관한 일을 맡아 벌이며 피혁 모정의 제조에 관한 일을 담당한 관청
② 장원서 : 궁궐 안의 정원에 꽃나무를 심고 과일나무를 가꾸는 일을 맡은 관청
③ 산택사 : 나라 안의 산림, 소택, 나루터, 다리 등과 궁궐 안의 정원을 맡아보며 숯구이, 나무심기, 목재 및 석재의 채취, 짐배와 수레를 관리하며 문방구의 제조, 무쇠의 생산, 각종 철기의 제작 등에 관한 일을 맡은 관청

09 스페인의 무어양식의 특징은 중정(patio)에 있다. 알람브라 궁의 파티오와 헤네랄리페 이궁의 파티오 가운데 같은 이름으로 불렸던 곳은?

① 사이프러스의 중정

② 사자의 중정

③ 연못의 중정

④ 커넬의 중정

해설

헤네랄리페(Generalife) 이궁
- 그라나다 왕의 피서를 위한 은둔처로서 경사지의 계단식 처리와 기하학적 구성이 특징이다.
- 노단식(계단식)으로 된 구성 : 이탈리아 노단식 건축에 영향을 주었다.
- 공간의 구성
  - 수로의 중정 : 연꽃 모양의 분천이고, 궁전의 입구이며 가장 아름다운 공간이다.
  - 사이프러스 중정 : 옹벽을 따라 사이프러스를 식재하였고 노단의 정상부에 있다.

10 다음 중 왕도(王都)에 배나무가 연이어져 심겨 있었던 기록이 있는 국가는?

① 고구려

② 신라

③ 백제

④ 발해

해설

「삼국유사」는 '고구려 양원왕 2년(546)에 왕도(王都)에 있는 배나무가 연리(나뭇가지가 잇닿아 하나로 합침)했다'고 기록하고 있다.

11 조선시대 중기에 조영된 품(品)자형 상류주택으로 풍수지리사상과 방지원도형 연못이 조영된 다음 가도(家圖)의 사례지는?

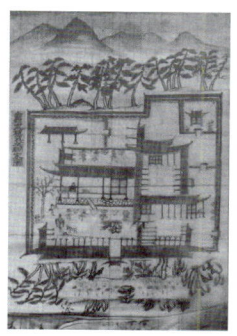

① 구례 운조루

② 강릉 선교장

③ 논산 윤증고택

④ 함양 정여창 고택

해설

운조루의 옛모습과 당시 식재 상황을 알 수 있는 도형 사료로는 1922년 제작된 전라구례오미동가도(全羅求禮五美洞家圖)에 잘 묘사되어 있다.

12 각 나라 정원의 연결이 올바른 것은?

① 에카테리나궁 – 오스트리아

② 바벨성 – 헝가리

③ 엑홀름 – 러시아

④ 돌마바체 – 터키

해설

① 에카테리나궁 : 러시아
② 바벨성 : 폴란드
③ 엑홀름 : 덴마크

13 초암풍(草庵風)의 정원조성으로 다정원(茶庭園)양식을 창출한 사람은?

① 풍신수길(豊臣秀吉)
② 몽창국사(夢窓國師)
③ 천리휴(千利休)
④ 등원양방(藤原良房)

14 중국의 사가정원 가운데 "해당화가 심겨져 있는 봄 언덕(해당춘오 : 海棠春塢)"이라는 정원이 그림과 같이 꾸며진 것은?

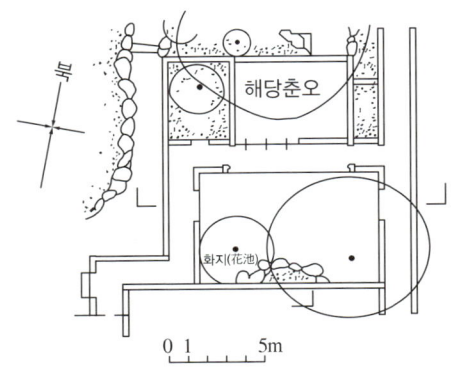

① 유원
② 사자림
③ 창랑정
④ 졸정원

15 이탈리아의 벨베데레원(Belvedere Garden)에 대한 설명으로 틀린 것은?

① 16세기 초 브라망테가 설계하였다.
② 최고 높이의 노단은 장식원으로 꾸몄다.
③ 건물과 공지를 조화시키어 건축적인 중정을 만들었다.
④ 축선을 강조한 커넬과 대분천으로 워터가든을 조성하였다.

16 다음 중 중국 전통정원에 영향을 끼친 문인으로 보기 어려운 인물은?

① 백거이(伯居易)
② 도연명(陶淵明)
③ 계성(計成)
④ 귤준강(橘俊綱)

17 청평사 선원(문수원 정원)에 관한 내용 중 틀린 것은?

① 청평사 문수원 정원은 고려 중기 이자현이 조성한 것이다.
② 청평사는 사다리꼴 형태의 영지가 경외에 있다.
③ 청평사는 자연동화적 수행 공간으로 조성되었다.
④ 청평사는 축을 강조한 전형적 전통사찰공간 배치형식을 따른다.

18 19세기 초 미국문화와 기후에 따라 부지에 적합하게 설계해야 된다는 점을 깊이 인식한 조경가는?

① 앙드레 파르망티에
② 앤드류 잭슨 다우닝
③ 프레드릭 로 옴스테드
④ 찰스 엘리어트

해설
앤드류 잭슨 다우닝(Andrew Jackson Downing)
초기에는 영국의 브라운파의 영향을 받기도 하였지만 미국문화와 기후에 따라서 부지에 적합하게 설계해야 한다고 주장하고 식민지시대 자국의 향수에 따라 자국 정원양식을 추종하던 풍토를 탈피하는 계기가 된다.
① 앙드레 파르망티에 : 미국 최초의 풍경식 정원을 설계하였고, 미국의 정형식 정원에 대한 반발로 회화적 양식을 찬양하였다.
③ 프레드릭 로 옴스테드 : 근대 조경의 아버지
④ 찰스 엘리어트 : 근대 도시공원계통 수립의 선구자

19 통일신라시대의 대표적인 조경유적이 아닌 것은?

① 임류각   ② 안압지
③ 포석정   ④ 불국사

해설
백제 동성왕 22년(서기 500년)에 대궐 동쪽에 높이가 5장이나 되는 임류각을 세우고 연못을 파고 새를 길렀다.

20 오늘날 옥상정원(Roof Garden)의 효시로 볼 수 있는 고대의 정원은?

① 이집트의 룩소르(Luxor)신전
② 그리스의 아도니스(Adonis)정원
③ 로마의 아드리아나(Adriana)별장
④ 페르시아의 파라다이스(Paradises)

해설
아도니스원
아도니스를 애도하는 제사에서 유래하여 부인들에 의하여 꾸며졌으며 후일 옥상정원으로 발전한다.

제2과목 조경계획

21 다음 중 기능적 위계가 큰 도로의 순서대로 바르게 나열한 것은?

① 집산도로 – 주간선도로 – 국지도로 – 보조간선도로
② 주간선도로 – 보조간선도로 – 국지도로 – 집산도로
③ 주간선도로 – 집산도로 – 보조간선도로 – 국지도로
④ 주간선도로 – 보조간선도로 – 집산도로 – 국지도로

해설
기능별 도보 분류의 곡선반경 기준
주간선도로(15m 이상) > 보조간선도로(12m 이상) > 집산도로(10m 이상) > 국지도로(6m 이상)

22 대지면적기 500m²인 필지에서 기준층 건축 면적이 200m²이그, 5층 건물이라고 할 때에 건폐율(A)과 용적률(B)을 맞게 계산한 것은?(단, 모든 층의 면적은 기준층의 면적과 같음)

① A : 20%, B : 100%
② A : 20%, B : 200%
③ A : 40%, B : 200%
④ A : 40%, B : 400%

해설
건폐율과 용적률
• 건폐율(대지면적에 대한 건축면적의 비율)
  $= 200/500 \times 100 = 40\%$
• 용적률(대지면적에 대한 연면적의 비율)
  $= (200 \times 5)/500 \times 100 = 200\%$

정답 18 ② 19 ① 20 ② 21 ④ 22 ③

23 일반적인 토지이용계획의 순서에 포함되지 않는 것은?

① 적지분석 　　　　 ② 종합배분
③ 토지이용분류 　　 ④ 지하매설 공동구 설치

기본계획
- 토지이용계획 : 토지이용계획 과정, 적지분석, 종합배분
- 교통동선계획 : 교통동선계획 과정, 교통동선 체계
- 시설물 배치계획 : 시설물 평면계획, 시설물의 형태, 재료, 색채, 시설물의 배치
- 식재계획 : 수종 선택, 배식, 녹지 체계
- 하부구조계획 : 가능한 한 지하로 매설하여 경관을 살린다. 안전성을 높이고 보수가 용이하도록 한다.
- 집행계획 : 투자계획, 법규검토, 유지 관리계획

24 개인적 공간(personal space)을 설명한 것 중 옳지 않은 것은?

① 개인이 이동함에 따라 같이 움직이는 구역
② 사회적 거리(홀, hall)는 보통 1.2~3.6m
③ 상황과 상관없이 일정한 크기를 유지
④ 인체를 둘러싼 보이지 않는 경계를 가진 구역

③ 개인 사이의 상황에 따라서 일정한 거리를 유지함을 말한다.
개인적 공간(personal space)
- 개인의 주변에 형성되어 개인이 점유하는 공간을 말한다.
- 개인적 공간의 크기는 문화적 배경에 따라 차이가 있다.
- 개인적 공간의 크기는 내성적인 사람과 외향적인 사람 사이에 차이가 있다.
- 개인의 주변에 형성되는 보이지 않는 경계를 가진 공간을 말하며 외부인이 침입하면 방어하는 공간을 말한다.

25 GIS에서 사용되는 벡터모델의 기본요소가 아닌 것은?

① grid
② line
③ point
④ polygon

GIS에서는 지리정보를 좌푯값을 포함하는 점(point), 선(line), 면(polygon)으로 표현하며, 이러한 데이터의 형식을 벡터라고 한다.

26 일반적으로 '장애인 등의 통행이 가능한 접근로'에 대한 설명 중 ( ) 안에 적합한 값은?(단, 관련 규정을 적용, 지형상 곤란한 경우는 고려하지 않는다)

> 나. 기울기
> (1) 접근로의 기울기는 ( )분의 1 이하로 하여야 한다.
> (2) 대지 내를 연결하려는 주접근로에 단차가 있을 경우 그 높이 차이는 2cm 이하로 하여야 한다.

① 8 　　　　　　　　 ② 10
③ 12 　　　　　　　　 ④ 18

장애인등의 통행이 가능한 접근로-기울기 등(장애인 · 노인 · 임산부 등의 편의증진 보장에 관한 법률 시행규칙 [별표 1])
- 접근로의 기울기는 18분의 1이하로 하여야 한다. 다만, 지형상 곤란한 경우에는 12분의 1까지 완화할 수 있다.
- 대지 내를 연결하는 주접근로에 단차가 있을 경우 그 높이 차이는 2cm 이하로 하여야 한다.

27 조경계획 과정 중 공간배분 계획에 대한 설명으로 옳지 않은 것은?

① 공공성이 높을수록 수목이나 시설물의 높이를 낮게 하여야 한다.

② 유사시설 간 연계성을 높이고 집단화를 통하여 토지이용의 효율성을 높여야 한다.

③ 공간축의 성격에 따라 대칭형 공간과 균제형 대칭공간을 형성하게 된다.

④ 휴게공간은 운동공간이나 놀이공간에 비하여 상대적으로 공공성이 높으므로 측면부에 배치하여야 한다.

해설
④ 휴게공간은 운동공간이나 놀이공간에 비하여 상대적으로 공공성이 높으므로 중심부에 배치하여야 한다.

28 이용자수 추정 시 활용되는 '최대일률(피크율)'에 대한 설명 중 옳은 것은?

① 경제적인 측면에서 볼 때 최대일률이 높을수록 좋다.

② 최대일 이용자수에 대한 최대시 이용자수의 비율이다.

③ 연간 이용자수에 대한 최대일 이용자수의 비율이다.

④ 최대일률은 계절형과 관계없이 일정하다.

해설
최대일률 = 최대일 이용자수 / 연간 이용자수

29 도시·군계획시설의 결정·구조 및 설치기준에 관한 규칙에 명시된 보행자 전용도로의 구조 및 설치기준으로 옳은 것은?

① 소규모광장·공연장·휴식공간·학교·공공청사·문화시설 등이 보행자전용도로와 연접된 경우에는 이들 공간과 보행자전용도로를 분리하여 위요된 보행공간을 조성할 것

② 보행자전용도로와 주간선도로가 교차하는 곳에는 평면교차시설을 설치하고 보행자 우선구조로 할 것

③ 포장을 하는 경우에는 빗물이 일정한 장소로 집수될 수 있도록 불투수성 재료를 사용할 것

④ 차량의 진입 및 주정차를 억제하기 위하여 차단시설을 설치할 것

해설
① 소규모광장·공연장·휴식공간·학교·공공청사·문화시설 등이 보행자전용도로와 연접된 경우에는 이들 공간과 보행자전용도로를 연계시켜 일체화된 보행공간이 조성되도록 할 것
② 보행의 안전성과 편리성을 확보하고 보행이 중단되지 아니하도록 하기 위하여 보행자전용도로와 주간선도로가 교차하는 곳에는 입체교차시설을 설치하고, 보행자우선구조로 할 것
③ 주민의 휴식·오락·경관 등을 목적으로 하는 광장에 포장을 하는 경우에는 주변의 자연환경과 미관을 고려하고, 빗물이 땅에 잘 스며들 수 있는 구조로 하거나 식생도랑, 저류·침투조 등의 빗물관리시설을 설치할 것

30 조경계획 과정에서 필요한 인문·사회환경분석에 대한 설명으로 틀린 것은?

① 조망점은 조망빈도가 낮고, 조망량이 적어 원상태 유지가 잘된 곳으로 정한다.
② 토지 소유권의 특징과 토지취득의 조건을 세밀히 조사해야 한다.
③ 교통은 계획부지 내의 교통체계를 조사하고 계획 대상지에 접근할 수 있는 교통수단과 동선배치 상태를 조사한다.
④ 행태분석의 방법은 실제 이용자를 대상으로 하거나 또는 이와 유사한 계층의 사람들을 대상으로 조사한다.

<u>해설</u>
① 조망점(view point)은 관찰자가 서 있는 지점이나 공간(대부분 이용빈도수가 높거나 장소성이 있는 지점)을 말한다.

31 자연공원법상 공원계획으로 지정할 수 있는 용도지구 중에서 공원자연보존지구의 완충공간(緩衝空間)으로 보전할 필요가 있는 지역을 지칭하는 용어는?

① 공원자연보존지구   ② 공원자연환경지구
③ 공원문화유산지구   ④ 공원마을지구

<u>해설</u>
① 공원자연보존지구 : 다음의 어느 하나에 해당하는 곳으로서 특별히 보호할 필요가 있는 지역(자연공원법 제18조 제1항 제1호)
 • 생물다양성이 특히 풍부한 곳
 • 자연생태계가 원시성을 지니고 있는 곳
 • 특별히 보호할 가치가 높은 야생 동식물이 살고 있는 곳
 • 경관이 특히 아름다운 곳
③ 공원문화유산지구 : 문화유산의 보존 및 활용에 관한 법률에 따른 지정문화유산 및 자연유산의 보존 및 활용에 관한 법률에 따른 천연기념물 등을 보유한 사찰(寺刹)과 전통사찰보존지 중 문화유산 및 자연유산의 보전에 필요하거나 불사(佛事)에 필요한 시설을 설치하고자 하는 지역(자연공원법 제18조 제1항 제6호)
④ 공원마을지구 : 마을이 형성된 지역으로서 주민생활을 유지하는 데에 필요한 지역(자연공원법 제18조 제1항 제3호)

32 미기후 조사 항목 중 '안개' 및 '서리'는 주로 어느 지역에서 발생하는가?

① 경사가 완만하고 수목이 밀생한 지역
② 지하수위가 낮고 사질양토인 지역
③ 수목이 없고 겨울철 북서풍에 노출되는 지역
④ 지형이 낮고 배수가 불량한 지역

<u>해설</u>
미기후(microclimate)
• 지상에서 가까운 공기층에 국지적으로 일어나는 기후상태를 말한다.
• 지형, 지표면의 재료, 수목, 건물 등의 존재 여부 등에 영향을 받는다.
• 알베도가 낮고 전도율이 높으면 미기후가 온화하고 안정된 상태이다.
• 안개 및 서리의 발생은 지형이 낮고 배수가 불량한 지역일수록 자주 발생한다.

33 환경영향평가와 관련된 설명이 틀린 것은?

① 제안된 사업이 환경에 미치는 영향을 파악하는 과정이다.
② 제안된 사업의 파급 영향에 대한 정보를 정책 결정자에게 제공한다.
③ 사업이 수행되지 않을 때와 사업이 수행될 때의 환경변화의 차이가 환경영향이다.
④ '환경영향평가 등'이란 사전환경영향평가 환경영향평가 및 집약적 환경영향평가를 말한다.

<u>해설</u>
④ '환경영향평가 등'이란 전략환경영향평가, 환경영향평가 및 소규모 환경영향평가를 말한다.

30 ① 31 ② 32 ④ 33 ④   <u>정답</u>

34 다음 설명의 밑줄에 해당되지 않는 것은?

> 공원녹지기본계획 수립자는 공원녹지기본계획을 수립하거나 변경하려면 미리 인구, 경제, 사회, 문화, 토지이용, 공원녹지, 환경, 기후, 그 밖에 <u>대통령령으로 정하는 사항</u> 중 해당 공원녹지기본계획의 수립 또는 변경에 필요한 사항을 대통령령으로 정하는 바에 따라 조사하거나 측량하여야 한다.

① 경관 및 방재
② 상위계획 등 관련 계획
③ 환경부장관이 정하는 조사방법 및 등급분류 기준에 따른 녹지등급
④ 지형·생태자원·지질·토양·수계 및 소규모 생물서식공간 등 자연적 여건

해설

공원녹지기본계획의 수립을 위한 기초조사(도시공원 및 녹지 등에 관한 법률 시행령 제7조 제1항)
대통령령으로 정하는 사항이란 다음의 사항을 말한다.
• 경관 및 방재
• 상위계획 등 관련 계획
• 지형·생태자원·지질·토양·수계 및 소규모 생물서식공간 등 자연적 여건
• 도시공원 조성을 위한 도시·군계획시설사업의 시행 현황 및 사업이 시행되지 않은 부지의 필지별 토지이용현황
• 그 밖에 공원녹지기본계획수립권자가 공원녹지기본계획의 수립 또는 변경을 위하여 필요하다고 인정하는 사항

35 자연공원에서 하여서는 아니 되는 금지행위에 해당하지 않는 것은?

① 지정된 장소 안에서의 취사와 흡연행위
② 자연공원의 형상을 해치거나 공원시설을 훼손하는 행위
③ 대피소 등 대통령령으로 정하는 장소·시설에서 음주행위
④ 야생동물을 잡기 위하여 화약류·덫·올무 또는 함정을 설치하거나 유독물·농약을 뿌리는 행위

해설

금지행위(자연공원법 제27조 제1항)
누구든지 자연공원에서 다음에 해당하는 행위를 하여서는 아니 된다.
• 자연공원의 형상을 해치거나 공원시설을 훼손하는 행위
• 나무를 말라죽게 하는 행위
• 야생동물을 잡기 위하여 화약류·덫·올무 또는 함정을 설치하거나 인체급성유해성물질·인체만성유해성물질·생태유해성물질·농약을 뿌리는 행위
• 야생동물의 포획허가를 받지 아니하고 총 또는 석궁을 휴대하거나 그물을 설치하는 행위
• 지정된 장소 밖에서의 상행위
• 지정된 장소 밖에서의 야영행위
• 지정된 장소 밖에서의 주차행위
• 지정된 장소 밖에서의 취사행위
• 지정된 장소 밖에서 흡연행위
• 대피소 등 대통령령으로 정하는 장소·시설에서 음주행위
• 오물이나 폐기물을 함부로 버리거나 심한 악취가 나게 하는 등 다른 사람에게 혐오감을 일으키게 하는 행위
• 그 밖에 일반인의 자연공원 이용이나 자연공원의 보전에 현저하게 지장을 주는 행위로서 대통령령으로 정하는 행위

36 지질도에서 다음 그림과 같이 나타났을 경우 암석층 A의 경사각 표현으로 가장 적절한 것은?

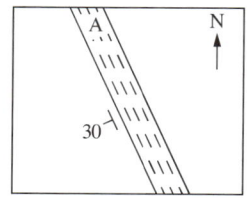

① 수평면으로부터 30° 기울어졌다.
② 지표면으로부터 30° 기울어졌다.
③ 수직면으로부터 좌측으로 30° 기울어졌다.
④ 정북(北)으로부터 좌측으로 30° 기울어졌다.

해설
지질도에서 30의 의미는 암석층 A의 수평면에 대한 경사각이 30°라는 의미이다.

37 습지보호지역에서 습지보전·이용을 위해 설치·운영할 수 없는 시설은?

① 습지를 보호하기 위한 시설
② 습지를 연구하기 위한 시설
③ 습지를 인공적으로 조성하기 위한 시설
④ 습지생태를 관찰하기 위한 시설

해설
습지보전·이용시설(습지보전법 제12조)
기후에너지환경부장관, 해양수산부장관, 관계 중앙행정기관의 장 또는 지방자치단체의 장은 제13조 제1항에도 불구하고 습지의 보전·이용을 위하여 다음의 시설을 설치·운영할 수 있다.
• 습지를 보호하기 위한 시설
• 습지를 연구하기 위한 시설
• 나무로 만든 다리, 교육·홍보 시설 및 안내·관리 시설 등으로서 습지보전에 지장을 주지 아니하는 시설
• 그 밖에 습지보전을 위한 시설로서 대통령령으로 정하는 시설
  – 습지오염을 방지하기 위한 시설
  – 습지생태를 관찰하기 위한 시설

38 도로설계 시 '최소곡선장'이 기준치보다 짧을 때 발생되는 문제로 옳지 않은 것은?

① 운전 시 핸들조작이 불편하여 안전성을 저하시킨다.
② 원심 가속도 변화율의 증가로 운전에 방해가 될 수 있다.
③ 현재까지 안전상의 문제 해결을 위해 도로설계 시 최소 원곡선의 길이 규정은 마련되어 있지 않다.
④ 곡선반경이 실제보다 작게 보여 운전 시 착각을 일으키므로 다른 차선을 침범할 수 있다.

해설
최소곡선장
자동차가 도로의 곡선부를 주행할 때 곡선부의 길이가 짧으면 원심가속도가 급변하여 주행 쾌적도가 나빠지고 사고의 위험이 높으므로 안전한 운전을 위하여 도로공학에서는 클로소이드곡선과 원곡선의 최소 길이값을 규정하고 있다.

39 다음 중 시간 혹은 비용의 제약 등을 고려해 볼 때 주어진 시간 및 비용의 범위 내에서 얻을 수 있는 최선의 안을 말하는 것은?

① 최적안(optimal solution)
② 규범적인 안(normative solution)
③ 만족스런 안(satisficing solution)
④ 혁신적인 안(innovative solution)

해설
① 최적안 : 현재의 주어진 여건 내에서 가장 적절한 안, 모든 요구조건을 최대로 만족시킬 수 있는 안, 시간 혹은 비용의 제약으로 최적안을 찾는 것이 어려운 경우가 많음
② 규범적인 안 : 이상적인 안, 권위주의적인 안, 현재의 여건을 거의 고려하지 않은 이상적인 안
④ 혁신적인 안 : 창조적 안(creative solution), 기존의 가정된 여건 및 요구조건을 변경시키고 새로운 가정하에서 만든 새로운 안

40 수중등에 관한 배치 및 시설기준에 관한 설명이 틀린 것은?

① 여러 종류의 색필터를 사용하여 야간의 극적인 분위기를 연출한다.

② 관리의 효율성을 위해 전구는 수면 위로 노출시키며, 고전압으로 설계한다.

③ 규정된 용기 속에 조명등을 넣어야 하며, 용기에 따라 정해진 최대수심을 넘지 않도록 한다.

④ 폭포·연못 등과 같은 대상공간의 수조나 폭포의 벽면에 조명의 기능을 구현할 수 있는 곳에 배치한다.

해설
② 전구는 수면 위로 노출되지 않도록 하여야 하며, 저전압으로 설계하고 이동전선 0.75m² 이상의 방수전선을 채용한다. 감전 등에 대비하여 광섬유 조명방식을 적용할 수 있다.

제3과목 조경설계

41 다음 중 경관을 변화시키는 요인에 해당하지 않는 것은?

① 대비　　　　　② 거리
③ 관찰점　　　　④ 시간

해설
경관 구성의 가변요소
• 광선 : 형태의 지각을 가능하게 한다.
• 기상조건 : 경관 변화 요인 → 눈, 비, 안개
• 계절 : 색채, 형태, 분위기 등의 변화
• 시간 : 해 뜰 때, 낮의 활기, 저녁 노을의 분위기
• 기타 : 거리, 관찰점, 운동, 규모 등

---

42 한 도면 내에서 굵은 선의 굵기 기준을 0.8mm로 하였다면 레터링 보조선이나 치수선의 적절한 굵기에 해당되는 것은?

① 0.2mm　　　　② 0.3mm
③ 0.4mm　　　　④ 0.5mm

해설
선의 굵기의 비율
가는 선 : 중간 선 : 굵은 선
= 1 : 2 : 4
= 0.2mm : 0.4mm : 0.8mm

---

43 주차장으 설계 시 이용할 주차단위구획(너비 × 길이)이 3.3m 이상 × 5.0m 이상의 기준에 해당되는 형식은?(단, 즈차장법 시행규칙을 적용한다)

① 일반형(평행주차형식)

② 보도와 차도의 구분이 없는 주거지역의 도로(평행주차형식)

③ 확장형(평행주차형식 외의 경우)

④ 장애인전용(평행주차형식 외의 경우)

해설
주차장의 주차구획-평행주차형식 외의 경우(시행규칙 제3조 제1항 제2호)

구분	너비	길이
경형	2.0m 이상	3.6m 이상
일반형	2.5m 이상	5.0m 이상
확장형	2.6m 이상	5.2m 이상
장애인전용	3.3m 이상	5.0m 이상
이륜자동차 전용	1.0m 이상	2.3m 이상

44 인체의 치수를 기본으로 하여 전체를 황금비 관계로 잡아가는 독자적인 조화 척도는?

① 스케일(scale)
② 모듈러(modulor)
③ 비례(proportion)
④ 피보나치 급수(fibonacci series)

해설
모듈러(modular)
르 꼬르뷔지에(Le Corbusier)가 신장 183cm인 인간을 기준으로 바닥에서 배꼽까지의 높이 113cm를 기본으로 하여 만든 디자인용 인간척도(人間尺度)

45 조경설계기준 상의 '옥외계단' 설계로 옳지 않은 것은?

① 계단의 경사는 최대 30~35°가 넘지 않도록 한다.
② 옥외에 설치하는 계단은 최소 2단 이상을 설치하여야 한다.
③ 경사가 18%를 초과하는 경우는 보행에 어려움이 발생되지 않도록 계단을 설치한다.
④ 높이가 1.5m를 넘을 경우 1.5m 이내마다 계단의 유효 폭 이상의 폭으로 너비 100cm 이상인 참을 둔다.

해설
④ 높이 2m를 넘는 계단에는 2m 이내마다 당해 계단의 유효폭 이상의 폭으로 너비 120cm 이상인 참을 둔다.

46 다음 설명에 알맞은 형태의 지각심리는?

- 공동운명의 법칙이라고도 한다.
- 유사한 배열로 구성된 형들이 방향성을 지니고 연속되어 보이는 하나의 그룹으로 지각되는 법칙을 말한다.

① 근접성
② 연속성
③ 대칭성
④ 폐쇄성

해설
게슈탈트 법칙
- 폐쇄성(폐합의 법칙) : 닫혀 있지 않은 도형이 완벽한 도형으로 보이거나, 혹은 무리지어서 하나의 형태로 보이게 되는 것
- 유사성(유동의 법칙) : 서로 비슷한 크기, 형태, 색을 가진 것끼리 무리지어 보이는 것
- 근접성(근접의 법칙) : 서로 같거나 비슷한 조건에서는 가까이 있는 것끼리 무리지어 보이는 것
- 연속성(공통운명의 법칙) : 사물을 지각할 때 진행 방향이나 배열이 같은 것끼리 무리지어 보게 되는 것
- 간결성의 법칙 : 사물을 지각할 때 과거의 경험을 바탕으로 그 형태를 최대한 단순하고 간단하게 지각하여 보게 되는 것

47 다음 입체도를 제3각법 정투상도로 옳게 나타낸 것은?

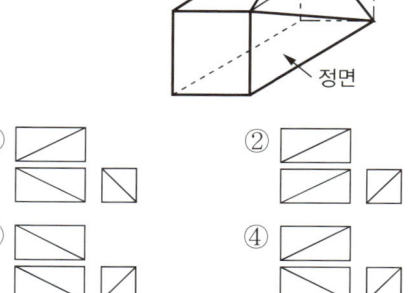

정면

①
②
③
④

해설
제3각법
투영도법에서 물체를 제3각에서 투영하는 방법이며 평면도가 위쪽, 정면도가 아래쪽에 그려진다.

48 아치(arch)에 대한 설명으로 거리가 먼 것은?

① 동서양에서 공통적으로 사용된 구조물이다.
② 아치의 기술은 B.C 2세기경 로마인에 의해 크게 발전하였다.
③ 구조적으로 압축력으로 인장력으로 전환하여 지반에 전달하는 구조이다.
④ 아치를 이용하면 기둥(post)과 인방(lintel) 구조에서 경간이 짧은 단점을 극복할 수 있다.

해설
아치는 상부에서 오는 수직압축력(인장력을 압축력으로 바꿔)을 아치 축선을 따라 하부에 직압력만을 전달하게 하고 하부에 인장력이 생기지 않게 한 구조이다.

49 시각적 선호도 측정방법 중 정신생리 측정법에 대한 설명으로 옳은 것은?

① 주로 오스굿(Osgood)의 어의구별 척도를 사용한다.
② 심리적 상태에 따라 나타나는 생리적 현상을 측정하는 것이다.
③ 여러 대상물을 2개씩 맞추어 서로 비교하는 방식을 사용한다.
④ 이용자의 관찰시간 측정에 의한 주의집중밀도 파악이 가능하다.

해설
시각적 선호도의 측정방법
• 형태측정 : 외부로 나타난 인간행위를 중심으로 측정하는 것
• 정신생리측정 : 심리적 상태에 따라 나타나는 생리적 현상을 측정하는 것
• 구두측정 : 관찰자의 얼마나 아름다운가, 즐거운가, 좋아하는가 하는 직접적인 표현을 토대로 하여 측정하는 것

50 설계대안의 작성에 관한 설명으로 옳은 것은?

① 대안은 많을수록 좋은 안을 선택할 수 있는 가능성이 높다.
② 대안 작성의 목적은 대안 중에서 반드시 최종안을 결정하는 데 있다.
③ 대안 작성은 문제해결을 보다 합리적이고 객관적으로 수행하기 위한 방법이다.
④ 대안의 평가는 정책적인 요소가 많이 게재됨으로로 실질적인 의의는 없다.

해설
설계 대안 작성의 목적은 문제해결을 보다 합리적이고 객관적으로 수행하기 위한 것이다.

51 프로젝트의 계획방향이 설정되면 조사 분석을 거쳐 계획·설계로 진행된다. 다음 중 설계과정의 설명으로 옳은 것은?

① 분석단계는 부지의 조건을 고려하여 평면배치를 위한 땅가름 등의 분석 및 구상을 하게 된다.
② 분석내용을 종합하여 기본구상을 하게 되며 이 경우 아이디어의 상징적·추상적 표현을 위하여 도식화된 다이어그램이 많이 사용된다.
③ 기본계획에서는 토지이용계획을 하게 되며, 동선계획과 녹지계획 등은 실시설계 단계에서 구체화하여 간다.
④ 시공을 위한 실시설계는 분석단계 이전에 충분히 고려되어 있어야 한다.

해설
기본구상 단계에서는 분석내용을 종합하고, 도식화된 다이어그램을 통해 아이디어를 상징적이거나 추상적으로 표현하는 작업이 이루어진다. 이 과정에서 여러 아이디어가 시각적으로 정리되어 설계방향이 구체화된다.

52 색채이론의 내용이 틀린 것은?

① 고채도의 색은 강한 느낌을 준다.
② 장파장역의 빨강은 팽창색이다.
③ 한색, 암색은 진출색이다.
④ 명도가 높은 색과 한색보다 난색은 주목성이 높다.

53 다음 중 조경설계기준상의 축구장의 배치 및 규격기준으로 가장 거리가 먼 것은?

① 장축을 동─서로 배치한다.
② 경기장 크기는 길이 90~120m, 폭 45~90m이어야 하며, 길이는 폭보다 길어야 한다.
③ 경기장 라인은 12cm 이하의 명확한 선으로 긋되, V자형의 홈을 파서 그으면 아니 된다.
④ 잔디가 아닐 경우 스파이크가 들어갈 수 있을 경우로 슬라이딩에 의한 찰과상을 방지할 수 있는 포장으로 한다.

54 다음 설명의 (   )에 가장 부적합한 것은?

> 도시 · 군계획시설의 결정 · 구조 및 설치 기준에 관한 규칙에 의해 도로에는 (   ) 등을 고려하여 차도와 분리된 보도를 설치하는 것을 고려하여야 한다.

① 도로 폭
② 보행자의 통행량
③ 주변 토지이용계획
④ 대중교통의 통행량

55 투시도 작성 시 소점(消点, vanish point)을 설명한 것은?

① 화면과 지면이 만나는 선
② 물체와 시점 간의 연결선
③ 물체의 각 점이 수평선상에 모이는 점
④ 정육면체의 측면 깊이를 구하기 위한 점

56 다음 [보기]의 설명 중 ㉠, ㉡에 적합한 것은? (단, 도시공원 및 녹지 등에 관한 법률 시행규칙을 적용한다)

┤보기├

하나의 도시지역 안에 있어서의 도시공원의 확보 기준은 해당 도시지역 안에 거주하는 주민 1인당 (㉠) m² 이상으로 하고, 개발제한구역 및 녹지지역을 제외한 도시지역 안에 있어서의 도시공원의 확보기준은 해당 도시지역 안에 주거하는 주민 1인당 (㉡) m² 이상으로 한다.

① ㉠ 2, ㉡ 4
② ㉠ 3, ㉡ 6
③ ㉠ 4, ㉡ 2
④ ㉠ 6, ㉡ 3

해설

도시공원의 면적기준(시행규칙 제4조)
하나의 도시지역 안에 있어서의 도시공원의 확보기준은 해당 도시지역 안에 거주하는 주민 1인당 6m² 이상으로 하고, 개발제한구역 및 녹지지역을 제외한 도시지역 안에 있어서의 도시공원의 확보기준은 해당 도시지역 안에 거주하는 주민 1인당 3m² 이상으로 한다.

57 도면결합법(overlay method)을 주로 사용하여 경관의 생태적 목록을 종합하여 분석에 활용한 사람은?

① Lynch
② McHarg
③ Litton
④ Leopold

해설

맥하그의 도면결합법(overlay method)
토지이용의 여러 가지 내용을 각각 트레싱지로 그린 후에 그것들을 함께 겹친다. 여러 가지 내용을 한꺼번에 보면서 적지분석을 하는 방법이다. 즉, 경관은 그것을 구성하는 생태적 목록(지형, 지질 등)이 종합적으로 작용하여 경관의 형태가 결정된다. 따라서 생태적으로 건강하고 생태적 특성에 부합되는 인간환경을 조성하기 위하여 토지가 지닌 생태적 특성을 고려한 토지용도를 설정해야 한다.

58 디자인의 요소에 대한 설명으로 옳지 않은 것은?

① 적극적 입체는 확실히 지각되는 형, 현실적 형을 말한다.
② 소극적인 면은 점의 확대, 선의 이동, 너비의 확대 등에 의해 성립된다.
③ 기하 곡면은 이지적 이미지를 상징하고, 자유곡면은 분방함과 풍부한 감정을 나타낸다.
④ 점이 일정한 방향으로 진행할 때는 직선이 생기며, 점의 방향이 끊임없이 변할 때는 곡선이 생긴다.

해설

면의 구분
• 소극적인 면(negative plane) : 선의 밀집이나 선의 집합, 선으로 둘러싸여 성립
• 적극적인 면(positive plane) : 점의 확대, 선의 이동이나 너비의 확대 등에 의해 성립

59 조경공간에서 배수설계 관련 설명이 옳지 않은 것은?

① 배수시설의 기울기는 지표기울기에 따른다.
② 최대 우수배수량을 합류식으로 산출하여 정한다.
③ 관거 이외의 배수시설의 기울기는 0.5% 이하로 하는 것이 바람직하다.
④ 배수계통은 직각식 · 차집식 · 선형식 · 방사식 · 집중식 등의 방식 중 배수구역의 지형 · 배수방식 · 방류조건 · 인접시설 그리고 기존의 배수시설과 같은 요소들을 고려하여 결정한다.

해설

③ 관거 이외의 배수시설의 기울기는 0.5% 이상으로 하는 것이 바람직하다.

정답 56 ④ 57 ② 58 ② 59 ③

60 조경설계기준상 조경구조물의 계획·설계 설명이 옳지 않은 것은?

① 앉음벽은 휴게공간이나 보행공간의 가운데에 배치할 때는 주보행동선과 교차하게 배치한다.

② 앉음벽은 짧은 휴식에 적합한 재질과 마감방법으로 설계하며, 앉음벽의 높이는 34~46cm로 한다.

③ 장식벽은 경관적 목적을 위하여 수식이나 장식이 필요한 석축, 옹벽, 담장 등의 수직적 구조물의 표면에 부가·설치한다.

④ 울타리 및 담장은 단순한 경계표시 기능이 필요한 곳은 0.5m 이하의 높이로 설계한다.

해설
① 앉음벽은 휴게공간이나 보행공간의 가운데에 배치할 경우에는 주보행동선과 평행하게 배치한다.

62 여의도공원 내 생태적인 공간에 식재할 수 있는 교목성상의 수목으로 부적합한 것은?

① 느티나무(*Zelkova serrata*)
② 상수리나무(*Quercus acutissima*)
③ 물푸레나무(*Fraxinus rhynchophylla*)
④ 구실잣밤나무(*Castanopsis sieboldii*)

해설
구실잣밤나무
연평균기온 15℃ 이상의 지역에 생육이 적합한 조경 수종이다. 남부의 산기슭에서 자라는 상록활엽 큰키나무로 높이 15m, 지름 1m 정도이다. 나무껍질은 흑회색으로 갈라지며 잎은 어긋난다. 잎 모양은 도피침형 또는 긴 타원형으로 끝이 뾰족하고 상반부에 물결무늬의 톱니가 있다. 잎의 앞면은 광택이 나는 녹색으로 털이 없으며, 뒷면은 비늘털로 덮여 있어 흰빛이 돌지만 연한 갈색인 것도 있다.

제4과목　　**조경식재**

61 나자식물 중 상록침엽수가 아닌 것은?

① 개잎갈나무(*Cedrus deodara*)
② 구상나무(*Abies koreana*)
③ 일본잎갈나무(*Larix kaempferi*)
④ 독일가문비(*Picea abies*)

해설
③ 일본잎갈나무는 낙엽교목이다.
※ 나자식물은 겉씨식물이라고도 하며 종자를 만들지만 암술, 수술, 꽃잎 등이 있는 꽃을 피우지 않는다. 은행나무, 소철, 소나무 등이 속한다.

63 조경 식재도면의 식물 리스트 작성 시 이용하기에 가장 편리한 순서는?

① 교목, 관목, 덩굴식물, 화초의 순서
② 한국 식물 명칭의 가, 나, 다 순서
③ 학명의 A, B, C 순서
④ 상록활엽수, 낙엽활엽수의 순서

해설
조경 식재도면의 식물 리스트 작성 시 이용하기에 가장 편리한 순서
교목 – 관목 – 덩굴식물 – 화초의 순서

60 ①　61 ③　62 ④　63 ①　　정답

64 다음 수목 중 생울타리용으로 양지 바른 곳에 가장 적합한 것은?

① 광나무(*Ligustrum japonicum*)
② 감탕나무(*Ilex integra*)
③ 삼나무(*Cryptomeria japonica*)
④ 주목(*Taxus cuspidata*)

해설

생울타리용으로 양지 바른 곳에 적합한 수종

향나무, 가이즈까향나무, 가시나무류, 탱자나무, 화백, 편백, 삼나무, 측백나무, 꽝꽝나무, 덩굴장미, 명자나무, 무궁화, 개나리, 피라칸사, 회양목, 보리수나무, 사철나무, 아왜나무 등

65 다음 중 같은 속(屬)에 속하는 식물들로만 구성된 것은?

① 곰솔, 일본잎갈나무, 백송
② 사시나무, 은백양, 황철나무
③ 소나무, 리기다소나무, 낙우송
④ 자작나무, 개박달나무, 물오리나무

해설

② 사시나무, 은백양, 황철나무 : 사시나무속
① 곰솔 : 소나무속, 일본잎갈나무 : 잎갈나무속, 백송 : 소나무속
③ 소나무, 리기다소나무 : 소나무속, 낙우송 : 낙우송속
④ 자작나무, 개박달나무 : 자작나무속, 물오리나무 : 오리나무속

66 *Euonymus japonicus* Thunb.의 식재기능으로 가장 거리가 먼 것은?

① 경계식재
② 경관식재
③ 녹음식재
④ 차폐식재

해설

사철나무는 흔히 관상용이나 산울타리용으로 심는다.

사철나무(*Euonymus japonicus* Thunb.)

한국, 일본, 중국 원산이며 늘푸른 작은키나무로 사철 잎이 푸르러 사철나무이다. 주로 난대지방에서 자라며 키는 3~5m 정도이다. 관상용이나 산울타리용으로 많이 심어 기르며 추위와 공해에 강하다. 나무껍질은 흑갈색으로 얕게 갈라진다. 열매는 삭과인데 굵은 콩알만하고 진한 붉은 색으로 익는다.

67 조경설계기준에서 제시한 표 중 'H'에 해당하는 수치는?

식물의 종류	생육 최소 토심(cm)		배수층 두께
	토양등급 중급 이상	토양등급 상급 이상	
잔디, 초화류	A	B	C
소관목	D	E	F
대관목	G	H	I
천근성 교목	J	K	L
심근성 교목	M	N	O

① 15
② 30
③ 50
④ 90

해설

식물의 생육 토심

식물의 종류	생육 최소 토심(cm)		배수층 두께
	토양등급 중급 이상	토양등급 상급 이상	
잔디, 초화류	30	25	10
소관목	45	40	15
대관목	60	50	20
천근성 교목	90	70	30
심근성 교목	150	100	30

68 침식지 및 사면녹화에 적합하지 않은 수종은?

① 족제비싸리(*Amorpha fruticosa*)
② 물오리나무(*Alnus sibirica*)
③ 등(*Wisteria floribunda*)
④ 노각나무(*Stewartia pseudocamellia*)

해설

사방공사의 식생재료(목본류)

• 교목 및 관목 : 리기다소나무, 해송, 물오리나무, 아까시나무, 회양목, 족제비싸리, 졸참나무, 눈향나무, 병꽃나무, 싸리류 등
• 덩굴식물 : 담쟁이덩굴, 칡, 등, 줄사철나무, 마삭줄, 인동덩굴 등

69 중부 임해공업지대에서 공해와 한해의 피해를 가장 적게 받고 생육할 수 있는 수종은?

① 사철나무(*Euonymus japonicus*)
② 광나무(*Ligustrum japonicum*)
③ 개비자나무(*Cephalotaxus koreana*)
④ 일본잎갈나무(*Larix kaempferi*)

임해공업지대 적정 수종

재해	적정 수종	
	남부지방	중부지방
조해, 임해	동백나무, 광나무, 후박나무, 돈나무, 꽝꽝나무, 식나무	향나무, 눈향나무, 사철나무, 곰솔, 회양목, 실란

70 피튜니아(*Petunia hybrida*)의 설명이 틀린 것은?

① 여러해살이풀이다.
② 높이 15~25(60)cm 정도로 자란다.
③ 잎에 샘털이 밀생하여 점성을 띠고 냄새가 고약하다.
④ 온실에서 가꾼 꽃은 일찍 피며, 모양, 크기 및 색이 품종에 따라서 다르다.

피튜니아(*Petunia hybrida*)
• 아르헨티나 원산의 원예식물로 화단이나 화분에 관상용으로 심어 기르는 한해살이풀이다.
• 전체에 샘털이 많이 나며, 나쁜 냄새가 나고, 끈적거린다. 줄기는 곧추서거나 다소 덩굴지며, 높이 20~90cm이다.
• 잎은 마주나며, 난형 또는 타원형이며, 위로 갈수록 작아진다. 잎 가장자리는 밋밋하다.
• 꽃은 5~7월에 줄기 끝부분의 잎겨드랑이에서 1개씩 피며 나팔 모양으로 지름 5~13cm이고, 흰색, 보라색, 붉은색 등 색깔이 다양하다.

71 다음 중 덧파종에 대한 설명으로 옳은 것은?

① 난지형 잔디밭 위에 한지형 잔디를 파종하여 겨울철 녹색의 잔디밭을 만드는 것
② 사전에 종피 처리를 한 잔디종자를 파종하여 대규모로 잔디밭을 만드는 것
③ 잔디 뗏장을 부지 전면에 이식하여 조기에 잔디밭을 만드는 것
④ 잔디 뗏장을 잘라서 일정 간격을 떼고 심어 잔디밭을 만드는 것

덧파종은 잔디의 이용기간 및 잔디 품질을 향상시키기 위해 사용된다. 우리나라의 경우 난지형 잔디밭 위에 한지형 잔디를 파종하여 잔디면을 10개월 이상 사용하고 있다.

72 쌍자엽식물(A)과 단자엽식물(B)의 일반적인 특징 비교 중 틀린 것은?

① 잎맥 : A(대개 망상맥), B(대개 평행맥)
② 뿌리계 : A(1차근과 부정근), B(부정근)
③ 부름켜 : A(있음), B(없음)
④ 1차 관다발 : A(산재 또는 2~다환배열), B(환상배열)

④ 쌍자엽식물이 환상배열, 단자엽식물이 산재배열이다.
쌍자엽식물과 단자엽식물의 일반적인 특징

형질	쌍자엽	단자엽
자엽	2개	1개
줄기의 유관속 (관다발)	환상배열	산재 또는 2~다환배열
엽맥	망상맥	평행맥
꽃	4~5수성	3수성
꽃가루의 발아구	3개	1개

73 조경기준(국토교통부)상의 '대지 안의 식재기준' 중 ㉠~㉣의 내용이 틀린 것은?

> • 조경면적의 배치
> - 대지면적 중 조경의무면적의 (㉠)% 이상에 해당하는 면적은 자연지반이어야 하며, 그 표면을 토양이나 식재된 토양 또는 투수성 포장구조로 하여야 한다.
> - 너비 (㉡)m 이상의 도로에 접하고 (㉢)m² 이상인 대지 안에 설치하는 조경은 조경의무면적의 (㉣)% 이상을 가로변에 연접하게 설치하여야 한다.

① ㉠ 10
② ㉡ 20
③ ㉢ 2,000
④ ㉣ 15

해설
조경면적의 배치(조경기준 제5조)
• 대지면적 중 조경의무면적의 10% 이상에 해당하는 면적은 자연지반이어야 하며, 그 표면을 토양이나 식재된 토양 또는 투수성 포장구조로 하여야 한다.
• 너비 20m 이상의 도로에 접하고 2,000m² 이상인 대지 안에 설치하는 조경은 조경의무면적의 20% 이상을 가로변에 연접하게 설치하여야 한다.

74 붉은(赤)색 계통의 단풍이 들지 않는 수종은?

① 고로쇠나무(Acer pictum subsp. mono Ohashi)
② 신나무(Acer tataricum subsp. ginnala)
③ 화살나무(Euonymus alatus)
④ 당단풍나무(Acer pseudosieboldianum)

해설
① 고로쇠나무는 황색 단풍이 든다.
단풍의 분류
• 다홍색 : 단풍나무, 마가목, 감나무, 화살나무, 붉나무, 담쟁이덩굴, 옻나무, 산딸나무, 신나무 등
• 황색 : 은행나무, 일본잎갈나무, 메타세쿼이아, 느티나무, 백합나무, 갈참나무, 칠엽수, 벽오동, 배롱나무, 자작나무, 계수나무, 고로쇠나무 등

75 일반적으로 우리나라의 4계절 구분 중 개화시기가 다른 수종은?

① 무궁화(Hibiscus syriacus)
② 능소화(Campsis - glandiflora)
③ 배롱나무(Lagerstroemia indica)
④ 병꽃나무(Weigela subsessilis)

해설
꽃의 개화시기
• 5월 : 산딸나무, 고란, 병꽃나무
• 7월 : 배롱나무, 구궁화, 능소화

76 식물의 질감과 관계되는 설명 중 옳지 않은 것은?

① 질감은 식물을 바라보는 거리에 따라 결정된다.
② 두껍고 촘촘하게 붙은 잎은 고운 질감을 나타낸다.
③ 부드러운 질감을 가진 식물에 의해서 생긴 그림자는 더욱 짙게 보인다.
④ 어린식물들은 잎이 크고, 무성하게 성장하기 때문에 성목보다 거친 질감을 갖는다.

해설
③ 부드러운 질감을 가진 식물에 의해서 생긴 그림자는 옅게 보인다.

77 다음 조경식물의 규격에 관한 설명에 적합한 용어는?

> 교목의 줄기를 측정하는 방법, 지면에서 1.2m 높이에서 측정, 기호는 B이고 단위는 cm이다.

① 근원직경　　　　② 흉고직경
③ 지상직경　　　　④ 수관직경

해설
흉고직경(B, 단위 cm)은 지표면으로부터 1.2m 높이의 수간의 직경을 말한다.

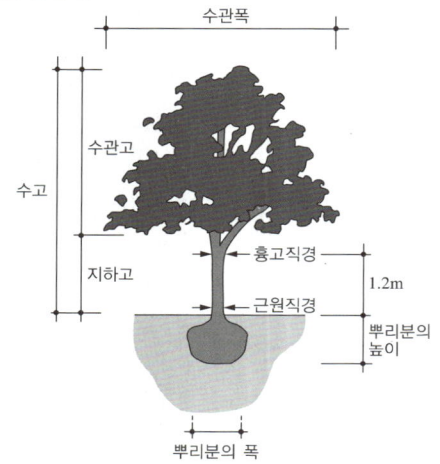

78 생태적 천이의 과정이 순서대로 나열된 것은?

① 나지 → 개망초 → 참억새 → 참싸리 → 소나무 → 신갈나무
② 나지 → 망초 → 억새 → 소나무 → 상수리나무 → 붉나무
③ 나지 → 쑥부쟁이 → 찔레꽃 → 망초 → 소나무 → 졸참나무
④ 나지 → 쑥 → 억새 → 소나무 → 옻나무 → 굴참나무

해설
생태적 천이
나지(망초, 개망초) → 1년생 초본(쑥, 쑥부쟁이) → 다년생 초본(참억새) → 양수 관목(참싸리, 붉가시나무, 개옻나무, 찔레) → 양수 교목(소나무, 참나무류) → 음수 교목(서어나무, 가치박달나무, 신갈나무)

79 가을에 개화하여 꽃을 감상할 수 있는 지피식물은?

① 노루귀　　　　② 피나물
③ 꽃향유　　　　④ 원추리

해설
③ 꽃향유 : 9~10월
① 노루귀 : 3~4월
② 피나물 : 4~5월
④ 원추리 : 6~8월

80 다음 중 실내정원 식물인 페페로미아의 특징으로 틀린 것은?

① 쥐꼬리망초과(Geraniaceae)이다.
② 줄기삽과 엽삽으로 번식하며 쉽게 뿌리가 내리는 편이다.
③ 배양토의 적정 pH는 5.5~6.0이고 EC는 1.0mS이다.
④ 높은 공중습도를 좋아하며, 토양수분이 적고 광도가 낮은 환경에서 잘 자란다.

해설
① 후추과(Piperaceae)이다.
페페로미아
후추과(Piperaceae)이며 인도, 브라질, 페루가 원산지이며 늘 푸른 여러해살이풀이다. 페페로미아의 잎은 두툼하며 녹색이고 흰무늬나 반점이 들어간 녹색잎을 가지고 있다. 또한 잎모양이 원형에 가까우며 잎의 넓이가 약 5~8cm 정도이다. 꽃은 줄기의 끝에 달리는데 관상가치는 그다지 크지 않다. 원산지에서는 대부분 나무 밑의 그늘진 곳 또는 나무에 붙어서 살고 있다.

81 거푸집에 가해지는 콘크리트의 측압이 크게 작용하는 경우에 해당하지 않는 것은?

① 철근량이 많을수록
② 특히 유의하여 다질수록
③ 부재의 수평단면이 클수록
④ 콘크리트의 부어넣기 속도가 빠를수록

해설

거푸집에 가해지는 콘크리트의 측압이 크게 작용하는 경우
• 슬럼프값이 클수록
• 온도 및 대기의 습도가 낮을수록
• 부어넣기 속도가 빠를수록
• 부배합일수록
• 철근량이 적을수록
• 콘크리트 비중이 클수록
• 벽 두께가 두꺼울수록

82 구조부재에 작용하는 축직교·하중은 부재상의 각 점에서 부재를 자르려고 하는데 이 외력의 세력을 무엇이라 하는가?

① 수직반력
② 전단력
③ 압축응력
④ 축력

해설

구조물에 생기는 외응력의 종류
• 축방향력 : 부재의 축방향으로 작용되는 힘으로 부재를 늘어나거나 줄어들게 하는 축방향력
• 전단력 : 부재축에 직각방향으로 절단하려는 힘
• 휨모멘트 : 부재를 활처럼 휘어지게 하려는 방향이 반대인 한 쌍의 회전력

83 공동도급(joint venture) 방식의 장점에 대한 설명으로 옳지 않은 것은?

① 2개 이상의 사업자가 공동으로 도급하므로 자금부담이 경감된다.
② 대규모 공사를 단독으로 도급하는 것보다 적자 등 위험 부담의 분산이 가능하다.
③ 공동도급 구성원 상호간의 이해충돌이 없고 현장관리가 용이하다.
④ 각 구성원이 공사에 대하여 연대책임을 지므로, 단독도급에 비해 발주자는 더 큰 안정성을 기대할 수 있다.

해설

③ 공동도급이 단독도급보다 도급원 상호 간의 이해 충돌이 많아지고 현장관리가 복잡하다.

공동도급
일명 협동도급이라고 하며 2인 이상의 시공자가 공동으로 한 가지 공사를 도맡는 방법이다.

장점	• 융자력이 증대되고 위험이 분산된다. • 기술이 확충되고 강화된다. • 경험 증대로 시공의 확실성이 커진다. • 신용도가 증대된다. • 공사도급의 경쟁이 완화된다.
단점	• 경비가 증대된다. • 원활한 의사소통을 도모하기 어렵다. • 도급자 상호 간 이해충돌, 책임 회피 등의 우려가 있다.

84 조경용 합성수지재는 열경화성 수지와 열가소성 수지로 구별된다. 다음 중 열경화성 수지에 해당되지 않는 것은?

① 폴리에틸렌수지
② 페놀수지
③ 우레탄수지
④ 폴리에스테르수지

해설
합성수지
• 주요 열가소성 수지 : 염화비닐수지, 아크릴, 폴리에틸렌, 폴리스티렌 등이며 열을 가하면 연화 또는 용융하여 가소성 또는 점성이 발생한다.
• 주요 열경화성 수지 : 요소수지, 멜라민수지, 폴리에스테르수지, 실리콘, 우레탄, 퓨란 등 3차원적인 축합반응에 의해 생성되는 수지류를 말한다. 열을 가해도 유동성이 없다는 특성이 있다.

85 다음 중 목재와 관련된 설명으로 틀린 것은?

① 목재의 건조방법은 자연건조와 인공건조로 구분된다.
② 목재방부제는 열화방지 효과 및 내구성이 크고 침투성이 양호해야 한다.
③ 목재는 함수율의 증가에 따라 팽윤하기도 하고, 함수율의 감소와 함께 수축하기도 한다.
④ 목재의 강도 중 섬유와 직각방향의 인장강도가 가장 크다.

해설
④ 인장강도는 목재의 섬유방향이 가장 크고, 직각방향이 가장 작다.
목재의 강도
• 인장강도가 압축강도보다 크며, 강도의 세기는 인장 > 휨 > 압축 > 전단 순이다.
• 함수율이 낮을수록 목재의 강도가 증가한다.
• 직각 방향에 대한 강도보다 수평 방향에 대한 강도가 크다.
• 목재의 허용 강도는 최고 강도의 1/8~1/7 정도이다.

86 콘크리트의 블리딩(bleeding)현상에 의한 성능저하와 가장 거리가 먼 것은?

① 콘크리트의 응결성 저하
② 콘크리트의 수밀성 저하
③ 철근과 페이스트의 부착력 저하
④ 골재와 페이스트의 부착력 저하

해설
블리딩(bleeding)현상
일종의 재료분리현상으로 혼합수가 시멘트 입자와 골재의 침강에 의해 윗방향으로 떠올라 생기는 것으로, 약간의 블리딩은 콘크리트 타설 시 불가피하나 블리딩이 크면 부착력을 저하시키고 수밀성을 나쁘게 하는 원인이 된다.

87 다음 사다리꼴(균등측면) 개수로의 관련 식으로 옳은 것은?

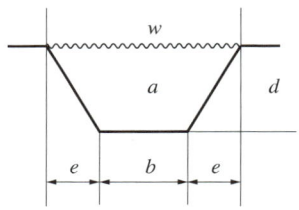

① 유적 : $b + 2\sqrt{e^2 + d^2}$
② 윤변 : $\dfrac{d(b+e)}{b + 2\sqrt{e^2 + d^2}}$
③ 경심 : $d(b+e)$
④ 폭 : $b + 2e$

해설
① 유적(A) : 수로 단면적 중 유체가 점유하는 부분
② 윤변(P) : 수로의 단면에서 물이 수로의 벽면과 접촉하는 길이
③ 경심(R) : 유적을 윤변으로 나눈 값

88 다음 그림은 기둥을 도해한 것이다. 단면이 같고 하중의 크기가 동일할 때 좌굴장에 대한 설명 중 옳은 것은?

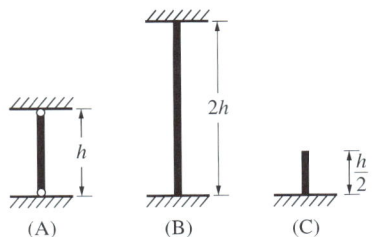

(A)   (B)   (C)

① A, B, C 모두 같다.
② A가 최대이고 C가 최소이다.
③ B가 최대이고 A가 최소이다.
④ B가 최대이고 C가 최소이다.

기둥은 양끝단의 지지상태에 따라 달라진다.

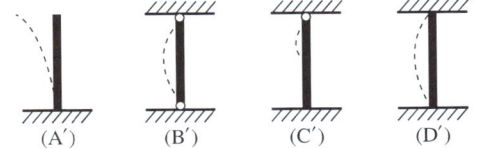

(A′)   (B′)   (C′)   (D′)

• 기둥에 하중이 작용할 때(기둥길이가 L일 때) 좌굴길이 계수
  A′(한단고정, 타단자유) = 2
  B′(양단회전) = 1
  C′(한단고정, 타단회전) = 0.7
  D′(양단고정) = 0.5
• 좌굴의 길이
  A = $h \times 1 = 1h$
  B = $2h \times 0.5 = 1h$
  C = $0.5h \times 2 = 1h$
  ∴ A = B = C

89 도로와 하수도의 중심선과 같은 선형 구조물의 위치를 평면적으로 표시하는데 가장 적합한 방법은?

① 좌표에 의한 방법   ② 단면에 의한 방법
③ 입면에 의한 방법   ④ 측점에 의한 방법

측점에 의한 방법 : 단지 안의 구조물이 시설물들의 위치를 표시하기 위해 좌표나 측점으로 1차적인 위치를 나타내는데 사용하고, 2차적으로 길이, 높이 등을 나타내는 치수선을 사용한다.

90 건설 표준품셈에서 다음의 종목(A) 중 설계서의 단위(B) 및 단위 수량 소수위 기준(C)이 틀리게 구성된 것은?(단, 나열순은 A−B−C의 순서임)

① 공사폭원 – m – 1위
② 직공인부 – 인 – 2위
③ 공사면적 – m^2 – 2위
④ 토적(체적) – m^3 – 2위

③ 공사면적은 1위 까지 구한다.

91 고사식물의 하자보수 면제 항목에 해당되지 않는 것은?

① 전쟁, 내란, 폭풍 등에 준하는 사태
② 준공 후 유지관리비용을 지급받은 상태에서 혹한, 혹서, 가뭄, 염해(염화칼슘) 등에 의한 고사
③ 천재지변(폭풍, 홍수, 지진 등)과 이의 여파에 의한 경우
④ 인위적인 원인으로 인한 고사(교통사고, 생활 활동에 의한 손상 등)

② 준공 후 유지관리를 지급하지 않은 상태에서 혹한, 혹서, 가뭄, 염해 등이 의한 고사는 하자보수가 면제된다.

92 그림에서 B점의 반력(V_B)값은?

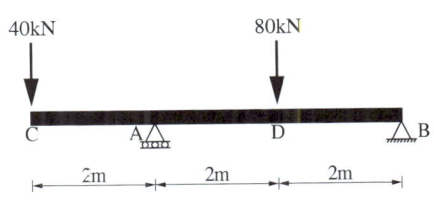

① 0kN   ② 20kN
③ 40kN   ④ 60kN

$$V_B = \frac{-(40 \times 2) + (80 \times 2)}{4} = 20\text{kN}$$

93 그림과 같이 한쪽은 깎기이고, 한쪽은 쌓기일 경우에 쓰이는 방법으로 매립에 이용되는 절토와 성토 방법은?

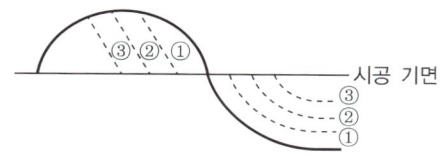

① 비계층 쌓기
② 층따기
③ 전방층 쌓기
④ 수평층 쌓기

④ 수평층 쌓기 : 수평층으로 쌓아 올려서 다지는 공법으로 얇은 층 쌓기
① 비계층 쌓기 : 가교식 비계를 만들어 레일을 깔아 흙을 투하하면서 싸는 공법
② 층따기 : 1 : 4 경사보다 급한 경사를 가진 지반 위에 흙쌓기를 하는 경우 원지반을 직각으로 일정 높이와 폭으로 깎는 것.
③ 전방층 쌓기 : 전방에 흙을 투하하면서 쌓는 공법

94 횡선식 공정표와 비교한 네트워크 공정표의 설명이 틀린 것은?

① 복잡한 공사, 대형공사, 중요한 공사에 사용된다.
② 최장경로와 여유 공정에 의해 공사의 통제가 가능하다.
③ 네트워크에 의한 종합관리로 작업 선·후 관계가 명확하다.
④ 공정표 작성이 용이하나 문제점의 사전예측이 어렵다.

네트워크식 공정표
•장점 : 작업의 선후관계 명확, 공기에 영향을 주는 작업의 발견이 용이, 문제점의 사전예측 가능, 최장경로와 여유공정에 의해 공사 통제가능, 비용과 관련된 최적안 선택이 가능, 한계경로 및 여유공정을 파악하여 일정변경 가능 등
•단점 : 횡선식 공정표에 비해 비용과 노력이 많이 든다.

95 배수계획에서 다음 그림을 설명한 사항 중 옳은 것은?

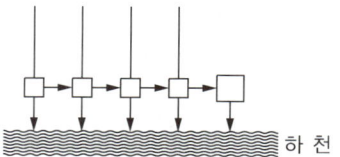

① 배수가 가장 신속하다.
② 수질오염 방지에 적합하다.
③ 평행식(parallel system)이다.
④ 지형의 고저차가 심할 때 유리하다.

② 차집식 : 직각식을 개량한 것으로, 오염을 막기 위해서 하천, 호수, 바다 등에 나란히 차집거를 설치하여 차집 간선에 따라 방류하는 방식
① 직각식 : 하천 유량 풍부 시 가장 하수를 신속히 배제할 수 있는 가장 경제적인 배치방식
③·④ 평행식(대상식)
•계획구역 내의 고저차가 심할 때 고저에 따라 고지구, 저지구를 구분하여 각각 독립된 간선을 만들어 배수하는 방식이다.
•도시가 고지대와 저지대로 구분되는 경우에 적합하며 광대한 대도시에 합리적이고 경제적이다.

96 등고선이 높아질수록 밀집하여 있으며, 반대로 낮은 등고선에서는 간격이 멀어져 있는 경우는 다음 중 지형도의 어느 것에 해당하는가?

① 현애
② 凹경사
③ 급경사
④ 평사면

요(凹)사면, 철(凸)사면, 평사면
•요(凹)사면 : 표고가 높은 곳의 등고선 간격이 가깝고 낮은 곳의 간격이 멀어지는 지형
•철(凸)사면 : 표고가 높은 곳의 등고선 간격이 멀고, 낮은 곳의 간격이 가까워지는 지형
•평사면 : 전체적으로 동일한 간격을 가지는 등고선

97 수준측량의 야장 기입법 중 중간점(I.P)이 많을 경우 가장 편리한 방법은?

① 승강식   ② 기고식
③ 횡단식   ④ 고차식

해설

② 기고식
- 기계고를 이용하여 표고를 결정
- 도로의 종–횡단 측량처럼 중간점이 많을 때 사용
- 토목 현장에서 가장 많이 사용

① 승강식
- 각 측점의 고저차나 지반고를 필요로 하는 경우
- 높이 차(후시–전시)를 현장에서 계산하여 작성
- 높이 차가 "+"인 경우 '승'란에 작성하고, "–"인 경우 '강'란에 작성
- 현장에서 오르내림을 측량

④ 고차식
- 시작점과 최종점 간의 고저차나 지반고를 측량하는 경우
- 중간의 지반고를 구할 필요가 없을 때 사용
- 수준점 측량 시 사용

98 다음 중 조경시설물 재료에 대한 일반적인 요구 성능이 아닌 것은?

① 가연성
② 내구성
③ 보존성
④ 운반가능성

해설

재료에 요구되는 성능
기능성·내구성·유지관리·경제성·안전성·쾌적성 및 환경친화성 등을 기준으로 하여 평가하고 주변의 설계요소와 조화를 이룰 수 있도록 해야 한다.
※ 가연성 : 불에 탈 수 있거나 타기 쉬운 성질

99 TQC(Total Quality Control)를 위한 도구 중 다음 설명에 적합한 것은?

> 모집단에 대한 품질특성을 알기 위하여 모집단의 분포 상태, 분포의 중심위치 및 산포 등을 쉽게 파악할 수 있도록 막대그래프 형식으로 작성한 도수분포도를 말한다.

① 체크시트   ② 파레토도
③ 히스토그램   ④ 특성요인도

해설

TQC에 이용되는 도구
- 히스토그램 : 데이터 산포 상태를 파악하기 위한 도구
- 파레토도 : 문제의 중점화, 우선순위 파악을 위한 도구
- 특성요인도 : 결과(특성)와 원인(요인) 어떻게 관계하고 있으며, 영향을 주고 있는가를 한눈으로 알 수 있도록 그린 그림
- 체크시트 : 데이터 수집, 문제 분석을 효율적으로 실시하기 위한 도구
- 각종 그래프 : 숫자를 시각화하여 정보 전달을 용이하게 하는 도구
- 산점도 : 영향을 주는 2개의 인자 간의 관계를 파악하는 도구
- 층별 : 불량요인(4M)마다 데이터를 구분해서 잡는 도구

100 단면의 형상에 따라 역T형, L형으로 나누어지며, 옹벽자체 중량과 기초 저판 위 흙의 중량에 의하여 배면토압을 지탱하게 한 형식은?

① 조적식   ② 중력식
③ 부벽식   ④ 캔틸레버식

해설

캔틸레버식 옹벽
- 벽체에 널말뚝이나 부벽이 연결되어 있지 않고 저판 및 벽체만으로 토압을 받도록 설계된 철근콘크리트 옹벽으로 T형 및 L형 등이 있다.
- 일단(一端)이 그정지점이고 타단(他端)에는 지점이 없는 자유단인 옹벽이다.
- 철근콘크리트 구조로서 단면적의 형태를 취하여 구조체의 부피가 상대적으로 적어 자중이 줄어든 만큼 옹벽 배면의 기초 저판위의 흙의 무게를 보강하여 안정성을 높인 옹벽의 형태이다.

101 고속도로의 녹지관리상 기본적 입장으로 볼 수 없는 것은?

① 대부분 가늘고 긴 대상(帶狀)의 벨트로 되어 있다.
② 대부분의 이용자는 도로녹지를 이용하는 것이 주목적이다.
③ 미적인 식재관리보다 교통의 안정성보다 쾌적성을 중요시한다.
④ 이용자가 불특정 다수이기 때문에 서비스 수준을 정하기가 어렵다.

해설
고속도로 조경의 목적
• 도로교통 본래의 기능, 즉 도로교통의 안전성, 쾌적성을 추구하는 도로내부환경의 개선
• 도로건설, 자동차 교통에 따르는 통과 지역에의 재영향을 완화하고 자연환경, 생활환경의 보전을 도모하고자 하는 외부환경보전의 두 가지로 나누어 볼 수 있다.
• 종래에는 전자에 중점을 두었다고 할 수 있으나 최근에는 고속도로 교통량의 증가와 지역 주민의 지각으로 인해 외부환경보전에 주력하고 있다고 할 수 있다.

102 농약 혼용 시 주의하여야 할 사항으로 틀린 것은?

① 유기인계와 알칼리성 농약은 혼용하지 않는다.
② 되도록 농약과 비료는 혼합하여 살포하지 않는다.
③ 혼용가부표를 반드시 확인하여 혼용여부를 결정한다.
④ 성분특성과 농도유지를 위해 약효가 다른 많은 종류의 약제를 한 번에 다량 혼용한다.

해설
④ 3종 이상 약제를 섞으면 농약 보조제의 농도가 높아져 약해가 발생할 가능성이 커지므로 가급적 3종 이상 혼합을 하지 않는다.

103 잔디를 정기적으로 적당한 높이에서 예초할 때의 효과로 거리가 먼 것은?

① 잡초 방제 효과
② 깎인 경엽은 거름으로 제공
③ 잔디분얼 촉진과 밀도를 높임
④ 미관을 증진시켜 휴식처의 이용에 적합

해설
예초는 잔디의 생육면을 평탄하게 하고 잔디의 분얼을 촉진시키며 미관을 높이기 위해 실시한다.

104 안전관리 사고 중 관리하자에 의한 사고는?

① 그네에서 뛰어내리는 곳에 벤치가 설치되어 팔이 부러진 사고
② 그네를 잘못 타서 떨어지거나, 미끄럼틀에서 거꾸로 떨어진 사고
③ 유아가 방호책을 기어 넘어가서 연못에 빠지는 사고
④ 연못가에 설치된 목재 펜스가 부패되어 부서져 물에 빠진 사고

해설
관리하자에 의한 사고 : 시설의 노후, 파손, 위험물 방치, 위험 장소에 대한 안전대책 미비로 발생하는 사고이다.
• 동물의 탈출에 의한 사고
• 유리조각을 방치하여 손발이 베인 사고
• 간판이 떨어지거나, 맨홀 뚜껑이 제대로 닫혀 있지 않아 발생하는 사고 등

105 토성의 분류방법 중 자갈의 크기는 입경이 몇 mm 이상인가?

① 0.2mm   ② 1mm
③ 2mm   ④ 3mm

해설

토양의 입경구분
(단위 mm)

입경구분		미국 농무부법	국제 토양학회법
자갈(gravel)		2.00 이상	2.00 이상
모래 (sand)	매우 굵은 모래	2.00~1.00	
	극조사(極粗砂)		
	굵은 모래	1.00~0.50	2.00~0.20
	조사(粗砂)		
	중간 모래	0.50~0.25	
	중사(中砂)		
	가는 모래	0.25~0.10	0.20~0.02
	세사(細砂)		
	매우 가는 모래	0.10~0.05	
	극세사(極細砂)		
미사(微砂, silt)		0.05~0.002	0.02~0.002
점토(粘土, clay)		0.002 이하	0.002 이하

106 조경관리의 특성으로 옳지 않은 것은?

① 조경관리의 규격화, 표준화가 가능하다.
② 관리대상의 기능이 유동성과 다양성을 지닌다.
③ 관리대상은 시간 경과에 따라 성장하고 자연에 적응한다.
④ 조경관리란 경관과 경관을 이루는 모든 경관 구성요소에 대한 관리 개념까지 포함된다.

해설
① 식물은 자연에서 얻어지는 것이므로 규격화, 표준화가 곤란하다.

107 토양의 양이온교환용량(CEC)에 대한 설명으로 옳은 것은?

① 토양이 전하성질과는 무관하게 양이온을 함유할 수 있는 능력이며, 단위는 me/100g이다.
② 토양이 음전하에 의하여 양이온을 함유할 수 있는 능력이며, 단위는 mg/kg이다.
③ 토양이 음전하에 의하여 양이온을 흡착할 수 있는 능력이며, 단위는 $cmol_c/kg$이다.
④ 토양이 양전하에 의하여 염기성 이온을 흡착할 수 있는 능력이며, 단위는 %이다.

해설
양이온교환용량(cation exchange capacity)
일정량의 토양이나 교질물이 가지고 있는 치환성 양이온의 총량을 당량으로 표시한 것을 말한다. 양이온교환용량의 국제표준 단위는 cmol/kg이다.

108 수목관리의 설명이 옳지 않은 것은?

① 지주목 결속 끝의 보수는 1년 동안 수시로 점검·정비한다.
② 철쭉, 개나리 등의 낙엽화목류 전정은 휴면기인 동계에 실시한다.
③ 거적감기는 가을(10~11월)에 실시하는 것이 병해충 방제에 효과가 있다.
④ 생장이 왕성한 어린 유목(幼木)에는 강전정, 오래된 노목(老木)에는 약전정을 실시한다.

해설
② 철쭉, 개나리 등 낙엽화목류의 전정은 휴면기(동계)에 전정하면 개화가 불량해질 수 있으므로 낙화 직후에 실시하는 것이 적절하다.

109 고속도로 주변 녹지관리를 위해 등짐형 동력예초기로 제초작업을 하는 경우 착용해야 하는 개인보호구로 적절하지 않은 것은?

① 보안경
② 안전화
③ 방진 장갑
④ 방독마스크

[해설]
예초기 작업에 관한 개인보호구의 종류 및 용도
• 안전모, 보안면, 귀마개 : 충돌, 비래, 전도 등 사고 발생 시 작업자의 얼굴과 목 및 머리를 보호한다.
• 안전 보호복 : 독충 물림, 충돌, 전도 등 사고 발생 시 팔, 다리 등 작업자의 신체를 보호한다.
• 안전 장갑 : 진동, 베임 등에 의한 사고 발생 시 손을 보호한다.
• 무릎보호대 : 베임, 충돌 등 사고 발생 시 다리와 무릎을 보호한다.
• 안전화 : 충돌, 절단 등 사고 발생 시 발을 보호한다.

111 다음의 특징을 갖는 해충에 대한 방제약제는?

• 온도조건에 따라 8~10회(1년) 발생한다.
• 기온이 높고 건조할 때 피해가 심하다.
• 가해식물의 범위가 넓다.
• 밀도가 높으면 잎 주위를 거미줄처럼 뒤덮고 피해 잎은 갈색으로 변색되면서 일찍 떨어진다.

① 글리포세이트암모늄
② 에마멕틴벤조에이트 유제
③ 결정석회황합제
④ 다이플루벤주론 액상수화제

[해설]
해충은 응애이며 에마멕틴벤조에이트 유제 적용대상은 주로 나방, 총채벌레, 아메리카 잎굴파리 방제이지만 응애에도 효과가 있다.
① 글리포세이트암모늄 : 비선택성 제초제
③ 결정석회황합제 : 깍지벌레
④ 다이플루벤주론 액상수화제 : 흰불나방

110 잔디종자는 땅을 잘 갈아서 고른 뒤에 파종한다. 파종 시 주의할 사항으로 옳은 것은?

① 잔디종자는 호암성이므로 복토를 할 때 깊이 묻히도록 해야 한다.
② 잔디종자는 호광성이므로 복토 시 반드시 깊게 묻히도록 해야 한다.
③ 잔디종자는 호암성이므로 복토를 할 때 얕게 묻히도록 해야 한다.
④ 잔디종자는 호광성이므로 복토를 할 때 깊게 묻히지 않도록 해야 한다.

[해설]
잔디 종자는 호광성 발아를 하기 때문에 여기에 마사토를 종자가 보이지 않을 정도로 1cm 미만의 두께로 복토한다.

112 조경수목에 발생하는 생육장해의 설명이 틀린 것은?

① 만상(晩霜)은 봄의 생장개시 후에 내리는 서리에 의해 어린가지 및 잎의 고사를 초래한다.
② 저온에 의한 수목의 원형질 분리는 저온이 계속 유지되면 큰 문제가 발생되지 않는다.
③ 수목이 가을에 단계적으로 저온에 순화(acclimation)된 이후에는 동해를 잘 입지 않는다.
④ 건조로 고사를 당하는 대부분의 수목들은 천근성과 토심이 낮은 곳에서 자라는 개체이다.

[해설]
② 한겨울처럼 저온이 계속되면 원형질 분리가 한계점을 넘게 되어 원형질이 응고되고, 수목은 생명을 잃게 된다.

113 요소의 질소함유량을 50%라고 할 때 30kg의 요소 비료 중에 함유된 질소의 성분 함량은?

① 10.5kg　　　② 11.5kg
③ 15.0kg　　　④ 20.0kg

해설

$30kg \times 50\% = 15kg$

114 살충제의 설명으로 옳지 않은 것은?

① 직접접촉제는 해충의 몸에 약제를 직접 뿌렸을 때에만 살충력이 기대된다.
② 훈증제는 사이안화수소 약제의 유효성분을 연기의 상태로 하여 해충을 죽이는 데 쓰인다.
③ 기피제는 수목 또는 저장물에 해충이 모이는 것을 막기 위해 쓰인다.
④ 잔효성 접촉제는 대부분의 살충제가 해당된다.

해설
살충제
• 해충을 방제할 목적으로 쓰이는 약제로서, 살충작용에 따라 독제, 접촉제, 침투성 살충제, 훈증제, 유인제, 기피제, 불임제 등이 있으며, 상표의 색깔이 녹색이다.
• 살충 효과를 낼 수 있는데, 살충 성분에 따라 식물성 살충제와 광물성 살충제가 있다.
• 식물성 살충제에는 제충국제, 황산니코틴, 데리스제가 있으며, 잎말이나방, 진딧물, 응애 방제에 효과가 있다.
• 광물성 살충제인 기계유 유제는 해충의 몸체 또는 알에 피막을 형성하여 질식시킨다.
• 훈증제 : 증기압이 높은 농약의 원제를 액상, 고상 또는 압축가스 상으로 용기 내에 충전하여 용기를 열 때 유효성분이 대기 중으로 기화하여 병해충을 방제하도록 설계된 제형이다.

115 조경시설물 중 낙석방지망에 관한 설명이 틀린 것은?

① 낙석방지망은 암반과 밀착시킨 후 견고하게 설치하여야 한다.
② 앵커볼트는 암반의 절리를 점검하여 천공깊이와 간격을 결정한 후 천공한다.
③ 암반비탈면의 굴곡부보다 평탄부에 가능한 한 밀착시켜 표면층의 퇴적이 이루어지도록 한다.
④ 수급인은 반드시 설치위치, 범위를 현장실정에 적합하도록 검토하며, 공사감독과 사전협의 후 설치하여야 한다.

해설
③ 암반비탈면의 굴곡부에 가능한 한 밀착시켜 침식층의 퇴적이 이루어지도록 한다.

116 병원체가 다른 지역이나 식물체에 전반(傳搬)되는 방법 중 주로 바람에 의해 이루어지는 것은?

① 잣나무 털녹병균
② 참나무 시들음병균
③ 밤나무 뿌리혹병균
④ 대추나무 빗자루병균

해설
① 잣나무 털녹병균 : 바람 및 묘목에 의한 전반
② 참나무 시들음병균 : 곤충(광릉긴나무좀)
③ 밤나무 뿌리혹병균 : 묘목
④ 대추나무 빗자루병균 : 곤충(마름무늬 매미충)

117 지오릭스 15%, 분제 10kg을 2.5%의 분제로 만들려면 몇 kg의 증량제가 필요한가?

① 40kg
② 50kg
③ 60kg
④ 70kg

분제의 희석법
희석에 소요되는 증량제의 양
= 원분제의 무게(g) × [(원분제의 농도/원하는 농도) − 1]
15% 분제 10kg을 2.5% 분제로 만들기 위해서는 10kg × [(15/2.5) − 1] = 50kg 즉, 50kg의 증량제가 필요하다.

118 지주목 관리에 대한 설명이 옳지 않은 것은?

① 결속 끈의 관리는 지속적으로 해야 한다.
② 지주목 자체의 통일미와 반복미도 중요하다.
③ 이식 수목의 활착과 풍해 등으로부터 보호역할을 한다.
④ 보행 및 미관에 지장이 되므로 2년 이내에 모두 제거하도록 한다.

수목보호용 지주는 3년 이상 식재수목을 지지할 수 있을 정도의 내구성이 있어야 하며, 재료·색채·외양 등에서 목재 등 자연친화적인 재료를 사용해야 한다.

119 석회석(limestone)을 태워 CO_2를 제거시켜 제조하는 석회질 비료는?

① 소석회
② 생석회
③ 탄산석회
④ 탄산마그네슘

석회석을 구우면 CO_2 가스가 빠지면서 CaO만 남는데 이것이 생석회이며, 여기에 물을 집어넣으면 $Ca(OH)_2$ 소석회가 된다.
화학반응식
• $CaCO_3 \rightarrow CaO + CO_2$(소성 : 900~1,100℃) : 생석회
• $CaO + H_2O \rightarrow Ca(OH)_2$(수화) : 소석회

120 다음 중 실내식물의 인공조명에서 가장 경제적이면서 좋은 것은?

① 백열등
② 형광등
③ 나트륨등
④ 수은등

② 형광등 : 광질이 좋고, 설치 및 유지비가 저렴하다. 형광색의 조정에 따라 푸른색, 적색 연출이 가능하고 주로 옥내외 전반조명, 부분조명, 간접조명으로 설치한다.
① 백열등 : 따뜻한 느낌을 주지만 열효율이 낮아 전력소모가 많고 열반사가 많다. 휴식공간, 위험한 장소, 물체 강조 조명으로 설치한다.
③ 나트륨등 : 열효율이 높고 물체 투시성이 좋으나 설치비가 많이 든다. 점포용, 투광용, 영사, 스튜디오용으로 적합하다.
④ 수은등 : 수은증기압을 고압으로 가압하여 고효율의 광원을 얻으며, 큰 광속(光束)으로 가로 조명에 적합하다.

제1과목 조경사

01 조지 런던과 헨리 와이즈의 협력 작품으로, 설계는 방사형의 소로와 중심축선의 강조를 통한 바로크적인 새로운 지면분할의 방식을 취하면서 프랑스 왕궁과 경쟁한 저명한 영국의 정원은?

① 스토우원　　　② 햄프턴코트
③ 에르메농빌르　　④ 말메종

해설
② 햄프턴코트 : 여러 나라의 영향을 가장 많이 받은 정원으로, 프랑스 퐁텐블로를 경쟁상대로 하여 만들었기 때문에 기하학적 패턴이 많이 사용되었다.
① 스토우원 : 브릿지맨은 조경, 반브로프는 건축을 맡아 조성한 정원으로, 18세기 영국 정원예술에 큰 영향을 미쳤다. 축을 설정하여 배치하고 자수화단과 분수, 운하 등이 있다.
③ 에르메농빌르 : 앙리 4세가 세운 궁에 프랑수아 지 라르댕이 소유한 후 풍경식 정원을 조성했으며, 대림원, 소림원, 벽지(경작되지 않은 토지, 모래땅, 암석 호수 등)의 세 부분으로 구성되었다. 루소의 묘가 있다.
④ 말메종 : 베르토가 설계한 나폴레옹 1세와 황후 조세핀의 만년 거처로, 조세핀의 원예취미에 의한 수목, 화훼가 식재되었다.

02 다음 중 고대 로마의 주택정원에서 나타나지 않는 것은?

① 메갈론(megalon)
② 아트리움(atrium)
③ 페리스틸리움(peristylium)
④ 지스터스(xystus)

해설
① 메갈론(megalon) : 그리스 미케네 건축구조이다.
고대 로마시대의 주택정원
• 아트리움(atrium) : 제1중정, 손님 접대나 사무를 위한 공적 공간
• 페리스틸리움(peristyrium) : 제2중정, 가족용 사적 공간
• 지스터스(xystus) : 후원, 군식 또는 5점형으로 식재

03 다음의 빌라 중 로마의 아드리아누스 빌라의 영감을 받아 피로 리고리오가 설계한 것은?

① 데스테 빌라
② 무티 빌라
③ 몬드라고네 빌라
④ 알도브란디니 빌라

해설
데스테 빌라(villa d'Este) : 리고리오가 설계했으며, 평탄한 노단 중앙의 중심축선이 최상부 노단에 이르고, 이 축선상에 분수를 설치했다. 네 개의 노단으로 구성되었으며, 축선과 직교하여 정원이 전개되었다. 물을 다양하게 사용하여 100개의 분수로 물풍금 · 용의 분수 등을 조성했다.

04 클로이스터 가든(Cloister garden)에 대한 설명이 아닌 것은?

① 흙벽이 있는 중정
② 원로의 중심에는 커넬 배치
③ 교회건물의 남쪽에 위치한 네모난 공지
④ 두 개의 직교하는 원로에 의한 4분할

해설
클로이스터 가든(Cloister garden)
• 원로에 의해 공간이 분할되는 4분원의 형식
• 사방이 회랑으로 둘러싸이고 각 회랑 중앙에서 중정으로 향한 출입구가 열려 원로를 구성
• 그 교차점인 중정의 중앙에 샘이나 수반, 분수가 있는 정원
• 흙바닥에 잔디를 심고 그 위에 초본과 과실수, 관목 등으로 식재

05 신라 의상대사의 '화엄일승법계도'에 근거하여 동심원적 공간구성체계로 조영된 사찰 명칭은?

① 양산 통도사

② 경주 불국사

③ 순천 송광사

④ 합천 해인사

해설
순천 송광사의 공간구성형식은 고려시대 보조국사에 의해 이루어진 중창형식이 원형이며 이 형식은 화엄사상에 근거한 법성게를 삼차원적으로 표현한 결과이다. 따라서 송광사의 공간구성형식은 대웅전을 중심으로 하는 구심적이고 동심원적 질서를 갖추게 된 것이다. 의상대사가 고안한 '화엄일승법계도(華嚴一乘法界圖)'의 모양을 따라 전각들을 배치하였다.

06 비뇰라(Vignola)가 설계한 것으로 몬탈토(montalto) 분수가 있는 정원은?

① 빌라 란테(villa Lante)

② 빌라 데스테(villa d'Este)

③ 빌라 마다마(villa Madama)

④ 빌라 감베라이아(villa Gamberaia)

해설
① 빌라 란테 : 비뇰라(Vignola)가 설계한 정원으로, 수경축이 정원의 중심이고 두 개의 카지노가 있다. 네 개의 다리가 제1단의 중앙섬을 연결하고 있으며, 섬 속에 네 사람의 아름다운 군상이 새겨진 몬탈토(montalto) 분수가 있다. 빌라 파르네세, 빌라 데스테와 함께 16세기 로마 3대 별장 중 하나이다.
② 빌라 데스테 : 리고리오가 설계한 정원으로, 100개의 분수로 물풍금, 용의 분수 등 물을 풍부하고 다양하게 사용했다.
③ 빌라 마다마 : 라파엘로(Raffaello)가 설계하고, 조수 상갈로(Sangallo)에 의해 완성되었다. 노단식 정원과 기하학적 곡선을 따라 광대한 식재원을 건물 주위에 배치하고, 주건물과 옥상공간을 하나의 유닛으로 설계하여 내부와 외부 공간을 결합했다.
④ 빌라 감베라이아 : 17세기 이탈리아의 대표적인 매너리즘 양식의 정원으로, Water garden에는 토피어리 수벽과 네 개의 장방형 연못, 원형 연못이 있다.

07 다음 중 향원지(香遠池)가 있는 후원을 가지고 있는 궁은?

① 경복궁

② 창덕궁

③ 창경궁

④ 덕수궁

해설
향원지(香遠池)
경복궁 북쪽 후원에 있는 연못이다. 4,605m²의 방형인데, 모서리를 둥글게 조성한 방형의 연지에 연꽃과 수초가 자라고, 잉어 등 물고기가 살고 있다. 연지 가운데 섬 위에 육각형의 정자인 향원정(香遠亭)이 있다.

08 다음 설명에 적합한 통일신라의 유적은?

> • 다듬은 돌로 축조된 전복과 비슷한 모양을 하고 있는 수로
> • 수로 폭의 변화와 경사로의 변화에 따라 술잔이 불규칙적으로 흐르도록 설계
> • 유상곡수연을 즐기던 곳

① 동지

② 안압지

③ 포석정

④ 태액지

해설
포석정은 통일신라의 정원으로 왕희지의 난정고사를 본 따서 만든 왕과 측근들의 유락공간이었다. 구부러진 유수에 술잔을 띄우고, 잔이 앞을 통과할 때까지 시를 짓고, 시를 못 짓는 자는 벌주를 마시는 유상곡수연을 즐기던 곳이다.

09 다음 백제의 궁남지(宮南池)에 대한 설명으로 맞지 않는 것은?

① 사비궁 남쪽에 못(池)을 파고, 20여 리 밖에서 물을 끌어들였다.
② 못 가운데에는 무산십이봉(巫山十二峰)을 상징하는 섬을 만들었다.
③ 못(池) 주변에는 능수버들을 심었다.
④ 634년(무왕 35년)에 조영하였다.

해설

궁남지(무왕 35년, AD 634년)
우리나라 최초로 신선사상을 배경으로 하는 지원으로 현재는 부여읍 남쪽에 복원되어 있다. 궁 남쪽에 연못을 파고 방장선도를 축조하고, 방장지(方狀池)의 물가에 버드나무를 식재하였다. 연못 한가운데에 방장선산을 상징하는 섬이 자리잡고 있다.

10 하워드(Ebenezer Howard)의 전원도시 사상과 이념은 후에 현대 도시환경개념에 많은 영향을 미쳤다. 하워드의 전원도시 개념과 거리가 먼 것은?

① 도시인구를 3~5만명 정도로 제한할 것
② 주민의 자유결합의 권리를 최대한으로 향유할 수 있을 것
③ 중심도시와 주위를 둘러싼 전원도시와의 기능적 연관성 분석
④ 세부적으로 물리적 계획이나 적정인구 규모에 관한 이론 제시

해설

하워드의 전원도시 사상
• 자족기능을 갖춘 계획도시로, 주변에는 그린벨트로 둘러싸여 있고 주거, 산업, 농업기능이 균형을 갖추도록 했다.
• 이상적인 전원도시에는 3만2천여 명의 주민이 살며, 오픈 스페이스와 공원, 여섯 개의 방사형 대로가 배치된 동심원 모양이었다.
• 자급자족이 가능하며 계획인구를 초과하면 인근에 다른 전원도시를 배치하게 했다.
• 5만 명이 거주하는 중심도시와 이를 둘러싸며 도로와 철도로 연결된 전원도시들로 이루어진 도시군을 예견했다.

11 고려시대 경남 합천군의 옥류동 계곡에 위치한 정자로 전면 2칸, 측면 2칸의 팔작지붕의 건물은?

① 거연정(居然亭)
② 초간정(草澗亭)
③ 사륜정(四輪亭)
④ 농산정(籠山亭)

해설

농산정(籠山亭)은 신라 말의 학자이며 문장가인 최치원이 지은 정자로, 은거생활을 하던 당시에 글을 읽거나 바둑을 두며 휴식처로 삼았던 곳이다. 건물의 규모는 앞면과 옆면이 모두 2칸씩이며, 지붕은 팔작지붕으로 구성되어 있다.

12 다음 중 소쇄원과 관련된 설명으로 틀린 것은?

① 소쇄원을 경관유형(임수형, 내륙형)으로 분류할 때 산지 내륙형에 해당된다.
② 정자 방의 위치에 따른 유형(중심, 편심, 분리, 배면)구분 중 광풍각은 배면형에 해당된다.
③ 구성요소 중 경물은 작은 못, 비구, 물방아, 유수구, 석가산, 긴 담이 등장한다.
④ 소쇄원의 정원요소는 '소쇄원 48영시'에 잘 나타나 있다.

해설

광풍각은 소쇄원의 하단에 있는 별당으로 건축된 정면 3칸, 측면 1칸 전후퇴의 팔작지붕 한식기와 건물이다.

13 범세계적인 뉴타운 건설 붐을 일으켰고 새로운 도시공간을 창조하는 데 조경가의 적극적인 참여계기가 된 것은?

① 전원도시론
② 도시미화운동
③ 시카고 대박람회
④ 그린스워드(Green sward)안

해설
하워드의 전원도시론은 1946년 제정된 영국의 뉴타운법과 뉴타운개발공사에 의해 신도시개발에 이어져 오고 있으며, 세계적으로 도시개발에 큰 영향을 끼쳤다.

14 서양 도시에서 발생한 '광장'의 변천과정을 고대에서부터 순서대로 올바르게 나열한 것은?

① agora → forum → square → piazza → place
② agora → forum → piazza → place → square
③ forum → piazza → agora → place → square
④ forum → agora → piazza → place → square

해설
광장의 변천
agora(고대 그리스) → forum(고대 로마) → piazza(중세 이후 이탈리아) → place(프랑스) → square(영국)
서양에서 광장은 종교·정치·사법·상업·사교 등이 이루어지는 시민들의 사회생활의 중심지로, 광장을 중심으로 도시가 발전하는 경우가 많았다. 그리스의 공공광장인 '아고라(agora)'가 발전한 고대 로마제국의 대표적인 공공광장 '포럼(forum)'은 중세 이후 이탈리아에서는 '피아자(piazza)', 프랑스에서는 '플라스(place)', 독일에서는 '플라츠(platz)', 미국에서는 '플라자(plaza)', 영국에서는 '스퀘어(square)' 등으로 불렸으며, 오늘날의 도시광장(都市廣場)으로 변모하게 되는 중요한 공공 외부공간이다.

15 프랑스에서 르 노트르(Le Notre)의 조경양식이 이탈리아와 다르게 발전한 가장 큰 요인은?

① 기온
② 역사성
③ 국민성
④ 지형

해설
프랑스의 조경은 평탄하고 다습지가 많으며 풍경이 단조로운 지형으로 인해 평면적으로 펼쳐져 있는 평면기하학식 정원이다. 이와 달리 이탈리아의 조경은 구릉이나 산간의 경사지에 정원이 입지해 있어서 입체적으로 쌓여 있는 노단식(테라스식) 정원이다.

16 다음 설명하는 중국의 정원 유적은?

- 북경의 서북쪽 10km에 위치한 3.4km^2 규모의 황가원림으로 물과 산이 어우러진 원림이다.
- 공간은 크게 만수산 공간과 곤명호 공간으로 나뉜다.

① 이화원
② 원명원
③ 장춘원
④ 졸정원

해설
이화원
청나라의 대표적인 정원으로 중국에서 가장 규모가 크고 보존이 잘된 황제와 황실이 소유한 황가원림이다. 곤명호(쿤밍호)는 사람을 동원해서 바닥을 파낸 호수이며, 파낸 흙을 이용해 만수산을 쌓았다. 이화원으로 바뀌기 전의 이름은 청의원(淸漪園)이다.

17 서원에서 춘추 제향 시 제물로 쓰이는 짐승을 세워놓고 품평을 하기 위해 만든 곳은?

① 관세대(盥洗臺)

② 정료대(庭燎臺)

③ 사대(社臺)

④ 생단(牲壇)

④ 생단(牲壇) : 제향 때 쓸 제물을 올려놓고 적합심사를 하는 제단

① 관세대(盥洗臺) : 사당을 참배할 때 손을 씻을 수 있도록 대야를 올려놓는 받침돌

② 정료대(庭燎臺) : 밤에 서원을 밝히던 조명시설

18 다음 중 일본에서 가장 먼저 발생한 정원양식은?

① 다정식(茶庭式)

② 축경식(縮景式)

③ 회유임천식(回遊林泉式)

④ 원주파임천식(遠州派林泉式)

일본 정원양식의 변천
임천식(8~11세기 헤이안시대) → 회유임천식(12~14세기 가마쿠라시대) → 축산고산수식(14세기 무로마치시대) → 평정고산수식(15세기 후반 무로마치시대) → 다정식(16세기 모모야마시대) → 회유임천식 + 다정양식(17세기 에도시대 초기) → 축경식(19세기 에도시대 후기)

19 영양의 서석지(瑞石池) 관련 설명이 틀린 것은?

① 정영방이 축조

② 지당은 중도가 없는 방지

③ 대나무, 소나무, 국화, 매화의 사우단

④ 대지 내 식물은 대부분 외부에서 옮겨 식재

영양의 서석지는 정영방이 1613년(광해군 5년) 은거할 목적으로 꾸민 것이다. 중도가 없는 방지이며, 지저(연못 바닥)에 석영맥이 발달해 물에 떠오를 때 보석처럼 보인다고 하여 '서석지'라고 이름 붙였다. 연못 쪽으로 돌출된 석단 사우단에 '매 · 송 · 국 · 죽'을 심고 연못에 연꽃을 심었다.

20 프랑스에 있는 보르비콩트(Vaux-le-Vi-comte)원에 대한 설명으로 적합하지 않은 것은?

① 건축이 조경에 종속됨으로써 이전의 공간계획과는 차이가 있다.

② 앙드레 르 노트르(Andre Le Notre)의 출세작이다.

③ 강한 중심측선을 사용하여 공간을 하나로 조직화하고 있다.

④ 앙드레 르 노트르가 조경을, 라퐁테느가 건축을, 몰리에르는 실내장식을 맡아 완성시켰다.

보르비콩트(Vaux-le-Vicomte) 정원
프랑스의 재무관 니콜라 푸케의 명령으로 르노트르가 설계한 정원이다. 루이 14세는 이 정원을 보고 깊은 감명을 받아 르노트르에게 베르사이유 궁전을 조성하게 하였다. 보르비콩트는 화려한 자수 화단과 대칭적인 구성으로 건축물이 조경에 종속된 형태를 띠고 있다.

21 계획안을 작성할 때 주어진 시간 및 비용의 범위 내에서 얻을 수 있는 최선의 안(案)을 가리키는 것은?

① 최적안(optimal solution)
② 창조적인 안(creative solution)
③ 규범적인 안(normative solution)
④ 만족스러운 안(satisficing solution)

해설
① 최적안 : 주어진 여건 혹은 가정된 여건 내에서 가장 적절한 안이다.
② 창조적인 안 : 혁신적 안이라고도 하며, 가정된 여건 및 요구조건을 만족시키는 안을 찾아냈더라도 무언가 불만스러울 경우 설계가들은 기존의 가정된 여건 및 요구조건을 변경시키고 새로운 가정하에서 만들어진 안이다.
③ 규범적인 안 : 이상적인 혹은 권위주의적인 안으로써, 현재의 여건을 거의 고려하지 않고 찾아내는 안이므로 이론적으로는 가능하나 현재의 제약조건에서 볼 때 실현이 어려운 경우가 많다.

22 시설물의 배치계획으로 가장 거리가 먼 것은?

① 시설물의 형태, 재료, 색채는 주변경관과 조화를 이루도록 한다.
② 구조물의 배치는 전체적인 패턴이 일정한 질서를 갖도록 한다.
③ 구조물의 평면이 장방형인 경우 짧은 변이 등고선에 평행하도록 배치 계획한다.
④ 여러 기능이 공존할 경우 유사한 기능의 구조물들은 한데 모아 집단별로 배치계획 한다.

해설
③ 장방형 건물은 긴 변(장축)이 등고선과 맞게 배치한다.

23 Berlyne의 미적 반응과정을 순서대로 옳게 나열한 것은?

① 환경적 자극 → 자극선택 → 자극해석 → 자극탐구 → 반응
② 환경적 자극 → 자극탐구 → 자극해석 → 자극선택 → 반응
③ 환경적 자극 → 자극선택 → 자극탐구 → 자극해석 → 반응
④ 환경적 자극 → 자극탐구 → 자극선택 → 자극해석 → 반응

해설
Berlyne의 미적 반응과정
환경적 자극을 받은 후 이를 탐구하고 선택한 다음 자극을 해석하며 이러한 과정이 끝난 후 반응이 나타나게 된다. 이는 인간이 환경에서 시각적 자극을 인식하고 그에 대한 반응을 형성하는 과정을 설명한다.

24 도시지역과 그 주변지역의 무질서한 시가화를 방지하고 계획적·단계적인 개발을 도모하기 위하여 대통령령으로 정하는 일정기간 동안 시가화를 유보할 필요가 있다고 인정하여 지정하는 구역은?

① 시가화유보구역
② 시가화관리구역
③ 시가화조정구역
④ 시가화예정구역

해설
시가화조정구역의 지정(국토의 계획 및 이용에 관한 법률 제39조 제1항)
시·도지사는 직접 또는 관계 행정기관의 장의 요청을 받아 도시지역과 그 주변지역의 무질서한 시가화를 방지하고 계획적·단계적인 개발을 도모하기 위하여 대통령령으로 정하는 기간 동안 시가화를 유보할 필요가 있다고 인정되면 시가화조정구역의 지정 또는 변경을 도시·군관리계획으로 결정할 수 있다.

25 도시 및 지역차원의 환경계획으로 생태네트워크의 개념에 해당되지 않는 것은?

① 공간계획이나 물리적 계획을 위한 모델링 도구이다.
② 기본적으로 개별적인 서식처와 생물종의 보전을 목표로 한다.
③ 지역적 맥락에서 보전가치가 있는 서식처와 생물종의 보전을 목적으로 한다.
④ 전체적인 맥락이나 구조측면에서 어떻게 생물종과 서식처를 보전할 것인가에 중점을 둔다.

해설
생태네트워크에 대한 개념은 기존에 이루어지던 개별적인 서식처나 생물종을 목표로 하지 않고 전체적인 맥락이나 구조 측면에서 어떻게 생물종과 서식처를 보전할 것인가에 대한 사고에서 출발한다.

26 경관조명시설의 계획·설계 시 고려해야 할 사항으로 가장 거리가 먼 것은?

① 경관조명시설은 야간 이용 시 안전한 방법을 확보하도록 효과적으로 배치한다.
② 안전성, 기능성, 쾌적성, 조형성, 유지관리 등을 충분히 고려하여 계획한다.
③ 계단이나 기복이 있는 곳에는 안전한 보행을 위하여 간접 조명방식을 계획한다.
④ 정원등의 광원은 이용자의 눈에 띄지 않는 곳에 배치한다.

해설
③ 계단이나 기복이 있는 곳에는 안전한 보행을 위하여 직접 조명방식을 적용한다.

27 자연공원법상 용도지구의 분류에 해당하지 않는 것은?

① 공원밀집마을지구
② 공원마을지구
③ 공원자연환경지구
④ 공원자연보존지구

해설
용도지구(자연공원법 제18조 제1항)
공원관리청은 자연공원을 효과적으로 보전하고 이용할 수 있도록 하기 위하여 다음의 용도지구를 공원계획으로 결정한다.
• 공원자연보존지구
• 공원자연환경지구
• 공원마을지구
• 공원문화유산지구

28 자연형성 요소의 상호 관련성은 '매우 밀접한', '밀접한', '간접적인'으로 관계가 분류된다. 다음 중 '매우 밀접한 관계'를 가지는 요소들의 조합은?

① 지형 – 기후
② 지질 – 기흐
③ 지질 – 식생
④ 토양 – 야생동물

해설
지형은 지역 간의 기후 차이를 일으키는 중요한 요인이 된다.

29 환경계획의 차원을 부문별 환경계획, 행정 및 정책구조, 사회기반형성으로 분류할 때 다음 중 사회기반형성 차원의 내용으로 가장 거리가 먼 것은?

① 소음방지
② 에너지계획
③ 환경교육 및 환경감시
④ 시민참여의 제도적 장치

해설
소음방지는 환경계획과 관련된 내용이다.

30 설문지(questionnaire) 작성 시 폐쇄형 질문의 장점에 해당되지 않는 것은?

① 민감한 주제에 보다 적합하다.
② 부호화와 분석이 용이하여 시간과 경비를 절약할 수 있다.
③ 설문지에 열거하기에는 응답의 범주가 너무 클 경우에 사용하면 좋다.
④ 질문에 대한 대답이 표준화되어 있기 때문에 비교가 가능하다.

해설
③ 폐쇄형 질문의 경우 응답의 범주가 너무 크거나 많을 경우 응답자에게 오히려 혼란을 야기할 수 있다.

31 다음 중 공원의 최대일(最大日)이용객수 산정 방법으로 옳은 것은?

① 연간 이용객수 ÷ 365
② 연간 이용객수 × 최대일률
③ 연간 이용객수 × 서비스율
④ 연간 이용객수 × 회전율 × 최대일률

해설
최대일이용객수 = 연간 이용객수 × 최대일률

32 일반적인 조경계획의 과정으로 가장 적합한 것은?

① 분석 → 기본전제 → 기본계획 → 설계
② 기본전제 → 분석 → 설계 → 기본계획
③ 분석 → 기본전제 → 설계 → 기본계획
④ 기본전제 → 분석 → 기본계획 → 설계

해설
조경계획의 과정
기본전제(목표설정, 자료수집정리) → 대지분석(자연·인문환경 및 경관분석) → 기본계획(대안 작성 및 개략안 결정) → 설계(계획, 기본·실시설계) → 시행(시공감리, 이용 후 평가)

33 휴양림 지역 내 진입(進入)도로의 종점(終點)에 설치된 주차장으로부터 휴양림의 주요시설 입구를 순환, 연결하는 기능을 담당하는 도로를 가리키는 용어는?

① 임도   ② 목도
③ 벌도   ④ 녹도

해설
임도 : 임산물의 운반 및 산림의 경영관리상 필요하여 설치한 도로

34 도시공원 중 묘지공원의 경우 적당한 공원 면적의 규모 기준은?(단, 정숙한 장소로 장래 시가화가 예상되지 아니하는 자연녹지지역에 설치한다)

① 100,000m² 이상
② 300,000m² 이상
③ 500,000m² 이상
④ 700,000m² 이상

해설
도시공원의 설치 및 규모의 기준 - 주제공원(도시공원 및 녹지 등에 관한 법률 시행규칙 [별표 3])

공원구분	유치거리	규모
역사공원	제한 없음	제한 없음
문화공원	제한 없음	제한 없음
수변공원	제한 없음	제한 없음
묘지공원	제한 없음	10만m² 이상
체육공원	제한 없음	1만m² 이상
도시농업공원	제한 없음	1만m² 이상
법에 따른 공원	제한 없음	제한 없음

35 골프장 계획 시 구성요소 중 홀의 처음 샷을 해서 출발하는 곳으로 주변보다 약간 높으며 사각형 혹은 원형인 곳을 무엇이라 하는가?

① 그린(green)
② 러프(rough)
③ 벙커(bunker)
④ 티잉 그라운드(teeing ground)

티잉 그라운드 : 티잉 에어리어(teeing area), 티 박스(tee-box)는 티(tee)라고 줄여서 부르는 출발 지점이다. 티 박스는 주위의 지면보다 약간 높이 솟아 있으며 직사각형 혹은 원형의 평평한 형태로 되어 있고, 잔디는 그린처럼 최대한 미세하게 깎아 놓는 것이 보통이다.

36 도시지역 안에서 도시자연경관의 보호와 시민의 건강·휴양 및 정서생활을 향상시키는 데에 기여하기 위하여 도시관리계획 수립절차에 의해 조성되는 공원의 유형으로 가장 거리가 먼 것은?

① 근린공원
② 자연공원
③ 묘지공원
④ 어린이공원

자연공원 : 국립공원, 도립공원, 군립공원, 지질공원을 말한다.
도시공원의 세분 및 규모(도시공원 및 녹지 등에 관한 법률 제15조 제1항)
도시공원은 그 기능 및 주제에 따라 다음과 같이 세분한다.
1. 국가도시공원
2. 생활권공원 : 소공원, 어린이공원, 근린공원
3. 주제공원 : 역사공원, 문화공원, 수변공원, 묘지공원, 체육공원, 도시농업공원, 방재공원, 그 밖에 특별시·광역시·특별자치시·도·특별자치도 또는 지방자치법에 따른 서울특별시·광역시 및 특별자치시를 제외한 인구 50만 이상 대도시의 조례로 정하는 공원

37 다음 중 개인적 공간 및 개인적 거리에 대한 설명으로 옳지 않은 것은?

① 위협을 느낄 때 개인적 거리는 좁아질 수 있다.
② 홀(Hall)은 친밀한 거리, 개인적 거리, 사회적 거리, 공적 거리 등으로 세분하였다.
③ 개인적 공간은 방어기능 및 정보교환기능의 2가지 측면에서 설명될 수 있다.
④ 온순한 수감자보다 난폭한 수감자에 대해서 개인적 공간이 더 크게 설정되는 경향이 있다.

① 위협을 느낄 때 개인적 거리는 늘어날 수 있다.
개인적 공간(personal space)
• 개인의 주변에 형성되어 개인이 점유하는 공간을 말한다.
• 개인적 공간의 크기는 문화적 배경에 따라 차이가 있다.
• 개인적 공간의 크기는 내성적인 사람과 외향적인 사람 사이에 차이가 있다.
• 개인의 주변에 형성되는 보이지 않는 경계를 가진 공간을 말하며 외부인이 침입하면 방어하는 공간을 말한다.

38 만조 때 수위선과 지면의 경계선으로부터 간조 때 수위선과 지면이 접하는 경계선까지의 지역을 지칭하는 용어는?

① 비오톱
② 습지훼손
③ 연안습지
④ 유비쿼터스

정의(습지보전법 제2조)
• '습지'란 담수(淡水 : 민물), 기수(汽水 : 바닷물과 민물이 섞여 염분이 적은 물) 또는 염수(鹽水 : 바닷물)가 영구적 또는 일시적으로 그 표면을 덮고 있는 지역으로서 내륙습지 및 연안습지를 말한다.
• '내륙습지'란 육지 또는 섬에 있는 호수, 못, 늪, 하천 또는 하구(河口) 등의 지역을 말한다.
• '연안습지'란 만조(滿潮) 때 수위선(水位線)과 지면의 경계선으로부터 간조(干潮) 때 수위선과 지면의 경계선까지의 지역을 말한다.
• '습지의 훼손'이란 배수(排水), 매립 또는 준설 등의 방법으로 습지 원래의 형질을 변경하거나 습지에 시설이나 구조물을 설치하는 등의 방법으로 습지를 보전 목적 외의 용도로 사용하는 것을 말한다.

39 집수(集水)구역을 결정하는 가장 중요한 요소는?

① 식생
② 지형
③ 경관
④ 강우량

해설

정의(상수원 관리규칙 제2조)
집수구역(集水區域)이란 빗물이 상수원으로 흘러드는 지역으로서 주변의 능선을 잇는 선으로 둘러싸인 구역을 말한다.

40 국토의 계획 및 이용에 관한 법률 시행령에 따라 국토교통부장관이 도시·관리계획결정으로 용도지역 중 '녹지지역'을 세분할 때의 분류 형태에 해당되지 않는 것은?

① 보전녹지지역
② 전용녹지지역
③ 생산녹지지역
④ 자연녹지지역

해설

용도지역의 세분—녹지지역(시행령 제30조 제1항 제4호)
가. 보전녹지지역 : 도시의 자연환경·경관·산림 및 녹지공간을 보전할 필요가 있는 지역
나. 생산녹지지역 : 주로 농업적 생산을 위하여 개발을 유보할 필요가 있는 지역
다. 자연녹지지역 : 도시의 녹지공간의 확보, 도시확산의 방지, 장래 도시용지의 공급 등을 위하여 보전할 필요가 있는 지역으로서 불가피한 경우에 한하여 제한적인 개발이 허용되는 지역

제3과목 조경설계

41 먼셀의 색입체 관련 설명으로 틀린 것은?

① 수직축은 맨 위에 명도가 가장 높은 하양을 배치한다.
② 색입체는 전 세계적으로 가장 널리 쓰이는 혼색계 체계이다.
③ 색상 배열 시 보색관계를 중시하여 파랑과 자주가 감각적으로 균등하지 못하다.
④ 색입체의 적도 부근인 원에는 중간 밝기의 색상을 배열한 색상환을 만든다.

해설

② 먼셀 색입체는 현색계 체계이며, 우리나라에서도 한국산업규격에서 채택, 전 세계적으로 널리 사용되고 있다. 혼색계 체계로는 CIE 표색계와 오스트발트 표색계가 있다.

42 경사지에 휴게소를 설계하고자 한다. 절·성토면에 대한 지형설계를 하여 이용자들에게 편리한 공간을 조성하고자 도면을 작성하려 할 때, 다음 중 잘못된 것은?

① 계획이나 설계를 하기 위해 기존의 등고선을 실선으로 그리고, 기본 지형도를 만들며, 변경된 등고선은 파선으로 그린다.
② 경사도 조작에 있어 일반토사의 성토는 1 : 2, 절토는 1 : 1의 경사를 유지한다.
③ 배수를 고려하기 위해 잔디로 마감할 경우 1%, 인공적인 재료로 마감할 경우 0.5~1%의 경사를 최소한 유지하도록 한다.
④ 동선을 위한 경사면을 조작할 경우 이용자들의 양과 속도의 관점에서 계획하며, 장애인을 위한 동선일 경우 일반인보다 구배를 완만히 유지하도록 한다.

해설

① 기존의 등고선을 파선으로 그리고, 변경된 등고선은 실선으로 그린다.

43 다음 중 통경선(vista)의 예로 볼 수 없는 것은?

① 창문을 통해 보이는 바깥 경치
② 경회루 석주 사이로 보이는 수면
③ 숲속 나무 사이로 보이는 경치
④ 옥상 전망대에서 보이는 경치

해설
통경선(비스타 경관) : 특정 경관대상을 향해 한정된 전망으로 좌우로의 시선이 제한되고, 중앙의 한 점으로 시선이 모이도록 구성된 경관을 의미한다. 따라서 옥상 전망대와 같이 확 트인 경치는 통경선의 예로 볼 수 없다.

44 조경용 제도 용지 중 A2 용지의 표준규격은?

① 297 × 420mm ② 420 × 594mm
③ 594 × 841mm ④ 841 × 1,189mm

해설
제도 용지의 크기(mm)
• A0 용지 : 841 × 1,189
• A1 용지 : 594 × 841
• A2 용지 : 420 × 594
• A3 용지 : 297 × 420
• A4 용지 : 210 × 297

45 비례(比例)에 대한 설명 중 적합하지 않은 것은?

① 치수의 계획적인 관계이다.
② 가장 친근하고 구체적인 구성 형식이다.
③ 모든 단위의 크기가 대소의 상대적인 비교이다.
④ 황금비(黃金比)는 동서고금을 통해 절대적인 유일한 비례 기준으로 적용된다.

해설
서양에서는 예로부터 완전한 미적 비례를 나타내려는 노력이 계속되어 왔으며 그 예가 황금비(黃金比)이다. 동양에서는 주역적인 비(比)로서 우주를 완전한 하나의 미로 보고, 天, 地, 人의 조화로서 만물을 이룬다고 하는 삼재미(三才美)가 있다.

46 다음 중 설계도의 종류에 속하지 않는 것은?

① 구상도(diagram)
② 단면도(section)
③ 입면도(elevation)
④ 조감도(birds-eye view)

해설
설계도의 종류
• 평면도 : 물체를 수직 방향으로 내려다본 것을 가정하고 작도한 것으로, 모든 설계에 있어 가장 기본이 되는 도면이다.
• 입면도 : 평면도와 같은 축척을 이용하여 작성하며 정면도, 배면도, 측면도 등으로 세분한다.
• 단면도 : 구조물을 수직으로 자른 단면을 보여 주는 도면으로 구조물의 내부구조 및 공간구성을 표현하며, 평면도에 단면부위를 반드시 표시한다. 조경설계에서 대지 단면도로 많이 이용되고 있다.
• 상세도 : 일반 평면도나 단면도에서 잘 나타나지 않는 세부사항을 시공이 가능하도록 표현한 도면이다.
• 투시도 : 설계안이 완공되었을 경우를 가정하여 설계내용을 입체적인 그림으로 나타낸 것이다.
• 스케치 : 눈높이나 눈보다 조금 높은 높이에서 보이는 공간을 표현하는 그림으로, 관찰자가 설계된 공간에 서서 볼 때를 가상하여 투시도 작도법에 의하지 않고 실제 눈에 보이는 대로 자연스럽게 그려 표시한다.
• 조감도 : 설계 대상지의 완성 후의 모습을 공중에서 내려다본 그림으로 공간 전체를 사실적으로 표현함으로써 공간구성을 쉽게 알 수 있도록 표현한 그림이다.

47 그림과 같은 입체도에서 화살표 방향이 정면일 때 평면도로 가장 적합한 것은?

① 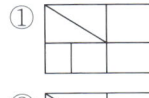 ②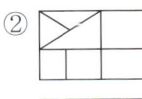
③ 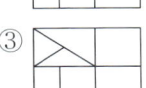 ④

해설
평면도 : 물체를 수직 방향으로 내려다본 것을 가정하고 작도한 것이다.

48 도면에서 치수의 표시와 기입방법이 틀린 것은?

① 전체의 치수는 가장 바깥에 나타낸다.
② 치수선과 치수는 도형 안에 나타내지 않는다.
③ 한 도면에서 치수선의 굵기는 동일하게 한다.
④ 치수선은 외형선이나 중심선을 대신해서 사용하지 않는다.

해설
② 관련되는 치수는 되도록 한곳에 모아서 기입한다.
치수 표시
• 치수의 단위는 mm를 원칙으로 하고, 이때 단위기호는 쓰지 않는다. 치수 단위가 mm가 아닌 때에는 단위기호를 쓰거나 그 밖의 방법으로 그 단위를 명시한다.
• 치수는 특별히 명시하지 않는 한, 마무리 치수로 표시한다.
• 치수를 표시할 때에는 치수선과 치수보조선을 사용한다.
• 치수선은 치수보조선에 직각이 되도록 그으며, 화살표나 점으로 경계를 명확히 표시한다.
• 치수의 기입은 치수선에 따라 평행하게 기입한다.
• 도면의 아래로부터 위로, 또는 왼쪽에서 오른쪽으로 읽을 수 있도록 치수선의 윗부분이나 치수선의 중앙에 기입한다.
• 같은 도면에서 2종류 이상의 선이 중복되었을 경우 우선순위는 외형선 > 숨은선 > 절단선 > 중심선 > 치수보조선으로 한다.
• 협소한 간격이 연속될 때에는 인출선을 사용하여 치수를 기입한다.
• 치수선은 될 수 있는 대로 물체를 표시하는 도면의 외부에 긋는다.

49 K. Lynch가 도시경관 분석에 사용한 도시 구성요소에 해당하는 것은?

① district   ② form
③ building   ④ road

해설
도시조경계획가 케빈 린치(Kevin Lynch)는 도시 이미지는 랜드마크(landmark), 통로(paths), 모서리(edges), 지역(district), 결절점(node)의 5가지 도시 구성요소에 의해 결정된다고 주장했다.

50 제도 시 사용하는 선의 종류 중 1점쇄선을 사용하는 경우에 해당되는 것은?

① 외형선   ② 치수선
③ 치수보조선   ④ 중심선

해설
④ 가는 일점쇄선을 사용하는 경우는 중심선, 기준선, 피치선이 있고, 굵은 일점쇄선을 사용하는 경우는 특수지정선이 있다.
① 외형선은 굵은 실선을 사용한다.
② 치수선은 가는 실선을 사용한다.
③ 치수보조선은 가는 실선을 사용한다.

51 직육면체의 직각으로 만나는 3개의 모서리가 모두 120°를 이루는 투상도는?

① 사투상도
② 정투상도
③ 등각투상도
④ 부등각투상도

해설
③ 등각투상도 : X, Y, Z의 기본 축이 120°씩 화면으로 나누어 표시되는 것이다.
① 사투상도 : 기준선 위에 물체의 정면을 실물과 같은 모양으로 나타내고 각 꼭짓점에서 기준선과 45°로 경사선을 그은 다음, 이 선 위에 물체의 안쪽 길이의 1/2로 줄여서 나타낸 것이다. 물체의 세 면을 동시에 볼 수 있고, 정면이 실물과 같은 모양인 것이 특징이다.
② 정투상도 : 물체의 각 면을 투상면에 나란히 놓고 투상하는 정투사법으로 그린 도면을 말한다.
④ 부등각투상도 : 화면의 중심으로 좌우와 상하의 각도가 각기 다른 축측투상도를 말한다.

52 장애인 등의 통행이 가능한 계단의 설계기준에 맞는 것은?(단, 장애인·노인·임산부 등의 편의증진 보장에 관한 법률 시행규칙을 적용한다)

① 계단에는 챌면을 설치하지 아니할 수 있다.
② 계단은 직선 또는 꺾임형태로 설치할 수 있다.
③ 계단 및 참의 유효폭은 0.8m 이상으로 하여야 한다.
④ 계단은 바닥면으로부터 높이 2.4m 이내마다 휴식을 할 수 있도록 수평면으로 된 참을 설치할 수 있다.

해설
장애인 등의 통행이 가능한 계단(장애인·노인·임산부 등의 편의증진 보장에 관한 법률 시행규칙 [별표 1])
• 계단의 형태
 – 계단은 직선 또는 꺾임형태로 설치할 수 있다.
 – 바닥면으로부터 높이 1.8m 이내마다 휴식을 할 수 있도록 수평면으로 된 참을 설치할 수 있다.
• 유효폭
 계단 및 참의 유효폭은 1.2m 이상으로 하여야 한다. 다만, 건축물의 옥외 피난계단은 0.9m 이상으로 할 수 있다.
• 디딤판과 챌면
 – 계단에는 챌면을 반드시 설치하여야 한다.
 – 디딤판의 너비는 0.28m 이상, 챌면의 높이는 0.18m 이하로 하되, 동일한 계단(참을 설치하는 경우에는 참까지의 계단을 말한다)에서 디딤판의 너비와 챌면의 높이는 균일하게 하여야 한다.

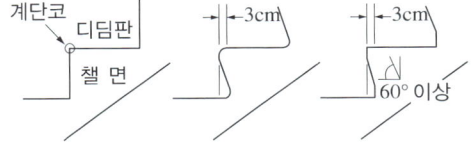

53 다음 중 조형예술 측면에서 최초의 요소로 규정지을 수 있고, 기하학 측면에서 위치를 결정하는 것은?

① 면   ② 선
③ 점   ④ 입체

해설
점(spot)
• 조형예술 측면 : 가장 기본이 되는 요소로, 모든 형태의 근원이자 출발이라고 할 수 있다. 연속적인 점은 입체감, 방향감, 동세를 느끼게 해 준다. 점의 기능은 위치 표시, 강조, 집중, 구분 등이다.
• 기하학 측면 : 크기를 갖지 않고 공간을 점유하지 않지만 위치 등을 지정할 수 있는 가상적인 개체이다. 눈에 보이지 않는 존재로 부분이 없는 것으로 정의되기 때문에 비물질적인 존재라고 할 수 있다.

54 인공지반식재기반 조성과 관련된 설명이 옳지 않은 것은?

① 건축 및 토목구조물 등의 불투수층 구조물 위에 조성되는 식재지반을 인공지반이라 한다.
② 버드나무, 아까시나무 등은 바람에 쓰러지거나 줄기가 꺾어지기 쉬우므로 설계 시 고려한다.
③ 인공지반의 건조현상을 방지하기 위해 토성적으로 보수성이 좋은 토양재료를 사용한다.
④ 인공지반조경의 옥상조경에서, 옥상면의 배수구배는 최대 1.0% 이하로, 배수구 부분의 배수구배는 최대 1.5% 이하로 설치한다.

해설
④ 옥상면의 배수구배는 최저 1.3% 이상으로 하고, 배수구 부분의 배수구배는 최저 2% 이상으로 한다.

55 도시 내 콘크리트 하천을 자연형 하천으로 복원하는 설계를 계획하고자 할 때의 설명으로 가장 부적합한 것은?

① 흐르는 하천의 가운데에 섬을 조성하여 서식환경을 다양하게 만든다.
② 안정된 서식환경이 조성될 수 있도록 급류나 웅덩이가 조성되지 않도록 한다.
③ 수심에 맞는 식물을 선정하여 식재하고, 수변·수중생물의 서식환경을 조성해 준다.
④ 직선수로를 곡선화하여 자연하천의 흐름과 유사하게 만들어 하천의 자정기능을 높인다.

안정된 서식환경이 조성될 수 있도록 급류(여울)나 웅덩이(소)는 보전 및 재생하는 것이 기본 조성 원칙이다.

57 한국의 오방색(五方色)과 방향의 연결 중 동쪽에 해당하는 색상은?

① 백색　　　　② 적색
③ 청색　　　　④ 황색

오방색
• 황(黃), 청(靑), 백(白), 적(赤), 흑(黑)의 5가지 색을 말한다.
• 음과 양의 기운이 생겨나 하늘과 땅이 되고 다시 음양의 두 기운이 목(木), 화(火), 토(土), 금(金), 수(水)의 오행을 생성하였다는 음양오행사상을 기초로 한다.
• 오행에는 오색이 따르고 방위가 따르는데 중앙과 사방을 기본으로 삼아 황(黃)은 중앙, 청(靑)은 동, 백(白)은 서, 적(赤)은 남, 흑(黑)은 북을 뜻한다.

56 관찰자가 느끼는 폐쇄성은 관찰자의 위치에서 수직면까지의 거리에 관계되며, 건물 높이(H), 관찰자와 건물의 거리(D)라 할 때, 폐쇄감을 완전히 상실하기 시작하는 시점($H : D$)은?(단, P. D. Spreiregen의 이론을 적용한다)

① 1 : 2　　　　② 1 : 3
③ 1 : 4　　　　④ 1 : 5

건물 높이(H)와 거리(D)의 비

D/H비	앙각	인지결과
$D/H = 1$	45°	건물이 시야의 상한선인 30°보다 높아 상당한 폐쇄감을 느낌. 전체보다 상세 식별
$D/H = 2$	27°	정상적인 상한선과 일치하여 적당한 폐쇄감을 느낌. 전체구성과 상세를 동시에 볼 수 있음
$D/H = 3$	18°	폐쇄감에서 다소 벗어나 주대상물에 더 시선을 느낌
$D/H = 4$	12°	폐쇄감은 상실됨. 특징적인 공간으로써 장소 식별이 불가능하고 경관 일부로 인식함

• 부각(하향각) : 위에서 아래로 내려다보는 것
• 앙각(상향각) : 아래에서 위로 올려다보는 것

58 야외공연장(야외무대 및 스탠드)의 설계기준으로 틀린 것은?(단, 조경설계기준을 적용한다)

① 객석의 전후영역은 표정이나 세밀한 몸짓을 감상할 수 있는 15cm 이내로 한다.
② 평면적으로 무대가 보이는 각도(객석의 좌우영역)는 90° 이내로 설정한다.
③ 객석에서의 부각은 15° 이하가 바람직하며 최대 30°까지 허용된다.
④ 객석의 바닥기울기는 후열객의 무대방향 시선이 전열객의 머리끝 위로 가도록 결정한다.

야외공연장 영역설정 및 부지조성(조경설계기준)
• 객석의 전후영역은 표정이나 세밀한 몸짓을 이상적으로 감상할 수 있는 생리적 한계인 15cm 이내로 함을 원칙으로 한다.
• 평면적으로 무대가 보이는 각도(객석의 좌우영역)는 101~108° 이내로 설정한다.
• 객석의 바닥의 기울기는 후열객의 무대방향 시선이 전열객의 머리끝 위로 가도록 결정한다.
• 객석에서의 부각은 15° 이하가 바람직하며 최대 30°까지 허용된다.

59 고속도로 식재설계 중 사고방지기능의 식재에 해당되지 않는 것은?

① 완충식재
② 차폐식재
③ 차광식재
④ 명암순응식재

해설

고속도로 식재의 기능과 종류

기능	식재의 종류
주행기능	시선유도식재, 지표식재
사고방지기능	차광식재, 명암순응식재, 진입방지식재, 완충식재
방재기능	비탈면식재, 방풍식재, 방설식재, 비사방지식재
휴식기능	녹음식재, 지피식재
경관기능	차폐식재, 수경식재, 조화식재
환경보존기능	방음식재, 임연보호식재

60 디자인 요소 중 조경에 표현되는 면적인 요소와 가장 거리가 먼 것은?

① 호수면
② district
③ 수목의 군식
④ node

해설

결절점은 케빈 린치(Kevin Lynch)의 도시 이미지 요소 중 점을 지칭하며 관찰자가 외부로부터 보는 것으로서 건물, 상징물, 산 등 확실하고 단순한 물리적 대상물이다.

경관요소

- 점적인 경관요소 : 정자나무, 정자, 외딴 집, 벤치, 분수 등
- 선적인 경관요소 : 하천, 도로 가로수(서로 이질적인 요소가 만나서 생기는 경계 → 해안선, 수평선, 지평선)
- 면적인 경관요소 : 호수, 경작지, 초지, 전답, 운동장

제4과목 조경식재

61 방화용(防火用)으로 적합하지 않은 수종은?

① 소나무
② 가시나무
③ 후박나무
④ 동백나무

해설

소나무는 방설용수나 방풍용수에 적합하다.

방화용 수종

- 상록수 : 금송, 광나무, 후피향나무, 아왜나무, 동백나무, 후박나무, 녹나무, 식나무, 사철나무, 굴거리나무 등
- 낙엽수 : 은행나무 등

62 다음 중 조경과 관련된 용어의 설명이 틀린 것은?

① '자연지반'이라 함은 하부에 투수가능 시설물이 포함되어 있거나 자연상태의 지층 그대로인 지반으로 공기, 물, 생물 등의 인공순환이 가능한 지반을 말한다.
② '식재'라 함은 조경면적에 수목이나 잔디·초화류 등의 식물을 배치하여 심는 것을 말한다.
③ '조경면적'이라 함은 조경기준에서 정하고 있는 조경의 조치를 한 부분의 면적을 말한다.
④ '옥상조경'이라 함은 인공지반조경 중 지표면에서 높이가 2m 이상인 곳에 설치한 조경을 말한다(다만, 발코니에 설치하는 화훼시설은 제외한다).

해설

'자연지반'이라 함은 하부에 인공구조물이 없는 자연상태의 지층 그대로인 지반으로서 공기, 물, 생물 등의 자연순환이 가능한 지반을 말한다.

정답 59 ② 60 ④ 61 ① 62 ①

63 *Berberis*속에 관한 설명으로 틀린 것은?

① 수형, 열매, 단풍을 감상함
② 생울타리로 활용 가능함
③ 산성토양을 좋아함
④ 해충이 별로 없음

매자나무속(*Berberis*)

• 수형, 열매 및 단풍을 감상한다.
• 관상용, 생울타리용으로 이용될 수 있고, 단식, 열식할 수 있고, 전정을 하여 모양을 다듬을 수 있으며, 과실이나 가지는 생화용 재료로 이용된다.
• 5월 초·중순경에 피는 작은 황색 꽃보다는 가을의 붉은 단풍과 붉은 열매가 감상의 대상이 되며, 가시가 있는 낮은 생울타리용으로도 이용된다.
• 햇볕이 잘 들어오고 물 빠짐이 좋으며 유기물 함양이 높은 토양에서 자란다.
• 중성 또는 약알칼리성(pH 6.0~8.0)의 토양을 좋아한다.
• 해충에 강하여 관리하기 쉬운 편이다.

64 다음 (   )에 들어갈 적합한 용어는?

> 가을철에 잎이 갈색으로 변하는 상수리나무, 느티나무 등의 경우에는 안토시안계 색소 대신 다량의 (   )계 물질이 생성되기 때문이다.

① 타닌(tannin)
② 크산토필(xanthophyll)
③ 카로티노이드(carotinoid)
④ 크리산테민(chrysanthemin)

단풍색과 색소

• 붉은색 : 안토시아닌(antocyanin)
• 갈색 : 타닌(tannin)
• 노란색 : 카로티노이드(carotinoid)와 크산토필(엽록소와 함께 존재)

65 식물의 질감은 잎의 크기, 모양, 시각, 촉각 등으로 특징지어지는데, 다음의 실내조경용 식물 중 잎의 크기가 가장 작아 고운 질감을 나타내는 수종은?

① 벤자민고무나무(*Ficus benjamina*)
② 행운목(*Dracaena fragrans*)
③ 떡갈나무잎고무나무(*Ficus lyrata*)
④ 몬스테라(*Monstera deliciosa*)

벤자민고무나무는 네 가지 나무들 중 잎의 크기가 가장 작아 고운 질감을 나타내는 수종이다.

식물의 질감

• 엽군(葉群) : 잎이 뭉친 상태(잎이 뭉침으로써 자아내는 느낌은 다양하며, 이러한 느낌을 질감(Texture)이라 한다)
• 질감 요소 : 꽃이나 잎의 생김새, 착색 밀도, 열매
 – 거친 질감 : 잎이 큰 것은 질감이 거칠게 느껴지고, 큰 건물이나 서양식 건물에 잘 어울린다.(일본목련, 떡갈나무, 칠엽수, 플라타너스, 벽오동, 오동 등)
 – 부드러운 질감 : 잎이 작은 것은 부드러운 느낌을 주며, 한옥이나 좁은 정원에 잘 어울린다. (회양목, 꽝꽝나무, 사쯔기 철쭉, 쥐똥나무, 참느릅나무, 중국단풍, 느티나무 등)
• 어린식물들은 잎이 크고, 무성하게 성장하기 때문에 성목보다 거친 질감을 갖는다.
• 질감은 식물을 바라보는 거리에 따라 결정된다.
• 두껍고 촘촘하게 붙은 잎은 고운 질감을 나타낸다.

66 느티나무(*Zelkova serrata* Makino)의 특징에 대한 설명이 틀린 것은?

① 독립수 및 분재로 활용된다.
② 꽃은 일가화로 5월에 잎과 함께 핀다.
③ '*serrata*'는 삼각상 첨두모양을 뜻한다.
④ 수피는 짙은 회색으로 갈라지지 않고 오래되면 비늘조각으로 떨어진다.

③ 종소명 *serrata*는 '톱니가 있는(toothed like a saw)'을 뜻한다.
느티나무(*Zelkova serrata* Makino)
• 느릅나무과에 속하는 낙엽활엽교목이다.
• 예로부터 마을의 정자나무로 많이 이용되어 왔으며, 수형, 수피 및 단풍이 아름다워 독립수로 적합하다.
• 가지가 고루 사방으로 자라서 수형이 둥글게 되는 경향이 강하고 수피는 오래되면 비늘조각으로 떨어진다.
• 바람에 대한 저항력이 강하고 생장속도도 빠르며 비옥한 땅에서 잘 자라며 햇볕을 좋아하는 양성의 나무이다.
• 꽃은 1가화로서 5월에 피며, 잎은 타원형 또는 난형이고 점첨두형이다. 잎 끝이 좁고 가장자리에 뚜렷한 톱니가 발달한다.

68 단조롭고 지루한 경관을 질감, 식재, 형태 등의 요소를 통해 시각적인 변화를 유도하는 식재 기법은?

① 강조식재   ② 군집식재
③ 차폐식재   ④ 배경식재

② 군집식재(개성이 약한 수목을 2~3주 모아 식재단위 구성) : 같은 종류의 식물을 다량으로 한꺼번에 집단식재하는 것으로, 개별 식물들이 전체로 표현되고 개별 식물의 효과가 증대되거나 상호보완될 수도 있다. 군락식재, 군식이라고도 한다.
③ 차폐식재 : 불량경관과 열악한 환경 등에 식물을 식재하여 가리는 것으로, 동선·시선 차단과 소음 저감 효과가 있다. 지하고가 낮고 잎과 가지가 치밀한 수종, 전정에 강하고 유지관리가 용이한 수종, 아래가지가 말라 죽지 않는 상록수가 적합하다.
④ 배경식재(건물과 환경의 융화) : 건축물, 조각물 등을 돋보이게 하기 위해 식재하는 것으로, 경관조성과 방풍림 역할을 한다. 건축물의 앞쪽과 적절한 균형을 이루도록 식재한다.

67 식물생육을 저해하는 토양 환경압의 요인에 해당되지 않는 것은?

① 토양의 과습 또는 과다 건조
② 토양의 입단화 및 낮은 토양경도
③ 유효토층의 부족과 토양공기의 부족
④ 식물양분의 결핍과 유해물질의 존재

토양의 입단화 및 낮은 토양경도는 식물생육의 성장요소이다. 토양 구조가 잘 발달되어 입단구조를 이루면 식물뿌리가 자라기에 좋은 토양이 되고, 토양경도가 크면 뿌리에 대한 기계적 저항으로 생육불량 및 수량감소를 일으키기 때문에 적정경도는 20mm 이하(근채류는 18mm 이하)가 좋다.

69 백합나무(*Liriodendron tulipifera*)의 특징으로 틀린 것은?

① 실생 번식률이 좋아 가을에 결실하는 열매를 바로 파종한다.
② 양지에서 잘 자라고 내건성과 내공해성은 강하다.
③ 꽃은 5~6월에 피며 녹황색이고 가지 끝에 튤립 같은 꽃이 1송이씩 달린다.
④ 병충해가 거의 없고 수명이 긴 편이며 내한성이 강하므로 우리나라 전역에 식재가 가능하다.

① 가을에 결실하는 열매는 발아율이 낮아 7~9% 정도인데 노천매장 하였다가 이듬해 봄에 파종한다.

70 우리나라 서울 인근지역에서 교목-소교목(아교목)-관목의 순으로 식재를 할 경우 식재 가능한 수종으로 가장 잘 짝지어진 것은?

① 수수꽃다리 – 때죽나무 – 조팝나무

② 느티나무 – 화살나무 – 철쭉

③ 단풍나무 – 붉나무 – 귀룽나무

④ 신갈나무 – 산사나무 – 생강나무

해설

④ 신갈나무(낙엽활엽교목) – 산사나무(낙엽활엽소교목) – 생강나무(낙엽활엽관목)

① 수수꽃다리(낙엽관목) – 때죽나무(낙엽소교목) – 조팝나무(낙엽관목)

② 느티나무(낙엽활엽교목) – 화살나무(낙엽활엽관목) – 철쭉(낙엽관목)

③ 단풍나무(낙엽활엽교목) – 붉나무(낙엽소교목) – 귀룽나무(낙엽활엽교목)

71 우리나라에 자생하는 후박나무의 학명은?

① *Magnolia liliflora*

② *Magnolia obovata*

③ *Magnolia grandiflora*

④ *Machilus thunbergii*

해설

④ *Machilus thunbergii* : 후박나무

① *Magnolia liliflora* : 자목련

② *Magnolia obovata* : 일본목련

③ *Magnolia grandiflora* : 태산목

72 잔디관리 작업 중 토양의 단립(單粒)구조를 입단(粒團)구조로 바꾸기 위한 작업으로 가장 적합한 것은?

① 잔디깎기 　　② 시비작업

③ 관수작업 　　④ 통기작업

해설

통기작업(core aerification)

집중적인 이용으로 단단해진 토양에 지름 0.5~2m 정도의 원통형 모양을 2~5cm 깊이로 제거하고 허술하게 채워 줌으로써 물과 양분의 침입 및 뿌리의 생육을 용이하게 하는 작업이다.

73 잎 종류와 수종의 연결이 옳지 않은 것은?

① 3출엽 : 복자기

② 5출엽 : 으름덩굴

③ 단엽 : 중국단풍

④ 기수1회우상복엽 : 피나무

해설

피나무

피나무과의 낙엽활엽교목으로 잎은 단엽이다. 우리나라의 자생식물로, 높이가 20m까지 자라며 6~7월경 담황색 꽃이 피고, 9~10월에 열매를 맺는다. 목재는 기구재나 조각재, 바둑판, 상, 펄프재, 악기 등에 쓰이며 껍질은 몹시 질겨서 로프 제조 등 섬유자원으로 쓰인다.

74 늦가을부터 초겨울까지 도시의 광장이나 가로변의 플랜터나 화분에 적당한 식물은?

① 과꽃 　　　② 꽃양배추

③ 분꽃 　　　④ 제라늄

해설

계절에 따른 식재

계절별	구분	종류
봄화단	한해	팬지, 데이지, 프리뮬러, 금잔화, 알리섬
	다년생	꽃단지, 은방울꽃, 며느리밥풀꽃, 붓꽃
	구근	튤립, 크로커스, 수선화, 히아신스
여름화단	한해	피튜니아, 색비름, 천일홍, 맨드라미
	다년생	붓꽃, 옥잠화, 작약
	구근	글라디올러스, 칸나
가을화단	한해	매리골드, 맨드라미, 피튜니아, 코스모스, 사루비아
	다년생	국화, 루드베키아, 숙근플록스
	구근	달리아
겨울화단	–	꽃양배추

75 조경식물의 일반적인 선정기준과 가장 거리가 먼 것은?

① 이식과 관리가 용이한 식물
② 희소하여 경제성이 높은 식물
③ 미적, 실용적 가치가 있는 식물
④ 식재지역 환경에 적응력이 큰 식물

해설
조경용 수목의 구비조건
• 가치와 형태미가 뛰어나 관상 가치가 높은 것
• 불리한 환경이나 병충해에 대한 저항력과 적응성이 강한 것
• 이식이 용이하여 이식 후 활착이 잘되는 것
• 번식재배가 잘되고 관리가 용이한 것
• 구입이 용이한 것

76 생태적 도시를 설계하는 데 고려해야 할 기본 원리로 옳지 않은 것은?

① 한 가지 토지이용패턴이 지속되어온 공간을 우선적으로 보호한다.
② 토지이용 시 전체토지에 대한 균일한 이용성을 갖도록 하는 것이 바람직하다.
③ 동식물 개체군의 고립효과를 줄이기 위하여 추가적인 녹지공간확보를 통하여 연결성을 증대시킨다.
④ 고밀도 개발지역에서는 벽면녹화 및 옥상녹화를 통하여 동식물 서식공간으로 조성하여 이를 기능적으로 연결한다.

해설
② 생태적 도시는 토지이용을 단순한 방식으로만 접근하지 않고, 다양한 기능적 공간으로 나누어 활용하며 생물다양성과 생태적 기능을 극대화하는 것을 목표로 한다.

77 식생에 대한 인간의 영향을 설명한 것으로 옳지 않은 것은?

① 인간에 의해 영향을 받기 이전의 식생을 원식생 (原植生)이라 한다.
② 인간에 의해 영향을 받지 않고 자연상태 그대로의 식생을 자연식생이라 한다.
③ 인간에 의한 영향을 받음으로써 대치된 식생을 보상식생이라 한다.
④ 인간의 영향이 제거되었을 때 성립할 수 있는 자연식생을 잠재자연식생이라 한다.

해설
식생의 구분
• 자연식생 : 인간에 의한 영향을 입지 않고 자연 그대로의 상태로 생육하고 있는 식생
• 원식생 : 인간에 의한 영향을 받기 이전의 자연식생
• 대상식생 : 인간에 의한 영향으로 대치된 식생(인간의 생활영역 속에 현존하는 대부분의 식생)
• 잠재자연식생 : 변화된 입지조건 하에서 인간에 의한 영향이 제거되었다고 가정할 때 성립이 예상되는 자연식생

78 다음 중 가시가 없는 수종은?

① *Forsythia koreana*
② *Berberis koreana*
③ *Kalopanax pictus*
④ *Acanthopanax sieboldianum*

해설
① 개나리
② 매자나무 : 1cm가 채 되지 않는 가시가 달렸다.
③ 음나무 : 엄나무, 개두릅나무라고도 하며, 가지에 날카롭고 억센 가시가 많이 난다.
④ 오가나무 : 두릅나무과로 가시가 있다.

정답 75 ② 76 ② 77 ③ 78 ①

79 정수식물(emerged plant)이 아닌 것은?

① 물질경이
② 애기부들
③ 세모고랭이
④ 매자기

[해설]
물질경이는 침수식물에 속한다.
수생식물의 분류
• 침수식물 : 나사말, 검정말, 붕어마름, 물수세미, 물질경이 등
• 부엽식물 : 마름, 수련, 연꽃, 자라풀 등
• 부유식물 : 생이가래, 개구리밥, 부레옥잠 등
• 추수식물(정수식물) : 갈대, 줄, 부들, 창포, 꽃창포, 물옥잠 등

80 옥상 녹화용 경량토 중 다음과 같은 특징이 있는 것은?

- pH가 낮으나 안정
- 분해에 안정성이 높음
- 보수성 및 통기성 양호
- 이끼 및 갈대류가 수천~수만 년 동안 분해되어 형성
- 양이온 치환용량(CEC)이 크고, 무기이온 함량 적음

① 화산모래
② 피트모스
③ 펄라이트
④ 질석(버미큘라이트)

[해설]
피트모스
갈대, 화본과 식물, 나무 등의 유체가 분지에 퇴적 후 생성된 물질이다. 탄소, 수소, 산소 등으로 구성된 다공성 입자로, 입자 크기가 크기 때문에 구조적으로 양분보유력, 수분보유력, 통기성, 뿌리 활착에 좋은 조건을 갖추고 있다.

---

81 콘크리트의 워커빌리티(workability)를 알아보기 위한 시험방법이 아닌 것은?

① 플로테스트
② 표준관입시험
③ 슬럼프테스트
④ 다짐계수시험

[해설]
② 표준관입시험은 기초의 설계 및 흙막이설계를 위하여 사질토의 상대밀도, 점성토의 전단강도 등 여러 가지 지반의 특성을 파악하는 시험이다.

82 다음과 같은 지형의 기반에 성토하였을 때 포화 점토사면의 파괴에 대한 안전율은 얼마인가?(단, 토양의 포화 단위중량은 2.0tf/m^3, $\phi = 0$, 흙의 전단강도정수 $C = 6.5 \text{tf/m}^2$, 안정계수 $N_s = 5.55$이다)

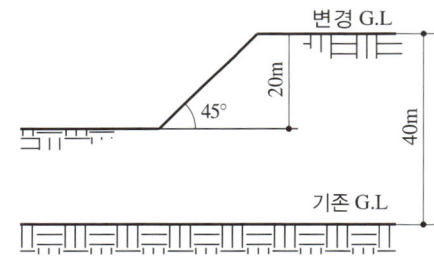

① 0.4509
② 0.9018
③ 1.2525
④ 1.9018

[해설]
단순사면의 안전율(F_s)

$$F_s = \frac{H_c}{H}$$

여기서, H : 사면의 높이
H_c : 한계고

$$H_c = \frac{\text{전단강도정수}}{\text{포화 단위중량}} \times \text{안정계수} = \frac{6.5}{2} \times 5.55$$
$$= 18.0375$$

$$\therefore F_s = \frac{18.0375}{20} \fallingdotseq 0.9018$$

---

83 각종 조경용 재료의 일반사항에 대한 설명 중 틀린 것은?

① 석재는 휨강도가 약하므로 들보나 가로대의 재료로는 채택하지 않는다.
② 와이어 메시 보강의 주목적은 콘크리트의 압축강도를 높이기 위해서이다.
③ 구조체에 사용하는 석재는 압축강도 49MPa 이상, 흡수율 5% 이하이어야 한다.
④ 콘크리트 및 모르타르 등의 무기질계 소재의 도장은 함수율 9% 이하, pH 9 이하가 되어야 한다.

해설
와이어 메시는 원로(園路)나 주차장을 콘크리트로 포장할 때 콘크리트 구조 보강용으로 많이 사용한다.

84 다음 그림과 같은 단순보에서 하중 P 의 값으로 옳은 것은?

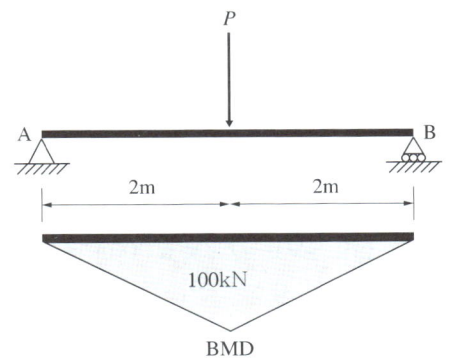

① 50kN
② 100kN
③ 150kN
④ 200kNm

해설
BMD(100kNm) = 하중 × 길이(4m) / 4

85 살수 관개시설 설치 시 고려할 사항으로 가장 거리가 먼 것은?

① 관수량과 급수원의 흐름과 작동압력에 의해 살수기를 선정한다.
② 살수기의 간격은 보통 살수작동 지름의 60~65%로 추정한다
③ 살수구역에서 첫 번째와 마지막 살수기에 작동하는 압력의 차는 10% 이내이어야 한다.
④ 살수기의 배치는 정사각형의 배치가 정삼각형의 배치보다 균등한 살수를 한다.

해설
④ 살수기의 배치는 정삼각형이나 정방형, 장방형이 기본형이다. 삼각형의 배치가 사각형의 배치보다 더 좋은 균등계수를 얻을 수 있다.

86 다음 돌쌓기의 설명 중 틀린 것은?

① 찰쌓기의 물빼기 구멍의 배치는 서로 어긋나게 하고, 2~3m^2 간격마다 1개소를 계획하는 것을 표준으로 한다.
② 메쌓기는 뒷채움 등에 콘크리트를 사용하고 줄눈에 모르타르를 사용하는 것을 말한다.
③ 메쌓기는 규격이 일정한 석재의 켜쌓기(수평축)를 원칙으로 한다.
④ 높은 돌쌓기는 밑으로 내려옴에 따라 뒷길이를 길게 하는 것이 원칙이다.

해설
메쌓기는 모르타르나 콘크리트를 사용하지 않고 뒤틈 사이에 굄돌을 고인 후, 뒤채움 골재로 채우며 쌓는 방법이다. 찰쌓기는 쌓아올릴 때 줄눈에 모르타르를 사용하고, 뒤채움에 콘크리트를 사용하는 방법으로, 뒤채움을 할 때에는 조약돌을 쓰는 경우도 있다.

87 골재에 대한 설명으로 틀린 것은?

① 골재란 모래, 자갈, 깬 자갈, 부순 자갈, 기타 이와 유사한 재료의 총칭이다.
② 바다 자갈의 염분함량은 절대건조중량의 1% 이하이면 부식의 우려가 없다.
③ 재료에 따라 천연골재와 인공골재로 나눈다.
④ 중량에 따라 보통골재, 경량골재, 중량골재로 나눈다.

해설
② 국내 콘크리트 표준시방서에서는 염분함량은 0.04%로 규정하고 있다.

88 다음 설명에 해당하는 공사 계약방식은?

> 민간도급자가 사회간접시설에 대하여 자금을 대고 설계, 시공을 하여 시설물을 완성한 후 일정기간 동안 시설물을 운영하여 투자금을 회수한 후 발주자에게 소유권을 양도하는 공사계약제도 방식

① B.O.T(Build-Operate-Transfer)
② C.M(Construction Management)
③ E.C(Engineering Construction)
④ 파트너링(Partnering) 방식

해설
① B.O.T(Build-Operate-Transfer) : 민자사업추진 방식의 하나로 정부가 도로, 철도, 항만, 발전소와 같은 국가기간시설(사회간접자본)을 건설하는 데 민간이 설계와 시공을 완료한 뒤(Build), 일정 기간 운영하여(Operate) 투자금을 회수하고, 시설물과 운영권을 공공에 이전하는(Transfer) 방식
② C.M(Construction Management 건설사업관리) : 건설 전 과정에 대해 공정관리·원가관리·품질관리를 통합시키고, 사업을 수행하기 위해 각 부분의 전문가가 발주자를 대신하여 공사 전반에 걸쳐 설계자·시공자·발주자를 조정하여 이익을 증대시키는 방식. 대리인형 CM과 시공자형 CM이 있다.
③ E.C(Engineering Construction 종합건설업화) : 사업의 기획, 설계, 시공, 유지관리 등 건설공사 전반의 사항을 종합기획·관리하는 방식
④ 파트너링(Partnering) 방식 : 발주자와 수급인이 상호신뢰를 바탕으로 팀을 이루어 프로젝트의 성공과 상호이익확보를 목표로 공동으로 집행·관리하는 방식

89 목재를 방부처리 하는 방법으로 가장 거리가 먼 것은?

① 표면탄화법
② 약제도포법
③ 관입법
④ 약제주입법

해설
① 표면탄화법 : 목재표면을 3~4mm 태워 수분을 제거하는 방법
② 도포법 : 가장 간단한 방법으로 방부 전에 목재를 충분히 건조시킨 다음 균열이나 이음부 등에 주의하여 방부제 등을 도포하는 방법
④ 주입법 : 크레오소트나 PCP 등의 약제를 주입하는 방법

90 절·성토 공사구간에서 5,000m³의 성토량이 필요하다. 절토할 자연상태의 토량은 얼마인가?(단, $L = 1.1$, $C = 0.8$이다)

① 4,000m³
② 5,500m³
③ 6,250m³
④ 7,500m³

해설

$$절토할 자연상태의 토량 = \frac{성토량}{토량변화율}$$

$$= \frac{5,000}{0.8} = 6,250\text{m}^3$$

91 아스팔트 및 콘크리트 포장 시 부동침하나 온도변화로 수축, 팽창에 의한 파손을 막기 위해 일정 간격으로 설치하여야 하는 것은?

① 줄눈　　　　　② 맹암거
③ 암거　　　　　④ 물빼기공

해설
② 맹암거(벙어리 암거) : 지하 배수방식으로 지하에 도랑을 파고 모래, 자갈, 호박돌 등으로 큰 공극을 가지도록 하여 주변의 물이 스며들도록 하는 일종의 땅속 수로이다.
③ 암거 : 지하에 매설하는 배수방식
④ 물빼기공 : 빗물 등을 배출하기 위해 바닥판에 배수공을 설치하는 방식

92 합성수지는 열가소성, 열경화성, 탄성중합체로 분류된다. 다음 중 탄성중합체에 해당되는 것은?

① 폴리에틸렌수지
② 에폭시수지
③ 클로로프렌 고무
④ 페놀수지

해설
합성수지
• 주요 열가소성 수지 : 염화비닐수지, 아크릴, 폴리에틸렌, 폴리스티렌 등이며 열을 가하면 연화 또는 용융하여 가소성 또는 점성이 발생한다.
• 주요 열경화성 수지 : 요소수지, 멜라민수지, 폴리에스테르수지, 실리콘, 우레탄, 푸란 등 3차원적인 축합반응에 의해 생성되는 수지류를 말한다. 열을 가해도 유동성이 없다는 특성이 있다.
• 탄성중합체 : SBR 고무, NBR 고무, 클로로프렌 고무, 부틸 고무, 나이트릴 고무, 실리콘 고무 등이며, 힘을 가하면 이에 대응해서 원래 길이의 수백 %까지 늘어나며, 힘을 제거하면 단시간에 거의 원래 길이로 회복한다.

93 시방서(specification)에 대한 설명 중 틀린 것은?

① 사용재료의 품질, 규격조건, 시공방법, 완성 후의 마감 등이 수록된다.
② 일반시방서와 특별시방서, 설계설명서로 구분된다.
③ 공사의 수행과 관리방법에 대해 계약자에게 내용을 알려 준다.
④ 설계자는 시방서를 통하여 시공방법을 구체적으로 기술하여야 한다.

해설
시방서는 설계도면어 표시하기 어려운 사항을 설명하는 시공지침이다. 작성자에 따른 분류로는 국가에서 작성한 표준시방서, 건축주가 작성한 특기시방서가 있고, 내용에 따른 분류로는 공사 전반에 걸친 비기술적인 사항을 규정한 일반시방서, 모든 공사의 공통적인 사항을 건설교통부가 재정한 표준시방서, 특정 공사별로 건설공사 시공에 필요한 사항을 규정한 공사시방서, 공사시방서를 작성하는 데 안내 및 지침이 되는 안내시방서가 있다.

94 다음 도로설계와 관련된 설명의 (　)에 적합하지 않은 것은?

> 설계속도를 높게 하면 (　).

① 차도의 폭원이 넓다.
② 곡선반경이 커진다.
③ 완경사 도로가 된다.
④ 건설비가 적게 든다.

해설
설계속도가 높으던 그만큼 이용 교통에는 좋은 서비스를 제공하지만, 상대적으로 건설비가 상승한다.

95 재료의 성질에 대한 설명으로 옳은 것은?

① 탄성은 재료에 작용하는 외력이 어느 한도에 이르러 외력의 증가 없이도 변형이 증대하는 성질을 말한다.

② 강성은 재료의 단단한 정도로서 마감재의 내마모성 등에 영향을 끼치는 요인이 된다.

③ 인성은 재료가 외력으로 변형을 일으키면서도 파괴되지 않고 견딜 수 있는 성질이다.

④ 연성은 재료가 압력이나 타격에 의하여 파괴 없이 판상으로 펼쳐지는 성질이다.

해설
③ 인성 : 외력에 의해 파괴되기 어려운 질기고 강한 충격에 잘 견디는 재료의 성질
① 탄성 : 외력을 받으면 재료가 변형이 생기고, 외력을 제거하면 원래 상태로 되돌아가는 성질
② 강성 : 외력으로 인한 변형이 생기지 않고 파괴도 되지 않는 성질
④ 연성 : 가소성의 일종으로 탄성한계를 넘는 변형력으로 물체가 파괴되지 않고 늘어나는 성질

96 다음 등고선에 관한 설명 중 옳지 않은 것은?

① 지표면의 경사가 같을 때는 등고선의 간격은 같고 평행하다.

② 등고선은 동굴이나 낭떠러지 이외에는 서로 겹치지 않는다.

③ 등고선은 급경사지에서는 간격이 넓어지며, 완경사지에서는 간격이 좁아진다.

④ 등고선 간의 최단거리 방향은 최급경사 방향을 나타낸다.

해설
③ 지형의 변화가 많거나 완경사지에서는 등고선의 간격을 넓게, 지형의 변화가 작거나 급경사지에서는 등고선의 간격을 좁게 한다.

97 조명시설의 용어 중 단위 면에 수직으로 투하된 광속밀도를 가리키는 용어는?

① 배광곡선
② 휘도(brightness)
③ 조도(illumination)
④ 광도(luminous intensity)

해설
③ 조도 : 단위면에 수직으로 투하된 광속밀도
① 배광곡선 : 빛의 세기를 방향의 함수로 나타낸 곡선
② 휘도 : 어떤 방향으로부터 본 물체의 밝기
④ 광도 : 빛의 세기를 나타내는 기본단위

98 종단구배가 변하는 곳에서 사고의 위험 및 차량성능저하 등의 문제를 예방하기 위하여 설계 시 주의해야 할 사항으로 가장 거리가 먼 것은?

① 종단선형은 지형에 적합하여야 하며, 짧은 구간에서 오르내림이 많지 않도록 한다.

② 길이가 긴 경사 구간에는 상향경사가 끝나는 정상 부근에 완만한 기울기의 구간을 둔다.

③ 같은 방향으로 굴곡하는 두 종단곡선 사이에 짧은 직선구간을 반드시 두도록 한다.

④ 교량이 있는 곳 전방에는 종단구배를 주지 않도록 한다.

해설
③ 같은 방향으로 굴곡하는 두 종단곡선 사이에 짧은 직선구간을 두지 않도록 한다.

99 직접노무비에 대한 설명으로 적합한 것은?

① 공사현장 사무소에서 근무하는 직원에 대한 임금
② 공사현장에서 직접작업에 종사하는 노무자에게 지급하는 임금
③ 작업현장에서 보조적인 작업에 종사하는 노무자에 대한 임금
④ 본사에서 근무하는 직원에 대한 임금

해설
② 직접노무비는 직접 작업 종사자에 지급하는 비용이고, 간접노무비는 보조적 작업에 종사하는 노무자, 종업원, 현장감독자 등에 지급하는 비용

공사비의 구성(총공사원가)
• 순공사원가, 일반관리비, 이윤, 세금으로 구성
• 순공사비 = 재료비 + 노무비 + 경비, 총공사비
  = 도급액 + 관급자재비 + 이전비
• 간접노무비 = 직접노무비 × 간접노무비율(15% 내외), 노무비
  = 시공수량 × 품셈 × 노무단가
  – 직접노무비 : 직접 작업 종사자에 지급하는 비용
  – 간접노무비 : 보조적 작업의 종사자에 지급하는 비용, 사무직원 등

100 다음 중 소운반 및 인력운반 공사에 대한 표준품셈 관련 설명으로 틀린 것은?(단, V : 평균왕복속도, T : 1일 실작업시간, L : 운반거리, t : 적재적하시간)

① 1일 운반 실작업시간은 8시간을 기준으로 480분을 적용한다.
② 지게운반의 1회 운반량은 보통토사의 경우 25kg을 기준으로 산정한다.
③ 1일 운반횟수를 구하는 식은 $\dfrac{VT}{120L + Vt}$ 이다.
④ 지게운반 경로가 고갯길인 경우에는 수직높이 1m는 수평거리 6m의 비율로 적용한다.

해설
① 1일 실작업시간은 450분(480분 − 30분)을 적용한다.

---

101 어떤 물질이 농약으로 사용되기 위하여 구비하여야 할 조건으로 가장 거리가 먼 것은?

① 살포 시 수목에 대한 약해가 없어야 한다.
② 병해충을 방제하는 약효가 뛰어나야 한다.
③ 수목재배 전체기간 중 잔효성이 유지되어야 한다.
④ 사용하는 작업자에 대하여 독성이 낮아야 한다.

해설
농약이 일정 기간 동안 작물이나 토양에 잔류하여 효력을 지속하는 것을 잔효성이라고 한다. 농약의 효과는 일반적으로 7~10일 정도 지속된다. 잔효성이 없으면 바람직한 방제효과를 얻을 수 없는 반면, 잔류성과 잔효성이 너무 길면 환경이나 사람의 건강에 영향을 주는 문제가 발생할 수 있다.

102 다음 설명은 어떤 양분이 결핍된 증상인가?

• 활엽수는 성숙엽을 관찰하며, 엽맥, 엽병 및 잎 뒷면이 동색~보라색으로 변한다.
• 조기낙엽 현상이 생긴다.
• 꽃의 수는 적게 맺힌다.
• 열매는 크기가 작아진다.

① Mg　　　　　② K
③ N　　　　　④ P

해설
④ 인산(P) : 인산이 부족해지면 핵산 중 RNA 합성감소로 단백질 합성이 안 되어서 식물의 영양생장이 감소하는데, 특히 근계가 작고 줄기가 가늘며 키가 작아진다.
① 마그네슘(Mg) : 잎의 가장자리에서 잎맥 사이에 황백화 증상을 보이며 약간의 흰색에서 밝은 갈색의 괴사반점이 나타난다.
② 칼륨(K) : 활엽수의 경우 잎이 황화현상을 보이며, 쭈글쭈글해지거나 위쪽으로 말린다. 침엽수의 경우는 침엽이 황색 또는 적갈색으로 변하며, 끝부분이 괴사하게 되며, 묘목의 경우는 수고가 낮아지고 서리의 피해를 받기 쉽다.
③ 질소(N) : 식물의 아래 잎에서부터 위로 차츰 황화현상이 일어나고, 심하면 잎 전면에 나타나며 잎이 작고 그 수가 적어진다. 초본류에서는 초장이 낮아지고 일찍 낙엽현상이 일어난다.

103 다음 공원녹지 내에서의 행사개최에 대한 설명으로 옳지 않은 것은?

① 공원 내에서의 행사 시 목적에 따라 참가대상에 대한 고려를 하여야 한다.
② 행사 프로그램은 가능한 풍부한 내용을 가지도록 한다.
③ 행사는 보통 제작 → 기획 → 실시 → 평가의 단계를 거치도록 한다.
④ 도시공원 및 녹지 등에 관한 법률에서는 행사개최 시 일시적인 공원의 점용에 대한 기준을 정하고 있다.

해설
③ 행사는 보통 기획 → 제작 → 실시 → 평가의 단계를 거치도록 한다.
※ 행사 개최의 형태 : 행사는 한 지역의 특성, 시설의 상태, 공원이용 상황을 파악·고려하여 대상지에 적합하게 실시 방침을 세워야 한다.

104 토양의 입경조성(粒徑組成)과 가장 밀접한 관련이 있는 것은?

① 토성(土性)
② 토양통(土壤統)
③ 토양의 구조(構造)
④ 토양반응(土壤反應)

해설
• 입경조성 : 토양을 구성하는 개체입자의 크기를 입경조성이라 하고, 이는 토성으로 나타낸다.
• 토성(土性, soil texture) : 토양의 개략적인 성질을 나타내는 것으로 자갈, 모래, 미사 및 점토의 구성비에 따라 분류된다.

105 대규모 녹지공간의 풀베기를 위한 일반적인 동력예취기 사용 시 안전사항으로 거리가 먼 것은?

① 예취 작업할 곳에 빈병이나, 깡통, 돌 등 위험요인을 제거한다.
② 예취 칼날이 있는 동력예취기 작업 시 왼쪽에서 오른쪽 방향으로 작업한다.
③ 예취 칼날 교체를 위한 해체 시 볼트를 오른쪽에서 왼쪽 방향으로 돌린다.
④ 예취작업 시에는 안전모, 보호안경, 무릎보호대, 안전화 등 보호구를 착용한다.

해설
일반적으로 예취날의 회전방향은 반시계방향이므로 반드시 작업자의 오른쪽에서 왼쪽방향으로 예취작업을 실시하여야 한다. 왼쪽에서 오른쪽으로 작업 시 예취날이 바위, 돌 등 장애물에 부딪힐 경우 예취날, 돌 등이 작업자를 향해서 튀어오를 수 있다.

106 옥외 레크리에이션 이용자 관리체계는 관리 프로그램적 측면과 이용자의 제특성에 대한 이해부분으로 구분된다. 이 중 '이용자 관리 프로그램'에 속하는 것은?

① 참가 유형
② 이용의 분포
③ 이용자 요구도 위계
④ 이용자의 지각 특성

해설
이용자 관리체계
• 이용자 관리 프로그램 : 이용의 분포, 공중의 안전, 정보 및 교육
• 이용자에 대한 이해 : 이용자 요구도 위계, 참가유형, 이용자의 지각 특성

107 진딧물이나 깍지벌레 등이 기생하는 나무에서 흔히 관찰되는 수목병은?

① 그을음병
② 빗자룻병
③ 흰가룻병
④ 줄기마름병

그을음병
나무가 말라 죽는 일은 없으나 동화작용 부족으로 수세가 쇠약해지며, 미관이 손상되어 관상가치가 떨어진다. 가지, 줄기, 과일 등에 그을음을 발라 놓은 것처럼 보이며, 깍지벌레·진딧물 등 흡즙성 해충의 배설물에 2차적으로 기생하는 부생성 그을음병균에 의한 경우가 대부분이다.

108 다음 중 유기물 시용의 효과에 해당되지 않는 것은?

① 토양 온도를 낮춤
② 토양의 구조 개량
③ 토양 중의 양분 저장
④ 토양의 완충작용을 증진

유기물의 시용은 양분 및 미량요소 공급 등 직접적인 효과뿐만 아니라 유기물 자체의 물리적 특성에 의한 토양의 구조개선, 양분 및 수분의 보존기능 증대, 경운성 향상, 온도상승 및 미생물 활동촉진 등의 간접적인 효과도 크기 때문에 작물의 수량을 일반적으로 증대시킨다.

109 식재공사 후 장기간의 가뭄으로부터 수목을 보호하기 위해 실시하는 관수(灌水)의 요령으로 가장 거리가 먼 것은?

① 물을 줄 때 수관폭의 1/3 정도 또는 뿌리분 크기보다 약간 넓게, 높이 0.1m 정도의 물받이를 만든다.
② 관수량은 물분(깊이 5~10cm)에 반 정도 차게 물을 붓는다.
③ 거목의 경우에는 근부(根部)뿐만 아니라 즐기 전체에도 물을 끼얹어 준다.
④ 매일 관수를 계속할 경우 하층에 뿌리가 부패하는 것을 주의한다.

관수 요령
• 수관폭의 1/3 정도 또는 뿌리분 크기보다 약간 넓게 높이 10cm 정도의 물받이를 만들어 물을 줄 때 물이 다른 곳으로 흐르지 않도록 주의한다.
• 관수는 지표면과 엽면관수로 구분하여 실시하되, 토양의 건조 시나 한발 시 이식목에 계속하여 수분을 유지하여야 하며, 관수는 일출·일몰 시 실시한다.
• 잔디는 물에 젖어 있는 기간이 길면 병충해의 발생이 우려되므로 이슬에 걷혀 어느 정도 마른상태인 낮에 관수한다.
• 관수 후 뿌리 주변에 짚이나 거적을 덮어 주어 수분의 증발을 억제하고 잡초 억제 조치를 병행한다.
• 초화류는 토양이 충분히 젖도록 관수하되, 적어도 토양이 5cm 이상 젖도록 관수한다.
• 수목류의 관수량은 적어도 관목은 토양이 10cm 이상, 교목은 30cm 이상 젖도록 한다.

110 토양의 형태론적 분류체계 단위의 순서가 옳은 것은?

① 목 → 아목 → 대군 → 아군 → 계 → 통
② 목 → 아목 → 대토양군 → 계 → 통 → 구
③ 목 → 대트양군 → 아목 → 통 → 계
④ 목 → 대군 → 아군 → 아목 → 계 → 통

형태론적 분류체계에서는 목(Order), 아목(Suborder), 대군(Great Group), 아군(Sub Group), 과·계(Family), 통(Series) 순이다.

111 생울타리의 관리 방법이 옳지 않은 것은?

① 맹아력이 약한 수종은 자주 강하게 다듬으면 잔 가지 형성에 도움을 준다.
② 전정은 목적에 맞게 보통 1년에 2~3회 실시한다.
③ 주요 수종으로는 쥐똥나무, 무궁화 등이 적합하다.
④ 다듬는 시기는 새잎이 나올 때부터 6월 중순경까지와 9월이 적기이다.

해설
① 생울타리용 수종은 맹아력이 강해서 전정에 잘 견디는 것으로 한다.
생울타리용 수종 구비요건
잎과 가지가 외관상 아름다우며, 맹아력이 강하고, 잎과 가지가 치밀하게 발생하며, 수분과 토양조건이 나빠도 잘 견디고, 병충해에 강하고, 아랫가지가 오랫동안 살아 남는 성질을 가지고 있어야 한다.

113 다음 [보기]에서 설명하는 해충은?

┌ 보기 ┐
• 약충은 매우 가는 철사모양의 입을 나뭇가지 인피부에 꽂고 즙액을 흡수한다.
• 정착한 1령 약충은 여름에 긴 휴면을 가진 후 10월경에 생장하기 시작하고, 11월경에 탈피하여 2령 약충이 된다. 2령 약충은 생장이 활발한 11월~이듬해 3월에 수목 피해를 가장 많이 주고, 수컷은 3월 상순 전후에 탈피하여 3령 약충이 된다.

① 도토리거위벌레
② 솔껍질깍지벌레
③ 참나무재주나방
④ 호두나무잎벌레

해설
솔껍질깍지벌레
연 1회 발생하며, 부화약충태로 하면(여름잠)을 하고, 동기에 피해를 주며, 암컷은 번데기태가 없는 불완전변태, 수컷은 완전변태를 하는 특이한 생태를 갖는 해충이다.

112 배수시설의 관리에 의한 효용으로 가장 거리가 먼 것은?

① 강우 및 강설량의 조절
② 유속 및 유량감소로 토양침식방지
③ 토양의 포화상태를 감소시켜 지내력 확보
④ 해충의 번식원인이 될 수 있는 고여 있는 물을 제거

해설
배수시설을 계획, 설계하려면 기상이나 강우량·강설량 등의 조사가 필요하다.

114 종자에 낙하산모양의 깃털이나 솜털이 부착되어 있어서 바람에 의하여 전파가 되는 잡초로만 나열된 것은?

① 민들레, 망초
② 어저귀, 쇠비름
③ 박주가리, 환삼덩굴
④ 명아주, 방동사니

해설
민들레와 망초의 종자에는 깃털이나 솜털 모양의 관모가 있어서 바람에 실려 먼 거리까지 전파시킨다.

111 ① 112 ① 113 ② 114 ① 정답

115 식물병을 예방하기 위한 방법은 여러 가지가 있다. 다음 중 잣나무 털녹병을 예방하기 위한 가장 효과 있는 방법은?

① 비배관리
② 윤작실시
③ 깍지벌레의 방제
④ 중간기주의 제거

해설

잣나무 털녹병은 주로 15년생 이하의 잣나무에 발생하며, 나무 줄기의 형성층을 파괴하여 병든 부위가 부풀면서 윗부분이 말라 죽는다. 방제로는 중간기주인 송이풀과 까치밥나무류를 제거하고, 잣나무 높이의 1/3까지 가지치기를 하며, 잣나무 묘포에 8월 하순부터 10일 간격으로 구리제를 2~3회 살포한다.

116 재료별 유희시설의 관리에 대한 설명으로 옳지 않은 것은?

① 목재시설 기초부분은 조기에 부패하기 쉬우므로 항상 점검하며, 상태가 불량한 부분은 교체하거나 콘크리트 두르기 등의 보수를 한다.
② 철재시설은 회전부분의 축부에 기름이 떨어지면 동요나 잡음이 생기지만 계속 사용하면 마모되어 소음이 줄어든다.
③ 콘크리트시설은 콘크리트 기초가 노출되면 위험하므로 성토, 모래 채움 등의 보수를 한다.
④ 합성수지시설에 벌어진 금이 생긴 경우에는 보수가 곤란하고, 이용자가 상처를 입기 쉬우므로 전면 교체한다.

해설

회전 부분의 축에는 정기적으로 그리스를 주입하며 베어링의 마멸 여부를 점검한 후 조치하고, 오래된 부품은 심한 충격이나 압력에 의하여 갈라지기 쉬우므로 교체한다.

117 화단의 비배관리에 효과적인 방법이 아닌 것은?

① 봄에 파종이나 이식이 끝난 후에 퇴비를 섞어준다.
② 복합비료 입제는 꽃을 식재하기 일주일 정도 전에 뿌려준다.
③ 가을이나 겨울에 토성을 개량하기 위하여 퇴비를 넣고 땅을 일구어서 섞어준다.
④ 꽃을 피우기 시작할 때 액제의 비료를 잎이나 줄기기부에 일주일에 한 두 번씩 뿌려준다.

해설

봄철 화단의 토양개량과 영양분 공급을 위해 파종이나 모종의 이식을 시작하기 전 토양에 유기질 비료 성분이 포함된 짚, 잔초, 낙엽 등의 퇴비를 섞어 준다. 초화류를 심기 일주일이나 열흘 전에 복합비료를 뿌려줘 개화를 돕고, 식물이 자라서 꽃을 피우기 시작할 때는 수용액 비료를 잎이나 줄기기부에 일주일에 한 두 번씩 뿌려줘 꽃의 색이 더욱 선명하고 아름답게 되도록 돕는다.

118 나무의 정지, 전정 요령으로 가장 거리가 먼 것은?

① 도장한 가지는 제거한다.
② 병충해의 피해를 입은 가지는 제거한다.
③ 얽힌 가지와 교차한 가지는 제거한다.
④ 같은 부위, 같은 방향으로 평행한 두 가지 모두 제거한다.

해설

④ 같은 부위, 같은 방향으로 평행하게 나 있는 가지는 둘 중 하나를 잘라버린다.
전정해야 할 가지
• 도장지 : 수형, 통풍, 수광에 나쁜 영향을 준다.
• 안으로 향한 가지 : 통풍을 막고 모양을 나쁘게 한다.
• 아래로 향한 가지 : 나무 모양을 나쁘게 하고 가지를 혼잡하게 한다.
• 말라죽은 가지와 병충해를 입은 가지
• 줄기에 움돋은 가지와 지제부에서 움이 돋는 새싹
• 평행지 : 같은 부위에서 같은 방향으로 평행하게 나 있는 가지는 둘 중 하나를 잘라버린다.
• 교차한 가지 : 주가 되는 굵은 가지와 서로 교차되는 가지는 잘라버린다.
• 나무 모양이 좋지 않을 때에는 위의 사항에 해당되지 않아도 잘라 준다.

119 80%의 메티온 유제 원액이 있다. 이것의 사용 농도를 20%로 하여 100L의 용액을 만들려면 메티온 유제의 원액량은 얼마인가?

① 1.25L

② 2.50L

③ 12.50L

④ 25.00L

해설

소요원액량 = (사용농도 × 살포량) / 원액농도

$x = (20 \times 100) / 80$

$\therefore \ x = 25$

120 병균이 식물체에 침투하는 것을 방지하기 위해 쓰이는 약제로, 예방을 목적으로 사용되며 약효시간이 긴 특징을 갖고 있는 것은?

① 토양살균제

② 직접살균제

③ 종자소독제

④ 보호살균제

해설

보호살균제

병원균의 포자가 발아하여 식물체 내로 침입하는 것을 방지하기 위하여 사용되는 약제로 병이 발생하기 전에 작물체에 처리하여 예방을 목적으로 사용되는 것이므로 보호살균제는 약효의 지속기간이 길어야 하며 물리적으로 부착성 및 고착성이 양호하여야 한다.

제1과목 조경사

01 다음의 사찰 배치도는 1탑1금당식의 전형적인 배치를 보여 주고 있다. 이 사찰의 배치는 연지가 있고 중문, 5층 석탑, 금당, 강당이 차례로 놓여져 있으며 회랑으로 둘러져 있는 사찰의 명칭은?

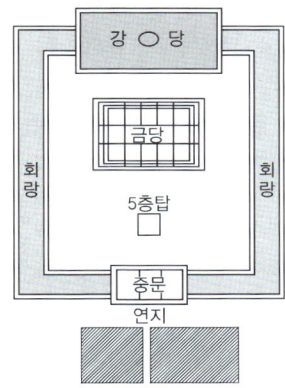

① 미륵사
② 황룡사
③ 정릉사
④ 정림사

해설
부여 정림사
• 백제시대의 전형적인 1탑 1금당식 가람 배치로 남북 직선상에 중문, 탑, 금당, 강당을 배치하고 주위를 회랑으로 둘러친 형태이다.
• 가람 중심부를 둘러싼 회랑의 형태가 북쪽에서 간격이 넓어진 사다리꼴이라는 점, 그리고 중문 남쪽에 2개의 사각형 연못과 남문터가 있는 점 등이 배치의 특징이다.
① 미륵사 : 3탑 3금당식
②・③ 황룡사, 정릉사 : 1탑 3금당식

02 일본 강호(江戶)시대는 여러 정원의 형식들을 종합하여 회유식(回遊式) 정원이 완성된 시기였다. 이 시대의 대표적인 정원은?

① 계리궁(桂離宮), 수학원이궁(修學院離宮)
② 대덕사(大德寺), 후락원(後樂園)
③ 대선원(大仙院), 영보사(永保寺)
④ 서방사(西芳寺), 서천사(瑞泉寺)

해설
에도(강호)시대(17~19세기)
• 다정양식과 임천식의 혼합형으로 원파임천식이 탄생한다.
• 대표정원 : 회우식 정원[계리궁(가쓰라이궁원), 수학원 이궁원 : 차경적 요소 중요시], 강산후락원(곡수식 다정)

03 최저 노단 내 연못들 뒤 감탕나무 총림이 위치하고 서쪽에 물풍금(water organ)이 유명한 로마 근교의 빌라는?

① 빌라 마다마(villa Madama)
② 빌라 데스테(villa d'Este)
③ 빌라 랑테(villa Lante)
④ 빌라 페트라리아(villa Petraia)

해설
빌라 데스테(16세기)
• 리고리오가 설계하였으며, 명확한 중심축을 따라 3개의 테라스가 연결되어 있다.
• 네 개의 노단으로 구성되었으며, 수경이 축선과 직교하여 정원이 전개된다.
• 정원에 물을 다양하고 풍부하게 사용하였고 100개의 분수로 물풍금과 용의 분수 등을 조성하였다.

04 다음 중 창덕궁에 속한 지당(池塘)의 형태가 나머지와 다른 것은?

① 빙옥지   ② 부용지
③ 존덕지   ④ 애련지

[해설]
창덕궁 지당(8개소)
• 빙옥지(석지형태의 방형) : 청심정(정방형)
• 부용지(방지원도) : 부용정(다각형)
• 존덕지(반원형) : 존덕정(육각형)
• 애련지(방지무도) : 애련정(정방형)
• 연경당 앞 방지(방지무도)
• 관람지(곡지) : 관람정(부채꼴)
• 몽답지(방지무도) : 몽답정(장방형)
• 청의정지(방지방도) : 청의정(유일 초가, 정방형)

06 고려시대 궁궐정원을 맡아보던 관서는?

① 내원서   ② 상림원
③ 장원서   ④ 사복시

[해설]
① 내원서는 고려시대에 국가가 관리하는 정원과 동산을 관장하던 관서이다.
※ 조경 관리서 변천
   궁원(고구려) – 내원서(고려) – 상림원(조선 태조) – 장원서 (조선 세조)

07 중국의 사자림(獅子林)에는 「견산루(見山樓)」의 편액을 볼 수 있는데, 그 이름은 다음 중 누구의 문장에서 나왔는가?

① 왕희지(王羲之)   ② 주돈이(周敦頤)
③ 도연명(陶淵明)   ④ 황정견(黃庭堅)

[해설]
소주의 졸정원과 사자림에는 견산루(見山樓)라는 2층 누각이 있다. 전원시인 도연명(365~427)이 쓴 「음주(飮酒)」란 시의 '동쪽 울타리 아래서 국화 따다가 멀리 남쪽 산을 바라본다(采菊東籬下, 悠然見南山).'에서 그 이름을 따왔다.

05 중국 청조(淸朝)의 원림 중 3산5원에 해당하지 않는 것은?

① 만수산 소원(小園)
② 옥천산 정명원(靜明園)
③ 만수산 창춘원(暢春園)
④ 만수산 원명원(圓明園)

[해설]
3산5원 : 만수산 이화원, 옥천산 정명원, 향산 정의원, 원명원, 창춘원

08 서양의 중세 수도원 정원에 나타난 사항이 아닌 것은?

① 채소원   ② 약초원
③ 과수원   ④ 자수원

[해설]
④ 자수원은 조선시대의 비구니사찰이다.
수도원 정원
자급자족이 가능한 실용적 정원(채소원, 약초원, 과수원)과 회랑식 중정과 같은 장식적 정원이 있고, 성관 정원은 한정된 공간에 화려한 꽃, 매듭화단, 미로정원을 조성하고 자급자족적 성격(초본원, 약초원)이 강하였다.

09 이집트인은 종교관에 따라 거대한 예배신전이나 장제신전을 건설하고, 그 주위에 신원(神苑)을 설치하였다. 그 중 현존하는 최고(最古)의 것으로 대표적인 조경유적이 있는 신전은?

① Thutmois 3세의 신전
② Menes 왕의 장제신전
③ Amenophis 3세의 장제신전
④ Hatshepsut 여왕의 장제신전

해설
데이르 엘 바하리(Deir-el-Bahari)의 신전
• 핫셉수트(Hatshepsut) 여왕이 태양신인 암몬을 모신 신전이다.
• 센무트(Senmut)의 설계로 만들어진 것으로 현존하는 최고의 조경유적이다.

10 정약용이 조성한 다산초당(茶山草堂)에 관한 설명으로 옳은 것은?

① 신선사상을 배경으로 한 전통적인 중도형 방지이다.
② 풍수지리설을 배경으로 한 전통적인 화계수법의 정원이다.
③ 유교사상을 배경으로 한 전통적인 중도형의 방지이다.
④ 임천을 배경으로 한 전통적인 화계수법의 정원이다.

해설
정약용의 다산초당(1808~1819)
• 방지원도를 만들고, 괴석으로 석가산을 축조하였으며, 언덕 윗편에 있는 용천에서 물을 끌어다 폭포를 못 안에 떨어뜨렸다(다산4경 : 연지석가산, 약천, 정석, 다조).
• 동백나무 두 그루와 배롱나무가 지당의 안쪽 언덕에 식재되어 있다.
• 당의 좌우 비탈면을 6개단으로 처리하여 서쪽에는 채포를, 지당 윗편에는 명화가훼를 심었다.

11 질 클레망이 자연, 운동, 건축, 기교의 원리로 개조한 것은?

① 시트로엥 공원
② 라빌레트 공원
③ 발비 공원
④ 루소 공원

해설
질 클레망(Gills Clement)은 프랑스 파리 남서부의 앙드레 시트로엥 공원을 비롯해 세계 각지에 공공정원을 조성하며 독창적인 생태주의 정원 철학인 '움직이는 정원', '제3의 풍경', '지구 정원'을 실현해 보이고 있다.

12 고구려의 안학궁원(安鶴宮苑)에 대한 설명으로 옳은 것은?

① 수구문은 동쪽과 서쪽에 설치되어 있었다.
② 궁의 북서쪽 모서리에 태자궁이 있었다.
③ 정원 터는 서문과 외전 사이와 북문과 침전 사이에 있었다.
④ 가장 큰 규모의 정원 터는 동문과 내전 사이이다.

해설
안학궁 내 정원은 주로 주요 건축물 사이에 배치되어 궁궐의 미적 요소를 강화하고 실용적인 기능도 수행하였다. 특히, 서문과 외전(남쪽 주요 건물) 사이, 그리고 북문과 침전(북쪽 주요 건물) 사이에 정원이 조성되어 있었는데, 이는 왕실 생활 공간 주변에 자연경관을 조화롭게 배치하려는 고구려 건축의 특징을 보여준다.
① 왕궁 동남쪽의 수구문 안쪽 공간에도 넓은 면적의 정원이 있었다고 추측되는데, 이곳에서 한 변이 70m에 이르는 정방형의 못터가 발굴되었다.
② 북문과 북쪽 내전 사이에도 인공적으로 조성한 조산이 있으나 연못은 없으며, 그 위에는 정자로 보이는 건물터가 발굴되었다.
④ 가장 규모가 큰 정원은 남쪽 궁전과 서문 사이의 정원으로 서문과 서외전 사이에 동산이 있고, 이 동산과 건물로 둘러싸인 곳에 장방형의 연못이 있다.

13 정자에 만들어진 방의 형태가 중심형에 해당하지 않는 것은?

① 소쇄원 광풍각
② 담양 명옥헌
③ 예천 초간정
④ 화순 임대정

정자의 평면유형
• 중심형(방이 가운데 1칸을 차지하고 있음) : 소쇄원의 광풍각, 명옥헌, 임대정, 세연정
• 편심형(방이 정자의 좌우 한쪽에 몰려 있음) : 남간정사, 옥류각, 암서재, 초간정, 소쇄원의 제월당
• 분리형(방이 정자의 좌우로 분리되어 있고 마루가 중심에 있음) : 서석지의 경정, 다산초당
• 배면형(방이 정자의 배면 전체를 차지함) : 부암정, 거연정

15 경상북도 봉화군에 있는 권씨가의 청암정 지원(靑巖亭 池園)에서 볼 수 있는 못의 형태는?

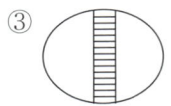 

청암정(구암정) 지원
• 권벌이 주거의 서북쪽 암반상에 정자를 짓고 지원을 꾸민 것
• 커다란 암반 위에 지어 놓은 것(신선사상의 영향)
• 암반과 그 주위의 지당도 난형(거북)임
• 팔각지붕의 정자와 맞배지붕의 정자가 'T'형으로 연결된 건축물
• 난형의 연못 속에 거북모양의 암반이 있으며, 그 위에 정자가 조영됨

14 옴스테드(Frederick Law Olmsted)의 센트럴파크(central park)의 설계특징이 아닌 것은?

① 자연경관의 뷰(view) 및 비스타(vista)
② 정형적인 몰(mall) 및 대로
③ 입체적 동선 체계
④ 넓은 커낼(grand canal)

센트럴 파크의 특징
• 입체적 동선 체계
• 차음, 차폐를 위한 외주부 식재
• 자연경관의 뷰 및 비스타 조성
• 경관, 위락, 운동을 위한 드라이브 코스 설정
• 산책, 대담, 만남을 위한 정형적인 몰과 대로
• 넓고 쾌적한 마차 드라이브 코스
• 산책로
• 퍼레이드를 위한 장소로서 평시에는 잘 가꾸어진 잔디밭과 넓고 평탄한 평지
• 동적 놀이를 위한 경기장
• 넓은 호수
• 교육적 효과를 위한 화단과 수목원의 특징

16 다음 서원에 관한 설명 중 옳지 않은 것은?

① 무성서원은 최초의 가사문학 「상춘곡」이 저술된 곳이다.
② 도동서원은 서원철폐령 때 훼철되지 않은 서원 중 하나이다.
③ 도산서원에는 절우사 축조 후 매, 죽, 송, 국이 식재되었다.
④ 병산서원의 광영지(光影池)는 자연석 지안에 방지방도형의 연못이다.

광영지
• 선비들이 마음을 닦고 학문에 정진할 수 있도록 배려한 '서원 속의 정원'이다.
• 광영은 주자의 시 관서유감이란 시 중에서 '하늘빛과 구름이 함께 노닌다(天光雲影共排個)'라는 구절에서 인용하였다.
• 네모난 연못 가운데 둥근 섬이 있는데, 이러한 한국 전통 연못의 모습을 천원지방이라고 한다. 이는 '하늘은 둥글고 땅은 네모나다'는 뜻으로, 동아시아 사회의 전통적인 우주관이자 세계관을 나타낸다.

17 네덜란드 르네상스의 정원과 관련된 설명 중
( ) 안에 적합한 것은?

> 과수원(果樹園), 소채원(蔬菜園), 약초원(藥草園) 화
> 단(花壇)을 가진 정원은 ( )로 구획 지어진 작은
> 섬의 형태를 이루고, 서로 다리에 의해서 이어진다.

① 커낼   ② 캐스케이드
③ 폭포   ④ 창살울타리

[해설]
네덜란드의 정원은 커낼로 구획 지어진 작은 섬의 형태를 이루
고 서로 다리에 의해서 이어진다.
네덜란드의 조경
• 이탈리아적 취향의 르네상스 정원이 도입되었다.
• 전통적 정원은 실용적 가사용이다.
• 조각품, 화분, 토피어리, 창살울타리 등이 장식적으로 사용되
  고 원정이나 썸머 하우스가 설치되어 있다.
• 수목이 열식된 원로나 커낼 장식이 되어있고 창살울타리나
  정자가 설치되어 있다. 커낼로 구획 지어진 작은 섬의 형태를
  이루고 서로 다리에 의해서 이어진다.
• 사각형의 화단이며 구릉지가 없어 노단식 정원이 거의 없다.
• 매우 단순한 의장으로 꾸며진 규모가 작은 몇 개의 중정에
  의하여 구성된다.
• 화훼류를 애호하는 국민성으로 인해 초본식물을 위주로 한
  정원이 발달되었다.

18 일본 침전조 정원양식과 관련된 저서는?

① 해유록   ② 송고집
③ 작정기   ④ 벽암록

[해설]
작정기
• 귤준망의 조원 지침서이다.
• 침전조 건물에 어울리는 조원수법이 기록되어 있다.
• 직접 여러 정원을 감상한 후 여러 정원 이야기를 모아서 엮은
  책이다.
• 정원 전체의 땅가름, 연못, 섬, 입석, 작천 등 정원에 관한 내용
  이다.
• 이론적인 것에서부터 시공면까지 상세하게 기록 되어 있다.
• 일본에서 정원 축조에 관한 가장 오랜 비전서이다.
• 정원을 꾸미는 데 자연을 존중하고 자연에 순응하는 깊은 관찰
  을 강조하였다.

19 르네상스 시기 이탈리아의 조경 발달과정에 대
한 설명으로 옳지 않은 것은?

① 16세기 건축가 브라망테(Bramante)가 설계한
   벨베데레(Belvedere)원은 이탈리아 빌라를 건
   축적 노단 양식으로 만든 계기가 된다.
② 16세기에는 메디치가가 가장 번성하여 플로렌스
   는 후기 르네상스의 중심지가 되었다.
③ 15세기 중서부 터스카니 지방을 중심으로 발달
   한 초기 르네상스의 빌라들은 원근법, 수학적 단
   계 등을 중요시하였고, 미켈로지(M. Michelo-
   zzi)는 당대의 대표적 조경가이다.
④ 소 필리니(Pliny the Younger)의 빌라에 대한
   연구, 비트리비우스의 「De Architecture」 등이
   빌라 조경에 영향을 주었다.

[해설]
초기 르네상스는 피렌체 중심, 중기 르네상스는 로마 중심, 후기
르네상스는 베네치아 중심이다.

20 다음 중 이탈리아 르네상스시대의 정원으로서
10개의 노단(ten terraces)으로 이루어진 바로크식
정원은?

① villa Lante
② Isola bella
③ villa Farnese
④ villa Petrain

[해설]
이졸라벨라(Isola bella)
이탈리아 북부지방의 마조레(Maggiore) 호수 내 섬에 조성된
대표적인 바로크 양식의 정원이다.

21 다음 조경 접근방법 중 이용자들이 공유하는 경험과 체험의 중요성을 강조하는 것은?

① 기호학적 접근
② 미학적 접근
③ 환경심리적 접근
④ 현상학적 접근

[해설]

경관분석방법 분류 형태

• 생태학적 접근 : 생태계와 자연환경의 상호작용을 이해하고 생태적 특성을 고려하여 경관을 해석한다.
• 형식미학적 접근 : 경관의 형태와 구조에 기반하여 미적 가치를 평가하고 이해한다.
• 정신물리학적 접근 : 경관이 인간의 감정, 정서, 행동에 미치는 영향을 이해하고 설명한다.
• 심리학적 접근 : 경관이 인간의 심리적 측면에 미치는 영향을 이해하고 심리학적 관점에서 경관을 해석한다.
• 기호학적 접근 : 경관이 갖는 상징적 의미와 문화적 요소를 이해하고 해석한다.
• 현상학적 접근 : 경관을 경험적 관점에서 이해하고, 인간이 경관을 어떻게 경험하는지를 탐구한다.
• 경제학적 접근 : 경관의 경제적 가치, 활용 가능성, 그리고 경제적 영향을 평가하고 이해한다.

22 다음 중 미기후(microclimate)가 가장 안정된 상태는?

① 지표면의 알베도가 낮고, 전도율이 낮은 경우
② 지표면의 알베도가 낮고, 전도율이 높은 경우
③ 지표면의 알베도가 높고, 전도율이 높은 경우
④ 지표면의 알베도가 높고, 전도율이 낮은 경우

[해설]

미기후(microclimate)

• 지상에서 가까운 공기층에 국지적으로 일어나는 기후상태를 말한다.
• 지형, 지표면의 재료, 수목, 건물 등의 존재 여부 등에 영향을 받는다.
• 알베도가 낮고 전도율이 높으면 미기후가 온화하고 안정된 상태이다.
• 안개 및 서리의 발생은 지형이 낮고 배수가 불량한 지역일수록 자주 발생한다.

23 공원관리청이 공원구역 중 일정한 지역을 자연공원특별보호구역으로 지정하여 일정 기간 사람의 출입 또는 차량의 통행을 금지·제한하거나, 일정한 지역을 탐방예약구간으로 지정하여 탐방객 수를 제한할 수 있는 경우에 해당되지 않는 것은?

① 자연생태계와 자연경관 등 자연공원의 보호를 위한 경우
② 인위적인 요인으로 훼손되어 자연회복이 불가능한 경우
③ 자연공원에 들어가는 자의 안전을 위한 경우
④ 자연공원의 체계적인 보전관리를 위하여 필요한 경우

[해설]

출입 금지 등(자연공원법 제28조 제1항)

공원관리청은 다음의 어느 하나에 해당하는 경우에는 공원구역 중 일정한 지역을 자연공원특별보호구역 또는 임시출입통제구역으로 지정하여 일정 기간 사람의 출입 또는 차량의 통행을 금지·제한하거나, 일정한 지역을 탐방예약구간으로 지정하여 탐방객 수를 제한할 수 있다.

1. 자연생태계와 자연경관 등 자연공원의 보호를 위한 경우
2. 자연적 또는 인위적인 요인으로 훼손된 자연의 회복을 위한 경우
3. 자연공원에 들어가는 자의 안전을 위한 경우
4. 자연공원의 체계적인 보전관리를 위하여 필요한 경우
5. 그 밖에 공원관리청이 공익을 위하여 필요하다고 인정하는 경우

24 조경계획에서 환경심리학적 접근방법에 속하지 않는 것은?

① 도시경관의 이미지에 관한 연구
② 공원 이용자의 수를 추정하여 이를 설계에 반영하는 연구
③ 공원에 있어서 이용자의 프라이버시에 관한 연구
④ 주민의 사회문화적 특성을 계획에 반영하는 연구

해설
환경심리학적인 접근방법
• 환경과 인간형태의 관계성을 종합된 하나의 단위로서 연구한다.
• 현실적인 인간행태에 대한 문제 해결을 위한 이론 및 그 응용을 연구한다.
• 환경과 인간행태 상호 간에 영향을 주고받는 상호작용을 연구한다.
• 경관을 통하여 인간이 느끼는 다양한 느낌, 감정, 이미지를 분석의 대상으로 삼는다.

25 다음 설명에 해당하는 계획은?

> 자연공원을 보전·이용·관리하기 위하여 장기적인 발전방향을 제시하는 종합계획으로서 공원계획과 공원별 보전·관리계획의 지침이 되는 계획

① 공원기본계획
② 공원조성계획
③ 공원녹지기본계획
④ 공원별 보전·관리계획

해설
정의(자연공원법 제2조 제6호)
"공원기본계획"이란 자연공원을 보전·이용·관리하기 위하여 장기적인 발전방향을 제시하는 종합계획으로서 공원계획과 공원별 보전·관리계획의 지침이 되는 계획을 말한다.

26 문화재로서 해당 문화재가 역사적·학술적 가치가 크다고 인정되며, 기타의 조건을 만족할 때 문화재보호법에 의해 사적(국가지정문화재)으로 지정될 수 없는 유형은?

① 사당 등의 저사·장례에 관한 유적
② 우물 등의 산업·교통·주거생활에 관한 유적
③ 서원 등의 교육·의료·종교에 관한 유적
④ 세계문화유산 및 자연유산의 보호에 관한 협약에 따른 자연유산에 해당하는 곳 중 자연의 미관적으로 현저한 가치를 갖는 것

해설
국가지정문화유산의 지정기준-사적(문화유산법 시행령 [별표 1의2])
1. 제2호의 어느 하나에 해당하는 문화유산으로서 다음 중 어느 하나 이상의 가치를 충족하는 것
   가. 역사적 가치
      1) 정치·경제·사회·문화·종교·생활 등 각 분야에서 세계적, 국가적 또는 지역적으로 그 시대를 대표하거나 희소성과 상징성이 뛰어날 것
      2) 국가에 역사적·문화적으로 큰 영향을 미친 저명한 인물의 삶과 깊은 연관성이 있을 것
      3) 국가의 중대한 역사적 사건과 깊은 연관성을 가지고 있을 것
      4) 특정 기간 동안의 기술 발전이나 높은 수준의 창의성 등 역사적 발전상을 보여줄 것
   나. 학술적 가치
      1) 선사시대 또는 역사시대의 정치·경제·사회·문화·종교·생활 등을 이해하는 데 중요한 정보를 제공할 것
      2) 선사시대 또는 역사시대의 정치·경제·사회·문화·종교·생활을 알려주는 유구(遺構 : 인간의 활동에 의해 만들어진 것으로서 파괴되지 않고서는 움직일 수 없는 잔존물)의 보존상태가 양호할 것
2. 해당 문화유산의 유형별 분류기준
   가. 조개무덤, 주거지, 취락지 등의 선사시대 유적
   나. 궁터, 관아, 성터, 성터시설물, 병영, 전적지(戰蹟地) 등의 정치·국방에 관한 유적
   다. 역사·교량·제방·가마터·원지(園池)·우물·수중 유적 등의 산업·교통·주거생활에 관한 유적
   라. 서원, 향교, 학교, 병원, 사찰, 교회, 성당 등의 교육·의료·종교에 관한 유적
   마. 제단, 고인돌, 옛무덤(군), 사당 등의 제사·장례에 관한 유적
   바. 인물유적, 사건유적 등 역사적 사건이나 인물의 기념과 관련된 유적

27 정밀토양도에서 토양의 명칭을 Mn C2라고 명명하였을 경우 '2'가 의미하는 것은?

① 침식 정도
② 경사도
③ 비옥도
④ 배수 정도

28 래드번(radburn) 택지계획의 개념과 가장 관계 깊은 것은?

① 차도와 보도의 분리
② 개발제한구역(green belt) 지정
③ 자동차 전용 도로망을 최초로 도입
④ 고밀도 주거지와 그 사이 넓은 녹지공간의 조화

29 근린공원 계획 시에는 근린공원의 개념과 성격에 대한 명확한 이해가 선행되어야 한다. 다음 중 근린공원의 개념 정의에 적합하지 않은 것은?

① 일상 생활권 내에 거주하는 시민을 위한 공원
② 연령, 성별 구분 없이 누구나 이용 가능한 공원
③ 주민의 규모, 구성 및 행태를 비교적 정확하게 파악하여 조성될 수 있는 공원
④ 도보접근 내에 있는 여러 계층의 주민들에게 필요한 시설과 환경을 갖춰주는 공원

30 다음 사후환경영향조사의 대상사업 중 조사 기간이 다른 것은?

① 도시의 개발사업 부문의 주택건설사업 및 대지조성사업
② 도시의 개발사업 부문의 마을정비구역의 조성사업
③ 항만의 건설사업 부문의 항만재개발사업
④ 공항의 건설사업 부문의 비행장

31 다음 중 조경과 관련한 타 분야에 대한 설명으로 가장 부적절한 것은?

① 건축은 주로 환경 속에 실체로 나타난 건물의 계획이나 설계에 관련된 분야이다.
② 토목은 주로 도로, 교량, 지형변화, 댐, 상하수 설비 등의 설계와 공법에 관심이 있다.
③ 도시계획은 도시 혹은 어느 대단위지역에 관한 사회적, 물리적 계획에 관련한다.
④ 도시설계는 자연과 도시의 조화를 유도하기 위하여 자연생태계의 이해가 가장 중요하다.

해설
도시설계와 조경계획의 개념
• 도시설계 : 도시의 기능 및 미관의 증진을 목적으로 도시계획에 의한 도시계획시설 및 토지이용 등에 관한 계획, 건축물 및 공공시설의 위치·규모·용도·형태 등에 관한 장기적인 종합계획이다.
• 조경계획 : 자연 자원을 이해하고 적절히 활용하여, 여가 공간을 제공하고, 모든 용도의 토지를 합리적으로 사용하며, 나아가 환경 문제 전반에 걸친 문제 해결을 목표로 해야 한다.

32 제1종 지구단위계획으로 차 없는 거리(보행자 전용 도로를 지정, 차량의 출입을 금지)를 조성하고자 하는 경우 주차장법 규정에 의한 주차장 설치기준을 얼마까지 완화하여 적용할 수 있는가?

① 100% ② 105%
③ 110% ④ 120%

해설
도시지역 내 지구단위계획구역에서의 건폐율 등의 완화적용(국토의 계획 및 이용에 관한 법률 시행령 제46조 제6항)
지구단위계획구역의 지정목적이 다음에 해당하는 경우에는 규정에 의하여 지구단위계획으로 주차장법의 규정에 의한 주차장 설치기준을 100%까지 완화하여 적용할 수 있다.
1. 한옥마을을 보존하고자 하는 경우
2. 차 없는 거리를 조성하고자 하는 경우(지구단위계획으로 보행자전용도로를 지정하거나 차량의 출입을 금지한 경우를 포함한다)
3. 그 밖에 국토교통부령이 정하는 경우(원활한 교통소통 또는 보행환경 조성을 위하여 도로에서 대지로의 차량통행이 제한되는 차량진입금지구간을 지정한 경우)

33 근린생활권근린공원의 설명으로 맞는 것은? (단, 도시공원 및 녹지 등에 관한 법률 시행규칙을 적용한다)

① 유치거리는 500m 이하
② 1개소의 면적은 1500m² 이상
③ 공원시설 부지면적은 전체의 60% 이하
④ 하나의 도시지역을 초과하는 광역적인 이용에 제공할 것을 목적으로 하는 근린공원

해설
도시공원의 설치 및 규모의 기준, 도시공원 안 공원시설 부지면적 (도시공원 및 녹지 등에 관한 법률 시행규칙 [별표 3], [별표 4])

공원구분	유치거리	규모	공원시설 부지면적
근린생활권근린공원(주로 인근에 거주하는자의 이용에 제공할 것을 목적으로 하는 근린공원)	500m 이하	1만m² 이상	100분의 40 이하

34 옥상정원 계획 시 건물, 주변현황 이용측면을 고려하여야 하는데, 그 설명이 옳지 않은 것은?

① 지반의 구조 및 강도가 흙을 놓고 수목식재 및 야외조각물 설치에 견딜 정도가 되어야 한다.
② 수목의 생육상 관수를 해야 하므로 구조체가 우수한 방수성능과 배수 계통도 양호해야 한다.
③ 측면에 담장, 차폐식재로 프라이버시를 지키고, 녹음수, 정자, 퍼걸러 등을 설치하여 위로부터의 보호 조치가 필요하다.
④ 수종 선정이나 부재 선정에 있어서 미기후의 변화에 대응해야 하며, 교목식재는 40cm 정도의 최소유효토심을 확보해야 한다.

해설
식재토심(조경기준 제15조 제1항)
옥상조경 및 인공지반 조경의 식재 토심은 배수층의 두께를 제외한 다음의 기준에 의한 두께로 하여야 한다.
1. 초화류 및 지피식물 : 15cm 이상(인공토양 사용 시 10cm 이상)
2. 소관목 : 30cm 이상(인공토양 사용 시 20cm 이상)
3. 대관목 : 45cm 이상(인공토양 사용 시 30cm 이상)
4. 교목 : 70cm 이상(인공토양 사용 시 60cm 이상)

35 시설물 배치계획에 관한 설명으로 옳지 않은 것은?

① 여러 기능이 공존하는 경우 유사기능의 구조물들은 모아서 집단별로 배치한다.
② 다른 시설물들과 인접할 경우 구조물들로 형성되는 옥외공간의 구성에 유의해야 한다.
③ 구조물의 평면이 장방형일 때는 긴 변이 등고선에 수직이 되도록 배치한다.
④ 시설물이 랜드마크적 성격을 갖고 있지 않다면, 주변경관과 조화되는 형태, 색채 등을 사용하는 것이 좋다.

[해설]
③ 장방형 건물은 장축(긴 변)이 등고선과 평행하게 배치한다.
시설물의 배치
• 시설물의 형태, 재료, 색채는 주변 경관과의 조화를 고려한다. 단, 랜드마크나 기념적 성격의 경우는 예외로 한다.
• 장방형 건물은 긴 장축이 등고선과 맞게 배치한다.
• 여러 기능이 공존할 경우에는 유사한 기능의 구조물을 한 곳에 모아서 집단적으로(집단시설지구) 배치하는 것이 바람직하며, 의자·휴지통 등은 일정한 간격을 둔다.

36 Mitsch와 Gosselink가 제시한 습지생태계 복원을 위한 일반적인 원리와 가장 거리가 먼 것은?

① 습지 주변에 완충지대를 배치하라
② 범람, 가뭄, 폭풍 등으로부터 피해를 받지 않도록 주변에 제방을 계획하라
③ 식물, 동물, 미생물, 토양, 물은 스스로 분포하고 유지될 수 있도록 계획하라
④ 적어도 하나의 주목표와 여러 개의 부수적 목표를 설정하라

[해설]
제방이 강에 바짝 붙어 쌓여져 강이거나 습지였던 땅들이 농경지와 목초지로 변했으므로, 강에서 될수록 멀찌감치 제방을 쌓아 물길과 습지를 보호하여야 한다.

37 체계화된 공원녹지의 기본 목적이 아닌 것은?

① 접근성과 개방성의 증대
② 경제성과 효율성 증대
③ 포괄성과 연속성의 증대
④ 상징성과 식별성의 증대

[해설]
공원녹지 체계화의 기본 목적
• 접근성, 개방성 증대
• 포괄성, 연속성 증대
• 상징성, 식별성 증대

38 다음 중 공장조경계획 시 고려할 사항으로 가장 거리가 먼 것은?

① 효율적인 공간구성
② 쾌적한 환경 조성
③ 부가적인 효과 창출
④ 신기술 적용

[해설]
공장조경의 목적은 단위공장이나 공업단지에 녹지를 계획적으로 배치하여 공장에서 발생하는 먼지, 가스, 소음 등을 순화시켜서 종업원은 물론 인근 주민에게 쾌적한 생활환경을 조성해 주도록 한다는 것이 목적이다.

39 연결녹지를 설치할 때 고려하여야 할 기준이나 기능이 틀린 것은?(단, 도시공원 및 녹지 등에 관한 법률 시행규칙을 적용한다)

① 산책 및 휴식을 위한 소규모 가로(街路)공원이 되도록 할 것
② 비교적 규모가 큰 숲으로 이어지거나 하천을 따라 조성되는 상징적인 녹지축 혹은 생태통로가 되도록 할 것
③ 도시 내 주요 공원 및 녹지는 주거지역 · 상업지역 · 학교 그 밖에 공공시설과 연결하는 망이 형성되도록 할 것
④ 녹지율(도시 · 군계획시설 면적분의 녹지면적을 말한다)은 60% 이하로 할 것

해설

녹지의 설치 · 관리 기준(도시공원 및 녹지 등에 관한 법률 시행규칙 제18조 제1항 제4호)
녹지공간과 일상생활의 동선이 연결되도록 하기 위하여 설치 · 관리하는 연결녹지는 다음에서 정하는 바에 따라 설치 · 관리하여야 한다.
가. 연결녹지는 다음의 기능을 고려하여 설치할 것
  (1) 비교적 규모가 큰 숲으로 이어지거나 하천을 따라 조성되는 상징적인 녹지축 혹은 생태통로가 되도록 할 것
  (2) 도시 내 주요 공원 및 녹지는 주거지역 · 상업지역 · 학교 그 밖에 공공시설과 연결하는 망이 형성되도록 할 것
  (3) 산책 및 휴식을 위한 소규모 가로(街路)공원이 되도록 할 것
나. 연결녹지의 폭은 녹지로서의 기능을 고려하여 최소 10m 이상으로 할 것. 다만, 연결녹지가 하천을 따라 조성되는 구간인 경우 또는 다른 도시 · 군계획시설이 설치되어 있는 등 녹지의 단절을 피하기 위하여 지형여건상 불가피한 경우에는 녹지의 기능에 지장이 없는 범위에서 도시공원위원회의 심의를 거쳐 10m 미만으로 할 수 있다.
다. 녹지율(도시 · 군계획시설 면적분의 녹지면적을 말한다)은 70% 이상으로 할 것

40 도시 오픈스페이스의 효용성에 해당하지 않는 것은?

① 도시개발의 조절
② 도시환경의 질 개선
③ 시민생활의 질 개선
④ 개발 유보지의 조절

해설

오픈스페이스의 역할
• 도시개발형태의 조절 : 도시의 확산의 방지, 도시개발의 촉진
• 도시환경의 질 개선 : 도시생태계의 기반조성, 환경조절(화재와 공해방지 또는 완화, 미기후 조절)
• 시민생활의 질 개선 : 여가공간의 제공, 경제활성화의 촉진, 도시생태계의 건강성 유지, 사회적 교류 증대, 도시경관의 향상, 피난처 제공, 경작지 제공
• 농업 혹은 Amenity(농촌 특유의 자연환경과 전원 풍경, 지역공동체 문화 등 사람들에게 만족감과 쾌적함을 주는 요소를 일컫는 용어), 산업, 유휴지

제3과목 조경설계

41 다음 중 파노라믹 경관(panoramic landscape)의 설명으로 옳은 것은?

① 수림이나 계곡이 보이는 자연경관
② 원거리의 물체들을 시선이 가르막는 장해물 없이 조망할 수 있는 경관
③ 아침 안개 또는 저녁노을과 같이 기상조건에 따라 단시간 동안만 나타나는 경관
④ 원거리의 물체들이 가까이 접근해 있는 물체의 일부에 가려 액자(額子)에 넣어진 듯 보이는 경관

해설

파노라믹 경관(전경관) : 시야가 가리지 않고 초원과 같이 멀리까지 트인 경관으로, 웅장함과 아름다움을 느낄 수 있으며, 자연에 대한 존경심(경외심)을 일으키게 한다(수평선, 지평선).

42 린치(Lynch, 1979)가 제안한 도시 구성요소에 속하지 않는 것은?

① 지역(districts)
② 통로(paths)
③ 경관(views)
④ 랜드마크(landmarks)

도시조경계획가 케빈 린치(Kevin Lynch)는 도시 이미지는 랜드마크(landmark), 통로(paths), 모서리(edges), 지역(district), 결절점(node)의 5가지 도시 구성요소에 의해 결정된다고 주장했다.

43 그림과 같은 등각투상도에서 화살표 방향이 정면일 때 우측면도로 가장 적합한 것은?

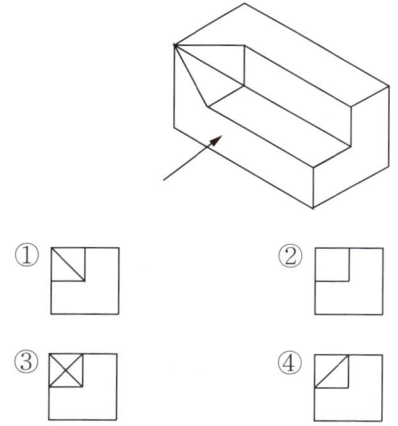

등각투상도
물체의 정면, 평면, 측면 등을 하나의 투상도에 나타내는 투상법이다. 직각 좌표계의 세 좌표축이 서로 120°를 이룬다.

44 오른손잡이 설계자의 일반적인 실선 제도 방법으로 틀린 것은?

① 눈금자, 삼각자 등은 오른쪽에 가깝게 놓는다.
② 선을 그을 때는 심을 자의 아랫변에 꼭 대고 연필을 오른쪽으로 30~40° 뉘어 사용한다.
③ 연필심이 고르게 묻도록 연필을 돌리면서 빠르고 강하게 단번에 긋는다.
④ 사선은 삼각자의 방향에 따라 아래에서 위로 또는 위에서 아래로 긋는다.

① 눈금자, 삼각자 등은 왼쪽에 가깝게 놓는다.
제도용구를 이용한 선 그리기
• 선을 처음 긋기 시작할 때는 긋고자 하는 선의 길이를 생각하고 긋는다.
• 선은 일관성과 통일성을 유지하며, 같은 목적으로 사용되는 선의 굵기와 진하기는 같아야 한다.
• 선 긋는 방향은 왼쪽에서 오른쪽으로, 아래쪽에서 위쪽으로 긋는다.
• 선의 연결과 교차 부분에 정확하도록 작도한다.

45 다음 설명 중 (   )에 알맞은 것은?

> 자전거 이용시설의 구조·시설 기준에 관한 규칙에서 자전거도로의 폭은 하나의 차로를 기준으로 (   )m 이상으로 한다(다만, 지역 상황 등에 따라 부득이하다고 인정되는 경우는 고려하지 않는다).

① 0.6   ② 0.9
③ 1.2   ④ 1.5

자전거도로의 폭(자전거 이용시설의 구조·시설 기준에 관한 규칙 제5조)
자전거도로의 폭은 하나의 차로를 기준으로 1.5m 이상으로 한다. 다만, 지역 상황 등에 따라 부득이하다고 인정되는 경우에는 1.2m 이상으로 할 수 있다.

46 분광반사율의 분포가 서로 다른 두 개의 색자극이 광원의 종류와 관찰자 등의 관찰조건을 일정하게 할 때에만 같은 색으로 보이는 경우는?

① 연색성
② 발광성
③ 조건등색
④ 색각이상

47 설계과정에서 기본구상이 이루어진 다음 구체적인 세부설계에 도달하는데 이때 현실의 제약 조건 때문에 기본구상과 계획이 또 다시 재검토되고 수정되면서 원래의 구상이 점차로 구체화되는 과정을 무엇이라 하는가?

① 구상계획
② 실시계획
③ 계획의 평가
④ 설계에서의 환류(feedback)

48 조경설계기준상의 보행등의 배치 및 시설기준으로 옳지 않은 것은?

① 소로·계단·구석진 길·출입구·장식벽에 설치한다.
② 보행등 1회로는 보행등 10개 이하로 구성하고, 보행등의 공용접지는 5기 이하로 한다.
③ 보행인의 이용에 불편함이 없는 밝기를 확보하며, 보행로의 경우 3lx 이상의 밝기를 적용한다.
④ 배치간격은 설치높이의 8배 이하 거리로 하되, 등주의 높이와 연출할 공간의 분위기를 고려한다.

49 다음 중 3차원적인(입체적인) 그림이 아닌 것은?

① 입단면도
② 1소점 투시도
③ 엑소노메트릭
④ 아이소메트릭

50 주택건설기준 등에 관한 규정에서 규정하고 있는 '부대시설'에 해당하는 것은?

① 안내표지판
② 주민공동시설
③ 근린생활시설
④ 유치원

51 다음 중 시각적 밸런스(balance)를 결정짓는 요소가 아닌 것은?

① 색채   ② 통일

③ 질감   ④ 형태의 크기

[해설]
균형(balance)은 선, 면, 형, 크기, 방향, 재질감, 색채, 명도 등 시각적 요소의 배치와 성질 등의 결합에 의해 표현되며, 동적 균형(dynamic balance)과 정적 균형(static balance)으로 구분할 수 있다.

52 조경설계기준상의 수경시설의 설계에 대한 설명으로 옳지 않은 것은?

① 수경시설은 적설, 동결, 바람 등 지역의 기후적 특성을 고려하여 설계한다.

② 물놀이를 전제로 한 수변공간(도섭지 등)시설의 1일 용수 순환 횟수는 2회를 기준으로 한다.

③ 장애물이 없는 개수로의 유량산출은 프란시스의 공식, 바진의 공식을 적용한다.

④ 분수의 경우 수조의 너비는 분수 높이의 2배, 바람의 영향을 크게 받는 지역은 분수 높이의 4배를 기준으로 한다.

[해설]
장애물이 없는 개수로의 유량산출은 매닝의 공식을 적용한다.

53 밝은 태양 아래 있는 석탄은 어두운 곳에 있는 백지보다 빛을 많이 반사하고 있는데도 불구하고 석탄은 검게, 백지는 희게 보이는 현상은?

① 항상성   ② 명암순응

③ 비시감도   ④ 시감 반사율

[해설]
• 시지각의 항상성 : 사람은 지각에 대해 고정관념이나 편견을 가지고 있다. 특히 자기가 알고 있는 형태에 대해서는 망막에서 일어나는 변화와 관계없이 고정된 생각을 가지고 있다.
• 크기의 항상성 : 거리의 멀고 가까움에 무관하게 알고 있는 크기로 느껴진다.
• 형태의 항상성 : 보이는 각도와 무관하게 원래의 형태대로 느껴진다.
• 밝음의 항상성 : 주위의 밝고 어두움에 관계없이 물체의 원래 밝기로 느껴진다.

54 다음의 노외주차장의 설치에 대한 계획기준 내용 중 ( ) 안에 알맞은 것은?

> 특별시장·광역시장, 시장·군수 또는 구청장이 설치하는 노외주차장의 주차대수 규모가 ( )대 이상인 경우에는 주차대수의 2%부터 4%까지의 범위에서 장애인의 주차수요를 고려하여 지방자치단체의 조례로 정하는 비율 이상의 장애인 전용주차구획을 설치하여야 한다.

① 30   ② 50

③ 100   ④ 200

[해설]
노외주차장의 설치에 대한 계획기준(주차장법 시행규칙 제5조 제8호)
특별시장·광역시장, 시장·군수 또는 구청장이 설치하는 노외주차장의 주차대수 규모가 50대 이상인 경우에는 주차대수의 2%부터 4%까지의 범위에서 장애인의 주차수요를 고려하여 지방자치단체의 조례로 정하는 비율 이상의 장애인 전용주차구획을 설치하여야 한다.

55 색에도 무거워 보이는 색과 가벼워 보이는 색이 있다. 다음 중 가장 무겁게 느껴지는 색은?

① 노랑   ② 주황
③ 초록   ④ 회색

해설
색의 경중감(무게감)
• 가벼운 색 : 명도가 높은 밝은 색
  예 노랑, 하늘색 등
• 무거운 색 : 명도가 낮은 어두운 색
  예 검정, 남색 등

56 투시도에서 실물 크기를 어림잡을 수 있도록 할 수 있는 방법은?

① 사람을 그려 넣는다.
② 정확한 축척을 표시한다.
③ 집의 높이를 잘 그려 넣는다.
④ 나무를 잘 배열하여 그려 넣는다.

해설
투시도에 사람을 그려 넣음으로써 그림에 규모와 비율을 더 쉽게 이해할 수 있게 된다.

57 설계과정을 암상자(black box), 유리상자(glass box), 자율적 조직(self-organizing system)의 세 유형으로 구분한 사람은?

① Jones   ② Halprin
③ Broadbent   ④ Alexander

해설
설계행위의 3가지 측면(Jones)
• 창조적 관점 : 창조적 비약 암상자(black box)
• 합리적 관점 : 완전히 설명될 수 있는 합리적 과정을 수행하는 유리상자(glass box)
• 제어적 관점 : 미지의 영역 내에서 지름길을 찾는 능력을 갖춘 자율적 조직(self-organizing system)

58 설계에 자주 이용되는 기준적 비례(proportion)가 아닌 것은?

① 황금비
② 정사각형의 비례
③ fibonacci 수열의 비례
④ 인체비례 척도(le modulor)

해설
비례(비율)는 요소를 간의 상대적 크기를 말한다. 대표적으로 황금비, 직사각형의 비례, 피보나치 수열, 인체비례, 모듈러의 개념, 루트비, 금강비례 등이 있다.

59 조경설계에 활용되는 2개의 삼각자(1조)를 이용하여 그릴 수 없는 각은?

① 15°   ② 30°
③ 65°   ④ 75°

해설
2개의 삼각조(1조)를 이용하여 그릴 수 있는 각은 15의 배수여야 한다. 65°는 15의 배수가 안되므로 그릴 수 없다.

60 보도용 포장면의 설계와 관련된 설명 중 ㉠~㉣의 내용이 틀린 것은?

> (1) 종단기울기는 휠체어 이용자를 고려하는 경우에는 (㉠) 이하로 한다.
> (2) 종단기울기가 (㉡)% 이상인 구간의 포장은 미끄럼방지를 위하여 거친 면으로 마감 처리한다.
> (3) 횡단경사는 배수처리가 가능한 방향으로 (㉢)를 표준으로 한다.
> (4) 투수성 포장인 경우에는 (㉣)경사를 주지 않을 수 있다.

① ㉠ 1/12   ② ㉡ 5
③ ㉢ 2%   ④ ㉣ 횡단

해설
보도용 포장면의 종단기울기는 1/12 이하가 되도록 하되, 휠체어 이용자를 고려하는 경우에는 1/18 이하로 한다.

정답   55 ④   56 ①   57 ①   58 ②   59 ③   60 ①

61　생물군집의 특성에 미치는 영향이 아닌 것은?

① 비중
② 우점도
③ 종의 다양성
④ 개체군의 밀도

해설
생물군집
일정한 지역 안에 분포하면서 서로 관계를 맺고 살아가는 모든 생물 개체의 무리를 말한다. 생물군집의 특성 결정 요인으로는 우점도(식물군락 내의 각 종류의 양적인 관계를 나타내는 수치), 종의 다양성, 개체군의 밀도 등이 있다.

62　생물종 보호를 위한 자연보호지구 설계의 설명 중 옳지 않은 것은?

① 대형포유동물의 종 보전을 위해서는 면적이 큰 녹지공간이 작은 것보다 효과적이다.
② 여러 개의 녹지공간이 있을 경우 원형으로 모여 있는 것보다 직선적으로 배열되는 것이 종의 재 정착에 용이하다.
③ 서로 떨어진 녹지공간 사이에 종이 이동할 수 있는 통로를 만들 경우 종의 이입 증가와 멸종의 방지에 도움을 줄 수 있다.
④ 인접한 녹지공간이 서로 가까울수록 종 보전에 효과가 높다.

해설
여러 개의 공간이 직선적으로 배열되는 것보다 같은 거리로 모여 있는 것이 효과적이다.

63　식재 설계의 물리적 요소인 질감에 관한 설명이 틀린 것은?

① 거친 텍스처에서 부드러운 텍스처로 점진적인 사용은 흥미로운 식재구성을 할 수 있다.
② 가장자리에 결각이 많은 수종은 그렇지 않은 것보다 거친 질감을 나타낸다.
③ 식재를 보는 사람의 눈은 거친 곳에서 가장 고운 곳으로 이동되도록 해야 한다.
④ 중간지점이나 모퉁이는 제일 부드러운 질감을 갖는 수목을 배치한다.

해설
② 거친 질감(coarse texture)은 잎이 크고 잎가의 커다란 결각이 있는 잎으로 벽오동나무, 오동나무, 플라타너스의 잎이 예가 된다.

64　다음 특징에 해당되는 수종은?

> • 꽃은 5~6월에 백색 계열로 개화한다.
> • 생울타리용으로 이용하기 적합하다.
> • 열매가 불처럼 붉고, 가지에 가시모양의 단지가 있음

① 녹나무(*Cinnamomum camphora*)
② 피라칸타(*Pyracantha angustifolia*)
③ 층층나무(*Cornus controversa*)
④ 단풍나무(*Acer palmatum*)

해설
피라칸타
• 조경용, 울타리용 등으로 민가 주변에 심어 기르는 상록 떨기나무 또는 작은큰키나무로 높이 1~4m이다.
• 줄기는 가지가 많이 갈라져서 엉키고, 가시가 있다.
• 잎자루는 없거나 1~3mm이다. 잎은 어긋나며, 선상 타원형으로 길이 1.5~5.0cm, 폭 0.4~0.8cm, 가장자리가 밋밋하고, 두껍다.
• 석회질의 토양(pH 6.0~8.0)을 좋아해 배수가 잘되어야 한다.

65 하천의 공간별 녹화에 관한 설명과 식재하기에 적합한 수종의 연결이 옳지 않은 것은?

① 하천 저수부는 평상시에는 유수의 영향을 받지 않는 고수부와 저수로 사이의 하안평탄지 : 물억새, 꽃창포
② 하천 둔치는 홍수 시 침수되는 공간이므로 토양 유실을 방지하는 식물의 식재가 좋음 : 갯버들, 찔레꽃
③ 제방사면부는 홍수 시 물의 흐름을 방해하지 않는 범위 내에서 수목식재가 가능 : 조팝나무, 싸리류
④ 하안부는 물과 직접적으로 맞닿는 부분으로 유속에 영향을 받음 : 갈대, 달뿌리풀

해설

하천 공간별 적합한 수종
• 제방부의 하반림 : 하천의 영향을 받는 범위 내에서 형성된 수림으로 낙우송, 버드나무, 황금 수양버들, 위성류, 물오리나무, 사시나무, 신나무, 갯버들, 꼬리조팝나무, 수국, 산철쭉, 고광나무, 쉬땅나무, 쥐똥나무, 병꽃나무 등이 적절하다.
• 고수부 : 내건성, 내습성이 강한 식물이 적당하며 부처꽃, 금불초, 벌개미취, 쑥부쟁이, 박하, 노랑꽃창포, 부채붓꽃, 삼백초, 석창포, 왕원추리, 석잠풀, 꽃범의꼬리, 수크령, 흰갈풀, 흰줄무늬물대 등이 있다.
• 수변부(습윤한 경사지) : 근계가 치밀하여 세굴방지 효과가 있는 식물이 좋으며 부처꽃, 석창포, 갯버들, 물억새, 노랑꽃창포 등이 있다.
• 수변부(반침수지역) : 수변의 가장자리에 위치하여 정수 기능이 있는 식물을 식재하면 좋으며 줄, 부들, 택사, 큰고랭이, 송이고랭이, 흑삼릉, 창포, 매자기, 갈대 등이 있다.
• 수중 : 연꽃, 수련, 가시연꽃, 어리연꽃, 노랑어리연꽃, 순채, 마름, 자라풀, 물옥잠, 부레옥잠 등이 있다.

66 실내조경은 실외조경에 비해 많은 제약을 받는데, 다음 중 실내식물의 환경조건의 설명으로 가장 거리가 먼 것은?

① 광선은 제일 중요한 환경요인으로 광도, 광질, 광선의 공급시간 등에 대하여 검토해야 한다.
② 온도는 식물의 생리적 과정에 작용하는데 아열대 원산 식물의 생육최적온도는 20~25℃이다.
③ 물의 공급량은 빛의 공급량과 직접적인 관계가 있는데, 큰 식물에는 자체 급수용기를 사용한다.
④ 식물에 있어서 최적습도는 70~90%이며, 상대습도 30% 이상이면 대부분의 식물은 적응할 수 있다.

해설

토양의 종류와 물을 주는 횟수 및 관수량에 따라 토양의 수분 함유량이 달라지는데, 과다한 수분 공급은 토양 중의 공기 함량을 감소시키게 되므로 뿌리의 발달이 불량해지고 지나친 경우에는 부패하는 경우가 생길 수 있다.

67 다음 설명은 식재설계의 미적 요소 중 어느 것에 해당되는가?

> 연속되거나 형태를 이룬 식물재료들 가운데 일어나는 시각적 분기점으로 질감, 색채, 높이 등을 통하여 그 효과를 높일 수 있다.

① 통일
② 강조
③ 스케일
④ 균형

해설

강조
• 비슷한 형태나 색채들 사이에 이와 상반되는 것을 넣어 시각적으로 산만함을 막고 통일감을 조성할 수 있다.
• 상반되는 것들, 즉 강조하는 것이 수적으로 많고 흩어져 있게 되면 오히려 통일감을 잃게 된다.

68 효과적인 교통통제를 위해 위요공간의 경우 수목의 어떤 특징을 중요시해야 하는가?

① 폭
② 높이
③ 색채
④ 질감

위요경관 : 수목, 경사면 등의 주위 경관 요소들이 울타리처럼 둘러싸인 경관

69 나자식물과 피자식물의 특징 설명으로 옳지 않은 것은?

① 나자식물은 단일수정을 한다.
② 은행나무는 나자식물에 속한다.
③ 종자가 자방 속에 감추어져 있는 식물을 피자식물이라 한다.
④ 초본류는 나자와 피자식물 모두에 들어 있다.

④ 목본식물은 나자식물과 피자식물로 구분된다. 나자식물은 겉씨식물이라고도 하며 종자를 만들지만 암술, 수술, 꽃잎 등이 있는 꽃을 피우지 않는 식물로 은행나무, 소철, 소나무 등이 속한다. 피자식물은 속씨식물 또는 현화식물이라고도 하며 꽃을 피우고 종자를 만들어 번식한다.

70 [보기]는 고속도로 식재의 기능과 종류를 연결한 것이다. ( )에 적합한 용어는?

┤보기├
( )기능 – 차폐식재, 수경식재, 조화식재

① 휴식
② 사고방지
③ 경관
④ 주행

고속도로 식재의 기능과 종류

기능	식재의 종류
주행기능	시선유도식재, 지표식재
사고방지기능	차광식재, 명암순응식재, 진입방지식재, 완충식재
방재기능	비탈면식재, 방풍식재, 방설식재, 비사방지식재
휴식기능	녹음식재, 지피식재
경관기능	차폐식재, 수경식재, 조화식재
환경보존기능	방음식재, 임연보호식재

71 다음 설명에 적합한 수종은?

> 열매는 핵과로 둥글고 지름은 5~8mm로 붉은색이며, 10월에 성숙하는데 겨울 동안에 매달려 있다.

① 먼나무(*Ilex rotunda*)
② 머루(*Vitis coignetiae*)
③ 멀구슬나무(*Melia azedarach*)
④ 병아리꽃나무(*Rhodotypos scandens*)

먼나무(*Ilex rotunda*)
늘푸른 넓은잎 큰키나무로 키는 10~15m 정도이다. 나무껍질은 회백색이거나 회갈색이며 어린 가지는 자갈색을 띠고 털이 없으며 모서리에 날이 서 있다. 잎은 어긋나고 길이 4~10cm, 너비 3~4cm인 타원 모양이며 가장자리가 밋밋하며 가죽질이다. 자웅이주이며, 10월에 붉은 열매가 열린다.

72 생태 천이의 설명으로 옳은 것은?

① 천이의 순서는 나지 → 1년생 초본 → 다년생 초본 → 양수관목 → 음수교목 → 양수교목 순이다.
② 시간의 경과에 따른 군집변화 과정으로서 군집발전의 규칙적인 과정을 나타낸다.
③ 천이의 과정을 주도하는 것은 인간이다.
④ 천이는 반드시 1,000년 이내에 이루어진다.

① 천이의 순서는 나지 → 1년생 초본 → 다년생 초본 → 양수관목 → 양수교목 → 음수교목 순이다.
③ 천이의 과정을 주도하는 것은 세균(bacteria)과 곰팡이(fungi)가 차지하는 상대적인 비율 그리고 토양에서 이들을 먹고 살아가는 포식자들(predators)의 변화이다.
④ 천이는 토양의 변화를 포함해서 수십 년에서 수백 또는 수천 년에 걸쳐 이루어진다.

73 다음 중 상록활엽수에 해당되는 식물은?

① 화살나무(*Euonymus alatus*)
② 회목나무(*Euonymus pauciflorus*)
③ 사철나무(*Euonymus japonicus*)
④ 참빗살나무(*Euonymus hamiltonianus*)

해설
①·②·④ 화살나무, 회목나무, 참빗살나무는 낙엽활엽수이다.

74 보리수나무(*Elaeagnus umbellata*)에 대한 설명으로 잘못된 것은?

① 키가 작은 상록활엽수이다.
② 붉은 열매는 식용이 가능하다.
③ 온대 중부 이남의 산지에서 자생한다.
④ 꽃은 5~6월에 피며, 백색에서 연황색으로 변한다.

해설
보리수나무
• 낙엽이 지는 활엽관목으로서 높이는 3m 정도이다.
• 잎은 긴 타원형으로 어긋난다. 가지나 잎자루, 잎 뒤에는 회백색의 비늘조각이 빽빽하게 나 있다.
• 꽃은 황백색으로, 초여름이 되면 잎겨드랑이에서 몇 개의 꽃이 다발져 달리는데, 꽃자루나 꽃받침통에도 흰 비늘조각이 빽빽하게 나 있다.
• 열매는 길이 6~8mm 정도의 다소 긴 공 모양으로 10~11월 붉게 익는다.

75 주요 잔디 초지류의 회복력이 가장 강한 것은?

① timothy   ② tall fescue
③ perennial ryegrass ④ bermuda grass

해설
버뮤다그래스(bermuda grass)는 난지형 잔디 중에서 생육이 가장 빨라 잔디밭 조성이 빠르다. 알칼리성 토양에서도 생육이 가능하고 회복력도 매우 빠르며 내서성, 내한성, 내염성이 높다.

76 수목의 색채와 관련된 특징이 틀린 것은?

① 열매가 가을에 붉은색 계열 : 마가목
② 단풍이 홍색(紅色) 계열 : 때죽나무
③ 꽃이 황색 계열 : 매자나무
④ 수피가 회색 계열 : 서어나무

해설
때죽나무의 단풍은 황색 계열이다.

77 일반적인 구근화훼류의 분류는 춘식과 추식으로 구분한다. 다음 중 춘식(봄 심기) 구근에 해당하지 않는 것은?

① 칸나
② 달리아
③ 글라디올러스
④ 구근아이리스

해설
춘식구근 : 아마릴리스, 구근베고니아, 제피란터스, 칸나, 달리아, 글록시니아, 글라디올러스, 글로리오사 등
※ 추식구근 : 수선화, 리코리스, 구근아이리스, 크로커스, 프리지어, 알리움, 히아신스, 백합, 튤립, 시클라멘, 아네모네, 라넌큘러스 등

78 다음 중 개화 시기가 가장 빠른 수종은?

① 배롱나무(*Lagerstroemia indica*)
② 무궁화(*Hibiscus syriacus*)
③ 치자나무(*Gardenia jasminoides*)
④ 명자나무(*Chaenomeles speciosa*)

해설
④ 명자나무 : 4월
① 배롱나무 : 7월
② 무궁화 : 8월
③ 치자나무 : 6월

79 척박하고 건조한 토양에 잘 견디는 수종으로만 바르게 짝지어진 것은?

① 칠엽수, 일본목련, 단풍나무
② 자작나무, 물오리나무, 자귀나무
③ 느티나무, 이팝나무, 왕벚나무
④ 메타세쿼이아, 백합나무, 함박꽃나무

해설
자작나무, 산오리나무, 자귀나무는 건조하거나 척박한 환경에서도 잘 견디는 수종으로 생육 조건이 좋지 않은 곳에서도 뿌리를 깊이 내리며 생육이 왕성한 특징을 가진다.

80 다음 형태 특성 중 수형이 다른 것은?

① *Larix kaempferi*
② *Celtis sinensis*
③ *Picea abies*
④ *Taxodium distichum*

해설
② 팽나무 : 우산형
①·③·④ 낙엽송, 독일가문비나무, 낙우송 : 원추형

81 표준품셈에서 수량에 대한 환산의 설명이 틀린 것은?

① 절토량은 자연상태의 설계도의 양으로 한다.
② 수량의 단위 및 소수위는 표준품셈의 단위표준에 의한다.
③ 구적기로 면적을 구할 때는 2회 측정하여 평균값으로 한다.
④ 수량의 계산은 지정 소수위 이하 1위까지 구하고 끝수는 4사5입한다.

해설
면적계산 시 구적기를 사용할 경우에는 3회 이상 측정하여 그중 정확하다고 생각되는 평균값으로 한다.

82 슬럼프 시험에 대한 설명으로 틀린 것은?

① 슬럼프 콘의 높이는 25cm이다.
② 슬럼프 콘의 지름은 위쪽이 10cm, 아래쪽이 20cm이다.
③ 시공연도(workability)의 좋고 나쁨을 판단하기 위한 실험이다.
④ 슬럼프 콘 높이에서 무너져 내린 높이까지의 거리를 cm로 표시한다.

해설
① 슬럼프 콘의 높이는 30cm이다.
슬럼프 시험
• 워커빌리티를 종합적으로 측정하는 방법은 없으나, 하나의 간접적인 수단의 하나로 반죽질기를 측정한다. 반죽질기를 측정하는 방법에는 슬럼프 시험이 가장 많이 쓰이고 있다.
• 슬럼프 시험은 슬럼프 콘에 콘크리트를 넣은 후 슬럼프 콘을 연직으로 올려 뺀 후 콘크리트가 주저앉은 길이를 잰다. 이 값이 슬럼프값이며, 단위는 cm이다.

83 그림과 같은 수준측량에서 B점의 표고는?(단, $H_A = 50.0m$)

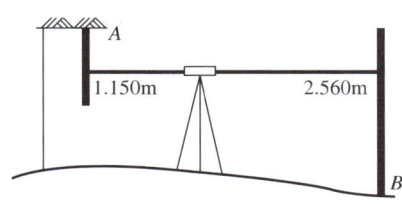

① 42.590m

② 46.290m

③ 48.590m

④ 51.410m

B의 표고 = 50 − 1.15 − 2.56
　　　　 = 46.29m

84 지형도 등고선의 종류와 간격의 설명이 옳은 것은?

① 지형도가 1 : 5,000일 때 계곡선은 25m이다.

② 지형도의 표시의 기본이 되는 선이 계곡선이다.

③ 간곡선의 평면간격이 클 때 주곡선의 1/2 간격으로 조곡선을 넣는다.

④ 간곡선은 주곡선의 간격이 클 때 실선으로 나타낸다.

② 지형도 표시의 기본이 되는 선은 주곡선이다.
③ 간곡선의 평면간격이 클 때 간곡선의 1/2 간격으로 조곡선을 넣는다.
④ 간곡선은 주곡선의 간격이 클 때 파선으로 나타낸다.

85 표면유입시간 계산도표를 이용하여 우수의 유입시간을 계산하고자 한다. 다음 중 계산 시 고려요소로 가장 거리가 먼 것은?

① 토성　　　　　　② 경사로

③ 최대흐름거리　　④ 지표면 토지이용

유입시간은 최소단위 배수구의 지표면거리, 경사 및 조도계수 등에 의해서 변화한다.

86 목재를 구조재료로 쓸 경우 다른 재료(강철 등의 재료)보다 가장 떨어지는 강도는?(단, 가력방향은 섬유에 평행하다)

① 인장강도　　　　② 압축강도

③ 전단강도　　　　④ 휨강도

목재의 강도 : 인장강도 > 압축강도 > 휨강도 > 전단강도

87 조경공사를 위한 수량산출 시 주요 자재(시멘트, 철근 등)를 관급으로 하지 않아도 좋은 경우에 해당되지 않는 것은?

① 공사현장의 사정으로 인하여 관급함이 국가에 불리할 때

② 관급할 자지가 품귀현상으로 조달이 매우 어려울 때

③ 조달청이 사실상 관급할 수 없거나 적기 공급이 어려울 때

④ 소량이거나 긴급사업 등으로 행정에 소요되는 시간과 경비가 과도하게 요구될 때

관급하지 않아도 좋은 경우 : ①, ③, ④와 관급할 자재의 총액이 일천만원 미만일 때

88 덤프트럭의 기계경비 산정에 있어 1회 사이클 시간(C_m)에 포함되지 않는 것은?

① 적재시간   ② 왕복시간

③ 정비시간   ④ 적하시간

[해설]

정비는 일하기 전이나 후에 하기 때문에 1회 사이클 시간에 포함하지 않는다.

89 다음 그림과 같이 하중점 C점에 P의 하중으로 외력이 작용하였을 때 휨 모멘트의 최댓값은 얼마인가?

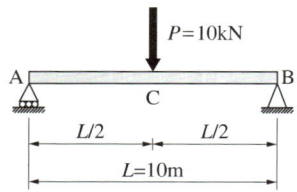

① 100kN·m   ② 75kN·m

③ 50kN·m   ④ 25kN·m

[해설]

$\sum M_B = 0$

• A점의 반력 : $R_A = 10 \times \dfrac{5}{10} = 5\text{kN}$

• B점의 반력 : $R_B = 10 \times \dfrac{5}{10} = 5\text{kN}$

∴ A점에서 $M_C = 5\text{kN} \times 5\text{m} = 25\text{kN·m}$

90 옹벽의 안정에 관한 사항 중 적합하지 않은 것은?

① 옹벽자체 단면의 안정은 허용응력에 관계한다.

② 옹벽의 미끄러짐(滑動)은 토압과 허용지내력에 관련이 깊다.

③ 옹벽의 전도(顚倒)에서 저항모멘트가 회전모멘트보다 커야만 옹벽이 안전하다.

④ 옹벽의 침하(沈下)는 외력의 합력에 의하여 기초지반에 생기는 최대압축응력이 지반의 지지력보다 작으면 기초지반은 안정하다.

[해설]

활동에 대한 안정성은 기초지반면과 옹벽저면에서의 미끄러짐이 발생하는가에 대한 검토이다. 경사하중 또는 비탈면상에 설치된 기초, 수평력을 받는 구조물의 기초에 대해서는 활동에 대한 파괴를 검토해야 한다.

91 석축 옹벽시공에 대한 설명이 틀린 것은?

① 찰쌓기는 메쌓기보다 비탈면에서 용수가 심하고 뒷면토압이 작을 때 설치한다.

② 신축줄눈은 찰쌓기의 높이가 변하는 곳이나 곡선부의 시점과 종점에 설치한다.

③ 찰쌓기의 1일 쌓기 높이는 1.2m를 표준으로 하며, 이어쌓기 부분은 계단형으로 마감한다.

④ 호박돌쌓기는 줄쌓기를 원칙으로 하고 튀어나오거나 들어가지 않도록 면을 맞추고 양 옆의 돌과도 이가 맞도록 하여야 한다.

[해설]

메쌓기는 찰쌓기보다 비탈면에서 용수가 심하고 뒷면토압이 작을 때 설치한다.

92 굳지 않은 콘크리트의 성질로서 주로 물의 양이 많고 적음에 따른 반죽의 되고 진 정도를 나타내는 용어는?

① 컨시스턴시(consistency)
② 펌퍼빌리티(pumpability)
③ 피니셔빌리티(finishability)
④ 플라스티시티(plasticity)

② 압송성 : 펌프에서 콘크리트가 잘 밀려가는지의 난이 정도
③ 마감성 : 굵은 골재의 최대치수, 잔골재율, 잔골재의 입도, 반죽질기 등에 따르는 마무리하기 쉬운 정도를 나타내는 성질
④ 성형성 : 거푸집에 쉽게 다져 넣을 수 있고, 거푸집을 제거하면 천천히 형상이 변하기는 하지만 허물어지거나 재료가 분리되지 않는 성질

93 지상고도 3,000m의 비행기 위에서 초점거리 15cm인 촬영기로 촬영한 수직 공중사진에서 50m의 교량의 크기는?

① 2.0mm   ② 2.5mm
③ 3.0mm   ④ 3.5mm

해설
$0.15 : 3,000 = 1 : x$

$x = 20,000$

공중사진에서의 크기 $= \dfrac{\text{실제크기} \times \text{초점거리}}{\text{촬영고도}} = \dfrac{50m \times 0.15m}{3,000m}$

$= 0.0025m \times 1,000 = 2.5mm$

94 살수관개(撒水灌漑)를 설계할 때 살수기의 균등계수는 어느 정도가 효과적인가?

① 60~65%   ② 75~85%
③ 85~95%   ④ 95% 이상

해설
살수기의 물분포 현황은 85~95%의 균등계수를 갖는 것이 효과적이다.

95 인공지반의 식재 시 사용되는 토양의 보수성, 투수성 및 통기성을 향상시키기 위한 인공적인 다공질 경량토에 해당되지 않는 것은?

① 표토(topsoil)
② 피트모스(peatmoss)
③ 펄라이트(perlite)
④ 버미큘라이트(vermiculite)

해설
인공경량토의 종류 : 버미큘라이트, 펄라이트, 피트모스[초탄, 이탄(peat)], 화산도래, 화산자갈

96 재료의 역학적(力學的) 성질에 대한 설명 중 응력(應力, stress)에 관한 정의는?

① 구조물에 작용하는 외력(外力)
② 외력에 대하여 견디는 성질
③ 구조물에 작용하는 외력에 대응하려는 내력(內力)의 크기
④ 구조물에 하중이 작용할 때 저항하는 재료의 능력

해설
구조물 또는 구조 부재에 외력이 작용하면 내부에는 외력에 저항하는 힘이 생기며, 외력에 저항하여 원형으로 돌아가려는 힘이 생긴다. 이 흔을 내력 또는 응력이라고 한다.

97 콘크리트 타설 후의 재료 분리현상에 대한 설명이 틀린 것은?

① AE제를 사용하면 억제할 수 있다.
② 단위수량이 너무 많은 경우 발생한다.
③ 물시멘트비를 크게 하면 억제할 수 있다.
④ 굵은 골재의 최대치수가 지나치게 클 경우 발생한다.

[해설]
콘크리트는 물과 시멘트가 화학 반응을 일으켜 경화하며, 수분이 있는 동안은 장기간에 걸쳐 강도가 증가한다. 물의 양이 많을수록 시공성이 좋아지나 너무 많으면 재료분리를 일으키기 쉽다.

98 배수(排水)의 지선망계통(枝線網系統)을 효율적으로 결정하는 방법이 틀린 것은?

① 우회곡절(迂廻曲折)을 피한다.
② 배수상의 분수령을 중요시한다.
③ 경사가 급한 고개에는 구배가 급한 대관거를 매설하지 않는다.
④ 교통이 빈번한 가로나 지하 매설물이 많은 가로에는 대관거(大菅渠)를 매설한다.

[해설]
교통이 빈번한 가로나 지하 매설물이 많은 가로에는 대관거(大菅渠)의 매설을 회피한다.

99 어떤 부지 내 잔디지역의 면적 0.23ha(유출계수 0.25), 아스팔트포장 지역의 면적 0.15ha(유출계수 0.9)이며, 강우강도는 20mm/hr일 때 합리식을 이용한 총우수유출량(m³/sec)은?

① 0.0032
② 0.0075
③ 0.0107
④ 0.017

[해설]
우수유출량 $Q = \dfrac{1}{360} CIA$
여기서, C : 유출계수
　　　　I : 강우강도(mm/hr)
　　　　A : 배수면적(ha)
$\therefore Q = \dfrac{(0.25 \times 20 \times 0.23)}{360} + \dfrac{(0.9 \times 20 \times 0.15)}{360}$
　　　 $= 0.0107\text{m}^3/\text{sec}$

100 트래버스 측량 중 정확도가 가장 높으나 조정이 복잡하고 시간과 비용이 많이 요구되는 삼각망은?

① 개방형 삼각망
② 단열 삼각망
③ 유심 삼각망
④ 사변형 삼각망

[해설]
사변형 삼각망 : 가장 정도가 높으나 피복면적이 작아 비경제적이므로 중요한 기선 삼각망에 사용한다.
※ 트래버스 측량 또는 다각측량은 측지망을 확립하기 위한 측량 방법의 하나이다. 즉, 거리와 방향각을 측정하여 평면 위치를 결정하는 측량 방법의 하나이다. 측량은 작업 순서에 따라 기준점을 정하는 골조측량과 세부측량으로 나누는데, 트래버스 측량은 중규모 이하의 골조측량에 해당한다.

101 공사원가 구성항목에 포함되는 일반관리비의 계상 설명으로 맞는 것은?

① 순공사비 합계액의 6%를 초과하여 계상할 수 없다.
② 현장사무소의 유지관리를 위하여 사용되는 비용이다.
③ 관급자재에 대한 관리비 계상은 일반관리비요율에 준하여 계상한다.
④ 가설사무소, 창고, 숙소, 화장실 설치비용을 포함해서 계상한다.

[해설]
일반 관리비 : 기업의 유지를 위한 관리활동부문에서 발생하는 제비용으로, 재료비, 노무비, 경비의 합계액에 일정관리비율을 곱하여 계산한다.

102 굵은 골재 가운데 질석을 800~1,000℃의 고온에서 튀긴 것으로 일반적으로 비료 성분을 가지고 있지 않으며, 경량으로 흡수율이 높아 파종이나 삽목용 토양으로 사용되는 것은?

① 소성점토
② 피트모스(peatmoss)
③ 펄라이트(perlite)
④ 버미큘라이트(vermiculite)

[해설]
버미큘라이트(vermiculite)
• 흑운모, 금운모류를 600~1,000℃에서 고온가열 시 약 100배 팽창
• 팽창 시 공극내부에 아코디언구조 형성, 미세한 공극 발생
• 토양의 물리성 및 보비력 개선, 무균상태로 육묘상에 사용

103 안전대책 중 사고처리의 일반적인 순서로서 옳은 것은?

① 사고자의 구호 → 관계자에게 통브 → 사고 상황의 기록 → 사고 책임의 명확화
② 관계자에게 통보 → 사고자의 구호 → 사고 책임의 명확화 → 사고 상황의 기록
③ 사고자의 구호 → 사고 상황의 기록 → 사고 책임의 명확화 → 관계자에게 통보
④ 사고자의 구호 → 사고 책임의 경확화 → 사고 상황의 기토 → 관계자에게 통코

[해설]
사고처리 순서
사고자의 구호 → 관계자에게 통보 → 사고 상황의 파악 및 기록 → 사고 책임의 명확화

104 일반적인 조건하에서 조경 시설물(철제 그네)의 도장, 도색은 몇 년 주기로 보수하는가?

① 1년 ② 3년
③ 5년 ④ 10년

[해설]
조경시설물의 보수 주기를 파악하고 그에 알맞은 시기에 시설물 보수작업을 하는 것이 중요한데, 벤치 등은 6개월에 한 번씩 점검을 실시하고, 그네·미끄럼틀·시소 등의 놀이시설은 2~3년마다 도장을 해야 한다.

105 60kg 잔디 종자에 살충제 이피엔 50% 유제를 8ppm이 되도록 처리하려고 할 때의 소요 약량(mL)은 약 얼마인가?(단, 약제의 비중 : 1.07)

① 0.5 ② 0.7
③ 0.9 ④ 1.2

[해설]
8ppm = 8mg/kg
8mg/kg × 60kg = 480mg = 0.48g
살충제의 함량 50%이므로 0.48g ÷ 50% = 0.96g 유제
부피로 환산하면 0.96g ÷ 1.07g/mL = 0.897mL 유제

[정답] 101 ① 102 ④ 103 ① 104 ② 105 ③

106 제초제의 선택성에 관여하는 생물적 요인이 아닌 것은?

① 잎의 각도
② 제초제 처리량
③ 잎의 표면조직
④ 생장점의 위치

해설
② 제초제 처리량은 물리적 요인에 속한다.
제초제의 선택성
• 생물적 요인 : 식물의 형태적, 생리적 및 대사 차이에 따라 제초제의 흡수 차이가 다르다.
• 형태적 요인 : 잎, 생장점, 초엽 및 중경, 뿌리 및 지하부 영양번식 기관의 차이
• 생리적 요인 : 제초제의 흡수ㆍ이행 및 대사에 따른 식물체 내에서의 제초제의 불활성화

108 병든 식물의 표면에 병원체의 영양기관이나 번식기관이 나타나 육안으로 식별되는 것을 가리키는 것은?

① 병징   ② 병반
③ 표징   ④ 병폐

해설
③ 표징(sing) : 병원체가 병든 식물체상의 표면에 나타나는 것으로 병원체의 영양기관이나 번식기관이 나타나 육안으로 식별되는 것을 말한다.
① 병징 : 식물체가 어떤 병원체에 의해서 세포, 조직, 또는 기관에 이상을 일으켜서 외부에 나타난 반응을 말한다.
② 병반 : 병으로 생기는 반점을 말한다.
④ 병폐 : 병으로 인하여 죽는 것을 말한다.

107 사다리 이용과 관련한 안전 조치로 적절한 것은?

① 사다리의 상부 3개 발판 이상에서 작업한다.
② 사다리를 기대 세울 때는 가능한 한 나무나 전주 등에 세워 작업한다.
③ 사다리에서 작업할 때 신체의 일부를 사용하여 3점을 사다리에 접촉ㆍ유지한다.
④ 기대는 사다리의 설치각도는 수평면에 대하여 80° 이상을 유지하여 넘어짐을 예방한다.

해설
③ 사다리에서 이동하거나 작업할 경우에는 3점 접촉(두 다리와 한 손 또는 두 손과 한 다리 등) 상태를 유지한다.
① 계단식 사다리는 상부 3개 발판으로부터 최상부 발판에서는 작업을 금지한다.

109 다음 중 전염성병으로 분류되지 않는 것은?

① 진균에 의한 병
② 바이러스에 의한 병
③ 종자식물에 의한 병
④ 토양 중의 유독물질에 의한 병

해설
수목의 전염성병
• 바이러스 : 모자이크병
• 마이코플라즈마 : 대추나무ㆍ오동나무 빗자루병, 뽕나무 오갈병
• 세균 : 뿌리혹병
• 진균 : 모잘록병, 벚나무 빗자루병, 흰가루병 등
• 기생성 종자식물 : 겨우살이, 새삼
• 곰팡이 : 삼나무 붉은마름병, 소나무 줄기녹병, 잣나무 잎떨림병

110 수목의 아황산가스 피해에 대한 설명 중 잘못된 것은?

① 공중습도가 높고, 토양수분이 많을 때에 피해가 줄어든다.
② 기온이 낮은 봄철보다 여름철에 더운 큰 피해를 입는다.
③ 아황산가스는 석탄이나 중유 또는 광석 속의 유황이 연소하는 과정에서 발생한다.
④ 토양 속으로도 흡수되어 토양의 산성을 높임으로써 뿌리에 피해를 주고 지력을 감퇴시키기도 한다.

해설
① 공중습도가 높고 토양수분이 많을 때 피해가 증가한다.

111 산성에 대한 저항력이 강하여 산성토양에서도 활동이 강한 미생물은?

① 세균   ② 조류
③ 방선균   ④ 사상균

해설
토양병해를 일으키는 곰팡이라고 불리는 사상균은 산성흙에 저항력이 강한 호기성균이다.

112 탄소와 화합한 질소화합물로서 물에 녹아 비교적 빨리 비효를 나타내지만 그 자체로는 유해하며 함유하는 비료로는 석회질소가 대표적인 질소 형태는?

① 요소태질소
② 질산태질소
③ 암모니아태질소
④ 사이안아미드태질소

해설
사이안아미드태질스
• 탄소와 화합한 질소화합물로서 화학적으로는 유기태에 속한다.
• 물에 잘 녹아서 비교적 빠른 시일 안에 변화되어 비효를 나타내지만 그 자체로는 작물에 유해하다.
• 토양 중에서는 요소로된 뒤 다시 탄산암모늄으로 변화되어 흡수한다. 시용할 때에는 특히 주의를 요한다.
• 사이안아미드태질소는 석회질소($CaCN_2$)가 대표적이다.

113 식물 방제용 농약의 보관방법으로 틀린 것은?

① 농약은 직사광선을 피하고 통풍이 잘되는 곳에 보관한다.
② 농약은 잠금장치가 있는 전용 보관함에 보관한다.
③ 사용하고 남은 농약은 다른 용기에 담아 보관한다.
④ 농약 빈병과 농약 폐기물은 분리해서 처리한다.

해설
③ 사용하고 남은 희석한 농약은 미련 없이 버린다. 음료수병에 보관은 절대금지이며, 사용 후 남은 원액은 그대로 밀봉하여 어린이 손이 닿지 않는 장소에 보관한다.

114 공원 관리업무 수행 시 도급방식 관리에 대한 설명 중 틀린 것은?

① 관리비가 싸다.
② 임기응변적 조처가 가능하다.
③ 관리주체가 보유한 설비로는 불가능한 업무에 적합하다.
④ 전문적 지식, 기능을 가진 전문가를 통한 양질의 서비스를 기할 수 있다.

해설
직영방식과 도급방식

구분	직영방식	도급방식
장점	• 관리책임이나 책임소재가 명확함 • 긴급한 대응이 가능 • 관리실태를 정확히 파악 • 임기응변의 조치가 가능 • 양질의 서비스제공 가능 • 애착심을 가지므로 관리 효율의 향상을 꾀함	• 규모가 큰 시설의 관리에 적합 • 전문가를 합리적으로 이용함 • 관리의 단순화를 기할 수 있음 • 전문적 지식, 기술, 자격에 의한 양질의 서비스를 제공할 수 있음 • 관리비가 싸고 장기적으로 안정될 수 있음
단점	• 업무가 타성화되기 쉬움 • 직원의 배치전환이 어려움 • 필요이상의 인건비 지출 • 인사가 정체됨	• 책임의 소재나 권한의 범위가 불명확함 • 전문업자를 충분하게 활용치 못할 수가 있음

115 낙엽수는 낙엽 후부터 다음 해 새로운 눈이 싹트기 전, 상록수는 싹트기 시작하는 전후의 시기에 실시하는 전정은?

① 동기전정   ② 기본전정
③ 솎음전정   ④ 하기전정

해설
동기전정(겨울전정)
• 일반수목 수형을 잡아주기 위한 굵은 가지 전정
• 교차지, 내향지, 역지 등 가지 식별이 가능하므로 전정

116 참나무류에 발생하는 참나무시들음병의 병균을 매개하는 곤충은?

① 참나무방패벌레
② 참나무하늘소
③ 광릉긴나무좀
④ 갈참나무비단벌레

해설
참나무시들음병
• 병원균 : *Raffaelea quercus-mongolicae*(라펠리아 속의 신종 곰팡이)
• 매개충 : 광릉긴나무좀으로 졸참, 갈참, 상수리, 서어나무 등에 서식하며 수세가 약한 나무나 잘라놓은 나무의 목질부의 심재 속을 파먹어 들어가기 때문에 목재의 질이 약해진다.

117 레크리에이션 수용능력의 결정인자는 고정인자와 가변인자로 구분되는데 다음 중 고정적 결정인자가 아닌 것은?

① 특정 활동에 필요한 사람의 수
② 특정 활동에 대한 참여자의 반응 정도
③ 특정 활동에 필요한 공간의 최소면적
④ 특정 활동에 의한 이용의 영향에 대한 회복능력

해설
레크리에이션 수용능력의 결정인자

고정적 결정인자	• 특정활동에 필요한 사람의 수 • 특정활동에 대한 참여자의 반응 정도 • 특정활동에 필요한 공간의 최소면적
가변적 결정인자	• 대상지의 성격, 크기, 형태 • 대상지 이용의 영향에 대한 회복능력 • 기술과 시설의 도입으로 인한 수용능력 자체의 확장 가능성

118 조경시설물 보관 창고에 전기화재가 발생하였을 때 사용하는 소화기로 가장 적합한 것은?

① A급 소화기
② B급 소화기
③ C급 소화기
④ D급 소화기

해설

전기화재 시 소화에 적합한 소화기
C급 화재소화기(사염화탄소 소화기, 유기성 소화액, CO_2 소화기, 분말 소화기 등)

119 다음 토양 중 침식(erosion)을 받을 소지가 가장 작은 것은?

① 투수력이 큰 토양
② 팽창성이 큰 토양
③ 가소성이 큰 토양
④ Na–교질이 많은 토양

해설

투수력
투수성은 자유롭게 물을 통과시킬 수 있는 공극량, 즉 비모세관 공극량의 지배를 받으며 이러한 성질이 클수록 토양침식에 안정적이다.

120 소나무혹병의 중간기주에 해당되는 것은?

① 송이풀
② 졸참나무
③ 까치밥나무
④ 향나무

해설

중간기주
• 소나무혹병 : 졸참나무
• 잣나무털녹병 : 송이풀과 까치밥나무
• 포플러잎녹병 : 낙엽송
• 배나무적성병 : 향나무

01 미국 도시계획사에서 격자형 가로망을 벗어나서 자연스러운 가로 계획으로 시카고에 리버사이드 주택단지를 최초로 시도한 사람은?

① 찰스 엘리어트(Charles Eliot)
② 앤드류 다우닝(Andrew J. Downing)
③ 캘버트 보(Calvert Vaux)
④ 프레드릭 로 옴스테드(Frederick L. Olmsted)

해설
리버사이드 단지계획(프레드릭 로 옴스테드, 1869)
• 1869년 시카고 근교에 통근자를 위한 단지계획으로 리버사이드와 시카고를 연결하는 특징적인 도로 유형을 구상하였다.
• 전원생활과 도시 문화를 결합하는 이상주의적 도시공원 설계 개념이다.
• 미국 도시계획사에서 격자형 도로망을 벗어나고자 한 최초의 시도이다.

02 고대 로마 소 플리니의 별장정원으로 전망이 좋은 터에 다양한 종류의 과일나무와 여러 가지 모양으로 다듬어진 회양목 토피어리를 장식한 곳은?

① 아드리아나장(villa Adriana)
② 라우렌틴장(villa Laurentiana)
③ 디오메데장(villa Diomede)
④ 토스카나장(villa Toscana)

해설
① 아드리아나장 : 하드리아누스 황제의 대별장
② 라우렌틴장 : 전원풍과 도시풍의 혼합형 별장
③ 디오메데장 : 폼페이에 위치하며 고대 해안선을 향해 트인 정원과 수영장이 갖추어졌다.

03 이탈리아 바로크 양식의 대표적인 작품은?

① 데스테장(villa d'Este)
② 랑테장(villa Lante)
③ 이졸라벨라(Isola bella)
④ 보볼리가든(Boboli garden)

해설
바로크식 특징을 가진 대표적인 정원
• 가르조니장(villa Garzoni)
• 이졸라벨라장(villa Isola Bella)
• 알도브란디니장(villa Aldobrandini)
• 란셀로티장(villa Lancelotti)

04 뉴욕 센트럴 파크의 설명으로 옳지 않은 것은?

① 옴스테드의 단독 설계안을 두어 보(vaux)가 시공하였다.
② 장방형의 공원부지 내 도로망은 대부분 자유 곡선에 의하여 처리되고 있다.
③ 4개의 횡단도로는 지하도(地下道)로서 소통하고 있다.
④ 현대 공원으로서의 기본적 요소를 갖춘 최초의 공원이다.

해설
뉴욕 센트럴 파크
1850년 저널리스트인 윌리엄 브라이언트가 「뉴욕포스트」지에 공원건설의 캠페인을 시작한 것을 계기로 1856년 조경건축가인 프레드릭 로 옴스테드(Frederick Law Olmsted)와 칼버트 보(Calvert Vaux)가 뉴욕시 소유의 843에이커의 땅을 공원으로 조성하였다.

05 별장생활이 발달하게 됨에 따라 정원에 topiary 가 다양한 형태(글자, 인간이나 동물, 사냥이나 선대 (船隊)의 항해 장면 등)로 등장하여 발달된 시기는?

① 고대 로마
② 고대 그리스
③ 고대 이집트
④ 고대 메소포타미아

해설

토피어리는 고대 로마시대에 유행하였으며, 주로 화단의 장식 물이나 산울타리를 대상으로 하였다.

06 17세기 프랑스의 르 노트르 정원구성 특징으로 옳지 않은 것은?

① 비스타를 형성한다.
② 탑과 녹정을 배치한다.
③ 정원은 광대한 면적의 대지 구성요소의 하나로 보고 있다.
④ 대지의 기복에 조화시키되 축에 기초를 둔 2차원 적 기하학을 구성한다.

해설

르 노트르 정원의 특징
• 비스타(통경선)를 형성 : 원로와 총림을 이용
• 단정하게 깎은 생울타리(hedge)로써 총림과 기타 공간을 명 확하게 구분
• 정원은 단순히 주택의 연장이 아니라 광대한 면적의 대지 구성 요소의 하나
• 대지의 기복에 조화시키되 축에 기초를 둔 기하학적 평면을 구성
• 바로크적 특징의 하나인 유니티(Unity)는 하늘이나 기타 정원 구성요소들이 넓은 수면에 반영되게 형성하고 소로는 끝없이 외부로 확산하게 함
• 조각, 분수 등 예술작품을 공간에 도입함에 있어서는 리듬 또 는 강조요소로 사용
• 장엄한 스케일을 도입(인간의 위엄과 권위를 고양)

07 신라 포석정은 곡수거를 만들어 곡수연을 하였 다는데 이것은 중국 진시대의 누구의 영향인가?

① 주돈이의 애연설   ② 왕희지의 난정고사
③ 도연명의 귀거래사   ④ 중장통의 락지론

해설

곡수거(曲水渠)
물 위에 술잔을 띄우고 술잔이 자기 앞에 올 때 시를 한 수 읊는 놀이의 유래는 중국 진시대 왕희지(王羲之)의 난정고사(蘭亭故事)에 연유해 조성된 조경적인 요소이다.

08 다음 중 창덕궁 후원의 기능에 부합되지 않는 것은?

① 왕과 그의 가족을 위한 휴식의 공간이다.
② 학업을 수학(修學)하여 사물의 통찰력을 기른다.
③ 자연 속에 둘러 싸여 현실의 속박에서 벗어나 안 식을 얻는다.
④ 상징적 선산(仙山)을 조산(造山)하여 축경(縮 景)적 조망(眺望)을 한다.

해설

창덕궁 후원은 우리나라의 대표적인 전통 조원 시설로서 자연 적인 지형에다 꽃과 나무를 심고 못을 파서 아름답고 조화 있게 건물을 배치하였다.

09 이탈리아의 노단식(露壇式) 정원과 프랑스의 평면기하학식 정원이 성립되는데 결정적 역할을 한 시대사조 및 배경은?

① 국민성의 차이
② 지형적 조건의 차이
③ 정원 소유주(所有主)의 권위 정도
④ 천재적(天才的)인 조경가의 역할 유무

해설

정원양식의 발산요인 중 자연환경요인(기후, 지형, 식물, 토지, 암석 등)
• 산악지역 : 이탈리아, 경사지를 이용한 노단식 정원조성
• 평탄지역 : 프랑스, 평면기하학식 정원 발달

10 하하(ha-ha wall) 수법이란?

① 담장을 관목류의 생울타리로 조성하여 자연과 조화되게 구성하는 수법
② 담장의 형태나 색채를 주변 자연과 조화되게끔 만드는 수법
③ 담장의 높이를 낮게 하여 외부경관을 차경(借景) 으로 이용하는 수법
④ 담장 대신 정원대지의 경계선에 도랑을 파서 외부로부터의 침입을 막도록 한 수법

해설
하하(ha-ha wall) 수법
원래 중세 프랑스의 군사용 호(濠)로 정원에 물리적 경계 없이 전원을 바라볼 수 있게 정원부지의 경계선에 깊은 도랑을 팜으로써 일면 가축을 보호하고 목장이나 삼림, 경지 등을 전원풍경 속에 끌어 들이자는 의도에서 도입(담을 은폐시키는 시설)

11 고려시대에 궁궐과 관가의 정원을 관장하던 관서명은?

① 다방(茶房)　　② 상림원(上林園)
③ 장원서(掌苑署)　　④ 내원서(內園署)

해설
④ 내원서는 고려시대에 국가가 관리하는 정원과 동산을 관장하던 관서이다.
※ 조경 관리서 변천
　궁원(고구려) - 내원서(고려) - 상림원(조선 태조) - 장원서 (조선 세조)

12 백제시대 방장선산(方丈仙山)을 상징하여 꾸며 놓은 신선 정원은?

① 임류각(臨流閣)　　② 월지(月池)
③ 궁남지(宮南池)　　④ 임해전지(臨海殿址)

해설
궁남지(무왕 35년, AD 634년)
우리나라 최초로 신선사상을 배경으로 하는 지원으로 현재는 부여읍 남쪽에 복원되어 있다. 궁 남쪽에 연못을 파고 방장선도를 축조하고, 방장지(方狀池)의 물가에 버드나무를 식재하였다. 연못 한가운데에 방장선산을 상징하는 섬이 자리잡고 있다.

13 일본의 비조(아스카, AD 503~709)시대에 백제 사람 노자공이 이룩한 조경에 관한 설명으로 틀린 것은?

① 일본서기의 추고 천왕 20년조의 기록에서 볼 수 있다.
② 남쪽 뜰에 봉래섬과 수루를 만들었다.
③ 수미산은 중국의 불교적 세계관을 배경으로 하고 있다.
④ 지기마려(芝耆磨呂)는 노자공의 다른 이름이다.

해설
② 6세기 초엽에 백제의 유민 노자공이 궁궐뜰에 수미산과 홍교를 만들어 놓았다.

14 백제 정림사지(址)에 관한 설명 중 가장 관계가 먼 것은?

① 1탑1금당식
② 5층 석탑 배치
③ 원내 방지의 도입
④ 구릉지 남사면에 위치

해설
부여 정림사
• 백제시대의 전형적인 1탑1금당식 가람 배치로 남북 직선상에 중문, 탑, 금당, 강당을 배치하고 주위를 회랑으로 둘러친 형태이다.
• 가람 중심부를 둘러싼 회랑의 형태가 북쪽에서 간격이 넓어진 사다리꼴이라는 점, 그리고 중문 남쪽에 2개의 사각형 연못과 남문터가 있는 점 등이 배치의 특징이다.

15 중국 조경사에 있어서 유럽식 정원이 축조되었던 곳은 어느 곳인가?

① 이화원
② 사자림
③ 유원
④ 원명원

해설

원명원

중국 청조(淸朝)의 건융(乾隆) 12년(1747년)에 대분천(大噴泉)을 중심으로 한 프랑스식 정원을 꾸밈으로써 동양에서는 최초의 서양식 정원으로 알려졌다.

16 중국 정원의 조형적 특성에 대한 설명으로 옳지 않은 것은?

① 주택 건물 사이에 중정을 조성했다.
② 사실주의에 의한 풍경식이 나타나고 있다.
③ 주거용으로 쓰이는 건물의 뒤나 좌우 공지에 축조했다.
④ 자연경관을 주구성용으로 삼고 있기는 하나 경관의 조화보다는 대비에 중점을 두었다.

해설

② 사실주의보다는 상징주의적 축조가 주를 이루는 사의주의(事意主義)적 표현이다.

중국 정원의 특징

• 처음에는 못을 파서 섬을 쌓아 선산으로 꾸몄다가 산수화의 영향을 받아 정원을 조성하였다.
• 축산 기법의 발달로 더욱 압축된 산수 경관을 조성하였다.
• 중국 정원은 풍경식이면서도 대비에 중점을 두고 있는 것이 특색이다.
• 하나의 정원 속에 부분적으로 여러 비율을 혼합하여 사용하였다.
• 기하학적 무늬의 전돌바닥 포장과 기괴한 모양의 괴석 사용으로 바닥면과 대조를 이루었다.
• 자연의 미와 인공의 미를 같이 사용하였다.
• 사실주의보다는 상징주의적 축조가 주를 이루는 사의주의(事意主義)적 표현이다.
• 북부지방은 신선사상이, 남부지방은 노장사상이 정원의 주 배경을 이루고 있었다.
• 조경재료에 있어서는 북부지방은 화훼 본위이고, 남부지방은 암석 본위인 정원이 일반적이었다.

17 이집트의 사상은 자연숭배사상과 내세관의 깊은 영향이 반영되어 건축물이 표출되었다. 선(善)의 혼(Ka)을 통해 태양신(Ra)에 접근하려는 기하학적 형태로 인간의 동경과 열망을 대지에 세운 거대한 상징물은?

① 마스터바(mastaba)
② 피라미드(pyramid)
③ 스핑크스(sphinx)
④ 오벨리스크(obelisk)

해설

나일강의 정기적인 범람이 풍요로움을 안겨주면서 내세 관념이 발달하여 피라미드 같은 거대한 분묘건축을 탄생시켰다.

18 다음의 주택정원 중 정원 내 연못 수(水)경관이 없는 곳은?

① 구례 운조루
② 괴산 김기응 가옥
③ 강릉 선교장
④ 달성 박황 가옥

해설

괴산 김기응 가옥

• 조선 후기의 양반 가옥으로서 그 건물양식은 병렬식 평면형이다.
• 바깥채의 중앙에 솟을대문을 두고 좌우로 ㄱ자의 건물에 마굿간, 곳간, 머슴방과 부엌 등을 배치하여 외곽을 구성하였으며, 그 안에 외정(外庭)을 두어 공간을 만들고, 내장(內墻)을 쌓아 안채와 사랑채를 구획하고 사랑채에는 ㄱ자의 건물에 광과 변소 등을 배치하였다.
• 사랑채는 대청마루를 가운데 두고 양쪽에 방을 배치하는 남부형의 가옥구조에 사랑방에 침방(寢房)을 붙인 변형 건물이다.
• 이 고가는 안채와 사랑채는 본래의 건물이지만 중간채는 화재로 뒤에 중건한 것이며, 바깥채도 안채에 비하여 시대적 차이가 있다.

19 데이르 엘 바하리(Deir-el Bahari)의 신원에서 나타나는 특징이 아닌 것은?

① punt보랑의 부조
② 인공과 자연의 조화
③ 직교축에 의한 공간구성
④ 주랑 건축 전면에 파진 식재용 돌구명

해설

데이르 엘 바하리(Deir-el-Bahari)의 신전
• 핫셉수트(Hatshepsut) 여왕이 태양신인 암몬을 모신 신전이다.
• 센무트(Senmut)의 설계로 만들어진 것으로 현존하는 최고의 조경유적이다.
• 병풍처럼 둘러싸인 자연의 암벽과 긴 수평적 건물과 수직의 열주가 조화를 이루는 건물이다.
• 3개의 노단(terrace)으로 구성되었으며, 노단의 경계벽을 열주랑으로 장식, 노단과 노단을 경사로(ramp)로 연결하였다.
• punt 보랑의 부조
• 식재구덩이 : 암석으로 된 지반에 식재를 위한 구덩이
• 관수를 위한 관수망

20 다음 중 고대 로마의 지스터스(xystus)에 관한 설명으로 옳지 않은 것은?

① 유보(遊步)하는 자리라는 의미를 나타낸다.
② 주택 부지의 끝부분에 높은 담장과 건물에 둘러싸인 공간이다.
③ 내방객과의 상담이나 업무를 위한 기능 공간이다.
④ 세탁물 건조장 또는 채원(菜園)으로도 활용된다.

해설

고대 로마시대의 주택정원
• 아트리움(atrium) : 제1중정, 손님 접대나 사무를 위한 공적 공간
• 페리스틸리움(peristyrium) : 제2중정, 가족용 사적 공간
• 지스터스(xystus) : 후원, 군식 또는 5점형으로 식재

제2과목 조경계획

21 기본계획의 설명으로 옳은 것은?

① 토지이용계획 : 현재의 토지이용에 따라 계획을 수립한다.
② 교통·동선계획 : 주이용 시기에 발생되는 통행량을 반영한다.
③ 시설물배치계획 : 재료나 구조를 구체적으로 명시한다.
④ 식재계획 : 보식계획은 실시설계 단계에서 반영한다.

해설

기본계획은 프로젝트의 개략적인 골격, 토지이용과 동선체계, 각종 시설 및 녹지의 위치 등을 정하는 조경계획의 과정이다.

22 도심공원 이용객의 이용행태 조사를 위한 질문의 순서결정 시 고려해야 할 사항이 아닌 것은?

① 질문 항목 간의 관계를 고려하여야 한다.
② 첫 번째 질문은 흥미를 유발할 수 있게 인적 사항 질문으로 배치하여야 한다.
③ 응답자가 심각하게 고려하여 응답해야 하는 질문은 위치선정에 주의하여야 한다.
④ 조사 주제와 관련된 기본적인 질문들을 우선적으로 배치하여야 한다.

해설

② 원활한 설문작성을 위해 일반적인 것을 먼저 묻고 그 다음에 특수한 것을 질문하도록 한다.

23 도시·군계획시설의 결정·구조 및 설치기준에 관한 규칙에 의한 광장의 분류에 포함되지 않는 것은?

① 역전광장　　　② 중심대광장
③ 경관광장　　　④ 옥상광장

해설

광장(도시·군계획시설의 결정·구조 및 설치기준에 관한 규칙 제49조)
① '광장'이라 함은 국토의 계획 및 이용에 관한 법률 시행령의 교통광장·일반광장·경관광장·지하광장 및 건축물부설광장을 말한다.
② 교통광장은 교차점광장·역전광장 및 주요시설광장으로 구분하고, 일반광장은 중심대광장 및 근린광장으로 구분한다.

24 자연공원법에 의한 자연공원의 분류에 해당되지 않는 것은?

① 지질공원　　　② 도립공원
③ 수변공원　　　④ 군립(郡立)공원

해설

정의(자연공원법 제2조 제1호)
'자연공원'이란 국립공원·도립공원·군립공원(郡立公園) 및 지질공원을 말한다.

25 다음 중 환경영향평가 항목 중 '생활환경 분야'에 포함되지 않는 것은?

① 인구　　　　② 위락·경관
③ 위생·공중보건　④ 친환경적 자원 순환

해설

① 인구는 사회환경·경제환경 분야에 속한다.
생활환경 분야
• 친환경적 자원 순환　• 소음·진동
• 위락·경관　　　　　• 위생·공중보건
• 전파장해　　　　　• 일조장해

26 지구단위계획 수립 시 '환경관리'를 계획에 포함하는 사업은 무엇인가?

① 신시가지의 개발
② 기존시가지의 정비
③ 기존시가지의 관리
④ 기존시가지의 보존

해설

지구단위계획은 지구단위계획구역의 지정목적 및 유형에 따라 계획내용의 상세 정도에 차등을 두되, 시장·군수는 해당 구역의 지정목적의 달성에 필수적인 항목 이외의 사항에 대해서도 필요시 포함하여야 한다(지구단위계획수립지침 제3장 제1절).

구역지정 목적	계획에 포함하는 사항
기존 시가지의 정비	• 기반시설 • 교통처리 • 건축물의 용도, 건폐율·용적률·높이 등 건축물의 규모 • 공동개발 및 맞벽건축 • 건축물의 배치와 건축선 • 경관
기존 시가지의 관리	• 용도지역·용도지구 • 기반시설 • 교통처리 • 건축물의 용도, 건폐율·용적률·높이 등 건축물의 규모 • 공동개발 및 맞벽건축 • 건축물의 배치와 건축선 • 경관
기존 시가지의 보존	• 건축물의 용도, 건폐율·용적률·높이 등 건축물의 규모 • 건축물의 배치와 건축선 • 건축물의 형태와 색채 • 경관
신시가지의 개발	• 용도지역·용도지구 • 환경관리 • 기반시설 • 교통처리 • 가구 및 획지 • 건축물의 용도, 건폐율·용적률·높이 등 건축물의 규모 • 건축물의 배치와 건축선 • 건축물의 형태와 색채 • 경관
복합구역	목적별로 해당되는 계획사항을 포함하되, 나머지 사항은 지역특성에 맞게 필요한 사항을 선택

27 국토의 계획 및 이용에 관한 법률에 명시된 도시기반시설 중 교통시설에 해당하지 않는 것은?

① 공항
② 항만
③ 주차장
④ 광장

해설

정의(국토의 계획 및 이용에 관한 법률 제2조 제6호)
'기반시설'이란 다음의 시설로서 대통령령으로 정하는 시설을 말한다.
가. 도로·철도·항만·공항·주차장 등 교통시설
나. 광장·공원·녹지 등 공간시설
다. 유통업무설비, 수도·전기·가스공급설비, 방송·통신시설, 공동구 등 유통·공급시설
라. 학교·공공청사·문화시설 및 공공필요성이 인정되는 체육시설 등 공공·문화체육시설
마. 하천·유수지(遊水池)·방화설비 등 방재시설
바. 장사시설 등 보건위생시설
사. 하수도, 폐기물처리 및 재활용시설, 빗물저장 및 이용시설 등 환경기초시설

28 자연환경·농지 및 산림의 보호, 보건위생, 보안과 도시의 무질서한 확산을 방지하기 위하여 녹지의 보전이 필요한 녹지지역을 지정할 수 있게 규정한 법은?

① 자연공원법
② 환경영향평가법
③ 국토의 계획 및 이용에 관한 법률
④ 도시공원 및 녹지 등에 관한 법률

해설

목적(국토의 계획 및 이용에 관한 법률 제1조)
이 법은 국토의 이용·개발과 보전을 위한 계획의 수립 및 집행 등에 필요한 사항을 정하여 공공복리를 증진시키고 국민의 삶의 질을 향상시키는 것을 목적으로 한다.

29 공장의 조경계획 시 고려사항으로 적합하지 않은 것은?

① 운영관리적 측면을 배려한다.
② 식재계획은 필요한 곳에 국지적으로 처리한다.
③ 성장속도가 빠르며 병해충이 적으면서 관리가 쉬운 수종을 선택한다.
④ 공장의 성격과 입지적 특성에 따라 개성적인 식재계획이 이루어져야 한다.

해설

식재계획은 공장 경관을 창출하는 종합적인 방식을 도입하여 자연환경은 물론이고 주변의 지역적, 도시적 여건을 고려한 인문환경을 최대로 존중하고 운영관리적 측면을 배려한다.

30 공원 내에 휴게시설인 벤치(의자)에 대한 계획 기준으로 틀린 것은?

① 앉음판에는 물이 고이지 않도록 계획·설계한다.
② 장시간 휴식을 목적으로 한 벤치는 좌면을 높게 만든다.
③ 의자의 길이는 1인당 최소 45cm를 기준으로 하되, 팔걸이부분의 폭은 제외한다.
④ 휴지통과의 이격거리는 0.9m, 음수전과의 이격거리는 1.5m 이상의 공간을 확보한다.

해설

② 장시간 휴식을 목적으로 하는 벤치는 앉음판의 높이가 낮고 등받이를 길게 설계한다.

27 ④ 28 ③ 29 ② 30 ② 정답

31 고속도로 조경계획 시 가능노선 선정의 고려사항을 도로 이용도와 경제적 측면, 기술적 측면으로 구분할 수 있는데, 다음 중 기술적 측면의 조건에 포함되지 않는 것은?

① 직선도로를 유지하도록 노선을 선정한다.
② 운수속도(運輸速度)가 가장 빠른 노선을 선정한다.
③ 토량 이동(절·성토)이 균형을 이루는 노선을 선정한다.
④ 오르막 구배가 너무 급하게 되면 우회노선을 선정한다.

해설
가능노선 선정의 고려사항(기술적 측면)
• 가장 완만하게 구배
• 구릉지, 산악지의 오르막 구배가 너무 급함을 피하는 노선
• 되도록 직선인 노선
• 건조하기 쉽고 통풍이 잘되는 노선
• 지하수 및 그 대책이 고려된 노선
• 절·성토의 균형이 이루어진 노선
• 철도, 도로 등 다른 교통과 교차점이 적은 노선
• 되도록 곡선반경이 큰 노선
• 교량이나 하천과는 직각으로 가설될 수 있는 노선
• 경관파괴가 최소로 발생되는 노선

32 미기후(microclimate)에 대한 설명 중 틀린 것은?

① 건축물은 미기후에 영향을 미친다.
② 지형, 수륙(해안, 호안, 하안)의 분포, 식생의 유무와 종류는 미기후의 변화 요소이다.
③ 현지에서 장기간 거주한 주민과 대화를 통해서도 파악이 가능하다.
④ 미기후 요소는 대기요소와 동일하며 서리, 안개, 자외선 등의 양은 제외한다.

해설
미기후(microclimate)
• 지상에서 가까운 공기층에 국지적으로 일어나는 기후상태를 말한다.
• 지형, 지표면의 재료, 수목, 건물 등의 존재 여부 등에 영향을 받는다.
• 알베도가 낮고 전도율이 높으면 미기후가 온화하고 안정된 상태이다.
• 안개 및 서리의 발생은 지형이 낮고 배수가 불량한 지역일수록 자주 발생한다.

33 자연공원법에 관한 설명이 옳은 것은?

① 자연공원법은 20년마다 공원구역을 재조정하도록 되어 있다.
② 공원사업의 시행 및 공원시설의 관리는 별도의 예외 없이 환경청이 한다.
③ 자연공원의 지정기준은 자연생태계, 경관 등을 고려하여 환경부령으로 정한다.
④ 용도지구는 공원자연보존지구, 공원자연환경지구, 공원마을지구, 공원문화유산지구로 구분한다.

해설
① 자연공원은 다음의 어느 하나에 해당하는 경우를 제외하고는 지정을 해제하거나 그 구역을 축소할 수 없다(자연공원법 제8조).
  1. 군사목적 또는 공익을 위하여 불가피한 경우로서 대통령령으로 정하는 경우
  2. 천재지변이나 그 밖의 사유로 자연공원으로 사용할 수 없게 된 경우
  3. 공원구역의 타당성을 검토한 결과 자연공원의 지정기준에서 현저히 벗어나서 자연공원으로 존치시킬 필요가 없다고 인정되는 경우
② 공원사업의 시행 및 공원시설의 관리는 특별한 규정이 있는 경우를 제외하고는 공원관리청이 한다(자연공원법 제19조 제1항).
③ 자연공원의 지정기준은 자연생태계, 경관 등을 고려하여 대통령령으로 정한다(자연공원법 제7조).

34 도시공원 및 녹지 등에 관한 법률 시행규칙의 도시공원 유형 중 규모의 제한이 있는 것은?

① 소공원　　　　② 체육공원
③ 문화공원　　　　④ 역사공원

해설
도시공원의 설치 및 규모의 기준(시행규칙 [별표 3])

공원구분	유치거리	규모
1. 생활권 공원		
가. 소공원	제한 없음	제한 없음
2. 주제공원		
가. 역사공원	제한 없음	제한 없음
나. 문화공원	제한 없음	제한 없음
마. 체육공원	제한 없음	1만m^2 이상

35 조경학의 학문적 정의와 가장 거리가 먼 것은?

① 인공 환경의 미적 특성을 다루는 전문 분야
② 외부공간을 취급하는 계획 및 설계 전문 분야
③ 인공 환경의 구조적 특성을 다루는 전문 분야
④ 토지를 미적 · 경제적으로 조성하는 데 필요한 기술과 예술이 종합된 실천과학

해설

조경학 : 인간과 자연 나아가 인간과 환경의 관계에 초점을 맞추려는 학문
• 시대마다 인간의 요구, 사회의 필요성이 변함에 따라 성격과 정의를 달리함
• 외부공간을 취급하는 계획 및 설계전문 분야
  – 토지를 미적 · 경제적으로 조성하는 데 필요한 기술과 예술이 종합된 실천과학
  – 인공 환경을 미적으로 그 특성을 다루는 전문 분야
  – 환경을 이해하고 보호하는데 관련된 전문 분야

37 생태학자인 오덤(Odum)이 제안한 개념 중 개체 혹은 개체군의 생존이나 성장을 멈추도록 하는 요인으로, 인내의 한계를 넘거나 이 한계에 가까운 모든 조건을 지칭하는 용어는?

① 엔트로피(entropy)
② 제한인자(limiting factor)
③ 시각적 투과성(visual transparency)
④ 생태적 결정론(ecological determinism)

해설

제한인자 : 요구조건을 가장 충족시키지 못하고 있는 인자

38 조경계획의 한 과정인 '기본구상'의 설명이 옳지 않은 것은?

① 추상적이며 계량적인 자료가 공간적 형태로 전이되는 중간 과정이다.
② 서술적 또는 다이어그램으로 표현하는 것은 의뢰인의 이해를 돕는데 바람직하지 못하다.
③ 자료의 종합분석을 기초로 하고 프로그램에서 제시된 계획방향에 의거하여 계획안의 개념을 정립하는 과정이다.
④ 자료 분석과정에서 제기된 프로젝트의 주요 문제점을 명확히 부각시키고 이에 대한 해결방안을 제시하는 과정이다.

해설

다이어그램은 설계자의 의도를 개략적인 형태로 나타낸 일종의 시각 언어로서 도면을 단순화시켜 상징적으로 표현한 그림을 의미한다. 주요 문제점 및 해결 방안에 관한 개념을 다이어그램으로 표현하면 좋다.

36 도시 스카이라인 고려 요소가 아닌 것은?

① 하천의 형태 고려
② 구릉지 높이의 고려
③ 조망점과의 관계 고려
④ 고층건물의 클러스터(집합형태) 고려

해설

스카이라인(skyline) : 하늘과 맞닿은 것처럼 보이는 산이나 건물 따위의 윤곽선으로 하천의 형태는 직접적인 영향을 미치지 않는다.

39 생태적 조경계획에 관한 설명이 옳지 않은 것은?

① Ian McHarg에 의해 주장되었다.
② 생태적 결정론이 하나의 이론적 기초가 된다.
③ 생태적 조경계획은 생태전문가에 의해 수행되어야 한다.
④ 어떤 지역의 자연적·사회적 잠재력이 조경계획을 위해 어떤 기회성과 제한성이 있는가를 판정해야 한다.

[해설]
Ian McHarg는 생태계획을 이론, 목적, 방법론의 차원에서 검토하였다. 그 결과로 '환경적합성 이론에 근거한 환경 결정론적 계획', '교외 확산 방지 및 합리적 개발을 유도하는 계획', '전문가들과의 협업을 통한 통섭 지향적 계획'이라는 생태계획의 세 가지 특성을 도출하였다.

40 다음 설명의 (   )에 적합한 수치는?

> 환경부장관 또는 승인기관의 장은 관련 조항에 따라 원상복구할 것을 명령하여야 하는 경우에 해당하나, 그 원상복구가 주민의 생활, 국민경제, 그 밖에 공익에 현저한 지장을 초래하여 현실적으로 불가능할 경우에는 원상복구를 갈음하여 총공사비의 (   )% 이하의 범위에서 과징금을 부과할 수 있다.

① 3   ② 5
③ 8   ④ 15

[해설]
과징금(환경영향평가법 제40조의2 제1항)

제3과목 조경설계

41 기본설계(preliminary design)에 대한 설명으로 옳지 않은 것은?

① 실시설계의 이전단계이다.
② 소규모 프로젝트에서는 생략될 수 있다.
③ 프로젝트의 토지이용과 동선체계를 정하는 단계이다.
④ 설계개요서와 공사비 계산서 등의 서류를 만든다.

[해설]
③는 기본계획에 속한다.
기본설계(preliminary design)
주로 공사의 시공에 앞서서 시설의 배치계획, 사업계획 및 기본방침, 대략의 공정, 시공법, 공사비 등 기본적인 내용을 작성하는 것이며, 기초설계를 토대로 공사시행 시 발생할 수 있는 문제점을 검토하고 타 공사와의 연관성, 예산확보 등을 검토하고 확인하기 위한 설계이다.

42 옥상조경에 대한 설명으로 틀린 것은?

① 건조에 강한 나무를 선택하는 것이 좋다.
② 식물을 식재할 면적은 전체 옥상면적의 1/2 정도가 적합하다.
③ 지반의 구조체에 따른 하중의 위치와 구조 골격의 관계를 검토한다.
④ 사용 조합토는 부엽토와 양토 및 모래를 섞고 약간의 유기질 비료를 넣어도 좋다.

[해설]
옥상조경 면적의 산정(조경기준 제12조)
옥상조경의 면적은 다음의 기준에 따라 산정한다.
1. 지표면에서 2m 이상의 건축물이나 구조물의 옥상에 식재 및 조경시설을 설치한 부분의 면적. 다만, 초화류와 지피식물로만 식재된 면적은 그 식재면적의 2분의 1에 해당하는 면적
2. 지표면에서 2m 이상의 건축물이나 구조물의 벽면을 식물로 피복한 경우 피복면적의 2분의 1에 해당하는 면적. 다만, 피복면적을 산정하기 곤란한 경우에는 근원경 4cm 이상의 수목에 대해서만 식재수목 1주당 0.1㎡로 산정하되, 벽면녹화면적은 식재의무면적의 100분의 10을 초과하여 산정하지 않는다.
3. 건축물이나 구조물의 옥상에 교목이 식재된 경우에는 식재된 교목 수량의 1.5배를 식재한 것으로 산정한다.

43 조경설계기준의 각종 관리시설 설계 시 고려해야 할 사항으로 가장 거리가 먼 것은?

① 단주(볼라드)의 배치간격은 1.5m 정도로 설계한다.
② 자전거보관시설은 비·햇볕·대기오염으로부터 자전거를 보호할 수 있도록 지붕과 같은 시설을 갖추어야 한다.
③ 공중화장실은 장애인의 진입이 가능하도록 경사로를 설치하며, 경사로 폭은 휠체어의 통행이 가능한 120cm 이상으로 한다.
④ 플랜터(식수대)는 배식하는 수목의 규격에 대응하는 생존 최소 토심을 확보한다.

④ 식수대는 배식하는 수목의 규격에 대응하는 최소생육토심을 확보한다.

44 벤치의 배치계획 시 sociopetal 형태로 했다면 인간의 심리적 요소 중 어느 욕구에 해당하는가?

① 사회적 접촉에 대한 욕구
② 안정에 대한 욕구
③ 프라이버시에 대한 욕구
④ 장식에 대한 욕구

벤치의 배치계획 시 sociopetal(집사회적공간) 형태로 했다면 사회적 담화와 접촉이 가능한 거리로 배치하는 것으로 인간의 사회적 접촉에 대한 욕구에 해당된다.

45 대당 주차면적이 가장 적게 소요되는 주차 형식은?(단, 형식별 주차 대수는 모두 동일함)

① 30°주차
② 45°주차
③ 60°주차
④ 90°주차

주차면적 : 90° 주차(27.2m²/대) < 60° 주차(29.8m²/대) < 45° 주차(32.2m²/대)

46 조경설계기준상의 디딤돌(징검돌) 놓기 설계 시 옳지 않은 것은?

① 보행에 적합하도록 지면과 수평으로 배치한다.
② 디딤돌 및 징검돌의 장축은 진행방향에 평행이 되도록 배치한다.
③ 디딤돌은 2연석, 3연석, 2·3연석, 3·4연석 놓기를 기본으로 설계한다.
④ 정원을 제외한 배치 간격은 어린이와 어른의 보폭을 고려하여 결정하되, 일반적으로 40~70cm로 하며 돌과 돌 사이의 간격이 8~10cm 정도가 되도록 배치한다.

② 디딤돌 및 징검돌의 장축은 진행방향에 직각이 되도록 배치한다.

47 다음 먼셀 색상기호 중 채도가 가장 높은 색은?

① 5BG
② 5R
③ 5B
④ 5P

채도 높은 순서
노랑(Y)과 빨강(R)이 같고 파랑(B)이 낮다.

48 다음 설명에 적합한 형식미의 원리는?

- 자연경관에서 일정한 간격을 두고 변화되는 형태, 색채, 선, 소리 등
- 다른 조화에 비하면 이해하기 어렵고 질서를 잡기도 간단하지 않으나 생명감과 존재감이 가장 강하게 나타남

① 비례미(proportion)
② 통일미(unity)
③ 운율미(rhythm)
④ 변화미(variety)

해설

운율미(rhythm, 리듬감)
공간·경관에서 선, 색채, 소리 등이 일정한 간격을 두고 반복·변화하며 만들어내는 율동적인 감각을 의미한다.

49 어린이공원은 어린이라는 특정 연령층을 대상으로 조성되는 목적 공원이다. 설계 시 고려사항으로 거리가 먼 것은?

① 의자, 평상, 퍼걸러 등 휴식시설은 가급적 한 곳으로 모은다.
② 부모, 노인 등 보호자 및 청소년을 위한 공간도 고려해야 한다.
③ 미끄럼대는 가급적 북향으로 하며, 그네는 태양과 맞보지 않도록 한다.
④ 지형은 단순화시키고 안전을 위하여 주변과 격리되도록 구성한다.

해설

지형을 고려한 놀이공간배치로 자연발생적인 놀이를 유발시키도록 한다.

50 아파트 외곽 담장은 Altman이 구분한 인간의 영역 중에 어느 영역을 구분하고 있는가?

① 1차 영역과 2차 영역
② 2차 영역과 공적 영역
③ 1차 영역과 공적 영역
④ 해당되는 영역이 없다.

해설

Altman의 사회적 단위 측면의 영역성 분류
- 1차적 영역 : 일상생활의 중심이 되는 반영구적으로 점유되는 공간(가정, 사무실)
- 2차적 영역 : 특정 사회집단이 특정기간 동안 공동으로 점유할 수 있는 공간(교실이나 기숙사 식당, 교회 등)
- 공적 영역 : 모든 사람의 접근이 허용(광장, 해변)

51 경관을 사진, 슬라이드 등의 방법을 통하여 평가자에게 보여주고 양극으로 표현되는 형용사 목록을 제시하여 경관을 측정하는 방법은?

① 순위조사(rank-ordering)
② 리커트 척도(likert scale)
③ 쌍체 비교법(paired comparison)
④ 어의구별척(semantic differential scale)

해설

어의구별척도(Semantic Differential Scale, Os-good et al, 1957)
- 환경, 인간, 장소 또는 상황 등에 관한 의미의 질 및 강도를 조사하는데 사용된다.
- 경관을 사진, 슬라이드 등의 방법으로 평가자에게 보여 주고 양극으로 표현되는 형용사 목록을 제시하여 평가하게 한다. 형용사의 목록은 양극 사이를 7단계로 나누어 구성한다.

52 연극무대에서 주인공을 향해 녹색과 빨간색 조명을 각각 다른 방향으로 비추었다. 주인공에게는 어떤 색의 조명으로 비추어지는가?

① cyan
② gray
③ magenta
④ yellow

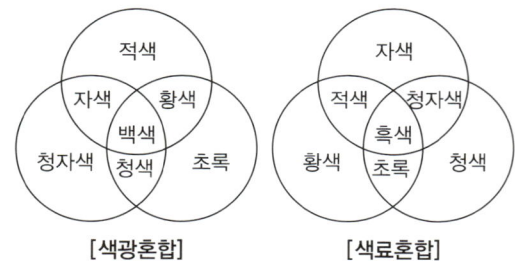
53 그림과 같이 도형의 한쪽이 튀어나와 보여서 입체로 지각되는 착시 현상은?

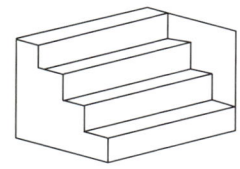

① 대비의 착시
② 반전 실체의 착시
③ 착시의 분할
④ 방향의 착시

54 조경설계기준상 생태못 및 인공습지 설계와 관련된 설명으로 옳지 않은 것은?

① 일반적으로 종다양성을 높이기 위해 관목숲, 다공질 공간과 같은 다른 소생물권과 연계되도록 한다.
② 야생동물 서식처 목적을 위해 최소 폭은 5m 이상 확보하고 주변 식재를 위해 공간을 확보한다.
③ 수질정화 목적의 못은 수질정화 시설의 유출부에 설치하여 2차 처리된 방류수(방류수 10ppm)를 수원으로 한다.
④ 수질정화 목적의 못 안에 붕어와 같은 물고기를 도입하고, 부레옥잠, 달개비, 미나리와 같은 수질 정화 기능이 있는 식물을 배식한다.

55 우리나라의 제도통칙에서는 투상도의 배치는 몇 각법으로 작도함을 원칙으로 하고 있는가?

① 제1각법
② 제2각법
③ 제3각법
④ 제4각법

56 다음 설명의 ( ) 안에 적합한 값은?

> 경사가 ( )%를 초과하는 경우는 보행에 어려움이 발생되지 않도록 옥외계단을 설치한다.

① 12
② 14
③ 16
④ 18

경사가 18%를 초과하는 경우는 보행에 어려움이 발생되지 않도록 옥외계단을 설치한다.

57 조경제도에서 치수기입에 대한 설명으로 옳은 것은?

① 치수의 단위는 cm를 원칙으로 한다.
② 치수보조선은 치수선과 직교하는 것이 원칙이다.
③ 치수선은 주로 조감도, 시설물상세도, 투시도 등 다양한 도면에 사용된다.
④ 일반적인 방법으로 수치 치수를 기입하기에는 치수선이 너무 짧을 경우 수치를 세로로 기입할 수 있다.

① 치수의 단위는 mm를 원칙으로 한다.
③ 치수선은 주로 평면도, 단면도, 입면도 등에서 사용한다.
④ 일반적인 방법으로 수치 치수를 기입하기에는 치수선이 너무 짧을 경우 치수 수치는 치수선에 접하는 인출선의 끝에 기입할 수 있다.

58 다음 그림과 같은 도형에서 화살표 방향에서 본 투상을 정면으로 할 경우 우측면도로 올바른 것은?

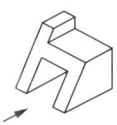

①
②
③
④

59 표제란에 대한 설명으로 옳은 것은?

① 도면명은 표제란에 기입하지 않는다.
② 도면 제작에 필요한 지침을 기록한다.
③ 범례는 표제란 안에 반드시 기입해야 한다.
④ 도면번호, 작성자명, 작성일자 등에 관한 사항을 기입한다.

④ 표제란에는 공사명, 도면명, 범례, 축척, 설계자명, 도면번호, 설계 일시 등의 사항을 기록한다.

60 한 도면에서 2종류 이상의 선이 같은 장소에 겹치게 될 때 우선순위(큰 것 → ⋯ → 작은 것)로 옳은 것은?

> A. 숨은선   B. 중심선
> C. 외형선   D. 절단선

① C → A → D → B
② C → A → B → D
③ D → A → C → B
④ A → B → C → D

같은 도면에서 2종류 이상의 선이 중복되었을 경우 우선순위
외형선 > 숨은선 > 절단선 > 중심선 > 치수 보조선

61 수목의 전정에 관한 설명이 옳은 것은?

① 전체적인 수형의 균형에 중점을 두어 수시로 잘라준다.

② 개화습성을 감안한 화아분화가 형성되는데 차질이 없도록 한다.

③ 철쭉류는 1년 내내 언제든지 가능하다.

④ 내한성이 없는 수목이라도 강전정을 하여 신초가 도장하도록 유도하는 것이 좋다.

해설

① 전정은 수종별로 동기전정과 하기전정으로 크게 나눌 수 있는데 때로는 춘기전정, 하기전정, 추기전정, 동기전정으로 나누기도 한다.

③ 철쭉나 목련류 등의 화목류는 낙화 직후에 춘계 전정한다.

④ 상록 활엽수 등 내한성이 없는 수목(대체로 추위에 약한 수목)은 강전정을 하지 않는다.

62 다음 설명과 가장 관련이 깊은 용어는?

수분퍼텐셜 −0.033MPa과 −1.5MPa 사이의 수분을 말한다. 이 수분량은 모래, 미사 및 점토가 적절하게 혼합된 양토, 미사질 양토, 식양토 등에서 많다.

① 흡습수

② 유효수분

③ 중력수

④ 포장용수량

해설

모관수(pF 2.7~4.2, −1.5~−0.033MPa)

토양의 작은 공극 사이에 있는 수분, 식물이 이용할 수 있는 유효수분

63 식재기능별 수종의 요구 특성에 대한 설명이 옳지 않은 것은?

① 방화식재는 잎이 두껍고, 함수량이 많은 수종이어야 한다.

② 지표식재는 수형이 단정하고 아름다운 수종이어야 한다.

③ 방풍·방설식재는 지하고가 높은 천근성 교목이어야 한다.

④ 유도식재는 수관이 커서 캐노피를 이루거나 원추형이어야 한다.

해설

방풍·방설식재

• 지엽이 치밀하고 가지나 줄기가 견고한 수종

• 지하고가 낮은 심근성

• 아래가지가 말라죽지 않는 상록수

64 산울타리에 적합한 수종으로 가장 거리가 먼 것은?

① 꽝꽝나무(*Ilex crenata*)

② 돈나무(*Pittosporum tobira*)

③ 탱자나무(*Poncirus trifoliata*)

④ 졸참나무(*Quercus serrata*)

해설

졸참나무(*Quercus serrata*)

쌍떡잎식물 참나무목 참나무과의 낙엽교목으로 굴밤나무라고도 한다. 산지에서 자라며, 분포지역은 한국·일본·중국이다. 높이 23m, 지름 1m에 달하며 어린 가지에 긴 털이 밀생한다. 나무는 생장이 빠르고 좋은 용재이며 나무껍질은 염료로 이용한다.

65 척박한 토양에 잘 견디는 수종으로만 이루어진 것은?

① 오동나무(*Paulownia tomentosa*),
　서어나무(*Carpinus laxiflora*)
② 단풍나무(*Acer palmatum*),
　자작나무(*Betula platyphylla* var. *japonica*)
③ 자귀나무(*Albizia julibrissin*),
　향나무(*Juniperus chinensis*)
④ 은행나무(*Ginkgo biloba*),
　왕벚나무(*Prunus yedoensis*)

해설
척박지에 견디는 수종 : 소나무, 오리나무, 버드나무, 자작나무, 물오리나무, 등나무, 아카시아, 자귀나무, 보리수나무, 다릅나무, 상수리나무, 향나무 등

66 다음 중 6～7월에 피고, 꽃이 백색으로 피었다가 황색으로 변하는 수종은?

① 나무수국(*Hydrangea paniculata*)
② 등(*Wisteria floribunda*)
③ 미선나무(*Abeliophyllum distichum*)
④ 인동덩굴(*Lonicera japonica*)

해설
인동덩굴의 꽃은 5～6월에 피고, 양성화이며 개화 시 백색이나 황색으로 변한 다음 시든다.

67 화살나무(*Euonymus alatus* Siebold)에 대한 특징의 설명으로 틀린 것은?

① 노박덩굴과(科)이다.
② 생장속도가 느리며, 병해충에 약하다.
③ 어린가지에 2～4줄의 코르크질 날개가 있다.
④ 보통 3개의 꽃이 달리며, 5월에 피고 지름 10mm로서 황록색이다.

해설
생장속도는 느리고, 울타리 또는 경계수로 적합하며 가을 단풍이 아름답고 잎은 나물로 활용하며 병해충에 매우 강하다.

68 관목(Shrub, 작은 키 나무)의 분류로 가장 거리가 먼 것은?

① 병아리꽃나무(*Rhodotypos scandens*)
② 금송(*Sciadopitys verticillata*)
③ 황매화(*Kerria japonica*)
④ 눈측백(*Thuja koraiensis*)

해설
금송(*Sciadopitys verticillata*)
상록교목으로 높이가 15m에 달하고 가지는 수평으로 퍼지며 일년생 가지에 인편같은 잎이 드문드문 붙어 있다.

69 식재기능을 공간조절, 경관조절, 환경조절 기능으로 나눌 경우 공간조절 식재 기능은?

① 지표식재　　　　　② 녹음식재
③ 유도식재　　　　　④ 방풍식재

해설
식재 기능별 구분
• 공간조절 : 경계식재, 유도식재
• 경관조절 : 지표식재, 경관식재, 차폐식저
• 환경조절 : 녹음식재, 방풍·방설식재, 방음식재, 방화식재, 지피식재, 임해매립지 식재, 침식지, 사면식재

70 다음 식물의 특성 설명이 옳지 않은 것은?

① 모란은 목본식물이고 작약은 초본식물이다.
② 붓꽃과(科)의 식물에는 창포와 꽃창포가 있다.
③ 얼레지, 처녀치마는 우리나라 전국 각지에 자생하는 숙근성 여러해살이풀이다.
④ 부들은 연못가와 습지에서 자라는 다년초로서 근경은 옆으로 뻗고 수염뿌리가 있다.

해설
② 창포는 천남성과(科), 꽃창포는 붓꽃과(科)이다.

71 일반적인 음수(陰樹)의 설명으로 옳지 않은 것은?

① 음수는 양수보다 광보상점이 낮다.
② 일반적으로 음수는 양수에 비해 어릴 때의 생장이 왕성하다.
③ 음수가 생장할 수 있는 광량은 전수광량의 50% 내외이다.
④ 양수와 음수의 구분은 그늘에서 견딜 수 있는 내음성의 정도로 구분한다.

[해설]
유묘 시에 생장이 늦어지는 것은 음수이고, 이와 반대의 것은 양수이다.
음수와 양수
• 음수 : 전 광선량의 50% 내외로 약한 광선에서도 비교적 좋은 생육을 한다.
• 양수 : 전 광선량의 70% 내외로 충분한 광선 밑에서 좋은 생육을 하며, 건조하고 기온이 낮은 곳에서는 대개 양성을 띤다.

72 다음 중 속명(屬名)이 Abies가 아닌 것은?

① 구상나무   ② 분비나무
③ 종비나무   ④ 전나무

[해설]
③ 종비나무 : *Picea koraiensis* Nakai
① 구상나무 : *Abies koreana* Wilson
② 분비나무 : *Abies nephrolepis* (Trautv.) Maxim.
④ 전나무 : *Abies holophylla* Maxim.

73 다음 설명과 같은 활용성이 높은 번식방법은?

> 특이하게 붉은색 열매가 많이 달리는 먼나무(*Ilex rotunda*)를 생산·재배하여, 조기에 붉은색 열매를 관상하려고 한다.

① 파종   ② 접목
③ 분주   ④ 삽목

[해설]
먼나무 번식방법
3~5월에 걸쳐 채취한 종자의 과육을 제거한 뒤 직파하거나 7~9월에 삽수를 채취하여 분무시설이 있는 비닐 온실 내에서 꺾꽂이한다. 전체 실생묘에 안나무 접목을 하거나 암그루만 녹지삽하여 번식한다.

74 다음에 설명하는 수종은?

> • 상록활엽교목이다.
> • 수형은 원추형이다.
> • 뿌리는 심근성이다.
> • 꽃은 백색으로 방향성, 지름 15~20cm, 화피편은 9~12개, 두꺼운 육질로 5~6월에 개화한다.

① 서어나무(*Carpinus laxiflora*)
② 버즘나무(*Platanus orientalis*)
③ 버드나무(*Salix koreensis*)
④ 태산목(*Magnolia grandiflora*)

[해설]
태산목(*Magnolia grandiflora*)
높이 약 20~30m이다. 가지와 겨울눈에 털이 난다. 잎은 어긋나고 긴 타원형이거나 긴 달걀을 거꾸로 세워놓은 모양이고 길이 10~20cm, 너비 5~10cm이다. 꽃은 5~6월에 흰색으로 피는데, 지름 15~20cm이고 가지 끝에 위를 향하여 1개씩 달린다. 열매는 골돌과로서 9월에 익는데, 타원형이고 짧은 털이 나며 붉은 종자가 2개씩 나와서 붉은 실로 매달린다.

75 Allee 성장형으로 본 식물종의 성장률 설명으로 옳은 것은?

① 중간밀도에서 다른 경우보다 더 크다.
② 낮은 밀도에서 다른 경우보다 더 크다.
③ 높은 밀도에서 다른 경우보다 더 크다.
④ 항상 동등하게 성장한다.

해설

Allee 효과
개체군의 밀도가 중간일 때 성장률이 가장 크다는 이론으로 중간밀도에서 개체들은 상호작용을 통해 자원을 효율적으로 사용하고 경쟁과 협력의 균형을 이루어 생장이 촉진된다.

76 고속도로 식재의 기능과 종류의 연결이 옳지 않은 것은?

① 휴식 – 녹음식재
② 주행 – 시선유도식재
③ 방재 – 임연보호식재
④ 사고방지 – 완충식재

해설

고속도로 식재의 기능과 종류

기능	식재의 종류
주행기능	시선유도식재, 지표식재
사고방지기능	차광식재, 명암순응식재, 진입방지식재, 완충식재
방재기능	비탈면식재, 방풍식재, 방설식재, 비사방지식재
휴식기능	녹음식재, 지피식재
경관기능	차폐식재, 수경식재, 조화식재
환경보존기능	방음식재, 임연보호식재

77 양버들(*Populus nigra* var. *Italica Koehne*)에 관한 설명으로 틀린 것은?

① 버드나무과(科) 수종이다.
② 수형은 원주형으로 빗자루처럼 좁은 형태이다.
③ 성상은 낙엽활엽교목이고 뿌리는 천근성이다.
④ 우리나라 자생수종으로 가을에 붉은 단풍이 아름답다.

해설

양버들(*Populus nigra* var. *Italica Koehne*)
유럽과 북부 아프리카 그리고 서남 및 중앙아시아가 원산지인 *Populus nigra*(중국명 : 흑양)의 돌연변이인데 이것이 17세기 말에 처음 발견된 것이 이탈리아 북부 롬바디(Lombady)지역이므로 서양에서 일반적으로 롬바디포플러 또는 이탈리안포플러라고 불리는 수종이다.

78 조경식물의 일반적인 선정 기준으로 가장 거리가 먼 것은?

① 미적(美的) · 실용적 가치가 있는 식물
② 식재지역 환경에 적응성이 큰 식물
③ 야생동물의 먹이가 풍부한 식물
④ 시장이나 묘포(苗圃)에서 입수하기 용이한 식물

해설

조경용 수목의 구비조건
• 가치와 형태미가 뛰어나 관상가치가 높은 것
• 불리한 환경이나 병충해에 대한 저항력과 적응성이 강한 것
• 이식이 용이하여 이식 후 활착이 잘되는 것
• 번식재배가 잘되고 관리가 용이
• 구입 용이

79 토양의 물리적 성질로 옳지 않은 것은?

① 배수 불량지는 양질의 토양으로 객토해야 한다.
② 수목 생육에는 일반적으로 양토나 사양토가 적합하다.
③ 입단(粒團, aggregated)구조의 토양은 딱딱하고 통기성이 불량하여 수목생육에 좋지 않게 된다.
④ 토양입자의 거침에 따라 사토, 사양토, 양토, 식토로 구분되며, 후자로 갈수록 점토의 함량이 많아진다.

해설
입단구조
토양 입자가 모여 입단으로 형성된 토양의 물리적 구조로 이 구조는 홑알 구조보다 생산성이 높으며, 떼알 구조라고도 한다.

80 우리나라 수생식물은 정수, 부엽, 침수, 부유의 4가지 유형으로 구분된다. 다음 중 부유식물에 해당되는 것은?

① 창포
② 수련
③ 나사말
④ 생이가래

해설
수생식물의 분류
• 침수식물 : 나사말, 검정말, 붕어마름, 물수세미, 물질경이 등
• 부엽식물 : 마름, 수련, 연꽃, 자라풀 등
• 부유식물 : 생이가래, 개구리밥, 부레옥잠 등
• 정수식물 : 갈대, 줄, 부들, 창포, 꽃창포, 물옥잠, 벗풀 등

제5과목 | 조경시공구조학

81 공사현장 관리조직을 구성하는 가장 부적합한 것은?

① 직책과 권한의 위임을 분명히 한다.
② 공사착수 후에 현장관리 조직을 편성한다.
③ 각 부분의 관계를 고려하여 규칙을 마련한다.
④ 일의 성격을 명확히 해서 분류, 통합한다.

해설
② 공사착수 전에 현장관리 조직을 편성한다.

82 콘크리트의 표준배합 설계요소에 포함되지 않는 것은?

① 슬럼프값 결정
② 물−시멘트비 결정
③ 단위수량의 결정
④ 굵은 골재의 최소치수 결정

해설
④ 굵은 골재의 최대치수 결정

83 다음 중 수해에 접하는 구조물에 가장 적합한 시멘트는?

① 고로 시멘트
② 보통 포틀랜드 시멘트
③ 조강 포틀랜드 시멘트
④ 중용열 포틀랜드 시멘트

해설
① 고로 시멘트 : 보통 포틀랜드 시멘트에 비하여 분말도가 높고 응결 및 강도 발생이 약간 느리지만 화학적 저항성이 크고 발열량이 적으므로 해수, 기름의 작용을 받은 구조물이나 공장폐수, 오수로의 구축 등에 쓰인다.
② 보통 포틀랜드 시멘트 : 주성분은 SiO_2, Al_2O_3, CaO로 구성되며 건축구조물, 콘크리트 제품 등 여러 방면에 이용된다.
③ 조강 포틀랜드 시멘트 : 보통 포틀랜드 시멘트 원료와 거의 같으나 급경성을 갖게 한 고급 시멘트로서 단기에 높은 강도를 내고, 수밀성이 좋으며 저온에서도 강도발현이 좋으므로 겨울철, 수중, 해중공사 등에 적합하다.
④ 중용열 포틀랜드 시멘트 : 보통 포틀랜드 시멘트와 조강 포틀랜드 시멘트의 중간성질을 가진 시멘트로 댐, 터널공사 등 큰 덩어리 콘크리트에 적합하다.

84 그림과 같은 동질(同質), 동단면(同斷面)의 장주(長柱) 압축재로 축방향 하중에 대한 강도의 상호 관계로서 옳은 것은?

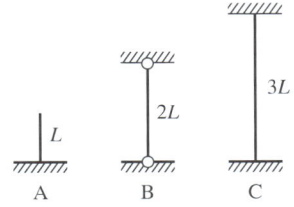

① A > B > C
② A > B = C
③ A = B = C
④ A = B < C

해설
좌굴길이계수는 A = 2, B = 1, C = 0.5이므로, 좌굴의 길이는
A = $2L$
B = $2L$
C = $0.5 \times 3L = 1.5L$
강도는 좌굴길이의 제곱에 반비례하므로, A = B < C

85 대기 중의 탄산가스의 작용으로 콘크리트 내 수산화칼슘이 탄산칼슘으로 변하면서 알칼리성을 상실하는 현상은?

① 레이턴스
② 크리프
③ 슬럼프
④ 중성화

해설
④ 중성화 : 콘크리트가 시간이 지남에 따라 공기 중의 탄산가스의 작용으로 인하여 콘크리트 중 수산호칼슘이 서서히 탄산칼슘으로 되어 강알칼리성의 콘크리트가 약알칼리화되는 현상을 의미
① 레이턴스 : 블리딩에 의해 콘크리트 표면에서 침전하고 말라붙어 표피를 형성한 것
② 크리프 : 재료에 응력을 일정하게 유지하고 있으면 시간의 경과와 더불어 변형률이 증가하는 현상
③ 슬럼프 : 아직 굳지 않은 콘크리트의 반죽질기

86 다음 중 돌공사에 대한 설명이 틀린 것은?

① 석재는 인장력에 약하다.
② 대리석은 내구성이 약하고, 내화성이 떨어진다.
③ 구조용 석재는 흡수율 30% 이하의 것을 사용한다.
④ 돌쌓기 공사에 사용되는 긴결재로는 철재를 사용한다.

해설
석재의 건식 돌붙임에 사용하는 모든 구조재 또는 긴결철물은 반드시 녹막이 처리를 하고, 건식 돌붙임어 사용되는 앙카 볼트, 너트, 와셔 등은 알루미늄이나 스테인리스를 사용한다.
※ 긴결재 : 서로 떨어져 있는 석재와 구조체를 결속하여 구조체에 석재의 하중을 전달하는 철물을 말한다.

87 다음 중 시방서에 포함될 내용이 아닌 것은?

① 사용재료의 종류와 품질
② 단위공사의 공사량
③ 시공상의 일반적인 주의사항
④ 도면에 기재할 수 없는 공사내용

시방서 : 설계도면에 표시하기 어려운 사항을 설명하는 시공지침으로 도급계약서류의 일부가 된다. 포함되는 내용은 다음과 같다.
• 보충사항(시공에 대한 보충 및 주의사항)
• 시공방법의 정도 및 완성도
• 시공에 필요한 각종설비
• 재료 및 시공에 관한 검사
• 재료의 종류, 품질 및 사용

89 다음 중 다짐작업을 효과적으로 수행할 수 없는 건설기계의 종류는?

① 탬핑롤러   ② 불도저
③ 래머   ④ 스크레이퍼

④ 스크레이퍼는 토공사용 기계로서 흙을 깎으면서 동시에 기체 내에 운반하고 깔기 작업을 겸할 수 있으며, 작업거리는 100~1500m 정도의 중장 거리용으로 쓰인다. 굴착, 적재, 운반, 버리기, 고르기 작업을 겸할 수 있다.

다짐기계
사질지반의 밀도를 크게 하고 안정성을 높이기 위해 지반을 단단하게 다지는 데 사용하는 건설기계로 로드롤러, 탠덤롤러, 다짐롤러, 진동롤러 등 롤러류와 진동콤팩터·래머와 같은 것 또는 불도저류도 사용된다.

88 구조관련 용어에 대한 설명으로 틀린 것은?

① 모멘트(moment) : 어느 한 점에 대한 회전능률이다.
② 모멘트(moment) : 거리에 반비례한다.
③ 지점(support) : 구조물의 전체가지지 또는 연결된 지점이다.
④ 힌지(hinge) : 회전은 가능하지만 어느 방향으로도 이동될 수 없다.

모멘트는 거리에 비례한다.
모멘트(M) = 힘(P) × 수직거리(L)

90 건설공사의 시공 시 작성하는 공정표 중 공사비용절감을 목적으로 개발된 공정표는?

① 바 차트(bar chart)
② 간트 차트(gantt chart)
③ CPM(Critical Path Method)
④ PERT(Program Evaluation and Review Technique)

• PERT : 주목적은 공기 단축이며 신규사업, 비반복사업, 경험이 없는 사업 등에 이용된다.
• CPM : 주목적은 공비 절감이며 반복사업, 경험이 있는 사업 등에 이용된다.

91 목재의 강도에 관한 설명 중 옳지 않은 것은?

① 벌목의 계절은 목재강도에 영향을 끼친다.
② 일반적으로 응력의 방향이 섬유방향에 평행인 경우 압축강도가 인장강도보다 작다.
③ 목재의 건조는 중량을 경감시키지만 강도에는 영향을 끼치지 않는다.
④ 섬유포화점 이하에서는 함수율 감소에 따라 강도가 증대한다.

해설
목재의 건조는 중량을 감소하여 운반 및 취급을 편리하게 하며, 목재의 강도를 증대시킨다.

92 A점과 B점의 표고는 각각 125m, 150m이고, 수평거리는 200m이다. AB 간은 등경사라고 가정할 때, AB 선상에 표고가 140m가 되는 점의 A점으로부터 수평거리는?

① 40m   ② 80m
③ 120m   ④ 160m

해설
$$G = \frac{D}{L} \times 100$$

여기서, G : 경사도(%), D : 높이차, L : 두 지점 간의 수평거리
• A점과 B지점의 경사구배는
$$G = \frac{150 - 125}{200} \times 100 = 12.5\%\text{이다.}$$
• A점에서 AB 선상에 표고가 140m가 되는 점까지의 거리를 구하면
$$G(12.5\%) = \frac{(140 - 125)}{L} \times 100$$
$$\therefore \ L = 120\text{m}$$

93 합판거푸집의 설치 및 해체에 관한 건설표준품셈에서 대상 구조물이 측구, 수로, 우물통 등 비교적 간단한 벽체 구조, 교량 및 건축 슬래브인 경우에는 몇 회 사용하는 것이 가장 합당한가?(단, 유형은 보통으로 한다)

① 2회   ② 3회
③ 4회   ④ 6회

해설
합판거푸집의 설치 및 해체 일위대가

사용 횟수	유형	구조물
1~2회	제물치장	제물치장 콘크리트
2회	매우 복잡/소규모	T형보, 난간, 복잡한 구조의 교각, 교대, 수문관의 본체 등 매우 복잡한 구조 소규모 : 조적턱, 창호턱 등 소규모로 산재되어 있는 구조물
3회	복잡	교대, 교각, 패러핏, 날개벽 등 복잡한 벽체구조, 건축 라멘구조의 보, 기둥
4회	보통	측구, 수로, 우둘통 등 비교적 간단한 벽체 구조, 교량 및 건축 슬래브
6회	간단	수문 또는 관의 기초, 호안 및 보호공의 기초 등 간단한 구조

94 그림과 같이 사각형분할로 구분되는 지역에서 정지 공사를 위해 각 지점의 계획절토고를 측정하였다. 점고법에 의한 계획지반고에 준거하여 절토할 토공량은?(단, FL±0)

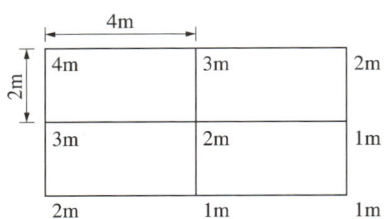

① 38m³   ② 40m³
③ 66m³   ④ 68m³

해설

점고법 $V = \dfrac{A}{4}\{\sum h_1 + 2\sum h_2 + 3\sum h_3 + 4\sum h_4\}$

여기서, A : 수평단면적

h_1, h_2, h_3, h_4 : 각 점의 수직고

$\sum h_1 = 4+2+2+1 = 9$

$\sum h_2 = 3+1+1+3 = 8$

$\sum h_4 = 2$

$\therefore V = \dfrac{2 \times 4}{4}(9 \times 1 + 8 \times 2 + 2 \times 4) = 66\text{m}^3$

95 배수지역 내 우수의 유출을 환경 친화적으로 조절하기 위한 방법이 아닌 것은?

① 투수성 포장을 한다.
② 체수지나 연못을 만든다.
③ 지하 배수관로를 많이 만든다.
④ 주차장이나 공원하부에 저수조를 만든다.

해설

식생과 토양의 보전·재생을 위해서는 자연지형 및 원래의 토양에 가능한 식생을 최대한 보전하고 수문학적으로 배수가 좋은 토양을 보존해야 한다. 또한, 토양의 압밀 및 교란을 최소화하고 자연배수 기능과 지세를 유지하며 지표유출 지연 및 강우의 지하 침투, 지하수 함양을 유도해야 한다. 대표적으로 홈통받이, 도랑, 빗물연못, 식생화단, 침투 저류지, 빗물정원, 빗물 저류·침투조, 침투통·침투트렌치, 옥상정원, 투수성 포장 등이 있다.

96 0.4m³ 용량의 유압식 백호(Back-hoe)를 이용하여 작업상태가 양호한 자연상태의 사질토를 굴착 후 덤프트럭에 적재하려할 때 시간당 굴착 작업량(m³)은?

┤조건├

• 버킷계수 : 1.1
• 1회 사이클시간 : 19초
• 사질토의 토량변화율 : 1.25
• 작업효율(점성토 : 0.75, 사질토 : 0.85)

① 50.02   ② 56.69
③ 78.16   ④ 192.79

해설

유압식 백화(굴삭기)의 작업량 $Q = \dfrac{3600 \times q \times K \times f \times E}{Cm}$

여기서, Q : 시간당 작업량(m³/hr 또는 ton/hr),

q : 버킷 용량(m³), K : 버킷계수, f : 토량환산계수

E : 작업효율, Cm : 1회 사이클시간(초)

시간당 작업량 $= \dfrac{3600 \times 0.4 \times 1.1 \times 0.8 \times 0.85}{19}$

$= 56.69\text{m}^3$

※ f : 흐트러진 상태(L)의 단가를 자연상태로 환산$\left(\dfrac{1}{L}\right) =$

$\dfrac{1}{1.25} = 0.8$

97 인공살수(人工撒水) 시설의 설계를 위한 관개 강도(灌漑强度) 결정에 영향을 미치는 요인이 아닌 것은?

① 작업시간
② 가압기의 능력
③ 토양의 종류, 경사도
④ 지피식물의 피복도(被覆度)

해설

살수 관개시설의 설계 시 살수강도를 결정하는 영향 요인
공급수량을 살수하는 작업시간, 토양의 종류, 경사도, 토양의 흡수력, 지피식물의 피복도, 식물의 살수요구량, 공급량을 살수하는 시간계획

98 도로설계의 수직노선 설정 시 종단곡선으로 사용되는 곡선은?

① 클로소이드곡선 ② 렘니스케이트곡선
③ 2차 포물선 ④ 3차 포물선

해설
곡선의 종류
• 수평곡선
 – 원곡선 : 단곡선, 복심곡선, 반향곡선, 배향곡선
 – 완화곡선 : 클로소이드, 3차포물선, 렘니스케이트 곡선, sine체감 곡선
• 수직곡선
 – 종단곡선 : 원곡선, 2차 포물선
 – 횡단곡선

99 캔틸레버보에 집중하중을 받고 있을 때 작용하는 힘에 대한 설명이 옳은 것은?

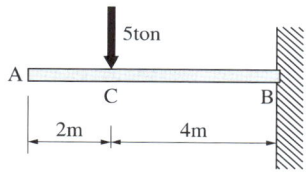

① A~C 구간의 전단력이 0이며, B~C 구간의 전단력은 –5ton이다.
② B지점의 반력은 수직, 수평반력과 휨모멘트 반력이 작용한다.
③ 휨모멘트의 크기는 10t·m이다.
④ B점의 반력의 크기는 –50ton이다.

100 다음 건설재료 중 할증률이 가장 큰 것은?

① 각재 ② 일반용 합판
③ 잔디 ④ 경계블록

해설
① 각재 : 5% ② 일반용 합판 : 3%
③ 잔디 : 10% ④ 경계블록 : 3%

---

101 수목 유지관리 중 정지(training)·전정(pruning)의 목적에 따른 분류가 가장 부적합한 것은?

① 갱신을 위한 전정 : 소나무
② 조형을 위한 전정 : 향나무
③ 생장조정을 의한 전정 : 묘목
④ 개화결실의 촉진을 위한 전정 : 매화나무

해설
생장을 억제하기 위한 전정
• 녹음수를 좁은 정원에서 필요 이상으로 자라지 않도록 줄기나 가지를 자르거나, 향나무나 회양목 등의 산울타리처럼 나무를 일정한 모양으로 유지시키기 위한 전정이다.
• 소나무의 순지르기 활엽수의 잎따기도 생장을 억제하는 전정의 한 방법이다.

102 조경현장의 근로자가 경련(발작)을 할 때 응급처치 방법으로 옳지 않은 것은?

① 발작이 멈출 때까지 환자를 안전하게 보호해야 한다.
② 환자의 치아 사이로 어떠한 물체도 끼우면 아니 된다.
③ 우선 환자를 붙잡아 2차 상해방지와 경련(발작)이 조기에 진정될 수 있도록 한다.
④ 환자에게 먹을 거나 마실 것을 줘서는 안 되지만 환자가 당뇨병 환자라면 환자의 혀 아래 각설탕을 넣는 것은 가능하다.

해설
환자가 부상을 입지 않도록 주변에 위험한 물건들을 치운다. 다른 곳에 부딪치지 않도록 보호하여야 한다. 조이는 의복은 느슨하게 풀어주고, 머리·팔·다리 등을 보호하여 주되 억지로 힘을 가하여 지지하지 않는다.

---

103 다음 식물의 병충해 방제 방법이 생태계에 가장 치명적인 해를 주는 것은?

① 기계적 방법에 의한 방제
② 생물적 방법에 의한 방제
③ 재배적 방법에 의한 방제
④ 화학적 방법에 의한 방제

해설

화학적 방제

화학적 약제를 이용해 병충해를 구제하는 방법으로 효과가 빠르며 재료를 쉽게 구할 수 있는 장점이 있다. 그러나 약제의 지속적 사용은 천적을 비롯한 유용생물에 미치는 악영향과 저항성 해충의 출현, 2차 해충문제, 잔류 물질에 의한 환경오염 등 생태계에 부작용을 초래하므로 약제를 올바르게 사용하기 위해 해충의 형태, 경과 습성, 약제에 대한 저항성, 식물의 생육 상태 등을 미리 알아둬야 한다.

105 다음 중 미량원소(Micro Element)로만 구성된 것은?

① Fe, Mg, S, Mo Cl
② Fe, B, Zn, Mo, Mn
③ Fe, Si, Cu, S, Cl
④ Fe, Ca, Cu, Mo, B

해설

미량원소와 다량원소

• 미량원소 : Fe, Cl, Mn, Zn, B, Cu, Mo
• 다량원소 : C, H, O, N, P, K Ca, Mg, S

104 이식에 적합한 조경수의 상태로 가장 거리가 먼 것은?

① 뿌리가 되도록 무성하게 많이 꼬인 수목
② 겨울철에 동아가 가지마다 뚜렷한 수목
③ 성숙 잎의 색이 짙은 녹색이며, 크고 촘촘히 달린 수목
④ 골격지가 적절한 간격의 4방향으로 균형 있게 뻗은 수목

해설

꼬인 뿌리가 없어야 하고 밑동에서 직접 나온 측근이 4개 이상 있어야 한다.

106 공정관리를 위한 횡선식 공정표 중 현장 기사들이 주로 사용하고 있으면서 작업소요일수가 명확하게 표시되어 있는 공정표는?

① 절선공정표
② 열기식 공정표
③ 바 차트(bar chart)
④ 네트워크 공정표

해설

막대 공정표(bar chart)

• 전체공사를 구성하는 모든 부분공사를 세로로 열거하고 이용할 수 있는 공사기간을 가로축에 표시한다.
• 부분공사, 시공에 필요한 시간을 계획하고 공사기간내에 전체 공사를 끝낼 수 있도록 각 부분공사의 소요공사 기간을 도표 위의 자리에 맞추어 일정을 짠다.

103 ④ 104 ① 105 ② 106 ③ 정답

107 시설물에 따른 점검 빈도가 적합하지 않은 것은?

① 많은 비가 내린 후 유입토사에 의해 우수 배수관의 막힘, 배수 불량 부분의 점검 : 필요시마다
② 관내에 지하수, 오수 등 침입의 유무 및 관내의 흐름 상태를 점검 : 1회/2년
③ U형 측구, V형 배수로 등의 지반 침하가 현저하거나 역구배 및 파손된 장소의 유무 점검 : 1회/6개월
④ 운동장 표층의 파손상태, 물웅덩이, 표층의 안정 상태 점검 : 1회/6개월

해설
② 관내에 지하수, 오수 등 침입의 유무 및 관내의 흐름 상태를 점검 : 수시

---

108 잡초가 발아하기 전에 지표면에 약제를 살포하여 잡초종자를 발아하지 못하게 하거나 발아 직후 어린식물의 생육을 멈추게 하는 제초제를 무엇이라 하는가?

① 선택성 제초제
② 토양처리 제초제
③ 경엽처리 제초제
④ 비선택성 제초제

해설
제초제는 크게 선택성 제초제와 비선택성 제초제로 구분된다. 선택성 제초제는 산소에서 살포해 잔디를 남기고 잡초만을 방제하는 제초제가 대표적이다. 특정 대상에 대해서만 방제효과가 발휘되는 것이다. 반면 비선택성 제초제는 대상을 특정하지 않고 광범위하게 방제효과를 발휘하는 제초제를 말한다.
※ 이행형 제초제
• 토양처리제 : 뿌리로부터 흡수되어 수분이나 영양분과 더불어 이행
• 경엽처리제 : 잎 등 지상부로 흡수 이행하여 동화양분과 함께 식물체의 작용점에 도달

---

109 다음 중 토성별 단위 g당 토양의 공극량(%)이 가장 큰 것은?

① 사토
② 사양토
③ 미사질 양토
④ 식토

해설
토성과 공극량
사토(40%) < 사양토(43%) < 양토(47%) < 식양토(55%) < 식토(58%)

---

110 토양 pH가 높을 때 식물에 의한 흡수가 가장 어려운 성분은?

① Mo
② Fe
③ Ca
④ S

해설
pH가 높은 토양
• Fe, Zn, Mn 결핍 : 이들 필수중금속원소는 높은 pH 조건에서 수산화물 등으로 불용화
• Mo 과잉
• P 결핍 : 고 pH 조건에서 인산칼슘으로 침전됨. 따라서 알칼리토양(Na 과잉)에서는 문제는 없고, 석회질토양, 석회자재 과잉투입토양에서 문제가 된다.
• B 결핍과 과잉 : B(붕소)는 토양의 산화철이나 산화알루미늄으로 높은 pH 조건에서는 고정되므로 석회자재 과잉투입토양에서는 B결핍발생이 우려된다. 그러나 석회질토양이나 알칼리토양, 염류토양에서는 용탈이 없으므로, B가 과잉되어 장해를 받을 수도 있다.
• K, Mg, Ca 결핍 : 석회자재 과잉투입토양에서는 상대적으로 K, Mg의 상대적 비율이 낮아져 결핍이 문제가 된다.

---

111 작업자가 업무에 기인하여 사망, 부상 또는 질병에 이환되지 않는 무재해 이념의 3원칙에 해당하지 않는 것은?

① 무(zero)의 원칙
② 선취의 원칙
③ 관리의 원칙
④ 참가의 원칙

해설

무재해 운동의 기본이념(3원칙)
• 무의 원칙 : 불휴재해는 물론 일체의 잠재요인을 사전에 발견, 파악, 해결함으로서 근원적으로 산업재해를 제거한다는 원칙
• 선취의 원칙 : 직장의 위험요인을 행동하기 전에 미리 발견, 파악, 해결하여 재해를 예방, 방지한다는 원칙
• 참가의 원칙 : 전원이 각각의 입장에서 적극적으로 문제나 위험을 해결한다는 원칙

112 골프장 잔디의 관수와 관련된 설명이 옳은 것은?

① 가능한 한 심층관수하되 자주하지 않는다.
② 기상조건에 관계없이 관개계획을 수립한다.
③ 관수 소모량의 120%를 관수하여 위조를 막는다.
④ 실린지(syringe) 효과를 위해 잔디와 토양이 모두 충분히 젖도록 살수한다.

해설

① 관수 후 10시간 이내 마르도록 관수시간 조절해야 한다.

113 도시공원녹지(U)와 자연공원(N) 관리특성상, 가장 큰 차이점은?

① U는 자원의 보전보다는 이용자의 레크리에이션 요구도에 집착한다.
② U는 이용관리적 측면이, N은 시설관리적 측면이 우선된다.
③ U는 안전하고 쾌적한 이용의 극대화를 목표로 하며, N은 상대적으로 자연자원의 보존이 고려되어야 한다.
④ 레크리에이션 경험의 창출을 위해 U와 N은 모두 서비스(service) 관리에 주력해야 한다.

해설

• 도시공원녹지의 관리 : 주로 이용자 중심으로 자연공원지역의 자원보전보다는 이용자의 레크리에이션 요구도라는 수요측면에 주안점을 둔다. 보다 많은 이용자 대중에게 안전하고 쾌적한 녹지공원시설의 이용을 극대화하는 데 있다.
• 자연공원지역의 관리 : 이용측면보다는 자원의 보전 측면에 중점을 둔다. 자연공원지역의 뛰어난 자연풍경지를 보호하고 적절히 이용하게 함으로써 자연환경의 보전과 이용의 효율화를 유지하고 운영하는 데 있다.

114 운영관리계획에서 양적(量的)인 변화에 적합하지 않은 것은?

① 간이화장실의 증설량
② 고사목, 밀식지의 수목제거
③ 이용자 증가에 따른 출입구의 임시 개설
④ 잔디블록으로 포장된 주차공간의 도입

해설

운영관리계획
• 양적 변화 : 부족이 예측되는 시설의 증설, 이용에 의한 손상이 생기는 시설의 보충, 내구연한이 된 각종 시설물, 군식지의 형태적 조건에 따른 갱신
• 질적 변화 : 양호한 식생의 확보, 개방된 토양면의 확보

115 품질관리(QC)의 목표로 가장 거리가 먼 것은?

① 자기개발 　　　② 불량률의 감소
③ 고급품의 생산 　④ 생산능률의 향상

해설
- 품질관리 : 공사 또는 제품의 제조과정에서 품질을 관리하는 것이다. 불량품을 줄이고 회사 제품의 품질경쟁력을 확보한다.
- 공정관리 : 착공부터 준공까지 시공의 공정이나 내용을 종합적으로 평가, 검토하여 기계설비, 노동력, 자재 등을 가장 효과적으로 활용하는 방법과 수단이다.

116 기주 범위가 가장 넓은 다범성 병균은?

① 녹병균
② 잎마름병균
③ 버즘나무 탄저병균
④ 아밀라리아뿌리썩음병균

해설
아밀라리아뿌리썩음병(근후병)
이 병은 산림(천연림, 인공림), 과수원, 뽕나무밭 등에 많이 발생하며, 침엽수나 활엽수를 막론하고 침해하는 매우 다범성(多犯性)인 병해로서, 피해목의 뿌리와 뿌리목부위를 침해하여 수목을 말라 죽인다.

117 탄질비가 20인 유기물의 탄소 함량이 60%이면 질소 함량은?

① 1.2% 　　　② 3.0%
③ 8.0% 　　　④ 12%

해설
탄질비(C/N) = 20 = 60 ÷ 질소
∴ 질소 = 3%

118 해충의 주화성(走化性)을 이용하는 약제는?

① 유인제 　　　② 해독제
③ 훈연제 　　　④ 생물농약

해설
주화성을 이용하여 해충을 방제하는 방법은 물리 화학적인 방법으로 특정 해충을 유인하여 잡거나, 해충이 작물이나 농지에 접근하지 못하게 하거나 작물에 해를 끼치는 활동을 못하게 하는 방법이다.

119 조경수목의 재해방지 대책을 위한 관리 작업에 해당하지 않는 것은?

① 침수 상습 지대는 수목 주위에 배수로를 설치해 준다.
② 태풍에 쓰러진(도복) 수목은 뿌리를 보호한 후 재활용을 위해 가을까지 그대로 둔다.
③ 강설 중이나 직후에는 수관에 쌓인 눈을 즉시 제거해 줌으로서 가지를 보호한다.
④ 태풍, 강풍의 예상시기에는 수목에 지주목이나 철선 등을 묶어 도복을 방지한다.

해설
태풍으로 전도된 수목의 복구법
- 쓰러진 수목의 크기를 파악해 수관의 크기를 줄인다.
- 뿌리 둘레를 구덩이를 파고 조심스럽거 천천히 세운다.
- 지주목을 설치한다.
- 수목의 성장을 돕는다.
- 수형을 정리한다(전지, 전정).

120 멀칭(mulching)의 효과에 해당되지 않는 것은?

① 토양수분 유지 　② 토양비옥도 증진
③ 토양구조 개선 　④ 토양 고결화 촉진

해설
멀칭(mulching)
- 뿌리분 부위에 자갈, 분쇄목, 짚, 비닐 등을 5~10cm 두께로 덮어주는 작업을 말한다.
- 멀칭의 목적은 토양 경화 방지, 습도 유지, 건조 방지, 잡초 발생 방지, 적당한 지온 유지, 비료의 분해 촉진 등 다양하다.

---

01 브라질 리우데자네이루 코파카바나 해변의 프로메나드를 남미의 문양으로 조성한 조경가는?

① 프레드릭 로 옴스테드(F. L. Olmsted)

② 카일리(Daniel Urban Kiley)

③ 벌 막스(Roberto Burle Marx)

④ 바라간(Luis Barragan)

> **해설**
>
> **벌 막스(R. Burle Marx)**
> - 브라질 리우데자네이로 코파카바나 해변의 프로메나드를 남미의 문양으로 조성한 조경가이다.
> - 남미의 향토식물을 조경수로 활용하였다.
> - 열대경관을 새롭게 주목받게 하였다.
> - 풍부한 색채, 지피류와 포장 그리고 물을 통한 패턴을 창작하였다.

02 영국 풍경식 정원양식의 대표적인 정원인 Stowe garden과 가장 거리가 먼 사람은?

① Charles Bridgeman

② William Kent

③ Humphry Repton

④ Lancelot Brown

> **해설**
>
> ③ 험프리 렙턴(Humphry Repton, 1752~1818) : 풍경식 정원을 완성, Landscape garden의 호칭을 사용하였다.
>
> **스토우가든(Stowe garden)**
> 브릿지맨과 켄트가 만들고, 켄트와 브라운이 수정한 후 다시 브라운이 개조하여 완성하였다. 수차례의 수정과 개조, 처음에는 정형식 정원이었다가 후에 풍경식 정원으로 완전 개조되었다.

03 다음 중 바로크식의 탄생에 가장 큰 영향력을 미친 수법은?

① Raffaelo의 수법

② Michelangelo의 수법

③ Medici가의 인본주의 수법

④ Bramante의 노단 건축식 수법

> **해설**
>
> 미켈란젤로 메리시 다 카라바지오는 16세기에서 17세기의 전환기에 로마를 중심으로 이탈리아에서 활약한 바로크 회화의 개척자이다.

04 삼국시대의 대표적인 궁궐을 올바르게 연결한 것은?

① 고구려 – 국내성

② 백제 – 안학궁

③ 신라 – 한산성

④ 백제 – 월성

> **해설**
>
> ② 고구려 : 안학궁
> ③ 백제 : 한산성
> ④ 통일신라 : 월성

05 한국의 거석문화를 설명한 것 가운데 적절하지 못한 것은?

① 선돌은 전국적으로 분포한다.
② 고인돌은 신석기 시대 때 발달한 분묘이다.
③ 고인돌의 양식은 북방식과 남방식이 있다.
④ 선돌은 종교적 의미를 가진 원시 기념물이다.

해설
고인돌은 거대한 돌을 이용해 만든 선사 시대 거석 기념물의 일종으로, 한국에서는 청동기 시대의 대표적인 묘제이다.

06 아고라(agora)의 기능과 가장 거리가 먼 것은?

① 토론   ② 시장
③ 선거   ④ 전시회

해설
아고라(agora)
• 도시활동의 중심지로서 시장, 집회소로 이용되었다.
• 도서관, 의회당, 신전, 야외음악당으로 둘러싸인 중앙공간의 광장이다.

07 르네상스 시대의 조경양식에 영향을 미친 예술 사조의 순서가 맞게 기술된 것은?

① 매너리즘 → 바로크 → 고전주의
② 바로크 → 고전주의 → 매너리즘
③ 고전주의 → 매너리즘 → 바로크
④ 바로크 → 매너리즘 → 고전주의

해설
매너리즘 : 고전주의에서 바로크양식으로 이행하는 과정에 위치한다.

08 세계에서 가장 오래된 조경유적이라고 하는 데이르 엘 바하리 신전과 관계없는 것은?

① 핫셉수트 여왕   ② 태양신 암몬
③ 향목(incence tree)   ④ 시누헤 이야기

해설
④ 시누헤 이야기 : 고대 이집트 중왕국 때의 이야기로 사자의 정원에 관한 기록으로 봄
데이르 엘 바하리(Del-el-Bahari)의 신전
• 핫셉수트(Hatshepsut) 여왕이 태양신인 암몬을 모신 신전이다.
• 센무트(Senmut)의 설계로 만들어진 것으로 현존하는 최고의 조경유적이다.
• 병풍처럼 둘러싸인 자연의 암벽과 긴 수평적 건물과 수직의 열주가 조화를 이루는 건물이다.
• 3개의 노단(terrace)으로 구성되었으며, 노단의 경계벽을 열주랑으로 장식, 노단과 노단을 경사로(ramp)로 연결하였다.
• punt 보랑의 부조
• 식재구덩이 : 암석으로 된 지반에 식재를 위한 구덩이
• 관수를 위한 관수망

09 문헌상에 기록으로 나타난 고려 예종 때 궁궐에 설치된 화원(花園)에 대한 설명으로 틀린 것은?

① 송나라 상인으로부터 화훼를 구입하였다.
② 궁의 남, 서쪽 2군데 설치하였다.
③ 담장으로 둘러싸인 공간이다.
④ 누각과 연못을 만들어 감상하였다.

해설
화원(花園)
• 건물로 둘러싸인 네모난 공간 속에 꽃나무와 화초로 꾸민 정원을 말한다.
• 화훼·화목류를 송·원나라에서 수입, 이국적 분위기를 나타냈다.
• 예종 8년(1113)에 궁의 남쪽과 서쪽에 드 황원을 설치하고 대와 사를 만들어 높은 담을 설치하였다.
• 화단을 구성하는 식물재료에 따라 매오, 도오, 즉오 등으로 표현한다.

10 다음 조경가와 작품의 연결이 옳은 것은?

① 조셉 팩스톤 – 버컨헤드 공원
② 몽빌남작 – 히드 코트 영지
③ 메이저 로렌스 존스톤 – 레츠광야
④ 윌리엄 챔버 – 테라스 가든

해설
② 몽빌남작 : 레츠광야
③ 메이저 로렌스 존스톤 : 히드 코트 영지
④ 윌리엄 챔버 : 큐 가든

11 고려시대의 조경에 관한 설명으로 옳지 않은 것은?

① 수창궁 북원에는 내시 윤언문이 괴석으로 쌓은 가산과 만수정이 있다.
② 태평정 경원에는 옥돌로 쌓아 올린 환희대와 미성대가 있고, 괴석으로 쌓은 가산이 있었다.
③ 기홍수의 퇴식재 경원에는 방지인 연의지가 있고 척서정과 녹균헌과 같은 건축물이 있었다.
④ 수다사의 하지나 문수원(청평사)의 남지(영지)는 모두 네모 형태이다.

해설
원유의 도입시설로는 퇴식재, 척서정, 연묵당, 녹균헌 등의 齋, 堂, 軒, 亭이 요처에 자리 잡았고, 연의지에서 유상곡수놀이를 즐겼다.

12 강한 축선은 없으나 노단과 캐스케이드 등이 이탈리아 르네상스시대의 빌라정원에 영향을 준 것은?

① 타지마할
② 알카자르
③ 알람브라
④ 헤네랄리페

해설
헤네랄리페의 정원
노단으로 된 정원과 그 정원을 내려다 볼 수 있게 처리된 기법으로 캐스케이드 등이 이탈리아 르네상스시대 별장정원에 영향을 주었으나 이탈리아 정원에서와 같은 강한 축선은 없다.

13 건륭화원(乾隆花園)의 설명으로 맞는 것은?

① 3개의 단으로 이루어진 전통적 계단식 경원이다.
② 제1단은 석가산을 이용하여 자연의 웅장함을 갖게 하였다.
③ 제2단은 인공 연못을 조성하여 심산유곡을 상징화하였다.
④ 제3단은 석가산위에 팔각문이 달린 죽향관을 세웠다.

해설
건륭화원(乾隆花園)
홍역황제는 제위에서 물러난 뒤 지내기 위하여 황궁의 동쪽에 영수궁을 지었는데 이때 영수궁의 서쪽에 너비 37m, 길이 16m에 이르는 기다란 토지에다 계단식 화원을 만들고 건륭화원이라 불렀다. 영수화원이라고도 불리는 이 화원의 특징은 중국에서 보기 드물게 계단식 경원이라는 것이다. 5개의 단으로 이루어진 계단식 화원은 꽃을 중심으로 하는 경원이라기보다는 괴석으로 이루어진 석가산과 갖가지 건축물로 이루어진 입체공간이며 전체적으로 리듬감을 주고 있다.

14 도시조경과 여가활동을 목적으로 독일의 루드비히 레서가 제안한 것은?

① 폴크스 파크
② 분구원
③ 도시림
④ 전원풍경

해설

폴크스 파크(Volks park)
세계 제1차 대전 후 루드비히 레서(L. Lesser)가 제창한 대표적 독일 조경으로 국민의 전 계층을 대상으로 하는 심신단련용을 위한 녹지의 일종이다.

16 도시미화운동(city beautiful movement)이 부진했던 가장 큰 이유는?

① 많은 도심 축과 녹음도로의 설치
② 지나치게 웅장하고 고전적인 건물군 계획
③ 도심지 재거발에 대한 주민의 반발
④ 장식수단에 의존한 획일화된 연출

해설

도시미화운동
매우 다양한 경제·사회·정치·문화적 환경에서 초기 자본주의의 도구로서, 저 국주의의 대리인으로서, 전체주의의 시녀로서 40여 년의 기간 동안에 걸쳐 표현되어 왔다. 대상 도시들의 공통점은 자본이든 정치든 권력의 상징으로서 기념비적인 것, 외관적인 것, 그리고 공원 체계와 건축에 집중했다는 점이다. 그 결과 계획이 미치는 사회적 영향에 대한 관심이 매우 결여되었다. 이처럼 '보여 주기 위한 연출'로서의 건축과 조경 설계는 그 연출의 무대에 살고 있는 관객들의 불만을 불러 일으켰다. 이러한 불만은 주택문제 등 보다 실용적인 문제에 관심을 기울이기를 요구하였고, 그 결과 도시실용주의(City Practical)로의 이행을 촉발시켰다.

15 지형의 고저차를 이용하여 옹벽 겸 화단을 겸하게 한 한국 전통 조경의 대표적 구조물은?

① 취병   ② 화오
③ 화계   ④ 절화

해설

③ 화계(花階) : 조선시대 궁궐에 경사지에 기대어 건축물이나 시설물을 배치할 때 호우 시 후사면의 토양의 유출 방지, 절개지의 붕괴를 방지하고 뜰 한쪽 또는 뒷담 안에 장대석을 쌓아서 단을 만들고 초화류와 관목류를 식재한 계단상으로 된 화단
① 취병 : 꽃나무를 심고 그 가지를 틀어올려서 문이나 병풍처럼 꾸민 것으로 시선을 가리거나 공간의 깊이를 더하기 위하여 또는 관상하며 즐기기 위하여 도입된 것
② 화오 : 마당 가장자리의 평지나 담장 아래에 장대석이나 사괴석, 자연석을 쌓고 흙을 채워 식물을 심은 것

17 다음 설명과 일치하는 일본 정원의 양식은?

> 불교 선종의 수행방법 중의 하나인 차를 마시는 법의 영향을 받았으며, 제한된 공간 속에 산골의 정서를 담고자 하여 비석(飛石), 수통(水樋), 마른 소나무 잎, 석등·석탑이 구성요소이다.

① 다정(茶庭) 양식
② 고산수(枯山水) 양식
③ 침전조(寢殿造) 양식
④ 회유식(□遊式) 양식

해설

② 고산수 양식 : 나무, 물을 사용하지 않고 산수의 풍경을 상징적으로 나타낸다.
③ 침전조 양식 : 주건물을 침전으로 그 앞에 연못 등의 정원을 조성했다.
④ 회유식 정원 : 임천식과 다정 양식의 결합이다.

18 강호(에도) 시대 이도헌추리의 "축산정조전 후편"에서 밝힌 정원 형식이 아닌 것은?

① 축산
② 계간
③ 평정
④ 노지정

19 우리나라 최초의 정원에 관한 기록이 실린 서적 명칭은?

① 대동사강
② 삼국사기
③ 삼국유사
④ 산림경제

20 석재 점경물의 명칭과 용도가 틀린 것은?

① 석분(石盆) – 괴석을 받치는 작은 돌그릇
② 석가산(石假山) – 인공석을 쌓아 산을 표현
③ 대석(臺石) – 해시계, 화분 등의 받침돌
④ 석연지(石蓮池) – 넓고 두터운 돌을 큰 수조처럼 다듬어 작은 연지, 어항으로 사용

제2과목 **조경계획**

21 다음에 해당하는 용도지역의 녹지지역은?

> 도시의 녹지공간의 확보, 도시확산의 방지, 장래 도시용지의 공급 등을 위하여 보전할 필요가 있는 지역으로서 불가피한 경우에 한하여 제한적인 개발이 허용되는 지역

① 공원녹지지역
② 보전녹지지역
③ 생산녹지지역
④ 자연녹지지역

22 조경계획, 생태계획, 환경계획의 과정에서 생태학적 원리와 생태계의 이론을 응용하고, 생태적 관심을 정책결정에 반영할 수 있는 접근방법이 아닌 것은?

① 환경영향평가
② 토지가격의 분석
③ 생태계 구성 요소 간 상호관계 파악
④ 환경의 기능과 서비스의 화폐가치 환산

23 뉴먼(Newman)은 주거단지 계획에서 환경심리학적 연구를 응용하여 범죄 발생률을 줄이고자 하였다. 뉴먼이 적용한 가장 중요한 개념은?

① 혼잡성(crowding)
② 프라이버시(privacy)
③ 영역성(territoriality)
④ 개인적 공간(personal space)

해설
영역성
인간에게 일정지역에의 소속감을 느끼게 함으로서 심리적 안정감을 주며, 외부와의 사회적 작용을 함에 있어 구심적 역할을 하는 것

24 다음 중 조경계획 진행 시 인문 · 사회환경 조사 항목이 아닌 것은?

① 식생
② 교통
③ 토지이용
④ 역사적 유물

해설
인문 · 사회환경 조사 요소 : 인구조사, 토지이용, 교통조사, 시설물 조사, 역사적 유물 조사, 인간 행태 분석, 공간의 수요량 산정 등

25 E. Howard에 의해 창안된 전원도시의 구성 조건이 아닌 것은?

① 도시의 계획인구는 3~5만 정도로 제한
② 주변 도시와 연계한 전기, 철도 등의 기반시설을 유입하여 공유자원으로 활용
③ 도시의 주위에 넓은 농업지대를 포함하여 도시의 물리적 확장을 방지하고 중심지역은 충분한 공지를 보유
④ 도시성장과 번영에 의한 개발이익의 일부는 환수하며 계획의 철저한 보존을 위해 토지를 영구히 공유화

해설
하워드의 전원도시 사상
• 자족기능을 갖춘 계획도시로, 주변에는 그린벨트로 둘러싸여 있고 주거, 산업, 농업기능이 균형을 갖추도록 했다.
• 이상적인 전원도시에는 3만2천여 명의 주민이 살며, 오픈스페이스와 공원, 여섯 개의 방사형 대로가 배치된 동심원 모양이었다.
• 자급자족이 가능하며 계획인구를 초과하면 인근에 다른 전원도시를 배치하게 했다.
• 5만 명이 거주하는 중심도시와 이를 둘러싸며 도로와 철도로 연결된 전원도시들로 이루어진 도시군을 예견했다.

26 경부고속도로와 중앙고속도로가 서로 교차하는 고속도로 분기점에 가장 이상적인 형태는?

① 클로버형
② 트럼펫형
③ 다이아몬드형
④ 직결 Y형

해설
① 클로버형 : 4갈래 완전입체교차의 대표적인 것으로, 기하학적으로 대칭인 아름다운 형을 이루고 입체교차구조물도 1개만 필요하다.
② 트럼펫형 : 3갈래교차 인터체인지의 대표적인 것으로, 연결되는 고속도로 상호 간의 교통량과 중요도에 차이가 있을 때 어느 한 쪽을 주도로로 볼 수 있는 경우에 적합하다.
③ 다이아몬드형 : 형상이 단순하고 용지 및 건설비가 적게 들고 교통의 우회거리가 짧으며, 평면교차부에서의 교통용량이 적다.
④ 직결 Y형 : 3방향 모두의 접속이 직접연결로에 의하는 것으로 고규격도로 상호의 접속에 사용된다.

27 도시공원 및 녹지 등에 관한 법률상 녹지를 그 기능에 따라 세분하고 있는데, 그 분류에 해당하지 않는 것은?

① 완충녹지　　　② 연결녹지
③ 경관녹지　　　④ 보완녹지

해설
① 완충녹지 : 대기오염, 소음, 진동, 악취, 그 밖에 이에 준하는 공해와 각종 사고나 자연재해, 그 밖에 이에 준하는 재해 등의 방지를 위하여 설치하는 녹지(법 제35조 제1호)
② 연결녹지 : 도시 안의 공원, 하천, 산지 등을 유기적으로 연결하고 도시민에게 산책공간의 역할을 하는 등 여가 · 휴식을 제공하는 선형(線型)의 녹지(법 제35조 제3호)
③ 경관녹지 : 도시의 자연적 환경을 보전하거나 이를 개선하고 이미 자연이 훼손된 지역을 복원 · 개선함으로써 도시경관을 향상시키기 위하여 설치하는 녹지(법 제35조 제2호)

28 다음 설명에 해당하는 표지판의 종류는?

> • 공원 내 시야가 막히거나 동선이 급변하는 지점에 설치하고 세계적 공용문자를 사용
> • 개별단위의 시설물이나 목표물의 방향 또는 위치에 관한 정보를 제공하여 목적하는 시설 또는 방향으로 안내하는 시설

① 안내표지　　　② 해설표지
③ 유도표지　　　④ 주의표지

해설
표지판의 유형
• 안내표지
 – 탐방이 주가 되는 대상지에 대한 관광, 이용시설 및 이용방법에 대해 안내한다.
 – 주요 탐방 대상지에 대한 위치, 거리, 소요시간, 방향 등을 종합적으로 기재하며, 대상지 전역을 안내한다.
• 해설표지
 – 문화재나 역사적 유물에 대한 배경, 가치, 중요성을 설명하여 대상물에 대한 지식을 강조한다.
 – 효율적인 관광 유도 및 교육적 효과를 강조한다.
• 유도표지
 – 표지판이 위치한 장소의 지명, 다음 대상지 및 주요 시설물이 위치한 장소의 방향, 거리를 표시한다.
 – 문자나 기호를 디자인하여 도안화한다.
• 도로표지
 – 일정 행위의 금지 등을 전달하여 도로 사용상의 규칙을 주지시킨다.
 – 도로상의 위치를 지정하고, 여행자의 편의를 위해 설치한다.

29 도시 및 주거환경정비법에서 정비사업으로 포함되지 않는 것은?

① 재개발사업
② 재건축사업
③ 주거환경개선사업
④ 공공시설정비사업

해설
정의(도시 및 주거환경정비법 제2조제2호)
'정비사업'이란 이 법에서 정한 절차에 따라 도시기능을 회복하기 위하여 정비구역에서 정비기반시설을 정비하거나 주택 등 건축물을 개량 또는 건설하는 다음의 사업을 말한다.
가. 주거환경개선사업
나. 재개발사업
다. 재건축사업

30 환경용량(environmental capacity)의 개념을 설명한 것 중 가장 거리가 먼 것은?

① 성장의 한계를 우선적으로 전제한다.
② 재생 가능한 자연자원이 지탱할 수 있는 유기체의 최대 규모를 말한다.
③ 비가역적인 손상을 자연시스템에게 가하는 인간활동의 한계를 의미한다.
④ 다른 조건이 동일하다면 더 넓고 자연자원이 적을수록 더 큰 환경용량을 가진다.

해설
환경용량은 지역의 크기와 그 지역에 생존하는 유기체의 특성의 함수관계로 표시할 수 있다. 즉, 다른 조건이 동일하다면, 더 넓고 자연자원이 풍부한 지역일수록 더 큰 환경용량을 가진다.

31 주택의 배치 시 쿨데삭(cul-de-sac) 도로에 의해 나타나는 특징이 아닌 것은?

① 주택이 마당과 같은 공간을 둘러싸는 형태로 배치된다.
② 주민들 간의 사회적인 친밀성을 높일 수 있다.
③ 통과교통이 출입하지 않으므로 안전하고 조용한 분위기를 만들 수 있다.
④ 보행 동선의 확보가 어렵고, 연속된 녹지를 확보하기 어려운 단점이 있다.

해설
쿨데삭(Cul-de-sac)
주로 주택단지에 설치되는 도로의 유형으로, 단지 내 도로를 막다른 길로 조성하고 끝부분에 차량이 회전해 나갈 수 있도록 회차공간을 만들어 주는 기법이다. 통과교통을 배제해 소음 및 안전을 제고시켜 단지 주민의 편의를 도모하기 위해 사용한다. 단, 방재 및 방범상 불리하다. 쿨데삭 도로 도입 시 단지 내부에 보행도로 및 녹지체계 도입이 용이하다.

32 도시공원 및 녹지 등에 관한 법률상 도시공원 안에 설치할 수 있는 공원시설의 부지면적은 해당 도시공원의 면적에 대한 비율로 규정하고 있는데 그 기준이 틀린 것은?

① 어린이공원 : 100분의 60 이하
② 근린공원 : 100분의 30 이하
③ 묘지공원 : 100분의 20 이상
④ 체육공원 : 100분의 50 이하

해설
도시공원 안 공원시설 부지면적(도시공원 및 녹지 등에 관한 법률 시행규칙 [별표 4])

공원구분	공원시설 부지면적
1. 생활권 공원	
나. 어린이공원	100분의 60 이하
다. 근린공원	100분의 40 이하
2. 주제공원	
라. 묘지공원	100분의 20 이상
마. 체육공원	100분의 50 이하

33 테니스장 계획·설계의 내용 중 (　　) 안에 적합한 것은?

> 테니스장의 코트 장축의 방위는 (　　) 방향을 기준으로 5~15° 편차 내의 범위로 하며, 가능하면 코트의 장축 방향과 주풍향의 방향이 일치하도록 계획한다.

① 정동-서
② 북동-남서
③ 북서-남동
④ 정남-북

해설
테니스 코트 장축의 방위는 정남-북을 기준으로 동서 5~15° 편차 내의 범위로 하며, 가능하면 코트의 장축 방향과 주풍향의 방향이 일치하도록 한다.

34 생태네트워크 계획에서 고려할 주요 사항과 가장 거리가 먼 것은?

① 환경학습의 장으로서 녹지 활용
② 경제효과를 기대할 수 있는 녹지공간 구상
③ 생물의 생식·생육공간이 되는 녹지의 확보
④ 생물의 생식·생육공간이 되는 녹지의 생태적 기능의 향상

해설
생태네트워크 계획에서 고려할 사항
• 재해방지 및 미기상 조절을 위한 녹지의 확보(우선순위가 가장 낮음)
• 생물의 생식, 생육공간이 되는 녹지의 생태적 기능 향상
• 인간성 회복의 장이 되는 녹지 확보
• 환경학습의 장으로서 녹지 활용

35 자연공원법상 용도지구를 자연보존요구도의 크기로 구분할 때 공원자연보존지구와 공원마을지구의 중간에 위치하는 지구는?

① 공원특별보호지역
② 공원자연환경지구
③ 공원자연생태지구
④ 공원자연경관지구

해설

자연공원 용도지구 자연보존요구도의 크기

공원자연보존지구 > 공원자연환경지구 > 공원마을지구

37 조경계획의 설명으로 옳지 않은 것은?

① 부지 이용의 경제적 측면을 주로 강조한다.
② 도면중첩법을 활용하여 토지 적합성을 판단한다.
③ 계획부지의 적절한 이용을 제시하거나, 계획된 이용에 적합한 부지를 판단한다.
④ 대단위 부지를 체계적으로 연구하며, 자연과학적, 생태학적 측면을 강조하고, 시각적 쾌적성을 고려한다.

해설

조경계획이 부지 이용의 경제적 측면을 주로 강조하지는 않는다.

36 다음 중 옥상조경계획 시 반드시 고려해야 할 사항이라고 볼 수 없는 것은?

① 미기후의 변화
② 유출토사 퇴적량
③ 지반의 구조 및 강도
④ 구조체의 방수 및 배수

해설

옥상조경계획 시 고려사항

• 지반의 구조 및 강도 : 하중 고려, 옥상 바닥의 보호와 방수, 식재 토양층의 깊이와 식생의 유지관리(관·배수)
• 수목의 선정 : 옥상의 특수한 기후조건 고려(미기후의 변화, 복사열)
• 이용의 측면 : 프라이버시를 지키기 위하여 측면은 담장이나 차폐식재를 하고 위로부터 보호를 위해서는 녹음수를 심거나 정자, 파고라 등을 설치할 필요가 있다.

38 이용 후 평가(Post Occupancy Evaluation)의 설명으로 옳지 않은 것은?

① 대상지의 시공 전 환경영향 분석에 관한 설명이다.
② 설계프로그램을 위한 과학적 자료를 제공한다.
③ 과거의 경험을 새로운 프로젝트에 반영시키기 위한 방법이다.
④ 주로 이용자의 행태에 적합하게 설계되었는가를 분석한다.

해설

이용 후 평가(Post Occupancy Evaluation)

일정 프로젝트가 시공되고 얼마 동안의 이용기간을 거친 후 그 설계 혹은 계획에 대한 평가를 함으로써 설계자의 설계의도가 그대로 반영되고 있는지, 이용자의 형태에 적합한 공간구성이 이루어졌는지 등을 알아보고자 하는 평가이다.

39 자연공원법상 '공원자연보존지구'를 지정하는 이유가 되지 못하는 것은?

① 경관이 특히 아름다운 곳
② 생물다양성이 특히 풍부한 곳
③ 특별히 보호할 가치가 높은 야생 동식물이 살고 있는 곳
④ 보존대상 주변에 완충공간으로 보전할 필요가 있는 곳

해설
용도지구(자연공원법 제18조 제1항 제1호)
공원자연보존지구 : 다음의 어느 하나에 해당하는 곳으로서 특별히 보호할 필요가 있는 지역
가. 생물다양성이 특히 풍부한 곳
나. 자연생태계가 원시성을 지니고 있는 곳
다. 특별히 보호할 가치가 높은 야생 동식물이 살고 있는 곳
라. 경관이 특히 아름다운 곳

40 도시계획시설로 분류되지 않는 것은?(단, 도시·군계획시설의 결정·구조 및 설치기준에 관한 규칙을 적용한다)

① 교통시설   ② 방재시설
③ 주거시설   ④ 공공·문화체육시설

해설
도시계획시설(도시·군계획시설의 결정·구조 및 설치기준에 관한 규칙)
• 교통시설 : 도로, 철도, 항만, 공항, 주차장, 자동차정류장, 궤도, 차량 검사 및 면허시설
• 공간시설 : 광장, 공원, 녹지, 유원지, 공공공지
• 유통 및 공급시설 : 유통업무설비, 수도공급설비, 전기공급설비, 가스공급설비, 열공급설비, 방송·통신시설, 공동구, 시장, 유류저장 및 송유설비
• 공공·문화체육시설 : 학교, 공공청사, 문화시설, 체육시설, 연구시설, 사회복지시설, 공공직업훈련시설. 청소년수련시설
• 방재시설 : 하천, 유수지, 저수지, 방화설비, 방풍설비, 방수설비, 사방설비, 방조설비
• 보건위생시설 : 장사시설, 도축장, 종합의료시설
• 환경기초시설 : 하수도, 폐기물처리 및 재활용시설, 빗물저장 및 이용시설, 수질오염방지시설, 폐차장

41 장애인 등의 통행이 가능한 접근로를 설계하고자 할 때 기준으로 틀린 것은?(단, 장애인·노인·임산부 등의 편의증진 보장에 관한 법률 시행규칙을 적용한다)

① 보행장애물인 가로수는 지면에서 2.1m까지 가지치기를 하여야 한다.
② 접근로의 기울기는 10분의 1 이하로 하여야 한다.
③ 휠체어사용자가 통행할 수 있도록 접근로의 유효폭은 1.2m 이상으로 하여야 한다.
④ 접근로와 차도의 경계부분에는 연석·울타리 기타 차도와 분리할 수 있는 공작물을 설치하여야 한다.

해설
② 접근로의 기울기는 18분의 1이하로 하여야 한다. 다만, 지형상 곤란한 경우에는 12분의 1까지 완화할 수 있다(시행규칙 [별표 1]).

42 해가 지고 주위가 어둑어둑 해질 무렵 낮에 화사하게 보이던 빨간 꽃은 거무스름해져 어둡게 보이고, 그 대신 연한 파랑이나 초록의 물체들이 밝게 보이는 현상을 무엇이라고 하는가?

① 푸르키네 현상
② 하만그리드 현상
③ 애브니 효과 현상
④ 베졸드-브뤼케 현상

해설
푸르키네 현상
색광에 대한 시감도가 명암순응 상태에 의해 달라지는 현상. 여러 명암순응의 상태에서 시감도곡선을 구하면 명순응의 정도가 높아지게 됨에 따라서 시감도곡선의 극대점이 장파장측으로 기울며 반대로 암순응의 정도가 높아지면 단파장 측으로 기운다.

43 조경설계기준상의 놀이시설 설계로 옳지 않은 것은?

① 안전거리는 놀이시설 이용에 필요한 시설 주위의 이격거리를 말한다.
② 안전접근높이는 어린이가 비정상적인 방법으로만 오를 수 있는 가장 높은 위치를 말한다.
③ 놀이공간 안에서 어린이의 놀이와 보행동선이 충돌하지 않도록 주보행동선에는 시설물을 배치하지 않는다.
④ 그네 등 동적인 놀이시설 주위로 3.0m 이상, 시소 등의 정적인 놀이시설 주위로 2.0m 이상의 이용공간을 확보하며, 시설물의 이용공간은 서로 겹치지 않도록 한다.

해설
② 최고접근높이란 정상적 또는 비정상적인 방법으로 어린이가 오를 수 있는 놀이시설의 가장 높은 높이를 말한다.

44 미기후(microclimate)의 설명으로 옳지 않은 것은?

① 도심은 교외보다 기온이 높다.
② 우리나라는 여름에 남풍이 주로 분다.
③ 북사면은 남사면보다 눈이 오래 남는다.
④ 남향건물의 뒤쪽은 그림자 때문에 일조량이 적다.

해설
미기후(microclimate)
• 지상에서 가까운 공기층에 국지적으로 일어나는 기후상태를 말한다.
• 지형, 지표면의 재료, 수목, 건물 등의 존재 여부 등에 영향을 받는다.
• 알베도가 낮고 전도율이 높으면 미기후가 온화하고 안정된 상태이다.
• 안개 및 서리의 발생은 지형이 낮고 배수가 불량한 지역일수록 자주 발생한다.

45 심근성 교목의 A~E 중 B에 해당하는 값은?

식물 종류 토심	심근성 교목	
생존 최소토심 (cm)	인공토	A
	자연토	B
	혼합토(인공토 50% 기준)	C
생육 최소토심 (cm)	토양등급 중급 이상	D
	토양등급 상급 이상	E

① 45 ② 60
③ 90 ④ 150

해설
식물의 생육토심

식물 종류 토심	심근성 교목	
생존 최소토심 (cm)	인공토	60
	자연토	**90**
	혼합토(인공토 50% 기준)	75
생육 최소토심 (cm)	토양등급 중급 이상	90
	토양등급 상급 이상	70

46 조경설계기준상 게이트볼장의 설계와 관련된 내용 중 거리가 먼 것은?

① 경기라인 밖으로 2m의 규제라인을 긋는다.
② 라인이란 경계를 표시한 실선의 바깥쪽을 말한다.
③ 게이트는 코트 안의 세 곳에 설치하되 높이는 지면에서 20m로 한다.
④ 코트의 면은 평활하고 균일한 면을 가지고 있어야 하나, 옥외코트는 0.5%까지의 기울기를 둔다.

해설
① 경기라인 밖으로 1m의 규제라인을 긋는다.

47 그림과 같이 3각법으로 정투상한 도면에서 A에 해당하는 수치는?

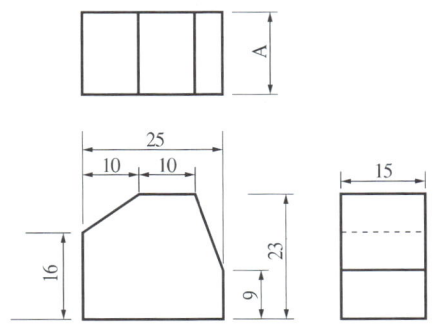

① 15
② 16
③ 23
④ 25

제3각법의 투상도 배치

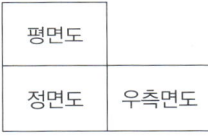

평면도	
정면도	우측면도

48 생태숲이란 자생식물의 현지 내 보전기능을 강화하고, 특산식물의 자원화 촉진과 숲 복원기법 개발 등 산림생태계에 대한 연구를 위하여 생태적으로 안정된 숲을 말한다. 다음 중 생태숲은 얼마 이상인 산림을 대상으로 지정할 수 있는가?(단, 예외 사항은 적용하지 않는다)

① 30만㎡
② 50만㎡
③ 80만㎡
④ 100만㎡

해설
생태숲의 지정기준(산림보호법 시행령 제9조)
산림생태계가 안정되어 있거나 산림생물의 다양성이 높은 산림으로서 30만㎡ 이상(산림문화·휴양에 관한 법률의 자연휴양림, 도시숲 등의 조성 및 관리에 관한 법률의 도시숲 등과 잇닿아 있어 교육·탐방·체험 등의 기능을 높일 수 있는 경우에는 20만㎡ 이상)인 지역을 말한다.

49 다음의 설명에 적합한 용어는?

> 자연지역에 형성되는 경관으로서 자연적 요소를 배경으로 인공적 요소가 침입하는 경관이다. 인공적 요소의 규모 및 형태에 따라 경관훼손 정도가 결정되며 대부분의 경우 인공구조물의 침입은 경관의 질을 저하시킨다. 따라서 자연경관 보전노력이 가장 많이 필요하다.

① 순수한 자연경관
② 반자연경관
③ 반인공경관
④ 인공경관

해설
반자연경관
자연지역에 형성되는 경관으로서 자연적 요소를 배경으로 인공적 요소가 침입하는 경관이다. 인공적 요소의 규모 및 형태에 따라 경관훼손정도가 결정되며 대부분의 경우 인공구조물의 침입은 경관의 질을 저하시킨다. 따라서 자연경관 보전노력이 가장 많이 필요하다.

50 도면을 제도할 때 2종류 이상의 선이 같은 장소에 겹치게 될 경우 우선순위로 먼저 그려야 되는 선의 종류는?

① 중심선
② 치수보조선
③ 절단선
④ 외형선

해설
같은 도면에서 2종류 이상의 선이 중복되었을 경우 우선순위
외형선 > 숨은선 > 절단선 > 중심선 > 치수 보조선

51 다음 중 치수의 기입, 가공 방법 및 기타의 주의사항 등을 기입하기 위하여 도면의 도형에서 빼내 표시하는 선은?

① 치수선
② 절단선
③ 가상선
④ 지시선

해설
① 치수선 : 치수를 기입하는데 쓰인다.
② 절단선 : 단면도를 그리는 경우 그 절단위치를 대응하는 그림에 표시하는데 사용된다.
③ 가상선 : 물체가 있을 것으로 가상되는 부분을 표시한다.

52 그림과 같은 정투상도(정면도와 평면도)를 보고 우측면도로 가장 적합한 것은?

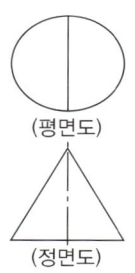

(평면도)

(정면도)

① 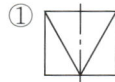　②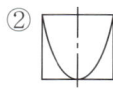

③ 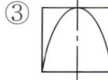　④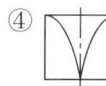

53 전항에 전전항을 더하여 가는 수열(sequence)로서 황금비를 설명하는 것은?

① 조화수열　② 등비수열

③ 펠의 수열　④ 피보나치수열

해설

피보나치(Fibonacci)수열
• 1, 1, 2, 3, 5, 8, 13, 21, 34, … 각 항은 그 전에 2개 항의 합한 수가 되며 이를 피보나치 급수라고 한다.
• 이탈리아의 수학자 피보나치가 처음 소개해 피보나치 수열이라고 한다.
• 자연 속의 꽃잎의 수나 해바라기 씨앗의 개수와 일치하고, 앵무조개에서도 찾아볼 수 있다.

54 주택단지·공공건물·사적지·명승지·호텔 등의 정원에 설치하며, 정원의 아름다움을 밤에 선명하게 보여 줌으로써 매력적인 분위기를 연출하는 정원등의 세부시설기준으로 틀린 것은?

① 광원이 노출될 때는 휘도를 낮춘다.
② 등주의 높이는 2m 이하로 설계·선정한다.
③ 숲이나 키 큰 식물을 비추고자 할 때에는 아래 방향으로 배광한다.
④ 야경의 중심이 되는 대상물의 조명은 주위보다 몇 배 높은 조도기준을 적용하여 중심감을 부여한다.

해설

③ 화단이나 키 작은 식물을 비추고자 할 때에는 아래 방향으로 배광한다.

55 렐프(Relph)는 장소성을 설명하는 개념으로 내부성과 외부성을 거론한 바 있다. 다음 중 내부성과 관련하여 렐프가 제시한 유형에 해당하지 않는 것은?

① 직접적 내부성　② 존재적 내부성
③ 감정적 내부성　④ 행동적 내부성

해설

장소성(sense of place)
• 장소성을 가장 잘 설명해 주는 개념은 '내부성-외부성'의 개념이라 할 수 있다.
• 장소(성)의 본질은 외부와 구분되는 내부의 경험에 있다. 이것은 장소가 공간과는 다르다는 점을 나타내며, 동시에 물리적 사물, 행위, 의미 등이 어우러진 독특한 체계를 뜻한다.
• 장소의 내부에 있다는 말은 그 장소에 소속되어 있으며, 그 장소와 일체감을 느끼는 것을 말한다. 한 장소의 내부에 더욱 깊이 있을수록 장소와의 일체감은 더욱 강해진다.
• 장소성은 한 장소의 내부에서 물리적 사물, 행위, 그리고 의미들을 통해서 종합적으로 경험하는 장소의 고유한 특성이라 할 수 있다.
• 내부성은 그 정도에 따라 실존적 내부성(existential inside-ness), 감정 이입적 내부성(empathic insideness), 행태적 내부성(behavioral iInsideness), 간접적 내부성(vicarious insideness)으로 분류하였다.

56 A2(420 × 594)제도 용지 도면을 묶지 않을 경우 도면 테두리의 여백은 최소 얼마나 두어야 하는가?

① 5mm

② 10mm

③ 15mm

④ 20mm

해설

도면 테두리 여백
A3~A4 : 5mm
A0~A2 : 10mm

57 색의 3속성을 나타내는 색입체 표현이 맞는 그림은?

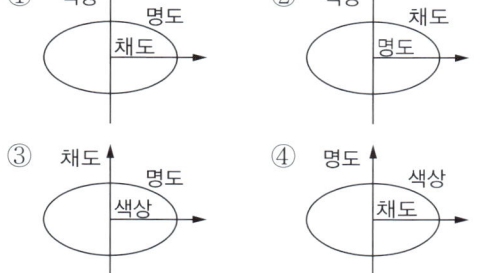

해설

먼셀 색입체의 구조

- 수직방향 : 명도 배치(위쪽이 고명도)
- 수평방향 : 채도 배치(중심축에서 나올수록 고채도)
- 회전방향 : 색상을 순서대로 배치

58 다양한 구성 요소끼리 하나의 규칙으로 단일화시키는 원리는?

① 대비   ② 통일

③ 연속   ④ 반복

해설

통일과 변화
- 통일 : 하나의 규칙으로 단일화시키는 것, 디자인의 질서가 느껴지나 지나치면 지루해진다.
- 변화 : 통일의 일부에 변화를 주는 것, 지루해질 수 있는 통일성에 자극을 주며 흥미를 부여, 변화가 지나치면 무질서해진다.

59 경계석 설치 시 다음 중 그 기능이 가장 약한 것은?

① 차도와 보드 사이

② 차도와 식재지 사이

③ 자연석 디딤돌의 경계부

④ 유동성 포장재의 경계부

해설

자연석 디딤돌의 경계부는 내구성이나 안정성이 차도, 포장재 등에 비해서는 떨어진다.

60 자갈을 나타내는 재료의 단면표시는?

① ⎰⎰⎰⎰⎰

② ──▽──

③ ⌒⌒⌒⌒⌒

④ ○○○○○

61 식생과 토양 간의 관계를 설명한 것 중 옳지 않은 것은?

① 배수불량의 원인은 주로 이층토의 접합부위에서 나타난다.

② 산중식(山中式) 토양경도계로 측정하여 토양 경도지수가 18~23mm까지는 식물의 근계생장에 가장 적당하다.

③ 우리나라의 산림토양은 일반적으로 알칼리성에 해당하며, 식물의 생육에 적합한 토양산도는 pH 7.6~8.8의 범위이다.

④ 일반적으로 도시지역에 조성되는 식재지반의 경우 투수성이 나쁜 경우가 많다.

해설
③ 우리나라의 산림토양은 일반적으로 산성에 해당하며, 식물의 생육에 적합한 토양산도는 pH 6.0~7.0(약산성)의 범위이다.

62 일반적인 방풍림에 있어서 방풍효과가 미치는 범위는 바람 아래쪽일 경우 수고(樹高)의 몇 배 거리 정도인가?

① 5~10배
② 15~20배
③ 25~30배
④ 35~40배

해설
바람의 위쪽에 대해서는 수고의 6~10배, 바람 아래쪽에 대해서는 25~30배 거리 정도이다.

63 배롱나무(*Lagerstroemia indica* L.)의 특징으로 옳지 않은 것은?

① 두릅나무과(科)이다.

② 성상은 낙엽활엽교목이다.

③ 즐기는 매끈하고 무늬가 발달하였다.

④ 꽃은 원추화서로 8월 중순에서 9월 중순에 개화한다.

해설
배롱나무(*Lagerstroemia indica* L.)
부처꽃과(科)로 수고 5~6m 정도로 구불구불 굽어지며 자란다. 수피는 옅은 갈색으로 매끄러우며 얇게 벗겨지면서 흰색의 무늬가 생긴다. 가지 끝에 달리는 원추화서의 꽃은 홍자색으로 피고 우리나라에서는 7월부터 늦가을까지 꽃이 달려있다. 꽃받침은 6개로 갈라지고 꽃잎도 6개이다.

64 남부 해안지역에 식재할 수 있는 수종으로 가장 거리가 먼 것은?

① 곰솔(*Pinus thunbergii*)

② 동백나무(*Camellia japonica*)

③ 산수유(*Cornus officinalis*)

④ 후박나무(*Machilus thunbergii*)

해설
산수유는 대체로 비옥한 산간계곡, 산록부, 논둑, 밭둑의 공한지 등에서 생장이 양호하다.

65 온대지방 식생분포의 대국(大局)을 결정하는 데 가장 큰 영향을 미치는 환경 요인은?

① 기후요인과 최저온도

② 지형요인과 풍향

③ 토지요인과 강우량

④ 생물요인과 최고온도

해설
식물의 천연 분포를 결정짓는 가장 주된 요인은 기후 인자이며, 그중에서도 온도 조건이 식물의 천연 분포를 결정하고 있다.

66 다음 중 낙엽활엽관목에 해당되는 수종은?

① 황매화(Kerria japonica)
② 송악(Hedera rhombea)
③ 모람(Ficus oxyphylla)
④ 남오미자(Kadsura japonica)

해설
②·④ 송악, 남오미자 : 상록활엽덩굴성
③ 모람 : 상록만경목

67 가로수의 목적 및 갖추어야 할 조건으로 옳지 않은 것은?

① 병해충에 잘 견디고 쾌적감을 줄 것
② 도로의 미화를 위해 상록수일 것
③ 이식과 전지에 강한 수종일 것
④ 지역적, 역사적 특성과 향토성을 풍기고 공해에 잘 견딜 것

해설
수형, 잎의 모양, 잎의 색채 등이 아름다워야 하며, 낙엽수일 경우 신초의 색깔, 여름의 녹음, 가을의 단풍 색깔, 겨울의 채광이 좋아야 한다.

68 아조변이된 식물, 반입식물을 번식시키는 방법으로 적당하지 못한 것은?

① 삽목
② 실생
③ 접목
④ 취목

해설
실생 : 씨가 싹터서 식물이 자라는 것

69 그림과 같은 식재설계 시 경관목(景觀木)의 위치로 가장 적합한 것은?

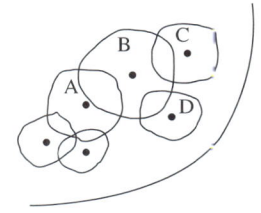

① A
② B
③ C
④ D

해설
주목(主木, 경관목) : 경관의 중심적 존재가 되어 경관을 지배하는 수목(군)

70 다음 중 양수들로만 짝지어진 수목은?

① 낙엽송, 소나무, 자작나무
② 태산목, 구상나무, 꽝꽝나무
③ 개비자나무, 회양목, 팔손이
④ 독일가문비나무, 아왜나무, 미선나무

해설
• 양수 : 매화나무, 소나무, 자작나무, 낙엽송, 오동나무, 매화나무, 층층나무 등
• 음수 : 독일가문비나무, 아왜나무, 팔손이나무, 회양목, 구상나무, 개비자나무 등

정답 66 ① 67 ② 68 ② 69 ② 70 ①

71 식생조사 및 분석에서 두 종의 종간관계를 유추하기 위하여 종간결합을 조사하는 과정을 순서에 맞게 나열한 것은?

A. x^2 값을 계산한다.
B. 2×2 분할표를 작성한다.
C. 양성, 음성 혹은 기회 결합인지 판단한다.
D. 알맞은 크기의 방형구를 100개 이상 설치하여 두 종의 존재 여부를 기록한다.

① B → A → D → C
② B → D → A → C
③ D → B → A → C
④ D → A → B → C

72 다음 중 화재의 방지 또는 확산을 막거나 지연시킬 목적으로 식재하는 방화수종으로 가장 부적합한 것은?

① 동백나무(Camellia janponica)
② 굴거리나무(Daphniphyllum macropodum)
③ 사철나무(Euonymus japonicus)
④ 댕강나무(Abelia mosanensis)

해설
댕강나무 : 관상수로 재배하거나, 특히 생울타리용으로 식재하거나 군식하여도 좋다.
※ 방화 식재용 수목의 조건
 • 잎이 두껍고 함수량이 많으며 넓은 잎을 가진 치밀한 수관 부위의 상록수로 잎이 오래가고 가지에 매달려 있지 않는 수종
 • 수관의 중심이 추녀보다 낮은 위치에 있는 수종

73 다음 중 과(Family)가 다른 수종은?

① 금송　　　　② 측백나무
③ 향나무　　　　④ 노간주나무

해설
① 금송 : 낙우송과
②·③·④ 측백나무, 향나무, 노간주나무 : 측백나무과

74 다음 특징에 해당하는 수종은?

• 전정을 싫어함
• 여름에 백색의 꽃이 핌
• 수피가 벗겨져 적갈색 얼룩무늬의 특색이 있음

① 노각나무(Stewartia pseudocamellia)
② 모과나무(Chaenomeles sinensis)
③ 채진목(Amelanchier asiatica)
④ 느릅나무(Ulmus davidiana var. japonica)

해설
② 모과나무 : 4월 말, 분홍색 꽃
③ 채진목 : 4월 중~5월, 백색 꽃
④ 느릅나무 : 4월 초~5월 초, 자주색 꽃

75 다음 중 수도(數度, abundance)를 나타내는 식으로 옳은 것은?

① 조사한 총면적 / 어떤 종의 총개체수
② 어떤 종이 출현한 방형구 / 조사한 총방형구 수
③ 어떤 종의 총개체수 / 조사한 총면적
④ 어떤 종의 총개체수 / 어떤 종이 출현한 방형구 수

해설
수도(數度)는 특정 생태계의 종의 개체수와 관계된 것을 나타내는 생태학의 개념으로, 존재비(存在比)라고도 한다.
① 평균넓이, ② 빈도, ③ 밀도

71 ③　72 ④　73 ①　74 ①　75 ④　정답

76 다음 중 우리나라 특산수종이 아닌 것은?

① 구상나무 ② 미선나무
③ 개느삼 ④ 계수나무

해설
우리나라에만 자라는 특산수종(19종)
개느삼, 거제딸기, 구상나무, 노란팽나무, 땃두릅나무, 만리화, 미선나무, 산개나리, 설악눈주목, 섬댕강나무, 섬매발톱나무, 왕개서나무, 왕자귀나무, 이노리나무, 좀고채목, 줄댕강나무, 참꽃나무, 해변노간주, 히어리

77 다음 특징에 해당되는 식물은?

- 잎이 장상복엽이다.
- 그늘시렁에 올려 사계절 녹음을 볼 수 있음

① 덩굴장미(*Rosa multiflora* var. *platyphylla*)
② 멀꿀(*Stauntonia hexaphylla*)
③ 등(*Wisteria floribunda*)
④ 으름덩굴(*Akebia quinata*)

해설
멀꿀은 주로 시렁을 만들어 정원수로 이용하며, 분재나 꽃꽂이 용으로 이용되기도 한다. 꽃과 열매는 아름다워 관상가치가 있다.

78 온대성 화목류의 개화에 대한 설명 중 틀린 것은?

① 꽃눈(화아, 花芽)은 보통 개화 전년에 형성된다.
② 대체로 단일이 되면 생장이 중지되었다가 장일이 되면서 생육하며 개화한다.
③ 꽃눈(화아, 花芽)이 저온에 노출되면 정상적으로 생육하지 못한다.
④ 생육과 개화는 auxin이나 gibberellin 물질의 증가 및 활성화와 밀접하다.

해설
③ 저온에 노출되어도 화아는 분화한다.

79 3그루 나무를 배식 단위로 식재할 때 가장 자연스러운 처리 방법은?

① 동일한 선상(線上)에 놓여야 한다.
② 3그루 수목은 수종과 형태가 동일해야 한다.
③ 식재지점을 연결한 형태가 정삼각형이 되어야 한다.
④ 식재지점을 연결했을 때 부등변삼각형이 되어야 한다.

해설
부등변삼각형 식재 각기 크기를 달리한 세 그루의 수목을 서로 간격을 달리하는 동시에 한 직선 위에 서지 않도록 하는 방법이다. 이는 동양화의 기본 수법으로 삼각 수법에 근거를 둔 것으로 서로 균형을 이루어 안정감을 주고 자연스럽게 보인다.

80 목련(*Magnolia kobus*)의 특징으로 옳은 것은?

① 중국이 원산임
② 꽃이 밑으로 향함
③ 꽃잎은 6~9장임
④ 꽃보다 잎이 먼저 나옴

해설
① 일본이 원산임
② 꽃이 위로 핌
④ 잎보다 꽃이 먼저 나옴

정답 76 ④ 77 ② 78 ③ 79 ④ 80 ③

81 벽돌 담장 시공의 주의사항으로 틀린 것은?

① 하루 쌓기 높이는 1.2m(18켜 정도)를 표준으로 한다.

② 세로 줄눈은 특별히 정한 바가 없는 한 신속한 시공을 위해 통줄눈이 되도록 한다.

③ 모르타르는 사용할 때 마다 물을 부어 반죽하여 곧 쓰도록 하고, 경화되기 시작한 것은 사용하지 않는다.

④ 줄눈은 가로는 벽돌담장 규준틀에 수평실을 치고, 세로는 다림추로 일직선상에 오도록 한다.

해설
세로줄눈은 특별히 정한 바가 없는 한 통줄눈이 되지 않도록 쌓는다.

82 다음 그림의 면적을 심프슨(Simpson) 제1법칙을 이용하여 구하면 얼마인가?

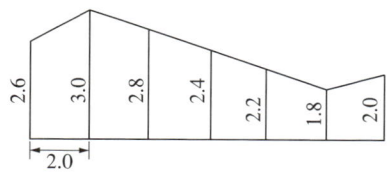

① 28.93m^2　　② 29.00m^2

③ 29.10m^2　　④ 29.17m^2

해설
심프슨 제1법칙

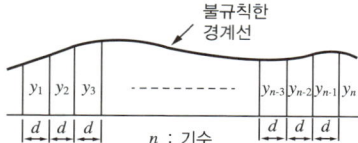

$$A = \frac{l}{3}\{(y_0+y_6)+2(y_2+y_4)+4(y_1+y_3+y_5)\}$$

$$= \frac{2}{3}\{(2.6+2.0)+2(2.8+2.2)+4(3.0+2.4+1.8)\}$$

$$= 28.93m^2$$

83 평탄면의 마감높이를 평탄면이 지나지 않는 가장 높은 등고선 보다 조금 높게 정하여 평탄면을 통과하는 등고선보다 낮은 방향으로 그 지역을 둘러싸도록 등고선을 조작하는 평탄면 조성 방법은?

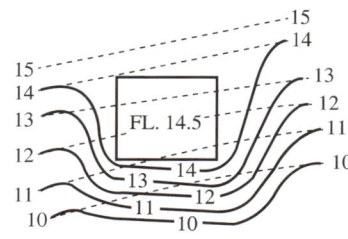

① 절토에 의한 방법

② 성토에 의한 방법

③ 성·절토에 의한 방법

④ 옹벽에 의한 방법

해설
② 성토에 의한 등고선 조정(높은 등고선에서 낮은 등고선쪽으로 등고선이 수정됨) : 선택된 등고선보다 높은 등고선부터 시작하여 평탄한 부지의 앞을 둘러싸도록 등고선을 조정함

① 절토에 의한 등고선 조정(낮은 등고선에서 높은 등고선쪽으로 등고선에 수정됨) : 선택된 등고선보다 높은 등고선부터 시작하여 평탄한 부지의 뒤를 둘러싸도록 등고선을 조정함

③ 절토와 성토의 혼합에 의한 등고선 조정 : 계획고보다 높은 등고선은 위로, 평탄지역을 감싸고 계획고보다 낮은 등고선은 아래로 평탄지역을 감싸도록 조정함

84 적산 시 적용하는 품셈의 금액의 단위 표준에 관한 내용으로 잘못 표기된 것은?

① '설계서의 총액'은 1,000원 이하는 버린다.

② '설계서의 소계'는 100원 이하는 버린다.

③ '설계서의 금액란'에서는 1원 미만은 버린다.

④ '일위대가표의 금액란'은 0.1원 미만은 버린다.

해설
설계서의 소계, 설계서의 금액, 일위대가표 계금 : 1원 미만은 버린다.

85 원형지하 배수관의 굵기를 결정하기 위한 평균 유속(流速) 산출 공식은?

- V : 평균유속
- C : 평균유속계수
- R : 경심
- I : 수면경사

① $V = CRI$

② $V = \sqrt{CRI}$

③ $V = \dfrac{\sqrt{RI}}{C}$

④ $V = C\sqrt{RI}$

[해설]
Chezy의 평균유속 공식 $V = C\sqrt{RI}$

86 공사발주를 위해 발주자가 작성하는 서류가 아닌 것은?

① 수량산출서

② 내역서

③ 시방서

④ 견적서

[해설]
④ 견적서는 수주자가 작성하는 서류이다.

87 다음 수문 방정식(유입량 = 유출량 + 저류량)에서 유출량에 해당하지 않는 것은?

① 강수량

② 증발량

③ 지표유출량

④ 지하유출량

[해설]
수문방정식 : 유입량 = 유출량 + 저류량
- 유입량 : 강수량, 지표·지하·기타 유입량
- 유출량 : 지표·지하 유출량, 증발량, 증산량
- 저류의 변동량 : 지하수, 토양수분, 적설량, 저수량 등

88 다음의 ( ) 안에 적당한 ㉠, ㉡의 용어는?

(㉠)란 콘크리트의 (㉡)와 동등 이상의 강도를 발현하도록 배합을 정할 때 품질의 편차 및 양생온도 등을 고려하여 (㉡)에 할증한 압축강도이다.

① ㉠ 배합강도, ㉡ 설계기준강도

② ㉠ 배합강도, ㉡ 호칭강도

③ ㉠ 호칭강도, ㉡ 배합강도

④ ㉠ 설계기준강도, ㉡ 배합강도

[해설]
배합강도란 설계기준강도에 적당한 계수를 곱하여 할증한 압축강도를 말하며, 배합설계 시 소요강도로부터 물시멘트비를 정할 경우에 쓰인다.

89 힘(force)에 대한 설명이 옳지 않은 것은?

① 힘은 작용점, 방향, 크기로 나타낸다.

② 힘의 크기는 표시된 길이에 반비례한다.

③ 일반적으로 힘의 기호는 P 또는 W로 표시한다.

④ 2개의 힘이 1개 힘으로 대치된 경우 이를 합력이라 한다.

[해설]
힘의 크기는 표시된 길이에 비례한다.

90 축척 1 : 25,000의 지형도에서 963m의 산 정상으로부터 423m의 산 밑까지 거리가 95mm이었다면 사면의 경사는?

① $\dfrac{1}{7.4}$ ② $\dfrac{1}{6.4}$

③ $\dfrac{1}{5.4}$ ④ $\dfrac{1}{4.4}$

해설

• $\dfrac{1}{\text{축척}} = \dfrac{\text{도상거리}}{\text{실제거리}}$ 이므로, $\dfrac{1}{25,000} = \dfrac{95}{\text{실제거리}}$

실제거리 $= 25,000 \times 95 = 2,375,000mm$
$= 2,375m$

• 경사 $= \dfrac{\text{수직거리}}{\text{수평거리}} = \dfrac{963 - 423}{2,375} = \dfrac{1}{4.4}$

91 석재(石材)의 특징으로 틀린 것은?

① 불연성이고 압축강도가 크다.
② 비중이 작고 가공성이 좋다.
③ 내수성, 내구성, 내화학성이 풍부하다.
④ 조직이 치밀하고 고유의 색조를 갖고 있다.

해설

② 석재는 비중이 크고 가공이 어렵다.

92 정지(整地, grading)에 대한 설명으로 틀린 것은?

① 표토는 보존하는 것이 바람직하다.
② 성토와 절토에 균형이 이루어져야 한다.
③ 건설기계에 의해 흙이 과도하게 다져지는 것을 피한다.
④ 실선은 기존 등고선, 파선은 제안된 등고선을 나타낸다.

해설

④ 파선은 기존 등고선을 나타내고, 실선은 제안된 등고선을 나타낸다.

93 시방서에 대한 설명 중 옳지 않은 것은?

① 공사 수량 산출서
② 공사시행 관계 내용 기록 서류
③ 재료, 공법을 정확하게 지시하고 도면과 상이하지 않게 기록
④ 시방서의 종류에는 공사시방, 전문시방, 표준시방서가 있음

해설

시방서는 설계도면에 표시하기 어려운 사항을 설명하는 시공지침이다.

94 100ha의 배수면적인 지역에 강우강도 50mm/hr의 비가 내렸을 때 우수유출량(m³/sec)은?

• 배수면적 토지이용 : 잔디(30ha), 숲(50 ha), 아스팔트 포장(20ha)
• 유출계수 : 잔디(0.20), 숲(0.15), 아스팔트 포장(0.90)

① 4.375   ② 5.792
③ 6.474   ④ 7.583

해설

우수유출량$(Q) = \dfrac{1}{360} CIA$

여기서, C : 유출계수
I : 강우강도
A : 배수면적

$\therefore Q = \dfrac{1}{360} \times 50\{(30 \times 0.2) + (50 \times 0.15) + (20 \times 0.9)\}$
$= 4.375m^3/sec$

95 옹벽이 횡방향의 압력으로 반시계 방향으로 회전하거나 벽체의 외측으로 움직일 때 뒤채움 흙은 팽창할 것이다. 이 팽창이 증가하여 파괴가 일어날 때의 토압을 무엇이라 하는가?

① 주동토압 ② 이동토압
③ 수동토압 ④ 정지토압

[해설]
① 주동토압 : 뒤채움 흙의 압력에 의해 벽체가 흙으로부터 멀어지는 변위를 일으킬 때 뒤채움 흙은 수평방향으로 팽창하면서 파괴가 일어날 때의 토압
③ 수동토압 : 어떤 외력으로 벽체가 뒤채움 흙쪽으로 변위를 일으킬 때 뒤채움 흙은 수평방향으로 압축하면서 파괴가 일어날 때의 토압
④ 정지토압 : 옹벽에 뒷채움 흙을 채운 뒤에도 벽체의 변위가 생기지 않는 상태에서 작용하는 토압

96 도로위의 단곡선을 설치할 때 곡선의 시점(BC) 위치를 구하기 위해서 필요한 요소가 아닌 것은?

① 반경(R)
② 접선장(TL)
③ 곡선장(CL)
④ 교점(IP)까지의 추가거리

[해설]
곡선결정 : 내각이 155° 이상이거나 교각이 15° 이하일 경우 곡선 설치를 생략
• 교각법 : 교각을 알고 필요한 곡선을 설정할 때 유용한 설치법으로 1개의 굴절점에 단곡선을 삽입하는 방법으로 가장 기본적이다.

$$R = TL \times \cot\left(\frac{\theta}{2}\right)$$

여기서, R : 곡선의 반지름(m)
　　　　TL : 접선길이(m)
　　　　θ : 교각(°)
• 편각법 : 곡선상의 거리와 그 거리에 대응하는 편각을 구하여, 각 중간점의 위치를 결정하는 방법

$$\sin a = \frac{S}{2R}$$

여기서, a : 편각(°)
　　　　S : 현의 길이(m)
　　　　R : 곡선반지름(m)
• 진출법 : 정밀도가 요구되지 않을 때 테이프와 폴에 의하여 설치하는 방법

97 부지의 직접 수준측량 시행에 대한 설명으로 맞지 않는 것은?

① 제일 먼저 고저기준점을 선정한 후 영구표식을 매설한다.
② 1/1,200~1/2,400 사이의 적합한 축척을 결정한 후 수준측량을 시행한다.
③ 수준측량의 내용은 부지조건이나 설계자의 요구에 따라 달라질 수 있다.
④ 일반적으로 부지 외부와 부지 내부의 주요 지점과 부지의 전반적인 높이를 대상으로 측량한다.

[해설]
직접 수준측량은 레벨을 이용하여 2점에 세운 표척의 눈금차로부터 직접 고저차(비고, 수준차)를 구하는 측량방법이다.

98 구조물에 하중이 작용하면, 부재의 각 지점(支点)에는 무엇이 생기는가?

① 우력 ② 합력
③ 전단력 ④ 반력

[해설]
① 우력(偶力) : 크기가 같고 작용선이 평행하며, 방향이 반대인 한 쌍의 힘
② 합력(合力) : 물체에 작용하는 여러 개의 힘을 한 개의 힘으로 합성했을 때의 역학적 효과가 합성 전과 동일하다고 할 때 한 개로 대치된 힘
③ 전단력 : 부재측에 직각방향으로 절단하려는 힘

99 다음의 설명에 해당하는 용어는?

> 시멘트에 물을 첨가한 후 화학반응이 발생하여 굳어져 가는 상태를 말하며 또한 강도가 증진되는 과정을 의미한다.

① 경화   ② 수화
③ 연화   ④ 풍화

해설
② 수화(hydration) : 시멘트에 물을 가하여 비비면 풀과 같은 상태인데 시간이 경과함에 따라 수경성 화합물이 화학 반응을 일으켜서 차츰 유동성을 잃고 고화하는 것을 말한다.
③ 연화(softening) : 철강의 재료를 무르게 하거나 또는 기계 가공성을 증가시키기 위해서 하는 열처리이다.
④ 풍화(aeration) : 저장 중에 공기의 수분을 흡수하여 가벼운 수화작용을 일으키고 그 결과 생긴 수산화칼슘이 공기 중의 탄산가스와 결합하여 탄산칼슘을 만드는 작용이다.

100 원가계산에 의한 공사비 구성 중 직접경비에 해당되지 않는 것은?

① 특허권 사용료
② 가설비
③ 전력비
④ 폐기물 처리비

해설
직접공사경비(예정가격 작성기준 제38조 제2항 제3호)
공사의 시공을 위하여 소요되는 기계경비, 운반비, 전력비, 가설비, 지급임차료, 보관비, 외주가공비, 특허권 사용료, 기술료, 보상비, 연구개발비, 품질관리비, 폐기물처리비 및 안전관리비

---

101 상수리좀벌, 중국긴꼬리좀벌, 노랑꼬리좀벌, 큰다리남색좀벌 등이 천적인 해충은?

① 밤나무혹벌   ② 소나무좀
③ 아까시잎혹파리   ④ 측백하늘소

해설
밤나무혹벌의 천적으로는 남색긴꼬리좀벌, 노란꼬리좀벌, 큰다리남색좀벌, 배잘록꼬리좀벌, 상수리좀벌 등이 있다.

102 병원균은 *Cronartium ribicola*이며, 북아메리카 대륙에서는 까치밥나무류, 우리나라에서는 주로 송이풀과 기주교대를 하는 이종기생균은?

① 묘목의 입고병균
② 근두암종병균
③ 잣나무 털녹병균
④ 낙엽송 잎떨림병균

해설
잣나무 털녹병
오엽송류의 가장 중요한 병으로 잣나무 털녹병균인 *Cronartium ribicola*는 까치밥나무류 및 송이풀류를 각각 중간기주로 하여 번식한다. 이때 각각의 기주를 거쳐서 생활하지 않으면 그 균은 생활사를 완료할 수 없게 되며 감염도 일어나지 않는다.

103 탄저병 예방약제인 mancozeb는 어떤 계통의 약제인가?

① 구리화합물계 농약
② 유기유황계 농약
③ 무기유황계 농약
④ 유기수은제 농약

해설
유기유황계 농약 : Mancozeb, Maneb, Propineb, Zineb, Ziram 등

104 토양 공기 중에서 토양미생물의 활동이 활발할수록 그 농도가 증가되는 성분은?

① 산소
② 질소
③ 이산화탄소
④ 일산화탄소

[해설]
토양 공기 중 이산화탄소의 양은 토양미생물의 전체적 활동량의 지표로 사용되기도 한다.

105 토양의 양이온치환용량(cation exchange capacity)과 관계가 없는 것은?

① 염기치환용량과 같은 의미이다.
② 점토와 부식 같은 교질물의 종류와 양에 좌우된다.
③ 주요 토양교질물 중 음전하의 생성량이 많은 것일수록 양이온치환용량이 작다.
④ 보통 토양이나 교질물 1kg이 갖고 있는 치환성 양이온의 총량으로 나타낸다.

[해설]
양이온교환용량
토양이나 교질물이 양이온을 흡착, 교환할 수 있는 능력을 말한다. 토양교질물의 표면은 대부분 음전하(−)를 띠는데 이것이 양이온(+)을 붙잡고, 음전하가 많으면 양이온치환용량도 커진다.

106 분제(粉劑)의 물리적 성질인 토분성(吐粉性, dustability)에 대한 설명으로 옳은 것은?

① 살분 시 분제의 입자가 풍압에 의하여 목적하는 장소까지 날아가는 성질을 말한다.
② 살분 시 분제의 입자가 살분기의 분출구로 잘 미끄러져 가는 성질을 말한다.
③ 분제가 입자의 크기와 보조제의 성질에 따라 작물해충 등에 잘 달라붙는 성질을 말한다.
④ 분제농약의 저장 시 주성분의 분해 및 응집 등 물리적 변화가 일어나지 않은 성질을 말한다.

[해설]
토분성 : 살포기에서의 분제의 토출 정도
① 비산성, ③ 부착성 및 고착성, ④ 안정성

107 겨울철 작업현장에서의 동상(frostbite) 환자에 대한 응급처치 요령으로 옳은 것은?

① 동상부위를 약간 높게 해서 부종을 줄여 준다.
② 동상부위를 모닥불 등에 쬐어 동결조직을 신속하게 녹인다.
③ 조직손상을 최소화하기 위해 동상부위를 뜨거운 물에 담근다.
④ 야외에서 적당한 온열장비가 없는 경우, 동결부위를 마찰시켜 열을 발생시킨다.

[해설]
② 동상부위를 둘 위에 올리거나, 전기 담요, 뜨거운 물 주전자, 난로 등으로 직접 열을 가하지 않는다.
③ 43℃ 이상의 뜨거운 물에 동상부위를 담글 경우 오히려 화상을 입을 우려가 있다.
④ 동상부위를 문지르거나 마사지하지 않는다.

108 인산 20%를 함유한 용성인비 25kg의 유효 인산의 함량은 몇 kg인가?

① 3
② 5
③ 7
④ 9

해설

25kg × 20% = 5kg

110 조경시설물의 유지관리에 대한 설명으로 옳지 않은 것은?

① 시설물의 내구연한까지는 보수점검 관리 계획을 수립하지 않는다.
② 기능성과 안전성이 도모되도록 유지관리 해야 한다.
③ 주변환경과 조화를 이루는 가운데 경관성과 기능성이 유지되어야 한다.
④ 시설물의 기능저하에는 이용빈도나 고의적인 파손 등 인위적 원인이 많다.

해설

시설물의 내구연한을 고려하여 보수점검 관리계획을 수립하여야 한다.

109 잔디의 이용 및 관리체계에서 다음 설명에 해당하는 작업은?

- 토양표면까지 잔디만 주로 잘라주는 작업
- 대취(thatch)를 제거하고 밀도를 높여 주는 효과를 기대
- 표토층이 건조할 때 시행함은 필요 이상의 상처를 줄 수 있어 작업에 주의가 필요

① slicing
② vertical mowing
③ topdressing
④ spiking

해설

① 슬라이싱(slicing) : 칼로 토양을 베어 주는 작업으로, 잔디의 포복경 및 지하경을 잘라주는 효과가 있다.
③ 배토(topdressing) : 잔디에 뗏밥을 주는 작업
④ 스파이킹(spiking) : 끝이 뽀족한 못과 같은 장비로 토양에 구멍을 내는 것으로 상처가 비교적 작아 회복에 걸리는 시간이 짧다.

111 직영관리 방식의 단점에 해당되는 것은?

① 업무가 타성화하기 쉽다.
② 긴급한 대응이 불가능하다.
③ 관리 실태를 정확히 파악할 수 없다.
④ 관리책임이나 권한의 범위가 불명확하다.

해설

직영방식과 도급방식

구분	직영방식	도급방식
장점	• 관리책임이나 책임소재가 명확함 • 긴급한 대응이 가능 • 관리실태를 정확히 파악 • 임기응변의 조치가 가능 • 양질의 서비스제공 가능 • 애착심을 가지므로 관리 효율의 향상을 꾀함	• 규모가 큰 시설의 관리에 적합 • 전문가를 합리적으로 이용함 • 관리의 단순화를 기할 수 있음 • 전문적 지식, 기술, 자격에 의한 양질의 서비스를 제공할 수 있음 • 관리비가 싸고 장기적으로 안정될 수 있음
단점	• 업무가 타성화되기 쉬움 • 직원의 배치전환이 어려움 • 필요이상의 인건비 지출 • 인사가 정체됨	• 책임의 소재나 권한의 범위가 불명확함 • 전문업자를 충분하게 활용치 못할 수가 있음

112 토양 중에서 인산질 비료의 비효를 증진시키는 방법이 아닌 것은?

① 식물의 뿌리가 많이 분포하는 부분에 시비한다.
② 유기물 시용으로 토양의 인산 고정력을 감소시킨다.
③ 입상보다는 분상을 퇴비와 혼합하여 사용한다.
④ 퇴비와 혼합하거나 국부적 사용으로 토양과의 접촉을 적게 한다.

해설

인산질 비료의 비효 증진방법
• 토양의 인산 고정력을 감소시키기 위하여 토양 산도 교정 → 중성, 유기물 시용
• 건토 · 유기태 인산의 분해 촉진, 고정 인산의 유리 촉진
• 인산비료와 토양과의 접촉을 적게 해야 : 퇴비 · 녹비와 혼합 시용
• 시비 위치에 주의 : 인산이 이동을 못하므로 뿌리 근처에 사용
• 사용 시기에 주의 : 밑거름이 유리
• 인산질 비료의 선택 : 인산 고정력이 큰 토양에서는 구용성 인산 선택, 입상비료 선택
• 인산질 비료의 사용량 : 기온이 낮은 지역에는 보통 사용량의 2~3배
• 토양의 담수 처리 : 토양이 환원상태로 변화, 인산의 용해도 증가

113 옥외 레크리에이션 관리체계의 기본요소가 아닌 것은?

① 예산(budgets)
② 이용자(visitor)
③ 관리(management)
④ 자연자원기반(natural resource)

해설

옥외 레크리에이션 관리체계의 기본요소
이용자(visitor), 관리(management), 자연자원기반(natural resource base)

114 일반적으로 동일한 금속재료로 만들어진 시설물의 부식이 가장 늦게 나타나는 지역은?

① 해안별장지다
② 전원주택지
③ 시가지나 공업지대
④ 산악지의 스키장

해설

교외 전원주택은 주변 환경에 의한 금속제 구조물 부식이 가장 늦다.

115 공사기간에 따른 공사의 진척상황을 그래프로 표시할 때 다음 중 가장 양호한 것은?

①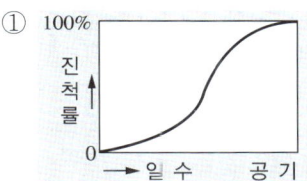

②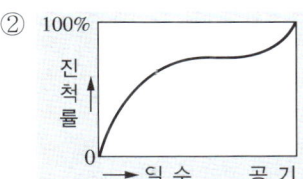

③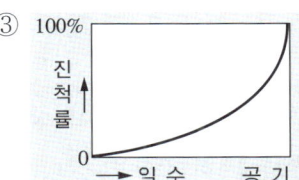

④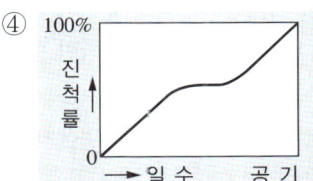

해설

예정공정 곡선은 S자 곡선(S-curve)이다.

116 자연 레크리에이션지역 조경관리의 가장 중요한 현실적 목표라고 인식되는 사항은?

① 자연환경의 보전
② 하자(瑕疵)의 최소화
③ 수목 및 시설물의 지속적 이용촉진
④ 지속 가능한 관리를 통한 이용효과의 증진

해설
옥외 레크리에이션 관리체계(이용자, 자연자원기반, 관리)
• 이용자(visitor)
 – 레크리에이션 경험의 수요를 창출하는 주체
 – 특정 개인보다는 이용자집단의 차원에서 관심과 요구도 등에 부응하여 관리
• 자원기반(natural resource base)
 – 레크리에이션 활동 및 이용이 발생하는 근거
 – 레크리에이션 경험으로서의 이용자 만족도를 좌우하는 요소
• 관리(management)
 – 다양한 이용자 집단에게 만족스런 경험을 제공하려는 목적
 – 이용자의 요구에 부응하여 가용한 자원의 서비스와 활동을 조정하는 행위
 – 자원기반의 원형을 보호하는 요소

117 다음 중 솔나방에 관한 설명으로 틀린 것은?

① 식엽성 해충으로 1년에 1회 발생한다.
② 주로 소나무, 해송, 리기다소나무 등을 가해한다.
③ 6~7월 사이에 지오판 수화제를 살포하여 방제한다.
④ 지표부근의 나무껍질 사이, 돌, 낙엽 밑에서 월동한다.

해설
화학적 방제로 디프 액제, 파라티온 액제를 살포한다.

118 일시에 큰 면적을 동시에 관수할 수 있으며, 노동력이 절감되고 비교적 균일한 상태로 관수할 수 있는 방법은?

① 방사식 관수
② 침수식(basin) 관수
③ 도랑식(furrow) 관수
④ 스프링클러식(sprinkler) 관수

해설
스프링클러 관수법
• 나무와 잔디를 함께 관수할 때 이용 가능
• 큰 면적을 동시에 관수 가능
• 시설비는 많이 들지만, 자동관수가 가능하므로 노동력 절약하고 균일한 관수 가능
• 토양 내로 정상적인 투수 속도보다 빠르므로 유량을 조절해야 한다.
• 지표면 유실이 많고 토양경도가 높아지는 단점이 있다.

119 다음 식물의 병 중 병원체가 세균인 것은?

① 버즘나무 탄저병
② 포플러류 줄기마름병
③ 대추나무 빗자루병
④ 벚나무 불마름병

해설
세균은 수목병 중 뿌리혹병, 불마름병 등의 원인이 된다.

120 난지형 잔디(금잔디, 돌잔디 등)의 뗏밥주기 시기로 가장 적당한 것은?

① 12~1월   ② 2~3월
③ 5~6월   ④ 9~10월

해설
난지형 잔디의 경우는 생육이 왕성한 5~7월에 준다.

116 ④ 117 ③ 118 ④ 119 ④ 120 ③ 정답

제1과목 조경사

01 다음 조선시대 사직단(社稷壇)에 관한 설명 중 틀린 것은?

① 동양의 우주관에 의해 궁궐 왼쪽에 사직단을 두었다.
② 토신에 제사지내는 사단(社壇)을 사직단에서 동쪽에 두었다.
③ 곡식의 신에 제사지내는 직단(稷壇)을 사직단에서 서쪽에 두었다.
④ 두 사직의 외각 기단부 사방에 홍살문을 두었다.

해설

조선을 건국한 태조 이성계는 한양으로 도읍을 옮기면서 왼쪽에 종묘, 오른쪽에 사직을 두는 좌묘우사(左廟右社)의 원칙에 따라 사직단을 경복궁 서쪽 인달방(仁達坊)에 건설하였다.
※ 사직단은 토지의 신(神)인 사(社)와 곡식의 신인 직(稷)에게 제사를 드리는 제단이다.

02 중국 조경의 특징 중 태호석을 고를 때 주요 고려 요소가 아닌 것은?

① 누(漏)   ② 경(景)
③ 수(瘦)   ④ 추(皺)

해설

태호석이 갖추어야 할 조건
• 추(皺) : 얼마나 주름졌나?
• 투(透) : 얼마나 뻥 뚫려 있나
• 누(漏) : 얼마나 사이사이 틈이 있나?
• 수(瘦) : 얼마나 야위었나?

03 르네상스시대 바로크식 정원의 특징과 가장 관계가 먼 것은?

① 동굴(grotto)
② 토피어리(topiary)
③ 격자울타리(trellis)
④ 비밀분천(secret fountain)

해설

격자(格子)울타리(trellis)
전(前) 시대에도 쓰인 것이나 르 노트르 시대에는 정원의 국부로 형성시켰고, 원좌, 살롱, 정원문, 보랑 등에 사용되었다.
※ 바로크 정원의 특징
• 정원의 크기과 식물을 강조하여 대량의 식물, 다양한 색채를 사용
• 대규모의 토피어리, 총림 등이 등장
• 기괴한 정원동굴(grotto), 워터매직(비밀분천, 분천, 물극장, 물풍금 등)을 도입

04 인도의 타지마할(Taj-mahal)은 어떤 목적으로 만든 건축물인가?

① 왕궁(王宮)
② 분묘건축(墳墓建築)
③ 서민의 주택(住宅)
④ 귀족의 별장(別莊)

해설

타지마할(Taj-mahal)
• 샤자한 왕이 왕비 뭄타즈마할을 기념하여 세운 묘소로 아그라의 줌나강 서면에 위치한다.
• 높은 울담으로 둘러싸여 있다.
• 중앙에 흰 대리석의 대분천지가 있으며, 수로가 정원을 4부분으로 나눈다.
• 수로 가장자리의 녹색 수목으로 둘러싸인 긴 반사연못은 건축물을 더욱 돋보이게 한다.

05 다음 중 스페인 알람브라 궁전의 사자의 중정 (court of lions)과 같이 4등분한 수로가 의미하는 바는?

① 동서남북을 의미
② 수로의 편리성을 의미
③ 동일한 모양의 땅 가름을 의미
④ 파라다이스 가든의 네 강을 의미

해설
사자의 중정
• 4개의 수로에 의해 4분되는 파라다이스 정원 개념을 잘 나타내고 있는 중정이며 무어 양식의 극치이다.
• 주랑식 중정이고 가장 화려하다.
• 12마리 사자상이 받치고 있는 분수가 있다.
• 수로에 의한 4분원, 왕의 사정원이 있다.
• 14세기에 마호멧 5세가 조성하였다.

06 동사강목(東史綱目)에 "궁성의 남쪽에 못을 파고 20여리 밖에서 물을 끌어들이고 사방의 언덕에 버드나무를 심고, 못 속에 섬을 만들었다"는 기록이 나타난 시기는?

① 백제의 진사왕
② 백제의 무왕
③ 신라의 경덕왕
④ 신라의 문무왕

해설
무왕 35년(634)에는 궁 남쪽에 못을 파고 방장선도를 만들었으며 못의 서안에 버드나무를 심었다.

07 일본의 교토에 위치한 실정(室町, 무로마치)시대의 전통정원 가운데 은사탄(銀沙灘, 인공모래펄), 향월대(向月臺) 등의 경물이 있는 곳은?

① 금각사   ② 은각사
③ 대선원   ④ 용안사

해설
은각사의 정원은 흰 모래를 이용한 조경이 꾸며져 있는데 이 모래 정원을 은사탄이라 하며 정원 한쪽에 정성스럽게 쌓아올린 모래더미는 달빛이 반사되도록 만든 구조물이라 하여 향월대라 한다.

08 한국정원의 특징 중 가장 대표적인 것은?

① 산수경관의 축경화와 조화미
② 산수경관의 실경화(實景化)와 조화미
③ 산수경관의 모조화와 강한 대비성
④ 산수경관의 축의화(縮意化)와 대칭성

해설
실경화(實景化)는 실제의 풍경이나 상황을 현실적으로 그림으로나 모형으로 나타내는 것을 말한다. 한국정원은 지나친 인공미와 강조는 작게 하고 연못, 누각, 화단 등을 직선으로 처리해서 자연과 대비를 이루도록 의도하였다. 또한, 자연의 순리를 거역하지 않고 동화되도록 하였다.

09 일반적인 조선시대 상류주택의 정원 중 바깥주인의 거처 및 접객공간이며, 조경수식이 가장 화려한 공간은?

① 안마당   ② 별마당
③ 사랑마당   ④ 사당마당

해설
사랑마당
조선시대 상류주택의 정원 중 바깥주인의 거처 및 접객공간이며, 주택외부와 가까운 곳에 위치하여 바깥마당, 행랑마당과는 대문, 중문을 통하여 연결되며, 구심력을 내포하는 장소성이 강한 공간이다.

10 한국조경에는 석교(石橋), 목교(木橋), 징검다리, 외나무다리 등 다양한 형태가 설치되었는데, 이 중 외나무다리가 설치된 조경 유적은?

① 경주 안압지(雁鴨池)

② 경복궁 향원지(香遠池)

③ 남원 광한루지(廣寒樓池)

④ 전남 담양의 소쇄원(瀟灑園)

해설

소쇄원 내원은 입구 공간, 대봉대 공간, 계류 공간, 화계 공간, 광풍각 공간, 제월당 공간, 담장, 고암정사와 부훤당 터로 구분할 수 있다. 그 중 계류 공간에 이채로운 수구, 오곡류 계곡과 외나무다리, 조담과 폭포, 광석, 옥추횡금, 탑암, 상석과 살구나무, 오동나무, 단풍, 창포 등이 있다.

※ 계류 : 산골짜기에 흐르는 시냇물

11 다음 중 일본 조경의 시초라 할 수 있는 사실과 가장 거리가 먼 것은?

① 일본서기(日本書紀)

② 용안사 석정(龍安寺 石庭)

③ 수미산(須彌山)과 오교(吳橋)

④ 백제인 노자공(路子工)

해설

② 용안사 정원은 평정고산수식 정원이다.

12 서양조경사를 통시적으로 보아 역사적으로 나타난 정원양식의 발달 순서로 적합한 것은?

① 자연풍경식 → 노단건축식 → 평면기하학식

② 노단건축식 → 평면기하학 → 자연풍경식

③ 평면기하학식 → 노단건축식 → 자연풍경식

④ 노단건축식 → 자연풍경식 → 평면기하학식

해설

정원양식의 발달 순서

노단건축식 → 평면기하학식 → 자연풍경식 → 구성식

13 프랑스 베르사유 궁원에서 사용된 '파르테르(parterre)'란 명칭으로 가장 적당한 것은?

① 분수　　　　　② 화단

③ 연못　　　　　④ 산책로

해설

파르테르는 식수화단을 구성하는 수평면의 양식적인 정원 건축물이다.

베르사유 궁원

• 르 노트르에 의해 조성된 세계 최대 규모의 정형식 정원이다.

• 궁원의 모든 구성이 중심 축선과 명확한 균형이 이루어진다는 것이 특징이다.

• 건물이나 연못 중심으로 태양광선이 펼쳐지는 듯한 방사상의 축선을 복합적으로 전개하였다.

• 주축을 따라 저습지의 배수를 위한 수로를 철치하고 부축들은 주축과 직교하며 좌우 균형을 이룬다.

• 강한 축과 총림(잡목이 우거진 숲)에 의한 비스타(vista)를 형성한다.

• 원래는 수렵지였으나 루이 14세 때에 정원으로 꾸민 것이다.

14 영국에 프랑스식 정원양식을 도입하는 데 공헌한 사람들 중 관계없는 인물은?

① 르 노트르(Andre Le Notre)

② 로즈(John Rose)

③ 페로(Claude Perrault)

④ 포프(Alexander Pope)

해설

④ 알렉산더 포프는 영국의 대표적인 고전주의 시인이다.

① 르 노트르는 베르사유 궁전의 정원을 재디자인하여 프랑스 바로크 정원 예술의 걸작으로 인정받았다.

② 로즈는 영국의 정원 디자이너로, 작품은 특히 잉글랜드의 도시들에서 발견되며, 정원은 기하학적 형태와 잔디를 활용하여 대표적인 영국 정원양식을 나타냈다.

③ 페로는 프랑스의 건축가, 정원 디자이너 그리고 작가로, 르 노트르와 함께 루브르 박물관의 건축을 담당하였다.

15 TVA(Tenessee Valley Authority)에 대한 설명 중 옳지 않은 것은?

① 최초의 광역공원계통
② 미국 최초의 광역지역계획
③ 계획·설계 과정에 조경가들이 대거 참여
④ 수자원개발의 효시이자 지역개발의 효시

해설

테네시강 유역 개발(TVA ; Tennessee Valley Authorities)
• 미시시피강과 테네스강 유역의 21개 댐건설
• 하수를 통제함으로써 홍수를 조절하고 수력발전을 일으키며 공업도시 개발과 아울러 농업 진흥을 꾀해 공업 인구의 유인을 도모
• 거주자를 대상으로 후생 설비를 완비할 것과 공공위락시설을 갖추는 노리스댐, 더글라스댐을 완공
• 수자원개발의 효시이자 지역개발의 효시
• 설계과정에서 조경가, 토목·건축가 대거 참여

16 다산초당(茶山草堂) 연못 조성과 관련된 글인 "中起三峯 石假山"에서 삼봉의 의미는?

① 금강산, 지리산과 한라산의 산악신앙에 의한 명산을 상징한다.
② 봉래, 방장과 영주의 신선사상에 의한 삼신산을 상징한다.
③ 돌의 배석기법인 불교에 의한 삼존석불을 상징한다.
④ 천·지·인의 우주근원을 나타낸 삼재사상을 상징한다.

해설

다산초당의 삼봉은 동아시아 전통의 신선사상에서 유래한 것으로, 신선들이 산다는 전설적인 세 산인 봉래, 방장, 영주를 상징한다. 이 신선사상은 불로장생과 이상적인 자연 세계를 의미하며, 조선시대 정원의 배치와 경관 설계에도 깊이 반영되었고, 자연 속에서 도를 닦고자 했던 지식인들에게 큰 영향을 미쳤다.

17 서양에서 낭만주의시대 자연풍경식 정원이 제일 먼저 발달한 국가는?

① 프랑스
② 독일
③ 영국
④ 이탈리아

해설

대부분의 유럽 지역에서는 정형식 정원이 발달해 왔으나 영국에서는 목가적인 전원생활을 좋아하고 전통을 고수하려는 민족성으로 인해 자연풍경식 정원이 발달하였다.

18 이탈리아 조경요소는 점, 선, 면적 요소로 나누어 볼 수 있는데, 다음 중 점적 요소에 해당되지 않는 것은?

① 분수
② 원정(園亭)
③ 조각상
④ 연못

해설

이탈리아 조경요소
• 점적 요소 : 분수, 원정, 조각상
• 선적 요소 : 계단, 캐스케이드, 원로
• 면적 요소 : 화단, 테라스, 잔디밭, 연못, 총림

19 조선시대 궁궐조경에 곡수거 형태가 남아 있는 곳은?

① 창덕궁 후원 옥류천 공간
② 경복궁 후원 향원정 공간
③ 창경궁 통명전 공간
④ 경복궁 교태전 후원 공간

해설
옥류천 계류가에는 청의정, 소요정, 태극정, 농산정, 취한정을 적절히 배치하고, 판석 등으로 간결한 석교를 놓는다. 어정 옆의 자연 암석인 소요암을 ㄴ형으로 파서 곡수구와 폭포를 만들고, 암벽에 시문을 새기기도 했다.

20 다음 중 고려시대(A)와 조선시대(B) 정원을 관장하던 행정부서의 명칭이 옳은 것은?

① A : 식대부, B : 장원서
② A : 내원서, B : 식대부
③ A : 장원서, B : 상림원
④ A : 내원서, B : 장원서

해설
• 내원서 : 고려시대 국가가 관리하는 정원과 동산을 관장하던 관서이다.
• 장원서 : 조선시대 원(園)·유(囿)·화초·과물 등의 관리를 관장하기 위해 설치된 관서이다.
※ 조경 관리서 변천
  궁원 (고구려) – 내원서 (고려) – 상림원 (조선 태조) – 장원서 (조선 세조)

제2과목 조경계획

21 비교적 큰 규모의 프로젝트(例 유원지, 국립공원)를 수행할 때 기본구상의 단계에서 가장 중요한 항목은?

① 토지이용 및 식재
② 토지이용 및 동선
③ 동선 및 하부구조
④ 시설물 배치 및 식재

해설
토지이용 및 동선을 중심으로 하여 계획 및 설계의 기본 골격을 짜는 단계이다.

22 설문지 작성의 원칙과 거리가 먼 것은?

① 직접적, 간접적 질문을 혼용하여 작성한다.
② 조사목적 이외에도 기타 문항을 삽입하여 응답자를 지루하지 않게 배려한다.
③ 편견 또는 편의가 발생하지 않도록 작성한다.
④ 유도질문을 회피하고 객관적인 시각에서 문항을 작성한다.

해설
② 설문조사의 목적을 명확하게 정의하고, 그 목적에 부합하는 질문을 작성해야 한다.
설문지 작성의 원칙
• 설문조사의 목적을 명확하게 정의하고, 그 목적에 부합하는 질문을 작성해야 한다.
• 의미가 모호하거나 어려운 단어를 피하고, 응답자들이 이해하기 쉬운 단순하고 명확한 언어를 사용해야 한다.
• 편견이나 선입견을 피하고, 중립적인 표현을 사용하여 응답자의 의견을 왜곡하지 않도록 주의해야 한다.
• 논리적이고 응답자에게 부담을 주지 않는 순서로 질문을 배열해야 한다.
• 주관적인 표현을 피하고 객관적인 질문을 사용하여 정확한 정보를 얻을 수 있도록 해야 한다.
• 불필요한 언어나 유도질문을 피하고, 간결한 문장으로 설문을 작성해야 한다.
• 단일 선택, 다중 선택, 열린 질문 등 다양한 유형의 질문을 활용하여 다양한 정보를 수집할 수 있도록 한다.

23 1875년 영국에서 불결한 도시주거환경을 제거하기 위해 새로이 건설되는 주택의 상하수도 시설과 정원 크기 및 주변 도로의 폭 등 주거환경기준을 규제하는 목적으로 제정된 법은?

① 건축법(Building act)
② 공중위생법(Public health act)
③ 단지조성법(Site planning act)
④ 미관지구에 관한 법(Law of Beautification)

[해설]
공중위생법(Public health act)
1848년 법을 대체하는 형태로 제정되었다. 주거 환경과 공중위생에 관한 문제들을 다루었으며, 하수 시스템의 구축, 건강 검사, 쓰레기 처리 등을 명시하였다. 이 법은 영국의 현대적인 공중위생 제도의 출발점으로 간주된다.

24 인간행태 관찰방법 중 시간차 촬영(time-lapse camera)에 이용될 수 있는 가장 적절한 조사 내용은?

① 국립공원의 보행패턴 및 이용 장소 조사
② 대규모 아파트단지의 자동차 통행패턴 조사
③ 광장 이용자의 하루 중 보행통로 및 머무는 장소 조사
④ 초등학교 어린이가 집에서부터 학교에 도달하는 보행통로 조사

[해설]
하루 중이라는 정해진 시간이 주어졌으므로 시간대별로 변화를 측정할 수 있어 시간차 촬영이 적절하다.

25 자연공원체험사업 중 자연생태체험사업의 범위에 해당하지 않는 것은?

① 생태체험사업을 위한 주민지원
② 공원 내 갯벌, 모래 언덕, 연안습지, 섬 등 해양생태계 관찰활동
③ 자연공원특별보호구역 탐방 및 멸종위기 동식물의 보전·복원 현장 탐방
④ 우수 경관지역, 식물군락지, 아고산대, 하천, 계곡, 내륙습지 등 육상생태계 관찰활동

[해설]
자연공원체험사업의 범위와 종류-자연생태체험사업(자연공원법 시행령 [별표 2])
1. 우수 경관지역, 식물군락지, 아고산대, 하천, 계곡, 내륙습지 등 육상생태계 관찰활동
2. 공원 내 갯벌, 모래 언덕, 연안습지, 섬 등 해양생태계 관찰활동
3. 자연공원특별보호구역 탐방 및 멸종위기 동식물의 보전·복원 현장 탐방

26 출입구가 2개 이상일 때 차로의 너비가 가장 큰 주차형식은?(단, 이륜자동차전용 노외주차장 이외의 노외주차장으로 제한)

① 평행주차   ② 직각주차
③ 교차주차   ④ 60° 대향주차

[해설]
노외주차장의 구조·설비기준-이륜자동차전용 노외주차장 외의 노외주차장(주차장법 시행규칙 제6조 제1항 제3호)

주차형식	차로의 너비	
	출입구가 2개 이상인 경우	출입구가 1개인 경우
평행주차	3.3m	5.0m
직각주차	6.0m	6.0m
60° 대향주차	4.5m	5.5m
45° 대향주차	3.5m	5.0m
교차주차	3.5m	5.0m

27 자연환경보전법 시행규칙상 시·도지사 또는 지방 환경관서의 장이 환경부장관에게 보고해야 할 위임업무 보고사항 중 생태·경관보전지역 등의 토지매수 실적 보고는 연 몇 회를 기준으로 하는가?

① 수시
② 1회
③ 2회
④ 4회

위임 업무 보고사항(시행규칙 [별표 3])

업무내용	보고 횟수	보고기일
생태·경관보전지역 안에서의 행위중지·원상회복 또는 대체자연의 조성 등의 명령 실적	수시	사유발생 시
생태·경관보전지역 등의 토지매수 실적	연 1회	매년 종료 후 15일 이내
과태료의 부과·징수 실적	연 2회	매반기 종료 후 15일 이내
생태계보전부담금의 부과·징수 실적 및 체납처분 현황	연 2회	매반기 종료 후 15일 이내
생태마을의 지정 및 해제 실적	지정 : 연 1회 해제 : 수시	매년 종료 후 15일 이내 해제 : 사유발생 시

28 주택단지의 밀도 중 주거목적의 주택용지만을 기준으로 한 것을 무엇이라 하는가?

① 총밀도
② 순밀도
③ 용지밀도
④ 근린밀도

밀도의 종류

- 인구밀도 : 개발지구 내 인구분포를 나타내는 인구밀도로서, 총 개발 면적에 대한 수용인구(거주인구)로 산출되며 이를 총밀도(gross density)라고도 한다.
- 순밀도(net density) : 순수 주택용지의 인구 밀집정도를 나타낸다.
- 호수밀도 : 총개발 면적에 대한 주택 수를 나타낸다.
- 건축밀도(building density) : 용적률을 말하며, 총 개발면적에 건축되는 건축물의 밀집도를 나타낸다.

29 인근 거주자의 이용을 대상으로 하여 유치거리 500m 이하로 규모가 10,000m² 이상의 기준에 해당하는 공원은?

① 체육공원
② 어린이공원
③ 도보권근린공원
④ 근린생활권근린공원

도시공원의 설치 및 규모의 기준(도시공원 및 녹지 등에 관한 법률 시행규칙 [별표 3])

공원구분	유치거리	규모
1. 생활권 공원		
나. 어린이공원	250m 이하	1천5백m² 이상
다. 근린공원		
(1) 근린생활권근린공원	500m 이하	1만m² 이상
(2) 도보권근린공원	1천m 이하	3만m² 이상
2. 주제공원		
마. 체육공원	제한 없음	1만m² 이상

30 다음 중 우수유량을 결정하는데 영향력이 가장 적은 요소는?

① 지표면의 경사방향
② 강우시간 및 강우강도
③ 지표면에 형성된 식생의 종류
④ 지표면을 형성하는 토양의 종류

우수유량은 지표면을 형성하는 지형, 지질, 식생, 토양 특성, 강우 특성 등의 영향을 받는다.

31 도시공원 안의 공원시설 부지면적 기준이 상이한 곳은?(단, 도시공원 및 녹지 등에 관한 법률 시행규칙을 적용한다)

① 근린공원(30,000m² 미만)
② 수변공원
③ 도시농업공원
④ 묘지공원

해설
④ 묘지공원 : 100분의 20 이상(시행규칙 [별표 4])
①·②·③ 근린공원(30,000m² 미만), 수변공원, 도시농업공원 : 100분의 40 이하(시행규칙 [별표 4])

32 다음과 같은 행위기준이 적용되는 자연공원의 용도지구는?

- 공원자연환경지구에서 허용되는 행위
- 대통령령으로 정하는 규모 이하의 주거용 건축물의 설치 및 생활환경 기반시설의 설치
- 지구의 자체 기능상 필요한 시설로서 대통령령으로 정하는 시설의 설치
- 환경오염을 일으키지 아니하는 가내공업(家內工業)

① 공원마을지구
② 공원자연환경지구
③ 공원자연보존지구
④ 공원문화유산지구

해설
용도지구(자연공원법 제18조 제2항 제3호)
용도지구에서 허용되는 행위의 기준은 다음과 같다. 다만, 대통령령으로 정하는 해안 및 섬지역에서 허용되는 행위의 기준은 다음의 행위기준 범위에서 대통령령으로 다르게 정할 수 있다.
3. 공원마을지구
　가. 공원자연환경지구에서 허용되는 행위
　나. 대통령령으로 정하는 규모 이하의 주거용 건축물의 설치 및 생활환경 기반시설의 설치
　다. 공원마을지구의 자체 기능을 위하여 필요한 시설로서 대통령령으로 정하는 시설의 설치
　라. 공원마을지구의 자체 기능을 위하여 필요한 행위로서 대통령령으로 정하는 행위
　마. 환경오염을 일으키지 아니하는 가내공업(家內工業)

33 집을 출발하여 목적지에 도착한 후 그곳에서 2~3개소의 시설을 광범위하게 구경하고 집으로 직접 돌아오는 관광행위의 유형은?

① 옷핀(pin)형
② 스푼(spoon)형
③ 피스톤(piston)형
④ 탬버린(tambourine)형

해설
관광코스의 종류
- 안전핀형 : 집에서 출발하여 목적지에 도착해 일단 관광한 다음 그 주위의 관광은 하되 귀가코스는 출발 당시 코스와 다른 코스를 택하여 귀가하는 형태
- 스푼형 : 집에서 출발하여 목적지에 도착한 다음 그 곳에서 주위 관광을 골고루 한 다음 오던 길과 같은 코스로 귀가하는 여행
- 피스톤형 : 집에서 출발하여 목적지에 도착한 다음 그곳에서 관광을 하고 곧바로 동일코스를 따라 귀가하는 반복식 여행 코스
- 탬버린형 : 집에서 출발하여 여행을 떠나 여러 목적지를 관광하면서 출발 당시와 다른 코스로 귀가하는 형태로 상당히 많은 시간과 경비가 소요되는 여행 형태

34 공원녹지 체계를 설명한 것 중 가장 거리가 먼 것은?

① 체계를 구성하는 요소는 하나의 큰 공원이다.
② 가로수나 하천을 공원의 연계요소로 이용한다.
③ 다수의 공원을 연계하여 상호 간의 관계를 만든다.
④ 공원을 보완하는 점적·면적 요소들로서는 호수, 운동장, 광장 등이 있다.

해설
① 체계를 구성하는 요소는 하나의 큰 공원이 아닌 서로 연결되어 있는 다수의 공원이다.

35 수요량 예측이 공간의 규모를 결정짓게 되는데, 반대로 계획의 규모가 수용량의 한계를 결정짓기도 한다. 일반적으로 수요량 산출 공식에 해당하지 않는 것은?

① 시계열 모델 　　② 중력 모델
③ 요인분석 모델 　　④ 혼합형 모델

수요 예측 방법
- 시계열 모델
  - 현재까지의 추세가 장래에도 계속 지속된다고 판단되는 경우에 적용
  - 미개발지나 시계열 데이터를 얻을 수 없는 경우에 적용
- 중력 모델 : 발생지의 데이터가 없는 관광지에는 적용할 수 없으나 인구와 거리에 따른 단기적 수요를 예측하는데 유용
- 요인분석 모델 : 연간수요량에 영향을 미친다고 생각되는 사항을 요인으로 취하여 수요량 산정

36 동질적인 성격을 가진 비교적 큰 규모의 경관을 구분하는 것으로 주로 지형 및 지표 상태에 따라 구분하는 것을 무엇이라고 하는가?

① 경관요소 　　② 경관유형
③ 토지형태 　　④ 경관단위

경관단위
- 동질적인 성격을 가진 비교적 큰 규모의 경관을 구분하는 것
- 주로 지형 및 지표상태에 의하여 좌우
- 계곡, 경사지, 고원, 평탄지, 구릉지 등으로 구분
- 시각자원의 개발, 관리, 보존의 방침을 설정하기 위함

37 도시조경의 목표로서 가장 거리가 먼 것은?

① 친환경적 도시건설
② 친인간적 도시건설
③ 아름다운 도시건설
④ 교통 편의적 도시건설

도시조경의 목표
- 친환경적 도시건설 : 단기간의 경제논리보다는 중장기적인 관점에서 지속적인 개발과 인류의 생존이 가능하도록 환경친화적인 도시건설을 목표로 한다.
- 친인간적 도시건설 : 차량 중심의 도시구조를 보행자 및 자전거 중심의 도시구조로 전환하며, 사회적 교류를 극대화시킴으로써 인간적인 도시건설을 목표로 한다.
- 아름다운 도시건설 : 획일적인 도시구성을 지향함으로써 도시의 정체성을 살리고 등시에 아름다운 도시건설을 목표로 한다.

38 환경심리학에 관한 설명으로 옳지 않은 것은?

① 환경과 인간행위 상호 간의 관계성을 연구한다.
② 사회심리학과 공동의 관심분야를 많이 지니고 있다.
③ 이론적이고 기초적인 연구에만 관심을 둔다.
④ 다소 정밀하지 않더라도 문제해결에 도움이 되는 가능한 모든 연구방법을 사용한다.

환경심리학의 특징
- 환경심리학에서는 환경과 행동을 각각 구별하여 독립된 성분으로 떼어 놓고 보는 것이 아니라 환경-행동 관계를 한 단위로 연구한다.
- 환경상황이 그 환경상황에서 발생하는 행동을 제한한다고 본다.
- 행동은 행동이 일어나는 환경맥락과 관련지어 연구해야 한다. 즉 환경은 실제로 행동에 영향을 주어서 행동을 제약하지만, 행동 역시 환경의 변화를 일으킨다.
- 기타심리학들은 이론연구, 기초연구를 통해 주제에 대한 지식을 얻으려는 목표이지만 환경심리학은 실질적 문제해결을 위함으로써 이론이 아닌 구체적 유용성이 가치기준이 된다.
- 환경심리학은 특히 다른 여러 학문들과 상호관련성을 많이 갖는다. 예를 들어 환경지각은 조경자, 도시계획자, 도시건축가와 관련을 가진다.

39 환경영향평가의 어려움에 관한 설명으로 옳지 않은 것은?

① 쾌적함, 아름다움 등의 추상적 가치에 관한 정량적 분석이 어렵다.
② 건설 후에 평가를 하게 되므로 완화대책을 시행하는데 비용이 많이 든다.
③ 일정행위로 인해 초래되는 환경적 영향에 대한 과학적 자료가 미흡하다.
④ 환경적 영향을 충분히 분석하기 위하여 어느 정도의 자료가 수집되어야 하는가에 대한 지식이 부족하다.

해설
환경영향평가는 환경에 영향을 미치는 계획 또는 사업을 수립·시행할 때에 해당 계획과 사업이 환경에 미치는 영향을 미리 예측·평가하고 환경보전방안 등을 마련하도록 하여 친환경적이고 지속가능한 발전과 건강하고 쾌적한 국민생활을 도모함을 목적으로 한다. 따라서 건설 후에 평가하는 것이 아닌 사전에 받는 것이다.

40 세계 최초로 지정된 국립공원과 한국 최초로 지정된 국립공원이 바르게 짝지어진 것은?

① 요세미티(Yosemite) – 오대산
② 요세미티(Yosemite) – 속리산
③ 옐로스톤(Yellow stone) – 설악산
④ 옐로스톤(Yellow stone) – 지리산

해설
• 최초의 자연공원 : 미국 캘리포니아의 요세미티 공원(1865년, 현재는 국립공원 지정)
• 최초의 국립공원 : 미국 몬테나 주의 옐로스톤 국립공원(1872년)
• 우리나라 최초의 국립공원 : 지리산 국립공원(1967년 12월)

제3과목 조경설계

41 균형(balance)의 원리에 관한 설명으로 옳지 않은 것은?

① 크기가 큰 것은 작은 것보다 시각적 중량감이 크다.
② 거친 질감은 부드러운 질감보다 시각적 중량감이 크다.
③ 불규칙적인 형태는 기하학적인 형태보다 시각적 중량감이 크다.
④ 밝은 색상이 어두운 색상보다 시각적 중량감이 크다.

해설
색의 중량감은 고명도일수록 가볍게 느껴지고, 저명도일수록 무겁게 느껴진다.

42 다음 먼셀 기호에 대한 설명이 틀린 것은?

5R 4/10

① 명도는 4이다.
② 색상은 5R이다.
③ 채도는 4/10이다.
④ 5R 4의 10이라고 읽는다.

해설
먼셀기호로 표기할 때는 HV/C 순서로 기록한다. 5R 4/10은 5R 4의 10이라고 읽고 색상은 빨강(5R), 명도 4, 채도는 10이라는 색을 나타내고 있다.

43 자전거도로의 설계에서 종단경사가 있는 자전거도로의 경우 종단경사도에 따라 연속적으로 이어지는 도로의 최대 길이를 무엇이라 하는가?

① 편경사　　　　　② 정지시거
③ 횡단경사　　　　④ 제한길이

해설
① 편경사 : 평면곡선부에서 자전거가 원심력에 저항할 수 있도록 하기 위하여 설치하는 횡단경사를 말한다(자전거 이용시설의 구조·시설 기준에 관한 규칙 제2조 제4호).
② 정지시거 : 자전거 운전자가 같은 자전거도로 위에 있는 장애물을 인지하고 안전하게 정지하기 위하여 필요한 거리로서 자전거도로 중심선 위의 1.4m 높이에서 그 자전거도로의 중심선 위에 있는 높이 0.15m 물체의 맨 윗부분을 볼 수 있는 거리를 그 자전거도로의 중심선에 따라 측정한 길이를 말한다(자전거 이용시설의 구조·시설 기준에 관한 규칙 제2조 제2호).
③ 횡단경사 : 자전거도로의 진행방향에 직각으로 설치하는 경사로서 자전거도로의 배수(排水)를 원활하게 하기 위하여 설치하는 경사와 평면곡선부에 설치하는 편경사를 말한다(자전거 이용시설의 구조·시설 기준에 관한 규칙 제2조 제5호).

44 다음 색에 관한 설명 중 옳은 것은?

① 파랑 계통은 한색이고, 진출색·팽창색이다.
② 파랑 계통은 난색이고, 후퇴색·팽창색이다.
③ 빨강 계통은 난색이고, 진출색·팽창색이다.
④ 빨강 계통은 한색이고, 후퇴색·팽창색이다.

해설
색의 진출
• 진출색 : 같은 위치이면서도 가깝게 보이는 현상, 난색계열
　예 빨강, 주황, 다홍, 귤색, 노랑
• 후퇴색 : 같은 위치이면서도 멀리보이는 현상, 한색계열
　예 청색, 파랑, 남색

45 가시광선이 주는 밝기의 감각이 파장에 따라 달라지는 정도를 나타내는 것은?

① 명시도　　　　　② 시감도
③ 암시도　　　　　④ 비시감도

해설
① 명시도 : 둘 이상의 색깔이 같은 거리에 같은 크기로 있을 때, 뚜렷이 잘 보이는 것과 잘 보이지 않는 정도
④ 비시감도 : 최대시감도에 대한 시감도의 비율을 기준으로 한 것

46 공공을 위한 공원 조성 시 보행동선 계획·설계에 관한 설명으로 틀린 것은?

① 동선은 가급적 단순하고 명쾌해야 한다.
② 상이한 성격의 동선은 가급적 분리시켜야 한다.
③ 이용도가 높은 동선은 가급적 길게 해야 한다.
④ 동선이 교차할 때에는 가급적 직각으로 교차해야 한다.

해설
③ 이용도가 높은 동선은 가급적 짧게 해야 한다.

47 인간 척도의 측면에서 외부공간에서 리듬감을 주고자 할 때 바닥의 재질변화나 고저차는 어느 정도 간격으로 하는 것이 가장 효과적인가?

① 10~15m　　　　② 15~20m
③ 20~25m　　　　④ 25~30m

해설
팔 뻗은 높이나 신장 등 인간척도와 사용재료·주변경관·태양의 고도 및 방위각 및 다른 시설과의 관계를 고려하여 약 20~25m 정도 간격이 효과적이다.

48 위요된 공간에서 혼잡하다고 느낄 때, 이를 완화시키기 위한 공간의 구성으로 틀린 것은?

① 천정을 높인다.
② 적절한 칸막이를 만들어 준다.
③ 외부공간으로 시선을 열어준다.
④ 장방형의 공간을 정방형으로 만든다.

④ 정방형의 공간을 장방형으로 만든다.

49 조경구성에 있어서 질감(texture)의 특성에 대한 설명으로 옳지 않은 것은?

① 질감은 물체의 부분의 형과 크기의 결과이다.
② 수목의 질감은 주로 잎의 특성과 크기 및 배치에 달려 있다.
③ 질감은 관찰자의 떨어진 거리가 영향을 미치지 않는다.
④ 질감의 효과는 매끄럽다, 거칠다 등 경험적 촉각에 의하여 감지된다.

③ 관찰거리가 멀어질수록 전체의 질감을 고려해야 한다.
질감이란 어떤 물체의 촉감적 경험으로 얻은 느낌을, 그 물체의 재질에서 오는 표면의 시각적인 특징을 통해 인식하는 것이다. 떨어진 거리에서 보았을 때 질감은 식물 전체에 대한 빛과 음영의 효과로 나타난다.

50 다음 중 '자연적인 형태' 주제에 해당하지 않는 것은?

① 나선형(spiral)
② 유기체적 모서리형(organic edge)
③ 불규칙 다각형(irregular polygon)
④ 집합과 분열형(clustering and eragmentation)

자연적 형태 : 자연적으로 발생하는 것으로 항상 변화하는 운동의 성질을 가진다.

51 다음 중 교차점광장의 결정기준에 해당하지 않는 것은?(단, 도시 · 군계획시설의 결정 · 구조 및 설치기준에 관한 규칙을 적용한다)

① 자동차전용도로의 교차지점인 경우에는 입체 교차방식으로 할 것
② 주민의 사교, 오락, 휴식 및 공동체 활성화 등을 위하여 근린주거구역별로 설치할 것
③ 혼잡한 주요도로의 교차점에서 각종 차량과 보행자를 원활히 소통시키기 위하여 필요한 곳에 설치할 것
④ 주간선도로의 교차지점인 경우에는 접속도로의 기능에 따라 입체교차방식으로 하거나 교통섬 · 변속차로 등에 의한 평면교차방식으로 할 것

주민의 사교, 오락, 휴식 및 공동체 활성화 등을 위하여 근린주거구역별로 설치하는 것은 근린광장의 결정기준에 해당된다.

52 설계 도면의 치수를 나타낸 그림 중 가장 나쁘게 표현한 것은?

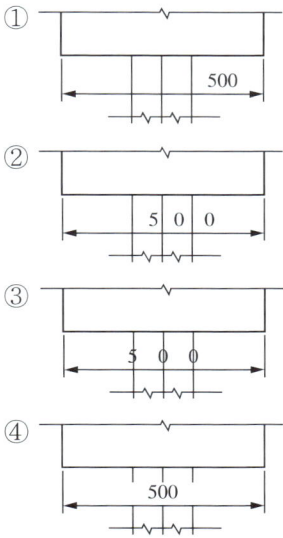

도면의 아래로부터 위로, 또는 왼쪽에서 오른쪽으로 읽을 수 있도록 치수선의 윗부분이나 치수선의 중앙에 기입한다.

53 건축물의 피난·방화구조 등의 기준에 관한 규칙상 다음 설명의 (   ) 안에 적합한 수치는?

> 건축물의 바깥쪽으로 나가는 출구를 설치하는 경우 관람실 바닥면적의 합계가 (   )m² 이상인 집회장 또는 공연장은 주된 출구 외에 보조출구 또는 비상구를 2개소 이상 설치하여야 한다.

① 250　　　　② 300
③ 500　　　　④ 600

건축물의 바깥쪽으로 나가는 출구를 설치하는 경우 관람실의 바닥면적의 합계가 300m² 이상인 집회장 또는 공연장은 주된 출구 외에 보조출구 또는 비상구를 2개소 이상 설치해야 한다.

54 다음 중 일반적인 조경설계 과정에 포함되는 사항이 아닌 것은?

① 프로그램 개괄
② 조사와 분석
③ 개념적인 설계
④ 모니터링 설계

55 전망대 설치 시 고려사항으로 틀린 것은?

① 전망대의 면적은 1인당 보통 5~7m²가 적당하다.
② 위치는 조망에 유리한 방향을 향하도록 하는 것이 좋다.
③ 보안상 안전하고 이용자가 사용하기 좋은 곳을 고려해야 한다.
④ 전망대 위치는 능선이나 산 정상보다는 진입로 근처가 바람직하다.

④ 공원·휴양림·유원지 등의 설계대상 공간이나 주변 경관을 조망할 수 있는 높은 지형에 배치한다.

56 최근의 환경설계 분야에서는 과학적 설계에 대한 관심이 높아지고 있다. 과학적 설계에 관한 설명으로 틀린 것은?

① 과학적 설계연구 자료에 근거하여 설계한다.
② 이용자의 형태, 선호 및 가치를 최대한 고려한다.
③ 설계자의 창의력은 임의성이 많으므로 과학적 방법으로 완전히 대체하고자 하는 것이다.
④ 설계자의 직관 및 경험에만 의존하지 않고 합리적 접근이 가능한 분야는 과학적 방법을 이용한다.

해설
과학적 설계는 창의력과 경험이 중요하지만, 완전히 대체하는 것이 아니라 과학적인 방법과 데이터를 활용하여 설계를 지원하고 개선하는 데 중점을 둔다. 과학적 설계는 실증적이며 검증 가능한 결과를 추구하며, 설계 결정에 과학적인 근거를 제공한다.

57 다음 그림과 같이 투상하는 방법은?

```
            ┌──────┐
            │ 저면도 │
            └──────┘
┌──────┐  ┌──────┐  ┌──────┐
│우측면도│  │ 정면도 │  │좌측면도│
└──────┘  └──────┘  └──────┘
            ┌──────┐
            │ 평면도 │
            └──────┘
```

① 제1각법   ② 제2각법
③ 제3각법   ④ 제4각법

해설
제1각법
투영도법에서 물체를 제1각에서 투영하는 방법이며 정면도가 위쪽, 평면도가 아래쪽에 그려져 제3각법과는 반대이다.

58 설계 시 사용되는 1점쇄선의 용도가 아닌 것은?(단, 한국산업표준(KS)을 적용한다)

① 중심선   ② 절단선
③ 경계선   ④ 가상선

해설
가상선은 가는 2점쇄선을 사용한다.

59 어린이미끄럼틀의 미끄럼대에 있어서 일반적인 미끄럼판의 기울기 각도와 폭이 가장 적합하게 짝지어진 것은?(단, 폭은 1인용 미끄럼판을 기준으로 한다)

① 각도 : 20~30°, 폭 : 20~30cm
② 각도 : 30~35°, 폭 : 40~50cm
③ 각도 : 20~30°, 폭 : 40~50cm
④ 각도 : 30~40°, 폭 : 20~30cm

해설
미끄럼판(조경설계기준)
가. 미끄럼대를 북향 또는 동향으로 배치한다.
나. 미끄럼판은 높이 1.2(유아용)~2.2m(어린이용)의 규격을 기준으로 한다.
다. 미끄럼판의 기울기는 30~35°로 재질을 고려하여 설계한다.
라. 1인용 미끄럼판의 폭은 40~50cm를 기준으로 한다.
마. 미끄럼판과 상계판의 연결부는 틈이 생기지 않도록 밀착 또는 연속되어야 한다.
바. 미끄럼판의 폭과 같은 크기로 출입구를 설계한다.

60 환경색채디자인에서 주의할 점이 아닌 것은?

① 인공시설물의 색채는 제외시킨다.
② 자연환경과 인공환경의 조화를 고려해야 한다.
③ 대상 지역 전체의 색채이미지와 부분의 색채이미지가 잘 조화될 수 있도록 계획한다.
④ 외부 환경색채디자인의 경우 광, 온도, 기후 등 대상지역에 대한 정확한 조사를 바탕으로 색채계획이 이루어져야 한다.

해설
환경디자인
인간이 생활하는 실내 공간과 여러 가구 그리고 주택과 정원, 도로와 건물, 거리의 시설물 등 환경을 구성하는 여러 요소의 조화와 통합을 추구하는 것으로 사람이 살고 있는 공간을 더욱 아름답고 생기있게 만들려는 활동이다.

56 ③ 57 ① 58 ④ 59 ② 60 ①   정답

61　다음 중 천근성(淺根性)으로 분류되는 수종은?

① 느티나무(*Zelkova serrata*)
② 전나무(*Abies holophylla*)
③ 상수리나무(*Quercus acutissima*)
④ 이태리포플러(*Populus davidiana*)

해설

이태리포플러는 천근성으로 바람에 의한 도복의 위험이 있으므로 가로수로서의 이용은 고려해야 할 필요가 있다.
• 심근성 수종 : 소나무, 곰솔, 전나무, 주목, 동백나무, 일본목련, 느티나무, 백합나무, 상수리나무, 은행나무, 칠엽수, 백목련 등
• 천근성 수종 : 독일가문비나무, 일본잎갈나무, 편백, 버드나무, 자작나무, 아까시나무, 포플러류, 현사시나무, 매화나무, 황철나무 등

62　천이(succession)의 순서가 옳은 것은?

① 나지 → 1년 생초본 → 다년생 초본 → 음수교목림 → 양수관목림 → 양수교목림
② 나지 → 1년생 초본 → 다년생 초본 → 양수교목림 → 양수관목림 → 음수교목림
③ 나지 → 1년생 초본 → 다년생 초본 → 양수관목림 → 양수교목림 → 음수교목림
④ 나지 → 다년생 초본 → 1년생 초본 → 양수관목림 → 양수교목림 → 음수교목림

해설

건성천이의 순서
나지(맨땅) → 1년생 초본 → 다년생 초본 → 양수관목림 → 양수교목림 → 음수교목림

63　"개체군 내에는 최적의 생장과 생존을 보장하는 밀도가 있다. 과소 및 과밀은 제한 요인으로 작용한다"가 설명하고 있는 원리는?

① Gause의 원리
② Allee의 원리
③ 적자생존의 원리
④ 항상성의 원리

해설

Allee의 원리
개체의 밀집정도는 최적의 개체군 성장에 우리한 쪽으로 진행된다(소극적 방어, 적극적 변화).

64　포장지역에 식재한 독립 교목은 태양열 및 인적 피해로부터의 보호와 미관을 고려하여 수간에 매년 새끼 등 수간보호재 감기를 실시하여야 한다. 이 경우 지표로부터 약 몇 m 높이까지 감아야 하는가?

① 1.0m
② 1.5m
③ 2.0m
④ 2.6m

해설

겨울의 추위나 건조한 강풍에 피해가 예상되는 수목은 11월 중에 지표로부터 1.5m 높이까지의 수간에 모양을 내어 짚 또는 녹화마대로 감싸준다.

65　가로수의 식재 방법으로 옳지 않은 것은?

① 식재구덩이의 크기는 너비를 뿌리분 크기의 1.5배 이상으로 한다.
② 분의 지름은 근원경의 2~3배로 해서 분뜨기를 한다.
③ 지주 설치 기간은 뿌리 발육이 양호해질 때 까지 약 1~3년간 설치해 둔다.
④ 식재지의 일정용량 중 토양입자 50%, 수분 25%, 공기 25%의 구성비를 표준으로 한다.

해설

② 분의 지름은 근원경의 5~6배로 해서 분뜨기를 한다.

66 추식구근(秋植球根)에 해당하지 않는 것은?

① 아마릴리스(Amaryllis)

② 아네모네(Anemone)

③ 히아신스(Hyacinth)

④ 라넌큘러스(Ranunculus)

[해설]
추식구근과 춘식구근
- 추식구근 : 수선화, 리코리스, 구근아이리스, 크로커스, 프리지아, 알리움, 히아신스, 백합, 튤립, 시클라멘, 아네모네, 라넌큘러스 등
- 춘식구근 : 아마릴리스, 구근베고니아, 제피란터스, 칸나, 달리아, 글록시니아, 글라디올러스, 글로리오사 등

67 다음 설명에 적합한 수종은?

> - 백색수피가 특이하다.
> - 극양수로서 도시공해 및 전지전정에 약하다.
> - 종이처럼 벗겨지며 봄의 신록과 가을 황색 단풍이 아름다워 현대 감각에 알맞은 조경수이다.

① 서어나무(*Carpinus laxiflora*)

② 박달나무(*Betula schmidtii*)

③ 개암나무(*Corylus heterophylla*)

④ 자작나무(*Betula platyphylla* var. *japonica*)

[해설]
자작나무
높이 20m에 달하고 나무껍질은 흰색이며 옆으로 얇게 벗겨지고 작은가지는 자줏빛을 띤 갈색이며 지점(脂點)이 있다. 잎은 어긋나고 삼각형 달걀 모양이며 가장자리에 불규칙한 톱니가 있다. 뒷면에는 지점과 더불어 맥액(脈腋)에 털이 있다. 암수한그루로서 꽃은 4월에 피고 암꽃은 위를 향하며 수꽃은 이삭처럼 아래로 늘어진다. 열매이삭은 밑으로 처지며 깊이 4cm 정도이고 포조각의 옆갈래조각은 중앙갈래조각 길이의 2~3배 정도이다. 열매는 9월에 익고 아래로 처져 매달리며, 열매의 날개는 열매의 나비보다 다소 넓다.

68 사실적(寫實的) 식재와 가장 관련이 없는 것은?

① 다수의 수목을 규칙적으로 배식

② 실제로 존재하는 자연경관을 묘사

③ 고산식물을 주종으로 하는 암석원(rock garden)

④ 윌리엄 로빈슨이 제창한 야생원(wild garden)

[해설]
사실적 식재
실제의 자연경관을 충실히 묘사한 식재(잡목이 우거진 숲의 생김새나 계곡의 아름다움, 숲속의 오솔길 등 자연의 풍경 가운데 아름답고 인상적인 것을 뜰 안에 묘사하는 수법)

69 개울가, 연못 가장자리 등 습윤지에서 잘 자라는 수종이 아닌 것은?

① 낙우송(*Taxodium distichum*)

② 능수버들(*Salix pseudolasiogyne*)

③ 오리나무(*Alnus japonica*)

④ 향나무(*Juniperus chinensis*)

[해설]
향나무는 해를 많이 받는 양지가 좋으며 건조한 사질양토에 잘 자란다. 토박한 곳에서도 잘 자라나 가급적이면 배수가 잘되고, 부식질이 많은 비옥한 양토나 사질양토가 좋다.

70 숲의 층위에 해당하지 않는 것은?

① 만경류층   ② 초본층

③ 관목층   ④ 아교목층

[해설]
식생계층은 교목층, 아교목층, 관목층, 초본층으로 구분하여 기록한다.

71 다음 중 자동차 배기가스에 가장 강한 수종은?

① 은행나무(*Ginkgo biloba*)
② 전나무(*Abies Holophylla*)
③ 자귀나무(*Albizia julibrissin*)
④ 금목서(*Osmanthus fragrans* var. *aurantiacus*)

해설
배기가스에 강한 수종과 약한 수종
• 강한 수종 : 비자나무, 가이즈까향나무, 녹나무, 감탕나무, 미루나무, 벽오동, 은행나무, 편백나무, 향나무, 쥐똥나무, 개나리, 히말라야시다 등
• 약한 수종 : 단풍나무, 팽나무, 전나무, 소나무, 수수꽃다리, 화살나무, 금목서, 은목서, 목련, 튤립나무 등

72 식재구성에서 색채와 관련된 이론으로서 옳지 않은 것은?

① 경관마다 우세한 것과 종속적인 요소를 결정하여 조성하여야 한다.
② 색의 변화는 연속성을 파괴하지 않도록 점진적인 단계를 두어야 한다.
③ 밝고 선명한 색채는 희미하고 연한 색채에 비하여 고운 질감을 지닌다.
④ 정원에서 휴식과 평화로운 분위기를 주도록 잎의 녹색은 관목의 꽃보다 더욱 중요하게 취급된다.

해설
색채와 질감과의 관계
희미하고 연한색채는 고운 질감을, 밝고 선명한 색채는 거친 질감을 나타낸다.

73 장미과 식물 중 속(Genus) 분류가 다른 것은?

① 산돌배
② 콩배나무
③ 아그배나무
④ 위봉배나무

해설
③ 장미과 사과나무속
①・②・④ 장미과 배나무속

74 중앙분리대 식재 시 차광효과가 가장 큰 수종으로만 나열된 것은?

① 아왜나무, 돈나무
② 광나무, 소사나무
③ 사철나무, 쉬땅나무
④ 생강나무, 병아리꽃나무

해설
중앙분리대 식재수종
• 침엽수 : 둥근향나무, 반송, 눈주목
• 활엽수 : 광나무, 사철나무, 아왜나무, 졸가시나무, 꽝꽝나무, 다정큼나무, 돈나무, 섬쥐똥나무, 유엽도, 철쭉류, 큰꽃댕강나무, 회양목

75 다음 설명에 해당되는 수목은?

- 수형은 원추형
- 내음성과 내조성이 강한 상록침엽수
- 큰 나무는 이식이 곤란하나 전정에 잘 견디며 경계
  식재나 기초식재에 이용

① 개잎갈나무(*Cedrus deodara*)
② 자목련(*Magnolia liliflora*)
③ 주목(*Taxus cuspidata*)
④ 단풍나무(*Acer palmatum*)

[해설]
주목(*Taxus cuspidata*)
고산지대에서 자라며, 높이 17m, 지름 1m에 달하고, 짙은 녹색과 더불어 이식이 잘되므로 관상수로 흔히 재배하고 있다. 가지가 옆으로 퍼지고 줄기는 큰 가지와 더불어 적갈색이다. 잎은 한 개씩 나선상으로 배열되지만, 옆으로 뻗은 가지에서는 깃모양으로 배열된다. 잎은 선형으로 길이 1.5~2cm, 너비 3mm 정도이며, 끝이 갑자기 뾰족해지고 밑부분도 좁아진다. 표면은 짙은 녹색이며 뒷면에는 두 줄의 황색 줄이 있고 엽맥은 양쪽으로 튀어나왔다. 잎은 2, 3년 만에 떨어진다.

76 기수1회 우상복엽의 잎 특성을 가진 수종이 아닌 것은?

① 물푸레나무(*Fraxinus rhynchophylla*)
② 아까시나무(*Robinia pseudoacacia*)
③ 자귀나무(*Albizia julibrissin*)
④ 쉬나무(*Euodia daniellii*)

[해설]
자귀나무는 2회 우상복엽 수종이다.
※ 깃모양 겹잎, 소엽이 총엽병의 좌우에 날개모양으로 달려 있는 잎, 소엽의 수가 홀수인 것을 기수우상복엽, 짝수인 것을 우수우상복엽이라고 한다. 소엽병이 다시 몇 개의 작은 소엽병으로 갈라질 경우에는 그 회수에 따라 2회우상복엽 또는 3회우상복엽이라고 한다.

[기수1회우상복엽]

[기수2회우상복엽]

77 식물의 화아분화가 가장 잘 될 수 있는 조건은?

① 식물체 내의 N 성분이 많을 때
② 식물체 내의 K 성분이 많을 때
③ 식물체 내의 P 성분이 많을 때
④ 식물체 내의 C/N율이 높을 때

[해설]
화아분화에 미치는 식물 내부적 요건
- C/N율이 높으면 꽃눈 형성과 결실을 좋게 한다.
- C/N율이 낮으면 식물체내에 질소가 많으며 이때는 영양생장 즉 잘 자란다는 것이다.

78 토양을 개선하기 위해 사용되는 부식(humus)의 특성으로 옳지 않은 것은?

① 토양의 용수량을 증대시키고 한발을 경감시킨다.
② 보비력이 강하고 배수력과 보수력이 강하다.
③ 미생물의 활동을 활발하게 하며 유기물의 분해를 촉진시킨다.
④ 토양을 단립(單粒)구조로 만들고, 토양의 물리적 성질을 약화시킨다.

[해설]
부식(토양유기물)의 기능
- 염기치환 용량(보비력)이 크다.
- 보수력이 크다.
- 양성적 성질을 가진다.
- 철과 같은 중금속이온의 유해작용 감소
- 토양의 단립형성으로 물리적 구조 개선
- 토양온도 상승
- 유용한 미생물의 활동촉진
- 유효인산의 고정을 억제한다.

79 흰말채나무(*Cornus alba* L.)의 특징으로 틀린 것은?

① 노란색의 열매가 특징적이다.
② 층층나무과(科)로 낙엽활엽관목이다.
③ 수피가 여름에는 녹색이나 가을, 겨울철의 붉은 줄기가 아름답다.
④ 잎은 대생하며 타원형 또는 난상타원형이고, 표면에 작은 털, 뒷면은 흰색의 특징을 갖는다.

흰말채나무(*Cornus alba* L.)
층층나무과의 낙엽활엽관목으로, 줄기는 어린 가지는 평활하고 적녹색이며 오래된 줄기는 적자색이고 세로로 갈라진다. 잎은 단엽이고 대생하며 타원형 또는 넓은 난상 타원형이고, 표면은 녹색에 짧은 복모가 있으며 이면은 회청색이고 짧은 복모가 있다. 꽃은 타원형 또는 도란형에 흰색 또는 황백색이다. 열매는 핵과이고, 타원상 또는 장타원성 편구형으로 백색 또는 청백색이다.

80 팥배나무의 종명에 해당하는 것은?

① *myrsinaefolia*
② *Alnus*
③ *Sorbus*
④ *alnifolia*

팥배나무의 속명 *Sorbus*는 '떫다'라는 뜻의 켈트어 'sorb'에서 유래한 것이고, 종명 '*alnifolia*'는 '오리나무속(*Alnus*)의 잎과 비슷한'이라는 의미에서 유래된 것이다.

제5과목 조경시공구조학

81 다음 중 콘크리트의 혼화재료에 속하지 않는 것은?

① 타르
② AE제
③ 포졸란
④ 염화칼슘

혼화재료는 콘크리트의 성능을 개선할 목적으로 골재, 시멘트, 물 이외에 추가로 더 넣는 재료를 총칭하는 말로 혼화재(플라이 애시, 천연 시멘트, 슬래그, 포졸란류, 암석 분말 등)와 혼화제[방청제, AE제(공기 연행제), 분산제(감수제), 응결촉진제(예 염화칼슘), 방수제, 발포제 등]가 있다.

82 그림과 같은 지형을 평탄하게 정지작업을 하였을 때 평균표고는?

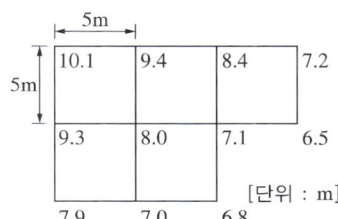

[단위 : m]

① 7.973m
② 8.000m
③ 8.027m
④ 8.104m

점고법

$$V = \frac{A}{4}\{\Sigma h_1 + 2\Sigma h_2 + 3\Sigma h_3 + 4\Sigma h_4\}$$

여기서, A : 수평단면적
h_1, h_2, h_3, h_4 : 각 점의 수직고

A = 5m × 5m = 25m²
Σh_1 = 10.1 + 7.2 + 6.5 + 6.8 + 7.9 = 38.5
Σh_2 = 9.4 + 8.4 + 7.0 + 9.3 = 34.1
Σh_3 = 7.1
Σh_4 = 8.0

$$V = \frac{5 \times 5}{4}[38.5 + 2(34.1) + 3(7.1) + 4(8)]$$
$$= 1,000 m^3$$

∴ 평균표고 = $\dfrac{V}{rA} = \dfrac{1,000}{5 \times 5 \times 5} = 8m$

83 관거의 유속과 유량에 대한 설명이 틀린 것은?

> Q : 유량, V : 유속, A : 유수단면적, R : 경심,
> I : 수면구배, C : 평균유속계수, n : 조도계수

① $V = C\sqrt{RI}$ 가 성립된다.
② $Q = A \cdot C\sqrt{RI}$ 가 성립된다.
③ $C = \dfrac{23 + \dfrac{1}{n} + \dfrac{0.00155}{I}}{1 + \left(23 + \dfrac{0.00155}{I}\right) \times \dfrac{n}{\sqrt{R}}}$ 가 성립된다.

④ $A \cdot C \cdot I$ 가 일정하면 경심이 최대일 때 유량은 최대가 될 수 없다.

해설
수로의 경사 및 단면의 형상이 주어질 때 최대 유량이 흐르는 조건은 윤변이 최소이거나 경심이 최대일 때이다.

84 도면에서 곡선으로 된 자연지형 부분의 면적을 구하기에 가장 적합한 방법은?

① 모눈종이법에 의한 방법
② 배횡거법에 의한 방법
③ 지거법에 의한 방법
④ 구적기에 의한 방법

해설
구적기(求積器, planimeter)
도면 위의 면적을 재는데 쓰는 기계로 등고선과 같이 경계선이 매우 복잡한 도형의 면적을 신속하고 간편하게 면적을 구할 수 있는 기구이다.
※ 도면에서 곡선으로 둘러싸여 있는 부분의 면적을 구하는 방법
 • 구적기에 의한 방법
 • 심프슨법칙에 의한 방법

85 다음 시공관리에 대한 설명이 틀린 것은?

① 시공관리의 3대 목표는 공정관리, 품질관리, 원가관리이다.
② 발주자는 최소의 비용으로 최대의 생산을 올리고자 한다.
③ 품질과 원가의 관계는 품질을 좋게 하면 원가는 높아지는 경향이 있다.
④ 공사의 품질 및 공기에 대해 계약조건을 만족하면서 능률적이고 경제적 시공을 위한 것이다.

해설
시공관리의 기본은 원가관리, 공정관리, 품질관리 등 관리의 목표가 되는 업무를 충실히 수행하는 것이다. 너무 최소의 비용으로 최대의 생산을 올리고자 하는 것보다 적당한 비용으로 최대의 생산을 올리는 것이 좋다.

86 다음 설명에 적합한 도로의 폭원 요소는?

> • 다른 용어로 갓길 또는 노견이라 함
> • 도로에 보호하고 비상시에 이용하기 위하여 차로에 접속하여 설치하는 도로의 구분
> • 도로의 주요 구조부의 보호, 고장차 대피 등 이용

① 길어깨(shoulder)
② 보도(pedestrain way)
③ 중앙분리대(median strip)
④ 노상시설대(street strip)

해설
② 보도 : 연석선, 안전표지나 그와 비슷한 인공구조물로 경계를 표시하여 보행자(유모차, 보행보조용 의자차, 노약자용 보행기 등 행정안전부령으로 정하는 기구·장치를 이용하여 통행하는 사람 및 실외이동로봇을 포함)가 통행할 수 있도록 한 도로의 부분을 말한다(도로교통법 제2조 제10호).
③ 중앙분리대 : 차도를 통행의 방향에 따라 분리하고 옆 부분의 여유를 확보하기 위하여 도로의 중앙에 설치하는 분리대와 측대를 말한다(도로의 구조·시설 기준에 관한 규칙 제2조 제28호).
④ 노상시설 : 보도, 자전거도로, 중앙분리대, 길어깨 또는 환경시설대(環境施設帶) 등에 설치하는 표지판 및 방호울타리, 가로등, 가로수 등 도로의 부속물[공동구(共同溝)는 제외]을 말한다(도로의 구조·시설 기준에 관한 규칙 제2조 제31호).

83 ④ 84 ④ 85 ② 86 ① 정답

87 네트워크 공정표의 특징으로 가장 거리가 먼 것은?

① 작성 및 검사에 특별한 기능이 요구된다.
② 작업순서와 상호관계의 파악이 용이하다.
③ 계획의 단계에서 만든 여러 데이터의 수집이 가능하다.
④ 변경에 대해 전체적인 영향을 받지 않아 공정표의 수정이 대단히 용이하다.

해설
네트워크 공정표는 계획단계에서부터 공정상의 문제점이 명확하게 파악되고 작업 전에 수정을 가할 수 있다.
네트워크 공정표의 장단점

장점	• 작업의 선후관계 명확 • 공기에 영향을 주는 작업의 발견이 용이 • 문제점의 사전예측 가능 • 최장경로와 여유공정에 의해 공사 통제가능 • 비용과 관련된 최적안 선택이 가능 • 한계경로 및 여유공정을 파악하여 일정변경 가능 등
단점	• 횡선식 공정표에 비해 비용과 노력이 많이 든다. • 광범위한 경험과 기술을 가진 기술자가 아니면, 작성하기 곤란하다.

89 비탈면에 잔디를 식재하는 방법이 틀린 것은?

① 비탈면 줄떼다지기는 잔디폭이 0 1m 이상 되도록 한다.
② 잔디고정은 떼꽂이를 사용하여 잔디 1매당 2개 이상 견실하게 고정한다.
③ 비탈면 전면(평떼)붙이기는 줄눈을 일정한 틈을 벌려 십자줄이 되도록 붙인다.
④ 잔디시공 후에는 모래나 흙으로 잔디붙임면을 얇게 덮은 후 고루 두들겨 다져준다.

해설
비탈면 전면(평떼)붙이기는 줄눈을 틈새없이 붙이고 십자줄이 형성되지 않도록 어긋나게 붙이며, 잔디 소요면적은 비탈면적과 동일하게 적용한다.

88 시공도면 작성 시 아래와 같은 표시는 일반적으로 무엇을 의미하는가?

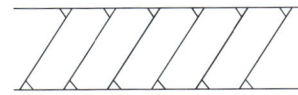

① 지반   ② 잡석다짐
③ 석재   ④ 벽돌벽

해설
재료구조 표시기호(단면용)

지반	
석재	
벽돌	

90 콘크리트의 크리프(creep)에 대한 설명으로 틀린 것은?

① 작용응력이 클수록 크리프는 크다.
② 재하재령이 빠를수록 크리프는 크다.
③ 물시멘트비가 작을수록 크리프는 크다.
④ 시멘트페이스트가 많을수록 크리프는 크다.

해설
크리프에 영향을 주는 요인(증가요인)
• 응력이 클수록
• 대기의 온도가 높을수록
• 물시멘트비가 클수록
• 단위 시멘트량이 많을수록
• 재령이 짧을수록
• 부재의 치수가 작을수록
• 대기 중 습도가 낮을수록
• 다짐이 나쁠수록

91 다음 중 점토의 특성으로 옳지 않은 것은?

① 주성분은 규산 50~70%, 알루미나 15~35%, 기타 MgO, K_2O, Na_2O_3가 포함되어 있다.
② 암석이 풍화된 세립(細粒)으로 습한상태에서 소성이 크다.
③ 비중은 3.0~3.5 정도이고 알루미나 성분이 많은 점토의 비중은 3.0 내외이다.
④ 양질의 점토일수록 가소성이 좋다.

해설
점토의 비중은 2.5~2.6 정도인데, 고알루미나질 점토는 비중이 3.0 내외이다.

92 비탈면 안정자재에 대한 설명이 틀린 것은?

① 부착망은 체인링크철선과 염화비닐피복철선의 기준에 합당한 제품을 사용해야 한다.
② 낙석방지철망은 부식성이 있고 충격이나 식물뿌리의 번성에 따라 자연 변형되는 강도를 갖춘 것을 채택한다.
③ 격자틀 및 블록제품은 접합구가 일체식으로 연결될 수 있어야 하며, 녹화식물의 생육최소심도 이상의 토심이 확보될 수 있도록 설계한다.
④ 비탈면안정녹화공사용 격자틀 등의 합성수지 제품은 내부식성이 있고 변형 및 탈색이 되지 않으며 자연미가 나도록 제작된 것을 채택한다.

해설
낙석방지망
내부식성이 있고 조립이 용이하며, 비탈면에서 낙석되는 것을 견딜 수 있도록 충분한 강도를 가져야 한다.

93 8ton 덤프트럭에 자연상태의 사질양토를 굴착 후 적재하려 한다. 덤프트럭의 1회 적재량은?(단, 사질양토 단위중량 : 1,700kg/m³, $L = 1.25$, $C = 0.85$, 소수 2째 자리에서 반올림한다)

① 5.9m³   ② 4.7m³
③ 4.0m³   ④ 5.0m³

해설
흐트러진 상태의 덤프트럭 1회 적재량(m³) $= \dfrac{T}{r^t} \times L$

여기서, T : 덤프트럭의 중량
r^t : 토석의 단위중량
L : 토량변화율

$\therefore \dfrac{8}{1.7} \times 1.25 = 5.88m^3$

94 다음 설명에 적합한 심토층 배수의 유형은?

- 식재지역에 부분적으로 지하수위를 낮추기 위한 방법
- 경사면의 내부에 불투수층이 형성되어 있어 지하로 유입된 우수가 원활하게 배출되지 못하거나 사면에서 용출되는 물을 제거하기 위하여 사용되는 방법
- 보통 도로의 사면에 많이 적용되며, 도로를 따라 수로가 만들어짐

① 차단법(intercepting system)
② 자연형(natural type) 배치
③ 완화 배수(relief drainage)
④ 즐치형(gridiron type) 배치

해설
심토층 배수설계
- 차단법 : 경사면 위나 자체의 유수를 막기 위해 사용
- 자연형 : 전면 배수 요구되지 않는 지역
- 어골형 : 중앙에 큰 맹암거를 중심으로 하여 작은 맹암거를 좌우에 어긋나게 설치하는 방법으로 경기장 같은 평탄한 지역에 적합
- 즐치형(절치형, 석쇠형, 빗살형) : 비교적 좁은 면적의 전 지역 균일하게 배수할 때 이용
- 선형(부채살형) : 1개의 지점으로 집중되게 설치하여 주관과 지관의 구분없이 같은 크기의 관을 사용

95 다음 조경재료의 역학적 성질 중 '단단한 정도'를 나타내는 용어는?

① 연성(ductility)
② 인성(toughness)
③ 취성(brittleness)
④ 경도(hardness)

해설
① 연성 : 가소성의 일종으로 탄성한계를 넘는 변형력으로 물체가 파괴되지 않고 늘어나는 성질
② 인성 : 재료가 외력으로 변형을 일으키면서도 파괴되지 않고 견딜 수 있는 성질
③ 취성 : 작은 변형에도 파괴되는 성질

96 계획오수량 산정 시 고려사항으로 틀린 것은?

① 지하수량은 1인 1일 최대 오수량의 10~20%로 한다.
② 계획 1일 평균 오수량은 계획 1일 최대 오수량의 70~80%를 표준으로 한다.
③ 계획 시간 최대 오수량은 계획 1일 최대 오수량의 1시간당 수량의 1.3~1.8배를 표준으로 한다.
④ 합류식에서 우천 시 계획 오수량은 원칙적으로 계획시간 최대 오수량의 3배 이하로 한다.

해설
④ 합류식에서 우천 시 계획 오수량은 원칙적으로 계획시간 최대 오수량의 3배 이상으로 한다.

97 P가 그림과 같이 AB부재에 작용할 때 A, B점에 발생하는 반력(R_A, R_B)은 각각 얼마인가?

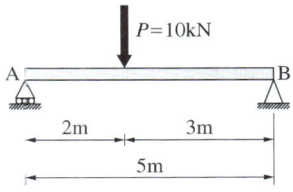

① R_A : 6kN, R_B : 4kN
② R_A : 4kN, R_B : 6kN
③ R_A : 2kN, R_B : 8kN
④ R_A : 8kN, R_B : 2kN

해설
$\sum M_B = 0$
$R_A = 3 / 5 \times 10 = 6kN$
$R_B = 2 / 5 \times 10 = 4kN$

98 노외주차장 또는 노상주차장의 구조·설비 기준이 틀린 것은?

① 노상주차장은 너비 6m 미만의 도로에 설치하여서는 아니 된다.
② 노외주차장에는 주차구획선의 긴 변과 짧은 변 중 한 변 이상이 차로에 접하여야 한다.
③ 노외주차장의 출구와 입구에서 자동차의 회전을 쉽게 하기 위하여 필요한 경우에는 차로와 도로가 접하는 부분을 곡선형으로 하여야 한다.
④ 노외 및 노상주차장에서 60° 주차방식이 동일 면적에 토지이용의 효율성이 가장 높다.

해설
주차면적 : 90° 주차(27.2m²/대) < 60° 주차(29.8m²/대) < 45° 주차(32.2m²/대)

99 콘크리트 배합(Mix Proportion) 중 실제 현장 골재의 표면수·흡수량 및 입도상태를 고려하여 시방배합을 현장상태에 적합하게 보정하는 배합은?

① 현장배합(jop mix)
② 용적배합(volume mix)
③ 중량배합(weight mix)
④ 계획배합(specified mix)

해설
현장배합(jop mix)
시방배합의 콘크리트가 얻어지도록 현재 사용하는 원재료의 품질특성 중에서 잔골재의 5mm 체에 잔유율, 굵은 골재의 5mm 체 통과율, 골재의 표면수율, 혼화제 희석비, 회수수의 고형분율 등을 고려하여 배합설계하는 것을 말한다.

100 건설공사 표준품셈의 수량계산 기준이 틀린 것은?

① 절토(切土)량은 자연상태의 설계도의 양으로 한다.
② 수량의 계산은 지정 소수의 이하 1위까지 구하고, 끝수는 4사5입 한다.
③ 철근 콘크리트의 경우 철근 양만큼 콘크리트 양을 공제한다.
④ 곱하거나 나눗셈에 있어서는 기재된 순서에 의하여 계산하고, 분수는 약분법을 쓰지 않는다.

해설
다음에 열거하는 것의 체적과 면적은 구조물의 수량에서 공제하지 아니한다.
가. 콘크리트 구조물 중의 말뚝머리
나. 볼트의 구멍
다. 모따기 또는 물구멍(水切)
라. 이음줄눈의 간격
마. 포장공종의 1개소당 0.1m² 이하의 구조물 자리
바. 강(鋼)구조물의 리벳 구멍
사. 철근 콘크리트 중의 철근
아. 조약돌 중의 말뚝 체적 및 책동목(栅胴木)
자. 기타 전항에 준하는 것

101 유효인산과 결합하여 식물에 대한 인산의 유효도를 떨어뜨리는 원소는?

① K
② Mg
③ Fe
④ Cu

해설
유효태 인산은 산성토양, 알칼리성 토양이 될수록 알루미늄(Al), 철(Fe), 칼슘(Ca) 등과 결합하여 유효도가 적어진다.

102 농약을 안전하게 사용하도록 용기색으로 농약의 종류를 구분한다. 농약 종류에 따른 지정색의 연결이 틀린 것은?

① 살충제 – 녹색
② 살균제 – 분홍색
③ 생장조정제 – 청색
④ 비선택성 제초제 – 노란색

해설
농약 포장지 색깔
• 분홍색 : 살균제
• 녹색 : 살충제
• 황색 : 제초제
• 적색 : 비선택형 제초제
• 청색 : 생장조절제

103 다음 중 유기물의 탄소와 질소 함량을 비교해 볼 때 가장 빨리 분해가 될 수 있는 것은?

① 탄소 : 50.7%, 질소 : 2.20%
② 탄소 : 50.0%, 질소 : 0.30%
③ 탄소 : 44.0%, 질소 : 1.50%
④ 탄소 : 50.0%, 질소 : 5.00%

해설

탄질비(탄소와 질소의 함량비)가 적은 것은 큰 것에 비하여 빨리 분해된다.

104 조경수목 유지관리 작업 계획 시 정기적인 작업으로 분류하기 가장 어려운 것은?

① 전정   ② 시비
③ 병해충 방제   ④ 관수

해설

조경수목의 관수횟수는 일정하게 정할 수는 없으며 조경수목이 가뭄을 타지 않도록 기상여건을 고려하여 결정한다.

105 천공성 해충인 소나무좀의 월동 충태는?

① 알   ② 유충
③ 번데기   ④ 성충

해설

소나무좀은 작은 성충이 월동하여 2~4월경에 소나무 체관부 깊숙이 알을 까게 되고 유충이 부화되는 6월말경까지 본격적인 피해를 주게 된다.

106 생태연못의 유지관리사항으로 옳지 않은 것은?

① 모니터링은 최소 조성 10년 후부터 3개년 주기로 실시한다.
② 모니터링은 가급적 지역주민, NGO, 전문가 등이 함께 참여하도록 한다.
③ 물순환시스텍이 지속적으로 유지될 수 있도록 유입고와 유출구를 주기적으로 청소한다.
④ 습지식물이 지나치게 번성하였을 경우에는 부수식물이 차지하는 면적이 수면적의 1/3 이하가 되도록 식물 하단부(뿌리부근)에 차단막을 설치하거나 수시로 제거해 준다.

해설

① 모니터링은 조성 직후 지속적으로 수행한다.
※ 효과적인 모니터링 시스템
 • 영향을 유효하게 적절히 측정할 수 있는 지표를 설정
 • 신뢰성이 있고 민감한 측정의 기법을 적용
 • 비용이 적게 들어야 함
 • 측정단위들의 위치설정이 합리적이어야 함

107 수목의 병해충 구제 방법이 아닌 것은?

① 기계적 방법
② 화학적 방법
③ 식생적 방법
④ 생물학적 방법

해설

해충 방제
 • 생물학적 방제 : 기생성·포식성 천적, 병원미생물 이용
 • 화학적 방제 : 살충제, 생리활성물질 이용
 • 재배학적 방제 : 내충성·내환경성 품종 개방, 간벌, 시비
 • 기계·생리적 방제 : 포살, 유살, 차단, 박피 소각

108 요소의 성질을 나타낸 설명이 옳은 것은?

① 분자식은 $CO(NH_4)_2$이다.
② 타 질소질 비료에 비해 고온에서 흡습성이 높다.
③ 산(acid)과 함께 가열하면 우레탄이 만들어진다.
④ 알칼리와 함께 가열하면 완전히 분해되어 암모늄염과 이산화탄소가 된다.

해설
① 요소 분자식 : $CO(NH_2)_2$

109 수목병과 매개충의 연결이 옳지 않은 것은?

① 느릅나무 시들음병 – 나무좀
② 쥐똥나무 빗자루병 – 마름무늬매미충
③ 오동나무 빗자루병 – 담배장님노린재
④ 대추나무 빗자루병 – 담배장님노린재

해설
④ 대추나무 빗자루병은 마름무늬매미충에 의해 충매전염된다.

110 식물관리비의 산정식으로 옳은 것은?

① 식물의 수량×작업률×작업횟수×작업단가
② (식물의 수량×작업률)÷(작업횟수×작업단가)
③ (식물의 수량×작업률×작업횟수)÷작업단가
④ 식물의 수량÷(작업률×작업횟수×작업단가)

해설
식물관리비 = 식물의 수량×작업률×작업횟수×작업단가

111 목재에 사용되는 방부제의 성능 기준의 항목으로 가장 거리가 먼 것은?

① 휘산성   ② 흡습성
③ 철부식성   ④ 침투성

해설
목재방부제의 성능기준 : 방부성능, 철부식성, 흡습성, 침투성

112 토양수를 흡습수, 모세관수, 중력수로 구분하는 기준은?

① 토양중의 수분함량
② 대기로의 수분증발력
③ 토양입자와 수분의 장력
④ 토양수분이 중력에 견디는 힘

해설
토양수분은 토양 공극 내에 존재하는 수분을 통칭하는 용어이다. 토양수분은 토양입자에 대하여 4가지 형태, 즉 결합수, 흡습수, 모세관수, 중력수로 존재하며 이는 각 수분이 토양입자와 맺는 수분 장력 관계에 따라 나뉘게 된다.

113 콘크리트 포장의 부분 보수를 위한 콘크리트 포설작업이 불가능한 기온은 몇 ℃ 이하인가?(단, 감독자가 승인한 경우 이외에는 공사를 진행하여서는 안 된다)

① 10℃   ② 8℃
③ 6℃   ④ 4℃

해설
콘크리트 포설 및 다짐
시공당일 일평균 기온이 4℃ 이하로 내려가는 것이 예상되는 경우와 시공당일 일평균 기온이 25℃ 이상이 예상되는 경우 반드시 한중 콘크리트와 서중 콘크리트 시공계획을 수립하여 감독자의 승인을 받은 후 콘크리트 포설을 하여야 한다.

114 다음 중 공원이용관리 시의 주민참가를 위한 조건으로 볼 수 없는 것은?

① 이해의 조정과 공평성을 가질 것
② 주민참가 결과의 효과가 기대될 것
③ 행정당국의 지침에 수동적으로 참여할 것
④ 규모 및 전문성이 주민의 수탁능력을 넘지 않을 것

해설
주민참가의 조건
• 주민참가에 있어서 이해의 조정과 공평성을 가질 것
• 주민참가에 의해 공원 애호정신의 함양, 융화 등의 효과가 기대되는 작업
• 운영상 주민의 자발적 참여와 협력을 필요 요건으로 하는 작업
• 작업의 규모나 전문성이 주민의 수탁능력에 맞는 작업

115 조경관리계획 수립 시 작업별 1일당 소요인원을 산출할 경우 기초자료로 활용될 수 있는 내용으로만 구성된 것은?

① 단위작업률, 미래의 예상실적, 작업능률
② 연간작업량, 단위작업률, 과거의 실적
③ 연간작업량, 미래의 예상실적, 작업능률
④ 연간작업량, 단위작업률, 작업능률

해설
관리인원 : 관리작업 내용을 개량화하여 연간작업량, 단위작업률, 과거의 실적을 토대로 각 작업별로 1일당 소요인원을 산출한다.

116 녹지(綠地) 표면에 물이 고여 정체하고 있어 식물생육에 피해를 주고 있을 경우 대처해야 할 관리방법으로 가장 부적합한 것은?

① 암거(暗渠)를 매설한다.
② 지하수위를 높여 준다.
③ 표토를 그레이딩(Grading)한다.
④ 표토의 토성(土性) 및 구조(構造)를 개량한다.

해설
배수시설
잔디 표면에 고여 있거나 수분이 토양 중에 잔류하게 되면 토양구조가 열악해지고, 토양 내의 공기가 부족해져서 생육이 불량해지며, 잔디의 생육에 유리한 토양 미생물의 발육이 억제된다. 또한 토양 산도가 높아지므로 잔디를 조성하기 전에 미리 지반을 검토하여 이에 대한 대비를 해 주어야 하는데, 먼저 지반을 그레이딩하여 완만한 경사를 주거나 표토의 토성과 구조를 개량하고 지하수위의 높이를 최소한 60cm 이하로 낮추어 주어야한다.

117 수목 병의 주요한 표징 중 영양기관에 의한 것은?

① 포자(胞子)
② 균핵(菌核)
③ 자낭각(子囊殼)
④ 분생자병(分生子病)

해설
표징(sign)
병원체가 병든 식물체상의 표면에 나타나는 것으로 병원체의 영양기관이나 번식기관이 나타나 육안으로 식별되는 것을 말한다.
• 병원체 영양기관 : 균사체, 균사속, 균핵, 자좌
• 병원체 생식기관 : 분생포자, 분생자경, 포자층, 분생자경속, 포자낭, 병자각, 자낭각, 자낭반, 포자누출 등

118 병원체의 월동방법 중 기주(寄主)의 체내에 잠재하여 월동하는 것은?

① 잣나무 털녹병균
② 오리나무 갈색무늬병
③ 묘목의 모잘록병(苗立枯病)균
④ 밤나무 뿌리혹병균(根頭癌腫病)균

해설

잣나무 털녹병
오엽송류의 가장 중요한 병으로 잣나무털녹병균인 *Cronartium ribicola*는 까치밥나무류 및 송이풀류를 각각 중간기주로 하여 번식한다. 이때 각각의 기주를 거쳐서 생활하지 않으면 그 균은 생활사를 완료할 수 없게 되며 따라서 감염도 일어나지 않는다.

120 교차보호(cross protection)란 무엇인가?

① 살균제를 이용하여 해충을 방제하는 것
② 살균제와 살충제를 혼용하여 병과 해충을 동시에 방제하는 것
③ 동일한 영농집단 내에서 병방제, 해충방제 등으로 업무를 분담하는 것
④ 약독 계통의 바이러스를 이용하여 강독 계통의 바이러스 감염을 예방하는 것

해설

교차보호(cross protection)
약독 계통의 바이러스를 미리 감염시켜 강독 계통의 바이러스 감염을 막는 예방적 방제 방법으로 식물 바이러스 병에 대한 저항성을 키우는 데 효과적이다.

119 다음 중 암발아 잡초에 해당하는 것은?

① 광대나물
② 바랭이
③ 쇠비름
④ 향부자

해설

광조건에 따른 잡초
• 암발아 잡초 : 냉이, 광대나물, 별꽃 등
• 광발아 잡초 : 바랭이, 쇠비름, 소리쟁이, 서양민들레, 향부자 등

제1과목 조경사

01 한옥은 주택공간상 사랑채의 분리로 사랑마당 공간이 생겼는데, 이 사랑마당 공간의 분할에 가장 많은 영향을 미친 사상은?

① 불교사상　　② 유교사상
③ 풍수지리설　　④ 도교사상

해설
한국조경의 사상적 배경
• 은일사상 : 자연으로 돌아감(조선 시대 별서정원이 주가 됨)
• 신선사상 : 연못 내에 섬을 둠
• 음양오행설 : 정원 · 연못의 형태
• 풍수지리 사상 : 배산임수 형식
• 유교사상 : 궁궐 배치, 민가 주택, 공간 분할
• 불교사상 : 사찰의 정원을 중심으로 하여 극락정토사상에 근거한 극락의 세계관을 현세에 조형시키고자 하였다.

02 조선시대 상류 주택에 조영된 연못 중 방지원도(方池圓島) 형태가 아닌 곳은?

① 논산 명재(舊 윤증) 고택
② 정읍 김명관(舊 김동수) 가옥
③ 구례 운조루 고택
④ 달성 박황 가옥

해설
정읍 김동수 가옥
풍수사상에 의해 집 앞에 동서로 긴 장방형의 연못(지렁이 형태)이 있다.

03 서원에서 제사에 쓰일 제물(짐승)들을 세워놓고 품평하기 위해 만든 것은?

① 생단(牲壇)
② 사직단(社稷壇)
③ 관세대(冠洗臺)
④ 정료대(庭燎臺)

해설
① 생단 : 향사 때 쓸 제물을 올려놓고 품평을 하는 제단
② 사직단 : 토신(土神)인 사(社)와 곡신(穀神)인 직(稷)에게 제사 지내던 제단
③ 관세대 : 서원 경내에서 제향 때 제관들이 손을 씻던 자리
④ 정료대 : 상석 위에 솔가지나 기름통을 올려놓고 불을 밝히는 조명기구

04 이탈리아 빌라에서 조영자 가족이나 방문객을 위한 거주 · 휴식의 기능을 하는 곳은?

① 카지노(casino)
② 카펠라(cappella)
③ 테라자(terrazza)
④ 템피에트(tempietto)

해설
② 카펠라 : 예배를 위한 장소로 규모가 작고 순박한 것
③ 테라자(노단) : 경사면을 깎을 때 얻어지는 계단상의 평지를 옹벽으로 받친 부분
④ 템피에트 : 예배를 위한 장소로 크기가 크고 장식적인 것

정답　1 ②　2 ②　3 ①　4 ①

05 정영방(조선시대 중기)이 경북 영양에 조영한 서석지와 가장 관련이 있는 것은?

① 곡수당과 곡수대
② 경정과 사우단
③ 제월당과 매대
④ 정우당과 몽천

해설

서석지(瑞石池)는 조선중기 광해군 때 정영방이 지은 연못과 정자로 담양 소쇄원과 함께 우리나라를 대표하는 민간에서 조성한 정원으로 손꼽히는 곳이다. 연못은 직사각형 형태로 북쪽에 돌출한 사우단을 두고 있다. 연못에는 바닥에 있는 크고 작은 돌들이 섬처럼 솟아 있어 서석지(瑞石池)라 부른다. 북쪽 돌출한 단에는 소나무, 대나무, 매화, 국화를 심어 사우단(四友壇)이라 이름지었다. 연못 북쪽에는 앞면 3칸의 작은 서재인 주일재를, 서쪽에는 큰 정자 건물인 경정(敬亭)을 배치하였으며, 뒷편에는 방과 부엌 등이 있는 살림집을 두었다.

06 보길도 윤선도 원림과 가장 관련이 먼 것은?

① 세연정　　② 낭음계
③ 수선루　　④ 동천석실

해설

③ 수선루는 전라북도 진안군 마령면에 있는 조선 후기 연안 송씨 4형제와 관련된 누정이다.

윤선도의 부용동 원림(별서원)

낙서재 및 곡수당 경원 구역, 동천석실 구역, 세연정 경원 구역으로 구분된다.
• 낙서재 및 곡수당 경원 구역 : 원림마다 직선형 방지, 화계를 만들어 각종 화훼와 기암괴석을 배치하여 울타리가 없으며, 자연 자체에 최소한의 인위적 구성을 가미했다.
　※ 곡수당 : 고산의 아들 학관이 거주하던 공간
• 동천석실 구역 : 한 칸 집을 석함 속에 짓고 동천석실(신선이 사는 곳)이라 했다. 부등변 삼각형의 연못이 있으며, 저수는 불가능하다(인공적).
• 세연정 경원 구역 : 방형의 대를 중심으로 해서 계단과 인공방지가 축조되어 있는 곳으로 관상·선유 목적의 위락 공간이다.

07 다음 중 고대 신(神)을 위해 조성한 시설에 해당하지 않는 것은?

① hanging garden
② obelisk
③ ziggurat
④ funerary temple of Hat-shepsut

해설

고대 바빌론의 공중정원(hanging garden)은 현대 옥상정원에서 그 의의를 찾을 수 있다. 네브카드네자르 2세 때 만들어졌으며, 전설에 의하면 왕비를 즐겁게 해주기 위해 단(壇)모양으로 만들어, 위에서 물을 흘려 내려보냈다고 한다.

08 고려시대 궁원에 관한 기록에서 동지(東池)에 대한 설명으로 옳지 않은 것은?

① 정전(政殿)인 회경전 동쪽에 위치
② 연꽃을 감상하기 위한 정적인 소규모 연못
③ 연못 주변과 언덕에 누각 조성
④ 학, 거위, 산양 등을 길렀던 유원 조성

해설

동지[경종 때(977) 조성] - 귀령각 지원

• 동지에 관한 기록은 5대 경종부터 31대 공민왕까지 고려사에 기록되고 있다.
• 백제의 궁남지나 신라의 안압지와 유사한 기능을 가졌으며, 왕이 친히 진사, 무사, 서경 장사의 시험을 치루었다.
• 물가에 누각을 짓고 배를 띄우고 주연을 열거나, 무사를 검열하고 여러 신하로부터 시를 짓게 하였다.
• 고려의 금원으로 진금기수(거위, 백학, 오리, 산양 등)를 사육하였다.

09 렙턴이 완성시켜 놓은 영국 풍경식 조경수법은 자연을 어떤 비율로 묘사해 놓았는가?

① 1 : 1
② 1 : 2
③ 1 : 10
④ 2 : 1

해설
- 영국 : 1 : 1의 자연풍경식 비례 사용
- 중국 : 여러 비율을 혼용하여 사용
- 일본 : 100 : 1 등의 축경식 비례 사용

10 수도원 정원이 자세히 그려진 평면도가 발견된 중세 수도원은?

① San Lorenzo 수도원
② St. Gall 수도원
③ Canterbury 수도원
④ Santa Maria Grazie 수도원

해설
세인트 갤 수도원(Convent of St. Gall, 1983)
카롤링거 왕조 시대의 위대한 수도원의 완벽한 모범을 보여준다. 8세기부터 1805년에 세속화될 때까지 유럽에서 가장 중요한 곳 중의 하나였다. 이곳에는 세계에서 가장 오래되고 풍부한 장서를 갖춘 도서관이 있다. 그리고 가장 초기의 것으로 알려진 양피지에 그린 평면도를 비롯하여 귀중한 옛 필사본들이 소장되어 있다.

11 중국 평천산장(平泉山莊)에 대한 설명으로 옳은 것은?

① 이덕유가 조성한 정원이다.
② 연못은 태호를 상징하였다.
③ 송나라 때 축조된 정원이다.
④ 소주의 명원으로 유명하다.

해설
당시대 이덕유의 평천장은 낙양성 30리에 있는데 화목과 누대와 나무가 매우 아름다웠다. 빈 홈대로 샘물을 끌어들여 둘러서 돌리고 연못을 파니 마치 파협동정호의 열두 봉우리 산맥을 닮았다.

12 일본의 작정기(作庭記)에 대한 설명으로 옳지 않은 것은?

① 회유식 정원의 형태와 의장에 관한 것이다.
② 일본에서 정원 축조에 관한 가장 오랜 비전서이다.
③ 이론적인 것에서부터 시공면까지 상세하게 기록되어 있다.
④ 정원 전체의 땅가름, 연못, 섬, 입석, 작천(作泉) 등 정원에 관한 내용이다.

해설
작정기는 침전조 계통의 정원 형태와 의장에 관한 내용을 담고 있다. 정원 전체의 땅가름, 연못, 섬, 입석, 작천 등 정원에 관한 사항을 이론부터 시공까지 상세하게 기록하고 있다.

13 브라질 조경가 벌 막스(Roberto Burle Marx) 작품의 특징으로 옳은 것은?

① 남미 향토식물의 적극 활용
② 20세기의 바로크 양식
③ 캘리포니아 양식
④ 기하학적 정원

해설
벌 막스(Burle Marx)
- 브라질 리오데자네이로 코파카바나 해변의 프로메나드를 남미의 문양으로 조성한 조경가이다.
- 남미의 향토식물을 조경수로 활용하였다.
- 열대경관을 새롭게 주목받게 하였다.
- 풍부한 색채, 지피류와 포장 그리고 물을 통한 패턴을 창작하였다.

14 일본 도산(모모야마)시대를 대표하는 정원으로 풍신수길이 등호석이라는 유명한 돌을 운반하여 조성한 정원이 있는 곳은?

① 이조성　　　　　② 삼보원
③ 계리궁　　　　　④ 육의원

② 삼보원(三宝院)은 일본 교토 다이고지 절 내에 위치한 정원으로, 풍신수길(도요토미 히데요시)이 등호석이라는 유명한 돌을 직접 운반해 조성한 것으로 알려져 있으며 일본의 전통 정원 중에서도 역사적으로 중요한 의미를 지닌다.
① 이조성(二条城)은 에도시대 도쿠가와 막부가 세운 성으로, 정치적 기능이 강한 성곽이다. 정원보다는 성의 역사적 의미로 더 잘 알려져 있다.
③ 계리궁(桂離宮, Katsura imperial villa)은 일본 황실의 별궁으로, 아름다운 경관으로 유명하다.
④ 육의원(六義園)은 도산(모모야마)시대 이전인 에도시대에 도쿠가와의 정원이다.

15 소정원 운동(영국)의 설명으로 옳은 것은?

① Charles Barry에 의해 주도되었다.
② knot기법 등 기하학적 형태를 응용하였다.
③ 귀화식물의 사용을 배제하였다.
④ 풍경식 정원의 비합리성에 대한 지적에서 시작되었다.

소정원 운동(1850~1900년)
공업화, 도시의 인구 증가, 공업도시의 소주택 증가 등으로 공업도시의 소주택에서는 대정원이나 공원에 어울리는 풍경식 정원이 적당하지 않다는 주장에서 나온 운동이다. 브롬필드는 저서 영국의 정형식 정원(1892)에서 풍경식 정원의 비합리성을 지적하였다.

16 조선의 능(陵)은 자연의 지세와 규모에 따라 봉분의 형태가 다른데 가장 관계가 먼 것은?

① 우왕좌비　　　　② 상왕하비
③ 국조오례의　　　④ 향궐망배

④ 향궐망배 : 지방의 관리들이 임금을 모시듯 선정을 다짐하는 의례이다.
① 우왕좌비 : 남자는 우측, 여자는 좌측
② 상왕하비 : 위쪽이 왕, 아래쪽이 왕비의 봉분
③ 국조오례의 : 국가의 중요한 의례(행사)를 다섯 가지로 분류하여 그 의례의 목적, 절차 등을 정해 놓은 책

17 고려시대부터 사용된 정원 용어인 화오(花塢)에 대한 설명으로 가장 거리가 먼 것은?

① 화초류나 화목류를 군식하였다.
② 지형의 변화를 얻기 위해 인공의 구릉지를 만들었다.
③ 오늘날 화단과 같은 역할을 한 정원 수식공간이다.
④ 사용된 식물 재료에 따라 매오(梅塢), 도오(挑塢), 죽오(竹塢) 등으로 불렸다.

화오(花塢)
낮은 둔덕의 꽃밭으로, 고려시대에는 화단이라는 말보다는 화오라는 정원용어가 널리 쓰였다.

18 통일신라시대 경주의 도시구획 패턴으로 가장 적합한 것은?

① 직선형　　　　　② 격자형
③ 방사형　　　　　④ 동심원형

삼국통일 후 신라는 수도 금성을 대경이라 정하고, 지방을 9주5소경으로 나눠 수도인 왕경을 중앙과 지방으로 분리했다. 5세기 말부터 격자형 가로망 정비가 이뤄지는 등 도시계획의 면모를 갖추었다.

19 영국의 버컨헤드 파크(Birkenhead park)의 설명으로 옳지 않은 것은?

① 역사상 최초로 시민의 힘과 재정으로 조성된 공원이다.
② 수정궁을 설계한 조셉 팩스톤(Joseph Paxton)이 설계하였다.
③ 그린스워드(Greensward)안(案)에 의하여 조성된 공원이다.
④ 넓은 초원, 마찻길, 연못, 산책로 등이 조성되었다.

해설

그린스워드(Greensward)안(案)에 의하여 조성된 공원은 센트럴 파크이다. 공원설계 응모에서 옴스테드와 보우의 그린스워드안이 당선되어 1858년 센트럴 파크가 탄생되었다.

20 다음 중 전북 남원에 있는 광한루원에 대한 설명으로 옳지 않은 것은?

① 황희(黃喜)가 세운 광통루(廣通樓)가 그 전신이다.
② 광한루(廣寒樓)라는 이름은 전라감사 정철(鄭澈)이 지은 것이다.
③ 오작교는 장의국(張義國)이 남원부사로 있을 때 만든 것이다.
④ 광한루 앞의 큰 못에는 3개의 섬이 있고 오작교 서쪽의 작은 못에는 1개의 섬이 있다.

해설

광한루는 장수가 고향인 명재상 황희가 세운 아름다운 누각이다. 황희의 아버지인 황감평이 일재(逸齋)라는 조그만 서실을 지었는데, 양녕대군 폐위를 반대했던 황희가 이곳으로 유배를 와서 누각을 짓고 광통루(廣通樓)라고 이름을 지었다. 그 뒤 남원부사 민여공이 중수하였고, 다음 해 전라감사인 정인지가 이 광한루에 올라 펼쳐진 경관을 감상하다가 "달나라에 있는 궁전 광한청허부가 바로 이곳이 아닌가" 감탄하고서 광한루라고 이름을 바꿨다.

21 관광지의 수요예측 모형 중 방문자 수를 피설명변수(dependent variable)로 그리고 방문자 수에 영향을 미치는 변수들을 설명변수(independent variable)로 설정하여 방문자수를 선형적으로 예측하는 통계적 방법을 무엇이라 하는가?

① gravity model
② delphi technique
③ regression analysis
④ judgement aided models

해설

① 중력모형 : 뉴턴의 만유인력의 법칙을 원용한 것으로, 물체의 질량 대신 지역의 인구 규모로 대체하여 두 지역 간의 상호 작용 관계를 설명하려는 수식으로, 공간적 상호 작용 모형이라고도 한다.
② 델파이 예측법 : 미래의 특수한 사건들의 발생가능성에 관해 그룹의 의견을 수렴하기 위하여 관련분야 전문가들의 경험 있는 의견을 조합하는 방법
④ 전문가 판단도형 : 미래의 상황에 대한 일종의 시나리오를 작성한 후, 시나리오상의 미래환경이 어떻게 변화할 것인가를 판단하여 도출된 결과를 미래예측에 적용하는 기법
※ 통계학에서 회귀 분석(regression analysis)은 관찰된 연속형 변수들에 대해 두 변수 사이의 모형을 구한 뒤 적합도를 측정해 내는 분석 방법이다. 회귀분석은 시간에 따라 변화하는 데이터나 어떤 영향, 가설적 실험, 인과 관계의 모델링 등의 통계적 예측에 이용될 수 있다.

22 다음 중 조경계획의 기초자로 분석에서 인문·사회환경 분석 요소에 해당하지 않는 것은?

① 인구
② 교통
③ 식생
④ 토지 이용

해설

인문·사회환경 조사 요소 : 인구조사, 토지이용, 교통조사, 시설물 조사, 역사적 유물 조사, 인간행태 분석, 공간의 수요량 산정 등
※ 자연환경 : 지형, 물, 식생 등

23 다음 중 조경과 타 분야와의 관계에 대한 설명으로 가장 거리가 먼 것은?

① 조경이 건축과의 가장 큰 차이는 외부 공간을 다룬다는 측면이다.
② 물리적 환경을 다룬다는 점에서 건축, 토목, 도시계획 등의 분야와 밀접한 관계가 있다.
③ 조경계획은 도시계획과 건축의 중간 단계로서 도시의 물리적 형태와 골격에 관심을 갖는다.
④ 조경학이 미적인 측면을 강조하면서 계획과 설계의 중점을 둔다는 면에서 토목이나 도시계획과 구분된다.

[해설]
도시계획과 건축의 중간 단계로서 도시의 물리적 형태와 골격에 관심을 갖는 것은 도시설계를 말한다.

24 다음 도시공원 중 관련 법상 설치할 수 있는 공원시설 부지면적의 적용 비율이 가장 큰 곳은?

① 소공원
② 어린이공원
③ 근린공원(3만m² 미만)
④ 체육공원(3만m² 미만)

[해설]
도시공원 안 공원시설 부지면적(도시공원 및 녹지 등에 관한 법률 시행규칙 [별표 4])

공원구분	공원면적	공원시설 부지면적
1. 생활권 공원		
가. 소공원	전부 해당	100분의 20 이하
나. 어린이공원	전부 해당	100분의 60 이하
다. 근린공원	3만m² 미만	100분의 40 이하
2. 주제공원		
마. 체육공원	3만m² 미만	100분의 50 이하

25 다음 중 자연공원의 지정 해제 또는 구역 변경 사유가 아닌 것은?

① 천재지변으로 인해 자연공원으로 사용할 수 없게 된 경우
② 정부출연기관의 기술개발에 중요한 영향을 미치는 연구를 위하여 불가피한 경우
③ 군사목적 또는 공익을 위하여 불가피한 경우로서 대통령령으로 정하는 경우
④ 공원구역의 타당성을 검토한 결과 자연공원으로 존치시킬 필요가 없다고 인정되는 경우

[해설]
자연공원의 지정 해제 또는 구역 변경(자연공원법 제8조 제1항)
자연공원은 다음의 어느 하나에 해당하는 경우를 제외하고는 지정을 해제하거나 그 구역을 축소할 수 없다.
1. 군사목적 또는 공익을 위하여 불가피한 경우로서 대통령령으로 정하는 경우
2. 천재지변이나 그 밖의 사유로 자연공원으로 사용할 수 없게 된 경우
3. 공원구역의 타당성을 검토한 결과 자연공원의 지정기준에서 현저히 벗어나서 자연공원으로 존치시킬 필요가 없다고 인정되는 경우

26 아파트 단지의 경계를 나타내는 담장은 주민들에게 상징적으로 소유 의식을 주는 방법의 하나라 볼 수 있다. 이는 환경심리학의 어떤 연구 결과가 응용된 예인가?

① 혼잡(crowding)
② 반달리즘(vandalism)
③ 영역성(territoriality)
④ 개인적 공간(personal space)

[해설]
환경심리학자인 파알(A. E. Parr)은 공간으로서의 영역을 정의했는데, '영역이란 개인이나 가족과 같은 밀접한 집단 속의 구성원이 모여 살면서 자신의 것을 요구하고 방어하는 개인공간'이라고 하였다.

27 조경계획에서 지속가능한 개발의 개념을 응용하고 있다. 지속가능한 개발의 개념이 아닌 것은?

① 개발과 환경보전은 공존할 수 없다는 사고이며, 생태적 측면을 강조한다.
② 현 세대가 물려받은 생태자본의 양과 같은 양의 생태자본을 다음 세대에게 물려준다.
③ 장기적인 관점에서 개발을 판단하며, 개인 간, 그룹 간의 자원접근에 있어 형평성을 고려한다.
④ 환경의 기능과 서비스를 화폐가치로 환산하여 환경손실 비용을 개발계획의 비용편익 분석에 반영시킨다.

[해설]
지속가능한 개발을 성취하기 위하여 환경보호는 개발과정의 중요한 일부를 구성하며, 개발과정과 분리시켜 고려되어서는 안 된다.

28 다음 중 야생동물(wild life)의 서식처(분포)와 가장 밀접한 관련이 있는 인자는?

① 지형의 변화
② 식생분포
③ 토양분포
④ 인공구조물 분포

[해설]
서식지(棲息地, habitat) : 생물이 살고 있는 곳을 말하여 생육지라고도 한다. 식생(지표에 생육하고 있는 식물의 집단)은 많은 야생동물에게 먹이와 휴식처를 제공한다.

29 다음 중 즈경계획 및 설계의 3대 분석과정에 해당하지 않는 것은?

① 물리·생태적 분석
② 사회·행태적 분석
③ 시각·미학적 분석
④ 환경영향평가적 분석

[해설]
조경계획 및 설계의 3대 분석과정 : 물리·생태적 분석, 사회·행태적 분석, 시각·미학적 분석

30 국토의 계획 및 이용에 관한 법률상의 지형도면에 대한 설명으로 ( ) 안에 적합한 것은?

지역·지구 등의 지형도면 작성에 관한 지침에서는 다음을 정하고 있다.
• 토지이용규제정보시스템(LURIS) 등재 시에는 JPG 파일 형식을 원칙으로 한다.
• 지형도면 등이 2매 이상인 경우에는 축척 ( )의 총괄도를 다로 첨부할 수 있다.

① 5백분의 1 이상 1천5백분의 1 이하
② 2천5백분의 1 이상 1만분의 1 이하
③ 1천5백분의 1 이상 2천5백분의 1 이하
④ 5천분의 1 이상 5만분의 1 이하

[해설]
도면의 형식(지역·지구 등의 지형도면 작성에 관한 지침 제10조 제4항)
지형도면 등이 2매 이상인 경우에는 축척 5천분의 1 이상 5만분의 1 이하의 총괄도를 따로 첨부할 수 있다.

31 공원시설의 종류에 해당되지 않는 것은?(단, 도시공원 및 녹지 등에 관한 법률을 적용한다)

① 편익시설
② 운동시설
③ 교양시설
④ 보호 및 안전시설

공원시설의 종류(도시공원 및 녹지 등에 관한 법률 시행규칙 [별표 1])
조경시설, 휴양시설, 유희시설, 운동시설, 교양시설, 편익시설, 공원관리시설, 도시농업시설, 그 밖의 시설

32 공원 내에 측구공사를 계획할 때 우선적으로 고려할 사항으로 가장 거리가 먼 것은?

① 지형 조건
② 강우 조건
③ 토질 조건
④ 식생 조건

측구는 어느 지역의 가장자리에 우수(雨水) 등이 흐를 수 있게 설치하는 것으로 도로의 신설, 확장 및 포장 공사와 각 건설분야에 걸쳐 용수 및 배수의 흐름을 용이하게 하기 위하여 시공한다. 따라서 지표에 생육하고 있는 식물의 집단인 식생은 우선적으로 고려할 사항이 아니다.

33 특이성 비를 이용한 Leopold의 주된 접근방법은?

① 현상학적 접근방법
② 경관자원적 접근방법
③ 인간행태적 접근방법
④ 경제학적 접근방법

심미적 요소의 계량화 방법
• 레오폴드(Leopold)가 경관의 질적 요소를 계량화하여 경관평가에 객관화를 시도한 것이다.
• 이 방법은 심미적 경관을 구성하는 인자를 물리적 인자, 생태학적 인자, 인간이용과 흥미적 인자 등으로 구분하고, 각 인자별로 특이성비(uniqueness ratio)를 계산하고 이들을 합하여 각 지역의 특성의 값으로 하는 경관분석 방법의 하나이다.

34 환경자극에 대한 반응과정의 순서가 올바르게 배열된 것은?

① 자극 → 지각 → 태도 → 인지 → 반응
② 자극 → 인지 → 지각 → 감지 → 반응
③ 자극 → 지각 → 인지 → 태도 → 반응
④ 자극 → 감지 → 지각 → 태도 → 반응

자극-반응의 과정

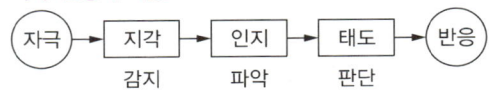

35 특정 대상이 지닌 의미를 파악하고자 할 때 여러 단어로 구성된 목록을 통해 자신들이 느끼는 감정의 정도를 측정하는 방법은?

① 직접관찰
② 물리적 흔적관찰
③ 어의구분척도
④ 리커드 태도 척도

어의구별척도(semantic differential scale)
• 환경, 인간, 장소 또는 상황 등에 관한 의미의 질 및 강도를 조사하는 데 사용된다.
• 경관을 사진, 슬라이드 등의 방법으로 평가자에게 보여주고 양극으로 표현되는 형용사 목록을 제시하여 평가하게 한다.
• 형용사의 목록은 양극 사이를 7단계로 나누어 구성한다.

36 자연공원에서 오물처리 문제의 일반적인 특징에 대한 설명으로 옳지 않은 것은?

① 발생하는 쓰레기는 대부분 소각하기 쉬운 것이다.
② 타 지역에서 일시적으로 방문한 사람들에 의해 초래된다.
③ 방문하는 이용자 수에 의해 발생 쓰레기의 양이 좌우된다.
④ 통제를 하지 않으면 인간의 행위에 따라서 쓰레기의 산재(散在)하는 범위가 광범위하다.

해설
자연공원에서 발생되는 쓰레기 특징
• 음식찌꺼기, 빈 깡통 등으로 이루어져 쉽게 소각이 불가능하다.
• 폭넓게 산재하며 특히 산정부(山頂部)나 계곡 등의 수집처리 곤란지역에 대량 발생한다.
• 이용집중도나 이용행태에 따라 발생량이나 위치가 크게 좌우된다.
• 기동력에 의존하여 처리할 수 없으므로 처리가 비능률적이다.

37 다음 중 특정연구에 대한 사전 지식이 부족할 때 예비조사(pilot test)에서 사용하기 가장 적합한 질문 유형은?

① 개방형 질문
② 폐쇄형 질문
③ 유도성 질문
④ 가치중립적 질문

해설
개방형 질문 : 응답자에게 정해진 형태, 규격 등 제약을 가하지 않고, 자유롭게 응답을 기재하는 방법

38 다음 중 공원계획 시 입지선정의 주요 기준 요소로서 가장 거리가 먼 것은?

① 생산성　　　　② 접근성
③ 안전성　　　　④ 시설적지성

해설
공원의 입지는 접근성, 안전성, 쾌적성, 편의성, 시설의 적지성 등을 고려하여 선정하여야 한다.

39 공원녹지 관련 법 체계가 상위법에서 하위법으로의 흐름을 바르게 나타낸 것은?

> A : 국토기본법
> B : 도시공원 및 녹지 등에 관한 법률
> C : 국토의 계획 및 이용에 관한 법률

① A → B → C　　② B → C → A
③ C → A → B　　④ A → C → B

해설
상위법에서 하위법으로의 흐름
국토기본법 → 국토의 계획 및 이용에 관한 법률 → 도시공원 및 녹지 등에 관한 법률

40 옴부즈맨(ombudsman) 제도의 기능과 거리가 먼 것은?

① 갈등해결 기능
② 국가재정확보 기능
③ 국민의 권리구제 기능
④ 사회적 이슈의 제기 및 행정정보 공개 기능

해설
옴부즈맨은 '대표자, 대리인'이란 뜻으로 위법 · 부당한 행정기관의 처분에 대한 감시 · 감찰, 또는 고충을 처리하는 비사법적 구민권익 보호제도로 1809년 스웨덴에서 기 제도가 발족되어 현재는 많은 선진 민주국가에서 이 제도를 채택하고 있다.
옴부즈맨의 기능
• 개인적인 권리구제나 불만의 해결 기능
• 민주적 행정통제 기능과 개혁 기능
• 사회적 이슈의 제기 및 행정정보 공개 기능
• 갈등해결 기능
• 민원 안내 및 민원 종결기능

41 다음 중 평면도의 표제란에 포함되지 않는 것은?

① 도면명칭 ② 설계자
③ 시공자 ④ 도면번호

해설
• 표제란에는 공사명, 도면명, 범례, 축척, 설계자명, 도면 번호, 설계 일시 등의 사항을 기록한다.
• 도면의 표제란은 도면의 오른쪽에 상하로 길게, 또는 오른쪽 하단 구석에 작게 설정하거나, 도면의 하단부 좌우로 길게 설정한다.

42 다음 중 단면도와 투시도에 사용되는 일반적인 그래픽 심벌에 해당되는 것은?

① 수직면의 요소
② 빛과 바람의 요소
③ 이동과 소리의 요소
④ 원경(배경)적인 요소

해설
• 단면도 : 구조물을 수직으로 자른 단면을 보여주는 도면으로 구조물의 내부 구조 및 공가 구성을 표현하며, 평면도에 단면 부위를 반드시 표시한다.
• 투시도
 － 1소점 투시도 : 그리려는 건물이나 물체가 화면에 평행 또는 수직이 되게 놓여지는 경우로 소점이 1개가 될 때를 말한다.
 － 2소점 투시도 : 2개의 수평선이 화면과 각을 가지도록 물체를 돌려놓은 모양이다. 소점이 2개가 생기고 수직선은 투시도에서 그대로 수직으로 표현되며, 가장 흔하게 사용되는 방법이다.
 － 3소점 투시도 : 시점의 높이가 대상물의 높이에 비해 상당히 높을 경우에 활용한다.

43 조경설계기준의 각종 포장재에 대한 설명으로 옳지 않은 것은?

① 투수성 아스팔트 혼합물은 공극률 9~12% 투수계수 10^{-2}cm/sec 이상을 기준으로 한다.
② 포장용 석재는 흡수율 5% 이내, 압축강도 49MPa 이상의 것으로 한다.
③ 콘크리트 블록 포장재의 포설용 모래의 투수계수는 기준 이상으로 No.200체 통과량이 6% 이하이어야 한다.
④ 포장용 콘크리트의 재령 28일 압축강도 15MPa 이상, 굵은 골재 최대치수는 30mm 이하로 한다.

해설
④ 포장용 콘크리트의 재령 28일 압축강도 17.64MPa 이상, 굵은 골재 최대치수는 40mm 이하로 한다.

44 근린공원 내 조명에 의하여 물체의 색을 결정하는 광원의 성질은?

① 기능성 ② 연색성
③ 조명성 ④ 조색성

해설
연색성 : 동일한 물체색이라도 광원의 분광에 따라 다른 색으로 지각되는 현상이다.

45 다음 중 디자인에서 형태의 부분과 부분, 부분과 전체 사이의 크기, 모양 등의 시각적 질서, 균형을 결정하는 데 가장 효과적으로 사용되는 디자인 원리는?

① 강조 ② 비례
③ 리듬 ④ 통일

해설
비례는 시간, 공간, 명암, 색채 같은 구성요소 사이의 상대적 크기와 양의 관계를 가리키는 것이다. 형태 구성의 여러 요소 또는 부분과 전체의 관계를 일정한 비율로 나타냄으로써 건축이나 그림 등 공간과 평면에서 조형미를 규정하는 중요한 요인으로 활용된다.

46 다음 설명의 ( ) 안에 적합한 수치는?(단, 자전거 이용시설의 구조·시설 기준에 관한 규칙을 적용한다)

> 자전거도로의 시설한계는 자전거의 원활한 주행을 위하여 폭은 ( )m 이상으로 하고, 높이는 2.5m 이상으로 한다. 다만, 지형 상황 등으로 인하여 부득이 하다고 인정되는 경우에는 시설한계 높이를 축소할 수 있다.

① 0.8 ② 1.0
③ 1.5 ④ 2.0

해설
시설한계(규칙 제10조)
자전거도로의 시설한계는 자전거의 원활한 주행을 위하여 폭은 1.5m 이상으로 하고, 높이는 2.5m 이상으로 한다. 다만, 지형 상황 등으로 인하여 부득이 하다고 인정되는 경우에는 시설한계 높이를 축소할 수 있다.

47 경관의 시각적 선호를 결정짓는 변수가 아닌 것은?

① 사회적 변수
② 물리적 변수
③ 개인적 변수
④ 추상적 변수

해설
경관의 시각적 선호를 결정짓는 변수
• 물리적 변수 : 식생, 물, 지형 등
• 개인적 변수 : 개인의 연령, 성, 학력, 성격, 순간적인 심리상태 등
• 추상적 변수 : 복잡성, 조화성, 새로움 등
• 상징적 변수 : 일정 환경에 함축된 상징적 의미

48 Kevin Lynch가 제시한 도시 이미지 형성에 기여하는 물리적 요소 개념에 속하지 않는 것은?

① 통로(paths)
② 모서리(edges)
③ 연결(links)
④ 결절점(node)

해설
도시 이미지 구성의 5요소
도시조경계획가 케빈 린치(Kevin Lynch)는 도시 이미지는 랜드마크(landmark), 통로(paths), 모서리(edges), 지역(district), 결절점(node)의 5가지 도시 구성요소에 의해 결정된다고 주장했다.

49 단위놀이시설로서 모래밭의 깊이는 놀이의 안전을 고려하여 얼마 이상으로 설계하는가?

① 10cm ② 15cm
③ 20cm ④ 30cm

해설
모래밭
• 유아들의 소꿉놀이를 위하여 확보하는 모래밭의 크기는 30㎡를 기준으로 하되, 설계조건에 따라 달리 확보한다.
• 모래밭은 휴게시설 가까이에 배치한다.
• 모래밭에는 흔들놀이시설 등 작은 규모의 놀이시설이나 놀이벽·놀이조각을 배치하고, 큰 규모의 놀이시설은 배치하지 않도록 한다.
• 모래막이의 마감면은 모래면보다 5cm 이상 높게 하고, 폭은 12~20cm를 표준으로 하며, 모래밭 쪽의 모서리는 둥글게 마감한다.
• 모래밭의 바닥은 빗물의 배수를 위하여 맹암거·잡석깔기 등 적절한 배수시설을 설계한다.
• 모래밭의 깊이는 놀이의 안전을 고려하여 30cm 이상으로 설계한다.

50 빛의 반사율(%) 공식으로 맞는 것은?

① $\dfrac{\text{조도}}{\text{거리}^2} \times 100$

② $\dfrac{\text{광도}}{\text{조명}} \times 100$

③ $\dfrac{\text{조도발산도}}{\text{조명}} \times 100$

④ $\dfrac{\text{광속발산도}}{\text{거리}^2} \times 100$

[해설]

반사율(%) $= \dfrac{\text{광도}}{\text{조명}} \times 100 = \dfrac{\text{광속발산도}}{\text{소요조명}} \times 100$

51 황금비(golden section, 황금분할)에 대한 설명으로 가장 거리가 먼 것은?

① 1 : 1.618의 비율이다.

② 고대 로마인들이 창안했다.

③ 몬드리안의 작품에서 예를 들 수 있다.

④ 건축물과 조각 등에 이용된 기하학적 분할 방식이다.

[해설]

고대 그리스 사람들은 신전 건축, 동상, 꽃병, 물 항아리 제작 시 황금비를 사용하였다. 황금비는 하나의 선분(線分)을 황금비로 나누는 것으로 한 직사각형에서 짧은 변을 1변으로 하여 만들어지는 정사각형을 제외시킬 때 생기는 나머지 직사각형이 원래의 직사각형과 닮은꼴이 되게 하는 2변의 길이의 비를 말한다.

52 다음 설명에 가장 적합한 배수 방법은?

- 지표수의 배수가 주목적이다.
- U형 측구, 떼수로 등을 설치한다.
- 식재지에 설치하는 경우에는 식재계획 및 맹암거 배수계통을 고려하여 설계한다.
- 토사의 침전을 줄이기 위해서 배수기울기를 1/300 이상으로 한다.

① 심토층배수   ② 개거배수
③ 암거배수   ④ 사구법

[해설]

① 심토층배수 : 식재기반은 식물의 생육심도와 지하수의 높이를 고려하여야 하고, 정체수 방지를 위해서는 심토층 배수시설을 도입해야 한다.
③ 암거배수 : 땅속이나 지표에 넘쳐 있는 물을 지하에 매설한 관로나 투수성의 수로를 이용하여 배수하는 방법이다.
④ 사구법 : 수축된 중앙에서 외곽부로 배수구를 설치하고, 배수구에 모래흙을 혼합하여 넣고 수목을 식재하는 방법이다.

53 척도에 대한 설명으로 옳지 않은 것은?

① 현척은 실제 크기를 의미한다.

② 배척은 실제보다 큰 크기를 의미한다.

③ 축척은 실제보다 작은 크기를 의미한다.

④ 그림의 크기가 치수와 비례하지 않으면 NP를 기입한다.

[해설]

④ 그림이 치수와 비례하지 않을 경우, 치수 밑에 밑줄을 긋거나 "NS"(Not to Scale) 또는 "비례가 아님" 등의 문자를 기입하여야 한다.

54 다음 정면도와 우측면도에 알맞은 평면도로 ( ) 안에 가장 적합한 것은?

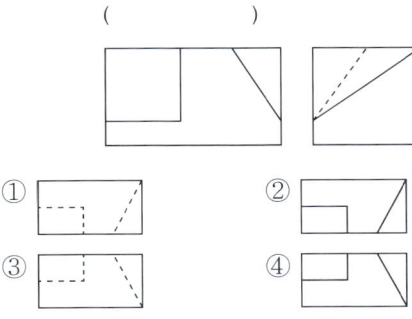

• 정면도 : 물체를 정면에서 본 대로 그린 그림
• 우측면도 : 물체의 우측에서 바라본 모양을 나타낸 도면을 말한다.
• 평면도 : 물체를 위에서 바라본 것을 가정하고 수평면상에 투영하여 작도한 것이다.

55 다음 배색에서 명도차가 가장 큰 배색은?

① 빨강 - 파랑
② 노랑 - 검정
③ 빨강 - 녹색
④ 노랑 - 주황

두 색을 대비시켰을 때 멀리서 잘 보이는 정도를 명시도라고 한다. 색상, 명도, 채도차가 클 때 명시도가 높으며, 특히 명도차가 크면 명시도가 높다. 노랑과 검정의 배색은 명시도가 높아서 교통 표지판에 많이 사용된다.

56 다음 설명은 형태심리학(Gestalt psychology)의 지각이론 중 어느 것에 해당하는가?

> 정원에서는 무리를 지어 있는 꽃이 한 송이의 꽃보다 더 우리의 시선을 끈다.

① 폐쇄(ceosare)
② 근접성(proximity)
③ 유사성(similarity)
④ 지속성(continuance)

게슈탈트 법칙
• 폐쇄성(폐합의 법칙) : 닫혀 있지 않은 도형이 완벽한 도형으로 보이거나, 혹은 무리지어서 하나의 형태로 보이게 되는 것
• 유사성(유동의 법칙) : 서로 비슷한 크기, 형태, 색을 가진 것끼리 무리지어 보이는 것
• 근접성(근접의 법칙) : 서로 같거나 비슷한 조건에서는 가까이 있는 것끼리 무리지어 보이는 것
• 연속성(공통운명의 법칙) : 사물을 지각할 때 진행 방향이나 배열이 같은 것끼리 무리지어 보게 되는 것
• 간결성의 법칙 : 사물을 지각할 때 과거의 경험을 바탕으로 그 형태를 최대한 단순하고 간단하게 지각하여 보게 되는 것

57 조경설계기준에 따른 경기장 배치에 관한 설명으로 옳지 않은 것은?

① 축구장 : 장축은 가능한 동-서로 주풍 방향과 직교시킨다.
② 테니스장 : 코트 장축의 방위는 정남-북을 기준으로 동서 5~15° 편차 내의 범위로 하며, 가능하면 코트의 장축 방향과 주풍방향이 일치하도록 한다.
③ 배구장 : 장축을 남-북 방향으로 배치하며, 바람의 영향을 받기 때문에 주풍 방향에 수목 등의 방풍시설을 마련한다.
④ 농구장 : 농구코트의 방위는 남-북 축을 기준으로 하고, 가까이에 건축물이 있는 경우에는 사이드 라인을 건축물과 직각 혹은 평행하게 배치한다.

① 축구장은 동서방향으로 배치하면 경기 중 선수들이 햇빛에 직접적으로 노출되어 불편함을 겪을 수 있으므로 장축을 남북방향으로 즈풍향과 직교시킨다.

58 조경설계의 접근측면 중 가장 거리가 먼 것은?

① 장소의 생태적 측면
② 설계자의 의식적 측면
③ 토지이용의 기능적 측면
④ 이용자의 인간행태적 측면

해설

조경설계와 관련된 인자는 크게 생태적 인자(자연환경), 행태적 인자(인문환경), 시각적인자(경관)의 셋으로 나눌 수 있다.

59 분수 설계에서 주로 고려해야 하는 사항으로 가장 거리가 먼 것은?

① 바닥포장형 분수는 랜드마크성이 강한 곳에 주로 설치한다.
② 동절기 분수 설비의 노출로 인한 미관 저해, 안전 문제를 고려한다.
③ 바람에 의한 흩어짐을 고려하여 주변에 분출 높이의 3배 이상의 공간을 확보한다.
④ 바닥분수는 주변 빗물이나 오염수가 유입되지 않도록 바닥분수 외곽으로 경사가 완만하게 낮아지도록 조성한다.

해설

① 바닥포장형 분수는 열린공간, 활동수용형 공간에 조성한다.

60 어떤 색을 보고 난 후 다른 색을 볼 때 먼저 본 색의 영향으로 뒤에 본 색이 다르게 보이는 현상은?

① 계시대비   ② 동시대비
③ 면적대비   ④ 연변대비

해설

② 동시대비 : 두 가지 색을 동시에 놓고 볼 때, 색들이 실제의 색과 다르게 보이는 현상
③ 면적대비 : 같은 색이라도 면적의 크고 적음에 따라 색의 명도 채도가 다르게 보이는 현상
④ 연변대비 : 나란히 단계적으로 균일하게 채색되어 있는 색의 경계부분에서 일어나는 대비현상

제4과목 **조경식재**

61 수관(樹冠)의 질감(texture)을 고려할 때 소규모 정원에 가장 어울리지 않는 수종은?

① 영산홍(*Rhododendron indicum*)
② 벚나무(*Prunus serrulata* var. *spontanea*)
③ 편백(*Chamaecyparis obtusa*)
④ 칠엽수(*Aesculus turbinata*)

해설

칠엽수는 수목의 질감을 고려할 때 규모가 큰 건물에 가장 잘 어울리는 수종이다.

62 봄철에 노란색 꽃을 볼 수 없는 식물은?

① 산수유(*Cornus officinalis*)
② 개나리(*Forsythia koreana*)
③ 생강나무(*Lindera obtusiloba*)
④ 해당화(*Rosa rugosa*)

해설

해당화(*Rosa rugosa*)
5~6월경 붉은색 혹은 흰색 꽃이 핀다. 장미과에 속하는 낙엽 활엽관목이며 작은키나무로, 1~1.5m의 높이로 자란다. 바닷가의 모래땅이나 산기슭에 군락을 형성하며 자란다.

63 다음의 그림이 표현하고 있는 식재의 미적 원리는?

① 반복성(repetition)
② 다양성(variety)
③ 강조성(emphasis)
④ 방향성(sequence)

해설

반복성

반복은 색이나 형태 또는 재질감 등이 주기성이나 규칙성을 가지면서 되풀이되어 배치되는 것인데 여기에서 율동감이 생긴다. 이 율동감은 통일성을 주는 동시에 변화를 주는 요소이다. 변화를 주는 방법은 같은 형으로서 크기나 색채를 변화시키는 방법, 같은 색채로서 질감이나 형태를 변화시키는 방법 등이 있다.

64 다음 설명의 특징에 가장 적합한 잔디는?

- 한지형 잔디로 여름철에는 잘 자라지 못하며 병해가 많이 발생하나 서늘할 때는 그 생육이 왕성한 편이다.
- 일반적으로 답압에 약하지만 재생력이 강하므로 답압의 피해는 그리 크게 발생하지 않는다.
- 아황산가스에 대한 내성이 약하다.
- 불완전 포복형이지만 포복력이 강한 포복경을 지표면으로 강하게 뻗는다.

① 들잔디
② 라이그래스
③ 벤트그래스
④ 켄터키블루그래스

해설

벤트그래스는 품질이 가장 좋으며 주로 골프장의 그린(green)에 이용되는 한지형 잔디이다.

65 다음 특징 설명에 적합한 것은?

- 장미과(科)이다.
- 가을의 단풍이 아름답다.
- 5~6월에 황백색의 꽃이 개화한다.
- 주연부 식재, 경계식재, 지피식재에 적합하다.

① 국수나무(*Stephanandra incisa*)
② 때죽나무(*Styrax japonicus*)
③ 팥배나무(*Sorbus alnifolia*)
④ 협죽도(*Nerium indicum*)

해설

② 때죽나무 : 때죽나무과
③ 팥배나무 : 장미과, 흰색 꽃, 붉은 열매
④ 협죽도 : 협죽도과

66 소나무 및 전나무 등에서 균사가 뿌리피층의 세포간극에 균사·망을 형성하는 균근은?

① 의균근
② 외생균근
③ 내생균근
④ 내외생균근

해설

외생균근(外生菌根, ectomycorrhiza)

주로 목본식물에서 발견되는 형태로서 곰팡이의 균사가 세포 안으로 들어오지 않고, 기주세포의 밖에서만 머물기 때문에 외생이라는 말을 쓰고 있다. 균사는 뿌리 표면을 두껍게 싸서 균투(菌套, fungal man·le)를 형성하고, 뿌리 속으로 피층까지 침투하여 세포와 세포 사이의 간극에 균사에 의한 하티그망(hartig net)을 만들며, 피층보다 더 안쪽으로 들어가지 않는다.

67 식재계획 및 설계에 있어서 식물을 시각적 요소로 활용하고자 할 때 중요하게 고려되어야 할 점이 아닌 것은?

① 색채
② 질감
③ 형태
④ 향기

해설

시각적 요소 : 형과 형태, 크기, 색채, 질감, 명암, 빛 등

68 수목의 이용상 분류 중 방화용에 대한 내용에 해당되는 것은?

① 방화용 수목은 잎이 얇으면서 치밀한 수종이어야 한다.

② 수목의 방화력은 수관직경과 수관길이에 좌우되며 지하고율이 클수록 증대된다.

③ 방화용 수목으로는 가시나무류, 녹나무, 아왜나무 등이 포함된다.

④ 방화용 수목은 그늘을 형성하는 낙엽수이다.

69 수목의 시비에 대한 설명으로 옳은 것은?

① C/N 비율이 20 이상인 완숙비료를 토양에 시비한다.

② 엽면시비의 효과를 높이려면 미량원소와 계면활성제를 함께 사용한다.

③ 토양관주는 완효성 비료를 시비할 때 효과적이다.

④ 일반적으로 유실수 < 활엽수 < 침엽수 < 소나무류 순으로 양분요구도가 높다.

70 하목식재(下木植栽)로 차폐(遮蔽)의 기능이 강하고, 척박한 토양에서도 잘 자라기 때문에 토양안정을 위한 사방녹화로 이용되는 속성 수종은?

① 자귀나무(*Albizia julibrissin*)

② 배롱나무(*Lagerstroemia indica*)

③ 족제비싸리(*Amorpha fruticosa*)

④ 수수꽃다리(*Syringa oblata* var. *dilatata*)

71 다음 설명의 ( ) 안에 적합한 용어는?

생강나무(*Lindera obtusiloba* Blume)의 꽃은 이가화이며, 3월에 잎보다 먼저 피고 황색으로 화경이 없는 ( )화서에 많이 달린다. 소화경은 짧으며 털이 있다. 꽃받침 잎은 깊게 6개로 갈라진다.

① 산형   ② 산방

③ 원추   ④ 총상

72 지피식물(地被植物)로 이용하기에 적합한 상록다년초는?

① 자금우(*Ardisia japonica*)
② 골담초(*Caragana sinica*)
③ 수호초(*Pachysandra terminalis*)
④ 협죽도(*Nerium indicum*)

수호초
그늘과 척박지에서 잘 자라는 상록다년초로 지피식물에 적합하다. 줄기는 높이 30cm 즈음이며, 약간 굵고, 줄기 아래쪽 일부는 뿌리줄기처럼 된다. 옆으로 기며 자라다가 곧게 서고, 잔털이 있다가 없어진다.

73 종자 발아능력 검사방법 중 생리적인 면을 다룰 수 없는 것은?

① 발아 시험
② X선 사진법
③ 배추출 시험
④ 테트라졸륨 시험

X선 검사법은 물리적 검사에 속한다.

74 다음 중 과(科) 분류가 다른 것은?

① 개맥문동
② 곰취
③ 구절초
④ 털머위

① 개맥문동 : 백합과
② · ③ · ④ 곰취, 구절초, 털머위 : 국화과

75 다음 수종들의 공통점에 해당되는 것은?

- 물푸레나무(*Fraxinus rhynchophylla*)
- 가죽나무(*Ailanthus altissima*)
- 느릅나무(*Ulmus davidiana* var. *japonica*)
- 계수나무(*Cercidiphyllum japonicum*)

① 암수한그루이다.
② 우리나라 자생종이다.
③ 잎은 기수1회우상복엽이다.
④ 종자에는 날개가 달려 있다.

종자에 날개가 달려 있는 수종 : 올리브나무, 물푸레나무, 계수나무, 단풍나무, 오리나무, 자작나무, 느릅나무, 가죽나무 등

76 야생 조류를 보호하기 위한 자연보호지구를 설정할 때 고려할 사항이 아닌 것은?

① 자연보호지구에 대한 목표 설정이 명확해야 한다.
② 생물 자원에 대한 목록이 우선적으로 작성되어야 한다.
③ 자연환경의 변화를 지속적으로 모니터링 할 수 있는 장소에 설치되어야 한다.
④ 생태이동 통로 내 여과기능을 높이기 위해서 다양한 수종을 촘촘히 식재계획한다.

도로를 통과하는 차량에 의한 피해를 막기 위해서는 차량의 높이보다 더 높은 교목을 식재하여 새들이 주행 차량보다 높이 지나가도록 함으로서 피해를 줄일 수 있다.

77 식재양식을 정형식과 자연풍경식으로 구분할 때 정형식 식재의 기본양식이 아닌 것은?

① 단식   ② 열식

③ 집단식재   ④ 임의식재

해설

식재기법
- 정형식 : 단식, 대식, 열식, 교호식재(지그재그식재), 집단식재, 요점식재
- 자연풍경식 : 부등변삼각형 식재, 임의식재, 무리심기, 배경식재, 산재식재, 주목
- 자유형식 : 직선의 형태가 많음, 루버형, 번개형, 아메바형, 절선형
- 군락식재

78 다음 중 습지를 좋아하는 식물들로만 구성된 것은?

① 팥배나무(*Sorbus alnifolia*),
    느릅나무(*Ulmus davidiana* var. *japonica*)

② 왕버들(*Salix chaenomeloides*),
    낙우송(*Taxodium distichum*)

③ 상수리나무(*Quercus acutissima*),
    소나무(*Pinus densiflora*)

④ 팽나무(*Celtis sinensis*),
    향나무(*Juniperus chinensis*)

해설

생육환경
- 왕버들 : 50~1,000m의 물가에 난다.
- 낙우송 : 해변가나 석회암지대의 습한 지역
① 팥배나무 : 낙엽성 작은교목, 느릅나무 : 낙엽활엽교목
③ 상수리나무 : 낙엽활엽교목, 소나무 : 상록교목
④ 팽나무 : 낙엽활엽교목, 향나무 : 상록교목

79 다음 설명의 ( ) 안에 가장 적합한 용어는?

> ( )은(는) 나다니엘 워드(Dr. Nathaniel Ward)가 유리용기 안에서 양치식물을 재배하는 방법을 소개하면서 시작되었으며, 광선 이외에는 물・비료 등이 거의 차단된 채 생육된다.

① 테라리움(terrariums)

② 디시가든(dish garden)

③ 토피어리(topiary)

④ 트렐리스(trellis)

해설

② 디시가든 : 여러 가지 모양의 접시류와 찻잔, 컵, 칵테일잔 등 각종 생활 용기에 흙을 채우고 식물을 심어서 감상하는 것
③ 토피어리 : '토피아'라는 사람이 정원에 자신의 이니셜을 새김으로 인해 시작되었다. 식물을 자르고 다듬어 동물 모양이나 구형, 하트 모양 등의 형태로 만든 것
④ 트렐리스 : 덩굴성 식물들이 타고 올라가도록 만든 철제나 목재로 만든 격자 구조물

80 잎차례가 대생(對生)인 수종은?

① 박태기나무(*Cercis chinensis*)

② 느티나무(*Zelkova serrata*)

③ 때죽나무(*Styrax japonicus*)

④ 수수꽃다리(*Syringa oblata* var. *dilatata*)

해설

④ 마주나기(대생)
①・②・③ 어긋나기(호생)

81 다음 중 표준시방서의 설명으로 옳지 않은 것은?

① 공사의 마무리, 공법, 규격, 기준 등을 나타낸 것
② 설계도 및 기타서류에 없는 사항을 자세히 명시한 것
③ 공사에 대한 공통적인 협의와 현장관리의 방법을 명시한 것
④ 각 공사마다 제출되며 현장에 알맞은 공법 등 설계자의 특별한 지시를 명시한 것

[해설]
표준시방서 : 건설공사의 시행에 필요한 재료, 공법, 기술적 세부사항 등 공종에 대한 시공기준을 정부에서 제시한 시방서이다.

82 암절토 비탈면 등 환경조건이 극히 불량한 지역의 녹화공법으로 가장 적합한 것은?

① 식생매트공
② 잔디떼심기공
③ 일반묘식재공법
④ 식생기반재 뿜어붙이기공

[해설]
식생기반재 뿜어붙이기공법
적용범위는 자연적으로 식물이 자랄 수 없는 암절취부 및 건조 척박한 토양과 견고한 점토질과 균열절리가 심한 비탈면으로 한다.

83 공사수량 산출 시 운반, 저장, 가공 및 시공과정에서 발생되는 손실량을 사전에 예측하여 산정하는 것은?

① 계획수량   ② 법정수량
③ 설계수량   ④ 할증수량

[해설]
④ 할증수량 : 설계수량과 계획수량의 적산량에다 운반, 저장, 절단, 가공 및 시공과정에서 발생하는 손실량을 예측하여 부가하는 수량이다.
① 계획수량 : 설계도에 명시되어 있지 않으나 시공현장 조건에 따라 수립 시 소요되는 수량
③ 설계수량 : 실시설계 및 상세설계에 표시된 재료 및 치수에 의하여 산출한다.

84 다음 중 시멘트 창고 설치 시 유의사항으로 옳지 않은 것은?

① 시멘트를 쌓을 때 최대 20포대까지 한다.
② 시멘트의 사용은 먼저 반입한 것부터 사용하도록 한다.
③ 창고 주변에 배수도랑을 두어 우수의 침투를 방지한다.
④ 바닥은 지면에서 30cm 이상 높게 하여 깔판을 깔고 쌓는다.

[해설]
① 시멘트 쌓기의 높이는 13포 이내로 한다. 장기간 쌓아두는 것은 7포 이내로 한다.

85 다음 중 열경화성 수지에 속하지 않는 것은?

① 실리콘수지   ② 폴리에틸렌수지

③ 멜라민수지   ④ 요소수지

해설

합성수지
• 주요 열가소성 수지 : 염화비닐수지, 아크릴, 폴리에틸렌, 폴리스티렌 등이며 열을 가하면 연화 또는 용융하여 가소성 또는 점성이 발생한다.
• 주요 열경화성 수지 : 요소수지, 멜라민수지, 폴리에스테르수지, 실리콘, 우레탄, 푸란 등 3차원적인 축합반응에 의해 생성되는 수지류를 말한다. 열을 가해도 유동성이 없다는 특성이 있다.

86 다음 보도의 설계는 어떤 방법으로 정지 계획 되었는가?

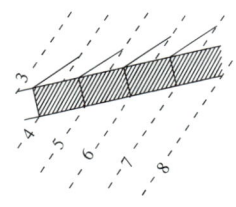

• 점선 : 기존 등고선
• 실선 : 변경 등고선

① 절토에 의한 방법
② 성토에 의한 방법
③ 옹벽에 의한 방법
④ 절토와 성토에 의한 방법

해설

정지설계
• 절토에 의한 등고선 조정 : 선택된 등고선보다 높은 등고선부터 시작하여 평탄한 부지의 뒤를 둘러싸도록 등고선을 조정함
• 성토에 의한 등고선 조정 : 선택된 등고선보다 높은 등고선부터 시작하여 평탄한 부지의 앞을 둘러싸도록 등고선을 조정함
• 절토와 성토의 혼합에 의한 등고선 조정 : 계획고보다 높은 등고선은 위로, 평탄지역을 감싸고 계획고보다 낮은 등고선은 아래로 평탄지역을 감싸도록 조정함

87 B.M. 표고가 98.760m일 때, C점의 지반고는?(단, 단위는 m이고, 지형은 참고사항임)

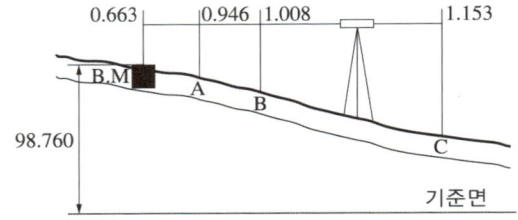

측점	관측값	측점	관측값
B.M.	0.663	B	1.008
A	0.946	C	1.153

① 98.270m   ② 98.415m

③ 98.477m   ④ 99.768m

해설

B.M = 98.760m
• A지점 = 98.760 + 0.663 − 0.946 = 98.477m
• B지점 = 98.477 + 0.946 − 1.008 = 98.415m
• C지점 = 98.415 + 1.008 − 1.153 = 98.27m

88 목재의 실질률을 구하는 공식으로 옳은 것은?

① $\dfrac{전건비중}{진비중} \times 100(\%)$

② $\dfrac{전건비중}{가비중} \times 100(\%)$

③ $\dfrac{생재비중}{진비중} \times 100(\%)$

④ $\dfrac{생재비중}{가비중} \times 100(\%)$

89 재료를 사용하여 동일한 규격의 시설물을 축조하였을 경우, 고정하중(固定荷重)이 가장 큰 구조체는?

① 점토
② 목재
③ 화강석
④ 철근콘크리트

[해설]
고정하중은 구조체 자체의 중량과 관계 깊다.
※ 재료의 단위중량
 • 화강암 : 2.6~2.7ton/m^2
 • 콘크리트 : 2.4ton/m^2

90 다음 설명에 해당하는 수준측량의 용어는?

> 기준 원점으로부터 표고를 정확하게 측량하여 표시해 둔 점으로 그 지역의 수준측량의 기준이 된다.

① 수평선
② 기준면
③ 수준선
④ 수준점

[해설]
① 수평선 : 어느 한 점에서 수준선에 접하는 직선이며, 보통 시준 거리 범위 내에서는 수준선과 일치한다.
② 기준면 : 수준측량의 기준이 되는 수준면으로, 그 면 위에 있는 모든 점들의 높이는 0이다. 일반적으로, 여러 해를 두고 관측한 평균 해수면을 사용하고 있다.
③ 수준선 : 수준면과 지구의 중심을 포함하는 평면이 교차하는 선, 즉 수면에 평행한 곡선이며, 모든 점들은 중력의 방향에 수직이다.

91 평판측량의 방법에 대한 설명으로 옳지 않은 것은?

① 방사법은 골목길이 많은 주택지의 세부측량에 적합하다.
② 교회법에서는 미지점까지의 거리관측이 필요하지 않다.
③ 현장에서는 방사법, 전진법, 교회법 중 몇 가지를 병용하여 작업하는 것이 능률적이다.
④ 전진법은 평판을 옮겨 차례로 전진하면서 최종 측점에 도착하거나 출발점으로 다시 돌아오게 된다.

[해설]
평판측량의 방사법은 한 지점에 평판을 세우고 방향과 거리를 측정하는 방법으로 시준을 방해하는 장애물이 없고 비교적 좁은 지역에 대축척으로 세부측량을 할 경우 효율적이다.

92 자연상태의 1,500m^3 모래질흙을 6m^3 적재 덤프트럭으로 운반하여, 성토하여 다지고자 한다. 트럭의 총 소요대수와 다짐 성토량은 각각 얼마인가?(단, 모래질흙의 토양환산계수 $L = 1.2$, $C = 0.9$이다)

① 250대, 1,350m^3
② 250대, 1,620m^3
③ 300대, 1,350m^3
④ 300대, 1,620m^3

[해설]
• 트럭으로 운반할 때
 자연상태의 토량 $\times L$ = 흐트러진 상태의 토량
• 덤프트럭 소요대수 = (1,500m$^3 \times$ 1.2) ÷ 6 = 300대
• 성토하여 다지려고 할 때
 자연상태의 토량 $\times C$ = 다져진 상태의 토량
  = 1,500m$^3 \times$ 0.9 = 1,350m^3

93 다음 중 경비의 세비목에 해당하지 않는 것은?

① 기계경비
② 보험료
③ 외주가공비
④ 작업부산물

[해설]
경비
• 순공사비 중 재료비, 노무비를 제외한 비용
• 내용 : 수도광열비, 도서인쇄비, 기계경비, 전력비, 운반비, 소모품비, 통신비, 지급임차료, 가설비, 연구개발비, 산재보험료, 안전관리비, 품질관리비, 기술료, 특허권사용료, 외주가공비

94 물의 흐름과 관련한 설명 중 등류(等流)에 해당하는 것은?

① 유속과 유적이 변하지 않는 흐름
② 물 분자가 흩어지지 않고 질서정연하게 흐르는 흐름
③ 한 단면에서 유적과 유속이 시간에 따라 변하는 흐름
④ 일정한 단면을 지나는 유량이 시간에 따라 변하지 않는 흐름

[해설]
② 층류, ③ 부정류, ④ 정류(정상류)

95 목재의 사용환경 범주인 해저드클래스(hazard class)에 대한 설명으로 틀린 것은?

① 모두 10단계로 구성되어 있다.
② H1은 외기에 접하지 않는 실내의 건조한 곳에 해당된다.
③ 파고라 상부, 야외용 의자 등 야외용 목재시설은 H3에 해당하는 방부처리방법을 사용한다.
④ 토양과 담수에 접하는 곳에서 높은 내구성을 요구할 때는 H4이다.

[해설]
① 목재의 사용용도에 따라 사용환경 범주를 H1에서 H5까지 5단계로 구분한다.
목재의 사용환경 범주 분류
• H1 : 습기에 노출되지 않고 강우로부터 완전히 보호되는 실내 환경
• H2 : 강우로부터 완전 보호되는 실내 환경 또는 지붕이 있는 실외환경, 지속적이지는 않지만 가끔 습기에 노출되는 환경
• H3 : 토양과 접하지 않지만 강우에 지속적으로 노출되거나 또는 보호되는 환경이지만 자주 습기에 노출되는 환경
• H4 : 토양과 접하거나 담수에 완전 노출되어 영구적으로 습기에 노출되는 환경
• H5 : 바닷물에 영구적 또는 자주 잠기는 환경

96 건설공사의 관리 중 시공계획의 검토 과정에 있어 조달계획에 해당하는 것은?

① 계약서 검토
② 예정공정표 작성
③ 하도급 발주계획
④ 실행예산서 작성

[해설]
조달계획 : 하도급 발주계획, 노무계획, 기계계획, 재료계획, 운반계획

97 암석이 가장 쪼개지기 쉬운 면을 말하며 절리보다 불분명하지만 방향이 대체로 일치되어 있는 것은?

① 석리   ② 입상조직

③ 석목   ④ 선상조직

[해설]
① 석리 : 암석을 구성하고 있는 조암광물의 집합상태에 따라 생기는 모양으로 암석조직상의 갈라진 금이다.
② 입상조직 : 육안이나 돋보기로 암석을 관찰할 때 광물알갱이(입자)들이 하나하나 구별되어 보이는 조직이다.

99 도로의 수평노선 곡선부에서 반경이 30m, 교각(交角)을 15°로 한다면 이 수평노선의 곡선장은 약 얼마인가?(단, 소수점 둘째자리까지 구한다)

① 1.25m   ② 2.50m

③ 7.85m   ④ 8.50m

[해설]
$$C.L. = \frac{2\pi RI}{360}$$

여기서, R : 곡선반경
       I : 중심각

∴ 곡선장의 길이 $= \dfrac{2 \times \pi \times 30 \times 15}{360} = 7.85\text{m}$

100 대규모 자동 살수 관개시설에 많이 사용되는 것은?

① 회전 살수기

② 분무입상 살수기

③ 분무 살수기

④ 회전입상 살수기

[해설]
④ 회전입상 살수기 : 물이 흐르면 동체로부터 분무공이 올라온다. 대규모의 자동살수 관개조직에서 이용한다.
① 회전 살수기 : 관개지역에 살수하도록 회전하며, 한 개 또는 여러 개의 분무공을 가진 살수기이다. 넓은 관목, 지피, 잔디 식재지역에 사용된다.
② 분무입상 살수기 : 물이 흐를 때 동체가 입상관에 의해 분무공이 지표면 위로 올라오게 장치된 살수기이다. 골프장, 잔디경기장에서 가장 많이 사용된다.
③ 분무 살수기 : 고정된 동체와 분사공만으로 된 가장 간단한 살수기이다. 좁은 잔디, 불규칙한 지형에 사용된다.

98 다음 그림과 같은 양단고정보에 하중(P)을 가할 때 휨모멘트 값은?(단, 보의 휨강도 티θ는 일정하다)

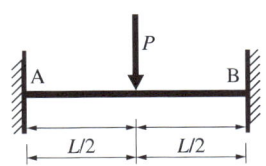

① $-\dfrac{3Pl}{16}$ ② $-\dfrac{Pl}{8}$

③ $-\dfrac{Pl}{12}$ ④ $-\dfrac{Pl}{4}$

101 화장실 옥상 슬래브의 보호 콘크리트층에 표면 균열이 발생하여 누수현상이 발생하였다. 원인으로 볼 수 없는 것은?

① 동파현상
② 백화현상
③ 줄눈의 미 시공
④ 시멘트 입자의 재료 분리 현상

해설

백화(白化, efflorescence)현상

일반적으로 콘크리트구조물에서의 백화란 구조체내에 존재하는 가용성 성분인 수산화칼슘, 알칼리금속화합물 등이 물에 용해되어 구조물의 표면으로 이동된 후 물이 증발되어 가용성 알칼리금속, 황산염 또는 난용성염인 탄산칼슘의 형태로 나타나는 현상으로, 대체적으로 백색을 띠어 백화라고 한다.

102 화목류의 개화 상태를 향상시키기 위한 방법이 아닌 것은?

① 환상박피를 한다.
② 단근조치를 한다.
③ C/N율을 어느 정도 높여준다.
④ 인산과 칼륨질 비료를 줄인다.

해설

④ 인산과 칼륨질 비료를 늘린다.

비료의 4요소

• 질소(N) : 광합성작용 촉진으로 잎이나 줄기 등 수목의 생장에 도움을 준다.
• 인산(P) : 세포분열 촉진, 꽃·열매·뿌리 발육에 관여한다.
• 칼륨(K) : 꽃·열매의 향기 색깔을 조절하므로 부족하면 황화 현상이 일어난다.
• 칼슘(Ca) : 단백질 합성, 식물체 유기산 중화의 역할을 한다.

103 다음 표와 같이 배치하는 시험구 배치법을 무엇이라고 하는가?

E	C	A	D	B
B	E	D	A	C
C	A	E	B	D

① 완전난괴법
② 포트 시험법
③ 사경법
④ 토경법

해설

난괴법

• 농사시험에서 유래된 것으로 R. A. Fisher에 의해 도입된다.
• 1원배치법에 반복을 하나의 변량인자로 취하여 1원배치법의 실험정도를 높이기 위하여 사용된다(분산분석 과정은 2원배치와 동일하나 해석은 모수인자에 대해서만 진행하므로 1원배치의 해석이 되는 실험).
③ 사경법 : 불순물을 없앤 모래에 식물의 생장에 필요한 양분을 주어 식물을 기르는 영양 비료 시험의 방법.
④ 토경법 : 특별히 고른 흙에 식물을 기르는 시험 방법

104 다음 어린이놀이시설의 설치검사 관련 내용 중 밑줄 친 내용에 해당하는 것은?

관리주체는 관련 조항에 따라 설치검사를 받은 어린이놀이시설에 대하여 대통령령으로 정하는 방법 및 절차에 따라 안전검사기관으로부터 ( )에 ( )회 이상 정기검사를 받아야 한다.

① 1개월에 1회
② 6개월에 1회
③ 1년에 1회
④ 2년에 1회

해설

어린이놀이시설의 설치검사 등(어린이놀이시설 안전관리법 제12조 제2항)

관리주체는 제1항에 따라 설치검사를 받은 어린이놀이시설에 대하여 대통령령으로 정하는 방법 및 절차에 따라 안전검사기관으로부터 2년에 1회 이상 정기시설검사를 받아야 한다.

105 동일 분자 내에 친수기와 소수기를 갖는 화합물로 제재의 물리화학적 성질을 좌우하는 역할을 하는 것은?

① 용제
② 고착제
③ 계면활성제
④ 고체희석제

해설

계면활성제(유화제)는 친수기가 물쪽으로 작용을 하고, 친유기(소수기)는 기름쪽으로 작용을 한다.

106 파라티온 유제 50%를 0.08%로 희석하여 10a당 100L를 살포하려고 할 때 소요약량은 약 몇 mL인가?(단, 비중은 1.008, 계산결과 소수점은 절사)

① 148mL
② 158mL
③ 168mL
④ 178mL

해설

$$소요약량 = \frac{사용할\ 농도 \times 살포량}{원액농도}$$

$$= \frac{0.08 \times 100}{50} = 0.16L = 160mL$$

∴ 160mL ÷ 1.008 ≒ 158mL

107 공원관리에 인근 주거지 내 주민단체가 참가할 경우 효율적으로 수행할 수 없는 작업은?

① 시비
② 제초
③ 관수
④ 피압목 벌채

해설

피압목은 수관이 하층에 속하고 이웃한 상층목의 압박을 받아 제대로 성장하지 못한 나무를 말한다. 수관급 분류에서 열세목에 속한다. 피압목 벌채는 관리자의 활동이다.

108 다음 중 잎을 가해하는 해충(식엽성 해충)의 피해도 결정인자가 아닌 것은?

① 입목(立木)의 굵기
② 입목(立木)의 밀도
③ 수령
④ 초살도

해설

초살도(梢殺度, tapering)는 나무의 줄기가 아래쪽에서 위쪽으로 향하면서 가늘어지는 정도를 나타내는 말이다.

109 조경시설물의 유지관리에 대한 내용으로 틀린 것은?

① 내구연한까지는 별다른 보수점검을 생략해도 좋다.
② 기능성과 안전성이 확보되도록 유지관리한다.
③ 주변환경과 조화를 이루며, 경관성과 기능성이 있도록 관리한다.
④ 기능 저하에는 이용빈도나 고의적인 파손 등의 인위적인 원인이 많다.

해설

① 내구연한 이전 주기적인 보수점검이 필수적이다.
※ 조경공간 및 대상물의 양적 변화에 따른 관리계획이 필요한 부문
• 부족이 예측되는 시설의 증설 : 출입구, 화장실, 음수대, 휴게시설 등
• 이용에 의한 손상이 생기는 시설의 보충 : 벤치, 음수대, 울타리, 잔디 등 제반시설물 등
• 내구연한이 된 각종 시설물
• 군식지의 생태적 조건변화에 따른 갱신

110 질소고정에 관여하는 균 중 콩과 식물과 공생에 의하여 질소를 고정하는 미생물은?

① 리조비움(*Rhizobium*)
② 아조토박터(*Azotobacter*)
③ 베제린크키아(*Beijerinckia*)
④ 클로스트리디움(*Clostridium*)

[해설]
리조비움같은 질소고정세균(식물이 생산한 탄수화물과 곰팡이가 토양에서 추출하여 이온화한 질소, 인 등의 무기물과 상호교환 함)은 콩과 식물의 뿌리에 나 있는 혹 속에 산다.

111 조경관리 중 운영관리 체계화의 부정적 요인으로 작용하는 것이 아닌 것은?

① 직원의 사기
② 규격화의 곤란성
③ 이용주체의 다양화에 따른 예측의 의외성
④ 조경공간의 주요 대상이 자연이라는 특성

[해설]
운영관리의 부정적 요인
• 지방성 : 식물은 지역 특성에 따른 환경제약
• 규격화의 곤란성
• 이용주체의 다양화에 따른 예측의 의외성
• 조경공간의 주요 대상이 자연이라는 특성

112 중량법(gravimetry)에 의한 토양수분측정 과정에서 젖은 토양시료의 중량이 200g, 100℃ 건조기에서 24시간 건조시킨 토양의 중량이 160g이면 이 토양의 질량기준 수분함량은?

① 15%   ② 20%
③ 25%   ④ 80%

[해설]

$$수분함량(\%) = \frac{채취한\ 시료무게 - 건조된\ 시료무게}{건조된\ 시료무게} \times 100$$

$$= \frac{200-160}{160} \times 100$$

$$= 25\%$$

113 합성 페로몬을 이용한 해충 방제에 있어서 고려해야 할 것은?

① 환경에 대한 오염
② 식물에 대한 약해
③ 저항성 개체의 발현
④ 천적 및 인축에 대한 독성

[해설]
페로몬은 동종 내에서 정보를 전달하기 위해 사용하는 화학물질이다. 페로몬 합성은 특정 해충의 종 내에 작용하여 원하는 해충 이외의 생물에게는 큰 영향을 주지 않으며, 분해가 빨라 농작물에 잔류하거나 환경오염을 유발할 가능성이 작다.

114 어린이 활동공간의 환경안전관리기준에 따른 모래놀이터의 토양검사 항목이 아닌 것은?

① 염소
② 수은
③ 카드뮴
④ 6가크롬

[해설]
어린이 활동공간의 바닥에 사용된 모래 등 토양(환경보건법 시행령 [별표 2])
• 납 : 200mg/kg 이하
• 6가크롬 : 5mg/kg 이하
• 카드뮴 : 4mg/kg 이하
• 수은 : 4mg/kg 이하
• 비소 : 25mg/kg 이하
• 기생충 및 기생충란이 검출되지 않을 것

115 토양광물은 여러 가지 무기화합물로 구성되어 있다. 일반적으로 토양을 구성하는 성분 중 제일 많이 존재하는 것은?

① CaO

② SiO_2

③ Fe_2O_3

④ Al_2O_3

해설

토양에 가장 흔한 화학적 성분은 규산(SiO_2)과 알루미나(Al_2O_3)이며 토양의 골격을 이루는 중요한 성분이다.

※ 지각을 구성하는 주요 원소 : 산소(46.6%), 규소(27.7%), 알루미늄(8.1%), 철(5.0%), 칼슘(3.6%), 나트륨(2.8%), 칼륨(2.6%), 마그네슘(2.1%)

117 수목병의 원인 중 뿌리혹병, 불마름병 등의 원인이 되는 생물적 원인은?

① 세균

② 선충

③ 곰팡이

④ 바이러스

해설

수목의 전염성병

• 바이러스 : 모자이크병 등
• 파이토플라스마 : 대추나무・오동나무 빗자루병, 뽕나무 오갈병 등
• 세균 : 뿌리혹병, 세균성 궤양병, 불마름병 등
• 진균 : 모잘록병, 벚나무 빗자루병, 흰가루병 등
• 기생성 종자식물 : 겨우살이, 새삼
• 곰팡이 : 삼나무 붉은마름병, 소나무 줄기녹병, 잣나무 잎떨림병

116 다음 중 표징(sign)이 나타나지 않는 병은?

① 잣나무 털녹병

② 대추나무 빗자루병

③ 단풍나무 타르점무늬병

④ 소나무류 피목가지마름병

해설

파이토플라스마에 의한 빗자루병은 대추나무, 오동나무, 붉나무, 쥐똥나무 등에서 발생하며 주요 병징은 황화, 절간생장축소, 엽화현상이 나타난다. 비전염성병이나 바이러스, 파이토플라스마에 의한 병은 뚜렷한 표징이 없으며, 병징만 나타난다.

병징과 표징

• 병징(symptom)
  – 의미 : 병든 식물자체의 조직변화
  – 증상 : 퇴색(색의 변화)이나 천공, 빗자루모양의 변함, 부패 등
• 표징(sign)
  – 의미 : 병원체 일부가 환부에 나타난 상태
  – 증상 : 균사체, 포자, 버섯 등

118 참나무류에 치명적인 피해를 주는 참나무 시들음병을 매개하는 곤충은?

① 광릉긴나무좀

② 솔수염하늘소

③ 참나무재주나방

④ 도토리거위벌레

해설

참나무 시들음병

• 병원균 : *Raffaelea quercusmongolicae* (라펠리아 속의 신종 곰팡이)
• 매개충 : 광릉긴나무좀으로 졸참, 갈참, 상수리, 서어나무 등에 서식하며 수세가 약한 나무나 잘라놓은 나무의 목질부의 심재 속을 파먹어 들어가기 때문에 목재의 질이 약해진다.
• 병원균을 지닌 매개충이 생목에 침입하여 변재부에서 곰팡이를 감염시키면 침입 갱도에 따라 퍼지거 되면서 도관을 막아 수분과 영양분을 차단한다.
• 방제 : 소구역 고두베기, 벌채 및 훈증, 지상약제 살포(6월 중순경 페니트로티온 유제 50%를 500배토 희석, 10일 간격 3회 이상), 유인목 설치, 끈끈이트랩 설치(1.5m 높이 설치)

119 농약 살포 작업 시 안전수칙으로 옳은 것은?

① 농약 희석 작업 시에는 개인보호구를 착용하지 않아도 된다.
② 농약 살포 시 바람을 등지고 살포한다.
③ 농약은 습기가 마른 한낮에 단기간 살포하며, 흡연자는 주기적인 흡연으로 휴식한다.
④ 농약 방제복 세탁 시 중성세제를 넣으면 일반 세탁물과 함께 세탁하여도 영향이 없다.

[해설]
농약의 안전 사용
- 식물별로 병해충에 적합한 농약을 선택하여 사용 농도, 사용 횟수 등 안전 사용 기준에 따라 살포한다.
- 적용하려는 병해충에 사용할 수 있는 농약이 여러 가지가 있을 경우 번갈아 가면서 사용한다.
- 제초제를 살포할 때에는 약이 날려 다른 농작물에 묻지 않도록 살포한다.
- 농약은 바람을 등지고 살포하며, 피부가 노출되지 않도록 마스크와 보호용 옷을 착용한다.
- 피로하거나 몸의 상태가 나쁠 때에는 작업을 하지 않으며, 혼자서 긴 시간 작업하지 않도록 한다.
- 작업 중에 음식을 먹는 일은 삼간다.
- 작업이 끝나면 노출 부위를 비누로 씻고 옷을 갈아입는다.
- 쓰고 남은 농약은 표시를 해 두어 혼동하지 않도록 한다.
- 서늘하고 어두운 곳에 농약 전용 보관 상자를 만들어 보관한다.
- 농약 중독 증상이 느껴지면 즉시 의사의 진찰을 받도록 한다.

120 레크리에이션 수용능력의 결정인자는 고정인자와 가변인자로 구분된다. 다음 중 고정적 결정인자에 속하는 것은?

① 대상지의 크기와 형태
② 특정 활동에 대한 참여자의 반응 정도
③ 대상지 이용의 영향에 대한 회복능력
④ 기술과 시설의 도입으로 인한 수용능력 자체의 확장 가능성

[해설]
레크리에이션 수용능력의 결정인자

고정적 결정인자	• 특정활동에 필요한 사람의 수 • 특정활동에 대한 참여자의 반응 정도 • 특정활동에 필요한 공간의 최소면적
가변적 결정인자	• 대상지의 성격, 크기, 형태 • 대상지 이용의 영향에 대한 회복능력 • 기술과 시설의 도입으로 인한 수용능력 자체의 확장 가능성

※ 조경기사는 2023년부터 CBT(컴퓨터 기반 시험)로 진행되어 수험자의 기억에 의해 문제를 복원하였습니다. 실제 시행문제와 일부 상이할 수 있음을 알려드립니다.

제1과목 조경사

01 고대 로마시대 폼페이 주택정원의 특징에 관한 설명으로 옳지 않은 것은?

① 뜰은 건축물에 의하여 둘러싸여 있다.
② 페리스틸리움의 식재는 주로 오점식재(quin-cunx)법에 의하여 행하여졌다.
③ 지스터스(xystus)는 과수원이나 채소밭으로 구성되어 있으나 정원시설이 갖추어지는 일이 있다.
④ 아트리움(atrium)에는 바닥에 식물을 심을 수 있도록 흙이 깔려 있다.

해설
고대 로마시대의 주택정원
• 아트리움(atrium) : 제1중정, 손님 접대나 사무를 위한 공적 공간
• 페리스틸리움(peristyrium) : 제2중정, 가족용 사적 공간
• 지스터스(xystus) : 후원, 군식 또는 5점형으로 식재

02 경복궁 교태전 후원의 화계(花階)에 대한 설명으로 알맞은 것은?

① 석지와 굴뚝 그리고 산죽군락이 있다.
② 석지와 굴뚝 그리고 낙엽성 화목이 있다.
③ 설등과 석지 그리고 낙엽성 화목이 있다.
④ 석등과 굴뚝 그리고 상록성 관목이 있다.

해설
교태전 후원(아미산원)
왕비의 침전인 교태전 뒤편의 평지에 인공적으로 축산한 계단식 후원으로 괴석, 석지, 꽃나무(쉬나무, 돌배나무, 말채나무 등), 굴뚝(십장생무늬) 등 첨경물을 배치했다.

03 영국 정형식 정원의 특징으로 옳지 않은 것은?

① 마운드는 기하학적 규칙성을 가진 인공적 언덕이었다.
② 조각이나 병, 화분 등으로 테라스, 원로를 장식했다.
③ 정원의 대부분은 도시 근로자의 휴식을 위한 것이다.
④ 산책로는 자갈, 잔디, 타일, 판석 등으로 대개 포장을 하였다.

해설
③ 정원의 대부분은 부유층을 위한 것이다.
영국 정형식 정원의 특징 : 주도로인 곧은 길(Forth-right), 축산(Mound ; 가산, 딩공언덕), 볼링 그린(군사훈련장, 실외경기장), 약초원, 석재 난간 테라스, 정원장식물[문주(문기둥), 매듭화단(Knot), 토피어리, 해시계, 철제장식물, 분수, 미원 등]

04 다음 중 근대 조경의 흐름에 있어 적절하지 않은 설명은?

① 미국에서 전원도시(田園都市) 운동은 20C 초에 시작되었다.
② 래드번(radburn)은 쿨데삭(cul-de-sac)의 원리를 정원이 아닌 단지계획에 적용한 것이다.
③ 뉴욕(New York)의 센트럴 파크(Central park)는 조셉 팩스톤(Joseph Paxton)과 옴스테드(Olmsted)의 공동 작품이다.
④ 레치워스(letchworth) 개발과 웰윈(welwyn) 조성은 영국의 대표적 전원도시이다.

해설
뉴욕의 센트럴 파크는 조경건축가인 프레드릭 로 옴스테드(Frederick Law Olmsted)와 칼버트 보(Calvert Vaux)가 뉴욕시 소유의 843에이커의 땅을 공원으로 조성한 것이다.

정답 1 ④ 2 ② 3 ③ 4 ③

05 중세의 수도원(monastry)과 성관(castle) 정원에 대한 설명 중 옳은 것은?

① 수도원 정원은 프랑스를 중심으로 발달하였고, 성관 정원은 이탈리아를 중심으로 발달하였다.
② 수도원 정원은 화려한 식물을 심었고, 성관 정원은 실용적이고 장식적 정원을 형성하였다.
③ 수도원 정원 중정의 교차점에는 파라다이소라 하여 분천을 두거나 큰 나무를 식재하였다.
④ 수도원 정원의 주랑식 중정은 흉벽이 있고, 성관 정원의 회랑식 열주는 흉벽이 없다.

해설
중세 수도원의 회랑식 중정(Cloister garden)의 특징
• 중정은 4부분으로 구획되어 중앙에는 분수가 설치되어 있다.
• 2개의 원로로 나뉜 4분원의 교차점을 파라다이소라 하여 수반을 설치하거나 수목, 우물을 배치하였다.
• 수도원의 다른 건물들에 둘러싸여 있으며, 남향으로 배치되어 있다.
• 주랑의 기둥 사이로 벽이 있어 일정한 통로 외에는 정원으로의 출입이 불가능한 폐쇄적 정원이었다.
• 고대 로마 폼페이의 페리스틸리움과 비슷한 형태를 보이는데 열주가 아치모양을 이루며 열주 아랫부분에 흉벽을 둔 것이 페리스틸리움과의 차이점이다.

06 고구려 장수왕 15년(427년)에 평양으로 천도 후궁을 건축하고 훌륭한 궁원(宮苑)을 조성하였다. 이궁의 명칭은?

① 대성궁(大成宮)　② 안학궁(安鶴宮)
③ 동명궁(東明宮)　④ 대동궁(大東宮)

해설
안학궁(安鶴宮)
• 장수왕 때 평양(대동강 상류 대성산)에 지은 궁으로 궁 내에 자연곡선 형태의 연못과 인공 동산(축산)이 있었으며, 연못 안에는 몇 개(3~4개)의 섬이 있었다.
• 성벽으로 둘러싸여 있고 여러 개의 건축물과 회랑이 있으며, 남궁·북궁·중궁으로 구분되어 있다.
• 고구려 정원 유적의 대표적인 것으로 정자터와 경석이 발견되었다.

07 12단의 테라스와 캐스케이드, 차경의 정원으로 유명한 인도 무굴왕조의 정원은?

① 샤리마르 바그(Shalimar bagh)
② 니샤트 바그(Nishat bagh)
③ 아차발 바그(Achabal bagh)
④ 이티맛드 우드 다우라(Itimad-ud-Daula) 묘

해설
② 니샤트 바그 : 무굴정원 중 가장 화려한 정원. 경사지를 이용한 12단의 테라스와 화단, 식재, 분수 캐스케이드 배치(니샤트는 유락의 뜻)
① 샤리마르 바그 : 캐시미르 지방에 여름용 별장, 5단의 테라스로 조성, 상단 정자의 주변에 대규모의 분수가 둘러쌈(샤리마르는 사랑의 거처라는 뜻)
③ 아차발 바그 : 인도 무굴왕조 자한기르 시대에 조영되어 물의 약동성, 히말라야 산록의 조망, 비스타의 강조 그리고 단풍나무의 녹음과 가을풍경 등이 특징적인 정원
④ 이티맛드 우드 다우라 묘 : 아그라에 위치, 백대리석에 섬세한 상감을 처리

08 다음 한·중·일 정원에 관한 설명 중 틀린 것은?

① 일본 무로마치(室可)시대의 용안사(龍安寺)는 사실적(寫實的) 조경의 대표적인 것이다.
② 조선시대 소쇄원(瀟灑園)의 주요 조경식물은 송(松), 죽(竹), 매(梅), 국(菊)이었다.
③ 태호석(太湖石)은 북송(北宋)시대 정원의 인공 석산(石山)의 재료이다.
④ 조선시대 경복궁 경회루원은 방지와 3개의 방도로 축조했다.

해설
용안사 정원은 평정고산수식 정원의 대표적인 정원으로,. 평정고산수식 정원은 수목을 사용하지 않고 왕모래, 정원석으로 꾸민 것이므로 사실적조경과는 거리가 있다.

09 독일에서 발달한 분구원(分區園)에 대한 설명 중 가장 거리가 먼 것은?

① 초기에는 도시민의 보건과 녹지 제공에 중점을 두었다.
② 제1차 대전 중에는 시민의 식량생산지로 공헌하였다.
③ 도시민의 보건을 위해 채소, 화훼 재배장으로 제공하였다.
④ 레크리에이션을 위한 기능에서 식량 생산지로 발달하였다.

해설
분구원
• 한 단위가 200m² 정도 되는 소정원을 시민에게 대여하여 채소, 과수, 꽃 등의 재배와 위락을 위한 공간으로 주민의 보건을 위해 설치하였다.
• 현재까지도 실용적 측면에서 시행되고 있다.

10 동궁과 월지(안압지)에 대한 설명으로 틀린 것은?

① 바닥을 강회로 처리하였다.
② 삼국사기와 동사강목에서 기록을 볼 수 있다.
③ 지형상 동안(東岸)보다 서안(西岸)이 높다.
④ 북안(北岸)과 동안(東岸)은 직선적 형태이다.

해설
④ 서안과 남안은 직선적 형태로 동안과 북안은 자연적 곡선형태이다.
동궁과 월지(안압지, 문무왕 14년, 674)
• 안압지라는 명칭은 동국여지승람에서 비롯되었고, 궁중에 못을 파고 산을 만들어 진금이수를 길렀다는 기록이 있다.
• 연못의 면적은 약 16,800m²(5,100평) 정도이며, 그 안에 삼신도(三神島)인 대·중·소의 3개 섬으로 이루어져 있다.
• 못의 북안과 동안에는 자연스러운 인공축산이 있으며, 물가는 다듬은 돌로 호안을 석축했다(바른층 쌓기).
• 안압지를 포함한 임해전 지원은 신선사상을 바탕으로 구성되었으며, 주로 연회와 관상, 뱃놀이 등의 목적을 지닌 정원이다.

11 개성 만월대(滿月臺)의 조성자와 조성목적으로 옳은 것은?

① 고려 초 왕건이 이궁(離宮)으로 조영
② 고려 초 왕건이 정궁(正宮)으로 조영
③ 조선 초 이성계가 이궁(離宮)으로 조영
④ 고려 초 왕건이 별서정원(別墅庭苑)으로 조영

해설
만월대는 태조 왕건이후 400년간 고려 정궁(正宮)의 역할을 수행하였다.

12 조선시대 주례고공기(周禮考工記)의 적용에 관한 설명 중 옳지 않은 것은?

① 조선 궁궐을 만드는 원칙 가운데 하나이다.
② 삼조삼문의 치조는 정전과 편전이 있는 곳을 의미한다.
③ 우리나라에서는 전조후시 원칙을 적용하여 궁궐을 조성했다.
④ 삼조삼문의 외조는 신하들이 활동하는 관청이 있는 곳이다.

해설
전조후시란 조정을 궁궐의 전면에, 시장은 후면에 두는 고대의 도성 조영 원칙이다. 조선의 궁궐은 뒤에 산이 있고 앞에 물이 있는 배산임수의 구조로 인해 뒤쪽에 시장을 배치하지 않았다.

13 창덕궁 옥류천 주변에 있는 정자가 아닌 것은?

① 청의정   ② 농산정
③ 농수정   ④ 취한정

해설
옥류천 주변에는 청의정, 소요정, 태극정, 농산정, 취한정이 있고, 반도지를 중심으로 부채꼴의 관람정과 존덕정, 일영대 등이 있고, 애련지와 연경당을 중심으로 불로문, 장락문, 장양문, 수인문, 농수정, 선향재 등이 있다.

14 우리나라 고려시대의 대표적인 궁궐은?

① 안학궁　　　　　② 국내성
③ 만월대　　　　　④ 칠궁

해설
고려시대 정궁인 만월대는 터를 결정할 때 풍수지리설에 따라 명당지세인 송악 남쪽에 도읍을 정하였다. 김홍도의 「기로세련계도」의 소재가 되었으며 높은 축대를 쌓고 남북방향으로 건물을 배치하였다.

15 우리나라의 전형적인 주택정원의 전통 양식은?

① 앞뜰을 중요시한 자연풍경식
② 안뜰을 중요시한 노단건축식
③ 뒤뜰을 중요시한 후원식
④ 안뜰을 중요시한 자연풍경식

해설
우리나라는 풍수지리설의 영향으로 후원식 정원이 발달하였다.

16 1500년대 초에 만들어진 별서정원으로 담 아래 구멍을 통해 흘러 들어온 물이 나무 홈대를 거쳐 못을 채우고 다시 넘친 물이 자연스럽게 떨어지도록 꾸며진 곳은?

① 양산보의 소쇄원
② 노수신의 십청정
③ 이퇴계의 도산원림
④ 윤선도의 부용동 정원

해설
소쇄원은 조선시대 양산보가 자연과 조화를 이루며 만든 별서정원으로 물의 흐름을 이용한 정교한 수로 시스템이 특징이다. 물은 담 아래 구멍을 통해 흘러 들어와 홈대를 지나 못을 채우고 넘치는 물이 개천으로 흘러가도록 설계되었다.

17 조선시대에는 풍수설에 따라 택지(宅地)를 선정했기 때문에 안채 뒤에 경사지가 있는 경우 이 경사지는 토사유출을 막기 위해 계단식으로 다듬고 장대석으로 굳혔는데, 이 자리를 무엇이라고 불렀는가?

① 치미(鴟尾)　　　　② 석조(石槽)
③ 석가산(石假山)　　④ 화계(花階)

해설
우리나라의 집이 주로 뒤에 동산을 두는 까닭으로, 동산의 비탈진 면을 이용하여 꽃을 심게 될 때 자연히 단이 이루어져 손쉽게 형성되었다. 궁궐과 같이 위엄 있는 건축에서는 잘 다듬은 장대석 돌을 바른층쌓기로 쌓아 화계의 앞면을 마무리하고, 윗면은 흙바닥으로 하여 이곳에 꽃을 심었다.

18 유상곡수연을 위한 유배거(流盃渠) 시설과 관련 없는 것은?

① 중국 송나라의 졸정원 유적
② 왕희지의 난정기 내용
③ 일본 나라사 평성궁 유적
④ 중국의 영조법식 서적의 내용

해설
유상곡수연은 굽이도는 물에 술잔을 띄워 놓고 그 술잔이 자기 앞에 오면 시를 읊으며 놀던 놀이이고 유배거는 유상곡수연을 즐길 수 있는 술잔이 흐르게 한 도랑이라는 의미이다. 졸정원은 명(明) 시대의 대표적 정원으로 작약이 정원식물로 널리 사용되었으며, 자연곡선을 이용한 큰 연못을 설치한 곳이다. 유배거와는 관련이 없다.

19 김조순의 서울 옥호정, 양산보의 담양 소쇄원, 윤선도의 보길도 부용동원림에 관한 설명 중 옳지 않은 것은?

① 모두 조선시대에 조성된 별서이다.

② 현재 옥호정은 「옥호정도」와 시문에 의해 복원되어 있다.

③ 직선적인 노단, 방지(方池) 등에서 조선조정원의 특징을 볼 수 있다.

④ 보길도 낙서재의 귀암(龜巖)은 달구경하던 장소이다.

해설

순조의 장인이자 조선 후기 세도정치의 서막을 연 김조순의 별서(別墅)인 옥호정은 현존하지 않는다. 옥호정 일대를 그린 그림인 '옥호정도'에서만 옥호정의 모습을 알 수 있다.

20 다음 중 화계(花階)를 인공적으로 성토하여 조성한 사례는?

① 다산초당의 화계

② 연경당의 선향재 후원

③ 낙선재와 석복헌의 후원

④ 경복궁 교태전 후원의 아미산원

해설

교태전 후원(아미산원)

왕비의 침전인 교태전 뒤편의 평지에 인공적으로 축산한 계단식 후원으로 괴석, 석지, 꽃나무(쉬나무, 돌배나무, 말채나무 등), 굴뚝(십장생무늬) 등 첨경물을 배치했다.

제2과목 **조경계획**

21 미국조경가협회(ASLA)에서 정의하는 조경업무의 유형이 아닌 것은?

① monuments

② urban design

③ infrastructure

④ interior landscapes

해설

③ infrastructure : 댐이나 도로 등의 기반 시설

① monuments : 기념물

② urban design : 도시설계

④ interior landscapes : 실내조경

22 다음 중 페리(C. A. Perry)가 주장한 근린주구(neighborhood precinct)에 관한 설명으로 틀린 것은?

① 일반적으로 초등학교 및 근린상가를 포함한다.

② 근린주구의 구상은 스타인과 라이트 등에 의해 계획적으로 구현되었다.

③ 국토의 계획 및 이용에 관한 법률에 나타나는 지역지구제의 최소단위를 말한다.

④ 개개의 근린주구의 요구에 부합되도록 계획된 소공원과 위락공간의 체계가 있다.

---

23 우리나라 중부지방에서 오후 시간대에 태양복사열을 가장 많이 받는 장소는?

① 남~동향 사이의 20% 경사면
② 남~서향 사이의 20% 경사면
③ 남~서향 사이의 40% 경사면
④ 남~동향 사이의 40% 경사면

해설
경사도가 가파를수록 태양복사열을 받는 면적이 커지고 남~서향 위치가 태양빛을 받는 정도가 강하다.

24 GIS의 자료처리 및 구축을 위한 전반적인 작업 과정으로 옳은 것은?

① 자료입력 → 자료수집 → 자료조작 및 분석 → 자료처리 → 출력
② 자료수집 → 자료입력 → 자료처리 → 자료조작 및 분석 → 출력
③ 자료수집 → 자료입력 → 출력 → 자료처리 → 자료조작 및 분석
④ 자료수집 → 자료조작 및 분석 → 자료처리 → 자료입력 → 출력

해설
지리정보체계(GIS)는 자연현상 및 시설물에 대한 정보를 컴퓨터 데이터로 변환하여 현황파악과 공간분석에 이용하는 종합적인 시스템으로 자료수집 → 자료입력 → 자료처리 → 자료조작 및 분석 → 출력 순으로 자료처리 및 구축을 위한 작업과정을 거친다.

25 자연환경 조사 중 토양단면조사의 설명으로 틀린 것은?

① 토양단면조사는 식물의 생장에 가장 중요한 환경인자인 토양의 수직적 구성 및 형태를 분석한다.
② A층은 광물토양의 최상층으로 외부환경과 접촉되어 그 영향을 직접 받는 층이다.
③ B층은 대부분의 토양수를 보유하는 층으로 식물의 뿌리발달에 가장 큰 영향을 미치는 층이다.
④ C층은 외부 환경으로부터 토양 생성 작용을 받지 못하고 단지 광물질이 풍화된 층이다.

해설
토양단면(층위구성)
• 유기물층(O) → 용탈층(A) → 집적층(B) → 모재층(C) → 모반층(D)
• 용탈층(A층) : 미생물과 식물활동이 왕성하여 식물의 뿌리발달에 영향을 미치는 층으로, 외부환경의 영향을 가장 많이 받으며, 기후식생 등의 영향을 받은 가용성 염기류 용탈이다.
• 하층(B층, 집적층) : 모래의 풍화가 진행된 상태의 토양으로 부식의 양은 표층보다 적으나, 각종 이온이 이곳에 모이며 토양에 공극이 적고 단단하며, 갈색이나 황갈색을 띠고 있다.
• 모재층(C층) : 외부 환경으로부터 토양 생성 작용을 받지 못하고 단지 광물질이 풍화된 층이다.

26 통경(vista)의 배치 방법으로 가장 거리가 먼 것은?

① 시점, 종점의 물체, 연결공간이 시각적 단위를 형성하도록 한다.
② 종점에서 시점을 보는 역통경(reverse vista)은 피한다.
③ 종점의 물체를 몇 개의 시점에서 보도록 배치할 수 있다.
④ 종점의 물체를 부분적으로 보이도록 배치할 수 있다.

해설
② 역통경도 동시에 고려하여야 한다.

27 리모트 센싱에 의한 환경해석의 특징이 아닌 것은?

① 광역적인 환경을 파악할 수 있다.
② 시각적 선호도에 의한 경관을 예측할 수 있다.
③ 시간적 추이에 따른 환경의 변화를 파악할 수 있다.
④ 특정지역의 환경특성을 광역환경과 비교하면서 파악할 수 있다.

[해설]

리모트 센싱에 의한 환경 조사는 항공기나 인공위성 등에 장착된 센서를 이용하여 환경 및 자원에 대한 정보를 취득하는 것이다.

장점	• 대상물에 직접 손대지 않고 정보를 수집할 수 있다. • 단시간에 광역적인 환경을 파악하여 해석·진단할 수 있다. • 시간적 추이에 따르는 환경의 변화를 파악할 수 있다. • 기록된 정보들은 기록된 상태에서 언제나 재현 가능하다. • 특정지역의 환경특성을 광역경관과 비교·분석할 수 있다. • 원지반의 기복 상태 및 도시녹지의 질과 양을 파악할 수 있다. • 식피율을 산정할 때에는 수림지, 논, 밭 등 식생 종류별로 양적인 산정이 가능하다.
단점	• 표면, 표층의 정보는 직접 얻을 수 있으나, 내면 심층부 정보는 간접 정보밖에 얻을 수 없다. • 수종의 명칭 및 식생군락의 형태를 파악할 수 없다. • 계측에 경비가 많이 든다.

28 조경계획을 위한 분석과 종합과정에 대한 설명으로 틀린 것은?

① 분석은 관련 자료를 부분적으로 나누어 검토하는 것이며, 종합은 이들을 체계화시키고 중요도에 따라 우선순위를 결정하는 것이다.
② 분석과 종합을 위해서는 창의성보다는 합리적 접근이 보다 많이 요구된다.
③ 분석은 주로 정량적(定量的) 특성을 지니며 종합은 주로 정성적(定性的) 특징을 지닌다.
④ 분석은 관련 자료를 분야별로 나누어 조사하는 것이며, 종합은 이들을 평가하여 대안 작성을 위한 기초를 마련하는 것이다.

[해설]

정량적 분석은 수치로 표현하는 것이고, 정성적 분석은 수치가 아닌 말로 설명하는 분석이다. 따라서 분석은 정량적·정성적 모두의 특성을 지닌다.

29 환경심리학의 특징에 관한 설명 중 적합하지 않은 것은?

① 환경과 인간행태의 관계성을 종합된 하나의 단위로서 연구한다.
② 현실적인 인간행태에 대한 문제 해결을 위한 이론 및 그 응용을 연구한다.
③ 도심지 환경영향평가 시 계량화된 주요지표로 이용된다.
④ 환경과 인간행태 상호 간에 영향을 주고받는 상호작용을 연구한다.

[해설]

환경심리학적인 접근방법
• 환경과 인간행태의 관계성을 종합된 하나의 단위로서 연구한다.
• 현실적인 인간행태에 대한 문제 해결을 위한 이론 및 그 응용을 연구한다.
• 환경과 인간행태 상호 간에 영향을 주고받는 상호작용을 연구한다.
• 경관을 통하여 인간이 느끼는 다양한 느낌, 감정, 이미지를 분석의 대상으로 삼는다.
• 긍정적인 느낌을 불러일으키는 경관은 질이 높으며, 부정적인 느낌을 주는 경관은 그 질이 낮다고 생각한다.

30 개인적 공간의 거리 및 기능에 대한 설명 중 틀린 것은?

① 친밀한 거리 : 0~45cm의 거리로, 부모와 아기 혹은 연인들과 같은 아주 가까운 사람들 사이의 거리이다.

② 개인적 거리 : 45~120cm의 거리로, 친한 친구 혹은 잘 아는 사람들 간의 일상적 대화가 유지되는 거리이다.

③ 사회적 거리 : 120~360cm의 거리로, 주로 업무 상의 대화에서 유지되는 거리이다.

④ 공적 거리 : 거리와 상관없는 개념으로, 방송 등을 통한 추상적 거리가 이에 해당한다.

해설

④ 공적 거리 : 3.6m 이상에서 7.5m 또는 그 이상을 말하는 거리이며 학교 교사와 학생, 연극배우나 가수와 청중 사이에 유지되는 거리이다.

홀의 대인관계의 거리(거리구분, 1ft = 30.48cm)
• 친밀한 거리 : 아기를 안아주거나 이성 간의 가까운 사람들의 거리로 0~1.5ft(0~45cm)
• 개인적 거리 : 친한 사람들의 일상적인 대화 시 유지거리로 1.5~4ft(45cm~1.2m)
• 사회적 거리 : 업무상의 대화에서 유지되는 거리로 4~12ft (1.2~3.6m)
• 공적 거리 : 연사, 배우 등의 개인과 청중 사이에 유지되는 거리로 12ft 이상(3.6m 이상)

31 G. Ekbo(1978)는 주택정원의 내외부 공간을 관련시켜 매우 효율적으로 다음 4가지 주요기능권으로 주택정원을 분할하였다. 이 중 특징이 잘못 설명된 것은?

① 전정(public access) – 수목, 초화류, 계단, 자연석, 분수 등으로 화려하게 치장하는 게 좋다.

② 주정(general living) – 이용의 측면도 고려하여 중심부가 비어 있는 것이 바람직하며 퍼걸러 (pergola), 녹음수, 정자 등 해를 가려주는 장치가 필요하다.

③ 후정(private living) – 침실에서의 전망이나 동선을 살리되 외부에서는 가능한 시각적·기능적 차단을 하여 프라이버시가 최대한 보장되어야 한다.

④ 작업정(work space) – 전정이나 후정과는 시각적으로 어느 정도 차단하면서 동선은 연결될 필요가 있다.

해설

① 전정 : 대문과 현관 사이의 공간. 전이 공간으로 주택의 첫인상 좌우, 입구로서의 단순성을 강조한다.

32 다음 중 공동주택을 건설하는 주택단지의 규모에 다른 진입도로 폭(기간도로와 접하는 폭)에 대한 기준으로 틀린 것은?

① 300세대 미만 : 4m 이상

② 300세대 이상~500세대 미만 : 8m 이상

③ 500세대 이상~1,000세대 미만 : 12m 이상

④ 1,000세대이상~2,000세대 미만 : 15m 이상

해설

• 300세대 미만 : 6m 이상
• 300세대 이상~500세대 미만 : 8m 이상
• 500세대 이상~1,000세대 미만 : 12m 이상
• 1,000세대 이상~2,000세대 미만 : 15m 이상
• 2,000세대 이상 : 20m 이상

33 다음 중 도시지역 내 녹지지역에서의 허용되는 용적률(A)과 건폐율(B)을 차례로 나열한 것은?(단, 국토의 계획 및 이용에 관한 법률을 적용한다)

① A : 50% 이하, B : 10% 이하
② A : 50% 이하, B : 20% 이하
③ A : 100% 이하, B : 10% 이하
④ A : 100% 이하, B : 20% 이하

용도지역의 건폐율과 용적률(법 제77, 78조)

구분		건폐율	용적률
도시지역	주거지역	70% 이하	500% 이하
	상업지역	90% 이하	1,500% 이하
	공업지역	70% 이하	400% 이하
	녹지지역	20% 이하	100% 이하
관리지역	보전관리지역	20% 이하	80% 이하
	생산관리지역	20% 이하	80% 이하
	계획관리지역	40% 이하	100% 이하
농림지역		20% 이하	80% 이하
자연환경보전지역		20% 이하	80% 이하

※ 다만, 관리지역 중 계획관리지역의 용적률은 성장관리방안을 수립한 지역의 경우 해당 지방자치단체의 조례로 125% 이내에서 완화하여 적용할 수 있다.

34 다음 중 환경영향평가 대상사업의 종류 및 범위 기준으로 틀린 것은?

① 도로법 및 국토의 계획 및 이용에 관한 법률에 따른 도로의 건설사업 중 왕복 2차로 이상인 기존 도로로서 길이 10km 이상의 확장
② 관광진흥법에 따른 관광사업 중 사업면적이 30 만m² 이상인 것
③ 자연공원법에 따른 공원사업 중 사업면적이 10 만m² 이상인 것
④ 체육시설의 설치·이용에 관한 법률에 따른 체육시설의 설치공사 중 사업면적이 10만m² 이상인 것

④ 체육시설의 설치·이용에 관한 법률에 따른 체육시설의 설치공사 중 사업면적이 25만m² 이상인 것(환경영향평가법 시행령 [별표 3])

35 도시·군계획시설의 결정·구조 및 설치기준에 관한 규칙상 정하고 있는 용도지역별 도로율이 틀린 것은?

① 주거지역 : 15% 이상 30% 미만
② 상업지역 : 25% 이상 35% 미만
③ 공업지역 : 8% 이상 20% 미만
④ 녹지지역 : 5% 이상 15% 미만

용도지역별 도로율(규칙 제11조 제1항)
1. 주거지역 : 15% 이상 30% 미만. 이 경우 간선도로(주간선도로와 보조간선도로)의 도로율은 8% 이상 15% 미만이어야 한다.
2. 상업지역 : 25% 이상 35% 미만. 이 경우 간선도로의 도로율은 10% 이상 15% 미만이어야 한다.
3. 공업지역 : 8% 이상 20% 미만. 이 경우 간선도로의 도로율은 4% 이상 10% 미만이어야 한다.

36 운전은 용이하나 토지이용 측면에서는 가장 비효율적인 주차방식은?

① 45° 주차
② 60° 주차
③ 90° 주차
④ 평행 주차

주차면적 : 90° 주차(27.2m²/대) < 60° 주차(29.8m²/대) < 45° 주차(32.2m²/대)

37 도로의 구조·시설기준에 관한 규칙상의 교통섬에 관한 설명으로 옳은 것은?

① 입체도로에서 서로 교차하는 도로를 연결하거나 서로 높이가 다른 도로를 연결하여 주는 도로
② 자동차나 보행자 등의 교통안전을 확보하기 위하여 일정한 폭과 높이 안쪽에는 시설물을 설치하지 못하게 하는 도로 위 공간 확보의 한계
③ 자동차의 안전하고 원활한 교통처리나 보행자 도로횡단의 안전을 확보하기 위하여 교차로 또는 차도의 분기점 등에 설치하는 시설
④ 도로 주변지역의 환경보전을 위하여 길어깨의 바깥쪽에 설치하는 녹지대 등의 시설이 설치되는 지역

해설
① 연결로, ② 시설한계, ④ 환경시설대

38 공원 및 녹지체계의 유형 중 녹지의 연결성과 접근성의 측면에서 바람직하다고 볼 수 있으나, 한정된 녹지가 넓은 면적에 분포하게 되어 녹지의 폭이 좁아지는 단점이 있는 것은?

① 단지 내 녹지를 한곳으로 모으는 집중형
② 단지 내 녹지를 고르게 분포시키는 분산형
③ 일정 폭의 녹지를 길게 조성하는 대상형
④ 대상형을 가로, 세로로 겹쳐 놓은 격자형

해설
① 집중형 : 녹지의 대형화로 생태적 안정성은 유리하지만, 녹지로의 도달거리가 멀어져 접근성은 떨어진다.
② 분산형 : 녹지로의 일반적인 접근성은 좋으나, 단위 녹지의 규모가 축소되어 생태적 안정성이 좋지 않다.
③ 대상형 : 정형적으로 배치된 도시에서 주로 볼 수 있다. 특히 공업단지에서 발생하는 소음, 매연 등을 막기 위한 완충녹지는 최소한의 일정한 폭을 지녀야 하므로 길게 조성된다.

39 주택건설기준 등에 관한 규정에 따른 우리나라 아파트단지계획 시 주변의 소음도가 일정기준 초과 시 방음벽 혹은 방음식재를 설치해야 하는 최소치 기준은 몇 데시벨인가?

① 55
② 60
③ 65
④ 70

해설
소음방지대책의 수립(규정 제9조 제1항)
사업주체는 공동주택을 건설하는 지점의 소음도(실외소음도)가 65dB 미만이 되도록 하되, 65dB 이상인 경우에는 방음벽·방음림(소음막이 숲) 등의 방음시설을 설치하여 해당 공동주택의 건설지점의 소음도가 65dB 미만이 되도록 소음방지대책을 수립하여야 한다.

40 다음 중 안내시설의 계획 시 고려사항으로 옳지 않은 것은?

① 도시의 CIP개념과 독자적으로 계획하는 것이 바람직하다.
② 야간 이용을 고려하여 조명시설을 반영하는 것이 필요하다.
③ 재료는 내구성·유지관리성·경제성·시공성·미관성·환경친화성 등 다양한 평가항목을 고려하여 종합적으로 판단한다.
④ 이용자에게 시각적 방해가 되는 장소는 피하여야 하며, 보행 동선이나 차량의 움직임을 고려하여 배치하여야 한다.

해설
CIP(Corporate Identity Program) 개념을 도입하여 시설들이 통일성을 가질 수 있도록 한다.
CIP 적용
• 해당 명칭에 고유형태(Logo Type)가 있는 경우에는 그대로 사용하여 설계한다.
• 교통수단을 대상으로 하는 경우에는 국제관례로 사용되는 문자나 기호가 도안화된 것을 사용한다.
• CIP개념을 도입하여 시설들이 통일성을 가질 수 있도록 한다.

41 T자를 사용한 선 긋기의 요령으로 틀린 것은?

① 수평선을 그을 때는 T자를 제도판에 밀착시키고 왼쪽에서 오른쪽으로 긋는다.

② 수직선을 그을 때는 T자와 삼각자를 겸용하여 위에서 아래로 긋는다.

③ T자가 움직이지 않도록 왼손으로 머리부분을 가볍게 누르고, 안으로 밀면서 사용한다.

④ 연필심이 고르게 묻도록 T자에 연필을 대고, 적절히 돌리면서 선을 긋는다.

해설

② 선 긋는 방향은 왼쪽에서 오른쪽으로, 아래쪽에서 위쪽으로 긋는다.

제도용구를 이용한 선 그리기

• 선을 처음 긋기 시작할 때는 긋고자 하는 선의 길이를 생각하고 긋는다.

• 선은 일관성과 통일성을 유지하며, 같은 목적으로 사용되는 선의 굵기와 진하기는 같아야 한다.

• 선 긋는 방향은 왼쪽에서 오른쪽으로, 아래쪽에서 위쪽으로 긋는다.

• 선의 연결과 교차 부분에 정확하도록 작도한다.

42 그림과 같은 입체도를 화살표 방향에서 본 투상도로 가장 적합한 것은?

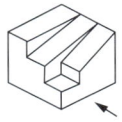

①    ②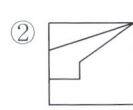

③ 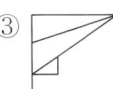   ④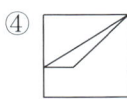

43 제도의 치수기입에 관한 설명으로 옳은 것은?

① 치수는 특별히 명시하지 않는 한, 마무리치수로 표시한다.

② 치수기입은 치수선을 중단하고 선의 중앙에 기입하는 것이 원칙이다.

③ 치수의 단위는 밀리미터(mm)를 원칙으로 하며, 반드시 단위 기호를 명시하여야 한다.

④ 치수기입은 치수선에 평행하게 도면의 오른쪽에서 왼쪽으로 읽을 수 있도록 기입한다.

해설

치수 표시

• 치수의 단위는 mm를 원칙으로 하고, 이때 단위기호는 쓰지 않는다. 치수 단위가 mm가 아닌 때에는 단위기호를 쓰거나 그 밖의 방법으로 그 단위를 명시한다.

• 치수는 특별히 명시하지 않는 한, 마무리 치수로 표시한다.

• 치수를 표시할 때에는 치수선과 치수보조선을 사용한다.

• 치수선은 치수보조선에 직각이 되도록 그으며, 화살표나 점으로 경계를 명확히 표시한다.

• 치수의 기입은 치수선에 따라 평행하게 기입한다.

• 도면의 아래로부터 위로, 또는 왼쪽에서 오른쪽으로 읽을 수 있도록 치수선의 윗부분이나 치수선의 중앙에 기입한다.

• 같은 도면에서 2종류 이상의 선이 중복되었을 경우 선의 우선 순위는 외형선 > 숨은선 > 절단선 > 중심선 > 치수보조선으로 한다.

• 협소한 간격이 연속될 때에는 인출선을 사용하여 치수를 기입한다.

• 치수선은 될 수 있는 대로 물체를 표시하는 도면의 외부에 긋는다.

44 1 : 50,000 지형도에서 5% 구배의 노선을 선정하려면 등고선 사이에 취하여야 할 도상거리는? (단, 등고선 간격은 20m임)

① 4mm   ② 8mm

③ 10mm   ④ 12mm

해설

• 경사도(%) = $\dfrac{수직높이}{수평거리} \times 100$

• 수평거리 = $\dfrac{20 \times 100}{5\%} = 40,000$

∴ 축척이 1 / 50,000이므로 도상거리는
  40,000 × 1 / 50,000 = 0.8cm → 8mm

45 조경계획과 조경설계의 개념적 차이를 설명한 것 중 틀린 것은?

① 조경설계는 미학적 창의성이 많이 요구되는 과정이다.
② 조경설계는 개념상 상위계획으로 조경계획에 선행하여 실행된다.
③ 조경계획과 조경설계는 상호 순환적 검증(feed back)을 거쳐 완성된다.
④ 조경계획은 문제 해결방안의 합리적인 제시가 많이 요구되는 과정이다.

해설
② 조경설계와 조경계획은 어떤 것이 더 상위에 있다고 할 수 없다.

46 조경설계기준상 토지이용 상충지역 완충녹지의 설계로 옳지 않은 것은?

① 완충녹지의 폭원은 최소 20m를 확보한다.
② 임해매립지의 방풍·방조녹지대의 폭원은 200~300m를 확보한다.
③ 재해 발생 시의 피난지로서 설치하는 녹지는 교목식재를 하고, 전체 녹화 면적률이 50% 정도가 되도록 한다.
④ 보안, 접근 억제, 상충되는 토지이용의 조절 등을 목적으로 설치하는 녹지는 교목, 관목 또는 잔디, 기타 지피식물을 재식하고 녹화면적률이 80% 이상이 되도록 한다.

해설
③ 재해 발생 시의 피난지로서 설치하는 녹지는 관목 또는 잔디, 기타 지피식물 등을 식재하고 녹화 면적률이 70% 이상이 되도록 한다.

47 조경설계기준상의 하천조경 설계 시 관찰시설 설치와 관련된 내용이 틀린 것은?

① 야생동물이 자주 출현하는 곳에 작은 규모의 야생동물 관찰소를 설치한다.
② 안전을 위한 데크의 난간 높이는 100cm이상으로 하며, 장애자가 이용하는 데크는 최소 80cm의 폭이 확보되도록 계획한다.
③ 관찰시설 설치는 생태·미관의 교육, 체험 목적으로 설치되나, 서식처 보호, 훼손 확산 방지를 위한 이용객 동선 유도 등 꼭 필요한 장소에 설치한다.
④ 관찰시설은 사회적 약자의 배려를 도모하여 진행도중 추락의 위험이 없도록 안전난간을 설치하는 등 안전한 관찰 및 탐방이 가능하도록 설치한다.

해설
② 안전을 위한 데크 등의 난간 높이는 120cm 이상으로 하며, 장애자가 이용하는 데크는 최소 100cm의 폭이 확보되도록 계획한다.

48 인공지반에 자연토양 사용 시 식재된 식물에 필요한 최소 생육 토심이 틀린 것은?(단, 배수경사는 1.5~2.0%로 한다)

① 교목 : 70cm 이상
② 소관목 : 30cm 이상
③ 대관목 : 45cm 이상
④ 잔디 및 초화류 : 10cm 이상

해설
④ 잔디 및 초화류 : 15cm 이상
식재토심(조경기준 제15조 제1항)
옥상조경 및 인공지반 조경의 식재 토심은 배수층의 두께를 제외한 다음의 기준에 의한 두께로 하여야 한다.
1. 초화류 및 지피식물 : 15cm 이상(인공토양 사용 시 10cm 이상)
2. 소관목 : 30cm 이상(인공토양 사용 시 20cm 이상)
3. 대관목 : 45cm 이상(인공토양 사용 시 30cm 이상)
4. 교목 : 70cm 이상(인공토양 사용 시 60cm 이상)

45 ② 46 ③ 47 ② 48 ④   정답

49 노약자, 신체장애인을 고려한 시설 설계기준으로 틀린 것은?

① 보도의 경사도는 10% 이내가 적당하다.
② 보도면은 바퀴가 빠지지 않도록 틈이 없어야 한다.
③ 휠체어 사용자가 통행할 수 있는 경사로의 유효 폭은 120cm 이상으로 한다.
④ 안내시설은 어린이와 장애인을 고려하여 보행동선에서 1m 이내가 되도록 계획한다.

해설
접근로의 기울기는 18분의 1 이하로 하여야 한다. 다만, 지형상 곤란한 경우에는 12분의 1까지 완화할 수 있다(장애인·노인·임산부 등의 편의증진 보장에 관한 법률 시행규칙[별표 1]).

50 다음 그림은 연못 바닥 단면상세도이다. ㉠~㉤을 순서대로 바르게 기입한 것은?

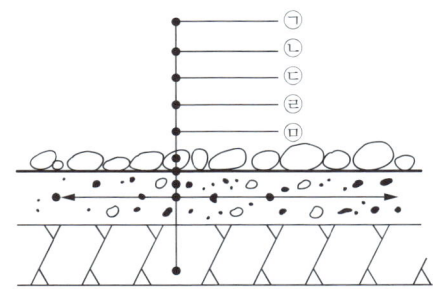

① ㉠ 철근, ㉡ 조약돌 깔기, ㉢ 잡석다짐,
　㉣ 콘크리트, ㉤ 방수모르타르
② ㉠ 잡석다짐, ㉡ 철근, ㉢ 콘크리트,
　㉣ 방수모르타르, ㉤ 조약돌 깔기
③ ㉠ 조약돌 깔기, ㉡ 방수모르타르,
　㉢ 콘크리트, ㉣ 철근, ㉤ 잡석다짐
④ ㉠ 방수모르타르, ㉡ 콘크리트,
　㉢ 조약돌 깔기, ㉣ 철근, ㉤ 잡석다짐

51 다음 도시경관(townscape)에 관한 기술 중 적당하지 않은 것은?

① 플로어스케이프(floorscape)는 연못 혹은 호수 면과 같이 수평적인 경관을 말한다.
② 사운드스케이프(soundscape)는 도시 속의 각종 소리의 종류나 크기와 관계가 있다.
③ 카스케이프(carscape)는 대규모 주차장의 차 혼잡을 비평한 말이다.
④ 와이어스케이프(wirescape)는 공중의 전기줄과 전화줄의 보기 싫은 모습을 비난한 말이다.

해설
① 플로어스케이프는 바닥 디자인, 가구 배치, 장식 등 바닥 공간을 설계하거나 꾸미는 것을 말한다.

52 할프린(Halprin, 1965)에 의해서 수행된 연속적 경관구성에 관한 연구의 내용이라고 볼 수 없는 것은?

① 건물, 수목, 지형 등의 환경적 요소를 부호화하여 기록
② 공간형태보다는 시계에 보이는 사물의 상대적 위치를 기록
③ 장소 중심적인 기록 방법이며, 시각적 요소가 첨가
④ 폐쇄성이 비교적 낮은 교외지역이나 캠퍼스 등에 적용이 용이

해설
진행에 따라서 변화하는 요소를 평면적, 수직적 두 측면에서 기록하고, 여기에 시간적 요소를 첨가하였다.

53 경관분석에 있어서 생태학적인 요인을 중요시하여 이를 주어진 조건 분석에 overlay 기법을 사용함으로써 적정한 토지이용을 구상하는 방법을 주창하는 사람은?

① F. L. Olmsted ② I. McHarg
③ D. Burnham ④ V. Olgay

해설

맥하그(McHarg)의 분석방법
• 경관은 그것을 구성하는 생태적 목록(지형, 지질 등)이 종합적으로 작용하여 경관의 형태가 결정된다.
• 생태적으로 건강하고 생태적 특성에 부합되는 인간환경을 조성하기 위해서는 토지가 지닌 생태적 특성을 고려한 토지용도를 설정해야 한다.
• 도면결합법(overlay method)

54 시각적 선호에 관련된 변수에 대한 설명이 틀린 것은?

① 물리적 변수 : 식생, 물, 지형
② 추상적 변수 : 복잡성, 조화성, 새로움
③ 지역적 변수 : 위치, 거리, 규모
④ 개인적 변수 : 개인의 나이, 학력, 성격

해설

시각적 선호의 변수
• 물리적 변수 : 지형·지물, 식생, 물, 색채, 질감 형태 등
• 추상적 변수 : 복잡성, 조화성, 새로움으로 환경 속에서 지각되는 추상적 특성
• 개인적 변수 : 개인의 연령, 성별, 학력, 성격, 심리적 상태 등에 관계
• 상징적 변수 : 일정 환경에 함축된 상징적 의미

55 자연의 형태에서 찾아볼 수 있는 피보나치수열(fibonacci sequence)에 대한 설명으로 틀린 것은?

① 레오나르도 피보나치가 1200년경 발견하였다.
② 원형 울타리의 길이를 계산하는 데 사용될 수 있다.
③ 수학적으로 각 수는 그것을 앞서는 2개의 수의 합인 연속의 수를 말한다.
④ 식물의 잎차례나 해바라기 씨에 의해 만들어지는 나선형에서 찾아볼 수 있다.

해설

② 수열은 수의 나열을 말하는 것으로 계산과는 거리가 있다.
피보나치(Fibonacci)수열
• 1, 1, 2, 3, 5, 8, 13, 21, 34, … 각 항은 그 전에 2개 항의 합한 수가 되며 이를 피보나치 급수라고 한다.
• 이탈리아의 수학자 피보나치가 처음 소개해 피보나치 수열이라고 한다.
• 자연 속의 꽃잎의 수나 해바라기 씨앗의 개수와 일치하고, 앵무조개에서도 찾아볼 수 있다.

56 일반적으로 경관분석 기법과 그 분석 내용을 잘못 짝지은 것은?

① 계량화 방법 : 특이성비의 산출
② 사진에 의한 방법 : 지각 횟수와 지각 강도의 산출
③ 기호화 기법 : 조망시점에서 본 경관의 특성과 형태
④ 시각회랑에 의한 방법 : 경관우세 요소와 변화 요인 파악

해설

사진에 의한 방법
• 항공사진이나 일정 지점에서 대상물을 촬영하여 경관을 분석하는 방법이다.
• 세퍼(Shafer) 및 미트(James Miets)는 8×10inch 크기의 흑백사진을 가지고 자연경관에 대한 시각적 선호에 관한 계량적 모델을 제시하였는데, 비교적 모델의 적합성이 높게 나타나고 있다.

57 Albedo값이 높은 것부터 낮은 것 순으로 옳게 나열한 것은?

① 눈 → 산림 → 바다 → 마른모래
② 마른모래 → 산림 → 눈 → 바다
③ 눈 → 마른모래 → 산림 → 바다
④ 산림 → 바다 → 마른모래 → 눈

[해설]
눈(0.8~0.95%) → 마른 모래(0.25~0.45%) → 숲(0.10~0.20%) → 바다(0.06~0.08%)

58 잔상(after image)에 대한 설명으로 틀린 것은?

① 잔상의 출현은 원래 자극의 세기, 관찰시간, 크기에 의존한다.
② 원래의 자극과 색이나 밝기가 반대로 나타나는 것은 음성잔상이다.
③ 보색잔상은 색이 선명하지 않고 질감도 달라 면색(面色)처럼 지각된다.
④ 잔상현상 중 보색잔상에 의해 보게 되는 보색을 물리보색이라고 한다.

[해설]
④ 보색잔상에 의해 보게 되는 보색을 심리보색이라고 한다.

59 다음 중 조경설계기준상의 조경석 놓기에 대한 설명이 틀린 것은?

① 돌을 묻는 깊이는 조경석 높이의 1/4이 지표선 아래로 묻히도록 한다.
② 단독으로 배치할 경우에는 돌이 지닌 특징을 잘 나타낼 수 있도록 관상위치를 고려하여 배치한다.
③ 3석을 조합하는 경우에는 삼재미(천지인)의 원리를 적용하여 중앙에 천(중심적), 좌우에 각각 지, 인을 배치한다.
④ 5석 이상을 배치하는 경우에는 삼재미의 원리 외에 음양 또는 오행의 원리를 적용하여 각각의 돌에 의미를 부여한다.

[해설]
① 돌을 묻는 깊이는 조경석 높이의 1/3 이상이 지표선 아래로 묻히도록 설계한다.

60 조경설계기준상의 쓰레기통 설치기준에 대한 설명으로 옳지 않은 것은?

① 내구성이 있는 재질을 사용하거나 내구성이 있는 표면마감 방법을 설계한다.
② 각 단위공간 마다 배치할 필요는 없고, 단위공간 몇 개를 조합하여 그 중간에 1개소 설치한다.
③ 각 단위공간의 의자 등 휴게시설에 근접시키되, 보행에 방해가 되지 않도록 하고 수거하기 쉽게 배치한다.
④ 설계 대상공간의 휴게공간·운동공간·놀이공간·보행공간과 산책로 등 보행동선의 결절점, 관리사무소·상점 등의 건물과 같이 이용량이 많은 지점의 적정위치에 배치한다.

[해설]
② 각 단위공간의 의자 등 휴게시설에 근접시키되 보행에 방해가 되지 않아야 하며, 단위공간마다 1개소 이상 배치한다.

61 수목식재로 얻을 수 있는 기능은 건축적, 공학적, 기상학적, 미적기능이 있다. 다음 중 공학적 기능이 아닌 것은?

① 토양침식의 조절　② 대기정화작용
③ 통행의 조절　④ 온도조절작용

[해설]
식재의 효과
• 건축적 효과 : 사생활의 보호, 차단 및 은폐, 공간분할, 점진적 이해
• 공학적 효과 : 토양침식조절, 음향조절, 대기정화작용, 섬광조절, 반사조절, 통행조절
• 기상학적 효과 : 태양복사열조절, 바람조절, 강수 및 습도조절, 온도조절
• 미적효과 : 조각물, 반사, 영상, 섬세한 선형미, 장식적인 수벽, 조류 및 소동물 유인, 배경용, 구조물의 유화

62 정형식 식재계획 시 다수의 수목을 규칙적으로 배식하여 상당한 공간을 메우는 방법이며, 매스로서의 양감을 부여하여야 하는 곳에 적합한 식재의 기본 패턴은?

① 임의식재　② 배경식재
③ 교호식재　④ 집단식재

[해설]
• 정형식 식재 : 단식, 대식, 열식, 교호식재(지그재그식재), 집단식재, 요점식재
• 자연풍경식 식재 : 부등변삼각형식재, 임의식재, 모아심기, 군식, 배경식재, 주목
• 자유식 식재 : 루버형, 번개형, 아메바형, 절선형
• 군락식재

63 카탈레이스(catalase)에 대한 설명으로 옳은 것은?

① 탄수화물을 환원시키는 효소이다.
② 활동이 클수록 영양생장이 활발해진다.
③ 세포 내 호흡작용을 억제하는 작용을 한다.
④ 전자(electron)의 수용체 역할을 하는 특수효소이다.

[해설]
카탈레이스는 과산화수소가 분해되어 물과 산소가 만들어지는 반응을 촉매하는 효소이며 우리 몸 속의 간, 적혈구, 신장에 들어 있다. 과산화수소를 물과 산소로 분해하는 반응을 촉매한다.

64 다음 [보기]의 (   ) 안에 적합한 용어는?

┤보기├
토양수분은 흙 입자 표면에 분자 간 응집력에 의해 흡착되는 수분인 (㉠)와 흙 공극의 표면장력에 의해 유지되는 (㉡)로 구분된다.

① ㉠ 결합수, ㉡ 모관수
② ㉠ 결합수, ㉡ 중력수
③ ㉠ 흡습수, ㉡ 모관수
④ ㉠ 흡착수, ㉡ 결합수

[해설]
토양수분의 형태
• 결합수(pF 7.0 이상) : 화합수 또는 결정수라고도 하며, 토양을 105℃로 가열해도 분리시킬 수 없는 점토광물의 구성요소로 작물이 흡수·이용할 수 없다.
• 흡습수(pF 4.2~7) : 토양입자의 표면에 피막상으로 흡착되어 있는 수분으로, 토양을 105℃로 가열 시 분리 가능하며, 작물이 흡수·이용하지 못한다.
• 모관수(pF 2.7~4.2) : 토양공극 내에서 표면장력에 의한 모관현상으로 지하수가 모관공극을 따라 상승하여 작물에 공급되고, 작물이 가장 유용하게 이용하는 수분이다.
• 중력수(pF 2.7 이하) : 중력에 의하여 비모관공극을 통해 흘러내리는 수분으로, 작물이 직접 이용하지 못한다.
• 지하수 : 지하에 정체되어 모관수의 근원이 되는 수분이다.

65 다음 중 방음(防音)식재에 관한 설명으로 옳지 않은 것은?

① 산울타리는 높은 주파수의 음향일수록 잘 흡수한다.
② 방음수벽과 가옥의 거리는 30m 정도가 좋다.
③ 방음 식수대의 너비는 약 20~30m 유지되게 조성한다.
④ 식수대는 소음원과 수음점의 중간 지점에 조성한다.

해설

방음식재
• 소음원인 도로에 가까이 식재한다.
• 식수대의 가장자리 위치는 도로 중심선에서 15~24m 떨어진 곳에 설치한다.
• 식수대의 폭은 20~30m(최소폭 7~8m), 수고는 중앙부분에서 13.5m 이상 되도록 한다.
• 시가지일 경우에는 도로 중심선에서 3~15m 되는 곳에 위치하고, 폭 3~15m로 한다.
• 식수대와 주택의 거리는 30m 이상이 되도록 한다.

66 옥상정원의 계획 시 우선적으로 고려해야 할 내용이 아닌 것은?

① 토양, 수목의 무게 등 하중의 계산
② 관수와 배수 그리고 방수관계
③ 전체 건물의 건축계획, 구조계획, 기계설비 계획과의 상호 연관성
④ 도시환경 및 기후조절 문제에의 기여성

해설

옥상정원 설계 시 우선적으로 고려해야 할 부분은 구조적 안전성으로 하중, 배수, 방수 등 건물 구조와의 연관성이 매우 중요하다. 도시환경 및 기후조절 문제는 옥상정원의 부차적인 효과일 수는 있지만, 설계의 주요 고려 사항은 아니다.

67 다음 중 상록활엽수로 분류되는 것은?

① 옻나무(*Rhus verniciflua* Stokes)
② 팥배나무(*Scrbus alnifolia* K. Koch)
③ 차나무(*Camellia sinensis* L.)
④ 오미자(*Schisandra chinensis* Baill)

해설

차나무(*Camellia sinensis* L.)
상록활엽관목이며 가지가 많이 갈라진다. 1년생 가지는 흰색이며 잔털이 있고, 2년생 가지는 회갈색이며 털이 없다. 잎은 보통 어긋나며 피침상 장타원형으로 표면은 녹색의 엽맥이 들어갔고 뒷면은 회녹색으로 맥이 튀어나왔으며 양면에 털이 없다. 꽃은 10~11월에 피고 지름 3~5cm로서 흰색이며 향기가 있고 1~3개가 액생하거나 가지 끝에 달린다.

68 다음에서 설명하는 수목의 특징에 가장 적합한 수종은?

• 유럽에서 들어온 상록교목으로 원산지에서는 50m까지 자란다.
• 소지는 밑으로 처지고 동아는 붉은빛이 돌거나 연한 갈색이고 수지가 없다.
• 열매는 땅을 보고 달린다.
• 자웅동주로서 꽃은 6월에, 열매는 10월에 익으며 잎은 침상능형이다.

① *Picea kcraiensis*
② *Pices abies*
③ *Picea pungsanensis*
④ *Picea jezoensis*

해설

② 독일가문비. ① 종비나무, ③ 풍산가문비, ④ 가문비나무

69 다음 중 박태기나무의 학명은?

① *Cercis chinensis*

② *Chamaecyparis obtusa*

③ *Cercidiphyllum japonicum*

④ *Euonymus fortunei* var. *radicans*

해설
② 편백, ③ 계수나무, ④ 줄사철나무

70 다음 [보기]의 설명에 적합한 수종은?

┤보기├
- 옻나무과이다.
- 기수1회 우상복엽으로 엽축에 날개가 있으며, 잎에 달리는 벌레집을 오배자라 하고, 약용으로 하거나 염료로 사용된다.
- 우리나라 전국 산지에서 자생하며 척박지에서도 잘 자란다.

① *Rhus javanica* L.(붉나무)

② *Acer palmatum* Thunb.(단풍나무)

③ *Ailanthus altissima* Swingle for. *altissima* (가죽나무)

④ *Zanthoxylum schinifolium* Siebold & Zucc. (산초나무)

해설
붉나무(*Rhus javanica* L.)
한국, 일본, 중국 등에 분포하는 낙엽소교목으로 오배자나무, 염부목이라고도 한다. 높이는 7m에 이르고, 나무껍질은 짙은 갈색을 띤다. 잎은 달걀 모양의 잔잎 7~13장이 깃 모양으로 배열된 겹잎이다. 꽃은 황백색을 띠며 붉나무라는 이름은 가을에 유난히 붉은 단풍에 유래했다. 이 나무에 생긴 벌레집을 오배자(五倍子)라고 하여 이질이나 설사 치료에 약으로 쓰며 잉크·염료 원료로 쓰기도 한다.

71 *Cornus*속에 해당되는 수목은?

① 산수유　　　　② 박태기나무

③ 팽나무　　　　④ 서어나무

해설
① 산수유 : 층층나무과, *Cornus officinalis* Siebold & Zucc.
② 박태기나무 : 콩과, *Cercis chinensis* Bunge
③ 팽나무 : 느릅나무과, *Celtis sinensis* Pers
④ 서어나무 : 자작나무과, *Carpinus laxiflora*(Siebold & Zucc.) Blume

72 다음 단풍나무과(科) 식물에 관한 설명으로 옳지 않은 것은?

① *Acer tataricum* subsp. *ginnala* Wesm.는 잎의 하단부에서 3개로 갈라지며 복거치가 있고, 단풍은 붉은색이다.

② *Acer negundo* L.은 잎이 5~7개로 갈라지고 가장자리에 거친 톱니가 있으며, 단풍은 붉은색이다.

③ *Acer triflorum* Kom.의 잎은 3출엽으로 단풍은 붉은색이다.

④ *Acer saccharinum* L.은 잎이 5개로 갈라지며 복거치가 있고, 잎 뒷면이 은백색이다.

해설
② 네군도단풍(*Acer negundo*)은 낙엽이 지는 활엽교목으로서, 잎은 마주나기하며 깃꼴 겹잎으로, 3~7(때로는 7~9)개의 소엽으로 되어 있고 소엽은 달걀모양이며, 정소엽은 결각상으로 3개로 갈라지고, 톱니가 드문드문 있다. 꽃은 암·수꽃이 따로 있고 4월에 잎보다 먼저 황록색으로 핀다.

73 장미과(科) 식물이 아닌 것은?

① 홍가시나무　　② 마가목

③ 병꽃나무　　　④ 팥배나무

해설
③ 병꽃나무는 인동과 식물이다.
장미과 식물 : 홍가시나무, 마가목, 팥배나무, 국수나무, 조팝나무, 피라칸타, 신사나무, 모과나무, 명자나무, 자두나무, 매실나무, 마가목, 앵두나무 등이 있다.

74 다음 설명에 적합한 수종은?

- 전체의 개화기간이 비교적 짧다.
- 줄기에 피소(皮燒)현상이 발생한다.
- 낙엽활엽교목으로 잎보다 꽃이 먼저 핀다.

① *Campsis grandifolia*
② *Hibiscus syriacus*
③ *Cercis chinensis*
④ *Magnolia denudata*

해설
④ 백목련, ① 능소화, ② 무궁화, ③ 박태기나무

75 다음 중 특징별 수종의 연결이 맞는 것은?

① 청녹색 수피 : 분비나무
② 붉은색 단풍 : 튤립나무
③ 보라색의 열매 : 매발톱나무
④ 짙은 꽃 향기 : 정향나무

해설
④ 정향나무는 도금양과에 속하는 상록교목이다. 정향은 향기가 좋을 뿐 아니라, 향료 가운데 부패방지와 살균력이 굉장히 좋다.
① 흰색 수피 : 분비나무
② 황색 단풍 : 튤립나무
③ 붉은색의 열매 : 매발톱나무

76 열매가 익었을 때 붉은색이 아닌 것은?

① 귀룽나무, 작살나무
② 팥배나무, 마가목
③ 덜꿩나무, 청미래덩굴
④ 딱총나무, 뜰보리수

해설
① 귀룽나무의 열매는 흑색, 작살나무의 열매는 보라색이다.

77 다음 중 수목의 특징 설명이 옳지 않은 것은?

① *Abies koreana* Wilson은 낙엽활엽소교목으로 수형은 구형이다.
② *Populus dilatata* Aiton은 줄기가 곧추 자라고 가지가 빗자루 모양으로 좁게 퍼지며, 수피는 흑갈색으로 세로로 갈라진다.
③ *Prunus salicina* Lindl. var. *salicina*의 꽃은 4월에 잎보다 먼저 피고 지름 2~2.2cm로 백색이며 보통 3개씩 달린다.
④ *Poncirus trifoliata* Raf의 열매는 장과로 지름 3~5cm이며 노란색의 진한 향기가 있고, 수피는 짙은 녹색으로 가시가 발달했다.

해설
① 구상나무는 상록침엽교목으로 수형은 초기에는 원뿔모양이나 큰키나무가 되면 원정형으로 변한다.
② 양버들
③ 자두나무
④ 탱자나무

78 실내식물의 환경조건에 대한 설명으로 옳지 않은 것은?

① 실내에서는 건축적 제약으로 인하여 하루 12~18시간 정도 빛을 공급받아야 한다.
② 실내정원의 낮 온도는 21~24℃, 밤에는 15~18℃로 유지시켜야 한다.
③ 식물에 있어서 최적습도는 70~90%인데, 상대습도 30% 이상이면 대부분의 식물은 적응할 수 있다.
④ 실내조경용 토양은 배수가 양호하고 양분이 많은 순수토양을 사용해야 한다.

해설
④ 실내조경용 토양은 유기물함량이 적고 깨끗한 것을 사용해야 한다.

79 다음 그림 중 안접(鞍接)에 해당하는 것은?

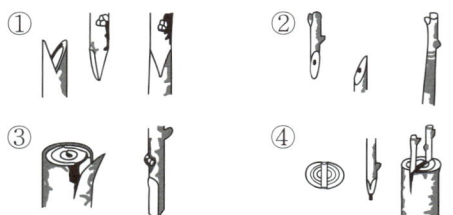

안접은 대목(臺木)과 접지(椄枝)의 한쪽을 길마 모양으로 깎아 내고, 한 데 맞추어 동여매는 접붙이기 방법이다.

80 수목류를 활용한 식재의 방법 중 틀린 것은?

① 차폐수벽공법은 수벽을 3열로 조성할 때는 중앙에 활엽교목을 1열로 식재하고, 그 앞뒤에 침엽수 또는 관목으로 배식한다.

② 차폐수벽공법은 수벽을 4열로 조성할 때는 중앙에 교목을 2열로 열식하고 앞이나 혹은 뒤에 관목을 배식한다.

③ 소단상객토식수공법의 소단은 나무를 심고 자랄 수 있는 충분한 너비를 가져야 하며, 소단상 객토는 깊이 0.3m 이상, 너비 1.0m 이상을 표준으로 한다.

④ 식생상심기는 암석을 채굴하고 깎아낸 대규모 암반비탈의 소단 위에 객토와 시비를 한 후, 녹화용 묘목을 식재하여 수평선상으로 녹화하고자 설계한다.

식생상심기는 주로 암석을 채굴하고 깎아낸, 비교적 요철이 많은 절암비탈의 점적 또는 짧은 선적인 식생녹화와 식생상 특수한 경관효과를 목적으로 설계한다.

81 시방서에 관한 설명으로 옳지 않은 것은?

① 작성방법에 따라 표준시방서와 특기시방서로 구분된다.

② 시공순서에 따라 빠짐없이 기재하고, 중복되지 않고 간단명료하게 작성한다.

③ 재료에 필요한 시험, 재료의 종류 및 품질, 건물인도시기, 총공사비 등을 기재한다.

④ 계약서와 설계도면에 표현하기 어려운 공사이행에 관련한 일반사항과 특이사항을 기재하여 도면과 함께 공사의 지침이 되도록 작성되는 설계도서의 일종이다.

시방서의 내용
• 재료에 관한 사항
• 공법·공사 순서에 관한 사항
• 시공 기계·기구에 관한 사항
• 시공에 대한 주의 사항
• 보양·청소·정리에 관한 사항

82 어느 지역 토양의 공극률(porosity) 측정을 위해 토양 $60cm^3$을 채취하여 고형입자 부피와 수분 부피를 측정하였더니 각각 $36cm^3$와 $12cm^3$였다. 이 지역 토양의 공극률(%)은?

① 10% ② 20%
③ 30% ④ 40%

$$토양의\ 공극률 = \left(1 - \frac{용적밀도}{입자밀도}\right) \times 100$$
$$= \left(1 - \frac{36}{60}\right) \times 100 = 40\%$$

83 네트워크 공정표 작성 시 공정계산에 관한 설명으로 옳은 것은?

① 복수의 작업에 선행되는 작업의 LFT는 후속작업의 LST 중 최댓값으로 한다.
② 복수의 작업에 후속되는 작업의 EST는 선행작업의 EFT 중 최솟값으로 한다.
③ 전체여유(T.F.)는 작업을 EST로 시작하고 LFT로 완료할 때 생기는 여유시간이다.
④ 종속여유(D.F.)는 후속작업의 EST에 영향을 주지 않는 범위 내에서 한 작업이 가질 수 있는 여유시간이다.

해설
활동 여유(float)의 계산
• 전체 여유시간(T.F. ; Total Float) : 작업을 EST로 시작하고, LFT로 완료할 때 생기는 여유시간을 말한다. TF = 그 작업의 LFT − 그 작업의 EFT
• 자유 여유시간(F.F. ; Free Float) : 각 작업을 EST로 시작하고, 후속작업도 EST로 시작하여도 존재하는 여유 시간을 말한다. FF = 후속작업의 EST − 그 작업의 EFT
• 종속 여유시간(D.F. ; Dependent Float) : 후속작업의 전체 여유 시간에 영향을 미치는 여유시간을 말한다. DF = TF − FF

84 등고선에 대한 설명으로 맞는 것은?

① 강우 시 배수방향은 등고선에 수직방향이다.
② 기존등고선은 실선, 계획등고선은 점선으로 표시한다.
③ 완경사지에서는 등고선 사이의 수평거리가 일정하다.
④ 요(凹, concave) 경사지에서는 높은 쪽으로 갈수록 등고선 사이의 수평거리가 더 넓다.

해설
② 기존등고선은 가는 점선, 계획등고선은 굵은 실선으로 표시한다.
③ 등고선의 간격은 급경사지에서는 좁고 완경사지에서는 넓다.
④ 요(凹)경사에서 낮은 쪽의 등고선은 높은 쪽보다 더 넓은 간격으로 되어 있다.

85 다음 각각의 입찰방법에 대한 설명으로 틀린 것은?

① 일반경쟁입찰은 저렴한 공사비와 공사수주희망자에게 기회를 균등하게 줄 수 있으며 신용, 기술, 경험, 능력을 신뢰할 수 있어 우수한 입찰방법이다.
② 제한경쟁입찰은 계약의 목적, 성질에 따라 입찰참가자의 자격을 제한할 수 있다.
③ 지명경쟁입찰은 자금력과 신용 등에서 적합하다고 인정되는 특정 다수의 경쟁참가자를 지명하여 입찰에 참여하도록 한다.
④ 수의계약은 소규모 공사, 특허공법에 의한 공사, 신기술에 의한 공사인 경우 체결할 수 있다.

해설
일반경쟁입찰
매체에 공사종류, 입찰자의 자격(기술능력, 자본금, 시설, 장비), 입찰규정 등을 공고하여 입찰자를 모집하여 경쟁입찰을 시켜 가장 유리한 조건을 제시한 자를 낙찰자로 선정하여 계약을 체결하는 방법이다.

86 2m의 터파기 공사에서 적용하는 일반적인 흙의 휴식각(안식각)은 얼마인가?

① 0°
② 10°
③ 20°
④ 30°

해설
보통흙의 안식각은 30~35°이다.

87 다음은 가상지형에 대한 직접수준측량치를 나타낸 그림이다. A와 B지점의 표고차는?(이때 B. M. 은 5m이다)

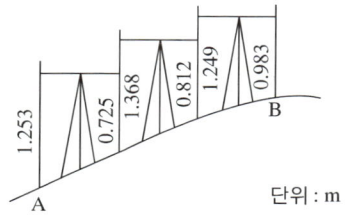

단위 : m

① 1.350m   ② 6.350m

③ 3.650m   ④ 8.650m

해설

표고차 = $\sum$B·S(후시합) − $\sum$F·S(전시합)
- 후시합 = 1.253 + 1.368 + 1.249 = 3.87
- 전시합 = 0.725 + 0.812 + 0.983 = 2.52
- ∴ 3.87 − 2.52 = 1.35m

88 다음 중 덤프트럭에 대한 설명으로 옳지 않은 것은?

① 무한궤도식은 이동속도가 느리다.
② 적재함을 기울여 흙을 방출한다.
③ 적재기계를 고려하여 적재용량을 결정한다.
④ 운반도로의 조건이 작업량에 영향을 준다.

해설

덤프트럭은 기동성도 좋아서 원거리 수송에 적합하고, 흙 등을 운반하기에도 적당하다.

89 원지반의 모래질흙 3,000m³와 점질토 2,000 m³를 굴착하여 6m³ 적재 덤프트럭으로 성토현장에 반입하고 다졌다. 다진 후의 성토량은 얼마인가?(단, 모래질흙 : L = 1.25, C = 0.88, 점질토 : L = 1.30, C = 0.99)

① 6,350m³   ② 5,430m³

③ 4,620m³   ④ 4,530m³

해설

성토량 = 원지반의 흙 × C(다져진 값)
- 모래질흙 : 3,000 × 0.88 = 2,640m³
- 점토질흙 : 2,000 × 0.99 = 1,980m³
- ∴ 다진 후의 성토량 = 4,620m³

90 시멘트의 저장방법 중 적합하지 않은 것은?

① 13포대 이상으로 쌓지 않는다.
② 통풍이 잘 되도록 조치한다.
③ 지상에서 30cm 이상 떨어지도록 마루판을 설치한 후 적재한다.
④ 입하(入荷) 순서대로 사용한다.

해설

② 출입구, 채광창 이외에는 환기창을 설치하지 않는다.

91 시멘트 풍화에 대한 설명으로 옳지 않은 것은?

① 시멘트가 풍화하면 밀도가 떨어진다.
② 풍화한 시멘트는 강열감량이 감소한다.
③ 풍화는 고온다습한 경우 급속도로 진행된다.
④ 시멘트가 저장 중 공기와 접촉하여 공기 중의 수분 및 이산화탄소를 흡수하면서 나타나는 수화반응이다.

해설

시멘트의 풍화작용
시멘트의 수분을 흡수, 수화작용의 결과로 생긴 수산화 석회와 공기 중의 탄산가스가 작용하여 탄산칼슘을 생기게 하는 작용으로 응결이 늦어지고 강도가 낮아진다.

92 한중콘크리트에 관한 설명으로 틀린 것은?

① 하루의 평균기온이 4℃ 이하가 예상되어 콘크리트가 동결할 염려가 있을 때 적용한다.
② 단위수량은 초기동해를 적게 하기 위하여 소요의 워커빌리티를 유지할 수 있는 범위 내에서 되도록 적게 한다.
③ 먼저 가열한 시멘트와 굵은 골재, 다음에 잔골재를 넣어서 믹서 안의 재료 온도가 40℃ 이하가 된 후, 마지막으로 물을 넣는 것이 좋다.
④ 물-결합재비는 원칙적으로 60% 이하로 하여야 한다.

해설

③ 시멘트는 어떠한 경우라도 가열하면 안 된다.
한중콘크리트
• 타설한 콘크리트가 얼게 될 위험성이 있을 때 시공하는 특수 콘크리트로 하루의 평균기온이 4℃ 이하가 예상되는 기상조건에서는 한중콘크리트로 시공한다.
• 타설할 때의 콘크리트 온도는 구조물의 단면치수, 기상조건 등을 고려하여 5~20℃의 범위에서 정한다.
• 단위수량은 초기 동해를 적게 하기 위하여 소요의 워커빌리티를 유지할 수 있는 범위 내에서 되도록 적게 한다.
• 한중콘크리트에는 공기연행 콘크리트를 사용하는 것을 원칙으로 한다.
• 물-결합재비는 원칙적으로 60% 이하로 하여야 한다.

93 그림에서 도심축에 대한 단면 2차 모멘트는 얼마인가?

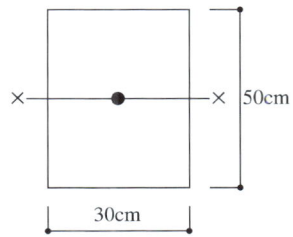

① $31,250\text{cm}^4$
② $312,500\text{cm}^4$
③ $37,500\text{cm}^4$
④ $375,000\text{cm}^4$

해설

$$I = \frac{bh^3}{12} = \frac{30 \times 50^3}{12} = 312,500\text{cm}^4$$

94 식재공사에서 재료비는 5,000,000원, 직접노무비는 3,000,000원, 경비는 2,000,000원, 간접노무비율은 15%일 때, 일반관리비는 얼마인가?(단, 일반관리비율은 6%이다)

① 600,000원
② 605,000원
③ 620,000원
④ 627,000원

해설

일반관리비 = 저료비 + [(직접노무비 + 간접노무비) + 경비] × 일반관리비율
= 5 000,000 + [(3,000,000 + 450,000) + 2,000,000] × 0.06
= 627,000원

95 강우유출량을 계산하는 공식인 $Q = \dfrac{1}{360} CIA$ 에서 I 가 의미하는 것은?

① 강우속도   ② 우수유출계수

③ 배수면적   ④ 강우강도

> 해설
>
> 우수유출량 $Q = \dfrac{1}{360} CIA$
>
> 여기서, C : 유출계수,
> I : 강우강도(mm/hr),
> A : 배수면적(ha)

96 도로의 편경사 설치 목적과 기준에 관한 설명으로 틀린 것은?

① 편경사와 곡선반경은 비례한다.
② 도로의 곡선부에서 차량의 횡활동을 방지하기 위해서 설치한다.
③ 가장 빈도가 많은 속도에 대해서 자중(自重)과 원심력의 합력이 노면에 수직이 되도록 한다.
④ 도로 곡선부에서 원심력에 의하여 한쪽으로 쏠려 승차감이 좋지 않은 것을 보정하여 준다.

> 해설
>
> ① 편경사와 곡선반경은 반비례한다.

97 목재의 전건중량과 생재용적을 기초로 하는 어떤 목재의 비중을 0.54로 할 때, 이 목재가 완전히 물로 포화되었을 때의 함수율은?

① 90%   ② 100%

③ 110%   ④ 120%

> 해설
>
> 목재 종류에 관계 없이 세포 자체의 비중은 1.54이므로
>
> $\dfrac{1.54 - 0.54}{1.54 \times 0.54} \times 100 = 120.25\%$

98 다음 중 합성수지에 관한 설명으로 틀린 것은?

① 폴리우레탄수지는 도막 방수재 및 실링재로서 이용된다.
② 폴리스티렌수지는 발포제로서 보드상으로 성형하여 단열재로 사용된다.
③ 실리콘수지는 내열성·내한성이 우수한 수지로 접착제, 도료로 사용된다.
④ 염화비닐수지는 내산·내알칼리성이 작지만 내후성이 커서 건축 재료로 널리 사용된다.

> 해설
>
> ④ 염화비닐수지는 내산, 내알칼리성이 우수하며, 내수성도 양호하다. 연화점이 낮아 성형 가공이 뛰어나며, 내후성이 우수하고 잘 열화하지 않는다.

99 다음 광원(光源)에 대한 설명으로 틀린 것은?

① 백열등 : 광색이 따뜻한 느낌을 주기 때문에 휴식공간 조명에 적당하다.
② 형광등 : 관 내벽의 형광물질로 자외선을 발생시켜 빛을 얻으면 광색이 차다.
③ 나트륨등 : 적색을 띤 독특한 광색으로 열효율이 낮고 투시성이 수은등에 비하여 낮다.
④ 수은등 : 수은증기압을 고압으로 가압하여 고효율의 광원을 얻으며, 큰 광속(光束)으로 가로 조명에 적합하다.

해설
③ 나트륨등 : 열효율이 높고 물체 투시성이 좋으나 설치비가 많이 든다. 점포용, 투광용, 영사, 스튜디오용으로 적합하다.

---

100 콘크리트의 시공 관련 설명으로 틀린 것은?

① 연직 시공이음에는 지수판 등의 재료 및 도구의 사용을 원칙으로 한다.
② 팽창재는 습기의 침투를 막을 수 있는 사일로 또는 창고에 시멘트 등 다른 재료와 혼입저장하는 것이 효과적이다.
③ 소요 품질을 갖는 수밀콘크리트를 얻기 위해서는 적당한 간격으로 시공 이음을 두어야 하며, 그 이음부의 수밀성에 대하여 특히 주의하여야 한다.
④ 수밀콘크리트에 사용하는 혼화재료는 적합한 공기연행제, 감수제 또는 포졸란 등을 사용하는 것을 원칙으로 한다.

해설
팽창제는 콘크리트의 건조수축, 구조물의 균열 및 변형을 방지할 목적으로 사용되므로 습기의 침투를 막을 수 있는 사일로 또는 창고에 시멘트 등 다른 재료와 혼입되지 않도록 저장해야 한다.

---

101 상해를 예방하기 위하여 속효성 비료를 주는 동시에 늦가을까지 가지가 도장(徒長)되지 않도록 주는 비료는?

① K
② N
③ P
④ Ca

해설
주요 비료의 역할
• 질소(N) : 광합성작용 촉진으로 잎이나 줄기 등 수목의 생장에 도움을 준다. 부족하면 생장이 위축되고 성숙이 빨라지나 많으면 도장하고 성숙이 늦어진다.
• 인산(P) : 세포분열 촉진, 꽃·열매·뿌리 발육에 관여한다. 부족하면 꽃과 열매가 나빠지고, 많으면 성숙이 촉진되어 수확량이 감소한다
• 칼륨(K) : 꽃·열매의 향기, 색깔을 조절하고 부족하면 황화현상이 일어난다. 뿌리의 발달을 조장하고, 내한성을 높인다.
• 칼슘(Ca) : 단백질 합성, 식물체 유기산 중화의 역할을 하고 결핍되면 생장점이 파괴되어 갈색으로 변한다.

---

102 수목의 병해에 대한 설명 중 옳지 않은 것은?

① 자낭균에 의한 빗자루병은 벚나무류는 걸리지 않는다.
② 그을음병은 진딧물이나 깍지벌레의 배설물에 곰팡이가 기생하여 생긴다.
③ 포플러 잎녹병은 5~6월에 여름포자가 발생하여 8월 말까지 계속 반복 전염된다.
④ 잣나무 털녹병은 병든 가지나 줄기 수피가 노란색 또는 갈색으로 변하면서 부푼다.

해설
자낭균에 의한 빗자루병
• 피해 : 벚나무, 대나무 등에서 발견된다.
• 방제 : 이른 봄에 병든 가지를 잘라 소각하며, 꽃이 진 후 보르도액 또는 만크지 수화제를 2~3회 L·무 전체에 살포한다.

---

103 잔디밭의 뗏밥(肥土)주기와 관련하여 가장 옳은 것은?

① 5년마다 1회 정도 실시한다.
② 시기에 있어서 이른 봄 발아 전에 실시한다.
③ 두께는 40mm 정도로 한다.
④ 뗏밥에 타비료 혼합을 금지한다.

뗏밥주기
• 잔디의 생육이 왕성할 때 얇게 1~2회 준다. 이른 봄 발아 전에 실시한다. 한지형 잔디는 뗏밥을 봄, 가을에 주고 난지형 잔디는 생육이 왕성한 6~8월에 주는 것이 좋다.
• 두께는 가정 0.5~1.0cm, 골프장 0.3~0.7cm 넣어준다.
• 뗏밥은 가는 모래 2, 밭흙 1, 유기물 약간을 섞어 사용한다.

104 벚나무 빗자루병에 대한 설명이 아닌 것은?

① 잔가지가 총생한다.
② 전신성 병은 아니다.
③ 증상이 나타난 가지에는 꽃이 피지 않는다.
④ 병원균은 파이토플라스마(phytoplasma)이다.

벚나무 빗자루병
• 병원균 : *Taphrina wiesneri*
• 피해
  – 벚나무 빗자루병은 주로 곰팡이균(*Taphrina wiesneri*)에 의해 발생한다.
  – 병든 나무를 방치하면 병환부가 진전되어 나무 전체에 잔가지가 총생, 꽃이 피지 않게 되며 병든 잎은 흑색으로 변하고 얼마 후 말라서 낙엽이 된다.
  – 병원균이 나무에 침투하여 생장과 분열을 촉진하는 호르몬(옥신과 사이토키닌)을 과도하게 분비하게 하여 나뭇가지에 혹이나 잔가지가 돋아난다.
  – 왕벚나무에 피해를 주어 전국 벚나무 관광지 황폐화의 주원인이 된다.

105 무궁화, 모과나무 등에 피해를 주는 진딧물을 방제하기 위하여 다음 중 어떤 농약을 살포하여야 하는가?

① 침투성 살균제 – 만코지 수화제(다이센엠-45)
② 살균제 – 지오판 수화제(가지란)
③ 침투성 살충제 – 메타 유제(메타시스톡스)
④ 제초제 – 글라신 액제(근사미)

진딧물류는 발생 초기에 마라톤 유제, 메타시스톡스 유제를 수관에 살포한다.

106 다음 특징의 병해가 주로 발생하는 수목은?

• 병에 걸린 잎 모습이 마치 불에 구어 부풀어 오른 찰떡과 같다고 해서 '떡병'이라 한다.
• 나무의 건강에 피해 주기보다 주로 미관에 해를 주어 미관훼손 식물병이다.
• 5월 초순경부터 어린잎, 새순, 꽃망울의 일부 또는 전체가 두껍게 부풀어 오르면서 부드러운 다육질 혹을 만드는데, 그 모양은 불규칙하며 일정하지 않다.

① 철쭉
② 개나리
③ 사철나무
④ 느티나무

철쭉류에서 발생하는 병해는 떡병과 민떡병이 있는데 둘 다 곰팡이의 일종으로 담자균류에 속하며 철쭉 및 진달래류에서 볼 수 있는 병이다. 방제법은 피해가 발생하면 살균제를 10일 간격으로 3~4회 살포하고 매년 병이 발생하는 곳은 4월 중순~5월 초순경 발병 이전에 살균제를 살포한다. 또한 피해 초기 지역에 혹이 발생하면 표면에 흰가루가 나타나기 전에 일찍 혹을 제거하여 전염원을 없앤다.

107 수목병과 매개충이 바르게 짝지어지지 않은 것은?

① 대추나무 빗자루병 – 썩덩나무노린재
② 오동나무 빗자루병 – 담배장님노린재
③ 쥐똥나무 빗자루병 – 마름무늬매미충
④ 느릅나무 시들음병 – 나무좀

해설
① 대추나무 빗자루병은 마름무늬매미충에 의해 충매전염된다.

108 짧은 폐쇄·회복기에도 최대한의 회복효과를 얻을 수 있고, 따라서 이용자에게 불편을 적게 줄 수 있으며, 특히 손상이 심한 부지에 가장 이상적인 레크리에이션 공간의 관리방안은?

① 완전방임형 관리 전략
② 폐쇄 후 자연회복형
③ 폐쇄 후 육성관리
④ 순환식 개방에 의한 휴식기간 확보

해설
폐쇄 후 육성관리
손상이 심한 부지에 적합한 관리방안으로 짧은 폐쇄 기간에도 최대의 회복효과를 기대할 수 있어 이용자의 불편을 줄이면서 부지를 효율적으로 복구할 수 있는 방법이다.

109 바이러스 감염에 의한 수목병의 대표적인 병징에 해당되지 않는 것은?

① 위축   ② 그을음
③ 잎말림   ④ 얼룩무늬

해설
그을음병은 자낭균에 의한 병이다.

110 조경공간에서 관리하자에 의한 안전사고로 옳은 것은?

① 유리조각을 방치하여 발을 베인 사고
② 관객이 백네트에 올라갔다가 떨어진 사고
③ 그네에서 뛰어내리는 곳에 벤치가 설치되어 있어 충돌한 사고
④ 시설물의 구조상 접속부에 손이 끼거나 구조 자체의 결함에 의한 사고

해설
유리조각을 방치하여 손발이 베이는 사고는 관리 소홀로 인한 사례로 안전관리를 통해 쉽게 예방할 수 있었던 사고이다.

111 공사현장에서는 인위적이든 자연적이든 반드시 재해에 대한 관리가 이루어져야 한다. 다음 중 재해예방의 원칙과 관련된 설명이 틀린 것은?

① 재해는 원칙적으로 원인만 제거되면 예방이 가능하다.
② 재해예방을 위한 가능한 대책은 반드시 존재한다.
③ 사고와 손실과의 관계는 필연적이다.
④ 재해발생은 반드시 그 원인이 존재한다.

해설
③ 사고와 손실의 관계는 우연적일 수도 있다.

112 식물 표면에서 제초제의 흡수과정과 관련된 설명으로 옳지 않은 것은?

① 극성의 제초제에 습윤제를 첨가하면 제초제의 독성은 감소된다.
② 비극성(친유성) 제초제는 큐티클 납질층을 친수성보다 잘 통과한다.
③ 계면활성제는 극성 제초제가 큐티클 납질층을 잘 통과하도록 도와준다.
④ 친수성 제초제의 통과는 펙틴, 큐틴 순으로 잘되나 납질은 통과가 어렵다.

해설
① 극성의 제초제에 습윤제를 첨가하면 제초제의 독성은 증가된다.

113 다음 주민참가의 단계 중 시민권력 단계에 속하지 않는 것은?

① 자치관리
② 권한이양
③ 파트너십
④ 유화

해설
주민참가의 단계(안시타인, Arnstein)
비참가의 단계(조작, 치료) → 형식참가의 단계(정보제공, 상담, 유화) → 시민권력의 단계(파트너십, 권한이양, 자치관리)

114 그네, 시소 및 미끄럼틀과 관련한 설명 중 틀린 것은?

① 그네 줄 상단의 베어링은 좌우로 흔들리지 않아야 하며 회전에 의해 풀리지 않도록 풀림방지 너트로 고정하고 마모 시에 교체할 수 있도록 해야 한다.
② 미끄럼틀 미끄럼판의 기울기 각도는 설계도면의 기준을 따르고 활주면은 요철이 없으며 미끄러워야 한다.
③ 미끄럼틀 최종 활주면은 모래판 및 지면에서 0.6m 미만으로 이격시키고, 활주면 최하단의 앉음판은 0.3m 이상으로 한다.
④ 시소의 좌판이 지면에 닿는 부분에 중고 타이어 등의 재료를 사용하여 충격을 줄여야하며 마모가 심하여 철선이 노출되거나 찢어진 것을 사용해서는 안 된다.

해설
③ 미끄럼틀 최종 활주면은 모래판 및 지면에서 0.2m 미만으로 이격시키고, 활주면 최하단의 앉음판은 0.5m 이상으로 하며 바깥쪽으로 약간의 기울기를 주어 물이 고이지 않도록 해야 한다.

115 농약의 제형 중 액상수화제의 효과가 수화제보다 우수한 이유는?

① 주성분의 분자량이 작기 때문이다.
② 유효성분 농도가 불균일하기 때문이다.
③ 증량제로 알코올을 사용하였기 때문이다.
④ 단위무게당 입자수가 많고 표면적이 넓기 때문이다.

해설

액체형태가 가루형태보다 단위무게당 입자수가 많고 표면적이 넓어서 더 효과가 좋다.

116 식물의 즙액을 흡즙하는 입틀 구조를 갖지 않은 곤충은?

① 버즘나무방패벌레
② 느티나무벼룩바구미
③ 솔껍질깍지벌레
④ 가루나무좀

해설

④ 가루나무좀은 식물체에 구멍을 뚫고 들어가 생육하는 천공성 해충이다.
흡즙성해충 : 깍지벌레, 응애류, 진딧물류, 방패벌레류 등이 있다.

117 조경수목의 정지, 전지, 전정 등의 관리방법으로 옳지 않은 것은?

① 수목관리 시 도장지는 제거하여 준다.
② 벚나무는 수형을 잡아주기 위하여 자주 가지치기를 해야 한다.
③ 정지(整姿, trimming)란 나무 전체의 모양을 일정한 양식에 따라 다듬는 작업이다.
④ 봄에 꽃피는 진달래는 꽃이 진 후에 정전을 하면 다음 해에 같은 꽃을 볼 수 있다.

해설

② 벚나무는 전정을 거의 하지 않아도 잘 개화한다.

118 다음 보에 대한 설명으로 옳지 않은 것은?

① 단순보에 일단이 회전지점이고 타단이 이동지점이다.
② 캔틸레버브는 일단이 고정지점이고 타단이 회전지점이다.
③ 게르버보는 3개 이상의 지점으로 지지된다.
④ 내민보는 지점의 구조는 단순보와 같으나 일단 또는 양단이 지점에서 밖으로 나와 있다.

해설

② 캔틸레버보는 일단이 고정지점이고 타단은 지점이 없는 자유단 상태이다.

119 비탈면 보호시설공법의 설명으로 옳은 것은?

① 종자뿜어붙이기공은 일종의 식생공이다.
② 비탈면 돌망태공은 용수(湧水) 및 토사유실 우려가 없는 곳에 시행된다.
③ 콘크리트 격자블록공은 식생공법을 배제한 구조물에 의한 비탈면 보호공이다.
④ 평판블록붙임공은 비탈면 길이가 길고 경사가 비교적 급한 곳에 시행된다.

종자뿜어붙이기
• 종자뿜어붙이기공은 일종의 식생공이다.
• 네트 + 종자분사파종은 시공이 간편하여 단기간에 많은 면적을 녹화하는데 적합하다.
• 사용 식생의 종자발아에 필요한 온도, 수분이 적당한 범위 내에서 정하되 가능한 한 봄철로 한다.
• 초본류만을 사용하면 근계층이 얕기 때문에 비탈면이 박리(剝離)되기 쉬우므로 필요시 목본류와 혼파한다.
• 한 종류의 발생기대본수는 가급적 총 발생 기대본수의 10% 이하로 내려가지 않도록 한다.

120 그 자체만으로 약효가 없으나 농약제품에 첨가할 경우 농약의 약효에 대해 상승작용을 나타내는 보조제는?

① 협력제　　　　　② 유화제
③ 유기용제　　　　④ 증량제

보조제
• 전착제 : 농약의 주성분을 식물체나 병해충에 잘 전착시키기 위하여 쓰이는 약제
  예 casin 석회, 농용비누, 비해리성 계면활성제 등
• 증량제 : 분제에 있어서 주성분의 농도를 낮추기 위하여 쓰이는 보조제(talc, bentonite, koline, 규조토 등)나 유제나 수화제를 일정한 살포 농도로 만들 때 쓰이는 물 등
• 용제 : 농약의 유효성분을 녹이는 데 쓰이는 약제
  예 benzene, xylene 등
• 유화제 : 유제의 유효성을 높이는 데 쓰이는 약제
  예 계면활성제
• 협력제 : 유효성분의 효력을 증진시킬 목적으로 쓰이는 약제

제1과목 조경사

01 연못의 형태가 잘못 연결된 것은?

① 선교장 – 방지방도
② 창덕궁 부용지 – 방지원도
③ 윤증고택의 연못 – 방지원도
④ 활래정 원지 – 방지원도

해설
④ 선교장의 활래정 연못은 방지방도의 형태이다.
※ 방지원도는 방형의 연못에 원형의 섬이 있는 형태로, 창덕궁 부용지와 다산초당이 이에 해당한다.

02 다음 중 일본의 시대별 정원양식이 맞지 않는 것은?

① 침전조 정원 – 평안시대
② 회유임천식 정원 – 겸창시대
③ 고산수식 정원 – 실정시대
④ 다정 – 나양시대

해설
④ 다정 : 도산(모모야마)시대
① 침전조 : 평안(헤이안)시대
② 회유임천식 : 겸창(가마쿠라)시대
③ 고산수식 : 실정(무로마치)시대

03 중국 청나라시대 이화원에 대한 설명으로 틀린 것은?

① 중국의 고전적인 정원의 대표작으로 중국에서 가장 규모가 크고 보존이 잘 된 황가의 이궁이다.
② 서태후는 청의원을 이화원이라 개명하는 등 이화원 재건의 주역이다.
③ 만수산과 곤명호로 이루어졌으며 만수산의 요지에 배운전과 불향각이 있다.
④ 퇴수산에는 태호석을 주로 한 석순을 배치하여 인공암산의 모습을 나타낸다.

해설
④ 퇴수산(堆秀山)은 자금성 정원 어화원(御花園)에 위치한 인공산이다.

04 조선시대를 대표하는 정원유적들의 조성순서로 바르게 나열한 것은?

① 소쇄원 → 서석지 → 부용동정원 → 다산초당 → 소한정
② 소쇄원 → 부용동정원 → 서석지 → 다산초당 → 소한정
③ 소쇄원 → 다산초당 → 서석지 → 부용동정원 → 소한정
④ 소쇄원 → 부용동정원 → 다산초당 → 서석지 → 소한정

해설
소쇄원(1520~1530년) → 서석지(1610~1636년) → 부용동정원(1637년) → 다산초당(1808~1819년) → 소한정(1910년)

정답 1 ④ 2 ④ 3 ④ 4 ①

05 스페인의 알람브라 궁원의 파티오 중 가장 규모가 작고, 바닥은 자갈로 무늬가 그려져 있으며 구석진 자리에 4그루의 사이프러스가 심어져 있는 곳은?

① 연못의 파티오(court of the Myrtles)
② 사자의 파티오(court of Lions)
③ 다라하의 파티오(patio de la Reja)
④ 레하의 파티오(patio de la Reja)

레하의 중정(창격자 중정, 사이프러스 중정)
바닥은 둥근 색자갈로 무늬를 주고 중앙에는 분수를 세워 환상적이면서도 엄숙한 분위기를 연출하며, 중정 네 귀퉁이에 사이프러스를 식재하여 사이프러스 중정이라고도 한다.

07 동양정원과 관련된 저서에 대한 설명으로 옳은 것은?

① 계성은 원야에서 주인(조영자)보다 장인들의 중요성을 주장하였다.
② 산림경제 복거(卜居)편에는 수목 식재방법이 소개된다.
③ 양화소록에는 조선시대 정원식물의 특성과 번식법, 화분의 관리법 등이 소개된다.
④ 홍만선(1643~1715)은 임원경제지라는 농가생활에 필요한 백과전서를 소개했다.

① 계성의 원야 : 원야 첫머리의 흥조론에서 조원은 시공자보다 설계자가 중요함을 강조하였다.
② 홍만선의 산림경제 : 중국의 문헌과 자신의 체험을 바탕으로 농가생활에 필요한 사항을 기술한 하나의 백과사전적인 책으로, 복거편에는 주택의 선정과 건축에 관한 내용이 수록되어 있다.
④ 서유구의 임원경제지 : 임원십육지라고도 하며, 화훼류의 특성과 재배법이 기술되어있다.

06 고대 메소포타미아인들의 정원에 대한 개념 중 틀린 것은?

① 산악경관을 동경하여 이상화하였다.
② 관개용 수로를 기본적으로 배치하였다.
③ 높은 담으로 둘러싼 뜰 안을 기하학적으로 배치하였다.
④ 방형(方形)의 공간에 천국의 4대강을 뜻하는 Paradise 개념의 수로를 배치하였다.

메소포타미아(서부 아시아) 정원은 높은 담으로 둘러싸인 뜰 안을 기하학적으로 배치하되, 정원 기본 시설로 관개용 수로를 배치하여 수목 식재는 전적으로 관개수로에 의존하였고 수목을 신성시하였다.

08 중국 한나라 때의 태액지(太液地)에 대한 설명으로 틀린 것은?

① 신선사상을 반영한 정원양식이다.
② 못 속에 봉래, 방장, 영주의 세 섬을 축조하였다.
③ 주로 직선으로 된 연못의 서쪽 남북축선상에 궁전이 배치되었고, 부속건물들은 연못의 남쪽에 배치되었다.
④ 지반에는 청동이나 대리석으로 만든 조수(鳥獸)와 용어(龍魚) 등의 조각을 배치하였다.

태액지원
• 장안 건장궁 내의 곡지 중 하나이다.
• 신선사상에 의한 봉래, 방장, 영주 세 섬을 축조하고 못가에는 청동이나 대리석으로 조수(鳥獸)와 용어(龍魚)상을 배치했다.

09 다음 중 피렌체 메디치장(villa Medici)에 대한 설명으로 옳은 것은?

① 1450년경 코지모 디 메디치(Cosimo de Medici)가 조경가 알베르티(Alberti)의 설계에 따라 만들었다.
② 남쪽 사면의 비탈면을 깎아 3개의 단(terrace)을 만들었다.
③ 첫째 단에는 파르테르(parterre)를 만들고 3번째 단의 최상단에는 카지노(casino)를 두었다.
④ 첫째 단의 정원은 중앙에 축을 두고 조경 요소를 대칭적으로 배치하고 있다.

해설
빌라 메디치(villa Medici)
• 메디치의 소유로 미켈로지가 설계
• 경사지를 테라스로 처리(그라나다의 헤네랄리페의 기법을 도입한 것으로 추측)
• 정원 디자인은 대담하고 질서정연한 가운데 극히 단순한 구성
• 첫째 단의 정원은 중앙에 축을 두고 조경 요소를 대칭적으로 배치

10 영국 자연풍경식 정원의 발달에 기여한 조경가의 작품 연결이 올바른 것은?

① 윌리엄 챔버 – 켄싱턴원
② 윌리엄 켄트 – 큐 가든
③ 찰스 브릿지맨 – 스토우원
④ 험프리 렙턴 – 스투어헤드

해설
① 윌리엄 챔버 : 동양정원론(A Dissertation on Oriental Gardening)을 출판하여 중국 정원을 소개하였으며, 큐 가든에 중국식 건물, 탑을 세웠다.
② 윌리엄 켄트(William Kent) : 켄싱턴 가든(고사수목을 식재), 치즈윅 하우스, 로샴 정원, Wilson House, Calton House, Gunnersbury 등을 계획하였고 스토우 정원을 수정하였다.
④ 험프리 렙턴(Humphry Repton) : 풍경식 정원을 완성하였고, Landscape garden의 호칭을 사용하였으며, 레드북(Red book)에 개조 전과 개조 후의 모습을 비교할 수 있는 스케치를 하였다.

11 백제시대의 궁원을 조성시기 순으로 바르게 나열한 것은?

① 궁남지 → 한산성궁원 → 망해정 → 임류각
② 한산성궁원 → 임류각 → 궁남지 → 망해정
③ 임류각 → 한산성궁원 → 궁남지 → 망해정
④ 한산성궁원 → 궁남지 → 임류각 → 망해정

해설
한산성궁원[개루왕 5년(서기 132년)] → 임류각[동성왕 22년(서기 500년)] → 궁남지[무왕 35년(서기 634년)] → 망해정[의자왕 15년(서기 655년)]

12 고려 말 탁광무가 은퇴한 후 전라도 광주에 조영한 별서정원은?

① 경렴정   ② 양이정
③ 몽답정   ④ 문수원

해설
고려 후기 14세기 말에 탁광무가 낙향하여 고향 광주 지역에 지은 정원이다. 네모난 못 안에 2개의 크고 작은 섬, 연못에는 연꽃, 물가에는 수양버들, 섬에는 소나무, 정자주위에 매화와 화초류, 대나무, 뽕나무를 식재하고 뜰에는 채소원을 조성하였다.

13 일본의 전형적 지당(池塘) 중심의 정토정원을 꾸미는 데 있어서 공식처럼 되어 있는 구성요소의 순서가 옳게 나열된 것은?

① 남문 – 홍교(虹橋) – 중도(中島) – 평교(平橋) – 금당(金堂)

② 남문 – 평교(平橋) – 중도(中島) – 홍교(虹橋) – 금당(金堂)

③ 남문 – 반교(盤橋) – 중도(中島) – 홍교(虹橋) – 금당(金堂)

④ 남문 – 평교(平橋) – 홍교(虹橋) – 중도(中島) – 금당(金堂)

[해설]
정정토사상에 입각한 사찰정원은 남대문 → 홍교 → 중도 → 평교 → 금당으로 이어지는 직선에 의해 양단되는 터가르기에 의해 구성되었다.

14 영국의 남동쪽 지방에 있으며 버질(Virgil)의 서사시 에이니드(Aeneid)에 의거하여 자연을 배회하는 영웅의 인생 항로를 테마로 정원동굴(grotto)이 구성된 풍경식 정원은?

① 스토우원(Stowe garden)

② 스투어헤드원(Stourhead garden)

③ 트위컨햄원(Twickenham garden)

④ 블렌하임 궁원(Blenheim palace garden)

[해설]
스투어헤드(Stourhead)
• 헨리 호어가 건물을 설계하고 켄트와 브릿지맨이 정원을 설계하였다.
• 자연풍경식 정원의 원형이 잘 남아 있는 작품으로 전설을 테마로 정원을 구성하였다.

15 경복궁의 아미산(峨嵋山)원에서 볼 수 있는 경관요소가 아닌 것은?

① 굴뚝　　　　　② 정자

③ 석지(石池)　　④ 수조(水槽)

[해설]
교태전 후원의 아미산에는 사괴석으로 된 4단의 화계가 있으며, 화계의 정상부 제4단은 정자가 한 채 들어설 만한 넓이지만 정자는 없다.
교태전 후원(아미산원)의 첨경물
• 제1단에는 괴석, 연화문과 용문이 양각된 석지(석련지)가 배치
• 제2단에는 용도를 알 수 없는 방형의 괴석과 석지가 배치
• 제3단에는 붉은 벽돌로 쌓은 6각형의 굴뚝이 배치

16 현재 사찰에서 누(樓)를 통한 중심공간으로의 진입방식의 양측면 진입방식이 아닌 곳은?

① 부석사 안양루(安養樓)

② 화엄사 보제루(普濟樓)

③ 쌍계사 팔영루(八泳樓)

④ 선암사 종고루(鐘鼓樓)

[해설]
안양루
경상북도 영주시 부석면 북지리 부석사에 있는 문루이다. 문루는 아래에는 출입문을 내고 위에는 누정(樓亭)을 두어 주변을 조망할 수 있도록 설계한 건축물을 말한다. 하나의 건물에 누각과 문이라는 이중의 기능이 부여되어 있어 건물 아래층 전면에는 '安養門(안양문)', 건물 위층 후면에는 '安養樓(안양루)'라는 현판이 걸려 있다.

17 다음 정원 중 별서가 아닌 것은?

① 강릉의 방해정
② 담양의 식영정
③ 구례의 운조루
④ 화순의 임대정

해설

운조루(유이주의 저택)
- 조경처리가 되어있는 공간은 주로 사랑채의 마당과 내당 뒤 후원이다.
- 1776년경에 만들어졌을 것으로 추측된다.
- '전라구례오미동가도'라는 그림을 보면 대문 안쪽 마당에 정심수로서 소나무가 심어져 있고 지대에는 괴석과 화문이 교대로 배치되어 있었음을 알 수 있다.
- 대문 앞에 지원이 만들어져 있고, 사랑뜰에는 정심수가, 헛간 앞에는 희귀식물인 위성류가 심어졌다는 것이 특징이다.

19 다음 중 중국 정원에 대한 설명으로 틀린 것은?

① 승덕 피서산장은 청대(淸代)의 이궁(離宮)에 속한다.
② 후한시대에 포(圃)는 금수를 키우던 곳을 말한다.
③ 졸정원, 유원, 사자림 등은 소주(蘇州)의 정원이다.
④ 송(宋)나라 때는 태호석에 의해 석가산을 축조하는 정원이 조성되었다.

해설

후한시대 정원
- 園(원) : 과실을 심는 곳
- 圃(포) : 채소를 심는 곳
- 囿(유) : 금수를 키우는 곳

18 다음 서양의 조경에 관한 설명 중 옳지 않은 것은?

① 영국의 풍경식 조경은 중국 조경양식이 일부 도입되었다.
② 분구원(分區園)은 제2차 세계대전 후 영국에서 시작되었다.
③ 프레드릭 로 옴스테드는 미국 조경의 시조라 한다.
④ 전원도시(garden city)는 하워드(E. Howard)에 의해 주장되었다.

해설

② 분구원은 독일의 풍경식 정원으로 시레베르가 도시민의 보건을 위해 조성하였다.

20 도시 조절기능으로서 그린벨트(녹지대) 개념이 생겨난 것은?

① 보스턴 공원계통
② 랑팡의 워싱턴 계획
③ 하워드의 전원도시론
④ 옴스테드의 센트럴파크 계획

해설

하워드의 전원도시 사상
- 자족기능을 갖춘 계획도시로, 주변에는 그린벨트로 둘러싸여 있고 주거, 산업, 농업기능이 균형을 갖추도록 했다.
- 이상적인 전원도시에는 3만2천여 명의 주민이 살며, 오픈스페이스와 공원, 여섯 개의 방사형 대로가 배치된 동심원 모양이었다.
- 자급자족이 가능하며 계획인구를 초과하면 인근에 다른 전원도시를 배치하게 했다.
- 5만 명이 거주하는 중심도시와 이를 둘러싸며 도로와 철도로 연결된 전원도시들로 이루어진 도시군을 예견했다.

21　다음 중 조경계획의 일반적인 과정으로 가장 적합한 것은?

① 환경조사 – 기본계획 – 개념화 – 시공계획
② 기본구상 – 개념계획 – 적지선정 – 기본설계
③ 기본계획 – 문헌 및 현지조사 – 중간검토 – 종합계획
④ 기본조사 – 기본구상 – 기본계획 – 기본설계 – 실시설계

해설
조경계획 및 설계 과정
목표설정 – 자료분석(자연환경분석/인문환경분석) 및 종합 – 기본구상 – 기본계획(토지이용계획, 교통동선계획, 시설물배치계획, 식재계획, 하부구조계획, 집행계획) – 기본설계 – 실시설계 – 시공 및 감리 – 유지관리

22　동선계획에서 고려되어야 할 내용과 거리가 먼 것은?

① 부지 내 전체적인 동선은 가능한 막힘이 없도록 계획한다.
② 주변 토지이용에서 이루어지는 행위의 특성 및 거리를 고려하여 적절하게 통행량을 배분한다.
③ 기본적인 동선 체계로 균일한 분포를 갖는 격자형과 체계적 질서를 가지는 위계형으로 구분할 수 있다.
④ 도심지와 같이 고밀도의 토지이용이 이루어지는 곳은 위계형 동선이 효율적이다.

해설
도심지와 같이 고밀도의 토지이용이 이루어지는 곳은 격자형 동선이 효율적이다.

23　다음 중 영역성(territoriality)의 설명으로 옳지 않은 것은?

① 영역은 주로 집을 중심으로 고정된 지역 혹은 공간을 말한다.
② 영역성은 사람뿐만 아니라 일반 동물에서도 흔히 볼 수 있는 행태이다.
③ 공적 영역은 배타성이 가장 높으며 일정시의 이용자는 잠재적인 여러 이용자 가운데의 한사람일 뿐이다.
④ 영역적 행태는 필요한 경우 타인의 침입을 방어하는 욕구를 나타낸다.

해설
③ 공적 영역은 공원, 해변, 거리, 대중교통 같은 거의 모든 사람에게 개방되어 있는 일시적 점유권과 관계있는 영역이다.

24　다음 중 모테이션 심벌(motation symbols)이라 불리는 인간행동의 움직임의 표시법을 고안하여 인간의 움직임을 기록하고 동시에 설계할 수 있도록 한 인물은?

① 린치(Lynch)
② 할프린(Halprin)
③ 스타이니츠(Steinitz)
④ 제이콥스와 웨이(Jacobs and Way)

해설
할프린(Halprin) : 움직임의 표시법(motation symbol)
• 모테이션 심벌(움직임+부호)이란 인간행동의 움직임 표시법을 고안했다.
• 공간 형태보다는 시계에 보이는 사물의 상대적 위치를 주로 기록한다.
• 진행중심적 기록방법이며, 폐쇄성이 낮은 공간(교외, 캠퍼스 등)에 적용이 용이하다.

25 린치(K. Lynch)가 제시한 도시 이미지 형성에 기여하는 물리적 요소에 해당되지 않는 것은?

① 통로(paths)
② 모서리(edges)
③ 지역(districts)
④ 장소성(sense of place)

도시조경계획가 케빈 린치(Kevin Lynch)는 도시 이미지는 랜드마크(landmark), 통로(paths), 모서리(edges), 지역(district), 결절점(node)의 5가지 도시 구성요소에 의해 결정된다고 주장했다.

26 생태적 결정론에 대한 설명으로 옳지 않은 것은?

① 생태적 계획의 이론적 뒷받침으로서 미국의 Ian McHarg 교수가 주장한 것이다.
② 환경계획을 자연과학적 근거에서 인간의 환경적 응문제를 파악하고자 하였다.
③ 자연과 인간, 자연과학과 인간환경의 관계를 생태적 질서를 통하여 규명하고자 하였다.
④ 자연의 경제적 가치를 중요시하고 이를 극복해야 할 대상으로 파악하고자 하였다.

McHarg의 생태적 결정론(ecological determinism)
• 입지의 분석에 있어 투사지를 사용하여 겹쳐서 보아 분석내용을 종합하는 도면결합법(overlay method)을 제시하였다.
• 자연과학적인 근거로 인간의 환경 적응 문제를 파악하고 새로운 환경의 창조에 기여했다.
• 자연과 인간, 자연과학과 인간환경의 관계를 생태적 결정론으로서 연결하였다.

27 다음 중 조경가의 역할이 아닌 것은?

① 생태학과 자연과학을 기초로 하여 대규모 토지의 체계적 평가와 그에 대한 용도상의 적합도와 능력판단, 개발이나 토지이용의 배분계획, 고속도로의 위치결정, 공장의 입지, 수자원 및 토양의 보존, 쾌적성의 확보, 레크리에이션 시설의 개발을 하는 것
② 식물의 생리적, 병리적 특성 및 토양의 이화학적 특성을 연구하며, 자연생태계의 먹이사슬에 대해서 연구하는 것
③ 대지의 분석과 종합, 이용자분석에 의하여 여러 자연요소와 시설물들을 기능적 관계나 대지의 특성에 맞추어 배치하는 것
④ 식재, 포장, 계단, 분수 등과 같은 한정된 문제들을 해결하기 위하여 구성요소, 재료 혹은 수목들을 선정하여 시공을 위한 세부적인 설계로 발전시키는 것

조경가의 역할
• 조경계획 및 평가 : 토지의 체계적 평가와 그에 대한 용도상의 적합도와 능력판단, 개발이나 토지 이용의 배분계획, 고속도로의 위치결정, 레크리에이션 시설을 개발한다.
• 단지계획 : 대지 분석과 종합적인 이용자 분석을 통해 자연요소와 시설물을 기능적으로 대지의 특성에 맞추어 배치하는 것이다.
• 조경설계
  - 식재, 포장, 계단, 분수 등과 같은 한정된 문제를 해결할 수 있어야 한다.
  - 구성요소, 재료, 수목들을 선정하며, 시공을 위한 세부적인 설계로 발전시키는 것이다.

28 지구단위계획구역은 어떤 계획으로 결정하는가?

① 광역도시계획
② 도시·군기본계획
③ 도시·군관리계획
④ 지구단위계획

지구단위계획구역 및 지구단위계획은 도시·군관리계획으로 결정한다(국토의 계획 및 이용에 관한 법률 제50조).

29 상호관련성 분석을 포함하여 자연의 동적인 과정을 파악하는 데 중점을 두는 "자연현상 종합분석"에 대한 설명으로 옳은 것은?

① 완경사지역은 주로 고지대 계곡부에 분포한다.
② 급경사지역은 주로 저지대 하천변에 분포한다.
③ 고지대는 건조하여 토양발달이 불량한 곳이다.
④ 저지대는 건조하여 토양발달이 불량한 곳이다.

해설
고지대는 해발이 높고 경사가 심해 빗물의 유실이 쉽고, 바람의 영향도 크므로 토양수분이 부족해 쉽게 건조해진다. 이러한 환경에서는 토양생성작용이 느려 유기물 축적이 어렵고, 토양이 얇거나 척박해 토양발달이 불량한 특성이 강하게 나타난다.

30 다음 중 경관분석의 기법에 해당하지 않는 것은?

① 기호화 방법
② 군락측도 방법
③ 메시(Mesh)에 의한 방법
④ 게슈탈트(Gestalt)에 의한 방법

해설
경관 분석기법
- 기호화 방법 : K. Lynch는 도시경관을 분석함에 있어서 기호를 만들어 이를 도시경관 분석에 이용하여 도면을 작성하였다.
  ※ 5가지 기호 : 통로(path), 모서리(edges), 지역(district), 결절점(node), 랜드마크(landmark)
- 심미적 요소의 계량화 방법 : 레오폴드(Leopold)가 경관의 질적 요소를 계량화하여 경관평가에 객관화를 시도한 것이다.
- 사진에 의한 방법 : 항공사진이나 일정 지점에서 대상물을 촬영하여 경관을 분석하는 방법이다.
- 메시(Mesh)에 의한 분석방법 : 동경대학에서 시도한 것으로 자연경관을 크게 위요공간(surrounding)과 조망공간(prospect)의 두 종류로 체계화하고, 이 체계화된 각 요인(지표상태·취락·기타 지형·시계방향·시계량·주흥미경관의 영향)을 일정한 간격의 메시로 구획한 도면상에서 각각 분석하고 이를 종합하여 경관의 질을 평가하는 방법이다.
- 게슈탈트(Gestalt)에 의한 방법 : 게슈탈트는 심리학, 철학 등에서 부분이 모여서 된 전체가 아니라, 완전한 구조와 전체성을 지닌 통합된 전체로서의 형상과 상태를 가리킨다.

31 어느 일단의 대지에 있어서 미기후(micro climate)에 관한 사항 중 틀린 것은?

① 수목, 건물 등의 존재 여부에 영향을 받는다.
② 지형, 지표면의 재료 등에 영향을 받는다.
③ 지상에서 가까운 공기층에 국지적으로 일어나는 기후상태를 말한다.
④ 그 지방의 지역기후(regional climate)와 비슷하다.

해설
④ 지역기후는 기상대의 그 지역 조사기후를 말한다.

32 래드번 도시계획에 관한 설명으로 옳지 않은 것은?

① 슈퍼블럭을 채택
② 통과교통을 단지 내로 통과 배제
③ 보도망의 형성 및 보도와 차도의 입체적 분리
④ Howard에 의해 조성된 대표적인 전원도시

해설
④ 전원도시는 에베네저 하우드에 의해 제안된 것으로 래드번과는 구별되는 개념이다.
래드번(Radburn)
스타인(Clarence Stein)과 라이트(Henry Wright)가 설계한 도시로, 슈퍼블럭 채택, 보도와 차도의 입체적 분리, 통과교통 배제로 근린성을 높였다.

33 쿨데삭(Cul-de-sac)형 가로의 특징으로 적당하지 않은 것은?

① 보차도 분리에 의하여 보행자 전용 도로를 설치할 수 있다.
② 통과교통을 금지하여 거주성과 프라이버시가 좋다.
③ 쓰레기 처리 등 서비스 동선이 좋다.
④ 가로의 끝에는 차량이 회전할 수 있는 시설이 필요하다.

해설
③ 쓰레기 처리와는 관련이 없다.
쿨데삭(Cul-de-sac) : 막힌 도로 주로 주택단지에 설치되는 도로의 유형으로, 단지 내 도로를 막다른 길로 조성하고 끝부분에 차량이 회전하여 나갈 수 있도록 회차공간을 만들어주는 기법을 말한다.

34 다음 중 설문조사의 특성에 관한 설명으로 옳지 않은 것은?

① 설문지는 우편이나 전화를 통해 작성되기도 한다.
② 설문에 걸리는 시간은 결과에 영향을 주지 않는다.
③ 설문지에 의한 조사는 문제의 성격이 명확할 때 사용하는 것이 좋다.
④ 설문의 유형으로는 자유응답, 제한응답, 시각적 응답 등의 유형이 있다.

해설
② 설문에 걸리는 시간은 결과에 영향을 준다. 즉, 설문지 응답에 걸리는 시간이 너무 길면 지루하게 느껴져 응답의 성의가 떨어진다. 응답에 걸리는 시간은 최대 30분 이내 정도가 가장 적절하다.

35 자전거 이용시설의 구조·시설 기준에 관한 규칙상의 자전거도로 설치에 관한 설명 중 옳지 않은 것은?

① 자전거도로의 폭은 하나의 차로를 기준으로 1.5m 이상으로 한다(다만, 지역상황 등에 따라 부득이하다고 인정되는 경우에는 1.2m 이상으로 할 수 있다).
② 2% 미만의 경사도에 설계속도 20~30km/h를 가진 도로에서의 하향경사 정지시거는 20m이다.
③ 시속 30km의 설계속도를 가진 도로에서의 곡선 반경은 27m 이상 두어야 한다.
④ 7% 이상의 종단경사를 가진 도로는 제한길이를 170m 이하로 유지하여야 한다.

해설
④ 7% 이상의 종단경사를 가진 도로는 제한길이를 120m 이하로 유지하여야 한다(자전거 이용시설의 구조·시설 기준에 관한 규칙 제9조).

36 주차장에 대한 설명으로 맞는 것은?

① 노외주차장의 출입구 너비는 3.0m 이상으로 하여야 한다.
② 경형차의 평행주차 형식의 주차구획은 폭 1.5m, 길이 4m로 한다.
③ 노상주차장은 너비 4m 미만의 도로에 설치하여서는 아니 된다.
④ 주차단위구획이란 자동차 1대를 주차할 수 있는 구획을 말한다.

해설
① 노외주차장의 경우에는 노외주차장의 출구와 입구를 각각 따로 설치하여야 한다. 다만 출입구의 너비의 합이 5.5m 이상으로서 출구와 입구가 차선 등으로 분리되는 경우에는 함께 설치할 수 있다.
② 경형차의 평행주차형식의 주차구획은 폭 1.7m, 길이 4.5m로 한다.
③ 노상주차장은 너비 6m 미만의 도로에 설치하여서는 아니 된다.

정답 33 ③ 34 ② 35 ④ 36 ④

37 국토의 계획 및 이용에 관한 법률에 대한 설명 중 틀린 것은?

① 국토의 용도구분은 도시지역, 관리지역, 농림지역, 자연환경 보전지역으로 구분한다.

② 용도지역의 지정 시 도시지역은 주거지역, 상업지역, 공업지역, 보전관리지역, 개발제한지역으로 구분된다.

③ 국토해양부장관, 시·도지사 또는 대도시 시장은 용도지구의 지정 또는 변경을 도시관리계획으로 결정한다.

④ 국토해양부장관은 국방부장관의 요청이 있어 보안상 도시의 개발을 제한할 필요가 있다고 인정되면 개발제한구역의 지정 또는 변경을 도시관리계획으로 결정할 수 있다.

해설

용도지역의 지정(법 제36조 제1항 제1호)
도시지역 : 다음의 어느 하나로 구분하여 지정한다.
가. 주거지역 : 거주의 안녕과 건전한 생활환경의 보호를 위하여 필요한 지역
나. 상업지역 : 상업이나 그 밖의 업무의 편익을 증진하기 위하여 필요한 지역
다. 공업지역 : 공업의 편익을 증진하기 위하여 필요한 지역
라. 녹지지역 : 자연환경·농지 및 산림의 보호, 보건위생, 보안과 도시의 무질서한 확산을 방지하기 위하여 녹지의 보전이 필요한 지역

38 옥상정원의 인공지반을 녹화할 때 가장 우선적이고, 주요하게 고려해야 할 하중은?

① 고정하중　　② 적재하중
③ 적설하중　　④ 풍하중

해설

옥상녹화를 할 경우, 건축물의 선정에 있어서 대상지역의 위치나 높이보다도 우선적으로 고려되어야 할 것은 건물의 안전성 확보이다. 건물의 안전성 검토는 일반적으로 하중과 배수를 중점적으로 조사하게 되는데, 하중은 적재하중을 우선적으로 검토하여 적합성 여부를 판단하고, 건축물의 적합성이 결정된 이후에는 적재 하중 이내에서 소생태계를 조성하기 위한 계획 및 설계가 이루어져야 한다. 그리고, 필요에 따라서는 건축물의 하중에 대한 정밀조사를 실시해야 한다.

39 다음 중 아파트단지 내 가로망 유형별 특성으로 옳지 않은 것은?

① 격자형은 토지 이용상 효율적이나 단조로운 경관을 만들기 쉽다.

② 우회형은 통과교통이 상대적으로 적어 주거환경의 안전성을 확보하기 용이하다.

③ 막다른 골목형은 통과교통을 최대한 줄일 수 있으며, 각 건물에 접근하는데 불편하다.

④ 격자형은 지형의 변화가 심한 곳에서 적용하기 유리하다.

해설

격자형은 토지이용상 효율적이며, 평지에서는 정지작업이 용이하다.

40 자연공원 내 공원 입장객에 대한 편의제공 및 공원의 보호, 관리 등을 위해 지정되는 용도지구에 해당되지 않는 곳은?

① 공원마을지구
② 공원자연보존지구
③ 공원자연환경지구
④ 공원집단시설지구

해설

용도지구(자연공원법 제18조 제1항)
공원관리청은 자연공원을 효과적으로 보전하고 이용할 수 있도록 하기 위하여 다음의 용도지구를 공원계획으로 결정한다.
1. 공원자연보존지구 : 다음 각 목의 어느 하나에 해당하는 곳으로서 특별히 보호할 필요가 있는 지역
   가. 생물다양성이 특히 풍부한 곳
   나. 자연생태계가 원시성을 지니고 있는 곳
   다. 특별히 보호할 가치가 높은 야생 동식물이 살고 있는 곳
   라. 경관이 특히 아름다운 곳
2. 공원자연환경지구 : 공원자연보존지구의 완충공간(緩衝空間)으로 보전할 필요가 있는 지역
3. 공원마을지구 : 마을이 형성된 지역으로서 주민생활을 유지하는 데에 필요한 지역
4. 공원문화유산지구 : 문화유산의 보존 및 활용에 관한 법률에 따른 지정문화유산 및 자연유산의 보존 및 활용에 관한 법률에 따른 천연기념물 등을 보유한 사찰(寺刹)과 전통사찰보존지 중 문화유산 및 자연유산의 보전에 필요하거나 불사(佛事)에 필요한 시설을 설치하고자 하는 지역

41 경관조사방법 중 경관의 특징, 주위경관의 유사성 변화 등을 밝혀내기 위한 경관의 우세요소가 아닌 것은?

① 형태(form)　　　　② 색채(color)
③ 규모(scale)　　　　④ 질감(texture)

해설
경관구성의 가변요소
• 광선 : 형태의 지각을 가능하게 한다.
• 기상조건 : 경관 변화 요인 → 눈, 비, 안개
• 계절 : 색채, 형태, 분위기 등의 변화
• 시간 : 해 뜰 때, 낮의 활기, 저녁 노을의 분위기

42 고대 그리스에서 나타나고 있는 여러 작품(조각, 변화 등) 중 인체를 황금비로 구분하는 기준점의 신체 부위는?

① 배꼽　　　　② 어깨
③ 가슴　　　　④ 사타구니

해설
비너스 조각상의 여러 부분에서 황금비를 찾아볼 수 있다. 배꼽을 중심으로 상반신과 하반신의 비, 상반신에서 목을 기준으로 머리 부분과 그 아래 배꼽까지의 비, 하반신에서 무릎을 기준으로 무릎 위 배꼽까지와 무릎 아래의 비가 모두 1:1.618이다.

43 형광등 아래서 물건을 고를 때 외부로 나가면 어떤 색으로 보일까 망설이게 된다. 이처럼 조명광에 의하여 물체의 색을 결정하는 광원의 성질은?

① 색온도　　　　② 발광성
③ 연색성　　　　④ 색순응

해설
연색성
조명이 물체의 색감에 영향을 미치는 현상이다. 같은 색의 물체라도 어떤 광원 아래에서 보느냐에 따라 그 색감이 달라진다. 가령 백열전구의 빛에는 주황색이 많이 포함되어 있으므로 그 빛으로 난색계(暖色系)의 물체를 조명하면 선명하게 보이는 데 반해 형광등의 빛은 청색부가 많으므로 흰색, 한색계(寒色系)의 물체가 선명해 보인다.

44 가까이 있는 두 가지 이상의 색을 동시에 볼 때 색의 삼속성 차이로 서로 영향을 받아 색이 다르게 보이는 대비현상에 적용되는 것은?

① 면적대비　　　　② 동시대비
③ 계시대비　　　　④ 연속대비

해설
② 동시대비 : 두 색을 동시에 놓고 보았을 때 주위 색의 영향으로 색이나 느낌이 달라져 보이는 현상을 말한다.
① 면적대비 : 같은 색이라도 면적이 클수록 밝고 선명하게 보이며, 면적이 작을수록 어둡고 짙게 보인다.
③·④ 계시대비(연속대비) : 어떤 하나의 색을 보고난 뒤에 시간적인 차이를 두고 다른 색을 차례로 볼 때 일어나는 색채대비이다.

45 다음 중 조경포장설계와 관련된 설명으로 틀린 것은?

① '간이포장'이란 비교적 교통량이 적은 도로의 도로면을 보호·강화하기 위한 도로포장으로 주로 차량의 통행을 위한 아스팔트콘크리트 포장과 콘크리트 포장을 제외한 기타의 포장을 말한다.
② 포장재를 선정할 때에는 내구성·내후성·보행성·안전성·시공성·유지관리성·경제성·환경친화성 그리고 관련 법규 등를 고려한다.
③ 포장용 점토바닥벽돌은 흡수율 10% 이하, 압축강도 20.58MPa 이상, 휨강도는 5.88MPa 이상의 제품으로 한다.
④ 포장지역의 표면은 배수구나 배수로 방향으로 최소 0.3% 이하의 기울기로 설계한다.

해설
보행자 도로
• 유모차를 이용할 수 있는 보행로의 최대경사는 8%로 한다.
• 보도의 표면은 차도쪽으로 2% 정도의 경사를 두어 배수가 용이하도록 한다.
• 포장지역의 도면은 배수구나 배수로 방향으로 최소 0.5% 이상의 기울기르 설계한다.

46 다음 중 안내시설의 설계 시 검토 사항으로 가장 부적합한 것은?

① 보행자 등 이용자의 안전성을 고려한다.
② 외부 요인에 따른 변형·마모 등에 대한 유지·관리 등을 고려하여 설계한다.
③ 안내시설은 인간 감성의 회복에 기여하고 환경친화성을 높일 수 있도록 설계한다.
④ 다양한 유형의 안내시설물이 한 장소에 설치될 필요가 있을 경우에는 각 유형별로 여러 개의 종합표지판을 나누어 배치한다.

해설
④ 안내시설물이 여러 개 설치되면 혼란을 야기하므로 하나의 종합안내표지판을 설치하여 방문자가 명확하고 효율적으로 정보를 얻을 수 있도록 해야 한다.

47 리커트 척도(Likert scale)는 다음 중 어떤 척도 유형에 속하는가?

① 명목척(nominal scale)
② 순서척(ordinal scale)
③ 등간척(interval scale)
④ 비례척(ratio scale)

해설
리커트 척도는 응답자가 태도나 의견을 평가할 때 일정한 등급을 선택하게 하는 척도로, 등간척에 속한다. 등간척은 응답자 간의 차이를 수치적으로 비교할 수 있는 척도로, 태도조사에서 흔히 사용된다.

48 독립식재의 평면적인 구성에 대한 설명 중 틀린 것은?

① 수목의 전체적인 형태가 아름답고 수피, 잎, 꽃의 색깔이나 질감이 우수하고 무게감이 있는 수목을 독립적으로 식재하는 방법을 독립식재라 한다.
② 지그재그식으로 어긋나게 식재하는 교호식재와 반원형식재, 원형식재는 열식의 응용형태로 식재 폭을 넓히기 위해 변화를 주기 위함이다.
③ 군식은 식재기능에 따라 규칙적으로 수목을 배열하는 정형식 군식과 자연스런 모습의 군락을 형성하게 하는 자연형 군식을 나누어 생각할 수 있다.
④ 자연형 군식의 기법은 양적인 식재공간을 조성하면서 엄숙하고 질서정연한 분위기를 조성할 때에 사용하는 수법으로 식재수종, 간격에 따라 군식된 공간의 느낌이 달라질 수 있다.

해설
군식(모아심기)
• 정형식 모아심기 : 수목을 집단적으로 심는 수법으로 군식 또는 무더기식재라 하며 하나의 덩어리로 질량감을 필요로 하는 경우에 사용되는 수법
• 자연식 모아심기 : 자연 상태의 식생 구성을 모방하여 수종, 크기, 수형이 다른 두 가지 이상의 수목을 모아 무더기로 한자리에 식재하는 방법

49 경관의 형식은 자연경관과 문화경관(인공경관)으로 구분된다. 다음 중 자연경관에 속하는 것은?

① 평야경관
② 교외경관
③ 경작지경관
④ 취락경관

해설
• 자연경관 : 산림경관, 평야경관, 해양경관
• 문화경관 : 도시경관, 택지경관, 교외경관, 취락경관, 경작지경관 등

50 다음 중 유희시설 설계 시 고려할 사항이 아닌 것은?

① 평탄지, 경사지 등의 지형특성에 맞는 이용을 고려한다.
② 편리성, 예술성보다 안전성을 더욱 고려해야 한다.
③ 놀이기구는 가능한 한 다양하게 많은 기구를 배치하도록 한다.
④ 이용계층(유아, 소년 등)에 맞는 놀이시설을 배치하도록 한다.

해설
③ 안전성과 지형 특성 등을 고려해야 하므로 놀이기구만 많이 배치하면 안 된다.

51 다음 그림의 착시(錯視)에 관한 설명 중 틀린 것은?

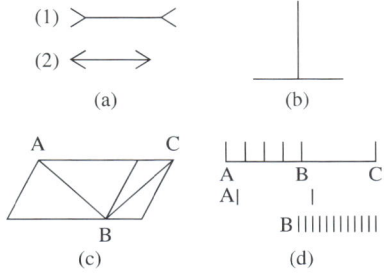

① (a) : 방향의 착시를 보여 주는 상태에서 바깥쪽 (2)으로 향한 선이 더 길어 보인다.
② (b) : 수평선보다도 수직선 편이 길게 보인다.
③ (c) : 2개의 평행사변형 내에 있는 대각선의 길이가 동일하지만 다르게 보인다.
④ (d) : 단순한 선분보다도 분할선이 많은 선분이 길게 보인다.

해설
① (a)에서는 (1)의 선분이 더 길어 보인다.

52 P. D. Speiregen은 건물의 높이(H)와 거리(D)의 비가 어느 정도일 때 공간의 폐쇄감이 완전히 소멸되고, 특징적 공간으로서의 장소식별이 불가능해지는가?

① $D/H = 1$ ② $D/H = 2$
③ $D/H = 3$ ④ $D/H = 4$

해설
건물 높이(H)와 거리(D)의 비

D/H비	양각	인지결과
$D/H = 1$	45°	건물이 시야의 상한선인 30°보다 높아 상당한 폐쇄감을 느낌. 전체보다 상세 식별
$D/H = 2$	27°	정상적인 상한선과 일치하여 적당한 폐쇄감을 느낌. 전체구성과 상세를 동시에 볼 수 있음
$D/H = 3$	18°	폐쇄감에서 다소 벗어나 주대상물에 더 시선을 느낌
$D/H = 4$	12°	폐쇄감은 상실됨. 특징적인 공간으로써 장소 식별이 불가능하고 경관 일부로 인식함

• 부각(하향각) : 위에서 아래로 내려다보는 것
• 양각(상향각) : 아래에서 위로 올려다보는 것

53 조경설계의 미적요소 중 강조(accent)에 대한 설명과 가장 거리가 먼 것은?

① 보는 사람의 주의력을 사로잡을 수 있다.
② 경관 연출의 극적 효과를 위해 사용한다.
③ 연속되거나, 형태를 이룬 대상들 가운데서 일어나는 하나의 시각적 분기점이다.
④ 형태, 색채 또는 질감을 디자인에 응용할 때 다양성과 대비를 위해 강조를 사용한다.

해설
강조(accent)
• 비슷한 형태나 색채들 사이에 이와 상반되는 것을 넣어 시각적으로 산만함을 막고 통일감을 조성할 수 있다.
• 상반되는 것들, 즉 강조하는 것이 수적으로 많고 흩어져 있게 되면 오히려 통일감을 잃게 된다.

54 디자인에 있어 형태와 공간을 구성하는 가장 기본적인 수단으로서, 공간 속의 두 점 또는 그 이상이 연결되어 이루어진 직선계획 요소이며 형태와 공간은 이것을 중심으로 규칙 또는 불규칙하게 배열될 수 있는 디자인 요소는 무엇인가?

① 축(axis)
② 연속성(sequence)
③ 조망(view)
④ 둘러싸기(enframement)

[해설]
축은 질서와 통일성을 주는 인위적인 계획선이다. 즉, 부지 내의 공간을 통일하는 요소이며, 이 선에 의해 질서가 생기고 짜임새 있는 공간으로 통일된다.

55 색의 시인성에 대한 설명으로 틀린 것은?

① 명도차가 클수록 시인성이 높다.
② 지하철 차량의 노선도, 스포츠 유니폼 색 분류 등에 활용된다.
③ 도로의 이정표, 공원의 안내문, 다양한 사인물 등에 활용된다.
④ 대상의 존재나 모양이 멀리서 보아도 색채나 문자를 정확히 인지하기 쉬운 정도를 말한다.

[해설]
지하철 차량의 노선도, 스포츠 유니폼 색 분류 등에 활용되는 것은 색의 식별성에 대한 설명이다.

56 먼셀 색입체를 수직으로 절단했을 경우 나타나는 것은?

① 10색상의 채도 변화
② 같은 명도의 10색상
③ 2가지 반대색상의 명도변화
④ 2가지 반대색상의 명도, 채도변화

[해설]
먼셀의 색입체를 수평으로 절단했을 경우 같은 명도면이 보이고, 수직으로 절단했을 경우 동일 색상면이 보인다.

57 한국산업표준(KS)에서 규정한 유채색의 기본 색 이름의 상호관계를 나타낸다. 빈칸에 들어갈 색명 약호가 순서대로 바르게 짝지어진 것은?(단, 영문은 색명의 약호이다)

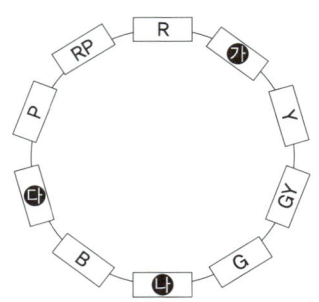

① 가 : Pk, 나 : BG, 다 : Br
② 가 : YR, 나 : Rr, 다 : PB
③ 가 : Pk, 나 : BG, 다 : PB
④ 가 : YR, 나 : BG, 다 : PB

[해설]
보색
• 보색이란 색상환에서 서로 마주 보고 있는 두 색을 말한다.
• 보색끼리 배색하면 색상차가 크므로 서로의 색이 돋보여 선명한 느낌을 준다.
• 보색의 배색은 강한 대비 효과가 있어 눈에 잘 띄므로 포스터 등에 많이 쓰인다.

58 환경(environment)과 인간의 환경에 대한 시각선호도(visual preference)의 관계를 설명하는 다음 모형 중 옳은 것은?

① 환경자극 → 지각 → 인지 → 태도
② 환경자극 → 인지 → 지각 → 태도
③ 환경자극 → 태도 → 지각 → 인지
④ 환경자극 → 인지 → 태도 → 지각

[해설]
버리인(Berlyne)이 주장하는 인간의 미적 반응과정
환경적 자극 → 자극탐구 → 자극선택 → 자극해석 → 반응

59 달리는 차 안에서 바라보는 가로수가 관찰자의 이동과는 무관하게 변함없이 서 있음을 알게 하는 지각 원리는?

① 위치 항상성
② 크기 항상성
③ 모양 항상성
④ 색채 항상성

해설

지각 항상성
- 위치 항상성 : 관찰자의 위치에 관계없이 사물의 위치를 일정하게 지각하는 경향성
- 크기 항상성 : 대상의 크기가 변하여도 그 대상을 일정한 크기를 가지는 것으로 지각한다.
- 모양 항상성 : 대상의 크기는 변하지 않지만 우리가 보는 각도에 따라서 그 모양이 변한 것처럼 보인다.
- 색채 항상성 : 밝기 항등성과 유사하다. 조명의 파장(색)의 변화와 관계없이 그 사물이 평소의 조명 상태에서 지니는 색을 지각하는 경향성. 이는 뇌가 어떤 대상이 주변의 사물과 비교하여 상대적으로 반사시키는 빛을 계산하기 때문이다.
- 밝기 항상성 : 주위의 조명상태 또는 한 물체가 반사하는 빛의 절대량에 관계없이 흰 것은 희게, 검은 것은 검게 지각하는 경향성으로 조명이 변하더라도 한 대상을 일정한 밝기를 가지는 것으로 지각한다. 밝기의 지각은 주변과 비교하여 대상이 반사시키는 빛의 양에 의존한다.

60 시각적 복잡성과 시각적 선호도와의 관계를 나타낸 설명 중 옳지 않은 것은?

① 일반적으로 중간 정도의 복잡성에 대한 시각적 선호도가 가장 높다.
② 복잡성이 아주 낮은 경우에 시각적 선호도가 낮아진다.
③ 시각적 복잡성이 아주 높은 경우에 시각적 선호도가 가장 높다.
④ 시장은 학교보다 훨씬 높은 정도의 복잡성이 요구된다.

해설

시각적 복잡성은 시각적 선호와 거꾸로 된 U자 형태의 관계를 지닌다. 중간 정도의 복잡성이 가장 높은 선호도를 나타내며, 복잡성이 아주 낮거나 높은 경우에는 낮아진다.

---

61 소사나무어 해당하는 속명은?

① *Ainas*
② *Carpinus*
③ *Celtis*
④ *Quercus*

해설

소사나무 : *Carpinus turczaninowii* Hance

62 다음 중 수종명과 과명이 잘못 연결된 것은?

① 나무수국 : 인동과
② 사철나무 : 노박덩굴과
③ 팔손이 : 두릅나무과
④ 담쟁이덩굴 : 포도과

해설

나무수국
- 수국과(*Hydrangeaceae*)에 속한다. 원산지는 일본이고 주로 관상용으로 정원에 심는다. 낙엽관목으로 높이는 2~3m이다.
- 잎은 마주나고 때로는 3개가 돌려나는 것도 있으며 타원 모양 또는 달걀 모양이다.
- 꽃은 7~8월에 가지 끝에 원추꽃차례를 이루며 피는데, 중성화와 양성화가 한 꽃차례에 함께 달린다.

63 *Camellia japonica* L.(동백나무)과 관련된 설명으로 옳지 않은 것은?

① 꽃은 백색이고, 꽃잎은 한 장씩 떨어진다.
② 염분의 해를 잘 받지 아니한다.
③ 우리나라에는 난온대 기후대인 남해안과 제주도에 자생한다.
④ 기부에서 갈라져 관목상으로 되는 것이 많으며 나무껍질은 회갈색이고, 평활하여 일년생가지는 갈색이다.

해설
동백나무는 밑에서 가지가 갈라져서 관목으로 되는 것이 많다. 나무껍질은 회백색이며 겹눈은 선상 긴 타원형이다. 잎은 어긋나고 타원형 또는 긴 타원형이다. 잎가장자리에 물결 모양의 잔 톱니가 있고 윤기가 있으며 털이 없다. 꽃은 대부분 붉은색이다.

64 다음 중 꽝꽝나무의 설명으로 옳지 않은 것은?

① 자웅이주이다.
② 학명은 *Ilex crenata* Thunb. var. *crenata*이다.
③ 잎은 호생하고 넓은 타원형으로서 예두(銳頭)이며, 표면은 광택이 나고 짙은 녹색이다.
④ 열매는 열개(裂開)하는 삭과로서 6~7월에 결실한다.

해설
④ 꽝꽝나무의 열매는 핵과이고 가을에 검은색으로 익는다.

65 다음 참나무속(屬) 중 잎 뒷면에 성모(星毛)가 밀생하고, 잎이 대형이며 시원하고, 야성적인 미가 있어 자연풍치림 조성에 적당한 수종은?

① 굴참나무(*Quercus variabilis*)
② 상수리나무(*Quercus acutissima*)
③ 졸참나무(*Quercus serrata*)
④ 떡갈나무(*Quercus dentata*)

해설
떡갈나무(*Quercus dentata*)
높이 20m, 지름 70cm에 달한다. 나무 껍질은 회갈색이고 가지는 굵고 넓게 퍼진다. 잎은 어긋나고 두꺼우며 길이 5~42cm로 거꾸로 선 달걀 모양이다. 잎 끝이 둔하게 늘어지며 밑은 귀밑 모양으로 둔하며 가장자리에는 커다란 톱니가 있다. 잎 뒷면에는 굵은 성모(星毛)가 빽빽이 자라며 거칠다. 꽃은 양성화이고 5월에 피며, 수꽃이삭은 길게 늘어지고, 암꽃이삭은 1개의 꽃이 있다.

66 잎이 2개씩 속생하는 수종은?

① 리기다소나무(*Pinus rigida*)
② 스트로브잣나무(*Pinus strobus*)
③ 백송(*Pinus bungeana*)
④ 반송(*Pinus densiflora* for. *multicaulis*)

해설
잎이 2개씩 속생하는 2엽 속생에는 소나무, 해송, 반송, 방크스소나무 등이 있다.
※ 잎의 개수에 따른 소나무류 분류
  • 2엽 속생 : 소나무, 해송(곰솔, 흑송), 방크스소나무, 반송
  • 3엽 속생 : 백송, 리기다소나무, 대왕송, 테다소나무
  • 5엽 속생 : 잣나무, 눈잣나무, 섬잣나무, 스트로브잣나무

67 다음 중 줄기나 가지에 가시가 없는 수종은?

① *Chaenomeles speciosa*(산당화)
② *Pyracantha angustifolia*(피라칸타)
③ *Quercus acutissima*(상수리나무)
④ *Punica granatum*(석류나무)

해설
상수리나무
높이 20~25m, 지름 1m까지 자란다. 수피는 회흑색이고 소지(小枝)에는 잔털이 있으나 자라면 없어진다. 잎은 긴 타원형이고 길이 10~20cm로서 침상의 예리한 톱니가 있다. 잎이 밤나무 잎과 비슷하지만 톱니 끝에 엽록체가 없는 점이 다르다. 꽃은 1가화로서 5월에 피며 열매는 10월에 익는다. 양광을 좋아하는 양수로 건조한 땅에서도 생장이 양호하다. 줄기나 가지에 가시는 없다.

68 다음 중 느티나무(*Zelkova serrata* Makino)에 대한 설명이 아닌 것은?

① 내한성이 약하다.
② 성상은 낙엽활엽교목이다.
③ 과명은 느릅나무과이다.
④ 수피는 오래되면 비늘조각으로 떨어진다.

해설
느티나무는 한국, 중국, 일본 등지에서 자라는 낙엽 활엽 교목이다. 흙이 깊고 그늘진 곳에서 잘 자라며 바람에 대한 저항성이 강하다.

69 화살나무(*Euonymus alatus*)의 특징으로 틀린 것은?

① 낙엽활엽관목이다.
② 잎에 있는 날개가 독특하다.
③ 종자는 황적색 종의(種衣)로 싸여 있으며 백색이다.
④ 가을의 붉은색 단풍이 감상가치가 높다.

해설
화살나무의 잎은 마주나며 타원형 또는 도란형으로 가장자리에 잔톱니가 있다.

70 나자식물에 속하는 것이 아닌 것은?

① 은행나무
② 비자나무
③ 가문비나무
④ 단풍나무

해설
④ 단풍나무는 속씨식물(피자식물)이다.
나자식물 : 겉씨식물이라고도 하며 종자를 만들지만 암술, 수술, 꽃잎 등이 있는 꽃을 피우지 않는다. 은행나무, 소철, 소나무 등이 속한다.

71 국화과(科)에 해당하지 않는 것은?

① 흰민들레
② 벌개미취
③ 비비추
④ 구절초

해설
③ 비비추는 백합과에 속한다.
※ 국화과에는 흰민들레, 벌개미취, 구절초, 마가렛, 금계국, 메리골드, 리아트리스, 헬리안사스, 코스모스 등이 있다.

72 다음은 도로 중앙분리대에 식재할 수종이다. 식재 후의 생육환경, 병충해 및 관리측면을 고려할 때 가장 부적합한 수종은?

① *Euonymus japonica* Thunb.(사철나무)
② *Juniperus chinensis* kaizuka(가이즈카향나무)
③ *Ligustrum japonicum* Thunb.(광나무)
④ *Pittosporum tobira* Ait.(돈나무)

중앙분리대에 적합한 수종
• 조건 : 배기가스나 건조에 강한 수종, 지엽이 밀생하고 전정에 강한 상록수, 적설지의 경우에는 염화칼슘에 강한 수종
• 교목 : 가이즈까향나무, 종가시나무, 아왜나무, 향나무, 광나무 등
• 관목 : 꽝꽝나무, 다정큼나무, 돈나무, 섬쥐똥나무, 둥근향나무 등
• 화목 : 철쭉류, 큰꽃댕강나무 등

73 바닷가 마을에 식재하는 수종으로 옳지 않은 것은?

① *Pinus thunbergii* parl.
② *Euonymus japonica* Thunb.
③ *Koelreuteria paniculata* Laxmann
④ *Betula platyphylla* var. *japonica* Hara

④ 자작나무는 추위에 강하지만 해변에서는 잘 자라지 못한다. 수고 25m 에 달하며 수피는 흰빛을 띠고 옆으로 얇게 종이처럼 벗겨진다. 어긋나게 달리는 잎은 세모진 난형으로 끝이 뾰족하고 가장자리에 얕은 겹톱니가 있다. 암수한그루로 4~5월 잎과 함께 꽃이 핀다.
① 곰솔, ② 사철나무, ③ 모감주나무

74 수림의 경우, 방풍효과를 높일 수 있는 가장 적절한 밀폐도는?

① 15~30%   ② 35~50%
③ 50~70%   ④ 80~100%

방풍식재의 효과
• 범위 : 수림 높이와 관계 즉, 바람의 위쪽에 대해서는 수고의 6~10배, 바람의 아래쪽에 대해서는 수고의 25~30배
• 효과가 가장 큰 지점 : 바람 아래쪽 수고의 3~5배 지점(풍속의 65% 감쇠)
• 밀폐도 : 수림 50~70%, 산울타리 45~55%가 효과적이다.
• 고밀도 식재보다 중간밀도 식재가 더 효과적이다.

75 다음 굴취 및 운반 방법에 대한 설명 중 옳지 않은 것은?

① 뿌리분의 둘레는 원형으로, 측면은 수직으로, 저면은 둥글게 다듬어야 한다.
② 뿌리분의 외부로 돌출한 굵은 뿌리는 약간 길게 톱질하여 자르며, 세근은 가급적 잘라버린다.
③ 운반에 지장을 받지 않도록 무리가 가지 않는 범위에서 가지를 새끼, 밧줄 등으로 잡아맨다.
④ 수목굴취 시 수고 4.5m 이상의 수목은 감독자와 협의하여 가지주를 설치하고 가지치기, 기타 양생을 하여 작업에 착수한다.

② 뿌리분의 외부로 돌출한 굵은 뿌리는 약간 길게 톱질하여 자르고 절단면은 거적 등으로 충분히 양생하며, 밀생한 세근을 뿌리분에 붙여 보존하여야 한다. 절단된 뿌리 부분이 손상된 경우에는 손상부위를 예리하게 절단하고 방수 처리한다.

76 지주목 설치에 대한 설명 중 틀린 것은?

① 목재를 지주목으로 사용할 경우 각재로서 나왕, 미송이 가장 좋으며, 되도록 방부처리를 하지 않는 것이 좋다.
② 수피가 직접 닿는 부분은 수피가 상하지 않게 보호대를 설치한 후 지주대를 설치한다.
③ 대나무 지주의 경우에는 선단부를 고정하고 결속부에는 대나무에 흠을 넣어 유동을 방지한다.
④ 지주목 해체는 목재의 경우 5~6년 경과 후 해체하지만 수목이 완전히 활착될 때까지는 설치를 유지하도록 한다.

해설
① 지주는 방부처리한 것을 사용해야 한다.

78 이식수목의 지주설치 내용으로 틀린 것은?

① 매몰형 지주는 경관상 매우 중요한 곳이나 지주목이 통행에 지장을 많이 가져오는 곳에 설치한다.
② 거목이나 경관적 가치가 특히 요구되는 곳, 주간 결박지점의 높이가 수고의 2/3가 되는 곳에 당김줄형을 사용한다.
③ 삼발이(버팀형)는 견고한 지지를 필요로 하는 수목이나 근원직경 20cm 이하의 수목에 적용한다.
④ 단각지주는 주간이 서지 못하는 묘목 또는 수고 1.2m 미만의 수목에 적용한다.

해설
지주설치 방법
• 단각형 지주 : 수고 1.2m 이하의 소형 수목에 적용된다.
• 이각형 지주 : 2.0m 이하의 수목 또는 소형 가로수에 적용한다.
• 삼발이지주 : 중대형 수목에 적용된다. 경관상 중요한 지역이 아닌 곳, 통행인이 없는 곳에서 적용된다.
• 삼각 및 사각지주 : 중대형 수목에 적용된다. 경관상 중요한 지역이나 통행인이 많은 곳에서 적용된다.
• 당김줄형 지주 : 거목에 적용된다. 경관적으로 가치가 요구되는 곳에 적용된다.
• 매몰형 지주 : 수목이 매우 중요한 위치에 있어 지주가 시각상 문제가 있다고 판단되는 경우와 통행인에게 불편을 초래한다고 판단되는 경우에 적용된다.
• 연결형 지주 : 산울타리의 열식 또는 가까운 거리에 여러 주의 나무를 모아 심었을 때 인접한 나무끼리 연결하는 방법이다.

77 식생도에 관한 설명으로 옳지 않은 것은?

① 세밀한 식생조사를 위해서 대축척의 식생도를 만든다.
② 식생에 대한 분포를 시각적으로 알 수 있게 한다.
③ 식생도는 분포의 입지 관련 해석의 실마리를 제공해 준다.
④ 대상(代償)식생이란 원래의 자연환경 조건에서 존재하였던 식생을 말한다.

해설
대상(代償)식생이란 자연식생이 인위적으로 훼손되어 존속하지 못할 때 그에 대하여 이차적으로 성립되는 식생을 말한다.

79 지피류 및 초화류 식재 시의 기준에 어긋나는 것은?

① 종자의 규격은 중량단위의 수량과 순량률 및 발아율로, 초화류의 규격은 분얼, 포기 등으로 표시한다.

② 지피류 및 초화류는 뿌리가 충실하며, 흙이 충분히 붙어 있어야 한다.

③ 토심은 초장의 높이와 잎, 분얼의 상태에 따라 다르나 지피류 식재를 위한 표토최소토심은 0.5~0.6m 내외로 한다.

④ 왜성 대나무류 및 지피류 식재간격은 설계도서에 지정되지 않은 경우 0.15m(44주/m²)를 표준으로 한다.

[해설]
토심은 초장의 높이와 잎, 분얼의 상태에 따라 다르나 지피류 식재를 위한 **표토최소토심은 30~40cm 내외로 한다.**

80 다음 식물 중 기수 1회 우상복엽이 아닌 것은?

① 굴피나무
② 소태나무
③ 물푸레나무
④ 멀구슬나무

[해설]
멀구슬나무는 기수수회우상복엽에 해당한다.

제5과목 조경시공구조학

81 건설공사의 시방서 기재사항으로 가장 거리가 먼 것은?

① 건물인도의 시기
② 재료의 종류 및 품질
③ 재료에 필요한 시험
④ 시공방법의 정도 및 완성에 관한 사항

[해설]
시방서의 내용
• 재료에 관한 사항
• 공법·공사 순서에 관한 사항
• 시공 기계·기구에 관한 사항
• 시공에 대한 주의 사항
• 보양·청소·정리에 관한 사항

82 기반조성공사, 식재공사, 잔디 및 지피·초화류공사, 조경석공사, 시설물공사, 수경시설 설치공사 등으로 공사의 과정별로 분할하여 도급계약하는 방식은?

① 전문공종별 분할도급
② 공정별 분할도급
③ 공구별 분할도급
④ 직종별·공종별 분할도급

[해설]
분할도급의 종류
• 공정별 분할도급 : 기초, 구체, 마무리 공사 등의 과정별로 도급을 주는 방식으로, 설계완료분부터 단계적 시행이 가능하나, 후속공사에서는 업자를 바꾸기 곤란하다.
• 공구별 분할도급 : 대규모 공사에서 지역별로 분리하여 발주하는 방식으로 업자에게 균등한 기회를 부여하고 시공기술향상과 공기단축을 기대할 수 있다.

83 다음 네트워크 공정표에서 크리티컬패스(CP ; Critical Path)의 순서로 옳은 것은?

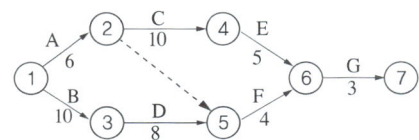

① $1 \rightarrow 2 \rightarrow 4 \rightarrow 6 \rightarrow 7$

② $1 \rightarrow 3 \rightarrow 5 \rightarrow 6 \rightarrow 7$

③ $1 \rightarrow 2 \rightarrow 5 \rightarrow 6 \rightarrow 7$

④ $1 \rightarrow 3 \rightarrow 4 \rightarrow 6 \rightarrow 7$

해설

② $10 + 8 + 4 + 3 = 25$일

① $6 + 10 + 5 + 3 = 24$일

③ $6 + 0 + 4 + 3 = 13$일

④ $10 + 0 + 5 + 3 = 18$일

84 다음 경사로(ramp)의 구조에 관한 사항으로 가장 옳은 것은?

① 경사는 15% 내외가 적당하다.

② 바닥은 시각적으로 밝은 타일로 포장하는 것이 바람직하다.

③ 안전을 위해 가드레일을 설치한다.

④ 계단에 비해 수평거리가 절약된다.

해설

경사로

0~10° 사이의 경사각을 갖는 통로로서 별도의 수평부재가 없이 평탄한 표면으로 이루어진 것을 말하며, 보도와 차도는 경계석, 녹지대, 가드레일 등을 설치할 수 있다.

85 표준길이보다 3mm 늘어난 50m 테이프로 정사각형의 어떤 지역을 측량하였더니, 면적이 250,000 m²이었다. 이때의 실제면적은 얼마인가?

① $250,030\text{m}^2$ ② $260,040\text{m}^2$

③ $270,050\text{m}^2$ ④ $280,040\text{m}^2$

해설

$$\text{실제면적} = \frac{(\text{부정길이})^2}{(\text{표준길이})^2} \times \text{관측면적}$$

$$= \frac{(50 + 0.003)^2}{50^2} \times 250,000$$

$$= 250,030\text{m}^2$$

86 평판측량의 특징으로 옳지 않은 것은?

① 외업에 많은 시간이 소요된다.

② 고저측량이 쉽게 행해진다.

③ 기계의 조작과 측량방법이 간단하다.

④ 기후의 영향을 많이 받아 비가 오는 날이나 바람이 강한 날에는 측량이 곤란하다.

해설

평판측량의 장단점

장점	• 현장에서 직접 지도가 그려지므로, 측량에서 빠지거나 이중으로 측정되는 일이 없다. • 조사선(check line)에 의하여 오차를 쉽게 발견할 수 있다. • 야장을 기입할 필요가 없으므로, 야장 기입에 의한 오차가 생기지 않는다. • 측량방법이 간단하며, 계산이나 제도 등의 내업이 적으므로 작업이 신속히 진행된다. • 접근이 어려운 측점도 교회법으로 위치를 결정할 수 있다.
단점	• 독립된 부속품이 많아 가지고 다니기 불편하며, 잃어버리기 쉽고, 잃어버리면 작업이 불가능하다. • 대부분 외업이 많으므로 비가 오거나 강한 바람이 불 때에는 작업이 불가능하다. • 흐린 날씨에 습기가 있으면 도지가 늘어나 오차를 가져오기 쉽다. • 야장을 하지 않으므로 현장에서 계산이 필요할 때 불편하고, 전체적으로 정밀도가 낮다(평지 1/1,000, 산악지 1/300~1/500). • 도면 축척의 변경이 용이하지 않다.

87 식물생장에 적합한 표토모으기와 관련된 설명 중 거리가 먼 것은?

① 표토의 토양산도(pH)는 6.0~7.0 범위를 채집대상으로 한다.
② 표토보관과 관련하여 가적치의 최적두께는 1.5m를 기준으로 한다.
③ 표토가 습윤상태이고, 지하수위가 높은 평탄지를 대상으로 채취한다.
④ 표토의 운반거리는 최소로 하고, 운반양은 최대로 한다.

③ 강우로 인하여 표토가 습윤상태인 경우와 지하수위가 높은 평탄지에서는 가능한 한 채취를 피한다.

88 평판측량을 실시한 결과 그림과 같은 결과를 얻었을 때 점 B의 표고 H_b (m)는?(단, $n = 12.5$, $D = 50m$, $S = 1.50m$, $I = 1.10m$, $H_a = 26.85m$)

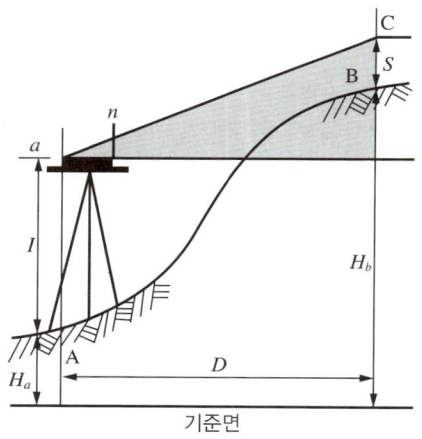

기준면

① 6.25   ② 29.45
③ 32.70   ④ 35.70

$$H_b = H_a + I\frac{nD}{100} - S$$
$$= 26.85 + 1.10 + \frac{12.5 \times 50}{100} - 1.5 = 32.70m$$

89 정지계획을 위한 등고선 조작방법 중에서 절토에 의한 방법의 장점으로 가장 적합한 설명은?

① 지반을 비교적 안정하게 할 수 있다.
② 대규모 대지에서 가장 유리하다.
③ 여러 지역에서 일정한 경사를 유지할 수 있다.
④ 절토와 성토의 균형을 이루어 공사비를 절감할 수 있다.

① 절토에 의한 방법을 사용하게 되면 지반의 안정과 표토를 따로 다루게 되어서 경작표토의 조성을 좋게 할 수 있다.

90 TQC를 위한 7가지 도구 중 다음 설명이 의미하는 것은?

> 모집단에 대한 품질특성을 알기 위하여 모집단의 분포상태, 분포의 중심위치, 분포의 산포 등을 쉽게 파악할 수 있도록 막대그래프 형식으로 작성한 도수분포도를 말한다.

① 체크시트   ② 파레토도
③ 히스토그램   ④ 특성요인도

TQC(품질관리)에 이용되는 도구
- 특성요인도 : 결과(특성)와 원인(요인)이 어떻게 관계하고 있으며, 영향을 주고 있는가를 한눈으로 알 수 있도록 그린 그림이다.
- 파레토도 : 문제의 중점화, 우선순위 파악을 위한 도구이다.
- 체크시트 : 데이터 수집, 문제 분석을 효율적으로 실시하기 위한 도구이다.
- 히스토그램 : 길이, 무게, 시간 등을 측정한 데이터가 존재하는 범위 몇가지 항목의 구간으로 나누어 구간에 발생한 도수를 세어서 도수표를 만든 다음 막대그래프 등으로 도형화한 것을 말한다.
- 각종 그래프 : 품질관리에서 얻은 각종 자료의 결과를 그림으로 시각화하여 정보 전달을 용이하게 하는 도구이다.
- 산점도 : 원인과 결과의 연관관계가 어떻게 되는지, 어느 정도인지 파악할 수 있는 도구이다.
- 층별 : 많은 데이터를 어떤 특징에 따라 부분집단으로 나눈 것이다.

91 조경 시공관리의 3대 기능에 해당되지 않는 것은?

① 공정관리
② 자원관리
③ 품질관리
④ 원가관리

해설
시공관리의 3대 기능 : 품질관리, 원가관리, 공정관리
※ 공정관리의 정의
  • 제한된 공사기간 내에 계약된 공사 내용을 차질 없이 경제적으로 시행하기 위해서는 미리 공사 일정에 대한 합리적인 계획을 세워야 한다.
  • 공정계획을 세울 때 기본적으로 고려해야 할 사항은 사전 조사된 내용, 공사의 종류와 공사량, 공사기간 및 실제 작업 가능 일수, 시공 방법 및 시공 순서, 자금의 운용 방법, 시공에 사용될 자재, 장비, 인력의 적절한 배분 등이다.

92 재료의 성질을 나타낸 용어에 대한 설명으로 옳지 않은 것은?

① 취성 : 작은 변형에도 파괴되는 성질
② 연성 : 재료를 두들길 때 얇게 펴지는 성질
③ 강성 : 외력을 받았을 때 변형에 저항하는 성질
④ 소성 : 힘을 제거해도 본래 상태로 돌아가지 않고 영구변형이 남는 성질

해설
연성이란 물질이 탄성 한계를 넘는 힘을 받아도 파괴되지 않고 늘어나는 성질을 말한다.

93 중용열 포틀랜드 시멘트에 대한 설명 중 옳지 않은 것은?

① 내구성이 크며 장기강도가 크다.
② 방사선 차단용 콘크리트에 적합하다.
③ 수화열량이 적어 한중공사에 적합하다.
④ 단기강도는 조강 포틀랜드 시멘트보다 작다.

해설
중용열 포틀랜드 시멘트
수화열이 낮아 균열발생이 적고 수축률이 적으며 콘크리트의 장기강도가 우수하며, 주로 매스콘크리트용으로 사용되고, 도로의 포장용으로 적합하다.

94 다음 시멘트의 혼화재료에 대한 설명 중 틀린 것은?

① 포졸란 – 해수에 대한 화학적 저항성 및 수밀성 등의 성질을 개선하는 데 사용한다.
② AE제 – 미세하고 독립된 무수한 공기 기포를 콘크리트 속에 균일하게 분포시키기 위해 사용하는 혼화제이다.
③ 감수제 – 시멘트의 입자를 분산시켜서 콘크리트의 워커빌리티를 개선하는 데 필요한 단위수량을 증가시킬 목적으로 사용된다.
④ 방수제 – 콘크리트의 흡수성과 투수성을 감소시켜 수밀성을 증진할 목적으로 사용하는 혼화제이다.

해설
③ 감수제 : 시멘트의 분산작용이나 공기 연행작용에 의해 콘크리트의 단위수량을 감소시킨다.

95 콘크리트 슬럼프 시험(slump test)과 관련된 설명 중 틀린 것은?

① 슬럼프 콘의 각 층은 다짐봉으로 고르게 한 후 진동기로 다진다.

② 다짐봉은 지름 16mm, 길이 500~600mm의 강 또는 금속제 원형봉으로 그 앞 끝을 반구 모양으로 한다.

③ 슬럼프 콘은 윗면의 안지름이 100mm, 밑면의 안지름이 200mm, 높이 300mm 및 두께 1.5mm 이상인 금속제로 한다.

④ 슬럼프 콘은 수평으로 설치하였을 때 수밀성이 있는 강제 평판 위에 놓고 누르고, 시료를 거의 같은 양의 3층으로 나눠서 채운다.

해설
슬럼프 시험은 슬럼프 콘에 콘크리트를 넣은 후 슬럼프 콘을 연직으로 올려 뺀 후 콘크리트가 주저앉은 길이를 잰다. 이 값이 슬럼프값이며, 단위는 cm이다. 슬럼프 콘의 각 층은 다짐봉으로 고르게 한 후 25회씩 똑같이 다진다.

96 철근콘크리트 구조로서 단면적의 형태를 취하여 구조체의 부피가 상대적으로 적어 자중이 줄어든 만큼 옹벽 배면의 기초 저판위의 흙의 무게를 보강하여 안정성을 높인 옹벽의 형태는?

① 중력식   ② 캔틸레버식
③ 부축벽식   ④ 조립식

해설
캔틸레버식 옹벽
• 벽체에 널말뚝이나 부벽이 연결되어 있지 않고 저판 및 벽체만으로 토압을 받도록 설계된 철근콘크리트 옹벽으로 T형 및 L형 등이 있다.
• 일단(一端)이 고정지점이고 타단(他端)에는 지점이 없는 자유단인 옹벽이다.
• 철근콘크리트 구조로서 단면적의 형태를 취하여 구조체의 부피가 상대적으로 적어 자중이 줄어든 만큼 옹벽 배면의 기초 저판 위의 흙의 무게를 보강하여 안정성을 높인 옹벽의 형태이다.

97 다음 표준품셈에 대한 설명으로 옳은 것은?

① 품셈이란 인간이나 기계가 목적물을 완성하기 위하여 단위물량당 소요되는 물질과 노력을 수량으로 표시한 것이다.

② 표준품셈 기준은 현장 조건에 따라 변동이 전혀 불가능하여 불합리한 공사비 산출을 초래할 수 있다.

③ 표준품셈의 적용은 특수한 공법과 공종에 한하여 공사비 산출에 적용된다.

④ 표준품셈에 적용되는 노무비 단가는 각 지역 실정에 적합하도록 차등 적용한다.

해설
품셈은 인간이나 동물 또는 기계가 공사 목적물을 달성하기 위하여 단위 물량당 소요로 하는 노력(품)과 물질을 수량으로 표시한 것이다.

98 살수기의 선정과 관련된 설명으로 적합하지 않은 것은?

① 동일한 구역 내의 살수기의 살수강도는 같아야 한다.

② 같은 구역에나 구간에서 분무식과 회전식 살수기를 혼용 사용해 효율을 증가시킨다.

③ 동일한 회로 내에 살수기에 작동하는 압력은 제조업자 권장하는 계통의 효과적인 작동압력의 범위 내에 있어야 한다.

④ 토양종류, 지표면 경사, 식물종류, 지표면의 형태와 규모, 장애물의 유무를 고려하여 적합한 살수기를 선정한다.

해설
② 같은 구역이나 구간에서는 분무식과 회전식 살수기를 혼용하지 않는다.

99 원지반의 점질토 5,000m^{3}를 굴착하여 8m^3 적재 덤프트럭으로 성토현장에 반입하여 다졌다. 소요 덤프트럭 대수와 다진 후의 성토량은?(단, C : 0.95, L : 1.30이고, 트럭 대수는 10대 미만은 버릴 것)

① 덤프트럭 : 594대, 성토량 : 6,175m^3
② 덤프트럭 : 625대, 성토량 : 4,048m^3
③ 덤프트럭 : 813대, 성토량 : 4,750m^3
④ 덤프트럭 : 480대, 성토량 : 4,048m^3

해설
• 덤프트럭 대수 = 원지반의 흙 × L ÷ 트럭의 적재량
　　　　　　　 = (5,000 × 1.3) ÷ 8 = 812.5대
• 성토량 = 원지반의 흙 × C
　　　　 = 5,000 × 0.95 = 4,750m^3

100 다음 조적공사의 설명으로 옳은 것은?

① 네덜란드식은 마구리와 길이놓기를 반복하여 서로 켜마다 어긋쌓기하여 통줄눈이 생기지 않는다.
② 영국식은 5단까지는 길이쌓기하고 그 위에 한 켜는 마구리 쌓기로 뒷벽돌에 물려 쌓는다.
③ 표준형 벽돌규격은 210 × 100 × 60이며, 내화 벽돌규격은 190 × 90 × 50이다.
④ 벽돌쌓기에서 가로, 세로 줄눈의 너비는 특별히 지정하지 않을 경우 10mm를 표준으로 한다.

해설
① 네덜란드식 쌓기(Dutch bond) : 영국식 쌓기와 비슷한 조적법으로, 길이켜와 마구리켜를 번갈아 쌓는다. 모서리에 칠오토막을 사용한다.
② 영국식 쌓기(English bond) : A켜와 B켜를 교대로 쌓아, 입면도로 보면 A켜는 마구리 쌓기, B켜는 길이 쌓기로 되어 있으며, 모서리벽 끝에 이오 토막 또는 반절을 넣어 막힌 줄눈이 되도록 쌓는다.
③ 표준형 벽돌의 크기 : 190 × 90 × 57mm
　 내화 벽돌의 크기 : 230 × 114 × 65mm

제6과목 조경관리론

101 살분법(撒粉法)에 이용되는 분제가 갖추어야 할 물리적 성질로서 가장 거리가 먼 것은?

① 분산성　　　　　② 비산성
③ 안정성　　　　　④ 현수성

해설
분제(입제)의 물리적 성질
입자의 크기, 분산성, 비산성, 부착성·고착성, 응집력, 토분성, 안정성, 경도, 용적비중(가비중), 수중붕괴성 등

102 잔디 녹병(Rust)의 방제대책으로 가장 거리가 먼 것은?

① 토양 산성화를 방지할 것
② rough지역에 잔디의 적정예초 높이를 지킬 것
③ 배수를 개선하고 질소질 비료를 균형 시비하도록 할 것
④ 예초된 잔디와 장비(mower) 등을 통한 전염을 예방할 것

해설
① 토양 산성화와는 관련이 없다.
잔디 녹병
봄, 가을에 한국잔디 및 한지형 잔디에 나타나는 병으로 방제를 위해 질소 시비 증가, 통기성 및 배수성 향상과 잔디녹병 방제 관련 등록된 살균제를 사용한다.

103 다음 중 표징이라 볼 수 없는 것은?

① 포자　　　　　② 자실체
③ 궤양　　　　　④ 균사조직

해설
③ 궤양은 표징이 아닌 병징이다.
표징과 병징
표징은 병원체 자체가 병든 식물체상의 환부에 나타나 병의 발생을 알리는 것을 말하고, 병징은 병든 식물에 나타나는 모든 가시적 변화, 즉 병든 식물 자체의 조직변화를 말한다.

104 다음 중 밤나무혹벌의 방제법으로 적당하지 않은 방법은?

① 등화유살법을 사용한다.
② 천적인 기생봉을 이용한다.
③ 내충성 품종을 선택하여 식재한다.
④ 피해 꽃봉오리를 물리적으로 제거하여 소각한다.

> [해설]
> 밤나무혹벌은 약제살포나 수간주사에 의한 방제법은 효과가 없다. 천적인 꼬리좀벌, 노랑꼬리좀벌, 상수리좀벌 등을 이용하거나 기생한 가지를 채취해 성충이 탈출하기 전에 벌레혹을 소각하고, 피해를 최소화하기 위해 산목밤나무, 순성밤나무, 광밤나무 등 내충성 품종을 식재해야 한다.

105 월동처와 병원체의 연결이 옳지 않은 것은?

① 기주의 체내 – 잣나무 털녹병균
② 병든 잎 – 낙엽송 잎떨림병균
③ 새운 가지 – 소나무류 가지마름병균
④ 토양 중 – 밤나무 줄기마름병균

> [해설]
> ④ 줄기마름병균은 병환부 또는 죽은 기주체상에서 월동하는 경우이다.
> **병원체의 월동방법**
> • 기주(寄主)의 체내에 잠재해서 월동하는 병균 : 털녹병균, 빗자루병균, 각종 식물성 바이러스병균
> • 병환부 또는 죽은 기주체에서 월동하는 병균 : 줄기마름병균, 탄저병균, 잎떨림병균
> • 종자에 붙어 월동하는 병균 : 갈색무늬병균, 묘목입고병균
> • 토양 중에 월동하는 병균 : 입고병균, 근두암종병균, 자줏빛날개무늬병균, 각종 토양서식 병균

106 소나무재선충병에 대한 설명으로 옳지 않은 것은?

① 수분 이동 통로를 막아 고사시킨다.
② 소나무먹좀벌이 천적이므로 생태학적 방제에 의존할 수밖에 없다.
③ 감염 후 수 주내에 급속히 말라 죽으며, 치사율이 100%이다.
④ 이동능력이 없어 공생관계인 솔수염하늘소를 통해 전파된다.

> [해설]
> ② 소나무나무먹좀벌은 천적이 아니다. 소나무재선충의 매개충은 솔수염하늘소이고, 매개충의 확산경로 차단을 위한 항공·지상 방제를 하며, 재선충과 매개충을 동시에 제거하기 위한 고사목 벌채 및 훈증을 한다.

107 해충의 구제 방법들 중 기계적 방제법에 해당하는 것은?

① 인공포살
② 온도처리법
③ 접촉살충제살포
④ 기생봉 이용

> [해설]
> **해충방제 방법**
>
> | 직접적인 방제 방법 | • 물리적 방제법 : 광선, 온도, 색채나 음파 등을 이용(온도처리, 고온(태양열, 증기열 등), 저온, 방사선 및 음파 등)
• 기계적 방제법 : 간단한 기계나 기구 또는 손으로 해충을 방제하는 방법(포살, 침입 차단 등)
• 생물적 방제법 : 포식자, 기생자, 병원균, 길항균 그리고 경쟁자 등을 포함한 천적의 영향을 극대화하는 것이다.
• 화학적 방제법 : 농약을 사용 |
> |---|---|
> | 간접적인 방제 방법 | 농경지의 전반적인 조경이나 물리적 구조의 설계, 서식처 변경이나 인간행위의 변화 등이 있다. |

108 수목관리와 관련하여 관수 시 고려해야 할 사항 중 가장 거리가 먼 것은?

① 강우빈도
② 토양수분 함량
③ 지주목 설치여부
④ 지하수위의 고저

해설

관수 시 토양수분 함량, 강우빈도, 기후변화, 지하수위의 고저, 옆면의 온도 측정, 토양의 상태 등을 고려해야 한다.

109 레크리에이션 수용능력을 정의한 학자 중 1972년 Penfold는 수용능력에 대한 분류체계를 확립하였다. 그 수용능력 3가지의 분류방법에 속하지 않는 것은?

① 물리적 수용능력
② 생태적 수용능력
③ 심리적 수용능력
④ 제도적 수용능력

해설

Penfold의 레크리에이션 수용능력의 분류
• 물리적 수용능력 : 시설의 수용능력은 얼마인가?
• 생태적 수용능력 : 어느 정도의 자연의 크기에 사람을 얼마나 수용할까?
• 심리적 수용능력 : 편안한 기분을 느낄 수 있는 수용능력은 얼마일까?

110 주요 조경시설의 대표적인 중요 관리항목과 보수방법으로 가장 부적합한 것은?

① 표지판 – 도장의 퇴색 – 재도장
② 음수전 – 배수구의 막힘 – 이물질 제거
③ 휴지통 – 수거 횟수 및 수거차량의 선정 – 수거계획의 수립
④ 벤치, 야외탁자 – 주변의 물고임 방지 – 포장재료의 교체

해설

④ 벤치, 야외탁자 : 주변 바닥에 물이 고였을 경우 배수시설 설치 후 포장을 해야 한다.

111 생태연못의 유지관리에 대한 설명으로 가장 거리가 먼 것은?

① 모니터링은 조성 직후부터 1년, 2년, 3년, 5년, 10년 등의 주기로 한다.
② 모니터링은 가급적 지역주민, NGO, 전문가 등이 함께 참여하도록 한다.
③ 여름철에 성장한 수초는 겨울철에 말라서 연못 내에 잔존하게 되면 연못 내 식물의 영양분이 되므로 지속적으로 유지시킨다.
④ 붉은귀거북, 블루길, 베스, 비단잉어 등의 외래종은 제거하도록 한다.

해설

③ 여름철에 성장한 수초는 겨울철에 말라서 연못 내에 잔존하게 되면 부영양화가 생길 수 있다. 그때는 적절한 시기에 제거해줘야 한다.

112 수목에 발생하는 각종 해충의 방제와 관련한 설명 중 옳지 않은 것은?

① 솔나방의 구제는 3월 상순~4월 하순까지 번데기를 채취해 소각한다.
② 천막벌레나방(텐트나방)이 발생한 느티나무는 유충 발생초기인 4월 중하순에 트랄로메트린 유제(1.3%) 2,000배액을 수관살포한다.
③ 벚나무응애는 여름철 건조한 날씨에 잎이 황변한 것이나 흡즙 흔적이 있는 잎을 채취하여 소각한다.
④ 향나무(측백나무)하늘소는 기생성 천적인 좀벌류, 맵시벌류, 기생파리류 등을 보호한다.

해설
① 월동한 애벌레의 가해 시기인 4월 중순~6월 중순이나 어린 애벌레 시기인 9월 상순~10월 하순에 살충제를 살포하거나 가해하는 애벌레나 고치를 직접 잡아 죽인다. 7월 하순~8월 중순까지는 피해 수목 주위에 등불을 밝혀 유살시킨다. 잠복소를 10월 중에 설치하여 유인하여 태워 죽인다.

113 다음 중 카바메이트계(carbamate) 농약은?

① 펜티온 유제
② 디티오피르 유제
③ 이프로디온 수화제
④ 티오파네이트메틸 수화제

해설
카바메이트계 농약은 속효성과 침투 이행성이 좋으며 진딧물 등 흡즙성 해충에 효과가 좋다.

114 과일이 열리는 조경수목에서 도장지는 힘이 강한 가지의 기부에 급속도로 자란 필요치 않는 나뭇가지로서 생장기에는 우선 길이를 반 정도 줄여 힘을 억제하고 이듬해 봄에 동기(冬期) 전정 때는 어느 정도 잘라야 하는가?

① 가지의 1/2을 남기고 자른다.
② 가지의 2/3 정도를 남기고 자른다.
③ 줄기에 바짝 붙여서 기부로부터 자른다.
④ 기부로부터 2~3눈을 남기고 자른다.

해설
③ 줄기에 바짝 붙여서 자르면 부정아의 움직임을 막을 수 있다.
도장지(徒長枝)
웃자란 가지로 지나치게 길게 자란 가지를 말한다. 힘이 강한 가지의 기부에 자리잡은 부정아(不定芽)가 어떤 자극을 받아 급속도로 크고 길게 자란 것으로 외모는 실하게 보이나 조직적으로는 허약한 것이 많다. 수형이 균형을 잃을 정도의 도장지는 제거하는 것이 바람직하다. 특히, 통풍이 잘 되도록 도장지 및 고사지를 확실히 제거해야 한다.

115 광엽 또는 화본과 잡초의 분류로 옳은 것은?

① 화본과 잡초 : 여뀌
② 광엽잡초 : 돌피
③ 광엽잡초 : 명아주
④ 광엽잡초 : 바랭이

해설
광엽잡초란 벼과 잡초나 방동사니과 잡초에 속하지 않는 식물로서 말 그대로 잎이 넓은 잡초이다. 망초, 토끼풀, 명아주, 쑥, 토끼풀, 냉이, 가래, 가막사리 등이 속한다.
① 여뀌 : 광엽잡초
② 돌피 : 화본과 잡초
④ 바랭이 : 화본과 잡초

116 지주목 관리에 관한 설명 중 옳지 않은 것은?

① 결속 끈은 탄력성이 있는 것으로 하고, 일정한 주기로 고쳐 묶기를 해야 한다.
② 가로수 지주목의 횡목(橫木)은 차도와 평행하게 설치하는 것이 좋다.
③ 지주목 자체도 통일미와 반복미를 가지므로 재료와 규격을 통일하는 것이 좋다.
④ 인공지반에 식재하는 수고 1.2m 이상의 수목은 활착 및 지반의 안정을 위해 1년 후 지지시설을 철거하여야 한다.

해설
④ 지지시설은 보통 최소 2년 이상 유지하여 수목이 충분히 활착할 수 있도록 해야 한다.

117 노랑꼬리좀벌, 중국긴꼬리좀벌, 상수리좀벌, 큰다리남색좀벌 등이 천적인 해충은?

① 밤나무혹벌   ② 소나무좀
③ 솔잎혹파리   ④ 측백하늘소

해설
① 밤나무혹벌 : 중국긴꼬리좀벌, 노랑꼬리좀벌, 상수리좀벌, 큰다리남색좀벌 등
② 소나무좀 : 솔잎혹파리먹좀벌, 혹파리살이먹좀벌
③ 솔잎혹파리 : 솔잎혹파리먹좀벌, 혹파리살이먹좀

118 시멘트 콘크리트 포장의 보수를 위한 패칭(patching) 공법의 시공 내용으로 가장 부적합한 것은?

① 포장의 파손부분을 쓸어낸다.
② 깨끗이 쓸어낸 뒤 텍코팅한다.
③ 슬래브 및 노반의 면 고르기를 한다.
④ 필요기간 동안 충분한 양생작업을 한다.

해설
② 텍코팅은 아스팔트 포장 보수에 사용하는 공법으로 콘크리트 패칭 공법에는 적용되지 않는다. 콘크리트 포장의 패칭 공법은 파손된 부분을 정리하고 새 콘크리트를 부어 양생하는 과정이 포함된다.

119 조경시설물 정비, 점검방법으로 적합하지 못한 것은?

① 배수구는 정기적으로 점검하여 토사나 낙엽에 의한 유수방해를 제거한다.
② 어린이공원 유희시설물의 회전부분은 충분한 윤활유 공급으로 회전을 원활히 해준다.
③ 아스팔트도로 포장은 내구성이 큰 포장이므로 전면개수까지 점검사항에서 제외한다.
④ 표지, 안내문 등의 도장(塗裝)상태나 문자는 상시점검 보수한다.

해설
③ 아스팔트 포장은 균열, 국부적 침하, 파상의 요철, 표면연화, 박리 등의 파손원인이 있으므로 노면상황을 정기적으로 점검하여 보수하여야 한다.

120 빛의 조절이나 통제가 용이하며 색채연출이 우수하고, 고출력이 높은 전압에서만 작동이 가능한 옥외 조명의 광원은?

① 나트륨등
② 수은등
③ 백열등
④ 금속할로겐등

해설
① 나트륨등 : 열효율이 높고 물체 투시성이 좋으나 설치비가 많이 든다. 점포용, 투광용, 영사, 스튜디오용으로 적합하다.
② 수은등 : 수은증기압을 고압으로 가압하여 고효율의 광원을 얻으며, 큰 광속(光束)으로 가로 조명에 적합하다.
③ 백열등 : 따뜻한 느낌을 주지만 열효율이 낮아 전력소모가 많고 열반사가 많다. 휴식공간, 위험한 장소, 물체 강조 조명으로 설치한다.

2024년 제1회 과년도 기출복원문제

제1과목 조경사

01 궁남지 연못의 섬을 방장선산(方丈仙山)의 상징이라고 기록한 문헌은?

① 동경잡기
② 동국여지승람
③ 삼국사기
④ 삼국유사

해설

③ 삼국사기는 고려 인종 때 김부식이 편찬한 역사서로, 궁남지 연못의 섬을 방장선산(신선이 사는 산)의 상징으로 기록한 문헌이다. 궁남지는 백제 무왕 때 조성된 우리나라 최초의 인공 연못으로 그 섬은 신선세계를 상징하는 곳으로 해석되었다.
① 동경잡기는 고려시대의 지리서이지만, 궁남지와 방장선산에 대한 구체적인 기록은 없다.
② 동국여지승람은 조선 성종 때 편찬된 지리서로, 한국 각 지역의 지리 정보를 기록한 책이다.
④ 삼국유사는 고려 일연이 편찬한 설화와 전설 중심의 역사서이다.

02 고구려 안학궁의 특징이 아닌 것은?

① 한 변이 약 622m에 이르는 방형이다.
② 남북중심 축선상에 문, 정전, 침전이 차례로 놓여있다.
③ 침전 뒤 가장 뒤쪽에 가산이 있으며 이곳에 연못이 있다.
④ 왕궁의 동남쪽에 한 변이 70m인 정방형의 못자리가 있다.

해설

침전 뒤 가장 뒤쪽에 가산이 있으며 그곳을 장식한 것으로 보이는 자연석이 다수 발견되었다. 연못은 동남쪽에 있다.

03 무굴인도에서 발견되는 바그(bagh)란?

① 4개의 파티오(patio)로 구성된 궁전이다.
② 건물과 정원을 하나의 유니트로 하는 환경계획으로 동시에 이탈리아의 villa와 같은 개념이다.
③ 담장으로 둘러쌓인 공간으로 이집트 스타일의 연못, 수로, 정자 등 시설이 있다.
④ 네모난 공간으로 공공용 건물이 둘러싸여 있는 중정이다.

해설

바그(bagh)는 무굴 제국의 대표적인 정원 양식으로 건축물과 정원이 하나의 통합된 공간으로 설계된 것이 특징이다. 이는 이탈리아의 빌라처럼 건물과 주변의 자연을 조화롭게 연결한 공간으로 단순히 건물 앞에 꾸며진 정원이 아니라, 건축과 정원이 하나의 유기적인 시스템으로 작동하는 것을 의미한다.

04 다음 중 영국의 버컨헤드 공원(Birkenhead park)에 관한 설명으로 잘못된 것은?

① 왕실정원(王室庭園)이던 곳을 일반 공원으로 개수한 것이다.
② 공원설계는 팩스톤(Joseph Paxton)이 맡았다.
③ 설계 자체는 풍경식 정원의 전통적인 면이 살아있고, 공원 주위는 주택단지에 의해 둘러싸여 있다.
④ 미국 옴스테드의 공원 개념 형성에 크게 영향을 끼쳤다.

해설

① 버컨헤드 공원은 왕실정원이 아니라 처음부터 일반 대중을 위한 공원으로 조성된 영국 최초의 공공 공원으로 일반 시민들이 자유롭게 이용할 수 있도록 설계되었다.

05 중국의 황가원림(皇家園林)에 대한 설명 중 가장 적합하지 않은 것은?

① 그 당시 각 나라의 수도(首都) 및 그 주변에 이궁(離宮)이나 산장(山莊)으로 건립되었다.
② 공간의 구획이 사가원림(私家園林)보다 비정형적이다.
③ 황가원림은 상징적이고 실용적인 목적으로 조성되었다.
④ 많은 황가원림들은 집금식(集錦式)의 방식으로 조성하였다.

[해설]
② 황가원림은 사가원림보다 구획이 매우 정형화된 형태로 설계되었다. 왕실의 권위와 상징성을 반영하기 위해 공간을 정밀하게 계획하여 배치하였다.

06 중국의 정원을 연구하는 데 있어 중요한 문헌과 저자명의 연결이 옳지 않은 것은?

① 낙양명원기(洛陽名園記) – 이격비(李格非)
② 양주화방록(楊州畵舫錄) – 이두(李斗)
③ 원야(園冶) – 문진형(文震亨)
④ 유금릉제원기(遊金陵諸園記) – 왕세정(王世貞)

[해설]
원야의 저자는 계성이며 문진형은 장물지의 저자이다.

07 고려시대 궁궐정원을 지칭하는 용어는?

① 비원　　　　② 북원
③ 정원　　　　④ 금원

[해설]
금원은 고려시대 궁궐정원을 지칭하는 용어로, 황실의 정원을 뜻한다.

08 일본 헤이안(平安)시대는 정토(淨土) 신앙사상이 정원과 건축에 영향을 미쳤다. 이러한 사상을 나타낸 대표적인 것은?

① 천용사(天龍寺), 서방사(西芳寺)
② 금각사(金閣寺), 은각사(銀閣寺)
③ 용안사(龍安寺), 대덕원(大德院)
④ 모월사(毛越寺), 무량광원(無量光院)

[해설]
④ 모월사와 무량광원은 일본 헤이안시대의 정토신앙이 반영된 대표적인 건축물과 정원이다. 정토 신앙은 죽은 후 이상적인 서방 정토로 가는 길을 상징한다

09 다음 한국전통 조경의 설명으로 틀린 것은?

① 고대의 한국정원은 궁중이나 귀족의 저택 위주로 꾸며졌다.
② 한국적 색채를 띠게 된 정원양식은 신라시대 이후 부터이다.
③ 창덕궁은 자연미와 인공미가 혼연일치가 되도록 축조(築造)되었다.
④ 통일 신라시대의 대표적인 조경의 예(例)는 안압지(雁鴨池)를 들수 있다.

[해설]
② 한국의 정원은 신라시대 이전인 삼국시대부터 한국적인 특색을 갖추기 시작했다. 특히 고구려와 백제의 정원양식은 이미 독자적인 특징을 띠고 있었다.

10 한국, 중국, 일본에 있어서 왕의 절대 권력과 연관되어 발달된 도시계획 형태는?

① 환상(環狀)형 ② 방사(放射)형
③ 격자(格子)형 ④ 대상(帶狀)형

격자형(格子型) 도시계획
한국, 중국, 일본에서 왕권의 절대 권력을 상징하는 도시 설계 방식으로 직선적이고 규칙적으로 배치된 도로와 건물들이 특징이며, 중앙 권력의 통제를 시각적으로 드러내고 도시 내 권위와 질서를 강조하기 위한 목적을 가지고 있다. 중국의 수도 장안, 일본의 수도 헤이안쿄 그리고 조선의 한양이 격자형으로 설계된 도시이다.

11 르네상스 후기 바로크 양식의 영향을 받아 조성된 곳은?

① 빌라 란테(villa Lante)
② 빌라 데스테(villa d'Este)
③ 빌라 마다마(villa Madama)
④ 이졸라벨라(Isola bella)

이졸라벨라(Isola bella)는 이탈리아 북부에 있는 섬으로 바로크 양식의 화려함과 극적인 요소가 결합된 정원으로 유명하다. 르네상스 후기 바로크 양식의 특징인 대칭적이고 장엄한 설계, 복잡한 조각, 웅장한 테라스 구조 등을 이졸라벨라에서 찾아볼 수 있다.

12 유럽 낭만주의시대 풍경식 조경은 동양의 이국적 취향을 불러일으켰다. 영국의 큐 가든(Kew garden)에서 중국식 풍경을 가장 잘 나타내는 대표적인 첨경물은?

① 암석 ② 탑
③ 교량 ④ 석등

큐 가든(Kew garden)의 중국식 탑은 18세기 유럽에서 동양의 문화를 수용하려는 경향을 보여주는 대표적인 사례이다. 당시 유럽에서는 중국풍의 건축물이 매우 인기를 끌었고, 낭만주의 시대에 특히 이국적인 요소를 도입한 정원 설계가 유행했다.

13 프랑스의 베르사유 궁원에 대한 설명으로 잘못된 것은?

① 원래는 수렵지였으나 루이 14세 때에 정원으로 꾸민 것이다.
② 정원설계는 궁정 조경가 니콜라스 푸케(Nicholas Fouquet)가 맡았다.
③ 맨 처음에 완성한 정원부분은 감귤원(Orangerie) 이었다.
④ 십자형의 대 커낼(canal)이 중심축을 이루고 있다.

베르사유 궁원
루이 14세 때 재무장관을 지낸 니콜라 푸케를 위해 1656년 루이 르 보가 설계했다. 베르사유 궁원의 모델인 성은 보르비콩트 성이다. 태양왕 루이 14세가 화려한 보르비콩트 성을 보고 부러움을 느껴 루이 르 보에게 베르사유 궁전을 지을 것을 명령하였다.

14 르네상스 말기 로마의 별장정원은 명쾌한 균제미로부터 복잡한 곡선을 장식한 건축양식의 뒤를 따라 정원도 이러한 양식으로 전환되었다. 그 양식은?

① 로코코식 ② 바로크식
③ 절충식 ④ 자연풍경식

르네상스 말기에 들어서면서 이탈리아의 건축양식은 단순한 기하학적 대칭에서 벗어나 더 복잡하고 극적인 요소를 포함하게 되었다. 이 시기의 정원들은 웅장한 물의 특징, 대규모 테라스, 정교한 조각물 등을 포함해 바로크적 화려함을 드러냈다.

15 다산초당(茶山草堂) 연못 조성과 관련된 글인 "中起三峯 石假山"에서 삼봉의 의미는?

① 금강산, 지리산과 한라산의 산악신앙에 의한 명산을 상징한다.
② 봉래, 방장과 영주의 신선사상에 의한 삼신산을 상징한다.
③ 돌의 배석기법인 불교에 의한 삼존석불을 상징한다.
④ 천・지・인의 우주근원을 나타낸 삼재사상을 상징한다.

해설
다산초당의 삼봉은 동아시아 전통의 신선사상에서 유래한 것으로 신선들이 산다는 전설적인 세 산인 봉래, 방장, 영주를 상징한다. 이 신선사상은 불로장생과 이상적인 자연 세계를 의미하며, 조선 시대 정원의 배치와 경관 설계에도 깊이 반영되었다. 이러한 사상은 자연 속에서 도를 닦고자 했던 지식인들에게 큰 영향을 미쳤다.

16 조선시대 1500년대 초에 만들어진 별서정원으로, 담 아래에 만들어진 구멍을 통해 흘러 들어온 물이 홈대를 거쳐 못을 채우고 다시 넘친 물이 흘러내려 개천으로 떨어지도록 꾸며진 곳은?

① 윤선도의 부용동 정원
② 양산보의 소쇄원
③ 노수신의 십청정
④ 이퇴계의 도산원림

해설
소쇄원은 조선시대 양산보가 자연과 조화를 이루며 만든 별서정원으로 물의 흐름을 이용한 정교한 수로 시스템이 특징이다. 물은 담 아래 구멍을 통해 흘러 들어와 홈대를 지나 못을 채우고 넘치는 물이 개천으로 흘러가도록 설계되었다.

17 다음 그림은 일본의 유명한 평정고산수 정원이다. 이와 같은 석조방식으로 정원을 꾸민 곳은?

① 용안사
② 대덕사
③ 은각사
④ 금각사

해설
용안사는 왕모래와 몇 개의 바위만 정원 재료로 사용하고 식물 재료는 사용하지 않는 평정고산수 수법으로 정원을 꾸몄다.

18 르네상스시대의 프랑스와 이탈리아 조경의 차이점이 아닌 것은?

① 프랑스는 성관이 발달하였고, 이탈리아는 빌라의 큰 발달을 보게 되었다.
② 프랑스는 중세의 방어요소인 호를 호수와 같은 장식적 수경으로 전환시킨 반면에 이탈리아는 캐스케이드, 분수, 물풍금 등의 다이나믹한 수경을 나타내고 있었다.
③ 프랑스 정원은 이탈리아 정원보다 파르테르를 중요시 하였다.
④ 프랑스 정원은 경사지에 옹벽에 의해서 지지된 테라스나 평탄한 지역들이 만들어졌으며, 다양한 형태의 계단 혹은 연속적인 계단 그리고 경사로로 연결되었다.

해설
④ 프랑스의 정원은 평지에서 기하학적인 패턴을 적용하여 대칭적이고 질서 정연한 모습을 추구했다. 경사지에 옹벽이나 테라스 등을 이용하는 방식은 이탈리아 정원의 전형적인 특징으로 언덕 위의 빌라를 중심으로 복잡한 계단과 경사로를 많이 활용했다.

19 앙드레 르 노트르가 창안한 프랑스 고유의 정원 양식이라고 할 수 있는 평면기하학식 정원이 아닌 것은?

① 프랑스 프티트리아농(Petit Trianon)의 정원
② 독일의 님펜버그(Nymphenburg)의 정원
③ 오스트리아의 쉔브룬(Schonbrunn)성의 정원
④ 오스트리아의 벨베데레(Belvedere)정원

해설
프랑스 프티트리아농(Petit Trianon)의 정원
마리 앙투아네트가 자연 속에서 편안함을 즐기기 위해 조성된 공간으로 자연풍경식 정원에 가깝다. 르 노트르의 전형적인 대칭적이고 기하학적인 설계에서 벗어나 자연미를 강조하는 것이 특징이다.

---

20 18세기 영국 자연풍경식 정원인 블랜하임궁의 정원을 최초로 조성한 사람은?

① 와이즈(H. Wise)
② 브릿지맨(C. Bridgeman)
③ 켄트(W. Kent)
④ 렙턴(H. Repton)

해설
헨리 와이즈(H. Wise, 1653~1738)
블랜하임궁 정원의 초기 설계자로 초기 영국의 자연풍경식 정원 조성에 기여한 인물이다. 바로크식 정원의 전통을 이어받아 초기 블랜하임궁의 대규모 정원을 설계하였지만 후에 켄트(W. Kent)와 렙턴(H. Repton) 등에 의해 자연스러운 풍경식 정원으로 재설계되었다. 렙턴은 이 정원을 더 발전시키면서 영국 풍경식 정원의 대가로 인정받았다.

제2과목 **조경계획**

21 C. A. Perry의 근린주구(neighbourhood unit) 이론의 설명 중 적절하지 않은 것은?

① 기본규모는 1개 초등학교를 유지시킬 수 있는 거주지역이다.
② 근린주구 중심과 각 가정의 최대거리는 1.2km 정도이다.
③ 근린주구 내부의 도로는 통과교통이 배제된다.
④ 간선도로, 녹지 등에 의해 다른 지역과 구별하였다.

해설
② 1.2km는 Perry의 원칙에 비해 너무 먼 거리이다.
C. A. Perry의 근린주구 이론
근린주구의 중심과 각 가정의 최대거리는 약 400~800m 내외로 설정된다. 이는 보행 가능한 거리를 기준으로 하며, 근린주구 주민들이 도보로 일상적인 활동을 할 수 있도록 설계하는 것을 목표로 한다.

---

22 레크리에이션 계획의 접근방법에 대한 설명 중 옳은 것은?

① 자원형은 한계수용력과 환경영향을 지표로 한다.
② 행태형은 과거의 참여패턴이 장래의 기회를 결정한다는 것을 전제로 한다.
③ 활동형은 대도시 또는 지역레벨의 대상지에 적용하는 기법이다.
④ 경제형은 이용자 선호도와 만족도가 지표이다.

해설
자원형 접근방법은 자연자원과 환경적 요인을 중시하며, 이를 토대로 한계수용력(어느 정도까지 자원을 이용할 수 있는지)과 환경영향(자원의 손상이 발생할 가능성)을 기준으로 계획을 수립하는 방식이다.

23 다음 중 자연공원법에서 정하는 자연공원에 속하지 않는 것은?

① 국립공원
② 도립공원
③ 묘지공원
④ 군립공원

해설

자연공원법에 따르면, 자연공원에는 국립공원, 도립공원, 군립공원이 포함된다.

24 맥하그(Ian Mcharg)가 주장한 생태적 결정론(ecological feterminism)을 가장 올바르게 설명한 것은?

① 자연계는 생태계의 원리에 의해 구성되어 있으며, 따라서 생태적 질서가 인간환경의 물리적 형태를 지배한다는 이론이다.
② 생태계의 원리는 조경설계의 대안결정을 지배해야 한다.
③ 인간환경은 생태계의 원리로 구성되어 있으며, 따라서 인간사회는 생태적 진화를 이루어 왔다는 이론이다.
④ 인간형태는 생태적 질서의 지배를 받는다는 이론이다.

해설

맥하그의 생태적 결정론
인간의 물리적 환경이 생태계의 원리에 의해 결정된다는 이론이다. 인간의 건축물, 도시 설계 등이 자연환경과 조화를 이루어야 한다는 원리를 바탕으로 하며, 생태적 질서에 부합하는 설계가 지속 가능한 환경을 만든다는 점을 강조한다.

25 주거단지 계획에 쿨데삭(Cul-de-sac) 도로 도입 시 가장 큰 장점은?

① 막힘없는 도로망 구축이 가능하다.
② 자동차 소음을 차단할 수 있다.
③ 자동차의 위험이 없는 녹지를 확보 할 수 있다.
④ 도로의 길이를 줄일 수 있다.

해설

쿨데삭 도로는 막다른 도로로, 차들이 통과하지 못해 교통량이 적고 안전하다. 이러한 구조 덕분에 차량의 위협으로부터 벗어나 녹지나 놀이공간을 안전하게 확보할 수 있는 이점이 있고 자동차의 속도를 줄일 수 있어 주거지에서 안전한 환경을 조성할 수 있다.

26 홀은 4종류의 대인거리를 구분하였는데, 이 구분 중 주로 업무상의 대화에서 유지되는 거리인 사회적 거리의 범의(ft)로 가장 적합한 것은?

① 1.5~4
② 4~12
③ 12~18
④ 18~24

해설

Hall(홀)의 구분
• 친밀한 거리 : 0~45cm(0~1.5ft)로 아이를 안아 준다거나 이성 간의 교제, 스포츠(레슬링, 씨름 등) 경기 시 유지되는 거리
• 개인적 거리 : 45cm~1.2m(1.5~4ft)로 일상적 대화 시 거리
• 사회적 거리 : 1.2~3.6m(4~12ft)로 업무상의 대화 시 거리
• 공적 거리 : 3.6m 이상(12ft 이상)으로 배우, 연사 등의 개인과 청중 사이의 대화 시 거리

27 어떤 프로젝트가 시공되고 얼마 동안의 이용기간을 거친 후 그 설계 혹은 계획에 대한 평가를 함으로써 설계 의도가 그대로 반영되고 있는지, 이용자의 행태에 적합한 공간 구성이 이루어졌는지 등을 알아보고자 하는 평가는?

① 환경영향평가(environmental impact assessment)
② 이용 후 평가(post occupancy evaluation)
③ 시각자원평가(visual resource assessment)
④ 설계대안평가(design alternatives evaluation)

[해설]
이용 후 평가(post occupancy evaluation)
건축물이나 시설이 실제로 사용된 후, 설계와 계획이 의도대로 잘 반영되었는지, 이용자의 요구에 부합하는지 등을 평가하는 방법이다. 이는 시설의 개선과 사용자 만족도 증진에 중요한 역할을 하며, 시공 이후에 발생하는 문제를 해결하는 데 도움을 준다.

28 영역성(territoriality)과 가장 관계 깊은 학자는?

① 린튼(Litton)
② 린치(Lynch)
③ 알트만(Altman)
④ 라포포트(Rapoport)

[해설]
알트만(Altman)은 영역성을 개인적, 집단적, 공공적 공간으로 나누어 사람들이 공간을 어떻게 인식하고 사용하는지를 설명했다.

29 환경영향평가에 대한 설명으로 틀린 것은?

① 환경영향평가 대상사업에 대한 충분한 정보제공 등을 통하여 환경영향평가 과정에 주민 등의 참여가 원활히 이루어질 수 있도록 노력한다.
② 개발로 인한 환경적 영향을 사전에 평가, 검토한다.
③ 우리나라는 자연공원법이 이에 관련된 주 법규이다.
④ 환경영향평가서의 작성내용, 작성방법 등 평가서 작성에 필요한 사항은 대통령령으로 정한다.

[해설]
③ 환경영향평가는 환경정책기본법과 환경영향평가법에 의해 규정된다. 자연공원법은 국립공원 및 자연공원에 대한 관리와 보호를 주로 다루며, 환경영향평가와는 별개의 법규이다.

30 레크리에이션 계획 중 표출수요에 대한 설명으로 맞는 것은?

① 본래 내재하는 수요이지만 기존의 시설을 이용할 때만 반영되어 나타나는 수요를 말한다.
② 기존의 레크리에이션 기회에 참여 또는 소비하고 있는 이용을 말한다.
③ 사람들로 하여금 레크리에이션 패턴을 변경하도록 고무시켜 개발하는 수요를 말한다.
④ 특히 선호하는 레크리에이션 대한 수요를 말한다.

[해설]
표출수요는 이미 존재하고 있는 시설이나 활동에 참여하여 나타나는 수요로, 실제로 사람들이 레크리에이션 활동에 참여하고 있는 것을 반영한 수요이다. 이는 레크리에이션 계획에서 중요한 데이터로 활용된다.

31 아파트 단지 내 가로망의 기본 유형별 특징 설명으로 옳은 것은?

① 격자형(格子型) : 통과교통이 상대적으로 적어서 주거 환경의 안전성이 확보된다.
② 우회형(迂廻型) : 토지이용상 효율적이며, 평지에서는 정지작업이 용이하다.
③ 대로형(袋路型) : 각 건물에 접근하는 데 불편함을 초래할 수 있다.
④ 우회전진형(迂廻前進型) : 통과교통이 없어서 주거환경의 안정성이 확보된다.

대로형은 막다른 도로로, 각 건물에 접근하기는 불편하지만 교통량이 적고 안전하며, 주거지 내에서 차량의 속도를 낮추는 효과가 있다.

32 건축물 등 시각대상물이 단지 일반적인 경관으로 보이고 폐쇄성을 잃게 되는 앙각은 얼마인가?(단, D/H는 높이와 거리의 비율이다)

① $D/H = 4$ ② $D/H = 3$
③ $D/H = 2$ ④ $D/H = 1$

건물높이(H)와 거리(D)의 비

D/H비	앙각	인지 결과
$D/H = 1$	45°	건물이 시야의 상한선인 30°보다 높음, 상당한 폐쇄감을 느낌
$D/H = 2$	27°	정상적인 시야의 상한선과 일치하므로 적당한 폐쇄감을 느낌
$D/H = 3$	18°	폐쇄감에서 다소 벗어나 주대상물에 더 시선을 느낌
$D/H = 4$	12°	공간의 폐쇄감은 완전히 소멸되고 특정적인 공간으로서의 장소의 식별이 불가능해짐

33 자연공원법에 관한 사항 중 옳은 것은?

① 법률로 지정되는 공원은 도시공원, 군립공원, 도립공원, 국립공원 등이다.
② 국립공원은 국토해양부장관이 지정한다.
③ 국립공원위원회의 회의는 구성원 2/3 출석으로 개의하고, 전체위원 과반수의 찬성으로 의결한다.
④ 도립공원은 시·도지사가 지정한다.

④ 도립공원은 각 지방자치단체의 시·도지사가 지정한다.

34 다음 중 생태·경관보전지역에 대한 설명으로 옳은 것은?

① 생물다양성을 높이고 야생 동식물의 서식지 간의 이동 가능성 등 생태계의 연속성을 높이거나 특정한 생물종의 서식조건을 개선하기 위하여 조성하는 생물 서식공간
② 생물다양성이 풍부하여 생태적으로 중요하거나 자연경관이 수려하여 특별히 보전할 가치가 큰 지역으로서 환경부장관이 지정·고시하는 지역
③ 야생 동식물의 서식지가 단절되거나 훼손 또는 파괴되는 것을 방지하고 생태계의 연속성을 유지하기 위하여 설치하는 인공 구조물·식생 등의 생태적 공간
④ 사람의 접근이 사실상 불가능하여 생태계의 훼손이 방지되고 있는 지역 중 군사상의 목적으로 이용되는 외에는 특별한 용도로 사용되지 아니하는 무인도

생태·경관보전지역은 생물다양성이 풍부하고 생태적 가치가 큰 지역으로서, 환경부장관이 지정하여 고시하는 특별 보호 지역이다. 생태적 중요성이나 자연경관의 보전 가치를 이유로 지정되며, 지정된 지역은 생태적 유지 및 보존을 목적으로 관리된다.

35 Litton이 제시한 산림경관의 기본적 유형(fun-damental types)에 포함되지 않는 것은?

① 전경관(panoramic landscape)
② 일시경관(ephemeral landscape)
③ 위요경관(enclosed landscape)
④ 지형경관(feature landscape)

해설
② 일시경관은 특정한 순간에만 나타나는 경관으로 계절이나 날씨에 따라 변화하는 풍경을 말한다.
※ Litton이 제시한 기본적인 산림경관 유형에는 전경관, 위요경관, 지형경관 등이 포함된다.

36 조경계획 분야에서 특히 중요한 지리정보체계(GIS)에 대한 설명 중 틀린 것은?

① 도면 중첩기능이 특히 뛰어나다.
② 삼차원 지형처리를 통하여 경사도, 가시권 분석 등이 가능하다.
③ GIS는 Geographic Information System의 약자이다.
④ CAD가 주로 그래픽자료를 처리하는 반면 지리정보체계는 속성자료만 처리하는 점이 가장 큰 차이점이다.

해설
GIS는 그래픽 자료뿐만 아니라 속성 자료(데이터베이스)도 처리하는 기능을 갖추고 있어, CAD와 달리 공간정보와 속성정보를 함께 처리할 수 있는 강력한 시스템이다. CAD는 주로 도면 작성에 중점을 두는 반면, GIS는 공간 데이터를 분석하고 관리하는 데 특화되어 있다.

37 다음 중 미기후 현상 중 안개 및 서리는 주로 어느 지역에서 발생하는가?

① 경사가 완만하고 수목이 밀생한 지역
② 지하수위가 낮고 사질양토인 지역
③ 수목이 없고 겨울철 북서풍에 노출되는 지역
④ 지형이 낮고 배수가 불량한 지역

해설
안개 및 서리는 주로 지형이 낮고 배수가 불량한 지역에서 발생한다. 이러한 지역에서는 기온이 낮아지고 공기 중 수증기가 응결되면서 안개가 형성되기 쉽고, 기온이 더 떨어지면 서리가 발생한다.

38 다음 중 최대일률에 대한 설명으로 옳은 것은?

① 평균체재시간을 고려한 이용자 비율
② 연중 사람이 가장 많이 이용하는 날의 이용자수
③ 연간 이용자수에 대한 최대일이용자수의 비율
④ 하루 중 가장 많이 이용하는 시간의 이용자수의 비율

해설
최대일률은 연간 이용자수에 대한 최대일(가장 많이 이용한 하루)이용자수의 비율을 의미한다. 이는 연중 어느 날 가장 많은 사람이 이용했는지를 기준으로 하여 시설의 수용력이나 이용 패턴을 분석하는 데 사용된다.

39 경관의 변화 요인(variable factors)에 해당하는 것은?

① 질감
② 색채
③ 선
④ 시간

해설

경관의 변화 요인 중 시간은 계절의 변화, 시간대에 따른 햇빛의 변화 등 경관이 시간에 따라 변동하는 중요한 요소이다. 시간에 따라 경관은 다른 분위기와 시각적 특성을 가지게 된다.

40 Berlyne의 미적 반응과정을 순서대로 맞게 나열할 것은?

① 환경적 자극 → 자극선택 → 자극해석 → 자극탐구 → 반응
② 환경적 자극 → 자극탐구 → 자극해석 → 자극선택 → 반응
③ 환경적 자극 → 자극선택 → 자극탐구 → 자극해석 → 반응
④ 환경적 자극 → 자극탐구 → 자극선택 → 자극해석 → 반응

해설

Berlyne의 미적 반응과정

환경적 자극을 받은 후 이를 탐구하고 선택한 다음 자극을 해석하며 이러한 과정이 끝난 후 반응이 나타나게 된다. 이는 인간이 환경에서 시각적 자극을 인식하고 그에 대한 반응을 형성하는 과정을 설명한다.

제3과목 조경설계

41 다음 중 시방서에 대한 설명으로 틀린 것은?

① 의미전달이 잘 되게 작성해야 한다.
② 설계도나 계산서만으로 표시할 수 없는 사항을 문서로 작성한 것이다.
③ 표준시방서는 시설물별 전문시방서를 기본으로 한다.
④ 작성하는 사람은 설계·시공재료 등 공사 전반에 걸쳐 풍부한 경험과 지식이 있어야 한다.

해설

표준시방서는 일반적으로 다양한 공사에 적용할 수 있도록 작성된 문서로, 특정 시설물별로 작성된 전문시방서를 기본으로 하는 것은 아니다. 표준시방서는 기본적인 지침과 기준을 제공하며, 구체적인 사항은 별도의 전문시방서를 통해 상세히 기술된다.

42 어두운 곳에서 빛의 파장이 긴 적색이나 황색은 희미하게, 파장이 짧은 청색이나 녹색은 밝게 보이는 현상은?

① 잔상
② 색순응
③ 밝기의 향상성
④ 푸르키네 현상

해설

푸르키네 현상(Purkinje effect)

어두운 곳에서 파장이 긴 적색과 황색은 희미하게 보이고, 파장이 짧은 청색과 녹색은 더 밝게 보이는 현상이다. 이는 눈의 간상세포가 빛의 강도가 낮은 상황에서 더 민감하게 반응하면서 발생하는 현상이다.

43 다음 조형미의 원리 중 조화와 역학적 안정을 포함한 물리적인 여러 단위의 공간적 배치라고 정의할 수 있는 것은?

① 개성(personality)
② 율동(rhythm)
③ 균형(balance)
④ 대비(contrast)

해설

균형(balance)
물리적 요소들이 공간적으로 안정된 배치를 이루는 상태를 말하며, 이를 통해 시각적 안정을 제공한다. 균형은 대칭적이거나 비대칭적으로 이루어질 수 있으며, 각각의 요소가 조화롭게 배치되어 역학적 안정을 이루는 것이 특징이다.

44 시각적 선호(visual preference)를 결정하는 변수가 아닌 것은?

① 생태적 변수
② 물리적 변수
③ 상징적 변수
④ 개인적 변수

해설

시각적 선호는 물리적, 상징적, 개인적 변수에 의해 결정된다. 생태적 변수는 일반적으로 환경적 요인과 관련이 있지만, 시각적 선호에 직접적인 영향을 미치는 변수로 간주되지는 않는다.

45 다음 중 먼셀 색체계의 기본 10색상이 아닌 것은?

① 흰색(W)   ② 보라(P)
③ 초록(G)   ④ 주황(YR)

해설

먼셀의 색상환은 빨강, 노랑, 초록, 파랑, 보라의 5가지 기본색과 주황, 연두, 청록, 남색, 자주의 5가지 중간색을 더해서 10가지 색상으로 구성되어 있다.

46 축(軸)이 강조되는 경관에 대한 설명 중 옳지 않은 것은?

① 축은 어떠한 공간의 심리적 안정감을 줄 수도 있다.
② 축이 존재하는 경관은 장엄, 엄정하나 간혹 단조롭다.
③ 축은 부축(minor axis)이 되는 요소가 있으므로 더욱 강조된다.
④ 축은 좌우대칭의 경우에만 강조될 수 있다.

해설

축은 좌우대칭뿐만 아니라 비대칭적 경관에서도 강조될 수 있다. 시각적으로 경관의 중심을 잡아주는 역할을 하며, 대칭적인 경관 외에도 다양한 방식으로 공간의 구조와 흐름을 강화한다.

47 조경설계기준에 따른 경기장 배치에 관한 설명으로 옳지 않은 것은?

① 축구장 : 장축은 가능한 동─서로 주풍 방향과 직교시킨다.
② 테니스장 : 코트 장축의 방위는 정남─북을 기준으로 동서 5~15° 편차 내의 범위로 하며, 가능하면 코트의 장축 방향과 주풍 방향이 일치하도록 한다.
③ 배구장 : 장축을 남─북 방향으로 배치하며, 바람의 영향을 받기 때문에 주풍 방향에 수목 등의 방풍시설을 마련한다.
④ 농구장 : 농구코트의 방위는 남─북 축을 기준으로 하고, 가까이에 건축물이 있는 경우에는 사이드라인을 건축물과 직각 혹은 평행하게 배치한다.

해설

① 축구장은 동서 방향으로 배치하면 경기 중 선수들이 햇빛에 직접적으로 노출되어 불편함을 겪을 수 있으므로 장축을 남북 방향으로 주풍향과 직교시킨다.

48 포장설계와 관련한 다음 설명 중 틀린 것은?

① 콘크리트 경계블록은 KS 규정에 의해 경계블록 종류별로 적합한 휨강도와 5% 이내의 흡수율을 가진 제품이어야 한다.
② 보도용 포장은 미끄럼을 방지하면서도 걷기에 적합할 정도의 거친 면을 유지해야 한다.
③ 보도용 포장면의 횡단경사는 배수처리가 가능한 방향으로 6%를 표준으로 한다.
④ 투수성 포장인 경우에는 횡단경사를 주지 않을 수 있다.

[해설]
보도용 포장의 횡단경사는 보행자의 안전을 고려하여 2~3% 내외로 설정해야 하며, 6%는 너무 가파르기 때문에 비나 물이 흐를 때 미끄러짐 위험이 커진다. 배수처리가 용이한 경사를 유지하되, 적정한 경사도를 유지해야 한다.

49 제도에 있어서 도형의 표기 방법 중 선의 형식과 두께에 관한 설명으로 옳지 않은 것은?

① 굵은 실선은 보이는 물체의 윤곽을 나타내는 선이다.
② 굵은 파선은 보이지 않는 물체의 면들이 만나는 윤곽을 나타내는 선이다.
③ 가는 2점 쇄선은 특별한 요구 사항을 적용할 범위와 면적을 나타내는 선이다.
④ 가는 1점 쇄선은 대칭을 나타내거나 그림의 중심을 나타내는 선이다.

[해설]
② 굵은 파선은 숨겨진 부분이나 감추어진 요소를 표시하는 용도로 사용된다. 보이지 않는 물체의 면들이 만나는 윤곽을 나타내기 위해서는 가는 실선을 사용한다.

50 다음 중 계단의 조경 설계기준으로 틀린 것은?

① 높이 1m를 초과하는 계단으로서 계단 양측에 벽, 기타 이와 유사한 것이 없는 경우에는 난간을 두고, 계단의 폭이 3m를 초과하면 매 3m 이내마다 난간을 설치한다.
② 계단 폭은 연결 도로의 폭과 같거나 그 이상의 폭으로 단 높이는 18cm 이하, 단 너비는 26cm 이상으로 한다.
③ 높이 2m를 넘는 계단에서는 2m 이내마다 당해 계단의 유효폭 이상의 폭으로 너비 120cm 이상인 참을 둔다.
④ 옥외에 설치하는 계단 수는 최소 3단 이상으로 하며 재료는 콘크리트, 벽돌, 화강석이 일반적이며, 자연석이나 목재도 사용한다.

[해설]
④ 옥외에 설치하는 계단은 1단 혹은 2단으로 구성될 수 있다. 3단 이상의 계단 규정은 특정하지 않으며, 재료도 다양한 선택이 가능하다.

51 다음의 균형에 대한 설명 중 잘못된 것은?

① 대칭적 균형은 형식적 균형이며, 균형이 정적인 느낌을 자아낸다.
② 비대칭적 균형은 비형식적 균형이며, 그 변화와 대비는 시각적 흥미를 더해 준다.
③ 작고 복잡한 형은 더 크고 안정된 형에 의해 균형이 이루어진다.
④ 크고 질감을 갖고 있는 형은 작고 질감이 있는 것과 균형을 이룬다.

[해설]
큰형과 작은형 사이에 균형을 맞추려면 질감과 크기를 조합해야 하지만, 질감이 큰 요소와 작은 요소가 균형을 이루려면 비례와 시각적 무게가 잘 조화되어야 한다. 질감이 크다고 해서 반드시 작은 형과 균형을 이루는 것은 아니다.

52 다음 설명 중 틀린 것은?

① 계단의 디딤면을 s, 챌면을 h로 할 때 이들 간의 관계는 $2h + s = 60 \sim 65cm$의 비례관계가 성립된다.

② 일반적으로 경사로의 최대구배는 8.3%를 넘지 않도록 하여야 휠체어가 다닐 수 있다.

③ 보행자를 보호하기 위한 경우, 차도면에서 최소한 20cm의 높이로 경계석이 돌출되어야 한다.

④ 맨홀은 통로 본체의 안지름이 1~1.2m 정도 되게 하여 작업에 불편을 주지 않도록 해야 한다.

[해설]
③ 일반적으로 차도와 보도를 구분하기 위해 설치되는 경계석은 약 10~15cm 정도의 높이를 기준으로 한다.

53 지하배수관 매설 시 비교적 소면적인 곳에서 전 지역을 균일하게 배수하려 할 때 사용하는 방법은?

① 어골형　　② 빗살형
③ 부채형　　④ 자연형

[해설]
빗살형 배수 시스템
소면적인 지역에서 전반적으로 균일한 배수를 필요로 할 때 사용하는 방법이다. 일정한 간격으로 배열되어 효과적인 배수를 가능하게 한다.

54 우리나라의 제도통칙에서는 몇 각법으로 작도함을 원칙으로 하고 있는가?

① 제1각법　　② 제2각법
③ 제3각법　　④ 제4각법

[해설]
우리나라에서는 제3각법을 원칙으로 하여 도형을 작도한다. 제3각법은 물체를 앞면, 측면, 평면으로 나누어 투영한 후 그 결과를 도면에 표현하는 방식으로 국제적으로도 많이 사용된다.

55 등의자의 등받이 각도로 가장 적당한 것은?

① 85~95°　　② 100~110°
③ 115~120°　　④ 125~130°

[해설]
의자의 형태 및 규격
• 등받이 각도는 수평면을 기준으로 95~110°를 기준으로 하고, 휴식시간이 길어질수록 등받이 각도를 크게 한다.
• 앉음판의 높이는 34~46cm를 기준으로 하되, 어린이를 위한 의자는 낮게 할 수 있다.
• 앉음판의 폭은 38~45cm를 기준으로 한다.
• 팔걸이의 높이는 앉음판으로부터 18~25cm 기준으로 하고, 팔걸이의 폭은 3cm 이상으로 하며, 부착 각도는 수평면을 기준으로 등받이쪽으로 10~20° 낮게 설계한다.

56 다음 중 안내시설의 설계 시 검토 사항으로 가장 부적합한 것은?

① 보행자 등 이용자의 안전성을 고려한다.

② 외부 요인에 따른 변형·마모 등에 대한 유지·관리 등을 고려하여 설계한다.

③ 안내시설은 인간 감성의 회복에 기여하고 환경 친화성을 높일 수 있도록 설계한다.

④ 다양한 유형의 안내시설물이 한 장소에 설치될 필요가 있을 경우에는 각 유형별로 여러 개의 종합표지판을 나누어 배치한다.

[해설]
④ 안내시설물이 여러 개 설치되면 혼란을 야기하므로 하나의 종합안내표지판을 설치하여 방문자가 명확하고 효율적으로 정보를 얻을 수 있도록 해야 한다.

57 일반적인 제도 용지의 규격(mm)이 틀린 것은?

① A1 : 594 × 841
② A4 : 210 × 297
③ B2 : 515 × 728
④ B5 : 257 × 364

제도 용지의 크기(mm)
• A0 용지 : 841 × 1,189
• A1 용지 : 594 × 841
• A2 용지 : 420 × 594
• A3 용지 : 297 × 420
• A4 용지 : 210 × 297
• B0 용지 : 1,030 × 1,456
• B1 용지 : 728 × 1,030
• B2 용지 : 515 × 728
• B3 용지 : 364 × 515
• B4 용지 : 257 × 364
• B5 용지 : 182 × 257

58 황금분할(golden section)에 관한 설명으로 옳지 않은 것은?

① 피보나치(Fibonacci)로 급수와 유사하다.
② 황금비의 항수는 $1+\sqrt{5}$ 또는 $\sqrt{5}$ 구형으로 작도할 수 있다.
③ 황금분할 비율 응용으로 달팽이 등의 성장곡선을 작도 할 수 있다.
④ 하나의 선분을 대소 두 개의 선으로 나눌 때 큰 것과 작은 것 길이의 비가 전체와 큰 것의 길이 비와 동일하다.

황금비는 $\dfrac{1+\sqrt{5}}{2}$ 로 표현되며, 단순히 $1+\sqrt{5}$ 나 $\sqrt{5}$ 구형으로는 황금비를 나타낼 수 없다.

59 레크리에이션 계획 시 수용력을 산정하려고 할 때 틀린 것은?

① 서비스율이란 연평균 시설의 실제이용률이라 할 수 있다.
② 유희공간을 연간 30일 개장했고 30일 동안 고르게 방문객이 왔다면 최대일률은 1이다.
③ 연 방문객수는 기후요인을 감안한 경험치를 사용하여 일방문객수와 일수를 산정하여 계산한다.
④ 1일 중 가장 방문객이 많은 시점의 방문객수의 그날의 전체방문객에 대한 비율을 회전율이라 한다.

최대일률은 연간 이용자수에 대한 최대일이용자수의 비율이다. 유희공간이 연간 30일 개장했고 그 30일 동안 고르게 방문객이 왔다면 최대일률이 1이 될 수는 없다.

60 조경설계 기준상 디딤돌(징검돌) 놓기 설계 시 옳지 않은 것은?

① 보행에 적합하도록 지면과 수평으로 배치한다.
② 디딤돌 및 징검돌의 장축은 진행방향에 평행이 되도록 배치한다.
③ 디딤돌은 2연석, 3연석, 2·3연석, 3·4연석 놓기를 기본으로 한다.
④ 정원을 제의한 배치 간격은 어린이와 어른의 보폭을 고려하여 결정하되, 일반적으로 40~70cm로 하며 돌과 돌 사이의 간격이 8~10cm 정도가 되도록 배치한다.

디딤돌 및 징검돌의 장축은 보행의 편의성을 위해 일반적으로 진행방향에 수직으로 배치하는 것이 적합하다. 장축이 평행으로 놓이면 발을 올릴 때 불편할 수 있어 보행 안전에 영향을 줄 수 있다.

61 *Euonymus fortunei* var. *radicans*은 어떤 나무의 학명인가?

① 사철나무   ② 줄사철나무
③ 노박덩굴   ④ 참빗살나무

해설
줄사철나무의 학명은 *Euonymus fortunei* var. *radicans*이며, 상록활엽관목으로 일 년 내내 잎이 녹색으로 변하지 않는다.

62 보도에서 1m 정도 낮은 평면에 기하학적 모양으로 조성한 화단은 무엇인가?

① 기식화단   ② 침상화단
③ 리본화단   ④ 카펫화단

해설
침상화단(bed flower)
보도나 도로변에서 1m 정도 낮은 위치에 기하학적인 모양으로 조성되는 경우가 많으며, 이런 화단은 주로 다양한 꽃과 식물을 배치하여 경관을 개선하고 장식적 효과를 높인다.

63 다음 중 속명(屬名)이 *Trachelospermum* 이고, 영명이 Chinese Jasmine이며, 한자명이 백화등(白花藤)인 것은?

① 으아리   ② 마삭줄
③ 인동덩굴   ④ 줄사철

해설
마삭줄(*Trachelospermum asiaticum*)
마삭나무라고도 하며 길이가 5m 정도이다. 줄기에서 뿌리가 내려 다른 물체에 붙어 올라가고 적갈색을 띤다. 잎은 마주나고 타원형 또는 달걀 모양이며 표면은 짙은 녹색이고 윤기가 있으며, 뒷면은 털이 있거나 없고 가장자리는 밋밋하다.

64 다음 중 자연풍경식의 식재 수법으로 많이 이용되는 형식은?

① 정삼각형식
② 이등변삼각형식
③ 일직선의 3본형형식
④ 부등변삼각형식

해설
자연풍경식의 식재 수법은 일반적으로 부등변삼각형식을 사용하여 식물을 배치한다. 이는 자연스러운 풍경을 재현하기 위해, 규칙적인 배열을 피하고 불규칙한 형태로 식재하는 것이 특징이다.

65 다음 중 자귀나무에 대한 설명으로 틀린 것은?

① 학명은 *Albizia julibrissin* Durazz.이다.
② 삽목, 접목을 통해서 번식한다.
③ 잎은 어긋나기하며, 짝수 2회 깃모양겹잎이다.
④ 열매는 길이 15cm 정도의 편평한 협과에 5~6개 정도의 종자가 들어 있다.

해설
② 자귀나무는 주로 종자나 삽목을 통해 번식한다.

66 다음 중 붉은색 단풍이 드는 수종은?

① *Euonymus alatus* Siebold
② *Acer mono* var. *savatieri* Nakai
③ *Morus bombycis* Koidz. var. *bombycis*
④ *Cryptomeria japonica* D. Dom

해설
① 화살나무(*Euonymus alatus* Siebold)는 가을철에 붉은 단풍이 드는 수종이다. 다른 수종들은 단풍이 들더라도 붉은색이 아닌 다른 색을 띠거나, 상록성인 경우가 많다.
② 왕고로쇠나무
③ 산뽕나무
④ 삼나무

61 ② 62 ② 63 ② 64 ④ 65 ② 66 ① 정답

67 은행나무(*Ginkgo biloba* L.)의 특징으로 틀린 것은?

① 은행나무과(科)이다.
② 낙엽침엽교목이다.
③ 암수한그루이고 꽃은 5월경에 핀다.
④ 회백색의 나무껍질은 세로로 깊이 갈라진다.

해설
은행나무
- 가로수, 정원수로 식재하는 낙엽큰키나무로 높이 60m, 지름 4m 정도까지 자란다.
- 나무껍질은 회색으로 두껍고 코르크질이며 균열이 생긴다.
- 잎은 부채꼴이며 중앙에서 2개로 갈라지지만 갈라지지 않는 것과 2개 이상 갈라지는 것도 있다.
- 긴 가지에 달리는 잎은 뭉쳐나고 짧은가지에서는 모여난다.
- 잎맥은 2갈래로 연속해서 갈라진다.
- 암수딴그루이며, 4월에 수분한다.

68 옥상정원(屋上庭園)의 계획 시 우선적으로 고려해야 할 내용이 아닌 것은?

① 토양, 수목의 무게 등 하중의 계산
② 관수와 배수 그리고 방수관계
③ 전체 건물의 건축계획, 구조계획, 기계설비 계획과의 상호 연관성
④ 도시환경 및 기후조절 문제에의 기여성

해설
옥상정원 설계 시 우선적으로 고려해야 할 부분은 구조적 안전성으로 하중, 배수, 방수 등 건물 구조와의 연관성이 매우 중요하다. 도시환경 및 기후조절 문제는 옥상정원의 부차적인 효과일 수는 있지만, 설계의 주요 고려 사항은 아니다.

69 잎이 2개씩 속생하는 수종은?

① 리기다소나무(*Pinus rigida*)
② 스트로브잣나무(*Pinus strobus*)
③ 백송(*Pinus bungeana*)
④ 반송(*Pinus densiflora* for. *multicaulis*)

해설
반송(*Pinus densiflora* for. *multicaulis*)은 잎이 2개씩 속생하는 소나무의 한 종류이다. 다른 선택지에 있는 수종들은 각각의 특징에 따라 잎이 다르게 배열되며, 잎이 2개씩 속생하는 특징을 보이지 않는다.

70 다음 중 천근성 수종으로 옳은 것은?

① 느티나무
② 아까시나무
③ 곰솔
④ 팽나무

해설
아까시나무
천근성(淺根性) 수종으로 뿌리가 지표면 가까이에 발달하는 특징을 보인다. 강풍에 약할 수 있으며 특히 건조하거나 물 부족 상태에 민감하다.
① · ③ · ④ 느티나무, 곰솔, 팽나무는 깊이 뿌리를 내리는 심근성 수종이다.

71 다음 중 천이의 순서가 올바르게 나열된 것은?

① 나지 → 1년생 초본 → 다년생 초본 → 양수 관목림 → 양수교목림 → 음수교목림
② 나지 → 1년생 초본 → 다년생 초본 → 음수 교목림 → 양수관목림 → 양수교목림
③ 나지 → 1년생 초본 → 다년생 초본 → 양수 교목림 → 양수관목림 → 음수교목림
④ 나지 → 다년생 초본 → 1년생 초본 → 양수 관목림 → 양수교목림 → 음수교목림

해설
군집의 천이
긴 세월을 걸쳐서 군집을 구성하는 생물 종류와 수가 변화하는 것을 말하며 천이의 과정은 나지에서 시작해 1년생 초본 → 다년생 초본 → 양수관목림 → 양수교목림 → 음수교목림 순으로 진행된다.

72 우리나라의 경토(耕土)와 산림토양의 일반적인 산도(pH) 범위는?

① 4.5 미만
② 4.5~6.5
③ 6.6~8.0
④ 8.1~9.0

해설
우리나라 토양은 강산성으로 산림은 pH 4.5~6.5 정도이고, 밭토양은 pH 5.0~6.5 정도이다.

73 방풍림 조성에 관한 설명 중 틀린 것은?

① 주풍과 직각이 되는 방향으로 정삼각형 식재에 의한 수림을 조성한다.
② 수림의 밀폐도가 80% 이상이 되면 풍하 쪽의 흡인 선풍과 난기류는 줄어든다.
③ 수림대의 길이는 수고의 12배 이상이 필요하다.
④ 수림의 밀폐도는 50~70% 정도가 방풍 효과의 범위를 넓힌다.

해설
수림의 밀폐도가 80% 이상이 되면 오히려 바람의 흐름이 차단되어 풍하 쪽에서 흡인 효과와 난기류가 증가할 수 있다. 방풍 효과를 극대화하려면 50~70% 정도의 밀폐도를 유지하는 것이 가장 적절하며, 바람을 적절히 분산시켜야 한다.

74 백색의 꽃을 볼 수 있는 수종으로 짝지어진 것은?

① 미선나무, 쥐똥나무
② 매자나무, 박태기나무
③ 자귀나무, 죽도화
④ 명자나무, 모감주나무

해설
• 미선나무의 꽃은 이른 봄에 피며, 흰색 또는 연한 분홍색을 띤다. 모양은 벚꽃과 비슷하며 작은 송이처럼 가지에 풍성하게 피어난다.
• 쥐똥나무는 여름에 작고 하얀 꽃이 모여서 피며, 향기가 강한 편이다.

75 생태적인 도시로 나아가기 위한 기본 원리에 대한 설명 중 옳지 않은 것은?

① 토지이용 시 전체토지에 대한 단순한 이용성을 갖도록 한다.
② 한 가지 토지이용패턴이 지속되어온 공간을 우선적으로 보호한다.
③ 동식물 개체군의 고립 효과를 줄이기 위하여 추가적인 녹지공간 확보를 통하여 연결성을 증대시킨다.
④ 고밀도 개발지역에서는 벽면녹화 및 옥상녹화를 통하여 동식물 서식공간으로 조성하여 이를 기능적으로 연결한다.

해설
① 생태적 도시는 토지이용을 단순한 방식으로만 접근하지 않고, 다양한 기능적 공간으로 나누어 활용하며 생물다양성과 생태적 기능을 극대화하는 것을 목표로 한다.

76 영양번식에 의한 잔디밭 조성에 대한 설명 중 맞는 것은?

① 조성공사에 시간적 제한이 거의 없으나 비용이 많이 들고 공사기간이 비교적 길다.
② 급경사지뿐만 아니라 암반지역에서도 50% 이상의 피복이 가능하다.
③ 세밀한 관리가 필요하며 한정된 시기에만 공사가 가능하다.
④ 주로 불량토질에 사용되는 방법이며 잔디의 피복 속도가 느리다.

해설
① 영양번식에 의한 잔디밭 조성은 시간이 오래 걸리고 비용이 많이 들지만 여건이 되면 언제든지 조성공사를 진행할 수 있다.

77 옥상 및 인공지반 조경에 있어서 경량토의 용도 및 특성에 대한 설명으로 적합하지 않은 것은?

① 버미큘라이트는 식재 토양층에 혼용하여 사용하며 다공질로서 보수성, 통기성, 투수성이 좋다.
② 화산자갈은 배수층에 사용하며 화산분출암 속의 수분과 휘발성 성분이 방출된 것이다.
③ 펄라이트는 식재 토양층에 혼용하여 사용하며 염기성치환용량이 커서 보비성이 크며, 산도가 높다.
④ 석탄재는 배수층과 식재 토양층에 혼용하여 사용하며 한랭한 습지의 갈대나 이끼가 흙 속에서 탄소화된 것이다.

[해설]
펄라이트
식재 토양층에 혼합하여 사용하는 경량 소재로 투수성과 보수성을 동시에 갖추었으나 보비성이나 염기성치환용량이 크지 않으며, 산도가 높은 특징을 갖지 않는다.

78 지주의 설치가 용이하고 견고한 지지를 필요로 하는 장소에 사용하지만, 설치면적을 많이 차지하여 통행에 불편을 주는 단점도 있는 지주의 종류는?

① 단각지주   ② 삼각지주
③ 당김줄형지주   ④ 삼발이지주

[해설]
삼발이지주
세 개의 다리가 지면에 닿아 견고한 지지를 제공하지만 설치면적이 커서 통행에 불편을 줄 수 있는 단점이 있다. 주로 수목을 안정적으로 지지할 때 사용하며 바람이 강하게 부는 곳에서 유리하다.

79 수목을 이식할 때 고려할 사항 중 틀린 것은?

① 수목 지상부의 지엽 일부를 전지하여 과도한 증산작용을 억제한다.
② 자른 부위는 방부처리하여 부패를 방지한다.
③ 잔뿌리는 제거하더라도 굵은 뿌리는 가능한 훼손을 적게 한다.
④ 대형목을 이식할 경우 여유를 두고 미리 뿌리돌림을 하는 것이 좋다.

[해설]
수목을 이식할 때 잔뿌리는 식물의 수분과 영양 흡수에 중요한 역할을 하므로, 가능한 한 보존해야 한다. 잔뿌리를 제거하는 것은 이식 후 활착을 어렵게 만들 수 있다.

80 다음 토목공사 시 주의해야 할 사항들 중 특히 식재를 위해 가장 필요한 것은?

① 절토와 성토 시 토량(土量)을 균형되게 하도록 한다.
② 배수시설의 위치를 정확히 파악하도록 한다.
③ 표토(表土)는 반드시 한곳에 모아둔다.
④ 주변지역의 표고(表高)와 균형이 이루어지도록 한다.

[해설]
토목공사에서 표토는 식물의 생육에 매우 중요한 역할을 하므로 표토를 한곳에 모아두었다가 공사 후 다시 사용하는 것이 필요하다.

81 배수계통 중 지형이 한 방향으로 집중되어 경사를 이루거나 하수처리 관계상 하수를 한 방향으로 유도시킬 때 이용되는 것은?

① 차집식(intercepting system)

② 선형식(fan system)

③ 방사식(radial system)

④ 직각식(rectangular system)

[해설]

배수계통

• 직각식 : 도시 중앙에 큰 강이 흐를 때나 해안을 따라 개발된 도시에서 하수가 강이나 바다에 직각으로 연결되는 하수관거에 의하여 배출시키는 형식이다.

• 차집식 : 토구가 많은 직각식의 결점을 보완한 방법으로 하천을 따라서 차집거를 설치하여 간선하수거로 유한한 하수를 차집거에서 집수하여 하수종말처리장으로 유하되도록 하는 형식이다.

• 선형식 : 지형이 한 방면으로 규칙적으로 경사를 이루거나 혹은 하수처리 관계상 전지역의 하수를 한 개의 한정된 장소로 집수시킬 경우에 그 배수계통을 나뭇가지 형태로 배치하는 형식이다.

• 방사식 : 지역이 방대해서 하수를 한 장소에 모으기가 곤란할 때 배수지역을 여러 개로 구분해서 중앙부터 방사형으로 배관하고 각 장소별로 처분하는 방식이다.

• 평형식(고저식) : 지형상 고지대와 저지대가 공존할 때 고지대는 자연유하에 의하고 저지대는 펌프배수 등의 각각 적합한 방법으로 처리장까지 하수를 유입시키는 방법이다.

82 표준품셈을 적용하여 기계화 시공으로 식재공사를 할 경우 지주목을 세우지 않을 때는 인력품의 몇 %를 감하는가?

① 3% ② 5%

③ 10% ④ 20%

[해설]

지주목을 세우지 않을 경우, 인력품의 20%를 감한다. 지주목을 세우는 작업은 수목의 안정성 확보와 바람에 대한 저항을 높이는 역할을 하며 이를 생략하면 전체 시공 인력 및 비용이 줄어들게 된다.

83 철근콘크리트 구조로서 단면적의 형태를 취하여 구조체의 부피가 상대적으로 적어 자중이 줄어든 만큼 옹벽 배면의 기초 저판 위의 흙 무게를 보강하여 안정성을 높인 옹벽의 형태는?

① 중력식 ② 캔틸레버식

③ 부축벽식 ④ 조립식

[해설]

캔틸레버식 옹벽은 철근콘크리트 구조로서 자중이 적고 옹벽의 배면에 흙의 무게를 이용하여 구조적 안정성을 유지한다. 경사면에서 많이 사용하며 상대적으로 자재와 비용이 적게 들어 경제적이다.

84 다음 중 건설재료로 이용되는 대리석의 특징 설명으로 옳지 않은 것은?

① 열에 약하다.

② 내산성이 강하다.

③ 내장용으로 많이 쓰인다.

④ 석질이 치밀하고 무늬가 아름답다.

[해설]

대리석은 주성분이 탄산칼슘($CaCO_3$)이므로 산에 약하다. 산에 노출되면 쉽게 부식되거나 표면이 손상될 수 있다.

85 굳지 않은 콘크리트의 성질인 워커빌리티(wor-kability)에 대한 설명으로 맞는 것은?

① 워커빌리티가 좋으면 재료 분리 현상이 일어난다.
② 슬럼프 테스트를 하여 워커빌리티를 판단한다.
③ 골재의 입형이 둥글수록 워커빌리티가 나빠진다.
④ 굵은 골재가 많을수록 워커빌리티가 좋아진다.

해설
슬럼프 테스트는 굳지 않은 콘크리트의 워커빌리티를 측정하는 방법이다. 워커빌리티는 콘크리트가 시공되는 과정에서 다루기 쉽고 성형하기 좋은 정도를 의미하며 슬럼프값이 높을수록 유동성이 크고 다루기 쉽다.

87 골재의 함수상태에 관한 설명으로 옳지 않은 것은?

① 공기 중 건조상태 : 실내에 방치한 경우 골재입자의 표면과 내부의 일부가 건조한 상태
② 습윤상태 : 골재입자의 내부에 물이 채워져 있고, 표면에도 물이 부착되어 있는 상태
③ 절대건조상태 : 대기 중에서 골재의 표면이 완전히 건조된 상태
④ 표면건조포화상태 : 골재입자의 표면에 물은 없으나 내부의 공극에는 물이 꽉 차 있는 상태

해설
③ 절대건조상태는 대기 중에서 골재의 표면부터 내부까지 완전히 건조된 상태를 의미한다.

86 다음 등고선의 성질 설명으로 옳지 않은 것은?

① 결코 분리되지 않으나 양편으로 서로 같은 숫자가 기록된 두 등고선을 때때로 볼 수 있다.
② 요(凹)경사에서 낮은 등고선은 높은 곳보다 더 좁은 간격으로 증가한다.
③ 산령과 계곡이 만나 이들의 등고선을 서로 쌍곡선을 이룰 것과 같은 부분은 안부, 즉 고개라 한다.
④ 높은 방향으로 산형의 곡선을 이루는 경우는 계속을 나타내고, 이와 반대인 경우에는 산령을 나타낸다.

해설
요(凹)경사에서 낮은 등고선은 더 넓은 간격으로 표시된다. 등고선의 간격은 지형의 경사를 나타내며, 경사가 가파를수록 간격이 좁아지고, 경사가 완만한 지역에서는 간격이 넓어진다.

88 포틀랜드 시멘트 클링커에 철용광로로부터 나온 슬래그와 급랭한 급랭슬래그를 혼합하여 이에 응결시간 조정용 석고를 혼합하여 분쇄한 것으로 수화열량이 적어 매스콘크리트용으로도 사용할 수 있는 시멘트는?

① 고로 시멘트
② 조강 시멘트
③ 보통 포틀랜드 시멘트
④ 알루미나 시멘트

해설
고로 시멘트
포틀랜드 시멘트 클링커와 철 용광로에서 나온 슬래그를 혼합한 시멘트로 수화열이 낮고, 매스콘크리트(대형 구조물) 시공에 적합하다. 급랭한 슬래그는 시멘트의 강도와 내구성을 높이는 역할을 한다.

89 견치돌 사이에 모르타르를 다져 넣고, 뒷채움 돌에도 콘크리트를 채워 넣는 석축 시공법을 무엇이라 하는가?

① 건쌓기　　　　② 메쌓기
③ 찰쌓기　　　　④ 층지어쌓기

찰쌓기
견치돌 사이에 모르타르를 다져 넣고, 뒤쪽에 콘크리트를 채워 넣어 구조적 안정성을 높이는 석축 시공 방식으로 뒷채움을 할 때에는 조약돌을 쓰는 경우도 있다.

90 토사를 파내는 형식으로 깊은 흙파기용, 흙막이의 버팀대가 있어 좁은 곳, 케이슨(caisson) 내의 굴착 등에 적합한 장비는?

① 드래그셔블(drag shovel)
② 클램셸(clam shell)
③ 드래그라인(drag line)
④ 앵글도저(angle dozer)

클램셸(clam shell)
케이슨이나 깊은 굴착을 위한 토사 파내기용 장비로 버킷이 조개껍질처럼 열리고 닫혀 흙을 파낸다. 좁은 공간에서도 효율적으로 작업할 수 있어 깊은 흙파기용으로 적합하다.

91 네트워크(network)에 의한 종합관리가 이루어지며 작업의 선후관계가 명확하게 이루어지는 공정표는?

① GANTT chart　　② Bar chart
③ PERT/CPM　　　④ 산점도

PERT/CPM
작업의 선후관계를 명확하게 나타내는 네트워크 공정표로 복잡한 프로젝트에서 작업 간의 관계와 일정 관리에 사용된다. 작업의 순서를 시각적으로 보여주고 프로젝트의 중요한 경로를 파악하는 데 유용하다.

92 다음 합성수지 중 열경화성 수지에 해당하는 것은?

① 푸란수지
② 셀룰로이드
③ 초산비닐수지
④ 폴리아미드수지

푸란수지는 열경화성 수지의 한 종류로 한 번 경화되면 열을 가해도 다시 녹지 않는 특징이 있어 내열성·내화학성이 중요한 분야에 사용된다.
②·③·④ 셀룰로이드, 초산비닐수지, 폴리아미드수지는 열가소성 수지로 열을 가하면 연화 또는 용융 가능하다.

93 다음 중 벽돌쌓기에 관한 설명으로 틀린 것은?

① 벽돌구조는 수직압력에는 강하나 횡압력에는 약하다.
② 쌓기용 모르타르는 1 : 3의 조합이 보통이다.
③ 일반적으로 1일의 쌓기는 2.0m 이내로 한다.
④ 벽돌벽은 어느 부분이든 균일한 높이로 쌓아올라간다.

하루 쌓기 높이는 1.2m(18켜 정도)를 표준으로 하고, 최대 1.5m(22켜 정도) 이내로 한다. 2.0m 이상을 쌓으면 모르타르의 강도가 충분히 발현되기 전에 위층이 무게로 인해 아래층을 압박해 균열이 발생할 수 있다.

94 재료의 역학적 성질 중에서 취성(脆性)이 가장 큰 재료는?

① 유리 ② 고무
③ 강철 ④ 화강암

해설

유리는 매우 취성이 큰 재료로, 충격을 받으면 쉽게 깨진다. 반면 고무는 매우 유연하고, 강철과 화강암은 강도와 내구성이 뛰어나 상대적으로 취성이 낮다.

95 서중콘크리트에 대한 설명으로 옳은 것은?

① 장기강도의 증진이 크다.
② 워커빌리티가 일정하게 유지된다.
③ 콜드조인트가 쉽게 발생하지 않는다.
④ 동일 슬럼프를 얻기 위한 단위수량이 많아진다.

해설

서중콘크리트(고온 상태에서 타설되는 콘크리트)는 수분 증발이 빠르기 때문에 동일한 슬럼프 값을 얻기 위해 더 많은 물을 필요로 한다. 그러나 과도한 수분은 콘크리트의 강도 저하를 초래할 수 있으므로 적절한 조절이 필요하다.

96 자금력과 신용 등에서 적합하다고 인정되는 3~7개의 특정 회사를 선정하여 입찰시키는 방법은?

① 일반경쟁입찰
② 지명경쟁입찰
③ 제한경쟁입찰
④ 특명경쟁입찰

해설

지명경쟁입찰은 발주자가 일정한 기준을 충족하는 몇몇 회사를 미리 선정해 입찰에 참여하게 하는 방식이다. 자금력과 신용이 검증된 회사를 대상으로 진행되며, 공사의 품질과 신뢰성을 높이는 데 유리하다.

97 다음 석재에 관한 설명 중 옳지 않은 것은?

① 점판암은 층상으로 되어 있어 박판 채취가 가능하다.
② 화강암은 석질이 견고하고 대형 석재가 가능하나 내구성이 약하다.
③ 안산암은 성분과 성질이 복잡·다양하나 보통 판상절리를 나타낸다.
④ 대리석은 석회석이 변하여 결정화된 것으로 치밀한 결정체이다.

해설

화강암은 견고하고 오랜 시간 동안 마모되지 않는 내구성이 매우 뛰어난 석재로, 건축과 조경에서 오랫동안 사용되고 있다.

98 다음 원가계산을 위한 공사비를 구성하는 항목에 대한 설명 중 틀린 것은?

① 공사비를 구성하는 항목은 재료비, 노무비, 경비, 일반관리비, 이윤과 세금으로 구성된다.
② 순공사원가는 재료비, 노무비와 경비로 구성된다.
③ 노무비는 직접노무비와 간접노무비로 구성된다.
④ 안전관리비는 일반관리비 항목에 구성된다.

해설

안전관리비는 공사비에 별도로 책정되는 항목이며, 일반관리비에 포함되지 않는다.

99 다음 중 굳지 않은 콘크리트의 성질이 아닌 것은?

① 블리딩(bleeding)
② 성형성(plasticity)
③ 반죽질기(consistency)
④ 워커빌리티(workability)

블리딩은 굳지 않은 콘크리트에서 물이 표면으로 올라오는 현상으로 일반적으로 바람직하지 않은 현상이다.

100 동결된 지반이 해빙기에 융해되면서 얼음 렌즈가 녹은 물이 빨리 배수되지 않으면 흙의 함수비는 원래보다 훨씬 큰 값이 되어 지반의 강도가 감소하게 되는데, 이러한 현상을 무엇이라 하는가?

① 동상현상
② 연화현상
③ 분사현상
④ 모세관현상

연화현상은 동결된 지반이 해빙되면서 얼음이 녹은 후 물이 빠져나가지 못해 지반의 함수비가 증가하고, 그 결과 지반의 강도가 감소하는 현상이다.

제6과목 **조경관리론**

101 지주목 관리에 관한 설명 중 옳지 않은 것은?

① 결속 끈은 탄력성이 있는 것으로 하고, 일정한 주기로 고쳐 묶기를 해야 한다.
② 가로수 지주목의 횡목(橫木)은 차도와 평행하게 설치하는 것이 좋다.
③ 지주목 자체도 통일미와 반복미를 가지므로 재료와 규격을 통일하는 것이 좋다.
④ 인공지반에 식재하는 수고 1.2m 이상의 수목은 활착 및 지반의 안정을 위해 1년 후 지지시설을 철거하여야 한다.

④ 지지시설은 보통 최소 2년 이상 유지하여 수목이 충분히 활착할 수 있도록 해야 한다.

102 콘크리트 포장의 보수를 위한 패칭(patching) 공법의 시공 내용으로 가장 부적합한 것은?

① 포장의 파손부분을 쓸어낸다.
② 깨끗이 쓸어낸 뒤 텍코팅한다.
③ 슬래브 및 노반의 면 고르기를 한다.
④ 필요기간 동안 충분한 양생작업을 한다.

② 텍코팅은 아스팔트 포장 보수에 사용하는 공법으로 콘크리트 패칭 공법에는 적용되지 않는다. 콘크리트 포장의 패칭 공법은 파손된 부분을 정리하고 새 콘크리트를 부어 양생하는 과정이 포함된다.

103 안전사고 발생 시 사고처리 요령 중 가장 먼저 해야 할 일은?

① 사고자의 구호
② 관계자에게 통보
③ 사고책임의 명확화
④ 사고 상황의 파악·기록

해설

안전사고가 발생했을 때 가장 먼저 해야 할 일은 사고자의 구호이다. 사고자의 상태를 확인하고 즉각적인 응급처치를 제공한 후, 관계자에게 통보하고 사고의 경위를 파악해야 한다.

104 콘크리트 옹벽이 앞으로 넘어질 우려가 있을 때 일반적으로 시행하는 공법이 아닌 것은?

① PC앵커 공법
② 압성토 공법
③ 전면 부벽식 옹벽 공법
④ 실링 공법

해설

실링 공법은 건물의 틈새를 메우는 작업으로 옹벽의 안정성과는 관련이 없다. 옹벽이 앞으로 넘어질 우려가 있을 때는 앵커 공법이나 압성토 공법 등을 사용해 구조적 보강을 해야 한다.

105 다음 중 파이토플라스마(phytoplasma)에 의해 발생되는 수목병이 아닌 것은?

① 철쭉류 떡병
② 뽕나무 오갈병
③ 대추나무 빗자루병
④ 오동나무 빗자루병

해설

철쭉류 떡병은 파이토플라스마에 의한 병이 아닌 곰팡이류에 의해 발생하는 병이다.
※ 파이토플라스마에 의해 발생하는 대표적인 수목병 : 대추나무·오동나무 빗자루병, 뽕나무 오갈병 등

106 엽면시비의 설명으로 옳지 않은 것은?

① 뿌리를 통한 흡수보다 빠르다.
② 계면활성제를 섞어 시비하면 흡수가 좋아진다.
③ 처리 농도가 높을수록 흡수가 많아져 생육에 도움이 된다.
④ 특정 시비물질은 화학적 형태의 변화 없이 바로 흡수된다.

해설

적절한 농도를 유지해야 효과가 있으며, 처리 농도가 너무 높으면 독성이 생겨 식물의 생육을 방해할 수 있다.

107 다음 중 수목이 필요로 하는 무기양료의 종류와 기능 중 붕소(B)에 해당하는 것은?

① 요소(urea) 분해 효소의 구성성분이다.
② 화분관의 생장 및 핵산과 섬유소 합성에 관여한다.
③ 엽록소의 합성에 필수적이고, 효소의 활성제, 광합성이 물의 광분해를 촉진한다.
④ 세포벽의 구성성분으로 원형질막의 정상적인 기능에 관여하며 효소의 활성제로 이용된다.

해설

붕소(B)
화분관의 생장고· 핵산 및 섬유소 합성에 관여하며 수목의 성장과 생식 과정에 중요한 역할을 한다. 특히 꽃과 과일의 성장을 촉진하는 데 필수적이다.

108 표면 배수시설 중 측구(側溝)에 관한 설명으로 옳지 않은 것은?

① 토사 측구는 단면 및 저면구배를 일정하게 유지한다.
② 토사 측구의 침식이나 퇴적이 현저한 지점은 필요에 따라 콘크리트 측구로 개조하는 것이 필요하다.
③ 콘크리트 측구는 측벽 주위의 토압에 눌려 넘어지거나 파손되는 경우가 많다.
④ 제품(concrete precast)으로 된 측구는 연결 이음새의 결함이 적어 보편적으로 사용된다.

해설
제품 콘크리트 측구는 이음새에서 결함이 생기기 쉽고, 현장에서 맞춤 제작된 측구에 비해 내구성이 떨어질 수 있다. 이음새는 배수시설의 취약한 부분이 될 수 있으므로 관리가 필요하다.

110 노거수의 뿌리 관리에 관한 설명 중 옳지 않은 것은?

① 기존 수목(주변에 성토가 불가피할 때)을 보호하고 산소 공급을 원활하게 하기 위하여 나무 우물을 만들어 준다.
② 도로 개설공사로 장저 작업 후 기존 지면의 뿌리가 노출될 경우 돌옹벽을 쌓아서 보호한다.
③ 도로 개설 시 노거수를 보호하기 위하여 줄기 둘레에 가까이 콘크리트 포장을 하도록 한다.
④ 주변에 사람이 모일 것이 예상되면 수목 뿌리 보호판을 설치하여야 한다.

해설
③ 콘크리트는 뿌리의 호흡과 물의 흡수를 방해할 수 있으므로 노거수 주변에는 투수성이 좋은 자재를 사용하는 것이 적합하다.

109 다음 중 한국잔디의 설명으로 옳지 않은 것은?

① 생육적온은 10~20℃ 정도이다.
② 한국 원산의 숙근초로서 보통 들잔디라고 부른다.
③ 완전포복경으로 지하경이 왕성하게 뻗어 옆으로 기는 성질이 강하다.
④ 5~6월에 개화하며, 6~7월에 결실하고, 지상부는 늦가을에 생육이 정지되면서 고사한다.

해설
① 한국잔디의 생육적온은 약 25~30℃로, 여름철에 잘 자라는 특징을 보인다.

111 다음 일반적인 수목의 가지치기 내용 중 옳지 않은 것은?

① 늘어지거나 가지끼리 교차되어 미관상 좋지 않은 가지는 반드시 가지치기를 해야 한다.
② 가지치기는 낙엽 후부터 이른 봄 새싹이 트기 전에 실시하는 것을 원칙으로 하되, 상록 활엽수는 절단면의 동해 방지를 위해 겨울철에는 실시하지 않는다.
③ 당년에 나온 가지에 개화하는 수종은 일반적으로 여름에 가지치기를 실시한다.
④ 가지 중간을 자를 때에는 잠아를 유도하기 위한 경우를 제외하고 일반적으로 발아 육성하고자 하는 눈 위에서 가지치기를 한다.

해설
③ 당년에 나온 가지에 개화하는 수종의 경우 여름철 가지치기는 새로운 성장을 방해할 수 있으므로 겨울철이나 성장이 멈춘 후 가지치기를 실시한다.

112 수목병과 매개충이 바르게 짝지어지지 않은 것은?

① 대추나무 빗자루병 – 담배장님노린재
② 오동나무 빗자루병 – 담배장님노린재
③ 쥐똥나무 빗자루병 – 마름무늬매미충
④ 느릅나무 시들음병 – 나무좀

해설
① 대추나무 빗자루병은 마름무늬매미충에 의해 충매전염된다.

113 교차보호(cross protection)란 무엇인가?

① 살균제를 이용하여 해충을 방제하는 것
② 살균제와 살충제를 혼용하여 병과 해충을 동시에 방제하는 것
③ 동일한 영농집단 내에서 병방제, 해충방제 등으로 업무를 분담하는 것
④ 약독 계통의 바이러스를 이용하여 강독 계통의 바이러스 감염을 예방하는 것

해설
교차보호(cross protection)
약독 계통의 바이러스를 미리 감염시켜 강독 계통의 바이러스 감염을 막는 예방적 방제 방법으로 식물 바이러스 병에 대한 저항성을 키우는 데 효과적이다.

114 무궁화, 모과나무 등에 많은 피해를 주는 진딧물을 방제하기 위하여 다음 중 무슨 농약을 살포하여야 하는가?

① 만코제브 스화제
② 티오파네이트메틸 수화제
③ 데메톤–에스–메틸 유제
④ 글리포세이트 액제

해설
③ 데메톤–에스–메틸 유제 : 진딧물 방제 약제
①·② 만코제브 수화제, 티오파네이트메틸 수화제 : 곰팡이병 방제 약제
④ 글리포세이트 액제 : 제초제

115 시멘트 창고의 관리 설명 중 틀린 것은?

① 창고의 창은 환기창과 채광창을 설치해야 한다.
② 창고의 반입구와 반출구를 따로 두고 내부 통로를 고려하여 넓이를 정한다.
③ 시멘트 반입한 순서대로 사용한다.
④ 시멘트를 쌓을 때 바닥으로부터 일정한 높이를 띄워서 쌓는다.

해설
시멘트는 습기를 피해야 하므로 창고는 통풍을 잘 시키되, 습기가 차지 않도록 관리해야 하며 채광창은 설치하지 않는 것이 바람직하다.

116 병든 식물의 표면에 병원체의 병원 기관이나 번식기관이 나타나 육안으로 식별되는 것을 가리키는 것은?

① 병징　　　　　　　　② 병반
③ 표징　　　　　　　　④ 병폐

해설
③ 표징은 병원체의 병원 기관이나 번식기관이 식물의 표면에 나타나는 현상을 의미한다.
① 병징은 병에 걸린 식물에서 나타나는 증상을 말한다.
② 병반은 잎이나 줄기에 생기는 반점을 의미한다.

117 조경 해충 중 습기를 싫어하며 눈에 겨우 보일 정도의 미세한 것으로 꽁무니에서 거미줄 같은 것을 내어 잎과 어린줄기에 치며 잎은 백색으로 퇴화시키는 해충의 효과적인 방제는?

① 파라코 액제(그라목손)을 살포한다.
② 디코폴 수화제(켈센)을 살포한다.
③ 석회유황합제(이비엠액상석회)를 살포한다.
④ 디포 수화제(디프록스)를 살포한다.

해설
디코폴 수화제
거미줄 같은 것을 내며 잎을 백색으로 퇴화시키는 응애류의 해충 방제에 효과적이다.

118 다음 중 농약 사용 중 일반적인 주의사항으로 가장 거리가 먼 것은?

① 사용하다가 남은 농약은 다른 용기에 옮겨서 보관한다.
② 살포 전후 살포기를 반드시 씻는다.
③ 병뚜껑을 열 때 신체에 내용물이 묻지 않도록 주의한다.
④ 약을 뿌릴 때에는 마스크, 보안경, 고무장갑 및 방제복 등을 착용하고, 바람을 등지고 뿌려야 한다.

해설
① 사용 후 남은 농약은 규정된 방법으로 폐기하거나 기존의 용기에 보관해야 한다. 다른 용기에 옮겨서 보관하면 혼동을 일으켜 위험할 수 있다.

119 주로 토양이나 풍화토를 덮은 곳으로 붕괴 우려가 적은 비탈면 표층부의 안정을 도모할 때 적용되는 공법은?

① 구조물에 의한 보호공
② 식생공
③ 낙석방지공
④ 배수공

해설
식생공은 비탈면의 표층부를 안정화시키기 위해 식물을 이용하여 덮는 공법이다. 이 방법은 토양유실을 막고 붕괴 위험을 줄이며, 자연친화적인 방법으로 사용된다.

120 옥외 레크리에이션 자원관리에 대한 설명 중 틀린 것은?

① 경관관리는 자원관리에 포함되지 않는다.
② 자원관리는 모니터링과 프로그래밍의 2단계로 구성된다.
③ 안전관리는 잠재된 장애 요인을 제거하거나 허용한계 이하로 축소시키는 방법이다.
④ 부지관리는 자연환경의 질을 유지, 회복시키기 위해 개발된 부지를 관리하는 방법이다.

해설
경관관리는 자원관리에 포함되며 경관을 보호하고 보전하는 것은 환경적, 생태적 가치뿐 아니라 미적 가치를 제공하므로 자원관리의 중요한 요소이다.

제1과목 조경사

01 중국의 북경에 있는 원명원(圓明園)에 관한 설명 중 옳은 것은?

① 강희(康熙)황제가 꾸며 공주에게 넘겨준 것이다.
② 1860년에 침략한 일본군에 의하여 파괴되었다.
③ 원명원을 중심으로 동쪽에는 만춘원이 있고, 남동쪽에는 장춘원이 있다.
④ 뜰(園) 안에는 대 분천(噴泉)을 중심으로 하는 프랑스식 정원이 꾸며져 있다.

[해설]
원명원은 서양식 정원의 특징인 대형 분수와 프랑스식 정원이 꾸며져 있다. 이는 유럽 문화와의 교류가 활발했던 당시 청나라의 모습을 보여준다.

02 고려시대에 조영된 민간정원과 관련 인물의 연결이 잘못된 것은?

① 김치양 – 행단(杏亶)
② 기홍수 – 퇴식재(退食齋)
③ 이규보 – 이소원(理小園)
④ 최충헌 – 남산리제(男山里弟)

[해설]
행단은 조선시대 문인들이 자신의 주택이나 건물을 가리킬 때 사용한 용어이다.

03 도산서당 마당 동쪽 한구석의 못에 연(蓮)을 심고 정우당이라고 한 것은 중국 진시대의 무엇에 영향을 받았는가?

① 주렴계(周濂溪)의 애련설
② 왕희지(王羲之)의 난정고사
③ 도연명(陶淵明)의 귀거래사
④ 중장통(仲長統)의 락지론

[해설]
주렴계의 애련설
주렴계는 송나라의 철학자이고 애련설은 연꽃을 숭상하는 사상으로 도덕적 순수함과 청렴함을 연꽃에 비유한 내용으로 후대의 정원 조성에 많은 영향을 미쳤다. 연꽃은 진흙 속에서 자라지만 깨끗함을 유지하는 특성을 통해 고결함을 상징한다. 도산서당의 정우당은 이러한 사상에서 영감을 받아 연못을 조성하고 연꽃을 심었다.

04 조성시기가 빠른 것부터 순서대로 옳게 나열된 것은?

① 영양 서석지 → 대전 남간정사 → 강진 다산초당 → 서울 부암정
② 영양 서석지 → 강진 다산초당 → 대전 남간정사 → 서울 부암정
③ 대전 남간정사 → 영양 서석지 → 강진 다산초당 → 서울 부암정
④ 대전 남간정사 → 강진 다산초당 → 영양 서석지 → 서울 부암정

[해설]
• 서석지는 조선 중기의 정원으로 조선 후기 다산 정약용이 활동하기 훨씬 이전에 조성되었다.
• 대전 남간정사는 서석지보다 나중에 지어졌다.
• 다산초당은 정약용이 강진에서 은거하던 시기에 지어졌다.
• 부암정은 조선 말기에 이르러 조성된 정자이다.

[정답] 1 ④ 2 ① 3 ① 4 ①

05 연못의 형태가 잘못 연결된 것은?

① 경회루 – 방지방도
② 창덕궁 부용지 – 방지원도
③ 다산초당 – 방지원도
④ 선교장 – 방지원도

해설
④ 선교장의 활래정 연못은 방지방도의 형태이다.
※ 방지원도는 방형의 연못에 원형의 섬이 있는 형태로, 창덕궁 부용지와 다산초당이 이에 해당한다.

06 보르비콩트 정원에 대한 설명 중 옳지 않은 것은?

① 건축이 조경에 종속적인 관계를 갖고 있으며, 중심선에 대칭적인 구성이다.
② 루이 14세의 명령으로 르 노트르가 설계하였다.
③ 대규모의 단순한 수로와 화려한 자수화단으로 구성되었다.
④ 성관에 부속된 정원으로서 총림으로 둘러싸였다.

해설
보르비콩트(Vaux-le-Vicomte) 정원
프랑스의 재무관 니콜라 푸케의 명령으로 르 노트르가 설계한 정원이다. 루이 14세는 이 정원을 보고 깊은 감명을 받아 르 노트르에게 베르사이유 궁전을 조성하게 하였다. 보르비콩트는 화려한 자수화단과 대칭적인 구성으로 건축물이 조경에 종속된 형태를 띠고 있다.

07 이탈리아 르네상스 정원의 특징으로 가장 부적합한 것은?

① 입면적 특징으로 카지노의 위치가 상단, 중단, 하단식의 3유형이 있다.
② 평면적 특징으로 카지노의 배치가 직교형, 직렬형, 병렬형이 있다.
③ 정원식물은 사이프러스나 스톤파인(stone pine)이 빈번하게 쓰였다.
④ 노단과 난간의 형태는 단순했고 직선형이 많았다.

해설
이탈리아 르네상스 정원의 노단과 난간은 매우 장식적이고 복잡한 곡선 형태로 조성되었다. 특히 이 시기의 정원들은 장식적 요소가 많고, 대칭적이며 직선적인 구조 속에서 곡선미를 강조하였다.

08 고대 로마 주택 공간의 배치가 올바른 순으로 연결된 것은?

① atrium → peristylium → xistus
② atrium → xistus → peristylium
③ peristylium → atrium → xistus
④ peristylium → xistus → atrium

해설
고대 로마의 전형적인 주택 구조는 집의 중심에 atrium이라는 개방된 앞마당이 있고, 그 뒤에 peristylium이라는 기둥으로 둘러싸인 정원이 있으며, 그 이후에 xistus라는 산책로가 배치되는 구조로 이루어져 있다.

09 강릉 선교장에는 주택 전면부에 방지방도가 조성되어 있다. 이 연못에 있는 정자의 명칭은?

① 활래정 ② 농산정
③ 부용정 ④ 하엽정

해설

활래정은 선교장의 연못에 위치한 대표적인 정자 중 하나이다. 주변의 아름다운 자연과 어우러지며 연못 위에 떠 있는 듯한 구조로, 자연과 건축이 조화를 이루고 있는 예로 알려져 있다.

10 중국의 조경이 시대별로 바르게 연결된 것은?

① 송 – 만세산 ② 청 – 태화궁
③ 당 – 태액지 ④ 진 – 화림원

해설

송나라시대의 만세산은 황실정원의 대표적인 사례로 황제들이 궁정 내에서 자연의 경관을 즐기기 위해 인공적으로 만든 산과 연못을 말한다. 만세산은 정원 내에서 산수의 아름다움을 표현한 중국 정원의 전형적인 예로 알려져 있다.

11 조선시대 궁궐의 침전(寢殿) 후정(後庭)에서 볼 수 있는 대표적인 인공시설물은?

① 조그만 크기의 방지
② 우물
③ 경사지를 이용한 계단식 화단
④ 석교

해설

조선시대 궁궐의 침전 후정에서는 주로 경사지를 이용한 계단식 화단을 많이 볼 수 있다. 이 방식은 자연 지형을 그대로 이용하여 꽃과 식물을 심고 장식하는 방식으로 궁궐의 정원을 장식하는 중요한 요소 중 하나였다.

12 귤준망의 작정기(作庭記)에 대한 설명으로 옳지 않은 것은?

① 현존하는 일본 최초의 조원 지침서이다.
② 침전조 건물에 어울리는 조원법을 기록하였다.
③ 정원 전체의 땅가름, 연못, 섬 등 정원에 관한 모든 내용을 기록하였다.
④ 아스카(비조)시대 일본 조경의 개념 형성에 큰 영향을 미쳤다.

해설

귤준망의 작정기

일본 최초의 조원 지침서로 일본 중세의 조경 사상을 바탕으로 작성되어 헤이안 시대 이후의 조경 개념 형성에 큰 영향을 미쳤다.

13 고대 이집트 주택정원의 조성 내용으로 틀린 것은?

① 정원은 사각형의 공간에 높은 울담을 설치하였다.
② 입구에는 탑문(塔門, pylon)을 세웠다.
③ 정원에는 거형 혹은 T자형의 침상지가 배치되고 물가에 키오스크를 설치하였다.
④ 정원 곳곳에 녹음수를 군식하였다.

해설

고대 이집트 정원에서는 나무를 밀집하여 심는 방식인 군식(群植)보다 규칙적인 간격으로 나무를 심는 열식이 주로 사용되었다. 녹음수는 주로 과일나무나 야자나무가 심어졌으며, 정원을 둘러싸는 울담이 특징이었다. 입구에 탑문을 세우고, 물가에는 장식적인 요소로 키오스크(정자)를 배치하는 것이 일반적이었다.

14 라이트와 스타인은 하워드의 사상과 이념을 전승한 어윈에서부터 옴스테드 · 번함으로 이어진 전원도시의 건설에 대한 영향을 받아 건설된 미국적인 전원도시는?

① 레치워스(letchworth)
② 래드번(radburn)
③ 웰윈(welwyn)
④ 매리랜드(maryland)

래드번(radburn)
라이트와 스타인이 에베네저 하워드의 전원도시 개념을 바탕으로 건설한 미국의 전원도시이다. 이 도시는 자연환경을 최대한 활용하며, 차도와 보도를 분리하여 보행자의 안전을 보장하는 것이 특징이다. 이는 전원생활의 장점을 살리면서도 도시의 편리함을 접목한 사례로 알려져 있다.

16 일본의 전통석조방식 가운데 하나인 7 · 5 · 3 석조방식으로 정원을 꾸민 곳은?

① 계리궁
② 대덕사
③ 용안사
④ 수학원이궁

일본의 전통석조방식 가운데 하나인 7 · 5 · 3 석조방식은, 가장 큰 돌을 중심으로 왼쪽과 오른쪽에 각각 7개의 돌, 그 앞쪽에 5개의 돌을 배치하는 방식이다. 용안사의 정원에는 7 · 5 · 3 석조방식으로 조성된 연못이 있는데, 연못의 가장 큰 돌은 대국석이라고 불리며, 높이가 2.5m에 달한다.

17 18세기부터 19세기에 걸쳐 사실주의 풍경식 정원양식이 주도적으로 펼쳐진 국가는?

① 영국
② 독일
③ 프랑스
④ 미국

18세기부터 19세기에 걸쳐 영국에서 발달한 사실주의적 풍경식 정원 양식은 그 당시 프랑스와 이탈리아의 형식적이고 대칭적인 정원과는 달리, 비대칭적이고 자연스러운 경관을 강조하며 자연의 경관을 모방하여 자유롭고 자연스러운 형태의 정원을 조성하였다.

15 우리나라 전남 남원의 광한루 지원(池苑)에 가장 많은 영향을 미친 사상은?

① 산악숭배사상
② 신선사상
③ 도교사상
④ 유교사상

광한루 지원은 신선사상에 영향을 받아 조성된 정원으로 신선이 사는 이상적인 세계를 표현하려 했다. 정원 내 연못과 그 주위의 자연경관은 현실 세계와는 다르며 이상적이고 초월적인 공간을 나타내고 광한루 자체도 달 속의 궁궐을 상징한다.

18 과실을 심은 곳을 원(園)이라 하고 채소를 심은 곳을 포(圃)라 했으며 유(囿)는 금수를 키우는 곳을 가리킨다고 풀이해 놓은 서적은?

① 한제고
② 보원기
③ 설문해자
④ 동파종화

설문해자(說文解字)는 한자의 뜻을 해석한 고전 서적으로 한자의 기원을 설명하는 중요한 문헌이다. 이 책에서는 원(園)은 과일을 심는 곳, 포(圃)는 채소를 심는 곳, 유(囿)는 금수를 기르는 곳으로 풀이했다. 당시의 농업과 원예활동이 어떻게 구분되어 있었는지를 잘 보여주는 기록이다.

19 일본의 임천회유식정원으로 중국적인 조경 요소인 원월교(圓月橋), 소여산(小峨山), 서호제(西湖堤)가 만들어져 있는 곳은?

① 가쓰라이궁(桂離宮)
② 겸육원(兼六園)
③ 소석천후락원(小石川後樂園)
④ 육의원(六義園)

[해설]

소석천후락원(小石川後樂園)
일본의 임천회유식 정원으로 중국의 영향을 받은 다양한 조경 요소들이 도입된 정원이다. 원월교, 소여산, 서호제 같이 일본 내에서도 독특한 중국식 경관 요소는 중국의 서호와 유사한 경관을 재현하려는 시도로, 중국적 조경을 일본에서 구현한 대표적인 사례이다.

20 경복궁 교태전 후원의 아미산과 관련 없는 것은?

① 장대석으로 축조된 화계
② 향원지를 파낸 흙으로 만든 인공산
③ 아미산은 중국 선산(仙山)의 이름을 따옴
④ 커다란 흰 바탕의 직사각형에 길상의 세계인 십장생이 조각된 굴뚝 배치

[해설]

② 아미산은 근정전 서북쪽 경회루 연못을 파낸 흙으로 만든 인공산이고 향원지는 경복궁 북쪽 후원의 연못이다.

---

21 단지 내 보행자 공간의 역할과 가장 거리가 먼 것은?

① 산책, 놀이, 대화 등의 생활공간으로 활용될 수 있다.
② 쾌적한 보행자 공간의 조성을 통해 연도상가의 환경을 개선시킬 수 있다.
③ 특정 주택단지의 정체성을 높여 저소득 계층과의 구분이 가능하도록 해 준다.
④ 안락하고 편리한 보행자 공간을 이용하여 보행자들이 목적지까지 편리하게 도달할 수 있게 한다.

[해설]

보행자 공간은 주로 모든 사람에게 편리한 생활공간을 제공하는 역할을 하며 산책, 놀이, 대화 등의 공간으로 활용될 수 있고 보행자들에게 편리한 환경을 제공한다.

22 GIS에서 사용되는 벡터모델의 기본요소가 아닌 것은?

① grid
② line
③ point
④ polygon

[해설]

벡터모델의 기본 요소는 점(point), 선(line), 면(polygon)으로 이루어져 있으며, 각 요소는 공간 데이터를 표현하는 데 사용된다. grid는 래스터 모델에서 사용하는 요소로, 격자 형태의 셀을 통해 데이터를 표현한다.

---

23 자연공원법에 의한 공원위원회의 심의를 생략할 수 있는 공원계획의 경미한 사항의 변경에 해당하는 것은?

① 공원자연보존지구를 공원자연환경지구로 변경하는 경우
② 공원마을지구를 공원자연보존지구로 변경하는 경우
③ 공원집단시설지구를 공원자연마을지구로 변경하는 경우
④ 공원집단시설지구 외의 지구에 계획된 공원시설을 공원집단시설지구로 위치를 변경하는 경우

공원계획의 경미한 변경(자연공원법 시행령 제11조 제1항)
법에 따라 공원위원회의 심의를 생략할 수 있는 경미한 사항의 변경은 다음의 어느 하나에 해당하는 경우를 말한다.
• 공원마을지구를 공원자연보존지구 또는 공원자연환경지구로 변경하는 경우
• 공원시설의 부지면적을 5천m²(공원자연보존지구는 2천m²) 범위에서 변경하는 경우
• 이미 결정·고시된 공원시설계획을 축소 또는 폐지하거나 그 계획에 의한 공원시설의 부지면적을 100분의 20 이하로 확대하는 경우
• 동일한 부지에서 건축물을 증축하거나 위치를 변경하는 경우

25 공원녹지체계를 설명한 것 중 가장 거리가 먼 것은?

① 체계를 구성하는 요소는 하나의 큰 공원이다.
② 다수의 공원을 연계하여 상호간의 관계를 만든다.
③ 가로수나 하천을 공원을 연계 요소로 이용한다.
④ 호수, 운동장, 광장 등은 공원을 보완하는 점적·면적 요소이다.

공원녹지체계는 여러 개의 작은 공원과 연결된 공간으로 구성되며, 하나의 큰 공원만으로 구성되는 것이 아니다. 가로수, 하천, 호수, 운동장 등의 점적 요소들이 공원을 보완하며 도시 내 녹지체계를 형성한다.

24 지구단위계획구역 및 지구단위계획을 결정하는 계획은?

① 기본경관계획
② 광역도시계획
③ 도시·군기본계획
④ 도시·군관리계획

지구단위계획은 도시·군관리계획에서 결정된다. 도시의 일부분을 대상으로 계획을 세워, 지역의 특성에 맞게 개발과 관리를 진행하는 계획이다.

26 단지계획 시 건폐율의 설명으로 옳은 것은?

① 건축물의 각층 바닥면적의 합계
② 대지면적에 대한 건축면적의 비율
③ 대지면적에 대한 건축연면적의 비율
④ 객실면적 합계의 건축연면적에 대한 비율

건폐율은 대지면적에 대한 건축면적의 비율로 건폐율이 높을수록 대지의 많은 부분에 건축물이 세워진다는 의미이며 이를 통해 건물의 밀집도를 파악할 수 있다.

27 국토의 계획 및 이용에 관한 법률상의 용도지역 중 가장 건폐율을 높게 할 수 있는 도시지역은?

① 주거지역　　② 상업지역
③ 공업지역　　④ 녹지지역

해설

용도지역의 건폐율(법 제77조)

구분		건폐율
도시지역	주거지역	70% 이하
	상업지역	90% 이하
	공업지역	70% 이하
	녹지지역	20% 이하
관리지역	보전관리지역	20% 이하
	생산관리지역	20% 이하
	계획관리지역	40% 이하
농림지역		20% 이하
자연환경보전지역		20% 이하

28 샹디가르(Chandigarh)에 적용된 공원녹지체계 유형은?

① 집중형　　② 분산형
③ 대상형　　④ 격자형

해설

샹디가르는 프랑스 건축가 르 코르뷔지에가 설계한 인도의 도시로, 대상형 공원녹지체계를 채택하였다. 이는 도시의 주요 구역을 연결하는 녹지축을 중심으로 계획된 체계이다.

29 도시공원 및 녹지 등에 관한 법률 시행규칙상 체육공원에 설치할 수 없는 공원시설은?

① 야영장　　② 경로당
③ 낚시터　　④ 폭포

해설

조경시설·휴양시설(경로당 및 노인복지관은 제외)·유희시설·운동시설·교양시설(옛무덤, 성터, 옛집, 그 밖의 유적 등을 복원한 것으로서 역사적·학술적 가치가 높은 시설, 공연장, 전시장, 과학관, 미술관, 박물관 및 문화예술회관으로 한정)·편익시설, 동물놀이터(특별시·광역시·특별자치시·특별자치도·시 또는 군의 조례로 설치를 허용하는 경우로 한정), [별표 1]의 무인동력비행장치 조종연습장(특별시·광역시·특별자치시·특별자치도·시 또는 군의 조례로 설치를 허용하는 경우로 한정) 및 시설 공원관리청이 관할 도시공원위원회(도시공원위원회가 설치되지 않은 경우에는 국토의 계획 및 이용에 관한 법률에 따른 시·도 도시계획위원회 또는 시·군·구 도시계획위원회)의 심의를 거쳐 체육공원의 기능 수행에 지장이 없고 국제경기장 시설의 효율적 활용을 위하여 필요하다고 인정하는 시설로 한정]로 하되, 원칙적으로 연령과 성별의 구분 없이 이용할 수 있도록 할 것. 이 경우 운동시설에는 체력단련시설을 포함한 3종목 이상의 시설을 필수적으로 설치해야 한다.

30 뉴먼(Newman)은 주거단지 계획에서 환경심리학적 연구를 응용하여 범죄 발생률을 줄이고자 하였다. 뉴먼이 적용한 가장 중요한 개념은?

① 혼잡성(crcwding)
② 프라이버시(privacy)
③ 영역성(territoriality)
④ 개인적 공간(personal space)

해설

뉴먼의 영역성(territoriality) 개념
사람들이 자신이 속한 공간을 보호하려는 심리를 활용하여 범죄를 줄이는 방법으로 공동체 구성원들이 자신들의 공간을 더 잘 관리하고 주인의식을 갖게 함으로써 범죄 예방에 기여할 수 있다.

31 생태(연)못의 조성과 관련된 설명으로 틀린 것은?

① 바닥의 물 순환을 위하여 바닥물길을 설계한다.
② 자연 지반 내에 생태연못 조성 시 방수시트를 사용하여 물을 담수한다.
③ 종다양성을 높이기 위해 관목숲, 다공질 공간 등 다른 종생물권과 연계되도록 한다.
④ 흙, 섶단, 자연석 등 자연재료를 도입하고 주변에 향토수종을 배식하여 자연스러운 경관을 형성한다.

해설
자연 연못은 물이 자연스럽게 스며들고 순환되도록 조성하는 것이 바람직하며, 방수시트는 인공적 요소로 자연적 경관과는 맞지 않다.

32 국토의 계획 및 이용에 관한 법률 시행령상 도시관리계획 결정이 고시된 경우, 시장 또는 군수가 지적이 표시된 지형도에 도시관리계획 사항을 명시한 도면을 작성하는 기준 축척은?(단, 녹지지역 안의 임야, 관리지역, 농림지역 및 자연 환경보전지역의 경우는 고려하지 않음)

① 1/300 내지 1/600
② 1/500 내지 1/1,500
③ 1/3,000 내지 1/6,000
④ 1/10,000 내지 1/25,000

해설
도시관리계획 사항을 명시한 도면은 1/500 내지 1/1,500의 축척을 기준으로 작성한다. 도시 관리와 관련된 세부 사항을 비교적 정확하고 명확하게 표시할 수 있는 축척이다.

33 어의구별척도(semantic differential scale)에 대한 설명으로 틀린 것은?

① 양극으로 표현되는 형용사의 목록으로 항목들이 구성된다.
② 제한응답설문에서 사용되고 있는 척도법이다.
③ 태도를 관찰하는 척도법의 한 가지이다.
④ 제시된 사물이 응답자에게 어떠한 의미를 지니고 있는지를 선택하게 한다.

해설
어의구별척도는 응답자가 특정 개념에 대해 어떻게 인식하고 있는지를 측정하는 방법으로 양극적인 형용사를 사용하여 응답자가 개념을 평가하도록 하는 방식이다.

34 Clarence A. Perry의 근린주구(近隣住區) 개념과 거리가 먼 것은?

① 초등학교 1개의 학구(學區)를 기준단위로 규모는 반경 400m 정도이며, 초등학교가 근린주구의 중앙에 위치한다.
② 그 단위는 통과교통이 내부를 관통하지 않고 용이하게 우회할 수 있는 충분한 넓이의 간선도로에 의해 구획되어야 한다.
③ 근린쇼핑시설은 도로 결절점이나 인접 근린주구 내의 유사지구 부근에 위치한다.
④ 보행로와 차도 혼용도로를 설치한다.

해설
④ 근린주구 개념에서는 보행로와 차도를 분리하여 안전한 생활환경을 조성하려고 한다.

35 래드번 도시계획에 관한 설명으로 옳지 않은 것은?

① 슈퍼블럭을 채택
② 통과교통을 단지 내로 통과 배제
③ 보도망의 형성 및 보도와 차도의 입체적 분리
④ Howard에 의해 조성된 대표적인 전원도시

해설
④ 전원도시는 에베네저 하워드에 의해 제안된 것으로 래드번과는 구별되는 개념이다.
래드번(radburn)
스타인(Clarence Stein)과 라이트(Henry Wright)가 설계한 도시로, 슈퍼블럭 채택, 보도와 차도의 입체적 분리, 통과교통 배제로 근린성을 높였다.

36 이용자의 태도조사에 이용되는 리커트 척도 (Likert scale)는 다음의 어느 척도 유형에 속하는가?

① 명목척(nominal scale)
② 순서척(ordinal scale)
③ 등간척(interval scale)
④ 비례척(ratio scale)

해설
리커트 척도는 응답자가 태도나 의견을 평가할 때 일정한 등급을 선택하게 하는 척도로, 등간척에 속한다. 등간척은 응답자 간의 차이를 수치적으로 비교할 수 있는 척도로, 태도조사에서 흔히 사용된다.

37 프로젝트의 계획방향이 설정되면 조사분석을 거쳐 계획설계로 진행된다. 다음 중 설계과정을 설명한 내용으로 가장 적당한 것은?

① 분석단계는 부지의 조건을 고려하여 평면배치를 위한 땅가름 등의 분석 및 구상을 하게 된다.
② 분석내용을 종합하여 기본구상을 하게 되며 이 경우 아이디어의 상징적 · 추상적 표현을 위하여 도식화된 다이어그램이 많이 사용된다.
③ 기본계획에서는 토지이용계획을 하게 되며, 동선계획과 녹지계획 등은 실시설계 단계에서 구체화하여 간다.
④ 시공을 위한 실시설계는 분석단계 이전에 충분히 고려되어 있어야 한다.

해설
기본구상 단계에서는 분석내용을 종합하고, 도식화된 다이어그램을 통해 아이디어를 상징적이거나 추상적으로 표현하는 작업이 이루어진다. 이 과정에서 여러 아이디어가 시각적으로 정리되어 설계방향이 구체화된다.

38 알트만(Altman)은 인간의 영역을 주로 사회적 단위의 측면에서 1차적, 2차적, 공적 영역의 3가지로 구분하고 있다. 다음 중 2차적 영역에 속하는 공간은?

① 사무실   ② 공원
③ 교회   ④ 해수욕장

해설
2차적 영역은 개인이 소유하지는 않지만, 지속적으로 이용하며 일종의 개인적 친밀감이 형성되는 공간이다. 교회, 학교 등이 이에 해당하며, 공원이나 해수욕장은 공적 영역에 속한다

39 도시 가로망과 식별성에 대한 설명 중 틀린 것은?

① 도시의 식별성은 전체적인 식별성과 부분적인 식별성으로 나누어 볼 수 있다.
② 간결하고 규칙적인 가로망은 도시의 공간구조 파악을 쉽게 해 준다.
③ 불규칙적이며 유기적인 형태의 가로망은 도시 전체의 식별성을 높여준다.
④ 도시 가로망은 전체적인 식별성과 부분적인 식별성이 적절히 조화를 이루어야 한다.

해설
규칙적인 가로망은 사용자가 공간을 쉽게 파악하고 기억할 수 있도록 돕지만, 복잡하고 비규칙적인 형태는 오히려 도시의 구조를 이해하기 어렵게 만든다.

40 토양의 생성학적 층위 단면은 보통 O, A, B, C, R층으로 구분된다. 이때 O층에 해당되는 것은?

① 광물층   ② 유기물층
③ 모재층   ④ 집적층

해설
O층은 토양의 최상층에 위치하는 유기물층이며, 주로 식물의 잔해나 부식된 유기물로 이루어진 층으로 토양에 영양분을 공급하는 중요한 역할을 한다. A층은 표토층, B층은 집적층, C층은 모재층으로 구분된다.

제3과목 조경설계

41 조경설계기준상의 하천조경 설계의 기본 원칙으로 틀린 것은?

① 설계대상 하천의 경관은 과거 지도 등을 이용하여 그 하천 본래의 경관에 가깝게 복원시킨다.
② 하천조경에서는 무생명 재료의 사용을 줄이고 생명재료를 주재료로 이용해야 한다.
③ 하천조경설계는 각종 동·식물 이동에 지장을 주지 않고 도움이 되도록 해야 한다.
④ 자연하천구간은 시설물 설치 등 인위적인 간섭을 원칙으로 삼는다.

해설
④ 자연하천구간은 하천의 자연상태를 보전하는 구간으로 인위적인 간섭을 최소화하는 것이 원칙이다. 시설물을 설치하는 등의 인위적 간섭은 하천의 자연 생태계를 해치고, 생태적 연결성을 방해할 수 있다.

42 주차방식에 관한 설명으로 틀린 것은?

① 평행주차는 주차 및 출입폭이 최소이므로 교통량이 많은 곳에 좋다.
② 직각주차는 도로폭이 넓은 곳이나 통과 교통이 없는 노외지역에 좋다.
③ 60° 주차는 45° 주차보다 대당 소요면적이 넓다.
④ 45° 주차는 직각주차보다 토지이용도가 낮으나 차량 진출입이 용이하다.

해설
③ 60° 주차는 45° 주차보다 대당 소요면적이 좁다. 각도가 줄어들수록 주차 대수 대비 면적 효율이 높고 차량 진출입도 비교적 편리하다.

43 편의시설의 구조·재질 등에 관한 세부기준에 대한 설명 중 틀린 것은?(단, 장애인·노인·임산부 등의 편의증진 보장에 관한 법률 시행규칙상의 기준을 따른다)

① 휠체어 사용자가 통행할 수 있도록 접근로의 유효폭은 1.2m 이상으로 하여야 한다.

② 휠체어 사용자가 다른 휠체어 또는 유모차 등과 교행할 수 있도록 50m 마다 1.5×1.5m 이상의 교행구역을 설치할 수 있다.

③ 접근로의 기울기는 18분의 1 이하로 하여야 한다. 다만 지형상 곤란한 경우는 12분의 1까지 완화할 수 있다.

④ 연석의 높이는 12cm 이상 20cm 이하로 할 수 있으며, 색상은 접근로의 바닥재 색상과 동일하게 설치한다.

[해설]
④ 연석의 높이는 고정된 범위 내에서 설정해야 하고, 색상은 접근로의 바닥재 색상과 다르게 설정하여 시각적으로 식별하기 쉽게 해야 한다. 이는 시각장애인 등 보행자의 안전을 위한 조치이다.

44 등고선 간격(수직거리)이 50m일 때 경사도가 20%이면, 축척(縮尺) 1 : 25,000인 지도상에서 등고선 간의 평면거리(수평거리)거리는?

① 0.5cm   ② 1cm

③ 2cm   ④ 3cm

[해설]
경사도(%)는 수직거리와 수평거리의 비율을 나타낸다. 경사도 20%일 때, 수직거리가 50m라면 수평거리는 250m이다. 축척이 1 : 25,000이므로, 수평거리 250m는 지도상에서 1cm에 해당한다.

45 다음 정규 골프 코스의 계획 설계에 관한 설명으로 틀린 것은?

① 일반적으로 18홀을 기준으로 해서 최소 10ha 정도의 면적은 있어야 한다.

② 각 골프코스의 길이를 합한 총길이는 18홀인 골프장은 6,000m를 기준으로 하며, 지형에 따라 총길이의 25% 범위 내에서 증감할 수 있다.

③ 산악지에서는 롱홀을 먼저 배치해야 전체 배치가 쉽고, 평탄지에서는 숏 홀을 먼저 배치해야 숏 홀의 특성을 살린 배치가 가능하다.

④ 페어웨이의 폭은 티에서부터의 위치에 따라서 또 자연과의 조화 및 홀의 성격에 따라서 다소 달라지며, 최소 20m 정도에서 30~60m 정도가 일반적이다.

[해설]
① 18홀 골프 코스를 위한 면적은 최소 60ha(600,000m²)가 필요하다.

46 질감(質感)에 관한 설명으로 틀린 것은?

① 질감이란 표면구조(表面構造)의 통칭이다.

② 질감의 차이(差異)로써 다양한 재료감을 얻을 수 있다.

③ 질감은 시각적, 촉각적으로 인식된다.

④ 질감은 색채와는 직접적으로 관련되어 인식되어지지는 않는다.

[해설]
질감은 색채와도 밀접한 관련이 있다. 색채와 질감은 상호작용하며, 표면의 질감에 따라 색의 인식도 달라진다. 예를 들어, 매끄러운 표면은 광택이 나고 색이 선명하게 보이지만, 거친 표면은 색이 어둡고 흡수되는 느낌을 준다.

47 다음 중 푸르키네 현상으로 밝은 곳에서 가장 밝게 느껴지는 색은?

① 노랑　　　② 보라
③ 파랑　　　④ 청록

해설
푸르키네 현상은 낮과 밤에 색채 인식이 달라지는 현상이다. 밝은 곳에서는 노랑이 가장 밝게 느껴지고, 어두운 곳에서는 청록과 파랑이 더 밝게 인식된다.

48 공원 내 보행자 도로를 설계하려 할 때 설계기준으로 부적합한 것은?

① 원활한 배수처리를 위하여 10% 정도의 경사를 준다.
② 배수 구조물은 연석에 접한 곳에 설치한다.
③ 연석은 단차를 두어 경계를 분명히 하는 것이 좋다.
④ 표면처리는 미끄럽지 않은 부드러운 재료를 사용하는 것이 좋다.

해설
보행자 도로의 경사는 일반적으로 5% 이하로 설계해야 안전하고 쾌적한 보행이 가능하다. 너무 큰 경사는 보행자의 이동에 불편을 줄 수 있다.

49 균형에 관한 설명 중 틀린 것은?

① 의도적으로 불균형을 구성할 때도 있다.
② 좌우의 무게는 시각적 무게로 균형을 맞춰야 한다.
③ 전체적인 조화를 위해서 불균형이 강조되어야 한다.
④ 균형은 안정감을 창조하는 질(quality)로서 정의된다.

해설
조경에서 균형은 안정감을 주는 중요한 요소이며, 전체적인 조화를 위해서는 균형이 유지되는 것이 이상적이다. 의도적인 불균형은 독특한 시각적 효과를 주기 위해 사용될 수 있으나, 일반적으로는 조화를 이루기 위해 균형이 더 중요하다.

50 제도에서 선에 관한 설명으로 틀린 것은?

① 한 번 그은 선은 중복해서 긋지 않는다.
② 기본 형태의 선은 되도록 선분에서 교차하여야 한다.
③ 평행선의 최소 간격은 이것을 허용하지 않는 규칙이 다른 국제 표준에서 없을 경우 0.7mm 이상이어야 한다.
④ 용도에 따른 선의 굵기는 축척과 도면의 크기에 관계 없이 동일하게 한다.

해설
제도에서는 선의 굵기는 축척과 도면의 크기에 따라 달라져야 한다. 도면의 목적과 크기에 맞게 선의 굵기를 조절하는 것이 중요하다.

51 다음 중 일시적 경관 또는 순간적 경관에 대한 설명이 아닌 것은?

① 노루와 사슴이 물을 마시는 호숫가의 풍경
② 잔잔한 호수면에 비추어진 구름
③ 잔디밭에 놓여 진 거대한 수석
④ 저녁 노을이 붉게 물든 호숫가

해설
일시적 경관은 시간이 지나면서 빠르게 변하는 경관을 의미한다. 거대한 수석은 고정된 경관 요소로 일시적 경관에 해당하지 않는다. 호수면에 비친 구름이나 저녁 노을 등은 시간에 따라 변화하는 일시적 경관이다.

52 도시공원 및 녹지 등에 관한 법률 시행규칙상 공원시설의 설치면적 기준 중 체육공원에 설치되는 운동시설은 공원시설 부지면적의 몇 % 이상으로 하여야 하는가?

① 20　　　　　② 40

③ 50　　　　　④ 60

[해설]

도시공원 안 공원시설 부지면적 – 주제공원(도시공원 및 녹지 등에 관한 법률 시행규칙 [별표 4])

공원구분	공원면적	공원시설 부지면적
마. 체육공원	(1) 3만m² 미만	100분의 50 이하
	(2) 3만m² 이상 10만m² 미만	100분의 50 이하
	(3) 10만m² 이상	100분의 50 이하

53 다음 그림은 도로가에 있는 안전표지이다. 바탕색으로 가장 적당한 것은?

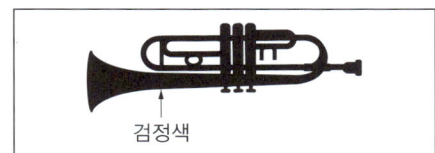

검정색

① 노랑색　　　② 초록색

③ 파랑색　　　④ 보라색

[해설]

명시성
두 색을 대비시켰을 때 멀리서도 잘 보이는 성질로, 색상·명도·채도의 차이가 큰 색의 대비가 명시성이 높다.
예 노랑과 검정의 교통 표지판

54 다음 중 입면도(elevation)에 해당되지 않는 것은?

① 단면도　　　② 정면도

③ 측면도　　　④ 배면도

[해설]
단면도는 건물이나 구조물을 수직으로 잘라낸 모습을 보여주는 도면으로 입면도와는 다르다. 입면도는 건물의 한 면을 정면, 측면, 배면 등으로 표현한 도면이다.

55 가까이 있는 두 가지 이상의 색을 동시에 볼 때 색의 삼속성 차이로 서로 영향을 받아 색이 다르게 보이는 대비 현상에 적용되는 것은?

① 면적대비　　　② 동시대비

③ 계시대비　　　④ 연속대비

[해설]
동시대비는 서로 다른 색을 가까이 볼 때, 각각의 색이 상대적으로 다르게 보이는 현상을 말한다. 이는 색의 3속성(명도, 채도, 색상)에 의해 색의 인식이 달라지는 것이다.

56 다음 도시적으로 표현한 3개의 그림을 설명할 수 있는 경관 구성 원리는?

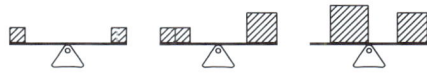

① 반복(repetition)

② 비례(proportion)

③ 균형(balance)

④ 대칭(symmetry)

[해설]

균형(balance)
한쪽으로 치우침이 없이 전체적으로 균등하게 분배된 구성을 말하며, 균형에는 대칭 균형과 비대칭 균형이 있다.

57 Litton의 산림경관을 분석하는 데 사용한 파노라믹 경관(panoramic landscape)의 설명으로 틀린 것은?

① 전경, 중경, 원경의 수평적 구도가 쉽게 식별된다.
② 앞에 가로막는 것이 없는 탁 트인 전망이다.
③ 높은 산에 올라가면 많이 볼 수 있는 경관이다.
④ 시야의 거리감이 없다.

전경관(파노라믹경관) : 시야를 가리지 않고 초원과 같이 트인 경관으로 웅장함과 아름다움을 느낄 수 있으며, 자연에 대한 존경심(경외심)을 일으키게 한다. 파노라믹 경관에서는 항상 수평적 구도가 쉽게 식별되지는 않으며, 산림경관의 경우 나무나 지형 등으로 인해 그 구분이 어려울 수 있다.

58 다음 [보기]는 도시공원 및 녹지 등에 관한 법률 시행규칙상의 도시공원 면적에 관한 기준이다. (   ) 안에 적합한 것은?

┤보기├
하나의 도시지역 안에 있어서의 도시공원의 확보 기준은 해당 도시지역 안에 거주하는 주민 1인당 (㉠) m² 이상으로 하고, 개발제한구역 및 녹지지역을 제외한 도시지역 안에 있어서의 도시공원의 확보기준은 해당 도시지역 안에 주거하는 주민 1인당 (㉡)m² 이상으로 한다.

① ㉠ 3, ㉡ 6   ② ㉠ 4, ㉡ 2
③ ㉠ 6, ㉡ 3   ④ ㉠ 2, ㉡ 4

도시공원의 면적기준(시행규칙 제4조)
하나의 도시지역 안에 있어서의 도시공원의 확보기준은 해당 도시지역 안에 거주하는 주민 1인당 6m² 이상으로 하고, 개발제한구역 및 녹지지역을 제외한 도시지역 안에 있어서의 도시공원의 확보기준은 해당 도시지역 안에 거주하는 주민 1인당 3m² 이상으로 한다.

59 한색과 난색의 감정효과 – 거리와 크기감 – 시간의 경과감에 대한 연결이 맞는 것은?

① 한색 : 따뜻한 색, 흥분색 – 멀고 작게 – 느리게 느껴짐
② 난색 : 차가운 색, 진정색 – 가깝고 크게 – 느리게 느껴짐
③ 한색 : 차가운 색, 진정색 – 멀고 작게 – 빠르게 느껴짐
④ 난색 : 따뜻한 색, 흥분색 – 가깝고 크게 – 빠르게 느껴짐

한색은 차갑고 진정된 느낌을 주며, 멀고 작게 느껴지고, 빠르게 시간이 지나가는 듯한 효과를 준다. 반대로, 난색은 가깝고 크며 따뜻한 느낌을 주는 색이다.

60 설계자가 의뢰자에 대한 서비스 사항에 포함하지 않는 것은?

① 대상지의 분석과 평가
② 정확한 공사비의 내역산출
③ 시공자의 선정
④ 설계안의 작성

시공자의 선정은 설계자의 주된 역할이 아니다. 설계자는 주로 대상지의 분석과 평가, 설계안 작성, 공사비 산출 등의 업무를 맡으며, 시공자 선정은 발주자나 건축주가 직접 수행하는 경우가 많다.

61 다음 중 꽝꽝나무의 설명으로 옳지 않은 것은?

① 자웅이주이다.

② 학명은 *Ilex crenata* Thunb. var. *crenata*이다.

③ 잎은 호생하고 넓은 타원형으로서 예두(銳頭)이며, 표면은 광택이 나고 짙은 녹색이다.

④ 열매는 열개(裂開)하는 삭과로서 6~7월에 결실한다.

해설
④ 꽝꽝나무의 열매는 핵과이고 가을에 검은색으로 익는다.

62 종자 및 종자번식에 관한 설명으로 틀린 것은?

① 휴면타파를 위한 층적처리는 고온 건조한 조건에서 50일 전후의 일정기간을 경과시켜야 한다.

② 발아한 유식물체에 광선이 부족하면 황화현상이 일어날 수 있다.

③ 종자파종방법은 직파(field sowing)와 상파(bed sowing)로 구분한다.

④ 종자는 일반적으로 배, 배유, 종피와 주요한 부분으로 나뉜다.

해설
① 휴면타파를 위한 층적처리는 저온 습윤한 조건에서 진행되며, 고온 건조한 조건은 적합하지 않다.

63 식재비탈면의 기울기가 최소 어느 정도일 때 교목을 식재해도 좋은가?

① 1 : 1 정도   ② 1 : 1.5 정도

③ 1 : 2 정도   ④ 1 : 4 정도

해설
1 : 4 정도의 기울기는 교목을 식재하기에 적합하다. 그 이상의 가파른 기울기에서는 토양유실과 식재 안정성의 문제가 발생할 수 있다.

64 다음의 식재 기능에 관한 설명 중 옳지 않은 것은?

① 미기후를 개선한다.

② 건물의 직선을 완화시킨다.

③ 소음을 감소시켜 준다.

④ 공간을 시각적으로 개방시킨다.

해설
식재는 일반적으로 공간을 시각적으로 분리하여 시야를 제한하거나 특정 경관을 견출하는 역할을 한다. 즉 프라이버시를 보호하고 공간을 구분하는 기능으로 공간의 폐쇄적 효과가 크다.

65 한국의 식물군계 중에서 북부지방에 분포하는 식물군으로 되어 있는 것은?

① 자작나무, 박달나무, 떡갈나무

② 서어나무, 해송, 미선나무

③ 갈참나무, 졸참나무, 측백나무

④ 철쭉나무, 산초나무, 참나무

해설
한국의 북부지방은 한랭한 기후로 인해 자작나무, 박달나무, 떡갈나무 같은 온대 북부 지역의 식물군이 분포한다. 이들은 추운 기후에 잘 적응하며, 북부 지역의 주요 수종이다. 나머지 선지에 나오는 나무들은 주로 중부나 남부 지방에서 잘 자라는 수종들이다.

66 *Cornus*는 다음 어느 나무의 속명인가?

① 산수유나무　　② 박태기나무
③ 팽나무　　　　④ 서어나무

*Cornus*는 층층나무속으로 산수유나무 외에도 층층나무, 말채
나무, 서양산딸나무 등이 포함되며, 산수유나무는 봄에 노란 꽃
을 피우고 빨간 열매가 열리는 특성이 있다.

67 식재계획 시 상당한 공간을 메우기 위하여 질
량감을 부여하여야 하는 곳에 적용하는 식재의 기본
패턴은?

① 열식　　　　② 대식
③ 교호식재　　④ 집단식재

집단식재
여러 나무나 식물을 군락 형태로 심어 큰 질량감을 부여하는
방식으로 넓은 공간을 차지하거나 경관의 중심부를 구성하는
데 사용된다. 이는 시각적으로 안정감을 주고 공간을 효과적으
로 채울 수 있다.

68 척박하고 건조한 토양에 견디는 수종으로 바르
게 짝지어진 것은?

① 칠엽수, 일본목련, 단풍나무
② 자작나무, 산오리나무, 자귀나무
③ 느티나무, 이팝나무, 왕벚나무
④ 백합나무, 팽나무, 목련

자작나무, 산오리나무, 자귀나무는 건조하거나 척박한 환경에
서도 잘 견디는 수종으로 생육 조건이 좋지 않은 곳에서도 뿌리
를 깊이 내리며 생육이 왕성한 특징을 가진다.

69 소나무, 낙엽송은 어느 범위의 토양산도에서
가장 알맞은 생육을 유지하는가?

① 2.0~2.5　　② 3.0~4.0
③ 5.0~6.0　　④ 6.5~7.5

소나무와 낙엽송은 pH 5.0~6.0의 약산성 토양에서 가장 잘
자란다. 산성이 너무 강하거나 중성에 가까운 토양에서는 생육
이 저하될 수 있다.

70 방풍림 조성에 관한 설명 중 틀린 것은?

① 주풍과 직각이 되는 방향으로 정삼각형 식재에
　의한 수림을 조성한다.
② 수림의 밀폐도가 80% 이상이 되면 풍하쪽의 흡
　인 선풍과 난기류는 줄어든다.
③ 수림대의 길이는 수고의 12배 이상이 필요하다.
④ 수림의 밀폐도는 50~70% 정도가 방풍 효과의
　범위를 넓힌다.

② 수림의 밀폐도가 80% 이상이 되면 오히려 풍하쪽의 흡인
　선풍과 난기류가 증가하여 방풍 효과가 감소하므로 밀폐도
　는 50~70%를 유지해야 한다.

66 ①　**67** ④　**68** ②　**69** ③　**70** ②　정답

71 수목의 굴취 시 뿌리분의 크기는 대체로 무엇을 기준으로 정하는가?

① 흉고직경
② 수고
③ 근원직경
④ 수관폭

뿌리분의 크기는 대개 근원직경을 기준으로 결정한다. 뿌리의 생장과 수목의 지지력을 고려한 방식으로 근원직경이 클 경우 그에 맞는 큰 뿌리분을 형성해야 한다.

72 Allee 성장형으로 본 식물종의 성장률 설명으로 옳은 것은?

① 중간 밀도에서 다른 경우보다 더 크다.
② 낮은 밀도에서 다른 경우보다 더 크다.
③ 높은 밀도에서 다른 경우보다 더 크다.
④ 항상 동등하게 성장한다.

Allee 효과
개체군의 밀도가 중간일 때 성장률이 가장 크다는 이론으로 중간밀도에서 개체들은 상호작용을 통해 자원을 효율적으로 사용하고 경쟁과 협력의 균형을 이루어 생장이 촉진된다.

73 다음 중 양수(陽樹)만으로 구성된 것은?

① *Taxus cuspidata*, *Pinus densiflora*
② *Camellia japonica*, *Aucuba japonica*
③ *Juniperus rigida*, *Lagerstroemia indica*
④ *Cephalotaxus koreana*, *Ilex integra*

양수는 햇빛을 많이 필요로 하는 수종으로 *Juniperus rigida* (눈향나무)와 *Lagerstroemia indica* (배롱나무)가 양수에 해당한다.

74 다음 중 수목의 학명이 옳지 않은 것은?

① 일본잎갈나무(낙엽송) : *Larix kaempferi*
② 자작나무 : *Betula platyphylla*
③ 신나무 : *Acer ginnala*
④ 전나무 : *Abies nephrolepis*

전나무의 학명은 *Abies holophylla*이다. *Abies nephrolepis*는 분비나무의 학명이다.

75 고속도로 식재의 기능과 분류 중 틀린 것은?

① 사고방지 : 차광식재, 명암순응식재
② 경관처리 : 차폐식재, 법면보호식재
③ 휴식 : 녹음식재, 지피식재
④ 환경보전 : 방음식재, 임연(林緣)보호식재

법면은 절토나 성토에 의한 인위적 사면을 말하며 법면보호식재는 안정성을 위해 사용된다. 경관처리는 경관을 아름답게 꾸미기 위한 차폐식재가 해당된다.

76 화목(花木)의 개화 상태를 향상시키기 위한 여러 가지 인위적인 조치 중 잘못된 것은?

① 가지를 솎아 잎에 고루 햇빛이 닿도록 한다.
② 뿌리의 발육을 억제하기 위한 단근 조치를 한다.
③ 토양수분이 과잉 상태가 되지 않도록 조절한다.
④ 특히 질소와 석회비료를 많이 준다.

• 질소비료가 과도하게 공급되면 잎의 성장은 왕성해지지만, 꽃눈의 발달은 방해를 받아 개화가 저조해질 수 있다. 꽃의 개화를 촉진시키기 위해서는 인산비료를 함께 공급하는 것이 중요하다.
• 석회비료는 토양을 중화시키는 데 도움이 되지만 과도하면 토양의 산성화를 유발한다.

정답 71 ③ 72 ① 73 ③ 74 ④ 75 ② 76 ④

77 방화식재와 관련된 설명 중 틀린 것은?

① 침엽수의 수령이나 열식은 활엽수에 비해 방화 효과가 크다.
② 생육기의 은행나무의 방화효과는 대단히 높다.
③ 수림지는 상목만 식재하는 것보다는 하목을 함께 식재하는 것이 효과가 크다.
④ 일정한 너비로 고르게 수목을 식재한 수림대보다는 그 중앙부에 공지가 있는 것이 바람직하다.

해설
① 침엽수는 일반적으로 수지가 많아 화재에 더 취약하고 쉽게 타는 경향이 있다.

78 야생동물을 위한 이동통로 중 육교형 통로에 해당되는 설명이 아닌 것은?

① 통로 중앙을 중심으로 양 끝은 가능한 비탈진 직선형으로 하여 건너편 조망 등 좁은 시야에 의하여 횡단 호기심을 최대화한다.
② 이용동물들이 불안감을 느끼지 않도록 입·출구 및 통로 전체는 주변 식생과 조화를 이루도록 조성한다.
③ 통로 길이가 긴 경우, 중간에 고목, 돌더미 등 피난용 구조물을 추가한다.
④ 주로 중·대형 동물(곰, 멧돼지, 오소리, 너구리, 고라니, 노루 등)용이다.

해설
야생동물 이동통로는 동물들이 안전하게 도로를 횡단할 수 있도록 설계되어야 하며, 시야가 좁은 직선형이 아니라 넓고 완만한 곡선형으로 만들어져야 한다. 좁은 시야는 동물에게 불안감을 주며, 횡단을 방해할 수 있다.

79 수목의 생육에 가장 불리한 환경을 설명한 것은?

① 수분항수 pF가 2.7이며 투수성이 $100cm^3/min$인 토양
② 입단화가 발달되고 지표경도가 18~24mm인 토양
③ 점토가 차지하는 비율이 15% 이상인 토성의 토양(식양토, 식토)
④ 43%의 공극량을 나타내고 토심이 150cm가 되는 토양

해설
점토가 차지하는 비율이 15% 이상인 식양토와 식토는 배수가 잘 안되고 공기의 통과가 어렵기 때문에 수목의 생장에 불리한 환경이다. 점토질 토양은 물이 쉽게 빠지지 않고 뿌리가 숨을 쉬기 어려운 환경을 조성해 뿌리 부패가 발생할 수 있다.

80 도장지(徒長枝)에 대한 설명으로 옳지 않은 것은?

① 부정아(不定芽)가 힘차게 자란 세력이 강한 가지이다.
② 도장지가 많으면 수형이 무질서해진다.
③ 가지 중의 일부가 나무 수간을 향하여 뻗어 있는 가지이다.
④ 일반적으로 조직이 연하고 약한 것이 특징이다.

해설
③ 도장지는 나무의 수간에서 옆으로 뻗어나가는 강하게 자란 가지이고, 수간을 향하여 뻗는 가지는 내부로 향하는 비정상적인 가지를 가리킨다. 도장지는 성장이 빠르지만 불균형하게 자라서 수형을 망칠 수 있으며, 일반적으로 가지 조직이 연하고 약하다.

81 어느 지역 토양의 공극률(porosity) 측정을 위해 토양 $60cm^3$를 채취하여 고형입자 부피와 수분 부피를 측정했더니 각각 $36cm^3$와 $12cm^3$였다. 이 지역 토양의 공극률(%)은?

① 10%　　　　　　② 20%
③ 30%　　　　　　④ 40%

해설

$$토양의\ 공극률 = \left(1 - \frac{용적밀도}{입자밀도}\right) \times 100$$
$$= \left(1 - \frac{36}{60}\right) \times 100 = 40\%$$

82 다음 옥외조명에 관한 사항으로 옳은 것은?

① 광도(光度)는 단위 면에 수직으로 떨어지는 광속밀도로서 단위는 럭스(lx)를 쓴다.
② 수은등은 고압나트륨등에 비해 2배 이상의 효율을 가지고 있다.
③ 도로조명은 휘도 차에서 오는 눈부심을 줄이기 위해 광원을 멀리한다.
④ 교차로에서는 조명등의 높이가 매우 높으며, 간격은 10m 정도가 좋고, 아래의 여러 방향으로 방사하도록 한다.

해설

③ 도로조명 설계에서는 운전자나 보행자가 눈부심을 느끼지 않도록 하는 것이 중요한 요소이다.

83 다음 중 콘크리트의 공기량에 대한 설명으로 틀린 것은?

① 공기량이 많을수록 슬럼프는 증대한다.
② 공기량이 많을수록 강도는 저하한다.
③ AE공기량은 진동을 주면 감소한다.
④ AE공기량은 온도가 높아질수록 증가한다.

해설

AE제(Air Entraining제)를 사용하면 콘크리트 내에 미세한 기포가 형성되어 공기량이 증가하지만, 기포의 불안정성으로 인하여 공기방울이 쉽게 소멸되기 때문에 온도가 높아질수록 공기량은 감소하게 된다.

84 다음 중 에폭시수지에 대한 특징 설명으로 옳은 것은?

① 가격이 저렴하다.
② 금속의 접착성이 좋다.
③ 내수성이 좋지 못하다.
④ 내약품성이 좋지 못하다.

해설

에폭시수지는 금속에 대한 접착성이 매우 뛰어나 다양한 구조물에 사용된다. 또한, 내수성, 내약품성이 뛰어나고, 강한 접착력과 내구성을 제공한다. 그러나 가격이 비싸고, 일반적으로 경화시간이 길다.

85 다음 표준품셈에 대한 설명으로 옳은 것은?

① 품셈이란 인간이나 기계가 목적물을 완성하기 위해 단위 물량당 소요되는 물질과 노력을 수량으로 표시한 것이다.
② 표준품셈 기준은 현장 조건에 따라 변동이 전혀 불가능하여 불합리한 공사비 산출을 초래할 수 있다.
③ 표준품셈의 적용은 특수한 공법과 공종에 한하여 공사비 산출에 적용된다.
④ 표준품셈에 적용되는 노무비 단가는 각 지역 실정에 적합하도록 차등 적용한다.

해설
품셈은 건설공사에서 단위 작업을 수행하는 데 필요한 인력, 재료, 기계 등 자원의 양을 수량으로 산출한 것이다. 작업의 기준을 정하고 공사비를 산정하는 데 중요한 자료로 활용된다.

87 수준측량에서 부정(우연) 오차로 판단되는 것은?

① 시차로 인한 오차
② 광선 굴절에 의한 오차
③ 지반 연약으로 인한 오차
④ 표척의 눈금이 표준척에 비해 약간 크게 표시되어 발생하는 오차

해설
부정(우연) 오차는 측정 과정에서 예측할 수 없는 원인에 의해 발생하는 오차를 말하며, 시차는 관측자의 반응 시간 차이로 인해 발생할 수 있는 우연 오차에 해당한다.
②·③·④ 광선 굴절이나 지반 연약, 표척의 눈금 차이는 계통 오차에 속하며, 특정한 원인에 의해 반복적으로 나타나는 오차이다.

86 다음 살수기 설치와 관련된 설명으로 옳지 않은 것은?

① 도시 상수관에 설치 시 급수계량기는 급수관보다 한 단계 작은 크기로 설치한다.
② 지하 급수관에서 지표면 살수기까지의 작동압력도 고려해야 한다.
③ 급수용량은 급수계량기를 통한 양을 최대안전 흐름으로 본다.
④ 살수 시의 물 분포 현황은 85~95%의 균등계수를 갖는 것이 효과적이다.

해설
급수용량은 급수계량기의 최대 안전 흐름으로 결정되는 것이 아니라, 살수 장치의 설계 용량 및 수압 조건에 따라 결정된다.

88 공정표의 하나인 횡선식 공정표(bar chart)에 대한 설명으로 틀린 것은?

① 최적안 선택 기능이 전무하다.
② 문제점의 사전 예측이 어렵다.
③ 작업의 선후 관계를 파악하기 용이하다.
④ 각 공종을 세로로, 날짜를 가로로 잡고 공정을 막대그래프로 표시한다.

해설
횡선식 공정표(bar chart)는 공정 기간을 막대 그래프 형태로 나타낸다. 그러나 작업 간의 선후 관계를 직관적으로 파악하기 어려운 점이 단점이다. 공정 간의 의존성을 명확히 파악하려면 네트워크 공정표(PERT/CPM) 등을 사용하는 것이 더 적합하다. 횡선식 공정표는 각 작업의 진행 상태와 전체 일정에 대한 개괄적인 파악에는 유용하다.

89 하도급 업체의 보호육성 차원에서 입찰자에게 하도급자의 계약서를 입찰서에 첨부하도록 하여 덤핑 입찰을 방지하고 하도급의 계열화를 유도하는 입찰 방식은?

① 부대 입찰
② 내역 입찰
③ 제한 경쟁 입찰
④ 제한적 평균가 낙찰제

[해설]
부대 입찰은 입찰자가 하도급자의 계약서를 첨부하여, 입찰 과정에서 하도급자의 권리를 보호하고 덤핑 입찰을 방지하기 위한 방식이다. 이 방식은 하도급 계약의 투명성을 높이고, 공정한 거래를 유도하는 데 목적이 있다. 내역 입찰은 공사 내역을 기준으로 한 입찰 방식이며, 제한적 평균가 낙찰제는 평균가를 기준으로 낙찰자를 선정하는 방식이다.

90 석재의 성질에 대한 설명으로 틀린 것은?

① 압축강도는 중량이 클수록, 공극률이 작을수록 크다.
② 일반적으로 내구연한은 대리석이 화강석보다 크다.
③ 흡수율이 크다는 것은 다공성이라는 것을 나타내며, 대체로 동해나 풍화를 받기 쉽다.
④ 일반적으로 암석의 밀도는 겉보기 밀도를 말하며, 조직이 치밀한 암석은 2.0~3.0 범위이다.

[해설]
화강석은 대리석보다 내구성이 뛰어나다. 대리석은 화학적 성분과 구조로 인해 풍화나 산성비에 더 취약하며, 시간이 지나면서 마모되기 쉽다. 반면에 화강암은 치밀한 조직으로 인해 내구성이 높고, 특히 외부 환경에 강한 저항성을 보인다.

91 목재를 방부 처리하는 방법이 아닌 것은?

① 표면 탄화법
② 약제 도포법
③ 관입법
④ 약제 주입법

[해설]
표면 탄화법은 목재 표면을 고온으로 처리하여 벌레나 곰팡이의 침입을 방지하는 방법이며, 약제 도포법과 약제 주입법은 방부제를 목재 표면에 바르거나 주입하여 목재 내부에 스며들게 하는 방식이다.

92 다음은 독재의 CCA 방부 방법에 대한 설명이다. 적합한 것은 어느 것인가?

① 사람이나 가축에 무해한 친환경적 방부법이다.
② 방부 효력에 대한 초기 효과는 크나 점차 풍화작용에 의하여 효력이 떨어진다.
③ 목질 세포 강도를 증진시켜 접착성, 절삭성이 떨어진다.
④ 엷은 녹색을 띠게 하며, 비바람에도 강하며, 수중에서도 효력이 크다.

[해설]
CCA 방부제는 구리(copper), 크롬(chromium), 비소(arsenic)의 혼합물로 이루어진 방부제로, 강력한 방부 효과가 있으며, 특히 비바람과 수중 환경에서의 내구성이 뛰어나다. 하지만 CCA 방부제는 인체에 유해할 수 있기 때문에, 최근에는 사용이 제한되거나 친환경 방부제로 대체되는 추세이다.

93 콘크리트 타설 시 슬럼프값의 저하를 적게 할 목적으로 사용하는 혼화제는?

① AE제
② 감수제
③ 포졸란
④ 응결지연제

94 다음 보에 걸리는 휨 모멘트(bending moment)에 대한 그림의 해설로 올바른 것은?

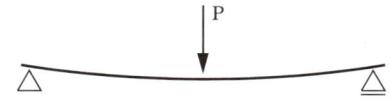

① 보의 상부는 인장력, 하부는 압축력을 받으며, 부(−)의 힘으로 작용한다.
② 보의 상부는 인장력, 하부는 압축력을 받으며, 정(+)의 힘으로 작용한다.
③ 보의 상부는 압축력, 하부는 인장력을 받으며, 정(+)의 힘으로 작용한다.
④ 보의 상부는 압축력, 하부는 인장력을 받으며, 부(−)의 힘으로 작용한다.

95 다음 철재의 가공 및 조립 제작 과정의 내용으로 올바르지 않은 것은?

① 금속 내부는 인성을 갖도록 하되 표면이 마찰에 잘 견딜 수 있도록 부분적으로 열처리하는 방법을 표면 경화법이라고 한다.
② 리벳은 철재끼리 접합 시 사용하며 연성이 큰 리벳용 압연강재를 사용한다.
③ 금속을 가열했다가 갑자기 냉각시켜 조직 등을 변화시키는 처리를 뜨임이라고 한다.
④ 철재의 접합부를 냉간상태나 상온으로 가열한 후 기계적 압력으로 접합하는 것을 압접이라고 한다.

96 다음 토공기계에서 굴착기계가 아닌 것은?

① 그레이더(grader)
② 파워셔블(power shovel)
③ 불도저(bulldozer)
④ 드래그라인(dragline)

97 A, B점의 표고가 각각 118m, 145m이고, 수평 거리가 250m이며, AB 사이가 등경사일 때 A점에서 표고 130m까지의 수평거리는 얼마인가?

① 약 18.5m
② 약 67.3m
③ 약 111.1m
④ 약 203.7m

해설

- A점에서 130m까지의 높이 : 130 − 118 = 12m
- 전체 표고차 : 145 − 118 = 27m
- 전체 수평거리가 250m이므로 비례식을 사용하여 계산하면

$$\frac{12}{27} = \frac{x}{250}$$

$$x = \frac{12 \times 250}{27}$$

= 약 111.1m

98 다음 떼붙임에 대한 품셈 기준 설명으로 가장 옳지 않은 것은?

① 평떼의 경우 1m²당 할증 10%를 포함하여 30 × 30 × 3cm 규격의 잔디 11매가 소요된다.
② 떼붙임의 식재 품셈은 100m²를 기준으로 작성한다.
③ 평떼와 줄떼공법에 대한 할증은 10%를 동일하게 적용한다.
④ 떼의 식재는 보통 인부를 기준으로 수량을 산정한다.

해설

① 평떼의 경우 1m²당 잔디 약 9매 정도가 필요하다.

99 다음 노무비에 대한 설명 중 가장 거리가 먼 것은?

① 노무비는 직접노무비와 간접노무비로 구성된다.
② 직접노무비는 제조 공정별로 작업 인원, 작업시간, 제조수량을 기준으로 계약목적물의 제조에 소요되는 노무량을 산정하고 노무비 단가를 곱하여 계산한다.
③ 간접노무비는 현장사무소 직원 및 본사 직원의 급여가 포함된다.
④ 원가계산은 재료비, 노무비, 경비, 일반관리비 및 이윤으로 구분 작성한다.

해설

③ 간접노무비는 직접 공정에 참여하지 않고 간접적으로 기여하는 인력(예) 장비관리자, 안전관리자 등)의 비용으로 현장사무소 직원이나 본사 직원은 일반관리비에 포함된다.

100 강우의 유출에 대한 설명으로 옳지 않은 것은?

① 점토질 토양에서는 상대적으로 유출량이 많다.
② 경사가 급할수록 유출량이 많다.
③ 도시지역의 유출계수가 많다.
④ 투수성 포장은 유출계수를 높인다.

해설

투수성 포장은 물이 지면으로 스며들 수 있도록 하는 포장 방식이기 때문에 유출계수를 낮춘다. 유출계수는 강우 시 지표면을 통해 흐르는 물의 비율을 의미하며, 투수성 포장은 물이 땅속으로 스며드는 양을 증가시켜 유출량을 줄이는 효과를 낸다.

101 다음 조경시설물의 정기점검과 보수의 목표에 관한 설명으로 맞는 것은?

① 원로, 광장의 아스팔트 포장 균열 보수 : 전면적의 15~20%의 함몰이 생길 때(3~5년)
② 원로, 광장의 평판 교체 : 파손장소가 눈에 띌 때(2년)
③ 시소의 베어링 보수 : 베어링이 마모되어 삐걱삐걱 소리가 날 때(3~4년)
④ 목재 벤치의 좌판보수 : 전체의 20% 이상 파손, 부식이 생길 때(5~7년)

해설
① 원로, 광장의 아스팔트 포장 균열 보수 : 전면적의 5~10%의 함몰이 생길 때(3~5년), 전반적인 노화(10년)
② 원로, 광장의 평판 교체 : 전면적의 10% 이상이 이탈이 생길 때(3~5년)
④ 목재 벤치의 좌판보수 : 전체의 10% 이상 파손, 부식이 생길 때(5~7년)

102 다음 중 난지형 잔디의 특징이 아닌 것은?

① 집약관리 지역에 적합하고, 조방관리 지역에 부적합하다.
② 내음성이 없어 수목 밑 음지에서는 생육이 부진하다.
③ 잔디밭 조성이 느리고 손상되었을 때 회복 속도가 느리다.
④ 늦가을부터 이른 봄까지는 갈색이며, 이 기간 동안에는 생장이 이루어지지 않으므로 답압에 약하다.

해설
난지형 잔디는 일반적으로 집약 관리에 적합하지 않으며, 대신 조방 관리가 가능한 넓은 지역에 적합하다. 내음성이 부족하여 그늘진 환경에서 잘 자라지 않고, 회복 속도가 느려 관리가 요구되는 지역에 적합하지 않다. 온도가 높은 여름철에 강한 특성을 보인다.

103 조경공간에서 관리하자에 의한 안전사고로 옳은 것은?

① 그네에서 뛰어내리는 곳에 벤치가 설치되어 있어 충돌한 사고
② 관객이 백네트에 올라갔다가 떨어진 사고
③ 유리조각을 방치하여 손발을 베인 사고
④ 시설물의 구조상 접속부에 손이 끼거나 구조 자체의 결함에 의한 사고

해설
유리조각을 방치하여 손발이 베이는 사고는 관리 소홀로 인한 사례로 안전관리를 통해 쉽게 예방할 수 있었던 사고이다.

104 다음 중 미국흰불나방에 관한 설명으로 옳지 않은 것은?

① 나무껍질 사이, 판자 틈, 지피물 밑에 있는 고치 속에서 번데기로 월동한다.
② 유충이 활엽수보다는 침엽수의 잎을 주로 가해한다.
③ 1화기보다는 2화기에 피해가 더 심하다.
④ 잎 또는 가지를 거미줄 같은 곳으로 감아놓기 때문에 발견하기 쉽다.

해설
② 미국흰불나방의 유충은 주로 활엽수의 잎을 갉아 먹으며 침엽수에는 피해를 주지 않는다.

105 다음 약제 중 살충제가 아닌 것은?

① 메타 유제(메타시스톡스)
② 디코플 유제(켈센)
③ 만코지 수화제(다이센엠-45)
④ 지오브릭스 분제(마릭스)

해설
③ 만코지 수화제(다이센엠-45)는 살균제로 식물병을 예방하거나 치료하는 데 사용된다.
①·② 메타 유제, 디코플 유제는 살충제로 해충 방제에 효과적이다.

106 응애류(mite)에 관한 설명으로 옳은 것은?

① 잎의 즙액을 빨아먹는다.
② 침엽수에만 피해를 준다.
③ 활엽수에만 피해를 준다.
④ 미관상 나쁠 뿐, 생육에는 상관이 없다.

해설
응애류(mite)는 활엽수와 침엽수 모두에 피해를 입히며 주로 잎의 즙액을 빨아먹어 가해를 한다. 미관상 문제가 될 뿐 아니라, 장기간 피해를 방치하면 생육에 직접적인 악영향을 미친다.

107 콘크리트 옹벽이 뒷면의 토압 증대로 인하여 앞으로 넘어지려 하는 경우 적합하지 않은 시공방법은?

① 부벽식 콘크리트 옹벽 공법
② 편책 공법
③ PC앵커 공법
④ 그라우팅 공법

해설
② 편책 공법은 주로 임시적인 토사 보호 목적으로 사용되며, 옹벽을 지지하거나 토압을 견디는 데 적합하지 않다.
①·③·④ 부벽식 콘크리트 옹벽 공법, PC앵커 공법, 그라우팅 공법은 모두 옹벽이 무너지는 것을 방지하는 데 효과적인 방법이다.

108 소나무 시들음병을 일으키는 소나무재선충이 수목간을 이동하는 경로는?

① 바람
② 종자전염
③ 매개충
④ 토양전염

해설
소나무재선충은 솔수염하늘소라는 매개충에 의해 수목 간 이동한다. 이 매개충은 소나무를 가해하여 나무를 약하게 만들고, 그 안에 재선충이 침입해 소나무 시들음병을 일으킨다. 재선충은 바람이나 종자, 토양을 통해 전염되지 않는다.

109 잔디에 녹병이 발생했을 때 조치하는 방법으로 틀린 것은?

① 질소질 비료를 뿌려 생장을 촉진시킨다.
② 잎을 깎아 통풍이 잘 되게 한다.
③ 침투이행성인 포스파미돈 액제(디무르)를 뿌린다.
④ 충분한 양을 오전에 관수한다.

해설
③ 포스파미돈 액제는 주로 살충제로 사용되며, 녹병과 같은 진균성 병해어는 적합하지 않다.

110 계면활성제의 종류가 아닌 것은?

① 유탁제
② 유화제
③ 습윤제
④ 전착제

해설
① 유탁제는 용머에 잘 녹지 아니하는 물질을 용매에 잘 분산시키기 위해 넣는 물질이며 합성 라텍스, 의약품, 식료품 생산과 섬유 가공 등에 이용한다.
②·③·④ 유화제, 습윤제, 전착제는 모두 계면활성제의 종류로, 물과 기름같이 섞이지 않는 물질을 섞이게 하거나, 표면에 고르게 퍼지게 하는 역할을 한다.

111 소나무재선충을 매개하는 솔수염하늘소의 월동충태는?

① 알   ② 유충
③ 번데기   ④ 성충

솔수염하늘소는 유충 상태로 나무껍질 속에서 월동한다. 이후 봄이 되어 성충이 되면 소나무를 가해한다. 이 과정에서 소나무재선충을 옮기게 되고 이로 인해 소나무 시들음병이 확산된다.

113 전정의 목적 중 토피어리와 같이 형상적 수형을 만드는 전정의 목적은?

① 미관상 목적   ② 실용상 목적
③ 생리상 목적   ④ 생육상 목적

토피어리
나무를 미적으로 조형하여 장식적인 가치를 높이기 위해 전정하는 방법으로 이는 전적으로 미관상 목적에 해당한다.

114 다음 토양수분 중 토양입자에 가장 강하게 흡착되어 있는 것은?

① 결합수   ② 흡습수
③ 모세관수   ④ 중력수

① 결합수는 토양입자에 가장 강하게 흡착된 수분으로 식물이 이용할 수 없으며 증발도 잘 일어나지 않는다.
②·③ 흡습수나 모세관수는 상대적으로 약하게 흡착되어 있으며, 특히 모세관수는 식물이 흡수할 수 있다.
④ 중력수는 중력에 의해 쉽게 빠져나가는 수분이다.

112 병에 걸린 생물체로부터 분리한 미생물이 그 병의 원인이라고 인정을 받기 위해서는 4가지 조건을 충족시켜야 한다. 다음 중 코흐의 원칙 조건에 해당하지 않는 것은?

① 병든 생물에 병원체로 의심되는 특정 미생물이 존재해야 한다.
② 특정 미생물은 기주생물로부터 분리되고 배지에서 순수배양되어야 한다.
③ 순수배양한 미생물을 동일 기주에 접종하였을 때 동일한 병이 발생하여야 한다.
④ 병든 생물체로부터 접종할 때 사용하였던 미생물과 동일한 특성의 미생물은 재분리·배양되어서는 아니된다.

코흐의 원칙은 미생물이 질병의 원인임을 증명하기 위한 4가지 조건이다. 마지막 단계는 병든 생물체로부터 미생물을 재분리하여 동일한 특성의 미생물을 확인해야 한다.

115 짧은 폐쇄·회복기에도 최대한의 회복효과를 얻을 수 있고, 따라서 이용자에게 불편을 적게 줄 수 있으며, 특히 손상이 심한 부지에 가장 이상적인 레크리에이션 공간의 관리방안은?

① 완전방임형 관리 전략
② 폐쇄 후 자연회복형
③ 폐쇄 후 육성관리
④ 순환식 개방에 의한 휴식기간 확보

폐쇄 후 육성관리
손상이 심한 부지에 적합한 관리방안으로 짧은 폐쇄 기간에도 최대의 회복효과를 기대할 수 있어 이용자의 불편을 줄이면서 부지를 효율적으로 복구할 수 있는 방법이다.

116 해충의 구제방법들 중 기계적 방제법에 해당하는 것은?

① 인공포살(人工捕殺)
② 온도 처리법
③ 접촉살충제 살포
④ 기생봉 이용

해설

기계적 방제법은 직접 해충을 제거하거나, 방해물을 설치하는 방법으로 인공포살이 대표적이다.
② 온도 처리법은 물리적 방제법에 속한다.
③ 접촉살충제는 화학적 방제법에 속한다.
④ 기생봉 등 생물학적 방제법은 해충의 천적을 이용하는 방식이다.

117 조경 수목의 종자 훈증제(fumigant) 구비조건으로 옳지 않은 것은?

① 휘발성이 작아야 한다.
② 불연성이고 비폭발성이어야 한다.
③ 종자의 활력에 영향을 주지 말아야 한다.
④ 가격이 싸고 사용할 때 증발이 쉬워야 한다.

해설

종자 훈증제는 미생물이나 병해충을 제거하기 위해 휘발성을 가져야 한다. 휘발성이 커야 작업이 빠르고 효과적이다.

118 단일균사에 의하여 각피침입을 하는 병원체는?

① 낙엽송 끝마름병균
② 소나무류 잎떨림병균
③ 동백나무 잿빛곰팡이병균
④ 밤나무 줄기마름병균

해설

동백나무 잿빛곰팡이병균
단일균사를 통해 각피로 침입하는 병원체로, 나무의 건강을 악화시키며 잿빛곰팡이를 형성하여 나무를 시들게 만든다.

119 분제의 물리적 성질인 토분성에 대한 설명으로 옳은 것은?

① 분제가 입자의 크기와 보조제의 성질에 따라 작물해충 등어 잘 달라붙는 성질을 말한다.
② 살분 시 분제의 입자가 풍압에 의해 목적하는 장소까지 날아가는 성질을 말한다.
③ 살분 시 분제의 입자가 살분기의 분출구로 잘 미끄러져 가는 성질을 말한다.
④ 분제 농약의 저장 시 주성분의 분해 및 응집 등 물리적 변화가 일어나지 않은 성질을 말한다.

해설

③ 토분성은 살포 시 분제가 살포 장치에서 잘 분출되도록 기계에서 잘 미끄러져 나오는 성질을 의미 한다.
①·② 해충에 달라붙는 성질은 부착성, 풍압에 의해 날아가는 성질은 비산성이다.

120 식물병은 예방이 주축을 이루고, 치료는 아직까지 그 일부에 지나지 않는데, 그 이유로 합당하지 않는 것은?

① 경제적으로 방제 경비가 제한된다.
② 식물병의 치료는 원인 규명이 중요하다.
③ 식물은 체내에 순환계를 지니지 않고 있다.
④ 방제에 사용되는 약제의 대부분이 치료효과가 확실하지 않다.

해설

치료를 위한 정확한 원인 규명도 필수적이지만, 많은 경우에는 약제의 효과가 제한적이기 때문에 치료보다 예방이 강조된다.

정답 116 ① 117 ① 118 ③ 119 ③ 120 ②

2025년 제1회 최근 기출복원문제

제1과목 조경사

01 다음 중 조경유적 – 정자 – 지당형태의 연결이 옳지 않은 것은?

① 창덕궁 – 부용정 – 방지원도
② 선교장 – 활래정 – 방지원도
③ 부용동 – 원림 – 세연정 – 방지방도
④ 경복궁 – 경회루 – 방지방도

해설
② 선교장 활래정은 방지방도이다.
• 방지방도(方地方島) : 사각형 땅에 사각형 섬
  例 경복궁 경회루 연못, 부용동 세연지 연못, 선교장 활래정 연못, 국담원
• 방지원도(方地圓島) : 사각형 땅에 둥근 섬
  例 창덕궁 부용지 연못, 다산초당, 청평사 문수원 정원 영지, 윤증고택의 연못

02 다음 칼버트 보(Calvert Vaux)의 대표적 작품은?

① 미국의 센트럴 파크(Central park)
② 프랑스의 샤도(Chateau)
③ 시카고(Chicago)의 만국박람회장
④ 영국의 스토우(Stowe)정원

해설
옴스테드와 칼버트 보의 공동작품으로 센트럴 파크가 탄생하였다.

03 17세기 영국 스튜어트 왕조의 정원에 미친 네덜란드의 영향이 아닌 것은?

① 튤립의 식재
② 방사형의 소로
③ 공간구성의 조밀함
④ 상록수를 환상적 형태로 다듬은 토피어리

해설
방사형의 소로는 프랑스 바로크 정원에서 보이는 특징으로, 프랑스의 영향을 받은 것이다.

04 영국의 전원시인 센스톤(Shenstone)은 정원미를 3가지로 나누었는데, 다음 중 센스톤의 정원미에 해당하지 않는 것은?

① 장미(壯美, sublime)
② 우미(優美, beautiful)
③ 음울 또는 한적(陰鬱 또는 閑寂, melancholy orpensive)
④ 별미(別味, unique)

해설
센스톤(Shenstone)
낭만주의적 조경 방식의 도입을 주장한 전원시인으로, 정원의 아름다움을 장미, 우미, 한적의 세 범주로 나누었으며 이러한 감정적 요소들이 정원 속에 담겨야 한다고 보았다.

05 다음 창덕궁 내에 있는 정자 중 입지 특성이 다른 하나는?

① 애련정   ② 부용정

③ 농수정   ④ 관람정

해설

③ 농수정은 옥류천 권역에 있는 취한정, 소요정 등과 함께 물이 흐르는 개울 옆에 세워진 정자이다.

①·②·④ 애련정, 부용정, 관람정은 연못 위에 지어진 정자이다.

06 다음 중 우리나라 최초의 공원으로 맞는 것은?

① 남산공원   ② 장충단공원

③ 사직공원   ④ 파고다공원

해설

대한제국의 총세무사였던 영국인 브라운의 건의로 1897년 서울 최초의 근대공원인 '파고다공원'이 조성되었고, 이후 1992년 5월 28일에 탑골공원으로 개칭되었다.

07 르 코르뷔지에(Le Corbusier)가 제안한 빌라 래디어스의 내용과 가장 거리가 먼 것은?

① 오픈스페이스 중시

② 토지이용 체계의 주종 관계 고려

③ 저층 주거 형태에서의 쾌적성 확보

④ 적절한 비례의 격자형 가로 공간 구조

해설

③ 저층이 아닌 고층이다.

르 코르뷔지에(Le Corbusier)의 대도시론

근대 건축운동의 선구자로 기능주의를 주장하였다. 특히 인구 300만명을 수용하는 거대도시계획으로 중심부에는 초고층빌딩, 외곽에는 녹지대 형성을 계획하였다.

08 다음 중 Pirro Ligorio가 참여한 설계 작품은?

① villa d'Este

② Bersailles

③ Hampton court

④ Alcazar garden

해설

빌라 데스테(villa d'Este)

리고리오가 설계한 정원으로, 100개의 분수로 물풍금, 용의 분수 등 물을 풍부하고 다양하게 사용했다.

09 일본의 침전조 정원에 대한 설명으로 틀린 것은?

① 부지의 앞쪽에 침전이 위치하고 후원에는 조전(釣殿)이 있다.

② 침전 전면의 뜰은 남정(南庭)이라 하여 흰 모래를 깔고 연중행사 또는 의식의 공간으로 이용하였다.

③ 대표적인 정원으로 동삼조전(東三條殿)이 있다.

④ 주경은 연못이며, 면적이 커지면 대해의 형태로 바다의 경관이 연출되었다.

해설

① 주건물을 침전으로 그 앞에 연못 등의 정원을 조성했다.

10 보길도 윤선도 원림 낙서재에 위치한 지형지물로 고산의 시에 언급된 사령의 하나인 것은?

① 칠암   ② 월암
③ 석양   ④ 귀암

해설
보길도 낙서재의 귀암(龜巖)은 달을 구경하던 장소이다.

11 중국 명대(明代) 말에 저술된 원야(園冶)의 저자는?

① 계성   ② 백낙천
③ 문진향   ④ 이두

해설
계성의 원야
• 명나라시대에 중국 정원을 전문적으로 다룬 책자로 총 3권으로 구성되어 있다.
• 제1권(흥조론)에서 시공자보다 설계자가 중요함을 강조하였다.

12 강릉 선교장에는 주택 전면부에 방지방도가 조성되어 있다. 이 연못에 있는 정자의 명칭은?

① 활래정   ② 농산정
③ 부용정   ④ 하엽정

해설
강릉 선교장의 활래정 지원
• 별당과 같은 기능을 가지며, 지당은 직선적인 방지이며 지심에는 방도가 축조되고 적송이 식재되어 있다(방지방도형의 연못형태).
• 지안에는 배롱나무를, 지내에는 연꽃을 식재하였다.
• 특징 : 방지 속의 방도가 있다.

13 우리나라 석가산 기법에 대한 설명으로 옳지 않은 것은?

① 석가산은 중국에서 도입된 축석 기법이다.
② 석가산은 조선시대 사찰에서 성행하였다.
③ 석가산은 수목이나 수경시설을 곁들였다.
④ 석가산은 괴석을 쌓아 만든 것이다.

해설
② 조선시대 궁궐이나 민간 정원, 별서정원 등에서 사용되었다.

14 중국의 시대별 조경유적과 기록에 대한 설명으로 옳지 않은 것은?

① 한대의 무제는 상림원을 꾸몄다.
② 진나라 때 왕희지는 난정기를 저술하였다.
③ 당나라 때 오흥과 소주에는 태호석을 이용한 석가산을 조성하였다.
④ 석가산은 괴석을 쌓아 만든 것이다.

해설
③ 오흥과 소주의 정원은 송나라와 관련이 있다.

15 20세기 초 독일의 무테시우스가 주장한 건물과 정원에 대한 설명으로 옳은 것은?

① 정원은 건축의 구조적 기능을 공간에 충분히 나타내야 한다.
② 건물과 정원은 독립적 기능을 지녀야 한다.
③ 정원과 건물의 이질성을 강조하였다.
④ 정원은 가옥을 구성하는 하나의 방으로 견줄 수 있는 성격을 지닌 공간이다.

해설
무테시우스
현대정원은 특수한 정형적 구성을 가진 부분에 의해 구성되어야 하며 노단이나 화단, 잔디밭, 채소원 따위는 옥외에 놓여있다는 점만을 제외하고는 가옥을 구성하는 하나의 방으로 견줄 수 있는 성격을 지닌 공간이다. 따라서 각 부분은 모두 수평으로 놓여지는 한편 그 경계선이 뚜렷이 인정되어야 한다고 말했다.

16 고조선시대의 무덤에 관한 설명으로 틀린 것은?

① 목곽무덤은 판자로 상자를 만들고 그 위에 흙을 덮어 봉분을 만든 무덤이다.
② 적석무덤은 약돌을 쌓아 만든 무덤이다.
③ 석곽무덤은 판돌로 상자처럼 만들고 봉분을 만든 무덤이다.
④ 고조선시대에 만들어진 대표적인 무덤은 강상무덤과 누상무덤 등이 있다.

해설
② 적석무덤은 자연석을 쌓아 만든 무덤이다.

17 조선시대 창경궁 내 연경당은 어느 시기에 조성되었는가?

① 영조 1724년
② 순조 1828년
③ 세조 1468년
④ 숙종 1704년

해설
연경당
효명세자가 순조와 순원왕후를 위한 잔치를 베풀고자 1827~1828년(순조 27~28년)경 지은 효심이 담긴 집이다.

18 일본 조경사에서 곡수연이 시작된 시기는?

① 모모야마시대
② 아스카시대
③ 무로마치시대
④ 헤이안시대

해설
아스카시대는 일본 조경사에서 곡수연이 시작된 시기이며 612년 백제의 노자공이 황궁의 남정에 불교사상의 세계관을 배경으로 수미산과 오교를 조성하였다.

정답 15 ④ 16 ② 17 ② 18 ②

19 산마르코(San Marco) 광장은 조경역사에서 어느 시대적 양식에 속하는가?

① 고딕(Gothic)
② 프라자(plazza)
③ 피아자(piazza)
④ 빌라(villa)

피아자(piazza)
시민들의 일상과 삶 속에서 열려 있는 공유 공간으로, 다양한 교류와 소통이 이루어지는 장소였다. 피렌체에서는 오래전부터 이 피아차가 중요한 의미를 지녔으며, 도시를 다섯 구역으로 나누는 중심이 되었다. 그중 산마르코 광장은 북쪽 지역에 해당한다.

20 다음 중 자생식물로 야생정원을 조성해야 한다고 주장하여 근대 식재설계에 기여한 사람은?

① Lancelt Brown
② William Robinson
③ William Kent
④ Humphrey Repton

윌리엄 로빈슨(William Rhobinson)
• 자생식물로 야생정원을 조성해야 한다고 주장하여 근대 식재설계에 기여했다.
• 인공적인 정형식 요소들을 배제한 자연주의 스타일을 고집하였다.

제2과목 조경계획

21 다음 중 자연환경보전법에 대한 설명으로 틀린 것은?

① 환경부장관은 생태·경관보전지역의 지속가능한 보전 관리를 위하여 생태·경관완충보전구역, 생태·경관전이보전구역으로 구분하여 지정 관리할 수 있다.
② 환경부장관은 지형 또는 지질이 특이하여 학술적 연구 또는 자연경관의 유지를 위하여 보전이 필요한 지역을 생태·경관보전지역으로 지정할 수 있다.
③ 환경부장관은 생태·경관보전지역을 지정하거나 변경하고자 하는 때에는 다음의 내용을 포함한 지정계획서에 대통령령으로 정하는 지형도를 첨부하여 해당 지역주민과 이해관계인 및 지방자치단체의 장의 의견을 수렴한 후 관계중앙행정기관의 장과의 협의 및 중앙환경정책위원회의 심의를 거쳐야 한다.
④ 환경부장관은 자연환경에 관한 지식정보의 원활한 생산·보급 등을 위하여 생태·자연도, 생물종(生物種)정보, 보호지역 정보 등을 전산화한 '국토환경성 평가정보망'을 구축·운영할 수 있다.

④ 국토환경성 평가정보망이 아닌 자연환경 종합지리정보시스템을 구축·운영할 수 있다.

22 다음 중 페리(Perry)가 주장한 근린주구이론에서 하나의 근린단위가 갖고 있어야 하는 기본요소에 해당하지 않는 것은?

① 운동장
② 완충녹지
③ 작은 공원
④ 소규모 가게

② 완충녹지는 도시계획 요소이며 근린주구의 근린단위가 갖고 있어야 하는 기본요소에 해당하지 않는다.
※ 페리(Perry)의 근린주구이론에서 하나의 근린단위는 초등학교, 운동장 및 공원, 소규모 상가, 내부 가로망, 근린단위 외곽의 간선도로, 인구 약 5~9천명 규모 등의 기본요소를 갖춘다.

24 다음 중 차량의 진입을 금지하고 수목, 벤치 등을 설치하여 보행자만 자유롭게 다니기 하는 몰을 지칭하는 것은?

① 풀몰(full mall)
② 녹도(green way)
③ 세미몰(semi mall)
④ 트랜싯 몰(transit mall)

① 풀몰 : 모든 차량(승용차, 택시, 버스, 트럭 등)의 진입을 금지하며, 오로지 보행자만 자유롭게 다니는 공간으로, 수목, 벤치 등 보행자 편의시설을 중심으로 구성된다.
② 녹도 : 보행자 및 자전거 중심의 친환경 도로 또는 경로이다.
③ 세미몰 : 보행자와 차량이 일부 공존하는 지역으로, 차량 진입이 부분적으로 허용된다.
④ 트랜싯몰 : 승용차와 트럭의 진입은 금지되고, 버스·택시·노면전차 등 대중교통 수단 및 보행자만 통행이 허용되는 전용도로이다.

23 주택건설기준 등에 관한 규정의 주민공동시설 중 경로당, 어린이놀이터는 최소 몇 세대수 이상부터 필수적으로 설치해야 하는가?

① 100세대
② 150세대
③ 300세대
④ 500세대

• 150세대 이상 : 경로당, 어린이놀이터
• 300세대 이상 : 경로당, 어린이놀이터, 어린이집
• 500세대 이상 : 경로당, 어린이놀이터, 어린이집, 주민운동시설, 작은도서관, 다함께돌봄센터

25 관개용 저수지나 댐 주변의 유원지 개발시 일반적으로 가장 큰 장애요인이 될 수 있는 것은?

① 접근도가 낮다.
② 주변경관이 단조롭다.
③ 수상 및 육지에 시설을 하여야 하므로 설계가 어렵다.
④ 만수 시와 갈수 시의 수심차이가 심하여 수변 위락시설의 적극적 이용이 힘들다.

만수란 수지나 댐에서 물이 가장 많이 차 있는 상태, 즉 최대수위 상태를 의미하고 갈수는 수지나 댐에서 물이 가장 적게 차 있는 상태, 즉 최소수위 상태를 의미한다. 수위가 높을 때(만수 시)와 낮을 때(갈수 시) 수심의 변화 폭이 크면 시설물이 물속에 잠기거나 육지로 멀어지는 등 수변 위락시설의 활용에 제한이 생겨 유원지 개발과 운영에 큰 어려움을 초래한다.

26 자전거 이용시설의 구조·시설 기준에 관한 규칙상의 자전거도로 설치에 관한 설명 중 옳지 않은 것은?

① 자전거도로의 폭은 하나의 차로를 기준으로 1.5m 이상으로 한다. 다만, 지역 상황 등에 따라 부득이하다고 인정되는 경우에는 1.2m 이상으로 할 수 있다.

② 종단경사란 자전거도로의 진행방향 중심선의 길이에 대한 높이의 변화 비율을 말한다.

③ 시속 30km의 설계속도를 가진 도로에서의 곡선반경은 18m 이상 두어야 한다.

④ 자전거도로의 설계속도가 25km/hr(하향경사도 2% 미만)인 경우 정지시거는 20m 이상이다.

해설

③ 시속 30km의 설계속도를 가진 도로에서의 곡선반경은 27m 이상 두어야 한다.

곡선반경(자전거 이용시설의 구조·시설 기준에 관한 규칙 제7조)

설계속도	곡선반경
시속 30km 이상	27m
시속 20km 이상 30km 미만	12m
시속 10km 이상 20km 미만	5m

27 주택정원의 기능 분해(G. Eckbo) 시 내외부공간을 관련시켜 설계하는 것이 바람직하다. 기능군에 따른 내부 및 외부공간 요소를 잘못 연관시킨 것은?

① 포치(porch) – 전정(前庭)

② 거실 – 주정(主庭)

③ 식당 – 후정(後庭)

④ 주방 – 작업정(作業庭)

해설

후정은 가족 구성원들의 사적인 장소이므로 침실을 설계하는 것이 적당하며 식당은 주정에 설계해야 한다.

Eckbo의 주택정원의 기능분해

전정	내부공간	현관홀, 포치
	외부공간	대문, 진입공간, 주차장, 차고 등
주정	내부공간	거실, 식당, 서재, 가족실 등
	외부공간	테라스, 파티오, 연못, 화단, 잔디밭, 산책길, 수영장, 테니스코트 등
후정		침실
작업정	내부공간	주방, 세탁실, 다용도실, 저장고
	외부공간	장독대, 빨래터, 건조장, 쓰레기하차장, 채소밭, 가구집기 수리 및 보관장소 등

28 생태계획에서 고려하는 원리로 가장 부적합한 것은?

① 생태계의 폐쇄성

② 생태계 구성요소들 사이의 연결성

③ 생태적 다양성과 추이대(ecotone)

④ 에너지 투입과 물질저장의 제한성

해설

생태계획

인간의 생활환경을 자연 생태학적 원리에 맞게 보전하고 복원하며, 지속가능한 형태로 설계·관리하는 계획이다. 생태계획에서는 생태계가 열린 체계임을 전제로 한다. 외부와 에너지, 물질, 종 등이 지속적으로 교류하기 때문에 폐쇄성 개념은 생태계의 계획과 맞지 않는다.

29 국토의 계획 및 이용에 관한 법률상 특별시·광역시·시·또는 군의 관할구역에 대하여 기본적인 공간구조와 장기발전 방향을 제시하는 종합계획으로서 도시관리계획수립의 지침이 되는 계획은?

① 광역도시계획　　② 도시계획
③ 도시기본계획　　④ 도시관리계획

도시기본계획
시·군의 장기적 공간구조와 발전방향을 제시하는 최상위 계획이며, 도시의 물리적·공간적 측면뿐 아니라 환경, 사회, 경제 등 다양한 분야를 포괄하여 20년 이상의 장기적인 미래상을 제시한다. 또한, 도시관리계획과 타 부문별 하위계획들이 일관성 있고 통일성 있게 수립될 수 있도록 지침 역할을 수행한다.

30 다음 중 조경계획의 일반적인 과정으로 가장 적합한 것은?

① 환경조사 – 기본계획 – 개념화 – 시공계획
② 기본구상 – 개념계획 – 적지선정 – 기본설계
③ 기본계획 – 문헌 및 현지조사 – 중간검토 – 종합계획
④ 기본구상 – 기본계획 – 기본설계 – 실시설계

조경계획 및 설계 과정
목표설정 – 자료분석(자연환경분석/인문환경분석) 및 종합 – 기본구상 – 기본계획(토지이용계획, 교통동선계획, 시설물배치계획, 식재계획, 하부구조계획, 집행계획) – 기본설계 – 실시설계 – 시공 및 감리 – 유지관리

31 건축법에 의한 건축물의 용도를 구분할 때 그 종류에 해당하지 않는 것은?

① 제1종 근린생활시설
② 묘지 관련 시설
③ 운동시설
④ 공원시설

정의(건축법 제2조 제2항)
건축물의 용도는 다음과 같이 구분하되, 각 용도에 속하는 건축물의 세부 용도는 대통령령으로 정한다.
1. 단독주택
2. 공동주택
3. 제1종 근린생활시설
4. 제2종 근린생활시설
5. 문화 및 집회시설
6. 종교시설
7. 판매시설
8. 운수시설
9. 의료시설
10. 교육연구시설
11. 노유자(老幼者 : 노인 및 어린이)시설
12. 수련시설
13. 운동시설
14. 업무시설
15. 숙박시설
16. 위락(慰樂)시설
17. 공장
18. 창고시설
19. 위험물 저장 및 처리 시설
20. 자동차 관련 시설
21. 동물 및 식물 관련 시설
22. 자원순환 관련 시설
23. 교정(矯正)시설
24. 국방·군사시설
25. 방송통신시설
26. 발전시설
27. 묘지 관련 시설
28. 관광 휴게시설
29. 그 밖에 대통령령으로 정하는 시설

32 다음 중 용적률을 나타내는 개념과 거리가 먼 것은?

① 연상면적 ÷ 대지면적
② 평균층수 × 건폐율
③ 호수밀도 × 1호당 면적
④ 총 층수 ÷ 건물 동수

④ 총 층수 ÷ 건물 동수는 단순한 건물 평균층수를 나타내는 수치이므로 대지면적과 연면적의 비율과는 관계가 없다.

33 다음 중 자연공원의 유형이 아닌 것은?

① 국립공원   ② 도립공원
③ 시립공원   ④ 지질공원

정의(자연공원법 제2조 제1호)
'자연공원'이란 국립공원·도립공원·군립공원(郡立公園) 및 지질공원을 말한다.

34 도시공원 및 녹지 등에 관한 법률의 다음 설명 중 (   ) 안에 맞는 용어는?

> 도시공원의 설치에 관한 도시·군관리계획결정은 그 고시일부터 10년이 되는 날까지 (   )가/이 없는 경우에는 국토의 계획 및 이용에 관한 법률에도 불구하고 그 10년이 되는 날의 다음 날에 그 효력을 상실한다.

① 공원부지의 매입
② 공원의 조성완료
③ 공원관리계획의 수립
④ 공원조성계획의 고시

도시공원 결정의 실효(도시공원 및 녹지 등에 관한 법률 제17조 제1항)
도시공원의 설치에 관한 도시·군관리계획결정은 그 고시일부터 10년이 되는 날까지 공원조성계획의 고시가 없는 경우에는 국토의 계획 및 이용에 관한 법률에도 불구하고 그 10년이 되는 날의 다음 날에 그 효력을 상실한다.

35 자연공원법상 용도지구의 분류에 해당하지 않는 것은?

① 공원자연환경지구
② 공원마을지구
③ 공원경관고도지구
④ 공원문화유산지구

용도지구(자연공원법 제18조 제1항)
공원관리청은 자연공원을 효과적으로 보전하고 이용할 수 있도록 하기 위하여 다음의 용도지구를 공원계획으로 결정한다.
• 공원자연보존지구
• 공원자연환경지구
• 공원마을지구
• 공원문화유산지구

36 다음 중 미기후(micro climate)에 영향을 가장 적게 끼치는 것은?

① 보차 포장재료
② 대상지 주변의 식재 현황
③ 주변 건물의 배치
④ 운행 중 차량소음

④ 운행 중 차량소음은 소리라는 비기후성 물리적 요소로 미기후를 직접적으로 변화시키지 않는다.
미기후는 특정 지역 내에서 발생하는 기후환경을 의미하며, 온도, 습도, 바람의 흐름, 일사(태양빛) 등 물리적 환경 조건에 영향을 받는다.

37 행락지의 생태적 수용력을 설명한 것으로 틀린 것은?

① 행락지의 식생, 토양, 수질 등에 악영향이 없는 이용수준이다.
② 행락경험을 최대한 만족시킬 수 있는 이용수준이다.
③ 행락지의 생태계가 행락이용의 영향을 극복할 수 있는 이용수준이다.
④ 행락지가 생태적으로 재생할 수 있는 수준의 이용자수이다.

행락지란 사람들이 재미있게 놀고 즐겁게 지낼 수 있는 장소로, 주로 휴양이나 여가를 위해 방문하는 곳을 의미하며, 생태적 수용력이란 자연생태계가 인간 활동을 흡수하고 지탱할 수 있는 내성 범위를 말한다. 최대 만족을 위해 지나친 이용은 생태계 훼손을 초래할 수 있어 생태수용력 개념과는 다르다.

39 다음 중 도시공원 주변의 골프연습장의 설치기준에 관한 설명 중 가장 거리가 먼 것은?

① 도시공원을 이용하는 주민들이 쉽게 접근할 수 있고 공원의 다른 시설과 조화를 이룰 수 있는 지역일 것
② 임상이 양호한 지역이나 절토 또는 성토의 높이가 3m 이상 필요한 지역이 아닌 것
③ 근린공원 및 체육공원에 설치하는 골프연습장은 공원면적이 20만m² 이상인 경우 2개소로 한다.
④ 하나의 공원이 2 이상의 시·군 또는 구의 행정구역에 걸쳐 있는 경우에는 각 시·군 또는 구에 속한 공원의 면적을 기준으로 해서 설치한다.

③ 근린공원 및 체육공원에 설치하는 골프연습장은 공원면적이 10만m² 이상인 경우 1개소로 하되, 10만m²를 초과하는 100만m²마다 1개소를 추가로 설치할 수 있다(도시공원 및 녹지 등에 관한 법률 시행규칙 [별표 5]).

38 실내조경계획에 있어 실내식물의 중요한 환경적 고려 요소가 아닌 것은?

① 광선의 도입
② 습도의 유지
③ 실내공간의 규모
④ 토양력의 유지

실내조경에서 식물의 생존과 건강에 영향을 주는 환경적 요인은 빛, 습도, 토양 상태 등이다. 실내공간의 규모는 식물 성장에는 직접적인 환경 조건이라기보다 공간계획의 요소이다.

40 여러 가지의 종합분석 단계들에서 다음 분석의 항목 중 기능분석에 포함되는 것은?

① 자연환경 분석
② 역사성 분석
③ 경관 분석
④ 재해방지 기능분석

기능분석은 교통기능, 설비기능, 이용기능, 경관기능, 토지 이용기능, 재해방지기능, 유사시설이나 공공시설과의 기능조절을 동반 종합적으로 분석하는 것이다.

41 조경설계기준상 토지이용 상충지역 완충녹지의 설계로 옳지 않은 것은?

① 완충녹지의 폭원은 최소 20m를 확보한다.
② 임해매립지의 방풍 · 방조녹지대의 폭원은 200~300m를 확보한다.
③ 재해 발생 시의 피난지로서 설치하는 녹지는 교목 식재를 하고, 전체 녹화 면적률이 50% 정도가 되도록 한다.
④ 보안, 접근 억제, 상충되는 토지이용의 조절 등을 목적으로 설치하는 녹지는 교목, 관목 또는 잔디, 기타 지피식물을 재식하고 녹화면적률이 80% 이상이 되도록 한다.

해설
③ 재해 발생 시의 피난 그 밖에 이와 유사한 경우를 위하여 설치 · 관리하는 녹지에는 관목 또는 잔디 그 밖의 지피식물을 심으며, 그 녹화면적률이 70% 이상이 되도록 할 것(도시공원 및 녹지 등에 관한 법률 시행규칙 제18조 제1항 제1호 나목)

42 Leopold가 계곡경관의 평가에 사용한 경관 가치의 상대적 척도의 계량화 방법은?

① 특이성비
② 연속성비
③ 유사성비
④ 상대성비

해설
레오폴드(Leopold)의 분석 방법
• 대상지역 : 12개 지역에 있어서의 하천에 대한 경관가치의 계량화
• 척도 : 물리적 인자, 생물학적 인자 및 수질, 인간이용 및 흥미적 인자
• 평가방법 : 특이성비, 계곡특성 및 하천특성의 계산

43 문화유산 및 사적지 조경설계에 대한 설명으로 틀린 것은?

① 자연지형의 변화 및 훼손이 없는 범위 내에서 설계하여야 하므로 재료는 사적지 주변지역의 것을 활용하지 않도록 한다.
② 역사 문화유적의 시대적 배경에 부합하도록 역사성에 어울리는 소재, 디자인 요소, 마감 방법 등을 고려한다.
③ 사적의 복원 및 재현은 역사성에 맞게 하되 주변지역도 역사성에 맞게 식재하고 시설물들이 조화롭게 설계되어야 한다.
④ 민속촌의 입지는 풍수의 개념을 고려하여 정하고, 민속시설물과 공간구성은 우리나라 고유 건축의 외부공간 특성을 반영한다.

해설
① 문화유산 보존 · 정비 지침에서는 주변 환경과의 조화를 위해 가능하면 원위치 또는 주변지역에서 얻을 수 있는 재료(석재 · 토양 · 식재 등)를 활용하도록 권장하는 경우가 많다.

44 포장패턴(paving pattern) 설계의 수단으로서 고려할 사항 중 가장 거리가 먼 것은?

① 포장재료의 질감
② 포장재료의 견고성
③ 포장재료의 색채
④ 포장재료의 단위크기

해설
포장패턴 설계는 재료의 질감, 색채, 단위 크기, 패턴의 분할 등을 고려해 시각적 효과와 공간감을 조성하는 데 초점이 있다. 그러나 견고성은 시각적 효과와 공간감을 조성하기 위함보다는 포장 기능과 내구성 측면으로, 주로 구조설계나 재료공학 영역에 해당한다.

45 시공상 필요한 도면과 재료, 공법, 끝맺음, 정밀도 등을 작성하는 과정은?

① 기본설계　　② 실시설계
③ 기본구상　　④ 기본계획

해설
실시설계는 시공자가 알아보고 시공에 들어갈 수 있고, 능률적·경제적으로 시공할 수 있도록 도면을 작성하는 단계이다. 모든 종류의 설계도, 상세도, 공사비, 시방서, 수량산출서, 일위대가표, 공정표 등의 서류가 작성된다.

46 정리된 경관, 절약된 색채, 잘 배합된 색채대비는 쾌적한 인공환경 창출의 한 요소이다. 아파트, 건축물, 그리고 가로 시설물 등 주거환경에 대한 색채의 기능적 대응으로서의 색채계획을 무엇이라고 하는가?

① 색의 혼합(color mixture)
② 색채 조절(color conditioning)
③ 색채 대비(color contrast)
④ 색의 연상(color association)

해설
색채 조절이란 목적에 따라 색의 기능적 사용과 더불어 심리, 생리, 조명 등에 근거하여 색을 과학적으로 선택하여 사용하는 것이다. 눈의 피로를 줄이고 안전사고를 예방하며, 쾌적한 분위기를 조성하고 능률을 향상시키는 목적을 갖는다.

47 다음 중 조경에서 놀이시설에 관한 사항 중 가장 거리가 먼 것은?

① 놀이터 어귀는 보행로에 연결시키고 입구는 2개소 이상 배치하되, 1개소 이상에는 8.3% 이하의 경사로로 설계한다.
② 그네, 미끄럼대 등 동적인 놀이시설은 시설물의 주위로 3.0m 이상의 이용공간을 확보하여야 한다.
③ 흔들말 시설 등의 정적인 놀이시설은 시설물 주위로 2.0m 이상의 이용공간을 확보하여야 한다.
④ 기어오르기 시설의 높이는 1.5~2.0m를 기준으로 하고, 줄은 내구성·안전성 등에 적합하게 설계한다.

해설
④ 기어오르기 기구의 높이는 2.5~4.0m를 기준으로 하고, 줄은 맨손으로 잡았을 때 가시나 상처가 발생하지 않는 재료를 사용한다.

48 조경제도의 척도에 관한 용어 중 대상물의 크기보다 작은 크기로 도형을 그릴 때의 용어는?

① 현척　　② 배척
③ 축척　　④ 감척

해설
③ 축척이란 실제 공간을 지도와 같은 도면 위에 나타내기 위해 줄인 비율을 말한다. 예를 들어, 축척이 1:5,000라면 지도 위의 1cm가 실제 땅에서는 5,000cm에 해당한다는 의미이다.
① 현척 : 실제 사물의 크기와 도면(지도 등)에 그려진 크기의 비율이 1:1로 같은 것이다.
② 배척 : 실제 사물의 크기보다 도면에 더 크게 확대하여 그리는 것이다.
④ 감척 : 수산업 분야에서 사용되는 정책 용어로 어선의 수를 줄이는 것이다.

49 한국의 전통색채 및 색채의식에 대한 설명 중 틀린 것은?

① 음양오행사상을 기본으로 한다.
② 오정색과 오간색의 구조로 되어 있다.
③ 색채의 기능적 실용성 보다는 상징성에 더 큰 의미를 두었다.
④ 계급서열과 관계없이 서민들에게도 모든 색채 사용이 허용되었다.

해설
④ 신분에 따라 색깔을 다르게 두어 계급서열을 구분했다.

50 르 꼬르뷔지에의 modulor는 무슨 개념에 의한 것인가?

① 비례
② 리듬
③ 통일
④ 조화

해설
모듈러(modular)
르 꼬르뷔지에(Le Corbusier)가 신장 183cm인 인간을 기준으로 바닥에서 배꼽까지의 높이 113cm를 기본으로 하여 만든 디자인용 인간척도(人間尺度)

51 다음 중 점이(漸移, gradation)현상과 관계 없는 것은?

① 일출(日出)에서 일몰(日沒)까지
② 흑(黑)에서 백(白)에 이르는 회색계열
③ 북극성에서 북두칠성에 이르는 별자리
④ 춘, 하, 추, 동의 4계절

해설
형태나 색채에 있어서 양적으로나 혹은 길이와 폭의 대소에 따라 일정한 크기의 비율로 증가 또는 감소된 상태로 배치된 것을 말한다. 비례를 수반해 성장과 강한 운동감을 갖고, 동적이며 극적인 분위기를 나타낸다. 서서히, 연속적으로 변화하는 현상이 나타나야 하는데 별자리는 공간 내 독립적 위치에 분포된 것으로 변화나 점진성이 없기 때문에 점이 현상과 관계가 없다.

52 다음 사항 중 수자(水姿) 패턴의 유형에 속하지 않는 것은?

① 낙수형
② 분출형
③ 유수형
④ 수평형

해설
④ 수평형은 물이 넓고 평평하게 퍼지는 상태로, 물의 움직임과 입체적 형태가 드러나지 않으므로 주요 수자 패턴 분류에 속하지 않는다.
수자(水姿) 패턴
물의 움직임과 형태를 기준으로 분류되는 경관 조형의 한 방식으로, 낙수형은 위에서 아래로 폭포나 낙수 형태, 분출형은 물이 위로 뿜어오르는 형, 유수형은 물이 일정 방향으로 흐르는 형을 의미한다.

53 설계도면에 사용되는 선의 종류 중 실선의 용도가 아닌 것은?

① 해칭선
② 외형선
③ 경계선
④ 지시선

해설
③ 경계선 : 건축물의 대지 경계선, 도로 경계선 등 특정 구역의 경계를 나타내는 선이다. 1점 쇄선이나 2점 쇄선과 같이 다른 선과 구별되는 선으로 표기된다.
① 해칭선 : 가는 실선으로 규칙적으로 빗줄을 그은 선을 말하며 잘려나간 물체의 절단면을 표시하는 데 사용한다.
② 외형선 : 외곽 형태를 나타내는 굵은 실선이다.
④ 지시선 : 특정 부분을 가리켜 특정 치수, 재료, 공차, 기술 사항, 기호 등을 나타낼 때 사용하는 가는 실선이다.

54 사진 및 슬라이드를 이용한 경관평가의 장점으로 보기 어려운 것은?

① 시간 및 노력의 절약
② 관찰시간의 통제
③ 관찰 조건 통제의 용이성
④ 스케일감 및 입체감의 파악

해설
사진과 슬라이드는 평가자가 원하는 시간과 장소에 관계없이 평가 가능해 시간과 노력을 절약할 수 있고, 관찰 조건(시간, 조명 등)을 통제할 수 있다는 큰 장점이 있다. 하지만 2차원 이미지로 인해 실제 경관의 깊이감과 입체적인 공간감을 제대로 파악하기 어려운 단점이 있다.

55 경관유형을 독특한 지형을 지닌 경관(feature landscape), 위요된 경관(enclosed landscape), 구심적 경관(focal landscape)으로 나누고 각 유형별 경관에서의 경관 훼손가능성이 높은 곳을 제시한 연구자는?

① McHarg
② Iverson
③ Litton
④ Leopol

해설
리튼(Litton, 1974)의 경관 훼손가능성
경관을 지형경관, 위요경관, 초점경관으로 나누고, 각 유형별 경관에서의 시각적 훼손가능성이 높은 곳과 도로의 개설 혹은 벌목으로 인한 자연경관의 시각적 훼손가능성을 연구하였다.

56 다음과 같은 특징을 갖는 색명을 무엇이라고 하는가?

색을 물체의 이름에서 부분 또는 전체적으로 인용하거나 일반인이 공통적으로 가진 지식이나 경험에 근거한 어휘로 표현한다. 따라서 인종이나 생활지역 등 문화, 관습이나 지식과 밀접하게 관계된다. 이 색명의 대부분은 물체의 이름에서 유래되었기 때문에 '−색'을 붙이는 것이 많다.

① 관용색명
② 기본색명
③ 일반색명
④ 계통색명

해설
① 관용색명 : 옛날부터 관습적으로 사용되어 온 색의 이름으로, 고유색명이라고도 불린다. 동물, 식물, 광물, 지명, 인명 등 친숙한 사물의 이름을 따서 만든 색명이다. 예 풀색, 쥐색 등이 있다.
② 기본색명 : 색채 전문 용어로 기본적인 색 구별을 위해 정해진 표준 색명이다. 한국 산업 규격(KS) 등에 따라 15가지 기본 색명이 정의되어 있으며, 주로 먼셀 색상환을 기반으로 한다. 예 황색, 청색, 백색 등
③ 일반색명 ; 기본색명에 명도나 채도 등 수식어를 더해 색채의 톤과 성질을 나타내는 이름이다. 예 연한 빨강, 진한 파랑, 밝은 노랑 등
④ 계통색명 : 기본색명에 다양한 수식어를 붙여 색채의 정확한 톤과 성질을 체계적으로 표현하는 색명법이다.

57 조경설계기준상의 보도교 관련 설명 중 ( ) 안에 알맞은 것은?

높이가 ( )m 이상인 보도교는 노면으로부터 120cm 이상의 높이로 난간을 설치하며 부재 간 간격을 조절하여 신체가 빠지지 않도록 설계한다.

① 1
② 2
③ 3
④ 4

해설
높이가 2m 이상인 보도교는 노면으로부터 120cm 이상의 높이로 난간을 설치하며 부재 간 간격을 조절하여 신체가 빠지지 않도록 설계한다.

58 어떤 물체를 제3각법으로 투상했을 때 평면도로 올바른 것은?

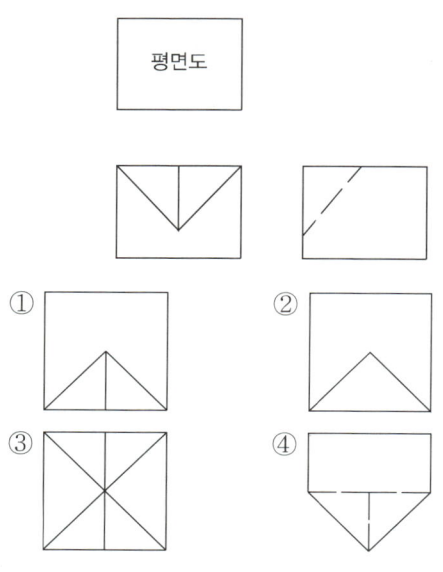

평면도

3각법

투영도법에서 물체를 제3각에서 투영하는 방법이며 평면도가 위쪽, 정면도가 아래쪽에 그려진다. 평면도는 물체를 수직 방향으로 내려다본 것을 가정하고 작도한 것이다

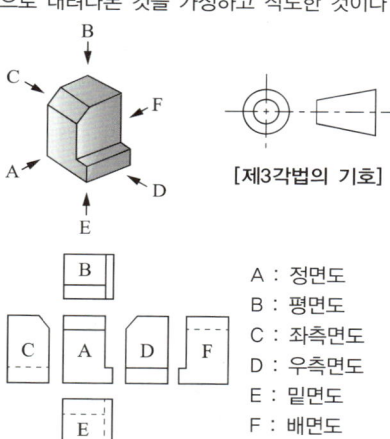

A : 정면도
B : 평면도
C : 좌측면도
D : 우측면도
E : 밑면도
F : 배면도

59 평면구성에서 직선이 보이고 장대한 시선축, 대칭적인 수목형태가 보이며 강한 절제감이 나타나는 설계의 유형은?

① 정형식 설계　② 비정형식 설계
③ 풍경식 설계　④ 자연식 설계

정형식 설계는 고전적 조경 양식으로 직선형 시선축, 대칭적 구성, 강한 질서와 절제감이 특징이다. 주로 궁정 정원, 공식 공간에 적용돼 장엄함과 위엄을 부여한다.

60 다음 중 도시공원에서 저류시설의 설치 및 관리기준에 관한 설명으로 틀린 것은?

① 저류시설은 지표면 아래로 빗물이 침투될 경우 지반의 붕괴가 우려되거나 자연환경의 훼손이 심하게 예상되는 지역에서는 설치하여서는 아니 된다.
② 하나의 도시공원 안에 설치하는 저류시설부지의 면적비율은 해당 도시공원 전체면적의 50% 이하이어야 한다.
③ 하나의 저류시설부지 안에 설치하여야 하는 녹지의 면적은 해당 저류시설부지에 대하여 상시 저류시설을 40% 이상, 일시저류시설은 20% 이상이 되어야 한다.
④ 저류시설은 빗물을 일시적으로 모아 두었다가 바깥 수위가 낮아진 후에 방류하기 위하여 설치하는 유입시설, 저류지, 방류시설 등 일체의 시설을 말한다.

하나의 저류시설부지 안에 설치하여야 하는 녹지의 면적은 해당 저류시설부지에 대하여 상시저류시설(친수공간을 조성하기 위하여 평상시에는 일정량의 물을 저류하고 강우시에는 저류지에 일시적으로 저류하도록 설계된 시설)은 60% 이상, 일시저류시설(평상시에는 건조상태로 유지하고 강우로 인하여 유입이 있을 때만 일시적으로 저류하도록 설계된 시설)은 40% 이상이 되어야 한다.

61 중부지방의 석유화학공업단지 식재에 가장 적합한 수종은?

① 산수국, 튤립나무

② 가죽나무, 가시나무

③ 은행나무, 무궁화

④ 일본잎갈나무, 산수국

[해설]

공장의 유형과 적정수종

공장유형	재해	남부지방 적정 수종	중부지방 적정 수종
석유화학 단지	아황산 가스	태산목, 후피향나무, 녹나무, 굴거리나무, 아왜나무, 가시나무	화백, 눈향나무, 은행나무, 튤립, 버즘나무, 무궁화
제철공업 지대 (금속, 기계)	불화수계, 염화수계	치자나무, 사스레피나무, 감탕나무, 호랑가시나무, 팔손이나무	아까시나무, 참나무, 포플러, 향나무, 주목
임해공업 지대	조해, 임해	동백나무, 광나무, 후박나무, 돈나무, 꽝꽝나무, 식나무	향나무, 눈향나무, 곰솔, 사철나무, 회양목, 실란
시멘트공 업지대	분진, 소음	삼나무, 비자나무, 편백, 화백, 가시나무	잣나무, 향나무, 측백, 가문비나무, 버즘나무

62 흙입자와 물의 결합력을 토양수분력(pF)이라고 하는데, 식물이 이용 가능한 모관수(유효수)의 pF값 범위로 가장 적합한 것은?

① 0~1.4　　　② 1.5~2.5

③ 2.7~4.2　　　④ 4.5~7.0

[해설]

모관수

토양의 소공극 안에서 표면장력에 의한 모세관현상으로 보유되며, 식물에 의해 유효하게 이용될 수 있는 수분으로 pF값 범위는 2.7~4.5이다.

63 다음과 같은 특징을 갖는 수종은?

- 상록활엽소관목이다.
- 상록수 하부에 자금우 등과 혼재하며, 강한 햇볕 아래에서도 잘 자라고 척박한 사질양토에서 번성한다.
- 열매는 장과로 구형이며 붉은색으로, 9월에 성숙한다.
- 잎은 돌려나기(윤생)하며, 타원형이다.

① 맥문동　　　② 히아신스

③ 만년청　　　④ 산호수

[해설]

산호수

열매가 산호처럼 아름답다하여 일본에서는 산호수라고 부르며, 습한 환경을 좋아한다. 한국에서는 제주도 저지의 숲 밑이나 골짜기에 나며, 높이는 5~8cm이다. 전체에 갈색의 긴 털이 분포하고 땅속줄기가 발달했다. 잎은 땅속 줄기에서도 나오고, 땅 위 줄기에는 윤생(돌려나기)하며, 양면에 붉은 갈색의 긴 털이 밀생한다. 타원형이며 가장자리에 거친 톱니가 있다. 꽃은 흰색으로 잎겨드랑이에서 산형으로 달리고 밑으로 처진다. 열매는 핵과로 둥근 모양이며 붉은색으로 익는다. 자금우에 비하여 잎과 줄기에 털이 많고 연약한 편이다.

64 졸참나무의 학명으로 옳은 것은?

① *Quercus serrata* Thunb. ex *Murray*

② *Quercus variabilis* Blume

③ *Quercus acutissima* Carruth.

④ *Quercus dentata* Thunb.

[해설]

① 졸참나무
② 굴참나무
③ 상수리나무
④ 떡갈나무

65 다음 중 군집에서 우점도지수와 관련이 없는 것은?

① 생체량

② 층위형성량

③ 각 중요도의 총화

④ 각 종개체군이 갖는 중요도의 수치

우점도지수는 군집 내 특정 종이 얼마나 우세한지를 나타내는 지표로, 주로 생체량, 개체수, 중요도의 총합 등으로 산출된다. 즉, 우점도는 개체군의 상대적 중요도(중요도 수치의 합)와 밀접하게 관련되며, 총화나 개체군 중요도 수치를 사용한다. 반면 층위형성량은 군집 내 수목 등이 수직적 구조(교목·아교목·관목·초본층)의 복잡성을 나타내는 지표로 우점도지수 산출과 직접적인 관련이 없다.

66 나자식물에 속하는 것이 아닌 것은?

① 은행나무

② 비자나무

③ 가문비나무

④ 단풍나무

나자식물(겉씨식물)은 씨가 씨방 안에 갇히지 않고 겉으로 노출된 식물을, 피자식물(속씨식물)은 씨가 씨방 안에 보호되어 있는 식물을 말한다. 단풍나무는 활엽수이며, 명확한 씨방을 갖는 피자식물(속씨식물)이다.

67 생울타리 및 차폐용 수종의 구비조건으로 적합하지 않은 것은?

① 지엽이 치밀할 것

② 아래가지가 오래도록 말라죽지 않을 것

③ 맹아력이 강할 것

④ 지하고가 높을 것

지하고가 높으면 아래가 비어 차폐가 되지 않는다. 생울타리는 지하고가 낮고 지면부터 촘촘한 수종이 적합하다.

68 도시의 철로 변 식생 중 자연적으로 이입되었을 가능성이 가장 큰 수종은?

① 향나무

② 개나리

③ 회양목

④ 가죽나무

가죽나무는 하천변 및 철로변 등에 연스럽게 식재되거나 이입된 사실상 교란지 식생의 대표 수종으로 알려져 있다. 도시의 철로 변에는 인위적으로 식재된 조경수보다 침입성·확산성이 강한 종이 자연적으로 자리 잡기 쉽다.

69 우리나라 남부해안 주변에 위치한 임해공업공단에 조해와 염해를 방지하기 위해 식재할 수 있는 가장 적절한 수종은?

① 팔손이, 감탕나무

② 태산목, 화백

③ 후박나무, 동백나무

④ 삼나무, 비자나무

공장의 유형과 적정수종

공장유형	재해	남부지방 적정 수종	중부지방 적정 수종
석유화학단지	아황산가스	태산목, 후피향나무, 녹나무, 굴거리나무, 아왜나무, 가시나무	화백, 눈향나무, 은행나무, 튤립, 버즘나무, 무궁화
제철공업지대 (금속, 기계)	불화수계, 염화수계	치자나무, 사스레피나무, 감탕나무, 호랑가시나무, 팔손이나무	아까시나무, 참나무, 포플러, 향나무, 주목
임해공업지대	조해, 임해	동백나무, 광나무, 후박나무, 돈나무, 꽝꽝나무, 식나무	향나무, 눈향나무, 곰솔, 사철나무, 회양목, 실란
시멘트공업지대	분진, 소음	삼나무, 비자나무, 편백, 화백, 가시나무	잣나무, 향나무, 측백, 가문비나무, 버즘나무

70 개체군 생장곡선과 환경저항에 대한 설명으로 옳은 것은?

① 지속적인 J자형의 생장은 규칙적으로 반복된다.
② 특정한 환경하에서 일정한 밀도를 유지하는 생장곡선을 J자형 생장곡선이라 한다.
③ J자형 생장곡선에서 증가율을 빠르게 하는 것은 환경적 제약 조건 때문이다.
④ J자형 생장곡선의 형태로 개체군이 끊임없이 증가하는 것은 자연상태에서는 거의 불가능하다.

해설
J자형 생장곡선은 개체군이 이상적인 조건 하에서 자원 제한과 환경 저항 없이 지수적으로 급격히 증가하는 모습을 나타내는 곡선이다. 자연환경에서는 자원 제한, 공간 부족, 천적, 질병 등 환경 저항이 존재하여 J자형 생장은 오래 지속되지 않으며, 급격한 생장 후 갑작스런 감소 또는 정체가 나타난다. 따라서 실제 개체군 생장곡선은 초기에는 급격히 증가하지만 이후 증가율이 감소하면서 포화상태에 도달하는 S자형 생장곡선이 나타난다.

71 다음 특성에 대한 식물로 옳은 것은?

- 현호색과이다.
- 잎은 호생한다.
- 꽃은 5~6월에 연한 홍색으로 핀다.

① 엉겅퀴
② 금낭화
③ 동자꽃
④ 패랭이 꽃

해설
금낭화
양귀비목 현호색과에 속하는 관속식물이다. 햇빛이 잘 비치는 산속 집터, 절터, 돌이 많은 곳 등에 자라는 여러해살이풀이다. 줄기는 곧추서며, 높이 50~70cm, 가지가 갈라지기도 한다. 잎은 어긋나며, 2~3번 깃꼴로 갈라지는 겹잎이다. 꽃은 5~6월에 옆 또는 아래로 늘어져 활처럼 휜 길이 20~30cm의 총상꽃차례에 밑으로 주렁주렁 달리며, 연한 붉은색, 심장 모양이다. 열매는 긴 타원형의 삭과다.

72 일반적으로 수피에 얼룩무늬를 갖고 있지 않은 수종은?

① 노각나무
② 양버즘나무
③ 모과나무
④ 백합나무

해설
백합나무의 수피는 세로로 갈라진 홈과 조각진 거친 회갈색 형태의 수피를 가지며 얼룩무늬도 뚜렷하지 않다.

73 방조용 수목 중 낙엽활엽수로만 구성된 것은?

① 위성류, 광나무
② 팽나무, 쥐똥나무
③ 은행나무, 사스레피나무
④ 아왜나무, 회화나무

해설
① 위성류 : 상록수, 광나무 : 상록활엽수
③ 은행나무 : 나자식물, 사스레피나무 : 상록활엽수
④ 아왜나무 : 상록활엽수, 회화나무 : 낙엽활엽수

74 방화용 식재 수목의 구비조건으로 옳지 않은 것은?

① 수관의 중심이 추녀보다 높은 위치에 있을 것
② 잎이 두텁고 함수량이 많을 것
③ 잎이 넓으며 밀생할 것
④ 상록성일 것

해설
수관의 중심이 추녀(지붕의 끝 부분)보다 낮은 곳에 위치하여 있는 것이 좋다. 추녀보다 높은 위치에 있으면 불길이 건물 지붕으로 옮겨붙을 가능성이 높다.

75 다음 특징에 해당하는 수목은?

- 잎은 호생이다.
- 성상은 낙엽활엽관목이다.
- 윗부분에 달리는 측아는 모두 꽃으로 된다.
- 4~5월 잎보다 꽃이 먼저 선상형으로 개화한다.

① 매실나무   ② 협죽도
③ 철쭉   ④ 조팝나무

조팝나무
- 장미목 장미과에 속하는 관속식물로, 숲의 가장자리의 경사지대 또는 바위지대에서 자라는 낙엽 떨기나무이다.
- 줄기는 모여나며, 높이 1.5~2.0m이다.
- 잎은 어긋나며, 타원형 또는 난형, 길이 2.0~4.5cm, 폭 0.8~2.2cm, 끝이 뾰족하다.
- 꽃은 4~5월에 줄기의 짧은가지에 4~5개가 산형처럼 달리며, 흰색이고, 지름 0.8~1.0cm 정도이다.
- 꽃잎은 5장이며, 길이 4~5mm, 수술보다 길다. 수술은 20개, 씨방은 4~5실이다.
- 열매는 골돌이며, 털이 없다.
- 우리나라의 조팝나무속 다른 식물들에 비해서 꽃이 짧은가지에서 4~5개씩 피므로 구분 가능하다.

76 소나무과(科)의 나무로만 짝지어진 것은?

① 구상나무, 금송, 개잎갈나무
② 공솔, 독일가문비, 주목
③ 반송, 삼나무, 개잎갈나무
④ 일본잎갈나무, 잣나무, 분비나무

① 구상나무, 개잎갈나무는 소나무과이지만 금송은 금송과에 속한다.
② 공솔, 독일가문비는 소나무과이지만 주목은 주목과에 속한다.
③ 반송, 개잎갈나무는 소나무과이지만 삼나무는 측백나무과에 속한다.

77 식재설계의 물리적 요소 중 질감에 관한 설명으로 옳은 것은?

① 잎이 작고 치밀한 수종은 고운 질감을 가진다.
② 좁은 공간에서는 거친 질감의 수목을 식재한다.
③ 식재는 사람 시각을 가장 고운 곳에서 가장 거친 곳으로 자연스럽게 이동되도록 해야 한다.
④ 고운 질감에서 거친 질감으로 연속되는 식재구성은 멀리 떨어진 듯한 후퇴의 효과를 준다.

식물 질감은 잎의 크기, 잎의 배열, 표면 질감 등으로 결정된다. 잎이 작고 치밀하게 배열된 식물(철쭉, 회양목 등)은 빛과 그림자가 세밀하게 분산되어 부드럽고 고운 질감을 느끼게 하며, 반대로 잎이 크고 드문 수종(버즘나무 등)은 굵직한 그림자로 인해 거친 질감을 준다.
② 좁은 공간에서는 고운 질감이 공간을 더 넓어 보이게 한다.
③ 일반적으로 거친 곳에서 고운 방향으로 점이(gradations)되면 시각적 후퇴(깊이감)를 준다.
④ 거친 질감에서 고운 질감으로 연속되는 식재구성이 멀리 떨어진 듯한 후퇴의 효과를 준다.

78 토양의 산성화가 식물의 생육에 미치는 영향을 설명한 것 중 틀린 것은?

① 수소이온농도가 높으면 식물 뿌리에 침투하여 단백질을 응고 또는 용해시키는 작용을 한다.
② 산성토에서는 토양 중 식물에 유해한 Al의 존재로 인하여 P은 식물에 이용될 수 없는 불가급 형태로 된다.
③ 식물체에 다량원소는 잘 흡수되지 않지만, B, Mo 등은 잘 흡수된다.
④ 토양산도가 높아지면 세균에 의한 질소고정 작용이나 질산화작용이 매우 저하된다.

③ B(붕소), Mo(몰리브덴) 등 미량원소도 산성토양에서는 이용률이 낮아 결핍증을 유발하기 때문에 반드시 잘 흡수된다고 할 수 없다.

79 일반적인 수목 성상별 식재시기를 나타낸 것 중 가장 알맞지 않은 것은?

① 낙엽수류 : 10월 하순~11월 중순, 해토직후~ 4월 상순
② 상록활엽수류 : 3월 하순~4월 중순
③ 침엽수류 : 해토직후~4월 상순, 9월 하순~10월 하순
④ 대나무류(조릿대, 이대) : 5월 중순~6월 하순

해설
대나무류의 식재 시기는 대나무순이 지상에 나오기 직전에 식재하는 것이 좋다. 종류에 따라 죽순이 싹트는 시기가 다르며, 조릿대류는 3월 상순, 이대는 4월 상순이 적기이다.

80 다음 중 갈대에 대한 설명으로 틀린 것은?

① 학명은 *Phragmites japonica*이다.
② 다년생 초본류로 습지지역에 식재할 수 있다.
③ 원줄기는 속이 비고 마디에 털이 있는 것도 있으며 길고 원주형으로 모여난다.
④ 근경은 거칠고 크며 길게 가로로 뻗고 마디에서 다수의 수염뿌리가 나며 황백색이다.

해설
① 갈대의 학명은 *Phragmites australis*이다.

제5과목 조경시공구조학

81 부지정지계획의 기능적인 목적으로 맞지 않는 것은?

① 자연배수를 위한 배수구배의 조성
② 평탄한 대지에 자연적으로 흥미있는 관심 제공
③ 식물생육에 부적절한 지하상태를 개선시키기 위한 성토
④ 계곡, 능선, 비탈면 등 이용 또는 관리에 불리한 지형 교정

해설
②는 부지정지계획의 미적인 목적에 해당한다.
부지정지계획의 기능적인 목적
• 보도나 도로와 같은 순환로의 제안
• 자연배수를 위한 배수구배의 조성
• 식물생육에 부적절한 지하상태를 개선시키기 위한 성토
• 계곡, 능선, 비탈면 등 이용 또는 관리에 불리한 지형 교정
• 운동장, 건물, 노단 등과 같은 평평한 부지 조성
• 방음, 방풍, 프라이버시 보호를 위해 방축 조성
부지정지계획의 미적인 목적
• 평탄한 대지에 자연적으로 흥미 있는 관심 제공
• 만족할만한 시계를 유지하고 불량한 시계를 차단
• 대지와 구조물을 주위의 자연지형이나 경관과 조화
• 지나치게 압도적인 시설 및 공간의 크기나 모양을 완화
• 균일한 경사와 형태를 도입하여 기하학적 형태를 강조한 경관 연출
• 자연적 형태의 모방을 통한 축약된 경관 연출
• 순환로의 경사를 완화시키고 자연지형과 조화

82 네트워크 공정관리기법인 PERT 기법에 관한 설명으로 가장 적합한 것은?

① 작업(activity) 중심의 일정계산
② Dupont 사이에 플랜트 보전 사업, 경쟁력 강화를 위해 개발
③ 결합점(node) 중심의 반복적이고 경험이 있는 건설사업
④ 3점 추정시간에 의한 요소작업 시간추정

해설

PERT와 CPM

구분	PERT	CPM
주목적	공기 단축	원가(공사비) 절감
이용	신규사업, 비반복사업, 경험이 없는 사업 등에 이용	반복사업, 경험이 있는 사업, 작업표준이 확립된 사업 등에 이용
시간 추정	3점 이상 추정[낙관시간(t_0), 정상시간(t_m), 비관시간(t_p)]	1점 시간 추정(t_m)
소요 시간	가중평균치 : $\dfrac{t_0+4t_m+t_p}{6}$	t_m 이 곧 계산공기가 된다. ※ 시간의 경과와 시행되는 작업을 네트(망)로 표현한다.
MCX (최소비용)	이론이 없다.	CPM의 핵심이론이다.
CP	있다. TL = TE = 0	있다. TF = FF = 0
일정 계산	결합점 중심의 일정계산 • 최초시간 : ET, TE (Earlist Expected Time 혹은 Earliest Time) • 최지시간 : LT, TL (Latest Allowable Time 혹은 Latest Time)	작업중심의 일정계산 • 최조개시시간 : EST • 최지개시시간 : LST • 최조완료시간 : EFT • 최지완료시간 : LFT
일정 계획	• 일정계산이 복잡하다. • 결합점 중심의 이완도를 산출한다.	• 일정계산이 자세하고 작업 간 조정이 가능하다. • 작업재개에 대한 이완도를 산출한다.

83 강우의 유출에 대한 설명으로 옳지 않은 것은?

① 점토질 토양에서는 상대적으로 유출양이 많다.
② 경사가 급할수록 유출량이 많다.
③ 도시지역의 유출계수가 많다.
④ 투수성 포장은 유출계수를 높인다.

해설

투수성 포장은 물이 지면으로 스며들 수 있도록 하는 포장 방식이기 때문에 유출계수를 낮춘다. 유출계수는 강우 시 지표면을 통해 흐르는 물의 비율을 의미하며, 투수성 포장은 물이 땅속으로 스며드는 양을 증가시켜 유출량을 줄이는 효과를 낸다.

84 시멘트에 대한 설명으로 옳은 것은?

① 시멘트 응결은 첨가된 석고의 질과 양에 큰 영향을 받지 않는다.
② 시멘트의 분말도가 크고 온도가 높을수록 응결은 높아진다.
③ 시멘트 수화열의 발열량은 시멘트의 종류, 화학 조성, 물시멘트비, 분말도 등에 의해 달라진다.
④ 시멘트가 풍화하면 응결은 빨라지지만, 경화후의 강도는 저하된다.

해설

시멘트의 응결과 경화 과정에서 발생하는 수화열(발열량)은 시멘트 종류 및 화학성분, 물시멘트비, 미세입자 분포 등에 따라 크게 달라진다. 시멘트의 종류나 화학 조성은 발열량을 증가시킬 수 있으며, 분말도가 커지거나 물–시멘트비가 높아지면 수화반응이 더 활발해져 발열량이 늘어난다.

85 포화상태에 있는 흙의 함수비는 40%이고, 비중이 2.60이다. 이 흙의 공극비는?

① 0.85　　　　　② 0.065
③ 1.04　　　　　④ 1.40

해설

포화상태에서 함수비, 비중, 공극비의 관계는 $S \cdot e = Gs \cdot w$ 이다.

여기서, S : 포화도(포화상태이므로 1)
　　　　e : 공극비(구해야 할 값)
　　　　Gs : 흙입자 비중(2.60)
　　　　w : 함수비(40% = 0.40)

∴ $1 \cdot e = 2.60 \cdot 0.40$
$e = 2.60 \times 0.40 = 1.04$

86 평균 뒷길이가 0.6m, 단위중량이 2.65ton/m³, 공극율이 35%, 실적율이 65%일 때, 자연석을 20m² 면적에 쌓을 때 자연석 쌓기 중량은?

① 1.03ton　　　　② 11.13ton
③ 20.67ton　　　　④ 34.85ton

해설

자연석 쌓기 중량 = 뒷길이 × 단위중량 × 실적률 × 면적
　　　　　　　　= 0.6 × 2.65 × 0.65 × 20
　　　　　　　　= 20.67

87 목재를 구조재료로 쓸 경우 다른 재료(강철 등의 재료)보다 가장 떨어지는 강도는?(단, 가력방향은 섬유에 평행하다)

① 인장강도　　　　② 압축강도
③ 전단강도　　　　④ 휨강도

해설

목재의 강도 : 인장강도 > 압축강도 > 휨강도 > 전단강도

88 그림과 같은 보에서 지점 B에서의 반력 크기(kN)는?

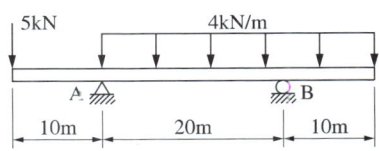

① 37.5　　　　　② 62.5
③ 87.5　　　　　④ 125

해설

$$R_B = \frac{(4 \times 30 \times 15) - (5 \times 10)}{20}$$
$$= 87.5$$

89 적산 시 적용하는 품셈의 금액의 단위 표준에 관한 내용으로 잘못 표기된 것은?

① '설계서의 총액'은 1000원 이하는 버린다.
② '설계서의 소계'는 100원 이하는 버린다.
③ '설계서의 금액란'에서는 1원 미만은 버린다.
④ '일위대가표의 금액란'은 0.1원 미만은 버린다.

해설
설계서의 소계, 설계서의 금액, 일위대가표 계금 : 1원 미만은 버린다.

90 우수를 길이방향으로 집수하기 위하여 사용되는 선적인 배수방법으로 직접 지하관거와 연결되는 시설물로 유입구는 그레이팅으로 처리되어 있는 것은?

① 지역 배수구   ② 트렌치
③ 집수정   ④ 빗물받이

해설
② 트렌치는 좁고 긴 모양의 배수구로, 도로나 포장면의 우수를 집수해 신속히 배수관으로 유도하는 시설이다. 일반적으로 트렌치의 유입구는 그레이팅(격자형 덮개)으로 덮여 있어 낙엽, 쓰레기 등의 이물질 유입을 방지하며 유지관리가 용이하다.
① 지역 배수구는 비교적 넓은 지역의 물을 한 곳으로 모으는 저수 구조물이거나 평면을 의미한다.
③ 집수정은 우수를 수집해 지하로 보내는 정원형의 시설로, 주로 집수 후 배출 정화를 위한 시설이다.
④ 빗물받이는 지면에 설치하는 우수 배수 입구로 물을 바로 집수하는 역할을 한다.

91 사질 및 점토층에 관한 설명 중 옳지 않은 것은?

① 압밀침하량은 점토층보다 사질층이 크다.
② 내부마찰각은 점토층보다 사질층 면이 크다.
③ 점토층은 사질층보다 침하에 시간을 요한다.
④ 사질층은 입도 및 밀도에 따라서 지진시 유동화 현상을 일으킨다.

해설
압밀침하
토질 내의 간극수(공기 또는 물)가 배출되면서 지반이 장기간에 걸쳐 내려앉는 현상이다. 점토층은 입자가 매우 작아 간극(공극)이 많고, 내부에 다량의 물을 포함하므로 하중 작용 시 수분이 천천히 빠져나가 장기간에 걸쳐 큰 압밀침하가 나타난다. 따라서 압밀침하량은 사질층보다 점토층에서 훨씬 크다.

92 에폭시수지 도료에 관한 일반사항 중 틀린 것은?

① 열에 강하다.
② 금속고무 등에도 접착이 잘 된다.
③ 여러 가지 충전재와는 혼합사용 할 수 있다.
④ 내수성(耐水性)과 내약품성(耐藥品性)이 나쁘다.

해설
에폭시수지는 금속에 대한 접착성이 매우 뛰어나 다양한 구조물에 사용되며, 내수성, 내약품성이 뛰어나고, 내구성과 접착력이 강하다.

93 실제 공사를 수행하기 위해 산정한 단가를 발주기관별로 축적하여 유사공사 발주 시 예정가격 산정의 기준단가로 활용하는 적산방식을 무엇이라고 하는가?

① 원가계산 적산방식
② 실적공사비 적산방식
③ 거래가격 적산방식
④ 기준단가 적산방식

해설

실적공사비 적산방식

과거에 실제로 수행된 공사에서 산출된 공종별 계약 단가(실적공사비)를 기초로, 이를 누적·분석하여 비슷한 미래 공사의 예정가격 산출에 활용하는 방식이다. 실적단가는 해당 발주기관 및 공사 종류, 규모, 지역 등에 맞춰 축적된 데이터를 활용하므로 시장가격과 실제 비용에 가까운 현실적인 가격 판단이 가능하다.

① 원가계산 적산방식 : 품셈, 투입량, 원가계산에 따른 산정방식이다.
③ 거래가격 적산방식 : 시장 조사에 근거한 가격을 활용하는 방식이다.
④ 기준단가 적산방식 : 국가 또는 공공기관에서 표준으로 제시한 단가를 사용하는 방식이다.

95 아래 그림과 같이 수준측량을 실시한 결과 a의 표척눈금이 3.560m, a의 표고 H_a = 100.00m이고, b의 표고 H_b = 101.110m이었다. b점의 표척눈금은?(단, 단위는 m이다)

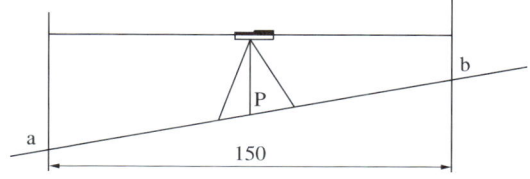

① 1.245m
② 2.450m
③ 3.000m
④ 3.004m

해설

• 표고차($\triangle H$) = H_b − H_a
　　　　　　 = 101.110 − 100.00 = 1.110
• 3.56(후시) − b점의 표척눈금(F.S) = 1.11(높이 차)
∴ b점의 표척눈금(F.S)은 3.56 − 1.11 = 2.450m이다.

94 다음 중 조경재료로 사용되는 금속의 물리적 특성으로 전성(展性, mallcability)이 제일 작은 것은?

① 니켈
② 철
③ 알루미늄
④ 구리

해설

전성은 알루미늄 > 구리 > 철 > 니켈 순으로 우수하다. 니켈은 내식성과 경도, 강도는 뛰어나지만, 구조적으로 단단하고 취성이 있어 압력에 의해 쉽게 얇게 펼쳐지거나 늘어나기는 어렵기 때문에 전성이 가장 낮은 금속이다.

96 기반조성공사, 식재공사, 잔디 및 지피·초화류공사, 조경석공사, 시설물공사, 수경시설 설치공사 등으로 공사의 과정별로 분할하여 도급계약하는 방식은?

① 전문공종별 분할도급
② 공정별 분할도급
③ 공구별 분할도급
④ 직종별·공종별 분할도급

해설

분할도급의 종류

• 공정별 분할도급 : 기초, 구체, 마무리 공사 등의 과정별로 도급을 주는 방식으로, 설계완료분부터 단계적 시행이 가능하나, 후속공사에서는 업자를 바꾸기 곤란하다.
• 공구별 분할도급 : 대규모 공사에서 지역별로 분리하여 발주하는 방식으로 업자에게 균등한 기회를 부여하고 시공기술향상과 공기단축을 기대할 수 있다.

97 그림의 다각형 트래버스 측량에서 측정하는 편각이란 어느 것인가?

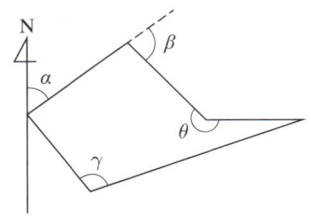

① α ② β
③ γ ④ θ

해설
② β는 한 측선에서 다음 측선으로 넘어가며, 기존 측선의 연장선 기준으로 꺾이므로 편각이다.
트래버스 측량
여러 지점을 직선으로 연결하며 각 지점에서 각도와 거리를 측정하여 평면 위치를 결정하는 측량방식으로, 여기서 편각이란 측량 경선의 진행방향과 직전 경선과의 편차 각도를 의미한다. 즉, 진행 경선에서 변하는 지점의 각도(경선의 꺾이는 각)로 측량에 필수적인 각도이다.

98 옹벽의 안정을 계산할 때는 옹벽에 접한 토사 전체의 진단에 의한 활동파괴와 옹벽자체의 파괴를 검토 해야 한다. 다음 중 옹벽의 안정성 고려 항목에 해당되지 않는 것은?

① 자중(自重)에 의하여 밑으로 움직인다.
② 전체옹벽이 수평이동을 한다.
③ 옹벽이 앞으로 기울어 진다.
④ 토압에 의하여 위로 움직인다.

해설
토압은 토사의 중량과 수분, 동결 등으로 인해 벽에 수평 방향의 힘을 주거나, 경우에 따라 약간 하방의 힘을 줄 수 있지만 토압에 의하여 위로 움직이지는 않는다.

99 굳지 않은 콘크리트의 성질인 워커빌리티(workability)에 대한 설명으로 맞는 것은?

① 워커빌리티가 좋으면 재료분리현상이 일어난다.
② 슬럼프 테스트를 하여 워커빌리티를 판단한다.
③ 골재의 입형이 둥글수록 워커빌리티가 나빠진다.
④ 굵은 골재가 많을수록 워커빌리티가 좋아진다.

해설
워커빌리티는 굳지 않은 콘크리트의 작업성, 즉 다루기 쉬운 정도를 말한다. 슬럼프 테스트는 워커빌리티를 평가하는 가장 일반적이고 표준화된 시험법이다. 콘크리트의 슬럼프가 높으면 쉽게 퍼지고 반죽성이 좋으며, 낮으면 뻑뻑하고 덜 유동적임을 나타낸다.

100 GIS에서 다루어지는 지리정보의 특성이 아닌 것은?

① 위치정보를 갖는다.
② 위치정보와 함께 관련 속성정보를 갖는다.
③ 시간이 흘러도 변하지 않는 영구성을 갖는다.
④ 공간객체 간에 존재하는 공간적 상호관계를 갖는다.

해설
③ 영구성을 갖지는 않는다.
GIS(지리정보시스템)
지도에서 지리적 위치(좌표), 관련 속성정보(인구, 토지정보, 시설 등), 그리고 공간적 상호관계(거리, 인접성, 네트워크 등) 같은 정보를 다룬다. 그러나 GIS 데이터는 개발, 자연 변화, 인간 활동, 환경 변화 등으로 인해 지속적으로 변경되고 갱신되는 것이 특징이다.

101 광엽 또는 화본과 잡초의 분류로 옳은 것은?

① 화본과잡초 : 여뀌
② 광엽잡초 : 돌피
③ 광엽잡초 : 명아주
④ 광엽잡초 : 바랭이

해설

광엽잡초란 벼과 잡초나 방동사니과 잡초에 속하지 않는 식물로서 말 그대로 잎이 넓은 잡초이다. 망초, 토끼풀, 명아주, 쑥, 토끼풀, 냉이, 가래, 가막사리 등이 속한다.
① 여뀌 : 광엽잡초
② 돌피 : 화본과 잡초

102 다음 중 잔디밭의 표층 통기작업으로 사용되는 기계는?

① 레노베이팅   ② 레이킹
③ 코링   ④ 버티커팅

해설

③ 코링 : 잔디밭 표면에 구멍을 뚫어 통기성과 배수성을 개선하는 작업으로, 특수한 롤러나 드릴로 흙과 잔디를 일정 크기의 원형 코어(작은 토양 덩어리) 형태로 뽑아내어 통기구멍을 만드는 것이 특징이다.
① 레노베이팅 : 기존 잔디를 걷어내고 새로운 잔디를 심는 등 근본적인 개선 작업이다.
② 레이킹 : 갈퀴를 사용해 낙엽, 잔디 찌꺼기 등을 제거하는 작업이다.
④ 버티커팅 : 잔디 표면의 찌꺼기를 제거하고 잔디를 세로로 잘라주는 작업이다.

103 조경식물의 연간 관리계획을 세우는 데 가장 중요시 해야 하는 점은?

① 토양조사
② 시비량 점검
③ 연간 기후변동
④ 이용자들의 요구사항

해설

기후변화에 맞춰 관수 계획, 병해충 방제, 전정 시기 등 세부 관리 작업을 조절해야 효과적인 식물 생육과 공간 관리가 가능하다.

104 이식한 나무의 활착율을 높이기 위하여 실시하는 방법으로 가장 거리가 먼 것은?

① 잎에 수분증산억제제를 뿌린다.
② 뿌리에 항시 고일 정도로 물을 공급해 준다.
③ 하절기 잎이 무성한 수목 식재시 가지치기를 실시한다.
④ 구덩이에서 나온 흙을 부관 후 하층토를 제외하고 다시 구덩이 채우기를 한다.

해설

뿌리에 항상 고여 있는 물을 공급하는 것은 뿌리 썩음 등을 유발해 활착율을 떨어뜨릴 위험이 크므로 피해야 한다.

105 다음 중 잣나무 털녹병의 중간기주로 적합한 것은?

① 향나무 　　　② 까치밥나무
③ 졸참나무 　　④ 황벽나무

해설
중간기주
- 소나무 혹병 : 졸참나무, 신갈나무
- 잣나무 털녹병 : 송이풀, 까치밥나무
- 포플러 잎녹병 : 낙엽송
- 배나무 적성병 : 향나무
- 오동나무 빗자루병 : 오동나무
- 편백 가지마름병 : 화백

107 비료의 흡수율에 대한 설명으로 옳은 것은?

① 동일한 비중의 흡수율은 재배환경에 영향이 없다.
② 흡수율이 높은 비료를 사용하면 증수는 계속 정비례한다.
③ 동일한 비중의 흡수율은 어느 식물에서나 동일하다.
④ 사용한 비료의 성분량 중에서 식물이 흡수한 비율이다.

해설
비료 흡수율이란 토양에 공급된 비료 성분 중 실제 식물이 근권에서 흡수한 양의 비율을 의미한다. 흡수율은 토양 상태, 비료 형태, 식물 종류, 시비 방법 등에 영향을 받는다.
① 흡수율은 토양 pH, 토양수분, 온도, 작물 종류, 토양 미생물, 비료 형태 등에 따라 크게 달라진다.
② 일정량 이상 비료를 주면 생육 저해가 발생하고 수확량의 증가는 둔화될 수 있다.
③ 작물별 뿌리 구조, 생리, 필요 요소가 달라 흡수율도 작물마다 차이가 있다.

106 오존에 의한 피자식물의 잎에 나타나는 피해 형태와 관계없는 것은?

① 황화 　　　② 표백
③ 변색 　　　④ 엽맥사이의 괴저

해설
오존은 대표적인 광화학 스모그 오염물질로, 식물의 잎 기공을 통해 들어와 세포막과 엽록체를 직접적으로 산화시키는 강한 산화제이다. 오존 피해는 주로 엽표면에 나타나며, 황화(노란색 변색), 표백(흰색 변색), 변색(전체 색 변화)이 주 증상이다. 엽맥 사이 괴저는 주로 세균, 곰팡이 등 병원체에 의한 조직 괴사로, 오존 피해 증상과 직접 연관성이 떨어진다.

108 벤치의 재료 중 목재의 장점으로 옳지 않은 것은?

① 촉감이 부드럽다.
② 무늬 모양이 아름답다.
③ 내구성이 높다.
④ 수리가 용이하다.

해설
목재 벤치는 촉감이 부드럽고 무늬가 아름다우며, 파손 시 비교적 쉽게 수리 가능하지만 자연재료 특성상 부패, 곰팡이, 곤충 피해 등에 취약해 내구성이 상대적으로 낮다.

109 산성 부식이 집적된 한랭습윤지대에서 나타나는 토양생성작용은?

① latosol화 작용
② podzol화 작용
③ glei화 작용
④ salinization화 작용

② podzol화 작용 : 한랭습윤 지대의 침엽수림 지대에서 생성되기 쉬운 토양으로 상층(A층)의 Fe, Al 이 유기물과 결합하여 B층으로 용탈되어 석영과 규산이 토양단면을 이룬다.
① latosol화 작용 : 고온다습한 열대나 아열대지방에서 습윤과 건조가 반복되는 토양에서 나타나는 oxsol에 해당하는 토양이 생성되는 작용이다.
③ glei화 작용 : 배수가 좋지 않고 물에 잠겨 있는 논토양은 항상 산소가 부족하여 Fe, Mn, S 등이 환원상태가 되므로 청색, 녹색, 청회색을 띠게 된다.
④ salinization화 작용 : 조지대에서 모세판에 따라 상층에 올라온 수분과 함께 올라온 가용성 염류가 표토에 집적되는 현상이다.

110 유지관리 계획 수립 대상 중 가장 장기적인 계획을 수립해야 할 것은?

① 초화류 식재
② 공작물의 갱신
③ 수목의 전정
④ 잔디의 시비

공작물에는 데크, 퍼걸러, 펜스, 교량, 시설물, 포장, 구조물 등이 있다. 시설물의 수명주기가 길어 10년, 20년 단위의 장기적 유지관리 계획이 필요하며, 교체 시기, 보수·보강 계획, 예산 계획 등을 미리 수립해야 한다.

111 농약 살포 작업 시 안전사항으로 옳지 않은 것은?

① 하우스 등 내부에서의 농약 살포는 가급적 농도를 약하게, 천천히 장시간에 걸쳐 실시한다.
② 농약 살포는 연속적으로 장시간 작업하지 않고, 휴식을 자주 취한다.
③ 희석한 농약 또는 남은 농약 등을 다른 병에 옮겨 담는 것은 우 위험하다.
④ 살포 작업 시 절대로 파이프 더스터(분무기)의 중간을 잡지 않는다.

① 하우스 내부에서 농약을 살포할 때는 짧은 시간에 신속히 살포하고, 이후에는 충분히 환기시켜 작업자와 작물이 피해를 받지 않도록 해야 한다.

112 시비량을 결정하는 데 있어서 고려해야 할 사항으로 옳지 않은 것은?

① 비료의 이용율
② 시비위치 및 수확량
③ 비료의 성분 함유량
④ 식물의 필요 양분량

시비 위치는 밑거름, 웃거름, 엽면시비 등 시비 방법과 관련이 있으며 시비량 결정의 직접적 고려 요소는 아니다.

113 토양의 양이온치환용량(Cation Exchange Capacity)과 관계가 없는 것은?

① 염기치환용량과 같은 의미이다.
② 점토와 부식 같은 교질물의 종류와 양에 좌우된다.
③ 주요 토양교질물 중 음전하의 생성량이 많은 것일수록 양이온치환용량이 작다.
④ 보통 토양이나 교질물 1kg이 갖고 있는 치환성 양이온의 총량으로 나타낸다.

[해설]
양이온교환용량
토양이나 교질물이 양이온을 흡착, 교환할 수 있는 능력을 말한다. 토양교질물의 표면은 대부분 음전하(−)를 띠는데 이것이 양이온(+)을 붙잡고, 음전하가 많으면 양이온치환용량도 커진다.

114 관리유형에 따른 적절한 레크리에이션 이용의 강도와 특성의 조절을 위한 관리유형은 부지관리, 직접적 이용제한, 간접적 이용제한이 있다. 그 중 이용자의 행위를 간접적으로 규제하는 방법에 해당되는 것은?

① 접근로를 증설하거나 구역별 특성을 홍보
② 특정 활동의 제한
③ 시간에 따른 구역별 이용 구분
④ 기둥이나 가드레일 등 설치

[해설]
이용자의 행위를 간접적으로 규제하는 방법은 이용자의 행동을 직접 제재하는 것이 아니라, 환경 설정, 정보 제공을 통해 간접적으로 행위를 유도하거나 조절하는 방법이다. 접근로 증설이나 구역별 특성 홍보는 이용자 스스로가 행동을 선택하도록 환경 요소를 설계하는 간접 규제 방법에 해당한다.

115 소나무 재선충병에 대한 설명으로 옳지 않은 것은?

① 주요 매개충은 솔수염하늘소이다.
② 소나무재선충 암컷의 체장은 약 0.8~1.2mm이다.
③ 아바멕틴 유제와 같은 살충제를 수간에 직접 주입하여 예방한다.
④ 감염되면 회복이 쉽게 가능하다.

[해설]
④ 감염되면 100% 말라 죽는 등 회복이 불가능해 일명 '소나무 에이즈'로 불린다.

116 도시공원 내 식재된 수목관리와는 다른 자연공원 내 수림지 관리 고유 특성이라 보기 어려운 것은?

① 천연갱신의 유도
② 대부분 생태적 복원력에 의지
③ 수목 생장에 따른 보식 및 갱신
④ 식생천이 계열의 존중

[해설]
수목생장에 따른 보식 및 갱신은 계획적 인공관리로 도시공원에서 주로 시행된다.

117 아스팔트 포장의 파손 부분을 사각형 수직으로 따내고 보수하는 공법으로, 포장이 균열되었거나 국부적 침하, 부분적 박리가 있을 때 적용하는 공법은?

① 패칭 공법
② 표면처리 공법
③ 덧씌우기 공법
④ 혈매 공법

[해설]
아스팔트포장의 보수공법
- 패칭 공법 : 균열, 국부침하, 부분박리에 적용한다. 방법은 파손 부분을 사각형으로 따내어 깨끗이 정리하고 택코팅을 한 후 롤러, 래머, 콤팩터 등으로 다지기를 한 다음 표면에 모래 석분을 살포한다.
- 표면처리 공법 : 차량통행이 적고, 균열의 정도나 범위가 심하지 않을 때 덮어씌우거나 메워서 재생시킨다.
- 덧씌우기 공법 : 기존포장을 재생하거나 새포장을 한다.

118 관광지의 자원보호 차원에서 적정한 수용력에 합당한 이용규제가 절대적으로 요구되고 있다. 다음 중 관광지의 이용규제 방법으로서 적합하지 못한 것은?

① 예약된 손님 이외에는 입장시키지 않는다.
② 도시형 관광지일 경우 진입도로를 일방적으로 규제한다.
③ 자가용차를 규제하고 버스만의 입장을 허용하여 관광객의 절대량을 감소시킨다.
④ 관광지내의 편익시설, 특히 숙박시설을 일정수용력 이하로 제한하여 수용인원을 한정한다.

[해설]
② 진입도로를 일방적으로 규제하면 관광객들의 접근권을 불필요하게 제한할 수 있어 적합하지 않다.

119 솔나방에 대한 설명으로 옳지 않은 것은?

① 일반적으로 유충을 송충이라고 부른다.
② 대부분 지역에 수피 틈이나 지피물 밑에 숨어서 유충으로 월동한다.
③ 병원성 세균인 Bt균을 살포하여 방제한다.
④ 소나무의 대표적인 천공성 해충이다.

[해설]
④ 솔나방은 식엽성 해충이다.

120 벚나무 빗자루병에 대한 설명이 아닌 것은?

① 잔가지가 총생한다.
② 전신성 병은 아니다.
③ 증상이 나타난 가지에는 꽃이 피지 않는다.
④ 병원균은 파이토플라스마(phytoplasma)이다.
④ 파이토플라스마에 의해 발생하는 대표적인 수목병은 대추나무·오동나무 빗자루병, 뽕나무 오갈병 등이 있다.

[해설]
벚나무 빗자루병
- 병원균 : *Taphrina wiesneri*
- 피해
  - 벚나무 빗자루병은 주로 곰팡이균(*Taphrina wiesneri*)에 의해 발생한다.
  - 병든 나무를 방치하면 병환부가 진전되어 나무 전체에 잔가지가 총생. 꽃이 피지 않게 되며 병든 잎은 흑색으로 변하고 얼마 후 말라서 낙엽이 된다.
  - 병원균이 나무에 침투하여 생장과 분열을 촉진하는 호르몬(옥신과 사이토키닌)을 과도하게 분비하게 하여 나뭇가지에 혹이나 잔가지가 돋아난다.
  - 왕벚나무에 피해를 주어 전국 벚나무 관광지 황폐화의 주원인이 된다.

제1과목 조경사

01 소정원 운동을 주도한 대표자로서 소주택 정원에 어울리는 월가든(wall garden), 워터가든(water garden)을 고안한 인물은?

① 재킬여사
② 브라운
③ 브롬필드
④ 찰스 배리

해설
소정원 운동을 주도한 윌리엄 로빈슨, 재킬여사는 영국의 자생식물과 구화식물로 최초의 야생정원을 조성하였다. 특히 재킬여사는 소주택 정원에 어울리는 월가든(wall garden), 워터가든(water garden)을 고안하였으며 윌리엄 로빈슨과 협업하며 자연스러운 식재 패턴, 야생화와 교목·관목의 조화를 도입했고, 젊은 건축가 에드윈 루티엔스와 공동작업을 통해 근대 주택 정원 설계 표준을 구축하였다.

02 다음 중 일본 무로마치시대의 축산고산수 수법으로 축조된 대표적 정원은?

① 대선원 서원
② 삼보원
③ 용안사 석정
④ 천룡사

해설
대덕사 대선원은 무로마치시대에 조성된 대표적 축산고산수 정원으로, 돌과 흰모래를 이용해 큰 강의 흐름을 축소해 표현한 고산수의 전형적인 작품이다.

03 인도의 샬리마르 바그(Shalimar bagh)와 관계있는 것은?

① 제1노단은 손님접대 공간이다.
② 제2노단에는 큰탑이 2개 있다.
③ 십자형 수로가 조성되었다.
④ 바부로나마가 조성하였다.

해설
③ 십자형 수로는 정원 배치의 중심축 역할을 하며, 물길이 4개의 방향으로 정원을 구획한다.
샬리마르바그(Shalimar bagh)
샤자한 왕이 설치한 3개의 노단으로 된 정원이며 샤자한 왕의 여름용 별장이다. 1노단은 정원의 가장 위에 위치하며 연못과 분수가 있고, 2노단은 4분원 형태로 연못에 돌로 된 섬이 있다.

04 담양 소쇄원에 관한 설명 중 옳지 않은 것은?

① 소쇄원 48영시에는 목본 16종, 초본 5종의 식물이 나타난다.
② 광풍, 제월의 당호는 이덕유의 평천장 고사에서 인용한 것이다.
③ 조담에서 떨어지는 물은 홈통을 통해 방지로 유입된다.
④ 매대라고 불리는 화계는 자연석을 2단으로 쌓아 만든다.

해설
② 주돈이의 평천장 고사에서 인용한 것으로, 주돈이는 만년에 여산(廬山)의 풍경에 매료되어 그곳에서 살았다. 황정견은 주돈이를 '흉회쇄락 여광풍제월'이라 비유하였다.

1 ① 2 ① 3 ③ 4 ② 정답

05 고대 정원에 관한 설명으로 틀린 것은?

① 아트리움(atrium)은 주로 상업상의 타합이나 일반 내객(一般來客)을 응대하는 자리로 이용되었다.
② 페리스틸리움(peristylium)은 호외실(out-door livingroom)로 사용되었다.
③ 로마에는 포럼(forum)이 설치되었다.
④ 지스터스(xystus)는 무열주 중정(中庭)으로 포장이 아름답다.

해설
아트리움(atrium)
사각형의 방들이 아트리움을 둘러싼 형태의 무열주 중정으로, 바닥은 돌로 포장하였고 화분장식을 하였다. 주로 상업상의 타합이나 내객을 응대하는 자리로 이용되었다.
※ 주택정원 후원(지스터스)
 • 5점형 식재가 특징이다.
 • 수로를 중심으로 좌우에 산책로인 원로와 화단을 대칭적으로 배치하였다.

07 조경관련 고문헌을 저술한 인물 연결이 옳지 않은 것은?

① 서유거 - 임원경제지
② 계성 - 원야
③ 왕세정 - 낙양명원기
④ 굴준망 - 작정기

해설
왕세정은 유금릉제운기를 저술하였고, 낙양명원기를 저술한 인물은 이격비이다.

08 일본의 교토에 위치한 실정(室町, 무로마치)시대의 전통정원 가운데 은사탄(銀沙灘, 인공모래펄), 향월대(向月臺) 등의 경물이 있는 곳은?

① 금각사
② 은각사
③ 대선원
④ 용안사

해설
은각사의 정원은 흰 모래를 이용한 조경이 꾸며져 있는데 이 모래 정원을 은사탄이라 하며 정원 한쪽에 정성스럽게 쌓아올린 모래더미는 달빛이 반사되도록 만든 구조물이라 하여 향월대라 한다.

06 18세기 하하(ha-ha) 수법의 창안자로 알려진 사람은?

① 브릿지맨(C. Bridgeman)
② 켄트(W. Kent)
③ 브라운(L. Brown)
④ 챔버(W. Chamber)

해설
브릿지맨(C. Bridgeman)
스투어헤드, 치스윅하우스, 로스햄을 설계하였고, 조경에 하하(ha-ha) 수법을 최초로 도입하였다.

09 다음 중 조선시대 궁원의 조경을 관리하는 기구는?

① 북원궁(回宮)
② 장원서(掌苑署)
③ 식대부(植貸府)
④ 내원서(內園署)

해설
조선시대 궁궐정원을 맡아보던 관서는 상림원과 장원서이다.

10 누각과 정자의 차이점으로 옳지 않은 것은?

① 누각은 공적으로 이용하던 공간이고 정자는 사적으로 이용하던 공간이다.
② 누각의 평면은 일반적으로 장방형으로 나타나는 데 비해 정자는 장방형을 비롯하여 다양하다.
③ 누각은 대부분 고상식인데 비해 정자는 대체로 저상식으로 되어 있는 경우가 많다.
④ 누각은 대부분 방이 없는데 비해 정자는 방이 있다.

누각은 여러 사람이 함께 모여 경치를 감상하거나 연회를 즐기는 등 공적인 용도로 사용되었으며, 그 기능상 방을 두지 않고 사방이 개방된 형태가 많다. 정자는 개인적인 휴식과 풍류를 위해 지어진 경우가 많지만, 규모가 크거나 난방이 필요한 경우 온돌방을 두는 경우도 있다. 따라서 정자는 방이 없는 경우도 있어서 항상 있는 것은 아니다.

11 사절읍택(四節邑宅)의 설명으로 부적합한 것은?

① 계절의 풍경과 정서를 즐겼다.
② 일반 백성들이 즐겨 찾는 놀이 장소이다.
③ 4계절에 어울리는 집과 정원을 가꾸었다.
④ 신라시대에 즐기던 풍습이다.

사절읍택은 사대부·상류계층의 주거공간으로, 계절 변화에 따라 각기 다른 풍경과 정서, 4계절에 어울리는 집과 정원을 꾸몄던 주택형식이다.

12 중국 이화원(頤和圓)의 설명으로 맞지 않는 것은?

① 청(淸)의 건륭제(乾隆帝)가 북경에 처음으로 조영했다.
② 건륭 29년에 원림공사를 완료하고 청의원이라 했다.
③ 만수산(萬壽山)이라고 하는 인공산이 있다.
④ 곤명호(昆明湖)가 있다.

이화원
청나라의 대표적인 정원으로 중국에서 가장 규모가 크고 보존이 잘된 황제와 황실이 소유한 황가원림이다. 곤명호(쿤밍호)는 사람을 동원해서 바닥을 파낸 호수이며, 파낸 흙을 이용해 만수산을 쌓았다. 이화원으로 바뀌기 전의 이름은 청의원(淸漪園)이다.

13 일본의 침전조(寢殿造) 정원에 대한 설명으로 틀린 것은?

① 부지의 앞쪽에 침전이 위치하고 후원에는 조전(釣殿)이 있다.
② 침전 전면의 뜰은 남정(南庭)이라 하여 흰 모래를 깔고 연중행사 또는 의식의 공간으로 이용하였다.
③ 대표적인 정원으로 동삼조전(東三條殿)이 있다.
④ 주경은 연못이며, 면적이 커지면 대해의 형태로 바다의 경관이 연출되었다.

① 주건물을 침전으로 그 앞에 연못 등의 정원을 조성했다.

14 티볼리의 빌라 에스테(villa d'Este of Tivoli)의 설명으로 가장 거리가 먼 것은?

① 물을 가장 다양하고 기묘하게 이용한 작품이다.
② 전형적인 이탈리아 르네상스 정원이다.
③ 4개의 테라스 가든으로 만들었고 각 테라스는 돌 계단으로 연결하였다.
④ 리고리오(Pirro Ligorio)에 의해 설계된 정원이다.

해설
③ 정원의 기본 구조는 4개의 명확한 테라스만으로 구성된 것이 아니라 여러 개의 경사진 레벨(계단식 공간)을 복합적으로 활용한 다층적, 다중의 테라스와 경사면 위에 유기적으로 펼쳐진 설계가 특징이다.

15 다음 중 우리나라의 서원조경에 대한 설명으로 옳지 않은 것은?

① 학문연구와 선현제향을 위해 설립된 사설교육기관이며 향촌자치기구이다.
② 일반적으로 산수가 수려한 곳에 입지하고 있다.
③ 기능에 따라 진입공간, 강학공간, 제향공간, 부속공간으로 구성되어 있다.
④ 시각적 정취를 위해서 비구를 만들어 정원 내에 물을 도입하고 있다.

해설
④ 서원조경은 인공적 수경시설(비구·연못)을 조성하는 것이 아닌 자연을 그대로 수용하는 배치 중심의 조경이다.

16 고려 1146~1170년 때는 많은 조원을 조성하였는데 괴석으로 석가산을 조성한 기록이 있다. 이 석가산이 있던 고려 왕궁의 명원은?

① 안학궁 후원   ② 반월성 동원
③ 수창궁 북원   ④ 경복궁 북원

해설
의조 6년, 수창궁 북원에 괴석을 쌓아 가산을 만들고 만수정을 축조하였다.

17 다음 중 조경과 관련된 옛 문헌과 저자의 연결이 틀린 것은?

① 임원십육지(林源十六志) – 서유구
② 산림경제(山林經濟) – 강희안
③ 고사신서(故事新書) – 서명응
④ 순원화훼잡설(淳園花卉雜說) – 신경준

해설
② 산림경제의 저자는 홍만선이다.
홍만선의 산림경지
중국의 문헌과 자신의 체험을 바탕으로 농가생활에 필요한 사항을 기술한 하나의 백과사전적인 책이다.

18 다음 일본조경과 관련된 내용 연결이 옳지 않은 것은?

① 겸창시대 – 회유임천형 – 대선원
② 도산시대 – 다정양식 – 삼보월
③ 실정시대 – 고산수식 – 용안사
④ 강호시대 – 회유식 – 육의원

해설
회유임천형은 에도시대부터 발달한 정원양식이고, 대선원은 무로마치(실정)시다와 관련이 있다.

정답 14 ③   15 ④   16 ③   17 ②   18 ①

19 다음 중 지구랏트(ziggurats)의 설명으로 가장 거리가 먼 것은?

① 옛 Sumerian temple로서 피라미드보다 이전에 나타난 것이다.
② 직선적이고 대칭적인 접근로를 그 특징으로 들 수 있다.
③ 신성한 나무숲과 맨 꼭대기에는 사원이 있었다.
④ 평원에 이집트의 피라미드에 비교될만한 인조 산과 같은 높이로 단(壇)을 쌓아 올렸다.

해설
② 지구라트는 상층부로 갈수록 점점 뾰족해지는 계단식 형태이다.

20 Cloister garden에 대한 설명으로 옳지 않은 것은?

① 교회건물의 남쪽에 위치한 네모난 공지
② 흉벽(parapet)이 있는 중정
③ 원로의 교차점인 중정 중앙에는 로타르라는 연못 설치
④ 2개의 직교하는 원로(園路)에 의해 4분할

해설
③ 교차점인 중정의 중앙에는 샘이나 수반, 분수가 있는 정원이 있다.

클로이스터 가든(Cloister garden)
• 원로에 의해 공간이 분할되는 4분원의 형식
• 사방이 회랑으로 둘러싸이고 각 회랑 중앙에서 중정으로 향한 출입구가 열려 원로를 구성
• 그 교차점인 중정의 중앙에 샘이나 수반, 분수가 있는 정원
• 흙바닥에 잔디를 심고 그 위에 초본과 과실수, 관목 등으로 식재

21 다음 중 자전거 이용시설의 구조·시설기준에 관한 사항 중 틀린 것은?

① 자전거도로의 곡선반경은 30km/hr 이상인 경우 18m 이상으로 하여야 한다.
② 자전거도로의 설계속도가 20km/hr 이상인 경우 정지시거는 15m 이상으로 확보되어야 한다.
③ 자전거도로의 폭은 1.1m 이상으로 한다. 다만, 100m 미만의 터널·교량 등의 경우에는 0.9m 이상으로 할 수 있다.
④ 자전거도로의 종단구배가 7% 이상일 때 제한 길이는 90m 이하로 설치한다.

해설
① 자전거도로에서 설계속도가 시속 30km 이상인 경우, 곡선반경은 27m 이상으로 하여야 한다(규칙 제7조).

22 상호관련성 분석을 포함하여 자연의 동적인 과정을 파악하는 데 중점을 두는 "자연현상 종합분석"에 대한 설명으로 옳은 것은?

① 완경사지역은 주로 고지대 계곡부에 분포한다.
② 급경사지역은 주로 저지대 하천변에 분포한다.
③ 고지대는 건조하여 토양발달이 불량한 곳이다.
④ 저지대는 건조하여 토양발달이 불량한 곳이다.

해설
고지대는 해발이 높고 경사가 심해 빗물의 유실이 쉽고, 바람의 영향도 크므로 토양수분이 부족해 쉽게 건조해진다. 이러한 환경에서는 토양생성작용이 느려 유기물 축적이 어렵고, 토양이 얇거나 척박해 토양발달이 불량한 특성이 강하게 나타난다.

23 이용 후 평가(Post Occupancy Evaluation) 의 설명으로 옳지 않은 것은?

① 설계프로그램을 위한 과학적 자료를 제공한다.
② 과거의 경험을 새로운 프로젝트에 반영시키기 위한 방법이다.
③ 건물이 시공된 후의 환경적 영향에 대한 예측을 하는 것이다.
④ 주로 이용자의 행태에 적합하게 설계되었는가를 분석한다.

해설

이용 후 평가(Post Occupancy Evaluation)
일정 프로젝트가 시공되고 얼마 동안의 이용기간을 거친 후 그 설계 혹은 계획에 대한 평가를 함으로써 설계자의 설계의도가 그대로 반영되고 있는지, 이용자의 형태에 적합한 공간구성이 이루어졌는지 등을 알아보고자 하는 평가이다.

24 설문조사의 특성이 아닌 것은?

① 설문 작성을 위한 예비조사를 실시함이 바람직하다.
② 앞부분의 질문이 나중의 질문에 영향을 줄 수 있다.
③ 표준화된 설문지를 여러 응답자에게 반복적으로 사용함으로써 여러 사람의 응답을 비교할 수 있다.
④ 통계적 처리를 통하여 계량적 결론을 낼 수는 있으나 비계량적 결과보다 연구결과의 설득력이 약하다.

해설

④ 설문조사 결과는 통계적 처리를 통하여 계량적 결론을 얻어낼 수 있기 때문에 조사결과를 설득시키는 힘이 비계량적인 결과보다 크다.

25 Avery(1977)의 자료 중 수지형의 하천패턴이 형성될 가능성이 가장 높고 점토의 함량에 따라 변화가 심한 암석 지질은?

① 화강암
② 석회암
③ 화산주변
④ 사암(砂岩)

해설

화강암은 투수성 및 점토 함량 변화에 따라 불규칙한 수지형 하천패턴이 잘 발달하며, 지질적으로 화강암 산지는 경사와 분수계 분할의 영향이 커서 다양한 수지형 하천패턴이 만들어진다.

26 Kevin Lynch의 도시이미지 구성요소가 아닌 것은?

① 결절점(node)
② 랜드마크(landmark)
③ 통로(path)
④ 건물(building)

해설

도시조경계획가 케빈 린치(Kevin Lynch)는 도시이미지가 랜드마크(landmark), 통로(paths), 모서리(edges), 지역(district), 결절점(node)의 5가지 도시 구성요소에 의해 결정된다고 주장하였다.

27 C. A. Perry가 제안한 근린주구와 관련된 설명으로 옳지 않은 것은?

① 통과교통의 주구 내 관통 금지
② 반경 1.6km의 도보권을 일상생활권으로 간주
③ 초등학교 1개가 필요한 정도의 주민 유치
④ 요구에 적합한 소공원 및 레크레이션 용지의 확보

해설

② 1.6km는 Perry의 원칙에 비해 너무 먼 거리이다.
C. A. Perry의 근린주구 이론
근린주구의 중심과 각 가정의 최대거리는 약 400~800m 내외로 설정된다. 이는 보행 가능한 거리를 기준으로 하며, 근린주구 주민들이 도보로 일상적인 활동을 할 수 있도록 설계하는 것을 목표로 한다.

28 자연공원법에 관한 설명이 옳은 것은?

① 자연공원법은 20년마다 공원구역을 재조정하도록 되어 있다.

② 공원사업의 시행 및 공원시설의 관리는 별도의 예외 없이 환경청이 한다.

③ 자연공원의 지정기준은 자연생태계, 경관 등을 고려하여 환경부령으로 정한다.

④ 용도지구는 공원자연보존지구, 공원자연환경지구, 공원마을지구, 공원문화유산지구로 구분한다.

해설

용도지구(자연공원법 제18조 제1항)
공원관리청은 자연공원을 효과적으로 보전하고 이용할 수 있도록 하기 위하여 다음의 용도지구를 공원계획으로 결정한다.
• 공원자연보존지구
• 공원자연환경지구
• 공원마을지구
• 공원문화유산지구

29 뉴어바니즘(New urbanism)의 계획이념과 가장 거리가 먼 것은?

① 동일한 주거형태를 이용하여 지역의 명료성을 강조하는 계획

② 보행자를 최대한 고려한 계획

③ 도로가 서로 연결된 계획

④ 모든 요소를 종합하여 단지의 조화와 유지를 위해 강력한 디자인 코드를 사용하는 계획

해설

뉴어바니즘
도시 내에서 다양한 주거·상업·공공·문화 기능, 다양한 주택 유형, 다양한 인구와 계층의 공존, 보행·교통 네트워크의 연결성, 보행자 친화적 환경, 공공공간의 활성화, 디자인 코드에 의한 조화 등을 주요 원리로 삼는다. 동일한 주거형태가 아니라 다양한 유형의 주택(단독, 공동, 임대, 소유 등)과 혼합·복합 공간 조성이 뉴어바니즘의 핵심이다.

30 초본군락지에 대한 식생조사 방법으로 부적합한 것은?

① 쿼드라트법(Quadrate method)

② 접선법(Line-interception method)

③ 점에 의한 법(Point contact method)

④ 간격법(Distance method)

해설

쿼드라트법(Quadrate method)
일정 크기의 정방형(혹은 사각형) 조사구를 설치하여 그 안에 있는 식물의 종, 밀도, 피도, 키 등 모든 개체를 조사하는 방법이다. 주로 교목림이나, 식물 분포가 균일한 넓은 임상, 교목 중심의 정량적 조사에 적합하다.

31 부지(site)에 설치될 구조물이 토양의 압축과 팽창 또는 동결에 의한 피해를 입지 않기 위해서는 어떠한 토양이 가장 적합한가?

① 사토   ② 식양토

③ 미사질식양토   ④ 중식도

해설

사토
입자 크기가 크고 투수성이 높아, 수분의 침투와 배수가 원활해진다. 토양이 압축·팽창, 동결 피해 등이 일어날 확률이 낮아 부지로 가장 적합하다.

32 조경계획을 할 경우 지형도에서 파악이 곤란한 것은?

① 자연배수로   ② 경사도

③ 유역(流域)   ④ 식생현황생태

해설

지형도는 토지의 고도(등고선), 경사도, 유역(하천·분수계 구역), 배수로 위치 등 물리적·지리적 정보는 비교적 정확하게 나타낼 수 있다. 그러나 식생현황과 식생생태(자연식물의 실제 분포, 종군락, 생태적 관계 등)는 지형도에서 직접 확인이 불가능하며, 현장조사나 생태지, 별도의 식생도 등 다른 자료가 필요하다.

33 쿨데삭(Cul-de-sac)형 가로의 특징으로 적당하지 않은 것은?

① 보차도 분리에 의하여 보행자 전용 도로를 설치할 수 있다.
② 통과교통을 금지하여 거주성과 프라이버시가 좋다.
③ 쓰레기 처리 등 서비스 동선이 좋다.
④ 가로의 끝에는 차량이 회전할 수 있는 시설이 필요하다.

해설
③ 쓰레기 처리와는 관련이 없다.
쿨데삭(Cul-de-sac) : 막힌 도로 주로 주택단지에 설치되는 도로의 유형으로, 단지 내 도로를 막다른 길로 조성하고 끝부분에 차량이 회전하여 나갈 수 있도록 회차공간을 만들어주는 기법을 말한다.

34 인간행동의 움직임을 부호화한 표시법(motation symbol)을 창안하여 설계에 응용한 사람은?

① Ian L. Mcharg
② Philip Thiel
③ Laurence Halprin
④ Christopher J. Jones

해설
할프린(Halprin) : 움직임의 표시법(motation symbol)
• 모테이션 심벌(움직임+부호)이란 인간행동의 움직임 표시법을 고안했다.
• 공간 형태보다는 시계에 보이는 사물의 상대적 위치를 주로 기록한다.
• 진행중심적 기록방법이며, 폐쇄성이 낮은 공간(교외, 캠퍼스 등)에 적용이 용이하다.

35 자연휴양림 계획대상지 내 잠재자원을 파악하기 위한 분석 내용 중 거시(macro)분석 내용이 아닌 것은?

① 광역적 위치 검토
② 도입활동 조사
③ 환경 취급 방침의 검토
④ 개발테마의 결정

해설
도입활동 조사는 현장·세부 단계의 미시분석에 해당하며 실제 시설 운영이나 방문객 행동과 관련된 구체적 활동을 조사하는 것이다.

36 다음 중 영역성에 대한 설명으로 옳지 않은 것은?

① 영역성은 사람뿐만 아니라, 일반 동물에서도 흔히 볼 수 있는 행태이다.
② 1차적 영역은 일상생활의 중심이 되는 반영구적으로 점유되는 공간이다.
③ 2차적 영역은 사회적 특정 그룹 소속원들이 점유한다.
④ 공적 영역은 모든 사람들이 영구적이고 실제적으로 점유한다.

해설
④ 공적 영역은 공원, 해변, 거리, 대중교통 같은 거의 모든 사람에게 개방되어있는 일시적 점유권과 관계있는 영역이다.

37 어의구별척도(semantic differential scale)에 관한 설명 중 틀린 것은?

① 환경·인간·장소 등에 관한 의미를 조사하는 데 쓰인다.
② 하나의 형용사를 제시하고 이에 부합되는 정도를 선택하도록 한다.
③ 조사목적에 맞는 적절한 형용사 목록을 마련하는 것이 중요하다.
④ 제시된 사물이 응답자 자신에게 어떻게 느껴지는가를 조사하는 방법이다.

해설
② 경관을 사진, 슬라이드 등의 방법으로 평가자에게 보여주고 양극으로 표현되는 형용사 목록을 제시하여 평가하게 한다. 형용사의 목록은 양극 사이를 7단계로 나누어 구성한다.

39 다음 중 관광개발로 인한 부정적인 측면을 서술한 것 중 틀린 것은?

① 상수도와 하수도시설과 같은 도시 하부구조에 대한 비용이 증가
② 연중(年中) 고용의 안정적 증가
③ 기존 지역문화의 와해
④ 범죄 및 반달리즘(vsndalism)의 증가

해설
② 관광 수요는 계절적으로 변동하므로 연중 고용이 안정적이라고 보기 어렵다.
관광개발은 상수도, 하수도와 같은 도시 하부구조에 대한 비용 증가, 기존 지역문화의 와해, 범죄와 반달리즘 증가 등 다양한 부정적 영향을 유발할 수 있다.

38 쿨데삭(cul-de-sac) 형태의 도로 패턴이 가장 효과적으로 이용될 수 있는 장소는?

① 주거단지   ② 공업단지
③ 관광단지   ④ 도심지

해설
쿨데삭은 막다른 골목 형태의 도로로, 외부 통과교통이 차단되어 차량 소음과 교통량을 줄이고, 주민들의 프라이버시와 거주성을 크게 향상시킨다. 교통 억제를 통한 프라이버시 보호와 안전한 보행 환경 제공이 핵심이므로, 주거단지에 가장 적합하다.

40 다음 중 야생동물(wild life)의 서식처(분포)와 가장 밀접한 관련이 있는 인자는?

① 지형의 변화
② 식생분포
③ 토양분포
④ 인공구조물 분포

해설
야생동물의 서식지는 먹이, 은신처, 번식지 등 생존과 번식에 필요한 서식환경을 제공하는 식생분포와 밀접한 관련이 있다.

41 도면에 원호의 반지름을 나타내는 경우 치수선의 표현이 부적합한 것은?

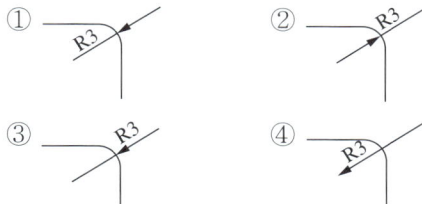

도면에서 원호 반지름(R)을 정확하게 나타내기 위해서는 반드시 원의 중심을 향하도록 치수선을 표시해야 한다. 따라서 곡선 부분에 화살표가 닿아야 한다.

42 Litton이 제시한 산림경관의 기본적 유형(fundamental types)에 포함되지 않는 것은?

① 전경관(panoramic landscape)
② 일시경관(ephemeral landscape)
③ 위요경관(enclosed landscape)
④ 지형경관(feature landscape)

해설
② 일시경관은 특정한 순간에만 나타나는 경관으로 계절이나 날씨에 따라 변화하는 풍경을 말한다.
※ Litton이 제시한 기본적인 산림경관 유형에는 전경관, 위요경관, 지형경관 등이 포함된다.

43 Munsell system에서 색의 3속성을 표현하는 기호의 순서로 맞는 것은?(단, 채도(C), 명도(V), 색상(H)으로 표현한다)

① HV/C
② VH/C
③ CV/H
④ HC/V

해설
색을 먼셀기호로 표기할 때는 색상(Hue)명도(√alue)/채도(Chroma), 즉 HV/C로 기록한다.

44 다음 빈칸에 들어갈 용어를 순서대로 바르게 나열한 것은?

(A) : 대상의 존재나 형상이 보이 기 쉬운 정도
(B) : 다수의 대상이 존재할 때 어느 색이 보다 쉽게 지각되는지 또는 쉽게 눈에 띄는지의 정도
(C) : 색의 차이에 의해 대상이 갖는 정보의 차이를 구별하여 전달하는 성질

① A : 식별성, B : 유목성, C : 시인성
② A : 유목성, B : 가독성, C : 식별성
③ A : 정서성, B : 상징성, C : 시인성
④ A : 시인성, B : 유목성, C : 식별성

해설
• 시인성은 대상물의 모양이나 색이 원거리에서도 식별이 쉬운 성질을 말한다. 명도 차이가 클수록 높다.
• 유목성은 색이 자극성이 강하여 의식하지 않아도 눈에 띄는 정도를 말한다.
• 식별성은 다른 대상과 구별되는 고유한 성질을 의미한다. 즉, 여러 대상 중에서 특정 대상을 쉽게 분별할 수 있도록 돕는 성질이다.

45 경관의 우세원칙과 거리가 먼 것은?

① 대조(contrast)
② 축(axis)
③ 시간(time)
④ 집중(convergence)

해설
경관의 우세원칙은 경관에서 특정 요소(선, 형태, 색, 질감 등)를 미학적으로 부각시켜 지각적으로 중심적 역할을 하게 만드는 원칙이다. 시간은 경관의 변화요소로 분류되며, 경관의 우세원칙이 아니라 계절, 날씨, 운동, 거리 등과 함께 경관 상태에 변화를 주는 요인이다.

46 할프린(Halprin, 1965)에 의해서 수행된 연속적 경관구성에 관한 연구의 내용이라고 볼 수 없는 것은?

① 건물, 수목, 지형 등의 환경적 요소를 부호화하여 기록
② 공간형태보다는 시계에 보이는 사물의 상대적 위치를 기록
③ 장소 중심적인 기록 방법이며, 시각적 요소가 첨가
④ 폐쇄성이 비교적 낮은 교외지역이나 캠퍼스 등에 적용이 용이

해설
진행에 따라서 변화하는 요소를 평면적, 수직적 두 측면에서 기록하고, 여기에 시간적 요소를 첨가하였다.

47 다음 중 운율미(韻律美)의 표현과 관계가 가장 먼 것은?

① 변화되는 색채
② 수관의 율동적인 선(線)
③ 편평한 벽에 생긴 갈라진 틈
④ 일정한 간격을 두고 들려오는 소리

해설
③ 편평한 벽에 생긴 갈라진 틈은 자연적 균열이며 규칙성이 없고 반복·패턴성이 없어 운율미와 관계가 없다.
운율미(rhythm, 리듬감)
공간·경관에서 선, 색채, 소리 등이 일정한 간격을 두고 반복·변화하며 만들어내는 율동적인 감각을 의미한다.

48 다음 선의 종류와 용도에 관한 설명 중 틀린 것은?

① 실선은 물체가 보이는 부분을 나타내는 선이다.
② 파선은 물체가 보이지 않는 모양을 표시할 때 쓰이는 선이다.
③ 1점쇄선은 물체의 중심축, 대칭축을 나타내는 선이다.
④ 2점쇄선은 물체의 절단한 위치 및 경계를 표시하는 선이다.

해설
④ 2점쇄선은 가상선, 치수기준선 등 일반적 경계, 공사구간, 특별구역 등을 나타내는 용도이다.

49 대지의 모양, 고저, 치수, 건축물의 평면형과 치수, 방위, 대지 경계선까지의 거리가 표현되는 도면은?

① 조감도　　　　② 배치도
③ 단면도　　　　④ 입면도

해설
배치도는 부지 내외의 조건, 도로, 대지의 고저차, 각종 시설의 배치, 방위, 축척 등 전반적인 사항을 알 수 있다. 위에서 내려다본 도면으로서 지붕면이 나타날 정도로 시설의 상단부를 나타내야 하며, 축척도, 평면도보다 작아서 대상지의 외부까지 포함되기도 한다.

50 실제 길이 3m는 축척 1/30 도면에서 몇 cm로 나타나는가?

① 1cm　　　　② 3cm
③ 10cm　　　　④ 30cm

해설
지도상의 길이 = 축척 × 실제거리
$$1/30 \times 300cm$$
$$= 10cm$$

51 야영장의 입지조건을 설명한 것 중 잘못된 것은?

① 평탄지보다 완경사면이 좋다.
② 하부식생이 있는 수림지가 좋다.
③ 숲에서는 나무의 높이가 높은 곳이 좋다.
④ 재해 발생이 우려되는 곳은 피해야 한다.

해설
② 하부식생(덤불·관목)이 발달한 수림지는 화재 위험이 증가하고, 해충·습기가 증가하며, 통풍이 불량하므로 야영장 입지에 부적합하다.

52 노상주차장(路上駐車場)의 설치기준으로 적합하지 않은 것은?

① 종단구배가 4%를 초과하는 도로에는 설치할 수 없다.
② 특별한 경우를 제외하고는 차도 폭원이 6m 이상이 되는 도로에 설치한다.
③ 도시 내 주간선 도로에는 설치할 수 없다.
④ 평행 또는 90° 주차방식보다 45° 또는 60° 주차방식이 더 효율적이다.

해설
④ 90° 주차방식이 설치관리·통행에 효율적이고, 45° 또는 60° 주차는 공간집약이 떨어지며 직각주차보다 더 넓은 공간이 필요하기 때문에 비효율적이다.

53 다음 색에 관한 설명 중 옳은 것은?

① 파랑 계통은 한색이고, 진출색·팽창색이다.
② 파랑 계통은 난색이고, 후퇴색·팽창색이다.
③ 빨강 계통은 난색이고, 진출색·팽창색이다.
④ 빨강 계통은 한색이고, 후퇴색·팽창색이다.

해설
색의 진출
• 진출색 : 같은 위치이면서도 가깝게 보이는 현상, 난색계열
　예 빨강, 주황, 다홍, 귤색, 노랑
• 후퇴색 : 같은 위치이면서도 멀리보이는 현상, 한색계열
　예 청색, 파랑, 남색

54 어떤 색을 보고 난 후 다른 색을 볼 때 먼저 본 색의 영향으로 뒤에 본 색이 다르게 보이는 현상은?

① 계시대비　　② 동시대비
③ 면적대비　　④ 연변대비

② 동시대비 : 두 가지 색을 동시에 놓고 볼 때, 색들이 실제의 색과 다르게 보이는 현상
③ 면적대비 : 같은 색이라도 면적의 크고 적음에 따라 색의 명도 채도가 다르게 보이는 현상
④ 연변대비 : 나란히 단계적으로 균일하게 채색되어 있는 색의 경계부분에서 일어나는 대비현상

55 투상도의 종류 중 X, Y, Z의 기본 축이 120°씩 화면으로 나누어 표시되는 것은?

① 이등각투상도　　② 부등각투상도
③ 유각투시도　　④ 등각투상도

등각투상도는 물체의 정면, 평면, 측면 등을 하나의 투상도에 나타내는 투상법이다. 직각 좌표계의 세 좌표축이 서로 120°를 이룬다.

56 알베도(albedo)와 가장 관련성이 큰 것은?

① 시정　　② 일최저기온
③ 지상피복상태　　④ 강수량

지상에 어떤 피복(식생, 토양, 물, 눈, 아스팔트 등)이 깔려 있는지에 따라 반사도가 크게 달라지며, 식생이 발달한 지역, 콘크리트 포장, 물·눈·얼음 등 각각의 상태에 따라 알베도 수치가 달라진다.

57 조경설계기준상 옹벽(콘크리트)과 식생벽(벽면녹화)의 설명으로 틀린 것은?

① 옹벽배면의 뒤채움 설계 시 토압은 물론, 토압보다도 큰 수압이 작용하지 않도록 배수기능을 고려해야 한다.
② 옹벽의 전도에 대한 안전율은 1.5 이상이어야 한다.
③ 활동에 대한 효과적인 저항을 위하여 저판에 활동방지벽을 적용하는 경우 저판과 일체로 설치해야 한다.
④ 식생벽은 용도와 경관·시각적·경제적 기대효과에 따라 와이어, 메시, pot, 식생보드형 등이 지속가능한 공법을 적용하여 사용한다.

옹벽의 전도에 대한 안전율은 2.0 이상이어야 하며, 옹벽의 활동에 대한 안전율은 1.5 이상이어야 한다.

58 알트만(Altman)은 인간의 영역을 주로 사회적 단위의 측면에서 1차적, 2차적, 공적 영역의 3가지로 구분하고 있다. 다음 중 2차적 영역에 속하는 공간은?

① 사무실　　② 공원
③ 교회　　④ 해수욕장

2차적 영역은 개인이 소유하지는 않지만, 지속적으로 이용하며 일종의 개인적 친밀감이 형성되는 공간이다. 교회, 학교 등이 이에 해당하며, 공원이나 해수욕장은 공적 영역에 속한다.

59 KS표준에 의한 A0 용지의 크기에 해당하는 것은?

① 594×841mm

② 841×1,189mm

③ 1,189×1,090mm

④ 1,090×1,200mm

해설

제도 용지의 크기(mm)
- A0 용지 : 841×1,189
- A1 용지 : 594×841
- A2 용지 : 420×594
- A3 용지 : 297×420
- A4 용지 : 210×297

60 조경설계기준상의 하천조경 설계 시 관찰시설 설치와 관련된 내용이 틀린 것은?

① 야생동물이 자주 출현하는 곳에 작은 규모의 야생동물 관찰소를 설치한다.

② 안전을 위한 데크의 난간 높이는 100cm이상으로 하며, 장애자가 이용하는 데크는 최소 80cm의 폭이 확보되도록 계획한다.

③ 관찰시설 설치는 생태·미관의 교육, 체험 목적으로 설치되나, 서식처 보호, 훼손 확산 방지를 위한 이용객 동선 유도 등 꼭 필요한 장소에 설치한다.

④ 관찰시설은 사회적 약자의 배려를 도모하여 진행도중 추락의 위험이 없도록 안전난간을 설치하는 등 안전한 관찰 및 탐방이 가능하도록 설치한다.

해설

② 안전을 위한 데크 등의 난간 높이는 120cm 이상으로 하며, 장애자가 이용하는 데크는 최소 100cm의 폭이 확보되도록 계획한다.

61 전년도 가지에도 꽃이 피는 라일락의 아름다운 개화상태를 감상하기 위한 가장 적절한 전정 시기는?

① 봄철 꽃이 진 바로 직후

② 지엽이 무성한 여름철

③ 낙엽이 진 직후 가을철

④ 겨울철 휴면기

해설

라일락은 봄에 꽃이 피고 꽃이 진 직후부터 다음 해에 필 꽃눈이 형성되기 때문에 꽃이 진 후 바로 가지치기를 해야 그해 가지에 꽃눈이 잘 형성되어 다음 해에 풍성한 개화가 가능하다.

62 자동차 배기가스에 약한 수목으로만 짝지어진 것은?

① 향나무, 은행나무, 녹나무

② 측백나무, 태산목, 벽오동

③ 소나무, 단풍나무, 튤립나무

④ 석류나무, 양버즘나무, 무궁화

해설

배기가스에 강한 수종과 약한 수종
- 강한 수종 : ㅂ 자나무, 가이즈까향나무, 녹나무, 감탕나무, 미루나무, 벽오동, 은행나무, 편백나무, 향나무, 쥐똥나무, 개나리, 히말라야시다 등
- 약한 수종 : 단풍나무, 팽나무, 전나무, 소나무, 수수꽃다리, 화살나무, 금목서, 은목서, 목련, 튤립나무 등

63 수형(樹形)이 원추형(圓錐形)인 수종은?

① 전나무

② 호랑가시나무

③ 후박나무

④ 산딸나무

64 다음과 같은 열매 특징을 가진 수종은?

> 열매는 골돌과로 원통형이며 길이 5∼7cm로서 곧거나 구부러지고, 종자는 타원형이며 길이 12∼13mm이고, 외피는 적색을 띠며 9∼10월에 익는다.

① 불두화(*Viburnum opulus* for. *hydrangeoides*)

② 좀작살나무(*Callicarpa dichotoma*)

③ 산사나무(*Crataegus pinnatifida*)

④ 목련(*Magnolia kobus*)

65 무기양료와 관련된 식물조직의 구성 성분이 아닌 것은?

① N : 단백질　　② Ca : 세포벽

③ K : 효소　　④ Mg : 엽록소

66 다음 중 주요 잔디류의 정착 활력도(estavlishmentvigor)가 가장 빠른 것은?

① Perennial ryegrass

② Tall fescue

③ Kentucky bluegrass

④ Creeping bentgrass

67 다음 장미과(科)수목 중 *Malus*속에 해당되는 것은?

① 돌배나무　　② 아그배나무

③ 마가목　　④ 산사나무

68 소나무혹병의 중간기주에 해당되는 것은?

① 송이풀
② 졸참나무
③ 까치밥나무
④ 향나무

중간기주
• 소나무혹병 : 졸참나무
• 잣나무털녹병 : 송이풀과 까치밥나무
• 포플러잎녹병 : 낙엽송
• 배나무적성병 : 향나무

69 배식에 있어서 대식(對植)에 대한 설명으로 옳지 않은 것은?

① 수종은 달라도 수형만 동일하면 된다.
② 동형동종(同形同種)의 수목을 한 조(組)로 한다.
③ 건물이나 기단의 전면에 축을 중심으로 좌우에 배치한다.
④ 사찰, 궁전, 기념물 등의 전면에 주로 사용하며 장중한 느낌을 준다.

① 대식은 전면에 축을 중심으로 좌우에 같은 수종과 같은 모양의 수목을 한 조로 배치해야 장중한 효과와 조화로움을 얻을 수 있다. 수종이 다르면 대칭감이 약해져 의장적으로나 생태적으로도 어색함이 발생할 수 있다.

70 시각적 복잡성과 시각적 선호도와의 관계를 나타낸 설명 중 옳지 않은 것은?

① 일반적으로 중간 정도의 복잡성에 대한 시각적 선호도가 가장 높다.
② 복잡성이 아주 낮은 경우에 시각적 선호도가 낮아진다.
③ 시각적 복잡성이 아주 높은 경우에 시각적 선호도가 가장 높다.
④ 시장은 학교보다 훨씬 높은 정도의 복잡성이 요구된다.

시각적 복잡성은 시각적 선호와 거꾸로 된 U자 형태의 관계를 지닌다. 중간 정도의 복잡성이 가장 높은 선호도를 나타내며, 복잡성이 아주 낮거나 높은 경우에는 낮아진다.

71 옥상녹화용 인공지반에 사용될 녹화용(綠化用) 인공토 선정 시 우선적으로 고려할 사항이 아닌 것은?

① 가벼워야 한다.
② 보수성이 좋아야 한다.
③ 영양분이 많아야 한다.
④ 배수성이 양호해야 한다.

③ 영양분(비옥도)은 초기에는 중요하지 않으며, 옥상 환경에서는 필요에 따라 추후 비료 보충 등으로 보완 가능하다.

72 다음 식물의 층위를 설명한 것 중 옳지 않은 것은?

① 식물이 자생하는 곳에서는 상층목, 하층목, 관목, 초본, 이끼 등의 단계가 있다.
② 층화는 식물의 종류들이 각기 적절한 공간을 이루며 생장한다.
③ 생태적 식재를 위한 공간에서는 층화를 응용하는 것이 필요하다.
④ 식물의 층화는 활엽수나 침엽수의 수목 종별에 따라 후발적으로 발생하는 것이다.

해설
④ 층화는 생태적 구조와 생장 형태로 자연적으로 형성되는 것으로, 환경과 공간의 상호관계가 더 중요하다.

73 메타세쿼이아와 낙우송에 대한 설명으로 옳지 않은 것은?

① 원산지는 모두 미국이다.
② 낙우송에는 기근이 발생한다.
③ 성상은 모두 낙엽침엽교목이다.
④ 잎의 배열은 메타세쿼이아는 대생이지만 낙우송은 호생이다.

해설
① 메타세쿼이아는 중국이 원산지이고, 낙우송은 미국 남부가 원산지이다.

74 다음 중 여름(6~9월)에 꽃의 향기를 맡을 수 없는 식물은?

① 치자나무(*Gardenia jasminoides*)
② 함박꽃나무(*Magnolia sieboldii*)
③ 인동덩굴(*Lonicera japonica*)
④ 서향(*Daphne odora*)

해설
④ 서향은 주로 겨울~초봄에 꽃이 핀다.
①·②·③ 치자나무, 함박꽃나무, 인동덩굴 등은 여름에 꽃피고 향기가 나는 식물이다.

75 녹음용(綠陰用) 수목으로 적합한 것은?

① 은행나무, 흰말채나무
② 멀구슬나무, 붉나무
③ 호랑가시나무, 벽오동
④ 피나무, 팽나무

해설
녹음용 수목은 수관이 크고 큰 잎이 치밀하고 무성하며, 지하고가 높은 교목이 바람직하다. 느티나무, 버즘나무, 가중나무, 은행나무, 고로쇠나무, 피나무, 백합나무, 칠엽수, 벚나무, 녹나무, 층층나무, 팽나무, 멀구슬나무 등이 있다.

76 지피식물(地被植物)로 이용하기에 적합한 상록다년초는?

① 자금우
② 골담초
③ 수호초
④ 협죽도

해설
수호초
그늘과 척박지에서 잘 자라는 상록다년초로 지피식물에 적합하다. 줄기는 높이 30cm 즈음이며, 약간 굵고, 줄기 아래쪽 일부는 뿌리줄기처럼 된다. 옆으로 기며 자라다가 곧게 서고, 잔털이 있다가 없어진다.

72 ④ 73 ① 74 ④ 75 ④ 76 ③ 정답

77 벽면녹화 설계의 일반사항으로 적합하지 않은 것은?

① 벽면녹화 방법은 등반형, 하수형, 기반조성형 등으로 구분할 수 있다.
② 에너지 절약, 구조물 보호, 반사광 방지 등의 기능적 효과도 기대할 수 있다.
③ 식물의 생육은 벽면의 방위(방향)에 따라 영향을 받는다.
④ 기반조성형은 식재기반으로부터 식물을 늘어뜨려 피복하는 방법이다.

해설

기반조성형은 식물을 늘어뜨리는 방법이 아니라 식재기반에 식물을 심어 벽을 따라 자라게 하는 방식이다.

78 다음 중 꽝꽝나무의 설명으로 옳지 않은 것은?

① 자웅이주이다.
② 학명은 *Ilex crenata* Thunb. var. *crenata*이다.
③ 잎은 호생하고 넓은 타원형으로서 예두(銳頭)이며, 표면은 광택이 나고 짙은 녹색이다.
④ 열매는 열개(裂開)하는 삭과로서 6~7월에 결실한다.

해설

④ 꽝꽝나무의 열매는 핵과이고 가을에 검은색으로 익는다.

79 은행나무(*Ginkgo biloba* L.)의 특징으로 틀린 것은?

① 은행나무과(科)이다.
② 낙엽침엽교목이다.
③ 암수한그루이고 꽃은 5월경에 핀다.
④ 회백색의 나무껍질은 세로로 깊이 갈라진다.

해설

③ 은행나무는 암수딴그루(자웅이주)이다.
은행나무
• 가로수, 정원수로 식재하는 낙엽큰키나무로 높이 60m, 지름 4m 정도까지 자란다.
• 나무껍질은 회색으로 두껍고 코르크질이며 균열이 생긴다.
• 잎은 부채꼴이며 중앙에서 2개로 갈라지지만 갈라지지 않는 것과 2개 이상 갈라지는 것도 있다.
• 긴 가지에 달리는 잎은 뭉쳐나고 짧은가지에서는 모여난다.
• 잎맥은 2갈래로 연속해서 갈라진다.
• 암수딴그루이며, 4월에 수분한다.

80 다음 중 물푸레나무, 가죽나무, 느릅나무, 계수나무의 공통점은?

① 암수한그루이다.
② 우리나라 자생종이다.
③ 잎은 기수1회우상복엽이다.
④ 종자에는 날개가 달려있다.

해설

물푸레나무, 가죽나무, 느릅나무, 계수나무 모두 잎이 깃꼴잎, 하나의 축에 잎이 좌우 번갈아 달린 구조인 기수1회우상복엽이다.

81 다음 항공사진 측량의 판독에 대한 설명 중 옳지 않은 것은?

① 사진상의 크기나 형상은 피사체의 내용을 판독하기 위하여 중요한 요소이다.
② 사진의 음영은 촬영고도에 따라 변화하기 때문에 판독에는 불필요한 요소이다.
③ 사진의 정확도는 사진상의 변형, 색조, 형상 등 제반 요소의 영향을 고려해야 한다.
④ 사진의 색조는 피사체로부터의 반사광량에 따라 변화하나 사용하는 필름 현상의 사진처리 등에 따라 영향을 받는다.

해설
② 사진의 음영은 촬영고도, 태양각, 피사체의 굴곡, 식생, 구조물 등에 따라 다양하게 나타나며, 실제 피사체의 형태나 높낮이, 재질 등 다양한 정보를 판독하는 데 매우 중요한 연구대상이되므로 필요한 요소이다.

83 석재의 다듬기 마무리 표면 처리방법으로서 쇠메(쇠망치)로 쳐서 다듬는 거친 질감의 표면처리는?

① 잔다듬
② 정다듬
③ 도드락다듬
④ 혹두기

해설
① 잔다듬 : 외날망치나 양날망치로 정다듬 면 또는 도드락다듬 면을 일정 방향, 주로 평행하게 나란히 찍어 평탄하게 마무리하는 작업
② 정다듬 : 혹두기한 면을 정으로 비교적 고르고 곱게 다듬는 작업
③ 도드락다듬 : 정다듬한 표면을 도드락망치를 이용하여 1~3회 정도 두드려 곱게 다듬는 작업

82 표준길이보다 3mm 늘어난 50m 테이프로 정사각형의 어떤 지역을 측량하였더니, 면적이 250,000 m²이었다. 이때의 실제면적은 얼마인가?

① 250,030m²
② 260,040m²
③ 270,050m²
④ 280,040m²

해설
$$실제면적 = \frac{(부정길이)^2}{(표준길이)^2} \times 관측면적$$
$$= \frac{(50 + 0.003)^2}{50^2} \times 250,000$$
$$= 250,030m^2$$

84 다음 원가계산을 위한 공사비를 구성하는 항목에 대한 설명 중 틀린 것은?

① 공사비를 구성하는 항목은 재료비, 노무비, 경비, 일반관리비, 이윤과 세금으로 구성된다.
② 순공사원가는 재료비, 노무비와 경비로 구성된다.
③ 노무비는 직접노무비와 간접노무비로 구성된다.
④ 안전관리비는 일반관리비 항목에 구성된다.

해설
④ 안전관리비는 공사비에 별도로 책정되는 항목이며, 일반관리비에 포함되지 않는다.

85 구조물에 작용하는 하중 중 바람 및 지진 또는 온난한 지방의 눈하중과 같이 구조물에 잠시 동안만 작용하는 하중을 말하는 것은?

① 이동하중 　　　　② 집중하중
③ 고정하중 　　　　④ 단기하중

해설

① 이동하중 : 일정한 크기의 무게가 이동하여 작용하는 하중 (차량)
② 집중하중 : 1점에 집중하여 단독으로 작용하는 하중
③ 고정하중(사하중, 정하중) : 구조물의 자중과 같이 항상 일정한 위치에 정지하고 있는 하중

86 그림과 같이 사각형분할로 구분되는 지역에서 정지 공사를 위해 각 지점의 계획절토고를 측정하였다. 점고법에 의한 계획지반고에 준거하여 절토할 토공량은?(단, FL±0)

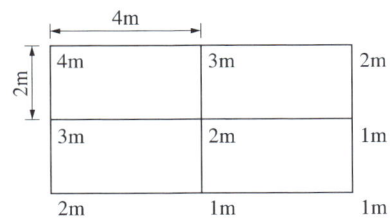

① 38m³ 　　　　　② 40m³
③ 66m³ 　　　　　④ 68m³

해설

점고법 $V = \dfrac{A}{4}\{\sum h_1 + 2\sum h_2 + 3\sum h_3 + 4\sum h_4\}$

여기서, A : 수평단면적
　　　　h_1, h_2, h_3, h_4 : 각 점의 수직고
$\sum h_1 = 4 + 2 + 2 + 1 = 9$
$\sum h_2 = 3 + 1 + 1 + 3 = 8$
$\sum h_4 = 2$
$\therefore V = \dfrac{2 \times 4}{4}(9 \times 1 + 8 \times 2 + 2 \times 4) = 66\text{m}^3$

87 목재는 같은 재료일지라도 탈습과 흡습에 따라 평형함수율이 달라지며 평형함수율은 탈습에 의한 경우보다 흡습어 의한 경우가 낮다. 이러한 현상을 무엇이라 하는가?

① 이력현상 　　　　② 동적평형현상
③ 기건수축현상 　　④ 목재의 이방성

해설

이력현상(hysteresis)
목재의 함수율에서 탈습과 흡습 경로에 따라 동일한 온습도 조건에서도 함수율이 다르게 나타나는 현상을 말한다.

88 골재의 함수상태에 관한 설명으로 옳지 않은 것은?

① 공기 중 건조상태 : 실내에 방치한 경우 골재입자의 표면과 내부의 일부가 건조한 상태
② 습윤상태 : 골재입자의 내부에 물이 채워져 있고, 표면어도 물이 부착되어 있는 상태
③ 절대건조상태 : 대기 중에서 골재의 표면이 완전히 건조된 상태
④ 표면건조포화상태 : 골재입자의 표면에 물은 없으나 내부의 공극에는 물이 꽉 차 있는 상태

해설

③ 절대건조상태는 대기 중에서 골재의 표면부터 내부까지 완전히 건조된 상태를 의미한다.

89 살수반경이 4m 되는 살수기를 2.8m 간격으로 배치하였다. 정삼각형 배치 방법으로 설치한다면 열과 열 사이 거리는 얼마가 적당한가?

① 1.6m   ② 1.8m

③ 2.2m   ④ 2.4m

해설
살수기의 배치는 정삼각형이나 정사각형이 기본형이며, 삼각형 형태로 배치하려고 할 때 열과 열 사이의 거리는 살수기 간격의 약 0.87배로 하여야 효과적이다.

2.8m × 0.87 = 2.436 ≒ 2.4m

90 공원이나 골프장의 우수유출계수(雨水流出係數)는?

① 0.10~0.25   ② 0.30~0.45

③ 0.50~0.65   ④ 0.70~0.85

해설
우수유출계수
토지의 특성에 따라 유출되는 비의 양을 나타내며 공원이나 골프장은 0.10~0.25 정도로 설정된다. 식생이 있는 지역의 물리적 특성에 따라 유출량이 적기 때문에 낮은 수치로 나타난다.
※ 유출계수

지역	유출계수
공원	0.1~0.3
잔디정원	0.05~0.25
산림	0.01~0.2
상업	0.6~0.7
주거	0.3~0.5
벽돌	0.75~0.85
아스팔트	0.85~0.9

91 다져진 상태의 토량 ÷ 흐트러진 상태의 토량을 표기한 체적환산계수(f)는?

① C ② L

③ $1/L$ ④ C/L

해설
토량환산계수(f)

구하는 Q \ 기준이 되는 q	자연 상태의 토량 (굴착하려는 토량)	흐트러진 상태의 토량 (굴착, 운반 토량)	다져진 후의 토량
자연상태의 토양	1	L	C
흐트러진 상태의 토양	$1/L$	1	C/L

92 다음 야장에서 측점 No. C의 기계고는 얼마인가?

S	B.S.	F.S.	I.H.	G.H.
A	1.15			20,000m
B		2.16		
C	2.43	2.33		
D		1.67		

① 21.15m   ② 21.25m

③ 21.33m   ④ 21.43m

해설
• 기계고(I.H.) = 지반고(G.H.) + 후시(B.S.)
• 지반고(G.H.) = 기계고(I.H.) − 전시(F.S.)
• A의 기계고 = 20 + 1.15 = 21.15
• C의 기계고 = (21.15 − 2.33) + 2.43 = 21.25m

93 다음 그림에서 No.2의 지반고는?

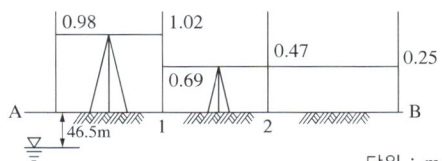

단위 : m

① 47.48m   ② 46.46m

③ 46.68m   ④ 47.44m

해설

- $H_A = 46.5m$
- $H_1 = H_A + 0.98 - 1.02 = 46.46m$
- $\therefore \ H_2 = H_1 + 0.69 - 0.47 = 46.68m$

94 옹벽의 구조적 안정성을 위해 필요한 3가지 기본적인 검토 요소에 해당되지 않는 것은?

① 활동(sliding)에 대한 검토

② 우력(couple for ces)에 대한 검토

③ 침하(settlement)에 대한 검토

④ 전도(overturning)에 대한 검토

해설

② 우력 : 크기가 같고 방향이 반대이며 서로 평행하지만 작용선이 일치하지 않는 두 힘이 강체의 서로 다른 점에 작용할 때 생기는 힘의 조합을 뜻하는 구조역학 일반 개념이다.

① 활동 : 옹벽이 흙의 압력 등으로 옆으로 미끄러지는 것을 방지

③ 침하 : 옹벽 아래 기초가 내려앉거나 지반이 붕괴되는 문제

④ 전도 : 흙의 횡압 등으로 옹벽이 앞으로 넘어지는 현상

※ 옹벽의 안정성 검토 요소로는 기초 안정(지지력), 활동, 전도 등 실제 해석 요인이 우선된다.

95 다음 중 CPM 기법의 공정표에 대한 설명으로 틀린 것은?

① 반복사업 등에 이용

② 공사비 절감이 주목적

③ 불명확한 신공법 프로젝트의 공정관리 기법

④ 시간의 경과와 시행되는 작업을 네트(망)로 표현

해설

CPM은 반복사업, 도준화된 사업에 적합하며 공사일정 및 비용 관리에 유용하다. 불명확한 신공법, 예측불가한 상황에서는 PERT와 같은 불확실성 관리 기법이 더 적합하다.

96 크레인으로 얽어매는 작업 시 유의사항이 아닌 것은?

① 중심 위치에 훅을 걸 것

② 긴 물건은 원칙적으로 세로로 맬 것

③ 물체의 진등을 손으로 정지시키지 말 것

④ 얽어매는 용구는 능력에 충분한 여유가 있는 것을 사용할 것

해설

② 세로로 매면 무게 중심이 불안정해 회전·전도 위험이 커진다. 가로로 매어야 안정적으로 이동할 수 있다.

정답   93 ③   94 ②   95 ③   96 ②

97 살수기의 선정과 관련된 설명으로 적합하지 않은 것은?

① 동일한 구역 내의 살수기의 살수강도는 같아야 한다.
② 같은 구역에나 구간에서 분무식과 회전식 살수기를 혼용 사용해 효율을 증가시킨다.
③ 동일한 회로 내에 살수기에 작동하는 압력은 제조업자 권장하는 계통의 효과적인 작동압력의 범위 내에 있어야 한다.
④ 토양종류, 지표면 경사, 식물종류, 지표면의 형태와 규모, 장애물의 유무를 고려하여 적합한 살수기를 선정한다.

해설
② 같은 구역이나 구간에서는 분무식과 회전식 살수기를 혼용하지 않는다.

99 그림과 같은 보의 지점 B에서 반력의 크기는 몇 kN인가?

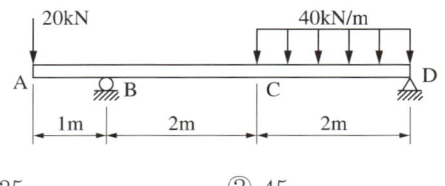

① 35
② 45
③ 55
④ 65

해설
• D에서의 모멘트
$R_B \times 4 = 20 \times 5m + 40 \times 2 \times 1m$
$= 180$
• B의 반력 $R_B = 180 \div 4 = 45$

98 콘크리트 포장과 비교했을 때 아스팔트 포장의 장점이 아닌 것은?

① 마찰저항이 작다.
② 소음이 적다.
③ 파손시 보수가 용이하다.
④ 공사비가 저렴하다

해설
아스팔트 포장은 콘크리트 포장에 비해서 공사비가 높은 편이다.

100 콘크리트의 크리프에 영향을 미치는 요인에 대한 설명으로 틀린 것은?

① 습도가 낮을수록 크리프 변형은 커진다.
② 재하 하중이 클수록 크리프 변형은 커진다.
③ 콘크리트 온도가 높을수록 크리프 변형은 커진다.
④ 고강도의 콘크리트일수록 크리프 변형은 커진다.

해설
고강도 콘크리트는 조직이 치밀하여 크리프가 작다. 습도, 하중, 온도 증가 시 크리프 변형은 커진다.

101 수목관리의 설명이 옳지 않은 것은?

① 지주목 결속 끝의 보수는 1년 동안 수시로 점검·정비한다.
② 철쭉, 개나리 등의 낙엽화목류 전정은 휴면기인 동계에 실시한다.
③ 거적감기는 가을(10~11월)에 실시하는 것이 병해충 방제에 효과가 있다.
④ 생장이 왕성한 어린 유목(幼木)에는 강전정, 오래된 노목(老木)에는 약전정을 실시한다.

해설
② 철쭉, 개나리 등 낙엽화목류의 전정은 휴면기(동계)에 전정하면 개화가 불량해질 수 있으므로 낙화 직후에 실시하는 것이 적절하다.

103 공원관리에 있어서 시민참가에 관한 요건 중 옳지 않은 것은?

① 전문성 있는 작업이어야 한다.
② 주민의 자발적 참가를 필요조건으로 한다.
③ 규모가 시민들의 참여능력을 넘지 않아야 한다.
④ 시민참가에 의해 참가자 간의 융화를 도모해야 한다.

해설
① 시민참가는 전문성보다는 자발적으로 참여하며 규모 또한 참여능력에 맞아야 하고, 서로 융화하는 것이 중요하다.

104 관리대상의 기능을 어떻게 하면 효율적이며 적절하게 발휘하게 하는가를 목표로 하는 관리의 유형은?

① 이용관리
② 운영관리
③ 유지관리
④ 시공관리

해설
운영관리는 관리체계와 자원을 조직하고 기능성 향상을 목표로 하며, 유지관리는 시설물의 물리적 상태를 보수하는 데 초점이 있다.

102 유지관리계획 수립 시 영향을 미치는 주요 요인이 아닌 것은?

① 계획이나 설계 목적
② 관리대상의 양과 질
③ 관리대상의 특성
④ 관리대상의 수익성

해설
④ 수익성은 운영관리에 해당한다.
유지관리계획은 주로 계획·설계 목적, 관리대상의 양과 질, 관리대상 특성 등이 주요 영향 요인이다.

105 식물의 즙액을 흡즙하는 입틀 구조를 갖지 않은 곤충은?

① 버즘나무방패벌레
② 느티나무벼룩바구미
③ 솔껍질깍지벌레
④ 가루나무좀

해설
④ 가루나무좀은 식물체에 구멍을 뚫고 들어가 생육하는 천공성 해충이다.
흡즙성해충 : 깍지벌레, 응애류, 진딧물류, 방패벌레류 등이 있다.

106 잔디의 갱신을 위하여 뗏밥을 주는 목적을 설명한 것 중 가장 적합한 것은?

① 땅속줄기를 노출되게 하여 잔디밭 표면을 보기 좋게 한다.
② 뗏밥은 한 번에 많이 주어야 병해 발생이 적다.
③ 뗏밥은 잔디의 생육을 돕고 잔디밭의 표면을 고르게 해준다.
④ 잔디밭의 뗏밥은 가을철 생육이 계속되는 동안 준다.

해설
밥은 잔디 뿌리의 흙 덮기를 통해 생육 환경을 좋게 하며 잔디밭 표면을 평탄하게 만들어 미관을 개선한다.

107 일반적인 조경관리 절차로 가장 적합한 것은?

① 관리목표 설정 → 관리계획 수립 → 관리조직구성 → 업무확정 → 업무수행 → 업무평가
② 관리조직구성 → 관리계획 수립 → 관리목표 설정 → 업무확정 → 업무수행 → 업무평가
③ 관리목표 설정 → 관리조직구성 → 업무확정 → 업무수행 → 관리계획 수립 → 업무평가
④ 관리조직구성 → 관리목표 설정 → 업무확정 → 업무수행 → 관리계획 수립 → 업무평가

해설
관리목표 설정 후 계획을 수립하고 조직을 구성하며 업무를 확정한 다음 실행 및 평가한다.

108 식물생육에 필요한 양분 중에서 대기로부터 얻을 수 있는 필수원소는?

① P
② K
③ Ca
④ C

해설
탄소(C)는 식물생육의 필수원소로 식물이 광합성을 통해 이산화탄소(CO_2) 형태로 대기 중에서 흡수한다.

109 근로재해의 강도율(强度率)을 나타내는 식은?

① $\dfrac{\text{근로재해에 의한 사상자수}}{\text{근로총시간수}} \times 1,000$

② $\dfrac{\text{근로손실일수}}{\text{근로총시간수}} \times 1,000$

③ $\dfrac{\text{연간 근로재해에 의한 사상자수}}{\text{재적 근로자수}} \times 1,000$

④ $\dfrac{\text{근로손실일수}}{\text{재적근로자수}} \times 1,000$

해설
강도율(SR ; Serverity Rate of Injury) : 재해의 경중 정도를 측정하기 위한 척도로, 연근로시간 1,000시간당 재해에 의해서 잃어버린 근로손실일수

110 토양 공극량을 높이고, 답압에 대한 저항성을 높이는 역할을 하는 굵은 골재 중 진흙입자를 약 700℃ 고온처리 한 것으로 연회색을 띠는 것은?

① 펄라이트
② 버미큘라이트
③ 소성점토
④ 중점토

해설
소성점토
진흙 입자를 약 700℃ 정도에서 고온처리하여 소성한 점토로, 고온처리 후 연회색을 띠면서 토양 내 공극량을 높이고 답압에 대한 저항성을 증가시키는 역할을 한다. 굵은 골재의 기능을 하며 토양 물리성을 개선하는 데 사용된다.

111 다음에서 설명하는 무기양료로 가장 적합한 것은?

> • 체내에서 이동이 극히 안 된다.
> • 결핍 시 주목할 부위로는 유엽, 새순, 뿌리 끝이다.
> • 결핍 시 활엽수의 경우 유엽이 황화 및 괴사하며 잎이 작고 기형화된다.
> • 결핍 시 침엽수의 경우 끝이 구부러지고 눈이 왜성화되며, 수관 상부의 어린잎에서 가장 심한 증세가 나타난다.

① B
② P
③ K
④ Ca

해설
칼슘의 결핍
• 체내 이동성이 매우 낮기 때문에 증상이 어린잎과 생장점 등 새로운 조직에서 주로 나타난다.
• 결핍 시 주로 뿌리 끝, 어린잎, 유엽, 새순 부위에 이상이 생기며, 황화 및 잎 가장자리의 괴사, 조직 기형화, 구부러짐, 눈의 형성과 활성화 장애 등이 나타난다.
• 수관 상부나 어린잎에서 가장 뚜렷한 증상이 발생한다.

112 오동나무나 대추나무의 빗자루병 등 파이토플라스마(phytoplasma)에 의한 수병의 치료에 가장 좋은 효과를 보이는 항생물질은?

① 테트라사이클린(tetracycline)
② 사이클로헥시마이드(cycloheximide)
③ 다이센스테인리스(dithanestainless)
④ 파제이트(parzte)

해설
파이토플라스마에 의한 빗자루병
• 피해 : 대추나무, 오동나무, 붉나무 등에서 발견되며 마름무늬 매미충에 의해 충매전염된다.
• 방제 : 메프 수화제, 비피 유제를 6~10주 간격으로 살포하고 옥시테트라사이클린계 항생제를 수간주사하며, 병든 가지를 제거한 후 소각한다.

113 흰불나방은 겨울철을 어떤 상태로 월동하는가?

① 번데기
② 유충
③ 알
④ 성충

해설
흰불나방은 겨울철에 번데기 상태로 지피물 밑이나 수피 사이에서 고치를 짓고 월동한다. 유충이 피해를 주다가 가을에 번데기가 되어 이 번데기 상태로 겨울을 난다.

114 콘크리트 포장의 보수공법 가운데 포장의 파손이 심하여 보수가 불가능하다고 판단될 때 사용하는 방법은?

① 덧씌우기(overlay)
② 꺼진 곳 메우기
③ 패칭(patching)
④ 포장 슬래브 들어올리기

해설
패칭(patching) 공법
균열이나 국부침하, 부분박리에 적용하며, 파손 부위의 표층을 제거한 후 정리하고 새 아스팔트를 채워 롤러, 래머, 콤팩터 등으로 다진 다음, 표면에 모래 석분을 살포한다.

115 다음 성형이 자유로운 합성수지의 종류 중 성격이 나머지와 다른 것은?

① 아크릴수지
② 우레탄수지
③ 푸란수지
④ 멜라민수지

해설
① 아크릴수지는 열가소성 수지로서 성형 후에도 재가열로 형태 변형이 가능하다.
②·③·④ 우레탄수지, 푸란수지, 멜라민수지는 열경화성 수지로 한 번 성형되면 다시 녹일 수 없다.

116 소나무재선충을 매개하는 솔수염하늘소의 월동충태는?

① 알   ② 유충

③ 번데기   ④ 성충

[해설]
솔수염하늘소는 유충 상태로 나무껍질 속에서 월동한다. 이후 봄이 되어 성충이 되면 소나무를 가해한다. 이 과정에서 소나무재선충을 옮기게 되고 이로 인해 소나무 시들음병이 확산된다.

117 소나무재선충병에 대한 설명으로 옳지 않은 것은?

① 수분 이동 통로를 막아 고사시킨다.
② 소나무먹좀벌이 천적이므로 생태학적 방제에 의존할 수밖에 없다.
③ 감염 후 수 주내에 급속히 말라 죽으며, 치사율이 100%이다.
④ 이동능력이 없어 공생관계인 솔수염하늘소를 통해 전파된다.

[해설]
② 소나무나무먹좀벌은 천적이 아니다. 소나무재선충의 매개충은 솔수염하늘소이고, 매개충의 확산경로 차단을 위한 항공·지상 방제를 하며, 재선충과 매개충을 동시에 제거하기 위한 고사목 벌채 및 훈증을 한다.

118 토양에서 서식하고 충분한 수분을 요구하며, 주로 목조 건물 및 목조 구조물에 피해를 주는 해충은?

① 흰개미   ② 그리마
③ 흰불나방   ④ 독일바퀴벌레

[해설]
흰개미
토양 속에서 군체를 이루며 서식 목조 건물의 목질섬유를 먹어 구조적 피해를 준다. 습기를 좋아하고 항상 토양과 연결된 통로를 만든다.

119 옥외 레크리에이션 자원관리에 대한 설명 중 틀린 것은?

① 경관관리는 자원관리에 포함되지 않는다.
② 자원관리는 모니터링과 프로그래밍의 2단계로 구성된다.
③ 안전관리는 잠재된 장애 요인을 제거하거나 허용한계 이하로 축소시키는 방법이다.
④ 부지관리는 자연환경의 질을 유지, 회복시키기 위해 개발된 부지를 관리하는 방법이다.

[해설]
경관관리는 자원관리에 포함되며 경관을 보호하고 보전하는 것은 환경적, 생태적 가치뿐 아니라 미적 가치를 제공하므로 자원관리의 중요한 요소이다.

120 음수대의 일반적 유지관리에 대한 설명으로 옳지 않은 것은?

① 유원지, 관광지 등 3계절형인 곳에서는 겨울철에 게이트 밸브를 열고 물을 채워 둔다.
② 배수구가 막힌 경우 대나무나 봉 등으로 쑤셔 보거나 물을 흘리면서 철선으로 찌르기를 반복한다.
③ 드레인이 파손되면 오물이 배수구로 들어가 막히게 되므로 항상 완전한 상태를 유지한다.
④ 지수전은 조작의 편의상 음수대 가까이에 설치하고 상부 뚜껑은 무분별한 조작을 방지하기 위해 잠금장치를 설치해야 한다.

[해설]
① 겨울철에는 기온이 낮아 배관·음수대 내부 동파 위험이 매우 크므로 반드시 물이 비워진 상태를 유지해야 한다.

제1과목 조경계획 및 설계

01 20세기 초 미국의 도시미화운동(City beautiful Movement)과 관련이 없는 것은?

① 미국의 조경가 옴스테드(Frederick Law Olmsted)가 이론적 배경을 만들었다.
② 도시미술(civic art)을 통해 공공미술품의 도입을 추진하였다.
③ 전체 도시사회를 위한 단위로서 도시설계(civic design)를 추진하였다.
④ 도시개혁(civic reform)과 도시개량(civic improvement)을 추진하였다.

해설
로빈슨과 번함이 주도하여 시민센터 건설, 도심부 재개발, 캠퍼스계획 등 각종 도시개발을 전개하였다.

02 다음 설명의 ( ) 안에 적합한 인물은?

다도의 창립자 촌전주광(村田珠光, 무라타 슈코)이 시작한 사첩반(四疊)은 ( )에 의해 차다(侘茶, 와비차)에 적합한 건축공간으로 완성된다. 다다미 4장 반의 규모인 사첩반의 다실과 다실에 부속된 넓은 의미의 정원공간인 '평지내(評之內, 쯔보노우치)'는 협지평지내(脇之評之內)와 면평지내(面平之內)로 구성된다.

① 소굴원주(小堀遠州) ② 천리휴(千利休)
③ 고전직부(古田織部) ④ 무야소구(武野紹鷗)

해설
다정(노지정원)
• 무야소구 : 사첩반 • 소굴원주 : 고봉암
• 고전직부 : 연암 • 천리휴 : 와비차 완성

03 클로드 돌레가 설계한 생제르맹앙레의 정원에서 최초로 사용한 정원세부 수법은?

① 하하(ha-ha)
② 파르테르(parterre)
③ 토피어리(topiary)
④ 물풍금(water organ)

해설
파르테르(parterre) : 여러 화단을 구분·배치해 그 배치된 모양 자체가 하나의 장식이 되도록 꾸민 중원

04 김조순의 옥호정도(玉壺亭圖)에서 볼 수 없는 것은?

① 옥호동천 바위글씨
② 별원의 유상곡수
③ 사랑마당의 분재
④ 사랑마당의 포도가(葡萄架)

해설
김조순의 옥호정도
옥호정도는 삼청동 북악산 백련봉(白蓮峯) 일대의 실제 경관을 마치 설계도와 같이 상세하게 그려 놓았다. 그림에는 옥호산방(玉壺山房) 편액이 있는 사랑채 건물 외에 후원(後園)의 죽정(竹亭)과 산반루(山半樓), 별원(別園)의 첩운정(疊雲亭) 그리고 옥호동천(玉壺洞天), 을해벽(乙亥壁) 등 곳 암벽과 주요 조경물 등에 상세하게 명칭을 부기하였다.

05 조선시대의 대표적 별서인 소쇄원(瀟灑園)에 대한 설명으로 옳지 않은 것은?

① 계곡에 흘러내리는 임천이 주된 경관자원이다.
② 앞뜰, 안뜰, 뒤뜰과 같은 명확한 공간 구분은 없다.
③ 소쇄원 경치를 읊은 48영시에는 동물도 표현되었다.
④ 명칭은 '구슬과 같은 물소리가 들리는 곳'이란 의미를 갖는다.

해설
소쇄(瀟灑)는 공덕장이 쓴 「북산이문(北山移文)」에 나오는 단어로 '상쾌하고 맑고 깨끗하다'는 뜻이다.
※ 소쇄원
 • 전라남도 담양군 남면에 있는 양산보가 조성한 정원이다.
 • 대봉대, 매대, 오곡문, 수차, 제월당을 볼 수 있다.

06 다음 조선 왕릉 중 경기도 남양주시에 소재하고 있는 것은?

① 정릉   ② 장릉
③ 의릉   ④ 홍유릉

해설
홍유릉 : 경기도 남양주시에 소재하는 홍릉은 조선 26대 왕 고종과 그의 부인인 명성황후의 능이고, 유릉은 27대 왕 순종과 동비 순명효황후, 동계비 순정효황후의 능이다.
① · ③ 정릉, 의릉 : 서울
② 장릉 : 강원도 영월

07 소(小)플리니우스가 남긴 유명한 편지 속에 자세히 소개된 정원은?

① 로우렌티아나장, 토스카나장
② 메디치장, 카렛지오장
③ 아드리아나장, 카스텔로장
④ 이솔라벨라장, 카프아쥬올로장

해설
로우렌티아나장(villa Laurentine)과 토스카나장(villa Toscana)은 타키투스에게 폼페이 최후의 날을 직접 목격하고 경험한 것을 편지로 쓴 소플리니우스 소유의 별장이다.

08 중국 청조(淸朝)의 건륭(乾隆) 12년(1747년)에 대분천(大噴泉)을 중심으로 한 프랑스식 정원을 꾸밈으로써 동양에서는 최초의 서양식 정원으로 알려진 곳은?

① 원명원 이궁   ② 만수산 이궁
③ 열하이궁   ④ 이화원

해설
① 원명원 이궁은 르 노트르의 조경양식에 영향을 받아 축조된 것으로 알려진 중국의 정원이다.
② 만수산 이궁은 건축물과 자연이 강한 대비를 이루고 있는 청나라의 대표적 정원이다.
③ 열하이궁은 중국 허베이성 청더에 있는 궁이다.

09 다음 표는 조경계획의 일반과정을 나타낸 것이다. 빈칸 A에 가장 알맞은 것은?

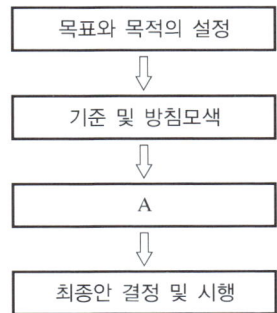

```
┌─────────────────────────┐
│     목표와 목적의 설정     │
└─────────────────────────┘
            ⇩
┌─────────────────────────┐
│      기준 및 방침모색      │
└─────────────────────────┘
            ⇩
┌─────────────────────────┐
│            A            │
└─────────────────────────┘
            ⇩
┌─────────────────────────┐
│     최종안 결정 및 시행    │
└─────────────────────────┘
```

① 경관분석
② 설계서 작성
③ 이용 후 평가
④ 대안의 작성 및 평가

[해설]
계획의 일반적 과정 : 목표와 목적 설정 → 기준 및 방침 모색 → 대안 작성 및 평가 → 최종안 결정 및 시행

10 조경계획 시 기후는 중요한 요소 중 하나이다. 다음 중 기후가 영향을 주는 사회적 특성에 해당되지 않는 것은?

① 현존식생
② 전통적인 습관
③ 옷을 입는 습관
④ 독특한 음식과 식사

[해설]
① 현존식생은 물리적 특성에 해당한다.

11 보도의 유효폭은 보행자의 통행량과 주변 토지이용 상황을 고려하여 결정된다. 보도의 최소 유효폭(A)과 불가피 시의 완화기준 적용에 따른 최소 폭(B)의 연결이 맞는 것은?(단, 도로의 구조·시설 기준에 관한 규칙 적용)

① A : 3.5m, B : 3.0m
② A : 3.0m, B : 2.5m
③ A : 2.5m, B : 2.0m
④ A : 2.0m, B : 1.5m

[해설]
보도(도로의 구조·시설 기준에 관한 규칙 제16조 제3항)
보도의 유효폭은 보행자의 통행량과 주변 토지이용 상황을 고려하여 결정하되, 최소 2m 이상으로 하여야 한다. 다만, 지방지역의 도로와 도시지역의 국지도로는 지형상 불가능하거나 기존 도로의 증설·개설 시 불가피하다고 인정되는 경우에는 1.5m 이상으로 할 수 있다.

12 도시공원 및 녹지 등에 관한 법률에서 정하는 도시공원 중 어린이공원의 표준규모는?

① 1,000m² 이상
② 1,500m² 이상
③ 5,000m² 이상
④ 10,000m² 이상

[해설]
도시공원의 설치 및 규모의 기준 – 어린이공원(도시공원 및 녹지 등에 관한 법률 시행규칙 [별표 3])

설치기준	유치거리	규모
제한 없음	250m 이하	1,500m² 이상

13 녹지자연도 등급에 따른 설명이 옳지 않은 것은?

① 1등급 : 해안, 암석 나출지
② 2등급 : 과수원, 묘포장
③ 8등급 : 원시림, 2차림
④ 10등급 : 고산지대 초원지구

[해설]
녹지자연도 2등급(농경지) : 논 또는 밭 등의 경작지

14 아파트 단지 계획 중 질서 있는 공간 조형요소로 가장 부적합한 것은?

① 연속성
② 방향성
③ 개별성
④ 통일감

15 공원 내에 표지판을 설치할 때 고려할 필요가 없는 항목은?

① 재료의 선택
② 장소 선정
③ 주변 환경 고려
④ 미기후 고려

16 색채지각에서 태양광선의 프리즘을 이용한 분광실험을 통해서 나타나는 여러 가지 색의 띠를 무엇이라 하는가?

① 전자기파
② 자외선
③ 적외선
④ 스펙트럼

17 지형의 높고 낮음을 지도 위에 표시하는 것과 같이 기준면을 정하고, 기준면에 평행한 평면을 같은 간격으로 잘라 평화면상에 투상한 수직투상은?

① 정투상법
② 표고투상법
③ 축측투상법
④ 사투상법

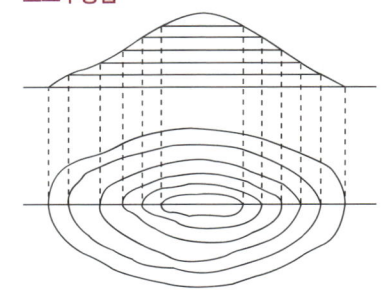

18 질적 혹은 양적으로 심하게 다른 요소가 배열되었을 때 상호의 특질이 한층 강조되어 느껴지는 현상은 어떠한 효과인가?

① 대비
② 대칭
③ 평형
④ 조화

19 1943년 덴마크의 소렌슨(Sorensen) 박사에 의해 시작된 새로운 개념의 공원은?

① 모험공원 　　　　　② 교통공원
③ 장애자공원 　　　　④ 특수공원

해설
① 모험공원 : 자동차타이어, 철도, 침목, 폐차, 콘크리트파이프 등을 이용한 놀이시설을 주로 배치한 아동공원이다.

제2과목　조경식재

21 다음 꽃이 피는 식물 중 잎보다 꽃이 먼저 피는 식물이 아닌 것은?

① 생강나무 　　　　　② 자두나무
③ 박태기나무 　　　　④ 철쭉

해설
선화후엽형 나무
계수나무, 목련, 살구나무, 복숭아나무, 박태기나무, 팥꽃나무, 진달래, 버드나무, 으리나무, 소사나무, 서어나무(서나무), 개암나무, 생강나무, 풍년화, 히어리(송광납판화), 네군도단풍, 산수유, 개나리, 만리화, 영춘화, 매실나무, 자두나무, 왕벚나무, 배나무, 탱자나무, 미선나무, 느릅나무 등

22 자연풍경식 식재 중 강한 개성미는 없으나 대신 유연성이 있어 자연·인공과 같은 이질적인 요소를 조화시키는 데 매우 효과적인 식재법은?

① 자연풍경식재 　　　② 집단식재
③ 1본식재 　　　　　④ 비대칭적 균형식재

해설
비대칭적 균형식재 : 한 점 또는 하나의 축을 중심으로, 식재단위의 시각적 형태나 크기가 다르면서도 전체적인 양감이 대립적으로 안정된 상태를 연출하는 식재방법

20 직선을 긋는 데 사용할 수 없는 제도도구는?

① 평행자 　　　　　　② 삼각자
③ T자 　　　　　　　④ 운형자

해설
곡선자의 종류
• 운형자 : 불규칙한 곡선을 그리는 데 이용한다.
• 원호자 : 곡선자
• 자유곡선자 : 구부려서 자유롭게 사용 가능

23 대칭형이기는 하나 지나치게 면적이 광대한 프랑스식 정원에서는 보스케(bosquet)가 존재함으로써 두드러지게 강조되는 것은?

① 방사축 　　　　　　② 측축
③ 통경축 　　　　　　④ 직교축

해설
통경축(通經軸) : 조망(권) 등을 확보할 수 있도록 시각적으로 열린 공간을 말한다.
※ 미로정원 : 미로 모양의 작은 정원이 기념물을 둘러싼 형태로, 프랑스어로 보스케(bosquet)라고 한다.

24 지주세우기의 설치요령 중 틀린 것은?

① 연계형은 교목 군식지에 적용한다.

② 단각(單脚) 지주는 주간이 서지 못하는 묘목 또는 수고 1.2m 미만의 수목에 적용한다.

③ 매몰형은 경관상 중요하지 않은 곳이나 지주목이 통행에 지장을 주지 않는 곳에 적용한다.

④ 당김줄형은 거목이나 경관적 가치가 특히 요구되는 곳에 적용하고, 주간 결박지점의 높이는 수고의 2/3가 되도록 한다.

③ 매몰형 지주는 수목이 매우 중요한 위치에 있어 지주가 시각적으로 문제가 되거나 통행인에게 불편을 초래한다고 판단되는 경우에 적용한다.

지주세우기
- 단각지주 : 주간이 서지 못하는 묘목 또는 수고 1.2 m 미만의 수목에 적용한다.
- 2각지주 : 도로변과 같이 특별히 2각지주가 필요한 수목과 수고 1.2~2.5 m의 수목에 적용한다.
- 삼각지주 : 도로변, 광장의 가로수 등 포장지역에 식재하는 수고 1.2~4.5 m의 수목에 적용하되, 크기에 따라 선택적으로 사용한다.
- 삼발이(버팀형) : 견고한 지지를 해야 하는 수목이나 근원직경 20cm 이상의 수목에 적용한다.
- 연계형 : 교목 군식지에 적용한다.
- 매몰형 : 경관상 매우 중요한 곳이나 지주목이 통행에 지장을 많이 초래하는 곳에 적용한다.
- 당김줄형 : 거목이나 경관적 가치가 특히 요구되는 곳에 적용하고, 주간 결박지점의 높이는 수고의 2/3가 되도록 한다.

25 다음 중 봄에 꽃이 피지 않는 수목은?

① 히어리　　② 산수유
③ 진달래　　④ 나무수국

④ 나무수국의 개화시기는 7~8월이다.

26 다음 특징에 해당하는 수종은?

- 수형이 원추형인 낙엽침엽교목임
- 열매의 모양은 구형으로 길이 18~25mm임
- 잎은 선형이고 대생하며, 길이 10~25mm, 너비 1.5~2.0mm로 깃처럼 배열됨
- 가로수로도 많이 사용되고 있으나 식재공간의 문제나 떨어진 낙엽의 신속한 처리 등이 고려되어야 함

① 삼나무　　② 분비나무
③ 일본잎갈나무　　④ 메타세쿼이아

④ 메타세쿼이아 : 이식하기 쉬우며 생장속도가 가장 빠른 수목으로, 습지에서도 잘 자라는 수종이다.
①·② 상록침엽교목, ③ 낙엽침엽교목(열매의 모양은 난상원형)

27 다음 중 느릅나무과(Ulmaceae)에 해당하지 않는 것은?

① 팽나무　　② 센달나무
③ 푸조나무　　④ 느티나무

② 센달나무는 녹나무과이다.

28 원산지는 북아메리카로 차폐식재용으로 적합한 수종으로 가지가 짧게 수평으로 퍼지며 잎에 향기가 있고 표면은 녹색, 뒷면은 황록색인 수종은?

① 서양측백나무(*Thuja occidentalis*)
② 편백(*Chamaecyparis obtusa*)
③ 화백(*Chamaecyparis pisifera*)
④ 실화백(*Chamaecyparis pisifera* var. *filifera*)

②·③·④는 일본 원산이다.

29 중부지방에서 가로수로 사용하기 가장 적합한 수종은?

① 돈나무
② 구실잣밤나무
③ 산당화
④ 왕벚나무

해설

왕벚나무는 한계수명이 짧고, 병해충의 발생밀도가 높으며, 공해에도 약해 관리하기 가장 어려운 조경수목 중 하나이지만, 수형과 꽃이 아름다워 가로수로 흔히 쓰이고 있다.

30 아황산가스에 견디는 힘이 가장 약한 수종은?

① 전나무
② 회화나무
③ 양버즘나무
④ 물푸레나무

해설

아황산가스에 약한 수종

가문비나무, 감나무, 고로쇠나무, 느티나무, 다릅나무, 단풍나무, 대왕송, 독일가문비, 매실나무, 반송, 벚나무류, 백합나무, 산벚나무, 삼나무, 소나무, 왕벚나무, 일본잎갈나무, 잎갈나무, 자작나무, 잣나무, 전나무, 홍단풍, 히말라야시다 등

31 우리나라에 있어서 수평적 삼림분포를 기준으로 난대림, 온대림, 한대림으로 구분할 때, 난대림에 해당되는 수종은?

① 자작나무   ② 잎갈나무
③ 감탕나무   ④ 신갈나무

해설

우리나라 산림대별 특징 수종

산림대		특징 수종
난대		녹나무, 동백나무, 사철나무, 붉가시나무류, 멀구슬나무, 아왜나무, 감탕나무, 후박나무 등
온대	남부	대나무류, 해송, 서어나무, 팽나무, 굴피나무, 사철나무, 단풍나무 등
	중부	신갈나무, 졸참나무, 전나무, 향나무, 밤나무, 때죽나무, 소나무 등
	북부	박달나무, 자작나무, 사시나무, 전나무, 떡갈나무, 잣나무, 거제수나무 등
한대		잣나무, 전나무, 주목, 분비나무, 가문비나무, 잎갈나무, 종비나무 등

32 굴취된 수목을 운반할 때 주의사항에 대한 설명으로 틀린 것은?

① 수목과 접촉하는 고형부(固形部)에는 완충재를 삽입한다.
② 대량수송과 비용절감을 위해 가급적 이중적재 등을 통해 이동횟수를 줄인다.
③ 비포장도로로 운반할 때는 뿌리분이 충격을 받지 않도록 완충재로 가마니, 짚 등을 깐다.
④ 운반 중 바람에 의한 증산을 억제하며 강우로 인한 뿌리분의 토양유실을 방지하기 위하여 덮개를 씌우는 등 조치를 취한다.

해설

굴취된 수목을 운반할 때는 이중적재를 피하여야 한다.

33 식물생육지의 수분환경에 대한 설명과 그에 따른 식물의 연결이 옳은 것은?

① 부유식물(통발, 부처꽃) : 식물체 전체가 물에 떠 있는 식물
② 습생식물(부들, 갈대) : 얕은 물이나 물가에 생육하는 식물
③ 소택(추수)식물(고마리, 낙우송) : 주로 토양이 축축한 습지에서 생육하는 식물
④ 부엽식물(연꽃, 마름) : 물속을 중심으로 생활하는 식물로 뿌리는 물밑에 고착되어 있고 식물체의 잎은 수면에 떠 있는 식물

해설
수생식물의 생활형에 따른 구분
• 습생식물 : 물속에 살고 있지 않지만 다른 식물에 비해 상대적으로 물을 좋아하는 식물(털부처꽃, 낙우송, 수양버들, 왕버들 등)
• 수변식물(추수식물·정수식물) : 물가에 자라며, 뿌리 또는 줄기의 밑부분은 물속에 잠겨 있고, 줄기의 대부분과 잎은 물 밖에 있는 식물(부처꽃, 갈대, 부들, 미나리, 창포, 줄 등)
• 부엽식물(부생식물) : 뿌리는 물 밑의 토양 속에 있고, 잎은 물 위에 떠 있는 식물(연, 마름, 수련, 어리연꽃 등)
• 수중식물(침수식물) : 식물체의 모든 부분이 물속에 잠겨 있는 식물(붕어마름, 물수세미, 검정말, 통발류, 물부추 등)
• 부유식물(부표식물) : 잎은 물 위에 뜨고, 뿌리는 물속에서 영양을 섭취하는 식물(개구리밥, 물옥잠, 자라풀, 생이가래 등)

34 지피식물 중 황색계의 꽃을 피우는 식물은?

① 앵초   ② 복수초
③ 꽃향유   ④ 꿀풀

해설
② 복수초 : 꽃은 4월 초순에 피며, 지름 3~4cm 정도의 황색으로 원줄기 끝에 1개씩 달리고, 가지가 갈라져서 2~3개씩 피는 것도 있다.
① 앵초 : 4월, 홍자색
③ 꽃향유 : 9~10월, 자주색
④ 꿀풀 : 5~7월, 적자색

35 다음 설명에 해당되는 식물은?

> 높이가 3m에 달하고 가지가 밑에서부터 갈라지며, 줄기색이 붉은빛이 돌고 일년생 가지에 털이 없으며 열매는 흰색이다.

① 흰말채나무   ② 황매화
③ 쥐똥나무   ④ 앵도나무

해설
① 흰말채나무 : 열매는 타원형이고, 8~9월에 백색으로 익으며, 종자는 양끝이 좁고 편평하다.
② 황매화 : 열매(수과)는 녹색이고, 남아 있는 꽃받침 속에서 8~9월경에 흑갈색으로 익는다.
③ 쥐똥나무 : 열매(핵과)는 달걀형이고, 길이는 5~7mm 정도로 검은색이며, 10월에 성숙한다.
④ 앵도나무 : 열매(핵과)는 구형이며, 잔털이 있고, 지름이 0.5~1.2cm 정도로 붉은색이며, 6월에 성숙한다.

36 식물조직의 일부분을 떼어 무기염류 배지에서 인공적으로 배양하여 새로운 식물체로 증식시키는 번식방법은?

① 취목   ② 분구
③ 조직배양   ④ 삽목

해설
조직배양에는 생장점배양, 배배양, 배주배양 등이 있다.
① 취목 : 휘묻이라고도 하며, 식물의 무성번식(영양번식)법의 일종으로, 모식물에 있는 가지를 흙이나 물이끼 등으로 덮어 뿌리가 뻗어 나오면 모식물에서 떼어 내는 번식방법이다.
② 분구 : 포기나누기는 분주번식(分株繁殖), 알뿌리나누기는 분구번식(分球繁殖)이라고 한다.
④ 삽목(꺾꽂이) : 식물체의 일부인 줄기, 잎, 뿌리 등을 절단하여 새로운 식물체를 만드는 번식방법이다.

37 각 수종에 대한 특징 설명으로 틀린 것은?

① 전나무 열매는 난상타원형이며, 거꾸로 매달린다.
② 독일가문비 열매는 긴 원주형 갈색이고, 아래로 달린다.
③ 주목은 컵모양의 붉은 종의 안에 종자가 들어 있다.
④ 구상나무의 열매는 원주형이고, 갈색, 검은색, 자주색, 녹색이 있다.

해설
① 전나무 열매는 원주형이며, 밝은 갈색이다.

39 소나무(*Pinus densiflora* Siebold & Zucc.)에 대한 설명으로 틀린 것은?

① 수꽃은 새가지 밑부분에 달리며 타원형이다.
② 수피는 회색이고, 노목의 수피는 흑갈색이며, 세로로 길게 벗겨진다.
③ 가을에 종자를 기건저장했다가 파종 1개월 전에 노천매장한 후 사용한다.
④ 곰솔 대목에 접을 붙이면 쉽게 많은 묘목을 얻을 수 있다.

해설
② 일반적인 수피는 적갈색이고, 노목의 수피는 흑갈색이며, 인편상으로 벗겨진다.

38 다음 중 강조식재가 되지 않는 것은?

① 같은 수관형태의 수목들이 식재되어 있다.
② 단풍나무가 연속적으로 심어진 가운데 홍단풍이 식재되어 있다.
③ 고운 질감의 식물로 식재되어 있는 가운데 거친 질감의 식물이 있다.
④ 같은 크기의 관목이 식재된 가운데 좀 더 큰 키의 침엽수가 식재되어 있다.

해설
강조식재 : 특별하게 관심을 끌 수 있는 뚜렷한 형태, 색채, 질감 등을 가진 강조식물을 식재하여 그 주위와 대비를 이루게 하는 것

40 벽면을 식물로 녹화시킴으로써 얻을 수 있는 효과로 가장 거리가 먼 것은?

① 도시경관의 향상
② 방음과 방진효과
③ 도심 열섬현상 완화
④ 여름철 건물 벽면의 복사열 증진효과

해설
복사열은 열이나 빛이 전자기파 형태로 매질 없이 퍼져나가서 물체에 흡수될 때 전달되는 열에너지로, 벽면녹화를 통해 복사열의 감소효과를 얻을 수 있다.

41 암거 배열방식 중 집수지거를 향하여 지형의 경사가 완만하고 같은 정도의 습윤상태인 곳에 적합하며 1개의 간전집수지 또는 집수지거로 가능한 한 많은 흡수거를 합류하도록 배열하는 방식은?

① 빗식(gridiron system)
② 자연식(natural system)
③ 집단식(grouping system)
④ 차단식(intercepting system)

[해설]
③ 집단식 : 1지구 내에 소규모의 여러 가지 양식의 암거배수를 많이 설치한 배열방식
④ 차단식 : 인접한 지대나 배수지구를 둘러싼 높은 지대에서의 침투수를 차단할 수 있는 위치에 설치하는 배열방식

42 철골부재 간 사이를 트이게 한 홈인 개선부를 뜻하는 용어는?

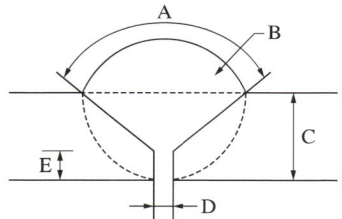

① 가우징(gouging)
② 스패터(spatter)
③ 그루브(groove)
④ 위핑(weeping)

[해설]
③ 그루브 : 부재 간 사이에 용착금속을 채워 용접하는 것
① 가우징 : 금속판 면에 홈을 파는 것
② 스패터 : 용접 중 튀어나오는 슬래그 및 금속입자
④ 위핑 : 용접 부위에서 용융된 금속이 떨어지는 현상

43 건설시공(콘크리트, 벽돌, 용접 등) 관련 설명 중 옳지 않은 것은?

① 콘크리트 비비기는 미리 정해 둔 비비기 시간의 3배 이상 계속하지 않아야 한다.
② 벽돌쌓기 시에는 붉은 벽돌이 물에 충분히 젖도록 하여 시공하는 것이 좋다.
③ 강우나 강설 시에는 용접작업을 습기가 침투할 수 없는 밀폐된 공간에서 실시한다.
④ 콘크리트를 타설한 후 일평균 10℃ 이상에서 보통 포틀랜드시멘트는 7일간을 습윤 양생기간으로 정한다.

[해설]
강우·강설 시나 강우·강설이 예상되는 경우에는 건설시공을 하여서는 안 된다.

44 관목류 식재공사 품셈 적용에 관한 기준으로 옳은 것은?

① 수목의 수관폭을 기준으로 하여 적용한다.
② 나무높이가 수관폭보다 클 때에는 나무높이를 기준으로 한다.
③ 나무높이가 1.5m 이상일 때에는 나무높이에 비례하여 할증할 수 있다.
④ 식재품은 나무세우기, 물주기, 지주목세우기, 손질, 뒷정리 등의 공정을 별도 계상한다.

[해설]
① 분 보호재(녹화마대, 녹화끈 등)를 활용하여 분을 보호하지 않은 상태로 굴취되는 작업을 기준으로 한다.
② 나무높이보다 수관폭이 더 클 때에는 수관폭을 나무높이로 본다.
④ 식재품은 재료소운반, 터파기, 나무세우기, 묻기, 물주기, 손질, 뒷정리 등을 포함한다.

45 모르타르 배합비(시멘트 : 모래)에 관한 설명이 옳지 않은 것은?

① 벽돌 및 블록의 쌓기용 배합은 1 : 3으로 한다.
② 타일공사의 붙임용 배합은 1 : 2로 한다.
③ 타일공사의 고름용 배합은 1 : 1로 한다.
④ 벽돌 및 블록의 줄눈용 배합은 1 : 2로 한다.

해설
③ 타일공사의 고름용 배합은 1 : 4로 한다.
모르타르 배합비(시멘트 : 모래)
• 조적용 모르타르 배합비 1 : 3
• 아치쌓기용 모르타르 1 : 2
• 치장줄눈용 모르타르 1 : 1

46 다음 중 지형도의 이용법으로 가장 거리가 먼 것은?

① 저수량의 결정
② 노선의 도면상 선정
③ 노선의 거리 측정
④ 하천의 유역면적 결정

해설
지형도의 이용
• 저수량 및 토공량의 산정
• 노선의 선정
• 단면도의 제작
• 유역면적의 관측
• 등경사선의 관측
• 거리의 결정
• 면적의 결정
• 성·절토 범위의 관측
• 체적의 결정

47 지피 및 츠화류 식재공사의 설명으로 틀린 것은?

① 식재 후 지반을 충분히 정지하고 낙엽, 잡초 등을 모아 뿌리 주변에 넣어 식재상을 조성한다.
② 객토는 사양토의 사용을 원칙으로 하나 지피류, 초화류의 종류와 상태에 따라 부식토, 부엽토, 이탄토 등의 유기질 토양을 첨가할 수 있다.
③ 토심은 초장의 높이와 잎, 분얼의 상태에 따라 다르나 표토 최소토심은 0.3~0.4m 내외로 한다.
④ 덩굴성 식물은 식재 후 주요 장소를 대나무 또는 지정재료로 고정한다.

해설
① 식재에 앞서 지반을 충분히 정지하고 쓰레기, 낙엽, 잡초 등을 제거한 후 적정량을 관수하여 식재상을 조성한다.

48 일반 콘크리트의 슬럼프시험 결과 중 균등한 슬럼프를 나타내는 가장 좋은 상태는?

①    ②

③    ④

해설
판단기준

슬럼프	좋음	나쁨
15~18cm	균등한 슬럼프, 충분한 끈기가 있다.	끈기가 없고 부분적으로 무너진다.
	무너지 지만 끈기가 있다.	무너져서 터슬터슬 허물어진다.
20~22cm	미끈하게 넓혀지고 골재의 분리가 없다.	밑부분의 시멘트풀이 흘러내린다.
		골재가 분리되어 위로 뜬다.

49 플라스틱 재료의 일반적인 특징으로 옳지 않은 것은?

① 내수성(耐水性)과 내약품성이다.
② 내마모성이 크며 접착성도 우수하다.
③ 착색이 용이하고 투명성도 있다.
④ 내후성(耐朽性)이 크며 전기절연성이 양호하다.

해설
④ 내후성이 작으며 전기절연성이 양호하다.

50 흙(토양)의 기본적인 구성요소가 아닌 것은?

① 공기
② 물
③ 흙입자
④ 유기물

해설
토양의 3상
• 고상(固相) : 고체인 토양입자
• 액상(液相) : 액체인 물
• 기상(氣相) : 기체인 공기

51 지상의 측점과 이에 대응하는 평판 위의 점을 같은 연직선이 되는 위치에 있게 하는 작업은?

① 정준
② 구심
③ 표정
④ 조정

해설
평판측량의 3대 요소
• 수평 맞추기(정준·정치) : 평판을 수평으로 맞추는 작업
• 중심 맞추기(구심·치심) : 지상의 측점과 도상의 측점을 일치시키는 작업
• 방향 맞추기(표정·정위) : 평판을 일정한 방향으로 고정시키는 작업으로, 평판측량의 오차에 가장 큰 영향을 미친다.

52 다음 식생대 호안의 식생매트 관련 설명이 틀린 것은?

① 식생매트 포설 후 현장여건을 검토하여 두께 0.5m 이내로 복토하여 관수한다.
② 비탈면을 평평하게 정지한 후 하천에 어울리는 종자를 이식 및 파종하고 그 위에 매트를 설치한다.
③ 비탈기슭에는 비탈멈춤 및 유수에 의한 세골을 방지하기 위해 돌망태, 사석부설, 흙채움 등으로 조치한다.
④ 매트는 비탈머리, 기슭에서 땅속으로 길이 0.3~0.5m, 폭 0.3m 이상 묻히도록 하고, 양단을 0.1m 이상 중첩하되, 겹치는 방향은 유수의 흐름과 동일하게 아래쪽으로 향하도록 한다.

해설
① 식생매트 포설 후 현장여건을 검토하여 두께 0.05m 이내로 복토하여 관수한다.

53 공원의 울타리가 외부에 노출된 경우 다음 중 시각적으로 가장 부적당한 것은?

① 철책
② 목책
③ 콘크리트블록
④ 산울타리

해설
콘크리트블록 울타리는 미관상 공원의 울타리로 어울리지 않는다.

54 다음 목재 사용에 대한 장단점에 대한 설명 중 옳지 않은 것은?

① 목재는 팽창수축이 크다.
② 목재는 열, 음, 전기 등의 전도율이 작다.
③ 목재는 비중에 비해 압축 인장강도가 높다.
④ 목재는 무게에 비해 섬유질 직각방향에 대한 강도가 크다.

해설
인장강도는 목재의 섬유질방향이 가장 크고, 섬유질의 직각방향이 가장 작다.

55 다음과 같은 네트워크 공정표에서 한계경로의 공기는?

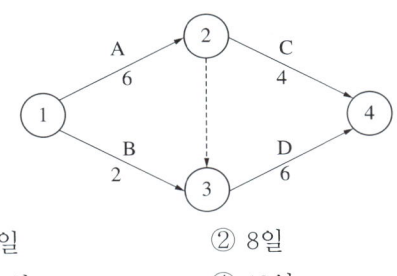

① 6일   ② 8일
③ 10일   ④ 12일

해설
한계경로란 개시결합점에서 완료결합점에 이르는 최장경로를 말한다.
① → ② → ③ → ④ = 6 + 0 + 6 = 12

56 도장공사에 관한 주의사항으로 옳지 않은 것은?

① 도장 장소의 습도를 높게 유지시킬 것
② 직사일광을 가능한 한 피할 것
③ 도막의 건조는 매회 충분히 행할 것
④ 도막은 얇게 여러 번 도장할 것

해설
도장하는 장소의 기온이 낮을 때, 습도가 높을 때, 환기가 충분하지 못하여 도장의 건조가 부적당할 때, 주위의 기온이 5℃ 미만이거나 상대습도가 85%를 초과할 때, 눈비가 올 때, 안개가 끼었을 때는 도장을 하여서는 안 된다.

57 콘크리트 혼화제인 AE제의 사용목적으로 가장 거리가 먼 것은?

① 시공연도의 증진효과
② 응결시간의 조절효과
③ 단위수량 감수효과
④ 다량 사용으로 강도 증가효과

해설
AE제는 독립된 미세한 기포를 연행하는 것으로서 콘크리트의 workability나 내동해성 등을 개선하는 계면활성제이다. 굳지 않은 콘크리트의 ス-업성을 개량하여 시공성을 향상시키거나 동결융해 저항성을 증대시키기 위해 사용되는데, 사용량이 소량이므로 계량에 주의하여야 한다.

58 다음 중 조경공사의 품질관리 사이클 순서로 옳은 것은?

① 계획 → 검토 → 실시 → 조치
② 계획 → 검토 → 조치 → 실시
③ 계획 → 실시 → 조치 → 검토
④ 계획 → 실시 → 검토 → 조치

해설
에드워드 데밍의 관리사이클(PDCA)
체계적인 품질관리 를 추진하기 위한 방법으로 계획(Plan) - 추진(Do) - 검토(Check) - 조치(Action)가 반복적으로 이루어지는 순환의 과정을 논리적으로 연결한 모델이다.

59 적산의 기준 설명으로 틀린 것은?

① 기본벽돌의 크기는 19×9×5.7이다.
② 1일 실작업시간은 360분(6시간)으로 한다.
③ 경사면의 소운반거리는 수직높이 1m를 수평거리 6m의 비율로 한다.
④ 1회 지게운반량은 보통토사 25kg으로 하고, 삽 작업이 가능한 토석재를 기준으로 한다.

60 다음 중 실내조경 공사용으로 사용되는 식재용토로 가장 거리가 먼 것은?

① 펄라이트
② 잡석
③ 피트모스
④ 질석

제4과목 조경관리

61 솔노랑잎벌의 월동형태로 맞는 것은?

① 알
② 성충
③ 유충
④ 번데기

62 다음 설명의 ( ) 안에 적합한 수치는?

> 기층은 보조기층 위에 있어 표층에 가하여지는 하중을 분산시켜 보조기층에 전달함과 동시에 교통하중에 의한 전단에 저항하는 역할을 하여야 한다. 기층에는 입도조정, 시멘트 안정처리, 아스팔트 안정처리, 침투식 등의 공법을 사용할 수 있다. 침투식 공법을 제외하고는 재료의 최대입경은 ( )mm 이하이다.

① 40
② 50
③ 60
④ 100

63 나무좀, 하늘소, 바구미 등은 쇠약목에 유인되므로 벌목한 통나무 등을 이용하여 이들을 구제하는 기계적 방법은?

① 식이유살법 ② 등화유살법
③ 잠복소유살법 ④ 번식처유살법

④ 번식처유살법 : 소나무좀·바구미·하늘소 등이 고사목이나 이식목 등 수세가 쇠약한 나무에 산란하는 습성을 이용하여, 유인목을 설치하고 산란시켜 박피하거나 태운다.
① 식이유살법 : 해충이 좋아하는 먹이로 유인하여 죽이는 해충 방제법
② 등화유살법 : 주광성이 강한 곤충을 꾐등불로 유인하여 제거하는 해충 방제법
③ 잠복소유살법 : 볏짚으로 나무줄기를 감아 월동장소를 제공하여 유인·잠복시킨 후 다음 해 봄에 설치물과 함께 소각하는 해충 방제법

64 다음 중 도로 등의 포장과 관련된 관리방법으로 옳은 것은?

① 흙 포장의 지반 토질이 점토나 이토인 경우 지지력이 약하므로 물을 충분히 부어 다져 준다.
② 차량 통행이 적고 포장면의 균열 정도와 범위가 심각하지 않은 아스팔트 포장은 훼손 부분을 4각형의 수직으로 절단한 후 프라임 코팅을 한다.
③ 콘크리트 슬래브면이 꺼졌을 때는 모르타르 주입이나 패칭공법으로는 보수가 곤란하므로 두껍게 덧씌우기를 실시한다.
④ 보도블록 포장의 보수공사에서는 모래층에 대한 충분한 다짐과 수평고르기가 중요하다.

① 흙 포장의 지반 토질이 안 좋을 경우에는, 지반의 일부 또는 전부를 질이 좋은 재료로 치환하여 양호한 지반을 구축하는 지반치환공법을 적용한다.
② 자동차 통행량이 적고, 균열의 정도나 범위가 심하지 않을 때는 덮어씌우거나 메워서 재생시키는 표면처리공법을 적용한다.
③ 콘크리트 슬래브면이 꺼졌을 때는 균열부를 청소한 후 아스팔트 유제를 도포하고 아스팔트 모르타르 또는 아스팔트 혼합물로 메우는 꺼진 곳 메우기공법을 적용한다.

65 전문적인 관리능력을 가진 전문업체에 위탁하는 도급관리방식의 대상으로 가장 적합한 것은?

① 금액이 적고 간편한 업무
② 연속해서 행할 수 없는 업무
③ 관리주체가 보유한 설비로는 불가능한 업무
④ 진척상황이 명확하지 않고 검사하기가 어려운 업무

도급방식의 대상업구
• 장기에 걸쳐 단순작업을 행하는 업무
• 전문적 지식, 기능, 자격을 요하는 업무
• 규모가 크고, 노력·재료 등을 포함하는 업무
• 관리주체가 보유한 설비로는 불가능한 업무
• 직영의 관리인원으로서는 부족한 업무

66 다음 중 친환경적 수목해충 방제 방법이 아닌 것은?

① 미량접촉제에 의한 방제
② 성페로몬 둘질에 의한 방제
③ 유아등 및 포충기를 이용한 방제
④ 솔잎혹파리의 유충낙하기 박새 등 포식

① 미량접촉제에 의한 방제는 화학적 방제법에 속한다. 디프 액제, 파라티온 액제를 살포한다.
화학적 방제
화학적 약제를 이용해 병충해를 구제하는 방법으로 효과가 빠르며 재료를 쉽게 구할 수 있는 장점이 있다. 화학적 약제로는 살충제, 살균제, 호르몬제, 페로몬제, 생장조절제 등이 있다.

67 다음 중 건물의 예방보전을 위한 관리방법으로 볼 수 없는 것은?

① 점검
② 청소
③ 보수
④ 도장

해설
건축물관리는 예방보전과 사후보전으로 구분되는데, 보수는 사후보전에 해당한다.

68 토양의 고결이 잔디의 생육에 미치는 영향에 관한 설명으로 틀린 것은?

① 뿌리의 신장을 저해한다.
② 지하부 산소 공급이 떨어진다.
③ 토양 고결은 잔디생육에 악영향을 미친다.
④ 투수율과 보수율이 높아져 생육이 좋아진다.

해설
투수율이 낮아지고, 유효토양공극이 작아져 보수력이 떨어진다.

69 다음 중 1년을 1사이클로 하는 작업은?

① 청소
② 순회점검
③ 전면적 도장
④ 식물유지관리

해설
식물유지관리의 작업은 1년을 1사이클로 한다.

70 수목생장에 영향을 끼치는 저해요인들 중 상대적 비율이 가장 높은 것은?

① 병해
② 충해
③ 불피해
④ 기상피해

해설
수목생장에 영향을 끼치는 여러 가지 저해 요인들 중 상대적으로 비율이 가장 높은 것은 병해이다. 수목병은 여러 가지 생물적·환경적·인위적 요인들에 의해 일어나므로 올바른 대책을 세우기 위해서는 그 원인을 정확하게 파악하는 것이 중요하다.

71 관리하자에 의한 사고내용이 아닌 것은?

① 위험물 방치에 따른 사고
② 시설의 노후 및 파손에 의한 사고
③ 시설물의 배치 잘못에 의한 사고
④ 안전대책 미비로 인한 사고

해설
관리하자에 의한 사고
• 위험물 방치에 따른 사고
• 시설의 노후 및 파손에 의한 사고
• 이용시설 이외의 시설의 쓰러짐이나 떨어짐에 의한 사고
• 위험장소에 대한 안전대책 미비로 인한 사고

72 우리나라 수경시설물의 하자처리 발생률이 1년 중 가장 높은 기간은?

① 1~2월   ② 3~4월
③ 7~8월   ④ 10~11월

73 수간주사(trunk injection)와 관련된 설명으로 옳지 않은 것은?

① 20~30°로 비스듬히 세워서 구멍을 뚫는다.
② 시기는 수액이 왕성하게 이동하는 4~9월이 좋다.
③ 솔잎혹파리를 방제하기 위하여 침투성이 좋은 포스파미돈 액제를 우화시기에 주사한다.
④ 줄기의 형성층 밖 사부에 영양제를 공급한다.

해설
수간주사법은 수피에 드릴로 구멍을 뚫어 비료성분을 주입한 후 밀봉하며, 인력과 시간이 많이 소요되기 때문에 특수한 경우에 적용한다.

74 대기오염물질로 볼 수 없는 것은?

① NO_X ② HF
③ SiO_2 ④ SO_X

해설
기체상 대기오염물질
• 1차 대기오염물질 : 산화물[황화합물(SO_X), 질소화합물(NO_X)], 할로겐화합물[브롬(Br_2), 불화수소가스(HF)], 기타(수은, 암모니아, 황화수소) 등
• 2차 대기오염물질 : 오존(O_3), PAN 등

75 평균 근로자수가 50명인 조합놀이대 생산공장에서 지난 한 해 동안 3명의 재해자가 발생하였다. 이 공장의 강도율이 1.5이었다면 총 근로손실일수는?(단, 근로자는 1일 8시간씩 연간 300일 근무)

① 180일   ② 190일
③ 208일   ④ 219일

해설

$$강도율 = \frac{근로손실일수}{연근로시간수} \times 1,000$$

$$1.5 = \frac{x}{120,000} \times 1,000$$

$$\therefore x = 180일$$

76 황(S) 성분이 들어 있는 비료는?

① 과인산석회   ② 중과인산석회
③ 인산암모늄   ④ 용성인비

해설
과인산석회는 가용성 인산, 유황, 석회 등을 함유한 비료로, 생리적 중성비료이다.

77 시비의 효과를 좌우하는 것으로서 식물 자체의 흡수율에 영향을 주는 요인으로 볼 수 없는 것은?

① 비료 사용량 　　② 식물의 종류
③ 토질여건 　　　④ 수질여건

비료의 이용률(흡수율)
• 비료사용량에 대한 작물의 실제흡수량의 비율을 의미한다.
• 비료 종류, 토양 성질, 작물 종류 및 시비법 등에 따라 다르다.

78 살포한 약제가 작물에 부착된 후 씻겨 내려가지 않고 표면에 붙어 있는 성질을 가장 잘 나타낸 것은?

① 고착성(tenacity)
② 현수성(suspensibility)
③ 비산성(floatability)
④ 안정성(stability)

① 고착성(부착성) : 약제가 이슬이나 빗물에 씻기지 않고 식물체 표면에 부착되어 있는 성질
② 현수성 : 수화제 현탁액의 고체 미립자가 균일하게 분산하여 부유하는 성질
③ 비산성 : 분제의 입자가 살분기의 풍력에 의해 목적장소까지 날아가는 성질

79 다음 ( ) 안에 알맞은 것은?

> 토양 중 유리된 수소이온 농도에 의한 산도를 (㉠)이라 하고 치환성 수소이온에 의한 산도를 (㉡)이라고 한다.

① ㉠ 활산성, ㉡ 치환산성
② ㉠ 잠산성, ㉡ 활산성
③ ㉠ 가수산성, ㉡ 잠산성
④ ㉠ 활산성, ㉡ 가수산성

• 활산성(활산도) : 물로 침출된 토양용액 내 수소이온이 나타내는 산성으로, 식물에 직접 해를 끼친다.
• 치환산성(잠산성) : 염화칼륨(KCl)과 같은 중성염을 가해 주면 더 많은 수소이온이 용출되는데, 이에 기인하는 산성

80 우리나라 농약의 독성 구분기준이 아닌 것은?

① 고독성 　　　② 무독성
③ 저독성 　　　④ 보통독성

독성의 강도에 따른 구분
• 보통독성 : 저독성 농약
• 고독성 : 유독성·잔류성 농약
• 맹독성 : 별도 취급
• 특수독성 : 발암성·최기형성·신경독성·생식독성 농약

77 ④　78 ①　79 ①　80 ②　정답

제1과목 **조경계획 및 설계**

01 우리나라에서 공공(公共)을 위해 만들어진 최초의 근대공원은?

① 탑골공원　　　② 사직공원
③ 장충단공원　　④ 남산공원

해설

대한제국의 총세무사였던 영국인 브라운의 건의로 1897년 서울 최초의 근대공원인 '파고다공원'이 조성되었고, 이후 1992년 5월 28일에 탑골공원으로 개칭되었다.

02 일본 정원에서 실용(實用)을 주목적으로 조성했던 정원은?

① 다정(茶庭)
② 축경식(縮景式) 정원
③ 고산수식(枯山水式) 정원
④ 회유임천형(回遊林泉形) 정원

해설

다정(茶庭)

모모야마시대 싸리나무나 대나무 가지로 울타리를 두르고 소공간을 자연 그대로의 모습으로 꾸민 정원양식으로, 조용하고 맑은 분위기와 실용적인 면을 중시하는 등 조화미를 강조했다.
※ 다정
- 다정(茶庭)양식 : 고봉암(孤蓬庵) 정원과 관련이 있다.
- 도산(山) 모모야마 시대에 석등, 세수통 등 점경물을 설치하고 소공간을 자연 그대로의 규모로 꾸민 정원 양식이다.
- 일본 정원에서 실용(實用)을 주목적으로 조성했던 정원이다.
- 일본의 정원양식 중 가장 늦게 나타난 양식이다.
- 일본의 정원 양식 중 뜰에 물통(쓰꾸바이)이 자주 활용되었던 시기이다.
- 삼보원 정원과 관련이 있다.
- 다정에서 발달하여 일본정원의 주요 점경물로 오늘날까지 사용되고 있는 것 : 석등과 세수분이 있다.

03 다음 중 계류가 건물 아래를 관류(貫流)하는 형태의 건물은?

① 대전 옥류각(玉溜閣)
② 괴산 암서재(巖棲齋)
③ 예천 초간정(草澗亭)
④ 영양 서석지(瑞石池)

해설

① 옥류각은 계류 귀에 건물을 축조하여 계류와 최대한 가까이 접하면서 주변 경관의 감상과 풍류를 극대화하였다.

04 다음 중 이집트의 분묘건축에 속하는 것은?

① 지구라트(ziggurat)
② 지스터스(xystus)
③ 키오스크(kiosk)
④ 마스타바(mastaba)

해설

피라미드의 직접적인 기원은 마스타바(mastaba)라 불리는 무덤의 상부구조가 겨러 겹 층층이 쌓인 사카-라의 계단식 피라미드이다.

05 작정기에 쓰여진 '못(池)도 없고 유수(遺水)도 없는 곳에 돌(石)을 세우는 것'을 특징으로 하는 일본의 정원수법은?

① 정토식   ② 수미산식

③ 곡수식   ④ 고산수식

고산수식 정원 : 초기에는 나무를 사용한 축산고산수식이 유행하였으나 이후 나무조차 배제하고 오로지 돌과 모래만을 사용한 평정고산수식이 발달하였다.

※ 고산수식 정원
- 작정기에 쓰여진 '못(池)도 없고 유수(遺水)도 없는 곳에 돌(石)을 세우는 것'을 특징으로 하는 일본의 정원 수법
- 5세기 후반부터 일본정원에서 바다 풍경을 상징적으로 묘사하기 위해 평면(平面)에 모래를 깔고 돌을 짜 맞추어(石組) 구성된 양식 : 평정고산수(平定枯山水)
- 일본에서 대표적인 평정고산수 수법의 정원이 있는 곳 : 용안사
- 일본의 교토(京都)에 있는 용안사(龍安寺)의 고산수(枯山水)정원 : 모래 바탕위에 5개, 2개, 3개, 2개, 3개 석조(石槽)를 배치하였다.
- 일본의 고산수(枯山水)수법 : 사상적으로 정토사상과 신선사상을 배경으로 하고 있다.

07 알람브라 궁전에 조성된 '파티오'가 아닌 것은?

① 궁전(宮殿)의 파티오

② 천인화(天人花)의 파티오

③ 사자(獅子)의 파티오

④ 다라하(Daraja)의 파티오

알람브라 궁전의 파티오(중정)
- 사자 중정
- 알베르카 중정(도금양·천인화 중정)
- 다라하 중정
- 레하 중정(창격자 중정·사이프러스 중정)

06 원야(園冶)는 누구의 저술서인가?

① 이격비(李格非)

② 계성(計成)

③ 문진향(文震享)

④ 왕세정(王世貞)

① 이격비(李格非) : 낙양명원기(洛陽名圓記)
③ 문진향(文震享) : 장물지
④ 왕세정(王世貞) : 유금릉제원기

08 우리나라 조경 관련 문헌과 저자가 바르게 연결된 것은?

① 이중환(李重煥) - 임원경제지(林園經濟志)

② 이수광(李晬光) - 촬요신서(撮要新書)

③ 강희안(姜希顔) - 색경(穡經)

④ 홍만선(洪萬選) - 산림경제(山林經濟)

① 이중환(李重煥) : 택리지, 서유구 : 임원경제지(林園經濟志)
② 이수광(李晬光) : 지봉유설, 박흥생 : 촬요신서(撮要新書)
③ 강희안(姜希顔) : 양화소록, 박세당 : 색경(穡經)

09 케빈 린치(Kevin Lynch)의 도시 이미지 요소 중 점을 지칭하며 관찰자가 외부로부터 보는 것으로서 건물, 상징물, 산 등 확실하고 단순한 물리적 대상물은?

① 결절점(nodes)
② 지구(districts)
③ 랜드마크(landmarks)
④ 모서리(edges)

해설
도시 이미지 구성의 5요소
도시조경계획가 케빈 린치(Kevin Lynch)는 도시 이미지는 랜드마크(landmark), 통로(paths), 모서리(edges), 지역(district), 결절점(node)의 5가지 도시 구성요소에 의해 결정된다고 주장했다.

10 오픈스페이스의 기능에 대한 설명으로 옳지 않은 것은?

① 시냇물·연못·동산 등과 같은 자연경관적 요소들을 제공한다.
② 기존의 자연환경을 보전·향상시켜 줄 수 있는 수단을 제공한다.
③ 공기정화를 위한 순환통로의 기능을 수행함으로써 미기후의 형성에 영향을 준다.
④ 오픈스페이스의 적극적 확보를 위하여 수림이 양호한 자연녹지 지역을 우선 확보하여야 한다.

해설
오픈스페이스의 기능
• 시냇물, 연못, 동산 등과 같은 자연경관적 요소들을 제공한다.
• 기존의 자연환경과 역사·문화시설을 보전·향상시켜 줄 수 있는 수단으로써의 역할을 한다.
• 통풍, 바람길 형성 등 공기정화를 위한 순환통로의 기능을 수행함으로써 미기후의 형성에 영향을 준다.
• 제한된 도시생활에서의 답답함과 폐쇄감을 씻어 주는 자유감과 개방감을 제공한다.
• 주민의 자발적인 활동을 유도한다.
• 단조로운 단지 내 구성에서 벗어나 새로운 생활환경과 접촉할 수 있도록 해 준다.

11 도시공원과 관련된 설명으로 틀린 것은?(단, 도시공원 및 녹지 등에 관한 법률을 적용한다)

① 도시공원의 설치기준, 관리기준 및 안전기준은 국토교통부령으로 정한다.
② 도시공원은 특별시장·광역시장·시장 또는 군수가 공원조성계획에 의하여 설치·관리한다.
③ 도시공원의 설치에 관한 도시·군관리계획결정은 그 고시일부터 10년이 되는 날의 다음 날에 그 효력을 상실한다.
④ 도시공원의 세분 중 생활권공원에는 역사공원, 문화공원, 수변공원, 묘지공원, 체육공원 등이 있다.

해설
④ 도시공원의 세분 중 주제공원에는 역사공원, 문화공원, 수변공원, 묘지공원, 체육공원, 도시농업공원, 방재공원 등이 있다(도시공원 및 녹지 등에 관한 법률 제15조 제1항 제3호).
※ 도시공원의 세분 중 생활권공원에는 소공원, 어린이공원, 근린공원 등이 있다.

12 조경계획에서 골드(S. Gold)가 분류한 레크리에이션계획의 접근방법에 해당되지 않는 것은?

① 생태접근법(ecological approach)
② 자원접근법(resource approach)
③ 활동접근법(activity approach)
④ 행태접근법(behavioral approach)

해설
S. Gold(1980)의 레크리에이션계획 접근방법
• 자원접근방법
• 활동접근방법
• 경제접근방법
• 행태접근방법
• 종합접근방법

13 기후와 조경계획의 관계를 설명한 내용 중 맞지 않는 것은?

① 인간 활동의 입지에 적합한 지역을 선정 할 때 필히 고려해야 한다.
② 선정된 지역 내에서 가장 적합한 부지를 선정할 때 고려해야 한다.
③ 주어진 기후조건에 맞는 단지와 구조물을 어떻게 설계할 것인가는 고려할 필요가 없다.
④ 환경조건을 개선하기 위해 기후의 영향을 어떻게 조절할 것인가를 고려해야 한다.

해설
계획의 주된 목적이 인간을 위한 환경을 만드는 것이라면, 기후는 반드시 고려해야 할 사항이다.

14 국립공원을 폐지하는 경우 관련 규정에 따른 조사 결과 등을 토대로 국립공원 지정에 필요한 서류를 작성하여 다음 4개의 절차를 차례대로 거쳐야 한다. 다음의 순서가 옳은 것은?

ⓐ 국립공원위원회의 심의
ⓑ 주민설명회 및 공청회의 개최
ⓒ 관할 시·도지사 및 군수의 의견 청취
ⓓ 관계 중앙행정기관의 장과의 협의

① ⓐ → ⓑ → ⓒ → ⓓ
② ⓑ → ⓒ → ⓓ → ⓐ
③ ⓒ → ⓓ → ⓐ → ⓑ
④ ⓓ → ⓒ → ⓑ → ⓐ

해설
국립공원의 지정절차(자연공원법 제4조의2 제1항)
1. 주민설명회 및 공청회의 개최
2. 관할 특별시장·광역시장·특별자치시장·도지사 또는 특별자치도지사 및 시장·군수 또는 자치구의 구청장의 의견 청취
3. 관계 중앙행정기관의 장과의 협의
4. 국립공원위원회의 심의

15 그림은 건설재료에서 무엇을 나타내는 단면 표시인가?

① 목재   ② 구리
③ 유리   ④ 강철

해설
재료의 단면표시

석재	철재	벽돌 일반	블록벽
지반	단열재	타일/테라코타	자갈/모래

16 다음의 투시도를 그리는 데 필요한 l은 무엇을 나타내는가?

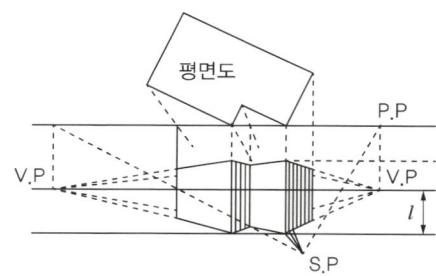

① 눈의 높이
② 물체의 높이
③ 소점(消點) 간의 거리
④ 물체가 화면(畵面)에 접하는 위치와 입점(立點) 간의 거리

해설
투시도는 보는 눈의 높이에 따라 조감도, 투시도, 앙시도로 분류한다.

17 다음 중 초점경관에 해당하는 것은?

① 산속의 큰 암벽
② 광막한 바다
③ 끝없는 초원의 풍경
④ 길게 뻗은 도로

해설

초점경관
강물이나 계곡 또는 길게 뻗는 도로와 같이 거리가 멀어짐에 따라 점차 하나의 점으로 변하여 시선을 집중시키는 효과를 갖는 경관

18 치수와 치수선의 기입방법에 대한 설명 중 옳지 않은 것은?

① 치수선은 표시할 치수의 방향에 평행하게 긋는다.
② 치수는 특별히 명시하지 않으면 마무리 치수로 표시한다.
③ 치수선은 될 수 있는 대로 물체를 표시하는 도면의 내부에 긋는다.
④ 치수선에는 분명한 단말기호(화살표 또는 사선)를 표시한다.

해설

③ 치수선은 될 수 있는 대로 물체를 표시하는 도면의 외부에 긋는다.

치수 표시 및 글자 쓰기
• 치수의 단위는 밀리미터(mm)로 하며, 단위 표시는 하지 않는다.
• 치수를 표시할 때에는 치수선과 치수 보조선을 사용한다.
• 치수선은 치수 보조선에 직각이 되도록 그으며, 화살표나 점으로 경계를 명확히 표시한다.
• 치수의 기입은 치수선에 따라 평행하게 기입한다.
• 도면의 아래로부터 위로, 또는 왼쪽에서 오른쪽으로 읽을 수 있도록 치수선의 윗부분이나 치수선의 중앙에 기입한다.
• 숫자는 가능한 아라비아 숫자를 사용한다.
• 글자의 크기는 각 도면의 상황에 맞추어 알아보기 쉬운 크기로 한다.

19 동물원의 주된 기능이라 볼 수 없는 것은?

① 학술연구
② 동물의 번식분양
③ 야생동물의 보호
④ 동물 전시에 의한 사회교육

해설

동물원의 기능 : 전문학술 연구기관, 위락과 휴식의 장, 자연보호의 시범장, 사회교육의 장 등

20 먼셀 색입체의 수직방향으로 중심축이 되는 것은?

① 채도   ② 명도
③ 무채색   ④ 유채색

해설

먼셀 표색계의 구조

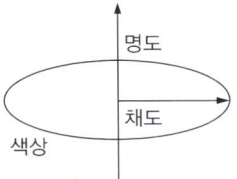

• 수직방향 : 명도 배치(위쪽으로 갈수록 고명도)
• 수평방향 : 채도 배치(중심축에서 나올수록 고채도)
• 회전방향 : 색상을 순서대로 배치

21 수목식재가 경관상 매우 중요한 위치일 때의 지주목 설치유형은?

① 단각형 　　　② 매몰형
③ 삼발이형 　　④ 이각형

[해설]
지주설치방법
- 단각형 지주 : 수고 1.2m 이하의 소형 수목에 적용된다.
- 이각형 지주 : 2.0m 이하의 수목 또는 소형 가로수에 적용한다.
- 삼발이지주 : 중대형 수목에 적용된다. 경관상 중요한 지역이 아닌 곳, 통행인이 없는 곳에서 적용된다.
- 삼각 및 사각지주 : 중대형 수목에 적용된다. 경관상 중요한 지역이나 통행인이 많은 곳에서 적용된다.
- 당김줄형 지주 : 거목에 적용된다. 경관적으로 가치가 요구되는 곳에 적용된다.
- 매몰형 지주 : 수목이 매우 중요한 위치에 있어 지주가 시각상 문제가 있다고 판단되는 경우와 통행인에게 불편을 초래한다고 판단되는 경우에 적용된다.
- 연결형 지주 : 산울타리의 열식 또는 가까운 거리에 여러 주의 나무를 모아 심었을 때 인접한 나무끼리 연결하는 방법이다.

22 두 종류 또는 그 이상의 오염물질이 동시에 작용하는 경우 발현되는 식물 피해현상 중 다음 설명하는 작용은?

> 2개의 독성물질의 성질이 정반대인 경우, 각 독성물질의 독성을 서로 상쇄해 버리는 경우를 말한다.

① 독립(獨立)작용
② 상가(相加)작용
③ 상승(相乘)작용
④ 길항(拮抗)작용

[해설]
길항작용 : 두 약물을 같이 사용했을 때의 약효가 단독으로 사용했을 때보다 작은 경우

23 잔디식재에 관한 설명으로 틀린 것은?

① 식재 전에 토양개량과 정지작업을 실시한다.
② 줄떼붙이기는 떼를 일정 크기로 잘라 쓴다.
③ 비탈면에 잔디를 붙일 때에는 잔디 1매당 2개의 떼꽂이로 잔디를 고정한다.
④ 전면붙이기(일반잔디)는 통일되게 1cm 틈새를 유지하며 붙인 후 모래나 사질토를 살포하고 충분히 관수한다.

[해설]
전면붙이기 중 일반 떼장의 경우에는 전체 지면에 틈새 없이 붙이거나 1~2cm 간격으로 서로 어긋나게 붙인 후 모래나 사질토를 살포하고 다시 롤러나 인력으로 다진 후 충분히 관수하며, 롤형 떼장의 경우에는 전체 지면에 틈새 없이 붙이고 모래나 사질토를 가볍게 살포한 후 롤러로 다지고 충분히 관수한다.

24 다음 설명의 ( ) 안에 알맞은 것은?

> 삽수를 알맞은 환경하에 꽂아 주면 하부 절단구에 대개는 ( )(이)가 발달한다. ( )(은)는 목화의 정도를 다르게 하는 각종 조직세포가 불규칙하게 배열된 것으로, 주로 유관속형성층과 그 부근에 있는 사부세포에서 발달된다.

① 피층 　　　② 클론
③ 키메라 　　④ 캘러스

[해설]
캘러스(callus, 유상조직) : 식물체에 상처가 났을 때 상처의 세포가 분열능력을 회복하여 상처를 막고 비대해지는 연한 조직

25 수목의 이식시기로 가장 적합한 것은?

① 근(根)계 활동 시작 직전
② 근(根)계 활동 시작 후
③ 발아 정지기
④ 새잎이 나오는 시기

해설
수목의 이식시기는 수목의 종류(낙엽수, 상록수, 침엽수 등)와 성질, 식재위치, 표고, 토질에 따라 다르지만, 일반적으로 뿌리의 활동이 시작되기 직전이 좋다.

26 방화식재에 사용할 수종을 선택할 때 주요 특징에 해당하지 않는 것은?

① 맹아력이 강한 수종
② 잎이 넓으며 밀생하는 수종
③ 배기가스 등의 공해에 강한 수종
④ 잎이 두텁고 함수량이 많은 수종

해설
방화식재용 수목의 선정
• 잎이 두텁고, 함수량이 많을 것
• 잎이 넓으며, 밀생한 것
• 상록수일 것
• 목조건물일 경우 수관 중심이 추녀보다 낮은 위치일 것
• 수지를 함유하지 않은 수종일 것

27 잎이 황색 또는 갈색으로만 물드는 수목이 아닌 것은?

① 붉나무(*Rhus javanica* L.)
② 은행나무(*Ginkgo biloba* L.)
③ 양버즘나무(*Platanus occidentalis* L.)
④ 튤립나무(*Liriodendron tulipifera* L.)

해설
붉나무 잎은 가을에 노랗다가 선명한 붉은색으로 물든다.

28 다음 중 녹지자연도(DGN)에 대한 설명으로 틀린 것은?

① 식생에 대한 자연성 평가개념으로 도입된 용어이다.
② 1등급부터 10등급, 그리고 수역을 나타내는 0등급으로 분류된다.
③ 판정기준이 되는 계급의 숫자가 클수록 인간의 간섭을 강하게 받은 식생을 의미한다.
④ 법적인 토대가 없고, 하나의 격자면적에 실질적으로 여러 종류의 녹지자연도 등급이 혼재되어 있는 경우가 흔하다.

해설
③ 판정기준이 되는 계급의 숫자가 클수록 인간의 간섭을 덜 받은 식생을 의미한다.

29 다음 중 수목의 잎이 호생(互生)인 것은?

① 계수나무(*Cercidiphyllum japonicum*)
② 박태기나무(*Cercis chinensis*)
③ 쉬나무(*Euodia daniellii*)
④ 수수꽃다리(*Syringa oblata*)

해설
①·③·④의 잎은 대생(마주나기)이다.
박태기나무의 잎
• 호생(어긋나기)이며, 심장형이고, 두껍다.
• 지름은 6~11㎝ 정도로, 표면에는 윤채가 돈다.
• 잎 아래에는 5개로 갈라지는 맥이 발달하였고, 뒷면 맥 아랫부분에 잔털이 있다.
※ 대생 : 한 마디에 잎이 2개씩 달리는 것을 말하며 마주나기라고도 한다. 잎이 교대로 마주 달려 있을 경우에는 교호대생(交互對生, Decussate)이라고 한다.
※ 호생 : 식물의 잎이 줄기의 1마디에 1장씩 붙는 형식으로 어긋나기라고도 하며 잎의 부착점을 연결하는 선이 나선상으로 되므로 나선잎차례라고도 한다.

30 인공지반조경의 옥상조경 시 배수에 관한 설명이 틀린 것은?

① 옥상 1면에 최소 2개소의 배수공을 설치한다.

② 식재층에서 잉여수분은 빨리 배수시킬 필요가 있다.

③ 옥상면은 배수를 원활히 하기 위해 0.5%의 구배를 둔다.

④ 인공토양의 경우 식재기반의 조성유형에 적합한 배수성과 통기성을 확보하여야 한다.

> **해설**
> 옥상면의 배수구배는 최저 1.3% 이상으로 하고, 배수구 부분의 배수구배는 최저 2% 이상으로 한다.

31 다음 중 우리나라에서 내동성이 가장 강한 것은?

① 감탕나무(*Ilex integra* Thunb)

② 녹나무(*Cinnamomum camphora* J.Presl)

③ 비자나무(*Torreya nucifera* Siebold & Zucc)

④ 자작나무(*Betula platyphylla* var. *japonica* Hara)

> **해설**
> 침엽수류와 낙엽활엽수류는 상록활엽수류보다 내동성이 강하다.
> ④ 낙엽활엽교목
> ① 상록활엽소교목
> ② 상록활엽교목
> ③ 상록침엽교목

32 아까시나무와 회화나무에 대한 설명으로 틀린 것은?

① 두 수종 모두 기수우상복엽이다.

② 두 수종 모두 꽃피는 시기는 5월 초이다.

③ 두 수종 모두 뿌리가 천근성이다.

④ 아까시나무에는 가시가 있으나 회화나무에는 없다.

> **해설**
> 아까시나무의 개화시기는 5~6월이고, 회화나무의 개화시기는 8월이다.
> ※ 아까시나무
> • 바람에 대한 저항성인 내풍력이 약한 수종
> • 아까시나무, 자귀나무, 싸리나무 : 비료목으로 좋은 수종이다.

33 수생식물의 분류 중 정수성 식물(emergent plants)에 해당하지 않는 것은?

① 갈대 ② 생이가래

③ 부들 ④ 골풀

> **해설**
> ② 생이가래는 부유식물이다.
> **수생식물의 분류**
> • 침수식물 : 나사말, 검정말, 붕어마름, 물수세미, 물질경이 등
> • 부엽식물 : 마름, 수련, 연꽃, 자라품 등
> • 부유식물 : 생이가래, 개구리밥, 부레옥잠 등
> • 정수식물 : 갈대, 택사, 부들, 흑삼릉

34 다음 중 복합적 대기오염의 피해를 가장 받기 쉬운 수목은?

① 삼나무(*Cryptomeria japonica*)

② 양버즘나무(*Platanus occidentalis*)

③ 은행나무(*Ginkgo biloba*)

④ 아왜나무(*Viburnum odoratissimum*)

> **해설**
> **삼나무** : 낙우송과의 침엽수로, 방풍림 조성에 많이 이용되지만, 대기오염(아황산가스), 자동차의 배기가스나 공해에는 약한 편이다. 수형의 특징으로는 원추형이다.

35 실내공간의 식물기능과 역할 중 식물을 이용하여 어떤 특정한 곳을 주변으로부터 격리시키는 건축적 기능은?

① 사생활 보호
② 동선의 유도
③ 공기의 정화
④ 음향의 조절

[해설]
식재의 건축적 기능
• 공간의 분할과 동선의 유도
• 차폐효과를 이용한 시선의 부분적 차단과 사생활 보호
• 건물의 질적 향상과 상징성 제공을 통한 건물의 이미지 부각

36 잎은 어긋나기하며 홀수 깃모양겹잎이고, 열매는 협과, 원추형이고 염주상으로 10월경에 성숙, 8월경 황백색 꽃이 아름답고 꼬투리가 특이하다. 예로부터 정자목으로 이용되어 왔으며, 녹음식재, 완충식재, 가로수로도 이용되는 수종은?

① 가중나무
② 왕벚나무
③ 참죽나무
④ 회화나무

[해설]
회화나무
• 햇볕을 좋아하고 양수이고 토심이 깊고 비옥한 곳을 좋아한다.
• 낙엽활엽교목으로 내한성이고 대기오염에 강하다.
• 잎은 어긋나기하며 홀수 깃모양겹잎이다.
• 열매는 협과, 염주형으로 길이는 5~8cm이고 갈색을 띠며 10월에 성숙한다.
• 꽃은 8월에 피며 원뿔모양꽃차례로 가지 끝에 달리고 복모가 있다.
• 우리나라 산지에서 자라며 정원수나 목재는 가구재로 이용한다.

37 다음 설명에 적합한 수종은?

• 늘 푸른 작은 키(관목) 나무이다.
• 꽃은 양성화로 이른 봄에 1~4개의 수꽃과 그 중앙부에 암꽃이 핀다.
• 국내 전역에 출현하나 강원도, 경북, 충북 중심 석회암지대의 지표식물이다.
• 잎은 마주나고 가장자리는 밋밋하다.
• 꽃받침 잎은 4장이고 열매는 삭과이다.

① *Buxus koreana*(회양목)
② *Euonymus japonicus*(사철나무)
③ *Ilex crenata*(꽝꽝나무)
④ *Thuja orientalis*(측백나무)

[해설]
② 사철나무 : 잎은 마주나기하며, 두텁고, ㄱ꿀달걀형 또는 좁은 타원형으로 예두 또는 무딘형이다.
③ 꽝꽝나무 : 잎은 어긋나기하며, 타원형 또는 긴 타원형이고, 예두 또는 무딘형이다.
④ 측백나무 : 잎은 마주나기하며, 마름모형이고, 끝이 뾰족하며, 흰 점이 약간 있다.

38 다음 중 층층나무과(科)의 수종으로만 구성된 것은?

① 산딸나무, 산사나무
② 산수유, 흰말채나무
③ 노각나무, 곧의말채나무
④ 식나무, 쪽동백나무

[해설]
① 산딸나무 : 층층나무과, 산사나무 : 장미과
③ 노각나무 : 차나무과, 곰의말채나무 : 층층나무과
④ 식나무 : 층층나무과, 쪽동백나무 : 때죽나무과

39 다음 중 생장 후에도 껍질이 떨어지지 않고 부착되어 있으며, 지하경이 길게 자라는 조릿대류에 해당되지 않는 것은?

① 신이대   ② 이대
③ 오죽   ④ 한산죽

<u>해설</u>
오죽은 벼과 왕대속에 속하는 여러해살이 식물로 검정대, 흑죽, 분죽이라고도 한다.

40 실내식물의 환경 중 광선의 세기가 광보상점 이상 광포화점 이하일 때 식물이 건강하게 생육할 수 있다. 빛의 세기가 너무 약하면 나타나는 현상은?

① 잎이 황색으로 변한다.
② 잎이 마르고 희게 된다.
③ 잎의 두께가 굵어진다.
④ 잎의 가장자리가 마르게 된다.

<u>해설</u>
광도와 식물의 생장
• 광도가 너무 약하면 일어나는 현상 : 잎이 황색으로 변하고, 새로 생긴 잎이 점차 떨어지며, 기존 잎의 두께가 얇아지거나 줄기가 가늘어진다.
• 광도가 너무 강하면 일어나는 현상 : 잎이 그을리거나 탈색되고, 내음성 식물의 경우에는 잎이 마르고 흰색으로 변하며 결국에는 죽게 된다.

제3과목 조경시공

41 목재의 섬유포화점에서 함수율은 평균 얼마 정도인가?

① 10%   ② 20%
③ 30%   ④ 40%

<u>해설</u>
섬유포화점의 함수율은 수종, 목재의 성분과 밀도에 따라 차이가 있는데, 상온에서는 대체로 25~35% 범위이다. 일반적으로 28% 또는 30%로 인정하고 있다.
※ 추출물의 함량이 많은 수종은 섬유포화점이 낮다.

42 공정관리의 목표로서 맞지 않는 것은?

① 공사의 조기준공
② 공사의 계약기간 준수
③ 공사조건의 검토
④ 공사 수행능력 확보

<u>해설</u>
공정관리의 목표
• 납기의 이행 및 단축
• 생산 및 조달시간의 최소화
• 반응시간의 최소화
• 준비시간의 최소화
• 대기 및 유휴시간의 최소화
• 공정재고의 최소화
• 생산비용의 최소화
• 기계 및 인력이용률의 최대화

39 ③ 40 ① 41 ③ 42 ① <u>정답</u>

43 다음 그림에 나타난 지역의 저수량(m³)은?

- 40m 등고선 내의 면적 : 100m²
- 50m 등고선 내의 면적 : 500m²
- 60m 등고선 내의 면적 : 700m²
- 70m 등고선 내의 면적 : 900m²

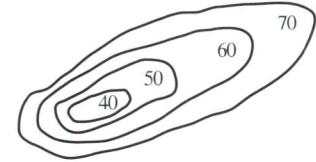

① 12,636.5　　② 14,666.7
③ 15,329.3　　④ 15,641.2

해설

$$V = \frac{h}{3}\left[A_0 + 4(짝수) + 2(홀수) + A_n\right]$$

$$= \frac{10}{3}\left[100 + 4(500) + 2(700) + 900\right]$$

$$= 14,666.7\text{m}^3$$

44 다음 설명에 적합한 콘크리트 이음의 종류는?

- 온도에 따른 콘크리트 구조물의 변형을 방지하기 위하여 설치한다.
- 응력해제, 변형흡수가 목적이다.
- 시공안전과 구조물의 안전을 우선 고려하여 결정한다.

① 콜드 조인트　　② 익스펜션 조인트
③ 컨트롤 조인트　　④ 컨스트럭션 조인트

해설

① 콜드 조인트 : 콘크리트공사의 시공과정 중 휴식시간 등으로 응결하기 시작한 콘크리트에 새로운 콘크리트를 이어 칠 때 일체화가 저해되어 발생하는 줄눈의 형태이다.
③ 컨트롤 조인트 : 수축 조인트의 수축으로 인한 균열을 방지하는 데 그 목적이 있다.
④ 컨스트럭션 조인트(시공 조인트) : 콘크리트의 타설을 무한정으로 할 수 없기 때문에 다시 이어치는 방법과 위치 등에 대한 이음을 말한다.

45 다음 그림에서 A는 무엇을 나타낸 것인가?

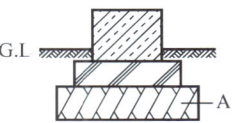

① 모래　　② 잡석다짐
③ 콘크리트　　④ 장대석

해설

② 잡석다짐 : 지반을 튼튼하게 다지고 기초 콘크리트에 흙이 섞이지 않게 한다.

46 지역이 광대하여 우수를 한곳으로 모으기가 곤란할 때 배수지역을 분산시켜 처리하는 배수계통은?

① 방사식　　② 차집식
③ 선형식　　④ 직각식

해설

하수도의 배수계통
- 방사식 : 지역이 방대해서 하수를 한 장소에 모으기가 곤란할 때 배수지역을 여러 개로 구분하여 중앙부터 방사형으로 배관하고, 각 장소별로 처분하는 형식
- 차집식 : 토구가 많은 직각식의 결점을 보완한 방법으로, 하천을 따라서 차집거를 설치하여 간선하수거로 유하한 하수를 차집거에서 집수한 후 하수종말처리장으로 유하되도록 하는 방식
- 선형식 : 지형이 한 방면으로 규칙적인 경사를 이루거나 하수처리 관계상 전 지역의 하수를 한 개의 한정된 장소로 집수시킬 경우에 그 배수계통을 나뭇가지 형태로 배치하는 형식
- 직각식 : 도시 중앙에 큰 강이 흐르거나 해안을 따라 개발된 도시에서 강이나 바다에 직각으로 연결된 하수관거에 의하여 하수를 배출시키는 형식

47 다음의 인력운반 기본공식에 대한 세부설명으로 적당하지 않은 것은?

$$Q = N \times q, \quad N = \frac{V \times T}{(120 \times L) + (V \times t)}$$

① 1일 운반횟수(N) : 1일간 작업현장 소운반거리 내에서의 작업 왕복횟수로서 경사로는 운반환산 계수를 적용하거나 수직 1m를 수평 6m로 보정한다.
② 1일 실작업시간(T) : 1일 8시간은 기준 작업시간으로 하고, 여기에서 손실시간 30분을 제한한 7시간 30분을 실작업시간으로 적용한다.
③ 적재·적하시간(t) : 삽작업의 경우 보통토사 1삽의 중량은 10kg을 기준하며, 적재횟수는 1분간 평균 10회를 기준으로 한다.
④ 평균왕복속도(V) : 운반로의 상태별 운반장비의 주행속도로서 운반로의 상태에 따라 양호, 보통, 불량의 3단계로 구분하여 적용한다.

해설
인력운반 기본공식
Q : 1일 운반량(m³ 또는 kg)
N : 1일 운반횟수
q : 1회 운반량(m³ 또는 kg)
T : 1일 실작업시간(480분 – 30분 = 450분)
L : 운반거리(m)
t : 적재·적하시간(분)
V : 평균왕복속도(m/hr)
※ 삽으로 적재할 수 없는 자재(시멘트·목재·철근·말뚝·전주·관·큰석재 등)의 인력적사는 기본공식을 적용하되 25kg을 1인의 비율로 계산하고 t 및 V는 자재 및 현장 여건을 감안하여 계상한다.

48 정지설계도 작성원칙으로 옳지 않은 것은?

① 파선은 기존 등고선을 나타내며, 직선은 제안된 등고선을 나타낸다.
② 매 5번째 등고선은 읽기 편하게 약간 진하게 그려 넣는다.
③ 평탄지는 배수가 불량하므로 각 시설별로 경사도 최소 표준을 알아야 한다.
④ 경사지를 만들 때 등고선의 조작은 절토의 경우에는 위에서부터, 성토의 경우에는 밑에서부터 시작한다.

해설
④ 경사지를 만들 때 등고선의 조작은 절토의 경우에는 밑에서부터, 성토의 경우에는 위에서부터 시작한다.

49 다음 중 땅깎기, 흙쌓기 및 터파기 관련 설명으로 틀린 것은?

① 젖은 땅을 깎아서 유용할 때에는 깎은 흙이 최적 함수비가 되도록 조치한다.
② 흙쌓기 재료는 명시된 시공기준에 따라 연속된 층으로 깔아서 다져야 한다.
③ 구조물 기초의 가장자리에서 45° 지지각을 침범해서 터파기해서는 아니 된다.
④ 깎아 낸 흙은 유용하지 않을 경우에는 현장에서 제거하거나 담당원이 지정하는 장소에 3.5m를 넘지 않는 높이로 임시쌓기를 하고, 세굴되지 않도록 보호한다.

해설
깎거나 파낸 흙은 현장에서 지정된 장소에 임시쌓기해 두고, 유용하지 않고 남는 흙은 현장에서 제거해야 한다.

50 콘크리트의 타설 전이나 타설 시의 품질검사 항목이 아닌 것은?

① 비파괴시험 ② 슬럼프시험
③ 공기량시험 ④ 염분함유량시험

타설 전 품질검사항목은 슬럼프, 염분함유량, 공기량 등이고 타설 후 품질검사항목은 압축강도이다.

51 순공사원가에 포함되지 않는 것은?

① 재료비 ② 노무비
③ 일반관리비 ④ 부가가치세

순공사원가 = 재료비 + 노무비 + 경비

52 다음 중 공사시방서를 작성할 때 참고나 지침서가 될 수 있는 시방서로 몇 가지를 첨부하거나 삭제하면 공사시방서가 될 수 있는 것은?

① 표준시방서 ② 공통시방서
③ 안내시방서 ④ 일반시방서

시방서의 종류
• 일반시방서 : 공사기일 등 공사 전반에 걸친 비기술적 사항을 규정한 시방서
• 건축공사표준시방서 : 모든 공사의 공통적인 사항을 건설교통부가 제정한 시방서
• 공사시방서(project specification) : 특정공사별로 건설공사 시공에 필요한 사항을 규정한 시방서
• 안내시방서(guide specification) : 공사시방서를 작성하는 데 참고나 지침이 되는 시방서

53 강의 열처리 중에서 조직을 개선하고 결정을 미세화하기 위해 800~1,000℃로 가열하여 소정의 시간까지 유지한 후에 대기 중에서 냉각시키는 처리는?

① 뜨임(tempering)
② 담금질(quenching)
③ 불림(normalizing)
④ 풀림(annealing)

열처리
• 풀림 : 강을 연화하거나 강의 응력을 제거하기 위한 열처리로, 일정 온도로 가열유지한 후 노(爐) 내에서 냉각하는 작업
• 불림 : 강의 입자를 미세화하고 조직을 균일하게 하여 강의 성질을 개선하기 위한 열처리로, 적당한 온도로 가열한 후 대기 중에서 냉각하는 작업
• 담금질 : 강의 경도와 강도를 최고점까지 높이기 위한 열처리로, 가열유지한 후 물이나 기름으로 급속냉각하는 작업
• 뜨임질 : 담금질한 강의 취성을 제거하고 인성을 부여하기 위한 열처리로, 담금질한 강을 다시 적당한 온도까지 가열한 후 냉각하는 작업

54 일위대가 작성 시 기본형 벽돌($190 \times 90 \times 57$)을 이용하여 조적공사를 1.0B로 쌓을 때 $1m^2$에 소요되는 벽돌의 양은 얼마인가?

① 75매 ② 149매
③ 185매 ④ 224매

$1m^2$당 벽돌의 소요매수(단위 : 매)

구분	0.5B	1.0B	1.5B	2.0B
기존형	65	130	195	260
표준형	75	149	224	298

55 보도블록 포장의 일반적인 구조는 그림과 같이 기층, 완충층, 표층의 3층으로 되어 있다. 이 중 완충층은 모래, 모르타르 등을 1~2cm 두께로 포설하는데 완충층의 기능에 해당되지 않는 것은?

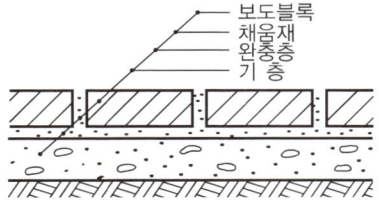

① 凹, 凸을 조절해 준다.
② 보도블록 면에 어느 정도 탄성을 준다.
③ 보도블록의 높이를 같이 하는 데 편리하다.
④ 겨울에 동상(凍上, frost heaving) 현상을 막아 준다.

[해설]
완충층
콘크리트 포장에서 슬래브와 보조기층과의 마찰력을 줄이기 위해 보조기층면에 살포하는 얇은 모래층으로, 블록 포장에서는 기층면에 깐 모래, 모르타르 등의 호칭이기도 하다.

56 [보기]의 구조계산 순서 중 '3번째 단계'에 해당되는 것은?

┤보기├
- 하중 산정
- 내응력 산정
- 내응력과 재료 허용응력의 비교
- 반력 산정
- 외응력 산정

① 외응력 산정
② 반력 산정
③ 내응력 산정
④ 내응력과 재료 허용응력의 비교

[해설]
구조계산 순서
하중 산정 → 반력 산정 → 외응력 산정 → 내응력 산정 → 내응력과 재료 허용응력의 비교

57 콘크리트의 양생에 대한 설명 중 가장 옳지 못한 것은?

① 적절한 온도를 유지시킨다.
② 경화할 때까지 충격을 받지 않도록 한다.
③ 가급적 재령 5일간은 건조상태를 유지해 준다.
④ 양생기간 동안 직사광선이나 바람에 직접 노출되지 않도록 한다.

[해설]
콘크리트 양생기간은 재령 28일을 기준으로 한다.
양생
- 양생(보양, Curing)이란, 콘크리트를 친 후 응결(Setting)과 경화(Hardening)가 완전히 이루어지도록 보호하는 것을 말한다.
- 좋은 양생을 위해서는 적당한 수분 공급, 적당한 온도 유지, 그리고 절대 안정 상태를 유지해야 변형, 파괴, 오손 등을 방지할 수 있다.
- 적당한 수분 공급을 위해서는 살수 또는 침수시켜야 하는데, 콘크리트를 친 후 습기를 공급하면 시간이 경과함에 따라 강도가 증진되나, 건조상태가 되면 강도 증진이 중지된다.
- 양생 온도는 대체로 높을수록 수화가 빠르나 적당한 온도는 15~30℃이다.
- 35℃ 이상이 되면 수화 작용이 급속해져 초기 강도는 좋으나 그 후의 강도 증진이 적어지고, 균열이 생길 우려가 있다.

58 다음 중 건설재료로 이용되는 대리석의 특징 설명으로 옳지 않은 것은?

① 열에 약하다.
② 내산성이 강하다.
③ 내장용으로 많이 쓰인다.
④ 석질이 치밀하고 무늬가 아름답다.

[해설]
대리석은 주성분이 탄산칼슘($CaCO_3$)이므로 산에 약하다. 산에 노출되면 쉽게 부식되거나 표면이 손상될 수 있다.

59 다음 설명의 (   ) 안에 적합한 용어는?

> 도로, 보도, 포장지역 등의 하부로 관로가 통과할 경우에 정확한 위치에 (   )을(를) 그 폭보다 양쪽으로 0.3m 이상 여유를 두어 설치한다.

① 트렌치
② 슬리브
③ 호안블럭
④ 경계석

[해설]
도로, 보도, 포장지역 등의 하부로 관로가 통과할 경우, 정확한 위치에 슬리브(Sleeve)를 그 폭보다 양쪽으로 30cm 이상 여유를 두어 설치한다.

60 힘의 평형조건만으로 반력이나 내응력을 구할 수 있는 정정보에 해당하지 않는 것은?

① 캔틸레버보
② 고정보
③ 게르버보
④ 단순보

[해설]
힘의 평형방정식($\sum H = 0, \sum V = 0, \sum = 0$)만으로 내력과 반력을 구할 수 있는 보를 정정보(단순보, 캔틸레버보, 내민보, 게르버보)라 하고, 힘의 평형방정식만으로는 그 지점의 내력과 반력을 구할 수 없는 보를 부정정보(1단 고정 타단 이동보, 고정보, 연속보)라 한다.

61 공원 내 가로 조명등주의 유지관리상 특징 설명으로 옳은 것은?

① 알루미늄은 부식에 강하고, 유지관리가 용이하며, 내구성도 크나 비용이 많이 든다.
② 콘크리트는 유지관리가 용이하고, 내구성도 강하지만 부식에는 약하다.
③ 철재는 합금강철 조명등주로 제조되어 내구성이 강하고, 페인트 부착에 강하지만 부식이 용이하여 방부처리가 요구된다.
④ 나무는 미관적으로 좋고 초기에 유지관리하기도 좋아서 별다른 단점은 고려하지 않아도 좋다.

[해설]
① 알루미늄은 부식에 강하고, 유지관리가 용이하며, 내구성이 약하고, 비용이 저렴하다.
② 콘크리트는 유지관리가 용이하고, 내구성이 강하며, 부식에도 강하다.
④ 나무는 미관적으로 좋고, 초기에 유지관리가 용이하나, 부패를 막기 위해 크레오소트나 CCA 등으로 방부처리를 해야 한다.

62 소나무재선충을 매개하는 곤충은?

① 맵시벌
② 솔수염하늘소
③ 솔곤봉하늘소
④ 짚시벼룩좀벌

[해설]
소나무재선충은 솔수염하늘소, 북방하늘소 등의 곤충에 의해 매개되어 소나무류에 침입하고, 단기간 급속하게 증식하여 나무를 고사시키는 수목병이다. 매개충의 확산경로 차단을 위한 항공·지상 방제를 하며, 재선충과 매개충을 동시에 제거하기 위한 고사목 벌처 및 훈증을 한다.

[정답] 59 ② 60 ② 61 ③ 62 ②

63 다음 중 직영방식의 대상으로 가장 적합한 것은?

① 장기에 걸쳐 단순작업을 행하는 업무
② 일상적으로 행하는 유지관리적인 업무
③ 전문적 지식, 기능, 자격을 요하는 업무
④ 규모가 크고, 노력, 재료 등을 포함하는 업무

해설
직영방식의 대상업무
• 재빠른 대응이 필요한 업무
• 연속해서 행할 수 없는 업무
• 진척상황이 명확치 않고 검사하기 어려운 업무
• 금액이 작고 간편한 업무
• 일상적으로 행하는 유지관리적인 업무
도급방식의 업무
• 규모가 큰 시설의 관리에 적합
• 전문가를 합리적으로 이용함
• 관리의 단순화
• 전문적 지식, 기술, 자격에 의한 양질의 서비스를 제공할 수 있음
• 관리비가 싸고 장기적으로 안정될 수 있음

64 토양고결(soil compaction)에 의해 발생되는 잔디식재 토양의 영향으로 틀린 것은?

① 토양경도 감소
② 토양의 투수성 감소
③ 토양의 통기성 저하
④ 토양의 물리성 악화

해설
토양고결에 의해 발생되는 잔디식재 토양의 영향
• 투수율이 낮아지고, 유효토양공극이 작아져 보수력이 떨어진다.
• 통기가 불량해져 지하부의 산소 및 유해가스 교환을 저해한다.
• 토양입자 간의 밀착으로 잔디뿌리의 신장을 물리적으로 억제한다.

65 초화류의 월동관리 요령 중 틀린 것은?

① 내한성이 강한 작물이나 품종을 선택한다.
② 노지상태의 경우, 식물체를 비닐이나 짚 등으로 감싸준다.
③ 화단부지의 경우, 지대가 낮고 움푹 들어간 곳을 선택한다.
④ 온실을 만들 경우, 가능하면 땅속으로 깊이 들어가게 건설한다.

해설
초화류 월동관리
• 내한성이 강한 식물이나 품종을 이용여 내한성을 증진시킨다.
• 비닐이나 짚 등으로 보온막을 설치해 준다.
• 인공적으로 난방을 해 준다.

66 멀칭(mulching)의 효과로 거리가 먼 것은?

① 토양침식과 수분의 손실을 방지한다.
② 토양구조를 개선하여 단단하게 한다.
③ 토양의 비옥도를 증진시키고 잡초의 발생이 억제된다.
④ 토양온도를 조절하고 태양열의 복사와 반사를 감소시킨다.

해설
멀칭의 효과 : 토양수분 유지, 토양온도 조절, 토양비옥도 증진, 토양구조 개선, 복사열 감소, 염분 조절, 잡초의 발생 억제, 병충해 억제, 지표면 개선효과, 토양의 굳어짐 방지 등

67 다음 중 다량원소에 속하는 것은?

① N   ② B
③ Fe   ④ Mo

해설
필수원소
• 다량원소 : C, H, O, N, P, K, Ca, Mg, S
• 미량원소 : Fe, B, Mn, Cu, Zn, Mo, Cl

68 소나무 잎떨림병균이 월동하는 곳은?

① 중간기주
② 소나무 줄기
③ 소나무 뿌리
④ 땅 위에 떨어진 병든 잎

[해설]

소나무 잎떨림병 : 병든 잎에 자낭포자의 형태로 월동하며, 자연 개구부로 침입하는 수목병이다.

병원체의 월동방법
• 기주의 생체 내에서 잠재 월동하는 경우 : 잣나무털녹병균, 오동나무빗자루병균, 식물병원성바이러스, 마이코플라즈마
• 병환부 또는 죽은 기주체상에서 월동하는 경우 : 밤나무줄기 마름병균, 오동나무탄저병균, 낙엽송잎떨림병균
• 종자에 붙어 월동하는 경우 : 오리나무갈색무늬병균, 묘목의 모잘록병균
• 토양 중에서 월동하는 경우 : 묘목의 잘록병균(모잘록병균), 근두암종병균(뿌리혹병균), 자줏빛날개무늬병균 및 각종 토양 서식 병원균

69 넘어짐 사고와 떨어짐 사고의 예방방안으로 틀린 것은?

① 마찰력이 낮은 작업화를 착용한다.
② 어두운 공간에는 충분한 조명을 설치한다.
③ 사다리작업 안전지침 및 기준을 준수한다.
④ 작업화 바닥, 사다리 발판의 흙을 털어 미끄럼을 예방한다.

[해설]

미끄럼 방지처리가 안 된 신발 바닥이나, 불안정하고 낡은 작업화는 안전하지 않다.

70 식물관리에는 식물의 생리, 생태적 특성을 잘 이해해야 한다. 식물이 갖는 특성에 해당하지 않는 것은?

① 동일한 모양의 동질성
② 생장, 번식 등을 계속하는 영속성
③ 생물로서 생명활동이 행해지는 자연성
④ 형태가 매우 다양하여 주변의 시설과의 조화성

[해설]

식물은 생물재료로서 비규격성을 가진다.
※ 생물재료(식물재료)의 특성 : 자연성, 연속성(영속성), 조화성, 비규격성

71 A 토양의 진밀도 $2.6g \cdot cm^{-3}$, 가밀도 $1.2g \cdot cm^{-3}$일 때 이 토양의 공극률은 얼마인가?

① 약 17%   ② 약 46%
③ 약 54%   ④ 약 83%

[해설]

$$공극률 = \frac{진밀도 - 가밀도}{진밀드} \times 100$$

$$= \frac{2.6 - 1.2}{2.6} \times 100$$

$$\fallingdotseq 53.84\%$$

72 재해손실비의 평가방식 중 하인리히(Heinrich) 계산방식으로 옳은 것은?

① 총재해비용 = 공동비용 + 개별비용
② 총재해비용 = 공보험비용 + 비보험비용
③ 총재해비용 = 직접손실비용 + 간접손실비용
④ 총재해비용 = 노동손실비용 + 설비손실비용

[해설]

하인리히 재해손실비 계산방식
재해비용 = (직접비용) + (간접비용)
• 직접비용 : 보험회사가 지불한 금액
• 간접비용 : 재산의 손실이나 생산의 차질 등

73 공원녹지 내에서의 행사(event) 개최를 통하여 얻고자 하는 주요한 효과가 아닌 것은?

① 행정홍보의 수단으로 행사를 개최함으로써 주민의 공감을 얻을 수 있다.
② 재정 확보 차원에서 행사 개최를 통해 공원 유지관리를 위한 재정을 확충할 수 있다.
③ 커뮤니티활동의 일환으로 공원 등에서 행사를 통하여 지역주민의 커뮤니케이션(communication)을 도모할 수 있다.
④ 공원녹지 이용의 다양화를 도모하는 수단으로써 시민들에게 다양한 프로그램을 제공하여 공원녹지 이용의 폭을 넓힐 수 있다.

해설
공원녹지에서 행사를 개최하는 목적은 공원녹지를 적극적으로 활용하여 이용률을 높임과 동시에 공원녹지에 대한 관심과 제고, 홍보 등을 위함이다.

74 콘크리트 포장도로 혹은 아스팔트 포장도로의 표면이 심하게 마모되었거나 박리되었을 때 주로 사용하는 보수공법은?

① 충전법
② 패칭 공법
③ 덧씌우기 공법
④ 주입 공법

해설
③ 덧씌우기(overlay) 공법 : 기존 포장구간의 균열·파손장소를 부분적으로 보수한 뒤에 사용하는 공법으로, 임시적으로 포장을 재생시키는 것이 아니라 새로운 포장면을 조성하기 위해 사용한다.
① 충전법 : 줄눈이나 균열이 생긴 부분에 충전재를 주입한다.
② 패칭 공법 : 파손이 심하여 보수가 불가능할 때 사용한다.
④ 주입 공법
　- 재료를 보강 : 포장면에 구멍을 뚫고 시멘트나 아스팔트를 주입해 넣는다.
　- 포장 슬래브가 불균일할 때 : 모르타르 주입에 의해 포장면을 들어 올린다.

75 엽면시비에 대한 설명으로 옳지 않은 것은?

① 엽면시비는 토양시비보다 비료성분의 흡수가 쉽고 빠르다.
② 광합성작용이 왕성할 때 잘 흡수되며 잎의 뒷면보다 앞면에서 흡수가 잘된다.
③ 주로 미량원소의 빠른 효과를 위해서 이용되는데 Fe은 대표적으로 많이 쓰이는 성분이다.
④ 동상해, 풍수해, 병해충 피해 등을 입어서 급속한 영양 공급이 요구될 경우에는 효과적이다.

해설
② 잎의 앞면보다 뒷면에서 흡수가 잘된다.
※ 엽면시비법
　• 미량원소 중 체내 이동이 잘 안되는 Fe, Mn 등의 결핍시에 활용된다.
　• 수용액을 고압분무기로 잎에 직접 뿌려 주는 방법으로서 수용성 비료를 사용해야 한다.
　• 농도를 되도록 약하게 하되 연속으로 시비한다.
　• 이식 후나 뿌리가 장해를 받았을 경우에 실시한다.
　• 약액이 고루 부착되도록 점착제를 사용함이 효과적이다.
　• 살포 시기는 한낮을 피해 맑은 날 아침이나 저녁때가 적합하다.

76 조경수목을 가해하는 식엽성 해충에 해당하는 것은?

① 진딧물
② 솔껍질깍지벌레
③ 오리나무잎벌레
④ 솔잎혹파리

해설
가해 습성에 따른 해충의 분류
• 식엽성 해충 : 미국흰불나방, 풍뎅이, 오리나무잎벌레, 천막벌레나방, 느티나무벼룩바구미 등
• 흡즙성 해충 : 응애, 진딧물, 깍지벌레, 방패벌레 등
• 천공성 해충 : 소나무좀, 노랑무늬솔마구미, 하늘소, 박쥐나방 등
• 충영형성 해충 : 솔잎혹파리, 밤나무혹벌, 혹응애, 혹진딧물 등
• 종실 해충 : 밤바구미, 복숭아명나방 등

77 중간기주를 제거함으로써 병을 예방할 수 있는 것은?

① 오동나무 탄저병
② 각종 식물의 잿빛곰팡이병
③ 묘목의 입고병
④ 잣나무 털녹병

잣나무 털녹병의 방제
중간기주인 송이풀과 까치밥나무류를 제거하고, 잣나무 높이의 1/3까지 가지치기를 하며, 잣나무 묘포에 8월 하순부터 10일 간격으로 구리제를 2~3회 살포한다.

78 골프장 잔디초지관리 중 10월에 실시되어야 할 관리내용으로 부적합한 것은?

① 그린의 통기 및 배토작업 : 잔디생육이 왕성한 시기이므로 갱신작업 실시, 통기작업 1회 정도와 배토 1~2회 실시한다.
② 그린의 시비관리 : 잔디생육이 정지하는 시기이므로, 석회질 비료 위주로 공급한다.
③ 티의 예초 : 10월은 잔디생장량이 낮아지고 휴면을 위해 저장양분을 축적하는 시기이므로 한국잔디의 예고를 25mm로 한다.
④ 조경수목의 병해충관리 : 깍지벌레류와 응애류의 방제를 실시한다.

그린의 시비관리
• 복합비료나 유기질 비료의 사용은 불필요하다.
• 규산질 비료의 시비 : 티와 페어웨이에는 입상 규산질 비료 50~100g/m² 를 시비하고 켄터키블루그래스, 라이그래스 및 페스큐류와 같은 한지형 잔디에도 규산질 비료의 효과가 크므로 연간 1~2회 시비는 필수적이다.

79 수목을 대기오염으로부터 보호하려면 어떤 약제를 뿌려야 가장 효과가 있는가?

① 증산억제제
② 생장촉진제
③ 왜화제
④ 발근촉진제

① 증산억제제 : 지엽(枝葉)의 수분 증발을 억제하여 활착을 돕기 위해 처리하는 약제이다.
용도별로 나눈 농약의 종류
• 살충제 : 해충방제를 위한 약제로 살응애제나 살선충제를 포함
• 살균제 : 식물병원균인 세균, 사상균(곰팡이), 바이러스를 방제하기 위한 약제
• 살충살균제 : 살균제와 살충제가 섞인 약제
• 제초제 : 잡초를 방제하기 위한 약제
• 농약비료 : 비료 속에 살충제나 살균제가 섞인 것으로 주로 벼 재배에 사용된다.
• 살서(鼠)제 : 야생쥐를 구제(驅除)하기 위한 약제
• 식물생장조절제 : 농작물의 품질을 향상시키기 위하여 식물의 생장촉진과 억제에 사용되는 약제
• 살충살균식조제 : 살충제 또는 살균제와 식물생장조절제가 섞여 있는 약제
• 기타 : 페로몬제, 기피제, 전착제 등

80 농약 중 고체 시용제가 갖추어야 할 물리적 성질이 아닌 것은?

① 분말도
② 토분성
③ 분산성
④ 현수성

현수성 : 수화제 현탁액의 고체 미립자가 균일하게 분산하여 부유하는 성질

제1과목 조경계획 및 설계

01 고대 그리스시대의 것으로 현대 도시광장의 기원이 되는 것은?

① 포럼(forum)
② 아고라(agora)
③ 아트리움(atrium)
④ 페리스틸리움(peristylium)

해설
② 고대 그리스시대의 아고라는 도시활동의 중심지로서 시장, 집회소 등으로 이용되었다.
① 포럼(forum) : 로마의 포럼은 그리스의 아고라와 같은 개념의 대화 장소이나 아고라의 기능 중 시장기능이 제외되었다.
③ 아트리움(atrium) : 손님이나 상담을 위한 공적 공간으로서 무열주 중정이며, 돌포장, 회분장식을 했다.
④ 페리스틸리움(peristylium) : 주정으로서 가족용의 사적 공간이다. 주랑식 정원이고 바닥은 포장하지 않은 채 탁자와 의자를 배치했으며, 화훼를 정형적으로 식재하였다.

02 장소는 미적(美的)이거나 회화적이어야 한다고 주장한 루엘린파크의 설계자는?

① 가렛 에크보
② 제임스 로즈
③ 앤드류 잭슨 다우닝
④ 프레드릭 로 옴스테드

해설
앤드류 잭슨 다우닝이 설계한 뉴저지주(州) 웨스트오렌지에 있는 루엘린파크는 근대식 교외정원의 표본으로서 물결치는 듯한 대지, 부드럽고 둥근 수형, 잔잔하고 조용히 흐르는 시냇물과 강한 대조를 이루는 거센 급류 등 다우닝의 디자인원칙이 잘 나타나 있다.

03 조선시대 다산초당(茶山草堂)과 가장 관련이 없는 것은?

① 단상(段狀)의 화계
② 방지원도(方池圓島)
③ 석가산
④ 풍수지리설

해설
정약용의 다산초당(전남 강진)
• 초당을 중심으로 단상의 화계를 조성하였다.
• 방지원도를 만들고, 섬에 괴석으로 석가산을 축조하였다.
• 언덕 위쪽에 있는 용천에서 물을 끌어다 폭포를 만들어 못 안에 떨어뜨렸다.
• 정원 주변에 차나무를 심고, 약천을 만들었으며, 차를 위한 다조를 놓았다.
※ 다산 4경 : 정석, 약천, 다조, 연지석가산

04 대추나무를 지칭하는 옛 한자명은?

① 이(李)　　　　② 내(柰)
③ 백(柏)　　　　④ 조(棗)

해설
① 오얏나무, ② 능금나무, ③ 측백나무

05 도산(挑山, 모모야마)시대에 석등, 세수통 등 점경물을 설치하고 소공간을 자연 그대로의 규모로 꾸민 정원 양식은?

① 다정(茶庭)
② 정토(淨土) 정원
③ 고산수(枯山水) 정원
④ 침전식(寢殿式) 정원

다정(茶庭)
모모야마시대 싸리나무나 대나무 가지로 울타리를 두르고 소공간을 자연 그대로의 모습으로 꾸민 정원양식으로, 조용하고 맑은 분위기와 실용적인 면을 중시하는 등 조화미를 강조했다.

06 16세기 이탈리아 빌라정원의 주된 공간 배치요소가 아닌 것은?

① 수림대(bosco)
② 후정
③ 빌라(villa)
④ 중정

16세기 이탈리아정원의 주된 공간 배치요소는 총림(수림대), 전정(빌라), 후정이다. 중정은 고대 로마 정원의 주택정원 등과 관련이 있다. 고대로마에는 제1중정(아트리움, Atrium), 제2중정(페리스틸리움, Peristylium)이 있다.

07 미국 컬럼비아 건축미술박람회의 영향을 받아 조직된 단체는?

① 후생협회(NRA)
② 도시계획협의회(NCCP)
③ 운동장협회(NRFA)
④ 미국조경가협회(ASLA)

시카고 컬럼비아 세계박람회(1893년)는 미대륙 발견 400주년을 기념한 박람회로, 미국 도시환경 개선의 시발점이 되었고, 이후 도시미화운동(City beautiful Movemen:)이 촉발되면서 1899년에 미국조경가협회(America society of Landscape Architecture)가 설립되었다.

08 전통적인 중국조경의 특성에 해당하는 것은?

① 대비보다 조화에 중점을 두었다.
② 축경식으로 자연을 모방하여 일정한 비율로 균일하게 축조하였다.
③ 수려한 자연경관을 정원 내 사의적으로 묘사하였다.
④ 자연경관을 측소하지 않고 1:1 비율로 정원에 묘사하였다.

한국·중국·일본의 정원 특성
• 한국의 전통적 조경양식은 자연풍경식이면서 상징성을 부여한 사의적(寫意的) 특색을 지녔으나 중국·일본처럼 너무 치중하거나 집착하지 않고, 보다 자연주의적인 경향을 나타낸다.
• 중국은 사물의 형태보다는 그 내용이나 정소에 치중하는 사의적 사고체계가 정원의 양식은 물론 예술 각 분야에 깊이 자리 잡았다.
• 일본의 정원은 극도의 기교와 관상적인 가치에만 치중하여 실용적인 기능을 무시한 경향이 있다.

5 ① 6 ④ 7 ④ 8 ③

09 다음 설명의 정책방향이 포함된 계획은?

- 관할구역에 대하여 기본적인 공간구조와 장기발전 방향을 제시하는 종합계획
- 지역적 특성 및 계획의 방향·목표에 관한 사항
- 토지의 이용 및 개발에 관한 사항
- 환경의 보전 및 관리에 관한 사항
- 공원·녹지에 관한 사항
- 경관에 관한 사항

① 광역도시계획
② 도시·군기본계획
③ 도시·군관리계획
④ 지구단위계획

[해설]
도시·군기본계획의 내용(국토의 계획 및 이용에 관한 법률 제19조 제1항)
도시·군기본계획에는 다음의 사항에 대한 정책 방향이 포함되어야 한다.
1. 지역적 특성 및 계획의 방향·목표에 관한 사항
2. 공간구조 및 인구의 배분에 관한 사항
2의2. 생활권의 설정과 생활권역별 개발·정비 및 보전 등에 관한 사항
3. 토지의 이용 및 개발에 관한 사항
4. 토지의 용도별 수요 및 공급에 관한 사항
5. 환경의 보전 및 관리에 관한 사항
6. 기반시설에 관한 사항
7. 공원·녹지에 관한 사항
8. 경관에 관한 사항
8의2. 기후변화 대응 및 에너지절약에 관한 사항
8의3. 방재·방범 등 안전에 관한 사항
9. 규정된 사항의 단계별 추진에 관한 사항
10. 그 밖에 대통령령으로 정하는 사항

10 이용 후 평가(Post Occupancy Evaluation)에 대한 설명으로 틀린 것은?

① 이용자의 만족도를 제시한다.
② 시공 직후에 단기평가를 수행한다.
③ 설계과정을 일방향적 흐름으로부터 순환과정으로 바꾸었다.
④ 기존 환경의 개선 및 새로운 환경의 창조를 위한 자료를 제공한다.

[해설]
이용 후 평가(POE)는 시공 후 이용자들이 사용한 뒤에 이루어지는 평가로, 공간계획의 피드백효과가 높은 방법이다.

11 다음 중 계획용량을 결정하는 수용력(carrying capacity) 산출식으로 옳은 것은?

① 연간 이용자수 × (1 − 최대일률) ÷ 회전율
② (연간 이용자수 + 최대일률) × 회전율
③ 연간 이용자수 ÷ 최대일률 × 회전율
④ 연간 이용자수 × 최대일률 × 회전율

[해설]
수요량 산정
- 연간 이용자수 × 최대일률 = 최대일이용자수
- 최대일이용자수 × 회전율 = 최대시이용자수

12 조경가를 세분된 분야로 구분할 때, 주로 대규모 프로젝트에 관여하며 종합적 사고력(합리성)을 필요로 하는 제너럴리스트(generalist)의 입장을 취하는 분야는?

① 조경계획가
② 조경설계가
③ 조경기술자
④ 조경원예가

[해설]
조경가의 세분
- 조경계획가 : 종합적 계획이나 대규모 프로젝트에 관여하며, 종합적 사고력 필요
- 조경설계가 : 전문가의 입장에서 기술적인 지식과 예술적인 감각으로 궤적인 형태나 패턴을 구상하고, 설계에 관여
- 조경기술자 : 시공업자이며, 공학적 지식을 갖춘 전문가
- 조경원예가 : 조경식물에 관련된 자로서 식물관리기술이 필요

13 다음 설명에 해당하는 시각적 경관요소의 분류에 속하는 것은?

> 주위의 환경요소와는 달리 특이한 성격을 띤 부분의 경관으로 지형적인 변화, 즉 산속의 높은 암벽과 같은 것을 말한다.

① 전(panoramic)경관
② 지형(feature)경관
③ 초점(focal)경관
④ 세부(detail)경관

[해설]
① 전경관 : 시야를 가리지 않고 멀리 퍼져 보이는 경관
③ 초점경관 : 시선이 한곳으로 집중되는 경관
④ 세부경관 : 관찰자가 가까이 접근하여 감상하는 경관

14 다음 도시공원 종류들 가운데 공원시설 부지면적 비율기준이 '100분의 50 이하'에 해당하는 것은?

① 근린공원
② 체육공원
③ 어린이공원
④ 묘지공원

[해설]
도시공원 안 공원시설 부지면적(도시공원 및 녹지 등에 관한 법률 시행규칙 [별표 4])

공원구분	공원시설 부지면적
1. 생활권 공원	
나. 어린이공원	100분의 60 이하
다. 근린공원	100분의 40 이하
2. 주제공원	
라. 묘지공원	100분의 20 이상
마. 체육공원	100분의 50 이하

15 리조트(resort) 개발을 위한 입지조건에서 기본적 요건으로 가장 거리가 먼 것은?

① 일상생활권과 인접할 것
② 공간(환경·시설)에 충분한 여유가 있을 것
③ 흥미대상(본다, 먹는다, 한다)이 있을 것
④ 프라이버시나 자유로움이 확보되어 있을 것

[해설]
리조트는 일상생활권에서 일정 거리 이상 떨어져 있는 좋은 자연환경에 위치하여야 한다.
리조트의 기본적 요건
• 일상생활에서 일정 거리 이상 떨어진 좋은 자연환경이 필요하다.
• 사생활의 자유가 확보되어야 한다.
• 교류나 교환을 할 수 있는 기회를 제공할 수 있는 장소여야 한다.
• 쾌적한 생활을 유지하는 데 필요한 일정 수준 이상의 생활 서비스와 편리함이 있어야 한다.

16 그림과 같은 도면에서 평면도로 가장 적합한 것은?

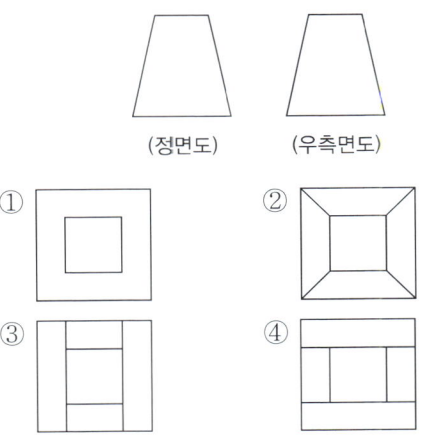

(정면도)   (우측면도)

① ② ③ ④

[해설]
평화면(horizontal plane)은 입화면의 위쪽에 수평으로 놓여 있는 투상면이며, 이 평화면에 투상된 정투상도를 평면도(top view)라고 한다. 정면도(front view)는 사물의 정면(물체의 앞면)을 보고 그린 그림이다.

17 조경계획에서 사용되는 설문지 작성 시 주의사항을 설명한 것으로 틀린 것은?

① 설문을 배치할 때 긍정적인 질문과 부정적인 질문을 섞어서 나열하도록 한다.
② 자유응답설문보다 제한응답설문으로 구성하면 설문시간을 많이 줄일 수 있다.
③ 설문 작성을 위해 인터뷰 혹은 현장방문을 통한 예비조사를 하는 것이 바람직하다.
④ 원활한 설문작성을 위해 세부적인 사항의 질문을 먼저 하고 그 다음에 일반적인 사항으로 넘어가도록 한다.

해설
④ 일반적인 사항을 먼저 묻고 그 다음에 세부적인 사항을 질문한다.

18 식물의 질감과 색채를 이용하여 공간감을 느끼게 할 수 있다. 다음 설명 중 틀린 것은?

① 중간 밝기의 녹색은 밝은 녹색과 어두운 녹색 사이의 점진적 요소 역할을 한다.
② 어두운 색채의 잎을 갖는 식물은 관찰자로부터 멀어지는 듯이 보이고, 밝은 색채의 잎을 갖는 식물은 관찰자에게 다가오는 듯이 보인다.
③ 고운 질감의 식물은 멀어져 가는 듯이 보이는 데 비해 거친 질감의 식물은 접근하는 것처럼 느껴진다.
④ 거친 질감은 큰 잎이나 두텁고 무거운 감이 있는 식물에서 나타나며 고운 질감은 많은 수의 작은 잎, 작고 얇은 가지가 있는 식물에서 나타난다.

해설
② 어두운 색채의 잎은 차분하고 편안한 느낌으로 관찰자에게 접근하는 듯이 보이고, 밝은 색채의 잎은 경쾌한 느낌으로 관찰자로부터 멀어지는 듯이 보인다.

19 우리나라 농촌마을에 남아 있는 마을숲의 기능 중 가장 많이 나타나는 기능은?

① 비보기능
② 쉼터기능
③ 풍치기능
④ 제사기능

해설
마을숲은 강한 바람이나 홍수를 막아 주고, 풍수지리상 마을의 허한 지세를 보완하는 비보기능을 한다.

20 관찰자가 물체를 보고 그 형상을 판별할 수 있는 범위는?

① 지선
② 소점
③ 기간
④ 시야

해설
④ 시야는 관찰자가 눈으로 볼 수 있는 범위로, 관찰자가 물체를 보고 형상을 판별할 수 있는 범위도 시야 내에 있어야 한다.

21 식물의 분류 중 덩굴성 식물에 해당하는 것은?

① 산수국
② 흰말채나무
③ 능소화
④ 불두화

해설

③ 능소화는 덩굴성 식물로 여름(7~8월경)에 아름다운 주황색 꽃을 피운다.

덩굴성 식물 : 등나무, 능소화, 노박덩굴, 으름덩굴, 담쟁이덩굴, 인동덩굴, 포도나무, 송악, 머루, 오미자 등

22 식재공사 시 뿌리돌림을 할 경우에 분의 크기는 근원직경의 몇 배로 작업하는 것이 가장 이상적인가?

① 2배
② 4배
③ 8배
④ 10배

해설

뿌리분의 크기는 굴취 시와 마찬가지로 근원직경의 4~6배로 하는데, 보통 4배 정도를 기준으로 한다.

※ 뿌리돌림

- 뿌리돌림의 대상은 수세회복이 필요한 노거수이다.
- 분의 크기는 뿌리 발생력이 강한 수종은 작게 한다.
- 뿌리에 V자 모양의 깊은 홈이 파지도록 한 바퀴 빙돌아가며 파준다.
- 도랑파기식은 분 형태로 도랑을 파 노출되는 뿌리는 자르고 3~4개의 굵은 측근을 박피한다.
- 안전한 활착을 위하여 대형목이나 귀중한 나무 등에 적용된다.
- 뿌리돌림을 하는 분은 이식할 당시의 뿌리분보다 약간 작게 한다.
- 대형목인 경우 반드시 지주목을 설치한다.

23 수목은 내한성에 따라 온난지와 한랭지로 구분할 수 있다. 다음 중 한랭지에 적합한 수종은?

① 굴거리나무
② 동백나무
③ 후박나무
④ 쥐똥나무

해설

한랭지 수목

은행나무, 주목, 전나무, 독일가문비나무, 일본잎갈나무, 잣나무, 측백나무, 자작나무, 목련, 플라타너스 마가목, 화살나무, 산철쭉, 철쭉, 쥐똥나무, 병꽃나무 등

24 다음 중 벤트그래스의 설명으로 틀린 것은?

① 일반적으로 가장 품질이 좋은 잔디이다.
② 재질이 매우 곱고, 잎의 폭이 3~4mm로 매우 짧은 다발형이다.
③ 질소질 비료 요구량이 높고, 세심한 관리와 주의가 요구된다.
④ 주로 골프장 그린이나 스포츠 경기장 등 집약적인 잔디 초지에 광범위하게 쓰인다.

해설

벤트그래스의 잎폭은 1~2mm로 질감이 매우 곱고, 4~8mm 정도로 낮게 깎아 이용한다. 잔디 중 가장 품질이 좋아 골프장 그린에 많이 이용된다.

25 우리나라에서 자생하는 참나무류는 성상에 따라 크게 2가지로 구분할 수 있다. 다음 중 성상이 다른 수종은?

① 붉가시나무(*Quercus acuta*)
② 떡갈나무(*Quercus dentata*)
③ 졸참나무(*Quercus serrata*)
④ 갈참나무(*Quercus aliena*)

해설

① 상록활엽교목, ②·③·④ 낙엽활엽교목

26 다음 설명의 (　　) 안에 들어갈 용어로 알맞은 것은?

> (　　)은/는 꽃이나 잎의 형태와 같이 보다 작은 식물학적 차이점을 지닌다. (　　)의 표기는 'for'를 사용한다.

① 보통명　　　　② 변종
③ 품종　　　　　④ 이명

27 다음 그림과 같은 형태를 갖는 수종은?

① 리기다소나무
② 방크스소나무
③ 일본잎갈나무
④ 독일가문비

28 시야를 방해하지 않으면서 공간을 분할하거나 한정하는 데 이용할 수 있는 식물재료는?

① 대교목　　　　② 소교목
③ 관목　　　　　④ 지피류

29 다음 중 회색 또는 암갈색 나무껍질이 세로로 갈라지면서 떨어져 얼룩무늬를 형성하는 수종은?

① 소나무(*Pinus densiflora*)
② 벽오동(*Firmiana simplex*)
③ 자작나무(*Betula platyphylla*)
④ 양버즘나무(*Platanus occidentalis*)

30 토양 단면에서 바로 위에 있는 층보다 부식이 적어 갈색 또는 황갈색을 띠며, 가용성 염기류가 많고 비교적 견밀한 특징을 구비한 토양층은?

① 모재층　　　　② 용탈층
③ 집적층　　　　④ 유기물층

31 수고가 1.2m 이하인 수목에 지주를 할 필요가 있을 때 이용하기 적합한 지주의 설치형태는?

① 단각형(單脚形) ② 이각형(二脚形)
③ 삼각형(三角形) ④ 사각형(四角形)

해설
② 이각형 지주 : 수고 1.2~2.0m의 소형 가로수에 사용하며 좁은 장소에 깊게 넣는다.
③ 삼각형 지주 : 일반적으로 가장 많이 사용하며, 가로수와 같이 보행량이 많은 곳에 주로 설치한다.
④ 사각형 지주 : 설치방법은 삼각지주와 같지만 지주목이 하나 더 들어가 있어 미관상 가장 아름답고 삼각지주보다 견고하다.

32 개잎갈나무(*Cedrus deodara*)의 생장형태로 가장 적합한 것은?

① 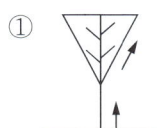   ②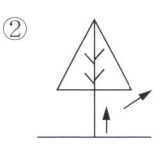

③ 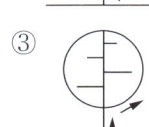   ④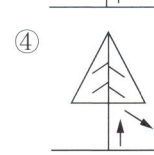

해설
개잎갈나무는 상록교목으로 높이가 30m 정도이고, 가지가 수평으로 퍼지며, 잔가지에 털이 있고, 밑으로 처진다.
※ 개잎갈나무
 • 상록침엽교목이다.
 • 학명의 *Cedrus*의 용어는 kedron(향나무)에서 유래하였다.
 • 원추형으로 직립하며, 밑가지가 아래로 처져있다.
 • 내한성이 약하다.
 • 생장형태는 다음 그림과 같은 모양이다.

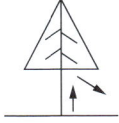

33 자유식재의 개념으로 옳지 않은 것은?

① 제2차 세계대전 이후 구미 각국에서 시작되었다.
② 풍토적인 제약이나 전통적인 형식에 구속되지 않는다.
③ 기능성에 큰 비중을 두어 단순 명쾌하다.
④ 전체적인 형태는 자연풍경식인 경우가 많다.

해설
자유식 식재는 필요에 따라 정형식이나 자연풍경식을 자유로이 이용하는 것으로, 식재방법에는 루버형, 번개형, 아메바형, 절선형 등이 있다.

34 일반적인 양수(陽樹)의 특징에 대한 설명으로 틀린 것은?

① 유묘 시에는 생장이 빠르나 나이가 많아짐에 따라 차차 느려진다.
② 지엽이 밀생하고 가지의 배열이 조밀하며 아래 가지가 내부로 향한다.
③ 가지는 소생하고 수관이 개방적이며, 아래 가지는 일찍 말라 떨어져 버린다.
④ 줄기의 선단부와 굵은 가지가 남쪽 또는 햇빛이 있는 쪽으로 자라는 습성이 있다.

해설
지엽이 밀생한 것은 음수에서 주로 나타나는 특성이다.
※ 음수 : 전 광선량의 50% 내외로 약한 광선에서도 비교적 좋은 생육을 한다.
※ 양수 : 전 광선량의 70% 내외로 충분한 광선 밑에서 좋은 생육을 하며, 건조하고 기온이 낮은 곳에서는 대개 양성을 띤다.

35 버드나무과(科) 수종에 대한 설명으로 옳지 않은 것은?

① 이른 봄에 푸른 잎이 난다.
② 봄철 하얀 솜털은 암그루에서만 날리는 종모(씨털)이다.
③ 왕버들은 능수버들에 비해서 가지가 아래로 처지지 않는다.
④ 수양버들의 학명은 *Salix pseudolasiogyne*, 능수버들의 학명은 *Salix babylonica*이다.

> **해설**
> ④ 수양버들의 학명은 *Salix babylonica*, 능수버들의 학명은 *Salix pseudolasiogyne*이다.

36 다음 수목의 생장 및 생리에 관한 설명으로 틀린 것은?

① 대부분의 나자식물은 정아지가 측지보다 빨리 자람으로써 원추형의 수관형을 유지한다.
② 오동나무의 뿌리에서 나오는 근맹아(root sprout)는 부정아에서 생겨난 것이다.
③ 단풍나무는 늦여름에 일장이 길어지면 줄기생장이 촉진되고 동아 형성이 정지된다.
④ 양수는 음수보다 광포화점이 높다.

> **해설**
> 아까시나무와 단풍나무는 늦여름에 일장이 짧아지면 줄기생장을 정지하고 동아를 형성한다. 그러나 미리 일장을 15시간 정도로 길게 해 주고, 온도를 올려 주면 줄기생장은 겨울 내내 계속될 수 있다.

37 다음 그림이 나타내는 중앙분리대의 식재형식은?

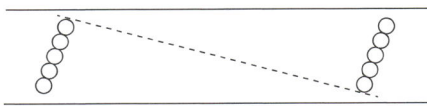

① 군식법
② 무늬식
③ 평식법
④ 루버식

> **해설**
> ④ 루버식 : 헤트라이트 조사각(12°)과 직각이 되도록 식재(수고 1.5m 표준)하는 방식
> ① 군식 : 무작위로 여러 그루의 교목이나 관목을 한군데에 모아 식재하는 방식
> ② 무늬식 : 기하학적 도안에 따라 관목을 심고, 정연하게 다듬는 방식
> ③ 평식 : 분리대 전체에 관목을 보식하는 방식

38 다음 중 추식(가을심기) 구근에 해당되지 않는 것은?

① 튤립
② 달리아
③ 구근아이리스
④ 히아신스

> **해설**
> **알뿌리 초화류(구근 초화류)**
> • 봄심기 : 달리아, 칸나, 아마릴리스, 글라디올러스, 상사화, 투베로즈, 진저 등
> • 가을심기 : 히아신스, 아네모네, 튤립, 수선화, 크로커스, 백합, 아이리스 등

39 공해에 약한 식물, 강한 산성에서 자라는 식물 등 그 식물이 자라고 있는 곳의 환경조건을 나타내는 식물을 무엇이라고 하는가?

① 식별식물
② 지표식물
③ 기준식물
④ 표식식물

해설

지표식물(指標植物, indicator plant)
특정한 환경 속에서만 생존하여 그 식물의 생존상태로 환경상태를 나타내는 식물 종 또는 식물 군락으로, 기후조건을 나타내는 기후지표식물과 토양조건을 나타내는 토양지표식물이 있다.

40 개체군 내의 개체가 주어진 공간에 퍼져 있는 형태를 개체군 분산형태라고 하는데, 다음 중 이에 해당되지 않는 것은?

① 괴상형
② 중립형
③ 균일형
④ 임의형

해설

개체군 분포형태
• 균일형 : 환경조건이 균일하고, 개체 간의 경쟁이 치열한 개체군 분산형태
• 임의형 : 환경조건이 균일하지 않고, 개체 간의 경쟁이 치열하지 않은 개체군 분산형태
• 괴상형 : 자연에서 가장 흔히 볼 수 있는 형태로, 뭉쳐서 생활하면 개체 간의 경쟁은 커지지만, 얻는 이익도 적지 않은 경우에 나타나는 개체군 분산형태

41 다음 설명에 적합한 시멘트의 종류는?

• 수화열이 보통시멘트보다 적으므로 댐이나 방사선 차폐용, 매시브한 콘크리트 등 단면이 큰 콘크리트용으로 적합하다.
• 조기강도는 보통시멘트에 비해 작으나 장기강도는 보통시멘트와 같거나 약간 크다.
• 건조수축은 포틀랜드 시멘트 중에서 가장 작다.
• 화학저항성이 크고, 내산성이 우수하다.

① 백색 포틀랜드 시멘트
② 조강 포틀랜드 시멘트
③ 중용열 포틀랜드 시멘트
④ 실리카시멘트

해설

① 백색 포틀랜드 시멘트 : 산화철(Fe_2O_3)의 함량(0.3%)이 보통 시멘트(3.0%)보다 적어 건축물 도장, 타일 및 인조대리석 가공, 조각품이나 표식 등에 주로 쓰인다.
② 조강 포틀랜드 시멘트 : 보통 포틀랜드 시멘트 원료와 거의 같으나 급경성(急硬性)을 갖는 고급 시멘트로서 단기에 높은 강도를 내고, 수밀성이 좋으며, 저온에서도 강도발현이 우수해 겨울철, 수중, 해중 공사 등에 적합하다. 수화열의 축적으로 콘크리트에 균열이 가기 쉬운 것이 단점이다.
④ 실리카시멘트 : 동결융해작용에 대한 저항성은 작지만 화학적 저항성은 커서 해수나 공장폐수, 하수 등을 취급하는 구조물이나 광산과 같은 특수목적 구조물에 사용된다.

42 자연상태의 토량이 사질토는 1,500m³, 점질토는 2,000m³로 이루어져 있다. 이를 모두 굴착하여 다른 공사현장으로 이동 후 성토·다짐했다면 토량은 얼마인가?(단, 사질토의 $L = 1.2$, $C = 0.9$, 점질토의 $L = 1.3$, $C = 0.9$이다)

① 3,150m³
② 3,600m³
③ 3,950m³
④ 4,400m³

해설

성토하여 다진 경우에는 다져진 상태의 토량으로 계산한다.
자연상태의 토량 × C = 다져진 상태의 토량
(1,500 + 2,000) × 0.9 = 3,150m³

43 다음 도로의 횡단면도에서 AB의 수평거리는?

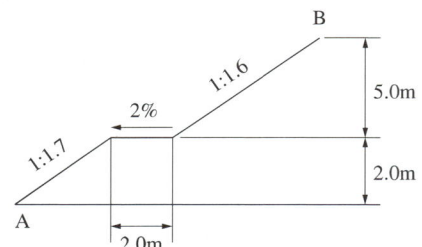

① 8.1m　　② 12.3m
③ 13.4m　　④ 18.5m

해설
경사비율 1 : 1.7의 경사도는 약 59%, 1 : 1.6의 경사도는 62.5%

이고, 경사도 = $\dfrac{높이차}{두\ 지점\ 간의\ 수평거리(밑변)} \times 100$이므로,

- $59\% = \dfrac{2m}{두\ 지점\ 간의\ 수평거리} \times 100$, 두 지점 간의 수평거리
  는 약 3.4m

- $63\% = \dfrac{5m}{두\ 지점\ 간의\ 수평거리} \times 100$, 두 지점 간의 수평거리
  는 8m

∴ AB의 수평거리 = 3.4m + 8m + 2m = 13.4m

44 다음 중 목재를 건조하는 목적이 아닌 것은?

① 수축을 방지한다.
② 부식을 방지한다.
③ 강도를 증진시킨다.
④ 비중을 증가시킨다.

해설
목재의 건조목적 및 효과
- 변형, 수축 및 균열 방지
- 균에 의한 부식과 충해 방지
- 강도 및 내구성 향상
- 중량 경감과 그로 인한 취급 및 운반비 절감
- 도장 및 약재처리 용이

45 등고선의 성질에 관한 설명으로 틀린 것은?

① 같은 경사면에는 같은 간격의 평행선이 된다.
② 등고선은 배수방향과 반드시 직교한다.
③ 등고선은 절벽이나 동굴 등 특수한 지형외에는 합치거나 교차하지 않는다.
④ 요(凹)선으로 표시한 곡선은 안부(鞍部) 가까이에서 곡률이 크고 계곡 밑으로 감에 따라 곡률이 작아진다.

해설
④ 요(凹)선으로 표시한 곡선은 안부(鞍部) 가까이에서 곡률이 작고, 계곡 밑으로 감에 따라 곡률이 커진다.
등고선의 성질
- 같은 등고선 위의 점은 모두 같은 높이이다.
- 등고선은 도면 내, 도면 외에서 반드시 폐합한다.
- 지표면상의 경사가 급한 경우 간격이 좁고, 완경사지는 넓다.
- 높이가 다른 등고선은 절벽·동굴을 제외하고는 교차하거나 합치지 않는다.
- 등고선 사이의 최단거리 방향은 그 지표면의 최대경사의 방향을 가리키므로 최대 경사방향은 등고선에 수직방향이다.
- 등고선이 계곡을 통과할 때는 한쪽을 따라 거슬러 올라가서 계곡을 직각방향으로 횡단한 다음 능선 다른 쪽을 따라 내려간다.
- 등고선이 능선을 통과할 때는 능선 한쪽을 따라 내려가서 그 능선을 직각방향으로 횡단한 다음 능선 다른 쪽을 따라 올라간다.

46 기본벽돌을 1.0B로 1,000m²의 담장을 치장쌓기할 때 소요되는 노무비는?(단, 벽돌 10,000매당 소요되는 치장벽돌공은 2.5인, 보통인부는 2.0인, 치장벽돌공 노임은 100,000원, 보통인부 노임은 50,000원이다)

① 5,000,000원　　② 5,215,000원
③ 5,250,000원　　④ 5,500,000원

해설
1m²당 벽돌의 소요매수(단위 : 매)

구분	0.5B	1.0B	1.5B	2.0B
기존형	65	130	195	260
표준형	75	149	224	298

- 1,000m² × 149장/m² = 149,000장
- 149,000장 ÷ 10,000장 = 14.9
- ∴ (14.9 × 2.5인 × 100,000원) + (14.9 × 2.0인 × 50,000원)
  = 5,215,000원

47 일반 조경공사의 특성이라고 볼 수 없는 것은?

① 공종의 다양성
② 공종의 소규모성
③ 규격화 및 표준화의 곤란성
④ 공사시기 및 자재구입의 용이성

해설

조경공사의 특성 : 공종의 다양성, 공종의 다양성으로 인한 잠재성, 공종의 소규모성, 재료(식물)의 규격과 표준화의 곤란성, 재료(식물)의 지방성·계절성, 작품성(심미성·쾌적성) 등

48 물 등의 유체 흐름을 매우 느리게 하여 이 시설물을 통과하면서 유기 및 무기성 고형물을 침강시켜 자정기능을 갖는 생태복원시설은?

① 인공습지   ② 비탈면녹화
③ 옥상녹화   ④ 인공식물섬

해설

인공습지

인공적으로 조성한 습지로, 기존 습지의 기능을 향상하였거나, 훼손된 습지를 복구·복원·대체하였거나, 새롭게 조성한 습지를 포함하며, 수질정화, 야생동물 서식처 제공, 기타 기후 변화 등 습지의 다양한 기능을 모두 포함한다.
② 비탈면녹화 : 인위적으로 절·성토된 비탈면과 자연침식에 의한 비탈면 등을 녹화하여 침식을 방지하고 경관을 회복시키는 작업
③ 옥상녹화 : 건물의 단열이나 경관의 향상 등을 위해 지붕이나 옥상에 식물을 심어 녹화하는 작업
④ 인공식물섬(Floating Island) : 상수원 호수, 다목적댐, 농업용 저수지, 골프장 연못, 생태공원 등 다양한 호소(湖沼)의 수질 개선 및 영양염류 저감을 위해 부유틀에 수생식물을 심어 물 위에 띄운 인공섬

49 축척 1/1,000의 단위면적이 5m²일 때 1/3,000 축척에서 단위면적은?

① 0.6m²
② 35m²
③ 40m²
④ 45m²

해설

축척이 3배로 축소되었으므로 면적은 9배로 증가된다.
∴ $5 \times 9 = 45m^2$

50 다음 특성을 갖는 열가소성 수지는?

• 강도가 크고, 전기절연성 및 내약품성이 양호하다.
• 고온 및 저온에 약하며, 지수판이나 배수관으로 주로 사용된다.
• 경질비중은 1.4 정도이다.

① 페놀수지
② 염화비닐수지
③ 아크릴수지
④ 폴리에스테르수지

해설

염화비닐수지(PVC)

주로 파이프, 튜브, 물받이통, 비닐포, 비닐망 등에 사용되는 합성수지로, 성형이 용이하고 착색이 자유로우며 강도와 투명성이 우수하지만, 내열성이 낮아 온도에 의한 신축성이 크다.

51 수목 굴취공사의 일위대가 작성에 대한 설명으로 틀린 것은?

① 분의 크기는 흉고직경 4~5배를 기준으로 한다.
② 뿌리 절단 부위의 보호를 위한 재료비는 별도 계상한다.
③ 교목류 수종의 굴취 시 분이 없는 경우에는 굴취품의 20%를 감한다.
④ 굴취 시 야생일 경우에는 굴취품의 20%를 가산한다.

> [해설]
> 뿌리분의 크기는 일반적으로 근원직경의 4~6배로 하는데, 보통 4배 정도를 기준으로 한다.

53 시멘트의 저장과 관련된 설명으로 틀린 것은?

① 보관 후 사용할 시멘트는 일반적으로 50℃ 정도 이하의 온도에서 사용하는 것이 좋다.
② 시멘트를 저장하는 창고는 시멘트가 바닥에 쌓여서 나오지 않는 부분이 생기지 않도록 한다.
③ 3개월 이상 장기간 저장한 시멘트는 사용에 앞서 재시험을 실시하여 품질을 확인한다.
④ 현장에서 목조창고의 마룻바닥과 지면 사이의 거리는 0.1m를 표준으로 하면 좋다.

> [해설]
> 포대시멘트가 저장 중에 지면으로부터 습기를 받지 않도록 하기 위해서는 창고의 마룻바닥과 지면 사이에 어느 정도의 거리가 필요하며, 현장에서의 목조창고를 표준으로 할 때 그 거리는 0.3m로 하면 좋다.
>
> **시멘트 보관방법**
> • 지상 30cm 이상 띄워서 쌓으며, 입하 순서대로 사용한다.
> • 습기를 받았거나 3개월 이상 저장한 시멘트는 반드시 사용 전에 재시험한다.
> • 창고 필요 면적 산출에 있어서 쌓기 단수는 최고 13포대로 계산하고, 저장면적은 저장할 시멘트량을 쌓기 단수로 나눈 값에 0.4를 곱해서 산정한다.
>
> $$저장면적(m^2) = \frac{N(적재량)}{n(단수)} \times 0.4$$
>
> • 시멘트량이 600포대 이상일 때는 공기에 따라서 전량의 1/3을 저장할 수 있는 것을 기준으로 창고를 가설한다.
> • 현장에서 목조창고를 표준으로 할 때 그 거리를 0.3m로 하면 좋다.

52 콘크리트 시공에 관한 설명으로 틀린 것은?

① 거푸집의 내면에는 박리제를 발라야 한다.
② 콘크리트를 타설 후 양생할 때에는 충분한 수분이 공급되어야 한다.
③ 콘크리트를 칠 때 30℃ 이상이 되면 수화작용이 빨라 장기강도가 증대된다.
④ 표준양생(standard curing)은 20±3℃로 유지하면서 수중 또는 습도 100%에 가까운 습윤상태에서 실시하는 양생이다.

> [해설]
> ③ 콘크리트를 칠 때 30℃ 이상이 되면 수화작용이 빨라 장기강도가 저하된다.

54 조경공사 중 돌쌓기에 관한 설명으로 틀린 것은?

① 찰쌓기의 높이는 1일 1.2m를 표준으로 한다.
② 메쌓기는 찰쌓기에 비해 토압 증대의 우려가 높다.
③ 찰쌓기의 전면기울기는 높이 1.5m까지 1 : 0.25를 기준으로 한다.
④ 호박돌쌓기는 줄쌓기를 원칙으로 하고 튀어 나오거나 들어가지 않도록 면을 맞춘다.

해설

② 메쌓기는 배수가 잘되기 때문에 찰쌓기에 비해 토압 증대의 우려가 상대적으로 작다.
마름돌 쌓기 : 견치돌이나 각석 등의 마름돌을 이용해 쌓으며, 메쌓기와 찰쌓기, 골쌓기와 켜쌓기가 있다.
메쌓기
• 쌓기 때에는 모르타르나 콘크리트를 사용하지 않고 뒤틈 사이에 굄돌을 고인 후, 뒤채움 골재로 채우며 쌓는 방법이다.
• 배수가 잘 되어 토압을 증대시키지 않는 장점이 있으나, 견고하지 못하므로 높이에 제한을 받게 된다.
• 전면 기울기는 1 : 0.3 이상을 표준으로 한다.
찰쌓기
• 쌓아올릴 때 줄눈에 모르타르를 사용하고, 뒤채움에 콘크리트를 사용하는 방법으로, 뒤채움을 할 때에는 조약돌을 쓰는 경우도 있다.
• 뒷면 배수를 위한 물빼기 구멍의 위치 및 구조는 설계도서에 의하되 특별히 정한 바가 없는 경우에는, 직경 50mm의 관을 사용하여 3m²당 1개소의 비율로 설치한다.
• 찰쌓기는 견고하다는 장점이 있으나, 배수가 불량해지면 토압이 증가하여 붕괴할 우려가 있다. 전면 기울기는 1 : 0.2 이상을 표준으로 한다.

55 다음 중 잔디깎기에 지장을 주지 않고 잔디밭에 사용하기 편리한 살수기(sprinkler head)는 어느 것인가?

① 분무 살수기(spray head)
② 분무입상 살수기(pop-up spray head)
③ 회전 살수기(rotary head)
④ 특수 살수기(specialty head)

해설

분무입상 살수기(pop-up spray head)
• 대부분의 살수장치는 지상부에 항상 노출되어 있는 경우가 많지만, 분무입상 살수기는 지하부에 위치하고 있던 회전장치가 수압에 의해 지상부로 10cm 정도 상승하여 작동하며, 물 공급이 중단되면 다시 원위치로 돌아간다.
• 분무입상 살수기는 평소에는 시각적으로 보이지 않으며, 잔디 깎기에도 방해를 주지 않는 장점이 있다.

56 횡선식 공정표에 대한 특징으로 옳은 것은?

① 네트워크 공정표에 비해 작성이 어렵다.
② 작업의 선후관계를 파악하기 어렵다.
③ 개략적인 공사내용을 파악하기 어렵다.
④ 대규모 공사의 공정관리에 적합하다.

해설

횡선식 공정표 : 부분공정과 소요기일을 각 축으로 하여 표를 작성하고, 공사의 진척상황을 막대로 기입하는 공정표로, 간트 공정표와 막대 공정표로 구분되는데, 막대 공정표가 많이 쓰인다.
• 장점 : 전체공정과 부분공정의 공정시기가 일목요연, 부분공정별 착수일 및 종료일이 명시되어 있어 판단 용이, 횡선길이에 따라 진척도를 개괄적으로 판단이 가능하다.
• 단점 : 작업의 선후관계 불명확, 공기에 영향을 주는 작업의 발견이 난해, 문제점의 사전예측 곤란, 통제기능 미약, 최적안 선택기능 없음, 일정 변화에 손쉽게 대처하기가 곤란하다.

57 합리식에서 강우강도의 특성에 대한 설명으로 틀린 것은?

① 강우강도의 단위는 mm/h이다.
② 강우강도는 지역에 따라 다르다.
③ 강우강도가 커지면 유출량은 작아진다.
④ 강우계속시간이 늘어나면 강우강도는 작아진다.

해설

우수유출량 $Q = \dfrac{1}{360} CIA$

여기서, C : 유출계수
I : 강우강도(mm/hr)
A : 배수면적(ha)

58 다음 중 플라이애시를 콘크리트에 사용하여 얻을 수 있는 장점에 해당되지 않는 것은?

① 워커빌리티가 개선된다.
② 건조수축이 작아진다.
③ 수화열이 낮아진다.
④ 초기강도가 높아진다.

해설

플라이애시(fly ash)
• 화력발전소의 미분탄 연소 시 발생하는 미립분으로, 대표적인 인공포졸란이며 포졸란반응을 통해 콘크리트의 성질을 개량한다.
• 콘크리트에 혼합 시 워커빌리티를 개선하고, 수화열이 감소하며, 내구성·수밀성·저항성이 증가하지만 조기강도를 저하시키는 단점이 있다.
• 고분말일수록 포졸란반응을 크게 활성화시켜 콘크리트의 내구성을 향상시키지만, 중성화를 촉진하는 단점이 있다.

59 금속의 부식 방지에 관한 대책으로 옳지 않은 것은?

① 부분적으로 녹이 나면 즉시 제거할 것
② 아연 또는 주석용액에 담가서 도금할 것
③ 이종(異種)금속을 인접 또는 접촉시킬 것
④ 표면을 평활하게 하고 가능한 한 건조상태로 유지할 것

해설

③의 경우 이종금속 접촉부식이 일어나기 쉽다.

60 빗물이 제거되는 방법 중 배수계획에서 가장 고려해야 할 사항은?

① 증발작용에 의한 제거
② 증산작용에 의한 제거
③ 표면유출에 의한 제거
④ 식물체의 호흡작용에 의한 제거

해설

표면유출 : 산림유역에 내리는 강수 중 일부는 하천에 직접 도달하여 그대로 계류에 유출되고, 일부는 지표류가 되어 낮은 곳으로 흘러 계류수가 되는데, 이 두 가지를 합하여 표면유출이라 한다.

61 공원 내의 안내소, 전시관, 관리실 등 건축물의 유지관리비는 건물의 제비용 백분율로 나타낼 때 일반적으로 얼마 정도인가?

① 25% ② 50%
③ 75% ④ 90%

62 풀베기, 덩굴제거 등에 사용되는 무육톱의 삼각톱날 꼭지각은 몇 도(°)로 정비하여야 하는가?

① 12° ② 25°
③ 38° ④ 45°

[해설]
무육톱의 삼각톱날의 꼭지각은 38°로 정비하여야 한다.

63 야영장에서 내부가 고사된 수목에 겉만 보고 텐트 줄을 지지하였는데, 폭풍으로 고사목이 쓰러져 야영객이 다쳤다면 다음 중 어떤 유형의 사고에 가장 근접한가?

① 설치하자에 의한 사고
② 관리하자에 의한 사고
③ 이용자 부주의에 의한 사고
④ 자연재해에 의한 사고

[해설]
관리하자에 의한 사고는 시설의 노후·파손, 위험물 방치, 위험 장소에 대한 안전대책 미비 등으로 발생하는 사고이다.
설치 하자에 의한 사고의 예
• 그네에서 뛰어내리는 곳에 벤치가 설치되어 있어 충돌한 사고
• 시설물의 구조상 접속부에 손이 끼이거나 구조 자체의 결함에 의해 일어난 사고
• 고정되어야 할 시설이 고정되지 않아 쓰러지거나 부서진 사고
• 조합놀이대 위의 난간 간격이 넓어 그 사이로 어린이가 떨어진 사고
이용자, 보호자, 주취자 등의 부주의에 의한 사고의 예
• 관객이 백네트에 올라갔다가 떨어진 사고
• 유아가 방호책을 넘어가 연못에 빠지는 등의 사고
• 그네를 잘못 타서 떨어지는 사고
• 미끄럼틀에서 거꾸로 떨어지는 사고 등

64 조경수의 전정작업을 목적별로 분류한 것에 해당되지 않는 것은?

① 조형을 위한 전정
② 생리조절을 위한 전정
③ 생장을 조절하기 위한 전정
④ 뿌리의 세근 발근 촉진을 위한 단근전정

[해설]
전정의 종류
• 조형을 위한 전정
• 생장을 돕기 위한 전정
• 생장을 억제하기 위한 전정
• 개화·결실을 돕기 위한 전정
• 생리를 조절하기 위한 전정
• 세력을 갱신하기 위한 전정

65 다음 곤충 가운데 식엽성(植葉性) 해충이 아닌 것은?

① 미국흰불나방
② 오리나무잎벌레
③ 천막벌레나방
④ 밤나무혹벌

[해설]
가해 습성에 따른 해충의 분류
• 식엽성 해충 : 미국흰불나방, 풍뎅이, 오리 나무잎벌레, 천막벌 레나방, 느티나무벼룩바구미 등
• 흡즙성 해충 : 응애, 진딧물, 깍지벌레, 방패벌레 등
• 천공성 해충 : 소나무좀, 노랑무늬송마구미, 하늘소, 박쥐나방 등
• 충영형성 해충 : 솔잎혹파리, 밤나무혹벌, 혹응애, 혹진딧물 등
• 종실 해충 : 밤바구미, 복숭아명나방 등

66 아스팔트 및 골재가 떨어져 나가는 현상으로 아스팔트의 부족과 혼합물의 과열, 혼합 불량 등이 주요 원인이 되어 나타나는 아스팔트 포장의 파손현상은?

① 균열
② 침하
③ 파상요철
④ 박리

아스팔트 포장의 관리
• 균열원인 : 아스팔트의 노화, 아스콘 화합물의 배합 불량, 기층의 지지력 부족, 포장 두께 부족, 부등침하, 이음새 불량 등
• 파손원인 : 균열, 국부침하, 요철, 연화, 박리 등

68 다음 중 지하수위가 높은 저습지 또는 배수가 불량한 곳에서 주로 나타나는 중요한 토양생성작용은?

① 라테라이트화 작용(laterization)
② 글레이화 작용(gleization)
③ 포드졸화 작용(podzolization)
④ 석회화 작용(calcification)

② 글레이화 작용 : 냉량·한랭습윤 기후조건하의 저습지나 배수가 불량한 곳에서 진행되는 토양생성작용
① 라테라이트화 작용 : 열대우림 기후, 사바나 기후, 아열대습윤 기후 등의 고온다습한 기후조건하에서 진행되는 토양생성과정
③ 포드졸화 작용 : 박테리아의 활동에 지장이 있을 정도로 기온이 낮은 한편, 삼림이 자랄 만큼 수분이 충분한 기후조건하에서 진행되는 토양생성작용
④ 석회화 작용 : 수분의 증발량이 강수량보다 많은 반건조지역이나 스텝 기후조건하에서 진행되는 토양생성작용

67 조경의 관리작업 항목 중 부정기적으로 작업이 이루어지는 것은?

① 점검
② 청소
③ 수목의 손질
④ 식물의 보식

조경관리작업의 종류
• 정기작업 : 청소, 점검, 수목의 전정, 병해충 방제, 페인트칠 등
• 부정기작업 : 죽은 나무 제거 및 보식, 시설물의 보수 등

69 토사포장의 개량(改良)방법으로 적합한 것은?

① 지반치환공법
② 지하수상승법
③ 노면골재감소법
④ 지반강하법

지반치환공법 : 연약층이나 동상(凍上) 등이 문제인 지반의 일부 또는 전부를 질이 좋은 재료로 치환하여 양호한 지반을 구축하는 공법으로, 굴착치환공법(전면치환, 부분치환)과 압출치환공법(성토자중공법, 폭파공법)으로 크게 구분할 수 있다.

70 다음 중 2년생 잡초에 대한 설명으로 틀린 것은?

① 지칭개, 망초 등이 속한다.
② 로제트(rosette) 형태로 월동한다.
③ 주로 온대지역에서 볼 수 있는 잡초이다.
④ 월동 이후 화아분화하여 개화, 결실을 한 후 고사한다.

해설
④ 월동 중에 화아분화하여 봄에 개화, 결실한 후 고사한다.
※ 일년생잡초는 1년 이내에 한 세대의 생활사(Life Cycle)를 끝마치는 잡초를 의미한다.
　　예 바랭이, 왕바랭이, 강아지풀, 개비름, 쇠비름, 개여뀌, 매듭풀, 돼지풀, 명아주, 닭의장풀 등
※ 2년생 잡초는 1~2년 이내에 개화 결실하고 죽는 잡초이다.
　　예 새포아풀, 개망초, 갈퀴덩굴, 광대나물, 달맞이꽃, 냉이, 별꽃 등

71 벤치·야외탁자의 전반적인 관리방안으로 적합하지 않은 것은?

① 이용자수가 설계 시의 추정치보다 많은 경우에는 이용실태를 고려하여 개소를 증설하여 이용자의 편의를 도모한다.
② 노인, 주부 등이 장시간 머무르는 곳의 콘크리트재 벤치는 인체와 접촉 부위가 차가워지기 쉬우므로 목재로 교체한다.
③ 바닥의 지면에 물이 고인 경우에는 배수시설을 설치한 후 흙을 넣고 충분히 다지거나 지면을 포장한다.
④ 그늘이나 습기가 많은 장소에는 목재벤치를 설치하도록 한다.

해설
④ 그늘이나 습기가 많은 곳의 목재시설물은 콘크리트재나 석재로 교체한다.

72 농약의 효력을 충분히 발휘하도록 하기 위하여 첨가하는 물질을 일컫는 용어는?

① 기피제　　　　② 훈증제
③ 유인제　　　　④ 보조제

해설
① 기피제 : 유인제와는 반대로 농작물 또는 저장농산물에 해충이 접근하지 못하게 하는 약제
② 훈증제 : 유효성분을 가스상태로 분사하여 해충을 방제하는 데 쓰이는 약제
③ 유인제 : 해충을 유인하여 제거 및 포살하는 약제

73 농약 살포방법으로 옳은 것은?

① 심한 태풍이나 비바람이 지나간 직후에 살포하는 것이 흡수효과가 좋다.
② 살충제와 살균제를 혼합사용하며, 기온이 높을수록 효과가 좋다.
③ 살충제 중 독한 약제는 흐린 날 살포하는 것이 좋다.
④ 전착제를 완전히 용해시킨 뒤 살포액에 넣는 것이 좋다.

해설
① 심한 태풍이 지나간 후 잎과 줄기에 상처가 생기므로 상처로부터 약액이 침투하여 약해를 일으키기 쉽고, 바람이 강할 때는 분무·살포한 약제가 날아가 버리기 쉬우므로 약제 살포는 삼가야 한다.
② 유기인계 살충제와 카바메이트계 살충제는 정도의 차이는 있으나, 알칼리에 불안정하고 분해되기 쉬우므로 알칼리성 약제와의 혼용은 가급적 피하는 것이 좋으며, 기온이 너무 높을 때는 약하가 발생하거나 효과가 저하되는 경우도 있고, 기온이 낮을 때는 병균이나 해충이 동면상태여서 약제에 대한 저항성이 커 효력이 낮아진다.
③ 살충제 중 독한 약제는 작물의 줄기나 잎에 고착시킬 필요가 있으므로 날씨가 좋은 날 살포하여 빠르게 말리는 것이 좋다.

74 다음 중 전지 · 전정작업을 할 때 일반적으로 잘라야 하는 가지로 적합하지 않은 것은?

① 개화 · 결실 가지
② 안으로 향한 가지
③ 아래를 향한 가지
④ 줄기의 중간부에 돋아난 가지

해설

전정할 가지 : 도장지(웃자란 가지), 고사지, 안으로 향한 가지, 아래를 향한 가지, 줄기에 움 돋은 가지, 교차한 가지, 평행지, 신초(맨 위에 하나만 남김)

75 장미의 동기 전정시기로 가장 적합한 것은?

① 발아할 눈이 자랐을 때
② 발아할 눈이 트고 난 후
③ 발아할 눈이 휴면기일 때
④ 발아할 눈이 부풀어 오를 때

해설

장미는 당년에 자란 가지에 꽃 피는 수종으로, 눈이 트기 시작할 때 전정해 준다.

76 조경업무의 성격상 관리계획을 체계적으로 수립하는 데 있어서 제한요인이라고 볼 수 없는 것은?

① 관리대상의 자연성
② 관리규모의 협소성
③ 이용자의 다양성
④ 규격화의 곤란성

해설

운영관리의 부정적 요인
• 조경공간의 주요 대상이 자연이라는 특성
• 이용주체의 다양화에 따른 예측의 의외성
• 재료(식물) 규격화의 곤란성
• 지역 특성에 따른 환경제약(지방성)
※ 조경공사의 특성 : 공종의 다양성, 공종의 다양성으로 인한 잠재성, 공종의 소규모성, 재료(식물)의 규격과 표준화의 곤란성, 재료(식물)의 지방성 · 계절성, 작품성(심미성 · 쾌적성) 등

77 다음 중 소나무재선충병의 감염증세가 아닌 것은?

① 수지(송진) 유출의 감소
② 침엽에서 증산량의 감소
③ 침엽이 반 정도 자라면서 변색
④ 수체함수율의 감소 및 목질부 건조

해설

소나무재선충병의 피해양상
• 잎이 단기간에 급속히 붉게 변색
• 송진의 분비 감소
• 잎에서의 증산량 감소
• 알코올, 테르펜 등의 휘발성 물질 분비
• 수분과 양분의 흐름 저해

78 농약의 사용목적에 따른 분류에 해당하는 것은?

① 유기인계   ② 살응애제
③ 호흡저해제   ④ 과립수화제

해설

농약의 분류

사용목적에 따른 분류	살충제, 살응애제, 살선충제, 살연체동물제, 살서제, 살조제, 살어제, 살균제, 살조류제, 제초제 등
유효성분 조성에 따른 분류	• 살충제 : 유기인계, pyrethroid계, 유기염소계 • 살균제 : benzimidazole계, triazole계 등 • 제초제 : triazine계, amide계, urea계
작용특성에 따른 분류	• 살충제 : 신경저해제, 에너지대사저해제, 생합성저해제 • 살균제 : 호흡저해제, 단백질생합성저해제, 세포벽형성저해제 • 제초제 : 광합성저해제, 에너지생성저해제, 식물호르몬작용교란제
형태에 따른 분류	직접살포제, 희석살포제, 과립수화제, 기타

79 테니스 클레이코트에 뿌리는 소금과 염화칼슘의 역할이 아닌 것은?

① 응고작용
② 보습효과
③ 동결 방지
④ 지력 보강

해설

테니스장의 표층 건조 시 소금 속에 포함된 습기가 갈라짐을 방지하고, 물의 어는점을 낮춰 늦가을과 겨울에 땅이 어는 것을 막아 주며, 습기를 머금은 소금이 먼지가 날리는 것을 억제한다.

80 공원에서 사·고가 발생하였을 때 사고처리 절차로 옳은 것은?

① 사고 발생 통브 → 관계자 통보 → 사고자 응급처치 → 병원 흐송 → 사고상황 파악
② 사고 발생 통브 → 사고상황 파악 → 사고자 응급처치 → 병원 호송 → 관계자 통보
③ 사고 발생 통보 → 사고상황 파악 → 관계자 통보 → 사고자 응급처치 → 병원 호송
④ 사고 발생 통보 → 사고자 응급처치 → 병원 호송 → 관계자 통보 → 사고상황 파악

2020년 제1·2회 통합 과년도 기출문제

제1과목 조경계획 및 설계

01 중국 정원에서 포지(鋪地)의 수법은 어느 때부터 전해져 내려오는가?

① 진나라 ② 송나라
③ 당나라 ④ 한나라

해설
④ 한나라 때부터 중정에 전돌로 포장하는 수법(포지, 鋪地)을 사용하였다.
① 진나라 : 왕희지의 난정 고사에 곡수연을 위해 원정에 곡수를 돌리는 곡수거를 조성했다는 기록이 있다.
② 송나라 : 송나라의 휘종(徽宗) 때에 주민이 설계한 정원으로서 항주의 봉황산을 닮게 하였다고 한 만세산(萬歲山)이 있다.
③ 당나라
 • 서호와 같은 명승지가 즐겨 묘사되었고, 자연 그 자체보다 인위적인 요소가 많아지기 시작했다.
 • 초기부터 신선사상과 우주를 표현하였고, 그 후의 동양 조경 양식에 큰 영향을 끼쳤다.
 • 연못, 괴석을 배치하는 등 중국 정원의 기본적인 양식이 확립되었다.
 • 불교의 영향으로 온건하고 고상한 분위기가 조성되었다.

02 경주 황룡사를 중심으로 방위와 산의 연결이 틀린 것은?

① 동쪽 – 명활산
② 서쪽 – 선도산
③ 남쪽 – 황룡산
④ 북쪽 – 소금강산

해설
황룡사지 입지는 경주의 동쪽 명활산, 서쪽 선도산, 남쪽 남산, 북쪽 소금강산의 정상을 동서와 남북으로 연결해 교차하는 지역에 위치한다.

03 옥녀산발형(玉女散發型)의 풍수 형국을 보이는 읍성은?

① 정의읍성 ② 해미읍성
③ 고창읍성 ④ 낙안읍성

해설
풍수지리와의 관계
① 정의읍성 : 배 형국 혹은 장군대좌형
② 해미읍성 : 행주형(行舟型)
③ 고창읍성 : 와호음수형(臥虎陰水型)
④ 낙안읍성 : 옥녀산발형
※ 낙안읍성의 비보(裨補, 풍수상 지세가 허(虛)하거나 산수가 제 흐름을 따르지 않고 거슬린 곳을 보완해 주는 것을 의미) : 해자, 석구(石拘) 한 쌍

04 남송(南宋)시대 30여개소 명원(名園)을 소개한 정원서는?

① 원야 ② 낙양명원기
③ 오흥원림기 ④ 장물지

해설
주밀이 쓴 「오흥원림기」에는 30여개소의 명원이 소개되어 있다.

05 페르시아의 회교식 정원에서 도입되는 정원의 핵심시설이 아닌 것은?

① 커낼(canal) ② 토피어리
③ 분천(噴泉) ④ 저수지

해설
페르시아의 정원양식은 기후와 종교, 국민성이라는 세 가지 인자의 영향으로 발생했다. 바람이 강한 불모지로 이루어진 고원지대로 엄동(嚴冬)과 혹서(酷暑)라는 대조적인 기후형을 가지고 있기 때문에 물이 가장 중요한 요소가 되어 저수지, 커낼(canal), 분천 등의 시설이 정원의 구조를 지배하였다.

06 무굴인도의 샤 자한 시대에 조성된 작품은?

① 니샤트-바그(Nishat bagh)
② 샬리마르-바그(Shalimar bagh)
③ 아차발-바그(Achabal bagh)
④ 체하르-바그(Tshehar bagh)

해설

무굴인도의 샤 자한(Shah Jahan) 시대 작품 : 차스마-샤히, 샬리마르-바그, 타지마할 등이 있으며 샬리마르바그(Shalimar bagh)는 샤자한 왕이 설치한 3개의 노단으로 된 정원이며 샤자한 왕의 여름용 별장이다. 2노단에는 4분원 형태이며 연못에 돌로 된 섬이 있다.

07 문헌에 나타난 고려시대 기홍수의 원림(園林)을 설명한 것으로 옳지 않은 것은?

① 이규보의 문집인 동국이상국집에 전한다.
② 곡지를 만들고 꽃을 심어 신선정원으로 조성했다.
③ 버드나무, 소나무, 자두나무, 모란 등의 목본 식물과 창포를 식재했다.
④ 퇴식재 팔영의 제6영인 연의지(連漪地)는 장방지(長方地)이다.

해설

기홍수(奇洪壽, 1148~1209)의 원림
※ 퇴식재의 팔영(八詠)
1. 퇴식재(退食齋) : 사교의 장소와 소요 / 정원을 임천(林泉)
2. 영천동(靈泉洞) : 물줄기가 돌구멍 사이로 흘러 샘으로 떨어지는 곳
3. 척서정(滌暑亭) : 더위를 식히는 정자 / 대나무와 샘물
4. 독락원(獨樂園) : 홀로 즐길 수 있는 장소 / 샘물
5. 연묵당(燕默堂) : 차경으로 경관 감상, 명상 / 거처지
6. 연의지(漣漪池) : 곡지 조성, 연꽃 감상
7. 녹균헌(綠筠軒) : 사계절 푸른 식물 감상 / 대나무
8. 대호석(大湖石) : 석가산 조성(형산, 여산 비유)

08 일본 평성궁 동원의 곡수유구에 관한 설명으로 가장 거리가 먼 것은?

① 바닥에 목상을 묻고 계정 수초를 심어 꽃을 감상했다.
② 조영 시기는 나라시대 중기로 추정된다.
③ 자연석에 홈을 파서 유배거로 사용하였다.
④ 지중에는 경사가 있는 암도(岩島)를 배치한다.

해설

평성궁(平城宮, 헤이조쿄) 곡수 유구
나라시대(710~794) 평성궁의 동남에 있는 동궁 원지는 보존관리가 잘되어 있어 귀중한 조경유적으로 평가받고 있다. 곡수연을 목적으로 조영된 것으로 보이는 이 정원은 육평(六坪)의 중심부 가까이에 1/3을 차지하는 동서 약 60m, 남북 약 70m로 좁고 길게 사행하는 도수로 형태의 곡지이다. 원래 사행하는 하상 지형을 이용하여 곡수형의 유로를 형성한 것으로 입수구는 북쪽인데, 물이 고인 것으로부터 폭 13m, 최소 1.5m로 평균 3m 정도이고, 깊이는 20~35cm 정도이다. 못의 양안에는 조약돌을 뿌리듯 깔고 유수의 굴곡점에는 형태가 좋은 경석을 놓았으며, 지중에는 경사가 있는 암도(岩島)를 배치하였다. 평성궁 곡수유구에 급수로를이용한 원지는 전면 석조로 굳혀져 있고, 인수(引水) 및 배수 장치를 가지고 있으며, 물을 흘리는 것도 가능한 구조로 이루어져 있다. 출도 및 호안에는 경석이 놓여 있으며, 수생식물의 식승(植枡) 시설도 2군데에 바치되어 있다.

09 환경에 영향을 미치는 계획을 수립할 때에 환경 보전계획과의 부합 여부 확인 및 대안의 설정·분석 등을 통하여 환경적 측면에서 해당 계획의 적정성 및 입지의 타당성 등을 검토하여 국토의 지속가능한 발전을 도모하는 것은?

① 환경영향평가
② 토지적성평가
③ 전략환경영향평가
④ 소규모환경영향평가

해설

① 환경영향평가 : 환경에 영향을 미치는 실시계획·시행계획 등의 허가·인가·승인·면허 또는 결정 등을 할 때에 해당 사업이 환경에 미치는 영향을 미리 조사·예측·평가하여 해로운 환경영향을 피하거나 제거 또는 감소시킬 수 있는 방안을 마련하는 것을 말한다(환경영향평가법 제2조제2호).
④ 소규모 환경영향평가 : 환경보전이 필요한 지역이나 난개발(亂開發)이 우려되어 계획적 개발이 필요한 지역에서 개발사업을 시행할 대에 입지의 타당성과 환경에 미치는 영향을 미리 조사·예측·평가하여 환경보전방안을 마련하는 것을 말한다(환경영향평가법 제2조제3호).

10 공원관리청이 아닌 자의 공원사업 시행 및 공원시설의 관리 중 (   ) 안에 해당되는 것은?

> 공원사업의 허가를 받으려는 자는 공원사업의 대상이 되는 토지에 자기 소유가 아닌 토지가 있는 경우에는 그 토지 소유자의 사용 승낙을 받아야 한다. 다만, 규정에 따라 공원 마을지구에서 환지(煥地)를 하려는 경우에는 토지면적과 사업대상 토지 소유자 총수의 각각 (   ) 이상에 해당하는 소유자의 승낙을 받아야 한다.

① 2분의 1
② 3분의 1
③ 3분의 2
④ 4분의 3

해설
공원관리청이 아닌 자의 공원사업의 시행 및 공원시설의 관리 (자연공원법 제20조 제3항)
공원사업의 허가를 받으려는 자는 공원사업의 대상이 되는 토지에 자기 소유가 아닌 토지가 있는 경우에는 그 토지 소유자의 사용 승낙을 받아야 한다. 다만, 규정에 따라 공원 마을지구에서 환지(煥地)를 하려는 경우에는 토지면적과 사업대상 토지 소유자 총수의 각각 3분의 2 이상에 해당하는 소유자의 승낙을 받아야 한다.

11 조경계획의 접근방법 중 물리적 자원 혹은 자연 자원의 레크리에이션의 유형과 양을 결정하는 접근방법은?

① 경제접근법(economic approach)
② 자원접근법(resource approach)
③ 활동접근법(activity approach)
④ 행태접근법(behavioral approach)

해설
S. Gold(1980)의 레크리에이션 계획 접근방법
• 경제접근방법 : 지역사회의 경제적 기반이나 예산 규모가 레크리에이션의 총량, 유형, 입지 등을 결정한다.
• 자원접근방법 : 물리적 자원 혹은 자연자원이 레크리에이션의 유형과 양을 결정하는 방법으로, 한계수용력과 환경영향이 지표가 되는 방법이다.
• 활동접근방법 : 과거의 참가사례로 앞으로의 레크리에이션의 유형과 양을 결정하는 방법으로 사회적 인자가 중요한 영향을 미친다.
• 행태접근방법 : 이용자의 구체적인 행동 패턴에 맞추어 계획하는 방법, 즉, 일반 대중이 여가 시간에 언제, 어디서, 무엇을 하는가를 상세히 파악하여 그들의 구체적인 행동 패턴에 맞추어 계획하려는 방법이다.
• 종합접근방법 : 앞의 네 가지 접근방법의 결합으로 긍정적인 측면만 취하는 접근방법이다.

12 그리스인들이 일상생활을 영위하는 도로와 생활 공간 등을 계획할 때, 효용과 기능의 측면에서 추구하였던 사항이 아닌 것은?

① 지형조건에 맞게
② 기능에 충실하게
③ 즐겁고 편안하게
④ 호화롭게

해설
그리스의 도시들은 아테네를 비롯하여 통일성, 지구분할, 자연과의 조화, 확장의 제한 등의 형태를 지니며 인간의 공동생활의 이상으로서 정확하고 영속적인 형식을 구성하고 있다.

13 다음 ( )에 포함되지 않는 것은?

> 기본계획안은 보통 ( ) 등의 부문별로 나누어서 별도의 도면에 표현한다.

① 식재계획
② 토지이용계획
③ 교통동선계획
④ 레크리에이션계획

기본계획안(마스터플랜)은 최종적으로 선정된 대안이며, 토지이용계획, 교통동선계획, 시설물 배치계획, 식재계획, 하부구조계획, 집행계획 등 부문별로 나누어 별도의 도면에 표현한다.

조경계획 및 설계 과정

목표설정 – 자료분석(자연환경분석, 인문환경분석) 및 종합 – 기본구상 – 기본계획(토지이용계획, 교통동선계획, 시설물배치계획, 식재계획, 하부구조계획, 집행계획) – 기본설계 – 실시설계 – 시공 및 감리 – 유지관리

• 기본전제 : 프로젝트에서 추구하는 개발의 기본 방향이다.
• 자료수집 및 분석 : 계획의 기본구상에 초점을 맞추어 시간적, 경제적 여건을 감안하여 자료를 수집하고 분석한다. 분석 단계에서 법규검토, 단지분석, 제한요소 검토, 잠재요소 검토 등을 하고 결정한다.
• 종합 : 조사하고 분석된 자료들의 상호관련성 및 중요성을 파악하여 종합 도면화 한다.
• 기본구상 : 기본계획 수립에 관한 여러 가지 아이디어를 도출해 내는 단계이다.
• 대안 : 기본전제, 경제성, 시공성, 공간의 유기적 구성 등에 따라 적합한 대안을 선정한다.
• 기본계획 : 토지이용계획, 동선계획, 배치계획, 식재계획, 하부구조계획 등으로 구성한다.
• 기본 설계 : 배치설계도, 도로설계도, 정지계획도, 배수설계도, 식재계획도, 시설물 배치도, 시설물 설계도 등의 도면과 설계 개요서, 공사비 계산서, 시방서 등의 서류가 작성된다.
• 실시설계 : 설계도, 상세도, 공사비, 시방서, 수량산출서, 일위대가표, 공정표 등의 서류가 작성된다.

14 종래의 스타일과는 달리 녹음이 많은 우수한 환경 위에 인구가 모이고 산업이 성립되어 형성된 도시는?

① 메가로폴리스형 도시
② 메트로폴리스형 도시
③ 에페로폴리스형 도시
④ 리비에라형 도시

① 메가로폴리스형 도시 : 몇 개의 거대 도시가 연속하여 다핵적 구조를 가지는 띠 모양의 거대한 도시 집중지대. 거대도시와 이 거대도시들을 잇는 대도시권(메트로폴리턴에리어)의 도시화 지역
② 메트로폴리스형 도시 : 일정지역의 중심도시와 주변의 중소도시가 결합함으로써 형성된 거대도시
③ 에페로폴리스형 도시 : 지역과 지역, 혹은 나라와 나라 등으로 연계되는 산업들이 이뤄질 수 있는 도시형태로, 유럽에는 국경을 초월한 정주지와 산업집적지로 발전하였다.

15 그림과 같이 화살표 방향이 정면일 경우 우측면도로 가장 적합한 투상도는?

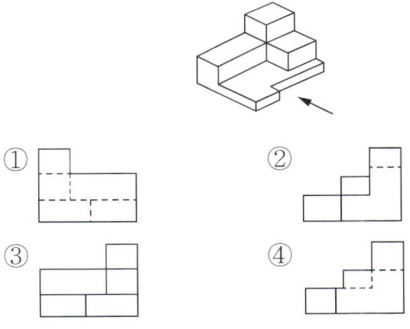

① ② ③ ④

우측면도 : 정면도를 기준으로 우측에서 본 도면이다.

16 시각 디자인에 관련되는 착시(錯視)에 대한 다음의 설명 중 가장 거리가 먼 것은?

① 우리 눈은 예각은 크게, 둔각은 작게 보는 경향이 있다.
② 동일한 도형을 상하로 두면 위쪽이 아래쪽보다 커 보인다.
③ 피로하거나 시신경에 이상이 있을 때 눈의 착시 현상이 생긴다.
④ 눈의 착각 현상을 역이용하여 착각교정을 함으로써 시각적으로 훌륭한 구조물을 만들 수 있다.

해설
착시
• 시각에 있어서 감각적 시각적으로 사실과 다르게 느껴지는 현상이다.
• 보편적인 착각현상을 의식치 못하면 시각신경에 결함이 있다고 할 수 있다.
• 예상되는 착각현상에 고의적인 역현상을 주어 착각교정을 할 수 있다.
• 직선은 수직 방향으로 놓일 경우 수평으로 놓일 때보다 길게 느껴진다.

17 혼합되는 각각의 색 에너지(energy)가 합쳐져서 더 밝은 색을 나타내는 혼합은?

① 가산혼합   ② 감산혼합
③ 중간혼합   ④ 색료혼합

해설
① 가산혼합(색광혼합) : 3원색은 빨강, 녹색, 파랑. 섞을수록 흰색에 가까워지며 채도는 낮아지고 명도는 높아진다.
※ 색료혼합(감산혼합) : 3원색은 마젠타, 노랑, 시안이며, 섞을수록 검은색에 가까워지고 채도, 명도 모두 낮아진다.

18 공장조경 계획 시 공장 부지나 건물에 다음 시설의 설치 목적은?

잔디밭, 수림, 운동장, 벤치, 퍼걸러, 음수전, 조명시설, 휴게시설, 작업장, 경기장 등

① 환경개선   ② 환경미화
③ 환경보호   ④ 환경보존

해설
쾌적한 근무여건 확보를 위해 휴게공간, 운동공간, 위락공간, 산책공간을 갖추도록 한다.

19 다음 중 조경설계기준상의 휴게시설 설계와 관련된 설명으로 가장 거리가 먼 것은?

① 휴게시설은 각 시설별로 본래의 설치목적에 부합되도록 설계하며, 복합적인 기능을 갖는 경우 본래의 기능을 먼저 충족시키도록 한다.
② 시설의 형태는 표준화된 형태 또는 조형적인 형태로 할 수 있으며, 조형적인 형태로 설계할 경우 이 설계기준을 적용하지 아니할 수 있다.
③ 목재의 경우 보의 단면은 폭과 높이의 비를 1/3~1/5로 하고, 기둥은 좌굴현상을 고려하여 좌굴계수(재료의 허용압축응력×단면적÷압축력)는 4를 적용하며, 세장비(좌굴장/최소단면 2차 반경)는 250 이하를 적용한다.
④ 휴게시설은 연속·시설 간의 조합에 의해 미적 효과를 얻을 수 있도록 하며, 통합 이미지를 연출하기 위하여 CI(Cooperation Identity)를 적용할 수 있다.

해설
목재의 경우 보의 단면은 폭과 높이의 비를 1/1.5~1/2로 하고, 기둥은 좌굴현상을 고려하여 좌굴계수(재료의 허용압축응력×단면적÷압축력)는 2를 적용하며, 세장비(좌굴장/최소단면 2차 반경)는 150 이하를 적용한다.

20 다음 중 가시도(可視度)가 가장 높은 배색(配色)은?

① 백색 바탕에 검은색 형상
② 황색 바탕에 녹색 형상
③ 황색 바탕에 청색 형상
④ 검은색 바탕에 황색 형상

해설
가시도란 둘 이상의 색깔이 같은 거리에 같은 크기로 있을 때, 뚜렷이 잘 보이는 것과 잘 보이지 않는 정도를 말한다. 가시도가 가장 높은 배색은 검은색 바탕에 황색 형상을 들 수 있다.

22 봄철 수목의 화아분화를 지배하는 가장 중요한 체내 성분은 무엇인가?

① 질소화합물과 유기산의 비율
② 지질과 탄수화물의 비율
③ 질소화합물과 탄수화물의 비율
④ 유기산과 지질의 비율

해설
화아분화는 식물이 생육하는 도중에 식물체의 영양 조건, 기간, 기온, 일조 시간 따위의 필요 조건이 다 차서 꽃눈을 형성하는 일을 뜻한다.
화아분화에 미치는 식물 내부적 요건
• C/N율이 높으면 꽃눈 형성과 결실을 좋게 한다.
• C/N율이 낮으면 식물체내에 질소가 많으며 이때는 영양생장, 즉 잘 자란다.
• 삽목시에도 C/N율이 높은 경우에 발근이 잘된다.
※ C/N율 : 식물의 체내에 광합성에 의하여 만들어진 탄수화물 (C)과 뿌리 등에서 흡수한 질소화합물(N)의 비율

제2과목 조경식재

21 여름철 기식화단(assorted flower bed)에 적당한 초화류를 키가 큰 식물에서 작은 식물순으로 나열된 것은?

① 채송화 → 해바라기 → 튤립
② 칸나 → 달리아 → 글라디올러스
③ 나팔꽃 → 피튜니아 → 물망초
④ 백일홍 → 샐비어(조생종) → 피튜니아

해설
• 피튜니아 : 20~60cm
• 샐비어(초생종) : 30~40cm
• 백일홍 : 60~90cm

23 생태계의 공생과 관련된 설명이 틀린 것은?

① 중립 : 두 종간에 어떠한 영향을 주지도 받지도 않는다.
② 종내경쟁 : 서로 다른 두 생물종이 서로에게 피해를 준다.
③ 상리공생 : 서로 또는 모두에게 유리하거나 도움이 된다.
④ 편리공생 : 한쪽은 분리하고 다른 쪽은 이해관계가 없다.

해설
경쟁
• 종내경쟁 : 동종 간에 일어나는 동종경쟁
• 종간경쟁 : 이종 간에 일어나는 이종경쟁

24 한국잔디의 일반적인 생육 특징이 틀린 것은?

① 최적의 pH는 5.5~6.5 정도이다.
② 난지형 잔디로 여름철에 잘 자란다.
③ 불완전 포복경이지만 포복력이 강한 포복경을 지표면으로 강하게 뻗는다.
④ 호광성 잔디로 양지에서는 잘 생육되나 그늘에서는 생육이 매우 느린 단점이 있다.

[해설]
한국잔디
• 최적의 pH는 5.5~6.5정도이다.
• 난지형 잔디로 여름철에 잘 자란다.
• 호광성 잔디로 양지에서는 잘 생육되나 그늘에서는 생육이 매우 느린 단점이 있다.
• 완전포복경으로 지하경이 왕성하게 뻗는다.
• 종자의 적정 파종량은 5~15g/m²이다.
• 난지형 잔디로 여름철에는 잘 자라지만, 겨울철이나 아주 추운 지방에서는 생육이 정지된다.
• 발아가 잘 되지 않아서 주로 영양번식에 의존한다.

25 다음 중 상록성인 식물은?

① 모과나무(*Chaenmeles sinensis*)
② 채진목(*Amelanchier asiatica*)
③ 산사나무(*Crataegus pinnatifida*)
④ 비파나무(*Eriobotrya japonica*)

[해설]
비파나무
• 장미목 장미과에 속하는 상록활엽소교목이다.
• 줄기는 높이 3~8m이지만 10m에 이르기도 하며, 어린 가지에 갈색 털이 많고, 잎자루는 없거나 1cm 즈음이다.
• 잎은 어긋나며 좁은 도란형 또는 긴 타원형으로 길이 15~30cm, 폭 3~9cm이고, 가장자리에 이 모양 톱니가 드문드문나 있다.
• 잎 앞면은 털이 없고 윤이 나며 뒷면은 갈색 털이 있고 가죽질이다.

26 식물의 식재 및 사후관리에 관한 설명으로 옳은 것은?

① 구덩이의 크기는 분크기의 1.5배 정도로 파고 밑바닥에는 부엽토 등을 적당량 섞어 넣어 준다.
② 수목식재는 가능한 본래 식재되었던 방향의 반대방향으로 원래 묻혔던 깊이보다 조금 높게 식재한다.
③ 이식하는 나무의 뿌리가 많이 잘렸을 경우에는 지상부의 가지와 잎은 가능한 한 떨어지지 않도록 주의한다.
④ 뿌리의 발생이 좋지 못한 나무들이나 노거수 등은 뿌리돌림을 할 경우 활착이 어려우므로 분을 떠서 이식하는 것이 좋다.

[해설]
식재구덩이의 크기는 너비를 뿌리분 크기의 1.5배 이상으로 하고 깊이는 분의 높이와 구덩이 바닥에 깔게 되는 흙, 퇴비 등을 고려하여 적절한 깊이를 확보한다.

27 다음 [보기]의 '이것'에 해당하는 것은?

┤보기├
이것은 한 종에 속하는 표현형적으로 비슷한 집단들의 모임이며, 그 종의 지리적 분포구역의 한 부분에 살고 있고 또 그 종의 다른 지역 집단들과 분류학적으로 차이가 있다.

① 변종　　　　　　② 아종
③ 지역종　　　　　④ 단형종

[해설]
아종은 종 밑에 위치하는 한 범주로, 종을 세분한 분류 단위이다.

28 식재계획의 배식원리 중 자유식재에 해당하는 것은?

① 비대칭적 균형식재, 사실적 식재가 기본형이다.
② 식재의 기본 양식은 교호식재, 집단식재, 열식 등이다.
③ 사례로는 아메바형, 절선형, 번개형 식재가 있다.
④ 자연풍경과 유사한 경관을 재현하는 식재 방법이다.

자유식재
• 제2차 세계대전 이후 구미 각국에서 시작되었다.
• 풍토적인 제약이나 전통적인 형식에 구속되지 않는다.
• 기능성에 큰 비중을 두어 단순 명쾌하다.
• 자유형 식재기법에는 루버형, 번개형, 아메바형, 절선형 등이 있다.

29 어떤 수목을 이식하고자 다음 그림과 같이 분을 뜰 때 ㉠, ㉡, ㉢, ㉣에 맞는 항은 어떤 것인가?(단, 일반적 수종으로 보통분일 경우)

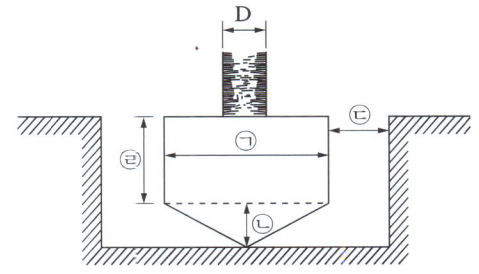

① ㉠ : 4D, ㉡ : D, ㉢ : 2D, ㉣ : 2D
② ㉠ : 5D, ㉡ : 2D, ㉢ : 2D, ㉣ : 3D
③ ㉠ : 4D, ㉡ : 2D, ㉢ : 3D, ㉣ : 2D
④ ㉠ : 6D, ㉡ : 3D, ㉢ : 3D, ㉣ : 4D

뿌리분의 모양

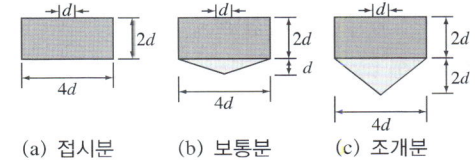

(a) 접시분　　(b) 보통분　　(c) 조개분

• 접시분은 분의 넓이가 근원직경의 4배, 깊이가 근원직경의 2배이다.
• 보통분은 분의 넓이가 근원직경의 4배, 깊이가 근원직경의 3배이다.
• 조개분은 분의 넓이가 근원직경의 4배, 깊이도 4배이다.

30 다음 중 비비추(*Hosta longipes*)의 특성으로 틀린 것은?

① 붓꽃과이다.
② 잎은 근생하며 두껍다.
③ 개화기는 7~8월에 연보라색 꽃이 핀다.
④ 열매는 삭과로 긴 타원형이며, 9월에 결실한다.

비비추
한국·일본 등에 분포하는 백합과 여러해살이풀로 잎은 길이 12~13cm, 폭 8~6cm이며, 진녹색이고 달걀형·심장형 또는 넓은 달걀형이다. 꽃은 연보라인데 7월 중순에 달린다.

31 연속된 형태를 이룬 식물재료들 가운데 갑작스러운 변화를 주어 관찰자의 시선을 집중 시키는 식재 기법은?

① 강조　　　　　② 균형
③ 연속　　　　　④ 통일

해설

강조식재
- 특별하게 관심을 끌 수 있는 뚜렷한 형태 · 색채 · 질감 등에 의해서 그 주위와 대비를 이루는 강조식물을 식재하는 것
- 수관이 둥근 수형인 식물 가운데서 피라미드 수형의 식재, 푸른 잎만 있는 식물 가운데 붉은 잎을 가진 식물의 식재, 거친 질감의 식물 가운데 고운 질감의 식물의 식재가 강조식재가 된다.
- 강조식재는 갑작스러운 시선을 끌 수 있는 모양의 변화나 강한 대비에 의해서도 이루어진다.

32 보통명(common name)은 습성, 특징, 산지, 용도, 전설, 외래어 등에서 유래되어 비롯된다. 다음 중 수목명이 나무의 특징을 반영한 것이 아닌 것은?

① 생강나무　　　　② 주목
③ 물푸레나무　　　④ 너도밤나무

해설

너도밤나무는 율곡 이이 선생님의 호인, '율곡'과 관련이 있다는 이야기가 전해진다.

33 다음 중 열매의 형태가 시과(Samara, 翅果)에 해당되는 수종은?

① 참느릅나무(*Ulmus parvifolia*)
② 윤노리나무(*Pourthiaea villosa*)
③ 층층나무(*Cornus controversa*)
④ 산벚나무(*Prunus sargentii*)

해설

느릅나무의 열매는 시과이다. 종자는 중앙부가 타원형이고 길이 8~11mm, 폭 8~9mm로 털이 없으며, 9~11월 초에 익고 담갈색이다. 종자는 날개 중앙에 있다.
② 이과, ③ · ④ 핵과

34 임해매립지에서 바닷물이 튀어 오르는 곳에 식재하기 알맞은 지피식물로 구성된 것은?

① 눈향나무, 다정큼나무
② 섬쥐똥나무, 유카
③ 버뮤다그래스, 잔디
④ 사철나무, 유엽도

해설

바닷물이 튀어 오르는 곳에는 내염성이 강한 버뮤다그래스, 갯잔디를 식재한다.

임해매립지의 식생
- 내염성이 강한 취명아주, 명아주 등을 식재한다.
- 토양양분(질소질)이 부족하므로 비료목을 30~40% 혼식하는 것이 바람직하다.
- 해안수림대 조성요령
  - 식재 후 1년 동안 식재대 전면에 1.8m 높이의 바람막이 펜스를 설치한다.
  - 단식은 피하고 군식을 하되 풍압에 견딜 수 있도록 수관이 닿을 정도로 밀식한다.
  - 하목을 심어 가지 밑에 공간이 생기지 않도록 한다.
  - 상록수와 낙엽수의 비율을 8 : 2로 한다.
- 수종
  - 바닷물이 튀어오르는 곳의 지피식재 : 버뮤다글래스, 잔디 등
  - 바닷물을 막는 전방수림(특 A급) : 곰솔, 눈향나무, 다정큼나무, 섬쥐똥나무, 가시나무, 유카 등
  - 전방수림(A급) : 사철나무, 유엽도 등
  - 후방수림(B급) : 비교적 내조성이 큰 수종
  - 내부수림(C급) : 일반 조경수종

35 다음 중 잎의 질감이 상대적으로 고운 수종은?

① 자귀나무(*Albizia julibrissin*)
② 오동나무(*Paulownia coreana*)
③ 벽오동(*Firmiana simplex*)
④ 일본목련(*Magnolia obovata*)

해설

① 자귀나무 잎은 2회 우상복엽으로 질감이 섬세하다. 분홍색의 여름꽃이 드문 시기에 핀다.

36 군락(群落)식재를 실시할 때 가장 우선적으로 고려해야 할 사항은?

① 현존 모델 식생이 자연식생인지 대상식생인지를 파악한다.
② 모암이 모슨 토양인지 표층토의 상태를 파악한다.
③ 기후에 따라 미기후, 소기후, 중기후, 대기후로 나누어 파악한다.
④ 인간에 의한 벌목, 풀베기, 경작 등의 상태를 파악한다.

군락식재
같은 종류의 식물을 다량으로 한꺼번에 집단을 이루어 식재하는 것으로 군집식재, 군식으로도 불린다.

37 다음 [보기]의 식물 분류에 해당되는 것은?

┤보기├
부들, 매자기, 줄, 갈대

① 부유식물　　　② 정수식물
③ 침수식물　　　④ 부엽식물

수생식물
• 부유식물 : 줄기와 잎이 수면 아래에 있고, 뿌리가 없거나 아주 빈약한 식물
　– 뿌리가 없는 것 : 통발, 벌레먹이말
　– 뿌리가 빈약한 것 : 좀개구리밥
• 정수식물 : 줄기 밑부분이 수면 밑에 있는 식물
　예 갈대, 줄, 큰부들, 연, 개구리연, 벗풀, 물옥잠, 매자기
• 침수식물 : 물밑에 뿌리를 내리고, 잎이 수면 아래에 있는 식물
　예 물수세미, 붕어, 마름, 검정말, 말즘, 큰마디말, 나사말 등
• 부엽식물 : 물밑에 뿌리를 내리고, 잎은 수면에 떠 있는 식물
　예 노랑어리연꽃, 어리연꽃, 수염마름, 마름, 수련, 순채, 가시연, 자라풀 등
• 부수식물 : 줄기와 잎이 수면 위에 있고, 뿌리가 물속에 드리워져 있는 식물
　예 개구리밥, 부레옥잠, 생이가래, 물개구리밥 등

38 다음 중 바람에 대한 저항성인 내풍력이 약한 수종은?

① 가시나무(*Quercus myrsinaefolia*)
② 느티나무(*Zelkova serrata*)
③ 아까시나무(*Robinia pseudoacacia*)
④ 졸참나무(*Quercus serrata*)

바람의 피해에 불리한 수종

구분	수종명
쓰러지기 쉬운 수종	아까시나무, 양버즘나무, 버드나무, 미루나무류
줄기가 꺾이기 쉬운 수종	아까시나무, 버드나무
가지가 꺾이기 쉬운 수종	소나무, 가시나무, 잣나무, 밤나무, 녹나무

39 다음 중 능수버들, 은사시나무, 이태리포플러의 공통적인 특징은?

① 암수 딴 그루이다.
② 충매화 수종이다.
③ 종모가 날린다.
④ 우리나라 자생종이다.

능수버들, 은사시나무, 이태리포플러는 종모(種毛, 솜 같은 긴 털) 비산(飛散)으로 번식을 한다.

40 꽃이 무성화로만 이루어진 수종은?

① 수국(*Hydrangea macrophylla*)
② 돈나무(*Pittosporum tobira*)
③ 나무수국(*Hydrangea paniculata*)
④ 백당나무(*Viburnum opulus* var. *calvescens*)

열매를 맺지 못하는 무성화 가운데 유성화를 둘러싸며 피는 산수국 중에서 무성화만 개량하여 키운 꽃이 수국이다.
무성화 : 수술과 암술이 모두 퇴화하여 없는 꽃이며 불두화와 수국 등이 있다.

41 경사도(gradient)에 대한 설명이 틀린 것은?

① 25%의 경사는 1 : 4이다.

② 100%의 경사도는 45°의 각을 갖는다.

③ 1 : 2의 경사는 수평거리 1m에 수직거리 2m이다.

④ 보통 토질에서 성토(盛土)의 경사는 1 : 1.5로 한다.

해설

• 경사도 = $\dfrac{수직거리}{수평거리}$

• 1 : 2의 경사는 수직거리 1m에 수평거리 2m이다.

42 벽에 침투하는 빗물에 의해서 모르타르 중의 석회분이 공기 중의 탄산가스와 결합하여 벽돌이나 조직 벽면에 흰가루가 돋는 현상은?

① 백화현상　　　② 레이턴스

③ 히빙현상　　　④ 수화열

해설

백화현상

일반적으로 콘크리트구조물에서의 백화란 구조체 내에 존재하는 가용성 성분인 수산화칼슘, 알칼리금속화합물 등이 물에 용해되어 구조물의 표면으로 이동된 후 물이 증발되어 가용성알칼리금속 황산염 또는 난용성염인 탄산칼슘의 형태로 나타나는 현상으로 대체적으로 백색을 띠기 때문에 이러한 현상을 백화(白化, efflorescence)라고 한다.

43 조경시설의 내구성에 대한 설명으로 가장 거리가 먼 것은?

① 재료가 산, 알칼리, 염류, 기름 등의 작용에 저항하는 성질을 내구성이라고 한다.

② 비와 눈, 추위와 더위, 햇빛은 노후화의 원인이 된다.

③ 구조물의 내구성은 시간, 기능, 그리고 비용이 고려된 성능이다.

④ 조경시설물은 외부공간에 노출되므로 상대적으로 내구성능이 조기에 낮아질 우려가 있다.

해설

내구성은 재료가 장기간에 걸쳐 외부로부터 물리적, 화학적, 생물학적 작용에 저항하는 성능이고, 재료가 산, 알칼리, 염류 등에 저항하는 성질은 화학저항성이다.

44 다음 건설 기계류 중 주작업 용도가 운반용인 기계로만 짝지어진 것은?

① 리퍼 – 래머

② 로더 – 백호

③ 진동콤팩터 – 탬핑롤러

④ 덤프트럭 – 벨트컨베이어

해설

작업종류별 건설기계

작업 종류	건설기계
벌개, 제근	불도저(레이크도우저)
굴삭	로더, 굴삭기, 불도저, 리퍼, 셔블계굴삭기(파워셔블, 백호, 드래그라인, 클램셸)
전재	로더, 굴삭기, 불도저, 리퍼, 셔블계굴삭기(파워셔블, 백호, 드래그라인, 클램셸)
굴삭, 적재	로더, 굴삭기, 버킷식 엑스커베이터, 셔블계굴삭기(파워셔블, 백호, 드래그라인, 클램셸)
굴삭 운반	불도저, 스크레이퍼
운반	불도저, 덤프트럭, 벨트컨베이어
부설	불도저, 모터그레이더
함수량조절	살수차
다짐	롤러(타이어, 탬핑, 진동, 로드), 불도저, 진동콤팩터, 래머, 탬퍼
정지	불도저, 모터그레이더
도랑파기	굴삭기, 트렌처

45 그림과 같은 수준측량 결과에 따른 B점의 지반고는?(단, A점의 지반고는 30m이다)

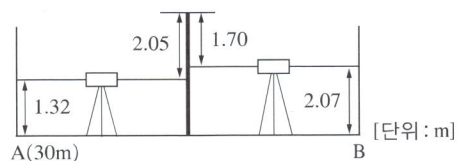

[단위 : m]

① 28.90m ② 29.60m

③ 33.74m ④ 37.14m

해설

B점의 지반고 = A점의 지반고 + '후시 − 전시'
= 30 + 1.32 + 2.05 − 1.7 − 2.07
= 29.6m

46 다음 중 공사현장에 항시 비치하고 있어야 하는 '해당 공사에 관한 서류'에 해당되지 않는 것은?

① 천후표
② 품셈표
③ 계약문서
④ 공사예정공정표

해설

공사현장에는 해당 공사에 관련된 계약문서, 설계서, 관계법령과 규정, 공사예정공정표, 시공계획서, 천후표, 시험기구 및 기타 필요한 기구류 등을 비치해야 한다.

47 실시설계 도면을 기준으로 1.0B 붉은 벽돌쌓기에 필요한 정미수량이 300장이라 한다. 이에 운반, 저장, 가공, 시공과정에서 발생하는 손실량을 예측하여 부가한다면 총 소요량은 몇 장인가?

① 330장 ② 315장

③ 309장 ④ 303장

해설

300 × 1.03(할증률) = 309장

48 다음의 설명에 적합한 공사계약 방식은?

• 발주자가 도급자의 신용, 기술, 시공능력, 보유기자재, 시공실적 등을 고려하여 그 공사에 가장 적합한 하나의 업체 선정
• 공사 기밀 유지 가능
• 입찰수속 간단
• 공사비가 증가할 우려

① 지명경쟁입찰 ② 턴키입찰

③ 수의계약 ④ 대안입찰

해설

③ 수의계약 : 경쟁이나 입찰에 따르지 아니하고, 일방적으로 상대편을 골라서 맺는 계약
① 지명경쟁입찰 : 경력, 신용, 기술 등을 고려하여 공사에 적격한 3~7개 업자를 선정하여 입찰에 참여시키는 것
② 턴키입찰 : 건설업자가 대상계획의 기업, 금융, 토지조달, 설계, 시공, 기계, 기구설치, 시운전까지 주문자가 필요로 하는 모든 것을 조달하여 주문자에게 인도하는 도급계약 방식
④ 대안입찰 : 원안입찰과 함께 따로 입찰자의 의사에 따라 대안의 제출이 허용된 공사의 입찰

정답 45 ② 46 ② 47 ③ 48 ③

49 어린이놀이터 등에 사용되는 금속의 부식을 최소화하기 위한 유의사항으로 가장 거리가 먼 것은?

① 부분적으로 녹이 나면 즉시 제거할 것
② 가능한 한 이종(異種) 금속을 인접 또는 접촉시켜 사용할 것
③ 균질한 것을 선택하고 사용 시 큰 변형을 주지 않도록 할 것
④ 큰 변형을 준 것은 가능한 한 풀림(annealing)하여 사용할 것

해설
이종(異種) 금속을 인접 또는 접촉시켜 사용할 경우 이종 금속 접촉부식이 일어나기 쉽다.

51 다음 힘과 모멘트에 대한 설명이 틀린 것은?

① 모멘트의 단위는 kg·m, t·m이며, 기호는 M이다.
② 모멘트의 크기는 힘의 크기(P)에 힘까지의 거리(a)를 곱한 것을 말한다.
③ 모멘트의 부호는 모멘트의 회전방향이 시계방향일 때는 (−), 반시계 방향일 때는 (+)로 한다.
④ 크기가 작고 작용선이 평행하여, 방향이 반대인 한 쌍의 힘을 우력(偶力)이라 한다.

해설
③ 모멘트의 부호는 모멘트의 회전방향이 시계방향일 때는 (+), 반시계 방향일 때는 (−)로 한다.

모멘트
• 모멘트(휨력) : 힘이 어떤 점을 중심으로 물체를 회전시키려고 하는 힘
• 부호 : 시계침의 방향(⌒)을 ⊕, 시계침의 반대 방향(⌒)을 ⊖로 한다.
• 식 : $M = P \cdot l =$ 힘 × 수직거리(kgf·m, gf·cm)

50 옥외계단 설치 시 주의할 사항으로 가장 거리가 먼 것은?

① 계단의 재료 선택은 마모되지 않는 것이 유리하나 주의의 경관을 고려해야 한다.
② 화강석 계단은 고저차가 없고, 안쪽으로 경사지게 설치해야 한다.
③ 단 높이(R)와 너비(T)의 경우에는 $2R + T = 60 \sim 65cm$를 유지하되 전 구간에 걸쳐 동일하여야 한다.
④ 계단이 길 경우에는 반드시 참을 두어야 하며 참의 폭은 계단의 높이에 따라 설계하도록 한다.

해설
화강석 계단은 고저차가 없고 턱지지 않게 설치하여 답면에 물이 고이지 않아야 한다.

52 축척 1 : 50,000 지형도에서 3% 기울기의 노선을 선정하려면 이 노선상의 주곡선 간도상 거리는?(단, 주곡선 간격은 20m임)

① 7.5mm
② 10.6mm
③ 13.3mm
④ 20.4mm

해설
수평거리 = 수직거리/경사도 × 100
　　　　 = 20/3 × 100
　　　　 = 667m
1 : 50,000 = x : 667
x = 0.01334m = 13.34mm

53 내열성이 크고 발수성을 나타내어 방수제로 쓰이며, 저온에서도 탄성이 있어 gasket, packing의 원료로 쓰이는 합성수지는?

① 페놀수지
② 실리콘수지
③ 에폭시수지
④ 폴리에스테르수지

해설

② 실리콘수지는 내열성, 내한성이 우수한 수지로 콘크리트의 발수성 방수도료에 적당하다.

※ 합성수지
• 주요 열가소성 수지 : 염화비닐수지, 아크릴, 폴리에틸렌, 폴리스티렌 등이며 열을 가하면 연화 또는 용융하여 가소성 또는 점성이 발생한다.
• 주요 열경화성 수지 : 요소수지, 멜라민수지, 폴리에스테르수지, 실리콘, 우레탄, 푸란 등 3차원적인 축합반응에 의해 생성되는 수지류를 말한다. 열을 가해도 유동성이 없다는 특성이 있다.

54 석재의 성질 중 장점에 해당하는 것은?

① 불연성이다.
② 일반적으로 가공이 곤란하다.
③ 화열에 닿으면 강도가 없어진다.
④ 인장강도가 압축강도의 1/10~1/20 정도이다.

해설

석재의 장단점

장점	• 불연성이고 압축강도가 크다. • 내수성, 내구성, 내화학성 및 내마모성이 크다. • 종류가 다양하다. • 같은 종류의 석재라도 산지나 조직에 따라 여러 가지 외관과 색조를 가진다. • 외관은 장중하고 치밀하며 갈면 광택이 난다.
단점	• 인장강도는 압축강도의 1/10~1/20 정도이다. • 가공성이 좋지 않아서 가구재로 적당하지 않다. • 높은 열에 닿으면 화강암 등은 균열이 생기거나 파괴되며 석회암, 대리석은 분해되는 것도 있다.

55 골재의 함수상태 중 기건상태를 나타내는 것은?

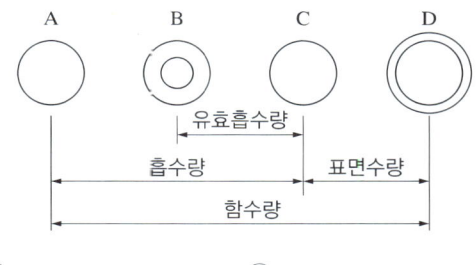

① A   ② B
③ C   ④ D

해설

① 절건상태, ② ㄱ 건상태, ③ 표건상태, ④ 습윤상태

※ 기건상태 : 목재가 공기 중에서 오래 건조되어 대기중의 습도와 균형을 이룬 상태

56 공원에서 클레이코트 테니스장을 만들 때 표면에 소금을 뿌렸다. 그 이유는 무엇인가?

① 표면의 배수를 용이하게 하기 위해
② 흙이 뭉치는 것을 방지하기 위해
③ 테니스장의 답압에 견디는 강도를 높이기 위해
④ 테니스장의 기층과 표면층과의 분리를 방지하기 위해

해설

테니스장의 표층 건조 시 소금 속에 포함된 습기가 갈라짐을 방지하고, 물의 어는점을 낮춰 늦가을과 겨울에 땅이 어는 것을 막아 주며, 습기를 머금은 소금이 먼지가 날리는 것을 억제한다.

57 콘크리트 공사에서 사용되는 혼화재료 중 혼화제에 속하지 않는 것은?

① 방청제
② 감수제
③ 플라이애시
④ AE제(공기연행제)

해설

※ 혼화재료는 혼화재와 혼화제로 나뉘는데 헷갈리지 않도록 구분할 수 있어야 한다.

혼화재와 혼화제
• 혼화재 : 콘크리트를 배합할 때 부피를 차지하는 무기질의 재료
  예 플라이애시, 실리카 흄, 고로슬래그 등
• 혼화제 : 시멘트가 차지하는 부피의 1%인 소량으로 첨가하는 화학적 약품
  예 감수제, 방청제, 공기연행제, 유동화제, 급결제 등

58 공사간격의 구성 요소 중 '직접공사비'를 계산하기 위해 필요한 세부항목에 해당되지 않는 것은?

① 일반관리비　　② 재료비
③ 경비　　　　　④ 외주비

해설

직접공사비 = 재료비 + 노무비 + 외주비 + 경비

직접공사비
• 직접공사비란 계약목적물의 시공에 직접적으로 소요되는 비용을 말하며, 계약목적물을 세부 공종별로 구분하여 공종별 단가에 수량을 곱하여 산정한다.
• 실적공사비에 의한 직접공사비 가격은 아래의 비용을 포함한다.
  – 재료비 : 재료비는 계약목적물의 실체를 형성하거나 보조적으로 소비되는 물품의 가치를 말한다.
  – 직접노무비 : 공사현장에서 계약목적물을 완성하기 위하여 직접작업에 종사하는 종업원과 노무자의 기본급과 제수당, 상여금 및 퇴직급여충당금의 합계액으로 한다.
  – 직접공사경비 : 공사의 시공을 위하여 소요되는 기계경비, 운반비, 전력비, 가설비, 지급임차료, 보관비, 외주가공비, 특허권 사용료, 기술료, 보상비, 연구개발비, 품질관리비, 폐기물처리비 및 안전점검비를 말한다.

59 다음 중 한중콘크리트에 대한 설명으로 가장 거리가 먼 것은?

① 특별한 보온조치는 취하지 않아도 된다.
② 한중콘크리트에는 공기연행 콘크리트를 사용하는 것을 원칙으로 한다.
③ 하루의 평균기온이 4℃ 이하가 예상되는 조건일 때 한중콘크리트를 시공하여야 한다.
④ 양생종료 후 따뜻해 질 때까지 받는 동결 융해 작용에 대하여 충분한 저항성을 가지게 한다.

해설

한중콘크리트의 시공방법은 기온이 0~4℃에서의 간단한 주의와 보온으로 시공하고, −3~0℃에서는 물 또는 물과 골재를 가열할 필요가 있는 동시에 어느 정도의 보온이 필요하다.

60 다음 중 체적계산에 대한 설명으로 가장 거리가 먼 것은?

① 단면이 불규칙할 때에는 플래니미터를 이용한다.
② 비교적 규칙적인 때에는 수치계산법을 활용한다.
③ 계산 방법에는 단면법, 점고법, 등고선법 등이 있다.
④ 단면이 규칙적인 때에는 도해법을 활용한다.

해설

도해법은 수면곡선의 계산방법이다.

61 토양 중 유기물 함량이 3.40%, 질소 함량이 0.19%일 때 탄질비는 약 얼마인가?(단, 유기물의 탄소 함량은 58%이며, 최종 계산결과 소수점 둘째자리에서 반올림)

① 12.0
② 10.9
③ 10.4
④ 9.8

해설

C/N = (0.034 × 0.58) / 0.0019 = 10.37

62 다음 중 직영방식의 장점이 아닌 것은?

① 긴급한 대응이 가능하다.
② 관리책임이나 책임의 소재가 명확하다.
③ 이용자에게 양질의 서비스가 가능하다.
④ 규모가 큰 시설 등의 관리를 효율적으로 할 수 있다.

해설

직영방식과 도급방식의 대상 업무 비교

직영방식	• 재빠른 대응이 필요한 업무 • 연속해서 행할 수 없는 업무 • 진척상황이 명확치 않고 검사하기 어려운 업무 • 금액이 적고 간편한 업무 • 일상적으로 행하는 유지관리적인 업무
도급방식	• 장기에 걸쳐 단순작업을 행하는 업무 • 전문적 지식, 기능, 자격을 요하는 업무 • 규모가 크고, 노력, 재료 등을 포함하는 업무 • 관리주체가 보유한 설비로는 불가능한 업무 • 직영의 관리인원으로는 부족한 업무

63 포장공사에서 토사포장의 보수 및 시공방법 중 개량방법에 해당되지 않는 것은?

① 지반치환공법
② 노면치환공법
③ 표면처리공법
④ 배수처리공법

해설

③ 표면처리공법은 아스팔트 균열 파손 시 공법이다.
토사포장의 개량공법에는 지반치환공법, 노면치환공법, 배수처리공법이 있다.

64 엽면시비에 관한 설명 중 틀린 것은?

① 이식 후나 뿌리가 장해를 받았을 경우에 실시한다.
② 비료의 농도는 가급적 진하게 하고 한 번에 충분한 양이 효과적이다.
③ 약액이 고루 부착되도록 점착제를 사용함이 효과적이다.
④ 살포 시기는 한낮을 피해 맑은 날 아침이나 저녁때가 적합하다.

해설

엽면시비는 잎이 흡수하는 양분이 극히 소량이므로 주로 미량원소의 빠른 효고를 위하여 엽면 살포한다.
※ 엽면시비법
• 미량원소 중 체내 이동이 잘 안되는 Fe, Mn 등의 결핍 시에 활용된다.
• 수용액을 고압분무기로 잎에 직접 뿌려 주는 방법으로서 수용성 비료를 사용해야 한다.
• 농도를 되도록 약하게 하되 연속으로 시비한다.
• 이식 후나 뿌리가 장해를 받았을 경우에 실시한다.
• 약액이 고루 부착되도록 점착제를 사용함이 효과적이다.
• 살포 시기는 한낮을 피해 맑은 날 아침이나 저녁때가 적합하다.

65 세균이 식물에 침입하는 방법이 아닌 것은?

① 각피 침입   ② 피목 침입
③ 밀선 침입   ④ 상처 침입

세균(박테리아) 침입 경로
• 자연개구부(기공, 수공, 피목, 밀선, 화기)로 침입
• 상처를 통한 침입
※ 진균(곰팡이) 침입은 자연개구부 침입, 상처를 통한 침입 외에 각피 침입이 있다.

67 시비와 관련된 설명 중 옳지 않은 것은?

① 조경수목의 시비는 수종과 크기를 고려하여 비료의 종류와 시비량 및 시비횟수를 결정한다.
② 잔디 초종을 고려하여 연간 시비량을 결정하며, 비료의 종류는 N : P_2O_5 : K_2O가 3 : 1 : 2 또는 2 : 1 : 1의 비율이 되도록 한다.
③ 화단 초화류는 집약적 관리가 요구되므로 가능한 한 무기질비료를 추비로서 연간 2~3회, 화학비료를 기비로서 연간 1회 시비한다.
④ 일반 조경수목류의 기비는 유기질 비료를 늦가을 낙엽 후 땅이 얼기 전 또는 2월 하순~3월 하순의 잎이 피기 전에 연 1회를 기준으로 시비한다.

화단 초화류는 집약적 관리가 요구되므로 가능한 한 유기질비료를 기비로서 연간 1회, 화학비료를 추비로서 연간 2~3회 시비한다.

66 천막벌레나방(텐트나방)의 설명이 틀린 것은?

① 벚나무, 장미류, 버드나무 등 거주범위가 넓다.
② 애벌레는 이른 봄 실을 토해 만든 거미줄 집 안에서 군집생활을 하고 잎을 갉아먹는다.
③ 1년에 2회 발생하며, 노숙유충으로 땅속에서 고치 상태로 겨울을 난다.
④ 유충 발생 초(4월 하순)에 클로르플루아주론 유제(5%) 2,000배액을 수관 살포한다.

천막벌레나방(텐트나방)은 연 1회 발생하며, 알로 월동한다. 4월 중~하순에 부화한 유충은 실을 토하여 천막 모양의 집을 만들고 낮에는 그 속에서 쉬고 밤에만 나와 식해한다. 노숙한 유충은 나뭇가지나 잎에 황색의 고치를 만들고 번데기가 된다.

68 질병 가능성(disease potential)이 가장 높은 잔디의 종류는?

① Creeping bentgrass
② Fine fescue
③ Kentucky bluegrass
④ Tall fescue

크리핑 벤트그래스(Creeping bentgrass)
잎의 폭이 좁고 생육 속도가 매우 빠른 편이어서 회복력도 높지만, 고온다습한 환경에서는 생육이 매우 부진하고 병에 걸릴 위험성이 매우 높다.

69 동력예초기로 제초 작업을 하는 경우 개인보호구로 적절하지 않은 것은?

① 보안경
② 안전화
③ 방독마스크
④ 방진 장갑

예초기 작업에 관한 개인보호구의 종류 및 용도
• 안전모, 보안면, 귀마개 : 충돌, 비래, 전도 등 사고 발생 시 작업자의 얼굴과 목 및 머리를 보호한다.
• 안전 보호복 : 독충 물림, 충돌, 전도 등 사고 발생 시 팔, 다리 등 작업자의 신체를 보호한다.
• 안전 장갑 : 진동, 베임 등에 의한 사고 발생 시 손을 보호한다.
• 무릎보호대 : 베임, 충돌 등 사고 발생 시 다리와 무릎을 보호한다.
• 안전화 : 충돌, 절단, 절단 등 사고 발생 시 발을 보호한다.

71 토양에서 일어나는 질소순환작용 중 가스형태로의 질소 손실과 관련있는 것은?

① 탈질작용
② 부동화작용
③ 질산화작용
④ 암모니아작용

탈질작용
질산염의 화합물이 혐기성 세균에 의해 N_2, NO, N_2O를 생성하는 것을 말한다.
② 부동화작용 : 토양 중에 존재하는 무기 양분 물질이 미생물에 의하여 흡수되어 미생물체의 일부인 유기태로 형태가 변환되는 일이다.
③ 질산화작용 : 질산화박테리아에 의해 암모니아성 질소(NH_3)가 아질산성 질소(NO_2), 혹은 질산성 질소(NO_3)로 변환 되는 작용이다.
④ 암모니아작용 : 죽은 동식물의 잔해가 토양 중에 환원되어 토양 미생물에 의해 질소함유 화합물이 암모니아로 분해 되는데 이를 암모니아화 작용이라고 한다.

70 콘크리트 소재의 시설물 균열부에 대한 보수방법으로 부적합한 것은?

① 표면실링(sealing)공법
② V자형 절단 공법
③ 고무(gum)압식 공법
④ 그라우팅공법

그라우팅공법
콘크리트 옹벽이 앞으로 넘어질 우려가 있을 때 옹벽 배수구멍을 뚫어 옹벽 뒷면의 지하수를 배수구멍에 유도시킴으로써 토압을 경감시키는 공법이다.

72 다음 중 인공적 수형을 만들기 위하여 정지, 전정하는 수종으로 부적합한 것은?

① 회양목, 사철나무
② 무궁화, 쥐똥나무
③ 벚나무, 단풍나무
④ 향나무, 측백나무

③ 벚나무, 단풍나무는 큰 상처가 생길 때 잘 아물지 않아 말라 죽거나 침수 및 병균 침입 등이 흔히 일어난다.

73 가로수의 수목보호 홀 덮개의 기능이 아닌 것은?

① 병해충의 방지
② 뿌리보호
③ 토양 답압 방지
④ 도시미관의 증진

가로수 보호덮개(홀 덮개)
답압에 의한 가로수 근계 흙의 경화를 방지하여 수분, 공기, 유기물의 공급이 효과적으로 이루어지도록 작용하며, 공원, 보도, 사람의 통행이 많은 지역에 설치함으로써 가로수 보호효과를 얻을 수 있다.

74 노거 수목의 관리요령으로 틀린 것은?

① 유합조직(callus tissue)의 형성과 보호를 위해 바세린을 발라 놓는다.
② 절토지역에 있어서의 뿌리보호 대책으로는 메담 쌓기(dry well)가 있다.
③ 부패된 줄기의 공동(cavity)처리는 충전 재료의 선택이 중요하다.
④ 공동충전 재료는 에폭시수지 등의 합성수지가 널리 사용된다.

② 메담쌓기는 성토지역에 있어서 뿌리보호 대책이다.
노거수(老巨樹) 관리에 있어서 공동(空胴)의 처리과정
부패한 목질부 제거 – 공동 내부 다듬기 – 버팀대박기 – 살균 및 치료하기 – 공동충전재료 메우기 – 마감처리

75 다음 설명에 해당되는 시민참여의 형태는?

> 시민참여를 안시타인의 이론에 따라 크게 3유형으로 구분했을 때 실질적인 주민참여 단계인 시민권력의 단계에 해당 정부, 일반시민, 시민단체, 학생, 기업, 기타 이해 당사자(stakeholder)가 고루 참여

① 시민차지(citizen control)
② 파트너십(partnership)
③ 상담자문(consultation)
④ 조작(manipulation)

시민참여의 유형
- 계도, 여론조작(manipulation) : 행정기관과 주민이 상호관계를 맺는다는 사실 자체에 의미를 인정할 수 있는 수준. 주민의 교육, 설득, 계도 등 일방적인 지시나 전달
- 대처요법, 교정(therapy) : 심의회 등에 주민을 참여시키고 있으나 실제로는 주민을 정책결정에 참여시키지 않음. 청소운동
- 정보제공(informing) : 행정기관에서 주민에게 일방적인 것. 환류를 통한 협상과 타협은 이루어지지 않음
- 상담자문(consultation) : 근린집회, 공청회 등에 출석하여 정책에 관련하여 권고하는 정도. 형식에 더 큰 비중
- 관여, 설득(placation) : 주민들이 정보를 제공받고 각종위원회 등에 참여하여 의견을 제시. 정책 결정에 영향력을 행사하는 능력은 없는 수준
- 파트너십, 협동(partnership) : 행정기관이 최종결정권을 갖고 있으나 주민들이 필요하다고 판단하는 경우 행정기관에 맞서서 자신들의 주장을 내세울 만큼의 영향력을 갖고 있음
- 권한이양(delegated power) : 정책결정에 주민들이 우월한 권력을 가지고 참여하는 경우. 주민의 권한이 계획·실시에 결정적으로 영향을 줄만큼 강함
- 시민통제(citizen control) : 주민이 행정을 실제로 지배하고 있는 경우. 완전자치

76 조경공간에서 안전관리상 관리하자에 의한 사고는?

① 유아가 보호책을 넘어간 사고
② 시설물 노후 파손에 의한 사고
③ 이용자 자신의 부주의에 의한 사고
④ 시설물 구조상 접속부에 손이 낀 사고

[해설]
관리하자에 의한 사고시설의 노후, 파손, 위험물 방치, 위험 장소에 대한 안전대책 미비로 발생하는 사고이다.

77 설치비용은 비싸나 유지관리비가 저렴하며, 열효율이 높고, 투시성이 뛰어나 산악 도로나 터널 등에 가장 적합한 조명 램프는?

① 나트륨 램프   ② 제논 램프
③ 수은 램프   ④ 형광 램프

[해설]
조명등의 비교

광원	특성
나트륨등	• 연색성은 좋지 못하나 열효율이 대단히 높고 물상 분해 능력이 우수하다. • 안개 속에서 투시성이 좋아 산악도로, 터널 등에 적합하다.
제논램프	• 발산하는 빛이 천연주광에 매우 가깝다. • 초기 발광시간이 필요치 않고 순간 재점등이 가능하다. • 단점은 가격이 비싸다.
수은등	• 진동과 충격에 강하므로 도로조명에 많이 사용한다. • 연색성이 낮으나 수명이 가장 길다.
형광등	• 물체 강조에 이용 불가능하다. • 기온이나 외기환경에 약하여 사용 장소가 제한된다. • 빛의 확산이 고르며, 설치 및 유지비가 저렴하다. • 형광색의 조정에 따라 푸른색, 적색의 연출이 가능하다.

78 연평균 조경 작업자수가 10,000명인 어느 기업의 1년 동안의 작업 관련 재해 건수는 6건, 재해자수는 12명, 총근로손실일수는 30일로 나타났다. 이 기업의 지난 1년 동안의 연천인율은?(단, 하루 작업시간은 8시간, 한 달은 25일로 가정한다)

① 0.25   ② 0.50
③ 0.60   ④ 1.20

[해설]
$$연천인율 = \frac{연간\ 저해자수}{평균\ 근로자수} \times 1,000$$
$$= \frac{12}{10,000} \times 1,000 = 1.2$$

79 도시공원에서 이용자의 요망·애로사항을 시설요망, 관리, 공원녹지 주변 등으로 구분할 때 '관리에 관한 사항'에 해당하는 것은?

① 관람석 설치   ② 수목 땜찰
③ 자동 판매기   ④ 연못 청소

80 농약의 독성 정도를 구분할 때 해당되지 않는 것은?

① 급독성   ② 고독성
③ 맹독성   ④ 저독성

[해설]
독성의 크기와 평기 : 맹독성, 고독성, 보통 독성, 저독성

제1과목 조경계획 및 설계

01 18C 영국 조경의 특징이 옳지 않은 것은?

① 낭만주의 정원 양식이 시작되었다.
② 브릿지맨(C. Bridgeman)이 스토우(stowe) 가든을 설계했다.
③ 자연풍경식 정원 양식이 유행하였다.
④ 테라스와 마운드를 만드는 것이 성행하였다.

해설
④는 영국 정형식 정원(16~17세기)의 특징이다.
영국 정형식 정원의 특징
• 테라스 설치 : 이탈리아 양식이며, 정방형의 테라스를 설치하였다. 주택으로부터 곧거나 평행하게 설정된 주축이다.
• 축산(mound) : 기하학적 규칙성을 가진 인공 언덕으로 휴식과 조망의 역할을 한다.
• 볼링그린(bowling green) : 실외경기장으로 주택의 외곽이나 산림 속에 배치하였다.
• 매듭화단(knot) : 낮게 깎은 회양목이나 초화류 등으로 화단의 가장자리를 장식하였다.
• 약초원 : 장방형의 형태로 주택정원의 필수적 요소이다.
• 해시계, 철제장식물, 석재난간, 분수, 문주, 미로원 등이 있다.

02 다음 중 고려시대 수목 관련 정책 중 시행시기가 가장 빠른 것은?

① 수양도감 설치
② 산불방지법 반포
③ 소나무 벌채금지법 반포
④ 산림벌채 금지와 나무심기 장려

해설
고려의 임정정책
• 981년 : 산불방지법 반포
• 1011년 : 소나무 벌채 금지법
• 1031년 : 봄철 나무를 심은 뒤 벌채 금지령
• 1035년 : 산림벌채 금지와 나무심기 장려
• 1108년 : 북침방지를 위한 4개의 성 쌓기와 대량 벌채
• 1118년 : 특정 수종의 나무심기를 장려하는 수양도감 설치
• 1188년 : 물 자원 확보를 위한 농무장 건설
• 1271년 : 농경장려에 따른 산림의 대량 파괴
• 1273년 : 많은 사찰의 건설에 따른 삼림 파괴
• 1293년 : 목재부족으로 인한 배 만들기 금지 등

03 인도(印度) 정원의 특징에 대한 설명으로 가장 거리가 먼 것은?

① 중국, 일본, 한국과 같은 자연풍경식 정원이다.
② 회교도들이 남부 스페인에 축조해 놓은 것과 흡사한 생김새를 갖고 있다.
③ 녹음수가 중요시되었고 온갖 화초로 화단을 만들었으며, 연못에는 연꽃을 식재했다.
④ 궁전이나 귀족의 별장을 중심으로 한 바그와 정원과 묘지(墓地)를 결합한 형태이다.

[해설]
인도 정원의 특징은 정형식 정원이다.
무굴 인도 정원의 주요 요소
• 수경 시설 : 종교적 행사에 사용되며 물은 무굴 정원의 가장 중요한 요소이다.
• 원정 : 정원에 있는 정자를 의미한다. 연못가에 배치되었고 피서 장소였으나 사후에는 묘소나 기념관으로 이용되었다.
• 녹음수 : 화단을 만들고 연못에는 극락정토를 상징하는 연꽃을 식재하였다.
• 높은 담 : 사생활을 보호하고 안식 및 장엄미와 형식미를 조성하였다.

04 백제 노자공(路子工)이 일본 궁궐에 오교(吳橋)와 함께 만든 것은?

① 방장산 　　② 봉황산
③ 수미산 　　④ 영주산

[해설]
아스카시대(593~709년)인 612년 백제의 노자공이 황궁의 남정에 불교사상의 세계관을 배경으로 수미산과 오교를 조성하였고(일본정원의 효시), 일본의 정원 양식에 영향을 미쳤으며, 일본 서기(최초의 기록)에 기록되었다.

05 장수를 기원하며 후원 담장과 같은 벽면에 십장생을 새겼던 궁궐 정원은?

① 창덕궁 대조원 후원
② 경복궁 사정전 후원
③ 경복궁 자경전 후원
④ 창덕궁 연경당 후원

[해설]
경복궁 교태전 동쪽에는 대비전인 자경전이 위치하고 이곳의 꽃담에는 십장생 무늬가 장식되어 있다. 아기산에서와 같이 화원을 꾸밀 수 없는 공간에 이를 대신하여 담장을 아름답게 꾸며 감상하려는 데서 나온 발상이다.

06 다음 중 자연풍경식 정원을 지향하며 '자연으로 돌아가자'고 주장한 사람은?

① 루소
② 데카르트
③ 르 노트르
④ 니콜라스 푸케

[해설]
① '자연으로 돌아가자'는 루소의 자연복귀사상은 사람들의 마음을 자연으로 인도하는 한편 조경분야에 있어서 자연식 정원을 동경하게 하는 작용을 하였다.
② 데카르트 : 르네 데카르트는 프랑스의 철학자, 수학자, 과학자, 근대 철학의 아버지, 해석기하학의 창시자로 불린다.
③ 르 노트르 : 프랑스 조경가이며, 이탈리아 수학, 평면기하학식을 확립하였다.
④ 니콜라스 푸케 : 프랑스의 정치가이다. 루이 14세 시대에 마자랭의 신임을 받아 1653년에 재무장관이 되었다.

07 일본의 대표적인 정원양식과 관련된 정원의 연결이 옳지 않은 것은?

① 다정(茶庭) – 고봉암(孤蓬庵)
② 고산수(枯山水) – 서천사(瑞泉寺)
③ 회유식(回遊式) – 계리궁(桂離宮)
④ 정토정원(淨土庭園) – 정유리사(淨留璃寺)

해설

• 고산수식 : 용안사
• 회유임천형 : 서천사, 서방사, 남선원
※ 고산수식 정원
  • 작정기에 쓰여진 '못(池)도 없고 유수(遺水)도 없는 곳에 돌(石)을 세우는 것'을 특징으로 하는 일본의 정원 수법
  • 5세기 후반부터 일본정원에서 바다 풍경을 상징적으로 묘사하기 위해 평면(平面)에 모래를 깔고 돌을 짜 맞추어(石組) 구성된 양식 : 평정고산수(平定枯山水)
  • 일본에서 대표적인 평정고산수 수법의 정원이 있는 곳 : 용안사
  • 일본의 교토(京都)에 있는 용안사(龍安寺)의 고산수(枯山水)정원 : 모래 바탕위에 5개, 2개, 3개, 2개, 3개 석조(石槽)를 배치하였다.
  • 일본의 고산수(枯山水)수법 : 사상적으로 정토사상과 신선사상을 배경으로 하고 있다.

08 과일을 심는 곳을 원(園), 채소를 심는 곳을 포(圃), 금수를 키우는 곳을 유(囿)로 풀이한 중국의 문헌은?

① 난정기   ② 설문해자
③ 시경대아편   ④ 춘추좌씨전

해설

설문해자(說文解字)는 중국 후한시대에 허신이 편찬한 자전(字典)이다.

09 도시공원 및 녹지 등에 관한 법률에 따른 어린이공원에 대한 기준이 옳지 않은 것은?

① 규모는 1,000m² 이하로 한다.
② 유치거리는 250m 이하이다.
③ 공원시설 부지면적은 100분의 60 이하로 한다.
④ 공원시설은 조경시설, 휴양시설(경로당 및 노인복지회관은 제외), 유희시설, 운동시설, 편익시설 중 화장실·음수장·공중전화실을 설치할 수 있다.

해설

어린이공원의 유치거리는 250m, 면적은 1,500m² 이상이 기준이다.

10 그린벨트의 설치 목적 중 가장 중요한 것은?

① 도시를 일정 규모로 제한하기 위해
② 도시민에게 레크리에이션 장소를 제공하기 위해
③ 도시재해 발생을 막고, 또 발생 시에 피난처로 사용하기 위해
④ 도시민의 정서를 함양하고 식생활에 필요한 식품을 가까이에서 얻기 위해

해설

국토교통부장관은 도시의 무질서한 확산을 방지하고 도시 주변의 자연환경을 보전하여 도시민의 건전한 생활환경을 확보하기 위하여 도시의 개발을 제한할 필요가 있거나 국방부장관의 요청으로 보안상 도시의 개발을 제한할 필요가 있다고 인정되면 개발제한구역의 지정 및 해제를 도시·군 관리계획으로 결정할 수 있다(개발제한구역의 지정 및 관리에 관한 특별조치법 제3조).

11 자동차와 보행자의 마찰을 피하고 안전하게 보행할 수 있도록 설치하는 것은?

① 몰(mall)

② 패스(path)

③ 결절점(node)

④ 랜드마크(landmark)

몰(mall)
도심지 내 보행자의 쇼핑 거리를 중심으로 전개되는 공중보도 및 산책로를 말하는데, 서울의 소공동 상가 일대가 좋은 예이다.

12 정밀토양도에서 분류하는 토양명이 아닌 것은?

① 토양구(土壤區)

② 토양군(土壤群)

③ 토양통(土壤統)

④ 토양토(土壤土)

정밀토양도의 분류 : 토양군, 토양통, 토양구, 토양상

13 순 인구밀도가 200인/ha이고, 주택 용지율이 60%일 때, 총인구밀도는?

① 80인/ha   ② 100인/ha

③ 110인/ha   ④ 120인/ha

총인구밀도 = 순인구밀도 × 주거용지비율
　　　　　 = 200 × 60%
　　　　　 = 120인/ha

14 환경영향평가 제도는 1969년 어느 국가의 '국가환경정책법'이 제정되면서 시작되었는가?

① 영국   ② 미국

③ 프랑스   ④ 일본

국가환경정책법(National Environmental Policy Act)
미국의 환경에 관한 기본법으로, 1969년에 제정되어 1970년 6월부터 시행된 환경영향평가의 의무화 등 강력한 내용을 담고 있다.

15 그림과 같이 3각법으로 투상된 정면도와 좌측면도에 가장 적합한 평면도는?

① 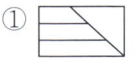   ②

③    ④

정면도는 물체를 정면에서 본 그림(front view)이고 좌측면도는 정면도를 기준으로 좌측에서 본 도면이므로 이에 따라 평면도를 고르면 ③이다.

16 다음 중 균형(balance)에 관한 설명으로 가장 거리가 먼 것은?

① 균형에는 중심이 있다.

② 프랑스 정원에서 강조되었다.

③ 균형을 결정하는 인자는 무게와 방향성이다.

④ 대칭적 균형이란 고르게 정돈되지 않은 균형을 의미한다.

④ 대칭적 균형은 '형식적' 균형이며 정적인 느낌을 자아낸다.

17 다음과 같은 특징을 갖는 식물 색소는?

> 수국의 색소로 많이 알려져 있으며, 종류에 따라 빨강, 주홍, 핑크, 파랑, 보라 등 다양한 색을 띤다. 특징은 산성이나 알칼리성에 의해 색이 변하는 것인데 산성에는 빨강으로, 중성에서는 보라, 알칼리성에서는 파랑을 띤다. 또, 물이나 산에 녹기 쉬운 성질을 가지고 있다.

① 카로틴
② 클로로필
③ 안토시아닌
④ 플라보노이드

해설
수국은 안토시아닌 색소의 농도, pH조건, 개화 진행 등 다양한 원인에 따라 붉은빛에서 푸른빛의 다양한 색을 띤다.

18 표제란(title block)의 내부에 들어 갈 요소로 가장 거리가 먼 것은?

① 스케일
② 일위대가
③ 도면번호
④ 설계자 이름

해설
도면의 윤곽선과 표제란 설정
• 축척과 도면의 크기를 결정하면 정해진 크기의 도면 용지에 윤곽선을 정한다.
• 스케치나 투시도와 같이 치수와 비례가 되지 않을 때에는 None Scale로 표시한다.
• 윤곽선은 용지의 가장자리에서 10mm 정도 떼는 것이 일반적이며, 도면을 철할 때에는 대개 왼쪽을 철하게 되므로, 왼쪽은 25mm 정도의 여백을 남긴다.
• 도면의 표제란은 도면의 오른쪽에 상하로 길게, 또는 오른쪽 하단 구석에 작게 설정하거나, 도면의 하단부 좌우로 길게 설정한다.
• 표제란에는 공사명, 도면명, 범례, 축척, 설계자명, 도면 번호, 설계 일시 등의 사항을 기록한다.

19 햇빛이 밝은 야외에서 어두운 실내로 이동할 때 빨간색은 점점 어둡게 사라져 보이고 파란색 계열이 밝게 보이는 시각현상은?

① 색순응
② 메타머리즘 현상
③ 베너리 효과
④ 푸르키네 현상

해설
푸르키네 현상
어두운 곳에서 빛의 파장이 긴 적색이나 황색은 희미하게, 파장이 짧은 청색이나 녹색은 밝게 보이는 현상

20 다음 중 감법혼색에 대한 설명으로 옳지 않은 것은?

① 3원색은 사이안(cyan), 마젠타(magenta), 옐로(yellow)이다.
② 3원색 중 옐로는 스펙트럼의 녹색 영역의 빛을 흡수한다.
③ 3원색을 모두 혼색하면 검정에 가까운 암회색이 된다.
④ 감법혼색의 원리를 응용한 것으로는 컬러사진, 컬러복사, 컬러인쇄 등을 들 수 있다.

해설
색의 3원색(감법혼색)

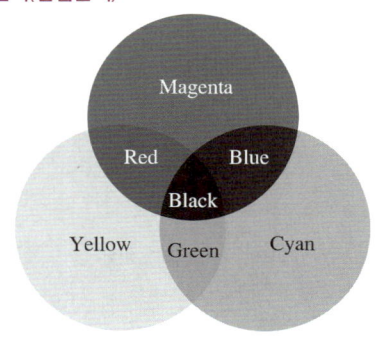

21 다음 그림과 같은 형태의 수종은?

① 호랑가시나무(*Ilex cornuta*)
② 박달나무(*Betula schmidtii*)
③ 칠엽수(*Aesculus turbinata*)
④ 양버들(*Populus nigra*)

[해설]

③ 칠엽수 : 잎은 어긋나기하며 손바닥모양의 겹잎이고, 소엽은 5~7개이며 긴 거꿀달걀형으로, 밑부분의 것은 작으나 중앙부의 것은 점첨두이고 예형이다. 길이와 폭이 각 30×12cm로, 뒷면에 적갈색의 부드러운 털이 있으며, 가장자리에 이중둔한톱니가 있다.

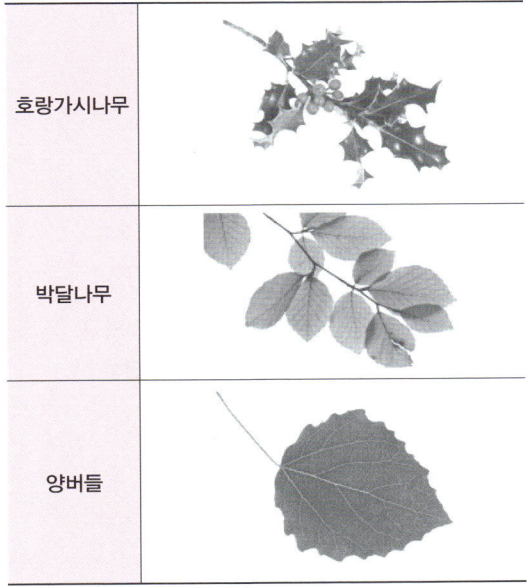

호랑가시나무	
박달나무	
양버들	

22 다음 중 정형식 식재의 설명으로 옳은 것은?

① 정형식 식재와 자유식재는 같은 양식이다.
② 자연의 풍경과 같은 비정형식인 선에 의한 식재를 말한다.
③ 정형식 식재의 기본 유형은 군식, 산재식재, 배경식재 등이 있다.
④ 열식은 동형, 동 수종을 직선상으로 일정한 간격에 식재하는 수법을 말한다.

[해설]

정형식 식재
• 축선의 설정과 대칭식재
• 비스타를 구성하는 수림(축선을 강조), 직선식재
• 기본 유형 : 단식, 대식, 열식, 교호식재, 군식(집단식재)
• 질서, 균형, 규칙성, 균질성, 대칭성의 효과
• 식물의 자연성보다 조형적 특성이 먼저 고려된다.

23 그림과 같이 2그루 심기로 배식설계를 할 때 가장 적합한 조합은?(단, 활엽수와 침엽수의구분 없음, 보기는 A(관목) – B(교목)의 조합 순서이다)

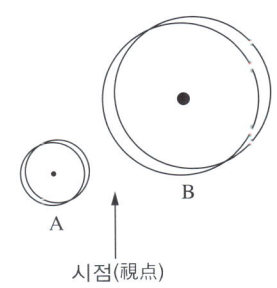

시점(視点)

① 수양버들 – 은행나무
② 은행나무 – 전나무
③ 전나무 – 덩자나무
④ 명자나무 – 서양측백

[해설]

④ 명자나무(낙엽활엽관목) – 서양측백(상록교목)
① 수양버들(낙엽활엽교목) – 은행나무(낙엽침엽교목)
② 은행나무(낙엽침엽교목) – 전나무(상록교목)
③ 전나무(상록교목) – 명자나무(낙엽활엽관목)

24 다음 설명의 (   ) 안에 적합한 값은?

> 표준적인 뿌리분의 크기는 근원직경의 (   )를 기준으로 하되 수목의 이식력과 발근력을 적절히 고려하도록 하며, 분의 깊이는 세근의 밀도가 현저히 감소된 부위로 한다.

① 1배　　　　　② 2배
③ 4배　　　　　④ 8배

해설
표준적인 뿌리분의 크기는 근원직경의 4배를 기준을 한다.

25 수목의 생태 분류상 '음수'로 분류할 수 없는 것은?

① 사철나무(*Euonymus japonicus*)
② 전나무(*Abies holophylla*)
③ 자작나무(*Betula platyphylla*)
④ 솔송나무(*Tsuga sieboldii*)

해설
③ 자작나무는 양수이다.
※ 음수 : 가시나무, 독일가문비나무, 동백나무, 사철나무, 비자나무, 서향, 솔송나무, 송악, 식나무, 아왜나무, 전나무, 주목, 팔손이나무, 후박나무, 회양목, 솔송나무 등
※ 양수 : 삼나무, 측백나무, 노간주나무, 개잎갈나무, 무궁화, 매화나무, 살구나무, 배롱나무, 모란, 협죽도, 해당화, 자작나무, 석류나무, 위성류, 장미류, 벚나무류, 플라타너스, 조팝나무 등

26 무궁화(*Hibiscus syriacus*)의 특성에 대한 설명으로 옳은 것은?

① 수형은 평정형이다.
② 생태 특성상 음수이다.
③ 내한성과 내공해성이 약하다.
④ 품종이 많고, 여름에 개화한다.

해설
① 수형은 원주형이다.
② 무궁화는 양수이다.
③ 내염성과 내공해성이 강하다.
무궁화
• 여름철에 개화하는 조경수이다.
• 그 해에 자란 가지에서 꽃눈이 분화하여 그 해에 개화하기 때문에 전정 시 유의하여야 할 수종이다.
• 품종이 많고, 여름에 개화한다.
• 무궁화는 1년생 가지에 꽃이 많이 달리므로 개화 후 낙화 할 무렵에 전지한다.

27 수고가 높은 교목을 열식하여 수직적 공간감을 느끼게 하려고 할 때 가장 적합한 수목은?

① 미선나무(*Abeliophyllum distichum*)
② 자귀나무(*Albizia julibrissin*)
③ 모감주나무(*Koelreuteria paniculata*)
④ 메타세쿼이아(*Metasequoia glyptostroboides*)

해설
메타세쿼이아(낙엽 교목) 이용방안
풍치목으로는 공원, 유원지, 관광지, 학교, 공장지대의 녹화를 목적으로 하는 것과 혹은 풍치 개발, 기념수, 교재 등을 들 수 있고 공원, 유원지, 관광지, 전원 등의 가로수로 더욱 좋다. 기념수로 쓰이거나 조림수로도 쓰인다.

28 토양 단면에 대한 설명으로 틀린 것은?

① 부식질은 홑알구조를 형성하므로 토양의 물리적 성질이 불량하다.
② 표층토인 A층은 낙엽, 낙지가 분해되어 있는 층으로 암흑색에 가깝다.
③ 부식은 미생물을 활기 있게 만들고, 유기물의 분해를 촉진한다.
④ 자연림에서는 교목류의 근계가 B층에도 분포하고 있다.

해설
① 부식질은 떼알(입단)구조를 형성하므로 토양의 물리적 성질이 개선된다.

29 다음 설명에 적합한 식물은?

- 원산지는 지중해 연안으로서 제비꽃과(Violaceae)에 속하는 추파 1년생 초화이다.
- 원래 내한성이 강한 화초로서 품종에 따라 다르지만 −5℃까지도 충분히 견딜 수 있다.
- 초봄에 가장 일찍 도심주변의 화단조성에 필요한 화종이나 조기 정식시 동해율은 품종 및 육묘조건에 따라 차이가 많아 문제시되고 있다.

① 글라디올러스
② 채송화
③ 팬지
④ 피튜니아

해설
① 글라디올러스 : 춘식구근
② 채송화 : 춘파 1년생 초화
④ 피튜니아 : 1년 초화

30 무성(영양)번식 중 삽목(cutting)에 관한 설명으로 틀린 것은?

① 삽목의 발근촉진물질은 비나인(B−nain)이 대표적이다.
② 식물체의 자생능력을 이용하여 인위적으로 번식시킬 수 있는 방법이다.
③ 식물체의 일부를 상토에 꽂아 절단면으로부터 부정근을 발생시킨다.
④ 삽수의 제조는 식물의 종류에 따라 다르나 적어도 상하 2개의 눈을 부착하여 조제한다.

해설
① 삽목의 대표적인 발근촉진물질은 옥신(auxin)이다. 옥신은 식물의 생장 조절 물질의 하나로 성장과 발근을 촉진하고, 낙과를 방지하며, 착과를 조절한다.

31 종−면적 곡선(species−area curve)으로 평가할 수 있는 것은?

① 종 간 경쟁
② 종 풍부도
③ 개체군 분포
④ 개체군 증식

해설
종−면적 곡선(species−area curve) : 조사면적의 증가에 따른 출현 종수의 증가를 나타내는 곡선
※ 종 풍부도는 단위 지역에 존재하는 종의 수를 뜻한다.

32 여름철에 개화되는 수종은?

① 산수유(*Cornus officinalis*)
② 능소화(*Campsis grandifolia*)
③ 태산목(*Magnolia grandiflora*)
④ 금목서(*Osmanthus fragrans*)

해설

② 능소화 : 7~9월
① 산수유 : 3~4월
③ 태산목 : 5~6월
④ 금목서 : 9~10월

능소화

- 개화기간이 60일 이상인 수종
- 여름철에 개화되는 수종이다.
- 덩굴성 식물이다.
- 지상의 줄기가 일 년 넘게 생존을 지속하며 목질화되어 비대성장을 하는 만경목이다.
- 7~9월에 개화하는 수종이다.
- 능소화 수종관리
  - 수술에는 갈고리가 있어 어린이가 놀다가 실명(失明)할 위험이 있어 어린이공원 주위에는 식재하지 않는다.
  - 7~9월에 피는 나팔모양의 황색꽃은 개화기간이 길고 아름다워 관상가치가 높으므로 적소에 식재한다.
  - 줄기에 흡반이 발달하였으므로 죽은 나무나 벽 등의 미관상 보완이 필요한 곳에 붙여 꽃의 아름다움을 감상할 수 있다.
  - 낙엽활엽덩굴성으로 줄기는 큰키나무나 벽을 감고 올라가는 성질이 있다.

33 일반적으로 잔디 초지(피복) 조성 속도가 가장 빠른 종류는?

① 한국잔디
② 벤트(bent)그래스
③ 버뮤다(bermuda)그래스
④ 켄터키(kentucky)블루그래스

해설

③ 버뮤다그래스(난지형 잔디) : 내한성이 약하고 남해안 지역에 자생하는 잔디로, 내답압성이 크며, 생육이 빨라 1~2cm 정도로 짧게 자르는 것이 관리하기 좋다.
① 한국잔디류 : 난지형 잔디로, 가는 줄기와 땅속줄기에 의해 옆으로 퍼진다. 잔디밭 조성에 많은 시간이 소요되고 손상을 받은 후 회복 속도가 느린 단점이 있으나, 포복성으로 밟힘에 강하고, 병해충과 공해에도 강한 장점이 있다. 들잔디, 금잔디, 빌로드 잔디, 갯잔디 등이 있다.
② 벤트그래스(한지형 잔디) : 4~8mm 정도로 낮게 깎아 이용하는 것으로 잔디 중 가장 품질이 좋아서 골프장의 그린에 많이 이용되고 있다. 3월부터 12월까지 푸른 상태를 유지하며, 서늘할 때 생육이 왕성하다. 그늘에서 병해충에 가장 약하며, 여름철 방제에 힘써야 한다. 밟힘에 견디는 힘(내답압성)이 약하다.
④ 켄터키블루그래스(한지형 잔디) : 미국이나 유럽에서 정원과 공원의 잔디밭에 가장 많이 쓰는 잔디로, 지나친 이용으로 손상 받았을 때 회복력이 좋기 때문에 경기장이나 골프장의 페어웨이 피복에 적합하다.

34 다음 중 '좋은 식재'의 방향이라고 볼 수 없는 것은?

① 무조건 수고가 큰 나무를 심도록 한다.
② 필요 이상의 나무는 심지 않도록 한다.
③ 생태적으로 적합한 장소에 심도록 한다.
④ 시각적 특성을 충분히 고려하여 심도록 한다.

해설

조경수목이란 실내외 정원, 공원, 도로 등의 녹화 및 경관용으로 식재되는 수목으로 공간의 미적 기능, 건축적 기능, 공학적 기능, 기상학적 기능 등 다양한 기능에 맞게 식재하여야 한다.

35 개잎갈나무(*Cedrus deodara*)의 특징으로 옳지 않은 것은?

① 상록침엽교목

② *Cedrus*의 용어는 kedron(향나무)에서 유래

③ 원추형으로 직립하며, 밑가지가 아래로 처짐

④ 심근성 수종으로 바람에 강하며, 수관폭이 넓고 생장이 느림

해설

천근성 수종으로 생장속도가 빠르고 수관이 장대하고 웅장할 뿐 아니라 잎의 색감이 미려하고 수형이 아름다워 가로수나 공원수로 이용되고 있다.

36 조경식물의 성상에 대한 설명이 틀린 것은?

① 상록수와 낙엽수의 구분은 절대적이 아니며, 기후, 계절, 나무의 입지환경에 따라 상록수가 낙엽수가 되기도 한다.

② 식물학상 침엽수는 피자식물에, 활엽수는 나자식물에 포함된다.

③ 등, 마삭줄, 담쟁이덩굴 등 스스로 서지 못해 기거나 타고 오르는 나무를 만경목이라 한다.

④ 교목의 특징을 지니나 일반적으로 교목보다는 작고 관목보다는 큰 나무를 아교목이라 한다.

해설

잎의 모양에 따른 구분
• 침엽수 : 겉씨식물, 나자식물에 속하는 나무들로 일반적으로 잎이 좁다.
• 활엽수 : 속씨식물, 피자식물에 속하는 나무들로 일반적으로 잎이 넓다.

37 다음과 같은 특징을 갖는 수종은?

> • 콩과이다.
> • 천근성 수종이다.
> • 야합수(夜合樹)라고 불리기도 한다.
> • 우리나라에는 전국에 식재가 가능하다.
> • 여름에 피며, 꽃색은 분홍색이다.

① 박태기나무(*Cercis chinensis*)

② 자귀나무(*Albizia julibrissin*)

③ 회화나무(*Sophora japonica*)

④ 아까시나무(*Robinia pseudoacacia*)

해설

자귀나무
• 콩과의 천근성 수종으로 낙엽활엽소교목이다.
• 잎은 어긋나기하며 소엽은 낫 같고 원줄기를 향해 굽으며 좌우가 길지 않은 긴 타원형이다.
• 꽃은 암수한꽃이며, 6~7월 붉은색 꽃이 개화한다.
• 부부의 금실을 상징하는 나무로 합환수, 합흔수, 야합수, 유정수라고도 한다.

38 부들(*Typha orientalis*)의 특징으로 틀린 것은?

① 부들과(科)이다.

② 침수식물에 속한다.

③ 물가에 식재하고 분주로 번식한다.

④ 꽃은 황색이고, 열매는 원통형이다.

해설

부들은 정수식물에 속한다.
수생식물
• 부유식물 : 줄기와 잎이 수면 아래에 있고, 뿌리가 없거나 아주 빈약한 식물
　– 뿌리가 없는 것 : 통발, 벌레먹이말
　– 뿌리가 빈약한 것 : 좀개구리밥
• 정수식물 : 줄기 밑부분이 수면 밑에 있는 식물
　예 갈대, 줄, 큰부들, 연, 개구리연, 벗풀, 물옥잠, 매자기
• 침수식물 : 물밑에 뿌리를 내리고, 잎이 수면 아래에 있는 식물
　예 물수세미, 붕어, 마름, 검정말, 말즘, 큰마디말, 나사말 등
• 부엽식물 : 물밑에 뿌리를 내리고, 잎은 수면에 떠 있는 식물
　예 노랑어리연꽃, 어리연꽃, 수염마름, 마름, 수련, 순채, 가시연, 자라풀 등
• 부수식물 : 줄기와 잎이 수면 위에 있고, 뿌리가 물속에 드리워져 있는 식물
　예 개구리밥, 부리옥잠, 생이가래, 물개구리밥 등

39 옥상녹화를 위해 구조적으로 가장 먼저 고려되어야 할 항목은?

① 방수
② 배수
③ 하중
④ 바람의 영향

[해설]
옥상녹화 시 고려사항
- 하중(토양, 수목, 시설물, 이용자) : 경량토양, 얕은 토심, 작은 수목(관목)
- 바람(건조 및 풍도) : 수목 지지대, 바람막이 시설, 건조방지
- 햇빛 및 온도(극단적 온도변화) : 겨울 – 월동고려, 여름 – 관수, 보수성 토양
- 습도(방수 및 배수) : 식재기층 방수, 배수를 고려한 다공질 토양

40 수목을 이식한 이후 실시하는 작업이 아닌 것은?

① 줄기 감기
② 비료주기
③ 지주 세우기
④ 뿌리돌리기

[해설]
뿌리돌리기는 뿌리 밑동을 미리 둥글게 깊이 파서, 잔뿌리를 많이 나게 하여 뿌리내리기가 쉽게 하는 작업이다.

제3과목 조경시공

41 다음에서 설명하는 장비는?

> - 굴착, 싣기, 운반, 하역 등의 일관작업을 하나의 기계로서 연속적으로 행할 수 있으므로 굴착기와 운반기를 조합한 토공 만능기라 할 수 있는 기계이다.
> - 비행장이나 도로의 신설 등과 같은 대규모 정지작업에 적합하다.
> - 얇게 깎으면서도 흙을 싣고 주어진 거리에서 높은 속도비로 하중의 중량물을 운반하거나 일정한 두께로 얇게 깔기도 한다.

① 파워셔블
② 드래그라인
③ 그레이더
④ 스크레이퍼

[해설]
스크레이퍼
- 굴착, 적재, 운반, 버리기, 고르기 작업을 겸할 수 있다.
- 작업거리는 100~1,500m 정도의 중장거리용이다.

42 다음 설명에 해당되는 콘크리트의 성질은?

> 거푸집에 쉽게 다져넣을 수 있고 제거하면 천천히 형상이 변화하지만 재료가 분리되거나 허물어지지 않는 굳지 않은 콘크리트의 성질

① 반죽질기(consistency)
② 시공연도(workability)
③ 마무리용이성(finishability)
④ 성형성(plasticity)

[해설]
① 반죽질기 : 주로 수량의 다소에 따르는 반죽 되고 진 정도를 나타내는 성질
② 시공연도 : 콘크리트의 반죽질기, 가소성, 균질성 등이 총합된 성질로 시멘트의 종류, 분말도, 사용량의 영향, 시멘트의 양이 많고 입자가 미세하면 증가한다.
③ 마무리용이성 : 굵은 골재의 최대치수, 잔골재율, 잔골재의 입도, 반죽질기 등에 따르는 마무리하기 쉬운 정도를 나타내는 성질

43 각 변이 30cm 정도의 4각추형 네모뿔의 석재로서 석축공사에 사용되는 것은?

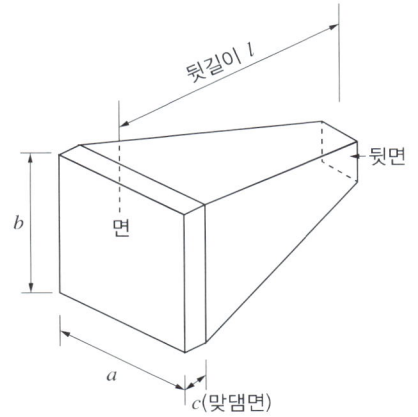

① 사석   ② 전석
③ 야면석   ④ 견치석

견치석 쌓기는 30 × 30 × 45cm 크기의 네모뿔형으로 다듬은 돌을 쌓는 것이다.

44 그림과 같은 계획 표고의 토량을 구하는 데 적합한 공식은?

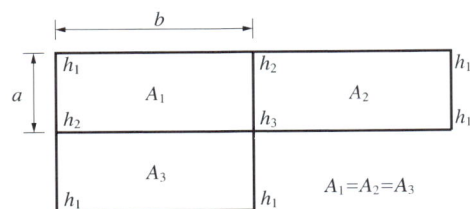

① $\dfrac{ab}{4}(\sum h_1 + 2\sum h_2 + 3\sum h_3 + 4\sum h_4)$

② $\dfrac{ab}{3}(\sum h_1 + 2\sum h_2 + 3\sum h_3 + 4\sum h_4)$

③ $\dfrac{1}{6}(A_1 + 4A_2 + A_3)$

④ $\dfrac{1}{2}(A_1 + 6A_2 + A_3)$

①은 직사각형 분할법에 의한 체적 계산방법이다.

45 훼손지의 브행로 정비 시 '목재 계단로' 시공과 관련된 설명으로 가장 거리가 먼 것은?

① 비탈면의 암석이나 돌 등을 제거하고 평탄하게 기반정지작업을 한다.
② 우수에 의한 침식방지, 식생의 브전, 이용자의 안전확보 측면에서 기울기 15% 이상의 비탈면에 설치한다.
③ 통나무 계단은 수직박기용 통나무를 항타하여 박은 후 수평깔기용 통나무를 1~2단으로 단단히 결속하고 흙을 뒷채움하여 다진다.
④ 계단 최상·최하단 경계부 밖의 노면은 자연스럽게 마감처리 한다.

훼손지 생태복원 – 목재 계단로
• 우수에 의한 침식방지, 식생의 보전, 이용자의 안전확보 측면에서 기울기 15% 이상의 비탈면에 설치하도록 하며, 그 이하라도 미끄러지기 쉬운 장소에 설치하도록 한다.
• 비탈면의 암석이나 돌 등을 제거하고 평탄하게 기반정지작업을 한다.
• 통나무 계단은 수직박기용 통나무를 항타하여 박은 후 수평깔기용 통나무를 1~2단으로 단단히 결속하고 흙을 뒷채움하여 다진다.
• 통나무원목계단은 직경 0.3m 내외의 방부처리된 통나무를 단차이를 두어가면서 지반다짐과 함께 꺽쇠로 결속하여 견고하게 설치한다.
• 침목계단은 설계도면에 맞는 높이와 너비로 켜를 쌓아가면서 측면을 결속하여 단단하게 설치한다.
• 계단 설치 최상단 경계부와 최하단 경계부 밖의 노면에는 길이 1m 이상 튼튼한 재료로 마감 처리하여 계단 끝부분이 훼손되지 않도록 처리한다.

46 재료의 기계적 성질 중 작은 변형에도 파괴되는 성질을 무엇이라 하는가?

① 강성   ② 소성
③ 취성   ④ 탄성

취성(脆性, brittleness)
약간의 변형에도 파괴되기 쉬운 재료의 성질. 예를들면 주철, 유리와 같은 재료는 취성이 큰 재료이다.
① 강성 : 외력으로 인한 변형이 작은 것이 강성이 크며 탄성계수의 대소와 관련 있다.
② 소성 : 소성 또는 가소성은 힘을 가하여 변형시킬 때, 영구 변형을 일으키는 물질의 특성을 가리킨다.
④ 탄성 : 탄성은 힘을 더하면 형태가 바뀌지만, 힘을 빼면 원래대로 돌아오는 성질을 말한다.

47 다음과 같은 네트워크 공정표로 나타나는 공사의 공기를 1일 단축하고자 한다. 일정단축을 위하여 공정을 조정할 때 적절한 것은?(단, 모든 공정은 1일 단축 가능하다)

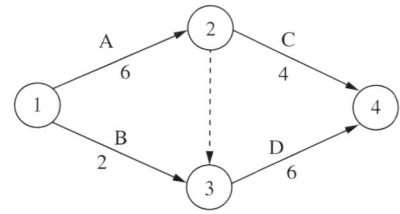

① A를 1일 줄인다.
② B를 1일 줄인다.
③ C를 1일 줄인다.
④ B, C를 각각 1일 줄인다.

해설
일정단축을 위해서는 여유시간이 없는 크리티컬 패스구간의 작업을 줄이면 공정을 조정할 수 있다.

48 합성수지를 이용한 건설재료에 관한 설명으로 가장 거리가 먼 것은?

① 내수성이 양호하다.
② 열에 의한 팽창 및 수축이 크다.
③ 가공성이 크며 성형 가공이 용이하다.
④ 탄성계수가 금속재에 비해 매우 크다.

해설
플라스틱은 강성 및 탄성계수가 작아 구조재로는 사용하기 곤란하며, 열에 매우 약해 열변형이 쉽게 일어난다.

49 교호수준측량의 결과가 그림과 같을 때, A점의 표고가 55.423m라면 B점의 표고는?

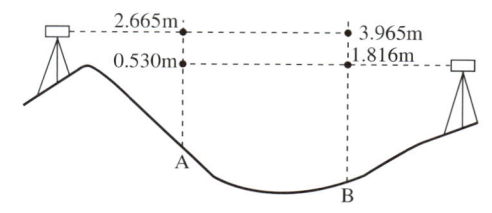

① 52.923m   ② 53.281m
③ 54.130m   ④ 54.137m

해설

$$H_B = H_A + \frac{(a_1 + a_2) - (b_1 + b_2)}{2}$$

$$= 55.423 + \frac{(2.665 + 0.53) - (3.965 + 1.816)}{2}$$

$$= 54.13\text{m}$$

50 다음 설명의 (   ) 안에 적합한 것은?

> 거푸집의 높이가 높을 경우, 재료 분리를 막고 상부의 철근 또는 거푸집에 콘크리트가 부착하여 경화하는 것을 방지하기 위해 거푸집에 투입구를 설치하거나, 연직슈트 또는 펌프배관의 배출구를 타설하면 가까운 곳까지 내려서 콘크리트를 타설하여야 한다. 이 경우 슈트, 펌프배관, 버킷, 호퍼 등의 배출구와 타설면까지의 높이는 (   )m 이하를 원칙으로 한다.

① 1.5
② 1.8
③ 2.0
④ 2.5

해설

슈트, 펌프배관, 버킷, 호퍼 등의 배출구와 타설면까지의 높이는 1.5m 이하를 원칙으로 한다.

51 목재의 성질에 관련 설명으로 가장 거리가 먼 것은?

① 섬유포화점에서의 함수율은 10% 정도이다.
② 일반적으로 대부분의 침엽수재는 구조용재로 사용된다.
③ 목재의 비중이 증가함에 따라 강도는 증가한다.
④ 전건재의 비중은 목재의 공극률에 따라 달라지는데 실적률만의 진비중은 1.50 정도이다.

해설

① 섬유포화점에서의 함수율은 약 30% 정도이다.

목재의 비중 및 함수율

- 목재의 비중
  - 목섬유의 비중 : 1.54
  - 기건 비중 : 0.3~1.0
- 목재의 함수율
  - 생나무 : 45%
  - 섬유 포화점 : 30%
  - 구조재 : 20% 내외(18~24%)
  - 수장재 : 15% 내외(13~18%)
  - 기건 상태일 때 : 15% 내외
  - 전건재 : 0%
  - 가구재 : 15%
  - 수축률 : 축방향 0.35%, 지름방향 8%, 촉방향 14% → 목재의 방향성
  - 섬유 직각 방향의 강도 : 섬유 평행 방향 강도의 1/5~1/10 범위

52 일반적으로 사면의 안정상 가장 위험한 경우는?

① 사면이 완전히 포화상태일 경우
② 사면이 완전 건조되었을 경우
③ 사면의 수위가 급격히 상승할 경우
④ 사면의 수위가 급격히 내려갈 경우

53 계획대상지의 부지정지 및 다짐에 필요한 성토량이 1,000m³이다. 인접지역의 토양을 적재용량이 10³인 덤프트럭으로 운반할 때 소요되는 덤프트럭은 모두 몇 대인가?(단, $L = 1.15$, $C = 0.9$인 경우)

① 100
② 111
③ 115
④ 128

해설

자연상태 토량(x) × 0.9 = 1,000m³
∴ x = 1,111.1m³
운반토량 = 1,111.1m³ × 1.15 = 1,277.765m³
덤프트럭 소요대수 = 1,277.765m³ ÷ 10m³
　　　　　　　　　= 127.7
　　　　　　　　　≒ 128(대)

54 구조물에 작용하는 하중(荷重)에 대한 설명으로 가장 거리가 먼 것은?

① 구조용 재료는 장기하중 보다 단기하중에 좀 더 유리하게 적용하고, 재료의 설계용 허용강도는 경제적인 측면에서 단기하중 때 더 크게 취하도록 하고 있다.
② 풍하중은 구조물에 재난을 주는 빈도가 가장 많은 하중이며, 구조물의 역학적 해석에 있어 하중의 결정에 세심한 주의와 판단을 필요로 한다.
③ 이동하중은 구조물에 항상 작용하는 하중이 아니라 시간적으로 달라지는 하중을 말하며 활하중 또는 적재하중이라고도 한다.
④ 집중하중은 구조물의 자중이나 그 위에 높은 물체의 하중이 어떤 범위 내에 분포하여 작용하는 하중을 말한다.

해설
작용하는 면적의 대소에 따른 하중 : 집중하중, 분포하중
• 집중하중 : 어떤 위치에 집중적으로 작용하는 하중
• 분포하중 : 어느 영역에 분포하여 작용하는 하중

55 강재의 열처리 방법으로 가장 거리가 먼 것은?

① 단조
② 불림
③ 담금질
④ 뜨임

해설
강재의 열처리법 : 불림, 담금질, 뜨임, 풀림 등
※ 금속의 소성가공 : 압연, 단조, 압출, 프레스, 전조 등

56 조경공사 시공계약 방식 중 공동도급(joint venture contract)에 대한 설명으로 가장 거리가 먼 것은?

① 융자력 증대
② 위험의 분산
③ 이윤의 증대
④ 시공의 확실성

해설
공동도급 : 2 이상의 독립적인 사업자가 어떤 일을 도급받아 공동 계산으로 손익을 분담하면서 계약을 이행하며 공동 사업을 영위하는 특수한 도급 형태

장점	단점
• 융자력 증대	• 경비 증대
• 위험분산	• 업무흐름 혼란
• 신용증대	• 조직 간 상호불신
• 시공 확실성	• 책임한계 불분명
• 기술력 확충	

57 다음 그림과 같은 지역의 면적은?

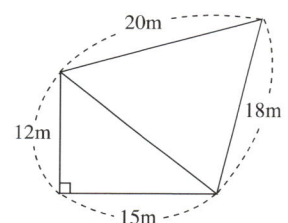

① $246.5m^2$
② $268.4m^2$
③ $275.2m^2$
④ $288.9m^2$

해설
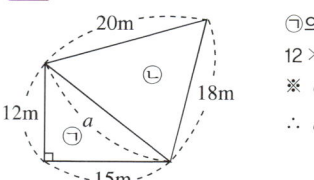

㉠의 면적
$12 \times 15 \div 2 = 90m^2$
※ $a^2 = 12^2 + 15^2$
∴ $a = \sqrt{12^2 + 15^2}$
$\fallingdotseq 19.2m$

※ 세 변의 길이로 면적 구하기(헤론의 공식)
$$s = \frac{a+b+c}{2} = \frac{20+18+19.2}{2} = 28.6m$$
㉡의 면적 $= \sqrt{s(s-a)(s-b)(s-c)}$
$= \sqrt{28.6(28.6-20)(28.6-18)(28.6-19.2)}$
$= 156.5m^2$
∴ ㉠ + ㉡ $= 90 + 156.5 = 246.5m^2$

58 공시원가를 계산할 때 수량의 계산 시 올바른 방법은?

① 지정 소수의 이하 2위까지 하고, 끝수는 4사5입한다.
② 지정 소수의 이하 1위까지 하고, 끝수는 4사5입한다.
③ 지정 소수의 이하 2위까지 하고, 끝수는 버린다.
④ 지정 소수의 이하 1위까지 하고, 끝수는 버린다.

해설
수량의 계산은 지정 소수의 이하 1위까지 구하고, 끝수는 4사5입한다.

59 어린이 놀이시설에 다른 재료에 비해 목재를 많이 사용하는 이유로 가장 거리가 먼 것은?

① 경도와 강도가 크다.
② 취급, 가공이 쉽다.
③ 열의 전도율이 낮고 충격의 흡수력이 크다.
④ 온도에 대한 신축이 비교적 작다.

해설
목재의 장단점

장점	• 가벼운 것에 비해 강도와 내구성이 크다. • 가공성이 좋고 열, 전기 전도율이 작다. • 온도에 대한 신축이 비교적 작다. • 음의 흡수와 차단성이 크다. • 탄성이 있어 충격, 진동을 잘 흡수한다.
단점	• 충해의 영향, 부패가 쉽다. • 가연성이 크다(유기재료로 불에 잘 탄다). • 수분에 의한 변형이 크다. • 재질 방향에 따라 강도가 다르다. • 경도가 작고 쪼개지기 쉽다.

60 지하 배수관거에서 이상적인 유속의 범위는?

① 0.3~0.8m/s
② 1.0~1.8m/s
③ 2.0~2.5m/s
④ 2.6~3.5m/s

해설
배수관거의 유속은 1.0~1.8m/sec가 이상적이다.

61 다음 중 수목과 주요 가해 해충의 연결이 틀린 것은?

① 잣나무, 소나무 – 솔나방
② 벚나무, 졸참나무 – 매미나방
③ 사과나무, 느티나무 – 독나방
④ 낙엽송, 섬잣나무 – 미국흰불나방

해설
미국흰불나방은 포플러류, 버즘나무 등 160여 종의 활엽수를 가해하며, 먹이가 부족하면 초본류도 먹는다.

62 15,000m²의 잔디밭과 수고 3m의 살구나무 150주가 식재되어 있는 곳에 약제를 살포하고자 한다. 다음 표를 참조할 때 총소요인원은?

표 1. 수목류 약제살포 (주당)

나무높이	특별인부(인)	보통인부(인)
2m 미만	0.01	0.03
2m 이상	0.02	0.06

표 2. 잔디 약제살포 (m²)

품명	특별인부(인)	보통인부(인)
잔디	0.02	0.04

① 15명
② 21명
③ 96명
④ 102명

해설
$(150 \times 0.02 + 150 \times 0.06) + (150 \times 0.02 + 150 \times 0.04)$
$= 21$명

63 수목식재 후 관리를 위해 지주목 설치를 통해 얻을 수 있는 특징에 해당하지 않는 것은?

① 수간의 굵기가 균일하게 생육할 수 있도록 해 준다.
② 수고 생장에 도움을 주며 지지된 수목의 상부에 있어서 단위횡단면당 내인력(耐引力)이 증대된다.
③ 지상부의 생육에 있어서 흉고직경 생장을 비교적 작게 하는 동시에 상부의 지지된 부분의 생육을 증진시킨다.
④ 바람에 의한 피해를 줄일 수 있으나, 지상부의 생육에 비교하여 근부(根部)의 생육에는 영향을 주지 않는다.

해설
지주목 설치
• 장점 : 수고생장에 도움, 바람에 의한 피해 감소, 수간 굵기의 균일한 생육 도모
• 단점 : 지지부분에 상처(새끼, 마닐라 로프, 고무 등으로 보호), 바람이 강한 경우 부러질 위험

64 다음 설명에 해당하는 조명등은?

• 점등 중에 열을 내는 단점이 있으나 전구의 크기가 소형이다.
• 광속유지가 우수하고 색채연출이 가능하다.
• 수명이 짧고 효율이 낮다.
---

① 백열등　　　　② 수은등
③ 나트륨등　　　④ 금속할로겐등

해설
① 백열등 : 부드러운 분위기 연출이 가능하며, 수명이 짧고 효율이 낮다.
② 수은등 : 진동과 충격에 강하므로 도로조명에 많이 사용되고, 연색성이 낮으나 수명이 가장 긴 조명등이다.
③ 나트륨등 : 열효율이 높고, 연색성은 낮으나 투시성이 뛰어나며, 설치비는 비싸지만 유지 관리비가 저렴하다.
④ 금속할로겐등 : 빛의 조절이나 통제가 용이하며, 색채 연출이 우수하지만, 고출력의 높은 전압에서만 작동이 가능하므로 정원, 광장 등에는 사용이 곤란하다.

65 솔나방의 발생 예찰을 하기 위한 방법 중 가장 좋은 것은?

① 산란수를 조사한다.
② 번데기의 수를 조사한다.
③ 산란기 기상 상태를 조사한다.
④ 월동하기 전 유충의 밀도를 조사한다.

해설
솔나방은 1년에 1회 발생하며, 5령충은 지피물이나 나무껍질 사이에서 월동하고, 4월부터 활동하여 솔잎을 먹는다. 솔나방 발생 예찰(유충 밀도조사)에 가장 적합한 시기는 10월 중이다.
※ 해충의 발생 예찰은 방제를 전제로 하고 있다. 어떤 시점의 해충상태가 얼마간의 시일이 지난 후에 어떤 피해가 얼마나 발생할지 추정하고, 방제를 해야 한다면 그 시기는 언제가 가장 효과적일지를 결정한다.

66 다음의 특징 설명에 해당하는 잔디병은?

• 대체로 타원형과 부정형을 이루면서 직경 10~15cm 정도의 황갈색의 병반이 나타난다.
• 잎이 고사(枯死)하는 색깔과 같이 보인다.
• 포복경과 직립경과의 사이에서 나타난다.
• 병이 발생한 잎(病葉)에서 화색의 고사와 때로는 흑갈색의 균핵이 생긴다.
---

① 설부병(snow mold)
② 라지 패치(large patch)
③ 브라운 패치(brown patch)
④ 춘계 황화병(spring dead spot)

해설
브라운 패치는 서양잔디의 대표적인 병으로 잔디의 잎에 갈색 병반이 동그랗게 생기는 것이다.

67 비탈면에서 토사의 유출과 무너짐을 방지하기 위해 옹벽을 설치하였다. 다음 옹벽의 시공과 관리에 대한 방법으로 가장 적합한 것은?

① 옹벽을 설치할 때는 일반적인 안정성과 함께 전도, 미끄럼, 침하에 대한 안정성 등을 사전에 검토한다.
② PC앵커 공법은 콘크리트 옹벽 뒷면의 지하수를 배수 구멍으로 유도시키고 토압을 경감시키는 방법이다.
③ 중력식은 옹벽 자체 무게로 토압에 저항하는 것으로, 다른 형태에 비해 높이가 높은 경우에 사용되며, 저판에 의해 안정성이 유지된다.
④ 옹벽의 보수·유지관리 방법은 다양하지만, 기능을 고려할 때 시간과 경비가 소요되더라도 새로 설치하는 것이 바람직하다.

해설
옹벽에 작용되는 횡토압에 대하여 옹벽구조물 전체에 대한 안정성을 검토하여야 한다. 안정성 검토에는 전도(overturing), 활동(sliding), 지지력(bearing capacity) 파괴에 대한 검토가 있어야 한다. 안정성 검토를 위한 토압은 (하중계수를 곱하지 않은) 실제 작용되는 토압을 이용한다.
②는 그라우트 공법에 대한 설명이다.
③ 중력식 옹벽은 자중에 의해 토압을 지지하는 형식으로, 토압과 자중의 합력에 의해 구체단면이 콘크리트 허용인장응력 이상의 인장응력이 발생하지 않도록 설계해야 한다.

68 식재한 수목의 뿌리분 위에 토양을 짚, 낙엽 등으로 멀칭(mulching)함으로서 발생될 기대 효과에 해당되지 않는 것은?

① 잡초 발생이 억제된다.
② 병충해 발생이 많아진다.
③ 토양의 비옥도가 증진된다.
④ 토양표면의 경화를 방지한다.

해설
② 병충해 발생이 억제가 된다.
멀칭의 효과 : 토양수분 유지, 토양온도 조절, 토양비옥도 증진, 토양구조 개선, 복사열 감소, 염분 조절, 잡초의 발생 억제, 병충해 억제, 지표면 개선효과, 토양의 굳어짐 방지 등이 있다.

69 화단용 식물의 정식으로 옳지 않은 것은?

① 대낮보다 저녁에 실시한다.
② 화단의 중앙보다 주변부를 밀식한다.
③ 잘 건조된 바닥에다 심은 후 관수한다.
④ 옮겨심기는 화단의 중앙부에서 시작한다.

해설
화단용 식물의 정식은 흐리고 바람이 없는 날 아침이나 저녁이 좋으며, 심기 전에 화단에 물을 준 후 정식한다.

70 늦서리(晩霜)의 피해를 입기 쉬운 것은?

① 백목련의 꽃
② 소나무의 열매
③ 칠엽수의 동아(冬芽)
④ 은행나무의 단지(短枝)

해설
백목련은 빠른 개화와 초봄에 오는 서리로 인해 만상(늦서리)의 피해를 입기 쉽다.
서리의 해
첫서리는 늦가을 돈질화가 채 이루어지지 않은 연약한 가지에 피해를 주며, 늦서리는 이른 봄에 자라기 시작한 새순과 잎에 손상을 준다.

71 조경수목의 전정 요령에서 정아우세성(정부우세성, 頂部優勢性)을 고려해야 한다. 다음 중 이 원칙을 올바르게 적용한 것은?

① 전정 시 수목의 정단부를 무성하게 하기 위해 윗가지는 되도록 자르지 않는다.
② 윗가지는 강하게 자라므로 윗가지는 짧게 남기고, 아래가지는 길게 남긴다.
③ 대부분의 수목은 윗가지보다 아래가지가 강하게 자라므로 아래가지를 강전정한다.
④ 위–아래가지 모두 생장이 균등하므로, 전정 작업은 공정상 아래부터 위로 진행한다.

해설
정아우세성 : 줄기의 정아(頂芽)가 측아(側芽)에 비하여 생장이 우세한 성질이다.

72 농약 중독 시 응급처치 방법으로 부적절한 것은?

① 물이나 식염수를 마시게 하고 손가락을 넣어서 토하게 한다.
② 농약이 장으로 흡수되지 않도록 흡착제(활성탄, 목초액 등)를 소량 복용한다.
③ 옷을 헐겁게 하고 심호흡을 시키되, 중독자가 움직이지 않도록 한다.
④ 피부에 묻었을 때 비누를 사용하지 않고 흐르는 물로만 깨끗이 씻어낸다.

해설
피부에 묻었을 때는 농약이 오염된 옷, 장갑 등을 벗기고 흐르는 물에 약 10분간 씻은 후에 비누로 잘 닦는다.

73 다음 중 잔디의 생육상태를 불량하게 만드는 원인은?

① 잔디깎기　　　　② 토양경화
③ 배토작업　　　　④ 롤링(rolling)

해설
토양의 경화(硬化)
대량의 화학비료를 사용하고 유기비료의 사용을 무시하여 토양의 비력(肥力)이 쇠퇴하여 유기질이 결핍되고 투기성이 떨어지며 호기성 미생물의 활성(活性)이 떨어지고 토양의 숙화(熟化)가 느려져 토양이 경화된다. 토양이 경화된 지역에서 부족한 산소공급으로 인하여 뿌리발달이 장해를 일으켜 생장이 불량하게 된다.

74 블록포장 시 시공불량에 의한 파손 유형은?

① 블록 모서리 파손
② 블록 자체 부서지기
③ 블록포장 요철 파손
④ 블록 표면 시멘트 페이스트의 유실

해설
소형고압블록(점토블록) 포장 파손원인
• 블록 모서리 파손 : 제품 자체의 소요강도의 부족이나 무거운 하중의 물건 운반으로 발생한다.
• 블록 몸체 파손 : 제품 생산 시 불량제품을 사용하여 발생한다.
• 블록포장 요철, 단차, 표면의 만곡 : 지반 자체가 연약지반이거나 노반의 쇄석 및 안전 모래층의 시공 잘못으로 부등침하가 발생한다.

75 유희시설물의 점검주기로 가장 적당한 것은?

① 1개월　　　　② 6개월
③ 12개월　　　　④ 36개월

76 시비 후 토양 속에서 용해되어 식물에 흡수되는 속도에 따라 속효성, 완효성, 지효성 비료로 분류될 때, 다음 중 지효성(遲效性) 비료에 해당하는 것은?

① 요소
② 용성인비
③ 퇴비
④ 석회

[해설]
비료의 지속성에 대한 분류
• 속효성 비료 : 요소, 황산암모늄, 과인산석회, 염화칼륨 등
• 완효성 비료 : 깻묵, 피복비료 등
• 지효성 비료 : 퇴비, 구비, 가축 부산물 등

77 토양의 부식에 대한 설명으로 틀린 것은?

① 토양의 완충능을 증대시킨다.
② 양이온 치환용량을 높인다.
③ 토양입자를 입단구조로 개선시킨다.
④ 미생물에 의하여 쉽게 분해되며, 유효인산의 고정을 촉진시킨다.

[해설]
토양부식은 토양 중에 존재하는 유용미생물에게 영양을 공급하여 건전한 미생물의 생육을 촉진하여 작물 병해 발생을 억제할 수 있다.
※ 부식의 기능
  • 보수력 증대
  • 토양구조의 개선
  • 토양온도의 상승
  • 완충능의 증대
  • 중금속 이온의 유해작용 억제
  • 보비력 증대
  • 인산의 고정 억제
  • 식물 무기양분의 공급
  • 부식산은 식물의 생육을 직접 자극하여 생장 촉진

78 다음 중 제초제에 의한 제초 효과가 가장 높은 경우는?

① 우기 시
② 건조한 토양
③ 사질토의 트양
④ 고온 다습한 기후

[해설]
제초제는 보통 생장억제, 광합성억제, 대사작용억제 등의 효과가 있으므로 맑은 날 고온 다습한 기후에 하는 것이 효과가 크다.

79 다음 중 살충제의 장기간 사용에 의한 부작용으로 가장 중요한 것은?

① 약해
② 기상변화
③ 식물병의 발생
④ 저항성 해충의 출현

[해설]
약제의 지속적 사용은 천적을 비롯한 유용생물에 미치는 악영향과 저항성 해충의 출현, 2차 해충문제, 잔류 물질에 의한 환경오염 등 생태계에 부작용을 초래하므로 약제를 올바르게 사용하기 위해 해충의 형태, 경과 습성, 약제에 대한 저하성, 식물의 생육 상태 등을 미리 알아둬야 한다.

80 수목의 피해원인을 규명하는데 도움이 되는 조사항목으로 가장 거리가 먼 것은?

① 병징
② 환경
③ 토양
④ 관리장비

[해설]
수목에 피해를 일으키는 요인
• 기후적 원인 : 그온, 저온, 바람, 한발, 홍수, 폭설, 낙뢰, 화산폭발
• 토양적 원인 : 불리한 물리적 성질(배수, 투수와 통기불량, 답압), 화학적 성질(영양결핍, 극단적인 산도 등)
• 인위적 원인 : 오염, 약제, 기계, 답압, 불, 복토, 절토
• 생물적 원인 : 병균, 해충, 야생동물, 기생 및 착생식물

※ 조경산업기사는 2021년부터 CBT(컴퓨터 기반 시험)로 진행되어 수험자의 기억에 의해 문제를 복원하였습니다. 실제 시행문제와 일부 상이할 수 있음을 알려드립니다.

제1과목 | **조경계획 및 설계**

01 조선시대 별서정원 양식의 발생에 가장 큰 영향을 미친 것은?

① 풍수도참설　　② 신선사상
③ 유교사상　　　④ 불교사상

해설
별서는 유교사상을 고스란히 담아 선비된 도리를 지키며 수신(修身)하는 은거지의 성격을 보여주는 곳으로 낙향한 선비들에게 있어서 별서는 정신적 행복감을 느낄 수 있는 이상적 생활공간이었다.

03 「작정기」에 '못도 없고 유수도 없는 곳에 돌을 세우는 것'이라 칭한 정원 수법으로 가장 적합한 것은?

① 고산수식
② 회유임천식
③ 다정
④ 침전조

해설
고산수식 정원 : 초기에는 나무를 사용한 축산고산수식이 유행하였으나 이후 나무조차 배제하고 오로지 돌과 모래만을 사용한 평정고산수식이 발달하였다.

04 고대 그리스에서 '도시광장(廣場)'이라 부르던 명칭은?

① 플레이스(place)
② 아고라(agora)
③ 포럼(forum)
④ 플라자(plaza)

해설
② 아고라 : 건물로 둘러싸여 상업 및 집회에 이용되는 옥외공간으로 광장을 말하며, 로마시대에는 포럼(Forum)이 있었다.

02 경상북도 영양군의 경정 서석지원에서 볼 수 있는 것이 아닌 것은?

① 영귀제　　　　② 옥성대
③ 상경석　　　　④ 대봉대

해설
④ 대봉대는 전라남도 담양군의 소쇄원에 있는 정자들 중 하나이다.

05 조선시대 궁궐 정원 시설이 아닌 곳은?

① 통명전   ② 향원정

③ 교태전   ④ 연복정

해설

④ 연복정 : 고려시대 정자로, 유흥을 즐겼던 의종은 경치 좋은 곳을 골라 이 정자를 세우게 한 뒤 자주 행차하였다.
① 통명전 : 창경궁에 있으며, 통명전 후원의 화계인 통명정원이 있다. 계단식 후원이며 장방형지이다.
② 향원정 : 경복궁 후원의 중심을 이루는 연못 중앙에 둥근 섬이 있고, 정육각형의 2층 건물 향원정이 있다.
③ 교태전 후원(아미산원) : 왕비의 침전인 교태전 뒤편의 평지에 인공적으로 축산한 계단식 후원으로 괴석, 석지, 꽃나무(쉬나무, 돌배나무, 말채나무 등), 굴뚝(십장생 무늬) 등 첨경물을 배치했다.

06 다음 중 스토우(stowe) 가든을 설계한 사람과 관련이 없는 것은?

① 로스햄(rousham)

② 하하(Ha-ha) 수법

③ 치스윅가(Chiswick house)

④ 버컨헤드 파크(Birkenhead park)

해설

버컨헤드 공원(Birkenhead park)
• 1843년 조셉 팩스턴(Joseph Paxton)이 설계하고 선거법 개정안 통과로 실현된 역사상 시민의 힘으로 설립된 최초의 공원이다.
• 사적인 주택단지와 공적 위락용으로 나누었다(리젠트공원과 같은 수법).
• 옴스테드의 센트럴 파크의 공원개념 형성에 큰 영향을 주었다.
• 주택단지 분양에서 얻은 수익으로 위락공간을 조성하였다.

07 다음 조선왕릉 중 경기도 남양주시에 소재하고 있는 것은?

① 정릉   ② 장릉

③ 의릉   ④ 홍유릉

해설

홍유릉 : 경기도 남양주시에 소재하는 홍릉은 조선 26대 왕 고종과 그의 부인인 명성황후의 능이고, 유릉은 27대 왕 순종과 동비 순명효황후, 동계비 순정효황후의 능이다.
①·③ 정릉, 의릉은 서울에 소재하고 있다.
② 장릉은 강원도 영월에 소재하고 있다.

08 로마의 3대 별장(villa)에 속하지 않는 것은?

① 파르네제장(villa Farnese)

② 데스테장(villa d'Este)

③ 카스텔로장(villa Castello)

④ 란테장(villa Lante)

해설

③ 카스텔로 장은 이탈리아의 별장이다.
※ 고대 로마의 3대 별장은 빌라 파르네제, 빌라 데스테, 빌라 란테이다.
파르네제 빌라(villa Farnese) 16세기
• 르네상스 3대 별장 중 하나로 비뇰라가 설계하였다.
• 2개 층의 테라스가 있으며 계단에는 캐스케이드로 수로를 형성한다.
• 물을 많이 이용하지 않고 좌우 대칭의 일상생활 위주의 설계이다.
데스테 빌라(villa d'Este) 16세기
• 리고리오가 설계하였으며, 명확한 중심축을 따라 3개의 테라스가 연결되어 있다.
• 네 개의 노단으로 구성되었으며, 수경이 축선과 직교하여 정원이 전개된다.
• 정원에 물을 다양하고 풍부하게 사용하였고 100개의 분수로 물풍금과 용의 분수 등을 조성하였다.
란테 빌라(villa Lante) 16세기
• 비뇰라가 설계하였으며 별장은 담으로 둘러싸여 있다.
• 네 개의 노단으로 구성되어 정원의 축과 연못의 축이 완전히 일치한다.
• 비뇰라가 설계한 카지노(casino)와 정원을 완벽하게 결합하였다.
• 제2테라스에는 두 개의 잔디밭이 있고, 플라타너스가 군식되어 있다.
• 빌라(villa) 전체의 공간은 평면적으로 강한 축을 중심으로 정형적 대칭을 이룬다.

09 도시공원은 그 기능 및 주제에 의하여 생활권 공원과 주제공원으로 세분화된다. 다음 중 성격이 다른 하나는?

① 묘지공원 ② 수변공원
③ 근린공원 ④ 체육공원

해설
③ 근린공원은 생활권 공원에 속하며 묘지공원, 수변공원, 체육공원은 주제공원에 속한다.
도시공원의 세분 및 규모(도시공원 및 녹지 등에 관한 법률 제15조 제1항)
도시공원은 그 기능 및 주제에 따라 다음과 같이 세분한다.
1. 국가도시공원
2. 생활권공원 : 소공원, 어린이공원, 근린공원
3. 주제공원 : 역사공원, 문화공원, 수변공원, 묘지공원, 체육공원, 도시농업공원, 방재공원, 그 밖에 특별시·광역시·특별자치시·도·특별자치도 또는 지방자치법에 따른 서울특별시·광역시 및 특별자치시를 제외한 인구 50만 이상 대도시의 조례로 정하는 공원

10 리조트의 토지 이용형태는 일반적으로 어느 정도로 산정하는 것이 바람직한가?

① 숙박시설과 서비스시설 1/3, 원지 1/3, 완충녹지와 도로 1/3
② 숙박시설과 서비스시설 1/4, 원지 1/2, 완충녹지와 도로 1/4
③ 숙박시설과 서비스시설 2/5, 원지 2/5, 완충녹지와 도로 1/5
④ 숙박시설과 서비스시설 1/5, 원지 2/5, 완충녹지와 도로 2/5

11 보색에 관한 설명으로 틀린 것은?

① 물감에서 보색의 조합은 빨강~청록, 연두~보라이다.
② 보색인 2색은 색상환상에서 90° 위치에 있는 색이다.
③ 두 가지 색의 물감을 섞어 회색이 되는 경우 그 두색은 보색관계이다.
④ 두 가지 색광을 섞어 백색광이 될 때 이 두 가지 색광을 서로 상대색에 대한 보색이라고 한다.

해설
② 보색인 2색은 색상환상에서 마주보는 위치에 있는 색이다.

12 도시·군계획시설의 결정·구조 및 설치기준에 관한 규칙상 도로의 일반적인 결정기준에 따른 도로 배치간격으로 맞는 것은?(단, 시·군의 규모, 지형조건, 토지이용계획, 인구밀도 등 감안사항은 적용하지 않는다)

① 주간선도로와 주간선도로의 배치간격 : 2,500m 내외
② 주간선도로와 보조간선도로의 배치간격 : 1,000m 내외
③ 보조간선도로와 집산도로의 배치간격 : 250m 내외
④ 국지도로 간의 배치간격 : 가구의 짧은 변 사이의 배치간격은 50m 내지 1,000m 내외, 가구의 긴 변 사이의 배치간격은 25m 내지 50m 내외

해설
도로의 일반적 결정기준(도시·군계획시설의 결정·구조 및 설치기준에 관한 규칙 제10조 제3호)
도로의 배치간격은 다음의 기준에 의하되, 시·군의 규모, 지형조건, 토지이용계획, 인구밀도 등을 고려할 것
가. 주간선도로와 주간선도로의 배치간격 : 1,000m 내외
나. 주간선도로와 보조간선도로의 배치간격 : 500m 내외
다. 보조간선도로와 집산도로의 배치간격 : 250m 내외
라. 국지도로 간의 배치간격 : 가구의 짧은변 사이의 배치간격은 90m 내지 150m 내외, 가구의 긴변 사이의 배치간격은 25m 내지 60m 내외

13 다음 중 선의 용도를 설명한 것으로 틀린 것은?

① 굵은 실선은 단면의 윤곽표시를 한다.
② 가는 실선은 치수선, 인출선 등에 사용된다.
③ 파선은 중심선, 절단선, 기준선, 경계선, 참고선 등에 사용된다.
④ 2점 쇄선은 이동하는 부분의 이동 후의 위치를 가상하여 나타내는 선이다.

[해설]
파선은 대상물이 보이지 않는 부분의 모양을 표시하는 데 사용한다.

14 지형분석을 하기 위해 1/50,000축척의 지형도를 이용하려 할 때 등고선 5개가 2지점 사이에 걸쳐 나타난다면 2지점의 표고차는?(단, 두 지점 간 지형은 일정한 경사이며, 두 지점은 다음 그림의 A와 B 이다)

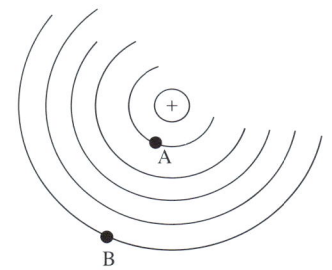

① 40m
② 60m
③ 80m
④ 100m

[해설]
1/50,000 지형도에서 주곡선의 간격은 20m이므로 20m × 4 = 80m이다.

15 다음 설명 중 ㉠, ㉡에 해당하는 내용을 올바르게 나타낸 것은?

> 건축물의 옥상에 건축법 제42조 제2항에 따라 국토해양부장관이 고시하는 기준에 따라 조경이나 그 밖에 필요한 조치를 하는 경우에는 옥상부분 조경면적의 (㉠)에 해당하는 면적을 건축법 제42조 제1항에 따른 대지의 조경면적으로 산정할 수 있다. 이 경우 조경면적으로 산정하는 면적은 건축법 제42조 제1항에 따른 조경면적의 (㉡)를 초과할 수 없다.

① ㉡ : 100분의 20
② ㉡ : 100분의 30
③ ㉠ : 3분의 1
④ ㉠ : 3분의 2

[해설]
대지의 조경(건축법 시행령 제27조 제3항)
건축물의 옥상에 법에 따라 국토교통부장관이 고시하는 기준에 따라 조경이나 그 밖에 필요한 조치를 하는 경우에는 옥상부분 조경면적의 3분의 2에 해당하는 면적을 법에 따른 대지의 조경면적으로 산정할 수 있다. 이 경우 조경면적으로 산정하는 면적은 법에 따른 조경면적의 100분의 50을 초과할 수 없다.

16 무채색 계통의 색의 온도감의 요인으로 가장 강하게 작용하는 것은?

① 색상
② 명도
③ 채도
④ 순도

[해설]
색의 온도감은 색상에 의해 강하게 느껴지지만 명도 구분만 있는 무채색에서도 한난의 감정이 나타나며, 고명도는 찬 느낌을 준다.

17 정밀토양도에서 분류하는 토양명이 아닌 것은?

① 토양구(土壤區)
② 토양군(土壤群)
③ 토양통(土壤統)
④ 토양토(土壤土)

18 녹지의 기능이 가장 우수한 형태는?

① 점적(點的) 형태
② 선적(線的) 형태
③ 환상식 형태
④ 면적(面的) 형태

19 투시도에 사용되는 용어와 설명이 다르게 짝지어진 것은?

① SP : Standing Point(관찰자가 서 있는 위치)
② PP : Picture Plane(물체가 투영되어 투시도가 그려지는 면)
③ GL : Ground Line(화면과 지면이 만나는 선)
④ VC : Visual Center(보는 사람의 위치)

20 환경분석 시 사용하는 지리정보체계라고 부르는 프로그램은?

① GIS
② IMGRID
③ SYMAP
④ CAD

제2과목 조경식재

21 고속도로에서의 식재기능으로서 적합하지 않은 것은?

① 지표식재
② 시선유도식재
③ 차광식재
④ 가로수식재

해설

④ 가로수는 시가와 도로변에 심는 수목으로 고속도로에는 적합하지 않다.

고속도로식재의 기능과 종류

기능	식재의 종류
주행기능	시선유도식재, 지표식재
사고방지기능	차광식재, 명암순응식재, 진입방지식재, 완충식재
방재기능	비탈면식재, 방풍식재, 방설식재, 비사방지식재
휴식기능	녹음식재, 지피식재
경관기능	차폐식재, 수경식재, 조화식재
환경보존기능	방음식재, 임연보호식재

22 종자 채집 후 정선을 위해 풍선법을 활용하기 가장 적합한 수종은?

① 옻나무
② 가문비나무
③ 주목
④ 목련

해설

종자의 정선법

• 수선법 : 빛이나 광택, 생김새, 무게 따위를 감별하여 손으로 골라내는 선광방법이다.
  예 잣나무, 향나무, 주목, 옻나무, 밤나무, 참나무류
• 풍선법 : 종자 선종 시 바람을 이용하여 종자를 가려내는 방법이다.
  예 소나무, 해송, 이깔나무, 가문비나무, 자작나무류
• 입선법 : 종자 알갱이를 하나하나 살펴서 가려내는 방법이다.
  예 밤나무, 호두나무, 목련 등

23 다음 중 잎보다 꽃이 먼저 피는 수종이 아닌 것은?

① 서어나무
② 히어리
③ 자두나무
④ 모과나무

해설

④ 모과나무는 선엽후화 식물이다.

잎보다 꽃이 먼저 피는(선화후엽형) 나무

계수나무, 목련, 살구나무, 복숭아나무, 박태기나무, 팔꽃나무, 진달래, 버드나무, 오리나무, 소사나무, 서어나무(서나무), 개암나무, 생강나무, 풍년화, 히어리(송광납판화), 네군도단풍, 산수유, 개나리, 만리화, 영춘화, 매실나무, 자두나무, 왕벚나무, 배나무, 탱자나무, ㅁ선나무, 느릅나무 등

24 지접의 종류 중 다음 그림과 같은 접목방법은?

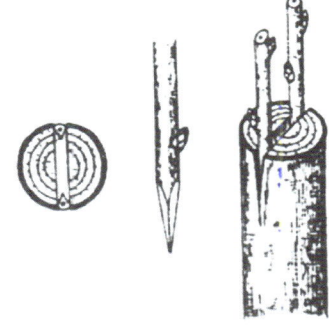

① 설접(舌接)
② 절접(切接)
③ 할접(割接)
④ 안접(鞍接)

해설

③ 할접(割接) : 대목은 한가운데를 가르고 접수는 쐐기모양으로 깎아서 끼우고 묶어주는 방법으로 모란, 소나무, 감의 고접 등에 이용한다.
① 설접(舌接) : 접지(接枝)와 접본(接本)을 모두 비스듬히 베어 접지의 뾰족한 끝을 접본의 베어 가른 곳에 끼워넣는 방법이다.
② 절접(切接) : 깎기접이라고도 하며 모든 접목의 기본이라고 할 수 있다.
④ 안접(鞍接) : 선인장류에 많이 이용되는 방법이다. 대목은 V자형으로 깎고 거기에다 쐐기모양으로 다듬은 접수를 접하여 묶어 주면 된다.

25 식생(vegetation)을 분류하는 가장 기본적인 단위는?

① 종   ② 군집
③ 우점도   ④ 천이

[해설]
식물의 집단을 식생(植生)이라 하고 그 식생의 구성단위를 식물군락이라 한다. 군락의 기본단위인 군집을 본보기 식재한다.

26 인공지반 위에 사용하는 경량토의 종류 중 진주암을 고온으로 소성한 것으로 염기성치환용량이 작아 보비성(保肥性)이 없는 인공토양은?

① 버미큘라이트   ② 펄라이트
③ 피트   ④ 화산회토

[해설]
경량토의 특성
• 버미큘라이트 : 보수성, 통기성, 투수성, 보비성 우수
• 펄라이트 : 보수성, 통기성, 투수성 우수

27 다음 중 목련과(科) 수종에 대한 설명으로 틀린 것은?

① 태산목은 상록활엽교목이다.
② 목련은 중국원산이고, 백목련은 한국원산이다.
③ 함박꽃나무, 백합나무는 모두 꽃보다 잎이 먼저 난다.
④ 일본목련은 5월에 잎이 핀 다음 꽃이 가지 끝에 한 개씩 달리며, 강렬한 꽃향기가 있는 방향성 수종이다.

[해설]
② 목련은 한국원산이고, 백목련은 중국원산이다.

28 야생생물 보호 및 관리에 관한 법률 시행규칙상 멸종위기 야생생물 Ⅱ급에 속하지 않는 식물종은?

① 이삭귀개(*Utricularia racemosa*)
② 가시연꽃(*Euryale ferox*)
③ 단양쑥부쟁이(*Aster altaicus* var. *uchiyamae*)
④ 미선나무(*Abeliophyllum distichum*)

[해설]
멸종위기 야생생물 Ⅱ급 : 가시연꽃, 가시오갈피나무, 각시수련, 개가시나무, 개병풍, 갯봄맞이꽃, 구름병아리난초, 금자란, 기생꽃, 끈끈이귀개, 나도승마, 날개하늘나리, 넓은잎제비꽃, 노랑만병초, 노랑붓꽃, 단양쑥부쟁이, 참닻꽃, 대성쓴풀, 대청부채, 대흥란, 독미나리, 매화마름, 무주나무, 물고사리, 미선나무, 백부자, 백양더부살이, 백운란, 복주머니란, 분홍장구채, 비자란, 산작약, 삼백초, 서울개발나물, 석곡, 선제비꽃, 섬시호, 섬현삼, 세뿔투구꽃, 솔붓꽃, 솔잎란, 순채, 애기송이풀, 연잎꿩의다리, 왕제비꽃, 으름난초, 자주땅귀개, 전주물꼬리풀, 제비동자꽃, 제비붓꽃, 제주고사리삼, 조름나물, 죽절초, 지네발란, 진노랑상사화, 차걸이란, 초령목, 층층둥굴레, 칠보치마, 콩짜개란, 큰바늘꽃, 탐라란, 파초일엽, 한라솜다리, 한라송이풀, 해오라비난초, 홍월귤, 황근
멸종위기 야생생물 Ⅰ급

번호	종명
1	광릉요강꽃, *Cypripedium japonicum*
2	나도풍란, *Sedirea japonica*
3	만년콩, *Euchresta japonica*
4	섬개야광나무, *Cotoneaster wilsonii*
5	암매, *Diapensia lapponica* var. *obovata*
6	죽백란, *Cymbidium lancifolium*
7	털복주머니란, *Cypripedium guttatum*
8	풍란, *Neofinetia falcata*
9	한란, *Cymbidium kanran*

29 다음 중 열매의 색상이 다른 수목은?

① 낙상홍
② 가시오갈피
③ 호랑가시나무
④ 화살나무

해설
② 가시오갈피 : 검은색 열매
①·③·④ 낙상홍, 호랑가시나무, 화살나무 : 붉은색 열매

30 학명이 이명법(binomials)이라고 불리는 이유는?

① 속명 + 명명자로 구성되기 때문이다.
② 보통명 + 종명으로 구성되기 때문이다.
③ 속명 + 종명으로 구성되기 때문이다.
④ 종명 + 명명자로 구성되기 때문이다.

해설
학명은 속명 + 종명으로 구성되어 있어 이명법(binomials)이라고 불리며, 그 뒤에 명명자의 이름을 붙여 쓴다.

31 다음 중 원추형의 아름다운 수형을 갖고, 차폐식재나 생울타리용으로 많이 사용되는 수종으로 *Thuja occidentalis*와 같은 과(科)의 식물은?

① 메타세쿼이아
② 주목
③ 노간주나무
④ 독일가문비

해설
측백나무과 : 황금측백(*Thuja occidentalis*), 노간주나무(*Juniperus rigida*)
① 메타세쿼이아 : 낙우송과
② 주목 : 주목과
④ 독일가문비 : 소나무과

32 겨울에 낙엽이 지는 수종은?

① 광나무(*Ligustrum japonicum*)
② 가시나무(*Quercus myrsinaefolia*)
③ 낙우송(*Taxodium distichum*)
④ 굴거리나무(*Daphniphyllum macropodum*)

해설
③ 낙우송 : 낙엽침엽교목
① 광나무 : 상록활엽관목
②·④ 가시나무, 굴거리나무 : 상록활엽교목

33 녹음용 수목의 조건의 적합하지 않은 것은?

① 낙엽활엽수가 바람직하다.
② 수관폭이 가능한 넓어야 한다.
③ 답압에 견딜 수 있어야 한다.
④ 지하고가 낮은 종을 우선으로 한다.

해설
녹음용 수목의 조건 : 수관이 크고, 지하고가 머리에 닿지 않는 높이의 낙엽교목

34 조경설계기준에서 정한 수간(樹幹)의 단위체적당 중량이 1,340kg/m³ 이상인 수종으로만 짝지어진 것은?

① 녹나무, 삼나무

② 굴피나무, 화백

③ 굴거리나무, 칠엽수

④ 감탕나무, 상수리나무

해설
수간의 단위당 중량(kg/m³)
• 가시나무류, 감탕, 상수리, 호랑가시, 졸참, 회양목 : 1,340 이상
• 느티, 목련, 참느릅, 사스레피, 쪽동백, 비쭈기, 말발도리 : 1,300~1,340
• 단풍, 은행, 산벚, 굴거리, 일본잎갈, 향나무, 곰솔 : 1,250~1,300
• 소나무, 편백, 플라타너스, 칠엽수 : 1,210~1,250
• 독일가문비, 녹, 삼, 금송, 일본목련 : 1,170~1,210
• 굴피나무, 화백 : 1,170 이하

35 가로수의 크기가 수고 5m, 수관직경 4m인 낙엽교목을 식재하고자 한다. 진행자의 시선 좌우 범위가 30° 정도일 때 가로수로 측방 차단효과를 얻기 위해서는 식재간격을 얼마 이하로 하면 되겠는가?

① 12m   ② 10m
③ 8m   ④ 6m

해설

$$S = \frac{2r}{\sin\alpha} = \frac{2 \times 2}{\sin 30°} = 8m$$

※ $\sin 30° = \dfrac{1}{2}$

여기서, S : 가로수의 간격
$\quad\quad\quad d$: 수관의 직경
$\quad\quad\quad r$: 수관의 반경
$\quad\quad\quad \alpha$: 주행방향에 대한 시각

36 종자가 바람에 의해 산포되기 가장 어려운 수종은?

① 단풍나무   ② 소나무
③ 모감주나무   ④ 느릅나무

해설
모감주나무의 종자는 굵은 콩 크기의 까만 종자로 완전히 익으면 돌처럼 단단해진다. 불교에서는 모감주나무의 종자를 금강자(金剛子)라고 하며 매우 딱딱하고 단단해서 염주의 재료로 사용한다. 무게가 무거워서 바람으로 산포되기는 어렵고 중국 등에서 파도에 의해 떠내려와서 자란 것으로 알려져 있다.

37 잔디(떼)나 잔디종자를 시공하는 공법이 아닌 것은?

① 플러그 공법(plugging)

② 평떼 공법

③ 시드 매트(seed mat) 공법

④ 캐이슨 공법(caisson method)

해설
캐이슨 공법(caisson method) : 하천 등을 횡단하여 물 밑으로 얕은 터널을 건설하기 위한 특수공법

38 잔디는 지면의 피복식물로서 효과적이다. 잔디밭 조성에 있어서 우선적으로 고려되어야 할 사항은?

① 전질소량

② 병충해 예방 및 관리

③ 상토와 배수성

④ 대기오염

해설
잔디관리를 잘하려면 배수성이 좋은 상토로 재배한 잔디를 골라 식재하고, 식재 지반 조성 시 배수성을 고려하며, 최소한의 깎기, 봄·가을 영양관리, 갈수기의 관수 등에 유의한다.

39 식물생육에 가장 알맞은 토양구성은 적당한 토양공기와 토양수분이 있어야 뿌리의 호흡과 수분흡수가 적합하다. 다음 중 어느 것이 가장 적합한 토양구성인가?(단, 구성 비율은 무기물 : 유기물 : 토양공기 : 토양수분의 순이다)

① 5% : 45% : 30% : 20%
② 45% : 5% : 25% : 25%
③ 5% : 35% : 40% : 20%
④ 45% : 5% : 30% : 20%

해설

식물생육에 가장 알맞은 토양구성
무기물 45% : 유기물 5% : 토양공기 25% : 토양수분 25%

40 다음 설명에 적합한 수종은?

• 낙엽활엽교목이다.
• 서북향이 막힌 양지바른 곳이면 서울을 비롯한 중부지방 어디에서나 잘 자라나 내염성이 약한 편이어서 해안지방에서는 잘 자라지 못한다.
• 꽃은 백색 또는 담홍색으로 4월에 잎보다 먼저 피고 전년도 잎겨드랑이에 1~3개씩 달리며, 화경이 거의 없다.

① 매실나무
② 리기다소나무
③ 이태리포플러
④ 삼나무

해설

매실나무
• 낙엽활엽교목으로 높이 4~6m, 직경 60cm 정도이다.
• 서북향이 막힌 양지바른 곳이면 중부지방 어디에서나 잘 자라나 내염성이 약한 편이다.
• 잎은 어긋나기하며 달걀 모양 또는 타원형인데 원저이며 가장자리에 잔톱니가 있다.
• 4월에 백색 또는 담홍색 꽃이 잎보다 먼저 피는데, 전년도 잎겨드랑이에 1~3개씩 꽃이 달리며 화경이 거의 없다.
• 열매는 지름 2~3cm의 핵과로 겉은 짧은 털로 덮여 있고 6~7월에 녹색에서 황록색으로 익는다.

41 콘크리트 혼화제 중 경화(硬化) 시 응결촉진제의 주성분으로 사용되며 조기강도를 크게 하는 것은?

① 산화크롬
② 이산화망간
③ 염화칼슘
④ 소석회

해설

콘크리트 경화촉진제(硬化促進劑)의 주성분은 염화칼슘(CaCl₂, 시멘트 중량의 1%)이며, 이외 염화마그네슘, 규산나트륨(3% 정도), 식염 등이 해당된다.

42 콘크리트의 혼화제에 해당되지 않는 것은?

① 감수제
② 플라이애시
③ AE제
④ 염화칼슘

해설

혼화재와 혼화제
• 혼화재 : 콘크리트를 배합할 때 부피를 차지하는 무기질의 재료
  예 플라이애시, 실리카 흄, 고로슬래그 등
• 혼화제 : 시멘트가 차지하는 부피의 1%인 소량으로 첨가하는 화학적 약품
  예 감수제, 방청제, 공기연행제, 유동화제, 급결제 등

43 다음의 설명에 맞는 것은?

용량이 최대가 되는 속도로서 이론적으로 교통용량을 산정할 때 쓰인다.

① 구간속도
② 주행속도
③ 임계속도
④ 설계속도

해설

① 구간속도 : 일정 도로구간을 주행하는 차량통과시간에 의한 교통류의 속도측정 구간거리를 나누어서 산출
② 주행속도 : 운전자가 다른 자동차에 의해 속도를 영향 받지 않는 자유 교통류 상태에서 주행하는 자동차의 속도를 조사하고 이를 토대로 산출
④ 설계속도 : 도로 설계의 기초가 되는 자동차의 속도

44 다음 중 공사시방서를 작성할 때 참고나 지침서가 될 수 있는 시방서로 몇 가지를 첨부하거나 삭제하면 공사시방서가 될 수 있는 것은?

① 표준시방서　　② 공통시방서
③ 안내시방서　　④ 일반시방서

해설

시방서의 종류
• 일반시방서 : 공사기일 등 공사 전반에 걸친 비기술적 사항을 규정한 시방서
• 건축공사표준시방서 : 모든 공사의 공통적인 사항을 건설교통부가 제정한 시방서
• 공사시방서(project specification) : 특정공사별로 건설공사 시공에 필요한 사항을 규정한 시방서
• 안내시방서(guide specification) : 공사시방서를 작성하는 데 참고나 지침이 되는 시방서

45 네트워크 공정표 중 더미(dummy)에 대한 설명으로 맞는 것은?

① 선행작업을 표시한다.
② 작업일수는 1일이다.
③ 가장 시간이 긴 경로를 나타낸다.
④ 선행과 후속의 관계만을 나타낸다.

해설

더미(dummy)는 작업이 행해지지 않는 파선의 화살표로 나타낸다.

46 목재의 수축과 팽윤에 직접 관여하지 않는 수분은?

① 결합수　　② 자유수
③ 흡착수　　④ 일시적 모관수

해설

목재의 함유 수분 중 자유수는 목재의 중량에는 영향을 끼치지만, 목재의 수축과 팽윤과 같은 물리적 성질과는 관계가 없다.

47 콘크리트 타설작업 시 발생하는 블리딩(bleeding)현상에 대해 가장 잘 설명한 것은?

① 시멘트 입자의 비율이 높아 점성이 증가하므로 타설작업에 지장을 초래하는 현상
② 굳지 않은 상태에서 시멘트 입자의 점성에 의한 재료분리에 저항하는 성질
③ 시멘트의 화학적 작용으로 인한 골재의 혼합 및 타설작업에 지장을 초래하는 현상
④ 굳지 않은 상태에서 골재 및 시멘트 입자의 침강으로 물과 가벼운 입자가 분리하여 상승하는 현상

해설

덜 굳은 콘크리트에서 재료가 분리할 때 수분이 표면에 침출하는 일을 말한다. 콘크리트가 경화하는 동안에 혼합수의 일부가 분리하여 콘크리트 윗면으로 상승하는 현상이다.

48 일반적으로 사면의 안정상 가장 위험한 경우는?

① 사면이 완전히 포화상태일 경우
② 사면이 완전 건조되었을 경우
③ 사면의 수위가 급격히 상승할 경우
④ 사면의 수위가 급격히 내려갈 경우

44 ③　45 ④　46 ②　47 ④　48 ④　정답

49 지역이 광대하여 우수를 한곳으로 모으기가 곤란할 때 배수지역을 분산시켜 처리하는 배수계통은?

① 방사식　　　　② 차집식
③ 선형식　　　　④ 직각식

해설
하수도의 배수계통
- 방사식 : 지역이 방대해서 하수를 한 장소에 모으기가 곤란할 때 배수지역을 여러 개로 구분하여 중앙부터 방사형으로 배관하고, 각 장소별로 처분하는 형식
- 차집식 : 토구가 많은 직각식의 결점을 보완한 방법으로, 하천을 따라서 차집거를 설치하여 간선하수거로 유하한 하수를 차집거에서 집수한 후 하수종말처리장으로 유하되도록 하는 방식
- 선형식 : 지형이 한 방면으로 규칙적인 경사를 이루거나 하수 처리 관계상 전 지역의 하수를 한 개의 한정된 장소로 집수시킬 경우에 그 배수계통을 나뭇가지 형태로 배치하는 형식
- 직각식 : 도시 중앙에 큰 강이 흐르거나 해안을 따라 개발된 도시에서 강이나 바다에 직각으로 연결된 하수관거에 의하여 하수를 배출시키는 형식

50 다음과 같은 특징을 갖는 합성수지는?

- 내열성이 우수하다.
- 내수성이 대단히 우수하여 seal재의 원료로 쓰인다.
- 유리섬유를 보강하면 500℃ 이상 고열에도 수 시간을 견딜 수 있다.

① 에폭시수지　　　② 실리콘수지
③ 페놀수지　　　　④ 멜라민수지

해설
페놀수지 : 무색투명한 대표적인 열경화성 합성수지로 강도, 전기절연성, 내산성, 내열성, 내수성 모두 좋으나 내알칼리성이 약함

51 우리나라에서 잔디의 관수는 1일 30mm가 필요하다. 2,400m²의 면적을 120L/min 수량으로 급수할 수 있는 살수용량으로 얼마동안 살수해야 하는가?

① 4시간　　　　② 6시간
③ 10시간　　　　④ 20시간

해설
$$\frac{0.03m \times 2,400m^2 \times 1,000L/m^2}{120L/min \times 60min/hr} = 10hr$$

52 기본벽돌을 사용하여 2.0B의 두께로 벽을 만들었을 때 벽 두께(mm)는?(단, 줄눈 두께는 1cm로 한다)

① 190　　　　② 200
③ 380　　　　④ 390

해설
벽돌의 크기 : 기존형 210 × 100 × 60mm,
　　　　　　　표준형 190 × 90 × 57mm
2.0B의 벽두께는 길이 + 줄눈 + 길이이다.
∴ 총 벽두께 = 190 + 10 + 190 = 390mm

53 골재의 함수상태 중 기건상태를 나타내는 것은?

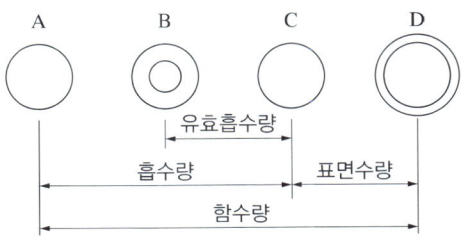

① A　　　　② B
③ C　　　　④ D

해설
② 기건상태, ① 절건상태, ③ 표건상태, ④ 습윤상태
기건상태 : 목재가 공기 중에서 오래 건조되어 대기중의 습도와 균형을 이룬 상태

54 고온으로 가열하여 소정의 시간 동안 유지한 후에 냉수, 온수 또는 기름에 담가 급랭하는 처리로 강도 및 경도, 내마모성의 증진을 목적으로 실시하는 강의 열처리법은?

① 담금질　　　　② 불림
③ 뜨임　　　　　④ 풀림

담금질
강재를 고온으로 가열한 뒤 일정 시간 유지하고, 이후 냉수·온수·기름 등으로 급랭시키는 열처리 방법으로, 강의 강도, 경도, 내마모성을 크게 높이기 위해 실시하는 가장 대표적인 강화 열처리 공정이다.

55 비탈면녹화와 관련된 설명 중 틀린 것은?

① 녹화공법의 안정성 및 경제성은 물론 선정된 녹화식물의 생육과 식물군락 형성에 가장 적합한 공법을 선정하되, 동일 비탈면에는 동일공법의 적용을 원칙으로 한다.
② 토양의 비탈면 기울기가 1 : 1보다 완만할 때에는 급할 때보다 비탈면을 단계적으로 녹화하기 위해서 잔디종자를 사용하여 발아시킨다.
③ 피복도와 생육상태를 감안한 일반적인 파종적기는 4~6월 또는 9~10월이며, 파종시기에 따라 종자배합을 적절히 조정하여야 한다.
④ 비탈면 줄떼다지기는 잔디폭이 0.1m 이상 되도록 하고, 비탈면에 0.1m 이내 간격으로 수평골을 파서 수평으로 심고 다짐을 철저히 한다.

② 잔디생육에 적합한 토양의 비탈면 경사가 1 : 1보다 완만할 때에는 비탈면을 일시에 녹화하기 위해서 흙이 붙어 있는 재배된 잔디를 사용하여 붙인다.

56 다음 반응과 관련된 것은?

$$Ca(OH)_2 + CO_2 \rightarrow CaCO_3 + H_2O \uparrow$$

① 동결융해현상
② 콘크리트 중성화
③ 콘크리트 염해
④ 알칼리 골재반응

중성화의 화학반응식
• 수화작용 : $CaO + H_2O \rightarrow Ca(OH)_2$
• 중성화 : $Ca(OH)_2 + CO_2 \rightarrow CaCO_3 + H_2O \uparrow$

57 콘크리트 워커빌리티(workability)와 관련된 설명으로 틀린 것은?

① 타설할 때 공기연행제(AE제)를 첨가하면 워커빌리티가 크게 개선된다.
② 타설할 때 콘크리트에 단위수량이 많으면 워커빌리티가 좋아진다.
③ 타설할 때 충분히 잘 비비면 워커빌리티가 좋아진다.
④ 적정한 배합을 갖지 못하면 워커빌리티가 좋지 않다.

단위수량이 많을수록 콘크리트는 묽게 된다. 또한 단위수량을 증가시키면 재료 분리를 일으키기 쉬워 워커빌리티가 좋아진다고 볼 수 없다. 반대로 단위수량이 너무 적으면 모르타르의 유동성이 작아져서 콘크리트가 된비빔이 되어 타설작업이 매우 어렵게 된다.

58 생콘크리트의 측압에 대한 영향이 가장 적은 것은?

① 콘크리트의 발열
② 온도 및 대기의 습도
③ 생콘크리트의 다지기 방법
④ 콘크리트의 부어넣기 속도

생콘크리트가 거푸집 측압에 영향을 미치는 요인
• 슬럼프값이 클수록 크다.
• 온도 및 대기의 습도가 낮을수록 크다.
• 부어넣기 속도가 빠를수록 크다.
• 부배합일수록 크다.
• 철근량이 적을수록 크다.
• 콘크리트 비중이 클수록 크다.
• 벽 두께가 두꺼울수록 크다.

59 조경공간 내에 콘크리트벤치를 설치할 경우 공사순서가 맞는 것은?

ⓐ 터파기
ⓑ 형틀 만들기(거푸집 설치)
ⓒ 콘크리트치기
ⓓ 모르타르 바르기
ⓔ 조약돌 넣어 다지기

① ⓐ → ⓑ → ⓒ → ⓓ → ⓔ
② ⓐ → ⓒ → ⓑ → ⓓ → ⓔ
③ ⓐ → ⓔ → ⓑ → ⓒ → ⓓ
④ ⓐ → ⓔ → ⓒ → ⓑ → ⓓ

콘크리트벤치 공사순서
터파기 → 조약돌 넣어 다지기 → 형틀 만들기(거푸집 설치)
→ 콘크리트치기 → 모르타르 바르기

60 다음 설명하는 조명등으로 가장 적합한 것은?

• 모든 조명등 중에서 가장 효율성이 높은 것으로 전기에너지의 80%를 빛으로 변환할 수 있으며, 수명이 다할 때까지 밝기가 거의 변함이 없다.
• 특히 안개 속에서 먼 거리까지 잘 비치는 성질을 가지고 있다.
• 스위치를 넣은 후 약 10분 정도 경과되어야 발광하게 되며, 발광색은 황갈색이어서 물체의 색을 구별하기 어렵다.

① 형광등　　　　　② 고압수은등
③ 저압나트륨등　　④ 백열전구

광원

종류	특징	용도
백열등	따뜻한 느낌을 주지만 열효율이 낮아 전력소모가 많고 열반사가 많다.	휴식공간, 위험장소, 물체 강조조명으로 설치한다.
형광등	열효율이 높고 빛의 확산이 그르고 설치, 유지비가 저렴하다.	부분조명, 간접조명으로 설치한다.
수은등	열효율이 높아 조명 효과가 크다.	도로, 고속도로, 터널 조명으로 설치한다.
나트륨등	열효율이 높고 물체 투시성이 좋으나 설치비가 많이 든다.	안개지역, 터널, 산악지대 조명으로 설치한다.

61 다음 중 조경식물의 생물학적 방제를 위한 천적의 선택 시 고려사항이 아닌 것은?

① 증식력이 큰 것
② 단식성일 것
③ 2차 기생봉이 없을 것
④ 성비(性比)가 1에 가까울 것

해설
생물학적 방제를 위한 천적의 선택 시 고려사항
• 천적은 증식력이 커야 한다.
• 천적은 단식성(單食性)이어야 한다.
• 천적에 기생하는 2차 기생봉이 없어야 한다.
• 천적은 해충의 출현과 그의 생활사가 일치하여야 한다.

62 최근 우리나라 참나무류에 발생하는 시들음병의 매개충은?

① 솔수염하늘소
② 노랑애소나무좀
③ 참나무하늘소
④ 광릉긴나무좀

해설
참나무 시들음병은 광릉긴나무좀이라는 작은 곤충이 옮기는 병으로 병원균 자체는 이동성이 없기 때문에 매개충인 광릉긴나무좀의 밀도를 줄임으로써 방제가 가능하다.
※ 솔수염하늘소는 소나무재선충의 매개충이다.

63 시멘트 콘크리트 포장의 파손원인이 콘크리트 슬래브 자체의 결함으로 볼 수 없는 것은?

① 줄눈 시공 불량으로 인한 균열
② 동결 융해로 인한 지지력 결함
③ 다짐 및 양생의 불량으로 인한 결함
④ 슬립바(slipbar)의 미사용으로 인한 균열

해설
콘크리트 슬래브 자체 결함
• 슬립바(slipbar)를 사용하지 않아 균열이 발생
• 세로줄눈과 가로줄눈 설계나 시공이 부적합하여 수축에 의한 균열이나 융기현상이 발생
• 시공 시 물시멘트비, 다짐, 양생 등의 결함에 의해 발생

64 콘크리트의 균열을 줄이기 위한 대책으로 옳은 것은?

① 재료를 사용하기 전에 미리 온도를 높인다.
② 단위 시멘트량을 많게 한다.
③ 1회의 타설 높이를 높인다.
④ 수화열이 낮은 시멘트를 선택한다.

해설
콘크리트는 건조 수축이나 수화열 등에 의해 균열이 생기기 쉬우므로 수화열이 낮은 시멘트를 선택한다.
① 타설 시 내외부 온도차를 줄인다.
② 단위 시멘트량을 적게 한다.
③ 1회의 타설 높이를 줄인다.

65 다음 중 도시공원의 식물관리비 계산식으로 가장 적합한 것은?

① 수목의 단가 × 작업율 × 작업회수 × 작업단가
② 식물의 수량 × 작업율 × 작업회수 × 작업단가
③ 작업자의 노임 × 작업율 × 작업회수 × 수목단가
④ 식물의 수량 × 작업율 × 작업회수 × 수목단가

66 호두나무가 분비하는 저글란(juglone)의 작용은?

① 보습작용
② 정균작용
③ 제초작용
④ 생육촉진작용

호두나무 뿌리에서 분비되는 화학물질로, 저글란은 다른 식물의 생장을 방해하는 한편 살균, 살충작용을 한다.

67 물에 녹지 않는 원제를 벤토나이트·고령토 같은 점토광물의 증량제와 혼합하고, 여기에 친수성·습전성 및 고착성 등을 부가시키기 위하여 적당한 계면활성제를 가하여 미분말화시킨 농약의 제형은?

① 분제
② 유제
③ 수용제
④ 수화제

수화제
• 물에 타서 쓰는 분제 형태의 농약제제이다.
• 물에 녹지 않는 유효성분을 카올린, 벤토나이트 등으로 희석한 분상의 제제로 현탁액으로써 살포하는 제제(製劑) 형태이다.

68 곤충의 일반적 특징이 아닌 것은?

① 머리, 가슴 배로 구분한다.
② 씹는 입틀을 가진 것도 있다.
③ 다리는 다섯 마디로 되어 있다.
④ 날개는 없거나 반드시 두 쌍이다.

구분	특징
머리	• 1쌍의 촉각과 1쌍의 겹눈, 3개의 홑눈이 있다. – 촉각(더듬이) : 감각기관 – 겹눈 : 많은 낱눈이 모여서 된 것이며, 물체의 모양과 크기를 구별한다. – 홑눈 : 빛의 명암을 구별한다.
가슴	• 2쌍의 날개와 3쌍의 다리가 있다. – 날개 : 보통 2쌍이 있으나, 1쌍만 있는 것 또는 없는 것도 있다. – 다리 : 3쌍이 있으며 모두 체절로 되어있다.
배	여러 쌍의 체절로 되어 있으며, 각 체절마다 기문이 있고, 기관이라고 하는 가느다란 관이 기문으로부터 몸 안쪽으로 널리 퍼져있다.

69 토양입자의 침강속도를 측정하여 토양의 입경을 구분할 때 이용되는 stokes식 내의 독립변수 중 침강속도에 영향을 주는 인자로 고려되지 않는 것은?

① 물의 점성계수
② 물의 밀도
③ 입자의 반경
④ 입자의 형태

입자의 침강속도 : 입자와 물(액체)와의 밀드 차에 비례하고 입자 반경의 제곱에 비례하고, 점성계수에 반비례한다.

70 주요한 토양생성작용에는 다음과 같은 것들이 있다. 이 중 저습지 또는 배수가 불량한 곳에서 주로 나타나는 것은?

① 라테라이트화 작용(laterization)

② 글레이화 작용(gleization)

③ 포드졸화 작용(podzolzatoin)

④ 석회화 작용(calcification)

글레이화 작용(gleization)
배수가 좋지 않고 물에 잠겨 있는 논토양은 항상 산소가 부족하여 Fe, Mn, S 등이 환원상태가 되므로 청색, 녹색, 청회색을 띠게 된다.

71 레크리에이션 관리체계의 기본요소에 해당하지 않는 것은?

① 이용자 ② 만족도
③ 자원 ④ 관리

레크리에이션 관리체계의 기본요소 : 이용자(visitor), 자연 자원기반(natural resource base), 관리(management)

72 소나무에 피해를 주는 해충이 아닌 것은?

① 솔나방 ② 응애류
③ 솔잎혹파리 ④ 솔잎혹파리먹좀벌

솔잎혹파리먹좀벌은 소나무류에 피해를 주는 솔잎혹파리를 방제하기 위한 유력한 기생봉이다.

73 다음 중 음수대의 설치 및 유지관리에 대한 설명으로 옳지 않은 것은?

① 동파방지를 위한 보온시설 및 퇴수시설을 설치하여야 한다.

② 인입관은 해당 지역의 동결심도를 고려하여 적정 깊이 이상으로 매설해야 한다.

③ 급·배수시설은 조경공사표준시방서의 해당항목을 따르며, 음수대에 별도의 제수밸브를 설치한다.

④ 배수구는 구조적인 안전이 최우선 고려 사항이므로 일체형으로 설치하며, 별도의 관리시설을 설치하지 않고 전체 교체한다.

④ 배수구는 청소가 쉬운 구조와 형태로 설계한다.

74 지표식물인 천일홍(*Gomphrena globosa*)에 인공 즙액을 접종한 결과로 진단할 수 있는 병은?

① 벼 흰잎마름병(BLB)

② 벼 줄무늬잎마름병(RSV)

③ 뽕나무 오갈병(MLO)

④ 감자 X바이러스(PVX)

병든 감자의 대부분은 1종의 바이러스에 의하여 감염(感染)되는 것이 아니라, 적어도 2~3종의 바이러스가 복합감염되는 경우가 많다. 따라서 병징(病徵)도 다양하게 나타난다. 바이러스 X는 거의 모든 감자가 병에 걸려 있을 정도로 많이 발생하고 있다. 주로 작업 도중에 병원즙(病原汁)의 접촉에 의하여 전염되는 것은 바이러스 X이고, 그 밖의 바이러스는 매개충인 진딧물에 의하여 옮겨진다.

75 파이토플라스마(phytoplasma)가 수목으로 전반되는 주요한 수단은?

① 바람 　　　　② 물
③ 농기 　　　　④ 매개충

해설
④ 매개충 : 담체, 때로는 어떤 숙주로부터 다음 숙주로 병원체를 옮기는 동물

76 수목의 그을음병을 방제하는 데 가장 적합한 것은?

① 방풍시설을 설치한다.
② 중간기주를 제거한다.
③ 해가림시설을 설치한다.
④ 흡즙성 곤충을 방제한다.

해설
그을음병은 흡즙성 해충인 진딧물이나 깍지벌레의 배설물에 곰팡이가 기생하여 생긴다.
그을음병
• 피해 : 소나무류, 주목, 대나무, 배롱나무, 감나무, 감귤 등에 피해를 준다. 나무가 말라 죽는 일은 없으나 동화 작용 부족으로 수세가 쇠약해지며, 미관이 손상되어 관상 가치가 떨어진다.
• 병징 : 가지, 줄기, 과일 등에 그을음을 발라 놓은 것처럼 보이며, 깍지벌레·진딧물 등 흡즙성 해충의 배설물에 2차적으로 기생하는 부생성 그을음 병균에 의한 경우가 대부분이다.
• 방제 : 휴면기에 기계유 유제를 살포하고, 발생기에는 메티온 유제를 살포하여 깍지벌레를 구제한다. 질소질 거름의 과다도 발병 원인의 하나이므로 질소질 거름의 과용을 삼간다. 그을음병의 직접 방제에는 만코지(만코제브), 티오판 수화제를 살포한다.

77 다음 해충 방제 방법 중 기계적 방제법이 아닌 것은?

① 경운법 　　　　② 차단법
③ 소살법 　　　　④ 방사선 이용법

해설
④ 방사선 이용법은 물리적 방제법에 해당한다.
해충의 기계적 방제 방법 : 경운법, 포살, 등화유살, 온도처리(가열법, 냉각병)

78 다음 중 수목과 주요 가해 해충의 연결이 틀린 것은?

① 잣나무, 소나무 – 솔나방
② 벚나무, 졸참나무 – 매미나방
③ 사과나무, 느티나무 – 독나방
④ 낙엽송, 섬잣나무 – 미국흰불나방

해설
④ 미국흰불나방은 포플러류, 버즘나무 등 160여 종의 활엽수를 가해하며, 먹이가 부족하면 초본류도 먹는다.

79 조경수 병징(symptom)에 해당하는 것은?

① 잎의 변색 　　　　② 균사체
③ 포자 　　　　④ 버섯

해설
조경수 병징(symptom) : 변색, 구멍, 시들음, 비대, 빗자루, 위축·왜화, 미이라화, 기관의 탈락, 괴사, 줄기마름·부란, 가지마름, 부패, 분비

80 다음 중 조경공간의 이용관리에 해당되는 것은?

① 식재수목에 대한 관리
② 기반시설물에 대한 관리
③ 관리예산과 조직에 대한 관리
④ 행사에 대한 홍보 및 프로그램 관리

해설
이용관리
• 이용자의 행태, 선호하여 고려, 프로그램 개발 및 홍보 등
• 주민참여단계 : 비참가의 단계 → 형식적 참가 → 시민권력의 단계

정답　75 ④　76 ④　77 ④　78 ④　79 ①　80 ④

제1과목 | 조경계획 및 설계

01 고려시대에 조성된 정원과 관련이 없는 것은?

① 화원(花園)
② 격구장(擊毬場)
③ 동지(東池)
④ 안학궁(安鶴宮)

해설

안학궁은 장수왕 때 평양 대동강 상류에 지은 궁으로 궁 내에 자연곡선 형태의 연못과 인공 동산이 있었으며, 연못 안에는 몇 개의 섬이 있었다.

02 스페인의 알람브라 궁원의 파티오 중 부인실에 부속된 파티오는?

① 연못의 파티오
② 사자의 파티오
③ 다라하의 파티오
④ 레하의 파티오

해설

③ 다라하의 파티오 : 회양목이 식재되어 있는 여성적 분위기가 특징이다.
① 연못의 파티오 : 공적 기능, 정확한 비례와 화려함, 이슬람 종교의식에 쓰이던 욕지, 분수대, 사라센 양식의 탑, 아치로 된 회랑, 장방형 연못, 도금양(천인화)을 양옆에 열식 등이 특징이다.
② 사자의 파티오 : 주랑식 중정, 가장 화려함, 12마리 사자상이 받치고 있는 분수, 수로에 의한 4분원, 왕의 사정원 등이 특징이다.
④ 레하의 파티오 : 중심에 분수 설치, 환상적이면서 엄숙한 분위기, 네 귀퉁이에 사이프러스 식재 등이 특징이다.

03 도시 · 군계획시설의 결정 · 구조 및 설치기준에 관한 규칙에서 구분된 형태별 도로의 설명으로 틀린 것은?

① 일반도로 : 폭 4m 이상의 도로로서 통상의 교통 소통을 위하여 설치되는 도로
② 자전거전용도로 : 하나의 차로를 기준으로 폭 1.5m 이상의 도로로서 자전거의 통행을 위하여 설치하는 도로
③ 보행자전용도로 : 폭 1.2m 이상의 도로로서 운전자의 안전하고 편리한 통행을 위하여 설치하는 도로
④ 고가도로 : 시 · 군내 주요지역을 연결하거나 시 · 군 상호 간을 연결하는 도로로서 지상교통의 원활한 소통을 위하여 공중에 설치하는 도로

해설

보행자전용도로 : 폭 1.5m 이상의 도로로서 보행자의 안전하고 편리한 통행을 위하여 설치하는 도로(도시 · 군계획시설의 결정 · 구조 및 설치기준에 관한 규칙 제9조 제1호)

04 강물이나 계곡 또는 길게 뻗은 도로와 같이 거리가 멀어짐에 따라 시선을 집중시키며, 관찰자의 위치에 따라 집중적인 효과를 나타내는 경관은?

① 파노라믹 경관(panoramic landscape)
② 세부적 경관(detail landscape)
③ 초점적 경관(focal landscape)
④ 위요된 경관(enclosed landscape)

해설

초점경관(focal landscape)
시선이 집중될 수 있는 경관을 뜻한다. 강물이나 계곡 또는 길게 뻗는 도로와 같이 거리가 멀어짐에 따라 점차적으로 그 스스로가 하나의 점으로 변하여 시선을 집중시키는 효과를 갖는 경관을 말한다.

1 ④ 2 ③ 3 ③ 4 ③ **정답**

05 다음 중 미국에 위치한 공원으로 옴스테드 (Frederick Law Olmsted)가 설계한 공원이 아닌 것은?

① 센트럴 공원(Central park)
② 버컨헤드 공원(Birkenhead park)
③ 프로스펙트 공원(Prospect park)
④ 프랭클린 공원(Franklin park)

해설
② 옴스테드의 센트럴파크 공원에 큰 영향을 주었으나 옴스테드가 설계한 것은 아니다.
버컨헤드 공원(Birkenhead park)
1843년 조셉 팩스턴(Joseph Paxton)이 설계한 역사상 최초로 시민의 힘으로 개방된 공원이다.

06 축척 1/2,500, 1/25,000 지형도의 주곡선 간격은 각각 몇 m인가?

① 1m, 2m
② 2m, 10m
③ 5m, 20m
④ 10m, 10m

해설
축척에 따른 주곡선의 간격
• 1/25,000 이하 → 축척의 분모의 1/1,000
• 1/25,000 이상 → 축척의 분모의 1/2,500
2,500 ÷ 1/1,000 = 2.5 → 2m
25,000 ÷ 1/2,500 = 10m

07 일본의 고산수(枯山水)수법을 바르게 설명한 것은?

① 암석과 물을 사용하여 산과 바다를 표현했다.
② 아스카(飛鳥)시대부터 발전된 정원수법이다.
③ 대선원 서원과 용안사 석정은 평정고산수 수법에 의해 만들어졌다.
④ 사상적으로 정토사상과 신선사상을 배경으로 하고 있다.

해설
① 물이나 나무를 쓰지 않고 산수의 풍경을 상징적으로 나타낸 정원이다.
② 무로마치시대이 고산수 정원으로 정착되었다.
③ 대선원 정원은 축산고산수 수법이고, 용안사 정원은 평정고산수 수법이다.

08 착시(錯視, optical illusion)의 설명으로 틀린 것은?

① 시각에 관해서 생기는 착각을 갈한다.
② 주위의 밝기나 빛깔에 따라 중앙부분의 밝기나 빛깔이 반대방향으로 치우쳐서 느껴지는 밝기의 빛깔의 대비도 일종의 착시이다.
③ 영화처럼 조금씩 다른 정지한 영상을 잇따라 제시하면 연속적인 운동으로 보이는 가현운동은 착시로 볼 수 없다.
④ 완전한 정사각형보다 높이가 약간 높은 B사각형과 반대로 약간 짧은 A사각형을 동시에 놓고 보았을 때 B는 너무 높은 느낌이 들고, A는 완전한 정사각형으로 느껴진다.

해설
가현운동은 실제 음직이지 않는 물체가 착각 현상으로 마치 움직이고 있는 것처럼 보이는 현상을 말하며 착시현상의 한 종류이다.

09 레크리에이션 계획으로서의 조경계획의 접근방법을 골드(S.Gold)가 분류한 것이 아닌 것은?

① 자원접근방법(resource approach)
② 활동접근법(activity approach)
③ 행태접근법(behavioral approach)
④ 생태접근법(ecological approach)

해설

골드(S. Gold, 1980)의 레크리에이션 계획 접근방법
- 자원접근방법(공급이 수요를 제한) : 물리적 자원 혹은 자연자원이 레크리에이션의 유형과 양을 결정하는 방법으로, 인간의 요구보다 자연환경에 대한 고려가 우선한다.
- 활동접근법(공급이 수요를 만들어냄) : 과거 참가 사례가 앞으로의 레크리에이션 기회를 결정하도록 계획하는 방법으로 일반대중의 선호 유형, 참여율 등 사회적 인자가 중요한 영향을 준다.
- 경제접근법(공급과 수요가 가격에 의해 결정) : 지역사회의 경제적 기반이나 예산규모가 레크리에이션의 총량, 유형, 입지를 결정하는 방법이다.
- 행태접근방법 : 이용자의 구체적인 행동 패턴에 맞추어 계획하는 방법이다.
- 종합접근방법 : 위 4가지 접근방법의 긍정적 측면만을 취하여 이용자의 요구와 자원의 활용가능성을 함께 조화시키도록 접근하는 방법이다.

10 다음 중 선의 용도를 설명한 것으로 틀린 것은?

① 굵은 실선은 단면의 윤곽표시를 한다.
② 가는 실선은 치수선, 인출선 등에 사용된다.
③ 파선은 중심선, 절단선, 기준선, 경계선, 참고선 등에 사용된다.
④ 2점 쇄선은 이동하는 부분의 이동 후의 위치를 가상하여 나타내는 선이다.

해설

③ 파선은 대상물이 보이지 않는 부분의 모양을 표시하는 데 사용하는 선이다.

11 지형도상의 등고선 성질에 관한 설명으로 틀린 것은?

① 지표면의 경사가 급한 곳에서는 각 등고선 간의 수평간격은 좁다.
② 등고선은 절벽이나 동굴에서도 겹치거나 합쳐지지 않는다.
③ 등고선은 도면 내·외에서 반드시 폐합한다.
④ 등고선 사이의 최단거리의 방향은 그 지표면의 최대경사 방향을 뜻한다.

해설

② 높이가 다른 등고선은 절벽·동굴을 제외하고는 교차하거나 합치지 않는다.

등고선의 성질
- 등고선상의 모든 점은 같은 높이이다.
- 등고선은 도면 안팎에서 반드시 만나며, 사라지지 않는다.
- 등고선이 도면 안에서 만나는 지점은 산꼭대기나 요지(凹地)이다.
- 높이가 다른 등고선은 절벽이나 동굴을 제외하고는 교차하거나 만나지 않는다.
- 급경사지는 간격이 좁고, 완경사지는 간격이 넓다.
- 경사가 같으면 간격도 같다.

12 보도의 유효폭은 보행자의 통행량과 주변 토지이용 상황을 고려하여 결정된다. 보도의 최소 유효폭(A)과 불가피 시의 완화기준 적용에 따른 최소 폭(B)의 연결이 맞는 것은?(단, 도로의 구조·시설 기준에 관한 규칙 적용)

① A : 3.5m, B : 3.0m
② A : 3.0m, B : 2.5m
③ A : 2.5m, B : 2.0m
④ A : 2.0m, B : 1.5m

해설

보도(도로의 구조·시설 기준에 관한 규칙 제16조 제3항)
보도의 유효폭은 보행자의 통행량과 주변 토지이용 상황을 고려하여 결정하되, 최소 2m 이상으로 하여야 한다. 다만, 지방지역의 도로와 도시지역의 국지도로는 지형상 불가능하거나 기존 도로의 증설·개설 시 불가피하다고 인정되는 경우에는 1.5m 이상으로 할 수 있다.

13 중국 송나라의 휘종(徽宗) 때 주민이 설계한 정원으로서 항주의 봉황산을 닮게 하였다고 하는 정원은?

① 경산(景山)
② 만세산(萬歲山)
③ 만수산(萬壽山)
④ 아미산(蛾眉山)

만세산

중국 휘종 때 만들어졌다. 인공산의 둘레는 10여 리에 이르고 가장 높은 봉우리는 90보에 이르렀다. 휘종은 아들을 얻기 위하여 경성 동쪽에 산악을 만들어 사기를 막아야 한다는 도사의 말을 믿고 그 모습은 항주의 봉황산을 닮게 하였다. 이름은 처음에 만세산에서 후에 방각의 이름을 따 간산(艮山)이라 하였다.

14 도시의 팽창 및 확산을 억제하는데 가장 효과적인 녹지계통은 어느 것인가?

① 환상형(環狀型)
② 방사형(放射型)
③ 위성식(衛星式)
④ 점재형(點在型)

① 환상형은 접근성이 뛰어나고 균형 잡힌 도시체계를 형성해 도시의 팽창과 억제를 조절하는 데 가장 효과적인 방법이다.
② 방사형은 녹지가 도시중심으로부터 외곽으로 방사상으로 뻗어가는 형태의 녹지체계이며 접근성이 좋으나 도시 내 자동차 통행이 불편한 단점이 있다.
③ 위성식은 도시내부에 환상의 녹지대를 조성하고 녹지대 내에 소시가지를 배치한 것이다.
④ 점재형은 녹지대가 여기저기 여러 가지 형태로 배치된 상태이다.

15 자연공원의 용도지구 중 자연보존상태가 원시성을 가지고 있거나 보존할 동식물 또는 천연기념물 등이 있거나 자연풍경이 수려하여 특별히 보호할 필요가 있는 곳은?

① 자연환경지구
② 자연보존지구
③ 자연취락지구
④ 집단시설지구

용도지구(자연공원법 제18조 제1항)

공원관리청은 자연공원을 효과적으로 보전하고 이용할 수 있도록 하기 위하여 다음의 용도지구를 공원계획으로 결정한다.
1. 공원자연보존지구 : 다음의 어느 하나에 해당하는 곳으로서 특별히 보호할 필요가 있는 지역
   가. 생물다양성이 특히 풍부한 곳
   나. 자연생태계가 원시성을 지니고 있는 곳
   다. 특별히 보호할 가치가 높은 야생 동식물이 살고 있는 곳
   라. 경관이 특히 아름다운 곳
2. 공원자연환경지구 : 공원자연보존지구의 완충공간(緩衝空間)으로 보전할 필요가 있는 지역
3. 공원마을지구 : 마을이 형성된 지역으로서 주민생활을 유지하는 데에 필요한 지역
4. 공원문화유산지구 : 문화유산의 보존 및 활용에 관한 법률에 따른 지정문화유산 및 자연유산의 보존 및 활용에 관한 법률에 따른 천연기념물 등을 보유한 사찰(寺刹)과 전통사찰보존지 중 문화유산 및 자연유산의 보전에 필요하거나 불사(佛事)에 필요한 시설을 설치하고자 하는 지역

16 어린이공원의 설계 시 고려해야 할 사항 중 적당하지 않은 것은?

① 어린이의 주 이용시간은 늦은 아침과 오후이므로 이때 햇빛이 잘 드는 곳에 설치한다.
② 그늘은 앉아서 노는 부분과 부모의 휴식처 부근에 배치한다.
③ 미끄럼틀, 놀이조각 등 집중적인 놀이시설물은 입구에서 먼 쪽에 설치하여 혼잡해지지 않도록 한다.
④ 도섭지, 연못 등은 중앙이나 사방에서 잘 보이는 부분에 배치한다.

③ 입구와 관계없이 통행이 많은 곳에 미끄럼판이 위치하지 않도록 하며 모래밭, 놀이벽, 놀이집 등은 그네, 미끄럼틀과 인접시켜 배치한다.

17 정투상법에서 제3각법에 대한 설명으로 옳지 않은 것은?

① 평면도는 정면도의 아래에 그린다.
② 우측면도는 정면도의 우측에 그린다.
③ 제3각면 안에 물체를 놓고 투상하는 방법이다.
④ 각 면에 보이는 물체는 보이는 면과 같은 면에 나타낸다.

해설
제3각법은 투영도법에서 물체를 제3각에서 투영하는 방법이며 평면도가 위쪽, 정면도가 아래쪽에 그려진다.

18 미기후 현상 중 안개나 서리는 주로 어느 지역에서 발생하는가?

① 경사가 급하고 수목이 밀생한 지역
② 지하수위가 높고 사질양토인 지역
③ 홍수범람이 일어나는 지역
④ 지형이 낮고 배수가 불량한 지역

해설
미기후 인자로는 지형, 지상피복상태 및 특수열원, 태양 복사열의 정도, 공기유통의 정도, 안개 및 서리해 유무, 지형적 여건에 따른 일조시간, 대기오염 자료 등이 있으며 안개 및 서리의 발생은 지형이 낮고 배수가 불량한 지역일수록 자주 발생한다.

19 다음 [보기]의 조경시설물을 볼 수 있는 정원은?

┤보기├
대봉대(待鳳臺), 매대(梅臺), 오곡문(五曲門), 수차(水車), 제월당(霽月堂)

① 창덕궁 후원의 옥류천 지역
② 강원도 강릉의 선교장과 활래정원
③ 경상북도 영양군의 경정 서석지원
④ 전라남도 담양군의 소쇄원

해설
소쇄원은 크게 애양단, 오곡문, 제월당, 광풍각으로 나눌 수 있다.

20 시각적 효과 분석 및 미시적 분석에 관한 연결이 옳지 않은 것은?

① 틸(1961) - 공간형태의 표시법
② 할프린(1965) - 움직임의 표시법
③ 린치(1979) - 도시의 이미지 분석 연구
④ 레오폴드(1969) - 형태와 행위의 일치성 연구

해설
레오폴드(Leopold, 1969)
스코틀랜드 계곡의 경관을 평가하고 경관가치를 상대적 척도로 측정하였으며, 하천을 낀 계곡의 경관가치를 평가함에 있어서 12개의 대상지역을 선정하고 이들의 상대적인 경관가치를 계량화하였다.

21 다음 중 상록활엽교목으로만 나열된 것은?

① 감탕나무, 동백나무, 구상나무
② 함박꽃나무, 자작나무, 노각나무
③ 산수유, 후박나무, 먼나무
④ 조록나무, 황칠나무, 녹나무

[해설]
상록활엽교목 : 가시나무, 소귀나무, 차나무, 녹나무, 후박나무, 먼나무, 감탕나무, 담팔수, 조록나무, 황칠나무, 동백나무

22 여러 가지 크기, 형태의 수목을 동일하지 않은 간격으로 식재하며 설계 및 시공이 번잡하여 관리의 기계화가 곤란한 중앙분리대 식재 형식은?

① 루버식
② 랜덤식
③ 무늬식
④ 군식법

[해설]
랜덤식
• 여러 가지 크기의 나무를 동일하지 않은 간격으로 심는다.
• 식수열에 변화가 있고, 나무가 약간 상해도 눈에 띄지 않는다.
• 차광 효과가 떨어지는 정원적식재수법이기 때문에 설계 시공이 번잡하고 유지관리를 위한 기계화가 곤란하다.

23 여름에 꽃이 피는 수종은 어떤 것인가?

① 미선나무
② 배롱나무
③ 등나무
④ 산수유

[해설]
수종별 개화시기

개화시기	주요 수종
2월	풍년화, 동백나무
3월	미선나무, 매실나무, 개나리, 생강나무, 산수유, 만리화, 히어리, 개암나무, 진달래, 살구나무, 백목련, 황금개나리, 별목련 등
4월	목련, 네군도단풍, 수양벚나무, 왕벚나무, 앵도나무(앵두나무), 자목련, 채진목, 명자꽃, 복숭아나무, 배나무, 황매화, 죽단화, 수수꽃다리, 박태기나무, 조팝나무, 탱자나무, 사과나무, 모과나무, 흰말채나무, 철쭉, 노린재나무, 모란 등
5월	꽃사과나무, 팥배나무, 등나무, 칠엽수, 노린재나무, 말채나무, 산사나무, 매자나무, 층층나무, 일본목련, 병꽃나무, 해당화, 이팝나무, 찔레꽃, 귀룽나무, 댕강나무, 오동나무, 함박꽃나무, 아까시나무, 조팝나무, 위성류, 튤립나무, 덩굴장미, 붉은인동덩굴, 괴라칸다, 산딸나무, 다래, 때죽나무 등
6월	마가목, 백당나무, 불두화, 감나무, 장미, 나래쪽동백, 고광나무, 쥐똥나무, 인동덩굴, 황금쥐똥나무, 싸리, 낙상홍, 밤나무, 낙상홍, 노각나무, 피나무, 가중나무 등
7월~8월	수국, 산수국, 자귀나무, 능소화, 작살나무, 흰작살나무, 좀작살나무, 모감주나무, 개오동, 무궁화, 벽오동, 희화나무, 배롱나무, 석류, 쉬나무, 부들레야, 나무수국 등
9~10월	목서류
11~12월	팔손이, 비파나무

24 정형식 식재의 기본패턴이 아닌 것은?

① 대식
② 열식
③ 교호식재
④ 군식

[해설]
군식은 자연풍경식 식재에 해당한다.

25 소나무류(hard pine)와 잣나무류(soft pine)의 식별에 있어 옳지 않은 것은?

① 잣나무류는 잎이 5개이고, 소나무류는 잎이 2~3개이다.
② 잣나무류의 유관속은 1개이고, 소나무류의 유관속은 2개이다.
③ 잣나무류의 실편(實片)은 끝이 얇고 가시가 없으며, 소나무류의 실편은 끝이 두껍고 가시가 있다.
④ 잣나무류는 침엽이 달렸던 자리가 도드라졌고, 소나무류는 잎이 달렸던 자리가 밋밋하다.

④ 잣나무류는 잎이 달렸던 자리가 밋밋하다.

26 꽃이나 잎의 형태와 같이 보다 작은 식물학적 차이점을 지닌 것으로 식물의 명명에서 for.로 표기하는 것은?

① 품종　　　② 재배품종
③ 이명　　　④ 변종

① 품종 : for. or f.
② 재배품종 : cv.
④ 변종 : var. or v.

27 다음 중 느릅나무과(Ulmaceae)에 해당하지 않는 것은?

① 팽나무　　　② 센달나무
③ 푸조나무　　　④ 느티나무

② 센달나무는 녹나무과이다.

28 한국잔디의 설명으로 옳지 않은 것은?

① 발아가 잘 되지 않아서 주로 영양번식에 의존한다.
② 답압에 약하기 때문에 과도한 이용을 금해야 하며, 병충해에 약하여 자주 약제를 살포하여야 한다.
③ 완전포복경으로 지하경이 왕성하게 뻗어 옆으로 기는 성질이 강하다.
④ 난지형 잔디로 여름철에는 잘 자라지만, 겨울철이나 아주 추운 지방에서는 생육이 정지된다.

한국잔디는 병충해에 강하고, 지피성, 내답압성, 재생성이 강하다.

29 차폐용 수목의 조건으로 적합하지 않은 것은?

① 상록으로 지엽이 치밀해야 한다.
② 맹아력, 전정력이 강한 수목이라야 한다.
③ 수관이 크고, 일정한 지하고가 유지되어야 한다.
④ 아랫가지가 잘 마르지 않는 수목이라야 한다.

③ 차폐용 수목은 수관이 크고 지하고가 낮아야 시설의 차폐가 용이하다.

30 아황산가스에 견디는 힘이 가장 약한 수종은?

① 전나무　　　② 회화나무
③ 양버즘나무　　　④ 물푸레나무

아황산가스에 약한 수종 : 가문비나무, 감나무, 고로쇠나무, 느티나무, 다릅나무, 단풍나무, 대왕송, 독일가문비, 매실나무, 반송, 벚나무류, 백합나무, 산벚나무, 삼나무, 소나무, 왕벚나무, 일본잎갈나무, 잎갈나무, 자작나무, 잣나무, 전나무, 홍단풍, 히말라야시다 등

31 다음 식물의 열매 모양이 삭과(Capsule)로 분류되지 않는 것은?

① 무궁화　　　　　② 자귀나무
③ 진달래　　　　　④ 수수꽃다리

해설
② 자귀나무의 열매는 협과이다.

32 다음 수종 중 가지에 가시가 있는 것은?

① 당매자나무　　　② 노간주나무
③ 호랑가시나무　　④ 피나무

해설
① 당매자나무 가시는 길이 0.5cm~1cm 정도로 단순하거나 3개로 갈라진다.

33 단풍색이 붉은 것으로만 구성된 것은?

① 때죽나무, 이팝나무
② 튤립나무, 계수나무
③ 화살나무, 복자기
④ 주목, 회양목

해설
때죽나무, 이팝나무, 튤립나무, 계수나무는 단풍색이 황색이고, 주목, 회양목은 상록수이다.

34 다음 수목군 중 성목 시 백색계통의 수피 색깔을 가진 것만으로 짝지어진 것은?

① 식나무, 벽오동
② 주목, 잣나무
③ 자작나무, 백송
④ 가문비나무, 히말라야시더

해설
줄기의 색채
• 백색 : 자작나무, 백송, 플라타너스, 동백나무, 자작나무, 구상나무 등
• 녹색 : 황매화, 벽오동, 식나무, 녹나무 등
• 갈색 : 배롱나무, 철쭉, 산다화, 편백 등
• 검은색 : 해송, 히말라야시다, 자귀나무, 독일가문비

35 우리나라 중부지방 임해공업지대에 산업공원(Industrial park)을 조성하고자 할 때 적합한 수종은?

① 향나무
② 가문비나무
③ 삼나무
④ 자작나무

해설
임해공업지대의 적정수종 : 동백나무, 광나무, 후박나무, 돈나무, 꽝꽝나무, 식나무, 향나무, 눈향나무, 곰솔, 사철나무, 회양목, 실란

36 잎보다 꽃이 먼저 피는 수종으로만 짝지어진 것은?

① 배롱나무, 박태기나무
② 층층나무, 산수유
③ 산수유, 오리나무
④ 이팝나무, 조팝나무

잎보다 꽃이 먼저 피는 수종 : 산수유, 오리나무, 미선나무, 개나리, 진달래, 박태기나무, 생강나무, 자두나무, 살구나무, 올벚나무, 복사나무, 서어나무

37 다음 중 능수버들에 대한 설명이 아닌 것은?

① 가지가 밑으로 처져 시선을 끌어 내린다.
② 수위가 높은 습지를 좋아하기 때문에 강변, 냇가, 연못가, 호숫가 등에서 흔히 볼 수 있다.
③ 열매는 5월에 익는다.
④ 중국이 원산이며 소지는 적갈색이다.

④ 능수버들 원산지는 한국이며, 소지는 황록색이다.

38 '황매화'와 '죽단화'에 대한 설명 중 틀린 것은?

① 모두 4~5월에 황색꽃이 핀다.
② 황매화는 홑꽃이고, 죽단화는 겹꽃이다.
③ 모두 잎 특성은 복거치이다.
④ 모두 열매는 핵과이다.

황매화와 죽단화 열매 비교
• 황매화 : 열매는 수과로 8~9월에 검은빛을 띤 갈색으로 익는다.
• 죽단화 : 열매는 거의 맺지 않는다.

39 소나무(*Pinus densiflora* Siebold & *Zucc.*)에 대한 설명으로 틀린 것은?

① 수꽃은 새가지 밑부분에 달리며 타원형이다.
② 수피는 회색이고, 노목의 수피는 흑갈색이며, 세로로 길게 벗겨진다.
③ 가을에 종자를 기건저장했다가 파종 1개월 전에 노천매장한 후 사용한다.
④ 곰솔 대목에 접을 붙이면 쉽게 많은 묘목을 얻을 수 있다.

② 일반적인 수피는 적갈색이고, 노목의 수피는 흑갈색이며, 인편상으로 벗겨진다.

40 실내조경 식물의 양분요소와 작용기능이 옳게 연결된 것은?

① 질소(N) : 수분흡수와 당의 이동에 관여
② 칼륨(K) : 단백질, 효소, 핵산의 구성
③ 유황(S) : 효소의 구성성분이며, 호르몬(IAA)을 합성
④ 마그네슘(Mg) : 엽록소의 구성성분이며, 각종 효소의 활성화

④ 마그네슘(Mg) : 엽록소 구성성분, 효소 활성제
① 질소(N) : 단백질, 핵산, 엽록소, 비타민, 각종 식물 호르몬을 만듦
② 칼륨(K) : 기공의 작용, 무기물질의 흡수와 수송에 관여
③ 유황(S) : 단백질, 비타민, 효소의 일부 구성, 조효소와 지방의 성분

36 ③ 37 ④ 38 ④ 39 ② 40 ④ 정답

41 다음 중 건설업 개방에 따른 국가경쟁력 강화, 부실공사방지, 건설수주의 대형화, 고급화에 따른 대응방안으로 제시된 입찰제도는?

① PQ제도 ② 부대입찰제도
③ 대안입찰제도 ④ 수의계약

해설

PQ제도

입찰 참가자의 자격을 사전에 심사하여 부적격자의 입찰 참여를 배제하기 위한 제도이며 적격심사제도는 입찰가격 이외에 비가격 요소까지를 종합적으로 고려하여 최적격 업체를 선정하는 입찰제도이다.

42 굳지 않은 콘크리트의 성질에 관한 설명으로 옳지 않은 것은?

① 사용되는 단위수량이 많을수록 콘크리트의 컨시스턴시는 커진다.
② 비빔시간이 너무 길면 수화작용을 촉진시켜 워커빌리티가 나빠진다.
③ 시멘트는 분말도가 높아질수록 점성이 낮아지므로 컨시스턴시도 커진다.
④ 입형이 둥글둥글한 강모래를 사용하는 것이 모가 진 부순모래의 경우보다 워커빌리티가 좋다.

해설

시멘트는 분말도가 높아질수록 점성이 높아지므로 컨시스턴시는 낮아진다.

43 양단면의 길이가 6m, 양단면의 면적이 각각 10m², 20m²이고, 중앙단면적이 15m²일 때, 각주공식으로 토적을 구하면 몇 m³인가?

① 45m³ ② 60m³
③ 90m³ ④ 105m³

해설

$$V = \frac{1}{6}(A_1 + 4A_m + A_2) \times L$$

여기서, A_1, A_2 : 양단면적, A_m : 중앙단면적,
　　　　L : 양단면간의 거리

$$V = \frac{6}{6}(10 + 4(15) + 20) = 90\,m^3$$

44 벽돌쌓기 공사에 관한 설명 중 틀린 것은?

① 벽돌이 부착된 불순물은 제거하고 쌓기 전에 물축이기를 한다.
② 착수 전에 벽돌나누기를 하고 세로줄눈은 특별히 정한 바가 없는 한 통줄눈이 되지 않도록 쌓는다.
③ 1일 쌓기 높이는 1.5m 이상으로 하고, 다음 날 이어서 쌓는 것이 경제적인 시공이다.
④ 줄눈 모르타르는 접합면 전체에 고루 배분되도록 하고 줄눈 폭은 특별히 정하지 않는 한 10mm로 한다.

해설

하루 쌓기 높이 : 1.2m(18켜 정도)를 표준으로 하고, 최대 1.5m (22켜 정도) 이내로 한다.

45 토공에서 절취와 터파기의 기준이 되는 깊이는?

① 10cm ② 15cm
③ 20cm ④ 30cm

인력굴착의 경우 굴착기계를 투입시공할 수 없는 협소한 지역으로 원지반으로부터 깊이 20cm 이상의 굴착은 터파기로 보고, 그 외의 경우는 절취로 본다. 발파의 경우, 절취와 터파기의 개념도 이에 준한다.

46 보(beam)의 구조에 대한 내용 중 한쪽 단은 고정되고 다른 한쪽 단은 지지점이 없는 보의 형태는?

① 단순보 ② 캔틸레버보
③ 내민보 ④ 고정보

① 단순보는 1개의 보가 양단으로 지지되어 그 1단은 회전지점으로 타단은 하중지점으로 지지하고 있는 것이다.
③ 내민보는 단순보에서 내민 부분이 있는 정정보이다.
④ 고정보는 보의 양단(兩端)을 메워 넣어서 고정시킨 보이다.

47 목재의 섬유포화점에서 함수율은 평균 얼마 정도인가?

① 10% ② 20%
③ 30% ④ 40%

섬유포화점의 함수율은 수종, 목재의 성분과 밀도에 따라 차이가 있는데, 상온에서는 대체로 25~35% 범위이다. 일반적으로 28% 또는 30%로 인정하고 있다.

48 다음 중 건설기계와 해당 건설기계의 주된 작업 종류의 연결이 옳지 않은 것은?

① 백호 – 정지
② 클램셸 – 굴착
③ 파워셔블 – 굴착
④ 그레이더 – 정지

백호는 굴착 작업에 사용된다.
작업종류에 따른 건설기계
• 굴착 : 셔블계 굴착기(파워셔블, 백호, 클램셸), 트랙터셔블, 불도저, 리퍼 등
• 적재 : 셔블계 굴착기(파워셔블, 백호, 클램셸), 트랙터셔블 등
• 운반 : 불도저, 덤프트럭, 벨트 컨베이어, 케이블 크레인 등
• 다짐 : 로드 롤러, 타이어 롤러, 탬핑 롤러, 진동 롤러, 진동 콤팩터, 래머 등
• 벌개 · 제근 : 불도저, 레이크 도저
• 싣기 : 로더, 파워셔블, 백호, 클램셸, 트랙터셔블
• 함수비 조절 : 스태빌라이저, 파라우, 할로, 브로, 살수차
• 배토정지 : 모터그레이더, 골재 살포기, 굴삭기
• 도랑파기 : 트렌처, 백호, 굴삭기
• 기초공사 : 디젤 해머, 진동파일 드라이버, 보링기, 어스드릴, 어스오거, 그라우팅 기계

49 플라스틱 재료의 일반적인 특징으로 옳지 않은 것은?

① 내수성(耐水性)과 내약품성이다.
② 내마모성이 크며, 접착성도 우수하다.
③ 착색이 용이하고, 투명성도 있다.
④ 내후성(耐朽性)이 크며, 전기절연성이 양호하다.

④ 내후성이 작으며, 전기절연성이 양호하다.
플라스틱 재료의 특성
• 성형이 자유롭고 가벼우며 강도와 탄력이 크다.
• 소성, 가공성이 좋아 복잡한 모양의 제품으로 성형 가능하다.
• 내산성, 내알칼리성이 크고 녹슬지 않는다.
• 착색이 자유롭고, 광택이 좋으며, 접착력이 크다.
• 투광성 및 전기와 열의 절연성이 있다.
• 불에 타기 쉽고 내열성, 내후성, 내광성이 부족하며 변색하는 등의 결점이 있다.

50 다음 중 열경화성 합성수지는?

① 아크릴수지
② 페놀수지
③ 염화비닐수지
④ 폴리에틸렌수지

51 벽높이 1.2m, 길이 6m의 벽돌 담장을 1.0B로 설치할 때 소요되는 벽돌은 몇 매인가?(단, 표준형 시멘트 벽돌로 시공하며, 할증률은 3%를 고려한다)

① 540매
② 556매
③ 1,073매
④ 1,105매

52 1시간에 100mm 강우가 내릴 때 면적 100 × 100m 주차장의 우수유출량은 얼마인가?(단, 유출계수는 0.9이다)

① $9\text{m}^3/\text{sec}$
② $2.5\text{m}^3/\text{sec}$
③ $0.9\text{m}^3/\text{sec}$
④ $0.25\text{m}^3/\text{sec}$

53 플라이애시(fly ash)를 사용한 콘크리트의 특징으로 틀린 것은?

① 수밀성이 향상된다.
② 건조수축이 적어진다.
③ 워커빌리티가 개선된다.
④ 조기강도가 증가한다.

54 금액의 단위표준에 대한 다음 설명 중 옳은 것은?

① 설계서의 소계는 10원까지로 한다.
② 설계서의 금액란은 1,000원까지로 한다.
③ 설계서의 총액은 1,000원까지로 한다.
④ 일위대가표의 계금은 0.1원까지로 한다.

55 다음과 같은 네트워크 공정표에서 한계경로의 공기는?

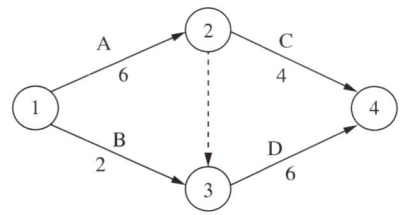

① 6일 ② 8일
③ 10일 ④ 12일

한계경로란 개시결합점에서 완료결합점에 이르는 최장경로를 말한다.
① → ② → ③ → ④ = 6 + 0 + 6 = 12

56 클링커와 고로슬래그, 석고를 혼합 분쇄하여 제조된 시멘트로 화학물질에 견디는 힘이 강해서 하수도공사나 바다 속의 공사에 주로 사용되는 것은?

① 조강 포틀랜드 시멘트
② 보통 포틀랜드 시멘트
③ 중용열 포틀랜드 시멘트
④ 고로시멘트

① 조강 포틀랜드 시멘트 : 보통포틀랜드 시멘트 원료와 거의 같으나 급경성을 갖게 한 시멘트로 긴급공사, 한중공사 등에 사용한다.
② 보통 포틀랜드 시멘트 : 실리카, 알루미나, 석회로 구성되며 세계 총시멘트 생산량의 80% 이상을 점유한다.
③ 중용열 포틀랜드 시멘트 : 보통 포틀랜드 시멘트와 조강포틀랜드 시멘트의 중간성질을 가지며 댐, 터널공사 등에 적합하다.

57 순공사원가에 포함되지 않는 것은?

① 재료비
② 노무비
③ 일반관리비
④ 경비

순공사원가 = 재료비 + 노무비 + 경비

58 다음의 공사입찰방법 중 가장 공개적이고 공사 수주 희망자에게 기회를 균등하게 줄 수 있으며, 경제성이 있는 입찰방법은?

① 수의계약
② 일반경쟁입찰
③ 제한적 평균가 낙찰제
④ 설계 · 시공일괄입찰

① 수의계약 : 경쟁이나 입찰에 따르지 아니하고, 일방적으로 상대편을 골라서 맺는 계약
③ 제한적 평균가 낙찰제(부찰제) : 예정가격과 예정가격의 85% 이상 금액의 입찰자 사이에서 평균금액을 산출하여 이 평균금액 밑으로 가장 접근된 입찰자를 낙찰자로 결정하는 제도
④ 설계 · 시공일괄입찰 : 발주자가 제시하는 공사의 기본계획 및 지침에 따라 설계서, 기타 도서를 작성하여 입찰서와 함께 제출하는 입찰방식

59 옥외조명에 사용되는 광원으로서 상대적으로 연색성이 높지만 에너지 효율성이 낮고 램프수명이 짧은 것은?

① 고압나트륨등
② 백열등
③ 수은등
④ 메탈할라이드등

해설

백열등은 열효율이 낮아 전력소모가 많고 열반사가 많다.

60 직접법으로 등고선을 측정하기 위하여 A점에 레벨을 세우고 기계 높이 1.5m를 얻었다. 70m 등고선 상의 P점을 구하기 위한 표척(staff)의 관측값은? (단, A점 표고는 71.6m이다)

① 1.0m
② 2.3m
③ 3.1m
④ 3.8m

해설

시준선 표고는 71.6 + 1.5 = 73.1m이므로 70m 등고선 상의 P점을 구하기 위한 표척의 관측값 = 73.1 − 70 = 3.1m이다.

61 솔잎혹파리의 생물적 방제 차원에서 피해지에 방사하는 천적은?

① 솔잎혹파리먹좀벌
② 상수리좀벌
③ 노랑꼬리좀벌
④ 남색긴꼬리좀벌

해설

솔잎혹파리의 생물적 방제를 위해 솔잎혹파리먹좀벌과 혹파리살이먹좀 등 기생율이 높은 지역에서 추기게 다량의 충영을 채집하여 사육을 통해 피해지에 기생봉을 이식하는 경우가 있다.

62 다음 중 조경공간의 이용관리에 해당되는 것은?

① 식재수목에 대한 관리
② 기반시설물에 대한 관리
③ 관리예산과 조직에 대한 관리
④ 행사에 대한 홍보 및 프로그램 관리

해설

이용관리
• 이용자의 행태, 선호, 고려, 프로그램 개발, 홍보 등
• 주민참여단계 : 비참가의 단계 → 형식적 참가 → 시민권력의 단계

63 나무좀, 하늘소, 바구미 등은 쇠약목에 유인되므로 벌목한 통나무 등을 이용하여 이들을 구제하는 기계적 방법은?

① 식이유살법
② 등화유살법
③ 잠복소유살법
④ 번식처유살법

④ 번식처유살법 : 나무좀·바구미·하늘소 등이 고사목이나 이식목 등 수세가 쇠약한 나무에 산란하는 습성을 이용하여, 유인목을 설치하고 산란시켜 박피하거나 태운다.
① 식이유살법 : 해충이 좋아하는 먹이로 유인하여 죽이는 해충 방제법
② 등화유살법 : 주광성이 강한 곤충을 꾐등불로 유인하여 제거하는 해충 방제법
③ 잠복소유살법 : 볏짚으로 나무줄기를 감아 월동장소를 제공하여 유인·잠복시킨 후 다음 해 봄에 설치물과 함께 소각하는 해충 방제법

64 다음 중 관리하자에 의한 사고로 볼 수 없는 것은?

① 시설의 구조 자체의 결함에 의한 것
② 시설의 노후, 파손에 의한 것
③ 위험장소에 대한 안전대책 미비에 의한 것
④ 위험물 방치에 의한 것

① 시설의 구조 자체의 결함에 의한 사고는 설치하자에 의한 사고이다.

65 다음 중 콘크리트 옹벽이 앞으로 넘어질 우려가 있을 때 옹벽 뒷면의 지하수를 배수 구멍에 유도시키고 토압을 경감시키는 공법은?

① 그라우팅 공법
② PC앵커 공법
③ 부벽식 콘크리트 공법
④ 압성토 공법

① 그라우팅 공법 : 옹벽 배수구멍을 뚫어 옹벽 뒷면의 지하수를 배수구멍에 유도시킴으로써 토압을 경감시키는 공법
② PC앵커 공법 : 기존 지반의 암질이 좋을 때 PC 앵커로 넘어짐을 방지하는 공법
③ 부벽식 콘크리트옹벽 공법 : 기초가 침하될 우려가 없고, 기존 지반이 암반일 때 옹벽 전면에 부벽식 콘크리트옹벽을 설치하는 공법
④ 말뚝에 의한 압성토 공법 : 옹벽이 활동을 일으킬 때 옹벽 전면에 수평으로 암을 따서 압성토하는 공법

66 대추나무 빗자루병에 대한 설명으로 옳지 않은 것은?

① 병원체가 나무 전체에 분포하는 전신성병이다.
② 벚나무는 대추나무 빗자루병의 기주식물이다.
③ 빗자루병에 걸린 나무는 결실이 되지 않는다.
④ 마름무늬매미충(*Hishimouns sellatus*)에 의해 매개된다.

대추나무 빗자루병을 일으키는 마름무늬매미충의 기주식물에는 대추나무, 뽕나무, 쥐똥나무, 일일초 등이 있다.

67 잔디에 거름 주는 요령으로 틀린 것은?

① 잔디의 거름은 지효성을 필요로 할 때는 닭똥가루와 깻묵가루를 시비한다.
② 일반적으로 질소, 인산, 칼륨의 성분 비는 3 : 1 : 2 정도로 한다.
③ 켄터키블루그래스는 최소한 3~4회로 나누어 시비하며 7~8월에도 시비하는 것이 좋다.
④ 펫밥과 섞어줄 때에는 관수 하지 않아도 된다.

해설
③ 켄터키블루그래스 등의 한지형 잔디는 최소한 6회 이상 나누어 주어야 하며 7, 8월의 시비는 피하거나 줄여야 한다.

69 파이토플라스마(phytoplasma)에 의해서 발생되는 병해는?

① 탄저병
② 오동나무 빗자루병
③ 세균성 천공병
④ 근두암종병

해설
수목의 전염성병
• 바이러스 : 모자이크병
• 파이토플라스마 : 대추나무·오동나무 빗자루병, 뽕나무 오갈병
• 세균 : 뿌리혹병
• 진균 : 모잘록병, 벚나무 빗자루병, 흰가루병 등
• 기생성 종자식물 : 겨우살이, 새삼
• 곰팡이 : 삼나무 붉은마름병, 소나무 줄기녹병, 잣나무 잎떨림병

70 가을에 첫 번째 오는 서리에 의해서 나타나는 피해로 따뜻한 가을날씨가 지속되어 수목이 계속 생장하면서 아직 내한성을 가지고 있지 않을 때, 별안간 첫서리가 오면 피해를 받는 것을 가리키는 것은?

① 냉해(冷害)
② 상열(想裂)
③ 조상(早想)
④ 만상(晚想)

해설
가을철에 내린 첫서리 때문에 농작물이나 초목이 받는 피해를 조상이라고 한다.

68 토양의 고결이 잔디의 생육에 미치는 영향에 관한 설명으로 틀린 것은?

① 뿌리의 신장을 저해한다.
② 지하부 산소 공급이 떨어진다.
③ 토양 고결은 잔디생육에 악영향을 미친다.
④ 투수율과 보수율이 높아져 생육이 좋아진다.

해설
투수율이 낮아지고, 유효토양공극이 작아져 보수력이 떨어진다.

71 포스팜 50% 액제 50cc를 포스팜 농도 0.5%로 희석하려고 할 경우 요구되는 물의 양은?(단, 원액의 비중은 1이다)

① 6,000cc
② 5,500cc
③ 4,950cc
④ 4,500cc

해설
$50 \times \left(\dfrac{50}{0.5} - 1 \right) = 4,950cc$

72 전정의 목적 중 생장을 억제하기 위한 전정에 해당되지 않는 것은?

① 산울타리의 다듬기 작업
② 소나무의 새순을 치는 작업
③ 상록활엽수의 잎사귀를 따는 작업
④ 감나무의 가지치기 작업

해설
감나무의 가지치기 작업은 개화 결실을 많게 하기 위한 전정에 속한다.

74 유전적 변이 또는 바이러스가 원인이 되어 엽록소가 전혀 형성되지 않아 백색으로 나타나는 병징은?

① 황화(yellowing)
② 위황화(chlorosis)
③ 은백화(silvering)
④ 백화(albication)

해설
④ 백화 : 엽록소가 형성되지 않으므로 잎이 백색을 나타낸다.
① 황화 : 엽록소의 발달이 부진하여 잎이 황색~백색이 된다.
② 위황화 : 엽록소가 국부적으로 발달이 부진하거나 정지하여 발생한다.
③ 은백화 : 잎의 앞면이 희어지는 은백화(silvering)는 오존에 의해 나타나고 나중에는 갈색화(bronzing)가 일어나 고사한다.

75 레크리에이션 수용능력의 고정적 결정인자에 해당하지 않는 것은?

① 특정활동에 대한 참여자의 반응정도
② 특정활동에 대한 필요한 사람의 수
③ 특정활동에 필요한 공간의 최소면적
④ 대상지의 크기와 형태

해설
④ 대상지의 크기와 형태는 가변적 결정인자에 해당한다.

73 연못을 조성하여 관리할 때 적합하지 않은 물관리 기법은?

① 퇴수구의 높이는 표준수면 높이와 같게 한다.
② 급수구의 높이는 표준수면보다 높게 하여야 한다.
③ 급수구의 높이는 바닥면과 일치하여야 한다.
④ 급수구나 퇴수구는 외부에 노출이 되지 않는 것이 좋다.

해설
급수구의 높이는 표준수면의 높이보다 높게 하여야 한다.

76 농약의 효력을 충분히 발휘하도록 하기 위하여 첨가하는 물질을 일컫는 용어는?

① 기피제
② 훈증제
③ 유인제
④ 보조제

해설
① 기피제 : 농작물 또는 기타 저장물에 해충이 모이는 것을 막기 위해 사용하는 약제
② 훈증제 : 유효성분을 가스로 해서 해충을 방제하는 데 쓰이는 약제
③ 유인제 : 해충을 유인해서 제거 및 포살하는 약제

77 시비의 효과를 좌우하는 것으로서 식물 자체의 흡수율에 영향을 주는 요인으로 볼 수 없는 것은?

① 비료 시용
② 식물의 종류
③ 토질여건
④ 수질여건

[해설]
비료의 흡수율은 비료 종류, 토양 성질, 작물 종류 및 시비법 등에 따라 다르다.

78 다음 중 초화류의 월동관리 방법으로서 가장 적합하지 않은 것은?

① 보호막의 설치
② 가온
③ 저온에서의 순화
④ 성토

[해설]
초화류 월동관리
• 지대가 낮고 오목한 지역 선택
• 비닐이나 짚으로 보온막 설치
• 인공적 난방
• 저온 순화

79 농약의 사용목적에 따른 분류에 해당하는 것은?

① 유기인계
② 살응애제
③ 호흡저해계
④ 과립수화제

[해설]
농약의 분류

사용목적에 따른 분류	살충제, 살응애제, 살선충제, 살연체동물제, 살서제, 살조제, 살어제, 살균제, 살조류제, 제초제 등
유효성분 조성에 따른 분류	• 살충제 : 유기인계, pyrethroid계, 유기염소계 • 살균제 : benzimidazole계, triazole계 등 • 제초제 : triazine계, amide계, urea계
작용특성에 따른 분류	• 살충제 : 신경저해제, 에너지대사저해제, 생합성저해제 • 살균제 : 호흡저해제, 단백질생합성저해제, 세포벽형성저해제 • 제초제 : 광합성저해제, 에너지생성저해제, 식물호르몬작용교란제
형태에 따른 분류	직접살포제, 희석살포제, 과립수화제, 기타

80 분비물에 의해 그을음병을 유발시키는 해충은?

① 솔잎혹파리
② 소나무좀
③ 솔수염하늘소
④ 소나무가루깍지벌레

[해설]
수목의 그을음병을 유발시키는 해충은 진딧물, 깍지벌레이다.

제1과목 조경계획 및 설계

01 창덕궁 후원과 관련 없는 것은?

① 부용정   ② 향원정

③ 옥류천   ④ 취한정

해설
② 향원정은 경복궁 북쪽(후원)에 위치해있다.
창덕궁 후원에는 부용정, 애련정, 반월지, 옥류천, 청심정, 관람정, 낙선재 등이 있다.

02 실시설계 단계에서 행하여야 할 내용 중 틀린 것은?

① 세부 디자인을 결정하여야 한다.

② 시방서를 작성하여야 한다.

③ 시공비의 개략적인 산출을 하여야 한다.

④ 크기, 구조, 표면의 끝맺음 공법 등을 정확히 결정해야 한다.

해설
실시설계는 기본설계도를 기초로 하여 실제시공이 가능하도록 평면상세도, 단면상세도 등을 작성하는 단계로 시방서 및 공사비 내역서 작성을 포함한다.

03 시야의 중거리 혹은 단거리에서 시선의 장애물이 없이 조망할 수 있는 펼쳐진 경관은?

① 지형(feature)경관

② 전(panoramic)경관

③ 위요(enclosure)경관

④ 세부(detail)경관

해설
② 전경관(파노라믹경관) : 시야를 가리지 않고 초원과 같이 트인 경관으로, 웅장함과 아름다움을 느낄 수 있으며, 자연에 대한 존경심(경외심)을 일으키게 한다. 예 수평선, 지평선
① 지형(feature) 경관 : 지형지물이 경관에서 지배적인 위치를 지니는 경우 보는 사람에게 강한 인상을 준다. 즉, 주변환경의 지표가 된다. 예 산봉우리, 절벽 등
③ 위요(enclosure) 경관 : 평탄지에 수목·경사면 등이 울타리처럼 자연스럽게 둘러싸여 있는 경관으로, 주로 정적인 느낌을 주나 중심공간의 경사도가 증가할수록 동적인 느낌을 준다.
④ 세부(detail) 경관 : 관찰자가 가까이 접근하여 나무모양, 잎, 열매 등을 자세히 감상할 수 있는 경관을 뜻한다.

04 도시공원 중 도보로 7~8분, 유치거리 500m 정도로 하고 규모는 1만m² 이상이 표준인 도시공원은?

① 어린이공원

② 도보권근린공원

③ 근린생활권근린공원

④ 도시지역권근린공원

해설
③ 근린생활권근린공원 : 인근에 거주하는 자의 이용에 제공할 것을 목적으로 하는 근린공원으로 규모가 1만m² 이상이다.
② 도보권근린공원 : 도보권 안에 거주하는 자의 이용에 제공할 것으로 목적으로 하는 근린공원으로 규모가 3만m² 이상이다.
④ 도시지역권근린공원 : 도시지역 안에 거주하는 전체 주민의 종합적인 이용에 제공할 것을 목적으로 하는 공원으로 규모가 10만m² 이상이다.

05 원지(苑地)에 물을 넣는 방법으로 입수부에 도수조와 인공폭포를 조성한 유적(遺蹟)은?

① 경복궁의 향원지(香遠亭)
② 신라의 안압지(雁鴨池)
③ 선교장의 활래정(活來亭)
④ 수원성의 용연(龍淵)

해설
안압지(월지)
• 못의 북안과 동안에는 자연스러운 인공축산이 있으며, 물가는 다듬은 돌로 호안을 석축했다.
• 안압지를 포함한 임해전 지원은 신선사상을 바탕으로 구성되었으며, 주로 연회와 관상, 뱃놀이 등의 목적을 지닌 정원이다.
• 임해전은 정원을 바다로 표현하고자 한 구상이며, 직선과 다양한 곡선처리를 했다.

06 동시대비 중 무채색과 유채색 사이에 일어나지 않는 대비는?

① 색상대비
② 명도대비
③ 채도대비
④ 보색대비

해설
색상대비 : 인접한 색 때문에 색상이 달라져 보이는 현상이다. 똑같은 녹색이라도 파란 바탕 위에서는 연두색처럼, 노란 바탕 위에서는 청록색처럼 보인다.

07 작정기에 쓰여진 '못(池)도 없고 유수(遺水)도 없는 곳에 돌(石)을 세우는 것'을 뜻하는 일본의 정원 수법은 무엇인가?

① 정토식
② 수미산식
③ 곡수식
④ 고산수식

해설
고산수식 정원 : 초기에는 나무를 사용한 축산고산수식이 유행하였으나 이후 나무조차 배제하고 오로지 돌과 모래만을 사용한 평정고산수식이 발달하였다.

08 빨강, 채도 6, 명도 5인 색의 먼셀 색표기로 옳은 것은?

① R5 5/6
② 5R 6/5
③ 5R 5/6
④ R5 6/5

해설
• 먼셀기호는 HV/C 순서로 표기한다.
• 5R 5/6는 5R 5으 6이라고 읽고 색상은 빨강(5R), 명도 5, 채도는 6이라는 색을 나타내고 있다.

09 중국 송나라의 휘종(徽宗)때에 주민이 설계한 정원으로서 항주의 봉황산을 닮게 하였다고 하는 정원은?

① 경산(景山)
② 만세산(萬歲山)
③ 만수산(萬壽山)
④ 아미산(蛾眉山)

해설
만세산 : 휘종 때 항주의 봉황산을 닮은 가산을 쌓아올리고 대석가산을 조성했으며 석가산의 시초이다.

10 하워드의 전원도시론에 의해서 최초로 만들어진 도시는?

① 레치워스
② 웰윈
③ 런던
④ 밀턴 킨즈

해설
1903년 하워드의 계획으로 런던 북쪽 56km 지점에 최초의 전원도시 레치워스(letchworth)가 건설되었다. 설계는 레이몬드 언원(R. Unwin)과 배리 파커(B. Parker)가 했다.

11 알트만(Altman)은 교실이나 기숙사 식당, 교회 등과 같이 특정 사회집단이 특정 기간 동안 공동으로 점유할 수 있는 공간을 무엇이라고 했는가?

① 1차 영역　　　② 2차 영역
③ 공적 영역　　　④ 사회 영역

해설
Altman(알트만) : 인간 영역을 사회적 단위의 측면에서 분류
• 1차 영역 : 일상생활 중심, 반영구적 점유공간으로 외부 침입에 대한 배타성이 높다.
• 2차 영역 : 사회적 특정그룹 소속원들이 점유하는 공간으로 어느 정도 개인공간화 시킬 수 있다.
• 공적 영역 : 배타성과 프라이버시 유지도가 낮다(광장, 해변 등).

12 어린이공원의 설계 시 고려해야 할 사항 중 적당하지 않은 것은?

① 어린이의 주 이용시간은 늦은 아침과 오후이므로 이때 햇빛이 잘 드는 곳에 설치한다.
② 그늘은 앉아서 노는 부분과 부모의 휴식처 부근에 배치한다.
③ 미끄럼틀, 놀이조각 등 집중적인 놀이시설물은 입구에서 먼 쪽에 설치하여 혼잡해지지 않도록 한다.
④ 도섭지(渡涉地), 연못 등은 중앙이나 사방에서 잘 보이는 부분에 배치한다.

해설
③ 입구와 관계없이 통행이 많은 곳에 미끄럼판이 위치하지 않도록 하며 모래밭, 놀이벽, 놀이집 등은 그네, 미끄럼틀과 인접시켜 배치한다.
지역여건과 주변 환경을 고려하여 놀이터에 따라 단위놀이시설·복합놀이시설 등을 조화되게 구분하여 설치하며, 인접 놀이터와의 기능을 달리하여 장소별 다양성을 부여한다. 놀이공간 안에서 어린이의 놀이와 보행동선이 충돌하지 않도록 주보행동선에는 시설물을 배치하지 않는다. 정적인 놀이시설과 동적인 놀이시설은 분리시켜 배치하고, 모험놀이시설이나 복합놀이시설은 놀이기능이 연계되거나 순환될 수 있도록 배치한다.

13 경사로(ramp) 및 계단의 배치와 구조에 대한 설명 중 잘못된 것은?

① 휠체어 사용자가 통행할 수 있는 경사로의 유효폭은 120cm 이상으로 한다.
② 높이 3m가 넘는 계단에는 3m 이내 마다 당해 계단의 유효폭 이하의 폭은 너비 120cm 이하인 참을 둔다.
③ 장애인 등의 통행이 가능한 경사로의 종단기울기는 1/18 이하로 한다. 다만, 지형 조건이 합당하지 않을 경우에는 종단기울기를 1/12까지 완화할 수 있다.
④ 평지가 아닌 곳에 설치하므로 경사로와 옥외계단의 바닥은 미끄럽지 않은 재료를 사용해야 한다.

해설
② 높이 3m를 넘는 계단에는 3m 이내마다 당해 계단의 유효폭 이상의 폭으로 너비 120cm 이상인 참을 둔다(건축물의 피난·방화구조 등의 기준에 관한 규칙 제15조 제1항 제1호).

14 조선시대의 별서가 아닌 것은?

① 담양 소쇄원
② 예천 초간정
③ 보길도 부용동 정원
④ 춘천 청평사 정원

해설
청평사 정원(문수원)은 고려시대와 관련이 있다.
문수원 정원
• 상지와 하지로 나누어지고 사다리꼴 형태의 연못이다.
• 석가산 기법으로 자연석을 인공적이지 않은 형태로 조성하였다.
• 가장자리는 자연석으로 축조되었다.
• 연못에는 부용봉이라는 산이 투영되어 영지(影池)라고 불린다.
• 고려시대의 선원(禪苑)이다.

15 도시공원 및 녹지 등에 관한 법규상 도시공원을 주제공원으로만 분류한 것은?(단, 특별시·광역시 또는 도의 조례가 정하는 공원은 제외한다)

① 소공원, 역사공원, 체육공원
② 수변공원, 근린공원, 체육공원
③ 묘지공원, 수변공원, 문화공원
④ 소공원, 어린이공원, 문화공원

해설
주제공원에는 역사공원, 문화공원, 수변공원, 묘지공원, 체육공원, 도시농업공원, 방재공원 등이 있다.

16 K. Lynch의 도시 이미지(image)분석 항목 중 기점과 종점, 연속성, 방향성 등으로 그 성격을 대신할 수 있는 것은?

① 도로(path)
② 지구(district)
③ 결절점(node)
④ 랜드마크(landmark)

해설
도시 이미지 구성의 5요소
도시조경계획가 케빈 린치(Kevin Lynch)는 도시 이미지는 랜드마크(landmark), 통로(paths), 모서리(edges), 지역(district), 결절점(node)의 5가지 도시 구성요소에 의해 결정된다고 주장했다.

17 다음 물체를 화살표 방향에서 볼 때 제3각법에 의한 정면도 표현이 옳은 것은?

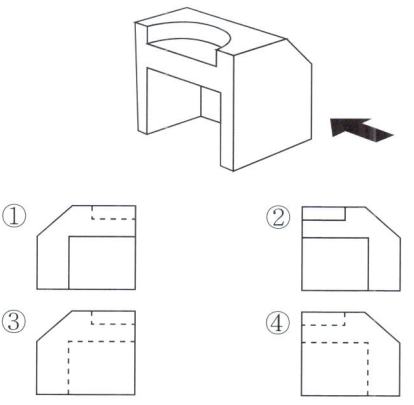

해설
제3각법은 투영도법에서 물체를 제3각에서 투영하는 방법이며 평면도가 위쪽, 정면도가 아래쪽에 그려진다.

18 환경영향평가에 대한 설명으로 옳은 것은?

① 주로 개발에 따른 사회적 영향에 초점을 맞춘다.
② 환경설계평가 중 사후평가라 할 수 있다.
③ 환경영향평가는 영국에서 최초로 시작되었다.
④ 환경영향평가법상 환경영향평가의 세부항목으로는 6개 분야 21개 항목으로 구성되어 있다.

해설
환경영향평가 등의 분야별 세부평가항목(시행령 제2조 제1항 관련 [별표 1])
• 대기환경 분야(4가지) : 기상, 대기질, 악취, 온실가스
• 수환경 분야(3가지) : 수질(지표·지하), 수리·수문, 해양환경
• 토지환경 분야(3가지) : 토지이용, 토양, 지형·지질
• 자연생태환경 분야(2가지) : 동·식물상, 자연환경자산
• 생활환경 분야(6가지) : 친환경적 자원 순환, 소음·진동, 위락·경관, 위생·공중보건, 전파장해, 일조장해
• 사회·경제환경 분야(3가지) : 인구, 주거(이주의 경우를 포함), 산업

19 높은 곳에서 지상을 내려다 본 것처럼 지표를 공중에서 비스듬히 내려다 보았을 때의 모양을 그린 것은?

① 렌더링(rendering)
② 부감투시도
③ 견취도
④ 조감도

해설
조감도 : 설계 대상지의 완성 후의 모습을 공중에서 내려다본 그림으로 공간 전체를 사실적으로 표현함으로써 공간 구성을 쉽게 알 수 있도록 표현한 그림이다.

20 영국의 정원 발전에 기여한 사람들을 그들의 관계 업적과 연결시켜 놓은 것이다. 잘못된 것은?

① 렙턴 – 큐 가든에 중국식 탑을 도입
② 브릿지맨 – 하하(ha–ha)기법의 도입
③ 브롬필드 – 기능주의 정원운동의 선구자
④ 센스톤 – 낭만주의적 조경방식의 도입

해설
중국 정원을 영국에 소개하고, 큐 가든(Kew garden)에 중국식 건물과 탑을 도입한 사람은 윌리엄 챔버이다. 렙턴은 레드북 (Red book)에 개조 전과 개조 후의 모습을 비교할 수 있는 스케치를 하였으며 풍경식 정원을 완성하였다. 또한, Landscape garden의 용어를 최초로 사용하였다.

21 다음 중 천근성(淺根性) 수종으로만 짝지어진 것은?

① 독일가문비, 매화나무
② 백목련, 수양벚나무
③ 단풍나무, 은행나무
④ 모과나무, 칠엽수

해설
• 천근성 수종 : 독일가문비나무, 일본잎갈나무, 편백, 버드나무, 자작나무, 아까시나무, 포플러류, 현사시나무, 매화나무, 황철나무 등
• 심근성 수종 : 소나무, 곰솔, 전나무, 주목, 동백나무, 일본목련, 느티나무, 백합나무, 상수리나무, 은행나무, 칠엽수, 백목련, 가시나무 등

22 황매화와 죽단화에 대한 설명 중 틀린 것은?

① 모두 4~5월에 황색 꽃이 핀다.
② 황매화는 홑꽃이고, 죽단화는 겹꽃이다.
③ 모두 잎 특성은 복거치이다.
④ 모두 열매는 핵과이다.

해설
황매화와 죽단화 열매 비교
• 황매화 : 열매는 수과로 8~9월에 검은빛을 띤 갈색으로 익는다.
• 죽단화 : 열매는 거의 맺지 않는다.

23 다음 중 산성토양에서 비교적 잘 자라는 수종들로만 짝지어진 것은?

① 상수리나무, 일본잎갈나무
② 느티나무, 물푸레나무
③ 단풍나무, 서어나무
④ 회양목, 개나리

해설

산성토양에서 잘 자라는 수종 : 소나무, 잣나무, 해송, 전나무, 상수리나무, 밤나무, 낙엽송(일본잎갈나무), 편백, 아까시나무 등이 있다.

24 다음 중 자연풍경식 식재 방법인 것은?

① 열식
② 교호식재
③ 대식
④ 부등변삼각형식재

해설

• 자연풍경식 식재 : 부등변삼각형식재, 임의식재, 모아심기, 배경식재, 군식, 주목
• 정형식 식재 : 단식, 대식, 열식, 집단식재, 교호식재, 기하학적 식재

25 심근성 수목을 이식할 때 어떤 종류의 분을 떠야 하는가?

① 접시분　　　② 평분
③ 보통분　　　④ 조개분

해설

④ 조개분 : 분의 넓이가 근원직경의 4배, 깊이도 4배이다. 분느티나무, 소나무, 회화나무, 주목 등 심근성 수종
① 접시분 : 분의 넓이가 근원직경의 4배, 깊이가 근원직경의 2배이다. 자작나무, 편백, 독일가문비, 향나무 등의 천근성 수종
③ 보통분 : 분의 넓이가 근원직경의 4배, 깊이가 근원직경의 3배이다. 벚나무, 측백 등 일반적 수종

26 다음 중 능소화과(科)에 속하는 수종은?

① 벽오동　　　② 꽃개오동
③ 오동나무　　④ 참오동나무

해설

꽃개오동(*Catalpa ovata*)은 능소화과에 속하는 식물이며 벽오동은 벽오동과, 오동나무와 참오동나무는 현삼과에 속한다.

27 수목을 굴취한 후 운반하기 위한 보호조치 방법으로 옳지 않은 것은?

① 뿌리분의 브토를 철저히 한다.
② 세근이 절단되지 않도록 충격을 즈지 않아야 한다.
③ 수목과 접촉하는 고형분에는 완충재를 삽입한다.
④ 가지는 결박하지 않고 효율적으로 이중적재 한다.

해설

굴취된 수목을 운반할 때는 이중적재를 피해야 하고, 비포장도로로 운반할 때는 뿌리분이 충격을 받지 않도록 완충재로 가마니, 짚 등을 깐다.

28 식생(vegetation)을 분류하는 가장 기본적인 단위는?

① 종　　　　　② 군집
③ 우점도　　　④ 천이

해설

군집은 특정 시간어 특정 공간을 점유하고 있는 생물 종 개체군들의 집단이다. 다르는 대상 분류군에 따라서 식물군집, 어류군집, 곤충군집, 장내 세균군집 등으로 세분할 수 있지만 일반적인 의미는 같은 공간어 분포하는 전체 생물 분류군들을 포함한다.

29 다음 중 배롱나무의 학명으로 옳은 것은?

① *Punica granatum*

② *Lagerstroemia indica*

③ *Taxus cuspidata*

④ *Abies koreana*

30 주변 요소와 주종관계를 형성함으로써 관찰자의 시선을 집중시키는 식재 기법은?

① 연속

② 통일성

③ 강조

④ 균형

31 한지형(寒地型) 양잔디의 대표종으로 골프장의 그린에 주로 쓰이는 것은?

① kentucky bluegrass

② bentgrass

③ bermuda grass

④ fescue grass

32 초화류 식재 시 자연토양에서 생육 최소토심으로 가장 적합한 것은?

① 약 20cm 내외

② 약 30cm 내외

③ 약 40cm 내외

④ 약 60cm 내외

33 다음 수목 중 잎보다 꽃이 먼저 피는(先花後葉) 것이 아닌 것은?

① 미선나무, 산수유

② 일본목련, 함박꽃나무

③ 개나리, 진달래

④ 박태기, 생강나무

34 뿌리돌림을 하는 목적이 아닌 것은?

① 귀중한 수목으로 안전하게 활착을 유도

② 노거수 또는 대목의 수세 회복

③ 직근성으로 식재 전 잔뿌리 발생이 요구되는 어린나무

④ 수목을 이식할 경우 이동의 용이성

35 붉은색의 열매를 갖는 수종들로만 짝지어진 것은?

① 모과나무, 명자나무, 배나무
② 쥐똥나무, 좀작살나무, 뽕나무
③ 산수유, 사철나무, 주목
④ 은행나무, 탱자나무, 붉나무

해설
붉은색 열매 : 산수유, 감나무, 가막살나무, 화살나무, 감탕나무, 팥배나무, 매자나무, 백당나무, 호랑가시나무, 피라칸타, 낙상홍, 앵두나무, 마가목, 찔레나무, 사철나무, 노박덩굴, 산사나무, 목련, 보리수나무, 까치밥나무 등

36 학명이 이명법(binomials)이라고 불리는 이유는?

① 속명 + 명명자로 구성되기 때문이다.
② 보통명 + 종명으로 구성되기 때문이다.
③ 속명 + 종명으로 구성되기 때문이다.
④ 종명 + 명명자로 구성되기 때문이다.

해설
학명은 속명 + 종명으로 구성되어 있어 이명법(binomials)이라고 불리며, 그 뒤에 명명자의 이름을 붙여 쓴다.

37 다음 중 결핍증상이 오래된 잎에서부터 시작되고 줄기가 가늘고 잎이 작아지며 잎 전체가 황록색이 되게 하는 원소는 무엇인가?

① Fe   ② N
③ K   ④ Ca

해설
질소(N)
• 광합성을 촉진시켜 잎이나 줄기 등 수목의 생장에 도움을 준다.
• 부족하면 생장이 위축되고 성숙이 빨라지나 많으면 도장하고 약해지며 성숙이 늦어진다.
• 흡수율(이용률)이 가장 높으나 토양 중 유실되는 양도 많은 비료이다.

38 다음 식물들 중 주로 여름화단을 조성하는데 알맞은 것으로만 짝지어진 것은?

① 팬지, 데이지, 채송화
② 맨드라미, 피튜니아, 칸나
③ 튤립, 무스카리, 금잔화
④ 꽃양배추, 코스모스, 국화

해설
• 봄화단 : 팬지, 데이지, 프리뮬러, 금잔화, 알리섬, 꽃단지, 은방울꽃, 며느리밥, 풀꽃, 붓꽃, 튤립, 크로커스, 수선화, 히아신스
• 여름화단 : 피튜니아, 색비름, 천일홍, 맨드라미, 붓꽃, 옥잠화, 작약, 글라디올러스, 칸나
• 가을화단 : 매리골드, 맨드라미, 피튜니아, 코스모스, 샐비어, 국화, 루드베키아, 숙근플록스, 달리아
• 겨울화단 : 꽃양배추

39 소나무의 규격표시 방법으로서 가장 적당한 것은?

① 수고 × 수관폭
② 수관폭 × 근원직경
③ 수고 × 흉고직경
④ 수고 × 근원직경

해설
교목의 규격표시
• 수고(H) × 근원직경(R) : 대부분의 다간 활엽수
• 수고(H) × 흉고직경(B) : 대부분의 단간, 쌍간 활엽수
• 수고(H) × 수관폭(W) : 대부분의 침엽수

40 원추형의 수형을 갖는 수종은?

① 네군도단풍, 반송
② 낙우송, 삼나무
③ 가시나무, 각탕나무
④ 화살나무, 회화나무

해설
원추형 수종 : 낙우송, 삼나무, 전나무, 메타세쿼이아, 독일가문비나무, 일본잎갈나무, 구상나무, 주목 등

41 광원(光源)에 대한 설명 중 틀린 것은?

① 백열등 : 광색이 따뜻한 느낌을 주기 때문에 휴식공간 조명에 적당하고, 수명이 짧다.

② 나트륨등 : 적색을 띤 독특한 광색으로 열효율이 낮고, 투시성이 수은등에 비하여 낮다.

③ 형광등 : 관 내벽의 형광체를 자극시켜 가시부에서 형광을 발산하도록 하는 방전등으로 광속도가 낮아 빛이 부드럽다.

④ 수은등 : 수은증기압을 고압으로 가압하여 고효율의 광원을 얻는다. 고압수은등은 가시광선을 다량 방출하므로 도로조명, 공장조명, 투광조명에 널리 사용된다.

해설

나트륨등
설치비는 비싸나 유지관리비가 싸며 열효율이 높고 투시성이 뛰어나 안개지역, 터널, 산악지대 조명으로 설치한다. 하지만 색채 연출효과에는 불리하다.

42 네트워크(net work)공정표의 특징 설명 중 틀린 것은?

① PERT 방식은 공사비 절감에 주목적이 있으며, CPM 방식은 공사기간 단축에 목적이 있다.

② 크리티컬 패스(critical path) 또는 이에 따르는 길에 주의하면 다른 작업에 계획누락이 없는 한 공정이 원만하게 추진되어 공정관리가 편리하다.

③ 공정표를 능숙하게 작성하기 위해 시간과 경험이 요구된다.

④ 공사계약 관리면에서 신뢰도가 높다.

해설

CPM 방식은 공사비 절감에 주목적이 있으며, PERT 방식은 공사기간 단축에 목적이 있다.

43 고압벽돌을 이용하여 포장공사를 할 때 다짐에 사용하기 가장 부적당한 기계 및 기구는?

① 래머(rammer)

② 콤팩터(compacter)

③ 롤러(roller)

④ 로더(loader)

해설

다짐용 기계로는 로드 롤러, 타이어 롤러, 탬핑 롤러, 진동 롤러, 진동 콤팩터, 래머 등이 있다. 로더는 굴삭된 토사·골재·파쇄암 등을 운반기계에 싣는 데 사용한다.

44 다음 살수기의 종류 중 대규모 자동살수 관개 조직에서 가장 많이 이용되는 살수기는?

① 분무 살수기

② 분무입상 살수기

③ 회전 살수기

④ 회전입상 살수기

해설

④ 회전입상 살수기 : 물이 흐르면 동체로부터 분무공이 올라온다. 대규모의 자동살수 관개조직에서 이용한다.

① 분무 살수기 : 고정된 동체와 분사공만으로 된 가장 간단한 살수기로 좁은 잔디, 불규칙한 지형에 사용된다.

② 분무입상 살수기 : 물이 흐를 때 동체가 입상관에 의해 분무공이 지표면 위로 올라오게 장치된 살수기로 골프장, 잔디경기장에서 가장 많이 사용된다.

③ 회전 살수기 : 관개지역에 살수하도록 회적하며, 한 개 또는 여러 개의 분무공을 가진 살수기이다. 넓은 관목, 지피, 잔디 식재 지역에 사용된다.

45 GIS의 특징에 대한 설명으로 틀린 것은?

① 사용자의 요구에 맞는 주제도 제작이 용이하다.
② 수치데이터로 구축되어 지도축척의 변경이 쉽다.
③ GIS데이터는 CAD데이터에 비해 형식이 간단하다.
④ GIS데이터는 자료의 통계분석이 가능하며 분석 결과에 따른 다양한 지도 제작이 가능하다.

해설

CAD, 그래픽, 이미지 모델은 간단한 지도화나 이미지 처리 및 매우 단순한 그리드 분석에 사용되는 모델이며 GIS에서 대표적으로 가장 많이 사용되는 모델은 벡터 모델과 래스터 모델로 CAD 데이터보다 복잡하다.

46 골재의 함수상태에 관한 설명으로 틀린 것은?

① 절대건조상태 : 대기중에서 골재의 표면이 완전히 건조된 상태
② 습윤상태 : 골재입자의 내부에 물이 채워져 있고, 표면에도 물이 부착되어 있는 상태
③ 표면건조포화상태 : 골재입자의 표면에 물은 없으나 내부의 공극에는 물이 꽉 차 있는 상태
④ 공기 중 건조상태 : 실내에 방치한 경우 골재입자의 표면과 내부의 일부가 건조한 상태

해설

절대건조상태(절건상태) : 골재의 내부조직에 변화가 생기지 않을 정도의 온도인 100~110℃로 유지한 건조로에서 일정한 무게가 될 때까지 건조시킨 상태이다.

47 어느 목재의 함수율은 25%이다. 건조 전 100g인 이 목재의 절대건조중량은 얼마인가?

① 20g   ② 40g
③ 60g   ④ 80g

해설

목재의 함수율 $= \dfrac{\text{건조 전 중량} - \text{건조 후 중량}}{\text{건조 후 중량}} \times 100$

$25 = \dfrac{100 - \text{건조 후 중량}}{\text{건조 후 중량}} \times 100$

∴ 건조 후 중량 $= 80$

48 다음 중 석재에 대한 설명 중 틀린 것은?

① 인장강도는 압축강도보다 크다.
② 내구성, 내수성, 내화학성이 풍부하다.
③ 종류가 다양하고 색조에 광택이 있어 외관이 장중 미려하다.
④ 화열을 받으면 화강암과 같이 균열을 일으키거나 파괴되고 석회암, 대리석과 같이 분해되어 강도를 상실하는 것도 있다.

해설

석재는 일반적으로 인장강도가 압축강도보다 낮으며, 이러한 성질은 석재의 물리적 특성으로 인해 발생한다.

49 다음 중 폴리에스테르수지(polyester resin)에 관한 설명으로 가장 부적합한 것은?

① 전기절연성이 우수하다.
② 내약품성이 우수하다.
③ 욕조, 파이프 등에 사용된다.
④ 불포화 폴리에스테르수지는 열가소성 수지이다.

해설

폴리에스테르수지는 열경화성 수지로 전기절연성, 내열성, 내약품성이 좋아 욕조나 파이프 등에 사용된다.

50 다음 중 하천 제방의 기부에 대한 보호를 위해 가장 적합한 공법이며, 비교적 유속이 빠르고 세굴이 우려되는 지역에 활용되는 것은 무엇인가?

① 격자블럭공
② 습식종자뿜어붙이기
③ 돌망태공
④ 지오웨브공법

해설
돌망태공 : 비탈면에 용수가 있어 토사가 유실될 우려가 있는 지역, 흙이 무너진 곳을 복구할 때 적용한다. 하천 제방의 기부에 대한 보호를 위해 가장 적합한 공법이며, 비교적 유속이 빠르고 세굴이 우려되는 지역에 활용된다.

52 수평 구조체의 부재 중 아래 그림의 명칭은?

① 단순보(simple beam)
② 캔틸레버보(cantilever)
③ 내민보(pverhanging beam)
④ 고정보(fixed beam)

해설
① 단순보 : 1개의 이동 지점과 1개의 힌지 지점으로 받친 보
② 캔틸레버보 : 1단이 고정 지점이고 타단이 자유단인 보
③ 내민보 : 단순보의 부재 길이가 한쪽 또는 양쪽 지점을 넘어간 보
④ 고정보 : 양 단이 고정 지점으로 된 보

51 다음 설명하는 평판측량의 방법은?

> • 세부측량에서 가장 많이 이용되는 방법이다.
> • 평판을 한번에 세워 여러 점들을 측정할 수 있는 장점이 있다.
> • 시준을 방해하는 장애물이 없고 비교적 좁은지역에서 대축척으로 세부측량을 할 경우 효율적이다.

① 전진법
② 방사법
③ 전방교회법
④ 후방교회법

해설
방사법 : 평판측량에 의한 체부 측량법의 하나이다. 한 측점에 평판을 세우고, 그 주위에 있는 목표점의 방향선과 거리를 측정하여 점을 잡아 실지 지형을 알아낸다. 가장 많이 이용하는 방법으로 시중을 방해하는 장애물이 없을 경우 가능한 방법이다.

53 등고선에서 간곡선(間曲線)의 설명으로 옳은 것은?

① 주곡선 간격의 1/2로 하며 주곡선 만으로 지형의 상태를 명시할 수 없을 때 사용한다.
② 조곡선 간격의 1/2로 하며 지형이 복잡한 경우에 표시한다.
③ 주곡선 5개마다 읽기 쉽도록 굵게 표시한 곡선을 말한다.
④ 지형을 표시하는 데 기본이 되는 등고선이다.

해설
간곡선 : 산정 경사가 고르지 못한 완만한 경사지, 그 외에 주곡선만으로는 지모의 상태를 상세하게 나타낼 수 없는 경우에 표시하며, 주곡선 간격의 1/2 간격에 가는 긴 파선으로 나타낸다.

54 재료가 많이 소요되며, 4m 정도까지로 비교적 낮은 옹벽에 많이 쓰이는 가장 단순한 옹벽은?

① 캔틸레버 옹벽   ② 부축벽 옹벽
③ 중력식 옹벽   ④ 역T형 옹벽

해설
중력식 옹벽
• 옹벽 자체의 자중에 의해서 토압에 저항하는 것으로서 돌쌓기 또는 무근콘크리트를 사용한다.
• 옹벽의 높이 3m 이하인 경우 사용한다.
• 상단이 좁고 하단이 넓은 형태이다.

55 인공폭포나 인공동굴의 재료로 많이 쓰이는 것은?

① FRP(Fiber Reinforced Plastic)
② red wood
③ STS(Stainless Steel)
④ PE(Polyethylene)

해설
유리섬유 강화 플라스틱(FRP ; Fiberglass Reinforced Plastic)
• 최근 가장 많이 쓰이는 플라스틱 제품이다.
• 강도가 약한 플라스틱에 강화제인 유리섬유를 넣어 강화시킨 제품이다.
• 벤치, 인공폭포, 인공암, 미끄럼대의 슬라이더, 화분대, 수목 보호판 등에 이용된다.

56 실제 두 점 사이의 거리 40m가 도상에서 2mm로 표시될 때 축척은?

① 1 : 30,000   ② 1 : 25,000
③ 1 : 20,000   ④ 1 : 10,000

해설
$$축척 = \frac{실제거리}{도면거리}$$
실제거리 40m이고, 도면거리 2mm이므로
$$\frac{40m}{2mm} = \frac{40,000mm}{2mm} = 20,000$$
∴ 축척 1 : 20,000

57 석재(石材)의 손다듬기 가공순서에 대한 과정이 옳은 것은?

① 혹두기 → 도드락다듬 → 정다듬 → 잔다듬 → 갈기
② 정다듬 → 혹두기 → 잔다듬 → 도드락다듬 → 갈기
③ 혹두기 → 정다듬 → 도드락다듬 → 잔다듬 → 갈기
④ 도드락다듬 → 정다듬 → 혹두기 → 잔다듬 → 갈기

해설
가공순서
• 혹두기 : 원석을 쇠메로 쳐서 요철이 없게 다듬는다.
• 정다듬 : 정으로 쪼아 다듬어 평평하게 다듬는다.
• 도드락다듬 : 도드락 망치로 면을 다듬는다.
• 잔다듬 : 정교한 날망치로 면을 다듬는다.
• 물갈기 : 광내기

58 콘크리트 타설 후 재료분리현상에 대한 설명으로 틀린 것은?

① 풍화된 시멘트를 사용하면 재료분리현상이 심해진다.
② AE제를 사용하면 억제할 수 있다.
③ 단위수량이 너무 많은 경우 발생한다.
④ 물시멘트비를 늘리면 억제할 수 있다.

해설
물의 양이 많을수록 시공성이 좋아지는 장점은 있지만 너무 많게되면 재료분리를 일으키기 쉽다.

59 AE제를 사용하는 콘크리트의 특성에 대한 설명 중 옳지 않은 것은?

① 강도가 증가된다.
② 단위수량이 저감된다.
③ 동결융해에 대한 저항성이 커진다.
④ 워커빌리티가 좋아지고 재료의 분리가 감소된다.

해설
AE제 : 워커빌리티를 개선하고 동결융해에 대한 저항성이 증가하는 장점이 있지만, 압축강도와 철근과의 부착강도가 감소하는 단점이 있다.

60 우수유출량의 계산식 $Q = \dfrac{1}{360} CIA$ 에서에서 I는 무엇을 의미하는가?

① 유출계수
② 배수면적
③ 강우강도
④ 강우용량

해설
우수유출량 $Q = \dfrac{1}{360} CIA$
여기서, C : 유출계수
I : 강우강도(mm/hr)
A : 배수면적(ha)

제4과목 조경관리

61 다음 중 동절기의 전정 방법에 해당되는 것은?

① 도장지를 전정
② 꽃이 진 후 곧바로 전정
③ 수형을 잡아주기 위한 굵은 가지의 전정
④ 맹아지를 전정

해설
동계전정(12월~2월) : 수형을 잡아주기 위한 굵은 가지 전정으로 수목의 휴면기간에 실시한다.
• 낙엽활엽수 : 굵은 가지 강전정(수형을 잡기 위한)
• 상록수 : 동계전정 지양(내한성이 약함)
• 무궁화 : 다음 해의 신초가 나기 전(10~12월, 2월)
• 기타 : 해토 무렵 실시

62 다음 중 기계적 방제법(mechanical control)이 아닌 것은?

① 포살법   ② 가열법
③ 경운법   ④ 소살법

해설
② 가열법은 물리적 방제법에 해당한다.
해충 방제
• 생물학적 방제 : 기생성·포식성 천적, 병원미생물 이용
• 화학적 방제 : 살충제, 생리활성물질 이용
• 재배학적 방제 : 내충성·내환경성 품종 개방, 간벌, 시비
• 기계적 방제 : 포살, 유살, 소살, 경운, 차단, 박피 소각

63 다음 중 철재 놀이시설의 녹막이 칠에 부적합한 도료는?

① 광명단   ② 역청질도료
③ 아연분말도료   ④ 크레오소트유

해설
크레오소트계 방부제
크레오소트나 크레오소트와 콜타르의 혼합물에 의한 방부제로 주로 목재에 사용한다.

64 소나무 혹병의 중간기주 식물은?

① 졸참나무, 신갈나무
② 송이풀, 까치밥나무
③ 황벽나무
④ 향나무

[해설]
② 송이풀, 까치밥나무 : 잣나무 털녹병의 중간기주
③ 황벽나무 : 소나무 잎녹병의 중간기주
④ 향나무 : 배나무 적성병(붉은별무늬병)의 중간기주

66 멀칭(mulching)의 효과에 관한 설명으로 가장 거리가 먼 것은?

① 토양침식 방지
② 토양비옥도 증진
③ 태양열 복사 감소
④ 잡초 발생 조장

[해설]
멀칭은 잡초의 발생을 조장하는 것이 아닌 억제하는 효과가 있다. 멀칭의 목적은 토양 경화 방지, 습도 유지, 건조 방지, 잡초 발생 방지, 적당한 지온 유지, 비료의 분해 촉진 등 다양하다.

67 스콘 혹은 콘크리트 포장의 균열이 보이고 일부 침하현상과 부분적으로 박리현상이 생겼을 때 이용되는 공법은?

① 그라우팅 공법
② 패칭(patching) 공법
③ PC앵커 공법
④ 편책 공법

[해설]
패칭(patching) 공법
• 포장의 균열, 국부적 침하, 부분적 박리(剝離)가 있을 때 적용한다.
• 방법은 파손부분을 사각형으로 따내어 깨끗이 정리하고 택코팅을 한 후 롤러, 래머, 콤팩터 등으로 다지기를 한 다음 표면에 모래 석분을 살포한다.

65 농약의 구비조건으로 틀린 것은?

① 다른 약제와 혼용이 어려워야 한다.
② 적은 양으로도 약효가 확실하여야 한다.
③ 인축에 대하여 피해를 주지 않아야 한다.
④ 사용 작물에 대하여 약해를 일으키지 않아야 한다.

[해설]
농약은 다른 약제와의 혼용 범위가 넓어야 한다.

68 참나무류에 치명적인 피해를 주는 참나무 시들음병을 매개하는 곤충은?

① 광릉긴나무좀   ② 솔수염하늘소
③ 북방수염하늘소   ④ 털두꺼비하늘소

[해설]
참나무 시들음병의 매개충 : 광릉긴나무좀으로 졸참, 갈참, 상수리, 서어나무 등에 서식하며 수세가 약한 나무나 잘라놓은 나무의 목질부의 심재 속을 파먹어 들어가기 때문에 목재의 질이 약해진다.

69 다음 중 조경공간의 이용관리에 해당되는 것은?

① 식재수목에 대한 관리
② 기반시설물에 대한 관리
③ 관리예산과 조직에 대한 관리
④ 행사에 대한 홍보 및 프로그램 관리

해설
조경관리의 구분
• 운영관리 : 예산, 조직, 재산, 재무제도 등의 관리
• 유지관리 : 잔디, 초화류, 식재수목, 기반시설물, 편익 및 유희시설물, 건축물 등의 관리
• 이용관리 : 주민참여의 유도, 안전관리, 홍보, 이용지도, 행사 프로그램 주도

71 관리업무 수행 방식으로서 직영방식과 도급방식의 설명으로 틀린 것은?

① 직영방식은 관리주체가 직접 일정한 지침 등에 따라 운영하는 방식이다.
② 직영방식은 긴급한 대응이나 임기응변적 조치가 가능하다.
③ 도급방식은 관리전문 회사나 단체에 일정 비용을 지불하고 위탁하는 방식이다.
④ 도급방식은 소규모 보수공사나 관리공사에 효율적이다.

해설
도급방식은 규모가 큰 시설의 관리에 적합하며 전문적 지식, 기술, 자격에 의한 양질의 서비스를 제공할 수 있다.

70 어떤 농약을 500배로 희석하여 10a당 100L씩 3ha에 처리하고자 할 때 필요한 농약의 양은 얼마인가?

① 1.5L
② 6L
③ 15L
④ 30L

해설
ha당 원액 소요량 = 300a(3ha) ÷ 10a × 100L
　　　　　　　　 = 3,000L

$$총소요량 = \frac{ha당 \ 원액 \ 소요량}{희석배수}$$

$$= \frac{3,000}{500}$$

$$= 6L$$

72 매화나무의 경우 꽃이 피고 난 후 강전정을 실시하는 경우가 있는데 이러한 전정의 주목적은?

① 수형 조절
② 생장 억제
③ 수분수급 조절
④ 개화・결실 촉진

해설
개화・결실을 돕기 위한 전정
• 개화와 결실을 촉진하기 위하여 실시하는 과일나무 전정과 꽃나무류의 개화를 촉진하기 위하여 실시하는 전정을 말한다.
• 감나무 등 과일나무는 그냥 놓아두면 해거리 현상이 심하지만, 매년 알맞게 전정을 해 주면 열매가 해마다 고르게 잘 맺는다.
• 장미와 같은 꽃나무류에서 한 가지에 너무 많은 꽃봉오리가 있을 때 솎아 내는 것과 열매가 열리지 않게 잘라 내어 다음 꽃이 빨리 피게 하는 것도 이에 속한다.
• 이식 수목은 잎의 일부를 제거하여 뿌리로부터 수분의 흡수와 잎에서 이루어지는 증산의 균형을 맞추어 생리 조절을 목적으로 한다.

73 난지형 잔디의 알맞은 생육온도는?

① 5~10℃   ② 10~15℃

③ 20~25℃   ④ 25~35℃

해설

난지형 잔디의 생육온도는 25~35℃, 한지형 잔디의 생육온도는 15~24℃이다.

74 적심(摘心)에 관한 설명으로 가장 적합한 것은?

① 상록성 관목류의 전정을 통칭한다.
② 토피어리 전정의 한 방법이다.
③ 꽃눈 조절을 위한 과수의 전정 방법이다.
④ 새로 나온 연한 순을 자르는 것이다.

해설

순지르기 : 적심이라고도 하며, 식물의 줄기에서 끝부분을 따주거나 곁가지를 제거하는 것을 말한다.

75 다음 중 관리하자에 의한 사고로 볼 수 없는 것은?

① 시설의 구조 자체의 결함에 의한 것
② 시설의 노후, 파손에 의한 것
③ 위험장소에 대한 안전대책 미비에 의한 것
④ 위험물 방치에 의한 것

해설

① 시설의 구조 자체의 결함에 의한 것은 설치하자에 의한 사고이다.
관리하자에 의한 사고 : 시설의 노후, 파손, 위험물 방치, 위험장소에 대한 안전대책 미비로 발생하는 사고이다.

76 옥외 레크리에이션의 관리체계는 주요 기능의 관점에서 3가지 관리로 구성된다. 이 들 중 가장 중요한 관리는 무엇인가?

① 이용자관리(visitor management)
② 자원관리(resource management)
③ 서비스관리(service management)
④ 경관관리(landscape management)

해설

이용자(visitor)
• 레크리에이션 경험의 수요를 창출하는 주체
• 특정 개인보다는 이용자집단의 차원에서 관심과 요구도 등에 부응하여 관리
자원기반(natural resource base)
• 레크리에이션 활동 및 이용이 발생하는 근거
• 레크리에이션 경험으로서의 이용자 만족도를 좌우하는 요소
서비스관리(service management)
• 다양한 이용자 집단에게 만족스런 경험을 제공하려는 목적
• 이용자의 요구에 부응하여 가용한 자원의 서비스와 활동을 조정하는 행위
• 자원기반의 원형을 보호하는 요소

77 다음 엽면시비에 관한 설명으로 틀린 것은?

① 주로 물에 비료를 희석하여 살포한다.
② 빠른 효과를 위하여 고농도로 희석하여 연속처리한다.
③ 미량원소 중 체내 이동이 잘 안되는 Fe, Mn 등의 결핍 시에 활용된다.
④ 수용액을 고압분무기로 잎에 직접 뿌려주는 방법으로서 수용성 비료를 사용해야 한다.

해설

② 농도를 되도록 약하게 희석하여 연속으로 시비한다.
엽면시비법
• 미량원소 중 체내 이동이 잘 안되는 Fe, Mn 등의 결핍 시에 활용된다.
• 수용액을 고압분무기로 잎에 직접 뿌려 주는 방법으로서 수용성 비료를 사용하여 한다.
• 농도를 되도록 약하게 하되 연속으로 시비한다.
• 이식 후나 뿌리가 장해를 받았을 경우에 실시한다.
• 약액이 고루 부착되도록 점착제를 사용함이 효과적이다.
• 살포 시기는 한낮을 피해 맑은 날 아침이나 저녁때가 적합하다.

78 그을음병을 유발시키며 벚나무, 뽕나무, 밤나무 등에 발생하는 흡즙성 해충인 깍지벌레류의 천적으로 맞는 것은?

① 기생봉
② 거미
③ 긴등기생파리
④ 풀잠자리

깍지벌레의 천적으로는 무당벌레, 풀잠자리 등이 있다.

79 다음 소나무좀에 관한 설명 중 관계가 먼 것은?

① 유충가해기(5월경)에 구제하거나 개미붙이 등의 천적을 이용한다.
② 치명적 피해는 주지 않고 부분적으로 가해한다.
③ 이식한 소나무(적송)에 많은 피해를 준다.
④ 천공성 해충으로 분류된다.

소나무좀
월동한 어미벌레가 소나무, 곰솔, 잣나무, 리기다소나무 등 쇠약한 나무의 형성층 부위에 갱도를 만들어 수분과 양분의 이동을 막아 나무를 말려 죽인다. 새로 나온 어미벌레는 새순에 구멍을 뚫고 나무의 진을 먹으므로 가지가 부분적으로 말라 죽어 수형이 나쁘게 되기 때문에 건전한 나무에도 피해를 준다. 인근 지역에 소나무 벌채지나 원목을 집재한 곳에 있으면 피해가 증가한다.

80 다음 관수방법 중 물의 효용도가 가장 높은 관수 방법은?

① 점적관수식
② 분무관수식
③ 스프링클러식
④ 전면관수식

점적식 관수법
• 점적식 관수법은 자동식 방법의 하나로, 수목의 뿌리부분이나 지정된 지역의 지표 또는 지하에 특수한 구조의 점적기 구멍을 통해 일정 수량을 서서히 관수하는 방법이다.
• 용수 효율이 가장 높은 방법이며, 교목과 관목의 관수에 주로 쓴다.

2024년 제1회 과년도 기출복원문제

제1과목 조경계획 및 설계

01 다음 중 계단과 비교한 경사로(ramp)의 특징 설명으로 가장 적합한 것은?

① 비교적 짧은 수평거리가 요구된다.
② 지체부자유자의 이용 시 힘이 든다.
③ 장애인 등의 통행이 가능한 종단기울기는 1/18 이하로 한다.
④ 바닥표면은 광택이 있고, 보행이 자유롭게 표면이 매끄러운 재료를 사용한다.

[해설]
경사로는 계단에 비해 완만한 경사로 설계되어 있어야 하며, 장애인 등의 통행을 고려하여 기울기 1/18 이하가 적합하다. 경사로는 계단에 비해 비교적 더 긴 수평거리를 요구하며, 바닥이 미끄러지지 않도록 적당한 표면 마감이 필요하다.

02 창덕궁 내의 원림 속에 있으며, 옥류천의 북쪽에 자리 잡고 있는 삿갓지붕형의 단칸 모정(茅亭)으로 방지방도로 된 것은?

① 관람정(觀纜停)
② 소요정(逍遙停)
③ 청의정(淸漪停)
④ 청심정(淸心停)

[해설]
청의정(淸漪停)
창덕궁 옥류천 북쪽에 위치한 단칸 모정으로, 주변 풍경을 조망하기 좋으며 전통 건축양식으로 지어진 정자이다. 삿갓지붕형이며 방지방도의 형태로 구성되어 있다.

03 시야의 중거리 혹은 단거리에서 시선의 장애물이 없이 조망할 수 있는 펼쳐진 경관은?

① 지형(feature) 경관
② 전(panoramic) 경관
③ 위요(enclosure) 경관
④ 세부(detail) 경관

[해설]
전(panoramic) 경관
'panoramic'은 넓고 광범위한 경관을 의미한다. 즉, 탁 트인 시야에서 멀리까지 볼 수 있는 경관으로 장애물 없이 중거리 또는 장거리 경관을 조망할 수 있다.

04 우리나라 최초의 서양식으로 꾸며진 정원이라고 볼 수 있는 것은?

① 덕수궁 석조전 정원
② 비원
③ 파고다 공원
④ 보라매 공원

[해설]
덕수궁 석조전 정원은 우리나라에서 서양식 정원이 도입된 첫 사례로, 서양 건축 양식과 함께 정원 디자인에서도 서양적 요소를 도입한 곳이다. 1910년대에 건축된 이 석조전은 서양식 궁전과 함께 정원을 조성한 것이 특징이다.

05 다음 중국의 역대 조경가와 활동시대 연결이 옳지 못한 것은?

① 계성 – 청(淸)   ② 예운림 – 원(元)
③ 주면 – 송(宋)   ④ 염입덕 – 당(唐)

[해설]
계성은 명나라 시대의 조경가이다. 이계성의 '원야'는 중국 정원을 전문적으로 다룬 책자로 3권으로 구성되어 있다.

06 일본의 고산수(枯山水) 수법을 바르게 설명한 것은?

① 암석과 물을 사용하여 산과 바다를 표현했다.
② 아스카(飛鳥)시대부터 발전된 정원수법이다.
③ 대선원 서원과 용안사 석정은 평정고산수 수법에 의해 만들어졌다.
④ 사상적으로 정토사상과 신선사상을 배경으로 하고 있다.

해설
고산수(枯山水)는 일본의 전통정원 수법 중 하나로, 정토사상과 신선사상을 바탕으로 자연을 상징적으로 표현한 것이다. 주로 물을 사용하지 않고 암석과 모래로 산과 물의 흐름을 형상화하여 자연의 이치를 담았다.

07 용의 분수와 백개의 분수가 있는 테라스(te-rrace of hundred fountains)로 유명한 별장은?

① 란테 별장(villa Lante)
② 메디치 별장(villa Medici)
③ 데스테 별장(villa d'Este)
④ 마다마 별장(Villa Madama)

해설
빌라 데스테(16세기)
• 리고리오가 설계하였으며, 명확한 중심축을 따라 3개의 테라스가 연결되어 있다.
• 네 개의 노단으로 구성되었으며, 수경이 축선과 직교하여 정원이 전개된다.
• 정원에 물을 다양하고 풍부하게 사용하였고 100개의 분수로 물풍금과 용의 분수 등을 조성하였다.

08 색의 온도감에 관한 설명으로 틀린 것은?

① 일반적으로 명도보다 색상에 의한 효과가 크다.
② 무채색의 경우 명도가 높으면 따뜻하게 느껴진다.
③ 장파장보다 단파장 쪽의 색이 차게 느껴진다.
④ 유채색의 경우 중성색은 온도감이 느껴지지 않는다.

해설
무채색은 명도와 상관없이 차가운 느낌을 주는 색상이다. 무채색은 명도가 높아도 따뜻하게 느껴지지 않는다. 반면, 유채색은 따뜻한 색상(난색)과 차가운 색상(한색)에 따라 온도감을 다르게 느낄 수 있다.

09 관광지, 유원지 또는 국립공원의 집단시설지구 등의 계획을 할 때 활용하는 수용력 산정에 관한 공식이다. 다음 중 가장 옳게 된 계산식은?

① 최대일률 = 연간 이용자수 / 최대일이용자수
② 최대일률 = 최대일이용자수 / 연간 이용자수
③ 최대일률 = 최대시이용자수 / 최대일이용자수
④ 최대일률 = 회전율 / 연간 이용자수

해설
최대일률은 특정 지역 또는 시설의 혼잡도를 나타내는 지표로, 최대일이용자수를 연간 이용자수로 나누어 산출한다. 특정 기간 동안 어느 날 가장 많은 사람이 방문했는지 파악할 수 있다.

10 조경에서 사용되는 일반적인 옥외용 의자의 설계기준에 대한 규격으로 가장 적합한 것은?

① 앉음판 높이 : 34~46cm, 앉음판 폭 : 38~50cm
② 앉음판 높이 : 25~35cm, 앉음판 폭 : 38~50cm
③ 앉음판 높이 : 34~46cm, 앉음판 폭 : 28~35cm
④ 앉음판 높이 : 25~35cm, 앉음판 폭 : 28~35cm

해설
• 앉음판의 높이는 34~46cm를 기준으로 하되, 어린이를 위한 의자는 낮게 할 수 있다.
• 앉음판의 폭은 38~45cm를 기준으로 한다.

11 전통정원에는 차경(借景)이라고 해서 외부의 아름다운 경관을 주택의 거실이나 안방 창문 너머로 바라볼 수 있도록 배려한 경우들이 많은데, 이는 경관 형성의 우세 원칙 가운데 어떤 원칙을 적용한 것인가?

① 대비효과
② 연속효과
③ 집중효과
④ 조형(組型)효과

해설
차경(借景)은 외부의 경관을 정원 내부로 끌어들여 풍경을 구성하는 기법으로, 조형효과의 원칙에 해당한다. 이를 통해 정원의 요소가 외부 환경과 상호작용하며, 경관을 더 풍부하고 다채롭게 표현할 수 있다.

12 일반적으로 적용하는 공원 및 묘지, 골프장의 우수유출계수(雨水流出係數)로 가장 적합한 것은?

① 0.75~0.95
② 0.50~0.70
③ 0.30~0.45
④ 0.10~0.25

해설
우수유출계수는 토지의 특성에 따라 유출되는 비의 양을 나타내며 공원이나 골프장은 0.10~0.25 정도로 설정된다. 식생이 있는 지역의 물리적 특성에 따라 유출량이 적기 때문에 낮은 수치로 나타난다.
※ 유출계수

지역	유출계수
공원	0.1~0.3
잔디정원	0.05~0.25
산림	0.01~0.2
상업	0.6~0.7
주거	0.3~0.5
벽돌	0.75~0.85
아스팔트	0.85~0.9

13 Altman은 인간의 영역을 주로 사회적 단위의 측면에서 구분하였는데 다음 중 그 영역에 해당되지 않는 것은?

① 1차적 영역
② 2차적 영역
③ 3차적 영역
④ 공적 영역

해설
Altman의 사회적 단위 측면의 영역성 분류
• 1차적 영역 : 일상생활의 중심이 되는 반영구적으로 점유되는 공간
  예 가정, 사무실 등
• 2차적 영역 : 특정 사회집단이 특정 기간 동안 공동으로 점유할 수 있는 공간
  예 교실이나 기숙사식당, 교회 등
• 공적 영역 : 모든 사람의 접근이 허용되는 공간
  예 광장, 해변 등

14 Litton은 산림경관 분석 방법으로 4가지의 우세요소를 제시하였다. 경관의 우세요소가 아닌 것은?

① 질감(texture)
② 규모(scale)
③ 형태(form)
④ 색채(color)

해설
Litton의 경관 분석 방법에서는 질감, 형태, 색채가 경관의 중요한 요소로 고려되지만, 규모는 경관의 우세요소로 따로 제시되지 않는다.

15 모든 종류의 설계도, 상세도, 그리고 수량 산출서, 일위대가표, 공사비, 시방서, 공정표 등의 서류가 작성되는 계획설계의 단계는?

① 실시설계　　　② 기본계획
③ 종합 및 평가　　④ 조사분석

해설

실시설계 단계는 설계의 구체적인 실행 계획을 수립하는 과정으로, 모든 설계도와 관련 서류가 작성되는 단계이다. 이 단계에서 최종 설계안이 확정되며, 실제 공사 진행을 위한 기초 자료가 마련된다.

16 설문조사의 특성 설명으로 옳지 않은 것은?

① 표준화된 설문지를 여러 응답자에게 반복적으로 사용함으로 여러 다른 사람의 응답을 비교할 수 있다.
② 설문 작성을 위하여는 예비 조사가 필요 없다.
③ 설문조사 결과로부터 통계처리를 통하여 계량적 결론을 얻을 수 있다.
④ 앞부분의 질문이 나중의 질문에 답하는 데 영향을 미칠 수 있다.

해설

설문조사를 제대로 수행하기 위해서는 예비 조사가 필수적이다. 예비 조사를 통해 질문의 적절성을 평가하고 응답의 패턴을 미리 분석해볼 수 있다. 예비 조사 없이 설문을 진행하면 응답의 질이 낮아질 수 있다.

17 도시계획 설계에서 도시계획 지역의 구분과 지역 표현색의 연결이 틀린 것은?

① 미지정지역 – 무색
② 녹지지역 – 초록색
③ 상업지역 – 보라색
④ 주거지역 – 노란색

해설

③ 상업지역은 빨간색으로 표현한다.
용도지역 중 도시지역은 주거지역, 상업지역, 공업지역, 녹지지역의 4개 지역으로 분류하고, 주거지역은 노란색, 상업지역은 빨간색, 공업지역은 보라색, 녹지지역은 녹색으로 표시한다.

18 공원관리청은 자연공원을 효과적으로 보전하고 이용할 수 있도록 하기 위하여 용도지구를 공원계획으로 결정할 수 있다. 다음 중 용도지구에 해당되지 않는 것은?

① 공원자연보존지구
② 공원자연경관지구
③ 공원마을지구
④ 공원문화유산지구

해설

자연공원 관리와 보전을 위해 설정된 용도지구에는 자연보존지구, 마을지역, 자연환경지구, 문화유산지구 등이 포함된다.
용도지구(자연공원법 제18조 제1항)
• 공원자연보존지구 : 특별히 보호할 필요가 있는 지역
• 공원자연환경지구 : 공원자연보존지구의 완충공간으로 보전할 필요가 있는 지역
• 공원마을지역 : 마을이 형성된 지역으로서 주민생활을 유지하는 데 필요한 지역
• 공원문화유산지구 : 문화유산의 보존 및 활용에 관한 법률에 따른 지정문화유산 및 자연유산의 보존 및 활용에 관한 법률에 따른 천연기념물 등을 보유한 사찰(寺刹)과 전통사찰보존지 중 문화유산 및 자연유산의 보전에 필요하거나 불사(佛事)에 필요한 시설을 설치하고자 하는 지역

19 표면에 닿는 복사열이 흡수되지 않고 반사되는 %를 알베도(albedo)라 한다. 다음 중 지상피복조건에 따른 알베도의 값이 잘못된 것은?

① 마른모래(0.45~0.65)
② 산림(0.10~0.20)
③ 바다(0.06~0.08)
④ 초지(0.15~0.25)

해설
알베도(albedo)
표면에 닿는 복사열이 흡수되지 않고 반사되는 정도(%)로 0은 완전히 흡수됨(산림, 잔디)을 말하고, 1.0은 모든 열을 반사시키는 경우(거울)이다.
• 바다 : 0.06~0.08
• 산림 : 0.10~0.20
• 초지 : 0.15~0.25
• 검은 흙 : 0.05~0.15
• 마른 모래 : 0.25~0.55
• 젖은 모래 : 0.10~0.20
• 갓내린 눈 : 0.80~0.95
• 오래된 눈 : 0.40~0.70

20 삼국사기 백제본기에 의하면 무왕 35년에 궁 남쪽에 정원을 꾸몄다 하였는데 다음 설명 중 옳은 것은?

① 서안에 소나무를 무성하게 심었다.
② 솟는 물을 모아 연못을 만들었다.
③ 못에 섬을 만들었다.
④ 석가산을 쌓아 방장선산을 상징하였다.

해설
백제 무왕 35년의 기록에 따르면 궁 남쪽에 조성된 정원에는 못에 섬을 만들었다는 설명이 있다. 당시 백제의 정원 조경에 대한 높은 수준을 나타내며, 물과 경관의 조화를 중시했음을 보여준다.

제2과목 조경식재시공

21 학교조경 식물재료 선정 기준에 적합하지 않은 것은?

① 교과서에 취급된 식물을 우선적으로 선정한다.
② 향토식물을 선정하도록 한다.
③ 생장속도가 느린 수목은 우선적으로 선정되어야 한다.
④ 야생동물의 먹이가 풍부한 식물이 선정되어야 한다.

해설
③ 학교조경에서 식물재료를 선정 시 생장속도가 느린 수목은 학생들의 활동에 적합하지 않으며, 조경 효과가 미흡할 수 있어 생장속도가 빠른 수목을 선택하는 것이 바람직하다.

22 다음 중 음수로만 짝지어진 것은?

① 자금우, 굴거리나무
② 주목, 소나구
③ 측백나무, 식나무
④ 향나무, 사철나무

해설
• 음수 : 가시나무, 자금우, 굴거리나무, 독일가문비나무, 동백나무, 사철나무, 비자나무, 서향, 솔송나무, 송악, 식나무, 아왜나무, 전나무, 주목, 팔손이나무, 후박나무, 회양목, 솔송나무 등
• 양수 : 향나무, 삼나무, 측백나무, 노간주나무, 개잎갈나무, 무궁화, 매화나무, 살구나무, 배롱나무, 모란, 협죽도, 해당화, 자작나무, 석류나무, 위성류, 장미류, 벚나무류, 플라타너스, 조팝나무 등

23 다음 중 능소화과(科)에 속하는 수종은?

① 벽오동   ② 꽃개오동
③ 오동나무   ④ 참오동나무

해설
꽃개오동(*Catalpa ovata*)은 능소화과에 속하는 식물이며 벽오동은 벽오동과, 오동나무와 참오동나무는 현삼과에 속한다.

---

24 자연풍경식재의 정원수 기본 패턴에 해당하는 것은?

① 부등변삼각형 식재
② 4본 식재
③ 열식(列植)
④ 표본식재

부등변삼각형 식재 : 크기가 다른 세 그루의 수목을 서로 간격을 다르게 하는 동시에 한 직선 위에 서지 않도록 식재하는 방법이다. 이는 동양화의 기본 수법인 삼각법에 근거를 둔 것으로 서로 균형을 이루어 안정감을 주고 자연스럽게 보인다.

25 수관폭(樹冠幅)에 대한 설명으로 옳지 않은 것은?

① 타원형 수관폭은 최대층의 수관축을 중심으로 한 최단폭과 최장폭을 평균한 것을 택한다.
② 건설공사표준품셈에 의거하여 식재 시 규격표시는 W로 한다.
③ 도장지는 길이 1m 이상의 것만 제외시킨다.
④ 수평으로 생장하는 조형된 수관의 경우에는 수관폭의 최장폭을 수관길이로 사용한다.

③ 길이 1m 이상의 도장지는 모두 포함된다.

26 다음 중 단풍나무과(科)에 속하는 수종이 아닌 것은?

① 복장나무
② 음나무
③ 고로쇠나무
④ 신나무

② 음나무(Ulmus)는 두릅나무과에 속한다.

27 한국잔디의 설명으로 옳지 않은 것은?

① 발아가 잘 되지 않아서 주로 영양번식에 의존한다.
② 답압에 약하기 때문에 과도한 이용을 금해야 하며, 병충해에 약하여 자주 약제를 살포하여야 한다.
③ 완전포복경으로 지하경이 왕성하게 뻗어 옆으로 기는 성질이 강하다.
④ 난지형 잔디로 여름철에는 잘 자라지만, 겨울철이나 아주 추운 지방에서는 생육이 정지된다.

한국잔디는 병충해에 강하고, 지피성, 내답압성, 재생성이 강하다.

28 군집의 변화 중 천이에 대한 설명으로 올바른 것은?

① 천이를 주도하는 것은 인간이다.
② 천이는 군집에 따른 물리적 환경의 변화와는 관련이 없다.
③ 천이는 대부분 만년 이내 즉 1~5,000년 사이에서 발생된 변화다.
④ 시간의 경과에 따른 군집 변화 과정으로서 군집 발전의 규칙적인 과정을 나타낸다.

천이는 시간의 경과에 따라 환경과 군집 구조가 변화하는 과정을 의미하며, 서서히 발전해 나가는 과정을 나타낸다.

29 식재설계의 원칙을 설명한 내용으로 틀린 것은?

① 식물배치는 설계구역 내의 다른 시설 요소와 조화를 이루어야 한다.
② 자연스러움과 시각적 통일감을 위해 3, 5, 7의 홀수 식재를 해야 한다.
③ 관찰자의 전면을 중심으로 수관의 스카이라인은 아래로 향하게 한다.
④ 시각적 통일감을 위해 식물 개체는 개체로서가 아니라 집단적으로 취급해야 한다.

해설
관찰자의 전면에서 수관의 스카이라인은 위로 향하게 해야 하며, 이는 관찰자가 경관을 바라보는 방식에 따라 시각적 효과를 극대화하는 방법이다.

30 뿌리돌림 분의 크기를 정할 때 고려해야 할 조건으로 틀린 것은?

① 귀중한 수목은 크게 작업한다.
② 뿌리 발생력이 강한 수종은 작게 작업한다.
③ 심근성 수종은 천근성보다 좁고 깊게 잡는다.
④ 뿌리 발생에 불리한 지형과 토양에서는 작게 작업한다.

해설
④ 뿌리 발생에 불리한 지형과 토양에서는 나무가 새로운 뿌리를 잘 내리지 못할 가능성이 높기 때문에 이식 후 뿌리 손상을 줄이고 생존율을 높이기 위해 큰 분으로 작업해야 한다.

31 다음 생강나무와 산수유에 대한 설명 중 틀린 것은?

① 둘 다 이른 봄에 노란색 꽃이 핀다.
② 둘 다 잎의 배열은 대생이다.
③ 생강나무는 낙엽활엽관목이고, 산수유는 낙엽활엽교목이다.
④ 생강나무는 녹나무과, 산수유는 층층나무과이다.

해설
② 생강나무의 잎 배열은 호생(어긋나기)으로 마주나지 않고 줄기에서 한 장씩 어긋나게 난다.

32 다음 중 결핍증상이 오래된 잎에서부터 시작되고 줄기가 가늘고 잎이 작아지며 잎 전체가 황록색이 되게 하는 원소는 무엇인가?

① Fe   ② N
③ K   ④ Ca

해설
질소(N)의 결핍은 일반적으로 오래된 잎에서 시작되어 줄기가 가늘어지고 잎이 작아지며, 잎 전체가 황록색으로 변하는 증상을 유발한다.

33 모과나무는 정원에 즐겨 심어지는 화목류이고 열매나무이다. 다음 중 모과나무를 가리키는 학명은?

① *Rosa davurica*
② *Chaenomeles lagenaria*
③ *Chaenomeles japonica*
④ *Chaenomeles sinensis*

해설
① *Rosa davurica* : 해당화
② *Chaenomeles lagenaria* : 명자나무
③ *Chaenomeles japonica* : 풀명자나무

34 조경 식물의 명명법(命名法) 규칙에 어긋나는 것은?

① 학명은 속명에 종명이 연결된 이명식(二名式)이어야 한다.
② 서로 다른 두 식물군이 통합되었을 때는 더 오래된 군의 학명이 통합된 군의 이름으로 보유된다.
③ 학명의 구성 중 속명(屬名)은 소문자로 시작되고, 종명(種名)은 대문자로 시작된다.
④ 각 식물은 홀로 한 개의 정확한 학명을 가질 수 있다.

해설
학명에서 속명(属名)은 대문자로 시작하고, 종명(种名)은 소문자로 시작하는 것이 올바른 규칙이다.

35 다음 중 다른 수종에 비해 아황산가스에 견디는 힘이 강한 수종은?

① 굴거리나무　　　② 매화나무
③ 느티나무　　　　④ 전나무

해설
굴거리나무(*Quercus acutissima*)는 아황산가스에 대해 높은 내성을 보여 다른 수종보다 견디는 힘이 강하다.
· 아황산가스에 강한 수종 : 비자, 솔송, 왜금송, 편백, 화백, 가이즈까향나무, 개비자나무, 향나무, 가시나무, 굴거리나무, 녹나무, 태산목, 사철나무, 벽오동, 칠엽수, 무궁화, 자귀나무, 쥐똥나무, 개암나무, 유카 등
· 아황산가스에 약한 수종 : 독일가문비나무, 소나무, 대왕송, 잣나무, 일본잎갈나무, 삼나무, 느티나무, 고로쇠나무, 매실나무, 단풍나무, 전나무 등

36 암흑상태에서 식물은 호흡작용만을 함으로써 CO_2를 방출한다. 암흑상태에서 서서히 광도가 증가하면 광합성을 시작하면서 CO_2를 흡수하기 시작하는데, 호흡작용으로 방출되는 CO_2의 양과 광합성으로 흡수하는 CO_2의 양이 일치하게 되는 지점의 광도를 무엇이라 하는가?

① 고사한계점　　　② 광보상점
③ 동화효율점　　　④ 영구위조점

해설
광보상점이란 식물의 광합성량이 호흡량과 정확히 일치하는 점의 광도를 일컫는 말이다.

37 주행 중 운전자가 도로의 선형 변화를 미리 판단할 수 있도록 수목을 식재하는 수법으로 도로의 곡률반경이 700m 이하가 되는 작은 곡선부에서 식재하는 방식은?

① 명암순응식재　　　② 쿠션식재
③ 시선유도식재　　　④ 지표식재

해설
시선유도식재는 도로 곡선부에서 운전자가 미리 도로의 변화를 판단할 수 있도록 수목을 식재하는 방식이다. 주변 식생과 뚜렷한 식별이 가능한 수종(향나무, 측백, 광나무, 사찰나무 등)이 좋다.

38 일반적으로 뿌리분의 허리에 새끼를 감을 때 어느 정도 깊이로 파내려 간 후 제작하는 것이 가장 좋은가?

① 파내려 가면서 계속 감아간다.
② 모두 파내려 간 후 감아준다.
③ 1/3 정도 파내려 간 후 감아준다.
④ 2/3 정도 파내려 간 후 감아준다.

해설
뿌리분의 허리에 새끼를 감을 때 뿌리 손상을 최소화하기 위해 2/3 정도 파내려 간 후 감아주는 것이 좋다.

34 ③　35 ①　36 ②　37 ③　38 ④　정답

39 잎보다 꽃이 먼저 피는 수종으로만 짝지어진 것은?

① 배롱나무, 박태기나무
② 층층나무, 산수유
③ 산수유, 오리나무
④ 이팝나무, 조팝나무

잎보다 꽃이 먼저 피는(선화후엽형) 나무
계수나무, 목련, 살구나무, 복숭아나무, 박태기나무, 팥꽃나무, 진달래, 버드나무, 오리나무, 소사나무, 서어나무(서나무), 개암나무, 생강나무, 풍년화, 히어리(송광납판화), 네군도단풍, 산수유, 개나리, 만리화, 영춘화, 매실나무, 자두나무, 왕벚나무, 배나무, 탱자나무, 미선나무, 느릅나무 등

40 토양의 화학적 성질 중 토양산도(pH)에 관한 설명으로 틀린 것은?

① 토양 pH는 양분의 가용성을 결정하는 역할을 한다.
② 토양 pH가 증가하면 토양용액 내 칼슘, 칼륨, 마그네슘의 양이 감소한다.
③ 토양 pH 6~7은 식물양분의 용해도가 최대를 이루는 범위이다.
④ 토양 pH가 낮아지면 세균과 방사선균의 수와 활동이 줄어들게 된다.

토양 pH가 낮아질 때는 세균과 방사선균의 수와 활동이 증가하는 경향이 있다. 이렇게 되면 특정 생물군의 생육에 긍정적인 영향을 미칠 수 있다.

제3과목 조경시설물시공

41 콘크리트용 골재로서 요구되는 성질에 대한 설명 중 틀린 것은?

① 골재의 입형은 가능한 한 편평, 세장하지 않을 것
② 골재의 강도는 경화시멘트페이스트의 강도를 초과하지 않을 것
③ 골재는 시멘트페이스트와의 부착이 강한 표면구조를 가져야 할 것
④ 골재의 입도는 조립에서 세립까지 연속적으로 균등히 혼합되어 있을 것

② 골재의 강도는 경화시멘트페이스트의 강도를 초과할 수 있으며, 이는 콘크리트의 구조적 안정성에 기여한다. 강도가 낮은 골재를 사용하면 전체적인 콘크리트의 강도가 감소할 수 있다.

42 다음 중 평판측량 관련 설명으로 틀린 것은?

① 평판의 세우기는 정준, 구심, 표정의 3조건을 만족시켜야 한다.
② 측량 구역이 넓고 장애물이 있을 때는 후방교회법으로 하는 것이 좋다.
③ 대표적인 평판측량 방법에는 방사법, 전진법, 교회법이 있다.
④ 측방교회법이라 함은 시준이 잘되는 여러 목표물을 미리 정한 후 이 점들을 시준하여 다른점을 구하는 방법이다.

② 측량 구역이 넓고 장애물이 많을 경우 적합한 방법은 전진법이다. 후방교호법은 미지점에서 2개 이상의 기지점을 시준하여 미지점의 위치를 구하는 방법이다.

43 주요 조경자재 중 굳지 않은 콘크리트(레디믹스트 콘크리트)의 품질관리시험 항목으로 옳은 것은?

① 흡수율   ② 휨강도
③ 인장강도   ④ 압축강도

해설
굳지 않은 콘크리트의 품질관리에서 가장 중요한 시험 항목 중 하나는 압축강도이다. 압축강도는 구조물의 안전성과 내구성을 평가하는 핵심지표이다.

44 다음 중 옥상녹화에 대한 설명으로 가장 부적합한 것은?

① 건축으로 훼손된 도심지의 녹지 및 토양생태계를 인공지반 위에 복원하는 의미로서 도시의 열섬현상을 완화하고 건축물의 냉난방에 소요되는 에너지를 절약하는 효과가 있다.
② 창으로 자연광이 유입되거나 인공광의 도입이 가능한 지하, 발코니, 베란다 등에 식물의 생장을 위한 기반조성과 식재 등으로 기후조절 및 환경미화의 효과가 있다.
③ 옥상조경과 옥상녹화는 건축물의 중량허용에 따른 토심과 교목의 식재 여부로 구분하여, 옥상녹화는 최소한의 토심으로 지피식물이나 관목류를 피복하는 형태이다.
④ 여름철의 경우 옥상녹화를 도입한 건물의 표면온도는 일반적인 옥상보다 낮아 에너지를 절감할 수 있다.

해설
옥상녹화는 주로 옥상 위에 조성되는 것으로 지하, 발코니, 베란다의 식물생장은 옥상녹화와는 다른 개념이다. 지하 및 발코니 등에서는 기후조절이나 환경미화가 직접적으로 연결되지 않는다.

45 다음 중 계획우수량과 관련된 용어 설명 중 틀린 것은?

① 유출계수 : 유출계수는 토지이용도별 기초유출계수로부터 총괄유출계수를 구하는 것을 원칙으로 한다.
② 우수유출량의 산정식 : 최소계획우수유출량의 산정은 합리식에 의하는 것을 원칙으로 한다.
③ 확률년수 : 하수관거의 확률년수는 10~30년, 빗물펌프장의 확률년수는 30~50년을 원칙으로 한다.
④ 유달시간 : 유입시간과 유하시간을 합한 것으로서 전자는 최소단위배수구의 지표면 특성을 고려하여 구하며, 후자는 최상류관거의 끝으로부터 하류관거의 어떤 지점까지의 거리를 계획유량에 대응한 유속으로 나누어 구하는 것을 원칙으로 한다.

해설
② 합리식은 특정 지역의 강우량을 이용해 그 지역에서 발생할 수 있는 최대유출량을 계산하는 공식이지만 반드시 합리식을 사용할 필요는 없으며 항상 사용되는 것 또한 아니다.

46 타일의 소지(素地) 중 규산을 화학성분으로 한 석영·수정 등의 광물로서 도자기 속에 넣으면 점성을 제거하는 효과가 있으며, 소지 속에서 미분화하는 것은?

① 납석   ② 규석
③ 점토   ④ 고령토

해설
규석
타일의 소지로 사용될 때 점성을 줄여주고, 강도를 높이는 역할을 한다. 미세한 입자 형태로 존재하며, 도자기 속에 혼합되면 시멘트와의 결합을 도와 점성을 제거하는 효과를 발휘하는 등 타일 제작에서 매우 중요한 역할을 한다.

47 공사의 발주 방법 중 자금력과 신용 등에서 적합하다고 인정되는 특정 다수의 경쟁 참가자가 입찰하는 방법은?

① 대안입찰
② 공개경쟁입찰
③ 지명경쟁입찰
④ 제한적 평균가 낙찰제

해설

지명경쟁입찰
특정 자격을 갖춘 업체들 중에서 경쟁을 유도하는 방식으로 신용과 자금력을 기준으로 선정된 업체들만 참여하게 된다. 이 방법은 발주자가 품질이 높고 신뢰할 수 있는 업체를 확보하기 위한 방법으로 건설 품질 향상과 비용 절감을 동시에 추구할 수 있는 장점이 있다.

48 살수기(撒水器)에 관한 설명으로 옳지 않은 것은?

① 분무 살수기는 고정된 동체와 분사공만으로 된 가장 간단한 살수기이다.
② 분무입상 살수기는 살수 시 긴 잔디에 의해 방해 받지 않는다.
③ 분류 살수기는 바람의 영향을 적게 받으며, 낮은 압력하에서도 작동한다.
④ 회전입상 살수기는 낮은 압력에서도 작동되며, 소규모 관개지역에서 사용한다.

해설

④ 회전입상 살수기는 수압에 의해 회전하는 방식으로 대규모 지역에서 효율적으로 작동하며 넓은 지역에 균일하게 물을 분사하는 데 유리하다.

49 네트워크 공정표를 작성하는 주요 목적이 아닌 것은?

① 전체작업의 진행을 관리하기 위한 것이다.
② 각 공종의 소요일수를 파악 후 간단히 수정하기 위한 것이다.
③ 전체작업의 시간적 계획을 수립하기 위한 것이다.
④ 복잡한 공종 간의 연결 관계를 파악하기 위한 것이다.

해설

네트워크 공정표의 주목적은 전체작업을 관리하고, 각 작업 간의 관계를 명확히 하여 프로젝트를 효율적으로 수행하기 위해 사용된다. 각 공종의 소요일수를 간단히 수정하는 것보다는 전체적인 진행 상황과 일정관리를 중점적으로 다룬다.

50 철근과 콘크리트의 부착력 성질로 옳지 않은 것은?

① 콘크리트 압축강도가 클수록 철근의 부착력은 커진다.
② 콘크리트 철근과 부착력으로 철근의 좌굴을 방지한다.
③ 콘크리트의 부착력은 철근의 주장과 길이에 반비례하여 커진다.
④ 철근의 단면 모양과 표면의 녹 상태에 따라 부착력이 달라진다.

해설

③ 부착력은 일반적으로 철근의 주장(지름)에 비례하며, 철근의 길이가 늘어나면 부착력이 커지는 경향이 있다.

51 종자뿜어붙이기 시공과 관련된 설명 중 옳지 않은 것은?

① 네트 + 종자분사파종은 시공이 간편하여 단기간에 많은 면적을 녹화하는 데 적합하다.
② 한 종류의 발생 기대본수는 가급적 총 발생 기대본수의 80% 이하로 내려가지 않도록 한다.
③ 사용식생의 종자발아에 필요한 온도, 수분이 적당한 범위 내에서 정하되 가능한 한 봄철로 한다.
④ 초본류만을 사용하면 근계층이 얕기 때문에 비탈면이 박리(剝離)되기 쉬우므로 필요시 목본류와 혼파한다.

해설
② 한 종류의 발생기대본수는 가급적 총 발생 기대본수의 10% 이하로 내려가지 않도록 한다.

52 CPM과 비교한 PERT의 특성으로 부적합한 것은?

① PERT는 최소비용에 대한 도입이론이 없다.
② CPM과 PERT 모두 공사 전체의 파악을 용이하게 한다.
③ PERT는 소요시간 추정을 위하여 1점 추정을 한다.
④ PERT는 경험이 없는 건설공사나 비반복사업에 유리하다.

해설
PERT는 3점 추정을 통해 시간 예측을 하며 이론적으로는 불확실성을 반영하는 방식이고, CPM은 일정과 비용 관리를 중심으로 한다.

53 강의 탄소함유량이 증가함에 따른 성질 변화에 관한 설명으로 옳지 않은 것은?

① 경도가 높아진다.
② 신장률은 떨어진다.
③ 충격값은 감소한다.
④ 용접성이 좋아진다.

해설
탄소함유량이 증가하면 경도와 강도는 상승하지만, 용접성은 감소하는 경향이 있다. 탄소 함량이 높아질수록 금속의 연성이 떨어지며, 이는 용접하기 어려운 성질로 이어진다.

54 콘크리트의 거푸집 측압에 관한 일반적인 설명으로 틀린 것은?

① 타설속도가 빠르면 측압이 커진다.
② 철근량이 적을수록, 온도가 높을수록 측압이 크다.
③ 응결시간이 빠른 시멘트를 사용할수록 측압이 작다.
④ 단면이 작은 벽보다 단면이 큰 기둥에서 측압이 크다.

해설
② 철근량이 많을수록 콘크리트의 유동성이 방해받아 측압이 더 커질 수 있다.

55 공사원가 계산에 있어 일반관리비에 대한 설명으로 옳은 것은?

① 일반관리비는 본사경비이다.
② 이윤요율 적용 시 합산하여 산정하지 않는다.
③ 일반관리비 요율 적용 시 재료비는 합산하지 않는다.
④ 순공사원가 항목으로, 노무관리비 성격으로 계상한다.

해설
① 일반관리비는 회사 운영에 필요한 경비로 본사에서 발생하는 경비를 포함하며, 이윤의 산출은 일반적으로 별도로 계산된다.

56 불도저(bull dozer)의 경제적 운반거리로 가장 적합한 것은?

① 60m   ② 120m
③ 150m   ④ 200m

해설

흙 운반
- 운반거리 60m 미만 : 불도저
- 운반거리 60~100m : 불도저, 피견인식 스크레이퍼, 굴삭기 + 로더 + 덤프트럭
- 운반거리 100m 이상 : 피견인식 스크레이퍼, 모터스크레이퍼, 굴삭기 + 로더 + 덤프트럭

57 공중촬영한 사진 1매의 크기가 10 × 10cm일 때 축척이 1/5,000이면 사진 1매에 들어간 실제 면적은 얼마인가?

① 25a   ② 250a
③ 25ha   ④ 250ha

해설

축척이 1/5000이므로 사진상의 10cm는 실제 50,000cm(500m)에 해당한다.

∴ 사진 한 장의 실제 면적 : 500m × 500m = 250,000m²
= 25ha

58 어느 골재의 실적률이 60%일 때 이 골재의 공극률은 몇 %인가?

① 12.5%   ② 20%
③ 25%   ④ 40%

해설

실적률이 60%라는 것은 골재의 밀도가 60%라는 것을 의미하며, 공극률은 100%에서 실적률을 뺀 값인 40%가 된다.

59 다음 중 알루미늄의 특성으로 옳지 않은 것은?

① 내화성이 부족하다.
② 알칼리나 해수에 침식되기 쉽다.
③ 순도가 높을수록 내식성이 좋지 않다.
④ 콘크리트에 접하거나 흙 중에 매몰된 경우 부식되기 쉽다.

해설

③ 알루미늄은 순도가 높을수록 내식성이 증가한다. 즉 부식에 대한 저항력이 강해진다.

60 다음 중 석재에 대한 설명 중 틀린 것은?

① 인장강도는 압축강도보다 크다.
② 내구성, 내스성, 내화학성이 풍부하다.
③ 종류가 다양하고 색조에 광택이 있어 외관이 장중 미려하다.
④ 화열을 받으면 화강암과 같이 균열을 일으키거나 파괴되고 석회암, 대리석과 같이 분해되어 강도를 상실하는 것도 있다.

해설

석재는 일반적으로 인장강도가 압축강도보다 낮으며, 이러한 성질은 석재의 물리적 특성으로 인해 발생한다.

61 농약의 입제(粒劑)에 대한 설명으로 옳지 않은 것은?

① 살포가 용이하고 환경오염이 적다.
② 제조과정이 다른 제형보다 간단하고 값이 저렴하다.
③ 입자가 크므로 농약을 살포하는 농민에 대하여 안전성이 높다.
④ 다른 제형에 비하여 많은 양의 주성분이 투여되어야 목적하는 방제 효과를 얻을 수 있다.

[해설]
④ 입제는 주성분의 농도가 높기 때문에 적은 양으로도 효과적인 방제 효과를 얻을 수 있다.

62 역T형 옹벽과 비슷하지만 안정성이 더 요구되거나 높은 옹벽에 적용되며 저판이 길기 때문에 저판상의 성토가 자중으로 간주되므로 안정되며 경제성이 높은 옹벽은?

① L형 옹벽
② 중력식 옹벽
③ 부벽식 옹벽
④ 지지벽 옹벽

[해설]
• 역T형 옹벽 : 옹벽의 자중과 밑판 위에 있는 흙의 중량에 의해 토압에 저항하는 형식으로 철근콘크리트로 시공한다. 자중과 뒤채움 토사의 중량으로 토압에 저항하며 경제성, 시공성이 좋으므로 높이가 높을 때 유리하다.
• L형 옹벽 : 역T형 옹벽과 비슷하지만 안정성이 더 요구되거나 높은 옹벽에 적용되며 저판이 길기 때문에 저판상의 성토가 자중으로 간주되므로 안정되며 경제성이 높은 옹벽이다.

63 잔디에 뗏밥주기를 하는 이유로 적당하지 않은 것은?

① 잔디면을 평탄하게 하며 잔디깎기를 용이하게 한다.
② 호광성(好光性) 잡초종의 발아율을 낮춘다.
③ 지상부 잔디 생장점의 동결을 방지한다.
④ 토양 멀칭(mulching) 효과로 건조를 방지한다.

[해설]
뗏밥주기는 잔디의 성장을 촉진하고 토양을 건강하게 유지하기 위한 방법이다.

64 옹벽의 유지관리에 대한 설명으로 틀린 것은?

① 옹벽이 파손되어 보수가 불가능할 경우 재시공 설치한다.
② 옹벽의 경사를 확인하여 변화 상태를 점검한다.
③ 옹벽이 전도위험이 있을 때는 PC앵커 공법을 사용한다.
④ 깬 돌 메쌓기 옹벽은 배수관의 설치 및 관리가 찰쌓기보다 중요하다.

[해설]
배수관의 설치 및 관리는 모든 유형의 옹벽에서 중요하지만, 찰쌓기 옹벽은 돌을 촘촘히 쌓아올리기 때문에 배수관 설치 및 관리가 더 중요하다.

65 벚나무 빗자루병의 병원체는 무엇인가?

① 세균   ② 담자균
③ 자낭균   ④ virus

[해설]
벚나무 빗자루병은 자낭균에 의해 발생하며, 이 병원체는 벚나무의 생육에 심각한 영향을 미치고, 병의 전파를 통해 대규모 피해를 일으킬 수 있다.

66 레크리에이션 관리의 기본전략 중 폐쇄 후 육성관리에 대한 설명으로 가장 적합한 것은?

① 짧은 폐쇄, 회복기에도 최대한의 회복효과를 얻을 수 있다.
② 가장 원시적이고, 재래적인 방법이다.
③ 회복하는 데 많은 시간이 소요되는 문제점이 있다.
④ 충분한 시간과 공간이 있는 경우 적용이 가능하다.

폐쇄 후 육성관리
손상이 심한 부지에 적합한 관리방안으로 짧은 폐쇄 기간에도 최대의 회복효과를 기대할 수 있어 이용자의 불편을 줄이면서 부지를 효율적으로 복구할 수 있는 방법이다.

67 음수대의 보수 방법 중 인조석 바르기의 마무리 작업 내용으로 옳지 않은 것은?

① 한 번 바를 때의 두께는 6mm 이하로 하여 충분히 누르면서 바른다.
② 바름면은 바람 또는 직사광선 등에 의한 급속한 건조를 피하고 동절기에는 보온 양생한다.
③ 인조석이 잘 부착되도록 본체의 바탕면을 거칠게 한 후 물축임을 한다.
④ 초벌 바름 후 바름이 마르기 전에 바로 재벌 및 정벌바름을 한다.

재벌 및 정벌 작업은 초벌 바름이 마른 후에 진행해야 하며, 그렇지 않으면 부착력이 떨어질 수 있다.

68 다음 중 2~3년에 한번씩 보수가 필요한 기구가 아닌 것은?

① 목재벤치, 시소
② 목조화장실, 미끄럼틀
③ 목재놀이기구, 목재벤치
④ 분수, 야구장

일반적으로 분수의 펌프는 1회/3개월, 노즐은 1회/6개월, 수중 등은 1회/년, 피팅류는 1회/년 정기점검을 하며, 야구장은 1년에 한번씩 보수를 수행한다.

69 수목 전정의 원칙과 가장 거리가 먼 것은?

① 수목의 역지는 제거한다.
② 수목의 굵은 주지는 제거한다.
③ 무성하게 자란 가지는 제거한다.
④ 수형이 균형을 잃은 정도의 도장지는 제거한다.

굵은 주지를 함부로 제거하면 나무에 큰 손상을 입혀 구조가 약해질 수 있다.

70 다음 중 발병초기에 주로 외과적인 처치에 의해 병환부를 도려내고 약제 처리를 통해 방제할 수 있는 병으로 가장 적합한 것은?

① 부란병
② 탄저병
③ 흰가루병
④ 갈색무늬병

부란병은 발병 초기 외과적 방법으로 병환부를 제거하고 약제 처리로 방제가 가능하며, 이 병의 진행을 효과적으로 막을 수 있다.

71 다음 중 해충의 생물적 방제에 대한 설명으로 옳지 않은 것은?

① 무당벌레는 유충과 성충 모두 진딧물류를 즐겨 먹는다.
② 맵시벌류는 산란관을 이용해 기주의 체내에 알을 낳는다.
③ 바이러스에 감염된 유충은 행동이 둔하고, 몸이 경직되어 죽는다.
④ *Bacillus thuringiensis*는 나방류의 유충 방제에 많이 사용한다.

해설
바이러스에 감염된 유충은 행동이 둔하고 경직되기보다는, 몸이 부드러워지거나 액체화하여 죽는 것이 일반적이다. 대부분의 해충 바이러스는 감염된 유충의 체내에서 번식하여 조직을 파괴하고, 결국 유충이 부드러워지거나 액체처럼 분해되어 사망하는 현상이 나타난다.

72 잔디에 뗏밥주기를 실시하는 이유로 가장 거리가 먼 것은?

① 지하경과 토양의 분리를 막으며, 내한성을 증대시킨다.
② 잔디의 요철(凹凸) 부분을 평탄하게 하며, 잔디 깎기를 용이하게 한다.
③ 잔디 식생층의 증가로 답압에 의한 잔디 피해를 적게 한다.
④ 새로운 지하경을 뗏밥 속에 묻고, 오래된 지하경의 생육을 촉진함으로써 병해충의 피해를 줄인다.

해설
뗏밥주기는 새로운 지하경을 뿌리내리게 하여 잔디의 건강한 성장을 도와준다. 오래된 지하경이 피해를 받지 않도록 관리하는 것은 중요하지 않으며, 뗏밥의 주목적은 잔디의 건강한 생육을 촉진하는 것이다.

73 참나무류에 치명적인 피해를 주는 참나무 시들음병을 매개하는 곤충은 무엇인가?

① 광릉긴나무좀   ② 솔수염하늘소
③ 북방수염하늘소   ④ 털두꺼비하늘소

해설
참나무시들음병
• 병원균 : *Raffaelea quercus-mongolicae*(라펠리아 속의 신종 곰팡이)
• 매개충 : 광릉긴나무좀으로 졸참, 갈참, 상수리, 서어나무 등에 서식하며 수세가 약한 나무나 잘라놓은 나무의 목질부의 심재 속을 파먹어 들어가기 때문에 목재의 질이 약해진다.

74 콘크리트 옹벽이 앞으로 넘어질 우려가 있을 때 옹벽 배수 구멍을 뚫어 옹벽 뒷면의 지하수를 배수 구멍에 유도시킴으로써 토압을 경감시키는 공법은?

① PC앵커 공법
② 부벽식 콘크리트 옹벽 공법
③ 말뚝에 의한 압성토 공법
④ 그라우팅 공법

해설
그라우팅 공법은 물의 흐름을 조절하고, 배수 구멍을 통해 토압을 감소시켜 옹벽의 안정성을 높이는 방법이다.

75 작물이 흡수할 수 있는 토양수분(유효수분)의 수분장력은 pF 값으로 얼마나 되는가?

① 0.5~1.5   ② 1.5~2.5
③ 2.5~4.5   ④ 4.5~6.

해설
모관수(pF 2.7~4.5) : 토양의 소공극 안에서 표면장력에 의한 모세관현상으로 보유되는 것이며, 식물에 의해 유효하게 이용될 수 있는 수분이다.

76 작물보호제(농약)의 사용 방법에 관한 주의사항으로 틀린 것은?

① 입제농약은 원칙적으로 물에 희석하여 사용방법 및 사용량에 따라 사용한다.
② 포장지의 표기사항이 이해가 되지 않거나 의문사항이 있을 경우에는 해당 회사에 문의한다.
③ 수화제 및 입상수화제 등 희석제 농약은 사용약량을 지켜 물에 희석한 후 분무기를 이용하여 작물에 충분히 묻도록 뿌린다.
④ '사용적기 및 방법'란에 경엽처리 등 살포 방법이 특별히 명시되지 아니한 것은 반드시 농약 포장지를 확인 후 사용한다.

해설
① 입제 농약은 토양에 직접 뿌려져 천천히 작물에 흡수되도록 하는 방식으로 사용되며 물에 희석해서 사용하지 않는다.

77 식물의 동해 방지를 위한 방법 중 옳지 않는 것은?

① 철쭉류에 시들음 방지제(wilt-pruf)를 잎에 살포한다.
② 근원경의 5~6배 넓이로 수목 주위에 피트모스 또는 낙엽을 깔아준다.
③ 전나무 주변 토양은 0℃ 이하로 내려가기 전 흠뻑 젖도록 충분히 관수한다.
④ 소나무의 경우 계속된 추위로 토양이 얼었을 때 미지근한 물로 1주일 간격으로 토양을 녹여준다.

해설
토양이 얼었을 때 미지근한 물로 녹이는 것은 오히려 식물의 뿌리에 스트레스를 줄 수 있으며, 이는 동해를 더욱 악화시킬 수 있다. 식물은 자연적으로 회복하도록 두는 것이 중요하다.

78 물에 녹지 않는 원제를 벤토나이트·고령토 같은 점토광물의 증량제와 혼합하고 여기에 친수성·습전성 및 고착성 등을 부가시키기 위하여 적당한 계면활성제를 가하여 미분말화시킨 농약의 제형은?

① 분제 ② 유제
③ 수용제 ④ 수화제

해설
수화제
• 물에 타서 쓰는 쿤제 형태의 농약제제이다.
• 물에 녹지 않는 유효성분을 카올린, 벤토나이트 등으로 희석한 분상의 제제로 현탁액으로써 살포하는 제제(製濟) 형태이다.

79 종자와 비료, 흙을 혼합하여 네트(net)에 넣고, 비탈면의 수평으로 판 골 속에 넣어 붙이는 공법은?

① 식생구멍공 ② 식생판공
③ 식생자루공 ④ 식생매트(mat)공

해설
식생자루공(식생대공)
생육기반 및 종자를 자루에 담아 비탈면에 판 수평구 속에 넣어 붙여 일시적으로 녹화되도록 시공하는 방법이다.

80 다음 약제 중 비선택성 제초제에 해당하는 것은?

① 포클로르페누론 액제
② 에테폰 액제
③ 글리포세이트 액제
④ 디티아주론 수화제

해설
글리포세이트 액제는 비선택성 제초제로, 잡초에 대해 광범위한 방제 효과를 나타내며, 이는 작물에 비해 저항성이 없는 특성을 가진다.
• 선택성 제초제 : 번타존, 클레소딤, 아트라진, 클로르술람메틸 등
• 비선택성 제초제 : 글리포세이트, 파라콰트, 디콰트 등

제1과목 **조경계획 및 설계**

01 다음 중 독일의 풍경식 정원과 가장 관계가 깊은 것은?

① 한정된 공간에서 다양한 변화를 추구
② 동양의 사의주의 자연풍경식을 수용
③ 외국에서 도입한 원예식물의 수용
④ 식물생태학, 식물지리학 등 과학이론의 적용

해설
독일의 풍경식 정원은 19세기 말 이후 실용성과 합리성을 중시하며, 식물생태학, 식물지리학 등의 과학적 지식을 설계에 적극적으로 적용한 것이 큰 특징이다.

02 순천 선암사에 있는 삼인당의 형태로 옳은 것은?

① 정사각형
② 타원형
③ 직사각형
④ 정사각형

해설
삼인당
신라 경문왕 2년(862)에 도선국사가 축조한 연못으로, 타원형 연못이며, 연못 안에 달걀 모양(난형)의 섬이 있다.

03 고대 서부아시아의 공중정원(Hanging garden)에 대한 설명으로 옳지 않은 것은?

① 이슬람시대 4분원의 효시가 되었다.
② 지구라트에 연속된 계단식 테라스로 구성되었다.
③ 네부카드네자르 왕이 왕비를 위해서 축조하였다.
④ 벽체의 구조는 벽돌에 아스팔트를 발라 굳혀서 만들었다.

해설
① 4분원의 기원이 된 정원양식은 인도의 차하르바그이다.

04 파노라믹(panoramic)경관의 예로 가장 적합한 것은?

① 광막한 바다, 끝없는 초원
② 큰 암벽과 같은 부분 경관
③ 수목의 집단으로 둘러싸인 호수
④ 강줄기나 계곡처럼 길게 뻗은 경관

해설
파노라믹 경관은 시야가 넓고 제한받지 않으며, 멀리까지 트인 경관을 의미한다.
예 드넓은 초원, 광활한 바다, 높은 곳에서 내려다본 수평선이나 지평선 경관 등

1 ④ 2 ② 3 ① 4 ① 정답

05 조선시대 민가 정원의 특성을 설명한 것 중 가장 거리가 먼 것은?

① 뒤뜰에 화계를 만들어 꽃나무가 식재된다.
② 안뜰은 괴석, 세심석 등 점경물로 꾸며진다.
③ 풍수도참설의 영향으로 뒤뜰이 주정원으로 꾸며졌다.
④ 유교의 영향으로 남성과 여성을 위한 공간이 엄격히 구분되었다

해설
② 괴석, 세심석 등 점경물 위주 꾸밈은 민가 정원보다는 궁궐, 사대부 별서정원 등에서 사용되었다.

06 다음 중 리튼(Litton)d이 제시한 경관의 훼손가능성(landscape's vulnerability)이 높은 지역이 아닌 것은?

① 완경사보다는 급경사 지역
② 산 정상이나 능선 지역
③ 단순림보다는 혼효림 지역
④ 구심적 경관에서 초점이 되는 지역

해설
급경사, 산 정상이나 능선, 경관 초점은 모두 시각적으로 노출되기 쉬우며, 인간 활동과 개발에 매우 민감해서 경관 훼손가능성이 높다. 여러 수종이 혼합된 숲인 혼효림은 식생이 다양하고 복잡하여 훼손이 상대적으로 덜 눈에 띄고, 자연적인 복구력이 높으므로 단순림보다 오히려 훼손에 강하다.

07 바닥포장이 가져야 할 기능적이고 구성적인 요소로서 가장 관계가 먼 것은?

① 방향의 지시
② 통행속도와 리듬의 지시
③ 지면의 용도 지시
④ 가로막기의 지시

해설
가로막기의 지시는 통행 자체를 제한하거나 공간의 물리적 경계를 만드는 역할로, 포장 자체보다 구조물(울타리, 벽, 턱)의 요소에 가까워 바닥포장 설계에서 기능적·구성적 요소와 가장 관계가 멀다.

08 인간척도(human scale)가 가장 잘 나타난 그림은?

①

②

③
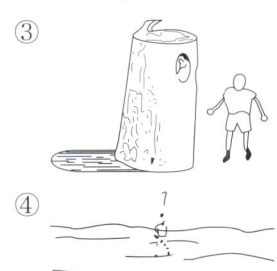

④

해설
①은 사람과 주변 나무, 벽체, 지표면 등이 자연스러운 크기 비례를 이루며 사람이 공간 속에서 부담감 없이 편안하게 존재한다. 인간척도란 공간적 요소의 크기나 비례가 인간의 신체 크기와 비교했을 때 자연스럽게 느껴지는 상태를 말한다. 사람과 주변 요소들의 크기 비례가 조화로운 경우 인간척도가 잘 표현된 것이다.

09 도시공원 및 녹지 등에 관한 법률 및 관련 법규에서 도시공원 설명으로 옳은 것은?

① 도시공원 중 소공원, 어린이공원, 근린공원은 주제공원으로 분류된다.
② 어린이공원의 규모는 1,500m² 이상의 면적을 기준으로 한다.
③ 근린공원은 도시의 각종 문화적 특징을 활용하여 도시민의 휴식·교육을 목적으로 설치하는 공원을 말한다.
④ 묘지공원 안 건축물의 건폐율은 100분의 5 이하로 하여야 한다.

해설
도시공원의 설치 및 규모의 기준 – 어린이공원(도시공원 및 녹지 등에 관한 법률 시행규칙 [별표 3])

설치기준	유치거리	규모
제한 없음	250m 이하	1,500m² 이상

10 다음 중 경복궁에 경회루(慶會樓)를 창건하고 방형(方形)의 연못을 판 시기는?

① 1394년(태조 3년)
② 1456년(세조 2년)
③ 1412년(태종 12년)
④ 1592년(선조 25년)

해설
경회루
태종 12년(1412년)에 연못을 대규모로 넓히고 원래의 작은 규모의 누각을 크게 다시 지었다. 이로써 현재의 큰 규모 경회루의 기초가 마련되었으며, 태종은 그 해에 누각의 이름을 경회루라고 명명하였다.

11 동일한 녹색을 가지고 흰 종이 위에 가는 녹색 선과 넓은 녹색 면을 만들었을 때, 녹색 선이 녹색 면보다 더 어둡게 느껴지는데 이러한 현상을 무엇이라 하는가?

① 명도대비
② 색상대비
③ 면적대비
④ 연변대비

해설
면적대비 : 같은 색이라도 면적의 크고 적음에 따라 색의 명도, 채도가 다르게 보이는 현상

12 저드(Judd D. B.) 유색채조화론의 4가지 원리가 아닌 것은?

① 안정의 원리
② 질서의 원리
③ 숙지의 원리
④ 비모호성의 원리

해설
저드(D. B. Judd, 1900~1972)
색채조화를 다음의 4가지 원리로 설명하였다.
• 질서의 원리 : 색공간에서 일정한 법칙에 따라 선택한 색은 조화한다.
• 친숙의 원리 : 자연환경에서의 색채와 같이 잘 알려진 색은 조화한다. 이는 인간에게 친숙한 자연의 색채는 이를 접하는 사람들에게 쉽게 어울릴 수 있도록 조화감을 불러 일으킨다는 원리이다.
• 유사의 원리 : 어떠한 색채라도 공통성이 있으면 조화 배색에 있어서 색상, 명도, 채도의 차이가 적고 색의 속성들이 공통적으로 가깝다고 느껴진다면 이는 조화된다는 것이다.
• 명료성의 원리 : 여러 색채의 관계가 모호하지 않고 명쾌하면 조화한다. 즉, 색상, 명도, 채도 또는 면적의 차이가 분명한 배색이 조화롭다.

13 도시의 생태적(生態的) 설계 및 관리를 주장한 사람은?

① 옴스테드(Olmsted)
② 도니(Dorney)
③ 케빈 린치(Kevin Lynch)
④ 터너드(Tunnard)

해설

도니(Dorney)
도시를 하나의 생태계로 보고, 도시설계·관리에서 자연 생태적 원리(에너지 흐름, 물질 순환, 서식처 보전)를 적용해야 한다고 주장하였다.

14 조선시대 주택공간에 있어 주작(朱雀)에 해당되며 남쪽에 만들어진 대표적 정원 시설은?

① 연못　　　　② 정자
③ 탑　　　　　④ 괴석

해설

주작은 남쪽을 상징하는 신수로, 전통 주택이나 궁궐 정원에서는 남쪽에 연못을 조성하는 것이 일반적이었다. 연못은 조선시대 정원 공간에서 중요한 요소로서 미적·기능적 역할을 하였다.

15 광원에 따라 물체의 색이 달라지는 광원의 특성은?

① 시인성　　　② 연색성
③ 항상성　　　④ 주목성

해설

연색성
조명된 물체의 색을 얼마나 자연광과 비슷하게 재현하는지를 나타내는 광원의 성질로, 연색성이 높을수록 태양광 아래에서 보던 색과 비슷하게 보인다.

16 조경계획의 자연환경분석 중에서 항공사진을 활용하여 분석하기 가장 어려운 것은?

① 토지피복 분석　　② 지형분석
③ 식생분석　　　　④ 경관분석

해설

경관분석은 주로 현장에서의 감각적인 체험, 심미적 평가, 상징적 의미 등 인간의 주관적인 요소와 관련된 질적 분석이 요구된다. 항공사진은 객관적인 사실(지형, 식생 분포 등)을 파악하는 데 유용하지만, 경관의 질적 측면이나 인간이 느끼는 정서적인 부분을 분석하기에는 한계가 있다.

17 일본정원 중 선종(禪宗)의 영향을 가장 크게 받은 시대는?

① 아즈카(비조)시대
② 무로마치(실정)시대
③ 에도(강호)시대
④ 모모야마(도산)시대

해설

선종은 중국 송대의 선불교가 일본에 전래된 것으로 명상·수행·직관·절제를 중시하는 불교 형태이다. 일본 정원사에서 선종 불교가 정원에 강한 영향을 미치기 시작한 시기가 무로마치시대이다.

18 우리나라 최초의 서양식으로 꾸며진 정원이라고 볼 수 있는 것은?

① 덕수궁 석조전 정원
② 비원
③ 파고다 공원
④ 보라매 공원

해설

덕수궁 석조전 정원은 우리나라에서 서양식 정원이 도입된 첫 사례로, 서양 건축 양식과 함께 정원 디자인에서도 서양적 요소를 도입한 곳이다. 1910년대에 건축된 이 석조전은 서양식 궁전과 함께 정원을 조성한 것이 특징이다.

19 정투상도에 의한 제1각법으로 도면을 그릴 때 도면 위치로 옳은 것은?

① 정면도를 중심으로 평면도가 위에, 우측면도는 정면도의 왼쪽에 위치한다.

② 정면도를 중심으로 평면도가 위에, 우측면도는 정면도의 오른쪽에 위치한다.

③ 정면도를 중심으로 평면도가 아래에, 우측면도는 정면도의 오른쪽에 위치한다.

④ 정면도를 중심으로 평면도가 아래에, 우측면도는 정면도의 왼쪽에 위치한다.

해설
제1각법은 투영도법에서 물체를 제1각에서 투영하는 방법으로, 정면도가 위쪽, 평면도가 아래쪽에 그려진다. 제3각법은 제3각에서 투영하여 평면도가 위쪽, 정면도가 아래쪽에 그려져 제1각법과 반대이다.

20 축(axis)에 대한 설명으로 옳지 않은 것은?

① 지향적(指向的)

② 자연적(自然的)

③ 질서적(秩序的)

④ 우세적(優勢的)

해설
축은 자연적으로 생기는 요소가 아니라 설계자가 의도적으로 만드는 인위적 공간 개념이다.

제2과목 조경식재시공

21 다음 중 상록성인 식물은?

① 모과나무   ② 채진목

③ 산사나무   ④ 비파나무

해설
비파나무
• 장미목 장미과에 속하는 상록활엽소교목이다.
• 줄기는 높이 3~8m이지만 10m에 이르기도 하며, 어린 가지에 갈색 털이 많고, 잎자루는 없거나 1cm 즈음이다.
• 잎은 어긋나며 좁은 도란형 또는 긴 타원형으로 길이 15~30cm, 폭 3~9cm이고, 가장자리에 이 모양 톱니가 드문드문 나 있다.
• 잎 앞면은 털이 없고 윤이 나며 뒷면은 갈색 털이 있고 가죽질이다.

22 다음 중 방음식재용으로 적합한 수종은?

① 아왜나무   ② 은행나무

③ 찔레나무   ④ 측백나무

해설
방음식재용 수종으로는 잎이 치밀한 상록교목이 바람직하며, 지하고가 낮고 자동차 배기가스에 견디는 힘이 강한 수종이 좋다. 구실잣밤나무, 녹나무, 태산목, 아왜나무, 광나무, 꽝꽝나무, 동백나무, 호랑가시나무, 미루나무, 벽오동, 가중나무, 왕버들, 쥐똥나무, 가이즈까향나무, 개나리, 비자나무, 사철나무, 돈나무, 식나무 등이 있다.

23 실내식물 생육 시 빛의 강도가 너무 약할 때 일어나는 현상이 아닌 것은?

① 잎이 황색으로 변한다.
② 잎이 마르고 희게 된다.
③ 점차적으로 잎이 떨어진다.
④ 잎의 두께가 얇아지고 줄기가 가늘어진다.

해설
광도와 식물의 생장
• 광도가 너무 약하면 일어나는 현상 : 잎이 황색으로 변하고, 새로 생긴 잎이 점차 떨어지며, 기존 잎의 두께가 얇아지거나 줄기가 가늘어진다.
• 광도가 너무 강하면 일어나는 현상 : 잎이 그을리거나 탈색되고, 내음성 식물의 경우에는 잎이 마르고 흰색으로 변하며 결국에는 죽게 된다.

24 일조가 식물에 미치는 영향에 관한 설명 중 틀린 것은?

① 너도밤나무와 주목은 빛이 약한 곳에서도 잘 생육하는 음수이다.
② 태양광선은 직사광선과 반사광선으로서 식물체에 도달하여 광합성 작용의 에너지가 된다.
③ 일조가 좋은 곳일수록 나뭇잎이 무성해지며, 나뭇잎이 무성해질수록 생장이 좋아진다.
④ 증산작용은 온도, 바람의 영향을 받지만 일조의 강도가 높아지면 증산작용도 증가한다.

해설
③ 잎이 과도하게 무성하면 빛이 하부로 전달되지 않고 내분분화가 일어나 오히려 생장에 불리하게 작용할 수 있고, 통풍이 저해되어 병해가 증가할 수 있다.

25 소나무류(hard pine)와 잣나무류(soft pine)의 식별에 있어 옳지 않은 것은?

① 잣나무는 잎이 3~5개이고, 소나무류는 2~3개이다.
② 잣나무류의 아린은 곧 떨어지고, 소나무류는 끝까지 남아있다.
③ 잣나무류는 침엽이 달렸던 자리가 도드라졌고, 소나무류는 잎이 달렸던 자리가 밋밋하다.
④ 잣나무류의 실편(實片)은 끝이 얇고 가시가 없으며, 소나구류의 실편은 끝이 두껍고 가시가 있다.

해설
③ 잣나무류는 잎이 달렸던 자리가 밋밋하다.

26 잎이 황색 또는 갈색으로만 물드는 수목이 아닌 것은?

① 붉나무(*Rhus javanica* L.)
② 은행나무(*Ginkgo biloba* L.)
③ 양버즘나무(*Platanus occidentalis* L.)
④ 튤립나무(*Liriodendron tulipifera* L.)

해설
붉나무 잎은 가을에 노랗다가 선명한 붉은색으로 물든다.

27 벽면을 식물로 녹화시킴으로써 얻을 수 있는 효과로 가장 거리가 먼 것은?

① 도시경관의 향상
② 방음의 방진효과
③ 도심 열섬현상 완화
④ 여름철 건물 벽면의 복사열 증진효과

해설

복사열은 열이나 빛이 전자기파 형태로 매질 없이 퍼져나가서 물체에 흡수될 때 전달되는 열에너지로, 벽면녹화를 통해 복사열의 감소효과를 얻을 수 있다.

28 당년지에서 개화하기 때문에 2~3년의 굵은 가지를 전정하여도 개화에 영향이 크지 않는 수종은?

① 배롱나무 　　② 벚나무
③ 목련화 　　④ 꽃사과

해설

배롱나무는 봄 전정을 하더라도 병충해 관리와 수형유지에 도움이 되고, 그 해의 새순에서 꽃이 피기 때문에 2~3년 된 가지를 잘라도 개화가 잘된다.

29 다음 중 다량원소에 속하는 것은?

① N 　　② B
③ Fe 　　④ Mo

해설

필수원소
• 다량원소 : C, H, O, N, P, K, Ca, Mg, S
• 미량원소 : Fe, B, Mn, Cu, Zn, Mo, Cl

30 식물분류학상 1속 1종에 속하는 식물은?

① 미선나무
② 플라타너스
③ 목련
④ 배롱나무

해설

1속 1종은 하나의 속(genus)에 속하는 종(species)이 단 하나뿐인 경우를 뜻하며, 미선나무는 물푸레나무과의 미선나무속에 단 하나의 종만 존재하는 세계적인 1속 1종 희귀식물이다.

31 다음 (　　) 안에 공통으로 들어갈 매립지 복원 공법은?

> • (　　)은 산흙 식재기반 조성 시 하부층이 세립미사질토인 경우 적용하는 공법이다.
> • (　　)은 세립미사질토가 가장 많은 중심부에서 외곽부로 모래 배수구를 만들어준 후 그 위에 산흙을 넣어 수목을 식재하는 방법이다.

① 성토법 　　② 사공법
③ 사토객토법 　　④ 사구법

해설

사구법
수축된 중앙에서 외곽부로 배수구를 설치하고, 배수구에 모래 흙을 혼합하여 넣은 후 수목을 식재하는 방법이다.

27 ④　28 ①　29 ①　30 ①　31 ④　정답

32 다음 중 울릉도가 원산지인 나무는?

① 느티나무
② 섬잣나무
③ 계수나무
④ 삼나무

섬잣나무
• 소나무목 소나무과에 속하는 상록성 겉씨식물이며, 산 중턱 사면 및 능선부에 나는 침엽교목으로 높이 30m, 지름 60cm 정도로 자란다.
• 나무껍질은 짙은 회색 또는 암갈색이며 엷은 조각으로 벗겨지고, 어린가지가 처음에는 녹색이었다가 차츰 황갈색으로 변하며, 털이 있기도 하나 차츰 떨어진다.
• 조경수, 분재용으로 심고, 목재는 가구재, 건축재, 도구재로 이용한다.
• 우리나라 경상북도 울릉도에 자생하며 일본에도 분포한다.

34 다음 수목 이식 시 절단된 뿌리에 대한 조치 중 적합하지 않은 것은?

① 뿌리의 졸단된 부분의 표면적이 넓어지도록 하여 뿌리의 발생이 많아지게 한다.
② 굵은 뿌리의 절단된 부위에 콜타르 등을 발라 준다.
③ 절단된 부위에 발근 촉진제를 발라준다.
④ 절단된 부위에 부패 방지제를 발라준다.

③ 발근 촉진제를 절단면에 직접 바르는 것은 약해를 유발할 수 있고 절단면의 보호효과가 없어 사용하기에 부적합하다.

33 일반적으로 한해살이 화초 중에서 키가 가장 큰 것은?

① 프리뮬러   ② 접시꽃
③ 클레오메   ④ 제라늄

일반적으로 한해살이 화초는 30~80cm 정도의 초화가 많지만, 클레오메는 생육이 빠르고 장간 형성이 강해 1m 이상 크게 자라는 대형 한해살이 초화이다.

35 다음 중 비료에 대한 요구도(要求度)가 가장 큰 잔디는?

① 버뮤다그래스
② 켄터키블루그래스
③ 라이그래스
④ 한국잔디

잔디의 비료 요구도는 생육속도가 빠르고 난지형 특성이 강한 잔디일수록 높다. 버뮤다그래스는 질소 요구량이 매우 높아 가장 많은 시비가 필요하다.

36 수목의 수피 색깔이 틀린 것은?

① 자작나무 : 백색

② 곰솔 : 황색

③ 벽오동 : 녹색

④ 낙우송 : 적갈색

② 곰솔의 수피는 거칠고 흑갈색에 가깝다.

37 외떡잎식물의 특징이 아닌 것은?

① 떡잎이 한 장이다.

② 보통 옆맥이 그물맥(망상맥)이다.

③ 관다발조직이 줄기 내에 흩어져 있다.

④ 보통 원뿌리가 없는 수염뿌리를 가지고 있다.

② 그물맥(망상맥)은 쌍떡잎식물의 특징이다.
외떡잎식물
떡잎이 하나이며 잎맥은 평행맥이고, 관다발이 줄기 속에 흩어져 있으며 수염뿌리를 가진다는 특징이 있다.

38 서어나무에 대한 설명으로 틀린 것은?

① 꽃은 잎보다 먼저 핀다.

② 자작나무과(科) 식물로 잎은 호생이다.

③ 우리나라 온대림의 극상림 우점종이다.

④ 수피는 부분적으로 떨어지고, 가로형의 피목이 발달한다.

서어나무
• 자작나무과에 속하며 우리나라 온대림의 대표적인 극상림 우점종으로 알려져 있다.
• 수피는 세로로 깊게 갈라지지만, 그 느낌이 거칠지 않고 물결처럼 부드럽다.

39 고속도로에서의 식재기능으로서 적합하지 않은 것은?

① 지표식재

② 시선유도식재

③ 차광식재

④ 가로수식재

④ 가로수는 시가와 도로변에 심는 수목으로 고속도로에는 적합하지 않다.
고속도로식재의 기능과 종류

기능	식재의 종류
주행기능	시선유도식재, 지표식재
사고방지기능	차광식재, 명암순응식재, 진입방지식재, 완충식재
방재기능	비탈면식재, 방풍식재, 방설식재, 비사방지식재
휴식기능	녹음식재, 지피식재
경관기능	차폐식재, 수경식재, 조화식재
환경보존기능	방음식재, 임연보호식재

40 인공지반 위에 식재할 때 고려해야 할 사항 중옳지 않은 것은?

① 중량이 가벼운 흙을 쓰도록 한다.

② 방수를 철저히 하여 빗물이 배수되지 않도록 유의한다.

③ 교목은 지주를 세워 바람에 쓰러지지 않도록 한다.

④ 스프링클러를 설치하여 주기적으로 관수를 해주어야 한다.

② 인공지반에서는 배수가 가장 중요한 요소이며, 빗물이 배수되지 않으면 식물 뿌리의 고사와 구조물 손상을 유발한다.

41 조경시공관리 중 시공의 3대 관리에 해당하지 않는 것은?

① 품질관리 　　　　② 환경관리
③ 원가관리 　　　　④ 공정관리

해설
시공관리의 3대 기능 : 품질관리, 원가관리, 공정관리
※ 공정관리의 정의
• 제한된 공사기간 내에 계약된 공사 내용을 차질 없이 경제적으로 시행하기 위해서는 미리 공사 일정에 대한 합리적인 계획을 세워야 한다.
• 공정계획을 세울 때 기본적으로 고려해야 할 사항은 사전 조사된 내용, 공사의 종류와 공사량, 공사기간 및 실제 작업 가능 일수, 시공 방법 및 시공 순서, 자금의 운용 방법, 시공에 사용될 자재, 장비, 인력의 적절한 배분 등이다.

42 덤프트럭이 800m 지점에서 표토를 운반하려 한다. 적재 시 운행속도는 40km/hr이고, 빈 차로 운행 시 운행속도는 공차 시 보다 30% 증가한다면 주행 시간은?

① 2.1분 　　　　② 5.4분
③ 8.4분 　　　　④ 12분

해설
• 적재 상태 주행시간
  0.8km ÷ 40km/h = 0.02시간
• 빈 차 상태 주행시간
  빈 차로 돌아올 때는 적재 상태보다 속도가 30% 증가하므로
  40km/h × 1.3 = 52km/h
  0.8km ÷ 52km/h = 0.01538시간
∴ 왕복시간 = 적재시간 + 빈차시간
  　　　　 = 0.02 + 0.01538 = 0.03538시간
  　　　　 = 0.03538시간 × 60 = 2.123분(∵ 1시간 = 60분)

43 다음 토양수분의 보수성에 대한 설명 중 표면장력에 의해 수분이 이동하며, 식물에 가장 잘 이용되는 수분은?

① 중력수 　　　　② 모관수
③ 수화수 　　　　④ 흡습수

해설
모관수(pF 2.7~4.2)
토양공극 내에서 표면장력에 의한 모관현상으로 지하수가 모관공극을 따라 상승하여 작물에 공급되고, 작물이 가장 유용하게 이용하는 수분이다.

44 통계적 품질관리에서 측정값의 산포상태를 표현하는 용어가 아닌 것은?

① 분산 　　　　② 범위
③ 중앙치 　　　　④ 표준편차

해설
③ 중앙치(median)는 데이터의 가운데 값, 즉 중심 위치를 표현하는 용어이다.

45 네트워크 공정표 중 더미(dummy)에 대한 설명으로 옳은 것은?

① 하나의 선행작업을 나타낸다.
② 가장 중요한 공정을 나타낸다.
③ 선행과 후행의 관계만 나타낸다.
④ 가장 시간이 긴 경로를 나타낸다.

해설
네트워크 공정표에서 더미는 점선·화살선 형태로 표현되며, 실제 작업량이나 시간이 없는 명목상 작업이다. 즉, 실질적인 공정이 아닌 네트워크 작업들 사이의 선후 관계만을 나타낸다.

46 목재의 건조방법은 크게 자연건조법과 인공건조법으로 나눌 수 있다. 다음 중 목재의 건조방법이 나머지 셋과 다른 것은?

① 훈연법　　　　　② 자비법
③ 증기법　　　　　④ 침수법

해설

목재의 건조방법
• 자연건조법 : 공기건조법, 침수법
• 인공건조법 : 자비법, 증기법, 열기법, 훈연법, 진공법, 고주파
　건조법

47 조경공사에 있어서 시방서, 설계도면 등 설계서 간의 내용이 상이한 경우 적용순위로 옳게 된 것은?

① 현장설명서 → 공사내역서 → 특별시방서 → 설
　계도면
② 공사내역서 → 설계도면 → 현장설명서 → 특별
　시방서
③ 설계도면 → 물량내역서 → 공사시방서 → 현장
　설명서
④ 현장설명서 → 공사시방서 → 설계도면 → 물량
　내역서

해설

계약으로 그 적용의 우선순위를 정하지 않은 경우 적용순서
현장설명서 → 공사시방서 → 설계도면 → 표준시방서 → 물량
내역서
모호한 경우 발주자(감독자) 지시에 따르도록 규정한다.

48 중용열 포틀랜드 시멘트의 일반적인 특징 중 옳지 않은 것은?

① 초기강도가 크다.
② 건조수축이 적다.
③ 수화발열량이 적다.
④ 내구성이 우수하다.

해설

중용열 포틀랜드 시멘트의 초기강도는 보통 시멘트에 비해 작으나 장기강도는 같거나 약간 크다.

49 다음 설명의 (　　) 안에 적합한 구근류는 무엇인가?

> (　　)은/는 봄에 정식하여 여름에 개화하고 가을에 수확하는 춘식구근으로 월동의 한 수단으로 휴면에 들어가며, 휴면은 주로 생체(구근) 내 발아억제물질과 발아촉진물질들의 균형에 의한 것으로 휴면은 시간이 경과하면 자연적으로 타파된다. 번식방법은 실생, 분구, 자구 및 조직배양 등 여러 가지가 있으나 주로 자구에 의해 번식한다.

① 수선화　　　　　② 백합
③ 크로커스　　　　④ 글라디올러스

해설

글라디올러스
• 구근류의 대표적인 작물로 남아프리카 원산의 여러해살이풀
　이며, 붓꽃과에 속한다.
• 세계적으로 약 200종 이상의 원종이 분포하며, 높이는
　80~100cm 정도이다.
• 꽃줄기는 편평하며 원줄기는 녹색이다.
• 구근은 수확 후 자연 상태에서 2~3개월 정도의 휴면기를 거
　치면서 휴면이 자연적으로 타파되고, 해마다 갱신된다.
• 절화로 노지에서 6~10월, 하우스 촉성과 억제재배에서 1~4
　월까지 재배되어 연중 출하된다.

50 다음은 조경설계기준상 수목의 측정지표에 대한 설명이다. ( ) 안에 적합한 숫자는 무엇인가?

> '흉고직경(B)'은 지표면으로부터 1.2m 높이의 수간의 직경을 말한다. 단, 둘 이상으로 줄기가 갈라진 수목의 경우는 다음과 같이 한다(단위 : cm).
> ① 각 수간의 흉고직경 합의 ( )%가 그 수목의 최대흉고직경보다 클 때는 흉고직경 합의 ( )%를 흉고직경으로 한다.
> ② 각 수간의 흉고직경 합의 ( )%가 그 수목의 최대흉고직경보다 작을 때는 최대흉고직경을 그 수목의 흉고직경으로 한다.

① 50 　　　　　　② 60
③ 70 　　　　　　④ 80

해설

수목의 측정지표(조경설계기준)
• '수고(H)'는 지표에서 수목 정단부까지의 수직거리를 말하며 도장지는 제외한다. 단, 소철, 야자류 등 열대·아열대 수목은 줄기의 수직 높이를 수고로 한다(단위 : m).
• '흉고직경(B)'은 지표면으로부터 1.2m 높이의 수간의 직경을 말한다. 단, 둘 이상으로 줄기가 갈라진 수목의 경우는 다음과 같이 한다(단위 : cm).
　– 각 수간의 흉고직경 합의 70%가 그 수목의 최대흉고직경보다 클 때는 흉고직경 합의 70%를 흉고직경으로 한다.
　– 각 수간의 흉고직경 합의 70%가 그 수목의 최대흉고직경보다 작을 때는 최대흉고직경을 그 수목의 흉고직경으로 한다.
• '근원직경(R)'은 수목이 굴취되기 전 생육지의 지표면과 접하는 줄기의 직경을 말한다. 가슴높이 이하에서 줄기가 여러 갈래로 갈라지는 성질이 있는 수목인 경우 흉고직경 대신 근원직경으로 표시한다(단위 : cm).
• '수관폭(W)'은 수관의 직경을 말하며 타원형 수관은 최대층의 수관축을 중심으로 한 최단과 최장의 폭을 합하여 나눈 것을 수관폭으로 한다(단위 : m).
• '수관길이(L)'는 수관의 최대길이를 말한다. 특히, 수관이 수평으로 생장하는 특성을 가진 수목이나 조형된 수관일 경우 수관길이를 적용한다(단위 : m).
• '지하고'는 수목의 줄기에 있는 가장 아래 가지에서 지표면까지의 수직거리를 말한다(단위 : m).

51 건축 부문에서 일위대가표를 작성할 때 일위대가표의 계금 단위표준은 어떻게 적용시키는가?

① 0.1원까지는 쓰고 그 이하는 버린다.
② 1원까지는 쓰고 그 미만은 버린다.
③ 1원까지는 쓰고 소수위 1위에서 사사오입한다.
④ 0.1원까지 쓰고 소수위 2위에서 사사오입한다.

해설

금액의 단위
• 설계서의 총액 : 단위(원), 지위(1,000) 이하 버림(단, 만원 이하일 때 100원까지)
• 설계서의 금액란 : 단위(원), 지위(1) 미만 버림
• 일위대가표의 계금 : 단위(원), 지위(1) 미만 버림
• 일위대가표의 금액란 : 단위(원), 지위(0.1) 미만 버림

52 다음 중 열경화성 합성수지는?

① 아크릴수지
② 페놀수지
③ 염화비닐수지
④ 폴리에틸렌수지

해설

페놀수지 : 무색투명한 대표적인 열경화성 합성수지로 강도, 전기절연성, 내산성, 내열성, 내수성 모두 좋으나 내알칼리성이 약함

53 석재의 비중은 조암광물의 성질, 비율, 공극의 정도 등에 따라 달라진다. 다음 중 일반적으로 비중이 가장 높은 것은?

① 화강암
② 안산암
③ 사문암
④ 응회암

③ 사문암 : 약 2.8~3.1
① 화강암 : 약 2.6
② 안산암 : 약 2.7
④ 응회암 : 약 2.0~2.2

55 축척 1/1,000의 지형도를 이용하여 축척 1/5,000 지형도를 제작하려고 한다. 1/5,000 지형도 1장의 제작을 위해서는 1/1000 지형도가 몇 장 필요한가?

① 5장
② 15장
③ 25장
④ 30장

축척의 비율
$1/5,000 ÷ 1/1,000 = 1/5$
∴ $(5,000 ÷ 1,000)^2 = 25$배

54 다음 중 석재에 대한 설명 중 틀린 것은?

① 인장강도는 압축강도보다 크다.
② 내구성, 내수성, 내화학성이 풍부하다.
③ 종류가 다양하고 색조에 광택이 있어 외관이 장중 미려하다.
④ 화열을 받으면 화강암과 같이 균열을 일으키거나 파괴되고 석회암, 대리석과 같이 분해되어 강도를 상실하는 것도 있다.

석재는 일반적으로 인장강도가 압축강도보다 낮으며, 이러한 성질은 석재의 물리적 특성으로 인해 발생한다.

56 조경공사에서 가장 많이 사용되며, 간단한 공사의 공정을 단순비교 할 때 흔히 사용되는 공정관리 기법은?

① 횡선식 공정표(Bar Chart)
② 네트워크(Net work) 공정표
③ 기성고 공정곡선
④ 간트차트(Gantt Chart)

횡선식 공정표는 세로축에 작업별 공사명, 가로축에 날짜를 두고 각 공사의 소요 시간을 막대그래프로 표시하는 공정표이다. 작업 기간과 진척 상황을 한눈에 파악할 수 있어 이해하기가 쉽고, 세부 일정 관리가 용이하다.

57 다음 굴삭기의 시간당 작업량 계산공식 중 f가 의미하는 것은?

$$Q = \frac{3600 \times q \times K \times f \times E}{C_m}$$

① 버킷용량

② 버킷계수

③ 작업효율

④ 체적환산계수

해설

굴삭기(유압식 백호)의 작업량 $Q = \dfrac{3600 \times q \times K \times f \times E}{C_m}$

여기서, Q : 시간당 작업량(m^3/hr 또는 ton/hr)

　　　　q : 버킷용량(m^3)

　　　　K : 버킷계수

　　　　f : 토량환산계수

　　　　E : 작업효율

　　　　C_m : 1회 사이클시간(초)

58 토층단면의 각 층위를 지표면으로부터 바르게 나열한 것은?

① 용탈층 → 집적층 → 모재층 → 모암 → 유기물층

② 집적층 → 모암 → 모재층 → 유기물층 → 용탈층

③ 모재층 → 유기물층 → 집적층 → 용탈층 → 모암

④ 유기물층 → 용탈층 → 집적층 → 모재층 → 모암

해설

토양단면의 층위는 지표면에서부터 유기물층(O층) – 용탈층(A층) – 집적층(B층) – 모재층(C층) – 모암(R층) 순으로 구성되어 있다.

59 목재의 수축 및 팽윤과 관련되어서 발생하는 현상이 아닌 것은?

① 할렬

② 비틀림

③ 응력완화

④ 건조응력

해설

③ 응력완화는 동일 응력이 지속될 때 내부 응력이 서서히 감소하는 일반 재료역학 용어로, 목재 건조 시 자연적으로 발생하는 현상은 아니다.

목재는 건조 과정에서 내부 수분 변화로 수축, 팽윤, 비틀림, 건조균열(할렬), 건조응력 등이 발생한다.

60 고온으로 가열하여 소정의 시간 동안 유지한 후에 냉수, 온수 또는 기름에 담가 급랭하는 처리로 강도 및 경도, 내마모성의 증진을 목적으로 실시하는 강의 열처리법은?

① 담금질(quenching)

② 불림(normalizing)

③ 뜨임(tempering)

④ 풀림(annealing)

해설

담금질

강재를 고온으로 가열한 뒤 일정 시간 유지하고, 이후 냉수·온수·기름 등으로 급랭시키는 열처리 방법으로, 강의 강도, 경도, 내마모성을 크게 높이기 위해 실시하는 가장 대표적인 강화 열처리 공정이다.

61 다음 중 아스팔트 콘크리트 포장 시 포장균열의 보수방법 중 틀린 것은?

① 팽창 줄눈공법
② 패칭(patching)공법
③ 표면처리공법
④ 덧씌우기(overlay)공법

해설

팽창 줄눈공법
콘크리트 도로의 팽창 및 수축을 흡수하는 줄눈을 시공하는 방법으로, 기존 파손이나 균열을 보수하는 목적이 아니라 구조적 균열 방지 또는 신설 시공에 사용하는 설계 공법이다.

62 어느 토양의 진비중(입자밀도)이 2.6이고 가비중(용적밀도)이 1.3이었다. 이 토양의 공극률은?

① 40%
② 45%
③ 50%
④ 55%

해설

공극률 = [1 − (가비중/진비중)] × 100
　　　　= (1 − 0.5) × 100
　　　　= 50%

63 안전관리에 있어서 설치하자의 사고에 해당하지 않는 것은?

① 시설의 구조자체 결함
② 시설설치의 미비
③ 시설배치의 미비
④ 위험장소의 안전대책 미비

해설

④ 위험장소의 안전대책 미비는 시설이 이미 설치된 후, 즉 이용·운영 및 유지·관리 단계에서의 안전대책 부족으로 인해 발생한 사고이다.

64 잔디의 수액을 빨아먹는 해충에 해당하지 않는 것은?

① 진딧물류
② 긴노린재류
③ 응애류
④ 나방류

해설

④ 나방류 유충 : 잔디의 잎이나 줄기를 갉아 먹어 피해를 준다.
①·②·③ 진딧물류, 긴노린재류, 응애류 : 입틀이 흡즙형으로 되어 있어 잔디 조직에 침을 찔러 넣고 수액을 빨아먹는다.

65 그을음병을 유발시키며 벚나무, 뽕나무, 밤나무 등에 발생하는 흡즙성 해충인 깍지벌레류의 천적으로 맞는 것은?

① 기생봉
② 거미
③ 긴등기생파리
④ 풀잠자리

해설

깍지벌레의 천적으로는 무당벌레, 풀잠자리 등이 있다.

66 잡초 방제에 대한 설명으로 옳지 않은 것은?

① 짚 멀칭도 잡초 방제의 효과가 있다.
② 제초제에는 2,4-D, 시마네제, 파미드제 등이
있다.
③ 농약과 비료를 함께 뿌리는 것이 노력 절감이 되
므로 되도록 혼용하여 사용한다.
④ 시기적으로 몇 가지 제초제를 체계적으로 사용
한다.

해설
③ 비료와 농약을 혼용하면 약물 피해, 비료의 화학적 변성, 약제
효과 저하가 발생할 수 있어 가능하면 혼용을 피해야 한다.

67 다음 엽면시비에 관한 설명으로 틀린 것은?

① 주로 물에 비료를 희석하여 살포한다.
② 빠른 효과를 위하여 고농도로 희석하여 연속처
리한다.
③ 미량원소 중 체내 이동이 잘 안되는 Fe, Mn 등의
결핍 시에 활용된다.
④ 수용액을 고압분무기로 잎에 직접 뿌려주는 방
법으로서 수용성 비료를 사용해야 한다.

해설
② 농도를 되도록 약하게 희석하여 연속으로 시비한다.
엽면시비법
• 미량원소 중 체내 이동이 잘 안되는 Fe, Mn 등의 결핍 시에
활용된다.
• 수용액을 고압분무기로 잎에 직접 뿌려 주는 방법으로서 수용
성 비료를 사용해야 한다.
• 농도를 되도록 약하게 하되 연속으로 시비한다.
• 이식 후나 뿌리가 장해를 받았을 경우에 실시한다.
• 약액이 고루 부착되도록 점착제를 사용함이 효과적이다.
• 살포 시기는 한낮을 피해 맑은 날 아침이나 저녁때가 적합하다.

68 대추나무 빗자루병에 대한 설명으로 옳지 않은 것은?

① 병원체가 나무 전체에 분포하는 전신성병이다.
② 벚나무는 대추나무 빗자루병의 기주식물이다.
③ 빗자루병에 걸린 나무는 결실이 되지 않는다.
④ 마름무늬매미충(*Hishimouns sellatus*)에 의해
매개된다.

해설
대추나무 빗자루병을 일으키는 마름무늬매미충의 기주식물에
는 대추나무, 뽕나무, 쥐똥나무, 일일초 등이 있다.

69 다음 중 동해(凍害)에 대한 설명으로 옳은 것은?

① 열대식물 같은 것이 0℃ 이하의 저온을 만나 식
물체내에 결빙은 일어나지 않으나 한랭으로 인
해 식물체의 생활기능이 장해를 받아 죽음에 이
르는 것을 말한다.
② 온도가 0℃ 이하로 내려가 세포조직의 결빙과
원형질 분리를 일으키게 되고, 식물체 조직 내에
결빙이 일어나 그 조직이나 식물체가 죽게 된다.
③ 추운 겨울밤에 수액이 얼어서 부피가 증대되어
수간의 외층이 냉각·수축하여 길이 방향으로
갈라지는 현상이다.
④ 수분의 흡수능력이 감소되고 줄기와 가지에 해
를 주며, 질병을 일으키게 하고 물의 이동을 제한
한다.

해설
동해
온도가 0℃ 이하로 내려갈 때 식물체의 조직 내·외 수분이 얼
어 세포막 손상, 삼투에 의한 원형질 분리 등 기계적 파괴를
유발하여 기능 소실로 이어지며 세포조직이나 식물의 고사까지
일어나는 피해이다.

70 재료의 할증률에 관한 설명으로 옳은 것은?

① 수목은 할증을 고려하지 않는다.
② 철근 구조물용 레디믹스트 콘크리트의 할증률은 2%이다.
③ 석재 중 마름돌용 원석의 할증률은 20%이다.
④ 붉은 벽돌의 할증률은 시멘트 벽돌의 할증률보다 더 작다.

해설
④ 붉은 벽돌의 할증률 3%이고, 시멘트 벽돌의 할증률은 5%이므로 붉은 벽돌의 할증률은 시멘트 벽돌의 할증률보다 더 작다.

72 훈증제가 갖추어야 할 조건으로 틀린 것은?

① 비인화성이어야 한다.
② 휘발성이 크고 농도가 균일하여야 한다.
③ 침투성이 커서 약제가 쉽게 도달하여야 한다.
④ 훈증 할 목적물에 이화학적으로 변화를 주어야 한다.

해설
④ 훈증할 목적물에 물리적 · 화학적 변화를 주면 안 되며, 약해가 없어야 한다.

71 다음 중 잔디깎기에 관한 주의사항으로 틀린 것은?

① 키가 큰 상태의 잔디는 처음에는 낮게 깎아 맹아력을 높이고 깎는 높이를 서서히 높인다.
② 아침에 이슬로 잔디 토양에 습기가 많을 때는 잔디깎기를 하지 않는다.
③ 잔디를 깎는 빈도와 높이는 규칙적이어야 한다.
④ 잔디를 깎아낸 부스러기는 제거한다.

해설
① 키가 큰 상태의 잔디를 바로 낮게 깎으면 잔디에 큰 스트레스를 주어 생육에 악영향을 미칠 수 있으므로 처음에는 약간 높게 깎아 잔디의 생육 상태를 점검하고 이후 서서히 높이를 낮추며 관리해야 한다.

73 비탈면의 경사가 1 : 1.0 이상의 완구배로 접착력이 없는 토양, 식생이 곤란한 풍화토, 점토 등의 경우에 비탈면의 풍화 및 침식 등의 방지를 주목적으로 사용되는 비탈면 보호공으로 가장 적당한 것은?

① 식생매트공
② 블록붙임공
③ 낙석방지공
④ 종자뿜어붙이기공

해설
① 특정 식물을 매트 형태로 재배하여 대상 비탈면에 부착 시공하는 것
③ 낙석의 우려가 있는 지역에 사용하는 비탈면 보호공
④ 종자, 비료, 토양 등에 물을 첨가하여 살포하는 것

74 사과나 뽕나무의 잎말이나방 방제에 주로 사용되는 유기인계 약제는?

① 베노밀(Benomyla) 수화제
② 다조멧(Dazomet) 입제
③ 디클로르보스(Dichlorvos) 유제
④ 피라졸레이트(Pyrazolate) 액상수화제

해설

디클로르보스 유제
유기인계 살충제인 디클로르보스(DDVP)를 주성분으로 하는 농약으로, 주로 축사, 분뇨처리장 등에서 파리, 모기 같은 해충을 방제하는 데 사용한다. 신경저해 물질로 작용하여 곤충의 신경을 마비시키고 효과가 빠르다는 특징이 있으며, 다른 살충제와 혼합하여 사용하는 제품도 있다.

76 토양의 구성은 3대 성분 또는 4대 성분으로 나눌 수 있다. 다음 중 토양의 4대 구성 성분으로만 구성된 것은?

① 모래, 점토, 공기, 물
② 광물질, 미생물, 물, 공기
③ 유기물, 광굴질, 교질물, 물
④ 광물질, 유기물, 공기, 물

해설

• 광물질 : 토양 입자의 약 45%를 차지하며, 풍화된 암석 물질로 구성된다. 모래, 기사, 점토 등으로 구분되고, 토양의 물리적 구조와 양분 공급에 주요한 역할을 한다.
• 유기물 : 동식물 잔재물이 미생물에 의해 분해되어 생성되는 물질로, 전체 토양의 약 5%를 차지한다. 토양의 생물 활성과 양분 공급, 수분 유지에 중요하며 토양 비옥도를 높인다.
• 물 : 토양공극 내 액체 상태로 존재하며, 토양 체적의 약 20~30%를 차지한다. 식물의 수분 공급원이며, 양분이 용해되어 이동하는 매개체 역할을 한다.
• 공기 : 토양공극에 존재하는 기체 상태로서 토양 부피의 약 20~30%를 차지한다. 공기는 토양 생물과 식물 뿌리의 호흡을 돕고 토양의 통기성을 유지한다.

75 옹벽 등 구조물의 뒤채움 재료에 대한 조건으로 틀린 것은?

① 다짐이 양호해야 한다.
② 압축성이 좋아야 한다.
③ 투수성이 있어야 한다.
④ 물의 침입에 의한 강도 저하가 적어야 한다.

해설

압축성이 크면 뒤채움 재료가 쉽게 침하 하거나 변형되어 구조물에 악영향을 미치므로 압축성은 작아야 한다.

77 다음 중 기계적 방제법(mechanical control)이 아닌 것은?

① 포살법   ② 가열법
③ 경운법   ④ 소살법

해설

② 가열법은 물리적 방제법에 해당한다.
해충 방제
• 생물학적 방제 : 기생성·포식성 천적, 병원미생물 이용
• 화학적 방제 : 살충제, 생리활성물질 이용
• 재배학적 방제 : 내충성·내환경성 품종 개방, 간벌, 시비
• 기계적 방제 : 도살, 유살, 소살, 경운, 차단, 박피 소각

78 목재시설물의 관리 지침 중 옳지 않은 것은?

① 원목은 옹이가 없는 것이 좋다.

② 썩는 것을 방지하기 위해 방부처리를 한다.

③ 표면 방부처리 후 대패질을 부드럽게 만든다.

④ 수축 및 균열을 방지하기 위해 충분히 건조시킨다.

해설

③ 표면 방부처리는 약제가 목재 표면에 잘 흡착되도록 하고 보호를 위해 처리하는 것이다. 방부처리 후 대패질을 하면 방부막이 벗겨져 효과가 사라진다.

79 수목 전정의 원칙과 가장 거리가 먼 것은?

① 수목의 역지는 제거한다.

② 수목의 굵은 주지는 제거한다.

③ 무성하게 자란 가지는 제거한다.

④ 수형이 균형을 잃은 정도의 도장지는 제거한다.

해설

② 굵은 주지를 함부로 제거하면 나무에 큰 손상을 입혀 구조가 약해질 수 있다.

80 저온에 의한 피해로 주로 열대나 아열대 식물에 발생하며 신진대사가 정지되고 세포질의 활성이 상실되는 생리기능의 장해를 일으켜 고사하는 것은?

① 한상(chilling injury)

② 상해(frost injury)

③ 동해(freezing injury)

④ 열사(sun scald)

해설

한상

0℃ 이상이지만 식물체에 피해를 줄 정도의 저온으로 인해 발생하는 생리적 장해를 말한다. 주로 2~5℃ 정도의 온도에서 발생하며, 열대식물이나 남부 수종이 고온을 견디지 못해 잎이 떨어지거나, 세포 기능이 불안정해져 고사한다.

78 ③ 79 ② 80 ① 정답

부록 2

최종모의고사

제1회 최종모의고사

정답 및 해설 p.1344

제1과목 조경사

01 다음 내용 중 연결이 잘못된 것은?

① 용안사 – 평정고산수
② 다정 – 모모야마시대(桃山時代)
③ 서방사 – 몽창국사(몽창소석)
④ 계리궁(桂離宮) – 무로마치시대(室町時代)

02 다음 설명 중 틀린 것은?

① 조선시대 궁궐정원을 맡아보던 관서는 상림원과 장원서이다.
② 고려시대 궁궐정원을 맡아보던 관서는 내원서이다.
③ 통일신라시대 궁궐정원을 맡아보던 관서는 동원이다.
④ 동산바치는 조선시대의 정원사를 뜻하는 말이다.

03 중국 정원에 대한 설명 중 틀린 것은?

① 송대(宋代)에는 태호석에 의해 석가산을 축조하는 정원이 조성되었다.
② 후한시대에 포(圃)는 금수를 키우는 곳을 말한다.
③ 졸정원, 유원, 사자림 등은 소주(蘇州)의 정원이다.
④ 열하피서(熱河避暑)산장은 청대(淸代)의 이궁(離宮)에 속한다.

04 르네상스시대 프랑스와 이탈리아 조경의 차이점이 아닌 것은?

① 프랑스는 성관이 발달한데 반해 이탈리아는 빌라의 대발달을 보게 되었다.
② 프랑스는 중세의 방어요소인 호를 호수와 같은 장식적 수경으로 전환시킨 반면에 이탈리아는 캐스케이드, 분수, 물풍금 등의 다이나믹한 수경을 나타내고 있었다.
③ 프랑스 정원은 이탈리아 정원보다 파르테르를 중요시 하였다.
④ 프랑스 정원은 경사지에 옹벽에 의해서 지지된 테라스나 평탄한 지역들이 만들어졌으며, 다양한 형태의 계단 혹은 연속적인 계단 그리고 경사로로 연결되었다.

05 다음 각 국가의 정원이용에 대한 설명으로 옳지 않은 것은?

① 그리스 – 사회, 정치, 학문 생활의 중심이었다.
② 이탈리아 – 부호, 학자, 예술가들이 수집한 예술품을 배열하고 감상하는 곳이었다.
③ 스페인 – 시에스타와 그늘을 즐기고 분수에서 떨어지는 물로서 청량감을 즐기는 곳이었다.
④ 영국 – 18세기에는 주로 앉아서 감상하거나 대화하는 장소였다.

06 조선시대 안채 뒤의 경사면을 계단식으로 다듬어 장대석(長台石)으로 굳혀 놓은 곳에 운치있는 자연석을 앉혀 즐기는 풍습이 있었다. 그 당시 이 자연석을 무엇이라고 불렀는가?

① 괴석(怪石)　　② 수석(水石)
③ 세심석(洗心石)　④ 치석(置石)

07 다음 설명 중 찰스 엘리어트(Charles Eliot)에 대한 내용으로 가장 옳은 것은?

① 옴스테드와 함께 센트럴 파크를 설계했다.
② 수도 워싱턴 계획을 수립한 도시계획가이다.
③ 최초로 미국 주립공원을 계획했다.
④ 최초로 광역공원계통을 수립했다.

08 고대정원에 관한 설명으로 틀린 것은?

① 아트리움(atrium)은 주로 상업상의 타합이나 일반내객(一般來客)을 응대하는 자리로 이용되었다.
② 페리스틸리움(peristylium)은 호외실(out-door livingroom)로 사용되었다.
③ 로마에는 포럼(forum)이 설치되었다.
④ 지스터스(xystus)는 무열주 중정(中庭)으로 포장이 아름답다.

09 브릿지맨에 대한 설명 중 옳지 않은 것은?

① 부지를 작게 구획 짓는 수법을 구사하였다.
② 최초로 하하수법을 사용하였다.
③ 버킹엄의 스토우원을 설계하였다.
④ 궁원(宮苑)의 관리를 맡고 있던 사람이다.

10 다음 중 방지(方池) 방도(方島)형의 연못형태를 갖추고 있지 않은 것은?

① 선교장 활래정 연못
② 부용동 세연지
③ 경회루 연못
④ 청평사 문수원 정원 영지

11 다음중 조경과 관련된 옛 문헌과 저자의 연결이 틀린 것은?

① 임원십육지(林源十六志) – 서유구
② 산림경제(山林經濟) – 강희안
③ 고사신서(故事新書) – 서명응
④ 순원화훼잡설(淳園花卉雜說) – 신경준

12 다음의 주택정원 가운데 연못 수(水)경관이 없는 곳은?

① 구례 운조루　　② 괴산 김기응 가옥
③ 강릉 선교장　　④ 달성 박황 가옥

13 일본 헤이안(平安)시대는 정토(淨土)신앙사상이 정원과 건축에 영향을 미쳤다. 이러한 사상을 나타낸 대표적인 것은?

① 천용사(天龍寺), 서방사(西芳寺)
② 금각사(金閣寺), 은각사(銀閣寺)
③ 용안사(龍安寺), 대덕원(大德院)
④ 모월사(毛越寺), 무량광원(無量光院)

14 무어 양식의 극치라고 일컬어지는 알람브라 (Alhambra)궁은 여러 개의 중정(patio)이 있다. 이 중 4개의 수로에 의해 4분 되는 파라다이스 정원 개념을 잘 나타내고 있는 중정은?

① Alberca patio(연못의 중정)
② Daraxa patio(다라야 중정)
③ Reja patio(창격자 중정)
④ Lions patio(사자의 중정)

15 동양 조경공간 속에 만들어졌던 유상곡수연시설(流觴曲水宴施設)과 관련이 없는 것은?

① 포석정지(飽石亭地)
② 왕희지(王羲之)의 난정기 서문(蘭亭記 序文)
③ 술잔을 띄워 흐르게 한 유배거(流盃渠)
④ 소쇄원(瀟灑園)의 조담(措惲)

16 다음 중 중세 장원제도(feudal system) 속에서 발달된 조경양식의 특징은?

① 풍경식의 도입
② 내부공간 지향적 정원 수법
③ 로마시대의 공지 형태를 답습
④ 성벽을 의식한 장대한 외부 경관의 조성

17 중국 한나라 때의 태액지에 대한 설명으로 틀린 것은?

① 못 속에 봉래, 영주, 방장의 세 섬을 축조하였다.
② 지반에는 청동이나 대리석으로 만든 새와 짐승 등의 조각을 배치하였다.
③ 못 속에 여러 진귀한 새와 짐승을 사육하고 많은 기이한 식물을 심었다.
④ 신선사상을 반영한 정원양식이다.

18 다음 중 일본정원의 역사에 관한 설명 중 가장 바른 것은?

① 무로마치(旦町)시대 정원양식의 특징은 소정(小庭), 석정(石庭), 고산수(枯山水) 등의 석조(石組)가 발달한 것으로 육림원이 대표적이다.
② 모모야마(桃山)시대에는 거대한 정원석, 호화로운 석조, 명목(名木) 등을 사용한 화려한 색조의 정원으르 삼보원(三寶院) 정원이 그 대표가 된다.
③ 에도(江戸)시대 정원양식의 특징은 연못 내에 삼신선도가 있는 대정원으로 후낙원(後樂園)은 소굴원주(小堀遠州)가 설계하고 그는 또 작정기(作庭記)를 저술하였다.
④ 신라의 유민인 노자공이 6세기 초에 궁궐에 작정한 것이 일본정원의 시초로 본다.

19 경상북도의 도산서당에 있는 절우사에 심어졌던 식물로만 쯔지어진 것은?

① 매화나무, 대나무, 국화, 난초
② 매화나무, 소나무, 난초, 복숭아나무
③ 소나무, 매화나무, 대나무, 국화
④ 소나무, 매화나무, 파초, 난초

20 16세기에 조성된 중국 – 한국 – 일본 정원으로 모두 옳은 것은?

① 원명원 – 주합루 – 육의원
② 유원 – 옥호정 – 선동어소
③ 창춘원 – 서석지 – 수학원이궁
④ 졸정원 – 소쇄원 – 대덕사 대선원

21 Kevin Lynch의 도시이미지 구성요소가 아닌 것은?

① 결절점(node)
② 랜드마크(landmark)
③ 통로(path)
④ 건물(building)

22 단면의 표시기호 중 지반면(흙)을 나타낸 것은?

①
②
③
④

23 기존의 레크리에이션으로 기회에 참여 또는 소비하고 있는 수요를 무엇이라 하는가?

① 잠재수요   ② 유도수요
③ 유효수요   ④ 표출수요

24 조경계획을 위한 부지 조사 시 인문환경 조사 항목에 속하는 것은?

① 지질   ② 경관
③ 토양   ④ 토지이용

25 제도의 치수기입에 관한 설명으로 옳지 않은 것은?

① 치수는 특별히 명시하지 않는 한 마무리 치수는 표시한다.
② 치수기입은 치수선 중앙 윗부분에 기입하는 것이 원칙이다.
③ 협소한 간격이 연속될 때에는 인출선을 사용하여 치수를 쓴다.
④ 치수의 단위는 cm를 원칙으로 하고, 이때 단위 기호는 쓰지 않는다.

26 다음 중 주택정원의 주정(general living)에 대한 설명으로 적합한 것은?

① 대문과 현관사이에 끼어 있는 공간이다.
② 가족의 휴식과 단란이 이루어지는 곳으로 가장 특색 있게 꾸밀 수 있는 곳이다.
③ 대체로 실내공간과 침실과 같은 휴게공간과 연결되어 조용하고 정숙한 분위기를 갖는다.
④ 주방, 세탁실, 다용도실, 저장고와 연결되어 있으며, 텃밭, 집기 보관 장소 등이 있다.

27 학교조경 계획 시 고려사항으로 가장 거리가 먼 것은?

① 일조는 겨울철 기준으로 적어도 4시간 이상 얻을 수 있도록 한다.
② 학생들의 이해를 돕기 위해 식생 관련 안내 표찰 설치를 검토한다.
③ 교목 위주의 수목식재를 설계하고 기존의 성상이 양호한 대형 수목은 존치시킨다.
④ 시설물 설치는 최대한 다양하게 설치한다.

28 자연공원법상 용도지구의 분류에 해당하지 않는 것은?

① 공원밀집마을지구
② 공원마을지구
③ 공원자연환경지구
④ 공원자연보존지구

29 다음 중 설문조사의 특성에 관한 설명으로 옳지 않은 것은?

① 설문지는 우편이나 전화를 통해 작성되기도 한다.
② 설문에 걸리는 시간은 결과에 영향을 주지 않는다.
③ 설문지에 의한 조사는 문제의 성격이 명확할 때 사용하는 것이 좋다.
④ 설문의 유형으로는 자유응답, 제한응답, 시각적 응답 등의 유형이 있다.

30 인근 거주자의 이용을 대상으로 하여 유치거리 500m 이하로 규모가 1만m² 이상의 기준에 해당하는 공원은?

① 어린이공원
② 근린생활권근린공원
③ 도보권근린공원
④ 체육공원

31 다음 중 도시공원 및 녹지 등에 관한 법률상 도시공원의 설치 규모의 기준으로 틀린 것은?

① 어린이공원 : 1,500m² 이상
② 근린생활권근린공원 : 10,000m² 이상
③ 체육공원 : 10,000m² 이상
④ 묘지공원 : 80,000m² 이상

32 하워드의 전원도시론 Garden City of Tomorrow에 대한 설명으로 틀린 것은?

① 낮은 인구 밀도, 공원과 정원의 개발, 아름답고 기능적인 그린벨트, 전원(country style)과 타운(town), 위성적인 지역사회로 둘러싸인 중심수도권(cer.tral metropolis)형태의 도시론을 주장하였다.
② 범세계적인 뉴타운 건설 붐을 일으키고 새로운 도시 공간 창조에 조경가의 역할을 증대시켰다.
③ 구역의 분할(wards)로써 근린주구 개념의 시초를 보여 준다.
④ 1903년 레치워스(Letchworth)와 1920년 웰윈(Welwyne)에서 전원도시론의 성공적인 완성을 보여준다.

33 먼셀(Munsell)의 색 표기법에서 G5/4와 Y5/3의 관계를 바르게 설명한 것은?

① 채도가 같고 명도와 색상이 상이하다.
② 색상이 같고 명도와 채도가 상이하다.
③ 명도가 같고 색상과 채도가 상이하다.
④ 명도, 색상, 채도가 모두 상이하다.

34 다음 [보기]의 (   ) 안에 적합한 값은?

> ┤보기├
> 경사가 있는 보도교의 경우 종단 기울기가 (   )를 넘지 않도록 하며 미끄럼을 방지하기 위해 바닥을 거칠게 표면처리 하여야 한다.

① 3%
② 5%
③ 8%
④ 15%

35 다음 자연공원법상의 공원기본계획 및 공원계획에 관한 내용 중 가장 잘못된 것은?

① 공원기본계획의 내용 및 절차 기타 필요한 사항은 대통령령으로 정한다.
② 기후에너지환경부장관은 10년마다 국립공원위원회의 심의를 거쳐 공원기본계획을 수립하여야 한다.
③ 공원관리청은 15년마다 지역주민, 전문가 기타 이해관계자의 의견을 수렴하여 공원계획의 타당성 여부를 정토하고 그 결과를 공원계획의 변경에 반영하여야 한다.
④ 도립공원에 관한 공원계획은 시·도지사가 결정한다.

36 환경영향평가에 대한 설명으로 틀린 것은?

① 환경영향평가 대상 사업에 대한 충분한 정보제공 등을 통하여 환경영향평가 과정에 주민 등의 참여가 원활히 이루어질 수 있도록 노력한다.
② 개발로 인한 환경적 영향을 사전에 평가, 검토한다.
③ 우리나라는 자연공원법이 이에 관련된 주 법규이다.
④ 환경영향평가서의 작성내용, 작성방법 등 평가서 작성에 필요한 사항은 대통령령으로 정한다.

37 자연공원법에 관한 사항 중 옳은 것은?

① 법률로 지정되는 공원은 도시공원, 군립공원, 도립공원 국립공원 등이다.
② 국립공원은 국토해양부장관이 지정한다.
③ 국립공원위원회의 회의는 구성원 2/3 출석으로 개의하고, 전체위원 과반수의 찬성으로 의결한다.
④ 도립공원은 시·도지사가 지정한다.

38 다음 중 자연환경보전법에 의한 자연경관영향의 협의가 이루어지는 지역에 해당되지 않는 것은? (단, 해당하는 지역으로부터 대통령령이 정하는 거리 이내의 지역에서의 개발사업 등)

① 생태·경관보전지역
② 자연공원법의 규정에 의한 자연공원
③ 습지보전법의 규정에 의하여 지정된 습지보호지역
④ 문화유산의 보존 및 활용에 관한 법률상의 천연기념물보호지역

39 다음 중 미기후(micro climate)에 영향을 가장 적게 끼치는 것은?

① 보차포장 재료
② 대상지 주변의 식재 현황
③ 주변 건물의 배치
④ 운행 중 차량소음

40 실제 길이 3m는 축척 1/30 도면에서 얼마로 나타나는가?

① 1cm
② 10cm
③ 3cm
④ 30cm

41 다음 그림은 도로가에 있는 안전표지이다. 바탕색으로 가장 적당한 것은?

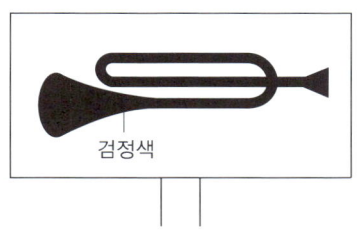

검정색

① 노랑색 　　② 초록색
③ 파랑색 　　④ 보라색

42 설계도면의 글자 및 치수에 관한 설명으로 틀린 것은?

① 숫자는 아라비아 숫자를 원칙으로 한다.
② 치수는 특별히 명시하지 않는 한, 마무리 치수로 표시한다.
③ 글자체는 수직 또는 15° 경사의 고딕체로 쓰는 것을 원칙으로 한다.
④ 치수는 치수선에 평행하게 도면의 오른쪽에서 왼쪽으로 읽을 수 있도록 기입한다.

43 조경설계기준에서 정한 의자(벤치)에 관한 설명으로 틀린 것은?

① 앉은판의 높이는 약 34~46cm 기준으로 하되 어린 이를 위한 의자는 낮게 할 수 있다.
② 등받이 각도는 수평면을 기준으로 약 95~110°를 기준으로 하고, 휴식시간이 길수록 등받이 각도를 크게 한다.
③ 등받이의 넓이는 사람의 등 뒤로부터 무릎까지의 길이보다 넓어야 한다.
④ 의자의 길이는 1인당 최소 45cm를 기준으로 하되, 팔걸이 부분의 폭은 제외한다.

44 리듬(rhythm)과 가장 관련이 없는 것은?

① 대칭 　　② 반복
③ 방사 　　④ 점진

45 인출선의 용도 및 표시 방법을 설명한 것 중 틀린 것은?

① 가는 파선으로 표시한다.
② 도면 내용물의 대상 자체에 설명을 기입하기 곤란한 경우 사용하는 선이다.
③ 인출되는 쪽에 화살표를 붙여 인출한 쪽의 끝에 가로선을 긋고, 가로선 위에 쓴다.
④ 한 도면 내에서는 인출선을 긋는 방향과 기울기를 가능하면 통일한다.

46 레크리에이션 계획 중 표출수요에 대한 설명으로 맞는 것은?

① 본래 내재하는 수요이지만 기존의 시설을 이용할 때만 반영되어 나타나는 수요를 말한다.
② 기존의 레크리에이션 기회에 참여 또는 소비하고 있는 이용을 말한다.
③ 사람들로 하여금 레크리에이션 패턴을 변경하도록 고무시켜 개발하는 수요를 달한다.
④ 특히 선호하는 레크리에이션 대한 수요를 말한다.

47 다음 척도(scale)에 관한 설명 중 틀린 것은?

① 척도는 크기의 참조기준이 되는 틀을 말한다.
② 일반적으로 요소가 상세할수록 척도는 작아진다.
③ 환경에서 크기나 규모의 틀을 잡을 때 인간을 척도 기준으로 삼는다.
④ 척도는 주어진 단위에 대해 바람직한 길이를 정함으로써 만들어진다.

48 공간의 폐쇄도는 평면(D)과 입면(H)의 거리비로써 설명된다. 건물 전체를 볼 수 있는 비례는?

① $D/H = 1$
② $D/H = 2$
③ $D/H = 3$
④ $D/H = 4$

49 주차장법 시행규칙상 주차형식별 차로의 너비에 관한 기준으로 옳은 것은?(단, 이륜자동차전용 노외주차장이 아니며, 출입구를 1개로 가정한다)

① 평행주차 : 4.5m
② 직각주차 : 4.5m
③ 45°대향주차 : 5.0m
④ 60°대향주차 : 5.0m

50 조경설계기준상 각종 포장재와 관련된 설명으로 틀린 것은?

① 투수성 아스팔트 혼합물은 공극률 9~12%를 기준으로 한다.
② 포장용 석재는 압축강도 49MPa 이상, 흡수율 5% 이내의 것으로 한다.
③ 콘크리트 블록 포장재의 포설용 모래는 투수계수는 기준 이상으로 No.200체 통과량이 6% 이하이어야 한다.
④ 포장용 콘크리트의 재령 28일 압축강도 15.4MPa 이상, 굵은 골재 최대치수 30mm 이하로 한다.

51 조경설계기준 중 체육공원의 기본설계 내용으로 틀린 것은?

① 운동시설로는 체력단련시설을 포함한 3종 이상의 시설을 배치한다.
② 공원면적의 5~10%는 다목적 광장으로, 시설 전면적의 50~60%는 각종 경기장으로 배치한다.
③ 운동시설은 공원 전면적의 80% 이내의 면적을 차지하도록 하며, 주축을 동-서 방향으로 배치한다.
④ 공원면적의 30~50%는 환경보존녹지로 확보하며 외주부 식재는 최소 3열 식재 이상으로 하여 방풍·차폐 및 녹음효과를 얻을 수 있어야 한다.

52 도시의 스카이라인 형성에 직접적인 영향을 미치지 않는 지표는?

① 용적률   ② 입면차폐도
③ 건축물 높이   ④ 가구(街區)크기

53 아파트에 설치되는 다음 시설 중 향(向)의 영향을 크게 받지 않는 것은?

① 놀이터　　　　② 휴게소
③ 노인정　　　　④ 광장

54 조경설계기준상 테니스장의 계획·설계 중 (　) 안에 적합한 것은?

> 테니스장의 코트 장축의 방위는 (　)방향을 기준으로 5~15° 편차 내의 범위로 하며, 가능하면 코트의 장축방향과 주풍향의 방향이 일치하도록 한다.

① 정동 – 서　　　② 북동 – 남서
③ 북서 – 남동　　④ 정남 – 북

55 1점 쇄선의 용도가 아닌 것은?(단, KS F 1501을 기준으로 한다)

① 중심선　　　　② 절단선
③ 경계선　　　　④ 가상선

56 GIS에서 다루어지는 지리정보의 특성이 아닌 것은?

① 위치정보를 갖는다.
② 위치정보와 함께 관련 속성정보를 갖는다.
③ 시간이 흘러도 변하지 않는 영구성을 갖는다.
④ 공간객체 간에 존재하는 공간적 상호관계를 갖는다.

57 노상주차장(路上駐車場)의 설치기준으로 적합하지 않은 것은?

① 종단구배가 4%를 초과하는 도로에는 설치할 수 없다.
② 특별한 경우를 제외하고는 차도 폭원이 6m 이상이 되는 도로에 설치한다.
③ 도시 내 주간선 도로에는 설치할 수 없다.
④ 평행 또는 90° 주차방식보다 45° 또는 60° 주차방식이 더 효율적이다.

58 등의자의 등받이 각도로 가장 적당한 것은?

① 85~95°　　　　② 100~110°
③ 115~120°　　　④ 125~130°

59 설계도에 관한 설명 중 틀린 것은?

① 설계도는 설계의 과정에 따라 기본설계도와 실시설계도로 구분된다.
② 기본설계는 기본계획이라 하기도 하며, 실시설계는 기본설계라 부르기도 한다.
③ 설계도는 버치도, 평면도, 입면도, 단면도 등으로 구성된다.
④ 설계도를 그려서 표현하는 작업을 제도라 한다.

60 거의 평탄지로 인식되며 활동하기 쉽고 배수상태는 양호한 포장구배는?

① 1% 이하　　　　② 1~4%
③ 5~10%　　　　④ 11~15%

61 *Cornus* 속에 해당되는 수목은?

① 산수유　　　　　② 박태기나무
③ 팽나무　　　　　④ 서어나무

62 인동과(科)가 아닌 것은?

① 댕강나무　　　　② 분꽃나무
③ 병꽃나무　　　　④ 말발도리

63 한 곳에서 잎이 3개씩 모여 나고 겨울눈에 송진이 많이 덮이며 줄기에서 움가지가 흔히 돋아나는 것은?

① 스트로브소나무
② 리기다소나무
③ 잣나무
④ 방크스소나무

64 다음 수종 중 꽃의 색깔이 흰색으로 짝지어진 것은?

① 산딸나무, 치자나무, 병아리꽃나무
② 생강나무, 조팝나무, 박태기나무
③ 찔레나무, 해당화, 골담초
④ 호두나무, 산사나무, 살구나무

65 수목을 이식할 때 고려할 사항 중 틀린 것은?

① 수목 지상부의 지엽 일부를 전지하여 과도한 증산 작용을 억제한다.
② 자른 부위는 방부처리하여 부패를 방지한다.
③ 잔뿌리는 제거하더라도 굵은 뿌리는 가능한 훼손을 적게 한다.
④ 대형목을 이식할 경우 여유를 두고 미리 뿌리돌림을 하는 것이 좋다.

66 다음 중 능소화에 대한 설명이 틀린 것은?

① 낙엽활엽덩굴성 식물이다.
② 열매는 삭과로 네모지며 끝이 둔하고, 가죽질이며 2개로 갈라지고 10월에 익는다.
③ 나무껍질은 흑갈색이고 가로로 벗겨지며, 가지는 포복성이 강하여 다른 물체를 감아 올라간다.
④ 1년생 줄기를 20cm 내외로 잘라서 3월부터 7월 사이에 삽목하여 증식한다.

67 100년 된 서어나무를 통해 얻을 수 있는 효과로 가장 약한 것은?

① 미기후 조절　　　② 소동물 서식처
③ 소음 조절　　　　④ 공기정화

68 생태계의 개체군 분포에서 Allee의 원리가 뜻하는 것은?

① 어떤 개체군 분포는 집단화가 유리하다.
② 어떤 개체군은 불규칙적으로 분포한다.
③ 어떤 개체군은 개체 내 경쟁이 개체 간보다 치열하다.
④ 어떤 개체군은 미환경의 특성에 따라 분포한다.

69 변재(邊材)와 심재(心材)에 대한 설명으로 틀린 것은?

① 수심에 가까운 부위가 변재이다.
② 심재보다 변재가 내후성이 작다.
③ 일반적으로 심재는 변재에 비해 강도가 강하다.
④ 변재는 심재보다 비중이 적으나 건조하면 변하지 않는다.

70 고속도로 커브에서 유도기능을 나타내기 위한 식재 방법으로 옳은 것은?

① 교목을 안쪽(內側) 커브에만 심는다.
② 교목을 바깥쪽(外側) 커브에만 심는다.
③ 교목을 양쪽 커브에다 심는다.
④ 양쪽 다 나무를 심지 않는다.

71 능수버들과 수양버들에 대한 설명으로 틀린 것은?

① 속명은 *Salix* 이다.
② 수형은 둘 다 밑으로 처지는 능수형이다.
③ 수양버들의 1년생 가지는 적갈색이다.
④ 원산지는 능수버들이 중국, 수양버들이 한국이다.

72 다음 식물 중 줄기가 녹색이 아닌 수종은?

① *Aucuba japonica*
② *Pinus bungeana*
③ *Firmiana simplex*
④ *Kerria japonica*

73 생태연못이나 저습지 조성 시 도입되는 수생식물의 분류로 옳은 것은?

① 추수식물 – 갈대, 줄
② 부엽식물 – 수련, 생이가래
③ 침수식물 – 검정말, 꽃창포
④ 부유식물 – 개구리밥, 이삭물수세미

74 다음 중 정형식 식재에 해당되는 식재 양식군은?

① 표본식재, 임의식재, 교호식재
② 배경식재, 열식, 원호식재
③ 대식, 집단식재, 열식
④ 부등변삼각형식재, 대칭식재, 단식

75 다음 중 수목의 학명이 옳지 않은 것은?

① 일본잎갈나무(낙엽송) : *Larix kaempferi*
② 자작나무 : *Betula platyphylla*
③ 신나무 : *Acer ginnala*
④ 전나무 : *Abies nephrolepis*

76 수종들을 이용상으로 분류할 때 녹음용 수종으로만 짝지어진 것은?

① 느티나무, 벽오동, 칠엽수, 팽나무
② 삼나무, 팽나무, 후박나무, 편백
③ 자귀나무, 가중나무, 회화나무, 능수버들
④ 가이즈까향나무, 보리수나무, 산딸나무, 층층나무

77 학명은 *Tilia amurensis*로 우리나라에서는 사찰조경에 많이 쓰이며, 중용수로 생장이 빠르고 수형이 아름다워 가로수, 공원수 등으로 적합한 나무는?

① 보리수나무   ② 계수나무
③ 염주나무   ④ 피나무

78 중앙분리대 식재 시 차광효과가 가장 큰 수종으로만 나열된 것은?

① 아왜나무, 돈나무
② 광나무, 소사나무
③ 사철나무, 쉬땅나무
④ 생강나무, 병아리꽃나무

79 다음 중 천근성 수종으로 옳은 것은?

① 느티나무   ② 아까시나무
③ 곰솔   ④ 팽나무

80 수형(樹形)이 원추형(圓錐形)인 수종은?

① 전나무   ② 측백나무
③ 섬잣나무   ④ 박태기나무

제5과목 조경시공구조학

81 열가소성 수지로서 두께가 얇은 시트를 만들어 건축용 방수재료로 이용되며 내화학성의 파이프로도 활용되는 것은?

① 요소수지   ② 폴리에틸렌수지
③ 폴리스티렌수지   ④ 폴리우레탄수지

82 수평거리 측량에서 줄자의 신축으로 생기는 오차는?

① 착오   ② 정오차
③ 부정오차   ④ 우연오차

83 TQC를 위한 7가지 도구 중 다음 설명에 해당하는 것은?

모집단에 대한 품질특성을 알기 위하여 모집단의 분포상태, 분포의 중심위치 분포의 산포 등을 쉽게 파악할 수 있도록 막대그래프 형식으로 작성한 도수분포도를 말한다.

① 체크시트   ② 파레토도
③ 특성요인도   ④ 히스토그램

84 초점거리가 210mm인 카메라로 표고 500m 지형을 축척 1/20,000으로 촬영한 연직사진의 촬영고도는?

① 4,050m   ② 4,250m
③ 4,500m   ④ 4,700m

85
어떤 A부지는 잔디지역의 면적 0.4ha(유출계수 0.25), 아스팔트 포장지역의 면적 0.2ha(유출계수 0.9)로 구성되어 있다. 강우강도는 20mm/h일 때, A지역의 총우수유출량(m^3/sec)은?

① 0.0056   ② 0.0100

③ 0.0156   ④ 5.6000

88
그림과 같은 단순보의 중앙점에 작용하는 전단력의 크기를 구하면 몇 kN인가?

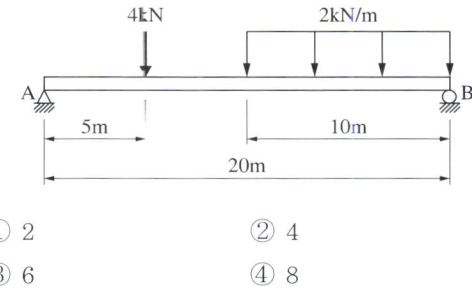

① 2   ② 4

③ 6   ④ 8

86
다음 중 콘크리트의 크리프(creep)에 대한 설명으로 틀린 것은?

① 작용응력이 클수록 크리프는 크다.
② 재하재령이 빠를수록 크리프는 크다.
③ 물−시멘트비가 작을수록 크리프는 작다.
④ 시멘트페이스트가 많을수록 크리프는 크다.

89
시방서에 관한 설명 중 틀린 것은?

① 시방서는 건설공사의 입찰, 견적 공사시공에 꼭 필요한 서류이다.
② 표준시방서는 설계의도를 명확히 표현하기 위한 것으로서 설계도에서 표시할 수 없는 재료와 공법을 기술한다.
③ 특기시방서란 특정한 공사에서 유의해야 하는 시방서를 말한다.
④ 공사시방서란 시설별 표준시방서를 기본으로 모든 공정을 다상으로하여 특정한 시공 또는 전문 시방서의 작성에 활용하기 위한 종합적인 시공 기준이다.

87
현재 목재의 무게가 120g이고 이 목재를 완전건조시켰을 때의 무게는 100g일 때, 이 목재의 함수율은?

① 15%   ② 20%

③ 23%   ④ 25%

90
안료＋아교, 카세인, 전분＋물의 성분으로 내수성이 없고 내알칼리성이며 광택이 없고 모르타르와 회반죽 면에 쓰이는 페인트는?

① 유성페인트   ② 에나멜페인트

③ 수성페인트   ④ 에멀션페인트

91 콘크리트 다지기에 대한 설명 중 옳지 않은 것은?

① 콘크리트 다지기에는 내부진동기 사용을 원칙으로 한다.

② 진동기는 콘크리트로부터 천천히 빼내어 구멍이 남지 않도록 해야 한다.

③ 콘크리트가 한쪽에 치우쳐 있을 때는 내부진동기로 평평하게 이동시켜야 한다.

④ 내부진동기는 될 수 있는 대로 연직으로 일정한 간격으로 찔러 넣는다.

92 다음 중 화강암에 대한 설명으로 틀린 것은?

① 구조용 석조로 쓰기에 매우 훌륭한 특질을 나타내며, 가장 많이 사용되고 있다.

② 고열과 불에 강하다.

③ 다른 석재와 비교해 단위면적당 압축강도는 높고, 흡수율은 적다.

④ 내산성이 우수하다.

93 조경석 쌓기 시공상 유의해야 할 사항 중 옳지 않은 것은?

① 전체적으로 하부의 돌을 상부의 돌보다 큰 것을 사용한다.

② 가로쌓기는 설계도면 및 공사시방서에 명시가 없는 경우 높이가 1.5m 이하일 때에는 메쌓기를 한다.

③ 세워쌓기의 경우 좌우 돌의 겹치기, 띄기 등은 설계도면에 따라 전체가 조화되게 배열한 다음 흙을 필요한 높이까지 채워 다진다.

④ 돌쌓기는 오르기, 맞대기, 한줄이음(막힌줄눈) 등의 시공으로 안전도를 높여야 한다.

94 토지이용상 도심부 상업지구에 대한 배수계획 시 적절하게 사용될 수 있는 유출계수는?

① 0.1~0.25

② 0.2~0.35

③ 0.4~0.55

④ 0.7~0.95

95 네트워크 공정표에 관한 설명 중 옳지 않은 것은?

① 작성 및 검사가 용이하다.

② 공사전체의 파악을 용이하게 할 수 있다.

③ 크리티컬패스(critical path)는 전체공기를 규제하는 작업 과정이다.

④ 계획단계에서 공정상의 문제점이 명확하게 되어 작업 전에 적절히 수정할 수 있다.

96 중력식 옹벽의 특징으로 옳지 않은 것은?

① 구조물이 복잡하다.

② 상단이 좁고 하단이 넓은 형태이다.

③ 3m 이내의 낮은 옹벽에 많이 쓰인다.

④ 자중으로 토압에 저항하도록 설계되었다.

97 진도관리 곡선(S-curve, 바나나 곡선)의 설명으로 틀린 것은?(단, 예정진도선의 위쪽은 상부허용한계를 아래쪽은 하부허용한계를 나타낸다)

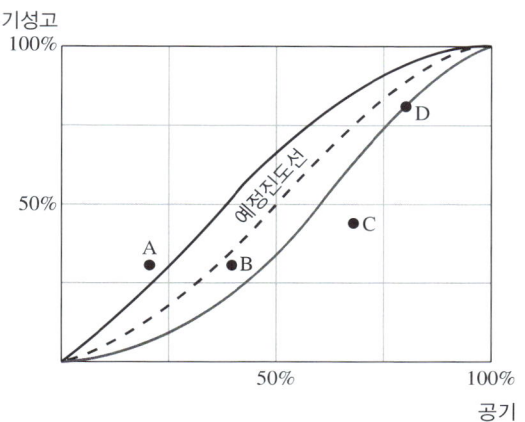

① 실시상태의 공정이 바나나곡선의 한계 내에서 진행될 수 있도록 공정을 조정해 나간다.
② A점은 예정보다 많이 진척되었으므로 경제적이다.
③ B점은 예정진도와 비슷하므로 그대로 진행되어도 좋다.
④ D점은 허용한계선상에 있으나 중점관리를 하여 공사를 촉진시킬 필요가 있다.

98 옹벽의 안정성 검토 시 안정조건 설명으로 틀린 것은?

① 옹벽에 작용하는 토압과 옹벽중량의 합력이 옹벽기부의 중앙 삼분점 부분에 작용한다.
② 옹벽의 활동력에 대한 저항력의 안전율은 1.5~2.0을 적용한다.
③ 작용점에서 전도에 의한 저항모멘트 값이 회전모멘트 값보다 커야만 옹벽이 안정하다.
④ 기초지반에 작용하는 최대압축응력이 지반의 지지력보다 크면 옹벽은 안정하다.

99 등고선의 성질에 대한 설명으로 옳지 않은 것은?

① 동일 등고선상의 모든 점은 같은 높이이다.
② 등고선의 간격은 급경사지에서는 좁고 완경사지에서는 넓다.
③ 등고선 간의 최단거리 방향은 그 지표면의 최소 경사 방향이다.
④ 등고선은 등경사지에서 등간격이며 등경사 평면인 지표에서는 등간격의 평행선을 이룬다.

100 시멘트의 혼화재료에 대한 설명 중 틀린 것은?

① 포졸란 - 해수에 대한 화학적 저항성 및 수밀성 등의 성질을 개선하는 데 사용한다.
② AE제 - 미세하고 독립된 무수한 공기 기포를 콘크리트 속에 균일하게 분포시키기 위해 사용하는 혼화제이다.
③ 감수제 - 시멘트의 입자를 분산시켜서 콘크리트의 워커빌리티를 개선하는 데 필요한 단위 수량을 증가시킬 목적으로 사용된다.
④ 방수제 - 콘크리트의 흡수성과 투수성을 감소시켜 수밀성을 증진할 목적으로 사용하는 혼화제이다.

101 다음 식물의 병 중 병원체가 세균인 것은?

① 버즘나무 탄저병
② 포플러류 줄기마름병
③ 대추나무 빗자루병
④ 벚나무 불마름병

102 비탈면 보호공법 중에서 식생공이 아닌 것은?

① 편책공
② 종자뿜어붙이기공
③ 식생구멍공
④ 줄떼심기공

103 관리업무 중 위탁하는 것이 유리한 것은?

① 긴급한 대응이 필요한 업무
② 정량적이고 정기적인 관리업무
③ 관리취지가 명확해야 하는 업무
④ 이용자에게 양질의 서비스가 가능한 업무

104 농약의 살포방법 중 유제, 수화제, 수용제 등에서 조제한 살포액을 무기분무(airless spray)에 의하여 안개모양으로 살포하는 방법은?

① 분무법
② 미스트법
③ 폼스프레이법
④ 스프링클러법

105 난지형 잔디의 뗏밥주기(配土作業)는 언제 실시하는 것이 적기인가?

① 11~12월   ② 2~3월
③ 5~7월   ④ 9~10월

106 미국흰불나방의 구제 방법에서 그 효과가 가장 적은 것은?

① 알 기간에 알덩어리가 붙어 있는 잎을 채취하여 소각한다.
② 유충 발생 초기에 약제를 살포한다.
③ 약제는 클로로탈로닐 수화제(타코닐)를 1,000배로 희석해서 ha당 1,000L 정도로 살포한다.
④ 성충의 활동시기에 피해 임지 또는 그 주변에 유아등이나 흡입 포충기를 설치하여 유인 포살한다.

107 파이토플라스마(phytoplasma)에 의한 수목병 중 마름무늬매미충에 의해 매개되는 병은?

① 뽕나무 오갈병
② 낙엽송 잎떨림병
③ 포플러 모자이크병
④ 벚나무 빗자루병

108 일반적인 조건하에서 조경시설물(철재 그네)의 도장, 도색은 몇 년 주기로 보수하는가?

① 1년   ② 3년
③ 5년   ④ 10년

109 지주목 설치의 장점이 아닌 것은?

① 수고 생장에 도움을 준다.
② 지상부의 생육에 비교하여 근부의 생육을 적절히 해준다.
③ 지지(支持)된 수목의 상부에 있어서 단위횡단면당 내인력(耐引力)이 감소한다.
④ 수간의 굵기가 균일하게 생육할 수 있도록 해준다.

110 다음 중 솔잎혹파리의 방제 방법으로 틀린 것은?

① 먹좀벌을 방사하여 구제한다.
② 10~11월에 피해목을 벌목하여 태워 구제한다.
③ 6월 상순~7월 중순에 다이진(다이아톤) 50% 유제 등을 수간에 주사한다.
④ 성충 우화 최성기에 메프 수화제(스미티온) 500배액을 수관에 살포한다.

111 짧은 폐쇄·회복기에도 최대한의 회복효과를 얻을 수 있어 이용자에게 불편을 적게 줄 수 있으며, 특히 손상이 심한 부지에 가장 이상적인 레크리에이션 공간의 관리 방안은?

① 완전방임형 관리 전략
② 폐쇄 후 자연회복형
③ 폐쇄 후 육성관리
④ 순환식 개방에 의한 휴식기간 확보

112 대추나무 빗자루병의 방제에 쓰이는 약제는?

① 옥시테트라사이클린 수화제
② 메타미포프 미탁제
③ 에토펜프록스·피리다펜티온 수화제
④ 다이아지논 유제

113 중국긴꼬리좀벌, 노랑꼬리좀벌, 상수리좀벌, 큰다리남색좀벌 등이 천적인 해충은?

① 밤나무혹벌　　　　② 소나무좀
③ 아까시잎혹파리　　④ 측백하늘소

114 소나무좀에 관한 설명으로 틀린 것은?

① 기주는 소나무, 해송, 잣나무 등의 소나무류이다.
② 피해받은 새가지는 구부러지거나 부러진 채 나무에 붙어있는 것이 관찰되는데, 이를 후식(後食) 피해라고 한다.
③ 연 2회 발생하며, 나무껍질 밑에서 번데기로 월동한다.
④ 침입한 구멍이나 탈출한 구멍에는 송진이 하얗게 나와 있으며 피해가지는 붉은색으로 말라 죽는다.

115 소나무재선충을 매개하는 솔수염하늘소의 월동충태는?

① 알　　　　　　② 유충
③ 번데기　　　　④ 성충

116 잔디에 녹병이 발생했을 때 조치하는 방법으로 틀린 것은?

① 질소질 비료를 뿌려 생장을 촉진시킨다.
② 잎을 깎아 통풍이 잘 되게 한다.
③ 침투이행성인 포스파미돈 액제(디무르)를 뿌린다.
④ 충분한 양을 오전에 관수한다.

117 배수시설의 관리 내용이 아닌 것은?

① 배수로는 정기적인 청소로 낙엽 찌꺼기를 제거한다.
② 바닥포장 시 일정한 구배(경사도)를 주어 물이 고이지 않도록 한다.
③ 지반침하로 집수구가 솟아오르면 집수구를 낮추어 준다.
④ 비탈면의 U형 배수구는 인접 지표면보다 항상 높게 설치하여 표면수가 유입되지 않게 주의한다.

118 다음 중 곰팡이에 의한 수목병이 아닌 것은?

① 소나무 시들음병
② 잣나무 잎떨림병
③ 낙엽송 가지끝마름병
④ 잣나무 털녹병

119 흰불나방에 관한 설명으로 잘못된 것은?

① 1년에 2회 발생하고, 고치 속에서 번데기로 월동한다.
② 유충이 잎을 식해 하는데, 제3령까지의 유충은 실을 토하여 잎을 감싼다.
③ 천적이 없으므로 화학 방제안을 실시한다.
④ 방제약제로는 트리클로르폰 수화제(디프록스)가 효과적이다.

120 아스팔트 포장의 파손부분을 사각형 수직으로 따내고 보수하는 공법으로 포장이 균열되었거나 국부적 침하, 부분적 박리일 때 적용하는 공법은?

① 패칭 공법
② 표면처리 공법
③ 덧씌우기 공법
④ 혈매 공법

제1과목 조경계획 및 설계

01 스페인의 알람브라 궁원의 파티오 중 부인실에 부속된 파티오는?

① 연못의 파티오
② 사자의 파티오
③ 다라하의 파티오
④ 레하의 파티오

02 다음 중 미국에 위치한 공원으로 옴스테드(Frederick Law Olmsted)가 설계한 공원이 아닌 것은?

① 센트럴 공원(Central park)
② 버컨헤드 공원(Birkenhead park)
③ 프로스펙트 공원(Prospect park)
④ 프랭클린 공원(Franklin park)

03 일본의 고산수(枯山水)수법을 바르게 설명한 것은?

① 암석과 물을 사용하여 산과 바다를 표현했다.
② 아스카(飛鳥)시대부터 발전된 정원수법이다.
③ 대선원 서원과 용안사 석정은 평정고산수 수법에 의해 만들어졌다.
④ 사상적으로 정토사상과 신선사상을 배경으로 하고 있다.

04 중국 한(漢)나라 때 조경의 특징과 가장 관계가 먼 것은?

① 신선사상
② 상림원
③ 곤명호
④ 만세산

05 다음 [보기]의 조경시설물을 볼 수 있는 정원은?

┤보기├
대봉대(待鳳臺), 매대(梅臺), 오곡문(五曲門), 수차(水車), 제월당(霽月堂)

① 창덕궁 후원의 옥류천 지역
② 강원도 강릉의 선교장과 활래정원
③ 경상북도 영양군의 경정 서석지원
④ 전라남도 담양군의 소쇄원

06 다음 중 일본조경의 특징 연결로 옳은 것은?

① 삼보원 – 다정(茶庭)
② 대선원 서원 – 평정고산수
③ 금각사 정원 – 정토 정원
④ 용안사 석정 – 축산고산수

07 17세기 중엽 프랑스의 조경이 이탈리아의 모방에서 벗어나 독창적인 평면기하학식 정원으로 만들어지는 데 기여한 조경가는?

① 르 노트르 ② 메이어
③ 브릿지맨 ④ 옴스테드

08 석가산에 대한 설명으로 옳지 않은 것은?

① 지형의 변화를 얻기 위한 수법이다.
② 첩석성산은 석가산의 일종이다.
③ 주로 흙이나 돌로 쌓아 만들었다.
④ 고려시대부터 널리 사용되어 온 우리 고유의 정원 기법이다.

09 도시공원 및 녹지 등에 관한 법률 및 관련 법규에서 도시공원 설명으로 맞는 것은?

① 도시공원 중 소공원, 어린이공원, 근린공원은 주제공원으로 분류된다.
② 어린이공원의 규모는 1,500m² 이상의 면적을 기준으로 한다.
③ 근린공원은 도시의 각종 문화적 특징을 활용하여 도시민의 휴식·교육을 목적으로 설치하는 공원을 말한다.
④ 묘지공원 안의 건축물 건폐율은 100분의 5 이하로 하여야 한다.

10 다음에서 설명하는 계획은?

> 특별시·광역시·특별자치시·특별자치도·시 또는 군의 관할구역에 대하여 기본적인 공간구조와 장기발전방향을 제시하는 종합계획으로서 도시·군관리계획 수립의 지침이 되는 계획을 말한다.

① 지구단위계획
② 도시·군관리계획
③ 광역도시계획
④ 도시·군기본계획

11 국토의 계획 및 이용에 관한 법률에 따라 개발행위의 허가를 받아야 하는 경우에 해당하지 않는 것은?

① 도시계획사업에 의한 토지의 형질 변경
② 건축물의 건축 또는 공작물의 설치
③ 토지 분할(건축법에 따른 건축물이 있는 대지는 제외)
④ 자연환경보전지역에 물건을 2개월 쌓아놓는 행위

12 정투상법에서 제3각법에 대한 설명으로 옳지 않은 것은?

① 평면도는 정면도의 아래에 그린다.
② 우측면도는 정면도의 우측에 그린다.
③ 제3각면 안에 물체를 놓고 투상하는 방법이다.
④ 각 면에 보이는 물체는 보이는 면과 같은면에 나타낸다.

13 동일한 색이라도 면적이 커지게 되면 어떤 현상이 발생하는가?

① 명도와 채도가 같아진다.
② 채도는 증가하고 명도는 감소한다.
③ 채도가 감소하고 명도도 감소한다.
④ 명도가 증가하고 채도도 증가한다.

14 설계과정 중 시설의 배치계획 및 공사별 개략설계를 작성하여 사업실시에 관한 각종 판단에 도움을 주기 위한 작업으로서 선행된 작업 내용을 구체적으로 부지에 결합시켜가는 단계와 관계되는 것은?

① 계획설계(schematic design)
② 실시설계(detailed design)
③ 기본설계(preliminary design)
④ 기본계획(master plan)

15 다음 중 조경설계기준상의 단위놀이시설에 관한 설명으로 틀린 것은?

① 시소 2연식의 경우 길이 3.6m, 폭 1.8m를 표준 규격으로 한다.
② 미끄럼판은 높이 1.2(유아용)~2.2m(어린이용)의 규격을 기준으로 한다.
③ 그네의 안장과 모래밭과의 높이는 50~100cm가 되도록 하며, 이용자의 신체를 고려하여 결정한다.
④ 모래밭의 모래막이의 마감면은 모래면보다 5cm 이상 높게 하고, 폭은 12~20cm를 표준으로 하며, 모래밭쪽의 모서리는 둥글게 마감한다.

16 기능과 규모에 따른 동선을 구분할 때 단지 및 공간의 주요 입구를 말하며 차량과 보행이 혼잡한 공간은 어느 동선을 말하는가?

① 주동선   ② 주진입
③ 보조동선   ④ 부진입

17 CAD 작업의 특징으로 옳지 않은 것은?

① 도면의 분석, 제작이 정확하다.
② 도면의 수정, 보완이 편리하다.
③ 도면의 관리, 보관이 편리하다.
④ 도면의 출력과 시간 단축이 어렵다.

18 종단구배가 변하는 곳에서는 사고의 위험 및 차량 성능이 저하되며 시거가 짧아지는데, 이러한 종단 선형의 설계 시 주의할 사항으로 틀린 것은?

① 종단 선형은 지형에 적합하여야 하며, 짧은 구간에서 오르내림이 많지 않도록 한다.
② 중간이 움푹 패여 잘 보이지 않는 선형을 피해야 한다.
③ 노면의 배수를 고려하여 최소종단구배를 0.8~1.0% 주도록 한다.
④ 길이가 긴 경사구간에는 상향경사가 끝나는 정상부근에 완만한 기울기의 구간을 둔다.

19 린치(K. Lynch)의 도시 경관 5가지 요소 중 'Path'의 설명이 잘못된 것은?

① 연속성과 방향성이 있다.
② 연속성의 강조는 가로수의 식재, 건물 전면(前面, facade), 건물의 통일 등에서 얻을 수 있다.
③ 거리감이 있어야 하는데 랜드마크(landmark)나 노드(node) 등이 일련의 시각적인 연속성에서 얻을 수 있다.
④ 특별한 용도 혹은 활동을 집결시키지 못한다.

20 S. Gold의 레크리에이션의 접근방법 5가지 분류에 해당되지 않는 것은?

① 자원접근방법
② 활동접근방법
③ 경제접근방법
④ 토지이용접근방법

21 수목을 굴취한 후 운반하기 위한 보호조치 방법으로 옳지 않은 것은?

① 뿌리분의 보토를 철저히 한다.
② 세근이 절단되지 않도록 충격을 주지 않아야 한다.
③ 수목과 접촉하는 고형부에는 완충재를 삽입한다.
④ 가지는 결박하지 않고 효율적으로 이중적재한다.

22 수목식재가 경관상 매우 중요한 위치일 때의 지주목 설치 유형은?

① 단각형　　　　　② 매몰형
③ 삼발이형　　　　④ 2각형

23 실내식물의 환경 중 광선의 세기가 광보상점 이상 광포화점 이하라야 식물이 건강하게 생육할 수 있다. 빛의 세기가 너무 약하면 나타나는 현상은?

① 잎이 황색으로 변한다.
② 잎이 마르고 희게 된다.
③ 잎의 두께가 굵어진다.
④ 잎의 가장자리가 마르게 된다.

24 꽃이나 잎의 형태와 같이 보다 작은 식물학적 차이점을 지닌 것으로 식물의 명명에서 'for.'로 표기하는 것은?

① 품종　　　　　② 재배품종
③ 이명　　　　　④ 변종

25 다음 중 옥상 및 인공지반의 식재 식물을 선택할 때 우선적으로 고려해야 할 사항은?

① 주변 환경에 내성이 강한 식물
② 생장속도가 빠르고, 관리가 용이한 식물
③ 향토식물, 관상가치가 있는 식물
④ 토양층의 깊이와 식물의 크기

26 종합경기장에 식재계획을 할 경우 주차장에 심어야 할 가장 적합한 녹음수종으로만 짝지어진 것은?

① 은행나무, 느티나무
② 주목, 비자나무
③ 회양목, 식나무
④ 팔손이나무, 녹나무

27 잎은 어긋나기하며 홀수 깃모양겹잎이고, 열매는 협과, 원추형이고 염주상으로 10월경에 성숙, 8월경 황백색 꽃이 아름답고 꼬투리가 특이하다. 예로부터 정자목으로 이용되어 왔으며, 녹음식재, 완충식재, 가로수로도 이용되는 수종은?

① 가중나무   ② 왕벚나무
③ 참죽나무   ④ 회화나무

28 잎이 나오기 이전에 개화하는 수종으로만 구성되지 않은 것은?

① 자목련, 개나리
② 백목련, 배롱나무
③ 박태기나무, 배나무
④ 벚나무, 살구나무

29 다음 중 능수버들에 대한 설명이 아닌 것은?

① 가지가 밑으로 처져 시선을 끌어 내린다.
② 수위가 높은 습지를 좋아하기 때문에 강변, 냇가, 연못가, 호숫가 등에서 흔히 볼 수 있다.
③ 열매는 5월에 익는다.
④ 중국이 원산이며 소지는 적갈색이다.

30 도심의 자동차 왕래가 잦은 지역에 식재하기 가장 부적합한 것은?

① 금목서, 단풍나무
② 태산목, 양버즘나무
③ 감탕나무, 가중나무
④ 식나무, 향나무

31 벼과(科)의 정수식물로 수질정화기능이 가장 강한 종은?

① 갈대
② 큰고랭이
③ 생이가래
④ 개연꽃

32 다음 중 천근성에 해당하는 수종은?

① 후박나무
② 자작나무
③ 가시나무
④ 가중나무

33 다음 중 상록활엽교목으로만 나열된 것은?

① 감탕나무, 동백나무, 구상나무
② 함박꽃나무, 자작나무, 노각나무
③ 산수유, 후박나무, 먼나무
④ 조록나무, 황칠나무, 녹나무

34 한국잔디의 설명으로 옳지 않은 것은?

① 발아가 잘 되지 않아서 주로 영양번식에 의존한다.
② 답압에 약하기 때문에 과도한 이용을 금해야 하며, 병충해에 약하여 자주 약제를 살포하여야 한다.
③ 완전포복경으로 지하경이 왕성하게 뻗어 옆으로 기는 성질이 강하다.
④ 난지형 잔디로 여름철에는 잘 자라지만, 겨울철이나 아주 추운 지방에서는 생육이 정지된다.

35 유기질계 토양개량제로서 부적합한 것은?

① 토탄
② 피트모스
③ 바크퇴비
④ 벤토나이트

36 식재 공사 시 뿌리돌림을 할 경우 분의 크기는 근원직경의 몇 배로 작업해야 하는 것이 가장 이상적인가?

① 2배
② 4배
③ 6배
④ 10배

37 다음 중 인터체인지의 형식 중 고속도로 상호 간의 출입에 쓰이며, 가장 넓은 면적이 필요한 것은?

① 클로버형
② 트럼펫형
③ 다이아몬드형
④ Y형

38 수목을 식재한 후 지주목 설치의 가장 중요한 목적은?

① 지주는 수목의 요동을 막고, 활착을 조장하는 역할을 한다.
② 지주목의 설치 그 자체가 관상의 주대상이 된다.
③ 지주목은 가급적 가장 저렴한 재료를 이용하므로 경제상 유리하다.
④ 철사로 설치함이 지주목의 기능으로서 효과가 가장 크다.

39 다음 자유형 식재에 관한 설명 중 틀린 것은?

① 인공적이기는 하나 그 선이나 형태가 자유롭고 비대칭적인 수법이 쓰인다.
② 기능성이 중요시되고 있다.
③ 직선적인 형태를 갖추는 경우가 많아지고 단순 명쾌한 형태를 나타낸다.
④ 부등변 삼각형 식재수법을 많이 쓴다.

40 다음 중 단풍나무과(科)에 속하는 수종이 아닌 것은?

① 복장나무　　　② 음나무
③ 고로쇠나무　　④ 신나무

제3과목 조경시설물시공

41 배수지역이 방대해서 하수를 한 곳으로 모으기 곤란할 경우에 이용하는 배수 계통은?

① 방사식(放射式)
② 선형식(扇形式)
③ 직각식(直角式)
④ 차집식(遮集式)

42 다음 중 조경설계기준상의 휴게시설 설계기준으로 옳지 않은 것은?

① 야외탁자의 너비는 64~80cm를 기준으로 한다.
② 평상 마루의 높이는 34~41cm를 기준으로 한다.
③ 앉음벽은 짧은 휴식에 적합한 재질과 마감방법으로 설계하며, 높이는 34~46cm를 원칙으로 한다.
④ 그늘시렁(퍼걸러)은 태양의 고도 및 방위각을 고려하여 부재의 규격을 결정하며 해가림 덮개의 투영밀폐도는 50%를 기준으로 한다.

43 다음 설명에 적합한 시멘트의 종류는?

- 수화열이 보통시멘트보다 적으므로 댐이나 방사선 차폐용, 매시크한 콘크리트 등 단면이 큰 콘크리트용으로 적합하다.
- 조기강도는 보통시멘트에 비해 작으나 장기강도는 보통시멘트와 같거나 약간 크다.
- 건조수축은 포틀랜드 시멘트 중에서 가장 작다.
- 화학저항성이 크고 내산성이 우수하다.

① 백색 포틀랜드 시멘트
② 조강 포틀랜드 시멘트
③ 중용열 포틀랜드 시멘트
④ 실리카시멘트

44 콘크리트 타설 시 주의사항으로 옳지 않은 것은?

① 자유낙하높이를 가능한 작게 한다.
② 타설 시 콘크리트가 매입철근에 충격을 주지 않도록 주의한다.
③ 운반거리가 가까운 곳에서부터 타설을 시작하여 먼 곳으로 진행해 나간다.
④ 콘크리트의 재료분리를 방지하기 위하여 횡류 (橫流), 즉 옆에서 흘려 넣지 않도록 한다.

45 플라스틱의 특성에 대한 설명 중 옳지 않은 것은?

① 내식성이 우수하다.
② 약알칼리에 약하다.
③ 일반적으로 비흡수성이다.
④ 화학약품에 대한 저항성은 열경화성 수지와 열가소성 수지가 다른 특성을 갖고 있다.

46 다음 공원조명에 관한 설명 중 옳지 않은 것은?

① 그림자조명은 실루엣조명과 대조적인 조명방식으로 물체의 측면이나 하향으로 빛을 비춤으로써 이루어진다.
② 수목이나 시설물을 돋보이도록 하려면 나트륨등을 쓰는 것이 좋다.
③ 공원조명은 보안성, 효율성, 쾌적성 등을 고려해서 설치한다.
④ 조명용 각종 배선은 지하매설방식이 바람직하다.

47 투명성, 기계적 강도, 내수성은 좋지만 내충격성이 약하며, 발포제를 사용하여 넓은판으로 만들어 단열재로서 널리 사용되며, 장식품과 일용품으로도 성형하여 사용되는 열가소성 수지는?

① 요소수지
② 실리콘수지
③ 염화비닐수지
④ 폴리스티렌수지

48 토공사용 기계로서 흙을 깎으면서 동시에 기체 내에 담아 운반하고 깔기작업을 겸할 수 있으며, 작업 거리는 100~1,500m 정도의 중장거리용으로 쓰이는 것은?

① 트렌처
② 그레이더
③ 파워셔블
④ 캐리올 스크레이퍼

49 공사간격의 구성 요소 중 직접공사비를 계산하기 위해 필요한 세부항목에 해당되지 않는 것은?

① 일반관리비   ② 재료비
③ 경비   ④ 외주비

50 네트워크 공정표의 계산방법에 관한 설명으로 틀린 것은?

① 작업의 LST는 그 작업의 LFT에서 작업소요일수를 뺀 값으로 한다.
② 완료결합점의 EST는 0(zero)이며, 이때의 LST 값을 지정공기로 한다.
③ 종료결합점에서 들어가는 각 작업의 EFT값 중 최대값을 계산공기로 한다.
④ 개시결합점의 EST는 0(zero)이며, 각 작업의 EST, EFT는 작업흐름에 따라 계산한다.

51 그림과 같이 직접법으로 등고선을 측량하기 위하여 레벨을 세우고 표고가 40.25m인 A점에 세운 표척을 시준하여 2.65m를 관측했다. 42m인 등고선 위의 점 B에서 시준하여야 할 표척의 높이는?

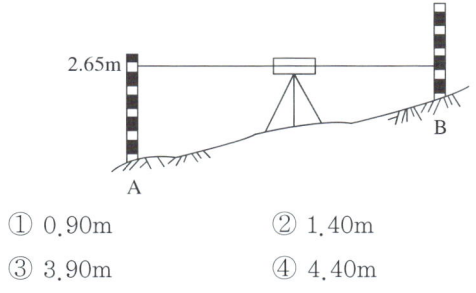

① 0.90m   ② 1.40m
③ 3.90m   ④ 4.40m

52 등고선의 성질에 대한 설명으로 옳지 않은 것은?

① 등고선은 교차하거나 합쳐지지 않는다.
② 등고선과 최대 경사선은 수직을 이룬다.
③ 경사가 같은 곳에서는 등고선 간의 간격도 같다.
④ 등고선은 도면의 안 또는 밖에서 반드시 폐합한다.

53 실제 두 점 사이의 거리 40m가 도상에서 2mm로 표시될 때 축척은?

① 1 : 30,000
② 1 : 25,000
③ 1 : 20,000
④ 1 : 10,000

54 단독도급과 비교하여 공동도급(joint venture) 방식의 특징으로 거리가 먼 것은?

① 2 이상의 업자가 공동으로 도급함으로서 자금 부담이 경감된다.
② 대규모 공사를 단독으로 도급하는 것보다 적자 등의 위험 부담이 분담된다.
③ 공동도급 구성된 상호 간의 이해 충돌이 없고 현장관리가 용이하다.
④ 고도의 기술을 필요로 하는 공사일 경우, 경험 기술이 부족한 업자도 특히 그 공사에 능숙한 업자를 구성원으로 참여시켜 안전하게 대처할 수 있다.

55 할증률에 대한 설명으로 옳은 것은?

① 잔디의 할증률은 5%이다.
② 조경수목의 할증률은 8%이다.
③ 시멘트의 할증률은 정치식일 때는 2%이다.
④ 품셈의 각 항목에 할증률이 포함 또는 표시되어 있는 것도 할증을 재적용한다.

56 벽높이 1.2m, 길이 6m의 벽돌 담장을 1.0B로 설치할 때 소요되는 벽돌은 몇 매인가?(단, 표준형 시멘트 벽돌로 시공하며, 할증률은 3%를 고려한다)

① 540매   ② 556매
③ 1,073매   ④ 1,105매

57 계획대상지의 부지정지 및 다짐에 필요한 성토량이 1,000m^{3}이다. 인접지역의 토양을 적재용량이 10m^{3}인 덤프트럭으로 운반할 때 소요되는 덤프트럭은 모두 몇 대인가?(단, L=1.15, C=0.9인 경우)

① 100   ② 111
③ 115   ④ 128

58 안내시설의 시공과 관련된 설명으로 틀린 것은?

① 아크릴판은 KS 규정에 적합한 일반용 메타크릴 수지판으로, 메타크릴산메틸을 80% 이상 포함하여야 한다.
② 게시판의 경우 우천시 게시물의 보호를 위하여 불투명한 합성수지의 보호덮개를 설치해야 녹슬음을 방지하고, 글씨 상태를 유지할 수 있다.
③ 글씨 및 문양표가 작업이 끝난 후에는 마감표면 상태를 정리하고 각 재료에 따른 적정한 보호양생조치를 해야 한다.
④ 석재바탕 글자새김의 경우 형태와 크기는 설계도면에 의하며, 글자의 깊이는 특별히 정하지 않는 한 글자 폭에 대하여 2분의 1 내지 같은 치수로 하고, 글자를 새기는 순서는 글자를 쓰는 순서와 동일하게 한다.

59 다음 불도저(bulldozer)의 특성에 대한 설명으로 옳지 않은 것은?

① 작업 범위는 소형 50m에서 대형 100m 정도이다.
② 무한궤도식(無限軌道式)은 연약지반에서도 어느 정도 작업이 용이하다.
③ 토사의 절토, 성토, 정지, 운반 등의 작업에 쓰이는 대표적인 토공 기계이다.
④ 절토작업 시 오르막경사에서는 능률이 상승되고 내리막 경사에서는 능률이 저하된다.

60 투수아스팔트콘크리트 포장 및 투수콘크리트 포장에 대한 설명으로 옳지 않은 것은?

① 공원이나 유원지의 도로, 주차장, 자전거 도로, 산책로, 광장 등의 포장에 적용한다.
② 원지반토가 설계상의 것과 상이할 때 또는 상태가 나쁠 때에는 환토하여야 하며, 노상면은 깨끗하게 정리한다.
③ 투수아스팔트 혼합물과 달리 온도 저하가 빠른 아스팔트 콘크리트 포설은 전압 시의 온도관리에 신중을 기하여야 한다.
④ 마무리면은 20m마다 임의의 1점에 있어서 두께 차이가 9mm 이상 되어서는 안된다.

61 기술적인 관리유형으로서 본래의 기능을 양호한 상태로 유지시키고자 하는 것이 주된 목적이며, 크게 수목과 시설물의 관리로 구분되는 것은?

① 이용관리
② 운영관리
③ 유지관리
④ 경영관리

62 레크리에이션 관리의 기본전략 중 폐쇄 후 육성관리에 대한 설명으로 가장 적합한 것은?

① 짧은 폐쇄, 회복기에도 최대한의 회복효과를 얻을 수 있다.
② 가장 원시적이고, 재래적인 방법이다.
③ 회복하는데 많은 시간이 소요되는 문제점이 있다.
④ 충분한 시간과 공간이 있는 경우 적용이 가능하다.

63 수목 지상부 외과수술의 순서가 맞는 것은?

① 고사지 절단 – 부패부 제거 – 살균처리 – 살충처리 – 방부처리 – 방수처리
② 살균처리 – 살충처리 – 방부처리 – 방수처리 – 고사지 절단 – 부패부 제거
③ 부패부 제거 – 살균처리 – 살충처리 – 고사지 절단 – 방부처리 – 방수처리
④ 살균처리 – 살충처리 – 고사지 절단 – 부패부 제거 – 방부처리 – 방수처리

64 과인산석회나 어박(漁粕), 계분 등과 같은 인산질 비료는 식물의 어느 부분의 성장을 주로 돕는가?

① 잎을 무성하게 하며, 생육을 촉진시킨다.
② 개화 수를 증가시키고 결실을 돕는다.
③ 가지나 줄기의 비대를 촉진시킨다.
④ 뿌리의 신장에 도움을 준다.

65 다음 수목들 중 수간 외과수술이 시급하게 요구되는 것은?

① 수간이 부패하여 공동이 생겼을 경우
② 초두부가 말라 시들어 갈 경우
③ 뿌리가 지면으로 노출될 경우
④ 수피에 타는 증상이 나타나는 경우

66 다음 중 잔디의 녹병(Rust) 발생원인과 거리가 먼 것은?

① 고온다습과 질소과다
② 질소결핍, 양양결핍, 시비불균형
③ 지나친 답압, 배수불량
④ 심한 풀 깎기와 객토과다

67 수목 전정 시 소나무 순지르기(摘芯)가 적합한 시기는?

① 봄
② 여름
③ 가을
④ 겨울

68 참나무류에 치명적인 피해를 주는 참나무 시들음병을 매개하는 곤충은?

① 광릉긴나무좀
② 솔수염하늘소
③ 북방수염하늘소
④ 털두꺼비하늘소

69 식재지의 멀칭(mulching)을 통하여 기대되는 효과가 아닌 것은?

① 토양경도를 증가시킨다.
② 여름철 토양온도의 상승을 억제한다.
③ 유익한 토양미생물의 생장을 촉진한다.
④ 토양으로부터 수분증발을 감소시킨다.

70 농약의 구비조건으로 틀린 것은?

① 다른 약제와 혼용이 어려워야 한다.
② 적은 양으로도 약효가 확실하여야 한다.
③ 인축에 대하여 피해를 주지 않아야 한다.
④ 사용 작물에 대하여 약해를 일으키지 않아야 한다.

71 다음 중 2~3년에 한번씩 보수가 필요한 기구가 아닌 것은?

① 목재벤치, 시소
② 목조화장실, 미끄럼틀
③ 목재놀이기구, 목재벤치
④ 분수, 야구장

72 비탈면의 안정을 위해 잔디의 떼심기를 할 때 그 내용이 잘못된 것은?

① 잔디생육에 적합한 토양의 비탈면경사가 1 : 1보다 완만할 때에는 비탈면을 일시에 녹화하기 위해서 흙이 붙어 있는 재배된 잔디를 사용하여 붙인다.
② 비탈면 줄떼다지기는 잔디폭이 10cm 이상 되도록 하고, 비탈면에 10cm 이내 간격으로 수평골을 파서 수평으로 심고 다짐을 철저히 한다.
③ 비탈면 전면(평떼)붙이기는 줄눈에 십자줄이 형성되도록 틈새를 만들어 붙이며, 잔디 소요면적은 비탈면 면적보다 조금 적게 적용한다.
④ 잔디 1매당 적어도 2개의 떼꽂이로 잔디가 움직이지 않도록 고정한다.

73 다음 중 정지, 전정의 일반원칙에 해당되지 않는 것은?

① 무성하게 자란 가지는 제거한다.
② 지나치게 길게 자란 가지는 제거한다.
③ 수목의 주지는 하나로 자라게 한다.
④ 평행지가 되도록 유인한다.

74 수간(樹幹) 감기는 큰 나무 이식시에 해주어야 하는데 그 효과로 적당하지 않은 것은?

① 이식 시 수간의 보호와 상처를 예방한다.
② 줄기가 강한 햇볕에 타는 것을 막아준다.
③ 상해(霜害)나 병해충 방지를 해준다.
④ 줄기로부터 새 가지가 나오도록 해준다.

75 분비물에 의해 그을음병을 유발시키는 해충은?

① 솔잎혹파리
② 소나무좀
③ 솔수염하늘소
④ 소나무가루깍지벌레

76 기존의 포장구간의 균열 및 파손장소를 부분 보수한 뒤에 사용하는 보수공법으로서 임시적 포장재생 방법이 아니라 새로운 포장면을 조성하기 위하여 사용하는 아스팔트 포장 보수공법은?

① 패칭 공법
② 표면처리 공법
③ 덧씌우기 공법
④ 치환 공법

77 잔디관리 방식 중 잔디의 뗏밥(培土, top-dressing)과 관련된 설명이 옳지 않은 것은?

① 생리·생태적 효과로는 발아 보호력 촉진
② 생리·생태적 효과로는 매트(mat) 형성을 촉진
③ 물리적 효과로는 그린면을 평편하게 하여 잔디의 균일한 생육을 도모
④ 물리적 효과로는 잔디밭 표층토의 물리성을 개량하게 되어 토성개선 효과

78 배나무 붉은별무늬병의 겨울포자가 기생하기 때문에 배나무 과수원 가까이 식재하지 말아야 할 수목은?

① 화백
② 향나구
③ 오동나무
④ 히말라야시다

79 다음 중 시설물의 설치하자에 해당되는 것은?

① 유리조각을 방치하여 어린이가 손을 다쳤다.
② 그네에서 떨어지거나 미끄럼틀에서 거꾸로 떨어졌다.
③ 시설이 노후화되어 파손부위에 의해 상처를 입었다.
④ 그네에서 뛰어내리는 곳에 벤치가 배치되어 어린이들이 충돌하였다.

80 다음 중 콘크리트 옹벽이 앞으로 넘어질 우려가 있을 때 옹벽 뒷면의 지하수를 배수 구멍에 유도시키고 토압을 경감시키는 공법은?

① 그라우팅 공법
② PC앵커 공법
③ 부벽식 콘크리트 공법
④ 압성토 공법

제1회 최종모의고사 정답 및 해설

p.1313~1330

01	02	03	04	05	06	07	08	09	10	11	12	13	14	15	16	17	18	19	20
④	③	②	④	④	①	④	④	①	④	②	②	④	④	④	②	④	②	③	④
21	22	23	24	25	26	27	28	29	30	31	32	33	34	35	36	37	38	39	40
④	③	④	④	④	②	④	①	②	②	④	④	③	④	③	③	③	④	④	④
41	42	43	44	45	46	47	48	49	50	51	52	53	54	55	56	57	58	59	60
①	②	④	④	②	④	②	④	④	③	④	③	④	④	③	④	④	②	②	②
61	62	63	64	65	66	67	68	69	70	71	72	73	74	75	76	77	78	79	80
①	④	②	③	①	③	③	①	②	④	②	③	④	①	④	④	①	②	①
81	82	83	84	85	86	87	88	89	90	91	92	93	94	95	96	97	98	99	100
②	②	④	③	④	③	④	④	④	③	②	④	④	①	①	②	④	③	③
101	102	103	104	105	106	107	108	109	110	111	112	113	114	115	116	117	118	119	120
④	①	②	①	③	③	③	②	③	②	③	③	①	③	②	③	①	①	③	①

01

계리궁은 에도(강호)시대 전기의 정원으로, 한가운데 연못이 있는 전형적인 회유식 정원이며 여러 개의 다실로 둘러싸인 것이 특징이다. 에도(강호)시대 전기의 정원에는 동해사, 금지원, 서원, 소석천후락원, 낙수원, 계리궁원, 수학원이궁 등이 있다.

02

조경관리부서
- 고구려 : 궁원 – 유리왕
- 고려 : 내원서 – 충렬왕
- 조선 : 전기 상림원(태조) – 후기 장원서(세조), 산택사, 원유사
- 동산바치 : 동산 다스리는 사람, 조선 정원사

03

② 금수를 키우는 곳은 '유(囿)'이다.
중국 정원의 기원
- 포(圃) : 채소를 심는 곳을 일컫는다.
- 원(園) : 과실을 심은 곳을 일컫는다.
- 유(囿) : 짐승(금수)이나 조류를 기르던 울타리가 있는 공간을 일컫는다.
- 정(庭) : 건물이나 울타리에 둘러싸인 평탄한 뜰을 일컫는다.

04

④ 프랑스의 정원은 평지에서 기하학적인 패턴을 적용하여 대칭적이고 질서 정연한 모습을 추구했다. 경사지에 옹벽이나 테라스 등을 이용하는 방식은 이탈리아 정원의 전형적인 특징으로 언덕 위의 빌라를 중심으로 복잡한 계단과 경사로를 많이 활용했다.

05

풍경식 정원은 1720년경 영국에서 프랑스 건축 정원에 대한 의식적인 반동으로 생겼다. 프랑스의 기하학적인 정원 구성을 식물의 자연스러운 성장에 역행하는 비자연적인 것으로 규정하고 이를 의식적으로 거부하면서부터 풍경식 정원은 시작되었다. 시민들은 앉아서 감상하기보다는 공원의 호수에서 배를 타거나, 공원 숲의 오솔길을 걸으면서 풍경식 정원의 공간들을 경험하였다.

06

조선시대 정원에는 중엽 이후 풍수지리설의 지형적인 제약으로 안채의 뒤쪽, 즉 후원이 주가 되는 정원 수법이 생겼다. 이 수법은 우리나라의 독특한 후원 양식으로, 건물 뒤 언덕을 계단 모양으로 다듬어 장대석을 앉혀 평지를 만들고, 키 작은 꽃나무를 심거나 운치를 돋우기 위하여 석함을 놓아 괴석을 앉혔고, 꽃나무 밑에 돌을 쪼아 만든 작은 수조인 세심석을 놓았다.

07

찰스 엘리어트(Charles Eliot)

- 최초의 수도권 공원계통을 수립하였다.
- 여러 국립공원과 주립공원이 생기는 데 공헌하였다.
- 1928년 48개주마다 주립공원, 주립산림, 주립수렵 보호구역을 지정하는 데 공헌하였다.
- 최초로 광역공원계통을 수립했다.

08

무열주 중정과 관련된 중정은 아트리움이다. 아트리움은 손님 접대용 공간으로 사각형의 방들이 아트리움을 둘러싼 무열주 중정이다. 바닥은 돌로 포장하였고, 화분장식을 하였다. 주로 상업상의 타합이나 내객을 응대하는 자리로 이용되었다.

※ 주택정원 후원(지스터스)
  - 5점형 식재가 특징이다.
  - 수로를 중심으로 좌우에 산책로인 원로와 화단을 대칭적으로 배치하였다.

09

찰스 브릿지맨

- 스투어헤드, 치스윅하우스, 로스햄을 설계하였다.
- 조경에 하하 기법을 최초로 도입하였다.
- 대지의 외부로부터 디자인의 범위를 확대하였다.
- 경작지를 정원 속에 포함시키고 전체적으로 자연스런 숲의 외관을 갖추게 하는 수법을 사용하였다.

10

④ 청평사 문수원 정원 영지는 방지원도의 형태이다.

방지방도와 방지원도

- 방지방도(方地方島) : 사각형 땅에 사각형 섬
  예 경복궁 경회루 연못, 부용동 세연지 연못, 선교장 활래정 연못, 국담원
- 방지원도(方地圓島) : 사각형 땅에 둥근 섬
  예 창덕궁 부용지 연못, 다산초당, 청평사 문수원 정원 영지, 윤증고택의 연못

11

② 산림경제의 저자는 홍만선이다. 홍만선의 산림경제는 중국의 문헌과 자신의 체험을 바탕으로 한 농가생활에 필요한 사항을 기술한 하나의 백과사전적인 책이다.

12

괴산 김기응 가옥

낮은 동산을 배경으로 양지바르고 터 좋은 곳에 자리잡고 있는 집으로 '칠성고택'이라고도 부른다. 안채는 조선 후기(1800년대 초반)에 지은 것이고 사랑채, 중문채, 대문채 등은 나중에 지었다. 대문채, 중문채, 사랑채, 행랑채, 안채, 광채, 헛간채로 구성되어 있는 규모가 매우 큰 집이다.

① 구례 운조루 : 바깥마당에 장방형의 연못이 있고, 사랑뜰에는 정심수가, 헛간 앞에는 희귀식물인 위성류가 심어졌다는 것이 특징이다.

③ 강릉 선교장 : 선교장의 활래정 지원은 별당과 같은 기능을 가지며, 지당은 직선적인 방지이며 지심에는 방도가 축조되고 적송이 식재되어 있다(방지방도형의 연못형태).

④ 달성 박황 가옥 : 살림채와 별당이 별도로 배치됐는데, 살림채는 'ㄴ'자 모양의 사랑채와 'ㄷ'자 모양의 안채가 서로 맞물려 'ㅁ'자를 이루며, 좌향은 건좌손향(乾坐巽向)을 놓았다. 별당채는 '하엽정(荷葉亭)'이란 정자를 짓고, 앞쪽에 연못을 두어 운치가 고졸한 집이다.

13

- 천용사(天龍寺) : 실정막부(室町幕府)를 수립한 초대 장군 족리존씨(足利尊氏)의 지원을 받아 1339년에 몽창소석(夢窓疎石)이 창건하였다.
- 서방사(西芳寺) : 가마쿠라(겸창)시대이다.
- 금각사(金閣寺), 은각사(銀閣寺) : 무로마치(실정)시대이다.
- 용안사(龍安寺), 대덕원(大德院) : 무로마치(실정)시대이다.

14

사자의 중정

- 14세기에 마호멧 5세가 조성하였으며, 왕의 사정원이 있다.
- 주랑식 중정이고 가장 화려하다.
- 12마리 사자상이 받치고 있는 분수가 있다.
- 4개의 수로에 의해 4분되는 파라다이스 정원 개념을 잘 나타내고 있다.
- 무어 양식의 극치이다.

15

④ 소쇄원의 계류공간에 조담이 있지만 유산곡수연의 시설로 사용하지는 않았다.

유상곡수연은 흐르는 물에 술잔을 띄워 그 잔이 자기 앞으로 당도하기 전에 운에 맞추어 시를 짓고 즐기는 풍류놀이로 우리나라 선비들 사이에서 유행했다.

※ 양산보의 소쇄원
  - 조선조의 중종 때에 양산보가 조영한 것으로서, 주거지역에서 볼 때는 후원에 해당한다.
  - 북동쪽에서 남서쪽으로 흘러내리는 좁다란 계류를 중심으로 하여 꾸며진 것으로 비탈면을 깎아 판판한 단 또는 몇 개의 계단을 만들어 각종 첨경물을 배치하고 조경식물을 심었다.

16

중세 장원제도 속에서 발달한 조경양식의 특징은 도시의 중심인 성곽을 중심으로 성곽 내부에 폐쇄적인 정원을 연출하였다.

17

태액지원
- 장안 건장궁 내의 곡지 중 하나이다.
- 신선사상에 의한 봉래, 방장, 영주 세 섬을 축조하고 연못가에는 청동이나 대리석으로 조수(鳥獸)와 용어(龍魚)상을 배치했다.

18

모모야마시대(1573~1603)
- 대표적으로 거대한 정원석, 호화로운 석조, 명목(名木) 등을 사용한 화려한 색조의 정원으로 삼보원(三寶院)정원이 있다. 풍신수길(豊臣秀吉)의 꽃구경과도 관련 있는 정원이다.
- 정토사상의 정원이 계속되고 고산수정원이 확립되었다.
- 무로마치시대 초기의 은각사를 중심으로 동산문화가 발생했다.
- 와비와 사비 이념을 바탕으로 하는 다정양식이 발달했다.

19

마당의 동쪽 한 구석에 조그마한 못을 파고 연을 심어 '정우당'이라 하였으며, 동쪽에 몽천이라는 조그마한 샘을 만들었으며, 그 동쪽의 산기슭을 깎아 추녀와 맞대고 평평하게 쌓아 단을 만들고 여기에 매화, 대나무, 소나무, 국화를 심어 '절우사'라 하였다.

21

케빈 린치(K. Lynch)는 도시경관을 분석함에 있어서 기호를 만들어 이를 도시경관 분석에 이용하여 도면을 작성하였다. 경관의 좋고 나쁨을 기호화하여 분석하였는데 5가지 기호는 통로(path), 모서리(경계, edges), 지구(district), 결절점(node), 랜드마크(landmark)이다.

22

② 자갈, ④ 인조석

23

레크리에이션 수용의 종류
- 잠재수요(latent demand) : 사람들에게 본래 내제하는 수요로, 기존의 시설을 이용할 때만 나타난다.
- 유도수요(induced demand) : 매스 미디어나 교육과정에 의해 자극시켜 잠재수요를 개발하는 수요로, 개인 기업이나 공공부문에서 이용된다.
- 표출수요(expressed demand) : 기존의 레크레이션 기회에 참여 또는 소비하고 있는 수요이며, 사람들의 기호도가 파악된다.

24

적지분석 기준
- 경관적 기준 : 전망, 선호도, 시각적 영향 등
- 생태적 기준 : 경사도, 식생밀도, 배수 등
- 인문적 기준 : 기존의 토지이용, 접근성, 전기, 도로, 통신 등 기반 시설의 확보 용이성

25

치수 표시
- 치수의 단위는 밀리미터(mm)로 하며, 단위 표시는 하지 않는다.
- 치수를 표시할 때에는 치수선과 치수 보조선을 사용한다.
- 치수선은 치수 보조선에 직각이 되도록 그으며, 화살표나 점으로 경계를 명확히 표시한다.
- 치수의 기입은 치수선에 따라 평행하게 기입한다.
- 도면의 아래로부터 위로, 또는 왼쪽에서 오른쪽으로 읽을 수 있도록 치수선의 윗부분이나 치수선의 중앙에 기입한다.

26

안뜰(주정) : 안채에 딸린 뜰로 내정(內庭)이라고도 한다. 옥외 생활 공간으로 가족 구성원들의 사적인 장소이다.

27

시설물 설치는 다양성을 고려하기보다는 학생들의 안전과 쾌적성, 교육성 등을 고려하여 계획해야 한다.

28

용도지구(자연공원법 제18조)
- 공원자연보존지구 : 특별히 보호할 필요가 있는 지역
- 공원자연환경지구 : 공원자연보존지구의 완충공간으로 보전할 필요가 있는 지역
- 공원마을지역 : 마을이 형성된 지역으로서 주민생활을 유지하는 데 필요한 지역
- 공원문화유산지구 : 문화유산의 보존 및 활용에 관한 법률에 따른 지정문화유산 및 자연유산의 보존 및 활용에 관한 법률에 따른 천연기념물 등을 보유한 사찰(寺刹)과 전통사찰보존지 중 문화유산 및 자연유산의 보전에 필요하거나 불사(佛事)에 필요한 시설을 설치하고자 하는 지역

29

설문에 걸리는 시간은 결과에 영향을 준다. 즉, 설문지 응답에 걸리는 시간이 너무 길면 지루하게 느껴져 응답의 성의가 떨어진다. 응답에 걸리는 시간은 최대 30분 이내 정도가 가장 적절하다.

30

근린생활권근린공원 : 유치거리 500m 이하, 15분 정도 떨어진 거리로 10,000m² 이상의 면적

31

- 묘지공원의 면적 : 100,000m² 이상
- 묘지공원의 공원시설 부지 면적 비율 기준 : 100분의 20 이상

32

하워드의 전원도시론 : 영국에서 환경문제를 위해 하워드가 제시한 것으로, 도시, 전원, 전원도시를 3개의 자석으로 삼고 하나의 전원도시가 계획인구로 성장하면 또 하나의 전원도시를 건설하여 이것들을 철도와 도로로 연결하여 도시집단을 형성하는 이론이다. 레치워스가 최초로 시행하였으며, 웰윈이 계획하였으나 성공하지 못하고 후에 라이트와 스타인이 래드번 계획의 기본이론으로 활용하였다.

33

• G5/4 : 색상은 G, 명도는 5, 채도는 4이다.
• Y5/3 : 색상은 Y, 명도는 5, 채도는 3이다.

34

경사가 있는 보도교의 경우 종단 기울기가 8%를 넘지 않도록 하여 미끄럼을 방지하기 위해 바닥을 거칠게 표면처리 하여야 한다(조경설계기준).

35

③ 공원관리청은 10년마다 지역주민, 전문가 기타 이해관계자의 의견을 수렴하여 공원계획의 타당성 여부(공원구역의 타당성 여부를 포함한다)를 검토하고 그 결과를 공원계획의 변경에 반영하여야 한다(법 제15조 제2항).

36

③ 환경영향평가는 환경영향평가법이 관련된 주 법규이다.

37

자연공원의 지정 등(자연공원법 제4조 제1항)
국립공원은 기후에너지환경부장관이 지정·관리하고, 도립공원은 도지사 또는 특별자치도지사가, 광역시립공원은 특별시장·광역시장·특별자치시장이 각각 지정·관리하며, 군립공원은 군수가, 시립공원은 시장이, 구립공원은 자치구의 구청장이 각각 지정·관리한다.

38

자연경관영향의 협의 등(법 제28조 제1항)
관계행정기관의 장 및 지방자치단체의 장은 다음의 어느 하나에 해당하는 개발사업 등으로서 환경영향평가법에 따른 전략환경영향평가 대상계획, 환경영향평가 대상사업 또는 소규모 환경영향평가 대상사업에 해당하는 개발사업 등에 대한 인·허가 등을 하고자 하는 때에는 해당 개발사업 등이 자연경관에 미치는 영향 및 보전방안 등을 전략환경영향평가 협의, 환경영향평가 협의 또는 소규모 환경영향평가 협의 내용에 포함하여 환경부장관 또는 지방환경관서의 장과 협의를 하여야 한다.

1. 다음의 어느 하나에 해당하는 지역으로부터 대통령령으로 정하는 거리 이내의 지역에서의 개발사업 등
   가. 자연공원법에 따른 자연공원
   나. 습지보전법에 따라 지정된 습지보호지역
   다. 생태·경관보전지역
2. 제1호 외의 개발사업 등으로서 자연경관에 미치는 영향이 크다고 판단되어 대통령령으로 정하는 개발사업 등

39

④ 운행 중 차량소음은 소리라는 비기후성 물리적 요소로 미기후를 직접적으로 변화시키지 않는다.
미기후는 특정 지역 내에서 발생하는 기후환경을 의미하며, 온도, 습도, 바람의 흐름, 일사(태양빛) 등 물리적 환경 조건에 영향을 받는다.

40

지도상의 길이 = 축척 × 실제 거리
= ¹/30 × 300cm
= ⁻0cm

41

명시성은 두 색을 대비시켰을 때 멀리서도 잘 보이는 성질로, 색상·명도·채도의 차이가 큰 색의 대비가 명시성이 높다. 안전표지판은 명시성이 좋아야 하므로 검정색과 차이가 가장 큰 노랑색 바탕이 가장 적당하다.

42

도면의 아래로부터 위로, 또는 왼쪽에서 오른쪽으로 읽을 수 있도록 치수선의 윗부분이나 치수선의 중앙에 기입한다.

43

등받이 각도는 수평면을 기준으로 95~110°를 기준으로 하고, 등의자의 곡률반경은 앉음판의 오금 부위는 15~16cm, 엉덩이 부위는 7~8cm, 등받이 상단은 15~16cm를 기준으로 한다.

44

리듬(운율)은 각 요소들이 강약, 장단의 주기성이나 규칙성을 가지면서 전체적으로 연속적인 운동감을 가지는 것을 의미한다. 동일한 요소나 유사한 요소가 규칙적, 주기적으로 반복하면서 연속적인 운동감을 가지는 것도 의미한다. 따라서 대칭과는 관련이 없다.

45

인출선 표시
- 인출선은 가는 실선을 사용하여 긋는다.
- 인출선은 도면의 내용물 자체에 설명을 기입할 수 없을 때 사용하는 선이다.
- 조경설계에서는 수목명, 본수, 규격 등을 기입하기 위하여 많이 이용된다.
- 한 도면 내에서 모든 인출선의 굵기와 질은 동일하게 유지된다.
- 긋는 방향과 기울기를 통일시킨다.

46

표출수요(expressed demand) : 기존의 레크레이션 기회에 참여 또는 소비하고 있는 이용을 표출수요라 하며, 사람들의 기호도가 파악된다.

47

② 상세한 요소를 다룰 때에는 상대적으로 큰 척도가 필요하게 된다.

48

② $D/H = 2$: 정상적인 시야의 상한선과 일치하므로 적당한 폐쇄감을 느낌
① $D/H = 1$: 건물이 시야의 상한선인 30°보다 높음, 상당한 폐쇄감을 느낌
③ $D/H = 3$: 폐쇄감에서 다소 벗어나 주대상물에 더 시선을 느낌
④ $D/H = 4$: 공간의 폐쇄감은 완전히 소멸되고 특정적인 공간으로서의 장소의 식별이 불가능해짐

49

노외주차장의 구조·설비기준-이륜자동차전용 노외주차장 외의 노외주차장(시행규칙 제6조 제1항 제3호)

주차형식	차로의 너비	
	출입구가 2개 이상인 경우	출입구가 1개인 경우
평행주차	3.3m	5.0m
직각주차	6.0m	6.0m
60° 대향주차	4.5m	5.5m
45° 대향주차	3.5m	5.0m
교차주차	3.5m	5.0m

50

④ 포장용 콘크리트의 재령 28일 압축강도 17.64MPa 이상, 굵은 골재 최대치수 40mm 이하로 한다.

51

③ 운동시설은 공원 전면적의 50% 이내의 면적을 차지하도록 하며, 주축을 남-북 방향으로 배치한다.

52

스카이라인
대도시의 입면 형태는 건물의 배열과 높이를 보여주는데, 건물과 하늘이 만나는 지점을 연결한 선을 스카이라인이라고 한다. 스카이라인은 도심에서 가장 높게 나타나고 주변부로 갈수록 낮아진다.

가구(block, 街區)
보통 블록이라고 말하며 가로(街路)에 의하여 둘러싸인 구획으로 한 개 혹은 그 이상의 획지(劃地)에 의하여 구성되는 것이다. 가구의 크기가 스카이라인에 직접적인 영향을 미치지는 않는다.

53

광장은 개방된 공간으로서 다양한 방향에서 접근할 수 있고, 주로 대규모 행사, 집회, 또는 여가 활동을 위한 공간으로 사용된다. 따라서 특정 향에 대한 의존도가 상대적으로 낮으며, 더 폭넓은 사용 목적을 가지고 있다.

54

테니스장
- 코트 장축의 방위는 정남-북을 기준으로 동서 5~15° 편차 내의 범위로 하며, 가능하면 코트의 장축 방향과 주 풍향의 방향이 일치하도록 한다.
- 경기장 규격은 세로 23.77m, 가로로 복식 10.97m, 단식 8.23m 이다.

55

가상선은 인접 부분을 참고로 표시하는 데 사용하는 선으로, 2점 쇄선의 용도이다.

56

GIS는 지상과 지하의 각종 시설물과 자연현상에 대한 정보를 컴퓨터 데이터로 변환하여 현황파악과 공간분석에 이용하는 종합적인 시스템이다. GIS의 장점 중 하나는 새로운 정보의 추가 및 공간정보에 속성정보가 연결되어 분석이 쉽다.

57

④ 45°, 60° 주차는 직각주차보다 더 넓은 공간이 필요하여 비효율적이다.

58

등받이 각도는 수평면을 기준으로 95~110°를 기준으로 하고, 휴식시간이 길어질수록 등받이 각도를 크게 한다.

59

기본설계는 사업계획 및 기본방침, 대략의 공정, 시공법, 공사비 등 기본적인 내용을 작성하는 것이며, 기초설계를 토대로 공사 시행 시 발생할 수 있는 문제점을 검토하고 다른 공사와의 연관성, 예산확보 등을 검토하고 확인하기 위한 설계이다.
실시설계는 이러한 기본설계를 바탕으로 구체적인 도면 작성, 공사비 작성, 수량산출, 공정계획을 수립하는데, 실시설계 때 작성한 도면과 공사비 내역은 공사입찰의 기준이 되며, 이 도면대로 공사를 시행하게 된다.

60

1~4%는 도로 및 보행자 경로에 있어서 충분한 배수를 제공하면서도 걷거나 다른 활동을 하기에 충분히 평탄하여 사용하기 편리한 기울기를 나타낸다.

61

산수유(Cornus officinalis)
층층나무과로, 타원형의 핵과(核果)로서 처음에는 녹색이었다가 8~10월에 붉게 익는다. 한국·중국 등이 원산으로, 한국의 중부 이남에서 심는다.

62

말발도리는 범의귀과의 낙엽관목으로, 높이 약 2m이다. 어린 가지에 성모(星毛 : 여러 갈래로 갈라진 별 모양의 털)가 나고 늙은 가지는 검은 잿빛이다. 꽃은 흰색이며 5~6월에 피고 산방꽃차례에 달린다.

63

리기다소나무
- 줄기는 상록침엽수로 곧게 자라며 수피가 거무칙칙하고, 기둥의 줄기 마디에서 잎이 돌려난다.
- 잎은 바늘잎(針葉)이 3개(간혹 4개)씩 모여 난다(束生).
- 꽃은 5월에 피며, 황자색 수꽃이삭(雄花穗)은 긴 원주형이고 암꽃이삭(雌花穗)은 계란모양(卵狀)이다.
- 열매는 솔방울열매(毬果)로 삼각형인 종자는 양끝이 좁고 흑갈색이며 거칠다. 종자의 날개 길이가 소나무의 세 배이고 그 폭은 두 배로 크다.

64

- 산딸나무 : 꽃은 꽃자루가 없으며, 작은 가지 끝에 20~30개가 하늘을 향해 피고, 길이는 3~8cm, 나비는 2~3cm로 백색이며 꽃잎처럼 보인다. 열매는 10월에 적색으로 익으며 둥글고, 종자를 둘러싸고 있는 껍질은 육질이 달고 식용이 가능하다.
- 치자나무 : 꽃은 양성화로, 6~7월에 피고 흰색이지만 시간이 지나면 황백색으로 되며 가지 끝에 1개씩 달린다.
- 병아리꽃나무 : 꽃은 4~5월에 피고, 지름이 3~5cm로, 소담한 백색의 꽃이 새가지 끝에서 하나씩 피고 꽃받침은 편평하다. 꽃잎은 4개로, 거의 원형이다.

65

굵은 뿌리는 약간 길게 톱질하여 자르고 절단면은 거적 등으로 충분히 양생하며, 밀생한 세근을 뿌리분에 붙여 보존하여야 한다.

66

능소화의 나무껍질은 회갈색이고 세로로 벗겨지며, 가지는 흡착근이 발달하여 다른 물체에 잘 붙는다.

67

방음식재로는 지하고가 낮고 잎이 수직 방향으로 치밀하게 부착된 상록교목이 적당하다. 서어나무는 낙엽활엽교목으로 잎은 어긋나기로서 붉은빛이 돌지만 녹색으로 되며 타원형 또는 긴 달걀모양이다.

68

Allee의 원리
- 개체처럼 일정구조와 구성을 가지며 시간에 따라 변화한다.
- 개체발생과 동일하게 생장한다(생장곡선).
- 유전적 조성을 갖는다(Gene Pool).
- 환경과 인구수는 서로 영향을 준다.
- 어떤 개체군 분포는 집단화가 유리하다.

69

① 수심에 가까운 짙은 목질부분은 심재이다.

심재	변재
• 수심에 가까운 짙은 목질 부분이다.	• 껍질에 가까운 옅은 목질 부분이다.
• 성장이 거의 멈춰서 목질이 단단하다.	• 성장을 계속하는 세포로서, 목질이 연하다.
• 수분 함유량이 적어서 변형이 거의 없다.	• 수분 함유량이 많아서 변형이 많이 일어난다.
• 변재보다 강도가 크다.	• 심재보다 재질이 좋지 못하다.
• 나뭇결의 직각 방향으로 누르는 힘에 강하다.	• 목재가 수분을 흡수하면 그 수분이 건조되면서 수축, 뒤틀리는 변형이 일어난다.
• 나뭇결 방향으로 누르는 힘에는 약하다.	• 심재보다는 강도가 작다.

70

시선유도식재
- 주행 중의 운전자가 도로선형의 변화를 미리 판단할 수 있도록 유도하는 식재이다.
- 주변 식생과 뚜렷한 식별이 가능한 수종(향나무, 측백, 광나무, 사찰나무 등)이 좋다.
- 곡률반경이 700m 이하의 작은 곡선부 바깥쪽에 반드시 관목 또는 교목을 열식한다.
- 산형 : 정상부에는 낮은 수목, 약간 내려간 곳에는 높은 수목을 열식한다.

71

④ 능수버들은 원산지가 한국이고 수양버들은 중국이다.

능수버들

낙엽활엽교목으로 높이 20m, 지름 80cm로 자란다. 잎은 피침형 또는 좁은 피침형이고 긴 점첨두이며 길이 7~12cm, 폭 10~17mm로서 쐐기모양이고 잔톱니가 있다. 열매는 삭과로서 길이 3mm 정도이고 견모가 있으며 5월에 성숙한다.

수양버들

낙엽 활엽 교목으로 높이는 15~20m로 자란다. 잎은 어긋나기이며 좁은 피침형이고 긴 점첨두이며 길이 7~12cm, 폭 10~17mm로서 예저이고 가장자리는 잔톱니가 있거나 거의 밋밋하며, 잎 양면에 털은 없다. 열매는 과수 원뿔모양의 삭과로서 씨방에는 털이 없다. 꽃은 암수딴그루(간혹 암수한그루)로 4월에 잎과 같이 황록색으로 핀다.

72

② *Pinus bungeana*는 백송으로, 줄기는 회백색이며, 밋밋하고, 큰 비늘처럼 벗겨지기 때문에 얼룩져 보인다.

① *Aucuba japonica* : 식나무
③ *Firmiana simplex* : 벽오동나무
④ *Kerria japonica* : 황매화

73

수생식물의 분류

- 침수식물 : 나사말, 검정말, 붕어마름, 물수세미, 물질경이 등
- 부엽식물 : 마름, 수련, 연꽃, 자라풀 등
- 부유식물 : 생이가래, 개구리밥, 부레옥잠 등
- 추수식물(정수식물) : 갈대, 줄, 부들, 창포, 꽃창포, 물옥잠 등

74

- 정형식 식재의 종류 : 단식, 대식, 열식, 집단식재, 교호식재, 기하학적 식재
- 자연풍경식 식재의 종류 : 부등변삼각형식재, 임의식재, 모아심기, 배경식재, 군식, 주목

75

전나무의 학명은 *Abies holophylla*이고, *Abies nephrolepis*는 분비나무이다.

76

녹음용 수종은 강한 햇빛을 조절하기 위해 식재하는 나무이다. 수관이 크고 큰 잎이 치밀하고 무성하며, 지하고가 높은 교목이 바람직하다. 느티나무, 칠엽수, 회화나무, 일본목련, 백합나무, 은행나무, 버즘나무, 벽오동, 팽나무 등이 있다.

77

피나무는 낙엽활엽교목으로 계곡 및 산복 이하의 토심 깊은 비옥한 곳을 좋아하고 참나무류, 다릅나무, 박달나무류와 혼생한다. 내한성과 내음성, 내조성이 강하다. 열매는 견과로 원형으로서 능선이 없고 백색 또는 갈색 털이 밀생하며, 줄기는 곧게 자라며 회갈색이고, 나무껍질은 회갈색이다.

78

중앙분리대에 적합한 수종

- 조건 : 배기가스나 건조에 강한 수종, 지엽이 밀생하고 전정에 강한 상록수, 적설지의 경우에는 염화칼슘에 강한 수종
- 교목 : 가이즈까향나무, 종가시나무, 아왜나무, 향나무, 사철나무, 광나무 등
- 관목 : 꽝꽝나무, 다정큼나무, 돈나무, 섬쥐똥나무, 둥근향나무 등
- 화목 : 철쭉류, 큰꽃댕강나무 등

79

천근성 수종은 일반적으로 뿌리가 얕게 뻗는 것으로 토양층이 얕은 곳에도 식재할 수 있다. 독일가문비나무, 일본잎갈나무, 편백, 버드나무, 자작나무, 아까시나무, 포플러류, 현사시나무, 매화나무, 황철나무 등이 있다.

80

원추형 수종으로는 낙우송, 삼나무, 전나무, 메타세쿼이아, 독일가문비나무, 일본잎갈나무, 구상나무, 주목 등이 있다.

81

① 요소수지 : 요소와 알데하이드류(주로 폼알데하이드)의 축합반응으로 생기는 열경화성 수지이다. 신장강도가 높고 잘 휘어지며 열에 의한 비틀림 온도가 높다.
③ 폴리스티렌수지 : 투명성, 기계적 강도, 내수성은 좋지만 내충격성이 약하다. 발포제를 사용하여 넓은 판으로 만들어 단열재로서 널리 사용된다.
④ 폴리우레탄수지 : 질기고 화학약품에 잘 견디는 특성을 가지고 있다. 전기절연체, 구조재, 기포단열재, 기포쿠션, 탄성섬유 등에 사용되며, 신축성이 매우 뛰어나 고무의 대체물질로도 사용된다.

82

정오차

- 항상 같은 방향 및 같은 크기로 생기는 오차이다.
- 오차의 발생원인이 확실하고, 측정 횟수에 비례해서 증가하므로 누차라고도 한다.
- 일정한 법칙에 따라 생기므로 외업할 때 원인을 없애고, 내업에서 계산으로 측정한 값을 보정하여 없앨 수 있는 오차이다.

83

QC(품질관리)에 이용되는 도구
- 특성요인도 : 결과(특성)와 원인(요인)이 어떻게 관계하고 있으며, 영향을 주고 있는가를 한눈으로 알 수 있도록 그린 그림이다.
- 파레토도 : 문제의 중점화, 우선순위 파악을 위한 도구이다.
- 체크시트 : 데이터 수집, 문제 분석을 효율적으로 실시하기 위한 도구이다.
- 히스토그램 : 길이, 무게, 시간 등을 측정한 데이터가 존재하는 범위 몇가지 항목의 구간으로 나누어 구간에 발생한 도수를 세어서 도수표를 만든 다음 막대그래프 등으로 도형화한 것을 말한다.
- 각종 그래프 : 품질관리에서 얻은 각종 자료의 결과를 그림으로 시각화하여 정보 전달을 용이하게 하는 도구이다.
- 산점도 : 원인과 결과의 연관관계가 어떻게 되는지, 어느 정도인지 파악할 수 있는 도구이다.
- 층별 : 많은 데이터를 어떤 특징에 따라 부분집단으로 나눈 것이다.

84

$$축척 = \frac{초점거리}{고도}$$

$$\frac{1}{20,000} = \frac{210}{고도}$$

따라서 고도는 4,200,000mm = 4,200m이다. 그런데 표고가 500m이므로 4,200m + 500m = 4,700m이다.

85

$$우수유출량 \quad Q = \frac{1}{360}CIA$$

여기서, C : 유출계수
I : 강우강도(mm/hr)
A : 배수면적(ha)

$$\therefore Q = \left(\frac{0.4 \times 0.25 \times 20}{360}\right) + \left(\frac{0.2 \times 0.9 \times 20}{360}\right)$$

$$\fallingdotseq 0.0156$$

86

크리프에 영향을 주는 요인(증가요인)
- 응력이 클수록
- 대기의 온도가 높을수록
- 물시멘트비가 클수록
- 단위 시멘트량이 많을수록
- 재령이 짧을수록
- 부재의 치수가 작을수록
- 대기 중 습도가 낮을수록
- 다짐이 나쁠수록

87

$$목재의 함수율 = \frac{건조 \ 전 \ 중량 - 건조 \ 후 \ 중량}{건조 \ 후 \ 중량} \times 100$$

$$= \frac{120 - 100}{100} \times 100$$

$$= 20$$

88

- $M_A = (R_A \times 2) - (4 \times 15) - (20 \times 5) = 0$
  $\therefore$ A지점의 반력 $R_A = 8$kN
- B지점의 반력 $R_B = 24 - 8 = 16$kN
  $\therefore R_A(8) - 4 = 4$
  $R_B(16) - 20 = 4$

89

공사시방서(건설공사의 계약도서에 포함된 시공기준을 말한다) : 표준시방서 및 전문시방서를 기본으로 하여 작성하되, 공사의 특수성·지역여건·공사방법 등을 고려하여 기본설계 및 실시설계도면에 구체적으로 표시할 수 없는 내용과 공사수행을 위한 시공 방법, 자재의 성능·규격 및 공법, 품질시험 및 검사 등 품질관리, 안전관리, 환경관리 등에 관한 사항을 기술한 것을 말한다.

90

③ 수성페인트 : 소석고, 안료, 접착제를 혼합, 물로 녹여 사용
① 유성페인트 : 안료와 건조성 지방유를 혼합, 불투명 피막 형성
② 에나멜페인트 : 니스(바니쉬)에 안료(물감)를 섞은 것
④ 에멀션페인트 : 물에 아스팔트, 유성 페인트, 수지성 페인트 등을 현탁시킨 유화 액상 페인트

91

내부진동기의 주된 목적은 콘크리트를 평평하게 분포시키는 것이 아닌 콘크리트를 다지는 것이다. 콘크리트의 이동이나 분포 조정은 주로 삽이나 레이크 등 다른 도구를 사용하여 이루어진다. 내부진동기를 사용하여 콘크리트를 이동시키려고 하면, 콘크리트 내의 골재 분리가 발생할 수 있다.

92

화강암(심성암)
- 화강암은 화성암의 심성암에 속하고 널리 분포, 산출된다. 많은 석재 중에서 토목·건축용으로 가장 뛰어난 자재이다.
- 구조용 석조로 쓰기에 매우 훌륭한 특질을 나타내며 가장 많이 사용되고 있다.
- 강도는 최대이고 흡수율은 최고이며, 자연 풍화에 특히 강하다.
- 고열에 약한 성질을 가지고 있다.
- 불에 약하다.
- 내산성이 우수하다.

93

막힌줄눈은 통줄눈에 대한 공법으로, 상하 2단 이상의 세로 줄눈을 통하지 않는 방법이다. 한줄이음(막힌줄눈)은 돌 사이에 흙을 채우지 않아 안정성이 떨어질 수 있다.

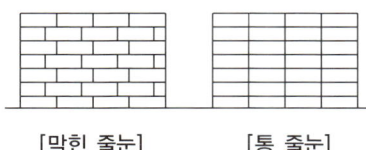

[막힌 줄눈]　　　　[통 줄눈]

94

토지이용도별 총괄유출계수의 범위

토지이용		유출계수
상업지역	도심지역	0.75~0.95
	근린지역	0.50~0.70
주거지역	단독주택단지	0.30~0.50
	독립주택단지	0.40~0.60
	연립주택단지	0.60~0.75
	교외지역	0.25~0.40
	아파트	0.50~0.70
산업지역	산재지역	0.50~0.80
	밀집지역	0.60~0.90

95

네트워크 공정표는 작성 및 검사에 특별한 기능이 요구되고 다른 공정표보다 작성시간이 긴 단점이 있다.

96

중력식 옹벽은 상단이 좁고 하단이 넓은 형태로 복잡하지 않고 단순한 구조이다. 옹벽의 높이 3m 이하인 경우 사용한다.

97

A점은 예정보다 많이 진척되었으므로 비경제적이다. 실시공정곡선이 허용한계선 내에 있도록 유도해야 한다.
곡선식 공정표(curved progress chart)
• 공사의 전체적인 진척상황을 파악하는 데 가장 유리한 공정표로 '바나나 곡선'이라고도 한다.
• 현 공정이 허용한계선 아래에 있을 때는 공정의 촉진이 필요하며 실시공정곡선이 허용한계선 내에 있도록 유도한다.
• 일일 기성고가 불일정할 때는 공사 초기(가설, 작업준비)와 말기(마무리, 뒷정리)에 공정속도가 저하되므로 공사 초기와 말기에는 곡선이 낮아진다.

98

옹벽의 안정
• 옹벽의 침하(沈下)는 외력의 합력에 의하여 기초지반에 생기는 최대압축응력이 지반의 지지력보다 작으면 기초지반은 안정하다.
• 옹벽의 전도(顚倒)에서 저항모멘트가 회전모멘트보다 커야만 옹벽이 안전하다.

99

등고선 사이의 최단거리 방향은 그 지표면의 최대경사의 방향을 가리키므로 최대 경사방향은 등고선에 수직방향이다.

100

③ 감수제 : 소정의 컨시스턴시를 얻기 위해 필요한 단위중량을 감소시켜 워커빌리티를 증대시킨다.

101

세균은 수목병의 원인 중 뿌리혹병, 불마름병 등의 원인이 된다.

102

식생공법은 붕괴 우려가 적은 비탈면에 적용하며 종자뿜어붙이기공, 식생매트공, 식생구멍공, 식생자루공, 식생판공, 평떼붙임공, 식생띠공, 줄떼심기공 등이 있다.
편책공은 구조물에 의한 공법이며 식생이 비탈면에서 충분히 활착하여 생육될 때까지 비탈면의 토사유실을 방지하기 위하여 사용한다.

103

운영관리 방식 중 직영방식은 관리 주체가 직접 운영관리하는 방식이다. 일상적인 유지관리업무, 금액이 적고 간편한 업무, 진척상황이 명확하지 않고 검사가 어려운 업무, 연속해서 행할 수 없는 업무, 재빠른 대응이 필요한 업무 등이 대상 업무이며 도급방식은 관리 전문 용역 회사나 단체에 의뢰하는 방식이다. 장기에 걸쳐 단순작업을 행하는 업무, 전문지식, 기능 자격을 요하는 업무, 규모가 크고 노력, 재료 등을 포함하는 업무, 관리 주체가 보유한 설비로는 불가능한 업무, 직영의 관리인원으로는 부족한 업무 등이 대상 업무이다.

104

농약의 살포 방법
• 분무법 : 살포액을 분무기를 사용하여 무기분무에 의하여 안개모양으로 살포하는 방법이다.
• 미스트법 : 미립화한 살포액을 바람압력에 의하여 살포하는 방법으로 약제의 손실이 적고, 균일하게 살포하는 방법이다.
• 스프링클러법 : 병해충 방제 및 시비, 관수를 겸할 수 있다.

- 폼스프레이법 : 수화제, 수용제 등의 살포액에 기포를 가하여 전용 노즐로 공기와 교반하여 가는 거품의 집합체로 살포하는 방법이다.

105

잔디의 생육을 돕기 위하여 한지형 잔디는 봄, 가을에 난지형 잔디는 늦봄에서 초여름에 뗏밥을 준다.

106

③ 클로로탈로닐 수화제(타코닐)는 살균제로 병원균을 죽이는 목적으로 쓰이는 농약이다.

107

마이코플라즈마(파이토플라즈마)에 의한 수목병 중 마름무늬 매미충에 의해 매개되는 병으로는 대추나무 빗자루병, 오동나무 빗자루병, 쥐똥나무 빗자루병, 뽕나무 오갈병 등이 있다.

108

시설물의 점검 및 보수 사이클
- 철재 그네 : 2~3년
- 목재 벤치 : 2~3년
- 철재 미끄럼틀 : 2~3년
- 철재 퍼걸러 : 3~4년
- 모래자갈포장 원로, 광장의 노면수정 : 반년~1년
- 모래자갈포장 원로, 광장의 자갈 보충 : 1년

109

③ 지지된 수목의 상부에 있어서 단위횡단면당 내인력(耐引力)이 증대된다.

110

솔잎혹파리의 방제 방법
- 천적 기생봉 이용 : 솔잎혹파리 방제에 이용되는 천적에는 기생벌류가 있다. 주요 기생벌류에는 솔잎혹파리먹좀벌, 혹파리살이먹좀벌, 혹파리등뿔먹좀벌, 혹파리반뿔먹좀벌 등 4종이 있다.
- 수관살포 : 6월 상순경 알을 낳는 성충을 대상으로 살충제를 수관살포한다.
- 수간주사(樹幹注射) : 5월 중순~7월경 나무 줄기의 가슴높이 직경(胸高直徑)이 10cm 이상 되는 소나무에 천공기로 직경 1cm, 깊이 5~10cm의 구멍을 뚫고 살충제를 주사한다.
- 지면살포 : 11월 하순~12월 상순경 토양에서 월동 중인 애벌레를 구제할 목적으로 아타라입제를 지면에 살포한다.

111

폐쇄 후 육성관리
손상이 심한 부지에 적합한 관리방안으로 짧은 폐쇄 기간에도 최대의 회복효과를 기대할 수 있어 이용자의 불편을 줄이면서 부지를 효율적으로 복구할 수 있는 방법이다.

112

메프 수화제, 비피 유제를 6~10주 간격으로 살포하고, 옥시테트라사이클린계 항생제를 수간주사하며 병든 가지를 제거한 후 소각한다.

113

밤나무혹벌의 천적으로 중국긴꼬리좀벌, 남색 긴꼬리좀벌, 상수리좀벌, 배잘룩끄리좀벌, 노란꼬리좀벌, 노란다리남색좀벌, 큰다리 남색좀벌, 노란꼬리벼룩좀벌 등이 있다. 그 중 중국긴꼬리좀벌이 가장 유효하다.

114

소나무좀
1년에 1회 발생하며, 소나무류의 지표 부근 수피에 구멍을 뚫고 성충으로 월동하며, 3월 중순에서 4월 중순 사이에 기온이 15° 정도 2~3일 계속될 때 활동 장소에서 탈출한다. 탈출한 어미벌레가 쇠약목에 침입하여 갱도를 만들고 그 속에서 교미를 마치고 60개 정도의 알을 낳으며, 알은 12~20일 정도 후에 부화한다. 유충은 20회 탈피하며, 유충 기간은 약 20일이다.

115

솔수염하늘소는 유충 상태로 나무껍질 속에서 월동한다. 이후 봄이 되어 성충이 되면 소나무를 가해한다. 이 과정에서 소나무 재선충을 옮기게 되고 이로 인해 소나무 시들음병이 확산된다.

116

포스파미돈 액제(디무르)는 진딧물과 소나무의 솔잎혹파리 및 솔껍질깍지벌레 등을 방제하기 위해 사용되는 나무주사용 고독성 농약이다.

녹병(銹病, Rust)
한국의 잔디류에서 잘 발생하며, 중부지방에서는 5~6월경에 17~22℃ 정도의 기온에서 습윤 시 잘 발생하고 Zoysia류의 엽맥에 불규칙한 적갈색의 반점이 보이기 시작할 때 발견되는 병이다. 방제약제로는 티디폰 수화제, 디니코나졸 수화제, 시프롤 유제, 터부코나졸 우제 등이 효과적이다.

117

비탈면의 U형 배수구는 일반적으로 인접 지표면과 동일한 높이에 설치되어야 한다. 비탈면에서 흐르는 물을 효과적으로 수거할 수 있기 때문이다. 만약 배수구가 높게 설치되면, 물이 배수구로 흐르지 않을 수 있다.

118

소나무 시들음(재선충)병 : 병원체는 매개충에 의하여 전파되며, 우리나라에서 알려진 매개충은 솔수염하늘소와 북방수염하늘소 2종이다. 공생관계에 있는 솔수염하늘소의 몸에 기생하다가 소나무 잎을 갉아 먹을 때 나무로 침입해 소나무가 말라 죽는 병이다.

119

③ 흰불나방의 천적은 기생파리, 고치벌, 좀벌, 맵시벌 등이 있다.

120

패칭(patching) 공법

• 포장의 균열, 국부적 침하, 부분적 박리(剝離)가 있을 때 적용한다.
• 파손부분을 사각형으로 따내어 깨끗이 정리하고 택코팅을 한 후 롤러, 래머, 콤팩터 등으로 다지기를 한 다음 표면에 모래 석분을 살포한다.

제1회 최종모의고사 정답 및 해설

p.1331~1343

01	02	03	04	05	06	07	08	09	10	11	12	13	14	15	16	17	18	19	20
③	②	④	④	④	①	①	④	②	④	①	①	④	③	③	②	④	④	④	④
21	22	23	24	25	26	27	28	29	30	31	32	33	34	35	36	37	38	39	40
④	②	①	④	④	④	④	①	①	①	①	②	④	②	④	②	①	①	④	②
41	42	43	44	45	46	47	48	49	50	51	52	53	54	55	56	57	58	59	60
①	④	③	④	②	④	④	④	④	①	①	①	③	ⓒ	③	④	②	④	②	④
61	62	63	64	65	66	67	68	69	70	71	72	73	74	75	76	77	78	79	80
③	①	①	①	②	①	④	①	①	①	④	③	④	④	④	③	②	②	④	①

01

③ 알람브라 궁의 파티오 중 다라하 파티오는 린다라야 파티오라고도 하며 가장 여성스러운 파티오로 두 자매의 방에 딸려 있다.

알람브라 궁전의 파티오(중정)
• 사자의 중정 : 주랑식 중정, 가장 화려함, 12마리 사자상이 받치고 있는 분수, 수로에 의한 4분원, 왕의 사정원, 14세기에 마호멧 5세가 조성
• 알베르카(연못) 중정(도금양·천인화 중정) : 알람브라 궁원의 주정으로 공적 기능이었고, 이슬람 종교의식에 쓰이던 욕지나 분수대 아치로 된 회랑 등이 있음, 천인화의 파티오라고도 부름
• 다라하 중정 : 중심에 분수 설치, 여성적 분위기, 가장자리를 회양목으로 식재, 부인실에 부속
• 레하 중정(창격자 중정·사이프러스 중정) : 중심에 분수 설치, 환상적이면서 엄숙한 분위기, 네 귀퉁이에 사이프러스 식재, 소규모

02

② 버컨헤드 공원은 1843년 조셉 팩스턴이 설계하였고, 옴스테드의 센트럴 파크 공원개념 형성에 큰 영향을 미쳤다.
옴스테드가 설계한 3대 공원은 센트럴 파크, 프로스펙트 파크, 프랭클린 파크이다.

03

① 물이나 나무를 쓰지 않고 산수의 풍경을 상징적으로 나타낸 정원이다.
② 무로마치시대에 고산수 정원으로 정착되었다.
③ 대선원 정원은 축산고산수 수법이고, 용안사 정원은 평정고산수 수법이다.

※ 고산수식 정원
• 작정기에 쓰여진 '못(池)도 없고 유수(遣水)도 없는 곳에 돌(石)을 세우는 것'을 특징으로 하는 일본의 정원 수법
• 5세기 후반부터 일본정원에서 바다 풍경을 상징적으로 묘사하기 위해 평면(平面)에 모래를 깔고 돌을 짜 맞추어(石組) 구성된 양식 : 평정고산수(平定枯山水)
• 일본에서 대표적인 평정고산수 수법의 정원이 있는 곳 : 용안사
• 일본의 교토(京都)에 있는 용안사(龍安寺)의 고산수(枯山水)정원 : 모래 바탕위에 5개, 2개, 3개, 2개, 3개 석조(石槽)를 배치하였다.
• 일본의 고산수(枯山水)수법 : 사상적으로 정토사상과 신선사상을 배경으로 하고 있다.

04

④ 만세산 : 중국 송나라의 휘종(徽宗) 때에 솔계한 정원으로서 항주의 봉황산을 본따 만들었다는 정원이다.
① 태액지원에 신선사상에 의한 봉래, 방장, 영주 세 섬을 축조하고 연못가에는 청동이나 대리석으로 조수(鳥獸)와 용어(龍魚)상을 배치혔다.
② 상림원 : 중국 최초의 정원이며 한의 무제가 장안 서쪽에 위수를 만들었다.
③ 곤명호 : 70여 채의 이궁을 짓고 화목 3,00여 종을 심었으며 곤명호, 곤명지, 서파지를 비롯한 6개의 대호수를 원내에 만들었다. 곤명호 동서 양쪽 물가에는 견우·직녀의 석상을 앉혀 은하수로 비우하였고, 길이 7m의 돌고래를 호수 속에 앉혀 놓았다.

05

소쇄원은 크게 애양단, 오곡문, 제월당, 광풍각으로 나눌 수 있다.

양산보의 소쇄원

- 조선조의 중종 때에 양산보가 조영한 것으로서, 주거지역에서 볼 때는 후원에 해당한다.
- 북동쪽에서 남서쪽으로 흘러내리는 좁다란 계류를 중심으로 하여 꾸며진 것으로 비탈면을 깎아 판판한 단 또는 몇 개의 계단을 만들어 각종 첨경물을 배치하고 조경식물을 심었다.
- 화목으로는 대, 소나무, 느티나무, 단풍나무, 은행나무, 버드나무, 오동나무, 복숭아나무, 목백일홍, 치자, 월계화, 동백나무, 측백나무, 창포, 순채, 국화, 연꽃, 파초, 지초, 난 그리고 이끼 등이 있다.
- 공간분할 : 애양단 구역, 오곡문 구역, 제월당 구역, 광풍각 구역으로 나눌 수 있다.
- ※ 소쇄원
  - 계곡에 흘러내리는 임천이 주된 경관자원이다.
  - 앞뜰, 안뜰, 뒤뜰과 같은 명확한 공간구분은 없다.
  - 소쇄원 경치를 읊은 48영시에는 동물도 표현되었다.
  - 전라남도 담양군 남면에 있는 양산보가 조성한 정원이다.

06

② 대선원 서원은 축산고산수정원이다.
③ 정토 정원과 관련 있는 것은 모월사(毛越寺), 무량광원(無量光院)이다.
④ 용안사는 평정고산수정원이다.

일본 도산(모모야마)시대

- 삼보원 : 일본인에게 특유한 간소미와는 달리 호화로운 조석과 고르고 고른 명목따위를 가지고 사람을 위압, 자연에 순응하는 태도로부터 벗어나 과장하고자 하는 경향
- 다정(일종의 자연식 정원)
  - 자연의 한 단면을 강조하여 전체를 표현하려고 한 것
  - 다실은 실정시대에 비롯된 건축으로 다정은 다실에 이르는 길을 중심으로 한 좁은 공간에 꾸며지는 것

07

① 르 노트르는 프랑스 조경가이며 평면기하학식을 확립하였다. 이탈리아 여행 중 노단식 정원을 배웠으나 귀국한 후에는 프랑스의 지형과 풍토에 알맞은 평면원 수법을 고안하였다.
③ 브릿지맨 : 스투어헤드, 치스윅하우스, 로스햄을 설계하였고 조경에 하하(ha-ha)기법을 최초로 도입하였다.
④ 현대 조경의 아버지라 불리우며, 조경(Landscape Architecture)이라는 용어를 처음 사용하였다. 옴스테드와 보우의 공동작품으로 센트럴 파크가 탄생하였다. 옴스테드와 보우의 3대 공원으로는 센트럴파크, 프로스펙트파크, 프랭클린파크가 있다.

08

④ 석가산은 중국의 정원 기법이다.

석가산(첩석성산)

- 주로 괴석을 이용하여 자연의 기암절벽을 모방하거나 신선 세계를 꾸미려는 의도로 만들어졌다.
- 의종 6년 : 수창궁 북원에 괴석을 쌓아 가산을 만들고 만수정을 축조했다.
- 의종 10년 : 양성정 곁에 괴석을 쌓아 올려 가산을 만들고 명화를 식재했다.
- 의종 11년 : 민가 50여 구를 헐고 태평정 정원을 조성했다.
- ※ 석가산
  - 송(宋)의 휘종때 만들어진 간산(艮山)에서 가장 두드러진 특징적 요소
  - 고려시대에 성행하다가 조선시대에 잘 사용하지 않은 정원 시설

09

① 도시공원 중 소공원, 어린이공원, 근린공원은 생활권공원으로 분류된다(도시공원 및 녹지 등에 관한 법률 제15조 제1항 제1호)
③ 근린공원은 근린거주자 또는 근린생활권으로 구성된 지역 생활권 거주자의 보건·휴양 및 정서생활의 향상에 이바지하기 위하여 설치하는 공원을 말한다(도시공원 및 녹지 등에 관한 법률 제15조 제1항 제2호 다목).
④ 묘지공원의 건폐율은 해당 공원면적의 2% 이내로 하며, 공원시설 부지면적은 당해 공원면적의 20% 이상으로 한다(도시공원·녹지의 유형별 세부기준 등에 관한 지침 4-2-4).

10

① 지구단위계획이란 도시·군계획 수립 대상지역의 일부에 대하여 토지 이용을 합리화하고 그 기능을 증진시키며 미관을 개선하고 양호한 환경을 확보하며, 그 지역을 체계적·계획적으로 관리하기 위하여 수립하는 도시·군관리계획을 말한다.
② 도시·군관리계획이란 특별시·광역시·특별자치시·특별자치도·시 또는 군의 개발·정비 및 보전을 위하여 수립하는 토지 이용, 교통, 환경, 경관, 안전, 산업, 정보통신, 보건, 복지, 안보, 문화 등에 관한 계획을 말한다.
③ 광역도시계획이란 국토의 계획 및 이용에 관한 법률 제10조에 따라 지정된 광역계획권의 장기발전방향을 제시하는 계획을 말한다.

11

개발행위의 허가(국토의 계획 및 이용에 관한 법률 제56조 제1항)
다음의 어느 하나에 해당하는 행위로서 대통령령으로 정하는 행위를 하려는 자는 특별시장·광역시장·특별자치시장·특별자치도지사·시장 또는 군수의 허가를 받아야 한다. 다만, 도시·군계획사업(다른 법률에 따라 도시·군계획사업을 의제한 사업을 포함)에 의한 행위는 그러하지 아니하다.

1. 건축물의 건축 또는 공작물의 설치
2. 토지의 형질 변경(경작을 위한 경우로서 대통령령으로 정하는 토지의 형질 변경은 제외)
3. 토석의 채취
4. 토지 분할(건축물이 있는 대지의 분할은 제외)
5. 녹지지역·관리지역 또는 자연환경보전지역에 물건을 1개월 이상 쌓아놓는 행위

12

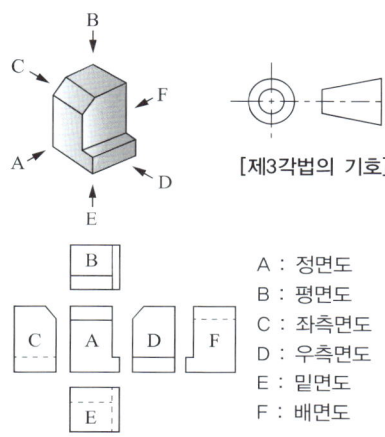

[제3각법의 기호]

A : 정면도
B : 평면도
C : 좌측면도
D : 우측면도
E : 밑면도
F : 배면도

① 제3각법에서 평면도는 정면도의 위에 그린다.

13

면적대비
• 같은 색이라도 면적의 크고 작음에 따라 색의 명도 채도가 다르게 보이는 현상이다.
• 큰 면적의 색은 실제보다 명도와 채도가 높아 보이며 밝고 선명하게 보이나 작은 면적의 색은 실제보다 명도와 채도가 낮아 보인다.

14

③ 기본설계 : 사업을 확정하고 그 안을 관계자들에게 이해시키고 최종적인 시행만 필요한 준비작업을 하는 단계
①·④ 계획설계 또는 기본계획 : 프로젝트의 개략적인 골격, 토지이용과 동선체계, 각종 시설 및 녹지의 위치 등을 정하는 조경계획의 과정
② 실시설계 : 설계단계에 있어서 시방서 및 공사비 내역서 등을 포함하고 있는 설계

15

③ 그네의 안장과 모래밭과의 높이는 35~45cm가 되도록 하며, 이용자의 나이를 고려하여 결정한다.

16

① 주동선 : 단지 및 공간의 근간이 되는 동선이며 보행자 및 차량의 이동이 가능하다.
③ 보조동선 : 주동선에서 부공간 및 부속지역으로 연결되는 동선으로 주로 코행자 위주의 동선이며, 자유 곡선 형태이며 자연적인 포장으로 구성된다.
④ 부진입 : 부지가 넓은 단지 및 공간에서 주 진입구의 부수적 입구를 말한다.

17

CAD의 이용효과
• 장점 : 데이터 보관용이, 작업공간의 절약, 도면의 수정과 이동 편리, 작업시간의 단축 등
• 단점 : 수작업에 비해 초기 투자 비용이 많이 들어간다.

18

③ 노면의 배수를 고려하여 최소종단구배를 0.3~0.5% 주도록 한다.

19

Path(통로)는 도시라고 하는 복합체 속에서 습관적으로 지나다니는, 또는 언젠가 지날지 모르는 동선의 네트워크이다. 질서를 주는 가장 강력한 수단이며 여러 가지 특수성이 요구된다.
• 특별한 용도와 활동이 집중되어야 할 것
• 개성적인 특질을 지닐 것
• 파사드의 재질이 특별한 것일 것
• 조명의 패턴이 독특할 것 등

20

S. Gold(1980)의 레크리에이션 접근방법은 자원접근방법, 활동접근방법, 경제접근탕법, 행태접근방법, 종합접근방법의 5가지이다.
S. Gold(1980)의 레크리에이션 계획 접근방법
• 자원접근방법 : 물리적 자원 혹은 자연자원이 레크리에이션의 유형과 양을 결정하는 방법
• 활동접근방법 : 과거의 레크리에이션 참가사례가 앞으로의 레크리에이션 기회를 결정하도록 계획하는 방법
• 경제접근방법 : 지역사회의 경제적 기반이나 예산 규모가 레크리에이션의 총량, 유형, 입지 결정
• 행태접근방법 : 이용자의 구체적인 행동 패턴에 맞추어 계획하는 방법
• 종합접근방법 : 앞에서의 네 가지 접근방법의 결합으로 긍정적인 측면만 취하는 접근방법

21

수목의 운반 도중에 가지나 잎 및 뿌리분의 손상을 막기 위한 조치를 취해야 한다. 이중적재는 바람직하지 않다.

※ 굴취된 수목의 운반
  • 수목과 접촉하는 고형부(固形部)에는 완충재를 삽입한다.
  • 비포장도로로 운반할 때는 뿌리분이 충격을 받지 않도록 완충재로 가마니, 짚 등을 깐다.
  • 운반 중 바람에 의한 증산을 억제하며 강우로 인한 뿌리분의 토양유실을 방지하기 위하여 덮개를 씌우는 등 조치를 취한다.
  • 굴취된 수목을 운반할 때는 이중적재를 피해야 한다.
  • 진동을 방지하기 위하여 차량 바닥에 흙이나 거적을 깐다.
  • 부피를 작게 하기 위하여 가지를 죄어 맨다.
  • 운반 시 땅바닥에 끌어대는 일이 없도록 한다.
  • 세근이 절단되지 않도록 충격을 주지 않아야 한다.

22

매몰형 지주 : 수목이 매우 중요한 위치에 있어 지주가 시각상 문제가 있다고 판단되는 경우와 통행인에게 불편을 초래한다고 판단되는 경우에 적용된다.

지주 세우기의 종류 및 방법
  • 단각지주 : 수고 1.2m 이하의 관목에 사용, 가이즈까향나무・수양버들・위성류・수양벚나무 등의 어린 수종에 사용
  • 2각지주 : 수고 1.2~2.0m의 소형 가로수에 사용, 좁은 장소에 깊게 넣음
  • 삼발이 지주 : 소형은 높이 4.5~5.0m의 수목에 사용, 대형은 높이 5.0m 이상의 수목에 사용
  • 3각, 4각 지주 : 보행량이 많은 곳에 설치하며 금속제가 바람직함
  • 울타리식 지주 : 지주목을 군데군데 박고 대나무나 철선을 가로로 대서 사용
  • 윤대지주 : 포도덩굴, 덩굴장미, 수양벚나무, 수양버들, 등나무 등에 사용
  • 당김줄형 지주 : 대형 교목(5m 이상)에 사용
  • 매몰형 지주 : 경관상 중요한 위치에 사용
  • 연결형 지주 : 교목의 군식에 사용
  • 피라미드형 지주 : 말뚝 3개 정도를 위로 좁혀가며 세우고 덩굴식물을 올림(덩굴장미, 클레마티스 등)

23

광도와 식물의 생장
  • 광도가 너무 약하면 일어나는 현상 : 잎이 황색으로 변하고, 새로 생긴 잎이 점차 떨어지며, 기존 잎의 두께가 얇아지거나 줄기가 가늘어진다.
  • 광도가 너무 강하면 일어나는 현상 : 잎이 그을리거나 탈색되고, 내음성 식물의 경우에는 잎이 마르고 흰색으로 변하며 결국에는 죽게 된다.

24

① 품종 : for.를 사용한다.
② 재배품종 : cv.를 사용한다.
④ 변종 : var.를 사용한다.

25

옥상조경 설계 시 고려사항
  • 지반의 구조 및 강도 : 하중 고려, 옥상 바닥의 보호와 방수, 식재 토양층의 깊이와 식생의 유지관리(관・배수)
  • 수목의 선정 : 옥상의 특수한 기후조건 고려(미기후의 변화, 복사열)
  • 이용의 측면 : 프라이버시를 지키기 위하여 측면은 담장이나 차폐식재를 하고 위로부터 보호를 위해서는 녹음수를 심거나 정자, 퍼걸러 등을 설치할 필요가 있다.

26

녹음수종 : 느티나무, 팽나무, 회화나무, 플라타너스, 이팝나무, 주목, 가중나무, 은행나무, 칠엽수, 오동나무, 회화나무, 팽나무, 느릅나무 등이 있다.

27

회화나무
  • 아까시나무, 자귀나무, 싸리나무 : 비료목으로 적합한 수종이다.
  • 회화나무, 느릅나무 : 녹음수로 적합하다.
  • '槐(귀신붙는 나무)'라고도 하며 토착신앙과 관련 있는 성수(聖樹)이기도 한 수목이다.
  • 그늘을 이용하기위한 정자목(亭子木)으로 적당하다.

28

잎이 나오기 전에 개화하는 수종 : 진달래, 철쭉, 개나리, 벚나무, 목련, 수수꽃다리, 박태기나무, 배나무, 살구나무

29

④ 능수버들의 원산지는 한국이며, 소지는 황록색이다. 수양버들의 소지가 적갈색이다.

30

배기가스에 약한 수종 : 삼나무, 소나무, 전나무, 삼나무, 히말라야시다, 금목서, 은목서, 단풍나무, 고로쇠나무 등이 있다.

31

수생식물의 분류
  • 침수식물 : 나사말, 검정말, 붕어마름, 물수세미, 물질경이 등
  • 부엽식물 : 마름, 수련, 연꽃, 자라풀 등
  • 부유식물 : 생이가래, 개구리밥, 부레옥잠 등
  • 추수식물(정수식물) : 갈대, 줄, 부들, 창포, 꽃창포, 물옥잠 등

32

천근성 나무 : 독일가문비나무, 가시나무, 일본잎갈나무, 편백, 버드나무, 자작나무, 아까시나무, 포플러류, 현사시나무, 매화나무, 황철나무 등

33

상록활엽교목 : 가시나무, 소귀나무, 차나무, 녹나무, 후박나무, 먼나무, 감탕나무, 담팔수, 조록나무, 황칠나무, 동백나무 등

34

한국잔디는 병충해, 지피성, 내답압성, 재생성이 강하다.

한국잔디
- 한국잔디류에는 들잔디, 금잔디, 빌로드 잔디, 갯잔디 등이 있다.
  - 들잔디 : 한국 잔디 중 가장 많이 이용하는 잔디로 성질이 강하고 답압에 잘 견딘다.
  - 금잔디 : 고려잔디라고도 하며 섬세하고 유연하다.
  - 빌로드잔디 : 남해안 지역에서 자생하는 잔디로 잎은 섬세하나 내한성과 번식력이 약하다.
- 한국잔디는 난지형 잔디로, 가는 줄기와 땅속줄기에 의해 옆으로 퍼진다.
- 5~9월 사이에 잎이 푸른 상태로 있어 녹색 기간이 짧고 그늘에서 잘 자라지 못한다.
- 잔디밭 조성에 많은 시간이 소요되고 손상을 받은 후 회복 속도가 느린 단점이 있으나 포복성으로 밟힘에 강하고, 병해충과 공해에도 강한 장점이 있다.

35

토양개량제
- 유기질계 토양개량재 : 피트모스, 바크퇴비, 오니비료, 이탄 등
- 무기질계 토양개량재 : 펄라이트, 버미큘라이트, 벤토나이트 등

36

분의 크기는 근원직경의 4배, 분의 깊이는 근원직경의 2배이다.

37

인터체인지의 형식(교통동선의 처리방법에 따라 분류)
- 불완전 입체교차형 : 평면교차하는 교통동선을 1개소 이상 포함하는 형식
  - 다이아몬드형 : 형상이 단순하고 용지 및 건설비가 적게 들고 교통의 우회거리가 짧으며, 평면교차부에서의 교통용량이 적다.
  - 불완전 클로버형 : 교차도로상에서의 좌회전 동선을 우회전으로 변환시킬 수 있어 교통용량을 증가시킨다.
  - 트럼펫형(4갈래교차) : 고규격 도로와 저규격 도로가 교차할 때
  - 준직결형 : 3갈래교차로 본선상에 일부 평면교차를 허용하는 형식으로, 도시지역 일반도로의 중요한 Y형 교차점이나 우회도로의 분기점에 사용한다.

- 로타리(Rotary)형 : 평면교차는 없으나 연결로를 독립으로 하지 않고 2개 이상 차도를 부분적으로 겹치게 해서 위빙을 수반하는 형식이다.
- 완전 입체교차형
  - 직결형, 준직결형(3갈래교차) : 직결형, Y형은 3방향 모두의 접속이 직접연결로에 의하는 것으로 고규격도로 상호의 접속에 사용된다.
  - 직결형(4갈래교차) : 좌회전교통을 목적하는 방향으로 원활한 곡선으로 처리하는 방식이며, 고규격도로 상호간의 교차에 사용된다.
  - 트럼펫형(3갈래교차) : 3갈래교차 인터체인지의 대표적인 것으로, 연결되는 고속도로 상호간의 교통량과 중요도에 차이가 있을 대 어느 한 쪽을 주도로로 볼 수 있는 경우에 적합하다.
  - 클로버형 : 4갈래 완전입체교차의 대표적인 것으로, 기하학적으로 대칭인 아름다운 형을 이루고 입체교차 구조물도 1개만 필요하다.

38

지주목 설치의 목적 : 수목을 식재한 후 바람으로 인한 뿌리의 흔들림이나 강풍에 의해 쓰러지는 것을 방지하고 활착을 촉진시키기 위해 목재, 철재 파이프, 철선, 와이어로프, 플라스틱 등을 수목에 견고하게 부착시켜 수목을 고정시킨다.

39

식재의 유형
- 정형식 : 단식, 다식, 열식, 교호식재(지그재그식재), 집단식재, 요점식재
- 자연풍경식 : 부등변삼각형 식재, 임의식재, 무리심기, 배경식재, 산재식재, 주목
- 자유형 식재 : 루버형, 번개형, 아메바형, 절선형
- 군락식재

40

② 음나무(엄나무)는 두릅나무과에 속한다.

단풍나무과에 속하는 수종 : 신나무, 고로쇠나무, 산겨릅나무, 시닥나무, 부게꽃나무, 단풍나무, 당단풍나무, 복자기, 복장나무, 네군도단풍, 은단풍, 중국단풍 등

41

② 선형식 : 지형이 한 방향으로 규칙적인 경사를 이룬다거나, 하수처리 관계상 전체 지역의 하수를 한 개의 어떤 한정된 장소로 집중시키기 위해 나뭇가지모양으로 배치하는 방식이다.

③ 직각식 : 하수를 강에 직각으로 연결하는 것으로서 배출이 가장 신속하고 구축비도 적게 들지만 토구수가 많아진다.

④ 차집식 : 우천시에는 하천으로 방류하고, 갉은 날은 차집거로 하류의 하수처리장으로 흘려보낸다.

42

④ 그늘시렁(퍼걸러)은 태양의 고도 및 방위각을 고려하여 부재의 규격을 결정하며, 해가림 덮개의 투영밀폐도는 70%를 기준으로 한다.

43

③ 중용열 포틀랜드 시멘트 : 수화열이 낮고 수축량이 적으며, 내황산염성이 풍부한 시멘트로 침식성 용액에 대한 저항이 크며, 내구성이 풍부하여 포장이나 댐 같은 매스(Mass) 콘크리트, 차폐용 콘크리트 등에도 사용

① 백색 포틀랜드 시멘트 : 철분이 적고 백토를 원료로 하며 연료는 중유를 사용하여 순백으로 한 시멘트. 치장 및 장식용에 적합

② 조강 포틀랜드 시멘트 : 경화시간과 수화작용(水和作用)이 빨라 조기강도가 크고 발열량이 많아 한지(寒地), 긴급한 공사에 가장 적합한 시멘트

④ 실리카시멘트 : 동결이나 융해작용에 대한 저항성이 적으나 화학적 저항성은 커서 해수나 광산 및 공장폐수, 하수 등에 대한 저항성이 크므로 이러한 특수목적에 사용된다.

44

③ 운반거리가 먼 곳으로부터 타설을 시작한다.

45

② 플라스틱 제품은 내알칼리성이 크다.

플라스틱의 특성
• 성형이 자유롭고 가벼우며 강도와 탄력이 크다.
• 소성, 가공성이 좋아 복잡한 모양의 제품으로 성형 가능하다.
• 내산성, 내알칼리성이 크고 녹슬지 않는다.
• 착색이 자유롭고, 광택이 좋으며, 접착력이 크다.
• 투광성 및 전기와 열의 절연성이 있다.
• 불에 타기 쉽고 내열성, 내후성, 내광성이 부족하며 변색하는 등의 결점이 있다.

46

② 공원의 어귀나 화단에는 연색성이 좋은 메탈할라이드등, 백열등, 형광등을 적용한다.

47

① 요소수지 : 무색투명하여 착색이 용이하지만 내수성, 내열성은 페놀수지에 비해 뒤떨어진다.

② 실리콘수지 : 내열성 우수, 전기절연성, 내수성이 좋다. 내알칼리성, 내후성이 있다.

③ 염화비닐수지 : 성형이 용이하며 착색이 자유롭다. 내열성이 낮고 온도에 의한 신축성이 크다(비닐포, 비닐망 등).

48

캐리올 스크레이퍼 : 트랙터계 기계의 일종인 스크레이퍼는 피견인식과 자주식이 있으며, 피견인식 스크레이퍼를 말한다. 즉, 굴착, 싣기, 흙운반, 고르기의 일관 작업을 하나의 기계로 할 수 있는 스크레이퍼 중 동력을 갖지 않고 트랙터로 견인되어 작업하는 스크레이퍼이다.

49

직접공사비 = 재료비 + 노무비 + 외주비 + 경비

50

최종결합점의 LFT값은 종료결합점에서 끝나는 작업의 EFT 중에 최대값으로 한다.

51

미지점의 표고 = 기지점 표고 + $\sum$후시(B.S.) − $\sum$전시(F.S.)
$40.25 + 2.65 = 42 + h$
$h = 42.9 - 42$
$\quad = 0.9m$

52

① 등고선은 지형이 돌출되거나 절벽이 아닌 이상 합쳐지지 않으며 결코 다른 등고선과 서로 교차가 되거나 끊어지지 않는다.

53

축척 : 지상거리에 대한 도상거리의 비율
$\dfrac{40,000}{2} = 20,000 : 1$

54

③ 공동도급이 단독도급보다 도급원 상호 간의 이해 충돌이 많아지고 현장관리가 복잡하다.

55

① 잔디의 할증률은 10%이다.
② 조경수목의 할증률은 10%이다.
④ 품셈에 재료 할증률이 포함되어 있을 시에는 추가 적용하지 않는다.

56

1m²당 벽돌의 소요매수

구분	0.5B	1.0B	1.5B	2.0B
기존형	65	130	195	260
표준형	75	149	224	298

$6 \times 1.2 \times 149 = 1,072.8 ≒ 1,073$매

할증률 : $1,073 \times 3\% = 32$매

$∴ 1,073 + 32 = 1,105$매

57

자연상태 토량$(x) \times 0.9 = 1,000\text{m}^3$

$∴ x = 1,111.1\text{m}^3$

운반토량 $= 1,111.1\text{m}^3 \times 1.15$

$\qquad\qquad = 1,277.765\text{m}^3$

덤프트럭 소요대수 $= 1,277.765\text{m}^3 ÷ 10\text{m}^3$

$\qquad\qquad\qquad\qquad = 127.77$

$\qquad\qquad\qquad\qquad ≒ 128$(대)

58

② 게시판의 경우 우천 시 게시물의 보호를 위하여 투명한 유리 또는 합성수지의 보호덮개를 설치해야 한다.

59

④ 불도저는 오르막경사에서 능률이 저하된다.

60

아스팔트콘크리트와 달리 온도저하가 빠른 투수아스팔트 혼합물 포설은 전압 시의 온도관리에 신중을 기하여야 한다.

61

관리의 유형

- 운영관리 : 관리대상의 기능을 어떻게 하면 효율적이며 적절하게 발휘케 하는가를 목표
- 유지관리 : 본래의 기능을 양호한 상태로 유지하는데 목표
- 이용관리 : 이용을 조성목적에 적합하게 유도하고, 적극적인 이용을 위한 프로그램의 작성 및 홍보를 하는데 목표

62

레크리에이션 관리의 기본전략

- 완전방임형 : 가장 원시적이고 재래적인 방법
- 폐쇄 후 자연 회복형 : 회복에 오랜 시간이 소요, 자원중심형의 자연지역적인 경우에 적용
- 폐쇄 후 육성관리 : 빠른 회복을 위하여 적당한 육성관리
- 순환식 개방형 : 충분한 시설과 공간이 추가적으로 확보되어야 회복을 위한 휴식기간을 순환적으로 가질 수 있음

- 계속적 개방과 이용상태 하에서 육성관리 : 가장 이상적인 관리전략, 최소한의 손상이 발생하는 경우에 한해서 유효한 방법

63

수목 외과수술 방법의 순서 : 부패부 제거 → 살균·살충처리 → 방부·방수처리 → 공동충전 → 매트처리 → 인공나무 껍질처리 → 수지처리

64

주요 비료의 역할

- 질소(N) : 광합성작용 촉진으로 잎이나 줄기 등 수목의 생장에 도움을 준다.
- 인산(P) : 세포분열 촉진, 꽃·열매·뿌리 발육에 관여한다.
- 칼륨(K) : 꽃·열매의 향기 색깔을 조절하고 부족하면 황화현상이 일어난다

65

수간의 외과수술은 수간이 여러 가지의 원인에 의하여 상처가 생기고 이것이 부패하여 공동(Cavity)이 생길 때 부패가 더 이상 진전되지 않도록 조치하는 일련의 과정이다.

66

녹병 발병원인은 나무 등에 의하여 그늘지고 습한 환경 및 통풍 불량에 의하여 주로 발병하며 영양부족, 시비의 불균형, 과도한 답압(踏壓) 등에 의하여 발병하기도 한다.

67

소나무류 순지르기

- 나무의 신장을 억제, 노성(老成)된 우아한 수형을 단기간 내에 인위적으로 유도, 윤생지 결함 제거
- 4~5월경 5~10cm로 자란 새순을 3개 정도 남기고 중심순을 포함하여 손으로 제거

68

참나무 시들음병 병원균은 *Raffaelea sp.*이고 이것을 매개하는 매개충은 광릉긴나무좀이다.

참나무 시들음병

- 병원균 : *Raffaelea quercus-mongolicae*(라펠리아 속의 신종 곰팡이)
- 매개충 : 광릉긴나무좀으로 졸참, 갈참, 상수리, 서어나무 등에 서식하며 수세가 약한 나무나 잘라놓은 나무의 목질부의 심재 속을 파먹어 들어가기 때문에 목재의 질이 약해진다.
- 병원균을 지닌 매개충이 생목에 침입하여 변재부에서 곰팡이를 감염시키면 침입 갱도에 따라 퍼지게 되면서 도관을 막아 수분과 영양분을 차단한다.
- 방제 : 소구역 모두베기, 벌채 및 훈증, 지상약제 살포(6월 중순경 페니트로티온 유제 50%를 500배로 희석, 10일 간격 3회 이상), 유인목 설치, 끈끈이트랩 설치(1.5m 높이 설치)

69

멀칭의 효과

토양침식방지, 토양수분유지, 지온조절, 잡초억제, 토양전염성 병균방지, 토양오염방지 등의 목적으로 실시된다.

70

농약의 구비조건

- 효력이 정확할 것. 즉 살균력, 살충력, 살서력, 살비력, 살초력이 정확하고 커야 한다.
- 농작물에 대한 약해가 없을 것
- 인축에 대한 독성이 낮을 것
- 어류에 대한 독성이 낮을 것
- 다른 약제와의 혼용 범위가 넓을 것. 즉, 살충제와 살균제를 섞어 쓸 수 있으면, 한번의 약제 살포에 의해서 살충, 살균의 두 가지 효과를 거둘 수 있으므로 유리하다.
- 천적 및 유용 곤충류에 대하여 독성이 낮거나 선택적일 것
- 값이 쌀 것
- 약제의 조제와 사용이 간편할 것
- 대량 생산이 가능할 것
- 물리적 성질이 양호할 것
- 등록되어 있는 농약일 것

71

일반적으로 분수의 펌프는 1회/3개월, 노즐은 1회/6개월, 수중 등은 1회/년, 피팅류는 1회/년 정기점검을 하며, 야구장은 1년에 한번씩 보수를 수행한다.

72

③ 비탈면 평떼붙이기는 줄눈을 떼어놓지 말아야 하며, 떼의 긴면을 수평방향으로 놓고 세로줄눈이 닿도록 하고, 십자줄눈이 형성되지 않도록 어긋나게 붙이며 떼소요면적은 비탈면 면적과 동일하다.

73

④ 평행지는 같은 방향과 각도로 자라난 위아래 두 개의 가지로 수형과 생리활동에 방해가 되므로 둘 중 하나를 잘라버려야 한다.

74

수간감기의 효과

- 증산작용 억제(나무가 마르지 않도록)
- 겨울철에 동해 예방(온도의 급변을 막아줌)
- 여름철에 피소 방지(햇빛에 의해 표피가 익어버리면 병충해가 발생하는 것을 막음)
- 동지(새롭게 불규칙하게 뻗어나가는 가지)의 발생을 막아줌
- 외부의 충격으로부터 수피를 보호

75

수목의 그을음병을 유발시키는 해충은 진딧물, 깍지벌레이다.

76

아스팔트포장의 보수공법

- 패칭 공법 : 균열, 국부침하, 부준박리에 적용한다. 방법은 파손부분을 사각형으로 따내어 깨끗이 정리하고 택코팅을 한 후 롤러, 래머, 콤팩터 등으로 다지기를 한 다음 표면에 모래 석분을 살포한다.
- 표면처리 공법 : 차량통행이 적고, 균열의 정도나 범위가 심하지 않을 때 덮어씌우거나 메워서 재생시킨다.
- 덧씌우기 공법 : 기존포장을 재생하거나 새포장을 한다.

77

② 뗏밥주기를 통해 매트형성을 완화할 수 있다.

뗏밥주기란 토양표면에 쌓여 있는 죽은 잔디의 잎이나 줄기를 조속히 분해시켜 수분과 양분의 이동을 원활하게 할 목적으로 토양이나 모래를 잔디표면에 골고루 뿌려 일정두께로 덮는 작업을 일컫는다.

78

중간기주

- 소나무 혹병 : 졸참나무, 신갈나무
- 잣나무 털녹병 : 송이풀, 까치밥나무
- 포플러 잎녹병 : 낙엽송
- 배나무 적성병 : 향나무
- 오동나무 빗자루병 : 오동나무
- 편백 가지마름병 : 화백

79

설치하자에 의한 사고

- 시설의 구조 자체의 결함에 의한 것 : 시설물의 구조상 접속부에 손이 끼거나, 사용상 내구성이 다하는 등 구조자체의 결함에 의한 사고
- 시설설치의 미비에 의한 것 : 본래 고정되어 있어야 할 시설이 제대로 고정되어 있지 않아 시설이 쓰러지거나 부서지는 등의 사고
- 시설배치의 미비에 의한 것 : 그네에서 뛰어내리는 곳에 벤치가 배치되어 충돌하는 등 시설배치 자체의 문제에 의한 사고

80

① 그라우팅 공법 : 옹벽 배수구멍을 뚫어 옹벽 뒷면의 지하수를 배수구멍에 유도시킴으로써 토압을 경감시키는 공법

② PC앵커 공법 : 기존 지반의 암질이 좋을 때 PC 앵커로 넘어짐을 방지하는 공법

③ 부벽식 콘크리트옹벽 공법 : 기초가 침하될 우려가 없고, 기존 지반이 암반일 때 옹벽 전면에 부벽식 콘크리트옹벽을 설치하는 공법

④ 말뚝에 의한 압성토 공법 : 옹벽이 활동을 일으킬 때 옹벽 전면에 수평으로 암을 따서 압성토하는 공법

실패하는 게 두려운 게 아니라 노력하지 않는 게 두렵다.

– 마이클 조던 –

지식에 대한 투자가 가장 이윤이 많이 남는 법이다.

– 벤자민 프랭클린 –

참 / 고 / 문 / 헌

- 고은정 외, 투수콘크리트 현장품질관리 지침서 개발에 관한 연구, 한국건축시공학회, 2009

- 교육부, NCS 학습모듈(조경), 한국직업능력개발원, 2019

- 윤기환 김진선, 도시 환경조형물 심의 현황에 관한 고찰, 디자인학연구저널, 2005

- 윤현주, 옹벽구조물의 안전성 및 경제성평가에 관한 연구, 조선대학교대학원, 2008

- 이용남, 투수콘크리트의 공극막힘현상에 의한 투수성 검토, 제주대학교, 2008

- 임승빈, 환경심리와 인간행태 친인간적 환경설계 연구, 보문당, 2012

- 정영선, 서양조경사, 누리에, 2001

- 최대희 외, 조경기사 · 산업기사 한권으로 끝내기, 시대고시기획, 2009

- 한국조경학회, 서양조경사, 문운당, 2008

- 한국조경학회, 조경시공학, 문운당, 2003

- 환경부, 빗물이용시설 설치 · 관리 가이드북, 2010

참 / 고 / 사 / 이 / 트

- http://www.nongsaro.go.kr 농촌진흥청 농업기술포털 농사로

- https://heritage.go.kr 문화재청 국가문화유산포털

- https://www.043w.or.kr 충북복지넷

- https://www.keep.go.kr 환경교육포털

사 / 진 / 출 / 처

- 메쉬 펜스_https://blog.naver.com/ccxxz0088/222483880683

- 목재 펜스_https://blog.naver.com/homeandgarden/220898969485

- 스테인리스 펜스_https://gunjajae114.com/product/detail.html?product_no=1376&cate_no=230&display_group=1&ghost_mall_id=daum&cafe_mkt=daum_sh&mkt_in=Y&ref=daum&DtlCode=daum030

- 생울타리 펜스_https://theforester.tistory.com/1043

- 인터로킹 경계블록_http://www.jujucon.co.kr/bbs/board.php?bo_table=portfolio6&wr_id=38&page=2

- 인조화강석 경계블록_http://www.jujucon.co.kr/bbs/board.php?bo_table=portfolio8&wr_id=1

- 식재계획도 예시_http://www.ijowha.com/xe/sub2_5/951

- 시설물계획도 예시_교육부(2019), 조경적산(LM1405010112_17v3), 한국직업능력개발원, p.10

- 단가조사표 예시_https://www.yesformdic.com/forms/view.php?dic_keyn=1179

조경기사 · 산업기사 필기 한권으로 합격하기

개정4판1쇄 발행	2026년 01월 05일 (인쇄 2025년 11월 28일)	
초 판 발 행	2022년 04월 05일 (인쇄 2022년 02월 28일)	
발 행 인	박영일	
책 임 편 집	이해욱	
편 저	홍석윤	
편 집 진 행	윤진영 · 장윤경	
표 지 디 자 인	권은경 · 길전홍선	
편 집 디 자 인	정경일 · 이현진	
발 행 처	(주)시대고시기획	
출 판 등 록	제10-1521호	
주 소	서울시 마포구 큰우물로 75 [도화동 538 성지 B/D] 9F	
전 화	1600-3600	
홈 페 이 지	www.sdedu.co.kr	
I S B N	979-11-434-0425-1(13520)	
정 가	43,000원	

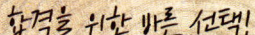

산림·조경·농업
국가자격 시리즈

산림기사·산업기사 필기 한권으로 끝내기	4×6배판 / 45,000원
산림기사 필기 기출문제해설	4×6배판 / 24,000원
산림기사·산업기사 실기 한권으로 끝내기	4×6배판 / 25,000원
산림기능사 필기 한권으로 끝내기	4×6배판 / 28,000원
산림기능사 필기 기출문제집	4×6배판 / 25,000원
조경기사·산업기사 필기 한권으로 합격하기	4×6배판 / 43,000원
조경기사 필기 기출문제해설	4×6배판 / 37,000원
조경기사·산업기사 실기 한권으로 끝내기	국배판 / 41,000원
조경기능사 필기 한권으로 끝내기	4×6배판 / 29,000원
조경기능사 필기 기출문제집	4×6배판 / 27,000원
조경기능사 실기 [조경작업]	8절 / 27,000원
식물보호기사·산업기사 필기 한권으로 끝내기	4×6배판 / 37,000원
식물보호기사·산업기사 실기 한권으로 끝내기	4×6배판 / 21,000원
농산물품질관리사 1차 한권으로 끝내기	4×6배판 / 40,000원
농산물품질관리사 2차 필답형 실기	4×6배판 / 32,000원
농·축·수산물 경매사 한권으로 끝내기	4×6배판 / 40,000원
축산기사·산업기사 필기 한권으로 끝내기	4×6배판 / 36,000원
축산기사·산업기사 실기 한권으로 끝내기	4×6배판 / 28,000원
Win-Q(윙크) 화훼장식기능사 필기	별판 / 23,000원
Win-Q(윙크) 원예기능사 필기	별판 / 25,000원
Win-Q(윙크) 버섯종균기능사 필기	별판 / 22,000원
Win-Q(윙크) 축산기능사 필기+실기	별판 / 25,000원
무단뽀 조경기능사 필기+무료 동영상	별판 / 26,000원
무단뽀 유기농업기능사 필기+실가+무료 동영상	별판 / 32,000원
기출이 답이다 종자기사 필기 [최빈출 기출 1000제 + 최근 기출복원문제 3개년]	별판 / 28,000원
기출이 답이다 유기농업기사 필기 [최빈출 기출 1000제 + 최근 기출복원문제 2개년]	별판 / 34,000원

합격을 위한 바른 선택!

산림·조경 국가자격 시리즈

합격을 위한 모든 전략! 시대에듀와 함께 맞춤형 학습으로 빠르게 합격하세요!

산림기능사 필기 한권으로 끝내기

최근 기출복원문제 및 해설 수록

- 빨리보는 간단한 키워드 : 시험 전 필수 핵심 키워드
- 최고의 산림전문가가 되기 위한 필수 핵심이론
- 적중예상문제와 기출복원문제를 자세한 해설과 함께 수록
- 4×6배판 / 620p / 28,000원

산림기사 · 산업기사 필기 한권으로 끝내기

최근 기출복원문제 및 해설 수록

- 핵심이론 + 기출문제 무료 특강 제공
- 〈핵심이론 + 적중예상문제 + 과년도, 최근 기출복원문제〉의 이상적인 구성
- 농업직 · 환경직 · 임업직 공무원 특채 응시자격 및 공채시험 가산점 인정
- 기사 20학점, 산업기사 16학점 인정
- 4×6배판 / 1,116p / 45,000원

식물보호기사 · 산업기사 필기 한권으로 끝내기

최근 기출복원문제 및 해설 수록

- 한권으로 식물보호기사 · 산업기사 필기시험 대비
- 〈핵심이론 + 적중예상문제 + 과년도, 최근 기출복원문제〉의 최적화 구성
- 농업직 · 환경직 · 임업직 공무원 특채 응시자격 및 공채시험 가산점 인정
- 기사 20학점, 산업기사 16학점 인정
- 4×6배판 / 1,020p / 37,000원

도서구입 및 내용문의 1600-3600

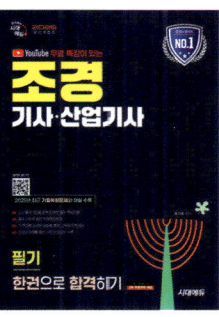